Gesamtverzeichnis des deutschsprachigen Schrifttums (GV) 1700 – 1910

Bearbeitet unter der Leitung von
Hilmar Schmuck und Willi Gorzny
Bibliographische und redaktionelle Beratung:
Hans Popst und Rainer Schöller

21

Brud - Buk

K · G · Saur München · New York · London · Paris 1980

Redaktion:
Monika Eichler, Ursula Geier, Robert Mittelstaedt, Sabine Nebinger,
Hildegard Roßberg, Hermann Schrott, Brigitte Semmler,
Eva von Troschke, Helga Werner, Gabriele Winter

CIP-Kurztitelaufnahme der Deutschen Bibliothek

Gesamtverzeichnis des deutschsprachigen Schrifttums :
(GV). – München, New York, London, Paris : Saur.
Bd. 1 – 6 bearb. unter d. Leitung von Peter Geils
u. Willi Gorzny.
ISBN 3-598-30000-X

1700 – 1910 / bearb. unter d. Leitung von Hilmar
Schmuck u. Willi Gorzny. Bibliograph. u. red.
Beratung: Hans Popst u. Rainer Schöller

NE: Schmuck, Hilmar [Bearb.]

21. Brud – Buk. – 1980.

Techn. Realisierung und Druck: Norbert Gärtner, Mainz-Kastel
Binden: Karl Schaumann, Darmstadt
Printed in the Federal Republic of Germany
ISBN 3-598-30000-X (Gesamtwerk)

Brude, Adf., stereoskopische Bilder aus der Stereometrie. Bezogen auf den Cubus und entnommen dem Werke desselben Verf.: „Das Zeichnen der Stereometrie". qu. 8. (4 S. mit 80 lithogr. Taf.) Stuttgart 872, Maier. In Carton *

—— das Zeichnen der Stereometrie als Vorschule zur darstellenden Geometrie und zum Fachzeichnen für Lehranstalten wie zum Selbstunterricht. Lex.-8. (41 S. mit 28 lithogr. Taf. in qu. Fol. nebst Text.) Stuttgart 872, Maier. In Mappe *

Brude, J. G., kurze Aufsätze u. Betrachtungen üb. d. sonn- u. festtägl. Evangelien, geeignet zum Diktiren in d. Schule, so wie zur Erbau. im häusl. Kreise. Mit e. Vorw. v. Kapff. 8. (5 B.) Cannstatt 840. (Stuttgart, J. F. Steinkopf.) Thlr.

—— die bibl. Geschichte, in Fragen u. Antworten f. d. Hand d. Kinder. 2. Aufl. gr. 12. (2 B.) Stuttgart 841, Liesching u. Cp.

Brude, J. G., Handb. üb. deutsche Sprache u. Orthographie in Verbindung mit method. Stylübungen, z. Gebr. in Volksschulen u. andern niedern Lehranstalten. 1. Aufl. (17 B.) 843, 25 Ngr. u. 2., umgearb. u. verm. Aufl. gr. 8. (23½ B.) Stuttgart 846, Belser'sche Buchh.

Brude, J. G., prakt. deutsche Sprachlehre f. die Hand d. Schüler. 2e verb. Aufl. 16. Stuttgart 840. Köhler. 1/6 ₰

Bruder. –

Der bruder. zentral-blatt für humane bestrebungen ferainfachung und fernatürlichung. organ des internazionalen bundes für konsekwente humanität. hrsg.: johannes guttzeit. [2. Jg. No. 1] halle a. s. 1889. 8°.
[ab 2. Jg. No. 2:]
Der Bruder. Zeitschrift für volle Menschlichkeit. Zugleich naturärztlicher Ratgeber. früher: „Zentralblatt für humane Bestrebungen". Organ des Internationalen Bundes für konsequente Humanität. Hrsg.: Johannes Guttzeit. Halle a. S. 8°.

2. Jg. 1889 No. 1–5 84 S., 32 S. Beilagen.

Bruder. Dein B'. Neujahrsgruss 1904. (Flugblatt [für das] Werk des Blauen Kreuzes.) [Mit Vignette.] 16 S. 8. (Basel, Friedrich Reinhardt.)
Beilage zum «Blauen Kreuz» *und zu andern Zschr.*
Ausg. A: ohne Bild. (fr. –.10; 10 Ex. –.70; 100 Ex. 6.–)
Ausg. B: [Mit 1 Tafel.] (fr. –.20; 10 Ex. 1.50; 100 Ex. 13.–)

Bruder. Der gelbe B'. Humoristisch-satirisches Organ zur Unterhaltung und Erbauung des arbeitswilligen Volkes! Nr. 1. Sonntag den 22. September [1907]. [Mit Vignetten.] 8 S. 8. [Bern.]
Nicht mehr erschienen.

Bruder, Der graue, ein Lustspiel in einem Aufzug, nach Veit Weber. Frankf. a. d. O. 1798. V: *Bahr, Rob.* (MGT) »1797« (NN)

Der BRUDER JENA Beschreibet Sein auf Universitäten Geführtes Leben, Und beklaget in höchster Desparation seinen itzigen und übeln Zustand; Allein Bruder Studio Tröstet Ihn in beygefugter Trost-Rede. Gedruckt Im Jahr da Toback und Bier theur war. [Jena? oder Leipzig?] Anno 1716. 4 Bl.

Bruder Joseph oder: Ehrlich währt am längsten. Eine Erzählung für d. reifere Jugend vom Verf. d. „Glockenbuben." Mit 1 Stahlst. 8. Augsburg 845, v. Jenisch u. Stage. 3/8 ₰

BRUDER Liederlich. (Pikanter Roman.) (c. 1875?) (War in e. älteren Mspt.-Cat.)

Bruder Lustig, s. Soldaten-Freund, der.

Bruder Lustig, der. Humoristische Beiträge für heitere Gesellschaften. Herausg. von A. Z. Kiehnspahn. Berlin 859. Nelte, Böltje & Comp. 16. (2 Bl., 76 S.) n. 5 ngr.

Bruder, der lustige, ein Handb. f. Gesellschaften &c. 12. Alt. 802. 3e A. 818. Bechtold. 8 gr.

BRUDER, Der lustige. Eine Sammlung der besten Räthsel, Sprichwörter, Lieder der Freude, Aufsätze für Stammbücher und Gesundheiten. Ein Handbuch für fröhliche Gesellschaften. Zweite verbess. Aufl. Altona 1806. 16°.
Nopitsch (2) p. 89. — Ed. I. ib. c. 1800.
— — Dasselbe. 3. Aufl. Ebd., Bechtold (c. 1810). 12°. (½ Rthl.)
Kayser I. 1825. p. 187 (ohne Jahrsangabe).

Lustige Bruder, der. Ein Handbuch für fröhliche Gesellschaften. 2. verb. Aufl. Altona. 1807.

Bruder, der lustige. Auswahl der besten Witze, Anekdoten, lustigen Lieder u. sonst. Ulks. Mit (eingedr. Holzschn.-) Illustr. Hrsg. v. einem fidelen Haus. 8. (64 S.) Hamburg 877. Kramer. n. — 50

Der Lustige Bruder: 1890?—1907?
Humorous weekly. Quarto, each issue 14 pages. Edited & published by Karl Bernhardt, 1890?—1907. Minneapolis, MN

Bruder, der lustige, in fideler Gesellschaft. Eine Sammlung von scherzhaften Volks-, Trink- und Liebes-Liedern. Hrsg. von Finkulus. 16. (64 S.) Mittweida 860, Verlags-Buchdruckerei (Billig.)

Bruder Benjamin, mein, u. sonstige Erzählungen. Bremen 867. Verlag d. Tractathauses. 16. (2 Bl., 106 S. m. Holzschn. u. 3 Holzschntaf.) n. 7 ngr.

Bruder Saufewind, s. Saufewind.

Bruder Schmied, s.: Schmied, Bruder.

„Bruder Studio". Allgemeiner deutscher Studenten-Kalender, e. academ. Jahrbuch f. d. J. 1901/1902, hrsg. v. Otto Schröder. 8. (159 S.) Hannover (Berenberg-sche Buchdr.) Geb. in Leinw. 1.50

„Bruder Studio". Allgemeiner deutscher Hochschul-Kalender, e. akadem. Jahrbuch f. d. J. 1902/1903, hrsg. v. Otto Schröder. (358 S.) 8. Hannover, Berenberg'sche Buchdr. n. 2.—; geb. in Leinw. n. 2.—
Erscheint nicht mehr.

Bruder Ungarn

Der Bruder aus Ungarn. Roman. Bd 1.2. 1852
s.a. Widmann, Adolf [Verf.]

Bruder, der, aus Ungarn. Ein Roman (v. A. Widmann.) 2 Bde. 8. (VIII. 415 u. 331 S.) Berlin 852, Bessers Verl. (Frz. Duncker.) n. 4 ₰

Bruder, Der verlorne. Schauspiel in 3 Akten. Salzburg 1780. V: *Prinner, Fd.* (Ky)

Bruder, d. verlorne. Schsp. in 3 A. 8. Salzburg, Duyle. 780.

Bruder, was hältst Du von dem Verbote der Priesterehe? 8. Köln, Fabricius. 4 gr.

Bruder (Verfasser)

Bruder, Adolph [Übers.]
s. Ainsworth, W.H.: St. James - Palast. 1844.

Bruder, Ad., s. W. H. Ainsworth, histor. Romane.

Bruder, Adolph [Übers.]
s. Ainsworth, W.H.: Jack Sheppard. 1845

Bruder, Adolph [Übers.]
s. Ainsworth, W.H.: Schloß Windsor. 1844.

Bruder, Adf., s.: Staatslexikon.

Bruder, Adf., Studien über die Finanzpolitik Herzog Rudolfs IV. von Oesterreich [1358—1365] mit Benützung zweier ungedr. Gutachten des XIV. Jahrh. gr. 8. (VIII, 131 S. mit 1 lithogr. Plane von Wien.) Innsbruck 886, Wagner'sche Universitäts-Buchh. *

Bruder, C. Karte vom Kanton Schaffhausen. 1 Bl. L. Ff.

Bruder, Carl: Ueber den Gehirn-Schlagfluß. (Apoplexia cerebri.) Halle (1869): Plötz. 29 S. 8°
Halle-Wittenberg, Med. Diss. v. 15. Juli 1869
Geb. Leipzig 1812 [vielmehr: 10. 5. 1811]. V.
Verf. war 1817—83 der älteste Hallische Drd. med.

Bruder, Car. Herm., s. Spinoza, B. opera. — *Ταμιεῖον τῶν τῆς καινῆς Διαθήκης λέξεων.*

Bruder, CH, *Ταμιεῖον τῶν τῆς καινῆς διαθήκης λέξεων* s. concordantiae omn. vocum N. Testam. gr. primum ab E Schmid editae, nunc emend., auctae, mel. ord. disp. Ed. II. 2 Partes. 4. (878) Lpzg 53, Bredt. n. 8. —

Bruder, Carl Herm., *Ταμιεῖον τῶν τῆς καινῆς διαθήκης λέξεων* sive Concordantiae omnium vocum Novi Testamenti graeci primum ab Erasmo Schmidio editae nunc secundum critices et hermeneutices nostrae aetatis rationes emendatae, auctae, meliori ordine dispositae. Editio stereot. altera. 2 partes. Lipsiae 853. K. Tauchnitz. gr. 4. (1 Bl., XXXIX, 878 S.) n. 8 ℳ

Bruder, Carol. Herm., Ταμιεῖον τῶν τῆς καινῆς διαθήκης λέξεων sive concordantiae omnium vocum Novi Testamenti graeci primum ab Erasmo Schmidio editae, nunc secundum critices et hermeneutices nostrae aetatis rationes emendatae, auctae, meliori ordine dispositae. 2 Partes. Editio ster. Carol. Tauchnitii tertiae auctior et emendatior. gr. 4. (XXXVIII und 879 S.) Leipzig 867, Bredt. *

Bruder, Carl Herm., Ταμιεῖον τῶν τῆς καινῆς διαθήκης λέξεων sive concordantiae omnium vocum novi testamenti graeci. 2 vol. Edit. III. nova impr. gr. 4. (XXXVIII, 878 S.) Leipzig 876—80, Bredt. *

Bruder, Carl Herm., ταμιεῖον τῶν τῆς καίνης διαθήκης λέξεων sive concordantiae omnium vocum Novi Testamenti graeci. Edit. ster. IV. auctior et emendatior, lectionibus Tregellesii atque Westcotti et Hortii locupletata. gr. 4. (LII, 885 S.) Leipzig 887,88, E. Bredt. *

Bruder, Carol. Herm., *Ταμιεῖον τῶν τῆς καινῆς διαθήκης λέξεων* sive concordantiae omnium vocum Novi Testamenti graeci. Ed. ster. V. e. IV. auctiore et emendatiore, lectionibus Tregellesii atque Westcotti et Hortii locupletata repetita. gr. 4. (LII, 885 S.) Göttingen 900. Vandenhoeck & Ruprecht.
Geb. in Halbfrz. n.n. 20. —

Bruder, Carol. Herm., *Ταμιεῖον τῶν τῆς καινῆς διαθήκης λέξεων* sive concordantiae omnium vocum Novi Testamenti graeci. Ed. ster. VI. e IV. auctiore et emendatiore, lectionibus Tregellesii atque Westcotti et Hortii locupletata repetita. 2 Hälften. (LII, 886 S.) Lex.-8. Göttingen 904. Vandenhoeck & Ruprecht.
n. 25. —; geb. in Halbfrz. n n. 29. —

Bruder, G., Anleitg. f. das Taktturnen an Reck u. Barren. 12. (42 S.) Karlsruhe 902. G. Braun'sche Hofbuchdr. n. — 60

Bruder, G. H., Bereitung u. Gebr. d. zuverläss. Präservativ-Arzney geg. d. Cholera, zundchst f. die nördl. Grenz-Bewohner Bayerns angerathen. gr. 8. (2 B.) Bamberg 831, Drausnick.

Bruder, Rev. Gallus. Andenken an das goldene Jub oder 50 jhr Bestehen d Geburt Christi Kirche zu Poughkeepsie . . . Poughkeepsie, NY, 1903.

Bruder, Geo., Ammoniten der böhmischen Kreide, s. Laube, G. C.

Bruder, Geo., Beiträge z. Kenntn. d. Grundwasserverhältnisse d. Niederschlagsgebiete d. Flössbaches u. d. Malstbaches. M. e. (farb.) geolog. Durchschnitte u. e. (farb.) Übersichtskarte v. Wenzel Pooch. gr. 8. (15 S.) Aussig 898. (Teplitz, A. Becker.) n. 1. —

Bruder, Geo., neue Beiträge zur Kenntniss der Juraablagerungen im nördlichen Böhmen. I. Abschnitt: Nachtrag zur Kenntniss der Juraablagerung von Sternberg bei Zeidler. II. Abschnitt: Beitrag zur Kenntniss der Juraablagerung von Khaa. [Mittheilungen aus dem geolog. Institute der k. k. deutschen Universität Prag, Nr. 5.] Lex.-8. (40 S. mit 3 lithogr. Taf.) Wien 882, (Gerold's Sohn.) *
Aus: Sitzungsberichte der k. Akademie der Wissenschaften, besonders abgedruckt.

—— neue Beiträge zur Kenntniss der Juraablagerungen im nördlichen Böhmen. II. [Mittheilungen aus dem geolog. Institute der k. k. deutschen Universität in Prag Nr. 6.] Lex.-8. (22 S. mit 1 Taf. und 1 Holzschn.) Wien 886, (Gerold's Sohn.) *
I. Ebendas. 1882. * ℳ 1.40.
Aus: Sitzungsberichte der k. Akademie der Wissenschaften, besonders abgedruckt.

—— die Fauna der Jura-Ablagerung von Hohnstein in Sachsen. Imp.-4. (51 S. mit 5 Taf., 1 Holzschn. und 1 Tab.) (Ebendas.) 885. *
Aus: Denkschriften der k. Akademie der Wissenschaften, besonders abgedruckt.

Bruder, Georg Die Gegend um Saaz, in ihren geologischen Verhältnissen geschildert. 8 (S. 3—20). . . . geschildert. II. Der geologische Aufbau. Mit einer geologischen Karte in Farbendruck und einer Tafel, geologische Profile darstellend. (Umschlagtitel: . . . Tafel geologischer Durchschnitte in Farbendruck.) 8 (43 S.). K. k. Staats-Ober-G. *Saaz* (Böhmen) 1892. 1893. Progr.

Bruder, Geo., die Gegend um Saaz, in ihren geolog. Verhältnissen geschildert. Mit e. geolog. Karte u. e. Taf. geolog. Durchschnitte in Farbendr. Veröffentlicht m. Unterstützg. des hohen k. k. Ministeriums f. Cultus u. Unterricht u. d. Gesellschaft z. Förderg. deutscher Wissenschaf, Kunst u. Literatur in Böhmen. Progr. gr. 8. (43 S.) Saaz 893. (A. Ippoldt's Nachf.) n.n. 2. —

Bruder, Geo., zur Kenntniss der Juraablagerung v. Sternberg bei Zeidler in Böhmen. [Mit 2 (lith.) Taf.] [Mittheilungen aus dem geolog. Institute der k. k. Universität Prag Nr. 3.] [Aus: „Sitzungsber. d. k. Akad. d. Wiss."] Lex.-8. (53 S. m. 1 Tab.) Wien 881. (Gerold's Sohn.) n.n. 1. 30

Bruder, Geo, die geologische Sammlung des Aussiger Stadtmuseums. (7 S. m. 1 Taf.) gr. 8. Tetschen (905). O. Henckel. n.n. — 50
Sonderabdruck aus: „Period. Blätter f. Realienunterricht u. Lehrmittelwesen".

— geologische Skizzen aus der Umgebung Aussigs. Eine Anleitg. zur selbständ. Naturbeobachtg. Mit 16 Orig.-Lichtdr.-Taf. u. 17 Abbildgn. im Text. Veröffentlicht m. Unterstützg. der Stadtgemeinde Aussig. Progr. (68 S.) gr. 8. Aussig 904. A. Becker n. 3. —

Bruder, G., Tafeln zur Benützung beim Studium der Geologie und Palaeontologie, s. Tragau, C.

Geologische Übersichts-Karte der Gegend um Aussig gearb. nach d. Karten d. k. k. geol. Reichsanst. u. des Dr. J. E. Hibsch von Georg **Bruder**, Prof. (Maßst. 1:75.000.) [Mit 2 Profilen.] Teplitz: A. Becker (1907); Photolith. E. Rennert, Aussig. (1 Kartenbl. Blattgröße 47×60 cm.) 8° [kol.] [07. 14379

Bruder, Hermann: Die Lebensmittel-Politik der Stadt Basel im Mittelalter. [Teildr.] Achern 1909: Unitas. III, 80 S. 8°
Freiburg i. B., Phil. Diss. v. 1909, Ref. v. Below
[Geb. 1. Febr. 86 Achern; Wohnort: Freiburg i. B.; Staatsangeh.: Baden; Vorbildung: Gymn. Rastatt Reife Juli 05; Studium: Straßburg 2, Paris 2, Freiburg i. B. 4 S.; Rig. 25. Juni 09.] [U 10. 1032

Bruder, J. H., († d. 16. Mai 1813.) s. Handbuch v. Fürstenth. Halberst.

Bruder, Peter, die heiligen Martyrer Marcellinus u. Petrus. Ihr Martyrium, ihre Verehrung u. ihre Reliquien. Nach gedr. u. ungedr. Quellen bearb. 8. (208 S.) Mainz 878. Kirchheim. n. 2. —

Bruder, Pet., die Reliquien-Verehrung in der katholischen Kirche. 8. (128 S.) Dülmen 881, Laumann'sche Verlagsh.

—— St. Rupertus-Büchlein. Der heil. Rupertus von Bingen, die heil. Bertha, seine Mutter, der heil. Wigbert, sein Lehrer und Erzieher. Ihr Leben, ihre Verehrung und ihre Reliquien. 8. (VIII, 256 S.) Ebendas. 883. *

Bruder, Robert, approb. Arzt aus Leer ⟨Ostfriesl.⟩: **Beitrag zur** Lehre von den Zwillingen. *Gießen 1903: Brühl.* (23 S.) 8°
Gießen, Med. Diss. v. 1903

Bruder, *Victor* [aus Ragnit '(Ostpr.)']: Über stickstoffhaltige organische Arsenverbindungen ... Rostock, C. Hinstorffs Buchdr., 1896; 38 S., 1 Bl. 8.
Rostock, Phil. Fak., Inaug.-Diss. v. [10. Juli] 1896

Bruder, Willy, s.: **Welt-Adressbuch, 1. philatelistisches.**

Brüder, die. — Tina, s. Epheuranken ums Mädchenstübchen. 18.

Brüder, Die, oder die Schule der Väter. Ein Lustspiel in fünf Aufzügen. 1763. V: *Romanus, Carl Franz.* (GGr)

— die,. Trauersp. a. d. Engl. des Young. 8. Frkft. Eßlinger. 768.

— die,. Lustsp. a. d. Engl. gr. 8. Mannh. Schwan. 786.

— die, ein Roman, a. d. Engl. von Schreiter. 3 Thle. 8. Züllichau. (Frommann in Jena). 787–88. (I. 22 gr. II. 18 gr. III. 1 Rthlr.)

Brüder, Die. Ein Roman aus dem Engl. Züllichau 1787—89. Ü: *Schreiter, Carl Gottfried.* (Ky) (MGT)

– die,. Dramat. Gemälde v. Piper. 8. Rostock, Stiller. 797.

Brüder, die,. Lustsp. in 1 A. v. Fr. Rambach. 8. Leipz. Dyk. 798.

— die,. Schausp. in 5 Akt. 8. Brschwg. Schröder. 799.

Brüder, Die. Ein Lustspiel nach Terenz in fünf Aufzügen. Leipz. 1802. V: *Einsiedel, Frdr. Hildebrand von.* (Ky) (MGT)

— die,. Lustsp. nach Terenz, in 5 Akt. m. color. K. welche die Masken für das Weimarische Theater vorstellen. 8. Leipz. Göschen. 802.

— die, ein Familiengemälde, von L. F. v. Bilderbeck, m. K. 4 Bde. 8. Leipz. Voß. 804.

Brüder, die, Trauerspiel in 1 Akt von W. Jürgensen. 8. Schleswig. (Leipzig, Tauchnitz.) 821.

Brüder, die. Eine Geschichte für kleine Kinder. 16. (44 S. mit 1 Holzschnt.) Cincinnati 855(60.) (Philadelphia, Schäfer und Koradi.)

Brüder, Die Allemannischen, Oder: Ueber Ulrich Gehring von Konstantz und Johann von Stein. Freib. i. Br. 1824. V: *Walchner, C.* (cb)

Brüder, Arbeiter! Flugschrift. s. l. s. a.

– die, beschwerlichen,. Lustsp. v. Albrecht. 8. Leipz. Liebeskind. 795.

Brüder, Die, des grossen Bundes. Nach dem Italienischen. Heidelberg 1812. Persepolis 5814. [Aarau 1814.] Persepolis [Mannheim] 1819. V: ***Razen, Franz Joseph.*** (KI 3991) (Taute, Ordens- und Brüderromane 206, 209) (wolfstieg II, 887)

— die, des großen Bundes 8. Persepolis 5814. (Manh. 819). Löffler. 20 ℊ

Brüder, Die, des Bundes für Menschenglück. Leipzig 1796. V: *Münch, Carl.* (Fiker) (Ky) (MGT) V: *Kaffka, Joh. Chph* (recte *Engelmann*). (GGr) (MGT) (R-N)

Die **Brüder** des Bundes für Menschenglück. Leipzig: Sommer 1796. 204 S. 12°
TB. 124. Kayser: Bücherlexikon Bd 6 Anh. S. 22 nennt Karl Münch als Verf. des Romans.

An die deutschen Brüder von Schleswig-Holstein. (Zürich. 1864.) 1 Bl. 8° [Kopft.]

— die drey,. Ritterschausp. 8. Stettin, Leich. 799.

— die drey, als Nebenbuhler. Lustsp. von la Fond. 8. Frkft. u. Lpz. Eßlinger. 772.

— die drei, aus Persien; e. Familiengemälde. 2 Thle. 8. Fürth 792. (Andrä in Leipz.) 1 ℛ 12 ℊ s. auch Familie, die, aus d. Morgenlande.

— die 3, aus Persien, e. Familiengem. 2 Thle. 8. Fürth. (Bauer in Leipz.) 792.

— die drey, aus Persien, ein Familiengemählde, 2 Theile, mit 1 Kupf. 8. Fürth, 792. Geyer. 1 Rthl. 15 sgl.

Brüder, Die f a l s c h e n, s. J e u d i

— die falschen, od. d. Wahrheit in e. hellern Lichte. 8. Berl. 784. Unger. 4 ℊ

Die feindlichen **Brüder.** Drei Wünsche. Liegnitz: Verl. f. Nationalstenogr. 1902. (16 S.) 8° [Umschlagt.]
= **Zehnpfennig-Unterhaltungshefte** f. National-Stenogr. No 2. ...

Brüder (Für die französischen). I. An das Volk der beherrschten Klasse von Felix Pyat. II. Die Arbeiterdelegationen bei den Weltausstellungen. 8°. Leipzig, Genoss Buchdr., 1876.

Brüder, fromme. Neue Verse, gehauen u. gestochen vom sanften Bruder Heinrich. gr. 16. (29 S. m. Abb.) Berlin 895. (H. Baake.) — 10

— d. fürstlichen,. Schausp. 8. Erfurt. Rudolphi.

Brüder, Die grauen, oder der Bund der Schrecklichen. Erfurt [Hamburg] 1795. V: ***Schulze, Friedrich August*** (pseud. ***Fr. Laun***). (Taute, Ordens- und Bundesromane) (wolfstieg II, 881)

BRÜDER, die Grauen, oder der Bund des (sic!) Schrecklichen. (2 Bücher). Erfurt bey Gottfried Vollmer, 1795. Gr. 8°. (2/3 Rthl.)
Titel gestoch. mit Vignette, 254 Seiten. Etwas frei. Fehlt Kayser, 1827 u. 1836.

Die **Brüder St. Johannis des Evangelisten aus Asien in Europa oder Die einzige wahre und ächte Freimaurerei nebst einem Anh., die Fesslersche kritische Geschichte der Freimaurerbrüderschaft und ihre Nichtigkeit betreffend von einem hohen Obern. Berlin: J. W. Schmidt. 1803. XVI, 382 S. 8°**
Auszug in: A. 11 (1844—1845) S. 7—37.
cf. Mrisches Taschenbuch. 1803—1804 S. 251 bis 256; ALZ. 1804 Nr 302; EzJALZ. 1818 Nr 93.
Kl. 2712, Tt. 846. Samml. der Orig.-Aktenstücke der Asiatischen Brr.

Brüder, an meine, aus dem Hause Israel. (Herausg. v. J. Heinemann.) gr. 8. Berl. 814. Bür. f. Litt. 4 gr

Brüder, meine, die Neger in Afrika. Ihr Wesen, ihre Befähigg., ihre jetz. traur. Lage, ihre Hoffngn. Ein ernstes Wort an Europas Christen v. Daniel Sorur Pharim Den, fr. Sklaven, jetz. Missionär. Nach dem Italien. 12. (96 S. m. 1 Bildnisse.) Münster i. W. 892, (Schöningh). * — 60

Brüder, die schwarzen, s.: Gothe, L.

— die schwarzen, eine abentheuerliche Geschichte von M. J. R. 3 Theile, 8. Frankfurt an der Oder, 791–95. Academ. 2 Rthl. 10 sgl.

Brüder, Die schwarzen. Eine abenteuerliche Geschichte von M. J. R. 1791 bis 1793. Berlin und Frankfurt 1793—1795. 3. Aufl. Frankfurt a. d. O. 1800. V: *Zschokke, Johann Heinrich Daniel.* (Kl 2791) (Taute, Ordens- und Brüderromane 82, 102) (BGE I[a], 479) (wolfstieg II, 878) V nicht: *Reinhard, Karl.* (Kat. d. Loge zum goldenen Schloss, Dresden.) Nicht: ***Rebmann, J.*** (Taute, Ordens- und Brüderromane 82, 102.)

— die schwarzen, eine abenteuerliche Gesch. von M. J. R. (Hch. Zschokke) 2 Thle. 8. Frankf. Akad. Buchhdl. 800.

— die schwarzen, eine abentheuerliche Geschichte. 1r 2r Theil. 3te Aufl. 8. Frankfurt a. d. O. 800. Jetzt Weygand in Leipzig.

— die schwarzen, e. Roman v. M. J. R. (H. Zschokke). 2 Thle. 8. Frankf. .... 3e A. 800. (Sander in Berl.) 1 rthl 12 gr 3r Thl. 8. Frankf. 802. (Wienbrack in Leipz.) 20 gr

— — derselben 3r. 8. Frankf. Apitz. (Gräff in Leipz.) 802.

— d. schwarzen,. Schausp. in 4 Akt. v. C. Großmann. 8. Altenb.-Peters. 806.

Brüder, Die sieben makkabäischen. Amberg 1716. V: *Thor, Maxim.* (Jes)

Brüder, d. span., s.: Alcock, D.

Brüder, die spanischen. Eine Erzählung aus dem 16. Jahrh. von dem Verf. von „The dark year of Dundee". Aus dem Engl. übers. von Louise Gräfin v. Kanitz. Mit einem Vorwort von Emil Frommel. Einzige autoris. deutsche Ausg. gr. 8. (VI, 396 S.) Ducherow 884. (Leipzig, Buchh. des Vereinshauses.) *M 6.; geb. *M 7,20.; in Prachtbd. *

Brüder, d. span. Eine Erzählg a. d. 16. Jahrh. v. d. Verf. v. „The dark year of Dundee". Aus d. Engl. übers. v. L Gräfin v. Kanitz. 2. Afl. 8. (396) Ducher. 86. Lpzg, Wallmann. *n.* 6. —; geb. *n.* 7. 20; in Prachtbd. *n.* 8. —

Brüder, die spanischen. Eine Erzählung aus dem 16. Jahrh. von dem Verf. von ‚The dark year of Dundee'. Aus dem Engl. übers. von Luise Gräfin v. Kanitz. Mit einem Vorwort von Emil Frommel. Einzige autoris. deutsche Ausg. 2. und 3. Aufl. gr. 8. (VI, 396 S.) Anklam 886,87. (Leipzig, Buchh. des Vereinshauses.) *M 6.—.; geb. * geb. mit Goldschn. *

Brüder Stalkrona, die, s. Lese-Cabinet, neuestes belletristisches.

Brüder, Die, von Stauffenberg oder die Macht der Verborgenen. Eine Sage aus den Zeiten des Kaisers Lothar von Sachsen. Wien 1799. N. A. 1805. V: *Gleich, Joseph Alois.* (MGT) (WBL) (Ky) (NN)

Brüder, Die Theoretischen, oder zweite Stufe der Rosenkreutzer und ihrer Instruction. ... Athen zur Zeit der Aufklärung [Regensburg] 1785. V: *Löhrbach, Graf von.* (Kl)

— die theoretischen, oder zweite Stufe der Rosenkreutzer rc. 8. Berl. 785. Rottmann. 1 rthl 8 gr Dass. 8. Regensb. 789. Montag u. W. 1 rthl

— d. unähnlichen; od. Unglück prüft das Herz. Lustsp. von Müller. 8. Wien, Kurzböck. 788.

— die uneinigen,. Oper, ital. u. deutsch. 8. Berlin. 753.

— die ungleichen, Familiengemälde, a. d. Engl. der Miß Inchbald, m. K. 8. Leipz. Joachim.

Brüder, Die ungleichen, oder der Schiffbruch war sehr glücklich. Schauspiel in 5 Akten. Jena 1779. V: *Rathlef, Ernst Lorenz Michael.* (Ky) (GGr)

— d. ungleichen; od. d. Schiffbruch war sehr glücklich. Ein Schausp. a. d. Engl. 8. Jena, Melchior. (Gabler.) 779.

Brüder, Die ungleichen. Vom Verfasser der Affaire bey Wesel. Duisburg 1798. V: *Schmid, Andreas.* (MGT) »Brüder, Die unglücklichen« (Ky)

— d. ungleichen,. Schausp. v. Verf. d. Affaire b. Wesel. 8. Duisburg, Bädecker u. K. 798.

— die unglücklichen, (v. Andr. Schmid). 8. Duisb. 798. Tauber in Leipz. 1 rthl 8 gr

Brüder, die ungleichen; e. Roman mit kom. Zügen u. moral. Tendenz. 8. Eisenb. 807. Schöne. 1 rthl

— die ungleichen, Lustspiel in 3 Aufz von F. L. Schmidt. 8. Hamburg, Hoffmann u. C. 817.

An unsere Brüder. [Breslau: Löwe.] 1779. 32 S. 8°
Kl. 422. Das Handbuch der Frmrei, u. auch Holzmann u. Bohotta nennen Haugwitz als Verf., was, dem Inhalte nach, aber kaum möglich ist, da die Schrift sich gegen Haugwitz u. dessen Schrift „An meine Brr" u. namentlich gegen das System der Herrnhuter richtet. Verf. ist wohl ein Anhänger Zinnendorfs u. der Gr. L. L.

An unsere deutschen Brüder. o. O. u. J. (1864?) 8°.
2 Blatt, mit einem Gedicht von 5 siebenzeiligen Strophen.

Brüder (An unsere) in der Kaserne. Wie man Kriege anzettelt. Flugblatt. s. l. s. a.

Brüder (An unsere) die Proletarier. Flugblatt, hrsg. von den vereinigten Anarchisten Londons, beginnend: Vier Jahre sind vergangen, endigend: Freiheit, Gleichheit und Brüderlichkeit. 8°. s. l. s. a.

Die Vereinigten Brüder in Christo: 1840?--1842?
Weekly. Edited & published by Wilhelm Raine, Sr. Organ of Die Vereinigten Brüder in Christo
Baltimore, MD

Brüder, die vermeinten, oder Georg und Albrecht von Rabstein, eine altböhmische Sage aus den Zeiten Georgs von Podiebrad, mit Kupf. 8. Prag, 796. Buchler. Schreibp. 1 Rthl. Dasselbe Buch. Druckp. 15 fal.

— die vier, von der Weserburg. s. altsächs. Bildersaal 4r Theil im Alphabet.

Brüder. – W a c k r e Deutsche Brüder in Schleswig-Holstein. (Adresse von Einwohnern Nürnbergs.) Nürnberg 1846. Fol.

— zwei, s.: Blumen u. Sterne 18. Heft.

— die zwey, Trauerspiel von Fr. de la Motte Fouqué. 8. Tübingen, Cotta. 817.

Brüder, Zwei. Stuttgart 1871. V: *Vischer, Fch. Theod. von.* (Hdschr. Mitth. von Friedrich Müller, München.)

— d. zwey feindseligen, Tragisches Lustsp. in 5 Akt. von Gozzi. 8. B. Schmidt in Leipz. 782.

Brüder, Zwey ungleiche, oder Hanns kommt durch seine Dummheit fort. Ein satyrischer Roman. Schilda [Leipzig] 1788. Hohenzollern [Wien] 1799. V: *Hempel, Gottlob Ludw.* (BGE² III/77 und 78) (BIBLPORT)

— zwei ungleiche, od. Hans kommt durch seine Dummheit fort, ein satyr. kom. Roman. Mit Kpf. Leipz. 798. (Aue in Altona). 1 ß

— 2 ungleiche, od. Hans kommt durch seine Dummheit fort, e. satyr. kom. Roman, m. K. 8. Leipz. Jacobäer. 798.

Brüder, die zwölf, Volks- und Kinder-Märchen wiedererzählt von Onkel Wilhelm. Frankfurt a. M. 864. Küchler. 32. (20 S.) 2 ngr.

Brüder, Joach. Hnr., der kleine doppelte Buchhalter f. angehende Kaufleute. gr. 8. Berl. 799. Reimer. 1 ß

Brüder, J. H., d. kleine doppelte Buchhalter f. angeh. Kaufleute. gr. 8. Berl. Realschulbuchh. 799.

Brüder-Almanach. Kalender für die evangel. Brüdergemeine und ihre Diaspora, auf das gemeine J. 1877. Hrsg. unter Mitwirkung werther Freunde von Herm. Lange. 8. (VIII, 210 S.) Neusalz 876. Lange. *

Brüder-Almanach. Kalender für die evangelische Brüdergemeine u. ihre Diaspora, auf das gemeine Jahr 1878. Hrsg. unter Mitwirkung werther Freunde v. Herm. Lange. gr. 16. (170 S.) Neusalza/O. Neisse, Huß. n. 1. —

—— dass. — für die J. 1878 und 1879. Hrsg. unter Mitwirkung werther Freunde von Herm. Lange. gr. 16. (à Jahrg. 170 S.) Neusalz a. O., Krause. à Jahrg. *

Brüder-Almanach 1886. Statistisches Jahrbuch der evangel. Brüdergemeine und ihrer Werke. 1. Jahrg. Hrsg. von Johs. Gysin und Ernst Wick. gr. 16. (82 S.) Gnadau, (Unitäts-Buchhandlung.) *

—— 1887. Statistisches Jahrbuch der evangel. Brüderkirche und ihrer Werke. 2. Jahrg. Hrsg. von Johs. Gysin und Ernst Wick. gr. 16. (101 S.) (Ebendas.) *

—— 1888. Statistisches Jahrbuch der evangel. Brüderkirche und ihrer Werke. 3. Jahrg. Hrsg. von Johs. Gysin und Ernst Wick. gr. 16. (87 S.) (Ebendas.) *

—— 1889. Statistisches Jahrbuch der evangel. Brüder und ihrer Kirche. 4. Jahrg. Hrsg. von Johs. Gysin und Ernst Wick. 16. (92 S.) (Ebendas.) *

Brüder-Almanach 1890. Statistisches Jahrbuch der evang. Brüderkirche u. ihrer Werke. 5. Jahrg. Hrsg. v. J. Gysin u. E. Wick. gr. 16. (79 S.) Gnadau 890. (Unitäts-Buchhandlg.) n. — 60

Brüder-Almanach. 1891. Statist. Jahrb. d. ev. Brüderkirche u. ihrer Werke. 6. Jahrg. Hrsg. v. E Wick. 16° (77) Gnadau, (Unitäts-Bh.). — 60
Erschien f. 1892 u. 1893 nicht; Fortsetzg s. u. d. T.: Brüderkalender.

Das Brüder-Blatt: Jahrgang 1--8, 1854--1861?
Monthly. Sub-title: Enthaltend Altes und Neues aus der Brüder-Kirche, und besonders ihrem Missions-Gebiet. Organ of Amerikanische Brüder-Kirche. Place of publication varies: Lititz, Pa.; Lancaster, Pa. Edited by the Rev. Charles F. Seidel. Edited by the Rev. Theophilus Wunderling. Edited by the Rev. John C. Brickenstein. Edited by the Rev. Levin T. Reichel. Published by Johann Bär & Söhne

Brüder-Blatt, das, enthaltend Altes und Neues aus der Brüder-Kirche, und besonders ihrem Missions-Gebiet. Hrsg. von Levin T. Reichel. 1. und 2. Jahrg. 1854 und 1855. à 12 Hefte. (à ½—1½ Bog.) Mit Abbildungen. gr. 12. Lancaster 855. (Philadelphia, Schäfer und Koradi.) à Jahrg. * 1 Thlr. 20 Ngr. *

Brüder-Blatt, das. Altes und Neues aus der Brüder-Kirche, und besonders ihrem Missions-Gebiet. Redig. von Levin T. Reichel. 3. und 4. Jahrg. 1856 und 57. à 12 Hefte. (à Heft 1—1½ Bog.) gr. 12. Lancaster. (Philadelphia, Schäfer und Koradi.) à Jahrg. Thlr. *

—— dass. — Redig. von Carl F. Seidel. 5—7. Jahrg. 1858—60. à Jahrg. 12 Hefte. (à Heft 1—1½ Bog.) gr. 12. Ebendas. à Jahrg. *

Bruderblätter für Freimaurer. Als 12. Jahrg. der freimaurerischen Rundschrift: „Der Ziegeldecker im Osten v. Altenburg", begründet u. mit Emil Wagner hrsg. v. Bernh. Lützelberger. Jahrg. 1848. gr. 8. 12 Liefrgn. (B.) Mit: Handschuh u. Rose, Mittheilungen an Maurerfrauen. gr. 8. (1 B.) Altenburg, Pierer in Comm. Leipzig, Weinedel in Comm. n. ⅚ ß Die 11 Jahrgänge 1837 — 1847 (à n. 1 ß) Herabges. Preis n. 6 ß

Bruderblätter für Freimaurer. Herausgegeben von Bernhard Lützelberger u. Emil Wagner. (12—18. Jahrgang). Altenburg, Pierer. 1848—1854. 8.
Das Weitererscheinen der „Bruderblätter" wurde durch das neue Pressgesetz verhindert. Vergl. Henny, Geschichte der Loge in Altenburg. S. 66.

Bruderblätter für Freimaurer. 18. Jahrg. vom „Ziegeldecker im Osten von Altenburg" begründet und mit Br. Emil Wagner herausg. von Br. Bernh. Lützelberger. 1854. 12 Nrn. (à 1 Bgn.) Altenburg. (Ronneburg, Hofmeister.) gr. 8. n. 25 ngr.

Bruderblätter f. Freimaurer. 18. Jahrg. v. „Ziegeldecker im Osten v. Altenburg", begr. u. m. E Wagner hrsg. v. B Lützelberger. 1854. 12 Nrn. (B.) 8. Altenb. 54. (Ronneb., Schöntag.) n. — 25

Brüder-Bote. –

—— [ein Bote zur Sammlung der zerstreuten Brüder] von Abend nach Morgen. Ein Correspondenzblatt im Sinne der apostol. Kirche, welche mit dem heil. Geiste ruft: Komm Herr Jesu! [Offb. Joh. 22, 17—20.] 1874. 26 Nrn. (Bog.) 4. Basel, Spittler. *

—— [ein Bote zur Sammlung der zerstreuten Brüder] von Abend nach Morgen. Ein Correspondenzblatt im Sinne der apostol. Kirche, welche mit dem heil. Geist ruft: Komm HErr Jesu! [Offb. Joh. 22, 17—20.] Hrsgbr.: Chr. Clöter. Jahrg. 1875—1879. à Jahrg. 26 Nrn. (Bog.) gr. 4. Illenschwang. (Leipzig, Hartmann.) à Jahrg. *

—— [ein Bote zur Sammlung der zerstreuten Brüder] von Abend nach Morgen. Ein Correspondenzblatt im Sinne der apostol. Kirche, welche mit dem heil. Geist ruft: Komm HErr Jesu! [Offb. Joh. 22, 17—20.] Hrsgbr.: Chr. Clöter. Jahrg. 1880—1884. à Jahrg. 26 Nrn. (Bog.) gr. 4. Illenschwang. (Leipzig, Hartmann.) à Jahrg. *

—— [ein Bote zur Sammlung der zerstreuten Brüder] von Abend nach Morgen. Ein Correspondenzblatt im Sinne der allgemeinen Kirche, welche mit dem heil. Geist ruft: Komm HErr Jesu! [Offenb. Joh. 22, 17—20.] Hrsgbr.: Chr. Clöter. Jahrg. 1885—1889. à Jahrg. 12 Nrn. (Bog.) gr. 4. Weiltingen b. Dinkelsbühl. (Leipzig, Hartmann.) à Jahrg. *

—— [e. Bote zur Sammlung der zerstreuten Brüder] von Abend nach Morgen. Ein Correspondenzblatt im Sinne der allgemeinen Kirche rc. Hrsgbr.: Chr. Clöter. Jahrg. 1890–1892. à Jahrg. 12 Nrn. (à Nr. 1–2 Bog.) gr. 4. Weiltingen b. Dinkelsbühl. (Lpz., Hartmann.) à Jahrg. * 3 60

— [e. Bote zur Sammlung der zerstreuten Brüder] v. Abend nach Morgen. Ein Correspondenzblatt im Sinne der allgemeinen Kirche, welche m. dem heil. Geist ruft: Komm HErr Jesu! [Offenb. Joh. 22, 17—20.) Hrsg.: Chr. Clöter. 26.—29. Jahrg. 1891—1894. à 12 Nrn. (à 1—2 Bog.) gr. 4. Weiltingen b/Dinkelsbühl. (Leipzig, R. Hartmann.) à Jahrg. n. 3. 60

— [e. Bote z. Sammlg. d. zerstreuten Brüder] v. Abend n. Morgen. E. Correspondenzblatt im Sinne d. allgem. Kirche, welche m. d. heil. Geist ruft: Komm HErr Jesu! [Offenb. Joh. 22, 17—20.] Hrsg.: H. Eißner. 30.—33. Jahrg. 1895—1898. à 12 Nrn. (Bog.) gr. 4. Ansbach (Leipzig, R. Hartmann.) à Jahrg. n. 3. 60

Brüder-Bote (e. Bote zur Sammlg. d. zerstreuten Brüder) von Abend nach Morgen. Ein Correspondenzblatt im Sinne der allgemeinen Kirche, welche m. dem hl. Geist ruft: Komm HErr Jesu! (Offenb. Joh. 22, 17—20.) Hrsg.: H. Eißner. 34.—37. Jahrg. 1899—1902. à 12 Nrn. gr. 4. (à ca. 8 S.) Ansbach. (Leipzig, R. Hartmann). à Jahrg. n. 3. 60

Brüder-Bote (e. Bote zur Sammlung der zerstreuten Brüder) von Abend nach Morgen. Ein Korrespondenzblatt im Sinne der allgemeinen Kirche, welche m. dem hl. Geist ruft: Komm HErr Jesu. (Offenb. Joh. 22, 17—20.) Hrsg.: H. Eißner. 38.—41. Jahrg. 1903—1906. à 12 Nrn. (à 8 S.) 4. Ansbach. (Leipzig, R. Hartmann.) à Jhrg. n. 3. 60

Brüder-Bote (e. Bote z. Sammlung d. zerstreuten Brüder) von Abend nach Morgen. Ein Korrespondenzblatt im Sinne der allgemeinen Kirche, welche m. dem hl. Geist ruft: Komm HErr Jesu (Offenb. Joh. 22, 17—20). Hrsg.: H. Eißner. 42.—44. Jhrg. 1907 bis 1909. à 12 Nrn. (à 8 S.) Lex. 8. Ansbach (Leipzig, R. Hartmann). à Jhrg. 3. 60

Brüder-Bote (e. Bote z. Sammlg d. zerstreuten Brüder) v. Abend n. Morgen. Hrsg.: H Eissner. 45—47 J. [12—14. Bd.] '10—12 je 12 Nrn. (Nr 790, 802 u. 803: je 8) Lex8° Ausb. (Lpzg. R Hartmann.) je † 3.60 d

Brüder-Bote, der. Red.: J. R. Römer. Jahrg. 1866—1870. à 6 Hefte (à 2—3 Bgn.). Mit Beiblatt. Bautzen. (Dresden, Naumann.) 8. Jeder Jahrg. n. 17½ ngr.

—— dass. — Jahrg. 1867. 6 Hefte. (à 2—3 Bog.) Mit Beiblatt. gr. 8. Bautzen. (Leipzig, H. Schultze.) *

Brüder-Bote, der. Redact.: J. R. Römer. Jahrg. 1868—1872. à Jahrg. 6 Hefte. (à Heft 3 Bog.) Mit Beiblatt. gr. 8. Bautzen. (Dresden, Naumann.) à Jahrg. *

—— dass. — Jahrg. 1873. 12 Hefte. (à 1½ Bog.) gr. 8. Ebendas. **

(——) Systematische Darstellung vom Inhalt des Brüderboten aus den Jahrgängen 1866 bis 1873. Zusammengeordnet für diejenigen, welche diese Jahrgänge nicht mehr erlangen können. 8. (144 S.) Leipzig 874, Koch.

— dasselbe. Jahrg. 1874 u. 1875 à 12 Hfte. gr. 8. (à Hft. ca. 28 S.) (Dresden, Naumann — Leipzig, H. Schultze.) à Jahrg. n.n. 2. —

Brüder-Bote, der. Redact.: A. Glitsch. 14.—17. Jahrg. 1876—1879. à Jahrg. 12 Hefte (à 1½ Bog.) gr. 8. Herrnhut. (Leipzig, H. Schultze's Sortiment.) à Jahrg. *

Brüder-Bote, der. Redact.: A. Glitsch. 18.—22. Jahrg. 1880—1884. à Jahrg. 12 Hefte. (à Heft 1½ Bog.) gr. 8. Herrnhut. (Gnadau, Unitäts-Buchh.) à Jahrg. *

Brüder-Bote, d. Red.: A Glitsch. 19—23. Jahrg. 1881—1885. à 12 Hfte. (1½ B.) 8. Herrnh. (Gnad., Unitätsbh.) à Jahrg. n. 2. 40

Brüder-Bote, der. Redact.: A. Glitsch. 23.—26. Jahrg. 1885—1888. à Jahrg. 12 Hefte. (à Heft 1½ Bog.) gr. 8. Herrnhut. (Gnadau, Unitäts-Buchhandlung.) à Jahrg. *

Brüder-Bote, der. Redact.: A. Glitsch. 27.—30. Jahrg. 1889—1892. à Jahrg. 12 Hefte. (à Heft 1½ Bog.) gr. 8. Herrnhut. (Gnadau, Unitäts-Buchh.) à Jahrg. * 2 40

Brüder-Bote, der. Red.: A. Glitsch. 30.—33. Jahrg. 1891—1894. à 12 Hfte. (1½ Bog.) gr. 8. Herrnhut. (Gnadau, Unitäts-Buchh.) à Jahrg. n. 2. 40

Brüder-Bote, der. Red.: A. Glitsch. 34.—37. Jahrg. 1895—1898. à 12 Hfte. (à ca. 1½ Bog.) gr. 8. Herrnhut. (Gnadau, Unitäts-Buchh.) à Jahrg. n. 2. 40

Brüder-Bote, der. Red.: A Glitsch. 35—37. Jahrg. 1896—1898 à 12 Hfte. 8° (1. Hft. 24) Herrnh. (Gnad., Unitäts-Bh.) à Jahrg. 2.40

Erscheint nicht mehr.

Der Brüderbote: Band 1– ?, June 1875 – 1876?

Monthly, then semi-monthly? Established wholly in German, later published in English and German. Organ of Amerikanische Brüder-Kirche. Title in English: THE BRETHREN'S MESSENGER. Place of publication varies: Lancaster, 1875–?. Large quarto, each issue 4 pages. Edited & published by Ludwig A. Plate; by Ludwig A. Plate & Jakob T. Meyers; by Jakob T. Meyers.
Germantown, PA

Der Brüderbote: Jahrgang 1—13, 1881–1894?

Monthly, 1881–87; fortnightly, 1888–94. Sub-title: Organ der Gemeinde der Brüder, genannt deutsche Täufer. Organ of Die Brüderkirche. Place of publication varies: Dysart, Iowa, 1881; Grundy Center, Iowa, 1882–88. Large quarto, each issue 4 pages. Edited & published by Eugene Hunt, 1881?; by J. M. Snyder, 1882–94.
Mc Pherson, KS

Bruderbüchlein, s.: Sammlung auserles. geistl. Lieder.

Bruderbund, Der anarchistisch-socialdemokratische. Allen zum Nachdenken. Wien 1901. V: *Schelbicky, Adolph.* (EB)

Bruderbund u. Kampf; od. Cajus Grachus. Ein Trauersp. v. Ch. Jett. 8. Mannheim, Schwan u. G. 800. Rthlr.

Brüderchen u. Schwesterchen, gez. v. Müller-Münster, s: Bilderbuch, Das deut.

Brüderchen u. Schwesterchen, s. Bilderbücher, Münchener.

Brüderchen und Schwesterchen. Ein deutsches Volksmärchen. Mit 6 Bildern in Oelfarbendr. 8. (5 S.) Leipzig 873, Hartknoch. *

Brüderchen und Schwesterchen. 4. (6 Chromolithogr. mit 4 S. Text.) [Leipzig.] Stuttgart 876, Löwe.

Brüderchen u. Schwesterchen. Märchen m. 6 Farbendr.-Bildern in Holzschn. nach Orig.-Zeichngn. v. Emil Sachsze. (Meinhold's Märchen-Bücher.) gr. 4. (8 S.) Dresden (902). C. C. Meinhold & Söhne. n. 1. —

Bruderer, Hans. Cirkus und Variété (in Basel). Uebersichtliche Zusammenstellung seit dem Jahre 1850. Mit Bildnis [Tafel] von Herrn K(arl) Küchlin, Direktor des Kardinaltheaters (in Basel) und des Colosseums in Freiburg. Herausgeber: H' Br'. II + 63 S. 8. Basel, J. Frehner, 1907. fr. —.50

Brudergemeine, üb. d. evangelische. 8. Leipz., E. Fleischer. 16 ℳ

Brüdergesänge. Gnadau 1827. V: *Garve, Carl Bernhard.* (GGr)

Brudergeschlecht, das deutsche, in dieser Zeit allgemeiner Empörung. Im Lichte des festen prophet. Wortes, insbesondere der Offenbarung Johannis betrachtet. Eine Homilie für den Prediger an der Paulskirche zu Frankfurt a. M. Von e. Nichtgeistlichen. 8. (IV u. 84 S.) Dresden 849, Naumann. n. 8 ngr

Brudergruss bei der Aufnahme des gel. Br. Funk. o. O. u. J. 1 Bl. 8° [Kopftit.]
Lied ohne Noten: „Mit hoher Freude in dem Herzen ..."

Brudergruss dem Br Joh. Ehlert Bieber in dankbarer Liebe gewidmet am 24. Oct. 1855. Hamburg 1855: Appel. 2 Bl. 8° [Umschlagtit.]
„Die Weisheit baute diese heil'gen Hallen ..."

Brudergruss zur Feier des 4. Aug. 1867. [Darmstadt 1867.] 2 Bl. 8° [Umschlagtit.]
Gedicht: „Seid willkommen, edle Brüder, ..."

Brudergruss zur Feier des Johannisfestes in der ger. und vollk. St. Johannis-Freimaurer-Loge Wittekind zur westphälischen Pforte in Minden am 24. Juni 1846. Minden 1846. V: *Kunitzki, Gneomar von.* (wolfstieg I, 603)

Brudergruss der ger. und vollk. Loge Joseph zur Einigkeit im Or. Nürnberg an dem Jubelfeste ihres hundertjährigen Bestehens den 30. Juni 5861. Dargebracht von der ger. und vollk. Loge Archimedes zum saechischen Bunde im Or. Schneeberg. [Schneeberg 1861.] 2 Bl. 4° [Umschlagtit.]
Tt. 2407. Gedicht: „Ein Freudentag sank von dem Himmel nieder ..."

Brudergruss dem aufgenommenen [Br.] Loffgrén, welchem am 5. Sept. 1839 in der ▭ C[arl] z[um] F[elsen] in Altona die maurerische Weihe ward. [Hamburg 1839]: Menck. 1 Bl. 29,5×10,5 cm [Kopftit.]
Lied ohne Noten: „Vom überraschten Aug' ist hier ..."

Brudergruss ihrem geliebten Bruder Mamme Hinrich Mammen am fünfundzwanzigjährigen Jubelfeste seiner Amtsführung als erster Aufseher den 27. December 1875 in herzlicher Liebe, Achtung und Dankbarkeit zugerufen von der Brüderschaft der Loge zur Pyramide i. Or. Plauen. [Plauen 1875: Neupert.] 2 Bl. 4°.
„Wir grüssen dich an diesem Tag" ...

Bruder-Gruss zum 19. März 5841. [Unterz.:] W. [Leipzig 1841.] 1 Bl. 8° [Kopftit.]
Lied ohne Noten: „Oeffnet die Pforten weit, ..."

Brudergruss der ger. u. vollk. St.-Johannisloge zu den ehernen Säulen im Or. Dresden am Tage ihrer feierlichen Einweihung den 18. Juli 5863, dargebracht von der Loge zur Akazie im Or. Meissen. Meissen [1863]: Klinkicht. 2 Bl. 2° [Umschlagtit.]
In Versen: „Seid uns gegrüsst, geliebte Werkgenossen, ..."

Brudergruss an die S. E. G. u. V. S. Johannis-Loge Zur Goldenen Waage in Quedlinburg, bei ihrer Einweihung am 19. Aug. 1846, von der Loge zu den drei Hammern in Halberstadt. Halberstadt [1846]: Dölle. 2 Bl. 8° [Umschlagtit.]
Gedicht: „Es strahlte schon lange das Maurerlicht ..."

Brudergruss an die S. E. G. u. V. S. Johannis-Loge Wilhelm zu den 3 Säulen in Wolfenbüttel, bei ihrer Einweihung am 8. Sept. 1847 von der Loge zu den drei Hammern in Halberstadt. Halberstadt [1847]: Dölle. 2 Bl. 8° [Umschlagtit.]
Gedicht: „Was regt sich, wie vor neun und sechszig Jahren, ..."

Brudergruss zur Tempelweihe an die g. g. u. v. St. Joh.-Loge zur wahren Eintracht im O. Schweidnitz von ihrer Schwester Aurora zur ehernen Kette im O. Reichenbach. Den 26. Oct. 1851. [Unterz.:]. . . . n. Reichenbach [1851]: Pape. 2 Bl. 4⁰ [Umschlagtit.]
Gedicht: „In diese Tempelhalle . ."

Brudergruss ihrem geliebten Bruder Robert Hermann Ulbricht am fünfundzwanzigjährigen Jubelfeste seiner Amtsführung als Schatzmeister den 27. December 1873 in herzlicher Liebe, Achtung und Dankbarkeit von der Brüderschaft der Loge zur Pyramide i. Or. Plauen. [Plauen o. J.: Neupert.] 2 Bl. 4⁰.
„Brüder heute soll ertönen" . . .

Brudergrüsse, oder: Erinnerungen. Zu einem Festkränzchen an einander gereiht und seinen Brüdern zur St. Johannis-Feier 1839 dargebracht vom derm.·. Br.·. Redner der ☐ zu Worms. [Worms: 1839.] 16 S. 8⁰ [Umschlagtit.]
10 Gedichte.

Bruderhand: Die Bruderhand
⑤ 1849—1850 ⑧ Genf ⑪ deutsche Flüchtlinge ⑮ In seinem Aufsatz »Eine Denkschrift über das Treiben der deutschen Flüchtlinge« (Basler Zeitschrift für Geschichte & Altertumskunde 3, 1904, p. 2) schreibt Jakob Schneider: »... Die Zeitschriften und Pamphlete, welche die Flüchtlinge selbst verfaßt haben, gehören heute zu den größten Seltenheiten (wie Dronkes ‚Erinnyen', Vivis 1850) oder sind geradezu unauffindbar (wie z. B. ‚Die Bruderhand', Genf 1849/50).«

Genossenschaftsbank „Bruderhand" eingetragene Genossenschaft mit beschränkter Haftpflicht [in Berlin]. Berlin 1902. 2 Bl. 4⁰ [Kopftit.]
Prospekt.
cf. Hannoversch. Courier v. 8. Okt. 1902.
L. G. Rat Fischer, Gera.

Genossenschaftsbank **„Bruderhand"** eingetragene Genossenschaft mit beschränkter Haftpflicht. [Berlin 1902.] 4 Bl. 8⁰.

Genossenschaftsbank **„Bruderhand"**, [in Berlin] eingetragene Genossenschaft mit beschränkter Haftpflicht. [Berlin 1902.] 16 S. 8⁰
Enth. das Statut der Genossenschaftsbank.

Bruderhaas K.: † Prof. Václav Čermak. (2). Laun R. 05. Progr.

Das **Bruderherz.** Den theuren und geliebten Brr J[oh.] G[eorg] B[ernh.] Maltz, F. H[einr.] Koethcke und F. H[erm.] Meiners brüderlichst zugeeignet von dem Verf. Johannistag 1843. Hamburg [1843]: Anthes. 2 Bl. 4⁰ [Umschlagtit.]
„Kennst Du das Kleinod wohl im engen Raum, . . ."

Bruderhilfe. Mitteilungen aus dem Verein „Bruderhilfe". [Red. von Wilh. Kunis.] [Jg. 6:] Begründet von Wilh. Kunis. [Red. Rich. Boost.] [Seit Jg. 7.:] Hrsg.: Rich. Boost. Jg. 1—7. [Leipzig: Bruderhilfe 1904—1910.] 4⁰ [Kopftit.]
1. 86 S. 1904; 2. 144 S. 1905; 3. 180 S. 1906; 4. 204 S. 1907; 5. 284 S. 1908; 6. 288 S. 1909; 7. 1910.
cf. Brh. 6 (1909) S. 1, 3.

Der Verein **„Bruderhilfe"** [in Leipzig] und seine Aufgaben. [Leipzig 1902.] 2 Bl. 8⁰ [Kopftit.]
Abgedr. in: FZ. 56 (1902) S. 341—343; Brh. 1 (1904) S. 22—23.
1902 gegründet.

Brüder-Kalender. Statistisches Jahrbuch der evangel. Brüderkirche u. ihrer Werke. 1. u. 2. Jahrg. 1894. 1895. Bearb. v. Ernst Wick. gr. 16. (100 S. m. 1 Bildnis, 104 S. m. 1 Bildnis.) Niesky. (Gnadau, Unitäts-Buchh.) à n. — 50

Brüder-Kalender. Statist. Jahrbuch d. ev. Brüderkirche u. ihrer Werke. 3. Jahrg. 1896. Bearb. v. E Wick. 16⁰ (132 m. 1 Bildnis.) Niesky. (Gnadau, Unitäts-Bh.) — 50
Bis 1891 u. d. T.: Brüder-Almanach.

Brüder-Kalender. Statist. Jahrbuch d. evang. Brüderkirche u. ihrer Werke. 6. Jahrg. 1899. Bearb. v. Rud. Müller. gr. 16. (134 S. m. 1 Abb.) Niesky. (Gnadau, Unitäts-Buchh.) n. — 50

Brüder-Kalender. Statist. Jahrb. d. ev. Brüderkirche u. ihrer Werke. 8. Jahrg. 1901. Bearb. v. R Müller. 16⁰ (138 m. 1 Abb.) Niesky. (Gnad, Unitäts-Bh.) — 50
Bis z. 4. Jahrg. bearb. v. E Wick.

Brüder-Kalender. Statist. Jahrb. d. ev. Brüderkirche u. ihrer Werke. 9—13. Jahrg. 1902—6. 9—12 bearb. v. R Müller, 13 v. G Wurr. 12⁰ Niesky. (Gnad., Unitäts-Bh.) 2.90 d
9. (128 m. 1 Abb.)'02. — 50 ‖ 10. (108 m. 1 Abb.)'03. — 60 ‖ 11. (114)'03. — 60 ‖ 12. (100)'05. — 60 ‖ 13. (112)'06. — 60.

Brüder-Kalender. Statist. Jahrb. d. ev. Brüderkirche u. ihrer Werke. 14—17. J. kl8⁰ Gnadau, Unitäts-Bh. 2.10 d
14. '07. Bearb. v. Gust. Wurr. (113) Niesky. — 60 ‖ 15.16. '08.'09. Bearb. v. Adf Schulze. (119 u. 118 m. 1 Bildn.) Niesky. Je — 50 ‖ 17. '10. Bearb. v. Adf Schulze. (124 m. 1 Bildn.) Herrnh. — 50.

Brüder-Kalender. Statistisches Jahrb. d. evangel. Brüderkirche u. ihrer Werke. 18. Jhrg. 1911. Bearb. v. Adf. Schulze. (128 S. m. 1 Bildnis.) 8. Herrnhut. Gnadau, Unitäts-Buchh. — 50

Brüder-Kalender '13. Statist. Jahrb. d. evang. Brüderkirche u. ihrer Werke. 20. J. d. n. F. d. Brüderalmanach. Bearb. v. Adf Schulze. (128 m. 1 Bildn.) 8⁰ Herrnhut. (Gnad., Unitäts-Bh.) — 60 d

Bruderkampf, Der letzte, der Deutschen an der Unstrut (27. Juni 1866). Langensalza 1891. V: *Gutbier, Hermann.* (Russell XVI, II, 1, 1559)

Bruderkampf, der letzte, der Deutschen an der Unstrut [27. Juni 1866]. 8. (32 S. m. 1 Plan d. Gefechtsfeldes bei Langensalza). Langensalza 891. Wendt & Klauwell n. — 60

Bruderkampf, Der letzte, im Hause Wittelsbach. Hist. Drama in fünf Acten. Leipzig 1858. V: *Spruner von Merz, Carl.* (BrVV)

Bruderkette, die. Maurerisches Organ der eklekt. Loge „zur Bruderkette" in Hamburg. Herausgeg. von ihrer literarischen Commission. 1—4. Jahrgang. Hamburg. Druck v. Kümpel. 1882—1884.
Erscheint unregelmässig: enthält nur Mittheilungen aus dem inneren Leben der Loge, und hat namentlich den Zweck, die Beziehungen zu den auswärts wohnenden Mitgliedern lebhafter zu gestalten.

Die **Bruderkette** am Johannisfeste. [Hamburg: ca 1868.] 2 Bl. 8° [Kopftit.]
Gedicht: „Johannisfest, du Fest der Feste, ..."

Bruder-Klausen-Zeitung, s. Klausen-Zeitung.

Bruderkrieg? Nein! Prinzipien-Kampf! . . . Berlin 1866. V: *Schüller, Eduard.* (Ky)

Bruder-Krieg? Nein! Prinzipien-Kampf! Von einem Veteranen aus den J. 1813—15. (Von Schüller.) Berlin 866. Nicolai'sche Verlagshdlg. 8. (30 S.) 5 ngr.

Bruderladengesetz, das, vom 28. Juli 1889. Nebst Nachträgen einschl. d. Ges. v. 17. Sept. 1892 u. Verordngn. üb. die Schiedsgerichte sowie Normalstatut. Hrsg. vom Montanverein f. Böhmen. gr. 8. (158 S.) Prag 892. (J. G. Calve.) n.n. 2. —

Bruderlads-Statut der Bleiberger Berg- u. Hüttenarbeiter bei der Bleiberger Bergwerks-Union. Klgft., Leon, (1876). 31 S.

Bruderlads-Statuten der Erlaucht Franz Ernst Graf Harrach'schen Berg- und Hüttenwerke zu Janowitz für deren sämmtliche Berg- und Hüttenarbeiter. 8. (20 S.) Sternberg. Druck von Vinzenz Joseph Niesner. 1854.

Treue **Bruderlehren.** [Von Graf v. S.] Berlin 1780: Decker. 12 S. 8° [Umschlagtit.]
Kl. 1033. Selten. An einen neu aufgenommenen Freund u. Bekannten v. G. gehalten. Enth. Warnungen für einen angehenden Maurer.

Brüderlein, L. C. M., traité complet et raisonné de la prononciation française à l'usage de la nation allemande. gr. in-8. Stuttgart 813, J. F. Steinkopf. n. 2¼ ₰

Brüderlichkeit v. Braterstwo.

Brüderlichkeit und Freundschaft. [Freiburg 1876: Poppen & S.]. 7 S. 8° [Kopftit.]

[Dasselbe.] [Freiburg 1893: Lehmann.] 7 S. 8°
(MittFrbB. 47.)

Bruderlieb, (Andr. Fr. Kemmerich,) vertraul. Briefe an gute Freunde von gleicher Gesinnung über das festere prophetische Wort Gottes. 1r Thl. u. 2n Thls. 1e, 2e u. 3e Abtheil. gr. 8. Helmst. 781—83. Kühnlin. 2 ₰ 21 K

Bruderliebe. [Auerbach i. V. o. J.: Gröger.] 8 S. 8°. [Kopftit.]
Gedicht: „Des Lebens Sonnenglanz, das ist die Liebe" ...

Bruderliebe. Schauspiel in 5 Aufz. nach Serjour v. Ehrenfeld. 8. Pesth. (Fürth, Korn in Comm.) 1809.

Bruderliebe, Die, oder der verzeihende Joseph. Ein Trauerspiel. Der Bruderhass oder Kain und Abel. Ein Singspiel ... Solothurn 1770. V: *Zimmermann, Joseph Ignaz.* (Jes)

Bruderliebe, evangelische. Vorträge über die Aufgaben und Arbeiten des evangel. Vereins der Gustav-Adolf-Stiftung, hrsg. von Adb. Natorp. 1. Bd. 4 Hefte und 2. Bd. 1.—3. Heft. 8. Barmen, Klein. *

Inhalt:
Bd. 1. Heft 1. Natorp, Adb., drei Blätter aus der Reformationsgeschichte Mährens. (36 S.) 878. * 60 Pf.
» 2. 3. —— Adolf Clarenbach und die evangelische Diaspora am Niederrhein. (49 S.) 879. * 75 Pf.
» 4. Rogge, Bernh., die Friedens- und Gnadenkirchen in Schlesien. (42 S.) 879. * 60 Pf.
» 2. » 1. Scheuffler, Heinr. Joh., Hans Fabian v. Ponickau, der Defensor der Oberlausitzer Glaubensfreiheit zur Zeit des 30jähr. Krieges. (42 S.) 879. * 60 Pf.
» 2. Hermens, der Gustav-Adolf-Verein. Ein Wort der Mahnung. (20 S.) 879. * 40 Pf.
» 3. a) Cassel, Paulus, die Winterkönigin. Eine nach einem freien Vortrage erweiterte geschichtl. Skizze. — b) Schneider, J., die Gustav-Adolfs-Gemeinden der Rheinpfalz. (58 S.) 879. * 80 Pf.

Bruderliebe, evangelische. Vorträge über die Aufgaben und Arbeiten des evangel. Vereins der Gustav-Adolf-Stiftung, hrsg. von Adb. Natorp. 2. Bd. 4. Heft, 3. Bd. 6 Hefte, 4. Bd. 6 Hefte, 5. Bd. 6 Hefte und 6. Bd. 1. Heft. 8. Barmen, Klein. *

Inhalt:
Bd. 2. Heft 4. Hermens, E., das Evangelium in Hohenzollern. (33 S.) 882. * 60 Pf.
» 3. » 1. Ruhmer, F. A., die Evangelisation Böhmens und Mährens vor und nach der Reformationszeit. (37 S.) 880. * 50 Pf.
» 2. 3. Natorp, Adb., der Gustav-Adolf-Verein im Gewande der Dichtung. (109 S.) 880. * ℳ 1.
» 4. Scheuffler, Heinr. Joh., Bilder aus der Oberlausitzer Reformationsgeschichte. I. Einführung und Schicksale der Reformation in der Oberlausitz. (55 S.) 881. * 75 Pf.
» 5. Natorp, Adb., der Gustav-Adolf-Verein in Westfalen und Rheinland. 1. Tl.: Land und Leute. (52 S.) 881. * 75 Pf.
» 6. Hermens, E., ein tragisches Fürstenleben aus der Zeit der deutschen Reformation. [Herzog Ulrich der Vielgeübte von Württemberg.] (45 S.) 881. * 75 Pf.
» 4. » 1. Natorp, Adb., der Gustav-Adolf-Verein in Westfalen und Rheinland. 2. Tl.: Zur kirchl. Geschichte Rheinlands und Westfalens. (58 S.) 881. * 75 Pf.
» 2. Köhler, neun Jahre in der schlesischen Diaspora. (43 S.) 881. * 75 Pf.
» 3. Ledderhose, Karl Friedr., aus dem Leben des Johann Tobias Kießling von Nürnberg. (28 S.) 882. * 60 Pf.
» 4. Natorp, Adb., der Gustav-Adolf-Verein in Westfalen und Rheinland. 3. Tl.: Der rhein. Hauptverein. (57 S.) 882. * 80 Pf.
» 5. Scheuffler, Heinr. Joh., Bilder aus der Oberlausitzer Reformationsgeschichte. II. Die Bischofswerdaer Reformation 1559. (46 S.) 882. * 75 Pf.
» 6. Ledderhose, Karl Friedr., die Schreckenstage von Thorn im J. 1724. Erzählt. 2. durchges. und verb. Aufl. (46 S.) 882. * 60 Pf.

• 5. • 1—3. Siegrist, Karl Chrph., die evangelische Gemeinde in Säckingen nach 25jährigem Bestand, nebst den von dort aus ins Leben gerufenen Kirchengenossenschaften in Waldshut, Laufenburg und Wehr. Ein Bild vom Felde des Gustav-Adolf-Vereins am Oberrhein. (171 S.) 883. *ℳ 2,40.
• 4. Tischer, Gust. Adf., zur Geschichte des Evangeliums in Westpreußen und Ermland. (83 S.) 883. *ℳ 1.
• 5. Scheuffler, Heinr. Joh., die evangelische Gemeinde Görz im österreichischen Küstenlande. Eine Darstellung des Entwickelungsganges der ersten vom Leipziger Studentischen Gustav-Adolf-Vereine unterstützten Diasporagemeinde. (59 S.) 883. * 75 Pf.
• 6. Natorp, Adb., der Gustav-Adolf-Verein in Westfalen und Rheinland. 4. Tl.: Der westfäl. Hauptverein. (47 S.) 884. * 60 Pf.
• 6. • 1. Hermens, E., Leiden und Glaubenszeugen des 30jährigen Krieges. Vortrag, gehalten zu Frankfurt a. O. (56 S.) 884. * 75 Pf.

Bruderliebe, evangelische. Vorträge über die Aufgaben und Arbeiten des evangel. Vereins der Gustav-Adolf-Stiftung, hrsg. von A. Natorp. 6. Bd. 2.—6. Heft. 8. Barmen, Klein. *

Inhalt:
Heft 2. Weitbrecht, Rich., unterm Krummstab. Die Vertreibung der Salzburger Protestanten 1732. (59 S.) 885. * 75 Pf.
• 3. Coldiz, A., Reformation und Gegenreformation in Steyr. (66 S.) 886. * 75 Pf.
• 4. Giesekke, Frz., evangelische Bruderliebe in Rußland. (17 S.) 887. * 20 Pf.
• 5. Scheuffler, H. J., Bilder aus der Oberlausitzer Reformationsgeschichte. III. Die Bernstädter Religionskämpfe von 1573 bis 1632. (39 S.) 887. * 50 Pf.
• 6. Die evangelische Diaspora in Posen. Von *,*. (45 S.) 887. * 50 Pf.

—— dass. — 7. Bd. 1. Heft: Spanien. Von Hermens. 8. (84 S.) Ebendas. 888. *

—— Dass. — 7. Bd. 2. Heft: Die Vertreibung der Evangelischen aus Locarno [1555] nach dem Berichte d. Augenzeugen Thaddaeus Duno, F. H. E. Benrath. 8. (29 S.) Ebd. 889. * — 40
7. Bd. 1. Heft. Ebd. 1888. * — 40.

Bruderliebe, evangelische. Vorträge üb. die Aufgaben u. Arbeiten d. evangel. Vereins d. Gustav-Adolf-Stiftg., hrsg. v. A. Natorp. 1.—3. Bd. 2. bill. (Titel-)Ausg. 12. Barmen 892, Klein. [1. Bd. (36, 49, 42 S.) * 1 50; 2. Bd. (37, 112, 55, 52, 55 S.) * 2 50; 3. Bd. (42, 20, 58, 33 S.) * 1 50.] * 5 50

Bruderliebe, die geprüfte,. Lustsp. v. Matthesius. 8. Chemnitz. (Sommer in Leipz.) 785.

Brüderlieder. Eine Sammlg. geistl. Gesänge z. Gebrauch in den Brüdergemeinen u. in Gemeinschaften. Hrsg. v. der Direktion der ev. Brüderunität. (187 S.) 16. Gnadau (907). Unitäts-Buchh. In Leinw. kart. nn — 40

Brudermann, Rudolf, Abrichtung d. Campagne-Pferdes im Freien. In tägliche Lectionen eingetheilt. 12. (5 B.) Wien 843. (Heubner's Verl.) *

Brüder-Mission, die, auf d. Dänisch-Westind. Inseln. Ein Rückblick auf deren erstes Jahrh., zum 21. Aug. 1832. 8. (2½ B.) Gnadau 832, Burkhard. (Leipzig, Kummer.)

Brüder-Missions-Blatt für Kinder. 1. Jahrg. 1865. Juli —Decbr. 3 Nrn. (à ¾—1 Bgn.) Gnadau. (Leipzig, H. Schultze.) 12. n. 4 ngr.

Brüder-Missions-Blatt f. Kinder. Jahrg. 1866—70. à 6 Nrn. (B) 12. Gnadau. (Lpzg, H Schultze.) à n. — 8

Brüder-Missions-Blatt für Kinder. Jahrg. 1868—1873. à Jahrg. 6 Nrn. (à ¾—1 Bog. mit eingedr. Holzschn.) 12. Gnadau. (Leipzig, H. Schultze.) à Jahrg. *

— kleines. Jahrg. 1874—1876 à 6 Nrn. (½ B. m. eingedr. Holzschn. u. 1 Holzschntaf.) 8. Ebend. — 90

Brüder-Missions-Blatt, kleines. Red.: Th. Bauer. Jahrg. 1877—1879. à 6 Hfte. (1½ B. m. 1 Holzschntaf.) gr. 16. Gnadau. (Leipzig, H. Schultze's Sort.) à Jahrg. — 90

Brudermord aus Bundespflicht, (v. K. J. Krebs). 2 Bdchn. 8. Bresl. 793. J. F. Korn. 1 ⸗ 14 ℊ

Brudermord aus Bundespflicht; eine Sage aus den schreckensvollen Tagen des Vehmgerichts. Breslau 1795. V: *Krebs, Carl Joseph.* (Adel) (MGT) »1793« (Ky)

Der Entdeckte und Gestraffte Bruder-Mord. In der Persohn des Herrn Graffen [Wilhelm Adolf] v. Rantzau. Und Dessen Adhaerenten. Aus verschiedenen öffentlichen Historischen Nachrichten Kürtzlich zusammen gezogen und entworfften. o. O. Gedruckt im Jahr 1726. 4 k.

Brudermord des Cain. Trauersp. v. Hudemann. 8. Wismar, Bödner. 765.

BRUDERMÖRDER, Der, oder Das edle Weib Lunara in Persien. Mit TKpf. u. TVign. von Weinrauch. Wien und Prag, Fr. Haas, 1799. 8°. 286 S. Zahm. (2 Mk., geles. Expl., Taussig, Prag, 1906.)

Brüdern, Den besuchenden, zur 50jährigen Jubelfeier der Loge zur unverbrüchlichen Einigkeit gewidmet den 10. Februar 1867 ... Hamburg 1867. V: *Ney, Heinrich* (?). (wolfstieg II, 1017)

Bruderparteien (An die) und Vereinigungen von Gesinnungsgenossen aller Länder, welche an den jüngsten Kongress der deutschen Sozialdemokratie Begrüssungs- und Zustimmungs-Adressen gerichtet haben. Flugblatt der „Socialistischen Arbeiterpartei Deutschlands“, s. l. s. a. Unterschrift: Die auswärtige Verkehrsstelle: Walther.

Bruders, deines, Blut. Eine Geschichte aus Armeniens Leidenstagen v. M. v. O. Mit e. Vor- u. Nachwort v. Ernst Lohmann, sowie Illustr. zum Tl. nach Orig.-Aufnahmen u. Zeichngn. 1.—5. Aufl. gr. 8. (à 213 S.) Schwerin 901. F. Bahn. n. 1. 50; geb. in Leinw. n. 2.—

Bruder's, deines, Blut. Eine Geschichte aus Armeniens Leidenstagen von M. v. O. Mit e. Vor- u. Nachwort v. Ernst Lohmann, sowie Illustr. zum Tl. nach Orig.-Aufnahmen u. Zeichngn. 6.—15. Aufl. (à 213 S.) 8. Schwerin 904. F. Bahn. n. 1. 50; geb. n. 2. —

Bruder's, deines, Blut. Eine Geschichte aus Armeniens Leidenstagen von M. v. O. Mit e. Vorwort u. Nachwort v. Ernst Lohmann, sowie Illustr. zum Tl. nach Orig.-Aufnahmen u. Zeichngn. 16.—20. Aufl. (Je 214 S.) 8. Schwerin (907.08). F. Bahn. 1.50; geb. 2. —

Die Verfassung der Kirche von den ersten Jahrzehnten der apostolischen Wirksamkeit an bis zum Jahre 175 n. Chr. Von Heinrich Bruders, S. J. *Mainz: Kirchheim & Co. 1904.* (XVI, 405 S.) 8°
— Forschungen z. christlichen Literatur- u. Dogmengeschichte. Bd 4, H. 1. 2. [o]. 1503

Bruders, Heinr.. S. J., akademische Vorträge. Die Exerzitienwahrheiten. (X, 483 S.) kl. 8. Innsbruck 910. F. Rauch. 3.—; geb. 3. 80

Brüders, Otto, erfolgreicher Gemüsebau im Hausgarten. Ein Leitfaden f. jeden Gartenbesitzer in der Stadt u. auf dem Lande. Einfache Kulturanleitgn. f. 60 verschiedene Gemüsearten. (VIII, 120 S. m. 81 Abb.) 8. Wien (908). A. Hartleben. 2.—; geb. 3. —

Brüders, Paul, grosse Haverei, s.: Ulrich, Rud.

Brüders, Paul, Versicherungsverständiger aus Lötzen: Das Kriegsrisiko in der Lebensversicherung (sogenannte Kriegsversicherung). *Strassburg: Verl. d. Zeitschrift f. Versicherungs-Recht u. -Wissenschaft 1898.* (74 S.) 8°
Würzburg, Jur. Diss. v. 1898

Bruderschaft d. hl. Anna u. d. hl. Joseph. Erneuert n. d. alten Bruderschaftsb. v. 1772. (82) 16° Paderb., Junfermann 09. — 15 d

Bruderschaft oder Bund der Liebe mit dem allerheil. Herzen Jesu. 12. (28 S. und 1 Kpfr.) Einsiedeln 810, (Gebr. Benziger.

BRUDERSCHAFT der allerheiligsten Dreifaltigkeit. 1823. 1 f. - 2°

Bruderschaft [illegible] Erlangung [illegible] welche besteht in der Kirche der [illegible] Eichstädt [illegible] Ingolstadt, 18[illegible] 67 S., 130 [illegible]
Diöz.-B. Rottenburg.

Bruderschaft von der Unbefleckten Empfängnis Mariä an der Kirche zum heil. Hieronymus, Wien I. Franziskanerplatz 4 (1607—1907). [Wien 1907.] V: *Russ-Müller, Benno.* (EB)

— d. 7 Freuden Mariä, wie selbe bei d. wunderthät. Gnadenbilde in d. Pfarrkirche zu Verru bei Paderborn geh. wird. (24 m. Titelbild.) 16° Ebd. (00). — 15 d

Bruderschaft vom göttlichen Herzen Jesu in der Kirche der Gesellschaft Jesu in Tirnau. Druck von Sigmund Winter in Tirnau. (4 Bl. 8.) 1856

Bruderschaft vom heiligsten Herzen Jesu. 16. (48 S.) Paderborn 875. Junfermann. — 30

BRUDERSCHAFT zum heiligsten Herzen Jesu welche in der St. Salvator-Kirche der Gesellschaft Jesu zu Preßburg durch Fürst-Erzbischöflichen Erlaß vom 20. November kanonisch errichtet und . . . der zu Rom . . . bestehenden Erzbruderschaft einverleibt wurde. Preßburg 1858: Druck v. Alois Schreiber. 4 f. - 16°

Bruderschaft des heiligsten und unbefleckten Herzens Mariä . . . Luzern 1846. V: *Roder, Georg* (SO) oder *Waser, Caspar.* (Jes)

Bruderschaft des heiligsten und unbefleckten Herzens Mariä. 24. (32 S.) Hamm 888, Breer und Thiemann. *

Bruderschaft des heiligsten u. unbefleckten Herzens Mariä zur Bekehrung der Sünder für die Diöcese Paderborn. 8. (31 S. m. 1 Holzschn.) Paderborn 852, Schöningh. n. 1 ngr

— des heiligen und unbefleckten Herzens Mariä zur Bekehrung der Sünder für die Diöcese Paderborn. 2. Aufl. Paderborn 854. Schöningh. 8. (32 S.) n. 1 ngr

Bruderschaft des heiligsten Herzens Mariä zur Bekehrung der Sünder. 32. (32 S.) Paderborn 878. Junfermann. n. — 20

Bruderschaft des heiligsten und unbefleckten Herzens Mariä zur Bekehrung der Sünder in der Pfarrkirche zum heil. Martin in Emmerich. 8. unveränd. Aufl. 16. (32 S. mit 1 Holzschn.) Emmerich 883, Romen'sche Buchh.

Bruderschaft des heiligsten und unbeflecktesten Herzens Mariä, nebst einem Liede zum heiligsten Herzen Jesu. Soest 858. Nasse. 16. (29 S.) 2 ngr

—— des heiligen und unbefleckten Herzens Mariä, nebst einem Liede zum heiligsten Herzen Jesu. 2. und 3. Aufl. 16. (32 S.) Münster 870,78, Nasse'sche Verlagsh. *

BRUDERSCHAFT UNSERER LIEBEN FRAUEN HÜLF zu Ehren der unbefleckten Empfangnuss Mariae . . . Von denen PP. Societatis Jesu zum grossen Nutzen der Lebendigen und Erledigung deren Abgestorbenen aus dem Fegfeuer aufgerichtet. Ofen: Druck. Nottensteinin 1741. 11 S.

Bruderschaft, Hülff- u. Trost reiche, Umb Erlangung eines glückseeligen Sterb-Stündleins. Unter dem Titul der Tods-Angst Christi JEsu. . . . Anjetzo . . . in der Kirchen der Allerheiligsten Dreyfaltigkeit der Societät JESU zu Ynsbrugg eingeführet im Jahr 1729. Und von Päbstl. Heiligkeit Benedicto dem XIII. mit besondern Ablassen . . . bereichet. Innsbruck 1734, M. A. Wagner – 12° – 70 Sn.

Bruderschaft, Hilf- und trostreiche, vom Guten Tode . . . welche am 4ten Sonntag des Monats in Luzern begangen wird. Luzern 1875. V: *Rölli, Franz Xaver.* (Jes)

Die BRUDERSCHAFT zum heiligen Joseph dem glorreichen Nährväter Jesu und Bräutigam Mariä in der St. Salvator-Kirche zu Pressburg 1860: Alois Schreiber. (2 f.) - 175 mm

Bruderschaft zum heil. Josef in der Ordenskirche der Klosterfrauen vom allerheiligsten Erlöser, zu St. Anna in Ried. Kränzl'sche Buchdruckerei in Ried. (4 S. 8.) 1857

Bruderschaft der christlichen Lehre, oder Gesellschaft Jesus, Maria und Joseph gestiftet vom h. Papste Pius V. im J. 1571, für die Diözese Paderborn erneuert im J. 1861. gr. 16. (31 S.) Soest 861, Nasse'sche Verlagsbuchh. *

Bruderschaft, löbliche — welche unter dem Namen und Schutze der h. Jungfrau und Martyrin Barbara, als besondere Sterbpatronin in dem wohllöblichen Gotteshause des St. Johannes Spitales zu Salzburg im Jahre 1753 errichtet und von Ihrer päbstlichen Heiligkeit Benedikt XIV. mit vielen Ablässen auf ewige Welt-Zeiten beschenkt worden ist. Salzburg. 1855 Schnellpressendruck der Duyle'schen Buchdruckerei. (10 Blätt. und ein Bild 8.)

—— die marianische, für schwierige und hoffnungslose Anliegen unter der Anrufung Unserer Lieben Frau vom heiligsten Herzen Jesu. Mit entsprechenden Andachtsübungen und einem Gebetbüchlein. Hrsg. von einem Ordenspriester. 16. (IV, 224 S. mit 1 Stahlst.) Dülmen 876, Laumann'sche Buchh. *

Bruderschaft der christlichen Mütter. 12. (8 S. mit 1 Abbild. in Tondr.) Freiburg 877, Herder'sche Verlagsh. *

BRUDERSCHAFT DES ALLERHEILIGSTEN ROSENKRANTZES, zur Beförderung der Ehre Gottes, und seiner heiligsten Mutter Maria, vor die eifrigsten Christen aufgerichtet zu Wartdberg in dero Marcktkirchen. Im Jahr 1746. Tyrnau 1747. Gedr. in der academ. Buchdrucker der Gesellschaft Jesu. 42 f. - 16°
Dass. Ebd. 1770.

— des heil. Rosenkranzes zur Verehrung der vornehmsten Geheimnisse des Lebens, Leidens u. der Glorie Jesu u. Mariä. 18. (104 S.) Köln u. Neuß 850, Schwann. 3 ngr

Bruderschaft des heiligen Rosenkranzes zur Verehrung der vornehmsten Geheimnisse des Lebens, Leidens und der Glorie Jesu und Mariä. Nebst einem Anhang von Meß-, Beicht- und Communiongebeten und Betrachtungen über die Geheimnisse des heil. Rosenkranzes. 2., verm. Aufl. 12. (208 S.) Köln und Neuß 855, Schwann'sche Vrlgsh.

Bruderschaft des hl. Rosenkranzes zur Verehrung der vornehmsten Geheimnisse des Lebens, Leidens u. der Glorie Jesu u. Mariä. 5. Aufl. (63 S.) kl. 8. Paderborn 906. Junfermann. n. — 30

Bruderschaft des heiligen Scapuliers oder des geweihten Kleides der allerseligsten Jungfrau Maria vom Berge Carmel. gr. 16. (4 S.) Dülmen 879. Laumann. n. 1. —

Bruderschaft, Die schmerzhafte, Lehr- und Gebetbuch für die Mitglieder derselben und für alle Verehrer der Schmerzenmutter. Zusammengestellt . . . Innsbruck 1891. V: *Mölgg, Jakob Philipp Maria.* (margr)

Bruderschaft, die schmerzhafte. Lehr- u. Gebetbuch f. die Mitglieder derselben u. f. alle Verehrer der Schmerzensmutter. Zusammengestellt v. e. Servitenordenspriester. 16. (VIII, 278 S. m. 1 Farbendr.) Innsbruck 891. Vereinsbuchh. u. Buchdruckerei. n. — 64

Bruderschaft Vom guten Tod. Wien 1865. V: *Weithofer, Matthäus.* (Jes)

Bruderschaft, Die, vom guten Tode unter dem Titel der Todesangst Christi. 2. Aufl. Bonn 1865. V: *Rölli, Franz Xaver.* (Jes)

BRUDERSCHAFT von der Todes-Angst Jesu Christi. Ursprung / und Fortgang / Satzungen / und Regel / Gnaden / und Ablaß / sambt unterschiedlichen Andachts Übungen / einer vnter dem Titul der schmerzhaften Todt-Angst Jesu Christi / oder des am Creutz sterbenden Sohn Gottes / und seiner unter dem Creutz mitleydenden allersterbenden Mutter zur Erlangung eines seeligen Todt / wie auch zur Bexhilff deren im Fegfeuer aufgerichten / und bestättigten hochlöbl. Bruderschafft. Gedr. zu Caschau in der Academischen Buchdruck. / durch Joh. Heinr. Frauenheim / anno 1734. 42 S. - 160 mm

Bruderschaft, Trost und Heil wirkende — zu den heil. sieben Zufluchten, verliehen von Sr. päpstlichen Heiligkeit Benedikt XIV. 8. Innsbruck, Felician Rauch (1853.)

Bruderschaft, universale. Illustr. Blätter f. Lebensweisheit u. Lebenskunst. Gewidmet d. Bruderschaft der Menschheit u. der theosoph. Bewegg. unter d. Führerschaft v. Katherine Tingley. Hrsg. v. J. Th. Heller. 6.—8. Jhrg. April 1907—März 1910. à 12 Nrn. (à ca. 18 S.) 32×24 cm. Nürnberg, J. Th. Heller. à Jhrg. 6. —

Bruderschaft, Universale. Illustr. Blätter f. Lebensweish. u. Lebenskunst. Hrsg. v. J Th. Heller. 9. J. Apr. '10—März '11. 12 Nrn u. 10. J. Apr. —Juni '11. 3 Nrn. (Je Nr 1: 18 m. 1 Taf.) Lex8° Nürnbg, J Th. Heller. je 6 —; einz. Nrn — 60
Fortsetzg u. d. T.: Pfad, Der theosophische.

Bruderschaft z. Verehrg. d. hl. Barbara an d. St. Gertrudis-Pfarrkirche z. Essen zur Erlangg. e. glückseligen Sterbestunde. 16. (16 S.) Essen 897. Fredebeul & Koenen. n. — 20

— zur Verehrung des heiligen Bonifacius des Apostels von Deutschland, wie solche in der Diöcese Paderborn gehalten wird. Paderborn 860. Junfermann. 16. (15 S.) 1 ngr.

Bruderschaft v. den hl. fünf Wunden Jesu Christi unter dem Zeichen der Chorde d. hl. seraphischen Vaters Franziskus, wie sie bei den P. P. Franziskanern gehalten wird. 16. (30 S.) Paderborn 887. Junfermann. n. — 20

„**Brüderschaft.**" Eine wöchentl. Schachzeitung. Hrsg. v. Alb. Heyde. [1.] Jahrg. 1885. gr. 8. (152 S.) Braunschw., Hacker, Nieper u. Comp. * 3 —

—— dass. — [2.] Jahrg. 1886. gr. 8. (250 S.) Ebd. * 6 —

—— dass. — [3.] Jahrg. 1887. Hrsg. v. E. Schallopp u. Alb. Heyde. gr. 8. (437 S.) Ebd. * 9 —

—— dass. — [4.] Jahrg. 1888. Hrsg. v. E. Schallopp, Alb. Heyde u. B. Hülsen. gr. 8. (433 S.) Ebd. * 9 —
Der Druck dieser Zeitschrift wurde auf hektograph. Wege hergestellt. — Die Fortsetzung erscheint u. d. T.: Deutscher Wochenschach (s. d.)

Die **Brüderschaft.** Zeitschrift für d. Interessen d. Fleischergesellen. Organ d. Berl. Fleischergesellen Brüderschaft. Hrsg. v. Vorstand. Jg. 1–5, Nr 2. [Mehr nicht ersch.] Berlin: Löffler 1907–11. 4° [Kopft.]
A 12 1099

Brüderschaft, neuaufgehende, in Deutschland des heil. Namens Maria, welche in d. würd. Gotteshause Mariahilf auf dem Kalvariberge nächst Vilsbiburg in Baiern im J. 1703 errichtet worden. 12. Vilsbiburg, Pfeifer. (Landsh., Thomann). 1½ gr.

Bruderschafts-Andacht zu Ehren d. heil. Franc. Xaverius, d. Beschützers d. kathol. Missionen. 1. Aufl. (3⅚ B. u. Titkpfr.) 840. * ⅙ Thlr., 2. A. 12. (3 B.) Aachen 842, Hensen u. Cp. *

Bruderschafts-Andacht zu Ehren des heiligen Franciscus Xaverius, des Beschützers der kathol. Missionen. 7. rechtmäß. Aufl. 16. (36 S.) Aachen 877. (Cremer.) n. — 20

Bruderschafts-Andacht vom heiligsten u. unbefleckten Herzen Mariä zur Bekehrung der Sünder. 5. Aufl. (23 S.) 16. Aachen (909). A. Jacobi & Co. — 10.

Bruderschafts-Andacht für die Mitglieder des St. Bonifacius-Vereins. Zum Besten des St. Bonifacius-Vereines hrsg. 2. Aufl. 16. (32 S.) Köln 874, Bachem. (** 25 Pf.) **

Bruderschafts-Andacht der Todesangst unsers am Kreuze sterbenden Heilandes Jesu Christi und der Schmerzen seiner mitleidenden Mutter Maria, zur Erlangung einer seligen Sterbestunde u. zum Troste der armen Seelen im Fegefeuer. Coesfeld 860. Wittneven Sohn. 12. (23 S.) n. 1 ngr.

Bruderschaftsbuch f. die Erzdiöcese Freiburg. 2., verm. Aufl. 12. (XII, 284 S. m. 1 Bild.) Freiburg i/Br. 889. Herder. n.n. — 35; geb. n. — 45

—— der Todesangst Christi. 12. ... Cöln 822, Mathieux.

Bruderschafts-Buch, vollst., der Marian. Liebs-Versammlung. Mit 1 Kpf. 8. Köln 832. Mathieux. 13 gr. In 12. Ebd. 830. Schrbp. 7 gr. 12. Ebd. 821. Druckp. 100 Expl. 2 ß

Bruderschaftsbüchlein oder Angabe des Zweckes, der Regeln, Vortheile und Andachten der Erzbruderschaft Corporis Christi oder des Allerh. Sakramentes des Altars. 23. Aufl. Rottenburg 862. — Tübingen, Osiander. 16. (64 S.) 1¾ ngr.

Bruderschaftsbüchlein zu Ehren der sieben Freuden Mariä, wie sie an den Hauptfesten der Mutter Gottes in Warendorf, Sassenberg und Freckenhorst gehalten wird. Neu bearb. von Aug. Bröckelmann. 2. Aufl. 8. (20 S.) Warendorf 885, J. Schnell'sche Buchh. *

Bruderschaftsbüchlein für die Erzdiöcese Freiburg. 12. (X, 222 S.) Freiburg i/Br. 881. Herder. n.n. — 30; geb. n.n. — 45

—— zum Gebrauche der Mitglieder der Herz-Mariä-Bruderschaft und der Todesangst-Bruderschaft, nebst einem Anhange: die Andacht der zehn Xaverianischen Sonntage und Freitage, wie sie in Warendorf gehalten wird. 8. (56 S.) Ebendas. 886. *

Bruderschaftsbüchlein, katholisches, der Erzdiöcese Freiburg. Enth. die Gebete u. Gesänge der Erzbruderschaft Ss. Corporis Christi u. „der ew. Anbetg.", d. Apostolates d. Gebetes u. der damit verbundenen Erzbruderschaft zum allerheiligsten Herzen Jesu, der Erzbruderschaft zum heiligsten Herzen Mariä f. die Bekehrg. der Sünder u. Irrgläubigen. Mit Anh. 15. Aufl. 8. (228 S.) Heidelberg 889. Freiburg i/Br., Herder. n.n. — 40; geb. n.n. — 60

Bruderschaftsbüchlein, katholisches, die Erzdiöcese Freiburg. Enth. die Gebete u. Gesänge der Erzbruderschaft Ss. Corporis Christi u. „der ew. Anbetg.", d. Apostolates d. Gebetes u. der damit verbundenen Erzbruderschaft zum allerheiligsten Herzen Jesu, der Erzbruderschaft zum heiligsten Herzen Mariä f. die Bekehrg. der Sünder u. Irrgläubigen. Als Anh.: die notwendigsten Gebete u. üblichsten Andachten, sowie e. Verzeichnis der wichtigsten Ablässe. Aus dem oberhirtlich gutgeheißenen Handbüchlein zusammengestellt v. e. Geistlichen. 16. Aufl. 8. (228 S.) Freiburg i/B. 890. Herder. n.n. — 40; geb. n.n. — 60

Bruderschaftsbüchlein, kleines vom kostbaren Bluthe. Von einem kathol. Priester. 12. (72 S. u. 1 Lith.) Einsiedeln 848, Gebr. Benziger. 3 ngr.

Bruderschafts-Büchlein der marianischen Liebes-Versammlung zu Beberstedt in der Pfarrkirche ad St. Martinum. Neubearb. bei Gelegenheit der Feier des 150jähr. Jubiläums der Einführg. dieser Bruderschaft, den 15. VIII. 1904. (104 S. m. Titelbild.) 16. Heiligenstadt (904). F. W. Cordier. Geb. n. — 30

Bruderschafts-Büchlein für die Mitglieder der Bruderschaft zum heiligen Herzen Jesu in der Pfarrkirche zu Dülmen. Als Einl. dient e. kurzer Unterr. über d. Andacht u. Bruderschaft z. Herzen Jesu. *Dülmen: A. Laumann 1903.* (32 S.) 8° [F.] [illegible]

Bruderschaftsbüchlein für die Mitglieder der Bruderschaft vom guten Tode. 24. (64 S. mit eingedr. Holzschn.) Einsiedeln 877, Gebr. Benziger. *

NEUES BRUDERSCHAFTS-BÜCHLEIN / Das ist Reguln, Ablåß, Gebräuch, Andachten einer Löbl. in der Haupt-Stadt. Pfarr-Kirchen deren Patrum Societatis Jesu zu Ofen aufgerichteten Versammlung beydes Geschlechts Unter dem Titul: Des am Heiligen Creutz-Angst-leydend und sterbenden Heylands Jesu Christi Wie auch seiner / neben den Creutz mitleydenden Mutter Mariae. Abermal in Ordnung gesetzet, vermehret, und in 4 Theile zu größerer Bequemlichkeit abgetheilet. Ofen 1759. Gedr. bey Frantz Leopold Landerer. 3, 114 S. - 150 mm

Bruderschaffts | Büchlein, | Begreiffent die Regeln, | Ablässen und Gnaden der | heylsamen Bruderschafft | Des Sterbenden | JESU. | Mit Gutheissung Pabst | Innocentii XII. Anno ¦ 1701. zu Echternach in der | Capellen des H. Creutzes | eingesetzt. | Lutzemburg, Bey J. B. Kleber, Kayserl. | und Königlicher Buchdrucker. 1756. |

1 ungez. Bl., 29 gez. S., mit 1 Holzschn., kl-8° (132 × 85 mm).

Bruderschaftsbuchlein zum heil. Sebastian, darin zu finden ist, wie leicht eine andächtige, Gott liebende Person eine selige Sterbestunde erlangen, auch sich vieler sehr schönen Gnaden und Ablässe theilhaftig machen und von der Pein des Fegfeuers erlediget werden kann. Mit Erlaubniß der Obern. Bregenz. 1856. Gedr. bei J. N. Teutsch. (11 S. 16.)

Bruderschaftsbüchlein v. sel. Tode 2c. N. Aufl. 12. ... Crefeld 828, Schüller.

Bruderschaftsbüchlein f. die Verehrer d. heiligsten u. unbefleckten Herzens Mariä. gr. 16. (15 S.) Düsseldorf 872. Deiters. n. — 10

Bruderschaftsbüchlein für die Verehrer des heil. Erzengels Michael. 25. Aufl. 12. (24 S.) Köln 873, Bachem. *

BRUDERSCHAFT-BÜCHLEIN, worinnen das Ziel und Ende, sammt dem ausnehmenden Seelennutzen der errichteten und sowohl mit allerhöchster Gewalt Ihro päpstlichen Heiligkeit Clemens XIII. selbst bekräftigten, als auch von dem der Gränischen Dioces hochwürdigsten Ordinario gutgeheissenen hochlöbl. Bruderschaft zu Pressburg unter dem Titel der drey heil. Pestpatronen Rochi, Sebastiani, und Rosaliae, wie auch die Ordnung, Statuten und Satzungen, so denen Einverleibten unter Beraubung deren ansonst verheissenen geistlichen Gnaden zu beobachten obliegen, sammt deren in erwehnter Kirche allgemein gewöhnlichen Gebeth- und Gesängern enthalten; zum höchsten Lob und Ehre der allerheiligsten göttlichen Dreyfaltigkeit, der allerseligsten Mutter Gottes Mariae, und drey heil. Pestpatronen. Preßburg 1772. Gedr. bey Franz August Patzko. 16 S. - 8°

Bruderschaftslieder eines Rheinischen Poeten. Darmstadt 1846. V: *Müller, Wolfgang.* (BMarsch 978)

Bruderschaftslieder e. rhein. Poeten. 8. (21⅛ B.) Darmstadt 846, Leske.

Bruderschaftspredigten. Hrsg. v. einem emeritirten Priester (Jos. Seb. Richter). 1. Bdchn. Zwölf Predigten f. d. Rosenkranzbruderschaft. 8. (152 S.) Regensburg 849. Manz. ⅜ ₰

— dies. 2. Bdchn. Zwölf Predigten für die Scapulierbruderschaft. 8. (181 S.) Ebd. 849. ⅜ ₰

— dies. 3. Bdchn. Zwölf Predigten für die Bruderschaft zur Erlangung eines guten Todes. 8. (167 S.) Ebd. 849. ⅜ ₰

— dies. 4. Bdchn. Zwölf Predigten für die Corporis Christi-Bruderschaft. 8. (181 S.) Ebd. 850. ⅜ ₰

— dies. 5. Bdchn. Zwölf Predigten für die heil. Dreifaltigkeits-Bruderschaft. 8. (178 S.) Ebd. 850. ⅜ ₰ (1—5: 1⅞ ₰)

— dies. 6. Bdchn. Zwölf Predigten für die St. Michaelisbruderschaft. 1. Liefrg. 8. (200 S.) München 852. (Leipzig, Thomas.) n. ½ ₰

Bruderschafts-Predigten. Herausgegeben von einem emeritirten Priester. München 852, 53. Deschler. (Leipzig, Thomas.) 8.

3. Bdchn. 2. Liefg. Zwölf Predigten für die Bruderschaft zur Erlangung eines guten Todes. 2. Liefg. 853. (146 S.) n. 12 ngl
7. Bdchn. 1. Liefg. Zwölf Predigten für die Armen-Seelen-Bruderschaft. 1. Liefg. 852. (146 S.) n. 12 ngl
8. Bdchn. 1. Liefg. Zwölf Predigten für die St. Josephi-Bruderschaft. 1. Liefg. 853. (174 S.) n. 12 ngl
9. Bdchn. 1. Liefg. Zwölf Predigten für die St. Nepomuk-Bruderschaft. 1. Liefg. 853. (174 S.) n. 15 ngl
10. Bdchn. 1. Liefg. Zwölf Predigten für die heilige Kreuz-Bruderschaft. 1. Liefg. 853. (172 S.) n. 15 ngl

Bruderstamm, e. verlassener. Vergangenheit u. Gegenwart der balt. Provinzen Rußlands v. e. Balten. 1. u. 2. (Titel-) Aufl. gr. 8. (VI, 216 S.) Berlin 889. 890. [Teubner.] Bibliograph. Bureau. n. 3. 50

Bruderstamm, e. verlassener. Vergangenheit u. Gegenwart der balt. Provinzen Rußlands. Von e. Balten. 3. (Titel-) Aufl. gr. 8. (VI, 216 S.) Berlin 898. Bibliograph. Bureau. n. 1. 50

Bruderstamm, e. verlassener, neue Ausg., s.: Vergangenheit u. Gegenwart d. balt. Provinzen Rußlands.

Bruderstimme aus dem Herzogthum Sachsen bei der Jubelfeier der 50jährigen Regierung des Königs Friedrich August des Gerechten. o. O. 1818. 15 S. 8° [Umschlagtit.]

Bruderwort, Ein christliches, an seine Vaterlands-Genossen. Sitten 1831. V: *Berchtold, Jos. Ant.* (Cat. d. Stadtbibl. Zürich. Zürich 1864—97.)

Brüderwünsche für Herrn Hessling am Tage seiner Eheverbindung mit Demoiselle Flanz, den 11ten September 1792. Regensburg. 2 Bl. 8°. Umschlagtit.]
„Freundschaft und Liebe! Vom Himmel“ ...

Bruderzwist, der,. Schausp. v. K. 8. Wien, Rehm. 807.

Brudi, Friedr., das beste Haus im Dorfe. Eine lehrreiche Erzählung. Stuttgart 855. Hallberger'sche Verlhdlg. gr. 16. (VIII, 269 S.) 15 ngl

Brudi, Frdr., das beste Haus im Dorfe. Eine lehrreiche Erzählung. 2. Aufl. Stuttgart 862. Hallberger's Verlhdlg. 16. (VIII, 269 S.) 15 ngr.

Brudniok, Karl, Bibelkunde. Ein Leitfaden zum Bibelstudium an Gymnasien, Realschulen u. verwandten Lehranstalten. 8. (36 S.) Wien 891. A. Hölder. Geb. in Leinw. n. — 72

Brudnioß, Karl, Bibelkunde. Ein Leitfaden zum Bibelstudium an Gymnasien, Realgymnasien und verwandten Lehranstalten. Wien 1892. A. Hölder. (Min.-Erl. v. 20. September 1892, Z. 19705.) Gebunden —.36

— **Katechismuslehre auf Grund d. kleinen Katechismus v. Martin Luther. Mit Erläutergn., Sprüchen, Fragen hrsg. f. den evangel. Religionsunterricht an Volks-, Bürger- u. Mittelschulen. 12. (112 S.) Wien 894. Manz. Geb. in Leinw. n. 1. 20**

Brudny, Vikt.: Yoghurt als Heilmittel. [Aus: „Molkerei-Ztg".] (11) gr8° Hildesh., Verl. d. Molkerei-Zeitg '11. (Nur dir.) — 20 d

Brüdt, Joh.: Zwischen d. Strohdächern. Ein Dorfbuch. (5,271) 8° Neumünst., Nord. Verl.-Anst. ('11). 3 —; geb. 3.60 d

Brüel, Eduard, approb. Arzt aus Darmstadt: Aus d. chirurg. Abt. d. Diaconissenhauses zu Freiburg i. B. (Chef: Prof. Dr. Goldmann. Ueber einen Fall von chronischer Osteomyelitis der Scapula, bei dem die Sequestrotomie die temporäre Resection der Clavicula notwendig machte. *Freiburg i. B. 1902: K. Henn.* (25 S.) 8°
Freiburg i. B., Med. Diss. v. 1902

BRÜEL, Friedrich: Über die beste Art, die Wälder anzupflanzen, zu nutzen und im Stande zu halten. Eine von der Kgl. Schwedischen Patriotischen Gesellschaft gekrönte Preisschrift. - Kopenhagen, Leipzig 1786. 52 S. - Neuaufl. ebd. 1788. 47 S. - Unveränd. Neudr. München 1795. - Dass. Kopenhagen, Leipzig 1799. 52 S.

Brüel, Fr., Preisschr. über d. beste Art, d. Wälder anzupflanzen 2c. 8. Kopenh. 786. 2e A. 788. 3e A. 799. (Schubothe; auch Brummer). 4 𝒦 (Münch. 795. J. Lindauer). 3 𝒦

Brüel, Geo. Wilh., Abhandl. f. Freunde d. prakt. Forstwissenschaft. 8. Kopenh. 802. Brummer. 8 𝒦

Brüel, Gustav (Giessen)
Geschichte der Forschungen über den Geburtsmechanismus während des letzten Viertels des 17. Jahrhunderts.
Giessen: M.A.J. Merck 1855. 90 S. (in Δ mit „Thesen")
Diss. med. 10.11.1855.

Meinen Brüdern. Schwestern-Dank, verf. und gesprochen von Schwester Ida Brüel in der Schwestern-Fest-Loge der Loge Friedrich zum weissen Pferde am 9. Jan. 1875. [Hannover 1875]: Schrader. 2 Bl. 8⁰ [Umschlagtit.]
Gedicht: „Es luden uns in die geweihten Hallen, . . ."

Brüel, Jh. Aug., (✝ d. 23. April 1817.) Almanac d'anecdotes pour l'an 1814. 12. Dresd. 813. Arnold. 18 𝒦

— Bibliothek, französ., für Jünglinge u. junge Frauenzimmer, als Fortsetz. d. Bibl. f. Kinder. 8. Dresd. 809.

— Bibliothek f. Kinder; aus d. Französ. 3 Thle. 8. Dresd. 782. Hilscher. 20 𝒦

— bibliothèque des adolescens et adolescentes etc. 8. Dresd. 810. Arnold. 12 𝒦

Brüel, J.A., Bibliothèque d'Education et de langue fr. 8. Dresd. (Boehme, Lps.) 793.

— bibliothèque d'éducation et de langue française. 8. Dresd. 793. (Hilscher) 12 𝒦

— bibliothèque pour les enfans. VI Tms. 8. Dresd. 777 ff. T. I. II. N. A. 783, 85. 798 — 800. Hilscher. 2 ꝛß 8 𝒦

— la Bonbonnière ou nouv. Abécédaire français. Av. fig. color. 8. Dresd. 800. Hilscher. 20 𝒦

— Dictionnaire portatif de Gallicismes et de Germanismes. 8. Dresd. 806. Arnold. 16 𝒦

— Ecole des Enfans et des Adolescens. etc. 8. Dresd. Hilscher. 782.

— l'école des enfans et des adolescens, suivie de l'école des proverbes etc. 8. Dresd. 783. Hilscher. 12 𝒦

— jeu de société pour les enfans. 8. Dresd. 781 Hilscher. 6 𝒦

— Panorama de langue et littérature française. No. 1. 8. Dresd. 810. Arnold. 6 𝒦

— vollständ. prakt. Französ. Sprachlehre f. Lehrer u. Lernende. 8. Dresd. 806. 4e A. 821. Arnold. 18 𝒦

— vollstdnd. französische Sprachlehre f. Lehrer und Lernende, auch zum Selbstunterricht. 3te durchaus verbess. u. mit ein. Abhandl. ub. die Aussprache, Zeitworter 2c. verm. Aufl. 8. Ebend. 814.

— Tableaux moraux et hist. 8. Dresd. Hilscher. 781.

— tableaux moraux et historiques, ou choix de lecture à l'usage de jeunes personnes. 8. Dresd. 782. Hilscher. 5 𝒦

— Französ. Vademecum, als e. Lesebuch f. schon etwas geübte Leser. 8. Leipz. 810. Leo. 1 ꝛß 4 𝒦

Liebe und Tod. (Ein Dialog.) Von K. Brüel. [Hannover: Grimpe] o. J. 2 Bl. 8⁰

Brüel, Kurd —. Dichtungen. kl. 8. (184 S. u. 1 Bl) Gratz. Damian u. Sorge's Universitäts-Buchhandlung. 1855.

Brüel, K, Dichtungen. 32. (184) Gratz 55, Leuschner u. L. n. — 25; cart. n. 1. —

Brüci, Ludwig: Anatomie und Entwicklungsgeschichte der Geschlechtsausführwege sammt Annexen von Calliphora erythrocephala. M. 3 lithogr. Taf. *Jena: G. Fischer 1897.* (111 S. mit Taf.) 8°
Leipzig, Phil. Diss. v. [4. Nov.] 1897

Brüel, Ludwig, Dr., Assistent am Zool. Inst.: Über die Geschlechts- und Verdauungsorgane von Caliphylla mediterranea Costa: Ihr morphologischer Wert und ihre physiologische Leistung. Halle a. d. S. 1904: E. Karras. (IV, 116 S.) 8°
Halle, Phil. Fak., Hab.-Schr. v. 1904

Brüel, Ludwig August

Brüel, zur Dinglichkeit der Kirchen- und Schullasten im Königreich Hannover. Hannover 861. Hahn. gr. 8. (2 Bl., 46 S.) 7½ ngr.

Brüel, die Gerichtsbarkeit in Ehesachen. Ein Beitrag zur Würdigung der Vorlagen der Königl. Regierung und ihrer Beurtheilung durch den Herrn Ob.-App.-R. von Werlhof in Celle. Hannover 853. Rümpler. gr. 8. (67 S.) n. 10 ngr.

Brüel, L. A., der Gesetz-Entwurf, betr. die Einrichtung und Unterhaltung der öffentlichen Volksschulen. Beleuchtet in seiner Bedeutung für das hannoversche Volksschulwesen. Mit einem Abdruck des Gesetz-Entwurfs. gr. 8. (50 S.) Hannover 869, Helwing'sche Hofbuchh.

—— Zur Lehre von den Kirchen- und Schullasten im Königr. Hannover. Ein Beitrag ausgearbeitet mit Benutzung von Acten des königl. hannoverschen Ministeriums der geistl. und Unterrichts-Angelegenheiten. gr. 8. (76 S.) Hannover 855, Rümpler.

Brüel, L. A., Materialien f. die zu erwart. Reform d. Deutschen Münzwesens. 2., verb. Aufl. gr. 8. (4 B.) Hannover 881, Hahn.

Brüel, L. A., Materialien für die erwartende Reform d. deutschen Münzwesens. gr. 8. Hannov. ... 2e A. 832. Hahn. 6 gr

—— die Selbständigkeit der evangelisch-lutherischen Landeskirche Hannovers, berathen auf der ersten Hannoverschen Landessynode. gr. 8. (121 S.) Hannover 870, Helwing'sche Hofbuchh.

Brüel, Wilhelm (Giessen)
Geschichte der Forschungen über den Geburtsmechanismus während des Anfangs des elften Lustrums des achtzehnten Jahrhunderts.
Giessen: Merck 1857. 64 S.
Diss. med. 28.3.1857.
(Auch erschienen als: Geschichte der Forschungen über den Geburtsmechanismus, bearbeitet von den DD. C. Stammler, Knoes, Fresenius, G. Brüel, Zimmermann, Fuchs, Schad, Benninghof und H. Stammler. Bd 2. Giessen 1857.)

Brüel, Wilhelm [app. Arzt aus Giessen]: Aus d. patholog. Institut zu Giessen. Zur Casuistik der Misbildungen der Speiseröhre ... Giessen, C. v. Münchow, Univ.-Dr., 1892; 23 S. 8.
Giessen, Med. Fak., Inaug.-Diss. v. 1892

Brües, Ernst, dramatisches Fest-Spiel für Turnvereine, besonders zur Feier des Geburtsfestes Sr. Maj. des Kaisers geeignet. 1. und 2. Aufl. gr. 8. (16 S.) Viersen 888, Hoster.

— dramatisches Festspiel f. patriot. u. Turnvereine, besond. zur Feier d. Geburtsfestes Sr. Maj. d. Kaisers geeignet. 2. Aufl. gr. 8. (16 S.) Ebd. 889. — 30

Brües, Max, Oberlehrer: Zur Theorie der desmischen Flächen vierter Ordnung. Leipzig 1910: Teubner. V, 48 S. 8°
Bonn, Phil. Diss. v. 23. Nov. 1010, Ref. Study
Geb. 13. Juni 75 Viersen; Wohnort: Neuß; Staatsangeh.: Preußen; Vorbildung: Gymn. Krefeld Reife O. 97; Studium: Bonn 3. Berlin 2. Bonn 3 S.; Rig. 28. Mai 10.] [U 11. 455

Brug, Anna, Anna, oder: Kindliche Liebe. Eine moralische Erzählung für die reifere Jugend, nach einer wahren Geschichte bearbeitet. Herausg. und mit einem Vorworte begleitet von Fr. Maria Brug. Mit 1 Stahlst. Augsburg 855. Kollmann. 8. (VIII, 176 S.) 15 ngr

Brug, Anna, Anna, oder kindliche Liebe. Eine moralische Erzählung für die christliche Jugend u. das Volk. Hrsg. von Frz. Maria Brug. 2., verb. Aufl. Mit 1 Stahlst. 8. (176 S.) Regensburg 877. Volks- u. Jugendschriften-Verl. cart. 1. 20

Brug, Anna, die Familie Barencourt oder die Schule des Unglücks. Nach dem Französ. für die reifere Jugend bearb. Mit 1 Stahlst. Augsburg 860. Kollmann. 8. (142 S.) 15 ngr

—— Amalie Corsini, s. Abend-Unterhaltungen, lehrreiche, für Jugend- und Familienkreise.

— Amalie Corsini, oder: Gott schützt die Unschuld. Eine Erzählung für die reifere Jugend u. Erwachsene. 2. vollständig umgearb. Aufl. Mit einem color. Titelkpfr. 8. (161 S.) Ebend. 878. cart. 1. 20

— Gott zum Gruße, s. Abendunterhaltungen.

Brug, Anna, Gott zum Gruße: Klementine oder Gott führt die Seinen väterlich. Franziska oder Wohlthun trägt Zinsen. Zwei Erzählungen für die christl. Jugend und das christl. Volk. 2. verb. Aufl. 8. (126 S. mit 1 color. Titelkpfr.) [Regensburg 881.] Straubing, Volks- und Jugendschriften-Verlag. cart. 1 —

—— Marie d. Dienerin Gottes. Frei n. d. Franz. 8. (184) Freib. 59, Schouble. n. — 10

— Marie die Dienerin Gottes. Eine Erzählung für christliche Jugend u. christliches Volk. Frei nach dem Französ. Freiburg im Br. 859. Wangler. 8. (VII, 184 S.) n. 10 ngr

Brug, C., s. Brug, Karl

Brug, Frz. Maria, zwölf Abende im Garten des Großvaters. Eine Sammlung der interessantesten Reise-Begebnisse u. Jagd-Abentheuer. Zur Unterhaltung u. Belehrung der Jugend herausgegeben. Mit 1 Stahlst. Augsburg 853. Jaquet. 8. (2 Bl., 228 S.) 18 ngr

— weitere zwölf Abende im Garten des Großvaters. Eine Sammlung der interessantesten Reise-Begebnisse, Jagd-Abentheuer und anderer merkwürdigen Erlebnisse. Zur Unterhaltung u. Belehrung der Jugend herausgegeben. Mit 1 Stahlst. Ebend. 855. 8. (240 S.) 18 ngr

Brug, Frz. Maria, zwölf Abende im Garten des Großvaters. Eine Sammlung der interessantesten Reise-Begegnisse u. Jagd-Abenteuer. Zur Unterhaltung u. Belehrung der Jugend hersg. Mit 1 Stahlst. 2. Aufl. Augsburg 867. Schmid. 8. (IV, 239 S.) 12 ngr

Brug, Frz. Maria, weitere zwölf Abende im Garten des Großvaters. Eine Sammlung der interessantesten Reise-Begegnisse und Jagd-Abenteuer und anderer merkwürdiger Erlebnisse. Zur Unterhaltung und Belehrung der Jugend hrsg. 8. (188 S. mit 1 Titelkpfr.) Augsburg 879, Schmid'sche Verlagsh. *
1. Sammlung. Ebendas. 1867. *M. 1.20.

—— das Arbeitszimmer im Pfarrhause, s. Erzählungen, katholische, für die reifere Jugend und das Volk.

Brug, Franz Maria, s. J. M. Audin: Geschichte des Papstes Leo X.

—— das christliche Bayern, s. Lebensbilder aus der Geschichte Bayerns.

—— d. christl. Bayern, s.: Volksbiblioth., bayer.

Brug, Franz Maria, die Bekehrung, s. Abendunterhaltungen, lehrreiche. 13. Bdchn.

Brug, Frz. Maria, die Bekehrung, oder: Die Barmherzigkeit bahnt den Weg zu Gott. Eine Erzählung für die reifere Jugend u. für Erwachsene. Hrsg. von Karl Brug. 2., verb. Aufl. Mit 1 Stahlst. 8. (172 S.) Regensburg 876. Volks- u. Jugendschriften-Verl. cart. 1. 20

—— und Fr. v. P. Pickel, auserlesene Erzählungen zur Herzens- und Geistesbildung für die Jugend, s. Pickel.

— das christliche Bayern, } s. Lebensbilder aus der Ge-
— Burg Falkenstein, } schichte Bayerns.

Brug, Frz. Maria, } s. Volksbiblio-
— Burg Falkenstein, } thek, bayerische.
—— die Familienkriege der Wittelsbacher, }

Brug, Franz Maria: Die Familienkriege d. Wittelsbacher, s.a. Lebensbilder aus der Geschichte Bayerns.

Brug, Frz. Maria, die Familienkriege der Wittelsbacher. Geschichtl. Darstellung. Mit 4 Illustr. Zeichnung von *Toni Muttenthaler.* Holzschnitt von *Jos. Lechner.* Augsburg, B. Schmid, 1856. 8°. Ppb.
Titelportr. Albrecht's IV. (des Weisen), 1 Bl., 233 S., 1 S. Err.

— Zur Feierstunde! Erzählungen zur Erbauung, Belehrung und Unterhaltung der Jugend. Mit 1 Stahlst. Augsburg 855. Kollmann. 8. (IV, 1 Bl., 170 S.) 15 ngr

Brug, Frz. Maria, zur Feierstunde. Erzählungen zur Erbauung, Belehrung und Unterhaltung der Jugend. Hrsg. von Karl Brug. 2. verb. Aufl. 8. (166 S. mit 1 Stahlst.) Straubing 885, Volks- und Jugendschriften-Verlag. cart.

— Peter Felsberger, } s. Abendunterhaltungen,
— Susanna Frohberg, } lehrreiche.

— Peter Felsberger, oder: Die Bildsäule der heiligen Jungfrau. Eine Erzählung für die reifere Jugend u. für Erwachsene. Hrsg. von Karl Brug. 2. verb. Aufl. Mit 1 Stahlst. 8. (168 S.) Ebend. 876. cart. 1. 20

—— Susanne Frohberg, s. Abendunterhaltungen, lehrreiche. 10. Bdchn.

— Susanna Frohberg, oder die Religion gibt Glück u. Frieden. Eine Erzählung aus dem Leben für die reifere Jugend u. Erwachsene. Hrsg. von Karl Brug. 3., verb. Aufl. Mit 1 Stahlst. 8. (166 S.) Ebend. 877. cart. 1. 20

—— Peter Felsberger, | s. Abendunterhaltungen, lehr-
—— Paul Frühmann, | reiche, für Jugend- und Familienkreise.

— Paul Frühmann oder die Gefahren der großen Welt. Eine Erzählung für die reifere Jugend u. Erwachsene. Hrsg. von Karl Brug. 2., verb. Aufl. Mit einem color. Titelkpfr. 8. (180 S.) Ebend. 879. cart. 1. 20

— der Galeerensträfling, oder: Die göttliche Gerechtigkeit. Eine Erzählung für die Jugend, sowie für Christen jeden Standes u. Alters. Nach dem Französ. bearb. Bevorwortet von Chrph. v. Schmid. Mit 1 Stahlst. 2. Aufl. Augsburg 859. Schmid. 12. (VIII, 194 S.) 12 ngr.

Brug, Frz. Maria, der Galeerensträfling od. die göttl. Gerechtigkeit. Eine Erzählung f. die Jugend, sowie f. Christen jeden Standes u. Alters. Nach dem Franz. bearb. Bevorwortet von Chrph. v. Schmid. Mit e. Stahlst. 3. Aufl. 8. (VIII, 191 S.) Augsburg 875. Schmid's Verl. 1. —

Brug, Franz Maria, s. Geramb: Pilgerreise nach Jerusalem.

— Heinrich der Löwe, s. Lebensbilder aus der Geschichte Bayerns.

—— Heinrich der Löwe, s. Brug, Frz. Maria, und Ludw. Lang, Lebensbilder aus der Geschichte Bayerns — Volksbibliothek, bayerische.

—— Jungfrau, Gattin und Mutter, s. Jungfrau.

Jungfrau, Gattin u. Mutter, od. d. weibl. Pflichten dargest. in e. moral. Erzähl.; nach d. Französ. bearb. v. Fr. Maria **Brug**; m. e. Vorr. v. Cp. v. **Schmid.** *Augsb.*, Schmid. B. 848. 12° m. e. Stahlst. 14 *gl*

—— Jungfrau, Gattin u. Mutter, od.: Die weibl. Pflichten. 3. Afl. 12. (243) Augsb. 59, Schmid's V. — 12

—— der kleine Kaminfeger oder Wohlthun trägt Zinsen. Eine Erzählung für die reifere Jugend. 8. (IV und 208 S. mit 1 Stahlst.) Augsburg 854, Jaquet's Vrlgsb.

— der kleine Kaminfeger oder Wohlthun trägt Zinsen. Eine Erzählung für die reifere Jugend. Mit 1 Stahlst. München 855. Jaquet. 8. (2 Bl., 208 S.) 18 ngr

Brug, Frz. Maria, der kleine Kaminfehrer oder Wohlthun trägt Zinsen. Eine Erzählung für die reifere Jugend. 2. Aufl. 8. (IV, 222 S. mit 1 Stahlst.) Augsburg 873, Schmid'sche Verlagsb.

— Konrad von der Eiche, s. Lebensbilder aus d. Geschichte Bayerns.

—— Konrad v. d. Eiche, s.: Volksbiblioth., bayer.

Lebensbilder aus der Geschichte Bayerns u. seiner Fürsten. Der vaterländ. Jugend u. dem Volke vorgeführt von *Franz Maria Brug* u. Dr. *Ludw. Lang.* 12 Bdchn. (in 4 Bdn.). (1, 3—5, 7 u. 10 von *Brug;* 2, 6, 8—9 u. 11—12 von *Lang.*) Mit zus. 48 Holzschn. (1—4 Zeichnung von *J. A. Engelhart*, Holzschn. v. *Döring;* 5—48 Zeichnung von *Toni Muttenthaler*, Holzschn. von *Jos. Lechner*). Augsburg, B. Schmid'sche Buchh. (F. C. Kremer), 1854—56. 8°. Blaue Hrsbde., schönes Expl.

I: Das christl. Bayern. Geschichtl. Uebersicht d. Einführung d. Christenthums in Bayern. VIII—173 S., 1 S. Inh.
II: Bayerns Heldenzeit. VIII—183 S., 1 S. Inh.
III: Heinrich der Löwe, Herzog von Bayern u. Sachsen. 227 S., 1 S. Inh.
IV: Konrad von der Eiche, oder: Der treue Ritter. Eine histor. Erzählung aus d. Zeit d. Besteigung d. bayer. Thrones durch die Wittelsbacher. VI—180 S., 1 Bl. Inh.
V: Burg Falkenstein. Eine Geschichte aus d. Zeit d. Theilung Bayerns unter die Herzoge Ludwig d. Strengen u. Heinrich XIII. VIII—247 S., 1 S. Inh.
VI: Ludwig der Bayer. Histor. Darstellung. VIII—272 S.
VII: Die Familienkriege der Wittelsbacher. 3 Bll., 233 S., 1 S. Inh.
VIII: Pater Timotheus. Eine histor. Erzählung aus d. Zeit d. Reformation (1508—79). VIII—272 S.
IX: Jockel vom Thal. Eine Geschichte aus d. Zeit d. Churfürsten Max I. v. Bayern. VIII—227 S., 1 S. Err.
X: Konrad Tribler, der Büchsenmacher von Friedberg. Eine Erzählung aus d. Zeit d. Regierung d. Kurfürsten Maximilian Emanuel v. Bayern. 207 S., 1 S. Inh.
XI: Die Brüder Hämmerlein. Erzählung aus d. Zeit der Churfürsten Karl Albert VII., Maximilian III. u. Karl Theodor. VII—247 S., 1 S. Inh.
XII: Die Zeit König Max Joseph's I. Geschichtl. Darstellung. VI—224 S., 1 S. Inh.

Brug, Frz. Maria, und Ludw. Lang, Lebensbilder aus der Geschichte Bayerns und seiner Fürsten. Der vaterländ. Jugend und dem Volke vorgeführt. 3. 8. 11. und 12. Bdchn. gr. 12. Augsburg 857, Schmid'sche Verlagsbuchh. à Bdchn. 12 Ngr. Thlr.

Inhalt:

Bdchn. 3. Brug, Frz. Maria, Heinrich der Löwe, Herzog von Bayern und Sachsen. Historische Darstellung. (228 S. mit 4 Holzschn.)
" 8. Lang, Ludw., Pater Timotheus. Eine histor. Erzählung aus der Zeit der Reformation. (1508—1579.) (VII und 272 S. mit 4 Holzschn.)
" 11. —— die Brüder Hämmerlein. Erzählung aus der Zeit der Churfürsten Carl Albert VII., Maximilian III. und Carl Theodor. (VII und 248 S. mit 4 Holzschn.)
" 12. —— die Zeit König Max Joseph's I. Geschichtliche Darstellung. (VI und 242 S. mit 4 Holzschn.)

—— und Ludw. Lang, Lebensbilder aus der Geschichte Bayerns und seiner Fürsten. Der vaterländ. Jugend und dem Volke vorgeführt. 6. und 7. Bdchn. gr. 12. Augsburg 856, Schmid's Verlag.

Inhalt:

Bdchn. 6. Lang, Ludw., Ludwig der Bayer. Historische Darstellung. (VIII und 272 S. mit 4 Illustr. in Holzschn.)
7. Brug, Frz. Maria, die Familienkriege der Wittelsbacher. (Geschichtl. Darstellung. (IV und 234 S. mit 4 Illustr. in Holzschn.)

Vgl.: Lebensbilder aus der Geschichte Bayerns &c.

Brug, Franz Maria, s. L'homond: Die christl. Lehre

— Mutter und Sohn, s. Abendunterhaltungen, lehrreiche.

—— Mutter und Sohn, oder die Wege der Vorsehung führen immer zum rechten Ziele. Eine Erzählung für die reifere Jugend und für Erwachsene. Hrsg. von Karl Brug. 2. verb. Aufl. 8. (164 S. mit 1 Stahlst.) Regensburg 876, Volks- und Jugendschriften-Verlag. cart.

— Nur im Glauben ist Heil! oder: Der Royalist und der Republikaner. Eine Erzählung für die reifere Jugend. Mit 1 Stahlst. Augsburg 853. Schmid. gr. 12. (IV, 188 S.) 17½ ngr

— Nur im Glauben ist Heil! oder: Der Royalist und der Republikaner. Eine Erzählung für die reifere Jugend. 2. Aufl. Mit 1 Stahlst. Ebend. 859. 12. (IV, 188 S.) 12 ngr.

Brug, Franz Maria, s. Ourliac, Ed.: Erzählungen aus der Vendée.

—— Robert, der Waisenknabe, oder: Das Andenken an die Mutter. Eine moralische Erzählung, nach dem Französ. bearb. gr. 12. (183 S. mit 1 Stahlst.) Augsburg 853, Schmid'sche Vrlgsb.

— Robert, der Waisenknabe, oder: Das Andenken an die Mutter. Eine moralische Erzählung nach dem Französ. bearb. 2. Aufl. Mit 1 Stahlst. Ebend. 859. 12. (183 S.) 12 ngr.

—— die Stiefbrüder, s. Abendunterhaltungen, lehrreiche, für Jugend- und Familienkreise.

— die Stiefbrüder oder Wie der Same, so die Frucht. Eine Erzählung für die reifere Jugend u. Erwachsene. Hrsg. von Karl Brug. 2., verb. Aufl. Mit einem color. Titelkpfr. 8. (174 S.) Ebend. 877. cart. 1. 20

Brug, Frz. Maria, Junker Bernhard Sturmschwert, s.a. Abendunterhaltungen, lehrreiche.

—— Junker Bernhard Sturmschwert oder Treue im Glauben. Eine Erzählung für die reifere Jugend und für Erwachsene. Hrsg. von Karl Brug. 2. verb. Aufl. 8. (167 S. mit 1 Stahlst.) Ebendas. 876. cart.

— Konrad Tribler, s. Lebensbilder aus der Geschichte Bayerns.

—— Konr. Tribler, s.: Volksbiblioth., bayer.

—— vertrauliche Unterhaltungen über das Gebet, s. Unterhaltungen.

Brug, Frz. Maria, Heinr. Wallner, od. die Religion 2c., s.a. Abendunterhaltungen.

— Heinrich Wallner oder die Religion ist die festeste Stütze auf dem Wege des Lebens. Eine Erzählung aus dem Leben für die reifere Jugend u. Erwachsene. 2. durchges. Aufl. Mit 1 Stahlst. Augsburg 853. Lampart u. Co. 8. (154 S.) 12 ngr

Brug, Irene, Amor imperator. Roman. (143 S.) 8. Leipzig (907). Preßburg, H. Hartleb. 8. —

— — Amor imperator. Leipzig, Leipziger Verlag G. m. b. H., 1907. verb. d. Ldg. Breslau 19. 3. 1908.
Verb. d. Ldg. Leipzig 38 J. 36/12.

BRUG, Irene (ps.), In servitute felicitas. (Masochistische Novelle.) Dresden 1904, Verlag von H. R. Dohrn. 8°. Illustr. Umschl. 102 S. (Mk. 3—.) (1 Mk. 60 Pfg. der Vorige, 1906.)
Albernes Geschmiere voller Unnatur, in welchem auch mehrmals von schlanken, ringgeschmückten, schneeweissen „Aristokratenhänden" gefaselt wird.

— In servitute felicitas. (102 S.) 8. Dresden 904. Preßburg, H. Hartleb. 2. —
Beide Bücher sind im Deutschen Reiche verboten.

BRUG, Irene. In servitute felicitas. Dresden, H. R. Dohrn (1907).

Brug, Karl, nach der Arbeit. 3 Erzählgn. f. christl. Jugend u. christl. Volk. 2. verb. Aufl. Mit e. Stahlst. 8. (177 S.) Regensburg 875. Volks- u. Jugendschriften-Verl. 1. 20

Brug, C., Nach der Arbeit, s.a. Abendunterhaltungen, lehrreiche.

Brug, Carl, Hauptm à l. s. des kön. bayer. Generalstabes, Führer der k. bayer. Luftschifferabtheilung. Der militärische Fesselballon der Gegenwart und dessen Verwendbarkeit in Folge der Einführung des komprimierten Wasserstoffes. Einiges über die nahtlosen Stahlbehälter. Mit 4 Tafeln. Vortrag gehalten in der milit. Gesellschaft München am 3ten März 1893
8. München (1893).

Brug, Karl: Über Militär-Luftschiffahrt. München 1889. 30 S.

BRUG, Carl (Mof): Ueber unfreiwillige Samenverluste.- Augsburg: Volkhart 1851. 19 S.
13.8.1851 - Urk (Titel: De spermathorrhoea.); F 67

Diss. Ingolst.-Landsh.-Mchn.

Brug, C., der junge Tambour, s.a. Abendunterhaltungen, lehrreiche.

Brug, K, d. junge Tambour, od. Lohn d. Vertrauens auf Gott. Eine Erzählg. 2. Afl. 8. (149) Rgnsbg 75, Volks- u. Jugendschr.-V. 1. 20

Brueg, Isidor (Quedlinburg), De medicis illustribus Judaeorum qui inter Arabes vixerunt. Dissert. med. Halle (Ruff) 7. XI. 1843. 32 S., mit Biogr. (M.: F. Strassmann.) (4.20) 4263
Oppon.: I. Gruber, H. Zimmermann. — Gew.: Ludw. Meyer, Krieg, Julius Fuerst.

Brügel's Kalender f. 1896. Mit Führer u. Ansichten d. Stadt Ansbach u. Umgegend. 8° (56) Ansb. 95, C Brügel & S. — 50

Brügel's Kalender f. 1897. Mit Führer u. Ansichten d. Stadt Ansbach u. Umgegend. 8° (74) Ansb., C Brügel & S. — 50
Erscheint nicht mehr.

Brügel, ..., Realindex über die in dem Intelligenzblatte des Rezatkreises v. 1. Jan. bis zum 1. Aug. 1819 publicirten königl. Gesetze 2c. gr. 4. Ansb. 821. (Schneider u. W. in Nürnb.) 3 ß 18 ℔

Brügel, Bruno H, s.: Wetter-Kalender.

Brügel, Carl, Dr. phil., appr. Arzt a. Ansbach: Beitrag zur Lehre von der Metaplasie und Keratosis der Urethral-Schleimhaut. Mit Taf. Ansbach 1904: C. Brügel & Sohn. (23 S.) 8°

München, Med. Fak., Ref. v. Bollinger, Diss. v. 15. Dez. 1904

[Geb. 10. Mai 74 Ansbach; Wohnort: Ansbach; Staatsangeh.: Bayern; Vorbildung: Gymn. Ansbach Reife Juli 92; Studium: Erlangen u. Leipzig (iur.), München 10 S.; Coll. 3. Aug. 04; Approb. 13. Juni 94.]

Brügel, Carl: Die Ansbacher Schneiderzunft. *Ansbach 1897: C. Brügel & Sohn.* (45 S.) 8° [J.]
Erlangen, Phil. Diss. v. 15. Febr. 1896

Brügel, F., Bayern's Gerichts-, Advocaten- u. Stempel-Tarordnungen, u. das Diäten-Regulativ. gr. 8. (37 S.) Erlangen 848. Palm & Enke. 5½ ngr

— des Königreichs Bayern Landwehr als Abtheilung der Staats-, Schutz- und Vertheidigungskräfte durch die Grundverfassung des Reichs erklärt und verbürgt. In ihrer Entstehung, Ausbildung und dermal. Gestaltung dargestellt. gr. 8. (27 S.) Erlangen 848, Palm und Enke.

— die deutsche Volksbewaffnung oder neue Landwehr-Ordnung. Ein offenes Gutachten mit Gesetz-Entwurf. gr. 8. (16 S.) Erlangen 848, Palm und Enke.

Brügel, Frdr., Betbüchlein für Kinder. Bevorw. von Löhe. Nürnberg 865. Raw. 8. (XI. 131 S.) n 12 ngr

— das Leben und Wirken Dr. Martin Luther's in Fragen und Antworten der evangel. Jugend vorgelegt. 8. (46 S.) Nürnberg 867, Löhe. *

Brügel, Friedr., das Leben und Wirken Dr. Martin Luther's in Fragen und Antworten der evangelischen Jugend vorgelegt. 2. Aufl. 8. (51 S.) Nürnberg 870, Löhe.

Brügel, Frdr., das Leben u. Wirken Dr. Martin Luther's in Fragen u. Antworten der evangelischen Jugend vorgelegt. 3. Aufl. gr. 16. (II, 49 S.) Nürnberg 875. Löhe. n.n. — 25

Brügel, Friedr., das Leben und Wirken Dr. Martin Luther's in Fragen und Antworten der evangelischen Jugend vorgelegt. 3. Aufl. gr. 16. (IV, 49 S.) [Nürnberg 876, Löhe.] Gütersloh, Bertelsmann. **

Brügel, Friedr. Das Leben u. Wirken D. M. Luthers in Fragen u. Antworten d. evangel. Jugend vorgelegt. 4. Aufl. 8. (51 S.) Gütersloh 890, Bertelsmann. * — 25

Das Leben und Wirken D. Martin Luthers in Fragen u. Antworten der evangelischen Jugend vorgelegt von Friedrich Brügel, Pfarrer in Gutenstetten. 5. Aufl. *Gütersloh: C. Bertelsmann 1903.* (54 S.) 8° [J.]

Brügel, Julius

Friedrich Rückert als Erzieher. Seine pädag. Winke u. Sprüche zsgest. von Oberschulrat Dr. [Julius] Brügel. Langensalza: Beyer 1910. 81 S. 8°
(Pädagogisches Magazin. H. 409.)

Brügel, Jul.: Vertrauensschutz u. exekutiver Erwerb, s: Melzer, Haus.

Brügel: Moderne Volksbildgsbestrebgn, s.a. Beiträge z. Lehrerbildg u. Lehrerfortbildg.

Bruegel, [Jul.], Moderne Volksbildungsbestrebungen. Gotha 1905. 8°.
(Beiträge z. Lehrerbildung u. Lehrerfortbildung. hrsg. von K. Muthesius. H. 31.)

Bruegel, J[ul.]. Die Gruppe Württemberg [der Gesellschaft für deutsche Erziehungs- und Schulgeschichte.] Berlin 1906. 8°.
(Mitteilungen d. Ges. f. deutsche Erziehungs- u. Schulgesch. Beih. 11.)

Brügel, Ldw., Von gestern und heute. Sociale Gedichte. 8°. Wien, Selbstverlag. 1894.

Brügel, Otto, Rechtsanwalt: Wahl und Bestellung des Verteidigers nach dem Entwurf der Strafprozeßordnung (Reichstagsvorlage). (Kirchheim u. T. 1910: Gottlieb & Oßwald.) 85 S. 8°
Tübingen, Jur. Diss. v. 21. Dez. 1910, Ref. Frank
[Geb. 30. Juli 79 Eßlingen; Wohnort: Kirchheim u. T.; Staatsangeh.: Württemberg; Vorbildung: Gymn. Ulm Reife M. 97; Studium: Tübingen 3, Leipzig 3, Tübingen 2 S.; Coll. 8. Dez. 10.] [U 11. 4342

Brügel, Paul, approb. Arzt aus Floss: Ein Fall von Pyaemie im Anschluss an einen subphrenischen Abszess bei chronischer Cholelithiasis. *Braunschweig 1902: H. Oeding.* (27 S.) 8°
Erlangen, Med. Diss. v. 25. Juli 1901

Bruegel, Peter
s. **Brueghel,** Pieter. [11. 6898

Brügelmann, C. J. Wilhelm, s. Brügelmann, Wilhelm

Brügelmann, G: Über die Krystallisation, Beobachtungen und Folgerungen. 3. Mitteilung. Leipzig 1884. (Aus d. Chem. Centralblatt 1884. Nr 44, 45)

BRÜGELMANN, G. Chemisch-analytische Untersuchungen. (Tübingen) Wiesbaden, 1877. **Diss.**

Brügelmann, Max, appr. Arzt a. Köln: Ueber Schwangerschaft, Geburt u. Wochenbett jugendlicher Erstgebärenden. Bonn 1908: E. Eisele. (45 S.) 8°
Bonn, Med. Fak., Ref. Pletzer, Diss. v. 21. Juli 1908
[Geb. 11. April 83 Cöln; Wohnort: Bonn; Staatsangeh.: Preußen; Vorbildung: Gymn. in d. Kreuzgasse Cöln Reife O. 02; Studium: Tübingen 3, Bonn 2, Tübingen 1, Bonn 4 S.; Coll. 23. Dez. 07; Approb. 1. Juli 08.]

Brügelmann, Otto, cand. iur. a. Cöln: Der Konkurs der eingetragenen Genossenschaft. Bonn 1908: E. Eisele. (VIII, 78 S.) 8°
Heidelberg, Jur. Fak., Ref. Schroeder, Diss. v. 1908
[Geb. 12. Juli 85 Cöln; Wohnort: Cöln; Staatsangeh.: Preußen; Vorbildung: Realgymn. in d. Kreuzgasse Cöln Reife O. 04; Studium: Bonn 2, München 2, Berlin 2 S.; Rig. 30. Dez. 07.]

Brügelmann, W., 100 Aphorismen. Ein Vademekum f. denk. Menschen. 8. (VII, 94 S.) Frauenfeld 899. Huber & Co. Geb. in Leinw. n. 1. 60

! Brügelmann: Aphorismen. Jetzt: Mainz, Saarbach. 96/00

Brügelmann, Wilhelm

Brügelmann, W., über Asthma, sein Wesen und seine Behandlung. gr. 8. (68 S.) Neuwied 888, Heuser's Verlag.

Brügelmann, W. Ueber Asthma, sein Wesen u. seine Behandlung. 2. verm. u. verb. Aufl. gr. 8. (108 S.) Neuwied 890, Heuser's Verlag. * 2 40

Brügelmann, W., üb. Asthma, s. Wesen u. s. Behandlg. 3., verm. Aufl. gr. 8. (XV, 129 S.) Wiesbaden 895. J. F. Bergmann. n. 2. 80

Brügelmann, W., das Asthma, sein Wesen u. seine Behandlung, auf Grund 22jähr. Erfahrgn. u. Forschgn. dargestellt. 4. verm. Aufl. gr. 8. (XIX, 219 S.) Wiesbaden 901. J. F. Bergmann. n. 4. —

Brügelmann, W., das Asthma, sein Wesen u. seine Behandlung, auf Grund 27jähr. Erfahrgn. u. Forschgn. dargestellt. Neue 4. verm. Ausg. (XXII, 285 S.) gr. 8. Wiesbaden 905. J. F. Bergmann. n. 4. —

Brügelmann, Wilh., das Asthma, sein Wesen u. seine Behandlung, auf Grund 32jähriger Erfahrgn. u. Forschungen dargestellt. 5. verm. Aufl. (XIX, 268 S.) Lex. 8. Wiesbaden 910. J. F. Bergmann. 4. 80

Brügelmann, W., zur Aetiologie u. Therapie d. Asthma. [Aus: „Allg. med. Centralzeitg."] gr. 8. (3 S.) Berlin 893. O. Coblentz. n. 1. —

— die Behandlung v. Kranken durch Suggestion u. die wahre wissenschaftliche Bedeutung derselben, dargestellt v. B., m. e. Anh.: Die Philosophie in der Medizin. Eine psychiatr. Studie v. demselben. (44 S.) Lex.-8. Leipzig 906. G. Thieme. n. 1. 20

—— Beiträge zur Behandlung der Chlorose, s. Sonder-Abdrücke der Deutschen Medizinal-Zeitung. 71

Brügelmann, Wilhelm (geb. am 13 Mai 1845 auf Kromford Rgbz. Düsseldorf): Die Diarrhoe im ersten Kindesalter ... Bonn, Buchdr. v. P. Neusser 1869. 1 Bl., 53 S. 8.
Bonn, Med. Fak., Diss. v. 8 Juli 1869

Brügelmann, Wilh., über die Entstehung und die Behandlung des Bronchialasthma, s. Sonderabdrücke der Deutschen Medicinal-Zeitung.

— zwei Fälle v. complicirtem Asthma. [Aus: „Allg. med. Central-Zeitg."] gr. 8. (7 S.) Ebd. 893. n. 1. —

Die verschiedenen Formen des Asthma und ihre Behandlung. Von Dr. W[ilhelm] Brügelmann in Südende bei Berlin. *Berlin: Fischer 1901.* (28 S.) 8°
— Klinik, Berliner. H. 162. [03. 976

Brügelmann, Wilhelm: Die Frauenbewegung im besonderen und die soziale Bewegung im allgemeinen. Vom wissenschaftl. Standpunkt betrachtet. — Leipzig: Thieme 1907. VIII, 106 S. 8°

—— Ueber den Hypnotismus u. seine Verwertung in d. Praxis. gr. 8. (29 S.) Ebd. 889. 75

Brügelmann, Wilh., die Inhalationstherapie bei Krankheiten der Lunge, der Luftröhre und der Bronchien. gr. 8. (26 S. mit 1 lithogr. Taf. in qu. 4.) Leipzig 874, E. H. Mayer. *

Brügelmann, Wilh., die Inhalationstherapie bei den Krankheiten der Lunge, der Luftröhre und der Bronchien. 2. verm. Aufl. gr. 8. (IV, 62 S. mit 2 lithogr. Taf. in gr. 8. und qu. gr. 4.) Leipzig 876, Mayer. *

—— die Inhalationstherapie bei den Krankheiten der Brust, des Halses und der Nase. Mit besond. Berücksicht. der heut. modernen Allgemeinbehandlung. 3. sehr verm. und verb. Aufl. gr. 8. (VIII, 192 S. mit 3 lithogr. Taf.) Köln 880, Mayer.

—— die Curanstalt Inselbad bei Paderborn. Ein Führer und Berather für den Curgast, zugleich eine kurze Darstellung meiner Ansichten und Behandlungsmethoden. gr. 8. (88 S.) Paderborn 882, F. Schöningh.

Brügelmann, Wilh., die Migräne (Hemicrania), ihre Entstehung, ihr Wesen u. ihre Behandlung resp. Heilung. (VII, 51 S.) 8. Wiesbaden 909. J. F. Bergmann. Geb. in Leinw. 1. 60

— Psychotherapie u. Asthma. [Aus: „Zeitschr. f. Hypnotismus".] gr. 8. (19 S.) Berlin 894. H. Brieger. n. — 60

Brügemann, Joach. Dav., schriftmäßiger Unterricht, was von — Gevattern insgemein, besonders vom Dortmundischen zu halten sei. Osnabr. 714. 8.

Bruger, H. C., († d. 12. Sept. 1822.) einige Bemerkk. über die Vortheile des Studii alter Sprachen. 4. Schwerin 789.

— Nachr. von d. Wissenschaften u. Sprachen, welche in d. hies. Domschule v. 1788 bis 1790 gelehrt worden sind. 4. Schwerin 789.

Bruger, K. H., Gedichte. 8. (19½ B.) Schwerin 831, Kürschner. (Berlin, Plahn.)

Bruger, Paul, [illegible] Über das Pikrotoxin. *Berlin (1898):* G. Schade. (31 S.) 8°
Berlin, Phil. Diss. v. 5. Nov. 1898.

Bruger, Theodor [aus Jabel in Meckl.-Schw.]: Untersuchungen über die Wirkung von Solenoiden auf verschieden geformte Eisenkerne .... Berlin. Druck d. Reichsdruckerei, 1886: 39 S. 8°.
Erlangen. Phil. Fak.. Inaug.-Diss. v. 1886.

Bruger, Theodor, Untersuchungen über die Wirkung von Solenoiden auf verschieden geformte Eisenkerne. Diss. Erlangen 1886, Th. Blaesing. 8°. 39 S.

Brueger, Carolus (Henricus) (*geb. Liegnitz 17. 12. 1821*): De febre hectica. Vratislaviae (1850). (25 S.) 8°
Breslau, Med. Diss. v. [16] Febr. 1850

Brüger, Christian David Elias (Rothenstein-Weimar), Quaest. jur. contr. de causa quartae falcidiae in legato liberationis. Präs. Chn. Heinr. Breuning. Lpz. (Langenheim) 15. V. 1773. 8 S. (2.50) 4264

Brüger, K., der Prozeß gegen den Drahtwaarenfabrikanten Ed. Otto u. dessen Ehefrau in Jena wegen Verdachts d. vollendeten u. versuchten Giftmords. gr. 8. (37 S.) Jena 889. Fischer. n. — 50

Brugerette, Abbé, Jos., die Lehren der Niederlage od. das Ende e. Katholizismus. Autoris. Übersetzg. aus dem Franz. v. Ludw. Fahrland. (101 S.) 8. Stuttgart 907. Strecker & Schröder. 1. 50

Bruges, Roger Graf v., Reiseskizzen aus West-Indien, Mexiko und Nord-Amerika gesammelt im J. 1872. 8. (X, 405 S.) Leipzig 873, Duncker und Humblot. *

Brugg, s.: Schweiz. Atlas. Karte.

Brugg. [Waffenplatz. Lithographischer Ueberdruck aus den Blättern 33, 36, 37, 35, 38, 39 des Topographischen Atlas Siegfried.] Massstab 1:25000. [Hrg. durch die] Schweizerische Landestopographie, Bern. Ueberdruck 1905. 508/735 mm. 1 Bl. quer-fol.
Ausg. A: offen. fr. 2.—
Ausg. B: auf Lwd. aufgezogen, 8; *Titelblatt (mit Kartenskizze):* Topographischer Atlas der Schweiz. Ueberdruck. Waffenplatz Brugg. 1:25,000. [Bern,] Eidg. topographisches Bureau. *Aufdruck:* 1905. aufgezogen fr. 3.—

Brugg, Hartmut v., d. Schaffung Gottes durch d. Menschen. 8. (20 S.) Leipzig 896. W. Friedrich. n. — 50

Brugg, Wald., s.: Novellenbuch.

Brügge, s.: Woerl's Reisehandbücher.

Brügge, F., die Bau- u. Kunstdenkmäler des Kreises Meschede, s.: Luborff, A.

Brügge, J. C., die leichte u. fast schmerzlose Entbindung. (36 S.) gr. 8. Neumünster 908. (Leipzig, Fritzsche & Schmidt.) 1. 50

Brügge, Ldw., die Gewerbs-Chemie für angehende Chemiker und zum Behufe aller Jener, die, ohne irgend einige Vorkenntnisse zu besitzen, sich mit dieser Wissenschaft vertraut machen wollen. gr. 8. Prag 843, Leitmeritz, Medau. 1 ₰

Brügge, Ludwig.
Gewerbs-Chemie (Die) für angehende Chemiker und zum Behufe aller Jener, die, ohne irgend einige Vorkenntnisse zu besitzen, sich mit dieser Wissenschaft vertraut machen wollen. Prag, 1845. 8vo.

Brügge, Walter. 1909 [Pseud.]
s.a. Ahrens, F. G.

Brügge, Walt.: Das Moor v. Roxbury, s: Vitus-Bücher.

Brüggemann, Dr., u. Henrich, Rechtsanw., Der Personalkredit des ländlichen Grundbesitzes im preussischen Saargebiet. Schriften d. Vereins f. Sozialpol., Bd. 74. gr. 8°. Leipzig 1896.

Brüggemann, Wandtafeln f. die Holzbearbeitung. (6 farb. Taf.) 114×84,5 cm. Magdeburg 907. Creutz. 15.—; nebst: Begleitwort u. Erläutergn. (24 S. m. 6 Abb.) kl. 8. — 40

Brüggemann, A., deutsche Gebühren-Ordng f. Gerichtsvollzieher v. 24. Juli 1878, m. d. im Gesetze vom 29. Juni 1881 enth. Abändergn., unt. bes. Berücksicht. d. f. Preußen gelt. u. auf Gebühren- u. Kosten-Sachen sich bezügl. Bestimmgn. M. Anmerkgn. u. Tabellen, n. e. Anh., enth. Zinsberechngn. 10., neu bearb. Aufl. 12. (96 S.) Halberstadt 895. H. Meyer. Kart. n. 1. 50

Brüggemann, A: Gottes Hand reicht üb. Meer u. Land, s.: Blumen am Rain.

Brüggemann, A. (Hrsg.), s. Harz-Bote.

Brüggemann, A., s.: Meyer's Termin-Kalender f. Gerichtsvollzieher.

Geschichte der evang. Gemeinde Kettwig von A[dolf] Brüggemann, Pfarrer. Kettwig: Flothmann in Komm. 1910. 149 S. 8° [illegible]

Brüggemann, Adf. Frdr., s.: Freistatt.

Brüggemann, Alfred: Dornröschen, s. Humperdinck, Engelbert

Brüggemann, A., zur Casuistik der Osteomalacie beim Mann, s.a. Abhandlungen, Münchener medizinische.

Brüggemann, A(lfred), Medizinalpraktikant a. Rotthausen. Reg.-Bez. Düsseldorf: Aus d. pathol. Institut d. Univ. München. Zur Casuistik der Osteomalacie beim Mann. Mit 4 Taf. München: J. F. Lehmann 1907. (46 S.) 8° ¶ [= Münchener medizin. Abhandlungen H. 77. 1. Reihe H. 32.]
München, Med. Fak., Ref. v. Bollinger. Diss. v. 1. Febr. 1908
[Geb. 2. Juli 82 Rotthausen: Wohnort: Düsseldorf; Staatsangeh.: Preußen: Vorbildung: Städt. Realgymn. Düsseldorf Reife Juli 01; Studium: Freiburg i. B. 2. Straßburg 1, Freiburg i. B. 2. Würzburg 1, München 4 S.; Coll. 1. Febr. 08; Approb. 14. Jan. 08.]

Brüggemann, Ant., praktische Anleitung zur Glacéleder-Färberei nach den neuesten deutschen, französ. u. engl. Methoden, sowie zum Färben des Sämisch- u. gewöhnlichen Weißleders. Nebst Belehrungen über die Fabrikation der Glacé- u. sämisch-ledernen Handschuhe u. das Waschen derselben. Für Handschuhmacher, Fabrikanten feiner Lederwaaren, Riemer ꝛc. Quedlinburg 858. Basse. 8. (56 S.) 15 ngl.

Brüggemann A. praktische Anweisung zur Glacéleder-färberei nebst Belehrung über die Fabrikation der glacé- und sämischledernen Handschuhe und das Waschen derselben. Quedlinburg 1856

— neueste praktische Anweisung zur Saffian-Fabrikation nach den besten Methoden. Mit 1 (lith.) Taf. Abbildgn. Ebend. 857. gr. 8. (40 S.) verklebt 20 ngl.

—— praktische Anweisung zur Leimfabrikation, nach den neuesten und bewährtesten Methoden. Enthaltend: Gründl. Belehrungen, um auf die vortheilhafteste Weise den besten Leim selbst im heißen Sommer zu bereiten. 8. (56 S.) Quedlinburg 857, Basse.

Brüggemann, Ant., neuestes Handbuch der Lohgerberei. Praktische Anweisung, alle Lederarbeiten nach den neuesten u. verbesserten Methoden zu bereiten, mit besonderer Berücksichtigung des Schafleders. Quedlinburg 858. Basse. 8. (56 S.) 15 ngl

— Handbuch der Weißgerberei. Prakt. Anweisung alle Arten Glacé-, Weiß-, schmack-, loh- und sämisch-gahres Leder nach den neuesten verbesserten Methoden, so wie auch Pelz- und Trommelfelle zu bereiten. gr. 8. (VII und 81 S.) Quedlinburg 857, Basse.

Brüggemann, August Ferdinand

Brüggemann, A. F., über d. Cholera. Einige Worte z. Beruhigung üb. d. Möglichkeit u. d. Größe d. Gefahr. gr. 12. (1½ B.) Leipzig 831, [Schreck.]

— Gesundheitslehre. Von dem Baue u. dem Leben des menschl. Körpers und der Erhaltung seiner Gesundheit. In Vorträgen an Gebildete für Jedermann faßlich dargestellt. 1r Bd. A. u. d. T.: Physiolog. Vorlesungen. Gehalten zu Magdeburg im Winter des Jahres 1833 u. seinen Herren Zuhörern gewidmet — 2r Bd.: Das geistige Leben d. Menschen. A. u. d. T.: Physiolog. Vorlesungen. Nach seinem Tode herausg. u. seinen Zuhörern gewidm. von den Hinterblieb. gr. 8. Magdeburg 834 u. 39. (Creutz.) Beide Bde. 3½ ℳ

Brüggemann, Aug. Ferd., Gesundheitslehre. Von d. Baue u. d. Leben d. menschl. Körpers u. d. Erhaltung seiner Gesundheit. In Vorträgen an Gebildete f. Jedermann fassl. dargest. 1. u. 2. Bd. — A. u. d. T.: Physiologische Vorlesungen. Gehalt. zu Magdeburg im Winter d. J. 1833. 1. u. 2. Bd. enth.: Das geistige Leben d. Menschen. Nach sein. Tode hrsg. u. sein. Zuhörern gewid. v. d. Hinterbliebenen. gr. 8. Magdeburg, Creutz'sche Buchh. [1. (25 B.) 835. 1¾ Thlr., 2. (11 B.) 840. 1¼ Thlr.]

— u. A. Andraeae, Medicinalbericht etc., s. Auszug a. d. Medicinalberichte.

Brüggemann. August Ferd. (geb. 1800): De legendae historiae medicae utilitate. Historiae de Friderici Hoffmanni medicinae systemate prodromus. Berolini (1824). (16 S.) 8°
Berlin, Med. Diss. v. 27. Febr. 1824

Brüggemann, F.: Über Realklassen und ihre Verbindung mit Gymnasien. 24 S.
Progr. Conitz 1845.

Brüggemann, F.: Cicer. Somnium Scip. graece expressum recogn. atque emendavit. (Die griechische Übersetzung von Theodorus Gaza). 28 S.
Progr. Conitz 1840.

Brüggemann, F.: Statuten für das Königliche Katholische Gymnasium in Conitz. 20 S. und: Disciplinargesetze für die Schüler des Königlichen Gymnasiums in Conitz. 8 S.
Progr. Conitz 1845.

Brüggemann, F. A., die Mobiliar-Versicherung in Preußen nach d. Gesetze v. 8. Mai 1837, unt. Benutzung amtl. Quellen, mit ein. Anh. üb. die, dens. Gegenstand betreff. Gesetze and. deutschen Staaten. gr. 8. (13 B.) Berlin 838, Rubach.

— dass. — 2., vervollständ. Aufl. gr. 8. (6¼ B.) Berlin 839, Klemann.

Brüggemann, F. Ad. Statistik des Vers.-Wesens. Charlottenburg 1871.

Brueggemann. Felix [Guestfalus]: De Marci Aemilii Lepidi vita et rebus gestis .... Monasterii Guestfalorum, ex typogr. Coppenrathiana. 1887; 75 S. 8°.
Münster, Phil. Fak., Inaug.-Diss. v. [5. Febr.] 1887.

Brueggemann, Felix, de Marci Aemilii Lepidi vita et rebus gestis. Diss. Münster 1887, Mitsdörffer. 8°. 75 S.

Brüggemann, Franz

Brüggemann, F.: Historiae Graecar. litterar. adumbratio. Specim. I. 18 S.
Progr. Arnsberg 1837.

Brueggemann, Franciscus, gymn. Arnsbergensis collega (geb. 1805 in Soest Westf.): De C. Valerii Catulli elegia Callimachea ... Susati, typ. Nassianis 1830. VIII, 74 S., 1 Bl. 8. ¶ Zugleich wissenschaftl. Beilage zum Jahresber. des Gymn. in Arnsberg vom Herbst 1830.
Bonn, Phil. Fak., Diss. v. [3 Apr.] 1830

Brüggemann, Frz., die Heilsgeschichte in biblischen Geschichten erzählt. Ausg. A. [ohne kirchengeschichtl. Anhang]. 1.—4. verb. Aufl. 8. (XI, 165 S.) Essen 876—79, Bädeker. * 75 Pf.; geb. *

— dass. — Ausg. B. Nebst einem kirchengeschichtl. Anhang. 1. Aufl. (X, 200 S.) 1876; 2. durchgeseh. Aufl. 8. (X, 204 S.) Ebendas. 877. * 75 Pf.; geb. *

Brüggemann, Frz., Begleitwort zu der Heilsgeschichte in biblischen Geschichten. 8. (27 S.) Essen 878. Bädeker. n. — 28

Brüggemann, Frz., die Heilsgeschichte, in biblischen Geschichten erzählt. Ausg. B. [Mit kirchengeschichtl. Anh.] 3.—7. Aufl. gr. 8. (XII, 200 S.) Essen 877—84, Bädeker. geb. * 1 —

Brüggemann, Frz. Die Heilsgeschichte in bibl. Geschichten erzählt. 8.—10. verb. Aufl. 8. (198 S.) Essen 885—88, Baedeker. * — 75 geb. * 1 —

Brüggemann, Frz., die Heilsgeschichte, in biblischen Geschichten erzählt. 12. Aufl. 8. (XII, 201 S.) Essen 891. G. D. Baedeker. Geb. n. 1. —

— dasselbe. Ausg. B. (Mit kirchengeschichtl. Anh.) 13. Aufl. 8. (XII, 201 S.) Ebd. 894. n. — 75; geb. in Halbleinw. n. 1. —

Brüggemann, Frz., Die Heilsgeschichte in bibl. Geschichten erz. Ausg. B. (M. kirchengeschichtl. Anhang.) 14. Aufl. 8. (XII, 201 S.) Essen 898. G. D. Baedeker. n. — 75; geb. n. 1. —

Brüggemann, Frz., die Heilsgeschichte, in bibl. Geschichten erzählt. 16. Aufl. Mit 1 farb. Karte v. Palästina. (XII, 194 S.) gr. 8. Essen 904. G. D. Baedeker. Geb. in Leinw. n. 1. —

Brüggemann, Frz., die Heilsgeschichte, in bibl. Geschichten erzählt. 17. Aufl. Mit 1 farb. Karte von Palästina. (XII, 194 S.) 8. Essen 909. G. D. Baedeker. Geb. 1. —

Brüggemann, Frz., in der Rüstkammer, s.: Flugschriften d. Evangelischen Bundes.

Brueggemann, Franciscus, gymn. Arnsbergensis collega (geb. 1805 in Soest Westf.): Theses controversae quas una cum dissertatione De elegia Catulli Callimachea ... defendet ... Susati, typ. Nassianis (1830). 4 Bl., 8.
Bonn, Phil. Fak., Thes. v. 3 Apr. 1830

Brueggemann, Franc., Theses controversae, una c. dissertat. de elegia Catulli Callimachea. — K. s. t.: De C. Valerii Catulli elegia Callimachea dissert. crit. 8. (5¾ B.) Susati 830. (Arnsberg, Ritter.) *

Brüggemann, Frz., das Verhältnis zwischen dem Religions-Unterricht der Schule und dem pfarramtlichen. Kommissions-Referat, auf der XIX. Rhein. Provinzial-Synode gehalten. gr. 8. (17 S.) Essen 887, Bädeker. *

— Wünsche und Vorschläge zu der beabsichtigten Revision und Ergänzung der landeskirchlichen Agende. Vortrag, auf der Prediger-Konferenz der Synode an der Ruhr gehalten. gr. 8. (48 S.) (Ebendas.) 884.

Brüggemann, Dr. Friedr., Des Freiherrn v. Ketteler, Bischofs von Mainz, Werk: Die Arbeiterfrage und das Christentum; nebst einigen Bemerkungen auf verwandten Gebieten. 8°. München, J. G. Weiss, 1870.

Brüggemann, (Justus) Friedr. (geb. Vlotho in Westf. 5. 4. 1844): Ueber die Meningitis cerebrospinalis epidemica. Berlin (1869). (32 S.) 8°
Berlin, Med. Diss. v. 8. Okt 1869

[F.] Organisation und Lehrplan der mehrstufigen Volksschule nach den Forderungen der Gegenwart. Von Fr. Brüggemann, Städt. Lehrer in Berlin. Von d. Diesterweg-Stiftg gekr. Preisschrift. *Berlin: L. Oehmigke 1896.* (132 S., 1 Bl. Tab.) 1 Bd 8. [96. 1519

Brüggemann, Friedrich

— u. F. Groppler, Volks- u. Fortbildungs-Schulwesen Frankreichs im J. 1900. Zwei Berichte e. v. der Diesterweg-Stiftg. veranlassten Studienreise nach Paris. gr. 8. (VIII, 188 S.) Berlin 901. L. Oehmigke's Verl. n. 3. —

Brüggemann, F., aus Welt u. Zeit. Eine Blumenlese interessanter Schildergn., Berichte u. Aufsätze. (In stenograph. Schrift.) 2 Tle. gr. 8. (à 80 u. II S.) Berlin (899). Frz. Schulze. à n.n. 1. 10; in 1 Bd. geb. n.n. 2. 60

Brüggemann, F., aus Welt u. Zeit. Eine Blumenlese interessanter Schildergn., Berichte u. Aufsätze. (In stenograph. Schrift.) II. Aufl. 2 Tle. (Je 95 u. III S.) 8. Berlin (903). Frz. Schulze. à n. 1. 25; in 1 Bd. kart. n.n. 3. —

Brüggemann, Friedrich: Das Weltgebäude, s. Meyer, M. Wilhelm

Brüggemann, Fritz, aus Krefeld: [1.] Ueber die chromogenen Eigenschaften des p-Nitrobenzylcyanids. [2.] Ueber einige Derivate des Desylamins und Phenanthrenchinons. *Berlin 1902: A. W. Schade.* (38 S.) 8°
Berlin, Phil. Diss. v. 13. Dez. 1902

Brüggemann, Fritz: Geschichte d. Familie Hoesch, s: Hashagen, Just.

Brüggemann, Fritz: Die Ironie in Tiecks William Lovell und seinen Vorläufern. Ein Beitr. z. Vorgeschichte d. Romantik in Deutschland. Leipzig (1900): Brandstetter. 477 S. 8° (Ersch. auch als Buch u. d. T.: Die Ironie als entwickelungsgeschichtl. Moment, b. Diederichs, Jena.)
Leipzig, Phil. Diss. v. 7. Juli 1900, Ref. Köster, Volkelt
[Geb. 18. Dez. 76 Aachen; Wohnort: Leipzig; Staatsangeh.: Preußen; Vorbildung: Gymn. Weilburg Reife O. 99; Studium: Bonn, Berlin, München, Leipzig zus. 10. S.; Rig. 4. Juni 08.] [U 09. 2928

Brüggemann, Fritz, die Ironie als entwicklungsgeschichtl. Moment. Ein Beitrag zur Vorgeschichte d. deutschen Romantik. (VI, 478 S.) 8. Jena 909. E. Diederichs. 8. —

Brüggemann, Fritz [aus Heinsen (Hannover)]: Zur Kenntnis der Derivate des Veratrols ... Heidelberg, Univ.-Buchdr. v. J. Hörning, 1895; 20 S., 1 Bl. 8.
Heidelberg, Naturw.-math. Fak., Inaug.-Diss. v. [17. Dez.] 1895

Brüggemann, G. A., Lesebuch f. das erste Schuljahr. Nach phonet. Grundsätzen bearb. gr. 8. (14, 31 u. 64 S. m. Abbildgn.) Leipzig 900. E. Wunderlich. n. — 40; geb. n. — 60

Brüggemann, GA: Der 1. Leseunterr. nach phonet. Grundsätzen. 8° (39 m. Fig.) Lpzg 1900, E Wunderlich. — 40

Brüggemann, G. A., der erste Leseunterricht nach phonetischen Grundsätzen. 2. erweit. Aufl., hrsg. v. Ernst Lüttge. (III, 39 S.) gr. 8. Leipzig 908. E. Wunderlich. — 60

Brüggemann, Gustav [aus Bromberg]: Ueber die Entwickelung des Cancroids aus gutartigen Hautgeschwülsten .... Greifswald. Druck v. Julius Abel. 1885; 27 S. 8.
Greifswald. Med. Fak., Inaug.-Diss. v. 22. Aug. 1885.

Brüggemann, Gustav, über die Entwickelung des Cancroids aus gutartigen Hautgeschwülsten. Diss. Greifswald 1885, Jul. Bindewald. 8°. 27 S.

Brüggemann, H. Vergleichende Charakteristik der antiken und modernen Lyrik. Jülich, Pg., 1866. 12 S. 4.

Brueggemann, H. (Recklinghausen), De artis dialecticae, qua Plato siri viam ad scientiam veri munivit, forma ac ratione. Diss. philos. Berlin (Nietack) 19. IV. 1838. 40 S., mit Biogr. (4.—) 4266
Oppon.: A. Boehme, Fr. Beckmann, J. W. Huesgen.

Das Hochaltarwerk [v. Hans **Brüggemann**] im Dome zu Schleswig. 1515—1521. H. Walde gest. T. O. Weigel, Leipzig. o. J. Kupferstich. 1 Bl. Fol., 36/27,5 cm.

Allgemeines über Fasernbearbeitung und eingehendes Studium des zur Spinnerei nötigen Streckens der Fasermassen. Von Heinrich **Brüggemann**, Unter-Dir. ... zu Mülhausen i. E. M. e. Atlas v. 24 Taf. [Text.] Atlas. *Stuttgart: A. Bergsträsser 1898.* 2 Bde 4.
[Text.] (X, 226 S.) Atlas. (1 Bl., 24 Taf.)
= Brüggemann, H.: Theorie u. Praxis d. ration. Spinnerei. [II] n. [98. 484

Brüggemann, Heinr(ich), a. Wald-Velen (Westfalen): Bedeutung einer Separation für den Kreis Borken in Westfalen. Halle a. S. 1900: G. A. Kaemmerer & Co. (119 S., 3 Karten.) 8°
Halle, Phil. Fak., Ref. Conrad, Diss. v. 25. Aug. 1900
(Geb. 30. März 79 Wald-Velen (Westfalen); Wohnort: Halle a. S.; Staatsangeh.: Preußen; Vorbildung: Paulinisches Gymn. Munster Reife O. 01; Studium: Philos. u. Theol. Münster 5. Landwirtsch. Halle 6 S.; Rig. 2. März 06.)

Brüggemann, H., d. verschied. Befestigungsarten der Kratzenbelege a. d. Krempeldeckeln. [A.: „Leipz. Monatsschr. f. Textil-Industrie".] 4. (9 S. m. 2 Taf.) Leipzig 895. Th. Martin's Textilverl. n. 1. —

Brüggemann, Heinrich: Bestimmung von Fuselöl in alkoholischen Flüssigkeiten. *Leipzig 1899: B. Georgi.* (57 S.) 8°
Leipzig, Phil. Diss. v. [20. Apr.] 1899

Die nötigen Eigenschaften der Gespinste und deren Prüfung. Von Heinrich **Brüggemann**, Lehrer ... zu Mülhausen i. E. M. e. Atlas v. 7 Taf. *Stuttgart: A. Bergsträsser 1897.* 1 Bd 8. 1 Bd 4.
[Text.] (X, 174 S.) Atlas. (1 Bl., 7 Taf.)
= Brüggemann, H.: Theorie u. Praxis d. ration. Spinnerei. Tl I. [97. 3370

Brüggemann, [Heinrich]: Der Milchpreis. Recklinghausen (1910): Bauer. S. 1—10. 4°
Horneburg i. W., LWS P 1910

— d. Spinnerei, ihre Rohstoffe, Entwickelg. u. heutige Bedeutg. Lex.-8. (112 S. m. 90 Abb.) Leipzig 899. O. Spamer. n. 3. 50; geb. in Leinw. n.n. 4. 20

Brüggemann, H., die Spinnerei, ihre Rohstoffe, Entwickelung u. heutige Bedeutung. 2. [Titel-]Aufl. Lex.-8. (112 S. m. 90 Abbildgn.) Leipzig [899.] 901. O. Spamer. n. 3. —; geb. in Leinw. n. 4. —
Sonderabdruck aus: „Buch d. Erfindgn."

— Theorie u. Praxis d. ration. Spinnerei. I. u. II. Lex.-8. Stuttgart, A. Bergsträsser. n. 22. —
I. Die nöt. Eigenschaften d. Gespinnste u. d. Prüfg. M. e. Atlas v. 7 Taf. (in gr. 4.) (X, 174 S.) 897. n. 7. —
II. Allgemeines üb. Fasernbearbeitg. u. eingeh. Studium d. z. Spinnerei nöt. Streckens d. Fasermassen. M. e. Atlas v. 24 Taf. (in qu.-Fol.) (X, 226 S.) 898. n. 15. —

— Theorie u. Praxis der rationellen Spinnerei. III. Nitscheln u. Draht u. ihre mechan. Hilfsmittel. 1. Tl. Mit e. Atlas v. 37 Taf. (in gr. 4.) gr. 8. (X, 254 S.) Stuttgart 903. A. Bergsträsser. n. 24. —
I u. II. Ebd. 897. 898. n. 22. —.

Brüggemann, H: Die Verarbeitg d. Faserstoffe in d. Weberei, s: Uhland's, Wilh. Heinr., Handb. f. d. prakt. Maschinenkonstrukteur.

Brüggemann, Herm. Bemerkungen über das Verhältnis zwischen Schule und Haus. 16 S. *Boppard* 1876.

Brüggemann, J. De imperatoris Marci Salvii Othonis vita et rebus gestis. (52) S. Monasterii 1868. Diss.

Brüggemann, J. G., Auflösung der Preisfrage, wie scheu gewordene Pferde von den in dem Wagen befindl. Personen schnell abzulösen sind. M. Kpf. Fol. Hamb. 817. Perthes u. Besser. 3 ßß 8 K

Brueggemann, Joan. Bern. (Frid.) (geb. Münster in Westf. 15. 4. 1836): De dysenteria. Berolini (1862). (32 S.) 8°
Berlin, Med. Diss. v. 28. Juli 1862

Brüggemann, Joh. Christoph Ludw. (Munzeliensis-Hannover), De terriculis puerorum. Diss. philol.-pract. Präs. Johann Matth. Gesner. Göttingen (J. F. Hager) 3. IV. 1745. 38 S. (5.—) 4267

Brüggemann, Joh. Gottfried

— comm. de mendacio necessitate extorto. 4 maj. Götting. 797. Dieterich. 8 gr

Brüggemann, Jh. Gf., momentum historiae Jesu in univ. religione. 4. Götting. 795. Vandenhöck et R. 4 gr

Brüggemann, Josef, appr. Arzt a. Löningen in Oldenburg: Aus d. chirurg. Klinik in Gießen. Über Darm-Invagination mit besonderer Berücksichtigung des Kindesalters. Gießen 1905: v. Münchow. (27 S.) 8°
Gießen, Med. Fak., Ref. Poppert, Diss. v. 0. Sept. 1905
[Geb. 5. Sept. 79 Löningen: Wohnort: Löningen; Staatsangeh.: Oldenburg; Vorbildung: Gymn. Meppen Reife O. 00; Studium: Göttingen 2, Kiel 2, Freiburg i. B. 1. Berlin 1. Gießen 4 S.; Coll. 13. Febr. 05; Approb. 18. Jan. 05.]

Brüggemann, Joseph: Ludwig Tieck als Übersetzer mittelhochdeutscher Dichtung. Eine Kritik. Trier 1908: Lintz. 63 S. 8°
Trier, k. Kaiser Wilhelms-G m. RG P 1908 (614)

Brüggemann, Joseph. a. Trier: Ludwig Tieck als Übersetzer mittelhochdeutscher Dichtung. E. Kritik. Trier 1908: J. Lintz. (63 S.) 8°
Tübingen, Phil. Fak., Ref. v. Fischer. Diss. v. 29. März 1908
[Geb. 18. Juli 79 Boppard: Wohnort: Cöln; Staatsangeh.: Preußen; Vorbildung: Gymn. Cöln Reife O. 97: Studium: Bonn 4, München 1, Freiburg i. B 2. Münster 1 S.: Coll. 27. Juni 07.]

Brüggemann, K., Geschichte des Rheinisch-Westfälischen Kohlen- und Kokslagers Hamburg - Bahnhof Sternschanze: 1889 -- 1909. Düsseldorf, 1909. 19 S. mit 5 Abb.

Brüggemann, Karl, appr. Arzt: Ein Beitrag zur Diagnostik der Urachusfistel. Leipzig 1910: Klinkhardt. 17 S. 8° (Aus: Folia urologica. Bd 4.)
Berlin. Med. Diss. v. 29. Sept. 1910, Ref. Bier
[Geb. 13. Febr. 79 Bromberg: Wohnort: Berlin; Staatsangeh.: Preußen: Vorbildung: Gymn. Köslin Reife M. 03; Studium: Berlin 12 S.; Coll. 3. Nov. 09; Approb. 28. Sept. 10.] [U 11. 25

Brüggemann, Karl Heinrich. Preußens Beruf in der deutschen Staats-Entwicklung und die nächsten Bedingungen zu seiner Erfüllung. Berlin, W. Besser 1843. X 146 S. 8.

Brüggemann, Karl Heinr., meine Leitung der Kölnischen Zeitung u. die Krisen der preuß. Politik von 1846—1855. Leipzig 855. H. Schulze. gr. 8. (83 S.) 12 ngr

Brüggemann, Karl Heinr., Dr. List's nationales System der polit. Oekonomie, kritisch beleuchtet u. mit ein. Begründung d. gegenwärtigen Standpunktes dies. Wissenschaft begleitet. gr. 8. (20¹/₂ B.) Berlin 842, Cornelius. (L)

— der Deutsche Zollverein u. das Schutzsystem. Ein Versuch zur Verständigung der Ansichten und für Ausgleichung der Interessen. Lex.-8. Berlin 845, Duncker u. Humblot. n. 1 rß

Brüggemann, Ludwig Wilhelm

— Anhang neuer Lieder, zum Gebr. bei d. öffentl. Gottesdienste in d. Schloßkirche zu Stettin. 8. Stettin 776.

— Beschreib. d. Stadt Stettin. 4. Stettin 778.

Bruggemann, Ldw. Wlh., († d. 1. März 1817.) Beschreib. d. gegenwärt. Zustandes d. Herzogth. Vor- u. Hinterpommern. 1r u. 2r Thl. 1r, 2r Bd. gr. 4. Stettin 779—84. Kaffke. (Nicolai in Berl.) 6 rß

— Beitrr. zu d. Beschreib. d. Herzogth. Vor- u. Hinterpommern. 2 Bde. gr. 4. Stettin 801, 6. Leich. 9 rß

Brüggemann, L. W., A view of the english editions, translations and illustrations of the anc. Greek and Latin authors, with remarks. Stetin 797. 8. 3 rthl. Supplement. Ib. 801. 8. 1 rthl. 4 gr.

— a View of the english editions, translat. and commentaries of the ancient greck and lat. authors. 8. Stettin 798. Leich. 3 rß 12 gr Der Nachtrag dazu. 8. Ebd. 801. 16 gr

Brüggemann, Max, Referendar in Aachen: Die Abtretung der Briefhypothek mit besonderer Rücksicht auf § 1155 B.G.B. Aachen 1907: A. Heinrigs. (VI, 50 S.) 8°
Leipzig, Jur. Fak., Diss. v. 19. Juni 1907
[Geb. 1. Febr. 82 Aachen; Wohnort: Aachen; Staatsangeh.: Preußen: Vorbildung: Kaiser-Wilhelm-Gymn. Aachen Reife O. 02; Studium: Freiburg i. B. 1, München 2, Berlin 1, Bonn 3 S.; Rig. 10. Juni 05.]

Brüggemann, Reinhold: Aus d. hygien. Institut u. d. medicin. Poliklinik zu Jena. Versuche über die Erzeugung von Fieber bei Vögeln ... Jena, Univ.-Buchdr. G. Neuenhahn, 1806; 22 S. 8.
Jena, Med. Fak., Inaug.-Diss. v. [10. Juni] 1806

BRÜGGEMANN, RICHARD. Ueber die Einwirkung von Alkylsulfonsäurechloriden und Orthoderivate der aromatischen Reihe. (Basel) Leipzig, 1893. **Diss.**

Brüggemann, Robert. approb. Arzt aus Moskau: **Aus d. chirurg.** Universitäts-Kinderklinik zu München. **Ein Fall** von Verblutung in Folge von Perforation einer Oberschenkelarterie in der Wandung eines intermusculären Abscesses. *München 1901: M. Ernst.* (28 S.) 8°
München. Med. Diss. v. 1901

Brüggemann. Rudolf [aus Salzdetfurth]: Ueber die Einwirkung von Natrium auf den Aethyläther der normalen und der Iso-Buttersäure .... Jena, *Druck v. Wilhelm Keller in Giessen.* 1888: 2 Bl + 32 S. 8°
Jena, Phil. Fak. Inaug. Diss. v. 1888

Brüggemann, Rudolf, über die Einwirkung von Natrium auf den Aethyläther der normalen und der Iso-Buttersäure. Diss. Jena 1888, G. Neuenhahn. 8°. 32 S.

Brüggemann, Seb., praktisches Hülfsbuch für Handwerker und Geschäftsleute zur Anfertigung von Briefen und Geschäftsaufsätzen, sowie für die einfache kaufmännische Buchführung. Zunächst für Fortbildungs-, Sonntags- und Gewerbeschulen, sowie für die oberen Klassen der Volksschulen. 8. (IV, 103 S.) Münster 877, Russell's Verlag.

Brüggemann, Theodor *Max* [aus Kettwig a. d. Ruhr]: Aus d. medicin. Poliklinik zu Bonn. Über den Tiefstand des Magens bei Chlorose ... Bonn, Buchdr. J. Bach Wwe, 1895; 24 S., 1 Bl. 8.
Bonn, Med. Fak., Inaug.-Diss. v. [16. Mai] 1895

Brüggemann-Album. Altarschrein der Domkirche zu Schleswig. 27 Original - Photographien. Herausgegeben von F. Brandt. Flensburg. 4°.

Brüggemann-Album. Nach der Natur photographirt von F. Brandt. Stereoskop-Ausg. qu. gr. 8. (22 Photogr.) Schleswig 866, Schulbuchh. In Carton *

—— dass. — Photographirt von F. Brandt. Visitenkarten-Ausg. 32. (27 Photogr.) Flensburg 867. (Schleswig, Schulbuchh.) In Carton *

Brüggemeier, Andr., der Kampf gegen die geistliche Schulaufsicht. Beleuchtet v. B. (22 S.) gr. 8. Köln 906. J. B. Bachem. n. — 60

Bruggen, Frhr. Ernst v. der, Polens Auflösung. Kulturgeschichtliche Skizzen aus den letzten Jahrzehnten der poln. Selbstständigkeit gr. 8. (V, 417 S.) Leipzig 878. Voit & Co. n. 6. —

Beiträge zur Kenntnis der Amphipoden-Fauna der russischen Arctis. Von Ernst v. der **Brüggen.** Mit 3 Taf. u. 4 Textfig. S.-Peterburg: Akad. nauk 1909. 56 S. 4°
(Résultats scientif. de l'Expédition Polaire Russe en 1900–03. Sect. E: Zool. Vol. 1, livr. 16.)
(Mémoires de l'Académie Imp. d. sciences de St.-Pétersbourg. Sér. 8. Cl. phys.-math. Vol. 18, Nr 16.) (10. 11.23) 4

Brüggen, Ernst von der, Beiträge zur Kenntnis der Amphipoden-Fauna der russischen Arctis. (III, 57 S. m. 4 Fig., 3 Taf. u. 3 Bl. Erklärgn.) 33,5×25 cm. St.-Petersburg 909. (Leipzig, Voss' Sort.) 3. 10
Sonderabdruck aus „Mémoires de l'acad. des sciences de St.-Pétersbourg".

— Dynamit. Erdboden, s.: Aus baltischer Geistesarbeit. 5. Hft.

Brüggen, Ernst v. der, das heutige Russland. Kulturstudien. gr. 8. (V, 276 S.) Leipzig 902. Veit & Co. n. 6. —

Brüggen, Ernst Frhr. v., Russland und die Juden. Kulturgeschichtl. Studien. gr. 8. (IV, 100 S.) Leipzig 882, Veit und Comp.

Brüggen, Ernst von der,
Die agraren Verhältnisse in den russischen Ostseeprovinzen. (Preuss. Jahrb., Bd. 51, 1883.) gr. 8°. Berlin, Deubner, 1883.

—— die agraren Verhältnisse in den russischen Ostseeprovinzen. gr. 8. (IV, 93 S.) St. Petersburg 883, A. Deubner.

Brüggen, Ernst Frhr. v. der, wie Russland europäisch wurde. Studie zur Kulturgeschichte. gr. 8. (X, 514 S.) Leipzig 885, Veit und Comp.

Brüggen, Hans: Die Gastropoden und Lamellibranchier des unteren Senons von Nord-Perú. Stuttgart: Schweizerbart 1910. S. 717—788. 2 Taf. m. je 1 Erl.Bl. 8° (Vollst. u. d. T.: Die Fauna d. unt. Senons v. N.-Perú, in: Neues Jahrbuch f. Mineral. Beil.Bd 30.)
Bonn, Phil. Diss. v. 23. Nov. 1910. Ref. Steinmann
Geb. 25. April 87 Lübeck; Wohnort: Bonn; Staatsangeh.: Lübeck; Vorbildung: Katharineum Lübeck Reife O. 05; Studium: Jena 3, Zürich 2, Berlin 1, Wien 1, Bonn 3 S.; Rig. 26. Jan 10. [U 11.456

Brueggeney, Xav. Osc., dictus Hasenkamp, de rusticorum regni Polonici s. XIV, XV, XVI conditione. Regiomonti Pr. 853. (Theile.) gr. 4. (1 Bl., 38 S.) n. 15 ngl

Brüggeney, XO, gen. Hasenkamp, de rusticorum regni polon. s. 14—16. conditione. 4. (38) Königsb. 53; (Beyer.) n. — 15

Brugger, (Carl), Stadtbaurat: Das Realschulgebäude. Beuthen 1904: Th. Kirsch. (S. 22 - 25.) 4°
Beuthen, st. kathol. OR i. E. OP 1904 (202)

Brugger, Columban, die Erhaltung der Energie, das Grundprinzip der neueren Naturlehre. Progr. gr. 4. (36 S.) Einsiedeln 892. Benziger & Co. n. 2. —

Brugger, C. Erinnerungen an Athanas. Tschopp. s.a.: *Jahresbericht* über die Lehr- und Erziehungsanstalt des Stifts Maria-Einsiedeln. 1 8 8 3

Brugger, Columban, Erinnerungen an P. Athanasius Tschopp. gr. 4. (22 S. mit Illustr.) Einsiedeln 883, Gebr. Benziger.

Brugger, Columban. Die Fortschritte der Elektrotechnik u. die internationale elektrotechn. Ausstellung zu Frankfurt a. M., s. Broschüren, Frankfurter zeitgemäße.

Brugger, Ernst, Alain de Gomeret, s. a. Aus romanischen Sprachen u. Literaturen.

Brugger, Ernst. Alain de Gomeret. Ein Beitrag zur arthurischen Namenforschung. Sonderabdruck aus: »Aus romanischen Sprachen und Literaturen«, Festgabe für Heinrich Morf. II + 44 S. 8. Halle a. d. S., Max Niemeyer, 1905. [M. 1.60]

(Brugger, E[rnst].) Beiträge zur Erklärung der arthurischen Geographie. 2 [Teile]. (Sonderabdruck aus der Zeitschrift für französische Sprache und Litteratur ... hrg. von Dr. D[ietrich] Behrens. Professor ....) 8. (Berlin, Wilhelm Gronau, [1904—1905].)
[Teil] 1: Estregales. (Sonderabdruck aus .. Band 27, Heft 1.) II S. + S. 69—116. [1904.]
[Teil] 2: Gorre. ([SA. aus ... Band] 28, [Heft] 1.) 71 S. [1905.]

Brugger, Ernst, (von Berlingen, Kt. Thurgau): Zur lautlichen entwickelung der englischen schriftsprache im anfang des XVI. jahrhunderts. Erster theil. Quantitätsverhältnisse. [S. A. aus: Anglia. Bd 15, N. F. III, S. 261—344]. Halle a. S. E. Karras Dr. 1893. 1 Bl., 84 S., 2 Bl. 8°.
Zürich. Phil. Diss. I. S. [v. 2. Aug. 1892].

Brugger, Friedrich: Über die Ausnutzung des Stickstoffes in den festen und flüssigen Auswurfstoffen des Rindes durch Winterweizen. *Bautzen 1898: E. M. Monse.* (72 S.) 8°
Leipzig. Phil. Diss. v. [24. Nov.] 1898

Brugger, Hans, Berns Anfgang. Schauspiel in 5 Akten (8 Bildern). gr. 8. (186 S.) Bern 894. (Schmid, Francke & Co.) n. 2. 40

Brugger, Hans. Der Freiburgische Bauernaufstand oder Chenaux-Handel (1781). Diss. Phil. Bern. 8. Bern 1890.

Brugger, Hans. Der Freiburgische Bauernaufstand od. Chenaux-Handel [1781]. gr. 8. (121 S.) Bern 891, (Nydegger u. Baumgart). * 1 25

Brugger, Hans, Bilder aus der Welt- u. Schweizergeschichte, s.: Grunder, Jak.

(Brugger, Hans.) Festgruss und Prolog zum 25-jährigen Jubiläum des Turnvereins Wipkingen[-Zürich]. 1879-1904. [Mit Vignetten.] 8 S. 8. [Zürich, Siegfried & Co., 1904.] fr. —. 20

— Lehrbuch der Welt- u. Schweizergeschichte, s.: Grunder, Jak.

Brugger, Hans, Niklaus Manuel. E. Schausp. Dramat. Bilder a. d. Tagen d. bern. Reformation. gr. 8. (136 S.) Bern 897. Schmidt & Francke. n. 2. —

Brugger, Hans. Des Schülers Rundgang durch das Historische Museum in Bern. Begleitwort zu zwei Besuchen. [Umschlag illustriert.] II + 32 S. 8. Bern, A. Francke, 1910. [fr. —. 40]

Brugger, H[ans]. Schweizer Sängorgruss. Zur Erinnerung an unsere hochverehrten Schweizer. Liedermeister verfasst von H. B', Zürich-Seebach. (Festgruss [zum 21. Eidg. Sängerfest,] Zürich) 1905. II + 8 S. 8. [Zürich, Buchdr. Siegfried & Co.]

Brugger, Hans. Schulgeschichtliches aus dem Jahr 1846. Separatabdruck aus dem «Berner Schulblatt» [Jahrg. 41,] 1908 [Nr. 1—4]. Den Lehramtschülern des Oberseminars zugeeignet. 24 S. 8. [Bern, Büchler & Co., 1908.]

Brugger, Hans. Die deutschen Siedelungen in Palästina. Ihre Vorgeschichte, Gründung und Entwicklung. Mit den Bildnissen [Tafeln] von Chr(istoph) Hoffmann und G(eorg) D(avid) Hardegg und mit zwei Ansichten [wovon 1 Tafel] der Siedelung Haifa. 104 S. 4. Bern, K. J. Wyss, 1908. [fr. 3. 50]
Neujahrs-Blatt der Literarischen Gesellschaft Bern auf das Jahr 1909.

Brugger, Hans. Eine Urkunde aus der Bauernstube. Separatabdruck aus den «Blättern für bernische Geschichte, Kunst und Altertumskunde» [Jahrg. 2, Heft 1]. 6 S. 8. [Bern, Gustav Grunau. 1906.]

Brugger, Hans. Aus bernischer Volkssage: 1. Der Linksmähder von Madiswyl. — 2. Die Weiberschlacht auf der Langermatt. 8.
s.: Verein für Verbreitung guter Schriften (Sektion Bern). Nr. 44. Bern, Haller, (März) 1902. fr. —. 15. S. 68—87.

Brugger, Heinr., d. Behandlung d. Gaumenspalten m. bes. Berücksicht. d. Prothesen m. Korkkern. E. Abhandlg. gr. 8. (III, 66 S. m. 26 Fig.) [Basel 895. C. Sallmann.] Jena, G. Fischer. n. 3. 20

Brugger, J.B. (Hrsg.), s. Zeitschrift für Obst- und Gartenbau.

Brugger, Josef Dom. Carl

Brugger, J. D. C., Anleitung zur Selbstbildung, od. Grundzüge z. Veredl. d. Charakters u. z. Verfeinerung d. Betragens. 1. Aufl. (15½ B.) gr. 8. 829. 1 Thlr. 6 Gr., 2., verb. A. (14 B.) gr. 12. Freiburg 830, Wagner.

Brugger, J. D. C., Ansichten über Welt und Zeit. Heidelberg 859. Bangel & Schmitt. 12. (144 S.) n. 16 ngr.

Brugger, (Dr.) J. D. C., das Christenthum im Geiste des 19. Jahrh. Vorträge u. Gebete, gehalt. in den deutsch-katholischen Gemeinden Heidelberg, Mannheim, Frankfurt, Worms, Konstanz, Stockach u. Hüfingen. Eine Gabe f. Deutschkatholiken u. ihre Freunde. gr. 8. (IV u. 329 S.) Heidelberg 847, Hoffmeister (jetzt: Bangel & Schmitt.) n. 1 ß

— Christus unser Heil. Ein Gebet- u. Erbauungsbuch f. kathol. Christen. Mit 1 Titelkpf. 8. Frburg 833. (832). Fr. Wagner. 10 gr Schrbp. 12 gr

Brugger, J. D. C., Christus unser Heil! Ein Gebet- und Erbauungsbuch für kathol. Christen, mit e. Anh. von auserles. Psalmen und Sprüchen aus Jesus Sirach. Mit Titelkpfr. 8. Freiburg 833. Fr. Wagner. 5/12 ß, Schreibp. ½ ß, Schreib-Velin in gepreßt. Lederband 1⅔ ß

— — Christus uns. Heil! Gebetb. mit e. Anh.: Psalmen u. Sprüche a. Sirach. 8. Ebd. 1833. 2e verm. Aufl. in 12. Ebd. 1847. 45 kr.

Brugger, J.D.C. (Hrsg.), s. Eiche, Die deutsche.

—— die wichtigst. u. nützlichsten Erfindungen u. Entdeckn. in Gewerben, Handwerken, Künsten u. Wissenschn., v. Anfange d. Geschichte b. auf d. neueste Zeit, in alphabet. Ordn., mit e. Anh. v. chronol. u. ethnograph. Tabn. (1. Thl.) gr. 8. (20½ B.) Freiburg 832, Wagner.

Brugger, J. D. C., Erinnerungen an Italien v. J. 1830. 8. Frburg 831. Fr. Wagner. 6 gr

Brugger, J. D. C., Erzählungen u. Charaktergemälde berühmt. Menschen, s. Erzählungen.

—— Fremdwörterbuch für das deutsche Volk mit 14000 Fremdwörtern, worunter sehr viele neue sich befinden, mit neuen Uebersetzungen, die nicht blos zum Verständniß der in Zeitungen und Büchern aller Art vorkommenden Fremdwörter dienen, sondern auch zum Verdrängen derselben durch deutsche Wörter im Leben geeignet sind. gr. 8. (VIII und 217 S.) Heidelberg 855, Bangel und Schmitt. *

Brugger, Jof Dom. Karl,] Das Fremdwörter-Wesen und seine Nachtheile von J. D. C. B. Stuttgart 1841. 12.

Brugger, J. D. C., Aus dem Frühlinge meines Lebens. Gedichte. Andenken für Freunde. Heidelberg 854. Bangel u. Schmitt. 12. (1 Bl., 166 S.) n. 15 ngr.

—— Geist der alten Weisen Griechenlands u. Roms, s.a. Geist.

Brugger, J. D. C., Geist der alten Weisen Griechenlands und Roms, oder: Religions-, Staats- u. Lebensansichten, Denksprüche u. Sittenregeln der berühmtesten Griechen u. Römer, aus ihren Werken gezogen u. mit kurzen Biographien der Schriftsteller versehen. Mit 51 Kupfern. Augsburg, Schlosser, 1831–3, gr. 4°, 3,30 Mk.

— Geist der alten Weisen Griechenlands u. Roms, oder: Religions-, Staats- u. Lebensansichten, Denksprüche u. Sittenlehren der berühmt. Griechen u. Römer, aus ihren Werken gez. rc. Nebst 51 Kpfrn. 3e Aufl. Augsb. 840. Schlosser. ½ ß

—— Gesangschule, s. Gesangschule.

Brugger, J. D. C., Geschichte der Gründung und Entwicklung des Vereins der deutschen Reinsprache mit Angabe der vorzüglichsten Mitglieder von 2400, deren Ansichten und Leistungen; mit Aufzählung sämmtl. 453 Ortschaften und der 8 Zweigvereine; mit Veröffentlichung vieler Briefe (darunter von Hammer-Purgstall, Dr. Ed. Duller, Nees v. Esenbeck rc.) und Vorträge vom J. 1848 bis 1861. gr. 8. (XVI und 395 S.) Heidelberg 862, J. C. B. Mohr. *

Brugger, Josef Dom. Carl: Ein Liederstrauß, s. Pausch

Brugger, Rede am 2. Osterfeiertage im Andachtssaale der deutschkatholischen Gemeinde zu Frankfurt a. M. gehalten. (Nach der stenograph. Aufzeichnung von J. D. Heilmann.) Frankfurt a. M. 856. Gebhard u. Körber in Comm. 8. (12 S.) n. 2 ngr.

—— Deutschlands Sänger, od. Lieder d. besten deutsch. Dichter, mit Clavier- u. Guitarrebegleit. 4. Freiburg (832), Wagner.

—— das Urbild der deutschen Reinsprache, aus der Geschichte, dem Wesen und dem Geiste unserer Sprache dargestellt. Nebst einem Fremdwörterbuche, worin viele Wörter neu übersetzt und ausführl. erklärt sind. gr. 8. (XII und 292 S.) Heidelberg 847, Groos. *

Brugger, J. D. C., früher Prof. z. Freibg. (jetzt Dissidentenpred.), Volksbibel f. kath. Christen, od. bibl. Unterrichts- u. Erbauungsbuch; in alphabetischer Ordnung. gr. 8. Freiburg 1834, Wagner. 2 Thlr. — 3 fl. 12 kr.

Brugger, J. D. C., Volksbibel für katholische Christen oder biblisches Unterrichts- und Erbauungsbuch, worin die Ansichten und Aussprüche der hl. Schriften des A. und N. Testamentes sowohl über die ganze Glaubens- und Sittenlehre, als auch über die wichtigsten Angelegenheiten und Verhältnisse des Lebens mit praktischen Bemerkungen in alphabetischer Ordnung enthalten sind. Freiburg, Wagner, 1835, 8°, 43 Bg., 6 Mk.

Brugger, Marie, die Friedenseiche. Schauspiel in 4 Akten. 8. (66 S.) Dresden 900. E. Pierson. n. 1. 50

— Lieder e. kleinen Frau. 1. Bd. 8. (191 S.) München 898. Dresden, E. Pierson. n. 2. —

Marie Brugger. Lieder einer kleinen Frau. Bd 1. [Mehr nicht erschienen.] München: Seitz & Schauer 1898. (191 S.) 8° [F.]

— die hl. Ursula-Dichtung. 8. (28 S.) Köln 896. Bouthen (Ob.-Schl.) (Verläng. Kasernstr. 18.) Frau Stadtbaurat Brugger. n. — 50

Brugger, Mark., Schematismus des sämmtlichen Lehr-Personales der Volksschulen im Kronlande Kärnten. 12. (88 S.) Klagenfurt 879. (Heyn.) n. 1. 60

Brugger, M, Schematismus d. sämmtl. Lehr-Personales d. Volksschulen im Kronlande Kärnten. 12. (88) Klagenf. 80, (Bertschinger u. H.). n. 1. 60

Brugger, Mark., Schematismus des sämmtlichen Lehr-Personales der Volksschulen im Kronlande Kärnten. 12. (88 S.) Klagenfurt 880. (Heyn.)

Brugger, Max. Zürcherische Eisenbahnpolitik. Diss. Jur. Freiburg ⟨Schweiz⟩. [Mit 1 Karte.] 192 S. 8. Zürich, W. Coradi-Maag, 1909.

Brugger. Oscar [Dr. med. aus Hufingen (Grossh. Baden)]: Ueber Tuberculosis verrucosa cutis. . . . Aus: Arch. f. pathol. Anat. u. Physiol. u. f. klin. Med. Bd. 119. 1890.) Berlin. *Druck u. Verl. v. Georg Reimer.* 1890. 22 S. 8°
Würzburg, Med. Fak., Inaug.-Diss. v. 1890

Die Bekämpfung der Säuglingssterblichkeit. Hauptbericht, erstattet im Auftr. d. deutschen Vereins f. Armenpflege u. Wohltätigkeit von [Phil.] **Brugger**, Cöln. Mitberichte, von Dr. med. [Heinrich] Finkelstein, Privatd., Berlin, u. Dr. Marie Baum, Fabrikinsp. Leipzig: Duncker & Humblot 1905. (125 S.) 8° [F.]
— **Schriften** d. deutschen Vereins f. Armenpflege u. Wohltät. H. 74.

Brugger. Richard [approb. Arzt in Anger (Oberbayern)]: Ein anatomischer Beitrag zur Lehre von der Keratitis bullosa. (Aus d. histiolog. Laboratorium d. Univ.-Augenklinik zu München.) . . . Erlangen, Druck d. Univ.-Buchdr. v. E. Th. Jacob. 1886; 19 S. 8°.
München, Med. Fak., Inaug.-Diss. v. 1886.

(Vgl. Brügger, Richard)

Brugger, Rudolf, approb. Arzt aus Frauenstetten: Ueber die Sterblichkeit und Ernährungsverhältnisse der Kinder im ersten Lebensjahre in München. (Bearb. nach einer Statistik vom Jahre 1888 u. 98.) *München 1902: Kastner & Lossen.* (16 S.) 8°
München, Med. Diss. v. 1902

Brugger, Rud. (geb. Hufingen in Baden 5. 8. 1862): Ueber Tetanie. Berlin (1885). (30 S.) 8°
Berlin, Med. Diss. v. 26. Juni 1885

Brügger, Alois: Die Befreiung von Gefangenen nach dem deutschen Reichsstrafgesetzbuch und dem schweiz. Vorentwurf (Juni 1903). (St. Gallen [1908]: Schmid.) 45 S. 8° [Umschlagt.]
Heidelberg, Jur. Diss. v. 1908, Ref. v. Lilienthal
[Geb. 8. Aug. 84 Churwalden; Wohnort: Churwalden; Staatsangeh.: Schweiz; Vorbildung: Gymn. Schwyz Reife Juli 03; Studium: Freiburg 1, Bern 4, Heidelberg 3 S.; Rig. 12. Juli 07.] [U 09. 1757

Brügger, Anton. Über Scorbut. Nach Beobachtungen auf der Zürcher medizinischen Klinik in den Jahren 1884—1906. Diss. Med. Univ. Zürich. *Kopftitel:* Aus der medizinischen Klinik der Universität Zürich. ⟨Direktor: Prof. Dr. H[ermann] Eichhorst.⟩ 45 S. 8. Zürich, W. Coradi-Maag, 1908.

Brügger, Christian Gregor

Brügger, Chr. G., Beiträge zur Natur-Chronik der Schweiz, insbesondere der Rhätischen Alpen. 2 Hefte. 4. (18; 34 S.) Chur 876,77, (Hitz'sche Buchh.)

Brügger, Chr. G., Beiträge zur Natur-Chronik der Schweiz, insbesondere der Rhätischen Alpen. III.—V. Folge. [17. und 18. Jahrh.] 4. (36, 22, 33 S.) Chur 879—82, (Hitz'sche Buch.) 3 20
1. und 2. Folge. (Ebendas.) 1876,77. *ℳ 1,80.

Brügger, Chr. G., Beiträge zur Natur-Chronik der Schweiz, insbesondere der Rhätischen Alpen. VI. Folge. [2. Hälfte des 18. Jahrh.] 4. (67 S.) Chur 888, (Rich.) *
1.—5. Folge. Ebendas. 1876—82. *ℳ 5.—.

— Beobachtungen über **wildwachsende Pflanzenbastarde der Schweizer- u. Nachbar-Floren. [Aus: „Jahresber. d. naturforsch. Gesellsch. Graubündens".] gr. 8. (77 S.) Ebend. 881.** n. 1. 60

Brügger, Chr. Der Bergbau in den X Gerichten und der Herrschaft Rhäzüns 1588—1618. 1866.

Brugger (C. G.). Flora churiensis. Chur, 1874. 8°.

Brügger, Christian Gregor: Zur Flora Tyrols. 1860.

Brügger v. Curwalden, Ch. G., die Futterpflanzen der Fagara-Raupe (Bombyx cynthia Drury) eines neuen Seidenspinners aus China, und die Ursachen der in Europa herrschenden Krankheiten des Seidenwurms, der Weinrebe und der Kartoffelpflanze. Ein Beitrag zu den heutigen Acclimatisationsbestrebungen. Vorgetragen in der botan. zool. Section der schweiz. naturforsch. Gesellschaft zu Lausanne den 21. Aug. 1861. gr. 8. (44 S. mit 1 Stnt. in Fol.) Zürich 861(62), (Orell, Füssli und Comp.) '

(Brügger, Chr. Gr., Dr.), Meteorologische Korrespondenz vom Monat Januar, Februar, März, April. Monatliche Resultate meteorolog. Beobachtungen in Graubünden, Mai und Juni 1857.

Brügger, Chr. Krüppelzapfen an der nordischen Fichte in Graubünden nachgewiesen. 1873.

Brügger, Chr. Lukmanier und Gotthard. Eine klimatische Parallele. 1861.

Brugger, Chr[istian] G[regor]. Lukmanier und Gothard, eine klimatologische Parallele. [SA.] 8. [Chur 1865.]

Brügger, Chr. G. (Prof. d. Naturgeschichte in Chur.) Mittheilungen über neue Pflanzenbastarde der Schweizer-Flora. In-8°, 57 S. Commissionsverlag von Hitz & Hail.
*** Separatabdruck aus dem Jahresbericht der naturforschenden Gesellschaft Graubündens. **1882**

Brügger, Chr. G. Mittheilungen über neue u. kritische Pflanzenformen der Bündner- und Nachbarfloren. In-8°, 133 S. Chur, Prof. Chr. G. Brügger. **1886** 3 —

— Mittheilungen **über neue u. kritische Formen der Bündner- u. Nachbar-Floren. [Aus: „Jahresbericht d naturforsch. Gesellsch. Graubündens".] gr. 8. (133 S.) Chur 887. (Hitz.)** n. 2. 40

Brügger, Chr. Aus der Natur-Chronik des Schweizerberges. Beitrag zur Geschichte der Föhnstürme, Schneefälle u. Lawinen während 8 Jahrhunderten. Zürich 1863.

Brügger, Chr., Notiz über Aster Garibaldii Brügger. (Garibaldi's Sternblume.) Zürich 1864.

Brugger, Chr[istian Gregor]. Ostrhätische Studien zur Geschichte des Badelebens, insbesondere der Curorte Bormio und St. Moritz. 8. Zürich 1863.
(Den würdigen Veteranen... der Gesellschaft Schweizerischer Naturforscher zu ihrem 47 Jahresfeste in Samaden, ⟨am 24., 25. und 26 August 1863⟩...)

— **Tagesbericht der freiwilligen Stationen für Witterungskunde von und für Bünden über den Thermometerstand zu Stadt und Land.**

Brügger, Chr.G.: Die Thermen von Bormio. s.Meyer-Ahrens

Brügger, Chr. Über die Verheerungen der Wanderheuschrecke im ostschweizerischen Rheingebiete. 1875.

BRÜGGER, Friedrich (Churwalden/Schweiz): Über den Anspruch des Singularvermächtnisnehmers auf Früchte.- München: Ackermann 1877. 45 S.
4.8.1877 - Urk (Titel: An eius cui res singulae legatae sunt fructuum petitio sit necne.); Chr 1877/78,9

Diss. Ingolst.-Landsh.-Mchn.

Brügger, Friedrich. Fremde Kriegsdienste. ([Sep.-Abdr. aus:] Schweiz. Rundschau. [Jahrg.] 4 [1903-1904, Heft 2].) 18 S. 8. [Stans, Hans von Matt & Co., 1903.]

Brügger, Georg, aus Churwalden, z. Zt. Assistenzarzt am Kantonsspital Luzern: Ein Teratom am Rücken mit Spaltung der Wirbelsäule nach vorn und nach hinten. ⟨Aus dem Kinderspital Zürich. Prof. Wyss.⟩ Zürich-Selnau 1910. 29 S. und eine Tafel. 8°. [29. VIII. 10.]
Zürich. Univ. Med. Diss. 1909/10.

Brügger, Georg. Ein Teratom am Rücken mit Spaltung der Wirbelsäule nach vorn und nach hinten. Aus dem Kinderspital Zürich.... Diss. Med. Univ. Zürich. [Mit 1 Tafel.] 29 S. 8. Zürich-Selnau, Gebr. Leemann & Cie., 1910.

Brügger, Johannes. Das Vieh Graubündens und seine Beziehung zur brachycephalen Urrasse. Diss. Vet.-Med. Bern. 31 S. 4. Bern, Stämpfli & Cie., 1904.

Brügger, Richard, ein anatomischer Beitrag zur Lehre von der Keratitis Vullosa. (Aus d. histiolog. Laboratorium der Univ.-Augenklinik zu München.) Diss. München 1886, A. Buchholz. 8°. 19 S.
(Vgl. Brugger, Richard)

[Brügger, Frau Ruth.] Die gute Mutter. Einfache Anleitung zur Kinderpflege. Hrg. vom Wöchnerinnen-Unterstützungsverein Langnau. [Von Frau Pfr. B' in L'. Mit illustriertem Titel.] II + 22 S. 8. Langnau, Wyss & Cie., [1905]. [fr. —. 30]

Brüggerhoff, Gustav. a. Holthausen b. Blankenstein-Ruhr ⟨Westfalen⟩: Statistisches über das Unterstützungswesen der deutschen „freien" Gewerkschaften. Marburg 1908 (Weimar: Wagner Sohn). (VI, 62 S.) 8° ¶ (Erscheint vollst. u. d. T.: „Das Unterstützungswesen bei den deutschen „freien" Gewerkschaften" b. G. Fischer, Jena.)
Marburg, Phil. Fak., Ref. Troeltsch, Diss. v. 1. Juni 1908
[Geb. 27. Febr. 84 Holthausen, Kr. Hattingen-Ruhr; Wohnort: Holthausen; Staatsangeh.: Preußen; Vorbildung: Oberrealsch. Hagen i. W., Essen Reife O. 02; Studium: Handels-Hochsch. Cöln 4, Univ. Marburg 4 S.; Rig. 11. Dez. 07.]

Brüggerhoff, Gust., das Unterstützungswesen bei den deutschen „freien" Gewerkschaften. (V, 149 S.) gr. 8. Jena 908. G. Fischer. 3. 50

Brugghen, G. A. van der, Der uns das Licht brachte! Züge aus Jesu Leben. Ein Essay. Berecht. Übersetzg. v. Fr. Neuhaus. (55 S.) kl. 8. Barmen (909). E. Müller. — 50

Brugghen, Justinus Jacob Leonard van der

van der Brugghen, études sur le système pénitentiaire irlandais. Revu après la mort de l'auteur et accompagné d'une préface et d'un appendice par **Fr. de Holtzendorff. Berlin 864. Lüderitz'sche Verlhdlg. gr. 8. (XI, 320 S.)** n. 2 ℳ

Brugghen, Justinus Jacob Leonard van der: Etudes sur le système penitentiaire irlandais. Revu après la mort de l'auteur et accompagné d'une préface et d'un appendice par Fr. de Holtzendorff. Berlin – La Haye-Bruxelles 1865.

Brugghen, J. J. L. van der, de officio judicis. Lib. II. 8maj. (17¾ B.) Ultrajecti 839, Altheer. (Lipsiae, Fr. Fleischer.) *

Brugghen, L. J. van der. Gedanken üb. das Gebet d. Herrn. [Nach Matth. 6, 5—15 u. Luk. 11, 1—13.] Aus den nachgelassenen Papieren. Ins Deutsche übertragen v. H. v. B. 8. (46 S.) Gütersloh 891, Bertelsmann. * — 60; geb. * 1 —

Bruggisser, C[aspar] L[eonz]. Professor (J[ohann] Nepomuk) Schleuniger und die Aargauische Regierung. Ein Blatt zur Zeitgeschichte der Schweiz von Dr. K. L. Br'. 8. Zurich 1844.

Bruggisser, Walter [aus Wohlen (Aargau)]: Tuberkulose des Myocardium ... Würzburg, Druck v. F. Fromme, 1894; 45 S. 8.
Würzburg. Med. Fak., Inaug.-Diss. v. 1894

Bruggmann, Jos[eph]. Das europäische Concert in China. Humoreske. St. Gallen, Komm. Zweifel-Weber, [1902]. ([5 Bläser-]Stimmen u. [5] Texte complet.) fr. 4. —
Text: 7 S. 8. — Stimmen: Authographie u. Druck M. Dreissig, Hamburg. (zus. 10 S.) 4.

Brüggmann, Sebald Justinus, s. Brugmans, Sebald Justinus

Brueghel. –

Bruegel, der Künstlerfamilie, Biographien u. Charakteristiken, s.: Wessely, J. E.

Brueghel, Pieter

Brueghel, P. d. Ält., Bauernhochzeit. Farbiger Kombinationsdruck. 58×84 *cm* K 30.—
Wien: Hof- u. Staatsdruckerei 1908.

BREUGEL, P., inv.: Figurenreicher, auch costüml. interess. Bauerntanz bei einer Hochzeit. Unten niederdeutsches Gedicht von 8 Verszeilen. Alter etw. lädirter Stich mit d. Monogramm PAVE. Gr. qu.-Fol. (⅔ Rthl. J. M. Heberle, Cöln, c. 1870; jetzt viel theurer!)

Brueghel, Pieter: Gemälde im kunsthist. Hofmuseum zu Wien, s. Glück, Gustav

Brueghel, Pieter der Ältere, Kirmes mit tanzenden Bauern. Kombinationsdruck, farbig. Bildgröße 58½×85½ *cm* K 30.—
Wien: Hof- u. Staatsdruckerei 1906

— — Tanzzug besoff. Weiber und Männer, der Dudelsackpfeiffer voran, unten 6 Verszeilen. Qu.-Fol. (12 Sgr. der Vorige, c. 1870; jetzt theurer!)

Brughem, Corn. van, über das, vorzugsweise durch unmäß. Genuß spirituöser Getränke entstand., schreckl. Selbstverbrennen d. menschl. Körpers (Combustio spontanea). Für Aerzte u. Jeden, d. sich üb. diese schauderhafte Todesart unterrichten will, vorzügl. aber Liebhabern geist. Getränke zur Warnung. 8. (2 B.) Quedlinburg 835, Basse.

Brugier, Gustav

Brugier, G, Abriss d. deut. National-Litt. Nach B. z. Gebr. an höh. Unterrichtsanstalten u. z. Selbstbelehrg bearb. 8° (286) Freib. i/B. 95, Herder. 2.20; geb. in Lnw. 2.90

Brugier, G., Abriß d. Geschichte d. deutschen National-Litteratur. Nach B. z. Gebr. an höh. Unterrichtsanst. u. z. Selbstbelehrg. bearb. v. E. M. Harms. 2., durchgeseh. u. verb. Aufl. gr. 8. (X, 283 S.) Freiburg i/B. 897. Herder. n. 2.20; geb. in Leinw. n. 2.90

Brugier, G., Abriß der Geschichte der deutschen National-Literatur. Nach B. auf Grund eigener Studien z. Gebrauche an höh. Unterrichtsanstalten u. z. Selbstbelehrg. bearb. v. E. M. Harms (E. M. Hamann). 3., durchgeſ. u. verb. Aufl. gr. 8. (IX, 287 S.) Freiburg i/B. 900. Herder. n. 2.50; geb. in Leinw. n. 3.20

Brugier, G., kurze liturgische Erklärung der heiligen Messe. In Fragen und Antworten für die Schule und Christenlehre. 2.—5. durchgeseh. Aufl. 16. (56 S.) Rastatt 869. Freiburg i. Br., Herder'sche Verlagsh. *

—— dass. — Nebst einem Anh., Meßgebete für Kinder und Meßdiener enth. 6. verb. Aufl. 16. (62 S.) Ebendas. 872.

—— dass. — Für die Schule und Christenlehre. 7. und 8. Aufl. 16. (62 S.) Ebendas. 873. geb. *

Brugier, G., kurze liturgische Erklärung der heiligen Messe. Für die Schule und Christenlehre. 9.—11. Aufl. 32. (114 S. mit 1 Holzschntaf.) Freiburg i. Br. 875—78, Herder'sche Verlagsh. 9. und 10. Aufl. à * 20 Pf.; geb. *
11. Aufl. * 20 Pf.; geb. *

Brugier, G., kurze liturgische Erklärung der heil. Messe. Für die Schule u. Christenlehre. 12. Aufl. 32. (113 S.) Freiburg i/Br. 881. Herder. n. — 20; geb. n. — 30

—— dass. — 13. Aufl. 16. (124 S. mit 1 Titelbild.) Ebendas. 884. * 20 Pf.; geb. * * 30 Pf. und * * — 35

Brugier, G., kurze liturgische Erklärung der heiligen Messe. Für Schule und Christenlehre. Ausgabe mit 2 Meßandachten. 14. Aufl. 32. (124 S. mit 1 Titelbild.) Freiburg i. Br. 886, Herder'sche Verlagsh. * 20 Pf.; geb. * 30 Pf. und *
Ausg. ohne Meßandachten (59 S.) * 10 Pf.; geb. *

Brugier, G., kurze liturgische Erklärung der heiligen Messe. Für Schule u. Christenlehre. 2. Aufl. 16. (58 S. m. Titelbild.) Freiburg i/Br. 890. Herder. n. — 10; cart. n.n. — 16

— dasselbe. Ausgabe m. 2 Meßandachten. 15. Aufl. 16. (124 S.) Ebd. 890. n. — 20; cart. n.n. — 30; geb. in Kalbldr.-Imitation n.n. — 30; in Halbleinw. n.n. — 35

Brugier, G., kurze liturgische Erklärung der hl. Messe. Für Schule u. Christenlehre. 3. Aufl. 16. (59 S. m. Titelbild.) Freiburg i/B. 893. Herder. n. — 12; geb. n.n. — 20

— dasselbe. Ausg. m. 2 Meßandachten. 16. Aufl. 16. (124 S. m. Titelbild.) Ebd. 893. n. — 20; geb. in Kalbldr.-Imitation od. Halbleinw. n.n. — 35

— Kurze liturg. Erklärg. d. hl. Messe. Für Schule u. Christenlehre. 5. Aufl. 16. (59 S. m. Titelb.) Ebd. 898. n. — 12; geb. in Ldr.-Imitation od. Halbleinw. n. — 20

— dasselbe. Ausg. m. 2 Meßandachten. 17. Aufl. 16. (124 S. m. Titelbild.) Ebd. 898. n. — 20; geb. in Ldr.-Imitation od. Halbleinw. n. — 35

Brugier, Gust., kurze liturgische Erklärung der hl. Messe. Für Schule u. Christenlehre. Ausg. ohne Meßandachten. 6. Aufl. (62 S. m. Titelbild.) 16. Freiburg i/B. (903). Herder. Geb. n. — 25

— dasselbe. Ausg. m. 2 Meßandachten. 18. Aufl. (127 S. m. Titelbild.) 16. Ebd. (903). Geb. n. — 40

Brugier, Gust., kurze liturgische Erklärung der heiligen Messe. Für Schule u. Christenlehre. Ausg. ohne Meßandachten. 7. Aufl. (62 S. m. 1 Titelbild.) 11,5×7,5 cm. Freiburg i/B. (908). Herder. — 15; kart. od. geb. — 25

— dasselbe. Ausg. m. 2 Meßandachten. 19. Aufl. (127 S. m. 1 Titelbild.) 11,5×7,5 cm. Ebd. (908). — 24; kart. od. geb. — 40

Brugier, G., Geschichte der deutschen National-Literatur. Für Schule und Selbstbelehrung. Mit vielen Proben und einem Glossar. 1. Aufl. 1865. * 24 Ngr. und 2., gänzlich umgearb. und sehr verm. Aufl. gr. 8. (XXIV und 576 S.) Freiburg im Br. 868, Herder'sche Verlagsh. *

—— Geschichte der deutschen National-Literatur. Nebst einer Vorschule hiezu. Für Schule und Selbstbelehrung. Mit vielen Proben und einem Glossar. 8., verb. und verm. Aufl. gr. 8. (LXXVI, 682 S. mit 1 Tab. in gr. Fol.) Freiburg i. Br. 871, Herder'sche Verlagsh. *

Hieraus apart:
Vorschule zur Literaturgeschichte. 8. (44 S. mit 1 Tab. in gr. Fol.) Ebendas. 1871. * 40 Pf.

Brugier, G., Geschichte der deutschen National-Literatur. Nebst e. Vorschule. Für Schule u. Selbstbelehrg. 4. verb. Aufl. gr. 8. (LXXIV, 655 S. m. e. Tab. in qu. Fol.) Ebend. 874. n. 5. —; geb. n. 6. —

—— Geschichte der deutschen National-Literatur. Nebst kurzgefaßter Poetik. Für Schule und Selbstbelehrung. Mit vielen Proben und einem Glossar. 5. verb. und verm. Aufl. gr. 8. (LXXIV, 706 S. mit 1 Tab.) Ebendas. 878. *
geb. in Leinw. *

—— Geschichte der deutschen National-Litteratur. Nebst kurzgefaßter Poetik. Für Schule und Selbstbelehrung. Mit vielen Proben und einem Glossar. 6. verb. und verm. Aufl. (LXXX, 749 S. mit 1 Tab.) 1880; 7. verb. und verm. Aufl. gr. 8. (LXXVIII, 775 S. mit 1 Tab.) Ebendas. 884. * 6 —
geb. * 7 50

Brugier, G., Geschichte der deutschen National-Litteratur. Nebst kurzgef. Poetik. Für Schule u. Selbstbelehrg. Mit e. Titelbild, vielen Proben u. e. Glossar. 8., verb. Aufl. gr. 8. (XC, 700 S.) Freiburg i/Br. 888. Herder. n. 6. —; geb. n. 8. —

— Geschichte der deutschen National-Litteratur. Nebst kurzgefaßter Poetik. Für Schule u. Selbstbelehrg. Mit 1 Titelbild, vielen Proben u. e. Glossar. 9., verm. Aufl. gr. 8. (CII, 698 S. m. 1 Tab.) Ebd. 893. n. 6. —;
geb. in Halbfrz. n. 8. —

— Geschichte d. deutschen National-Litteratur. Nebst kurzgef. Poetik. Für Schule u. Selbstbelehrg. Mit e. Titelbild, vielen Proben u. e. Glossar. 10., verb. Aufl. gr. 8. (CVI, 729 S. m. 1 Tab.) Ebd. 898. n. 6. 50
geb. in Halbfrz. n. 8. 50

— Geschichte der deutschen Literatur. Nebst kurzgefaßter Poetik. Für Schule u. Selbstbelehrg. Mit e. Titelbild, vielen Proben u. e. Glossar. 11. Aufl. (XXIX, 818 S. m. 1 Tab.) gr. 8. Ebd. 904. n. 6. 50;
geb in Halbfrz. n. 9. –

Brugier, Gust.: Gesch. d. deut. Lit. 12. Afl. v. EM Hamann. (24, 745 m. farb. Titelbild.) gr8° FreiburgB., Herder '11. 7.50; L 9 — d

— das 900jährige Jubiläum des heil. Konrad, gefeiert zu Konstanz vom 25. Novbr. bis 3. Dezbr. 1876. Eine Festschrift, den Theilnehmern am Jubiläum gewidmet. gr. 8. (LXIV, 209 S. m. 1 Holzschntaf.) Ebend. 877. n. 2. 20

— d. Kindes Meßbuch. Nach dem Franz. bearb. u. m. e. Anh. versehen. Mit e. farb. Titelbild u. vielen Illustr. 5., verm. Aufl. 32. (VIII, 96 S.) Ebd. 888. n. — 20; cart. n. — 35; m. Goldschn. n.n. — 50;
geb. in Halbleinw. n. — 35

— des Kindes Meßbuch. N. d. Franz. bearb. u. m. e. Anh. vers. M. 1 farb. Titelbild u. vielen Ill. 6., verb. Aufl. 32. (VIII, 96 S.) Ebd. 897. n. — 20; kart. n.n. — 35; geb. in Halbleinw. n.n. — 35

— Des Kindes Meßbuch. 7., verb. Aufl. (VIII, 98 S. m. Abbildgn. u. farb. Titelbild.) 16. Ebd. (910).
Geb. in Halbleinw. — 40; in Leinw. — 45

— kurzgefaßte Poetik. [Aus: „Geschichte der deutschen National-Litteratur f. Schule u. Selbstbelehrg."] gr. 8. (VI, 74 S. m. 1 Tab.) Ebd. 888. n. 1. —

Brugier, J., Karte der Umgegend von Heidelberg. 1:120,000. Chromolithogr. qu. Fol. Mit Angabe der Spaziergänge und Ausflüge. 8. (2 S.) Heidelberg 886, C. Winter's Universitäts-Buchh. *

Bruglocher, Erwin, Gesetz- u. Verordnungs-Sammlung f. praktische Ärzte im Königr. Bayern. 8. (X, 144 S.) Würzburg 893. Ballhorn & Cramer. Kart. n. 1. 80

Bruglocher, Erwin, Gesetz- u. Verordng.-Sammlg. f. prakt. Aerzte im Königr. Bayern. Ergänzungsbdchn., enth. d. Nachträge u. Verändergn. aus d. J. 1893—1896. 8. (IX, 80 S.) Würzburg 897. Ballhorn & Cramer.
Kart. n. 1. 50 (Hauptwerk u. Ergänzg. n. 3. 30)

Bruglocher, Erwin, Gesetz- u. Verordnungs-Sammlung f. praktische Ärzte im Königr. Bayern. 2., neubearb. u. ergänzte Aufl. 8. (VII, 238 S.) Würzburg 899. Ballhorn & Cramer Nachf. Kart. n. 3. 50

Brugman, Karl, s. Brugmann, Karl

Brugman, Oskar, s. Brugmann, Oskar

Brugmann, Karl

Ex ordinis philosophorum mandato renuntiantur philosophiae doctores ... inde a d. primo m. Nov. a. 1893 usque ad d. ultimum m. Oct. a. 1894 creati. — Praemissa est Karoli **Brugmann** commentatio vernaculo sermone conscripta: Die Ausdrücke für den Begriff der Totalität in den indogermanischen Sprachen '(e. semasiologisch-etymolog. Untersuchg)'. Lipsiae, typ. A. Edelmanni, typogr. acad., *1894*; 2 Bl., 97 S. 4.

— Beiträge zur griechischen und zur lateinischen Sprachgeschichte. Ak. 1901. 26 S.

Die Demonstrativpronomina der indogermanischen Sprache. Eine bedeutungsgeschichtl. Untersuchung von Karl Brugmann. *Leipzig: B. G. Teubner 1904.* (150 S.) 4°
— Abhandlungen d. K. Sächs. Gesellschaft d. Wiss. Philol.-hist. Kl. Bd 22, No 6. [04. 5403]

Brugmann, Karl, Elements of the comparative grammar of the Indo-Germanic languages. A concise exposition of the history of Sanskrit, Old Iranian [Avestic and Old Persian], Old Armenian, Old Greek, Latin, Umbrian-Samnitic, Old Irish, Gothic, Old High German, Lithuanian and Old Bulgarian. Vol. I.: Introduction and phonology. Translated from the German by Jos. Wright. gr. 8. (XX, 562 S.) Strassburg 888, Trübner. geb. *

Griechische Etymologien 1. S.-A. 1889. 19 S.

Brugmann, Karl, s.: Festschrift, Whitley Stokes gewidmet.

Brugmann, Karl (Hrsg.), s. Forschungen, Indogermanische.

— u. Aug. Leskien, zur Frage der Einführung e. künstlichen internationalen Hilfssprache. (S. 365—396.) gr. 8. Ebd. 908. — 60
Sonderabdruck aus „Indogerm. Forschgn."

Brugman, K., Zur Geschichte der präsensstammbildenden Suffixe. S.-A. 1874. 23 S.

— Zur Geschichte der labiovelaren Verschlusslaute im Griechischen. S.-A. 1895. 25 S.

— a comparative grammar of the Indo-Germanic languages. A concise exposition of the history of Sanskrit, Old Iranian [Avestic and Old Persian], Old Armenian, Greek, Latin, Umbro-Samnitic, Old Irish, Gothic, Old High German, Lithuanian and Old Church Slavonic. Vol. II.: Morphology [Stem Formation and Inflexion]. Part I. Introduction. Noun compounds. Reduplicated nouns. Formative suffixes. Root-Nouns. Translated from the German by R. Seymour Conway and W. H. D. Rouse. gr. 8. (XVIII, 493 S.) Strassburg i/E. 891. K. J. Trübner Verl. Geb. n. 16. —

— dasselbe. Vol. III.: Morphology. Part II. Numerals. Inflexion of nouns and pronouns. Translated from the German by R. Seymour Conway and W. H. D. Rouse. gr. 8. (XII, 402 S.) Ebd. 892. Geb. n. 12. 50

— dasselbe. Vol. IV.: Morphology. Part III. Verbs: Formation of the stem, and inflexion or conjugation. Translated from the German by R. Seymour Conway and W. H. de Rouse. gr. 8. (XX, 613 S.) Ebd. 895. Geb. in Leinw. n. 20. — (I–IV.: n. 66. 50)

— a comparative grammar of the Indo-Germanic languages. A concise exposition of the history of Sanskrit, Old Iranian (Avestic and Old Persian), Old Armenian, Greek, Latin, Umbro-Samnitic, Old Irish, Gothic, Old High German, Lithuanian and Old Church Slavonic. Indices of the vols. I—IV. Translated from the German by R. Seymour Conway, M. A., and W. H. de Rouse, M. A. gr. 8. (IX, 250 S.) Strassburg 895. K. J. Trübner, Verl.
Geb. in Leinw. n. 8. 50 (kplt. m. Indices: n. 75. —)

— griechische Grammatik, s.: Handbuch der klassischen Altertums-Wissenschaft. II. 1.

Kurze vergleichende Grammatik der indogermanischen Sprachen. Auf Grund d. fünfbänd. 'Grundrisses d. vergleich. Grammatik d. indogerm. Sprachen von K. Brugmann u. B. Delbrück' verf. von Karl Brugmann Lfg 1–3. *Straßburg: K. J. Trübner 1902–04.* 3 Bde 8°
1. Einl. u. Lautlehre. 1902.
2. Lehre von d. Wortformen u. ihrem Gebrauch. 1903.
3. Lehre von d. Satzgebilden u. Sach- u. Wörterverz. 1904. 104. 344

— kurze vergleichende Grammatik der indogermanischen Sprachen. Auf Grund des 5 bänd. ,Grundriss der vergleich. Grammatik der indogerman. Sprachen v. K. Brugmann u. B. Delbrück' verf. 1. Lfg.: Einleitung u. Lautlehre. gr. 8. (V, 280 S.) Strassburg 902. K. J. Trübner. n. 7. —; geb. in Leinw. n. 8.—

— kurze vergleichende Grammatik der indogermanischen Sprachen. Auf Grund des 5 bänd. Grundrisses der vergleich. Grammatik der indogerman. Sprachen v. K. Brugmann u. B. Delbrück verf. 2. u. 3. Lfg. gr. 8. Strassburg, K. J. Trübner. n. 11. —; geb. in Leinw. n. 13. —
(Kplt. n. 18. —; geb. in Halbfrz. n. 21. —)
2. Lehre v. den Wortformen u. ihrem Gebrauch. (VIII u. S. 281—622 m. 3 Tab.) 903. n. 7. —; geb. n. 8. —
3. Lehre v. den Satzgebilden u. Sach- u. Wörterverzeichnisse. (XXII, XXVIII u. S. 623—777.) 103. n. 4. —; geb. n. 5. —

— Zur umbrisch-samnitischen Grammatik und Wortforschung. Ak. 1894. 13 S.

Brugmann, Karl, Grundriss der vergleichenden Grammatik der indogermanischen Sprachen. Kurzgefasste Darstellg. der Geschichte d. Altindischen, Altiranischen [Avestischen u. Altpersischen], Altarmenischen, Altgriechischen, Lateinischen, Umbrisch-Samnitischen, Altirischen, Althochdeutschen, Litauischen u. Altkirchenslawischen. 1. Bd.: Einleitung u. Lautlehre. gr. 8. (XVIII, 568 S.) Strassburg 886. Trübner. n. 14. —

— Grundriss der vergleichenden Grammatik der indogermanischen Sprachen. Kurzgefasste Darstellg. der Geschichte d. Altindischen, Altiranischen [Avestischen u. Altpersischen], Altarmenischen, Altgriechischen, Lateinischen, Umbrisch-Samnitischen, Altirischen, Althochdeutschen, Litauischen u. Altkirchenslawischen. 2. Bd.: Wortbildungslehre [Stammbildungs- u. Flexionslehre]. 1. Hälfte: Vorbemerkungen. Nominalcomposita. Reduplicierte Nominalbildungen. Nomina m. stammbild. Suffixen. Wurzelnomina. gr. 8. (XIV, 462 S.) Strassburg 888. Trübner's Verl. n. 12. —

— dasselbe. 2. Bd. 2. Hälfte. 1. Lfg.: Zahlwortbildung. Casusbildung der Nomina [Nominaldeclination]. Pronomina. gr. 8. (S. 463—846.) Ebd. 890. n. 10. —
(I—II, 2, I.: n. 36. —)

— Grundriss der vergleichenden Grammatik der indogermanischen Sprachen. Kurzgefasste Darstellg. der Geschichte d. Altindischen, Altiranischen (Avestischen u. Altpersischen), Altarmenischen, Altgriechischen, Lateinischen, Umbrisch-Samnitischen, Altirischen, Gotischen, Althochdeutschen, Litauischen u. Altkirchenslavischen. 2. Bd.: Wortbildungslehre (Stammbildungs- u. Flexionslehre). 2. Hälfte, 2. (Schluss-)Lfg.: Verbale Stammbildg. u. Flexion (Conjugation). gr. 8. (XII, S. 847—1438 u. XV S.) Strassburg i/E. 892. K. J. Trübner Verl. n. 14. —

Brugmann, Karl, Grundriss der vergleichenden Grammatik der indogermanischen Sprachen. Kurzgefasste Darstellg. der Geschichte d. Altindischen, Altiranischen (Avestischen u. Altpersischen), Altarmenischen, Altgriechischen, Lateinischen, Umbrisch-Samnitischen, Altirischen, Gotischen, Althochdeutschen, Litauischen u. Altkirchen-Slavischen. Indices (Wort-, Sach- u. Autorenindex). gr. 8. (VII, 236 S.) Strassburg i/E., 893. K. J. Trübner Verl. n. 6. —
Fortsetzung:
Brugmann, Karl
— u. Berthold **Delbrück,** Grundriss der vergleichenden Grammatik der indogermanischen Sprachen. 3. Bd. gr. 8. Ebd. 893. n. 20. —
(I—III u. Register zu I u. II: n. 76. —)
Vergleichende Syntax der indogermanischen Sprachen v. B. Delbrück. 1. Thl. (XXIV, 795 S.)

— — dasselbe. 4. Bd. Vergleich. Syntax d. indogerm. Sprachen v. B. Delbrück. 2. Thl. gr. 8. (XVII, 560 S.) Ebd. 897. n. 15. —
(I, 1, II m. Indices, III. u. IV.: n. 93. —)

— u. Berthold **Delbrück,** Grundriss der vergleichenden Grammatik d. indogermanischen Sprachen. Kurzgefasste Darstellg. der Geschichte des Altindischen, Altiranischen (Avestischen u. Altpersischen), Altarmenischen, Altgriechischen, Lateinischen, Umbrisch-Samnitischen, Altirischen, Gotischen, Althochdeutschen, Litauischen u. Altkirchenslavischen. 5. Bd.: Vergleichende Syntax der indogerman. Sprachen von B. Delbrück. 3. Thl. (Nebst Indices zu den 3 Thln. der Syntax v. C. Cappeller.) gr. 8. (XX, 608 S.) Ebd. 900. n. 15. —; geb. in Halbfrz. n.n. 17. 75;
(kplt. n. 120. —)

— u. Berthold **Delbrück,** Grundr. d. vergleich. Grammatik d. indogerman. Sprachen. Kurzgef. Darstellg. d. Geschichte d. Altind., Altiran. (Avestischen u. Altpers.), Altarmen., Altgriech., Albanes., Latein., Oskisch-Umbrischen, Altir., Gotischen, Althochdeutschen, Littauischen u. Altkirchenslavischen. 1. Bd.: Einleitg. u. Lautlehre. 2 Hälften. A. u. d. T.: Vergleich. Laut-, Stammbildgs.- u. Flexionslehre d. indogerman. Sprachen v. Karl Brugmann. 2. Bearbeitg. 1. Bd.: Einleitg. u. Lautlehre. 2 Hälften. gr. 8. (LVI, 1098 S.) Ebd. 897. 898. n. 28. —

— u. Berthold **Delbrück,** Grundriss der vergleichenden Grammatik der indogermanischen Sprachen. Kurzgefasste Darstellg. der Geschichte des Altindischen, Altiranischen (Avestischen u. Altpersischen), Altarmenischen, Altgriechischen, Lateinischen, Oskisch-Umbrischen, Altirischen, Gotischen, Althochdeutschen, Litauischen u. Altkirchenslavischen. II. Bd.: Vergleichende Laut-, Stammbildungs- u. Flexionslehre nebst Lehre vom Gebrauch der Wortformen der indogerman. Sprachen. 2. Bearbeitg. II. Bd.: Lehre v. den Wortformen u. ihrem Gebrauch. 1. Tl.: Allgemeines, Zusammensetzung (Komposita). Nominalstämme. (XV, 688 S.) gr. 8 Ebd. 906 n. 17. 50; geb. in Halbfrz. 20. —

Brugmann, Karl, u. Berthold Delbrück, Grundriss der vergleich. Grammatik d. indogerman. Sprachen. Kurzgefasste Darstellg. der Geschichte des Altindischen, Altiranischen (Avestischen u. Altpersischen), Altarmenischen, Altgriechischen, Albanesischen, Lateinischen, Oskisch-Umbrischen, Altirischen, Gotischen, Althochdeutschen, Litauischen u. Altkirchenslavischen. II. Bd.: Vergleichende Laut-, Stammbildungs- u. Flexionslehre nebst Lehre vom Gebrauch der Wortformen der indogerm. Sprachen. 2. Bearbeitg. II. Bd.: Lehre v. den Wortformen u. ihrem Gebrauch v. Karl Brugmann. 2. Tl. I. Lfg. Zahlwörter. Die drei Nominalgenera. Kasus- u. Numerusbildg. der Nomina. Pronominalstämme u. Kasus- u. Numerusbildg. der Pronomina. (430 S.) gr. 8. Strassburg 909. K. J. Trübner.

— u. Berthold **Delbrück**: Grundr. d. vergleich. Grammatik d. indogerman. Sprachen. Kurzgefasste Darstellg d. Gesch. d. Altindischen, Altiranischen (Avest. u. Altpers.), Altarmen., Altgriech., Albanes., Latein., Oskisch-Umbrischen, Altirischen, Gotischen, Althochdeut., Litauischen u. Altkirchenslav. II. Bd: Vergleich. Laut-, Stammbildgs- u. Flexionslehre nebst Lehre v. Gebr. d. Wortformen d. indogerman. Sprachen. 2. Bearbeitg, II. Bd: Lehre v. d. Wortformen u. ihrem Gebr. v. Karl Brugmann. 2. Tl, II. Lfg. Bedeutg d. Numeri b. Nomen u. Pronomen. Bedeutg d. Kasus. Das Adjektivum. Die Adverbia n. Form u. Gebrauch. Die Präpositionen nach Form u. Gebr. (22 u. 429—997) gr8° Strassbg, KJ Trübner '11. 16 —
(2. Tl vollst.: 27 —; HF 30 —; I u. II: 72.50; geb. 81 —)

— Der Gymnasialunterricht in den beiden klassischen Sprachen u. die Sprachwissenschaft. (32 S.) gr. 8. Strassburg 910. K. J. Trübner. — 60

Zur Kritik der künstlichen Weltsprachen. Von Karl **Brugmann**, Prof., u. August Leskien, Prof. Straßburg: K. J. Trübner 1907. (38 S.) 8° [07. 7834]

Zur Kritik der künstlichen Weltsprachen. Von Karl **Brugmann**, Prof., u. August Leskien, Prof. 2. unveränd. Abdr. Straßburg: K. J. Trübner 1907. (38 S.) 8° [07. 18311]

Vergleichende Laut-, Stammbildungs- und Flexionslehre der indogermanischen Sprachen v. Karl Brugmann. 2. Bearbeitg. Bd 1. Hälfte 1. *Strassburg: K. J. Trübner 1897.* 8.
— Brugmann, K., u. Delbrück, Berthold: Grundriss d. vergl. Grammatik d. indogerm. Sprachen. Bd 1. [97. 3574]

— Attisch *μείζων* für *μέζων* und Verwandtes. S.-A. 1897. 11 S.

Die distributiven und die kollektiven Numeralia der indogermanischen Sprachen. Von K[arl] **Brugmann**. Mit e. Anh. von Eduard Sievers: Altnordisch tvenn(i)r, þrenn(i)r, fern(i)r. Leipzig: B. G. Teubner 1907. (80 S.) 4°(8°)
— **Abhandlungen** d. Kgl. Sächsischen Gesellschaft d. Wiss. Philol.-hist. Kl. Bd 25, No 5. [07. 11214 S]

Brugman, Karl, e. Problem der Homerischen Textkritik u. der vergleichenden Sprachwissenschaft. gr. 8. (X, 147 S.) Leipzig 876. Hirzel. n. 4. —

Brugman, K., De graecae linguae productione suppletoria part. I. Diss. 1871. 50 S.

— Zur umbr. u. pälign. Sprachgesch., s: Berichte üb. d. Verhandlgn d. kgl. sächs. Gesellsch. d. Wiss.

Brugman, K, z. heut. Stand d. Sprachwissenschaft. 8. (144) Strassb. 85. Trübner. n. 2. 50

—— s. Studien zur griech. und latein. Grammatik.

— Zur Syntax der indogermanischen Sprachen, besonders des Griechischen. S.-A. 1883. 27 S. 1.—

Brugmann, K, Umbrisches und Oskisches. S. A. 1891. 89 S.

—— Morpholog. Untersuchungen auf d. Gebiete d. indogerman. Sprachen, s. Osthoff, Herm.

— s: Untersuchungen z. Indogerman. Sprach- u. Kulturwiss.

— Der Ursprung des Barytona auf -*ϭος*. Ein Beitrag zur Entwicklungsgeschichte der sogenannten Kurzformen des Griechischen. Ak. 1899. 42 S. 1 50

— litauische Volkslieder u. Märchen aus dem preussischen u. dem russischen Litauen, s.: Leskien, A.

— Das Wesen der lautlichen Dissimilationen, s.: Abhandlungen der königl. sächs. Gesellschaft der Wissenschaften Philol.-histor. Kl. 27, V.

Brugmann, Oskar Über den Gebrauch des condicionalen *ni* in der älteren Latinität. 4 (34 S.) Progr. Nikolaig. *Leipzig* 1887

Brvgman, Oscar (geb. am 2 Juli 1851 in Wiesbaden): Qvemadmodvm in iambico senario Romani veteres verborvm accentvs cvm nvmeris consociarint ... Bonnae, form. C. Georgi (1874). 53 S., 1 Bl. 8. ¶ Erschien zugleich selbständig bei Weber in Bonn.
Bonn, Phil. Fak., Diss. v. 8 Aug. 1874

Brugmann, Sebald Justinus, s. Brugmans, Sebald Justinus

Brügmann, Emil, Lexikon der Gerichtskosten und Gebühren für Gerichte, Rechtsanwälte und Gerichtsvollzieher nach der Gesetzgebung des deutschen Reiches. 12. (VII, 172 S. mit Tab. und Anmerkungen.) Hamburg 880, O. Meißner. geb.

Brügmann, Georg Albert, Referendar in Leipzig: Das Lagergeschäft und der Lagerschein nach dem Handelsgesetzbuch für das Deutsche Reich vom 10. Mai 1897. Leipzig 1905: W. Wigand. (99 S.) 8°
Leipzig, Jur. Fak., Diss. v. 21. März 1905
[Geb. 29. Jan. 78 Leipzig; Wohnort: Leipzig; Staatsangeh.: Sachsen; Vorbildung: Thomasschule Leipzig Reife O. 98; Studium: Tübingen 1, Leipzig 5 S.; Rig. 24. Juli 01.]

Brügmann, H. A., Erinnerungen aus Wien, s. Genrebilder aus dem Buchhändlerleben.

Brügmann, O(tto), aus Gifhorn: Die Verdienste Dahlmann's um das Hannoversche Staatsgrundgesetz von 1833. *Jena 1902: A. Kämpfe.* (64 S.) 8° [F.]
Jena, Phil. Diss. v. (2. Aug.) 1902

Brügmann, P. H. C., Predigten üb. d. Tod; bestimmt z. Erbauung bei Sterbefällen u. bei Beerdigungen. 8. (10 B.) Celle 833, Schulze.

Brügmann, Walth., Eisenbahnlyrik, s.: Denecke, Lc.

Brügmann, Walther: Über eine reell irreducible Gruppe von Berührungstransformationen. Hamburg 1906: Lütcke & Wulff. (35 S.) 4°
Hamburg, OR u. R in Eimsbüttel P 1906 (911)

Brügmann, Walther, Oberlehrer in Hamburg: Über eine reell irreducible Gruppe von Berührungstransformationen. Hamburg 1906: Lütcke & Wulff. (35 S.) 4°
Greifswald, Phil. Fak., Ref. Engel, Diss. v. 13. März 1906
[Geb. 18. Dez. 76 Nusse bei Lübeck; Wohnort: Hamburg; Staatsangeh.: Hamburg; Vorbildung: Gymn. Lübeck Reife O. 95; Studium: Erlangen 3, München 1, Leipzig 1, Göttingen 4 S.; Rig. 13. Jan. 06.]

Brugmans, Anton

— Beobachtt. üb. d. Verwandtschaften d. Magnets; aus d. Lat., mit Anmerkk. v. Chr. G. Eschenbach. Mit 1 Kpf. 8. Leipz. 781. (W. Vogel). 8 gr.

— magnetismus, sive de affinitatibus magneticis. 4. Leyd. 787.

— Tentamina philosoph. de materia magnetica ejusque actione in ferrum et magnetem. 4. Frankf. 765.

Brugmans, Anton, Philosophische Versuche über die magnetische Materie, und deren Wirkung in Eisen und Magnet. Aus dem Lateinischen übersetzt und mit Anmerkungen und Zusätzen des Herrn Verfassers vermehrt. Herausgegeben von Christian Gotthold Eschenbach. Mit 6 Kupfern. Leipzig 1784.

Brugmanns, Ant., philos. Versuche üb. d. magnet. Materie etc. Aus d. Latein. mit Anmerkk. v. Chr. G. Eschenbach. Mit 6 Kpf. 8. Leipz. 784. (W. Vogel). 18 gr.

Brugmans, H., s: Briefwechsel d. Ubbo Emmius.

Brugmans, Sebald Justinus: Ökonom.-prakt. Abhandl. v. Unkraute, dessen Gattungen, Nutzbarkeit od. Schädlichkeit, u. Anzeige d. Mittel, es z. vertilgen etc. Aus d. Latein. v. Joh. Gottl. Gleditsch. 8. Berlin 1785.

Brugmans, S(ebald) J(ustinus): Über die Beschaffenheit und die Bestandtheile der Atmosphäre, in welcher der sogenannte Hospitalbrand bei Verwundeten entsteht. (Verhandeling over de gesteldheid en zamenstelling van den dampkring, in welke de zoogenaamde Hospitalversterving bij gewonden plaats heeft. Dt.) Eine von der königl.holländischen Gesellschaft der Wissenschaften zu Haarlem im Jahre 1814 gekrönte Preisschrift. Übers.und mit Anmerkungen begleitet von D(ietrich) G(eorg) Kieser.
84 S., gbd.
Jena: Mauke 1816

Brugmans, S(ebald) J(ustinus): Über den Hospitalbrand von S.J.Brugmans und J(acques Matthieu) Delpech. Aus dem Holländischen und Französischen übers.und mit Anmerkungen und einem Anhange, diese Krankheit und die Errichtung von Zelten und Baracken bei überfüllten und angesteckten Lazarethen betreffend, begleitet von D(ietrich) G(eorg) Kieser. 280 S., gbd., 1 Tab.
Jena: Mauke 1816

Brugmans, S. J., Lithologia Groningana. C. fig. 8maj. Gröning. 781. v. Bökeren. (Barth in Leipz.) 16 gl

Brugmans, S. I., Lithologia Groningana. c. fig. 8. maj. Grön. (Cramer, B. Rabenhorst, L.) 781.

— orationes duae, 1) de plantar. indigen. notitia etc. 2) de natura soli Frisici explor. 4. Leyd. 787. Luchtmans. 10 gl

— de puogenia. 8 maj. Gröning. 785. v. Bökeren. (Barth in Leipz.) 10 gl

— quaenam sunt plantae inutiles et venenatae, quae prata inficiunt etc. 8 maj. Gröning. 783. v. Bökeren. 12 gl

Brugnatelli, G., Giornale di fisica, vide Giornale.

— — Guida allo studio della chimica generale 5 tomi 8. gr. Pavia. (Vienna, Volke). 819 — 820.

Brugnatelli, L. V., Litologia umana, ossia ricerche chimiche e mediche sulle sostanze petrose che si formano in diverse parti etc. Pubblicata da G. Brugnatelli. folio gr. Pavia. (Vienna, Volke). 819 — 820.

Brügner, C. Gaeta mit s. nächsten Umgebungen. fol. Berlin 1860. 0.75.

Brügner, C. Karte der ganzen Provinz Constantine. 1 : 1 200 000. Berlin 1837. 1 Bl. c. I. Ff.

Brügner, C. Plan von Brühl. Berlin 1842. 1 Bl. A.

Brügner, C. Umgegend von Algier und Uebersichtskarte der Küstengegenden des Reichs Algier. 1830. 1 Bl. I. Ff.

Brügner, Herm., s.: Liederbuch f. deutsche Kegelbrüder.

Brugnone, Giovanni (Comm.u.Hrsg.):

s.: Bertrandi, (Giovanni) Ambrogio: Lehre von den Knochenkrankheiten. (Delle Malattie delle ossa. Dt.) Dresden u.Leipzig: 1792

— s. Schriften, anatomische.

Brugnone G.:
Werk v. der Zucht d. Pferde, Esel u. Maulthiere u. v. den gewöhnlichsten Gestüttkrankheiten. Uebers. aus d. Ital. u. verm. m. c. Anh., die neuern österreich. Verordnungen üb. die Pferdezucht enthaltend, v. G. Fechner. M. e. Vorr. begl. v. G. Stumpf. Prag 1790. (10) 378 S.

Brugnone's Werk v. d. Zucht d. Pferde, Esel u. Maulthiere u. von den gewöhnl. Gestütekrankheiten; aus d. Italien. mit e. Anh. u. Anmerkk. v. J. G. Fechner. Mit e. Vorrede v. M. G. Stumpf. 8. Prag 790. Calve. 1 ₰

Brugsch, Alex., üb. die Resorption v. der vorderen Augenkammer. Inaugural-Dissertation. gr. 8. (28 S.) Göttingen 875. (Vandenhoeck & Ruprecht's Verl.) n. — 60

Brugsch. E: Wasserbau, s: Schulze, Otto (FW Otto).

Brugsch, Heinr., Die Adonisklage u. d. Linoslied. [Vorlesung gehalt. am 28. Febr. im wissenschaftl. Verein in der K. Singakademie in Berlin.] Mit 1 lith. Taf. (in gr. Fol.) 8. (33 S.) Berlin 852, F. Dümmler's Verlagsb. n. 1/3 ₰

Brugsch, Heinr. Die Aegyptologie. Ein Grundriss der ägypt. Wissenschaft. 1. Abthl. gr. 8. (S. 1—240.) Lpz. 889, W. Friedrich. * 10 —

— — dass. — Abriss der Entziffergn. u. Forschgn. auf d. Gebiete der ägypt. Schrift, Sprache u. Alterthumskunde. 2. Abthl. gr. 8. (VIII, S. 241—535.) Ebd. 890. * 14 —
Beide Abthlgn. in 1 Bd. geb. ** 25 —

Brugsch, Heinr., die ägyptischen Alterthümer in Berlin. 8. (40 S. mit 1 Stnt. in qu. gr. 4.) Berlin 857, Allgemeine deutsche Verlags-Anstalt.

Brugsch-Bey, Heinr., der Bau des Tempels Salomo's nach der koptischen Bibelversion. gr. 8. (III, 35 S.) Leipzig 876, Hinrichs'sche Buchh. *

Brugsch-Bey, Heinr., der Bau d. Tempels Salomo's nach der koptischen Bibelversion. gr. 8. (III, 35 S.) Leipzig 877. Hinrichs' Verl. n. 4. —

Brugsch, Heinr., über Bildung u. Entwicklung der Schrift, s. Sammlung gemeinverständl. sc. Vorträge.

Brugsch Bey, H, neue Bruchstücke d. Codex Sinaiticus aufgefunden in d. Bibliothek d. Sinai-Klosters. Fol. (4) Lpzg 75, Hinrichs' V. n. 10. —

—— Dictionnaire géographique de l'ancienne Egypte, contenant par ordre alphabétique la nomenclature comparée des noms propres géographiques, qui se rencontrent sur les monuments et dans les papyrus, notamment les noms des préfectures et de leurs chefs-lieux, des temples et sanctuaires, des villes, bourgs et nécropoles, des mers, du Nil et de ses embouchures, des lacs, marais, canaux, bassins et ports, des vallées, grottes, montagnes, des îles et îlots etc. — Wörterbuch der altägypt. Geographie, d. i.: Alphabetisch geordnete Zusammenstellung von mehr als 2000 geograph. Eigennamen der Provinzen, Ländereien, Tempel Festungen, Städte, Dörfer, Seen und Kanäle und sonstigen im Lande Aegypten und in seinen ausländ. Provinzen [Libyen, Nubien und Arabien] gelegenen Oertlichkeiten aus den Zeiten der Pharaonen, Griechen und Römer, nach den Angaben der hieroglyph., hierat. und demot. Inschriften der altägypt. Denkmäler und Papyrusrollen, und ihre geographisch-histor. Erklärung und Vergleichung auf Grund der Berichte der Heiligen Schrift, der griechisch-röm. Autoren und der koptisch-arab. Litteratur, nebst den ausführl., vollständig wieder hergestellten Verzeichnissen der alten Nomen-Eintheilung und der darauf bezügl. Materia sacra. Für Theologen, Alterthumsforscher, Philologen, Geographen, Historiker etc. veröffentlicht. 17 Lfgn. Fol. (XVI, 1420 autogr. S.) Leipzig 877—80, Hinrichs'sche Buchh. 1.—12. Lfg. à * 13. Lfg. * ℳ 35.; 14.—17. Lfg. *
compl. * ℳ 450.; geb. in Halbjuchten *

— — Numerorum apud veteres Aegyptios demoticorum doctrina. Ex papyris et inscriptionibus nunc primum illustrata. Imp.-4. (34 S. und 5 Taf.) Berolini 849, libr. Amelangiana. *

— numerorum apud veteres Aegyptios demoticorum doctrina. Ex papyris et inscriptionibus nunc primum illustrata. Cum V tabulis. Imp. 4. (34 S.) Berolini 849, Gaertner. n. 3 1/3 ₰

Brugsch, Heinr., Entzifferung der meroitischen Schriftdenkmäler. 1. Abthl.: Die Priesterschrift von Meroë. Allgemeiner Theil. hoch 4. (56 S.) Leipzig 887, Hinrichs'sche Buchh. *
Aus: Zeitschrift für ägyptische Sprache und Alterthumskunde, besonders abgedruckt.

Brugsch, Heinr., übersichtliche Erklärung aegyptischer Denkmäler des königl. neuen Museums zu Berlin. Ein kleiner Beitrag zur Kenntniss des alten Aegyptens. gr. 12. (91 S. mit 1 Stat. in 4.) Berlin 850, Dümmler's Vrlgsh. *

— l'Exode et les monuments égyptiens. Discours prononcé à l'occasion du congrès international d'orientalistes à Londres. Accompagné d'une carte (chromolith. in qu. gr. Fol.) gr. 8. (35 S.) Ebend. 875. n. 1. —

— drei Fest-Kalender des Tempels von Appollinopolis Magna in Ober-Aegypten, zum ersten Male veröffentlicht u. sammt den Kalendern von Dendera u. Esne vollständig übersetzt. Mit 10 (lith.) Taf. Inschriften. hoch 4. (X, 29 S.) Ebend. 877. cart. n. 20. —

—— und Fr. X. v. Garnier, Prinz Friedrich Karl im Morgenlande. Nach ihren Tagebüchern und Handzeichnungen von seinen Reisebegleitern. Holzschnitte von R. Brend'amour. 10 Lfgn. Fol. (IV, 240 S. mit eingedr. Holzschn. und Holzschntaf.) Frankfurt a. O. 884, Trowitzsch und Sohn.
à Lfg. * ℳ 3. * 30 —
geb. mit Goldschn. * 40 —

Brugsch, Heinrich

— la géographie des nomes ou division administrative de la Haute et de la Basse Égypte aux époques des Pharaons, des Ptolémées et des empereurs romains. [Spécimen du dictionnaire géographique de l'ancienne Égypte.] Fol. (9 u. 19 S.) Ebend. 879. n. 6. —

—— Geschichte Aegyptens unter den Pharaonen. Nach den Denkmälern bearb. Erste deutsche Ausg. Mit 2 (chromolithogr.) Karten von Unter- und Ober-Aegypten (in Imp.-Fol.) und 4 genealog. Taf. (in qu. gr. Fol.) gr. 8. (XII, S. 1—818.) Ebendas. 877. * ℳ 18.; geb. *

—— dass. — Zusätze und Verbesserungen. 8. (S. 819—836 mit 1 Tab.) Ebendas. 878. *

—— Geschichte Aegyptens unter d. Pharaonen. 8. (818 m. 2 Kart.) Ebd. 77. n. 18. —; geb. n. 20. — || Zusätze u. Verbessergn. (819—836) 79. n. — 40

— die ägyptische Gräberwelt. Vortrag gehalten in der Museums-Gesellschaft zu Frankfurt a. M., den 15. Novbr. 1867. Leipzig 868. Hinrichs. 8. (50 S.) 10 ngr

— — Nebst e. Anh., enthltd. 6 autogr. Taff. mit 170 Inschriften e. altägyptischen Grabkapelle (in 4.). Ebend. 868. 8 (56 S) n. 1 ß

— grammaire démotique, contenant les principes généraux de la langue et de l'écriture populaires des anciens Égyptiens. Avec un tableau général des signes démotiques (3 lith. Taf.) et 10 planches (lith. in Fol.) y annexées. Berlin 855. Dümmler's Verlhdlg. Imp.-4. (XII, 203 S.) n. 25 ß

— grammaire hiéroglyphique contenant les principes généraux de la langue et de l'écriture sacrées des anciens Egyptiens composée à l'usage des étudiants. hoch 4. (VIII, 135 S.) Leipzig 872. Hinrichs' Verl. n. 24. —; durchschossen u. in ½ Juchten geb. n. 32. —

—— grammaire hiéroglyphique 4. (135) Ebd. 73. n. 24. —; geb. u. durchsch. n. 32. —

— dasselbe in deutscher Sprache u. d. T.: Hieroglyphische Grammatik od. übersichtl. Zusammenstellg. der graph., grammat. u. syntakt. Regeln der heil. Sprache u. Schrift der alten Aegypter zum Nutzen der studir. Jugend. hoch 4. (VI, 138 S.) Ebend. 872. n. 24. —; durchschossen u. in ½ Juchten geb. n. 32. —

— histoire d'Egypte dès les premiers temps de son existence jusqu'à nos jours. Accompagné de planches lith. et d'un atlas de vues pittoresques. 1. Partie: L'Égypte sous les rois indigènes. Leipzig 859. Hinrichs. gr. 4. (IX, 295 S. u. 19 lith. Taf. in 4. u. Fol.) n. 8 ß

—— Histoire d'Égypte. 1re Partie. 2e édit. gr. 8. (180 S.) Leipzig 875, Hinrichs' Verlag. *

Brugsch, Heinrich (Komm.), s. Hymnus. – Ägypt. Hymnus an d. Sonne.

Brugsch, Heinr., die biblischen sieben Jahre der Hungersnoth nach dem Wortlaut e. altägyptischen Felsen-Inschrift. gr. 8. (III, 162 S. m. 32 autogr. Taf. u. 5 Holzschn.) Leipzig 891. J. C. Hinrichs' Verl. n. 5. —

—— Index des Hiéroglyphes phonétiques y compris des valeurs de l'écriture sécrète et des signes déterminatifs qui se rencontrent dans le système graphique des anciens Egyptiens composé et appliqué à son dictionnaire hiéroglyphique. [Extrait de la Grammaire hiéroglyphique.] hoch 4. (23 S.) Leipzig 872, Hinrichs' Verlag. *

— dasselbe in deutscher Sprache u. d. T.: Verzeichniss der Hieroglyphen m. Lautwerth in der gewöhnlichen u. in der geheimen Schrift sowie der allgemeinen Deutzeichen in dem Schriftsystem der alten Aegypter m. Hinweis auf sein hieroglyph. Wörterbuch zusammengestellt. [Aus „hieroglyph. Grammatik."] hoch 4. (23 S.) Ebend. 872. n. 3. 60

— die Inschrift v. Rosette, nach ihrem ägyptisch-demotischen Texte sprachlich u. sachlich erklärt. Thl. 1. Sammlung demotischer Urkunden m. gleichlautenden hieroglyph. Texten als nächste Grundlage zur Entzifferung der Inschrift v. Rosette, grösstentheils zum ersten Male veröffentlicht. Mit 10 Kpfrtaf. (in Fol.) Imp. 4. (42 S.) Berlin 850, Gaertner. n. 6 ß

—— geogr. Inschriften altägypt. Denkmäler. 3 Bde. 4. Ebd. n. 42. —
Die Geogr. d. alten Aegypt. (301 m. 59 K.) 57. n. 25. —
– d. Nachbarländer Aegypt. (96 m. 25 K.) 58. n. 8. 10
– d. Aegypter nach d. Denkm. aus d. Zeiten d. Ptolemäer u. Römer. (125 m. 18 K.) 59. n. 8. 20

— geographische Inschriften altägyptischer Denkmäler gesammelt während der auf Befehl Sr. Maj. des Königs Friedrich Wilhelm IV. von Preussen unternommenen wissenschaftlichen Reise in Aegypten erläutert u. herausg. 1. Bd. A. u. d. T.: Die Geographie des alten Aegyptens nach den altägyptischen Denkmälern zum ersten Male zusammengestellt und verglichen mit den geographischen Angaben der heil. Schrift und der griech., röm., kopt. u. arab. Schriftsteller. Nebst 58 (lith.) Taf. u. 1 (lith.) Karte (in 4. u. Fol.) Leipzig 857. Hinrichs. 4. (3 Bl., V, 304 S.) n. 25 ß

— — 2. Bd. A. u. d. T.: Die Geographie der Nachbarländer Aegyptens nach den altägyptischen Denkmälern zum ersten Male zusammengestellt u. verglichen mit den geographischen Angaben der heiligen Schrift und der griech., röm., kopt. u. arab. Schriftsteller. Nebst 23 (lith.) Taf. (wovon 2 in Farbendr.) u. 2 (lith.) Karten (in 4. u. qu. Fol.) Ebend. 858. 4. (XI, 96 S.) n. 8 ß 10 ngr

— geographische Inschriften altägyptischer Denkmäler gesammelt während der auf Befehl Sr. Maj. des Königs Friedrich Wilhelm IV. von Preussen unternommenen wissenschaftlichen Reise in Ägypten erläutert u. herausg. 3. Bd. A. u. d. T.: Die Geographie der Ägypter nach den Denkmälern aus den Zeiten der Ptolemäer u. Römer nebst einem Nachtrage zur Geographie der Ägypter nach den altägyptischen Denkmälern. Mit 17 (lith.) Taf. (in 4. u. Fol.) u. 1 (lith.) Karte (in Fol.). Nebst vollständigen Registern zu dem ganzen Werke. Ebend. 860. 4. (XIII, 125 S.) n. 8 ß 20 ngr

— Inscriptio Rosettana hieroglyphica vel interpretatio decreti Rosettani sacra lingua litterisque sacris veterum Aegyptiorum redactae partis. Accedunt glossarium Aegytiaco-Coptico-Latinum atque IX tab. lith. textum hieroglyphicum atque signa phonetica scripturae hieroglyphicae exhibentes. gr. 4. (IV u. 35 S.) Berolini 851, Dümmler. n. 3 ß

— die Kosten des Haushalts in alter Zeit, s.: Zeitfragen, volkswirthschaftliche.

Brugsch, Heinr., im Lande der Sonne. Wanderungen in Persien. 8. (III, 364 S.) Berlin 886. Allgemeiner Verein f. deutsche Literatur. n. 5. —

—— im Lande d. Sonne. Wandergn in Persien. 2. Afl. 8. (364) Berl. 86. Allg. Ver. f. deut. Lit. n. 5. —

— mein Leben u. mein Wandern. 2. Aufl. gr. 8. (VI, 396 S.) Berlin 894. Allgemeiner Verein f. deutsche Litteratur. n. 6. —; geb. n. 7. —

Brugsch, Heinr., lettre à Mr. le vicomte Emmanuel de Rougé, au sujet de la découverte d'un manuscrit bilingue sur papyrus en écriture démotico-égyptienne et en grec cursif de l'an 114 avant notre ère. gr. 4. (71 S. und 3 Stnt.) Berlin 850, Amelang'sche Sortimentsh. Thlr. *

— Lettre à Mr. le vicomte Emmanuel de Rougé, au sujet de la découverte d'un manuscrit bilingue sur papyrus en écriture démotico-égyptienne et en grec cursif de l'an 114 avant notre ère. Avec 3 planches (lith.) gr. 4. (71 S.) Berlin 850, Gaertner. n. 2 ₰

—— Matériaux pour servir à la reconstruction du calendrier des anciens Égyptiens. Partie théorique. hoch 4. (XII und 111 S. mit 13 Stnt.) Leipzig 864, Hinrichs' Verlag. cart. *

— mémoire sur la réproduction imprimée des caractères de l'ancienne écriture démotique des Égyptiens, au moyen de types mobiles et de l'imprimerie. Berlin 855. Dümmler's Verlag. 4. (12 S.) 7½ ngr

—— Monuments de l'Egypte. Décrits, commentés et reproduits pendant le séjour qu'il a fait dans ce pays en 1853 et 1854 par ordre de Sa Maj. le roi de Prusse. (En ca. 20 Livr.) 1. Livr. gr. Fol. (VII und 26 S. mit 18 Stnt., wovon 2 chromolithogr. und 1 in Tondr.) Berlin 857. (Leipzig, Haessel.) Thlr. *

— aus dem Morgenlande, s.: Universal-Bibliothek.

—— die Muse in Teheran. 8. (XVI, 128 S.) Frankfurt a. O. 885, Trowitzsch und Sohn. geb. *

Brugsch, Heinr. (C. F.) (geb. Berlin 18. 2. 1827): De natura et indole linguae popularis Aegyptiorum dissertationis fasciculus prior: de nomine, de dialectis, de litterarum sonis. Berolini (1850). (39 S.) 8°
Berlin, Phil. Diss. v. 30. Aug. 1850

— de natura et indole linguae popularis Aegyptiorum. Fasc. prior de nomine, de dialectis, de litterarum sonis. gr. 8. (IV u. 38 S.) Berlin 850, Dümmler. n. ⅓ ₰

—— Notice raisonnée d'un traité médical datant du XIV. siècle avant notre ère et contenu dans un papyrus hiératique du musée royal (département des antiquités égyptiennes) de Berlin. hoch 4. (III und 20 S. mit 1 ill. Stnt.) Leipzig 863, Hinrichs' Verlag. *

Brugsch, Heinr., aus dem Orient. 2 Thle. in 1 Bde. 8. (209 S.) Berlin 864, Große. *

—— A. Henry Rhind's zwei bilingue Papyri hieratisch und demotisch. Uebers. und hrsg. hoch 4. (VII und 49 S. mit 44 Stnt.) Leipzig 865, Hinrichs' Verlag. cart. *

— nouvelles recherches sur la division de l'année des anciens Égyptiens, suivies d'un mémoire sur des observations planétaires consignées dans quatre tablettes égyptiennes en écriture démotique. Avec 4 planches (lith. in 4. u. Fol.). Berlin 856. F. Schneider. gr. 8. (2 Bl., 64 S.) n. 1 ₰ 10 ngr

—— nouv. recherches s. la division de l'année des anc. Egyptiens. 8. (64 m. 4 K.) Berl. 56, Weber. n. 1. 10

—— Recueil des monuments égyptiens, dessinés sur lieux. 1. Partie. hoch 4. (IV und S. 1—60 mit 50 Stnt. in hoch 4. und Fol.) Leipzig 862, Hinrichs' Verlag. cart. *

—— dass. — 2. Partie. hoch 4. (III und S. 61—120 mit 57 Stnt., wovon 23 in Tondr., in hoch 4. und Fol.) Ebendas. 863. cart. *

—— dass. — 3. und 4. Partie: Geographische Inschriften altägyptischer Denkmäler nebst einem Anh., enth. die im Tempel von Edfu aufgefundenen Recepte in den J. 1863—65 an Ort und Stelle gesammelt und erläutert von Johs. Duemichen. 2 Abthlgn. hoch 4. (V und 144 S. mit 200 Stnt.) Ebendas. 865,66. à Partie * 20 Thlr. *

—— et J. Dümichen, recueil de monuments égyptiens. 5e et 6e partie. 4. Ebendas. 885. à * M 60.—. *

Inhalt:

Partie 5. Dümichen, Johs., geographische Inschriften altägyptischer Denkmäler, an Ort und Stelle gesammelt und mit Übersetzung und Erläuterungen hrsg. 3. Abthl.: 96 einfache und 2 (autogr.) Doppeltaf. (12 S.)

» 6. —— dass. — 4. Abthl.: 90 einfache und 2 (autogr.) Doppeltaf. (7 S.)

I—IV. Ebendas. 1862—66. * M 170.—.

—— Reise nach der grossen Oase El Khargeh in der Libyschen Wüste, Beschreibung ihrer Denkmäler und wissenschaftl. Untersuchungen über das Vorkommen der Oasen in den altägyptischen Inschriften auf Stein und Papyrus. Nebst 27 (lithogr.) Taf. mit Karten, Plänen, Ansichten und Inschriften. hoch 4. (VI, 93 S.) Ebendas. 878. cart. *
Ohne Tafeln *

—— Reise der k. preussischen Gesandtschaft nach Persien 1860 und 1861. 2 Bde. Lex.-8. (XXIV und 934 S. mit eingedr. Holzschn., 8 Lithochrom. und 1 ill. Karte in Imp.-Fol.) Leipzig 862, Hinrichs' Verlag. [1. Bd. * 4 Thlr., 2. Bd. * 2 Thlr. 20 Ngr.] *
Prachtausg. geb. *

— Reise der königlich preussischen Gesandtschaft nach Persien 1860 u. 1861. 1. Bd. Mit 15 Holzschn., 4 Lithochromieen u. 1 (lith. u. color.) Karte (in Fol.). Ebend. 862. Lex.-8. (XIV, 418 S.) n. 4 ₰; Prachtausg. geb. n. 5 ₰

— — 2. Bd. Mit 26 Holzschn. u. 4 Lithochromieen. Ebend. 863. Lex.-8. (X, 516 S.) n. 2 ₰ 20 ngr;
Prachtausg. geb. n. 4 ₰

— Reiseberichte aus Aegypten. Geschrieben während einer auf Befehl Sr. Maj. des Königs Friedrich Wilhelm IV. von Preussen in den Jahren 1853 und 1854 unternommenen wissenschaftlichen Reise nach dem Nilthale. Mit 1 (lith.) Karte, 3 (lith.) Schrifttaf. u. 3 Beilagen. Leipzig 855. Brockhaus. 8. (XIV, 352 S.) n. 2 ₰ 15 ngr

Brugsch, Heinr., Religion und Mythologie der alten Aegypter. Nach den Denkmälern bearbeitet. 1. Hälfte. gr. 8. (VII, 280 S. mit 20 Holzschn. und 1 Stnt.) Leipzig 884, Hinrichs'sche Buchh. * 6 —

—— Religion und Mythologie der alten Aegypter. Nach den Denkmälern bearb. 2. Hälfte. gr. 8. (XXVI, S. 281—758 mit 45 Holzschn.) Leipzig 888, Hinrichs'sche Buchh. *
1. Hälfte. Ebendas. 1884. * M 6.—.

—— Religion u. Mythologie der alten Aegypter. Nach den Denkmälern bearb. Mit 65 Holzschn. u. 1 Stnt. 2., m. Namenregister verm. Ausg. gr. 8. (XXVI, 772 S.) Lpz. 891, Hinrichs' Verlag. * 16 50; geb. * 18 30
Namenregister (S. 759—772) allein * — 50

—— die Sage von der geflügelten Sonnenscheibe nach altägyptischen Quellen dargestellt. gr. 4. (64 S.) Göttingen 870, Dieterich'sche Buchh. *
Aus: Abhandlungen der k. Gesellschaft der Wissenschaften zu Göttingen, besonders abgedruckt.

—— s.: Saï an sinsin.

—— Sammlg demot.-griech. Eigennamen ägypt. Privatleute. 8. (40) Berl. 51, Gaertner. n. 1. 20

—— Sammlung demotisch-griechischer Eigennamen ägyptischer Privatleute aus Inschriften und Papyrusrollen zusammengestellt. gr. 8. (40 S.) Berlin 851, Amelang'sche Sortimentsh. *

—— Scriptura Aegyptiorum demotica ex papyris et inscriptionibus explanata. 4. (12 gedruckte und 66 lith. S., mit 3 Stnt. in qu. Fol.) Berolini 848, libr. Amelangiana. *

—— Steininschrift u. Bibelwort. 1. u. 2. Aufl. gr. 8. (IV, 344 S.) Berl. 891, 92, Allgemeiner Verein f. Deutsche Litteratur. * 5 —
geb. * 6 —

—— Thesaurus inscriptionum aegyptiacarum. Altägypt. Inschriften, gesammelt, verglichen, übertragen, erklärt und autographiert. 1.—4. Abthl. hoch 4. Ebendas.

Inhalt:

Abthl. 1. Astronomische und astrologische Inschriften altägyptischer Denkmäler. (VII, S. 1—194.) 883. **ℳ 50.
» 2. Kalendarische Inschriften altägyptischer Denkmäler. (VIII, S. 195—530.) 883. **ℳ 84.
» 3. Geographische Inschriften altägyptischer Denkmäler. (VII, S. 531—618.) 884. **ℳ 22.
» 4. Mythologische Inschriften altägyptischer Denkmäler. (VIII, S. 619—850.) 884. **ℳ 58.

—— Thesaurus inscriptionum aegyptiacarum. Altaegyptische Inschriften, gesammelt, verglichen, übertr., erklärt u. autographiert. 5. u. 6. Abthl. hoch 4. Lpz. 891, Hinrichs' Verlag. ** 190 —
5. Historisch-biograph. Inschriften altaegypt. Denkmäler in hieroglyphischer, hieratischer u. demotischer Schrift. (XXII, S. 851—1234.) ** 100 —.
6. Bautexte u. Inschriften verschiedenen Inhaltes altaegypt. Denkmäler in) hieroglyphischer, hieratischer u. demotischer Schrift. (XVI, S. 1235—1578. ** 90 —.
1.—4. Abthl. Ebd. 1883—84. ** 214 —.

—— Uebereinstimmung einer hieroglyph. Inschrift von Philae, mit dem griech. und demot. Anfangs-Texte des Dekretes von Rosette nachgewiesen. Lex.-8. (19 S. und 1 Stnt. in gr. 4.) Berlin 849, Amelangsche Sortimentsh. *

—— Verzeichniss der Hieroglyphen mit Lautwerth in der gewöhnlichen und in der geheimen Schrift sowie der allgemeinen Deutzeichen in dem Schriftsystem der alten Aegypter mit Hinweis auf sein hieroglyph. Wörterbuch zusammengestellt. hoch 4. (23 S.) Leipzig 872, Hinrichs' Verlag. *
Aus: Hieroglyphische Grammatik, besonders abgedruckt.

Brugsch, Heinr., Wanderung nach den Natronklöstern in Aegypten. Vorlesung gehalten am 10. März im wissenschaftlichen Verein zu Berlin. 16. (48 S.) Berlin 855, Dümmler's Verlag. Thlr.

—— Wanderung nach den Türkis-Minen und der Sinai-Halbinsel. 1. Aufl. 1866. 2. (Titel-)Aufl. 8. (XV und 96 S. mit 3 Stnt. sinait. Inschriften in 4.) Leipzig 868, Hinrichs' Verlag.

—— die neue Weltordnung nach Vernichtung des sündigen Menschengeschlechts nach einer altägyptischen Ueberlieferung. gr. 8. (41 S. mit 1 lithogr. Taf.) Berlin 881, Calvary und Comp. * 2 —

—— hieroglyphisch-demotisches Wörterbuch enth. in wissenschaftl. Anordnung die gebräuchlichsten Wörter und Gruppen der Heiligen und der Volkssprache und Schrift der alten Aegypter. Nebst deren Erklärung in französ., deutscher und arab. Sprache und Angabe ihrer Verwandtschaft mit den entsprechenden Wörtern des Koptischen und der semit. Idiome. 14 Lfgn. hoch 4. (1. Bd. XIV und S. 1—318, 2. Bd. S. 319—736, 3. Bd. S. 737—1148, 4. Bd. XII und S. 1149—1728.) Leipzig 867,68, Hinrichs' Verlag. Subscr.-Pr. à Lfg. * 8 Thlr. 10 Ngr. *
Ladenpr. *

—— hieroglyphisch-demotisches Wörterbuch, enthaltend in wissenschaftlicher Anordnung und Folge den Wortschatz der Heiligen und der Volks-Sprache und -Schrift der alten Ägypter. Nebst Erklärung der einzelnen Stämme und der davon abgeleiteten Formen unter Hinweis auf ihre Verwandtschaft mit den entsprechenden Wörtern des Koptischen und der semit. Idiome. 5.—7. (Schluss-)Bd. hoch 4. Ebendas. [5. Bd. (autogr. S. 1—464.) 880. Subscr.-Pr. *ℳ 116.; 6. Bd. (autogr. S. 465—976.) 888,81. Subscr.-Pr. *ℳ 128.; 7. Bd. (VII, autogr. S. 977—1418.) 882. Subscr.-Pr. *ℳ 112.] Ladenpr. * 400 —
compl. 7 Bde.; geb. in 3 Halbjuchtenbde. * 838 —
1.—4. Bd. Ebendas. 1867,68. *ℳ 420.

Brugsch, Heinrich (Hrsg.), s. Zeitschrift für ägyptische Sprache und Alterthumskunde.

Brugsch, Thdr: Diätetik innerer Erkrankgn z. prakt. Gebr. f. Ärzte u. Studierende. (7, 245) 8° Berl., J Springer '11. 4.80: L n 5.60

Brugsch, Theodor, prakt. Arzt in Berlin: Die Entwicklung des Ligamentum caudale beim Menschen. *Berlin 1903: C. Regenhardt.* (59 S.) 8°
Leipzig. Med. Diss. v. (30. Mai) 1903

Brugsch, Thdr., s.: Ergebnisse der inneren Medizin u. Kinderheilkunde.

— u. Alfr. Schittenhelm, Lehrbuch klinischer Untersuchungsmethoden f. Studierende u. Ärzte. Mit e. Beitrage: Klinische Bakteriologie, Protozoologie u. Immuno-Diagnostik v. J. Citron. M. 341 Textabbildgn., 5 schwarzen u. 4 farb. Taf. (XI, 940 S.) Lex. 8. Wien 908. Urban & Schwarzenberg. 20. —;
geb. in Leinw. n 22.—; in Halbfrz. n 23 —

— u. Alfr. Schittenhelm: Lehrb. d. klin. Untersuchgsmethoden f. Studierende u. Ärzte. 2. Afl. (15, 712 m. z. Tl farb. Abb. u. 11 [2 farb.] Taf.) Lex8° Wien, Urban & Schw. '11.
15 —; geb. n 17 —

Der Nukleinstoffwechsel und seine Störungen ⟨Gicht, Uratsteindiathese u. a.⟩ v. Dr. Theodor Brugsch, Univ.Prof., u. Dr. Alfred Schittenhelm, Prof. Jena: Fischer 1910. VIII, 160 S. 8° (10. 11)

— s.: Real-Enzyklopädie d. ges. Heilkunde.

— s.: Sitzungsberichte der Berliner haematol. Gesellsch.

Brugsch-Bey, Heinrich, s. Brugsch, Heinrich

Brugsma, B., kurze Anweisung üb. d. Gebr. d. method. Bildertafeln f. d. Anschauungs-Unterr. in Elementar- u. Klein-Kinderschulen u. z. Gebr. beim Taubstummen-Unterr. v. Reimer u. Wilke. A. d. Holländ. übers. v. L. Reimer. gr. 8. (2¾ B.) Berlin 840, Nicolaische Buchh.

Bruguière, Martial, roman. Pastoral. III Vols. 18. Berl. 795. Rottmann. 3 ℳ

Brühann, Ewald, approb. Arzt aus Stendal: Ein Beitrag zur Kasuistik und Arsenbehandlung der Mycosis fungoides. *Halle a. S. 1903: C. A. Kaemmerer & Co.* (48 S.) 8°
Halle, Med. Diss. v. 8. Mai 1903

Bruhier, Jean Jacques. Von der Ungewissheit der Kennzeichen des Todes, aus dem Französischen. Copenhagen 1754. Ü: *Kerstens, Joh. Chr.* (Adel)

Bruhier, Jak. J., v. d. Ungewißheit d. Kennzeichen des Todes. 2 Thle. 8. Kopenh. 754. Proft. 20 gr

Bruhier d'Ablaincourt, Jean Jacques: (Dissertation sur l'incertude des signes de la mort [Deutsch:]) Abhandlung von der Ungewißheit der Kennzeichen des Todes, u. dem Misbrauche, der mit übereilten Beerdigungen u. Einbalsamirungen vorgeht. Aus d. Franz. übers. u. m. Anm. u. Zusätzen verm. hrsg. von Johann Gottfried Jancke (Janke). Leipzig & Coppenhagen: Rothische Buchh. 1754. 806 S. 8°.

Bruhin, Caspar Alois

Bruhin, C. A., Antichristus. Dramatisches Gedicht. Glarus 857. (Herisau, Meisel.) 16. (58 S.) n. 10 ngr

Bruhin, C. A., Briefe von Altenryf. Aus dem lateinischen Briefwechsel des Paters Bernhard von Altenryf u. des Pfarrers Anderhalden in Obwalden von 1506—1520. Schaffhausen 863. Brodtmann. 16. (108 S.) 12 ngr.

Bruhin, C. A.: Henzi, s. Bibliothek vaterländischer Schauspiele.

Bruhin, C.A. (Hrsg.), s. Monatsrosen, Schweizerische.

— Parazelsus. Ein Kranz von Dichtungen. Glarus 857. (Herisau, Meisel.) 16. (69 S.) n. 10 ngr

PAPHNUTIUS Causticus (d. i. *C. A. Bruhin*). Wilde und zahme Rosen. Oper mit Chor von —. Helvetia (Glarus) 1855.
Weller, fing. Druckorte: „Satirischer Excerpt aus *C. Egli's* Gedichtsammlung „Wilde und zahme Rosen". — Rar!

Bruhin, C. A., der Skalde. Nordlands-Sagen. gr. 16. (110 S.) Glarus 854. (Schaffhausen, Brodtmann'sche Buchh.)

Bruhin, C. A.: Landammann Suter von Appenzell, s. Bibliothek vaterländischer Schauspiele.

Bruhin, Conrad

Bruhin, C: Folge d. Natur! Wie sollen wir uns ernähren in gesunden u. kranken Tagen? Anh.: Auswahl diät. Menus u. Kochrezepte. 1. u. 2. Afl. (4, 183) gr8° Olt., H Hambrecht '11'12. 2.60; geb. 3.60. 2. Afl. d

Bruhin, Conr., über die von den äusseren Genitalien gesetzten aussergewöhnlichen Geburtshindernisse. Inaugural-Dissertation. gr. 8. (22 S.) Bern 888, (Huber und Comp.) *

Bruhin, C: Diätet. u. prakt. erprobte Kochrezepte u. Menus. (83) kl8° Olt., H Hambrecht '12. Pappbd 1.20 d

— Moderne Massage auf anatomisch-physiolog. Basis m. Berücks. d. schwed. Heilgymnastik u. d. Selbstmassage im Anh. (8, 200 m. Abb.) gr8° Ebd. '12. L 6 — d

(Bruhin, C[onrad].) Bad Rothenbrunnen. Jod- und eisenhaltige Mineralquelle, altberühmtes Mineralbad.... Kanton Graubünden. Analyse am Schlusse. [Mit 1 Tafel.] 8. Zürich [1893].

Bruhin, Gottfried s. Bruhin, Thomas Aquinas [Ordensname].

Bruhin, Th[omas] A[quinas]. Durch Algäu und Vorarlberg. Reminiszenzen einer botanischen Exkursion im Spätsommer 1865 von P. Th. A. Bruhin.... (SA.) 8. Feldkirch 1866.

Bruhin, Th. A. Biel u. seine Umgebung, nebst einem botanischen Anhang. In-12°, 36 S. Biel, Schüler. 1884

Bruhin, P. Th. A., Blumenlese deutsch-amerikanischer Gedichte. Zürich 869. Schultheß. 16. (77 S.) 9 ngr.

Bruhin, Thom. A., flora Einsidlensis. Systematische Aufzählung der in Einsiedeln freiwachsenden u. häufiger cultivirten Gefäßpflanzen. Einsiedeln 864. Gebr. Benziger. 8. (75 S.) 7½ ngr.

Bruhin, Thomas A[quinas]. Flora Einsidlensis. Systematische Aufzählung der in Einsiedeln freiwachsenden und häufiger cultivirten Gefässpflanzen. Von P. Th' A. Bruhin.... [SA.] 8. [Einsiedeln 1868.]
(Der Schweizerischen naturforschenden Gesellschaft zur zweiundfünfzigsten Jahresversammlung in Einsiedeln 1868.)

—— Die Gefässkryptogamen Vorarlbergs. Zum Gebrauch bei botanischen Excursionen. Bregenz, typ. Teutsch. 1865. 8. 64 p.

Bruhin, Th. A., die Gefaesskryptogamen Wisconsins, als Probe e. „Taschenbuchs der Flora Wisconsins". 8. (22 S.) Milwaukee 877. Sulzer & Hanke. 1. —

Bruhin, Th. A. Die Lawinennoth in der Schweiz im Jahre 1888. In-8°, 52 S. mit 3 Abbildungen. Zürich, Caesar Schmidt. 1888 1 —

Bruhin, Th. A. Prodromus floræ adventiciæ Boreali Americanæ. Vorläufer einer Flora der in Nordamerika eingewanderten freiwachsenden oder im Grossen cultivirten Pflanzen. Gr. in-8°, 64 S. Thun, J. J. Christen. 1886 1 80

Bruhin, Th. A., prodromus florae adventiciae borealiamericanae. Vorläufer e. Flora der in Nordamerika eingewanderten freiwachs. od. im Grossen cultivirten Pflanzen. [Aus: „Verhandlgn. d. k. k. zoolog.-botan. Gesellsch. in Wien".] gr. 8. (64 S.) Wien 886. (Leipzig, Brockhaus' Sort.) n. 1. 20

(Bruhin, Th[omas] A[quinas].) Uebersicht der Geschichte und Literatur der Schweizer-Floren, nebst einer Aufzählung der Gefässpflanzen Einsiedelns als Anhang. Progr. [2 Theile.] 4. Einsiedeln ...1863–1864.

Brühl (Schlagwort)

Brühl, s.: Geologische Karten. Karte (Preussen). **Preussen. Messtischblätter.**

Brühl [Verf.?], s. Bürgermeister, Der. Ein Lustspiel.

Zuckerfabrik Brühl Aktiengesellschaft in Brühl-Cöln. Denkschrift zum 25jähr. Jubiläum, 8. Sept. 1909. — (Köln 1909: Bachem.) 44 S. 8°

Brühl, das Recht des bürgerl. Gesetzbuches f. d. Deutsche Reich in seinen Beziehungen zur Landwirthschaft. Vorträge, geh. in d. ökonom. Gesellschaft im Königr. Sachsen am 3. u. am 10. XI. 1899. gr. 8. (97 S.) Dresden 900. Leipzig, G. Schönfeld. n. 1. —

! Brühl: Das Recht d. BGB. Jetzt: Lpzg, Fritzsche & Schmidt. 96/00

Brühl, s.: Zum Entwurf e. deutschen bürgerlichen Gesetzbuches.

Brühl, Alfons, approb. Arzt aus Dernbach (Rhld.): Aus d. Universitäts-Augenklinik in Giessen. Zur Casuistik der Ectropium-Operationen. *Giessen 1901: v. Münchow.* (35 S.) 8° Giessen, Med. Diss. v. 1901

Brühl, Aloys Friedrich Graf von, s. Brühl, Friedrich Aloys Graf von

Bruehl, C. P., die christliche Ehe. 8 Vorträge. (24 S.) 8. Manayunk (906). (Münster, Alphonsus-Buchh.) n. — 80

Brühl, CP: Meine Reise n. Schottl. Erlebtes, Reflexionen u. Phantasien. (224 m. Abb.) 8° Münst., Alphonsus-Bh. '04. L. 2 — d

Brühl, Carl [aus Braubach]: Die Flexion des Verbums in Aelfrics Heptateuch und Buch Hiob ... Marburg, Buchdr. C. Ehrhardt, 1892; 95 S. 8.
Marburg, Phil. Fak., Inaug.-Diss. v. [24. Dez.] 1892

Brühl, Carl [app. Arzt aus Herdorf]: Über Ulcus corneae rodens ... Giessen, C. v. Münchow, Univ.-Dr., 1893; 36 S. 8.
Giessen, Med. Fak., Inaug.-Diss. v. 1893

Brühl, Carl Bernhard

Brühl, Bernh. Carl, Anfangsgründe der vergleich. Anatomie aller Thierklassen, zum Selbststudium, erläutert durch mehr als 4000 Fig. auf 120 lith. Taf. 1—3. Lfg. gr. 8. (254 S.) Mit Atlas. 1—3. Lfg. qu. Imp. 4. (19 Taf.) Wien 847, Mörschners Wwe. & Bianchi. (Gress.) (à 27 ngl) 2 rf 21 ngl

Brühl, Carl Bernh., Kleine Beiträge zur Anatomie d. Haussäugetiere. Mit 4 Steindrucktafeln. gr. Fol. (IV., u. 56 S.) Wien 1850. Gerolds S. M. 8.—

Brühl, Carl Bernh., „Einiges üb. die Gaben der Natur an die Frau u. die Consequenzen hieraus f. Bedeutung, Stellung, Aufgaben u. Rechte der Frau in der menschlichen Gesellschaft", o. v. Gehirn-Demonstrationen begleiteter Vortrag, geh. am 30. Mai 1892, im „Vereine f. erweiterte Frauenbildg. in Wien". (Nach e. vom gen. Vereine besorgten, v. Prof. B. corrigirtem Stenogramm.) [Aus: „Jahresber. d. Ver. f. erweit. Frauenbildg. in Wien".] gr. 8. (III, 32 S. m. 2 Illustr. u. 1 Bildnis.) Wien 893. (Berlin, R. Friedländer & Sohn.) n. 1. 20

— dasselbe, s.: Jahresbericht d. Vereines f. erweiterte Frauenbildung in Wien.

Brühl, Carl Bernh., Hatteriakopf. gr. 4. (4 S. mit 2 Taf.) Berlin 886, (Friedländer und Sohn.) *
Aus: Zootomie aller Thierklassen, besonders abgedruckt.

Brühl, Dr. C. B. — Zur Kenntniß des Orangkopfes und der Orangarten von — —. Mit zwei Tafeln, vom Verfasser nach der Natur gezeichnet und auf Stein radirt. Wien, 1856. Druck von U. Klopf sen. und Alex. Eurich. Selbstverlag des Verfassers. In Kommission bei F. A. Brockhaus in Leipzig. (28 S. 4.)

Brühl, C. B., zur Kenntniss d. Orangkopfes u. der Orangarten. Neue, unveränd. Ausg. der Schrift gleichen Titels v. J. 1856. Mit 2 Taf., vom Verf. nach der Natur gez. u. auf Stein radirt. Imp.-4. (VI, 29 S.) Berlin 887. (Friedländer & Sohn.) n. 2. —

Brühl, Bernh. Carl, zur Kenntniß des Wirbelthier-Skelettes, als Hülfs-Schrift für die vergleichende Anatomie der Knochen. 1. Abthl. 1. Hälfte. A. u. d. T.: Die Methode des osteologischen Details, dargestellt am Karpfen-Skelette. 1. Hälfte. Mit 3 Kupfertafeln u. 13 Uebersichtstabellen. gr. 4. Wien 845, Kaulfuß Wwe., Prandel u. Co. 4 ₰

Brühl, Carl Bernh., Laqueus Owenii und Laqueus tympanicus Petrosi, ein Nachtrag zu meiner Schrift: Das Skelet der Krokodilinen; nebst einem Anh.: 1) Der Laqueus Owenii der Reptilien und Vögel und sein Verhältniss zu deren Cochlea ossea; 2) Bemerkungen über den Krokodil-Carpus. gr. 4. (III und 21 S. mit 3 Taf., wovon 2 lithogr. und 1 in Kpfrst., in gr. 4. und Fol.) Wien 865, Czermak. *

— die Lehre Darwin's, resumirt in 12 Sätzen. (3. corrig. Sep.-Abdr. der Ausg. vom Juli 1880.) gr. 8. (4 S.) Wien 893. (Berlin, R. Friedländer & Sohn.) n. — 50

Brühl, Carl Bernh., Mittheilungen aus dem k. k. zoologischen Institute der Universität Pest. Nr. 1. u. 2. Wien 860. Braumüller. gr. 4. Jede Nr. n. 24 ngr.

Inhalt: 1. Lernaeocera Gasterostei, ein Schmarotzerkrebs aus der Familie der Penellina, mit 12 Ruderfüssen, 2 Stummelfüssen, u. Schwanzfurca. Mit 2 Taf. (in Fol.) vom Verf. nach der Natur gez. u. zincographirt. (VIII, 18 S.) — — 2. Phoca Holitschensis, der fossile Phocafuss des Pester Universitäts-Museums, ein Unicum. Mit 2 Taf., 1 lith. in Farbendr. u. 1 zincograph. (18 S.)

Brühl, Dr. C. B. — Osteologisches aus dem Pariser Pflanzengarten von — —. Mit 11 Tafeln, vom Verfasser nach der Natur gezeichnet und auf Stein radirt. Wien, 1856. Druck von U. Klopf sen. und Alex. Eurich. Selbstverlag des Verfassers. In Kommission bei F. A. Brockhaus in Leipzig. (76 S. XLIII. 4.)

— zur Osteologie der Knochenfische. Nach Materialien aus dem Pariser Pflanzengarten. Neue, unveränd. Ausg. der Schrift: Osteologisches aus dem Pariser Pflanzengarten. 1856. Mit 150 Fig. auf 11 Taf., vom Verf. nach der Natur in Stein radirt. Imp.-4. (VII, 76 u. 46 S.) Ebd. 887. n. 5. —

—— Reptilienkopf (Crocodilinen, Eidechsen, Schlangen). 2 Bde. gr. 4. (46 S. mit 23 radirten Taf.) (Ebendas.) 886. *
Aus: Zootomie aller Thierklassen, besonders abgedruckt.

—— das Skelet der Krokodilinen dargestellt in 20 Taf. zur Erleichterung des Selbststudiums; sämmtlich nach der Natur gez., in Zink gest. und erläutert. Imp.-4. (VIII und 48 S.) Wien 862, Braumüller. cart. *

—— erste diesjährige Sonntagsvorlesung, abgehalten am 14. Jänner d. J. im Sammlungssaale des zootom. Universitäts-Institutes. gr. 8. (19 S.) Wien 866, (Czermak.) *
Aus: Wiener medicinische Wochenschrift, besonders abgedruckt.

Brühl's erste unentgeltliche Sonntagsvorlesung im J. 1868, gehalten in Wien am 19. Jänner. gr. 8. (29 S.) Wien 868, Czermak. *
Aus: Wiener medizin. Wochenschrift, besonders abgedruckt.

— — Universität und Volksbildung, — Priesterthum und Naturwissenschaft. Eine Sonntagsvorlesung. 2. Aufl. gr. 8. (III, 31 S.) Wien 888, Deuticke. *

Brühl, Carl Bernh., *Med. Dr., k.k. o. ö. Prof. d. Zoologie etc.* Einige Worte über die wissenschaftliche Stellung, Bedeutung und Tragweite der Zoologie, insbesondere im Cyclus der medic. Wissenschaften. *Pest* 1858. *Moritz Räth.* 15 S. 8°.

Gesprochen zur Eröffnung der zoolog.-zootom. Vorlesungen a. d. Univ. Pest im Winter-Semester 1858—59, bei Gelegenheit seiner Versetzung von der Lehrkanzel der Zoologie etc. zu Krakau an die gleichnamige der Universität Pest.

Brühl, Carl Bernh., Zootomie aller Thierklassen f. Lernende, nach Autopsien, skizzirt. Illustrirt durch 200 Taf., mit nahe 4000, vom Verf. meist nach der Natur gezeichneten u. sämmtlich von ihm m. dem Diamant in Stein radirten Fig. Atlas in 50 Lfgn. zu 4 Taf. 1—5. Lfg. Fol. (IV S. m. 20 Steintaf., 20 Bl. Text u. e. Tab. in gr. Fol.) Wien 874. Hölder. à n. 4.

Brühl, Carl Bernh., Zootomie aller Thierklassen für Lernende, nach Autopsien, skizzirt. Illustrirt durch 200 Taf. m. nahe 4000, vom Verf. meist nach der Natur gezeichneten u. sämmtlich v. ihm m. dem Diamant in Stein radirten Fig. Atlas in 50 Lfgn. zu 4 Taf. 6—25. Lfg. Fol. (78 Steintaf. m. 97 Bl. Text.) Wien 876—82. Hölder. à n. 4. —

Brühl, Carl Bernh., Zootomie aller Thierklassen f. Lernende, nach Autopsien, skizzirt. Illustrirt durch 200 Taf. m. nahe 4000, vom Verf. meist nach der Natur gezeichneten u. sämmtlich v. ihm m. dem Diamant in Stein rad. Fig. Atlas in 50 Lfgn. zu 4 Taf. 26—36. Lfg. Fol. (44 Steintaf. m. 81 Bl. Text.) Wien 883—86. Hölder. à n. 4. —

— Zootomie aller Thierklassen f. Lernende, nach Autopsien, skizzirt. Illustrirt durch 200 Taf. m. nahe 4000, vom Verf. meist nach der Natur gez. u. sämmtlich v. ihm m. dem Diamant in Stein rad. Fig. Atlas in 50 Lfgn. zu 4 Taf. 37.—40. Lfg. Fol. (à 4 Steintaf. m. 48 Bl. Text.) Wien 888. Hölder. à n. 4. —

Brühl, Carl Friedr. Mor. Paul Gr. v.

[**Brühl, Carl Graf von**] Neue Kostume auf den beiden Königlichen Theatern in Berlin unter der General-Intendantur des Herrn Grafen von Bruhl ... Berlin 1819[—1831]. Bei L. W. Wittich.
2 Bde. 4°
I 1819 Titelkupfer. Tit., 6 Bl.; 127 Taf. in kol. Kupferst.
II 1823—1831: Tit., 13 Bl.; 67 Taf. in Kupferst. davon 66 kol.
Die Taf. nach Zeichn. von Sturmer, C. F. Thiele u. a., gestochen von Sturmer, Jugel, C. F. Thiele

[**Brühl, Karl Friedrich Moritz Paul, Graf v.**] Lalla Rûkh. Ein Festspiel mit Gesang und Tanz. Aufgeführt auf dem Königl. Schlosse in Berlin am 27sten Januar 1821 bei der Anwesenheit I. I. K. K. H. H. des Grossfürsten Nicolaus und der Grossfurstin Alexandra Feodorowna. Mit colorirten Kupfern. Berlin 1822. Bei Ludwig Wilhelm Wittich.
Tit., 27 S.; 21 Taf. in kol. Kupferst. und Aquatinta. 4°.
Zeichn. von Sturmer und v. Kluber, gestochen von Laurens u. Jugel. Taf. 7 u. 9 fehlen
Vinet 777

[—] Lalla Roûkh. Divertissement mêlé de chants et de danses. Exécuté au château royal de Berlin le 27 Janvier 1822 [!] pendant le séjour de L. L. A. A. I. I. Msgr. le grand-duc Nicolas et Mad. la grande-duchesse Alexandra Féodorowna. Berlin, chez Louis Guillaume Wittich 1822.
Tit., 23 S.; 23 Taf. in kol. Kupferst. u. Aquatinta. 4°.
Taf. 7 u. 9 hier vorhanden. Franz. Übersetzung des Vorhergehenden

(HIRT und Graf Brühl). Die Weihe des Eros Uranios. Ein festlicher Aufzug in Tänzen. Gegeben den 8. 1. 1818 im königlichen Schloß zu Berlin zur Vermählungsfeier des Prinzen Friedrich von Preußen mit Prinzessin Wilhelmine Luise von Anhalt-Dessau. Mit 1 schwarzen und 12 kolorierten Kostüm-Kupfern. Berlin 1818. Kl. Folio quer. 1 Bl., VI, 21 S.
Privatdruck mit Pränumeranten und Subskribenten-Verzeichnis.

Brühl, Dav. (geb. Lissa in Posen 10. 12. 1806): De [illegible], adjecta morbi historia. Berolini (1830). (29 S.) 8°
Berlin, Med. Diss. v. 25. Okt. 1830

Brühl, Edm. v., der praktische Schach- und Dame-Spieler. Leichtfaßlicher Unterricht im Schachspiel, nebst kurzer Anweisung zur Erlernung des Damespiels. Nebst 1 Bog. mit Schachbret, Schachfig., sowie den Steinen zum Damespiel. 8. (61 S. mit eingedr. Diagrammen.) Hamburg 885, Kramer.
Mit Schachbret, Fig. und Steinen aufgezogen.

Brühl. Ernst [aus Berlin]: Kritische Studien über die Anwendung des Wasserstoff-Superoxydes in der quantitativen Analyse. Wiesbaden 1899. 34 S. 8°.
(S.-A. aus Zeitschrift für analyt. Chemie. Bd. 38.)
Bern. Phil. Diss. 1899/1900.

Brühl, Ernst, kritische Studien üb. die Anwendung des Wasserstoff-Superoxydes in der quantitativen Analyse. Diss. gr. 8. (34 S.) Wiesbaden 899. C. W. Kreidel. n. — 80

Brühl, Ferdinand Graf, Rittm. Uebersicht der Geschichte des königl. Regiments der Gardes du Corps von 1740 bis 1890. Mit (3) Bildnissen. (4) Abbild. und Skizzen (im Texte).
8. Berlin 1890.

Bruehl, F. Grf v. Übersicht der Geschichte des Regiments der Gardes du Corps von 1740–1890. Mit Skz. u. 1 Bld. Berlin 1890. 246 S.

Brühl, Fr., s. Vignola's Lehre v. d. Säulenordnungen.

Brühl, Fr., Vorlegeblätter für Küfer od. Büttner mit besonderer Rücksicht auf die Construktionen von Stellfässern, Lagerfässern u. s. w. Fol. (2 Bl. Text. u. 7 lith. Taf.) Augsburg 847, Walch. 1/3 ℔

Brühl, Franz [aus Herdorf]: Aus d. chirurg. Klinik. Fremde Körper in den Luftwegen .... Siegburg, Druck v. Wilh. Reckinger, 1888: 38 S. + 1 Bl. 8°
Bonn, Med. Fak., Inaug.-Diss. v. 21. März 1888

Brühl, Friedrich Aloys Graf von
— s. Abhandlung über die Duelle.

Brühl, Friedrich Aloys Graf von, s. Ankunft des Herrn.

Brühl, Friedrich Aloys Graf von: Theatralische Belustigungen. Hrsg. von Georg Fr. Walther. 5 Teile. Dresden: Walther 1785 – 90.
Einzeln:
Bald klein, bald groß. Lstspl. 1786.
Die Brandschatzung. Lstspl. 1785.
Der Bürgermeister. Lstspl. 1786.
Kein Dienst, auch dem Geringsten geleistet, bleibt unbelohnt.
Edelmuth stärker als Liebe.
Ein jeder reitet sein Steckenpferd. Lstspl. 1785.
Die Erbschaft, od. d. wundervolle Testament. Lstspl. 1788.
Das Findelkind. Lstspl. 1785.
Der Harfner. Ritterspl. in 3 A. 804.
Den ganzen Kram u. das Mädchen dazu; in 1 A.
Die kindl. Liebe. Schspl. in 3 A.
Das entschlossene Mädchen. Drama 1785.
Der eiserne Mann. Lstspl. 1786.
Die würdige Mutter.
Die Rache; Schspl. in 2 A.
Skizze d. rauhen Sitten unsrer guten Voraltern.
So zieht man den Betrüger d. Larve ab. Lstspl. 1787.
Der seltsame Spiegel. Lstspl. 1786.

Brühl, Gr. v., theatral. Belustigungen. 5 Thle. 8. Dresd. Walther. 785—804.

Brühl, Friedrich Aloys Graf von: Der Harfner, oder nach d. Sprüchwort: es ist nichts so klar gesponnen .... Ritterspl. 8. Hamb. 786. Vollmer.

Brühl, G. v., der Flüchtling oder die Insel der Geretteten. Historisch-romant. Erzählung. 1—132. Hft. gr. 8. (S. 1—3200.) Berlin 880—82. Grosse. à — 10

Brühl, G v., Hilda, d. Braut d. Sträflings. Kriminal-Roman. (In ca. 70 Lfgn.) 1. Lfg. 8. (24 m. 1 col. Taf.) Dresd. 80, A Wolf. — 10

Brühl, G. v., Hilda, die Braut d. Sträflings, od. das Gespenst der alten Abtei. Kriminal-Roman. 2—80. (Schluß-) Lfg. (S. 25—1916 m. je 1 Illustr.-Taf.) Dresden 886. A. Wolf. à — 10

Brühl, G. v., Marietta, die Tochter des Galeerensklaven oder der Fluch des gefälschten Testaments. Historisch-romant. Erzählung. 50 Lfgn. gr. 8. (2400 S.) Berlin 877.78, Grosse. à Lfg. 30 Pf

— Marino Marinelli, Galeerensklave, Seeräuber u. Inselkönig, od.: Die Blutnacht v. Venedig. Roman aus der Schreckenszeit venezian. Gewaltherrschaft. 1.—27. Hft. gr. 8. (S. 1—648 m. je 1 Bild.) Berlin 894. Verlagshaus f. Volkslitteratur u. Kunst. à — 10; in Bdn. à — 50

Brühl, G. v., Marino Marinelli, Galeerensklave, Seeräuber u. Inselkönig, od.: Die Blutnacht v. Venedig. Roman a. d. Schreckenszeit venezian. Gewaltherrschaft. 28.—80. (Schluß-) Hft. gr. 8. (S. 649—1920 m. je 1 Bild.) Berlin 895. 896. Verlagshaus f. Volkslitt. u. Kunst. à — 10; in 16 Bdn. à — 50

[Kopft.:] [F.] Der Seeräuber, Galeerensklave und Inselkönig Marino Marinelli oder Die Blutnacht von Venedig. Roman aus d. Schreckenszeit venezianischer Gewaltherrschaft v. G. v. **Brühl**. (In 80 Heften.) *(Berlin: Verlagshaus f. Volkslitt. u. Kunst [1894—96].)* (1920 S., 80 Taf.) 1 Bd 8. [96. 4140

Brühl, G. v., die Marmorbraut. Sittenroman aus der Gegenwart. 1.—94. Hft. gr. 8. (2280 S. m. je 1 Holzschn.-Taf.) Dresden 890. A. Wolf. à — 10

FRANKENBURG, Robert (d. i. G. *v. Brühl*), Die Marmorbraut, Sittenroman der Gegenwart. Mit dem Innentitel: Der Jäger ... Histor. Roman aus d. Gegenwart. Dresden, Adolf Wolf.
Verboten v. K.-G. Böhm.-Leipa, 6. Februar 1895. § 64.

Brühl, G. v., Milan u. Natalie od. Geheimnisse e. Königshofes. 50 Hfte. gr. 8. (1200 S. m. je 1 Bild.) Berlin (892). Verlagshaus f. Volkslitter. u. Kunst. à — 10

Brühl, G. v., Miranda, die arme Waise od. der Flüchtling v. Moravelle. Historischer Volksroman. 100 Hefte. (2400 S. m. je 1 Vollbild.) gr. 8. Berlin (904). Verlagshaus f. Volkslitteratur u. Kunst. à — 10; auch in 20 Bdn à — 50

Brühl, G. v., Suleika, die Perle des Harem oder der schwarze Mädchenräuber von Stambul. Historisch-romant. Erzählung. 80 Lfgn. gr. 8. (1200 S. mit 30 color. Stnt.) Berlin 875, Grosse. à Lfg. 40 Pf.

Brühl, G. v., das Testament d. Bettlers od. die Opfer der Börse. Orig.-Sittenroman. 4 Bde. gr. 8. (1. Bd. 308, 2. Bd. 364, 3. Bd. 308 u. 4. Bd. 551 S. m. Holzschntaf.) Dresden 883. 84. C. G. Lohse. 12. 50

Brühl, Gust., s. a. Giora, Kara.

Brühl, Gustav. Abendglocken. Gedichte von Kara Giorg [pseud.] Chi, 1897 (?).

Zwischen Alaska und Feuerland. Bilder aus d. neuen Welt v. Gustav **Brühl**. *Berlin: H. Asher & C. 1896.* (4 Bl., 722 S.) 1 Bd 8. [96. 11?

Atlas und Grundriss der Ohrenheilkunde. Unter Mitw. von Prof. Dr. A[dam] Politzer in Wien hrsg. von Dr. Gustav **Brühl**, Ohrenarzt in Berlin. 244 Abb. auf 39 Taf. von Maler G. Hammerschmidt. *München: J. F. Lehmann 1901.* (XIX, 264 S.) 8°
— Handatlanten, Lehmanns medizinische. Bd 24. [03. 44. 11

Grundriß und Atlas der Ohrenheilkunde. Unter Mitw. von Hofr. Prof. Dr. A[dam] Politzer in Wien von Privatd. Dr. Gustav **Brühl**. 2., umgearb. u. erw. Aufl. 265 Abb. auf 47 Taf. u. 163 Textabb. München: J. F. Lehmann 1905. (XXV, 347 S.) 8°
— Handatlanten, Lehmann's Medizinische. Bd 24. [05. 11733 ?

Brühl, Gust., u. A. Politzer, Grundriss u. Atlas der Ohrenheilkunde, s. a. Lehmann's medizinische Handatlanten. XXIV.

Brühl, Gust., d. menschl. Gehörorgan in 8 topograph. Bild. m. erläut. Texte. qu. gr. 4. (11 S.) München 898. J. F. Lehmann's Verl. In Leinw.-Decke n. 6.—

Die Heilbarkeit der chronischen Mittelohreiterung. Von Privatd. Dr. Gustav **Brühl**. Berlin: Fischer (1906). (16 S.) 8° [Umschlagt.]
— Klinik, Berliner. H. 214. [07. 9440

Brühl, Gustav [aus Berlin]: Ueber Hermaphroditismus im Anschl. an e. Fall v. Pseudohermaphroditismus masculinus completus ... Freiburg i. B., Buchdr. H. Epstein, 1894; 60 S. 1 Taf. 8.
Freiburg i. B., Med. Fak., Inaug.-Diss. v. 1894

Brühl, Gust., die Culturvölker Alt-Amerikas. 1.—4. Abthl. gr. 8. New-York. (Einsiedeln, Gebr. Benziger.) *
Inhalt:
Abthl. 1. Das alte Culturvolk des Mississippithales. (S. 1—16.) 875. *M 1,60.
» 2—4. Baudenkmäler und Alterthümer von Mexiko, von Chiapas und Yucatan, von Centralamerika. (S. 17—94.) 876. *M 4,48.

Die acute Mittelohrentzündung und ihre Behandlung. Von Dr. Gustav **Brühl** in Berlin. *Berlin: Fischer 1899.* (23 S.) 8°
— Klinik, Berliner. H. 138. [00. 36

v. Brühl, Graf Hans Mor., s. 1) Bergasse, Betrachtt. 2) le Blond, Versuch. 3) v. Maizeroy, Einleit. 4) *Recherches sur divers objets.*

M. le C. de B. (= Kurf. sächs. Geh. Rt. Graf B r ü h l auf Martinskirchen): „Recherches sur divers objets de l'Economie politique", Dresden 1781.

Brühl, Hans Moritz Graf von: Kl. staatswirthschaftl. S c h r i f t e n. Hirschberg: Ussner 1791. 8⁰.

Brühl, Hans Moritz Graf von: U n t e r s u c h u n g e n üb. verschiedene Gegenstände der Staatswirthschaft. Aus dem Franz. (Von Karl Christoph Nencke.) Gera 1783. (Lpz.: Kummer). 8⁰.

Brühl, Harry: Esperanto. s: Lehrmeister-Bibliothek.

Brühl, Harry, kurzer Lehrgang der internationalen Hilfssprache „Esperanto". (48 S.) kl. 8. Berlin (906). H. Th. Hoffmann. n. — 60

Brühl, Harry, kurzer Lehrgang der internationalen Hilfssprache „Esperanto". 2. Aufl. (48 S.) kl. 8. Berlin (907). Leipzig, Deutsche Esperanto-Buchh. — 60; erm. Pr. — 50

Kurzer Lehrgang der Internationalen Hilfssprache 'Esperanto' von Harry **Brühl**. 2. Aufl. Berlin: H. Th. Hoffmann [1907]. (48 S.) 8° [07. 17339

Was ist Esperanto? Abhandlung über Wesen u. gegenwärt. Stand d. Internat. Hilfssprache 'Esperanto' von Harry **Brühl**. Berlin: H. Th. Hoffmann 1907. (16 S.) 8° [Umschlagt.] [07. 17340

Brühl, Heinrich

Brühl, Hnr., Abhandl. über die ehemal. Liebfrauenkirche, mit e. Zeichnung des denkwürd. Portals dieser Kirche. Zum Besten d. Armen herausg. v. Th. v. Zabern. Mainz.

Brühl — Catalogus bibl. Brühlianae. Dresd. 750–56. 4 Part. f.

Brühl, Graf v., und Frhr. v. Riedesel, Correspondenz, s. Correspondenz.

Brühl, Heinr., Mainz, geschichtl., topograph. u. maler. dargest. M. 1 Plane d. Stadt u. Bundesfestung u. 1 Stndr. gr. 8. (24 B.) Mainz 829, Kupferberg.

—— **Plan d. Stadt u. Bundesfestung Mainz. Mit Angabe d. neuesten Veränderu. in ihr. Innern u. ihr. Umgebungen. Nebst Charte d. Umgebn. v. Mainz auf d. rechten Rheinseite im Bereiche d. Gesichtskreises v. e. d. höchst. Punkte dieser Stadt, nebst Angabe d. Höhen d. merkwürd. Berge, die man v. hieraus erblickt. Lithogr. (1 Bl. in gr. Fol. u. ¼ B. Erklär. in gr. 8.) Mainz 829, Kupferberg.**

— s. Vergleichung d. Maaße u. Gewichte rc.

Ein Gedichtbuch. Von H[einrich] Jos. **Brühl**. Münster i. W.: Alphonsus-Buchh. [1905]. (111 S.) 8° [F.] [06. 3391 6

— **die Jungfrauen. Dramatische Legende in 1 Akt. (16 S.) kl. 8. Ebd. (904).** n. — 30

Brühl, Heinrich Josef: Die J u n g f r a u e n. Dramat. Legende in 1 Akt. 2. Aufl. Münster i. W.: Alphonsus-Buchh. 1907. 22 S. 8⁰.

Brühl, H. Jos., eine Studie üb. Franz v. Sonnenberg nebst e. Auswahl aus seinen Werken. (109 S. m. 1 Bildnis.) gr. 8. Münster 907. Alphonsus-Buchh. 1. 80

Brühl, Heinrich Joseph: Die Tätigkeit des Ministers Franz Freiherrn von Fürstenberg auf dem Gebiet der inneren Politik des Fürstbistums Münster 1763—1780. I. Teil. Münster 1905: Regensberg. (87 S.) 8° [F.]
Münster, Phil. Fak., Ref. Erler, Diss. v. 1. Aug. 1905
[Geb. 12. Dez. 79 Herdorf, Rbz. Coblenz; Wohnort: Münster; Staatsangeh.: Preußen; Vorbildung: Gymn. Münster Reife O. 02; Studium: Salzburg 2, Münster 8 S.; Rig. 8. März 05.]

Die heilige Ursula in Geschichte, Legende und Dichtung. Von Dr. H. Jos. **Brühl**. Hamm i. W.: Breer & Thiemann 1906. (19 S.) 8° [F.]
— **Broschüren**, Frankfurter Zeitgemässe. Bd 25, H. 6. [06. 3788

Brühl, Heinr. Karl Über das klassische Altertum in seinem propädeutischen Verhältnisse zum Christentum 17 S. Marz G. Cöln 1876. Progr.

Brühl, Johann August Moritz

Brühl, J.A.Moriz (Hrsg.), s. A c t a ecclesiastica, Concordate, Verträge u. sontige kirchliche Urkunden, bezgl. d. Verh. d. kath. Kirche zu den europ. Staaten.

— **Bilder des Lebens, s. Bilder.**

Brühl, Johann August Moritz s. C a n t ù, Cesare. Allgemeine Weltgeschichte. Schaffhausen.

Brühl, J. A. Moritz, Kurze Denkschrift, gerichtet an alle kath. Christen, von einem kath. Neuchristen. Verständigung u. Vermittlung u. nur „zur größern Ehre Gottes". Augsburg, Kollmann (jetzt Regensb., Verlagsanst.), 1844, 8°, 15 Bj.

Brühl, Joh. August Moritz, s. J. F a i r p l a y: Aufzeichnungen d. ewigen Juden.

— **dieneubekehrte Familie, s. Jugend-Bibliothek, kathol.**

Brühl. J. A. Moritz, Die Geheimbünde gegen Rom. Zur Genesis der italienischen Revolution. Prag. Kober & Markgraf. 1860. 8. 4 Bl. 128 S.
Esoterische Geschichte der italienischen Revolution vom katholischen Standpunkte aus. Den Hauptinhalt, welcher Crétineau-Joly's l'eglise romaine en face de la revolution. Paris 1859 entnommen ist, bilden Schilderungen über die Thätigkeit der Carbonari und auch der Freimbund wird mehrfach gestreift.

—— **d. Geheimbünde geg. Rom. 8. (128) Prag 60. (Hamb., Richter.)** n. — 14

Brühl, J. A. Morid, geheime Geschichte der Wahl Clemens XIV. und der Aufhebung des Jesuitenordens. Mit Benutzung von Crétineau-Joly's „Clemens XIV. und die Jesuiten." Mit Zugaben. gr. 12. (V und 97 S.) Aachen 848, Hensen und Comp.

Brühl, Dr. J. A. Moriz (Convertit), Geschichte d. Gesellsch. Jesu (u. bes. ihres Gründers) bis auf gegenwärt. Zeit. Eine polit.-literar. Denkschrift. (48 Bogen.) gr. 8. Würzburg 1845—46. Stahel'sche B. 2⅔ Thlr. — 4 fl.

—— **Geschichte d. heil. Ignatius v. Loyola u. der Gesellschaft Jesu. Mit besond. Berücksichtig. d. neuesten polit. u. literar. Verfahrens in Betreff dieses Ordens. 8 Lfgn. gr. 8. (47½ B.) Würzburg 845, 46, Stahel'sche Buchh. à 10 Ngr.**

— **Geschichte der deutschen Literatur. Für höhere Lehranstalten u. zum Selbststudium. 2. (Titel-)Ausg. Mainz (851.) 853. Wirth Sohn. gr. 8. (VIII. S. III—X. u. 287 S.)** 24 ngr

Brühl, J. A. Mor., Geschichte der katholischen Literatur. In kritisch-biographischen Umrissen. In 2 Bdn. (od. ca. 15 Lfgn.) 1. Bd.: Geschichte der katholischen Literatur Deutschlands. 1 u. 2. Lfg. gr. 8. (S. 1—160.) Leipzig 852, Hübner. (à n. ⅓ ℛ) n. ⅔ ℛ

— **Geschichte der katholischen Literatur Deutschlands vom 17. Jahrhundert bis zur Gegenwart. In kritisch-biographischen Umrissen. Ein vervollständigender Beitrag zur National-Literaturgeschichte. Leipzig 854. Hübner. gr. 8. (XXXII, 815 S.)** 3 ℛ 10 ngr

—— Geschichte der katholischen Literatur Deutschlands vom 17. Jahrh. bis zur Gegenwart. In kritisch-biograph. Umrissen. Ein vervollständigender Beitrag zur National-Literaturgeschichte. 2. (Titel-)Ausg. gr. 8. (XXXII und 815 S.) Leipzig (854) 61, Wagner.
Vgl. auch: Cantu, Cäsar, allgem. Weltgeschichte.

Brühl, J. A. Mor., neueste Geschichte der Gesellschaft Jesu. Schicksale der Jesuiten auf dem ganzen Erdboden von Ihrer Wiederherstellung durch Pius VII. bis zum J. 1846. 5 Hfte. gr. 8. (417 S.) Gleiwitz 847, Landberger. (Breslau, Schletter'sche Buchh.) (à n. ⅓ ℛ) n. 1⅔ ℛ — 1. Supplem. A. u. d. T.: Die Schweiz u. die Jesuiten in den J. 1846 u. 1847. gr. 8. (172 S.) Ebd. 848. ¾ ℛ

Brühl, Joh. August Moritz, s. G o n d o n, Rücktritt zur kathol. Kirche.

—— **Johann Josef v. Görres. Ein Denkmal, s. Görres.**

—— Hand- und Adreßbuch der kathol. Kirche, s. Hand- und Adreßbuch.

—— katholischer Hausfreund, s. Hausfreund.

Brühl, Joh. August Moritz, s. Helena, od. d. Schule der Selbstbeherrschung.

— Jahrbuch des Nützlichen u. Unterhaltenden. Der kathol. Jugend gewidmet. 8. (XII u. 412 S.) Schaffhausen 849, Hurter. — (2. Thl.) Mit 2 Lith. 8. (XII u. 412 S.) Ebd. 851. (à 1 ₰) 2 ₰

— die Jesuiten. Des Ordens Geschichte, religiöse u. wissenschaftl. Leistungen, wirkliche Einrichtung u. angebliche Lehren. Eine gedrängte Darstellung. Mainz 853. Wirth Sohn. 8. (XIII, 250 S.) 12 ngr

—— Irland u. O'Connell, s. Irland.

Brühl, Joh. August Moritz, s. Irland's Zustände.

Brühl, J. A. Moriz, der Landpfarrer, s. Landpfarrer.

—— Leitfaden der allgemeinen deutschen Literatur-Geschichte. 2 Hälften. gr. 8. (1. Hälfte S. 1—112.) Frankfurt a. M. 851, Lizius.

— katholische Lesehalle, s. Lesehalle.

Brühl, Joh. August Moritz, s. Mac-Hale, J.: Beweisgründe und Lehren der kathol. Kirche.

— Napoleon I. und Rom. Ein Geschichtsbild für die Gegenwart. Regensburg 861. Coppenrath. gr. 8. (XXIV, 214 S.) 22⅓ ngr.

Brühl, Joh. August Moritz, s. H. J. Newman: Üb. die Entwicklung d. christl. Lehre.

— zum Osterfeste 1845. Einige pia vota in Glaubenssachen. Augsburg 845, Kollmann'sche Buchh. ⅙ ₰

Brühl, Joh. August Moritz, s. Ravigneau: Conferenzen.

—— Revolutionsbilder. 8. (172) Frankf. 51. (Lpzg, Heyne.) — 27

—— Revolutionsbilder. 8. (VII und 172 S. mit 4 Federzeichnungen.) Frankfurt a. M. 851, Lizius.

—— das Rosenstöckchen. Eine Erzähl. für die Jugend, als Seitenstück zu Christ. Schmid's Blumenkörbchen. 12. (5½ B. u. 1 Abbild.) Reutlingen 845, Fleischhauer u. Spohn.

—— Johann Michael Sailer. Systematische Anthologie aus seinen Schriften, und Lebensbild. gr. 12. (LXXVIII und 292 S. mit S's. Bildn. in Stahlst.) Aachen 855, Hensen und Comp.

—— Joh. Mich. Sailer. Anthologie a. s. Schriften, u. Lebensbild. 12. (370) Aachen 55, Jacobi u. Co. — 22½

—— Sammlung aus den vorzüglichsten neueren kathol. Dichtern und Prosaikern Deutschlands, s. Lesehalle, katholische.

—— Selbstbekenntnisse eines Katechumenen. 8. (11½ B.) Regensburg 841, Manz. —

Brühl, Joh. August Moritz, s. Veuillot, M.: Phantasien.

—— kathol. Volkskalender, s. Volkskalender.

—— der katholische Wächter. Haus- und Volks-Kalender für 1848, zum Verständniß der Zeit und zur Vorbereitung für die Ewigkeit. 12. (118 S. mit 1 Stahlst. und Holzschn.) Gleiwitz 847, Landsberger.

Brühl, Joh. August Moritz, s. Wisemann, N.: Die wirkliche Gegenwart des Leibes u. Blutes Jesu Christi im heil. Abendmahle.

v. Brühl, Gräfin Jh. Marg. Christiane, († d. 3. Juli 1816.) s. Philosophie d. Katholicismus.

Brühl. Julius [prakt. Arzt aus Kosten, Preussen]: Ueber die psychischen Störungen des Klimakteriums ... Würzburg. Druck d. A. Memminger's Buchdr., 1887: 36 S. 8°.
Würzburg. Med. Fak., Inaug.-Diss. v. 1887.

Brühl, Julius, über die psychischen Störungen des Klimakteriums. Diss. Würzburg 1887, Stahelsche Univ.-Buchh. 8°. 36 S.

Brühl, Julius Wilhelm

— Edvard Hjelt, u. Ossian Aschan: Chemie d. fünfgliedrigen heterocyklischen Systeme m. Kohlenstoff-, Sauerstoff-, Schwefel-, Selen- u. Stickstoff-Atomen, s.a. Roscoe, Henry, u. Schorlemmer's ausführl. Lehrbuch d. Chemie.

Chemie der fünfgliedrigen heterocyclischen Systeme mit Kohlenstoff-, Sauerstoff-, Schwefel-, Selen- und Stickstoffatomen. Bearbeitet in Gemeinschaft mit E. Hjelt und O. Aschan. Braunschweig, 1898. 8vo. Ill.

— Chemie d. sechsgliedrigen heterocyklischen Systeme, s.a. Roscoe u. Schorlemmer's ausführliches Lehrbuch der Chemie. VII. 6.

Brühl J. W.: Chemie d. sechsgliedrigen heterocyklischen Systeme. In Gemeinschaft m. E. Hjelt u. O. Aschan. Braunschw. 1899. 1320 S.
(Sonder-Abdr. v. »Roscoe-Schorlemmer's Lehrbuch d. organ. Chemie«. 5. Th.).

Brühl, Jul. Wilh., die Entwicklung der Spectrochemie. Vortrag, geh. vor der Royal Institution zu London am 26. V. 905. (37 S.) 8. Berlin 905. J. Springer. n. 1. —

Brühl, Jul. Wilh., die Constitution der ganz substituirten Amido und Phosphido-Säuren und Darstellung substituirter A-Amido-Propionsäuren. Inaugural-Dissertation. gr. 8. (37 S.) Göttingen 875. (Vandenhoeck & Ruprecht's Verl.) n. - - 80

Brühl, J. W.
Die chemische Constitution organischer Körper in Beziehung zu deren Dichte und ihrem Vermögen das Licht fortzupflanzen. Giessen. Drei Theile, 1880.

Kritik der Grundlagen und Resultate der sogenannten Theorie der Bildungswärme organischer Körper.

Brühl, Jul. Wilh., ausführl. Lehrbuch d. Chemie, s. Roscoe, H. E.

— Lehrbuch d. Kohlenstoffverbindungen, s.: Schorlemmer.

Brühl Julius Wilhelm, Dr. Nachweis gegen Hyrtl und Stannius. 8. 11. 38 . . . . . —.10
Separatabdruck

Brühl, Wilh., die Pflanzen-Alkaloide. In Gemeinschaft m. Edward Hjelt u. Ossian Aschan. gr. 8. (XXII, 586 S. m. Abbildgn.) Braunschweig 900. F. Vieweg & Sohn. Geb. in Leinw. n. 14. —
Sonderabdruck aus: „Roscoe-Schorlemmer's Lehrbuch der organ. Chemie".

Brühl, Jul. Wilh., über den Zusammenhang zwischen den optischen u. den thermischen Eigenschaften flüssiger organischer Körper. [Aus: „Sitzungsber. d. k. Akad. d. Wiss."] Lex.-8. (59 S.) Wien 881. (Gerold's Sohn.) n.n. — 90

Brühl, Karl, s. Brühl, Carl

Brühl, L., u. E. Jahr, Diphtherie u. Croup im Königreich Preussen in d. J. 1875—1882. Ein Beitrag zur Ergründg., Einschränkg. u. Heilg. dieser Krankheiten. Mit e. Vorwort v. M. J. Oertel, graph. Darstellgn. u. e. Karte. gr. 8. (IV, 112 S.) Berlin 889. Hirschwald. n. 4. —

Brühl, L. (Hrsg.), s. Katalog. – Offiz. Kat. (d.) Jubiläumsausstell. z. Feier d. 25jähr. Best. d. Fischerei-Ver. f. d. Prov. Brandenburg.

Brühl, Leopoldus (geb. Neiße 6. 8. 1833): De exanthematibus syphiliticis. Vratislaviae (1857). (30 S.) 8°
Breslau, Med. Diss. v. 25. Juli 1857

Das Mietrecht. Von Dr. Ludwig Brühl. *Berlin: E. Ebering 1901.* (IV, 131 S.) 8° [F.]
= Rechtsbücher f. d. deutsche Volk. Bd 3. [01. 12830

Brühl, Ludw., Untersuchungen über den Stand des Kindskopfes bei Primi- und Multigravidis und seine Eindrückbarkeit in den Beckenkanal als prognostisches Moment der Geburt. Inaugural-Dissertation. gr. 8. (41 S.) Dorpat 885, (Schnakenburg.)

Brühl, Ludwig: Die Voraussetzungen der Klage aus der nützlichen Verwendung nach gemeinem und preussischem Recht. *Berlin 1898: J. S. Preuss.* (132 S.) 8°
Erlangen, Jur. Diss. v. 22. Febr. 1898

Brühl, Ludw., Kurt Gordan u. Walt. Ledermann: Zweckverbandsgesetz f. Gross-Berlin v. 19.7.'11, s: Guttentag's Samml. preuss. Gesetze.

Brühl, Ludwig Julius: Beiträge zur Lehre von den Becherzellen. 1. Historisch-kritische Darstellung der bisherigen Befunde aus der Zeit von 1837–1867. *Potsdam (1898): E. Stein.* (70 S.) 8°
Berlin, Med. Diss. v. 31. Jan. 1898

Brühl, Frau Marie, die Natur der Frau u. Herr Professor Runge. Eine Erwiderg. auf die Schrift „Das Weib in seiner geschlechtl. Eigenart" v. Dr. Max Runge, Geh. Medizinalrat u. s. w. zu Göttingen. gr. 8. (29 S.) Leipzig 902. H. Seemann Nachf. n. — 75

Brühl, Nikolaus, a. Moskau: Beiträge zur Klinik der unter dem Bilde des Landryschen Symptomokomplexes verlaufenden Erkrankungen nebst Beifügung eines Falles. München 1907: C. Wolf & Sohn. (73 S.) 8°
München, Med. Fak., Ref. v. Bauer, Diss. v. 5. Dez. 1907
[Geb. 19. Febr. 82 Moskau; Wohnort: Moskau; Staatsangeb.: Rußland; Vorbildung: II. Klass. Gymn. Moskau Reife Mai 02; Studium: Moskau 5, München 5 S.; Rig. 5. Dez. 07.]

Brühl, Oskar, bacc. jur., Referendar am Kgl. Amtsgericht Halle: Der Nachsichtwechsel. Halle a. S. 1908: C. A. Kaemmerer & Co. (XI, 88 S.) 8°
Leipzig, Jur. Fak., Diss. v. 14. Febr. 1908
[Geb. 11. Jan. 79 Lauchhammer, Kr. Liebenwerda Prov. Sachsen; Wohnort: Naundorf b. Lauchhammer, Bez. Halle a. S.; Staatsangeb.: Preußen; Vorbildung: Gymn. Guben Reife O. 00; Studium: Berlin 4, Halle 2 S.; Rig. 30. Okt. 03.]

Brühl, Otto, Miete u. Pacht nach Reichsrecht. Für den prakt. Gebrauch gemeinverständlich dargestellt. 1. u. 2. Aufl. gr. 8. (à 78 S.) Stuttgart 900. Strecker & Schröder. n. 1. —; geb. n. 1. 50

Bruehl, Pet. (Herdorf / Rhld.), De methodo endermatica. Diss. med. Bln. (Nietack) 11. XI. 1835. 61 S., mit Biogr. (M.: V. Adams.) (4.50) 4271
Oppon.: J. H. Wirth, H. G. L. Huettner, A. v. Roessler. — Gew.: F. G. Seher.

Brühl, Siegwart: Die Myeloidgeschwulst und die Riesenzellen. Halle 1881: Karras. 25 S. 8°
Halle-Wittenberg, Med. Diss. v. 10. Dez 1881
Geb. Bromberg 22. 7. 1857. V.

Brühl, Thomas *Joseph* [aus Wiesbaden]: Aus d. patholog. Institut zu Bonn. Ein Beitrag zur Anatomie der Mammacysten ... Bonn, Hauptmann'sche Buchdr., 1892; 32 S., 2 Bl. 8.
Bonn, Med. Fak., Inaug.-Diss. v. [20. Febr.] 1892

Bruehl, Walther Schulte vom
s. **Schulte vom Bruehl, Walther**

Brühl, Wilhelm [aus Bingen]: Aus d. chirurg. Klinik zu Bonn. Über Coxa vara ... Bonn, Buchdr. v. J. Bach Wwe, 1895; 40 S., 1 Bl. 8.
Bonn, Med. Fak., Inaug.-Diss. v. [20.] Juli 1895

v. Brühl-Cramer, über die Trunksucht, s. Ueber die Trunksucht.

v. Brühl-Cramer, C., († d. .. 1821.) über die Trunksucht u. eine rationelle Heilmethode derselben. Geschrieben zur Beherzigung für Jedermann. Mit e. Vorwort von C. W. Hufeland. 8. Berl. 819. Nicolai. 10 gr

Ueber die Trunksucht und eine rationelle Heilmethode derselben. Geschrieben zur Beherzigung f. Jedermann. (Verf.: Dr. [C.] v. Brühl-Cramer.) Mit e. Vorw. von Dr. Ch[ristoph] W[ilhelm] Hufeland. 10. Aufl. *Berlin: H. Steinitz (1899).* (94 S.) 8° [F.] [00. 296

Brühlbeck, Joh., Gust. Wildbrett, Jos. Schweizer, 76 Gruppen. Hrsg. vom Männer-Turnverein Augsburg a. V. zum X. Stiftungsfest. qu. 8. (VI S. m. 76 Taf.) Hof (899). R. Lion. n. 2. 50

Brühlmann, H[ans]. Joh[ann] Konrad Brenner, Pfarrer in Sirnach. Geboren: 24. Februar 1846. Gestorben: 3. Januar 1905. Verfasst von H. B', Pfarrer in Ebnat. 7 S. 8. Eschlikon, J. Wehrli, 1905.

Bruhm, Anton (Langebrück/Misn.), De judice spoliatore. Diss. jur. Präs. Johann Heinrich Meier. Erfurt (J. H. Grosch) 18. III. 1718. 24 S. (5.—) 4280

— **Anton Heinrich Ludwig** (Schlieben), De empiria medica utili et noxia diss. et viro Carl Friedrich Happ nomine societ. disp. praes. Joh. Gottfried Leonhardi gratul. Lpz. (Langenheim's Erb. & Klaubarth) 22. IX. 1780. 16 S. (4.50) 4281

— — Quaestio de pastu pecorum stabulis secund. anal. discipl. medicae. Präs. Ernst Platner. Lpz. (Sommer) 12. IV. 1786. 22 S. (4.20) 4282
Gew.: Detlev Carl Grf. v. Einsiedel (Wolkenburg, Ehrenberg . . .)

Bruhm, A. H. C., d. Stallfütterung, nach medicin. Grundsätzen; aus d. Latein. übers. v. F. L. Schönemann, herausg. v. J. Riem. 8. Dresd. 787. (Central-Compt. in Leipz.) 4 gr

Bruhm, Ernst Gotthelf

— ausführl. Anweis. zu e. faßl. tabellar. Uebersicht des Quadratinhalts jeder aufgegeb. Fläche, Wiese, Acker oder Holzung; wie auch der, nach verschied. Maas u. Beschaffenheit des Bodens getreuen Abschätzung d. Getreide- u. Holzsaat. gr. 8. Annab. 816. (Leipz., Barth). 1 Rthl 12 gr

BRUHM, Ernst Gotthelf: Ausführliche Anweisung zu einer faßlich tabellarischen Übersicht des Quadratinhalts jeder aufgegebenen Fläche, Wiese, Accker oder Holzung, wie auch der nach verschiedenem Maas und Beschaffenheit des Bodens getreuen Abschätzung der Getraide- und Holzsaat. - Leipzig 1817

BRUHM, Ernst Gotthelf: Tabellarische Uebersicht des wahren Werthes und Inhaltes des Nutzholzes bey Holzverkauf und praktischer Anwendung für Forst-Oekonomen und Holzkäufer. - Leipzig 1802. XVI, 79 S. - 2. Aufl. Dresden 1810

Bruhm, E. Gh., tabellar. Uebersicht zur Bestimmung d. wahren Werthes u. Inhalts des Nutzholzes bei Holzverkauf rc. gr. 8. Leipz. 802. Barth. 1 Rthl 8 gr 2e A. gr. 8. Dresd. 811. Beger. 9 gr

Bruhm, Werner, a. d. Nordlandrevieren d. Kapitäns Jnell. [Aus: „Deutsche Jäger-Ztg."] gr. 8. (23 S.) Neudamm 897. J. Neumann. n. 1. —

Bruhn, v., Feldfortifikatorisches aus alten und neuen Tagen. Kriegs- und literaturgeschichtl. Skizzen. gr. 8. (VI, 106 S.) Neisse 876, Graveur's Verlag. +

Bruhn, Boie [approb. Arzt aus Meldorf]: Ueber sarkomatöse Neubildungen der Vulva nebst 2 einschlägigen Fällen .... Jena. Druck v. G. Neuenhahn, 1887; 22 S. + 1 Bl. 8°.
Jena, Med. Fak., Inaug.-Diss. v. [11. Jul.] 1887.

Bruhn, Bruno: Über neuere Anlagen mit Drehrohröfen. Vortrag. (Berlin) 1908. (Aus: Tonindustrie-Zeitung, 1908) •

Bruhn, Bruno [aus Sonderburg (Schleswig-Holst.)]: Ueber einige Derivate des Benzylidenanilins und der Phenylanilidoessigsäure ... München, Buchdr. v. M. Ernst, 1897; 36 S. 8.
München, Phil. Fak., Inaug.-Diss. v. 1897

Bruhn, [Bruno]: Über Drehöfen für Zementfabrikation. Vortrag. (Berlin) 1904

Bruhn, Bruno: Wann verdient bei Drehofenbetrieb die trockne, wann die nasse Aufbereitung den Vorzug? Vortrag. (Magdeburg) 1909

Bruhn, C., Hamburger Einkaufs- und Vergnügungs-Wegweiser für Fremde, mit 1 (lith.) Plane von Hamburg (in Fol.). 2. Jahrg. Hamburg 858. Dütschke. 16. (112 S.) n. 6 ngr

Bruhn, C. A. T., Sammlung von Entscheidungen des Oberappellationsgerichts zu Lübeck, s. Sammlung.

Bruhn. Chr. [app. Arzt aus Itzehoe]: Aus d. Augenklinik zu Kiel. Ein Fall von Verletzung des Sehnerven. Blutung in die Orbita und Opticusscheide und directer Zerreissung der Choroidea. . . . Kiel. Druck v. Carl Böckel, 1889; 11 S. + 2 Bl. 8°
Kiel. Med. Fak., Inaug.-Diss. v. 6. Apr. 1889

Bruhn, Chr., e. Fall v. Verletzung d. Sehnerven, Blutung in die Orbita u. Opticusscheide u. directer Zerreissung der Choroidea. Inaug.-Diss. gr. 8. (11 S.) Kiel 889. (Lipsius & Tischer.) n. — 60

Bruhn, Chr.: Die mechan. Wiederbefestigg gelockerter Zähne, s: Zahnheilkunde, Deutsche, in Vorträgen.

Bruhn, Christian (Hrsg.), s. E r ö f f n u n g s f e i e r d. Landesdiakonissenanstalt zu Flensburg . . .

Bruhn, Chr., Predigt über Jeremias 18, 1—11. Gehalten am 27. Juni 1866. 8. (9 S.) Flensburg 866, (Herzbruch.)

Bruhn, C. Pred. üb. Jerem. 18, 1—11. 8. (9) Flensb. 66, Westphalen. — 3

Bruhn, Christian: Über den Wortschatz des Menander. Jena 1910: Frommann. 75 S. 8°
Kiel, Phil. Diss. v. 18. Aug. 1910, Ref. Jacoby
[Geb. 17. Dez. 84 Hamburg; Wohnort: Hamburg; Staatsangeh.: Hamburg; Vorbildung: Gymn. Wandsbek Reife O. 05; Studium: Marburg 2. München 1, Berlin 1, Kiel 5 S.; Rig. 20. Febr. 10.] [U 11. 2616

Bruhn, Christian, aus Refskrog b. Apenrade: Über die Zersetzungsgeschwindigkeit der Brombernsteinsäure in wässeriger Lösung bei verschiedenen Temperaturen. *Freiburg i. B. 1902: Ch. Lehmann's Nachf.* (46 S.) 8°
Freiburg i. B., Phil. Diss. v. 1903

Ansprache an die Insten und Tagelöhner in den Landdistricten des Herzogthums Holstein v. Christian Nicolaus **Bruhn.** (Hamburg 1848.) 8°.

Bruhn, C. N., Zwangsarbeits-Anstalten, s. a. P r e i s s c h r i f t e n, 2 gekrönte, über Zwangsarbeitsanstalten.

Die Zwangsarbeits-Anstalten in Schleswig-Holstein. Eine gekrönte Preisschrift v. Christian Nicolaus **Bruhn.** Altona. 1846. 8°.

Bruhn, David

— der Christ bei d. Sterbebette d. Seinigen. 8. Berl. 770. Rottmann. 4 gr

Bruhn, David, Dankpredigt wegen des mit Russland geschlossenen Friedens 1762. Berlin 1763. 8.

Bruhn, David (Memel), De variis modis abutendi evangelio. Disp. theol. Präs. Sigism. Jacob Baumgarten. Halle (J. Ch. Hendel) Nov. 1750. 108 S. (5.50) 4283
Widm. v.: Präs., Gottlob Samuel Nicolai.

Bruhn, Dav., Predigten üb. d. Gebet d. Herrn. 8. Berl. 770. Rottmann. 20 gr

Bruhn, David: V i r o clarissimo . . . Johanni Guilielmo Milo . . . lauream summorum in philosophia honorum . . . feliciter capessenti, Societas Liberae, cui adscriptus fuerat, nomine hoc diligentiae et honoris monumentum posuit DAVID BRVHN, . . . Anno O. R. CIↃI ↃCCXLIV. Albertinae saeculari secundo pridie Nonarum Septembris. Regiomonti, litteris Martini Eberhardi Dornii. 4°.

Bruhn, E., Klänge aus dem Gotteshause. 12. (103 S.) Breklum 890. (Rendsburg, Ehlers.) n. 1. —

— *D.* K. Fr. Th. Schneider, s.: Bubbe, H. F., e. Beitrag zur Lesebuchfrage.

Der Theologische Verein zu Kiel 1836—1886. Zur Gedächtnissfeier des Vereins v. Eduard **Bruhn.** Kiel. 1886. 8°

Bruhn, Emil: Aus d. B i l d e r s c h a t z des Sonntagsboten, s. C l a u s s e n, Johannes

Bruhn, E., aus d. Liederschatz d. Sonntagsboten, s.: Claussen, Jos.

Bruhn, Ewald

Bruhn, E., Eine neue Auffassung der Antigone. S.-A. 1898. 15 S.

Bruhn, Ewald, Aufgaben zum Übersetzen ins Lateinische, s.: Haacke, Aug.

Bruhn, Ewald, Aufgaben zum Übersetzen ins Lateinische, s.: Wulff, J.

Bruhn. Evaldus [Flenopolitanus]: Lucubrationum Euripidearum capita selecta . . . . Lipsiae, typ. B. G. Teubneri. 1886; 2 + 50 S. 8°
Kiel. Phil. Fak. Inaug.-Diss. v. 3. Jul. 1886.
Nicht für den Austausch.)

Bruhn, Ewald, lucubrationum Euripidearum capita selecta. gr. 8. (102 S.) Leipzig 886, Teubner. *
Aus: Jahrbücher für classische Philologie, besonders abgedruckt.

— Griech. Formen- u. Satzlehre, s: Reinhardt, Karl.

— Lateinische F o r m e n - u. Satzlehre f. Reformanstalten. Ausg. B der latein. Formenlehre. v. Perthes u. der latein. Satzlehre v. Reinhardt. (VIII, 315 S.) gr. 8. Berlin 909. Weidmann. Geb. 3. 40

— Latein. Formen- u. Satzlehre f. Reformanst. Ausg. B d. latein. Formenlehre v. Perthes u. d. latein. Satzlehre v. Reinhardt. 2. Afl. (8, 315) 8° Berl., Weidmann '12. L 3.20 d

— Latein. Formenlehre f. Schulen m. d. Frankfurter Lehrpl., s: Gillhausen, W.

— H i l f s b u c h f. den griechischen Unterricht nach dem Frankfurter Lehrplan. 2 Tle. gr. 8. Berlin 908. Weidmann. Geb. in Leinw. n. 4. 40
1. Übersetzungsstoff. (X, 231 S.) — 2. Wortkunde u. deutsch-griechisches Wörterverzeichnis. (III, 88 u. 56 S.)

— H i l f s b u c h f. den griechischen Unterricht nach dem Frankfurter Lehrplan. 2 Tle. (Übersetzungsstoff. — Wortkunde u. deutsch-griech. Wörterverzeichnis.) 2. Aufl. (IX, 237, 92 u. 63 S.) 8. Ebd. 910. Geb. in Leinw. 4. 40

Bruhn, Ewald, griechisches Lesebuch f. Obersekunda. Ausgewählte Stücke att. u. späterer Prosa. 2 Tle. Text u. Anmerkgn. gr. 8. (III, 192 u. 52 S.) Berlin 892. Weidmann. Geb. u. geh. n. 2. 50

— Griechisches **L e s e b u c h** f. Obersekunda. Ausgewählte Stücke att. u. späterer Prosa. 2 Tle. Text u. Anmerkgn. 2. Aufl. (V, 192 u. 54 S.) 8. Ebd. 909. Geb. u. geh. 2. 60

— Lateinische Satzlehre, s.: Reinhardt, Karl.

Bruhn, E., Suidea. S.-A. 1890. 11 S.

Bruhn, G., die Zähne u. ihre Krankheiten. Mit besond. Berücksicht. ihrer Beziehgn. zur Gesammt-Konstitution in gemeinverständl. kurzer Darstellg. 8. (77 S.) Kottbus 888. Berlin, Kittel. n. — 50

Bruhn, G. H., Mittheilungen über die australischen Colonien nach eigenen Erfahrungen u. Betrachtungen. Hamburg 855. Perthes-Besser u. Mauke. gr. 8. (48 S.) n. 6 ngr

Bruhn, Gustav Adolf, aus Itzehoe: Beiträge zur Kenntnis der Rosinduline und der Isorosinduline. *Erlangen 1899: E. Th. Jacob.* (36 S.) 8°
Erlangen. Phil. Diss. v. 24. Juni 1899

Bruhn, H., die Bodenkunde od. d. Lehre v. Boden, nach d. gegenwärt. Standpuncte d. Naturwissenschaften u. ganz besond. in Bezug auf J. Liebig's organ. Chemie in ihr. Anwend. auf Agricultur u. Physiologie, mit e. vorausgeh. Abriß d. Chemie u. d. Gesteinslehre gemeinfaßl. u. in möglichster Kürze bearb. gr. 8. (9 B.) Dresden u. Leipzig 841, Arnoldische Buchh.

— u. HN Andresen: Handk. d. Kreises Flensburg. 1:200,000. 35×44 cm. Farbdr. Flensbg. A Westphalen (01). nn — 25

Bruhn, H: Geographisch-statist. Karten v. Deutschl. — Handk. bezw. Wandk. v. Schleswig-H.. s.: Andresen. HN.

Bruhn, H., kurzgefaßtes Lehrbuch d. Chemie in Bezug auf die Landwirthschaft u. die in nächster Beziehung zu derselben stehenden Gewerbe. Zum Unterr. f. angehende junge Landwirthe. 2 Abthlgn. gr. 8. Dresden u. Leipzig, Arnoldische Buchh. 1
Abth. 1. Die unorganische Chemie. (13¼ B.) 842. 1 Thlr. 5 Ngr.
" 2. Die organische Chemie. (9 B.) 844. 22½ Ngr.

Bruhn, H., kurzgefaßtes Lehrbuch der Chemie in Bezug auf die Landwirthschaft u. die in nächster Beziehung zu derselben stehenden Gewerbe. Zum Unterricht f. angehende Landwirthe bearb. 2 Abthlgn. [Die unorgan. Chemie. — Die organ. Chemie.] 2. (Titel-)Ausg. gr. 8. (XXVIII u. 323 S.) Leipzig (842. 44) 850, Arnold. 12 ngl

— s. Pelouze, die Beleuchtung mit Gas aus Stein- u. Braunkohlen.

Bruhn, H., Steinkohlenbüchlein, oder Eigenschaften, Gewinnung, Benutzg. rc. der Steinkohle. Mit 2 Taf. Abbildd. gr. 8. Dresden u. Leipzig 840. Arnoldische Buchh. ½ ℛ

—— Steinkohlenbüchlein oder Eigenschaften, Gewinnung, Benutzung rc. d. Steinkohlen. 2. Ausg. 8. (4 B. u. 2 Taf. Abbild.) Dresden u. Leipzig 840, Arnoldische Buchh. *

—— Technologie, od. d. Gewinnung, Benutzung u. Verarbeitung d. Naturproducte, zunächst f. Bürgerschulen, dann auch f. Künstler, Handwerker, Landwirthe rc. 3., verm. Aufl. 8. (21 B.) Dresden u. Leipzig 841, Arnoldische Buchh.

Erinnerungen eines Nordschleswigers aus den Kriegsjahren 1848/49 und 1864. Tagebuchblätter d. weil. Capitäns Hans Bruhn auf 'Neue Mühle' bei Apenrade. In Druck gegeben von R. Fürstenau-Apenrade. *Apenrade: Th. Janke 1898.* (52 S.) 8° [F.]

Bruhn, Harald (Hrsg.), s. Zeiten, Aus allen, und Landen.

Bruhn, J.

—— kleine Geographie, mit besond. Berücksichtig. d. dänischen Staates. 2., verm. u. verb. Ausg. 12. (5⅓ B.) Kopenhagen 832, (Reitzel.)

Bruhn, J., kleine Geographie, mit besond. Berücksichtigung d. dänischen Staates. 5., verb. Aufl. gr. 12. (4⅓ B.) Kopenhagen 839, Reitzel. *

Bruhn, J., kleine Geographie, mit besond. Berücksichtigung d. dänischen Staates. 6., verb. Aufl. 12. (4⅓ B.) Kopenhagen 843, Reitzel. *

— kleine Geographie, mit besond. Berücksicht. des dänischen Staates. 7. verb. Aufl. 12. (104 S.) Ebd. 847. ⅓ ℛ — 8. verb. Aufl. 12. (IV u. 104 S.) Ebd. 852. (Leipzig, Lorck.) n. 8 ngl

Bruhn, J., kleine Geographie, mit besonderer Berücksichtigung des dänischen Staates. 9. verb. Aufl. Kopenhagen 855. Reitzel. (Leipzig, Lorck.) 12. (2 Bl., 104 S.) n. 9 ngl

Bruhn, J., Geographie f. Real- u. Bürgerschulen, so wie auch f. d. unt. u. mittl. Klassen d. Gymnasien, mit besond. Berücksichtigung d. dänisch. Staates. gr. 8. (13 B.) Kopenhagen 831, (Reitzel.)

—— Geographie für Real- u. Bürgerschulen, so wie auch f. die unt. u. mittl. Klassen d. Gelehrtenschulen, mit besond. Berücksichtigung d. dänischen Staates. 2. Aufl. 836. 3., verm. u. verb. Ausg. gr. 8. (17 B.) Kopenhagen 842, Reitzel. à Thlr. *

Bruhn, J., Geographie f. Real- u. Bürgerschulen, so wie auch f. d. unteren u. mittleren Klassen der Gelehrtenschulen m. besond. Berücksicht. d. dänischen Staates. 4. verm. u. verb. Aufl. gr. 8. (IV u. 262 S.) Kopenhagen 848, Reitzel. n. ¾ ℛ

Bruhn, K., französische Rheingrenzgelüste, [1849—1853—1860.] Hamburg 860. (Würger.) 8. (8 S.) 1½ ngl

Bruhn's, Karl, Fachblatt, s.: Glas-Industrie, die.

Bruhn, Carl [Zahnarzt Assist. am Zahnärztl. Inst. d. Kgl. Univ. zu Berlin]: Zur Kenntnis der Osteome des Oberkiefers ... Berlin, E. Dreyer's Buchdr., *1895;* 69 S., 1 Bl. 8.
Berlin, Med. Fak., Inaug.-Diss. v. 11. Juni 1895

Bruhn, Luise, glückliche Kinder. Skizzen. (V, 45 S. m. Bildnis.) 8. Dresden 904. E. Pierson. n. 1.—; geb. n. 2.—

— Fee Poesie. Gedichte. (VI, 46 S. m. Bildnis.) 8. Ebd. 905. n. — 75; geb. n. 1.—

Bruhn, Otto, aus Dörphof: Beiträge zur Lehre vom Abschluß der Verträge durch Telephon. Borna-Leipzig 1905: R. Noske. (VIII, 38 S.) 8°
Erlangen, Jur. Fak., Diss. v. 20. Febr. 1905
[Geb. Dörphof; Staatsangeh.: Preußen; Rig. 20. Febr. 05.]

Bruhn, Th. [approb. Arzt aus Bornhöved]: Beitrag zur Statistik der Exstirpation tuberkuloser Lymfdrüsentumoren .... Kiel, Druck v. Schmidt & Klaunig. 1887; 27 S. + 2 Bl. 8°.
Kiel, Med. Fak., Inaug.-Diss. v. 6. Mai 1887.

Bruhn, Th., Beitrag zur Statistik der Exstirpation tuberkulöser Lymphdrüsentumoren. Inaug.-Diss. gr. 8. (27 S.) Kiel 887. (Lipsius & Tischer.) n. 1.—

Bruhn, Th. Nachweisbuch zur Invaliditäts- u. Altersversicherung, nebst kurzen Anmerkgn. f. Arbeitgeber, ausreichend f. ca. 5—10 Jahre. Fol. Nr. 1. Kleine Ausg., Blattgröße 28×21 cm, passend f. Private u. kleine Betriebe m. ca. 1—5 Personen. (104 S.) Altona 891, Schlüter. geb. * 2 —; Nr. 2. Große Ausg. 37×21 cm, f. Betriebe m. ca. 5—10 Personen. (120 S.) geb. * 3 50; Nr. 3, gleiche Größe, f. 10—25 Personen. (216 S.) geb. * 6 —; Nr. 4, gleiche Größe, f. 25—50 Personen. (308 S.) geb. * 8 50; Nr. 5, gleiche Größe, f. 50—100 Personen. (380 S.) geb. * 11 —; Nr. 6, gleiche Größe, f. 100—200 Personen. (500 S.) geb. * 14 —; Nr. 7, gleiche Größe, f. 200—500 Personen. (780 S.) geb. * 20 —

Goldkörner für Album und Leben. Gesam. geordnet u. hrsg. v. W. A. Bruhn. (Tweedt. 1891.) 8°

Bruhn, Walter: Beiträge zur experimentellen Morphologie, zur Biologie und Anatomie der Luftwurzeln. Jena: Fischer 1910. 73 S. 8° (Aus: Flora oder Allg. botan. Zeitung. Bd 101, H. 1.)
München, Phil. Diss. v. 27. Nov. 1909, Ref. v. Göbel
[Geb. 3. April 87 Ludwigslust i. M.; Wohnort: Ludwigslust; Staatsangeh.: Mecklenburg-Schwerin; Vorbildung: Realgymn. Ludwigslust Reife O. 05; Studium: Göttingen 2, München 7 S.; Rig. 27. Nov. 09.] [U 10. 3628

Bruhn, Wilhelm, Pastor in St. Annen: Theosophie und Theologie. Glückstadt 1907 (Schönberg in Meckl.: Lehmann & Bernhard). (VI, 202 S.) 8° [F.]
Kiel, Theol. Fak., Ref. Schaeder, Diss. v. 25. Nov. 1907
[Geb. 12. Dez. 76 Itzehoe; Wohnort: St. Annen (Schleswig-Holstein); Staatsangeh.: Preußen; Vorbildung: Gymn. Glückstadt Reife O. 96; Studium: Erlangen, Berlin, Halle, Kiel, zus. 7 S.; Rig. 1. Aug. 07.]

Bruhn, Wilh., Theosophie u. Theologie. (VII, 202 S.) 8. Glückstadt 907. M. Hansen. 8.—; geb. n 4.—

Bruhne, Karl *Heinrich Hartwig Franz:* Hormodendron Hordei. E. Beitr. z. Kenntn. d. Gerstenkrankheiten ... [Erschien vollst. als Heft IV von: Beitr. z. Physiol. u. Morphol. niederer Organismen ... hrsg. v. W. Zopf. — M. 5 Taf.] Halle a. S., Druck d. Buchdr. d. Waisenhauses. 1894; 2 Bl., 32 S., 1 Bl. 8.
Halle, Phil. Fak., Inaug.-Diss. v. 3. März 1894

Parochialplan des Berliner Stadtsynodalverbandes mit Einteilung in Diözesen u. Kirchspiele nebst Angabe d. Standesamtsbezirke. Nach amtl. Materialien bearb. ... durch L[udwig] Brühne, Landmesser. Masst. 1:20,000. Berlin: A. Kiessling [1900]; (Lith. L. Kraatz). (1 Kartenbl. 82×66 cm.) [kol.]

BRUHNS, Alois

(F) Lese- und Sprachbuch für die ersten Classen der Gremial-Handelsfachschule in Wien und für verwandte Anstalten. Von Alois Bruhns. Wien. 1900. Gerold's Sohn. Gr.-8°. 205 S.
Geb. K 2.80

Bruhns, A., Lese- und Sprachbuch für kaufmännische Fortbildungsschulen. Wien 1903. C. Gerold's Sohn. Preis, gebunden 2 K.
Dieses Lehrbuch wird zum Unterrichtsgebrauche an kaufmännischen Fortbildungsschulen allgemein zugelassen.
(Min.-Erl. vom 12. Mai 1903, Z. 8087.)

Bruhns, Alois, Lese- u. Sprachbuch f. kaufmännische Fortbildungsschulen. 3. Aufl. (IV, 215 S.) gr. 8. Wien 906. C. Gerold's Sohn. Geb. n. 2. —

Bruhns Alois, Lese- und Sprachbuch für kaufmännische Fortbildungsschulen. 4. Aufl. Wien 1909. Karl Gerolds Sohn. Geb. K 2.
(Min.-Erl. vom 27. August 1909, Z. 32680.)

Bruhns, Alois: Lese- u. Sprachb. f. kaufmänn. Fortbildgssch. 5. Afl. (4, 217) gr8° Wien, C Gerold's S. '12. L 2 — d

Bruhns, Alois, Rechtslehre, s. Brockhausen, Carl.

Bruhns, Alois, Schüler-Charakteristiken. Ein Vortrag. 8. (32 S.) Wien 877, C. A. Müller. *

Bruhns, Alois, die Schulwerkstätte in ihrer Verbindung m. dem theoretischen Unterrichte. Dargestellt durch Lehrgänge. Illustriert v. Frdr. Afh. Mit 30 (lith.) Taf. gr. 8. (78 S.) Wien 886. Hölder. In Carton. n. 3. —

Bruhns, Alois, d. Schulwerkstätte in ihrer Verbindg. m. d. theoret. Unterrichte. Dargest. durch Lehrgänge. Ill. v. Frdr. Afh. 2., umgearb. Aufl. gr. 8. (III, 69 S. m. 32 Taf.) Wien 895. A. Hölder. In Mappe n. 3. —

Bruhns, Alois, die Schulwerkstätte in ihrer Verbindung m. dem theoretischen Unterricht. 3., umgearb. Aufl. (IV, 57 S.) gr. 8. Mit 34 Taf. 24,5×32 cm. Wien 910. A. Pichler's Wwe. & Sohn. In Mappe 5. —

Bruhns, A., A. Frühwirth und R. Thomas, die Sprachübungen in der österreichischen Bürgerschule. 3 Hefte. 3. nach den neuen Lehrplänen umgearb. Aufl. 8. Wien 885, Hölder. [1. und 2. Heft. [Für die 1. und 2. Classe.] (104; 86 S.) à * 56 Pf.; 3. Heft. [Für die 3. Classe.] (96 S.) * 60 Pf.] *

Bruhns, A., A. Frühwirth und R. Thomas, die Sprachübungen in der achtklassigen Volks- und Bürgerschule. 7 Hefte. 8. Wien 878, Hölder. *

Inhalt:
Heft 1. [Für die 2. Klasse.] (40 S.) * 28 Pf.
„ 2. [Für die 3. Klasse.] (40 S.) * 28 Pf.
„ 3. [Für die 4. Klasse.] (59 S.) * 36 Pf.
„ 4. [Für die 5. Klasse.] (56 S.) * 32 Pf.
„ 5. [Für die 6. Klasse.] (72 S.) * 50 Pf.
„ 6. [Für die 7. Klasse.] (87 S.) * 50 Pf.
„ 7. [Für die 8. Klasse.] (71 S.) * 50 Pf.

— A. Frühwirth, u. R. Thomas, die Sprachübungen in der achtclassigen Volks- u. Bürgerschule. 7 Hfte. 2., verb. Aufl. 8. Wien 881. Hölder. n. 2. 92
1. 2. Für die 2. u. die 3. Classe. (46 u. 45 S.) à n. — 28. — 3. Für die 4. Classe. (60 S.) n. — 36. — 4. Für die 5. Classe. (66 S.) n. — 32. — 5. Für die 6. Classe. (79 S.) n. — 52. — 6. Für die 7. Classe. (87 S.) n. — 56. — 7. Für die 8. Classe. (97 S.) n. — 60.

Bruhns, Bernh.: Allg. Erdkde. Hilfsb. f. d. Unterr. in d. obersten Kl. d. höh. Schulen. (6, 190 u. 11) gr8° Lpzg, List & v. B. '12. III u. geh. 2.80 d

Geographische Forschungsreisen und ihre Ziele. Von Realgymn.-Oberl. Dr. B[ernhard] Bruhns, Zittau. Mit 19 Abb. München: Isaria-Verl. [1910]. 55 S. 4°(8°) [H. 13738 8

Bruhns, B., die Weltanschauungen des Coppernikus u. Giordano Bruno, s.: Vorträge u. Abhandlungen, hrsg. v. der Zeitschrift „Das Weltall", 7. Hft.

— Zittau in 7 Jahrhunderten. Überblick üb. d. Gesch. d. Stadt. Unter Mitwirkg v. W Opitz, E Koch, W Kötzschke, H Ullrich, Alfr. Kretschmar hrsg. (7, 192 m. 10 Taf.) 8° Zitt., W Fiedler. — E Oliva '12. 1.80 d

Bruhns, C., über das deutliche Hören. Ein Beitrag zur Physiologie des Hörens. Dissertation. Göttingen 857. (Vandenhoeck u. Ruprecht.) 8. (51 S.) n. 10 ngr

Bruhns, Bernhard, wiss. Lehrer am Realgymn. zu Döbeln: Definition des Herdenvölker-Begriffs auf Grund einiger gegebener typischer Formen. *Leipzig 1898: C. G. Naumann.* (62 S.) 8°
Leipzig, Phil. Diss. v. [5. Jan.] 1899

Bruhns, Carl, astronomisch-geodätische Arbeiten im J. 1870. I. Bestimmung der Längendifferenz zwischen Bonn und Leiden. II. Bestimmung der Polhöhe und eines Azimuths in Mannheim. III. Bestimmung der Länge des Secundenpendels in Bonn, Leiden und Mannheim. [Publication des königl. preuss. geodät. Instituts.] gr. 4. (162 S. mit 2 lithogr. Taf. in qu. Fol.) Leipzig 871, Engelmann. *

—— dass. — im J. 1871. I. Bestimmung der Längendifferenzen zwischen Leipzig und Mannheim und zwischen Bonn und Mannheim. II. Bestimmung der Polhöhe von Durlach und eines Azimuths der Richtung Durlach-Mannheim. [Publication des königl. preuss. geodät. Instituts.] gr. 4. (135 S.) Ebendas. 873. *

—— dass. — in den J. 1872, 1869 und 1867. Bestimmung der Längendifferenzen zwischen Berlin und dem Rugard auf Rügen, zwischen Leipzig, Göttingen, Dangast und Leiden. II. Polhöhen- und Azimuthbestimmungen auf dem Rugard, dem Seeberge und dem Inselsberge. III. Bestimmung der Länge des Secundenpendels in Gotha, auf dem Seeberge, dem Inselsberge und in Berlin. [Publication des königl. preuss. geodät. Instituts.] 4. (VI, 226 S.) Ebendas. 874. *

Bruhns, C., s. Arbeiten, astronomisch-geodätische, für die europäische Gradmessung im Königr. Sachsen.

Bruhns, C., Die Astronomen auf der Pleissenburg. Leipzig 1878. 4.

—— Atlas der Astronomie. 12 Taf. in Stahlst., Holzschn. und Lithogr. nebst erläut. Texte. Separat-Ausg. aus der 2. Aufl. des „Bilder-Atlas". qu. gr. Fol. (31 S.) Leipzig 872, Brockhaus. *
cart. *
geb. *

— Aufforderung zu Beobachtungen über die Menge der Niederschläge und über die Anzahl der Gewitter. Dresden 1880.

Bruhns, Carl, die Benutzung der Meteorologie für landwirthschaftliche Arbeiten. Ein Vortrag, gehalten in der Oekonom. Gesellschaft im Königr. Sachsen. gr. 8. (16 S.) Dresden 880. Schönfeld's Verlagsh. *

Bruhns, C., die Benutzung der Meteorologie für landwirthschaftliche Arbeiten. Ein Vortrag, geh. in der Oekonom. Gesellschaft im Königr. Sachsen. gr. 8. (16 S.) Dresden 881. Schönfeld. n. — 40

! — Benutzg d. Meteorol. Jetzt: Lpzg, Fritzsche & Schmidt. 76,80

Universitäts-Sternwarte, (Bruhns, C.), Meteorologische Beobachtungen 1860—73, 75, 76. Resultate der meteorologischen Beobachtungen in Leipzig im Jahre 1877—79. (Bis 1873 ist jedes Jahr mit einer graph. Darstellung der Resultate der Beobachtungen von G. Schreiber versehen.) Leipzig 1865—80.

Bruhns, C., meteorologische Beobachtungen angestellt auf der Leipziger Universitäts-Sternwarte in den Jahren 1860 bis 1865. Mit 5 graphischen Darstellungen d. Beobachtungen von G. Schreiber (in Fol.). [Aus d. Jahresber. d. Vereins von Freunden der Erdkunde zu Leipzig.] Leipzig 867. Hinrichs. gr. 8. (118 S.) n. 2 ℳ 10 ngr

—— meteorologische Beobachtungen angestellt auf der Leipziger Universitäts-Sternwarte in den J. 1866 und 1867. Mit 2 graphischen Darstellungen der Resultate der Beobachtungen von G. Schreiber (2 Stnt. in Fol.). gr. 8. (60 S.) Leipzig 868, Hinrichs' Verlag. *

—— dass. — in den J. 1868 und 1869. Mit 2 graph. Darstellungen der Resultate der Beobachtungen von G. Schreiber (2 Stnt. in qu. Fol.). gr. 8. (60 S.) Ebendas. 870. *

— meteorologische Beobachtungen angestellt auf der Leipziger Universitäts-Sternwarte im J. 1870/71. Mit 2 (lith.) graph. Darstellgn. der Resultate der Beobachtgn. v. G. Schreiber. (in qu. gr. Fol.) [„Aus Jahresber. d. Ver. v. Freunden d. Erdkunde."] gr. 8. (60 S.) Leipzig 873. Hinrichs' Verl. in Comm n. 3. —

— Bericht über das meteorologische Bureau f. Wetterprognosen im Königr. Sachsen f. d. J. 1878. gr. 8. (23 S.) Leipzig 879. Engelmann. n. 1. —

—— Bericht üb. d. meteorologische Bureau f. Wetterprognosen im Königr. Sachsen f. d. J. 1879. 8. (23) Lpzg 80, Engelmann. n. — 60

— dasselbe für das Jahr 1880. 3. Jahresber. gr. 8. (25 S.) Ebend. 881. n. — 60

—— s. Bericht über die Conferenz der europäischen Gradmessung.

Bruhns, C. Berichte über einige Fragen f. d. Meteorologen-Congress in Rom. 1870.

— Berichte des Prof. Dr. — über die Fragen 8, 15, 33 und 35 des Programms für den Meteorologen-Kongress in Rom 1879. Leipzig 1879.

—— monatliche Berichte über die Resultate aus den meteorologischen Beobachtungen angestellt an den Königl. Sächs. Stationen in den J. 1869, 1870, 1871. Mitgetheilt nach den Zusammenstellungen im Statistischen Bureau des Königl. Ministeriums des Innern. gr. 4. Leipzig 871—73, Teubner. à Jahrg. *

Bruhns, C., monatliche Berichte über die Resultate aus den meteorologischen Beobachtungen, angestellt an den königl. sächs. Stationen in den J. 1872—1875. Mitgetheilt nach den Zusammenstellungen im statist. Bureau des königl. sächs. Ministeriums des Innern. gr. 4. (56; 59; 64; 30 S.) Dresden 873—76. Leipzig, Teubner. à ⁓

— Monatliche Berichte über die Resultate aus den meteorologischen Beobachtungen, angestellt an den königl. sächs. Stationen. Mitgetheilt nach den Zusammenstellungen im Statist. Bureau des kgl. Ministerium des Innern von 1870—75; vom Jahre 1876 als Extra-Beilage zur Wissenschaftl. Beilage der Leipziger Zeitung. 1870—79. Dresden 1871—80.

– Bestimmung der Längen-Differenz zwischen Berlin und Lund auf telegraphischem Wege ausgeführt von dem Centralbureau der Europäischen Gradmessung und der Sternwarte in Lund im Jahre 1868. (Ur Lunds Univ. Årsskrift, Tome VII.) (Meddelad Phisiographisca Sällskapet den 26. Oktober 1870.) Lund 1870.

——, Bestimmung der Längendifferenz zwischen Berlin und Wien auf telegraph. Wege ausgeführt von den Herren Förster und Weiss. (Publication des kgl. preuss. geodät. Instituts.) Leipzig, Engelmann. 1871. gr. 4.
——, —— Sep.-Abdr. aus »Abh. d. math.-phys. Cl. d. k. s. Ges. d. Wiss.« . . .

—— Bestimmung der Längendifferenz zwischen Leipzig und Wien auf telegraph. Wege ausgeführt von C. Bruhns und E. Weiss. Lex.-8. (70 S.) Leipzig 872, Hirzel. *
Aus: Abhandlungen der mathemathisch-physikal. Classe der k. sächs. Gesellschaft der Wissenschaften, besonders abgedruckt.
Vgl.: Bestimmung.

—— und W. Förster, Bestimmung der Längen-Differenz zwischen den Sternwarten zu Berlin und Leipzig auf telegraphischem Wege ausgeführt im April 1864. gr. 4. (III und 74 S.) Leipzig 865, Günther. *

—— s. Bestimmung des geograph. Längenunterschiedes zwischen Leipzig und München.

—— u. A. Auwers, Bestimmung des Längenunterschiedes zwischen den Sternwarten zu Leipzig und Gotha. Leipzig 1868. gr. Lex.-8. . . . .
Abh. d. k. s. Ges. d. Wiss.

—— neue Bestimmung der Längendifferenz zwischen der Sternwarte in Leipzig und der neuen Sternwarte auf der Türkenschanze in Wien. Auf telegraph. Wege ausgeführt unter Leitung von C. Bruhns, Th. v. Oppolzer, v. Weinek und Ritter v. Steeb. Lex.-8. (82 S.) Leipzig 880, (Hirzel.) *
Aus: Abhandlungen der k. sächs. Gesellschaft der Wissenschaften, besonders abgedruckt.

Bruhns, Carl (Hrsg.), s. Briefe zw. A. v. Humboldt u. Gauß.

—— über das meteorologische Bureau für Witterungsprognosen im Königr. Sachsen. gr. 8. (32 S.) Leipzig 879, Engelmann. ⁓

Bruhns, Carl, Johann Franz Encke, königl. Astronom und Director der Sternwarte in Berlin. Sein Leben und Wirken bearb. nach dem schriftl. Nachlass. gr. 8. (X, 350 S. mit lithogr. Portr. Encke's.) Leipzig 869, E. J. Günther. *
geb. *

— Ueber die Errichtung meteorolog. Stationen im Königreich Sachsen und die ersten Resultate einjähriger Beobachtungen [im Jahre 1864], sowie Uebersicht der Resultate aus den meteorologischen Beobachtungen, angestellt auf den königl. sächs. Stationen im Jahre 1865, 66, Januar und Februar. (Wissenschaftl. Beil. der Leipz. Ztg. 1865, No. 13—16, 24, 32, 36, 43, 56, 60, 74, 82, 97, 105. — 1866, No. 9, 13, 22, 26.) Leipzig.

— s.: General-Bericht üb. die Europäische Gradmessung.

Bruhns, C. (II.), Geschichte und Beschreibung der leipziger Sternwarte. Zur Eröffnung der neuen Sternwarte am 8. Novbr. 1861. 4. (31 S. mit 5 Stnt. in Fol. und qu. Fol.) Leipzig 861, Voigt und Günther. *

— Gradmessung. (Aus der Allgem. Encyklopädie der Wissensch. und Künste. Erste Section, LXXVIII.)

—— und A. Nagel, die Grossenhainer Grundlinie, s. Arbeiten, astronomisch-geodätische, für die europäische Gradmessung im Königreich Sachsen.

— neues logarithmisch-trigonometrisches Handbuch auf sieben Decimalen. Stereot.-Ausg. Leipzig 870. B. Tauchnitz. gr. 8. (XXIV, 610 S.) 1 ℛ 7½ ngr.
Auch in englischer, französischer u. italienischer Sprache à 1 ℛ 10 ngr.

— neues logarithmisch-trigonometrisches Handbuch auf sieben Decimalen. 2. Ster.-Ausg. Lex.-8. (XXIV, 610 S.) Leipzig 881. B. Tauchnitz. 4. 20

Bruhns, C., neues logarithmisch-trigonometr. Handbuch auf sieben Decimalen. 3. Ster.-Ausg. Lex.-8. (XXIV, 610 S.) Leipzig 889. B. Tauchnitz. n. 4. 20

Bruhns, C., neues logarithmisch-trigonometrisches Handbuch auf 7 Decimalen. 4. Ster.-Ausg. Lex.-8. (XXIV, 610 S.) Leipzig 894. B. Tauchnitz. 4. 20

Bruhns, C., neues logarithmisch-trigonometrisches Handbuch auf 7 Decimalen. 5. Ster.-Ausg. Lex.-8. (XXIV, 610 S.) Leipzig 900. B. Tauchnitz. 4. 20

Bruhns, C., neues logarithmisch-trigonometrisch. Handbuch auf sieben Decimalen. 6. u. 7. Ster.-Ausgabe. (à XXIV, 610 S.) Lex.-8. Leipzig 903. 906. B. Tauchnitz. 4. 20;
engl., französ. u. italien. Ausg. (Je XXIV, 610 S.) à 4. 20

Bruhns, C., neues logarithmisch-trigonometr. Handbuch auf sieben Decimalen. 8. Ster.-Ausg. (XXIV, 610 S.) Lex. 8. Leipzig 909. B. Tauchnitz. 4.20; geb. in Halbfrz. 5,50; engl., französ. u. italien. Ausg. (Je XXIV, 610 S.) à 4.20; geb. à 5. 50

Bruhns, C: Neues logarithmisch-trigonometr. Handb. auf 7 Decimalen. 9. Ausg. (24, 610) Lex8° Lpzg, B Tauchnitz '10. 4.20; HF 5.50;
engl., französ. u. italien. Ausg. (je 24, 610) je 4.20; geb. 5.50

—— s. Humboldt, Alexander v.

Hygiene der Barbierstuben. Bearb. von Dr. med. C[arl] Bruhns, Privatd., Berlin. *Jena: G. Fischer 1902.* (39 S.) 8°
= Handbuch d. Hygiene. Suppl.Bd 2, Lfg 3.

Bruhns, C., Hygiene der Barbierstuben. gr. 8. (40 S.) Jena 902. G. Fischer. n. 1. —
Sonderabdruck aus: „Handb. d. Hygiene".

— Instruction zur Anstellung von Regen- und Gewitter-Beobachtungen. Mit Schema des Beobachtungs-Journals für Niederschläge und Gewitter. (Herausg. von dem Meteorol. Institut in Leipzig.) Leipzig 1880.

—— Catalog der Bibliothek der Astronomischen Gesellschaft, s. Vierteljahrsschrift der Astronomischen Gesellschaft.

Bruhns, C. Die geogr. Constanten der Universitätssternwarte Leipzig. Leipz. 1865. 4.

Bruhns, Carl, s. Lexikon, Diagnost.-therapeutisches.

Bruhns, C., zur Lokalisation u. Genese der präputialen Gänge, isolierte gonorrhoische Infektion solcher Gänge. (16 S.) Lex.-8. Berlin 904. A. Hirschwald. n.n. — 50
Sonderabdruck aus: „Charité-Annalen".

—— A new Manual of logarithms to seven places of Decimals. Stereot. edit. Lex.-8. (XXIV, 610 S.) Leipzig 870, B. Tauchnitz. (*M.* 4.)

Bruhns, C., a new manual of logarithms to seven places of decimales. 2. ster. ed. Lex.-8. (XXIV, 610 S.) Leipzig, 881. B. Tauchnitz 4. 20

— a new manual of logarithms to seven places of decimals. 3. ster. ed. Lex.-8. (XXIV, 610 S.) Ebd. 889. n. 4. 20

— a new manual of logarithms to 7 places of decimales. 4. ster. ed. Lex.-8. (XXIV, 610 S.) Ebd. 894. 4. 20

— a new manual of logarithms to 7 places of decimales. 5. ster. ed. Lex.-8. (XXIV, 610 S.) Ebd. 900. 4. 20

—— Nuovo Manuale logaritmico-trigonometrico con sette decimali. Ediz. stereot. Lex.-8. (XXIV, 610 S.) Leipzig 870, B. Tauchnitz. (*M.* 4.)

— nuovo manuale logaritmico-trigonometrico con sette decimali. 2. ed. ster. Lex.-8. (XXIV, 610 S.) Ebend. 881. 4. 20

— nuovo manuale logaritmico-trigonometrico con sette decimali. 3. ed. ster. Lex.-8. (XXIV, 610 S.) Ebd. 889. n. 4. 20

— nuovo manuale logaritmico-trigonometrico con 7 decimali. 4. ed. ster. Lex.-8. (XXIV, 610 S.) Ebd. 894. 4. 20

— nuovo manuale logaritmico-trigonometrico con 7 decimali. 5. ed. ster. Lex.-8. (XXIV, 610 S.) Ebd. 900. 4. 20

—— Nouveau manuel de logarithmes à sept décimales pour les nombres et les fonctions trigonométriques. Lex.-8. (XXIV, 610 S.) Leipzig 870, B. Tauchnitz. (*M.* 4.)

— nouveau manuel de logarithmes à sept décimales pour les nombres et fonctions trigonométriques. 2. éd. stér. Lex.-8. (XXIV, 610 S.) Ebend. 880. 4. 20

—— nouveau manuel des logarithmes à sept décimales pour les nombres et fonctions trigonométriques. 2e édit. stér. Lex.-8. (XXIV, 610 S.) Ebendas. 881.

— nouveau manuel de logarithmes à sept décimales pour les nombres et les fonctions trigonométriques. 3. éd. stér. Lex.-8. (XXIV, 610 S.) Ebd. 889. n. 4. 20

— nouveau manuel de logarithmes à 7 décimales pour les nombres et les fonctions trigonométriques. 4. éd. stér. Lex.-8. (XXIV, 610 S.) Ebd. 894. 4. 20

— nouveau manuel de logarithmes à 7 décimales pour les nombres et les fonctions trigonométriques. 5. éd. stér. Lex.-8. (XXIV, 610 S.) Ebd. 900. 4. 20

— Mittheilung über die Ermittelung der Coordinaten der Pleissenburg und verschiedener Thürme in Bezug auf die Leipziger Sternwarte, und über die Construction eines Basisapparates. [Leipzig] 1872.

Bruhns, Car. (Christian.) (geb. Plön in Holst.): De planetis minoribus inter Martem et Jovem circa solem versantibus. Berolini (1856). (30 S.) 8°
Berlin, Phil. Diss. v. 2 Aug. 1856

Bruhns, Carl (Hrsg.), s. Protokolle d. Verhandl. d. perman. Comités, eingesetzt v. d. 1. Meteorologen-Congress . . .

Bruhns, Carl (Hrsg.), s. Protokolle üb. d. Verhandlungen der . . . allgem. Conferenz der europ. Gradmessung . . .

— Resultate aus den meteorologischen Beobachtungen angestellt an mehreren Orten im Königreich Sachsen in d. J. 1828 bis 1863 u. an den 22 königl. sächsischen Stationen im J. 1864. Nach den monatlichen Zusammenstellungen im statist. Bureau des k. Ministeriums d. Innern. 1. Jahrg. Leipzig 866. E. J. Günther. gr. 8. (VIII, 152 S.) n. 2 *Thlr* 10 *ngr.*

—— Resultate aus den meteorologischen Beobachtungen angestellt an mehreren Orten im Königr. Sachsen in den J. 1760 bis 1865 und an den 22 königl. sächsischen Stationen im J. 1865. Nach den monatl. Zusammenstellungen im statist. Bureau des königl. Ministeriums des Innern. 2. Jahrg. gr. 4. (VIII und 147 S.) Leipzig 867, Günther. *

—— Resultate aus den meteorologischen Beobachtungen angestellt an mehreren Orten im Königr. Sachsen in den Jahren 1826 bis 1861 und an den 25 königl. sächsischen Stationen im J. 1866. Nach den monatl. Zusammenstellungen im statist. Bureau des königl. Ministeriums des Innern. 3. Jahrg. gr. 4. (VIII, 127 S.) Leipzig 868, E. J. Günther.

—— dass. — in den J. 1867, 1868, 1869 und 1870. 4.—7. Jahrg. gr. 4. (VI, 71; IV, 65; IV, 96; V, 85 S.) Leipzig 869—74, Teubner. à Jahrg. *

—— Resultate aus den meteorologischen Beobachtungen, angestellt an 24 königl. sächs. Stationen in den J. 1871—1873. 8.—10. Jahrg. gr. 4. Leipzig, Teubner. [8. Jahrg. 1871. (III, 113 S.) 874. * *M.* 4.; 9. und 10. Jahrg. 1872 und 1873. (IV, 192 S.) 877. * *M.* 10.] *

—— dass. — angestellt an 25 königl. sächs. Stationen in den J. 1874 und 1875. 11. und 12. Jahrg. gr. 4. (IV, 200 S.) Ebendas. 880. *

Bruhns, C., zum heut. Stand d. Syphilistherapie. (Sammelbericht.) [Erweit. Sonder-Abdr. aus: „Medicin d. Gegenwart".] 12. (24 S.) Berlin 898. Boas & Hesse. n. — 60

— zum heutig. Stand d. Syphilistherapie. 12. (24 S.) Berlin 898. Leipzig, G. Thieme. n. — 60

—— die astronomische Strahlenbrechung in ihrer histor. Entwickelung dargestellt. Eine gekrönte Preisschrift gr. Lex.-8. (XIV und 182 S. mit 4 Stnt.) Leipzig 861, Voigt und Günther. *

— — Tafel vierstelliger Logarithmen. Berlin 1874. 8°.

—— s. Verhandlungen der permanenten Commission der europäischen Gradmessung.

Bruhns, C. (Hrsg.), s. Vierteljahrsschrift der astronomischen Gesellschaft.

Bruhns, Eduard

Bruhns, E., Führer durch Lübeck nebst Umgegend bis Travemünde, Schwartau und Ratzeburg. 8. (90 S. mit 1 lithogr. Karte in gr. 4.) Lübeck 874, Bolhoevener. geb.
Aus: Führer durch die Umgegend der ostholsteinischen Eisenbahnen (2. Aufl.), besonders abgedruckt.

Bruhns, E., Führer durch die Umgegend der ostholsteinischen Eisenbahn. Mit e. Vorw. von L. Meyn, 1 Stahlst. u. 4 (lith.) Charten (in 4. u. Fol.). Eutin 868. Struve. 8. (VII. 207 S.) n. 1 *Thlr* 6 *ngr.*

— Führer durch die Umgegend der ostholsteinischen Eisenbahnen. Mit e. Vorworte v. L. Meyn, e. Stahlst. u. 7 (lith. u. chromolith.) Karten (in gr. 4 u. Fol.) 2. stark verm. Aufl. 8. (XVI, 362 S.) Eutin 874. Struve. geb. n. 6. —

Bruhns, G., Turnvater Jahn und sein Geist. Turnerisch-patriot. Gedicht in 4 Bildern. 2. Aufl. 8. (32 S.) Elbing 876, Meißner.
1. Aufl. erschien im Selbstverlag.

Bruhns, E., d. Knicke d. Herz. Schlesw.-Holstein u. Lauenb. nach ihr. Einw. auf Feld, Feldfrucht u. Weidevieh. 8. (32 m. 4 L.) Eutin 64, Struve. n. — 12

Bruhns, E., die Knicke der Herzogthümer Schleswig-Holstein und Lauenburg nach ihrer Einwirkung auf Feld, Feldfrucht und Weidevieh. Preisschrift. gr. 8. (38 S. mit 4 Chromolithogr. in Fol.) Eutin 864, Völckers. *

Bruhns, E., die Kornpreise zu Lübeck und Neustadt von 1833 bis 1856 graphisch bearb. Eutin 856. Völckers in Comm. (1 lith. Tab. in gr. Fol.) nn. 1 ℳ

Bruhns, Erdmann: Heilsame A r z e n e y - V o r s c h l ä g e wegen des gegenwärtigen kläglichen Vieh-Sterbens aus dem desfals im Jahre 1745. den 9. April verordnet gewesenen Buss-Text beym Propheten Jonas IV, 9, 10, 11 . . . Altona u. Flensburg 1745. 43 S.

Bruhns, Fanny. Der Nagel der Halbaffen und Affen. Ein Beitrag zur Phylogenie des menschlichen Nagels. Aus dem anatomischen Institut der Universität Zürich. Diss. Phil [II.] Univ. Zürich. [Mit Figuren.] (Aus dem »Morphologischen Jahrbuch. Band 40. Heft 4.«) II S. + S. 501—610. 8. Leipzig, Wilhelm Engelmann, 1909.

Bruhns, G. Fr., französische Formenlehre nebst den für Anfänger unentbehrlichen syntaktischen Regeln. Lübeck 853. Boldemann. (Dittmer.) Lex.-8. (31 S.) 7½ ngr

Bruhns, G. Fr., kurzgefaßte französische Grammatik. 1. Hft. 3. Aufl. 865. — 4. Aufl. Lübeck 866. Dittmer gr. 8. (36 S.) n. 5 ngr

Bruhns, G. Fr., kurzgefaßte französische Grammatik. 2. Hft. 2. verm. u. verb. Aufl. gr. 8. (50 S.) Lübeck 871. Dittmer. geb. — 75

—— kurzgef. deut. Sprachlehre. 3. Afl. 8. (42) Ebd. 65. n. — 5

—— kurzgefaßte deutsche Sprachlehre. 3.—5. Aufl. gr. 8. (42 S.) Lübeck 866,68, Dittmer'sche Buchh. cart. *

—— kurzgefaßte deutsche Sprachlehre. 6. stark verm. Aufl. 1873, und 7. Aufl. gr. 8. (54 S.) Lübeck 874, Dittmer'sche Buchh. cart.

Bruhns, G. Fr., kurzgefaßte deutsche Sprachlehre. 8. und 9. Aufl. gr. 8. (54 S.) Lübeck 875,79, Dittmer'sche Buchh. cart. *

Bruhns, G. Fr. Kurzgefaßte deutsche Sprachlehre. 11. verb. Aufl. 8. (IV, 78 S.) Lübeck 890, [Dittmer.] Lübcke u. Hartmann. geb. * 1

Bruhns, G. Fr., Kurzgef. deutsche Sprachlehre. 12. Aufl. 8 (IV, 78 S.) Lübeck 897. Lübcke & Hartmann. Geb. n. 1.—

Bruhns, Gustav [aus Lübeck]: Über Adenin und Hypoxanthin. . . . Strassburg i. E., Verl. v. Karl J. Trübner, 1890: 47 + 1 S. 8°
Berlin. Phil. Fak., Inaug.-Diss. v. 26. Jul. 1890

Beleuchtung des Menschenverstandes des Pastor [Friedrich Marquard] Meyer in Beziehung auf dessen Schrift gegen die Harmsischen Theses. Nebst weiterer Ausführung einiger Hauptstreitpunkte v. Hans Iversen Bruhns. Kiel. 1818. 8°.

Bruhns, H. J., († d. 5. Febr. 1822.) Beleuchtung des Menschenverstandes des Pastor Meyer, in Beziehung auf dessen Schrift gegen die Harmsischen Theses. 8. Kiel 819. (Hesse). 16 ggr

Für die Offenbarung, gegen den Idealismus. Zunächst gegen die Schrift des Hrn. von Berger: Ueber den scheinbaren Streit der Vernunft wider sich selbst, besonders in Religionssachen. Nebst einem Anhang über Neubers Religion und Sittlichkeit. Von H[ans] J[versen] Bruhns. Kiel. 1819. 8° Hesse

BRUHNS, HANS IVERSEN, Warnung vor dem das Wort Gottes verfälschenden Kieler Anhange des Schlesw.-Holst. Gesangbuchs. Kiel. 1820. Hesse.

Bruhns, Hugo, Gesetzestafel des deutschen Reichsrechts, s. a. Guttentag's Sammlung deutscher Reichsgesetze.

Gesetzestafel des Deutschen Reichsrechts. System. geordnete Nachweisung des z. Zeit geltenden Reichsrechts. Erg.Bd zu d. Guttentag'schen Sammlung Deutscher Reichsgesetze hrsg. von H u g o Bruhns, Syndikus. *Berlin: J. Guttentag 1902.* (VIII, 135 S.) 8° [F.]
= Sammlung. G u t t e n t a g ' s c h e, Deutscher Reichsgesetze. No 63.

Bruhns, J. P., de Lutheranismo Beguinarum juxta G. H. Goetzium. Lubec. 1719. 4.

Das Fortbildungsschulwesen. Von Julius Bruhns. Berlin: Vorwärts 1910. 78 S. 8°
(Sozialdemokratische Gemeindepolitik. H. 11.)

Bruhns, Karl (Hrsg.), s. L e x i k o n , Diagnostisch-Therapeutisches, für praktische Ärzte.

Bruhns, Karl L., Assistenzarzt in Magdeburg: Über metapneumonische Lungenabscesse. Aus d. Universitätsklinik in Göttingen. Göttingen 1907: W. F. Kaestner. (38 S.) 8°
Göttingen, Med. Fak., Ref. Bendix, Diss. v. 31. Aug. 1907
[Geb. 26. Juni 78 Lübeck; Wohnort: Magdeburg; Staatsangeh.: Lübeck; Vorbildung: Gymn. Lübeck Reife O. 99; Studium: Freiburg i. B. 4, Leipzig 4, Göttingen 2 S.; Coll. 6. Aug. 07; Approb. 20. Jan. 00.]

Bruhns, Ulr. Jo. Fried. (Jever), Fundamenta artis nauticae in mathesi quaerenda. Präs. Jacob Carpov. Jena (Horn) 16. V. 1733. 24 S. (4.—) 4284

Elemente der Krystallographie von Dr. W[illy] Bruhns, Prof. Mit 346 Fig. Leipzig & Wien: F. Deuticke 1902. (VI, 211 S.) 8°

Bruhns, W: Kristallogr., s. a. Sammlung Göschen 210.

Kristallographie. Von Dr. W[illy] Bruhns. Mit 190 Abb. Neudr. Leipzig: Göschen 1909. 144 S. 8°
(Sammlung Göschen. 210.)

Die nutzbaren Mineralien und Gebirgsarten im deutschen Reiche. Auf Grundlage d. gleichnamigen [Heinrich] v. D e c h e n schen Werkes neu bearb. unter Mitw. von H[ugo] B ü c k i n g, Prof., Strassburg, durch W[illy] Bruhns, Prof., Strassburg. Mit 1 geol. Karte. Berlin: G. Reimer 1906. (XIX, 859 S.) 8°

— Petrogr. (Gesteinskde), s. a. Sammlung Göschen 173.

Petrographie ⟨Gesteinskunde⟩ von Dr. W[illy] Bruhns, Prof. Mit 15 Abb. Neudr. Leipzig: Göschen 1906. 176 S. 8°
(Sammlung Göschen. 173.)

Bruhns, Willy: Der Porphyritzug von Wilsdruff-Potschappel. . . . Sep.-Abdr. a. d. Zeitschr. d. Deutsch. geol. Ges. 1886.) Berlin, Druck v. J. F. Starcke, 1886: 27 S. + 1 Bl. u. 1 Taf. 8°.
Leipzig, Phil. Fak., Inaug.-Diss. v. 27. Dez. 1886.

Bruhns, W., u. K. Busz, Sach- u. Orts-Verzeichniss, s.: R a t h, Gerh. vom.

Bruhnsen, Otto, Cerevis u. Bürgerkappe. Erzählungen. 8. (126 S.) Hamburg 886. Grädener's Sort. n. 1.—

Bruhnsen, Otto: Versunkenes Glück, s: Bücherei fürs deut. Haus.

Bruhnsen, Otto. Die drei gestrengen Heiligen u. andere Novellen. 8. (121 S.) Hamb. 889, Hoffmann u. Campe's Sort. * 1 50

Bruhnsen, Otto, verfehltes Leben. Der tolle Geiger, s.: Reclam's Unterhaltungs-Bibliothek.

Bruhnsen, Otto, verfehltes Leben. Der tolle Geiger, s.: Universal-Bibliothek.

Brühwein, Johann Friedrich Leonhard

Brühwein, J. F. L., Adeona, od. Etwas in das Ridikülchen des schönen Geschlechts. Taschenb. a. d. J. 1804, 12. Bresl. 804. Graß, Barth u. C. 12 ggr

— mytholog. Belehrr. in alphabet. Ordnung rc. M. ill. Kpf. 8. Bresl. 805. Graß, Barth u. C. 1 ℳ

BRÜHWEIN, J. F. L. (kein Pseud.), H a m a n i a d e. Eine heidnische und jüdische Begebenheit aus dem 4. Jahrtausend, in 3 Aufzügen dramatisiert. Breslau, Holäufer, 1816. 8°. (80 Pfg., N. G. Elwert, Marburg, 1885.)

BRÜHWEIN, J. F. L., Toiletten-Spiegel für manche unsrer jungen Schönen, nebst einigen unschädlichen Konservationsmitteln; ein kleines Weihnachtsgeschenk. Breslau, 1802, in Commiss. bey Barth u. Hamberger. 16°.
XIV—96 SS. Einiges in Versen. Mit 4 Kpfrn. in obl.-8°. Selten! Die figurenreichen Bilder stellen alte Nürnbergische, Strassburgische und Augsburgische Frauenzimmer-Trachten dar. (2 Mk., expl. fatig., Kühl; jetzt theurer!)

— der Toilettenspiegel f. unsre Schönen, nebst Conservationsmitteln. 32. Bresl. 802. Barth. (Holäufer). 12 gr.

Bruillard, Philibert v., Hirtenbrief, betreffend die Anordnung über die Errichtung einer neuen Wallfahrtskirche auf dem Berge La Salette, in Frankreich, zu Ehren der seligsten Jungfrau Maria. Aus dem Franz. übers., und mit einem Vorwort begleitet vom Uebersetzer. gr. 8. (19 S.) Einsiedeln 851, Gebr. Benziger.

Bruimann, W., Explosion von Schlagwettern in der Braunkohlengrube zu Tokod bei Gran (Ungarn) am 1. April 1871. Budapest, 1871. 15 S. mit 1 Taf.

Bruin, s.a. Servaas de Bruin.

Bruin, Christian Gerrit de (Harlemensis)
Specimen inaugurale medicum Extirpationis ossis Zygomatici oculo integro peractae historiam: Nec non dysenteriae in tropicis observatae relationem exhibens.
Giessae: Heyer 1844. 18 S.
Diss. med. 5.2.1844.

Bruin, M. G. de, Geburtshilfe bei den kleineren Haustieren, s.: Handbuch der tierärztlichen Chirurgie u. Geburtshilfe.

Bruin, M. G. de, die Geburtshilfe beim Rind, s.a. Handbuch der thierärztl. Chirurgie u. Geburtshilfe. VII. 1.

De Bruin, M. G., Docent für Geburtshilfe an der Staats-Thierarzneischule in Utrecht, Die Geburtshilfe beim Rind. Mit 77 Abbildungen. (Handbuch der thierärztlichen Chirurgie und Geburtshilfe, VII. Band, I. Theil.) Gr.-8. (X u 382 S.) Wien: Braumüller 1897
— — Gebunden in Halbfranz. (Nur fest) 7.20

v. Bruine, A. H. De contractu assec. adversus incendium. D. 1832.

Bruïne Ploos van Amstel, P. J. de, Hämaturie, s.: Sammlung klinischer Vorträge.

Bruïne Ploos van Amstel, P. J. de, chronische Steifigkeit der Wirbelsäule. s.: Sammlung klinischer Vorträge. Nr. 409.

— Transfusion u. Infusion. s.: Klinik, Wiener. 1904. Hft. 7. 8.

Bruine Ploos van Amstel, PJ de: Zystinurie, Alkaptonurie, Ochronose, s: Sammlung klin. Vorträge.

Bruinier, J., Selbstkostenberechnung f. Maschinenfabriken im Auftrage des Vereines deutsch. Maschinenbau-Anstalten (in Düsseldorf) bearb. (82 S.) Lex. 8. Berlin 908. J. Springer. 1.—

Bruinier, J[ohannes] W[eygardus]: Faust vor Goethe. Untersuchungen zur Faustsage. II. Das Volksschauspiel vom Doktor Faust in drei Fassungen der Moebiusschen Überlieferung. Einleitung und Text. XVI. 79 S. 8. Progr. Gymn. *Anklam* 1910
I. Das Engelsche Volksschauspiel Doctor Johann Faust als Faelschung erwiesen. *Halle a. S.: M. Niemeyer* 1894. 2 Bl., 107 S. 8. M. 2,80.

Bruinier, J(ohannes) W[eygardus]: Faust vor Goethe. Untersuchungen z. Faustsage. 2. Das Volksschauspiel vom Doktor Faust in 3 Fassungen der Moebiusschen Überlieferung. Einl. u. Text. Anklam (1910): Poettcke. XVI, 79 S. 8° ¶(1. ersch. als Buch b. Niemeyer, Halle 1894.)
Anklam, G OP 1910 (165)

Die Heimath der Indogermanen u. die Möglichkeit ihrer Feststellung. Von Dr. J[ohannes] W. Bruinier in Greifswald. (Nach e. am 29. Okt. 1896 im Ver. f. Erdkunde zu Metz gehalt. Vortr.) *[o. O.] (1896)*. (20 S.) 1 Bd 8. [97. 7716 ...

Bruinier (*baron de Larnage, vicomte d'Aps et de Larsanne*). Johannes Weijgardus [aus Abcoude bei Amsterdam]: Kritische Studien zu Wernhers Marienliedern. . . . Greifswald, Druck v. J. Abel. 1890; XI. 248 S. 8°
Greifswald, Phil. Fak., Inaug.-Diss. v. 21. Okt. 1890

Vergangenheit, Gegenwart u. Zukunft des deutschen Volkes. Vortr. geh. im Ver. f. Erdkunde zu Metz am 4. Nov. 1897 von Johannes W. Bruinier ... *Metz: G. Scriba 1898.* (27 S.) 1 Bd 8. [98. ...

Bruinier, J. W., das deutsche Volkslied, s.a. Aus Natur u. Geisteswelt. 7. Bdchn.

BRUINIER, J. W., Das deutsche Volkslied. Ueber Werden und Wesen des deutschen Volksgesangs. 2. Aufl. Leipzig 1904. 8°. (Mk. 1,25.) (75 Pfg. Schweitzer & Mohr, Berlin, 1910.)

Das deutsche Volkslied. Über Wesen u. Werden d. deutschen Volksgesanges. Von J[ohannes] W[eygardus] **Bruinier**. 3., umgearb. u. verm. Aufl. Leipzig: B. G. Teubner 1908. (151 S.) 8° [G.]
= Natur, Aus, u. Geisteswelt. Bdch. 7. [08. 7319

Bruining, **G., Commentarius perpet. in J. Caesaris, Strabonis, Melae, Plinii, Taciti, Dionis, Ptolomaei, Zosimi, Ammiani etc. alior. histor. geographorum, rhet., poët. complurium, tradita de rebus Belgicis, Batavicis, Frisicis, Sicambricis, aliis nonnullis etc. 8 maj. Leyd. 818. Luchtmans. (Leipz., Weigel). 1 Thl. 21 gr.**

Bruining, G., Commentarius perpet. in J. Caesaris, Strabonis, Melae, Plinii, Taciti, Dionis, Ptolomaei, Zosimi, Ammiani etc. alior. histor. geographorum, rhet., poet. complurium, tradita de rebus Belgicis, Batavicis, Frisicis, Sicambricis, aliis nonnullis etc. 8maj. Lugd. Bat. (Lipsiae, Weigel). 319.

— Schediasma de Mesmerismo ante Mesmerum etc. 8 maj. Gröning. 815. (Ling., Jülicher; auch Barth in Leipz.) 16 gr.

— — Schediasma de Mesmerismo ante Mesmerum etc. 8maj. Groningae. (Lingae, Jülicher in comm.) (Hahn in Hannover). (Auch Barth in Leipzig.) 816.

Bruiningk, Heinr. Fr. Frh. von, s. Bemerkungen üb. d. landwirthschaftl. System.

v. Bruiningk, Hnr. Fr., Frhr., Fantasie-Gemälde aus dem heiligen Lande. Nebst 1 Karte von Palästina und einem Anhang, zur Verdeutlichung des Textes, in Bezug auf Geschichte u. Sitten der Juden. 8. 827. Verlag d. Colditz'schen Buchh. in Halle. geb. 2/3 Thl.

v. Bruiningk, Freih. Hnr. Fr., Phantasiegemälde aus d. heil. Lande. Nebst e. Karte v. Palästina u. e. Anh. z. Verdeutlichung d. Textes, in Bezug auf Gesch. u. Sitten der Juden. 8. Liegn. 827. Leonhardt. 1 Thl. 12 gr.

— Ideen im Geiste des wahren Herrnhuthianismus. 8. Leipz. 811. Er. Fleischer. 20 gr.

— vergl. Bruning.

Bruiningk, Herm. v., s.: Güterurkunden, livländ.

Messe und kanonisches Stundengebet nach dem Brauche der Rigaschen Kirche im späteren Mittelalter. Von Hermann v. **Bruiningk**. (In 2 H.) (Riga: N. Kymmel 1903-04.) (656 S.) 8°
— **Mitteilungen** aus d. livländischen Geschichte. Bd 19. [05. 499

Bruiningk, Herm. Baron, livländische Rückschau. Zur Abwehr gegen „Livländische Rückblicke". gr. 8. (223 S.) Riga 879. Schnakenburg. 3. 60

v. Bruinink, G. J., Samml. merkw. Rechtshändel. 3 Thle. 8. Heilbr. 763. Class. 1 Thl.

Bruinvisch, A. E. (Resp.): Diss. de potioribus atoniae caussis et remediis, s. Cartheuser, Jo. F. (Praes.)

Bruis et Palaprat, Comédie par M. Etienne. gr. 8. Rudolst. Hofbuchh. 808.

Bruitte, Ed., mein Austritt aus der römischen Kirche. Aus d. Französ. übersetzt zur Belehrung der röm. Katholiken im Elsaß. gr. 8. Straßburg 843. (Posen, Scherk.) n. 3 ngl

— Sendschreiben an Hrn. Guyard, s. Mein Abschiedswort an Rom.

Bruker, Carl, Herstellung, Werthschätzung u. gründliche Ausnutzung des Malzes im Brauhaus. Mit e. Anh.: Vollmundige Biere. gr. 8. (32 S.) Leipzig (Erdmannstr. 11) 899. Selbstverlag. 1. 10

Bruekmann, Arthur. Ein Siegel auf die Lippen. Baltimore: Kroh, 1858.

Brukner, Zuckernot u. Abhilfe. gr. 8. (28 S.) Berlin 902. (W. Baensch.) n. 1. —
Sonderabdruck aus: „Deutsche Stimmen".

Brukner, Ant. Adelb., geschichtliche Lesestücke. Ein Lesebuch, zunächst für jene Classen der österreich. Bürger- und Realschulen, in welchen vorzugsweise die Geographie Oesterreichs gelehrt wird. 8. (IV und 264 S.) Brünn 854, Buschak und Irrgang. *

Brukner Bruno: Beiträge zur genaueren Kenntnis der chemischen Beschaffenheit der Stärkekörner. S. 88. I. 129 . . . . vgr.

Brukner, Bruno, Hamerling als Erzieher. 8. (IX, 136 S.) Hamburg 893. Verlagsanstalt u. Druckerei A.-G. n. 2. —

Brukner, Bruno. Deutsche Welt- u. Lebensanschauung. Begründet durch d. Versuch e. neuen Lehre v. den sittl. Erscheinungn. gr. 8. (95 S.) Berl. 891, A. Reinecke. * 1 50

Brukner, Fritz, s.: Nestroy, Joh., 2 unbekannte Stücke.

Brukner, Fritz, Ferdinand Raimund in der Dichtung seiner Zeitgenossen. Gedichte an Raimund, nebst e. Reihe v. ungedruckten Briefen. Gesammelt u. m. Anmerkgn. versehen. (X, 99 S. m. 1 Taf.) kl. 8. Wien 905. Gilhofer & Ranschburg. n. 2. —

(F) Brukner, I., Ernstes und Heiteres. Gedichte. 8°. (66 S.) Wien: Breitenstein 1903 geb. K 2.—

Brukon, P.: Faustball u. Schlagball . . ., s. Rößner, A.

Brukon, P., Die moderne Leichtathletik, D. Lieblingssport d. alten Griechen, E. Darstellung sämtl. Übungen d. „olympischen Sports", m. Abb., Leipzig, 119 S., 8°.

Brulat, Paul, Cabassous Abenteuer, s. a. Bibliothek Rothbarth.

Cabassous Abenteuer. [L'Aventure de Cabassou.] Roman von Paul Brulat. Autor. Übers. 2. Aufl. Berlin: Hesperus-Verl. 1907. 166 S. 8°
(Bibliothek Rothbarth. Bd 14.)

— Dirnen-Liebe. Roman. Berechtigte Uebertragg. v. Max Hoffmann. (220 S.) 8. Berlin 907. Harmonie. (Urspr. Pr. 2.—; geb. 3. —)

Brulat, Paul, Eldorado. Roman. Autoris. Übersetzg. v. Wilh. Thal. (228 S.) kl. 8. Leipzig (905). F. Rothbarth. n. 2. 60; geb. n. 3. 50

Eldorado [L'Eldorado]. Roman von Paul Brulat. Autor. Übers. von Wilhelm Thal. Berlin: Hesperus-Verl. [1906]. 227 S. 8°
(Bibliothek Rothbarth. [Bd 5.])

Paul Brulat. Das Modell. Pariser Künstlerroman. Autor. Übers. Bildschmuck von F. Schmidt. Berlin-Gr.Lichterfelde: P. Langenscheidt [1904]. (140 S.) 8°
— Mignon, Bibliothek. [Jg.] 1, [Bd] 4.

— ein Paria. (La Gangue.) Autoris. Übersetzg. v. Wilh. Thal. (244 S.) 8. München (904). Leipzig, F. Rothbarth. n. 2. 60; geb. n. 3. 50

Ein Paria [La Gangue]. Roman von Paul Brulat. Deutsch von Wilhelm Thal. 4. Aufl. Berlin: Hesperus-Verl. [1906]. 244 S. 8°
(Bibliothek Rothbarth. [Bd 4.])

— s.: Rina.

Brülcke, P(aul). Die Entwicklung der Reichsstandschaft der Städte von der Mitte des XIII. bis zum Ende des XIV. Jahrhunderts. Diss. Phil. Göttingen. 8. Hamburg 1881.

Brülcke, P., die Entwicklung der Reichsstandschaft der Städte. Ein Beitrag zur Geschichte der Reichstage von der Mitte des XIII. bis zum Ende des XIV. Jahrh. gr. 8. (99 S.) Hamburg 881. Kriebel. n. 2. —

Brülhart, F[ridolin]. Étude historique sur la Littérature Fribourgeoise depuis le moyen âge jusqu'à la fin du XIXme siècle. Par L'abbé F. J[acques] B'.... XII + 332 p. 8. Fribourg ⟨Suisse⟩, Impr.-Libr. Saint-Paul, 1907. [fr. 3. 50]

Brülhart, P. Die praktische Kaninchenzucht. Mit 1 Taf. In-8°. 28 S. Estavayer-le-Lac (Léchelles, Selbstverlag des Verfassers). 1896 — 50
, Auch in französ. Sprache erschienen zum Preise von 45 cts.

Brülhart, P., d. prakt. Kaninchenzucht. 8. (28 S. m. 1 Taf.) Estavayer-le-Lac 897. Lechelles (Kant. Freiburg [Schweiz]), Selbstverl. — 45

— dasselbe. Kleiner Nachtrag dazu. 8. (7 S.) Ebd. 897. n.n. — 15

Brüll, Ueber den Dialekt der Rhodier. Pr. 1875. 20 S. 4°.

Brüll, Adf., Beiträge zur Kenntniss der jüdisch-deutschen Literatur. gr. 8. (33 S.) Frankfurt a. M. 877, Erras. *
Aus: Jahrbücher für jüdische Geschichte und Literatur, besonders abgedruckt.

Brüll, Adolf Zur Geschichte und Litteratur der Samaritaner. 25 S. Progr. R. isr. Gem. *Frankfurt a/M.* 1876.

Zur Geschichte der Loge zur aufgehenden Morgenröthe in Frankfurt am Main von ihrer Gründung am 16. Aug. 1807 bis auf die Gegenwart. Fest-Schrift aus Anlass der Hundertjahr-Feier der Loge von Adolf Brüll. Frankfurt a. M. 1907: Mahlau & Waldschmidt. 176 S. 1 Bildn. 8°
[Umschlagtit.:] Loge zur aufgehenden Morgenröthe Frankfurt am Main.
Nebst Verzeichn. der M. v. St. von 1807—1907.

Brüll, Adf., die Mischehe im Judentum im Lichte der Geschichte. Vortrag. (28 S.) 8. Frankfurt a/M. 905. (A. J. Hofmann.) n. 1. —

! — Die Mischehe im Judentum. Jetzt: Frankf. a/M., J Kaufmann. '01/05

Brüll's, Adf., populär-wissenschaftliche Monatsblätter zur Belehrung üb. das Judentum f. Gebildete aller Konfessionen. Organ des Mendelssohn-Vereins in Frankfurt a. M. Red. u. Hrsg.: Adf. Brüll. 19.—22. Jahrg. 1899—1902. à 12 Nrn. gr. 8. (à ca. 24 S.) Frankfurt a./M. (Feldbergstr. 36 II). Selbstverlag. à Jahrg. n 6.—
Früher u. d. T.: Monatsblätter, popul.-wissensch.

Brüll, Adf., populär-wissenschaftliche Monatsblätter zur Belehrg. üb. das Judentum f. Gebildete aller Konfessionen. Organ d. Mendelssohn-Vereins in Frankfurt a. M. Red. u. Hrsg.: Adf. Brüll. 23.—26. Jahrg. 1903—1906. à 12 Nrn. (IV, 280 S.) gr. 8. Frankfurt a/M. (Unterlindau 44), Dr. Adf. Brüll. à Jhrg. n. 6.—

— Populär-wissenschaftliche Monatsblätter zur Belehrung über das Judentum f. Gebildete aller Konfessionen. Organ f. freisinnige Bestrebgn. im Gemeindeleben. Red. u. Hrsg.: Adf. Brüll. 27. u. 28. Jahrg. 1907 u. 1908. à 12 Nrn. (à ca. 24 S.) gr. 8. Frankfurt a/M. (Unterlindau 44), Dr. Adf. Brüll. à Jhrg. 6.—
Erscheint nicht mehr. Herausgeber verstorben.

Brüll, Adf., Reden, geh. am Neujahrsfeste u. Versöhnungstage des J. 1893 in Frankfurt am Main. gr. 8. (24 S.) Frankfurt a/M. 893. (J. Kauffmann.) n. 1.—

Brüll, Adf., fremdsprachliche Redensarten und ausdrücklich als fremdsprachlich bezeichnete Wörter in den Talmuden und Midraschim. Eine philolog. Studie. gr. 8. (58 S.) Leipzig 869, Fritsch. *

Brüll, Adf., kritische Studien üb. Manuscript-Fragmente d. samaritanischen Targums in Oxford. gr. 8. (57 S.) Frankfurt a/M. 875. Erras. n. 2. 50

—— das samaritanische Targum zum Pentateuch. Zum erstenmale in hebräischer Quadratschrift nebst einem Anh. text-kritischen Inhaltes hrsg. 5 Thle. und 1. Anhang. gr. 8. Frankfurt a. M., Erras. *

Inhalt:
Thl. 1. Genesis. (S. 1—62.) 873. *ℳ 1,50.
» 2. Exodus. (S. 63—116.) 874. *ℳ 1,50.
» 3. Leviticus. (S. 117—152.) 874. *ℳ 1,50.
» 4. Numeri. (S. 153—204.) 874. *ℳ 1,50.
» 5. Deuteronomion. (VIII, S. 205—248.) 874. *ℳ 1,50.
1. Anhang: Kritische Studien über Oxforder Manuscript-Fragmente. (57 S.) 875. *ℳ 2.

Brüll, Adf., das samaritanische Targum zum Pentateuch. Zum erstenmale in hebr. Quadratschrift nebst einem Anhang text-krit. Inhaltes hrsg. 2. Anhang: Zur Geschichte und Literatur der Samaritaner, nebst Varianten zum Buche Genesis. gr. 8. (47 und III, 20 S.) Frankfurt a. M. 876, Erras. *
Ohne Varianten (47 S.) *
Varianten allein (III, 20 S.) *
Hauptwerk (5 Thle.) und 1. Anhang. Ebendas. 1873—75. *ℳ 10.

Brüll, Adolf. Trachten der Juden im nachbiblischen Alterthume. Ein Beitrag zur allgemeinen Kostumkunde. I. Theil. Frankfurt a/M. Verlag von Isaac St. Goar 1873.
IV + 90 S. 8°.
Der im Vorwort angekündigte 2. Teil nicht erschienen.

Kauffmann, Ludw.: Trauerrede, gehalten am 23. April 1907 an der Bahre des sel. Ludw. Kauffmann von Adolf Brüll. [Frankfurt a. M. 1907: Brönner.] 8 S. 1 Taf. 8° [Umschlagtit.]
Mit dem Bildn. des Verstorbnen. Im Namen der Loge z. aufgehenden Morgenröte in Frankfurt a. M. gesprochen.

Brüll, Andr., Bibelkunde für Präparanden-Anstalten und Lehrer-Seminare. 1. Aufl. (IV, 106 S.) 1877; 2. verm. und verb. Aufl. gr. 8. (120 S.) Freiburg i. Br. 879, Herder'sche Verlagsh. *

Brüll, Andr., Bibelkunde für höhere Lehranstalten und Lehrerseminare. 3. verm. und verb. Aufl. 8. (VI, 151 S.) Freiburg i. Br. 881, Herder'sche Verlagsh. *

Brüll, Andr., Bibelkunde f. höhere Lehranstalten u. Lehrerseminare. 4. Aufl. gr. 8. (VII, 164 S.) Freiburg i/Br. 884. Herder. n. 1. 20

Brüll, Andr., Bibelkunde für höhere Lehranstalten und Lehrerseminare. 5. verb. Aufl. 8. (VII, 177 S.) Freiburg i. Br. 888, Herder'sche Verlagsh. *

Brüll, Andr., Bibelkunde f. höhere Lehranstalten u. Lehrerseminare, sowie zum Selbstunterrichte. 6., verb. Aufl. gr. 8. (VII, 184 S. m. 5 Abbildgn. u. 4 Kärtchen.) Freiburg i/B. 893. Herder. n. 1. 20;
geb. in Halbleinw. n.n. 1. 45

Brüll, A: Bibelkde f. höh. Lehranst. u. Lehrerseminare sowie z. Selbstunterr. 7. Afl. 8° (204 m. Abb. u. 4 Kärtchen.) Freibg i/B. 99. Herder. 1.40: Einbd nnn — 30

Brüll, Andr., Bibelkunde f. höhere Lehranstalten u. Lehrerseminare sowie zum Selbstunterrichte. 8., verb. u. verm. Aufl. 8. (XII, 214 S. m. 5 Abbildgn. u. 5 Kärtchen.) Freiburg i/B. 902. Herder. n. 1. 50;
Einbd. in Halbleinw. n.n.n. — 30

Brüll, Andr., Bibelkunde für höhere Lehranstalten u. Lehrerseminare, sowie zum Selbstunterricht. 9. u. 10., neu durchgeseh. u. verm. Aufl. Hrsg. v. Jos. Brüll. (XIV, 223 S. m. 5 Abbildgn. u. 5 Kärtchen.) 8. Freiburg i/B. 904. Herder. n. 1. 50; geb. n. 1. 90

Brüll, Andr.: Bibelkde f. höh. Lehranst., insbes. Lehrer- u. Lehrerinnenseminare sowie z. Selbstunterr. 11. u. 12. Afl. v. Jos. Brüll. (16, 243 m. Abb. u. 4 Kart.) 8° Freibg i/B., Herder '08. 1.60; geb. 2 — d

Brüll, Andr., Bibelkunde f. höhere Lehranstalten, insbesond. Lehrer- u. Lehrerinnenseminare sowie z. Selbstunterricht. 13.—15., verb. Aufl. (29.—35. Taus.) Hrsg. v. Jos. Brüll. Mit 12 Textbildern u. 4 (farb.) Kärtchen. (XII, 249 S.) 8. Freiburg i/B. 910. Herder. 1.80; geb. in Leinw. 2. 20

—— der erste Brief des Clemens von Rom an die Korinther und seine geschichtliche Bedeutung. gr. 8. (VII, 66 S.) Ebendas. 883. *

—— der Hirt des Hermas. Nach Ursprung und Inhalt untersucht. gr. 8. (IX, 62 S.) Ebendas. 882. *

Ist Jesus Christus der Sohn Gottes? Unkrit. Federzeichnungen zu d. krit. Schrift von Adolf Harnack: 'Das Wesen d. Christentums' von Dr. Andreas Brüll. 1. u. 2. Aufl. *M. Gladbach: Zentralstelle d. Volksver. f. d. kath. Deutschland 1903.* (31 S.) 8° [F.]
= Tagesfragen, Apologetische. H. 2. [04. 138]

— die wahre Kirche Christi. Aus dem Nachlaß des Verf. hrsg. v. Jos. Brüll. (VII, 45 S.) gr. 8. Freiburg i/B. 903. Herder. n. — 60

—— Lehrbuch der heiligen Geschichte, zunächst für die oberen Klassen höherer Lehranstalten. 8. (XII, 265 S.) Ebendas. 884. *

Brüll, C., De guna et vriddhi in Graecorum conjugatione. Diss. 1868. 82 S.

Bruell, Clemens (Beverungen/Westf.), De hydrocephalo acuto. Diss. path.-ther. Bln. (Nietack) 18. XI. 1835. 31 S., mit Biograph. (M.: D. Weyrater.) (4.50) 4273
Oppon.: F. Scheele, F. Vennewitz, H. Versen. — Gew.: Wilh. Ohrtmann.

Brüll, Felix: Antrittsrede, gehalten am 10. Januar 1898 in der Aula des Gymnasiums zu Prüm. *Prüm (1898): M. J. Goergen.* (28 33 S.) 4°
Prüm, G, P 1898 (481)

Brüll, Felix [Dir. Dr.]: Zur Behandlung der Kasuslehre im altsprachlichen Unterricht. Andernach, K. Isbert'sche Buchdr., 1893; 1—20 S. 4.
Andernach, PG, P 1893 (424)

Brüll, Felix, Dir. Dr.: Die Feier des 50jährigen Bestehens der Anstalt am 21. und 22. Juli 1902. *Prüm (1903): P. Plaum Nachf.* (S. 3- 19.) 4°
Prüm, G, P 1903 (532)

Brüll, F., De fontibus vitae Euripidis. Diss. 1877. 89 S.

Brüll, Felix [Dir. Dr.]: Die Maifelder Genovefa. Andernach, Buchdr. v. C. Weigt, 1897; 3—17 S. 4.
Andernach, PG, P 1897 (439)

Brüll, Felix, Dr., Dir.: Die **Legende** von der Pfalzgräfin Genovefa nach dem noch ungedruckten, bisher verschollenen Texte des Johannes Seinius. (Hrsg.) *Prüm (1899): M. J. Goergen.* (S. 3–21.) 4° ¶ (Vgl. P-Beil. Andernach 1897.)
Prüm, G, P 1899 (487)

Brüll, Felix, Direktor Dr.: Verhandlungen über die Errichtung einer höheren Schule in Prüm aus den Jahren 1802—1815. Prüm 1905: M. Jos. Goergen. (S. 9—18.) 4°
Prüm, G OP 1905 (549)

Brüll, Heinr. De Tyrannii Rufini aquileiensis commentario in symbolum Apostolorum. II. [I: 1872.] Dissertatio pertinens ad historiam dogmatum. 17 S. Progr. G. *Düren* 1879.

Brüll, Heinr. Entwicklungsgang der griechischen Philosophie. Für das Verständnis der oberen Gymnasialklassen dargestellt. 24 S. Zweite Folge. Plato und Aristoteles. 13 S. Dritte Folge. Aristoteles. 18 S. Progr. G. *Düren* 1881. 1884. 1885.

Brüll, Hugo: Beiträge zur französischen Etymologie, zugleich als Probe e. etymol. Wörterbuchs. ⟨Buchstabe A⟩. Krotoschin (1908): Kosmäl. 46 S. 8°
Krotoschin, k. Wilhelms-G P 1908 (215)

Brüll, Hugo, aus Guben: Die altenglische **Latein Grammatik**[!] des Aelfric. *Berlin: Mayer & Müller 1900.* (26 S.) 8° ¶ (Erscheint vollst. in d. Palaestra.)
Berlin, Phil. Diss. v. 13. Aug. 1900

Die altenglische **Latein-Grammatik** des Aelfric. Eine sprachl. Untersuchung von **Hugo Brüll.** *Berlin: Mayer & Müller 1901.* (35 S.) 8°
Aus: Palaestra. 13.
[Erschien auch teilw. als Inaug.-Diss. Berlin 1900.] [04. 1331, 11

Brüll, Jac., Einleitung in die Mischnah, enth. das Leben u. die Lehrmethode der Gesetzeslehrer von Esra bis zum Abschluss des Mischnah. (In hebr. Sp.) gr. 8. (III, 296 S.) Frankfurt a M. 876. (Erras.) n. 4. —

Brüll, J, Einleitg in d. Mischnah, enth. d. Leben u. d. Lehrmethode d. Gesetzeslehrer von Esra bis z. Abschluss d. Mischnah. (In hebr. Spr.) 8. (296) Frankf. 77, (Erras). n. 4. —

Brüll, Jac., Einleitung in die Mischnah. 2. Thl.: Plan und System der Mischnah. (In hebr. Sprache.) gr. 8. (VIII, 167 S.) Frankfurt a. M. 885, [Erras.] A. J. Hofmann. **
1. Thl. Ebendas. 1876. *M 5.—.

Brüll, Jacob, die Mnemotechnik des Talmuds. Eine historisch-kritische Untersuchung. 8. (53 S.) Wien 864, (Herzfeld und Bauer.) *

Brüll, Ignaz

Gringoire. Oper in 1 Act nach d. gleichnamigen Schauspiele von Ch. Banville von Victor Léon. Musik von Ignaz **Brüll.** [Text.] Leipzig: J. Weinberger [1892]. (37 S.) 8° [F.] [02. 6433

Brüll, Ig., das steinerne Herz. Romantische Oper in 3 Akten. Text von J. V. Widmann, frei bearb. nach einem Märchen von Hauff. 8. 8. (54 S.) Leipzig 888, Kahnt. *

Der Husar. Komische Oper in 2 Acten (nach e. Scribe'schen Stoffe) von Victor Léon. Musik von Ignaz **Brüll.** [Text.] Leipzig: J. Weinberger 1897. (72 S.) 8° [F.] [08. 9117

Brüll, Ign.: Das gold. Kreuz. Nach d. Franz. von HS v. Mosenthal, s.a.Universal-Bibliothek 5162.

Das goldene Kreuz. Oper in 2 Akten nach d. Franz. von H. S. [vielm. S(alomon) H(ermann)] v. **Mosenthal.** Musik von **Ignaz Brüll.** Op. 27. Vollst. Klav.-Ausz. mit gesungenem u. gesprochenem Text. *Berlin: E. Bote & G. Bock [1903].* (231 S.) 4° [03. 2999

—— s. Märchen, ein, aus der Champagne. (Erklärender Text.)

Brüll, Ign., Schach dem König! Komische Oper in 3 Akten (frei nach Schaufferts gleichnam. Lustspiel) v. Vict. Léon. Musik v. J. V. Textbuch. 12. (100 S.) Leipzig 893. J. H. Zimmermann. n. — 50

Brüll, Johannes

Die Anfänge des preußischen Eichsfeldes. Ein Gedenkblatt z. Heiligenstädter Jahrhundertfeier am 3. Aug. 1902. Von Dr. Johannes **Brüll**, Gymn.Dir. Gedr. im Auftr. d. Kreisausschusses. (1.) Heiligenstadt (1902): Brunn. 8° [07. 13899

Brüll, Johs., s.: Bibliothek gediegener u. interessanter französischer Werke.

Brüll, Johannes: Gedanken über die sozialpolitische Stellung und Aufgabe des Gymnasiums. *Heiligenstadt 1898: Brunn.* (3—14 S.) 4°
Heiligenstadt, k. Kath. G, P 1898 (246)

Brüll, Johannes, Dr., Dir.: Fürst **Hardenberg** und Kanonikus Wolf. Nach ungedr. Briefen. *Heiligenstadt 1901: F. W. Cordier.* (28 S.) 8° [F.]
Heiligenstadt, k. kath. G, P 1901 (255)

B[rüll], J[ohannes]: Heil ist uns widerfahren. Zur Erinnerung an den 27. Februar 1906 [Jubelhochzeit des Kaiserpaares]. S. 20. 4. Progr. Kgl. kath. Gymn. *Heiligenstadt* 1906

Brüll, Joh. Herodots babylonische Nachrichten. Übersicht des Inhaltes mit Beiträgen zur sachlichen Erläuterung. I. II. 32, 14 SS. Progr. G. *Aachen* 1878. 1885.

Brüll, Johs., Herodots babylonische Nachrichten. Uebersicht des Inhaltes mit Beiträgen zur sachl. Erläuterung. I. Zur Geographie und Topographie von Babylon. 4. (32 S.) Leipzig 879, O. Schulze. *

Brüll, Johs., Herodots babylonische Nachrichten. II. Zur Geschichte und Cultur von Babylon. 1. Semiramis und Nitokris. 4. (14 S.) Leipzig 885, O. Schulze. *
I. Ebendas. 1879. *M 1.50.

Brüll, Johs. Herodots babylonische Nachrichten II. 4°. Lpz. 885. Berl., Felber. * — 80

[F.] **Brüll,** Johannes [Dr., Dir.]: Urkundliches zur Geschichte des Heiligenstädter Jesuitenkollegiums ([Umschlagt.:] ... d. Heiligenstädter Gymnasiums). M. e. krit. Anhang über Johannes Wolf. Heiligenstadt, Druck v. F. W. Cordier, 1897; 31 S. 4.
Heiligenstadt, k. kath. G, P 1897 (244)

Brüll, Jos., Hymnen, Sequenzen und Antiphonen, zusammengestellt zum Gebrauche in mittleren Gymnasialklassen. gr. 16. (32 S.) Rheinbach 875, (Stumm.) *

Brüll, Leop., zur Verbesserung der Lage der arbeitenden Classen. gr. 8. (62 S.) Budapest 883, Kilian's Universitäts-Buchh. *

Brüll, Nehemias, Festreden f. Neujahr, Versöhnungstag u. Laubhüttenfest. (82 S.) 8. Frankfurt a/M. 904. A. J. Hofmann. n. — 90

Brüll, N., die Folgen des inneren Verfalls in Israel. Rede, gehalten am 5. Juni 1880. 8. (11 S.) Frankfurt a. M. 880, (Neumann.) *

Brüll, N, d. Folgen d. inneren Verfalls in Israel. Rede. 8. (11) Frankf. 80, (Alt u. N.). n. — 50

Brüll, N., Grabreden, geh. in Frankfurt a/M. A. s. Nachlasse hrsg. gr. 8. (89 S.) Frankfurt a/M. 895. J. Kauffmann. n. 1.50

Brüll, N., s.: Jahrbücher f. jüdische Geschichte.

Brüll, N., Predigten. 1. Sammlung. gr. 8. (205 S.) Leipzig 869, Leiner. *

—— Reden, gehalten am Neujahrsfeste und am Versöhnungstage des Jahres 5638 [1877]. gr. 8. (89 S.) Frankfurt a. M. 880, Auffarth. *

Brüll, N: Reden f. alle Wochenabschnitte d. Jahres. Aus d. Nachl. I. Thl: Genesis. 8° (72) Frankf. a/M. 98, (AJ Hofmann). 1 —

Brüll, N., das apokryphische Susanna-Buch. gr. 8. (69 S.) Frankfurt a. M. 877, Erras. *
Aus: Jahrbücher für jüdische Geschichte und Literatur, besonders abgedruckt.

— Trauungsreden. A. s. Nachlasse hrsg. gr. 8. (94 S.) Frankfurt a/M. 897. J. Kauffmann. n. 1.50

Brüll, N. (Hrsg.), s. Central-Anzeiger für Jüdische Litteratur.

[Umschlagt.:] **Brüll**, Siegfried [cand. med. aus Seubelsdorf]: Zur Kenntniss der Acuten Phosphorvergiftung ... München, Druck v. C. A. Seyfried & C., 1892; 1 Bl., 16 S., 1 Bl. 8. München, Med. Fak., Inaug.-Diss. v. [11. Febr.] 1892

Brüll, Wilh., Chronik d. Stadt Düren. gr. 8. (V, 237 S. m. 12 Holzschn. u. 1 Plan.) Düren 895. L. Vetter & Co. n. 2. 50; geb. n.n. 3. 50

Brüll, Wilh., Chronik der Stadt Düren. 2. Aufl. m. vielen Holzschn. u. Zinkogr., sowie 1 lith. Stadtplan. 1. Tl.: Die polit. Geschichte. gr. 8. (VII, 149 S.) Düren 901. L. Vetter & Co. n. 2. —

Brüll, Wilh., Chronik der Stadt Düren. 2. Aufl., m. vielen Holzschn. u. Zinkogr. sowie 1 lith. Stadtplan. 2. Tl.: Die kirchl. Geschichte. (S. 151—258.) gr. 8. Düren 904. L. Vetter & Co. n. 1. 50; (kplt. n. 3. 50)

Brüll, Wilh., Chronik der Stadt Düren. 2. Aufl. m. vielen Holzschn. u. Zinkographien sowie 1 lith. Stadtplan. 3. Tl.: Die soziale Geschichte. (S. 259—393.) gr. 8. Düren 908. L. Vetter & Co. 1.50 (Kplt: 5.—; in 1 Bd. geb. 6. 50)

Brullée, Louis

Brullée, M., Leben des ehrwürdigen P. Maria Johann B. Muard vom heiligsten Herzen Jesu, gewesenen Pfarrers v. Joux-la-Ville u. v. St. Martin d'Avallon, Stifter des Hauses der Väter vom heil. Edmund zu Pontigny u. der Benedictiner-Prediger v. den heiligsten Herzen Jesu u. Mariä zu Notre Dame de la Pierre-qui-vire. Aus dem Franz. v. e. Capitular d. Benedictiner-Stiftes Lambach. Bevorwortet v. B. Höllrigl. 8. (V, 568 S.) Mainz 879. Kirchheim. n. 3. —

—— dass. 8. (504) Wien 76. (Kirsch). n. 2. 40

Brulliot, François

Bruilliot, François. Catalogue raisonné des Estampes du cabinet de feu Mr. le Bar. d'**Aretin**. Tome premier. München 1827. 8°.

Brulliot, François. Dictionnaire de Monogrammes chiffres. lettres initiales et marques figurées sous lesquels les plus celèbres peintres, dessinateurs et graveurs ont designé leurs noms. [Nebst] Table génerale. Munich. aux frais de l'auteur 1817—1820. 2 Bde. 4°.

Brulliot, François. Dictionnaire de Monogrammes, Chiffres, Lettres initiales et Marques figurées sous lesquels les plus célèbres Peintres, Dessinateurs et Graveurs ont désigné leurs noms tirés de tous les ouvrages parus depuis quelques siècles en Allemagne, en Italie, en France, en Angleterre, en Hollande, et augmentés de quantité de Marques ignorées jusqu'à ce jour. Section I et II. 2 Bde. München 1817, 1820. 4°. (Lpz.: Lauffer)

— Table générale des Monogrammes, Chiffres, Lettres initiales et Marques fig., sous lesquels les plus célèbres peintres etc. Sect. I. 4. Münch. 820. Zeller. 4 Thlr. 12 gr.

Brulliot, Franç., Dictionnaire des Monogrammes, Marques figurées, Lettres initiales, Noms abrégés etc. avec lesquels les Peintres, Dessinateurs, Graveurs et Sculpteurs ont désigné leurs noms. Nouv. édit. revue, corr. et augm. d'un grand nombre d'articles. 3 Vol. (Mit vielen Holzschn.) gr. in-4. Munich, l'Institut littér. artistique.
Vol. I. cont. les Monogrammes. (58 B.) 832. 6 Thlr.
- II. - les Lettres initiales. (55½ B.) 833. 5 Thlr. 15 Gr.
- III. - les Noms abrégés et estropiés ainsi que les appendices. (55½ B.) 834. 4 Thlr. 9 Gr.

Brüllmann, Aug.: Nach d. Tages Müh'. 50 Gedichte e. Arbeiters. (68) 8° Zür., Art. Instit. Orell Füssli ('12). L 1.50 d

Brüllmann, Johs., Religion und religiöse Richtung. Ein für den Druck erweiterter Vortrag. 8. (67 S.) Aarau 875, Sauerländer's Verlag. *

Brüllow u. W **Schäffer**, Räthselschatz. Für d. Jug. 8. (191) Berl. 64. (Lpzg, Oehmigke.) — 15

Brüllow und W. Schäffer, Räthselschatz. Für die Jugend zur Uebung im Denken u. zur belehrenden Unterhaltung gesammelt. Berlin 864. J. Springer. 8. (VIII, 168 S. u. Auflösungen 15 S.) 15 ngr.

Brüllow, u. W. Schäffer, Rätselschatz. Für die Jugend zur Uebg. im Denken u. zur belehr. Unterhaltg. 2., verb. Aufl. (172 S.) 8. Leipzig (903). Einbeck, A. Oehmigke. Geb. 1.20

Brüllow, F., die Bedeutung der Familie f. das Wohl d. Individuums, der Gemeinde u. d. Staates, s.: Sammlung gemeinnütziger Vorträge.

Brüllow, F., leicht fassliche Beschreibung des menschlichen Auges. gr. 8. (27 S. m. 1 Steintaf.) Berlin 877. Behne. n. — 60

Brüllow, Frdr., systematische Eintheilung d. Mineralreichs f. Schulen. [Nebst 2 lith. Taf.] 8. (VIII u. 68 S.) Posen 850, Mittler. n. ⅓ Thlr.

Brüllow, Friedr., systematische Eintheilung d. Pflanzenreichs (nach den natürlichen Familien) für Schulen. 8. (11½ B. u. 3 Stnt.) Posen 815, Heine. Thlr.

—— systemat. Eintheilung d. Thierreichs f. Schulen. 8. (4 B. u. 7 Stnt.) Posen 813, Heine.

Brüllow, Friedr., Geographie für preußische Schulen. Lex.-8. (151 S. mit 11 lithogr. Karten und 8 Bl. Erklärungen.) Berlin 868, Springer's Verlag. *

Brüllow, Friedr., Morgengesänge zum Gebrauche für Gymnasien, Real- und höhere Bürgerschulen. Nebst einem Anhang von Liedern für besondere Schul-Gelegenheiten. br. 8. (VIII und 47 S.) Posen 856, Rehfeld. *

— Rathschläge an alle Eltern f. das körperliche u. geistige Gedeihen ihrer Kinder. Im Auftrage d. Vereins f. das Wohl der aus der Schule entlassenen Jugend. gr. 16. (19 S.) Berlin 874. Dümmler's Verl. — 30

Brüllow und Jul. Straube, Schulwandkarte vom nördlichen Sternenhimmel. 4 Bl. Chromolithogr. gr. Fol. Berlin 878, Geographisches Institut. *

Brüllow, Terminologie der Botanik in 6 chromolith. Taf. Imp.-Fol. Nebst Anleitung zum Gebrauch derselben. 8. (16 S.) Berlin 881. Straube. n. 6. —

—— **botanische Wandkarte. In 9 (lithochrom.) Blättern. Imp.-Fol. Mit: Anleitung zum Gebrauch derselben. gr. 8. (38 S.) Berlin 855, G. Reimer.** *

—— **geognostische Wandkarte. 11 lithogr. und lithochrom. Bl. in Imp.-Fol. Nebst: Anleitung und kurzgefasster Leitfaden für die Hand des Lehrers beim Gebrauch derselben. 8. (49 S. mit 1 Tab. in qu. 4.) Berlin 856, Gebr. Scherk.** *

Brüllow, Friedr., Wandkarte für die Heimathskunde von Berlin. 1 : 15,000. 10 Sektionen. 2. Aufl. Chromolithogr. Imp.-Fol. Berlin 886, Straube. *

Brum, Frz., Abhandl. über chem. Reagentien. Als Inaug.-Dissertation. gr. 8. Wien 831. Grund. (Heubner). 14 gr.

Brum, Frz., Hilfsbuch bei Untersuchungen der Nahrungsmittel u. Getränke, wie deren Aechtheit erkannt, u. ihre Verfälschungen entdeckt werden können; nebst einer vollständ. Abhandl. üb. Reagentien so wie deren pract. Anwendung gr. 8. (15½ B. u. 2 Abbild.) Wien 812. (Gerold u. Sohn.) *

Brum, Franz: Hilfsbuch bei Untersuchungen der Nahrungsmittel und Getränke, wie deren Ächtheit erkannt und ihre Verfälschungen entdeckt werden können; nebst einer vollständigen Abhandlung über Reagentien, so wie deren practische Anwendung. 244 S., gbd., 2 Taf.

Wien: typ. Pichler 1842

Brum, Ign., das Mineralbad Tüffer [Kaiser Franz Josefs-Bad]. 8. (IV, 111 S.) Wien 875. Seidel & Sohn. n. 1. 60

Brum, José Zephyrino de Menezes
s. Menezes Brum.

Brûmaire, der achtzehnte, oder Darstell. d. Begebenheiten, welche die Revolution herbeigeführt ꝛc. gr. 8. Andernach 801. Lassaulx u. H. 2 ₰ 8 ℊ

Brumaire, der Achtzehnte ꝛc. gr. 8. Cöln, Fabricius. 801.

— le 18. ou Tableau des Evénémens, qui ont amené cette journée etc. gr. 8. Frkf. Esslinger.

— le 18. ou tableau des évènemens, qui ont amené cette journée. gr. 8. Frankf. a. M., (Schäfer). 2 ₰ 8 ℊ

Brumann, Friedr., Ehrentage und Ehrennamen des königl. bayerischen 4. Chevaulegers-Regiment „König". 8. (IV, 165 S. mit 1 lithogr. Taf.) Augsburg 881, Gebr. Reichel. *

BRUMAT, Jacobus: Delineatur relatio evangelii Joannei ad evangelia synoptica. — (1895) 98 S. 4° (Handschr.) Diss. Wien Univ. Diss. 503

Brumatti von Jacomini und Sigisberg, Anton, Oberlieut. im k. k. 49. Linien-Inft.-Reg. Auszug aller Dienstvorhaltungen für den Gemeinen, sowohl in der Garnison, als im Felde, nebst dem Eide und den Kriegsartikeln. Uebersetzt in die friaulische Sprache. 8. Wien 1843.

Brumbey, C. V., s. Brumbey, Karl Wilhelm.

Brumbey, Carl Wilhelm, s. Brumbey, Karl Wilhelm.

Brumbey, Karl Wilhelm

Brumbey, K. W., einige Apocrypha, die noch zur Bibel gerechnet werden. 8. Berl. 796.

— Beicht- u. Kommunionbüchlein. 12. Berl. 787.

— Bekehrungsgeschichte des Jh. Bunian, e. engl. Predigers. Nach seinen eignen Angaben neu bearb. 12. Berl. 814. (Sander). 4 ℊ

Brumbey, C. W., allegorische Beschreibung einer Reise durch das Gnadenland. Mit 1 Kupf. 12. Berl. Littner. 814.

— allegor. Beschreibung e. Reise durch das Gnadenland. M. 1 Kpf. 12. Berl. 814. (Sander). 3 ℊ

— Betrachtt. etl. bibl. Stellen. 8. Leipz. 802. (Raw in Nürnb.) 3 ℊ

– s. Briefe die Musik betreffend.

— der dreifache evangel. Bund des Glaubens, der Hoffnung u. d. Liebe; e. Predigt. gr. 8. Berl. 814. (Sander). 2 ℊ

— ein' feste Burg ist unser Gott. Erläuterung des Liedes. 8. Berl. 817. (Sander). 2 ℊ

— Gottes Gabe u. Geschenk. Eine Erbauungsrede. gr. 8. Berl. 812. (Sander). 3 ℊ

— Gesänge frommer Empfind. 2 Thle. 8. Berl. Meyer. (Gräff, Leipz.) 790.

— Gesänge frommer Empfindungen. 2 Thle. 8. Berl. 790. Meyer. (Wienbrack in Leipz.) 12 ℊ

— der Himmel d. Seligen. Eine Phantasie. 8. Berl. 814.

— d. Jacobsbrunnen, wohin die gläub. Beter kommen ꝛc. Berlin. Späthen.

— kl. bibl. Katechismus, od. Spruchbuch f. Kinder. 8. Berl. 789.

— drittes evangel.-protestant. Kirchen-Jubiläum d. Reformationswerkes durch D. M. Luther. Berl. 817. (Sander). 2 ℊ

— Klagelieder Jeremiä. Nach uns. Sangweise u. d. deutschen Alphabete in Lieder gebracht. gr. 8. Berl. 814. (Sander). 3 ℊ

— der christl. König. Ein versuchter Entwurf. gr. 8. Berl. 814. (Sander). 2 ℊ

— Leben Jesu f. Katechumenen. 8. Berl.... 2e A. 788. Rellstab. 2 ℊ

— Leben Jesu f. Catechumenen. 8. Berlin, Rellstab. 789.

– s. Lebensbeschreibung der alten Autoren.

— erste Linien e. Religionsunterrichts. 8. Berl. 789.

Brumbey, Karl Wilhelm (Hrsg.), s. Minerva.

— Mission u. Prophetie. 12. Berl. 814. (Sander). 4 ℊ

— über die Offenbar. Johannis. gr. 8. Berl. 804. Schöne. 12 ℊ

– s. Ordnung des Heils.

— Philäpistämie, od. Anleit. f. e. Studir., seine Schuljahre gut anzuwenden. 2 Thle. gr. 8. Quedlinb. 781. Ernst. 1 ₰ 8 ℊ

— theoret. Plan z. Menschenerziehung nach d. Bedürfnissen unsrer Zeiten. 8. Berl. 784. (Sander). 6 ℊ

— Reformationsgesänge. Mit geschichtl. erläut. Anmerkk. 8. Berl. 817. (Sander). 2 ℊ

— das Selige im Sterben der Gerechten; Cantilene mit Accompagnement. 8. Berl. 796.

– s. Sinngedichte des Deutschen.

— Siona, oder Christgesang zum Saitenspiel. 8. Berl. 794.

– s. Sittenlehren für Kinder.

— Sokrates u. Diogenes Laertius. gr. 8. Lemgo 800. Meyer. 9 ℊ

– s. Czech. Spanheim.

Brumbey, K. W., Bukolische Scenen. 8. Berl. 776. Birnstiel.

— Theaterschriften zur Menschenerziehung. 8. Berl. 784.

TIEFEN, Die, des menschlichen Herzens. In Begebenheiten dargestellt (von *Carl Wilh. Brumbey*). Weimar 1772. 8°. (3 Mk. 50 Pfg. Adolf Weigel, 1906.)
Anon.-Lex. IV. p. 175 (nach Kayser u. Meusel).

— Uebungsbüchlein zur großen Erkenntniß des kl. Katechismus Lutheri in Betracht. 2 Thle. 8. Berl. 795. Belitz. 1 ₰ 18 ℊ

— üb. die endl. Umwandlung d. Erde durch Feuer. 8. Berl. 803. Schöne. 8 ℊ

— üb. d. Unterschied d. Tugend u. d. Lasters. 8. Berl. 783. Lange. 12 ℊ

— üb. den Unterschied der Tugend u. des Lasters. 8. Berl. Lange. 784.

— neueste Weltgeschichte. 1 Bog. in 8. Berl. 796.

Brumbey. K. W., s. Wilhelm u. Wilhelmine.

Wilhelm und Wilhelmine, oder das Schicksal zweier Liebenden (von *Karl Wilh. Brumbey*, geb. am 24. Jan. 1757 in Dresden; Prediger in Berlin; † nach 1826). 3 Thle. Mit 1 Titelkpf. Rostock und Leipzig, in der Koppenschen Buchhandlung. 1781. 8°. 1116 S.
Dieser dickleibige zahme Roman ist der verw. Marggräfin zu Brandenburg-Baireuth .... Victoria Charlotte gewidmet. Angeblich wahre Geschichte. — Anon.-Lex. IV. p. 401 (nach Goedeke, Kayser, Meusel).

Brumbey, Karl W. (Hrsg.), s. Wochenblatt, Vermischtes, für das Publikum.

Brumby, Car. Gust. Theod., s. Brumby, Gustav

Brumby, Gust., dem schönen Geschlecht. Gedichtbuch eines Neunzehnjährigen. (66 S.) kl. 8. Leipzig 907. Verlag f. Literatur, Kunst u. Musik. 1.50

Brumby, Gustav (Egeln), Quaedam ad nomes patologium. Diss. med.-chir. Bln. (Nietack) 8. III. 1834. 44 S., mit Biogr. (M.: Krebs.) (4.50) 4287
Oppon.: H. Roepke, C. Runze, L. Rudeloff. — Gew.: I. L. Truestedt, F. D. Barez, C. Rust.

***Brumby*, J.A., comment. de adulterationib. spirit. frumenti etc. 4. Leipz. 806. Cnobloch. 6 ℊ (Fleckeisen in Helmst.) 4 ℊ**

Brumecke, F. A., Gedichte. 2 Bdchen. 12. Magdeb. Creutz. 811. u. 12.
Schreibp.
Auch unter dem Titel: Erholungsstunden.

Brumhard, Zur Klimatologie des Vogelsberges.

Brumhard, August

Brumhard, Aug., Beiträge zur prakt. Forst- u. Jagdwissenschaft. Eine Zeitschrift in zwanglosen Heften. 1. Bd. 1. Hft. gr. 8. (12 B.) Frankfurt a. M. 846, Sauerländer's Verl. *

Brumhard, Aug., Beiträge zur prakt. Forst- und Jagdwissenschaft. Eine Zeitschrift in zwanglosen Heften. 1. Bd. 2. und 3. Heft. gr. 8. Frankfurt a. M., Sauerländer's Verlag. [2. (218 S.) 849., 3. (234 S.) 852. à * 1 Thlr.] *
1. Heft. Ebendas. 1846. * 1 Thlr.

Brumhard, Aug., die Grundsätze d. forstl. Taxations-Lehre in ihrer Anwend. auf Waldvertheilungen; mit besond. Entwickelung d. Lehre v. d. Bodenschätzung. gr. 8. (6¾ B., mehr. Holzertragstaf. u. 7 Tab.) Gotha 835, Hennings u. Hopf.
Aus der: Zeitschrift f. Forst- u. Jagdwesen, hrsg. von v. Wedekind u. Behlen, besond. abgedruckt.

—— Versuch zur Beantwortung d. Frage: ob d. Staat d. Holz verbrauchende Industrie durch Holzabgaben zu ermäßigten Taxen unterstützen soll? u. üb. d. administrativen Maßregeln zur Befriedigung d. Brennholzbedürfnisse überhaupt. gr. 8. (3⅛ B.) Darmstadt 838, Pabst.

— Versuch zur Begründg. e. zeitgemäßen Forststrafgesetzgebung. Mit besond. Rücksicht auf das Großherzogth. Hessen entworfen. gr. 8. Offenbach 833. (Brede.) (Darmstadt, Leske.) ⅔ ℛ

Brumhard, Carolus Fridericus Henricus (Quittelsdorf)
Theses medicae.
Gissae 1805.
Dr. med. 30.8.1805. vorh. 11.

Brumhard, J. S., (praes. Verpoorten) de Jesu Nazareno et Nazarenis. Cob. 1726. 4.

Brumhard, Ludwig Friedrich (Schwarzburg/Thür.), De sorte poenam capitalem inter. delinquentes determinante. Diss. philos. Präs. Ernst Florens Rivinus (Leipzig). Lpz. (Gg. Saalbach) 19. X. 1725. 38 S. (5.—) 4288
Gew. v. Präs.: Joh. Flor. Rivinus, Friedr. Heinr. Graff.

Brumhard, Ph., Entwurf einer Gemeinde-Ordnung für das Fürstenth. Waldeck und Pyrmont. gr. 8. (22 S.) Arolsen 849, Speyer. *

Brumhard, Philipp: Arbeit aus d. Botan. Garten der Universität Breslau. Monographische Übersicht der Gattung Erodium. Breslau, 1905: H. Fleischmann. (59 S.) 8°
Breslau, Phil. Fak., Ref. Pax, Diss. v. 14. Juli 1905
[Geb. 21. Okt. 79 Klein-Helmsdorf bei Osterfeld i. Thür.; Heimatsort: Weimar; Staatsangeh.: Preußen; Vorbildung: Realgymn. Weimar Reife O. 02; Studium: Breslau 2. Jena 1. Breslau 4 S.; Rig. 23. Juni 05.]

Brumleu, Johann Heinrich, s.a. Brumley, J.H.

Brumleu, Johann Heinrich, s.a. Abschnitte aus guten Religionsreden.

Abschnitte aus guten Religionsreden, mit Anmerkungen. Stendal 1805. V: *Brumleu, Johann H.* (Ky)

Brumleu, Jh. Hnr., († d. 17. Juni 1822.) Beichtreden. 2 Thle. 8. Magdeb. 820, 21. Rubach. 1 ℛ 9 ℊ

— Gedächtnißpredigt auf d. Herzog Ferdinand v. Braunschweig. gr. 8. Braunschw. 792. Schulbuchh. 3 ℊ

— Gedächtnißpredigt auf d. Herzog Karl v. Braunschweig. 4. Helmst. 780. Fleckeisen. 3 ℊ

— Gedichte. 8. Dessau u. Leipz. 784.

— einige Gedichte. 8 Helmst. 782. Fleckeisen. 4 ℊ

– s. Klopstock: Messias.

— was muß uns bei d. Sterbefalle e. guten Fürsten angenehm sein? 8. Braunschw. 807. Schulbuchh. 3 ℊ

— über die Wichtigkeit e. Jahrhunderts. Predigt am Neujahrstage. gr. 8. Braunschw. 801. Schulbuchh. 4 ℊ

Brumley, J.H., s.a. Brumleu, Johann Heinrich

Brumley, J. H., Gedächtnißpredigt a. d. Herz. Carl v. Braunschw. 4. Helmst. Fleckeisen. 780.

— einige Gedichte. 8. Ebend. 782.

– s. a. Gedichte, Lyrische.

— lyrische Gedichte. a. d. Gr. 8. Dessau, Gel. Handl. 785.

Brumm, le, s. a. Brün, le

*** Brumm, le, Charakter-Zeichner, deutsch u. franz. in 10 Blättern. quer 8. Leipz. Ind. Comt. 810.**

Brumm, Georg [app. Arzt aus Neustadt a/H.]: Beitrag zur Casuistik der Eiterungen im Bindegewebe des Beckenbodens ... München, Buchdr. v. M. Ernst, 1892; 25 S. 8.
München, Med. Fak., Inaug.-Diss. v. [17. Juni] 1892

Brumm, Johann Friedrich Wilhelm, s. Brumm, Wilhelm.

Brumm, Jul., Eppstein u. s. Umgebung. (Ober-Taunus.) E. Führer f. Fremde u. Einheimische. M. e. Karte d. Umgegend, Bild. v. Ferd. Nitzsche (u. 2 Taf.). 12. (IV, 66 S.) Eppstein 896. (Frankfurt a/M., A. Blažek jun.) n. 1. 20

[F.] Die Michel-Lieder. Von Karl **Brumm** ... *Berlin: Thormann & Goetsch 1895.* (5 Bl., 318 S., 1 Bl., 3 Bildert.) 1 Bd 8. [96. 6338

Brumm, Wilhelm

Brumm, (Johann Friedr. Wilh. (geb. Charlottenburg 22. 10. 1853): Ueber totale Exstirpation der Clavicula mit darauf folgender Regeneration derselben in Form und Lage. Berlin (1882). (20 S.) 8°
Berlin, Med. Diss. v. 14. Aug. 1882

Brummbär, Berliner. Kritische Zeitschrift f. ideale u. prakt. Lebensfragen. Chefred.: Frdr. Weber-Robine. Juli—Dezbr. 1909. 12 Nrn. (à ca. 16 S.) Lex. 8. Berlin (W. 30, Barbarossastr. 47), Berliner Brummbär. 2. 40
Nicht im Buchhandel.

Brumme, Frz., das Dorf u. Kirchspiel Friedrichswerth (ehemals Erffa genannt) im Herzogt. Sachsen-Gotha. Mit besond. Berücksicht. der freiherrl. Familie v. Erffa. Eine thüring. Ortschronik. Bearb. u. m. Abbildgn. u. Plänen hrsg. gr. 8. (XII, 393 S.) Gotha 899. (C. F. Windaus.) n. 4. —

Brumme, Gustav

Die Handwerkerschule zu Halle a. S. Denkschr. z. Eröffnung ihres neuen Gebäudes am 4. Jan. 1901. (Von [Gustaf] **Brumme** u. [Karl] Rehorst.) *(Halle a. S. 1901: R. P. Nietschmann.)* (15 S.) 8° [F.] [01. 1033 3

Brumme, *Karl Georg* Otto [app. Arzt]: Ueber zwei Fälle von Agoraphobie ausgezeichnet durch die Komplication mit anderweitigen nervösen und psychischen Störungen ... Leipzig, Druck v. A. Edelmann, Univ.-Buchdr., *1890;* 27 S. 8.
Leipzig, Med. Fak., Inaug.-Diss. v. 14. Apr. 1890

BRUMMEISEN, Daniel, poëta laureatus, Die Comödia von der schönen Io, wie solche von dem heidnischen Gotte Jupiter geliebt, in eine Kuh verwandelt, und von Merkurio wunderbarlich errettet worden, in zierlichen Knittelversen, Stanzen, Terzinen, Sonnetten, natürlich u. poetisch, freymüthig u. elegant, ans Licht gestellet von —. Prag (o. Adresse) 1804. Kl. 8°. (In Darmstadt: E 5820; auch in Görlitz, Bibl. d. Oberlaus. Gesellsch.) (5 Mk. Taussig, c. 1902; 8 Mk. E. Frensdorff, 1905.)
109 SS. (incl. 13 S. Vorst.). Jokose Anspielungen (z. B. auf Schlegel's Lucinde) enthaltender dramat. Scherz (3 Akte m. Prolog u. Epilog), zugleich aber derbe Satyre auf Alle, „die zu den Künsten der Cagliostro und Mesmer ihre Zuflucht nehmen", in Wirklichkeit aber auf die Romantiker, veranlaßt durch A. W. v. Schlegel's „Jon".

Brummel, Georges (Pseudonym). Der gut gekleidete Mann. Ein Berater für Geschmack und Korrektheit in der Herrenkleidung. Dresden, Klemm & Weiß [1910].
95 S m zahlr Abb 8°

Brummel, Georges, der gut gekleidete Mann. Ein Berater f. Geschmack u. Korrektheit in der Herrenkleidg. (93 S. m. Abb.) 8. Dresden-N. (910). Verlag der europ. Modenzeitg. 1. —

Brummelkamp, A., Holland in Amerika oder die holländ. Colonie im Staate Michigan. Mitgetheilt für Auswanderer. Aus dem Holländ. von G. A. gr. 12. (26 S.) Mühlheim a. d. Ruhr 818, Nieten'sche Buchh. *

Brummer, Doktor,. Lustsp. 8. Wien, Kurzböck. 783.

Brummer, Adrian

— — De efficacia verbi humani et de iis inprimis, quae eam adjuvant. Disp. philos. alteram. Präs. Johannes David Küttner. Lpz. (Schede) 27. VIII. 1718. 16 Bl. (4.80) 4290

Brummer, Adrian (Leipzig), De logica naturali. Med. philos. Präs. Leonhard Heinrich Mylius. Lpz. (Imman. Titius) 5. III. 1717. 24 Seiten. (4.80) 4289
Gew. v. Präs.: Johann Heinr. Mylius (Vater).

Brummer, Andreas

Brummer, Andr., Tasso. Ein dramat. Gedicht in 4 Abthln. gr. 12. (5¼ B.) Mannheim 834, Hoff.

Brummer, Andr., Tasso. Ein dramat. Gedicht in 4 Abthl. gr. 12. (5⅙ B.) Mannheim 835, Hoff.

Brummer, Bernh., Shakspeare's Affe, oder Leben und Lieben. Ein Lustsp. in 5 Aufz. 8. Amberg 841, Smith'sche B. n. 1 ɴ̃ß

Brummer, Dieder., Samml. einiger heil. (20) Reden, (herausg. v. S. Causid). gr. 8. Kopenh. 760. (Leipz., Brockhaus). 20 ɴ̃

Brummer, Dierr., Samml. einig. heil. Reden. gr. 8. Kopenh. (Gleditsch in Leipz.) 760.

— Ernst Heinr. (Hamburg), Nonnulla de dysphagia pharyngea et oesophagea. Diss. med. Halle (C. Grunert) 21. II. 1833. 50 S., mit Biogr. (M.: J. M. E. Westermann.) (4.50) 4293

Brummer, Ernestus Henricus: Dissertatio ... sistens nonnulla de dysphagia pharyngea et oesophagea. Halis (1834): Karl Grunert. 48 S. 8°
Halle-Wittenberg, Med. Diss., nachgeliefert von dem am 21. Febr. 1833 auf Thesen (loco dissertationis de pulsatione epigastrica) promovierten Verf.
Geb. Hamburg 1. 11. 1808. V.
Auf dem Diplom steht fälschlich das Jahr 1823. — Verf. erlebte die Diplomerneuerung 1883 als praktischer Arzt in Hamburg.

Brummer, Frid.

BRUMMERIANA s. Opusc. jurid.-hist.-phil. polyhistoris cel. F. BRUMMERI. *Lips.* Rec., ind. locupl. instrux. deque jurisprdtia formul., ritnali et symb. praef. est Ge. BEYER. *L.*, 712. 8. (12 Gr.)

Brummer, F., opusc. varia, c. G. Beyer. 8. Lips. 716.

Nützliches und Erbauliches Gesangbuch, In welchem sowol alte als neue geistliche auserlesene Lieder der geistreichsten Dichter, zum öffentlichen und Privat Gottesdienste frommer Seelen, etc. etc. Wie auch Ein Anhang Geistreicher Lieder zusammen gesamlet u. hrgg. von Einem Liebhaber Göttlichen Worts und Gesänge [d. i.: **Heinrich Brummer**]. Schleswig. Bey Ludwig Rosen. 1724. 8°.
Der Titel ist handschriftlich ergänzt.

Nützliches und erbauliches Gesangbüchlein, in welchem 310 sowohl alte als neue geistliche auserlesene Lieder der geistreichsten Dichter ... Hrgg. von einem Liebhaber göttlichen Wortes und Gesänge [d. i.: Heinrich **Brummer**]. 2. um 36 Gesänge verm. Aufl. Schleswig bei J. C. Förster, Buchbinder. o. J. [nach 1721]. 8°.
Das Titelblatt ist handschriftlich ergänzt; am Schlusse fehlen einige Blätter.

Brummer, J.A.: Antiquarii Creuzeriani numos veteres Romanos familiarum imperatorumque usque ad Gordianum I. recensuit. 51 S. Progr. Heidelberg 1838.

Brummer, J.A. : Antiquarii Creuzeriani numos veteres Romanos imperatorum a Gordiano usque ad Joannem I. Zimiscem recensuit. 47 S.
Progr. Heidelberg 1840.

Brummer, J.A.: Prolusio, continens recensionem Graecorum aliorumque veterum numorum, exceptis Romanis, qui adservantur in academico antiquario Creuzeriano. 32 S.
Progr. Heidelberg 1836.

Brummer, Jac., s: Vitae Vergilianae.

— Michael (Leipzig), Utrum testamenta parturientium, inter caetera sequioris sexus jura, sint vel esse debeant privilegiata? Disp. jur. Rector Cornelius van Eck. Utrecht (Fr. Halma) Sept. 1695. 20 S. (5.—) 4295
* Gew.: Adrian Steger.

— — Dasselbe. Recusa ed. Christian Gottlob Reinhardt. Jena (J. Ch. Crocker) 1745. X, 22 S. (4.80) 4296

Brummer, O. J., über die Bannungsorte der finnischen Zauberlieder, s. a. Mémoires de la société finno-ougrienne.

BRUMMER, O. J.
Über die Bannungsorte der finnischen Zauberlieder. Helsingfors 1908. II + 153 pg. 8:o. Diss. Hels.

Über die Bannungsorte der finnischen Zauberlieder von O. J. Brummer.
Helsingfors: Soc. finno-ougrienne 1909. 153 S. 8°
(Suomalais-ugrilaisen Seuran Toimituksia. 28.) (os. 186:6

Brummer, Vincent, Priester der Erzdiözese Chicago: Die sumerischen Verbal-Afformative nach den ältesten Keilinschriften bis herab auf Gudea ⟨ca. 3300 v. Chr.⟩ einschliesslich. Leipzig 1905: A. Pries. (V, 48 S.) 8° ¶[Erschien vollst. Leipzig: Harrassowitz 1905.]
München, Phil. Fak., Ref. Hommel, Diss. v. 17. Juli 1905
[Geb. 4. Jan. 76 Mirskofen, Niederbayern; Wohnort: Chicago; Staatsangeh.: Vereinigte Staaten; Vorbildung: St. Mary's University, Baltimore, U. S. A. Reife O. 00; Studium: St. Mary's University Baltimore 4. St. Mary's Seminary Cincinnati 4. Innsbruck 3. München 5 S.; Rig. 17. Juli 05.]

— Wilhelm Ludwig (Leipzig), De perrara poena ad triremes, in illis constitutionibus definita, seu, von der seltenen Straffe auf Galleen. Diss. jur. Präs. Franz Wilhelm Romanus. Lpz. (J. A. Zschau) 18. IV. 1730. 32 S., teilw. deutsch. (5.—) 4297

Brümmer s: Moselland, Das, u. d. westdeut. Eisenindustrie.

Brümmer, A. C. J., s. Brümmer, Johannes

Brümmer, Alfred, aus Berlin: Experimentelle **Bestimmung** der Oberflächenspannung wässeriger Sulfatlösungen. *Berlin 1902: F. Weber.* (47 S.) 8°
Rostock, Phil. Diss. v. [9. Juli] 1902

Brümmer, Franz

Brümmer, Frz., Beispiel-Grammatik. Geordnete Sammlung von Musterbeispielen zum Unterricht in der deutschen Satzlehre. Für Schulen, Seminarien und Präparandenanstalten zusammengestellt. gr. 8. (VIII, 208 S.) Berlin 869, Stubenrauch. *

Brümmer, Frz., Beispiel-Grammatik. Geordnete Sammlg. v. Musterbeispielen zum Unterricht in der deutschen Sprache. Für Schulen, Präparandenanstalten u. Seminarien zusammengestellt. 2., sehr verm. u. verb. Aufl. 8. (XVI, 292 S.) Berlin 876. Bielefeld, Velhagen & Klasing. n. 2. 40

—— deutsches Dichter-Lexikon. Biographische und bibliograph. Mittheilungen über deutsche Dichter aller Zeiten. Unter besond. Berücksicht. der Gegenwart für Freunde der Literatur zusammengestellt. 1.—9. Lfg. Lex.-8. (1. Bd. S. 1—464.) Eichstätt 875, Krüll'sche Buchh. à Lfg. *M* 1.

Brümmer, Frz., deutsches Dichter-Lexikon. Biographische und bibliograph. Mittheilungen über deutsche Dichter aller Zeiten. Unter besond. Berücksicht. der Gegenwart für Freunde der Literatur zusammengestellt. 10.—25. (Schluß-)Lfg. Lex.-8. [1. Bd. (V, S. 464—551.); 2. Bd. (552 S. und Nachtrag 140 S.)] Eichstätt 875,76, Krüll'sche Buchh. à Lfg. *M* 1.
1.—9. Lfg. Ebendas. 1875. à * *M* 1.

—— das Evangelium von Christo aus dem Munde unserer neueren Dichter. Eine Sammlung religiöser Gedichte. gr. 8. (IV, 336 S.) Langensalza 871, Schulbuchh. von Greßler.

Brümmer, Frz., das Evangelium von Christo aus dem Munde unserer neueren Dichter. Eine Sammlung religiöser Gedichte für Schule und Haus. 2. sehr verm. Aufl. gr. 8. (392 S.) Norden 881, Soltau's Verlag. * *M* 4.; geb. *

—— Das Evangelium v. Christo aus dem Munde unserer neueren Dichter. Eine Sammlg. religiöser Gedichte. 3. Aufl. gr. 8. (392 S.) Norden 889. Soltau. * 4 —; geb. m. Goldschn. * 6 —

— Hausschatz deutscher Lyrik seit 1849. Aus den Quellen. Unter Mitwirkung v. Alexis Aar, Ed. Alberti, G. Emil Barthel u. A. hrsg. 1—11. Lfg. Lex.-8. (S. 1—544.) Eichstätt 878. 79. Stillkrauth. à n. — 60

—— Hausschatz deutscher Lyrik seit 1849. Aus den Quellen. Unter Mitwirkung von Alexis Aar, Ed. Alberti, G. Emil Barthel u. A. hrsg. 10. und 11. (Schluß-)Lfg. Lex.-8. (S. 449—544.) Eichstätt 880, [Krüll'sche Buchh.] Stillkrauth. à Lfg. * 60 Pf. *

— Deutschlands Helden in der deutschen Dichtung. Eine Sammlg. histor. Gedichte u. e. Balladenschatz f. Schule u. Haus. Lex.-8. (XII, 428 S.) Stuttgart 891. Greiner & Pfeiffer. n. 4. 80; geb. in Leinw. n. 6. —

—— Hülfsmittel für den Unterricht in der Geometrie. Ein Leitfaden für Lehrer und ein Wiederholungsbüchlein für Schüler in städtischen Bürgerschulen und Präparandenanstalten. 2., völlig umgearb., und durch 1 (lithogr.) Figurentaf. (in 4.) und 1800 Constructions- und Rechenaufgaben verm. Aufl. gr. 8. (117 S.) Wittenberg 871, Herrosé. *

Brümmer, Frz., Hülfsmittel für den Unterricht in der Geometrie. gr. 8. Wittenberg 871. Berlin, Th. Hofmann. *

—— Hülfsmittel für den Unterricht in der Raumlehre. Ein Leitfaden für Lehrer und ein Wiederholungsbüchlein für Schüler an städt. Bürgerschulen. gr. 8. (IV, 53 S. mit 1 Stnt.) Wittenberg 868, Herrosé. *

— Leitfaden f. den deutschen Sprachunterricht in mehrklassigen Schulen. Methodisch geordnete Sammlg. v. Musterbeispielen, Regeln u. Uebungsstoffen. In 3 sich ergänz. u. erweit. Cursen bearb. 1. u. 2. Cursus. gr. 8. Halle 871. 76. Schrödel & Simon. n. 1. 80
1. 2. verb. Aufl. (VIII, 116 S.) n. — 80. — 2. (IV, 163 S.) n. 1. —

– dass. 1. Cursus. 2. verb. und verm. Auflage Halle: Schrödel u. Simon 1876.

Brümmer, Frz., Leitfaden für den deutschen Sprachunterricht in mehrklassigen Schulen. Methodisch geordnete Sammlung von Musterbeispielen, Regeln u. Uebungsstoffen. In 3 sich ergänz. u. erweit. Cursen bearbeitet. 2. Curs. 2., verb. u. verm. Aufl. gr. 8. (IV, 168 S.) Halle 878. Schroedel & Simon. n. 1. —

— Leitfaden für den deutschen Sprachunterricht in mehrklassigen Schulen. Methodisch geordnete Sammlung von Musterbeispielen, Regeln u. Uebungsstoffen. In 3 sich ergänz. u. erweit. Cursen bearb. 1. Curs. 3. Aufl. gr. 8. (118 S.) Halle 879. Schroedel & Simon. n. — 80

— der poetische Lesestoff, seine Behandlg. u. Verwerthg. zu Aufsatzübgn. besonders in der Volksschule. gr. 8. (VI. 170 S.) Berlin 872. Stubenrauch. n. 1. 50

—— Lexikon der deutschen Dichter und Prosaisten, s. a. Universal-Bibliothek Nr. 1941—45.

Brümmer, F., Lexikon der deutschen Dichter und Prosaisten des 19. Jahrh., s. a. Universal-Bibliothek Nr. 1981—1990.

Bruemmer, Franz. Lexikon der deutschen Dichter und Prosaisten d. 19. Jhs. 3. Ausg. m. d. Erg. bis z. 1. Juli 1888. Bd 1. 2. Leipzig (1885). 8°.

— Lexikon d. deut. Dichter u. Prosaisten d. 19. Jahrh. 4. Asg. (In 20 Lfgn.) 1. Lfg. 16° (1. Bd 1—96) Lpzg 95, P Reclam jun. — 20

Brümmer, F: Lexikon d. deut. Dichter u. Prosaisten d. 19. Jahrh. 4. Asg. 2—20. Lfg. 16° (1. Bd. 97—448 u. 2—4. Bd. 477, 471 u. 455) Lpzg 96, P Reclam jun. à — 20
(Kplt in 2 L.-Bdn à 2.50)

[F.] Lexikon der deutschen Dichter und Prosaisten des neunzehnten Jahrhunderts. Bearb. v. Franz **Brümmer.** 4., völlig neu bearb. u. stark verm. Ausg. Bd 1—4. *Leipzig: Ph. Reclam jun. [1896].* 4 Bde 8.
1. A bis Ge. (448 S.) 2. Gi bis L. (477 S.) 3. M bis Schn. (471 S.) 4. Scho bis Z. (455 S.)
— Universal-Bibliothek. No 1981—90. 3531—40. (96. 7064

Brümmer, Franz. Lexikon der deutschen Dichter und Prosaisten des neunzehnten Jahrhunderts. Bearb. von F' B'. 5., in den Nachträgen ergänzte und bedeutend vermehrte Ausg. 4 Bände. 8. Leipzig, Philipp Reclam jun., (1901). ([geb. *zus.*] M. 5. —)
Band 1: A bis Ge. 574 S. — Band 2: Gi bis L. 604 S. — Band 3: M bis Schn. 584 S. — Band 4: Scho bis Z. 522 S. + *Anzeigen.*

Bruemmer, Franz, Lexikon der deutschen Dichter und Prosaisten von d. ältesten Zeiten bis z. Ende d. 18. Jhs. Leipzig (1884). 8°.

— methodisch geordneter Übungsstoff f. den Unterricht in der Rechtschreibung. Für Schulen u. Präparandenanstalten zusammengestellt. gr. 8. (VIII, 164 S.) Leipzig 883. Klinkhardt. n. 1. 20

Brümmer, Friedrich [app. Arzt aus Verden]: Ueber die Behandlung der Kniescheibenbruche und deren Endresultate.... Göttingen. Druck d. Univ.-Buchdr. v. W. Fr. Kästner. 1889: 62 S. 8°
Göttingen, Med. Fak., Inaug.-Diss. v. 13. März 1889

Brümmer, Friedr. Ueber die Behandlung der Kniescheibenbrüche u. deren Endresultate. Diss. gr. 8. (62 S.) Gött. 889, (Vandenhoeck u. Ruprecht). * 1 40

Brümmer, Frid. (geb. Genen 29. 1. 1798): Disquisitio circa vitam & mortem. Berolini (1820). (35 S.) 8°
Berlin, Med. Diss. v. 19. Mai 1820

Bruemmer, Frid. Guil. Anton. (geb. Stadtlohn 31. 3. 1842): De meningitide cerebrospinali epidemia. Berolini (1865). (32 S.) 8°
Berlin, Med. Diss. v. 27. Juli 1865

Brümmer, Gust., die Goltzen Herrschaft Brotzen, s.: Abhandlungen zur Landeskunde der Prov. Westpreussen.

Brümmer, Johannes

Brümmer, J., die Altersbestimmung des Pferdes, sowie die Betrügereien, welche an den Schneidezähnen vorgenommen werden. Für Landwirthe, Pferdezüchter und Offiziere. 8. (16 S. mit 15 in den Text gedr. Holzschn.) Kappeln 885, (Kock.) **
Aus: Meyn's schleswig-holsteinisches landwirthschaftliches Taschenbuch, besonders abgedruckt.

Brümmer, die Bedeutung d. phosphorsauren Kalkes f. die Ernährung, Gesundheitserhaltung und Leistungsfähigkeit unserer Hausthiere, sowie die Verhältnisse, unter denen seine Verabreichung besonders empfehlenswerth ist. Studie in 3 Vorträgen. gr. 8. (IV, 76 S.) Osterwieck 889. Zickfeldt. n. 1. 50

Brümmer, J., die Dauer, Erkennung und Regelwidrigkeiten der Trächtigkeit, sowie die Behandlung der trächtigen Hausthiere, s.a. Vorträge für Thierärzte.

— Die Dauer, Erkennung und Regelwidrigkeiten der Trächtigkeit, sowie die Behandlung der trächtigen Haustiere. (58 S.) Leipzig 81. (Wiesbaden, Dürselen.) M. 3.—
(Vorträge f. Thierärzte. Ser. 5 H. 11/12). 327.

Brümmer, üb. Futterzubereitung u. Futterzeiten. Vortrag, geh. am 10. März 1893. [Aus: „Mitteilgn. d. ökonom. Gesellsch."] gr. 8. (33 S.) Dresden 893. G. Schönfeld's Verl. n. — 80

(B) **Brümmer,** üb. Futterzubereitung. 893. (KBL 27.) Jetzt: Leipzig, Krische & Schmidt.

—— das Melken und dessen Bedeutung für Entwickelung und Thätigkeit der Milchdrüse. Vortrag, gehalten im akademisch-landwirthschaftl. Verein in Leipzig. 8. (31 S.) Bremen 881, Heinsius. *
(Schriften d. milchw. Vereins. Nr. 13). 523.

Brümmer, A. C. J., der Rathgeber im Krankenstalle oder Verhütung und Heilung der hauptsächlichsten Krankheiten der landwirthschaftlichen Haussäugethiere einschließlich der Lehre von den wichtigsten diätetischen und arzneilichen Heilmitteln und Operationen. Für Landwirthe und Thierzüchter, sowie für landwirthschaftl. Schulen geschrieben. gr. 8. (VII, 243 S. mit 1 lithogr. Taf.) Leipzig 883, Leipziger Lehrmittel-Anstalt. geb. *

— Rathschläge f. Landwirthe in futterarmen Jahren. Erfahrungen u. Versuche üb. Futterbau u. Thierfütterg. 1. Thl. gr. 8. Ebd. 893. n. 1. —
Welche Culturverfahren verdienen Beachtung, um f. die nächste Zeit, sowie f. das nächste Jahr gute Futtererträge zu gewinnen? (47 S.)

(B) — Ratschläge f. Landwirthe. 893. (KBL 27.) Jetzt: Hannover, M. & H. Schaper.

Die Sauerfutter-Bereitungsmethode und ihre Bedeutung für den landwirthschaftlichen Betrieb. Von Johannes Brümmer. Kappeln 1886. 8°.

Brümmer, J., die Sauerfutter-Bereitungsmethode und ihre Bedeutung für den landwirthschaftlichen Betrieb. Mit besond. Berücksicht. des Einflusses von eingesäuertem Futter auf die Leistungszwecke und den Gesundheitszustand unserer Haussäugethiere. Nach Studien und eigenen Erfahrungen für die Praxis zusammengestellt. 8. (15 S.) Kappeln 886, Kock. **

BRÜMMER, Johannes: Anatomische und histologische Untersuchungen über den zusammengesetzten Magen verschiedener Säugethiere. - Leipzig 1876. 56 S., 3 Taf. - Diss.

Zwei Vorträge über Ausbildung unserer Berufsgenossen. Von Johannes Brümmer. (Separat-Abdruck aus „Fühlings landw. Zeitung".) Leipzig. 1889. 8°.

Brümmer, Johannes (Hrsg.), s. a. Wie viel Zeit braucht der Landwirth ...

Brümmer J.: Wie viel Zeit braucht der Landwirth zu seiner theoretischen Ausbildung u. welche Bedeutung hat dieselbe f. seinen Beruf? Schleswig 1887. 27 S. P.
(Beilage z. Jahresbericht 1885—86 d. landwirtschaftlichen Lehranstalt ... in Kappeln ...).

—— die Zubereitung der Futter-Mittel für die landwirthschaftlichen Haussäugethiere. Studien und Erfahrungen im Gebiet der Thierernährungslehre. Für die Praxis bearb. gr. 8. (VI, 258 S.) Aarau 886, Wirz-Christen. *

Erinnerungen an das Secular-Fest der Loge Archimedes zu den drei Reissbretern im Or. von Altenburg den 30. und 31. Jan. 1842. [Hrsg. von Karl Heinr. Brümmer.] Gera [1842]: Blachmann & Bornschein. 12 S. quer 2° [Lithogr.] [Umschlagtit.]
cf. Zd. 6 (1842) S. 31 (K. H. Brümmer).
Kl. 3025b. 6 Gesänge mit Noten, gedichtet u. komp. 1. von L. F. Lenz u. K. H. Brümmer. 2. von K. H. Brümmer, 3. von Ch. F. H. Sachse u. K. H. Brümmer, 4. von E. F. Ludwig, 5. von J. Heidrich, 6. von Ch. F. H. Sachse u. Schulz. Brümmer wollte eine 2. Lfg im selben Jahr hrsg., es unterblieb aber.

Maurerische Gesänge für die Loge Archimedes zu den drei Reissbretern in Altenburg. [Bearb. u. hrsg. von Karl Heinr. **Brümmer,** unter Mitw. von Friedr. Aug. Christian Mörlin.] [Bd 1.] 2. [Altenburg] 1804—1821: [Hofbuchdr.] 8°
[1.] X, 276 S. 1804; 2. VIII, 298 S. 1821.
Recens. f. Bd 1: AJ. 1 (1804) S. 462—464; f. Bd 2: AZ. 1823 S. 270—271.
Kl. 1636, 1694, Tt. 2282. Ohne Noten.

[Lied.] Zum Johannisfeste. [Unterz.: Karl Heinr.] **Br[ümmer].** [Altenburg] o. J. 1 Bl. 8° [Kopftit.]
Ohne Noten: „Begrüsset, Ihr Brüder! vereinigt im Chor . . ."

Kanonen-Lied der Brüder Freimaurer. [Unterz.: Karl Heinr.] **Br[ümmer].** [Altenburg] o. J. 2 Bl. 8° [Kopftit.]
Ohne Noten: „Es ist ein alter Maurer-Brauch, . . ."

Klänge aus den Hallen des Archimedes zu den drei Reisbretern im Or. Altenburg. [Hrsg. von Karl Heinr. Brümmer.] Lfg 1. [Altenburg: Literatur Comptoir 1822.] 25 S. quer 2° [Stich.]
[Umschlagtit.:] Freymaurer Gesänge.
Recens: AZ. 1823 S. 271—272.
Kl. 1695. 12 Gesänge mit Noten.

Die Scheidenden. Abschied und Nachruf. Zwei Lieder von [Aug. Friedr. Ferdin. von] Kotzebue und Nestorius, in Musik gesetzt und Seinen entfernten Freunden gewidmet von C[arl] H[einr.] Brümmer. Altenburg [um 1810]: Lehmann. 4 S. Quer-8°. [Umschlagtit.]

Brümmer, Theodor, aus Lindloh: Aus d. pharmakol. Institut zu Greifswald. Wie wirkt das Terpentinöl in kleinen Dosen längere Zeit genommen? *Greifswald 1900: H. Adler.* (37 S.) 8°
Greifswald, Med. Diss. v. 10. Juli 1900

[F. u. Ant.] **Brümmer,** Ulrich [Referendar]: Das Vermessungsrecht, jus mensurationis ... (Aus: Jahrb. d. Ver. f. Meklenb. Gesch. u. Alterthumsk., Bd. LVII.) Schwerin i. M., Druck d. Bärensprung'schen Hofbuchdr., 1892; 30 S. 8.
Rostock, Jur. Fak., Inaug.-Diss. v. [5. Okt.] 1892

Brümmer, Wilh. Heinr. Friedr. (geb. Stadtlohn [21. 7. 1844]): Ueber das epidemische Puerperalfieber. Berlin (1867). (36 S.) 8°
Berlin, Med. Diss. v. 26. Juli 1867

Brummerstädt, W., Bericht aus der Grossherzogl. Central-Hebammen-Lehranstalt in Rostock nebst einer statist. Zusammenstellung aus 135 theils veröffentlichten, theils noch unbekannten Fällen von Eclampsie. gr. 8. (VIII und 181 S. mit 1 Tab. in qu. 4.) Rostock 866, Stiller'sche Hofbuchh.

Brümmerstädt, Ferdinand, Referendar: Ist die Anstiftung akzessorische Teilnahme oder intellektuelle Urheberschaft? Halle a. S. 1909: Kaemmerer. XIII, 67 S. 8°
Leipzig, Jur. Diss. v. 22. Juni 1909
[Geb. 5. Sept. 83 Plötzensee: Wohnort: Plötzensee; Staatsangeh.: Preußen; Vorbildung: Lessing-Gymn. Berlin Reife O. 01; Studium: Berlin 8 S.; Rig. 5. Jan. 07.] [U 09. 2465

Brummhard, L. F., Trauerrede b. d. Grab. der sel. Verstorbenen. geh. 8. Rudolst. 751.

Brumm-Kessel. Carnevals-Blättchen. Jahrg. 1860. 3 Nrn. Pforzheim, Flammer. gr. 8. (20 S. m. Holzschn. im Text.) 5 ngr

Brumm-Kessel. Carnevals-Blättchen. Jahrg. 1860. 3 Nrn. 8. (20) Pforzh. (Strassb., Schauenburg.) — 5

Brummund, Paul, Referendar: Die Auslobung. *Treptow a. R. 1898: R. Marg.* (59 S.) 8°
Greifswald, Jur. Diss. v. 1898

Brumore, nouveaux Drames: les Calas, en trois actes et en prose; les Salver ou la faute réparée, en trois actes et en vers. 8. Berl. Rottmann. 778.

Brumoy, Pierre. Isaac, ein Trauerspiel in fünf Aufzügen aus dem Französischen übersetzt ... Zug 1769. Ü: *Zimmermann, Joseph Jgnaz.* (SO) (Jes)

Brumund und v. Hoevell, über Alterthümer des ostindischen Archipels, insbesond. die Hindu-Alterthümer und Tempelruinen auf Java, Madura und Bali, nach Mittheilungen (der Verff.) aus dem Holländ. bearb. von Johs. Mueller. Lex.-8. (VIII und 102 S. mit 21 lithogr. Kunst-Beilagen, wovon 10 in Farben- und 5 in Tondr.) Berlin 859, (Asher und Comp.) *

Brumund und v. Hoevell, über Alterthümer des ostindischen Archipels, insbesond. die Hindu-Alterthümer und Tempelruinen auf Java, Madura und Bali, nach Mittheilungen (der Verff.) aus dem Holländ. bearb. von Johs. Mueller. 2. (Titel-)Aufl. Lex.-8. (VIII und 102 S. mit 21 lithogr. Kunst-Beilagen, wovon 10 in Farben- und 5 in Tondr., in Lex.-8. und 4.) Berlin (859)65, Academische Buchh. *

Brumund, J., Leitfaden f. den Unterricht in Mineralogie u. Chemie. Für mehrklass. Volksschulen u. zum Selbstunterrichte bearb. gr. 8. (VIII, 55 S.) Bremen 894. C. Hampe. n. — 80

Brun, s. a. Brunn.

— s. a. Bruun.

Brun, ..., kurzes prakt. Handbuch d. Buchdruckerkunst in Frankreich. Aus d. Französ. mit Zusätzen, Anmerkk. u. Zeichn. von W. Hasper. Mit 3 Holzschn. gr. 8. Karlsr. 828. Marx. 1 ₰ 18 gl

Brun, Andreas S. (Vestrogothus), Diss. de differentia inter assertionem nudam, pollicitationem et promissionem, atque inde pendentes obligationes. Präs. Lorenz Dahlman. Upsala Mai 1764. 10 S. (3.50) 4299

BRUN, Arturo
Die Nerven der Milchdrüsen während der Lactationsperiode von Arturo Brun. (Aus den Sitzungsberichten der kaiserl. Akademie der Wissenschaften in Wien. Mathem.-naturw. Classe; Bd. CIX. Abth. III. März 1900.) Wien, 1900. In Comm. Gerold's Sohn. Gr.-8°. 15 S. K —.40

Brun, Carl. Jacques-Louis David und die französische Revolution. (Ein akademischer Vortrag, gehalten ... zu Zürich am 5. Dezember 1889.) [SA.] 8. Zürich [1890].

Brun, Carl: Die Deckengemälde der Kirche von Zillis, s. Mitteilungen der schweizerischen Gesellschaft für Erhaltung historischer Kunstdenkmäler.

Brun, Carl. Katalog der Erwerbungen der Gottfried Keller-Stiftung von 1891—1904, mit biographischen Notizen (* *Umschlag, illustriert:* K'. Kunstausstellung der Gottfr. Keller Stiftung in der Gallerie Henneberg Zürich [Herbst 1904]). II + 70 S. 8. Zürich, Schulthess & Co., 1904.

Brun, Carl, Gottfried Keller als Maler, s. a. **Neujahrsblatt, hrsg. v. der Stadtbibliothek in Zürich.**

Brun, Carl. Gottfried Keller als Maler. [Mit 7 Tafeln.] Njbl. Stadtbibl. Zürich 1894. 4. Zürich.

Neujahrsblatt der Künstlergesellschaft in Zürich für 1885. Kreuz- u. Querzüge ein. Schweizer Malers (Wilhelm Huber), von *Carl Brun*. Der neuen Reihenfolge XLV. In-4°, 26 S., mit Tafel. Druck von Ulrich & Cie. 1885

Brun, Carl, s: Künstler-Lexikon, Schweizerisches.

Brun, C., Lionardo da Vinci; Bernardino Luini, s. Kunst und Künstler des Mittelalters und der Neuzeit.

— *Künstlergesellschaft.* N. F. Nr. 40. Bernardino Luini von *Karl Brun*. Gr. in-4°, 23 S. und 1 phothogr. Tafel. Zürich, Druck von J. Ulrich.

1880

Brun, Carl. Verzeichnis der bedeutenderen Kunstwerke im Künstlergut zu Zürich, mit biographischen Notizen. 4. vermehrte Aufl. 81 S. 8. Zürich, Schulthess & Co., 1901. [fr. —.50]

— Carl Erdmann (Wohlau/Schles.), Diss. hermeneut.-dogmat. in Matth. V, 17. Präs. Johann Salomon Semler. Halle (Hendel) 9. IV. 1770. 28 Seiten. (4.20) 4300
Gew.: I. C. Ludwig, Sigismund Basch, Gottfried Wilhelm Brun. — Widm. v.: Präs., Christ. Wilhelm Schwenckner, Ernst Gottfr. Mentzel (Wohlau), Joh. Sam. Traug. Burchard (Hirschberg/Schlesien).

Brun, Curt

Erste Flügelschläge. Jugendgedichte von Curt **Brun**. Berlin-Leipzig: C. Wigand 1907. (23 S.) 8° [08. 5738]

Brun, Curt, erste Flügelschläge. Jugendgedichte. (24 S.) 8. Leipzig 907. Modernes Verlagsbureau. 1. —

Brun, E., die Macht d. guten Beispiels, s.a. Bibliothek f. die reifere christliche Jugend.

Brun, E., die Macht des guten Beispiels. Der reiferen Jugend gewidmet. Aus dem Französ. frei übers. von Heinr. Werner. 8. (168 S. mit 4 Stahlst.) Regensburg 877, Manz.

Brun, Elise, Les charmes de l'ermitage, s.: Bibliothèque, petite, Française. Vol. 20.

Brun, F. S. C., s. Brun, Friederike

Brun, Friederike

— Briefe aus Rom, geschrieben in d. Jahren 1808, 9 u. 10, über die Verfolgung, Gefangenschaft u. Entführung des Papstes Pius VII. mit dessen Bildn. Mit e. Vorr. (herausg. v. K. A. Böttiger). 8. Dresd. 816. N. A. 820. Arnold. 14 gr.

Brun, Friederike, († d. 25. März 1835.) Spane u. Amandor; eine Schweizergeschichte. 8. Hamb. 792. (Wienbrack in Leipz.) 4 gr.

Brun (Friederika). — Episoden aus Reisen durch das südliche Deuchchland, die westliche Schweiz, Genf und Italien in den Jahren 1801, 1802 und 1803. Mit Anhängen von 1805, etc. — *Zürich, Orell, Füssli u. Comp.*, 1806 und 1809-1816 (3 Bde in 8°).

Avec une vignette frontispice gravée en taille-douce par *J. H. Meyer* d'après *L. Hess*. Frontispice du t. II gravé par *F. Hegi* d'après *Reinhart*.

Brun, Frieder. S. Chr., geb. Münter; Episoden a. Reisen d. d. südl. Deutschl., westl. Schweiz, Genf u. Italien in d. J. 1801—1805. 2 Bde. gr. 8. Zürich 808, 9. Orell. 4 Thlr 16 gr. Velinp. 6 Thlr 3r Bd. gr. 8. Manh. 816. Schwan u. G. 1 Thlr 12 gr. (A. u. d. T.: Reise von Genf in das südl. Frankreich u. Italien rc.) 4r Bd. A. u. d. T.: Sitten- u. Landschaftsstudien von Neapel u. seinen Umgebungen, in Briefen u. Zuschriften, entworfen in den Jahren 1809—10. M. 2 Kpf. gr. 8. Pesth 818. Hartleben. 1 Thlr 12 gr. Hbg. Pr. 12 gr.

— Gedichte, herausg. v. Fr. Matthison. gr. 8. Zürich 795. N. A. 798. 4e A. 800. Orell. 1 Thlr 12 gr. Velinp. 2 Thlr 2r Bd. A. u. d. T.: Neue Gedichte. Mit Vign. gr. 8. Darmst. 812. Leske. 1 Thlr Velinp. 2 Thlr 3r Bd. A. u. d. T.: Neueste Gedichte mit e. fac simile d. Handschr. d. Grafen F. L. zu Stollberg. Mit 1 Kpf. 8. Bonn 820. Marcus. 1 Thlr

Brun, F. S. C. Gedichte. Zürich 1803. II: *Matthisson, Friedrich von.* (BrMm)

Brun, Fr., geb. Münter, neue Gedichte.
Auch unter dem Titel
Gedichte. 2r Bd. von Fr. Brun. Mit Vign. gr. 8. Darmst. Heyer u. Leske, 812. Schreibp. Velinp.

— dasselbe, neue Aufl. 4. Ebend. 814.

— — neue Gedichte mit Vignetten. gr. 8. 815. Darmstadt, jetzt Leske.

Brün, Friedr., die Gefangennehmung und Rettung des Carl Lincke, ehemal. Freiwilligen des berühmten Lützow'schen Corps der Cavallerie bei dem hinterlist. Ueberfall der Franzosen zu Kitzen am 17. Juni 1813. Nach seiner mündl. Erzählung dargestellt. 8. (V und 115 S.) Siegen, 851 Kogler'sche Buchh.

Brun, Friederike: Römisches Leben. Th. 1. 2. — Lpg: Brockhaus 1833. XIV, 320 S. und X, 356 S. mit 2 Ansichten.

Brun, Friederike s. [Müller, Johannes von.] Briefe eines jungen Gelehrten. Tübingen 1802.

— s. Jh. v. Müller VII., sämmtl. Werke 7e u. 8e Lfrg.

— pros. Schriften. 4 Thle. M. Kpf. 8. Zürich 799—801. Orell. 6 Thlr 8 gr. Velinp. 8 Thlr 12 gr. (3r, 4r Thl. A. u. d. T.: Tagebuch üb. Rom. 2 Thle. 3 Thlr 20 gr. Velinp. 5 Thlr)

— Sitten- u. Landschafts studien, s. Brun: Episoden.

Brun, Friederike. Tagebuch einer Reise durch die östliche, südliche und italienische Schweiz. Ausgearbeitet in den Jahren 1798 und 1799 von F. B. geb. Münter. Mit Kupfern [3 Tafeln]. 8. Kopenhagen 1800.

— Tageb. e. Reise d. d. Schweiz, m. K. gr. 8. Koph. Brummer. (Turnepsen, Cassel.) 800. Schweizerp.

— Tagebuch über Rom, s. a. Brun: Prosaische Schriften

Brun, Friederike. Tagebuch über Rom. Mit Kupfern [Vignetten und 5 Tafeln]. 2 Theile. 8. Zürich 1800–1801.

— Wahrheit aus Morgenträumen u. Ida's ästhetische Entwickelung. 8. Aarau 824. Sauerländer. 1 Thlr 8 gr.

Brun, Friederike Sophie Christine, s. Brun, Friederike

Brun, Gottfried

Brun, Gf., Freimaurerreden bei solennen Festen. 8. Posen 785.

Festliche Freimaurerreden gehalten i. d. g. u. v. L[oge] d. S[chule] d[er] W[eisheit] i. M[orgen] z. P[osen] von Gottfr. Brun. Mit Erlaubnis d. Ordens Obern. Lissa: Presser 1788. XXIV, 190 S. 8°
Kl. 1088. 8 Gelegenheitsreden.

— Shakespeares u. Schillers auserles. Früchte d. Geistes. 8. Wien 788. Hörling. 5 gr.

Brun, Gf., d. Geist des Auslandes. 5 Bdch. 8. Leipz. Hinrichs. 792. (1s u. 2s B. 1 Rthlr. 5 gr., 3s 10 gr.) Rthlr.

— Geist des Auslandes. 3 Bdchn. 8. Leipz. 792—803. Reinike in Halle. 1 Thlr 13 gr.

— Handbuch d. deutschen Literatur. 8. Wien 788. (Schaumburg). 14 gr.

— Versuch e. Gesch. d. deutschen Dichtkunst, Dichter u. Dichterwerke, von ihrem Ursprung bis auf Bodmer u. Breitinger; u. poet. Versuche. 8. Danzig 782.

Brun, Hans [aus Escholzmatt, z. Z. Assistenzarzt der chirurg. Klinik in Zürich]: Aus der chirurgischen Universitätsklinik Zürich. Ueber die Mitverletzung der Hirnnerven und ihrer Centren im Gefolge von Schädelverletzungen. (Mit Fig.) (S.-A. aus „Beiträge zur klinischen Chirurgie". Bd. 38. 1903.) Tübingen 1903. 71 S. 8°.
Zürich. Med. Diss. 1902, 1903.

Brun, Hans. Über die Mitverletzung der Hirnnerven und ihrer Centren im Gefolge von Schädelverletzungen. Diss. Med. Univ. Zürich. *Kopftitel:* Aus der chirurgischen Universitätsklinik Zürich. — ([Mit Figuren.] — Sonderabzug aus Beiträge zur klinischen Chirurgie. Band 38. Heft 2. [S. 338—407].) IV + 71 S. 8. Tübingen, H. Laupp Jr, 1903.

(Abschnitt *der* Abhandlung über «Der Schädelverletzte und seine Schicksale», in: Beitr. z. kl. Ch. Bd. 38, 1903.)

Brun, Hans. Der Schädelverletzte und seine Schicksale. Eine klinische Studie. Aus der Züricher chirurgischen Klinik (des Prof. Dr. [Ulrich] Krönlein). (Mit 200 Abbildungen.) Separat-Abdruck aus Beiträge zur klinischen Chirurgie. Redigiert von Prof. Dr. P[aul] v. Bruns. Band 38. Heft 1(-2 u. 3). II S. + S. 192—407 u. 601—691. 8. Tübingen, H. Laupp, 1903.

Brun, Harry, O alte Burschenherrlichkeit! Roman. 8. (297 S.) Leipzig (901). H. Seemann Nachf. n. 4. —; geb. n. 5. 50

— **italienische Reiseskizzen.** 8. (155 S.) Ebd. 900. n. 2. —

Brun, Harry. Italienische Reiseskizzen. [Mit Vignetten.] IV + 155 S. 8. Leipzig, Hermann Seemann Nachfolger, 1901. [M. 2. —]

Darin S. 135—150: Luzern.

Brun, Hermann Alfred. Grundzüge einer Maschinenwissenschaft. Zugleich eine Einleitung zum Studium des Maschinenwesens. 8. (66 S.) Wien: Hartleben 1890. —,80

Brun (J.). Diatomées des alpes et du Jura . . . Basel, 1879. 8°.

Brun, J., Diatomées des Alpes et du Jura et de la région suisse et française des environs de Genève. Avec 9 planches (lithogr.) gr. 8. (III, 146 S. mit 9 Bl. Tafelerklärungen.) Basel 880, Georg. *

Brun, J. Diatomées, espèces nouvelles marines, fossiles ou pélagiques. Avec 12 planches (120 dessins de l'auteur, 46 microphotogr. de M. *van Heurck* et 80 de M. *O. Müller*). Gr. in-4°. 48 p. Genève, Bâle, Lyon, H. Georg. 20 —
*** Mémoires de la Société de physique et d'histoire naturelle de Genève. Tome XXXI. 2e partie.
1891

Brun, J. et J. Tempère. Diatomées fossiles du Japon. Espèces marines et nouvelles des calcaires argileux de Sendaï et de Yedo. Avec 9 planches. Gr in-4°. 75 p. Bâle, Genève, Lyon, H. Georg.
1889 15 —
*** Mémoires de la Soc. de physique et d'histoire naturelle de Genève. Tome XXX. N° 9.

Brun, I. C. a, de methodo citra salivationem curandi luem vener. 4. Scaphusiae. 759.

Brun, J. G., praes. Ge. Chr. **Dethardіng**, De paralysi et hemiplexia, subjuncta quaestione: utrum venaesectio in parte sana, vel affecta instituenda? 30 pp. Rost. 4°. 1739

Brun, J[acques]. Der schwarze Schnee. Protococcus nivalis, forma nigricans. (Aus dem Echo des Alpes, N° 4, 1875, übersetzt.) [Mit Figuren. SA.] 8. [Bern 1876.]

Brun, Ida Brunsig Edle v., s.: Brun-Barnow, I. v.

Brun, Joseph [von Wertheustein, Kt. Luzern]: Über die Einwirkung alkoholischer Schwefelsäure auf Aryldiazoimide. Zürich 1902. 132 S. 8°.
Zürich, Phil. Diss. II. S. 1901 1902.

Brun, Joseph. Ueber die Einwirkung alkoholischer Schwefelsäure auf Aryldiazoimide. Diss. Phil. [II.] Univ. Zürich. 132 S. 8. Zürich, J. Frank, 1902.

Brun, Joseph Anton

***Brun*, Jos. Ant., Diss. in jus civile.** 4maj. Raab 759. Raby. 3 ß 8 ₰

Brun, Karl, s. Brun, Carl

Brun, Malte, s. Malte-Brun.

* Brun, P. J., Anweis. f. Reisende, aus d. Engl. des Grafen v. Berchtold. gr. 8. Braunschweig, Schulbuchhandl. 791.

Brun, P. J., allgem. Erdbeschr. 12 Bd. gr. 8. Berl. Nicolai. 805.

Brun, Raym., Erklärung d. catholisch. Glaubensbekenntnisse. 2 Thle. 8. Frankf. Varrentrapp u. W. 770.

— **Glaubensbekenntniß.** 4. Cöln. Fabricius. 770.

— **Kern d. Christenthums in e. Erklär. d. cathol. Glaubensbekenntnisses.** 8. Bamberg. Göbhard. 784.

— **Unterricht in Glaubenssachen, sammt Gebetbuch.** 12. Augsb. Wolf. 740.

— **cathol. Unterricht. Gebet- u. Gesangbuch.** 12. Halberstadt. (Aschendorff in Münster.) 804.

Brun, Rud.: Ein Fall v. doppelseit. symmetr. Erweichgszysten im verläng. Mark nebst e. Herde im Kleinhirn, s: Arbeiten a. d. hirnanatom. Instit. in Zürich.

Brun, S. I., nov. appar. Virgilii poetic. 8.maj. Col. Metternich. 768.

Brun, Sören, Tafeln f. d. Inhalt d. Fässer, mit Erklär. des Gebrauchs derselben. Eine gekr. Preisschrift. Mit 1 Kpf. gr. 8. Kopenh. 798. Brummer. 1 ß

— **Tafeln f. d. Inhalt der kleinen Fässer. Als Anh. zu Obigem. gr. 8. Kopenh. 799. Brummer. 7 ₰**

Brun, Waclaw v.: Die Wirtschaftsorganisation d. Maori auf Neuseeland, s: Beiträge z. Kultur- u. Universalgesch.

Brun-Barnow, Ida von

Brun-Barnow, I. v., durch Liebe gesühnt, s.a. **Welt, alle.**

Durch Liebe gesühnt. Novelle von I[da] v. Brun-Barnow. *Berlin: A. Weichert [1900].* (48 S.) 8° [3.]
= Welt, Alle. Bd 35.

[3.] Er und Sie. Zeitroman v. I. v. Brun-Barnow [d. i. Ida Brunsig Edle v. Brun]. *Breslau: S. Schottlaender 1899.* (303 S.) 1 Bd 8.

Erlebtes u. Erdachtes. 8° (185) Berl. 96, Deut. Autoren-Verl. 2 —; geb. 3 —

— **Erlebtes u. Erdachtes.** 8. (VII, 185 S.) Berlin 896. Deutsche Schriftsteller-Genossensch. n. 2. —; geb. n. 3. —

Brun-(Barnow), I v.: Erlebtes u. Erdachtes. 1. Wenn d. Frühling auf d. Berge steigt. 2. Strandgut. (137) 8° Würzbg, Memminger '12. 1 —: L 1.50 d

— **Prinzeßchens Erlösung. Kein Märchen.** 8. (30 S.) Lübeck 897. Verl. d. Novellen-Bibliothek. n. — 50

Brun-Barnow, I. v., das Frauenglück. Herzensworte für die Frauenwelt. 8. (V, 140 S.) Leipzig, 884, C. A. Koch's Verlagsb. *
geb. *

— **ein Frauenherz.** 8. (144 S.) Dresden 896. E. Pierson. 2. —

! — Ein Frauenherz. 1896. Jetzt: Berlin: Verl. Berlin-Wien.

Brun-Barnow, Ida v., Hatty, s.a. Kürschner's, Jos., Bücherschatz.

Hatty. Roman aus d. Gesellschaft. Von I[da] v. Brun-Barnow [d. i. Ida v. Brunsig Edle v. Brun]. Mit Ill. von A. Lewin. *Berlin, Eisenach, Leipzig: H. Hillger [1903].* (108 S.) 8° [3.]
= Bücherschatz, Kürschner's. No 358.

— **starke Herzen. Roman.** (Wohlf. [Titel-]Ausg.) 8. (306 S.) Stuttgart (892) 896. Deutsche Verlags-Anstalt. n. 1. 50; geb. n. 1. 75

— Herzensworte an d. deut. Frau. 2. Afl. (8, 148) 8° Gotha, FA Perthes ('11). L 3 — d

— **im Kampf m. Idealen. Zeitroman.** (286 S.) 8. Dresden 903. E. Pierson. n. 2. 50; geb. n. 3. 50

! – Im Kampf mit Idealen. 1903. Jetzt: Berlin: Verlag Berlin-Wien.

— der Kobold. Roman. (142 S.) 8. Berlin (905). Dt.-Eylau, H. Priebe & Co. n. 2. —

— ein einsames Leben, s.a. Bibliothek kleiner Novellen u. Erzählgn.

— Lutz der Sünder. Zeitroman. (324 S.) 8. Dresden 902 E. Pierson. n. 2. 50; geb. n. 3. 50

! – Lutz der Sünder. 1902. Jetzt: Berlin: Verlag Berlin-Wien

— Magnetismus der Liebe u. Anderes, s.a. Eckstein's 50 Pfennig-Bibliothek.

[F.] Magnetismus der Liebe u. Anderes v. J. v. Brun-Barnow [d. i. Ida Brunsig Edle v. Brun]. *Berlin: R. Eckstein Nachf. [1896].* (69 S., 1 Bl.) 1 Bd 8.
= 50 Pfennig-Bibliothek, Ecksteins. No 21. [97. 486

— Malwe, s.a. Weichert's Wochen-Bibliothek.

[F.] Malwe. Roman v. J. v. Brun-Barnow [d. i. Ida Brunsig Edle v. Brun]. M. 3 Vollbild. *Berlin: A. Weichert [1898].* (95 S., 3 Taf.) 1 Bd 8.
= Wochen-Bibliothek, Weichert's. Bd 43. [99. 493

— Frau Marquise, s.a. Kaufmann's moderne Zehnpfennig-Bibliothek.

— dasselbe, s.a. Klambt's Bücherschatz. 8. Bd.

— Frau Marquise, s.a. Zwanzig-Pfennig-Bibliothek, moderne.

Frau Marquise. Roman von I[da] v. Brun-Barnow [d. i. Ida Brunsig Edle v. Brun]. *Neurode: Zehnpfennig-Bibliothek 1901.* (160 S.) 8° [F.]
= Zehnpfennig-Bibliothek, Kaufmann's moderne. Jg. 2, Bd 7.

Frau Marquise. Roman von I[da] v. Brun-Barnow [d. i. Ida Brunsig Edle v. Brun]. [Neudr.] Neurode, Hamm, Speyer: W. W. Klambt 1906. (152 S.) 8° [F.]
— Zehnpfennig-Bibliothek, Moderne. Jg. 2, Bd 7. [07. 4370

— Moorland. Roman. 8. (278 S.) Dresden 902. E. Pierson. n. 2. 50; geb. n. 3. 50

(F) — Moorland. 902. (KBL 31.) Jetzt: Berlin, Verlag Berlin-Wien.

Brun-Barnow, Ida v. (Ida Brunsig Edle v. Brun), per aspera ad astra. Roman. 8. (302 S.) Breslau 897. Schles. Buchdruckerei 2c. n. 4. —; geb. n. 5. —

[Ant. u. F.] Per aspera ad astra. Roman v. I[da] v. Brun-Barnow [d. i. Ida Brunsig Edle v. Brun]. *Breslau: S. Schottlaender 1897.* (302 S.) 1 Bd 8. [97. 2129

— Gräfin Ruth od. die Rivalen, s.a. Kürschners, Jos., Bücherschatz.

Gräfin Ruth oder Die Rivalen. Roman von I[da] v. Brun-Barnow [d. i. Ida Brun Edle v. Brunsig]. Mit Ill. von W. Roegge. *Berlin, Eisenach, Leipzig: H. Hillger [1904].* (94 S.) 8° [F.]
— Bücherschatz. Kürschners. No 404. [04. 1161

— Schatten. Roman. gr. 8. (255 S.) Breslau 901. Schles. Buchdruckerei 2c. n. 3. —; geb. n. 4. —

Schatten. Roman von I. v. Brun-Barnow [d. i. Ida Brunsig, Edle v. Brun]. *Breslau: S. Schottlaender 1901.* (255 S.) 8° [F.] [01. 389

— Selbsterziehung. Herzensworte an die deutsche Frau. (VII, 148 S.) 8. Gotha 907. F. A. Perthes. 2.40; geb. 3. 60

— d. Verhängniß, s.a. Collection Hartleben.

Collection Hartleben. VI. Jahrgang. XXIII. Band. Inhalt: J. von Brun-Barnow, Das Verhängniß. Roman. 8. (159 S.) In Leinwand geb. —.40
Wien: Hartleben 1898.

Brun-Barnow, J. v., falsche Wege. Roman. 8. (215 S.) Breslau 881. Schottländer. n. 4. —; geb. n. 5. —

— Sein Weib, s.a. Bibliothek kl. Novellen u. Erzählgn.

[F.] Sein Weib. Novelle v. Ida v. Brun-Barnow. M. d. Bildn. d. Dichterin. *Lübeck: Novellenbibl. [1897].* (45 S., 1 Portr.) 1 Bd 8.
= Bibliothek kleiner Novellen u. Erzählgn v. Dichtern u. Schriftst. d. Gegenwart. No 43. 44. [97. 170

—— ein Wort an die deutschen Frauen. 8. (V, 140 S.) Leipzig 884, M. Hesse's Verlag. *

Brun-Chappuis, über den Rebbau, wie er im Ryff-Thale, Kantons Waadt, betrieben wird. Nach der 2. Aufl. übersetzt. gr. 8. Aarau 844, Christen. n. 1/6 ₰

Brun v. Schonebeck, s.: Bibliothek d. litterar. Vereins in Stuttgart.

Bruen, le, s. a. Brumm, le

—, s. a. Le Bruen.

— üb. den Ausdruck der bild. Künste. 8. Prag 781. Schönfeld. 8 gr.

le Brün, ..., Charakter-Köpfe, oder bildl. Darstell. menschl. Leidenschaften, deutsch u. französ. in 19 Blättern. qu. 8. Leipz. 810. Magazin f. Ind. 1 ₰

— Handwörterbuch d. Seelenmahlerey, z. gemeinn. Gebr. besond. f. Zeichner 2c. nebst 53 in Kupfer gestoch. Köpfen, d. vorzügl. Gemüthsbeweg. u. Leidenschaften enth. gr. 8. Leipz. Bauer.

— Handwörterbuch d. Seelenmalerei, z. gemeinnütz. Gebrauch, besond. f. Zeichner 2c. Mit 53 in Kpf. gestoch. Köpfen, d. vorzügl. Gemüthsbewegungen u. Leidenschaften enth. gr. 8. Leipz., (Central-Compt.) 2 ₰

le Brün, s. *Pigault.*

— Theorie d. epidem. Krankheiten; aus d. Französ., mit Anmerkk. u. e. Abhandl. v. J. K. F. Leune. 8. Leipz. 790. (Reinike in Halle). 16 gr.

— Theorie d. epidem. Krankh. a. d. Frz. v. Leune. 8. Leipz. (Ruff, Halle.) 790.

— Vorstellungen charakt. Gemüthsbewegungen. Fol. Nürnb. Schneider u. W. 12 gr.

Brün, F, d. Gefangennehmg u. Rettg d. K. Lincke bei d. hinterlist. Ueberfall d. Franz. zu Kitzen am 17. Juni 1813. 8. (115) Siegen 51, Kogler. — 15

BRUNA, Fernandez de, oder das Verhängniss. Ein komischer Roman. 2 Thle. Camburg 1800. 8°.

— — Dasselbe. (Ebd.?) 1804. 8°.
Schmidt's in Dresd. Cat. d. (ehemal.) Leihbibl. von 1818, S. 266.

Bruna, Fernando de, od. d. Verhängniß; e. Spanischer Roman. 2 Thle. 8. Camburg, Mößler. (Petersen in Altenburg). 800.

Bruna, Ed., Geschichte Böhmens. 1—3. Hft. gr. 8. (256 S.) Prag 840. Kronberger in Comm. (à n. 12 ngr) n. 1 ₰ 6 ngr

Bruna. Jos., k. k. Hauptmann, aus dem italienischen Feldzuge 1859. 8. (170 S.) Prag, Credner. 1860. 80 kr

Bruna, J, a. d. ital. Feldzuge 1859. 8. (170) Prag 60, Fuchs n. 16

—— im Heere Radetzky's. Skizzen aus den J. 1848 und 1849. gr. 8. (III und 260 S.) Prag 859, Credner's Verlags-Conto. *

Brunabend, Edm. (geb. Attendorn in Westf. 12. 12. 1838): De febris puerperalis notione et indole. Berolini (1860). (40 S.) 8°
Berlin, Med. Diss. v. 11. Aug. 1860

Brunabend, J., Attendorn, Schnellenberg, Waldenburg u. Ewich. Ein Beitrag zur Geschichte des Herzogth. Westfalen. Nebst (lith.) Siegel-Abbildungen von Attendorn u. Ewich u. einem (chromolith.) Plane der Stadt nach ihrer früheren Eintheilung in Viertel oder Schatzungs-Bezirke. gr. 8. (264 S.) Münster 878. Coppenrath. n. 4. —

Brunabend, Josef, aus Münster i. W., Referendar am Kgl. Amtsgericht zu Attendorn (Westf.): Ein Beitrag zur Lotterie. *Münster 1899: Aktien.-Ges. 'Der Westfale.'* (48 S.) 8°
Erlangen, Jur. Diss. v. 15. März 1899

Brunader, Karl

Brunader, K., Applikatorik für Unteroffiziere und Mannschaft im Terrain und Zimmer und für Einjährig-Freiwilligenschulen. 8°. (144 S. mit 4 Skizzen.) † K 3.--
Wien: Seidel 1908.

Brunader, Karl, Gefechts- u. Felddienstausbildung der Infanterie. Applikatorik f. Unteroffiziere u. Mannschaft im Terrain u. Zimmer u. f. Einjährig-Freiwilligenschulen. Mit 4 Skizzen. (XII, 144 S.) kl. 8. Szolnok 909. (Wien, L. W. Seidel & Sohn.) 3. —

Brunard, une cour de cassation internationale. Berlin 894.

Brunat, die japanesische Seidenzucht s.: Seidenzucht.

Brunat, I., Chartar. coenobii, S. Iustinae explicatio. 4. Patav. Trattner. 763.

Brunath, s.: Deutschland. Kürschner-Pelp.

Brunati, Jos.

Brunati, J. de nomine, auctore, emendatoribus et authentia Vulgatae; dissertatio. 8. Viennae 1825. Volke. ⅔ Thlr. — 36 kr.

Brunati, Jos., De nomine, auctore, emendatoribus et authentia Vulgatae dissertatio Typis Taurinens. Italice edita. Wien, Volke, 1827. 8°. 2 Mk.

Brunau, A., I. E. Weihnachtsüberraschg. Humorist. Festspiel f. student. Kreise, i. 1 Aufz. II. 3. Naturgeschichte d. Füchse. 12. (24 S.) Freiburg i/B. 896. (G. Ragoczy.) n. 1. —

BRUNAU, Moritz Wilhelm Wergel (Mergel?) von. Ein Buch für Jedermann. 2 Thle. Leipzig, Knobloch, 1789—90. 8°. (1½ Rthl.)
Citirt Kayser unter Romanen.

Brunau, Moriz Wilhelm Wergel von, ein Leseb. für Jedermann. 2 Thle. 8. Leipz. Böhme. 789 u. 790.

Brünauer, Erna, die Entwicklung der Wirbelsäule bei der Ringelnatter. (24 S. m. 2 Fig. u. 3 Doppeltaf.) gr. 8. Wien 910. A. Hölder. 2. —
Sonderabdruck aus „Arbeiten d. zool. Inst. Wien".

Brunbauer, Paul: Der Einfluss der Temperatur auf das Leben der Tagfalter. pg. 1 - 116. 8°. Jos. Krämer'sche Dr. Progr. München 1882/83.

Brunbauer, P, d. Einfluss d. Temperatur auf d. Leben d. Tagfalter. 8. (115) Münch. 83. (Jena. Dabis.) n. 3. —

Brunbauer, Paul, der Einfluss der Temperatur auf das Leben der Tagfalter. Inaugural-Dissertation. gr. 8. (115 S.) München 883. (Jena. Deistung's Buchh.) *

Brunchorst J.: [Afhandlinger]. [Rostr. Saml.].
(Ueber eine sehr verbreitete Krankheit d. Kartoffelknollen. Zur Bekämpfung d. Kohlhernie. Die Structur d. Inhaltskörper in den Zellen einiger Wurzelanschwellungen. 1886. — Ueber eine neue, verheerende Krankheit d. Schwarzföhre. 1888).

Brunchorst J.: [To Afhandlinger]. [Rostr. Saml.].
(Die biologische Meeresstation in Bergen. 1890. — Die Laboratorien u. die Maschineneinrichtung der biologischen Station in Bergen. 1892).

Brunchorst, Jörgen

Brunchorst, über Wurzelanschwellungen von Alnus und den Elaeagnaceen, s.a. Untersuchungen aus dem botanischen Institut zu Tübingen.

Brunchorst, Jörgen [aus Bergen (in Norwegen)]: Über die Wurzelanschwellungen von Alnus und den Elaeagnaceen. (Sep.-Abdr. aus „Untersuchungen aus d. botan. Institut zu Tübingen" Band II Heft I . . . Leipzig, Wilh. Engelmann. 1886: 26 — 2 S. u. 1 Taf. 8°.
Tübingen, Naturwiss. Fak., Inaug.-Diss. v. 1886.

Brunck, F., Über ein neues Koksofensystem und dessen Entstehung. Düsseldorf, 1894. 6 S.

Brunck, Franz Gervasius (Breisach), Controv. aliquot circa successionem ab intestato quoad descendentes. Präs. Johann Heinrich Feltz. Strassburg (Joh. Beck) 1. VIII. 1714. 24 S. (4.50) 4301

Brunck, Friedr., 3 Monate kriegsrechtliche Haft in Oesterreich während des Sommers 1866. gr. 8. (VIII und 148 S.) Schweidnitz 867, (Heege.) **

— Gervasius (Breisach), Excerpta controv. illustr. de testamento inofficioso. Präs. Joh. Heinr. Feltz. Strassburg (Jos. Staedel) 5. VIII. 1707. 26 S. (4.80) 4302

Brunck, H. v: Nekrolog auf Rudolf Knietsch. Berlin 1907

Brunck, Heinrich. Ueber einige Abkömmlinge des Phenols. Tübingen, 1867. Diss. G. S.

Brunck, Hermann [Rechtspractikant in Frankenthal (Rhein-Pfalz)]: Betrachtung des Rechtsinstituts des beneficium inventarii. . . . Würzburg, P. Scheiner's Buchdr., 1890; 43 S. 8°
Erlangen, Jur. Fak., Inaug.-Diss. v. 1890

Brunck, Otto, et Fr. Wilh. **Brune,** Casus aliquot monte alienatorum aut perversorum. Hal. 1737. In: *Haller,* Disp. ad morb. 4°. Laus. 1760, VII, 425—437.

Brunck, Otto [aus Kirchheimbolanden]: Ueber einige Derivate des Diphenylparaphenylendiamins . . . Erlangen, k. b. Hof- u. Univ.-Buchdr. v. F. Junge, 1892; 30 S. 8.
Erlangen, Phil. Fak., Inaug.-Diss. v. 1892

Brunck, Otto: Prakt. Übgn in d. Massanalyse, s.a. Winkler, Clem.

Brunck, Otto, die chemische Untersuchung der Grubenwetter. Kurzgefasste Anleitg. zur Ausführung v. Wetteranalysen nach einfachen Methoden. Zum Gebrauche f. Bergingenieure bearb. gr. 8. (VI, 90 S m. 20 Abbildgn.) Freiberg 900. Craz & Gerlach. n. 3. —

Die chemische Untersuchung der Grubenwetter. Kurzgefaßte Anleitung z. Ausführung von Wetteranalysen nach einfachen Methoden. Zum Gebr. f. Bergingenieure bearb. v. Dr. Otto **Brunck,** Prof. 2. verm. Aufl. Mit 23 Abb. Freiberg i. S.: Craz & Gerlach 1908. (VIII, 111 S.) 8° (05. 9731

Brunck, R., s. a. Brunck, F.

Brunck, R: Über Koksöfen »System Brunck«. Dortmund (1903)

Brunck, R. Fr. Ph., s. Longi Pastoralia.

Brunck, R. P. F.

— analecta vet. poetar. graecor. 3 Tmi. 8. maj. Strasb. Acad. 785.

— — ind. ad. hunc libr. v. Iacobs Anthologia 5r.

Brunck, R. P. F., gnomici graeci, vide Gnomici.

Brunck, Rudolph [aus Dürkheim]: Über Pr, 2-Thiënyl- und Pr, 2-α-Naphtyl-Indol . . . Würzburg, Becker's Univ.-Buchdr., 1892; 28 S. 8.
Würzburg, Phil. Fak., Inaug.-Diss. v. 1892

Brunck, Wilhelm, Arzt a. Bromberg: Aus der Klinik und Poliklinik für Sprachstörungen in Berlin. Dir. Arzt: Privatdozent Dr. H. Gutzmann. Die systematische Untersuchung des Sprachorganes bei angeborenem Gaumendefekt in ihrer Beziehung zur Prognose und Therapie. Wernigerode a. H. 1906: B. Angerstein. (41 S.) 8°
Leipzig, Med. Fak., Ref. Hoffmann, Diss. v. 9. Febr. 1906
[Geb. 8. Okt. 78 Bromberg; Wohnort: Berlin; Staatsangeh.: Preußen; Vorbildung: Gymn. Bromberg Reife O. 00; Studium: Greifswald 9 S.; Coll. 9. Febr. 06; Approb. 18. Juli 01.]

Bruncke, H., Quaestiones Vegetianae. Diss. 1875. 189 S.

Bruncke, Hermann, aus Wolfenbüttel: Ueber Bromderivate des α-Naphtols. *Marburg 1903: R. Friedrich.* (56 S.) 8° Marburg, Phil. Diss. v. [27. Febr.] 1903

Bruncke, H(ermann), Prof. Dr.: Erster Nachtrag zum **Katalog** der Bibliothek des Herzoglichen Gymnasiums zu Wolfenbüttel. *Wolfenbüttel 1899: Heckner.* (86 S.) 8° ¶ [Nachtr. zur P-Beil. 1885: Herm. Lentz, Katalog d. Gymnasialbibliothek ...] Wolfenbüttel, herz. G, OP 1899 (743)**

Bruncke, Herm. Die Rangordnung der Centurionen. 20 S. *Wolfenbüttel* 1884. Progr.

Bruncke, Herm., griechisches Verbal-Verzeichnis zur Repetition der Formenlehre in Obertertia und Sekunda. qu. gr. 8. (78 S.) Wolfenbüttel 883, Zwißler. *
geb. *

Bruncke, Herm., griechisches Verbal-Verzeichnis zur Repetition der Formenlehre in Obertertia und Sekunda. 2. durchges. Aufl. qu. gr. 8. (78 S.) Wolfenbüttel 888, Zwißler. *
geb. *

Bruncke, T., Beiträge zur Kenntniss der Kieferklemme, mit besond. Berücksicht. der chirurg. Behandlung der Ankylosis mandibulae vera. Inaugural-Dissertation. gr. 8. (85 S.) Göttingen 878, (Vandenhoeck und Ruprecht's Verlag.) *

Bruncken, Ernest, Wisconsin's Deutsch-Amerikaner, s. a. Heuse-Jensen, Wilh.

Bruncken, Ernest: Die amerikan. Volksseele. (7, 165) 8° Gotha, FA Perthes '11. 3 —

Bruncker, Ad., Gedichte. gr. 12. Köln 846. (Renard.) n. 1/2 ₰

Bruncker, Adolph, Sagen der Vorzeit. (Gedichte.) gr. 8. (182 S.) Linz a. Rhein 848, Liethert. (Bonn, Habicht.) *

Brüncker, Ch., Samml. v. arithmet. Uebungsaufgaben z. Erlangung e. vollst. Erkenntniß d. Dezimalsystems. 8. Bonn 821. Marcus. 18 gGr

Brunckhorst, Ad., Parisiana. Neue Winke f. Renn-Wetten, nebst e. Tabelle v. 86 hervorragend gezogenen Zweijährigen u. Beschreibg. deren 17 Vaterpferde. — Abbildungen aus dem Atlas: Neueste Stimmen aus England nach Seymur, Stubbs, Sartorius etc., copiert v. M. Buchholz. (20 S. m. 8 Vollbildern.) 8. Schwerin (908). (Stiller.) 3. —

Brunckhorst, H., neue Entwürfe zu modernen Fenster- und Thür-Vorhängen. 8 Foliotaf. in 1/10 der natürl. Grösse. Weimar 887, B. F. Voigt.

Brunckhorst, Hans: Grundsätzliches u. Praktisches v. d. Verbreitg guter billiger Jugend- u. Volkslektüre. Zugl. e. Beitrag z. Thema „Volksbildg u. Buchhandel". Hrsg. v. d. vereinigten deut. Prüfgsausschüssen f. Jugendschriften. (5, 63) gr8° Hambg, Vereinigte deut. Prüfgsausschüsse f. Jugendschriften '12. (Nur dir.) — 50

Brünckner, (Ch.) Samml. v. arithmet. Uebungsaufgaben z. Erlangung ein vollst. Kenntniß des Dezimalsystems. 8. Bonn 821, Marcus. Rthlr.

Brunckow, Berth.: Atlas des Preussischen Staates enth. die Justiz-Verwaltung nach der neuen Organisation vom 2. Jan. 1849. Berlin 1854. fol.

Brunckow, B. Grundriss von **Berlin**, nach den neuesten Bestimmungen entworfen und gezeichnet. 1 Bl. c. L. Ff.

Brunckow, B. Grundriss der Königlichen Haupt- und Residenzstadt **Königsberg i. Pr.** 1 : 6000. Königsberg 1860 und 1861. Je 1 Bl. L.

Brunckow, B., Praktisches Handbuch zur Bestimmung u. Construction der verschiedenen bei Eisenbahnen vorkommenden Curven. Berlin 1846. 8°.

Brunckow, B., Karte des preussischen Staates in seiner Begrenzung seit August 1866. Nach den neuesten und besten Quellen bearb. Berlin, R. Kühn, 1866. gr. Fol. Chromolith. (1/3 Rt.) . . . . (Br. Mus.)

— Manuel pratique pour la précision et la construction des diverses courbes qui s'offrent aux chemins de fer etc. A. u. d. T.: Praktisches Handbuch zur Bestimmung und Construction der verschiedenen bei Eisenbahnen vorkommenden Kurven, durch Coordinaten, nach 3 verschied. Methoden, nebst Reduction d. verschied. Maße d. deutsch. Bundes u. übrigen europ. Staaten auf die preuß. Ruthe m. deutsch. u. französ. Text. (Mit 4 Figuren auf 1 Taf.) gr. 8. Berlin 846, Springer. n. 1 1/2 ₰

Brunckow, B.: Situations-Plan von der Königl. Haupt- und Residenzstadt Berlin mit der Umgebung innerhalb der Grenzen des weiteren Polizei-Bezirks nach amtl. Materialien u. speziellen eigenen Aufnahmen, entworfen u. hrsg. 1:12.500. (Berlin um 1860.)
6 Karten in Mappe fol.

Brunckow, Berth.: Special-Karten der Bezirke der Königl. Oberlandesgerichte nach der neuen Gerichtsverfassung (Gesetz vom 27. Jan. 1877, v. 4. März 1878, Verordnung v. 5. Juli 1879) auf Grund der amtl. Materialien, veröff. Berlin 1880. fol.

1. Königsberg i. P. Nr. 1-3
(2.) Marienberger Nr. 3
3. Posen Nr. 5-7.
4. Stettin Nr. 8-10
5. Breslau Nr. 13.14.
6. Kammergerichts-Bezirk Berlin Nr. 16.17.
7. Naumburg Nr. 18.20.
10. Cassel Nr. 26
12. Hamm Nr. 28-31.

Brunckow, O. B. Anleitung zur richtigen Boden-Taxation nach seinen Bestandtheilen und Ertragsfähigkeiten nebst ökon. Kostenberechnungen. 8°. Jüterbog, Colditz, 1841.

Brunckow, Oskar

—— Die Wohnplätze des Deutschen Reiches. Auf Grund der amtlichen Urmaterialien bearb. Abth. 1. Kgr. Preussen. Bd. 1—4. Abth. 2. Die ausserpreussischen Staaten und die Reichslande. Bd. 1—4. Berlin 1880—83. gr. 4. Während des Druckes und bis zum 1. August 1881 eingetretene Veränderungen. Nachweisung der Veränderungen. Abth. I. Preussen. 1—8. Für die Zeit vom 1/8 1881—31/12 1887. Abth. II. Die ausserpreuss. Staaten und die Reichslande. 1—4. Für die Zeit vom 1/1 1884—31/12 1887. . . . . (D.; DSB.; BRG.; HC.; KPA.)
——, —— Neue vollst. umgearb. Ausg. Bd. 1—3. Berlin 1889. 4.

Brunckow, Osk., die Wohnplätze des Deutschen Reiches. Auf Grund der amtl. Materialien bearb. u. hrsg. 3., vollständig neubearb. Ausg. 2 Abtheilgn. in 4 Bdn. gr. 4. Berlin 897. Schlachtensee b. Berlin. Selbstverlg.
Geb. in Halbfrz. n n. 55. —
I. Königr. Preußen. 2 Bde. (IV, IV, 1164 u. IV S.) n.n. 30. —
II. Das übrige Deutschland. (IV, IV, 994 u. 3 S.) n.n. 25. —

Brunckow, Osk., die Wohnplätze des Deutschen Reiches. Auf Grund der amtl. Materialien bearb. u. hrsg. Neue vollständig umgearb. Ausg. 2 Abtlgn. gr. 8. Berlin-Schöneberg. (Berlin-Wilmersdorf, Allgemeine Verlags-Agentur.) Geb. in Leinw. nn 30. —
I. (Preussen.) 2 Bde. (V, 1141 S.) 909. nn 18. —
II. (Deutsches Reich ausser Preussen.) (V, 979 S.) 910. nn 12. —

Brunckow, Osk.: Die Wohnplätze d. Deut. Reiches. Neue Ausg. II. (Schl.-)Abtlg. (Deut. Reich ausser Preussen.) (5, 979) gr8° Berl.-Schönebg '10. (Berl.-Stegl., Allg. Verl.-Ag.) L nn 12 — (vollst.: 30 —)

Brunckow, Osk., Generalfeldmarschall Graf Wrangel. Biographische Skizze. gr. 8. (55 S. m. Portr. in Lichtdr.) Berlin 876. Deutsche Reichsbuchh. n. — 75

Bruncklik, Josef, Belgie, Hollandsko a Lucembursko. Maßstab 1 : 500.000. Turnau 1895. Sluka und Firánek. (Min.-Erl. v. 7. März 1896, Z. 4666.) Auf Lnwd. gesp. mit Stäben 7.—

— — Belgie, Hollandsko a Lucembursko. Maßstab 1 : 500.000. Turnau 1895. Sluka u. Firánek. (Min.-Erl. v. 17. April 1896, Z. 6645.) Auf Leinwand gespannt mit Stäben 7.—

Bruncliк, Josef, Belgien, Holland und Luxemburg. Maßstab 1:500.000. Turnov 1895. Sluka und Jiránek. (Min.-Erl. v. 17. April 1896, Z. 6645.) Auf Leinwand gespannt mit Stäben 7.—

Bruncliк, Ph. C Jos.: Belgien, Niederlde, Luxembg. 1:500,000. 4 Bl. 96×120,5 cm. Farbdr. TurnauB., J Jiránek (1895). (Nur dir.) 9.50

Brunco, Carl, approb. Arzt aus Nürnberg: Zwei Fälle von linksseitiger interstitieller Hernie beim Weib. *Nürnberg 1904: J. L. Stich.* (28 S.) 8°
Erlangen, Med. Diss. v. (12. u. 13. Juni) 1903

Brunco, W., De dictis VII sapientium a Demetrio Phalereo collectis. Part. I. Diss. 1888. 29 S. 1.20

Brunco, W. Zwei lateinische Spruchsammlungen, kritisch behandelt. 44 S. 8. Progr. *Bayreuth* 1885.

Zwei lateinische Spruchsammlungen kritisch behandelt von Dr. W. Brunco, Stdl. — 1885, Bayreuth, Th. Burger. — S. 3—44.

Brundage, Frances W., unsere Herzblättchen. Characteristische Kindergruppen. 1. u. 2. Lfg. qu. Fol. (à 2 Farbendr.) Leipzig 891. 892. E. Baldamus, Sep.-Cto. à n. 2. —; einzelne Blätter n. 1. 50

— dasselbe. 3. u. 4. Lfg. Fol. (à 4 farb. Taf.) Ebd. 893. à n. 4. —; einzelne Blätter n. 1. 50
3. Erste Kindheit. — 4. Kindergruppen m. Hausthieren.

Brundage, FW, uns. Herzblättchen. Characterist. Kindergruppen in Farbendr. 4 Lfgn. Fol. Lpzg, Wezel & N. 12 —; einz. Bl. 1.50
1. 2. (à 2 Bl.) 91.92. à 2 —
3. Erste Kindheit. (4 Bl.) 93. 4 —
4. Kindergruppen m. Hausthieren. (4 Bl.) 93. 4 —

— die Jahreszeiten. 4 (farb.) Blatt Kindergruppen. qu. gr. Fol. Ebd. 893. n. 10. —; einzelne Blätter 3. —

Bründel, Chr., Verzeichnis derjenigen Behörden (Kassen) in den einzelnen Städten, Flecken u. größeren Gemeinden des Deutschen Reiches, an die Ersuchen um Einziehung v. Steuern u. Abgaben zu richten sind. (Reichsgesetz vom 9. VI. 1895, betr. den Beistand bei Einziehg. v. Abgaben u. Vollstreckg. v. Vermögensstrafen.) 2., verb. u. verm. Aufl. (IV, 208 S.) gr. 8. Lübeck 906. Lübcke & Nöhring. n. 4. —; geb. n. 4. 50

Bründel, Chr.: Verz. d. f. d. Einziehg v. Steuern u. Abgaben zuständ. Behörden in d. einz. Orten d. Deut. Reiches. (Reichsgesetz v. 9.6.1895, betr. d. Beistand bei Einziehg v. Abgaben u. Vollstreckg v. Vermögensstrafen.) 3. Afl. (8,421) gr8° Lübeck, M Schmidt '12. nn 6.50 d

Bründel, Hans Friedrich: Shakespeares Two Gentlemen of Verona in englischer Bühnenbearbeitung. Rostock 1909: Hinstorff. 74 S. 8°
Rostock, Phil. Diss. v. 18. Nov. 1909, Ref. Lindner
[Geb. 13. Dez. 85 Rostock; Wohnort: Rostock; Staatsangeh.: Mecklenburg-Schwerin; Vorbildung: Realgymn. Rostock Reife M. 05; Studium: Rostock 3, München 1, Rostock 3 S.; Rig. 12. Nov. 09.] [U 10. 3943

Bründelmayer, Hans Alfred: Über Eisensammler. Ein Beitrag für ihre Theorie und Praxis. 31 S.
Diss. TH Wien 1904.

Bründelmayer, Joseph Anton, aus Wien: Ueber bromierte Säuren des Strychnins. *Erlangen 1899: E. Th. Jacob.* (25 S.) 8°
Erlangen, Phil. Diss. v. 1. Febr. 1899

Bründelsberg, Herm., des Seemanns Ratgeber in allen Lebenslagen. 8. (IV, 100 S. mit 3 Karten in Farbendr.) Hamburg 886, Nestler und Melle's Verlag. cart. *

Brundieck, August, approb. Arzt aus Ostbevern b. Münster i. W.: Aus d. Universitäts-Frauenklinik zu Giessen (Direktor: Geh. Med.Rat Prof. Dr. Löhlein). Die Erfolge der künstlichen Frühgeburt für Mutter und Kind bei inneren Krankheiten der Mutter. *Giessen 1900: v. Münchow.* (33 S.) 8°
Giessen, Med. Diss. v. 1900

Brundin, J. A. Z.

Alcyonarien aus der Sammlung des zoologischen Museums in Upsala. Von J. A. Z. Brundin. M. 2 Taf. ... *Stockholm: P. A. Norstedt & söner 1896.* (22 S., 2 Taf.) 8.
— Bihang till K. Svenska Vet.-Akad. Handlingar. Bd 22. Afd. IV. No 3.

Bründler, Joh.: Der ewige Frieden. (36) 8° Dresd., Globus '12. — 75

Brune. Correspondance du Général ....., Commandant en Chef L'Armée de Suisse (1798). (Archiv für Schweizerische Geschichte 12. Bd.) 8. Zürich 1858.

Brune, August Ernst (geb. San Francisco, Cal. 14. 1. 1850): Einiges über Doppelmissbildungen. Berlin (1877). (30 S.) 8°
Berlin, Med. Diss. v. 21. Juli 1877

Brune, E. W. Entwurf zum Statut einer Wittwen- und Waisenkasse der deutschen Buchhändler. 1847.

Brune, Aemil. Adolphus (geb. Iserlohn [21. 8.] 1829): De scrophulosi. Berolini (1860). (32 S.) 8°
Berlin, Med. Diss. v. 10. Okt. 1860

Brune, Ernst Wilhelm

Brune, E. W.: „Berechnung der Lebensrenten und Anwartschaften"; Lemgo 1820. — Vorh.: Preuß. Staatsbibl. Berlin.

Brune, E. W., kurzgefaßte Darstell. d. einfachen u. zusammengesetzten Zinsrechnung. gr. 8. Lemgo 813. Meyer. 20 gr. 2r Thl. A. u. d. T.: Berechnung der Lebensrenten u. Anwartschaften. gr. 8. Ebd. 820. 2 ß

— dass. s.a. Brune, W.

Brune, F. W. (Resp.): Casus aliquot notabiles aegrotorum..., s. Schulze, J. H. (Praes.)

Brune, Franz, a. Lauterberg: Die Entwicklung des deutschen Militärversorgungswesens seit 1871. Borna-Leipzig 1905: R. Noske. (VIII, 91 S.) 8° [F.]
Tübingen, Staatsw. Fak., Ref. v. Jolly, Diss. v. 15. Apr. 1905
[Geb. 14. Mai 76 Üte, Kreis Celle; Wohnort: Nieder-Wetz im Reg.-Bezirk Coblenz; Staatsangeh.: Preußen; Vorbildung: Realgymn. Hildesheim Reife M. 97; Studium: Göttingen 4, Tübingen 3 S.; Rig. 9. März 05.]

Brune, Fritz, aus Barmen: Ueber die 3 isomeren Toluolsulfaminsäuren u. deren Umlagerungsprodukte (Toluidinsulfosäuren). *Erlangen 1900: E. Th. Jacob.* (29 S.) 8°
Erlangen, Phil. Diss. v. 13. Juli 1900

Brune. [Guillaume-Marie-Anne]. Correspondenz des General B. Oberbefehlshabers der französischen Armee in der Schweiz, vom 5. Februar bis zum 28. März 1798. ([Mit] Beilagen. [Hrg. von] M[oritz] von Stürler.) [A.] 8. [Zürich 1858.]

Brune, Johannes: Zur Textkritik der dem Samaveda mit dem achten Maṇḍala des Ṛgveda gemeinsamen Stellen. Kiel 1909: Jansen. 50 S. 8°
Kiel, Phil. Diss. v. 10. Nov. 1909, Ref. Lüders
[Geb. 28. Dez. 83 Bochum; Wohnort: Bochum; Staatsangeh.: Preußen; Vorbildung: Gymn. Bochum Reife O. 03; Studium: Kiel 1, Berlin 1, Kiel 10 S.; Rig. 27. Febr. 09.] [U 10. 2492

Brune, R.

Missionsarbeit in den Compounds in Kimberley (Südafrika). Von Missionar [R.] Brune. (Berlin: Berliner ev. Missionsgesellsch. 1900.) (16 S.) 8° [J.]
— Missionsschriften, Neue. No 83.

Brune, R., St. Paulus als Missionar. Vortrag, geh. a. 20. I. 1896 vor d. Missionaren d. Synode Oranje-Freistaat. gr. 8. (46 S.) Berlin 898. Buchh. d. Berlin. evang. Missionsgesellschaft. n. — 50

Brune, R., Nehemia Thelisho, s.a. Missionsschriften, neue. Nr. 59.

Nehemia Thekisho. Ein Lebensbild aus d. Berliner Mission in Südafrika. Von Miss. R. Brune, in Adamshoop. *Berlin: Berl. ev. Missionsges. [1901].* (15 S.) 8° [J.]
— Missionsschriften, Neue. 59.

Brune, Rudolf: Ueber Schwefelderivate aus o-Kresol. Marburg 1909: Köster & Schell. 57 S. 8°
Marburg, Phil. Diss. v. 8. Mai 1909, Ref. Zincke
[Geb. 28. Okt. 79 Osnabrück; Wohnort: Marburg; Staatsangeh.: Preußen; Vorbildung: Gymn. Marburg Reife O. 00; Studium: Marburg 4, Darmstadt Techn. Hochsch. 2, Marburg 11 S.; Rig. 17. Febr. 09.] [U 09. 3166

Brune, W., kurzgef. Darstellung der einfachen und zusammengesetzten Zinsrechnung. 2r Th. 4. Lemgo, Meyer. 820. (Auch unter dem Titel: Berechnung der Lebensrenten und Anwartschaften.)

– dass. s.a. Brune, Ernst Wilhelm

Montjoie unter der Fremdherrschaft. Vortrag geh. von W. **Brune**. Montjoie: Salzburg [um 1910]. 30 S. 8°
Aus: Montjoie'r Volksblatt. [11. 3749

Brune, Wilh.: Casus aliquot mente alienatorum aut perversorum. s. Brunck, Otto

Brüne, B: Josephus, d. Geschichtsschreiber d. hl. Krieges u. s. Vaterstadt Jerusalem. Mit Angabe d. Quellen dargest. u. untersucht. (8, 113 m. 1 Pl.) gr8° Wiesb., Pfr em. Brüne '12. 1.45

Brüne, Friedrich, a. Usseln in Waldeck: Studien über den Einfluss des Klimas auf das Gedeihen von Moorwiesen und Moorweiden. (Langensalza 1907: H. Beyer & Söhne (Beyer & Mann).) (88 S.) 8°
Berlin, Phil. Fak., Ref. Orth, Diss. v. 13. Juli 1907
[Geb. 23. Okt. 78 Usseln Waldeck; Wohnort: Bremen; Staatsangeh.: Waldeck; Vorbildung: Gymn. Corbach Reife O. 99; Studium: München 1, Landw. Hochsch. Berlin 5, Univ. Berlin 1 S.; Rig. 28. Febr. 07.]
2

Studien über den Einfluss des Klimas auf das Gedeihen von Moorwiesen und Moorweiden. Von Dr. phil. Friedrich **Brüne**, Bremen. Berlin: P. Parey 1907. (VI, 88 S.) 4°(8°)
[Erschien auch als Inaug.-Diss. Berlin 1907.] [08. 3408

Bruneau, Alfr., Geschichte der französischen Musik, s.a. Musik, die. 4. Bd.

Geschichte der französischen Musik [La musique française. Ausz.] von Alfred **Bruneau**. Übertr. von Max Graf. Mit 1 Heliogr. u. 11 Vollbild. (Berlin): Bard, Marquardt & Co. [1904]. (65 S.) 8°
— **Musik**, Die. Bd 4. [05. 5097

Messidor. Musikdrama in 4 Aufz. mit e. symphon. Zwischenspiel: Die Legende vom Gold. Text v. Emile Zola. Mus. v. Alfred **Bruneau**. *Berlin, Köln & Leipzig: A. Ahn [1898].* (38 S.) 8°
— Operntext-Bibliothek, Ahn's. No 65.

— die russische Musik, s.a. Musik, die. 9. Bd.

Die russische Musik von Alfred **Bruneau**. Übertr. von Max Graf. Mit 1 Heliogr. u. 12 Vollbild. (Berlin): Bard, Marquardt & Co. [1905]. (III, 51 S.) 8°
— **Musik**, Die. Bd 9. [05. 7838

Bruneck im Pustertal-Tirol. [Bruneck 1907.] V: *Nikolussi-Leck, Hans.* (margr)

Bruneck und seine Umgebung ... zusammengestellt und bearbeitet von H. M. Bruneck 1874. 3. Aufl. 1888. 4. Aufl. 1899. V: *Mahl, Johann Georg.* (margr)

Bruneck's Unglückstage. Die Ueberschwemmung vom 16. bis 29. Septbr. 1882 im Pusterthale. 8. (16 S.) Bruneck 882. (Leipzig, Giegler.) n.n. — 20

Bruneck, C., s. Bruneck, E.

Bruneck, E., Land-Novellen. 5 Thle. 8. Oranienburg 884, Freyhoff's Buchh. à Thl. *M 1,20. *
Einzelpr. à *
geb. à

Inhalt:
Thl. 1. Volontair und Eleve. (129 S.)
„ 2. Das stolze Gutsfräulein. (159 S.)
„ 3. Auf eigner Scholle. Sie muß auf's Land. Er will sich ein Gut kaufen. (111, 74 S.)
„ 4. Hannchen vom Hofe. Die Leiden eines ledigen Oekonomen. Er hat sich ein Gut gekauft. (160 S.)
„ 5. Inkognito. (194 S.)

Bruneck, E.: Land-Novellen. 5 Thle. 8. Oranienburg 886. Freyhoff. Subscr.-Pr. à 1.20; Einzelpr. à 1.50 (cplt. in 2 Bdn.: 6.–; geb. n. 8.–)
1. Volontair u. Cleve. (129 S.)– 2. Das stolze Gutsfräulein. (159 S.)– 3. Auf eigener Scholle. Sie muß auf's Land. Er will sich ein Gut kaufen. (111 u. 74 S.) – 4. Hannchen vom Hofe. Die Leiden e. ledigen Oekonomen. Er hat sich e. Gut gekauft. (160 S.) – 5. Inkognito. (194 S.)

Bruneck, E., Schwarz, Weiß, Rot, } s.: Köhler's illustr. Jugendbibliothek.

Bruneck, E., deutsche Treue, s. Köhler's illustrirte Jugendbibliothek.

Bruneck, Hanns Mart. v., Adolf Bartels als Dichter. Eine Studie. (58 S.) 8. München 907. G. D. W. Callwey. 1. 20

Bruneck, Otto von, s. a. Elster, Otto

Bruneck, O. v. [O. Elster]. Klaus Erichsen, Prinz Heinrichs Schiffsjunge. Erzählung f. die reifere Jugend. Mit 30 Abbildgn. v. Rich. Knötel. 1. u. 2. Aufl. gr. 8. (VII, 264 S.) Lpz. 890, [Voigtländer.] Geibel u. Brockhaus. * 4 —; geb. * 5 —

— Klaus Erichsen, Prinz Heinrichs Schiffsjunge. Erzählung für die reifere Jugend. Mit 4 Vollbildern u. 29 Textillustr. v. Rich. Knötel. Neue Rechtschreibg. 8. Aufl. (IV, 330 S.) gr. 8. Berlin (908). Neufeld & Henius. Geb. in Leinw. 5. —

Bruneck, Otto v. Fritz Ohlsen, Kaiser Wilhelms Unteroffizier. Kreuznach u. Lpz. 888. Lpz., Geibel u. Brockhaus. * 4 —; geb. * 5 —

Bruneck, Otto v., Fritz Ohlsen, Kaiser Wilhelms Unteroffizier. Eine Erzählung aus zwei Kriegen [1864. 1870–71] für die reifere Jugend. gr. 8. (IV, 320 S. mit 1 Farben-Lichtdr. und vielen Textbildern von Fel. Schmidt.) Kreuznach und Leipzig 888, Voigtländer's Verlag. *M 4.—.: aeb. *

— Fritz Ohlsen, Kaiser Wilhelms Unteroffizier. Eine Erzählg. aus 2 Kriegen (1864. 1870—71) f. die reifere Jugend. Mit 1 Farbenlichtdr. u. vielen Textbildern v. Fel. Schmidt. 2. Aufl. gr. 8. (IV, 320 S.) Leipzig 898. Geibel & Brockhaus. Geb. in Leinw. n. 5. —

— **Fritz Ohlsen, Kaiser Wilhelms Unteroffizier. Erzählg u. 2 Kriegen (1864, 70/71) f. d. Jugend. 5. Afl. (4, 334 m. Abb. u. 4 Vollbild.) 8° Berl., Neufeld & H. ('11). 2.50; L 3 — d**

— in den Schluchten des Kilima-Ndjaro. Walter Bernwards Kämpfe u. Abenteuer. Erzählung f. die reifere Jugend. Mit 6 Farbendr.-Bildern nach Aquarellen v. Joh. Gehrts. Neue Rechtschreibg. 2. Aufl. (328 S.) gr. 8. Ebd. (905). Geb. in Leinw. 5. —

Bruneck R.: Das neue Realschulgebäude v. Fr. Kraus. 4. 1877.
Progr.

Brüneck, Wilh. v.: Die Jagdgenossenschaften. Halle 1867.

Brünecke, Ch., der klimatische Winterkurort Nizza nebst Monaco. Eine auf mehrjähriger eigener Anschauung u. Erfahrung beruhende allgemeine Schilderung Nizza's, seiner allmählichen Entwickelung, Sehenswürdigkeiten, Flora, Excursionen u. seines socialen Lebens, mit besonderer Berücksichtigung seines Klima's, nebst einem Anh. über die Spielbank auf Monte Carlo u. ihre Mysterien. 8. (64 S.) Wiesbaden 880. Bischkopff. n. — 60

Brunecker, F., der Großtante Erzählungen aus der Bibel. 8. (VI und 110 S. mit 3 ill. Stnt.) Stuttgart 855(56,) Thienemann's Verlag.

Bruneck's Unglücktage, s. B r u n e c k. – Bruneck's Unglückstage.

Brunefille, G. E., the true history of Mr. and Mrs. Mouse; Topo, s.: **Schulbibliothek, französische u. englische.**

Brunefille, G. E., Topo. Erlebnisse von drei engl. Kindern, während ihres Aufenthaltes in Italien. Aus dem Engl. frei übers. von Helene M. Krüger. Mit 44 (eingedr.) Illustr. von Kate Greenaway. 8. (102 S.) München 883, Stroefer. geb. + 2 50

Brunegg s: Segesser v. Brunegg.

Brunegg, Olgerd von

Der Kantor von Streufdorf. Epische Dichtung in 15 Gesängen. Ein Stein z. Völkerschlachtdenkmal. Von Olgerd v. **Brunegg**. Dresden: E. Pierson [1906]. (VIII, 212 S.) 8° [07. 9184 8

Brunehilde u. Fredegunde, od. die Gefahren d. Schönheit. 8. Hamb. 804. (Herold jun.) 1 ℳ 8 𝔤𝔤

BRUNEHILDE und Fredegunde, oder die Gefahren der Schönheit. Eine interessante Geschichte aus dem 7. Jahrhundert. Mit Titelkpf. Hamburg u. Mainz, bei Gottfried Vollmer, 1804. 8°.

8 Bll. Vorst. u. 374 S. Inh.: Fragment einer Predigt (als Vorrede). — B r u n e h i l d e (geb. 548, ermordet 613) u. F r e d e g u n d e († 597), eine actenmäßige Geschichte aus d. Ende d. 6. u. Anfang d. 7. Jahrh. S. 25—364. — L e o n t a r e s u. H e l e n a bey der Einnahme von Konstantinopel durch die Osmannischen Türken. S. 365—374. Das Buch ist der Generalin Sophia Charlotta v. S c h o u l t z, geb. v. S c h ö n ä i c k, Erbherrin auf klein Camilten sc., gewidmet. Unter der Zuschrift: *V . . . . . r*. 25. Hornung 1802.

— — Dasselbe, titulo: Die Gefahren der Schönheit, ein Versuch das weibliche Geschlecht auf eine angenehme Art mit der Geschichte vertraut zu machen. Mit Titelkpf. Ebend. 1804. 8°. (3 Mk. 60 Pfg. Taussig, 1907.)

F e h l t Kayser unter Romanen. — Druck mit vorigem übereinstimmend.

Brunek [Schlagwort]

Brunek. Umgebungskarte von Brunek. 1 : 750,000. Hrsg. v. k. k. militär-geograph. Institute in Wien m. Bezeichnung der markirten Wege. Chromolithogr. gr. Fol. Wien 888. (Lechner's Sort.) n. 1. 80

Bruneleschi's, Filippo, Charakterbild, s. Holtzhausen, F.

Brünell, Alfred, aus Görlitz. Referendar beim Kgl. Amtsgericht Rothenburg O.-L.: Gehören die actiones quod jussu, institoria und exercitoria noch dem heutigen Rechte an? *Breslau 1898: Bresl. Genossenschafts-Buchdr.* (51 S.) 8°
Erlangen, Jur. Diss. v. 16. Okt. 1898

Brunellesco's, F., Biographie u. Charakteristik, s.: **Semper, H., u. R. Dohme.**

CHARILINUS (i. e. *J. Brunemannus*), A., V o n b e t r ü g l i c h e n K e n n z e i c h e n d e r Z a u b e r e i, worinnen viel abergläubische Meinungen vernunftsmäßig untersucht und verworfen werden. Stargard 1708. (In Rostock, Landesbibl.)

Brunér, E., De aspiratione labiali linguae latinae. S. A. 1855. 50 S. 4°.

Brunér, E. v., De ordine et temporibus carminum Valerii Catulli. Ak. 1861. 59 S. 4°. 1.50

Brunér, E. v., Ad rem librariam Graecorum et Romanorum pertinentia quaedam. Ak. 1858. 42 S. 4°. 1.50

Brunér, E. v., Quaestiones Terentianae: De canticis et tibiis fabularum Terentii. Ak. 1868. 92 S. 4°. 1.50

Bruner, Henry L. [aus Irvington, Indiana (U. S. A.)]: Ein neuer Muskelapparat zum Schliessen und Oeffnen der Nasenlöcher bei den Salamandriden ... (Aus: Arch. f. Anat. u. Physiol., 1896. Anat. Abth.) Leipzig, Veit & C., 1896; 20 S. [ohne d. zugehörige Taf.] 8.
Freiburg i. B., Phil. Fak., Inaug.-Diss. v. 1896
(Nicht für den Austausch)

Bruner, Karl [app. Arzt aus Arnstorf]: Ein Fall von Melanosarkom der Chorioidea. . . . München. Buchdr. v. M. Ernst. 1890: 30 S. 8°
München, Med. Fak., Inaug.-Diss. v. 1890

Bruner, L: Acridoidea from Madagascar, Comoro Island and Eastern Africa, s: **Reise in Ostafrika.**

Bruner, Ludwig: Studien zur Geschichte und Sprache des Hyperides. Bamberg 1906: Druckerei d. „Bamberger Neueste Nachrichten". (45 S.) 8°
Bamberg, k. Altes G P 1906*

Bruner, O. Kurze Anleitung zur Bearbeitung der wichtigsten Lebensmittel f. d. Gesundheitskommissionen des Kant. Zürich zusammengestellt. Zürich, Herzog. 1878? — 75

Bruner, S., der deutsche Hiob. 8. (15¼ B.) Regensburg 846, Manz.

Bruener, Eduard. (geb. Warschau 1812): Disquisitio experimentis illustrata de singularum nervi sympathici partium vi in cor. Berolini (1836). (53 S.) 8°
Berlin, Med. Diss. v. 19. Aug. 1836

Bruener, Ignaz (Warschau), De vesicularum sanguinis natura observationes microscopicae et chemicae. Diss. phys. Bln. (Nietack) 8. X. 1835. 40 S., mit Biogr. (M.: Th. Czermal.) (4.50) 4274
Oppon.: H. Kronenberg, S. Markusfeld, E. Bruener. — Gew.: Carl Heinr. Schultz, N. S. Bruener.

Brüner, Leo

Brüner, Thdr., das Kirchenjahr. Für Elementarschulen in Katechismusform erklärt. 12. (51 S.) Freiburg i. Br. 884, Herder'sche Verlagsh. — 25

Brüner, Leo. Das Kirchenjahr. Für Elementarschulen in Katechismusform erklärt. 2. verb. Aufl. 12. (IV, 68 S.) Freib. i. Br. 889, Herder. * — 25; cart. * — 30

Brüner, Leo, O. S. F., d. Kirchenjahr. F. Elementarschulen i. Katechismusform erklärt. 3., verb. Aufl. 16. (VII, 99 S. m. Titelb.) Freiburg i/B. 896. Herder. Kart. n.n. — 40

Brüner, Leo, O. F. M., das Kirchenjahr. Für Elementarschulen in Katechismusform erklärt. 4., verb. Aufl. (VIII, 99 S. m. Titelbild.) 16. Freiburg i/B. 903. Herder. Kart. n. — 40

Brüner, Theodor. Kath Kirchengesch Quincy's im Staate Ill ... bei Gelegenheit d 50. Stiftungfestes. 1887. Quincy, 1887.

Brüner, Thdr.: Das K i r c h e n j a h r, s. B r ü n e r, Leo

Brunet, Cl. (Praes.): An a diversis alimentis indoles..., s. D i e u x v o y e, B. S. (Resp.)

Brunet, Gustav, approb. Arzt aus Giessen: Die Schwierigkeiten der Differentialdiagnose zwischen extra- und intrauteriner Gravidität bei der Hypertrophia colli uteri supravaginalis. *Strassburg i. E. 1901: C. & J. Goeller.* (34 S.) 8°
Strassburg, Med. Diss. v. 1901

Brunet, J. Ch., Manuel du libraire et de l'amateur de livres. 5me edit. 4 Vol. in 8. Paris. 820 Rthlr.

Brunet, J. Ch., Manuel du Libraire et de l'amateur de livres, cont.: 1) un nouveau Dictionnaire Bibliographique, considérablement augmenté. 2) une table en forme de Catalogue Raisonné. IVe édit., dans laquelle les nouvelles recherches bibliographiques, publiées par l'auteur en 1834, pour y servir de supplément, sont refondues et mises à leur place, les doubles emplois des titres et un grand nombre de renvois inutiles suprimés. Le tout rédigé et mis en ordre par un Société de Bibliophiles Belges IV Tomes. gr. in-8. Bruxelles 838. (Leipzig, Michelsen.) n. 14$^{1}/_{4}$ ₰

Brunet, J. Ch., manuel du libraire et de l'amateur de livres. Supplément contenant 1° un complément du dictionnaire bibliographique de J. Ch. Brunet, 2° la table raisonnée des articles. Par P. Deschamps et G. Brunet. Tome 1. A—M. gr. 8. (XV, 1138 Sp.) Paris 878. Didot & Co. n.n. 16. —

Brünet, G., über das branchiogene Karcinom, s.a. Sammlung klinischer Vorträge. Nr. 360.

Über das branchiogene Karcinom. Von G. Brünet. Berlin. *Leipzig: Breitkopf & Härtel 1903.* (12 S.) 8°
— Sammlung klinischer Vorträge. N. F. No 360. [03. 1965

Brunetière, Ferd., die zeitgemäße Begründung des Glaubens, s.: Wissenschaft u. Religion. 13. Hft.

Brunetière, Ferd., s.: **Marolles**, Vict. de., Kardinal Manning.

Brunetière, Ferd., die Sprachforschung der Gegenwart. Mit Bezug auf die französ. Litteratur im Mittelalter. Mit Genehmigung des Verf. übers. von E. Laur. gr. 8. (63 S.) Heidelberg 883, C. Winter's Universitäts-Buchh. 1 20

Brunetta, A., dekorative Vorbilder m. Pflanzenmotiven. (30 farb. Doppeltaf.) gr. Fol. Dresden (904). G. Kühtmann. In Mappe n. 24. —

Brunetti, Carlo, s. W. Irving, neueste Crayon-Skizzen.

Brunetti, Carlo, die Verlassene, s. Wintergrün, Taschenb. f. 1844.

Brunetti, Wladimir, a. Weißkirchen (Ungarn): Neue Derivate aus Amidonaphtholen und Naphthylendiaminen. (Berlin 1907: A. W. Schade.) (37 S.) 8°
Berlin, Phil. Fak., Ref. Fischer, Diss. v. 21. Dez. 1907
[Geb. 30. April 81 Weißkirchen; Wohnort: Charlottenburg; Staatsangeh.: Österreich; Vorbildung: Gymn. Belgrad Reife M. 01; Studium: Wien 4, Berlin 8 S.; Rig. 21. Nov. 07.]

Brunetto Latino, il tesoretto e il favolello, s.: Bibliotheca romanica. Nr. 94. 95.

Brunfaut, Eugen

Reichs-Kochbuch. Ein unentbehrl. Handbuch f. Hausfrauen, Wirthschafterinnen u. Köchinnen. Nach eigenen Erfahrungen u. unter Benutzung einiger älteren Quellen bearb. von Eugen Brunfaut, Küchenmeister. *Berlin: Deutscher Verl. [1901].* (196 S.) 8° [J.] [04. 1390

Brungert, Ludwig Zur Methode des geographischen Unterrichts an Gymnasien. 20 S. Progr. G. *Münster* 1883.

Brungert, Ludw. Das malerische u. romantische Westfalen, s. Schücking, Levin, u. Ferd. Freiligrath.

Brüngger, F: Relief d. Schweiz, s: Leuzinger, R.

Brungs, Joseph: Geschichte des Gymnasium Thomaeum zu Kempen (Rhein). 4. Teil: Die Zeit der französischen Fremdherrschaft. 32 S. 8. II. S. 33—64. 8. III. S. 65—96. 8. IV. (Schluß.) S. 97—115. 8.

Kgl. Gymn. Thomaeum	*Kempen (Rhein)*	1907	1908
Progr.		1909	1910

Brungs, Joseph, Prof.: Geschichte des Gymnasium Thomaeum zu Kempen (Rhein) T. 4. Die Zeit der französischen Fremdherrschaft. Kempen 1907: A. Wefers. (32 S.) 8° ¶ [Forts. d. P-Beil. 1898—1900.]
Kempen (Rhein), k. G Thomaeum OP 1907 (557)

Brungs, Joseph: Geschichte des Gymnasium Thomaeum zu Kempen (Rhein). T. 4. Die Zeit der französischen Fremdherrschaft. 2. Kempen 1908: Wissink. S. 33—64. 8° ¶ [Forts. d. P-Beil. 1898—1900. 07.]
Kempen (Rhein), k. G Thomaeum P 1908 (584) [S 08. 50

Brungs, Joseph: Geschichte des Gymnasium Thomaeum zu Kempen (Rhein). T. 4. Die Zeit d. französ. Fremdherrschaft. 3. Kempen a. Rh. 1909: Wissink. S. 65—96. 8° ¶ [Forts. d. P-Beil. 1898—1900. 07. 08.]
Kempen a. Rh., k. G Thomaeum P 1909 (605) [S 09. 49

Brungs, Joseph: Geschichte des Gymnasium Thomaeum zu Kempen (Rhein). T. 5. Die Zeit d. französ. Fremdherrschaft. 4. (Schluß). Kempen a. Rh. 1910: Wissink. S. 97—115. 8° ¶ (Forts. d. P-Beil. 1898—1900. 07—09.)
Kempen a. Rh., k. G Thomaeum P 1910 (613) [S 10. 50

Brunhes, Gabriel: La foi chrétienne et la philosophie au temps de la renaissance Carolingienne. Paris 1903. 207 p. 8°.
Freiburg i. Schw. Phil. Diss. 1903, 1904.

Brunhes, Gabriel. La foi chrétienne et la philosophie Au temps de la Renaissance Carolingienne. Thèse. Lett. Fribourg (Suisse). VIII + 208 p. 8. Paris, Gabriel Beauchesne & Cie, 1903.

(Brunhes, Mme [Henriette].) Le développement et l'organisation de l'enseignement ménager en Suisse et particulièrement dans le canton de Fribourg. ([Par] Mme. Jean Brunhes,... Fribourg.) 4.

In: Musée Social. (Bulletin mensuel.) 6e année. N° 11. Novembre 1901. Paris, Arthur Rousseau, 1901. [fr. 1. 50.] p. 353—391.

Brunhes, Jean, Les marmites du barrage de la Maigrauge (avec un plan et six reproductions (planches) stéréoscopiques). E. 8. Fribourg 1899.

Brunhes, Jean. Le travail des eaux courantes: La tactique des tourbillons. 1. Ilots granitiques de la première cataracte du Nil; 2. Gorges du versant Nord des Alpes suisses. [Avec 1 figure dans le texte et 6 planches 1 carte et 14 figures.] II p. + p. 153—224. 8. Fribourg (Suisse), Fragnière Frères, 1902. [fr. 3. —]
Mémoires de la Société fribourgeoise des Sciences naturelles... Géologie et géographie. (Vol.) 2, Fasc. 1...

Brunhild; ein Trauerspiel in 5 Aufz. von Ferd. Wachter. gr. 8. Jena, Bran. 821.

Brunhilde, Prinzessin, s.: Harzbibliothek, romantische.

BRUNHILDE, die starke. Liebesabenteuer einer Bohnenkönigin. Hamburg, o. J. (187*). 12°. (75 Pfg. Gust. Klötzsch, Lpz., 1885.)

Brunhildenbrunnen, Der. Erzählung. [Leipzig 1824.] V: *Suhr, Agathe von geb. Nielsen.* (GGr)

Brunhoff, Friedrich (Aachen), De peritonitide. Diss. med. Bln. (G. Schade) 30. V. 1846. 40 S., mit Biogr. (M.: C. Lauffs.) (4.—) 4303
Oppon.: G. zur Nieden, Koeppen, F. v. Gahlen. — Gew.: Dr. med. Fischer (Köln).

Brunhoff, Heinr. (geb. Münster in Westf. 7. 4. 1855): Ueber Pleura- und Lungen-Verletzungen. Berlin (1877). (35 S.) 8°
Berlin, Med. Diss. v. 15. Aug. 1877

Brunhuber. s. Liberalismus u. Verfassung.

Brunhuber, A.

Die Beobachtungen der beiden sächsisch-böhmischen Erdbebenschwärme vom Oktober und November 1908 im nordöstlichen Bayern und d. Registrierungen auf d. Münchner Erdbebenstation. Mit 1 Kt. u. 8 Diagrammen von Dr. A. Brunhuber in Regensburg u. Dr. J[ohann] B[aptist] Messerschmitt in München. (Regensburg 1910: Huber.) 19 S. 8°
Aus: Berichte d. naturwiss. Vereins z. Regensburg. 1907 u. 1908. [10. 13014

Beobachtungen über die Vesuveruption im April 1906 von Dr. A. Brunhuber. (Regensburg: F. Huber 1906.) (16 S.) 8°
— Berichte d. naturwiss. Vereins Regensburg. H. 10, Beil. [06. 1931 8

Brunhuber, A. Das Büchlein vom gesunden u. kranken Auge. Eine gemeinverständl. Beschreibg. d. Baues u. der Aufgaben d. Auges, seiner Fehler u. Krankheiten. 1. u. neue Ausg. 8. (IV, 48 S. m. 1 Taf.) Regensb. 890,91, Bauhof. * — 50

Brunhuber, A., das Büchlein vom gesunden u. kranken Auge. Eine gemeinverständl. Beschreibung des Baues u. der Aufgaben des Auges, seiner Fehler u. Krankheiten. 4., verb. Aufl. (48 S. m. 1 Taf.) gr. 8. Regensburg 903. H. Bauhof. n. — 75

Brunhuber, K., Sir Philip Sidneys Arcadia u. ihre Nachläufer. Literarhistorische Studie. (VII, 55 S.) gr. 8. Nürnberg 903. M. Edelmann. n. 1. 50

Brunhuber, Kaspar: Beiträge zur Geschichte der lateinischen Schule in Wasserburg a. Inn. 1. Bl. und pg. 1 - 38 und Inhaltsv. 8°. Fried. Dempf.
Progr. Wasserburg a. Inn 1911/1912.

Brunhuber, Rob., neue Kommunal-Gewerbesteuern. Eine sozial-wirtschaftl. Studie. (III, 42 S.) 8. Jena 907. G. Fischer. n. — 60

Brunhuber, Rob.: An Hinterindiens Riesenströmen. (120 m. Abb., 2 Bildn. u. 1 farb. Kte.) Lex8° Berl.-Friedenau, Dr. F Ledermann ('12). 3.50: geb. 5 — d

Die heutige Sozialdemokratie. Eine krit. Wertung ihrer wissensch. Grundlagen u. eine soziolog. Untersuchung ihrer prakt. Parteigestaltung von Dr. Robert **Brunhuber**. Jena: G. Fischer 1906. (IV, 212 S.) 8° [05. 10604

Die Wertzuwachssteuer. Zur Praxis u. Theorie. Von Robert **Brunhuber**. Jena: G. Fischer 1906. (118 S.) 8° [F.] [06. 6971

Brunhuber, Rob., Gerichts-Ref. aus Köln a. Rh.: **Der Wohnsitz** im öffentlichen Rechte Deutschlands. *Borna-Leipzig 1902: R. Noske.* (IX, 52 S.) 8°
Leipzig. Jur. Diss. v. 1902

Brunhuber, Rob., das deutsche Zeitungswesen, s. a. Sammlung Göschen.

Das deutsche Zeitungswesen. Von Dr. Robert **Brunhuber**. Leipzig: Göschen 1908. 172 S. 8°
(Sammlung Göschen. 400.) [11. 6303 11

– Das moderne Zeitungswesen, s. a. Sammlung Göschen. 320.

Das moderne Zeitungswesen (System d. Zeitungslehre). Von Dr. Robert **Brunhuber**. Leipzig: Göschen 1907. 109 S. 8°
(Sammlung Göschen. 320.) [11. 6303 11

Brunhübner, Hans, approb. Arzt aus München: **Zur Casuistik** der Hirnsarkome nebst Bemerkungen über die Differentialdiagnose der Kleinhirntumoren. *München 1899: Kastner & Lossen.* (25 S.) 8°
München, Med. Diss. v. 1900

Brunhübner, Wilhelm [cand. med. aus Nürnberg]: Beiträge zur Pathologie und operativen Behandlung der tuberculösen Peritonitis ... Würzburg. A. Boegler'sche Buchdr., *1892;* 44 S. 8.
Erlangen. Med. Fak., Inaug.-Diss. v. 23. Juli 1892

Bruni, B. Méthode pour l'Alto-Viola. Nouvelle édition. Leipzig.

Bruni, ..., **Méthode pour l'Alto-Viola, cont. les principes de cet instrument, suivies de 25 études. Französ. u. deutsch. Leipz., Breitkopf u. H. 1 ₰ 12 gr.**

Bruni, Franz

Bruni, Frz., die letzte Epoche der Kirche auf Erden und ihr Triumph. In 4 Advents-Homilien beschrieben. Aus dem Italien. übers. von M. v. Montbach. 12. (III und 99 S.) Münster 867, Niemann. *

Bruni, Frz., O. Laz., d. letzte Epoche d. Kirche auf Erden u. ihr. Triumph. In 4 Advents-Homilien beschrieben. A. d. Ital. übers. von Mortimer Joh. Nep. v. Montbach. 2. Aufl. 12. (VIII, 105 S.) Breslau 898. G. P. Aderholz. — 75

Bruni, Giuseppe (Hrsg.), s. Koerner, Wilhelm: Über die Bestimmung des chemischen Ortes ...

Bruni, Gius, über feste Lösungen. gr. 8. (III, 54 S. m. 4 Abbildgn.) Stuttgart 901. F. Enke. n. 1. 20
Sonderabdruck aus: „Sammlg. chem. u. chemisch-techn. Vorträge".

Feste Lösungen und Isomorphismus von Dr. Giuseppe **Bruni**. Leipzig: Akad. Verlagsgesellsch. 1908. (VI, 130 S.) 8° [08. 1474

— Untersuchungen üb. die Bildungsverhältnisse der oceanischen Salzablagerungen, s.: Hoff, J. H. van't.

Bruni, Jordani, s. Bruno, Giordano

Bruni, Leonardo, s. a. Aretino, Leonardo Bruni

Bruni Aretini, Leonardi, dialogus de tribus vatibus florentinis. Hrsg. v. K. Wotke. gr. 8. (32 S.) Wien u. Prag 889. Tempsky. — Leipzig, Freytag. n. — 50

— *Epistolarum* L. VIII.
— — Curante J. A. Fabricio. Hamb. 724. 8. 6 gr.

— *de disputationum exercitationisq. studior. usu adeoq. necessitate in literarum genere quolibet.*
— — Denuo editus cum annotationibus J. W. Feuerlini. Norimb. 734. 8. 4 gr.

Bruni, Nolani Jordani, s. Bruno, Giordano

Brunian, J. J. v., Samml. v. Schauspiel. 2 Thle. 8. Prag, Widtmann. 769—70.

Brunier, J.: Deutschland und Frankreich, s. Brunier, Ludwig

Brunier, Ludwig

Brunier, L, Caroline Bauer [Gräfin Broel-Plater]. Ein Lebensbild aus ihren Briefen. 8. (189) Brem. 79, Fischer. n. 3. —; geb. n. 4. 50

Brunier, Ludw., Caroline Bauer [Gräfin Broel-Plater]. Ein Lebensbild aus ihren Briefen. gr. 8. (XI, 189 S.) Bremen 879, Kühtmann und Comp. * ℳ 3.; geb. *

Brunier, Ludw., Caroline Bauer [Gräfin Broel-Plater]. Ein Lebensbild aus ihren Briefen. gr. 8. (XI, 189 S.) Norden 879. Fischer Nachf. n. 3. —; geb. n. 4. 50

Brunier, Ludw., Caroline Bauer. [Gräfin Broel Plater.] Ein Lebensbild aus ihren Briefen. 2. (Titel-)Aufl. gr. 8. (XI, 189 S.) Norden 884, Fischer Nachf. 3 —
geb. 4 —

Brunier, Ludw., Deutschland u. Frankreich. gr. 8. (432 S.) Bremen 873. Kühtmann & Co. n. 6. —

—— Deutschland und Frankreich. 2. (Titel-)Aufl. gr. 8. (432 S.) Ebendas. 883. 8 —

Brunier, Ludw., ein edles Frauenbild. Julie Recamier. 8. (XIV, 444 S.) Preßburg 875. Heckenast. n. 9. —

—— ein edles Frauenbild. Julie Recamier. Volksausg. 8. (XVI, 444 S.) Preßburg 879, Heckenast's Nachf. *
geb. mit Goldschn. *

— eine mecklenburgische Fürstentochter [Helene, Herzogin v. Orleans]. Mit dem (lith.) Portr. der Herzogin Helene v. Orleans. gr. 8. (X, 219 S.) Bremen 872. Kühtmann & Co. n. 4. —; geb. m. Goldschn. n. 5. 50; Ausg. auf Chamois-Pap. n. 6. —; geb. m. Goldschn. n. 10. 50

— eine mecklenburgische Fürstentochter [Helene, Herzogin von Orleans]. Mit dem (lith.) Portr. der Herzogin Helene von Orleans. 2. (Titel-)Ausg. gr. 8. (X, 249 S.) Norden (1872) 878. Fischer Nachf. n. 4. —; geb. n. 5. 50

—— eine mecklenburgische Fürstentochter [Helene, Herzogin von Orleans]. Mit dem (lithogr.) Portr. der Herzogin Helene von Orleans. 2. (Titel-)Ausg. gr. 8. (X, 249 S.) Bremen (872)79, Kühtmann und Comp. *ℳ 4.; geb. *

—— eine mecklenburgische Fürstentochter [Helene, Herzogin von Orleans]. Mit dem (lithogr.) Portr. der Herzogin Helene von Orleans. 3. (Titel-)Ausg. gr. 8. (X, 219 S.) Ebendas. 884. †ℳ 4.; geb. mit Goldschn. * 5 50

Brunier, Ludw., Klopstock und Meta. Hamburg 860. Perthes Besser & Mauke. gr. 8. (XII, 235 S.) n. 1 ⅓ 10 ngr.

Brunier, Ludw., Kurland. Reiseeindrücke von Land und Stadt. 8. (XVI und 293 S.) Leipzig 862, Matthes.

Brunier, L., Kurland. 2 Bde. 8. Leipzig 862,68, Licht und Meyer.

Brunier, Ludwig: Kurland. Schilderungen von Land und Leuten. — Lpz: Matthes 1868. XVIII, 296 S.

— ein kurischer Liederstrauß. 8. (XV, 206 S.) Ebend. 879. n. 3. —; geb. n. 4. —

— Louise. Eine deutsche Königin. Mit dem Portr. der Königin Louise v. Preußen (in Stahlst.) br. 8. (VIII, 274 S.) Ebend. 871. n. 4. —; geb. m. Goldschn. n. 5. 50 Chamoispap. n. 6. —; in Leder geb. m. Goldschn. n. 10.50

Marie Antoinette Königin von Frankreich und Navarra. Ein fürstl. Charakterbild von Ludwig Brunier. T. 1. *Wien & Leipzig: W. Braumüller 1903.* 8° [?.] [illegible]

Brunier, Ludw., Marie Antoinette, Königin v. Frankreich u. Navarra. Ein fürstl. Charakterbild. II. Tl. 2 Hälften u. III. Tl. 8. Wien, W. Braumüller. n. 16. — ; geb. in Leinw. n. 19.50; (vollständig n. 21.—; geb. n. 25.00)
II. Die Königin. 2 Hälften. (XV, 774 S.) 905. n. 12.—; in 1 Leinw.-Bd. n. 11.—
III. Die Persönlichkeit Ludwig XVI. (267 S.) 905. n. 4.—; geb. in Leinw. n. 5. 50

—— die Perle im deutschen Städtekranze. gr. 8. (VIII, 313 S.) Ebendas. 879. *

—— die Perle im deutschen Städtekranze. 2. (Titel-)Ausg. gr. 8. (VIII, 313 S.) Ebendas. 884. 4 —
geb. mit Goldschn. 5 50

—— Elisa v. der Recke. gr. 8. (VIII, 338 S.) Bremen 873, Kühtmann und Comp. *

Brunier, Ludwig: Elisa von der Recke. 2. Ausg. — Bremen: Kühtmann 1879. VIII, 338 S. [1. Ausg. 1873.]

Brunier, Ludw., Elisa von der Recke. 3. (Titel-)Ausg. gr. 8. (VIII, 338 S.) Norden (879)885, Fischer's Nachf. *

—— Friedrich Ludwig Schröder. Ein Künstler- und Lebensbild. 8. (XI und 388 S.) Leipzig 864, Weber. *

Bruniera, H.J. (Hrsg.), s. Wochenblatt, Katholisches.

Bruniera, R.J. (Red.), s. Wunderthäter, Der.

Brunies, S. E., die Flora des Ofengebietes (Südost-Graubünden). Ein florist. u. pflanzengeograph. Beitrag zur Erforschg. Graubündens. (326 S. m. 6 Taf. u. 1 farb. Karte.) gr. 8. Chur 906. (F. Schuler.) 3. —
Sonderabdruck a. „Jahresber. d. naturforsch. Gesellsch."

Brunies, Stephan, aus Cinuskel (Engadin): Arbeit aus d. Kgl. Botan. Garten d. Universität Breslau. Anatomie der Geraniaceenblätter in Beziehung zur Systematik der Familie. *Breslau 1900: A. Schreiber.* (40 S.) 8°
Breslau, Phil. Diss. v. 27. März 1900

Brunies, S(tephan). Die Flora des Ofengebietes (Südost-Graubünden). Ein floristischer und pflanzengeographischer Beitrag zur Erforschung Graubündens von Dr. S. E B'. [Mit 6 Tafeln und 1 Karte.] 326 S. 8. Chur, Hermann Fiebig's Buchdr., 1906.
Ausg. A in: Jahres-Bericht der Naturforschenden Gesellschaft Graubündens. Neue Folge. Band 48. Vereinsjahr 1905/06. Chur, Komm. F. Schuler, 1906. R
Ausg. B: (Separatabdruck aus dem Jahresbericht der Nat' Ges' Gr'. Band 48. 1905/06.) [fr. 3. –]

Brünig. Kurhaus Brünig. 1010 Meter ü. M. [Führer für] Excursionen.... 8. Meyringen 1895.

Brünig, Alfr., praktische Ratschläge f. rationelle Obstkultur. Unter besond. Berücksicht. der Obstbäume f. rauhes Klima. Mit vielen Abb. nach der Natur. (32 S.) 8. Themar (909). (F. Adler.) — 50

Brünigbahn [Sachl. OW]

Brünigbahn, Die. Aufruf. Interlaken 1869.

Brünigbahn [Schlagwort]

Brünigbahn, s.: Westentaschen-Sammlung.

Brunikow, O. B., Anleit. zur richtigen Boden-Taxation nach seinen Bestandtheilen u. Ertragsfähigkeiten nebst ökonomischen Kostenberechnungen. 8. (5¾ B.) Jüterbog 845, Colditz.

Brunilde. Eine Anekdote aus dem bürgerlichen Leben des dreizehnten Jahrhunderts. Leipzig 1790. V: *Naubert, Christiane Benedicte geb. Hebenstreit.* (EE) (GGr) (Ky) (MGT)

Brunilde, eine Anekdote aus dem bürgerl. Leben des 13ten Jahrhunderts. 8. Leipzig, Weygand. 790.

Bruning, Nicol. Conrad (Lübeck)
Disputatio inauguralis, de procuratore proxeneta et advocato, iisque solventibus et non solventibus.
Gissae Hass. 16. Aug. 1703: J. R. Vulpius. 18, (2) S. 4°
pro obtinendis summis in utroque jure honoribus.

Bruening, s. a. Bruining.

Brüning, ..., Abhandl. üb. d. Geschwindigkeit d. fließenden Wassers. Aus d. Holländ. übers. v. Cl. Kröncke. Mit e. Vorr. v. C. F. Wiebeking. M. Kpf. gr. 4. Frankf. a. M. 798, Körner. 1 ⅓ 14 gl.

Brüning, Westfalens Haus-Säugetiere. gr. 8. (III, 199 S. m. Lichtdr.-Bildnis.) Hagen i/W. 892. H. Risel & Co. n. 2. 40

Brüning: Zucht u. Haltg d. Schweines. Vortr. (15) gr8° Lpzg '11. Lpzg-It., Reichenbach. — 60 d

Brüning, A., Die Kölner Aeneasgruppen. S.-A. 1890. 12 S. u. 1 Taf. 4°.

Brüning, A., Anfangsgründe d. Grundwissensch. od. Philosophie. gr. 8. Münst. Coppenrath. 809.

— d. Versöhn. d. Idealismus u. Materialism. rc. gr. 8. Ebend. 810.

Brüning, Adolf (Hrsg.), s. Buch, Spemanns goldenes, vom Eignen Heim.

Bruening. Adolphus [Guestfalus]: De M. Iuniani Iustini codicibus ... Monasterii Guestfalorum, ex typogr. acad. Coppenrathiana. 1889: 54 S. + 2 Bl. 8°
Münster, Phil. Fak., Inaug.-Diss. v. 25. Jul. 1889

Brueuing, Adph. De M. Juniani Justini codicibus. Commentatio philologica. gr. 8. (54 S.) Münster i. W. 890. (Lpz., Fock.) Diss. 1 20

Brüning, Adolf: Der Pommersche Kunstschrank, s. Lessing, Julius

Brüning, Adf., Porzellan im kgl. Kunstgewerbemuseum zu Berlin, s.a. Handbücher der kgl. Museen zu Berlin. XIII.

Porzellan von Adolf Brüning. Mit 166 Abb. Berlin: G. Reimer 1907. (230 S.) 8°
— Handbücher d. Königl. Museen zu Berlin. [13.] [07. 11603

Brüning, Adf., europäisches Porzellan des XVIII. Jahrh. Katalog der vom 15. II. bis 30. IV. 1904 im Lichthofe des kgl. Kunstgewerbe-Museums zu Berlin ausgestellten Porzellane. In Verbindg. m. Wilh. Behncke, Max Creutz u. Geo. Swarzenski. (LI, 220 S. m. 42 z. Tl. farb. Taf.) Lex.-8 Berlin 904. G. Reimer. Geb. in Leinw. n. 30.—

Brüning, Adf., die Schmiedekunst seit dem Ende der Renaissance, s.a. Monographien des Kunstgewerbes. III.

Die Schmiedekunst seit dem Ende der Renaissance von Adolf Brüning. Mit 150 Abb. *Leipzig: H. Seemann Nachf. [1902].* (146 S.) 4°(8°)
— Monographien d. Kunstgewerbes. 3. [02. 3767 6

— der pommersche Schrank im kgl. Kunstgewerbe-Museum, s.: Lessing, Jul.

— Thürgriffe u. Brunnenmasken, s.: Vorbilder-Hefte a. d. kgl. Kunstgewerbe-Museum. 23. Hft.

— italienische Thürklopfer, s.: Vorbilder-Hefte a. d. königl. Kunstgewerbe-Museum. 24. Hft.

Brüning, Alb., Blumen des Lebens. Dichtungen. 12. (VIII und 296 S.) Berlin 860. [Weigen, Köhler.]

BRÜNING, Albert, Frühling u. Liebe. Dichtungen. Wriezen a. O., E. Roeder, 1854. 12°. Orig.-Sarsenatbd. IV—188 S. Zahm.

Brüning, Alb., Nacht und Morgen. Dichtungen. gr. 16. (XI und 379 S.) Berlin 861, Huber. 22⅔ Ngr.; geb. *

Brüning, Ant. Paul, die Entwicklung des ausländischen, speziell des überseeischen deutschen Bankwesens. (VII, 130 S.) gr. 8. Bonn 907. (Berlin, Puttkammer & Mühlbrecht.) 2.—

Brüning, Anton Paul, a. Burgsteinfurt: Die Entwicklung des ausländischen, speziell des überseeischen deutschen Bankwesens. Borna-Leipzig 1907: R. Noske. (130 S.) 8°
Heidelberg, Phil. Fak., Ref. Gothein, Diss. v. 21. Mai 1907
[Geb. 12. Aug. 81 Burgsteinfurt i. Westf.; Wohnort: Burgsteinfurt; Staatsangeh.: Preußen; Vorbildung: Gymn. Burgsteinfurt Reife O. 01; Studium: Münster 7 S.; Rig. 4. März 07.]

Brüning, A. P. Die Entwicklung des ausländischen, speziell des überseeischen deutschen Bankwesens. Berlin (1908).

Brüning, Antonie. Schwester Charitas, s. Familien-Bibliothek, kleine, f. christl. Leser.

Brüning, August aus Cloppenburg im Grossherz. Oldenburg]: Ueber Beckenfracturen.... Würzburg, C. Bieler's Buchdr. („Landeszeitung"), 1889: 45 + 1 S. 8°
Würzburg. Med. Fak., Inaug.-Diss. v. 1889

Brüning, Aug.: Die chirurg. Behandlg d. Magengeschwürs. Nach e. Vortr. [Aus: „Reichs-Med.-Anz."] (7) Lex8° Lpzg, B Konegen ('12). 1—

Brüning, August, Dr., Assistenzart der chirurg. Klinik: Aus der chirurgischen Universitätsklinik zu Gießen. Beitrag zur Frage der Choledochotomie an der Hand von 100 operierten Fällen. Leipzig 1905: J. B. Hirschfeld. (45 S.) 8°
Gießen, Med. Hab.-Schr. v. 1905

— Das Empyem d. Gallenblase. [Aus: „Reichs-Med.-Anz."] (6) Lex8° Ebd. '10. 1—

Brüning, August: Hat Calcium phosphoricum einen Einfluss auf Diabetes mellitus? *Halle a. S. 1898: Wischan & Wettengel.* (18 S.) 8°
Halle, Med. Diss. v. 21. März 1898

Brüning, August, aus Amelsbüren (Westf.): Über schwefelhaltige cyklische Verbindungen und über Iminothioäther. *Freiburg i. B. 1903: C. A. Wagner.* (43 S.) 8°
Freiburg i. B., Phil. Diss. 1903

Bruening, Bernardus (geb. am 18 Febr. 1806 in Roxel Westf.): De differentia specifica inter luem gonorrhoicam et syphiliticam ...
Bonnae, litt. C. Georgii 1840. 2 Bl., 25 S., 1 Bl. 8.
Bonn, Med. Fak., Diss. v. 5 Sept. 1840

Bruening, Bernhard. (Georg. Ludgerus) (geb. Meteln in Westf. 1814): De chloroseos pathologia. Berolini (1843). (20 S.) 8°
Berlin, Med. Diss. v. 3. Okt. 1843

Brüning, Bernhard, aus Schwerin: Maximilians II. Verhältnis zu Philipp II. und Spanien. *Rostock 1903: H. Winterberg.* (96 S.) 8°
Rostock, Phil. Diss. v. [1. Aug.] 1903

Brüning, Carl, Anna und Jettchen, die beiden bösen Mädchen. Eine unübertroffene Struwelpeter-Geschichte. 4. (31 S. mit eingedr. color. Holzschn.) Eßlingen 874, Schreiber. geb.

Brüning, Carl, Anna u. Jettchen, die beiden bösen Mädchen. Eine unübertroffene Struwelpeter-Geschichte. 4. (31 S. m. eingedr. color. Holzschn.) Eßlingen 875. Schreiber. geb. 2. 40

Das Collegium Dettenianum zu Münster, seine Verfassung u. Geschichte. Ein Beitrag z. Rechte d. Familienstiftung in s. heutigen Gestaltung. Von C[arl] Brüning, Landger.Dir. *Münster (Westf.): Coppenrath 1903.* (92 S.) 8° [J.] [03. 10630

Brüning, Chr.

— Betracht. d. göttlichen Natur u. Gnadenwerke nach d. 65. Psalm, auf alle Sonntage des Jahres. 8. Frankf. a. M. 752. Varrentrapp. 1 ₰

— Betrachtung d. göttlichen Natur und Gnadenwerke nach d. 65. Psalm, auf alle Sonntage d. Jahrs. 8. Ebendaselbst. 754.

— comment. theolog. philolog. de Christo triumphante. 4. Stettin 750. 3 gl.

— compendium antiquitatum graecarum e Sacris profanarum. 8. Frankf. a. M. 734. Ed. auct. et emend. Ibid. 745. Ed. III. 759. Varrentrapp. 18 gl.

Brunings, Ch., Compend. antiqq. Graecarum e profanis sacrarum. Francf. a. M. 1734. 8.

Brüning, Chr., (✝ d. 6. März 1763.) Compendium antiquitatum Hebraearum. 8. Frankf. 759. Ed. n. 765. Varrentrapp. 1 ₰

— comp. antiquitat. hebraear. 8. ibid. 766.

— doctrina de regno Dei, s. systema brev. theolog. did. practic. 8. Frankf. 755. (Varrentrapp). 14 gl.

— d. gekreuzigte Liebe, in andächt. Betracht. üb. d. Leiden rc. Jesu Christ. 2 Thle. 8. Ebend: 759.

Brüning, Chr., de silentio sacrae scriptur. s. de iis, quae in Verbo divino omissa etc. 8. Frankf. a. M. 750. Varrentrapp. 16 gl.

Brüning, Christian

— Ichthyolog. Handlexikon. Hrsg. unter bes. Berücks. d. Aquarienkde. (287 m. Abb.) 8° Ebd. '10. L 3 —

Brüning, Christian: An Deutschlds Küsten. Für Besucher d. deut. Küsten u. f. d. reifere Jugend. (7, 192 m. Abb.) 8° Braunschw., G Wenzel & S. '11. (1.50) 1 —

Brüning, Christian J. Ed., Leben u. Weben in Wald u. Feld. Für die Jugend hrsg. Mit 6 Bunt-, 8 Ton- u. 6 Vollbildern, sowie 69 Textillustr. (VIII, 218 S.) 8. Stuttgart (909). Loewe. Geb. in Leinw. 4. 50

— dasselbe. Volksausg. Mit 8 Ton- u. 6 Vollbildern, sowie 69 Textillustr. (VIII, 218 S.) 8. Ebd. (909.) Geb. in Leinw. 3. —

Brüning, Chr. J. Ed., das Meer u. seine Bewohner. (162 S. m. 28 Abbildgn. u. 1 farb. Taf.) gr. 8. Dresden 905. H. Schultze. Geb. in Leinw. n. 3. —

Brüning, Chr. J. Ed., das Meer u. seine Bewohner. — Tierleben d. Heimat. Jetzt: Stuttgart. Loewes Verl.

— Spaziergänge e. Naturfreundes. Ein Wegweiser, besonders f. Aquarien- u. Terrarienfreunde. (VIII, 189 S. m. 20 Abbildgn. u. 3 Taf.) 8. Braunschweig 904. G. Wenzel & Sohn. Geb. in Leinw. n. 2. —; erm. Pr. n. 1. 50

— Spaziergänge e. Naturfreundes. Wegweiser, bes. f. Aquarien- u. Terrarienfreunde. (189 m. Abb. u. 3 Taf.) 8° Brnschw., AW Zickfeldt'04. L. (2 —) 1.50 d

— Taschenbuch f. junge Aquarien- u. Terrarienfreunde. (VIII, 100 S. m. Abb.) kl. 8. Stuttgart (908). [Verlag f. Naturkunde.] E. Schweizerbart. 1. 20

— Tierleben in der Heimat. Mit 3 Taf. u. 82 Abbildgn. (151 S.) gr. 8. Dresden 905. H. Schultze. Geb. in Leinw. n. 3. —

— Tierleben in d. Heimat. Für d. Jugend. 2. Afl. (8, 151 m. Abb. u. 4 Farbdr.) 8° Stuttg., Loewe ('11). L 3 — d

— dass. 2. Afl. Volksausg. (8, 151 m. Abb.) 8° Ebd. ('11). L 2 — d

— Wanderungen durch die Natur. Wiese, Moor u. Heide. Für die Jugend hrsg. Mit 12 Bunt- u. 15 Textbildern nach Originalen v. H. Pfendsack. (VII, 200 S.) 8. Stuttgart (907). Loewe. Geb. in Leinw. 4. —

— dasselbe. Mit 6 Ton- u. 15 Textbildern nach Originalen v. H. Pfendsack. Volksausg. (VII, 200 S.) 8. Ebd. (907.) Geb. in Leinw. 2. 50

Brüning, Chr[istian]. Wanderungen durch die Natur: Wiese, Moor und Heide. Für die Jugend hrg. von Chr. J Ed B'. VIII+200 S. 8. Stuttgart, Loewes Verlag Ferdinand Carl, [1907].

Ausg. A: Mit 12 Bunt- und 15 Textbildern nach Originalen von H[ugo] Pfendsack [in Solothurn]. [geb. M. 4. —]
Ausg. B: Mit 6 Ton- und 15 Textb' nach O' von H. Pf. Volksausgabe. [geb. M. 2.50]

— Wunder aus dem Pflanzenreiche. Für die Jugend hrsg. Mit 6 Bunt-, 4 Ton- u. 7 Vollbildern, sowie 75 Textillustr. (VIII, 199 S.) 8. Ebd. (908.) Geb. in Leinw. 4. —

— dasselbe. Mit 4 Ton- u. 7 Vollbildern, sowie 75 Textillustr. Volksausg. (VIII, 199 S.) 8. Ebd. (908.) Geb. 2. 50

Brüning, Died. Gottl.: Über die Schädlichkeit des Mohnsaftes ..., s. a. Brüning, Georg Florenz Heinrich: Abhandlung über die Schädlichkeit...

Brüning, D. G., üb. Schädlichk. des Mohnsaftes in der Ruhe. 8. Thal Ehrenbreitst. Gehra. 794.

Brüning, Died. Gttl., Ueb. die Schädlichkeit des Mohnsaftes i. d. Ruhr. Neuwied. 8°. Tüb. Anz. 1795, p. 247. In: N. A. D. B., XIX, 510. In: A. L. Z., 1794, n. 403. Salzb. med. chir. Zt. 1795, I, 185.

Brüning, Eduard [Apotheker aus Zittau (Sachsen)]: Über die Harzbalsame von Abies canadensis (L.) Miller, Picea vulgaris Link und Pinus Pinaster Solander. Bern 1900. XIV, 140 S. 8°.
Bern. Phil. Diss. 1900/1901.

Brüning, Emil [app. Arzt aus Marwedel]: Aus d. patholog. Institute zu Kiel. Ueber Amyloiddegeneration bei Krebskachexie ... Kiel, Druck v. P. Peters, 1896; 16 S., 2 Bl. 8.
Kiel, Med. Fak., Inaug.-Diss. v. [20. Juni] 1896

Brüning, Erich: Der Herr d. Erde. Tragödie. (131) 8° Hannover-Döhren, OF Kaiser '12. 2 — d

Brüning, Erich, was wir nicht töten können. Drama in 5 Aufzügen. (47 S.) 8. Berlin 905. Schuster & Loeffler. n. 1. —

Brüning, Felix [aus Legden i. Westf.]: Ueber retro-pharyngo-oesophageale Strumen .... Würzburg, Köhl & Hecker'sche Buchdr., 1886: 31 S. 8°.
Würzburg. Med. Fak., Inaug. Diss. v. 1886.

Brüning, Felix, über retropharyngooesophageale Strumen. Diss. Würzburg 1886, Stahelsche Univ.-Buchh. 8°. 31 S.

Brüning, Flor. H., De ictero spasmodico infantum Essendiae anno 1772 epidemica etc. Vesal. et Lps. 4°. A. D. B. Anh. 12—24 p. 397. *Murray*, med. pr. Bibl. II, 131. 1772

Brüning, Franz: Ueber Trochlearisparalyse. Halle (1869): Plötz. 31 S. 8°
Halle-Wittenberg, Med. Diss. v. 7. Aug. 1869
Geb. Vasbach (Kr. Olpe. Westf.) 14. 8. 1845. V.

Brüning, Friedrich, approb. Arzt aus Neumünster (Holst.): Aus d. pathol. Institute d. Universität Freiburg i. B. Ueber das Auftreten des Fettes im Knochenmark in den ersten Lebensjahren. *(Engelskirchen 1903: R. Schallert.)* (22 S.) 8°
Freiburg i. B., Med. Diss. v. 1903

Brüning, F: Die traumat. Blinddarmentzündg, s.a. Sammlung klin. Vorträge.

Die traumatische Blinddarmentzündung. Von Dr. F[riedrich] Brüning, Oberarzt. Mit 7 Textfig. Leipzig: J. A. Barth 1910. 63 S. 8° [Umschlagt.]
(Sammlung klinischer Vorträge N. F. Nr 609/610.) (11. 1395

Brüning, Fritz [cand. med., aus Paderborn]: Über die Behandlung alter Beckenexsudate .... Paderborn u. Munster, Druck v. Ferdinand Schöningh, 1886: 26 S. 8°.
Würzburg. Med. Fak., Inaug.-Diss. v. 1886.

Brüning, Fritz, über die Behandlung alter Beckenexsudate. Diss. Würzburg 1886, Stahelsche Univ.-Buchh. 8°. 26 S.

Brüning, G., Abriß der deutschen Grammatik, nach den Ansichten bewährter Lehrer für Schulen und zum Selbstunterricht methodisch bearb. 1. Cursus. 2. ganz veränd. Aufl. 8. (III, 153 S.) Leipzig 869, Arnoldische Buchh. *
2. Cursus. Ebendas. 1859. * ℳ 1,20.

Brüning, G., rein praktischer, tabellarischer Abriß der deutschen Grammatik nebst Mustersammlung der schönsten Novellen deutscher Klassiker in Prosa und Poesie. Ein Lesebuch zur Anknüpfung eines bildenden Unterrichts in der Muttersprache. 2. Cursus. gr. 8. (VI und 188 S.) Leipzig 859, Arnoldische Buchh. *
1. Curs. Ebendas. 1851. * 12 Ngr.

Brüning, G., tabellarischer Abriß der deutschen Grammatik nach dem Becker'schen Sprachsysteme. 1. Cursus. gr. 8. (VI u. 138 S.) Leipzig 851, Arnold. n. 12 ngr

Brüning, G. C.

— Anleit. z. Lehrart in nied. Schulen. 8. Ebend. 778.

Brüning, Gf. Chr., († d. 18. Sept. 1793.) Grundſ. d. Homiletik. 8. Manh. 776. Schwan u. G. 3 ℳ

— Predigten. 8. Frankf. Brönner. 770.

Brüning, Georg Florenz Heinrich: A b h a n d l u n g über die Schädlichkeit ..., s. a. B r ü n i n g , Died. Gottl.: Über die Schädlichkeit des Mohnsaftes ...

Brüning, Geo. Flor. Hnr., (†...) Abhandl. über d. Schädlichkeit des Mohnsaftes in d. Ruhr. 8. Thal-Ehrenbreitst. 794. Gehra. 12 gr.

— constitutio epidemica Essendiensis an. 1769, 70. 8 maj. Wesel et Leipz. 771. (Brockhaus). 7 gr.

– C o n s t i t u t i o epidemica essendiensis anni MDCCLXIX - LXX. Sistens historiam febris scarlatino-miliaris anginosae eique adhibitam medelam acc. Observationum medicarum huc pertinentium decas (Observationes medicae circa febrim scarlatino-miliarem anginosam). Vesaliae & Lipsiae: Roeder & Holle (1771). 128 S. 8°

Brüning, G. F. H., Constitutio epidemica Essendiensis an. 1769. 770. 8. maj. Wesel. (Wittekind, Eisenach. Gleditsch, Leipz.) 771.

— üb. die Erkenntniß u. Heilung d. Gelbsucht. gr. 8. Wien 806. Pichler.

— de ictero spasmodico infantum Essendiae an. 1772 epidemico. 8. Wesel 773. (Brockhaus). 12 gr.

Brüning, G. F. H., de ictero spasmodico infant. Essendiae. an. 1772. epidemiae etc. 8. Wesel. (Wittekind, Eisenach. Gleditsch, Leipz.) 773. Rthlr.

von Brüning, Gustav [aus Höchst a/Main]: Ueber das Methylhydrazin und einige Derivate desselben. . . . Wurzburg, k. Universitätsdr. v. H. Stürtz, 1889: 20 S. 8°
Würzburg, Phil. Fak., Inaug.-Diss. v. 1889

Brüning, H., die Branntweinsteuer-Gesetzgebung in Deutschland u. Holland, s.a. B e i t r ä g e, wissenschaftliche, zum Kampf gegen den Alkoholismus.

Brüning, H. Die Branntweinsteuergesetzgebung in Deutschland und Holland. Bonn 1887.

— über den Gesetz-Entwurf, die Vererbung der Landgüter in der Prov. Westfalen betr. gr. 8. (28 S.) Köln 880. (Du Mont-Schauberg.) n. — 40

Brüning, H, s: Handbuch d. allg. Pathol. u. d. patholog. Anatomie d. Kindesalters

Brüning, H., Correferat über den Gesetz-Entwurf, betreffend die Erwerbung der Landgüter in der Prov. Westfalen. [Nach dem mündl. Vortrage aufgezeichnet zu Enniger im Sommer 1880.] gr. 8. (61 S.) Köln 880, (Du Mont-Schauberg'sche Buchh.) — 60

Brüning, H., die Offenbarung Johannes. Übers. u. ausgelegt f. die Gemeinde. gr. 8. (IV, 223 S.) Darmstadt 898. J. Waitz. n. 3. 60

Brüning, Heinrich

—— das preußische Gesetz betr. die Pensionirung der Lehrer und Lehrerinnen an den öffentl. Volksschulen vom 6. Juli 1885. Mit Erläuterungen nach den Landtags-Verhandlungen und mit einer Zusammenstellung der früheren Pensionsbestimmungen. gr. 8. (31 S.) Hannover 885, Meyer. *

—— die Instruktion für die Oberpräsidenten vom 31. Decbr. 1825 und die Instruktion zur Geschäftsführung der Regierungen in den königl. Preußischen Staaten vom 23. Octbr. 1817. Zusammengestellt und mit Erläuterungen versehen. gr. 8. (80 S.) Hannover 881, Meyer. cart. *

Brüning, H., das Kreis- u. Provinzial-Abgabengesetz vom 23. IV. 1906. Ergänzungsheft zur 3. Aufl. f.: Die preuß. Verwaltungsgesetzgebg. f. die Prov. Hannover nebst den hannoverschen Gemeindeverfassungsgesetzen. (28 S.) 8. Hannover 907. C. Meyer. — 60
Hauptwerk. Ebd. 906. Geb. 15.—

Brüning, Heinrich, s. a. L a n d g e m e i n d e o r d n u n g , Die Hannoversche, ...

Brüning, H: Die hannov. Landgemeindeordng v. 28.IV.1859 unter Berücks. d. später ergang. Verwaltgsgesetzgebg. [Erweit. SA] 8. Afl. (100) 8° Hannov., C Meyer'06. Kart. 1.50 d

—— die Hannoversche Städteordnung vom 24. Juni 1858 mit Berücksicht. der vom 1. April 1885 in Kraft tretenden Verwaltungs-Gesetzgebung. Erweit. Sonder-Abdr. aus: „Die Preußische Verwaltungs-Gesetzgebung für die Provinz Hannover". 8. (64 S.) Ebendas. 885. cart. *

— die hannoversche Städteordnung vom 24. VI. 1858 m. Berücksicht. der am 1. IV. 1885, bezw. 1. VII. 1885 in Kraft getretenen Verwaltungsgesetze u. der später ergangenen Gesetzgebung. 2. Aufl. (125 S.) 8. Ebd. 906. Kart. n. 1. 80
2 Erweit. Sonderabdr. aus: „Die preuß. Verwaltungsgesetzgebg. f. die Prov. Hannover, nebst den hannoverschen Gemeindeverfassungsgesetzen".

Die Göttinger Studentenschaft zu Anfang des 19. Jahrhunderts, ihr Verbindungswesen, ihre Teilnahme an d. Freiheitskriegen 1813/15. Von H[einrich] Brüning, Oberbürgerm. a. D. Hannover: Geibel 1910. 35 S. 8° [Umschlagt.] [10. 18169

—— d: neue Verwaltungsgesetzgebg f. d. Prov. Hannover. 8. (16) Osnabr. 81, (Meinders). — 30

—— die neue Verwaltungsgesetzgebung für die Provinz Hannover. Nach einem Vortrage des Herrn B. gr. 8. (16 S.) Osnabrück 885, (Meinders.)

—— d. preuss. Verwaltungs-Gesetzgebg f. d. Prov. Hannover, nebst d. hannov. Gemeindeverfassungsgesetzen. 8. (508) Hannov. 84, Meyer. n. 7. —

—— die preußische Verwaltungs-Gesetzgebung für die Provinz Hannover, nebst den hannover. Gemeindeverfassungsgesetzen. Zusammengestellt und mit Erläuterungen versehen. 2. wesentlich verm. Aufl. gr. 8. (XVI, 598 S.) Hannover 886, Meyer. geb. *

Die preußische Verwaltungs-Gesetzgebung für die Provinz Hannover nebst den hannoverschen Gemeindeverfassungsgesetzen. Zsgest. u. mit Erl. vers. von H[einrich] Brüning, Oberbürgerm. a. D. 3., bed. verm. Aufl. [Nebst] Erg. H. Hannover & Berlin: Meyer 1906–07. 8° Erg. H. [u. d. T.:] Das Kreis- u. Provinzial-Abgabengesetz v. 23. April 1906 ... von Brüning. 1907. [09. 16871

Brüning, Helmuth von: Vorschläge zur Reform der Einkommensbesteuerung in Preussen. Bonn: Georgi 1907. 58 S. 8°
Würzburg, Jur. Diss. v. 10. Jan. 1909, Ref. G. v. Schanz
[Geb. 8. Dez. 70 Höchst; Wohnort: Koblenz; Staatsangeh.: Preußen; Vorbildung: Gymn. Frankfurt a. M. Reife M. 89; Studium: Berlin 3, Heidelberg 4 S.; Rig. 11. Dez. 07.] [U 09. 4043

Brüning, Hermann, Dr. med., Privatdozent für Kinderheilkunde an der Universität Rostock: Aus der Universitäts-Kinderklinik zu Leipzig. ⟨Direktor: Geh. Rat Prof. Dr. O. Soltmann.⟩ Beiträge zur Lehre der natürlichen und künstlichen Säuglingsernährung, letztere mit besonderer Berücksichtigung der Überlegenheit der rohen oder der gekochten Milch. Mit 18 Figuren im Text. Jena: G. Fischer 1906. (64 S.) 8° ¶ Aus: Zeitschrift für Tiermedizin 1906.

Rostock, Med. Fak., Hab. Schr. v. 1906

Brüning, Herm., die Ernährung des Kindes, s.a. Volksbücherei, medizinische, 8. Heft.

Die Ernährung des Kindes. Von Dr. med. Hermann Brüning, Leipzig. *Halle a. S.: C. Marhold 1904.* (18 S.) 8° [F.]
= Volksbücherei, Medizinische. H. 8. [04. 10113

Brüning, Hermann: Aus der Chirurgischen Universitätsklinik zu Bonn. Gastrostomieen. *Bonn [1898]: J. Trapp.* (35 S.) 8°
Bonn, Med. Diss. v. [19. Febr.] 1898

Geschichte der Methodik der künstlichen Säuglingsernährung. Nach medizin-, kultur- u. kunstgeschichtl. Studien zusammenfassend bearb. von Dr. med. Hermann Brüning, Privatd. Mit 78 Textabb. Stuttgart: F. Enke 1908. (132 S.) 8° [08. 4186

Brüning, Herm., Resultate m. der v. Dungern'schen gelabten Milch auf der Säuglingsabteilung des Kinderkrankenhauses zu Leipzig. gr. 8. (18 S.) Leipzig 902. B. Konegen. n. 1.—
Sonderabdruck aus: „Der Kinder-Arzt".

Die Säuglingssterblichkeit im Grossherzogtum Mecklenburg-Schwerin, ihre Ursachen u. ihre Bekämpfung. Von Dr. med. Hermann **Brüning**, Priv.Doz. Wiesbaden: Bergmann 1909. IV, 154 S. 4°(8°) [09. 10460

— therapeutisches Vademecum f. die Kinderpraxis. (V, 136 S.) 8. Leipzig 904. G. Wittrin. Geb. in Leinw. n. 2.—

— s.: Verhandlungen der Versammlung der Gesellschaft f. Kinderheilkunde.

Brüning, Johann Anton

J. Ant. **Brüning's** Anfangsgründe d. Grundwissensch. od. Philos. *Münst.*, Coppenrath. 809. 8° 9 gl

— Anleit. z. fruchtbaren Lehrart in niedern Schulen. 8. Manh. 778. Schwan u. G. 6 kr

Brüning, Joh. Ant., Das Dasein Gottes u. der menschlichen Willensfreiheit metaphysisch zu beweisen. Ein Versuch. Münster, Deiters, 1838. 8°. 1,50 Mk.

Eb. zu e. künft. Grundwissensch. od. Philosophie; e. Fragm. u. kleiner Versuch, der misslingen kann. *Eb.* 821. 8° 10 gl

Brüning, (J. A.,) zu einer künftigen Grundwissenschaft od. Philosophie, ein Fragment u. kleiner Versuch der mißlingen kann. 8. Münster 822, Coppenrath.

— Predigten, d. allgem. Erbauung gewidmet. 8. Frankf. a. M. 770. Brönner. 4 kr

— jede Religion, was sie sein sollte. 8. Münst. 814. Coppenrath. 4 kr

Eb.: d. Versöhnung d. Idealismus u. Materialism., od. die Existenz äuss. Dinge; Gespräch. *Eb.* 810. 8° 8 gl

Bruening, Johann Christoph: De urinae R e t e n t i o n e ex urethrae strictura, eique medendi ratione. Berolini (1819:) Brüschcke. 24 S. 8°.
Berlin, Med. Diss. v. 19. Apr. 1819

Album hocce patronis ... [Stammbuch des Joannes Mauricius **Brüning**. Altona. Holsatus.] — (Jena 1750—53.) quer-8° [Hs.]

Brüning, Joan. Theod. (geb. Coesfeld 12. 2. 1817): De consensu et antagonismo inter partes secernentes. Berolini (1840). (20 S.) 8°
Berlin, Med. Diss. v. 29. Juli 1840

Brüning, Karl, vollständiger humoristisch-poetischer Führer durch Wiesbaden, s.: Baedeker, der lustige.

Brüning. Karl *Chr. Joh.* [app. Arzt aus Kirchbrach i. Hessen-Nassau]: Aus d. Laboratorium d. pharmakognost. Sammlung in Kiel. Über Morphin und Codeïn. . . . Kiel, Druck v. A. F. Jensen. 1891: 14 S., 1 Bl. 8°
Kiel. Med. Fak., Inaug.-Diss. v. [23. März] 1891

Brüning, Karl, üb. Morphin u. Codeïn. Diss. gr. 8. (14 S.) Kiel 891. (Gnevkow & v. Gellhorn.) n. — 60

Brüning, Max *Adolf Alexander* [aus Birnbaum '(Posen)']: Beitrag zur Prognose des Carcinoma penis ... Greifswald, Druck v. J. Abel, 1892; 28 S. 8.
Greifswald, Med. Fak., Inaug.-Diss. v. 6. Aug. 1892

Brüning, Max, approb. Arzt aus Buer i. Westf.: Aus d. Tübinger Universitäts-Augenklinik. Bericht über die Wirksamkeit der Universitäts-Augenklinik in Tübingen in der Zeit vom 22. Okt. 1875 bis 31. Dez. 1901. *Tübingen 1902: H. Laupp Jr.* (17 S.) 8°
Tübingen, Med. Diss. v. 1902

Brüning, Max: Die Wechsel- und Scheckbereicherungsklage. Art. 83 d. allg. deutschen Wechselordnung u. § 21 d. deutschen Scheckgesetzes. Borna-Leipzig 1910: Noske. IX, 62 S. 8°
Heidelberg, Jur. Diss. v. 17. Okt. 1910, Ref. Schröder
[Geb. 26. Aug. 85 Valparaiso; Wohnort: Heidelberg; Staatsangeh.: Preußen; Vorbildung: Kgl. Gymn. Bonn Reife O. 04; Studium: Bonn 7, Heidelberg 2 S.; Rig. 16. Febr. 10.] [U 11. 1964

Brüning, Max Adolf Alexander, s. B r ü n i n g , Max

Brüning, Otto, Turnerjugend, m. Jahns Bild, Hamburg, 69 S., 8°.

Konfession und Schule in Deutschland von [Robert] **Brüning**. Trier. Essen-Ruhr: Fredebeul & Koenen (1909). 48 S. 8°
Aus: Sociale Revue. 1908, H. 4; 1909, H. 1. [09. 14415

Brüning, Rüttger, offizielles Adreß-Buch f. Rheinland-Westphalen. Bearb. v. Verwaltungssekretair Goswin Krackrügge. 3 Thle. (Wohlf. Ausg.) gr. 8. (67 B. u. 1 Bildn.) Elberfeld 838, (Schönian.)
Thl. 1. Preuß. Rhein-Provinz. 16 Gr.
" 2. Provinz Westphalen. 12 Gr.
" 3. Rang- u. Quartier-Liste der kgl. preuß. Truppentheile in Rheinland-Westphalen. 6 Gr.

Brüning: A n n a l e n der Stadt Elberfeld enth. die denkwürdigsten Ereignisse des J. 1822–33. Jg. 9–20 H. 7–18.(23)–35.

Brüning: Stadt E l b e r f e l d . Ereignisse der J. 1816–21. Jg. (3)–8 = H. (2)–6.
(Elberfeld) (1818–22).

Brüning, (Oberbürgermeister,) Elberfeld u. seine bürgerl. Verfassung, von d. 15n Jahrh. bis auf die neueste Zeit. Mit 1 Ansicht. 8. Elberf. 830. Büschler. 1 gr

Bruning, [Ludw.]. Die Gerichts-Verfassung der Stadt und des Landgerichtsbezirks Elberfeld, vom 16. Jahrhundert bis auf die neueste Zeit; mit e. [illegible] über die Erwerbung u. Einsetzung des Königl. Landgerichts in Elberfeld. Elberfeld 183[illegible].

Licht, Liebe und Freude, die drei Kronen des Maurerbundes. Ein Vortrag bei der Weihe des neuen Tempels der ger.·. u.·. vollk.·. St.·. Joh.·. □ Hermann zum Lande der Berge, im Or. von Elberfeld, am 27. Juni 5819 von R ü t t g e r **Brüning** [Elberfeld 1819]: Eyrich. 12 S. 8°
In Versen: „Ein hehrer Tag ist unserm Kreis erschienen, . . ."

Brüning. Die Verwaltung der Central-Wohlthätigkeits-Anstalt an ihre Mitbürger. *Elberfeld.* 1 8 2 5

Brüning, Theodor [app. Arzt aus Coesfeld]: Ein Fall von Hernia duodeno-jejunalis sinistra '(Hernia retroperitonealis Treitzii)' ... Würzburg, Becker's Univ.-Buchdr., 1894; 26 S. 8.
Würzburg, Med. Fak., Inaug.-Diss. v. 1894

Brüning, Walter, approb. Arzt aus Zittau: Recidive nach Totalexstirpation des carcinomatösen Uterus in der Narbe des Scheidendammschnittes. *Leipzig 1900: B. Georgi.* (41 S.) 8°
Leipzig. Med. Diss. v. (25. Juli) 1900

Eine Aachener Chronik 1770–1796. Hrsg. von Dr. Wilhelm [Brüning]. *Aachen 1898: H. Kaatzer.* (54 S.) 8°
Aus: Aus Aachens Vorzeit. Bd 11 [illegible] 5

Brüning, W., e. Aachener Chronik 1770—1796. [Aus: „Aus Aachens Vorzeit".] gr. 8. (54 S.) Aachen 898. (Cremer.) n. 1. 20

Brüning's Wilhelm: Die direkte Laryngoskopie..., s. Brünings, Wilhelm.

Brüning, Wilhelm, Oberpfarrer in Jüterbog: Die Sprachform des zweiten Thessalonicherbriefes. *Naumburg a. S. 1903: Lippert & Co.* (31 S.) 8° ¶(Th. 1 d. eingereichten Abhandl.: Die Echtheit des zweiten Thessalonicherbriefes.)
Jena, Theol. Diss. v. (6. Dez.) 1902

Brüning, Wilhelm: Die Stellung des Bistums Ermland zum deutschen Orden im dreizehnjährigen Städtekriege. Th. 1. ... (Aus: Altpreuss. Monatsschr., XXIX. Bd. 1. u. 2. Heft. 1892.) Königsberg i. Pr., Druck v. R. Leupold, 1892; 2 Bl., 69 S., 1 Bl. 8.
Königsberg. Phil. Fak., Inaug.-Diss. v. 27. Mai 1892

Bruninger, Martin Georg: Kongenitale Kammerscheidewanddefekte mit konsekutiver Pulmonaliserweiterung. Mit 1 Textfig. Berlin 1904. 72 S.
Bern, Vet.-med. Diss. v. 1904
Aus: Archiv für wiss. u. prakt. Tierheilkunde. Bd. 31. 1905.

Brüninghausen, Car. (geb. Lülsdorf 29. 3. 1809): De ligatura arteriae carotidis communis. Berolini (1829). (35 S.) 8°
Berlin, Med. Diss. v. 7. Okt. 1829

Brüninghausen, Carl (Lülsdorf/Rhld.), De ligatura arteriae carotidis communis. Diss. med. Berlin (Brandes & Klewert) 7. X. 1829. 35 S., mit Biogr. (M.: E. Greutner.) (4.50) 4275
Oppon.: W. Kriege, A. Laurent, R. Savels. — Gew.: G. W. Bergemann, Carl Brüninghausen.

Brunings, Ch., s. Brüning, Chr.

Brunings, Johann Matheus (Heidelberg), De avaria. Diss. jur. Rector Dion. Goffr. van der Keessel. Leyden (Pet vander Eyk & Dan. Vygh) 5. VIII. 1773. 42 S. (5.—) 4305

Brünings, Arn., († d. 17. Mai 1813.) Gewohnheiten, Bemerkk. u. Erfahrr. im Predigtamte. 8. Bremen 780. Müller. 4 ℳ

— Trostgründe wider die Bekümmernisse dieses Lebens. Fol. Bremen 759.

Brünings, C.: Compendium antiquitatum Graecarum, s. Brüning, Chr.

Brünings, Johann Melchior, De methodo veram tractandi physicam. Diss. phys.-mathem. Präs. Johann Heinrich van Lom. Bremen (Herm. Chph. Jan) 25. III. 1732. 56 S. (5.20) 4276
Gew.: Otto Roelemann Friedrich Grf. v. Byland, Carl Friedr. Wilh. Frh. v. Buttler-Ziegenberg, Abrah. v. Luls. — Widm. v.: Dan. Bender, Jeremias Runge, Joh. Musophilus, Joh. Cassau, Gerh. Bass.

Brünings, Karl, der forstliche und der landwirtschaftliche Anbau der Hochmoore mittelst des Brandfruchtbaus. gr. 8. (VII, 86 S. mit in den Text gedr. Holzschn.) Berlin 881, Springer. 2 —

Brünings, W., Dr. phil., a. Hannover: Zur Technik der Bronchoskopie. Würzburg 1907: F. Scheiner. (20 S.) 8°
Tübingen, Med. Fak., Ref. v. Bruns, Diss. v. 1. Okt. 1907
[Geb. 76 Kuhstedt b. Bremerförde; Wohnort: Freiburg i. B.; Staatsangeh.: Preußen; Vorbildung: Kaiser-Wilhelms-Gymn. Hannover Reife O. 96; Studium: Tübingen 5, Erlangen 2, Berlin 2 S.; Coll. 1. Aug. 07: Approb. 21. Mai 01.]

Brünings, W[ilhelm], in Zürich: (Aus dem physiol. Institut der Universität Zürich.) Beiträge zur Elektrophysiologie. III. Mitteilung. Über den Ruhestrom des Froschmuskels. II. (Mit 2 Textfiguren.) [Altenburg] 1907 II + 52 S. 8°. S.-A. aus „Pflügers Archiv f. d. ges. Physiologie. Bd. 117." [26. IV. 07.]
Zürich. Med. Hab.-Schr. 1906 1907.

Brünings, W[ilhelm], Privatdoz. Dr. med. et phil., Assistent d. Klinik: ⟨Aus der Killian'schen laryngol. Univ.-Klinik zu Freiburg i. B.⟩ Technische Grundlagen zur Endoskopie der Luft- und Speisewege. Wiesbaden: Bergmann 1909. V, 90 S. 8°
Freiburg i. B., Med. Hab.-Schr. v. 1909 [U 09. 1061

Brüning's, W., die direkte Laryngoskopie, Bronchoskopie u. Oesophagoskopie. Ein Handbuch f. die Technik der direkten okularen Methoden. Mit 87 Abbildgn. im Text u. 85 Fig. auf 19 Taf.) (XII, 405 S.) Lex. 8. Wiesbaden 910. J. F. Bergmann.
Geb. in Leinw. 14. —

Brünings, Wilh.: Lehrb. d. Krankh. d. Ohres u. d. Luftwege, s: Denker, Alfr.

Brünings, Wilhelm, aus Hannover: Zur Physiologie des Kreislaufes der Fische. *(Altenburg) 1899: (Pierer).* (45 S.) 8°
Erlangen, Phil. Diss. v. 1. März 1899

Brünings, W[ilhelm]. Über den Ruhestrom des Froschmuskels. Habilitationsschr. Med. Univ. Zürich. (Mit 2 Textfiguren.) [Sep.-Abdr. aus: Archiv für die gesamte Physiologie. Band 117.] II + 52 S. 8. (Altenburg, Hofbuchdr. Stephan Geibel & Co.,) 1907.
(Beiträge zur Elektrophysiologie. Mitteilung 3.)

— **Über den Ruhestrom des Froschmuskels. Habilitationsschrift. (52 S.) gr. 8. Bonn 907. (M. Hager). — 80**
Sonderabdruck aus „Archiv f. d. ges. Physiol."

Rad to, wat is dat! Pommersche Volksrätsel. Gesammelt von Dr. A. **Brunk.** [Nebst] Nachtr. Stettin: J. Burmeister 1907. (132 S.) 8° [f̈.] 08.34039

Brunk, Albert, appr. Arzt a. Bromberg, Assistent am Kgl. Hygienischen Institut zu Posen: Aus d. pathol.-anatom. Abt. d. Kgl. Hygien. Instituts zu Posen. Zur Histogenese des Leberkrebses. Greifswald 1904: H. Adler. (30 S.) 8°
Greifswald, Med. Fak., Ref. Busse, Diss. v. 10. Nov. 1904
[Geb. 4. Juli 81 Freiburg i. B.; Wohnort: Posen; Staatsangeh.: Baden; Vorbildung: Gymn. Bromberg Reife O. 99; Studium: Kiel 1, Freiburg i. B. 1, Greifswald 4, Breslau 3 S.; Coll. 17. Nov. 04; Approb. 19. Mai 04.]

Brunk, Augustus [Pomeranus]: De excerptis περι του των ηρωων καθ' Ομηρον βιου ab Athenaeo servatis .... Gryphiswaldiae, *Jenae typ. H. Pohle,* 1887; 1 Bl. — 39 + 1 S. + 1 Bl. 8°.
Greifswald, Phil. Fak., Inaug.-Diss. v. 21. März 1887.

Brunk, A[ugust]: Osnabrücker Rätselbüchlein. Osnabrück 1910: Kisling. 84 S. 8° ¶ (Ersch. auch als Buch b. Lückerdt, Osnabrück.)
Osnabrück, Rats-G OP 1910 (429) [S 10. 51

Brunk, Ernst [prakt. Arzt aus Bromberg]: Ueber die Luetischen Erkrankungen der Leber .... Berlin, Buchdr. v. Gustav Schade (Otto Francke) (1888): 31 + 1 S. 8°
Berlin, Med. Fak., Inaug.-Diss. v. 7. Jul 1888

Brunk, Max, appr. Arzt aus Weissenhöhe ⟨Posen⟩: Zwei Fälle von primärem Gallenblasencarcinom. *Greifswald 1898: J. Abel.* (20 S.) 8°
Greifswald. Med. Diss. v. 25. Aug. 1898

Brunk, Otto, s.: Winkler's, Clem., praktische Übungen in der Massanalyse.

Brunk, **Rich. Frz. Ph., († d. 17. Juni 1803.) s. 1) *Aeschyli* Tragoediae. 2) *Analecta* vet. poët. gr. 3) *Anacreontis* Carmina. 4) *Apollonii* Rhod. Argonaut. 5) *Aristophanis* Comoediae. 6) *Euripidis* Tragoediae IV. 7) *Gnomici* poëtae gr. 8) *Plauti* superstistes. 9) *Sophoclis* Tragoediae — Electra et Oedipus. 10) *Terentii* Comoediae. 11) *Virgilii* Bucolica.**

Brunke, Alfred, approb. Arzt aus Schleswig: Aus d. patholog. Institut zu Kiel. Über Darmverschluss durch Gallensteine. *Kiel 1898: A. F. Jensen.* (24 S.) 8°
Kiel. Med. Diss. v. [19. Sept.] 1898

Brunke, Franz, Charlottenburg: Das Recht der kaufmännischen Auskunfteien. Berlin 1906: H. Buttner. (VIII, 100, a —h S.) 8°
Leipzig, Jur. Fak., Diss. v. 5. Juli 1906
[illegible] Berlin; Wohnort: Charlottenburg; Staatsangeh.: Preußen; Vorbildung: [illegible] Reife M. [illegible]; Studium: Berlin 8 S.; Rig. 10. Nov. 05.

Brunkhorst J.: [Fire Afhandlinger]. [Rostr. Saml.].
(Die Function d. Spitze bei den Richtungsbewegungen d. Wurzeln. 1. Geotropismus. 2. Galvanotropismus. 1884. — Ueber die Knöllchen an den Leguminosenwurzeln. 1885. — Ueber die Wurzelanschwellungen v. Alnus u. den Eleagnaceen. 1886. — Notizen üb. den Galvanotropismus. 1888).

Brunkow, B.: Praktisches Handbuch zur Bestimmung und Construction der verschiedenen bei Eisenbahnen vorkommenden Curven. Berlin. 1846. 8.

Brunkow, Osk., General-Karte des Herzogth. Sachsen-Altenburg. Ost- und West-Kreis. 1 : 66,000. Im Auftrage des herzogl. sächs. Ministeriums entworfen und gezeichnet im J. 1885/86. 2 Bl. Lithogr. und color. Imp.-Fol. Altenburg 887, (Schnuphase'sche Hofbuchh.) à Bl. *
schwarz à Bl.
Nicht mehr im Handel.

Brunkow, Osk., vollständiges alphabetisches General-Ortschafts-Verzeichniss des Deutschen Reiches. Nebst Angabe der Staaten, höheren und niederen Verwaltungsbezirke, der Gerichtsbezirke aller Instanzen, der Gemeinden, Polizeibehörden und Standesämter, der Bankanstalten, Post-Distributions-Anstalten und Einwohnerzahlen, Steuerämter, Bezirkskommandos, Landwehrregimenter, Bataillone etc. Auf Grund der amtl. Urmaterialien bearbeitet. Mit einer grossen Eisenbahnkarte von Deutschland. 1.—3. Lfg. gr. 8. (1. Bd. S. 1—192.) Berlin 882,83, [Kroll.] Lentz. à Lfg. 75 Pf.
Nicht weiter erschienen.

Brunkow (O.), Die Wohnplätze des deutschen Reichs. Abtheilung 1: Preussen. Lief. 1. gr. 4°. Berlin 1879 (2).

Brunkow (O.), Die Wohnplätze des deutschen Reichs. Abth. 1: Preussen. 4 Bde. 4°. Berlin 1880. Dazu 7 Veränderungsnachweise (1881—86). — Abth. 2: Das übrige Deutschland. 4 Bde. 1882—83. Dazu 3 Veränderungsnachweise (1884—86).

Brunkow. Osk. Die Wohnplätze des Deutschen Reiches. 10 Bde fol.
Abth. 1, Bd 1-4. Die Wohnplätze des Königreiches Preußen. 1880. [Nebst] Nachweisung der Veränderungen ... bis zum 31. Dec. 1887. Berlin, [später:] Bunzlau (1881—88).
„ 2. „ 1-4. Die Wohnplätze des Deutschen Reiches: Bayern, Sachsen, Württemberg, Baden, Hessen, Mecklenburg-Schwerin, Sachsen-Weimar-Eisenach etc. 1882-83. [Nebst] Nachweisungen der Veränderungen für die Zeit vom 1. Jan. 1881-31. Dec. 1887. (Bunzlau 1883—88.)
— Neue Aufl. Bd 1—3. 1889. 3 Bde
— 3. Ausg. 1897. 4 Bde fol.
Abth. 1. Bd 1. 2. Kgr. Preußen.
„ 2. „ 1. 2. Bayern, Sachsen, Württemberg, Baden, Hessen [usw.].
— Neue [4.] Ausg. Berlin-Schöneberg. 3 Bde
Abt. 1, Bd 1. 2. (Preußen.) 1909.
„ 2. (Deutsches Reich außer Preußen.) 1910.

—— die Wohnplätze des Deutschen Reiches. Auf Grund der amtl. Urmaterialien bearb. und hrsg. 1. Abthl.: Das Königr. Preussen. 22 Lfgn. oder 4 Bde. gr. 4. (VII, 855; 839; 903; 1051 S.; Nachtrag 54 S.) Berlin 880, [Bickhardt] Lentz. à Lfg. ℳ 5. 110 —
Neue Subscr. 1884. 30 Lfgn. (4 Bde.) à Lfg. ℳ 2,25. 67 50

—— dass. — 2. Abthl.: Die ausserpreuss. Staaten. 22 Lfgn. oder 4 Bde. gr. 4. (VII, 591; 603; 607; 835 S.) Ebendas. 882. à Lfg. ℳ 4,50. 99 —
Neue Subscr. 1884. 30 Lfgn. (4 Bde.) à Lfg. ℳ 2,25. 67 50
Beide Abthlgn. zusammen 130 —

Brunkow, Osk., die Wohnplätze d. Deutschen Reiches. Auf Grund der amtl. Materialien bearb. u. hrsg. Neue vollständig umgearb. Ausg. 3 Bde. 4. (VI, 2407 u. XLIX S.) Berlin 889. (Charlottenburg, Allg. Verlags-Agentur.) geb. n.n. 40. —

Brunkow, Osk. Die Wohnplätze d. Deutschen Reiches. Auf Grund der amtl. Materialien bearb. u. hrsg. Neue vollständig umgearb. Ausg. 3 Bde. 4. (VI, 2407, XLIX S.) Berl. 889, (Pauli's Nachf.). geb. * 40 —

Brunkow, O: Die Wohnplätze des Deutschen Reiches. 3. Aufl. Berlin 1897
Abth. 1. Königreich Preußen Bd 1. 2.
Abth. 2. Bayern, Sachsen, Württemberg, Baden usw. Bd 1. 2.

Brunkow, O, Generalfeldmarschall Graf Wrangel. Biograph. Skizze. 8. (55) Berl. 76, Chun. n. — 75

Brunlechner, Aug., die Minerale des Herzogth. Kärnten. gr. 8. (VIII, 130 S. mit 1 chromolithogr. Karte.) Klagenfurt 884, v. Kleinmayr. * 3 —

Brunn, Med.-Rth., s. W. Albert, Beobachtt. u. Erfahrr.

Brunn, die Entstehung der beiden luther. Gemeinden im Amte Usingen und zu Gemünden im Herzogth. Nassau. Frei erzählt nach (seinem) Tagebuch. gr. 8. (16 S.) Berlin 851, (W. Schultze.)

Brunn, v. (I.), Kurmittel und Indicationen von Bad Lippspringe. 4. verm. Aufl. 8. (59 S.) Cöthen 885, Schulze. *

Brunn, v., Kurmittel d. Bades Lippspringe nebst populärer Skizze der Lungenkrankheiten zum Gebrauch f. Kurgäste dargestellt. gr. 8. (42 S.) Köthen 875. Schulze. n. 1. —

Brunn, v., Kurmittel des Bades Lippspringe, nebst populärer Skizze der Lungenkrankheiten zum Gebrauch für Kurgäste dargestellt. 2. Aufl. gr. 8. (44 S.) Köthen 878, Schulze. *

Brunn, v. (I.), Kurmittel des Bades Lippspringe, nebst populärer Skizze der Lungenkrankheiten. 3. verm. Aufl. 8. (56 S.) Köthen 881, Schulze. * 1 —

Brunn, v., Dr. N. Landolfi's Methode den Krebs und die krebsartigen Krankheiten zu heilen, und seine Mittel dagegen, nebst Beobachtungen darüber. 1. und 2. Aufl. 8. (15 S.) Cöthen 854, (Schettler.) *

Brunn, d. japanische Verfassungsurkunde, s. a. Universal-Bibliothek.

Brunn, d. japanische Verfassungsurkunde. Aus d. Japan. übers. m. Anmerkgn. Leipzig 898.

Brunn, A. v., das Verhältniss der Gelenkkapseln zu den Epiphysen der Extremitätenknochen. An Durchschnitten dargestellt. Mit 4 (lith.) Taf. gr. 8. (26 S.) Leipzig 881. F. C. W. Vogel. n. 6. —

Brunn, Adalbert v.

Brunn, A. v. Anhaltspunkte f. d. Ausbildungsgang der Rekruten d. Infanterie in zwölf Wochenzetteln. Nach dem Exerzir-Reglement Abdr. 1889, der Schießvorschrift 1889, der Turnvorschrift 1886, der Bajonettirvorschrift 1889 u. der Garnisondienstvorschrift 1888 f. Offiziere u. Unteroffiziere zusammengestellt. 2. Aufl. (V, 101 S.) 890; 3. verm. Aufl. 16. (VI, 107 S.) Berl. 892, Liebel.
2. Aufl. * 1 —; 3. Aufl. * 1 20

Brunn, A. v., Anhaltspunkte f. den Ausbildungsgang der Rekruten d. Infanterie in zwölf Wochenzetteln. Nach dem Exerzier-Reglement 1889, der Schießvorschrift 1889, der Turnvorschrift 1886, der Bajonettirvorschrift 1889 u. der Garnisondienstvorschrift 1888 f. Offiziere u. Unteroffiziere zusammengestellt. 2. Aufl. 16. (V, 104 S.) Berlin 891. Liebel. n. 1. —

[F.] Anhaltspunkte für den Ausbildungsgang der Rekruten der Infanterie in Zwölf Wochenzetteln. Nach d. Exerzir-Reglem. Abdruck 1889 ... f. Offiziere u. Unteroffiziere zsgest. v. A[dalbert] v. Brunn, Oberst ... 4. Aufl. *Berlin: Liebel 1895.* (VI, 107 S.) 1 Bd 8. [96. 4741]

Brunn, A. v., Anhaltspunkte f. d. Ausbildungsgang d. Rekruten d. Infanterie i. 12 Wochenzetteln. N. d. Exerzir-Regl. Abdr. 1889, d. Abändergn. v. 1896 u 1897 z. Schießvorschr. 1893, d. Turnvorschr. 1895, d. Bajonettirvorschr. 1889 u. d. Garnisondienstvorschr. 1888 f. Offiz. u. Unteroffiz. zusammengest. 5. Aufl. gr. 16. (VI, 109 S.) Berlin 898. Liebel. n. 1. 20

Brunn, A. v., Anhaltspunkte f. den Ausbildungsgang der Rekruten der Infanterie in 12 Wochenzetteln. Nach d. Exerzir-Regl. Abdr. 1889, der Schießvorschrift 1899, der Turnvorschrift 1895, der Bajonettirvorschrift 1901 u. der Garnisondienstvorschrift 1888 f. Offiziere u. Unteroffiziere zusammengestellt. 6. verb. Aufl. gr. 16. (VI, (126 S.) Berlin 902. Liebel. n. 1. 20; kart. 1. 35

Anhaltspunkte für den Ausbildungsgang der Rekruten der Infanterie in zwölf Wochenzetteln. Nach d. Exerzier-Reglement Abdr. 1880, d. Schießvorschr. 1899 ... f. Offiziere u. Unteroffiziere zsgest. von [Adalbert] v. Brunn, Gen.Major z. D. 7. verb. Aufl. Berlin: Liebel 1905. (V, 130 S.) 8° [F.] [06. 6108]

Brunn, A. v., Anhaltspunkte f. den Ausbildungsgang der Rekruten der Infanterie in 12 Wochenzetteln. Nach dem Exerzier-Reglement 1906, der Schießvorschrift 1905, der Turnvorschrift 1895, der Bajonettiervorschrift 1901 u. der Garnisondienstvorschrift 1902 f. Offiziere u. Unteroffiziere zusammengestellt. 8. völlig umgearb. Aufl. (VII, 152 S.) kl. 8. Berlin 906. Liebel. n. 1. 20; kart. n. 1. 35

Brunn, A v.: Anhaltspunkte f. d. Ausbildgsgang d. Rekruten d. Infant. in 12 Wochenzetteln. Für Offiziere, Unteroff. u. sonst. Ausbildgspersonal zusammengest. 11. Afl. v. Immanuel. (3, 96) kl8° Berl., Liebel '13. 1 — d

— Anleitg. z. Betrieb v. Planübgn. d. Unterführer i. d. Kompagnie, Eskadron ꝛc. u. f. d. Planübgn. d. Reserve-Offiz. u. jüng. Offiz. v. d. Linie, nebst 3 vollst. durchgef. Beispielen (eins f. Infanterie, eins f. Kavallerie, eins f. gem. Waffen). M. 1 Uebersichtskarte u. 1 Plane v Schweidnitz u. Umgeg. 1 : 100,000. 12. (III, 212 S.) Ebd. 895. n. 2. 50; in Pappbd. n. 2. 70

Brunn, Adb. [Dr. Helene Druskowitz]. Aspasia. Lustspiel in 5 Aufzügen. gr. 8. (80 S.) Dresd. 889, Petzold. * 1 —
Vgl.: Druskowitz, Helene.

Brunn, v. (II.), die Ausbildung der Infanterie im Schießen, im Anschluß an die Schießinstruktion 1884 und mit besond. Berücksicht. der Ausbildung im Schulschießen, Gefechts- und Belehrungsschießen, der Verwendung der Waffe, im Entfernungsschätzen und in der Anlage und Verwendung der Schützengräben. Aus der Praxis für Offiziere, Portepeefähnriche, Vizefeldwebel ꝛc. der Linie und der Reserve bearb. 2. stark verm. Aufl. gr. 8. (VIII, 182 S. mit 7 Fig. und 3 Fig.-Taf. im Text.) Berlin 885, Liebel'sche Buchh. *

— die Ausbildung der Infanterie im Schießen im Anschluß an die „Schießvorschrift 1887" u. an das „Exerzier-Reglement 1888". 3. Aufl. Mit Fig. u. 2 Fig.-Taf. im Text. gr. 8. (VIII, 201 S.) Ebd. 889. n. 3. —

— dass. — im Anschluß an die „Schießvorschrift 1889" u. an den Neudruck d. „Exerzir Reglements 1889". 4. Aufl. Mit 19 Fig. u. 2 Fig.-Taf. im Text. gr. 8. (VIII, 210 S.) Ebd. 892. * 3 —

— die Ausbildung der Infanterie im Schießen im Anschluß an die „Schießvorschrift 1893" u. den Neudruck des „Exerzir-Reglements 1889". 5., vollständig umgearb. Aufl. gr. 8. (VI, 185 S. m. 22 Fig.) Ebd. 894. n. 3. —; geb. in Leinw. n.n. 3. 60

Beiträge zur kriegsgemäßen Ausbildung, Besichtigung und Verwendung der Hauptwaffe auf dem Exerzierplatz und im Gelände. Aus d. Praxis f. d. Praxis von [Adalbert] v. **Brunn**, Gen.Major z. D. [1. 2.] Berlin: Liebel 1903–05. 2 Bde 8° [F.]
[1.] Kompagnie. 1905.
[2.] Bataillon. Regiment. Brigade. Mit 5 Taf. Abb. 1903.

— dasselbe. Sonderabdr. III. Tl. Springende Punkte der Gefechtsausbildg. Für Zug- u. Gruppenführer. Aus der Praxis f. die Praxis. (IV, 59 S.) 8. Ebd. 905. n. 1. 20

Brunn, v., Beiträge zur kriegsgemäßen Ausbildung, Besichtigung u. Verwendung der Hauptwaffe auf dem Exerzierplatz u. im Gelände. I. u. II. Tl. kl. 8. Berlin, Liebel. 1. 75
I. Einzelausbildung. Aus der Praxis f. die Praxis. 2. neubearb. Aufl. v. Schurig. (VII, 78 S.) 900. — 75
II. Kompagnie. Aus der Praxis f. die Praxis. 2. neubearb. Aufl. v. Schurig. (XII, 64 S.) 908. 1. —

Beiträge zur kriegsgemäßen Ausbildung, Besichtigung u. Verwendung der Hauptwaffe auf dem Exerzierplatz u. im Gelände. Bataillon-Regiment-Brigade. Aus d. Praxis für d. Praxis. Von A[dalbert] v. **Brunn**, weil. Generalmajor z. D. 2. gänzl. umgearb. Aufl. von E. v. Wunsch, Oberstlt. Mit 5 Taf. Berlin: Liebel 1910. 103 S. 8°

— das Entfernungsschätzen. Mittel, Wege u. Winke als Beiträge zur Steigerg. der Fertigkeit im Entfernungsschätzen. gr. 8. (VII, 80 S.) Berlin 901. E. S. Mittler & Sohn. n. 1. 40

[F.] Handtafel '(v. [Adalbert v.] **Brunn**)' für den Schiesslehrer. (4. Aufl. Nach d. Abändergn d. Schiessvorschr.) (*Berlin: Liebel [1897].*) (12 S.) 1 Bl 8.

Handtafel ([Adalbert] v. **Brunn**) für den Schiesslehrer. (5. Aufl. *Berlin: Liebel [1901].*) (18 S.) 8° [Kupft. F.]

— die Mehrladevorrichtung des Infanterie-Gewehrs M/71. 84. Instruktion, Ausbildg., Verwendg., nebst Anführg. u. Erläuterg. d. Aendergn. im Exerzir-Reglement u. der Schießvorschrift der Infanterie. Für Offiziere u. Unteroffiziere der Linie u. der Reserve bearb. Mit Abbildgn. im Text. 8. (79 S.) Berlin 887. Liebel. n. 1. —

Brunn, v. (II.), Rathschläge für die Ausbildung der Kompagnie im Schießen, im Anschluß an die Schießinstruktion und mit besond. Berücksicht. der Ausbildung im Schulschießen, Gefechts- und Belehrungsschießen, der Verwendung der Waffe, im Entfernungsschätzen und in der Anlage und Verwendung der Schützengräben. Aus der Praxis für die Kompagnie-Offiziere, Portepeefähnriche, Vizefeldwebel ꝛc. der Linie und der Reserve bearb. gr. 8. (IV, 104 S.) Berlin 883, Liebel'sche Buchh. * 2 —

— s.a. Schießvorschrift, kleine.

Kleine Schiessvorschrift für Offiziere, Unteroffiziere und Mannschaften. Auf Grund d. Schiessvorschr. 1899 u. d. Exerzir-Reglements f. d. Inf. 1889. Auszug aus '[Adalb.] v. **Brunns** Taschenbuch f. d. Schiesslehrer.' 9. Aufl. 1900. *Berlin: Liebel 1900.* (46 S.) 8° [F.]

Kleine Schiessvorschrift für Offiziere, Unteroffiziere und Mannschaften. Auf Grund d. Schiessvorschr. 1899 u. d. hierzu erschienenen Deckblätter v. Juni 1901, sowie d. Exerzir-Regl. f. d. Inf. 1889. Auszug aus [Adalbert] 'v. Brunn's Taschenbuch f. d. Schiesslehrer.' 10. Aufl. Mit 10 Abb. u. 1 Taf. *Berlin: Liebel 1902.* (46 S.) 8° [F.]

Kleine Schießvorschrift f. Offiziere, Unteroffiziere u. Mannschaften. Auf Grund d. Schießvorschrift 1899 u. der hierzu erschienenen Deckblätter bis Juni 1902, sowie d. Exerzir-Reglements f. d. Inf. 1889. Auszug aus [Adalbert] v. **Brunn's** Taschenbuch für den Schießlehrer. 11. Aufl. Mit 10 Abb. u. 1 Taf. Berlin: Liebel 1904. (46 S.) 8° [F.]

— Kl. Schiessvorschrift f. Offiziere, Unteroffiziere u. Mannschaften. Auf Grund d. Schiessvorschrift 1905 sowie d. Exerzier-Regl. f. d. Infant. 1889. 12. Afl. (45 m. Abb. u. 1 Taf.) 16° Berl., Liebel '06. — 25 d

— Kl. Schiessvorschrift f. Offiziere, Unteroffiziere u. Mannschaften. Auf Grund d. Schiessvorschrift '05, sowie d. Exerzier-Regl. f. d. Inf. 1899. 13. Afl. (45 m. Abb. u. 1 Taf.) 16° Ebd. '06. — 25 ‖ 14. Afl. Auf Grund d. Exerzier-Regl. '06. Von Immanuel. (47 m. Abb. u. 1 Taf.) '08. — 25 d

Gen.Maj. [Adalbert] v. **Brunn's** Kleine Schießvorschrift für die Infanterie. Auf Grund d. Schießvorschrift 1909. 15. Aufl. Neubearb. von [Fritz] Immanuel, Major. Berlin: Liebel 1910. 51 S. 8°

— Taschenbuch für den Schießlehrer [Offizier, Unteroffizier, Einj.-Freiw.-Gefreiten ꝛc.] bei den Zielübungen, im Entfernungsschätzen und in der Verwendung der Waffe. 1. und 2. unveränd. Aufl. 12. (VI, 123, 24 S. mit 10 Abbild. im Text.) Ebendas. 888. cart. *

— dass. — Ausg. für Fuß-Artillerie. 12. (VI, 121, 24 S.) Ebendas. 888. cart. *

— dass. — Ausg. für Kavallerie. 12. (VI, 122, 24 S.) Ebendas. 888. cart. *

— dass. — Ausg. für Pioniere. 12. (VI, 121, 24 S.) Ebendas. 888. cart. *

Brunn, A. v., Taschenbuch f. den Schießlehrer [Offizier, Unteroffizier, Einjähr.-Freiw.-Gefreiten ꝛc.] bei den Zielübungen, im Entfernungsschätzen u. in der Verwendg. d. Waffe. 3., auf Grund d. Schießvorschrift u. d. Exerzir-Reglements v. 1889 umgeänd. Aufl. [Infanterie-Ausg.] 16. (VI, 126 S. mit 10 Abbildgn. im Text.) Berlin 890. Liebel. cart. n. 1. 20

— Taschenbuch f. Schießlehrer (Offizier, Unteroffizier, Einj.-Freiwill.-Gefreite ꝛc.) bei den Zielübungen, im Entfernungsschätzen u. in der Verwendung der Waffe. 4., auf Grund der Schießvorschrift 1893 umgeänd. Aufl. (Infanterie-Ausg.) 16. (VI, 131 u. 24 S. m. 10 Abbildgn.) Ebd. 893. Kart. n. 1. 20

— Taschenbuch f. d. Schießlehrer (Offizier, Unteroffiz., Einj.-Freiw.-Gefreiten etc.) b. d. Zielübungen, i. Entfernungsschätzen u. i. d. Verwendg. d. Waffe. 5., a. Gr. d. Aendergn. 1896 u. 1897 z. Schießvorschr. 1898 umgeänd. Aufl. (Infant.-Ausg.) 16. (VI, 132 S. m. 10 Abb. u. Kontrole 32 S.) Berlin 898. Liebel.
Kart. n. 1. 20; Kontrole allein n.n. — 15

Taschenbuch für den Schiesslehrer (Offizier, Unteroffizier, Einj.-Freiw.-Gefreiten etc.) bei den Zielübungen im Entfernungsschätzen u. in d. Verwendung d. Waffe auf Grund d. Schiessvorschr. 1899. Von [Adalbert] v. Brunn. 6. Aufl. Mit 10 Abb. *Berlin: Liebel 1900.* (142 S.) 8° [F.] [01. 8187]

— Taschenbuch f. den Schießlehrer (Offizier, Unteroffizier, Einj.-Freiw.-Gefreiten etc.) bei den Zielübungen, im Entfernungsschätzen u. in der Verwendung der Waffe auf Grund der Schießvorschrift 1899 u. der hierzu erschienenen Deckblätter v. Juni 1901. 6. Aufl. (Ausg. 1902. Mit 10 Abb. im Text u. 1 Taf.: Zeichenvertehr b. Schulschießen.) gr. 16. (VI, 142 S.) Berlin 902. Liebel.
Kart. n. 1. 20

— dasselbe, Auszug, s.: Schießvorschrift, kleine.

— d. Unteroffizier i. Gelände. E. Handbuch f. d. Unterführer d. Infant. u. Kavallerie (Unteroffiz., Einjährig-Freiwillige etc.) 8., verb. Aufl. M. Karten-Beilagen u. viel. Fig. i. Text. 8. (VIII, 167 S.) Ebd. 899.
Kart. n. 1. 50

Der Unteroffizier im Gelände. Ein Handb. f. die Unterführer d. Infant. u. Kavall. 9. Aufl. Von [Adalbert] v. Brunn, Gen.Major z. D. Mit Karten-Beil. u. vielen Fig. *Berlin: Liebel 1901.* (VIII, 159 S.) 8° [F.] [01. 6438]

— Der Unteroffizier im Gelände. 10. Afl., s.a. Immanuel, Frdr.

Der Unteroffizier im Gelände. Ein Handbuch f. d. Unteroffiziere. Nach d. gleichnam. Buch d. verstorb Generalmajors [Adalbert] v. Brunn völlig neubearb. 10. Aufl. von [Fritz] Immanuel, Major. Mit 2 Kt.Beil. u. zahlr. Zeichn. Berlin: Liebel 1908. VII, 170 S. 8° [08. 1761]

—— der Unteroffizier im Terrain. Kenntniß des Terrains, Verständniß einer Karte und eines Planes, Krokiren, Orientiren, Entfernungsschätzen, Recognosciren, Führung einer Truppe im Terrain, Anfertigung von Berichten, Meldungen etc., Zusammenstellung der für den Unteroffizier erforderl. Bestimmungen der Felddienstordnung. Ein Handbuch für die Unterführer der Infanterie und Kavallerie [Unteroffiziere, Einj.-Freiwillige etc.]. 7. vollständig umgearb. und bedeutend verm. Aufl. 8. (VIII, 125 S. mit 1 Plan und vielen Fig. im Text.) Ebendas. 888. *ℳ 1.50.; geb. *

Brunn, Adolph Friedrich

Brunn, (A. Fr.,) praktische Hufbeschlagskunde. gr. 8. Neu-Brandenburg 825, Dümmler.

Brunn, Adolph Friedrich: Über die Zucht der Pferde. E. Anleitung. Neu-Strelitz u. Neu-Brandenburg 1824. VI, 42 S.

Brunn, Albert v. *(geb. Zschorno bei Sorau 7. 2. 1849)*: Beiträge zur Kenntniss des feineren Baues und der Entwickelungsgeschichte der Nebennieren. Breslau (1872). (29 S.) 8°
(Abgedr. mit 2 Taf. in: Arch. f. mikroskop. Anat. Bd 8. 1872.)

Breslau, Med. Diss. v. 18. Mai 1872

Brunn, Albert von (Cöthen), De vero carcinomate epitheliali ac nonnulla de epitheliis. Diss. med. Halle (Gebauer-Schwetschke) 30. X. 1865. 28 S. mit Abb. u. Biogr. (M.: Th. v. Albert.) (4.—) 4306
Oppon.: Schroembgens, Eichelberg.

Brunn, Alb. v., die generelle Entwicklung der Störungsfunktion u. ihrer Ableitungen in der Gyldén'schen Theorie nach den Exzentrizitäten unter Berücksichtung der 3 niedrigsten Potenzen der Neigungen, s.a. Mitteilungen der grossh. Sternwarte zu Heidelberg. VIII.

Die generelle Entwicklung der Störungsfunktion und ihrer Ableitungen in der Gyldénschen Theorie nach den Exzentrizitäten unter Berücks. d. drei niedrigsten Potenzen d. Neigungen von Dr. Albert v. Brunn. Karlsruhe i. B.: G. Braun in Komm. 1906. (34 S.) 8°
— **Mitteilungen** d. Großh. Sternwarte zu Heidelberg. 8. [06. 14087]

Haut (Integumentum commune). Von weil. Prof. Dr. A[lbert] v. Brunn in Rostock. Mit 117 Abb. Jena: G. Fischer 1897. (109 S.) 4°(8°)
— Sinnesorgane. Abt. 1.
— **Handbuch** d. Anatomie d. Menschen. Bd 5, Abt. 1. [06. 1119]

Brunn, A[lbert] v.: Über die Masse des Planetoidenringes. Mit 4 Taf. u. 1 Abb. im Text. 1910. S. 101—148, 3 Taf. 8° ¶ Aus: Schriften d. Naturforsch. Gesellschaft in Danzig. N. F. Bd 12.
Danzig Te. H., Hab.-Schr. v. 8. 11. 1909

Brunn, Albert von, a. Cöthen (Anhalt): Die Säkularbeschleunigung des Mondes. Göttingen 1905: Dieterich. (100 S.) 8°
Göttingen, Phil. Fak., Ref. Schwarzschild, Diss. v. 7. Apr. 1905
[Geb. 19. Sept. 81 Cöthen; Wohnort: Cöthen; Staatsangeh.: Anhalt; Vorbildung: Gymn. Cöthen Reife O. 99; Studium: Leipzig 2, Würzburg 2, Göttingen 7 S.; Rig. 11. Mai 04.]

Brunn, A v.: Die Säkularbeschleunigg d. Mondes. (102) 8° Gött., Vandenhoeck & R. '05. 3.20

Brunn, Alb. v., die Säkularbeschleunigung des Mondes (102 S.) Lex.-8. Göttingen 906. Vandenhoeck & Ruprecht. n. 3. 20

Sinnesorgane. Von weil. Prof. Dr. Albert v. Brunn in Rostock. Abt. 1. *Jena: G. Fischer 1897.* 8°
— **Handbuch** d. Anatomie d. Menschen. Bd 5, Abt. 1. [00. 12371]

Brunn, Alfr., Handbuch f. den Konsumenten elektrischer Energie. Eine gemeinfassl. Darstellg. Mit 201 Abbildgn. u. ausführl. Sachregister. (VII, 287 S.) gr. 8. Leipzig (909). Hachmeister & Thal.
Geb. in Leinw. 5. —

Brunn, Alfr. Herm., Grundzüge e. Maschinenwissenschaft. Zugl. e. Einleitg. z. Stud. des Maschinenwesens. gr. 8. (67 S.) Wien 891. A. Hartleben.
n. 1. 50

Brunn, Alfred Hermann [aus Berlin]: Herbarts Metaphysik in ihrem Verhältnis zu den Thatsachen der Erfahrung. Budapest 1897. 57 S. 8°.
Basel. Phil. Diss. 1897/98.

Brunn, Aug.: Die Notwendigk. u. prakt. Ausfuehrg d. Arbeit an d. konfirmierten Jugend. Konferenzreferat. (61) 8° West Roxbury, (Boston) Mass. '08. (Zwick., Schriften-Verein.) — 70 d

Brunn, C., s. Brunn, Karl

Brunn, Ernst Ein Beitrag zur Behandlung planimetrischer Konstruktionsaufgaben im Anfangsunterricht. 4 (S. 3—14).
Progr. G. u. Rprg. *Husum* 1888

Brunn, Ernst v., der Comfort des Officiers im Felde. Den jüngeren Kameraden gewidmet. 8. (61 S.) Wien 888, (Seidel und Sohn.) *

Brunn, F.L. (Hrsg.), s. Monatsschrift, Historisch-politische, für die neueste Zeitgeschichte.

Brunn, F.L.: Einige nähere Nachr. von der Gründung, frühern Einrichtung und den Schicksalen des Joachimsthaler-Gymn. Progr. Berlin J. 1825.

Brunn, Fr., über gemischte Abendmahlsgemeinschaft. Hrsg. vom Lutheraner-Verein zu Dresden. gr. 8. (16 S.) Dresden 870, Naumann. *

Brunn, Fr., einfältiges Bekenntniß in Sachen unseres Kirchenstreits. Im Namen Vieler abgelegt. gr. 8. (18 S.) Dresden 864, Naumann.

Brunn, Fr., die Entstehung der beiden luth. Gemeinden im Amte Usingen u. zu Gemünden im Herzogth. Nassau. Frei erzählt nach (dessen) Tagebuch. gr. 8. (16 S.) Berlin 852, Wohlgemuths Buchh. (W. Schultze) in Comm. 1½ ngr

Brunn, Fr., vom Gefühlschristenthum. Ein Seelenrath zum wahren Frieden. Stuttgart 858. S. G. Liesching. 8. (36 S.) 3 ngr

Brunn, Eikmeier, Stallmann, Hempfing, Gegenzeugniß gegen Pfarrer Hein in Wiesbaden u. seine Trennung von unserer Synode. gr. 8. (16 S.) Dresden 881. H. J. Naumann in Comm. n. — 25

—— Ist der Papst der Antichrist? Auf Grund des Wortes Gottes und gemäß den Bekenntnißschriften der evangel.-luther. Kirche dargelegt. gr. 8. (36 S.) Dresden 868, Naumann. *

— ist der Pabst der Antichrist? Auf Grund des Wortes Gottes u. gemäß den Bekenntnisschriften der evang.-luth. Kirche dargelegt. 2., verm. Aufl. 8. (66 S.) Dresden 890. H. J. Naumann. n. — 60

—— über allgemeine Judenbekehrung. Nach Grundsätzen des luther. Bekenntnisses. Hrsg. von dem Lutheraner-Verein in Dresden. gr. 8. (20 S.) Dresden 869, Naumann. *

— Kann ein rechtschaffener evangel. Christ in der Nassauischen evangel. Landeskirche bleiben? Eine Stimme eines Predigers in der Wüste: Bereitet den Weg des Herrn u. machet Seine Steige richtig, Luc. 3, 4. gr. 8. (30 S.) Frankfurt a. M. 850, Zimmer'sche Sort.-B. [Völcker.] n. 4 ngr

Brunn, Fr. (Hrsg.), s. Kirche, Evangelisch-lutherische, und Mission.

— die Lehre von den Gnadenmitteln. III. Vom Amt der Schlüssel. Herg. vom Lutheraner-Verein zu Dresden. Ebend. 870. gr. 8. (48 S.) n. 5 ngr
I. u. II. sind noch nicht erschienen.

Brunn, Fr., die Lehre v. den Gnadenmitteln. IV. Vom heiligen Abendmahl. Hrsg. vom Lutheraner-Verein zu Dresden. gr. 8. (40 S.) Dresden 871. Naumann. n. — 50

Brunn, Fr., die Lehre von den Gnadenmitteln. Nach dem kleinen Katechismus Dr. Mart. Luther's erklärt. I. Vom Wort Gottes und den heil. Sacramenten im Allgemeinen. II. Vom Sacrament der heil. Taufe. gr. 8. (65 S.) Dresden 882, H. J. Naumann. * — 80
III. und IV. Ebendas. 1871. * M 1.

—— die Lehre von der Kirche. Aus der heil. Schrift und gemäß den Bekenntnissen der luther. Kirche dargestellt. gr. 8. (X, 105 S.) Dresden 872, Naumann. *

Brunn, F. (Hrsg.), s. Mission und Kirche.

— Mitteilungen aus meinem Leben f. meine Kinder u. Freunde zu meinem 50jährigen Amtsjubiläum. 8. (III, 272 S. m. Bildnis.) Ebd. 893. n. 1. 40; geb. in Halbleinw. n.n. 1. 80; in Leinw. n.n. 2. —

—— vom Pietismus. Hrsg. vom Lutheraner-Verein zu Dresden. gr. 8. (24 S.) Dresden 869, Naumann. *

—— Predigt am 4. Advent 1867 zur Gedächtnißfeier meiner 25jähr. Amtsführung und der Einführung meines Hülfspredigers gehalten. gr. 8. (16 S.) Dresden 868, Naumann. *

Brunn, Fr., sind unsere deutschen Landes-Kirchen noch wirklich evangelische oder lutherische Kirchen. gr. 8. (32 S.) Dresden 877. H. J. Naumann. n. — 40

Brunn, Fr., aus den Verhandlungen der rheinischen Conferenz lutherischer Pastoren in Preußen, Baden u. Nassau über die Lehre vom Predigtamt. Leipzig 860. Dörffling & Franke. gr. 8. (28 S.) n. 5 ngr

Brunn, F., Gottes Wort u. Luther's Lehr'. Erklärung d. Kleinen Katechismus Dr. M. Luther's f. reifere Christen. gr. 8. (VIII, 608 S.) Steeden b/Runkel 890. Selbstverl. (Dresden, H. J. Naumann.) n. 3. —

Brunn, Fr., Gottes Wort u. Luthers Lehr'. Erklärung d. kleinen Katechismus M. Luthers f. reifere Christen. 2., verm. Ausg. gr. 8. (IV, 634 S.) Steeden 892. (Zwickau, J. Herrmann.) n. 3. 60; geb. n. 4. 60

Brunn, Fr. Gottes Wort u. Luthers Lehr'. Erklärung d. Kleinen Katechismus Dr. M. Luthers f. reifere Christen. 1. Aufl. (VIII, 608 S.) 890; 2. Aufl. gr. 8. (IV, 634 S.) Steeden b. Runkel 892, (Dresd., H. J. Naumann.) 1. Aufl. * 3 —; 2. Aufl. * 3 60

Brunn, Franz

Brunn, F, üb. d. Anwendg d. Narkose in d. Zahnheilkde. 8. (206) Freib. 57, Scheuble. — 20

Brunn, Fr., über die Anwendung der Narkose in der Zahnheilkunde. Mit Vorwort und einer Abhandlung über die wichtigsten Anästhetica von A. Werber. gr. 8. (XL und 142 S. mit 2 Abbild. auf 1 Stnt. in Imp.-4 nebst Anhang: Ueber den Zustand der Zahnheilkunde in der Gegenwart. Ein Vortrag. 24 S.) Freiburg im Br. 857, Wangler.

Brunn, Friedr. Aug., Leitfaden z. christl. Religionsunterricht f. meine Confirmanden. 8. (15 B.) Frankfurt a. M. 829, Andreä.

— Predigten, im königl. Schlosse zu Ofen, u. in d. protestant. Kirchen zu Pesth in d. J. 1817, 18 gehalten. gr. 8. Frankf. a. M. 819. Andreä. 1 ₰ 12 gr

Brunn, Fr. Aug., einige Predigten auf Veranlassung der Vermählung Sr. k. k. Hoh. des Erzherzogs Joseph, Palatin v. Ungarn. gr. 8. Pesth 815. Hartleben. 8 gr

— christl. Religionsvorträge, gehalten zu Ofen in den Jahren 1817, 18. gr. 8. Frankf. a. M. 819. Andreä. 1 ₰ 12 gr

Brunn, Friedrich Leopold

Brunn, Fr. Leop., Anhang zum Repertor. d. Sotzmann. Karte, s. Repertorium.

– s. Biographien ber. Römer.

– s. Bonneville: Geschichte.

– s. a. Briefe üb. Karlsruhe.

Brunn, Fr. Leop., Briefe über Karlsruhe. 8. Breslau, W. G. Korn. (Berl. Unger.) 791.

Brunn, F. L., Briefe über Karlsruhe. Ist jetzt Verlag von Rücker in Berlin.

– s. Cagliostro: Vertheid.

– s. Calonne: Rechtfertigung.

— statist. Darstellung der sämmtl. europäischen Staaten. — Hat jetzt Schlesinger in Berlin.

Brunn, Fr. Leop., († d. 13. Mai 1831.) Deutschland, in geograph., statist. u. polit. Hinsicht, wie es war, bis zum Reichs-Deputations-Rezeß 1803, u. wie es gegenwärtig nach den neuesten Bestimmungen ist. 3 Bde. gr. 8. Berl. ... 2e unveränd. Ausg. 819. Schlesinger. 5 ₰ (3r Thl. A. u. d. T.: Deutschland in geograph.-statist.-polit. Hinsicht, wie es gegenwärtig ist. 2 ₰)

– s. Dolomieu: Reise.

– s. Filassier: Züge.

– s. Fleury, kirchengesch. Ausz.

– s. Gaillard: Geschichte.

– s. Geschichte, authent., d. Kriegs.

— Grundriß d. Staatskunde d. deutschen Reichs ꝛc. 2 Theile, worin d. neuesten Entschädigungen enthalten sind. Mit 1 Karte. gr. 8. Berl. 796, 805. (Schlesinger; auch Schnuphase in Altenb.) 3 ₰ 12 gr. Die Karte apart 1 ₰ 12 gr. (1r Bd. 2e Abtheil. A. u. d. T.: Darstell. d. Europ. Staaten. Die Oesterr. Monarchie. Berl. 805. Schlesinger. 1 ₰ 4 gr.)

— Grundr. d. Staatskunde d. deutsch. Reichs ꝛc. 2 Thle., worin d. neuest. Entschädig. enthalt. sind, nebst 1 Karte. gr. 8. Berlin, Quien. 804.

die Karte einzeln

* Brunn, F. L., Grundriß d. Staatskunde des deutschen Reichs, ist jetzt Verlag von Schnuphase in Altenb. und Schlesinger in Berl.

– s. Hodges: Monumente.

— Lehrbuch der neuesten Geographie u. Statistik aller europäischen Staaten. 8. Gotha, Ettinger. 787.

— tabellar. Lehrb. d. neuesten Geographie u. Statistik aller Europäischen Staaten. Mit e. Vorr. v. Pfeffel u. Lerse. 8. Basel 786. Gotha 787. Ettinger. 1 ₰ 12 gr.

– s. Mackintosch: Vertheid.

Brunn, Fr. Leop. (Hrsg.), s.a. Magazin zur näheren Kenntniß des physischen und politischen Zustandes von Europa . . .

— Magazin z. nähern Kenntniß d. physischen u. politischen Zustandes von Europa u. dessen auswärt. Kolonien. 11 Stcke in 3 Bden. gr. 8. Berl. 792—94. Akadem. Buchh. 4 ₰ 12 gr.

– s. Monatsschrift, histor.-polit.

Brunn, Friedrich Leopold, Prof. etc. Neueste historische, politische, geographische und statistische Nachrichten von Savoyen, Piemont und den sämmtlichen sardinischen Staaten. Mit 1 Karte. 8. Berlin 1793.

— neueste histor., polit., geograph. u. statist. Nachrichten v. Savoyen, Piemont, u. d. sämmtl. sardinischen Staaten, m. 1 Karte v. Sotzmann. 8. Berlin, Hartmann. (Academ. Buchhandl.) 797.

– s. Pallivicino.

– s. K. L. Pöllniss: Memoiren.

– s. Randel: Annalen.

— der Preußische Staat, der blühendste unter allen; e. Rede. 8. Berl. 789. Hartmann. 4 gr.

– s. System d. bürgerl. Gesellsch.

– s. Verlust -u. Entschädigungs tafeln.

— Versuch e. Lebensbeschreibung J. H. L. Meierotto's. gr. 8. Berlin, Academ. Buchhandl. 802.

— Versuch e. Lebensbeschreib. J. H. L. Meierotto's. gr. 8. Berl. 812. Akadem. B. 1 ₰ 12 gr.

– s. Jh. Winckelmann: alte Denkmäler.

Brunn, G.

— auserlesene Früchte des Geistes Shakespear's u. Schillers. 8. Wien, Hörling. 788.

Brunn, G., Handbuch der deutschen Litteratur. 8. Wien, Stabel (Schaumburg.) 788.

Brunn; G. L., Disquisitio de indole, aetate et usu libri apocriphi, Evangelium Nicodemi inscripti. 8. Berl. 794. Akadem. B. 6 gr.

Brunn, Gustav [aus Wien]: Ueber einige Chlornitrotoluole und ihr Verhalten gegen Amine, Alkohole und Phenole. Basel 1903. 35 S. 8°.

Basel, Phil. Diss. 1902 1903.

Brunn, Gustav. Über einige Chlornitrotoluole und ihr Verhalten gegen Amine, Alkohole und Phenole. Diss. Phil. Basel. 35 S. 8. Basel, Gasser & Cie., 1903.

Brunn, H., Anleit. zur würdigen Abendmahlsfeier, eine Erbauungsschrift für gutgesinnte Christen. 8. Dessau. (Leipz., Gnobloch). 3 gr.

Brunn, H., u. C. G. Neuhoff, Elisama. Neue Gebete u. Lieder zur häusl. Erbauung auf alle Tage der Woche. Neue Ausg. 8. (VIII u. 173 S.) Leipzig 847, C. H. Reclam sen. n. 1/3 ₰, geb. 1/2 ₰

Brunn, H., u. C. G. Neuhoff, Elisama, Gott mein Erhörer. Neue Gebete u. Lieder zur häusl. Erbauung. gr. 12. Mit 1 Steindr. Leipzig 834. Reclam. 1/2 ₰

—— Grundsätze d. Glaubens u. d. Tugend nach d. Lehre Jesu f. d. Jugend, welche zum öffentl. Bekenntniß d. Christenthums vorbereit. wird. 2., verm. Aufl. 8. (4½ B.) Leipzig 828, Gnobloch.

Brunn, H., die griechischen Vasen, ihr Formen- u. Decorationssystem. s.: Lau. Th.

Brunn, Heinr., über das Alter der aeginetischen Bildwerke. München 867. (Franz.) gr. 8. (24 S.) n. 5 ngr.

Brunn, Heinr. v., Archäologie und Anschauung. Rede an die Studierenden, beim Antritte des Rektorates der Ludwig-Maximilians-Universität gehalten am 21. Novbr. 1885. gr. 4. (22 S.) München 885, (Th. Ackermann.) *

Brunn, Henricus (geb. am 23 Jan. 1822 in Wörlitz bei Dessau): Artificvm liberae Graeciae tempora ... Bonnae, litt. C. Georgii 1843. 3 Bl., 46 S., 2 Bl. 8.

Bonn, Phil. Fak., Diss. v. 20 März 1843

—— über die Ausgrabungen der Certosa von Bologna. Zugleich als Fortsetzung der Probleme in der Geschichte der Vasenmalerei. gr. 4. (59 S.) München 887, (Franz' Verlag.) **

Aus: Abhandlungen der k. bayer. Akademie der Wissenschaften, besonders abgedruckt.

— Exegetische Beitraege. (Medea und die Peliaden. — Dareiosvase. — Herakles im Hesperidengarten. — Vaticanischer Reliefpilaster. — Sarkophag eines Finanzbeamten). S.-A. 1881. 30 S. 1.25

—— Beschreibung der Glyptothek König Ludwig's I. zu München. 1. und 2. Aufl. 1868,70, und 3. Aufl. 16. (VI, 276 S.) München 874, (Th. Ackermann.) cart. *

—— Beschreibung der Glyptothek König Ludwig's I. zu München. 5. Aufl. 12. (VI, 292 S.) München 887, (Th. Ackermann.) *

— Die Bildwerke des Parthemon. S.-A. 1874. 48 S.

Brunn, H. v., Die Bildwerke des Theseion. S.-A. 1874. 15 S.

— Zur Chronologie der ältesten griechischen Künstler. S.-A. 1871. 86 S.

Brunn, Heinr., s.a. Denkmäler griechischer u. römischer Sculptur in historischer Anordnung.

Brunn, Heinrich. Denkmäler Griechischer und Römischer Sculptur. In historischer Anordnung unter Leitung von Heinrich Brunn, herausgegeben von Friedrich Bruckmann. München 1888, f. Fol.

—— Denkrede z. Erinnerg an d. Centenarium d. Geburt König Ludwigs I. 4. (20) Münch. 86, (T Ackermann's V.). n. — 40

Brunn, Dr. Heinr. v. (z. Z. Rector d. Ludwig-Maximilians-Univers.), Denkrede z. Erinnerung an das *Centenarium der Geburt König Ludwig's I.* München 1886. K. Hof- u. Univers.-Buchdr. v. Dr. C. Wolf & Sohn. 4°. 20 S. Cart. *)

Wegen d. allgem. Landes-Trauer (1886) unterblieb d. Stiftungsfest d. Univers. u. der Vortrag obiger dafür bestimmter Rede.

—— **Description de la Glyptothèque fondée par le roi Louis I à Munich. Traduit de l'allemand. 16. (V, 269 S.) München 870, (Th. Ackermann.)** cart. *

Brunn, Henricus: De excrescentiis condylomatosis in cordis superficie interna obviis. Accedit tabula. Halis (1836): Ploetz. 27 S., 1 Taf. 8°
Halle-Wittenberg, Med. Diss. v. 2. Aug. 1836
Geb. Wulfen (Westf.) 29. 3. 1812. V.
Verf. erlebte die Diplomerneuerung 1886 als praktischer Arzt in Straelen (Kr. Geldern).

—— **die Philostratischen Gemälde gegen K. Friederichs vertheidigt. gr. 8. (130 S.) Leipzig 861, Teubner.** *
Aus: Jahrbücher für classische Philologie, besonders abgedruckt.

Brunn, Heinrich. Geschichte der griechischen Künstler. 2 Bde. Braunschweig und Stuttgart 1853—1859. 8°.

Brunn, Heinr., Geschichte der griechischen Künstler. 1. Thl. gr. 8. (VIII und 621 S.) Braunschweig 853, Schwetschke und Sohn. *

—— **dass. — 2. Thl. 1. Abthl. gr. 8. (S. 1—440.) Ebds. 855(56.)** *

Brunn, Dr. H., Geschichte der griechischen Künstler. Stuttgart 1857—59. 2 Bde. 8°.

Brunn, Heinr., Geschichte der griechischen Künstler. 2. Bd. 2. Abthl. gr. 8. (X und 441—783 S.) Stuttgart 859, Ebner und Seubert. *
1. Thl. und 2. Thl. 1. Abthl. 1853—56. * 6 Thlr. 14 Ngr. sind in denselben Verlag übergegangen.

—— Geschichte der griechischen Künstler. 2. Aufl. 20 Lfgn. oder 2 Bde. gr. 8. Stuttgart, Ebner und Seubert. [1. Bd. (VIII, 432 S.) 888. *M 9.—; geb. *M 11.50.; 2. Bd. (VII, 536 S.) 889. *M 11.—; geb. *M 13.50.] *
geb. *

(B) — **Geschichte d. griech. Künstler. 888. 889. (KBl. 25.) Jetzt: München, H. Hugendubel.** Geb. 22.—

— Ueber Giebelgruppen. S.-A. 1888. 30 S.

— **griechische Götterideale, in ihren Formen erläutert. Lex.-8. (VIII, 111 S. m. 23 Textillustr. u. 10 Lichtdr.-Taf.) München 893. Verlagsanstalt f. Kunst u. Wissenschaft.** n. 7. 50; geb. n. 9. —

Brunn, H., De auctorum indicibus Plinianis disputatio isagogica. Pr. 1856. 60 S. 4°.

— Ueber die Composition der aeginetischen Giebelgruppen. S.-A. 1868. 19 S. u. 1 Tafel. 1.25

— Die Kunst bei Homer, s. a. Homerus.

— **die Kunst bei Homer u. ihr Verhältniss zu den Anfängen der griechischen Kunstgeschichte. [Aus d. Abhdlgn. d. k. bayer. Akad. d. Wiss.] München 868. Franz in Comm. gr. 4. (52 S.)** n. 20 ngr.

— **griechische Kunstgeschichte. 1. Buch. Die Anfänge u. die älteste decorative Kunst. gr. 8. (XIV, 185 S. m. 142 Abbildgn.) Ebd. 893.** n. 7. 50

Brunn, Heinrich. Griechische Kunstgeschichte. Erstes Buch: Die Anfänge und die älteste decorative Kunst. München, Verlagsanstalt für Kunst und Wissenschaft 1893.
2 Teile. 8°
1: XIV — 185 S. m. 142 Abb.
2: ... Nachgelassene Theile. Herausgegeben von A. Flasch. Zweites Buch: Die archaische Kunst 1897. VII S., 1 Bl., 281 S.

— **griechische Kunstgeschichte. Nachgelass. Theile, hrsg. v. A. Flasch. 2. Buch. D. archaische Kunst. gr. 8. (XI, 281 S.) München 897. Verlagsanstalt F. Bruckmann.** n. 7. 50

— Zur griechischen Künstlergeschichte. S.-A. 1880. 52 S.

—— **über die sogenannte Leukothea in der Glyptothek Sr. Maj. König Ludwig I. Vortrag in der öffentl. Sitzung der k. Akademie der Wissenschaften am 25. Juli 1867 gehalten. gr. 4. (25 S. mit eingedr. Holzschn.) München 867, (Franz.)** *

— Methodologisches. S.-A. 1889. 25 S.

— Archäologische Miscellen. I–IV, S.-A. 1872. 19 S.

Brunn, H. v., Troische Miscellen. III. S.-A. 1880. 50 S.
— — IV. S.-A. 1887. 42 S.

Natalicia ... Friderici Gvilelmi IIII vniversitatis Fridericiae Gvilelmiae Rhenanae conservatoris ... ab eadem vniversitate d. XV m. Oct. a. 1856 ... concelebranda ... indicit Fridericvs Ritschl, eloq. Prof. P. O. — Praemissa est Henrici Brvnnii de avctorvm indicibvs Plinianis dispvtatio isagogica. Bonnae, litt. C. Georgii (1856). 1 Bl., 60 S., 1 Bl. 4. ¶ Erschien zugleich selbständig bei Marcus in Bonn.

Brunn, H. v., Cornelius Nepos und die Kunsturtheile bei Plinius. S.-A. 1875. 17 S.

— Paeonios und die nordgriechische Kunst. S.-A. 1876. 18 S.

— Die Personifikation d. Meeres in griechischer Plastik. S.-A. 1885. 12 S. m. Abb.

— **s.: Porträts, griechische u. römische.**

— Die petersburger Poseidonvase. S.-A. 1876. 14 S.

— **Probleme in der Geschichte der Vasenmalerei. [Aus „Abhandlgn. der k. bayer. Akad. der Wiss."] gr. 4. (72 S.) München 871. Franz in Comm.** n. 2. 40

— **s.: Rilievi, i, delle urne etrusche.**

Heinrich Brunn's Kleine Schriften. Gesammelt von Hermann Brunn u. Heinrich Bulle. Mit Abb. Bd 1—3. Leipzig (2. 3: & Berlin): B. G. Teubner 1898—1906. 3 Bde 8°
1. Röm. Denkmäler. Altital. u. etrusk. Denkmäler. Mit d. Bildn. d. Verf. 1898.
2. Zur griech. Kunstgeschichte. 1905.
3. Interpretation. Zur Kritik d. Schriftquellen. Allgemeines. Zur neueren Kunstgeschichte. Nachtrag. Verzeichnis sämtl. Schriften. Mit e. Bildn. d. Verf. aus d. J. 1892. 1906. [4. 3490 6]

Brunn, H. v., Die Sculpturen von Olympia. I. II. S.-A. 1877—78. 28, 80 S.

Brunn, Heinr., über die kunstgeschichtliche Stellung der Pergamenischen Gigantomachie. Fol. (62 S. mit 2 eingedr. Holzschn.) Berlin 884, [Weidmann'sche Buchh.] Grote'sche Verlagsh. + 5 —
Aus: Jahrbücher der k. preuss. Kunstsammlungen, besonders abgedruckt.

— Studie über den Amazonenfries des Mausoleums. S.-A. 1882. 25 S.

Brunn, H., Eine kunstgeschichtliche Studie. S.-A. 1893. 30 S.

— Ueber tektonischen Styl in griechischer Plastik und Malerei. I. II. S.-A. 1883—84. 82, 85 S. à 1.20

— Ueber zwei Triptolemosdarstellungen. Ak. 1875. 11 S.

— **Supplement zu den Studien üb. den Bilderkreis v. Eleusis, s.: Strube, C.**

Brunn, Henr. Joseph Hubertus, s. Brunn, Joseph

Brunn, Herm., Beziehungen des Du Bois-Reymondschen Mittelwertsatzes zur Ovaltheorie. Eine mathemat. Studie. (X, 138 S.) 4. Berlin 905. G. Reimer. n. 7.—

Brunn, Hermann [Dr.]: Ueber Curven ohne Wendepunkte ... M. 6 Taf. München, Th. Ackermann, 1889; 3 Bl., 74 S., 1 Bl., 6 Taf. 8.
München, Phil. Fak., Hab.-Schr. v. 1891
(Nicht für den Austausch)

Brunn, Herm., neue Mittelwerthsätze üb. bestimmte Integrale. gr. 8. (S. 91—112 m. Fig.) München 902. (G. Franz' Verl.) n. — 40
Sonderabdruck aus: „Sitzungsber. d. bayer. Akad. d. Wiss."

— **Nachtrag zu dem Aufsatze üb. Mittelwertsätze f. bestimmte Integrale. (S. 205—212.) gr. 8. München 903. (G. Franz' Verl.)** n. — 20
Sonderabdruck aus: Sitzungsber. d. bayer. Akad. d. Wiss."

Brunn, Hermann: Ueber Ovale und Eiflächen.... München, akad. Buchdr. v. F. Straub, 1887; 3 Bl. + 42 S. u. 7 Taf. 8°
München, Phil. Fak., Inaug.-Diss. v. 1887

Brunn, Hermann, über Ovale und Eiflächen. Diss. München 1887, A. Buchholz. 8°. 42 S. mit 7 Taf.

Brunn, J., vierstellige Logarithmen, f. den Schulgebrauch zusammengestellt. gr. 8. (16 S.) Münster 902. Aschendorff. n. — 25

Brunn, J. W., Beobachtungen über Klauenseuche. Siehe: Albert.

Brunn, [Jacob] von. Grabrede bei der Beerdigung von Jungfrau Caroline Bürgy, gehalten den 23. Juli 1851 [zu Basel]. 8. Basel.

Brunn, Jacob von. Leichenpredigt. gehalten bei der Beerdigung des Herrn (Caspar) Em(anuel) Götz-Buser... [in Basel], Dienstags den 21. März 1854 von Jakob von B'. Diacon. 8. [Basel.]

Brunn, Jac[ob] von. Leichen-Predigt. gehalten bei der Beerdigung von Herrn Em(anuel) Hübscher-von Speyr... [in Basel], den 13. Mai 1854... durch Jak. von B'. Diacon. 8. Basel.

Brunn. Jacob von. Leichenpredigt. gehalten bei der Beerdigung von Herrn Theod(or) Zaeslin-Bleyenstein... [in Basel], den 5. März 1850 von Jakob von B'. Diacon. 8. [Basel.]

a Brunn, Jo. Henr., Experimenta quaedem circa ligaturas nervorum in vivis animalibus instituta. 50 pp. Gott. 4°. 1753

Brunn, Joh(ann) Konr(ad): Glandulae duodeni seu pancreas secundarium, in intestino duodeno hominis primum, abhinc in aliis quoque animalibus detectum. 150 S., gbd., Abb.

Francofurti et Heidelbergae: à Sande 1715 beigedr.: Brunn, J.K.: De glandula pituitaria Diss. 1688. 49 S. (S. 151 - 199)

JB 986

— Johann Wilhelm (Dessau), De vasis plantarum. Diss. med. Halle (I. C. Hendel) 12. IX. 1800. 35 Seiten. (4.—) 4308

Brunn, Joseph

Brunn, (Henr.) Joseph. (Hubertus) (geb. Straelen im Rheinl. 8. 8. 1842): De computando refractionis effectu in minorum angulorum determinationibus micrometricis. Introductio. Berolini (1865). (17 S.) 4°
Berlin, Phil. Diss. v. 19. Juni 1865

Brunn, Jos., de computando refractionis effectu in minorum angulorum determinationibus micrometricis. Introductio. Dissertatio inauguralis astronomica. 4. (18 S.) Berlin 865, (Calvary und Comp.) *

— Isidor (Fraustadt/Schles.), De cataracta generatim et de cataracta congenita in specie. Diss. med.-ophthalm. Bln. (J. Sittenfeld) 3. X. 1836. 32 S., mit Biogr. (M.: Barschall.) (4.50) 4309
Oppon.: I. Loewenstein, V. Schlochauer, A. Faudel. — Gew.: C. G. Mitscherlich, H. Beer, W. Levy, M. Lilienhain (beide Glogau).

— Jul. Wilh. (Stassfurt), De hydrope cystico sinuum frontalium. Dissertat. chir.-med. Bln. (Brüschck) 13. I. 1829. 24 S., mit Biogr. (M.: Meckel) u. 2 Abb. (4.50) 4310
Oppon.: A. Niemann, G. Loewer, A. L. Müller.

Brunn, Julius, a. Altona: Untersuchungen über Stoßreizbarkeit. Breslau 1908: R. Nischkowsky. (52 S.) 8° ¶ (Aus: Beiträge z. Biologie d. Pflanzen Bd 9 H. 3.)
Leipzig, Phil. Fak., Ref. Pfeffer-Chun. Diss. v. 22. Mai 1908
[Geb. 19. Okt. 84 Altona; Wohnort: Sonderburg; Staatsangeh.: Preußen; Vorbildung: Gymn. Flensburg Reife O. 03; Studium: München 3. Leipzig 6 S.]

Brunn, Karl

Brunn, C., Anhang religiöser Gesänge, s. a. Anhang.

Brunn, C, Anhang relig. Gesänge f. Kirche, Schule u. Haus d. Kath. 8. (142) Glog. 53. (Grünb., Weiss.) n. — 3; f. Pap. n. — 6

Brunn, C., vollkommene Auslegung der Sonn- und Festtagsevangelien des Kirchenjahres, oder Postille für Hausandacht, Erbauung und Unterricht. Volksausg. mit 5 Stahlst. (In 10 Lfgn.) gr. 8. (IV, 840 S.) Regensburg 887, Verlags-Anstalt. à Lfg. 40 Pf.

Brunn, C., vollkommene Auslegung der Sonn- u. Festtagsevangelien d. Kirchenjahres, oder Postille f. Hausandacht, Erbauung u. Unterricht. Volksausg. m. Stahlstichen. 10 Lfgn. gr. 8. (IV, 840 S. m. 1 Stahlstich.) Regensburg 888. Verlags-Anst. à Lfg. — 40

Brunn, C., katholische Kanzel- und Grab-Trauerreden. gr. 8. (VI und 806 S.) Berlin 866, (Jansen.) *

Brunn, C., 50 katholische Copulations-Reden neuer und alter Zeit nebst Exhorten, Skizzen, Thematen und Texten für Trauungen aller Stände. gr. 8. (VI, 250 S.) Berlin 869, (Jansen.)

Brunn, Carolus de: De leucaemia. Halis Saxonum (1867): Ploetz. 28 S. 8°
Halle-Wittenberg, Med. Diss. v. 26. Jan. 1867
Geb. Köthen (Anhalt) 9. 6. 1843. V.

Brunn, C, Postille od. vollkommene Auslegg d. 52 Sonn- u. 20 Festtags-Evangelien d. Jahres. (In 8 Lfgn.) 1—7. Lfg. 8. (1. Bd. 750 u. 2. Bd. 1—320.) Rgnsbg 84. 85. Manz. à 1. 50

Brunn, C, Postille od. vollkommene Auslegg d. 52 Sonn- u. Festtags-Evangelien d. Jahres. 8—10. (Schl.-)Lfg. 8. (2. Bd. 321—809) Rgnsbg 86. Verl.-Anst. à 1. 50

— dass. Volksausg. (In 10 Lfgn.) 1. u. 2. Lfg. 8. (160 m. 1 St.) Ebd. 87. 88. à — 40

— Reden und Ansprachen, alte und neue, zur Feier patriotischer Feste, insbesondere für die Geburtstagsfeier des Landesherrn. 2. (Titel-)Aufl. gr. 8. (V, 86 S.) Breslau (882)886, Aderholz. *

Brunn gen. v. Kauffungen, Kunz v.
s. a. Kauffungen. A12. 13:01

Brunn, Kunz v., genannt v. Kauffungen: Die geschichtl. Entwicklg d. Feuerlöschwesens in d. Stadt Metz v. d. ältesten Zeiten bis z. Gegenwart. Festschrift. (6, 115 m. Abb. u. Taf.) 8° Metz, (Städt. Feuerwache) '12. † — 50

Brunn, L., ἄκατος, s. a. Festschrift des Stettiner Stadtgymnasiums.

Brunn, L., "Ακατος. Pr. 1881. 34 S.

Brunn, L., De C. Licinio Muciano. Diss. 1870. 47 S.

BRUNN, LAURENTIUS: Heiliger Kreuz-Weeg unsers Herrn Jesu Christi . . . in allen Kirchen . . . mit größten Leibs- und Seelennutzen zu gebrauchen. Illustr. Fünfkirchen 1778: Engel. (52 f.) - 150 mm

Brunn, Leop. Edw. Wlh., s. 1) Fragmente, widersprechende. 2) Geist des H. v. Leibnitz. 3) Gilb. Stuart, Gesch. d. Reform.

Brunn, Martin von. Leichenrede. bei der Beerdigung von Frau A(nna) Elisabeth von Brunn, geb. Preisswerkh. gehalten den 15 April 1836... [zu Basel] von M. M' von B'.... 8. Basel.

Brunn, Martin von. Einige Züge aus der merkwürdigen Lebensgeschichte der Frau Wibrandis Rosenblatt, der Ehegattinn des Baslerischen Reformators Dr. Joh(annes) Oekolampadius, zu einer von Samuel Gysin in Liestal nach einem Originalgemählde gestochenen Abbildung derselben... gegeben von M. M' von B', Leutpriester.... Ein kleiner Nachtrag zur dritten Säkularfeyer der Reformation. 8. Basel 1819.

v. Brunn, M., einige Züge aus d. merkwürd. Lebensgeschichte d. Frau Wibrandis Rosenblatt, d. Ehegattin des Baseler Reformators Joh. Oekolampadius. 8. Zürich 819, Hanke. 1 n⁄f

Brunn, Max v., e. Beitrag z. Museumstechnik. [Aus: „Abhandlgn. a. d. Gebiete d. Naturw."] gr. 4. (9 S. m. 1 Lichtdr.-Taf.) Hamburg 895. L. Friederichsen & Co. n. 1. —

Brunn, Max v., Dr. Assistenzarzt d. chirurg. Klinik zu Tübingen: Beiträge zur Ätiologie der Appendicitis. Bedeutung d. Veränderungen d. Blut- u. Lymphgefäße d. Mesenteriolum. Bedeutung d. Kotsteine. *Tübingen 1904: H. Laupp jr.* (126 S.) 8° ¶ (Aus: Beiträge zur klinischen Chirurgie Bd 42, H. 1.)
Tübingen, Med. Hab.-Schr. v. 1904
(Nicht für den Austausch)

Brunn, Max von, Assist. am kgl. hygien. Institut: ⟨Aus d. hygien. Institut d. Universität Breslau.⟩ Formaldehyddesinfection durch Verdampfung verdünnten Formalins. ⟨Breslauer Methode.⟩ *Leipzig: Veit & Co. 1899.* (34 S.) 8° ¶ (Aus: Zeitschrift f. Hygiene u. Infectionskrankheiten, Bd 30.)
Breslau, Med. Diss. v. 8. März 1899

Brunn, Max v.: Chirurgische Krankheiten ..., s. Nasse, Dietrich

Brunn, M. v., chirurgische Krankheiten der unteren Extremitäten, s.: Chirurgie, deutsche 66 II (Nasse, D.).

Brunn, M. v., ostafrikanische Orthopteren, gesammelt v. Fr. Stuhlmann 1888 u. 1889. Lex.-8. (S. 211—283.) Hamburg 901. (L. Gräfe & Sillem.) n. 1.50

— Parthenogenese b. Phasmiden, beobacht. d. e. überseeischen Kaufmann. Lex.-8. (17 S.) Ebd. 898. n. 1.—
2 Sonderabdrucke aus: „Mitth. a. d. naturhist. Museum".

Ostafrikanische Orthopteren, gesammelt von Herrn Dr. Fr. Stuhlmann 1888 und 1889, bearb. von Dr. M[ax] v. Brunn. *Hamburg; (Berlin: D. Reimer) 1901.* (73 S.) 4°(8°)
Aus: Mitth. aus d. Naturhist. Mus. 18.
— Ergebnisse, Zoolog., einer ... in d. Küstengebiete von Ost-Afrika unternomm. Reise. Bd 2, No 22. (01. 1479)

Brunn, Nikl. v., Beleuchtung d. christl. Lehre in d. Confirmanden-Unterricht. gr. 8. (20¼ B.) Basel 840, (Schweighauser'sche Buchh.)

— Beleuchtung der christl. Lehre im Confirmandenunterricht. Basel 1840, mit: Lüthi, Kenntniss der heil. Schrift. Bern 1843. 8.

—— das Beten im Geist u. in d. Wahrheit besond. beleuchtet durch d. Erklär. d. Gebetes uns. Herrn Jesus Christus. gr. 8. (9¼ B.) Basel 837, Schweighauser'sche Buchh.

Brunn, N. v., Blicke e. alten Knechts, d. auf seinen Herrn wartet, in d. Offenbarung d. Herrn Jesus Christus, d. er gegeb. d. Jünger, den er lieb hatte, d. Apostel Johannes. Nebst Hindeutn. auf d. Kirchengesch. 1. u. 2. Thl. jed. in 3 Abthln. gr. 8. Basel, Neukirch. [1. (27¼ B.) 831, 32., 2. (30½ B.) 832. à 1 Thlr. 6 Gr.]

— Blicke in die Offenbarung Johannis. Basel 1832. 2 Bde. 8.

— s. Cyprian üb. d. Gebet.

Brunn, N[icolaus] von. Gedächtniss-Rede bey der Beerdigung Herrn M. Alexander Preisswerk, gewesenen treu-eifrigen Pfarrers in Kl. Hüningen, gehalten den 4. Dec. 1820 ebendaselbst von N. von B'.... 8. Basel.

— s. Justins des Märtyrers Gespräch von der Wahrheit der christl. Religion.

Brunn, Nicolaus von. Leichenrede über Ephes. 5: 2., bey der Beerdigung Herrn Melchior Hubers, Phil. et Med. Doct ..., gehalten in der St. Martins Kirche [zu Basel] den 8ten Hornung 1814 von Nikolaus von B'.... 8. Basel 1814.

v. Brunn, N., d. Reich Gottes nach d. Lehren Jesu Christi, besonders seinen Gleichnißreden erklärt. 8. Basel 816. Spittler. 15 gl. 2e verb. Aufl. 8. Ebd. 831. 22 gl.

Brunn, N[icolaus] von. Am Trauungsfeste von Herrn M. J[ohann] J[acob] von Brunn, Pfarrer zu Bubendorf, und Jungfrau Elis[abeth] von Speyr ausgesprochne Einsegnungs-Predigt von ihrem Vater N. von B'... in der Kirche zu Bubendorf, den 26. Nov. 1822. 8. [Basel.]

— s. a. Wörterbuch, apokalyptisches.

— apokalyptisches Wörterbuch, brauchbar als ein Schlüssel zur Eröffnung der geheimen Winke, die in der Offenbarung Jesu Christi durch den Jünger, den Er lieb hatte, der Kirche ertheilt worden. gr. 8. Ebend. 834. ¾ ₰

Brunn, Oscar

— Distanzen-B. m. Höhenangaben z. Tourenk. v. Oberbayern m. d. angrenz. österr. Kronländern Nordtirol u. Salzburg. Für Radfahrer u. Touristen zusammengest. in 140 Touren. 16° (123) Ebd. 98. 1 —

Brunn's, Osc., Karte. Die Tauernb., Karawanken- u. Wocheiner-B. m. direkter Fortsetzg n. Triest, westl. d. Alpengeb. b. z. Brennerb. 1:600,000. 60×51 cm. Farbdr. Münch., O Brunn ('09). 1.50

— Karte d. Lechthaler- u. Algäuer-Alpen u. d. Bregenzer Waldes südlich einschliessend d. Arlbergbahn. 1:250,000. 49×63 cm. Farbdr. Ebd. ('01). 2 —

Brunn's Karte der deutschen u. oesterreichischen Alpenländer (die Ostalpen). Höhenschichten-Darstellung. Entwurf u. Ausführung von Oscar Brunn. Maßst. 1:600,000. (Gruppeneinteilung d. Ost-Alpen nach Hugo Gerbers in Wien.) [Nebst] Hütten-Verzeichnis. *München: O. Brunn [1904].* (1 Kartenbl. 92×58 cm, 26 S.) 8° [kol.] (04. 5138)

— (kleiner) Plan v. München. 1:15,000. 35,5×42,5 cm. Farbendr. Mit Strassen-Verzeichniss u. Angabe d. Sehenswürdigkeiten. 16° (16) Münch. 95, (Lit.-art. Anst.). — 40

— Plan v. München. 1:10,000. Ausg. 1902. 2 Bl. je 77×108 cm. Farbdr. Mit Strassenverz. (8) 8° Ebd. 6 —; m. 2 westl. Anschlussbl.: Bl. I Pasing-Aubing, Bl. II Grosshadern-Gräfelfing-Planegg (je 77,5×52 cm.) 9 —

— dass. 1:12,500. Ausg. 1901. 110×87 cm. Farbdr. Mit Strassen-Verz. (10) 8° Ebd. 4 —

Brunn's Plan von München mit 2 westl. Anschlussblättern: Bl. 1 Pasing-Aubing, Bl. 2 Grosshadern-Gräfelfing-Planegg. Gez. von Oscar Brunn. Ausg. 1902. Masst. 1:10,000. *München: O. Brunn 1902.* (3 Kartenbl. je 105×76 cm.) quer-gr. 2° [kol.] (03. 8/0)

— Pl. v. München m. Umgebg. (Mit Eintragg d. Grundbesitzes d. Terraingesellsch.) 1:13,000. Ausg. '06. 147,5×126 cm. Farbdr. Ebd. 6 —

Brunn, O., neuester Plan von Breslau. Nach dem vom Magistrat hrsg. Plane in vergrössertem Massstabe gezeichnet und lithogr. Imp.-Fol. Mit alphabet. Verzeichniss der Strassen, öffentl. Gebäude etc. und den wichtigsten Nachweisungen für Fremde. 8. (8 S.) Breslau 884, Kern's Verlag.

Brunn, O., neuester Plan von Breslau. Nach dem vom Magistrat hrsg. Plane in vergrössertem Massstabe gezeichnet und lithogr. 1:7150. qu. gr. Fol. Mit alphabet. Verzeichnis der Strassen, öffentl. Gebäude etc. und den wichtigsten Nachweisungen für Fremde. 2. und 3. Aufl. 8. (8 S.) Breslau 885,87, Kern's Verlag.

Brunn, O. Neuester Plan v. Breslau. Nach dem vom Magistrat hrsg. Plane in vergrössertem Massstabe gezeichnet u. lithogr. 1:7150. 5. Aufl. Farbendr. 57×70,5 cm. Mit alphabet. Verzeichniss der Strassen, öffentl. Gebäude etc. u. den wichtigsten Nachweisgn. f. Fremde. 8. (8 S.) Bresl. 891, Kern's Verlag. 1 20

Brunn, O, neuester Plan v. Breslau. 1:7150. 7. Afl. 57×70,5 cm. Lith. u. kol. Mit Strassenverzeichniss etc. 8° (8) Bresl. 95, JU Kern's V. 1.20

(Oscar) Brunn's Neuester Plan von München. Massst. 1:12,500. M. Strassen-Verz. ... *München: O. Brunn 1897.* (4 Bl., 1 Ktnbl.) 1 Bd 8. (97. 569)

— neuester Plan v. München. 1:12,500. Asg. 1900. 105×82 cm. Farbdr. Mit Strassen-Verzeichnis. 8° (12) Ebd. 3 —

— dass. 1:12,000. (Asg. 1900.) 46,5×54 cm. Farbdr. Mit Strassen-Verzeichnis etc. 8° (15) Mit Pl. v. Nymphenburg. 11×16,5 cm. Farbdr. Ebd. — 40

— dass. f. Radfahrer. Asg. 1900. 29,5×37,5 cm. Farbdr. Mit Text auf d. Umschl. Ebd. — 20

(Oscar) **Brunn's** Neuester Plan von München (mit Hausnummern) mit Angabe d. Sehenswürdigkeiten ... (Plan von Nymphenburg. Masst. 1:10,000.) [Neue Ausg.] München: O. Brunn [1906]. (1 Kartenbl. 58 × 50 cm, 1 Kartenbl. 20 × 12 cm, 16 S.) 8° [Ant. u. F. lith.] [kol.] [06. 14088

— neuester Pl. v. München m. Hausnummern. 1:18,000. 80,5×63 cm. Farbdr. Nebst: Ang. d. Sehenswürdigk., Strassenverz. etc. (14) 8° Ebd. ('09). 1.50

— Plan v. Starnberg m. d. Umgebg d. Starnberger See's u. e. Panorama d. bayer. Hochgebirges. 1:4000. (Asg. 1900.) 38,5×48 cm. Farbdr. Ebd. — 50

— Spezial-K. d. Berchtesgad. Alpen einschl. d. Reiteralpe, d. Loferer u. Leoganger Steinberge, d. Hagengebirge, d. Steinerne Meer, d, östl. Kitzbühler Alpen b. Zell a. See u. Pinzgau. 1:100,000. 45,5× 55 cm. Farbdr. Ebd. ('09). 1.50

(Oscar) **Brunn's** Spezialkarte vom Isarthal von München bis Tölz mit Einschl. d. Starnberger- u. Ammersees im Massst. 1:100,000. *München: O. Brunn [1896].* (1 Kartenbl. 56 × 53 cm.) 8° [Umschlagt. F.] [00. 20167

— Spezialk.: Das Kaisergebirge u. d. Kitzbühler Alpen (m. weit. Umgebg.) 1:100,000. 45,5×54,5 cm. Farbdr. Ebd. ('09). 1.50

— dass., umfassend d. Geb. v. Rosenheim nördl. bis südl. Mittersill im Oberpinzgau, westl. d. Schlierseerberge, d. Zillertal, östl. Stuhlfelden. 1:100,000. 71,5×54,5 cm. Farbdr. Ebd. ('09). 2.50

Brunn's **Spezialkarte** vom Karwendel- und Wettersteingebirge mit weiterer Umgebung. Von Tölz bis Innsbruck ... Bearb. von **Oskar Brunn**. Masst. 1:100,000. *München: O. Brunn [1900].* (1 Kartenbl. 56 × 70 cm.) 8° [Umschlagt.] [00. 9340

— Spezialk. v. Karwendel-Gebirge m. weit. Umgebg, einschl. d. Kochel- u. Walchensee, d. Jachenau, d. ob. Isartal, d. Tegernsee, d. Achental m. d. Achensee, d. Sonnwendgebirge u. d. unt. Inntal v. Zirl bis Strass am Zillertal. 1:100,000. 59×49,5 cm. Farbdr. Ebd. ('07). 1.50

— Spezial-K. d. Berchtesgad. Landes, einschl. d. Reiteralpe, d. Lattengebirge, d. Untersberg, d. Loferer u. Leoganger Steinberge, d. Steinerne Meer u. d. Hagengebirge, d. östl. Kitzbühler Alpen, Zell a/S. u. Pinzgau. Nördl. d. Umgebg v. Salzburg u. Traunstein. 1:100,000. 71×55 cm. Farbdr. Ebd. ('09). 2.50

Brunn's Spezialkarte von Oberbayern nördlich bis Aibach, mit den angrenzenden österreich. Kronländern Nordtirol und Salzburg unt. ganz bes. Berücks. d. oro-hydrogr. Verh. (u. d. vollst. Wegnetzes üb. die Alpen) bearb., gez. u. gestochen v. **Oscar Brunn**, München. Massst.: 1:250,000. *München: O. Brunn [1897].* (1 Ktnbl. ?) 1 Bd 8. [97. 3450

— Spezialk. d. Schlierseerberge u. d. Kaisergebirges m. weit. Umgebg. 1:100,000. 45,5×54,5 cm. Farbdr. Ebd. ('09). 1.50

(Oscar) **Brunn's** Spezialkarte der Tegernseer- und Schlierseerberge mit weiterer Umgebung. (Bearb. von Oscar Brunn. Massst. 1:100,000. München: O. Brunn [1907].) (1 Kartenbl. 52 × 39 cm mit Legende.) 8° [Kopft. lith.] [kol.] [07. 13393

— Spezialk. d. Umgebg v. München. 1:100,000. (Asg. 1900.) 16×34 cm. Farbdr. Ebd. — 75

— Spezialk. d. Umgebg v. München. 1:150,000. 27,5×30 cm. Farbdr. Ebd. ('07). — 50

Brunn's, Osc., Spezialkte d. Umgebg v. Oberammergau, d. Königsschlösser Linderhof, Neuschwanstein u. Hohenschwangau, v. Füssen, Reutte, Garmisch-Partenkirchen, v. Plan- u. Eibsee u. d. Wettersteingebirge bis Mittenwald. 1:100,000. 37×48 cm. Farbdr. Münch., O Brunn ('10). 1 —

— Spezial-K. d. Umgebg v. Reichenhall, Traunstein u. Salzburg, einschl. d. Berchtesgad. Alpen m. d. Königsee, d. Loferer Steinberge, d. Reiteralpe, d. Lattengebirge, d. Untersberg u. d. Hagengebirge. 1:100,000. 46×55 cm. Farbdr. Ebd. ('09). 1.50

— Spezialk. d. Umgebg d. Starnberger- u. Ammersees. 1: 100,000. Nebst e. Panorama d. bayer. Hochgebirges. (Asg. 1900.) 46,5×33,5 cm. Ebd. — 75

— dass., umfassend d. Gebiet nördl. bis Schwaben, östl. Wasserburg a/Inn, südl. d. Tegernseer- u. Schlierseerberge bis Kufstein. 1:100.000. 69.5×54 cm. Farbdr. Ebd. ('07). 2 —

(Oscar) **Brunn's** Spezialkarte der südöstl. Umgebung Münchens umfassend d. Gebiet nördl. bis Schwaben, östl. Wasserburg, südl. d. Tegernseer- u. Schierseerberge bis Kufstein. (Bearb. von Oscar Brunn. Massst. 1:100,000. München: O. Brunn [1907].) (1 Kartenbl. 52 × 68 cm mit Legende.) 8° [Kopft. lith.] [kol.] [07. 13394

Brunn's Spezialkarte der Umgebung von Zell am See. 1:100000. München.

— Spezialk. v. Wetterstein-Gebirge m. weit. Umgebg. 1:100,000. 56,5×44 cm. Farbdr. Ebd. 1900. 1.50; auf L. 2.50

— Strassen-K. d. deut. u. österr. Alpenländer. Nördl. Regensburg, südl. Mailand, östl. Wien, westl. Zürich. 1:800,000. 51,5×75,5 cm. Farbdr. Ebd. ('08). 2 —

— Strassen-K. v. Südbayern u. Tirol m. d. angrenz. Ländern, südl. einschl. d. oberitalien. Seen, Mailand u. Venedig. 1:800,000. 51,5× 46.5 cm. Farbdr. Ebd. ('08). 1.20

— Touren-K. z. Distanzen-B. v. Oberbayern m. d. angrenz. österr. Kronländern Nordtirol u. Salzburg. Für Radfahrer u. Touristen. 1:250,000. 55,5×71 cm. Farbdr. Ebd. 98. 1.75; auf L. 2.75

— Touristenkte d. südl. Umgebg v. München m. d. oberbayer. u. nordtiroler Alpen. Westl. Füssen u. d. Fernpass, südl. d. Inntal m. Innsbruck, östl. Kufstein-Rosenheim. 1:250,000. 53×48,5 cm. Farbdr. Ebd. ('10). 1.20

(**Oscar Brunn's**) Uebersichtskarte vom Chiemgau, Salzkammergut und den Hohen- und Niederen-Tauern. (Masst. 1:600,000.) *(München: O. Brunn [1904].)* (1 Kartenbl. 40 × 31 cm mit Legende.) 8° [Kopft. lith.] [kol.] [04. 13793

(**Oscar Brunn's**) Übersichtskarte von Kärnten mit den angrenzenden Ländern. (Masst. 1:600,000.) *(München: O. Brunn [1904].)* (1 Kartenbl. 36 × 26 cm mit Legende.) 8° [Kopft. lith.] [kol.] [04. 13794

(**Oscar Brunn's**) Uebersichtskarte von Südtirol mit den oberitalienischen Seen, südl. bis Mailand-Verona-Venedig. (Masst. 1:600,000.) *(München: O. Brunn [1904].)* (1 Kartenbl. 43 × 32 cm mit Legende.) 8° [Kopft. lith.] [kol.] [04. 13795

— Verkehrsplan v. München m. d. Bezirksgrenzen u. Anschluss v. Nymphenburg. 1:7,500. 71,5×91,5 cm. Farbendr. Mit Strassenverzeichniss an d. Seiten. Ebd. 95. 3 —

Brunn, Paul [Kammerger.-Ref.]: Die colonia partiaria ... Berlin, *G. Pintus*, 1897; 40 S. 8.
Erlangen, Jur. Fak., Inaug.-Diss. v. 1897

Brunn, Paul, s.: Patentgesetz, das japanische.

Brunn, Paul, die Rechtsprechung des Bundesamts f. Heimatwesen, s.a. Rechtsprechung, die, auf dem Gebiete des öffentlichen Rechts.

Die Rechtsprechung des Bundesamts für Heimatwesen in system. Darstellung bearb. von Dr. Paul **Brunn**, Vorstandsmitgl. d. Landesversicherungsanst. Berlin. Berlin: C. Heymann 1908. (VI, 859 S.) 8° [F.]
— Rechtsprechung, Die, auf d. Gebieten d. öffentl. Rechts. 4. [08. 7833 2

— Versichergsgesetz f. Angestellte, s: Taschen-Gesetzsammlung.

Brunn, Paul: Was muss man v. d. Angestellten-Versicherg wissen? 1—40. Taus. (16) 8° Berl., C Heymann '12. nn — 25 (Pp.) d

Brunn, Ph., essai de concordance entre les opinions contradictoires relatives à la Scythie d'Hérodote et aux contrées limitrophes. Avec une (lith.) carte (in qu. gr. 4.) gr. 4. (127 S.) Odessa 874 J. Doubner. 6. —

Brunn, S., Tabellen zum Gebrauch bey dem veränderten Geldwesen durch die königl. Ordre vom 5. Jan. 1813. 4. Copenh. Schubothe. 814.

Brunn, Therese, Würzburger Kochbuch für die gewöhnliche und feinere Küche. Praktische Anweisung zur schmackhaften und billigen Bereitung von 1280 Speisen und Getränken nach zuverläss. und selbstgeprüften Rezepten nebst 66 Speisezetteln, Anleitungen zum Tranchiren etc., für jede Hausfrau und Köchin, sowie für jede Anfängerin im Kochen. 3. Aufl. (XXVIII, 416 S.) 1872; 4. verm. und verb. Aufl. 6 Lfgn. 8. (IV, 388 S.) Würzburg 875,76, [Keller.] Stuber's Buchh. à Lfg. 40 Pf. geb. in Halbleder ** *M* 2,75.; geb. in Leinw. **

Brunn, Therese, Würzburger Kochbuch für die gewöhnliche u. feinere Küche. Praktische Anweisung zur schmackhaften u. billigen Bereitung von 1282 Speisen u. Getränken nach zuverlässigen u. selbstgeprüften Rezepten nebst 66 Speisezetteln, Anleitungen zum Tranchiren etc., für jede Hausfrau u. Köchin, sowie für jede Anfängerin im Kochen. 5. verb. u. vielfach verm. Aufl. 8. (IV, 399 S.) Würzburg 881. Stuber. n. 2.40; geb. n. 3. —

Brunn, Therese, Würzburger Kochbuch f. die gewöhnliche u. feinere Küche. Das Gesammte der süddeutsch-fränk. Küche in 6., verb. u. verm. Aufl. hrsg. v. mehreren Hausfrauen. Nebst e. Zugabe: Die Nürnberger Haus-Lebküchnerei u. Bäckerei in den Orig.-Rezepten e. Nürnberger Bürgersfrau. 8. (VIII, 430 S.) Würzburg 893. Ballhorn & Cramer. n. 2. 20; kart. n. 2. 50; geb. in Leinw. n. 3. —

Brunn, Walter von, approb. Arzt, d. Z. Assist. am anat. Institute zu Greifswald: Ein Beitrag zur Kenntnis von den ersten Resorptionsvorgängen. *Rostock 1899: Adler's Erben.* (54 S.) 8°
Rostock, Med. Diss. v. [20. Nov.] 1899

Brunn, Wlh. Ldw., († d. 2. Jan. 1807.) s. 1) **Bonneville,** Geschichte. 2) **Regierungsverfassung** v. **Bern.**

Brunn de Hammerstein, Johann Conrad, s. Brunn, Johann Konrad.

Brünn [Sachl. OW]

Brünn; topograph. u. histor. Notizen über die Hauptstadt Mährens; nebst e. vollständ. Verzeichniß aller in d. Stadt befindl. Häuser, deren Eigenthümer rc. Gesammelt u. entworfen v. W. F. Hrib, redig. v. H. Mend. Mit 2 Kpf. Brünn 824. Gastl. 1 ½ S ⅛

Brünn. Statist. Bericht über die wichtigsten demograph. Verhältnisse. Verfasst vom Gemeinderath von Brünn. Lex.-8 (18 S.) Wien 887, Gerold's Sohn. *
Aus: Städtebuch, oesterreichisches, besonders abgedruckt.

Brünn sammt Vorstädten. Situations-Plan. Zusammengest. von Franz Dolljal. Im Masstabe v. 1 Wr. Zoll = 200 Klftr. Brünn. Frz. Karafiat. 1850. Ord. Ausg. 45 kr., Feine Ausg. 75 kr.

Brünn [Schlagwort]

— s. a.: **Europa. Liebenow.**

— s. a.: **Radfahrerkarten. Freytag.**

Brünn, s.a. **Woerl's Reisehandbücher.**

Brünn-Breslau, s.: **Automobilkarten. Automobil-Tourenkarte.**

Brünn-Prag, s.: **Automobilkarten. Automobil-Tourenkarte.**

Brünn-Wien, s.: **Automobilkarten. Automobil-Tourenkarte. Pharus-Auto-Strecke.**

Brünn, Geologische Karte der Umgebung von. Nach … Aufnahme entworfen von Al. Makowsky und Anton Rzehak. Herausgegeben vom naturhistor. Verein. Massstab 1 : 75.000. Farbendruck in Hoch-Folio. Nebst kurzer Erläuterung. Brünn, Carl Winiker. 1 fl. 20 kr. 1884 S. 101

Brünn. Karte der Umgebung v. Brünn. 1 : 150,000. 39×31 cm. Farbdr. Wien (908). G. Freytag & Berndt. nn — 20

Brünn. Makowsky, A. u. A. Rzehak, geolog. Karte d. Umgebg. v. Brünn. 1883. 1:75,000. Chromol. Fol. Mit Erläutergn. 8. (4) Brünn, (Winiker).

Brünn. Rothaug, G. u. Frz. Netopil, Brünner Heimats-Atlas. Stufengang des 1. geograph. Unterrichts an den Volksschulen der Landeshauptstadt Brünn. Hrsg. vom „Brünner Lehrerverein". Fol. (9 farb. Karten.) Wien 894. G. Freytag & Berndt. Kart. n.n. 1. —

— Rothaug, J. G., u. Fr. Netopil, Karte der Umgebung v. Brünn. 1 : 50,000. 30,5×42 cm. Farbdr. Ebd. (909). nn — 20

— — — Plan der Landeshauptstadt Brünn. 1 : 10,000. 43×32,5 cm. Farbdr. Ebd. (908). nn — 20

— Schmigmator, K. u. Serv. Dernier, Situationsplan der Landeshauptstadt Brünn. Bis auf den Stand pro 1890 ergänzt v. Serv. Dernier. 1 : 2880. (2. Aufl.) 4 Blatt à 74 × 60,5 cm. Farbendr. Brünn 891. C. Winkler. n. 10. —; auf Leinw. m. Stäben n. 13. 60

Brünn. Situations-Plan der Landeshauptstadt Brünn m. Vororten. 1 : 11,520. 56×66,5 cm. Farbdr. Mit Text an den Seiten. Brünn (906). F. Irrgang. n. 1. —

— Umgebungs-Karte v. Brünn. Hrsg. v. k.k. militär-geograf. Institute in Wien. 1:75,000. Lith. Fol. Wien 81, (Lechner's S.).

Brünn, Kreis. Karte der Bezirkshauptmannsch. Brünn, m. den Bezirksgerichten: Brünn, Tischnowitz u. Eibenschütz. 1 : 3600. 16 Abtheilgn. Chromolith. Fol. Brünn 889. Winkler. Auf Leinw. in Mappe od. m. Rollen. n. 20. —

Brünn, Stadt. Schmigmator. K., u. S. Dernier, Situations-Plan der Landeshauptstadt Brünn m. Bezeichnung der öffentlichen Gebäude und Anstalten. 1 : 5760. Farbendr. gr. Fol. Mit Verzeichniss der Strassen, Gassen u. Plätze. 8. (IV S.) Brünn 890. Winkler. n. 2. —

Brünn [Verfasser]

Brünn, Friedrich Wilhelm, Assistenzarzt: Zur Kenntnis der angeborenen Sakraltumoren. *München 1902: C. Wolf & Sohn.* (21 S.) 8°
München, Med. Diss. v. 1902

Brünn, J., Grundlinien der Selbsterkenntniß. Ein Beitrag zur Ueberwindung materialistischer u. socialdemokratischer Anschauungen. gr. 8. (30 S.) Leipzig 879. A. Krüger. n. — 60

Brünn, Wilhelm, appr. Arzt: Über Tubargravidität. Freiburg i. B.: Hammerschlag & Kahle 1909. 57 S. 8°
Freiburg i. B., Med. Diss. v. 1909, Ref. Krönig
[Geb. 6. Aug. 84 Miloslaw; Wohnort: Miloslaw; Staatsangeh.: Preußen; Vorbildung: Friedrich-Wilhelms-Gymn. Posen Reife O. 03; Studium: Berlin 8, Freiburg i. B. 2 S.; Coll. 5. Juni 08.] [U 10. 957

Brunnacher, H., s. Idiotikon, Schweizerisches.

Brunnberg, Tyko, Menstruationsstörungen u. ihre Behandlg. mittels hypnot. Suggestion. D. Bedeutg. des Hypnotismus als pädagog. Hülfsmittel. A. d. Schwed. v. Rob. Tatzel. Autor. Ausg. gr. 8. (40 S. m. 1 Tab.) Berlin 896. H. Brieger. n. 1. —

Brunne, Aug., Wasserhaltung in Bergwerken. Beschreibung u. Darstellg. der f. die Wasserhebg. in Bergwerken gebräuchl. Maschinen, Pumpen u. anderen Einrichtgn. Ein Handbuch f. Bergwerks-Techniker, Bergfach-Studierende u. Maschinenbauer. Mit 487 Abbildgn. im Texte u. 16 Taf. m. Ansichten v. Wasserhaltgn. (XV, 419 S.) gr. 8. Leipzig 903. (A. Felix.) n. 11. —

Brunne, Ernst Eduard, Approb. Arzt aus Langerfeld i. W.: Ein Fall von Hodensarkom auf traumatischer Basis. Ein Beitrag zur Ätiologie d. malignen Tumoren. *Greifswald 1903: J. Abel.* (28 S.) 8°
Greifswald, Med. Diss. v. 7. März 1903

Brunneck [Schlagwort]

Brunneck, s.: **Alpen, Artaria.**

Brunneck [Verfasser]

Rumänische Volksmärchen von Ferdinand Brunneck. *Dresden & Leipzig: E. Pierson 1901.* (106 S.) 8° Ja. 8665

Brünneck, Kirchenpatronat, siehe Festgabe für Fitting.

Bruenneck, E. v., die Abschaffung der Eisenzölle u. Herrn v. Kardorff's Broschüre: „Gegen den Strom". gr. 8. (17 S.) Berlin 875. Puttkammer & Mühlbrecht. n. — 40

Brünneck, d. Abschaffung d. Eisenzölle. Berlin 876.

Brünneck, E. v., d. hannoversche Gesetz üb. Gemeindewege u. Landstraßen v. 28. Juli 1851 i. s. jetz. Gestalt u. Erlaß d. Gesetzes v. 24. Mai 1894. M. Erläutergn. gr. 8. (VII, 85 S.) Berlin 897. Puttkammer & Mühlbrecht. n. 1. 80

de Brvenneck, Henricvs Magnvs Egmont (geb. am 19 Dez. 1842 [nicht 1841] auf Bellschwitz Rgbz. Marienwerder): De avctoritatis, qva Prvssiae ordines svb ordinis Tevtonici imperio vtebantvr, initio et incremento ... Bonnae, typ. expr. P. Nevsser 1865. 1 Bl., 92 S., 1 Bl. 8.

Bonn, Jur. Fak., Diss. v. 15 Aug. 1865

Brünneck, Werner von: Die herrschende Kausalitätstheorie und ihre Stellung zum Reichsstrafgesetzbuch. *Halle a/S. 1897: (Weimar. Hof-Buchdr.).* (VI, 92 S.) 8°
Halle, Jur. Diss. v. 18. Sept. 1897

Brünneck, Wern. v., d. herrsch. Kausalitätstheorie u. ihre Stellg. z. Reichsstrafgesetzbuch. Diss. gr. 8. (VII, 88 S.) Halle 897. (Berlin, F. Vahlen.) n. 2. —

Brünneck, Wilhelm v.

Brünneck, Wilh. v., Beiträge zur Geschichte des Kirchenrechts in den deutschen Kolonisationslanden. I. gr. 8. Berlin, F. Vahlen. n. 1. 20
Zur Geschichte des Kirchenpatronats in Ost- u. Westpreußen. (IV, 46 S.) 902.

Brünneck, Wilh. v., Beiträge zur Geschichte des Kirchenrechts in den deutschen Kolonisationslanden. II. gr. 8. Berlin 904. F. Vahlen. n. 3. —
Zur Geschichte des märkischen Provinzialkirchenrechts. 1. Das Kirchenpatronat. 2. Die Verwaltg. des Pfarr- u. Kirchenguts. (IV, 133 S.)
I. Ebd. 902. n. 1. 20.

Das Burggrafenamt und Schultheißentum in Magdeburg und Halle sowie d. Umbildung dieser Ämter durch d. magdeburg-schlesische u. kulmisch-preuß. Recht von Wilhelm v. Brünneck. Berlin: F. Vahlen 1908. (XII, 125 S.) 8° [F.] 08. 13015

Bruenneck, August[us] Guil[ielmus] Magnus a: De dominio ferarum quae illicite capiuntur. Halis Saxonum (1862): Orphanotropheum. 58 S. 8°
Halle-Wittenberg, Jur. Diss. v. 8. Aug. 1862
Geb. [Berlin 7. 3. 1839]
Verf. erlebte das Jubeldiplom 1912 als Geheimer Justizrat und ordentlicher Honorarprofessor für deutsches Recht und Rechtsgeschichte in Halle

— zur Geschichte u. Dogmatik der Gnadenzeit, s. a. Abhandlungen, kirchenrechtliche.

Zur Geschichte und Dogmatik der Gnadenzeit. Von Dr. Wilhelm v. Brünneck, Honorarprof. Stuttgart: F. Enke 1905. (116 S. 8°
= Abhandlungen, Kirchenrechtliche. H. 21. 05. 5767

Zur Geschichte des Grundeigenthums in Ost- und Westpreußen. Von Dr. Wilhelm v. Brünneck, Prof., Halle. 1. 2, Abt. 1. 2. Berlin: F. Vahlen 1891–96. 3 Bde 8° [F.]
1. Die kölmischen Güter. 1891. 2. Die Lehngüter. Abt. 1. Das Mittelalter. 1895. Abt. 2. Die neuere Zeit. 1896. 95. 14940

Zur Geschichte des Kirchenpatronats in Ost- und Westpreussen von Dr. jur. Wilhelm v. Brünneck, Hon.-Prof. in Halle a/S. *Berlin: F. Vahlen 1902.* (IV, 46 S.) 8° [F.]
= Beiträge z. Geschichte d. Kirchenrechts in d. Deutschen Kolonisationslanden. 1. 03. 3,16

Zur Geschichte des Kirchenpatronats in Ost- und Westpreussen von Dr. jur. Wilhelm v. Brünneck, Prof. in Halle a/S. *Berlin: F. Vahlen 1902.* (IV, 46 S.) 8° [F.]
= Brünneck: Beiträge z. Gesch. d. Kirchenrechts in d. Deutschen Kolonisationslanden. 1. 02. 4375

Zur Geschichte des märkischen Provinzialkirchenrechts. 1. Das Kirchenpatronat. 2. Die Verwaltung d. Pfarr- u. Kirchenguts. Von Dr. jur. Wilhelm v. Brünneck, Prof. in Halle a./S. *Berlin: F. Vahlen 1904.* (IV, 133 S.) 8° [F.]
= Brünneck: Beiträge z. Gesch. d. Kirchenrechts in d. Deutschen Kolonisationslanden. 2. 04. 8511

Brünneck, Augustus Guilelmus Magnus de: „Die Jagdgenossenschaften." Halis (1866): Orphanotropheum. 2 Bl. 8°
Halle-Wittenberg, Jur. Habil.-Thesen [pro loco] v. 21. Dez. 1866
Nur Titelbl. u. Sententiae controversae.

Brünneck, Wilhelm von: Die Jagdgenossenschaften. Halle: Waisenhaus 1867. 58 S. 8°
Halle-Wittenberg, Jur. Hab.-Schr. v. [21. Dez. 1866]

Brünneck, Wilh. v.: Die Pfandbriefsysteme d. preuss. Landschaften. (8, 344) gr8° Berl., F Vahlen '10. 6 — d

Brünneck, Wilh. v., das Recht auf Zueignung der v. der See ausgeworfenen od. angespülten Meeres-Producte u. das Bernstein-Regal. gr. 8. (VI, 90 S.) Königsberg 874. Koch. 1. 50

—— die Reluitionsklagen aus Veräußerungsbeschränkungen um Grundstücke und Mobilien nach den Isländischen Rechtsquellen Gragas und Jarnsida und dem älteren und neueren Norwegischen Gulathingsgesetz, ein Beitrag zur Geschichte des German. Actionenrechts. gr. 8. (87 S.) Königsberg 873, Koch.

Brünneck, Wilh. v., Siciliens mittelalterliche Stadtrechte, nach alten Drucken u. Handschriften mit einer Einleitung hrsg. u. dem Inhalte nach systematisch dargestellt. gr. 8. (LXV, 246 u. IV, 383 S.) Halle 881. Niemeyer. n. 20. —

—— vergleichende Tabellen zur deutschen und preussischen Staats- und Rechtsgeschichte für Studirende und zum Privatgebrauch zusammengestellt. gr. 4. (IV, 29 S.) Berlin 869, Gaertner. *

—— über den Ursprung des sogenannten jus ad rem, ein Beitrag zur Geschichte dieses Dogma. gr. 8. (109 S.) Berlin 869, Gaertner. *

— die Verbindung des Kirchenpatronats m. dem Archidiakonat im norddeutschen, insonderheit mecklenburgisch-pommerschen Kirchenrecht des Mittelalters, s. a. Festgabe f. Herm. Fitting.

Die Verbindung des Kirchenpatronats mit dem Archidiakonat im Norddeutschen, insonderheit Mecklenburgisch-Pommerschen Kirchenrecht des Mittelalters von W[ilhelm] v. Brünneck. *Halle a. S.: M. Niemeyer 1903.* (55 S.) 8°
Aus: Festgabe d. jur. Fak. d. Univ. Halle-Wittenberg f. H. Fitting. 03. 7003 3

Prinz Albrecht von Preußen als Herrenmeister des Johanniterordens. Von [Egmont] v. Brünneck-Trebnitz, Ehrenkommendator. (Hannover 1907: Th. Schäfer.) (45 S.) 8° 05. 2264

Brünneck-Trebnitz, Prinz Albrecht v. Preussen als Herrenmeister des Johanniterordens. (47 S.) gr. 8. Hannover (908). (Sachse & Heinzelmann). 1. —

Brunnemaier, (Jos. Phil.,) Geschichte d. Königl. Baier. Stadt u. Herrschaft Mindelheim rc. 8. Mindelheim 821, (Frankfurt, Brönner u. Landshut, Weber.)

Brunnemaier, Jos. Phil., Gesch. d. königl. Baier. Stadt u. Herrschaft Mindelheim rc. 8. Mindelheim 821. (Münch., Weber). 1 rß 14 fl

Brunneman, Paul Hieronymus (Köln /Mark), De clausula codicillari. Disp. jur. Präs. Samuel Stryk. Frankfurt/O., 8. VII. 1670. (Chph. Enoch Buchta) 1679. 32 S. (5.—) 4311
— — Dasselbe. (J. Schrey & H. J. Meyer Erb.) 1691. (5.—) 4312
— — Dasselbe. Halle (J. Ch. Hilliger) 1746. 40 Seiten. (4.80) 4313

Brunnemann, decisionum cent. V. 4. Francf.

Brunnemann, Hamartematogonie. critique de la 4 me medit. de Descartes Magdeb. 1863.
Schul-/Univ.-Schrift

Brunnemann's deut. Höhenschichtenkte „Wandervogel". Rudolstadt, Schwarzatal u.Umgebg. 1:50,000. 44×52,5 cm. Farbdr. Rudolst., (Müller) ('11). auf L 2 —

— dass. Saalfeld—Blankenburg—Schwarzburg. 1:50,000. 22×35 cm. Farbdr. Ebd. ('11). — 70

Brunnemann: Von d. Privatpfändung u. deren Rechte. *Stralsund,* 773 8.

— Specialk. d. Prov. Hessen-Nassau u. d. Fürstent. Waldeck (-Pyrmont). 1:333⅓,000. 58×66 cm. Farbdr. Ebd. 99. 2.50; auf L. 3.80

Brunnemann, Alex. Geo. Chr., († d. 1. Mai 1804.) kurze Abhandl. von d. Privatpfändung u. deren Rechte, zur Erläuterung d. 21. Kap. d. Pommerschen Polizeiordnung. 8. Stralf. 773.

— Vademecum notariale, od. Handbuch e. angeh. Notarius in Fragen u. Antworten. 8. Berl. 773. Lange. 4 gr.

Brunnemann, Anna

Brunnemann, A., la France en zigzag, s.a. Schriftsteller, englische u. französische, der neueren Zeit.

La France en zigzag. Géographie, histoire, monuments, industrie, administration. Ausgewählt u. f. d. Schulgebr. hrsg. von Anna Brunnemann. Mit 20 Abb. u. 1 Karte von Frankreich. (Ausg. A.) [Nebst] Wörterbuch. Glogau: C. Flemming [1907]. 2 Bde 8°
— Schriftsteller, Englische u. franz., d. neueren Zeit. Bdch. 50. 1908. 4387

Brunnemann, A., les Grandidier. Eine Novelle in Gesprächsform zur Einführg. in die Umgangssprache u. in die Lebensverhältnisse des französ. Volkes. Für den Schulgebrauch hrsg. v. E. Hofmann. Mit e. Plan v. Paris. 8. (IV, 135 S.) Leipzig (900). P. Spindler. Geb. n.n. 1.50; Wörterbuch (46 S.) n. — 40

Brunnemann, A., les Grandidier. Eine Novelle in Gesprächsform zur Einführg. in die Umgangssprache u. in die Lebensverhältnisse des französ. Volkes. Für den Schulgebrauch hrsg. v. E. Hofmann. 2. Aufl. Mit e. Plan v. Paris. (IV, 135 S.) 8. Leipzig (903). O. R. Reisland. Geb. n. 1. 50; Wörterbuch (46 S.) n. — 40

— Les Grandidier. Eine Novelle in Gesprächsform zur Einführg. in die Umgangssprache u. in die Lebensverhältnisse des französ. Volkes. Für den Schulgebrauch hrsg. v. E. Hofmann. 4. Aufl. Mit Anmerkgn. u. e. (farb.) Plane v. Paris. (IV, 135 S.) 8. Leipzig (907). O. R. Reisland. Geb. 1.50; Wörterbuch. 3. Aufl. (46 S.) — 40

Brunnemann, A., Handbuch f. e. Studienaufenthalt im französischen Sprachgebiet, s.: Rossmann, Ph.

Brunnemann, A: Jours d'épreuve. Lesestoff z. Einführg in d. Umgangssprache u. d. Lebensverhältnisse d. französ. Volkes. Unter Mitwirkg v. M Hébert geschrieben. Für d. Schulgebr. hrsg. v. E Pitschel. 8° (152 m. 1 Pl.) Lpzg 99, P Spindler. Geb. nn 1.50; Wörterb. (44) — 40

— Jours d'épreuve. Ein Lesestoff zur Einführg. in die Umgangssprache u. die Lebensverhältnisse des französ. Volkes. Unter Mitwirkg. v. Marcel Hébert geschrieben. Für den Schulgebrauch hrsg. v. E. Pitschel. 3. Aufl. Mit e. Plan v. Paris. (VI, 152 S.) 8. Ebd. 903. Geb. n.n. 1. 60; Wörterbuch (44 S.) n. — 40

— Jours d'épreuve. Lesestoff z. Einführg in d. Umgangssprache u. d. Lebensverhältn. d. französ. Volkes. Unter Mitwirkg v. Marcel Hébert geschrieben. Für d. Schulgebr. hrsg. v. E Pitschel. Mit Anmerkgn. 5. Afl. (8, 152 m. 1 farb. Pl.) 8° Lpzg, OR Reisland '11. geb. nn 1.60; ohne Pl. nn 1.20

Brunnemann, Anna, Max Klingers Radierungen vom Schicksal des Weibes. (37 S.) 8. Leipzig (903). Berlin, H. Seemann Nachf. n. — 60

— ein Studienaufenthalt in Paris, s.: Rossmann, Ph.

Brunnemann, C.: Lehrbuch der französischen Sprache für Schulen, s. Brunnemann, Karl

Brunnemann, C. G., de praecipuis zinci calcib. etc. 4 Lpz. 796. (W. Nauck). 4 gr.

Brunnemann, C. H., Einladung zur jährl. Prüfung der Zöglinge des Friedrichs Werderschen Gymnasiums ꝛc. Nebst: F. G. Engelhardts Adnotation. criticae in Demosthenis oratt. Olynth. Philipp. de pac., de reb. Chers., de Symmor., de Rhod. lib. pro Megalop. 4 maj. Berl. 828. (Plahn). 9 gr.

Brunnemann, C.H.: Ueber den zur Belebung des öffentlichen Schulunterrichts erforderlichen religiösen Geist.
Progr. Berlin W. 1825.

Brunnemann, Carl, s. Brunnemann, Karl

Brunnemann, Charles, s. Brunnemann, Karl

Brunnemann, Chr. Ant., († ... 1744.) Predigten z. Erbauung üb. d. Evangelien. 4. Berl. 767. (Reimer). 2 ℔

Brunnemann, D. C. G., de praecipuis Zinci calcib. etc. 4. Lips. Sommer. 796.

[F.] Brunnemann, Erich [Referendar]: Die Frau als Thronfolgerin, Regentin und Regierungsstellvertreterin in den deutschen Staaten ... Greifswald, Druck v. J. Abel, 1895; 41 S. 8.
Greifswald, Jur. Fak., Inaug.-Diss. v. 1895

— **Friedr. Albert** (Magdebg.), Illustr. commentatio Bilgueri de membrorum amputatione rarissime administranda aut quasi abroganda. Diss. med. Halle (Ploetz) 4. VIII. 1845. 48 S., mit Biogr. (M.: U. v. Voss.) (4.50) 4316
Oppon.: F. Niemeyer, C. Sendler.

Brunnemann, Friedrich Gottlob: De hydrophobia a morsu animalium rabidorum et ab aliis causis, s. a. Mangold, Christoph Andr.

— **Friedrich Gottlob** (Borna), De hydrophobia a morsu animalium rabidorum et ab aliis causis. Diss. med. Präs. Christoph Andr. Mangold. Erfurt (Nonne) 17. IV. 1765. 54 S. (5.50) 4317

Brunnemann, J.: Commentarius in L. libb. Pand. (Ed. II. a Sam. Stryckio. Acc. ind. *Frcf. ad Viadr.* 674.) *Viteb.*, Zimmermann. 730. (5 Thl.) — Vol. I. II. *Bern*, Haller. 762. fol. (4 Thl. 12 Gr.)

Brunnemann, Jacob (Praes.), s. Berndis, Panthaleon Rudolph: De jure limitum provincialium.

(Brunnemann, J.). A. Charitini Discours von betrügl. Kennzeichen der Zauberey. Stargard 708. Halle 727. 4.

— Discours von betrüglichen Kennzeichen der Zauberey, worinnen viele abergläubische Meinungen untersucht und verworffen, wie auch Carpzovii, Berlichii, Crusii u. A. leichtgläubige Lehr-Sätze von der Zauberey erwogen, zugleich Weidneri Gegensätze wider diesen Discours beantwortet. Nebst einer historischen Anleitung vom Zustande des Hexen-Processes vor u. nach der Reformation bis auf jetzige Zeiten. Halle 1727. 4°. (In Posen, Bibl. d. histor. Gesellsch.) (10 Mk. E. Frensdorff, c. 1905; 12 Mk. J. Halle, c. 1905.)

— — Dasselbe, tit.: Discours von betrüglichen Kennzeichen der Zauberey, worinnen viel abergläubische Meynungen vernunfftmässig untersucht und verworffen; wie auch Carpzovii, Berlichii, Crusii u. A. Lehrsätze von der Zauberey erwogen worden etc., von *A. C.* Icto. Franckf. 1729. 4°. 94 S. (6 Mk. Völcker, 1906.)

Brunnemann, Jac., Dissertationem politico-juridicam de incrementis urbium Germanicarum 1703 def. Chrn. Andr. Vossius. Halae o. J. 4. . . . . (D.)
. . Halae 1736. 4. . . . . (D.)

Brunnemann, Jakob: De J u r e XI. dierum calendario subtractarum. [Resp.:] Philippus Wilhelmus von dem Busch. Halae Magd. (1700:) Henckel. 56 S. 8°.
Halle, Jur. Disp. v. 5. Jan. 1700.

— — Jurisprudentia publica in qua status S. Romano-German. Imperii praesen. juxta leges nov. in specie capitulationes Leopoldi & Josephi delineatur, & hodiernae illustr. controv. principum adjiciuntur in regia et elect. Fridericiana publ. dissertationibus. Halle (J. F. Zeidler & H. G. Mussel) 170 (?) 8 Bl., 244 S., 8 Bl. (8.—) 4320
Respond: Rud. Aug. v. Lautensack (Braunschweig), Aug. Adolph Ermisch (Braunschwg.).

Brunnemann, Joh., Betrachtung. üb. alle Sonn- u. Fest-tags-Evangel. 8. Budißin. 730.

— — Decisionum centuriae V. In quibus casus rariores, facultati jurid. Francofurtanae oblati, breviter & nervose, subj. rationibus praecip. decid. 4. V. 1674. Ex auctoris manuscripto rev. cur. Samuel S t r y k. Frankfurt (J. Chph. Hartmann) 1704. 12 Bl., 358 S., 37 Bl. (8.—) 4328
Gew. (v. Verleger): Paul Frh. v. Fuchs (Malchau . .). — Widm. an J. Brunnemann v.: Rudolph Friedr. Schultt (Curländ. Adel).

— Johann, Tractatus succinctus de cessione actionum et versuris Mai 1662, denuo revisus emend. . . . Wittbg. (J. Schrey & H. J. Meyer Erb.) 1692. 4 Bl., 234 S., 15 Bl. Ind. (7.—) 4321

— — Dasselbe. Frankfurt/O. (J. Schrey & J. Chph. Hartmann) 1707. 4 Bl., 200 S., 15 Bl. Index. (7.—) 4322

— — Dasselbe. Frankfurt/O. (J. G. Conradi) 1721. (7.—) 4323

Brunnemannus, Joh.: Commentarius in Codicem Justinianeum quo singulae leges et authenticae explicantur. Acc. ex ejusdem auctoris commentario ad Pandectas continua allegatio. Ed. nov. Lipsiae 1708. fol.

Brunnemann, Ios., Commentar. in codicem Iustin. fol. Lips. (Varrentr. et W. F.) 717.

— commentarius in codicem Justinianeum etc. Fol. Colon. Allobrog. 754. (Frankf. a. M., Varrentrapp). 4 ᴙᵦ

— Commentar. ad pandectas. fol. Vitteb. Zimmermann, 730.

Brunnemann, Jh., commentar. in pandectas. II Tom. Fol. Bern 762. Haller. 4 ᴙᵦ 12 ℊℊ

Ej.: Compendium juris ecclesiastici. *Vitebergae*, Zimmermann. 735. 8. (16 Gr.)

— Consilia et reponsa. fol. Frft. 704.

Brunnemann, Joh.: Tractatus jur. de d a r d a n a r i i s, German. Von Korn-Jüden, ad L. Annonam 6 D. de extraord. criminib. Lipsiae 1712.

Brunnemann, Johann: E n c h i r i d i u m logicae iuridicae. Jenae 1716. 8°

— Exercitat. Iustinianeae. 52. 4. Vitteb. 727. –

— Inquisitions-Proceß. 4. Frankf. 717. –

Brunnemann, Joa.: De jure ecclesiastico tract. posthumus. *Frcf.* 681. — Acc. Praelectt. ad regg. juris Canon. ejusd. auct. ut et tract. de dissensu sponsalitio. (cur Sam. Strykii.) Ed. V. *Frcf.* 709. — 721. 4.

Brunnemann, Johann: De jure ecclesiastico, tractatus posthumus, in usum eccelesiarum evangel. et consistoriorum concinnatus post mortem autoris rev. a Sam. Strykio.
– Ed. nova. Acc. praelectiones... ut et tractatus (Strykii) de dissensu sponsalitio. Wittenbergae 1721.

— meditationes sacrae ad duct. evangelicor. dominic. 8. Hannov. Helwing. 700.

— memoriale praecipuar. legum codicis. 12. Franf. 710.

Brunnemann, Joh.: De p r o c e s s u concursus creditorum praelectiones publicae notis et additionibus necessariis illustratae a Sam. Strykio ... Acc. Joach. Chemnitii diss. de jure praelationis creditorum. Francofurti ad V. 1742.

— de processu fori inquisitionis concursus creditor. et de cessione action. 4. Francf. Strauss. 747.

Brunnemann, Jo.: Tract. de processu fori legitime instituendo et abbreviando, litigiorumque anfractibus praescindendis. *Lips.*, 659. 8. — *Frcf. ad Viadr.*, 732. 4. — remissiones ad ordinat. proc. Silesiaci et praef. ed. XI. adjecit. C. Gli. de Toll. *Frcf.*, 747. 4.

— processus criminal. civ. et de concursu creditor. etc. 4. Francf. 737.

— repetitio paratitlorum Wesenbeccii. 8. Vittebergae. Zimmermann. 708.

Brunnemann

— Johann Friedrich August (Borna), Substitutio pupillaris vel quasi testamentum duplex. Diss. jur. Präs. Gottfried Ludwig Winckler. Leipzig (Saalbach) 11. IX. 1788. 30 S. (4.80) 4330
Gew.: Carl Gottfried v. Winckler.

Brunnemann, Karl

Brunnemann, Carol., commentatio de auctoribus scholiorum Vaticanorum ad Euripidis Troades. gr. 8. (52 S.) Berolini 846. (G. Bethge.) n. 1/4 ᴙᵦ

Brunnemann, Carl. Ueber eine Azoxysulfobenzolsäure und einige ihrer Derivate. Greifswald, 1879. Diss.

Brunnemann, Karl, die Befreiung der Landschaft Thurgau im J. 1798. Der Kanton Thurgau unter der Helvetik 1798—1803. Zwei historische Skizzen. Amriswell 861. (Häberlin.) gr. 8. (VIII, 108 S.) n. 10 ngr.

Brunnemann, K, d. Befreiung d. Landsch. Thurgau im J. 1798. Der Kant. Thurgau unt. d. Helvetik 1798—1803. 8. (108) Amrisw. 61, Juker. *n.* — 10

B r u n n e m a n n, Charles, Cours élémentaire de langue latine. 1re partie. gr. 8. (IV, 168 S.) Leipzig 872, M. Schäfer. *

B r u n n e m a n n, Carl. Drei Schweizer Freiheits-Märtyrer des vorigen Jahrhunderts (Johann Daniel Abraham Davel, Samuel Henzi, Peter Nicolaus Chenaux). Von Dr. K. B'.... 8. Frauenfeld 1861. Huber.

—— Geschichte der nordamerikanischen Literatur. Eine literar-histor. Studie. 2. (Titel-)Ausg. 8. (IV, 159 S.) Leipzig (866)68, Grunow. *

(B[r u n n e m a n n], C[arl].) Grundriss der allgemeinen Geschichte für Gymnasien, Sekundar- und Industrieschulen, zunächst zum Gebrauch der Thurgauer Kantonsschule. 8. Frauenfeld 1858.

Brunnemann, K., Hauptregeln der französischen Syntax, nebst Musterbeispielen. Im Anschluß an d. Verf. „Syntax der neu-französischen Sprache", wie an jede andere Schulgrammatik, zum Repetitionsgebrauche an Gymnasien, Realschulen u. sonstigen höheren Bildungsanstalten ausgearb. 8. (IV, 56 S.) Leipzig 882. C. A. Koch. n. — 60

Brunnemann, Karl, Hauptregeln der französischen Syntax, nebst Musterbeispielen. Im Anschluß an des Verf. „Syntax der neu-französ. Sprache", wie an jede andere Schulgrammatik, zum Repetitionsgebrauche an Gymnasien, Realschulen und sonst. höheren Bildungsanstalten ausgearb. 8. (IV, 55 S.) Leipzig, 882, Literar. Verlags-Institut. † — 60

—— dass. — 2. verm. Aufl. 8. (IV, 102 S.) Leipzig 883, C. A. Koch's Verlagsh. † — 80

Brunnemann, Carl, Lehrbuch der französischen Sprache für Schulen [nicht für den Selbstunterricht]. 3. Kursus. Syntax der neu-französischen Sprache. Unter Mitwirkung von Charles Toussaint und G. Langenscheidt. 1. Aufl. (XXXII, 365 S.) 869. *ℳ 2., und 2. Aufl. gr. 8. (XXXII, 392 S.) Berlin 873, Langenscheidt's Verlagsh. (*ℳ 2,40.) *
Vgl.: Toussaint-Langenscheidt, Lehrbuch 2c.

— Lehrbuch der französischen Sprache f. Schulen. 3. Kursus. Syntax der neu-französ. Sprache. Unter Mitwirkg. v. Charles Toussaint u. G. Langenscheidt. 2. Aufl. gr. 8. (XXXII, 392 S.) Berlin 874. Langenscheidt. n. 2. 40

Brunnemann, Carl (I.), Lehrbuch der französ. Sprache für Schulen [nicht für den Selbstunterricht]. 3. Kursus: Syntax der neu-französ. Sprache. Unter Mitwirkung von Charles Toussaint und G. Langenscheidt. 3. Aufl. (XXXII, 392 S.) Berlin 878, Langenscheidt'sche Verlagsh. *
1. und 2. Kursus. Vgl.: Toussaint, Ch., und G. Langenscheidt, Lehrbuch 2c.

—— und C. Kraut, praktischer Lehrgang der deutschen Sprache. gr. 8. (IV und 68 S.) Frauenfeld 858, [Huber's Buchh.] *

—— u. K Kraut, prakt. Lehrg. d. deut. Sprache. 8. (68) Frauenf. 58. (Zür., Meyer u. Z.) n. — 6

Brunnemann, K., und K. Kraut, praktischer Lehrgang der deutschen Sprache. Frauenfeld 858. Verlags-Comptoir. gr.8. (IV, 68 S.) n. 6 ngr.

Brunnemann, Karl, Moralla. Vermischte Aufsätze cultur u. literarhistor. Inhalts. gr. 8. (VI, 194 S.) Elbing 871. Neumann-Hartmann's Verl. n. 2. --

— und K. Kraut, zur Orientirung über den praktischen Lehrgang der deutschen Sprache der Verff. Frauenfeld 859. (Zürich, Meyer & Zeller.) gr. 8. (15 S.) 1½ ngr.

—— —— zur Orientirung über den praktischen Lehrgang der deutschen Sprache der Verff gr. 8. (15 S.) Frauenfeld 859, [Huber's Buchh.]

Brunnemann, Karl, Maximilian Robespierre. Ein Lebensbild nach zum Theil noch unbenutzten Quellen. 2. (Titel-) Aufl. gr. 8. (VI, 219 S.) Leipzig (880)885, Friedrich. *

— Michel Servetus. Eine actenmässige Darstellung d. 1553 in Genf gegen ihn geführten Criminal-Processes. Berlin 865. H. Müller in Comm. 4. (30 S.) n. 10 ngr.

Brunnemann, Karl, Skizzen u. Studien zur französischen Revolutions-Geschichte. Braunschweig: W. Bracke jr., 1876. 8°. Cart. *)
110 S. u. 1 Bl. Inh.: 1. Mme. Roland (1754–93). 2. Buzot, Mme. Roland's Geliebter (1760–93). 3. Camille Desmoulins (1760–94). 4. Der Sturz der Girondisten (1793). 5. Der Jakobinerclub (1789–94). 6. Das Pariser Revolutionstribunal (1793–95).

— Skizzen u. Studien zur französischen Revolutions-Geschichte. gr. 8. (111 S.) Braunschweig 876. Stuttgart, Dietz. n. 1. 60

—— Skizzen u. Studien z. franz. Revolutions-Geschichte. 8. (111) Brnschw. 76. Lpzg, Goldhausen. n. 1. 60

Brunnemann, C. Syntax der neu-französ. Sprache, s. Toussaint, Charles, u. G. Langenscheidt, Lehrbuch der französ. Sprache.

—— Vorschule, s. Lehrbuch der französischen Sprache für Schulen.

B[runnemann], C[arl]. Wanderungen eines deutschen Schulmeisters. Pädagogisches und Politisches aus den Jaren (von) 1847 bis 1862. Von K[arl] O[tto] M[artinus] B. 8. Berlin 1874.

—— kleines französisch-deutsches Wörterbuch. 8. (IV, 77 S.) Berlin 875, [Imme.] Bichteler und Comp.

Brunnemann, Carl Gottfried Ferdinand (Borna), De praecipuis zinci calcibus earumque in utraque medicina usu. Präs. Adam Michael Birkholz. Leipzig (Sommer) 29. I. 1796. 26 Seiten. (4.80) 4314
Gew.: Friedr. Gottlob Brunnemann (Vater).

-- Carl Gustav (Borna), Febrium intermittentium pathologiam et therapiam sistens. Diss. med. Jena (Schlotter) 30. X. 1827. 40 S. (4.80) 4315
Gew.: Friedrich Gottlob Brunnemann.

Brunnemann, C[arolus] O[tto] M[artinus]: *De auctoribus scholiorum Vaticanorum ad Euripidis Troades. 64 S. 4° (2°)
Halle-Wittenberg, Phil. Diss. v. 23. Dez. 1846
Geb. [Berlin 17. 10. 1823]
Im Buchhandel als: Commentatio de auctoribus... Berolini: Bethge 1846. 52 S. 8°
Verf. erhielt die Diplomerneuerung 1896 als Realgymnasialdirektor a. D. aus Elbing in Dürkheim, war aber kurz vorher verstorben,

Brunnemann [Dir. Dr.]: Die Elbinger höhere Bürgerschule 1841—1845. Elbing, Wernich'sche Buchdr. (1889); S. III–X; 4°
Elbing, st. RG, OP 1889 (45)

Brunnemann, *Karl Otto Martinus* [Dir. Dr.]: Die Elbinger höhere Bürgerschule 1845—1859. (Forts. d. P-Beil. 1888. 89.) Elbing, Wernich'sche Buchdr. (1890); S. III–XV; 4°
Elbing, st. RG, OP 1890 (46)

[Ant. u. F.] Brunnemann, *Carl Otto Martinus* [Dr. Dir.]: Jeremias Ferrier. Excurs zu H. Th. Buckle: History of Civilisation in England Chapter 8. Elbing, Wernich'sche Buchdr., *1891;* 1 Bl., 7 S. 8°
Elbing, st. RG, OP 1891 (45)

Brunnemann, K. O. M. Kurzgefafste Geschichte des städtischen Realgymnasiums zu Elbing während des ersten Vierteljahrhunderts seines Bestehens 1859—1884. 22 S. Rg. *Elbing* 1885.
Progr.

Brunnemann, *Karl Otto Martinus* Aus der Vorgeschichte des Elbinger Realgymnasiums. (Umschlagtitel: Mitteilungen aus ...) 4 (S. III—IX). Progr. Rg. *Elbing* 1888

Brunnemann, K. O. M. Wesen und Bedeutung der Realschule. Elbing, R., 1870. 15 S. 4. Progr.

Brunnemann, M., s. Katalog der Lehrmittel-Ausstellung zur XIX. Hauptversammlung d. Vereins deutscher Zeichenlehrer in Kassel.

Brunnemann, Martha: Decamerone III⁸ im englischen Drama. Rostock 1910: Hinstorff. 105 S., 1 Taf. 8°
Rostock, Phil. Diss. v. 8. Aug. 1910, Ref. Lindner
[Geb. 19. Okt. 82 Rostock; Wohnort: Rostock; Staatsangeh.: Mecklenburg-Schwerin; Vorbildung: Gymn. Doberan Reife M. 07; Studium: Rostock 4, München 2 S.; Rig. 30. Juli 10.] [U 11. 4145

Brunnemann, Max

Kassel und Wilhelmshöhe. Ill. Wegweiser mit 3 Plänen. [Verf.: Max Brunnemann.] 3. teilw. umgearb. Aufl. Kassel: M. Brunnemann (1904). (36, IV, 102 S.) 8° [F. u. Ant.]
[Umschlagt.:] Verband Deutscher Elektrotechniker. Führer durch Kassel u. Wilhelmshöhe. Festschrift z. 12. Jahres-Versammlung 1904. [o6. 14089 4

Kassel, Wilhelmshöhe. Illustr. Wegweiser mit 3 Pl. 4. verb. Aufl., lexikalisch bearb. von Max Brunnemann. Kassel: M. Brunnemann [1905]. (80 S.) 8°
— Reisehandbücher, Brunnemanns. 1. [o6. 7331 4

Kassel, Wilhelmshöhe und Umgebung. Reisehandbuch mit 4 Pl. u. zahlr. Abb. neu bearb. von Max Brunnemann. 12. verm. u. verb. Aufl. *Kassel: M. Brunnemann (1899).* (VIII, 240 S.) 8°
[Umschlagt.:] Führer durch Kassel ...
— Reisehandbücher, Brunnemanns. 2. [o4. 8804 4

Der Meissner und angrenzende Gebietsteile. Ill. Führer bearb. von Max Brunnemann. *Kassel: M. Brunnemann [1901].* (72 S.) 8°
— Reisehandbücher, Brunnemann's. 4. [o4. 7337 4

Brunnemann's, Max, Reisehandbücher I, II, u. IV. 12. Kassel, M. Brunnemann. n. 2. 60
I. Illustrirter Wegweiser durch Kassel u. Wilhelmshöhe. Lexikalisch bearb. m. Plänen v. Kassel u. Wilhelmshöhe. (43 S.) 899. n. — 60
II. Kassel, Wilhelmshöhe u. Umgebung. Reisehandbuch m. 4 Plänen u. zahlreichen Abbildgn. im Text, neu bearb. v. Max Brunnemann. 12., verm. u. verb. Aufl. (VIII, 206 S.) 899. Kart. 1. 50
IV. Der Meissner u. angrenzende Gebietsteile. Illustrierter Führer. (63 S.) (901.) n. — 60
III erscheint später.

Brunnemann's, Max, Reisehandbücher. Nr. 3, 5 u. 6. 12. Kassel, M. Brunnemann. n. 7. 10
3. Werratal, das, u. Grenzgebiete. Reisehandbuch, im Auftrage u. unter Mitwirkg. des Werratalvereins hrsg. (Neue Ausg.) Mit Karte. (VIII, 382 S.) (903.) Kart. n. 2. —
5. Bad Sooden, Allendorf a. d. Werra u. Umgebung. Reisehandbuch m. Karte, unter Mitwirkg. des Werratalvereins u. der Badeverwaltg. hrsg. (65 S.) (903.) n. — 60
6. Werratal, das, u. Grenzgebiete. Reisehandbuch, im Auftrage u. unter Mitwirkg. des Werratalvereins hrsg. Mit (3) Karten. (VIII, 342 S.) (903.) Geb. in Leinw. n. 4. 50

Bad Sooden, Allendorf a. d. Werra u. Umgebung. Reisehandbuch mit Karte unter Mitw. d. Werratalvereins u. d. Badeverwaltung hrsg. von Max **Brunnemann**. Kassel: M. Brunnemann 1903. (76 S.) 8°
— **Reisehandbücher**, Brunnemanns. 5. [4. 8818 4

Das Werratal und Grenzgebiete. Reisehandbuch im Auftr. u. unter Mitw. d. Werratalvereins hrsg. von Max **Brunnemann**. Mit Karte. Kassel: M. Brunnemann [1903]. (VIII, 382 S.) 8°
[Umschlagt.:] Führer durch d. Werratal von Münden bis Salzungen.
— **Reisehandbücher**, Brunnemanns. No 3. [4. 6739 4

— **Sebast. Daniel** (Colberg), De remediis contra rem judicatam. Diss. jur. Präs. Johann Samuel Stryk. Halle (Chr. Henckel) Febr. 1698. 88 S. (5.—) 4331

— — Dasselbe. 1704. (5.—) 4332

— **Thomas** (Hamburg), De remedio revisionis speciatim ex jure Hamburgensi. Diss. jur. Präs. Georg Ludwig Boehmer. Gött. (J. Ch. Dieterich) 21. IV. 1774. 30 S. (4.80) 4333
Widm. v. Präs.

Brunnemann, W. Die Befreiung der Landschaft Thurgau 1798. Thurgau unter der Helvetik 1798—1803. 8. Amriswcil 1861.

Brunnen, der. Eine Sammlg. ernster Bücher. 1. Bd. 8. Düsseldorf, K. R. Langewiesche. n. 1. 80; geb. n. 3. —
Wir jungen Männer. Das sexuelle Problem des gebildeten jungen Mannes vor der Ehe: Reinheit, Kraft u. Frauenliebe. Von Hans Wegener. 1.—10. Taus. (216 S.) (906.)

Brunnen, über artesische, s. Raritäten, oder Unterhaltungen für Jedermann.

Brunnen, Der Gutte, beym St. Annen-Kirchel über Seydorff. Hirschberg 1738. V: *Neumann, Johann Carl.* (Nent) (LVS)

Brunnen sur le Lac des Quatre-Cantons s. [Türler, Emil August].

Brunnen, Neuer, der Göttlichen Gnaden. D.i. Mänge der Göttlichen Gnaden-Quällen Aller Ablässe des Hoch-heil. Scapuliers . . . Rengersdorf [1730]. V: *Renner, Jos. v.* (Nent)

Der Schöne **Brunnen** zu Nürnberg. Hrsg. vom Stadtmagistrat Nürnberg. (*Nürnberg 1903: U. E. Sebald.*) (4 Bl.) 8° [4. 338 4

Brunnen, der, von Stargardt, s. a. Meklenb. Sage a. d. Vorzeit 1r.

Brunnen, Der, zu Stargard, eine Mecklenburgische Sage der Vorzeit. Rostock u. Leipzig 1796. H: *Fischer, Johann Carl Chn.* (Ky) (MGT)

Brunnen, De tüüf, by Züri. [Zürich 18??] V: *Esslinger, Chph.* (Zuwachsverz. d. Bibliotheken in Zürich 1898 ff.)

Brunnen am Vierwaldstättersee s.a. [Türler, Emil August].

Brunnen am Vierwaldstättersee und Umgebung. Illustrierter Führer mit 2 Karten, herausgegeben vom Kurverein in Brunnen. Luzern 1902. V: *Türler, Emil August.* (BBullSchw 2, S. 396)

Brunnen und der Waldstätterhof am Vierwaldstättersee.... [Prospekt. Mit Illustrationen. 1 Tafel und 1 Karte.] 8. *o. O. u. J.* [1882–1897].

Brunnen, Heinrich. a. Bergeborbeck: Das fortgesetzte Delikt. Berlin 1907: R. Trenkel. (54 S.) 8°
Heidelberg, Jur. Fak., Ref. v. Lilienthal, Diss. v. 1908
[Geb. 31. Mai 79 Bergeborbeck; Wohnort: Bergeborbeck; Staatsangeh.: Preußen; Vorbildung: Gymn. Neuß Reife O. 01; Studium: Bonn 3, Münster 9 S.; Rig. 31. Juli 07.]

- Tausendmahl geseegnete *Brünnen Wessonis.* Das ist *zweyfaches Danck-, Jubel- u. Freuden-Fest des uralt- u. befreyten Closters Wessobrunn, des heil. Vatters Benedicti-Ordens in Ober-Bayrn,* GOtt dem Allmächtigen gehalten, da besagtes Stifft zugleich das Tausende von erster Stifftung, u. das fünffzigste Jubel-Jahr von erstesmahl abgelegten Ordens-Gelübden . . . . Herren *Bedae*, dermahl würdigst regierenden Abbten, J. U. D., der Chur-Bayrischen Benedictiner-Congregation Praesidis generalis etc. etc., in dem Jahr 1753, von dem 23. Herbstmonaths (sic) an, durch fürwährende acht Täg feyerlichst begienge; nunmehro aber in einen dessen umständigen Bericht, samt angehenckter historischer Vorrede . . . . C. licentia Superiorum. Augspurg, gedruckt, u. zu finden bey Jos. Dominico Gruber, cathol. Buchdr., Anno 1754. Fol. Beibd.
7 Bll. Vorst. u. 117 S. „Dem Hochgebohrnen !) des Heil. Röm. Reichs Hochgräfl. Törringischen Stammen-Hauss" gewidmet. — Selten!

Brunnenarchiv, Pyrmonter, 16 Stck. 8. Berl. 782. Stahlbaum. 6 ℛ

Brunnenbauer, der. Hauptorgan f. die gesamte Pumpen-Industrie u. f. modernen Brunnenbau. Hrsg. unter Mitwirkg. bewährter Fachmänner. Red.: M. Laubsch. Jahrg. 1905. 18 Nrn. (156 S. m. Abbildgn.) 4. Berlin, Laubsch & Everth. n. 1. —
Fortsetzung s.: Pumpen- u. Brunnenbau.

Brunnenberg, Karl [aus Ratzeburg]: Über die Häufigkeit und Ursachen der Sterilität unter dem Krankenmaterial der kgl. Universitäts-Frauenklinik zu Würzburg von 1889—1896 . . . Würzburg, Buchdr. v. F. Scheiner, 1897; 28 S., 1 Bl. 8.
Würzburg, Med. Fak., Inaug.-Diss. v. 1897

Brunnenfahrt, Die, oder Kabale und Liebe. Frankfurt a. M. 1835. V: *Pfeiffer, Georg Wilhelm.* (Askenasy 1904, S. 250 f.) (Zeitschr. f. Büch. 1923, S. 81)

Brunnengäste, Die. Erzählung: Der Sammler. Wien 1826. Nr. 138/49. V: *Schopenhauer, Johanna.* Vgl. deren Erzählungen. Frankfurt a. M. 7 (1828) (DARP)

Brunnengräber, Chr., Uebersicht der Abweichungen zwischen den Vorschriften der Pharmacopoea Germanica und denen der Pharmacopoea Hannoverana nova 1833. 16. (18 S.) Rostock 873, Kuhn. [Werther's Verlag.] +

Brunnen- u. Bade-**Kalender**, Deutscher. s. Grieben's Reisebibliothek.

Brunnen- und Bade-Kalender, deutscher, für Reisende und Kurgäste. Für die Saison 1853. Hrsg. von einem pract. Arzte. 8. (LXVIII und 217 S.) Berlin 853, Th. Grieben. *

Brunnen-Konkurrenz für Buenos-Aires. (34 T) qu 4° Steglitz (1910)

Brunnen-Konkurrenz f. Buenos-Aires. 34 Aufnahmen nach d. Orig.-Modellen. (Mit 4 S. Text.) 24,5×32 cm. Stegl.-Berl., Neue photograph. Gesellsch. ('11). in L-M 25 —

Brunnen-Krankengeschichte, Pyrmonter. Lemgo 1770—1776. V: *Pape, Gg. F.* (KY 4/298) (Auct. Heberle, Jänner 1913, Nr. 321) (BIBLPORT)

Brunnenkresse, ein Taschenbuch als Zugabe der Sommerfreuden in Freienwalde a. d. O., von H. Höndschker u. O. v. Hackewitz. 16. Berlin 841, Hachtmann. 1 ℳ

Brunnenkur, lustige, da drey Freunde ihre wunderliche Fata einander erzählen. 8. Schwab. 745.

Brunnenleitung, Die, der Stadt Freiburg. Erbaut 1873—76 . . . Freiburg 1879. H: *Lueger, Otto.* (BABD)

Brunnen-, Röhren-, Pumpen- und Spritzenmeister, der, s.a. Schauplatz, neuer, der Künste und Handwerke. 45. Bd.

Brunnen, Rohren, Pumpen- und Spritzenmeister, auch Bleiarbeiter, der, oder Handbuch für Alle, welche sich mit Verfertigung hydraulischer Maschinen sowie mit Brunnenanlagen, Feuerspritzen. Wasserleitungen und Bleiarbeiten beschäftigen, Besitzer hydraulischer Werke sind oder Aufsicht daruber führen. Nebst Erklärung der bei diesen Werken und Arbeiten vorkommenden Ausdrucke. 5. gänzlich umgearbeitete und verbesserte Auflage herausgegeben von Dr. Christ. Heinr. Schmidt. Mit 13 lithographirten Querfoliotafeln. 8. Weimar, Voigt. 1864.

Brunnenmeister, Emil

Grundriß zur Vorlesung über österreichisches Strafprozeßrecht mit Beilagen. Von E[mil] Brunnenmeister, Prof., Wien. *Wien: A. Holzhausen 1893.* (144 S.) 8° [F.] [94. 3 . . 3

Brunnenmeister, E., die Quellen der Bambergensis. Ein Beitrag zur Geschichte des deutschen Strafrechts. gr. 8. (XII, 295 S.) Leipzig 879. Engelmann. n. 7. —

! Brunnenmeister, E: Quellen d. Bambergensis. Jetzt: Lpzg, F Meiner.

Brunnenmeister, E., das Tödtungsverbrechen im altrömischen Recht. gr. 8. (XIII, 248 S.) Leipzig 887, Duncker und Humblot. *

Brunnen- u. Badeorte, d., in Deutschland u. Oesterreich, s.a. Grieben's Reise-Bibliothek.

Brunnen- u. Badeorte, Die, in Deutschland u. Oesterreich. Praktischer Wegweiser für Kurgäste. 3.—15. Aufl. Mit 1 lithogr. Karte von Mittel-Europa. Berlin 1876—91. 8.
Ist: Grieben's Reisebibl. Nr. 17.

— Die, Deutschlands, Oesterreichs, Belgiens, Hollands etc. Mit Berücksichtigung der Seebäder, Sommerfrischen u. klimat. Kurorte. 4. Aufl. Nach den officiellen Quellen neu bearb. von H. T. Luks. Mit 1 lithogr. Reise-Karte von Mittel-Europa (in qu.-gr.-Fol.) Berlin 1879. 8.
Ist: Grieben's Reisebibl. Nr. 17.

Brunnen- u. Bade-Orte, die, in Deutschland, Oesterreich-Ungarn, Schweiz etc., s.a. Grieben's Reisebücher.

Die Brunnen- und Bade-Orte in Deutschland, Oesterreich-Ungarn, Schweiz etc. 18. Aufl. m. e. Einl. v. Dr. A. Schücking. M. 1 Reisekt. v. Mittel-Europa. *Berlin: A. Goldschmidt 1895.* (2 Bl., 286, 24 S., 1 Kt.) 1 Bd 5.
— Reisebücher, Griebens. Bd 17. [96. 8t . .

Die Bade- und Brunnen-Orte [früh. Aufl.: Brunnen- u. Bade-Orte] in Deutschland, Oesterreich-Ungarn, Schweiz etc. m. Berücks. wichtiger Heilanst. 19. Aufl. m. e. Einl. v. Dr. A[drian] Schücking. M. 1 Reisekt. v. Mittel-Europa. *Berlin: A. Goldschmidt 1896.* (2 Bl., 276, 24 S., 1 Kt.) 1 Bd 8.
— Reisebücher, Griebens. Bd 17. [96. 6339

— Die, Seebäder u. klimatischen Kurorte Deutschlands, Oesterreichs, Belgiens, Hollands etc. Mit Berücksicht. der Seebäder u. klimatischen Kurorte. 5. Aufl. Nach officiellen Quellen neu bearb. Mit 1 (lithogr.) Reise-Karte von Mittel-Europa. 6—14. Aufl. Berlin 1881—1890. 8.
Ist: Grieben's Reisebibliothek. Nr. 17. . . . . (RPA.)

Brunner, General v.; od. Verbrechen aus Edelmuth. Schsp. in 4 Aufz. 8. Berl. Schöne. 802.

Brunner. Dampf-Omnibus Brunner: Betriebs-resultate auf der schmalspurigen Localbahn Lausanne-Echallens. 1877.

Brunner, Harits u. Müller, Handkarte d. polit. Bez. Linz. 1:200,000. 24,5×21,5 cm. Farbendr. Linz 93, E Mareis. — 20

Brunner, der gute Kamerad, s.: Klaß, v.

Brunner, der Leihezwang in d. deut. Agrargeschichte. Rede. Berlin 897.

Brunner, Die Organismen und die Wärmebewegung auf der Erdoberfläche. Leipzig 1867. 8.

Brunner, Smlg. d. holstein. Verordngn. Plön 757.

Brunner, s. Gegen d. Schundliteratur.

Brunner's Toilettenbuch. Ein Nécessaire für Damen. Leipzig 868. Matthes in Comm. 8. (109 S.) 1 ℳ

Brunner, A.: Die Alpen-Lokomotive der Zukunft, s.a. Mittheilungen, Technische.

Brunner, A: Die Alpen-Locomotive der Zukunft. Zürich 1876

Brunner, A., schlecht Deutsch. Eine lust. u. lehrreiche Kritik unserer neuhochdeutschen Mundarten. 8. (207 S.) Wien 895. J. Eisenstein & Co. Geb. in Leinw. n.n. 1. 70

Brunner, A. (I.), die Produkte des Bergbaues und Hüttenwesens auf der Grazer Ausstellung, s. Bericht, amtl., über die im Herbst 1870 in Graz abgehaltene Ausstellung.

Brunner, A. (Hrsg.), s. Project einer normalspurigen Eisenbahn St. Gallen-Rapperswyl-Zug.

Brunner, A. (II.), Schnellzüge und continuirliche Bremsen, und eine sachbezügl. Studie über die Entgleisung auf der Nordostbahn am 20. Juni 1874. gr. 4. (10 S. mit 1 lithogr. Taf.) Bern 874. (Zürich, Schabelitz'sche Buchh.) *

— Schnellzüge u. continuirliche Bremsen, u. e. sachbezügl. Studie üb. die Entgleisg. auf der Nordostbahn am 20. Juni 1874. Mit e. lith. Taf. gr. 4. (10 S.) Bern 874. (Zürich, Schmidt.) n. 1. 20

Brunner, A., von München nach Glasgow. [Aus: „Zeitg. d. Vereins deutscher Eisenbahn-Verwaltgn."] gr. 4. (10 S. m. 1 Taf.) Berlin 890. H. S. Hermann. — 60

Brunner, A, v. München nach Glasgow. 4° (10 m. 1 Taf.) Berl. 90. Münch., Selbstverl. — 60

Brunner. Adam. Beschreibung des Dorfes und der Gemeinde Aesch. Mit geschichtlichen Notizen. Hrg. [und verfasst] von A' B'... 8. Aesch 1867.

Brunner, Adam Anton

— Abhandl. von Hervorbrechung d. Zähne. gr. 8. Wien 771. (Heubner). 8 gl.

Brunner, Adam Anton: Einleitung zur nöthigen Wissenschaft eines Zahnarztes. 184 S., gbd., 2 Taf.

Wien: Bernardi 1765

JB 4.362

Brunner, Adm. Ant., Einleit. zur nöthigen Wissenschaft e. Zahnarztes. Mit Kpf. gr. 8. Wien 766. (Beck). 6 gl.

(Brunner, A[dolph].) Nos adieux au Jura-Simplon. Un discours à tenir à l'Assemblée générale des Actionnaires de la Compagnie du Jura-Simplon du 20 Novembre 1903, publié d'avance par un porteur de Bons de Jouissance Jura-Simplon. [3 p.] fol. [St-Gall, Buchdr. der Ostschweiz.]

(Brunner, A[dolph].) Un dernier appel en vue de la Situation du Jura-Simplon au 1er Mai 1903, par un porteur de Bons de jouissance J.-S. (St-Gall, en Mai 1903.) [3 p.] fol. [St-Gall, Buchdr. der Ostschweiz.]

(Brunner, A[dolph].) Les Bons de jouissance Jura-Simplon devant le Tribunal fédéral. Par un porteur de B' de jouissance J'-S'. (St-Gall, en Octobre 1904.) 11 p. fol. [St-Gall, Buchdr. der Ostschweiz.]

[Brunner, Adolph.] Die Bons de Jouissance der Jura-Simplon-Bahn. Separat-Abdruck aus der «Schweizer. Handelszeitung», Zürich, den 25. August 1902. 9 S. 8. (Zürich, Jean Frey.)

Br[unner, Adolph]. Der Bund und die Jura-Simplonbahn am 1. Mai 1903. ⟨Separatabdruck aus der «Neuen Zürcher Zeitung».⟩ 4 S. 8. [Zürich 1903.]

Brunner, A[dolph]. Quelques chiffres et considérations concernant le rachat à l'amiable du Jura-Simplon par la Confédération suisse. St-Gall,/Lausanne, 28 Juin 1902. [3 p.] 4.

(Brunner, A[dolph].) Eine Duplik auf den Bericht des hohen Bundesrathes in Sachen der Petition der Inhaber von Genusscheinen der Jura-Simplon-Bahn. (St. Gallen, 23. März 1906.) [4 S.] 4. [St. Gallen, Buchdr. der Ostschweiz.]

(Brunner, A[dolph].) Une duplique au message du Haut Conseil fédéral concernant la pétition des porteurs de Bons de Jouissance Jura-Simplon. (Saint-Gall, 23 mars 1906.) 4 p. 4. [St-Gall, Buchdr. der Ostschweiz.]

(Brunner, A[dolph].) Le fait nouveau dans les affaires du Jura-Simplon. Par un porteur de Bons de jouissance J.-S. St-Gall, en janvier 1903. 8 p. fol. [St-Gall, Buchdr. der Ostschweiz.]

Brunner, Adolf, von Zürich, prakt. Arzt in Pfäffikon: Ueber Fremdkörper in den Luftwegen. Pfäffikon E. Zwingli Dr. 1896. 52 S. 8°.
Zürich, Med. Diss. [v. 13. Jan. 1896].

Brunner, Adolf [app. Arzt aus Schwabmünchen, z. Z. Unterarzt d. Reserve im k. bayer. 2. Feldart.-Reg.]: Über hysterische Kontrakturen m. spez. Berücks. ihrer Behandlg ... Erlangen, k. b. Hof- u. Univ.-Buchdr. v. F. Junge, 1893; 37 S. 8.
Erlangen, Med. Fak., Inaug.-Diss. v. Juli 1892

(Brunner, A[dolph]. Lettre ouverte et circulaire sur le rachat à l'amiable du Jura-Simplon par la Confédération suisse. (St-Gall, en octobre 1902.) 7 p. fol. [St-Gall, Buchdr. der Ostschweiz.]

Brunner, Adolph: Das Leukerbad ..., s. Brunner von Riedmatten, Adolf.

(Brunner, A[dolph].) Die Liquidation der Jura-Simplon-Bahn. Eine Verwahrung gegen die Art und Weise der Verbuchung der J'-S'-B' in den Rechnungen der Schweiz. Bundesbahnen. Von einem Inhaber von Genussscheinen der Jura-Simplon-Bahn. II+16 S. 4. St. Gallen, Buchdr. der «Ostschweiz», 1905.

Brunner, A[dolph]. La nouvelle situation: Le rachat concessionnaire du Jura-Simplon effectué dans l'espace de six semaines. St-Gall, 26 Mars 1903. 3 p. 4.

(Brunner, A[dolph].) Le rachat du Jura-Simplon devant le Conseil national. Par un porteur de Bons de jouissance J.-S. (St-Gall, en Juillet 1903.) 4 p. fol. [St-Gall, Buchdr. der Ostschweiz.]

B[runner, Adolph]. Der Rückkauf der Jura-Simplonbahn. ⟨Separatabdruck aus der N. Z. Ztg. vom 28. Aug. 1902.⟩ 7 S. 8. (Zürich, Dr. der Neuen Zürcher Zeitung.)

Brunner, Albert (Torgau), De perduellione majestatis. Präs. Joh. Gotthelf Tilsner. Lpz. (Gottfr. Bruder) 23. VI. 1814. 20 S. (4.50) 4334

Brunner, Albert, von Solothurn: Der Selbsthülfeverkauf nach dem allgemeinen deutschen Handelsgesetzbuche. Zür. Orell Füssli Cie Dr. 1881. 63 S., 1 Bl. Thesen. 8°.
Zürich, Jur. Diss. v. 28. Mai 1881.

Brunner, Alf[ons]. Arzt in Luzern ... [von Solothurn]: Ein Beitrag zur Kenntniss der Lungen-Tuberculose. Zür. Orell Füssli Cie Dr. 1883. 47 S. 8°.
Zürich, Med. Diss. [v. 30. Juli 1883].

Brunner, Alfred [aus Rheinzabern (Rheinpfalz)]: Aus d. pharmakol. Institut d. Univ. Würzburg. Über Albuminfällung durch Schwermetalle ... Würzburg, P. Scheiner's Buchdr., 1897; 26 S. 8.
Würzburg, Med. Fak., Inaug.-Diss. v. 1897

Brunner, Alfred, diplomierter Chemiker aus Winterthur: Beiträge zur Kenntnis der elektrolytischen Abscheidung der Metalle aus den Cyanidlösungen, insbesondere von Silber u. Cadmium. [Mit einer Tafel und 6 Tabellen.] Zürich 1907. 89 S. 8°. [20. IV. 07.]
Zürich Phil. Diss. II. S. 1906/1907.

Brunner, Alfred. Beiträge zur Kenntnis der Elektrolytischen Abscheidung der Metalle aus den Cyanidlösungen, insbesondere von Silber u. Cadmium. Diss. Phil. [II.] Univ. Zürich. [Mit 6 Tabellen 1 graphischen Tafel.] 89 S. 8. Zürich, Gebr. Leemann & Co., 1907.

Brunner, Alfred, von Winterthur (Kt. Zürich): Die Pocken im Kanton Zürich. Statistische und klinische Bearbeitung der Epidemie von 1870–72. Zür. Genossenschafts-Buchdr. Dr. 1873. 2 Bl., 142 S. mit 8 Tab., 1 Bl. 8°.
Zürich, Med. Diss. (v. 13. Aug. 1873).

Brunner, Alois, d. Personaleinkommen- u. d. Rentensteuer. Vortrag i. volkswirtschaftl. Verein a. 5. Jan. 1898. 12. (43 S.) Innsbruck 898. Wagner. n. —40

— d. neue Personalsteuer-Gesetz. E. Vortrag, geh. a. 21. Nov. 1897 üb. Einladg. d. Präsidiums d. Staatsbeamten-Casinovereins i. Innsbruck. 12. (59 S.) Ebd. 898. Wagner. n. —60

Brunner, Anna Maria, siehe: Augenblicke, die letzten.

Brunner, Anton

Deutscher Handelsschulatlas auf Grund d. neuesten Aufl. von Keil u. Riecke: Deutscher Schulatlas bearb. von A[nton] Brunner, Lehrer, u. Dr. L[udwig] Voigt, Dir. in Frankfurt a. M. 35 Hauptkarten mit zahlr. Nebenkarten u. 13 schemat.-vergl. Darstellungen in Vielfarbendr. Leipzig & Berlin: B. G. Teubner (1905). (21 Kartenbl.) 4°

Brunner, A. u. L Voigt: Deut. Handelsschul-Atlas, auf Grund d. neuesten Afl. v. Keil u. Riecke: Deut. Schulatlas bearb. 2. Afl. (44) Lex 8° Lpzg, BG Teubner (09). 1.80; kart. 2 —; geb. 2.20

Brunner, Ant.: Leitf. d. Warenkde f. Handels- u. kaufm. Fortbildgssch. 1. u. 2. Afl. (4, 95 m. Abb.) 8° Frankf. M., Kesselring '10. 1 —

Brunner, Armin: Erbgift, s.a. Kürschner's, Jos. Bücherschatz.

Erbgift. Ein Wiener Roman von Armin Brunner. Mit Ill. von Martin Ranke. *Berlin, Eisenach, Leipzig: H. Hillger [1900].* (127 S.) 8° [Fr.]
— Bücherschatz, Kürschner's. No 187.

Brunner, Armin, das Frühlingsfest. Lustspiel in 3 Akten. (94 S.) 8. Wien 907. F. Eisenstein & Co. 2. —

– Ich sterbe freiwillig ...!, s.a. Kürschner's, Jos. Bücherschatz.

'Ich sterbe freiwillig!' Wiener Kriminalroman von Armin Brunner (auf d. Umschl.: B. Armin). Mit Ill. von F. Ranzenhofer. *Berlin, Eisenach, Leipzig: H. Hillger [1899].* (128 S.) 8° [Fr.]
— Bücherschatz, Kürschners. No 123.

– Im Schnitterglück, s.a. Kürschner's, Jos. Bücherschatz.

Im Schnitterglück. Roman von Armin Brunner. Mit Ill. von Arthur Lewin. *Berlin, Eisenach, Leipzig: H. Hillger [1902].* (128 S.) 8° [Fr.]
— Bücherschatz, Kürschners. No 307.

Brunner, Arnold, a. Berlin: Hydrolyse des Blutfibrins. Synthese von Polypeptiden. (Berlin 1905: E. Ebering.) (51 S.) 8°
Berlin, Phil. Fak., Ref. Fischer, Landolt, Diss. v. 4. März 1905
[Geb. 12. Nov. 80 Berlin; Heimatsort: Berlin; Staatsangeh.: Preußen; Vorbildung: Joachimsthalsches Gymn. Reife O. 99; Studium: Bonn 1, Leipzig 1, München 1, Berlin 9 S.; Rig. 23. Febr. 05.]

Brunner, Aug., u. Joh. Ev. **Kraus,** Elementarbuch d. deutsch-lateinischen Unterrichtes f. die 1. Klasse der Lateinschule [Sexta]. gr. 8. (VII, 195 S.) München 875. Lindauer. n. 2 —

Brunner, Aug., Hellas u. Rom im Spiegel deutscher Dichtung, s.: Bettel, Karl.

— Deutsches Lesebuch f. Gymnasien, s.: Baldi, Alex.

Brunner, Aug., Lese- u. Hilfsbuch f. den Unterricht im Deutschen, s.: Baldi, Alex.

— u. Herm. **Stöckel,** Deutsche Literaturgeschichte f. höhere Lehranstalten. gr. 8. (VIII, 178 S.) Bamberg 899. C. C. Buchner Verl. Geb. in Leinw. n. 2.—

— u. Herm. **Stöckel,** deutsche Literaturgeschichte f. höhere Lehranstalten. 2. Aufl. (VIII, 197 S.) gr. 8. Bamberg 907. C. C. Buchner's Verl. Geb. 2.—

Brunner, Aug., Literaturkunde u. Literaturgeschichte i. d. Schule. [A.: „Euphorion".] gr. 8. (28 S.) Bamberg 895. C. C. Buchner Verl. n.n. — 50

Brunner, Aug., s.: Sammlung deutscher Dichtungen u. Prosawerke.

BRUNNER, August
(F) Der Schutz der Bauhandwerker. Von Landesgerichtsrath Dr. August Brunner. Separatabdruck aus der „Allgemeinen österreichischen Gerichts-Zeitung". Wien. 1899. Manz. Gr.-8°. 46 S. fl. —.50

Brunner, Aug., Der Schutz der Bauhandwerker. (Aus: „Allgem. österr. Gerichts-Zeitung".) gr. 8°. Wien, Manz, 1900.

Die schriftlichen Übungen beim deutschen Unterricht an der Lateinschule (Sexta-Obertertia) mit besonderer Rücksicht auf die unteren Klassen. — Von August Brunner, Stdl. — 1874. Landshut, Jos. Thomann. — S. 3-24.

— Übungsbuch zum Übersetzen aus dem Deutschen ins Griechische, s.: Bauer, Wolfg.

Brunner, Aug., Vokabularium, s. Bauer, Wolfg., Übungsbuch zum Übersetzen aus dem Deutschen ins Griechische.

Brunner, August Bernhard

— — De probatione feudali. Dissert. jur. Präs. Heinrich Coccejus. Frankfurt/O. (Chph. Zeitler) 27. IV. 1696. 38 S. (5.—) 4336
Gew.: Caspar Ehrenreich v. Minckwitz (Drehna, Lindenau . .).

— — Dasselbe. Vom Beweiss in Lehn-Sachen. Wittenbg. (J. W. Bossoegel) 1739. 40 S., ohne Widmung. (5.—) 4337

Brunner, Balth., Cons. med. edid. Laur. *Hofmann.* Hal. 4°. (n. 13 Epilepsiae causa hysterica passio.) 1717

Brunner, Balth., Consiliorum medicorum liber unicus. Ex bibliotheca Jo. Jac. *Strassikircheri.* 466 pp. Frcf. et Lps. 1727. 4°.

Brunner, Balthasar: Consiliorum medicorum liber unicus. Accesserunt vita autoris et index rerum notabilium copiosissimus. 475 S., gbd.

Francofurti et Lipsiae: Immig 1727

JB 1.784

Brunner, B., Consilia med. ex bibl. J. J. *Strasskirchner.* 1166 pp. Frcf. 4°. (Darin: De diuturno capitis dolore, de cephalaea, de melanch. hypochondr., de epilepsia, de hypochondriaco, de apoplexia, de asthmate, de vertigine, de stupore.) 1733

Brunner, C., Anleitung zum Landschaftszeichnen nach der Natur. Berlin 866. Dalp in Comm. gr. 8. (2 Bll., 64 S. u. 1 lith. Taf. in 4.) n. 16 *ngr.*

Brunner, C.: Aperçu géologique des environs du lac de Lugano ..., Brunner, Carl

Brunner, C. Über die heutige Aufgabe der Naturgeschichte. Bern 1878.

Brunner, C., evangel. christl. Glaubensbekenntniß, welches die Prinzessin Victorie Amalie Alexandrine zu Hessen-Philippsthal an Ihrem Confirmationstage, d. 17. Mai 1829 öffentl. ablegte, nebst e. Predigt rc. 8. Hersfeld 829. (Garthe in Marb.) 4 gl.

BRUNNER, C.
Grundriss der Chemie. Leipzig, 1891. 8vo.

Brunner (C.), Ueber die Hebungsverhältnisse der Schweizer-Alpen. Mit Tafeln. (Aus: Zeitschrift der Deutschen geolog. Gesellschaft, Bd. 3.) Berlin 1851. 8.

Brunner, C. Nouveau système des Blattaires. Vienne 1865.

Brunner, C: Die Wechselzahlg, s: Abhandlungen z. schweiz. Recht.

Brunner, C., über die Wirkungen, welche verschied. Substanzen durch Berührung auf nervenkranke Personen ausüben. gr. 8. (38 S.) Bern 848, (Huber und Comp.) *
Aus: Mittheilungen der naturforschenden Gesellschaft zu Bern, besonders abgedruckt.

Brunner, C. Andr., Fatum, od. Abbild. des göttl. Geschicks. 8. Leipz. 704. Rthlr.

Brunner, C. H., die Infectionskrankheiten vom aetiologischen u. prophylaktischen Standpunkt. Mit e. Taf. in Farbendr. gr. 8. (IX, 251 S.) Stuttgart 876. Enke. n. 6. —

— die Lungenschwindsucht u. ihre Behandlung. unter besond. Berücksicht. der klimat. Kuren. gr. 8. (VII, 84 S.) Ebend. 875. n. 1. 60

Brunner, C. T., Clavierschule für Kinder oder Anweisung zum Pianofortespiel für jugendl. Schüler. qu. gr. 4. (38 lith. S.) Leipzig 848, [Siegel.]

Brunner, C. T., musikalisches Taschen-Fremdwörterbuch für Musiker und Dilettanten, enthaltend eine kurze Erklärung der in der Musik vorkommenden und auf dieselbe Bezug habenden Kunstausdrücke. Nebst einem Anhang über Abbreviaturen. 2., umgearb. und verm. Aufl. 32. (100 S.) Leipzig 852, Stoll.

Brunner, C. T., musikalisches Taschen-Fremdwörterbuch f. Musiker u. Dilettanten, enth. e. kurze Erklärg. der in der Musik vorkomm. u. auf dieselbe Bezug hab. Kunstausdrücke. Nebst e. Anh. üb. Abbreviaturen. Durchgesehen u. ergänzt v. A. Reckendorf. (III, 81 S.) 16. Leipzig (904). C. Stoll. n. — 50; geb. in Leinw. n. — 75

! Brunner, CT: Musikal. Taschen-Fremdwörterb. Jetzt: Bas., M Pohl-Wohnlich.

Brunner, C. W.: ABC instructif ..., s. Brunner, Christoph Wolfgang

Brunner, Car. Henr., s. Brunner, Carl

Brunner, Carl

Brunner und Pagenstecher. Chemische Analyse der Heilquellen von Leuk im Canton Wallis. Bern. 1828. 8.

Brunner, (C[arl] I). und Pagenstecher, (J[ohann]). Chemische Analyse der Heilquellen von Leuk im Canton Wallis, angestellt von dem Herrn Professor B" und dem Herrn Apotheker P" in Bern. (Denkschr. Schweizer. Ges. für Naturwiss. Band 1. Abtheilung 1.) 4. (Zürich 1829.)

Brunner, C[arl] *II* [geb. 1823]. Aperçu géologique des environs du lac de Lugano, accompagné d'une carte et de plusieurs coupes [sur planche] par C. B', fils. (N. Denkschr. Schweizer. Ges. für Naturwiss. Band 12.) 4. (Zürich 1852.)

Brunner, C., Beiträge zur vergleichenden Anatomie der Tamaricaceen. (S. 89—162 m. 10 Abbildgn.) Lex. 8. Hamburg 909. L. Gräfe & Sillem. 1. 50
Sonderabdruck aus „Jahrb. d. Hambg. wiss. Anst."

Brunner, Carl: Beiträge zur vergleichenden Anatomie der Tamaricaceen. Hamburg 1909: Lütcke & Wulff. 74 S. 8°
Erlangen, Phil. Diss. v. 15. März 1910, Ref. Solereder
[Geb. 14. Okt. 74 Kastell; Wohnort: Hamburg; Staatsangeh.: Bayern; Vorbildung: Gymn. Erlangen Reife 93; Studium: Erlangen 9 S.; Rig. 22. Juli 09.] [U 10. 842

Brunner, C[arl] *II*. Geognostische Beschreibung der Gebirgsmasse des Stockhorns, mit einer Karte, Ansicht und 7 Profilen (6 Tafeln) Von C. B'-v. Wattenwyl. (N. Denkschr. Schweizer. Ges. für Naturwiss. Band 15.) 4. (Zürich 1857.)

Brunner, Carl, über Derivate der Toluoldisulfosäure. [Aus dem chem. Laboratorium der Universität in Innsbruck. II.] Lex.-8. (12 S.) Wien 878, (Gerold's Sohn.) **
Aus: Sitzungsberichte der k. Akademie der Wissenschaften, besonders abgedruckt.

— über directe Einführung von Carboxylgruppen in Phenole u. aromatische Säuren, s.: Senhofer, C.

Brunner, C[arl] *III* [1831–1881]. Graf Rudolf von Fenis, der Minnesänger am Bielersee. Von K. B'... [Mit 2 Tafeln. SA.] 8. [Bern 1873.]

Brunner, C[arl] *I* [1796–1867]. Gedächtnissrede auf D' C(arl) Fueter, Apotheker. Vorgetragen in der öffentlichen Sitzung der Naturforschenden Gesellschaft in Bern, den 4. December 1852. 8. Bern 1852.

Brunner, Carl, Hans v. Hallwil, der Held von Granson und Murten, mit übersichtl. Darstellung seiner Vorfahren. gr. 8. (226 S. mit 1 Tabelle in qu. 4. und 1 lithogr. Taf.) Aarau 872, Sauerländer's Verlag. *

Brunner, C[arl], und Redtenbacher, Jos[eph]. Die Insektenfamilie der Phasmiden. Bearb. von K. B' v. Wattenwyl ... und Jos. R'.... Mit Unterstützung der hohen K. K. Akademie der Wissenschaften in Wien aus der Treitl-Stiftung. Mit [Figuren und] 27 Tafeln in Lithographie und Lichtdruck. (3 Lieferungen.) IV + 589 S. gr.-4. Leipzig, Wilhelm Engelmann, (1906—)1908. [M. 65.—]
Liefg. 1: ... Phasmidae areolatae ‹bearb. von J. R'›. II + 180 S. 1906. [M. 17.—]
Liefg. 2: ... Ph' anareolatae ‹Clitumnini, Lonchodini, Bacunculini›. ‹Bearb. von K. B' v. W'.› II S. + S. 181—340. 1907. [M. 18.—]
3. ‹Schluss-› Liefg.: ... Ph' an' ‹Phibalosomini, Acrophyllini, Necrosciini›. ‹Bearb. von J. R'.› IV + II S. + S. 341—589. 1908. [M. 30.—]

[Brunner, Carl *I*.] 1. Lebensabriss und Charakteristik der Landschaftmaler G(abriel) Lory, Vater, und G(abriel) Lory, Sohn, von Bern. [Von C' B'. Mit 3 Tafeln.] — 2. Die Gemäldeausstellung zur Eröffnung des neuen [Zürcher] Kunstgebäudes. [Von Verwalter Jacob Hess.] Njbl. Künstlerges. Zürich 1848. 4. [Zürich.]

Brunner, Car. (Henr.) (geb. Greifenberg in Pomm. 21. 5. 1827): De paralysi musculorum oculi nonnulla. Berolini (1850). (31 S.) 8°
Berlin, Med. Diss. v. 13. Apr. 1850

Brunner, Car., nonnulla Orthoptera europaea nova vel minus cognita. gr. 8. (26 S. mit 10 ill. Kpfrt.) Leipzig 861(62,) (Brockhaus' Sortiment und Antiquarium.) *
Aus: Acta societatis i. r. zoolog. botan. Vindobon. Tom. XI., besonders abgedruckt.

Brunner, Car. (geb. Bern 23. 6. 1823): De ratione quae inter fluidorum cohaesionem et calorem aliasque vires moleculares intercedit. Berolini (1840). (17 S.) 4°
Berlin. Phil. Diss. v. 1. Juli 1840

Brunner, Carol., de ratione, quae inter fluidorum cohaesionem et calorem aliasque vires moleculares intercedit. Tabula adjecta. 4maj. Berolini 840, Besser. n. 1/2 ß

Brunner, Carl *III*. Königsfeldens Schicksale aus seinem Urkundenschatze. Festschrift zur Feier des 16. Jahrestages der Historischen Gesellschaft des Kantons Aargau. 1875. 4. Aarau [1875].

Brunner, C[arl] *II*. Thatsachen zur Beurtheilung des gefärbten Schnees, welcher im Februar 1850 in unsereu Alpen sichtbar war. [Von] C. B'. Sohn. [A.] 8. [Bern 1850.]

Brunner, Carl. Zähringer im Dienst für Kaiser und Reich. Historische Festschrift (zum 9. und 20. September 1906, ... dem Grossherzog Friedrich von Baden zum Achtzigsten Geburtstag ... gewidmet,) von Prof. Dr. K' B'. Mit 9 Vollbildern und 6 in den Text gedruckten Bildern. IV + 64 S. 8. Karlsruhe, Friedrich Gutsch, 1906. [M. —.50]
(Konradin der Hohenstaufe und Friedrich von Baden — Markgraf Ludwig Wilhelm und seine Zeit — Markgraf und Grossherzog Karl Friedrich — Grossherzog Friedrich.)

Brunner, Carl *III*. Das alte Zofingen und sein Chorherrenstift. Festschrift der Aargauischen Historischen Gesellschaft bei der 18. Jahresfeier. 8. Aarau 1877.

Brunner, Carl Wilhelm [med. pract. von Winterthur]: Über Beginn und Wachstum des Carcinoms. Zürich 1898. 36 S. 8°.
Zürich. Med. Diss. 1897/98.

— Christian Pet. (Heilbronn), De subsidiis pecuniariis a statibus Italiae imperatori Romano-Germanico praestandis. Diss. jur. Präs. Just. Henning Böhmer. Halle (Salfeld) 5. X. 1720. 50 S. (5.—) 4340

— — Dasselbe. Ed. nov. Halle (J. F. Grunert) 1744. 48 S. (5.—) 4341

BRUNNERUS, Chp. Andr., Fatum theologico-historicum, oder theolog.-historische Abbildung des Göttlichen Geschicks. 2 Thle. Leipzig 1704. 8°. Rar!
Sehr umfangreiches Werk: 5 Alph. 5 Bog. — Ludovici (bibliop. Vitemb.) Bibl. nominalis curiosa. (Continuatio.) Vitemb. 1705.

Brunner, Christoph Lorenz

Brunner, C. L.: s. a. Handbuch der Literatur der Criminalrechtswissenschaften.

Brunner, Cph. Lor., Handbuch d. Literatur d. Criminalrechtswissenschaft. 1r Bd. gr. 8. Bayr. 804. (Grau). 1 ß

Brunner, C. L., Handb. d. Literat. der Criminalrechtswissensch. 1r Bd, gr. 8. Bayr. Lübeck. 804.

— s. Recht, über das, des Staats.

— Christoph Lorenz (Nürnberg), De usufructu conjugis superstitis in bonis conjugis defuncti institutione separatae oeconomiae vel nuptiis liberorum jure Norimbergensi non tollendo. Diss. jur. Altdorf (J. P. Meyer) 19. VI. 1800. 20 S. (4.80) 4342

— Versuch e. Beantwort. d. Fr.: Handelt d. Staat klug, wenn er sich seines Rechtes, milde Stiftungen abzuändern, bedient? 8. Nürnb. 799.

Brunner, Cph. Wolfg., ABC instructif pour apprendre aux enfans les élémens de la langue française. 8. Nürnb. 790. N. A. 803. Schneider et W. 4 gr mit schwarz. Kpf. 12 gr ill. 16 gr geb. 1 ß

— Samml. verm. algebraisch. Aufgaben. 8. Ansb. 802. (Gassert). 14 gr

Brunner, Cph. Wolfg., Vademecum historique, ou traits d'hist. interess. 8. Ansb. 800. (Gassert). 10 gr

Brunner, Conrad, med. pract. aus Diessenhofen, Kanton Thurgau. Secundararzt der chirurgischen Klinik in Zürich: Ueber Behandlung und Endresultate der Querbrüche der Patella. [S.A. aus: Deutsche Zeitschrift für Chirurgie, Bd 23, S. 23—93]. Leipz. J. B. Hirschfeld Dr. 1885. 2 Bl., 71 S. 8°.
Zürich, Med. Diss. [v. 15. Dec. 1885].

Brunner, Conrad. Klinische Beobachtungen über Aetiologie und chirurgische Therapie der Magen-Duodenumperforation und Magenperitonitis. Aus dem Kantonsspital Münsterlingen. (Hierzu 3 Abbildungen und 4 Kurven.) Separat-Abdruck aus Beiträge zur klinischen Chirurgie.... Band 31. Heft 3. II S. + S. 740—787. 8. Tübingen, H. Laupp, 1901.

Brunner, C., Dr. Johannes Konrad Brunner, Lebensbild, s.a. Sammlung gemeinverständlicher wissenschaftlicher Vorträge.

Brunner, Conrad. Dr. Johannes Conrad Brunner. Das Leben eines berühmten Schweizer Arztes im siebenzehnten Jahrhundert. Vortrag, gehalten in der Gesellschaft der Aerzte zu Zürich am 15. Januar 1887. 8. Hamburg 1888.
(Sammlung gemeinverständlicher wissenschaftlicher Vorträge, hrg. von Rud. Virchow und Fr. von Holtzendorff. Neue Folge. Serie 3.... Heft 62.)

Brunner, Dr. Conrad: Aus der Züricher chirurgischen Klinik des Prof. Dr. Krönlein. III. Ueber Catgutinfektion. S. A. (Beiträge z. klin. Chirurgie — Bruns, Bd VI, S. 98—194). [Tübingen H. Laupp 1890]. 1 Bl.. S. 99—194. 8°.
[Zürich, Med. Fac., Habilitationsschrift].

Brunner, Conrad. Erfahrungen und Studien über Wundinfektion und Wundbehandlung. 3 Tle. in 1 Bde. Gr. 8°. VIII, 194, VI, 162, 110 S. m. Abbildgn. im Text u. 6 Taf. Frauenfeld. J. Huber. 12
1899?

Brunner, Conrad. Gedenkworte an Elias Haffter. Der thurgauischen kantonalen Ärztegesellschaft gewidmet von Dr. K' B'. Vorgetragen in der Sitzung vom 9. Dezember 1909. 12 S. 8. Frauenfeld, Huber & Co., [1910].

Brunner, Conrad. Ueber die retroviszeralen Geschwülste und Strumen unter besonderer Berücksichtigung ihrer Topographie und der Technik ihrer Operation. Aus dem Kantonsspital Münsterlingen. (Mit 5 Abbildungen.) Separat-Abdruck aus Beiträge zur klinischen Chirurgie.... Band 36. Heft 3. II S. + S. 689—760. 8. Tübingen, H. Laupp, 1902.

(Brunner, Conrad.) Dr. Otto Kappeler. Separatabdruck aus dem Correspondenzblatt für Schweizer Aerzte, 1909, Nr. 14. 6 S. gr.-8. [Basel, Benno Schwabe.]

Brunner, Conrad. Klinisches und Experimentelles über Verschiedenheiten der Pathogenität des Darminhaltes gegenüber dem Peritoneum. (Vorgetragen am 3. Sitzungstage des 33. Congresses der Deutschen Gesellschaft für Chirurgie zu Berlin, 8. April 1904.) Sonder-Abdruck aus dem Archiv für klin(ische) Chirurgie. Bd. 73. Heft 4. II S. + S. 2—14. 8. [Berlin, A. Hirschwald, 1904.]

Brunner, Conrad. Biographische Notizen über den Züricher Chirurgen Felix Wirtz. SA. 8. (Berlin [1890].)

Brunner, Conrad. Soll Münsterlingen kantonales Haupt-Spital bleiben oder Distrikts-Spital werden? oder: Ueber die nötigen Grenzen der Decentralisation der Spitalkrankenpflege im Kanton Thurgau. Separat-Abdruck aus der «Thurgauer Zeitung». 49 S. 8. Frauenfeld, Huber & Co., 1901.

Brunner, Conr., die Spuren der römischen Ärzte auf dem Boden der Schweiz. Nach e. am 26. Jan. 1893 im Rathaus zu Zürich geh. akadem. Vortrage. gr. 8. (66 S. m. 7 Abbildgn. u. 4 photolith. Taf.) Zürich 893. A. Müller's Verl. n. 4.—

Brunner, Conr., Tuberculose, Aktinomikose, Syphilis des Magen-Darmkanals, s.a. Chirurgie, deutsche. 46e.

Brunner, Conrad. Tuberculose, Aktinomykose, Syphilis des Magen-Darmkanals. Von Dr. C' B', Chefarzt des Kantonsspitals Münsterlingen. Mit 4 farbigen Tafeln und 32 Abbildungen im Text. XL + 360 S. gr.-8. Stuttgart, Ferdinand Enke, 1907. (M. 15.—)
Deutsche Chirurgie. ... Begründet von Th[eodor] Billroth und A[lbert] Luecke. Hrg. von E[rnst] v[on] Bergmann und P[aul] v[on] Bruns. Liefg. 46e....

Brunner, Conrad. Experimentelle Untersuchungen über die durch Mageninhalt bewirkte Peritonitis. Abgekürzt vorgetragen ... zu Berlin, 5. April 1902. Von Dr. Konrad Brunner in Münsterlingen (Schweiz). Sonder-Abdruck aus dem Archiv für klin. Chirurgie. Bd. 67. Heft 4. 13 S. 8. [Berlin, A. Hirschwald, 1902.]

Die Verwundeten in den Kriegen der alten Eidgenossenschaft. Geschichte d. Heeressanitätswesens u. d. Kriegschirurgie in schweizerischen Landen bis z. Jahre 1798. Von Dr. Conrad Brunner, Chefarzt, Münsterlingen. Mit 13 Abb. u. 1 Taf. (In 2 T.) *Tübingen: Laupp 1903.* 8°
T. 1 in: Beiträge z. klin. Chirurgie. Bd 37. Jubiläumsbd Frdr. v. Esmarch gewidmet. [03. 7004]
(Teil 2 und Anhang zum Teil 1:) II. Zeitraum: 17. und 18. Jahrhundert. Anhang zum I. Zeitraum. Mit 3 Abbildungen im Text und einer Tafel. XVI + II S. + S. 175—418. 1903. (für die Abt. der «Beiträge ...» M. 6.—)

Brunner, Conr. Die Zunft der Schärer u. ihre hervorragenden Vertreter unter den schweizer. Wundärzten d. XVI. Jahrh. Habilitations-Rede. gr. 8. (24 S.) Zür. 891, Alb. Müller. 80

Brunner, Constantin

Brunner, Constant., d. Hund beißt, s.a. Bloch's, Ludw., Herren-Bühne.

Brunner, Const., der Hund beißt! Posse in 1 Aufzuge nach e. Idee v. A. Neuschütz. gr. 8. Hamburg 894. II. Durchschnitt 16, Litterar. Vermittlungs-Bureau. Nicht im Handel.

Der Hund beisst! Burleske in 1 Aufz. von Constantin Brunner. 2. Aufl. *Berlin: E. Bloch (1896).* (26 S.) 8° [F.]
= Herren-Bühne, Ludwig Blochs. No 31. [00. 10393]

Brunner, Constantin, die Lehre v. den Geistigen u. vom Volke. I. Bd. 2 Halbbde. (1168 S. m. 1 Bildnis.) gr. 8. Berlin 908. K. Schnabel. 22.—; geb. in Leinw. 25.—; in Halbfrz. 27.—

— Spinoza geg. Kant u. d. Sache d. geist. Wahrh., s.a. Meinsma, KO, Spinoza u. s. Kreis.

Brunner, Const.: Spinoza gegen Kant u. d. Sache d. geist. Wahrh. (83) gr8° Berl.. K Schnabel '10. 2—

Brunner, Constantin (Hrsg.), s. Zuschauer, Der.

Brunner, Ed.: Resultate d. Prüfg v. Kupferdrähten auf ihre mechan. Eigensch., s: Mitteilungen d. eidgen. Materialprüfgsanst. am schweiz. Polytechnikum in Zürich, Schüle.

Brunner, Eduard

— pastor bonus. Dichtg. v. M. Minks. Für Sopran- u. Alt-Solo u. dreistimm. Frauenchor m. Klavierbegleitg. u. 5 leb. Bild. v. B. Op. 116. (Text.) 12. (15 S.) 896. n. —20

Brunner, Ed., die bayerischen Dampfnudeln der Frau Schlaumeier. Humoristische Scene f. 2 Frauenstimmen u. Klavier. Text u. Musik v. B. Op. 175. (Textbuch.) 8. (8 S.) Regensburg (901). A. Coppenrath's Verl. n. —20

— die Einfalt vom Lande. Humoristische Scene für 2 Frauenstimmen u. Klavier. Text u. Musik v. B. Op. 174. (Textbuch.) 8. (8 S.) Ebd. (901). n. —20

— ein Hausball bei Frau Stichelberger. Komische Operette in 2 Akten, Libretto u. Musik v. B. Op. 165. (Textbuch.) 12. (38 S.) Ebd. 899. n. —30

Brunner, Ed., d. christliche Lehrerin. Dichtg. v. M. Minks. F. Sopran- u. Alt-Solo u. dreistimm. Frauenchor m. Klavierbegleitg. v. B. Op. 115. (Text.) 12. (14 S.) Regensburg 896. A. Coppenrath's Verl. n. —20

— das Lob Gottes im Wechsel der Zeit. Dichtung v. M. Minks. Liederspiel, f. 3stimm. Frauenchor m. Klavier (Harmonium, Tenor u. Baß ad lib.), komponiert v. B. Op. 159. Text- u. Regiebuch. 12. (19 S.) Ebd. (899.) n. —20

— Sammlg. ausgew. Oberquartette f. Sopran I u. II, Alt u. Bariton. Z. Gebr. f. Gymnasien, Latein- u. Realschulen, Seminarien u. Präparandenanst. ges. u. hrsg. Partitur u. zugl. Baritonstimme. qu. 12. (VI, 352 S.) Ebd. 898. n. 2. 40

— Frau Traudl. Humoristische Scene f. 8 weibl. Stimmen u. Klavier nebst 8 Rollen ohne Gesang. Text u. Musik v. B. (Op. 177.) (Textbuch.) 8. (10 S.) Ebd. (902). n. — 30

Brunner, Eduard, Frau Traudl. Humoristische Scene f. 8 weibl. Stimmen u. Klavier, nebst 8 Rollen ohne Gesang. Text u. Musik v. B. (Op. 117.) Textbuch. (10 S.) kl. 8. Regensburg (909). A. Coppenrath's Verl. — 30

— der ewig unzufriedene **Weber,** s.: **Deigendesch, K.**

Brunner, Eg.: Deutschlands Turnstätten, s.a. Brunner, Georg.

Brunner, Eg., Deutschlands Turnstätten. Übersichtskarte zu G. Hirth's Statistik d. deutschen Turnvereine. Gez., lith. u. Verlag von E. Brunner. Nürnberg [1867]. (Br. Mus.)

Brunner, Emmanual Alexander Ludwig

Brunner, Emm. Alex. Ldw., Diss. inaug. de cataracta. 8 maj. Götting. 787. Dieterich. 4 gr.

Brunner, Emil

Brunner, E., der Kanton Zürich in der Mediationszeit (1803—1813), s.a. Studien, schweizer, zur Geschichtswissenschaft. I, 1.

Brunner, Emil. Der Kanton Zürich in der Mediationszeit 1803—1813 — **Ausg. B:* ⟨1803—1813⟩ — . 8. Zürich-Selnau, Gebr. Leemann & Co.

Ausg. A: Diss. Phil. I. Univ. Zürich ... von E' B'.... VIII + 232 S. 1908.

Ausg. B: Von Dr. phil. E. B'.... II + 266 S. 1909. [fr. 5.50.] — Schweizer Studien zur Geschichtswissenschaft.... Band 1. Heft 1.

— **Erhard** (Diessenhofen/Schweiz), De frequentia morborum in corpore humano prae brutis. Disp. med. Präs. Georg Ernst Stahl. Halle (Chr. Henckel) Mai 1705. 34 S. (5.—) 4343

Brunner, Erich, aus Berlin: **Reaktionsgeschwindigkeit in heterogenen Systemen.** *Göttingen 1903: Dieterich.* (66 S.) 8° Göttingen, Phil. Diss. v. [27. Juni] 1903

Brunner, Erich, Reaktionsgeschwindigkeit in heterogenen Systemen. Diss. (66 S.) gr. 8. Göttingen 903. (Vandenhoeck & Ruprecht.) n. 1. 80

Brunner, Erich: Die kathodische und anodische Stromspannungskurve bei der Elektrolyse von Jod-Jodkaliumlösungen. Mit 6 Fig. im Text. Leipzig: W. Engelmann 1907. 126 S. 8° ¶ Aus: Zeitschrift f. physik. Chemie. Bd 58.
Stuttgart Te. H., Hab.-Schr. v. 3. 1. 1907

Brunner, Ernst: Das Rechtsöffnungs-Verfahren. Solothurn 1898. 144 S. 8°.
Bern. Jur. Diss. 1898/99.

— **Ernst Georg** (Heilbrunn), De fructibus pendentibus. Diss. jur. Präs. Friedrich Gottlieb Struve. Jena (Krebs) Sept. 1706. 24 S. (5.—) 4344
Gew.: Johann Samuel Brunner (Vater).

Brunner, Eug., Handbuch des Notariates in Bayern diesseits des Rheins. gr. 8. (VIII und 187 S.) Regensburg 866, Coppenrath. *

Brunner, Eug., Handbuch des Notariates in Bayern diesseits d. Rheins. Regensburg 867. Coppenrath. gr. 8 (VIII, 187 S.) n. 25 ngr

— F. Ueber die Extirpation des Uterus von der Scheide aus. Dissertation der medic. Facultät Zürich. In-8°, 92 S. Diessenhofen, Druck der L. Stephan'schen Buchdruckerei, 1883.

Brunner, F. Vollständiger Universal-Briefsteller, od. der schriftl. Verkehr in den gewöhnl. Verhältnissen d. Privat- u. Geschäftlebens. 8. (240 S.) Reutlingen 890, Bardtenschlager. cart. 1 30

Brunner, F., vollst. **Universal-Briefsteller** od. d. schriftl. Verkehr in d. gewöhnl. Verhältnissen d. Privat- u. Geschäftslebens. Enth.: Ausführliche u. gründl. Anleitg. z. Abfassg. d. verschied. Arten v. Briefen, Aufsätzen, Verträgen u. s. w. 2., verb. u. verm. Aufl. 8. (239 S.) Reutlingen 896. R. Bardtenschlager. Geb. 1. 40

Die landwirtschaftlichen Verhältnisse im Kreise Ziegenhain nebst e. kurzen Beschreibung d. Kreises, sowie die Gründung u. Entwickelung d. landwirtschaftl. Kreisvereins. Festschrift z. Feier d. 50jähr. Bestehens d. landwirtschaftl. Kreisvereins ... von F. **Brunner.** Ziegenhain 1906: O. Ehrhardt. (23 S.) 8° [F.] [o6. 13,466 4

Brunner, Franz

Brunner, Frz., Anton **Bruckner.** E. Lebensbild. A. Anlaß d. Enthüllg. e. Gedenktafel a. d. Geburtstage Bruckners durch d. Liedertafel „Frohsinn" a. 12. Mai 1895 hrsg. v. oberösterr. Volksbildungsvereine. gr. 8. (43 S. m. 1 Bildn.) Linz 895. (V. Fink.) — 60

Brunner, Frz., Mart. **Einfalt,** Frz. **Prammer,** Chorgesangschule f. Gymnasien, Realschulen, Lehrer- u. Lehrerinnen-Bildungsanstalten, Mädchen-Lyzeen sowie f. Musikschulen. 1.—3. Tl. Im Auftrage des Lehrerhausvereines f. Oberösterreich bearb. gr. 8. Linz, R. Pirngruber. n.n. 5. 50
1. (52 S.) 903. n.n. 1. 50; Klavierbegleitg. (67 S.) hoch 4. 903. n.n. 5. —
2. (82 S.) 903. n.n. 2. —; Klavierbegleitg. (103 S.) hoch 4. 904. n.n. 7. —
3. (112 S.) 903. n.n. 2. —

Brunner, F., Einfall, M. und **Prammer, F.,** Österreichischer Liederquell. Ein- und mehrstimmige Lieder für österreichische allgemeine Volksschulen. Unterstufe. 1. und 2. Schuljahr. Linz 1903. Selbstverlag. Preis 80 h.

Brunner, Franz, Einfalt, Martin und **Prammer, Franz,** Österreichischer Liederquell. Ein- und mehrstimmige Lieder für österreichische allgemeine Volksschulen. Mittelstufe. 3. und 4. Schuljahr. Linz 1904. Selbstverlag. Preis, gebunden 45 h.

Brunner Franz, Einfalt Martin und **Prammer Franz,** Österreichischer Liederquell. Ein- und mehrstimmige Lieder für österreichische allgemeine Volksschulen. Oberstufe. I. Teil. 5. und 6. Schuljahr. Linz 1904. Selbstverlag. Preis, gebunden 45 h.

Brunner Franz, Einfalt Martin und **Prammer Franz,** Österreichischer Liederquell. Ein- und mehrstimmige Lieder für österreichische allgemeine Volksschulen. Oberstufe. I. und II. Teil, 5. bis 8. Schuljahr. Linz 1905. Im Selbstverlage der Herausgeber. Geb. K —.90.

Brunner, Frz., Mart. **Einfalt,** Frz. **Prammer,** österreich. Liederquell. Ein- u. mehrstimm. Lieder f. österreich. allgem. Volksschulen. Oberstufe. I. Tl. 5. u. 6. Schulj. 3. unveränd. Aufl. (94 S.) 8. Linz 906. (R. Pirngruber). Kart. nn — 45

Brunner Franz, Einfalt Martin u. **Prammer Franz,** Österreichischer Liederquell für Bürgerschulen. Linz 1905. Selbstverlag. K 1.—.

Brunner, Frz. Jos., Vorschläge zu e. zweckmäß. Heilart d. Kopfverletzungen etc. 8. Düsseld. 806. Schreiner. 20 gr.

Brunner, Franz Sales (Missionär). Maienblümlein zum Preise der Mutter Gottes. Betrachtungen auf alle Tage des Maimonats, nebst Morgen-, Abend-, Mess-, Beicht-, Communion- u. Kreuzweg-Andacht. Gr. in-24°, 128 S., mit 2 lithogr. u. 3 Holzschnitt-Bildern. 1881? Geb. — 50

Maienblümlein zum Preise der Mutter Gottes. Betrachtungen auf alle Tage d. Maimonats, nebst Morgen-, Abend-, Meß-, Beicht-, Communion- u. Kreuzweg-Andacht. Von P. M. Franz Sales **Brunner,** Missionspriester. *Einsiedeln, Köln: Benziger & Co. [um 1902].* (127 S.) 8° [F.] [o3. 1994

Brunner, Fritz, gewesener Assistent an der geburts-hulfl.-gynak. Klinik [von Diessenhofen, Kt. Thurgau]: Ueber die Exstirpation des Uterus von der Scheide aus. Diessenhofen L. Stephan Dr. 1883. 2 Bl., 92 S. 8°.
Zürich, Med. Diss. v. [16. März 1883].

Brunner, Fritz, Grundriss der Krankenpflege. Leitfaden f. den Unterricht in Diakonissenanstalten, Schwesternhäusern, Krankenpflegekursen. 12. (149 S.) Zürich 901. Schulthess & Co. Kart. n. 1. 20

Brunner, Fritz. Grundriss der Krankenpflege. Leitfaden für den Unterricht in Diakonissenanstalten, Schwesternhäusern, Krankenpflegekursen. 2., vorbesserte und vermehrte Aufl. Mit 11 Figuren. 201 S. 8. Zürich, Schulthess & Co., 1904. [geb. fr. 2.—]

Brunner, Fritz, Grundriss der Krankenpflege. Leitfaden f. den Unterricht in Diakonissenanstalten, Schwesternhäusern, Krankenpflegekursen. 8., vorb. u. verm. Aufl. (222 S. m. 11 Abbildgn.) kl. 8. Zürich 906. Schulthess & Co. Kart. n. 1. 80
2. Aufl. (201 S. m. 11 Abbildgn.) 904. n. 2. —.

Brunner, Fritz. Grundriss der Krankenpflege. Leitfaden für den Unterricht in Diakonissenanstalten, Schwesternhäusern, Krankenpflegekursen. 4., verbesserte und vermehrte Aufl. Mit 11 Figuren. 244 [+ 12] S. 8. Zürich, Schulthess & Co., 1908. [cart. fr. 2.—]

Brunner, Fritz, Grundriss der Krankenpflege. Leitfaden f. den Unterricht in Diakonissenanstalten, Schwesternhäusern, Krankenpflegekursen. 5. unveränd. Aufl. (244 S. m. 11 Fig.) kl. 8. Zürich 909. Schulthess & Co. Kart. 1. 80

Brunner, Fritz. Grundriss der Krankenpflege. Leitfaden für den Unterricht in Diakonissenanstalten, Schwesternhäusern, Krankenpflegekursen. 5. unveränderte Aufl. Mit 11 Figuren. 244 [+ 12] S. 8. Zürich, Schulthess & Co., 1910. [cart. fr. 2.—]

Gummi-Waaren Fritz **Brunner**, Basel.... Winter-Fahrplan 1901/1902. IV + 16 S. 8.

Brunner, Fritz, approb. Arzt aus München: Aus d. Prosektur d. Krankenhauses r/I. in München. Über Pulmonalstenose mit Foramen ovale persistens. *München 1903: J. B. Lindl.* (73 S.) 8°
München, Med. Diss. v. 1903

Brunner, Fritz, unter dem Weihnachtsbaum. Schrift- u. berndeutsche Gedichte u. Gespräche. 1.—11. Hft. 8. (à 16 S.) Bözingen. (Biel, E. Kuhn.) à n. — 30
1. 3. Aufl. (899.) — 2. 3. Aufl. (901.) — 3. 3. Aufl. (899.) — 4. 3., veränd. Aufl. (898.) — 5. 3., veränd. Aufl. (898.) — 6. 3., veränd. Aufl. (898.) — 7. 3., veränd. Aufl. (898.) — 8. 3., veränd. Aufl. (898.) — 9. 2., veränd. Aufl. (898.) — 10. (899.) — 11. (901.)

Brunner, Fritz. Unter dem Weihnachtsbaum. Schrift- & berndeutsche Gedichte & Gespräche. [Mit illustriertem Umschlag.] Heft 2, 3. Aufl. *u.* Heft 11. *je* II + 16 S. 8. Bözingen, Selbstverlag (Biel, Buchdr. H. Schneider, 1901). [*je* fr. —. 30]

Brunner, Fritz, unter dem Weihnachtsbaum. Schrift- u. berndeutsche Gedichte u. Gespräche. 12. Hft. (16 S.) kl. 8. Bözingen (904). (Biel, E. Kuhn.) n.n. — 30

Brunner, Frz. (Hrsg.), s. Zeitschrift, Schweizerische, für Pharmacie.

Brunner, G . Hermine, das Waisenmädchen. 64 S. 8. (Aarburg, Burk, [1903].)
Schweizer Familien-Bibliothek. Band 17. (fr. —. 20.) [Nr. 1.]

Brunner, G.: Hermine, das deutsche Waisenmädchen oder verlorenes und wiedergefundenes Glück, fern von der Heimath. Ein Lebensbild aus Java, für das deutsche Volk erzählt. Reutlingen. Druck und Verlag von Rob. Bardtenschlager. (Nr. 258).
o.J. (1881). 64 S.

Brunner, G., Hermine, das deutsche Waisenmädchen, oder verlorenes und wiedergefundenes Glück, fern von der Heimath. Ein Lebensbild aus Java, für das deutsche Volk erzählt. 8. (64 S.) Reutlingen 883, Bardtenschlager.

Brunner, G: Lehrb. f. d. Gesch.-Unterr. an Oberlyzeen u. Studienanst., s: Kästner, O.

Brunner, Georg

Brunner, Geo., die religiöse Frage im Lichte der vergleichenden Religionsgeschichte. (VI, 135 S.) 8. München 908. C. H. Beck. Kart. 1. 80

Brunner, Gg., Geschichte von Leuchtenberg und der ehemaligen Landgrafen von Leuchtenberg, größtentheils aus bisher unbekannten Urkunden und Akten zusammengetragen. gr. 8. (XVII und 312 S.) Weiden 862. (Amberg, Pohl.) *

Brunner, Gg. (Pfarrer das.), *Geschichte von Leuchtenberg u. der ehemaligen Landgrafen von Leuchtenberg,* grösstentheils aus bisher unbekannten Urkunden u. Acten zusammengetragen. Weiden, Ph. Madler, 1862. Gr. 8°. Braun, Hrsb.*)
XV—310 S., 1 Bl. Inh. u. Err.

Brunner, G., Geschichte von Leuchtenberg und der ehemaligen Landgrafen von Leuchtenberg. Amberg 1863. 8.

Brunner, Georg, aus Bernstein: Geschichte der Reformation des Klosters und Stiftlandes Waldsassen bis zum Tode des Kurfürsten Ludwig VI. ⟨1583⟩. Ein Beitrag zur Kirchen- u. Kulturgeschichte d. Oberpfalz. Nach archival. Akten u. Urkunden. Mit 15 Beilagen u. 1 Karte d. Stiftlandes. *Erlangen 1901: F. Junge.* (VIII, 216 S.) 8° ¶ (Soll fortgesetzt werden.)
Erlangen, Phil. Diss. v. 13. März 1901

Brunner, Georg: Deutschlands Turnstätten, s.a. Brunner, Eg.

Brunner, Gg., Deutschlands Turnstätten. Uebersichtskarte zu G. Hirth's Statistik der deutschen Turnvereine. Nürnberg 867. (v. Ebner.) (1 lith. Bll. in gr Fol.) n. 20 ngr

Brunner, Georg, Prof. Dr.: Ein Versuch zur Behandlung der vergleichenden Religionswissenschaft in d. oberen Klassen d. Gymnasien. Fürth 1906: L. Limpert & S. (71 S.) 8°
Fürth, k. G P 1906*

Brunner, Geo. Bernh., ein Beitrag zur electrischen Reizung des Nervus opticus. Experimentaluntersuchung. gr. 8. (IV und 89 S.) Leipzig 863, Fries. *

— Georg Bernhard (Leipzig), Nonnulla de vi secalis cornuti. Dissert. med. Präs. Carl August Wunderlich. Lpz. (Giesecke & Devrient) 2. IV. 1860. 31 S., meist dtsch., mit Biogr. (M.: C. Streubel.) (4.20) 4345
Oppon.: H. Haake, F. Unger, M. Becker.

Brunner, G. B., die Organismen und die Wärmebewegung auf der Erdoberfläche. Leipzig. VIII u. 79 p.
Schul-/Univ.-Schrift

—— die Organismen und die Wärmebewegung auf der Erdoberfläche. Ein physiograph. Versuch. gr. 8. (VIII und 79 S.) Leipzig 867, Fries.

De Brunner, Giov. Memorie o casi della compagnia svizzera durante l'assedio di Venezia. 8. c. pianta. Zurigo 1850.

Brunner, Gottfried, aus Trieglaff i. Pomm.: Ketzer und Inquisition in der Mark Brandenburg im ausgehenden Mittelalter. *(Berlin 1904: Gebr. Unger.)* (36 S.) 8°
Berlin, Phil. Diss. v. 9. Juli 1904

Brunner, Gottfr.: Pius X., s.: Daelli, Luigi.

Brunner, Gottfried Samuel, s. a. Erholungen.

ERHOLUNGEN. (Gedichte von *Gottfr. Sam. Brunner.*) Leipzig 1762. 8°. 11 Bog. (3 Mk. L. Rosenthal, 1907.)
Cat. Meissner III. — Das Anon.-Lex. II. p. 43 hat „Leipzig 1759—62" (nach Kayser).

— s. a. Muse der geselligen Freude.

MUSE der geselligen Freude, eine Sammlung neuer gesellschaftlicher Lieder. (Vf.: *Gottfried Samuel Brunner.*) Leipzig, bey Friedrich Gotthold Jacobäer. 1796. 8°. 8 Bll. u. 238 S. (2 Mk. C. G. Börner, Lpz., 1907; 4 Mk., br., unbeschn., Oskar Rauthe, Friedenau-Berlin, 1908.)
Anon.-Lex. III. p. 169 (nach Meusel u. Kayser).

Brunner, G[ottlieb]. Schweizerisches Orts-Lexikon. 4., vollständig umgearbeitete Aufl. Nach amtlichen Quellen bearbeitet = Manuel-lexique des localités suisses. 4° éd. complètement remaniée d'après les sources officielles = Manuale-lessico delle località svizzere. 4ª ed. totalmente riveduta in base ai dati officiali. VIII + I S. + 80 Doppel-S. + II + 521 S. 8. Neuenburg = Neuchâtel, F. Zahn, [1909]. [geb. fr. 12. 50]

Brunner, Gregor, Synopsis praelectionum theologicarum de religione et ecclesia. Tegernsee 1788, 4°.

Brunner, Gust., d. sog. Autophonie d. i.: d. patholog. Resonanz d. eig. Stimme, s.: Vorträge, klin., a. d. Gebiete d. Otologie u. Pharyngo-Rhinologie.

Brunner, Dr. Gustav: Beiträge zur Anatomie und Histologie des mittleren Ohres. Mit 4 Kupfertafeln. [Nicht beigegeben]. Leipz. W. Engelmann 1870. 2 Bl., 38 S., 1 Bl. 8°.
Zürich. Med. Fac., Habilitationsschrift.

Brunner, Gustav [app. Arzt aus Gudensberg '(Prov. Hessen-Nassau.)']: Ueber einen Fall von Wirbelcaries ... Würzburg. Becker's Univ.-Buchdr., 1895; 22 S., 1 Bl. 8.
Würzburg, Med. Fak., Inaug.-Diss. v. 1895

Brunner, Gust., das Ohr im gesunden und kranken Zustande. Allgemeinfaßliche Darstellung von dem Bau und den Krankheiten des Ohres mit besond. Berücksichtigung der Schwerhörigkeit und deren Verhütung. gr. 8. (III und 56 S. mit 1 Taf. Abbild. in Kpfrst.) Zürich 867, Höhr. *—

— üb. d. sog. Ménière'schen Symptomenkomplex u. d. Beziehgn. d. Ohres z. Schwindel, s.: Vorträge, klin., a. d. Gebiete d. Otologie u. Pharyngo-Rhinologie.

Brunner, Gustav, aus Zürich: Untersuchungen ueber die mittlere Spannung im Gefässsystem. Zür. E. Kiesling Dr. 1854. 25 S., 1 Bl. 8°.
Zürich, Med. Diss. v. 9. Sept. 1854.

Brunner, Gust., Ursachen und Verhütung der Schwerhörigkeit. In allgemein verständl. Weise dargelegt. 8. (24 S.) Zürich 885, Höhr. *

Brunner, H., die Bau- u. Kunstdenkmäler im Kreise Grafschaft Schaumburg, s.: Siebern, Heinr.

Brunner, H. (Red.), s. Landwirth, Der deutsche.

Brunner, H., die Politik Landgraf Wilhelms VIII. von Hessen vor und nach dem Ausbruche des siebenjährigen Krieges, bis zur Convention von Kloster Seven einschliesslich, s. Zeitschrift des Vereins für hessische Geschichte und Landeskunde.

Brunner, H., Wartrecht, siehe Festgabe f. Dernburg.

Brunner, H. C., üb. Gewerbs-Freiheit u. Entschädigung unserer Realberechtigten. Ein Wort f. u. an unsere Gewerbsleute so wie an die Volksvertreter. gr. 8. (16 S.) München 848, Franz. 2 ngr

Brunner, H. C., Materialien zu Berathungen über Eisenbahnen und die dazu erforderlichen Geldmittel. München. 1847. 8. ¼ Thlr.

Brunner, H. C., Ueber Noth und Hülfe in allen Ständen und Klassen. Verfasst auf Veranlassung der von Sr. Maj. dem König Maximilian II. von Bayern am 1. Dec. 1848 gestellten Frage: „Durch welche Mittel der materiellen Noth der unteren Klassen der Bevölkerung Deutschlands, und insonderheit Bayerns, am zweckmässigsten und nachhaltigsten abgeholfen werden könne." gr. 8°. Landshut, Krüll, 1850.

— Ueber Pensions-, Renten- u. Lebensversicherungs-Anstalten für Wittwen u. Waisen, nebst Anhang, enthaltend: einen Versuch, eine allgemeine solche Anstalt auf ganz feste, für alle Wechselfälle Garantie bietende Berechnungen zu bauen. gr. 8°. München, Finsterlin, 1844.

Brunner, H. M., Mnemonik od. Gedächtnißkunst, durch d. klein. Andr. Brunner dargest. etc. 8. Nürnberg, Kraher 805.

Brunner, H. M., Muster d. Mnemonik od. Gedächtnißkunst. 8. Nürnb. 805. (Zeh). 3 ½

Brunner, Hans, die Abenteuer des Capitän Musgrave oder in den Diamantgruben von Brasilien. Eine Erzählung für das Volk. 8. (64 S.) Reutlingen 879, Enßlin und Laiblin's Verlagsh.

— Anarkalli, die indische Bajadere, oder der Sepoy-Aufstand in Indien. 8. (64 S.) Ebend. 879. — 20

— Aurora, die weiße Sklavin, oder die schöne Quadronin aus Luisiana. Nach Kapit. Mayne Reid frei für das Volk erzählt. (64 S.) Ebend. 879. — 20

Brunner, Hans (II.), in den blauen Bergen oder die Strauchritter. Ein Lebensbild aus Australien. Ster.-Ausg. 8. (63 S.) Reutlingen 880. Enßlin und Laiblin's Verlagsh.

— Sennor Castillo oder Abenteuer in den Kordilleren. Ein Lebensbild aus Chile. Ster.-Ausg. (68 S.) Ebend. 880. — 25

Brunner, Hans, Arzt in [und von] Diessenhofen [Kt. Thurgau]: Ueber Chininamaurose. Diessenhofen L. Stephan Dr. 1882. 4 Bl., 69 S., 2 Bl. 8°.
Zürich, Med. Diss. [v. 22. Juni 1882].

Brunner, Hans (I.), über Chininamaurose. Inaugural-Dissertation. gr. 8. (69 S.) Diessenhofen 882. (Wiesbaden, Bergmann.) *

— der italienische Räuberhauptmann Fra Diavolo od. das Gasthaus zu Terracina. Für das Volk neu bearb. gr. 16. (62 S.) Ebend. 876. — 20

— Elisabeth, oder die Tochter des Verbannten in Sibirien. Eine rührende Erzählung. 8. (57 S.) Ebend. 880. — 25

Brunner, Hans, der Freischütz, od. Jäger Max u. Agathe, die schöne Erbförsterstochter. Für das Volk erzählt. gr. 16. (64 S.) Reutlingen 876. Enßlin & Laiblin. — 20

— die Goldgräber in Kalifornien. Eine Erzählung aus dem Paradiese der Auswanderer. 8. (64 S.) Ebendas. 879.

— die Grenzbewohner oder Narramattah, der blumige Schnee, das von Indianern geraubte Mädchen. Eine Indianergeschichte, für das Volk erzählt. 8. (64 S.) Ebend. 878. — 20

— Hedwig, die Banditenbraut. Eine Erzählung für das Volk nach Thdr. Körner's Schauspiel bearb. 1. Aufl. (64 S.) 1875; 2. Aufl. 8. (62 S.) Ebendas. 876.

— Ellen Howard oder vom Hungertode errettet! Eine Geschichte aus Kalifornien, für das Volk erzählt. Ster.-Ausg. 8. (60 S.) Ebend. 880. — 25

— Isabella, die schöne Gräfin v. Croye u. Balduin Howard, der schott. Bogenschütze d. Königs v. Frankreich. Für das Volk erzählt. gr. 16. (62 S.) Ebend. 876. — 20

— des Ulanen Kampf, Liebe und Sieg. Eine Erzählung aus dem deutsch-französ. Krieg. Für das Volk bearb. 1. und 2. Aufl. 8. (64 S.) Ebendas. 875,76.

— die Colonisten in Texas oder Bob Ratkliff, der Gehenkte. Eine Geschichte aus den Unabhängigkeitskämpfen der Texaner. 8. (64 S.) Ebend. 879. — 20

— Christoph Kolumbus und die Entdeckung von Amerika. Für das Volk erzählt. 8. (62 S.) Ebendas. 878.

— Christoph Kolumbus u. die Entdeckung von Amerika. Für das Volk erzählt. 8. (62 S.) Ebend. 879. — 20

Brunner, H., der türkische Krieg in den Jahren 1876. 1877. 1878. In ausführlicher Beschreibung der Entstehung u. des Verfalls des Osmanenreichs, der Kämpfe u. Schlachten in der europ. Türkei u. Kleinasien, nebst dem auf dem Berliner Congreß geschlossenen Friedensvertrage. 8. (48 S.) Reutlingen 878. Enßlin & Laiblin. — 15

— der Lederstrumpf oder die Ansiedler am Susquehannah. Für das Volk erzählt. 8. (63 S.) Ebendas. 878.

Der Lederstrumpf oder die Ansiedler am Susquehannah. Für das Volk erzählt von H. Brunner. Reutlingen. Druck und Verlag von Enßlin und Laiblin. (= Reutlinger Volksbücher, 137). o. J. (1879), 63 S.

Brunner, Hans, Burg Lichtenstein oder Herzog Ulrich von Württemberg und Ritter Georg v. Sturmfeder. Für das Volk bearb. 8. (64 S.) Reutlingen 875, Enßlin und Laiblin's Verlagsh.

Burg Lichtenstein oder Herzog Ulrich von Württemberg und Ritter Georg von Sturmfeder. Für das Volk bearbeitet von Hans Brunner. (Fig.: Burg Lichtenstein, 71x43) Reutlingen. Druck und Verlag von Enßlin und Laiblin. (=Reutlinger Volksbücher, 82.) o. J. (1876), 64 S.

Brunner, Hans, das Mädchen von Eßlingen, ein Opfer französischer Wollust und Gewaltthat. gr. 16. (64 S.) Reutlingen 874, Enßlin und Laiblin.

— der Mann mit der eisernen Maske oder der unglückliche Fürstensohn. Für das Volk bearb. gr. 16. (64 S.) Reutlingen 874, Enßlin und Laiblin.

— der Mann mit der eisernen Maske oder der unglückliche Fürstensohn. Für das Volk bearb. 2. Aufl. gr. 16. (62 S.) Ebendas. 876.

— Marie, die Regimentstochter. Eine Geschichte aus den italien. Feldzügen. 8. (48 S.) Ebendas. 875.

Marie, die Regimentstochter. Eine Geschichte aus den italienischen Feldzügen von/ Hans Brunner Zweite Auflage. Reutlingen. Druck und Verlag von Enßlin und Laiblin. (= Reutlinger Volksbücher, o. Nr.). o. J. (1876), 48 S.

— der letzte Mohikaner, oder Elisa u. Cora, die Töchter des Obersten Munro. Eine Indianergeschichte neu erzählt. 8. (64 S.) Ebend. 877. — 30

— Sir Henry Morgan, der Admiral der Seeräuber. Eine wahre Geschichte aus den westindischen Gewässern. Für das Volk erzählt. 8. (64 S.) Ebend. 879. — 20

— der Pfadfinder oder die Station auf den tausend Inseln. Eine Geschichte aus den Seeen u. Urwäldern Amerika's. Für das Volk erzählt. 8. (64 S.) Ebend. 878. — 20

— die Prairie-Teufel, s.: Volksbücher, neue.

— die Schatzgräber und Geisterbeschwörer auf dem Schwarzwalde. Eine wahre Geschichte. 8. (64 S.) Ebendas. 875.

— Joseph Schwarzmantel, das Husarenkind, oder Was Gott thut, das ist wohlgethan. Für die Jugend neu erzählt. 8. (64 S.) Reutlingen 877. Enßlin & Laiblin. — 30

— der Steppenjäger oder Ismael Busch, der Mädchenräuber. Eine Indianergeschichte, für das Volk erzählt. 8. (64 S.) Ebendas. 878.

— bei den Südsee-Insulanern oder Namara Toa, der König von Motua. Eine Erzählung für das Volk. 8. Ster.-Ausg. (63 S.) Reutlingen 880, Enßlin und Laiblin's Verlagsh.

— der Pariser Taugenichts oder Graf und Nähterin. Für das Volk erzählt. 8. (64 S.) Ebendas. 877.

— neuester Universal-Briefsteller. Eine gründl. Anweisung zur Abfassung aller in gewöhnl. Verhältnissen, sowie im Geschäftsleben vorkommenden Briefe, Aufsätze rc. Ein Rathgeber für Jedermann. 8. (256 S.) Ebendas. 876. cart.

— neuester Universal-Briefsteller. Eine gründliche Anweisung zur Abfassung aller in gewöhnlichen Verhältnissen, sowie im Geschäftsleben vorkommenden Briefe, Aufsätze, Verträge rc. Ein Rathgeber für Jedermann. Ster.-Ausg. 8. (256 S.) Ebend. 881. cart. 1. 20

Brunner, H: Neuester Universal-Biefsteller. (293) 8° Reutl., Ensslin & L. ('12). HL 1.20 d

— Isolina de Vargas, die mexikanische Haciendera, oder das weiße Roß der Prairie. Eine Geschichte von der mexikanischen Grenze, für das Volk erzählt. 8. (62 S.) Ebend. 879. — 20

— das Wahrzeichen von Tübingen oder der unschuldig Geräderte. Für das Volk bearb. gr. 16. (63 S.) Reutlingen 874, Enßlin und Laiblin.

— der Weihnachtsabend, oder das Handelshaus Marly & Knicker u. die Umkehr zum Guten. Für das Volk erzählt. 8. (48 S.) Ebend. 878. — 15

— der Wildtödter. Eine Geschichte aus den Urwäldern Amerika's. Für das Volk erzählt. 8. (63 S.) Ebendas. 878.

Brunner, Hans Kasp. Karl. Was sind Mauth- und Zollanstalten dem Nationalwohlfahrt- und dem Staatsinteresse? gr. 8°. Nürnberg, Riegel u. W., 1816.

Festschrift Heinrich Brunner zum 70. Geburtstag dargebracht von Schülern und Verehrern. Weimar 1910.
- **Pappenheim**, Max: Die Pflegekindschaft in der [illegible].
- **Liebermann**, Fel.: Die Friedlosigkeit bei den Angelsachsen.
- **Werminghoff**, Alb.: Zu den bayrischen Synoden am Ausgang des 8. Jahrhunderts.
- **Stutz**, Ulr.: Die rheinischen Erzbischöfe und die deutsche Königswahl.
- **Rehme**, Paul: Schotten als „Gäste" bei gerichtlichen Vorgängen im magdeburgischen Rechtskreise.
- **Zeumer**, Karl: Die Sächsische Weltchronik, ein Werk Eikes von Repgow. [nebst] Nachtrag.
- **Kogler**, Ferd.: Seelenrecht u. Pontai in Salzburg und Tirol.
- **Keller**, Siegm.: Cyrographum und Hantgemal im Saalbuch des Grafen v. Falkenstein.
- **Liesegang**, Erich: Herzog Adolf von Cleve im Grenzstreit mit Geldern.
- **Adler**, Sigm.: Der Augsburger Religionsfriede und der Protestantismus in Österreich.
- **Caillemer**, Rob.: Les formes et la nature de l'engagement immobilier dans la région lyonnaise (10.–13. siècles).
- **Timon**, Akos v.: Die Entwicklung und Bedeutung des öffentlich-rechtlichen Begriffs der Heiligen Krone in der ungarischen Verfassung.
- **Des Marez**, G.: Le sens juridique du mot oppidum dans les textes flamands et brabançons des 12.–13. siècles.
- **Patetta**, Federico: Nuove ipotesi sulla patria della così detta Lombarda.
- **Schiller**, Fel.: Das erste ungarische Gesetzbuch und das deutsche Recht.
- **Krammer**, Mario: Zur Entstehung der Lex Salica.
- **Heymann**, Ernst: Trustee und Trustee-Company im deutschen Rechtsverkehr.
- **Gaudenzi**, Aug.: Un nuovo documento sopra Guadenzo e la storia della Cosiddetta Valcamonica.
- **Vinogradoff**, Paul: Zur Geschichte der englischen Klassifikation der Vermögensarten.
- **Hazeltine**, Harold Dexter: Selden as legal historian.
- **Rintelen**, Max: Der Gerichtsstab in den österreichischen Weistümern.
- **Schreuer**, Hans: Wahlelemente in der französischen Königskrönung. Mit bes. Rücks. auf die deutschen Verhältnisse.
- **Wretschko**, Alfr. v.: Die Verleihung gelehrter Grade durch den Kaiser seit Karl IV.
- **Rauch**, Karl: Stiftsmäßigkeit und Stiftsfähigkeit in ihrer begrifflichen Abgrenzung.
- **Tangl**, Mich.: Urkunde und Symbol.
- **Gierke**, Otto: Die Verpfändung.
- **Hubner**, Rud.: Karl Friedrich Eichhorn und seine Nachfolger.

Festschrift Heinrich **Brunner** zum 70. Geburtstag dargebr. von Schülern u. Verehrern. Weimar: Böhlau 1910. VI, 842 S. 4°(8°)
[10. 15500

Brunner, Heinrich (Hrsg.), A b h a n d l u n g e n , Juristische

Brunner, Heinr., Ansprache, geh. auf dem Bismarck-Commers in der Philharmonie zu Berlin am 31. März 1894. [Deutsches Wochenblatt, 1894, Nr. 14.] gr. 4. (4 S.) Berlin 894. H. Walther. n. — 40

Brunner, Heinrich: Antarktis. Wege und Ziele der Forschung in der Südpolarregion. ([S.-A.] Neue Zürcher Zeitung.) Zürich (1898). 23 S. 8°.

Brunner, Heinr., d. Antheil d. deutschen Rechtes a. d. Entwicklung d. Universitäten. Rede z. Antritt d. Rectorats d. kgl. Friedrich-Wilhelms-Universität i. Berlin, geh. i. d. Aula a. 15. Oktbr. 1896. gr. 4. (19 S.) Berlin 896. J. Becker. n. — 60

Der Antheil des deutschen Rechtes an der Entwicklung der Universitäten. Rede z. Antritt d. Rectorats d. Kgl. Friedrich-Wilhelms-Universität in Berlin geh. in d. Aula am 15. Okt. 1896 v. Heinrich **Brunner**. Berlin, Druck v. W. Büxenstein, 1896; 19 S. 4.

Brunner, H: Der Antheil d. deut. Rechtes an d. Entwicklg d. Universitäten. Rede. 4° (19) Berl. 96. (M Oldenbourg). — 60

Brunner, Heinr.: Politisch-wirtschaftl. Atlas d. Schweiz nach Kantonen, s: Borel, Maurice.

Brunner, Heinr., Beiträge zur Geschichte des germanischen Wartrechtes, s.a. Festgabe f. Heinrich Dernburg.

Brunner, Beiträge z. Geschichte d. germanisch. Wartrechtes. Berlin 900.

Brunner, Heinrich. Bericht der Commission für das **Wörterbuch der deutschen Rechtssprache, für das Jahr.... Abgedruckt aus dem Jahresbericht der ... Wentzel-Stiftung für.... gr.-8. (Berlin, Reichsdruckerei.)**

... 1900. (Ausgegeben am 31. Januar.) II + 5 S. ⟨S. 94—99.⟩
... 1901. (Ausgegeben am 30. Januar.) II + 6 S. ⟨S. 63—68.⟩
... 1902. (Ausgegeben am 5. Februar.) II + 5 S. ⟨S. 108—112.⟩

Sitzungsberichte der Königlich Preussischen Akademie der Wissenschaften ...: 1901. IV. 24. Januar ... — 1902. IV. 23. Januar ... — 1903. VI. 29. Januar....

Brunner, Heinr. Das Constitutum Constantini, s.a. Schenkungsurkunde, die Constantinische.

Brunner, Heinr.: Das Constitutum Constantini. Berlin 1888.
(in: Festgabe z. Doktor-Jub. f. Rud. v. Gneist.)

Brunner, Heinrich, aus Zürich, erster Assistent am analytischen Laboratorium daselbst: Ueber Desoxalsäure. [S. A. aus: Vierteljahrsschrift der Naturforsch. Ges. in Zür., Bd 16, S. 1—28]. Zür. Zürcher u. Furrer Dr. 1870. 1 Bl., 28 S. 8°.
Zürich, Phil. Diss. [v. 31. Jan. 1871].

Brunner, H., Entstehung der Schwurgerichte. Berl. 1871. 8°.

Brunner, Heinr., die Entstehung der Schwurgerichte. gr. 8. (XXIV, 478 S.) Berlin 872. Weidmann. n. 8.

Brunner, Heinr., das anglonormannische Erbfolgesystem. Ein Beitrag zur Geschichte der Parentelenordnung nebst e. Excurs über die älteren normannischen Coutumes. Leipzig 869. Duncker & Humblot. gr. 8. (88 S.) n. 15 *ngr.*

— zur Erinnerung a. d. 22. März 1797. Festrede z. Feier d. 100. Geburtstages Kaiser Wilhelms I., geh. i. d. Aula d. Universität Berlin a. 21. März 1897. gr. 4. (23 S.) Berlin 897. J. Becker. n. — 75

Zur Erinnerung an den 22. März 1797. Gedächtnisrede geh. in d. Aula d. Kgl. Friedrich-Wilhelms-Universität in Berlin am 21. März 1897 v. Heinrich **Brunner**. Berlin. Druck v. W. Büxenstein, 1897; 23 S. 4.

-- Zur Erinnerg an d. 22. III. 1797. Festrede z. Feier d. 100. Geburtstages Kaiser Wilhelms I. 4° (23) Berl. 97. (M Oldenbourg). — 75

— das gerichtliche Executionsrecht der Babenberger. [Aus d. Sitzungsber. d. k. Akad. d. Wiss.] Wien 864. Gerold's Sohn in Comm. gr. 8. (71 S.) n. 10 *ngr.*

Brunner, H., das gerichtliche Exemtionsrecht der Babenberger. Wien. 71 S.
Schul-/Univ.-Schrift

Brunner, Heinr., das gerichtliche Exemtionsrecht der Babenberger. Lex.-8. (71 S.) Wien 864, (Gerold's Sohn.) * *

—— s. Festgaben für Aug. Wilh. Heffter.

Brunner, Heinr., Forschungen zur Geschichte des deutschen u. französischen Rechtes. Gesammelte Aufsätze. gr. 8. (X, 750 S.) Stuttgart 894. J. G. Cotta Nachf. n. 18. —

Brunner, Heinr.: Das Gerichtszeugniß u. die fränkische Königsurkunde. Berlin 1873
(in: Festgabe f. Aug. Wilh. Heffter.)

Brunner, Heinr., Geschichte der englischen Rechtsquellen im Grundriss. Mit e. Anh. üb. die normann. Rechtsquellen. (VI, 75 S.) 8. Leipzig 909. Duncker & Humblot. 2. —

Grundzüge der deutschen Rechtsgeschichte. Von Heinrich Brunner. *Leipzig: Duncker & Humblot 1901.* (VI, 298 S.) 8° [J.]
[01. 5349

Brunner, Heinr., Grundzüge der deutschen Rechtsgeschichte. 2. Aufl. (VII, 311 S.) gr. 8. Leipzig 903. Duncker & Humblot. Geb. in Leinw. n. 6. 80

Grundzüge der deutschen Rechtsgeschichte. Von Heinrich **Brunner**. 3. Aufl. Leipzig: Duncker & Humblot 1908. (VII, 327 S.) 8° [ℑ.] [ob. 6693

Brunner, Heinr.: Grundz. d. deut. Rechtsgesch. 4. Afl. (7, 336) 8° Lpzg '10. Münch., Duncker & H. L 7 — ‖ 5. Afl. (7, 346) '12. L 8 — d

Brunner, H. (Hrsg.), s. Handbuch, Systematisches der deutschen Rechtswissenschaft.

Brunner, Heinr., das französische Inhaberpapier des Mittelalters u. sein Verhältniss zur Anwaltschaft, zur Cession u. zum Orderpapier. Festschrift, im Namen u. Auftrage der Berliner Juristen-Facultät verf. gr. 8. (93 S.) Berlin 879. Weidmann. n. 3. —

— über e. verschollenes merowingisches Königsgesetz des 7. Jahrh. gr. 8. (24 S.) Berlin 901. (G. Reimer.) n. 1. —
Sonderabdruck aus: „Sitzungsber. d. preuss. Akad. d. Wiss."

Der Leihezwang in der deutschen Agrargeschichte. Rede z. Gedächtnissfeier König Friedrich Wilhelm III. in d. Aula d. Kgl. Friedrich-Wilhelms-Universität zu Berlin am 3. Aug. 1897 geh. v. Heinrich **Brunner** z. Z. Rector d. Univ. Berlin, Druck v. W. Büxenstein, 1897; 24 S. 4.

— Luft macht frei, s.a. **Festgabe der Berliner juristischen Fakultät f. Otto Gierke.**

Brunner, Heinr.: Luft macht frei. Breslau 1910.
(s.: Festgabe d. Berliner jur. Fak. f. Gierke. Bd 1.)

— Mithio und Sperantes. s.a. Festgabe.

Brunner, Heinr.: Mithio und Sperantes. Berlin 1885.
[illegible]

BRUNNER, Heinrich (Augsburg): De morbis quibus lien afficitur.- Monachii: Rösl 1837. 18 S.
5.4.1837 - Urk; F 63

Diss. Ingolst.-Landsh.-Mchn.

Die Rechtseinheit. Festrede am Geburtstage Seiner Maj. des Kaisers und Königs in der Aula der Friedrich-Wilhelms-Universität zu Berlin am 22. März 1877 gehalten von Heinr. **Brunner**. Berlin 1877. (20 S.) 4°

— deutsche Rechtsgeschichte, s.a. **Handbuch, systematisches, der deutschen Rechtswissenschaft.**

Brunner, Hnr., Deutsche Rechtsgeschichte. Bd. 1. Leipzig 1887. 8.
Ist: Systemat. Handbuch der deutschen Rechtswiss. herausg. von K. Binding. Abth. 2. Th. 1. Bd. 1. (D.; BRG.; RPA.)

— — Bd. 2. Leipzig 1892

Deutsche Rechtsgeschichte. Von Heinrich **Brunner**. 2. Aufl. Bd 1. Leipzig: Duncker & Humblot 1906. 8°
— Handbuch, Systemat., d. Deutschen Rechtswissenschaft. Abt. 2, T. 1, Bd 1. [ob. 13098

Brunner, Heinr., zur Rechtsgeschichte der römischen und germanischen Urkunde. 1. Bd.: Die Privaturkunden Italiens. Das angelsächs. Landbuch. Die fränk. Privaturkunde. gr. 8. (XVI, 316 S.) Berlin 880, Weidmann'sche Buchh. *

— Ueber Reichstagsauflösg. u. Kolonialpolitik, s.: Schmoller, Gust.

—— und Karl Zeumer, die Constantinische Schenkungsurkunde, s. Festgabe für Rudolf v. Gneist.

—— Wort und Form im altfranzösischen Process. Lex.-8. (126 S.) Wien 868, (Gerold's Sohn.) *
Aus: Sitzungsberichte der k. Akademie der Wissenschaften, besonders abgedruckt.

Brunner, Heinrich: Durch Asiens Wüsten. Sven Hedins Reisen und Forschungen 1891–97. ([S.-A.] Neue Zürcher Zeitung.) Zürich 1899. 70 S. 8°.

— s.: Zeitschrift d. Savigny-Stiftg. f. Rechtsgeschichte.

— Zeugen u. Inquisitionsbeweis der karolingischen Zeit. [Aus d. Sitzungsber. d. k. Akad. d. Wiss.] Ebend. 866. gr. 8. (165 S.) n. 26 ngr.

— s.: Zum ältesten Strafrecht der Kulturvölker.

BRUNNER, Heinrich Maximilian (Augsburg): Febris, passio organismi.- Monachii: Giesser 1839. 15 S.
12.4.1839 - Urk (Titel: De febri, passione organismi.); F 64

Diss. Ingolst.-Landsh.-Mchn.

— s. Mayo, H., Abhandl. über Syphilis.

Brunner, Hnr. Max., de Tympanectomia. kl. 8. Monachii 842. (Lentner.) n. ⅔ ß

Brunner, Hugo

Antwort auf die Broschüre des Schriftstellers P. Heidelbach dahier betitelt: Die Kampfmittel des Oberbibliothekars Dr. Brunner. (Verf.: Dr. Hugo **Brunner**.) (Kassel 1909.) 6 S. 8° [og. 17822 4

Brunner, Hugo: Über Aucassin und Nicolete. Halle a. S. 1880; o. Dr. 31 S. 8° (4°)
Halle-Wittenberg, Phil. Diss. v. [5. März 1881]
Geb. Gudensberg (Kr. Fritzlar) 24. 9. 1853. V.
Ersch. zugleich Cassel, Realschul-Progr. 1881.

Beleuchtung des gegen mich gerichteten Angriffes des Schriftstellers P. Heidelbach dahier in No 24, 1908 d. Zeitschr. 'Hessenland' ... Von Dr. Hugo **Brunner**. Kassel 1909: Landsiedel. 12 S. 8° [og. 17103 4

Geschichte der Casseler Rathäuser. Festschrift z. Einweihung d. neuen Rathauses ... verf. von Dr. Hugo **Brunner**. Cassel 1909: Schlemming. 98 S. 8° [og. 14512 7

Brunner, Hugo. Über Glykogen in der gesunden und kranken Haut. Diss. Med. Bern. Sonderabdruck aus: Verhandlungen der Deutschen Dermatologischen Gesellschaft. IX. Kongress [gehalten zu Bern ... 1906]. 19 S. 8. ⟨Berlin, Verlag Julius Springer (Spamersche Buchdr., Leipzig-R.), 1907.⟩ V Bern

Brunner, Hugo, Kassel im siebenjährigen Kriege. Ein Beitrag zur Geschichte der Stadt. gr. 8. (193 S.) Kassel 884, Hühn. *

General Lagrange als Gouverneur v. Hessen-Kassel '(1800—1807)' und die Schicksale d. kurfürstl. Haus- u. Staatsschatzes. Von Dr. Hugo **Brunner**, Biblioth. ... in Kassel. *Kassel: L. Döll 1897.* (4 Bl., 57 S.) 1 Bd 8. [97. 158

Brunner, J. Siehe: *Bühlmann, R.*

Brunner, J. s. Catalogue des plantes de l'herbier de J. Brunner. Berne 1860.

Brunner, J., die Gesetze üb. die direkten Steuern in Bayern, Einkommensteuergesetz, s.: Stahel's Sammlg. deutscher Reichsgesetze u. bayerischer Gesetze. Nr. 150.

Brunner, J.: Die Licht- und Schattenseiten der Industrie ..., s. Brunner, J.C.

***Brunner,* J., de urinae secretionem inter et ceteras organismi functiones relationibus. 4. Götting. 806. Brose. 8 gl.**

— J., Steuer-Gesetze, siehe Stahel's Sammlg.

Brunner, J. C.

Brunner, J. D., Ansichten über den bundesräthl. Gesetzesentwurf betr. die Arbeit in Fabriken. 24 S. 8. Aarau, Sauerländer. 1876?

Brunner, J. C., die Licht- und Schattenseiten der Industrie mit besond. Berücksicht. unserer schweizerischen Verhältnisse. Ein kleiner Beitrag zur Lösung der Arbeiterfrage. 2. verm. Aufl. 8. (III, 92 S.) Aarau 870, Sauerländer's Verlag. *

Brunner, J. C., Schutzzoll und Freihandel. 1. und 2. Aufl. (26 S.); 3. Aufl. gr. 8. (31 S.) Aarau 880, Sauerländer's Verlagsh. *

Brunner, Schutzzoll u. Freihandel. 3. Aufl. Aarau 881.

—— der kleine Wegweiser durch's Leben für Fabrikarbeiter. 2. und 3. umgeänd. Aufl. gr. 8. (24 S.) Aarau 872, Sauerländer's Verlag. *

Brunner, J. D.: Ansichten .., s. Brunner, J.C.

Brunner, J. D.: Nouv. mélanges de litérature ..., s. Brunner, Jh. Dn.

Brunner, J. E., der im Geist u. in der Wahrheit betende Katholik. Ein vollständ. Gebet- u. Betrachtungsbuch für kathol. Christen. Mit 1 Titelkpf. 16. Augsb. 833. (832). Riegersche B. (Himmer). 9 ℳ

Brunner, J. E., Die Licht- und Schattenseiten der Industrie.., s. Brunner, J.C

Brunner, J. L., Himmelsbrod. I. Ein Gebetbuch für die Jugend. II. Ein Vorbereitungsbüchlein zur ersten heil. Communion. 16. (196 S. mit 1 Holzschntaf.) Einsiedeln 878, Gebr. Benziger.

— Himmelsklänge. I. Ein Gebetbuch für die Jugend. II. Ein Vorbereitungsbüchlein zur ersten hl. Communion. 16. (198 S. mit 1 Holzschntaf.) Ebend. 878. — 18

Himmelsklänge. 1. Gebetbuch f. d. Jugend. 2. Ein Vorbereitungsbüchlein z. ersten hl. Communion. Von J. L. Brunner, Pfarrer. 8. Aufl. *Einsiedeln, Köln: Benziger & Co. (1902).* (198 S.) 8° [F.] [03. 13636

Brunner, J. L., das betende Kind. Ein Gebet-, Unterrichts- und Beichtbüchlein für die liebe Jugend. 48. (288 S.) Einsiedeln 887, Benziger und Comp. * 20 Pf.; geb. *

Das Betende Kind. Ein Gebet-, Unterrichts- u. Beichtbüchlein f. d. liebe Jugend. Mit den am Rhein gebräuchl. Andachten. Von J. L. Brunner, Pfarrer. *Einsiedeln, Köln: Benziger & Co. [um 1902].* (287 S.) 8° [F.] [03. 14043

Brunner, J. L., heilige Maria, bitt für uns. Ein Andachtsbuch für alle kathol. Christen, zu häuslichem und gemeinschaftlichem Gebrauche. 10. umgearb. Ausg. 18. (528 S. mit 4 Bildern.) Einsiedeln 872, Gebr. Benziger.

Brunner, J. L., das Pflegekind Mariä. Ein Gebetbüchlein für die liebe Jugend. 64. (236 S. mit 8 eingedr. Holzschn. und 1 Chromolithogr.) Einsiedeln 882, Gebr. Benziger. geb. *

Das Pflegekind Mariä. Ein Gebetbüchlein f. d. liebe Jugend. Bearb von J. L. Brunner, Pfarrer. *Einsiedeln & Köln: Benziger & Co. [um 1902].* (288 S.) 8° [F.] [03. ...

—— Maria, ein Spiegel der Vollkommenheit. Ein Lehr- und Gebetbuch für Mädchen und Jungfrauen. 16. (360 S. mit eingedr. Holzschn. und 2 Chromolithogr.) Ebendas. 878.

Maria ein Spiegel der Vollkommenheit. Lehr- u. Gebetbuch f. Mädchen u. Jungfrauen. Von J. L. Brunner, Pfarrer. Neu rev. u. verm. Ausg. *Einsiedeln, Köln: Benziger & Co. [um 1902].* (398 S.) 8° [F.] [03. ...

—— Marien-Kapelle. Ein vollständ. kathol. Gebet- und Erbauungsbuch für alle Verehrer der allerseligsten Jungfrau und Gottesmutter Maria. 8. neu bearb. Aufl. 16. (574 S. mit 3 Stahlst.) Ebendas. 877.

—— Schule und Tempel für Jungfrauen. Katholisches Lehr- und Gebetbuch für christl. Jungfrauen. Nach des heil. Frz. v. Sales „Philothea", und des heil. Alphons v. Liguori „Braut Jesu Christi" neu bearb. 13. Aufl. in verb. Ausg. 16. (528 S. mit 4 Stahlst. und eingedr. Holzschn.) Einsiedeln 872, Gebr. Benziger.

—— die betende Unschuld. Ein Gebet-, Unterricht- und Beichtbüchlein für die liebe Jugend. 64. (190 S. mit 1 Holzschntaf.) Ebendas. 878.

Die Betende Unschuld. Ein Gebet-, Unterrichts- u. Beichtbüchlein f. d. liebe Jugend. Von J. L. Brunner, Pfarrer. 20. Aufl. *Einsiedeln, Benziger & Co. [um 1902].* (192 S.) 8° [F.] [03. 13637

— himmlisches Vergißmeinnicht für die liebe Jugend. Enth.: I. Ein Lehrbüchlein nach Gräfin v. Flavigny. II. Ein vollständiges Gebetbüchlein. 32. (448 S. m. 2 Chromolith.) Einsiedeln 878. Benziger. — 85

Himmlisches Vergißmeinnicht. Vollst. Gebet- u. Andachtsbuch f. kath. Jünglinge u. Jungfrauen von J. L. Brunner, Pfarrer. *Einsiedeln, Köln: Benziger & Co. [um 1902].* (448 S.) 8° [F.] [03. ...

Brunner, J. L. Goldene Worte aus der Nachfolge Christi auf jeden Tag des Jahres. Nebst den gewöhnlichen Andachts-Uebungen. Mit 2 Photographien. Kl. in-32°, 256 S. Einsiedeln, Benziger. 1883? — 80

Brunner, J. N., Didaktik u. Methodik d. katholischen Religionslehre. [Aus: „Dr. A. Baumeister's Handbuch d. Erziehungs- u. Unterrichtslehre f. höh. Schulen".] gr. 8. (65 S.) München 898. C. H. Beck. n. 1. 20

— dasselbe, s.: Handbuch d. Erziehgs.- u. Unterrichtslehre f. höh. Schulen.

Brunner, J. N., katholische Religionslehre, s.: Jahresberichte über das höhere Schulwesen.

Brunner, J. P., Gelegenheitsreden, s.: Zollner, Joh. Evang.

Brunner, J. P., Jesus meine Zuversicht! Andachtsbuch für gebildete kathol. Christen. Aachen 853. Hensen u. Co. 32. (6 Bl., 419 S. u. 1 Stahlst.) 10 ngr

Brunner, JP, Jesus m. Zuversicht! Andachtsb. 32. (419) Aachen 53. Jacobi u. Co. — 10 ‖ 24. (515) 64. — 12

Brunner, J. P., Jesus meine Zuversicht! Andachtsbuch für gebildete katholische Christen. Aachen 864. Hensen. 24. (XII, 515 S. u. 1 Stahlst.) 12 ngr

Brunner, J. P., s.: Prediger u. Katechet.

Brunner, Ign.

— — üb. Intoleranz u. Obscurantismus unsrer Zeit (1818) — Angehängt seinen Predigten u. kürzeren Reden. 2 Thle. (Marx in C.) 4 fl. 12 kr.

Brunner, Ign., das Merkwürdigste von der Herrschaft, dem Gotteshause u. Kloster Kastel, im Regenkreise Bayern's. Sulzbach, J. E. v. Seidel. 1830. 8°. Ppb.

240 S. — „Zur Erinnerung an den 20. Juny 1830, als an welchem Tage Se. Maj. der König Ludwig I. von Bayern unter Begleitung Ihrer Maj. der Königin Therese den Ort Kastel mit allerhöchst persönl. Gegenwart beglückten."

— in Petrum hujus nominis primum. 4. Sulzb. 824. v. Seidel. 2 ℳ

- — Predigt auf das Fest des heil. Bernhard. Ebd. 1822. 12 kr.

Brunner, Jh. Dn.

Brunner, (J. D.,) nouv. mélanges de litérature Francaise. gr. 12. Strasbourg 822. (Leipz., Gleditsch.)

Brunner, Jh. Dn., nouv. mélanges de littérature française. gr. 12. Strassb. 822. Heitz. (Kayser'sche B. in Leipz.) 1 ℳ 12 ℳ

— Jo. Bernhard (Naumburg), De provasallis ex jure feudali Germanico. Präs. Franz Carl Conradi. Wittenbg. (Gerdes Erb.) 8. X. 1729. 50 S. (5.—) 4347
Gew.: Heinr. v. Bünau (Dahlen ..). — Widm. v. Präs.

— — Dasselbe. Von Lehendienst - Vorständern, deren Amt und Beschaffenheit / auch andern zum Lehn - Recht gehörigen Wissenschaften. Frkft. u. Lpz. 1745. 84 S., o. Widm. (5.—) 4348

Brunner, Jo. C., Ursprung aller Bewegungen ꝛc. Frkf. 8°.
1718

Brunner, Jo. Conr., De glandula pituitaria. Frcf. 4°. 1715

Brunner, Johann

Brunner, Jh., († d. 2. April 1820.) Anleit. z. Menschenkenntniß f. Geistliche. 1r Bd. A. u. d. T.: Grundlage oder Logik d. Menschenkenntniß ꝛc. 8. Zürich 801. Geßner. 1 rß 12 gl.

Brunner. Ioannes. Diessenhofensis: De calore animali. Tur. typ. Or. Fuessl. et soc. 1836. 46 S., 1 Bl. 8°.
Zürich. Med. Diss. v. 21. Sept. 1836.

Brunner, Joh., Dießenhofen. Dissertatio inauguralis medica de morborum communicatione. Basel; Med. Diss. 1739.

Brunner, Joh. Über die Konstanten einiger galvanischen Elemente.
29 S. u. Taf. 8. Progr. *Feldkirch* 1881.

Brunner, Joh., das Postwesen in Bayern in seiner geschichtlichen Entwicklung von den Anfängen bis z. Gegenwart. Bearb. unter Benutzg. amtl. Quellenmaterials. gr. 8. (VIII, 244 S. m. Abbildgn. u. 1 Bildnis.) München 900. (H. Lukaschik). n. 4.—

Das Postwesen in Bayern in seiner geschichtlichen Entwicklung von den Anfängen bis zur Gegenwart. Bearb. unter Benutzung amtl. Quellenmaterials von Johann Brunner. *München: Selbstverl. 1900.* (VIII, 244 S.) 8° [F.] [st. 33

Brunner, Joh., u. Joh. Lang, Rechtschreib-Übungsstoff f. Mittelschulen. In 2. Aufl. neu bearb. (VI, 180 S.) 8. Leipzig 906. A. Deichert Nachf. n. 1. 60; geb. n.n. 1. 80

Brunner, Joh., u. Joh. Lang: Rechtschreib-Übgsstoff f. Mittelsch. 8. Afl. 2 Tle. 8° Erl. 09. Lpzg, A Deichert Nf. 09. Je 1 — d
1. Wörtergruppen. (128) ‖ 2. Diktate in Aufsatzform. (100)

Brunner, Joh., u. Joh. Lang, Rechtschreib-Übungsstoff f. Mittelschulen. 2 Tle. 8. Erlangen. Leipzig, A. Deichert Nachf. à 1.—
1. Wörtergruppen. 4. unveränd. Aufl. (IV, 128 S.) 911.
2. Diktate in Aufsatzform. 3. verb. Aufl. (IV, 100 S.) 909.

Brunner, Johann: Schloß und Herrschaft Sattelpeilnstein. o. J. Stadtamhof.

Brunner, Johann, Präparandenlehrer in Cham. Der Pandurenführer Franz Freiherr von der Trenk im österreichischen Erbfolgekriege, mit besonderer Rücksicht auf die Zerstörung von Cham im Jahre 1742. Sonderabdruck aus dem LI. Bde. der „Verhandlungen des histor. Vereins von Oberpfalz und Regensburg".
8. Stadt am Hof (1899).

Brunner, Joh. Orthograph. Übungsstoff f. Präparanden- u. andere Mittelschulen. 8. (IV, 41 S.) Lpz. 892, Deichert Nachf. — 50

— Unterhaltungen in Predigten f. Kranke, Arme, Schwermüthige ꝛc. 2 Bde. gr. 8. Zürich 801. Orell. 3 rß 810. Hbg. Pr. 2 rß

Brunner, J., Unterhalt. in Predigt. f. Kranke ꝛc. 2 Bde gr. 8. Zürich, Orell. 810.

BRUNNER, JOH(ANN) BAPT(IST): Aufruf an die Menschheit zur Unterstützung des 1838 wasserverunglückten Schwesterstädte Ofen und Pesth. Predigt vom 1. April. Ofen 1838. Gedr. in der kön. ung. Universitäts-Buchdruckerey. 14 S. - 8°

BRUNNER, J(OHANN) B(APTIST): Feier-Rede zur Verherrlichung des nach der glorreich abgelaufenen 40-jährigen Regierung Sr. k. k. apostol. Majestät Franz I. . . . in Pesth, im J. 1832. den 4. März, Gott dem Allerhöchsten entrichteten Dankopfer. Pesth 1832. Gedr. bei Jos. Beimel. 18 S. - 8°

BRUNNER, JOH(ANN) BAPT(IST): Das Leben eine Pilgrimschaft zum Grabe. Eine religiös-moralische Betrachtung für die h. Fastenzeit in sieben Kanzel-Vorträgen durchgeführt und im J. 1834 an der Hauptpfarrkirche in der Festung der k. Hauptstadt Ofen erörtert durch Johann Baptist Brunner. Ofen o. J. (1834). Gedr. in der kön. ung. Universitäts-Buchdruckerey. 172 S. - 8°

BRUNNER, JOH(ANN) B(APTIST): Ueber die Volksbildung Ungarns. Eine festliche Kirchenrede bei der in der Festung zu Ofen den 20. August 1835 begangenen Volksfeier des heil. Stephans. Pesth 1835: Jos. Beimel. 23 S. - 8°

Brunner, Joh. Casp. (Hrsg.), s. Corpus constitutionum Brandenburgico-Culmbacensium, ...

— **Johann Christian** (Bayreuth), Munera publica secundum juris naturae principia gratis et sine remuneratione obeunda. Disp. philos. Präs. Johann Michael Georg. Bayreuth (J. Gg. Friedr. Langbein) 5. V. 1770. 4 Bl., 24 S. (4.80) 4349
Gew.: Gg. Hartmann v. Erffa, Wilh. Ernst v. Schoenfeld, Imman. Chph. Bened. Schnelle. — Widm. v.: Lor. Joh. Jac. Lang, Präs., Friedr. Pfeiffer, Joh. Gg. Friedr. Hagen, Joh. Gg. Saher

Brunner, Johann Conrad, s. Brunn, Johann Konrad

Brunner, Johann Jacob s. Schulthess, [Johann] G[eorg] *III.* Der Familien- und Selbstmord des Heinrich Gugolz. Zürich 1844.

Brunner (Johann Jacob älter). — Vorschrift zu nützlicher Nachahmung und einer fleissigen Uebung zu gutem, vorgestellt und geschrieben durch Joh. Jacob Brunner alter von Basel. Gegraben (in Kupfer) in Bern von *Carl Gottlieb Guttenberger* aus Nürnberg. 1766. Quer. In-F.
1 pl. de dedicace avec figures et 15 planches gravees par *C. G. Guttenberg(er).*

Brunner, Joh. Mich. Capelle des Closters Lambach. Kl. Fol. (Titel fehlt.)

— **Johann Samuel** (Solingen), Gravissimam anginae speciem, cynanchen. Diss. med. Präs. Andr. Elias Büchner. Halle (J. Chn. Hendel) Sept. 1746. 84 S. (6.—) 4351

Brunner, Ioh. Seb., Speciem I. poët. histor. v. Sächs. Erneſt. Linie. 8. Weim. 747.

[Brunner, Johannes.] (Der Bergsturz von Goldau. [Mit 1 Tafel.]) Njbl. Hülfsges. Zürich 1807. 4. [Zürich.] P⁹

Brunner, Johannes. Denkmal der Hochschäzung und Liebe, auf den seligen Herrn Professor (Jakob) Däniker. Lehrer an der Kunstschule in Zürich. 4. Zürich 1805. A 760⁴

Aus der Geschichte der Parochie Isinger von J[ohannes] Brunner. Pyritz 1907: Backe. 62 S. 8° [st. 141 B

Brunner, Johannes Nepomuk

Brunner, Johs. N., der hl. Hieronymus u. die Mädchenerziehung auf Grund seiner Briefe an Laeta u. Gaudentius, s.a. Veröffentlichungen aus dem kirchenhistor. Seminar München. Nr. 10.

Brunner, Johannes N[epomuk], Prof. an d. k. Luitpoldoberrealsch.: Der hl. Hieronymus und die Mädchenerziehung auf Grund seiner Briefe an Laeta und Gaudentius. Eine patrist.-pädag. Studie. München: Lentner 1910. VIII, 48 S. 8° ¶(Veröffentlichungen aus d. Kirchenhistor. Sem. München. Reihe 3, Nr 10.)
Freiburg i. B., Theol. Diss. v. 1910, Ref. Krieg
[Geb. 27. Juli 56 Pfarrsee: Wohnort: München; Staatsangeh.: Bayern; Vorbildung: Gymn.; Studium: München; Rig. 2. Juni 05.] [U 11. 1029

— **Jonas** (Diessenhofen/Schweiz), Hepatite defunctorum extispicia. Präs. Rud. Jac. Camerarius. Tübingen (Joh. Conr. Reis) Dec. 1716. 20 S., z. T. deutsch. (4.80) 4352
Gew.: Joh. Conr. Frhr. v. Brunn (Hamerstein), Erh. Frhr. v. Brunn (ebda.) u. Erh. Brunner (Bruder). — Widm. v. Joh. Heinr. Benker (Pastor z. Diessenhofen).

[Brunner, Joseph.] Begleitschreiben zu dem Bilde: Stammbaum der Schweizerischen Eidgenossenschaft. Entworfen und hrg. von Jos. B. von Horw, Kt. Luzern. Lithographirt und in Farben gedruckt von J[ohann] J[acob] Hofer in Zürich. 8. Luzern 1869. A 1218

Brunner, Joseph [aus Windberg (Nb.)]: Beiträge zur Kenntnis des Cinchonins. Heidelberg 1900. 63 S. 8°.
Basel. Phil. Diss. 1899/1900.

Brunner, Jos. v., Gebetbuch für aufgeklärte kathol. Christen. 20., rechtmäßige und verm. Origin.-Aufl. 8. (XXXII und 383 S. mit 3 Stahlst.) Heilbronn 847, Landherr.

—— dass. — 21., verb. Orig.-Aufl. Prachtausgabe. gr. 8. (XXXII und 414 S. mit 1 Stahlst. und Titel in Golddr.) Ebds. 848.

Brunner, Jos., († ... 1807.) Handb. d. mineralog. Diagnosie. 8. Leipz. 804. Bauer. (Andrä). 1 rthl 8 gl

— Handb. d. Gebirgskunde, m. Kpf. 8. Leipz. 803. (Andrä). 21 gl

BRUNNER, Josef: Harmonistik der Leidensgeschichte nach den vier hl. Evangelien. Umfassend die Ereignisse vom Gang auf den Ölberg bis zum Tode Christi. — um 1909. XIV, 384 Bl. Diss. Graz, Univ

— neue Hypothese v. Entstehung d. Gänge; m. 1 Kpf. 4. Leipz. 801. (Andrä). 12 gl

Brunner, Jos., die Technik von Form und Farbe in der Weberei. gr. 8. (29 S.) Wien 888, (Spielhagen und Schurich.) *

— Versuch e. neuen Systems d. Mineralogie. 8. Leipz. 800. (Andrä). 12 gl

Programm, viertes — des k. k. kath. Staats-Obergymnasiums zu Vinkovce in der kroatisch-slavonischen Militärgrenze, veröffentlicht am Schlusse des Schuljahres 1856/57. Wien, 1857. Gedr. bei A. Pichlers Witwe und Sohn. (30 S. 4.)
Enthält: De C. Corn. Taciti vita, scriptis, dicendi genere brevis commentatio in usum discipulorum octavae gymnasii classis conscripta a Jos. Brunner, gymnasii praefecto.

Brunner, Julius s. [Grob Heinrich.] Repetitorium. Zurich 1890 „ 1897

(Brunner, Julius.) Die ersten fünfundzwanzig Jahre der Vereinigung für schulgeschichtliche Studien in der Schweiz. ⟨Gruppo Sch' der Gesellschaft für deutsche Erziehungs- und Schulgeschichte.⟩ 36 S. 8. Zürich, H. Rüegg & Co., 1910. V

Brunner, Dr phil. Julius. von Küsnach (Kt. Zürich Lehrer an der Günther'schen Privatlehranstalt zu Braunschweig Vopiscus Lebensbeschreibungen kritisch geprüft (S. A aus Untersuchungen zur Röm. Kaisergeschichte [— Büdinger]. Bd II S 1—111) Leipz B G Teubner 1868 1 Bl., 111 S., 1 Bl. 8°.
[Zürich, Phil. Diss. v 9. Juli 1868].

Brunner, Jul. (Dr.) Die Lehrpläne d. deutschschweiz., sowie einer Anzahl ausserschweiz. Gymnasien. Separatabzug aus dem XV. Jahresheft des Vereins schweiz. Gymnas. Lehrer. Gr. in-8°, 62 S. Aarau, Sauerländer. 1883?

Brunner, Julius, Das Majestätsverbrechen und die Majestätsgesetze bis auf die Zeit des Tiberius. Aarau 1877. Progr.-Schr.

Brunner, Jul. (Dr.) Nachträge zu der Zusammenstellung der Lehrpläne. Die Lehrpläne d. deutschen Realgymnasien. Sep.-Abdr. aus Gymnasiallehrerheft pro 1884. Gr. in-8°, 16 S. Aarau, Sauerländer.

Brunner, J[ulius]. Die Ordnungen der Schule der Propstei Zürich im Mittelalter SA 8 Innsbruck 1898. A 8789²

Brunner, Julius. Die Ordnungen der Schulen der Propstei und der Abtei Zurich im Mittelalter SA 8 Berlin [1899]. A 8789³

Brunner, Jul., über die Reorganisation des zürcherischen Mittelschulwesens, insbesondere der Kantonschule. gr. 8. (IV, 79 S.) Zürich 885, Meyer und Zeller. *

Brunner, K Bericht uber d. im Juli 1830 in Bern eröffn. Industrie-Ausstellung Bern 1830 8

Brunner, K., Hallwiliana; Stammbaum Anz. f. schweiz. Gesch. 3. Bd. S. 79.

[F.] Der Weg in's Paradies. Gebet- u. Erbauungsb. f. fromme Kathol Von K Brunner, Pfarrer. 3. Aufl. . *Saarlouis: Hausen & C. [1897?].* (383 S.) 1 Bd 8. [98. 4079

Brunner, K., der Weg in's Paradies. Gebet- u. Erbauungsbuch f. fromme Katholiken. 4. Aufl. 82. (388 S. m. farb. Titel u. 1 Stahlst.) Saarlouis (809). F. Stein Nachf. — 60; geb. in Leinw. m. Goldschn. n. — 85

Brunner, K., der Weg in's Paradies. Gebet- u. Erbauungsbuch. 5. Aufl. (383 S. m. Abbildgn., farb. Titel u. 1 Titelbild.) 16. Saarlouis 903. F. Stein Nachf. n. — 55; geb. in Leinw. m. Goldschn. n. — 85

— — K., das alte Zofingen und sein Chorherrenstift. Festschrift der aargauischen histor. Gesellschaft bei der 18. Jahresfeier. 68 S. 8. Aarau, H. R. Sauerländer. 1877?

Brunner, Karl, kurzer Abriß der badischen Geschichte, f. Schulen bearb. (IV, 64 S. m. Abbildgn.) gr. 8. Karlsruhe 903. J. Lang. n. — 50

— dass., s.a. Berger's Erzählgn a. d. Weltgesch.

Brunner, Karl, Anleitung zu pharmaceutisch-medicinisch-chemischen Uebungen, s. Maly, Richard

Brunner, Karl: Baden in der deutschen Geschichte. Pforzheim 1908: Pforzheimer Generalanzeiger. 34 S. 4°
Pforzheim, großh. Reuchlin-G P 1908 (807) [S 08. 51

Brunner, Karl, Baden in der deutschen Geschichte. (VI, 92 S.) 8. Pforzheim 908. Volkstüml. Bücherei. —75; geb. in Leinw. 1. 20

— Die Bekämpfg. der Schundliteratur, s.: Gegen die Schundliterat.

Brunner, K: Die Entwicklung des Schulwesens in den badischen Markgrafschaften (1453—1803). Habil. Schr. Karlsruhe. Weimar (1902)

— Unter Napoleons Fahnen in Spanien (1808/09). Aus d. Erinnergn e. deut. Generals (CR v. Schäffer). (5, 267) kl8° Berl., A Scherl ('11). L — 90 d

Brunner, Karl: In türk. Gefangensch. Abenteuerl. Schicksale e. Heidelbger Studenten im 16. Jahrh., v. ihm selbst erzählt. Nach d. Orig.-Ausg. (f. d. Jugend) bearb. (4, 212) kl8° Berl., A Scherl ('12). L — 90 d

— badische Geschichte, s.a. Sammlung Göschen.

Badische Geschichte. Von Dr. Karl Brunner, Prof. Leipzig: Göschen 1904. 172 S. 8°
(Sammlung Göschen. 230.) [11. 13970 11

Brunner, Karl: Die Glücks-Methode am Turf (Totalisator—Buchmacher). (4 u. 65—128) kl8° Wien, FC Mickl ('11). 1 —

—— Grundriß der Chemie f. die 4. Classe der Realschulen. gr. 8. (IV, 160 S. m. 23 Abbildgn.) Prag 891, Tempsky. — Lpz., Freytag. * 1 40, geb. in Leinw. ** 1 70

Brunner, Karl, Referendar Die Haftung nach Bürgerlichem Recht und die höhere Gewalt. *Bonn a. Rh. 1904: S. Foppen.* (128 S.) 8°
Wurzburg, Jur Diss. v. 1904

Brunner, Karl, die Haftung nach bürgerlichem Recht u. die höhere Gewalt. (128 S.) 8. Bonn 904. (Leipzig, Buchh. G. Fock.) n. 2. —

Brunner, Karl, Reichenbach i. V.: Das deutsche Herrscherbildnis von Konrad II. bis Lothar von Sachsen. Ein Beitrag zur Geschichte des Porträts. Borna-Leipzig 1904: R. Noske. (72 S.) 8° [F.]
Leipzig, Phil. Fak., Ref. Lamprecht u. Schmarsow, Diss. v. 20. Mai 1905
[Geb. 2. März 80 Reichenbach i. V.; Wohnort: Reichenbach; Staatsangeh.: Sachsen; Vorbildung: Gymn. Zwickau Reife O. 99; Studium: Leipzig 12 S.; Rig. 1. März 05.]

Brunner, Karl (Hrsg.), s. Die Hochwacht.

— Friedrich Ludwig Jahn, s: Velhagen & Klasing's Volksbb.

— s.: Jahrbuch der Stadt Pforzheim.

— s.: Im Ringen nach e. Weltanschauung.

Aus der Jugendzeit berühmter Männer. Nach Selbstzeugnissen u. anderen gleichzeitigen Quellen bearb. von Prof. Dr. Karl **Brunner**. Mit zahlr. Abb. 2. Aufl. Berlin: U. Meyer 1905. (XV, 731 S.) 8° [F.] (07. 17981

— Aus d. Jugendzeit berühmter Männer. 4. Afl. (372 m. Abb.) 8° Berl.'06. Karlsr., F Gutsch. L. 6.50 d

Brunner, Karl: Die steinzeitliche Keramik in der Mark Brandenburg. *Braunschweig 1898: F. Vieweg & Sohn.* (56 S.) 4° ¶ (Aus: Archiv für Anthropologie, Bd 25.)
München, Phil. Diss. v. 1898

Brunner, Karl, Lehrbuch der Chemie u. Mineralogie, s.: Hemmelmayr, Frz. v.

Brunner, Karl, die Pflege der Heimatgeschichte in Baden. Ein Wegweiser f. Freunde der bad. Geschichte. Im Auftrag des Karlsruher Altertumsvereins hrsg. 8. (VIII, 153 S.) Karlsruhe 901. J. J. Reiff. n. 1.20

— Ferdinand v. Schill u. s. Getreuen. Nach zeitgenöss. Quellen mitgeteilt. (4, 235) kl8° Ebd. ('12). L — 90 d

— **unser Schiller. Festgabe zur 100. Wiederkehr des Todestages Friedrich Schillers (9. V. 1905), dem Volke dargeboten. (48 S. m. 1. Bildnis.) gr. 8. Pforzheim 905. (O. Riecker.) n. — 50**

Brunner, Karl (Hrsg.), s. Schulordnungen, Die badischen.

— die badischen Schulordnungen, s.: Monumenta Germaniae paedagogica. XXIV.

— **im Silberkranz, s.a. Meyer's, Ulr., Bücherei. Nr. 21.**

Im Silberkranz. Eine Festgabe z. 27. Febr. 1906. Dem deutschen Volke dargeboten von Dr. Karl **Brunner**, Prof. Berlin: U. Meyer 1906. (77 S.) 8° [F.]
— **Bücherei**, Ulrich Meyer's. No 21. (08. 2297

Im Silberkranz. Eine Festgabe z. 27. Febr. 1906. Dem deutschen Volke dargeboten von Dr. Karl **Brunner**, Prof. 23.–33. Taus. Berlin: U. Meyer 1906. (77 S.) 8° [F.]
— **Bücherei**, Ulrich Meyer's. No 21. (08. 3830 11

— s: Taten, Deutsche.

Unser Volk in Gefahr! Ein Kampfruf gegen d. Schundliteratur von Karl **Brunner**. 2. Aufl. Pforzheim: Volkstüml. Bücherei; [Berlin: Vaterländ. Schriften-Verband] 1909. 24 S. 8° (11. 6979

— **Unser Volk in Gefahr! Ein Kampfruf gegen die Schundliteratur. 3. Aufl. (41—45. Taus.) (24 S.) gr. 8. Pforzheim 910. Volkstüml. Bücherei. p nnn — 10**

— Unser Volk in Gefahr! Kampfruf gegen d. Schundlit. 4. Afl. (24) gr8° Pforzh., Volkstüml. Bücherei '11. — 10 (Pp.) d

— **Friedrich Ludwig Jahn's Vermächtnis aus großer Zeit. 1—10. Taus. (46 S. m. 1 Bildnis.) 8. Pforzheim 908. (Leipzig, H. Ziegler.) — 50**

— s.: Volks-Schriften, Pforzheimer.

[F.] **Brunner,** Karl: Der pfälzische Wildfangstreit unter Kurfürst Karl Ludwig '(1664—1667)' ... M. e. Karte in Farbendr. Innsbruck, Wagner, 1896; 1 Bl., VI S., 1 Bl., 68 S., 1 Kt. 8.
Heidelberg, Phil. Fak., Inaug.-Diss. v. [7. Dez.] 1895

Zähringer im Dienst für Kaiser und Reich. Hist. Festschrift von Prof. Dr. Karl **Brunner**. Mit 9 Vollbild. u. 0 in d. Text gedr. Bild. Karlsruhe: F. Gutsch 1906. (62 S.) 8° [F.]
Sr. Kgl. Hoheit d. Großherz. Friedrich v. Baden z. 80. Geburtst. gewidmet. (06. 1146)

Brunner, Konr., Erfahrungen u. Studien üb. Wundinfektion u. Wundbehandlung. 1. Thl.: Ueber d. Keimgehalt u. Heilverlauf aseptisch angel. Wunden. Das initiale postoperative Wundfieber. gr. 8. (VIII, 194 S. m. eingedr. Kurven u. 6 Kurventaf.) Frauenfeld 898. J. Huber. n. 4. —

— dasselbe. 2. Thl.: Ueb. d. Keimgehalt u. Heilverlauf accidenteller Wunden. Aseptik od. Antiseptik? gr. 8. (VI, 162 S.) Ebd. 898. n. 3. 20

Brunner, Konr., Erfahrungen u. Studien über Wundinfektion u. Wundbehandlung. 3. Tl. Die Begriffe Pyämie u. Sephthämie im Lichte d. bakteriolog. Forschungsergebnisse. gr. 8. (V, 110 S. m. graph. Darstellgn.) Frauenfeld 899. Huber & Co. n. 2. 40
I. u. II. Tl. Ebd. 897. 898. n. 7. 20.

BRUNNER, L. Ueber die Destillationsprodukte des Tri- und Bibenzylamins. Greifswald, 1869. Diss. G. S.

Brunner, L., s. Gruber, D., Canalisation oder Abfuhr?

— **Lorenz** (Gerzensis Bojus); De erysipelate faciei. Diss. med. Präs. Heinr. v. Leveling. Landshut (Jos. Thomann) 6. VIII. 1819. 20 S. (4.50) 4353
Gew.: Carl Lorenz v. Mayer.

Brunner Louis, die deutschen Gewerkschaften 1891—1904 in graphischer u. statistischer Darstellung. Gewidmet dem 5. Kongreß der Gewerkschaften Deutschlands in Cöln a. Rh. 1905. (16 S. m. farb. graph. Taf.) 4. Berlin 905. Generalkommission d. Gewerkschaften Deutschlands. n. 1. 50

— Die deutschen Gewerkschaften im Jahre 1906. (Korrespondenzbl. d. Generalkomm. der Gewerksch. Deutschl., 1907, stat. Beil. 2.

Brunner, Louis, die deutschen Gewerkschaften. Neue graph. Darstellgn. u. statist. Tabellen. (24 S. m. 10 farb. Taf.) 30,5×22,5 cm. Berlin 908. (Buchh. Vorwärts.) 1. 50

Die deutschen Gewerkschaften. Neue graph. Darstellungen u. statist. Tabellen von Louis **Brunner**. Dem 6. Kongreß d. Gewerkschaften Deutschlands gewidmet. Berlin: Generalkommission d. Gewerksch. Deutschlands 1908. 24 S., 10 Taf. 4° (09. 6118

Brunner, Lucian. Der Weiterbetrieb der ungekündigten Linien der schweizerischen Nordostbahn. Ein Beitrag zur Aufklärung dieser Frage von Lucian Brunner-Wien, Mitglied des Verwaltungsrathes der schweizerischen Nordostbahn. September 1901. [Mit 1 Karte.] 24 S. 8. Selbstverlag (Druck Gebrüder Krauer, Frankfurt a. M.).

Brunner, Ludwig: Politische Bewegungen in Nürnberg im Jahre 1848. Bis zu den Herbstereignissen. Heidelberg 1907: C. Winter. (VI, 90 S.) 8° [F.]
Heidelberg, Phil. Fak., Ref. Marcks, Diss. v. 3. April 1907
[Geb. 20. Febr. 84 Nürnberg; Wohnort: Nürnberg; Staatsangeh.: Bayern; Vorbildung Gymn. Nürnberg Reife Juli 02; Studium: München 1, Heidelberg 5 S.; Rig. 4. Aug. 04.]

Brunner, Ludw., politische Bewegungen in Nürnberg 1848/49, s.a. Abhandlungen, Heidelberger, zur mittleren u. neueren Geschichte. 17. Hft.

Politische Bewegungen in Nürnberg 1848/49. Von Ludwig **Brunner**. Heidelberg: C. Winter 1907. (V, 190 S.) 8° [F.]
— **Abhandlungen**, Heidelberger, z. mittleren u. neueren Geschichte.

Brunner, Ludwig, approb. Arzt aus Rheinzabern: Ueber 285 Fälle deformer Becken. *Freiburg (Baden) 1903: E. Kuttruff.* (37 S.) 8°
Freiburg i. B., Med. Diss. v. 1903

Brunner, Ludw., Sct. Georg. Epische Dichtg. 8. (70 S.) Großenhain 893. Baumert & Ronge. n. 1. —

Brunner, Ludwig, appr. Arzt: 30 Primärtumoren des Gehirns anatomisch und klinisch zusammengestellt. Leipzig 1907: B. Georgi. (34 S.) 4°
Leipzig. Med. Fak., Ref. Marchand, Diss. v. 30. Juni 1907
[Geb. 14. Apr. 70 Fritzlar: Wohnort: Leipzig; Staatsangeh.: Preußen; Vorbildung: Gymn. Rinteln Reife M. 02; Studium: München 1. Leipzig 6. Berlin 1. Leipzig 3 S.: Coll. 17. Juli 07; Approb. 10. Juli 02.]

Brunner, Luitpold: Die Einfälle der Ungarn in Deutschland bis zur Schlacht auf dem Lechfelde am 10. August d. J. 955. S. 3 - 4 u. I - LVI.
Progr. Augsburg 1855.

Brunner, Luitpold, die Einfälle der Ungarn in Deutschland bis zur Schlacht auf dem Lechfelde am 10. Aug. des J. 955. Gelegenheitsschrift zur 9. Säkularfeier des an benanntem Tage erfochtenen Sieges der Deutschen über die Ungarn. 4. (60 S.) Augsburg 855, Schmid's Verlag.

Brunner, Luitpold: Die Grafen von Hals. Ein Beitrag zur Geschichte Bayerns. S. III - IV u. 1 - 58.
Progr. Augsburg 1857.

Brunner, Luitpold, das Leben d. deutschen Apostels Bonifacius. Zugleich als Erklärung der Bilder aus der Geschichte dieses Heiligen in der Basilika zu München. 8. (128 S.) Regensburg 852, Pustet. 12 ngr

Brunner, Luitp. Kaiser Maximilian I. und die Reichsstadt Augsburg. 69 S. 8. Progr. Steph. *Augsburg* 1877

Brunner, Luitpold: Die Markgrafen von Ronsberg. Ein Beitrag zur Geschichte des bayerischen Schwabens. S. III - IV u. 1-46 mit 1 Stammtaf. der Markgrafen von Ronsberg.
Progr. Augsburg 1859.

Brunner, L., Die Markgrafen von Ronsberg. Mit Stammtfl. Augsburg 1860. 4.

Brunner, M., s.: Archiv f. Unfallheilkunde, Gewerbehygiene u. Gewerbekrankheiten.

Brunner Maier: Das Leben und die Regierung Ludwig V. von Frankreich. Diss. Wien, Univ.
H. 1886 PN 449 710

Brunner, Maria Frz. Sales, süße Abendstunden für innige Seelen. Sammt einem Anhang auserlesener Gebete. gr. 12. Einsiedeln 840, Gebr. Benziger. 8 3/4 ngr

— Ablaßtabelle, mit d. nöthigen Bedingnissen, sie zu gewinnen; aus d. in Rom 1831 erschienenen u. gutgeheißenen Sammlung getreu ausgehoben, z. Trost sowohl d. Lebenden als d. Abgestorbenen. Ebend. 1/24 ₰

— die letzten Augenblicke, die hinterlassenen Lehren u. d. sel. Hinscheiden einer frommen Mutter. 8. Ebend. 840. 1/8 ₰

Brunner, Maria Frz. Sales, das Büchlein v. kostbaren Blute Jesu Christi. Den Brüdern u. Schwestern dieser Erzbruderschaft gewidmet. 7. Aufl. 12. (6 B. u. 2 Stnt.) Einsiedeln 846, Gebr. Benziger.

—— heilsame Erinnerungen, um auf Erden im Glauben gestärkt, in der Hoffnung befestigt, in d. Liebe beseligt u. im Himmel ewig mit Gott vereinigt zu werden. Ein Unterrichts- u. Gebetb. 2. Aufl. 12. (8 B. u. 1 Stnt.) Einsiedeln 840, Gebr. Benziger.

Brunner, Maria Franz Sales, heilsame Erinnerungen um auf Erden im Glauben gestärkt, in der Hoffnung befestigt, in der Liebe beseligt und im Himmel ewig mit Gott vereinigt zu werden. Ein Unterrichts- und Gebetbuch. 3. Aufl. 24. (240 S. mit 1 Stnt.) Einsiedeln 851, Gebr. Benziger.

Brunner, Maria Frz. Sales, heilsame Erinnerungen um auf Erden im Glauben gestärkt, in der Hoffnung befestigt, in der Liebe beseligt u. im Himmel ewig m. Gott vereinigt zu werden. Ein Unterrichts- u. Gebetbuch. 3. Aufl. 24. (240 S. m. 1 Lith.) Einsiedeln 852, Gebr. Benziger. 4 ngr

—— der landeskundige Geleitsmann nach Nord-Amerika. Oder Belehrungen, gute Räthe und Warnungen für 1. einen gemeinen Mann. 2. einen Hausvater. 3. einen Bauersmann. 4. einen Handwerker. 5. einen Jüngling. 6. eine Dienstmagd. In 6 Gesprächen. Besonders lehrreich für kathol. Auswanderer, welche das Eine Nothwendige nicht außer Acht setzen. Mit einem Anh. 18. (120 S.) Einsiedeln 851, Gebr. Benziger.

— Gruß u. Segensworte an die Brüder u. Schwestern der Erzbruderschaft des kostbarsten Blutes Jesu Christi. Mit einer Einleitung, Betrachtungen u. Gebeten. 2. verm. Aufl. 12. Ebend. 845. 1/12 ₰

— christliche Lebensordnung. Gezogen aus den Schriften des ehrwürdigen Priesters Joh. Bapt. Bochele; sammt einigen Zusätzen. 18. Ebend. 840. 4 1/2 ngr

—— Maienblümlein zum Preise der Mutter Gottes. Enthaltend nebst dem Marienmonat, Morgen-, Abend-, Meß- etc. und 6 sonntägl. Aloysiandachten. 4., verb. Aufl. 12. (144 S. mit Vign. in Holzschn. und Stnt.) Einsiedeln 851, Gebr. Benziger.

Brunner, M. Fr. Sales, Maienblümlein zum Preise der Mutter Gottes. Enthaltend nebst dem Marienmonat alle allgemeinen Andachten. 10. Aufl. 18. (144 S. mit 2 Holzschn.) Einsiedeln 868, Gebr. Benziger.

Brunner, M. Franz Sales, Maienblümlein zum Preise der Mutter Gottes. Betrachtungen auf alle Tage des Maimonats, nebst Morgen-, Abend-, Meß-, Beicht-, Communion- und Kreuzweg-Andacht. 24. (127 S.) Einsiedeln 881, Gebr. Benziger. geb. *

— der heilige Morand, ein Gnadenkind. Seine Lebensgeschichte, m. einem Anhang v. Gebeten. 18. Ebend. 838. 1/8 ₰

Brunner, Moritz Ritter v.

Brunner, Mor. Ritter v., ueb. die Anwendung des Infanterie-Spatens u. die mit demselben auszuführenden flüchtigen Befestigungen vom Standpunkte des Infanterie-Officiers. Mit 52 (in den Text gedr.) Holzschn. gr. 8. (68 S.) Wien 878. Seidel & Sohn. n. 2. 40

— dasselbe. Mit 74 (eingedr.) Holzschn. 2., nach den Erfahrungen des Occupations-Feldzuges in Bosnien u. der Hercegovina 1878 bearb. Aufl. gr. 8. (III, 104 S.) Ebend. 880. n. 2. 80

— über die Anwendung des Infanteriespatens und die mit demselben auszuführenden flüchtigen Befestigungen vom Standpunkte des Infanterie-Offiziers. Mit Hlzschn. 2. Aufl. Wien 1883. 102 S.

Brunner, Mor. Ritter v., üb. die Anwendung d. Infanterie-Spatens u. die m. demselben auszuführenden flüchtigen Befestigungen vom Standpunkte d. Infanterie-Officiers. Mit 78 Holzschn. 3. verb. Aufl. gr. 8. (IV, 112 S.) Wien 884. Seidel & Sohn. n. 2. 80

— — 5. verbess. Aufl. (Mit 3 Taf.) 8. Wien 1884.

BRUNNER, Moritz Ritter von
(F) K. u. k. Feldmarschall-Lieutenant Moriz Ritter v. Brunner. Die beständige Befestigung. Für die k. u. k. Militär-Bildungsanstalten und zum Selbstunterrichte für Officiere aller Waffen herausgegeben von Moriz Ritter von Brunner. (Mit 3 Tafeln und 130 Figuren.) 6., neu bearbeitete Auflage. Wien. 1901. Seidel & Sohn. Gr.-8°. VII, 237 S. K 5.20

Brunner, M. Ritter v. Die beständige Befestigung. 7. Aufl. Wien 1909. 8°. (1. Aufl. c. 1870)

Brunner, Mor. Ritter v., die beständige Befestigung. Für die k. u. k. Militärbildungsanstalten u. zum Selbstunterrichte f. Offiziere aller Waffen hrsg. 7., vollst. umgearb. Aufl. (VII, 149 S. m. Fig. u. 1 Taf.) Lex. 8. Wien 909. L. W. Seidel & Sohn. 5. 80

— Beispiele f. die Anwendung der flüchtigen Befestigungen vom Standpunkte der Truppe. Aufgaben, gegeben in den k. k. Stabsofficiers-Curson d. Heeres u. d. Landwehr, dann in der techn. Militär-Akademie. [Aus: „Streffleur's österr. militär. Ztschr."] gr. 8. (83 S. m. 3. lith. Karten.) Ebend. 883. n. 2. 80

Brunner, Mor. Beiträge zur Geschichte der letzten Karolinger in Frankreich mit besonderer Rücksichtnahme auf die betreffenden Stücke des Gerbertschen Briefwechsels. 18 S. 8. Progr. G. III. Bez. *Wien* 1882.

Brunner, Mor., s.: Eos.

Brunner, Mor., die Feldbefestigung. Zum Schulgebrauch und zum Selbststudium für Offiziere aller Waffen. 1. Lfg. gr. 8. (IV, S. 1—128 mit 7 lithogr. Taf. in Fol.) Wien 872. (Teschen, Prochaska.) *

Brunner's, Mor. Ritter v., die Feldbefestigung. Für die k. u. k. Militärbildungsanstalten u. zum Selbstunterrichte f. Offiziere aller Waffen hrsg. v. Mor. Ritter v. Brunner. 8., neu bearb. Aufl. 1.—3. Hft. (S. 1—236 m. Abbildgn.) gr. 8. Wien 904. L. W. Seidel & Sohn.) n n. 6. —

—— der Festungskrieg. Als Lehrbehelf zum Unterrichte in der k. k. Militär-Akademie und Cadeten-Schulen bearb. gr. 8. (VI, 66 S. mit 6 lithogr. Taf. in Fol.) Wien 872. (Seidel und Sohn. — Teschen, Prochaska.) *

Brunner, M. Ritt. v. Der Festungskrieg. Mit Taf. Wien 1872. 66 S.
— — 3. neubearb. Aufl. u. d. T.: Leitf. z. Unterricht i. Festungskriege. 1877.
— — 4. verb. Aufl. 1879.
— — 7. neubearb. Aufl. 1893.
— — 8. neubearb. Aufl. u. d. T.: Der Festungskrieg. 1899.
— — 9. neubearb. Aufl. 1906.

BRUNNER, Moriz Ritter von

(F) Der Festungskrieg. Für die k. und k. Militär-Bildungs-Anstalten und zum Selbstunterricht für Officiere aller Waffen, bearbeitet von Moriz Ritter von Brunner. (Mit Holzschnitten und 1 Tafel.) 8. neu bearbeitete Auflage. Wien. 1899. Seidel & Sohn. Gr.-8°. 87 S. fl. 1.50

— der Festungskrieg. Für die k. u. k. Militärbildungsanstalten u. zum Selbstunterrichte f. Offiziere aller Waffen hrsg. v. Mor. Ritter v. Brunner. 9., vollständig neu bearb. Aufl. (VIII, 100 S. m. 10 Fig.) gr. 8. Ebd. 906. n. 3. 60; geb. n. 4. 60

—— Genie- und Pionnierwesen, s. Ausstellungs-Bericht, officieller.

—— der Kampf um Feld-Schanzen. Eine taktische Studie. gr. 8. (78 S.) Wien 874, v. Waldheim. *
Aus: Oesterreichische militär. Zeitschrift, besonders abgedruckt.

— Leitfaden zum Unterrichte in der beständigen Befestigung. Zum Gebrauche f. die k. k. Militär-Bildungs-Anstalten. 1. Hft. Mit 16 (lith) Taf. in Fol. [4., neu bearb. Aufl. d. Leitfadens zum Unterrichte in der permanenten Fortifikation f. die k. k. Militär-Bildungs-Anstalten, Kadeten-Schulen, dann f. Einjährig-Freiwillige v. Ritter v. Tunkler.] gr. 8. (IV, 160 S.) Wien 875. Seidel & Sohn in Comm. n. 7. 50

Brunner, Moriz Ritter v., k. k. Hauptm., im Genie-Stabe. Leitfaden zum Unterrichte in der beständigen Befestigung. Zum Gebrauche für die k. k. Militär-Bildungs-Anstalten bearbeitet. Mit 16 Taf. in Folio. (4. neu bearbeitete Aufl. des Leitfadens zum Unterrichte in der permanenten Fortification für die k. k. Militär-Bildungs-Anstalten, Cadetten-Schulen, dann für Einjährig-Freiwillige von weil. Obersten Ritter v. Tunkler.) 8. Wien 1876.

— Leitfaden zum Unterrichte in der beständ. Befestigung. Zum Gebrauche f. die k. k. Militär-Bildungs-Anstalten, Kadeten-Schulen, dann für Einjährig-Freiwillige bearb. [Mit 10 (lith.) Taf.] 2., neu bearb. Aufl. gr. 8. (X, 115 S.) Ebend. 877. n. 6. 20

—— Leitfaden für den Unterricht in der beständigen Befestigung. Zum Gebrauch für die k. k. Militär-Bildungs-Anstalten, Kadetten-Schulen, dann für Einjährig-Freiwillige. 3. Aufl. gr. 8. (X, 118 S. mit 10 lithogr. Taf.) Wien 880, Seidel und Sohn. *

Brunner, Mor. Ritter v., Leitfaden für den Unterricht in der beständigen Befestigung. Zum Gebrauche in den k. k. Militär-Bildungs-Anstalten, Cadeten-Schulen, dann für Einjährig-Freiwillige bearb. 3. [durch einen Anhang verm.] Aufl. gr. 8. (X, 126 S. mit 10 Taf. und 7 Holzschn.) Wien 887, (Seidel und Sohn.) *

— —, k. k. Oberstlieut. im Genie-Stabe etc. 4. (durch einen Anhang vermehrte) Auflage. (Mit 10 Taf. und. 7 Holzschn.) 8. Wien 1889.

— —, k. u. k. General-Major. Leitfaden für den Unterricht in der beständigen Befestigung. Zum Gebrauche in den k. u. k. Militär-Bildungs-Anstalten. 5. ganz neu bearbeitete Auflage. (Bisher Heft I und II erschienen.) 8. Wien 1895—1896.

Brunner, Mor. Ritter v., Leitfaden f. d. Unterr. i. d. beständ. Befestigung. Z. Gebr. i. d. k. u. k. Militär-Bildgs.-Anst. 5., ganz neu bearb. Aufl. 3 Hfte. in 2 Bdn. gr. 8. (VII, 218 S. m. 122 Fig. u. 3 Taf.) Wien 896. L. W. Seidel & Sohn. n. 6. 20

Brunner, M. Ritt. v. Leitfaden für den Unterricht in der beständigen Befestigung. Mit Taf. Wien 1876. 212 S.
— — 3. Aufl. 1880.
— — 5. neubearb. Aufl. 1896.
— — 6. neubearb. Aufl. u. d. T.: Die beständige Befestigung. 1901.
— — 7. vollst. umgearb. Aufl. 1909.

— Leitfaden zum Unterrichte in der Feldbefestigung. Als Lehrbehelf f. die k. k. Militär-Bildungsanstalten, k. k. Cadeten-Schulen, dann f. Einjährig-Freiwillige. 1. Lfg. u. 2. Lfg. 1. u. 2. Hft. Mit 15 (lith.) Taf. (in Fol.) gr. 8. (IV, 310 S.) Wien 872. 73. (Teschen, Prochaska.) n. 12. - -

—— Leitfaden zum Unterrichte in der Feldbefestigung. Zum Gebrauche in den k. k. Militär-Bildungs-Anstalten, Kadeten-Schulen, dann für Einjährig-Freiwillige. 2. ganz neu bearb. Aufl. gr. 8. (VI, 187 S. mit 10 Stnt. in qu. Fol.) (Ebendas.) 876. *

Brunner, M. v., Leitfaden zum Unterrichte in der Feldbefestigung. 2. Auflage. Wien 1877. 8.

Brunner, Mor. Ritter v., Leitfaden für den Unterricht in der Feldbefestigung. Zum Gebrauche in den k. k. Militär-Bildungs-Anstalten, Kadetten-Schulen, dann für Einjährig-Freiwillige bearb. 3. Aufl. (VIII, 208 S. mit 10 lithogr. Taf.) 1878. •M 7.; 4. verb. und verm. Aufl. gr. 8. (XII, 228 S. mit 12 lithogr. Taf.) (Ebendas.) 881. **

—— Leitf. f. d. Unterricht in d. Feldbefestigg. 5. Afl. 8. (215 m. H. u. 2 Taf.) Ebd. 80. n. 7. 60

—— Leitfaden für den Unterricht in der Feldbefestigung. Zum Gebrauche in den k. k. Militär-Bildungs-Anstalten, Cadeten-Schulen, dann für Einjährig-Freiwillige. 5. ganz neu bearb. Aufl. gr. 8. (XIV, 215 S. mit 2 Taf. und 186 Holzschn.) Ebendas. 887. *

Brunner, Mor. Ritter v., Leitfaden f. den Unterricht in der Feldbefestigung. Zum Gebrauche in den k. u. k. Militär-Bildungs-Anstalten u. Cadetten-Schulen bearb. 6., ganz neu bearb. Aufl. [2. corrig. Abdr.] gr. 8. (XIV, 215 S. m. 2 Taf. u. 186 Holzschn.) Wien 891. L. W. Seidel & Sohn. n. 7. 60

— Leitfaden f. d. Unterr. i. d. Feldbefestigung. Zum Gebr. i. d. k. u. k. Militär-Bildungs-Anst. u. Cadetten-Schulen bearb. 7., neu bearb. Aufl. (Enthält d. neuen Typen f. flücht. u. verstärkte Feldbefestiggn.) (M. 1 Taf. u. 195 Fig.) gr. 8. (X, 240 S.) Ebd. 898. n.n. 5. 60

—— Leitfaden zum Unterrichte im Festungskriege. Als Lehrbehelf für die k. k. Militär-Bildungs-Anstalten, k. k. Cadeten-Schulen, dann für Einjährig-Freiwillige. 2. verb. Aufl. gr. 8. (VIII, 70 S. mit 6 lithogr. Taf. in Fol.) Wien 873, (Seidel und Sohn. — Teschen, Prochaska.) * k

— dasselbe 2., ganz neu bearb. Aufl. gr. 8. (1. Hft. 80 S. 4 Steintaf. in qu. Fol.) Wien 876. (Seidel & Sohn.) n. 7.

—— Leitfaden zum Unterrichte im Festungskriege. Zum Gebrauche für die k. k. Militär-Bildungsanstalten, Kadeten-Schulen, dann für Einjährig-Freiwillige bearb. [Mit 3 lithogr. Taf.] 3. neu bearb. Aufl. (VIII, 80 S.) 1877; 4. verb. Aufl. gr. 8. (VIII, 88 S.) (Ebendas.) 879. *

—— Leitfaden für den Unterricht im Festungskriege. Zum Gebrauch für die k. k. Militär-Bildungs-Anstalten, Cadeten-Schulen, dann für Einjährig-Freiwillige. 5. verb. Aufl. gr. 8. (VIII, 95 S. mit 3 lithogr. Taf.) (Ebendas.) 884. *

— Leitfaden f. den Unterricht im Festungskriege. Zum Gebrauche f. die k. u. k. Militär-Bildungs-Anstalten bearb. 7., ganz neu bearb. Aufl. gr. 8. (IV, 80 S. m. Holzschn. u. 1 Taf.) Ebd. 893. n. 3. 60

—— Militär-Unterrichtswesen, s. Ausstellungs-Bericht, officieller.

— sind Festungen erstürmbar? „Streiflichter" zu Maj. Scheibert's: „Die Befestigungskunst u. die Lehre vom Kampfe". Mit einer (lith.) Taf. u. 3 (eingedr.) Holzschn. [Aus: „Streffleur's österr. militär. Ztschr."] gr. 8. (57 S.) Ebend. 882. n. 2. 40

Brunner, Mor., praktisches Taschenbuch für den Mineur. 16. (III und 91 S. mit 32 lithogr. Fig. auf 2 Taf.) Wien 864, (Leo's Verlags-Expedition.)

—— die Vertheidigung von Strassburg im J. 1870. gr. 8. (72 S. mit 2 lithogr. Taf., wovon 1 color., in qu. gr. Fol. und 1 eingedr. Holzschn.) Wien 871, Seidel und Sohn. *

—— d. Vertheidigg v. Strassburg im J. 1870. 8. (72 m. 2 L.) Wien 72. Seidel u. S. n. 2. 40

Brunner, O. B., Lehrplan für die einfachen Volksschulen des Inspektionsbezirkes Zwickau. 8. (51 S.) Zwickau 886, Hundius. *

Brunner, Otto, kurze Anleitung zur Beurtheilung der wichtigsten Lebensmittel, f. die Gesundheitskommissionen des Kts. Zürich zusammengestellt. gr. 8. (44 S. mit 2 Tab.) Zürich 878. (Herzog.) n. — 60

—— kurze Anl. z. landwirthsch. Buchführg in einfacher u. praktisch leicht durchführb. Form. 8. (94) Zür. 76, Orell, F. u. Co. n. 2. —

—— kurze Anleitung zur landwirthschaftlichen Buchführung in einfacher und praktisch leicht durchführbarer Form, erläut. durch die Jahresrechnung eines 23 Hektaren umfass. Gutes. gr. 8. (VI, 94 S., wovon 70 lithogr.) Zürich 877, Orell, Füßli und Comp. *

Brunner, Otto, praktische Anleitung zum Hopfenbau. Mit besond. Berücksichtigung für die schweizer. Landwirthe, Bierbrauer rc. gr. 8. (VI und 70 S.) Bern 867, Heuberger.

Brunner, O.: Praktische Anleitung zum Hopfenbau. 8. (70 S.) Bern 68. Heuberger.

Brunner, Otto, die Auswanderung nach den Vereinigten Staaten Nord-Amerikas, amerikanische landwirthschaftliche Verhältnisse und ein neues Ansiedlungs-Projekt. gr. 8. (87 S. mit 1 Lichtdr.) Berlin 881. (Huber und Comp.) *

Brunner, Otto, Die Auswanderung nach den Vereinigten Staaten Nord-Amerikas, amerikanische landwirthschaftliche Verhältnisse und ein neues Ansiedlungs-Project. gr. 8°. Bern 1881.

Brunner, Otto [dipl. Chemiker aus Diessenhofen, Thurgau]: Beiträge zur Kenntnis der Wolframbronzen. Zürich-Oberstrass 1903. 74 S. 8°.
Zürich. Phil. Diss. II. S. 1902 1903.

— Otto, Die Schweizer Colonie »Bernstadt« in Kentucky. (1880).

Brunner, Otto. Ein Fall v. perniciöser Anaemie u. seine erfolgreiche Behandlung. gr. 8. (11 S.) Lpz. 891, Verlag d. Reichs-Med.-Anzeigers B. Konegen. * — 30
Aus: Balneolog. Centralbl., besonders abgedruckt.

Brunner. Otto [Arzt von Laupersdorf. Solothurn]: Über cardio-pulmonale Geräusche. Luzern 1903. 39 S. 8°. [31. XII. 03.]
Zürich. Med. Diss. 1903 1904.

Brunner, Otto. Über cardio-pulmonale Geräusche. Diss. Med. Univ. Zürich. IV + 39 S. 8. Luzern, H. Keller, 1903.

Brunner, Otto, aus Niedergirmes bei Wetzlar: Untersuchung der electrolytischen Oxydation fetter Alkohole. *Giessen 1899: v. Münchow.* (59 S.) 8°
Giessen, Phil. Diss. v. 1899

Brunner. Paul. aus Zürich: Studien und Beiträge zu Gottfried Kellers Lyrik. Zürich 1906. X + 444 S. 8°. [9. X. 06.]
Zürich. Phil. Diss. I. S. 1906/1907

Brunner, Paul. Studien und Beiträge zu Gottfried Kellers Lyrik. 8. Zürich, Orell Füssli.
Ausg. A: Diss. Phil. [I.] Univ. Zürich ... von P' B' aus Zürich. X+444 S. 1906.
Ausg. B: Von Dr. P' B'. VIII + 443 S. (1906.) [fr. 10. —]

Brunner Paul: Versuch einer ökonomischen Erklärung des Rittertums und des Minnesanges. Diss. Wien, Univ. M. 1910 PN 2890 1033

Brunner, Pet., Maria unsere Mutter und Zuflucht. Predigt gehalten bei Anlaß der Wallfahrt der Luzerner auf Maria Sonnenberg bei Seelisberg den 19. Mai 1874. gr. 8. (14 S.) Luzern 874, Gebr. Räber.

Brunner, Peter: Ueber das Studium der alt-griechischen Sprache und insbesondere des neu-grichischen Dialektes. S. 3 - 11.
Progr. Passau 1833.

Brunner, Peter: Was ist von der Zweckmäßigkeit der Dimission zu halten? S. 49 - 54.
Progr. Passau 1837.

Brunner, Peter: Was soll die Schule lehren, und was soll der Schüler lernen? S. 3 - 8.
Progr. Passau 1826.

Brunner, Phpp., s.a. Bürgerschul - Kalender, oesterreichischer.

Brunners österr. Bürgerschulkalender und Schematismus der Bürgerschulen für das Schuljahr 1904/05. 26. Jahrg. 16°. (98 S.). Wien: Perles 1904. geb. K 2.40

Brunner's, P, österr. Bürgersch.-Kalender u. Schematismus d. Bürgersch. f. 1905—6. Fortgesetzt v. M Fischer. 27. Jahrg. (162 u. 97 m. Schreibkalender.) 16° Wien, M Perles. Geb. 2.40
Bis 1903/4 u. d. T.: Bürgerschul-Kalender, österr.

Brunner's, Philipp, österreichischer Bürgerschul-Kalender u. Schematismus der Bürgerschulen f. d. Schulj. 1906—1907. Fortgesetzt v. Max Fischer. 28. Jahrg. (III, 162 u. 96 S. m. Schreibkalender.) 16. Wien, M. Perles. Geb. in Leinw. n. 2.40
Erschien bis 1904 u. d. T.: Bürgerschul-Kalender.

Brunner, Th., Österreichischer Bürgerschulkalender und Schematismus der Bürgerschulen für das Schuljahr 1907—1908. 29. Jahrg. 8°. (112 S.) geb. K 2 40

Brunners österr. Bürgerschulkalender und Schematismus der Bürgerschulen für das Schuljahr 1908/09. 30. Jahrg. 8°. (120 S.) geb. K 2.40

Brunner's, Philipp, österr. Bürgersch.-Kldr u. Schematismus d. Bürgersch. f. d. Schulj.'09—'10. Fortgesetzt v. Max Fischer. 31. J. (172 u. 111 m. Schreibkldr.) 16° Wien, M Perles. L. 2.40

Brunner's, Philipp, österreich. Bürgerschul-Kalender u. Schematismus der Bürgerschulen f. d. Schulj. 1910—1911. Fortgesetzt v. Max Fischer. 32. Jahrg. (III, 166 u. 109 S. m. Schreibkalender.) 16. Wien, M. Perles. Geb. in Leinw. 2. 40

Brunner, Ph., Erzählbuch für den Kindergarten, das Haus und die Schule, s. Fischer, A. S.

Goethe's „Geheimnisse". Ein Beitrag zur freimaurerischen Literatur. Von Phil. Brunner und Eman. Reis. Budapest 1893: Neumayer. 28 S. 8°
Abgedr. in: O. 17 (1892) S. 274—280; BrL. 10 (1892—1893) S. 81—87.
Recens: Bh. 36 (1893) S. 64 (C. Gotthold); L. 16 (1893) S. 48.

Brunner, Phpp., ich kann schon lesen! E. Bilderbuch m. schönen Gedichten u. frischen Geschichten f. ganz kl. Leser u. Leserinnen. gr. 4. (80 S.) Wien 895. Ges. f. graph. Industrie. Kart. n. 2. —

— ich kann schon lesen! Bilderbuch m. schönen Gedichten u. frischen Geschichten f. ganz kleine Leser u. Leserinnen. 4° (80) Wien 95, „Wiener Mode". Kart. 2 —

Brunner, Philipp (Hrsg.) ,s.a. Kindertheater.

— Kindertheater. Festspiele u. scen. Darstellgn. durch Kinder im Familienkreise. Gesammelt u. hrsg. 1.—7. Hft. gr. 8. (à 16 S.) Wien 900. Gesellschaft f. graph. Industrie. à — 50
1. Herbst-Spiel. Fröhliche Weihnachten. Die kleine Verkäuferin.
2. Papa's Geburtstag. Schnelle Hilfe. Das Blümchen Wunderhold. Frühlingsgruß. Der alte Spielmann.
3. Das Puppenfest. Das geheimnisvolle Paket. Die Heimkehr.
4. Die Wichtelmännchen. Märchenspiel. Sylvestergruß. Zur Weihe des neuen Hauses.
5. Scheiden thut — wohl. Weihnachtsfreude. Der Gebesserte. Sylvesterfestspiel.
6. Großhanns Eisenfresser. Zur Haussteuer.
7. Großpapa's Geburtstag. Städterin u. Bäuerin. Der Zwerg u. die Blumen. Ein Festspiel u. seine Folgen.

Brunner, Phpp., Kindertheater. Jetzt: Berlin, A. Engelhard & Co.

(B) -- Kindertheater. 7 Hfte. 900. (KVB 31.) Jetzt: Wien, P. Knepler.

— Materialien zum Unterrichte in der deutschen Rechtschreibung nach den neuesten amtlichen Regeln. (VII, 127 S.) gr. 8. Ebd. 904. n. 1. 50

— s.a. **Notizkalender f. Oesterreichs Lehrerinnen.**

— Notizkalender f. Österr. Lehrerinnen f. 1904—5. Fortgesetzt v. M Fischer. 28. Jahrg. (168 u. Agenda m. 1 Bildnis.) 16° Ebd. Geb. 2 —

— Notizkalender f. Österreichs Lehrerinnen f. d. Schulj. 1906—1907. Fortgesetzt v. Max Fischer. 30. Jahrg. (III, 162 S. u. Agenda.) 16. Ebd. Geb. in Leinw. n. 2. —
Erschien bis 1904 u. d. T.: Notizkalender etc.

Brunner, Ph., Notizkalender für Österreichs Lehrerinnen für das Schuljahr 1907/1908. 31. Jahrg. 8°. (176 S.) geb. K 2.—
Wien:Perles 1907.

Brunner, Ph., Notizkalender für Österreichs Lehrerinnen für das Schuljahr 1908/1909. XXXII. Jahrg. 16°. (184 S.) geb. K 2.—

— Notizkldr f. Österr.'s Lehrerinnen f. d. Schulj.'09—10. Fortgesetzt v. Max Fischer. 33. J. (172 u. Agenda.) 16° Ebd. L. 2 —

— Notizkalender f. Österreichs Lehrerinnen f. d. Schulj. 1910—1911. Fortgesetzt v. Max Fischer. 34. Jahrg. (III, 166 S. u. Agenda.) 16. Wien, M. Perles. Geb. in Leinw. 2. —

— Notizkaldr f. Österreichs Lehrerinnen f. d. Schulj. '12—13. Fortges. v. Max Fischer. 36. J. (172 u. Agenda.) 16° Ebd. L 2 —

—s.a. **Notizkalender f. Oesterreichs Professoren u. Lehrer.**

— Notizkalender f. Österr. Professoren u. Lehrer f. 1904—5. Fortgesetzt v. M Fischer. 32. Jahrg. (168 u. Agenda m. 1 Bildnis.) 16° Ebd. Geb. 2 —
Bis 1903/4 u. d. T.: Notizkalender f. Oesterr. Lehrerinnen bezw. Professoren u. Lehrer.

— Notizkalender f. Österreichs Professoren u. Lehrer f. d. Schulj. 1906—1907. Fortgesetzt v. Max Fischer. 34. Jahrg. (III, 167 S. u. Agenda. 16. Ebd. Geb. in Leinw. n. 2. —
Erschien bis 1904 u. d. T.: Notizkalender etc.

Brunner, Ph., Notizkalender für Österreichs Professoren und Lehrer für das Schuljahr 1908/1909. XXXVI. Jahrg. 16°. (184 S.) Wien:Perles 1908. geb. K 2.—

— dass. f. Österr.'s Professoren u. Lehrer f. d. Schulj.'09—'10. Fortgesetzt v. Max Fischer. 36. J. (172 u. Agenda.) 16° Ebd. L. 2 —

— Notizkalender f. Österreichs Professoren u. Lehrer f. d. Schulj. 1910—1911. Fortgesetzt v. Max Fischer. 38. Jahrg. (III, 166 S. u. Agenda. 16. Ebd. Geb. in Leinw. 2. —

— Notizkaldr f. Österreichs Professoren u. Lehrer f. d. Schulj. '12—13. Fortges. v. Max Fischer. 40. J. (172 u. Agenda.) 16° Ebd. L 2 —

Brunner, Phpp., Sammlung v. Schulreden u. Ansprachen bei festlichen Gelegenheiten. Im Vereine mit mehreren Pädagogen hrsg. 1. u. 2. Sammlung. 8. (VI, 108 u. 112 S.) Wien 881. 82. Perles. à n. 1. 80

Brunner, Philipp, Sammlung von Schulreden und Ansprachen bei festlichen Gelegenheiten. 1. Sammlung. 2. Aufl. 8. (VII u 105 S.) geh. 90 kr. 1881

Brunner, Philipp, Sammlung v. Schulreden u. Ansprachen bei festlichen Gelegenheiten. Im Vereine mit mehreren Pädagogen. II. Sammlung. 2. bedeutend erweiterte Aufl. 8. (123 S.) geh. 90 kr. 1882

—— Sammlung von Schulreden und Ansprachen bei festlichen Gelegenheiten. Im Vereine mit mehreren Pädagogen hrsg. 1. Sammlg. 3. bedeutend erweit. und veränd. Aufl. und 3. Sammlg. 8. (110; IV, 110 S.) Wien 887,88, Perles. à Sammlg. * 1 80. *
2. Sammlg. Ebendas. 1882. * ℳ 1.80.

Brunner, Philipp, Oberlehrer, Sammlung von Schulreden und Ansprachen bei festlichen Gelegenheiten etc. IV. Sammlung. I. Abtheilung: Zum Kaiser-Jubiläum. II. Abtheilung: Zu anderen Anlässen im Schulleben. 8. (112 S.) Wien: Perles 1898. —.90

Brunner, Philipp, Oberlehrer. Schluss der Vorbereitung zur Aufnahmsprüfung für das Gymnasium und die Realschule. Vierte, vermehrte Auflage. 8. (136 S.) —.90
Wien: Perles 1898.

—— Schule der Vorbereitung zur Aufnahmsprüfung für das Gymnasium und die Realschule. gr. 8. (135 S.) Ebendas. 883. *

— Schule der Vorbereitung zur Aufnahmsprüfung f. das Gymnasium u. die Realschule. 2., bedeutend erweit. Aufl. 8. (VIII, 138 S. m. 6 eingedr. Kartenskizzen.) Wien 885. Perles. n. 1.80

— Schule der Vorbereitung zur Aufnahmsprüfung für das Gymnasium u. die Realschule. 3., bedeutend erweit. Aufl. 8. (VIII, 140 S.) Ebd. 888. n. 1.80

— Schule d. Vorbereitung z. Aufnahmsprüfg. f. d. Gymnasium u. d. Realschule. 4., bedeut. erweit. Aufl. 8. (VII, 140 S. m. 6 Kartenskizzen.) Wien 898. M. Perles. n. 1.80

— Schule der Vorbereitung zur Aufnahmsprüfung f. das Gymnasium u. die Realschule. 5. Aufl. 12.—15. Taus. (Mit Zugrundelegg. der neuen Regeln f. Rechtschreibg.) (VII, 170 S. m. 6 Kartenskizzen.) 8. Ebd. 903. n. 1.80; geb. n. 2.60

— Schule der Vorbereitung zur Aufnahmsprüfung f. das Gymnasium u. die Realschule. 6. Aufl. (16—18. Taus.) Bearb. v. Armin Brunner. (Nach den Regeln der neuen Rechtschreibung.) (IX, 138 S. m. 6 Kartenskizzen.) 8. Ebd. 909. 1.80

— u. Jul. Huth, ausführliches orthographisches Wörterbuch der deutschen Sprache, nebst Regeln f. die neue deutsche Rechtschreibung. Gültig f. Österreich, das deutsche Reich u. die Schweiz. Nach den neuen amtl. Regeln bearb. 3., ganz umgearb. u. verm. Aufl. u. 4. Aufl. (à XXXIV, 203 S.) 8. Wien 902. 903. M. Perles. n. 1.40; kart. n. 1.50; geb. in Leinw. n. 1.70

— u. Jul. Huth, ausführliches orthographisches Wörterbuch der deutschen Sprache, nebst Regeln f. die neue deutsche Rechtschreibung. Gültig f. Österreich, das Deutsche Reich u. die Schweiz. Nach den amtl. Regeln bearb. 6., unveränd. Aufl. (19.—21. Taus.) (VIII, 232 S.) 8. Ebd. 906. n. 1.60

— u. Jul. Huth, ausführl. orthographisches Wörterbuch der deutschen Sprache, nebst Regeln f. die neue deutsche Rechtschreibung u. Erklärung der Fremdwörter, sowie der selt. gebrauchten deutschen Wörter. Gültig f. Oesterreich, das Deutsche Reich u. die Schweiz. Nach den amtl. Regeln bearb. 7., verm. u. verb. Aufl. (22—25. Taus.) (X, 282 S.) 8. Ebd. 910. 1.80; geb. n 2.— u. n 2.20

— ausführliches Wörterbuch der deutschen Sprache, s.a. Huth, Jul.

Brunner, Philipp (Hrsg.), s. Zeitschrift für Kindergartenwesen unter Berücksichtigung von Krippe und Bewahranstalt.

Brunner, Phil. Jos.

Brunner, Ph. Jos., über d. falschen u. wahren Begriff d. christl. Gebets; e. Rede. 8. Karlsr. 785.

— neue Beiträge z. Homiletik. 2 Bde. 8. Heilbr. 803, 4. Claß. 1 Rthl. 11 Gr. (vergl. Beiträge.)

— neueste Beitr. z. Homiletik f. Prediger u. Katecheten. 1s Bdchn. (bezüglich auf ältere Titel das 12te.) 8. Coblenz 825, Gelehrtenbuchhdl.

— u. B. J. Devora, neueste Beitr. z. Homiletik, f. Prediger u. Katecheten. 1s Bdchn. (bezügl. auf ältern Titel das 12e.) 8. Cobl. 825. (Weilb., Lenz). 1 Rthl. 6 Gr.

Brunner, Ph. J., d. betracht. Christ in einsam. Stund. d. Andacht. 8. Heilbr. Claß. 804.

— d. betrachtende Christ in einsamen Stunden d. Andacht. 8. Heilbr. 804. 2e A. ... Claß. 12 Gr.

— Entwurf e. Dorfschule. 8. Heilbr. 805. Claß. 6 Gr.

— Entw. e. Dorfschule. 8. Ebendaselbst. (Lachmüller, Bamb.) 805.

Brunner, Ph. J., Gebetbuch rc. 4e Aufl. s.a. Christ, der betrachtende.

—— Gebet- und Andachtsbuch für katholische Christen. Wesentlich verb. und verm. von J. H. v. Wessenberg. 16. (XVIII, 443 S. mit 1 Stahlst.) Konstanz 876. (Tuttlingen, Kling.)
geb. in Leinw. mit Goldschn. * M. 3.; in Chagrin *
Mit Beschlag * M. 4,40.; in Sammt mit Beschlag *

—— Gebet- u. Andachtsbuch f. kath. Christen. Verb. u. verm. v. JH v. Wessenberg. 16. (443) Mannh. 76, Schneider. n. 2. —; geb. n. 3. 50, n. 4. 50. n. 5. — u. n. 8. 50

Brunner, Phpp. Jos. v., Gebet- u. Andachtsbuch f. katholische Christen. Wesentlich verb. u. verm. von J. H. v. Wessenberg. 16. (XVIII, 443 S. m. 1 Stahlst.) Straßburg 876. Schneider. n. 2. —; geb in Calico n. 3 50; in Chagrin n. 4. 50; in Chagrin fein n. 5. —; in Sammet m. Beschlag. n. 8. 50

— Gebetbuch f. aufgekl. Christen. Ebend. 799.

— Gebetbuch f. aufgekl. kathol. Christen. 8. Wien 797. Bauer. 1 Rthl. Schrbp. 1 Rthl. 16 Gr.

— Gebetbuch f. aufgekl. kathol. Christen. Wien, Bauer. 809.
Schreibp.

Brunner, (Ph. J.,) Gebetbuch für aufgeklärte kathol. Christen. 13e rechtmäß. u. verb. Orig. Ausg. 8. Heilbr. 826, Claß.

v. Brunner, Phil. Jos., Gebetbuch für aufgeklärte katholische Christen. 10. rechtmäß. u. verb. Orig.-Aufl. Mit 2 Kpfrn. gr. 12. Heilbronn 841, Classische Buchh. $^{2}/_{3}$ Rthl. — 17. rechtmäß. Orig.-Aufl. Mit 3 Stahlst. 8. Heilbronn 844, Landherr. $^{5}/_{6}$ Rthl. — In Lederband $1^{5}/_{6}$ Rthl. — 18. verb. Aufl. Mit 3 Stahlst. 8. Ebend. 845. $^{5}/_{6}$ Rthl. geb. $1^{5}/_{6}$ Rthl.

Brunner, Phil. Jos., Gebetbuch f. aufgeklärte kathol. Christen. 20. rechtmäßige u. verm. Origin.-Aufl. Mit 3 Stahlst. 8. (XXXII u. 383 S.) Heilbronn 847, Landherr. $^{5}/_{6}$ Rthl. — 21., rechtmäß. u. verb. Orig.-Aufl. Prachtausgabe. gr. 8. (XXXII u. 414 S. m. 1 Stahlst. u. Titel in Golddruck.) Ebd. 848. 2 Rthl.

Brunner, Phil. Jos. v., Gebetbuch für aufgeklärte katholische Christen. 23., rechtmäß. und verb. Orig.-Aufl. gr. 16. (XXXII, 384 S. mit 3 Stahlst.) Stuttgart 870, Schober.
geb. * M. 2,40; mit Goldschn. *
geb. in Leder mit Goldschn. *
Velinpap. M. 2,40.; geb. mit Goldschn. *
geb. in Leder mit Goldschn. *
geb. in Kalbleder mit Goldschn. *

Brunner, Phpp. Jos. v., Gebetbuch für aufgeklärte katholische Christen. 24. rechtmäß. und verb. Orig.-Aufl. gr. 16. (XXXII, 383 S.) Stuttgart 879, Schober. M. 1,20.; geb. in Leinw. *
geb. mit Goldschn. * M. 2,20.; in Leder mit Goldschn. *
Feine Ausg. M. 1,50.; geb. in Leinw. mit Goldschn. *
geb. in Leder mit Goldschn. *
geb. in Kalbleder mit Goldschn. *

Brunner, Phil. Jos. v., Gebetbuch für katholische Christen. 21., rechtmäß. und verb. Orig.-Aufl. 8. (XXXII und 384 S. mit 3 Stahlst.) Stuttgart 850, Scheitlin's Verlag.

Brunner, PJ v., Gebetb. f. kath. Christen. 21. Afl. 8. (284) Stuttg. 56, Schober. — 27

— neues Gebetbuch f. aufgeklärte kathol. Christen. 7e umgearb. u. verm. Aufl. 8. Heilbr, 805. 13e A. 826. 14e A. gr. 16. Ebd. 832. Claß. 16 ℳ Velinp. 20 ℳ

— neues Gebetb. f. aufgekl. kathol. Christ. umgearb. und verm. 8. Ebend. 810.

Brunner, P. J., neues Gebetbuch f. aufgeklärte kathol. Christen. 9te Aufl. 8. Heilbronn, Claß. 814.

Brunner, P. J., neues Gebetbuch für aufgeklärte katholische Christen. 11te verm. Aufl. 8. Heilbronn, Claß. 817.

— Gedanken, freimüthige, üb. d. Priesterehe. 8. (Frkf. a. M.) 796.

– dass. s.a. Brunner: Über Priesterehe; freimüthige Gedanken

— primae notiones theologicae, una cum positionibus dogmaticis in systemate exhibitae. 4. Heidelb. 782.

(— —) histor. Notizen üb. die Besetzung d. bischöfl. Sitze. Heidelb. 1822. 24 kr.

— Predigt auf d. Fest d. heil. Bernhardt, am 20. Aug. 1822 gehalten. 8. Karlsr. 822. Marx. 3 ℳ

— Predigten u. kürzere Reden bei besond. Veranlass. an verschied. Orten vorgetragen. 2 Thle. gr. 8. Karlsr. 816 — 18. Marx. 2 ℳ 15 ℳ

Brunner, Ph. Jos. v. (weil. bad. Geistl. Minist.-Rath rc.), über Priesterehe; freimüthige Gedanken. 8. Frankfurt 1796.

– dass. s.a. Brunner: Freimüthige Gedanken über die Priesterehe

– s.a. Sendschreiben eines alten Landdechants.

(— —) Sendschreiben e. alten Landdechants üb. zweckmäß. Einrichtung des Stifts zu Speyer. gr. 8. Frankfurt 1794 Varrentrapp. 8 ggr. — 36 kr.

– s. Verketzerungsgeschichte des Gr. Limburg.

Brunner, (Dr.) Vertheidigung der Badischen kathol. Schulbibel rc. 8. Mannheim 821. (Schwan u. Götz.)

Brunner, R.: Lehrb. d. Arzneimittellehre. 3. Aufl. 1878.

Brunner, R. Rechtsgutachten betreff. die Revision der Statuten der schweiz. Rentenanstalt in Zürich. Zürich 1876.

Brunner, R.: Zur Revision des Wirtschaftsgesetzes, s. Jäger, G.

Brunner, Rich., die Fabrikation der Schmiermittel, der Schuhwichse und Lederschmiere. Darstellung aller bekannten Schmiermittel, als Wagenschmiere, Maschinenschmiere, der Schmieröle für Nähmaschinen und andere Arbeitsmaschinen und der Uhrmacheröle, ferner der Schuhwichse, Lederlacke und Lederschmiere für alle Gattungen von Leder. Leichtfaßliche Anleitung für Fabrikanten, Wagner, Mechaniker, Maschinisten, Uhrmacher, Nähmaschinen-Fabrikanten u. s. w. 8. (160 S. mit 5 erläut. eingedr. Holzschn.-Abbild.) Wien 877, Hartleben's Verlag.

— dasselbe. 2., verm. u. verb. Aufl. 8. (IV, 176 S.) Ebend. 880. 2. 25

Brunner, Rich., die Fabrikation der Schmiermittel, der Schuhwichse u. Lederschmiere. Anleitungen zur Darstellg. aller bekannten Schmiermittel. Mit 5 erläut. Abbildgn. 3. Aufl. 8. (IV, 183 S.) Wien 885. Hartleben. n. 2. 24

Brunner, R., die Fabrikation der Schmiermittel, d. Schuhwichse u. Lederschmiere. Mit 5 Abbildgn. 4., verb. Aufl. 8. (VIII, 196 S.) Wien 889. Hartleben. n. 2. 25; geb. n. 3. 5

Brunner, Rich., die Fabrikation der Schmiermittel, d. Schuhwichse u. Lederschmiere. Anleitgn. z. Darstellg. aller Arten v. Schmiermitteln, als: Wagenschmiere, Maschinenschmiere, d. Schmieröle f. Nähmaschinen u. and. Arbeitsmaschinen u. d. Mineral-Schmieröle, Uhrmacheröle, ferner d. Schuhwichse, Lederlacke, d. Dögras u. d. Lederschmiere f. alle Gattgn. v. Leder. Leichtfaßlich geschild. f. Fabrikanten, Wagner, Mechaniker, Maschinisten, Uhrmacher, Nähmaschinen-Fabrikanten, Lederarbeiter u. s. w. 5., sehr verm. u. verb. Aufl. 8. (VIII, 192 S. m. 10 Abb.) Wien 897. A. Hartleben. n. 2. 25; geb. n. 3. 05

Brunner, Rich., die Fabrikation der Schmiermittel, der Schuhwichse u. Lederschmiere. Anleitungen zur Darstellg. aller Arten v. Schmiermitteln, als: Wagenschmiere, Maschinenschmiere, der Schmieröle f. Nähmaschinen u. andere Arbeitsmaschinen u. der Mineral-Schmieröle, Uhrmacheröle, ferner der Schuhwichse, Lederlacke, der Lederschmiere f. alle Gattgn. v. Leder u. des Dögras. Leichtfaßlich geschildert f. Fabrikanten, Wagner, Mechaniker, Maschinisten, Uhrmacher, Nähmaschinen-Fabrikanten, Lederarbeiter usw. 6., sehr verm. u. verb. Aufl. (VIII, 191 S. m. 10 Abbildgn.) 8. Wien 906. A. Hartleben. n. 2. 25; geb. n. 3. 05

Brunner, Rob., Beiträge zur Kenntniss der Eiweisskörper des Blutserums, s.a. Mitteilungen aus Kliniken u. medicinischen Instituten der Schweiz.

Brunner, R. Beiträge zur Kenntnis der Eiweisskörper des Blutserums. Mit 1 Tab. In-8⁰. 18 S. Bern, These. 1894

Brunner. Robert J., aus Knutwyl (Luzern): Die Abhängigkeit der spezifischen Wärme des festen Calciums und Magnesiums von der Temperatur. [Mit 2 Tabellen.] Zürich 1906. 48 S. 8⁰. [30. VIII. 06.]
Zürich. Phil Diss. II. S. 1905/1906.

Brunner, Robert J. Die Abhängigkeit der spezifischen Wärme des festen Calciums und Magnesiums von der Temperatur. Diss. Phil. [II.] Univ. Zürich. [Mit Figuren und 2 Tafeln.] 48 S. 8. Zürich-Selnau, Gebr. Leemann & Co., 1906. V Zür

Brunner, [Rudolf]. Zwischen Aegypten und Konstantinopel. Reiseerinnerungen. SA. 8. Bern 1890. A 1219[1]

Brunner, R[udolf]. Konstantinopel. Reiseerinnerungen. (Vortrag von Herrn Nationalrath Dr. R. Brunner.) SA. 8. Bern 1891. A 1219[2]

Brunner, [Rudolf]. Land und Leute in Aegypten. Zwei Vorträge von Nationalrat Dr. B', gehalten am 13. und 20. Mai 1893… [in] Bern. ⟨Stenogr. Aufnahme von R[udolf] Schwarz⟩. SA. 8. Bern 1893. A 1219[3]

Brunner, Rud., Prinz u. Bettler. Frei nach dem Amerikan. des Mark Twain. Illustriert v. Geo. A. Stroedel. 2. [Titel-]Aufl. (176 S.) gr. 8. Leipzig [905] (908). O. Spamer. 2.20; geb. in Leinw. 3. —

Brunner, Rud.: Prinz u. Bettler. Frei n. d. Amerikan. d. Mark Twain. 3. Afl. (176 m. Abb.) gr8⁰ Lpzg, O Spamer ('11). L 3 — d

Brunner, [Rudolf]. Reiseerinnerungen aus Belgien. Vortrag von Herrn Nat.-Rath Dr. B', Samstag den 15. Januar 1892… [zu Bern]. ⟨Stenographische Aufnahme von R[udolf] Schwarz.⟩ SA. 8. Bern 1892. A 1219[4]

Brunner, (R[udolf]). Unterägypten. Reise-Erinnerungen. SA. 8. Bern 1890. A 1219[5]

(Brunner, R[udolf].) Vor den Wahlen. (Bern, den 28. März 1866.) 8. (Bern [1866].) A 612[3]

Brunner, S. (Hrsg.), s. Aus dem Nachlaß des Fürsten Alexander Hohenlohe.

Brunner, Sam(uel). Ausflug über Constantinopel nach Laurien (° *Nachtitel:* Taurien) im Sommer 1831. (Mit sechs lithographirten Ansichten [Tafeln, nebst 1 Titelvignette].) 8. St. Gallen und Bern 1833. A 1220

Brunner, Sam., Ausflug über Constantinopel nach Taurien im Sommer 1831. Mit 6 lithogr. Ansichtt. gr. 8. St. Gallen 833. Huber u. Comp. 2⅔ ℛ︎

(**Brunner**, *Samuel*), * Bern 1790. † Bern 17. Mai 1844.
—— Bericht über die in der Engepromenade bei Bern befindliche Sammlung von Bäumen und Sträuchern, welche bei uns im Freien ausdauern. Bern 1828. 8. 32 p., 1 tab. (4 *Batzen.*)

—— Einiges über den Steinlöcherpilz (Polyporus Tuberaster Jacq. et Fries) und die Pietra funguja der Italiener. Neuenburg 1842. 4. 19 p., 2 tab. col.
Neue Denksch. der allg. schweizerischen Gesellsch. Band 7.

—— Reise nach Senegambien und den Inseln des grünen Vorgebirges im Jahre 1838. Bern, typ. Haller. 1840. 8. xi, 390 p., 1 tab. (1⅔ *th.*)
Botanische Ergebnisse einer Reise nach Senegambien und den Inseln des grünen Vorgebirges. Beiblätter zur Flora 1840. 8. 153 p.

Brunner, Sam., Reise nach Senegambien u. d. Inseln d. grünen Vorgebirges im J. 1838. gr. 8. (25⅙ B. u. 1 Stnt.) Bern 840, (Huber u. Comp.)

Brunner, S. Reise nach Senegambien und den Inseln des grünen Vorgebirges. Bern 1846.

—— Streifzug durch d. östliche Ligurien, Elba, d. Ostküste Siciliens u. Malta; zunächst in Bezug auf Pflanzenkunde, im Sommer 1826 unternommen. gr. 8. (22 B.) Winterthur 828, Steiner.

(Brunner, S[amuel].) Fünf Tage unter den Waldensern des westlichen Piemonts. 1825. [Mit 1 Tafel.] 8. A 6243
(*SA aus:* Alpenrosen. [Ein Schweizer Taschenbuch auf das Jahr] 1827. [Bern, Leipzig 1826.])

Brunner, Sebast., Agram. Einige Notizen über Vergangenheit und Gegenwart der Hauptstadt Croatiens. gr. 8. (32 S.) Wien 871, Mayer und Comp.

Brunner, Sebast., die Andacht d. Kindes. Ein christkathol. Gebetbuch. Mit (2) Stahlst. 32. Wien 843, Grottendiek. 6¼ ngl

Brunner, Dr. Th. u. P. Sebastian, Die Andacht des Kindes. Ein katholisches Gebetbuch. 3. Aufl. Mit 3 Stahlstichen. 32. 268 S. Wien Grottendiek. 20 kr., geb. in Maroquin Papier u. Titel 36 kr., [illegible] gepr. Leder mit Goldschnitt u. Schuber 54 kr., mit Stahlschl[illegible] 1 fl., und Kreuz 1 fl. 20 kr., und Silber Crucifix 367 1 [illegible]

Brunner, Seb., die Andacht des Kindes. Ein kathol. Gebetbuch. 5. Aufl. 16. (208 S. mit 2 Stahlst. und Titel in Stahlst.) Wien 877, Grottendiek's Verlag. *
geb. in Calico * ℳ 1,50.; in Leder *

Brunner, Seb., die Andacht des Kindes. Ein kathol. Gebetbuch. 6. Aufl. 16. (234 S. mit 12 Illustr. [eingedr. Holzschn. und 1 Stahlst.]) Wien 881, Grottendiek's Verlag. *
geb. *

—— **ein Benediktinerbuch.** Geschichte und Beschreibung der bestehenden und Anführung der aufgehobenen Benediktinerstifte in Oesterreich, Ungarn, Deutschland und der Schweiz. 12. (580 S. mit Illustr. [Holzschntaf.] und 1 chromolithogr. Karte.) Würzburg 880, Woerl. geb. *

—— das Buch der Natur, mit oder ohne Verfasser? Aphorismen zur Beleuchtung der Darwinslehre. 8. (VI, 92 S.) Wien 879, (Mayer und Comp.) **

Brunner, Sebast., Büchlein gegen die Todesfurcht. 16. (69 S.) Wien 856, [Mayer und Comp.] *

Brunner, Sebastian — Büchlein gegen die Todesfurcht. Von — —. Wien, 1856. Gedruckt bei Karl Ueberreuter. Verlag von L. Mendelin. (69 S. 2 Bl. 8.)

Brunner, Sebast., zwei Buschmänner [Börne u. Heine]. Aktenmäßig geschildert. gr. 8. (XII, 407 S.) Paderborn 891. F. Schöningh. n. 4. —

Brunner, Seb., e. Chorherrenbuch. Geschichte u. Beschreibg. der besteh. u. Anführg. der aufgehobenen Chorherrenstifte: Augustiner u. Prämonstratenser in Oesterreich-Ungarn, Deutschland u. der Schweiz. 12. (848 S.) Würzburg 883. Woerl. 8. —; geb. n. 9. —

(**Brunner, Sebast.,**) der betrachtende Christ, s. Christ.

—— Correspondances intimes de l'empereur Joseph II avec son ami le comte de Cobenzl et son premier ministre le prince de Kaunitz. Publiées dans les sources des archives impériales jusqu'à présent inédits. Avec une introduction et des notes historiques. gr. 8. (168 S.) Mainz 871, Kirchheim.

Brunner, Seb., Denk-Pfennige zur Erinnerung an Personen, Zustände und Erlebnisse vor, in und nach dem Explosionsjahre 1848. gr. 8. (VIII, 268 S.) Würzburg 886, Woerl. *

Brunner, Sebast., die theologische Dienerschaft am Hofe Joseph II. Geheime Correspondenzen u. Enthüllungen zum Verständniß der Kirchen- u. Profangeschichte in Oesterreich von 1770—1800 aus bisher unedirten Quellen der k. k. Haus-, Hof-, Staats- u. Ministerialarchive. Wien 868. Braumüller. gr. 8. (IV, 542 S.) n. 3 ℛ︎

Brunner, Sebast., Diogenes v. Azzelbrunn. (Mit Fragmenten aus den Papieren seiner Freunde. 2. (Titel-)Aufl. 8. (364 S. mit gest. Titel.) Wien 853, Mayer und Comp.

Brunner, Seb. — Diogenes von Azzelbrunn. Von — —. Zweite Auflage. 8. (364 S.) Wien. Druck von Anton Schweiger. Verlag von Mayer und Komp. 1853.

— **der Babenberger Ehrenpreis. (Gedichte.) gr. 12. Wien 843, Rohrmann. n. 1 ℛ︎**

— **dass. neue umgearb. Aufl. 8. Regensburg 846, Manz. 1⅛ ℛ︎**

Brunner, Dr. Seb.,
Einleitung zur Homiletik der Neuzeit. gr. 8. Regensburg 1846. Manz. ⅔ Thlr. — 24 kr.

Brunner, Sebast., Einleitung zur Homiletik der Neuzeit. gr. 8. (70 S.) Regensburg 849, Manz.

— gesammelte Erzählungen und poetische Schriften. 1—4. Bd. Regensburg 864. Manz. 8.
1. 2. Bd.: Diogenes v. Azzelbrunn. Mit Fragmenten aus den Papieren seiner Freunde. 2 Bde. 2., verm. Aufl. (VIII, 657 S.) 1 ℛ︎ 15 ngr.
3. 4. Bd.: Des Genies Malheur und Glück. 2 Bde. 3. Aufl. (626 S.) 1 ℛ︎ 15 ngr.

— gesammelte Erzählungen u. poetische Schriften. 5—14. Bd. Regensburg 864—69. Manz. 8. 7 ℛ︎ 10½ ngr.
5. 6. Bd.: Fremde u. Heimath. Aus e. Dichterleben. 2 Thle. 3. Aufl. (749 S.) 1 ℛ︎ 15 ngr.
7. 8. Bd.: Die Prinzenschule zu Möpselglück. Schilderelen aus der jungen Welt. 2 Thle. 2. verm. Aufl. (540 S.) 1 ℛ︎ 15 ngr.
9. 10. Bd.: Woher? Wohin? Geschichten, Gedanken, Bilder u. Leute aus meinem Leben. 2 Bde. 2. sehr verm. Aufl. (758 S.) 1 ℛ︎ 15 ngr.
11—13. Bd.: — — Neue Folge. 3 Bde. (6 Bll., 1008 S.) 2 ℛ︎ 7½ ngr.
14. Bd.: Der Atheist Renan u. sein Evangelium. 3. Aufl. (202 S.) 18 ngr.

— **gesammelte Erzählungen u. poetische Schriften. 15—18. Bd. 8. Regensburg 878. Manz. 11. 65**
(1—18.: 42. 70)
15. Der Babenberger Ehrenpreis. Neue Aufl. (XXIV, 320 S.) 3. 40
16. Die Welt ein Epos. Neue Aufl. (XII, 172 S.) 2. 25
17. Der Nebeljungen Lied. 3. Aufl. Mit 1 Stahlst. (VIII, 214 S.) 2. 25
18. Der deutsche Hiob. 3. Aufl. (VIII, 243 S.) 3. 75

Brunner, Seb., gesammelte Erzählungen u. poetische Schriften. Neue wohlf. Lieferungsausg. (In ca. 60 Lfgn.) 1.—5. Lfg. 8. Regensburg 890. Verlagsanstalt. à n. —50
Diogenes v. Azzelbrunn. Mit Fragmenten aus den Papieren seiner Freunde. 2., verm. Aufl. 1.—5. Lfg. (1. Bd. VIII, 363 S. u. 2. Bd. S. 1—96.)

— gesammelte Erzählungen u. poetische Schriften. 9., 10. u. 17. Bd. 8. München u. Regensburg 891. Nationale Verlags-Anstalt. 6. 75
9. 10. Woher? Wohin? Geschichten, Gedanken, Bilder u. Leute aus meinem Leben. 2 Thle. 3., verm. Aufl. (XVI, 366 u. VIII, 379 S.) 4. 50
17. Der Nebeljungen Lied. 4. Aufl. (XVI, 213 S. m. 1 Stahlst.) 2. 25

– Erziehung u. Unterricht bei den Römern zur Zeit der Könige u. des Freistaates. Ebd. 1886. (32 S.) 8°

— Fra Giovanni Angelico Fiesole, s.: Broschüren, Frankfurter zeitgemäße.

— Fremde u. Heimath. Aus eines Dichters Leben, Denken u. Singen. Humorist. Novelle. 2 Thle. 8. Leipzig 845, Herbig. (Wien, Mayer u. Co.) 1⅓ ℛ

— Friede in Christus. Ein Gebet- und Erbauungsbuch für kathol. Christen. Mit 2 Stahlst. 16. Wien 845, Mayer u. Co. n. 1 ℛ

—— Friede in Christus. Kathol. Gebetbuch. 2. Aufl. gr. 16. (322 S. mit 2 Stahlst. und Titel in Buntdr.) Wien 848, Mayer und Comp.

– Jos. Ritter v. Führich, s. Broschüren, Frankfurter zeitgemäße.

— Gebetbuch für Reisende. gr. 16. (186 S. m. 1 Stahlst.) Würzburg 879. Woerl's Sep.-Cto. geb. n. 2. —

— — Gedichte: die Welt; ein Epos. Zuerst Wien, dann Regensb. b. Manz. 1 fl. 12 kr. — d. Nebeljungen Lied. 2 fl. — d. deutsche Hiob. 1e 2e Aufl. Ebd. 2 fl.

BRUNNER, SEBASTIAN: Geschichte und Beschreibung der bestehenden und Anführung der aufgehobenen Chorherrenstifte: Augustiner und Prämonstratenser in Oesterreich-Ungarn, Deutschland und der Schweiz. Ungarn betreffende Beiträge u. a. Die Propstei Csorna (Gschiernau)), S. 15-23. Julius Ferdinand Lenner: Jászó und die mit ihm vereinigten Propsteien Lelész und Promontor von Großwardein, S. 144-200. Laurenz Pröll: Ehemalige Prämonstratenser-Stifte in Ungarn und Slavonien, S. 766 f. B(ertold) B(ayer): Kloster der Kanonissinnen U. L. Frau in Fünfkirchen (Nach Mich. Haas: Gedenkbuch Fünfkirchens), S. 789 ff. Würzburg-Wien 1883: Leo Woerl. 484 S. 20 t. - 160 mm

—— Glaube, Hoffnung und Liebe. Ein Gebet- und Andachtsbuch für katholische Christen. 12. (VIII, 472 S. mit 1 Stahlst. und Farbentitel.) Freiburg 874, Herder'sche Verlagsh.

—— Die vier Großmeister der Aufklärungstheologie (Herder, Paulus, Schleiermacher, Strauß) in ihrem Schreiben u. Treiben verständlich und nach Möglichkeit erheiternd dargestellt. Paderborn, Schöningh. 1887, gr. 8°, 650 S., 5.40 Mk.

—— die vier Großmeister der Aufklärungs-Theologie [Herder, Paulus, Schleiermacher, Strauß], in ihrem Schreiben und Treiben verständlich und nach Möglichkeit erheiternd dargestellt. 8. (XVI, 634 S.) Paderborn 888. F. Schöningh. *

Brunner, Seb., Eine Handlaterne zum Heimleuchten einiger siegestrunkenen Bundeskrakehler. Wien u. Leipzig, Austria, 1892, 8°, 71 S.

— e. Hand-Laterne zum Heimleuchten einiger siegesbetrunkener Bundes-Krakehler. 8. (71 S.) Wien 892. Drescher & Co. n. —80

—— Hau- und Bausteine zu einer Literatur-Geschichte der Deutschen. Wahrheit und keine Dichtung. 8 Hefte. gr. 8. [Wien, Kirsch.] Wien-Würzburg, Woerl. [*ℳ 8.—.] *
geb. in 2 Bde. à Bd. *ℳ 3.60. *

Inhalt:

Heft 1. Vater Gleim, der „Seher Gottes". (X, 90 S.) 885. (*ℳ 1.—.] * 50 Pf.
" 2. Vossen's Louisen-Tempel. (90 S.) 885. [*ℳ 1.—.] * 50 Pf.
" 3. Drei Stichproben aus der Goethe-Literatur. I. Die Kunsthöhe des Weimarer Theaters. II. Die Pfarrerstochter von Sessenheim. III. Der „tüchtige und hochgeachtete" Goethe Sohn. (128 S.) 885. [*ℳ 1.—.] * 50 Pf.
" 4. Voß und Dichter-Bataillen. (124 S.) 885. [*ℳ 1.—.] * 50 Pf.
" 5. 6. Der Himmel voller Geigen zu Weimar. (256 S.) 885. *ℳ 2.—.
" 7. 8. Don Quixote und Sancho Pansa auf dem liberalen Parnasse. Anastasius Grün und v. Bauernfeld als Freiheitshelden nach Erfahrung und Verdienst gewürdigt. (200 S.) 886. *ℳ 2.—.

—— Der arme Hauthaler. Eine Criminalgeschichte, ausgeführt 1874 in Schweinfurth-Kissingen. Der Heroismus u. die Begeisterg. damal. Juristen u. Polizisten, aktenmäßig beleuchtet. gr. 8. (30 S.) Salzb. 889, Mayr. — 50
Aus: Kathol. Kirchenzeitg., besonders abgedruckt.

— das Heil aus Sion. Ein Erbauungsbuch für katholische Christen, eine Reihenfolge von Betrachtungen über die katholische Kirchenlehre. gr. 12. Wien 842, Grottendiek. Mit 1 Stahlst. 1 ℛ — Mit 4 Stahlst. 1⅓ ℛ — 2. Aufl. Mit 5 Stahlst. gr. 12. Ebend. 844. 1 ℛ

—— der deutsche Hiob. (Gedichte.) 2. Aufl. 8. (15⅓ B.) Regensburg 840, Manz.

—— Clemens Maria Hoffbauer und seine Zeit. Miniaturen zur Kirchengeschichte von 1780 bis 1820. 8. (VI und 312 S.) Wien 858, [Braumüller's Verlags-Conto.] *

— die Hofschranzen d. Dichterfürsten. Der Goethecult u. dessen Tempeldiener. Ein unentbehrl. Handbuch zum Verständniß von Goethe's Charakter, Geistesrichtung u. Schriften. 1. u. 2. (Titel-)Aufl. 8. (VIII, 560 S.) Wien 889. 891. Agentur v. L. Woerl. n. 5. —

—— Die Hofschranzen d. Dichterfürsten. Der Goethecult u. dessen Tempeldiener, zum ersten Male aktenmäßig v. der humorist. Seite betrachtet. 1. u. 2. Aufl. 8. (560 S.) 1. Aufl. Würzb. 889, Woerl. — 2. Aufl. Wien 891, Woerl. * 5 —

— das Hohenpriestergebet Jesu Christi. (Joh. XVII.) In sieben Homilien (zunächst für die Fastenzeit). Regensburg 856. Manz. 8. (125 S.) 13½ ngr

—— Homilienbuch. 3 Bde. 8. (1049) Ebd. 51.'53. 3. 22½
3. Die kath. Festtage. (239) — 27½

—— Homilienbuch für die Sonn- und Feiertage des Kirchenjahres. 2 Bde. gr. 8. (810 S.) Regensburg 851, Manz.

—— Homilienbuch für die Sonn- und Feiertage des Kirchenjahres. 3. Bd. A. u. d. T.: Die katholischen Festtage. Feiertagspredigten. gr. 8. (230 S.) Regensburg 854, Manz. -
1. und 2. Bd. Ebendas. 1851. 2 Thlr. 25 Ngr.

—— der Humor in der Diplomatie und Regierungskunde des 18. Jahrhunderts. Hof-, Adels- und diplomat. Kreise Deutschlands geschildert aus geheimen Gesandtschaftsberichten und anderen ebenfalls durchweg archival. bisher unedirten Quellen. 2 Bde. gr. 8. (376; 459 S.) Wien 872, Braumüller. *

— — Friedr. Hurter vor dem Tribunal d. Wahrheitsfreunde. Supplement zu Hurter's eigenen Buche. 8. Regensb. 1846, Manz. 1 Thlr. — 1 fl 36 kr.

Brunner, Seb., Hurter vor dem Tribunal der Wahrheitsfreunde. Supplement zu Hurters Geburt u. Wiedergeburt. Das. 1846, 8°, 3 Mk. — 2. Aufl. 1849.

—— Jacopone da Todi [Vorläufer Dante's, Dichter d. Stabat mater]. Ein christl. Lebensbild aus dem 13. Jahrh. in Italien. 1. Tausend. 8. (63 S.) Würzb. 889, Woerl. — 35
Aus: Neue Weckstimmen, besonders abgedruckt.
Vgl.: Fey, Carl. Rom u. die Toleranz.

— „ — Jerusalem. Nach Jaques Mislin frei aus d. Französischen gegeben. kl. 8. Ebd. 1844. 5 ggr. — 18 kr.

— Jesus mein Leben. Ein christkatholisches Gebet- und Erbauungsbuch. Mit 6 Stahlstichen. 2. bedeutend verm. Aufl. gr. 12. Wien 842, Grottendiek. 1 ℛ

—— Jesus mein Leben. Ein kathol. Gebet- und Erbauungsbuch. 5. verm. Aufl. 16. (444 S. mit 1 Stahlst. und Farbendr.-Titel.) Wien 878, Grottendiek's Verlag. *
geb. in Calico mit Goldschn. * ℳ 4.; in Leder *
geb. in Sammt * ℳ 12.; in Elfenbein *

—— dass. — Pracht-Ausg. 5. verm. Aufl. 16. (444 S. mit 1 Stahlst. und Farbendr.-Titel.) Ebendas. 878. *
geb. in Leder * ℳ 12.; in Sammt * ℳ 16.; in Elfenbein *

—— Joseph II., s.a. Sammlung historischer Bildnisse.

Brunner, Sebastian. Joseph II. Charakteristik seines Lebens, seiner Regierung und seiner Kirchenreform. Mit Benützung archivalischer Quellen. 8. Freiburg i/B. 1874.

—— Joseph II. Charakteristik seines Lebens, seiner Regierung und seiner Kirchenreform. Mit Benutzung archival. Quellen. 2. mehrfach umgearb. Aufl. 12. (XX, 252 S.) Freiburg i. Br. 885, Herder'sche Verlagsh. *

—— Joseph II. Charakteristik s. Lebens, s. Regierg u. s. Kirchenreform. 5. Afl. 8. (252) Freib. i. Br. 85, Herder. n. 2. —; Einbd. n.n. — 40

Brunner, Sebastian, Joseph II. Charakteristik seines Lebens, seiner Regierung und seiner Kirchenreform. Mit Benutzung archivalischer Quellen. 2. mehrfach umgearbeitete Auflage. 8. (252 S.) Geb. Wien: Herder 1890 1.50

— Joseph II. als absoluter Beherrscher seiner Länder u. als Kirchenreformator, s.: Broschüren, Frankfurter zeitgemäße.

— die klugen u. thörichten Jungfrauen, s.: Führich, Jos.

Brunner, Sebastian — Kalender für Katholiken von — — 1857. 5ter Jahrgang. 1te Auflage Wien. Druck von L. C. Zamarski. Verlag von J. F. Greß. (95 S. 8. Mit einem Titelbild. „Der Segen des Pabstes auf dem Petersplatze zu Rom," und vielen Holzschnitten.)
Inhalt: Herrn Kramers Wallfahrt nach Mariazell. — Die Buße zu Canossa. — Marina. — Allerhand Geschichten. (Bereits in 3ter Auflage erschienen.)

Brunner, Sebastian — Kalender für Katholiken von — —. 1858. 6. Jahrg. Wien. Verlag von J. G. Drel. Druck des Zamarski, C. Dittmarsch und Komp. (XVIII. 80 S. 8.)

—— Kanzel und Politik. Für Dr. Veith's Freunde und Feinde. gr. 8. (18 S.) Wien 850, Mayer und Comp.

—— Keilschriften. Geflochtenes Reimwerk. gr. 16. (144 S.) Regensburg 855(56,) Manz.

— Kennst Du das Land? Heitere Fahrten durch Italien. Wien 857. Braumüller. 8. (XVI, 539 S.) 1 ₰ 27 ngr

—— Kirchen- und Staatsgedanken. 2. Aufl. gr. 12. (48 S.) Wien 851, Mayer und Comp.

—— Kirchen- u. Staatsgedanken. 3. Aufl. Auch als Denkschrift zum Katholikentag in Wien 1889. 8. (76 S.) Wien 889, Woerl. — 50

— siehe: Kirchenzeitung, Wiener.

Brunner, Sebast. Kniffologie u. Pfiffologie d. Weltweisen Schopenhauer. Im Schreiben u. Treiben des Meisters u. seiner Gesellen plastisch u. drastisch dargestellt. 8. (XII, 415 S.) Paderb. 889, F. Schöningh. * 3 60

— Kreuz- u. Querfahrten in Italien, s.: Woerl's Reisebibliothek.

— die Kunstgenossen der Klosterzelle. Das Wirken des Klerus in den Gebieten der Malerei, Skulptur und Baukunst. Biographien u. Skizzen. 2 Thle. Wien 863. Braumüller. 8. (XVIII, 607 S.) n. 2 ₰ 10 ngr

Brunner, Sebast., Die Kunstgenossen d. Klosterzelle. Das Wirken d. Clerus auf d. Gebiete d. Malerei, Sculptur u. Baukunst. Biographie u. Skizzen. Neue Ausg. 2 Bde in 1 Bd. 8. (607 S.) Wien 1886. W. Braumüller. 2 fl. 50 kr., geb. 3 fl. 50 kr. Ins.

— das Leben des Noriker-Apostels St. Severin v. seinem Schüler Eugippius. Die wichtigste Urkunde aus der Zeit der Völkerwanderung. Aus dem Lat. Mit Einleitung, Erklärungen, möglichst vollständ. Literatur u. einem Bericht über die Grabesstätten St. Severins bis auf die neueste Zeit. Mit einer (phototyp.) Abbildung der neuen St. Severinuskirche in Wien. 8. (VIII, 194 S.) Wien 879. Braumüller. n. 3. 20

—— unter Lebendigen und Todten. Spaziergänge in Deutschland, Frankreich, England und der Schweiz. 1. Aufl. 1862. und 2., verm. Aufl. 8. (VIII und 588 S.) Wien 863, Braumüller. *

—— christkathol. Lehr- u. Gebetbuch f. d. Jugend. 1. Aufl. (14½ B. u. 4 Stahlst.) 842 u. 2., verm. Aufl. 16. (15½ B. u. 4 Stahlst.) Wien 844, Grottendiek. n —

— Lessingiasis u. Nathanologie. Eine Religionsstörg. im Lessing- u. Nathan-Cultus. gr. 8. (VIII, 370 S.) Paderborn 890. F. Schöningh. n. 3. 60

— der Nebeljungen Lied. 8. Regensburg 845, Manz. 1⅙ ₰

—— der Nebeljungen Lied. 2. Aufl. 8. (214 S.) Regensburg 847, Manz.

—— der Nebeljungen Lied. 3. Aufl. 8. (216 S.) Regensburg 852, Manz.

Brunner, Seb., Der Nebeljungen Lied. Regensburg, Manz (jetzt Verlagsanst.), 1873, 8°, 214 S. mit 1 Stahlstich, 3. Aufl., 2,25 Mk.
1. Aufl. 1845.

—— Lügen und Winkelzüge der „Vorstadt-Zeitung." 8. (III und 16 S.) Wien 860, Selbstverlag.

—— des Genies Malheur u. Glück. Ein Spiegelbild mit Land- u. Wiener-Figuren sammt Reflexen u. Reflexionen. 2 Bde. 8. (26 B.) Leipzig 843. [Wien, Grottendiek.]

— des Genies Malheur und Glück. Ein Spiegelbild mit Land- und Wiener-Figuren sammt Reflexen u. Reflexionen. 2 Bde. 8. Leipzig 843, Thomas. 2 ₰

—— des Genies Malheur und Glück. 2. (Titel-)Aufl. 2 Bde. 12. (220 und 190 S.) Regensburg 848, Manz.

—— Mane, thekel, phares! (Gezählt, gewogen, getheilt.) Daniel V, 25. Ein letztes Wort an die armen Reichen. gr. 8. (26 S.) Regensburg 851, Manz.

—— Mane, thekel, phares! [Gezählt, gewogen, getheilt.] Daniel V, 25. Ein letztes Wort an die armen Reichen. 5. Aufl. 16. (30 S.) Regensb. 891, Verlags-Anstalt. * — 20

— s. Mislin, J., Jerusalem

Brunner, Sebastian —. Monarchie und Politik. Drei Staatsschriften des Bischofs Palafox Aus dem Spanischen. Von — —. 8. (XVI, 168 S.) Wien. Gedruckt bei J. P. Sollinger's Witwe. Verlag von Greß, 1853.

Die Mysterien der Aufklärung in Oesterreich 1770—1800. Aus archivalischen und andern bisher unbeachteten Quellen. Von Sebastian Brunner. Mainz: Kirchheim 1869. XXII, 564 S. 8°
cf. Histor.-polit. Blätter f. d. kathol. Deutschland. 64 (1869) S. 48—67, 513—533. Gegnerschrift.

—— das Nekrologium von Wilten [Prämonstratenser-Chorherrenstift bei Innsbruck in Tirol] von 1142—1698. Lex.-8. (18 S.) Wien 870, (Gerold's Sohn.) *
Aus: Archiv für Kunde österreich. Geschichtsquellen, besonders abdruckt.

— Dr. Phil. & Theol. Sebast., Oremus! Laßet uns beten. Ein katholisches Gebet- und Erbauungsbuch. 16°. (544 S.) Wien. Norbertus-Druckerei. In Leinwandband mit Goldpressung und Rotschnitt. fl. 1.75. 1836.

— Das Passionsspiel zu Oberammergau in den Jahren 1860 und 1870. 3. Auflage. 8. (200 S.) Wien, Braumüller. 1870. 1 fl. 20 kr.

— das Passionsspiel zu Oberammergau in den J. 1860 u. 1870. 3. Aufl. 8. (200 S.) Wien 870. (Innsbruck, F. Rauch.) ermäß. Pr. n. 1. 20

—— Paulus in Athen. 8. (268) Wien 56, Capellen. n. — 28

Brunner Sebastian. Paulus in Athen. (Apostelgeschichte 17. Hauptstück.) Ein Spiegelbild unserer Zeit. In acht Vorträgen, gehalten in der Universitätskirche zu Wien. Von — —. Mit Genehmigung des hochwürdigsten fürsterzbischöflichen Ordinariats in Wien. Wien, 1856. Verlag von J. F. Greß. (268 S.) Druck von Leop. Grund. (8.)

—— Paulus in Athen. Ein Spiegelbild unserer Zeit. 2. (Titel-) Ausg. 8. (IV und 268 S.) Regensburg (856)67, Manz. -

Brunner, Sebastian, Paulus in Athen. Grundwahrheiten der Religion mit Rücksicht auf das klassische und moderne Heidentum für Gebildete verständlich dargestellt. Wien, Braumüller, 1876, 8°, VIII, 408 S., 3. umgearb. u. verm. Aufl., 5 Mk.
1. u. 2. Ausgabe u. d. T.: Paulus zu Athen. Ein Spiegelbild unserer Zeit. Regensburg, Manz, 1867, 8°, IV, 268 S.

Brunner, S., Paulus in Athen. 3. Aufl. 8. Wien 876. Innsbruck, F. Rauch's Buchh.

—— Eine Pechfackel zur Beleuchtung einiger Prachtexemplare aus dem neuevangel. Schnüffelbunde. Mit e. Appell v. ehrenhaften an ehrenhafte Protestanten. gr. 8. (114 S.) Wien 890, Buchdr. „Austria", Drescher u. Comp. * 1 20

Brunner, Sebastian, Eine Pechfackel zur Beleuchtung einiger Prachtexemplare aus dem neu evangelischen Schnüffelbunde. Mit einem Appell von ehrenhaften an ehrenhafte Protestanten. Fünftes Tausend. 8. (116 S.) —.60
Wien:Drescher 1892!

—— Petrus und Pius. Predigt, gehalten am Feste der heil. Apostel-Fürsten zu Wien. 8. (16 S.) Wien 853, Greß' Verlag. *

—— der Prediger-Orden in Wien und Oesterreich. Regesten, Collectaneen, Nekrologien etc. Aus archival. bisher unedirten Handschriften mitgetheilt und erläut. Lex.-8. (X und 95 S.) Wien 867, Braumüller. *

—— die Prinzenschule zu Möpselglück. Schildereien aus der jungen Welt. 2 Bde. 8. (472 S.) Regensburg 848, Manz.

— Don Quixote u. Sancho Pansa auf dem liberalen Parnasse. Der Herren Anastasius Grün u. v. Bauernfeld Fanfaronnaden in Politik u. Religion, nach Erfahrg. u. Verdienst gewürdigt. 8. (200 S.) Ebend. 886. n. 2. —

-s. a. Regeln ,goldene

—— goldene Regeln. Ein uraltes Sittenbüchlein. 8. (84 S.) Wien 860, Mayer und Comp.

Brunner, Sebastian —. Francisci Veronii Regula Fidei sive secretio eorum, quae sunt de fide catholica ab iis quae non sunt de fide. Recentissima editio cura — —. 8. (160 pag.) Vindobonae. Typis viduae J. P. Sollinger. J. F. Gress. 1853.

— die „höchst vergnüglichste Raiß d. Churfürsten Carl Albrecht v. Bayern nach Mölk 1739. Ein heiteres u. getreues Bild d. deutschen Hoflebens u. Hofceremoniells im 18. Jahrh. Nach e. Handschrift der Münchener Hof u. Staatsbibliothek, m. e. histor. Einleitung gr. 8. (54 S.) Mainz 871. Kirchheim. n. 60

—— die „höchst vergnüglichste Raiß" des Churfürsten Carl Albrecht von Bayern nach Mölk 1739. Ein heiteres und getreues Bild des deutschen Hoflebens und Hofceremoniells im 18. Jahrh. Nach einer Handschrift der Münchener Hof- und Staatsbibliothek, mit einer histor. Einleitung. gr. 8. (54 S.) Wien 871, Mayer und Comp. *

— dasselbe. Pracht-Ausg. 5. verm. Aufl. 16. (444 S. m. 1 Stahlst. u. Farbendr.-Titel.) Ebend. 878. n. 2. 40 geb. in Leder n. 12. —; in Sammt n. 16. —; in Elfenbein n. 32. —

— der Atheist Renan und sein Evangelium. Regensburg 864. Manz. 8. (262 S.) 18 ngr.

Brunner, Sebast., Der Atheist Renan und sein Evangelium. Regensburg, Manz, jetzt Verl.-Anst., 1868, 8°, 262 S., 3. Aufl., 1,80 Mk.

—— blöde Ritter. Poetische Gallerie deutscher Staatspfiffe. 8. (136 S.) Regensburg 848, Manz.

Brunner, Seb., Rom u. Babylon. Eine Beleuchtung konfessioneller Zustände der Gegenwart. Regensburg, Manz (jetzt Verlagsanst.), 1852, gr. 8°, 230 S., 2,75 Mk.

—— Johannes Ronge, der Luther des 19. Jahrh. Naturgetreu geschildert. (Gedicht.) 1—3. Aufl. (Aus dem deutschen Hieb abgedr.) gr. 8. (30 S.) Regensburg 848, Manz.

—— die sieben heiligen Sakramente. gr. 12. (1⅓ B. u. 1 Stahlst.) Wien 842, Grottendiek. *
Aus: Dessen, das Heil aus Sion, besond. abgedruckt.

—— die fünfzehn Samstage. 8. (110 S.) Wien 860, Mayer und Comp.

—— Friedrich Schiller. Curiose Freunde, trübselige Tage, Mißachtung bis in's Grab hinein, kein Ehrenbuch für Weimars Größen. 8. (216 S.) Wien 885, Verlag der „St. Norbertus"-Buchdruckerei. *

— Friedrich Schiller. Curiose Freunde, trübsel. Tage, Mißachtg. bis ins Grab hinein, kein Ehrenbuch f. Weimars Grössen. 8. (216 S.) Wien 887. Verlag der „St. Norbertus"-Buchdruckerei. n. 2. —

—— Schreiberknechte. Eine Serenade für das papierne Kirchenregiment. (Gedicht.) 8. (56 S.) Regensburg 848, Manz.

—— Stern-Kalender für Katholiken, s. a. Stern-Kalender.

Brunner, Sebastian — Stern-Kalender für Katholiken von — —. 1854. Zweiter Jahrgang. 8. (XVIII, 98 S.) Wien. Gedruckt bei J. P. Sollinger's Witwe. Verlag von J. F. Greß.

Brunner, Sebast., heitere Studien u. Kritiken in u. über Italien. 2 Bde. Wien 866. Braumüller. 8. (XII, 704 S.) n. 2 ₰ 20 ngr.

— „ — einige Stunden bei Görres. 1e, 2e Aufl. Regensb. 1847—48. 18 kr.

—— einige Stunden bei Görres. 1. und 2. Aufl. gr. 8. (43 S.) Regensburg 848, Manz.

—— der Prädicant Caspar Tinktor. Seine Schicksale zu Kaumberg in Nieder-Oesterreich, und sein Widerruf in der Kirche ad novem Choros zu Wien. Ein archival. Kabinetsstück zur Schilderung der kirchl. und gesellschaftl. Zustände Oesterreichs in den J. 1620—1630. gr. 8. (56 S.) Wien 871, Mayer und Comp. *

— allerhand Tugendbolde aus der Aufklärungsgilde. Gegen den Willen ihrer Verehrer ins rechte Licht gestellt. 8. (VIII, 420 S.) Paderborn 888. F. Schöningh. n. 3. 60

—— aus dem Venediger- und Longobardenland. Für Hinreiser und Heimbleiber. 2., bedeutend verm. Aufl. 8. (568 S.) Wien 860, Braumüller's Verlags-Conto. *

Brunner, Sebastian. Ein eigenes Volk. Aus dem Venediger- und Longobardenland. *Wien* 1859. *W. Braumüller*. 448 S. 8°. 2 fl. 40 kr. CM.

— die Welt ein Epos. 12. Wien 844, Rohrmann. n. 3/4 ₰ — Neue umgearb. Aufl. kl. 8. Regensburg 846, Manz. 3/4 ₰

— Wiener-Neustadt in Bezug auf Geschichte, Topographie, Kunst u. Alterthum dargestellt. Mit Federzeichn. von Albert von Camesina (auf 11 Bl. farb. Papier). gr. 8. Wien 842, Mayer u. Co. n. 1 ₰

– s. Winklern, J. B. v., Gebetbüchlein für die kath. Jugend.

—— Woher? Wohin? Gesch. a. m. Leben. 2 Bde. 8. (532) Wien 55, Capellen. n. 2. —

Brunner, Sebastian —. Woher? Wohin? Geschichten, Gedanken, Bilder und Leute aus meinem Leben. Von — —. 1. und 2. Band. 1. Bd. (VI, 246 S.) 2. Band. (288 S.) 8. Wien. Druck von Leopold Sommer. Verlag von J. F. Greß. 1855.

BRUNNER, SEBASTIAN: Ein Cisterzienserbuch. Geschichte und Beschreibung der bestehenden und Anführung der aufgehobenen Cisterzienserstifte in Österreich-Ungarn, Deutschland und der Schweiz. Beiträge betreffend Ungarn: Die aufgehobenen Cisterzienserabteien in Oesterreich-Ungarn, S. 15-22. Julius Rainiss: Die Abteien Zircz mit den dazu gehörigen Abteien Pilis, Pásztó und St. Gotthard in Ungarn, S. 522-542. B(ertold) B(ayer): Die aufgehobenen Cisterzienserfrauenklöster in Oesterreich-Ungarn, S. 616-619. Würzburg 1881. Verlag Leo Woerl. Buchdruckerei B. G. Teubner in Leipzig. VII, 730, 8 S. 24 t. - 160 mm

Brunner Sebastian. Zweifel und Trauer. Predigt am Ostermontag, gehalten in der akademischen Kirche zu Wien, von —. 8. (15 S.) Wien, Druck von A. Pichlers Witwe u. Sohn, Verlagsbuchhandlung J. S. Greß, 1853.

Brunner, Th.: Österreichischer Bürgerschulkalender ..., s. Brunner, Philipp

Brunner, Theodor. Über Hysteria virilis. Diss. Med. Univ. Zürich. *Kopftitel:* Aus der Zürcher medizinischen Universitätsklinik. Direktor: Prof. Dr. H(ermann) Eichhorst. 131 S. 8. Zürich, Art. Institut Orell Füssli, 1903. V Zür

Brunner, Virginia, Anleitung zur Stopf-Methode. 3. verbesserte Auflage. 12. (8 S.) In Comm. —.20
Wien: Sallmayer'sche Buchhandlung 1897!

Brunner, Virginia, Anleitung z. Stopfmethode. 5. u. 6., vorb. Aufl. M. 12 Abb. 12. (à 14 S.) Wien 897/898. (Sallmayer'sche Buchh.) n. — 40

Brunner, Virginia, Anleitung zur Stopfmethode. 7. verb. u. erweit. Aufl. (22 S. m. 12 Abbild.) 16. Wien 900. Sallmayer'sche Buchh. — 60

Brunner, W. Ant., Abhandl. v. Hervorbrech. der Milchzähne. gr. 8. Wien, Camesina. 771.

— Einleit. z. Wissensch. eines Zahnarztes. gr. 8. Wien, Wappler. 766.

Chronik der Familie Brunner von Walther Brunner. Als Ms. gedr. Magdeburg 1908: Wohlfeld. 194 S. 4° 09. 17585

Brunner, William. Beiträge zur Kenntnis gewisser Eigenbewegungen in Sonnenfleckengruppen. Diss. Phil. [II.] Univ. Zürich. [Mit Figuren und 11 Tafeln.] Separatabdruck aus den «Publikationen der Sternwarte des eidg. Polytechnikums» Band 5. VI + 43 S. 4. Zürich, Schulthess & Co., 1910. № 8983

Brunner, J., zwischen zwei Uebeln, s. Theater, neues Wiener.

Brunner von Horw, Jos., Stammbaum der schweizerischen Eidgenossenschaft. Zürich 869. (Kraut & Boßhart.) (1 lith. Bl. in Fol. u. 99 S. Text in gr. 8.) n. 2 ₰ 20 ngr.

Brunner von Riedmatten, Adolf

Brunner, Adf., das Leukerbad, seine warmen Heilquellen und seine Umgebung. gr. 8. (VIII und 127 S. mit 1 Holzschn. und 1 Stnt.) Bern 867, (Haller.) *

Brunner von Riedmatten, Ad[olf]. Leukerbad. Seine Warmen Heilquellen im Kanton Wallis ‹Schweiz› von Ad. B'-von R', Bad-Arzt. [Mit 1 Ansicht und 1 Karte.] 8. Sitten 1897. A 4601*

Brunner von Riedmatten, Ad[olf]. Das Leukerbad im Kanton Wallis ‹Schweiz›. seine warmen Heilquellen und seine Umgebung. beschrieben von Bad-Arzt Ad. B' von R'. [Mit 1 Tafel.] 2. deutsche Ausg. 8. Biel 1876. A 1210

Brunner, A., das Leukerbad im Kanton Wallis [Schweiz], seine warmen Heilquellen u. seine Umgebung. 5. Ausg. gr. 8. (IV, 120 S. mit 1 Ansicht u. 1 Karte.) Basel 887. (Schwabe.) n. 1. 60

Brunner von Riedmatten, Ad[olf]. Loèche-les-Bains, Canton du Valais ‹Suisse›, ses eaux thermales et ses environs par Ad. B' de R'.... 8.
4me éd. [Avec 2 planches et 1 carte.] Bienne 1879. A 1214
5me éd. [Avec 1 planche et 1 carte.] (Vevey) 1887. A 1215

Brunner v. Sonnenfeld, Josef Sigmund. Das in dem Zeitlichen Ewige Leben Jacobi Maximiliani Weyland Bischoff- u. Reich-Fürstens zu Gurgg Auß dem Reichs-Gräflichen Hauß von Thun . . . Lob- u. Leichenrede. Klgft., Kleinmayr, 1741. Folio. 29 S.

Brunner von Wattenwyl, Carl von

Brunner v. Wattenwyl, C., ueber die heutige Aufgabe der Naturgeschichte. Eröffnungsrede der 61. Versammlung der schweizer. naturforschenden Gesellschaft gehalten zu Bern am 12. Aug. 1878. 8. (24 S) Bern 878, Haller.

Brunner-von Wattenwyl, C. Ueber die Aufgaben der Naturgeschichte. Eröffnungsrede der 61. Versammlung d. Schweiz. naturforschenden Gesellschaft in Bern, am 12. August 1878. 8°. 24 S. Bern, B. F. Haller. 1878

—— die morphologische Bedeutung der Segmente, speciell des Hinterleibes, bei den Orthopteren. gr. 4. (18 S. mit 3 color. Stnt.) Wien 876, (Braumüller. — Leipzig, Brockhaus' Sortiment und Antiquarium.) *
Aus: Festschrift der k. k. zoologisch-botanischen Gesellschaft in Wien, besonders abgedruckt.

—— d. morphol. Bedeutg d. Segmente, spec. d. Hinterleibes, bei d. Orthopteren. 4. (18 m. 3 col. L.) Wien 77, (Braumüller). n. 3. 80

Brunner v. Wattenwyl. C. Geognostische Beschreibung der Gebirgsmasse des Stockhorns. (Aus den Denkschr. der Schweiz. Naturf. Gesellsch.) Zürich. 1835. 4.

Brunner v. Wattenwyl, C., Betrachtungen üb. d. Farbenpracht d. Insekten. M. 9 Taf. in Buntdr. M. Unterstützg. d. kais. Akademie d. Wiss. in Wien a. d. Legato Wedl. Fol. (VII, 16 S.) Leipzig 897. W. Engelmann. In Mappe n. 36. —; engl. Ausg. u. d. T.: Observations on the coloration of insects. Translated by Edward J. Bles, n. 36. —

Brunner v. Wattenwyl, Karl, die Färbung d. Insecten, s.: Vorträge des Vereines zur Verbreitg. naturwiss. Kenntnisse in Wien. 39. Jahrg. 11. Hft.

— **u. Jos. Redtenbacher**, die Insektenfamilie der Phasmiden. Mit Unterstützg. der hohen k. k. Akademie der Wissenschaften in Wien aus der Treitl-Stiftg. 3 Lfgn. 36,5×27 cm. Leipzig, W. Engelmann. 65. —

1. Phasmidae areolatae. (Bearb. v. J. Redtenbacher.) (180 S. m. Abbildgn. u. 6 Taf.) 906. 17. —
2. Phasmidae anareolatae (Clitumnini, Lonchodini, Bacunculini). (Bearb. v. K. Brunner v. Wattenwyl.) (S. 181—340 m. 9 Taf.) 907. 18. —
3. Phasmidae anareolatae (Phibalosomini, Acrophyllini, Necroscini). (Bearb. v. J. Redtenbacher.) (III u. S. 341—589 m. 12 Taf.) 908. 30. —

— Monographie der Phaneropteriden. Hrsg. von der k. k. zoologisch-botanischen Gesellschaft in Wien. Mit 8 (lith.) Taf. gr. 8. (401 S.) Wien 878. Braumüller. — Leipzig, Brockhaus' Sort. in Comm. n. 20. —

— Monographie d. Pseudophylliden. Hrsg. v. d. k. k. zoologisch-botan. Gesellsch. i. Wien. M. e. Atlas v. 10 Taf. (in qu. gr. 4.) gr. 8. (IV, 282 S.) Wien 895. (Berlin, R. Friedländer & Sohn.) n.n. 32. —

Brunner v. Wattenwyl, C., **Monographie der Stenopelmatiden und Gryllacriden. gr. 8. (150 S. mit 5 Taf.) Wien 888, (Hölder. — Leipzig, Brockhaus' Sortiment und Antiq.) ****
Aus: Verhandlungen der k. k. zoologisch-botan. Gesellschaft in Wien, besonders abgedruckt.

Brunner v. Wattenwyl, C., **über hypertelische Nachahmungen bei den Orthopteren. gr. 8. (6 S. mit 1 chromolithogr. Taf.) Wien 883, (Leipzig, Brockhaus' Sortiment und Antiq.) ***
Aus: Verhandlungen der k. k. zoologisch-botanischen Gesellschaft in Wien, besonders abgedruckt.

Brunner. C. v. Wattenwyl. Ueber hypertelische Nachahmungen bei d. Orthopteren. (Sep.-Abd.) gr. 8. (6 S. mit 1 Taf.) Wien, *Alfred Hölder. 50 kr. 1883

— Orthopteren d. malayischen Archipels, ges. v. W. Kükenthal i. d. J. 1893 u. 1894, bearb. unt. Berücksicht. neuer verw. Species. [Aus: „Abhandlgn. d. Senckenberg. naturforsch. Gesellsch."] gr. 4. (96 S. m. 5 Taf.) Frankfurt a/M. 898. (M. Diesterweg.) n. 8. —

(B) **Brunner v. Wattenwyl**, K., Orthopteren d. malayisch. Archipels. 898. (KBL 29.) Jetzt: Frankfurt a/M, (Viktoria-Allee 7), Senckenberg. naturforsch. Gesellsch. Erm. Pr. nn 4. —

— Prodromus der europäischen Orthopteren. Mit 11 (lith.) Taf. u. 1 (chromolith.) Karte. gr. 8. (XXXII, 466 S.) Leipzig 882. Engelmann. n. 18. —

Brunner de Wattenwyl, Ch., Nouveau système des blattaires. Ouvr. publié par la Société I. R. de zoologie et de botanique, et accomp. de 13 planches (in Stahlst.). gr. 8. (XI, 426 S.) Wien 865, (Braumüller. — Leipzig, Brockhaus' Sortiment und Antiquarium.) (*ℳ 12.) *

Brünner, Carl, Anatomie für Künstler, Zeichen- und Turnlehrer. Text u. 22 Taf. in Farbendruck. (2., verb. Aufl.) Fol. (IV, 28 S.) Cassel 897. L. Döll. n. 5. —

Brünner, Christian Friderich

BRÜNNER, CHR. FRID., s.a. Sammlung d. sämmtlichen Holstein-Plönischen Verordnungen. 1759.

Sammlung der sämmtlichen Holstein-Plönischen Verordnungen und Befehle, welche seit der Regierung Friderich Carls, Erben zu Norwegen, Herzogen zu Schleswig, Holstein etc. herausgegeben, mit Fleiss eingerichtet, und ans Licht gestellet v. Christian Friderich Brünner. Plön. 1757. 4⁰ k.

Brünner, Edg., um des Werkes Willen. Ein Psychodrama in e. Aufzuge. (III, 22 S.) 8. Dresden (909). E. Pierson. — 75

Bruenner, Ern. Frid. Guil. (geb. Ratibor 22. 5. 1825): De cutis transplantationibus generatim et de rhinoplastice speciatim. Berolini (1850). (27 S.) 8°
Berlin, Med. Diss. v. 27. März 1850

Brünner, MAR: Der Illustrations-Photograph, s: Dietze, FC.

Brünner, Otto: Erwachen. Gedichte. 1. Bd. (64 m. Bildn.) 8° Lpzg-G. '11. Raschw., B Volger. 1 — d

Brünner, Rich.: Skisport, s: Vávra, Karl.

Brünner-Album. Zehn Blatt Photographien nach Originalen von Carl Brünner. (Wandgemälde der Basler Kunsthalle; Bachanale; Die Welttheile huldigen der Schönheit; Kunst; Handel; Wissenschaft; Die drei Elemente; Mutterglück: Raub des Hylas; Portrait einer alten Frau.) Cab.-Form. Basel, Chr. Meyri's Buchhandlung. 1880? In Mappe 12 50

Brunners. — Brunners Notitzkalender ..., s. Brunner, Philipp.

Brunner's, Sebastian, Lebensbild, s.: Scheicher, J.

Brünnert, Ernst

Brünnert, E., Liturgische Andachten. Nebst Gebeten für Volksschulen. 8. (24 S.) Rudolstadt 868, Fürstl. Hofbuchdruckerei. *

Brünnert, E., Auswahl deutscher Gedichte für die gehobene Volksschule und für den häusl. Herd. 8. (VIII, 252 S.) Rudolstadt 870, Müller'sche Buchh. *

Brünnert, E., Auswahl deutscher Gedichte. Eine Sammlung der schönsten Blüten deutscher Poesie mit besond. Berücksicht. patriot. und geschichtl. Gedichte für den Schulgebrauch. Eine Beigabe zu jedem Lesebuche. 2. veränd. und reich verm. Aufl. gr. 8. (VIII, 144 S.) Rudolstadt 886, Müller'sche Buchh. geb. *

Brünnert, E., Auswahl deutscher Gedichte. Eine Sammlg. der schönsten Blüten deutscher Poesie m. besond. Berücksicht. patriot. u. geschichtl. Gedichte f. den Schulgebrauch. Eine Beigabe zu jedem Lesebuche. 3., veränd. u. reich verm. Aufl. gr. 8. (XII, 152 S.) Rudolstadt 894. Müller. Geb. n. 1. —

Brünnert, E., Auswahl deutscher Gedichte. Eine Sammlung der schönsten Blüten deutscher Poesie m. besond. Berücksicht. patriot. u. geschichtl. Gedichte f. den Schulgebrauch ausgewählt. Eine Beigabe zu jedem Lesebuche. 4. Aufl. (XII, 152 S.) 8. Rudolstadt 902. Müller. Geb. n. 1. —

— kleine Auswahl deutscher Gedichte. 8. (24 S.) Ebendas. 876. *

— biblische Geschichte f. die Unter-, Mittel- u. Oberklassen e. Volksschule. 8. Aufl. gr. 8. (VIII, 144 S.) Rudolstadt 893. Hofbuchdr., F. Mitzlaff. Geb. n.n. — 85

Brünnert, E, ausgew. bibl. Gesch. d. A. u. N. Testam. f. Mittelcl. 8. (120) Rudolst. 54, Froebel. — 6

Brünnert, E., ausgewählte biblische Geschichten des alten und neuen Testaments für Mittelclassen, möglichst wortgetreu nach der Schrift erzählt und mit Kernsprüchen versehen. 1. Aufl. 1864. und 2. Aufl. 8. (VIII und 120 S.) Rudolstadt 866, Froebel. *

—— ausgewählte biblische Geschichten des alten und neuen Testaments für Mittelclassen, möglichst wortgetreu nach der Schrift erzählt und mit Kernsprüchen versehen. 3. Aufl. 8. (VIII, 120 S.) Rudolstadt 872, (Froebel.) *

—— ausgewählte biblische Geschichten des alten und neuen Testaments für Mittelklassen, möglichst wortgetreu nach der Schrift erzählt und mit Kernsprüchen versehen. 4. Aufl. (128 S.) 1875; 5. Aufl. 8. (VIII, 124 S.) Ebendas. 882. geb. **

Brünnert, E., ausgewählte biblische Geschichten des alten u. neuen Testaments für Mittelklassen, möglichst wortgetreu nach der Schrift erzählt u. m. Kernsprüchen versehen. 5. Aufl. 8. (VIII, 124 S.) Rudolstadt 882. Hofbuchdruckerei. geb. n.n. — 75

—— ausgewählte Biblische Geschichten des alten und neuen Testaments für Mittelklassen, möglichst wortgetreu nach der Schrift erzählt und mit Kernsprüchen versehen. 6. Aufl. 8. (VIII, 124 S.) Rudolstadt 887, Hofbuchdruckerei. geb. **

—— Katechismus-Vorschule. Leitfaden beim Religionsunterrichte für Kinder von 7—10 Jahren. 8. (24 S.) Rudolstadt 862. (Leipzig, Wagner.) *

—— Katechismus-Vorschule. Leitfaden beim Religionsunterricht für Kinder von 7—10 Jahren. 4. verm. Aufl. 8. (24 S.) Ebendas. 877. cart. *

—— Katechismus-Vorschule. Leitfaden beim Religionsunterricht für Kinder von 7—10 Jahren. 5.—7. Aufl. kl. 8. (32 S.) Ebendas. 881—86. cart. *

Brünnert, Ernst. Katechismus-Vorschule. Leitfaden beim Religionsunterrichte für Kinder von sieben bis zehn Jahren. 9. Aufl. 8. (32 S.) Rudolstadt 892, Hofbuchdruckerei. cart. * — 25

Brünnert, E., Katechismus-Vorschule. Leitfaden b. Religionsunterr. f. Kinder v. 7—10 Jahren. 10. Aufl. gr. 8. (80 S.) Rudolstadt 895. Hofbuchdr. Kart. n. — 25

Brünnert's Lesebuch. 8 Tle. Neu bearb. u. hrsg. v. der Lesebuchkommission zu Rudolstadt. 8. Rudolstadt, Fürstl. priv. Hofbuchdr. Geb. nn 3. 95
I. 2. Schulj. Mit Bildern v. Arpad Schmidhammer. (99 S.) 908. Geb. nn — 70
II. 3. u. 4. Schulj. Mit Bildern v. Ludwig Richter u. a. (252 S.) 908. Geb. nn 1. 25
III. 5—8. Schulj. (VI, 474 S.) 910. Geb. nn 2. —

— Paulinzelle u. seine Kirchenruine. Zur Unterhaltg. u. Belehrg. f. jung u. alt. 12. (72 S. m. 2 Abbildgn.) Rudolstadt 892. Müller. n. 1 —

Brünnert, E., erstes Schul- u. Bildungsbuch. Nach analytisch-synthet. Lese-Methode bearb. 8. (86 S. m. eingedr. Holzschn.) Rudolstadt 851, Froebel. — 2. Aufl. 12. (88 S. wovon 16 lith.) Ebd. 852. n. 1/6 ℛ

—— 1. Schul- u. Bildgsbuch. 2. Afl. 12. (88) Ebd. 51. geb. n. — 5 | 2. Schul- u. Bildgsbuch. (215) 59. n. — 6; geb. n. — 8

—— erstes Schul- und Bildungsbuch. Eine Fibel, die bei der Schreiblesemethode und bei dem analytisch-synthet. Unterrichte zu verwenden ist. 15. und 16. verb. Aufl. 8. (VIII, 88 S. mit eingedr. Fig.) Ebendas. 880,83. geb. *

— Erstes Schul- u. Bildungsbuch. 2 Abtlgn. 17. Aufl. gr. 8. Rudolstadt 889, Hofbuchdruckerei. geb. à Abtl. * — 45; * — 90
1. Eine Fibel, die der Vereinigung d. Anschauungs-, Sprech-, Schreib- u. Lese-Unterrichts dienen soll. (VI, 66 S. m. Bildern.)
2. Ein Lesebuch, das der Vereinigung d. Anschauungs-, Sprech-, Schreib- u. Lese-Unterrichts dienen soll. (88 S.)

— 1. Schul- u. Bildungsbuch. 2 Abtlgn. 8. Rudolstadt, Fürstl. priv. Hofbuchdr. n. — 60; geb. n. 1. —
1. Eine Fibel, die der Vereinigung des Anschauungs-, Sprech-, Schreib- u. Lese-Unterrichts dienen soll. 22., verb. Aufl. (VI, 66 S. m. Abbildgn.) 905. n. — 30; geb. n. — 50
2. Ein Lesebuch, das der Vereinigung des Anschauungs-, Sprech-, Schreib- u. Lese-Unterrichts dienen soll. 20. Aufl. (88 S.) 906. n. — 30; geb. n. — 50.

Brünnert, E., zweites Schul- und Bildungsbuch. Ein Lesebuch mit besond. Berücksicht. des Anschauungs- und Sprachunterrichts für Mittelklassen. gr. 12. (XII und 215 S.) Rudolstadt 859. (Leipzig, Wagner.) * 6 Ngr.; geb. *

—— zweites Schul- und Bildungsbuch. Eine Lesebuch mit besond. Berücksichtigung des Anschauungs- und Sprachunterrichts für Mittelklassen. 3. Aufl. 8. (XII und 212 S.) Rudolstadt 866, (Froebel.) *

—— zweites Schul- und Bildungsbuch. Ein Lesebuch für die obere Abtheilung der Mittelstufe einer vier- und mehrklassigen Schule. Abthl. B. gr. 8. (VIII, 200 S.) Rudolstadt 875, (Froebel.) **

—— zweites Schul- und Bildungsbuch. Ein Lesebuch mit besond. Berücksicht. des Anschauungs- und Sprachunterrichts für Mittelklassen. 7. und 8. Aufl. gr. 8. (XII, 196 S.) Ebendas. 879,82.

—— zweites Schul- und Bildungsbuch. Ein Lesebuch mit besond. Berücksicht. der Jahreszeiten, der Heimatkunde und des Sprachunterrichts für Mittelklassen. 9. und 10. Aufl. gr. 8. (XII, 196 S. mit Illustr.) Ebendas. 885,87. geb. *

— 2. Schul- u. Bildungsbuch. Ein Lesebuch m. besond. Berücksicht. der Jahreszeiten u. der Heimatkunde f. Mittelklassen. (Abtlg. A.) 11. Aufl. gr. 8. (VIII, 200 S. m. Abbildgn.) Rudolstadt 893. Hofbuchdr. F. Mitzlaff. Geb. n.n. — 85

— dasselbe. Ein Lesebuch f. die obere Abteilg. der Mittelstufe e. 4- u. mehrklassigen Schule. Abtlg. B. 2. Aufl. gr. 8. (VII, 200 S.) Ebd. 893. n.n. — 95

— dasselbe. Ein Lesebuch f. die obere Abteilg. der Mittelstufe e. vier- u. mehrklass. Schule. Abtlg. B. 3. Aufl. (VI, 200 S.) 8. Ebd. 895. n. — 75; geb. n. 1. —

— 2. Schul- u. Bildungsbuch. Ein Lesebuch m. besond. Berücksicht. der Jahreszeiten u. der Heimatkunde f. Mittelklassen. 14. Aufl. (VIII, 200 S. m. Abbildgn.) 8. Ebd. 905. n.n. — 65; geb. n.n. — 90

—— drittes Schul- und Bildungsbuch. Ein Lesebuch mit besond. Berücksicht. Thüringens für Oberklassen in Volksschulen. 8. (XI, 538 S.) Rudolstadt 872, (Froebel.) *

—— drittes Schul- und Bildungsbuch. Ein Lesebuch mit besond. Berücksicht. Thüringens für Oberklassen in Volksschulen. 2. Aufl. gr. 8. (456 S.) Ebendas. 876.

— drittes Schul- u. Bildungsbuch. Ein Lesebuch m. besond. Berücksicht. Thüringens f. Oberklassen in Volksschulen. 3. Aufl. gr. 8. (VIII, 488 S.) Ebend. 886. geb. n.n. 1. 70

— 3. Schul- u. Bildungsbuch. Ein Lesebuch m. besond. Berücksicht. Thüringens f. Oberklassen in Volksschulen. 4. Aufl. gr. 8. (VIII, 456 S.) Ebd. 894. Geb. in Halbleinw. n.n. 1. 60

— 3. Schul- u. Bildungsbuch. Ein Lesebuch m. besond. Berücksicht. Thüringens f. Oberklassen in Volksschulen. 6. Aufl. (VIII, 456 S.) gr. 8. Ebd. 903. Geb. n.n. 1. 75

Brünnort, Gustav, Prof. Dr.: Napoleons **Aufenthalt** in Erfurt im Jahre 1808. *Erfurt 1899: F. Bartholomäus.* (27 S.) 8° [F.]
* (Als Vortrag geh. 1808 in d. Kgl. Akademie gemeinnütziger Wissenschaften.)
Erfurt, k. G, OP 1899 (243)

Brünnert, Gust., Napoleons Aufenthalt in Erfurt im J. 1808. gr. 8. (27 S.) Erfurt 899. H. Neumann. n. — 50

Brünnert, Dr. Gustav, Professor. Napoleons Aufenthalt in Erfurt im Jahre 1809. 8. Erfurt 1899.

Geschichtstabellen für die mittleren und oberen Klassen von Gymnasien. Zsgest. v. Dr. Gustav **Brünnert**, Oberl. ... zu Erfurt. 2., nach d. Lehrpl. v. 1891 umgearb. Aufl. *Erfurt: F. Bartholomäus 1893.* (2 Bl., 94 S.) 1 Bd 8.

Brünnert, Gust. Geschichtstabellen f. die oberen Klassen v. Gymnasien. [Im Anschluss an das „Lehrbuch der Geschichte v. Friedr. Hofmann" ausgearb. u. als Manuskript f. die oberen Klassen d. Gymnasiums zu Erfurt gedruckt.] gr. 8. (91 S.) Erfurt 890, Bartholomäus. cart. * 1 —

Brünnert, Gust. Sallust und Dictys cretensis. 18 S. G. *Erfurt* 1883. Progr.

Brünnert, G., De Sallustio imitatore Catonis, Sisennae, aliorum veterum historicorum Romanorum. Diss. 1873. 49 S. 6.—

Brünnert, Gustav [Prof. Dr.]: Sprachgebrauch des Dictys Cretensis. Tl 1. Syntax. Erfurt, Druck v. F. Bartholomäus, 1894; 27 S. 4.
Erfurt, k. G, OP 1894 (233)

Brünnert, *Gustav* [Dr.]: Über Turnspiele. Erfurt, Druck v. F. Bartholomäus, 1893; 27—28 S. 4.
Erfurt, k. G, OP 1893 (234)

Brünnert, *Gustav* [Prof. Dr.]: Uebersicht der Geschichte des Königl. Gymnasiums zu Erfurt von 1870 bis 1896, nebst e. Verzeichnis d. Abiturienten v. 1870 an. Erfurt, Druck v. F. Bartholomäus, 1896; 1—23 S. 8.
Erfurt, k. G, Festschr. 1896**

Brünnert, W.: Sallust u. Dictys Cretensis, s. Brünnert, Gustav.

Brunnfels, Otto, Ander Teyl des Teutsch //en Contrafayten // Kreuterbuchs. // Durch Doctor Otto Brunnfelß // zusammen verordnet und // beschriben. // M. D. XXXVII. // Mit Keyserlicher Maiestat Freyheyt // Uff Sechs jar. // Zu Strassburg bey Hans Schotten zum Thyergarten. - Mit Holzschnitten. - 2 Blatt (nicht paginiert) Titel und Vorrede; CLXXIV Seiten. Angebunden sind 7 beschriebene und 5 weiße Blatt.
Bei der Zählung der Seiten sind verdruckt: LIII für LIV und CI für CLI. Es fehlen die Seiten III und IV, V und VI und CLXV und CLXVI, ebenso eine oder mehrere Seiten am Schluß.
Auf dem Titelblatt steht:
Der Deutschen Gesellschaft in Leipzig
schenckt dieses in ihren Bücher Vorrath
Herr Johann Herbst Kunst Mahler in
Leipzig den 13. Mertz 1737.
E. S. T. Pol. 10/2.

Der Aarauer Maienzug (Freitag 11. Juli). Gedichtet von H. Brunnhofer, gezeichnet von K. Bührer. In-8⁰. Aarau, Druck von Müller & Cie. — 50 1884?

Brunnhofer, Hermann s. Angelus Silesius. A' S' in seinem Cherubinischen Wandersmann. Bern 1910.

Brunnhofer, Herm., Russlands Aufschwung od. Niedergang? Eindrücke u. Zukunftsträume auf e. Wolgareise v. Kasan bis Astrachan im Spätsommer 1905. (VII, 134 S.) 8. Bern 906. A. Francke. n. 2. —

—— Goethe's Bildkraft im Lichte der ethnologischen Sprach- u. Mythen-Vergleichung, s. Goetheschriften, neue.

— Das Buch der 100 Pfade. (Catapatha Brahmana). Die älteste Quelle der Ritualwissenschaft. (48 S.) gr. 8. Bern 910. Akadem. Buchh. v. M. Drechsel. 1. 50

Brunnhofer, Herm., der Indienfahrer Anquetil Duperron, s.a. Vorträge, öffentliche, gehalten in der Schweiz.

Brunnhofer, Hermann. Der Indienfahrer Anquetil Duperron. Vortrag, gehalten in Aarau den 7. Februar 1883. 8. Basel 1883. L
Oeffentliche Vorträge gehalten in der Schweiz. Band 7. Heft 10.

Brunnhofer, Herm. (Dr., Kantonsbibliothekar). Fachkatalog der aargauischen Kantonsbibliothek. Im Auftrag der h. Regierung entworfen und ausgeführt. Erster Band: Archäologie und Kunstwissenschaft, Geschichte, Geographie und Ethnologie. In-8⁰, XXX u. 1000 S. Aarau, gedruckt bei Ed. Albrecht. 1881?

Brunnhofer, H. (Dr.) Festgedicht zur Eröffnungsfeier des Saalbaus von Aarau, 16. Dez. 1883. Gr. in-8⁰, 12 S. Aarau, H. R. Sauerländer. — 60

Festrede zur Giordano Bruno-Feier geh. in Berlin am 18. Febr. 1900 von Dr. Herm. Brunnhofer. *(Meerane [1900]: C. Otto.)* (12 S.) 8°

—— Festschrift zur Feier der am 9. Juni 1889 in Rom stattfindenden Enthüllung d. Denkmals Giordano Bruno's. Mit e. Beilage: Die Ehrfurcht vor dem Altertum als die schuldige Achtg. vor der lebend. Gegenw. Eine Idee Giordano Bruno's in ihrem Widerhall bei Bacon u. Pascal. gr. 8. (11 S. m. 1 Taf.) Lpz. 889, Rauert u. Rocco. * 1 —

Brunnhofer, Dr. Hermann. [von Aarau. Kt. Aargau, Lehrer am Seminar in Wettingen, Kt. Aargau]: *ΓΑΛΑ (ΓΑΛΑΚΤΟΣ)*, Lac (Lactis)', der graecoitalische name der milch. Ein monographischer beitrag zur ältesten empfindungsgeschichte der indogermanischen völker. Aarau H. R. Sauerländer Dr. [u. Verl.] 1871. 44 S. 8⁰.
[Zürich, Phil. Diss. v. 10. Juni 1871].

Brunnhofer, Herm., über den Geist der indischen Lyrik, m. Orig.-Uebersetzungen aus der Hymnensammlung d. Rigveda, den Spruchdichtern u. Hala's Anthologie volksthüml. Liebeslieder. Ein Essay. gr. 8. (VIII, 46 S.) Leipzig 882. O. Schulze. n. 1. —

— Generalregister, s.: Revue, russische.

Brunnhofer, Herm., Russlands Hand üb. Asien. Histor.-geograph. Essays z. Entwickelungsgeschichte d. russ. Reichsgedankens. Lex.-8. (VII, 97 S) St. Petersburg 897. (Eggers & Co.) n. 3. —

Russlands Hand über Asien. Hist.-geogr. Essays zur Entwickelungsgesch. d. russ. Reichsgedankens. Von Dr. Hermann Brunnhofer. *St. Petersburg 1897: Typ.-A.-G.* (97 S.) 4°(8°)

Die Schweizerische Heldensage im Zusammenhang mit der deutschen Götter- und Heldensage. Von Prof. Dr. Hermann **Brunnhofer**. Bern: Semminger 1910. 400 S. 8°

Inhalts-Register des Fachkatalogs der Eidg. Zentralbibliothek. Bearb. von Dr. Hermann Brunnhofer. *(Bern 1904.)* (40 S.) 4°6°) [Umschlagt.]

Brunnhofer, Hermann. Inhalts-Register des Fachkatalogs der Eidg. Zentralbibliothek. Bearb. von Dr. H' B'. Als Manuskript gedruckt. IV + 40 S. gr.-8. ([Bern, A. Benteli,] 1904.) Bibl.

– Iran und Turan, s.a. Einzelbeiträge zur allgem. und vergleich. Sprachwissenschaft.

Brunnhofer, Hermann. Iran und Turan. Historisch-geographische und ethnologische Untersuchungen über den ältesten Schauplatz der indischen Urgeschichte. 8. Leipzig.
Einzelbeiträge zur allgemeinen und vergleichenden Sprachwissenschaft. Heft 5. Leipzig 1889

—— Culturwandel u. Völkerverkehr. gr. 8. (VIII, 280 S.) Lpz. 891, W. Friedrich. * 6 —

Giordano Bruno's Lehre vom Kleinsten als die Quelle der prästabilirten Harmonie v. Leibnitz. 8. (63 S.) Lpz. 890, Rauert u. Rocco. * 1 20

Brunnhofer, Herm., **Giordano Bruno's Lehre** vom Kleinsten als Quelle der prästabilirten Harmonie des Leibnitz. 2. [Titel-]Aufl. 8. (63 S.) Leipzig (890.) 899. Neuweissensee, H. W. Th. Dietor. n. 1.20

— die Orient-Reise Sr. kaiserl. Hoh. des Grossfürsten Thronfolgers v. Russland u. die auf dieselbe bezügl. Ausstellung in St. Petersburg 1893—1894. gr. 8. (31 S.) St. Petersburg 894. H. Schmitzdorff. n. — 60

Homerische Rätsel. Die homer. Epitheta ornantia etymologisch u. histor.-geogr. gedeutet v. Dr. Hermann Brunnhofer. *Leipzig: W. Friedrich (1898).* (XVI, 135 S.) 1 Bd 8.

-- homerische Rätsel. Die homer. Epitheta ornantia etymologisch u. historisch-geographisch gedeutet. gr. 8. (XVI, 136 S.) Leipzig 899. W. Friedrich. n. 5. —

— Arnold Reitzenstein. Kulturhistor. Roman a. Heinrich Zschokke's Nachwelt. (192) 8° Bern, Akadem. Bh. v. M Drechsel '12. 3.20 d

Brunnhofer, H. (Dr.) und E. L. Rochholz. Aus Franz Bronner's Tagebuch einer Reise nach Kasan. Siehe: „Taschenbuch der aargauischen historischen Gesellschaft für das Jahr 1881".

— Urgeschichte d. Arier in Vorder- u. Centralasien. Historisch-geograph. Untersuchgn üb. d. ältesten Schauplatz d. Rigveda u. Avesta. 3 Bde. (Titel-Asg.) 8° Lpzg 93, G Fock. 16 —
I. Iran u. Turan. (277) — II. Vom Pontus bis z. Indus. (240) — III. Vom Aral bis z. Gangâ. (270)

— Urgeschichte der Arier in Vorder- u. Centralasien. Historisch-geograph. Untersuchgn. üb. den ältesten Schauplatz d. Rigveda u. Avesta. 3 Bde. (Titel-Ausg.) gr. 8. Leipzig 893. W. Friedrich. n. 16. —
I. Iran u. Turan. (XXVII, 250 S.)
II. Vom Pontus bis zum Indus. (XXIII, 223 S.)
III. Vom Aral bis zur Gangâ. (XXV, 245 S.)

—— über den Ursitz der Indogermanen, s. a. Vorträge, öffentliche, gehalten in der Schweiz.

Brunnhofer, H. Ueber d. Ursitz d. Indogermanen. In-8°. Basel, Schwabe. 1884. 1 —

— **Arische Urzeit.** Forschungen auf dem Gebiete des ältesten Vorder- u. Zentralasiens nach Osteuropa. (XX, 428 S.) gr. 8. Bern 910. A. Francke. 12. 80

Brunnhofer, Herm. Vom Aral bis zum Gangâ, s. Einzelbeiträge zur allgemeinen u. vergleichenden Sprachwissenschaft.

- Vom Pontus bis zum Indus. s. Einzelbeiträge zur allgem. und vergleich. Sprachwissenschaft

Brunnhofer, H. Siehe: „Vorträge, öffentl."

Brunnhofer, H. Giordano Bruno's Weltanschauung und Verhängniss. Leipzig 1882.

— -- Giordano Bruno's Weltanschauung und Verhängniss. Aus den Quellen dargestellt. gr. 8. (XXVI, 325 S.) Leipzig 883, Fues's Verlag.

— Oestliches Werden. Kulturaustausch u. Handelsverkehr zwischen Urzeit bis zur Gegenwart. Neuere Essays. (VIII, 437 S.) gr. 8. Bern 907. (Leipzig, K. F. Koehler.) Kart. 8. -

Brunnhofer, Hermann. Oestliches Werden. Kulturaustausch und Handelsverkehr zwischen Orient und Okzident von der Urzeit bis zur Gegenwart. Neuere Essays. VIII + 440 S. 8. Bern, Victor Schlüter, 1907. [geb. fr. 10. —] N5647

— Oestl. Werden. Kulturaustausch u. Handelsverkehr zwischen Orient u. Okzident v. d. Urzeit bis z. Gegenwart. Neuere Essays. 2. Afl. (10, 444) gr8° Bern, F Semminger '09. L 6 —

Brunnhuber, Joseph [app. Arzt]: Enucleatio bulbi in den letzten 11 Jahren (1881—1891 incl.)' ... München, Buchdr. v. M. Ernst, 1892; 20 S. 8.
München, Med. Fak., Inaug.-Diss. v. [18. März] 1892

Brünnich, C[arl]. Ein Fall von Mongolismus. Diss. Med. Univ. Zürich von K. B'.... [Mit 2 Figuren.] 34 S. 8. Münsingen, B. Fischer, 1906. V Zür

Brünnich, Martin Thrane

Bibliotheca ordine chronologico recensens Daniae, Norvegiae, Islandiae et Holsatiae autores et libros, scientias naturales tractantes ... Digessit Martinus Thrane Brünnich. Hafniae 1783. 8°

Brünnich, **Mart. Thrane, bibliotheca autor. et libr. Daniae etc. scient. natural. tract. 8 maj. Kopenh. 783. Pelt. (Varrentrapp in Frankf a. M.) 1 ℛ 8 gl**

— entomologia sist. insector. tabulas system. 8 maj. Kopenh. 764. (Brummer). 8 gl

— Entomologia sist. insector. tabulas system. 8. maj. Copenh. Proft. 764.

* Brünnich, M. T., Entomologiae system. insectorum etc., ist jetzt Verlag von Bonnier in Copenh.

— Zoologiae fundam. 8. maj. Copenh. Pelt. (Gräff, Lpz.) 772.

— zoologiae fundament. 8 maj. Kopenh. 772. Pelt. (Wienbrack in Leipz.) 16 gl

— natürl. Historie des Edervogels. Mit Kpf. 8. Kopenh. 763. Rothe. 5 gl 70 S.

Brünnich, **Mart. Thrane, ichthyologia Massiliens. sist. piscium descript. 8 maj. Kopenh. 768. (Brummer). 6 gl**

— Ichthyologia Massikens. sist. piscium descript. 8. maj. Copenh. Proft. 768.

— s. Axel v. Kronstadt, Mineralogie.

M(artini) Th(rane) Brünnichii Literatura Danica scientiarum naturalium, qua comprehenduntur.
1. Les progrès de l'histoire naturelle en Dannemarc et en Norvège.
2. Bibliotheca patria autorum et scriptorum, scientias naturales tractantium. Hafniae et Lipsiae. 1783. 8° Bei desselben: Bibliotheca etc. 1783. 8°

— Mineralogie, a. d. Dän. m. Zus. v. Georgi in Petersburg. gr. 8. Petersb. Logan. (Böhme, Leipz.) 781. 347 S.

— Mineralogie; aus d. Dän. m. Zus. von Georgi. gr. 8. Petersb. 781. Logan. (Knobloch in Leipz.) 1 ℛ 4 gl

— ornithologia borealis. 8 maj. Kopenh. 764. (Brummer). 8 gl

— Ornithologia borealis. 8. maj. Copenhagen, Proft. 764.

Brunnier, Henrietta, s.: Henrietta, Schwester.

Brünning, G., Abriß der deutschen Grammatik, nach den Ansichten bewährter Lehrer für Schulen u. zum Selbstunterricht methodisch bearb. 1. Cursus. 2. ganz veränd. Aufl. Leipzig 869. Arnold. gr. 8. (2 Bll., 153 S.) n. 12 ngr

Bruenning, [Rob.], Konfession und Schule in Deutschland. Essen-Ruhr [1909]. 8°.
Aus: Soz. Revue. 1908, H. 4; 1909, H. 1.

Brunninger, Martin Georg. Kongenitale Kammerscheidewanddefekte mit konsekutiver Pulmonaliserweiterung. Diss. Vet.-Med. Bern. Mit 1 Textfigur. (Sonder-Abdruck aus dem Archiv f. wissensch. u. prakt. Tierheilk[unde]. Bd. 31. 1905.) *Kopftitel:* Aus dem veterinär-anatomischen Institut der Universität Bern. 72 S. 8. Berlin, L. Schumacher, 1904. V Bern

Brünninghausen, Hermann Joseph

— Abhandl. über d. Bruch des Schlüsselbeins u. Methode, denselben ohne Verkürz. zu heilen. Mit 1 Kpf. 8. Würzb. 791. Stahel. 6 gl

— u. J. G. Pikel, chirurg. Apparat, oder Verzeichniß e. Samml. v. chirurg. Instrumenten, Bandagen u. Maschinen; nebst e. Anh. von chem. Apparaten. 8. Erlang. 801. Palm. 3 gGr.

— Beschreib. e. neuen von ihm erfund. Geburtszange. Mit 1 Kpf. 8. Würzb. 802. Stahel. 6 gGr.

— üb. d. Bruch des Schenkelbeinhalses überhaupt, u. insbesond. e. neuen Methode, denselben ohne Hinken zu heilen. Mit 4 Kpf. gr. 8. Würzb. 789. Stahel. 16 gGr.

Brünninghausen, Herrmann Joseph: Über den Bruch des Schlüsselbeins, und eine leichte und sichere Methode denselben ohne Verkürzung zu heilen. 80 S., gbd., 1 Taf.

Würzburg: Stahel 1791

JB 3.064

Brünninghausen, Herrmann Joseph: Erfahrungen und Bemerkungen über die Amputation. 112 S., gbd., 3 Taf.

Bamberg u. Würzburg: Göbhardt 1818

JB 3.336

Brünninghausen, Herm. Jos., Erfahrr. u. Bemerkk. über die Amputation. Mit 3 Kpft. gr. 8. Bamb. 818. (Wesché in Frankf.) 16 gGr.

— etwas üb. d. Erleichter. schwerer Geburten. 8. Würzb. 804. Stahel. 2 gGr.

— über die Exstirpation der Balggeschwülste am Halse; nebst e. Anhange über die verbeff. Geburtszange. Mit 1 Kpf. gr. 8. Würzb. 805. Stahel. 12 gGr.

Bruenninghausen, Hermann Josef: Über eine neue von ihm erfundene Geburtszange. Würzburg: Stahel 1802. 51 S. 8°

Brünninghausen, Herm. Jos., von d. Heilung d. asiat. Cholera durch ein bekannt., einfach., naturgemäßes Mittel. gr. 8. (1 B.) Würzburg 832, Etlinger'sche Vrlsbuchh.

— Instruktionen zur Einführung u. Erhaltung eines gleichförm. ärztlich-chirurg. Geschäftsganges in d. Würzburg. Militärhospitälern. Fol. Würzb. 813.

— s. Pharmacopoea in us. nosocomii militaris.

Brünninghausen, H. J., gemeinnütziger Unterricht üb. die Brüche, d. Gebrauch d. Bruchbänder u. üb. das dabei zu beobachtende Verhalten, mit 1 Zeichnung in Steinabdruck. 8. Würzb. Senf. (Felsecker in Nürnb. in Comm.)

Brünninghausen, H(ermann) J(oseph): Gemeinnütziger Unterricht über die Brüche, den Gebrauch der Bruchbänder und über das dabey zu beobachtende Verhalten. 69 S., gbd., 1 Taf.

Würzburg: typ. Bonitas 1811

JB 3.065

— gemeinnütziger Unterricht über die Brüche, den Gebrauch der Bruchbänder u. über das dabei zu beobachtende Verhalten. Mit 1 Zeichn. 8. Würzb. 811. 2e A. 8. Bamb. 816. (Wesché in Frankf.) 9 gGr.

Brunnlechner, Adf., Walters Lehr- u. Wanderjahre, s. a. Jessen's, A. Ch., Volks- u. Jugend-Bibliothek. Nr. 118.

BRUNNLECHNER, Adolf

(F) Walter's Lehr- und Wanderjahre. Eine Erzählung für die Jugend von Adolf Brunnlechner. (A. Ch. Jessen's Volks- und Jugend-Bibliothek. CXVIII. Bd) Wien [1899.] Pichler. 8°. 57 S. mit 1 Tafel. Geb. fl. —.35

Brunnlechner, Adf., Wegweiser zur Einführung des modernen Zeichnens in Landschulen. Deutsche Ausg. (1 Bl. m. Abbildgn.) 84,5×48,5 cm. Triest 905. (F. H. Schimpff.) n.n. 1.—

Brunnlechner, August, Die Minerale des Herzogthums Kärnten. gr. 8. (130 S. mit 1 Karte.) Klagenfurt, Ferd. von Kleinmayr. 1 fl. 50 kr. 1884. 17

Brunnow, Ernst von, s. Brunnow, Ernst Georg von

Brunnow, Ernst Georg v.

— s. Am Ende, Ch. G. Er.

Brunnow, Ernst v., ein Blick auf Hahnemann u. die Homöopathie. 8. (3¾ B.) Leipzig 844, Teubner.

v. Brunnow, Er. (Geo.), Dichtungen. 8. Dresden u. Leipzig 833. Arnold. 1 Thlr.

v. Brunnow, Er., Epos u. Lyra. Dichtungen. 2. doppelt verm. Ausg. 8. Leipzig 844, Teubner. 1½ Thlr.

Brunnow, Ernst Georg von: Exposé de la réforme de l'art médical, entreprise en Allemagne par le docteur et conseiller Samuel Hahnemann; servant d'introduction à un ouvrage de ce médecin dont on vient de publier la traduction sous le titre: Organon de l'art de guérir. Par E(rneste) G(eorge) de Brunnow. Dresde: Verf. 1824. IV S., S. 6-37.

– s. Hahnemann, S., exposé – Organon – Traité et Materia medica.

— Ulrich von Hutten, der Streiter für deutsche Freiheit. Historisches Gemälde aus den Zeiten der Reformation. Nach den Originalquellen bearb. 12 Liefg. Mit 13 Stahlst. 16. Ebend. 842, 43. (à 9 Ngr) compl. in 3 Bdn. 3 Thlr 18 Ngr

Brunnow, Ernst, Ulrich v. Hutten, der Streiter f. deutsche Freiheit. Histor. Gemälde aus den Zeiten der Reformation. Nach den Originalquellen bearbeitet. 2. (Titel-) Aufl. 3 Bde. in 24 Lfgn. gr. 16. (504. 512 u. 546 S. m. 13 Stahlst.) Leipzig 847. 48, Teubner. (à Lfg. 3 Ngr) 2 Thlr 12 Ngr

— der Obrist v. Carpezan. Novelle a. d. 30jährigen Kriege. 8. (9½ B.) Leipzig 844, Teubner.

v. *Brunnow*, Er. Geo., Précis de la méthode curative homéopatique servant d'introduction à l'étude de l'Organon de l'art de guérir du docteur S. Hahnemann. gr. 8. Dresd. 832. Arnold. 12 gGr.

— die neue Psyche. Novelle. gr. 16. Bunzlau 837. Appun's Buchh. 1 Thlr

– s. Quin, F. F.: Behandlung der Cholera.

— der Troubadour. Romant. Gemälde aus d. letzt. Viertheil des 12. Jahrh. 2 Bde. Dresden 839. (Gerh. Fleischer.) n. 2½ Thlr

— der Troubadour. Romant. Gemälde aus d. letzten Viertheil d. 12. Jahrh. 2 Bde. 8. (36 B.) Dresden 839. (Leipzig, Weichardt.)

v. Brunnow, Er., der Troubadour. Historischer Roman. 2 Bde. 2. Aufl. 8. Leipzig 843, Teubner. 1½ Thlr

Brunnow, O., Querela non numeratae pecuniae n. gem. u. kurl. R. Diss. Mitau 1857.

Brunnow, Phil. de, Considérations sur l'esprit de secte. gr. in 8. Leipzig, Hartmann. 818.

Brünnow, F., spherical astronomy. Translated by the Author from the 2. German edit. Berlin 865. Dümmler's Verlhdlg. gr. 8. (XX, 559 S.) n. 5 ℛ

Brünnow, A, s.: Abû-l-Husain Aḥmed ibn Fâris ibn Zakariyâ, d. Kitâbu-l-Itbâ'i wa-l-Muzâwagati.

— Bestimmung der Längendifferenz zwischen Berlin u. Wien auf telegraph. Wege, ausgef. von den H. H. Prof. Förster u. Weiss. (Publik. d. kgl. preuss. geodät. Instituts). Leipzig 1871. 4°.

Brünnow, F., Lehrbuch der sphärischen Astronomie. Mit einem Vorwort von J. F. Encke. gr. 8. (XXIV und 502 S. mit 1 Stnt. in Fol.) Berlin 851, Dümmler's Vrlgsh. *

Brünnow, F., Lehrbuch der sphärischen Astronomie. Mit einem Vorwort von J. F. Encke. 2., verm. Ausg. gr. 8. (XXVII und 600 S.) Berlin 862, Dümmler's Verlag. *

Brünnow, F., Lehrbuch der sphärischen Astronomie. 3. Ausg. gr. 8. (XVI. 567 S.) Berlin 871. Dümmler's Verl. n. 12. —

Brünnow, F. Lehrb. d. sphär. Astron. Mit Vorwort v. J. F. Encke. 3. A. Berlin 1881.

Brünnow, F., Lehrbuch der sphärischen Astronomie. 4. Aufl. gr. 8. Berlin 881. Gütersloh, Bertelsmann. *

Brünnow, F., Lehrbuch der sphärischen Astronomie. 4. Aufl. gr. 8. (XVI, 587 S.) Berlin 881. Dümmler's Verl. n. 12. —

Brünnow, F., Tafeln der Flora, mit Berücksichtigung der Störungen durch Jupiter und Saturn entworfen. gr. 4. (XVI und 50 S.) Berlin 855, (Dümmler's Verlag.) *

Bruennow, Franc. (Frid. Ern.) (geb. Berlin 18. 11. 1821): De attractione moleculari. Berolini 1843. (31 S.) 4°
Berlin, Phil. Diss. v. 29. Apr. 1843

Brünnow, R., s. Brünnow, Rudolf Ernst.

Brünnow, Rud. Ernst, u. Alfr. v. Domaszewski, die Provincia Arabia. Auf Grund zweier in den J. 1897 u. 1898 unternommenen Reisen u. der Berichte früherer Reisender beschrieben. 2 Bde. 4. Strassburg, K. J. Trübner. Geb. in Halbpergament n. 140. —
1. Die Römerstrasse v. Mâdebâ üb. Petra u. Odruḥ bis El-ʿAkaba. Unter Mitwirkg. v. Jul. Euting. Mit 276 meist nach Orig.-Photogr. angefertigten Autotypien, 4 Taf. in Heliograv., 2 Taf. in farb. Lichtdr., 3 grossen u. 1 Übersichtskarte des Ost-Jordanlandes, 1 grossen Karte u. 20 Kartentaf. v. Petra, 10 Doppel- u. 1 einfachen Taf. mit nabatäischen Inschriften nach Vorlagen v. Jul. Euting u. 2 Doppeltaf., 272 Zeichngn. u. Plänen u. 24 Umrissen in Zinkotypie u. 13 Deckblättern in Lithogr. nach Vorlagen v. Paul Huguenin. (XXIV, 532 S.) 904. n. 80. —
2. Der äussere Limes u. die Römerstrassen v. El-Maʿan bis Bosra. Mit 174 meist nach Orig.-Photographien angefertigten Autotyp., 3 Doppeltaf. in Heliograv., 1 Taf. in Lichtdr. u. 5 Doppeltaf. u. 142 Zeichngn. u. Plänen in Zinkotyp. nach Vorlagen v. Paul Huguenin. (XII, 353 S.) 905. n. 60. —

Brünnow, Rud. Ernst, u. Alfr. v. Domaszewski, die Provincia Arabia. Auf Grund zweier in den J. 1897 u. 1898 unternommenen Reisen u. der Berichte früh. Reisender beschrieben. 3. (Schluss-)Bd. Der westl. Hauran von Boṣrâ bis Eš-Šuhba u. die Gegend um die Damaskener Wiesenseen bis Ed-Ḍumêr, nebst e. Anh. üb. die röm. Befestiggn. v. Masada v. A. v. Domaszewski u. e. Überblick üb. die Geschichte der Prov. Arabia v. R. Brünnow. Mit 102 meist nach Orig.-Photographien angefert. Autotyp., 4 Doppeltaf. u. 156 Zeichngn. u. Plänen in Zinkotyp. nach Vorlagen v. Paul Huguenin. (XIV, 403 S.) 33×25 cm. Strassburg 909. K. J. Trübner. Geb. in Halbperg. 60. —
Bd. 1 u. 2. Ebd. 904. 05. Geb. 140. —

Bilinguis, Eine assyrisch-aramäische. Von R. E. Brünnow. [Zeitschrift für Assyriologie. III.]

Brünnow, Rud. Ernst, die Charidschiten unter den ersten Omayyaden. Ein Beitrag zur Geschichte des ersten islam. Jahrh. Inauguraldissertation. gr. 8. (XII, 110 S.) Leiden 884, Brill. Diss. Strassburg.

Brünnow, RE, Chrestomathie a. arab. Prosaschriftstellern im Anschl. an Socin's arab. Grammatik, s.a. Porta linguarum orientalium.

Chrestomathie aus arabischen Prosaschriftstellern im Anschluss an Socin's Arabische Grammatik. Herausgegeben von R. Brünnow. [= Porta linguarum orientalium. Pars XVI.] Berlin 1895.

Brünnow, R. E., a classified list of all simple and compound cuneiform ideographs occurring in the texts hitherto published, with their Assyro-Babylonian equivalents, phonetic values etc. Part I. u. II. gr. 4. (II, 400 S.) Leiden 887. Brill. à n.n. 16. —

Brünnow, Rud. E. A classified list of all simple and compound cuneiform ideographs occuring in the texts hitherto published, with their Assyro-Babylonian equivalents, phonetic values etc. Part III. (finishing) gr. 4. (II, VI, 8; S. 401—596.) Leiden 887,89, Brill. ** 16 —
Part 1. u. 2. Ebd. 1887. à part. ** 16 —.

A classified List of all simple and compound cuneiform ideographs occurring in the texts hitherto publ., with their Assyro-Babylonian equivalents, phonetic values etc. Compiled by Rudolph E[rnst] **Brünnow**, Ph. D. (In 3 P.) [Nebst] Indices. Suppl. 1. [Mehr nicht ersch.] Leyden: Brill (Suppl.: Paris, Leipzig: Welter) (1887–) 1903. 4°
List. 18(87–)89. Indices. 1897. Suppl. 1 par Ch[arles] Virolleaud. 1903. (11. 16565

Brünnow, Rud. E., a classified list of all simple and compound cuneiform ideographs occuring in the texts hitherto published, with their Assyro-Babylonian equivalents, phonetic values etc. Indices dazu. gr. 4. (VIII, 344 S.) Leiden 897. Buchh. u. Druckerei vorm. J. Brill. n.n. 26. — ; (Hauptwerk u. Indices: n.n. 78. —)

Indices zu meiner 'Classified list' v. R[udolf Ernst] Brünnow. *Leyden: E. J. Brill 1897.* (VIII, 342 S., 1 Bl.) 1 Bd 4. [Text autogr.] (67. 165)

Brünnow, R. E., Zur assyrischen Wortordnung. [A. aus der Zeitschrift für Assyriologie, Band III, p. 409 – 411.]

Bruennow, Wilhelm

Bruennow, (Frid.) Guil. (Ludov.). (geb. Insterburg 31. 1. 1823): De morbo Brightii. Berolini (1847). (30 S.) 8°
Berlin, Med. Diss. v. 6. Apr. 1847

Brunnquel, Pius, s. Brunnquell, Pius.

Brunnquell Des überflüssigen Gnadenwassers aller Ablässe der Erzbruderschaft des hl. Rosenkranzes. 12. Z. Schäll 1733. V: *Müller, Carl Anton* (?). (Keiser, II. A., Die Zuger Schriftsteller. Jahresber. der Kant. Industrieschule des städt. Gymn. und der Sekundarschule in Zug. (Schuljahr 1874—1875.)

Brunnquell, August

(**Brunnquell**. A.): Staatsrechtliche Erörterungen über den Vorzug der Lineal-Erbfolge nach Stämmen vor der Gradual-Erbfolge u. über die Reihenfolge der Regenten hinsichtl. der Veräußerung oder der Vertauschung ihrer Länder. Veranlaßt durch den bevorstehenden Gothaisch-Altenburgischen Landesanfall. Ilmenau 1823.

Brunnquell, (A.,) Staatsrecht des deutschen Bundes u. d. Bundesstaaten. Politisch u. rechtl. erörtert. Ein Beitrag zu den Schriften von Klöber u. Dresch. 2 Abtheil. gr. 8. Erfurt 824, Keyser.

Brunnquell, J. F. A., s. Brunquell, J.F.A.

Brunnquell, Joh. Salomon (Quedlinburg), De criminum abolitione. Diss. jur. Präs. Ephraim Gerhard. Jena (J. A. Müller) Nov. 1714. 38 Seiten. (5.—) 4355
Gew.: Victor Latermann.

— — De codice Theodosiano ejusque in codice Justinianeo usu. Diss. jur. Präs. Wilh. Hieron. Brückner. Jena (Nis/Joh. Volckm. Marggraf) 23. IX. 1719. 68 S. (5.—) 4356

—· — Programma de solemnibus inexecutione sententiarum capitalium a Romanis adhibitis . . candidati Christoph Fried. Poppig (Altenburg) inaug. disp. de constitutione sive forma judiciorum criminalium solennium. Von Hegung derer Nothpeinlichen und Hoch-Nothpeinlichen Halssgerichte praemiss. Jena (Horn) 1733. 16 S., mit Biogr. (M.: M. E. Fries.) (3.50) 4364

— — De digestis secundum indicem legum Jacobi Labitti aliorumque *κα'α πλα'ος* et verbotenus excudendis. Göttingen (J. F. Hager) April 1735. 8 Bl. (3.50) 4370

Brunquell, I. Sam., hist. juris rom - germ. 8. Franct. 742.

— — Programma de usu linguae Germanicae veteris in studio juris feudalis Longobardici. — Candidati Johann Philipp Treuner (Augsburg) inaug. diss. de feudo keminatae vulgo Kemnad. Jena (Ritter) 27. III. 1734. 16 S., mit Biogr. (M.: D. S. Fasch.) (4.—) 4368

— — De ictis erciscundis sive miscellionibus, quorum fragmenta in digestis supersunt. Prol. acad. Jena (Joh. Friedr. Ritter) 30. I. 1728. 38 Seiten. (4.80) 4361

— — De praecipuis solidioris jurisprudentiae impedimentis. Jena (J. F. Ritter) 30. IV. 1728. 16 S. (3.—) 4362

— — In pugna juris Germanici et Romani illud huic, in primis in causarum illustrium decisionibus, praeferendum esse, nisi hujus receptio. Göttingen (J. F. Hager) 30. IV. 1735. 28 S. (3.80) 4371
Namen: Heinr. IX. u. X. Grf. v. Reuss u. Plauen, Carl Adam Grf. v. Löwenhaupt, Erdm. Carl Grf. v. Rödern, Erich Humbla (Schweden), Wilh. Ludw. v. Schwarzenfels (Thür.), Jo. Ernst Gottlieb v. Radetzky (Schles.), Casp. Heinr. Praetorius (Göttingen), Ernst Carl Ludw. v. Worbis, Jo. Wilh. Treiber (Arnstadt), Dietr. Smidt (Bremen), Gottlieb Heinr. Treuer (Helmstedt).

— — De diverso patroni ecclesiastici et laici jure. Jena (Horn) Juni 1730. 52 S. (5.—) 4363

— — De juribus patronorum utilibus spuriis. — Candidati Johann Rudolph Engau (Erfurt) inaug. diss. de utilibus patronorum juribus ex corrupto ecclesiae significatu parum vel plane non utilibus. Jena (Ritter) 15. IV. 1734. 15 S., mit Biogr. (M.: B. E. Nagel.) (3.50) 4369

BRUNNQUELL, J. Sal.: Opusc. ad historiam et jurisprud. spectantia, coll. et edid. H. J. KÖNIG. *Halle*, Hendel. 774. 8. (1 Thl. 16 Gr.)

— Comment. de pictura famosa 4. Jen. 749.

—· — Programma de pictura honesta ac utili candidati Christoph Ferdin. Voit v. Berg (Augsburg) inaug. dissert. de pictura famosa et de specie juris Germanici, pacto nimirum, quo majores nostri sub pictura famosa Bey Straffe Schand-Gemähldes. Jena (Horn) Okt. 1733. 16 S., mit Biogr. (M.: A. M. Herwart.) (3.—) 4366

— — De pictura jurid. de pictura famosa, et de specie juris Germanici, pacto nimirum, quo majores nostri, sub pictura famosa, Bey Strafe Schand-Gemählde, Quam in acad. Jenensi Oct. 1733 pro gradu doct. quondam habuit Christoph Ferdin. Voit v. Berg (Augsburg). Ed. nov. Jena (Ritter) 1748. 80 S., teilw. deutsch. Mit Titel-Bild. (4.60) 4365
s. a. **Voit v. Berg, Chph. Ferd.**

— — Privilegium Saxonicum de non appellando etiam querelam nullitatis, supplicationem similiaque remedia ad summa imperii tribunalia excludere . . candidati Johann Christian Waitz (Gotha) inaug. diss. de privilegio Saxon. de non appellando . . Jena (Müller) Febr. 1734. 20 S., mit Biogr. (M.: M. S. Freund.) (3.80) 4367

— — De retractationibus veterum ictorum. Jena 1726. 10 Bl. (3.80) 4359

— — Dasselbe. Praefatus est vitam Brunquellianam praem. et not. adj. Gottlob August Jenichen. Lpz. (Fr. Matth. Fris) 1738. 36 S., mit z. Tl. dtsch. Biogr. u. Bibliographie. (5.50) 4360

— — De sectis et controversis juris Justinianei interpretum, quos glossatores appellamus. Jena (J. F. Ritter) 1725. 32 S. (4.20) 4358
Namen: Joh. Friedr. Schmid (Nürnberg), Val. Kesler (Kassel), Herm. Franz Knod (Worms), Friedr. Casim. Bassy (Neustadt/Mark), Chph. Albr. Walch (Meiningen), Joh. Friedr. Mader (Oberbrunn./Els.), Joh. Dan. Weyher (Worms), Joh. Wilh. Bauer (Worms), Gg. Dan. Müller (Leipzig).

— — De utilitate ex diligenti comparatione omnium ejusdem inscriptionis in digestis capitum capienda, deque hujus artificii inventoribus et promotoribus. Jena (Fickelscherr) 22. IV. 1724. 38 S. (4.50) 4357
Namen: Otto Gg. Pauli (Kiel), Chn. Ludw. Wigleb (Tennstedt), Joh. Hardm. Rays (Zwingenberg/Darmstadt), Ernst Ludw. Strobel (Wehenna/Nassau), Joh. Christ. v. Lorentz (eq. Lüneburg), Otto Joh. Ebell (Göttingen), Polyc. Chn. Meckbach (Langensalza).

Brunnquell, Pius, s. Brunquell, Pius.

Brunnquellen, Eröffnete, des Heilands in dem Gebrauche der Heil. Sacramente der Busse und des Altars. Augsburg 1761. V: *Pallu, Martin.* Ü: *Jäger, Anton.* (Jes)

Brunns, die Familie, oder d. Geheimnißvolle im Abtsholze, e. Geschichte voller Abenteuer. 2 Thle. 8. Leipz. 823, Köhler.

Brunns. – Brunn's Spezialkarte, s. Brunn, Oscar.

Brunnstein, J. L.: Die Reklame im Lichte des Rechtes, s. Brunstein, Josef Ludwig.

Brunnthaler, Jos., der Einfluss äusserer Faktoren auf Gloeothece rupestris (Lyngb.) Born. (73 S. m. 3 Taf.) gr. 8. Wien 909. A. Hölder. 2. 75
Sonderabdruck aus: „Sitzungsber. d. k. Akad. d. Wiss."

Brunnthaler, Jos., Phytoplankton aus Kleinasien. (5 S.) gr. 8. Wien 903. (A. Hölder.) n. — 20
Sonderabdruck aus: „Sitzungsber. d. k. Akad. d. Wiss."

Brunnthaler, Jos.: Vegetationsbilder a. Südafrika (Karroo u. Dornbusch), s: Vegetationsbilder.

Brunnthaler J.: Ueber eine monströse Wuchsform v. *Polyporus squamosus* (*Huds.*). 1896. [Rostr. Saml.].

Brunnwinkl, Der. Eine Familiengeschichte. Wien 1906. V: *Exner, Emilie.* (EB)

Brunnwiser, Matthias

— lithologische Beobachtungen. gr. 4. Münch. 775. (G. Franz). 4 gl

— Entdeckung verschied. vegetabilischen Farbematerialien, Seiden- u. Wollenzeuge schön u. dauerhaft gelb zu färben. gr. 4. Münch. 773. (G. Franz). 2 gl

— medicin. Untersuchung d. gräfl. Perusaischen Wild- u. Gesundbades nächst Altenötting. 8. Münch. 784. (J. Lindauer). 2 gl

Brunnwiser, Matth., († d. 22. Mai 1789.) Versuche, mit mineralischen sauren Geistern aus den hölzernen Farben zu ziehen; dann zufällige Gedanken, u. gelbe der Blüthen, Blumen, Früchte u. Blätter der Vegetabilen zu erklären. gr. 4. Münch. 773. (G. Franz). 4 gl

BRUNO. Eine teutsche (zur Hälfte sehr freie) Originalgeschichte. 2 Bde. Mit (drastischem) TKpf. Leipzig, bey Paul Gotthelf Kummer. 1794. 8°. (3 Mk., geles. Expl., W. H. Kühl, Berlin, c. 1882; jetzt theurer!)
I: Tit., 282 S. II: Tit. u. 222 S. Selten!

Bruno, eine deutsche Ritterg. 8. Basel, 795 Flick

Bruno, Apostolus, oder des Römischen Apostels in Preussen Brunonis Leben ... Halle 1714. V: *Büttner, David Sigismund.* (BrMm)

— u. seine Familie; Gemälde aus d. Heldenalter d. deutschen Nation 8. Hamb. 798. (Herold jun.) 18 gl

— u. seine Familie, Gemälde aus d. Heldenalter der deutscher Nation. 8. Hamb. Vollmer. 798.

— v. Löweneck u. Clara v. Hundsrück; e. Rittergeschichte aus d. Zeiten d. Kreuzzüge. 8. Nordh. 825. (Dörffling in Leipz.) 16 gl

Bruno von Löweneck u. Clara von Hundsrück. Eine Rittergeschichte aus den Zeiten der Kreuzzüge. 8. Nordhausen 825, Landgraf.

— Ritter v. Scheideck, u. sein Schutzgeist Bragur; e. schauderhafte Geister- u. Wundergeschichte. Mit 1 Kpf. 8. Leipz. 800. Andrä. 1 ß

Bruno Merseburgensis

Brunonis de bello saxonico liber, s. a. Scriptores rerum germanicarum.

Brunonis de bello Saxonico liber, rec. W. Wattenbach. Hannoverae 1880. 8.

Bruno's Buch vom sächsischen Kriege, s. a. Geschichtschreiber, die, der deutschen Vorzeit in deutscher Bearbeitung.

Bruno. Brunos Buch vom Sächsischen Kriege. Nach der Ausgabe der Monumenta Germaniae übersetzt von Dr. Wilhelm Wattenbach. 8. Berlin 1853. A 2865
Die Geschichtschreiber der deutschen Vorzeit. XI. Jahrhundert. Band 8.

Des hl. **Bruno** von Querfurt Schrift über das Leben u. Leiden des hl. Adalbert [Vita II S. Adalberti]. (T. 2: Lat. u. deutsch.) Nach d. Prager Universitätshs. XIII. D. 20. Von Dr. A[ugustin] Kolberg, Domdechant. T. 1. [2.] Braunsberg 1904: Erml. Zeitungs- u. Verlagsdr. 2 Bde 8° [F.]
Aus: Ermländische Zeitschrift f. Geschichte. Bd 15. [05. 3070]

Bruno v. Querfurt, des hl., Schrift über das Leben u. Leiden des hl. Adalbert. Lateinisch u. deutsch. Nach der Prager Universitätshandschrift XIII D. 20. Von A. Kolberg. (III, 90 S.) Lex.-8. Braunsberg 904. (R. Rudlowski.) n. 1. —
Sonderabdruck aus: „Ermländ. Ztschr. f. Geschichte".

Bruno am Rhein, soziale Christenlehren, s.: Handbibliothek, katechetische. 89.

Bruno a. s. Theresia, O. Carm., Betstunden vor dem allerheiligsten Sakramente des Altars, zum Gebrauche f. das hohe Frohnleichnamsfest, sowie zum 40stündigen Gebete, an Kommuniontagen, bei Besuchg. u. Aussetzg. des hochwürdigsten Gutes, auch bei allen festtägl. Vespern. Mit e. Sammlg. v. Liedern nebst Meßandacht zu Ehren des allerheiligsten Altarssakraments u. Gebeten zur Frohnleichnamsprozession. Neu hrsg. 10. verm. u. verb. Aufl. (141 S.) kl. 8. Münsterberg (904). F. Blühm. n. — 30

Jesus am Kreuze und im Grabe. Ein Andachtsbüchlein ... Neu hrsg. von P. **Bruno** a S. Theresia, Carmeliterordens-Priester. 14. Aufl. Münsterberg: F. Blühm [1904]. (128 S.) 8° [F.] [06. 10346] 2

— der lebendige Rosenkranz. Ein Handbüchlein für die Mitglieder dieses Vereins sowie für alle Verehrer der allerseligsten Jungfrau u. Mutter Gottes Maria. Mit Morgen-, Abend-, Meß- u. anderen Gebeten, nebst einer sehr verm. Sammlg. v. Rosenkranz- u. Mai-Andachts-Liedern. 27. verm. u. verb. Aufl. (168 S.) kl. 8. Ebd. 907. n. — 30

Bruno a. S. Theresia, Theresien-Jahr oder geistliche Lesungen zur Beförderung der christlichen Vollkommenheit für alle Tage des Jahres. Entnommen den Schriften der heil. Theresia. 2. Auflage. 8. (IX, 451 S.)
Graz: 'Styria' 1890.

Bruno: Bemerkungen zu einigen Stellen des Lucretius. 10 S. 4°. Progr. Harburg R.I. Ord. 1872.

Bruno, kurze Katechismuserklärung. Zu P. Deharbe's mittlerem Katechismus. 1. Bdchn. 8. (397 S.) Kempten 884, Kösel'sche Buchh.
Aus: Katechetische Blätter, besonders abgedruckt.

Bruno, kurze Katechismus-Erklärung zu Deharbe's mittlerem Katechismus. 1. Bdchn. 2. [Schluß-] Abth. 8 (S. 399–614.) Kempten 887. Kösel. n. — 60 (1. Bdchn cplt.: n. 2. 10)

Bruno, Kreuzes-Pädagogik, heiligen Lippen abgelauscht, s.: Handbibliothek, katechetische.

Bruno, Pfefferkörner. Laune und Satire in Original-Liedern. Hamburg (856). Fr. Schuberth. 16. (VI, 142 S.) 22½ ngr

Bruno, Armin, der Pilger von Canossa oder der Sieg der Krone. Eine dramatische Dichtung in 5 Acten. Celle 863. Schulze. 16. (VIII, 195 S.) 1 rf

Bruno, Aug., Vorlegeblätter zur Erlernung des Schönschreibens in 6 Heften. (1—3. Heft: Deutsche Handschrift. — 4—6. Heft: Latein. Handschrift.) (à 10 Stnt.) qu. gr. 8. Hannover 856, Hornemann'sche Hof-Kunsth. à Heft 7½ Ngr.

Bruno, A, Vorlegebl. z. Erlerng d. Schönschreib. in 6 Hftn. qu. 8. (à 10) Hann. 57, Schrader's Nf. à — 7½

Bruno, C. — An Albina. Von — —. Brünn, 1857. Dr. von A. Rohrers Erben. (84 S. 8.)

Bruno, CG, du sollst nicht töten! Drama. 8° (62) Berl. 91, Buchdr. E Berg. — 75

Bruno, C. G. Du sollst nicht töten! Drama in 3 Akten. gr. 8. (62 S.) Berl. 891, Zallis. — 75

Bruno, C. G., Königssohn und Rebell. Ein Drama aus der Hohenstaufenzeit. 8. (IV, 142 S.) Berlin 887, (Ebhardt und Comp.) *

Bruno, C. G., s.: Lyrik, deutsche.

Bruno, Camille, aus zu großer Liebe, s.: Weber's moderne Bibliothek.

Bruno, Camille s. Wochenbibliothek, Schweizer. Band 19.

Bruno, E., s. Archiv f. d. Herzogth. Magdeburg.

Bruno, F. Faà di, Einleitung in die Theorie der binären Formen. Mit Unterstützung v. M. Noether deutsch bearb. v. Thdr. Walter. gr. 8. (VIII, 378 S.) Leipzig 881. Teubner. n. 10. 80

Bruno, Fr. Jac., Diss. de respirandi difficultate et desipientia quibusdam febribus continuis lethali denunciata. Altd. 4°.
1709

Bruno, Franz Roman (Leipzig), De crotalistria tepidi temporis hospita. Disp. hist.-phys. Präs. Johann Praetorius (Zetlinga/Altmark). Leipzig (Bauer) o. J. (17. Jahrh.) 24 Bl. (5.50) 1372

Bruno, G. (Pseud.), s. Fouillée, Alfred

Bruno, G., Les enfants de Marcel, hrsg. v. Hans Strohmeyer, s.a. Prosateurs français.

— dasselbe, hrsg. v. Jos. Vict. Sarrazin, s.a. Schulbibliothek, französische u. englische.

— dasselbe, Wörterverzeichnis, s.a. Hartmann's, K. A. Mart., Schulausgaben französ. Schriftsteller.

Bruno, G., les enfants de Marcel. F. d. Schulgebrauch hrsg. v. Fr. Wüllenweber. I. Tl.: Einleitg. u. Text. II. Tl.: Anmerkgn. u. Wörterverzeichn. 8. (VII, 200 S.) Leipzig 897. G. Freytag. Geb. in Leinw. n. 1.50; Ausg. f. Mädchenschulen n. 1.50

Bruno, G., les enfants de Marcel. Für den Schulgebrauch hrsg. v. Fr. Wüllenweber. 2. Aufl. (V, 124 S.) 8. Leipzig 907. G. Freytag. — Wien, F. Tempsky. Geb. 1.50; Wörterbuch. (75 S.) Kart. — 70

— Francinet, hrsg. v. Walth. Wüllenweber, s.: Prosateurs français.

— dasselbe, hrsg. v. A. Mühlan, s.: Hartmann's, K. A. Mart., Schulausgaben (französ. Schriftsteller).

— Francinet, erkl. v. J. V. Sarazini, s.: Schulbibliothek, französ. u. englische.

— Livre de lecture et d'instruction pour l'adolescent, hrsg. v. Fr. Auler, s.: Prosateurs français.

— dass., s.: Prosateurs franc. (H Strohmeyer).

— Livre de lecture et d' instruction pour l'adolescent, s.: Ricken, Wilh.

— dasselbe, Wörterbuch, s.: Schulbibliothek, französische u. englische.

— de Phalsbourg à Marseille, hrsg. v. H. Bretschneider, s.: Prosateurs modernes.

—— Scripta ed. Gfrörer, s. Corporis.

— dasselbe, hrsg. v. A. Mühlan, s.: Bibliothèque française.

— le tour de la France

— dasselbe, hrsg. v. M. Stoye s.a. Bibliothèque française. 79. Bd.

Bruno, G. [Mme Alfr. Fouillée]. Le Tour de la France, s.a. Bretschneider, H. De Phalsbourg à Marseille.

— le tour de la France par deux enfants, hrsg. v. J. Haas, s.a. Porthos' Schulausgaben engl. u. französ. Schriftsteller.

— dasselbe, hrsg. v. F. Hartmann, s.a. Prosateurs français.

— dasselbe, hrsg. v. Walth. Wüllenweber, s.a. Prosateurs français.

— dasselbe, hrsg. v. Ludw. E. Rolfs, s.a. Schulbibliothek, franz. u. engl.

Bruno, G., Le tour de la France par deux enfants. Für den Schul-Gebrauch herausgegeben von Erwin Walther. I. Theil: Einleitung und Text. II. Theil: Anmerkungen und Wörter-Verzeichniss. Mit einer Uebersichtskarte. 8. (I. Thl. S. 1—125. II. Thl. S. 126—196.) Geb. —.85
Prag: Tempsky 1897

— dasselbe. F. d. Schulgebr. hrsg. v. Erwin Walther. I. Tl.: Einleitg. u. Text. II. Tl.: Anmerkgn u. Wörterverzeichnis. Mit 1 Übersichtskarte. 8. (IV, 196 S.) Leipzig 897. G. Freytag. Geb. in Leinw. u. kart. n. 1. 40; Ausg. f. Mädchenschulen n. 1. 40

— Le tour de la France par deux enfants. Für den Schulgebrauch hrsg. v. Erwin Walther. I. Tl.: Einleitung u. Text. II. Tl.: Anmerkungen u. Wörterverzeichnis. Mit 1 Übersichtskarte. 3. Aufl. (IV, 192 S.) 8. Leipzig 904. G. Freytag. Geb. in Leinw. n. 1. 60

— Le tour de la France par deux enfants. Für den Schulgebrauch hrsg. v. Erwin Walther. Mit 1 Übersichtskarte. 4. Aufl. (IV, 140 S.) 8. Ebd. 906. Geb. 1.50; Wörterbuch. (51 S.) — 60

— le tour de la France en cinq mois, s.a. Ricken, Wilh.

Bruno, Giordano: Candelaio, s: Bibliotheca romanica.

— s. auch: Corporis philosophorum.

Bruno's, Giordano, Eroici furori od. Zwiegespräche v. Helden u. Schwärmer. Übers. u. erklärt v. Ludw. Kuhlenbeck. gr. 8. (XVIII, 256 S.) Leipzig 898. W. Friedrich. n. 6. —

Giordano Bruno's Eroici furori oder Zwiegespräche vom Helden u. Schwärmer. Übers. u. erl. von Dr. Ludwig Kuhlenbeck. *Leipzig: W. Friedrich [1900].* (XVIII, 256 S.) 8° [... 2

Bruno, Giordano, s.: Lichtstrahlen.

Bruno Nolano, Giord., Opere, ora per la prima volta racc. e pubbl. da Ad. Wagner. II Voll. gr. 8. Leipz. 830. Weidmann. 4 ₰ Velinp. 5 ₰ 8 Gr

Bruno, Giordano, le opere italiane, ristampate da Paolo de Lagarde. Vol. 1 und 2. Lex.-8. Göttingen 888, Dieterich'sche Universitäts-Buchh. [Vol. 1. (S. 1—400.) ** ℳ 13.— ; Vol. 2. (IV, S. 401—800.) ** ℳ 12.—] **

Bruno's, Giordano, Reformation des Himmels. (Lo spaccio della hostia trionfante.) Verdeutscht u. erläutert v. Ludw. Kuhlenbeck. Neue Sonderausg. (Titel-Ausg.) Nebst e. Abbildg. des Bruno-Denkmals in Rom, e. Fcsm. seiner Handschrift, sowie 2 Sternbilderkarten, gr. 8. (IX, XV, 377 S.) Leipzig (890). 899. Neuweissensee, H. W. Th. Dieter. Geb. in Halbfrz. n. 18.—

— Reformation d. Himmels, lo spaccio della bestia trionfante. Verdeutscht u. erläut. v. L. Kuhlenbeck. gr. 8. (XV, 381 S. m. 2 Sternkarten u. 1 Lichtdr.) Ebd. 889. n 15 -

Bruni, Nolani Jordani, Scripta, quae latine confecit omnia collegit praefatione instruxit, mendisque expurgavit innumeris A. F. Gfrörer. Vol. II. Fasc. I. — V. 8 maj. Stuttg. 834 — 36. Brodhag. 3 1/8 ₰

BRUNO, Giordano (geb. 1548, † verbrannt 1600 zu Rom, wo im Sommer 1889 sein Denkmal enthüllt wurde), Der Sieg der triumphierenden Bestie. Uebersetzt und eingeleitet von Paul Seliger. (190*.) (Br. Mk. 3—; gebd. 4--; in Leder 5—.)
Kulturhistor. Liebhaber-Bibliothek, Serie II, Nr. 6.

— Sonette, s.: Kuhlenbeck, Ludw., Lorbeer u. Rose.

— v. Unendlichen, d. All u. d. Welten, verdeutscht u. erläutert v. L Kuhlenbeck. 8° (240 m. 2 Taf.) Berl. 93. Frankf. a/M., Jaeger's V. 6—

— vom Unendlichen, dem All u. den Welten, verdeutscht u. erläutert v. Ludw. Kuhlenbeck. gr. 8. (XXXVI, 210 S. m. 2 Taf.) Berlin 893. H. Lüstenöder. n. 6.—

— v. Unendlichen, d. All u. d. Welten, verdeutscht u. erläutert v. Ludw. Kuhlenbeck. Neue [Titel-] Ausg. gr. 8. (XXXVI, 210 S. m. 2 Taf.) Leipzig (893/896). A. Warnecke. n. 3.—

— von der Ursache, dem Princip u. dem Einen, s.a. Bibliothek, philosophische. 21. Bd.

Bruno, Giordano. Von der Ursache, dem Princip u. dem Einen. Aus dem Ital. übers. u. m. erläut. Anmerkgn. versehen von Adf. Lasson. 2. (Titel-) Ausg. 8. (181 S.) [Heidelb. 889, G. Weiss Verlag.] Berl., Philosophisch-Histor. Verlag. * 1 —
Vgl.: Brunnhofer, Herm. — Esser, W. -- Landseck, Rud. -- Lichtstrahlen. — Riehl, A. -- Schroeder. Eine kathol. Antwort. — Thilötter, Jul.

Giordano **Bruno**. Von der Ursache, dem Princip und dem Einen [Della causa, principio et uno]. Aus d. Ital. übers. u. mit Anm. vers. von Adolf Lasson. 3. verb. Aufl. *Leipzig: Dürr 1902.* (XXIV, 161 S.) 8°
= **Bibliothek**, Philosophische. [Neue Zählung.] Bd 21. 3-6 u 11

Von der Ursache, dem Prinzip und dem Einen (Della causa, principio ed uno). Von Giordano **Bruno**. Aus d. Ital. übers. u. mit e. Einl. vers. von Paul Seliger. Leipzig: Reclam jun. [1909]. 101 S. 8°
(Universal-Bibliothek. 5113. 5114.) 09. 14405

Bruno, Giordano, die Vertreibung der triumphierenden Bestie, s.a. **Liebhaber-Bibliothek, kulturhistorische, 16. Bd.**

Die Vertreibung der triumphierenden Bestie [Spaccio della bestia trionfante] von Giordano **Bruno**. Aus d. Ital. übers. u. eingel. von Paul Seliger. Berlin & Leipzig: J. Hegner [1904]. (XII, 280 S.) 8°
= **Liebhaberbibliothek**, Kulturhistorische. Bd 16. 03. 1138

— — Die Vertreibung der triumphierenden Bestie. Deutsch von Paul Seliger. (190*.) 8°. (4 Kr. 80.) (3 Kr. Gilhofer & Ranschburg, 1907.)
— — Dasselbe. Deutsch von L. Kuhlenbeck. Leipzig 1904. 4°. (Orig.-Hpgtbd. Mk. 8,50.) (6 Mk. 50 Pfg. Ottomar Schönhuth, München, 1909.)

Bruno, Giordano, gesammelte Werke. Hrsg. v. Ludw. Kuhlenbeck. 1.—4. Bd. 8. Jena, E. Diederichs. n. 21.—; geb. n. 27.—
1. Das Aschermittwochsmahl. Ins Deutsche übertr. v. Ludw. Kuhlenbeck. (194 S. m. Bildnis.) Leipzig 904. n. 4.—; geb. n. 5. 50
2. Die Vertreibung der triumphierenden Bestie. Ins Deutsche übertr. v. Ludw. Kuhlenbeck. (371 S.) Leipzig 904. n. 7—; geb. n. 8. 50
3. Zwiegespräche vom unendlichen All u. den Welten. Verdeutscht u. erläutert v. Ludw. Kuhlenbeck. (LXXII, 288 S.) 904. n. 6.—; geb. n. 7. 50
4. Von der Ursache, dem Anfangsgrund u. dem Einen. Verdeutscht u. erläutert v. Ludw. Kuhlenbeck. (Mit Titelzeichnung v. Rud. Emil Weiß.) (XX, 158 S.) 906. n. 4.—; geb. n. 5. 50

Giordano **Bruno**. Gesammelte Werke. Hrsg. von Ludwig Kuhlenbeck. Bd 1. *(Leipzig: E. Diederichs 1904.)* 8° [F.] 04. 1673

Bruno, Giordano, ges. Werke. Hrsg. v. Ludw. Kuhlenbeck. 5. u. 6. Bd. 8. Jena, E. Diederichs. 13.—; geb. 16.—
5. Eroici furori. (Zwiegespräche vom Helden u. Schwärmer.) Ins Deutsche übertr. v. Ludw. Kuhlenbeck. (2. Aufl. Mit Titelzeichng. v. Emil Rud. Weiß.) (XX, 318 S.) 907. 7.—; geb. 8. 50
6. Kabbala, kyllenischer Esel. Reden, Inquisitionsakten. Ins Deutsche übertr. v. Ludw. Kuhlenbeck. (XXX, 295 S.) 909. 6.—; geb. 7. 50

Bruno's, Giordano, gesammelte philosophische Werke. 1. Bd.: Reformation d. Himmels. [Lo spaccio della bestia trionfante.] Verdeutscht u. erläutert v. Ludw. Kuhlenbeck. Nebst e. Abbildg. d. Bruno-Denkmals in Rom, e. Fcsm. seiner Handschrift, sowie 2 Sternbilderkarten. gr. 8. (IX, XV, 377 S.) Lpz. 890, Rauert u. Rocco. Subscr.-Pr. * 8 —; Einzelpr. * 15 —

Bruno, Gttl. Val., Gottgewidmete Gedancken, die nachdenckliche Worte Esa. XVIII, 4. 5. 6, welche unter genauer Ueberlegung der jetzigen Zeit Krampf- oder Kriebelsucht heißt. Nebst unterschiedenen colligirten Anm. Gelehrten und Ungelehrten wohlgemeynet überreichet. 18 S. Bud. 24°. 1717

Bruno, H., H. Schulze und H. Holtmann, die Einführung des neuern Bienenzucht-Betriebes in den Haidgegenden des Königr. Hannover. Reisebericht an das Königl. Ministerium des Innern zu Hannover. gr. 8. (52 S.) Hannover 862, Meyer. *

Bruno, J., elementa medicinae, c. praefat. P. Moscati. 8 maj. Hildburgh. Ed. II. 805. (Er. Fleischer in Leipz.) 14 gr. id. I. 8 maj. Venet. 793. (Leipz., Andrä). 16 gr.

Bruno, I., elementa medicinae, cum praefatione P. Moscati. 8. maj. Hildburgh. Hanisch. 805.

Bruno, J., Irma und Nanka. 2 Thle. gr. 8. Leipzig 842, Brockhaus. n. 2 1/2 ₰

Bruno, J: Die Mutterschaftsversicherg u. ihre Bedeutg f. d. Säuglingsfürsorge, s: Veröffentlichungen aus usw. Medizinalverwaltg.

Bruno, Jakob Pancraz (Ed.):

s.: Castelli, Bartolommeo: Lexicon medicum Graeco-latinum. Edito nova accuratissima. Genevae: 1746

JB 509

Bruno, Ioannes

s.: Brown, John

Bruno, Karl, die Grundlehren der Integral- u. Differentialrechnung. (51 S. m. Fig.) gr. 8. Wien 908. A. Hölder. 1. 25

Bruno, Kern u. Schale. s.a. Görres.

Bruno, Karl, Kern u. Schale, od. drei polit. Blicke auf d. kölnische Angelegenheit. gr. 8. (7 3/4 B.) Jena 838, Frommann.

Bruno, Karl, der Stoss elastischer Kugeln. Progr. gr. 8. (22S. m. 1 Taf.) Klagenfurt (899). (F. v. Kleinmayr). n. 1.—

— Matthias (Wels / Österreich), De usu locorum doctrinae topicae Aristotelicae. Disp. logic. Präs. Daniel Rixinger. Strassburg (Carl Kieffer) 9. II. 1615. 6 Bl. (6.50) 4373
Gew.: Joh. Ludw. Hauenreuter, Lor. Thom. Walliser, Marcus Floro, Ambr. Speccer, Math. Bernegger, Hieron. Gruber (Wels), Ludw. Althamer in Trauneck, Tobias Lambacher, Joh. Händl in Betenbach, Ludw. Braun, Caspar Tregel (Wels). — Widm. v.: Chph. Ludw. Weyss v. u. zu Würting u. Niderwalsee, Daniel Dinckel (Strassburg), Joh. Simon (Strassburg).

Bruno, Max, Gebührenordnung f. die Rechtsanwälte des deutschen Reiches, erläutert aus den amtl. Motiven u. den Reichstags-Verhandlgn. u. ergänzt aus den einschläg. Bestimmungn. der Reichsjustiz-Gesetze u. den bis incl. 1892 ergangenen Entscheidgn. des Reichsgerichts m. 7 Tabellen. 8. (IV, 122 S.) Marburg 893. Verlag d. „Reichs-Herold". 2. —

— Gemauschel. Illustr. v. Fritz Bindewald. gr. 8. (55 S.) Marburg 892. (Berlin, G. A. Dewald. — Leipzig, H. Beyer.) n. 1. —

— Melchior (Stotel / Bremen), De privatis delictis. Disp. jur. Lpz. (Greg. Ritzsch) 29. VIII. 1633. 14 Bl. (5.80) 1374
Widm. v.: Conrad Wübbenhorst (Bremen).

Bruno, Rich. Frid. (geb. Buylien bei Gumbinnen 10. 7. 1842): De epilepsiae causis. Berolini (1865). (32 S.) 8°
Berlin, Med. Diss. v. 27. Juli 1865

Bruno, Rud., erträumte Lieder. Jugendlieder. 12. (49 S.) Dresden 892. E. Pierson. n. 1. —

Bruno, Th. (Buchner), Libertas. 8°. Herisau, Schläpfer, 1846.

Bruno, W: Über Patentschutz. Vortrag. (Berlin 1910)

Bruno, W: Üb. Patentschutz. Vortr. Als Mskr. gedr. (7) Lex8° Berl., (W Pormetter) ('11). 1.20

Bruno, W. Ueber die französische Verbalform auf *ant*. Diss. Rostock 1871.

Bruno Nolano, Jordan., s. Bruno, Giordano

Brunold, Fr. [Autorname] = Meyer, August Ferdinand.

Brunold, F., Anemonen. Novellen u. Erzähl. 8. (16¹/₄ B.) Berlin 845, v. Puttkammer.

Brunold, F., Michael Bellmann oder die Zeit des lustigen Schwedens. Roman. 8. (196 S.) Nordhausen (861) 62, Büchting.

Brunold, F., s. a. Christussagen.

Brunold, F, Christus-Sagen. 16. (108) Erf. 52, Bartholomaeus. — 12

Brunold, F., Dichtungen für die Jugend. Mit 4 saubern Holzschn. Weißenfels (853). Stein. (Halle, Hendel.) 8. (IV, 72 S.) 15 ç.

Brunold, F[r]. Das Edelfräulein. Novelle. 67 S. 8. Aarburg, Buchdr. Aarburg, 1902. R
Schweizer Familien-Bibliothek. Band 10. 107 S. (fr. —.20.) S. 1–67.

Brunold, F., literarische Erinnerungen. 2 Bde. 8. (205 u. 187 S.) Zofingen 876. Schauenberg-Ott. n. 4. —

Brunold, F., literarische Erinnerungen. 2 Bde. 2. (Titel-)Aufl. 8. (205 u. 187 S.) Zürich (1876) 881. Schröter. n. 4. —

Brunold, F., literarische Erinnerungen. 2 Bde. 8. Zofingen 876. Zürich, Trüb'sche Buchh. *

Brunold, F., literarische Erinnerungen. 2 Bde. 2. (Titel-) Aufl. 8. (205; 187 S.) Zürich 881, Trüb'sche Buchh.

Brunold, F., in der Fremde. Eine Lebensgeschichte der weibl. Jugend erzählt. 2. Aufl. 12. (224 S. m. Titelbild.) Reutlingen 888. Enßlin & Laiblin. geb. 3. —

— Kaiser Friedrich III. v. Deutschland. Ein Lebensbild f. Jung u. Alt. Neue Ster.-Ausg. 8. (116 S. m. e. Portr.) Ebd. 889. cart. — 50

— dasselbe. Neue Ster.-Ausg. 8. (116 S. m. 4 Farbendr. u. 1 Holzschn.) Ebd. 889. geb. n. 1. 20

— Gedichte. 12. Berlin (846) 847, Duien. ³/₄ ß

Brunold, F. [Ferd. Meyer], Gedichte. 2. Aufl. gr. 16. (VIII, 251 S.) Leipzig 871, Pardubitz'sche Buchh. [Lorber.]

— Gedichte. 3. Aufl. 8. (VII, 392 S.) Stuttgart 887, Schröter und Meyer. *ℳ 4.—.: geb. *

— Gedichte. 3. Afl. 8. (392) Zür. 87, Schröter & M. n. 4.—; geb. n. 5.—

Brunold, Fr., für Geist u. Herz. Sammlung deutscher Dichtgn. 8. (224 S. m. Abb.) Reutlingen 898. Enßlin & Laiblin. Geb. in Leinw. m. Goldschn. 3. —

— Gertrud. Eine Lebensgeschichte. Der weibl. Jugend erzählt. 2. Aufl. 12. (240 S. m. 1 Farbendr.) Ebd. 889. geb. m. Goldschn. 3 —

— edle Herzen. Eine Lebensgeschichte. Der weibl. Jugend erzählt. 2. Aufl. 12. (224 S. m. Titelbild.) Ebd. 888. geb. 3. —

Brunold, Fr., edle Herzen. Eine Lebensgeschichte. Der weibl. Jugend erzählt. Mit Bildern v. A. Groh. (Neue Ausg.) (222 S.) 8. Reutlingen (905). Enßlin & Laiblin. Geb. in Leinw. n. 2. 50

Brunold, Fr. Der Idiot. Novelle. (53 S.) 8. Aarburg, Buchdr. Aarburg, 1902. R
Schweizer Familien-Bibliothek. Band 6. 107 S. (fr. —.20.) S. 55–107.

— harte Kämpfe. Ernst Andres, der Bildschnitzer, und seine Schicksale. Eine Erzählung für die Jugend. Mit 4 Farbendr.-Bildern nach Aquarellen von Osc. Woite. gr. 8. (135 S.) [Leipzig 881, Albrecht.] Berlin, Neufeld. geb.
Vergriffen.

Brunold, F., harte Kämpfe. Ernst Andres, der Bildschnitzer und seine Schicksale. gr. 8. Leipzig 881. Posen, Manheimer. geb.

— Kinder-Lieder. 16. (4 B.) Neustadt-Eberswalde 843. (Berlin, Springer.)

— bei der Knallhütte. Histor. Roman. 2 Bde. 8. (355 S.) Wriezen (861) 62, Röder.

— bei d. Knallhütte. 2 Bde. 8. (355) Wriez. 62. (Lpzg, Seemann.) 1. 20

— die Königin im Traum. Historischer Roman. 2 Bde. 8. (123; 128 S.) Leipzig 871, Pardubitz'sche Buchh. [Lorber.]

— aus eigener Kraft. Eine Erzählung für die Jugend. Neue Ster.-Ausg. 8. (155 S. mit Farbendr.-Bildern.) Ebendas. 886. geb.

— das Land der Jugend. Novelle. gr. 12. Neustadt-Eberswalde 842. (Potsdam, Stuhr'sche Buchh.) ²/₃ ß

Brunold, F., Aus dem Leben, s. Hausbibliothek, neue, vorzüglicher deutscher Romane rc.

—— erstes u. zweites Leben. Roman a. d. brandenburg. Geschichte. 8. (20 B.) Berlin 846, (47.) Quien.

— das Leben unseres Herrn in Gesängen deutscher Dichter. Für Schule und Haus gesammelt. Weißenfels 854. Stein. (Halle, Hendel.) 8. (V, 110 S.) 15 ngr; Velinp. 22 1/2 ngr

— Legendenbuch für Schule und Haus. Weißenfels 854. Stein. (Halle, Hendel.) 8. (XVI, 378 S.) 1 ß

— Lieder, s. auch Nachklänge.

Brunold, F., Lieder. 8. Stettin 834. Nicolaische Buchh. (Gutberlet.) 1/2 ß

† Brunold, F., (Aug. Ferd. Meyer,) neue Lieder. gr. 8. (5 3/4 B.) Prenzlau 837, Vincent.

— neue Lieder. gr. 8. Prenzlau 839. Vincent. 1/2 ß

—— märkische Lieder-Chronik. 12. (4 B.) Neustadt-Eberswalde 844. (Berlin, Springer.) *

—— Lisbeth. Eine Lebensgeschichte. Der weiblichen Jugend erzählt. Mit einem Farbendruck. 2. Aufl. 8. (218 S. mit Kopfleisten, Initialen und Schlußvignetten.) [Leipzig 880, Albrecht.] Berlin, Spaeth. geb. mit Goldschn.

— Lust und Leid im Liede, s.: Dohm, H.

— St. Maria. Novellen. 8. Schwedt 840. (Berlin, L. Oehmigke.) 1 1/6 ß

Brunold, F[r]. In der Mühle. Novelle. (39 S.) 8. Aarburg, Buchdr. Aarburg, 1902. R

Schweizer Familien-Bibliothek. Band 10. 107 S. (fr. —. 20.) S. 69—107.

—— Novellen, s.a. Perlen.

—— Novellen. 1. u. 2. Bd. A. u. d. T.: Aus der Gegenwart. 2 Bde. 8. (32 1/8 B.) Berlin 846, (47.) [Leipzig, Berger's Buchh.]

— Novellen. 1. u. 2. Bd. A. u. d. T.: Aus der Gegenwart. 2 Bde. 8. Berlin (846) 847, Quien. 1 3/4 ß

—— zwei Novellen. I. Keine Mutter. II. Der Bildschnitzer. 8. (V, 249 S.) Wismar 868, Hinstorff'sche Hof-Buchh.

—— Novelletten. 8. (13 B.) Prenzlau 839, Vincent.

— u. Woldemar und Leop. Kesteloot, Perlen. Gesammelte Novellen. Berlin 855. Hoevel. 8. (2 Bl., 171 S.) n. 20 ngr

—— Romanzen und Lieder. 8. (4 B.) Prenzlau 839, Vincent.

—— d. Schützlinge d. Prinzess. Der reif. Jugend erzählt. 12. (208 m. 1 Farbdr.) Reutling. 90. Ensslin & L. 3. —

— See- u. Waldmährchen. 8. Berlin 845, v. Puttkammer. 3/4 ß

— Verwaist. Eine Lebensgeschichte. Der weibl. Jugend erzählt. Mit einem Farbendr. 8. (243 S.) Leipzig 880. Berlin, Spaeth. n. 4. —

— der Waisenknabe. — Auf der Wanderschaft. 2 Erzählgn. f. die Jugend. Neue Ster.-Ausg. (32 S.) 8. Ebd. (903). — 15; kart. — 20

Brunold Fr., auf der Wanderschaft. Ein einsames Herz. In der Fabrik. 3 Erzählgn. 12. (126 S. m. 1 Bild.) Reutlingen 891. Enßlin & Laiblin. Kart. n. — 50

— am Weihnachtsbaum. Die Rosen des Stifts. Der Waisenknabe. 3 Erzählgn. 12. (112 S. m. 1 Bild.) Ebd. 893. Kart. n. — 50; in buntem Umschlag — 60

Brunold, Fr., am Weihnachtsbaum. Die Rosen des Stifts. Der Waisenknabe. Drei Erzählgn. Ster.-Ausg. 12. (112 S. m. Titelbild.) Reutlingen (901). Enßlin & Laiblin. — 25

Brunold, F., Welt und Gemüth. Novellen. 3 Bde. gr. 8. (717 S.) Malchin 867,68, Wendt.

—— die Askanier-Burg Werbellin. Ein Beitrag zur Geschichte der Mark. Auf Veranlassung Sr. kgl. Hoheit des Prinzen Karl von Preußen. gr. 8. (78 S.) [Leipzig 880, Albrecht.] Berlin, Neufeld.
Vergriffen.

—— Willy, der Dampfermaschinist. Eine Erzählung für die Jugend. Mit 4 Farbendr.-Bildern. gr. 8. (164 S.) Leipzig 880, Albrecht. geb.

Brunold, Herman

Sein und Sehnsucht. Gedichte von Herman Brunold. Berlin, Leipzig, Paris: Hüpeden & Merzyn 1905. (149 S.) 8° [F.] (05. 2017

Brunone, Martinus à S.:

Creutzerhöhung: Das ist: Einer Hochlöblichen von der Durchleuchtigisten Fürstin und Frauen Francisca Sibylla Augusta, verwittibten Marggräffin zu Baaden und Hochberg. Landgräffin zu Sausenberg etc., denominirter Regentin und Vormünderin als gnädigster Urheb- und Stiffterin unter dem Haupt-Nahme Creutztragender Versamlung neuerhobenen Verbündnuss Erstmahliges Titularfest, welches mit solemnen Pontifical-Hoch-Ambt und anderen Satzungs-mässigen Andachtsübungen in hochfürstlicher jüngsthin neu dedicirter Hoff-Capelle Dero Marggräflicher Residentz zu Rastadt den 14. Herbst-Monatts Hochfeyerlich begangen und in hier angefügter Lobrede weitläuffig erklärt worden, von Martino à S. Brunone Clericorum Regulorum Pauperum, Matris Dei Scholarum Piarum p. t. Superiore.
Rastadt bei Frantz Georg Tusch. Hochfürstlich Marggräfl. Baadis. Hoff-Buchdrucker.
Mit den Belegstellen (Citationes Authoritatum) 20 S. Fol.

Progr. Rastatt 1723.

Martinus à S. Brunone. Valerii Maximi dictorum factorumque memorabilium, olim obiter et strictim versibus expositorum libri novem. Opus posthumum, ex umbris in lucem solerter vindicatum; iuvandaeque tantisper claritatis gratiâ, amplius dimidio versuum numero sparsim adauctum: nec non ad calcem cuiusque libri indiculo instructum operâ et studiô Martini à S. Brunone Austriaco-Viennensis, Scholarum Piarum presbyteri.
Rastadii typis Georgii Francisci Tusch, Marchio-Badensis typograph. aulici MDCCXXII. 8°. 584 S.

Brunonen, s. Rockrohr, Paul.

Brunonia. Monatsschr. f. Kunst, Wissenschaft, Industrie, Gewerbe u. sociales Leben im Hrzgth. Braunschweig. Redact.: C. Brinckmeier. 1. Jahrg. 1839. 12 Hfte. Lex.-8. Braunschweig, Horneyer. (?) *

Brunonia. Wochenschrift zur Besprechung der öffentl. Angelegenheiten des Herzogth. und der Stadt Braunschweig, sowie für Wissenschaft, Kunst, Literatur und sociales Leben. Redact.: Reinh. Otto. 52 Nrn. (Bog.) gr. 4. Braunschweig 873, J. H. Meyer.

Brunonia. Braunschweig. Monatsschrift. Schriftleiter: Wirk. Jahrg. 1904. 12 Hefte. 4° Wolfenb., J Zwissler. ‖ 2. Jahrg. 1905. 24 Hefte. (216) Viertelj. — 75 d

Brunonia. Braunschweigische Halbmonatsschrift. Schriftleiter: Wirk. 1.—3. Jahrg. 1904—1906 à 24 Nrn. (à ca. 12 S.) Lex.-8. Wolfenbüttel (J. Zwißler.) à Jhrg. n. 3. —

Brunonia. Braunschweig. Halbmonatsschrift. Schriftleiter: Wirk. 3—6. J. '06—9 je 24 Nrn. (Je 288) Lex 8° Brnschw., H Sievers & Co. Nf. Je 3 — d
Erschien bis '08 in Wolfenbüttel.

Brunonia. Braunschweigische Halbmonatsschrift. Schriftleiter: Wirk. 4—7. Jahrg. 1907—1910. à 24 Hefte. (à ca. 12 S.) Lex. 8. Braunschweig, H. Sievers & Co. Nachf. à Jhrg. 3. —

Brunonia. Braunschweig. Halbmonatsschr. Schriftleiter: Wirk. 7. u. 8. J. '10 u. '11 je 24 Hefte. (1. Heft: 12) Lex 8° Braunschw., F Dessau. viertelj. — 75: einz. Hefte — 50 d

Brunot: Anatomie d. Pferdes. In Beziehung auf Knochenbau, Muskulatur u. Bewegung. 2. Aufl. Carlsruhe [1832]. 20 kol. Tvl. Tv.-Fol.

Brunot, Anatomie d. Pferdes. In Beziehg. auf Knochenbau, Muskulatur u. Bewegung. In 20 lith. Platten, nebst Erläuterungstabelle nach Bourgelat's Anatomie. 2. Aufl. 5 Hfte. qu. Fol. Carlsruhe 848, Veith. (à n. 5/6 ₰) n. 4 1/6 ₰ Ausg. in qu. gr. Fol. (à n. 1 ₰) n. 5 ₰

Brunot, anatom. Studien d. Pferdes in Bezug auf Knochenbau, Muskulatur u. Bewegung, als Hülfsmittel zur richt. Beurtheil. d. äussern Conformation d. Pferde. 1. u. 2. Lfg. qu. Fol. (8 Stnt. u. 1 Bl. Text.) Carlsruhe (831), Velten. schw. 2 Thlr. 8 Gr., ill.

—— dass. 3. u. 4. Lfg. a. u. d. T.: Anatomie d. Pferdes, um dass. v. Innen u. Aussen kennen zu lernen, hinsichtl. d. Bewegung u. d. Darstell. in Bezug auf d. Kunst. qu. Fol. (8 Stnt.) Ebds. (832.) schw. 1 Thlr. 12 Gr., ill.

Brünot, Bildhauer..., anatom. Studien d. Pferde 2c. 4 Lieferr., jede mit 4 Bl. Fig. u. erläut. Text. Darmst. 832. Lange. 3 ₰ 8 ℊ

— Dass., in Bezug auf Knochenbau, Muskulatur u. Bewegung, als Hülfsmittel zur wichtigen Beurtheilung der äußern Conformation der Pferde. 1e — 4e Lief., jede mit 4 ill. Steint. qu. Fol. Karlsr. 831, 32. Velten. 6 ₰ Schwarz 3 ₰ (4e Lief. A. u. d. T.: Anatomie d. Pferdes 2c.)

Brunotte, Friedrich, Arzt a. Deinsen, Kr. Gronau: Beiträge zur Kenntnis des Gedankenlautwerdens. Bückeburg (1904): Grimme. (38 S.) 8°
Göttingen, Med. Fak., Ref. Cramer, Diss. v. 2. Sept. 1904
[Geb. 6. Apr. 77 Deinsen; Wohnort: Alfeld, Hannover; Staatsangeh.: Preußen; Vorbildung: Gymn. Hameln Reife O. 98; Studium: Leipzig 3, Göttingen 7 S.; Coll. 17. Juni 04; Approb. 26. März 03.]

Brunotte, Hermann [aus Fürth i. Bayern]: Über das Verhalten der Laevulose im diabetischen Organismus ... Fürth, Buchdr. v. L. Limpert. 1893; 15 S. 8.
Freiburg i. B., Med. Fak., Inaug.-Diss. v. 1893

Brunotte, J., Lehrbuch d. Arithmetik, s.: Hauck, A. Fr.

Brunotte, J.Ph.: Die Königliche Realschule mit Handelsabteilung zu Fürth von 1833-1883. pg. 3 - 79. 8°. Nebst einer Photographie und 5 Plänen, ausgeführt von Dr. Langhaus, sowie 7 Beilagen. (o.D. u. O.).
Progr. Fürth 1882/83.

Brunotte, Karl, u. Aug. **Tecklenburg**, die Schulaufsicht. Universität u. Volksschullehrer. 2 Vorträge, geh. in der 21. Versammlung des hannoverschen Prov.-Lehrervereins, 6—8. X. 1903, zu Lüneburg. (30 S.) gr. 8. Hannover 904. Helwing. n. — 20

Brunow, Jord., der Völkerfrühling u. seine Verkünder. Frühlingsgruß an Deutschlands Redner. 8. (5¼ B.) Hamburg 831, Hoffmann u. Campe.

de Brunow, Phil., Considérations sur l'esprit de secte. gr. in 8. Leipz 818. (Lehnhold). 6 ℊ

Brünow, Wlh., Gespenster- u. Geistererscheinungen, aus natürl. Ursachen erklärt. 8. Leipz. 798. N. A. 802. Hinrichs. 9 ℊ

Brunowe, Marion J., Laughter and tears. 12. (IV, 169 S.) St. Louis, Mo., 896. (897). Freiburg i/B. Herder. Geb. in Leinw. n. 2.—

Brunquell, J. F. A., s. Erörterungen, staatsrechtl.

BRUNNQUELL: J. F. A., Staatsrecht des deutschen Bundes u. der Bundesstaaten. Politisch u. rechtl. erörtert. Ein Beitrag zu den Schriften von *Klüber* u. *Dresch*. *Erfurt*, Winkler. 824. 2 Abthl. gr. 8.

Brunquell, J. F. A., Staatsrecht des deutschen Bundes u. d. Bundesstaaten. Politisch u. rechtlich erörtert. Ein Beitrag zu den Schriften von Klüber u. Dresch. 2 Abtheill. gr. 8. Erf. 824. Keyser. 2 ₰

Brunnquell, J.F.A.: Über d. angeb. Unzertrennbarkeit und Unveräußerlichkeit d. Staaten,s.a. Unzertrennbarkeit etc.

Brunquell, über d. angebliche Unzertrennbarkeit u. Unveräußerlichkeit d. Staaten, z. Folge d. deutschen Bundesgesetze angewendet auf S. Gotha. 8. Erfurt 825, Maring.

Brunquell, Joh. Sal., s. Brunnquell

Brunquell, P. Pius, historisch-dogmatische und praktische Abhandlung über den Ablaß. gr. 8. Bamberg, Göbhardt. 816.

Brunquell, P. Pius, histor.-dogmat. u. prakt. Abhandl. üb. den Ablaß. gr. 8. Bamb. 816. (Wesché in Frankf.) 9 ℊ

— Antwort auf die Bemerkt. über die Schrift: Beweise für die Unauflösbarkeit des Ehebandes. 8. Augsb. 812. Doll. (Landsh., Krüll). 5 ℊ

— Antwort auf d. Schrift: Ueber d. Verschiedenheit d. Römischen u. Jesuitischen Convertitenbekenntnisse v. S. A. Wald. gr. 8. Bamb. 823. (Wesché in Frankf.) 9 ℊ

— Apologie d. sacramentalischen Beichte 2c. 8. Bamb. Göbhard. 816.

Brunquell, Pius, Apologie des echten Glaubensbekenntnisses bei dem Übertritt anderer christlichen Konfessionen zur röm.-kath. Kirche. Zugleich Widerlegung der ohne allen Grund den Katholiken aufgebürdeten Glaubensbekenntnisse, welche das Osterprogramm der Universität zu Königsberg in Schutz nimmt. Bamberg, Klebsadel, 1821, gr. 8°, 98 S.

Brunquell, Pius, Apologie des ächten Glaubensbekenntnisses bei dem Uebertritte anderer christl. Confessionen zur römisch-katholischen Kirche. 8 Coburg 821. ... ...

— Apologie des ächten Glaubensbekenntnisses bei Uebertritt von Convertiten zur kathol. Kirche. gr. 8. Augsburg 1821, N. Doll. 9 ggr. — 36 kr.

(— —) Beweise für die Unauflösbarkeit des Ehebandes — Siehe Beweise.

— Beweise für die Unauflösbarkeit des Ehebandes. 8. Augsb. 810. Doll. (Landsh., Krüll). 16 ℊ

— kurze Geschichte der Kirchenbuße u. Apologie der sacramentalischen Beichte. 8. Bamb. 816. 2e A. 824. (Wesché in Frankf.) 1 ₰

— jus eccl. publ. et priv. moribus Germanorum communium accomodatum. 4. Würceb. 779. ...

— Pastoral-Schreiben nach d. Uebernahme der Diözes Bamberg durch den ersten Erzbischof Joseph v. Stubenberg († 1831) zu Eichstätt. Fol. ... 822. ...

— positiones selectae de jure, justitia et legibus. 8. Bamb. 786.

— Synopsis universae philosophiae hodiernis academiarum moribus accomod. 8. Bamb. 783. ...

Brunquell, Wilhelm

Brunquell, W., Betracht. z. Erbauung a. d. Epist. u. Predigt. üb. d. Leidensgesch. 4. Hildburghausen, Hanisch. 760

Brunquell, Wlh., († d. 24. Aug. 1759.) gottgeheil. Betrachtt. z. Erbauung auf unsern allerheil. Glauben, nach Anleit. d. Sonn- u. Festtags-Episteln; nebst e. Predigt üb. d. Leidensgesch. 4. Hildburgh. 760. (Er. Fleischer in Leipz.) 2 ₰

— Casualreden. 8. Hildburgh. 759. 2e A. Ebd. 768. Hanisch. 8 ℊ

— geistl. Reden bei außerordentl. Fällen. 8. Hildburgh. 750. 2e A. Ebd. 761. Hanisch. 16 ℊ

— d. gute Sache Gottes beim Fall unsrer ersten Aeltern. 8. Hildburgh. 761. Hanisch. 12 gr.

Bücherei Bruns. Samml. hervorrag. Werke d. deutschen u. ausländ. Litteratur. Bd 1. *Minden i. W.: J. C. C. Bruns [1900].* 8° [F.]

Bruns', Carl Georg, Biographie, s.: Degenkolb, H.

Bruns, ..., siehe: Bericht, neuester, über eine Reise von Hamburg nach Süd-Australien.

Bruns, Gesangbuch, s.: Gebete u. Kirchengesänge, kathol.

Bruns, Glaubensbekenntniß. 4. Cöln, Haas. 770.-

Bruns, Lieder für Volks-Schulen, s. Harland 2c., Lieder.

Bruns, Versuch einer systematischen Erdbeschreibung der entferntesten Welttheile Afrika, Asien, Amerika und Südindien. 6 Thle. Frankfurt 1791. 8.

Bruns, A., von einigen d. häufigsten u. wichtigsten Herzkrankheiten; aus dem Engl. nebst einer Abhandl. d. Herausgebers über die blaue Krankheit. gr. 8. Lemgo, Meyer. (in Comm.)

Bruns, A., die Psalmen der Vespern an Sonn- und Feiertagen, wie auch der Complet, zur Erleichterg. d. gemeinsamen Gesanges den Psalmtönen in anschaul. Weise angepaßt. 2. verb. Aufl. 16. (32 S.) Aachen 885. A. Jacobi & Co. n. — 20

Bruns, A. L. Fernere Aufschlüsse behufs richtiger Auffassung und Würdigung des Planes zur allgemeinen Lebensversicherungsanstalt für das Königreich Hannover: Hannöversch. Magazin vom 11., 15. und 18. September 1830.

Bruns, A. L., Hannoversches Magazin v. 11., 15. u. 18. Sept. 1830, enthalt.: Fernere Aufschlüsse behufs richt. Auffass. u. Würdigung d. Plans zur Allg. Lebens-Versicherungs-Anstalt f. d. Königr. Hannover. 4. (3 B.) Hannover 830, (Helwing.)

Bruns, Adf. Anleitung zu Berechnungen beim Konischdrehen, sowie zum Hobeln u. Fräsen schräger Flächen. 12. (IV, 35 S. m. Fig.) Berl. 890, Pataky. * — 70

Bruns, August

Sergeant Knetschke als Schullehrer. Ein Lustspiel in 4 Aufz. von August Bruns. 2. verb. Aufl. Lissa i. P.: F. Ebbecke [1907]. (55 S.) 8° [F.]

Bruns, Aug., Sergeant Knetschke als Schullehrer. Ein Lustspiel in 4 Aufzügen. 2. verb. Aufl. (55 S.) kl. 8. Lissa (907). O. Eulitz. 1. —

Bruns, Aug. Krischan Pampel. Biller ut den franzöfischen Krige. Von Potthilmessen bet Metz. Plattdeutsche Dichtgn. in südhannov. Mundart. 8. (75 S.) Hildesheim 889, Gude. * 1 —

Bruns, Aug., Snurren un Witze. Plattdeutsche Gedichte in südhannover. Mundart. 12. (IV, 58 S.) Göttingen 880, (Spielmeyer.) *
—— dass. — 1. und 2. Heft. 12. Berlin, Drewitz. [1. Heft. (IV, 58 S.) 880; 2. Heft. (80 S.) 882.] à Heft * 60 Pf. *

Bruns, Aug., Snurren un Witze. Plattdeutsche Gedichte in südhannov. Mundart. 1. u. 2. Hft. 12. Berlin 883. Drewitz. à n. — 60
1. (IV, 58 S.) 880. — 2. (80 S.) 882.

[F.] Snurren un Witze. Plattdeutsche Gedichte in südhannov. Mundart v. August Bruns. 2. Aufl. ... *Hildesheim: J. Gude [1897].* (IV, 88 S.) 1 Bd 8. [97

Bruns, Bernh. (geb. Lohne bei Osnabrück 21. 12. 1800): De talipede varo. Berolini (1827). (24 S.) 8° Brüschcke
Berlin, Med. Diss. v. 27. Aug. 1827

Bruns, Bernhard Johannes

Bruns, BJ: Das feste Herz! Beitrag z. Behandlg d. relig. Lehrstoffs unter Rücksichtnahme auf d. gemeinsame Ziel d. Schul- u. Konfirmandenunterr. (80) 12° Stade, F Bacheratz '02. Kart. — 40 d

Bruns, Bernh. Johs., das feste Herz. Martin Luthers kleiner Katechismus für Konfirmanden. Ein Geleits- u. Gedenkbüchlein für's Leben: zum Schutz u. Trutz, zur Lehr u. Wehr! 2., verb. Aufl. (136 S.) 8. Hannover 905. C. Meyer. Kart. n. — 60; geb. n. — 90

Bruns, C.: Das Wesen der bona fides bei der Ersitzung, s. Bruns, Carl Georg.

Bruns, Carl *Friedrich Wilhelm* [aus Wolfenbüttel]: Ein Fall von primärem Spindelzellensarkom der linken Niere mit Metastase in der rechten Niere und im Corpus striatum ... Leipzig, Druck v. A. Edelmann, Univ.-Buchdr., *1895:* 45 S., 1 Bl. 8.
Leipzig, Med. Fak., Inaug.-Diss. v. 23. Juni 1895

Bruns, Carl Georg

Bruns, Carl Geo, die Besitzklagen d. römischen u. heutigen Rechts. gr. 8. (VIII, 303 S.) Weimar 874. Böhlau. n. 6. —

Zur Erinnerung an Friedr. Carl von Savigny. Vortrag gehalten in der Friedrich-Wilhelms-Universität zu Berlin am 21. Febr. 1879 von Carl Georg Bruns. Berlin 1879. (24 S.) 4° * Wieder abgedr. in d. Verf. Klein. Schriften II 1882 S. 432-451.

— s.a. Fontes iuri romani antiqui.

Bruns, Geo., fontes juris Romani antiqui in usum praelectionum. Tübingen 860. Laupp. gr. 8. (VI, 151 S.) n. 24 ngr.

— fontes juris Romani antiqui. Editio altera aucta emendata. gr. 8. (XII, 253 S.) Tübingen 871. Laupp. n. 4. 50

— idem liber. Ed. III. auctior, emendatior. gr. 8. (XIV, 317 S.) Ebend. 876. n. 6. —

Bruns, Carl Georg, Fontes juris romani antiqui. 4 ed. Friburgi i. Br. et Tubingae 1879. 6°. *[1. Aufl. 1860.]*

Bruns, Carol. Geo., Fontes iuris romani antiqui. Edit. IV. auctior emendatior. gr. 8. (XIV, 341 S.) [Tübingen 880, Laupp'sche Buchh.] Freiburg i. Br., Mohr. *
—— dass. — Edit. IV. auctior emendatior. Accessit supplementum Th. Mommseni. gr. 8. (XIV, 341 S. und Suppl. 7 S.) Freiburg i. Br. 881, Mohr. *
Suppl. allein *

Bruns, Carl Geo., fontes juris romani antiqui. Edit. V. cura Thdr. Mommseni. 2 Hälften. gr. 8. (XVI, 422 S.) Freiburg i. Br. 886,87, Mohr. à Hälfte * M 4.—. *

Bruns, Carl Geo., fontes iuris romani antiqui. Ed. VI. cura Thdr. Mommseni et Otto Gradenwitz. 2 partes. gr. 8. Freiburg i/B. 893. J. C. B. Mohr. n. 7. —; 2 Einbde. in Leinw. à n.n. 1. —; Einbd. in 1 Bd. n.n. 1. —
I. Leges et negotia. (XX, 384 S.) n. 5. 60
II. Scriptores. (VIII, 95 S.) n. 1. 40

Bruns, Carol. Georg, Fontes iuris romani antiqui. Post curas Thdr. Mommseni editionibus. V. u. VI. adhibitas septimum ed. Otto Gradenwitz. 2 partes. gr. 8. Tübingen 909. J. C. B. Mohr. 9.80; geb. 11.80; in 1 Bd. geb. 11. —
1. Leges et negotia. (XX, 435 S.) 7.00; geb. 8. 60
2. Scriptores. (VIII, 91 S.) 2.20; geb. 3. 20

Bruns: Fontes iuris romani. Additamentum. Indicem ad fontium partem priorem per regiomontanas et Ruperto-Carolenses conficiendum curavit et cum simulacris ed. Otto Gradenwitz. 2 Tle. Tubingae. Tüb., JCB Mohr. L 18 — (Hauptw. u. Additamentum: geb. u. geh. 17.80; geb. 29.80; bezw. 29 —)
I. Index. (10, 183) Lex8° '12. L 12 — || II. Simulacra. (11 u. 35) 33 × 25,5 cm. '12. L 6 —

Bruns, Carl Ge.: Zur Geschichte der Cession. Berolini 1868.
(in: Symbolae Bethmanno Hollwegio oblatae)

Hohenzollern, Preussen, Deutschland. Festrede in der Universität zu Berlin am 3. Aug. 1871 gehalten von Carl Georg **Bruns**, d. Z. Rector. Berlin 1871. (20 S.) 4° § Wieder abgedr. in d. Verf. Klein. Schriften II 1882 S. 417-428.

Bruns, Carl Georg, das Recht des Besitzes im Mittelalter und in der Gegenwart. gr. 8. (XII und 507 S.) Tübingen 848, Laupp'sche Buchh.

— — und Ed. Sachau, syrisch-römisches Rechtsbuch aus dem 5. Jahrh. Mit Unterstützung der Akademie der Wissenschaften zu Berlin aus den oriental. Quellen hrsg., übers. und erläutert. gr. 4. (X, 141, 347 S.) Leipzig 880, Brockhaus. *

Bruns, Geo.: Die Rechtssache des der verletzten Ehrerbietung gegen S. Durchl. den Herzog Carl zu Braunschweig-Lüneburg beschuldigten Frh. v. Sierstorpff, Herzogl.-Braunschw. Oberjägermeisters. Braunschweig 1830.

—— kleinere Schriften. 2 Bde. gr. 8. (XXXIII, 375; IV, 499 S.) Weimar 882, Böhlau. *

Deutschlands Sieg über Frankreich. Rede beim Antritte des Rectorats der Königl. Friedrich-Wilhelms-Universität zu Berlin am 15. Oct. 1870 gehalten von Carl Georg **Bruns**. Berlin 1870. (17 S.) 4° § Wieder abgedr. in d. Verf. Klein. Schriften II 1882 S. 400-416.

—— Deutschlands Sieg über Frankreich. Rede am 19. Octbr. 1870 in der Aula der Friedrich-Wilhelms-Universität zu Berlin gehalten beim Antritt des Rectorats. br. 8. (26 S.) Berlin 870, Puttkammer und Mühlbrecht. *

—— die Unterschriften in den römischen Rechtsurkunden. gr. 4. (98 S.) Berlin 876, (Dümmler's Verlagsh.) *
Aus: Abhandlungen der k. Akademie der Wissenschaften zu Berlin, besonders abgedruckt.

—— d. Unterschriften in d. röm. Rechtsurkunden. 4. (98) Berl. 77, Dümmler's V. n. 4. —

— das Wesen der bona fides bei der Ersitzung. Ein pract. Gutachten nebst e. theoret. Nachtrage. gr. 8. (VIII, 128 S.) Berlin 872. Puttkammer & Mühlbrecht. n. 4. —

Bruns, C. G., Die sieben Zeugen d. römisch. Rechts. S.-A. s. a. 20 S. 4°.

Bruns, Casp., die Hunde als Verbreiter äußerst gefährlicher Krankheiten. Außerordentlich wichtige Aufschlüsse für alle Hundebesitzer in den Städten und auf dem Lande. Naumburg 861. Regel. 16. (26 S.) n. 5 ngr.

Bruns, Casp., Die Hunde als Verbreiter äusserst gefährlicher Krankheiten. Ausserordentlich wichtige Aufschl. für alle Hundebesitzer in den Städten und auf dem Lande. 16° (26 S.) Naumbg. 64. M. Ruhe, Leipzig. M. —.50

Bruns, Christian Christoph (Moellena Saxo-Leoburgensi), De rationibus decidendi in variis juribus et responsis. Diss. jur, Präs. Johann Paul Kress. Helmstedt (G. W. Hamm) 3. IX. 1713. 86 S. (5.—) 4375

— — Dasselbe. 1732. (5.—) 4376

Bruns, Daniel, Apotheker aus Oldersum i. Ostfriesl.: **Über Corybulbin und Isocorybulbin. Ein Beitrag zur Kenntnis d. Corydalisalkaloide.** *Marburg 1903: H. Bauer.* (85 S.) 8°
Marburg, Phil. Diss. v. [26. Juni] 1903

BRUNS, E.: Die Knicke der Herzogthümer Schleswig-Holstein und Lauenburg nach ihrer Einwirkung auf Feld, Feldfrucht und Weidevieh. - Eutin 1864. 38 S., Taf.

Bruns, Emil [aus Halberstadt]: Zur Kenntnis der Oxydationsprodukte der drei Durole ... Freiburg i. B., Buchdr. v. Chr. Ströcker, 1891; 44 S., 1 Bl. 8.
Freiburg i. B., Phil. Fak., Inaug.-Diss. v. 1891

Bruns, Erich [aus Celle (Hannover)]: Der Grasembryo ... (Aus: Flora. Bd. 76. Erg.-Bd. zu Jg. 1892.) München, Buchdr. V. Höfling, 1892; 37 S., 2 Taf. 8.
München, Phil. Fak., Inaug.-Diss. v. 1893

Bruns, Friedrich

Bruns, F, s.: Bau- u. Kunstdenkmäler, d., d. freien u. Hansestadt Lübeck.

Bruns, Frdr., die Lübecker Bergenfahrer u. ihre Chronistik, s.a. Geschichtsquellen, hanseatische. N.F. II.

Die Lübecker Bergenfahrer und ihre Chronistik. Von Friedrich Bruns. *Berlin: Pass & Garleb 1900.* (CXLIV, 465 S.) 8°
= Geschichtsquellen. Hansische. N. F. Bd 2. [... 1054]

Bruns, Friedrich (Hrsg.), s. Die Chroniken der niedersächsichen Städte.

Bruns, F., Lübeck. Ein Führer durch d. freie u. Hanse-Stadt u. ihre nähere Umgebg. Hrsg. vom Verein zur Hebg des Fremdenverkehrs in Lübeck. Zeichnungen v. Otto Ubbelohde. (66 S. m. 1 Plan.) 8. Lübeck (909). (Verkehrsbücherei O. A. Dosda.) — 60

Lübeck. Ein Führer durch d. Freie u. Hanse-Stadt u. ihre nähere Umgebung. Hrsg. v. Verein z. Hebung d. Fremdenverkehrs in Lübeck. Text von Dr. F[riedrich] **Bruns**. Zeichnungen von Otto Ubbelohde. Lübeck (1910): Rathgens. 82 S. 8° [11. 1254]

Bruns, F: Lübeck. Ein Führer durch d. Freie u. Hansestadt u. ihre nähere Umgebg. Hrsg. v. Verein z. Hebg d. Fremdenverkehrs in Lübeck. (69 m. Abb. u. 1 Pl.) 8° Lüb., (R Quitzow) ('12). — 60

Bruns, Friedrich: Petrikirche ..., s. Hirsch, Fritz

Bruns, Friedr., das Uhrwerk des Thomas in natürlicher Grösse. Kurz vor der Explosion in Bremerhaven reparirt und nach dem Gedächtniss auf das Genaueste gezeichnet. 1. und 2. Aufl. 8. (14 S. mit 2 autogr. Taf. in qu. gr. Fol.) Bremen 876, Heinsius. *

— Verfassungsgeschichte des Lübeckischen Freistaates 1848—1898. 4. (VIII, 185 S.) Lübeck 898. Gebr. Borchers. n.n. 4. —; geb. n.n. 6. —

Bruns, Verfassungsgeschichte des Lübeckischen Freistaates 1848 bis 1898. Lübeck 899.

Bruns, Friedrich [aus Lübeck]: **Die Vertreibung Herzog Heinrichs von Braunschweig durch den Schmalkaldischen Bund. — I. Theil. Vorgeschichte. . . . Marburg, Georg Schirling, Buchdr., 1889; 94 S. — 1 Bl. 8°**
Marburg, Phil. Fak., Inaug.-Diss. v. [6. Apr.] 1889

Die Wisbyfahrt des Hansischen Geschichtsvereins v. Friedrich **Bruns.** Lübeck. 1906. 8°

Bruns, G., zur Bankfrage Hannovers. Hannover 853. Helwing. gr. 8. (51 S.) 7½ ngr.

Bruns, G., Studien zu Alexander von Aphrodisias. I. D. Begriff d. Möglichen und der Stoa. S.-A. 1889. 18 S. —.80

— — II. Quaestiones II. 8. S.-A. O. J. 8 S.

— — III. Lehre von der Vorsehung. S.-A. O. J. 18 S. 8°.

Bruns, G. (Hrsg.), s. Zeitschrift der Savigny-Stiftung für Rechtsgeschichte.

Bruns, Georg: Fontes juris rom. ant., s. Bruns, Carl Georg

Bruns, D. J U. Georg, Quid conferant Vaticana fragmenta ad melius cognoscendum jus Romanum, exposuit. 8 maj. Tubingae 838. (Laupp.) 7/12 rthl.

Bruns, Ge.: Quid conferant Vaticana fragmenta Tubingae 1842.

Bruns, Geo., die Rechte d. Herzogl. Hauses Braunschw.-Lüneburg älter. Linie, gegen d. Landgräfl. Haus Hessen-Homburg, auf Herausgabe d. v. Herz. Christian v. Braunschw. u. Lüneburg 1623 veräußerten Klosterguts Winningen, dargest. in d. darüber anhäng. Rechtsstreite. gr. 8. ... Braunschweig 832, (Vieweg.)

—— die Rechtssache des der verletzten Ehrerbietung gegen Se. Durchl. d. Herzog Carl zu Braunschweig-Lüneburg beschuld. Frh. v. Sierstorpff, Hrzgl. Braunschweig. Oberjägermeisters 2c. — Als Beitr. z. Gesch. d. Braunschweig. Landes- u. Deutschen Bundes-Justiz, in e. Reihe v. Actenstücken, mit Anmerkn. hrsg. gr. 8. (8½ B.) Braunschweig 830, Vieweg.

— die Rechtssache des d. verletzten Ehrerbietung gegen Se. Durchlaucht den Herzog Karl zu Braunschweig-Lüneburg beschuldigten Oberjägermeisters Freiherrn v. Sierstorpff 2c. Als Beitr. zur Gesch. der Braunschweig. Landes- u. deutschen Bundes-Justiz, in e. Reihe von Aktenstücken, mit Anmerkk. herausg. gr. 8. Braunschw. 831. Vieweg. 16 g/

Bruns, Gustav (Red.), s. Lehrerzeitung für Westfalen und die Rheinprovinz.

Bruns, H., über eine Aufgabe der Ausgleichungsrechnung. Lex.-8. (49 S.) Leipzig 886, Hirzel. *
Aus: Abhandlungen der k. sächs. Gesellschaft der Wissenschaften, besonders abgedruckt.

Bruns, H., und W. Müller, Die Durchwanderung der Ankylostomalarven durch die menschliche Haut: die Bedeutung dieser Infektionsmöglichkeit für die Verbreitung und Bekämpfung der Wurmkrankheit. München, 1906. 12 S.

Bruns, H., König Enzio. 8. (111 S.) Bremen 884, [Kühtmann und Comp.] Heinsius. *

Bruns H.: Ueber das bakteriologische Verhalten d. Fischfleisches nach der Zubereitung. Diss. (Bern). Münch. 1908. 29 S. P.

Bruns, H. Th., s. Bruns, Herm. Theodor

Bruns, Hayo [aus Hannover]: Ein Beitrag zur Pleomorphie der Tuberkelbacillen. '(Aus d. bakteriolog. Abteilg d. Laboratoriums d. medicin. Klinik zu Strassburg i. E.)' ... Strassburg i. E., Buchdr. W. Friedrich, 1805; 24 S., 1 Taf. 8.
Strassburg, Med. Fak., Inaug.-Diss. v. 1805

Bruns, Hayo, Leitfaden für die Ausführung bakteriologischer Wasseruntersuchungen. Anweisung f. Keimzähler. Im amtl. Auftrage des Hrn. Reg.-Präsidenten zu Arnsberg hrsg. (VIII, 58 S. m. Abbildgn.) 8. Berlin 906. R. Schoetz. Geb. in Leinw. n. 1. 50

Bruns, Hayo, bakteriolog. Leitfaden, s.: Levy, Ernst.

— s.: Über das Wesen u. die Verbreitung der Wurmkrankheit.

Bruns, H, u. a., Die Vermehrung der eosinophilen Leukozyten bei Ankylostomiasis in diagnostisch-prophylaktischer Bedeutung. München, 1903. 13 S.

— Verseuchung e. Wasserleitung usw., s.: Springfeld.

— Versuche über die Einwirkung einiger physikalischer u. chemischer Agentien auf die Eier u. Larven des Ankylostoma duodenale, nebst Bemerkungen über die Bekämpfung der Krankheit im Ruhrkohlengebiet. (Aus dem Institut f. Hygiene u. Bakteriologie zu Gelsenkirchen.) (28 S.) gr. 8. Jena 904. G. Fischer. n. — 80
Sonderabdruck aus: „Klinisches Jahrb., 12. Bd."

Bruns, H., Versuche zur Frage der Desinfektion bei Ankylostomiasis. München, 1905. 34 S.

Bruns, Heinrich

Ex ordinis philosophorum mandato renuntiantur philosophiae doctores ... inde a d. primo m. Nov. a. 1892 usque ad d. ultimum m. Oct. a. 1893 creati. — Praemissa est Henrici **Bruns** commentatio vernaculo sermone conscripta: Über die Ableitung des mittleren Fehlers. Lipsiae, typ. A. Edelmanni, typogr. acad., *1893*; 30 S. 4.

Bruns, Heinrich, Gerichtsreferendar in Hannover: Das Ehrenakzept nach der allgemeinen deutschen Wechselordnung. Borna-Leipzig 1907: R. Noske. (VIII, 29 S.) 8° [F.]
Leipzig, Jur. Fak., Diss. v. 10. Okt. 1907
[Geb. 1. Febr. 79 Beverstedt (Hannover): Wohnort: Hannover; Staatsangeh.: Preußen: Vorbildung: Dom-Gymn. Verden (Aller) Reife O. 98; Studium: Tübingen 3, Berlin 1, Göttingen 3 S.: Rig. 4. Aug. 03.]

Bruns, Heinr., d. Eikonal. [Aus: „Abhandlgn. d. sächs. Gesellsch. d. Wiss."] Lex.-8. (114 S.) Leipzig 895. [S. Hirzel.] B. G. Teubner. n. 5. —

Bruns, Heinr., die Figur der Erde. Ein Beitrag zur europ. Gradmessung. [Publication d. königl. preuss. geodät. Institutes.] gr. 4. (49 S.) Berlin 878. (Friedberg & Mode.) n.n. 4. —

Bruns, Heinr., die Figur der Erde. Ein Beitrag zur europ. Gradmessung. [Publication des königl. preuss. geodät. Institutes.] gr. 4. (49 S.) Berlin 878, Schlesier. **

Bruns, Heinr., Grundlinien des wissenschaftlichen Rechnens. (VI, 159 S.) gr. 8. Leipzig 903. B. G. Teubner. n. 3. 40; geb. in Leinw. n. 4. —

Bruns, Heinr., das Gruppenschema f. zufällige Ereignisse, s.a. Abhandlungen der königl. sächsischen Gesellschaft der Wissenschaften. Mathem.-physik. Klasse. 29. VIII.

Das Gruppenschema für zufällige Ereignisse von Heinrich Bruns. Leipzig: B. G. Teubner 1906. (52 S.) 4°(8°)
= Abhandlungen d. K. Sächs. Gesellschaft d. Wiss. Math.-phys. Kl. Bd 29, No 8. [06. 13860 3

Bruns, H. u. B. Peter, Catalog v. Sternen, s.a. Catalog der astronom. Gesellschaft. 12. u. 13.

Catalog von 11875 Sternen zwischen 4°42' und 10°0' nördlicher Declination 1855 für das Aequinoctium 1875 nebst einmalig bestimmten Oertern von weiteren 910 Sternen nach Zonen-Beobachtungen am Pistor & Martins'schen Meridiankreise d. Univ.-Sternw. zu Leipzig in d. J. 1868 bis 1872 u. 1883 bis 1893 bearb. von H[einrich] Bruns u. B[runo] Peter. *Leipzig: W. Engelmann in Comm. 1899.* (268 S.) 4°
= Katalog d. astronom. Gesellschaft. Abth. 1, Stück 13. [00. 11473

Bruns, H, u. B Peter: Catalog v. 9547, bezw. 11875 Sternen etc. nach Beobachtgn d. Univ.-Sternwarte zu Leipzig, s.a. Katalog d. astronom. Gesellsch.

Catalog von 9547 Sternen zwischen 10°0' und 15°15' nördlicher Declination 1855 für das Aequinoctium 1875 nach Zonen-Beobachtungen am Pistor- & Martins'schen Meridiankreise der Univ.-Sternw. zu Leipzig in d. J. 1868 bis 1872 u. 1883 bis 1893. Bearb. von H[einrich] Bruns u. B[runo] Peter. *Leipzig: W. Engelmann in Comm. 1900.* (216 S.) 4°
= Katalog d. astronom. Gesellschaft. Abth. 1, Stück 12. [00. 11473

Bruns, (Ern.) Heinr. (geb. Berlin 4. 9. 1848): De proprietate quadam functionis potentialis corporum homogeneorum. Berolini (1871). (22 S.) 4°
Berlin, Phil. Diss. v. 11. März 1871

Bruns, Heinr.: Von Ptolemäus bis Newton. Rektoratsrede. (25) Lex8° Lpzg, (A Edelmann) ('12). — 75

Bruns, Heinrich: Quaestiones Asclepiadeae de vinorum diversis generibus.
Parchimii 1884: Gerlach. 52 S. Rostock, Phil. Diss. 1884.

— Wahrscheinlichkeitsrechnung u. Kollektivmasslehre, s.a. Teubner's, B. G., Sammlung v. Lehrbüchern auf dem Gebiete der mathematischen Wissenschaften. XVII.

Wahrscheinlichkeitsrechnung und Kollektivmaßlehre von Dr. Heinrich **Bruns**. Leipzig & Berlin: B. G. Teubner 1906. (VIII, 310, A⟨18⟩ S.) 8°
= Sammlung, B. G. Teubners, von Lehrbüchern auf d. Geb. d. math. Wissenschaften. Bd 17. [06. 1398

Bruns, Helene, die schöne Magelone. Eine alte Geschichte, neu erzählt. 8. (142 S.) Hannover 886. Lüdemann. n. 1. 80; geb. n. 2. 50

Bruns, Hermann, aus Ammensen: Zur Kenntnis des α und β Kamphylamins. *Göttingen 1898: E. A. Huth.* (46 S.) 8°
Göttingen, Phil. Diss. v. [18. Nov.] 1898

Bruns, Herm., zur Kenntnis des α- und β-Kamphylamins. Diss. gr. 8. (46 S.) Göttingen 898. (Vandenhoeck & Ruprecht). n. 1. 20

Bruns, Herm. Theodor, s. a. B r u n s , Th.

Bruns, Herm Thdr., s. Bibliotheca ecclesiastica.

Bruns, H. Th., Canones Apost. et Concilior. Sæc. IV., V, VI. et VII. Berol. 1839. 2 vol. 8.

Bruns, H. Th., s. Kirchenzeitung, Berliner allgemeine.

Bruns, H. Th., neues Repertorium f. die theolog. Literatur, s.a. Repertorium.

Bruns H. Th. u. C. Häfner, Neues Repert. f. theolog. Literat. Fortsetz. v. Rheinwald. Berlin 1845—49. 16 Thl. in 5 Bde. 8.

Bruns, Hub.: Englisch bezw. Französisch, Italienisch u. Spanisch leicht gemacht, s: Poehlmann, CL.

Bruns, Hub., Französisch leicht gemacht, s.: **P o e h l m a n n , C. L.**

— Italienisch leicht gemacht, s.: Poehlmann, C. L.

Bruns, Hugo. Über das bakteriologische Verhalten des Fischfleisches nach der Zubereitung. Diss. Vet.-Med. Bern. IV + 29 S. 8. München, R. Oldenbourg, 1908. V Bern

Bruns, J., Bade- u. Erholungsreisen, s.a. **Licht—Luft—Wasser. 31. Hft.**

[F.] Bade- und Erholungsreisen. Von J. Bruns. (Vorr.: Reinh. Gerling.) *Berlin: W. Möller [1899].* (25 S.) 8.
— Licht Luft Wasser. Bd 2. H. 31. [00. 6119]

Bruns, J., Gesundheitsbüchlein. Kurzgefaßte Darstellung über Bau, Leben u. Pflege des menschl. Körpers. (46 S. m. Abbildgn.) gr. 8. Oldenburg 903. A. Littmann. n.n. —30

Bruns, J, u. Helene Fimmen: Hilfsschulkde. Handb. f. Lehrer u. Behörden. (235) gr8° Oldonbg, Schulze '12. L 5 — d

— Zum 8. Juli, d. Geburtstage d. Großherzogs Nikolaus Friedrich Peter v. Oldenburg. 2. Aufl. 8. (40 S. m. Abb.) Ebd. 897. n.n. —30

Bruns, J., zum 8. Juli, dem Geburtstage S. K. H. des Großherzogs Nikolaus Friedrich Peter von Oldenburg. 3. Aufl. 8. (40 S. m. Abbildgn.) Oldenburg (897). Schulze. n.n. —30

Bruns, J., kleines Lesebuch z. Heimatkunde v. Oldenburg, s.: Schwecke, W.

— J **Meyer**, G **Ruseler:** Leseb. f. Mittelkl. 2. Afl. 8° (376) Oldnbg 98, Schulze. 1 —

— Spruchregister. Alphabet. Verzeichn. d. im Religionsunterr. gebräuchl. Bibelsprüche. 8. (69 S.) Oldenburg 897. Schulze. n.n. — 70

— J. Meyer, G. Ruseler, Stoff zu Sprachübungen. 2. Aufl. 8. (17 S.) Oldenburg 899. Schulze. —15
Sonderabdruck aus: „Lesebuch f. Mittelklassen."

— Übungsbuch f. den deutsch. Sprachunterr., s.: Neels, H.

Bruns, J. J., d. Verdienste d. Professor. z. Helmstädt um d. Gelehrsamkeit, (a. d. 8n Bde. d. Biograph. bes. abgedr.) 8. Halle, Waisenhausbuchh. 810.

Bruns, Jo. Car. s. B r u n s , Johann Christian

Bruns, Johann Christian

Jo. Chr. Bruns dubia de usu circumcisionis medico. Gotting. 1760. 4.

Bruns, Johann Christian: O b s e r v a t i o n e s quaedam anatomica et chirurgico-medica. Gottingae (1760:) Schulz. 34 S. 8° . Göttingen, Med. Diss. v. März 1760.

Bruns, Johs., das Postwesen, s.a. **Aus Natur u. Geisteswelt.**

Das Postwesen, s. Entwickelung u. Bedeutung. Von Johannes **Bruns**, Postrat. Leipzig: B. G. Teubner 1907. (134 S.) 8° [F.]
— **Natur**, Aus, u. Geisteswelt. Bdch. 165. [07. 14731]

— Die Telegraphie in ihrer Entwicklung u. Bedeutung, s.a. **Aus Natur u. Geisteswelt.**

Die Telegraphie in ihrer Entwickelung und Bedeutung. Von Johannes **Bruns**, Postrat. Mit 4 Fig. Leipzig: B. G. Teubner 1907. (135 S.) 8° [F.]
— **Natur**, Aus, u. Geisteswelt. Bdch. 183. [08. 1318]

Bruns, Ivo

Die atticistischen Bestrebungen in der griechischen Literatur. Rede z. Feier d. Geburtst. Sr. Maj. d. Deutschen Kaisers ... Wilhelm II geh. an d. Christian-Albrechts-Univ. am 27. Jan. 1896 v. Prof. Ivo **Bruns**. Kiel, Univ.-Buchh. (P. Toeche.)', 1896; 19 S. 8.

Bruns, Ivo, die atticist. Beweggn. in d. griech. Litteratur. Rede z. Feier d. Geburtstages d. deutschen Kaisers, Königs v. Preussen, geh. an d. Christian-Albrechts-Universität am 27. Jan. 1896. gr. 8. (19 S.) Kiel 896. Universitäts-Buchh. n.n. 1. —

... Diei natalis ... Guilelmi II Imperatoris ... sollemnia, quorum laetitiam oratio a ... Alfredo Schoene habenda interpretabitur, ... celebranda indicunt rector et consistorium academicum Universitatis Christianae Albertinae Kiliensis. — Inest Ivo **Bruns** de Xenophontis Agesilai capite undecimo. Kiliae, libr. acad., 1895; 21 S., 1 Bl. 4.

Diei natalis ... Guilelmi II ... sollemnia ... celebranda indicunt rector et consistorium academicum universitatis Christianae Albertinae Kiliensis. — Insunt Ivonis **Bruns** de Dione Chrysostomo et Aristotele critica et exegetica. Kiliae, in libr. acad., 1892; 25 S., 1 Bl. 4.

Bruns, Ivo: Frauenemancipation in Athen, ein Beitrag zur attischen Kulturgeschichte des fünften und vierten Jahrhunderts. — Kiliae: Libraria academ. 1900. 31 S. 8° Kiel, Progr. zum Geburtstage d. Kaisers 1900.

Gedächtnissrede auf Peter Wilhelm Forchhammer gesprochen bei der Begräbnissfeier am 12. Januar 1894 v. Ivo Bruns. Kiel 1894. 8°

Bruns, Ivo, Plato's Gesetze vor u. nach ihrer Herausgabe durch Philippos v. Opus. Eine krit. Studie. gr. 8. (223 S.) Weimar 880. Böhlau. n. 3. —

Diei natalis ... Guilelmi II Germanorum Imperatoris ... sollemnia quorum laetitiam oratio a ... Alfredo Schoene habenda interpretabitur ... celebranda indicunt rector et consistorium academicum universitatis Christianae Albertinae Kiliensis. — Insunt Ivonis **Bruns** interpretationes variae. Kiliae, libr. acad., 1893; 17 S., 1 Bl. 4.

— **Bruns, J., Interpretationes variae. (Zu Simplicius. Alexander Aphrod., Plotinus). Pr. 1893. 17 S. 4°. —,75**

— **Bruns, J., Lucian und Oenomaus. S.-A. O. J. 23 S.**

Bruns, Ivo, Lucrez-Studien. gr. 8. (80 S.) Freiburg i/Br. 884. Mohr. n. 2. —

Bruns, Ivo: Montaigne und die Alten. *Kiel: Univ.-Buchh. 1898.* (20 S.) 8°
Kiel, Rede am Geburtstage d. Kaisers am 27. Jan. 1898

— Montaigne u. d. Alten. Rede, z. Feier d. Geburtstages d. deutschen Kaisers, Königs v. Preussen Wilhelm II. geh. an d. Christian-Albrechts-Universität am 27. I. 1898. gr. 8. (20 S.) Ebd. 898. n.n. 1. —

— D. Persönlichkeit in d. Geschichtsschreibung d. Alten. Untersuchgn. z. Technik d. antiken Historiographie. gr. 8. (VIII, 102 S.) Berlin 898. Besser. n. 2. 40

Die Persönlichkeit in der Geschichtsschreibung der Alten. Untersuchgn z. Technik d. antiken Historiogr. Von Ivo **Bruns**, ord. Prof. ... an d. Univ. Kiel. *Berlin: W. Hertz 1898.* (VIII, 102 S., 1 Bl.) 1 Bd 8.

Das literarische Porträt der Griechen im fünften und vierten Jahrhundert vor Christi Geburt v. Ivo **Bruns**, o. Prof. an d. Univ. Kiel. *Berlin: W. Hertz 1896.* (X, 594 S.) 1 Bd 8.

Brvns, Ivo ⟨geb. am 20 Mai 1853 in Halle⟩: De legvm Platonicarvm compositione qvaestiones selectae ... Bonnae, typ. C. Georgi 1877. 2 Bl. 8. ¶ Nur Titelbl., Vita u. Thesen.
Bonn, Phil. Fak., Thes. v. 6 Aug. 1877

Brvns, Ivo ⟨geb. am 20 Mai 1853 in Halle⟩: De legvm Platonicarvm compositione qvaestiones selectae ... Bonnae, typ. C. Georgi 1877. 50 S., 1 Bl. 8. ¶ In Komm. bei Behrendt in Bonn.
Bonn, Phil. Fak., Diss. v. 6 Aug. 1877

— Lucians philosophische Satiren. II. S.-A. O. J. 86 S.

... Diei natalis ... Guilelmi II Imperatoris ... sollemnia, quorum laetitiam oratio a ... Alfredo Schoene habenda interpretabitur, ... celebranda indicunt rector et consistorium academicum Universitatis Christianae Albertinae Kiliensis. — Inest: Ivo **Bruns** de schola Epicteti. Kiliae, libr. acad., 1897; 23 S. 8.

Die griechischen Tragödien als religionsgeschichtliche Quelle. Rede z. Feier d. Geburtst. Sr. Maj. d. Deutschen Kaisers ... Wilhelm II geh. an d. Christian-Albrechts-Univ. am 27. Jan. 1894 v. Dr. Ivo **Bruns**, o. Prof. d. klass. Philol. Kiel. Univ.-Buchh. (P. Toeche.), 1894; 20 S. 8.

Vorträge und Aufsätze von Ivo **Bruns**. (Hrsg.: Theodor Birt.) *München: C. H. Beck 1905.* (XX, 480 S.) 8°

Bruns, K, d. erste Ausrottg e. Polypen in d. Kehlkopfhöhle durch Zerschn. ohne blut. Eröffng d. Luftwege. 2. Afl. 8. (76 m. 4 L.) Tüb. 62, Laupp. 1. — || Nachtr. (17 m. 1 L.) 63. — 6

— dass. s. a. Bruns, Vict. v.

Bruns, K., der Festungskrieg. Mit Bezug auf die gegenwärtige Belagerung von Sebastopol. Allgemein faßlich dargestellt. Hamburg 855. Hoffmann u. Campe. 8. (1 Bl., 64 S. mit Holzschn. im Text.) 7½ ngr

Bruns, Karl, Gutes Amtsdeutsch. E. Betrachtg. mit vielen Beispielen. [Veränd. u. erweit. Abdr. aus: „Ztschr. d. allg. deutschen Sprachvereins".] 1. u. 2. Aufl. gr. 8. (à III, 25 S.) Berlin 898. C. Heymann's Verl. n. — 50

[F.] Gutes Amtsdeutsch. E. Betrachtg m. vielen Beispielen v. K[arl] **Bruns**, Landgerichtsr. in Torgau ... Veränd. u. erweit. Abdr. aus d. Zeitschr. des allgem. deutschen Sprachver., Jg. 1895 ... 2. Aufl. *Berlin: C. Heymanns 1898.* (2 Bl., 25 S.) 1 Bd 8.

Bruns, Karl, die Amtssprache. Verdeutschung d. hauptsächlichsten im Verkehr der Gerichts- u. Verwaltungsbehörden gebrauchten Fremdwörter, s.a. Verdeutschungsbücher d. allgemeinen deutschen Sprachvereins.

[F.] Die Amtssprache. Verdeutschung d. hauptsächlichsten im Verkehre d. Gerichts- u. Verwaltgsbehörden gebrauchten Fremdwörter bearb. v. Karl **Bruns**, Landgerichtsr. ... *Braunschweig: Allg. Sprachver. 1892.* (142 S.) 1 Bd 8.
= Verdeutschungsbücher d. allgem. deutschen Sprachvereins. [No] v.

[F.] Die Amtssprache. Verdeutschg d. hauptsächlichsten im Verkehre d. Gerichts- u. Verwaltgsbehörden gebrauchten Fremdwörter bearb. v. Karl **Bruns**, Landgerichtsr. 2. verm. Aufl. *Berlin: Allg. deutsch. Sprachver. 1897.* (138 S.) 1 Bd 8.
= Verdeutschungsbücher d. allgem. deutschen Sprachvereins. [No] v.

[F.] Die Amtsprache. Verdeutschg d. hauptsächlichsten im Verkehre d. Gerichts- u. Verwaltgsbehörden gebrauchten Fremdwörter, bearb. v. Karl **Bruns**, Landgerichtsr. 3. verm. Aufl. *Berlin: Verl. d. allg. deutsch. Sprachver. 1897.* (140 S.) 1 Bd 8.
= Verdeutschungsbücher d. allgem. deutsch. Sprachvereins. [No] v.

(Verdeutschungsbücher des allgemeinen deutschen Sprachvereins. 5.) Die Amtssprache. Verdeutschung der hauptsächlichsten im Verkehre der Gerichts- und Verwaltungsbehörden gebrauchten Fremdwörter. bearb. v. Karl **Bruns**. 21.—26. Tausend. Berlin. 1898. 8°.

Die Amtssprache. Verdeutschung d. hauptsächlichsten im Verkehre d. Gerichts- u. Verwaltungsbehörden gebrauchten Fremdwörter, bearb. von Karl **Bruns**, Landger.R. 6. wiederum verm. Aufl. *Berlin: Allg. Deutsch. Sprachver. 1901.* (149 S.) 8° [F.]
= Verdeutschungsbücher d. Allg. deutsch. Sprachvereins. 5.

Die Amtssprache. Verdeutschung der hauptsächlichsten im Verkehre der Gerichts- u. Verwaltungsbehörden sowie in Rechts- u. Staatswissenschaft gebrauchten Fremdwörter bearb. von Karl **Bruns**, Landger.-R. 7. sehr verm. Aufl. *Berlin: Allg. Deutsch. Sprachver. 1903.* (176 S.) 8° [F.]
= Verdeutschungsbücher d. Allgem. deutschen Sprachvereins. 5.

Die Amtssprache. Verdeutschung d. hauptsächlichsten im Verkehre d. Gerichts- u. Verwaltungsbehörden sowie in Rechts- u. Staatswissenschaft gebrauchten Fremdwörter bearb. von Karl **Bruns**, Landger.R. 8. verm. u. verb. Aufl. Berlin: Allg. Deutscher Sprachver. 1910. VIII, 182 S. 8°
(Verdeutschungsbücher d. Allgem. Dtsch. Sprachvereins. 5.)

—— **Beitr. z. Behandlg schlecht geheilter Beinbrüche.** 8. (42) Berl. 61, G Reimer. — 6

— **Berichte üb. die 32 ersten Sitzungen des Altertums-Vereins zu Torgau, s.: Publikationen des Altertums-Vereins zu Torgau.**

Bruns, K.: Gerichtsdeutsch und Ähnliches. Halle a. d. S. 1895.
(S.-A. a.: Zeitschrift des allgem. deutschen Sprachvereins. 1895, Nr 2. 3. 5.)

—— **d. Laryngoskopie u. d. laryngoskop. Chirurgie.** 8. (413 m. 1 L.) Tüb. 65, Laupp. n. 2. 10 || Atlas dazu. Fol. (8 L.) n. 4. —

— **Volkswörter der Prov. Sachsen (Ostteil), nebst vielen geschichtlich merkwürdigen Ausdrücken der sächsischen Vorzeit. Hrsg. im Auftrage des Zweigvereins Torgau des allgem. deutschen Sprachvereins. gr. 8. (81 S.) Torgau 901. (F. Jacobs. — P. Schultze).** n. — 40

Bruns, Karl, 40 (farb.) Wandtafeln f. d. Zeichenunterricht i. d. braunschweig. Volksschule. à 65,5 × 88,5 cm. Wolfenbüttel 896. J. Zwissler. n. 24. —

— **dasselbe, Textheft. gr. 8. (V, 136 S. m. 44 Taf.) Ebd. 896.** n. 3. —

Bruns, L, A Cramer, Th. Ziehen: Handb. d. Nervenkrankh. im Kindesalter. (13, 980 m. Abb. u. 3 farb. Taf.) Lex8° Berl., S Karger '12. 30 —; geb. n 32.50

Bruns, Lina: Die Pflege d. weibl. Landjugend, s: Koll, H.

Bruns, Louis, der Lehrer v. Barkenhof. Drama in 4 Aufzügen. (48 S.) 8. Leipzig-Gohlis 900. B. Volger. 1. —

Bruns, Ludw., d. Geschwülste d. Nervensystems. Hirngeschwülste. — Rückenmarksgeschwülste. — Geschwülste d. peripheren Nerven. Eine klin. Studie. gr. 8. (XIV, 388 S. m. 31 Abb.) Berlin 897. S. Karger. n. 12. —

Die Geschwülste des Nervensystems ... E. klin. Studie v. Dr. Ludwig **Bruns**, Nervenarzt in Hannover. M. 31 Abb. im Text. *Berlin: S. Karger 1897.* (XIII, 388 S.) 1 Bd 4.(8.)

Die Geschwülste des Nervensystems. Hirngeschwülste. Rückenmarks- u. Wirbelgeschwülste. Geschwülste d. peripheren Nerven. Von Prof. Dr. Ludwig **Bruns**, Nervenarzt. Mit 64 Abb. 2., gänzl. umgearb. Aufl. Berlin: S. Karger 1908. (XVI, 480 S.) 8°

Bruns, L., Die Hysterie im Kindesalter, s.a. Sammlung zwangloser Abhandlgn. a. d. Gebiete d. Nerven- u. Geisteskrankheiten.

Die Hysterie im Kindesalter v. Dr. med. L[udw.] **Bruns**, Nervenarzt ... d. Hannoverschen Kinderheilanst. ... *Halle a. S.: K. Marhold 1897.* (81 S.) 8.
= Sammlung zwangl. Abhandlungen a. d. Gebiete d. Nerven- u. Geisteskrankhtn. Bd 1. H. 5,6.

Die Hysterie im Kindesalter. Von Prof. Dr. med. L[udwig] **Bruns**, Hannover. 2. vielf. veränd. Aufl. Halle: C. Marhold 1906. (85 S.) 8°

Bruns, L., die traumatischen Neurosen. Unfallsneurosen, s.a. Pathologie u. Therapie, specielle. XII. 1. IV.

Die traumatischen Neurosen. Unfallsneurosen. Von Dr. med. L[udwig] Bruns, Nervenarzt, Hannover. *Wien: A. Holder 1901.* (131 S.) 8°
— Pathologie, Spezielle, u. Therapie. Bd 12, Th. 1, Abth. 4. [01. 11806

BRUNS, Ludwig (Hannover): Vergleichend-anatomische Studien über das Blutgefäss-System der Netzhaut.- Leipzig: Hirschfeld 1882. 26 S.
21.4.1882 - Urk (Titel: De vasis retinae hominum et animalium.); Chr 1881/82,8

Diss. Ingolst-Landsh.-Mchn.

Bruns, Margarete, die Lieder des werdenden Weibes. 12. (62 Bl.) Minden (900). J. C. C. Bruns. n. 1. 25; geb. n. 1. 75

Bruns, Margar.: Die Märchen d. Salamanderhöhle. (136) 8° Mind., JCC Bruns' '13. Pappbd 3 —; Büttenausg. 6 — d

BRUNS, Margarete, Der Stil unserer Kleidung. Eine ästhetische Studie. Mit einer Einleitung von Max Bruns... Minden in Westf. J. C. C. Bruns Verlag. O. J. [1902.] 8°.
117 S. m. 15 eingedr. Abb. in Zinkätzung; 1 Taf. in Autotypie.
2°

Bruns, Max, Andachten. 8 Bücher. I. Lenz. Ein Buch v. Kraft u. Schönheit. 12. (180 S.) Berlin 899. Schuster & Loeffler. 3. —; geb. 4. —

Bruns, Max, Aus meinem Blute. Gedichte. 8. (140 S.) Minden 897. J. C. C. Bruns. n. 1. 50; geb. n. 2. 50

Bruns, Max, Gedichte (1893—1908). (374 S.) 8. Minden (908). J. C. C. Bruns. 4.50; geb. in Leinw. 5.50; in Ldr. 6. 50

Bruns, Max, Geschichte der deutschen Literatur, s.: König, O.

— Laterna Magica. (Ein Anti-Phantasus.) qu. 8. (XLV, 52 S.) Minden 901. J. C. C. Bruns. n. 1. 75; geb. n. 2. 75

Bruns, Max [aus Halberstadt]: Laut- und Formenlehre des Livre d'Ananchet in der hs. 2585 der k. k. Hofbibliothek zu Wien. . . . Halberstadt. Druck v. H. Meyer's Buchdr., 1889: 2 Bl. + 65 + 1 S. + 1 Bl. 8°
Bonn, Phil. Fak., Inaug.-Diss. v. 8. März 1889

Bruns, M., Laut- u. Formenlehre d. Livre d'Ananchet in der hs. 2585 der k. k. Hofbibliothek zu Wien. Inaug.-Diss. gr. 8. (65 S.) Halberstadt 889. (Leipzig, Fock.) n. 1. 20

[J.] Lenz. E. Buch v. Kraft u. Schönheit v. Max Bruns. *Berlin & Leipzig: Schuster & Loeffler 1899.* (179 S.) 1 Bd 8.
— Bruns, M.: Andachten. Bd 1. [99. 6310

— Deutsches Lesebuch f. höhere Mädchenschulen, s.: Muff, Chr. u. A. Dammann.

[F.] Der tolle Spielmann. E. Sang v. Liebe u. Leid v. Max Bruns ... *Minden i. W.: J. C. C. Bruns (1895).* (xII, 131 S.) 1 Bd 8. [96. 639

[F.] Der Täufer. E. Dichtg aus d. Zeit des Messias v. Max Bruns ... *Minden i. W.: J. C. C. Bruns [1896].* (4 Bl., xvi, 175 S.) 1 Bd 8. [97. 184

— Verklärungen. Von den letzten Schönheiten der Liebe. 8. (91 S.) Leipzig 900. E. Diederichs. n. 1. 50; geb. n. 2. 50

— **Maximilian Heinr. Joseph** (Hildesheim), De revocatione electionis. Präs. August Leyser. Helmst. (G. W. Hamm) Dez. 1714. 40 S. (4.50) 4377
Gew.: Jo. Gottfr. Wentzler, Casp. Francken v. Sierstorff. — Widm. v.: Joh. Heinr. Werlhof, Joh. Just. Voigt (Wolfenbüttel), Friedr. Carl v. Hardenberg, H. A. Bischopink (Münster/W.).

— — De libello. Med. ad pandect. spec. 35. Präs. Aug. Leyser. Helmstedt (G. W. Hamm) 6. IV. 1715. 6 Bl. (3.50) 4378
Gew.: Jod. Herm. Lammers.

Bruns, Oskar, approb. Arzt aus Tübingen: Über retrograde Amnesie. *Tübingen: F. Pietzcker 1903.* (22 S.) 8°
Tübingen, Med. Diss. v. 1903

Bruns, Oskar, Dr., Oberarzt d. Med. Universitätsklinik zu Marburg: Aus d. Med. Klinik zu Marburg. Über Folgezustände beim einseitigen Pneumothorax. Experimentelle Studien. Mit 1 Taf. Würzburg: Kabitzsch 1909. 47 S. 8°
¶(Aus: Beiträge z. Klinik d. Tuberkulose. Bd 12, H. 1.)
Marburg, Med. Hab.-Schr. v. 1909 [U 09. 3226

Bruns, Osk. (Ferd.) (geb. Eilsen in Schaumburg-Lippe 4. 4. 1852): Ueber die nervösen Nachkrankheiten des Typhus abdominalis. Berlin (1874). (31 S.) 8°
Berlin, Med. Diss. v. 11. Aug. 1874

Bruns, Otto, approb. Arzt aus Düsseldorf: Über das Vorkommen der Tuberkulose in der Tübinger Universitätspoliklinik. *Tübingen: F. Pietzcker 1899.* (10 S.) 8°
Tübingen. Med. Diss. v. 1899

Bruns, Otto, über das Vorkommen der Tuberkulose in d. Tübinger Universitätspoliklinik. Diss. gr. 8. (19 S. m. 1 Kurve.) Tübingen (900). F. Pietzcker. n.n. — 70

Bruns, P: Geheime Prostitution, s: Flugschriften, Abolitionistische.

Bruns, P. J.

Bruns, P. J., s Hasenstrauch

— u. C. Flister, Post, Eisenbahn u. Publikum. Praktischer Ratgeber f. den Verkehr m. Post- u. Eisenbahnbehörden nebst Mustern f. Eingaben. (VI, 93 S.) 8. Düsseldorf 910. L. Schwann. Geb. 2. —

Bruns, P. J., prakt. Rechtsbeistand, s.: Hasenstrauch, W.

Bruns, Paul, die galvanokaustische Amputation der Glieder. [Aus: „Langenbeck's Archiv f. klin. Chirurgie."] gr. 8. (44 S.) Berlin 873. Hirschwald. n. — 80

Bariton oder Tenor? Ein lösbares Problem d. Stimmbildung auf Grund neuer Entdeckungen von Paul **Bruns**. Berlin-Gr.-Lichterfelde: Vieweg 1910. 120 S. 8°
(Bruns: Die Registerfrage in neuerer Forschung. 2.) [10. 13:13

Bruns, Paul. Ueber die kriegschirurgische Bedeutung der neuen Feuerwaffen. Vortrag, geh. am 21. Chirurgen-Congress am Tage der Einweihg. des Langenbeckhauses. gr. 8. (19 S.) Berl. 892, Hirschwald. * — 50

Bruns, P. v., s.: Beiträge zur klinischen Chirurgie.

— s.: Chirurgie, deutsche.

— s.: Chirurgie des Halses etc.

Bruns, P. Effets des projectiles des armes nouvelles de petit calibre. Trad. de l'allemand avec l'autorisation de l'auteur par le Dr. *V. Bovet.* Avec 7 planches. In-8°. 56 p. Berne, Louis Waechter. 1892? 7 50

Bruns, Paul, neue Gesang-Methode nach erweiterten Grundlehren vom primären Ton. In gemeinfassl. Darstellg. (Titelzeichnung u. Buchschmuck v. Adf. Eckardt.) (XI, 136 S.) 8. Berlin (906). O. Dreyer. n. 3. —

— die Geschoss-Wirkung der neuen Kleinkaliber-Gewehre. Ein Beitrag z. Beurteilg. d. Schusswunden in künft. Kriegen. [Aus: „Beiträge z. klin. Chirurgie".] gr. 4. (III, 56 S. m. 7 Taf. in Lichtdr.) Tübingen 889. Laupp. n. 5. 40

— s.: Handbuch der praktischen Chirurgie.

Bruns, Paul, Kronenburg bei Straßburg i. E. Geschichte seiner Entstehung u. Entwicklung. Festschrift zur Grundsteinlegung der evangel. Kirche in Kronenburg am 27. XI. 1904. (25 S.) 8. Straßburg (905). (Buchh. d. ev. Gesellschaft.) n. — 60

Bruns, Paul, die **Laryngotomie zur Entfernung intralaryngealer Neubildungen.** gr. 8. (VIII, 211 S.) Berlin 878. Hirschwald. n. 5. —

Bruns, Paul, die allgemeine Lehre von den Knochenbrüchen, s. Chirurgie, deutsche.

Bruns, Paul: Die Lehre von den Knochenbrüchen. Mit 239 Holzschn. Stuttgart 1886. XLVI, 630 S. (Deutsche Chirurgie. Lfg 27.)

Bruns, Paul (Hrsg.), s. Mittheilungen aus der chirurgischen Klinik zu Tübingen.

Das Problem der Kontraaltstimme von Paul **Bruns**. Berlin-Gr.Lichterfelde: Ch. F. Vieweg (1906). (11, 146 S.) 8°
— **Bruns**: Die Registerfrage in neuerer Forschung. 1. [07. 12265

— die **Registerfrage in neuer Forschung.** (In 4 Tln.) I. Das Problem der Kontraaltstimme. (Titelzeichnung v. Adf. Eckardt. Buchschmuck v. Chr. Ferd. Morawe.) (13, 146 S.) 8. Berlin-Gross-Lichterfelde. (906). Ch. F. Vieweg. n. 3. —

Die Registerfrage in neuerer Forschung von Paul **Bruns**. 1. (Berlin-Gr.Lichterfelde: Ch. F. Vieweg 1906.) 8° [07. 12264

Bruns, Paul, die Registerfrage in neuerer Forschung. (In 4 Tln.) II. Bariton od. Tenor. Ein lösbares Problem der Stimmbildg. auf Grund neuer Entdeckgn. (Buchschmuck v. Chr. F. Morawe.) (XIII, 125 S.) 8. Berlin-Gr.-Lichterfelde 910. Ch. F. Vieweg. 3. —

—— über den gegenwärtigen Stand der Kropfbehandlung, s. Sammlung klinischer Vorträge.

Bruns, Paul: Die Vorbereitung des mathematischen Unterrichts durch den Rechenunterricht. Pleschen 1910: Joachim. 39 S. 8°
Pleschen, k. R i. E. P 1910 (250) [S 10. 52

Bruns, Paul, ein Weihnachtsgespräch. (16 S.) 11. 8. Straßburg 909. Buchh. der ev. Gesellschaft. nn — 15

— über die Wirkung der neuesten englischen Armeegeschosse M. IV (Hohlspitzengeschosse). 2. Aufl. gr. 8. (32 S. m. 20 Abbildgn. u. 4 Taf.) Tübingen 899. H. Laupp. n. 2. 50
1. Aufl. [Aus: Beiträge z. klin. Chirurgie.] (31 S. m. 20 Abb. u. 4 Taf.) Ebd. 899. n. 2. 50.

— **Ueb. d. Wirkung u. kriegschirurg. Bedeutung d. Selbstladepistole System Mauser. M. 6 Abb. im Text u. 11 Taf. [Aus: „Beitr. z. klin. Chirurgie".] gr. 8. (VII, 52 S.) Tübingen 897. H Laupp. n. 3. —**

Bruns, v. Über die Wirkung der Bleispitzengeschosse (Dum-Dum-Geschosse). Tübingen 1898. 8°. (Aus: Beiträge z. klin. Chirurgie.)

Bruns, Paul Jakob, s. Abulfaragius

Bruns, Paul Jak., († d. 17. Nov. 1814.) Beitrr. zur krit. Bearbeitung alter Handschriften, Druck- u. Urkunden. 16 — 36 Hft. gr. 8. Braunschw. 802, 3. Reichard. (Vogler in Potsd.) 1 ß 12 gl

Bruns, Paul Jakob, Beyträge // zu den // deutschen Rechten // des // Mittelalters // aus den // Handschriften und alten Drucken der akademischen // Bibliothek in Helmstädt // herausgegeben // von // D. Paul Jakob Bruns // Herzogl. Braunschweig. Hofrathe, Professor und Bibliothekar // in Helmstädt, // Helmstadt // gedruckt bey C. G. Fleckeisen. 1799. -
VIII und 447 Seiten.
Auf dem Vorblatt steht die Widmung:
Der Bibliothek
der Deutschen Gesellschaft in Leipzig
gewidmet
von
M. Joh. Fried. August Kinderling.
Calbe den 10. Febr. 1802.
B. S. T. 8°. 126a.

— s. Berchtold, L. v.: Anweisung.

— **Paul Jacob,** Ad audiendam orationem qua munus prorectoris acad. Juliae Carolinae. — Comparatur privilegium ab imperatore Friderico II. anno 1219 Goslariae datum cum legibus hujus civitatis antiquis. Helmstedt, 25. VI. 1805. 26 S. (4.80) 4379

— oratio: comparatur privilegium ab Imperat. Friderico II. anno MCCXIX. Goslariae aetatum cum legibus hujus ciuitat. antiquis. 4. Helmst. 808. Fleckeisen. 4 gl

— Entwurf e. Apologetik u. Hermeneutik d. Bibel. 8. Braunschw. 800. (Fleckeisen in Helmst.) 2 gl Dass. 8. Halle 810. Schwetschke u. S. 4 gl

— Entwurf e. Einleitung ins alte Testament, zum Gebr. s. Vorlesungen. 8. Helmst. 784.

Bruns. Paulus Iacobus, De eo quod praestandum restat in litteris orientalibus. [Akademische Antrittsrede.] Helmstadii 1781. 4°.

Epistolam Samaritanam Sichemitarum tertiam ad Iobum Ludolfum ... edidit versionem notasque adiecit et ad audiendam orationem ... invitat Paulus Iacobus Bruns. Helmstadii 1781. 4°.

— **Erdbeschreibung s. Versuch —**

Bruns, Paul Jacob. Erdbeschreibung von Afrika. Th. 1 (bis S. 176 bearbeitet). Frankf. 1791. H: *Schneidler, Lorenz.* (HS)

— allgem. Erdbeschreibung, s. Klügel's Encyklopädie. 6r Thl.

— **neue system. Erdbeschr. v. Afrika in 6 Thl. m. Anh. gr. 8. Nürnb. Schneider u. W. 799.**

— **systematische Erdbeschreibung. v. Aegypten, (sind die beiden ersten Theile v. d. Erdbeschr. v. Afrika.) 2 Thle. 8. Ebend. 799.**

— systemat. Erdbeschreibung v. Amerika, s. Versuch e. systemat. Erdbeschreibung.

— fragm. ex L. XCI. hist. Livii. 8. Hamburg, Bode. 773.

— fragmentum ex libro XCI. hist. Livii, c. praef. J. A. Ernesti. Fol. Hamb. 773. (Leipz., Göschen). 6 gl

— s. Gedichte, Romantische, in plattdeutscher Sprache.

Bruns, Paul Jakob: Ausser-europäische Geographie, nach den bewährtesten Augenzeugen dargestellt, oder Erdbeschreibung von Asien, Afrika, Amerika und Australien. Berlin u. Stettin 1805 VIII, 412, 272 S. 8°. [A 6675

— s. a. Handbuch der alten Erdbeschreibung. 5.T.

Bruns, Paul Jakob: Handbuch der alten Erdbeschreibung,
s.a. Hummel, Berhard Friedrich

Bruns, Dr. Paul Jakob. Handbuch der alten Erdbeschreibung, zum Gebrauche der eilf grösseren Danvillischen Landkarten aus den besten Quellen verfasst. II. Bandes 2. und letzter Theil, welcher Afrika nebst dem dazu gehörigen Aegypten von Theodor Jakob Ditmar enthält. 1.—6. Capitel nebst Register über den ganzen 2. Band. (Die hiezu gehörige Karte ist in der Karten-Abtheilung.) 8. Nürnberg 1786.

— **geograph. Handbuch, in Hinsicht auf Industrie u. Handlung. 2 Thle. gr. 8. Nürnb. 788. 2e A. 789. N. A. bis auf d. jetzigen Zeiten fortgesetzt. Mit 1 Karte. 793. Schneider u. W. 1 ß 16 gl**

— s. Kennicot: Diss. notae crit. in Psalmos.

— de libello contra Benj. Kennicott. 8. Rom 772. Donat. in Lübeck. 6 ggr

— Libell. contra Kennicott. 8. maj. Lübeck, Donat. 773.

— allgem. Literaturgeschichte, zum Behuf akadem. Vorlesungen. gr. 8. Helmst. 804. Fleckeisen. 20 ggr

– s. Luther, Martin: Ungedruckte Predigten und dessen Scholia.

– s. Maccabaeorum.

Bruns, Paul Jakob (Hrsg.), s. a. Repositorium für die neueste Geographie ....

BRUNS, Paul Jakob - Eberhard August Wilhelm ZIMMERMANN
Repositorium für die neueste Geographie, Statistik und Geschichte.
Herausgegeben von P. J. Bruns ... und E. A. W. Zimmermann ...
Erster [- Dritter] Band.
Tübingen: Cotta. 1792 [- 1793]. 8°.
Stadtbibliothek Trier
Sabin 8759. Baginsky 1125. Palmer.
Paul Jakob Bruns, 1743-1814
Eberhard August Wilhelm Zimmermann, 1743-1815
Darin enthalten:
William Augustus BOWLES, Glaubwürdige Nachrichten von W. A. Bowles, Gesandten der Creeks und Cherokees an den Hof von Grosbritannien.
[A. d. Engl.] [in Bd. 3, S. 127-158]
Tench COXE, Auszug aus Tench Coxe Abhandlung über den jetzigen Handelszustand der vereinigten Staaten von Nordamerika.
[A. d. Engl.] [in Bd. 3, S. 233-286]
Übers. v. Authentic Memoirs of William Augustus Bowles, Esq., Ambassador from the United Nations of Creeks and Cherokees to the Court of London, London 1791; Teilübers. v. Coxe, A Brief Examination of Lord Sheffield's Observations on the Commerce of the United States of America, Philadelphia 1791, Nachdr. London 1792
William Augustus Bowles, 1764-1805
Tench Coxe, 1755-1824

— u. E. A. W. v. Zimmermann, Repositorium f. d. neueste Geographie, Statistik u. Geschichte. 3 Bde. mit Kpf. u. Karten. gr. 8. Tübing. 793, 94. v. Cotta. 5 Rthlr

Bruns, Paul Jakob, s. Terentius: Comoediae.

– s. Übersicht der Fortschritte geographischer Wissenschaften.

— Verdienste d. Professoren zu Helmstädt um die Gelehrsamkeit. Ein Fragment. 8. Halle u. Berl. 810. Waisenh.-B. 8 ggr

Bruns, R. P. R.: Kern des Christenthums, s. Bruns, Raymund

Bruns, Raimundi, annales conventus Halberstadiensis, s: Quellen u. Forschungen z. Gesch. d. Dominikanerordens in Deutschld.

Bruns, Raym., (†1780.) Erklärung d. kathol. Glaubensbekenntnisses, a. d. heil. Schrift u. d. Vernunft nach d. Grundsätzen d. heil. Evangelii. 2 Thle. 8. Frankf. u. Mainz 770. Varrentrapp. 18 ggr

Bruns, P. Raym. (weil. Missionär im Eichsfeld u. Sächsischen), Erklärung des katholischen Glaubensbekenntnisses aus Vernunft u. Schrift. 2 Thle. 8. Frankfurt 1770. Varrentrapp. Bamberg 1784 (fehlt). 18 ggr. — 1 fl. 24 kr

Bruns, Raimund, das kathol. Glaubensbekenntniß. Erklärt u. hergeleit. aus d. heil. Schrift, insbesond. nach den Grundsätzen d. heil. Evangel. uns. Herrn Jesu Christi u. seiner heil. Kirche. Allen Christen z. Prüfung verfaßt. Neu bearb. u. hrsg. v. L. Weller. 8. (35 B. u. 1 Stahlst.) Berlin 843, Simion. *

— kath. Glaubensbekenntniß. Erklärt, geprüft u. bewiesen aus d. hl. Schrift u. Vernunft. Aufs Neue durchges. u. herausgeg. von e. kathol. Geistlichen. kl. 8. Münster 840. (Aschendorff'sche Buchh.) n. 18 ngr

— Katechismus, oder kathol. Glaubensunterrichtung, zum Gebr. d. Jugend bei Missionen in d. k. Preuß. Ländern. 12. Münst., Aschendorf. 1½ ggr

Bruns, R. P. R., Kern des Christenthums in Erklär. d. kathol. Glaubensbekenntn. 8. Bamb. Göbhard. 785.

— Kern d. Christenthums, in Erklärungen d. kathol. Glaubensbekenntnisses. 8. Bamb. 785. (Wesche in Frankf.) 20 ggr

— katholisches Unterrichts-, Gebet- u. Gesangbuch; nebst Katechismus f. d. Jugend, z. Gebr. d. Missionen in d. königl. Preuß. Landen. 12. ... 738. 13e Aufl. verb. v. R. Nolte. 8. Halberst. 824. (Leipz., Reimann). 8 ggr Schrbp. 12 ggr

Bruns, (R.,) katholisches Unterrichts-, Gebet- u. Gesang-Buch. 13e Aufl. Durchgesehen u. verb. von R. Nolte. 8. Halberst. 824, Brüggemann. 8 gr. Schreib-Pap.

Bruns, Raymund, cathol. Unterrichts-Gebet- u. Gesang-Buch z. Gebr. f. kathol. Christen. 13. Aufl. Durchges. u. verb. v. Raym. Nolte. 8. (28 B.) Berlin 837, [Burmeister.]

—— kathol. Unterrichtungs-, Gebet- u. Gesangbuch. 14., verb. u. verm. Aufl. 8. (34½ B.) Berlin 844, Hasselberg'sche Vrlsh. *

Bruns, Rudolf [Referendar aus Minden]: Die preussische Besitzrechtsklage gegenüber der actio Publiciana. . . . Minden i. W., gedr. bei J. C. C. Bruns, 1891; 48 S. 8°
Göttingen, Jur. Fak., Inaug.-Diss. v. [22. Mai] 1891

Bruns, Rud., die preussische Besitzrechtsklage gegenüber d. Actio publiciana. Diss. gr. 8. (48 S.) Minden i/W. 891. (Göttingen, Vandenhoeck & Ruprecht.) n. 1.—

Bruns, Rud. (Hrsg.), s. Zeitschrift für Rechtsgeschichte.

Bruns, Sturm., Exercitatio in Joann. 4, 24. Fulda. 1775. Dissertation.

Bruns, Sturmius, Primum de futuro hominum reparatore vaticinium. Gen. 3, 15. Fulda, 1775, 4°, 58 S.

Bruns, Th., s. a. Bruns, Herm. Theodor

Bruns, Th. (Hrsg.), s. Kirchen-Zeitung, Berliner allgemeine.

Bruns, Th., s. Lutterroth, H., Geschichte d. Insel Tahiti.

Bruns, Trude: Die Doktorskinder, s: Volks- u. Jugendbücher, Mainzer.

Bruns, Vict. v., die Amputation der Gliedmassen durch Zirkelschnitt mit vorderem Hautlappen. gr. 8. (VII, 103 S.) Tübingen 879, Laupp'sche Buchh. *

—— die galvanokaustischen Apparate und Instrumente, ihre Handhabung und Anwendung. gr. 8. (IX, 518 S. mit 28 Holzschn. im Texte und 48 Fig. auf 2 Stnt.) Ebendas. 878. *

v. Bruns, Vict., Arznei-Operationen oder Darstellung sämmtlicher Methoden der manuellen Application von Arzneistoffen. Mit 31 Abbildgn. in Holzschn. Tübingen 869. Laupp. gr. 8. (VI, 170 S.) n. 1 Rthlr 6 ngr

Bruns, Vict., chirurgischer Atlas. Bildliche Darstellung der chirurg. Krankheiten und der zu ihrer Heilung erforderl. Instrumente, Bandagen u. Operationen. I. Abth. Gehirn u. Umhüllungen. 2 Liefgn. Tübingen 853, 54. Laupp. gr. Fol. (15 lith. Taf. u. 2 Bgn. Text in gr. 8.) Jede Liefg. n. 2 Rthlr 20 ngr

Bruns, Vict. v., chirurgischer Atlas. Bildliche Darstellung der chirurg. Krankheiten und der zu ihrer Heilung erforderl. Instrumente, Bandagen und Operationen. 2. Abthl.: Kau- und Geschmacksorgan. 1. und 2. Lfg. gr. Fol. (15 Stnt., wovon 5 in Buntdr., und 36 S. Erklärungen in Imp.-4.) Tübingen, Laupp'sche Buchh. [1. Lfg. 857. * 2 Thlr. 20 Ngr., 2. Lfg. 860. * 5 Thlr. 10 Ngr.] *
1. Abthl. 1. und 2. Lfg. Ebendas. 1853,54. * 5 Thlr. 10 Ngr.

Bruns, Vict. v., die erste Ausrottung eines Polypen in der Kehlkopfhöhle durch Zerschneiden ohne blutige Eröffnung der Luftwege nebst einer kurzen Anleitung zur Laryngoskopie. 1. und 2., unveränd. Aufl. Lex.-8. (III und 76 S. mit 32 Abbild. auf 4 Stnt. in Lex.-8. und gr. 4.) Tübingen 862, Laupp'sche Buchh.

—— dass. — Nachtrag. gr. 8. (17 S. mit 5 Abbild. auf 1 Stnt.) Ebendas. 863.

– dass. s. a. Bruns, K.

—— Beitrag zur Behandlung schlecht geheilter Beinbrüche. gr. 8. (42 S.) Berlin 861, G. Reimer.
Aus: Deutsche Klinik, Jahrg. 1861, besonders abgedruckt.

—— 23 neue Beobachtungen von Polypen des Kehlkopfes. Mit 59 Fig. auf 4 Farbendr.-Taf. 1. Ausg. 1868, und 2. Ausg. gr. 8. (X, 156 S.) Tübingen 868, Laupp'sche Buchh. *

Bruns, Vict. v., 23 neue Beobachtungen v. Polypen d. Kehlkopfes. Mit 59 Fig. auf 4 Farbendruck-Taf. 2. Ausg. Lex.-8. (X, 154 S.) Tübingen 873. Laupp. n. 8. —

—— Beschreibung einer neuen Amputationsmethode, s. Schmidt, Herm., Statistik in der chirurg. Klinik in Tübingen vorgenomm. Amputationen etc.

Bruns, Viktor: Besitzerwerb durch Interessenvertreter. Tübingen 1910: Laupp. III, 171 S. 8° ¶(Auch b. Mohr, Tübingen.)
Tübingen, Jur. Diss. v. 3. Nov. 1910, Ref. v. Rümelin
[Geb. 30. Dez. 84 Tübingen; Wohnort: Genf; Staatsangeh.: Württemberg; Vorbildung: Gymn. Tübingen Reife M. 03; Studium: Tübingen 2, Leipzig 2, Tübingen 5 S.; Rig. 23. Juni 10.] [U 11. 4343

Bruns, Vikt., Besitzerwerb durch Interessenvertreter. Ein Beitrag zur Besitzlehre des bürgerl. Gesetzbuchs. (VII, 171 S.) gr. 8. Tübingen 910. J. C. B. Mohr. 6. —

— die Durchschneidung der Gesichtsnerven beim Gesichtsschmerz. Tübingen 859. Laupp. Lex.-8. (123 S.) n. 24 ngr.

—— die Galvano-Chirurgie oder die Galvanokaustik und Elektrolysis bei chirurgischen Krankheiten. gr. 8. (VIII, 145 S. mit 44 Abbild. in Holzschn.) Tübingen 870, Laupp'sche Buchh. *

— Handbuch der praktischen Chirurgie für Aerzte u. Wundärzte. 1. Abth. A. u. d. T.: Die chirurgischen Krankheiten und Verletzungen des Gehirns u. seiner Umhüllungen. Ebend. 853, 54. gr. 8. (XIV, 1096 S.) n. 5 ₰ 20 ngr.

— — 2. Abth. A. u. d. T.: Die chirurgischen Krankheiten des Kau- u. Geschmacksorgans. Eine chirurg. Monographie für prakt. Aerzte u. Wundärzte. 1—4. Liefg. Ebend. 857, 58. gr. 8. (S. 1—832.) Jede Liefg. n. 1 ₰ 4 ngr.

—— Handbuch der praktischen Chirurgie in Monographieen. Für Aerzte und Wundärzte. 2. Abthl. 1—6. Lfg. A. u. d. T.: Die chirurgische Pathologie und Therapie des Kau- und Geschmacks-Organs. 1—6. Lfg. Lex.-8. (1. Bd.: Die äusseren Weichtheile. XIV und 1228 S.) Tübingen 857—60, Laupp'sche Buchh. à Lfg. * 1 Thlr. 4 Ngr. *
1. Abthl. Ebendas. 1854. * 5 Thlr. 20 Ngr.

— Handbuch der praktischen Chirurgie in Monographieen. Für Ärzte u. Wundärzte. 2. Abth. A. u. d. T.: Die chirurgische Pathologie u. Therapie des Kau- u. Geschmacks-Organs. 1. Bd.: Die äusseren Weichtheile. 5. u. 6. Liefg. Ebend. 859. gr. 8. (XIV, S. 833—1228.) n. 2 ₰ 8 ngr.

—— Handbuch der chirurgischen Praxis. Mit 810 Holzschn. 2 Bde. gr. 8. Tübingen 873, Laupp'sche Buchh. *
Inhalt:
Bd. 1. Instrumente und Verbandgeräth. — Allgemeine Operationslehre. — Manual- und Arznei-Operationen. Mit 383 Holzschn.)
» 2. Instrumental-Operationen. Verband-Operationen. Mit 427 Holzschn.)

—— chirurgische Heilmittellehre für Studirende, Aerzte und Wundärzte. Mit zahlreichen in den Text gedr. Holzschn. gr. 8. Tübingen, Laupp'sche Buchh. [1. Hälfte. (S. 1—288.) 868. * ℳ 6,40.; 2. Hälfte. 1. Lfg. (S. 289—576.) 869. * ℳ 6,40.; 2. Lfg. (S. 577—912.) 871. * ℳ 6,40.; 2. Hälfte. 3. (Schluss-)Lfg. (XXI, S. 913—1363.) 873. * ℳ 10,80.] *

—— die Laryngoskopie und die laryngoskopische Chirurgie. Lex.-8. (VIII und 443 S. mit 1 Stnt. und 1 Atlas von 8 Taf.) Tübingen 865, Laupp'sche Buchh. *

— die Larynogoskopie u. die larynogoskopische Chirurgie. Mit 1 Atlas v. 8 (lith. u. chromolith.) Taf. (in Fol.) 2. Ausg. Lex.-8. (VIII, 143 S. m. 1 Steintaf.) Ebend. 873. n. 19. —; Atlas apart. n. 12. —

Bruns, Victor, Lehrbuch der allgemeinen Anatomie des Menschen. Nach eigenen Untersuchungen zum Gebrauche bei Vorlesungen, sowie zum Selbststudium für prakt. Aerzte u. Wundärzte bearb. gr. 8. Braunschweig 841, Vieweg u. Sohn. 2 ₰

Bruns, Vict., Uebersicht üb. die in der chirurg. Klinik zu Tübingen vom Frühjahr 1843 bis Spätjahr 1846 vorkomm. Krankheitsfälle u. Operationen nebst Mittheilung einer Auslösung d. Oberschenkels aus d. Hüftgelenke. Mit 3 (lith. Taf.) Abbildgn. gr. 4. (40 S.) Tübingen 847, Laupp. n. 22 ngr

Bruns W.: Ueber die Anwendung d. Oleum ricini bei den Haustieren. Diss. (Giessen). Hann. 1908. 72 S. (Særtr.).

Bruns, W., kleine deutsche Sprachlehre für Frauenzimmer u. Nichtgelehrte. 8. Minden 825. (Lemgo, Meyer). 9 gr

Bruns, Walther: Die privatseerechtliche Stellung der nicht dem Seeerwerb dienenden Schiffe. Hamburg 1910: Berngruber & Henning. VIII, 45 S. 8°
Heidelberg, Jur. Diss. v. 12. Okt. 1910, Ref. Heinsheimer
[Geb. 31. Dez. 80 Hamburg; Wohnort: Hamburg; Staatsangeh.: Hamburg; Vorbildung: Realgymn. d. Johanneums Hamburg Reife O. 06; Studium: Genf 2, Heidelberg 2, Rostock 3 S.; Rig. 12. Juli 10.] [U 11. 1965

Bruns, Wilh.: Gottes Allmacht u. d. Willensfreih. d. Menschen. (20) 8° Gütersl., C Bertelsmann '11. — 40 d

Bruns, Wilh., die Apollinaris-Octave. Andacht zum heil. Appollinaris, nebst kurzer Lebensbeschreibg. 16. (28 S.) Düsseldorf 876. Deiters. — 12

Bruns, Wilh., die Apollinaris-Oktave. Andacht zum heil. Apollinaris, nebst kurzer Lebensbeschreibung. 2. Aufl. 16. (32 S.) Paderborn 883, Bonifacius-Druckerei.

Bruns, Wilh., Apollonia-Büchlein. Gebete zur heil. Apollonia, nebst Lebensbeschreibung. 16. (38 S.) Paderborn 877. Bonifaciusdruckerei. — 25

—— Apollonia-Büchlein. Gebete zur heil. Apollonia, nebst Lebensbeschreibung. 2. Aufl. 32. (54 S.) Ebendas. 883.

Bruns, Wilhelm, Tierarzt: Arbeiten aus d. med. Veterinärklinik d. Univ. Giessen. Dir.: Gmeiner. Ueber die Anwendung des Oleum Ricini bei den Haustieren. Hannover 1908: (Eberlein). 72 S. 8° ¶(Aus: Deutsche tierärztl. Wochenschrift. Jg. 16, No 24.)
Gießen, Veterinär-Med. Diss. v. 14. Sept. 1908, Ref. Geppert
[Geb. 7. Nov. 76 Egnern; Wohnort: Gevelsberg; Staatsangeh.: Preußen; Vorbildung: Gymn. Desseldorf Reife O. 08; Studium: Theol. u. Phil. Bonn 3, Münster 2, Tierarzneik. Hannover Tierärztl. Hochsch. 6 S.; Rig. 6. März 08.] [U 09. 1138

—— Beichtbüchlein zum Gebrauche bei der vierteljährigen Beichte der Schulkinder, auch für Erwachsene brauchbar. 32. (125 S. mit 1 Holzschntaf.) Salzburg 882, Pustet. geb. *

—— Beichtbüchlein für Schulkinder, auch für Erwachsene brauchbar. 2. Aufl. 16. (125 S. mit eingedr. Holzschn.) Ebendas. 884. geb. 30 Pf.; in Leinw. *

Bruns, W[ilhelm]: [Bericht über seine Einführung als Direktor der Anstalt.] S. 13–16. 4. Progr. Ev. Gymn. Gütersloh 1908

Bruns, der brave Christian, oder das Schulkind, wie es sein soll. Mit 25 Bildern (Holzschntaf.). 1.—6. Aufl. 32. (48 S.) Donauwörth 876, Buchh. des kathol. Erziehungs-Vereins. cart. *

Bruns, der brave Christian oder das Schulkind, wie es sein soll. Mit 25 Bildern (Holzschntaf.). 6. Aufl. 24. (48 S.) Donauwörth 879. Buchh. d. kathol. Erziehungsvereins. cart. n. — 25

Bruns, der brave Christian, od.: das Schulkind, wie es sein soll. 8. Aufl. 16. (96 S.) Donauwörth 891. L. Auer. Kart. n. — 25

Bruns, der brave Christian od.: Das Schulkind, wie es sein soll. 10. Aufl. (72 S. m. 25 Abbild.) 16. Donauwörth (908). L. Auer. Kart. — 25

— Christian und Christine, oder das Schulkind, wie's lernen, beten und spielen soll. Drei Büchlein in 1 Bde. 3. Aufl. 16. (127 S.) Dülmen 879, Laumann'sche Buchh. cart. *

— Gebetbüchlein für kathol. Schulkinder, nebst Anhang: Fromme Sprüche. 1. Aufl. (80 S.) 1879; 2. Aufl. 16. (128 S.) Paderborn 881, Bonifacius-Druckerei.

Bruns, Wilh., die Gnadenquelle der katholischen Kirche. Ein vollständ. Gebet- und Belehrungsbuch für alle Stände. Ausg. Nr. 1. 3. Aufl. 16. (448 S. mit Farbentitel und 1 Stahlst.) Salzburg 887, Pustet.

— das heiligste Herz Jesu. Andacht zum heil. Herzen Jesu, nebst Belehrung. 16. (32 S.) Paderborn 877, Bonifacius-Druckerei.

— Kinderspielbuch. 1.—3. Bdchen. 16. (à 64 S.) Paderborn 877, F. Schöningh. à Bdchn. * 40 Pf. *

Inhalt:

Bdchn. 1. Kreisspiele. Sonstige Spiele im Freien. Abzählreime.
" 2. Pfand-, Scherz- und Neckspiele. Fingerspiele. Gedächtnißübungen. Scherzlieder.
" 3. Wiegenlieder. Arm- und Schooßspiele. Knie- und Reiterspiele. Kindergebete und Sprüche. Kinderverse verschiedenen Inhaltes. Sprüche beim Anblicke von Thieren und Sachen.

— illustriertes Kinderspielbuch, enth. 808 volkstüml. Spiele, Lieder, Reime, Sprüche, Verse, Rätsel. 2. Aufl. 8. (XV, 263 S. mit eingedr. Holzschn.) Düsseldorf 884, Schwann'sche Verlagsh. cart. *

Bruns, Wilh., ill. Kinderspielbuch, enth. 888 volkstüml. Spiele, Lieder, Reime, Sprüche, Verse, Rätsel. 3. Aufl. 8. (XV, 294 S. m. Abb.) Düsseldorf 895. L. Schwann. Geb. n. 2. —

— neuer Lach-Apparat, enth. Spiele, Scherze, Räthsel, für Familien, Gesellschaften, Kränzchen, Gesellen-, Gesang- und Turnvereine construirt. 32. (64 S.) Ebendas. 878. *

— der Lehrer nach dem Herzen Gottes. Gebetbuch für kathol. Lehrer und Lehrerinnen, nebst Anhang: Pädagogische Unterweisungen. 16. (543 S. mit 1 Stahlst.) Salzburg 883, Pustet.

— d. Lehrer nach d. Herzen Gottes. Gebetbuch f. kath. Lehrer u. Lehrerinnen. 16 (548) Salzb 84 Pustet " 1 —

— der Lehrer nach dem Herzen Gottes. Gebetbuch für kathol. Lehrer und Lehrerinnen. 2. verb. und verm. Aufl. 16. (536 S. mit 1 Stahlst.) Ebendas. 887. *
geb. * M 1.65. bis *

Bruns, Wilh., Menschenschicksal u. Menschenwert. (26 S.) 8. Gütersloh 910. C. Bertelsmann. — 40

— Raphael. Gebet- und Unterrichtsbuch für die kathol. Jugend. 16. (468 S. mit 1 Stahlst.) Paderborn 880, Bonifacius-Druckerei.

— Regelbüchlein der deutschen Sprache für Volksschulen. gr. 16. (63 S.) Düsseldorf 877, Schwann. *

— deutsche Regeln nebst Wörterbuch über mehr als 3000 Wörter mit schwieriger Schreibart, unter Hinzufügung der von der orthograph. Conferenz vorgeschlagenen Schreibweise. gr. 16. (120 S.) Ebendas. 877. cart. *

Bruns, Wilhelm [aus Celle]: Studien über die aromatischen Bestandtheile und Bitterstoffe des Ivakrautes (Achillea moschata). . . . München, Jos. Ant. Finsterlin. 1890; 1 Bl. + 16 S. 8°
Erlangen, Phil. Fak., Inaug.-Diss. v. 1890

Bruns, Wilhelm, appr. Arzt a. Norden in Ostfriesland: Aus der Prosektur des städtischen Krankenhauses r. I. in München. (Prosektor Prof. Dr. Schmaus). Ueber primäre Tuberkulose der Milz und Leber. München 1905: Kastner und Callwey. (17 S.) 8°
München, Med. Fak., Ref. v. Bollinger, Diss. v. 17. Febr. 1906
[Geb. 26. Sept. 80 Norden; Wohnort: Norden; Staatsangeh.: Preußen; Vorbildung: Dom-Gymn. Verden Reife O. 00; Studium: München 1, Berlin 1, Kiel 1, Berlin 1, Wien 1, München 5 S.; Coll. 17. Febr. 06; Approb. 30. Mai 05.]

Bruns-Sachau: Syrisch-römisches Rechtsbuch aus dem 5. Jahrhundert, s. Bruns, Carl Georg

Bruns-Wüstefeld, Reinhard, Referendar in Berlin: Die Haftung der juristischen Personen des öffentlichen Rechts nach § 80 Abs. 1 des Bürgerlichen Gesetzbuchs. Rostock 1908: Adlers Erben. (XII, 103 S.) 8°
Rostock, Jur. Fak., Ref. Matthiaß-Hübner, Diss. v. 25. Mai 1908
[Geb. 17. Juni 83 Stettin; Wohnort: Berlin; Staatsangeh.: Preußen; Vorbildung: Friedrich-Wilhelms-Gymn. Berlin Reife M. 01; Studium: München 1, Freiburg i. B. 3, Berlin 2 S.; Rig. 4. April 08.]

Brunschweiler, Joachim oder Lehr- u. Wanderjahre e. Portraitmalers am Ende des 18. u. im Anfange des gegenwärtigen Jahrhunderts. Mit Vorw. von J. A. Pupikofer. [Aus den Beiträgen des histor. Vereins von Thurgau.] Frauenfeld 868. Huber. gr. 8. (V, 94 S.) n. 10 ngr.

Brunschweiler, (J. C.,) analyt.-method. Grundübungen d. latein. Sprache in einer Reihe von Vorlegeblättern. gr. 8. Basel 825, Neukirch.

Brunschwig, Hieronymus
s. Braunschweig (11. 1666)

Brunschwig, Des Hieronym., Buch d. Cirurgia, hrsg. v. Gust. Klein, s: Meister, Alte, d. Medizin u. Naturkde.

Epicerie Parisienne (Pariser Laden) Julius Brunschwig jr., ... Zürich. Eine interessante Preis-Liste. 1902/1903. IV + 32 S. 8. Zürich, G. V. Ostheim. V Zür

Brunschwig, Rob. v., Fürst-Bismarck der Mann v. Welt in seinem Umgange, in Gesellschaft u. in seinen Grundsätzen. Ein Handbuch u. Leitfaden f. Jedermann durch die Geheimnisse der Lebensklugheit, e. Rathgeber in allen Lagen d. gesellschaftl. u. bürgerl. Lebens. Aus den Mittheilgn. der feineren Gesellschaftskreise, Diplomaten, Abgeordneten 2c. gesammelt. gr. 16. (132 S.) Gotha 874. Fellmer in Comm. n. 1. 50

Brunschwitz, J. G. (Resp.): De impostura opii, s. Stahl, G. E. (Praes.)

(**Brunschwyler**, J[ohann].) Gruppenwasserversorgung für die Aemter Burgdorf und Fraubrunnen. [Projekt, mit 1 Karte.] (1906 November.) II + 12 S. 8. Bern, Genossenschafts-Buchdr. V Bern
Ausgeführt durch die Gruppen-Wasserversorgungs-Genossenschaft Burgdorf-Fraubrunnen (mit Sitz in Jegenstorf).

Brünseke, Wilhelm [cand. med. aus Bühne, Prov. Sachsen]: Ueber die Häufigkeit der gonorrhoischen Erkrankung der einzelnen Schleimhautpartien des weiblichen Urogenitaltractus. . . . Würzburg, A. Boegler'sche Buchdr., 1890; 32 S. 8°
Würzburg, Med. Fak., Inaug.-Diss. v. 1890

Brunshaupten (Schlagwort)

Brunshaupten, s.: Arendsee. — Ostseebäder.

Brunsich, Justus Lud. Theod. Fried. (Hannover), Comment. de unitate personae quae jure Romano inter patremfamilias et liberos in potestate constitutos intercedit eiusque usu in foris Germaniae hodierno. Göttingen (J. Ch. Dieterich) 4. VI. 1795. 59 S. (4.80) 4381

Brunsich, Just. Ldw. Thdr. Fr., de unitate personae, quae jure rom. int. patrem famil. et liberos in potest. constit. 4 maj. Götting. 796. Dieterich. 7 ϗ

Brunsicke, A: Friedrich der Grosse, s. Brünsicke, A

Brünsicke, A., zwei berühmte Chefs der preußischen Zieten Husaren. Hans Joachim v. Zieten u. Prinz Friedrich Karl v. Preußen. Für Alt u. Jung erzählt. gr. 8. (91 S. m. Illustr.) Rathenow 886. Babenzien. n. 2. —; cart. n. 2. 40; geb. n. 3.

Brünsicke, A., zwei berühmte Chefs d. preußischen Zieten-Husaren. Hans Joachim v. Zieten u. Prinz Friedrich Karl v. Preußen. Für Alt u. Jung erzählt. 2. Aufl. gr. 8. (91 S. m. Abbildgn.) Rathenow 892. M. Babenzien. n. 2. —; kart. n. 2. 40; geb. n. 3. —

Brünsicke, A, zwei berühmte Chefs d. preuss. Zieten-Husaren. Hans Joachim v. Zieten u. Prinz Friedrich Karl v. Preussen. 2. Afl. 8° (91 m. Abbildgn.) Rathen. 92. (Frankf. a/M., Jaeger's V.) 2 —; kart. 2.40; geb. 3 —

Brünsicke, A., Flut u. Ebbe. Gemeinfaßl. dargest. 12. (85 S.) Norden 895. H. Braams. n. — 80

Brünsicke, A., Flut u. Ebbe. Gemeinfaßlich dargest. 8. Aufl. (32 S.) kl. 8. Norden 910. H. Braams. — 80

— Friedrich der Große. Zum Gedächtniß an den 100jähr. Todestag [17. Aug. 1886] d. großen Königs. Mit zahlreichen Illustr. gr. 8. (64 S.) Düsseldorf 886. F. Bagel. — 75

Brünsicke, A. Friedrich d. Große. gr. 8. Düsseld. 886. Bonn, Strauß. — 75

—— kann die Volksschule für die sozialen Schäden der Gegenwart verantwortlich gemacht werden, s. Sammelmappe, pädagogische.

—— Nimm u. lies! Ausgewählte Bibelsprüche zur Beherzigg. f. Arbeitgeber u. Arbeitnehmer. gr. 8. (16 S.) Lpz. 891, Buchh. des Evangel. Bundes v. C. Braun. ** — 10

Brunsig, Edle v. Brun, Ida, s.: **Brun-Barnow, J. v.**

[Rundschreiben.] Aus der ger. u. vollk. St. Joh.-Loge zum Friedensbunde, O. von Neubrandenburg den 24. Juni 1847. [Unterz.:] C. Brünslow. [Neubrandenburg 1847.] 2 Bl. 4° [Kopftit.] Bericht üb. die Einweihung des neuen Logenhauses. Ansprache des M. v. St. üb. das Thema: Wie verhalten sich Religion u. Kunst zu einander?

Brünslow, Otto: Ueber **Appendicitis** perforativa in Bruchsäcken. *Greifswald 1898: J. Abel.* (34 S.) 8°
Greifswald, Med. Diss. v. 28. Apr. 1898

Brunsmid Josef: Zur Geschichte der griechischen Kolonie in Dalmatien. Diss Wien Univ.
II. 1893 PN 788 751

Brunšmid, Jos., d. Inschriften u. Münzen d. griech. Städte Dalmatiens, s.a. **Abhandlungen** d. archäolog.-epigraph. Seminares d. Universität Wien.

Brunšmid, Josef, Die Inschriften und Münzen der griechischen Städte Dalmatiens. Mit sieben Lichtdrucktafeln (Abhandlungen des archaeologisch-epigraphischen Seminares der Universität Wien. Herausgegeben von O. Benndorf und E. Bormann. Gr.-8. Heft XIII. (IX, 86 S.) 3.60
Wien: Hof- u. Staatsdruckerei 1898

Die Inschriften und Münzen der griechischen Städte Dalmatiens v. Josef **Brunšmid.** M. 7 Lichtdr. *Wien: A. Hölder 1898.* (2 Bl., IX, 86 S., 7 Taf.) 1 Bd 8.
— **Abhandlungen** d. archäol.-epigraph. Seminars d. Univ. Wien. II. 13.

Brunst, Erich. Referendar in Freiberg i. Sa.: Die Voraussetzungen des kaufmännischen Zurückbehaltungsrechtes nach dem Handelsgesetzbuche vom 10. Mai 1897. Freiberg 1907: Gerlach. (V, 50 S.) 8° [F.]
Leipzig, Jur. Fak., Diss. v. 4. April 1907
[Geb. 21 Jan. 81 Dresden: Wohnort: Freiberg. Staatsangeh.: Sachsen; Vorbildung: Gymn. z. heil. Kreuz Dresden Reife O. 00 Studium: Freiburg i. B. 1, Leipzig 5 S.: Rig. 8. Juli 03.]

Brunst, Herbert, Bacc. iur., Referendar bei der Königl. Amtshauptmannschaft Schwarzenberg: Der Domiziliat der Allgemeinen Deutschen Wechselordnung. Freiberg 1907: Gerlach. (VI, 55 S.) 8° [F.]
Leipzig, Jur. Fak., Diss. v. 18. April 1907
[Geb. 2. Okt. 79 Ottendorf; Wohnort: Schwarzenberg; Staatsangeh.: Sachsen; Vorbildung: Gymn. z. heil. Kreuz Dresden Reife O. 99; Studium: Freiburg i. B. 1, Leipzig 6 S.; Rig. 3. Juli 03.]

Brunst, Paul: Vom Schiffsjungen bis z. Kapitän. Ernste u. heitere Erlebnisse e. Seemannes. 1. u. 2. Afl. (7, 162) 8° Hambg. C. Boysen '12. 2 —; L 2.80 d

Über die Absolutheit des Christentums. Von **F. Brunstäd.** Leipzig A. Deichert Nachf. 1905. (55 S.) 8° [Umschlagt. F.]

Brunstäd, Fritz: Untersuchungen zu Hegels Geschichtstheorie 1. ⟨Einl.: Aufgabe und Methode der Hegelforschung⟩ (Berlin 1909: G. Schade.) 46 S. 8° ¶ (Soll vollst. als Buch erscheinen.)
Berlin, Phil. Diss. v. 10. Juli 1909, Ref. Riehl
[Geb. 22 Juli 83 Hannover Wohnort: Hannover Staatsangeh.: Preußen; Vorbildung: Gymn. Hannover Reife O. 01; Studium Heidelberg 2, Berlin 8 S. Rig. 13. Mai 09.] [U 09. 155

Brunstädt, R. Die Bedeutung der Elektrizität und ihre Anwendung für die Feuersicherheit im Theater. Hannover.

Brunstein, A., französische Apotheken-Praxis. Anleitung zur Erlernung der französ. Pharmacie, m. besond. Berücksicht. der Apothekenbetriebe in der französ. Schweiz. gr. 8. (VIII, 204 S.) Berlin 902. J. Springer. n. 3. —; geb. in Leinw. n. 4. —

— französisches Konversations-Buch f. Pharmazeuten, s.: Kamm, Fel.

Brunstein, Andre, aus Everswinkel Ueber **Spaltung** von Glycosiden durch Schimmelpilze. *Cassel 1900: Gebr. Gotthelft.* (55 S.) 8° ¶ (Aus Botan. Centralblatt, Bd 86, 1901.)
Erlangen, Phil. Diss. v. 28. Juni 1900

BRUNSTEIN, Joseph Ludwig
Das Administrativ-Verfahren und seine Reform. Von Dr. Josef Ludwig Brunstein. Nach einem in der juristischen Gesellschaft zu Wien am 14. Februar 1900 gehaltenen Vortrage. Wien. 1900. Manz. Gr.-8°. 32 S. K —.60

Brunstein, Jos. Ludw., s.: **Beiträge**, rechtswissenschaftl.

Brunstein, Jos. Ludw., Gewerbsstörung durch Patentanmassung. Ihre Abwehr nach österreich. Recht. Ein Rechtsgutachten. gr. 8. (V, 51 S.) Wien 892. Manz. n. 1. 80

— Der behördl. Konsens f. gewerbl. Betriebsanlagen. Kritische Bemerkgn., betr. die Erwerbg. u. Wirkg. desselben. Referat, anlässlich des Dezember-Erlasses 1906 des k. k. Handelsministeriums, erstattet in der Plenarversammlg. des Niederösterreich. Gewerbevereines vom 1. II. 1907. (22 S.) gr. 8. Wien 907 (Manz). — 70

BRUNSTEIN, Joseph Ludwig 347.7
Der österreichische Musterschutz und seine Reform. Vortrag gehalten in der Plenarversammlung des niederösterreichischen Gewerbevereines in Wien am 1. März 1901 von Dr. Joseph Ludwig Brunstein. Separatabdruck aus der „Wochenschrift des niederösterreichischen Gewerbevereines. Wien. 1901. Verlag des niederösterreichischen Gewerbevereines. [In Comm. Manz.] Gr.-8°. 43 S. K 1.—

Brunstein, J. L: Name, Firma und Marke. Vortrag. Wien 1889

— Namen- u. Firmenschutz im österreichischen Privat-, Handels- u. Gewerberecht. (IV, 44 S.) Lex. 8. Stuttgart 909. F. Enke. 2.—
Sonderabdruck aus „Rechtswiss. Beiträge".

Brunstein, Jos. Ludw., vorgeschlagene Normen f. das Administrativ-Verfahren vor den staatlichen u. staatlich delegierten Verwaltungs-Behörden nebst vorausgeschicktem Referenten-Bericht. Erstattet an das vom Plenum der niederösterreich. Advokaten-Kammer in dieser Angelegenheit eingesetzte Comité. (47 S.) gr. 8. Wien 903. (Manz.) n. 1. —

Brunstein, Jos. Ludw., die Patentreform in Österreich nach den Vorentwürfen d. k. k. Handelsministeriums. Referat zu e. Gutachten des jurid. Doctoren-Collegiums in Wien. 1. Thl. gr. 8. (VIII, 131 S.) Wien 894. Manz. n. 3. —

Brunstein, Jos. Ludw., zur Reform des Erfinderrechtes. Vortrag, gehalten im niederösterreich. Gewerbevereine am 10. April 1885. gr. 8. (34 S.) Wien 885, Manz'sche Hof-Verlags- und Universitäts-Buchh. *

Brunstein, Jos. Ludw., Zur Regelung d. Administrationsverfahrens i. Oesterreich. [A.: „Jurist. Blätter".] gr. 8. (III, 31 S.) Wien 897. Manz. n. — 80

— die Reklame im Lichte des Rechtes. Vortrag, geh. in der Plenarversammlung des niederösterreich. Gewerbevereines am 19. II. 1904. (III, 48 S.) gr. 8. Ebd. 904. n. 1. —

Brunstein, Dr. Jos. Ludw., Der Schutz des Fabriks- u. Geschäftsgeheimnisses. Vortrag, geh. im N.-öst. Gewerbeverein in Wien am 23. Febr. 1887. gr. 8°. Wien, Manz, 1887.

— Studien im österr. Markenrecht. Ausschliessl. Gebrauchsrecht. Markendelict. Processhindernde Vorfragen. gr. 8. (VIII, 115 S.) Ebd. 895. n. 4. 80

Brunstein, L.: Der behördliche Konsens f. gewerbliche Betriebsanlagen, s. Brunstein, Josef Ludwig

Brunstermann, Friedrich

Brunstermann, Frd., die Geschichte der kleinen od. St.-Johannis-Gilde in Wort u. Bild (zum Jubiläumsj. 1901). gr. 8. (XVI, 752 S. m. Abbildgn.) Riga 902. (R. Kymmel's Sort.) n. 18. —

Die Geschichte der kleinen oder St. Johannis-Gilde in Wort u. Bild ⟨zum Jubiläumsjahr 1901⟩ von Friedrich Brunstermann. *Riga 1902: A. Stahl.* (XIV, 752 S.) 4°(8°) [03. 840

Brunsuicensis (Schlagwort)

Brunsuicensis — Ducatus — in tres suos Principatus Calenbergicum se. Grubenhag etc. distincte divisi, nec non Episcopatus Hildensiensis etc. exacta Tabula, edita cura Joh. Bapt. Homanni. Noribergae. 1700? 1 : 58,000. 1 Bl.

Brunsuicensis — Ducatus — juxta tres suos Principat., Calenbergic. nimir. et Grubenhagens. (Sub Electore Brun. Lünaeb. Hannoverano) ac Guelpherbitanum accurate distinctus etc. Opera et sumtibus Matthaei Seutteri. Aug. Vind. 1728? 1 : 380,000. 1 Bl.

Brunsvick, Friedrich, s. Brunswick, Friedrich

Brunswick u. Wilke, unser Haus, seine Teile u. sein Zubehör. Bearb. unter Beihülfe mehr. Mitglieder des allg. dtschen. Sprachvereins, Zweigverein Wiesbaden u. des Architektenvereins. (6 S. in Leporelloform m. 3 Abb.) kl. 8. Wiesbaden (909). Moritz u. Münzel. — 08
Wird nur in Partien, nicht unter 5 Stück abgegeben.

Brunswick, A. Einige Forderungen für die englische Schulgrammatik mit besonderer Berücksichtigung der höheren Mädchenschulen. Wiesbaden, H. M., 1893. 22 S.
Progr.

Brunswick, Alfr., Lehrbuch der englischen Sprache. Im Sinne der amtl. Bestimmgn. verf. 1. u. 2. Stufe. gr. 8. Berlin, Friedberg & Mode. n. 2. 25
1. Mit 2 Taf. u. 3 Anschauungsbildern. (X, 85 S.) 893. n. 1 -
2. Mit 1 Lieder-Anh. u. 5 Anschauungsbildern. (VII, 136 S.) 894. n. 1. 25

Brunswick, Alfr., Lehrbuch d. englischen Sprache im Sinne d. amtl. Bestimmgn. 3. Stufe. Ausg. A. gr. 8. (VIII, 160 S.) Berlin 896. Friedberg & Mode. n. 1. 80; kart. n.n. 2. — (1.—3.: n. 4. 05)

— dasselbe. 3. Stufe. Ausg. B. M. Gedichtanh., Abr. d. engl. Verskunst, Wegweiser f. d. Lektüre, Ausz. d. engl. Etiquette u. e. Briefsteller. gr. 8. (VIII, 223 S.) Ebd. 896. n. 2. 40; kart. n.n. 2. 60 (1.—3.: n. 4. 65)

Brunswick, Alfred: Wordsworth's Theorie der poetischen Kunst. Halle a. S. 1884: (Ertz in Berlin). 34 S. 8°
Halle-Wittenberg, Phil. Diss. v. [20. Nov] 1884
Geb. Aschersleben 17. 7. 1856. V.

Brunswick, Friedrich

Brunswick, Verf. von: Le Postillon de Lonjumeau s.a. Lhérie, Léon Lévy.

— der Brauer von Preston, s. Leuwen.

— et de Leuven, la foire aux idées, s.: Répertoire du théâtre Français. Nr. 355. — Théâtre Français par Schütz. XI. série. 4. livr.

— le Mariage du tambour, s. Théâtre français.

Brunsvick, le mobilier de Rosine, s.: Répertoire du théâtre Francais. No. 379.

Brunswick, le bon moyen, Comédie, s. de Leuven.

– Le bon moyen, s. Répertoire du Théatre franç.

Brunswick, F., der Postillon von Lonjumeau, s. Breitkopf und Härtel's Text-Bibliothek Nr. 78.

Brunswick, der Postillon v. Lonjumeau, s.: Leuven, A. de.

Brunswick, F., der Postillon v. Lonjumeau, s.: Mode's Opern-Text-Bibliothek.

Brunswick, [MG Friedrich], d. Postillon v. Lonjumeau, s.: Universal-Bibliothek

– les deux voleurs, s. de Leuven

– les deux voleurs, s. Répertoire du Théâtre franç.

Brunswick, M. G. Friedrich, s. Brunswick, Friedrich

Brunswicker, Ernestus (geb. am 22 Aug. 1827 in Berlin): Delectus casuum ligaturae principalium arteriarum, qui in clinico chirurgico Bonnensi observati sunt ... Bonnae, typ. C. Krüger 1853. 46 S., 1 Bl. 8.
Bonn, Med. Fak., Diss. v. 19 Aug. 1853

Brunswicks Leu. Kalender f. das Land Braunschweig 1911. (103 S. m. Abbildgn., 1 Taf. u. Wandkalender.) Lex. 8. Braunschweig 910. Ramdohr. —.40; feine Ausg. 1. — Schreibkalender durchsch. — 70

Brunswiks Leu. Kaldr f. d. Land Braunschweig. '13. (116 m. 2 Taf. u. Wandkaldr.) Lex8° Braunschw., Ramdohr '12. — 50; feine Ausg. 1 —; als Schreibkaldr durchsch. — 70 d

Brunswig, Handlungsfähigk. s. Studien, Rostocker.

Brunswig u. Drueger, Ilseniade. Ein tragisch-kom. Heldengedicht aus dem J. 1835. Hrsg. v. Rob. Jacoby. gr. 8. (21 S.) Neubrandenburg 876. (Brünslow.) n. 1. —

Brunswig u. Drüger, Ilseniade. Ein tragisch-kom. Heldengedicht aus dem J. 1835. 2. Aufl. 8. (27 S.) Neustrelitz 890. Jacoby. n. — 80

Brunswig, Alfred: Das Erklären. Sein Wesen u. wissenschaftl. Recht. *München 1904: Kastner & Callwey.* (28 S.) 8°
München, Phil. Diss. v. 1904

Brunswig, Alfred: Das Vergleichen und die Relationserkenntnis. Leipzig & Berlin: Teubner 1910. VIII, 186 S. 8° ¶(Ersch. als Buch ebd.)
München, Phil. Hab.-Schr. v. 1910 [U 10. 3721
(Nicht für den Austausch)

Brunswig, *Carl Albert Friedrich* [app. Arzt aus Hamburg]: Aus d. patholog. Institute zu Kiel. Ein Fall von primärem Krebs der Gallenwege ... Kiel, Druck v. Schmidt & Klaunig. 1893; 14 S., 1 Bl. 8.
Kiel, Med. Fak., Inaug.-Diss. v. [2. Febr.] 1894

Brunswig, Fr. Wlh., über die sichere Heilung d. Kolik des Pferdes. Eine Inauguralschrift. gr. 8. Rost. 831. Adlers Erben. (Oeberg). 4 gl.

Brunswig, H., Nautisches Allerlei, nebst Anhang. Hamburg 1895.

Brunswig, H., Nautisches Allerlei, nebst Anh. Berechn. u. zusammengest. gr. 8. (IV, 68 S. m. 4 Sternkarten.) Hamburg 898. Eckhardt & Messtorff. Geb. in Leinw. n. 4. –

Brunswig, H., Nautisches Allerlei. Berechnet u. zusammengestellt. 2. Aufl. (VIII, 97 S. m. 5 [1 farb.] Taf.) gr. 8. Hamburg (906). Eckardt & Messtorff. Geb. in Leinw. n. 4. 50

Bericht des Stenographenvereins 'Arends' zu Hannover über die ersten zehn Vereinsjahre vom 22. Dez. 1883 bis 1. Juli 1893. Zsgest. v. Dr. H. **Brunswig**, Siegburg ... *Hannover: Dr. v. H. Ahlfeld 1893.* (23 S.) 1 Bl. 8.

Brunswig, H. [aus Hannover]: Über Derivate des Acetothienons ... Freiburg i. B., Univ.-Buchdr. v. Chr. Lehmann. 1888; 51 + 1 S. 8
Freiburg i. B., Phil. Fak., Inaug.-Diss. v. 1888

Brunswig, H., die Explosivstoffe, s.a. Sammlung Göschen.

— dasselbe, s.a. Handbuch der angewandten physikal. Chemie. 10. Bd.

Die Explosivstoffe. Einführung in d. Chemie d. explosiven Vorgänge. Von Dr. H. **Brunswig**. Mit 6 Abb. u. 12 Tab. Leipzig: Göschen 1907. 158 S. 8°
(Sammlung Göschen. 333.) A 12. 1254 II

Explosivstoffe auf Grund des in der Literatur veröffentl. Materials bearb. von Dr. H. **Brunswig**, Neubabelsberg. Mit 45 Fig. u. 50 Tab. Leipzig: Barth 1909. XII, 177 S. 4°(8°)
(Handbuch d. angewandten physikal. Chemie. Bd 10.) [09. 6087

Katalog ausgewählter Kunstsachen, Einrichtungs- und Ausstattungs-Gegenstände aus den Sammlungen des Herrn Architekten H. **Brunswig** † zu Wismar, sowie kleinerer Beiträge. Versteigerung zu Köln 1899. *Köln 1899: M. Dumont Schauberg.* (61 S.) 4° [00. 8397

Brunswig, H., Tabellen zur Bestimmung der Breite. qu. 8. (XI, 99 S.) Hamburg 893. Eckardt & Messtorff. Geb. in Leinw. n. 8. —

Brunswig, H., Tabellen zur Bestimmung der Breite. 2. Aufl. gr. 8. (XXI, 91 S.) Hamburg (900). Eckart & Messtorf. Geb. in Leinw. n. 4. 50

Brunswig, Karl, a. Neustrelitz: Der Begriff des Besitzes nach dem Bürgerlichen Gesetzbuche. Rostock 1904: Adlers Erben. (84 S.) 8°
Rostock, Jur. Fak., Ref. Bernhöft, Diss. v. 1. Dez. 1904
[Geb. 7. Nov. 81 Neustrelitz, Meckl.-Strelitz; Staatsangeh.: Mecklenburg-Strelitz; Vorbildung: Gymn. Neustrelitz Reife O. 00; Studium: Heidelberg 1, Berlin 3, Rostock 3 S.; Rig. 10. Okt. 03.]

Brunswig, Pet., die Handlungsfähigkeit der Geisteskranken nach dem bürgerl. Gesetzbuche, s.a Studien, Rostocker rechtswissenschaftliche. I. 1.

Brunswig, Peter. Dr.: Die Handlungsfähigkeit der Geisteskranken nach dem Bürgerlichen Gesetzbuche. *Leipzig: A. Deichert Nachf. 1902.* (VIII. 152 S.) 8° ¶(= Rostocker Rechtswiss. Studien. Bd 1, H. 1.)
Rostock. Jur. Diss. v. [10. Aug.] 1902
(Nicht für den Austausch)

Brunswig, Richard, aus Valparaiso: Synthesen in der Hydropyridinreihe. *Heidelberg 1900: Ph. Wiese.* (51 S.) 8°
Heidelberg. Naturw.-math. Diss. v. 1900

Brunswik v. Korompa, Ludw., kriegsgeschichtliche Beispiele zur Illustrierung unserer Reglements. Mit 14 Skizzen. 1. Hft. gr. 8. (87 S.) Wien 902. L. W. Seidel & Sohn. n. 3. —

Brunswik v. Korompa, Ludw., Kriegsgeschichtliche Beispiele zur Illustrierung unserer Reglements. (Nach Exerzierreglement für die Fusstruppen 1903.) 2.—4. (Schluss-)Heft. gr. 8. Wien, L. W. Seidel & Sohn. à n. 3. —
2. Mit 14 Skizzen. (90 S.) 903. — 3. Mit 12 Skizzen. (102 S.) 904. — 4. Mit 16 Skizzen. (94 S.) 904.

Brunswik v. Korompa, Ludw., die kriegerischen Ereignisse in Innenösterreich, Tirol, Vorarlberg u. im Isonzo-Gebiet 1796—1866. Mit 14 Beilagen. (808 S.) gr. 8. Wien 907. L. W. Seidel & Sohn. 6. —

— militärischer Führer durch das Donau-Tal von Passau bis z. Marchmündung (Niederösterreich, Oberösterreich u. Salzburg). Mit 9 Skizzen u. 6 Oleaten. (147 S.) gr. 8. Ebd. 906. n. 4. —

Brunswiks Leu, s. Brunswicks Leu

Brunswiser, s. Brunnwiser.

Brunt, Sam., Reise nach Kakklogallinien und weiter in den Mond. 8. Liegnitz, Siegert. 751.

Brunts, Sam., Reise u. Abenteuer in Kallogallinien u. im Monde; nach Swift frei bearb. 8. Leipz. 805. (W. Nauck). 16 gr

— **Reisen** u. Abenteuer in Kallogallinien u. im Monde, nach Swift frey bearb. 8. Leipz. Sommer. 805.

Brunton, Sir Laudor, s.: **Arohiv**, internat., f. Sohulhygiene.

Brunton, Rob., Vademecum des Mechanikers, s. Cph. Bernoulli.

Handbuch der allgemeinen Phamakologie und Therapie [A Text-book of pharmacology, therapeutics and materia medica]. Von Prof. Dr T[homas] Lauder **Brunton**. Übers. nach d. 3. engl. Ausg. von Dr. Joseph Zechmeister. Mit e. Vorw. von Prof. Dr. Oscar Liebreich. Mit 107 Abb. Leipzig: Brockhaus 1893. XVII, 604 S. 8° [93. 1313] II

Brunts, Sam., s. Brunt, Sam.

Bruntsch, die Heimat. Landeskunde vom Königr. Sachsen, s.: **Heimatkunden** des deutschen Reiches. 13. Heft.

Bruntsch, Friedrich Max: Die Idee der Entwicklung bei Herder. ⟨Von geographischen Gesichtspunkten aus betrachtet.⟩ *Crimmitschau 1904: R. Raab.* (VII, 87 S.) 8°
Leipzig, Phil. Diss. v. 1904

Brunus, Jordanus, s. Bruno, Giordano

Brunus, Leonardus, s. Bruni, Leonardo

Brunwiser, Matthias (Rentamtsphysikus in Burghausen), das vortrefliche (!) *gräflich-perusaische Wild- u. Gesundbad* nächst Altenoetting u. Neuenkollberg, geprüft u. untersucht. München, bei Jos. v. Crätz. 1784. Kl. 8°. Cart. (aus Föringer's Bibl.).
31 S. — Vogel, S. 51—53.

BRÜNY, Ferdinand (Bremen): Eine Krebsoperation mit nachfolgendem plastischen Ersatz des Defektes in zwei Zeiten.- München: Wolf 1883. 31 S.
24.7.1883 - Urk (Titel: De carcinomatis operatione duobus diversis temporibus facta.); Chr 1883/84,12

Diss. Ingolst.-Landsh.-Mchn.

[Umschlagt.:] **Brunzel,** Karl *Bruno* [aus Neu-Nettkau]: Das Rothliegende nördlich vom Donon ... M. e. Karte. Strassburg i/E., Strassb. Druckerei u. Verlagsanst., 1895; 20 S., 1 Bl., Kt. 8.
Strassburg, Math.-naturw. Fak., Inaug.-Diss. v. 1895

Brunzlow: Die Bedeutung des Alkohols in der Armee. Deutsche mil.-ärztl. Z. XXXI. Berlin. 1902.

Brunzlow, biblische Geschichten, s.: **Reinke.**

— Kirchengeschichte, s.: **Reinke.**

Brunzlow, Religionsbuch f. evang. Schulen, s.: Reinke.

Brunzlow, Adalbert. Ferd. Osc. (geb. Coblenz 28. 2. 1831): De osteotomia. Berolini (1855). (29 S.) 8°
Berlin, Med. Diss. v. 7. Aug. 1855

Brunzlow, Max: Die Ausbildg d. Rekruten d. Infant. im Gelände. (8, 110 m. Abb.) kl8° Berl., ES Mittler & S. '11. 1.40 d

Brunzlow, Ottokar Über das Formenprinzip in der bildenden Kunst der Ägypter. 33 S. Progr. G. *Schwerin* 1883.

Brunzlow, Ottokar [aus Schwerin i. M.]: Ueber einige seltene, wahrscheinlich in die Kategorie der Gliosis spinalis gehorende Krankheitsfälle. . . . Berlin, Buchdr. v. Gustav Schade (Otto Francke) (1890); 41 + 1 S. 8°
Berlin, Med. Fak., Inaug.-Diss. v. 11. Jul. 1890

Katalog von Gemälden alter und neuzeitiger Meister, gerahmten Kupferstichen, Handzeichnungen etc. aus d. Nachlasse d. verstorbenen Rentners Herrn A. **Brupbacher**-Zürich u. aus anderem Besitz. Versteigerung ... 1907. Köln: J. M. Heberle 1907. (43 S.) 8° [07. 4017]

Brupbacher, F. (Hrsg.), s. Schweiz, Junge.

Brupbacher, Fritz, und **Tobler,** Max. Der tolle Hund. Ein Weihnachtsbuch. Illustriert von Paul Thesing. 116 S. 8. Zürich, Verlag Arbeiterunion (Unionsdruckerei, Bern, 1909). [geb. fr. 2. 25] N 8071
(Die ... Artikel sind alle im « Volksrecht » [Zürich] erschienen... .)

Brupbacher, Fritz, Kindersegen u. kein Ende? Ein Wort an denk. Arbeiter. (35 S.) 8. München (904). Buchdruckerei u. Verlagsanstalt G. Birk & Co. n. — 30

Brupbacher, Fritz, Kindersegen — u. kein Ende? Ein Wort an denk. Arbeiter. (Umschlag: 18. Aufl.) (35 S.) gr. 8. München (910). G. Birk & Co. — 30

— dasselbe. Verbess. u. verm. Ausg. (50 S.) 8. Ebd. (910). — 50

Brupbacher, Fritz. Die Psychologie des Dekadenten. 93 S. 8. Zürich-Rüschlikon, H. Thurow & Cie., 1904. [fr. 2. 50] N 2851

— **Die helvet. Revolution u. d. Arbeiterbewegg in d. Schweiz (1798—1851). In d. „Schweizer. Holzarbeiterzeitg" erschienene Artikelserie. (31) 8° Zür., (Buchh. d. Grütliver.) '12. n — 10 d**

Brupbacher, Fritz: Geburtshelfer Runge und die Frauen-Emancipation. Eine Erwiderung. — Zürich: Speidel in Komm. 1899. 16 S. 8°

Brupbacher, Fritz (Hrsg.), s. Schweiz, Junge.

Bruppacher, Heinr., s.: **Idiotikon,** schweizerisches.

Bruppacher, Heinrich s. Nüesch, Alexander, und Bruppacher, Heinrich.

Bruppacher, H[einrich]. Ueber Personen- und Familiennamen, mit Beziehung auf das Mittelhochdeutsche Namenbuch von Ad(olf) Socin, Basel 1903. Vortrag von Dr. H. B', gehalten in der Gesellschaft für deutsche Sprache, den 25. September 1903. ⟨Separatabdruck aus der Neuen Zürcher Zeitung [Jahrg. 124]. 24 S. 8. Zürich, Buchdr. der N' Z' Z', 1903. N 8950[4]

Bruppacher, Heinrich, von Zollikon [Kt. Zürich]: Versuch einer lautlehre der oskischen sprache. Zür. S. Höhr in Comm. 1869. 93 S., 1 Bl. 8°.
[Zürich. Phil. Diss. v. 10. Aug. 1869].

— das alte Zollikon, s.: Nüesch, Alex.

Bruppacher, Jules, prakt. Arzt, von Horgen (Kt. Zürich), ehemals Assistent am Kantonsspital Münsterlingen. Aus dem Kantonsspital Münsterlingen. Dirigierender Arzt: Dr. Conrad Brunner. Beobachtungen über Schussverletzungen mit besonderer Berücksichtigung der Röntgen Diagnostik. [Mit 1 Tafel.] Zürich 1905. 98 S. 8°. [2. VI. 05.]
Zürich. Med. Diss. 1904/1905.

Bruppacher, Jules. Beobachtungen über Schussverletzungen, mit besonderer Berücksichtigung der Röntgen-Diagnostik. Diss. Med. Univ. Zürich. [Mit Figuren und 1 Tafel.] *Kopftitel:* Aus dem Kantonsspital Münsterlingen. Dirigierender Arzt: Dr. Conrad Brunner. 98 S. 8. Zürich, J. Leemann, 1905. V Zür

Brus (Schlagwort)

Brus, s.a. **Serbien.**

Brus, Zone 32 col. 24. [Specialkarte von Serbien.] 1 : 75.000. 55×39 *cm* Wien: Lechner 1902 K 1.—

Brus (Verfasser)

(**Brus,** Ant.) — Briefe des Prager Erzbischofs Anton Brus v. Müglitz 1562—1563. Hrsg. v. S. Steinherz. (153 S.) Lex. 8. Prag 907. (J. G. Calve.) 3. —

Briefe des Prager Erzbischofs Anton **Brus** von Müglitz, 1562–1563. Hrsg. von S[amuel] Steinherz. Prag: Ver. f. Gesch. d. Deutschen in Böhmen 1907. (153 S.) 8° [F.] [07. 1798]

Brusa, E., Italien, s. **Handbuch** des öffentlichen Rechts der Gegenwart in Monographien.

Brusa, E., das Staatsrecht d. Königr. Italien, s.a. Handbuch d. öffentl. Rechts der Gegenwart.

Brusa, Staatsrecht v. Italien. Freibg. 888—90.

Brusa, E. Das Staatsrecht des Königreiches Italien. (IV. Abschn. Das Finanzrecht des Staates; V. Absch., 4. Kap. Das Gemeinde- und Provinzialfinanzrecht.) Marquardsen, Handbuch des öffentl. Rechts, IV 1. gr. 8°. Freiburg i. Br., C. J. B. Mohr, 1892.

Brusati, **Val., Diss. medica de morbis foeminarum. 8 maj. Wien 766. Trattner. 2 gr.**

[F.] Aus Franzburgs Vorzeit. Ein Beitr. z. Gesch. der Cisterzienser-Abtei Neuen-Camp. Vortr., im Gewerbe-Verein zu Franzburg geh. am 19. Febr. u. 5. März 1804 von C. **Brusch**, Lehrer ... M. Abb. d. früheren Klosterkirche ... *Franzburg: E. Hintze 1891.* (52 S., 1 Taf., 1 Bl 8.
[98 485 [illegible]

Brusch, Heinrich: Untersuchungen an elektrodenlosen Rohren. (Berlin 1910: Paul.) 38 S. 8°
Berlin, Phil. Diss. v. 1. Aug. 1910, Ref. Wehnelt
[Geb. 13. Dez. 87 Hannover; Wohnort: Schöneberg; Staatsangeh.: Preußen; Vorbildung: Oberrealsch. am Clevertor Hannover Reife O. 06; Studium: Berlin 8 S.; Rig. 7. Juli 10.] [U 10. 135

Brüsch, Wilh., die Beleuchtungsarten der Gegenwart, s. a. Aus Natur u. Geisteswelt 108. Bdchn.

Die Beleuchtungsarten der Gegenwart. Von Dr. phil. Wilhelm **Brüsch**, Oberl. Mit 155 Abb. Leipzig: B. G. Teubner 1906. (164 S.) 8° [F.]
— **Natur**, Aus, u. Geisteswelt. Bdch. 108. [07. 9051

Brüsch, Wilh., Grundriss der Elektrotechnik f. technische Lehranstalten. gr. 8. (XII, 168 S. m. 248 Abbildgn.) Leipzig 902. B. G. Teubner. Geb. in Leinw. n. 8.—

Brüsch, Wilh., Leitfaden der Elektrizität im Bergbau. gr. 8. (VIII, 298 S. m. 411 Abbildgn.) Leipzig 901. B. G. Teubner. Geb. in Leinw. n. 6.—

Brüsch, Wilhelm [aus Rostock]: Über Temperaturmessungen nach bolometrischem Princip, e. Beitr. z. spezif. Wärme d. Wassers bei verschied. Temperaturen ... Rostock. C. Boldt'sche Hof-Buchdr., 1894; 54 S., 1 Bl., 3 Taf. 8.
Rostock, Phil. Fak., Inaug.-Diss. v. [6. Aug.] 1894

Brüsch, Wilhelm, Dr.: Johanneum zu Lübeck. Die Unterrichtsräume für Physik und Chemie. Lübeck 1907: M. Schmidt. (S. 26—42.) 4°
Lübeck, Johanneum RG u. R OP 1907 (901)

Bruschettini, A. Über die Einmischung der Regierung in Versicherungs-Unternehmungen mit besonderer Rücksicht auf den neuen italienischen Gesetzentwurf. (S. A.) Leipzig 1908.

Bruschettini, Arn.: Die Verjährungsclauseln in den Versicherungspolicen. Wien 1899.
(S.-A. [illegible] Ehrenzweig's Assecuranz-Jahrbuch. [illegible])

Bruschettini, Arn.: Die Werthdeclaration keine Transportversicherung. Wien 1899.
S.-A. [illegible]
Jg. [illegible]

Bruschi, Canon., Orazione funebre per le solenni esequie di S. M. Francesco I Imperatore di Austria, detta in Vienna il dì 28. Marzo 1835 nella chiesa nazionale Italiana. gr. 8. Wien 835. Mechitaristen-Congregat.-Buchh. 1/6 rf

Bruschius, Ant. Günther, s. Baco von Verulam, Versuche.

— s. S. Rogers, die Freuden des Gedächtnisses.

Bruschke, A., ortsübliche Tagelöhne gewöhnlicher Tagearbeiter, festgestellt auf Grund des § 8 des Gesetzes, betr. die Krankenversicherung der Arbeiter (Reichs-Gesetzblatt 1892 Seite 385) nach dem Stande vom 1. I. 1902. Zusammengestellt im kaiserl. statist. Amte. Unter Beachtg. der Veröffentlichung desselben im Centralblatt f. das Deutsche Reich 1901. Nr. 64 hrsg. gr. 4. (76 S.) Dresden (902). (H. Henkler). n.n. 3.—

Brüschweiler, Albert. Zur Geschichte des Grimselpasses. SA. 8. Interlaken 1895.

Brüschweiler, C: Bevölkergs- u. Wohnverhältn. in d. Stadt Zürich, s.: Thormann. H.

Brüschweiler, Carl. St. Gallische Lehrlings-Statistik vom Jahre 1908. Im Auftrage des Volkswirtschaftsdepartementes bearbeitet. II + 39 S. 4. St. Gallen, V. Schmid & Co., 1908.
Statistik des Kantons St. Gallen. Heft 24.

Brüschweiler, F(riedrich). Männerchöre. Acht neue Lieder für Männerchor componirt von F. Brüschweiler. Op. 25. Partitur *und* Stimmen. [Mit Porträt.] (*zus. Partitur* 46 + *Stimmen* 88 S.) gr.-8. St. Gallen, Zweifel-Weber, (1901). (*zus.* Partitur M. 10. 80, Stimmen M. 5. 60)
(*Lieder von:* Jos[oph] Eichendorff, Heinr(ich) Leuthold, Dr. [Eduard] Stemplinger, Theod(or) Storm *und* Finnische Volksweise.)
No. 1. Verschwiegene Liebe... — No. 8. Seemann's Abschied...

Brüschweiler, F(riedrich). Männerchöre. Zehn einfache Lieder, nach Texten von [Joseph] Eichendorff für Männerchor componirt von F. Brüschweiler. Op. 24. Partitur *und* Stimmen. [Mit Porträt.] (*zus. Partitur* 42 + *Stimmen* 80 S.) gr.-8. St. Gallen, Zweifel-Weber, (1901). (*zus.* Partitur M. 8. 20, Stimmen M. 6. 20)
No. 1. Am Morgen... — No. 10. Letzter Gruss...

Brüschweiler, Paul. Geschichtlicher Rückblick auf die Entwicklung der evangelisch-reformierten Gemeinde in Moskau, 1629—1901. 114 S. 8. Moskau, G. Lüssniera & A. Geschelia, 1902.

Brüschweiler, Wilhelm, s. Brüschweiler-Wilhelm, Jakob

Brüschweiler-Wilhelm, Jakob

Brüschweiler-Wilhelm, Seminardirektor. Georg Allemann, ein Gottesmann der Neuzeit. Züge aus seiner pädagog. und pastoralen Wirksamkeit. In-8°, 224 S. Basel, Felix Schneider. 1883.

Brüschweiler-Wilhelm, J., vom Bauernjungen zum Großindustriellen. Kantonsrat Jakob Schmidheiny. Eine Lebensskizze. (80 S. m. 2 Taf.) 8. Basel 907. F. Reinhardt. 1.—

Vom Bauernjungen zum Großindustriellen. Kantonsrat Jakob Schmidheiny. Eine Lebensskizze von J[akob] **Brüschweiler**-Wilhelm. 2. Aufl. Basel: Reinhardt 1908. 79 S. 8° A 12. 10857

Brüschweiler-Wilhelm, J., Benjamin Franklin, s.: Jugend- u. Volksbibliothek, deutsche.

Brüschweiler-Wilhelm, J. Auf der Glücksleiter od. Millionär u. Bettler. Geschichte eines Graubündners. 8. (375 S.) Stuttg. 889, J. F. Steinkopf. * 3 —; geb. * 4 —

Brüschweiler-Wilhelm, J., Schuldirektor M. Schuppli. Geschichte e. Thurgauers. 8. (VII, 127 S. m. Bildnis.) Basel 899. Helbing & Lichtenhahn. n. 1.—

Schuldirektor M. Schuppli. Geschichte eines Thurgauers von J. **Brüschweiler**-Wilhelm. *Basel: R. Reich 1899.* (VI, 127 S.) 8° [A.] [99. 197

Brüschweiler, Wilh., Sonntagsruhe, eine Hauptquelle der Volkswohlfahrt. 8°. St. Gallen s. a.

Brüschweiler-Wilhelm, J[ohann] J[acob]. Momentbilder aus Paris, aus dem Sonntagskongress und aus der Weltausstellung. Hrg. von dem St. Galler-Verein für Sonntagsheiligung. II + 17 S. 8. St. Gallen, Zollikofer, 1901.

Brüschwiler, August, bacc. jur.: Die Prokura in der Beschränkung auf das Handelsgewerbe des Geschäftsherrn. Leipzig-Reudnitz 1909: Hoffmann. 76 S. 8°
München, Jur. Diss. v. 21. Dez. 1909, Ref. Gareis
[Geb. 9. Mai 83 Freiburg i. B.; Wohnort: Freiburg; Staatsangeh.: Baden; Vorbildung: Gymn. Lahr Reife Juli 02; Studium: Freiburg i. B. 7, Würzburg 1, Wien 1 S.; Rig. 21. Dez. 09.] [U 10. 3429

Bruschwitz, Joh.Georg (Hrsg.), s. Sammlung von Natur-und Medizin- wie auch hierzu gehörigen Kunst-und Literatur-Geschichten . . .

Bruschwitz, Johannes, Referendar: Schadensersatz bei arglistiger Verleitung zum Kauf. Borna-Leipzig 1910: Noske. VI, 69 S. 8°
Breslau, Jur. Diss. v. 21. Febr. 1910, Ref. Fischer, Meyer
[Geb. 29. März 86 Friedeberg a. Qu.; Wohnort: Swinemünde; Staatsangeh.: Preußen; Vorbildung: König-Wilhelms-Gymn. Breslau Reife O. 05; Studium: Breslau 6 S.; Rig. 13. Juli 09.] [U 10. 474

Bruscky, August. (Rud. Erdmannus) (geb. Cüstrin 25. 2. 1815): De morbillis. Berolini (1838). (20 S.) 8°
Berlin, Med. Diss. v. 29. Aug. 1838

Brusdeylins, Walth.: Dr. Martin Luthers kl. Katechismus, f. d. Mittelst. d. Gymn. erklärt. (96) 8° Dorpat, (F Bergmann) '12. geb. 1.50 d

— Schülerheft z. Unterr. in d. Bibelkde f. d. Mittelst. d Gymn. Als Mskr. gedr. (7, 78) 8° Ebd. '11. 1.60 d.

Bruse, Alfred

[F.] Die Andacht an den drei goldenen Samstagen zu Ehren d. lieben Mutter Gottes in ihrer Vortrefflichkeit u. Uebg. Von Alfred **Bruse**, Pfarrer v. Geithe. *Paderborn: Junfermann 1895.* (35 S.) 1 Bd 8.

Die Andacht an den drei goldenen Samstagen zu Ehren der lieben Mutter Gottes in ihrer Vortrefflichkeit und Uebung. Von Alfred **Bruse**. 2. Aufl. Paderborn: Junfermann 1903. (35 S.) 8° [F.]

Bruse, Alfr., Sanct Joseph, d. Helfer in jeder Noth. Vollst. Unterrichts- u. Gebetbuch z. Ehren d. hl. Joseph f. alle Zeiten d. Jahres. 16. (256 S. m. 1 Stahlst.) Paderborn 895. Junfermann. n. — 90; geb. in Leinw. n. 1. 20

Bruse, Alfr., Preis unsers Heils. Gebetbuch zu Ehren des kostbarsten Blutes unsers Herrn Jesu Christi für alle Zeiten des Jahres, namentlich für den Monat Juli, den der Verehrung des hochheil. Blutes geweihten Monat. Nebst kurzem Unterrichte über die Andacht zum göttl. Blute im allgemeinen, sowie über die Verehrung desselben während des Monats Juli insbesondere. 16. (VIII, 143 S. mit 1 Stahlst.) Werl 887, Stein'sche Buchh. *
geb. in Halbleder * 60 Pf.; in Leinw. *

Bruse, Alfr., Unterrichts- und Andachtsbüchlein für Firmlinge. 1.—4. Aufl. 12. (64 S.) Werl 883,84, Stein'sche Buchh. *

Bruse, Alfr., Unterrichts- u. Andachts-Büchlein f. Firmlinge. 5. Aufl. 12. (64 S.) Werl 884. Stein. n. — 20

—— Unterrichts- und Andachtsbüchlein für Firmlinge. 5. neu durchges., verb. und verm. Aufl. 12. (64 S.) Ebendas. 886. *

Bruse, W[ilhelm] u. Rohde, Karl: Katalog der Bibliothek des Realgymnasiums zu Güstrow. T. 1: Pädagogik u. Theologie. *Güstrow 1903: C. Michaal.* (38 S.) 8°
Güstrow, RG u. R, OP 1903 (753)

Bruse, W[ilhelm], und Rohde, Karl: Katalog der Bibliothek des Realgymnasiums zu Güstrow. T. 2. Deutsch, Geschichte und Geographie. Güstrow 1904: C. Michaal. (35 S.) 8° ¶(Forts. d. P-Beil. 1903.)
Güstrow, RG u. R OP 1904 (768)

Bruse, W[ilhelm], und Rhode, Karl: Katalog der Bibliothek des Realgymnasiums zu Güstrow. T. 3. Neuere Sprachen. Güstrow 1905: C. Michaal. (27 S.) 8° ¶[Forts. d. P-Beil. 1903. 1904.]
Güstrow, RG u. R OP 1905 (794)

Brüsehof, C: Techn.Wandtabellen. 7 Nrn je 74,5×60,5 cm. Nebst: Anleitg z. Gebr. (8) gr8° Gelsenk., Stück & L.('12). nn 12 —; aufgezogen m. St. nn 20 —; einz. Taf. nn 2 —; bezw. nn 3.50
1. Schrauben-Tabelle. ‖ 2. Gewichtstaf. f. Flacheisen. ‖ 3. Gewichtstaf. f. Quadrat- u. Rundeisen. ‖ 4. T-Eisen. ‖ 5. L-Eisen. ‖ 6. I-Eisen. ‖ 7. [-Eisen.

Brusendorff, Aug., s. Jul. Sandeau, Katharina.

Post-Cours- und Wege-Charte des Herzogthums Holstein . . . . bearb. v. **J. Brusendorff.** Kiel. o. J. Lithogr. 1 Bl. Fol., 46 58 cm.

Brusendorff, Max, prakt. Arzt in Sellnow ⟨Neum.⟩: **Zur Frage** der isolierten Ruptur des Scheidengewölbes während der Geburt. *Leipzig 1903: B. Georgi.* (30 S.) 8°
Leipzig, Med. Diss. v. (5. Dez.) 1903

Brüser, Wilhelm, (aus Ostbeyern): Untersuchungen über die sechsgliedrige halbeinfache Transformationsgruppe. *Münster 1903: Aschendorff.* (31 S.) 8°
Munster, Phil. Diss. v. (5. Okt.) 1903

Brusewitz, Vict.: Goethedarstellg durch Bilder. (12, 97) gr8° Uppsala '10. (Stockh., CE Fritze.) 2.40

Brüsewitz, Ernst *Heinrich Johannes Karl* [aus Greifswald]: Über die in der Greifswalder chirurgischen Klinik im Etatsjahre 1891 92 vorgekommenen Fälle von Herniotomie ... Greifswald, Druck v. C. Sell, 1892; 53 S., 1 Bl. 8.
Greifswald. Med. Fak., Inaug.-Diss. v. 8. Okt. 1892

Brusina, Spiridion, fossile Binnen-Mollusken aus Dalmatien, Kroatien und Slavonien, nebst einem Anhang. Deutsche verm. Ausg. der kroat. im „Rad" der südslav. Akademie der Wissenschaft und Künste in Agram [28. Bd. 1874] erschienenen Abhandlung. gr. 8. (VI, 144 S. mit 7 lithogr. Taf.) Agram 874, (Suppan'sche Universitäts-Buchh. — Leipzig, Breitkopf und Härtel.) * *

— contribution à la malacologie de la Croatie. Edition entièrement refaite par l'auteur sur la première Croate: „Prinesci malakologiji Hrvatskoj" comprise dans le I. volume de Travaux de l'académie slavo-méridionale des sciences et des arts d'Agram 1867. gr. 8. (40 S.) Agram 871. (Suppan.) n. 1. 20

Brusina, Spirid., contribuzione della fauna dei molluschi Dalmati. [Aus den Verhdlgn. der östreich. zoolog.-botan. Ges.] Wien 866. (Leipzig, Brockhaus.) gr. 8. (2 Bll., 134 S. u. 1 lith. Taf.) n. 24 *ngr*

Brusina, S., fauna fossile terziaria di Markuševec in Croazia. Con un elenco delle Dreissensidae della Dalmazia, Croazia e Slavonia. [Aus: „Glasnika Hrvatskoga Naravoslovnoga Družtva".] gr. 8. (98 S.) Zagreb 892. (Berlin, R. Friedländer & Sohn.) n. 3. —

Brusina, Spiridio, Iconographia molluscorum fossilium in tellure tertiaria Hungariae, Croatiae, Slavoniae, Dalmatiae, Bosniae, Herzegovinae, Serbiae et Bulgariae inventorum. Atlas. Imp.-4. (80 lith. Taf. m. je 1 Bl. Erklärungen u. X S. Text.) Zagrabiae 902. (Leipzig, M. Weg). n.n. 42. 50

Brusina, Spiridion, die Neritodonta Dalmatiens und Slavoniens, nebst allerlei malakolog. Bemerkungen. gr. 8. (104 S. nebst 1 lithogr. Taf.) **Frankfurt a. M. 884. (Agram, Hartmán's akadem. Buchh.)** *
Aus: Jahrbücher der deutschen malakozoologischen Gesellschaft, besonders abgedruckt.

Brusis. Les jugements littéraires dans les lettres de Madame de Sévigné. Bonn, Kortegarn's Institut, 1873. 12 S. 4.

Brusis, Anton, approb. Arzt: **Untersuchungen über die Veränderungen an der Kaninchenspeicheldrüse nach Unterbindung ihres Ausführungsganges.** *Marburg 1903: R. Friedrich.* (21 S.) 8°
Marburg, Med. Diss. v. 4. Apr. 1903

Brusis, *H.* [Oberl. Dr.]: The First Poems of Shakespeare considered as Descriptive Poems. Köln, Köln. Verl.-Anst. u. Druckerei, A.-G., 1892; 3—9 S. 4.
Köln, HM u. Lehrerinnen-Bildgs-A, P 1892**

Dhimi Kalcho, ein Uraukind. Von Frau Miss. **Bruske.** *Friedenau-Berlin: Gossnersche Mission [1901].* (15 S.) 8° [Umschlagt. F.]

Bruske, K., s. Arbeiter, der jugendliche.

Brusoni, Edmondo

Brusoni, Edm., Locarno, seine Umgebung u. seine Thäler. Centovalli, Onsernone, Maggia, di Campo, Bavona, Lavizzara u. Verzasca. Mit 98 Illustr. u. 5 topograph. Karten. 12. (VIII, 145 S.) Bellinzona 899. E. E. Colombi & Co. Kart. n. 1. 60

Brusoni, E[dmondo]. Die drei Oberital. Seen: Lugano, sein See und seine Verbindungslinien, San Salvatore - Generoso - Brunate. Como, sein See. — Die Brianza-Varese. Die Verbindungslinien von Mailand. Der Langensee - Pallanza - Locarno. [2] Karten — [1] Panorama — [zahlreiche Text-]Illustrationen. II + 466 + V S. 8. Bellinzona, El. Em. Colombi & C., 1902. (fr. 4. —)
Reiseführer Colombi.

Brusoni, E[dmondo]. Von Luzern nach Mailand. Beschreibender Reiseführer der Gotthardbahn, des Vierwaldstättersees, des Kts. Tessin und der drei ober-ital. Seen, inbegriffen: Rigi, Pilatus, Stanserhorn, Misoxer-Thal, Monte S. Salvatore, Monte Generoso, Brunate, Unter-Veltlin und Ober-Engadin, die Hauptlinien der Bahnen Nord-Milano, Mediterranea und Adriatica. 1. Aufl. 14 topographische Karten — 4 Stadtpläne — 1 Panorama — 150 feinste Illustrationen. *Kopftitel:* Reiseführer Brusoni & Colombi. Italienischer Alpenklub — Sektion Como. IV + XVI + 599 [+ 14] S. 8. Bellinzona, El. Em. Colombi & Co., 1901. ([geb.] fr. 6. —)

Brusot, M., s.a. **Volkserzählungen, keltische.**

Keltische Volkserzählungen. Deutsch von Dr. M. **Brusot.** Mit e. Vorbemerkung d. Übers. Halle a. S.: Hendel [1909]. VI, 57 S. 8°
(Bibliothek d. Gesamtliteratur d. In- u. Auslandes. Nr 2130.)

Brusot, Mart.: Die Stadt d. Lieder. Roman. (609) 8° Lpzg, Xenien-Verl.'13. 6 —; geb. n 7.50 d

Die Provinzial-Taubstummen-Anstalt zu Langenhorst. Eine Festschrift zur Feier des 50jährigen Bestehens der Anstalt. Von Matthias **Bruss.** Münster i. W. 1891. 8°.

Brüß: Über das Verhältniß der Schule zum Staate, zur Kirche und zur Familie. 16 S.
Progr. Potsdam 1843.

[**Brüss,** Christianus Fridericus] • Quem ad modum juvenilis institutio cum ratione rerum publicarum privatarumque ac sacrorum publice constitutorum conjuncta sit, disseratur. 11 Bl. 2°
Halle-Wittenberg, Phil. Diss. v. 8. Okt. 1841
Geb. [„Cratiznici" (Neumark), vielleicht = Kratznick (Kr. Arnswalde) 21. 7. 1788]
Verf. ist der zweitälteste Hallische philos. Drd. in unserer Periode.

Brüß, Friedrich, a. Cüstrin: Der Ausdruck des Konzessivverhältnisses im Mittel- und Neufranzösischen. Göttingen 1906: E. A. Huth. (XII, 143 S.) 8°
Göttingen, Phil. Fak., Ref. Stimming, Diss. v. 22. März 1906
[Geb. 9. Febr. 84 Küstrin; Wohnort: Göttingen; Staatsangeh.: Preußen; Vorbildung: Gymn. Küstrin Reife O. 02; Studium: Berlin 3, Genf 1, Göttingen 4 S.; Rig. 6. Dez. 05.]

Brüss, Johann Heinrich (Hamburg), De militis foro delinquentis. Diss. jur. Präs. Georg Heinr. Ayrer. Göttingen (J. H. Schulz) 5. V. 1762. 64 Seiten. (5.—) 4277

Brüss, Johannes [aus Cüstrin]: Der Belagerungszustand als Rechtsinstitut ... Cüstrin, Druck v. C. Adler's Buchdr., 1897; 59 S., 2 Bl. 8.
Erlangen, Jur. Fak., Inaug.-Diss. v. 1897

Brüss, Johs., d. Belagerungszustand als Rechtsinstitut. Diss. gr. 8. (68 S.) Cüstrin 897. (Erlangen, M. Mencke.) n. 1. —

Der Belagerungszustand als Rechtsinstitut. Von Dr. J[ohannes] **Brüss.** *Erlangen 1897: A. Vollrath.* (82 S.) 8° [F.]
[Erschien zuerst als Diss. von Erlangen 1897.]

Brussa (Schlagwort)

Brussa, s.: Kleinasien.

Brussatis, Gust. Ludw. Rob. (geb. Graudenz 18. 6. 1847): Ueber Stricturen der Urethra und ihre Heilung mit besonderer Berücksichtigung der durch Trauma entstandenen. Berlin (1872). (30 S.) 8°
Berlin, Med. Diss. v. 27. Juli 1872

Brüssau, Adolf

Brüssau, Adf., Matthias Claudius, der Wandsbecker Bote, s.: Kirchenliederdichter, unsere, 29. Heft.

Brüssau-Bielguth, Adf., Johann Heermann, s.: Kirchenliederdichter, unsere. 13. Hft.

Brüssau, Adf., Hans Ernst Frhr. v. Kottwitz, s.a. Zeugen, schlesische.

Hans Ernst Freiherr von Kottwitz. Von P. Adolf **Brüssau.** Liegnitz: Schles. Prov.-Ver. f. Inn. Mission [1907]. (16 S.) 8° [Umschlagt. F.]
— **Zeugen,** Schlesische. H. 3.

— Ernst Gottlieb Woltersdorf, s.: Kirchenliederdichter, unsere. 36.

Brüssau, Oskar

— Ellen Key's Ansichten üb. die Ehe, s.a. Zeit- u. Streitschriften zur Sittlichkeitsfrage. 1.

Ellen Key's Ansichten über die Ehe. Pastor Oskar **Brüssau,** Jarmen. (Berlin: A. Dartsch; Leipzig: H. G. Wallmann 1906.) (20 S.) 8° [Umschlagt. F.]
— **Zeit-** u. **Streitschriften** z. Sittlichkeitsfrage. N. F. No 1.

Brüssau, Oskar: Ellen Key's Ansichten über die Ehe. — Berlin: DeutscheSittlichkeitsvereine. 1906. 20 S. (Zeit- u. Streitschriften z. Sittlichkeitsfrage. N. F. 1.)

Brüssau, Osk., Gottfried Arnold, e. hl. Sänger u. Kämpfer. s.: Kirchenliederdichter, unsere. 1. 4.

Brüssau, Osk., auf zum Dienst! Ein Ruf zur Mitarbeit am Gemeindeleben. 1. u. 2. u. 3. u. 4. Taus. (Je 64 S.) 8. Hamburg (904). G. Schloeßmann. n. — 60

— Eins ist not. Predigten u. Ansprachen aus der Arbeit in Jungfrauenvereinen. Im Auftr. des Vorstände-Verbandes der evangel. Jungfrauenvereine Deutschlands gesammelt u. hrsg. gr. 8. (VIII, 240 S.) Berlin 902. Buchh. d. ostdeutsch. Jünglingsbundes. n. 3. —; geb. n. 3. 60

Brüssau, Osk.: Friedrich d. Gr. od. wie Preussen Grossmacht wurde. Gedenkbl. z. 200. Geburtstage d. gr. Königs. 1—30. Taus. (48 m. Abb.) 8° Hambg '12. Lpzg, G Schloessmann. — 30 (Pp.) d

— Uns. alter Fritz, s: Volksabende.

— Die Fürstin d. Fürstinnen. Gedenkbl. z. 100jähr. Todestage d. Königin Luise. 1—35. Taus. (32 m. Abb.) 8° Hambg '10. Lpzg, G Schloessmann. — 20 (Pp.) d

— Gnade um Gnade, s.: Kühn, Ernst.

— das angenehme Jahr des Herrn, s.: Kühn, Ernst.

Brüssau, Osk., die Jungfrauenvereine, s.: Für Feste u. Freunde der inneren Mission. 56. Hft.

— Gustav Knak, s.: Kirchenliederdichter, unsere. 30. Heft.

— Albert Knapp, der Vater des neueren geistlichen Liedes, s.: Kirchenliederdichter, unsere. 19. Hft.

— Johann Caspar Lavater, s.a. Kirchenliederdichter, unsere. 38.

(Brüssau, O[scar].) Johann Kaspar Lavater. [Illustriert.] II + 16 S. 8. Hamburg, Gustav Schloessmann, [1904]. [M. —.10] N 3830ª
Unsere Kirchenliederdichter. Bilder aus der Geschichte des Evangelischen Kirchenliedes. Heft 38.

— Königin Luise. Ein Lebens- u. Charakterbild m. e. Auswahl v. Briefen u. Aufzeichngn. d. Königin. (188 S. m. 12 Vollbildern.) 8. Hamburg 910. G. Schloeßmann. Geb. 4. —

Brüssau, Oskar: Königin L u i s e , "der Schutzgeist deutscher Sache", s.a. A l s Deutschland erwachte.

Königin Luise 'der Schutzgeist deutscher Sache'. Von Oskar Brüssau. Mit 15 Abb. Hamburg: Schloeßmann 1909. 100 S. 8°
(Als Deutschland erwachte. H. 1.) [09. 1701

— Ernst Schrill (Samuel Keller). Eine belletrist. Studie. (62 S. m. 1 Bildnis.) gr. 8. Hagen (903). O. Rippel. n. — 50

Ernst Schrill (Samuel Keller). Eine belletrist. Studie von Oskar Brüssau. 4. Taus. Hagen i. W.: O. Rippel [um 1906]. (61 S.) 8° [F.] [07. 13003

Brüssau, Osk., festliche Stunden unt. Gottes Wort. 8. (VII, 89 S.) Betzdorf 895. O. Ebner. n 1. —

Die Temperamente und das christliche Leben. Von Oskar Brüssau, Pfarrer. Hamburg: G. Schloessmann 1906. (158 S.) 8° [F.] [06. 6418 9

— Gottes Vorsehung u. das Unglück in Messina. Predigt, geh. am Sonntag, den 10. I. 1909. (14 S.) 8. Pasewalk (909). (Berlin, K. J. Müller.) — 25

— Nikolaus Ludwig Graf v. Zinzendorf, der Friedenssänger, s.: Kirchenliederdichter, unsere. 27. Heft.

Brüssau-Vielguth, Adolf, s. B r ü s s a u , Adolf

Das dem Meere entrungene Land. Plauderei über Holland von M. J. Brusse. Mit Buchschmuck von J. B. Heukelom. Hrsg. von d. Holländ. Eisenbahn-Gesellsch. Rotterdam: Brusse [1910]. 63 S. 8°
[10. 7314

Brusse, MJ: Eine Tieransiedlg in d. gr. Stadt. Allerlei v. u. a. d. Tiergarten. Aus d. Niederländ. v. C Cornelius. (8, 110 m. Abb.) 8° Darmst. ('10). Berl.-Stegl., P Hobbing. — 80; kart. 1 —; geb. 1.50 d

BRUSSEL, Philib.: Tr. de conditionibus testamentor., contractuum et pactorum, nec non P. DURAN de conditionibus et modis impossibilibus, ac jure prohibitis, contractibus et testamentis adscriptis nunc denuo excusus et expurgatus. *Fref.* 700. 4.

Brussel, Rob.: Les Roitelets, s: Humperdinck.

Brüssel [Sachliches OW]

Bruessel, Die Weltausstellung 1910 und Antwerpen. Berlin 1910. 8°.
(Griebens Reiseführer. Bd 84.)

Brüssel und Antwerpen. 2. Aufl. M. den Pl. v. Brüssel u. Antwerpen. *Berlin: A. Goldschmidt 1897.* (1 Bl., 66 S., 2 Pl.) 1 Bd 8.
— Reisebücher, Griebens. Bd 84. [98. 9893

Brüssel und Antwerpen. Mit 2 Karten. *Berlin: A. Goldschmidt 1901* (IV, 70 S.) 8°
Aus: Belgien u. Holland bearb. von O. Fiedler 8. Aufl.
— Reisebücher, Griebens. Bd 84.

Brüssel und Antwerpen. SA. aus d. 9. Aufl. des von O. Fiedler neu bearb. Führers durch Belgien. Mit 3 Karten. Berlin: A. Goldschmidt 1904–05. (IV, 70 S.) 8°
— Reiseführer, Griebens. Bd 84. [06. 9666

Brüssel und Antwerpen von O. Fiedler neu bearb. Mit 3 Karten. Berlin: A. Goldschmidt 1906–07. (IV, 82 S.) 8°
Aus: Belgien. 10. Aufl.
— Reiseführer, Griebens. Bd 84. [07. 8301

Brüssel und Antwerpen. Mit 3 Karten. Berlin: A. Goldschmidt 1908–09. (84 S.) 8°
Aus: Führer durch Belgien. 11. Aufl.
— Reiseführer, Griebens. Bd 84. [08. 15304

Brüssel und Antwerpen. Mit 4 Kt. Berlin: Goldschmidt 1910–11 83 S. 8°
Aus: Belgien 12. Aufl
(Griebens Reiseführer. Bd 84.) A 12. 5608

Brüssel u. Antwerpen v. der Kehrseite. (16 S. m. Abb.) 8. Brüssel 908. Kiessling & Co. — 40

— u. seine Ausstellung. Illustrierter u. zurückzahlbarer Führer. Deutsche Ausg. (296 S. m. Abbildgn. u. 1 Plan.) kl. 8. Brüssel (42 rue de la Madeleine) (910). E. Rossel. 1. —

Brüssel [Schlagwort]

Brüssel, s. a.: Europa. Liebenow.

— s. a.: Europa. Spezialkarte.

Brüssel, s. a. Woerl's Reisehandbücher.

Brüssel — Plan von — nach den neuesten und besten Hülfsmitteln in metallographischen Druck angefertigt. Berlin 1850 bei G. Reimer. 1: 10,000. 1 Bl.

Brüssel. Plan-Pharus Bruxelles. 1 : 10,000. 66,5×83,5 cm. Farbdr. Mit Strassenverzeichnis an den Seiten. Berlin (906). Pharus-Verlag. n. 1. 60

Brüssel. Plan-Pharus Bruxelles. Auteur: Cornel. Loewe. (Umschlag: Pharus-Plan Bruxelles. Etabli avec l'aide de la magistrature de la ville de Bruxelles ainsi que des administrations des communes environnantes.) 1 : 14,500. 46×58,5 cm. Farbdr. Mit Strassenverzeichnis. (16 S.) 8. Berlin (910). Pharus-Verlag. — 80

Brüssel [Verfasser]

Brüssel, Adph., der evangelische Familien-Freund. Blätter zur Unterhaltung für Geist u. Herz. Wien 857. Gerold in Comm. gr. 8. (138 S. mit Holzschn. im Text.) n. 7 ngr

Brüsselbach (Hrsg.), s. B l a t t , Das 104., aus dem Register . . .

Brüsselbach: Erklärg bibl. Altertümer m. 67 Nummern Phototypie. (2 Taf.) Enth. u. a.: Eine Münze v. Pharao, Salomo, phöniz. Glasmünzen v. Hiram u. a. Fcsm. verschied. Manuscripte, e. Ring v. David, d. jüd. Götzen, Geräte, Wachsmodelle a. vorexil. Zeit, d. Totenmaske Jesu auf Thontafeln d. ersten Christen, deren hebr. Inschriften u. a. m. 8° (7) Waldbröl 97, Pfr. Brüsselbach (?). 6 —

Brüsselbach, Erklärg. bibl. Altertümer m. 67 Nummern Phototypie. (2 Taf.) Enth. u. a.: E. Münze v. Pharao, Salomo, phöniz. Glasmünzen v. Hiram u. a. Fcsm. verschied. Manuscripte, e. Ring v. David, d. jüd. Götzen, Geräte, Wachsmodelle aus vorexil. Zeit, d. Totenmaske Jesu auf Thontafeln d. ersten Christen, der. hebr. Inschriften u. a. m. Lex.-8. (7 S.) Waldbröl 897. Selbstverlag. 6. —

[Umschlagt.:] [F.] Erklärung biblischer Altertümer m. 67 Nummern Photographie . . . Hrsg. v. Brüsselbach, Pfarrer a. D. *Waldbröl: Selbstv.; Flamm'sche Buchdr. [1897].* (4 Bl., 2 Taf.) 1 Bd 8.
— Palästina-Funde. No III. [98. 2304

[Umschlagt.:] Die Handschrift von Moses und Christus sowie v. Josua, David, Salomo, Jason, Simon u. einigen Jüngern m. 19 Nrn Phototypie hrsg. v. Bruesselbach, Pfarrer a. D. *Crefeld: Commr. v. G. A. Hohns 1897.* (3—10 S., 2 Taf.) 8.
— Palästina-Funde. No 2. [97. 7840

Brüsselbach, Palästina-Funde. Nr. 1 u. 2. gr. 8. Crefeld 897. (G. A. Hohns.) n. 6. —
1. Das 104. Blatt a. d. Register d. Thorschreibers v. Jerusalem v. J. 27 m. d. Meldung Jesu u. a. aramäisch u deutsch. (10 S.) n. 2. —
2. D. Handschrift v. Moses u. Christus, sow. v. Josua, David, Salomo, Jason, Simon u. einig. Jüngern m. 19 Nummern. Phototypie. (1 Taf.) (10 S.) n. 4. —

Bruesselbach, J., Erkenntnistheorie als philosophische Propädeutik für höhere Lehranstalten. 2., erweit. Ausg. gr. 8. (46 S.) Leipzig 891. Fr. Richter. n. — 60

Bruchzelbach, J., Geschichte der katholischen Reformbewegung in der Pfalz. Nach amtl. Quellen bearb. gr. 8. (62 S.) Kaiserslautern 883. Fussinger. n. 1. —

—— Das helle Licht der Wahrheit od. die wissenschaftl. Weltanschauung, m. besond. Berücksicht. der Religionsvorstellgn. dargestellt. gr. 8. (XII, 77 S.) Ebd. 891. 1 50

—— philosophische Propädeutik für die höheren Lehranstalten Deutschlands mit einem kurzen Abriss der Staatsethik als Anhang. gr. 8. (VIII, 44 S.) Ebendas. 883. *

— Religion u. Wissenschaft wider das Glaubensbekenntnis Ernst Häckel's. gr. 8. (20 S.) Leipzig 893. E. Rust. n. — 50

—— Wie stellt sich Rom zu Luther und dem Protestantismus, mit besond. Berücksicht. der an den meisten Orten als römisch-kathol. Gegendemonstration am Lutherfeste verteilten schändl. Lutherschrift dargestellt. 12. (14 S.) Kaiserslautern 883, Gotthold's Verlagsh.

Brüsseler-Zeitung (Deutsche). Hrsg. von Adelbert v. Bornstedt. Brüssel 1847—1848.

Brussels (Sachliches OW)

Brussels and its environs. World Exhibition 1910. Berlin 1910. V: *Volkmann Erwin*. (Berl 1910, S. 947)

Brussels and environs. With 5 maps. Berlin: Goldschmidt 1910–11. 53 S. 8°
Aus: Grieben's Guide Book 'Belgium'.
[Sonderausg.:] Brussels and the Universal Exhibition 1910. 1910.
[Umschlagt.:] Brussels and the Universal Exhibition 1910. (1910–11.)
(Grieben's Guide Books, Vol. 127) A 12 5527

Brussels and the Universal Exhibition 1910. 1910
in: Brussels and environs. 1910–11. A 12, 5828

Brussels [Schlagwort]

Brussels, s.: Grieben's Reiseführer (Guide books.)

— and its environs. s.a. Pilot-Reise-Führer. 8.

Brusshaver, J., Das allgemeine Wahlrecht und die sociale Frage. Reden in Wiener Arbeiter-Versammlungen gehalten. 8°. Wien, Pichler, 1868.

Brussich, Jos. Mansuet, ein offenes Wort zur Sprachenfrage an unseren Mittelschulen. Kritische Reflexe. (16 S.) gr. 8. Wien 902. (C. Kravani.) n. — 36

Brusskern, Chr., De rerum inventarum scriptoribus Graecis. Diss. 1863. 48 S.

Brvskern, Christophorvs (geb. am 26 Jan. 1840 in Friesdorf bei Bonn): De rervm inventarvm scriptoribvs Graecis ... Bonnae, typ. C. Georgi (1864). 2 Bl., 43 S., 1 Bl. 8.
Bonn, Phil. Fak., Diss. v. 25 Juli 1864

[F.] Brusskern, *Johann Christoph* [Dir. Dr.]: Zwei Einladungsschriften des Gymnasiums zu Attendorn aus dem 18. Jahrhundert. Siegen, Druck v. W. Vorländer, 1890; 8 Bl. 4.
Attendorn, G, P 1890 (353)

[F.] Brusskern, *Johann Christoph* [Dr., Dir.]: Verzeichnis der in den einzelnen Klassen für die Deklamation zu lernenden deutschen Gedichte. Siegen, Druck v. W. Vorländer, 1892; 11—12 S. 4.
Attendorn, G, P 1892 (345)

Brüssow (Schlagwort)

Brüssow, s.: Deutschland. Kürschner-Peip. - Geologische Karten (Preussen 60).

Brüssow, Fr. Ldw. Karl, ästhetische Ansichten üb. d. Charakter e. schönen Gegend. 8. Ratzeburg 821. Freybkn. 2 gl.

— allegor. Blumenstrauß f. Damen; e. Samml. v. Gedichten. 8. Ratzeburg 821.

— Grundzüge zu e. National-Charakter e. schönen Gegend; e. Versuch. 8. Ratzeburg 822.

— öffentl. Rüge e. offenbaren Ungerechtigkeit auf d. Universität zu ***. Mit Berücksichtigung auf die akadem. Gesetze daselbst. 8. Grabow 823.

Brüssow, Helene, Blumen am Wege. Gedichte. (171 S.) kl. 8. Leipzig 907. Verlag f. Literatur, Kunst u. Musik. 3. —; geb. n 4. —

Brust, A. (Hrsg.), s. Bergknappe, Der.

Brust, A. (Hrsg.), s. Bericht über den 1. Delegiertentag christlicher Bergarbeitervereine Deutschlands.

Brust, B. F., Lebensgeschichte der ehrwürdigen Mutter C. Mechtilde, der Stifterin und ersten Oberin vom Orden der ewigen Anbetung des allerheiligsten Altarssacramentes. Nebst Anhang von Gebeten für die Mitglieder der Bruderschaft vom heil. Altarssacramente. 8. (IV und 300 S. mit 1 Stahlst.) Osnabrück 856. (Overwetter.) *

Brust, Eduard, aus Meppen: Über die Einwirkung von Ammoniak, sowie von primären und sekundären aliphatischen Aminen auf das Chlormethylat des 1-Phenyl-3-Methyl-5-Chlorpyrazols und einige Homologe desselben. *Rostock 1903: C. Hinstorff.* (76 S.) 8°
Rostock, Phil. Diss. v. [11. Dez.] 1903

Brust, Fritz: Die Ästhetik der Musik in neueren Kunsttheorien und das Problem ihrer Allgemeingültigkeit. Straßburg 1910: Du Mont Schauberg. 85 S. 8°
Straßburg, Phil. Diss. v. 11. Dez. 1909, Ref. Ziegler
[Geb. 12. Juli 84 Kehl; Wohnort: Straßburg; Staatsangeh.: Elsaß-Lothringen; Vorbildung: Gymn. zu St. Stephan Straßburg Reife M. 02; Studium: Freiberg i. B. 2, Berlin 1, Heidelberg 2, Straßburg 8 S.] [U 10. 4074

Brust, G.

— u. H. Verdrow, die Elemente der mathematischen Geographie u. der Astronomie. Für den Schulgebrauch bearb. 4., verm. Aufl. gr. 8. (31 S. m. 3 Fig.) Ebd. 894. n. — 20

Brust, G. u. H. Verdrow. Geographie f. mehrklassige Schulen. 4 Tle. Unter besond. Berücksicht. d. prakt. Lebens bearb. gr. 8. Berl. 891, E. Mecklenburg. 1 05
1. Das deutsche Reich. (IV, 64 S.) * — 30.
2. Die außerdeutschen Staaten Europas. (IV, 58 S.) * — 30.
3. Die außereuropäischen Erdteile. (II, 64 S.) * — 30.
4. Die Elemente d. mathematischen Geographie u. Astronomie. (25 S.) * — 15.

Brust, G., u. H. Verdrow, Geographie f. mehrklassige Schulen. Unt. bes. Berücksicht. d. prakt. Lebens bearb. 3 Tle. 8., verb. Aufl. gr. 8. Leipzig 897. J. Klinkhardt. n. 1. 40
1. D. deutsche Reich. (56 u. 16 S. m. Abb. u. Karten.) n. — 40
2. Die außerdeutschen Staaten Europas. (68 u. 11 S. m. Abb. u. Karten.) n. — 40
3. Die außereurop. Erdteile. Mit Fig., Karten u. Abb. (II, 112 u. 16 S.) n. — 60

Brust, G., u. H. Verdrow, Geographie f. mehrklassige Schulen. Unter besond. Berücksicht. des prakt. Lebens bearb. 4 Tle. Mit Karten u. Abbildgn. 8. Leipzig (905). J. Klinkhardt. n. 2. —
1. Das Deutsche Reich. 4. durchgeseh. Aufl. (64 S.) n. — 50
2. Die außerdeutschen Staaten Europas. 4. durchgeseh. Aufl. (68 S.) n. — 50
3. Die außereuropäischen Erdteile. 4. durchgeseh. Aufl. (88 S.) n. — 60
4. Politische u. wirtschaftliche Geographie. (48 S.) n. — 40

— — Geographie f. mehrklass. Volksschulen. 3 Tle. 2. Afl. 8° Lpzg 95, J Klinkhardt. 1.20
1. Das deut. Reich. (70 m. Abbildgn u. 12 Fig. u. Kart.) — 30
2. Die ausserdeut. Staaten Europas. (85 m. Abbildgn u. 16 Fig. u. Kart.) — 40
3. Die aussereurop. Erdteile. (145 m. Abbildgn u. 13 Fig. u. Kart.) — 50

Brust, G., der Glückwunsch. Auserlesene Fest-Dichtgn. nebst Albumsprüchen. Ausgabe A—F. 12. Berlin 893. E. Mecklenburg. n. 2. 10
A. Große Ausg. (182 S.) Kart. n. 1. —. — B. Kleinere Ausg. (110 S.) Kart. n. — 50. — C. Kleinste Ausg. (80 S.) n. — 25. — D. Zum Geburts-, Neujahrs- u. Weihnachtsfeste. (64 S.) n. — 15. — E. Zum Neujahrs- u. Weihnachtsfeste. (38 S.) n. — 10. — F. Zum Geburtstage. (38 S.) n. — 10.

Brust, G.. und H. Berdrow: Lehrbuch der Geographie. Unter besonderer Berücksichtigung des praktischen Lebens für Real- und Mittelschulen, Seminare, Handels- und Gewerbeschulen, sowie für den Selbstunterricht. Mit 38 in den Text gedruckten Karten und einem Bilderanhange. Leipzig u. Berlin 1895. VII, 396, 17 S. 8°. |A 6104

— — dasselbe f. höh. Mädchenschulen. Unt. bes. Berücksicht. d. prakt. Lebens vers. M. 34 in d. Text gedr. Karten u. e. Bilderanh. gr. 8. (VII, 339 u. 47 S.) Ebd. 895. n. 2. 20

— — Lehrbuch der Geographie. Unter besond. Berücksicht. des prakt. Lebens für Real- u. Mittelschulen, Seminare, Handels- u. Gewerbeschulen sowie f. den Selbstunterricht. vers. 2. durchgeseh. Aufl. Mit 36 in den Text gedr. Karten u. 1 Bilderanh. (VII, 420 u. 44 S.) gr. 8. Ebd. 904. n. 2. 60

Brust, G: Berliner Schulatlas, s.: Pohle, R.

Brust's, G. F., zwölf Pläne zu städtischen Wohngebäuden mittlerer Größe, nebst deren Kostenberechnung. Lithogr. Fol. Mit Text in gr. 4. Darmstadt 842, Jonghaus, Hofbuchh. n. 2 ℛ — dass. billige Ausg. für Gewerb- u. Handwerkschulen. Imp.-4. Ebend. 843. n. 1 ℛ

Brust, H.: Geographie ..., s. Brust, G.

Brust, Mch., prakt. Darstell. wichtiger Gegenstände d. Zimmerbaukunst. Mit 58 Kpft. gr. Fol. Prag 801. Widtmann. 12 ℛ Schrbp. 15 ℛ N. A. gr. Fol. Wien 820. Haas. 10 ℛ Schrbp. 12 ℛ

Brustbild, das, ein Gemälde aus der franz. Revolut. von A. Fischer. 8. Prag, Widtmann. 804.

Brustbild, das, ein Gemälde von d. franz. Revolution, von A. Fischer. 8. Prag, G. Haas. 815.

— der heil. Walpurga, od. das blutende Menschenherz, von Natalis. 8. Erfurt, Müller. 810.

Brustbilder berühmter Männer u. Frauen. 1. u. 2. Serie. à 5 Blatt. Lith. 60,5×39,5 cm. Leipzig, Leipziger Schulbildervorl., F. E. Wachsmuth. à Serie n. 4. —; m. Leinw.-Rand u. Oesen n. 5. —; Einzelpr. à Blatt n. 1. —; bei 4 Blatt à n. — 80; Leinw.-Rand m. Oesen à n.n.n. — 20

1. Der grosse Kurfürst Friedrich Wilhelm. Friedrich II., der Grosse. Friedrich Wilhelm III. Die Königin Luise. Friedrich III. 892.
2. Fürst Blücher. Graf Moltke. Fürst Bismarck. Wilhelm I. Friedrich Wilhelm I.

— dasselbe. Kaiser Wilhelm II. 52×41 cm. Lith. Ebd. 894. n. 1. —; Leinw.-Rand m. Oesen n.n.n. — 20

Brustbilder berühmter Männer u. Frauen. Nr. 12. 60×40 cm. Lith. Leipzig 895. Leipziger Schulbilder-Verlag. Einzelpr. n. 1. —; auf dopp. Papier m. Leinw.-Rand u. Oesen n.n. 1. 20; bei 4 Blatt n. — 80; auf dopp. Papier m. Leinw.-Rand u. Oesen n.n. 1. —

König Albert v. Sachsen.

Brustbilder berühmter Männer u. Frauen. Kaiserin Auguste Viktoria. 50,5×41 cm. Lpzg, FE Wachsmuth ('11). 1 —; m. Rand n 1.20

Brustbilder aus der Paulskirche. 1. u. 2. Aufl. Leipz. 1849. V: *Heller, Wilhelm Robert.* (Ky) (Dn) (schles)

Brustbilder aus der Paulskirche (von Rob. Heller.) 8. (VIII u. 191 S.) Leipzig 849, G. Mayer. — 2. mehrfach bericht. Aufl. 8. (VIII u. 192 S.) Ebd. 849. ²/₃ ℛ

Bruster, Friedhelm, Aus alten Tagen. Drei rhein. Sagengedichte. Mit Ill. v. M. Pörschmann. 8. (60 S.) Leipzig 897. C. G. Naumann. 2. —; geb. 2. 75

Brustfell-Entzündung, s.: Miniatur-Bibliothek.

BRUSTFLECK, Kilian, oder der Sauhirte. 2 Theile. Mit Kupf. Schweinfurt, Riedel, 1806. 8°. Sehr selten!

Citirt Kayser unter Romanen, ohne Angabe des Ladenpreises.

BRUSTFLECK, Der verreist gewesene und nun wieder angekommene Kilian Brustfleck .... Schertz-Reden. Zum Druck befördert von Scappin. 1729.

— — Dasselbe. 1730.

Diese Schwankbücher kurz citirt in Weller's Lex. Pseud. p. 88 u. 503. Sehr rar!

BRUSTFLECK, Kilian (kein Pseud.). — Schnacken, Schnurren, lustige Schwänke u. Einfälle, welche der weltbekannte *Kilian Brustfleck* im Wirthshause zu Gablitz (sic!) öfters zu erzählen pflegte. Wien, Alois Doll, 1801. 8°. (24 xr.)

Anzeige des Verlegers. — Selten, wie die folgende Ausgabe.

— — Dasselbe, titulo: Schnurren, lustige Schwänke u. Einfälle des weltbekannten Kilian Brustflecks, welche er im Wirthause zu Gablitz öfters zu erzählen pflegte. Nürnberg 1801. 8°. 124 S.

BRUSTFLECK, Kilian (ps.). Der melancholische Zeitvertreiber. 1719.

Brustkrankheiten, die, oder guter Rath u. sichere Hülfe bei den Beschwerden u. Krankheiten der Brust, als Katarrh, Engbrüstigkeit, Schwindsucht, Blutspeien rc.; nebst Angaben, sich davor zu schützen. 8. Leipz. 822. (Pesth, Hartleben). 9 ℊ

Brüstle, Wilh., s.: Kinderfreund, der.

Brüstlein, Alfr., s.: Archiv f. Schuldbetreibung u. Konkurs.

Brüstlein, Alfr., das Bundesgesetz üb. Schuldbetreibung u. Konkurs, s.: Weber, Leo.

Brüstlein, Alfr., die Grundzüge des Entwurfes eines eidgenössischen Betreibungs- und Konkurs-Gesetzes. Eine Streitschrift als Entgegnung auf die Broschüre des Herrn J. H. Bachmann. gr. 8. (51 S.) Basel 888. (Bern, Jenni.) *

Brüstlein, A, d. Grundzüge d. Entwurfes e. eidgenöss. Betreibungs- u. Konkurs-Gesetzes. Eine Streitschrift als Entgegnug auf d. Broschüre d. Hrn JH Bachmann. 8. (51) Bas. 88. (Bern, Koehler.) n. 1. 50

Brüstlein, A., Schuldbetreibung, siehe Weber.

Brüstlein, G[ilbert]. Über die Beziehungen des nach Ehrlich's Methode bestimmten Antitoxingehaltes des Diphtherie-Serums zu dessen Heilwert. Diss. Med. Bern. [Sep.-Abdr. aus: Arbeiten aus dem Institut zur Erforschung der Infektionskrankheiten in Bern.... Heft 3.] *Kopftitel:* Aus dem Institut zur Erf' der Inf' der Universität Bern.... II + 23 S. 8. Jena, Gustav Fischer, 1909. V Bern

Brüstlein, Joh., Luthers Einfluss auf das Volksschulwesen u. den Religionsunterricht. (Abdr. aus dem 4. Bdchn. der Beiträge der theolog. Wissenschaften v. Ed. Reuss u. Ed. Cunitz.) gr. 8. (160 S.) Jena 852. Mauke. n. ²/₃ ℛ

[Brüstlein, John Eduard.] Begründung des Projektes einer Elektrischen Eisenbahn von Brunnen nach Morschach, Axenfels und Axenstein am Vierwaldstättersee. [Mit 1 Tafel.] II + 24 S. 4. ([Winterthur,] G[eschwister] Z[iegler, 1903].) Vq

Brüstlein, J. E., s. a. Bericht betr. Zürcher Strassenbahnen der Tit. Direction der öffentlichen Arbeiten...

Brüstlein, John E. u. E. Riggenbach. Bericht betr. Zürcher Strassenbahnen. Der Tit. Direction der öffentl. Arbeiten d. Kantons Zürich erstattet. Mai 1892. gr. 4. (13 S. m. 4 Plänen u. 4 Taf.) Zürich 892, Hofer u. Burger. In Futteral * 5 ..

[Brüstlein, John Eduard.] Notices statistiques sur le trafic et le rendement de lignes spéciales de chemins de fer suisses et en particulier des lignes de touristes, précédées d'un Tableau du mouvement des voyageurs sur les bateaux à vapeur du lac des quatre-cantons et la ligne du Gothard. 8 p. 4. [Winterthur,] G[eschwister] Z[iegler, 1903]. Nq 2450²⁵

[Publié par les promoteurs d'un chemin de fer de Brunnen à Morschach.]

[Brüstlein, John Eduard.] Statistische Notizen über Verkehr und Rendite Schweizerischer Spezialbahnen insbesondere Touristenbahnen, nebst einer Uebersicht des Personenverkehrs der Dampfschiffe des Vierwaldstättersees und der Gotthardbahn. Zusammengestellt nach den offiziellen Zahlen der schweizerischen Eisenbahnstatistik und den Geschäftsberichten der betreffenden Gesellschaften (—1902). 8 S. 4. [Winterthur,] G[eschwister] Z[iegler, 1903]. N° 2450[24]
[Hrg. von den Initianten der Brunnen-Morschach-Bahn.]

Brüstlein, U.

— E. **Zastrau, Marx**, Ausführung v. Neubauten des Hochbaus, s.: Tolkmitt, G., Bauaufsicht u. Bauführung.

— — — Ausführliche Entwürfe u. Kostenanschläge. s.: Tolkmitt, G., Bauaufsicht u. Bauführung.

Brüstlein, U., näherungsweise Kostenberechnungen v. Hochbauten, s.: Tolkmitt, G., Bauaufsicht u. Bauführung.

Brüstlein: Die bisher bekannten Mittel z. Verhütg v. Pilzschäden an Bauhölzern vor d. Einbau, s: Hausschwamm-Forschungen.

Brustlein, Prof., Grammaire française-allemand etc., s. Gérard, J. M. A.

Brustlein, Journal des enfants, s. Gérard.

Brustlein, franz.-deutsche u. deutsch-franz. SchulGrammatik s. Gérard.

Brust-Lungenleiden, s.a. Volks- u. Haus-Arzt, deutscher.

Brust-Lungenleiden. (Lungenkatarrh, Lungenentzündung, Asthma, Lungentuberkulose). Ihr wahres Wesen . . . und naturgemässe Heilung auf dem Wege der Selbsthilfe . . . Bielefeld 1902. V: *Wähling, Wilhelm B.* (Berl)

Brustmann, Joseph, a. Winkel i. Rheingau: Untersuchungen über das Glan-Donnersberger Vieh und seine Leistungsfähigkeit. Worms 1904: Kranzbühler. (80 S.) 8°
Gießen, Phil. Fak., Ref. Albert, Diss. v. 23. Nov. 1904
[Geb. 20. Jan 81 Winkel; Wohnort: Winkel; Staatsangeb.: Preußen; Vorbildung: Realgymn. Wiesbaden Reife O. 00; Studium: Halle 4, Gießen 2 S.; Rig. 3. Aug. 04.]

Brustmann, Martin, Olympischer Sport, Theorie, Technik, Training u. Taktik d. olympischen Sportzweige, m. Originalzeichn. v. H. Kallmeyer, Berlin-Steglitz 1910, 194 S., 8°.

— Olympisches Trainierb. (162 m. Abb.) 8° Berl.-Schönebg, Verl. „Illustr. Sport" '12. 2.50; Ldr 3 —

Bruston, Ch., du texte primitif des psaumes. Explication des passages, les plus obscurs de ce livre. 8. (123 S.) Paris 873. Sandoz & Fischbacher. n. 3. —

Brüsztle, Jos., Recensio universi cleri dioecesis Quinque-Ecclesiensis, distincte a tempore amotae cum exitu seculi XVII. tyrannidis Turcicae, restitutaeque in his partibus tranquillitatis, adjectis quibusdam aetatem hanc antecedentibus, commentariis historicis illustrata. Tom. I. Lex.-8. (660 S.) Quinque-Ecclesiis 874. (Budapest, Tettey und Comp.) *

Brut, der Münchener. Gottfried von Monmouth in französischen Versen des 12. Jahrh. Aus der einzigen Münchener Handschrift zum ersten Mal hrsg. von Konr. Hofmann und Karl Vollmöller. gr. 8. (LII, 124 S.) Halle 876, Niemeyer. *

Der Münchener Brut. Gottfried von Monmouth. In französ. Versen des XII. Jahrhunderts. Aus der *einzigen* Münchener Handschrift z. 1. Mal hrsg. von *Konr. Hofmann* u. *Karl Vollmöller.* Halle a. S., Max Niemeyer, 1877. Gr. 8°. Cart.*) Bleistiftrandnoten auf den ersten Bll.
1 Bl., LII, 124 S.

Brut. Die verdeckte B' eines Jacobiner-Komplotts im Toggenburg. 1795 s. [Dudli, Johann Georg].

Brutalia juris für alle Menschenkenner, besonders aber f. Facultisten u. Schöppen lustig u. lieblich zu lesen. (Von J. Cph. Koch.) 16 Stck. 8. Köln 779. Pt. Marteau.

Brutalia juris für alle Menschenkinder . . . Cöln [Giessen] 1779. V: *Koch, Joh. Christoph.* (HS) (MGT) (Wr) (Adel) »Menschenkenner« (Ky) V: *Hommel, Carl Ferd.* [?] (ML)

Bruté, Sim. Gab., Jugenderinnerungen aus der Schreckenszeit der französischen Revolution. Nebst einem Lebensabrisse desselben von James Roosevelt Bayley. Aus dem Engl. übers. von Friedr. Dorn. 8. (XII und 178 S.) Regensburg 865, Manz.

Bruti Ezio: Ueber einen toskanischen Petrarchisten des 15. Jahrhunderts. (Roscio Roselli.)
H. 1908 PN 2531 Diss. Wien, Univ.

Bruti, M., epistolae graecae ex recensione Ant. Westermanni. 4maj. (27 S.) Lipsiae 855, Dürr'sche Buchh.

Brutkowski, Josef De Steineri revolutarum areis. 8 S. u. Taf.
Progr. *Hadamar* 1876.

Brutkowski, Joseph (geb. Posen 17. 3. 1829): Disquisitio analytica trium theorematum, in Crellii diarii volu XVIII ab ill[mo] Steiner propositorum, ad areas curvarum revolutarum spectantium. Berolini (1850). (18 S.) 4°
Berlin, Phil. Diss. v. 12. März 1850

Brutovski, August, Der französisch sprechende Pharmaceut. Handbuch d. französ. Sprache f. Apotheker, Aerzte, Droguisten etc. Herausgeg. von Dr. H. Heyer. 8. (148 S.) Wien, Moritz Perles. 1 fl. 75 kr. 1884.

Brütsch, K.

— Eisenb.-Karte Weizen—Zollhaus. 1:25,000. 38×24 cm. Lith. Ebd. (1899). — 20

Brütsch, K, Karte v. Baden. 8. Afl. 41×31,5 cm. Farbendr. Bonnd. 95, JA Binder's Nf. — 20

Brütsch, K: Karte v. Amtsbez. Donaueschingen. 1:100,000. 33,5 ×47,5 m. Farbdr. Boundf, Spachholz & Ehrath (1898). — 20; aufgez. n — 35

— **Karte v. Amtsbez. Neustadt. 2. Afl. 38×45 cm. Farbendr. Ebd. 90.** — 20

— **Karte v. Amtsbez. Neustadt (Schwarzwald). (3. Afl.) 34,5×44 cm. Farbdr. Ebd. (1898).** — 20; aufgez. n — 35

Brutschke, Fritz, Aufzüge u. Abladevorrichtungen f. Heu u. Getreide, s.: Hagmann, J.

Brutschke, die landwirtschaftlichen Maschinen in den Vereinigten Staaten von Nordamerika u. der Arbeiterersatz, s.a. Berichte üb. Land- u. Forstwirtschaft im Auslande. 6.

Die landwirtschaftlichen Maschinen in den Vereinigten Staaten von Amerika und der Arbeiterersatz. Bericht des z. Studium d. nordamerik. landwirtsch. Maschinenwesens entsandten Sachverst. Ingen. [Fritz] Brutschke-Berlin. Mit 62 Textabb. *Berlin: Deutsche Landw.-Ges. 1904.* (79 S.) 8° [F.]
== Berichte über Land- u. Forstwirtschaft im Auslande. Mitget. v. Ausw. Amt. Buch-Ausg. St. 6. [illegible]

Brutschke, F., über die Misstände auf der königl. Gewerbe-Akademie zu Berlin. Rede, gehalten in der Versammlung von Studirenden der königl. Gewerbe-Akademie am 11. Juli 1878. gr. 8. (28 S.) Berlin 878, Haack.

Die wirklichen Wasserverhältnisse in der unteren Oder und der Großschiffahrtsweg Berlin-Stettin. Von Fritz **Brutschke**. Schöneberg-Berlin: Telge 1898. 21 S. 8° [illegible]

Uetersen. Nach d. Natur gez. v. F. **Brütt**. Lith. in W. Heuer's Atelier in Hamburg. Uetersen, o. J. vor 1850?| 1 Bl. Fol. 42 58 cm.
Mit Randbildern.

Brütt, J, d. Disciplin in d. Volkssch. 12. (26) Alt. 52. (Hamb., Haendcke u. L.) n. — 5

Brütt, J., die Disciplin in der Volksschule f. angehende Jugendlehrer. [Abdr. aus dem Schlesw.-Holst. Schulblatt.] gr. 12. (IV u. 26 S.) Altona 852, Lehmkuhl & Co. in Comm. n. 1/6 Thl

Brütt, Lorenz

Brütt, Lor., die abstrakte Forderung nach deutschem Reichsrecht. (III, 320 S.) gr. 8. Berlin 908. J. Guttentag. 7. —

Brütt, Lor., das Koalitionsrecht der Arbeiter in Deutschland u. seine Reformbedürftigkeit, s.a. **Abhandlungen des kriminalistischen Seminars an der Universität Berlin. II. 4.**

Das Koalitionsrecht der Arbeiter in Deutschland und seine Reformbedürftigkeit. Von Lorenz Brütt. *Berlin: J. Guttentag 1903.* (S. 260–313.) 8°
— Abhandlungen d. kriminalistischen Seminars an d. Univ. Berlin. N.F. Bd 2, H. 4.

— Die Kunst der Rechtsanwendung. Zugleich e. Beitrag zur Methodenlehre der Geisteswissenschaften. (III, 214 S.) gr. 8. Ebd. 907. 4. —

Brütt, Lorenz, Referendar am Kgl. Amtsgericht zu Rendsburg: Das rechtsgeschäftliche Veräusserungsverbot nach gemeinem Recht und Bürgerlichem Gesetzbuch. *Berlin (1900): E. Ebering.* (94 S.) 8°
Berlin, Jur. Diss. v. 8. März 1900

Brütt, M. D., die Anfänge der classischen Tragödie Frankreichs. Inaugural-Dissertation. gr. 8. (76 S.) Altona 878. (Göttingen, Vandenhoeck & Ruprecht.) n. 1. 80

Brütt, *Maximilian* [stellvertr. Dir. Prof. Dr.]: *Der Abschied des Direktors Prof. Dr. Konrad Friedlaender.* Hamburg, gedr. bei Lütcke & Wulff, 1896; 2—5 S. 4.
Hamburg, RG d. Johanneums, P 1896 (750)

Brütt, *Maximilian Dohrn: Ansprache bei der ersten Entlassung der Abiturienten am 1. Oktober 1898.* 4 (S. 2—5 d. Schuln.).
Progr. Rsch. auf d. Uhlenhorst *Hamburg* 1899

Brütt, [Maximilian], Dir.: [**Ansprache** bei der ersten Entlassung der Abiturienten am 1. Okt. 1898.] *Hamburg 1899: Lütcke & Wulff.* (S. 2—5.) 4°
Hamburg, R auf der Uhlenhorst, P 1899 (786)

Brütt, *Maximilian Dohrn Ansprache an die Schüler bei der Schulandacht, welche auf den Tod (22. November 1894) des Prof. Dr. Karl Ludw. Friedr. Hamann folgte.* 4 (S. 12—13 der Schuln.). **Progr.** Rg. des Johanneums *Hamburg* 1895

Brütt, Maximilian [Dir. Prof. Dr.]: 1. Entstehungsgeschichte der Realschule auf der Uhlenhorst. — 2. Das Schulgebäude. — 3. Die Einrichtung der Schule. — 4. Die Eröffnung und Einweihung der Schule. — 5. *Das Lehrerkollegium.* Hamburg, gedr. bei Lütcke & Wulff, 1897; 1—13 S. 4.
Hamburg, R auf d. Uhlenhorst, OP 1897 (767)

Brütt, Maximilian *Dohrn*: Geschichtliches. 1. Entstehungsgeschichte der Realschule auf der Uhlenhorst. 2. Das Schulgebäude. 3 Die Einrichtung der Schule. 4. Die Eröffnung und Einweihung der Schule. 5. *Das Lehrerkollegium.* 4 (S. 1—13 der Schuln.).
Progr. Rsch. auf d. Uhlenhorst zu *Hamburg* 1897

Brütt, Max. Der Positivismus nach seiner ursprünglichen Fassung dargestellt u. beurteilt. gr. 4. (61 S.) Hamb. 889, (Herold's Verlag). ** 2 50

Brütt, Maximilian [Dr.]: Der Positivismus, nach seiner ursprünglichen Fassung dargestellt und beurteilt. Hamburg, gedr. bei Lütcke & Wulff, 1889; 2 Bl., 61 S. 4°
Hamburg, RG des Johanneums, OP 1889 (690)

Brütt, [Maximilian] (Schulrat): [Rede bei der Einführung des Direktors Dr. Horst Johannes Keferstein.] S. 4—5. 4.
Progr. Realschule in St. Pauli *Hamburg* 1908

Brütt, [Maximilian], Dir.: [Die **Weiterentwicklung** der Anstalt zu einer Oberrealschule, sowie Erläuterungen zu ihrer Einrichtung.] *Hamburg 1900: Lütcke & Wulff.* (S. 1—2 u. 12—14.) 4°
Hamburg, R auf d. Uhlenhorst, P 1900 (793)

Bruttan, A., Lehrbuch der Naturgeschichte. Bestimmt zum Gebrauche auf den Schulen der Ostsee-Provinzen so wie zur Selbstbelehrung. gr. 8. (VII und 320 S.) Reval 865, Kluge's Verlag. *

Bruttan, A., Lichenen Ehst-, Liv- und Kurlands beschrieben. gr. 8. (III, 166 S.) Dorpat 870, (Gläser's Verlag.) [Schnakenburg.] *

Bruttan, A., Lichenen Esth-, Liv- u. Kurlands beschrieben. [Aus „Archiv der Naturkunde Liv-, Esth- u. Kurlands."] gr. 8. (III, 166 S.) Dorpat 870. (Schnakenburg.) n. 3. —

— Schul-Naturgeschichte. Bestimmt zum Gebrauche auf den Schulen der Ostseeprovinzen. gr. 8. (XIV, 186 S. m. eingedr. Holzschn.) Reval 870. Kluge. n. 1. 80

Bruttan, A., Schul-Naturgeschichte. Bestimmt zum Gebrauche auf den Schulen der Ostseeprovinzen. 3. Aufl. gr. 8. (XV, 203 S. mit eingedr. Holzschn.) Reval 879, Kluge's Verlag. cart. *

Bruttan, A., Schul-Naturgeschichte. Bestimmt zum Gebrauche auf den Schulen der Ostseeprovinzen. 4. verb. Aufl. gr. 8. (XIII, 210 S. mit eingedr. Holzschn.) Reval 884, Kluge's Verlag. cart. *

Bruttan, Carl, e. Beitrag zur Casuistik der centralen Gliose des Rückenmarks [Syringomyelie]. Diss. gr. 8. (82 S. m. 2 Taf.) Jurjow (Dorpat) 892. (E. J. Karow.) n. 1. 60

Bruttan, Paul. Ein Beitrag zur Lehre von den Nabelschnurumschlingungen auf Grundlage von 500 an der Dorpater Frauenklinik beobachteten Geburten. Diss. Dorpat. 8°. 70 pp. 1890.

Bruttér, M., Leben des ehrwürdigen P. Maria Johann B. Muard vom heiligsten Herzen Jesu, gewesenen Pfarrers von Joux la-Ville u. von St. Martin d'Avallon, Stifters des Hauses der Väter vom heil. Edmund zu Pontigny u. der Benedictiner-Prediger von den heiligsten Herzen Jesu u. Mariä zu Notre Dame de la Pierre-Qui-Vire. Aus dem Franz. von einem Capitular des Benedictiner-Stiftes Lambach. Bevorw. v. B. Höllrigl, Stadtpfr. v. Ybbs. 8. (V, 564 S.) Wien 876. (Kirsch.) n. 2. 40

Brutthow, Atheline v., od. d. Kreuzzug; e. histor. Roman. 8. Leipz. Schwickert. 794.

v. Brutthow, Athelin, od. d. Kreuzzug; e. histor. Roman (v. Chr. Fr. Tr. Voigt). 8. Leipz. 794. Schwickert. 15 gr

Brütting, Georg. approb. Arzt aus Kirchehrenbach (Oberfranken): Ueber Pseudarthrosenbildung nach Frakturen in Bezug auf Lokalisation und Aetiologie. Waldsassen 1905: A. Kleemann. (39 S.) 8°
Erlangen. Med. Fak., Ref. Graser, Diss. v. 7. Dez. 1904
[Geb. Kirchbehrenbach; Staatsangeh.: Bayern: Approb. 7. Dez. 04.]

Brutus. Ein Drama zur Musik in Musik gesetzt von dem Concertmeister Bach zu Bückeburg. O. O. 1774. V: *Herder, Johann Gottfried von.* (GGr) (Ky) (JL)

— Trauersp. in 5 A. nach Voltaire, v. J. F. L. Menzel. 8. Bayr.uth, Lübeck. 791.

— Trauersp. in 5 Aufz. v. Voltaire, a. d. Frz. neu übers. 8. Frkft. Hermann. 791.

Brutus, od. der Sturz d. Tarquinier. 8. Weissenf. Severin. (Baumgärtner in Leipz.). 797.

Brutus. Ein republikan. Trsp. in 5 A., a. d. Frz. d. Voltaire, übers. v. Trauer. 8. Basel, Flick. 800.

Brutus, Trauersp. in 5 Aufz. v. K. W. F. Fuchs. 8. Lpz. Gräff 816.

Brutus u. Corday; e. Unterredung, (v. J. F. Gaum). 8. Ulm 794. Stettin. 4 gr

Brutus, Junius; Trauerspiel. Zürich 1761. V: *Hirzel, Salomon.* (Ky) (GGr)

— Junius. Trsp. 8. Zürich, Orell. 76.

Brutus und die Tarquinier. Historische Tragödie in 5 Acten ... Pest 1837. V: *Henszlmann, Emer.* (Pk)

Brutus und die Tarquinier. Histor. Tragödie in 4 Aufzügen v. C. H..... gr. 12. Pesth 837. Heckenast. 1 ₰

Brutus u. Cassius Tod. 8. Bas. 782. Serini. 3 gl

Brutus, Alois, Die Schulwerkstätte in ihrer Verbindung mit dem theoretischen Unterrichte. 8°. Wien 1886.

Brutus, Lucius Junius, der Prozeß Kwilecki. Ein soziales Zeitbild. (47 S. m. 2 Abbildgn.) gr. 8. München (904). M. Ernst. n. — 25

Brutus, M., Epistolae graecae ex recensione Anton W e s t e r m a n n. Lpz. (A. Edelmann) 1856. 27 S. (4.—) 4383
Bernh. Zerener (Dresden), Joh. Carl Knoth Panitz (Kleinzschocher).

Brutzer, homöopathische Behandlung der Cholera, s. Behandlung.

Brutzer: Allgemeine Handelskorrespondenz s. Bibliothek d. ges. Handelswissenschaften

Brutzer, s. Handelskorrespondenz, allgemeine, in fünfzehn Sprachen.

Brutzer, Leitfaden zum Unterricht der Hebammen-Schülerinnen, s. Leitfaden.

Brutzer, Alexander, a. Lübeck: Aus dem Anscharkrankenhause zu Kiel. Querriß des Dünndarms. Kasuistischer Beitrag zu den subcutanen Verletzungen des Bauches. Kiel 1905: H. Fiencke. (15 S.) 8°
Kiel, Med. Fak., Ref. Helferich, Diss. v. 10. Apr. 1905
[Geb. 2. Febr. 81 Rothenburg b. Riga; Wohnort: Lübeck; Staatsangeh.: Lübeck; Vorbildung: Gymn. Lübeck Reife O. 00; Studium: Freiburg i. B. 4, Leipzig 2, Kiel 3 S.; Coll. 24. März 05; Approb. 9. März 05.]

Brutzer, C. E., Versuch zum Entwurf eines Lehrbuchs der Homöopathie für Aerzte, die sich mit dieser Lehre bekannt machen wollen. 1r Abschnitt. A. u. d. T.: Versuch zur theoret Begründung des Princips der Homöopathie, nebst einigen Folge- u. Nebensätzen für Aerzte. 8. Riga 838. Frantzens B. n. ½ ₰

Brutzer, C. E., Versuch zum Entwurf e. Lehrbuchs d. Homöopathie für Aerzte, die sich mit dies. Lehre bekannt machen wollen. 1. Abschn. — A. u. d. T.: Versuch zur theoret. Begründung d. Princips d. Homöopathie, nebst einigen Folge- u. Nebensätzen für Aerzte. 8. (5 B.) Riga 838. [Kummel.] *

Brutzer, Ernst, Begegnungen m. Wakamba während meines ersten Halbjahres in Afrika, s.: Lichtstrahlen im dunkeln Erdteile. Nr. 6.

Brutzer, Ernst, der Geisterglaube bei den Kamba. Eine Missionsstudie. (16 S.) 8. Leipzig 905. Verlag der ev.-luther. Mission. n. — 20

— 8 Kamba-Märchen, s.: Pfitzinger.

— was Kambajungen treiben, s.: Lichtstrahlen im dunkeln Erdteile. Kl. Ser. 2.

Brutzer, Gust.: Die Verteuerg d. Lebensmittel in Berlin im Laufe d. letzten 30 Jahre u. ihre Bedeutg f. d. Berliner Arbeiterhaushalt, s: Schriften d. Vereins f. Sozialpolitik.

Brutzer, H., s. Wörterbuch der Handels- und Geschäftssprache.

Brutzer: W ö r t e r b u c h der Handels- und Geschäftssprache, s. B i b l i o t h e k der gesamten Handelswissenschaften.

Brutzer, Karl Fr., Diss. inaug. med. rabiei caninae et hydrophobiae historiae, ejusdemque partis prioris primae lineae. 8. Dorpat 822.

Brutzer, Wilh., s. Beitrag z. Wochenbettsdiätetik. Diss. gr. 8. (50 S.) Breslau 897. (Schletter.) n. 1. 20

Brutzer, Wilhelm: Aus der Königlichen Frauenklinik zu Breslau. Ein Beitrag zur Wochenbettsdiätetik. *Stuttgart 1897: Union Deutsche Verlagsges.* (50 S.) 8°
Breslau, Med. Diss. v. 13. Dez. 1897

Bruun, F., amtlicher Bericht über den Zustand der königl. dänischen Strafanstalten während des Zeitraumes vom 1. April 1868 bis 31. März 1873. Aus dem Dän. übers. von J. A. Elvers. 1. und 2. Thl. gr. 8. (S. 1—110; S. 111—222.) Heidelberg 875,76, Weiss. à Thl. * M 2. *

Bruun, F., über die Vollziehung der Strafarbeit. Nebst amtl. Bericht über den Zustand der dänischen Strafanstalten während des Zeitraumes vom 1. April 1863 bis zum 31. März 1868. Unter Mitwirkung des Verf. aus dem Dänischen übersetzt und mit einem Vorwort versehen von J. A. Elvers. gr. 8. (362 S.) Heidelberg 870, Weiss. *
Aus: Blätter für Gefängnisskunde, besonders abgedruckt.

Bruun, H. M., s. J. N. Höst, kurze Anleitung zur Kenntniß des gerichtlichen Verfahrens ꝛc.

Der Ewige [Den Evige]. Roman von Laurids **Bruun.** Autor. Übers. aus d. Dänischen von Julia K o p p e l. Berlin: E. Fleischel & Co. 1907. (477 S.) 8° [F.] [07. 6923]

Bruun, Laurids: Van Zantens Insel d. Verheissg. — Van Zantens glückl. Zeit, s: Fischer's Bibliothek zeitgenöss. Romane.

Bruun, Laurids, der König aller Sünder. Roman. (Autoris. Übersetzg. aus dem Dän. v. Pauline Klaiber.) 1. u. 2. Aufl. (à VIII, 339 S.) 8. Stuttgart 904. A. Juncker. n. 4. 50; geb. n. 5. 50

— die Krone. Roman. (212 S.) 8. Ebd. 904. n. 3. 50

Die Mitternachtssonne [Midnatssolen]. Roman von Laurids **Bruun.** Autor. Übers. aus d. Dänischen von Pauline K l a i b e r. Berlin: E. Fleischel & Co. 1908. (265 S.) 8° [F.] [08. 14503]

Pan. Roman in 4 Stunden von Laurids **Bruun.** Deutsch von Julia Koppel. Berlin: E. Fleischel & Co. 1907. (219 S.) 8° [F.] [07. 27340]

Bruun, Lauritz, in der 11. Stunde. Lustsp. Autor. Uebersetzg. a. d. Dän. von Frdr. v. Känel. gr. 8. (20 S.) Grüningen 895. J. Wirz. n. — 60

Bruun, Laurids (Hrsg.), s. Van Z a n t e n s glückliche Zeit

— Van Zantens glückliche Zeit, s.: Fischer's Bibl. zeitgenöss. Romane.

— **Lucius Carl Joseph Andreas von (Schleswig),** De conatu delicti eiusque poena diss. jur. Götting. (J. C. Baier) o. J. 54 S. (4.80) 4386

Bruun, P., Notices historiques et topographiques concernant les colonies italiennes en Gazarie, s. a. M é m o i r e s de l'acad. imp. des sciences de St. Pétersbourg. 7. Série, Tome X. Nr. 9.

Bruun, P, notices histor. et topogr. concern. les colonies ital. en Gazarie. 4. (100) Pétersb. 66. Lpzg, Voss. n. 1. —

Bruun, Philipp: Geographische Bemerkungen zu Schiltberger's Reisen. (Sitzungsberichte der Bayerischen Akademie der Wissenschaften. 1869. II. S. 271—289. 1870. I. S. 441—458. II. S. 221—237.) München 1869 u. 1870. 1 Bd. 19, 18, 17 S. 8°.

Bruun, S., s. a. B r u n , S.

Bruun, S., Handbuch z. speziellen Vergleichung in- u. ausländ. Münzen, Maaße u. Gewichte ꝛc. gr. 8. Kopenh. 807—10. Schubothe. 3 ₰

— Tabellen, z. Berechn. d. Werthes d. Dän. Specien u. Kronen ꝛc. gr. 8. Kopenh. 810. Schubothe. 1 ₰ 6 gl

— Tabellen, zum Gebrauch bei d. veränd. Geldwesen. Kopenh., Schubothe. 8 gl

Bruun, S.: „Tafeln für den Inhalt der Fässer, mit Erklärung des Gebrauches derselben", Preisschrift; mit 1 Kupfer. Kopenhagen 1737. — Vorh.: Com. Bibl. Hamburg.

Die Demokratie, der Socialismus und das Christenthum. Sind dies Gegensätze oder nicht? (v.) Carl Bruun von Neergaard. Kiel. 1869. 8°.

Bruun Neergaard, Ernst von (Schleswig), De servitutibus ad aquam ducendam et percipiendam spectantibus diss. jur. Göttingen (Chn. Herbst) 1817. (4.80)

Bruun-Neergaard, [F C]. Tagebuch von der letzten Reise Dolomieu's durch die Schweiz. Hrg. von B'-N'. Begleitet mit einer Karakteristik des verstorbenen [Déodat-Guy-Sylvain-Tancrède Gralet de] Dolomieu durch den Bürger [Ange-Marie d'] Eymar, Präfecten des Departements Leman. Aus dem Französischen übersetzt, und mit Anmerkungen versehen von D[ietrich] L[udwig] G[ustav] Karsten .... 8. Berlin 1802.

Bruun-Neergaard, Lucius Karl Joseph von

Ueber die Verfassung und Verwaltung der Landgemeinden im Herzogthum Holstein. Von [Lucius Karl Joseph von Bruun-]Neergaard. Kiel. 1837. 8°.

Bruun-Neergaard, Theodor von

Catalog der 1. Schleswig-Holsteinischen Saat-Ausstellung nebst Saaten-Markt zu Kiel vom 10ten bis 13ten Januar 1885 in Wriedt's Etablissement. [Zum grösseren Theile angefertigt v. Theodor v. Bruun-Neergaard.] Kiel. 1885. 8°.

Bruus, Joh. Paul, Gott, als das höchste Gut der Gläubigen bey des Herrn Detlef Brocktorff, Conferenz- und Land-Raths auf Roloffstorff etc. solenner Beerdigung, welche 1732 d. 9. Dec. in der Kirche zum Werder vollzogen wurde, in der Leichen-Predigt über Psalm. LXXIII. 25—26 fürgestellet. Lübeck. Fol. P.(U. B.).

Brüx (Sachl. OW)

Brüx. Statistischer Bericht über die wichtigsten demographischen Verhältnisse. Verfasst vom Bürgermeister-Amte von Brüx. Lex.-8. (10 S.) Wien 887, Gerold's Sohn. *
Aus: Städtebuch, österreichisches, besonders abgedruckt.

Brüx (Schlagwort)

— s. a.: Erzgebirge, Stolzig, H.

Brüx. Situations-Plan der Katastrophe in Brüx, nebst e. geolog. Profil v. Brüx nach Wolf's Grubenrevierkarte. 40,5 × 26 cm. Farbendr. Teplitz 895. A. Becker. n. — 40

van Bruyck, Carl, technische u. ästhetische Analysen des wohltemperirten Claviers nebst e. allgemeinen, Sebastian Bach u. die sogenannte contrapunktistische Kunst betr. Einleitung. Leipzig 867. Breitkopf & Härtel. gr. 8. (V, 188 S.) 1 ₰

Bruyck, C. van, technische u. ästhetische Analysen d. wohltemperirten Klaviers, nebst e. allgemeinen, Sebastian Bach u. die sogenannte kontrapunktische Kunst betreff. Einleitg. 2. Aufl. gr. 8. (V, 188 S.) Leipzig 889. Breitkopf & Härtel. n. 3. —; geb. n. 4. 20

Bruyck, C. van, die Entwicklung der Clavier-Musik von Bach bis Schumann, s. Sammlung musikalischer Vorträge.

van Bruyck, Carl, dramatische Studie üb. Friedrich Hebbel's Tragödie: Julia. gr. 12. (105 S.) Wien 862, Lechner. n. 2/3 ₰

Bruycker, H. de, Festzug d. 9. deutschen Turnfestes z. Hamburg, 24. VII. 1898. Leporelloalbum. 9 × 377 cm. Nebst Ordng. f. d. Festzug a. 24. VII. u. d. Fackelzug a. 27. VII. 1898. qu. 12. (9 S. m. 1 Plan.) Hamburg 898. (Boysen & Maasch.) n. 1. —

Bruycker, H. de, die Heinzelmännchen. gr. 4. (29 Blatt m. 1 Blatt Text.) Leipzig 894. E. A. Seemann. In Mappe. n. 15. —

Bruycker, H. de, das Märchen vom Faulmüller, s.: Wanderer, der kleine.

Bruyer, P., Diurnus cibus sacerdotum, s. Bona, J.

Bruyère,* s. *Labruyère,

Bruyere, la, Caractères. 2 Vol. 12. Hamb. Fauche. 796.

— — le même. 2 Vol. 12. Bern, Typ. 796.

Bruyère, La, Oeuvres. 5 Vol. Stéréot. Paris. (Leipz., Fr. Fleischer.)

— Sittengemälde f. d. Deutsch. 8. Leipzig, Weygand. 789.

Bruyère, A. de la, an der See. 4 Studien vom holländ. Strande nach Aquarellen. Farbendr. qu. Fol. Teplitz 890. Willner & Pick. n. 2. 50; einzelne Blatt à — 90

Brüyere, J. de la, Gedank. v. Gott u. d. Relig. 2c. a. d. Fr. 8. Danzig. 759. Rthlr.

Bruyn, s.: Lobry de Bruyn.

Bruyn, Geo.

Bruyn, G.: „Aufforderung an meine Mitbürger zur Theilnahme an dem Canal (Eidercanal)", Altona 1784. — Vorh.: Preußische Staatsbibliothek Berlin.

Bruyn, Geo., Aufforder. z. Theilnehm. am neuen Canalhandel, mit Kpf. 4. Hamb. 785. Hoffmann. 1 ₰

— Beschreib. d. Canals im Herzogth. Holstein. M. Kpf. 4. Hamb., Hoffmann. 16 ℊ

— s. Prüfung J. L. Fabricius Gedanken.

— Prüf. J. L. Fabricius Gedank. üb. d. Volksvermehr. insond. in Dänem. 8. Hamb. Herold. 782.

Bruyn, Marinus Didericus de

Bruyn, M. D. de, über Cartographie von Palästina. Aus dem Holland. bearb. von Johs. Müller. Berlin 859. Huber in Comm. gr. 8. (60 S.) 15 ngr.

de Bruyn, Marinus Didericus, over Cartographie van Palestina, Berigt bij de uitgave eener Kaart van het heilige Land. gr. 4. (48 S.) Amsterdam 845. (Utrecht, Kemink & Zoon.) n. 8 ngr

de Bruyn, Marin. Desider., Palaestina ex veteris aevi monumentis ac recentiorum observationibus illustr. Geo. May. sculps. Cum brevi notitia. Imp.-Fol. (et 8 S. in 4.) Amstelodami 844. (Traj. ad Rh., Kemink et filius.) n. 2 ₰

— Palaestina ex veteris aevi monumentis ac recentiorum observationibus illustravit. Geo. Mayr sculps. Cum brevi notitia. (8 S. in 4.) Imp. Fol. Ebd. 844. — Ed. II. Imp. Fol. Kpfrst. Ebd. 851. n. 2 ₰

Bruyn, M. D. de, Palaestina ex veteris aevi monumentis ac recentiorum observationibus. Edit. tertia. Fol. Utrecht 873, Kemink und Sohn. *

Bruyn, M. D. de, Prolegomena ad tabulam geographicam Palaestinae quam novis curis emendatam edidit (inest disquisitio de situ Taricheae). Fol. (16 S.) Utrecht 873, Kemink und Sohn. *
Karte dazu. 3. Aufl. 1869. *

Bruyn, M. D. de, prolegomena ad tabulam geographicam Palaestinae. Fol. (16 S.) Utrecht 874. Kemink & Zoon. n. 1. 50

BRUYN, Otto von (München): De febribus thyphosis. (Titel nach der Urkunde) 17.2.1844 - Urk; F 66

Diss. Ingolst.-Landsh.-Mchn.

Bruyn de Neve Moll, H. M. de, De Peregrinorum conditione apud Athenienses. Diss. 1839. 96 S. 2.50

Bruyn-Ouboter, Ernst de. Das finnische Pferd. Diss. Vet.-Med. Univ. Zürich. [Mit 2 Tafeln.] 65 S. 8. Zürich, Art. Institut Orell Füssli, 1903. V Zür

Bruys, Herm. (Joseph.) (geb. Luttgenlehn im Rheinl. 14. 3. 1821): De phlebitide et lymphangioitide puerperarum. Berolini (1846). (31 S.) 8°
Berlin, Med. Diss. v. 28. Aug. 1846

Brueys s: Auteurs franç., Comédies.

Brueys et Palaprat, Oeuvres choisies. 2 vol. in 18. Stéréot. (Leips., Barth). papier ord. brochés, 18 Gr. papier fin. Rthlr. 1. papier vélin, Rthlr. 2. format in-12, pap. vél. Rthlr. 2 16 Gr.

Brueys, l'avocat Patelin, s.a. Sammlung v. Festspielen z. Schüleraufführgn.

Brueys, l'avocat Patelin. Comédie en 3 actes et en prose. Mit einer literarhistorischen Einleitung u. mit Anmerkungen versehen von H. Schütz. Arnsberg 860. Grote. 16. (VIII, 48 S.) 3¾ ngr.

Brueys, Advocat Patelin. Lustspiel in 3 Acten, für die deutsche Bühne bearb. von Ant. Boesch. 16. (48 S.) Wiesbaden 880. Zeiger in Comm. n. — 60

— u. **Palaprat, Advokat Patelin. Schwank in 3 Aufzgn. n. e. Farce d. XV. Jahrh. (1706.) Ins Deutsche übertr. u. f. d. deutsche Bühne bearb. v. Wilh. Wolters. 8. (55 S.) Leipzig 896. R. Friese, Sep.-Cto. n. 1. —**

Bruyssel, Em. van, Histoire du Commerce et de la marine en Belgique. Bruxelles, Leipzig et Paris 1861–64. 3 Voll. 8°.

Bruz, **Ladisl., Diss. inaug. de gramine Mannae sive Festuca fluitante. 8 maj. Wien 775. Trattner. 4 gr.**

Brux, *Ludwig.*
—— De gramine Mannae sive Festuca fluitante. D. Viennae 1775. 8. 45 p., 4 tab.

Bruzen de **La Martiniere.** Antoine Augustin: Einleitung zur Historie von ganz Asien, worinnen von den Asiatischen Reichen, als Japan, China, Indien, Persien, der Turkey ... ausführlich gehandelt wird. Aus dem Französischen ins Teutsche übersetzt, und mit vielen nützlichen Anmerkungen vermehrt. Leipzig 1746. (XXVIII), 1676, (52) S. 8°.

Bry, Erich, Referendar: Die Wassergenossenschaften nach preussischem Recht. Breslau 1909: Breslauer Genossensch.-Buchdr. XII, 103 S. 8°
Breslau, Jur. Diss. v. 13. März 1909. Ref. Meyer-Leonhard
[Geb. 13. März 87 [illegible] Weimar; Schmiedeberg i. R.; Staatsangeh.: Preußen; Vorbildung: Gymn. [illegible] Reife O. 04; Studium: Freiburg i. B. 1, Berlin 3, Münster 1, Göttingen 1, Breslau 2 S.; Rig. 2. Juli 08.] [U 09. 404

Bry, Hans Dietr. v., sonderbare Künste. Frkf. 722. 8.

Bry, Joh. Thdr. de

Bry, J. Th. de, künstliches Alphabet, s.a. **Hrachowina, C.,** Vorlagen für das Kunstgewerbe.

Bry J Th de, künstliches Alphabet 1595. (Hrachowina C, Vorlagen für das Kunstgewerbe. I) (24 T). 4° Wien 1886

Bry, Joh. Thdr. de, **emblemata nobilitatis.** Stamm- u. Wappenbuch. (Francofurti ad M. 1593.) Mit e. Vorwort üb. die geschichtl. Entwickelg. d. Stammbücher bis zum Ende des XVI. Jahrh., hrsg. v. Frdr. Warnecke. hoch 4. (10 S., VI, 31 S. Text u. 58 Taf. in Fcsm.-Dr. u. Bildnis in Photograv.) Berlin 894. J. A. Stargardt. In Mappe. n. 40. —

— **emblemata saecularia.** Kulturgeschichtl. Stamm- u. Wappenbuch. (Oppenhemii 1611.) Mit e. Einleitg. üb. die Stammbücher des XVII. Jahrh., hrsg. v. Frdr. Warnecke. hoch 4. (8 S., 56 S. Text u. 100 Taf. in Fcsm.-Dr.) Ebd. 894. In Mappe. n. 50. —

— u. Jo. Israel de **Bry,** Initialen. Ein Alphabet vom J. 1596. Nach den Orig.-Kupfern. Muster-Büchlein f. Künstler u. Kunstgewerbtreibende. 4. (24 Taf. m. 2 S. Text.) Ebd. 894. n. 4. —

Bryan, Edwards, Esq. Geschichte des Revolutionskriegs in Sanct Domingo. Aus dem Englischen. Mit 1 Landkarte. (2 Theile in 1 Bd.) 8. Leipzig 1798.

Bryan, G. H., u. L. Boltzmann, üb. die mechanische Analogie d. Wärmegleichgewichtes zweier sich berühr. Körper. [Aus: „Sitzungsber. d. k. Akad. d. Wiss."] Lex.-8. (10 S. m. 1 Fig.) Wien 895. (C. Gerold's Sohn.) n. — 30

Bryan, G. H., und B. Boltzmann, Ueber die mechanische Analogie des Wärme-Gleichgewichtes zweier sich berührender Körper. Mit einer Textfigur. Gr.-8. (10 S.) —.15
Wien: Tempsky 1895.

Bryan, George Hartley

Bryan, G. H., Thermodynamics, s.a. Teubner's, B. G., Sammlung v. Lehrbüchern auf dem Gebiete der mathematischen Wissenschaften. XXI.

Thermodynamics. An introductory treatise dealing mainly with first principles and their direct applications. By G[eorge] H[artley] **Bryan,** Prof. Leipzig: B. G. Teubner 1907. (XIV, 204 S.) 8°
— **Sammlung,** B. G. Teubner's, von Lehrbüchern auf d. Geb. d. math. Wissenschaften. Bd 21. [07. 7901]

Bryan, Th., praktische englische Grammatik. Ein unentbehrl. Handbuch für Alle, die schnell und richtig englisch sprechen lernen wollen. Neu verb. und verm. von Reinold Schmieder. 8. (189 S.) New-York 855 (59.) Philadelphia, Schäfer und Koradi.) geb. *

Bryan, Th. B., praktische englische Volksgrammatik. Bearb. nach der neuesten Methode in ganz kurzer Zeit ohne Lehrer die engl. Sprache gründlich zu erlernen. Nebst e. Anh. zur Erlernung der prakt. amerikan. Buchführung f. Handwerker u. e. Auswahl v. Geschäfts-Formularen ꝛc. 8. (VI u. 259 S.) New-York. 850. (Philadelphia, Schäfer & Koradi.) n. 1 ₰

Bryan, Thomas Joseph, A. M., B. D. aus Warwickshire (Engl.): Ueber die **Einwirkung** von o- und p-Tolylsenföl auf Phenole bei Gegenwart von Aluminiumchlorid. *Freiburg i. B.: Speyer & Kaerner 1901.* (23 S.) 8°
Freiburg i. B., Phil. Diss. v. 1901

Bryant, a selection of the poetical works, s.: Collection of brit. a. amer. standard authors.

Bryant, Charles: Verzeichniß der zur Nahrung dienenden...Pflanzen. (Flora diaetetica or history of exulent plants... Dt.) Theil 1 – 2, gbd.

Leipzig: Weidemann & Reich 1785 – 1786

JB 36

Bryant, Karl, Verzeichniß der zur Nahrung dienenden einheim. u. ausländ. Pflanzen. Aus d. Engl., mit Anmerk. u. Zusätzen. 2 Thle. gr. 8. Leipz. 785, 86. Weidmann. 3 ℛ

Bryant, Dixie Lee, aus Louisville, Kentucky, U. S. A.: Beiträge zur Petrographie Spitzbergens. M. e. Lichtdrucktafel. Erlangen 1905: E. Th. Jacob. (39 S.) 8°

Erlangen. Phil. Fak., Ref. Lenk. Diss. v. 30. Juni 1904

[Geb. 7. Jan 02 Louisville, Kentucky (U. S. A.); Staatsangeh.: Vereinigte Staaten; Vorbildung: Columbia Institute, Tenessee; Studium: Massachusetts Institute of Technology Boston 8, Heidelberg 2, Erlangen 4 S.; Rig. 30. Juni 04.]

Bryant, F. Abhandlung über den Trojanischen Krieg. Aus d. Engl. von K. H. Noehden. 8. Braunschweig 1797. 2,25.

Bryant, Jak., v. d. Menschenopfern d. Alten; aus d. Engl. v. Chr. Fr. Michaelis l. 8. Götting. 774. Dieterich. 2 gl

Bryant, James

— Abhandl. üb. d. Trojanischen Krieg; aus d. Engl. v. G. H. Nöhden. 8. Braunschw. 797. Schulbuchh. 1 ℛ 12 gl

— Über den Trojanischen Krieg. Aus dem Engl. Braunschw. 797. 8. 1 rthl. 12 gr.

Bryant, Rob., Historia asthmatis cujusdam spasmodici. 15 pp. Erl. 4°. 1783

Bryant's, William Cullen, Gedichte, deutsch von Alex. Neidhardt. 32. (VIII und 312 S.) Stuttgart 855, Metzler'sche Buchh.

Bryant, Will. Cullen, amerikanische Gedichte in deutscher Nachbildung nebst Einleitung von Adf. Laun. Vom Dichter autoris. Ausg. Bremen 863. Heyse. 8. (XXIV, 175 S.) 1 ℛ

Bryant, William Cullen, Poems, s. Authors, standard american.

— Poems, s. Dürr's Collection of standard American authors.

Die Lehre von den schallempfindlichen Haarzellen. Von Dr. W[illiam] Sohier Bryant. (Mit 4 Abb.) (Leipzig: Vogel 1909.) 10 S. 8°

Aus: Archiv f. Ohrenheilkunde. Bd 79. (10. 12, 09) 2

*Bryce, J: Das amerikan. Staatswesen. 8 Bde. Wien, Verl. Lumen.

Bryce, Jam., pract. Beobacht. üb. d. Impfung d. Kuhpocken, a. d. Engl. v. F. G. Friese. 8. Breslau, Barth. (Siegert, Liegnitz.) 803.

Bryce, James, Bilder aus Süd-Afrika. Autoris. deutsche Ausg. nach der 8. engl. Ausg. v. Max Kleinschmidt. Mit e. Vorwort v. Thdr. Barth u. e. Karte v. Süd-Afrika. gr. 8. (XXII, 464 S.) Hannover 900. Gebr. Jänecke. Geb. in Leinw. n. 6. —

Bryce, James, das heilige römische Reich. Vom Verf. durchgeseh. u. verm. deutsche Ausg. v. Arth. Windler. gr. 8. (XII, 414 S.) Leipzig 873. Kummer. n. 6. 80

Bryce, James, des deutschen Reiches Vergangenheit und Gegenwart vom englischen Standpunkt aus. Vom Verf. durchgeseh. und verm. deutsche Ausg. von Arth. Winkler. Neue (Titel-) Ausg. (von: „Das heilige römische Reich"). gr. 8. (XIII, 414 S.) Leipzig (873)77, Kummer.

Brydges, E. A: Welche Gesetze bilden die Grundlage der jetzigen britischen Patent-Gesetzgebung, und welche Erfindungen sind danach in England patentfähig? Berlin (1883?)

Brydges, Edwin, A., s: Patent law amendment act of the German empire.

Brydone, Patrick

Brydone, P., Reise durch Sicilien und Malta, in Briefen an William Beckford, Esq. zu Somerly in Suffolk. (Aus dem Engl. übersetzt.) Theil I. II. Leipzig 1774.

Brydone, Patrick. Reise durch Sicilien und Malta, in Briefen an W. Beckford. Aus dem Englischen. Leipzig 1777. Ü: *Zollikofer, Georg Joachim.* (EngG)

— Reise durch Sicilien und Malta. A. d. Engl. Leipzig 777. 2 Thle. 8. 1 rthl. 4 gr. Ebend. 783. 2 Thle. 8. 1 rthl. 4 gr.

Brydone, P., Reisen d. Sizilien u. Maltha; aus d. Engl. 2 Thle. 8. Leipz. ... 3e A. 783. (Brockhaus). 1 ℛ 4 gl

Brydone, Reisen d. Sicil. u. Maltha. 2 Thle. a. d. Engl. 8. Leipz. Gleditsch. 783.

— voyage en Sicilie et Malte. 12. Bern 793. Typogr. Soc. 12 gl

Josephi Bryennii Opera. Graece ed. Eugenius. (*Ἰωσὴφ Βρυεννίου Ὁμιλίαι. Ἐκδοθεῖσαι παρὰ Εὐγενίου*). Lipsiae 768. 2 Vol. 8.

Bryhn, N: Bryophyta nonnulla in Zululand collecta. [Aus: „Videnskapsselskapets fordhandl."] (27) gr8° Kristiania, J Dybwad '11. nn — 60

Bryhn, N., ad cognitionem Bryophytorum articorum contributiones sparsae. (Christiania videnskabs-selskabs forhandlinger for 1908, Nr. 5.) (27 S.) gr. 8. Christiania 908. J. Dybwad. nn — 65

Bryk, Ernst, kurzgef. Commentar z. Pharmacopoea Austriaca Ed. VII (m. gleichmäss. Berücksicht. d. Pharmacopoea Germanica Ed. III). Gearb. n. d. Werken v. Berg, Fischer, Flückiger, Godeffroy, Hager, Hartwig, Marmé, Möller, Schlickum, Schmidt, Schneider, Schwanert, Vogl u. A. 8. (IX, 92; I, 150, VII; 156; II, 136; II, 152, XXIII u. XIX S. m. 1 Tab.) Wien 896. M. Breitenstein. n. 7. —; geb. n. 8. —

— dasselbe z. Pharmacopoea Germanica Ed. III (m. gleichm. Berücksicht. d. Pharmacopoea Austriaca Ed. VII). Gearb. nach d. Werken v. Berg, Fischer, Flückiger, Godeffroy, Hager, Hartwig, Marmé, Möller, Schlickum, Schmidt, Schneider, Schwanert, Vogl u. A. 8. (IX, 92; I, 151, VII; 156; II, 136; II, 152; XXIII u. XIX S. m. 1 Tab.) Ebd. 896. n. 7. —; geb. n. 8. —

Bryk, Ernst, kurzes Repetitorium der Botanik, s.a. Breitenstein's Repetitorien. Nr. 19.

— Kurzes Repetitorium d. Botanik (Pflanzen-Anatomie, -Morphologie, -Physiologie u. -Systematik). Z. Gebr. f. Mediciner, Pharmaceuten, Lehramtscandidaten, Agronomen etc. Gearb. n. d. Werken u. Vorlesgn. v. Kerner, Luerssen, Pfeffer u. a. (Breitenstein's Repetitorien. Nr. 19.) 2., verb. u. verm. Aufl. 8. (III, 121 S.) Ebd. 897. n. 1. 60

— s.a. Repetitorium, kurzes, d. Chemie.

— kurzes Repetitorium der Chemie, s.a. Breitenstein's Repetitorien. Nr. 7 u. 8a, b.

Bryk, E.

Kurzes Repetitorium der Chemie. Nach den Werken und Vorlesungen von Arnold, Bernthsen, Fischer, Gorup-Besanez, Graham-Otto u. a. bearbeitet. Dritte vermehrte und verbesserte Auflage.

Theil I. Anorganische Chemie. Leipzig, 1898.

Theil II. Organische Chemie. Ausgabe für Chemiker. Leipzig, 1901. 12mo.

Vierte Auflage. Leipzig, 1902.

Bryk, Ernst: Kurzes Repetitorium d. Experimentalphysik. Neu bearb. v. Max Iklé, s: Breitenstein's Repetitorien.

Bryk, Ernst, kurzes Repetitorium der allgemeinen u. speziellen Mineralogie, s.: Breitenstein's Repetitorien, No. 40.

— kurzes Repetitorium der Physik, s.: Breitenstein's Repetitorien. Nr. 35.

Bryk, Fel.: Vornehme Parnassiusformen. [Aus: „Jahrbb. d. nass. Ver. f. Naturkde in Wiesb."] (35 m. 1 Taf.) gr8° Wiesb.. JF Bergmann ('12). 1.20

Bryk Johann: Textkritische Studie über XIII Reden des Gregorius Theologus.
1903 PN 1584 Diss. Wien Univ

Bryk, Otto, Entwicklungsgeschichte der reinen u. angewandten Naturwissenschaft im XIX. Jahrh. I. Bd.: Die Naturphilosophie u. ihre Überwindg. durch die erfahrungsgemässe Denkweise (1800—1850). (XL, 654 S.) gr. 8. Leipzig 909. J. A. Barth. 15. —; geb. in Leinw. 16. —

Brylinski & Twardowski: Preislisten über Reform-Schnelldämpfer usw. Posen (1897?)

Brylkin's, A. D., Reisen im Gebiete des Amurstromes, s. Beiträge zur Kenntniss des russischen Reiches.

Brylkin, A.D.: Reisen im Gebiet des Amurstromes.. s.Schmidt,Friedrich

Brymsthön, s. Brymston

Brymstohn: Recept-Taschenbuch; od. allgemeinfassliche Anweisung die Krankheiten d. Pferde zu heilen. Nach d. 8. Aufl. aus d. Engl. übers. Leipz. 1796. 74 S.

Brymsthön, ..., Rezepttaschenbuch f. Pferdeliebhaber; aus d. Engl. v. L. E. W. Ronwei. 8. Thal Ehrenbreitst. 796. Gehra. 8 gr

Brymstohn, Rezepttaschenb. für Pferdeliebhab. a. d. Engl. 8. Th. Ehrenbr. Gehra, (Linke, Leipz.) 796.

Brymstohn: Recept-Taschenbuch für Pferde-Liebhaber; oder: praktische Anweisung alle Krankheiten der Pferde zu heilen. Aus d. Engl., nach d. 8. Aufl. übers. von L.E.W. Ronwei, Neuwied 1796. 88 S.

Bryner, A[dolf], Tierarzt aus Fehraltorf: Aus dem veterinär-pathologischen Institut der Universität Zürich. Ein Beitrag zur Pseudotuberkulose der Vögel. Mit 2 Tafeln. Zürich 1906. 54 + 2 S. 8°. S.-A. a. d. Schweizer-Archiv f. Tierheilkde. Bd. 48. [25. VIII. 06.]
Zürich Vet.-med. Diss. 1905/1906.

Bryner, A[dolf]. Ein Beitrag zur Pseudotuberkulose der Vögel. Diss. Vet.-Med. Univ. Zürich. [Mit 2 Tafeln.] *Kopftitel:* Aus dem veterinär-pathologischen Institut der Universität Zürich. 56 S. 8. Zürich, Orell Füssli, 1906. VZür

Brynildsen, J., deutsch-norweg. (dänisches) Wörterbuch. 1.—16. Hft. gr. 8. (S. 1—768.) Christiania u. Kopenhagen 895—897. A. Cammermeyer's Verl. à n. — 60

Brynildsen, J., deutsch-norwegisches (dänisches) Wörterbuch. 17.—26. (Schluss-)Hft. gr. 8. (S. 769—1232.) Christiania (899. 900). A. Cammermeyer's Verl. à n. — 40

Brynych, Eduard von

Brynych, E. v., s.: Fastenprediger, der.

Brynych, Ed., katechetische Predigten. Deutsche Ausg., besorgt von Ed. Fuchs. 1. Bd. gr. 8. (VIII, 416 S.) Regensburg 886, Verlags-Anstalt.

Brynych, E., katechetische Predigten. Deutsche Ausg., besorgt v. E. Fuchs. 2.—4. (Schluß-)Bd. Katechetische Cyklus-Predigten. gr. 8. (VIII, 439, VIII, 428 u. VIII, 420 S.) Regensburg 887. 888. Verlags-Anstalt. à 3. 60 (cplt.: 14. 40)

Brynych's, Eduard, systematische liturgische Predigten. Deutsch bearb. von Jos. Mergl. I. Bd. 2. Aufl. (IV, 353 S.) gr. 8. Prag 904. (Leobschütz, G. Schnurpfeil.) n.n. 3. 50

—— rette deine Seele. Zwei Cyklus Fastenpredigten. gr. 8. (156 S.) Ebendas. 885.

Brynych, Eduard, v., rette deine Seele! 2 Zyklen Fastenpredigten. 2., veränd. Aufl., besorgt v. Leop. Ackermann. (VII, 188 S.) gr. 8. Regensburg 908. Verlagsanstalt vorm. G. J. Manz. 1. 80

BRYNYCH, Eduard
(F) Der Schild des Glaubens. Beweis und Erklärung jener katholischer Wahrheiten, welche insbesondere von den protestantischen Kirchen geleugnet werden, mit Widerlegung der gegen dieselben erhobenen Einwendungen. Eph. 6, 16. Von Msgr. Eduard Brynych. Autorisierte Uebersetzung von Dr. C. A. Schelbicky. Mit fürstbischöflicher Druckerlaubnis. Innsbruck. 1899. Rauch. Gr.-8°. IV, 119 S. fl. —.60

Bryologia Germanica, s. Nees v. Esenbeck, C. G., etc.

Bryologia Germanica: oder Beschreib. der in Deutschland u. d. Schweiz wachsenden Laubmoose, von Chr. G. Nees v. Esenbeck, C. H. Hornschuch u. Jak. Sturm. 1r u. 2r Thl. 1e u. 2e Abtheil. Mit 43 Kpf. gr. 8. Nürnb. 823—31. (Leipz., Fr. Fleischer). 10 ℛ 12 gr ill. 11 ℛ 16 gr

Bryon-Norman Frederic, Theoretische und praktische englische Konversationsgrammatik. Durchgesehen, ergänzt von August Fischer. 6. Auflage. Wien 1908. Alfred Hölder. Geh. K 2.90, geb. K 3.40. (Min.-Erl. vom 18. Dezember 1907, Z. 46721.)

BRYRHTA, Antonius: Quomodo differt Eusebii „Hist. eccl. lib. 3. cap. 25" canon librorum ss. N T. ab eorundem librorum ss. canone Concilii Tridentini sess. 4 et quae sunt causae hujus differentiae. — (1868) 62 S. 4° (Handschr.) Diss, Wien Univ. Diss. 203

Brysch, J Wilhelm. Untersuchungen über das Vorkommen der Kynurensäure in Katzenharn. Diss. Vet.-Med. Bern. II + 18 S. 8. München, Knorr & Hirth, 1907. V Bern

Brytt, Max, die Wege der Gerechtigkeit, s.: Erzähler, deutsche.

Brzezina, Friedr., die Abhandlungs-Pflege der Verlassenschaften, prakt. bearb. auf Grund d. allgem. bürgerl. Gesetz-Buches u. der provisor. Instruction über das gerichtl. Verfahren in Rechts-Geschäften außer Streitsachen, mit zugleicher Anwendung d. Stempel- u. Gebühren-Gesetzes für Beamte, Seelsorger, Vorsteher der öffentl. Anstalten u. Geschäftsmänner. (Ungarisch u. deutsch.) Preßburg (853). (Wigand.) gr. 8. (VIII, 315 S.) nn. 1 ℛ 10 ngr

Brzezina, Friedr., practische Anwendung der provisor. Gesetze vom 28. Dezbr. 1849 und 16. Aug. 1850 über das Grundbuchsverfahren, und vom 2. Aug. 1850 über die Stämpel- und Taxgebühren im Kronlande Ungarn. gr. 8. (76 S.) Preßburg 851, Wigand.

Brzezina, Friedr. Formularien zur Kenntniß der provisorischen Civil-Prozeß-Ordnung vom 16. Sept. 1852. Heft 1. 8. (120 S.) Preßburg, vorm. Schmid'sche Buchdr. 1853. (Péltányok .... in Ungar. und Deutscher Sprache.)

—— Handbuch der Stämpel- und Gebührengesetze vom 9. Febr., 2. Aug. und 6. Septbr. 1850, für alle Kronländer der österreich. Monarchie, mit Berücksicht. der nachträgl. Verordnungen. gr. 8. (VII und 303 S.) Preßburg 851, Wigand. *

Brzeziński, Consil. colleg Dr. Erasmi, Tironi Medico Trames. 12. (Mit 2 Tabb.) Vilnae 839. Zawadzki. (Lipsiae, Kummer.) n. $1\frac{1}{4}$ ℛ

Brzeziński, Johannes (geb. Warschau 5. 5. 1848): Der Kumys. Berlin (1872). (56 S.) 8°
Berlin. Med. Diss. v. 23. März 1872

Brzeziński, Johs., der Kumys u. dessen Anwendung in der Therapie. 8. (55 S.) Berlin 872. (Gutmann.) n. 1. —

Brzezowski, F., Über die Dauer der Arbeitszeit im Bergbau. Přivoz. 1900. 14 S.

Brzobohaty, Jos. Der Entwurf des Strafgesetzes. Vom christlich-socialen Standpunkte kritisch beleuchtet. gr. 8. (20 S.) Wien 890, Buchdr. „Austria“, Drescher u. Comp. * — 60

Brzoska, Heinrich Gustav

Brzoska, Henr. Gust., de Geographia mythica spec. I. Commentat. de Homerica mundi imagine J. H. Vossii potiss. sententia examinata cont. Addita est Homerici mundi imago tabulae impressa (Fol.) 8 maj. (7½ B.) Lipsiae 831, Lehnhold.

Brzoska, Heinrich Gustav (Königsberg) u. **Carl Eduard Geppert** (Stettin), De geographia mythica spec. I. Commentat. de Homerica mundi imagine J. H. Vossii potissimum sententia examinata continens. Lpz. (Aug. Fest) 21. V. 1831. XVIII, 63 S., tlws. dtsch. (4.20) 4389
Gew.: Chr. A. Lobeck, W. Drumann.

Brzoska, H. G., De geographia mythica II. Commentatio de C. A. G. Voelkeri sententia omnique de antiquissimorum poetarum Graec. fingendi ratione. Hab. 1831. 35 S. 1.50

Brzoska, Hnr. Gust., die Nothwendigkeit pädagog. Seminare auf der Universität u. ihre zweckmäß. Einrichtung. gr. 8. Leipz. 833. Barth. 1¾ rß

Brzoska, Heinr. Gust., die Nothwendigkeit pädagog. Seminare auf d. Universität u. ihre zweckmäß. Einrichtung. gr. 8. (23 B.) Leipzig 836, Barth.

Brzoska, Heinr. Gust., die Notwendigkeit pädagogischer Seminare auf der Universität und ihre zweckmäßige Einrichtung. Neu hrsg. von Wilh. Rein. gr. 8. (XVI, 316 S.) Leipzig 887, Barth. *

– s. Voß, J. H.: Briefe, mythologische.

– s. Voß, Johann Heinrich: Mythologische Forschungen

– s. Zentralbibliothek der Literatur.

Brzoska, Julius *(geb. Ujest in Oberschles. 30.1.1859)*: De canone decem oratorum Atticorum quaestiones. Vratislaviae: G. Koebner 1883. (101 S.) 8° *[Buchausg. ebenda.]*
Breslau, Phil. Diss. v. 9. Juni 1883

Industrieschlesien, das Land einer Zukunft. Deutsche Kulturworte e. Polen von Fred Brzoski. Glogau & Leipzig: Hellmann 1911. 111 S. 8° [11.7113

Brzozowski, Marie, la guerre de Pologne en 1831. Avec 1 carte de la Pologne et dix croquis des batailles principales. (In Fol. u. in gr. 4.) gr. in-8. (19¼ B.) Leipsic 833, (Brockhaus.

– dass. s.a. Brzozowsky, Marie

Brzozowski, St., la principoj de psihologio, s.: Kolekto de la internacia scienca revuo. II.

Brzozowsky, Cheval. Marie, la guerre de Pologne en 1831. Avec une carte de la Pologne et dix croquis des Batailles principales. gr. in-8. Leipzig 833. (Brockhaus) 2½ rß

– dass. s.a. Brzozowski, Marie

Bscheider, Gratus, d. heil. Land, nach s. gegenwärt. Zustande geschildert. Mit Kpf. 8. Augsb. 794. Doll. 9 fl

Bschorer, Joseph [prakt. Arzt in Buttenwiesen]: Statistische Zusammenstellung aller im Zeitraume von 1859–1879 in der Münchner Gebäranstalt asphyctisch und mit Nabelschnurumschlingungen geborenen Kinder .... München, K. Hof- u. Univ.-Buchdr. v. Dr. C. Wolf & Sohn. 1885: 39 S. 8°.
München, Med. Fak., Inaug.-Diss. v. 1885.

Bschorer, Joseph. statistische Zusammenstellung aller im Zeitraume von 1859—1879 in der Münchener Gebäranstalt asphyctisch und mit Nabelschnurumschlingungen geborenen Kinder. Diss. München 1885, A. Buchholz. 8°. 39 S.

Bsirsky, Frz.: Von dem Unterrichte im Freihandzeichnen ... s. Programm der öffentlichen und selbständigen königl. städtischen Unterrealschule ...

Bst!! Lustiges mit u. ohne Reime. Zum Vortragen in geselligen Kreisen. 1—5. Schüssel. (à 96 S.) Dessau 867. Central-Verlag. (Barth.) 10. Jedes Heft 5 ngr

Bug-Jargal. Eine Erzählung aus den Zeiten der Neger-Empörung auf Sanct Domingo, vom Verf. des Han d'Islande. Aus d. Franz. 8. München 826, Lindauer.

de Buat. Grundlehren der Hydraulik. Deutsch von Lempe. Berlin. 1796.

1796. * Des Herrn *von Buat* Grundlehren der Hydraulik aus dem Französischen übersetzt, mit Anmerkungen und Zusätzen herausgegeben von *Joh. Friedr. Lempe*, Prof. der Math. und Physik bey der Kursächsischen Bergakademie. 1ter Theil. Leipz. bey Barth. gr. 8. 542 S. 3 Kupft. (Einen Auszug daraus findet man in *Woltmanns* Beyträgen zur hydraulischen Architektur. 1. B.)

— Dass., übersetzt v. J. W. A. Kosmann, mit Anmerkk. v. J. A. Eytelwein. 1r Bd. M. Kpf. gr. 8. Berl. 796. Belitz. 2 rß

Buat, Ludwig Gabriel Graf v.

— Abhandl. von Jornandes u. von seinem Buche de rebus geticis. gr. 4. Münch. 763. (G. Franz). 4 fl

— Abhandl. von dem Leben Cassiodors. gr. 4. Münch. 763. (G. Franz). 4 fl

— Abhandl. von d. Grafen Luitpold, einem Zeitverwandten Karls des Großen. gr. 4. Münch. 763. (G. Franz). 4 fl

— le discours dans l'assemblée publique de l'académie des sciences de Bavière. 4. München, Lentner. 4 fl

v. Buat, Graf Ldw. Gabr., († 1787.) s. Geschichte d. alten Staatsverfassung.

— Versuch einiger Anmerkk. über des Jornandes einzelnes Buch de rebus geticis. gr. 4. Münch. 763. (G. Franz). 4 fl

Bub, August. cand. med. aus Augsburg: **Zur Casuistik der angeborenen Aortenstenose.** *Augsburg 1899: J. Walch.* (20 S.) 8°
München, Med. Diss. v. 1899

Bub, Georg, a. Ipsheim: Aus dem Privatlaboratorium des Herrn Professor Dr. Johannes Müller in Würzburg. Über auffallende Klebrigkeit der roten Blutkörperchen bei einem Fall von Leber- und Milzschwellung. Würzburg 1906: F. Staudenraus. (67 S.) 8°
Würzburg, Med. Fak., Ref. v. Leube. Diss. v. 22. Juni 1906
[Geb. 28. 1. ... 80 Ipsheim, Mittelfranken; Wohnort: Würzburg; Staatsangeh.: Bayern; Vorbildung: Gymn. Ansbach Reife Juli 00; Studium: Erlangen 5, Tübingen 1, Würzburg 4 S.; Coll. 14 Febr. 06; Approb. 10. Dez. 05.]

Bub, Karl: Ueber die elektrolytische Oxydation von Leukobasen. 1905. 59 S. 8°
München, Dr.-Ing.-Diss. v. 10. 1. 1905

Bub, K.: Ueber die elektrolytische Oxydation von Leukobasen. Diss. TH. München. Erlangen 1905

Bub, Karl, Referendar: Die Subjekte des Strafantragsrechts. Borna-Leipzig 1908: Noske. VIII, 50 S. 8°
Erlangen, Jur. Diss. v. 2. Okt. 1908, Ref. Allfeld
[Geb. 20 ... Ulm a. D.; Wohnort: Ulm; Staatsangeh.: Württemberg; Vorbildung: ... Ulm Reife ...; Studium: Tübingen 6, München 1 S.; ... Mai ...] [U 09.658

Bub, Max, Unterveterinär im Dragonerreg. 'König': Besitzt die Kolostralmilch bakterizide Eigenschaften? Jena: Fischer 1910. 16 S. 8°
Gießen, Veterinär-Med. Diss. v. 14. Juli 1910, Ref. Olt
[Geb. 13. Juli 85 Ulm a. D.; Wohnort: Stuttgart; Staatsangeh.: Württemberg; Vorbildung: Realgymn. Stuttgart Reife Juli 03; Studium: Berlin Tierärztl. Hochsch. 8 S.; Rig. 14. März 10.] [U 10. 1184

Bueb, Julius, Dr.: Beiträge zur Kenntniss einiger Derivate der Chinolin- und Nicotinsäure. 1890. 22 S. 8°
Karlsruhe, Dipl.-Diss. v. 9.7. 1889

Bueb, Julius [aus Freiburg i. B.]: Beitraege zur Kenntniss der gechlorten Naphtaline .... Freiburg i. B., Buchdr. v. Chr. Ströcker, 1887; 37 S. + 1 Bl. 8°.
Freiburg i. B., Phil. Fak., Inaug.-Diss. v. 1887.

Buba, Ludwig, prakt. Arzt a. Nordenham ⟨Oldenburg⟩: Die Kontagiositätsdauer der Syphilis. Leipzig 1905: B. Georgi. (23 S.) 8°
Leipzig, Med. Fak., Ref. Curschmann, Diss. v. 30. Okt. 1905
[Geb. 30. Dez. 66 Lehmden; Wohnort: Nordenham; Staatsangeh.: Oldenburg; Vorbildung: Gymn. Oldenburg Reife M. 87; Studium: Freiburg i. B. 6, Berlin 2, Kiel 4 S.; Coll. 30. Okt. 05; Approb. 19. März 94.]

Bubák, Franz

Bubák F.: [Otte mykologiske Afhandlinger]. [Rostr. Saml.].
(Ein Beitrag z. Kenntniss d. böhmischen Peronosporeen, Ustilagineen u. Uredineen. 1897. — 2. Beitrag z. Pilzflora v. Böhmen u. Nordmähren. 1897. — *Puccinia Galanthi Unger* in Mähren. 1897. — *Puccinia Scirpi DC.* 1898. — Ueber ein neues *Synchytrium* aus der Gruppe d. Leucochytrien. 1898. — Ueber die Uredineen welche in Europa auf *Crepis*-Arten vorkommen. 1898. — O rezich, které cizopasí na některých rubiaceích. 1898. — Ueber die Puccinien v. Typus d. *Puccinia Anemones virginianae Schweinitz.* 1901).

Bubák, Fr., ein Beitrag zur Pilzflora v. Montenegro. (22 S.) gr. 8. Prag 903. (F. Řivnáč.) n. — 80

— u. J. E. Kabát, Mykologische Beiträge. I. (7 S.) gr. 8. Ebd. 903. n. — 16
2 Sonderabdrucke aus: „Sitzungsber. der böhm. Gesellsch. d. Wiss.".

BUBÁK, Fr.
Mykologische Beiträge aus Bosnien und Bulgarien. Von Fr. Bubák. Separatabdruck aus den Sitzungsberichten der kön. böhm. Gesellschaft der Wissenschaften in Prag. 1900. Prag. 1900. [In Comm. Řivnáč] Gr.-8°. 6 S. mit einer Tafel. K —.36

Bubák, Frz., die Pilze Böhmens, s.a. Archiv f. die naturwiss. Landesdurchforschung v. Böhmen. XIII, 5.

Bubak (F.), Die Pilze Böhmens. T. 1. 1908. s.a. *Zeit- u. Gesellsch.-Schriften: Archiv f. d. naturwiss. Landesdurchforsch. von Böhmen. Bd 13, No 5.*

Bubák, F., Die Pilze Böhmens. 1. Teil. Rostpilze (Uredinales). Archiv für die naturwissenschaftliche Landesdurchforschung von Böhmen. (Bd. XIII. Nr. 5.) Gr.-8°. (233 S.) † K 14 -

Die Pilze Böhmens. Bearb. von Ph.Dr. Franz **Bubák**, Prof. T. 1. Prag: Řivnáč in Comm. 1908. 4°(8°)
(Archiv f. d. naturwiss. Landesdurchforschung von Böhmen. Bd 13, Nr 5.) [09. 7645

BUBÁK, Franz
Ueber die Puccinien vom Typus der Puccinia Anemones virginianae Schweinitz. Von Dr. Franz Bubák. (Mit 1 Tafel.) Separatabdruck aus den Sitzungsberichten der königl. böhmischen Gesellschaft der Wissenschaften in Prag. 1901. Prag. 1901. Verlag der königl. böhmischen Gesellschaft der Wissenschaften. In Comm. Řivnáč. Gr.-8°. 11 S. K—.40

BUBÁK, Fr.
Ueber einige Umbelliferen-bewohnende Puccinien. I. Von Dr. Fr. Bubák. (Mit 1 Tafel.) Separatabdruck aus den Sitzungsberichten der kön. böhm. Gesellschaft der Wissenschaften in Prag. 1900. Prag. 1900. [In Comm. Řivnáč.] Gr.-8°. 8 S. K —.40

— Resultate der mykologischen Durchforschung Böhmens im J. 1898. gr. 8. (25 S.) Ebd. 899. n. — 40

— einige neue od. kritische Uromyces-Arten. gr. 8. (23 S. m. Abbildgn.) Ebd. 902. n. — 36
Vorstehende 5 Abhandlgn. sind aus: „Sitzungsber. d. böhm. Gesellsch. d. Wiss." besonders abgedruckt.

Bubani, P., Flora pyrenaea per ordines naturales gradatim digesta. Opus posthumum curante O. Penzig. Vol. I. Lex.-8. (III, 551 u. 8 S.) Mailand 897. U. Hoepli. n. 16. —

Bubani, P., Flora pyrenaea per ordines naturales gradatim digesta. Opus posthumum editum, curante O. Penzig. Vol. II—IV. Lex.-8. Mailand, U. Hoepli. à n.n. 16. —
II. (V, 718 S.) 900. — III. (431 u. III S.) 901. — IV. (446, III u. X S.) 900.
Vol. I. Ebd. 897. n. 16. —.

Bubani, P: Flora pyrenaea per ordines naturales gradatim digesta. Opus posthumum ed., curante O Penzig. Vol. III et IV. (431 u. 446) 8° Mail., U Hoepli 01. Je nn 16 — (Vollst.: [nn 64 —] nn 80 —)

Bubanovic, F: Einige Kapillaritätsbestimmgn zwischen Olivenöl u. wässer. Lösgn d. fettlösl. Substanzen. [Aus: „Meddelanden f. k. vetenskapsakad. Nobelinstit."] (8) 8° Uppsala '11. Berl., R Friedländer & S. nn — 60

Bubbe, Hans F.

Ein Beitrag zur Lesebuchfrage v. H. F. **Bubbe.** 2. Aufl. Mit einem Lebensbild D. Karl Friedrich Theodor Schneiders v. Pastor [Emil] Bruhn. Neuwied & Leipzig. 1903. 8°.

— ein Beitrag zur Lesebuchfrage. 2. Aufl. Mit e. Lebensbild *D.* K. Fr. Th. Schneiders v. Bruhn. (17 S.) gr. 8. Neuwied (903). Heuser's Erben. n. — 25

Deutsche Fibel und erstes Lesebuch von Karl Theodor Schneider. Ein Beitrag zur Fibelfrage v. Hans F. **Bubbe.** Neuwied. Berlin. Leipzig. 1896. 8°

Bubbe, H. F., e. Gottesmann u. e. Schulmann D. Karl Friedrich Theodor Schneider, Geheimer Regierungs- u. Schulrat. Ein Beitrag zu seinem Leben u. Wirken. gr. 8. (141 S. m. 1 Bildnis.) Flensburg 900. Huwald. n. 1.80

— eine Lücke in der Geschichte des neueren preußischen Volksschulwesens, s.: Schneider, Karl Friedr. Th.

Methodik des Geschichtsunterrichts in der Volksschule. Anweisung für Seminaristen u. Lehrer, ein Hülfsmittel z. Examensvorbereitung. Von H. F. **Bubbe**, Seminarlehrer. Neuwied & Leipzig: Heuser 1910. 134 S. 8° [11. 410

Milos. Ein hist. Drama in 3 Aufz. von H(ans) F. **Bubbe.** *Neuwied & Leipzig: Heuser 1902.* (47 S.) 8° [F.] [03. 8.6. 6

Bubbe, H. F., Tierschutz u. Schule, s.a. Für die Schule a. d. Schule.

[F.] Tierschutz und Schule. E. Mahnruf an d. Kollegen v. H. F. **Bubbe**, Lehrer, Bojum ... *Neuwied & Leipzig: Heuser 1898.* (25 S.) 1 Bd 8.
= Schule, Aus der, für die Schule. H. 77. [98. 966

Bubbe, H. F., welche Aufgaben sind dem Geschichtsunterricht in der Volksschule der Gegenwart gestellt, u. wie kann er dieselben erfüllen?, s.a. Für die Schule aus der Schule. 105. Hft.

Welche Aufgaben sind dem Geschichtsunterricht in der Volksschule der Gegenwart gestellt, und wie kann er dieselben erfüllen? Mit bes. Berücks. d. schleswig-holstein. Volksschule. Ein Vortrag von H. F. **Bubbe**. *Neuwied & Leipzig: Heuser 1903.* (21 S.) 8° [F.]
= Schule, Für die, aus der Schule. H. 105. [04. 1105

Bubbe, J., E. Abhandlg. üb. ration. Hühnerzucht u. deren Nutzen. gr. 8. (20 S.) Hamburg 897. (Altona, A. Send.) n. — 50

— Kriegs-Erlebnisse aus den Feldzügen 1864, 1866, 1870/71. gr. 8. (III, 222 S. m. Abb.) Neu-Ruppin 897. (P. Howe.) n. 2. —

[F.] Kriegs-Erlebnisse aus d. Feldzügen 1864, 1866, 1870/71 v. J. **Bubbe**, ehemal. Vierundzwanziger. *Neu-Ruppin: Märkische Zeitg; [in Comm. v. Howe] [1897].* (2 Bl., 222 S., 1 Bl.) 1 Bd 8. [98. 28

Bubbius, Jo., De spadone *Hippocratico* lapicidarum Seebergensium haemoptysin et phthisin pulmonalem, vulgo: der Seeberger Steinbrecher-Krankheit praecedente. Hal. 4°. (Lähmungen nach Arsenik.) 1721

Bubbles from the Brunnens of Nassau, by an old man. The third edit. Mit 1 Titelkpfr. gr. 12. Brüssel 834. Wahlen; Frankfurt, Fr. Wilmann's Sortim.-Buchh. 1½ Rthlr

— the same. 18. Frankfurt 835. Jügel. 1 Rthlr

Bubbles

Bubbles from the Brunnens of Nassau. By an old man. Darmstadt, Wiesbaden: Lange 1843. 518 S. 8°

Bubbles from the brunnen of Nassau. By An Old Man. 6. edit. Darmstadt 853. Lange. gr. 16. (V, 363 S. u. 6 Stahlst.) 1 Rthlr

Bubbles from the Brunnen of Nassau. By an old man. 7. edit. Darmstadt 862. Lange. 16. (IV, 363 S. u. 8 Stahlst.) 1 Rthlr

Bübchen und Mädchen. Schönstes Bilderbuch m. artigen Geschichtchen f. d. zarte Jugend. Mit 8 color. Lithogr. in Tondr. qu. 4. (18 S.) Nürnberg 852, Lotzbeck. ½ Rthlr

Bube, Beschreib. (od. a. 2r Tit.: alphab. Verzeichniß) d. Herz. Sächs. Fürstl. Anhalt-Schwarzb.- u. Reußisch. Lande rc. m. Anm. 4. Altona. (Vollmer, Hamb.) 796.

Bube, Ad. A.: Gedichte, s. Bube, Adolf

Bube, Adolf

Bube, Adf., Anleitung zur Erlernung der Pressvergolderei, d. Blind-, Relief-, Bronze- u. Farbendruckens u. der Ledermosaik. Handbuch zur Selbsterlerng. Nach langjähr. Erfahrgn. zusammengestellt. 2., unveränd. Aufl. Mit zahlreichen erläut. Abbildgn. u. e. Anh. v. Bezugsquellen. gr. 8. (IV, 80 S.) Leipzig-R. 892. A. Bube. 2. 50

Bube, Adolf, Gotha's Erinnerungen an die denkwürd. Junitage d. J. 842. Mit 3 lith. Darstell. gr. 8. (2¾ B.) Gotha 842. (Gläser.) *

Bube, Ad. A., Gedichte. 12. Gotha 825. (Gläser). 16 gr

— Gedichte. 8. Coburg 825. Sinner. 7 gr

Bube, Ado., Gedichte. 2., verb. u. verm. Aufl. gr. 8. (8½ B.) Gotha 830, (Müller.)

— neue Gedichte. 8. Jena 840. Mauke. ½ Rthlr

— das Herzogliche Kunstkabinet zu Gotha. 8. Gotha 846, Müller. 6 ngr

Bube, Adf., das Herzogliche Kunstkabinet zu Gotha. 2. Aufl. Gotha 854. Müller. 8. (VIII, 88 S.) 7½ ngr

Bube, A, d. herz. Kunstkab. zu Gotha. 2. Afl. 8. (88) Gotha 55, Conrad. — 7½

Bube, Adf., das herzogliche Kunstkabinet zu Gotha. 2. Aufl. 8. (VIII und 88 S.) Gotha 855, Müller.

Bube, Adf., das herzogliche Kunstkabinet zu Gotha. 3. gänzlich umgearb. Aufl. Gotha 869. Thienemann. 8. (VIII, 80 S.) n. 8 ngr

— Lebensblüthen aus d. J. 1825 u. 26. gr. 8. Coburg 826. Sinner. 4 gr

— Natur-Bilder. (Gedichte.) 18. (IV u. 48 S.) Gotha 848, Stollberg'sche Buchdr. 6 ngr

—— Naturbilder, Gedichte. 2., verm. Aufl. 32. (93 S.) Gotha 853, Stollberg'sche Buchdr. **

— Naturbilder. Gedichte. 3. verm. Aufl. Gotha 855. Stollberg'sche Buchdr. 16. (110 S.) 7½ ngr

Bube, Adf., Naturbilder. Gedichte. 4. verm. Aufl. Gotha 859. Stollberg. 16. (VII, 109 S.) n. 15 ngr

— Obolen. gr. 8. Coburg 827. Sinner. 4 gr

— Romanzen und Balladen. 2. verm. Aufl. Ebend. 853. 16. (84 S.) 6 ngr

—— deutsche Sagen. (Gedichte.) gr. 8. (6¼ B.) Gotha 830, Müller.

— deutsche Sagen u. sagenhafte Anklänge. (Gedichte.) Herausgeg. von J. Günther. 4. verb. Aufl. kl. 8. Jena 842, Mauke. 5/12 Rthlr — dass. mit 5 Umrissen. ½ Rthlr

—— thüringischer Sagenschatz, s. a. Sagenschatz, thüringischer.

— Thüringischer Sagenschatz in Gedichten für Haus und Wanderschaft. Ebend. 851. 16. (2 Bl., 98 S.) n. 6 ngr

— die Schiller-Feier in Gotha. Mit 12 (lith.) Federzeichnungen von J. H. Schneider. Gotha 859. (Thienemann.) 4. (40 S.) n. 15 ngr

Bube, Adolf, auf Fried. Jacobs' Tod. Gedicht zum 30. März 1847. gr. 8. (4 S.) Ronneburg 847. (Hofmeister.) 1½ ngr

— Thüring. Volkssagen (Gedichte). 4. Gotha 837. Müller. ⅓ Rthlr

—— thüringische Volkssagen. Auswahl. (Gedichte.) 18. (IV und 12 S.) Gotha 848, Stollberg'sche Buchdr.

Bube, Ad. Ad., Cyklus poet. Gemälde. 12. Coburg 829. Sinner. 4 gr

Bube, Johanna

Bube, Joh., s.: Christmas poesy, a.

Bube, J., Elementarbuch der englischen Sprache f. deutsche Schulen. gr. 8. (VIII, 224 S.) Stuttgart 894. B. Neff. n. 2. —; geb. n. 2. 50

Bube, J., Elementarbuch der englischen Sprache f. deutsche Schulen. 2. verb. Aufl. gr. 8. (X, 238 S.) Stuttgart 902. A. Bonz & Co. n. 2. —; geb. in Leinw. n. 2. 50
Auch die übrigen engl. Unterrichtsbücher dess. Verfass. a. d. Neff'schen Verlage sind an Bonz & Co. übergegangen.

— Elementarbuch der englischen Sprache für deutsche Schulen. 8. Aufl. (X, 238 S.) gr. 8. Stuttgart 906. A. Bonz & Co. n. 2. —; geb. n.n. 2. 50

Bube, Johanna, Elementarbuch der englischen Sprache f. deutsche Schulen. 4. Aufl. (X, 238 S.) gr. 8. Stuttgart 909. A. Bonz & Co 2.—; geb. n 2.50;
Schlüssel (VI, 61 S.) 907. 2. —

Bube, Johanna: Elementarb. d. engl. Sprache f. deut. Schulen 5. Afl. (10, 245) gr8° Stuttg., A Bonz & Co. '12. 2 —; geb. n 2.50 d

—— Englisches Lesebuch. Eine Auswahl v. Lesestücken in Prosa u. Poesie f. die Oberklassen höherer Unterrichtsanstalten u. den Privatgebrauch, Zusammengestellt u. m. Anmerkgn., Bezeichng. der Aussprache bei den Eigennamen u. e. Wörterbuch versehen. gr. 8. (XVI, 412 S.) Ebd. 892. * 3 —; geb. * 3 40

— Englisches Lesebuch f. höh. Mädchenschulen, Lyzeen u. Studienanstalten in 3 Tln. Nach den Reformbestimmgn. f. das höh. Mädchenschulwesen vom 18. VIII. u. 12. XII. 1908 bearb. I. Tl. 7. u. 8. Schulj. (219 S. m. 28 Abbildgn. u. 4 Karten.) 8. Leipzig 910. G. Freytag. — Wien, F. Tempsky. Geb. 2. 80

Bube, Johanna: Engl. Leseb. f. höh. Mädchensch., Lyzeen u. Studienanstalten. 3 Tle. 8° Lpzg, G Freytag. —Wien, F Tempsky.
I. 7. u. 8. Schulj. (219 m. z. Tl farb. Abb., 3 farb. Ktn u. 1 farb. Pl.) '10. L 2.80 ‖ II. 9. u. 10. Schulj. (456 m. Abb. u. 2 farb. Ktn.) '11. L 4.50 ‖ III. Für Lyzeen u. Studienanst. (472 m. Abb. u. 4 farb. Ktn.) '12. L 5 — Ergänzgsbd. (111) '12. L 1.50

— Engl. Leseb. f. d. Oberkl. höh. Unterr.-Anst. (8, 494) gr8° Stuttg., A Bonz & Co. '11. 3.50; geb. 4 — d

Bube, J., erstes englisches Lesebuch. Eine Auswahl v. Prosastücken u. Gedichten, nebst Wörterverzeichnis f. den Schul- u. Privatgebrauch. 8. (VII, 255 S.) Stuttgart 890. Neff. n. 1. 80; geb. n. 2. —

Bube, J., Erstes englisches Lesebuch, E. Ausw. v. Prosastücken u. Gedichten, nebst Wörterverzeichnis f. d. Schul- u. Privatgebr. 2., verb. u. verm. Aufl. 8. (XI, 295 S.) Stuttgart 898. P. Neff Verl. Geb. n. 2. —

— Erstes englisches Lesebuch. Eine Auswahl v. Prosastücken u. Gedichten nebst Wörterverzeichnis f. den Schul- u. Privatgebrauch. 3., verb. u. verm. Aufl. (XI, 271 S.) gr. 8. Stuttgart 909. A. Bonz & Co. 2.—; geb. n 2. 50

English Poetry for German Schools. Hrsg. von J[ohanna] Bube. In 3 P. P. 1–3. Berlin-Schöneberg: Langenscheidt 1907. 3 Bde 8°

— Sammlung englischer Gedichte f. Schule u. Haus. 8. (VIII, 135 S.) Ebd. 894. n. 1. 20; geb. in Leinw. n. 1. 50

— Sammlung englischer Gedichte f. Schule u. Haus. 2. Aufl. (VIII, 135 S.) 8. Ebd. 905. n. 1. 20; geb. n. 1.50

— Sammlung englischer Gedichte f. Schule u. Haus. 3., verm. u. verb. Aufl. (IX, 155 S.) 8. Stuttgart 909. A. Bonz & Co. 1.20; geb. n 1. 50

— Schulgrammatik d. englischen Sprache f. d. Oberkl. höh. Lehranst. gr. 8. (VIII, 201 S.) Ebd. 896. n. 2. —; geb. n. 2. 50

— Schulgrammatik d. engl. Sprache f. d. Oberkl. höh. Lehranst. 2. Afl. (6, 201) gr8° Ebd. '10. 2 —; L n 2.50 d

— Stories from English history by various authors. F. d. Schulgebr. hrsg. I. Tl.: Einleitg. u. Text. II. Tl.: Anmerkgn. u. Wörterverzeichn. M. 16 Abb. u. 8 Karten. 8. (XV, 220 S.) Leipzig 897. G. Freytag. Geb. in Leinw. n. 1. 80; Ausg. f. Mädchenschulen n. 1. 80

— Stories from English history by various authors. Für den Schulgebrauch hrsg. 1. Aufl., 2. Abdr. in neuer Rechtschreibg. (XIII, 154 S. m. 16 Abbildgn. u. 8 Karten.) 8. Leipzig 907. G. Freytag. — Wien, F. Tempsky. Geb. 1.50; Wörterbuch (65 S.) 907. Kart. — 75

Stories from English history. Herausgegeben von J. Bube. [Freytags Sammlung französischer und englischer Schriftsteller.] 8°. (ill. XIII, 154 S. mit 8 Karten) geb. K 1.80 Tempsky: Wien 1908. Hierzu Wörterbuch K —.90

Bube, J. (Hrsg.), s.a. Stories, More, for the schoolroom...

— more stories for the schoolroom by various authors. Für den Schulgebrauch hrsg. I. Tl.: Einleitung u. Text. II. Tl.: Anmerkungen u. Wörterverzeichnis. Mit 2 Abbildgn.) 8. (XII, 236 S.) Leipzig 899. G. Freytag Geb. in Leinw. u. geh. n. 1. 50

Bube, J., Stories for the schoolroom by various authors. I. Theil: Einleitung u. Text. II. Theil: Anmerkungen u. Wörterverzeichniss. Gr.-8. (XV, 175 S.) Beide Theile in einen Leinwandband geb. 1.50
Prag: Tempsky 1898.

— Stories for the schoolroom by various authors. Für d. Schulgebr. hrsg. I. Tl: Einl. u. Text. II. Tl: Anmerkgn u. Wörterb. 8° (175) Ebd. 98. ‖ More stories. (236 m 2 Abb.) 99. Geb. u. geh. à 1.50

— Stories for the schoolroom by various authors. Für den Schulgebrauch hrsg. I. Tl.: Einleitung u. Text. II. Tl.: Anmerkungen u. Wörterverzeichnis. 1. Aufl., 2. Abdr. in neuer Rechtschreibg. (XV, 175 S.) 8. Leipzig 904. G. Freytag. — Wien, F. Tempsky. Geb. in Leinw. n. 1. 50

Bube, Joh., Stories for the schoolroom by various authors. Für den Schulgebrauch hrsg. 1. Aufl., 3. Abdr. in neuer Rechtschreibung. (XV, 117 S.) 8. Leipzig 905. G. Freytag. — Wien, F. Tempsky. Geb. n. 1. 40; Wörterbuch (59 S.) n. — 60

Stories for the Schoolroom. Herausg. von J. Bube. 3. Abdruck. [Freytags Sammlung französischer und englischer Schriftsteller] 8°. (XV, 117 S.) geb. K 1.70, hierzu ein Wörterbuch K —.72 Wien: Tempsky 1906.

— The story of English literature, s.a. Authors, English, 75. Lfg.

The story of English Literature. Für d. Schulgebr. hrsg. u. mit Anm. versehen von Johanna Bube, Lehrerin zu Neuwied. [Nebst] Anmerkungen u. Wörterbuch. *Bielefeld & Leipzig: Velhagen & Klasing 1899.* 1 Bd. 8°

— Englisches Übungsbuch. Materialien z. Übersetzen a. d. Deutschen i. d. Englische u. method. Anleitg. z. Anfertigg. v. engl. Aufsätzen f. die Oberkl. höh. Lehranst. gr. 8. (VII, 164 S.) Stuttgart 897. P. Neff Verl. n. 2. —; geb. in Leinw. n. 2. 50

— Übungsstücke zum Übersetzen aus dem Deutschen ins Englische. (VI, 141 S.) gr. 8. Stuttgart 904. A. Bonz & Co. n. 1. 25; geb. in Leinw. n. 1. 80

— dasselbe. Schlüssel. (IV, 92 S.) gr. 8. Ebd. 904. Geb. in Leinw. n. 2. 40
Wird nur an Lehrer abgegeben.

Bube, Kurt: Über Magnesiumammoniumphosphat. Wiesbaden: Kreidel 1910. 72 S. 8° (Aus: Zeitschrift f. analyt. Chemie. Jg. 49, H. 9/10.)
Leipzig, Phil. Diss. v. 28. Juli 1910, Ref. Le Blanc, Hantzsch
[Geb. 31. Juli 85 Leipzig; Wohnort: Leipzig; Staatsangeh.: Sachsen; Vorbildung: Städt. Oberrealsch. Halle a. S. Reife O. 09; Studium: Leipzig 13 S.; Rig. 12. Nov. 09.] [U 10. 3107

v. Bube, W., s. Johann, König v. England.

Bube, Wilh., Ländliche Feierabende. E. Anregg. zur Förderg. edler Geselligkeit u. geist. Genüsse a. d. Lande. gr. 8. (31 S.) Berlin 898. Trowitzsch & Sohn. n. — 60

v. Bube, Wlh., am Grabe Laudons. 8. Grätz 790.

— d. Reg.-Bez. Lüneburg. E. Hülfsbuch f. d. heimatkundl. Unterr. gr. 8. (V, 52 S.) Lüneburg 895. Herold & Wahlstab. n. — 60

Bube, Wilh. v. (Hrsg.), s. Theaterjournal, Neues, für Deutschland.

— alphabet. Verzeichn. d. herzogl. Sächs. fürstl. Anhalt-Schwarzb. u. Reußischen Lande, s. Beschreib., histor.-geograph.-statist., d. herzogl. Sächs. rc. Lande.

[F.] Die Ländliche Volks-Bibliothek. E. krit. Wegweiser u. Musterkatalog nebst Grundstöcken u. Winken z. Einrichtg u. Leitg v. Wilhelm Bube. *Berlin: Trowitzsch & Sohn 1896.* (100 S.) 1 Bd 8.

— d. ländliche Volks-Bibliothek. E. krit. Wegweiser u. Musterkatalog nebst Grundstöcken u. Winken z. Einrichtg. u. Leitg. 2., verm. Aufl. gr. 8. (116 S.) Berlin 897. Trowitzsch & Sohn. n. 1. 20

Bube, Wilh., die ländliche Volksbibliothek. Ein krit. Wegweiser u. Musterkatalog nebst Heimatbibliotheken u. Winken zur Einrichtg. u. Leitg. 3., umgearb. u. verm. Aufl. (VII, 148 S.) gr. 8. Berlin 903. Trowitzsch & Sohn. n. 1. 80; kart. n. 2. 25

Die Ländliche Volks-Bibliothek. Ein krit. Wegweiser u. Musterkatalog nebst Zusammenstellungen von billigen Büchern u. Heimatbibliotheken von Wilhelm Bube. 4., stark erw. Aufl. Berlin: Trowitzsch & Sohn 1907. (224 S.) 8° [J.] [07. 5315 9

Bube, Wilh., die ländliche Volks-Bibliothek. Ein krit. Wegweiser u. Musterkatalog m. Aufstellgn. v. billigen Büchern u. Sonderbibliotheken, zugleich e. unter fachmänn. Mitwirkg. bearb. Führer durch die Heimatliteratur. 5., stark erweit. Aufl. (301 S.) gr. 8. Berlin 909. Trowitzsch & Sohn. 3.60; kart. 4. —

Bube, Wilh.: Die ländl. Volks-Bibliothek. Wegweiser u. Musterkatalog m. Aufstellgn v. bill. Büchern u. Sonderbibliotheken, zugl. e. unter fachmänn. Mitwirkg bearb. Führer durch d. Heimatlit. (Umschl.: Krit. Musterkatalog. Sammlg bill. Bücher. Heimatbibliotheken. Sonderbibliotheken.) 6. Afl. (382) gr8° Berl., Trowitzsch & S. '13. 3.60; HL 4 — d

Bubeck, W., römische Stuccaturen, s. Skizzenbuch, italienisches.

BUBEMPRÉ, Dr. Morel von. Die radicale Heilung der Unfruchtbarkeit und Impotenz. Nach dem Französischen. Zweite Auflage. Quedlinburg und Leipzig 1841. Verlag der Ernst'schen Buchhandlung. 8°. 203 S. 2 Bl. Verlagsanzeigen.

Buben, die bösen, in der Berliner Kunst-Ausstellung 1889. gr. 8. (58 S. m. Illustr.) Berl. 889, S. Fischer. *1 —

Bueben schreyts enk mued und haser ... [Kriegslied.] [Brixen 1809.] V: *Zoller, Fz. Carl.* (margr) (biblport)

Adrian v. Bubenberg. Neujahrsblatt für die bernische Jugend. (36) 4. Bern 1859. 1,20.

Bubenberg, Adrian v., Schultheiß d. Stadt Bern, eine biograph. Skizze. M. 1 Ttlkpfr. u. 1 Fac-simile. gr. 8. ... Bern 828, [Jenni, Sohn.]

Bubenberg. Adrian von B', Ritter. Bern 1828 s.a. St[ettler], C[arl Ludwig].

Bubenberg-Denkmal. Festschrift zur Enthüllungsfeier. Bern 18. Juli 1897. [Mit Titelvignette.] 8. Bern. A 1231
Inhalt: Gelegenheits-Stücke (8 S.), mit Beigabe: Sterchi, J[acob] Adrian von Bubenberg.... Illustrirt von Karl Jauslin.... 2. unveränderte Aufl. Bern 1891.

Bubendeg: D. Beweis d. Fundamental-Satzes i. d. Theorie d. algebraisch. Gleichungen. Homburg. 23 p. 1864.
Schul-/Univ. Schrift

Bubendey: Mitteilungen über den Hamburger Hafen. Vortrag. Berlin 1904

Bubendey, Friedrich

Die Grenzen der Seeschiffahrt. Rede z. Geburtsfeste S. M. d. Kaisers u. Königs Wilhelm II. in d. Kgl. Techn. Hochschule zu Berlin am 26. Jan. 1902 geh. von d. derzeit. Rektor [Friedr.] Bubendey. *Berlin 1902: Deuter & Nicolas.* (20 S.) 4° [02. 1-34

Bubendey, G. H., Die Symmetri der röm. Elegi. Pr. 1876. 26 S. 4°.

Bubendey, Dr. Gerh. Heinr., Die Witwenkasse der Lehrer am Johanneum in ihrer Entwicklung von 1736—1886. Im Auftrage des Vorstandes dargestellt. Lex.-8°. Hamburg (Herolds Verl.) 1886.

Bubendey, Heinrich

Bubendey, H. De loco Thucydideo [VII, 28] restituendo, s.a. Schrader, H. De Archaeologicae Thucydideae apud veteres scriptores auctoritate.

Bubendey, *Gerhard* Heinrich De loco Thucydideo (VII, 28) restituendo. 4 (S. 13—15). Progr.
L. Herbst natalem octogesim. celebranti gratulatur Johanneum *Hamburg* 1891.
Nicht im Tauschverkehr.

Bvbendey, Henricvs ⟨geb. am 22 Dez. 1840 in Hamburg⟩: Qvaestiones Tibvllianae ... Bonnae, typ. C. Georgii 1864. 1 Bl., 38 S., 1 Bl. 8.

Bonn, Phil. Fak., Diss. v. 16 März 1864

Bubendey, J. F., die Elbe, Hamburgs Lebensader, s.: Nohls, Chr.

Bubendey, J. F., die Entwässerung der Städte, s.: Frühling, A.

— P. Gerhardt u. R. Jasmund, die Gewässerkunde, s.: Handbuch der Ingenieurwissenschaften, III.

Bubendey, J. F., Grundlagen der Wasserbaukunst, s.: Tolkmitt, G.

Der Hafen von Hamburg. Bureau f. Strom- u. Hafenbau, Hamburg 1904. J. F. Bubendey, Wasserbaudir. *(Hamburg 1904: E. Ritter.)* (1 Kartenbl. 69 × 31 cm.) [kol.] [04. 1,737

Bubendey, JF, s: Handbuch d. Ingenieurwissensch., Wasserbau.

— Prakt. Hydraulik. Sonderabdr. a. d. 4. Afl. d. Handb. d. Ingenieur-Wissensch., III. Tl: „Wasserbau“, 1. Bd: Die Gewässerkde. (6, 149 m. Abb.) Lex8° Lpzg, W Engelmann '11. 3.60

— unsere Stellung zur Schulfrage. Vortrag, geh. am 11. März 1891 im Architekten- u. Ingenieur-Verein zu Hamburg. gr. 8. (34 S.) Berlin 891. Ernst & Sohn. n. — 50

— s.: Wasserbau, der.

Bubendey, Johann Friedrich : Die Grenzen der Seeschiffahrt, s. Bubendey, Friedrich

Bubendey, Joh. Frdr.: Soz. Schäden im Arbeitnehmertum d. deut. Bühnengewerbes u. ihre Abwendg durch Selbsthilfe u. Staat. Studie z. Gesch. d. soz. Bühnenbewegg. (12. 83) gr8° Lpzg. W Engelmann '12. 2.50

Bubengeschichten. 8. (8 color. Stnt. mit Text.) Reutlingen 878, Enßlin und Laiblin. cart.

Bubengeschichten. 8. (8 color. Steintaf. m. Text.) Reutlingen 873. Stuttgart, Neugebauer. — 60

Bubenhofer, Alfred, a. Vaihingen a. E.: Über einen Fall von kongenitalem Defekt ⟨Agenesie⟩ der Gallenblase. Wiesbaden: J. F. Bergmann 1907. (306—340 S., 2 Taf.) 8°
(Aus: Anatomische Hefte Abt. 1 H. 82. 1905.)
Tübingen, Med. Fak., Ref. Froriep, Diss. v. 26. Juni 1907
[Geb. 24. Juli 82 Vaihingen a. E.; Wohnort: Vaihingen; Staatsangeh.: Württemberg; Vorbildung: Gymn. Heilbronn Reife Sommer 00; Studium: Tübingen 6, Berlin 6 S.; Coll. 2. Apr. 06; Approb. 15. Juni 07.]

Bubeníček, J., historisches Tableau. Die alten Reiche u. deren allmähl. Entfaltg. u. Gestaltg. zu den Hauptreichen der Gegenwart. In schematisch-tabellarisch-synchronist. Darstellg. entworfen. Lith. u. color. Imp.-Fol. Wien 888. Hölzel. In Mappe. n. 3. 60

Bubeníček, Josef, Lehrbuch der Pflanzenkunde für Lehrer- und Lehrerinnen-Bildungsanstalten. Mit 201 Abbildungen. 2. verbesserte Auflage. Wien und Prag, F. Tempsky. Leipzig, G. Freytag, 1895. (Min.-Erl. vom 6. Juni 1895, Z. 8427.) Gebunden 1.15

Bubeníček, Josef, Lehrbuch der Pflanzenkunde für Lehrer- und Lehrerinnen-Bildungsanstalten. Mit 272 Abbildungen und 1 Farbendrucktafel. 3., umgearbeitete Auflage. Wien 1902. F. Tempsky. Preis, gebunden 3 K.

Bubeníček, Jos., Lehrbuch der Pflanzenkunde f. Lehrer- u. Lehrerinnen-Bildungsanstalten. 3., umgearb. Aufl. gr. 8. (II, 222 S. m. 272 Abbildgn.) Leipzig 903. G. Freytag. Geb. in Leinw. n. 2. 50

Bubeníček, Jos., Lehrbuch der Pflanzenkunde f. Lehrer- u. Lehrerinnen-Bildungsanstalten. Mit 3 Farbendr.-Taf. u. 1150 Fig. in 302 Text-Abbildgn. 4., umgearb. Aufl. (220 S.) gr. 8. Wien 907. F. Tempsky. Geb. 3. 30

Bubeníček, Jos[ef]: Nach Montenegro. Eine Reiseskizze. (Umschlagtitel: ... Mit 6 Abbildungen im Texte und einer Ansicht von Cetinje als Beilage.) 16 S. 8. — Durch Montenegro. Reiseskizze. (Umschlagtitel: ... Mit 15 Abb. im Texte.) 32 S. 8. — Durch Montenegro. Reiseskizze. (Umschlagtitel: ... Mit 29 Abbildungen im Texte.) 44 S. 8. — Durch Montenegro. Reiseskizze. Mit 37 Abbildungen im Texte. 48 S. 8. K. k. Staats-(Ober)gymn. (mit deutscher Unterrichtssprache) Progr. Prag, Neustadt (Stephansgasse) 1903. 1905. 1906. 1907.

Bubeníček, Jos[ef]: An der Schwelle Albaniens. (1. Fortsetzung der im Jahresberichte 1903 veröffentlichten Reiseskizze „Nach Montenegro".) (Umschlagtitel: ... Albaniens. Reiseskizze. Mit 11 Abbildungen im Texte.) 18 S. 8. K. k. Staats-Gymn. mit deutscher Unterrichtssprache Prag-Progr. Neustadt, Stephansgasse 1904.

Bubenick, Eugen (Red.), s. Feuerwehrzeitung, Mährisch-schlesische, vormals der Haspelwagen.

Bubenik, Franz

Bubenik, Frz., Alexander Petöfi. Eine Skizze seines Lebens u. Dichtens. Vortrag, geh. im wissenschaftl. Club in Wien am 20. April 1882. Veröffentlicht zur feierl. Enthüllung des Petöfi-Denkmals in Budapest am 15. Octbr. 1882. gr. 8. (60 S.) Wien 882. Hartleben. 1. —

Bubenik, Frz., die Technik des Giro-Verkehrs bei der österreichisch-ungarischen Bank. Erläutert. Mit einem Anhang von Druckformularen. gr. 8. (IV, 192 S.) Wien 888, Hölder. *

Bubenstreiche. (24 S. m. farb. Abbildgn.) gr. 8. München (908). Braun & Schneider. 1. —

Bubenstreiche, Völkergeistliche, beleuchtet von einem Ketzer ... Berlin 1898. V: Räuber, Oscar. (Berl)

Buber, A, Führer f. Curgäste u. Besucher v. Franzensbad. 3. Afl. 8. (98) Wien 83, Seidel & S. n. 1. 40

Die galizisch-podolische Schwarzerde. Ihre Entstehung u. natürl. Beschaffenheit u. d. gegenwärtigen landwirtschaftl. Betriebsverhältnisse d. Nordostens dieser Bodenzone Galiziens. Von Dr. Leopold Buber. Mit e. Geleitw. d. Geh. Reg.R. Prof. Dr. F[erdinand] Wohltmann. Mit 1 Taf. u. 12 Textabb. Berlin: Parey 1910. 202 S. 8° [11. 1605]

Buber, Leopold: Die galizisch-podolische Schwarzerde, ihre Entstehung und natürliche Beschaffenheit und die gegenwärtigen landwirtschaftl. Betriebsverhältnisse des Nordostens dieser Bodenzone Galiziens. Halle a. S. 1910: Stollberg. Merseburg. 189 S. 8° ¶(Ersch. vollst. als Buch b. Parey, Berlin.)
Halle, Phil. Diss. v. 9. Mai 1910, Ref. Wohltmann
[Geb. 24 Aug. 85 Lemberg; Wohnort: Lubianki, Galizisch-Podolien; Staatsangeh.: Österreich; Vorbildung: Franz-Josefs-Gymn. Lemberg Reife 03; Studium: Halle 9 S.; Rig. 2. Aug. 09.] [U 10. 1713

Buber Martin: Zur Geschichte des Individuationsproblems. Diss. Wien, Univ.
M. 1903 PN 1678

Buber, Mart., die Geschichten des Rabbi Nachman, ihm nacherzählt. (Druckanordnung, Schmuck u. Einband v. E. R. Weiss.) (IX, 164 S.) 8. Frankfurt a/M. 906. Literar. Anstalt. n. 3. —; geb. n. 4. 50

*— Die Geschlechter. Ebd. Kart. ca 1.50

Buber, Mart., s. Gesellschaft, Die.

— Ekstatische Konfessionen. (XXVIII, 239 S.) gr. 8. Jena 909. E. Diederichs. 6. —; geb. 8. —

Buber, Mart., die Legende d. Baalschem. (Druckanordn., Titel, Initialen u. Einbde. v. R. E. Weiss.) (VII, 258 S.) 8. Frankfurt a/M. (908). Liter. Anstalt. 6. —; geb. 7. 50

Martin Buber. Die Legende des Baalschem. Frankfurt a. M.: Rütten & Loening (1908). (VII, 257 S.) 8° [08. 6496]

— 3 Reden üb. d. Judentum. (102) 8° Frankf. M., Rütten u. L. '11. 2 —; geb. 3 —

— s.: Tschuang-Tse, des, Reden u. Gleichnisse.

— Lesser Ury, s.: Künstler, jüdische.

Buber, Sal., Ansche Schem. Biographien u. Leichensteininschriften von Rabbinen, Lehrhausvorstehern, Religionsweisern, Rabbinatsassessoren u. Gemeindevorstehern, d. während e. Zeitraumes v. 400 Jahren (1500—1890) in Lemberg lehrten u. wirkten. In alfabet Reihenfolge, nebst e. Beitrage z. Geschichte d. Juden in Lemberg. (In hebräischer Sprache.) gr. 8. (XXVIII, 252 S.) Krakau 895. (Wien, Ch. D. Lippe.) n. 6. —

Buber, Salom., s.: Ha-Orah.

Buber, Salomon, agadischer Commentar zum Pentateuch, nach e. Handschrift aus Aleppo zum 1. Male hrsg. u. m. Erläutergn. versehen. (In hebr. Sprache.) 1. u. 2. Bd. gr. 8. (208 S.) Wien 894. (Ch. D. Lippe.) à n. 3. —
1. (XV, 192 S). — 2. (208 S.)

Buber, Sal., Leben und Schriften des Elias Bachur, genannt Levita. Leipzig 856. C. L. Fritzsche. 8. (36 S.) n. 6 ngr

Buber, S, Leben u. Schriften d. Elias Bachur, gen. Levita. 8. (36) Lpzg 56, CF Schmidt. n. — 6

— s.: Midrasch, Echa Rabbati.

— s.: Midrasch, Tehillim.

— Midrasch Samuel. Agadische Abhandlg. üb. das Buch Samuel. Hrsg. nach Konstantinopl'er (1522) u. Venezianer (1546) Editionen m. Vergleichgn. der Lesearten der Parmaer Handschrift cod. 563, kritisch bearb., commentirt u. m. e. Einleitg. versehen. (In hebr. Sprache.) gr. 8. (142 S.) Krakau 893. Ebd. n. 2. —

Buberl, A., Führer f. Kurgäste u. Besucher v. Franzensbad. Mit e. (lith.) Situationsplan v. Franzensbad (in qu. gr. 4.) 8. (92 S.) Franzensbad 875. Götz. 1. 50

Buberl, A., Führer für Curgäste und Besucher von Franzensbad. Mit 1 (lithogr.) Situationsplan von Franzensbad in qu. gr. 4. (92 S.) 1876; 2. Aufl. 8. (100 S.) Franzensbad 879, Götz. cart.

Buberl, A., Führer für Curgäste u. Besucher von Franzensbad. 2. Aufl. Mit einem (lith.) Situations-Plane von Franzensbad. 8. (100 S.) Marienbad 879. Götz. n. 1. 50

Buberl, A., Führer für Curgäste und Besucher von Franzensbad. 3. Aufl., mit einem (lithogr.) Situations-Plane von Franzensbad. 8. (98 S.) Wien 883, Seidel und Sohn. *

Buberl, Dr. A., Führer für Curgäste und Besucher von Franzensbad. Vierte Auflage 8. (93 S.) Eger: Kobrtsch 1893. * —.60

Buberl, A., Führer f. Curgäste u. Besucher v. Franzensbad. 4. Aufl. 12. (95 S. m. 1 farb. Plan.) Franzensbad 893. J. Kobrtsch & Gschihay. n. 1. 20

—— Guide du baigneur et du touriste à Franzensbad. Accompagné d'un plan (lithogr.) de Franzensbad. 8. (70 S.) Ebendas. 877. cart. *

Buberl, Joh., Bericht d. v. österr. Ingenieur- u. Architekten-Vereine eingess. Comités z. Aufstellg. d. Ergänzgn. u. Aendergn. a. d. bisher. Typen f. Walzeisen, erstatt. i. d. Geschäftsversammlg. d. österr. Ingenieur- u. Achitekten-Vereines a. 23. IV. 1892. Fol. (9 S. m. Fig., 17 Tab. u. 33 farb. Taf.) Wien 892. (Lehmann & Wentzel.) n. 6.—

Buberl. Joh., Bericht. Jetzt: Verlag v. Spielhagen & Schurich in Wien.

Buberl, Paul: Die Denkmale d. polit. Bez. Salzburg. — Die Denkmale d. polit. Bez. Zwettl. 1. Tl. Gerichtsbez. Allensteig. 2. Tl. Die Gerichtsbezz. Gross-Gerungs u. Zwettl, s: Kunsttopographie, Österreichische.

— Die illuminierten Handschriften in Steiermark. 1. Tl. Die Stiftsbibliotheken zu Admont u. Vorau, s: Verzeichnis, Beschreibendes. d. illuminierten Handschriften in Österr.

Buberl Paul: Die Monumental-Malerei des frühen Mittelalters in Oesterreich. Diss. Wien, Univ.
1907 PN 2234 1895

Buberl, Paul, die romanischen Wandmalereien im Kloster Nonnberg in Salzburg u. ihre Beziehungen zur Salzburger Buchmalerei u. zur byzant. Kunst. Hrsg. v. der k. k. Zentral-Kommission f. Kunst- u. histor. Denkmale. (VIII, 74 S. m. 37 Abbildgn. u. 14 Taf.) 31,5×24 cm. Wien 910. A. Schroll & Co. 12.—

BUBERLÉE, TERENTIANUS, Ord. S. Franc.: Kurze Abhandlung von der Seele des Menschen, für gemeine Christen. Ofen 1791. o. Dr. 40 S. - 8°

BUBERLÉE, TERENTIANUS, Ord. S. Franc.: Das Alterthum der Ohrenbeichte. Eine critische Abhandlung. Ofen 1789. Gedr. bey Kathar. Landerinn. 80 S. - 180 mm OSZK

BUBERLÉE, P. TERENTIANUS: Das alte verloschene, / und wiederum / erweckte Armeninstitut / verfasset / und in dreyen Predigten vorgetragen / von / P. Terentianus Buberlée, / Franziskaner Capistranischer Provinz, in Ofen auf der Landstraße gewöhnlichem / Sonntagprediger. Im Jahre 1786. Pest 1787, gedruckt mit Trattner'schen Schriften. 102 S. - 203 mm

Buberlee, Das alte verloschene und wieder erweckte Armeninstitut. gr. 8°. Pesth, Eggenberger, 1787.

BUBERLÉE, TERENTIANUS Ord. S. Franc.: Dankrede auf den acht und neunzigsten feierlichen Gedächtnißtag der von Gott beglückt- und siegreichen Eroberung der königl. Wohn- und freyen Hauptstadt Ofen. Den 2. Herbstmonat 1784. als die hohen Landesstellen von Pressburg nach Ofen kamen zum Letztenmale, auf dem königl. Schloßplatze vorgetragen. Pesth 1787. Gedr. mit Trattner'schen Schriften. XXXIV. f. - 180 mm

BUBERLÉE, TERENTIANUS, Ord. S. Franc.: Dankrede als Se. kaiser(liche) könig(liche) Majestät Leopold II. zum römischen Kaiser und König erwählt und gekrönt wurde. Ofen, den 7-ten November 1790. Ofen 1790. Gedr. mit kön. Universitätsschriften. 26 S. - 200 mm OSZK

BUBERLÉ, TERENTIAN FR(ATER): Verschiedene Gelegenheitsreden. Ofen 1790-1793. 8°

BUBERLÉE, TERENTIANUS, Ord. S. Franc.: Lobrede auf den heiligen Stephan König und Apostel von Ungarn. Gehalten in der kön. Schloßpfarrkirche zum heil. Sigismund den 20. Aug. 1793. Ofen 1793. Gedr. mit kön. Universitätsschriften. 31 S. - 8° Petrik

— d. durch d. Schrift u. Propheten geweissagte Messias rc. 3 Thle. gr. 8. Ofen 787. (Eggenberger in Pesth). 2 ß

BUBERLÉE, TERENTIANUS: Der durch die Schrift und Propheten geweissagte Messias und erfüllende Christus. In messianischen Predigten vorgetragen, und auf Ansuchen Anderer herausgegeben. Ofen. Gedr. bey Katharina Landerer. - 8°
1. Tl. 1787. 16 f. 136 S.
2. Tl. 1787. 16 f. 162 S.
3. Tl. 1788. 205 S.

BUBERLÉE, TERENTIANUS: Rede bey Anbeginn des Krieges mit dem Erbfeinde. Ofen 1788. Gedr. bey Catharina Landerin, Witwe. 38 S. - 8°

BUBERLÉE, TERENTIANUS, Ord. S. Franc.: Rede bei der Dankfeyer der ehrsamen Ofner Landstrasser Pfarrgemeinde, als Se. Majestät auf ihre Bitte zur Dotirung ihrer Pfarrkirche ein namhaftes Kapital zu bewilligen geruhet. Ofen 1792. Gedr. mit kön. Universitätsschriften. 32 S. - 8°

BUBERLÉE, TERENTIANUS, Ord. S. Franc.: Feyerliche Rede bei dem allgemeinen Jubelfeste der ungarischen Krönung LEOPOLDS des II. in Ofen 1790. Ofen 1790. Gedr. bey Kath. Landerinn, Wittwe. 29 S. - 8° OSZK

BUBERLÉE, TERENTIANUS, Ord. S. Franc.: Rede bey dem allgemeinen Gebethe um Segen vom Himmel zu erhalten in wichtigen kriegerischen Unternehmungen wider den Erbfeind. Ofen 1789. Gedr. bey Katharina Landerinn Wittwe. 24 S. - 8° OSZK

BUBERLÉE, TERENTIANUS, Ord. S. Franc.: Rede bey Gelegenheit bevorstehenden Krönung in Hungarn Leopolds II. von den Pflichten der Unterthanen gegen ihre Regenten. Ofen 1790: Mit k. ung. Universitätsschriften. 1, 35 S. - 190 mm

BUBERLÉE, TERENTIANUS, Ord. S. Franc.: Rede bei öffentlicher Lob- und Dankfeyer wegen erhaltenem Sieges über den Erbfeind und Eroberung der Festung Belgrads. Vorgetragen in Ofen auf der Landstrasse 1789, den 25. October. 30 S. - 8° OSZK

BUBERLÉE,TERENTIANUS, Ord. S. Franc.: Rede von den Vorzügen der Normalschule bey der jährlichen Feyer der Normalkinder am Feste der H. H. Schutzgeister. Ofen 1789. Gedruckt bei Katharina Landerinn. 30 S. - 8°

BUBERLÉE, TERENTIANUS Ord. S. Franc.: Rede, welche bei der Eröffnung und Einweihung des neu- und prächtig erbauten Josephinischen Krankenhauses bei den W.W. E.E. Elisabethinerinnen zu Ofen den 22. May 1787 ist gehalten worden. Ofen 1787. Gedr. bei Katharina Landerinn. 21 S. - 8°

BUBICS, SIEGMUND VON: Bericht des venetianischen Gesandten Friedrich von Cornaro über die Belagerung und Rückeroberung Ofens im Jahres 1686. (Avvisi circa l'assidio e la presa della forterezza di Buda nell'anno 1686 da Federico Cornaro). Mit deutscher Übersetzung der Berichte und einer aus dem Ungarischen übersetzten historischen Einleitung des Siegmund von Bubics. Als Manuskript gedruckt. Budapest 1891. Druck Franklin. LXXXIV, 419 S. 57 t. 4 K. - 310 mm

BUBICS, SIGISMUND: Die Civilehe. Hirtenbrief des Bischofs von Kaschau vom 24. Dezember 1894. Mit dem latein. und italien. Text. Budapest 1895: Fraklin-Verein. 31 S. - 8°

Bublić, F.

— Auctarium inscriptionum quae a. 1892 ad a. 1894 in museum archaeologicum Salonitanum Spalati illatae sunt. Pr. 1894. 87 S. 2.-

Bublić, F., Inscriptiones quae in C. R. Museo Archaeologico Salonitano Spalati asservantu Pr. 1892. 181 S. 3.-

Bublina

— s. auch Bobelina.

Bublina, die Heldin Griechenlands unserer Zeit; von dem Verf. des Rinaldini. 2 Thle mit 2 Kupf. 8. Gotha 822, Hennings.

Bublina, die Heldin Griechenlands unserer Zeit ... Gotha 1828. V: *Vulpius, Christian August.* (EE) (GGr)

Bublina, die Heldin Griechenlands, uns. Zeit. 2., verm. Ausg. M. 2 Kpfr., 1 Musikbeil. u. 1 Vign 8. (30½ B.) Gotha 828, Hennings.

Bublitz (Schlagwort)

Bublitz, s.: Geologische Karten (Preussen).

Bublitz, Kreis, s.: Köslin, Reg.-Bez.

Bublitz (Verfasser)

Bublitz, E., Aus den Anfängen der Südseemission, s.a. **Missionsschriften, neue.**

Aus den Anfängen der Südseemission. Von E. **Bublitz,** Pastor. (Berlin: Berliner Ev. Missionsgesellsch. [1896].) (13 S.) 8° [Kopft. F.] — [**Missionsschriften,** Neue.] No 55. [97. 133^

Bublitz, E., Jonas Pudumo, s.: Dornen u. Ähren vom Missionsfelde. Nr. 9.

Bublitz, Erich: Untersuchungen über die Einwirkung des Wasserstoffs auf die Sauerstoffverbindungen des Mangans. 1903. 35 S. 8°
Berlin, Dr.-Ing.-Diss. v. 17. 7. 1903

Fackeln im Totenland. Gedichte von Ernst **Bublitz**. Halle: H. Kreibohm 1904. (92 S.) 8° [F.] 04. 3

Bublitz, Ernst, Fackeln im Totenland. Gedichte. (92 S.) 8. Halle 904. H. Kuhnt. n. 1, 50

Bublitz, O., s. Bublitz, E.

Chronik der Kirche zu Borntuchen von ihrer Entstehung bis zum heutigen Tage geschrieben von Pastor [Ulrich Hermann Otto] **Bublitz** zu Garrin mit e. Vorw. d. Pastor [Max Karl August] Hahn in Borntuchen u. 4 Kunsttaf. im Text. Hrsg. 1905 im Auftr. d. Gemeinde-Kirchenrats. (Bütow) 1905: Bütower Anzeiger. (49 S.) 8° [Umschlagt.] 07. 9

Bubna, Jos. Frhr. v., s. Warlich v. Bubna, Jos. Frhr. v.

Bubna, Josef Freiherr Warlich von, Lieb' und Freundschaft. Novelle in Versen. 12. (157 S.)
Wien: Gerold 1890. 1.20

Bubnoff, N., Beiträge zur Kenntniss der Structur des Knorpels. Lex.-8. (4 S. mit 1 chromolithogr. Taf. in qu. 4.) Wien 868, (Gerold's Sohn.) *
Aus: Sitzungsberichte der k. Akademie der Wissenschaften, besonders abgedruckt.

Bubnoff, N. v., s.: Vom Messias.

Bubnoff, Nicolai von: Das Wesen und die Voraussetzungen der Induktion. (Halle a. S.) 1908: (Kaemmerer). 52 S. 8°
¶(Aus: Kantstudien. Bd 13, H. 4.)
Heidelberg, Phil. Diss. v. 23. Nov. 1908, Ref. Windelband
[Geb. 25. Dez. 79 Petersburg; Wohnort: Heidelberg; Staatsangeh.: Rußland; Vorbildung: I. klass. Gymn. Petersburg Reife O. 98; Studium: Petersburg 8, Leipzig 1, Heidelberg 4, Freiburg i. B. 1, Heidelberg 1 S.; Rig. 5. Mai 08.] [U 09. 1958

Bubnoff, Nicolai v.: Zeitlichk. u. Zeitlosigk. Grundleg. theoret.-philosoph. Gegensatz in s. typ. Ausgestaltgn u. in sr Bedeutg f. d. modernen philosoph. Theorien. (65) gr8° Heidelbg. Carl Winter '11. 1.50

Bucaez, F., vier Jahreszeiten, s.: Lehmann, Adf.

Bucalossi, P., Karneval-Polka, für Salonorchester (Bijou Nr. 264) Wien, Bosworth 1910. K 1.44 no.

Bucanier, Der, ein historischer Roman aus der Zeit Cromwells. A. d. Engl. von Louis Lax. Aachen 1833; von Joh. Sporschil. Braunschweig 1833. V: *Hall, Samuel Carter.* (EE)

Bucanier, der, ein histor. Roman aus der Zeit Cromwell's. Aus d. Engl. von Louis Lax. 3 Thle. 8. Aachen 833. Mayer. 3 ß

Bucanier, Der, ein historischer Roman aus der Zeit Cromwells. Braunschweig 1833. V: *Hall, Anna Maria.* (BrMm)

—— **dass. übers. v. Joh. Sporschil. 3 Thle., s.a. Bukkanier.**

Bucanier, der, aus d. Engl. v. J. Sporschil. 3 Thle. 8. Braunschweig 833. Vieweg. 3 ß

BUČAR, Franz: Geschichte des Protestantismus in Kroatien. — 1897. 133 Bl. Diss. Graz, Univ.

Bučar, Josef, Militär-Unterintendant. Die Verpflegung des russischen Heeres im russisch-polnischen Kriege 1831. Unter besonderer Hervorhebung des Einflusses der Verpflegung während der Operationen. — Siehe: „Streffleur. Österreich. milit. Zeitschrift." III. Bd. Gruppe A b. Wien 1897.

Buček, Augusta. Beiträge zur Kenntnis der Parapsoriasis ⟨Brocq⟩. Diss. Med. Univ. Zürich. *Kopftitel:* Aus der Privatpoliklinik für Hautkrankheiten von Dr. E[rnst] Heuss, Privatdozent in Zürich. — (Sonderabdruck aus «Monatshefte für praktische Dermatologie», Bd. 37.) 30 S. 8. Hamburg und Leipzig, Leopold Voss, 1903.
V Zür

Bucelleni, Octavio. Compendium Vitae D. Thomas Aquinatis Angelici Ecclesiae Doctoris. Viennae 1723. H: *Holzmann, Johann Baptist.* (Jes)

Bucellenus, Oct. Res memorabiles per decennium bello Austriaco-Hispano-Gallico gestae. 16. Viennae 1710.

Bucellini, J.

— Officina Epithetor. 12. Ulm. (Wolf, Augsb.) 750.

***Bucellini*, J., officina epithetor. 12. Manh. 752. Löffler. 3 ₰ id. l. 12. Basel 764. Thurneisen. 6 ₰**

Argumenta *Buceri* pro et contra. Orig. Manuscr. Bucers, die Gründe für u. gegen die Doppelehe d. Landgrafen Philipp des Grossmüthigen. de anno 1539. Cassel 1878. 8°. (1 Mk. M. & H. Schaper, Hannover, 1897.)

Buceri argumenta pro et contra. Orig.-Mscr. Bucers, die Gründe für u. gegen die Doppelehe des Landgrafen Philipp des Grossmüthigen de anno 1539, veröffentlicht durch v. L. gr. 8. (IV, 56 S.) Kassel 878. Kay. n. 1. 50

Bucerius, die Gemeindebetriebe der Stadt Remscheid, s.a. **Schriften des Vereins f. Socialpolitik. 129.**

Bucerius, Die Gemeindebetriebe der Stadt Remscheid. Im Auftr. d. Ver. f. Socialpolitik hrsg. von Carl Joh. *Fuchs*. Leipzig 1909. 8°. — Ka 3570, 129,6. —
(Gemeindebetriebe. Bd 2, T. 6.)
(Schriften d. Ver. f. Socialpolitik. Bd 129, T. 6.)

Die Gemeindebetriebe der Stadt Remscheid. Bearb. von Dr. **Bucerius.** Leipzig: Duncker & Humblot 1909. 50 S. 8°
(Gemeindebetriebe. Bd 2, T. 6.)
(Schriften d. Vereins f. Socialpolitik. Bd 129, T. 6.) 09. 13637 2

Bucerius, Anton Ludwig (Halle), De influenza morbo. Diss. med. Halle (Hendel) 15. XII. 1837. 22 S., mit Biogr. (M.: J. Müller.) (4.50) 4390
Oppon.: C. F. Haarmann, H. E. Grützmann. — Gew.: Ant. Christoph Bucerius (Vater).

Bucerius, Arthur, approb. Arzt aus Straßberg a. Harz: Über die Beziehungen des Morbus Basedowii zu den Erkrankungen der weiblichen Genitalien. *München 1902: C. Wolf & Sohn.* (10 S.) 8°
München, Med. Diss. v. 1902

Bucerius, Frid. Augustus (geb. Jüchen im Rheinl. 11. 10. 1834): De mandibulae resectione. Berolini (1860). (32 S.) 8°
Berlin, Med. Diss. v. 7. Aug. 1860

Bucerius, Antonius Ludovicus: De influenza morbo. Halis (1837): Hendel. VI, 21 S. 8°
Halle-Wittenberg, Med. Diss. v. 15. Dez. 1837
Geb. Halle a. d. S. 27. 11. 1814. V.

Bucerius, Walter, aus Osnabrück: Erörterung der Begriffe exceptio, Einrede und Einwendung nach römischem und nach gemeinem Recht, nach der deutschen Zivilprozessordnung und nach dem Bürgerlichen Gesetzbuch für das deutsche Reich. Eine von d. jurist. Fakultät d. Univ. Göttingen gekr. Preisschrift. *Göttingen [1898]: Dieterich.* (143 S.) 8
Göttingen, Jur. Diss. v. [2. Aug.] 1899

Bucerius, Walt., Erörterung der Begriffe exceptio, Einrede u. Einwendung nach römischem u. nach gemeinem Recht, nach der deutschen Zivilprozessordnung u. nach dem bürgerl. Gesetzbuch f. das deutsche Reich. Eine v. der jurist. Fakultät Göttingen gekrönte Preisschrift. gr. 8. (III, 143 S.) Göttingen (899). (Vandenhoeck & Ruprecht). n. 3. 60

Bucerius, Walth., über rationelle, rauchfreie Heizung v. Backöfen. (27 S. m. 13 Fig.) gr. 8. München 905. R. Oldenbourg. n. — 50
Sonderabdruck aus: „Journal f. Gasbeleuchtung u. Wasserversorgg."

— s. a. Neuerungen in der Technik des Handwerks.

Neuerungen in der Technik des Handwerks. Herausgegeben von W Bucerius. I. (342 S) Karlsruhe 1905

Bucerus, Chr. Fr., († 1813.) das Geheimniß d. Dreieinigkeit in s. gefährl. Lage. 8. Leipz. 792. (Brockhaus). 20 K

Bucerus, C. F., das Geheimniß d. Dreieinigk. in s. gefährl. Lage. 8. Leipzig, Gleditsch. 792.

Bucglant, des Heinr., Formelbuch, s. a. Veröffentlichungen aus der Hamburger Stadtbibliothek. 2. Bd.

Das Formelbuch des Heinrich **Bucglant**. An d. päpstl. Kurie in Avignon gerichtete Suppliken aus d. ersten Hälfte d. 14. Jhs. Mit e. Anh. verwandter Stücke, hrsg. von J[akob] Schwalm. Hamburg: Gräfe 1910. XLIV, 188 S. 4°(8°)
(Veröffentlichungen aus d. Hamburger Stadtbibliothek. Bd 2.) [10. 8257

Buch, das, v. Aberglauben, s. a. Hnr. Ldw. Fischer.

Buch, Das, vom Aberglauben. Leipz. 1790—94. V: *Fischer, Heinrich Ludwig.* (KY) (MGT) (MP) (WR)

Buch, das, vom Aberglauben, Missbrauch u. falschen Wahn. Ein nöthiger Beytrag zum Unterricht-, Noth- u. Hülfsbüchlein. Mit curioser TVign. u. 1 Kpf. Oberdeutschland (Weissenburg in Franken, Jacobi) 1790. 8°. Gleichzeit. Hfrzb.
8 Bll. (incl. roth u. schwarz gedr. Tit.), 351 S., 1 S. Err.

Buch, Das, vom Aberglauben, Missbrauch und falschen Wahn. Ein nöthiger Beytrag zum Unterricht, Noth- und Hilfsbüchlein. Oberdeutschland 1790 [Weissenburg i. Franken]. — Leipzig 1790—1793. V: *Fischer, Heinrich Ludwig.* H: *Becker, Gottfried Wilhelm.* (BGE I³, 489)

§ **BUCH**, Das abscheuligste, unter allen, die wir der Aufklärung verdanken. O. O. 1788. 8°. (In München: Mor. 332,1.) Rar!

— **das abscheulichste**, u. zugleich nützl. 8. Wittenb. 788. Kuhne. 4 K

Buch der Affen 2c., s. Jugend-Bildersaal.

Buch für Alle. 1—3. Bdchn. Leipzig 859. E. Schäfer. 8. Jedes Bdchn. n. 2 ngr.
Inhalt: 1. Die Braut. Erzählung von A. Schrader. (31 S.) — 2. 3. Die Waldspinne. Aus dem Westen Amerika's. Von O. Ruppius. (64 S.)

Buch, das, für Alle. Illustrirte Monatsschrift zur Unterhaltung und Belehrung für die Familie und Jedermann. Jahrg. 1866—68. 12 Hefte. (à 4 Bog. mit eingedr. Holzschn.) hoch 4. Stuttgart, Schönlein. à Jahrg.

Buch, das, für Alle. Illustrirte Blätter zur Unterhaltung und Belehrung für die Familie und Jedermann. Jahrg. 1869 und 1870. à Jahrg. 12 Hefte. (à 4 Bog. mit eingedr. Holzschn.) gr. 4. Stuttgart, Schönlein. à Heft 30 Pf.; à Jahrg.

— dass. — Jahrg. 1871 und 1872. à Jahrg. 17 Hefte. (ca. 6 Bog. mit eingedr. Holzschn.) gr. 4. Ebendas. à Heft 30 Pf.

— dass. — Jahrg. 1873. 25 Hefte. (à 4 Bog. mit eingedr. Holzschn.) Fol. Ebendas. à Heft 25 Pf.

— dass. — Jahrg. 1874 und 1875. à Jahrg. 25 Hefte. (à 4 Bog. mit eingedr. Holzschn.) Fol. Ebendas. à Heft 30 Pf.

Das **Buch** für Alle ... 9—23. 29. Jahrgang. 1874—1888. 1894 Stuttgart, Druck und Verlag von Hermann Schonlein.
Mit Abb. 2°.
29. Jg.: Union, Deutsche Verlagsgesellschaft.
1. Jg. 1866. Jg. 1881 fehlt.

Buch, das, für Alle. Illustrirte Blätter zur Unterhaltung und Belehrung für die Familie und Jedermann. Jahrg. 1876. 26 Hefte. (à 6 Bog. mit eingedr. Holzschn.) Stuttgart, Schönlein. à Heft 30 Pf.

— dass. — Illustrirte Familien-Zeitung zur Unterhaltung und Belehrung. Chronik der Gegenwart. Jahrg. 1877—1879. à Jahrg. 26 Hefte. (à 6 Bog. mit eingedr. Holzschn.) Fol. Ebendas. à Heft 30 Pf.; à Jahrg.

Buch, das, für Alle. Illustrirte Familien-Zeitung zur Unterhaltung und Belehrung. Chronik der Gegenwart. Jahrg. 1880—1884. à Jahrg. 26 Hefte. (à Heft 6 Bog. mit eingedr. Holzschn.) Fol. Stuttgart, Schönlein. à Heft 30 Pf.; à Jahrg.

Buch, das, für Alle. Illustr. Familien-Zeitung zur Unterhaltung und Belehrung. Chronik der Gegenwart. Jahrg. 1885—1888. à Jahrg. 26 Hefte. (à Heft 3 Bog. mit Holzschn.) Fol. Stuttgart, Schönlein's Nachf. à Heft à Jahrg.

Buch, das, f. Alle. Illustr. Familien-Zeitg. zur Unterhaltg. u. Belehrg. Chronik der Gegenwart. Jahrg. 1889—1892. (Juli 1888—Juni 1892.) à Jahrg. 26 Hefte. (à Heft 6 Bog.) Fol. Stuttg., Union. à Heft — 30; à Jahrg. 7 80

Buch, das, f. Alle. Illustrirte Familien-Zeitg. zur Unterhaltg. u. Belehrg. Chronik der Gegenwart. Jahrg. 1892—1895. (Juli 1891—Juni 1895.) à 28 Hfte. (à ca. 6 Bog.) Fol. Stuttgart, Union. à Hft. — 30

Buch, das, f. Alle. Illustr. Familien-Zeitg. z. Unterhaltg. u. Belehrg. Chronik der Gegenwart. Jahrg. 1896—1899. (Juli 1895—Juni 1899). à 28 Hfte. (à ca. 28 S. m. farb. Bildern.) Fol. Stuttgart, Union. à Hft. — 30

Buch, das, f. Alle. Illustrierte Familien-Zeitg. Chronik der Gegenwart. Red.: Thdr. Freund, f. Österreich-Ungarn: Ernst Perles. Jahrg. 1900—1903. (Aug. 1900—Juli 1903.) à 28 Hfte. Fol. (à ca. 26 S. m. schwarz. u. farb. Bildern.) Stuttgart, Union. à Hft. — 30

Buch, das, f. Alle. Illustrierte Familien-Zeitg. Chronik der Gegenwart. Red.: Thdr. Freund, für Österreich-Ungarn: Ernst Perles. Jahrg. 1904—1907. (Aug. 1903—Juli 1907.) à 28 Hfte. (à ca. 26 S. m. z. Tl. farb. Bildern) Fol. Stuttgart, Union. à Hft. — 30
Die „Illustrierte Welt" wurde hiermit vereinigt.

Buch, das, f. Alle. Illustrierte Familien-Zeitg. Chronik der Gegenwart. Red.: Thdr. Freund, f. Österreich-Ungarn: Ernst Perles. Jahrg. 1908—1911. (Aug. 1907—Juli 1911) à 28 Hefte. (à Jhrg. IV, 628 S.) 39×29,5 cm. Stuttgart, Union. à Hft. — 30

Buch, Das, f. Alle. Illustr. Familien-Zeitg. Red.: Thdr Freund u. Ernst Perles. J. '11—13 (Aug. '10—Juli '13) je 28 Hefte. ('12, 1. Heft: 26 m. 1 farb. Doppel-Taf.) 39×30 cm. Stuttg., Union. d. Heft — 30 d

— **das allerneueste u. beste**, f. lustige Gesellschaften 2c. 8. Berl. 803. (Prag, Diesbach). 5 K

— — ein alt, über Möncherei. Mit einer Vignette. 8. München 1803, Fleischmann. ½ Thlr. — 48 kr.

— das, Amor proximi etc. 8. Leipz. 782. Sommer. (W. Nauck). 10 ℊ

— das, der Andacht f. cathol. Christen. 8. Wien, Rötzl u. Kaulf. 796.

— das, der Andacht, f. kathol. Christen. 8. Wien 796. (Wallishauser). 6 ℊ (Schaumburg). 12 ℊ

— der Andacht u. d. Gottesverehrung. Eine Samml. moral.-religiöser Betrachtt. u. Gebete auf alle Tage im Jahre. 2 Bde. gr. 8. Frankf. 827. Döring. 1 ℛ 8 ℊ Dass. 2 Bde. gr. 8. Mit Jahrz. 1831. Ebd., Jäger. 1 ℛ 12 ℊ

—— das, der Andacht u. d. Gottesverehrung. Eine Samml. ꝛc. moral.-religiös. Betrachtn. u. Gebete auf alle Tage im Jahre. Ein neues Erbauungsbuch f. gebild. Familien. 2 Bde. gr. 8. (38 B.) Frankfurt a. M. 828, Döring.

Buch, Das, der Andacht und der Gottesverehrung. Frankfurt 1827—31. V: *Döring, Philipp Jacob.* (Heyden, Gallerie berühmt. u. merkw. Frankfurter. Frankfurt a. M. 1861.) (Mitth. A. Rosenbaum.)

Buch, das, von geistlicher Armuth, bisher bekannt als Johann Taulers Nachfolgung des armen Lebens Christi. gr. 8. München 877. Augsburg, Haugg. *

—— das, von geistlicher Armuth, bisher bekannt als Johann Taulers Nachfolgung des armen Lebens Christi. Unter Zugrundelegung der ältesten der bis jetzt bekannten Handschriften zum ersten Male vollständig hrsg. von Fr. Heinr. Seuse Denifle. gr. 8. (LXV, 212 S.) München 877. (Leipzig, T. O. Weigel.) *
Ausg. auf gelbem Pap. *

— das, der Beispiele, s.: Bibliothek d. litterar. Vereins in Stuttgart. 56.

Buch, das, der Berufe. Ein Führer u. Berater bei der Berufswahl. I.—IX. Bd. gr. 8. Hannover, Gebr. Jänecke. Geb. in Leinw. à n. 4. —

I. Der Marineoffizier. Von Eug. Kohlhauer. Mit 43 Abbildgn. im Text u. 1 Titelbild. (IV, 240 S.). 900.
II. Der Elektrotechniker. Von Fritz Süchting. Mit 96 Abbildgn. im Text u. 1 Titelbild. (VI, 204 S.) 900.
III. Der Ingenieur. Von Wilh. Freyer. Mit 64 Abbildgn. im Text u. 1 Titelbild. (VI, 218 S.) 900.
IV. Der Chemiker. Von Herm. Warnecke. Mit 72 Abbildgn. im Text u. 1 Titelbild. (VII, 195 S.) 900.
V. Der Offizier. Von Ernst Faller. Mit 81 Abbildgn. im Text u. 1 Titelbild. (IV, 252 S.) 901.
VI. Der Arzt. Von Geo. Korn. Mit 30 Abbildgn. im Text u. 1 Titelbild. (IV, 186 S.) 901.
VII. Der Oberlehrer. Von Frdr. Seiler. Mit 35 Abbildgn. im Text u. 1 Titelbild. (IV, 194 S.) 902.
VIII. Der Journalist. Von Mich. Jacobi. Mit Abbildgn. im Text u. 1 Titelbild. (VIII, 228 S.) 902.
IX. Der Architekt. Von W. Jänecke. Mit 79 Abbildgn. im Texte u. 1 Titelbild. (VIII, 247 S.) 902.

— das, der Berufe. Ein Führer u. Berater bei d. Berufswahl. X. 8. Hannover, Dr. M. Jänecke. n. 3. —; geb. n. 4. — Der Musiker. Von Ludw. Wuthmann. Mit 20 Abbildgn. im Text u. 1 Titelbilde. (VIII, 180 S.) 904.

Buch, Das, von der Biene. Hrsg. von J. Witzgall. Stuttgart 1898

Buch, Das, von der Biene. Hrsg. von J. Witzgall. 2. Aufl. Stuttgart 1906

Buch, Das blaue, oder Nonens ein allegor. Gemälde. 4 Thle.

Buch, Das blaue, oder Geschichte des Nonens ... Mitau 1776. V: *Behrisch, Henrich Wolfgang.* (Ky)

— das blaue, od. Gesch. d. Nonens ꝛc. (v. H. W. Berisch). 3 Thle. 8. Mitau 776. (W. Nauck in Leipz.) 18 ℊ

— d. blaue, od. Nonens. 3 Thle. 8. Mitau. (Sommer, Leipz.) 776.

—— das blaue, oder neue entschleierte Geheimnisse. 8. Berlin 854, Literatur- und Kunst-Comptoir.

—— d. blaue, od. neue entschl. Geheimnisse. 8. Berl. 54, Streerath.) 1. —

Buch, Das blaue —. Erste und vollständige Sammlung der wichtigsten und historisch-denkwürdigsten Aktenstücke, Depeschen, Noten, Zirkulare, Manifeste, Fermane, Proklamationen und geheimen Korrespondenzen, welche von Rußland und der Türkei, so wie England, Frankreich, Oesterreich und Preußen in der russisch-türkischen Differenz veröffentlicht wurden. Mit einer historischen Einleitung und in chronologischer Verbindung. 1. und 2. Lieferung. (192 S.) 8. Wien. Druck von Keck und Pierer. Jaspers Witwe und Hügel. 1854.

Buch, Das blaue —. Erste und vollständigste Sammlung aller wichtigen und historisch-denkwürdigen Aktenstücke, Depeschen, Noten, Cirkulare, Manifeste, Fermane, Proklamationen und geheimen Korrespondenzen, welche von Rußland und der Türkei, so wie England, Frankreich, Oesterreich und Preußen, in der russisch türkischen Differenz veröffentlicht wurden. Mit einer historischen Einleitung und in chronologischer Verbindung. 3. Lief. (S. 193—288.) 8. Wien. Druck von Keck und Pierer. Verlag von Jasper's Witwe und Hügel. 1854.

— d. blaue, Weisheit u. Tugend in wirkl. Beispielen enthaltend ꝛc. M. ill. Kpf. 8. Magdeb. 809. v. Schütz. (Leipz., Lauffer). 14 ℊ Schwz. 18 ℊ

Buch, Das blaue, Weisheit und Tugend, in wirklichen Beispielen ... Magdeburg 1810. V: *Wiedemann, Wilhelm Julius.* (Ky) (MGT)

Buch, das blaue, Weisheit u. Tugend in wirkl. Beispiel. enthaltend, mit illum. K. 8. Magdeb. v. Schütz. 816. -
schwarz -

Das Buch der Budapester Börse. Vollständige Sammlung sämmtlicher auf die Organisation der Budapester Waaren- und Effectenbörse bezüglichen Vorschriften und Gesetze, sämmtlicher in Kraft bestehenden Börsenusancen, sowie der den Börsenverkehr berührenden Gesetze. Zusammengestellt durch Dr. August Félegyházy. 2., vollständig umgearbeitete Ausgabe. Budapest. 1900. Grill. 8°. 490, IV, S Geb. K 5.—

—— das, der Braut. Sammlung der schönsten Liebeslieder von deutschen Dichtern der neuern Zeit. 16. (XVI und 381 S. mit 1 Stahlst.) Cassel 854, Balde. *

— — Ausgewählt von Frauenhand. 2., verb. u. verm. Aufl. Leipzig 857. Gebr. Baensch. 16. (VIII, 390 S. u. 1 Stahlst.) 1 ℛ

—— das, der Braut. Ausgewählt von Frauenhand. 2., verb. und verm. Aufl. 16. (VIII und 390 S. mit 1 Stahlst.) Leipzig und Magdeburg 857. [Leipzig, Gräbner.] [1 Thlr.; geb.

— das, der Braut, oder Blumen der Liebe, im Garten neuer deutscher Lyrik gesammelt von Frauenhand. 3. verm. Aufl. Mit 1 Stahlst. u. 4 (lith.) Farbendruckbildern. Leipzig 862. Gräbner. 16. (VIII, 414 S.) 1 ℛ 15 ngr; geb. n. 2 ℛ

—— das, der Braut oder Blumen der Liebe, im Garten neuerer deutschen Lyrik gesammelt von Frauenhand. 3. Aufl. 1862. und 4., verm. Aufl. gr. 16. (VIII und 414 S. mit 1 Stahlst. und 4 Farbendruckbildern.) Leipzig 867, Gräbner.
geb. mit Goldschn. *

— das, der Braut oder Blumen der Liebe im Garten neuerer deutscher Lyrik gesammelt von Frauenhand. 4. verm. Aufl. Mit 1 Stahlst. u. 4 Farbendruckbildern. Leipzig 868. Gräbner. 16. (VIII, 414 S.) 1 *ℳ* 15 *ngr*; geb. n. 2 *ℳ*

—— das, der Braut, oder Blumen der Liebe, im Garten neuerer deutscher Lyrik gesammelt von Frauenhand. 5. umgearb. und verm. Aufl. gr. 16. (VIII, 392 S. mit 1 Stahlst. und 4 Farbendruckbildern.) Leipzig 872, Gräbner. geb. mit Goldschn. *

—— das, der Braut, oder Blumen der Liebe, im Garten neuerer deutscher Lyrik gesammelt von Frauenhand. 6. verm. Aufl. gr. 16. (VIII, 383 S. mit 2 Stahlst. und 4 Farbendr.-Bildern.) Leipzig 878, Gräbner. geb. mit Goldschn. *

—— das, der Braut. Sammlung lyr. Gedichte, im Garten neuerer deutscher Dichtung ausgewählt von Frauenhand. Mit 1 Stahlst., 4 Bouquets in Oelfarbendr. nach Orig.-Aquarellen, 6 Orig.-Vollbildern in Holzschn. und zahlreichen Illustr. als Initialen im Text. 8. verb. Aufl. Pracht-Ausg. 8. (XII, 516 S.) Leipzig 884, Gräbner. geb. mit Goldschn. *
Die 7. Aufl. erschien u. d. T.: Blumen der Liebe.

— das, der Braut. gr. 4. (88 S. m. Illustr. u. 4 farb. Taf.) Elberfeld 891. S. Lucas. Geb. in Halbfrz. n. 7.—, in Calico n. 9.—; in Ldr. n. 12.—

Buch, das, der Braut. Sammlung lyr. Gedichte, im Garten neuerer deutscher Dichtg. ausgewählt von Frauenhand. Mit 1 Stahlst., 4 Bouquets in Oelfarbendr. nach Orig.-Aquarellen v. Charlotte Gether, 6 Illustr. in Lichtdr. u. zahlreichen Textbildern nach Orig.-Zeichn. v. Arno Grimm, sowie e. illustr. Familien-Chronik. 9., verb. Aufl. 8. (XV, 493 S.) Leipzig 894. G. Gräbner. Geb. in Leinw. m. Goldschn. n. 8.—; in Celluloid m. Goldschn. n. 9.—

— das, der Braut. Sammlung lyr. Gedichte im Garten neuerer deutscher Dichtg., ausgewählt von Frauenhand. Mit 4 Duplex-Autotyp. auf ff. Kunstdr.-Karton, 8 Vollbildern nach Gemälden v. Bodenhausen, Dietze, Schweninger u. s. w., 20 Blumen-Vignetten, zahlreichen grösseren u. kleineren Text-Illustr., Zierleisten u. s. w., sowie e. illustr. Familienchronik m. Monatsvignetten v. A. Wimmer. 10., verm. u. verb. Aufl. (XI, 215 S.) hoch 4. Leipzig (904). G. Gräbner. Geb. in Leinw. m. Goldschn. n. 12.—

— das, der Bücher. s. a. Volksaufklärung. 61. 62.

—— das, der Bücher. Sterne vom Denker- und Dichter-Himmel aller Zeiten und Völker. In Aphorismen der Welt-Literatur gesammelt und geordnet von Egon Berg. 2 Bde. in 32 Lfgn. gr. 16. (à Lfg. 4 Bog.) Teschen 873, Prochaska.
à Lfg. * 60 Pf.; geb. *

— das, der Bücher. Sterne vom Denker- u. Dichter-Himmel aller Zeiten u. Völker. In Aphorismen der Welt-Literatur gesammelt u. geordnet v. Egon Berg. 2 Bde. od. 28 Lfgn. gr. 16. (à 4 Bg.) Teschen 874. Prochaska.
à n. — 60; cplt. geb. n. 21. —

Buch, Das, der Bücher. Aphorismen der Weltliteratur, gesammelt und geordnet von Egon Berg. I. Bd. Inh.: Geist und Welt. (830 S.) in eleg. Halbfrzbd. geb. 5 fl.
Teschen: Prochaska 1882.

Buch, das d. Bücher. Aphorismen d. Weltliteratur. Gesammelt u. geordn. von Egon Berg. Teschen, Karl Prochaska. 5. Aufl. Geist und Welt. 8. (XVIII und 880 S.) In blau Halbleder mit Rothschnitt. Geb. 5 fl. 5. Aufl. Herz u. Natur. (VIII u. 911 S.) In blau Halbleder mit Goldschn. geb. 5 fl. 1884

— das, der Bücher. 8. Aufl. Aphorismen der Welt-Literatur. Gesammelt u. geordnet v. Egon Berg (Leop. Auspitz). 2 Bde. gr. 8. Teschen 902. K. Prochaska.
Geb. in Halbfrz. à n. 10.—
1. Geist u. Welt. (XVIII, 830 S.)
2. Herz u. Natur. (XVIII, 912 S.)

Buch, das bunte —. Sinnige Worte mit sinnigen Bildern. *Wien*, o. J. (1857.) *R. v. Waldheim's* xylografische Anstalt. Druck v. *J. B. Wallishausser's* k. k. Hoftheater-Druckerei. 13 unpag. Blätter gr. 8°.

—— das bunte. Sinnige Worte mit sinnigen Bildern. hoch 4. (24 S. mit eingedr. ill. Holzschn.) Wien 858, v. Waldheim's xylographische Anstalt.

— buntes. 8. (6 Farbdr.-Taf. m. eingedr. Text.) Stuttgart 889. Loewe. cart. n. — 40

— buntes. gr. 16. (8 farb. Taf. auf Pappe.) Stuttgart 892. F. Loewe. Kart. n. — 35

— buntes. gr. 16. (8 farb. Taf. m. Text auf Karton.) Stuttgart 895. F. Loewe. n. — 60

— d., Chevilla. 3 Thle. 8. Freiberg 784. Reinhold. 10 *gr*

— Daniel, das, s. a. Daniel.

—— Daniel, das. Uebersetzt und erklärt von Th. Kliefoth. gr. 8. (III, 518 S.) Schwerin 868, (Stiller'sche Hofbuchh.) *

— das deutsche s. a. Fr. Heyne.

—— das Deutsche; aus Deutschen Musterschriften nach d. Zeitfolge gesamm. v. Fr. Heyne. 1. Abthl. f. junge Leser v. 10—12 Jahren. gr. 8. (9 B. u. 1 Vign.) Berlin 828, Nauck.

—— dass. 2. Abthl. f. junge Leser v. 12—15 Jahren. gr. 8. (17 B. u. 1 Vign.) Ebds. 828.

Das Buch der Deutschen in Amerika. Hrsg. unter d. Auspicien d. Deutsch-Amerikan. National-Bundes. (Vorr.: Max Heinrici.) Philadelphia 1909: Walther. VII, 982 S. 4° A 14. 3423

— d., Diaphoron, od. Geheimniß, sein Leben lange zu erhalten. 8. Frankf. a. M. 765. Fleischer. 3 *gr*

—— der Dichtung. Märchen und Weisen, Bilder und Balladen von F. K. M. gr. 8. (III, 176 S.) Berlin 869, Scheller. *

Buch, das, f. Diener. Oder: Die Pflichten d. Kammerdiener u. Kammerfrauen, Köche u. Köchinnen, Laquaien, Kellner, Marqueurs, Bedienten überh., sowie d. Bonnen, Kindermägde, Kutscher ꝛc., u. wie solche in allen vorkomm. Fällen sich zu benehmen haben, nebst e. prakt. Anweis. zu allen dens. oblieg. Geschäften u. Arbeiten. Dt. d. Franz. deutsch bearb. v. K. Rhone. — T. m. d. Umschlags-Ttl.: Bedienten-Buch. 8. (8¾ B.) Quedlinburg 841, Basse.

Buch, Das, für Dienstboten beiderlei Geschlechts. 2. Aufl. Berlin 1831. V: *Zober, Carl.* (Russell XVI, I, 2, 1851)

— das, für Dienstboten beiderlei Geschlechts. 2e Aufl. 8. Berl., Stettin u. Elbing 831. Nicolai. 8 *gr*

(Buch.) — Dies Buch gehört dem Auswanderer. Ein unentbehrliches Hand- u. Hülfsbuch für jeden Auswanderer. Altona 853. Sievers. 12. (88 S.) n. 4 *ngr*

Buch, Dies, gehört dem Könige. Berlin 1843. V: *Arnim, Bettina von geb. Brentano.* (ETMm) (EE) (Ky)

— dies, gehört dem König. (Von Bettina.) 2 Thle. 8. Berlin 843, Schröder. n. 4 *ℳ*

— dies, gehört dem Vaterland. (Von Graf Bay.) gr. 8. Leipzig 845. O. Wigand. 2 *ℳ*

Buch, Dies, gehört dem Volke. Aarau 1844. V: *Marr, Wilh.* (stams)

— dieß, gehört dem Volke. Herausgeg. von Otto Lüning. 1. u. 2. Jahrg. 8. Bielefeld 845, 46, Helmich. 1. Jahrg. n. 5/12 ß 2. Jahrg: 1/2 ß

— dies, gehört dem Volke. Herausg. von Otto Lüning. 3. Jahrg. gr. 12. (289 S.) Paderborn 847, Crüwell. n. 1/2 ß

Buch, dieses, gehört dem katholischen Volke. Volksbuch aus dem kathol. Hauskalender von 1849. Unter Mitwirkung von kathol. Geistlichen und Laien hrsg. 12. (108 S. und 3 Stnt.) Crefeld 849, Klein. Thlr.

Buch, dies, gehört den Damen. Ein Toilettengeschenk für die feine Welt. Nach d. Engl. des „The Ladies Hand-Book of the Toilet" bearb. 16. Frankfurt a/M. 844, Jügel. geb. n. 2/3 ß

— dies, gehört den Kindern. gr. 4. (10 col. Stnt.) Wien 845, Müller. 1

— dies, gehört d. Jugend! Erzählungen v. K. Stöber, Gust. Nieritz, Chr. Schmidt, B. Auerbach, C. G. Barth, J. P. Silbert u. A. 16. (14 B. u. Ttlkpfr.) Coesfeld 846, Riese's Verl.-

— dieses, gehört der kathol. Jugend, s. Lebensspiegel, christlicher.

— dieses, gehört m. Kinde. Die Lebensalter. 16. (16 m. 8 L.) Frankf. 56, Krebs-Schm. n. — 7

— dies, ist verboten! Flugschrift an die Genossen der constitutionellen und Fortschritts-Partei. gr. 8. (81 S.) Berlin 863, Fahlisch.

Buch, Das, Doaphoron, s. Diaphoron.

Buch, dreizehntes, der jüdischen Antiquitäten des Flavius Josephus, enth. die Geschichte der Juden seit d. Schlacht von Aza, in welcher Judas Makkabäus fiel, bis zum Tode Alexandra's. Uebers. u. durch Anmerk. erläutert von M. Horschetzky. gr. 8. (6¼ B.) Groß-Kanisa 843. (Leipzig, Volckmar.) *

— das, v. blauen Dunst. 8. Stuttg. 768. Erhard. 12 kr

Buch, Das, vom blauen Dunst. Cölln am Rhein 1786. V: *Zorn, J. U.* (BGE I³, 488)

— d., des Edelsinns. Eine Samml. edler u. schöner Charakterzüge u. Handlungen zu Stärkung d. Glaubens an Menschentugend u. Menschengröße. 8. Hamb., Vollmer. (Herold jun.) 6 kr

BUCH, Ein, gegen die Ehe. Druck u. Verlag v. Robert Withalm & C. in Graz. (1894.)
Verboten v. L.-G. Graz, 19. Juni 1894. § 305.

[Umschlagt.:] Das Buch der jungen Ehe. Enth.: Dr. Carl v. Gelsen: Hygiene d. Flitterwochen. (5. Aufl. 1891.) — Dr. Axel Meyer: Hygiene d. kinderlosen Ehe. (1891.) — Dr. C. M. Mitell: Hygiene d. ersten Lebensjahres. (1891.) — Dr. Th. G. Kornig: Hygiene d. Keuschheit. (1890.) *Berlin* (a. d. 1. Sondert.: *& Leipzig*): *H. Steinitz* (a. d. Sondert.: *A. H. Fried & C.*) *[1894]*. (78; 61; 60 S., 1 Bl.; 4 Bl., 56 S.) 1 Bd 8. (96. 879

— das, der jungen Ehe. gr. 8. Berlin, H. Steinitz' Verl. Kart. n. 5. —
Carl v. Gelsen, Hygiene der Flitterwochen. 5. Aufl. (94 S.) 893.
Axel Meyer, Hygiene der kinderlosen Ehe. (62 S.) 891.
C. M. Mitell, Hygiene des ersten Lebensjahres. (61 S.) 891.
Th. G. Kornig, die Hygiene der Keuschheit. 2., völlig umgearb. u. verm. Aufl. (VII, 64 S.) 891.

Buch. — Das eherne Buch. s.a. Bricaire de La Dixmerie, Nicolas

Buch, Das eherne, eine Indianische Geschichte aus d. Französ. übersetzt. Frankfurt u. Leipz. 1766. V: *Bricaire de La Dixmerie, Nicolas.* (BGE I³, 488)

— d. eherne. 8. Bresl. 766. (Gosohorsky). 3 kr

— das eherne. 8. Breslau, Meyer. 766.

— der neuesten Enthüllungen und Geheimnisse. (Neue Ausg.) Berlin (854.) Literatur- u. Kunst-Comptoir. (Streerath u. Co.) 8. (148 S.) verklebt n. 20 ngr

— der Geheimnisse, das entsiegelte, od. 33 theils auf Erfahrung gegründete, theils gesammelte Mittel u. Recepte, mitgeth. v. W. J. B. 8. Leipzig 843, Bergers Buchh. Verklebt.

— d. Erfahrung. s.a. Ehrmann.

— das, der Erfahrung. Vorträge über die Epistel an die Philipper von J. N. D. 8. (70 S.) Elberfeld 878, (Langewiesche's Buchh.) *

— d. Erfahrung, f. deutsche Jünglinge; herausg. v. Th. Fr. Ehrmann. 8. Nürnb. 792. Felßecker. 20 kr

Buch der Erfindung, das. Band 1, 2, 5, 6. Leipzig 1872 und 1873. 4.

— der Erfindungen. (Volks-)Ausg. in 1 Bde. Unter Mitwirkg. v. Lassar-Cohn u. J. Castner bearb. v. Wilh. Berdrow. Mit 705 Abbildgn. u. 8 teilweise mehrfarb. Taf. Lex.-8. (X, 729 S.) Leipzig 901. O. Spamer. n. 12. 50; geb. in Leinw. à n. 15. —

— die Erfindungen. Volks-Ausg. in 1 Bde. Unter Mitwirkg. v. Lassar-Cohn u. J. Castner bearb. v. Wilh. Berdrow. 2. Aufl. Mit 705 Abbildgn. u. 8 teilweise mehrfarb. Taf. (X, 729 S.) Lex. 8. Leipzig (907). O. Spamer. 8.—; geb. in Leinw. 10. —
Der Ladenpr. d. 10bändig. Ausg. (9. Aufl.) (KBL 31) ist aufgehoben.

Buch, das, der Erfindungen, Gewerbe u. Industrie. Rundschau auf allen Gebieten der gewerblichen Arbeit. In Verbindung mit Prof. Dr. *C. Birnbaum*, Ingenieur *Sz. Flemming*, Prof. *G. Gauer*, Dr. *G. Heppe*, Prof. Dr. *A. Kirchhoff*, *Carl Lorck*, *Fr. Luckenbacher*, Baurath Dr. *O. Mothes*, *Emil Schalk*opp, *Herm. Schnauss*, Ingenieur *Th. Schwartze*, Redakteur Dr. *Frz. Stolze*, *A. Werner*, *Ulr. Wilcke*, *Jul. Zöllner* u. a. hrsg. von Prof. *F. Reuleaux*. 6 Bde. 8. umgearb. u. stark vermehrte Aufl. (Pracht-Ausgabe.) Mit vielen Ton- u. Titelbildern, nebst mehreren Tausend Text-Illustrat. Nach Originalzeichnungen v. *L. Burger*, *O. Mothes*, *G. Rehlender*, *Albert Richter* u. a. Leipzig u. Berlin, Otto Spamer (mit Signet), 1884—87. Imp.-8⁰. Eleg. Orig.-Hsaffianbde. mit reicher Rückenvergold.
1: Einführung in die Geschichte der Erfindungen. Bildungsgang u. Bildungsmittel der Menschheit. 1884. XII—616 S. 2: Die Kräfte der Natur und ihre Benutzung. Physikalische Technologie. 1885. VIII—580 S. 3: Die Gewinnung der Rohstoffe aus dem Innern der Erde, von der Erdoberfläche, sowie aus dem Wasser. 1885. VIII—532 S. 4: Die chemische Behandlung der Rohstoffe. Eine chemische Technologie. 1886. VIII—622 S. 5: Die Chemie des täglichen Lebens. 1886. VIII—544 S. 6: Die mechanische Bearbeitung der Rohstoffe. 1887. VIII—606 S.

— das, der Erfindungen, Gewerbe und Industrien. Supplem. Bd. Die neuesten Fortschritte auf dem Gebiete des gewerblichen Lebens und der Fabrikation. Herausg. unter Mitwirkung einer Anzahl Gelehrten u. Fachmänner. Mit 5 Tondruckbildern u. 150 in den Text gedr. Illustr. (in Holzschn.) Leipzig 863. Spamer. 8. (VI, 314 S.) n. 1 ß; geb. n. 1 ß 10 ngr
Vgl. auch: Feierstunden, malerische.

— dass. Suppl.-Bd. 8. (314 m. H.) Lpzg 63, Spamer. n. 1. —; geb. n. 1. 10

— das, der Erfindungen, Gewerbe u. Industrien. 6. umgearb. Aufl. 1—72. Lfg. Lex.-8. (1. Bd. VIII, 502, 2. Bd. X, 510, 3. Bd. 446, 4. Bd. VIII, 520, 5. Bd. VIII, 448 u. 6. Bd. VII, 540 S. m. Holzschntaf. u. eingedr. Holzschn.) Leipzig 871—74. Spamer. à n. — 50

— dasselbe. 73—93. Lfg. Ergänzungsbd.: Der Weltverkehr u. seine Mittel. 21 Lfgn. gr. 8. (VIII, 732 S. m. eingedr. Holzschn. u. Holzschntaf.) Ebend. 874. à n. — 50

— dasselbe. 7. Aufl. 1—38. Lfg. Lex.-8. (1. Bd. VIII, 544, 2. Bd. X, 550 u. 3. Bd. V, 474 S. m. eingedr. Holzschn. u. Holzschntaf.) Ebend. 875. 76. à n. — 50

Buch, das, d. Erfindungen, Gewerbe u. Industrien. Pracht-Ausg. 7. Aufl. 39—101. Lfg. gr. 8. (4. Bd. VIII, 576, 5. Bd. VIII, 480, 6. Bd. VIII, 589 S. u. Suppl.-Bd. 1. Abth. 426 u. 2. Abth. VI, 471 S. m. eingedr. Holzschn. u. Holzschntaf.) Leipzig 877. 78. Spamer. à n. — 50

— d. Erfindgn, Gewerbe u. Industrien. Neue, 8. Pracht-Asg., hrsg. unter Oberleitg v. F Reuleaux. (In 8 Bdn. od. ca. 125 Lfgn.) 1—69. Lfg. 8. (1—4. Bd. 2690 u. 5. Bd. 1—280 m H. u. Chromol.) Lpzg 83—85. Spamer. à n. — 50

— d. Erfindgn, Gewerbe u. Industrien. Neue, 8. Pracht-Asg., hrsg. unter Oberleitg v. F Reuleaux. 70—125. (Schl.-)Lfg. 8. (5. Bd. 281—544, 6—8. Bd. 1709 m. H.) Lpzg 86—88, Spamer. à n. — 50; geb. à Bd. n. 8. 50

— der Erfindungen, Gewerbe u. Industrien. Rundschau auf allen Gebieten der gewerbl. Arbeit. In Verbindg. m. W. Annecke, G. Baumert, E. W. F. Berg u. a. hrsg. v. F. Reuleaux. 8., umgearb. u. stark verm. Aufl. Ergänzungs-Bd. Lex.-8. Leipzig 893. O. Spamer. n. 8. —; geb. in Halbfrz. n. 9. 50; auch in 16 Lfgn. à n. — 50
Die Elektrizität, ihre Erzeugung u. ihre Anwendung in Industrie u. Gewerbe. Allgemein verständlich dargestellt v. Arth. Wilke (VII, 640 S. m. 11 Taf. u. 775 Text-Illustr.)

Buch d. Erfindungen, Gewerbe u. Industrien. Bd. 1—4, 7 u. 8. Lex.-8. Leipzig, O. Spamer. à n. 8. —; geb. in Halbfrz. à n. 10. —
1. Einleitung: Entwickelungsgang u. Bildungsmittel d. Menschheit. Von H. Schurtz. — Entwicklg. d. Baukunst. Von G. Ebe. — Technik d. Bauwesens. Von J. Faulwasser. — Ortsanlagen. Gemeinnütz. baul. Einrichtgn. d. modernen Städte. Von P. Rowald. — Beleuchtg., Heizg., Ventilation. Von Th. Schwartze. M. 834 Textabb., sow. 13 Chromotaf. u. Beilagen. (VIII, 748 S.) 896.
2. D. Kräfte d. Natur u. ihre Benutzg. Physikal. Technologie. I. Tl.: D. Mechanik od. d. Lehre v. d. Bewegg. d. Körper. Von E. Rosenboom. II. Tl.: D. physikal. Erscheingn. u. Kräfte, ihre Erkenntnis u. Verwertg. i. prakt. Leben. Von L. Grunmach. III. Tl.: Die Kraftmaschinen. Von E. Rosenboom. M. 986 Textabb., sow. 3 Beilagen, (XII, 798 S.) 896.
3. D. Elektrizität, ihre Erzeugg. u. ihre Anwendg. in Industrie u. Gewerbe. Von Arth. Wilke. M. 811 Textabb., sowie 18 Beilagen. (VII, 687 S.) 897.
4. Landwirtschaft u. landwirtschaftliche Gewerbe u. Industrien. (VIII, 758 S. m. 620 Textabb., sow. 8 Beilagen.) 898.
7. D. Industrien d. Steine u. Erden. Chem. Industrie. M. 601 Textabb., sow. 3 Beilagen. (VIII, 656 S.) 898.
8. Verarbeitg. d. Faserstoffe. (Holz-, Papier- u. Textilindustrie.) M. 687 Textabb., sow. 5 Beilagen. (VIII, 733 S.) 898.

— d. Erfindungen, Gewerbe u. Industrien. Gesamtdarstellg. aller Gebiete der gewerbl. u. industr. Arbeit, sow. v. Weltverkehr u. Weltwirtschaft. 9., durchaus neugestalt. Aufl. Bearb. v. G. Ebe, J. Faulwasser, L. Grunmach u. s. w. u. vielen and. Fachmännern ersten Ranges. (In 10 Bdn. à 16 Hfte.) 1.—83. Hft. gr. 8. (1. Bd. VIII, 742 S. m. Abb. u. 13 farb. Taf.; 2. Bd. XII, 792 S. m. Abb. u. 4 Taf.; 3. Bd. VII, 627 S m. Abb. u. 12 z. Tl. farb. Taf.; 4. Bd. VIII, 758 S. m. Abb. u. 8 Taf.; 7. Bd. S. 1—128 m. Abb. u. 3 [farb.] Taf.; 8. Bd. VIII, 783 S. m. Abb. u. 5 [4 farb.] Taf.) Leipzig 895—898. O. Spamer. à n. — 50; auch in 400 Lfgn. à n. — 20

— das, der Erfindungen, Gewerbe u. Industrien. Gesamtdarstellung aller Gebiete der gewerbl. u. industriellen Arbeit, sowie v. Weltverkehr u. Weltwirtschaft. 9., durchaus neugestalt. Aufl., bearb. v. F. Ahrens, W. Borchers, H. Brüggemann 2c. u. anderen Fachmännern ersten Ranges. 84.—160. (Schluß-)Hft. Lex.-8. (7. Bd. VII u. S. 129—656; 5. Bd. VIII, 605 S. m. Abb. u. 12 Taf.; 6. Bd. VIII, 725 S. m. Abb. u. 6 Taf.; 9. Bd. XII, 764 S. m. Abb. u. 14 Taf. u. 10. Bd. VIII, 632 S. m. Abbildgn. u. 3 Taf.) Ebd. 899—901. à n. — 50; auch in Lfgn. à n. — 20 od. in Abtlgn. à n. 2. —

— dasselbe. 5., 6., 9. u. 10. Bd. Lex.-8. Ebd. à n. 8. —; geb. in Halbfrz. à n. 10. —
5. Bergbau- u. Hüttenwesen. Mit 608 Textabbildgn., sowie 12 Beilagen. (VIII, 605 S.) 899.
6. Die Verarbeitg. der Metalle. Mit 1617 Textabbildgn. u. 6 Beilagen. (VIII, 725 S.) 900.
9. Der Weltverkehr u. seine Mittel. 1. Tl. Mit 764 Textabbildgn., sowie 14 Beilagen. (XII, 764 S.) 901.
10. Dasselbe. 2. Tl. Geistiger Verkehr. Mit 285 Textabbildgn., sowie 3 Beilagen. (VIII, 632 S.) 901.

Das **Buch** der Neuesten Erfindungen mit Orig.-Beiträgen von ... hrsg. von Jean Clairemont [vielm. Clairmont d. i. Walter Häntzschel-Clairmont]. Mit 600 Abb. u. Kunstbeilagen. 21. Aufl. Berlin: W. Herlet 1906. (XII, 660 S.) 8° [F.] [07. 13757]

— das, von der Erkenntniss der Wahrheit od. der Ursache aller Ursachen. Nach den syr. Handschriften zu Berlin, Rom, Paris u. Oxford hrsg. v. C. Kayser. gr. 4. (VI, 271 autogr. S.) Lpz. 889. Hinrichs' Verlag. ** 25 —

Buch, Das, von der Erkenntniss der Wahrheit oder der Ursache aller Ursachen. Aus dem syrischen Grundtext ins Deutsche übers. v. Karl Kayser ... Strasburg 1893. H: *Siegfried, Carl.* (Berl)

— d. erste, f. unser Kind. 4° (12 farb. Taf. auf Karton.) Stuttg. 95, F Loewe. Geb. 3 —

— das erste, f. uns. Kind. Leporello-Album. gr. 4. (12 farb. Blatt a. Pappe.) Stuttgart 896. F. Loewe. 3. —; wohlf. Ausg. m. 6 Bunt- u. 6 Tonbild. (12 S. auf Pappe.) Geb. n. 2. —

— d. 1., f. uns. Kind. (Volksausg.) (12 farb. Bl.) 4° Stuttg., Loewe (02). Geb. 1.50 d

— das erste, f. Kinder, oder ABC- u. Lesebuch mit Denksprüchen, Leseübungen, Gebeten 2c. u. ill. Kpf. gr. 8. Wien, Geistinger. 1 ₰ (Gerold). Hbg. Pr. 16 ₰

— d. erste, f. Kinder, od. A. B. C. u. Leseb. 2c. m. ill. K. gr. 8. Leipz. Leo. 809.

Buch, Das erste, für Kinder ... Breslau 1810. V: *Geiser, Joh. Chn Dn.* (MGT)

— d. erste, f. Kinder, oder ABC- u. Lesebuch, mit Denksprüchen, Leseübungen, Gebeten 2c. Mit 17 ill. Kpf. 2e A. gr. 8. Leipz. 819. Leo. 1 ₰ 12 ₰

Buch, das erste, für Kinder, oder A. B. C- und Lesebuch (von Geiser) 3te Aufl. 8. Breslau, Graß, B. u. C. (Leipzig, Barth). 820.

— d. erste, f. Kinder, oder ABC- u. Buchstabirbuch, mit 24 ill. Holzschnitten. 8. Brem. 821. Kaiser. 3 ₰

— das erste, für Kinder, oder ABC- u. Buchstabierbuch, mit 24 illum. Holzschnitten. 8. Bremen 822, Kaiser.

— das erste, für Kinder, mit 20 Taf. (ill.) Bild. 8. Berlin 837. Winckelmann u. Söhne. 2/3 ₰

— das erste, f. Kinder, od. ABC- u. Lesebuch mit Denksprüchen, Leseübungen, Gebeten u. Liederchen. 3., mit alphab. Reimsprüchen verm. u. mit 54 color. Bildern verseh. Ausg. gr. 8. (4 B.) Leipzig 840, H. Fritzsche.

— das erste, für Kinder, die gern bald lesen lernen wollen. 12. Zürich 835. (Leipzig, Friese.) 1/12 ₰

Buch, Das erste und schlimmste, oder historisch-critische Abhandlung von der Religionslästerlichen Schrift De tribus impostoribus. Chemnitz 1764. V: *Mehlig, Johann Michael.* (MI.)

Buch, Das erste, des Telemach in lateinischer Übersetzung ... Giessen 1837. V: *Fénelon, Francois de Salignac de la Mothe.* Ü: *Braubach, Wilhelm.* (Zeitschr. f. Büch. 1923, S. 81.) (HS)

— das erste, des Telemach in latein. Uebersetzg. Ein Handbuch zur Spracherlernung bei Anwendung der Jacotot'schen Methode für die Realschule zu Gießen. gr. 12. Gießen 837. Heyer, Vater. 1/12 ℛ

— erstes, f. Kinder, od. A. B. C. u. Lesebuch n. d. neuest. pädagogischen Grundsätzen ꝛc. m. schw. K. 8. Leipzig, Hinrichs. 810.

— erstes, für gute Knaben u. Mädchen. M. 48 ill. Abbild. 8. (½ B.) Emmerich 833. (Wesel, Bagel.)

Buch, erstes, für gute Knaben u. Mädchen. Mit 48 illum. Bildern. 8. Emmerich 846, Romen. geb. n. ¼ ℛ

— erstes, für gute Knaben und Mädchen. Mit 48 ill. Bildern. 8. (16 S. Text und 8 Stnt.) Emmerich 847, Romen. *

— erstes u. zweites f. Kinder, s. Hold.

— das, der Erzählungen v. Karoline Auguste, Verfin. v. Gustav's Verirrungen; der Honigmonate ꝛc. Neu hrsg. 8. (20½ B.) Posen 837. [Breslau,] Kühn'sche Buchh.
Nur der Ttl. dieses Buches ist neu.

— der Erziehung in gesundheitlicher Beziehung. Nebst einer Einleitg. üb. die Erziehung im Allgemeinen nach Curtman. G. Baur u. A. (Enth. Einleitung u. Geo. Friedrich, die Mutter am Krankenbette d. Kindes, — das Zahnen der Kinder, — das Turnen ꝛc.) 8. (653 S.) Reutlingen (849) 850, Mäcken. 1 ℛ

— der Erziehung in gesundheitlicher Beziehung. Nebst einer Einleitung über die Erziehung im Allgemeinen nach Curtman, G. Baur u. A. 8. (653 S.) Reutlingen 851, Mäcken.

— das, der Erziehung für denkende Frauen. Eine Mitgabe fürs Leben. 16. (XII und 131 S.) Leipzig 853, Spamer. *

— das, Esther. Übers. v. Mart. Luther. (XXX S. m. 2 Taf.) Lex. 8. Leipzig 908. Insel-Verlag.
Auf Büttenpap., geb. in Ldr. 24. —

— d., f. Familien. s. a. Menschenfreuden. 3r Thl.

Buch, Das, für Familien ... Wittenberg u. Zerbst 1779. V: *Sintenis, Christian Friedrich.* (MGT) »1782« (Ky)

— d., für Familien, ein Pendant zu d. Menschenfreuden. 8. Wittenb. 782. Zimmermann. 18 ℊℊ

— das, von den neun Felsen von dem strassburger Bürger Rulman Merswin. 1352. Nach des Verf. Autograph hrsg. von Carl Schmidt. gr. 8. (VIII und 147 S. mit 1 lithogr. Fac-Simile von Merswins Handschrift.) Leipzig 859, Hirzel. *

— d. Fluges. Hrsg. v. Herm. Hoernes. 3 Bde. (16, 676; 14, 680; 10, 551 m. Abb. u. 87 farb. Taf.) Lex8° Wien, G Szelinski '11'12. L 63 —

— ein, für christliche junge Frauen in Briefen an meine Pathe für ihre verschiedenen Lebensalter. Aus dem Französ. übers. gr. 12. (XVII und 317 S.) Münster 851, Regensberg. * —

— das, der heil. Frauen, enthalt. das Leben und Wirken der heil. Jungfrau, heil. Magdalena, heil. Cäcilie, heil. Katharina, heil Klotilde, heil. Elisabeth von Ungarn, heil. Theresia, heil. Genovefa u. heil. Ursula. Poet. Betrachtt. von Mad. E. v. Girardin, H:n von Brauchène, Emil Deschamps, Alph. v Lamartine, Gust. de la Noue, Moreau, J. von Resseguier, Turquety. Deutsch von Ortlepp. Nebst e. vorausgeschickten christl. Geschichts-Tabelle u. e. Anhange histor. Notizen ꝛc. von N. B. v. Esgny. Mit 12 Abbildd. Lex.-8. Leipzig 835. Peeters. 2 ℛ

— d., f. Frauenzimm., od. pract. Anweis. seidne u. wollne Stoffe ꝛc. zu putzen. 8. Hamb. Vollmer.

— d., f. junge Frauenzimmer, enthalt. d. Sprach-, Dicht-, Rede- u. Rechenkunst ꝛc. Aus d. Französ. 2 Thle. 8. Dresd. 776. Walther. 2 ℛ

Buch für junges Frauenzimmer die Sprach- Dicht- und Redekunst enthaltend. Dresden 1776. V: *Panckoucke, André Jos.* (Rüdiger, Neuester Zuwachs. Liegnitz 1782—93. IV. 38.)

— das, des Frei-Glaubens. (108 S.) Leipzig (908). M. Spohr. 1. 50

— das, der Freiheit, s. Staatsweisheit, die, der deutschen Classiker.

Buch der Freiheit, oder Geist des neunzehnten Jahrhunderts ... Meissen 1834. V: *Gross-Hoffinger, Anton Johann.* (ErGr) (ErschDL) (Ky) (Wa) (AarK)

— der Freiheit, oder Geist des 19. Jahrh., von einem ausgewanderten Oesterreicher (Hans Normann). 8. Meißen 834. Goedsche. 1½ ℛ

— das, d. Frescomalerei. gr. 8. (9 B.) Heilbronn 846, Landherr.

— d., der Freude. 8. Hamb. 810. Vollmer. (Herold jun.) 9 ℊℊ

— das, der Freude. Ein heiterer Rathgeber für Künstler und Handwerker. Reden, Tafel-Lieder u. Trinksprüche zu allen vorkommenden festlichen Gelegenheiten. Herausg. von den beliebtesten Humoristen. Berlin (857.) Verlags-Magazin. (Huber.) gr. 8. (256 S.) n. 15 ngr

Buch der Freude. Stuttgart 861. Chelius. gr. 8. (12 lith. u. color. Taf.) 22½ ngr

— der Freude. 2. Aufl. gr. 8. (12 Chromolithogr.) Stuttgart 875, Chelius. [Leipzig, Berndt's Verlag.] geb.

BUCH der Freude und des geselligen Vergnügens, oder: Neuestes und vollständiges Punktirbuch, wie man jede Sache genau erfährt, die man zu wissen wünscht. Leipzig, o. J. (ca. 1820). 8°. 216 Seiten. (75 Pfg. G. Priewe, 1895.)

— das, der Freude u. d. gesell. Vergnügens, od.: Neuestes u. vollständ. Punktirbuch, worin man jede Sache genau erfährt, die man zu wissen wünscht. 12. (9 B.) Leipzig 833, Rein.
Ist nur neue Ausg. von: Das Buch d. Orakel.

— das, d. Freundschaft. Zum Andenken an .... qu. 12. (14 S. m. farb. Bild.) Konstanz u. Emmishofen 895. C. Hirsch. Mit Goldschn. — 75

Das **Buch** des Friedens. Beiträge zur Friedensbewegung. Herausgegeben von *Jul. V. Ed. Wandsam.* Eingeführt von *Bertha von Suttner* und *Karl Henckell.* Mit 3 statist. Farbendruckdiagrammen und 64 Portr. In-8°. 164 S. Bern, Neukomm & Zimmermann. brosch. 3 —
1896 in Leinw. gebd. 4 —

Das **Buch** des Friedens. Hrsg. von Julius V. Ed. Wundsam. Eingeleitet von Bertha v. Suttner u. Karl Henckell. Mit 3 statist. Farbendruck-Diagrammen u. 64 Portr. 2. (rev.) Taus. Bern: Neukomm & Zimmermann 1897. (164 S.) 8° [F.] [7. 66 II

—— das, vom alten Fritz für d. Jugend. Zur angenehmen Unterhaltung u. Belehrung. 18. (6⅓ B. u. 2 Stnt.) Erfurt 844, Bartholomäus.

Buch, Das, des Frohsinns enthaltend eine Auswahl von 145 Anekdoten. Regensburg 1819. H: *Daisenberger, Joh. Mich.* (MGT)

— d., des Frohsinns u. heiterer Laune rc. 3 Thle., s. a. Buch z. Todtlachen.

BUCH des Frohsinns und der heitern Laune. Für Freunde einer abwechselnden, lustigen und frohen Unterhaltung. Enthaltend: 1) Eine Sammlung der witzigsten Züge, Anekdoten und Schwänke, zum Behufe aller Mißvergnügten und Grillenfänger. 2) Gesellschaftsspiele für gesellschaftliche Zusammenkünfte. 3) Liederbuch für frohe Gesellschaften, enthaltend: eine Auswahl der besten Gesänge von Schiller, Göthe (so!), Tiedge, Matthisson, Salis, Voß, Langbein etc.
Gmähle's Leihbibl., München, Nr. 434.

— d. Frohsinns u. heiter. Laune rc. 3 Thle. (ist d. 2te, 3te u. 4te Thl. d. neuest. Buchs z. Todlachen.)

— des Frohsinns u. heitrer Laune. 46—98, (ist Buch zum Todtlachen. 56—108.)

—— das, des gemeinschaftlichen Gebets und der Verwaltung der Sakramente und anderer kirchl. Gebräuche und Ceremonien nach dem Gebrauch der protestantisch-bischöfl. Kirche in den Vereinigten Staaten von Amerika, nebst dem Psalter oder den Psalmen David's. 12. (360 S.) New-York 852. (Philadelphia, Schäfer und Koradi.) *

—— das, zum Geburtstage. Ein Festgeschenk f. gute Kinder. Vom Verf. des „heil. Christ rc." 8. (8 B. u. 3 col. Bild.) Leipzig 840, Brauns.

— d. geheime, od. d. Hausfreund, s. a. Hausfreund.

— d. geheime, od. d. Hausfreund, eine Anweis. d. Fruchtbarkeit unfruchtbar. Weiber z. beförd. rc. 8. Grodnow, Petrowitsch. 806.

— d. Geheimnisse ist Albert d. neue.

— d., der Geheimnisse, oder Samml. v. Kunststücken. (A. u. d. T.: der neue Albert.) 8. Augsb. 799. Rieger. 10 gl

— d., der Geheimnisse; eine Samml. von mehr als 200, besonders magnet. u. sympathet. Mitteln wider Krankheiten rc. 12. Ilmenau 824. Voigt. 8 gl

—— das, der Geheimnisse, od.: Sammlung erlesener u. erprobter Geheim- u. Hausmittel a. d. Gebiete d. Land- u. Hauswirthschaft, Gewerbskunde, Schönheits- u. Gesundheitspflege. 1. Aufl. 843. u. 2. Aufl. 8. (à 9⅓ B.) Jüterbog 844, Colditz. à

— das, der Geheimnisse, od. Sammlung erlesener u. erprobter Geheim- u. Hausmittel aus dem Gebiete der Land- u. Hauswirthschaft, Gewerbkunde rc. 3. (Titel-) Aufl. 8. (X u. 136 S.) Jüterbog (844) 851, Colditz. ⅓ ß

— das, der Geheimnisse. Eine Sammlg. merkwürd. Prophezeihungen aus alten Büchern u. Handschriften. I. Wonderlijke Voorzeggingen van Joh. van Lolliëndaal, uit de 13. Eeuw. II. Wunderbare u. merkwürd. Prophezeihungen v. Methodi. III. Lauwrentius Ricci, over de gezigten van den bekenden Pastoor Holtzhauzer te Bingen. IV. Weissagungen des Propheten Mart. Jadeck, Einsiedler bei Solothurn in d. Schweiz, gest. 1769 im 106. Lebensjahre. V. Voorzeggingen van Thomas Becket, den Martelaar; gevonden den 28. Febr. 1689. 8. (30 S.) Emmerich 849, Romen. 3 ngl

—— das, der entschleierten Geheimnisse, od. Mittheilung v. wicht. Mitteln u. Rezepten, welche bis jetzt sehr geheim gehalt. wurden. 2., unveränd. Aufl. 8. (6 B.) Berlin 833, [Lewent.]

— das, der entschleierten Geheimnisse, oder Mittheilung von wichtigen Mitteln u. Rezepten, welche bis jetzt sehr geheim gehalten wurden. 2e unveränd. Aufl. 8. Berlin 833. Schumann. 3 ß

— das, der entschleierten Geheimnisse, oder Sammlung 72 nützl. Mittel. Nebst e. Anh. 4e Aufl. 8. Berlin 838, 5e Aufl. 839, 8e Aufl. 840. Fernbach jun. Versiegelt n. 1 ß

—— das, der entschleierten Geheimnisse od. Samml. 72 nützlicher Mittel. Nebst e. Anh. 10. u. 11. Aufl. 8. Berlin 845, Fernbach jun. Versiegelt à *

Buch, das, der entschleierten Geheimnisse od. Sammlg. 72 nützl. Mittel. Nebst Anh. 11. Aufl. 8. Berlin 847, Fernbach jun. Verklebt. n. 1 ß — 12. Aufl. 8. Ebd. 850. Versiegelt. 1 ß

— das, der entschleierten Geheimnisse oder Sammlung 72 nützlicher Mittel. Nebst einem Anhange. 13. Aufl. Berlin 853. Fernbach jun. 8. versiegelt 1 ß

—— das, der entschleierten Geheimnisse oder Sammlung 72 nützlicher Mittel. Nebst einem Anhange. 13. Aufl. 8. Berlin 855, Fernbach jun.

Buch, Das, der entschleierten Geheimnisse oder mehr denn 150 bisher als Familien-Vermächtniss streng geheim gehaltener untrüglicher Mittel gegen die gewöhnlichsten Krankheiten bei Menschen und Vieh. 10. Aufl. In-8°. 150 S. Luzern, Schweiz. Verlagsanstalt. 1889? 3 50

— der Geheimnisse für Gartenliebhaber. Aus Werken unserer Vorfahren mitgetheilt von Ernst v. Port. 8. Leipzig 833. Brüggemann. (Verklebt) ⅓ ß

—— der Geheimnisse f. Gartenliebhaber. Aus Werken uns. Vorfahren mitgeth. v. Ernst v. Pott. 8. (3⅓ B.) Leipzig 833, [Schreck.]

—— das, praktisch-bewährter Geheimnisse und Mittel, oder 200 Rezepte aller Art aus der Haus- und Landwirthschaft, der Gesundheits- und Schönheitspflege; nach den Erfahrungen und Angaben bewährter Oekonomen rc. zusammengestellt von Rd.* 8. (82 S.) Bonn 856, Habicht.

— das, praktisch-bewährter Geheimnisse und Mittel, oder 200 Rezepte aller Art, aus der Haus- und Landwirthschaft, der Gesundheits- und Schönheitspflege; nach den Erfahrungen u. Angaben bewährter Oekonomen, Chemiker u. Technologen, wie aus dem Nachlasse eines rheinischen Pharmaceuten zusammengestellt, von Rd*. 2. verm. Aufl. Bonn 859. Habicht. 12. (89 S.) 15 ngl

—— das, der Geologie, s. Feierstunden, malerische.

Buch, Das, der Geologie . . . von einem alten Geologen. Durchgesehen . . . von C. C. R. von Leonhard . . . Leipzig 1855. V: *Ludwig, Rudolph.* (EB)

—— das, der Geschichte. Geschichtliche Darstellungen. Denkwürdigkeiten. Biographien. Nebst kulturgeschichtl., geograph., statist. und volkswirthschaftl. Mittheilungen. Ergänzungs-Bände zu den größeren Hand- und Lehrbüchern der allgemeinen Weltgeschichte. Hrsg. von einer Gesellschaft deutscher Gelehrten und Schriftsteller. Mit Karten, Plänen, Ansichten, Portr. rc. 1. Bd. 1. und 2. Heft. gr. 8. (S. 1—136 mit lithogr. Karte.) Altona 854—55, Lange.) à Heft 7⅓ Ngr. Thlr.

— Das, d. Geschichte. Einzeldarstellgn a. d. Werdezeit v. Kultur u. Staat. 2. gr8° Bambg, CC Buchner's V. d
1 s. Kat. 06/09 u. d. T.: Schmaus, Joh.: Charakterbilder röm. Kaiser a. d. Zeit d. Prinzipats.
2. Schmaus, Joh.: Gesch. u. Herkunft d. alten Franken. (8, 193 m. Abb., Taf. u. 1 Kte.) '12. L 4 —

—— das, der Geschichte unserer Tage. (In 14 Lfgn.) 1. u. 2. Lfg. Mit Portr. Abd el Kaders u. Thiers. gr. 8. (à 5 B.) Erfurt 843, 44, Exped. d. Thüringer Chronik. à *

— der schönsten Geschichten, s. Gust. Schwab.

— der schönsten Geschichten u. Sagen, s.: Volksbücher.

—— das, des Gesetzes für das preußische Volk. Eine fortlauf. Sammlung sämmtl. neuen allgem. preuß. Gesetze und gesetzl Verordnungen seit der Revolution. Hrsg. und mit Erläuterungen versehen von (W.) Held. 1. Bd. 1—11. Lfg. br. gr. 8 (S. 1—516.) Berlin 849—50, [Sacco.] à Lfg. 3 Ngr.

Das Buch des Gesetzes für das preußische Volk. Eine fortlaufende Sammlung sämmtlicher neuen allgemeinen preußischen Gesetze und gesetzlichen Verordnungen seit der Revolution. Herausgegeben und mit Erläuterungen versehen von Held. Bd. 1. Berlin, A. Sacco 1849. 507, 9 S. Chronologische Uebersicht und Register. 8.

— das, der Gesundheit, d. Glücks u. der Zufriedenheit. 27 Lfgn. gr. 8. (1. Bd. VI, 267, 2. Bd. XVI, 325 u 3. Bd. 624 S.) Berlin 876. Staude. à — 30

Buch, Das, Glaube, Liebe, Hoffnung: oder die nothgedrungene Auswanderung des Oberförsters Josef Wolf im J. 1807. Hg. von Jean Paul. Frankfurt 1809. V: *Ehrmann, Johann Christian.* (Zeitschr. f. Büch. 1913, S. 382; 1923, S. 81)

Buch, das der Glücksspiele. Von F. C. V. 1. Abthlg. Ueber Zahlenlotterie. 8. (36 S.) Görz, Sochar in Comm. 1864 30 kr.

— das, der Glücksspiele in 2 Abthlgn. von F. C. V. Görz 865. Sochar in Comm. gr. 8. (66 S.) n. 8 ngr.

— der geistlichen Gnaden ꝛc., s. Reliquien aus dem Mittelalter.

— d. goldene, e. Geschenk f. gutgeartete Mädchen. Mit 32 Kpf. 8. Stuttg., Sonnewald. 14 gl. ill. 18 gl.

Buch, Das goldene, oder Moral fürs Herz. Leipzig 1777. V: *Behrisch, Henrich Wolfgang.* (Ky) (Behrisch, Wiener Autoren. 1784.)

— d. goldene, od. Moral f. Herz, (v. H. W. Berisch). 8. Leipz. 777. Compt. f. Litt. 6 gl.

— d. goldene, od. d. Weise zu Ferney; aus d. Französ. Mit 1 Kpf. 8. Halberst. 785. (W. Nauck in Leipz.) 7 gl.

— d. goldene, od. d. Weise z. Ferney, a. d. Fr. 8. Halberst. (Sommer, Leipzig.) 785.

— d. goldene, enthalt. ächte Grundsätze d. prakt. Lebensweisheit, (v. Chr. Schulz). 8. Jena 799. Cröker. 4 gl.

— d. goldene, e. Taschenbuch f. frohe Gesellschaften. 16. Leipz. 800. Junius. 6 gl.

— d. goldene, oder Erziehungsschatzkästlein f. Mütter, denen d. Erziehung ihrer Töchter am Herzen liegt ꝛc. Ein ächtes Hausbüchlein. Vom Verfass. d. Spiegels f. Deutschlands Töchter. 8. Berl. 829. Cosmar u. Krause. 16 gl.

—— das goldene, od. Erziehungsschatzkästlein f. Mütter, denen d. Erzieh. ihr. Töchter am Herzen liegt, u. welche sich berufen fühlen, durch eig. Sorgfalt z. Entwickel. ders. beizutragen. Ein ächtes Hausbüchlein v. Verf. d. Spiegels f. Deutschlands Töchter. (Von K. Gutmann.) 8. (12 B.) Berlin 829, [Jesch.]

—— das goldene, oder der ökonomische Hausschatz. Magazin für die gesammte Haus- und Landwirthschaft, für Künste und Gewerbe ꝛc. In Verbindung mit mehreren Mitgliedern deutscher Kunst- und Gewerbvereine hrsg. von Heinr. Bauer. 3 Bde Mit 23 eingedr. Abbild. gr. 8. Leipzig 847—50, O. Wigand [1. (412 S.) 2. (398 S.) 3. (366 S.)]

— das goldene, od. der ökonom. Hausschatz. Ein Magazin f. d. gesammte Haus- u. Landwirthschaft, f. Künste u. Gewerbe ꝛc. In Verbindg. mit mehrern Mitgliedern deutscher Kunst- u. Gewerbvereine hrsg. v. Heinr. Bauer. 3 Bde. 15 Hfte. m. 23 eingedr. Abbild. gr. 8. (412. 398 u. 366 S.) Leipzig 847—50, O. Wigand. (à Lfg. 1/6 ₰) 2½ ₰ — 2—10. (unveränd.) Aufl. 3 Bde. gr. 8. Ebd. 848. 49. 1⅓ ₰

— das goldene. Ein Universal-Lexicon zur Unterhaltung und Belehrung für Jedermann aus dem Volke. 3. Bd. 20. u. 21. Heft, u. 4—6. Bd. (à 21 Hefte.) Berlin 852—54. Landsberger. (Dierke.) 8. (3 Bd.: XXII, S. 577—631; 4—6. Bd.: LXI, 1940 S.) Jedes Heft 1½ ngr; 1—6. Bd.: 6 ₰ 9 ngr

— das goldene, oder die Demuth in der Uebung. Nützlicher Unterricht für alle Gläubigen. Aus dem Französ. übers. München 860. Lentner. 32. (112 S.) n. 4 ngr

Buch, das goldene. 6 bewegl. (chromolithogr.) Bilder mit passenden (angedr.) Versen für artige Kinder. gr. 4. Fürth 885, Schaller. geb.

— d. goldene. Geheim- u. Universalreceptbuch. E. Hausschatz für Jedermann, d. Vortheile erzielen u. sich vor Schaden bewahren will. Mit Anh.: Schäfer Thomas prakt. Vieharzneibuch. 8. (96 u. 64 S.) Berlin 898. A. Weichert. Geb. 2. —

— d. goldene, f. Arbeitgeber u. Arbeitnehmer. Von e. Unparteiischen. 4. Afl. 8° (55) Berl. 95, A Frantz. — 50; kart. — 70

— d. goldene, f. Arbeitgeber u. Arbeitnehmer. Von e. Unparteiischen. 6. Aufl. 8. (55 S.) Berlin 896. A. Frantz. n. — 50; kart. n. — 70

Buch aller Bücher, das goldene. Ein Universal-Lexicon zur Unterhltg. u. Belehrg. f. Jedermann aus dem Volke. 1. Bd. 21 Hfte. 2. Bd. 21 Hfte. u. 3. Bd. 1—19. Hft. 8. (1: XXVIII u. 642 S. 2: XXVIII u. 662 S. 3: S. 1—576.) Berlin 851. 52. Landsberger. (à 1½ ngr) 3 ₰ 1½ ngr

Buch aller Bücher, das goldene. Ein Universal-Lexicon zur Unterhaltung und Belehrung für Jedermann aus dem Volke. 2. Bd. 9—21. Heft, 3. Bd. 21 Hefte und 4—6. Bd. à 21 Hefte. 8. (2. Bd. XXVIII und S. 257—662., 3. Bd. XXII und 631 S., 4—6. Bd. LXI und 1940 S.) Berlin 852—54, [Dierke's Selbstverlag.] à Heft * 1½ Ngr. *
1. Bd. und 2. Bd. 1—8. Heft. Ebendas. 1851—52. * 1 Thlr. 13½ Ngr.

Goldene Buch der Deutschen in A. Das. Gedenkblätter dter Fürsten, Staatsmänner, Dichter, Denker und Künstler . . . aus Anlaß der Weltausstellung in St.L. 1904. Oldenburg. 1904.

Das goldene Buch der Firma Edler & Krische, (Geschäftsbücher-Fabrik, graphische Kunstanstalt.) Hannover, (Berlin). Zur 50jähr. Jubelfeier am 27. Okt. 1906. [Mit Abb.] [Hannover: Selbstverl. 1906.] 33 Bl. quer-4° [Umschlagt.]

— Das gold., d. Familie. Allg.-verständl., nie versag. Universalwerk üb. alle familienrechtl., familiengeschichtl. u. bürgerrechtl. Fragen nebst zahlr. Tab. u. Formularen. Hrsg. v. d. heraldisch-genealog. Gesellsch. (431 u. 4) gr8° Düsseld.-Gerresheim ('11). Ess., Literatur-Verl. L 10 — d

(F) Das goldene Buch der Frau. Ein praktischer Ratgeber für alle Angelegenheiten der Frau. 8°. erscheint in Lieferungen Wien: Kratz 1905

—— das goldene, für jede Haushaltung, s. Kochbuch, neues hamburgisches.

Buch, Das goldene, für Hypochondristen. Freiberg 1784. V: *Kritzinger, Friedrich Adolph.* (Ky)

— d. goldene, für Hypochondristen. 8. Frberg 784. Reinhold. 4 gr

Das goldene Buch f. Hypochondristen u. f. hyst. Frauenzimmer in Absicht auf ihre Gesundheit. 8°. 1784

BUCH, Das Goldene, für jeden, der in frohen Gesellschaften als angenehmes u. nützliches Mitglied erscheinen will. Ein Taschenbuch mit Liedern, Spielen u. Tänzen. Mit hübschem Titelkpf. v. C. Schule, 14 Musikbll. u. 1 Tanztourentafel. O. O. 1801. 16°. 2 Bll. u. 168 S.

— das goldene, der Jugend. Erzählungen, Märchen, Unterhaltendes u. Belehrendes f. die Jugend von 9—16 Jahren. Mit Beiträgen v. Paul Benndorf, K. Dorn, A. Landion u. A. hrsg. v. Otto Albrecht. Mit 26 feinen Farbendr.-Bildern nach Original-Aquarellen hervorrag. Künstler u. m. zahlreichen Holzschn. (1. Bd.) 4. (IV, 308 S.) Leipzig (901). E. Kempe. Geb. in Leinw. n. 3.50;

— dasselbe. Mit Beiträgen v. Brigitte Augusti, Paul Benndorf, G. Brandt u. A., hrsg. v. Otto Albrecht. Neue Folge. (2. Bd.) Mit 26 feinen Farbendr.-Bildern nach Orig.-Aquarellen hervorrag. Künstler u. m. zahlreichen Holzschn. 4. (IV, 305 S.) Leipzig (901). E. Kempe. Geb. in Leinw. n. 3.50

— d. goldene, für d. Jugend u. Jugenderzieher. 8. Wien 790. v. Mößle. 12 gr

— d. goldene f. Kinder rc. s.a. Kläbe.

— d. goldene, f. Kinder. 8. Weißenf. 785. Böse. 3 gr

— d. goldene, f. Kinder, (v. J. G. A. Kläbe). Mit Kpf. 8. Dresd. 794. Hilscher. 12 gr ill. 14 gr

— d. goldne, f. Kinder rc. 8. Nürnb. 811. Bieling. (Fr. Fleischer in Leipz.) 1 rß

—— das goldene, der Land- u. Forstwirthschaft in Oesterreich-Ungarn. Hrsg. v. Leo Přibyl, Adf. Hochegger, Adf. Lichtblau, Adf. Treulich. 2. Aufl. Lex.-8. (X, 370, CXXXVI S. m. 40 Portr.) Wien 891, (Frick). geb. * 12 —; Feine Ausg. geb. ** 24 —

— d. goldene, f. Menschen, welche Nahrung suchen rc. 8. Prag 787. Neureutter. 20 gr

—— das goldene, d. Moral. Tugend u. Laster in faßl. Beispielen, f. d. Jugend. 42 color. Scenen mit erläut. Texte. 8. (1 B.) Nürnberg 846. [Lotzbeck.]

— das goldene, der Moral. Tugend und Laster in faßl. Beispielen, f. d. Jugend. 42 color. Scenen m. erläut. Texte. 8. Nürnberg 846. (Zeh'sche Buchh.) 1/4 rß

— d. goldne, f. hohe u. niedere Stände, oder Grundregeln, gut, klug u. leicht durch d. Welt zu kommen. 2e verb. Aufl.; aus d. Engl. gr. 8. Leipz, 817. Baumgärtner. 1 rß 8 gr

— das goldene, des Deutschen Volkes an der Jahrhundertwende. Eine Ueberschau vaterländ. Kultur u. nationalen Lebens in 76 Einzeldarstellgn. aus der Feder hervorrag. Fachmänner, üb. 1000 Bildnissen, Aussprüchen u. Lebensbeschreibgn. leb. deutscher Männer u. Frauen in 37 Kunstbeilagen. gr. Fol. (367 S.) Leipzig 899. J. J. Weber. Geb. in Leinw. n. 30.—

— d. goldene für d. elegante Welt. Ein treuer Rathgeber zum tägl. Gebrauch f. Männer u. Damen jedes Alters rc. gr. 12. Leipz. 830. W. Nauck. 9 gr

— goldenes, für d. Jugend. Bregenz, Brentano. 4 gr

— goldenes, für d. Jugend. Versuch e. kurzgefaßten christl. Religions- u. Sittenlehre in gereimten Denksprüchen rc. Mit Anh. v. C. F. A. Steinkopf. 12. Stuttg. 816. Steinkopf. 4 gr

— goldnes, f. die lieben Kleinen. In Sprüchen u. Liedern in 12 (lith. u.) color. Bildern. qu. 4. (25 S.) Kassel 851, Vollmann. n. 1/3 rß — 2. Aufl. qu. 4. (25 S.) Ebd. 852. 12 ngr

—— goldenes, der Welt. Eine illustrirte Familienbibliothek unter Mitwirkung der beliebtesten Schriftsteller und Fachmänner hrsg. Mit 9 Tonbildern und vielen Text-Illustrationen. gr. 8. (500 S.) Leipzig 872, [Minde.]

Buch, Des Gottesfreundes im Oberland, von den zwei Mannen ... hsg. von Prof. Dr. Friedrich Lauchert. Bonn 1896. V: *Merswin, Rulmann.* (Berl)

—— das grüne oder die verschwiegenen Krankheiten. Aerztlicher Beistand, Rathgeber und Helfer in den gewöhnlich geheim gehaltenen Krankheiten der jungen Männer, durch viele Abbildungen erläutert. Aus dem Französ. übers. hrsg. von Albert-Pouillet. 16. (VIII und 112 S. mit 1 Stnt. in qu. Fol.) Hamburg 854, B. S. Berendsohn.

BUCH, Das, der Haare und Bärte. Humoristische Abhandlungen für Jedermann und — jede Frau .... Leipzig, 1844. Verlag von Ignaz Jackowitz. 8°. (Bibl. Lipperheide no. 1702:)
Titelbild in Lithogr., VIII + 85 S.

Buch, Das, der Hahnreie. Lustige Historien zu Nutz und Warnung für Jedermann. München. o. J. (1885). 8°. (1 Mk. Ed. Fischhaber, Reutlingen, 1886.)

— d., f. d. Handlung. s. Schedel.

— d., für d. Handlung, (v. J. Chr. Schedel). 8. Stuttg. 789. Mezler. 1 rß

—— das, der Handwerke. gr. 8. (X und 230 S. mit 6 ill. Stnt.) Stuttgart 853, Ed. Hallberger.

—— das, der Haphtoroth. Text, Uebersetzung und ausführl. Erläuterung. Hrsg. von Ludw. Philippson. hoch 4. (IV und 284 S.) Leipzig 859, Baumgärtner's Buchh.

— das, der Häuser u. Hausbesitzer Wiens. Hrsg.: Jos. Lenobel. 1—21. Heft. kl. 8. Wien 908. J. Lenobel. Durchsch. 45.84
1. I. Bezirk. (5, XIV u. 59 S.) 1.67. — 2. II. Bezirk. (5, 89 S.) 2.50. — 3. III. Bezirk. (V, 99 S.) 2.50. — 4. IV. Bezirk. (V, 58 S.) 1.67. — 5. V. Bezirk. (V, 69 S.) 2.50. — 6. VI. Bezirk. (V, 59 S.) 1.67. — 7. VII. Bezirk. (V, 65 S.) 1.67. — 8. VIII. Bezirk. (V, 50 S.) 1.70. — 9. IX. Bezirk. (V, 74 S.) 2.50. — 10. X. Bezirk. (V, 90 S.) 2.50. — 11. XI. Bezirk. (V, 61 S.) 2.50. — 12. XII. Bezirk. (V, 98 S.) 2.50. — 13. XIII. Bezirk. (V, 137 S.) 2.50. — 14. XIV. Bezirk. (V, 60 S.) 1.67. — 15. XV. Bezirk. (V, 39 S.) 1.67. 16. XVI. Bezirk. (V, 107 S.) 2.50. — 17. XVII. Bezirk. (V, 67 S.) 2.50. — 18. XVIII. Bezirk. (V, 108 S.) 2.50. — 19. XIX. Bezirk. (V, 90 S.) 2.50. — 20. XX. Bezirk. (V, 54 S.) 1.67. — 21. XXI. Bezirk. (IV, 119 S.) 2.50.

— das, der Hausfrau. Mitgabe zur Sicherung u. Verbreitung häusl. Wohlstandes u. Komforts. 3. völlig neu umgearb. Aufl. Illustrirte Prachtausg. Gemäß den Anforderungen der Gegenwart vorbereitet von Johanna v. Sydow. Auf Grund eines neu aufgestellten Planes unter Mitwirkung der Frau E. Heine, Frau Erna v. Thirnau, E. Bahr rc. hrsg. von Heinr. Frauberger. (In ca. 20 Hftn.) 1—3. Hft. gr. 8. (S. 1—120 m. eingedr. Holzschn. u. 1 Chromolith.) Ebend. 882. à n. — 50

—— das, der Hausfrau. Mitgabe für Frauen und Jungfrauen zur Beglückung des Hauses, sowie zur Sicherung häusl. Wohlstandes und Komforts. 3. völlig umgearb. Aufl. Gemäß den Anforderungen der Gegenwart vorbereitet von Johanna v. Sydow. Auf Grund eines neu aufgestellten Planes hrsg. unter Mitwirkung von Frau Erna v. Thirnau, E. Bahr, Corn. Gurlitt ꝛc. Illustrirte Prachtausg. Mit über 300 Text-Abbild., sowie 5 Tonbildern von B. Mörlins u. a., nebst Titelbild von H. Vogel. 19 Hefte. gr. 8. (X, 748 S.) Ebendas. 883,84.
à Heft * 50 Pf. *
geb. *

—— d., d. Hausfrau. Mitgabe z. Sicherg u. Verbreitg häusl. Wohlstandes u. Komforts. 3. Afl. Illustr. Prachtasg. Hrsg. v. H Frauberger. 8. (748 m. H.) Lpzg 83—84, Spamer.
n. 9. 50; geb. n. 12. —

—— das, der Hausfrau. Mitgabe für Frauen u. Jungfrauen zur Beglückg. d. Hauses, sowie zur Sicherung u. Verbreitg. häusl. Wohlstandes u. Komforts. Gemäß den Anfordergn. der Gegenwart vorbereitet v. Johanna v. Sydow. Auf Grund e. neu aufgestellten Planes hrsg. unter Mitwirkg. v. E. Heine, Erna v. Thirnau, E. Bahr ꝛc. 4 Abtlgn. gr. 8. (X, 747 S. m. Illustr.) Lpz. 889,90, Spamer.
à Abtl. * 1 —; * 4 —; geb. * 6 —

— das, d. Hausfrau. 2. Bd. gr. 8. Berlin 898. W. Möller. n. — 75
Ueb. häusl. Krankenpflege. Leicht faßl. Darstellg. d wichtigsten Punkte d. häuslichen Krankenpflege u. Krankenbehandlg. Von Rud. Weil. M. 12 Ill. (III, 67 S.)
Der 1. Bd. erschien u. d. T.: Fischer, f. junge Mütter.

— dasselbe. Mitgabe für Frauen u. Jungfrauen zur Beglückung des Hauses sowie zur Sicherung häuslichen Wohlstandes u. Komforts. 3., völlig umgearb. Aufl. Gemäß den Anforderungen der Gegenwart vorbereitet von Johanna v. Sydow. Auf Grund e. neu aufgestellt. Planes hrsg. unter Mitwirkg. von Frau Erna v. Thirnau, E. Bahr, Cornelius Gurlitt u. a. Neue [Titel-] Ausg. Mit üb. 300 Text-Abbildgn. sowie 5 Tonbildern v. B. Mörlins u. a., nebst Titelbild v. H. Vogel. gr. 8. (X, 748 S.) Leipzig [889.] (902). O. Spamer. n. 4. —; geb. in Leinw. n. 6. —

Das Buch der Hausfrau (Bd 4 ff. u. d. T.: Das praktische Frauen-Buch). Bd 1–8. Berlin: W. Moller [1897–1901]. 8 Bde: 8° [...]
[1] — Fischer: Für junge Mütter. 3. Aufl. [1897.]
2 — Weil, Rud.: Über häusl. Krankenpflege. [1898.]
3 — Roth: Die kranke Frau. [1899.]
4 — Stolle, Rose: Schönheits-Pflege. [1900.]
5 — Stolle: Neuestes allgem. Kochbuch f. Jedermann. 3. Aufl. [1900.]
6 — Stolle: Mein Hausfreund. [1901.]
7 — Reuss, Zoe v.: Die Frau d. Gegenwart im Umgang u. Verkehr. [1901.]
8 — Mantey, Wilh.: Rechte u. Pflichten d. Frau. [1901.]

— das, der Hausfrau, Forts. s.: Frauenbuch, d. prakt.

BUCH, Das Heilige, der Liebe (stark erot. Erzählung), aus dem Tamulischen. (Deutsch von einem Ungenannten.)
Anmerkg. unter obiger Ueberschrift: „Der König verlässt ruhmbegierig sein junges Weib und zieht in den Krieg. Er hat seine Feinde besiegt und ist auf dem Heimweg, als er den Freudenmädchen begegnet". — In: Der Amethyst, Heft 1, 1905, S. 24—26. — Weitere Anmerkg. l. c., S. 30: Unter dem Titel „Das heilige Buch der Liebe" sind hier Stücke aus dem Tirukkavai veröffentlicht, welcher Roman dem indischen Dichter und heiligen Mannikkava Aschaka — 6. Jahrhundert vor Christus — zugeschrieben wird.

— Henoch, das, übers. etc. von Dillmann, s. Henoch, das Buch.

—— Henoch, das. Uebers. und erklärt von A. Dillmann. gr. 8. (LXVII und 332 S.) Leipzig 853, Vogel. *

—— das, vom eisernen Herzog, s. a. Ehrentempel des 19. Jahrhunderts.

Buch, Das, vom eisernen Herzog. Leben und Kriegsthaten des Herzogs von Wellington in Indien, Dänemark, Portugal, Spanien. Leipzig 1853. V: *Witzleben, Aug. von.* (Pr)

— Hiob, das, s. Hiob.

—— Hiob, das, metrisch übers. und erläutert, s. Walbinger, J. G.

—— Hiob, das, und die Salomonischen Schriften. Biblisch-critische Studien. gr. 8. (32 S.) Wien 867, Hilberg.

Das Buch vom gesunden und kranken Hunde. Lehr- und Handbuch über das Ganze der wissenschaftlichen und praktischen Kynologie. Bearbeitet von Professor L. Hoffmann. Wien. 1901. Perles. Gr.-8°. X, 549 S. mit 5 Tafeln.
K 14.—, geb. K 16.—

Buch, das, der Hundeliebhaber. Mit specieller Berücksicht. der Ausstellgn. in England, Frankreich u. Deutschland. 1. u. 2. Hft. Mit 40 Abbildgn. in Holzschn. v. Strich-Chapell. gr. 8. (123 S.) Stuttgart 1876. Wien, F. Beck.

—— das, der Hundeliebhaber. Mit specieller Berücksicht. der Ausstellungen in England, Frankreich und Deutschland. Von Hundefreunden des In- und Auslandes. 2 Hefte. Mit je 20 Abbild. in Holzschn. von Strich-Chapell. gr. 8. (71; 52 S.) Stuttgart 876, (Meyer und Zeller's Verlag.)
1. Heft * M 6.; 2. Heft * M 5. *
compl. cart. *

Buch, Das, vom Jahr 1812. Oder: Napoleon in Russland. Dargestellt von einem Augenzeugen. (3 Bde.) Quedlinburg und Leipzig 1844.

— das, vom Jahr 1812. Oder: Napoleon in Rußland. Dargestellt von einem Augenzeugen. (In 3 Bden.) Mit 3 Plänen. 8. Quedlinburg 844 (45), Basse. (1. Bd. 1 β 2. Bd. $1^1/_3$ β 3. Bd. $1^1/_6$ β) $3^1/_2$ β

Buch, Das, d. J. 1912. Weihnachts-Katalog. (16, 232 m. Abb.) gr8° Lpzg, Der Tempel. b † — 15 d

— das, d. Propheten Jesaja, übers. v. Frz. Herrmann, s.: Universal-Bibliothek.

— das, Jezira — d. i. das große Buch der Bücher Moses; aus den ältesten kabbalist. Urkunden. Kabbala denudata. Offenbarungen aus den Büchern Moses. Das Geheimnis aller Geheimnisse. Sämtliche 40 Hauptwerke üb. Magie, verborgene Kräfte u. geheimste Wissenschaften. (208, 207, 128 u. 144 S. m. Abbildgn.) kl. 8. Weißensee, (906). E. Bartels. Geb. n. 25. —

— das illustrirte, der Welt. Ein deutsches Familienbuch für alle Stände. Jahrg. 1864. 24 Liefgn. (à 16 S. m. Holzschn., 1 Stahlst. u. 1 color. Lithogr.) Ebend. 4. Jede Liefg. $4^1/_2$ ngr.

— das illustrirte, der Welt. Ein deutsches Familienbuch für alle Stände. Jahrg. 1867—1869. à 12 Liefgn. (à 4 Bgn. mit 1 Stahlst. u. 3 Lithogr. in Farbendr.). Ebend. 4. Jede Liefg. 9 ngr; jeder Jahrg. geb. n. 3 β 28 ngr.

—— das illustrirte, der Welt. Ein deutsches Familienbuch für alle Stände. Jahrg. 1868 und 1869. à Jahrg. 12 Hefte. (à 4 Bog.) Mit 12 Stahlst. und 36 Chromolithogr. hoch 4. Stuttgart, Hoffmann'sche Verlagsh. [Hamburg, Rudolphi.]
à Heft 90 Pf.; à Jahrg. *

—— dass. — Jahrg. 1870. 16 Hefte. Mit Stahlst. und Farbentaf. hoch 4. (à Heft 32 S. mit eingedr. Holzschn. und 1 Chromolithogr.) Ebendas. à Heft 50 Pf.

—— dass. — Illustrirtes Volksblatt. Hrsg. unter Mitwirkung von Berth. Auerbach, A. Bitter, Brachvogel ꝛc. Jahrg. 1871 und 1872. à Jahrg. 52 Nrn. (à 2 Bog. mit eingedr. Holzschn.) Fol. Ebendas. à Jahrg.
Ausg. in 17 Heften à Heft 50 Pf.

—— illustrirtes, der Patiencen. Sechzig Patience-Spiele mit Abbild. zur Veranschaulichung der Lage der Karten. 1. Aufl. (IV, 106 S.) 1877; 2. Aufl. (110 S.) 1878; 3. Aufl. gr. 8. (IV, 110 S. mit eingedr. Holzschn.) Breslau 879, Kern's Verlag.
geb. *

— illustrirtes, der Patiencen. 4. Aufl. 60 Patience-Spiele m. Abbildgn. zur Veranschaulichung der Lage der Karten. 8. (IV, 110 S.) Breslau 881. Kern's Verl. geb. n. 5. —

—— illustrirtes, der Patiencen. 4. und 5. Aufl. 60 Patience-Spiele mit (eingedr.) Abbild. zur Veranschaulichung der Lage der Karten. gr. 8. (IV, 110 S.) Breslau 882,84, Kern's Verlag. geb. *

—— dass. — Neue Folge. Noch 60 Patience-Spiele mit Abbild. zur Veranschaulichung der Lage der Karten. 8. (VIII, 131 S.) Ebendas. 885. geb. *

—— illustr., d. Patiencen. 1. Bd. 60 Patience-Spiele m. Abbildgn z. Veranschaulichg d. Lage d. Karten. 6. Afl. 8. (110) Bresl. 86, Kern's V. geb. n. 5. —

—— illustrirtes, der Patiencen. 1. Bd. 60 Patience-Spiele mit Abbild. zur Veranschaulichung der Lage der Karten. 6. Aufl. gr. 8. (IV, 110 S.) Breslau 887, Kern's Verlag. geb. *

—— illustrirtes, der Patiencen. 1. Bd.: 60 Patience-Spiele m. Abbildgn. zur Veranschaulichg. der Lage der Karten. 7. Aufl. 8. (IV, 110 S.) Bresl. 892, Kern. geb. in Leinw. * 5 —
Franz. Ausg. u. d. T.: Le livre illustré des patiences. 3. édit. 8. (X, 114 S.) Ebd. 892. geb. * 5 —.

—— dass. — Neue Folge. Noch 60 Patience-Spiele. 2. Aufl. 8. (VIII, 131 S.) Ebd. 892. geb. in Leinw. * 5 —

— illustr., d. Patiencen. I. Bd. 60 Patience-Spiele m. Abb. z. Veranschaulichg. d. Lage d. Karten. 8. Aufl. 8. (IV, 114 S.) Breslau 897. J. U. Kern's Verl. Geb. in Leinw. n. 5. —

Buch, Illustrirtes, der Patiencen. Breslau [1892]. 9. Aufl. 1901. V: *Blanccoeur, Gräfin.* (Kerl)

— illustrirtes, der Patiencen. 1. Bdchn. 60 Patience-Spiele m. Abbildgn. zur Veranschaulichg. der Lage der Karten. 9. Aufl. 8. (XII, 133 S.) Breslau (901). J. U. Kern. Geb. in Leinw. n. 5. —

— dasselbe. Neue Folge. Noch 60 Patience-Spiele m. Abbildgn. z. Veranschaulichg. der Lage der Karten. 3. Aufl. 8. (XII, 132 S.) Ebd. (901). Geb. in Leinw. n. 5. —

— illustriertes, der Patiencen. 1. Bdchn. 60 Patience-Spiele m. Abbildgn. zur Veranschaulichg. der Lage der Karten. 10. Aufl. (XII, 133 S.) 8. Breslau (906). J. U. Kern. Geb. in Leinw. n. 5. —

Buch, illustriertes, der Patiencen. Neue Folge. Noch 60 Patience-Spiele m. Abbildgn. zur Veranschaulichg. der Lage der Karten. 4. Aufl. (XII, 182 S.) 8. Breslau (909). J. U. Kern. Geb. in Leinw. 5. —

— Illustriertes, d. Patiencen. 1. Bdchn. 60 Patience-Spiele. 11. Afl. (12, 133 m. Abb.) 8° Bresl., JU Kern ('10). d ‖ Französ. Ausg. (4. Afl.) (14, 129) L jo 5 —

— das, d. Imperative. Sammlg. v. Imperativen. 2., verm. Aufl. (4.—6. Tauf.) schmal 12. (47 S.) Berlin 896. H. Steinitz. n. — 50

Buch des Impfarztes Dr. ... zu ... über den Bezug der zur Verwendung gelangten Lymphe. *Arnsberg: F. W. Becker 1902.* (7 S.) 8° [J.]

—— Job, das, übersetzt und erklärt, s. Welte, Bened.

Buch, Das, Jona. Nach der englischen Auslegung W. R. Sibthorps [übersetzt]. Stuttg. 1843. Ü: *Werner, August Hermann.* (zu)

Buch, d., Joseph, von e. Seher des 18ten Jahrh. 8. Prag 783. Gerle. 3 ℔

— Jozerot, das, od. die religiösen Lieder f. alle Sabbate des Jahres in sorgfältig corrigirtem Texte u. m. stroph. Anordnung als Chrestomatie d. schweren Styles der Pijjutim. Mit e. einleitenden geschichtl. u. sprachl. Skizze. 8. (XVI u. 271 S.) Jüterbog 852. Colditz. 1 ℔

—— Jozerot, das, oder die religiösen Lieder für alle Sabbate des Jahres in sorgfältig corrigirtem Texte und mit stroph. Anordnung als Chrestomatie des schweren Styles der Pijjutim. Mit einer einleitenden geschichtl. und sprachl. Skizze. 8. (XVI und 271 S.) Jüterbog 852, [Krause.]

Buch der Jubiläen, Das, oder die kleine Genesis. In's Hebräische übersetzt, mit einer Einleitung und mit Noten versehen von Salomon Rubin. Wien 1870.

— das, vom ewigen Juden, s. Abendunterhaltungen, christliche. 3. Bdchen.

— das, Judith, s.: Bücher der Bibel.

—— das, der Jugend. Ein Jahrbuch der Unterhaltung und Belehrung für unsere Knaben. 1. Jahrg. Mit Beiträgen von Heims, May, Weitbrecht rc. 12 Hefte. gr. 8. (IV, 384 S. mit über 300 Text- und vielen farb. Illustr.) Stuttgart 886, Thienemann. à Heft * 50 Pf. * geb. *

Buch, das, der Jugend. Ein Jahrbuch d. Unterhaltg. u. Belehrg. f. unsere Knaben. Mit Beiträgen v. G. Diercks, J. Dufresne, E. Fischer rc. II—IV. gr. 8. (à ca. 400 S. Mit üb. 300 Text- u. vielen Farbendr.-Bildern.) Stuttgart 887—889. Thienemann. geb. à Bd. n. 6. 50

— d., d. Jugend. Jahrb. d. Unterhaltg u. Belehrg f. uns. Knaben. V—VII. 8° (à 400 m. Bildern.) Stuttg. 90—92, K Thienemann. Geb. à 6.50
Restvorräthe gingen an Neufeld & Henius in Berl. über. Fortsetzg s. u. d. T.: Knabenbuch, deut. Bd 8. 1893 ff.

! — Das, d. Jugend. (Thienemann.) Jetzt: Stuttg., A Hoffmann.

— d. Jugend. F. d. Kinder d. Proletariats hrsg. von Emma Adler. gr. 8. (VIII, 282 S.) Berlin 895. Buchh. d. Vorwärts. Geb. in Leinw. n. 2. —

— für die deutsche Jugend. Eine Sammlung von Lesestücken aus deutschen Klassikern mit besonderer Rücksicht auf die Jugend gereifterer Bildung namentlich in höheren Schulen u. Erziehungs-Anstalten. München 854. (Regensburg, Manz.) 8. (IV, 650 S.) n. 26 ngr

— für die deutsche Jugend. Eine Sammlung von Lesestücken aus den deutschen Klassikern mit besonderer Rücksicht auf die Jugend gereifterer Bildung namentlich in höheren Schulen u. Erziehungs-Anstalten. 2. verm. Aufl. München 860. (J. A. Finsterlin.) gr. 8. (IV, 740 S.) 1 ℔ 6 ngr

— für die Jugend gebild. Stände, s. a. Bibliothek, classische, für das deutsche Volk.

— für die Jugend gebildeter Stände. Ausgewählt von Carl Schmaltz. 3. Bd. 16. Leipzig 846, Schmaltz. geb. (à) n. 1 ℔

(F) Das Buch der Jugend-Spiele und -Beschäftigungen für Knaben und Mädchen von 3—16 Jahren zur Unterhaltung und Belehrung herausgegeben von Felix Moser. Mit 379 Abbildungen. Wien. Pest. Leipzig. [1899.] Hartleben. Gr.-8°. XV, 421 S. Geb. fl. 3.30

— das, der Jungfrauen, der heiligen u. unheiligen, der seligen u. der unseligen; nebst Betrachtgn. üb. kirchl. u. weltl. Dinge v. Saladin [W. Stewart Roß]. Verdeutscht v. Wolfg. Schaumburg. (VIII, 196 S.) 8. Zürich (904). W. Schaumburg. n. 2. —

— des Kabus, od. Lehre d. persischen Königs Kjekjawus f. s. Sohn Ghilan Schach, aus dem Türkischen übersetzt von H. F. v. Diez. Berl. Nicolai. 811.

— d., des Kabus; aus d. Persischen f. d. Jugend bearb., nebst e. Anhange morgenländ. Geschichten. Mit 4 ill. Kpf. 8. Zürich 822. Trachsler. 1 ℔ (vergl. H. F. v. Diez.)

Buch, Das, des Kabus. Aus dem Persischen für die Jugend bearbeitet ... Zürich 1823. H: *Horner, Johann Caspar.* (NN) (Ky) (MGT)

Das Buch des Kabus. Aus dem Persischen für die Jugend bearbeitet nebst einem Anhange morgenländischer Geschichten. [Hg. von Joh. Caspar Horner.] Zürich, in der Trachslerschen Buch- und Kunsthandlung. 1823. 2 Titel, VIII, 228 S. und 4 handkolorierte Kupfer von Meichelt und Rordorf nach J. H. Lips. 12°. Etwas berieb. Hldr. ★ Erste Ausgabe. Teilw. unbed. fleckig, Titel gestempelt. 35.—

[Bildert.:] ... Das Buch vom Kaiser. Mit Einer Einleitg v. Dr. Josef Alexander F[rh] v. Helfert. Hrsg. v. Max Herzig. *(Budapest & Wien & Leipzig: M. Herzig [1898].)* (XXIV, 322 S., 7 Erl.-Bl.) 1 Bd 2. [99. 56

—— das kaiserliche, des Markgrafen Albrecht Achilles, s.a. Quellensammlung für fränkische Geschichte.

—— das kaiserliche, des Markgrafen Albrecht Achilles. Kurfürstliche Periode von 1470—1486. Mit einem aus Archivalien des plassenburger Haus- und Staats-Archivs bearb. Commentare, als Beitrag zur Charakteristik dieses Fürsten hrsg. von Jul. v. Minutoli. gr. 8. (XXXI und 535 S. mit 3 lithogr. Beilagen in gr. 8. und Fol.) Berlin 850, Schneider und Comp. *

—— berühmter Kaufleute, s.a. Galerie hervorragender Kaufleute.

Das Buch berühmter Kaufleute oder der Kaufmann zu allen Zeiten. Vorbilder, Charakter- & Zeitgemälde, vornehmlich Schilderungen interessanter Lebensgänge hervorragender Kaufleute, Industrieller, sowie Förderer des Handels. Mit Beiträgen v. . . . hrgg. v. Franz Otto. 2. verm. u. durchges. Abdruck. Mit 250 Text-Abb., 8 Tonbildern und 1 Frontispice. Leipzig & Berlin. 1870. 8°

— das, des Kaufmanns. Ein Hand- u. Lehrbuch der gesamten Handelswissenschaften f. Kaufleute, Industrielle, Gewerbtreibende, Juristen, Beamte u. Studierende. Unter Mitwirkg. v. M. Apt, M. Behm, O. Boeters u. a. hrsg. von Geo. Obst. (XVII, 1191 S.) Lex.-8. Leipzig 905. C. E. Poeschel. n. 17. —; geb. in Halbfrz. n. 20. —
Erschien auch in 8 Lieferungen.

— dasselbe. 2. [Titel-]Aufl. 4.—6. Taus. (XVII, 1191 S.) Lex.-8. Ebd. [905] 906. Geb. in Halbfrz. n. 20. —; auch in 17 Lfgn. à n. 1. —

— das, des Kaufmanns. Ein Hand- u. Lehrbuch der gesamten Handelswissenschaften f. Kaufleute, Industrielle, Gewerbtreibende, Juristen, Beamte u. Studierende. Unter Mitwirkg. v. M. Apt, M. Behm, O. Boeters u. a. hrsg. v. Geo. Obst. 3. verb. Aufl. 7—10. Taus. (XVII, 1191 S.) Lex. 8. Leipzig 909. C. E. Poeschel. Geb. in Halbfrz. 20. —

Das Buch des Kaufmanns. Ein Hand- u. Lehrbuch d. gesamten Handelswissenschaften f. Kaufleute, Industrielle ... Unter Mitw. von ... hrsg. von Dr. Georg Obst, Doz. 3. verb. Aufl. [Nebst] Anh. Leipzig: Poeschel 1909. 4°(8°)
Anh. [u. d. T.:] Auszug aus d. Reichsstempel- u. d. Wechselstempel-Gesetz v. 15. Juli 1909. [11. 8148 11

Buch, das, fürs Kind. Unzerreißbares Leinwandbilderbuch. gr. 4. (12 S. m. z. Tl. farb. Abbildgn. u. Text.) Eßlingen (901). J. F. Schreiber. n. 1. —

Das Buch vom Kinde. Ein Sammelwerk f. d. wichtigsten Fragen d. Kindheit, unter Mitarb. zahlr. hervorrag. Fachleute hrsg. von Adele Schreiber. Bd 1, Abt. 1, Lfg 1. Leipzig & Berlin: B. G. Teubner 1906. 4°(8°) [F.] [6. 15793

Buch, das, vom Kinde. Ein Sammelwerk für die wichtigsten Fragen der Kindheit unter Mitarbeit zahlreicher Fachleute hrsg. von Adele Schreiber. 2 Bde. Lex.-8. Leipzig 907. B. G. Teubner. à n. 7. —; geb. in Leinw. à n. 9. —; in 1 Bd. geb. n. 16. —; auch in 10 Lfgn. à n. 1. 40
I. Einleitung. Körper u. Seele des Kindes. Häusliche u. allgem. Erziehung. Mit Buchschmuck von H. Höppener-Fidus u. E. Rehm-Vietor, sowie zahlr. Abbildgn. u. 17 Taf. (XXV, 200 u. 231 S.)
II. Oeffentliches Erziehungs- u. Fürsorgewesen. Das Kind in Gesellschaft u. Recht. Berufe u. Berufswahl. Mit Buchschmuck v. H. Höppener-Fidus u. E. Rehm-Vietor, sowie zahlr. Abbildgn. (IV, 240 u. 216 S.)

Des Kindes erstes Buch. W[esel]: W. D[ümS 1904]. (10 Taf.) 4° [Umschlagt. F.] [04. 5078

— f. Kinder od. Begr. v. Sachen 2c. 8. Wien, Trattner. 764.

Buch, Das, für Kinder; aus dem Franz. der Madem. los Rios übersetzt ... Dresden 1773. Ü: *Jünger, Christian Friedrich.* (ML)

— d., f. Kinder, a. d. Franz. m. deutsch. Zus. 8. Dresd. Walther. 773.

— das, f. Kinder, oder Erklärung solcher Dinge 2c. 8. Warschau 774. Gröll. 8 gr

— ein, f. Kinder. Märchen, Fabeln u. Gedichte v. Joh. Trojan, Paula Dehmel, Marx Möller u. a. Illustrationen v. Paul Haase, Karl Elleder, Ad. Holzer u. a. Umschlagszeichnung von Käthe Münzer. Auswahl aus der illustr. Jugendzeitschrift „Der Junge". Hrsg. v. Helene Sarner. (III, 140 S.) Lex.-8. Berlin (905). Jugendschriften-Verlag H. Sarner. Kart. n. 3. —

—— ein, für christl. Kinder. Unterweisungen in der Religion v. ein. Mutter an ihre Kinder. Aus d. Franz. übers. u. bearb. v. Sophie Walheim. 12. (7 B.) Darmstadt 845, Kern.

Buch, das, der christl. Kinder. Fromme Belehrungen e. Mutter für ihre Kinder. Nach d. Franz. gr. 12. (11⅝ B.) Koblenz 843. (Hölscher.) Thlr. *

—— das, f. fromme Kinder. Eine Samml. von Legenden u. Gedichten aus allerlei Büchern zum Nutzen u. Frommen guter Kinder auserlesen u. geziert mit viel. Bildern. 8. (7⅝ B. m. Holzschn.) München 844, Braun u. Schneider.

—— das, für fromme Kinder in Bildern und Liedern. 2., von G. Scherer bearb. Aufl. br. 8. (94 S. mit eingedr. Holzschn.) München 855, Braun und Schneider.

— das, f. gute Kinder. Ein Festgeschenk v. mehreren anerkannten Jugendschriftstellern. (Neue Titel-Ausg. d. neuen illustr. Kinderzeitung 1. Bd.) 4. (292 S. m. 36 schw. u. 12 color. lith. Taf. u. lith. Titel.) Erfurt (847)849, Bartholomäus. 2 ₰

— ein, für kleinere Kinder. Aus d. Franz. frei übersetzt von Cora v. Mosch. Mit e. Vorwort von Ernst v. Houwald. Nebst (ill.) Titelkpfr. 8. Leipzig 838. G. J. Göschen. 1 ₰

— ein, für unsere Kinder zur Lehre u. Warnung. Mit Bildern von Offterdinger, Vordermayer u. A. 4. (24 color. Taf. m. eingedr. Text.) Stuttgart 881. Barth Sep.-Cto. geb. n. 2. 40

— das, f. d. zweite Kindesalter, s.a. le *Livre* du second âge.

— d., f. zweite Kindesalter. (803. W. G. Korn) ist le livre du second âge.

— d. Kindheit, od. d. gelb. Erzähl. n. Freville, deutsch u. franz. m. K. 8. Berlin, W. Oehmigke. 798.

—— das, der Kirche vom Palmsonntage bis zum weißen Sonntage, s.a. Liturgia hebdomadis sacrae et paschalis.

— das, der Kirche, vom Palmsonntage bis zum weißen Sonntage, oder: die Charwoche u. die Osterwoche mit allen ihren gottesdienstlichen Handlungen, lateinisch und deutsch, nebst Erklärung der dabei vorkommenden Ceremonien. A. u. d. T.: Liturgia hebdomadis sacrae et paschalis ex Missali et Breviario Romano latine et germanice edita. Schaffhausen 854. Hurter. 8. (VIII, 448 S.) 1 ₰ 6 ngr

—— das, der Klagelieder, am Trauertage, 9. Av. zur Erinnerung an die Zerstörung Jerusalems. 8. Wien 866, J. Knöpfmacher's Buchh. *

—— d., vom Klapperstorch, f. Jung u. Alt z. Unterhaltg u. Belehrg. 4. (18 col. L. m. Text.) Dess. 80, Barth Sep.-Cto. n. 3. 60

—— d., vom Klapperstorch f. Jung u. Alt z. Unterhaltg u. Belehrg. 2. Afl. 4. (18 color. L. m. eingedr. Text.) Ebd. 81. geb. n. 2. —

— das kleine, f. uns Alle. 1. Jahrg. 52.—60. Bdchn. (4 B. m. 1 Holzschn.-Taf.) 12. Dresden 890. Dietrich. à — 15

— das kleine, f. uns Alle. 2.—5. Jahrg. à 60 Bdchn. (à 4 Bog. m. 1 Holzschn.-Taf.) 12. Dresden 891—894. R. H. Dietrich. à Jahrg. 9. —

—— das kleine, vom Fürsten Bismarck. Charakterzüge und Anekdoten aus dem Leben unseres großen Staatsmannes. 1.—8. Aufl. 16. (72 S.) Nordhausen 872,73, Büchting. [Leipzig, Dr. Schwabe.]

—— das kleine, vom Fürsten Bismarck. Patriot. Festgabe zur Feier des 70jähr. Geburtstages am 1. April 1885. 12. (64 S.) Leipzig 885, Milde.

Buch, Das kleine, vom Grossen Bismarck. Berlin 1877. V: *Gehlsen, H. Joachim.* (singerB S. 99)

Buch, das kleine, vom grossen Bismarck. IV. 168 S. 16. Bern. E. Magron. 1877 2. 50.

Buch, Das kleine, für kleine Kinder ... Riga 1802. V: *Sonntag, Carl Gottlob.* (Ky) (R-N)

Buch, Das kleine, für die kleine Mimi. Riga 1822. V: *Sonntag, Carl Gottlob.* (Ky) (R-N)

—— das kleine, vom Kaiser Wilhelm. Charakterzüge und Anekdoten aus dem Leben unseres großen, siegreichen Kaisers und Königs. 1.—4. Aufl. 16. (80 S.) Nordhausen 872, Büchting. [Leipzig, Dr. Schwabe.] *

— das kleine, voll Witz über Witz u. Possen über Possen, oder Witzpumpe für Hypochondristen u. Leute, die gern lachen. Ausgebrütet u. zusammengegluckt v. Krähhahn Henne. Mit dessen Bildn. in Lebensgr. kl. 16. Erfurt 839. (Saalf., Niese.) 1/4 ₰

— das kleine, voll Witz über Witz und Possen über Possen, oder Witzpumpe für Hypochondristen und Leute, die gern lachen. Aus deutschen, franz. u. engl. Zeitblättern u. a. Schriften zusammen gepumpt u. herausgeg. von K. Henne. 2. Ausg. (Mit Henne's Bildniß, 3/4 Zoll groß.) 16. Ilmenau 842. (Saalfeld, Niese.) 1/4 ₰

Buch, Kleines, f. Frauenzimmer, die gern denken, als etwas Nützliches in den Strickbeutel.
(o. J.) M. 2 Kpf. u. 1 Vign.
Leipzig.

— Kl., f. Frauenzimmer, die gern denken. 12. Leipz. 799. 3e A.... Baumgärtner. 1 ₰

— e. kleines, worin Landleute, d. d. Obstbau lieben, aufgefordert werden, Pfirsiche u. Aprikosen z. bauen, u. Alles lesen können, was sie z. wissen nöthig haben, wenn sie diese edlen Früchte bauen wollen. Hrsg. v. e. Freunde d. edlen Obstes, d. zugleich e. eifriger Freund d. Landmannes ist. 8. Quedlinburg, 1833. Basse. — 7½

—— ein kleines, worin Landleute, die d. Obstbau lieben, aufgeford. werden, Pfirsichen u. Aprikosen zu bauen, u. Alles lesen können, was sie zu wissen nöthig haben, wenn sie diese edlen Früchte bauen wollen. Hrsg. v. e. Freunde d. edlen Obstes, d. zugl. e. eifr. Freund d. Landmannes ist. 8. (3 B.) Quedlinburg 833, Becker.

—— das, des Knaben. Auszugsweise bearb. nach dem Engl. the boys own book. Spiele und kurzweil. Beschäftigungen zur Entwickelung und Stärkung der Körper- und Verstandes-Kräfte. 2. (Titel-)Ausg., mit einzelnen Zusätzen. 16. (VIII und 183 S. mit Holzschn.) Leipzig 850, (T. O. Weigel.) *

— d., der Könige, übers. u. commentirt in hebr. Schrift v. Wolfssohn. 8. Berl., Heinemann. 1 ₰ 12 gr

—— das, der Könige. Skizzen von A. S. 8. (24 S.) Hamburg 864, Gerrits. *

—— das, von unserm Könige, od. Leben, Reisen, Reden, Anekdoten u. Charakterzüge Friedrich Wilhelm IV. 3 Lfgn. gr. 8. (10⅝ B.) Leipzig 843, Schmalz. *

GUYON, MME. JEANNE MARIE BOUVIER DE LA MOTHE. Das II., III. und IV. Buch der Königen. Oder: (Das II. Samuelis, Das I. und II. Buch der Königen), Mit Erklärungen Das Innere Leben betreffend ... in die teutsche Sprache übersetzt. Auf Kosten einiger Freunde O. O. 1765. 495 S. — Angebunden: [do.] Die Bücher der Chronik, Das Buch Esdras, Nehemias, Tobias, Judith und Esther, mit Erklärungen ... Auf Kosten einer vornehmen Person. O. O. 1769. 259 S. 1 Bl. — Kl. 8°. Ld. d. Z. Rsch.: M. Guion. Schriften. 48.—
Bildet den V. und VI. Teil des Alten Testaments mit den Erklärungen der Madame Guyon. Fromm III. 296—97 kennt nur einige andere Bibelteile dieser Übersetzung, möglicherweise sind damals gar nicht alle Teile deutsch herausgekommen.

— d., zum Kranklachen, oder Samml. v. sinnreichen, witzigen rc. Anekdoten rc. Halle, Dietlein. 6 gr

Buch für Kreisämter ... Wien 1789—90. V: *Kropatschek, Joseph.* (Ky)

— d., für Kreisämter, oder gemeinnütz. Handbuch f. Richter rc. (v. J. Kropatscheck). 3 Bde in 4 Abtheill. gr. 8. Wien 790—94. v. Mößle. 4 ₰

— das, vom Kriege. Der Militär-Klassiker der Chinesen. Verdeutscht von Bruno Navarra. Mit Bildern nach chines. Originalen u. e. Anh. „Altchines. Kriegsgesänge". (80 S.) Kl. 8. Berlin 910. Boll u. Pickardt. 1. 50

Buch. Das B' vom russisch-japanischen Krieg. 2 Teile. (Illustrierte Gratisbeilage zum Abonnement, pro 1905 u. pro 1906, auf das „Berner Wochenblatt".) 8. Spiez, G. Maurer, 1905—1906. N4280[6]
(Teil 1.) IV + 32 S. 1905. — Teil 2 (Schluss). 16 S. 1906.

Das Buch von dem Kriege in Thüringen, welchen geführet haben die Preussen mit den Franzosen und in einer Schlacht überwunden am 5. November 1757. In jüdischer Art zu schreiben verfasset von Habacuc Repphuni, Herrenhutischen Hoflieferanten. Beuten. 4. 23 S.

Buch, Das curiose, der Natur. [Wien 1798.] Mannheim 1798. V: *Fischer, Joh. Hch.* (wrztg 1798, S. 1849) (Ky 2/222) (biblPort)

— d. kurzweilige, von Kartenkünsten u. andern Künsten. 8. Mühlh. 791. Müller. 4 gr

— das, vom Kusse u. vom Küssen. Eine Sammlg. der schönsten Gedichte üb. den Kuß u. das Küssen klass. u. zeitgenöss. Dichter. 1. u. 2. Aufl. 12. (96 S. m. Initialen u. Ornamenten.) Leipzig 892. 893. W. Malende. Geb. in Leinw. m. Goldschn. n. 2. 50

— das, v. Kusse u. v. Küssen. E. Sammlg. d. schönsten Gedichte über d. Kuß u. d. Küssen klass. u. zeitgenöss. Dichter. 3. Aufl. 12. (96 S.) Leipzig 897. W. Malende. Geb. in Leinw. m. Goldschn. n. 3. —

BUCH, Das, vom Kusse und vom Küssen. Sammlung der schönsten Gedichte über den Kuss klassischer u. zeitgenössischer Dichter. Leipzig, o. J. 8°. Orig.-Lwd. m. Goldschn. (2 Mk. 50 Pfg. Jürgensen & Becker, Hamburg, 1898.)

— das, vom Kuß u. vom Küssen. Eine Sammlg. der schönsten Gedichte üb. den Kuß u. das Küssen bedeutendster klass. u. zeitgenöss. Dichter. 4. Aufl. (96 S.) kl. 8. Leipzig (907). Paltur & Co. Kart. 2.50

— das, v. den Küssen. A. u. d. T.: Historisch-Philologische Untersuchung von den mancherley Arten u. Absichten der Küsse, vormahls in Latein. Sprache beschrieben v. dem gelehrten Polyhistore, Hrn. Jo. Frid. Hekelio, anietzo aber wegen der Curiosität ins Teutsche übersetzet u. hin u. wieder vermehret durch Gotthilff Wernern, M. C. 8. (XX u. 80 S.) Grimma 852, Bloch's Selbstverl. ½ ß

—— d., v. d. Küssen. = Hist.-phil. Unters. v. d. mancherley Arten u. Absichten d. Küsse, in Lat. Sprache beschr. v. JF Hekelio, anietzo übers. durch G Wernern. 8. (80) Grimma 52. (Berl., Lassar.) — 15

Buch

— d., zum Lachen s. a. Jok. Federkiel.

—— das, zum Lachen; od. Witze, Einfälle u. Lächerlichkeiten d. neuesten Zeit. An's Licht gest. u. allen Freunden d. heit. Laune gewid. v. Hilarius Jocosus Federkiel. 8. (16 B.) Quedlinburg 830, Basse.

—— das, zum Lachen. Oder: Humor, Witz und Laune in einer Auswahl piquanter und ergötzl. Anecdoten, Schnacken und Schnurren. Für Hypochonder, Grillenfänger, Murrköpfe und Solche, die es werden wollen. 1—3. Aufl. 16. (105 S.) Berlin 858—61, Reymann.

— das, zum Lachen. Oder: Humor, Witz und Laune in einer Auswahl piquanter und ergötzlicher Anecdoten, Schnacken und Schnurren. Für Hypochonder, Grillenfänger, Murrköpfe u. Solche, die es werden wollen. 859. (109 S.) n. 10 ngr. — 3. Aufl. Berlin 862. Reymann. 16. (105 S.) 7½ ngr.

— das, zum Lachen. Oder: Humor, Witz u. Laune mit e. Auswahl piquanter u. ergötzlicher Anecdoten, Schnacken u. Schnurren. Für Hypochonder, Grillenfänger, Murrköpfe u. Solche, die es werden wollen. 4. Aufl. Berlin 865. Reymann. (Mülheim, v. Kamp.) 16. (105 S.) 7½ ngr.

—— das, zum Lachen, oder Witz und Laune, in einer Sammlung der neuesten picantesten und besten Anekdoten, zur angenehmen Unterhaltung auf der Reise und zu Hause, nebst einem Anh. lustiger Schnaderhüpfeln. 16. (88 S.) Coburg 866, Sendelbach.

—— zum Lachen. Alles durcheinander Anekdoten, lustige Schwänke, Kurzweiligkeiten und Schnaderhüpfeln wie man sie auf der Reise und zu Hause gern liest. Gesammelt von Dr. Ist mir Schnuppe. 5. verb. Aufl. 16. (64 S. mit 12 humorist. Illustr. in eingedr. Holzschn.) Leipzig 872, Fr. Voigt's Buchh.

— zum Lachen. Witz, Humor. gr. 8. (32 S. m. Abbildgn.) München 890. Münch. Verlags-Institut, F. Braunbeck. — 10

BUCH zum Lachen, enthaltend Anekdoten und Kurzweiligkeiten. Leipzig 1855. 12°. (50 Pfg. P. Neubner, 1892.)

—— das, zum Lachen enthaltend: Anecdoten und Kurzweiligkeiten, wie man sie auf der Reise (auch zu Hause) gern liest. 16. (116 S.) Leipzig 855, Wengler. *

—— d., z. Lachen enth. Anekd. u. Kurzweiligk. 2. Afl. 16. (136) Lpzg 62. (Cob., Sendelbach.) n. — 10

Buch, das, zum Lachen enth. Anecdoten und Kurzweiligkeiten wie man sie auf der Reise und zu Hause gern liest. 2., verm. Aufl. 16. (136 S. mit eingedr. Holzschn.) Leipzig 862, Wengler's Nachf. *

— das, für den Landmann, oder was Pferde- u. Viehbesitzer thun und lassen sollen, um zu Nutz u. Freud Hausthiere aufzuziehen, anzukaufen, zu füttern u. zu pflegen, in gesunden wie in kranken Tagen. Mit 3 Holzschnitten. gr. 8. Bern 838. Fischer. 1 ß

—— das, der guten Laune. Sammlung von komischen Gedichten, humorist. Vorträgen, Anekdoten 2c. Hrsg. von A. Bierglas. (16 Lfgn.) (à 1 Bog.) 8. Berlin 847, Mecklenburg. (à Lfg. * 1 Ngr.) *

—— das, der guten Laune. Eine reichhaltige Sammlung von scherzhaften Gedichten und humorist. Vorträgen. 16. (231 S.) Mühlheim a. d. R. 856, Reymann's Buchh. *

— das, der guten Laune. Eine reichhaltige Sammlung von scherzhaften Gedichten u. humoristischen Vorträgen. 3. Aufl. 860. — 4. unveränd. Aufl. Ebend. 864. 16. (218 S.) n. 10 ngr.

— das, des Lebens, oder Erfahrungen der berühmten Aerzte Boerhave, Hufeland u. Hahnemann in der Kunst, das Leben u. die Gesundheit der Menschen zu erhalten u. ihre Krankheiten zu heilen. 3 Bde. mit 3 Portr. kl. 8. Stuttgart 840. Scheible's Buchh. 1½ ß

Buch, lehrreich. u. angen., f. d. Bürger u. Landmann. 8. Magdeb. 773. Zapf. 8 gl

Buch zum Lesenlernen ... Kiel 1791. V: *Lange, Friedrich Carl.* (MI.) H: *Ehlers.* (Ky)

— zum Lesenlernen, dem allgemeinen, öffentlichen und häuslichen Gebrauch gewidmet. (v. Ehlers.) & Kiel, Academ. Buchh. 791.

— zum Lesenlernen, dem allgemeinen, öffentl. u. häusl. Gebrauche gewidmet, (v. F. K. Lange). Mit e. Vorr. u. Zusätzen (v. Prof. Ehlers). 8. Kiel 791. (Hesse). 14 gl Schrbp. 2 gl

Buch (Ein) für Leute, die denken. (Von G. Maurer.) 8°. Zürich, Orell, 1845.

— Das, d. Liebe, hrsg. v. Paul Ernst, s: Volksbücher, Die deut.

BUCH, Das, der Liebe. Wissenschaftliche Darstellung der Liebe nach ihrem Wesen, ihrer Bestimmung, ihrer Geschichte und ihrer geschlechtlichen Folgen etc. Dresden, Verlag v. Münchmaier.
Verboten v. L.-G. Wien, 1877. § 516.

Buch der Liebe. Innhaltende herrliche, schöne Historien ... Leipz. 1779. V: *Reichard, Heinrich August Ottocar.* (EE) (MGT) (Mn) »Buch, Das« Leipzig 1796 (Ky) (BGE)

* BUCH der Liebe. Innhaltendt Herrliche, schöne Historien, allerley Alten und newen Exempel; züchtigen Frauwen und Jungfrauwen, auch jedermann in gemein, zu lesen lieblich und kurzweilig. (Hrsg. von Heinr. Aug. Ottokar Reichard.) Mit Titelkupf. (nach Chodowiecki von Geyser gestoch.). Leipzig, in der Weygandschen Buchhandlung Verlegung Anno Domini MDCCLXXIX. (1779.) 8°. (In Berlin: Yt 351.) (Das Münchener Expl. fehlt seit 1827.) (12 Mk. Auction Runze-Zolling, Lpz., 1904.)
Inh.: Ritter Galmy. (Abdruck der Ausgabe von 1588.) — Apollonius von Tyrlandt. (Ein poetisches Bruchstück aus einer alten handschriftl. Übersetzung.) Fehlt bei Goedeke. Maltzahn I. no. 1293.
§ — — Dasselbe. Leipzig, v. Kleefeld, 1796. 8°. (In München: P. o. germ. 1131 y.) 396 S. (12 Mk. Ludolph St. Goar, Frankf. a. M., c. 1880.)
— — Dasselbe. (Titelaufl.) Ebd. 1799. 8°.

BUCH, Das, der Liebe. (Philos. Inhalts.) O. O. 1794. 12°. Bibl. Bülov. I. 1. p. 164.

Buch der Liebe; innhaltendt herrliche, schöne Historien ... Leipzig 1796. V: *Reichard, Heinrich August Ottokar.* (zuwzür 1912)

Buch, das, der Liebe, enthält herrl. schöne Historien, allerlei alten u. neuen Exempel (H. A. O. Reichard). Mit 1 Kpf. 8. Leipz. 796. Andrä. 1 ₰

— der Liebe. Inhaltend herrliche, schöne Historien, allerley alten und newen Exempel. 8. Leipz. Bauer. 796.

— der Liebe, s.a. Büsching, Joh. G.

* *BUCH der Liebe. Herausgegeben durch Dr. Johann Gustav Büsching und Dr. Friedrich Heinrich von der Hagen. Bd. 1. (einz.). Berlin. 1809. 8°. (Ldpr. 3½ Rthl.) (In Berlin: Yt 371; Expl. auf Velinp.: Yt 371 a.) (3 Mk. 50 Pfg. Adolf Weigel, 1904; 6 Mk. Emil Hirsch, München, 1904.)
Enth.: Tristan u. Isolde. — Fierrabras. — Pontus u. Sidonia.

— das, der Liebe, oder d. Kunst durch Liebe glücklich zu sein u. glücklich zu machen; von Carl Helmreich. 12. Ulm 824, Stettin.

BUCH der Liebe, oder die Kunst durch Liebe glücklich zu sein und zu machen. 2., mit einem Heirathskatechismus vermehrte Aufl. Mit Titelbild. Stettin, o. J. (ca. 1830). 8°. 88 SS. (2 Mk. Harrwitz, Berlin, 1891.)
— — Dasselbe. Ulm, o. J. 8°. (8 Sgr. Scheible, c. 1870.)

Buch der Liebe ... Breslau 1836. V: *Hoffmann gen. von Fallersleben, August Heinrich.* (GGr)

—— das, d. Liebe v. Ed. Maria Oettinger. 3., verm. Aufl. 10. (21¾ B. u. 1 Widmungsbl. in Bunt- u. Golddr.) Leipzig 846, Thomas.

—— das, der Liebe, oder die Kunst durch Liebe glücklich zu sein und glücklich zu machen. Allen zärtlichen Jünglingen und Mädchen, allen liebenden Frauen und Männern geweiht. 2. Aufl. (IV und 88 S.) 850. und 3., mit einem Heirathskatechismus verm. Aufl. 8. (VI und 88 S. mit 1 Stahlst.) Ulm 852, Adam's Vrlgsh.

— das, der Liebe, oder die Kunst durch Liebe glücklich zu sein und glücklich zu machen. Allen zärtlichen Jünglingen u. Mädchen, allen liebenden Frauen u. Männern geweiht. 4. mit einem Heirathskatechismus verm. Aufl. Ulm 854. Adam. 8. (3 Bl., 88 S. u. 1 Stahlst.) 9 ngr

—— das, der Liebe, oder die Kunst durch Liebe glücklich zu sein und glücklich zu machen. 4. Aufl. 1854. und 5. (Titel-) Aufl. 8. (IV und 88 S. mit 1 Stahlst.) Ulm 855(56), Adams' Vrlgsh.

Buch, das, der Liebe. Höchst interessant für alle unverheirathete Herren und Damen. 16. (48 S.) Mügeln 872. (Leipzig, Senf.)

BUCH, Das, der Liebe. Wissenschaftliche Darstellung der Liebe nach ihrem Wesen, ihrer Bestimmung, ihrer Geschichte u. ihren geschlechtlichen Folgen. Dresden (1877). 8°.
Beschlagnahmt.

— das liebe. 4. (4 farb. Taf. m. 2 S. illustr. Text.) Wesel 894. W. Düms. — 10

— das liebe. schmal Lex.-8. (50 S. m. z. Tl. farb. Abbildgn.) Eßlingen (900). J. F. Schreiber. Kart. n. 1.50

—— das, der Liebe und Ehe oder das Geschlechtsleben in seinem ganzen Umfange. Ein treuer Rathgeber für junge Eheleute. Neue Aufl. 8. (62 S.) Constanz 875, Fritz. Verklebt. *

BUCH der Liebe und Ehe. Hand- und Nachschlagebuch für alles Wissenswerte aus dem Bereich der Liebe und Ehe. Herausgegeben v. E. Kahlenburg. 2 Bde. in einem. Berlin 1894. 8°. 320 und 318 S.

— das, der Liebe, der Ehe und des Geschlechtslebens in seinem ganzen Umfange. Mit 3 Taf. color. anatomischen Abbildgn. u. 1 color. Titelkpfr. Altona 861. Heilbutt. 8. (IV, 232 S.) n. 2 ₰

— d., der Liebe, der Ehe und des Geschlechtslebens in seinem ganzen Umfang. (232 S.) Alt. 1861. Verl.-Büreau. 6.—

—— das, d. Liebe u. Freundschaft. Eine Samml. auserles. Stammbuchverse, nebst einer Blumensprache f. Liebende. 32. (204 S.) Borken 844. (Wesel, Bagel.)

— das, der Liebe u. Freundschaft. Eine Auswahl der schönsten Braut- u. Liebeslieder, sowie Sprüche u. Stammbuch-Verse f. alle Verhältnisse des Lebens. 12. (VIII, 152 S.) Mülheim 881. Bagel. 1. —

—— das, der Liebe und Freundschaft. Eine Auswahl der schönsten Braut- und Liebeslieder, sowie Sprüche und Stammbuch-Verse für alle Verhältnisse des Lebens. 2. Aufl. 8. (VIII, 152 S.) Mülheim 886, Bagel. *

—— d., d. heil. Liebe. Von A. Philalethes. 2. Afl. 8. (312) Wien 67, Kirsch. — 16

—— das, der heiligen Liebe. Von Ant. Philalethes. 2., verb. und verm. Aufl. 8. (X und 312 S.) Wien 867, Mechitharisten-Congregations-Buchh.

—— das, der praktischen Liebe. Ernste Winke nach der Geschichte und Erfahrung für denkende Menschen. Von Ant. Philalethes. 8. (VII und 152 S.) Wien 867, Mechitharisten-Congregations-Buchh.

— das, der thätigen Liebe. Ernste Blicke in die düstere Gegenwart. Von Ant. Philalethes. Ebend. 867. 8. (VI, 154 S.) 8 ngr.

—— das, der uneigennützigen Liebe. Ermuthigende Winke für zaghafte Seelen. Von Ant. Philalethes. 8. (VIII und 183 S.) Wien 867, Mechitharisten-Congregations-Buchh.

—— das, der Lieder od. die Lyriker d. Gegenwart, in ihren schönsten Gesängen hrsg. v. Ferd. Stolle. Neue Ausg. 8. (37 B.) Grimma 846, Gebhardt.

— das, der Lieder. Eine Sammlg. volksthüml. Lieder u. Gesänge f. eine Singstimme, zum Theil auch mehrstimmig, u. m. Begleitg. sowohl des Pianoforte als auch der Guitarre bearb. u hrsg. v. Th. Täglichsbeck. 1—4. Hft. od. 1 Bd. hoch 4. (96 S.) — 5—8. Hft. od. II. Bd. 1—4. Hft. hoch 4. (193 S.) Stuttgart 849. 50, Göpel. (à Hft. $^5/_{12}$ ₰) 3½ ₰

— das, der Luftschiffe. 12 [4 farb.] S. m. 2 Bl. Text.) 24×28 cm. Nürnberg (909). E. Nister. — 70

Buch, Ein lustig's. Wiener Declamatorium, Soloscherze, Couplets, Deklamationen. 2. Auflage. Wien [1909]. H: *Rosner, Leopold.* (EB)

— deutscher Lyrik. Original-Gedichte von A. Kopisch, A. Schnezler, Fr. Rückert, G. Pfarrius, Ad. Stöber, E. M. Arndt, E. Geibel rc. Herausg. von Adf. Böttger. 853. (2 Bl., 203 S.) — 2. verm. u. verb. Aufl. Leipzig 853. Dürr'sche Buchhdlg. 4. (2 Bl., 203 S.) n. 1 ₰ 25 ngr

— religiöser Lyrik s.a. Kauffer.

—— religiöser Lyrik. Ein Album neuerer deutscher Dichter. Hrsg. von Ed. Kauffer. 1. Aufl. 1852. und 2. Aufl. 16. (VIII und 308 S.) Leipzig 853, Thomas.

—— religiöser Lyrik. Ein Album neuerer deutscher Dichter. Hrsg. von Ed. Kauffer. 8. Aufl. 16. (VIII und 868 S.) Leipzig 857, Thomas. geb.

— das, der Maccabäer, in mitteldeutscher Bearbeitung hrsg. v. Karl Helm, s.: Bibliothek des litterar. Vereins in Stuttgart.

— Uebersetzung des I. Buches der Makkabäer. Göttingen 1778. 4.

Buch Marmon, Das, s. Buch Mormon

—— mein erstes, in Sonntagsschule und Haus. 28. Aufl. 16. (87 S.) Reading, Pa. 888, Pilger-Buchh.

— mein liebstes. 12. (12 Chromolith.) Stuttgart 888. G. Weise. — 15; m. Text (24 S.) — 25

—— dass. — 12. (12 Chromolithogr. mit 24 S. Text.) Ebendas. 888.

—— dass. 12. (12 Chromol.) Ebd. 89. auf Leinw. n. — 50

— dasselbe. 16. (12 farb. Taf. auf Leinw.) Ebd. 889. cart. n. — 50

— dasselbe. Leporello-Ausg. 12. (16 farb. S. auf Pappdeckel.) Ebd. 890. — 75

— mein liebstes. 12. (8 farb. Bl. ohne Text, auf Leinw.) Stuttgart (900). G. Weise. Kart. — 30

— mein liebstes. gr. 4. (8 Bl. m. farb. Abbildgn.) Reutlingen (902). Enßlin & Laiblin. — 75; auf Pappe (8 S.) geb. 1.20

— mein schönstes. Mit eingedr. Versen v. M. Raimund. 4. (8 farb. Taf.) Stuttgart 889. G. Weise. cart. 1.50; auf Leinw. cart. 2. —; als Leporello-Album auf Pappe, cart. 2. —

—— mein zweites, für Sonntagsschule und Haus. 10. Aufl. 16. (128 S.) Ebendas. 888. *

— das, von den sieben weisen Meistern, aus d. Hebräischen u. Griech. zum ersten Male übersetzt u. mit literarhistor. Vorbemerkungen versehen von Hnr. Sengelmann. gr. 12. Halle 842, Lippert. n. 2/3 ₰

—— das, von d. sieben weisen Meistern, aus d. Hebr. u. Griech. zum ersten Male übers. u. mit literarhistor. Vorbemerkungen versehen v. Heinr. Sengelmann. gr. 12. (8½ B.) Halle 842. [Schmidt's Vrlsbuchh.] *

— das, f. alle Menschen, s. J. H. Belder.

ספר מבחר הפנינים das Buch Mibchar ha-Peninim des Rabbi Jedaja ben Abraham Bedraschi Penini, in einem korrekten hebräischen Texte u. mit dem erläut. hebräischen Kommentar von Ahron Dessau. Mit einer deutschen Uebersetzung herausgeg. v. Hirsch Löwinsohn. gr. 8. Berlin 842. (Breslau, Kern.) 5/12 ₰

—- Mibchar ha-Peninim, das, aus d. Arab. übers. In einem correkten hebräischen Texte u. mit d. erläut. hebr. Kommentar v. A. Adam. 8. (6¼ B.) Hamburg 846. (Leipzig, C. L. Fritsche.) *

—— das, der Minne. Eine Gabe unserer Dichter, dargebracht von Adf. Damaskus. 12. (VII, 604 S. mit 1 Stahlst.) Regensburg 886, Verlags-Anstalt. ℳ 4.50.; geb. *

Buch, Das, nach der Mode, aus dem Französ. übersetzt. Grünblatt aus der Buchdruckerey des Frühlings beym Papagey. Zum neuen Jahre. V: *Caraccioli, Louis Antoine Marquis de.* Ü: *Küster, Gottlieb Elieser.* (BGE I³, 487)

— n. d. Mode, a. d. Fr. 8. Wien, Trattner. 760.

— d., nach d. Mode. 8. Danzig 766. (Aue in Altona). 10 ℊ

— d., n. d. Mode. 8. Danz. (Jacobäer, Leipz.) 766.

§ **BUCH,** Das, nach der Mode. Hamburg 1766. 8°. 284 S. (6 Kr. Halm & Goldmann, 1907.)
Sehr komisch u. stellenweise derb und frei. Kayser hat: „Danzig (Aue in Altona) 1766".
Inh.: 1. Gesetzbuch der Ehe. 2. Tränen des heil. Ignatius. 3. Der betrogene Schwiegervater. Ein Lustspiel etc.

Buch, das moderne. Herausgegeben von L Volkmann. (313 S und viele Beilagen) (Graphische Künste der Gegenwart 3) 4° Stuttgart 1910

— das, v. Mätzchen Mohr u. Onkel Hahnemann. Mit vielen Handzeichngn. v. der Hand Mätzchen Mohrs, sowie seinem u. Onkel Hahnemanns Port. (III, 91 S.) 8. Leipzig (908). L. Fernau. Geb. 1.20

— Das, v. Mätzchen Mohr u. Onkel Hahnemann. Mit 1farb. Titelbilde, vielen Handzeichngn v. d. Hand Mätzchen Mohrs, sowie dessen u. Onkel Hahnemanns Portr. 2. Afl. (118) 8° Lpzg, L Fernau ('11). geb. 1.40 d

Buch Mormon, das. Ein Bericht geschrieben von der Hand Mormon's auf Tafeln Nephi's Tafeln entnommen. In das Engl. übers. von Jos. Smith jun. Aus dem Engl. von John Taylor und G. Parker Dykes. Ster.-Ausg. hrsg. von John Taylor. gr. 12. (XI und 519 S.) Hamburg 852, Nestler und Melle. Thlr.

Buch Mormon, das. Ein Bericht geschrieb. v. der Hand Mormon's auf Tafeln. Nephis Tafeln entnommen. In das Engl. übers. v. Jos. Smith jun. Aus d. Engl. von John Taylor u. G. Parker Dykes. Ster.-Ausg. hrsg. v. John Taylor. gr. 12. (XII u. 519 S.) Hamburg 852. (Altona, Verlagsbureau.) baar n. 2 ₰

Buch Moses, das erste, s.a. Moses.

Buch Moses, Das 1., hebräisch, mit einer wortgetreuen deutschen Uebersetzung. Für die israelitische Schuljugend herausgegeben von Salomon Kohn. 1. Heft. Kapitel 1—25. 1869. 8. (S. 1—123.) Pest, Lampel. 44 kr.
1868

—— Moses, das erste, hebräisch, mit einer wortgetreuen deutschen Uebersetzung. Für die israelit. Schuljugend hrsg. von Salamon Kohn. 2 Hefte. gr. 8. (282 S.) Pest 869, Lampel. à Heft ℳ 1. *

—— Mose, das erste, nach der deutschen Uebersetzung Dr. Martin Luthers in revidirtem Text mit Vorbemerkungen und Erläuterungen und einem die Berichtigungen zu Jesaja enthalt. Anhang im Auftrag der zur Revision der Uebersetzung des Alten Testaments berufenen Conferenz hrsg. von Ed. Riehm. Nebst einer Beilage von Dr. Ahlfeld und Dr. Baur, über die sprachl. Revision der Lutherbibel. gr. 8. (144 S.) Halle 873, Buchh. des Waisenhauses.

— Mosis, das sechste u. siebente, s.a. Bibliothek der Zauber-, Geheimniß- u. Offenbarungs-Bücher. 6. Abthl.

— Mosis, das sechste und siebente, s.a. Moses.

BUCH Mosis, Sechstes u. siebentes, oder der magisch-sympathische Hausschatz, das ist Mosis magische Geisterkunst, das Geheimniss aller Geheimnisse. Wortgetreu nach e. alten Handschrift, mit staunenerregenden Abbildungen. Philadelphia, o. J. 8. Moderner Druck. (M. 7.50) (3 Mk. Rich. Bertling, Dresden, 1907.)
— — Dasselbe. Lwd., mit Shirting verklebt u. mit 3 Siegeln versehen. (4 Mk. Derselbe.)
Verboten vom K. G. Böhmisch-Leipa, 15. Juli 1888, § 516.

—— Mosis, das 6. und 7., d. i.: Mosis magische Geisterkunst, das Geheimniß aller Geheimnisse. Sammt den verdeutschten Offenbarungen und Vorschriften wunderbarster Art der alten weisen Hebräer, aus den mosaischen Büchern, der Kabbala und dem Talmud zum leiblichen Wohl der Menschen. Wort- und bildgetreu nach alten Handschriften. 3., verm. Aufl. gr. 16. (303 S. mit 21 Stnt.) Stuttgart 853, Scheible.

— das 6. und 7., Mosis, d. i. Mosis magische Geisterkunst, das Geheimniß aller Geheimnisse. Nach einer alten Handschrift. 8. (472 S. mit vielen Abbild.) Hamburg 884, L. M. Glogau Sohn.

— Mosis, das 6. u. 7., d. i. Mosis mag. Geisterkunst, d. Geheimniß aller Geheimnisse. Wort- u. bildgetreu n. e. alten Handschrift m. 20 Taf. Nebst e. wicht. Anh. Neueste Aufl. gr. 16. (79 S.) Philadelphia (888). (Warmbrunn, E. Gruhn.) n. — 10

BUCH Mosis, Sechstes und Siebentes, oder der schwarze Rabe, das ist Mosis magische Geisterkunst, das Geheimnis aller Geheimnisse. Berlin SW, Wilhelmstr. 124, E. Bartels (um 1895). 8°.
Verb. d. Ldg. Köln G. Ia. M. 12/98 u. A. G. II Elberfeld S. P. 35 F. 95.

Sechstes uud siebentes **Buch** Mosis oder der magisch-sympatische Hausschatz, d. i. Mosis magische Geisterkunst, das Geheimniß aller Geheimnisse. Glückstabelle, Schicksalsdeutungen. Wortgetreu nach e. alten Hs., mit staunenerregenden Abb. *Philadelphia; (Leipzig: P. Hülsemann) [um 1900].* (128, 47, 125 S.) 8° [F.] [04. 16673 9

BUCH Mosis, Achtes u. neuntes, oder enthüllte Geheimnisse der Zauberei. Leipzig, o. J. 8. Moderner Druck. (Mk. 6.) (3 Mk. Rich. Bertling, Dresden.)
— — Dasselbe., Lwd., mit Shirting verklebt u. mit 3 Siegeln versehen. (4 Mk. Derselbe.)

—— das, der Mutter für Haus und Erziehung. Hrsg. von Agnes v. Bohlen. br. 8. (VII und 437 S. mit 1 Stnt. in Tondr.) Berlin 859, Springer's Verlag. 2 Thlr. 7½ Ngr.; geb.* 2

—— das, der jungen Mutter. Eine Anleitung zur Pflege der Säuglinge und Kinder, zur Erkenntniß und Behandlung der gewöhnlichsten Kinderkrankheiten nach ihren Ursachen, Kennzeichen, ihrem Verlauf und ihren Folgen, für angehende Mütter. Von einem prakt. Arzte. 2. Aufl. 8. (IV und 82 S.) Stuttgart 854. [Leipzig, C. F. Winter'sche Vrlgsh.]

— d., für Mütter, s.a. Erziehung, d. erste, d. Wichtigste des Menschengeschlechts.

Buch der Mütter oder Anleitung für Mütter, ihre Kinder bemerken und reden zu lehren. Zürich 1803—5. V: *Pestalozzi, Joh. Heinr.* (EB)

Buch, Das, der Mütter. Ein tägliches Erbauungsbuch für gesegnete Frauen in ihrem ganzen Stande. Mit einem Anhang von Gebeten für die Wehmütter. Von einem evangelischen Geistlichen. Stuttgart 1860. H: *Staudenmeyer, Carl Aug.* (ZU)

—— das, der Mütter. Ein tägl. Erbauungsbuch für gesegnete Frauen in ihrem ganzen Stande. Mit einem Anhang von Gebeten für die Wehmütter. Von einem evangel. Geistlichen. 8. (334 S.) Stuttgart 860, Belser'sche Buchh.

— Das, v. d. Nachfolge Goethes. (Von Eugen Guglia.) (16, 188) 8° Berl., Meyer & J. '11. kart. 2.50; L 3.50 d

— das, von d. Nachfolge Mariä, der Jungfrau u. Mutter Gottes. Aus d. latein. zum gemeinnützigen Gebrauche eingerichtet u. herausgegeben von Ad. Seiffert. 8. München 825, Giel.

— der Nachfolge Mariä. Aus d. Latein. übers. von A. Seifert. 2e Aufl. gr. 8. München 1838. Giel. ⅓ Thlr. — 36 kr.

—— das, von der Nachfolgung Christi, s.a. Sailer.

Buch, Das, von der Nachfolgung Christi, neu übersetzt für nachdenkende Christen, herausgegeben von Johann Michael Sailer. 6. Ausgabe. Sulzbach 1848. V: *Thomas a Kempis.* (KY)

—— das, von der Nachfolgung Christi, neu übers. für nachdenkende Christen, hrsg. von Joh. Mich. Sailer. 6., revid. Ausg. (in Taschenformat.) 12. (XII und 444 S.) Sulzbach 848, v. Seidel'sche Buchh.

— das, der tausend Nächte u. d. e. Nacht. Vollständige u. in keiner Weise gekürzte Ausg. nach den vorhand. oriental. Texten besorgt von Cary von Karwath. 1. bis 8. Bd. 8. Wien, C. W. Stern.
Geb. erh. Subskr.-Pr. à 25. —

1. So den Leser einführen soll in diese Bücher außergewöhnl. Sagen u. seltsamer Wunder u. so von der 1. Nacht bis zur Mitte der 19. reichet. M. Illustr. v. Choisy Le Conin (XI, 297 S.) 906.
2. So die Erzählgn. bringet, welche Schaehrazade von der Mitte der 19. Nacht bis zur Mitte der 34. Nacht erzählet. M. Illustr. v. E. Rantzi. (VII, 316.) 907.
3. Dasselbe. Von der Mitte der 34. Nacht bis zum Ende der 55. Nacht. Mit Illustr. v. R. Mathieux. (VI, 290 S.) 908.
4. Dasselbe. Vom Beginn der 56. Nacht bis zur Mitte der 107. Nacht. Mit Illustr. v. E. Rantzi u. R. Mathieux. (VI, 244 S.) 908.
5. Dasselbe. Von der Mitte der 107. Nacht bis zum Beginn der 150. Nacht. Mit Illustr. v. E. Rantzi u. R. Matthieux. (VI, 359 S.) 909.
6. Dasselbe. Vom Anfang der 151. Nacht bis zur Mitte der 237. Nacht. M. Illustr. v. E. Rantzi u. R. Matthieux. (VI, 331 S.) 909.
7. Dasselbe. Von der Mitte der 237. Nacht bis zur Mitte der 299. M. Illustr. v. R. Chapelin (VI, 279 S.) 910.
8. Dasselbe. Von der Mitte der 299. Nacht bis zur Mitte der 371. (VII, 279 S.) M. Illustr. v. R. Chaplin. 910.

— Das, d. 1000 Nächte u. d. 1 Nacht. Vollständ. u. in keiner Weise gekürzte Ausg., nach d. vorhand. oriental. Texten begr. v. Cary v. Karwath. 7—10. (Schl.-)Bd. (6, 279; 6, 279; 309 u. 7, 310) 8° Wien, L Rosner & CW Stern '10'11. geb., erh. Pr. je 25 — d
8. Bd beschlagnahmt.

DAS Buch der tausend Nächte und der einen Nacht. (Wien, C. W. Stern.)

Band	I:	(1906) XI + 297 S. 5 Ill. von Choisy le Conin
„	II:	(1907) VII + 316 S. 4 Illustr. von Rantzi
„	III:	(1908) VI + 290 S. 4 Illustr. von Mathieux
„	IV:	(1908) 244 S. 4 Illustr. von Rantzi und Mathieux
„	V:	(1909) VI + 539 S. 4 Illustr. von Rantzi und Mathieux
„	VI:	(1909) VI + 331 S. 4 Illustr. von Rantzi und Mathieux
„	VII:	(1910) 279 S. 4 Illustr. von Chapelin
„	VIII:	(1910) VII + 279 S. 5 Illustr. von Chaplin (i. e. Chapelin)
„	IX:	(1910) 309 S. 4 Illustr. von Chaplin (i. e. Chapelin)
„	X:	(1911) 310 S. 4 Illustr. Chaplin (i. e. Chapelin)
„	XI:	(1912) 305 S. 4 Illustr. von Bayros
„	XII:	(1912) 306 S. 4 Illustr. von Fernand d'Or
„	XIII:	(1912) 308 S. 4 Illustr. von Raphael Kirchner
„	XIV:	(1913) 306 S. 4 Illustr. von Raphael Kirchner
„	XV:	(1913) 308 S. 4 Illustr. von Raphael Kirchner
„	XVI:	(1913) 377 S. 4 Illustr. von Raphael Kirchner
„	XVII:	(1913) 320 S. 4 Illustr. von Raphael Kirchner
„	XVIII:	(1914) 356 S. 4 Illustr. von Raphael Kirchner

[E. V, 278.]

* **BUCH,** Das, ohne Nahmen. Wer's nicht kauffen will, mags bleiben lassen. Mit Titelkpf. Leipzig, im Cörner'schen Buch-Laden. O. J. (ca. 1720). 8°. (In Berlin: Yt 10, 151; auch in Breslau, Kgl. u. Univ.-Bibl.: Litt. Teut. I. 8°. 256.) (4 Mk. 50 Pfg. W. H. Kühl, Berlin, c. 1882.)
556 S. 1076 ergötzliche und pikante Historien umfassender Anekdotenschatz, stellenweise sehr frei und derb.
— — Dasselbe. Cöln (1735).
Weller, fing. Druckorte.

BUCH, Das, von der Nase. Humoristische Abhandlung für Jedermann und jede Frau. Mit einem Titelkupfer. Leipzig, J. Jackowitz, 1843. 8°. IV, 100 S.

—— das, von der Nase. Humorist. Abhandlungen für Jedermann und jede Frau. 8. (148 S.) Leipzig 887, Unflad. *

Buch, Das, der Natur. Danzig 1739. V: *Meinig, Christian Gottlieb.* (ML)

Buch, Das, der Natur für Gottesverehrer ... Leipzig 1813. V: *Ouvrier, Carl Sigmund.* (StAt)

— das, d. Natur f. unbefangene Wahrheitsfreunde. gr 8. Verl. (Leipz. Reclam in Comm.) 812.

— das, d. Natur, f. unbefangene Wahrheitsfreunde. gr. 8. Berl. 813. (Leipz., Reclam). 18 ℊ

Buch, Das, der Naturgegenstande, herausgegeben und ubersetzt von K. Ahrens. Kiel 1892.

Buch, Das neue, von Onkel Benjamin. Wien 1910. V: *Scherer, Franz.* (EB)

—— das neue, der Erfindungen, Gewerbe und Industrien. Rundschau auf allen Gebieten der gewerbl. Arbeit. Hrsg. in Verbindung mit C. Böttger, R. Glaß, G. E. Habich, W. Hamm ꝛc. (5.) Pracht-Ausg. Mit 88 Ton- und 7 Titelbildern, nebst mehreren Tausend Text-Illustr., Karten, Tableaux ꝛc. Nach Originalzeichnungen von L. Burger, H. Leutemann, O. Mothes u. A. 1.—54. Lfg. (1.—6. Bd.) gr. Lex.-8. (1. Bd. VIII und 460 S., 2. Bd. X und 458 S., 3. Bd. VI und 362 S. mit 6 Holzschntaf. in Lex.-8. und qu. gr. 4., 4. Bd. VIII und 548 S., 5. Bd. VIII und 870 S. mit 17 Holzschntaf., wovon 5 in Tondr., in Lex.-8. und 4., 6. Bd. VII und 824 S. mit 7 Holzschntaf. in Tondr.) Leipzig 863—67, Spamer. à Lfg. * 5 Ngr. *
geb. *

— — 55—70. Liefg. A. u. d. T.: Der Weltverkehr u. seine Mittel, Schiffahrt u. Welthandel. (16 Liefgn.) Ebend. 867, 68. gr. 8. (778 S.) Jede Liefg. n. 5 ngr

—— das neue, der Erfindungen, Gewerbe und Industrien. Rundschau auf allen Gebieten der gewerblichen Arbeit. 6. gänzlich umgearb. und stark verm. Aufl. Hrsg. in Verbindung mit H. Birnbaum, C. Böttger, K. Gayer, W. v. Hamm, Fr. Kohl, F. Luckenbacher, R. Ludwig, Oskar Mothes, Regis, Julius Zöllner u. A. Mit mehreren Tausend Text-Abbild., 52 Tonbildern ꝛc. 6 Bde in 72 Lfgn. gr. 8. Leipzig 871—74, Spamer. à Lfg. * 50 Pf.; à Bd. * ℳ 6. *
à Bd. geb. * ℳ 7,50. *

Inhalt:

Bd. 1. Bildungsgang und Bildungsmittel der Menschheit. (VIII, 502 S.)
„ 2. Die Kräfte der Natur und ihre Benutzung. (X, 510 S.)
„ 3. Die Gewinnung der Rohstoffe aus dem Innern der Erde, von der Erdoberfläche sowie aus dem Wasser. (446 S.)
„ 4. Die chemische Behandlung der Rohstoffe. (VIII, 520 S.)
„ 5. Die Chemie des täglichen Lebens. (VIII, 448 S.)
„ 6. Die mechanische Bearbeitung der Rohstoffe. (VII, 540 S.)

Der 2. Bd. erschien auch besonders u. d. T.:

Die Kräfte der Natur und ihre Benutzung. Eine physikalische Technologie. Von Julius Zöllner. 2. verm. und verb. Aufl. Mit 500 Textabbild., 4 Tonbildern sowie einem Titelbilde. *
geb. *

—— dass. — 73.—93. Lfg. Ergänzungsband: Der Weltverkehr und seine Mittel. Rundschau über Schiffahrt und Welthandel. Hrsg. von R. Andree, Engelmann, C. v. H., Max Lange, Fr. Luckenbacher, Jul. Zöllner. 2. Aufl. Illustrirt mit 520 Text-Abbild., 1 Titelbilde, 9 Ton- und Buntdr.-Bildern, 1 Welttelegraphie-, sowie 1 Flaggenkarte, vergleichenden Tableaus ꝛc. gr. 8. (VIII, 732 S.) Ebendas. 874. à Lfg. * 50 Pf. *
geb. *

—— das neue, der Erfindungen, Gewerbe und Industrien. Rundschau auf allen Gebieten der gewerblichen Arbeit. 7. gänzlich umgearb. und stark verm. Aufl. Hrsg. in Verbindung mit C. Birnbaum, C. Böttger, K. Gayer, W. v. Hamm, G. Heppe, R. Ludwig, O. Mothes, Th. Schwartze, H. Wagner, G. Zeibig, R. Zöllner u. A. unter Redaction von Jul. Zöllner. Pracht-Ausg. 2. Abdr. Mit nahezu 3000 Abbild.: Text-Illustrationen, zahlreiche Abtheilungs- und Anfangsvignetten, viele Tonbilder, Porträtgruppen und Frontispice. Nach Orig.-Zeichnungen von Ludw. Burger, Osk. Mothes, Bonnafour, Johandier u. A. 6 Bde. in 78 Lfgn. gr. 8. Leipzig, Spamer.
à Lfg. * 50 Pf.; à Bd. * ℳ 7. *
geb. à Bd. * ℳ 8,50. *

Inhalt:

Bd. 1. Einführung in die Geschichte der Erfindungen. Bildungsgang und Bildungsmittel der Menschheit. (VIII, 544 S.) 876.
„ 2. Die Kräfte der Natur und ihre Benutzung. (X, 550 S.) 877.

Buch, das neue, der Erfindungen, Gewerbe und Industrien ꝛc.

Bd. 3. Die Gewinnung der Rohstoffe aus dem Innern der Erde. Von der Erdoberfläche sowie aus dem Wasser. (V, 474 S.) 877.
„ 4. Chemische Behandlung der Rohstoffe. Eine chemische Technologie. (VIII, 576 S.) 877.
„ 5. Die Chemie des täglichen Lebens. (VIII, 480 S.) 878.
„ 6. Die mechanische Bearbeitung der Rohstoffe. (VIII, 589 S.) 879.

—— dass. — 7. Bd.: Der Weltverkehr und seine Mittel. Rundschau über Güterbewegung und Verkehrswege, Schiffahrt und Welthandel. Hrsg. von Jul. Engelmann, Fr. Luckenbacher, Osk. Mothes, A. Schück, Schwartze, Jul. Zöllner. 23 Lfgn. 3. vollständig umgearb. Aufl. Illustrirt mit gegen 500 Text-Illustr., 1 Titelbilde, mehreren Ton- und Buntdruckbildern, 1 Welttelegraphie- und Flaggenkarte, vergleichenden Tableaus ꝛc. 2 Abthlgn. gr. 8. Leipzig, Spamer. [1. Abthl. (VI, 426 S. mit 7 Tonbildern und über 200 Text-Illustr. nach Zeichnungen von L. Burger, B. Leutemann, Osk. Mothes u. A.) 879. * ℳ 5,50., geb. * ℳ 7.; 2. Abthl. (VI, 471 S. mit 7 Tonbildern, 170 Text-Illustr., 1 Flaggen- und 1 Weltverkehrskarte.) 880. * ℳ 6., geb. * ℳ 7,50.] * ℳ 11,50.; geb. *

Buch, das neue, der Erfindungen, Gewerbe und Industrien. Rundschau auf allen Gebieten der gewerbl. Arbeit. Achte umgearb. und stark verm. Aufl. In Verbindung mit vielen Gelehrten herausg. v. Prof. F. Reuleaux. 1885. 8 Bde. à M. 8.—
Im Erscheinen.
(Band II. Die Kräfte der Natur und ihre Benutzung. Eine physikal. Technologie.)

— d. neue geheim., Chevilla, v. d. Veränder. d. Erde, des Meeres ꝛc. 4 Thle. gr. 8. Linz 786. Haslinger. 1 ₰

— d. neue, f. Land- u. Bürgerschulen. 2 Thle. 8. Hildesh. 804. Gerstenberg. 6 ℊ

Buch, Das Neue, ohne Namen, in Gellertischen Nachahmungen ... Amsterdam [Leipzig] 1762. V: *Kritzinger, Friedrich Adolph.* (BGE) (Wr)

Buch, das neue, d. Prologe. Kurze Prologe z. verschied. Festlichkeiten. 12. (19 S.) Lüneburg 895. O. Biedermann. n. — 20

—— das neue, der Reisen und Entdeckungen. Illustr. Bibliothek der Länder- und Völkerkunde zur Erweiterung der Kenntniß der Fremde. 1.—4. Bd. in 39 Lfgn. und 5. Bd. gr. 8. Leipzig, Spamer. à Lfg. * 50 Pf. *
geb. *

Inhalt:

Lfg. 1—9. Klencke, Herm., Alexander v. Humboldt's Leben und Wirken, Reisen und Wissen. Ein biograph. Denkmal. 6., illustr. Ausg., vielfach erweitert und theilweise umgearb. von H. Th. Kühne. 2. Abdr. Mit 130 Text-Abbild. (in Holzschn.), 2 (lithogr.) Karten, 8 Tonbildern (in Holzschn.) nach Orig.-Zeichnungen, nebst einem Portr. A. v. Humboldt's in Stahlst. von Weger. 9 Lfgn. (VIII, 432 S.) 870. * ℳ 5.; geb. * ℳ 6.
„ 10—17. Christmann, Fr., Australien. Geschichte der Entdeckungsreisen und der Kolonisation. Bilder aus dem Leben in der Wildniß und in den Stätten der Kultur der neuesten Welt. 8 Lfgn. (X, 374 S. mit 120 Text-Abbild. in Holzschn., 5 Tonbildern und 4 lithogr. Karten.) 870. * ℳ 6.; geb. * ℳ 7.
18—29. Christmann, Fr., und Richard Oberländer, Ozeanien, die Inseln der Südsee. Aeltere und neuere Erforschungsreisen im Gebiete der Inselgruppen des Stillen Meeres. Mit besond. Rücksicht auf Leben, Sprache und Sitten der aussterbenden Naturvölker jener Eilande. Mit 170 Text-Abbild., 9 Tonbildern, 3 Karten in Farbendruck und mehreren in den Text gedr. Karten. 1. Abthl.: Ozeanien I. Neu-Seeland, das Großbritannien der Südsee. Mit 50 Text-Abbild., 4 Tonbildern und 1 Karte. (VIII, 176 S.) 873. * ℳ 3. — 2. Abthl.: Ozeanien II. Melanesien, Polynesien und Mikronesien. Mit 120 Text-Abbild., 5 Tonbildern, 3 Karten in Farbendr. und mehreren in den Text gedr. Karten. (III, 376 S.) 873. * ℳ 5. Beide Abthlgn. zusammen * ℳ 8.; geb. * ℳ 10.
30—39. Oberländer, Rich., Westafrika vom Senegal bis Benguela. Reisen und Schilderungen aus Senegambien, Ober- und Niederguinea. Vorzugsweise nach den Berichten von Mungo Park, Lambert, Mage, Winwood Reade, Backie, Burton, Du Chaillu, Bastian, Rohlfs, Magyar u. A. Mit besond. Rücksicht auf die „Deutsche Expedition zur Erforschung Innerafrika's". Mit 160 Text-Abbild. (in eingedr. Holzschn.), 4 Tonbildern, sowie 2 Karten in Farbendr. (XVI, 464 S.) 874. * ℳ 7.; geb. * ℳ 8,50.

Buch, das neue, der Reisen und Entdeckungen ꝛc.

(Bd. 5.) Barth, Herm. v., David Livingstone, der Afrikareisende. Ostafrika vom Limpopo bis zum Somali-Lande. Erforschungsreisen im Osten Afrika's. Mit besonderer Rücksicht auf Leben, Reisen und Tod von David Livingstone. Auf Grund des neuesten Standpunktes der ostafrikanischen Völkerkunde bearb. An Stelle der 4. Aufl. von „Livingstone, Der Missionär". Mit 200 Text-Abbild., 5 Tonbildern und 2 Karten. (XII, 518 S.) 875. * ℳ 8.; geb. * ℳ 10.

— das neue, der Reisen u. Entdeckungen. Illustrirte Bibliothek der Länder- u. Völkerkunde zur Erweiterg. der Kenntniß der Fremde. 17—29. Lfg. gr. 8. Leipzig 870—73. Spamer. à n. — 50

17. Australien. Geschichte der Entdeckungsreisen u. der Kolonisation aus dem Leben in der Wildniß u. in den Stätten der Kultur der neuesten Welt. Von Fr. Christmann. 8. Lfg. (X u. S. 337—374 m. eingedr. Holzschn. u. 1 Holzschntaf.)

18—29. Neuseeland u. die Inseln der Südsee. Von Fr. Christmann u. R. Oberländer. 1—12. Lfg. (1. Abth. VIII, 176 u. 2. Abth. XXXVIII, 376 S. m. eingedr. Holzschn. u. 5 Holzschntaf.)

— dasselbe. Westafrika vom Senegal bis Benguela. Reisen u. Schildergn. aus Senegambien, Ober- u. Niederguinea. Vorzugsweise nach den Berichten v. Mungo Park, Lambert, Mayn ꝛc. Mit besond. Rücksicht auf die „Deutsche Expedition zur Erforschg. Innerafrika's hrsg. v. Rich. Oberländer. Mit 160 Text-Abbildgn. (in eingedr. Holzschn.), 4 Tonbildern, sowie 2 Karten in Farbendr. 8. (XVI, 461 S.) Ebend. 873. n. 7. —; geb. n. 8. 50

— dasselbe. Amerika. 1. u. 1. Bd. gr. 8. Ebend. 874. à n. 4. —; geb. à n. 5. —

1. Kane, der Nordpolfahrer. Arktische Fahrten u. Entdeckgn. der 2. Grinnell-Expedition zur Aufsuchg. Sir John Franklin's in den J. 1853, 1854 u. 1855 unter Elisha Kent Kane. Beschrieben v. ihm selbst. 5. durchgeseh. Aufl. Mit 120 in den Text gedr. Abbildgn., 6 Tondrucktaf. u. e. Karte. (VIII, 310 S.)

2. Die Franklin-Expeditionen u. ihr Ausgang. Entdeckung der nordwestl. Durchfahrt durch Mac-Clure, sowie Auffindg. der Ueberreste v. Sir John Franklin's Expedition durch Kapit. Sir Leo. old M'Clintock. 3. durchgeseh. u. verm. Aufl. bis auf die neueste Zeit fortgesetzt. Mit 140 Text-Illustr., 1 Tondrucktaf., mehren Kartenumrissen sowie e. (lith.) Karte der nordamerikan. Polarländer (in qu. 4.) (VIII, 276 S.)

— der Welt, das neue. Ein Familienblatt für Jung und Alt. 1. Jahrg. 1879. 12 Hefte. (à 3 Bog. mit Holzschntaf. und Chromolithogr.) Stuttgart, Thienemann's Verlag. à Heft * ℳ 1. *

— der Welt, das neue. Ein Familienblatt für Jung und Alt. Mit zahlreichen Kunstbeilagen in Holzschn. und Farbendr. 2. Jahrg. 1880. 4. (IV, 572 S.) [Stuttgart 880, Thienemann's Verlag.] Gera, Griesbach's Verlag. geb. *
Nicht weiter erschienen.

— ein neues. qu. 4. (14 S. m. z. Tl. farb. Abbildgn.) Stuttgart 893. W. Nitzschke. 1. 20

Buch. Ein neues B' der Lieder für Mediziner. Bern 1909 s. (Strasser, H[ans]).

— das neueste, der enthüllten Geheimnisse, oder 101 erprobte, wichtige Mittel u. Vorschriften aus der Haus- u. Landwirthschaft, der Technologie u. Hausarzneikunde. 12. Halberstadt 844, Lindequist u. Schönrock. $^1/_2$ ₰ — 2. Aufl. Ebend. 846. $^1/_2$ ₰

— das neueste, der enthüllten Geheimnisse, oder 101 Mittel u. Vorschriften aus der Haus- u. Landwirthschaft der Technologie u. Hausarzneikunde. 2. Aufl. 12. (VI u. 89 S.) Halberstadt 847, Lindequist u. Schönrock. $^1/_3$ ₰ — (Neue Titel-Ausg.) Quedlinburg 851, Ernst. $^1/_3$ ₰

— neuestes, d. aufgedeckten Geheimnisse, od. Mittheilungen ein. Greises, der sich durch Fabrikation derjenigen Gegenstände, deren Rezepte hier veröffentlicht werden, ein ansehnliches Vermögen erworben. 2., durchgeſ. Aufl. 8. (9$^1/_4$ B.) Wriezen u. Berlin 844, Literatur u. Kunst-Compt.

— neuestes, der aufgedeckten Geheimnisse, oder Mittheilungen eines Greises der sich durch Fabrikation derjen. Gegenstände, deren Rezepte hier veröffentlicht werden, ein ansehnl Vermögen erworben. gr. 8. (130 S.) Berlin 847, Literatur- und Kunst-Comptoir.

— neuestes, z. Todlachen. 8 Bde. 8. Hamburg, Vollmer. (à 6 gr.)

— neuestes, zum Todlachen. 9s—14s Heft. 8. Hamburg, Vollmer. 811—13. (à 6 gr.)

Buch, neuestes, z. Todtlachen. 1s—14s Hft. 8. Hamb. 813. (Herold jun.) 3 ₰ 12 ℊ (1s—10s Hft. Auch unt. d. T.: Buch d. Frohsinns ꝛc. 11s—13s Heft. Auch u. d. T.: J. Freuedich, d. Sorgenbrecher.)

BUCH, Neuestes, zum Todtlachen, zur Aufheiterung in allen Stunden des Lebens. 14 Hfte. (in 4 Theilen). 3. verbess. Aufl. Hamburg, b. Gottfr. Vollmer, o. J. (vor 1820). 8°. (3$^1/_2$ Rthl.)

— d. nöthige, od. Vorsichtigkeitsreg. ꝛc. 18. Berlin, Dieterici, (Mittler, Leipz.) 799.

Anonym: „Das nöthige Buch; oder Vorsichtigkeitsregeln, um sich bey Schliessung eines Kauf- oder Pachtcontracts, beym Häuser- und Pferdekauf, oder sonst im Handel und Wandel vor Schaden und Betrug zu sichern", Berlin 1800.

— das nöthige, für alle Classen des Adels, oder Elemente d. Heraldik, welche dem Adel, Beamten, Künstler u. jedem gebildeten Staatsbürger unumgängl. zu wissen nothwendig sind. Mit 116 Kupferabbildd. gr. 8. Leipz. 819. Baumgärtner. 1 ₰ 12 ℊ

— d. Novellen. E. Sammlg. interess. Novellen. 8. Wien, Derflinger & Fischer. 1. 75; geb. 2. 50
Die Teufelsbraut. Novelle von Maurus Jokai. Ausschließl. ermächt. deutsche Uebertragung von Ludw. Wechsler. (42 S.) 896. — Baldivia. Erzählg. v. Maurus Jokai. Ausschließl. ermächt. deutsche Uebertragg. von Ludw. Wechsler. (31 S.) 895. — E. arme Frau. Von Maurus Jokai. Autor. Uebersetzg. v. Ludw. Wechsler. (34 S.) 895. — Die letzten Maurenkönige. Histor. Erzählg. von Maurus Jokai. M. d. Verf. ausschließl. Ermächtigg. in's Deutsche übertr. v. Ludw. Wechsler. (38 S.) 896. — Angiolina. E. Künstlergeschichte v. d. Adria von Mor. Band. (38 S.) 895. — Durchs moderne Leben. Novellist. Skizzen von Heinr. Ernst Schwarz. (40 S.) 895. — D. ersten Tricots. Humoreske von A. v. Winterfeld. (32 S.) 895. — D. Erbe d. Zigeuners. Criminal-Roman von Jul. Werner. (68 S.) 895. — Das arme Ding. Novelle von F. v. Kapff-Essenther. (24 S.) 895. — Märzveilchen. E. Geschichte a. d. Märzenstagen von Ant. Schott. (17 S.) 897. — D. Nickel. E. Erinnerg. aus d. Jugendzeit von Rud. Baron Gottesheim. (S. 19—27.) 897. — Tante, die taube. Von S. M. (S. 28—36.) 895.

— d. nützlichste, f. Kinder. Mit ill. Kpf. 8. Hamb. 810. Vollmer. (Herold jun.) 12 ℊ

— das, Ochlah Wochlah (Massora). Hrsg., übers. und mit erläut. Anmerkungen versehen nach einer, soweit bekannt, einzigen, in der kaiserl. Bibliothek zu Paris befindl. Handschrift von S. Frensdorff. gr. 4. (XVIII und 259 S.) Hannover 864, Hahn'sche Hofbuchh. *

— das, der Orakel, od.: Neuestes u. vollständ. Punktir-Buch. A. d. Engl. übers. 12. (9 B.) Leipzig 831, Rein.
Vgl. Buch, das, d. Freude ꝛc.

— das, der Patiencen. 19 Patience-Spiele mit eingedr. Abbild. zur Veranschaulichung der Lage der Karten. 12. (69 S.) Hannover 886, Helwing's Verlag. *

— das, der Patiencen. 10 Patience-Spiele m. eingedr. Abbildgn. zur Veranschaulichung der Lage der Karten. (Neue [Titel-]Ausg.) gr. 16. (69 S.) Hannover 891. Helwing's Verl. n. — 80; geb. n. 1. 30

— das, der Patiencen. 19 Patience-Spiele m. eingedr. Abbildgn. zur Veranschaulichg. der Lage der Karten. (Neue [Titel-]Ausg.) gr. 16. (69 S.) Hannov. 891, Helwing. ' — 80; geb. ' 1 30

— dasselbe. (Neue Aufl.) 12. (69 S.) Ebd. 893. Geb. in Leinw. n. 1. —

— das, der Patiencen und Orakel-Spiele. Für gesellige Cirkel. 12. (71 S.) Breslau 857, Kern.

— das, der Patiencen- und Orakel-Spiele. Für gesellige Cirkel. Breslau (858.) Kern. 8. (71 S.) 9 ℊ

— das pikante. Aus „Caviar Pikante und heitere Blätter" abgedr. Erzählungen. 8. (140 S. mit Illustr.) Budapest 887, Grimm's Verlag. *

— das, für Polterabende. Ein Cyclus neuer origineller und gemüthlicher Polterabendscherze von Castor u. Pollux. kl. 8. Grünberg 841, Levysohn. $^1/_3$ ₰

—— das, für Polterabende. Ein Cyclus neuer origineller und gemüthlicher Polterabendscherze von Castor und Pollux. 2., verb. Aufl. 8. (VI und 88 S.) Grünberg 856, Levysohn.

—— das, der Polterabend-Scherze und Declamationen. Reichhaltigste Sammlung der besten Scenen und Vorträge ernsten und heiteren Inhalts. 1.—4. verb. Aufl. 8. (148 S.) Harburg 874—77, Elkan.

— das, der Polterabend-Scherze u. Declamationen. Reichhaltigste Sammlg. der besten Scenen u. Vorträge ernsten u. heiteren Inhalts. 5., verm. Aufl. 8. (148 S.) Harburg 893. G. Elkan. 1. 20

— d., d. Polterabendscherze u. Deklamationen. Jetzt: Stuttg., S Lutz-Steinweg.

— das praktische, für jedermann. Universalauskunfts- u. Nachschlagebuch m. umfangreicher Anleitg. u. Mustern zur Erledigg. des schriftl. Verkehrs. Handbuch üb. alle Gebiete u. Fragen des bürgerl., öffentl. u. prakt. Lebens. Bearb. v. A. Leander, Heinr. Neumann, M. Wernen u. a. 1.—121. Lfg. Lex.-8. Potsdam, Bonneß & Hachfeld. Subskr.-Pr. à n. — 70; Einzelpr. à n. 1. —

Bett, K., das Konkursrecht. (68 S.) (905.) (Lfg. 75. 78.)
Donig, Arth., die freiwillige Gerichtsbarkeit. (S. 1—96.) (906.) (Lfg. 93. 117.)
— die Gerichtsverfahrensgesetze. (76 S.) (906.) (Lfg. 105. 118.)
— die Urheberrechtsgesetzgebung. (196 S.) (906.) (Lfg. 94. 103. 114. 121.)
— Verfassung u. Verwaltung des Deutschen Reiches u. Preußens. (S. 1—144.) (906). (Lfg. 104. 115. 119.)
— die Zwangsversteigerung u. Zwangsverwaltung v. Grundstücken. (98 S.) (906.) (Lfg. 107. 118.)
Hesdörffer, Max, die Pflege des Zier-, Obst-, Gemüse- u. Zimmergartens. (207 S. m. Abbildgn.) (904. 905.) (Lfg. 4. 9. 19. 26. 31. 39.)
Junghans, Frdr., der Redner. Toaste, Vorträge u. Reden f. alle Fälle des privaten u. öffentl. Lebens. (174 S.) (904.) (Lfg. 6. 11. 17. 21.)
— der schriftliche Verkehr in allen Lebenslagen. 2 Tle. (408 u. 272 S.) (904—906.) (Lfg. 2. 15. 22. 25. 32. 36. 54. 66. 71. 73. 77, 79. 81. 97. 106.)
Leander, A., das bürgerl. Recht, s.: Reichsrecht das. I.
Naumann, der Zivilprozeß. Leicht faßlich dargestellt. (215 S.) (905.) (Lfg. 46. 48. 53. 65. 78.)
Neumann, Heinr., das Strafrecht. s.: Reichsrecht, das. II.
Ramhorst, Frdr., das Versicherungswesen. Systematische Zusammenstellg. u. gemeinfaßl. Erläuterg. der f. das tägl. Leben wicht. Versicherungsarten. (96 S.) (905.) (Lfg. 38. 41.)
Rehme, Wilh., das Wohnhaus. Sein Erwerb, seine Einrichtg. u. seine Unterhaltg., nebst e. Anh. üb. Wohnungseinrichtgn. (S. 1—152 m. Abbildgn.) (904—906.) (Lfg. 3. 10. 20. 109.)
Reichsrecht, das. Zum prakt. Gebrauch für jedermann systematisch dargestellt von A. Leander u. Heinr. Neumann. I. Abtlg.: Leander, A., das bürgerl. Recht. (706 S.) (904—906.) (Lfg. 1. 30. 43. 57. 63. 69. 70. 74. 82. 81. 87. 88. 92. 95. 99.)
— dasselbe. II. Abtlg. Neumann, Heinr., das Strafrecht. (S. 1—380.) (904—906.) (Lfg. 12. 37. 50. 66. 68. 80. 86. 90.)
Roth, Clara, das Kochbuch f. den einfachen u. feineren Haushalt, sowie für die Festtafel. Neuartige, übersichtl. Tabelleneinteilg. Deutsche, österreich., französ. Kochrezepte, nach erprobter u. bewährter Art. Mit Berücksicht. der Krankenkost u. vegetar. Küche. Speisezettel f. den tägl. Tisch, sowie f. kleinere u. größere Festlichkeiten. Praktische Ratschläge f. Küche, Haus u. Vorratskammer. (S. 1—96.) (906). (Lfg. 112. 120.)
Rothholz, Jul., die deutsche reichsgesetzliche Arbeiterversicherung. Zum prakt. Gebrauch für Arbeitgeber u. Arbeitnehmer bearb. I. Abtlg.: Das Invalidenversicherungsgesetz. (S. 1—144.) (905. 906.) (Lfg. 35. 76. 101.)
Steinfels, Loth., die Spiele. Ausführliche Beschreibung u. Anleitg. f. die Unterhaltungs-, Erholungs- u. Sportspiele, f. Kartenspiele, Brettspiele, Kugelspiele, Gesellschaftsspiele, Bewegungsspiele, Volksspiele, Jugendspiele, Streichholzspiele, Würfelspiele, sonst. Glücksspiele u. dgl. (S. 1—162 mit Abbildgn.) (904. 905.) (Lfg. 16. 28. 51.)
Strauven, A., Gewerbeordnung f. das Deutsche Reich. Leichtverständlich dargestellt. (S. 1—144.) (906.) (Lfg. 86. 98. 110.)
— das Handelsrecht. (285 S.) (905.) (Lfg. 34. 44. 52. 58. 61.)
— das Wechselrecht. (58 S.) (905. 906.) (Lfg. 72. 116.)
Wilm, Werner, Erziehung, Schulbildung, Berufswahl f. Knaben u. Mädchen. Eine gemeinverständl. Darstellg. der bewährtesten Erziehungsgrundsätze, der in den verschiedenen Schulen gebotenen Ausbildg., sowie der je nach der Schulbildg. mögl. Berufswahl unter Angabe v. Dauer u. Kosten der Ausbildg. (S. 1—290.) (904—906.) (Lfg. 27. 40. 62. 67. 83. 91.)
Wilm, Werner, d. Geldverkehr u. d. Kapitalsanlage. Ausführliche u. gemeinverst. Darlegg. der bei d. Kapitalsanlage u. Kapitalsverwertg. in Betracht komm. Verhältnisse, der Bestimmgn. üb. Grundbesitz, Hypotheken, Darlehen u. die verschiedenen Formen geschäftl. Unternehmgn., Schilderung der Arten, des Wesens, der Bedeutg. u. der Sicherheit v. Staatspapieren, Provinzialanleihen, Kommunalanleihen, Pfandbriefen, Eisenbahnwerten, Prämienpapieren, Industriepapieren u. Wechseln, nebst einer Klarlegg. des Börsenwesens, der Börsengeschäfte nach Art, Umfang u. Vorausberechnung, des Bank- u. des Versicherungswesens. Ein zuverläss. Ratgeber f. jeden, der sein Kapital gut anlegen will. (S. 1—96.) (906.) (Lfg. 113. 116.)
— Umgangslehre. Anleitung zum richt. Benehmen im täglichen Leben u. bei besonderen Gelegenheiten, im Verkehr mit Gleichgestellten, Höherstehenden u. Untergebenen für Jung u. Alt. (144 S.) (901—906.) (Lfg. 33. 59. 96.)
— das Verkehrswesen. Eine für den prakt. Gebrauch bestimmte Darstellung aller Verkehrsformen u. ihrer Einrichtgn., insbesondere des Personen- u. Güterverkehrs zu Lande u. zu Wasser, der Post, der Telegraphie u. des Fernsprechwesens, des Verkehrs auf den Landstraßen u. der Touristik, nebst Anleitg. zum Verständnis der amtl. Fahrpläne, Verordngn. usw. (159 S.) (905. 906.) (Lfg. 45. 55. 102. 111.)
— Orthographisches Wörterverzeichnis u. Fremdwörterbuch. (70 S.) (906.) (Lfg. 106. 108.)
Zehden, Geo., Gesundheit u. Krankheit. Ein ärztl. Handbuch f. die Familie. I. Bd. Die Lehre v. der Gesundheit u. deren Erhaltung. (168 S. m. Abbildgn.) (904. 905.) (Lfg. 5. 14. 23. 49.)
— dasselbe. 2. Bd. Pflege u. Behandlg. der Krankheit. (S. 1—184 m. Abbildgn.) (904—906.) (Lfg. 7. 24. 89. 100.)
Zwiklitz, Frau Marie v., die Handarbeiten. I. Anleitung zu jeder Art weibl. Handarbeiten. II. Die Liebhaberkünste. Mit zahlreichen Abbildgn. u. erläut. Text. (S. 1—192.) (904. 905.) (Lfg. 8. 18. 24. 47. 60.)
— die Haushaltung. (S. 1—128.) (901. 905.) (Lfg. 13. 29. 42.)

— das praktische, f. jedermann. Universalauskunfts- u. Nachschlagebuch m. umfangreicher Anleitg. u. Mustern zur Erledigg. des schriftl. Verkehrs. Handbuch üb. alle Gebiete u. Fragen des bürgerl., öffentl. u. prakt. Lebens. Bearb. v. A. Leander, Heinrich Neumann, Adf. Strauven u. a. u. vielen anderen Gelehrten u. Fachleuten. 122. bis 148. Lfg. Lex. 8. Potsdam (907—09). Bonneß & Hachfeld. Subskr.-Pr. à — 70; Einzelpr. à 1. —

Donig, Arth., die freiwillige Gerichtsbarkeit, s.: Rothholz, Julie, die deutsche reichsgerichtliche Arbeiterversicherung.
— Verfassung des Deutschen Reichs und Preußens. (Schluß.) (S. 145—355.) (Lfgn. 125, 131, 132, 136, 137.)
Generalregister. (61 S.) (Lfg. 142, 143.)
Rehme, Wilh., das Wohnhaus. Sein Erwerb, seine Einrichtung u. seine Unterhaltg., nebst e. Anh. üb. Wohnungseinrichtgn. (Schluß.) S. 153—177 m. Abbildgn. u. 7 Taf.) (Lfg. 128.)
Roth, Clara, das Kochbuch f. den einfachen u. feineren Haushalt, sowie f. die Festtafel. Neuartige, übersichtl. Tabelleneinteilg. Deutsche, österreich., französ. Kochrezepte, nach erprobter u. bewährter Art. Mit Berücksicht. der Krankenkost u. vegetar. Küche. Speisezettel f. den tägl. Tisch, sowie f. kleinere u. größere Festlichkeiten. Prakt. Ratschläge f. Küche, Haus u. Vorratskammer. (Schluß.) (S. 97—420.) (Lfg. 134, 141, 144—146.)
Rothholz, Jul., die deutsche reichsgesetzliche Arbeiterversicherung. Zum prakt. Gebrauch f. Arbeitgeber u. Arbeitnehmer bearb. (Schluß.) (S. 145—178.) — Donig, Arth., die freiwillige Gerichtsbarkeit. (Schluß.) (S. 97—111.) (Lfg. 127.)
Schreckhaase, Paul, prakt. Anleitung zur Oelmalerei. (64 S. m. Abbildgn. u. 5 farb. Taf.) (Lfg. 122, 123.)
Strauven, A., Gewerbeordnung f. das Deutsche Reich. Leichtverständlich dargestellt. (Schluß.) (S. 145—207 u. 3 S.) (Lfgn. 129, 137.)
Wilm, Wern., der Geldverkehr u. die Kapitalsanlage. Ausführliche u. gemeinverständliche Darlegg. der bei der Kapitalsanlage u. Kapitalsverwertg. in Betracht komm. Verhältnisse, der Bestimmgn. über Grundbesitz, Hypotheken, Darlehen u. die verschiedenen Formen geschäftl. Unternehmgn., Schilderg. der Arten, des Wesens, der Bedeutg. u. der Sicherheit v. Staatspapieren, Provinzialanleihen, Kommunalanleihen, Pfandbriefen, Eisenbahnwerten, Prämienpapieren, Industriepapieren u. Wechseln, nebst. e. Klarlegg. d. Börsenwesens, der Börsengeschäfte nach Art, Umfang u. Vorausberechng., des Bank- u. des Versicherungswesens. Ein zuverlässig. Ratgeber f. jeden, der sein Kapital gut anlegen will. (Schluß.) (S. 97—141.) (Lfg. 126.)
Zehden, Geo., Gesundheit u. Krankheit. Ein ärztl. Handbuch f. die Fam. 2. Bd. Pflege u. Behandl. der Krankh. (Schluß.) (S. 185—250 m. Abbildg.) (Lfgn. 124, 130.)
— Dasselbe. III. Bd. Die Lehre v. den Krankheiten u. deren Heilg. (201 S. m. Abbildgn u. I. Bd. S. 169—173.) Lfg. 133, 135, 138, 140.)
Zwiklitz, Marie v., die Haushaltung. (S. 129—140.) (Lfg. 148.)
Die juristischen Werke a. u. d. T.: Pauli's, A., deutscher Rechtsschatz. Leipzig, National-Verlag.

Buch der Predigten, oder 100 Predigten und Reden aus den verschiedenen Zeiten, Ländern und Confessionen, zu einem Jahrgange geordnet und durch eine Uebersicht über die Entwickelungsgeschichte der christl. Predigt eingeleitet von R. Nesselmann. gr. 8. (XCVI und 763 S.) Elbing 858, Neumann-Hartmann. Thlr. *

—— das, der Prophezey(i)ungen. Od. Geschichte u. Apocalypse. Ein Versuch d. Offenbar. Johannis durch Zusammenstellung d. wicht. prophet. Erklärn., unt. einander u. mit d. Gesch., d. allgem. Verständn. näher zu bringen. gr. 8. (18 B.) Stuttgart 830, Brodhag.

— das, aller Prophezeihungen u. Weissagungen der Vergangenheit, Gegenwart u. Zukunft. 4. Aufl., bedeutend verm. u. durch e. Abhandlung üb. die Nähe d. Weltendes durch Remusat, auch durch einen Beitrag Sr. Heiligkeit Pius IX. bereichert. 32. (314 S.) Stuttgart 849, Scheible. 11 ngl

— das, der Psalmen, s.a. Psalmen.

—— d., d. Psalmen übers. v. JF v. Allioli. 16. (153) Münch. 55. (Rgsbg, Pustet.) — 7

—— das, der Psalmen übers. von Jos. Frz. v. Allioli. Abdr. aus dessen Bibelübersetzung, mit abgekürzten Anmerkungen. 10. (153 S.) München 855, Vogel'sche Vrlgsh.

— das, der Psalmen. Aus der Vulgata unter steter Vergleichg. d. Grundtextes übers. u. nach Wort u. Geist erklärt v. Wilh. Karl Reischl. 2 Bde. 8. (LIV, 426 u. 538 S.) Regensburg 873. Manz. n. 8. 40

—— das, der Psalmen, übers. von Jos. Frz. v. Allioli. Besonderer Abdr. aus dessen vom apostol. Stuhl approbirten Bibelübersetzung, mit abgekürzten Anmerkungen und gegenüberstеh. Texte der Vulgata. 16. (516 S.) Regensburg 876, Pustet.

— das, d. Psalmen. A. d. Vulgata unt. steter Vergleichg. d. Grundtextes übers. u. n. Wort u. Geist erkl. v. Wilh. Karl Reischl. 2 Bde. 2. Aufl. 12. (LIV, 534 u. 538 S.) Regensburg 895. Nationale Verlags-Anstalt. n. 4. —

— Das, d. Psalmen. Lateinisch u. deutsch m. erklär. Anmerkgn hrsg. v. Augustin Arndt. (8, 480) 16° Regensbg, F Pustet ('11). — 90: L 1.40 d

— das, der Psalmen, z. allgem. Gebr. andächt. Christ. gr. 8. Wien, Tendler.

— das, d. Psalmen: zum allgem. Gebr. andächt. Christen. gr. 8. Wien, Trattner. 12 gl Schrbp. 16 gl

—— der Räthsel. 1. Hft. 10. (2 B.) Carlsruhe u. Baden 812, Marx. *

— der Reden. Eine reichhalt. Sammlg. ernster u. heiterer Reden, Ansprachen u. Toaste in Poesie u. Prosa. 1.—13. Bd. 8. Mühlhausen i/Th. G. Danner. à n. 1. —

1. Allgemeine Tischreden. Reden u. Toaste bei der Taufe u. Konfirmation, am Weihnachts- u. Sylvesterabend. Von Wilh. Eick. (104 S.) (900.)
2. Verlobung u. Polterabend. Von Wilh. Eick. (72 S.) (900.)
3. Hochzeit. Von Wilh. Eick. (152 S.) (900.)
4. Im frohen Kreise. In Tanz- u. Spielgesellschaften. Bei Ausflügen u. Festlichkeiten im Freien. Zum Geburtstage. Von Wilh. Eick. (107 S.) (900.)
5. Einführungs- u. Abschiedsreden. Eröffnungs-, Einweihungs- u. Schlußreden. Erntefest, Weinlese. Reden bei verschiedenen Anlässen. Von Wilh. Eick. (138 S.) (900).
6. Bei Jubiläen. Zur Silberhochzeit. Zur goldenen Hochzeit. Zur diamantenen Hochzeit. Zur eisernen Hochzeit. Von Wilh. Eick. (72 S.) (900).
7. Reden, humor., Kneip- u. Kommersred., Ulkreden. (80 S.) (900).
8. Karnevals-, Narren- u. Fastnachtsreden. Reden an Herrenabenden. (50 S.) (901).
9. Für Turnvereine. M. Anh.: Im Athleten-Klub. (79 S.) (901).
10. Im Feuerwehr- u. Schützenverein. (85 S.) (901).
11. Hoch, ein, den Damen. (90 S.) (901.)
12. Der Festredner im Gesang-Verein. Von Walt. Runze. (96 S.) (902.)
13. Für Radfahrer-Vereine. In Sport- u. Spielkreisen. Von Walt. Runze. (100 S.) (902).

— d. Reden. Sammlg ernster u. heit. Reden, Ansprachen u. Toaste in Poesie u. Prosa. 3. u. 8—13. Bd. 8° Mühlh. i/Th., G Danner. Je 1 — d

3. Eick, W: Hochzeit. 2. Afl. (152) (05.)
8. Karnevals-, Narren- u. Fastnachtsreden. Reden an Herrenabenden. (50) (01.)
9. Für Turnvereine. Mit Anh.: Im Athleten-Klub. (79) (01.)
10. Im Feuerwehr- u. Schützenver. (85) (01.)
11. Hoch, e., d. Damen. (90) (01.)
12. Runze, W: Der Festredner im Gesangver. (96) (02.)
13. Runze, W: Für Radfahrer-Vereine. In Sport- u. Spielkreisen. (100) (02.)

Buch der Reden. Eine reichhalt. Sammlg. ernster u. heiterer Reden, Ansprachen u. Toaste in Poesie u. Prosa. 3. u. 7. Bd. 8. Mühlhausen i/Th., G. Danner. à n. 1. —

3. Hochzeit. Von Wilh. Eick. 2. Aufl. (152 S.) (905.)
7. Humoristische Reden, Kneip- u. Kommersreden, Ulkreden. 2. Aufl. (80 S.) (906.)

— der Reden. Eine reichhalt. Sammlg. ernster u. heit. Reden, Ansprachen u. Toaste in Poesie u. Prosa. 8, 9, 12 u. 14—16. Bd. 8. Mühlhausen i/Th. G. Danner. à Bd. 1. —

8. Karnevals-, Narren- u. Fastnachtsreden. Reden an Herrenabenden. 2. veränd. u. verm. Aufl. (96 S.) (908).
9. Für Turnvereine. Mit Anh.: Im Athleten-Klub. (80 S.) (908.)
12. Der Festredner im Gesang-Verein. Von Walt. Runze. 2. Aufl. (96 S.) (909.)
14. Für Post-, Eisenbahn- u. Verkehrsbeamte. Von Wilh. Eick. (62 S.) (909.)
15. Für kaufmännische Vereine. Von Wilh. Eick. (61 S.) (909.)
16. Zum Stiftungsfeste. (111 S.) (910.)

—— der Refrain-Lieder. Hrsg. von Ed. Kauffer. 32. (XIII und 312 S.) Grimma 852. [Wurzen,] Verlags-Comptoir.

—— das, vom deutschen Reich. Führer durch Geschichte, Geographie, Statistik, Politik und Volkswirthschaft des Reiches und seiner einzelnen Staaten. Hrsg. von Karl Brämer, Herm. Schwabe und Ad. Schulz. 8. (320 S.) Berlin 872. [Mahlo.]

— das, der Reisen u. Entdeckungen, s.a. Feierstunden, malerische.

—— das, der Reisen und Entdeckungen. Illustr. Bibliothek der Länder- und Völkerkunde. 1. Bd.: Kane, der Nordpol-Fahrer. Arktische Fahrten und Entdeckungen der zweiten Grinnell-Expedition zur Aufsuchung Sir John Franklins in den J. 1853, 1854 und 1855 unter Elisa Kent Kane. Beschrieben von ihm selbst. 6 Hefte. (Malerische Feierstunden. 1. Serie. 2. Abthl. 1. Bd.) gr. 8. (278 S. mit 120 in den Text gedr. Abbild. in Holzschn., 10 Tondrtaf. in Holzschn. und 1 lithogr. und ill. Karte der Nordpolarländer in qu. Fol.) Leipzig 857. 58, Spamer. Subscr.-Pr. (à Heft * 5 Ngr.) • Ladenpr. * 1 Thlr. 10 Ngr.; geb. *

—— das, der Reisen und Entdeckungen. Neue illustr. Bibliothek der Länder- und Völkerkunde zur Erweiterung der Kenntniß der Fremde. Amerika. 1. und 2. Bd. gr. 8. Leipzig 874, Spamer. à Bd. * *M.* 4.; geb. à Bd. *

Inhalt:

Bd. 1. Kane, der Nordpolfahrer. Arktische Fahrten und Entdeckungen der zweiten Grinnell-Expedition zur Aufsuchung Sir John Franklin's in den Jahren 1853, 1854 und 1855 unter Dr. Elisha Kent Kane. Beschrieben von ihm selbst. 5. durchgeseh. Aufl. (VIII, 310 S. mit 120 in den Text gedr. Abbild., 6 Tondr.-Taf. und 1 Karte.)
2. Die Franklin-Expeditionen und ihr Ausgang. Entdeckung der nordwestl. Durchfahrt durch Mac Clure, sowie Auffindung der Ueberreste von Sir John Franklin's Expedition durch Kapit. Sir Leopold M'Clintock. 3. durchgeseh. und verm. Aufl. bis auf die neueste Zeit fortgesetzt. (VIII, 276 S. mit 110 Text-Illustr., 4 Tondr.-Taf., mehren Kartenumrissen sowie 1 lithogr. Karte der nordamerikan. Polarländer in qu. 4.)

Buch, Das, der Religion . . . Leipzig 1850. V: *Noack, Ludwig.* (BrVV) (zu)

—— das, der Religion, oder der religiöse Geist der Menschheit in seiner geschichtl. Entwickelung. Für die Gebildeten des deutschen Volkes dargestellt von einem deutschen Theologen. 2 Thle. gr. 8. (XX und 706 S.) Leipzig 850, Brockhaus.

—— d., d. christl. Religion f. d. Jug. (v. CE Hager). 8. (188) Lpzg 53. (Cob., Sendelbach.) — 7½

—— das, der christlichen Religion für die Jugend in Schule und Haus (von C. E. Hager). gr. 8. (188 S.) Leipzig 853, Wengler.

Das Buch der Religionen oder kurze Darstellung der verschiedenen Religionsformen, des Monotheismus, Deismus, Pantheismus, Atheismus, Heiden- und Judenthum, namentlich aber der christlichen Religion und sämmtlicher christlichen Kirchen, Parteien und Sekten von der ältesten bis auf die neueste Zeit. Berlin, J. U. Kern 1847. VI 242 S. 8.

—— das, der Religionen oder kurze Darstellung der verschiedenen Religionsformen: des Monotheismus, Deismus, Pantheismus, Atheismus, Heiden- und Judenthum, namentlich aber der christl. Religion und sämmtl. christl. Kirchen, Parteien und Sekten von der ältesten bis auf die neueste Zeit. 8. (VI und 242 S.) Breslau 847, Kern.

Buch, Das, der Rezepte und Hausmittel . . . Erfurt [1901]. H: *Laube, Ernst.* (Berl)

Das Buch der Richter [Iudices] der Vulgata und des hebräischen Textes übers. u. erkl. von Dr. B[ernhard] Neteler. *Münster i. W.: Theissing 1900.* (VI, 134 S.) 8° [00. 1296]

— das, der Ritterorden u. Ehrenzeichen. Geschichte, Beschreibung u. Abbild. der Insignien aller Ritterorden 2c. Nebst einer Auswahl der vorzügl. Costüme. 1.—4. Liefg. gr. Lex.-8. (Mit 16 color. Taf.) Brüssel 846, Muquardt's Verl.-Exp. à n. 2/3 ß

— das der Ritterorden u. Ehrenzeichen. Geschichte, Beschreib. u. Abbild. der Insignien aller Ritterorden 2c. Nebst einer Auswahl der vorzügl. Costüme. 5—24. Lfg. Lex. 8. (S. 65—388 in 82 col. Holzschn. Tfln.) Brüssel u. Leipzig 847. 48, Muquardt. à n. 2/3 ß Feine Ausg. à n. 1 ß (cmpl. n. 16 ß — Feine Ausg. n. 24 ß) — 2. bis zum J. 1853 vervollst. Ausg. (In 20 Lfgn.) 1. Lfg. hoch 4. (S. 1—16 m. 4 col. Holzschnitttaf.) Ebd. 852. n. 2/3 ß Prachtausg. n. 1 ß

Das Buch der Ritterorden und Ehrenzeichen. Nebst einer Auswahl der vorzüglichsten Costüme. Brüssel und Leipzig 1848. 4°.

— das, der Ritterorden und Ehrenzeichen. Geschichte, Beschreibung und Abbildungen der Insignien aller Ritterorden, Militair- und Civil-Ehrenzeichen, Medaillen 2c. Nebst einer Auswahl der vorzüglichsten Costüme. 2. bis zum J. 1853 vervollständigte Aufl. 2—26. Liefg. Brüssel (852—55.) Muquardt. Lex.-8. (Text S. 17—423.) Jede Liefg. mit 4 color. Bl. in Holzschn. n. 20 ngr; Prachtausg. n. 1 ß

—— das, der Ritterorden und Ehrenzeichen. Geschichte, Beschreibung und Abbildungen der Insignien aller Ritterorden, Militair- und Civil-Ehrenzeichen, Medaillen 2c. Nebst einer Auswahl der vorzüglichsten Costüme. Neue bis zum J. 1855 fortgesetzte Ausg. hoch 4. (427 S. mit 108 ill. Stnt.) Brüssel und Leipzig 855, Muquardt. *

Prachtausg. *

Buch, Das, der Ritterorden und Ehrenzeichen. Geschichte, Beschreibung und Abbildungen der Insignien aller Ritterorden, Militär- und Civil-Ehrenzeichen, Medaillen etc. Nebst einer Auswahl der vorzüglichsten Costüme. Neue, bis zum Jahre 1855 fortgesetzte Ausgabe. 8. Brüssel, Gent und Leipzig 1856.

—— das rosenrothe. Mährchen u. Erzählungen von Friedr. Oscar. 8. (5 1/4 B.) Erlangen 840, Heyder.

— d. rothe, Unterhaltt. mit d. Jugend. Mit ill. Kpf. 8. Lpz. 807. 3e A. 820. (W. Nauck). 20 gr

— das rothe, Unterhalt. m. d. Jug. 2c. m. ill. K. 8. Leipzia, Sommer. 807.

— das rothe, Unterhaltungen f. d. Jugend, mit illum. K. 16. Leipz. Sommer. 814. geb.

Buch, das rothe, Unterhaltungen mit der Jugend über verschiedene Gegenstände zur Bildung des Herzens und des Verstandes. Mit ill. Kpfrn. v. Geißler. 3te Aufl. gr. 16. Leipzig, Sommersche Buchh. 820. geb.

Das rothe Buch. Chronologische Uebersicht der Ereignisse des Jahres 1848. 3. Aufl. Jena, Fr. Luden 1849. 107 S. 8.

— dass. Chronologische Uebersicht der Ereignisse des J. 1849. 32. (62 S.) Ebd. 850. 3 ngr

— das rothe, inter Archiepiscopalia, enthalt. d. Acta zwischen d. Erzbischöfen, Heer-Meistern u. d. Stadt Riga de Ao. 1158—1489, (v. Melch. Fuchs). A. u. d. T.: Beitrr. zur Liefländ. Geschichte, aus einer neuerlichst gefund. Handschrift herausg. (v. W. Chr. Friebe). 8. Riga 791. Hartknoch in Leipz. 20 gr

— Das sog. „Roto". Kurpfälz. Pfarrer- u. Lehrerverz. a. d. Ausgang d. 16. Jahrh., bearb. v. Jul. Zimmermann, s: Quellen u. Studien z. hess. Schul- u. Universitätsgesch.

— das rote, der Stadt Ulm, hrsg. v. Carl Mollwo, s.a. Geschichtsquellen, württembergische. 8. Bd.

Das rote Buch der Stadt Ulm. Hrsg. von Carl Mollwo. Stuttgart: W. Kohlhammer 1905. (VI, 304 S.) 8°
= Geschichtsquellen, Württembergische. Bd 8. [05. 8.09]

— Ruth, das, s. D. G. Riegler.

§ BUCH von der Sau, Das. (Schmutztitel: Das Buch von der fidelen und traurigen Sau.) Mit 1 Holzschn. München, Braun u. Schneider, o. J. (1881). 8°.
144 SS. Nicht erotisch.

—— das, von der fidelen und traurigen Sau. 2. und 3. Aufl. gr. 8. (141 S. mit eingedr. Holzschn.) München 881, Braun und Schneider. *

Buch, Das, der Schachmeisterpartien. Leipzig
T. 1. Hrsg. von J. Dufresne. 1889
T. 2. Hrsg. von J. Mieses. 1900
T. 3. Hrsg. von J. Mieses. 1906

—— das, des Scharfrichters. Enth.: geschichtliche Missethäter und Gespenstererzählungen aus dem alten Wien bis in die neue Zeit. Aus den hinterlassenen Schriften' des bekannten Antiquars Frz. Gräffer vermehrt hrsg. gr. 16. (VIII und 429 S.) Wien 862, Typographisch-literarisch-artistische Anstalt. *

—- das, des Schicksals, od. der Zauberer im Salon. gr. 8. (3 B. u. 1 Stnt.) Wien 844, Müller.

—— dasselbe. A. u. d. T.: Le livre du destin ou le sorcier des salons. (Deutsch u. Franz.) gr. 8. (5 3/4 B. u. 1. Stnt.) Ebds. 844.

Buch der Schmetterlinge und Raupen. - Leipzig 1869. VIII, 159 S. 4. v. E. Heyne völlig umgearb. Aufl. - 5. Aufl. Halle 1876. - 6. v. Taschenberg umgearb. Aufl. ebd. 1883

Buch, das, der schönsten Schmetterlinge. 62 color. Abbild. in 8 Blättern mit beschreibendem Text über die Schmetterlinge. gr. 4. (9 S. mit 8 color. Holzschntaf.) Halle 874, Schwetschke's Separat-Conto. cart. *

— das, der schönsten Schmetterlinge. 62 color. Abbildgn. in 8 Blättern m. beschreib. Text üb. die Schmetterlinge. gr 4. (9 S. m. 8 color. Holzschntaf.) Halle 875. Schwetschke's Sep.-Cto. n. 2. 50

— d. schöne, oder naturhistor. Blätter, mit 20 Kpf. Fol. Ulm, Jak. Ebner. 1 ß 14 gr

—— das schönste, für artige Kinder. Ein A-B-C- und Lesebuch mit 16 Bildern. 8. (16 S. und 8 Stnt.) Wesel 849, Bagel.

— das schönste, für's artige Kind. Leporello-Album. Mit ca. 200 Fig. auf 14 Farbdr.-Taf. qu. 4. Stuttgart 890. Loewe. 2. 50

— d., f. Schüler. 8. Halberst. (Sommer, Leipz.) 783.

Buch, Das, f. Schüler oder Leitfaden ... bei d. Unterrichte in d. Naturlehre, Chemie, Astronomie.
s.a. Baumgarten, Joh. Christoph Friedr.

Buch, Das, für Schüler oder Leitfaden für Schüler in Bürgerschulen beim Unterricht in der Naturlehre, Chemie ... Leipzig 1822. V: *Baumgarten, Joh. Chph Frdr.* (Verlags-Katalog von J. A. Barth. Leipzig 1880. S. 18.)

— das, für Schüler, oder Leitfaden f. Schüler in Bürgerschulen bei dem Unterricht in d. Naturlehre, Chemie, Astronomie 2c. 8. Leipzig 822, Barth. Rthlr.

— d., für Schüler, zur Belehrung u. Unterricht, (v. Jh. Fr. Hildebrand). 8. Halberst. 783. (W. Nauck in Leipz.) 6 gr

Buch, Das, für Schüler zur Belehrung und Unterricht. Halberstadt 1785. V: *Hildebrand, Johann Friedrich.* (MGT) »1783« (KY)

— d. schwarze, oder Gallerie vorzügl. merkwürd. Criminalgeschichten. 1r Bd, 1s—3s Hft. 8. Rothenb. 820—23. Hoch. (Drechsler in Heilbr.) 1 ꝛß 18 ꝗ

—— das schwarze, od. d. enthüllte geheime Polizei d. französ. Ministeriums. A. d. Franz. 2 Bde. gr. 8. (44¼ B.) Stuttgart 829, [Brodhag.]

Buch, Das Schwarze, oder die enthüllte Propaganda Belgiens. Aus d. Französ. von G. F. H. R. Altenburg 1838. V: *Beeckman.* Ü: *Rheinwald, Georg Frdr. Heinr.* (Hauptkat. d. Univ.-Bibl. Tübingen. F. Nachtr. 11.)

— das schwarze, oder d. enthüllte Propaganda Belgiens. Aus d. Franz. Mit einleitend. Bemerkk. von G. F. H Rheinwald. 8. Altenburg 838. Pierer. 1 ꝛß

—— das schwarze. Verbrecher-Gallerie oder glaubwürdige Darstellung verbrecher. Handlungen berüchtigter Menschen, Raub-, Mord-, Diebes- und Gaunergeschichten ꝛc. Bearb. und zusammengestellt von mehreren beliebten Schriftstellern. Hrsg. von H. G. Münchmeyer. 2. Aufl. 32 Lfgn. gr. 4. (520 S. mit 32 color. Stnt.) Dresden 868, Gebr. Münchmeyer. à Lfg. 30 Pf.

—— das schwarze. Bibliothek ausgewählter Orig.-Romane, Novellen, Erzählungen aus der Criminalgeschichte der Vor- und Neu-Zeit, sowie sociale Sitten-Gemälde und Bilder aus dem Leben aller Schichten der Bevölkerung. 1.—4. Bd. Mit Bildern in Oelfarbendr. nach Zeichnungen von E. Sachse und J. Schmelzer. gr. 4. Dresden, Münchmeyer. [1. Bd. (52 Bog. und 26 Bilder-Beil.) 871,72. ℳ 5,20.; 2. Bd. (64 Bog. und 32 Bilder-Beil.) 873,74. ℳ 6,40.; 3. Bd. (60 Bog. und 30 Bilder-Beil.) 875,76. ℳ 6.; 4. Bd. (110 Bog. und 55 Bilder-Beil.) 877—79. ℳ 11.]

Buch, Das schwarze, des französischen Kaiserhofes. Eine Darstellung und Beleuchtung der Handlungen und Verbrechen, welche durch Napoleon und seine Gehülfen verübt worden sind. 8. Dublin 1814.

— das schwarze, des franz. Kaiserhofs, 2te Aufl. 8. Quedlinb. Basse. 814.

— d. schwarze des französ. Kaiserhofes. Eine Darstell. d. Beleuchtung d. Handlungen ꝛc. 3e verm. u. verb. Aufl. 8. Quedlinb. 816. Basse. 1 ꝛß 4 ꝗ

—— das schwarze, der aufgelösten preuß. National-Versammlung. Ein Warnungsspiegel für preuß. Wahlmänner. 32. (63 S.) Berlin 848, Decker'sche geheime Ober-Hofbuchdr.

BUCH, Das schwarze, vom Teufel. Hexen, Gespenstern, Zauberern und Gaunern etc. Dem Ende des philosophischen Jahrhunderts gewidmet. Leipzig 1796. 8°. Rarl VIII—198 S. (6 Mk. Hugo Streisand, Berlin, 1908.)

— d. schwarze, v. Teufel ꝛc. 8. Leipz. Böhme. 796.

— d. schwarze, v. Teufel, Hexen u. Gespenstern ꝛc. 8. Leipz. 796. (Enobloch). 16 ꝗ

Buch, Schwert und Hammer. [Erz.]: Wahrheit. Ztschr. Prag 1818. (Titelausg.: Blüthenkranz. Berlin u. Leipzig 1821. Bd. 3, S. 155/82.) V: ***Kind, Friedr.*** Unter dessen Namen in: Beckers Taschb. z. ges. Vergn. f. 1818, S. 163/210. Dann in Kinds »Erzählungen und kleine Romane«. Leipzig 1 (1820). S. 175/230. (DARP)

—— das, der Seelensympathie. Album f. Liebende aller Stände, zarte Gefühle gegenseitig auszutauschen. 8. (10½ B.) Döbeln 840, Dittmann.

—— das, der Seelensympathie. Album für Liebende aller Stände, zarte Gefühle gegenseitig auszutauschen. 2. (Titel-) Aufl. 8. (168 S.) Döbeln 847, Dittmann.

Buch, Das sinnreiche, oder Charaden, Räthsel und Logogryphen auf alle Tage im Jahre. Leipzig o. J. 2. Aufl. 1812. V: *Hell, Th.* (= *Carl Gottlieb Theodor Winkler.*) (Mitth. Fr. Müller. Kiel.)

— das sinnreiche, od. Räthsel, Charaden u. Logogryphen auf alle Tage im Jahre. 8. Leipz. Gerh. Fleischer. 812.

— d. sinnreiche, oder Räthsel, Charaden u. Logogryphen auf alle Tage im Jahre. 8. Leipz. ... 2e Ausg. mit 1 Titelkpf. 812. Gr. Fleischer. 16 ꝗ

Buch der Sinnsprüche; eine Concordanz poetischer Sinnsprüche des Morgen- und Abendlandes . . . Leipzig 1853. V: *Koner, Wilh.* (Cat. d. Stadtbibl. Zürich. Zürich 1864—97.) (TÜBZ 1, 10)

—— der Sinnsprüche. Eine Concordanz poet. Sinnsprüche des Morgen- und Abendlandes gesammelt von W. K. Mit einem Vorwort von W. Wackernagel. 8. (VIII und 344 S.) Leipzig 853, G. Mayer. *

—— der Sinnsprüche. Eine Concordanz poet. Sinnsprüche des Morgen- und Abendlandes gesammelt von W. K. Mit einem Vorwort von W. Wackernagel. Neue (Titel-)Ausg. 8. (VIII und 344 S.) Altona (853)63, [Haendcke und Lehmkuhl.] geb. mit Goldschn. *

—— der Sinnsprüche. Poetische Sinnsprüche d. Morgen- u. Abendlandes, gesammelt v. W. K. Mit e. Vorwort v. W. Wackernagel. (Neue Titel-Ausg.) 12. (VIII, 344 S.) Lpz. 891, Th. Knaur. geb. in Leinw. m. Goldschn. * 1 50

— d. Sinnsprüche. Poet. Sinnsprüche d. Morgen- u. Abendlandes, ges. v. W K. (Neue Asg.) 12° (344) Lpzg 91. (Berl., M Neufeld Nf.) Geb. in Lnw. m. G. 1.50

BUCH, Das sittsame. Verschämte Anekdoten u. züchtige Scherze. Im grossen Zeitalter der Lex-Heinze gesammelt. Von einem Unverdorbenen. Budapest, Grimm, 1901. 8°. 96 S. (Mk. 2.—) (1 Mk. Friedr. Klüber, 1905.)

—— des Sohnes erstes, ein Buchstabir- u. Lesebuch. 16. (2 B. u. 8 col. Abbild.) Berlin 842, Hasselberg'sche Vrlsh.

—— der Sonette. Album neuerer deutscher Sonette. Hrsg. von Ed. Kauffer. 32. (XX und 289 S.) Grimma 852. [Wurzen,] Verlags-Comptoir.

— ein, von der Sorge für's Seelenheil. Aus dem Französ. von P. Pius Zingerle. 12. Innsbruck 1854. Rauch. ⅓ Thlr. — 48 kr.

— ein, von guter Speise, s.a. Bibliothek d. litterar. Vereins in Stuttgart. 9.

Buch, Ein, von guter Speise. Stuttgart 1844. H: *Schmeller, Johann Andreas.* (AarK)

Spemanns goldenes **Buch** der Gesundheit. Eine Hauskunde f. Jedermann. Hrsg. unter Mitw. von Dr. [Albert] Albu [u. a.]. *Berlin & Stuttgart: W. Spemann 1904.* (390 Bl.) 8°
— **Hauskunde,** Spemanns. 6. [04. 8818

Buch. Spemanns goldenes B' vom Eignen Heim. Eine Hauskunde für Jedermann. Hrg. unter Mitwirkung von Felix Becker, Adolf Brüning, ... (André) Lambert & (Eduard) Stahl, ... Wilhelm Freiherr v. Tettau u. A. [Mit Illustrationen und Porträts.] [VIII + 760 + 16 S.] 8. Berlin & Stuttgart, W. Spemann, 1905. (geb. M. 6. —)
Spemanns Hauskunde. ... VII. Das Goldene Buch vom E' H'.
Darin Nro. 14—94, Der moderne Hausbau [78 S.], *u. Nro. 108—121,* Die innere Einrichtung des Hauses [27 S.], *u. Nro. 220—231,* Gartenarchitektur [40 S.] von (André) Lambert & (Eduard) Stahl. — *Nro. 434—729:* Deutsche [und Schweizer] Baukünstler der Gegenwart (biograph. Lexikon) [75 S.].

Spemanns goldenes **Buch** der Kunst. Eine Hauskunde f. Jedermann. Hrsg. unter Mitw. von Dr. F(elix) Becker [u. a.]. *Berlin & Stuttgart: W. Spemann 1900.* (430 Bl.) 8° [F.]
— **Hauskunde,** Spemanns. 2. [01. 4387

Spemanns goldenes **Buch** der Musik. Eine Hauskunde f. Jedermann. Hrsg. unter Mitw. von Dr. Karl Grunsky [u. a.]. *Berlin & Stuttgart: W. Spemann 1900.* (410 Bl.) 8° [F.]
— [**Hauskunde,** Spemanns. 1.] [01. 4326

Spemanns goldenes **Buch** des Theaters. Eine Hauskunde f. Jedermann. Hrsg. unter Mitw. von Prof. Dr. Rudolph Genée [u. a.] *Berlin & Stuttgart: W. Spemann 1902.* (384 Bl.) 8° [F.]
— **Hauskunde,** Spemanns. 5. [02. 3409

Spemanns goldenes **Buch** der Weltlitteratur. Eine Hauskunde f. Jedermann. Hrsg. unter Mitw. von Eduard Bertz [u. a.]. *Berlin & Stuttgart: W. Spemann 1901.* (459 Bl.) 8° [F.]
— **Hauskunde,** Spemanns. 3. [01. 4318

—— **das, der Sprüche Salomo's, s. Gramberg, C. P. W.**

—— das, vom Staate, für den Bürger und Bauer. gr. 8. (VIII, 66 S.) Berlin 870, Langmann und Comp. [Vereinsbuchh. für Volksliteratur.] *

BUCH, Das, für Stubenmädchen, worinnen alle Pflichten derselben deutlich vorgetragen werden. Mit 1 illum. Abbildung. Wien 1795. 8°. (1 fl. 20 xr. J. Eisenstein & Co., Wien, c. 1892.)
Karajan's Bibl. II. no. 4157.

— b., für Stubenmädchen. 8. Wien 795. Schönfeld. 12 kr

Buch, Das, für Stubenmädchen worinnen alle Pflichten derselben sowohl in Bezug auf Sitten als in A(n)sehung des Dienstes beim Ankleiden, Auskleiden, Frühstücken, Frissiren, Tafeldienst, auf Reise und überhaupt in allen weiblichen Dienstgeschäften deutlich vorgetragen; dann ein Unterricht in verschiedenen einem Stubenmädchen namentlich nothwendigen Künsten gegeben wird. Mit 1 handcolor Titelkpfr. (ein Wiener Stubenmädchen vorstellend). Wien und Prag, in der v. Schönfeldischen Handlung. 1795. 8°.
Karaian's Bibl. II. no. 4157; Gugitz p. 149—50.

—— das, des Sudan, oder Reisen des Scheich Zain el Abidin in Nigritien. Aus dem Türk. übers. von Geo. Rosen. gr. 8. (VIII und 110 S.) Leipzig 847, Vogel.

—— das, der Sympathie, od. die enthüllten Zauberkräfte u. Geheimnisse d. Natur. Von einem alten Schäfer. 12. (4 B.) Ulm 845. [Aborf, Müller.]

— das, der Sympathie, oder die enthüllten Zauberkräfte u. Geheimnisse der Natur. Von einem alten Schäfer. 12. Ulm 843, Seitz. 1/6 Rthl

—— das, der Sympathie oder die enthüllten Zauberkräfte und Geheimnisse der Natur. Enth. einige hundert bisher unbekannter und erprobter Heilmittel, Wunder rc. in dem Gebiete der Sympathie, Magie, Haus- und Landwirthschaft. 4. Aufl. 8. (77 S.) Leipzig 849, Klinkhardt.

Buch, das, der Sympathie u. Wahrsagerei, s.a. Zarobabel.

Das Buch der Sympathie und Wahrsagerei von dem Zigeuner Zorobabel, mit Holzschn. Leipz. 8.

— das, der Synhados. Nach e. Handschrift d. Museo Borgiano übers. u. erläutert v. Osc. Braun. gr. 8. (405 S.) Stuttgart 900. München, J. Roth. n. 8. —

Das Buch der Synhados. Nach einer Handschrift des museo borgiano. Übersetzt und erläutert von Dr. Oscar Braun. Stuttgart und Wien. 1900. Roth. Gr.-8°. 405 S. K 9.60

—— Tausendschön, das. 4. (26 K.) Ebd. 55. — 22½

—— Tausendschön, d. N. Afl. 4. (20 L.) Berl. 74, Winckelmann u. S. 2. 50

— b., Thorakaym, oder entdecktes Geheimniß des Kaffeegießens. Mit 32 Karten. 12. Leipz. 795. (Knobloch). 16 gr

[Buch, Das, ohne Titel.] Quantum est in rebus inane! Persius. O. O. [Hamburg] 1746. V: *Schlegel, Joh. Elias & Joh. Adolf Schlegel.* (VLBS IV, 384.)

— b., ohne Titel, besteh. in Oden rc. 8. Hamb. Bohn. 746.

— b., ohne Titel. 8. Braunschw. 801. Reichardt. 1 Rthl 9 gr

— b., ohne Titel. Wer lachen will, der lese es. Mit 1 ill. Karikatur. 8. Quedlinb. 824. Basse. 20 gr

— b., ohne Titel u. Bildchen. 2 Thle. 8. Coburg, Ahl. 801.

— b., ohne Titel u. Bildchen. 2 Thle. 8. Kob. 801. (Riemann). 16 gr

BUCH ohne Titel und Bildchen. 2 Theile. O. O. 1802. 8°. (⅔ Rthl. Scheible, 1868.)

Buch, Das, ohne Titel in Versen. Scherzfeld [Hamburg] 1765. V: *Kritzinger, Friedrich Adolph.* (Wr)

Buch, Das, ohne Titel in Versen. Scherzfeld [Leipzig] 1765. V: *Kritzinger, Friedrich Adolph.* (BGE I^3, 488) Vgl. I, 8279.

—— ein, der Toaste, Fest- und Tisch-Reden in Versen, je nach ihren charakterist. Verschiedenheiten zur leichtern Auswahl geordnet. 2. verm. und verb. Aufl. 8. (IV, 184 S.) Weimar 872, B. F. Voigt.

—— ein, d. Toaste, Fest- u. Tisch-Reden in Versen. 2. Afl. 8. (184) Weim. 74, BF Voigt. 1. 50

—— das, Tobias, metrisch übers. von Ernst Ranke. 12. (52 S.) Bayreuth 847, (Buchner'sche Buchh.) *

—— der Tochter erstes, ein Buchstabir- u. Lesebuch. M. 8 col. Kpfrst. 16. (3 B.) Berlin 811, Hasselberg'sche Vrlsb.

—— das tolle, von Jul. Lohmeyer u. A., illustrirt von R. A. Jaumann. gr. 4. (48 Chromolithogr. mit eingedr. Texte.) Leipzig 885, Meißner und Buch. geb. *

— zum Todtlachen, od. e. Million Dummheiten, s. Volksbibliothek, deutsche.

—— das, zum Todtlachen, od. Samml. witziger Einfälle rc. 8. ... München ... [Jaquet.] 12 Cr.

Das Buch zum Todtlachen. [illegible] und [illegible] Anekdoten für [illegible] Gesammelt und herausgegeben von Dr. G. [illegible] [illegible] Reutlingen. Druck und Verlag von Rob. Bardtenschl[illegible] ([illegible] Sen. [illegible])

— d. z. Todlachen. 8. Halle, Dreyßig. 801.

Das Buch zum Todlachen [illegible] Erzählungen [illegible]
Ränke und Schwänke [illegible] Altersklassen. [illegible]
[illegible]
Bändchen. [illegible] Kurtz, 18[illegible]
[illegible]
[illegible]
Eine andere Ausg. [illegible]
[illegible] der Kurtz'sch[illegible] Buchhandl[illegible]

[illegible]

[illegible]

Das Buch zum Todlachen [illegible] Erzählungen lustiger
Ränke und Schwänke für [illegible]
[illegible]
Bändchen. [illegible] Kurtz'schen Buchhandlung
18[illegible]
[illegible] 93
[illegible]

—— **zum Todlachen** oder Figaro als Erzähler von lustigen Ränken und Schwänken für Jung und Alt. 12. (72 S. mit eingedr. Holzschn.) Augsburg 850, Jaquet's Verlagsh.

—— **zum Todlachen** oder Figaro als Erzähler von lustigen Ränken und Schwänken für Jung und Alt. Mit Holzschn. geziert. 2. Aufl. 12. (72 S. mit eingedr. Holzschn) Augsburg 860, Jaquet.

— das, zum Todtlachen, oder Humor, Witz, Schnaken u. Schnurren, aufgejagt von einigen Berliner, Hamburger u. Wiener Spaßvögeln von jeder Farbe u. Geschlecht. 865. (80 S.) 4 ngr — (Neue Ausg.) Mügeln 868. (Leipzig, Senf.) 16. (72 S.) 5 ngr

—— dass. — 16. (72 S.) Ebendas. 867.

—— das, **zum Todtlachen**, oder: Humor, Witz, Schnaken und Schnurren, aufgejagt von einigen Berliner, Hamburger und Wiener Spaßvögeln von jeder Farbe und Geschlecht. 16. (72 S.) Mügeln 871. (Leipzig, Senf.)

—— das, **zum Todtlachen**, oder allerhand Humor, Witz, Schnaken und Schnurren, aufgejagt von Berliner, Wiener und Hamburger Spaßvögeln, von jeder Farbe und Geschlecht. gr. 16. (71 S.) Mügeln 878. (Leipzig, G. Senf.)

—— das, **zum Todtlachen**. Enthaltend: Witze, Schnurren, Anekdoten, Ränke und Schwänke. 2. Bd. 12. (80 S. mit vielen Illustr.) Chemnitz 886, Hager.
1. Bd. Ebendas. 60 Pf.

—— das, der **Träume**. 1.—10. Aufl. 16. (52 S.) Dresden 874—78, Kaufmann.

—— das, der **Träume**. Auszug aus dem „großen egypt. Traumbuch" mit Bildern als wohlf. Ausg. [II.] 11.—13. verb. Aufl. 12. (63 S.) Dresden 879—83, Kaufmann's Verlag.

—— der **Umgangssprache**: deutsch, englisch, italienisch, franz. Eine Samml. von Wörtern, Gesprächen, Redensarten rc. Zum Gebr. f. Reisende u. zum Selbstunterr. gr. 16. (27 B.) Stuttgart 843, Schweizerbart'sche Buchh.

— das, der **Unterhaltung**. Eine Sammlg. der schönsten Novellen u. Erzählgn. zur Erheiterg. f. Jedermann. 8. (96 S. m. Abbildgn.) Wien 893. (Leipzig, Litterarische Anstalt, A. Schulze.) n. — 40

Buch, das, d. angenehmen **Unterhaltung** u. nützl. Belehrung f. d. J. 1842—1846. 8. (à 8 B. u. z. Thl. m. Stnt. u. Holzschn.) Neuhaldensleben u. Gardelegen, Eyraud. à 3. Thlr. *
Aus d. Volkskalender für 1841—46, besond. abgedruckt.

—— das, der angenehmen **Unterhaltung** und nützl. Belehrung für das Jahr 1847—51. 8. Neuhaldensleben, Eyraud. [1847. (127 S. mit Stnt. und Holzschn.) 48. (125 S.) 49. (128 S. mit 2 Stnt.) 50. (80 S.) 51. (125 S. mit 2 Stnt. in Tondr.) Jahrg. 1847—49. à 5 Ngr., 850 und 51 à 3 Ngr.]

— d., der geistreichen Unterhaltung, s. Handbuch, unterhalt. u. [illegible]

—— Veilchenblau, d., m. 29 Bildern u. kl. Ged. 4. Berl. 58, Winckelmann u. S. — 22½

— d., der **Vereinigung**, (v. G. L. Masius). 8. Leipz. 785. Masius. 1 ℛ 6 g

—— das **verfluchte**. Zur Geschichte pfaff. Despotie mit religiöser Wollust. 8. (63 S.) Berlin 878, Exped. der Gasthaus-Zeitung.

—— das, der **Vergangenheit** enthüllt vor d. Blicken d. Gegenwart, od. tägl. Unterhalt. in Erinnerungen an merkwürd. Tagsbegebenheiten u. Naturereignisse vergang. Jahre rc. Jan. bis Dec. 4 Hfte. 8. (55 B.) München 836, [Kgl. Hofbuchh.] *
Vgl. Kaler, v., Tagebuch, mit dem es gleichen Inhalt hat.

— das, der Vergangenheit, enthüllt vor den Blicken der Gegenwart, od. tägl. Unterhaltung in Erinnerungen an merkwürd. Tagesbegebenheiten u. Natureraign. vergang. Jahre rc. Januar bis Decbr. 4 Hfte. 8. München 836. Weber'sche B. (Bayer.) 3 ℛ (NB. Ist mit „Kahler, was ist heute geschehen?" gleichen Inhalts. Vergl. J. F. X. Kahler.)

—— das **verrückte**. Das reizendste Geduldspiel der Gegenwart. Lex. 8. (24 S.) Berl. 891, Friedrichs u. Comp. * — 50

— d. **verrückte**. Das reizendste Geduldsspiel d. Gegenwart. 8° (24) Berl. 91, A Weichert. — 50
Vergriffen.

— das **verrückte**, v. X. Y. gr. 16. (40 S.) Hamburg 897. C. Meissel. — 60

—— das siebenmal versiegelte, der größten Geheimnisse oder magisch-sympathet. Hausschatz in bewährten Mitteln wider viele Krankheiten und Gebrechen des Leibes; nebst wundersamen Geheimnissen zu Erreichung der verschiedenartigsten Zwecke. 8. (VIII und 196 S.) Baltimore 865. (Stuttgart, Fischhaber.) *

— vollständ. u. brauchbares, von verzogenen Buchstaben, z. Bezeichnung d. Namen mit allen mögl. Veränderungen nach d. Alphabete geordnet rc. Fol. Wien 808. Rehm. 3 ℛ

— das, zum Vorlesen. 6 heitere Romane v. L. Schücking, O. Girndt, H. Stökl, B. W. Zell u. M. v. Schlägel. gr. 16. (IV, 283 S.) Berlin 893. A. Goldschmidt. Geb. in Leinw. n. 3. —

— d., der **Wahrheiten**, oder Bestimmung d. Ursachen d. französ. Revolution. Aus d. Französ. (v. K. F. C. Wagner). 8. Braunschw. 795. Meyer. 8 g

Buch, das, der Wahr- u. Weissagungen. Zusammenstellg. aller wichtigen Prophezeiungen der Vergangenheit u. Gegenwart, nebst d. Ablaßgebete Pius IX. gr. 8. (215 S.) Regensburg 849, Manz. 1/12 ℛ

— das, der **Wahr- u. Weissagungen**. Eine vollständige Sammlung aus den Schriften aller wichtigen Propheten u. Seher der Gegenwart u. Vergangenheit, namentlich aus jenen v. Ailly, Bischof Müller, Peter Turrel rc. m. Wahrsagungen über Jerusalem, Tyrol, über das Ende der Welt rc. nebst auffallenden Vergleichungen u. eigenthüml. Berechnungen. 2. vollkommen umgearb. u. vielfach verm. u. verb. Aufl. 2 Bde. A. u. d. T.: Kann es Prophezeiungen geben? Gibt es Prophezeiungen? Welche gibt es? Mit vollständ. Erklärungen aller bisher bekannten [illegible] vieler bisher noch [illegible] gedruckten Wahr- u. Weissagungen [illegible] wichtigsten Seher. [illegible] Bde. (XVI u. 5[illegible]) [illegible] ℛ

Buch, Das, der Wahr- und Weissagungen . . . 2. Aufl. Regensburg 1854.
V: *Truelle, Joh. Nep.* (Ky)

—— das, der **Wahr- und Weissagungen**. Zusammenstellung aller wichtigen Prophezeiungen der Vergangenheit u. Gegenwart. 2., vielfach verm. und verb. Aufl. A. u. d. T.: Welches sind die bedeutendsten und wichtigsten Prophezeiungen auf unsere nächste Zukunft? Mit Erklärungen und Biographien der einzelnen Seher. Ein Auszug aus dem Werke: „Kann es Prophezeiungen geben? rc." gr. 8. (VI [illegible]) [illegible]

—— das, der Wahr- und Weissagungen. Eine Zusammenstellung der wichtigsten Prophezeiungen und prophet. Gesichte aus alter und neuer Zeit, sowie verschiedener vielfach als Prophezeiungen gelt. Voraussagungen über die Schicksale der Kirche und der Völker, über die Ankunft des Antichrist und das Ende der Welt. Mit krit. und erläut. Bemerkungen. 3. gänzlich umgearb. Aufl. gr. 8. (XX, 291 S.) Regensburg 881, Manz.

Das Buch der Wahr- u. Weissagungen. Eine Zusammenstellung der wichtigsten Prophezeiungen u. prophetischen Gesichte aus alter u. neuer Zeit, sowie verschiedener vielfach als Prophezeiungen geltender Voraussagungen über die Schicksale der Kirche u. Völker, über die Ankunft des Antichrists u. das Ende der Welt. Mit kritischen u. erläuternden Bemerkungen. Regensburg, Verlagsanst., 1884, 3. gänzlich umgearb. Aufl., gr. 8°, XX, 291 S., 3,30 Mk.
1. Aufl. 1849.

—— das, der Wahr- und Weissagungen. Zusammenstellung aller wicht. Prophezeiungen der Vergangenheit und Gegenwart. Namentlich von Simon Speer: Weissagungen über Bayern. H. Malachias. H. Cäsarius oder Johann v. Batiguerro. Hermann v. Lehnin rc. 3. vielfach verm. und verb. (Titel-)Aufl. gr. 8. (VI, 226 S.) Regensburg (859) 886, Verlags-Anstalt.

—— das, für feine Wäsche, oder: das Reinigen in Sammt, Seide, Spitzen und anderen Stoffen von Fett, Oel, Butter rc., nebst Anh.: der Keller, oder alle Arten Obst und Gartenfrüchte auf eine schmackhafte Weise einzulegen und vor Fäulniß zu schützen. 16. (72 S.) Mügeln 872. (Leipzig, Senf.)

Das Buch von den zwei Wegen des seligen Toten (Zweiwegebuch). Texte aus d. Pyramidenzeit nach einem im Berliner Mus. bewahrten Sargboden d. mittleren Reiches hrsg. von H. Schack-Schackenburg. Th. 1. *Leipzig: J. C. Hinrichs 1903.* 2° [illegible]

— d., f. Weiber. 8. Altenb. (Academ. Handl. in Jena.) 784.

— d., für Weiber. 8. Altenb. 784. (Henninge in Neisse). 12 gr.

BUCH, Das, für Weiber. Altenburg 1785. 8°. (1/4 Rthl.) Cat. bibl. Wittwer. II. 1. p. 153. Heinsius' B. Lex. hat „1784".

Buch, Ein, für die lange Weile. Bernb. 1771. V: *Trinius, Johann Anton.* (Ky)

— ein, für d. lange Weile. 1r Thl. 8. Bernb. 771. Cörner. 6 gr.

BUCH, Das, der Weisen und Narren, oder kluge und einfältige reden und antworten (sol), Leipzig, Fritsch, 1705. Kl. 8°. (In Warmbrunn.)

Das Buch der [illegible], oder [illegible] und einfältige reden und antworten, welche von leuten aus alle[illegible] bey verschiedenen [illegible], entweder im ernst oder aus schertz, vorgebracht [illegible]. Leipzig bey [illegible], 1705.

—— der Weisheit, s. Unterhaltungsbibliothek.

—— das, der Weisheit. Uebersetzt und erklärt von J. P. Schmid. Lex.-8. (VI und 428 S.) Wien 858, Mayer und Comp.

—— der Weisheit. Dumme Blätter zur Belehrung, Erbauung und Beförderung einer guten Verdauung. 8. (117 S. mit eingedr. Holzschn.) Wien 862, Markgraf und Müller. *

Buch, Das, der Weissheit aus dem Grund-Text aufs neue übersetzt ... Halle 1705. V: (Anmerk.) *Antonius, Paul.* Ü: *Arnoldus, Godofredus.* (My)

Buch, Das, der Weisheit Salomonis. Uebers. mit Anmerkungen und Erklärungen. Halle 1705. Ü: *Arnold, Gfr.* (Verz. der von Meusebachschen Bibl. Berlin 1855. S. 122.)

Buch der Weisheit für die Schönen. Von Carol. Luise Berger. Berlin 1815. V: *Flittner, Christian Gottfried.* (BGE)

Buch der Weisheit für die Schönheit. Eine Belehrung über Schmuck ... Berlin 1801. V: *Flittner, Chn Gtfr.* (MGT)

—— das, der Weisheit in Sprüchen und Lehren. Festgeschenk für die Jugend. 2., stark verm. Aufl. 32. (VI und 187 S.) Tübingen 819, Verlag christl. Schriften.

— d., der Weisheit u. Tugend, oder d. Verfassung d. menschl. Lebens; aus d. Engl. 12. Straßb. 770. König. 8 gr.

— d., d. Weisheit u. Tugend; nebst kurzem Anh. moral. Gedichte. Wien 776. Gerold, (Barth in Leipz.) 8 gr.

— d., der Weisheit u. Tugend, e. Lesebuch f. Jünglinge von 10—20 Jahren. (Von J. M. G. Beseke.) 8. Dessau 782. (Leipz., Kummer). 1 rℓ 2e A. (nur neues Titelbl.) 8. Berl., Schöne. 1 rℓ 4 gr.

Buch, Das, der Weisheit und Tugend ... Dessau 1783. V: *Besecke, Johann Melchior Gottlieb.* (Ky) (MGT)

— d. Weish. u. Tugend e. Leseb. f. Jüngl. rc. 6 Thle. 8. Dessau. (Schöne, Berl.) 783.

— d., der Weisheit u. Tugend. 8. Wien 793. (N. Aufl.) 800. v. Mößle. 8 gr.

— das, der Weissagung für Damen. Ein zur gesell. Unterhaltung. 8. Weimar 836. Voigt. 1/4 rℓ

(Das Buch der Weissagungen für Damen. Neu. Weim. 836. 8. ib. 837. 8.

—— das, der Weissagung f. Damen. Ein Beitr. z. geselligen Unterhaltung. Neue Ausg. 8. (6 B.) Weimar 843, Voigt.

Buch, Das weisse, für die Juden, nicht blos in Hamburg. Von F. Christiano. Kiel 1844. V: *Feldmann, Christian.* (Litteraturbl. des Orients. 1844. Nr. 7, S. 98.)

—— das, der Welt, ein Inbegriff d. Wissenswürdigsten u. Unterhaltendsten aus d. Gebieten d. Naturgeschichte, Naturlehre, Länder- u. Völkerkunde, Weltgeschichte u. Götterlehre rc. 1—5. Jahrg. 1842—46. à 12 Lfgn. gr. 4. (à J. 48 B. u. circa à 30 color. u. 12—15 schwarze Stnt.) Stuttgart, Hoffmann'sche Vrlgsbuchh. à Lfg. 10 Ngr. à J. 4 Thlr.

—— das, der Welt; deutsches Familien-Buch für alle Stände. 6—10. Jahrg. 1847—51. à Jahrg. 12 Lfgn. gr. 4. (à Jahrg. ca. 380 S., 12 bis 15 Stahlst. und 35 bis 45 ill. Stnt.) Stuttgart, Hoffmann'sche Vrlgsb. (à Lfg. 10 Ngr.) à Jahrg.
1—5. Jahrg. Ebendas. 1842—46. à Jahrg. 4 Thlr.

Das Buch der Welt [illegible]
[illegible]
Philadelphia, PA

—— das, der Welt; ein deutsches Familienbuch für alle Stände. (1—3.) Jahrg. 1852—54. à Jahrg. 12 Lfgn. gr. 4. Stuttgart, Hoffmann'sche Vrlgsb. [à Jahrg. IV und 380 S. mit 12 Stahlst. und 36 ill. Stnt.] (à Lfg. * 10 Ngr.) à Jahrg. *

— daſſ. — (4. und 5.) Jahrg. 1855. und Jahrg. 1856. à Jahrg. 12 Lfgn. (à Jahrg. IV und 380 S. mit 12 Stahlſt. und 36 ill. Stnt.) gr. 4. Ebdſ. à Jahrg. *

— das, der Welt, ein deutſches Familienbuch für alle Stände. Jahrg. 1857—62. à Jahrg. 12 Lfgn. (à Lfg. 32 S. mit eingedr. Holzſchn., 1 Stahlſt. und 3 ill. Stnt.) gr. 4. Stuttgart, Hoffmann'ſche Verlagsbuchh. à Lfg. 10 Ngr. à Jahrg.

Das BUCH DER WELT, ein Inbegriff des Wissenswürdigsten und Unterhaltendsten . . . etc. Stuttgart, J. Hoffmann, 1861. M. vielen prachtvollen farb. Tafeln (handkolor. Lithogr. oder Holzschnitte) u. mehreren Stahlstichtafeln. Größeres Quartformat. Hlwd. d. Z. 30.—

Interess. Jahrgang dieser sehr beliebten u. gesuchten Serie. Besonders wichtig sind die hervorrag. kolor. Tafeln von Tieren, Pflanzen, Ansichten, Trachten usf. — Hie u. da leicht fleckig, 1 Tafel fehlt.

Das Buch der Welt.

Monthly. Sub-title: Ein Familienbuch für alle Stände. Quarto, each issue 32 pages; each "Lieferung" has one steel engraving & 3 color plates; one large steel engraving with each subscription. Published by Joseph Wieck. Adv. in ILLUSTRIRTER VOLKS-KALENDER, 1863.

New York, NY

— das, der Welt, ein deutſches Familienbuch für alle Stände. Jahrg. 1863. 12 Lfgn. (à Lfg. 32 S. mit eingedr. Holzſchn., 1 Stahlſt. und 3 ill. Stnt.) gr. 4. Stuttgart, Hoffmann'ſche Verlagsh. à Lfg. 10 Ngr.

— daſſ. — Jahrg. 1864 und 1865. à Jahrg. 24 Lfgn. (à Lfg. 16 S. mit eingedr. Holzſchn., 1 Stahlſt. und 1 ill. Stnt.) hoch 4. Ebendaſ. à Lfg. 4½ Ngr. à Jahrg. geb. à Jahrg. *

— das, der Welt, ein Inbegriff des Wiſſenswürdigſten u. Unterhaltendſten aus den Gebieten der Naturgeſchichte, Naturlehre, Länder- u. Völkerkunde, Weltgeſchichte, Götterlehre ꝛc. Jahrg. 1865 u. 1866 à 24 Liefgn. (à 2 Bgn. mit 1 Stahlſt. u. 3 Lithogr. in Farbendr.) Stuttgart, Hoffmann. 4. Jede Liefg. 4½ ngr.

Buch, das, der Welt, ein deutſches Familienbuch für alle Stände. Jahrg. 1866 und 1867. à Jahrg. 12 Lfgn. (à Lfg. 4 Bog.) Mit 12 Stahlſt. und 36 Chromolithogr. hoch 4. Ebendaſ. à Lfg. 9 Ngr. à Jahrg. geb. à Jahrg. *

— der Welt. Illuſtrirtes Familien-Journal. Jahrg. 1870. 16 Hefte (à 4 Bgn. mit Holzſchn. im Text, Stahlſt. u. Lithogr.) Ebend. 4. Jedes Heft 5 ngr.

— — Illuſtrirtes Volksblatt. Herſg. unter Mitwirkung von Berth. Auerbach, A. Bitter, Brachvogel ꝛc. Jahrg. 1871. Juli 1870 — Juni 1871. 52 Nrn. (à 2 Bgn. mit Holzſchn. im Text). Ebend. Fol. Vierteljährlich 20 ngr.; Ausgabe in 17 Heften à 5 ngr.

Buch der Welt. Illustrirtes Volksblatt. Dreißigster [und] Einunddreißigster Jahrgang 1871—1872. Stuttgart, Hoffmann'sche Verlagsbuchhandlung
Mit Abb. 4°.
1. Jg 1842.

— der Welt. Illuſtrirtes Volksblatt. Hrsg. unter Mitwirkg. v. Berth. Auerbach, A. Bitter, Brachvogel ꝛc. Jahrg. 1872. 52 Nrn. (2 B. m. eingedr. Holzſchn.) Fol. Stuttgart, Hoffmann. 8. —; Ausg. in 17 Hftn. à — 50

Buch, Das, der Weltweisheit oder die Lehren der bedeutendsten Philosophen aller Zeiten, dargestellt für die Gebildeten des deutschen Volkes. Leipzig 1851. V: *Noack, Ludwig.* (Russell VII, 2, 394)

— das, der Weltweisheit oder die Lehren der bedeutendſten Philoſophen aller Zeiten, dargeſtellt für die Gebildeten des deutſchen Volkes. 2 Thle. gr. 8. 1. Thl.: Alterthum u. Mittelalter. (VIII u. 343 S.) 2. Thl.: Die neuere Zeit. (VIII u. 352 S.) Leipzig 851, Avenarius & Mendelsſohn. (à 1¾ ℛ) 3½ ℛ

— Vom Wesen der Seele, s.: Kitā ma'āni al-nafs.

— v. Wesen d. Seele, s.: Kitāb ma'ānī al-nafs.

— d., vom Wetter, oder kurzgef. Unterricht von den ſogenannten Bauernregeln als Wetterprophezeiungen. gr. 8. Peſth 819. Hartleben. 4 gℓ

— ein, von uns Wienern in luſtig-gemüthlichen Reimlein von Ruſticocampius. Leipzig 858. Hirſchfeld. 8. (XVI, 220 S.) 1 ℛ 15 ngr.

Buch, Ein, für den Winter ... Berlin [1829]. V: *Förtsch, J. Chr. K.* (Ky)

— ein, für d. Winter. Ein Beitrag zu erheiternden u. belehr. geſellſchaftl. Abendunterhaltungen. Von F. 8. Berl. (829.) Endslinſche B. (a. Schaarſchmidt in Leipz.) 16 gℓ

— das, für Winterabende, s. a. Honek, M.

Buch, ein, f. die Winterabende. Beitrag z. Unterhaltung f. die gebildeten Stände, herausgeg. v. K. Stein. 8. Berl. Hayn. 812.

Buch, ein, für die Winterabende. Beytrag zur Unterhaltung für die gebildeten Stände von C. Stein. 3s Bdchn. (Auch unter dem Titel: Abendſtunden, kleine Romane ꝛc. 1s Bändchen.). 8. Berlin, Hayn. 819.

— das, für Winterabende. Neuer Volkskalender mit vielen Holzſchn. Herausgeg. v. M. Honek. 1842. 16. Karlsruhe 841, Artiſt. Inſtitut.. F. Gutſch u. Rupp. 8¾ ngr.

Das *Buch* für Winterabende.
Volksbuch u. Volkskalender auf . . .
Mit Stahlst., Lithogr. u. Holzschnitten.
Von M. Honek.
Karlsruhe: Verl. d. artist. Anst.
1842 – 1844.

— für Winterabende. Hannoverſcher Volkskalender auf 1848 v. M. Honek. 7. Jahrg. Mit Beiträgen v. K. Andree, L. v. Arentsſchildt, Em. Geibel ꝛc. Mit Holzſchn., nach Originalzeichnungen v. Oeſterley u. A. Evers, v. C. Obermüller. 8. (IV u. 200 S.) Hannover, Helwing. n. ⅓ ℛ

— das, f. Winterabende, zur angenehm. Lektüre f. Bürger u. Landleute. 3 Bdchn. Mit Abbildn. 8. (9½, 9 u. 8½ B.) Quedlinburg 837—39, Ernſt. à
Aus dem „Volkskalender" 1837, 38 u. 39, beſond. abgedruckt.

— das, für Winterabende, zur angenehmen Lektüre für Bürger u. Landleute. Mit 1 Abbild. (Aus dem Volkskalender für 1837 abgedr.) 8. Quedlinburg 837. Ernſt. ⅓ ℛ — daſſ. (aus d. Volkskalender für 1839 abgedr.). Mit 5 Portraits. 8. Ebd. 840. ⅓ ℛ

— das, für Winterabende, z. nützl. Lektüre f. Bürger u. Landleute. 2 Bde. 8. (8½ u. 9 B.) Quedlinburg 842, 43, Ernſt'ſche Buchh. à 7½ Ngr.
Aus d. Volkskalender für 1841, 42, beſond. abgedruckt.

Buch, das, für Winterabende, zur nützl. Lektüre für Bürger u. Landleute. (Aus dem Volkskalender für 1841 beſond. abgedr.) 8. Quedlinb. 842, Ernſt'ſche B. ¼ ℛ — daſſ. (Aus dem Volkskalender für 1842 abgedr.) 8. Ebend. 845. ¼ ℛ

Buch, das, für Winterabende, z. Nutzen u. Vergnügen für Bürger u. Landleute. Mit 1 Abbild. des Brockenhauſes. (Aus d. Volkskalender für 1838 beſond. abgedr.) 8. Quedlinburg 838. Ernſt'ſche Buchh. ¼ ℛ

— der Wittwer u. der Wittwen. Troſt u. Labſal aus Gottes Wort für den betrübten Wittwenſtand. Bern 867. Mann & Baeſchlin. 8. (182 S.) 15 ngr.; größere Ausg. 22½ ngr.

— das, der Witze, oder: Eine Million Dummheiten, Schnaken, Schnurren ꝛc. Dresden 868. Tittel. 16. (158 S. mit Holzſchn.) 7½ ngr.

— das, der Witze! Eine Million Dummheiten, aufgejagt v. Wiener, Berliner u. Hamburg. Spaßvögeln. Schnacken u. Schnurren. 8. (154 S.) Neu-Weißenſee (902). E. Bartels. 1.—

Das BUCH der Wunder. Heilige Vermächtnisse und Volkssagen, in welchen hundertfünfzig Wunder enthalten sind, geschmückt mit hundertfünfzig Illustrationen. Pesth 1859: Alois Bucsánszky. 252, 4 S. - kl. 8°
- Dass. Budapest 1896.

—— Wunderschön, das. 12. (48 m. 12 L.) Frankf. 56, Krebs-Sch. n. — 8

BUCH, Das, der Xanthippen. Warnende Beispiele für jeden Ehelustigen. Von *D. E. F.* München, o. J. (1883). 8°. 24 S.

Buch, Das, der Zauberei . . . Quedlinburg 1821. Nürnberg 1821. V: *Donndorf, Johann August.* (Ky) (MGT)

— d., d. Zauberei, oder Magazin f. d. gesellschaftliche Leben, eine Samml. auserlesener physik.-mathemat. ꝛc. Kunststücke, (v. J. A. Donndorf). 8. Quedlinb. 821. Basse. 20 ℋ

—— das, der Zauberei, od. Magie für das gesellschaftl. Leben. Enth. eine Samml. von 318 auserlesenen physikal., mathemat. leicht zu bewerkstelligenden Kunststücken z. angenehmen u. nützl. Unterhaltung. Nach Guyot, Wiegleb, Pinetti, u. a. m. 0., mit neuen Kartenkunststücken u. passend. Abbild. gezierte Aufl. 16. (9½ B.) Wien 846, Sammer. *

—— der Zeit. Vaterländische Gedichte, Lieder und Gesänge aus den letzten dreißig Jahren vom Verf. der Bellona Orientalis. 8. (III und 72 S.) Heidelberg 860, J. C. B. Mohr. *

Buch, Das, für unsere Zeit. Die Offenbarung St. Johannis . . . A. d. Holl. [Gadderbaum 1894.] V: *Schwarz, F. W.* (Berl)

— d., d. Zigeunerinnen, oder d. Kunst, aus den Runzeln d. Stirne, aus d. Gesichtsbildung, den Handlinien ꝛc. zu weissagen; nebst e. Geschichte d. Zigeuner v. J. Bohabdil; aus d. Französ. 8. Frkf. a. M. 821. 2e Aufl. Mit 2 Fig. 8. Ebd. 823. Guilhaumann. 12 ℋ

—— das, für frohe Zirkel. Taschenb. f. Freude, Gemüth u. Scherz. 1. u. 2. Ausg. 16. (8⅞ B.) Leipzig 840, H. Fritzsche.

—— das, froher Zirkel. Taschenbuch für Freude, Gemüth und Scherz. 2., verb. Aufl. Verm. mit einem Anh. „die Blumensprache." 16. (VIII und 140 S.) Leipzig 847, H. Fritzsche. *

— v. d. Zukunft d. Herrn ꝛc. gr. 8. Riga, Hartknoch. (Haslinger, Linz.) 779.

—— das, der nächsten Zukunft. Oder Vorgesichte und Prophezeihungen aus dem Volke, über die nächsten polit. und socialen Ereignisse des J. 1850. gr. 12. (24 S.) Berlin 849, [G. Grobe.]

Buch, das, von unserer Zukunft. Dem großen, deutschen Volke ehrerbietigst gewidmet in Glauben, Hoffnung und Liebe von W. S. 16. (XXXVIII, 291 S.) Stavenhagen 877, Beholtz. *

v. Buch, Elemente der politischen Oekonomie. 1. Tl. Intensität der Arbeit, Wert u. Preis der Waren. Leipz. 896.

Buch: De Romanae reipublicae forma similiter Atheniensium variis temporibus immutata. 8 S.
Progr. Minden 1845.

Geschichte des adeligen Geschlechts der von Buch in der Marck und im Mecklenburgischen (v. A. F. v. Buch). Mit Stammtfln. Prentzlau 1784.

Buch, August Emil

Buch, AE: Beitr. z. Gesch. d. Höhenburgen u. Schlösser in Ueberetsch. 1. Bd. 8° Boz., Bh. „Tyrolia". 1.75 d
1. Eppaner Höhenburgen u. Schlösser u. Begebenh. um u. in Eppan a. d. Gesch. Tirols. (Umschl. 2. Afl.) (171 m. Abb.) '03. 1.75

Eppaner Höhenburgen und Schlösser und Begebenheiten um und in Eppan aus der Geschichte Tirols. (Von Aug. Emil **Buch**.) (Mit 13 Ill.) *Bozen: 'Tyrolia' 1903.* (171 S.) 8° [ß.]
— **Buch**: Beiträge z. Geschichte d. Höhenburgen u. Schlösser in Ueberetsch. Bd 1.
[03. 8246]

(F) **Buch, A. E.,** Eppaner Höhenburgen und Schlösser und Begebenheiten um und in Eppan aus der Geschichte Tirols. 2. Aufl. [Beiträge zur Geschichte der Höhenburgen und Schlösser in Überetsch. Bd. I.] 8°. (ill. 171 S.) K 2.—

Bozen: Buchhandl. "Tyrolia" 1904.

Buch, C. L.: Rechtsgutachten v. e. Creditbriefe, s. Buch, Karl Ludwig

Buch, C. M. B., Betrachtungen üb. die im J. 1819 im Königr. Hannover angeord. Allgem. Ständeversamml. u. üb. einige darin jetzt zu machende Anträge, in ächt patriot. Absicht gefaßt u. entworfen. 8. (1½ B.) Hannover 831, Hahn.

Buch, C. M. B., Betrachtt. über d. im J. 1819 im Königr. Hannover angeordn. allgem. Ständeversammlung. ꝛc. 8. Hannov. 832. Hahn. 2 ℋ

Buch, Casimir, Gedichte. gr. 8. (III und 160 S.) Frankfurt a. M. 855, Hermannsche Buchh. *

Buch, O, Gedichte. 8. (160) Frankf. 55. (Prag, Tempsky.) n. 1. —

Buch, Christian Leopold von

—— Physikalische Beschreibung der Canarischen Inseln. Berlin 1825. 4. 407 p., 1 tab, Atlas in folio: 9 tab. (Von p. 105—199: Uebersicht der Flora der Canarischen Inseln.)
* *gallice*: traduit par C. *Boulanger*; édition revue et augmentée par l'auteur. Paris 1836. 8. 1 tab.: Laurus foetens. Atlas: 12 tab. (25 *fr.*)

Buch, *Christian Leopold Freiherr von* (Buchia H. B. K.).
* Stolpe in der Uckermark 26. April 1774, † Berlin 4. März 1853.
Geinitz, Gedächtnissrede. Dresden 1853. 8.
von Martius, Denkrede. München 1853. 4.
—— Allgemeine Uebersicht der Flora auf den Canarischen Inseln. Eine Abhandlung, vorgelesen in der K. Pr. Akademie der Wiss. zu Berlin im Jahre 1817. Berlin 1819. 4. 48 p.

Buch, Conrad (Frankfurt/Mark), De foeminarum sequestro. Diss. jur. Präs. Heinrich Coccejus. Frankfurt/O., 11. IV. 1698 (1704). 40 S. (4.80) 4391
Gew.: Paul v. Fuchs (Malcho), Joh. Friedr. v. Rhetz (Grossbähnitz).
— — Dasselbe. 1709. (5.—) 4392
— — Dasselbe. Von mancherley besondern das Frauenzimmer und den Ehestand angehenden rechtlichen Fällen. Frkft. u. Lpz. 1737. 39 S., ohne Widmung. (4.80) 4393

BUCH, C., De foeminarum sequestro, von mancherley besondern das Frauenzimmer und den Ehestand angehenden rechtlichen Fällen. Francof. 1747. 4°. (1 Mk. Kirchhoff & Wigand, 1894.)

Buch, Dietrich Sigismund von

Buch's, Dietr. Sigism. v., Tagebuch aus den J. 1674 bis 1683. Beitrag zur Geschichte des Großen Kurfürsten von Brandenburg. Nach dem Urtexte im Königl. Geheimen Staats-Archive zu Berlin bearb. und hrsg. von Gust. v. Kessel. 2 Bde. Lex.-8. (XII und 596 S.) Jena 865, Costenoble.

Buch's, Dietr. Sigism. v., Tagebuch (1674—1683). Hrsg. v. Ferd. Hirsch. (Veröffentlichungen des Vereins f. die Geschichte der Mark Brandenburg.) 2 Bde. gr. 8. Leipzig, Duncker & Humblot. n. 13. —
1. (V, 270 S.) 904. n. 6.—. — 2. (III, 278 S.) 905. n. 7.—.

Buch, E., s. a. Buch, August Emil

Buch, E., Kinder der Zeit, s. a. Album. Bibliothek deutscher Originalromane.

Buch, E

Kinder der Zeit. Roman. Th. 1 - 3.
Wien: Markgraf 1862. 8°

(Album. Bibl. dt. Originalromane. Jg. 17. Bd. 10-12.)

— **Eduard Theod.** (Untergneuss b. Roda.-Zwickau), Ueber d. Astragalus-Fracturen. Diss. med. Präs. Prof. Dr. Wunderlich. Leipzig, 12. XII. 1862. Zwickau (C. A. Guenther). 21 S. u. Biogr. (M.: A. Massmann.) (4.—) 4394
Oppon.: Dillner, Graubner, Bräunig. — Krankengeschichte v.: Ludwig Oettel (Unterblauenthal), Joh. Wolfg. Bauer.

Buch, Ernst, appr. Arzt a. Upalten: Ueber posttraumatische Sarkomatose im jugendlichen Alter. München 1906: C. Wolf & Sohn. (22 S.) 8°
München, Med. Fak., Ref. v. Bollinger, Diss. v. 26. Juli 1906
[Geb. 7. Dez. 80 Upalten. Ostpr.; Wohnort: Upalten; Staatsangeh.: Preußen; Vorbildung: Gymn. Rastenburg Reife O. 00; Studium: Königsberg 5, Berlin 2, München 2 S.; Coll. 26. Juli 06; Approb. 18. März 05.]

Buch, G., üb. Ferienkolonien. Vortrag, geh. b. Gelegenheit d. Ausstellg. v. Erzeugn. f. Kinderpflege, Ernährg. u. Erziehg. in Dresden Sommer 1895. [Aus: „Für Haus u. Schule".] gr. 8. (14 S.) Dresden 895. A. Köhler. — 50

(B[uch], G[eorg] v[on].) Basel seit dem dritten August 1833. Auch als Fortsetzung der übersichtlichen Darstellung des gegen den Stand Basel beobachteten Verfahrens der Eidgenossenschaft [von Carl Lichtenhahn]. 8. Basel 1834. A 1232

Buch, Georg von: Beschreibung des eidgenössischen Freischießens, abgehalten in Solothurn vom 12.—19. Juli 1840. Bern, 1840.

Buch, Georg, Referendar beim kgl. Landgericht in Breslau: Die Haftung des Erbschaftsbesitzers. *Breslau: M. & H. Marcus 1904.* (58 S.) 8°
Breslau, Jur. Diss. v. 2. Juli 1904

Buch, Georg von s. (Lichtenhahn, S. H.) Erinnerungen aus dem Leben eines Militärs. Basel 1845.

Buch, Georg, Dr., Gerichtsass.: Der Notweg im römischen und älteren deutschen Recht. Ein Beitr. z. Lehre von d. Notrechten u. den Eigentumsbeschränkungen. Borna-Leipzig 1909: Noske. 43 S. 8° (T. 1. einer bis auf das geltende Recht durchzuführenden Untersuchung.)
Breslau, Jur. Hab.-Schr. v. [24. März] 1909 [U 09. 643
(Nicht für den Austausch)

Buch, Geo.: Die Übertragbark. v. Fordergn im deut. u. mittelalterl. Recht, s: Untersuchungen z. deut. Staats- u. Rechtsgesch.

Buch, Georg v., kurze Würdigung d. Zschokke'schen Nachtrags zu d. Schweizerlands Geschichte f. d. Schweizervolk, in besond. Rücksicht auf d. Cant. Basel. gr. 8. (1 B.) Basel 834, (Schweighauser.)

Buch, Gustav Friedrich von, Ref. in Oschatz: Das Recht am eigenen Bilde. Borna-Leipzig 1906: R. Noske. (VI, 72 S.) 8°
Leipzig, Jur. Fak., Diss. v. 30. Juli 1906
Geb. 11. Juli 83 Dresden; Wohnort: Altenburg S.-A.; Staatsangeh.: Sachsen; Vorbildung: Friedr.-Gymn. Altenburg Reife O. 02; Studium: Lausanne 2, München 2, Leipzig 2 S.; Rig. 8. Juli 05.]

Buch, Hans, Referendar in Berlin: Der Zwangsvergleich nach englischem Konkursrecht. Borna-Leipzig 1908: R. Noske. (VIII, 64 S.) 8° [F.]
Jena, Jur. Fak., Ref. Loening, Diss. v. 13. Aug. 1908
[Geb. 27. April 87 Berlin: Wohnort: Berlin; Staatsangeh.: Preußen; Vorbildung: Luisen-Gymn. Berlin Reife M. 04; Studium: Berlin 1, Genf 1, Berlin 4 S.; Rig. 21. Juli 08.]

— **Heinrich Gerhard** (Kassel), De correptione per admirationem. Dissert. jur. Präs. Adrian Beier. Jena (Werther) 10. III. 1708. 56 S. (5.—) 4395

— **Heinrich Wilhelm** (Kassel), Usum practicum capitis diminutionis mediae. Exercit. acad. Präs. Friedr. Ulrich Pestel. Rinteln (J. G. Enax) 22. XII. 1733. 46 S. (5.—) 4396

— — **Conciliationem** L. 74 § 1 D. ad Sctum Trebell. Diss. jur. Rinteln (J. G. Enax) Juni 1748. 46 S. (5.—) 4397

Buch, Hermann: Ein Fall von multipler primärer Sarcomatose des Knochenmarkes, und eine eigenthümliche Affection der vier grossen Gelenke. Halle 1873: Lipke. 32 S., 4 Taf. 8°
Halle-Wittenberg, Med. Diss. v. 23. Juni 1873
Geb. Halle a. d. S. 3. [vielmehr: 9.] 12. 1845. V.

Buch, J., Deutschland im J. 1848. Rückblick u. Aussicht. gr. 8. (51 S.) Minden 849, Kaiser & Co. 6 ngr

Buch J.: Zur Kenntniss d. Schweineseuche. [1887]. (6) S. (Sa.-Abdr.). P

Buch, J., Leitfaden f. d. Zirkelzeichnen. 2., verm. u. verb. Aufl. qu. 4. (8 S. m. 7 Taf.) Mülheim a/Rh. 895. H. Baedeker. n. — 50

Leitfaden für das Zirkelzeichnen. Ausgearb. von J. **Buch**, Zeichenlehrer. 3. verb. Aufl. *Mülheim a. d. R.: H. Baedeker 1902.* (7 Bl., 7 Taf.) quer-8° [Umschlagt. F.] [03. 7144

Buch, J. v., Ida Masius, geb. Frese. E. Lebensbild. 8. (VII, 46 S. m. 1 Bildn.) Schwerin 898. F. Bahn. n. — 80

Buch, J. (Red.), s. R u n d s c h a u auf dem Gebiete der Thiermedicin und vergleichenden Pathologie.

Buch, J. Chr. (Resp.): De genesi vertiginis, s. N i c o l a i, E. A. (Praes.)

Buch, J. H. L., zwanzig Vorlesungen über die Geschichte der Reformation in Frankreich, gehalten in Bremen im Winter 1858—59. Bremen 860. Valett & Co. gr. 8. (VIII, 352 S.) 1 ₰ 15 ngr.

Buch, Joh., fünf Fragen u. Antworten od.: Ein guter Rat f. alle angehenden Schriftsteller. (VIII, 40 S.) 8. Dresden 906. E. Pierson. n. — 75

B u c h, Johs., die trachealen Injectionen. Für Thierärzte. gr. 8. (66 S.) Osterwieck 887, Zickfeldt. *

Buch, Ioannes: De monstro humano distomo. Halis (1866): Orphanotropheum. 30 S., 2 Taf. 8°
Halle-Wittenberg, Med. Diss. v. 7. Mai 1866
Geb. Prettin (Kr. Torgau) 3. 2. 1841. V.

Buch, J., Praktikum der pathologischen Anatomie f. Thierärzte u. Studierende. gr. 8. (VI, 146 S.) Berlin 894. R. Schoetz. n. 4. —

Praktikum der pathologischen Anatomie für Thierärzte und Studirende von J[ohannes] Buch, Kreisthierarzt. 2. verm. Aufl. *Berlin: R. Schoetz 1899.* (VI, 177 S.) 8°

Buch, J., Praktikum der pathologischen Anatomie f. Tierärzte u. Studierende. 3. verm. Aufl. (VIII, 167 S.) Lex.-8. Berlin 906. R. Schoetz. n. 4. —; geb. n. 5. —

Buch, Karl, aus Stendal. Referendar zu Leipzig: Die **Religionsvergehen** im Reichsstrafgesetzbuche. *Borna-Leipzig 1903: R. Noske.* (IX, 55 S.) 8° [F.]
Leipzig, Jur. Diss. v. 1903

v. Buch, Karl Ldw., († d. 17. Jan. 1821.) darf d. Bauernstand in denjenigen Ländern des deutschen Reichs, wo d. französ. Gesetze d. Leibeigenschaft u. Grundunterthänigkeit abgeschafft haben, bei d. Rückkehr d. alten Ordnung d. Dinge auf d. Fortdauer seiner Freiheit rechnen? 8. Münster 814. Theissing. 8 gr.

Buch, K. L., darf d. Bauerstand in denjenigen Ländern des deutschen Reichs, wo d. franz. Gesetze d. Leibeigenschaft u. Grundunterthänigkeit abgeschafft haben, bei d. Rückkehr d. alten Ordnung d. Dinge auf d. Fortdauer s. Freiheit rechnen? 8. Münster, Theißing. 815.

— Rechtsgutachten v. e. Creditbriefe. gr. 8. Linz. 797. Jülicher. 2 gr.

Buch, C. L.: „Rechtsgutachten über die Rechte und Verbindlichkeiten, die aus einem Creditbriefe entstehen, wenn die Kraft desselben ausgestellten Wechselbriefe durch ungewöhnliche Ereignisse mit Protest v. Nichtbezahlung zurückgesandt werden; bei Gelegenheit des vielfältigen Handels über französische Assignaten", Lingen 1797. — Vorh.: Com. Bibl. Hamburg.

Intensität der Arbeit, Wert und Preis der Waren. Von Leo v. Buch. *Leipzig: Duncker & Humblot 1896.* (3 Bl., 240 S., 1 Tab.) 1 Bd 8.
-- Buch, Leo v.: Üb. d. Elemente d. polit. Oekonomie. Tl 1. [96. 1199]

Buch, Leop. von, über Ammoniten, üb. ihre Sonderung in Familien, üb. d. Arten, welche in d. ält. Gebirgsschichten vorkommen, u. üb. Goniatiten insbesond. Zwei in d. Kgl. Akad. d. Wissensch. geles. Abhandln. gr. 4. (7 B. u. 5 Stnt.) Berlin 832, (Dümmler.)

Buch, L. v. Die Anden in Venezuela. (Aus d. Zeitschr. d. deutsch. geol. Ges.) Berlin. 1850. 8.

Buch, L. v. Ueber einen vulkanischen Ausbruch auf der Insel Lanzerote. (Aus d. Abh. d. k. Akad.) Berlin. 1810. 4.

Buch, Leop. v., die Bären-Insel nach B. M. Keilhau geognostisch beschrieben. Eine in der k. Akademie der Wissenschaften gelesene Abhandlung. 4. (16 S. mit 1 Kpfrtaf.) Berlin 817, G. Reimer. *

Buch (L. v.), Beiträge zur Bestimmung der Gebirgsformation in Russland. Berlin 1840. 8. (Aus dem Archiv für Mineralogie. Geognosie etc.)

Buch. L. v. Beiträge zur Bestimmung der Gebirgsformationen in Russland. (A. Karstens Archiv.) Berlin. 1840. 8.

— Beiträge zur Bestimmung der Gebirgsformationen in Rußland. Nebst 3 lithogr. Taf. u. 1 ill. Karte. gr. 8. Berlin 840 Reimer. 11/12 ℛ

Buch. L. v. Einige Bemerkungen über die Alpen in Baiern. (Aus den Abhandlungen d. kgl. Akad.) Berlin. 1828. 4.

Buch, L. v. Bemerkungen über das Berninagebirg in Graubündten. (Aus den Abh. d. Berl. Akad.) Berlin. 1814. 4.

Buch, v., Einige Bemerkungen über das Klima der canarischen Inseln. Berlin, Abhandl. 1820–21.

— geognost. Beobachtt. auf Reisen durch Deutschland u. Italien. 2 Bde, mit Kpf. u. Kart. gr. 8. Berl. 802, 9. Haude u. Sp. 4 ℛ

Buch L. v.: Beobachtungen üb. den Kreuzstein. Leipz. 1794. 28 S. 1 Tvl. P.

Beobachtungen über den Kreuzstein — Der Linneischen Societät zu Leipzig mitgetheilt von LEOPOLD von BUCH. (Mit 1 Tafel.) Leipzig 1794. Bey Wagner und Compagnie. 8°.

— mineralog. Beobachtt. über d. Kreuzstein. gr. 8. Merseb. 795. Wagner. 4 gr

Buch. L. v. Ueber einige Berge der Trappformation in der Gegend von Grätz. (Aus d. Abh. d. Berl. Akad.) Berlin. 1819. 4.

von Buch, Leopold: Physicalische Beschreibung der Canarischen Inseln. Berlin 1825 (IV), 406 S., 1 Kt. 4°.

Buch, Leopold von, Physicalische Beschreibung der Canarischen Inseln. Berlin 1852.

— Betrachtungen über die Verbreitung und die Grenzen der Kreide-Bildungen. Mit einem Theile der Weltkarte in Mercator's Projection (auf 1 Stnt. in 4.) gr. 8. (32 S.) Bonn 849, Henry und Cohen.
Aus: Verhandlungen des naturhistorischen Vereins der preuss. Rheinlande und Westphalens, besonders abgedruckt.

Buch, Leopold von, Ueber die Bewegungen des Barometers zu Berlin und über barometrische Windrosen. Zwei in der Königl. Preuss. Akad. der Wissenschaften vorgelesene Abhandlungen. Berlin 1820.

Buch, Leopold von, Ueber die Bewegungen des Barometers zu Berlin. (Aus: Ann. der Phys. Bd. 67, St. 3, Jahrg. 1821, St. 3.)

Buch. L. v. Über Blattnerven und ihre Vertheilung. Berlin 1852.

Buch. Leop. v. Geognostische Briefe an Herrn Alexander v. Humboldt über das südliche Tyrol, nebst einigen anderen Briefen verwandten Inhaltes an verschiedene Naturforscher. (Aus Leonhards Taschenb. für Mineralogie.) Hanau. 1824. 8.

— üb. Ceratiten. Eine am 20. Jan. 1848 in der k. Akad. der Wissensch. gelesene Abhandlung. Mit 7 Kupfrtaf. gr. 4. (33 S.) Berlin 848, Dümmler. n. 1 2/3 ℛ

—— Ueber Ceratiten. Abhandlung. in der Akademie der Wissensch. zu Berlin am 20. Januar 1848 gelesen. Mit 7 Kupfertafeln. Berlin 1849. 4.

— Ueber Ceratiten, besonders von denen, die in Kreidebildungen sich finden. (Aus d. Monatsb. d. k. Akad.) Berlin. 8.

— Ueber den zoologischen Charakter der Secundär-Formationen in Südamerika. (Aus den Monatsber. d. k. Akad.) Berlin. 1838. 8.

v. Buch, Leop., über Cystideen, eingeleitet durch die Entwickelung der Eigenthümlichkeiten von Caryocrinus ornatus Say. Eine am 14. Mai 1844 in der K. Akademie der Wissenschaften gelesene Abhandlung. Mit 2 Kupfertaf. 4. Berlin 845, Nicolai'sche Buchh. 5/6 ℛ

— Ueber Delthyris oder Spirifer und Orthis. (Aus den Schriften d. k. Akad.) Berlin. 1837. 4.

— über Delthyris, oder Spirifer u. Orthis. Eine in der K. Akademie der Wissenschaften gelesene Abhandlung. Mit 2 lith. Taf. u. 1 Tab. gr. 4. Berlin 838. (Dümmler.) n. 3/4 ℛ

v. Buch, Leop., Description physique des Iles Canaries, suivie d'une indication des principaux Volcans du globe. Trad. de l'Allemand par C. Boulanger. Revue et augmentée par l'auteur. gr. in-8. (Mit 1 großen Atlas von 12 lithogr. Bl. u. 1 B. Erklärgg.) Paris et Strasburg 836. Levrault. 8 1/3 ℛ

Buch. L. v. Über Dolomit als Gebirgsart. 1822.

— Ueber Dolomit als Gebirgsart. Zwei Abhandlungen. (Aus den Abh. d. kgl. Akad.) Berlin. 1823. 4.

Buch, Leo v., üb. d. Elemente d. politischen Oekonomie. 1. Tl. Intensität d. Arbeit, Wert u. Preis d. Waren gr. 8. (V, 240 S. m. 1 graph. Taf.) Leipzig 890. Duncker & Humblot. n. 4. —

— Ueber einige geognostische Erscheinungen in der Umgebung des Luganer Sees in der Schweiz. (Aus d. Abh. d. Berl. Akad.) Berlin. 1826. 4.

Buch. Léop. de. Explication de deux planches de Spirifer et d'Orthis. (Aus d. Abhandl. der k. Akad.) Berlin. Folio.

— Explication de trois planches d'Ammonites. 4.

v. Buch, Leopold, s. Fortschritte, die, der Naturwissenschaft.

Buch, L. v. Carlsbader Gebirge (geognostisch colorirt). Berlin. 1842. 4.

Buch, Leopold von. Gedächtnis-Rede ... Berlin 1853. V: *Carnall, Rudolf von.* (stadtBiblBerlin XIV, S. 62)

Buch, Leopold v., Gedächtnissrede, gehalten am 6. April 1853 in der Versammlung der deutschen geologischen Gesellschaft. Berlin 1853.

v. Buch, L. Ueber Goniatiten und Clymenien in Schlesien. Berlin. 1839. 2 Ex.

— Ueber Granit und Gneuss, vorzüglich in Hinsicht der äusseren Form, mit welcher diese Gebirgsarten auf der Erdfläche erscheinen. (Aus den Abh. der k. Akad.) Berlin. 1814. 4.

Buch, L. von, Ueber den Jura in Deutschland. Nebst 1 Karte, 1 typograph. u. 1 lithograph. Tafel. Abhh. d. k. Akad. d. Wiss. in Berlin a. d. J. 1837. Berlin 1839. 4. (FBA.)
—— Enth. in L. v. Buch, ges. Schriften. Bd. 4. S. 358 ff. . . . . (D.)

— über den Jura in Deutschland. Eine in der Königl. Akademie der Wissenschaften am 23. Febr. 1837 gelesene Abhandlung. Nebst 1 Karte, 1 typograph. u. 1 lithogr. Taf. gr. 4. Berlin 839. (Dümmler.) n. 1 1/3 ℛ

Buch, L. v., Ueber die Juraformation auf der Erdfläche. (Aus d. Monatsb. d. k. Akad.) Berlin. 1853. 8.

Buch. L. v. Geognostische Karte von Deutschland und den umliegenden Staaten. Berlin. 1826. Folio.

v. Buch, L. Geognostische Karte von Deutschland. Berlin, 1832.

Buch. L. v. Mineralogische Karte von Schlesien. (Aus dessen geogn. Beobachtungen auf Reisen in Deutschland und Italien.) 1797. Folio.

— Lagerung der Braunkohlen in Europa. (Aus d. Monatsber. d. kgl. Akad.) Berlin 1851. 8.

Buch. L. v. Lobrede auf Karsten, gelesen in der kgl. Akad. Berlin. 1814. 8.

— über eine Muschel-Umgebung der Nordsee. 8. (22 S.) Berlin 851. Druckerei der k. Akad. d. Wissenschftn.

v. Buch, L. Pétrifications recueillies en Amérique par M. Alex. de Humboldt et M. Ch. Degenhardt. Berlin, 1839.
(Bemerkung. Mit autographischer Widmung Al. v. Humboldts an den Vater Degenhardts aus Clausthal)

— über Productus oder Leptaena. Eine in der K. Akademie der Wissenschaften gelesene Abhandlung. Mit 2 Kupfertaf. gr. 8. Berlin 842, Dümmler. 2/3 ℔

Buch, Léop. de. Recueil de planches de Pétrifications remarquables. Berlin. 1831. Folio.

* Buch, L. von, Reise durch Norwegen und Lappland, s.a. Reisen.

— Reise durch Norwegen u. Lappland. 2 Thle, mit Kart. 8. Berl. 810. (Nauck in Leipz.) 4 ℔

Buch, L. v. Gesammelte Schriften. Herausg. von J. Ewald, J. Roth und H. Eck. Berlin 1867–85. 4 Bde.

Buch's, Leop. v., gesammelte Schriften. Hrsg. von J. Ewald, J. Roth und H. Eck. 1. Bd. gr. 8. (LII und 740 S. mit 13 Stnt., wovon 2 in Farbendr., in gr. 8. und gr. 4.) Berlin 867, G. Reimer. *

Buch's, Leop. v., Gesammelte Schriften. Hrsg. von J. Ewald, J. Roth und H. Eck. 2. Bd. gr. 8. (VIII, 783 S. mit 8 Taf. auf 6 Stnt., wovon 1 color., in 4. und qu. 4.) Berlin 870, G. Reimer. *
1. Bd. Ebendas. 1867. *ℳ 14.

Buch's, Leop. v., gesammelte Schriften. Hrsg. von J. Ewald, J. Roth und W. Dames. 3. Bd. gr. 8. (VII, 714 S. mit 25 lithogr., chromolithogr., phototyp. und Kpfrt.) Berlin 877, G. Reimer. *
1. und 2. Bd. Ebendas. 1867,70. *ℳ 28.

Buch's, Leop. v., gesammelte Schriften. Hrsg. von J. Ewald, J. Roth und W. Dames. 4. Bd. in 2 Hälften. gr. 8. (XII, 1058 S. mit 56 lithogr. Taf.) Berlin 885, G. Reimer. *
1.—3. Bd. Ebendas. 1867—77. *ℳ 50.—.

Buch, Leop. v. Ueber Silification organischer Körper nebst Beschreibung einiger wenig bekannter Versteinerungen. (Aus Abh. d. k. Akad.) Berlin. 1831. 4.

Buch, Leop. v. Ueber Sphäroniten und einige andere Geschlechter, aus denen Crinoïden entstehen. Anhang: Ueber einige Brachiopoden in der Gegend von Petersburg. (Aus Monatsb. der k. Akad.) Berlin. 1840. 8.

Buch, Leopold von: Über Terebrateln, mit einem Versuch, sie zu classificiren und zu beschreiben. 124 S., gbd., 3 Taf.

Berlin: typ. Druckerei der Königl. Akademie der Wissenschaften 1834

— über Terabrateln, mit e. Versuch, sie zu classificiren u. zu beschreiben. Eine in der Königl. Akademie d. Wissenschaften gelesene Abhandlung. Mit 3 Steintaf. gr. 4. Berlin 834. (Dümmler.) 11/12 ℔

Buch. L. v. Übersicht der Flora auf den canarischen Inseln. 1817. 4.

Buch. L. v. Über Granit und Gneuss. Berlin 1844. 4.

Buch. L. v. Über die Ursachen der Verbreitung grosser Alpengeschiebe. 1811. 4.

Buch, L. v. Ueber die Verbreitung grosser Alpengeschiebe. (Aus Poggendorff's Annalen.) Leipzig. 1827. 8.

Buch, L. v. Von den geogn. Verhältnissen des Trapp-Porphyrs. (Aus den Abhandl. der k. Akad.) Berlin. 1813. 4.

Buch, Leopold von, Versuch einer mineralogischen Beschreibung von Landeck Breslau, Hirschberg und Lissa 1797.

— Versuch e. mineralog. Beschreib. v. Landeck. gr. 4. Bresl. 797. J. Fr. Korn. 12 gr.

Buch (Leopold von), 27 Vorträge über verschiedene geognostische und paläontologische etc. Gegenstände, gelesen in der Akademie der Wissenschaften zu Berlin von 1811—48. 4. Nämlich:
1. Ueber die Ursachen der Verbreitung grosser Alpengeschiebe. (31. Otober 1811.)
2. Von den geognostischen Verhältnissen des Trapp-Porphyrs. (25. März 1813.)
3. Allg. Uebersicht von der Flora auf den Kanarischen Inseln. (6. Nov. 1817.)
4. Ueber die Bewegungen des Barometers zu Berlin. (18. Mai 1818.)
5. Ueber die Zusammensetzung der basaltischen Inseln und über Erhebungskratere. (28. Mai 1818.)
6. Ueber barometrische Windrosen. (13. Mai 1819.)
7. Ueber einige Berge der Trappformation in der Gegend von Grätz. (17. Nov. 1819.)
8. Ueber einen vulkanischen Ausbruch auf der Insel Lanzerote. (4. Febr. 1819.)
9. Ueber den Pic von Teneriffa. (23. November 1820.)
10. Ueber Dolomit als Gebirgsart. 1. Abhandl. (31. Januar 1822.)
11. Einige Bemerkungen über Quellen-Temperatur. (3. März 1825.)
12. Ueber Dolomit als Gebirgsart. 2. Abhandl. (6. Februar 1823.)
13. Einige Bemerkungen über die Alpen in Bayern. (27. März 1828.)
14. Ueber die Silification organischer Körper nebst einigen anderen Bemerkungen über wenig bekannte Versteinerungen. (28. Februar 1828.)
15. Ueber die Lagerung von Melaphir und Granit in den Alpen von Mailand. (10. April 1829.)
16. Ueber zwei neue Arten von Cassidarien in den Tertiärschichten von Mecklenburg. (6. December 1830.)
17. Ueber die Ammoniten in den älteren Gebirgsschichten. (1. April 1830.)
18. Ueber Goniatiten. (15. December 1831.)
19. Ueber Terebrateln. (7. März 1833.)
20. Ueber Delthyris oder Spirifer und Orthis. (7. Januar 1836.)
21. Ueber den Jura in Deutschland. (23. Februar 1837.)
22. Ueber Goniatiten und Clymenien in Schlesien. (1. März 1838.)
23. Ueber Productus oder Leptaena. (28. October 1841.)
24. Ueber Granit und Gneuss, vorzügl. in Hinsicht der äusseren Form, mit welcher diese Gebirgsarten auf der Oberfläche erscheinen. (15. December 1842.)
25. Ueber Cystideen, eingeleitet durch die Entwickelung der Eigenthümlichkeiten von Caryocrinus ornatus Say. (14. Mai 1844.)
26. Ueber Spirifer Keilhavii über dessen Fundort und Verhältniss zu ähnlichen Formen. (14. Mai 1846.)
27. Ueber Ceratiten. (20. Januar 1848.)

—— Gesammelte Schriften. Herausgegeben von Ewald, Roth und Eck. Band 1. Berlin 1867. 8. — Desgl. Band 2 (1870). — Desgl. Band 3 (1877).

Buch, Lothar, appr. Arzt a. Hornburg: Aus d. Psychiatr.- u. Nervenklinik zu Kiel. Ein Beitrag zur Lehre der senilen Geistesstörungen und ihrer forensischen Bedeutung. Kiel 1908: Schmidt & Klaunig. (37 S.) 8°
Kiel, Med. Fak., Ref. Siemerling, Diss. v. 15. Jan. 1908
[Geb. 8. April 80 Hornberg, Bez. Magdeburg; Wohnort: Hornburg; Staatsangeh.: Preußen; Vorbildung: Gymn. Goslar a. H. Reife O. 00; Studium: Freiburg i. B. 1, Berlin 1, Marburg 4, Berlin 4 S.; Coll. 20. Dez. 07; Approb. 1. April 07.]

Buch, M. v., s. a. Bucholtz, Margarete v.

Buch, M. v. (Frl. Margar. v. Bucholtz), einer von beiden. — Erinnerungen, s.: Weber's moderne Bibliothek.

Buch, M v. (M v. Bucholtz): Um Ehre u. Ruhm. Erzählg. 8° (126) Berl. 97, Schriftenvertriebsanst. 1.50; geb. in L. 2 —

Buch, M. v. (Margarete v. Bucholtz), Um Ehre u. Ruhm. Erzählg. 8. (126 S.) Berlin 897. Verl. d. christl. Zeitschriftenvereins. 1. 50; geb. in Leinw. 2. —

Buch, M.: Der Eislauf. Poetisches u. Prosaisches. Dorpat 1875. 22 S.

— sein Erbe, s.: Goldschmidt's Bibliothek f. Haus u. Reise.

— Es lebe d. Liebe. s: Bücherei fürs deut. Haus.

Buch, M. v., Sigurd Ring, s.: Weber's moderne Bibliothek. Nr. 80.

Buch, M. v., der letzte Wendenkönig, s. Bücherschatz, deutscher.

— Wetterwolken. s: Volksbücher. Neue.

Buch, M. Jac. (Resp.): De anxietatibus, s. Hamberger, Ge. Ehrh. (Praes.)

Buch, Max, s.a. Aus dem Lande der tausend Seen.

Buch, Max, Automobil u. Automobilsport, s.: Isendahl, Walth.

— Automobil-Getriebe u. Kupplungen, s.a. Bibliothek, autotechnische.

— dasselbe, s.a. Küster's autotechnische Bibliothek.

Buch, Max: Automobil-Getriebe und -Kupplungen. Leipzig 1907. (Autotechn. Bibliothek Bd 8)

Automobil-Getriebe und -Kupplungen. Von Max **Buch**. Mit 88 Abb. 2., neubearb. Aufl. Berlin: R. C. Schmidt [usw.] 1910. 155 S. 8°
(Autotechnische Bibliothek. Bd 8.) A 12. 3015

— Automobil-Rahmen, -Achsen, -Räder und -Bereifung, s.a. Küster's autotechnische Bibliothek.

Buch, Max: Automobil-Rahmen, -Achsen, -Räder und -Bereifung. Leipzig 1907. (Autotechn. Bibliothek Bd 13)

— Automobil-Steuerungs-, Brems- u. Regulierungs-Vorrichtungen, s.a. Küster's autotechnische Bibliothek.

Buch M, Automobil-Steuerungs-, Brems- und -Regulierungs-Vorrichtungen. (96 S)
(Küsters autotechnische Bibliothek 11) Leipzig 1907

— Die Automobiltechnik, s.a. Wissen u. Können 5. Bd.

Die Automobiltechnik von Max **Buch**. Mit 150 Abb. Leipzig: J. A. Barth 1908. (IV, 143 S.) 8°
= Wissen u. Können. 5. [08. 1:214

Buch, Max, Beitrag zur Kenntniss der peripheren Temperatur des Menschen. Diss. S. Petersburg. 52 pp. 1877.

Buch, Max, Finnland und seine Nationalitätenfrage. 8. (74 S.) Stuttgart 883, Cotta'sche Buchh. *

Buch, Max, s.: Geschichten, vier finnländische.

[Z.] Aus dem Lande der tausend Seen. Culturbilder u. Geschichten. Finnische Novellen in autoris. Uebs. hrsg. v. Max **Buch**. Bd 1. 2. *Leipzig: H. Haessel 1894.* 2 Bde 8.
1. (2 Bl., 264 S.) 2. (2 Bl., 253 S.) [97. 1051

— u. R Schmidt: Räder, Felgen u. Bereifung, s: Bibliothek, Autotechnische.

—— die Wotjäken. Eine ethnologische Studie. gr. 4. (185 S. mit eingedr. Holzschn., 2 Stnt. und 1 Chromolithogr.) Helsingfors 882. (Stuttgart, Cotta'sche Buchh.) *
Aus: Acta societatis scientiarum fennicae, besonders abgedruckt.

Buch, Norbert

1788. Synopsis Thesium philosophicarum ac mathematicarum, quas in Conventu P. P. Praedicatorum Halberstadii praeside Norb. *Buck* etc. publice exponent, et, ubi fieri potest, etiam demonstrabunt religiosi ejusdem instituti fratres. N. N. Halberstadt. 24 S. 4.
Allg. Lit. Zeit. 1789. B. 4. p. 767.

Buch, Otto *(geb. Karlsmarkt in Schles. 27. 4. 1848)*: Ueber Sklerenchymzellen. Breslau 1870. (31 S.) 8° *[Buchausg. 1870 bei Kern in Breslau.]*
Breslau, Phil. Diss. v. 27. Apr. 1870

Buch, Otto, üb. Sklerenchymzellen. Mikroskopische Untersuchgn. gr. 8. (31 S.) Breslau 870. Kern's Verl. n. — 60

Buch, Petrus

— **Pet.** (Birgel/Eifel), De somno. Diss. med. Bln. (Nietack) 29. IV. 1845. 36 S., mit Biogr. (M.: M. Cilligen.) (4.20) 4399
Opponenten: Carl Dollmann, Cornel. Driessen, Friedr. Fuchs. — Gew.: Heinr. Mich. Bauer.

Buch, Robert: Ueber Stricturen und Fisteln der urethra. Halle (1867): Lipke. 33 S. 8°
Halle-Wittenberg, Med. Diss. v. 22. Juli 1867
Geb. Wellingdorf bei Kiel 7. 7. 1844. V.
Die erste Hallische medizinische Dissertation in deutscher Sprache.

Buch, W.: Aus Jahns Wanderjahren. Berlin. 82 S.

Buchaczek, F., die Zoll-Politik u. die zwischen Oesterreich-Ungarn u. den anderen Staaten abgeschlossenen Zoll- u. Handelsverträge, s.: Kübeck, M. v.

Buchaczek, Ferdinand (Hrsg.), s. Handels- und Börsenkalender, Österreichischer

Buchaczek, Ferd., neu-österreichisches Münzbuch. Gemeinfaßl. Darstellung der Münzreform in Oesterreich, mit einer Anleitung zur einfachsten Rechnung in neuer Währung. 9. Aufl. Mit mehreren Reduktionstaf., einer Tabelle zur Umrechnung fremder Münzen in die Währung des deutsch-österreich. Münzvereins ꝛc. 8. (84 S.) Wien 858, [Gerold's Sohn.] *

—— dass. — 2. Thl. Eine vollständ. Sammlung aller auf die Durchführung des Münzgesetzes vom 19. Septbr. 1857 Bezug nehmenden Verordnungen, Erlässe und Verfügungen für den prakt. Bedarf zusammengestellt. Mit Tarifen über Stempel-, Zoll-, Verzehrungssteuer- ꝛc. Gebühren. 8. (VIII und 157 S.) Ebendas. 858. *

Buchaczeck, Ferd., neu-österreichisches Münzbuch. Gemeinfaßliche Darstellung der Münzreform in Oesterreich, mit einer Anleitung zur einfachsten Rechnung in neuer Währung. 9. Aufl. Mit mehreren Reduktionstafeln ꝛc. Wien 858. Tendler u. Co. 8. (84 S.) n. 8 ngr

— — 2. Thl. Eine vollständ. Sammlung aller auf die Durchführung des Münzgesetzes vom 19. Septbr. 1857 Bezug nehmenden Verordnungen, Erlässe und Verfügungen für den praktischen Bedarf zusammengestellt ꝛc. Ebend. 858. 8. (VIII, 157 S.) n. 16 ngr

Buchal, Fritz [aus Schlesien]: Ueber den primären Krebs der Prostata. . . . Greifswald, Druck v. F. W. Kunike (1889); 32 S. 8°
Greifswald, Med. Fak., Inaug.-Diss. v. 7. Jun. 1889

Buchal, Gustav

Buchal, G., Stations-Güter-Tarif für den Eil- und Frachtgut-Verkehr zwischen Magdeburg [Centralbahnhof, Elbebahnhof, Fischerufer, Friedrichstadt, Unterwelt und Wilhelmsgarten], sowie den Vorstädten Sudenburg, Buckau, Neue und Alte Neustadt einerseits und allen deutschen und holländischen Güter-Stationen andererseits, unter Berücksicht. gleich- oder ähnlich lautender Stationsnamen, nebst Anhang, enth. Tarifsätze nach dän. Stationen. 2. bedeutend verm. und bis zum 15. Juli 1885 bericht. Ausg. Lex.-8. (IV, 148 S.) Magdeburg 885, Heinrichshofen's Verlag. *

Buchal, G, Stations-Güter-Tarif f. d. Eil- u. Frachtgut-Verkehr zw. Magdeburg [Centralbahnhof, Elbebahnhof, Fischerufer, Friedrichstadt, Unterwelt u. Wilhelmsgarten], sowie d. Vorstädten Sudenburg, Buckau, Neue u. Alte Neustadt einerseits u. allen deut. u. holländ. Güter-Stationen andererseits, unter Berücks. gleich- od. ähnlich laut. Stationsnamen, nebst Anh., enth. Tarifsätze nach dän. Stationen. 2. Asg. Nachtrag. Unter Berücks. aller in d. 2. Afl. v. 15. Juli 1885 bis 15. Juni 1886 eingetret. Aendergn. 8. (33) Magdebg 86, Heinrichshofen V. *n.* 1. — (Hauptwerk u. Nachtrag: *n.* 5.)

Buchal, G., Stations-Güter-Tarif f. den Eil- u. Frachtgut-Verkehr zwischen Magdeburg einerseits, u. allen deutschen u. holländischen Güter-Stationen andererseits, unter Berücksicht. gleich- od. ähnlich lautender Stationsnamen. 4., bedeutend verm. u. bis zum 1. Novbr. 1889 bericht. Ausg., vorbehaltlich derjenigen Aendergn., welche v. der Königl. Eisenbahn-Direction Magdeburg bekannt gegeben werden. Lex.-8. (II, 165 S.) Magdeburg 889. Heinrichshofen's Sort. n. 4. —

Buchal, G. Stations-Güter-Tarif f. den Eil- u. Frachtgut Verkehr zwischen Magdeburg einerseits, u. allen deutschen u. holländischen Güter-Stationen m. Einschluß der Frachten f. böhm. Braunkohlen andererseits, soweit directe Frachtsätze bestehen. 5. bedeutend verm. u. bis zum 1. Juni 1891 bericht. Ausg. Lex.-8. (V, 186 S.) Magdeb. 891, Heinrichshofen's Sort. ** 4 —; geb. ** 4 25

Buchal, G., Stations-Güter-Tarif f. den Eil- u. Frachtgut-Verkehr zwischen Magdeburg (Hauptbahnhof, Elbbahnhof, Friedrichstadt, Fischerufer, Alte u. Neue Neustadt, Sudenburg, Buckau) einerseits, u. allen deutschen u. holländischen Güter-Stationen m. Einschluß d. Frachten f. böhm. Braunkohlen andererseits, soweit directe Frachtsätze bestehen. 6., bedeutend verm. u. bis zum 15. Juni 1893 bericht. Ausg., vorbehaltlich derjenigen Aendergn., welche v. der Königl. Eisenbahn-Direction Magdeburg bekannt gegeben werden. Lex.-8. (IV, 247 S.) Magdeburg 893. Heinrichshofen's Sort. n.n. 5. —; geb. n.n. 5. 50

Buchal, G., Stations-Güter-Tarif f. d. Eil- u. Frachtgut-Verkehr zw. Magdeburg (Hauptbahnhof, Elbbahnhof, Friedrichstadt, Fischerufer, Alte u. Neue Neustadt, Sudenburg, Buckau) einers., u. allen deutschen u. holländ. Güter-Stationen anderers., soweit directe Frachtsätze bestehen, nebst Anh.: „Tarifsätze f. westfäl., schles. u. böhm. Kohlen". 7., bedeut. verm. u. b. z. 15. Juli 1895 bericht. Ausg., vorbehaltl. derj. Aendergn., welche v. d. kgl. Eisenbahn-Direction Magdeburg bekannt gegeben werden. Lex.-8. (IV, 250 S.) Magdeburg 895. Heinrichshofen's Sort. n.n. 5. —; geb. n.n. 5. 50

Stations-Güter-Tarif für den Eil- u. Frachtgut-Verkehr zwischen Magdeburg einerseits, u. allen Deutschen u. Holländ. Güter-Stationen andererseits, soweit direkte Frachtsätze bestehen, nebst Anh.: 'Tarifsätze f. Westfäl., Schles. u. Böhm. Kohlen'. Hrsg. von G[ustav] Buchal. 9., bedent. verm. u. bis 1. Aug. 1899 bericht. Ausg. *Magdeburg: Heinrichshofen 1899.* (280 S.) 4°(8°) [F.] [illegible] 3

Buchal, G., Stations-Güter-Tarif f. den Eil- u. Frachtgut-Verkehr zwischen Magdeburg (Hauptbahnhof, Elbbahnhof, Friedrichstadt, Buckau, Sudenburg, Neustadt, Alte Neustadt) einerseits u. allen deutschen u. den wichtigsten holländ. Stationen andererseits, soweit direkte Frachtsätze bestehen, nebst Anh.: „Tarifsätze f. westfäl., schles. u. böhm. Kohlen" u. Verzeichniß v. allen deutschen Stationen der Klein- u. Schmalspurbahnen ꝛc. z. Beförderg. v. Eil- u. Frachtgut. 10., bedeutend verm. u. bis 15. VIII. 1902 bericht. Ausg., vorbehaltlich derjenigen Aendergn., welche v. der königl. Eisenbahn-Direction Magdeburg bekannt gegeben werden. (IV, 331 S.) Lex.-8. Magdeburg 902. Heinrichshofen's Sort. Geb. n. 7. 50
9. Aufl. (IV, 280 S.) Ebd. 899. n. 6. —; geb. n. 6. 50.

Buchal. Heinrich (aus Schlesien): Beitrag zur Therapie des Keuchhustens .... Greifswald, Druck v. Julius Abel. 1886: 48 S. 8°. Greifswald. Med. Fak., Inaug.-Diss. v. 29. Mai 1886.

Buchal, Heinrich, Beitrag zur Therapie des Keuchhustens. Diss. Greifswald 1886, Jul. Bindewald. 8°. 48 S.

Buchan, William, s. a. Buchau, W.

— Anweis., ohne Arzt d. vener. Krankheiten zu heilen. A. d. Engl. v. J. C. F. Leune. 2 Bdchen. gr. 8. Leipz. 800, 1. 2e A. 813. (André). 1 ₰ 4 gr.

Buchan, W., Hausarzneikunde; a. d. Engl., mit Zusätzen v. Kurt Sprengel. gr. 8. Altenb. 792. (Hennings in Neisse). 2 ₰

Buchan, William: Haus-Arzneykunde. (Domestic Medicine, or the family physician... Eleventh edition. Dt.) (Auch) nach der vierten französischen Ausg.übers.und mit Zusätzen begleitet von Kurt (Polykarp Joachim) Sprengel. 48 S., 824 S., gbd.

Altenburg: Richter 1792

JB 2.991

Buchanan, Claud. Neue Untersuchungen üb. d. gegenwärt. Zustand d. Christenthums u. d. bibl. Literat. in Asien: aus d. Englischen v. Blumhardt. Stuttg. 1813. 8.

Buchanan, Claud., neueste Untersuchungen über den gegenwärt. Zustand d. Christenthums u. d. bibl. Literatur in Asien. Nebst e. Anhange von 3 Predigten. Aus d. Engl. übers. v. C. G. Blumhardt. 8. Stuttg. 814. Steinkopf. 1 ₰

Buchanan, F.L., s. a. Buchanan, John Lane

Buchanan, F. L., Reise durch d. westl. Hebriden währ. 1782—90. a. d. Engl. 8. Berl. Maurer 795.

— Reise von Madras durch die Länder Mysore, Canabar u. Malabar, umgearbeitet v. E. A. W. v. Zimmermann. m. K. u. Charten. 8. Frankf. am. M. Brönner. 815.

Buchanan, Francis, Beschreibung einiger Wasserhosen; aus dem Tagebuch auf einer Reise nach Indien und zurück. (Aus „Annalen der Physik". Bd. 70.) Jahrg. 1822.

Buchanan, G.

— Psalmorum Davidis paraphrasis poëtica. Herborn. 588. 8. Stendal. 710. 8. 3 gr. Basil. 721. 8. 6 gr.

Buchanan, John Lane, s. a. Buchanan, F.L.

Buchanan, Jh. Lane, Reise durch d. westl. Hebriden während d. J. 1782—90. Aus d. Engl. (v. F. L. W. Meyer). 8. Berl. 795. N. A. 812. Maurers B. 16 gr.

Buchanan, John Lane. Reisen durch die westlichen Hebriden während der Jahre 1782 bis 1790; aus dem Englischen. Berlin 1795. Ü: *Meyer, Friedrich Ludwig Wilhelm.* (EngG) (Ky) (MGT)

Buchanan, K.: Beiträge praktische ..., s. Buchanan, Roberts.

Buchanan, Rob.: The new Abelard, s. Asher's Collection of English Authors

Buchanan, Rob., come live with me and be my love, s.: **Library, the English.**

Buchanan, Rob., d. Deserteur, s.: **Universal-Bibliothek.**

Buchanan, R., God and the Man, s.: **Asher's** collection of english authors.

Buchanan, Robert. Gott u. der Mensch. Roman. Klgft., Bertschinger. (1899). 466 S.

—— Love me for ever,
—— the Martyrdom of Madeline,
—— the Shadow of the Sword,
—— Annan Water,
} s. Asher's Collection of English Authors.

Buchanan, Roberts

Buchanan (Rob.).
Beiträge zur Mühlen- und Maschinenbaukunst. Nach der 2. Ausgabe von Th. Tredgold aus dem Englischen übersetzt von M. E. Jacobi. Mit 26 Kupfertaf. Berlin 1825. 8.

Buchanan, Robertſ., prakt. Beitr. zur Mühlen- u. Maschinenbaukunst. Nach d. 2n v. Th. Tredgold verb. u. verm. Ausg., aus d. Engl. übers. u. mit Zusätzen u. Anmerk. versehen v. M. H. Jacobi. Mit 26 Kpft. gr. 8. Berl. 825. Herbig. 3 ₰ 16 gr.

Buchanan, Robertſ., über d. Erfindungen, durch Dampf u. andere Mittel Schiffe ohne Segel in Bewegung zu setzen. Aus d. Engl. v. C. Iken. Mit 2 Kpf. gr. 8. Brem. 817. Heyse. 12 gr.

Buchanan, Uriel, wie erlangt man Geistesgegenwart, Energie und Macht, s.: Talisman-Bibliothek. 17. Bd.

Buchanan-Wollaston, H. J.
s.a. Wollaston. [11. 1093] 2

Buchanan-Wollaston, HJ: On the calculation of the „filtration coefficient" of a vertically descending net, and on the allowance to be made for clogging. — On a new form of plankton-net designed to make truly vertical hauls in any weather, s: Publications de circonstance du conseil permanent internat. pour l'exploration de la mer.

Buchanano, G., varia canenti ut placidam praebeatis aurem rogat. C. P. Froebel. 32. Rudolst. 823. Hofbuchh. 16 gl.

Buchanano, (G.,) Varia canenuti ut placidam praebeatis aurem rogat. C. P. Froebel. 32. Rudolst. 824. Hofbuchhdl

Buchananus, G.: Paraphrasis poet. psalmor., s. Buchanan, G.

Buchardt, Bruno, Die Lage der Arbeiter in der Berliner Tischlerei. (Schrift d. Ver. f. Soz.-Pol., Bd. 65.) Leipzig 1895.

Buchardt, Reinhold, bacc. iur. a. Riga: Der Aval ⟨Wechselbürgschaft⟩. Berlin 1906: G. Schade. (63 S.) 8°
Leipzig, Jur. Fak., Diss. v. 13. Nov. 1906
[Geb. 20/7. Nov. 77 Riga (Rußland); Wohnort: Riga: Staatsangeb.: Rußland; Vorbildung: Gymn. v. Dr. Wiedemann St. Petersburg Reife Mai 97; Studium: Dorpat 8. Berlin 1. Leipzig 2 S.: Rig. 16. Mai 05.]

Bucharenfürstin, die, oder Sieg der christl. Religion. Eine Geschichte aus dem 16. Jahrh. der reifern Jugend gewidmet. Im Anhange: Die Neujahrs-Nacht im Eichenwalde. Eine Erzählung. gr. 8. (141 S. und 1 Stahlst.) Augsburg 817, Wolff. (München, Finsterlin.) *

(Buchau, Friedr. v. (Priester und bischöfl. Eichstädt. Haussekretär), Beschreibung der im ehemal. Hochstifte Eichstädt geprägten Münzen. Ingolstadt 1843, Fromm. (Cf. Appel.) ⅓ Thlr. — 30 kr.

Buchau, Heinr. Frhr., s.: Prinz v. Buchau.

Buchau, W. s. a. Buchan, William

— Anweisung ohne Arzt d. vener. Krankh. zu heil. n. d. Engl. v. Leune. 2 Bdch. gr. 8. Leipzig, Bauer. 800—801. (à 14 gr.)

Buchau, W., Anweisung ohne Hülfe eines Arztes den venerischen Krankheiten zuvorzukommen u. dieselben zu heilen, nach d. Engl. v. J. C. F. Leune. 2te Ausg. 2 Bde. gr. 8. Leipz. Bauer. 813.

Buchau, W., Hausarzneykunst. a. d. Engl. m. Zus. v. Sprengel. gr. 8. Altb. (Academ. Hdl. in Jena). 792.

Buchauer, F., „Bis hieher und nicht weiter kommen die schwedischen Reiter.“ Marsch mit Gesang ad libitum. ... (S. A. Reiss). 36 kr. 1870.

Buchave, s. *Buchhave*.

Buchberg (Schlagwort)

Buchberg, s.: Wiener Ausflugskarten.

Buchberg (Verfasser)

Buchberg: Zuchtwahl u. Aufzucht d. Foxterriers, s: Bibliothek, Kynologische.

Buchberger, Aloys, Geschicht-Predigten. Zur Weckung des Bußgeistes für die heil. Fastenzeit. 1e—5e Lfrg. 8. Landshut 832—36. Thomann. (à ⅜ ℳ) 1⅞ ℳ

Buchberger, Alois, Geschicht-Predigten. Zur Weckung d. Bußgeistes f. d. heil. Fastenzeit. 5—7. Lfg. 8. (à ca. 9 B.) Landshut 836—39, Thomann'sche Buchh. à 9 Gr.
1—4. Lfg. Ebendas. 1832—35. 1 Thlr. 12 Gr.

—— Materialien zu rednerischen Stylübungen. Für Gymnasien hrsg. 8. (14 B.) Landshut 830, Thomann'sche Buchh.

Buchberger, Alois, Passions-Predigten. Die Geheimnisse u. Werkzeuge d. Leidens u. Sterbens Jesu Christi. 1. Bdchn. Jesus im Garten. 2. Bdchn. Jesus vor Kaiphas. 3. Bdchn. Jesus vor Pilatus. 4. Bdchn. Jesus vor Herodes. 8. Regensburg 845, 46, Manz. à $^5/_{12}$ ℳ

Buchberger, Alois, Passions-Predigten. Die Geheimnisse u. Werkzeuge des Leidens u. Sterbens Jesu Christi. 5. Bdchn. Jesus auf dem Todeswege. 8. (VIII u. 157 S.) — 6. Bdchn. Jesus auf Golgatha. 8. (200 S.) — 7. (letztes) Bdchn. Jesus im Grabe. 8. (VIII u. 175 S.) Regensburg 847, Manz. à $^5/_{12}$ ℳ (7 Bdchn. cmplt. $2^{11}/_{12}$ ℳ)

— Themata disposita juventuti laudis oratoriae appetenti — adjecto subsidiorum promptuario. 8. Landshut 834. Thomann. (Attenkofer.) ¾ ℳ

Buchberger Karl: Briefe Laudons. Beiträge zur Charakteristik Laudons und der Geschichte des siebenjährigen Krieges. Ar. 18. 75. 60
Separatabdruck

Buchberger, K. Briefe Laudons. Beiträge zur Charakteristik Laudons und der Geschichte des 7jährigen Krieges. 8. Wien 1872.

Buchberger, Karl, k. k. Landesgerichtsrath. Briefe Loudon's. Beiträge zur Charakteristik Loudon's und der Geschichte des siebenjährigen Krieges. (Aus dem „Archiv für österreichische Geschichte“, XLVIII. Bd., II. Hälfte, S. 375 besonders abgedruckt.)
8. Wien 1873.

Buchberger, Mich.: s.: Handlexikon, kirchliches.

Buchberger, Michael. Stipendiat u. Präfekt im erzb. Klerikalseminar zu Freising: Die Wirkungen des Busssakramentes nach der Lehre des hl. Thomas von Aquin. Mit Rücksichtnahme auf d. Anschauungen anderer Scholastiker dargest. *Freiburg i. Br.: Herder 1901.* (VI, 216 S.) 8° [K.] ¶ Geh. Preis ...
München, Theol. Diss. v. 1902
(Nur in beschränkter Zahl für den Austausch)

Buchbinder: Der Buchbinder und Kartonager — Le Relieur et Cartonnier — IL Legatore e Scatolaio
v. Der Buchbinder — Le Relieur.

Buchbinder: Der Buchbinder — Le Relieur
s.a. Helvetische Typographia.

Buchbinder: Der Buchbinder — Le Relieur
① Organ des Schweizerischen Buchbinder-Verbands - Organe de la Fédération suisse des Relieurs (2. 1. 1905—27. 12. 1907). Organ des Schweizerischen Buchbinder- und Kartonagenverbandes und verwandter Branchen inklusive Hilfspersonal (8. 1. 1948 cont.) ② Der Buchbinder (11. 1. 1908—26. 12. 1908. 16. 1. 1920—29. 6. 1923). Der Buchbinder - Le Relieur (9. 1. 1909—19. 12. 1919). Der Buchbinder - Le Relieur - Il Legatore (12. 7. 1923—30. 12. 1943). Der Buchbinder und Kartonager - Le Relieur et Cartonnier - Il Legatore e Scatolaio (13. 1. 1944 cont.) ③ Korrespondenzblatt (Zh) (in der Zwischenzeit: «Arbeiterstimme», Zh—Be) ⑤ 2. 1. 1905 (vont.) ⑥ 2° (2. 1. 1905—27. 12. 1907). 4° (11. 1. 1908 cont.) ⑦ Wochenblatt (2. 1. 1903—27. 12. 1907), alle 14 Tage

**Buchbinder.* Die Kautionsversicherung. Elberfeld 1873.

Buchbinder. A. J., Der falscher Aristokrat oder die zwei nit glaiche Schwester. Ain Roman. Erste Theil. Auch russischer Titel. Warschau 1882.

Buchbinder, Friedr. Behandlung der Kegelschnitte auf Schulen in synthetischer Form nach Steiner. 42, 38 SS. u. 5 Taf. *Pforta* 1878. 1880. Progr.

Buchbinder, *Johannes Wilhelm* Friedrich [aus Schulpforta]: Zur Casuistik der Erkrankungen des Processus mastoideus. . . . Berlin, Buchdr. v. G. Schade, *1891;* 32 S. 8°
Berlin, Med. Fak., Inaug.-Diss. v. 30. Mai 1891

Buchbinder: Euklids Porismen und Data. 43 S.
Progr. Pforta 1866.

Buchbinder, Friedr.: Untersuchungen über die Cissoide. 63 S. 2 Figt.
Progr. Pforta 1857.

Buchbinder, Hilarius, s.: Kierkegaard, Sören.

Buchbinder, Johannes Wilhelm Friedrich, s. Buchbinder, Friedrich

Buchbinder, L. A., die Rache d. Jesuiten, s.: Roman-Bibliothek, illustrirte.

Buchbinder, L. H., die Herrgottsmörder. Volksstück m. Gesang in 3 Akten u. 5 Bildern. Den Bühnen gegenüber als Mskr. gedr. gr. 8. (37 S.) Budapest 876. Rautmann. n. 1. 20

Buchbinder, Leop., üb. Krankenkassenwesen, s.: Vorträge, drei, geh. i. d. Wander-Versamml. d. Vereines d. Aerzte i. Troppau.

Buchbinderei, *s. a. Buchausstattung — Buchgewerbe*

Buchbinderei, Die moderne, ihre Fortschritte und Hilfsmittel. Leipzig
3. Die Arbeiten an der Vergolderpresse. 1889
H. 1. Der Farbendruck. Von E. Tonndorf.
H. 2. Der Gold-, Relief- und Blinddruck.

Buchbinderei, Die moderne, ihre Fortschritte und Hilfsmittel. 2. Aufl. Stuttgart
4. Die Fortschritte der Marmorirkunst. Von J. Halfer. 1891

Buchbinderei-Actiengesellschaft, Leipziger: Heftmappe. Leipzig 1902

Buchbinderei-Actiengesellschaft, Leipziger: Zettelkatalog-Einrichtungen. Leipzig 1902

Buchbinderei-Act.-Ges., Leipziger, vorm. Gustav Fritzsche: »Zwei wertvolle Winke« [betr. Karten-Systeme]. Leipzig (1910?)

Buchbindergeselle, Der reisende, oder merkwürdige ... Fata eines reisenden Buchbindergesellen ... Stockholm 1753. V: *Rudolph*, *Chn Frdr.* (cb)

Buchbinder-Kalender. Hrsg. v. d. Verl. d. allg. Anzeigers f. Buchbindereien. Stuttgart 1891. 2. Jahrg. 12. (224) Stuttg., Leo. geb. in Leinw. 1. 50; in Ldr. 2. 50

Buchbinder-Kalender. Notiz-, Nachschlage- u. Adreßbuch f. alle Interessenten der Buchbinderei u. verwandter Geschäftszweige. Hrsg. v. dem Verlag d. allgemeinen Anzeigers f. Buchbindereien Stuttgart 1891. 2. Jahrg. 12. (224 S.) Stuttgart 890. (Verlag u. Exped. d. allgemeinen Anzeigers f. Buchbindereien.) geb. in Leinw. 1. 50; in Ldr. 2. 50

Buchbinder-Kalender 1891. Stuttgart 1891

Buchbinderkunst, d. engl., enthalt. e. Beschreib. von dem Werkzeuge, Vorrichten, Vergolden u. Ausarbeiten ꝛc. Mit 1 Holzschn. 2e Aufl. 8. Leipz. 821. Baumgärtner. 12 K

Buchbinder-Post: Schweizerische Buchbinder-Post
① Fachblatt der organisierten Arbeiter und Arbeiterinnen in der Buchbinderei und verwandten Berufen ④ Korrespondenzblatt (Zh) ⑤ 1. 12. 1895—20. 6. 1896 (14 Nummern) ⑥ 4° ⑦ alle 14 Tage ⑧ Bern: Obrecht & Käser ⑩ Th. Capra (Unter Garantie des Schweiz. Buchbinder-Verbandes Sektion Bern) ⑫ sozialdemokratisch ⑬ J. J. Eichenberger: Der neue Redakteur. »Der Buchbinder — Le Relieur« Nr. 1, 5. 1. 1906 (Beilage zu: Helvetische Typographia).

Buchbinderverband (Der deutsche), sein Zweck und seine Tätigkeit. Ein Mahnruf an alle nichtorganisierten Arbeiter und Arbeiterinnen in Buchbindereien, Kontobuchfabriken, Linieranstalten, sowie in der Portefeuille-, Album-, Etuis-, Kartonnagen-, Luxuspapier- und Ledergalanteriewaren-Fabrikation Deutschlands. 8°. Stuttgart, A. Dietrich, s. a. (1901).

Der Deutsche **Buchbinder-Verband**, sein Zweck und seine Thätigkeit. Ein Mahnruf an alle nichtorganisirten Arbeiter u. Arbeiterinnen in Buchbindereien, Kontobuch-Fabriken u. Linieranstalten ... Deutschlands. Stuttgart: A. Dietrich [1904] (30 S.) 8° [Umschlagt. ℌ.] [illegible]

Buchbinder-Zeitung, Berliner. 1875; 1882-95. 4° Berlin 1875-95

Buchbinder-Zeitung, Berliner. Organ für Buchbinder, Lederwaaren-, Album-, Etuis- und Cartonagen-Arbeiter ꝛc. 1. Jahrg. 1883. 24 Nrn. (à Nr. 1$\frac{1}{3}$ Bog.) Fol. Berlin, (Gorzelanczyk und Comp.) *

—— dass. — Redact.: Emil Festerling. 2. Jahrg. 1884. 24 Nrn. (à Nr. 1$\frac{1}{3}$—2 Bog.) Fol. Berlin, Aschenfeldt. *

Buchbinder-Zeitung, Berliner. Organ für Buchbinder, Lederwaaren-, Album-, Etuis- und Cartonagen-Fabrikation und verwandte Fächer. Redact.: Baumgart. 3. Jahrg. 1885. 24 Nrn. (à Nr. 1$\frac{1}{3}$—2 Bog.) Fol. Berlin, (Aschenfeldt.) *

—— dass. — Redact.: M. Brodek. 4.—6. Jahrg. 1886—1888. à Jahrg. 24 Nrn. (à Nr. 1$\frac{1}{3}$—2 Bog.) Fol. (Ebendas.) à Jahrg. *

Buchbinder-Zeitung, Berliner. Fach-Organ f. Buchbinderei u. verwandte Fächer, sowie Handels-Organ f. Papier- u. Schreibwaarenhandel. Red: M. Brodek. 5.—9. Jahrg. 1887—1890. à 24 Nrn. ($\frac{3}{4}$ B.) gr. 4. Berlin, (Aschenfeldt). à Jahrg. n. 4. —

Buchbinder-Zeitung, Berliner. Fach-Organ f. Buchbinderei u. verwandte Fächer, Handelsorgan f. Papier- u. Schreibwaaren-Handel. Redact.: M. Brodek. 7.—10. Jahrg. 1889—1892. à Jahrg. 24 Nrn. (à Nr. $\frac{3}{4}$ Bog.) gr. 4. Berl. (Aschenfeldt). à Jahrg. n. 4 —

Buchbinder-Zeitung, Berliner. Fach-Organ f. Buchbinderei u. verwandte Fächer, sowie Handelsorgan f. Papier- u. Schreibwaaren-Handel. Red.: M. Brodek. 9.—12. Jahrg. 1891—1894. à 24 Nrn. (Bog.) gr. 4. Berlin, (Frdr. Schulze's Verl.). à Jahrg. n. 4. —

Buchbinder-Zeitung, Berliner. Fach-Organ f. Buchbinderei u. verw. Fächer, sow. Handelsorgan f. Papier- u. Schreibwaaren-Handel. Red.: M. Brodek. 13.—16. Jahrg. 1895—1898. à 24 Nrn. (à ca. 10 S.) gr. 4. Berlin (L. Abel). à Jahrg. n. 4. —

Buchbinder-Zeitung, Berliner. Fach-Organ f. Buchbinderei u. verwandte Fächer, sowie Handelsorgan f. Papier- u. Schreibwaaren-Handel. Red.: M. Brodek. 17. u. 18. Jahrg. 1899 u. 1900. à 24 Nrn. gr. 4. (à ca. 10 S.) Berlin (L. Abel). à Jahrg. n. 4. —

— dasselbe. 19. Jahrg. 1901. 52 Nrn. gr. 4. (à ca 12 S.) Ebd. n. 4. —; vierteljährlich n. 1. —

Buchbinderzeitung, Berliner. 1896-1902. 4° Berlin 1896-02

Buchbinder-Zeitung, Berliner. Fach-Organ f. Buchbinderei, Cartonnagen- u. Lederwaren-Industrie. Handelsorgan f. Papier- u. Schreibwaren. Red.: F. Kiwitt. 22 Jahrg. 1.—3. Viertelj. Jan.—Septbr. 1904 39 Nrn. (à ca. 12 S.) 4. Berlin (L. Abel). n. 3. —
Fortsetzung u. d. T.:
Deutsche Buchbinderzeitung.

—— deutsche. Organ für die gewerbl. Interessen der Buchbinder, Cartonnagenarbeiter, Portefeuiller ꝛc. 1.—5. Jahrg. 1880—1884. à Jahrg. 36 Nrn. (à Nr. $\frac{1}{2}$ Bog.) hoch 4. Leipzig, (Siegismund und Volkening.) à Jahrg. *

—— deutsche. Organ für die gewerbl. Interessen der Buchbinder, Cartonnagenarbeiter, Portefeuiller ꝛc. 6. Jahrg. 1885. 36 Nrn. (à Nr. $\frac{1}{2}$ Bog.) hoch 4. Leipzig, Ramm und Seeman. *
Nicht weiter erschienen.

— deutsche. Fach-Organ f. Buchbinderei, Cartonnagen- u. Lederwaren-Industrie. Handelsorgan f. Papier- u. Schreibwaren. Red.: F. Kiwitt. 22. Jahrg. 4. Viertelj. Oktbr.—Dezbr. 1904. 13 Nrn. (à ca. 12 S.) 4. Ebd. n. 1. —

— dasselbe. 23. Jahrg. 1905. 52 Nrn. (à ca. 12 S.) 4. Ebd. n. 4. —

Buchbinder-Zeitung, deutsche. Fach-Organ f. Buchbinderei, Cartonagen- u. Lederwaren-Industrie. Handelsorgan f. Papier- u. Schreibwaren. Red.: G. Vogt. 24—27. Jahrg. 1906—1909. (à 52 Nrn.) (à ca. 8 S.) 33,5×24,5 cm. Berlin, L. Abel. à Jhrg. 4. —
Nicht mehr im Buchhandel.

Buchbinder-Zeitung, Schweizerische. Fachblatt für Buchbinderei, Schreibmaterialien- und Papierhandel und verwandte Fächer. Organ des Schweizer. Buchbindermeister-Vereins. 1. Jahrg. 1891. (12 N°). N° 1. Gr. in-4°. 4 S. Zürich, Buchdr. von Jean Frey. Jährlich 2 —

Buch-Denkmal, das. Bericht über die Ausführung desselben an die Theilnehmer der Subscription erstattet von Frz. Ritter v. Hauer u. Dr. M. Hörnes. *Wien* 1858. Typ.-lit.-art. Anst. von *L. C. Zamarski, C. Dittmarsch & C.* 34 S., 8°. Mit dem Porträte Leop. v. Buch, einer Ansicht und einer Karte.

INHALT. Geschichte der Unternehmung. — Beschreibung des Monumentes und Wegweiser zu demselben. — Verzeichniss der Theilnehmer an der Subscription. — Biographie. Zur Erinnerung an L. v. Buch. Von *W. Haidinger* (v. Buch geb. 25. April 1774, gest. 4. März 1853). — Die lithogr. Ansicht stellt eine Zeichnung des Denkmales dar. Die Karte dient zur Auffindung der Wege zum Denkmal.

Buchdorf, Frz. v., ein fahrender Schüler im Morgenlande, s.: Zu Leur u. Meur. v. Buchn.

Buch- u. Kunstdruck. Wegweiser f. Drucksachen-Hersteller u. -Verbraucher. Begründet als Deutsche Buchhandelsblätter. Red.: Walt. Heichen. 7. Jahrg. Oktbr. 1906—Septbr. 1907. 12 Hfte. (à ca. 32 S. m. Abbildgn. u. Taf.) Lex.-8. Erfurt, Ohlenroth. n.n. 5.—
Vergl.: Buchhandelsblätter, deutsche.

Buch- u. Kunstdruck. Wegweiser f. Drucksachen-Hersteller u. -Verbraucher. Begründet als Deutsche Buchhandlungsblätter. Red.: Osc. Block. 8—11. Jhrg. Oktbr. 1907—Septbr. 1911. à 12 Hefte. (à ca. 32 S. m. Abbildgn. u. Taf.) Lex. 8. Erfurt, Gebr. Richters. à Jhrg. 5.—

Buch- u. Kunstdruck. Wegweiser f. Drucksachen-Hersteller u. -Verbraucher. Begründet als Deut. Buchhandlgsbll. Red.: Osc. Block. 11—13. J. Okt. '10—Sept. '13 je 12 Hefte. (12. J., 1—4. Heft: 136 m. Abb. u. farb. Taf.) Lex8° Erf., Gebr. Richters. viertelj. 1.25

Buchdrucker, der, (v. Schwarz). 2 Thle. 8. Leipz. 775. (W. Nauck). 2 ₰ 4 ℊ

Buchdrucker, d., v. Schwarz. 2 Thle. 8. Lpz. Sommer. 775.

Buchdrucker, die beiden, s. Schillings-Bücher des Tauben Hauses.

Buchdrucker. – Des Buchdrucker's beste Bezugsquellen, s. Buchdruckers ...

Buch- u. Steindrucker, deutscher. Monatl. Bericht üb. d. graph. Künste u. deren verw. Geschäfts-Zweige. 1. Jahrg. Octbr. 1894 b. Septbr. 1895. 12 Nrn. (à ca. 2 Bog. m. Abb.) hoch 4. Berlin, E. Morgenstern. n. 3.—

— dasselbe. Central-Insertionsorg. f. d. ges. graph. Industrie. Hierzu d. Beilage: Unterhaltungsblatt „Graphische Feierstunden". 2. u. 3. Jahrg. Oktbr. 1895 b. Septbr. 1897. à 12 Nrn. (à 4—5 Bog. m. Abb. u. Taf.) hoch 4. Ebd. à Jahrg. n. 4. 50

— dasselbe 4. u. 5. Jahrg. Oktbr. 1897 b. Septbr. 1899. à 12 Nrn. (à ca. 5 Bog. m. Abb. u. Taf.) hoch 4. Ebd. à Jahrg. n. 6.—; einz. Nrn. — 60
Kann auch vierteljährlich bezogen werden.

Buch- u. Steindrucker, deutscher. Monatlicher Bericht üb. die graph. Künste. Zentral-Insertionsorgan f. die gesamte graph. Industrie. Mit Unterhaltungs-Beilage: Graphische Feierstunden. 6. u. 7. Jahrg. Oktbr. 1899—Septbr. 1901. à 12 Nrn. hoch 4. (à ca. 96 S. m. Abbildgn. u. Taf.) Berlin, E. Morgenstern. à Jahrg. n. 6.—

— dasselbe. Red.: Ernst Morgenstern u. Gust. Könitzer. 8. u. 9. Jahrg. Oktbr. 1901—Septbr. 1903. à 12 Nrn. hoch 4. (à ca. 96 S. m. Abbildgn. u. Taf.) Ebd. à Jahrg. n. 7.—; vierteljährlich n. 1. 75

Buch- u. Steindrucker, deutscher. Monatlicher Bericht üb. die graph. Künste. Zentral-Insertionsorgan f. das gesamte Buchgewerbe. Mit der Unterhaltungsbeilage: „Graph. Feierstunden". Hrsg.: Ernst Morgenstern. 10.—13. Bd. Oktbr. 1903—Septbr. 1907. à 12 Hfte. (10.—12. Jhrg. 1072, 1106 u. 1106 S. m. Abbildgn. u. Taf.) Lex.-8. Berlin, E. Morgenstern. à Jhrg. n.n. 8.—

Buch- u. Steindrucker, deut. Monatl. Bericht üb. d. graph. Künste. Mit d. Unterhaltgsbeil.: „Graph. Feierstunden". Hrsg.: Ernst Morgenstern. 13—16. J. Oktbr '06—Septbr '10 je 12 Hefte. (1. Heft. 100 m. Abb. u. Taf.) Lex 8° Berl., E Morgenstern. Viertelj. 2 —; 4. Viertelj. einschl. Weinachtsbuch 2.75; einz. Hefte — 75

Buch- u. Steindrucker, deutscher. Monatlicher Ber. üb. die graph. Künste. Zentral-Insertionsorgan f. die gesamte graph. Industrie. Mit d. Unterhaltungsbeilage: „Graph. Feierstunden". Hrsg. u. Red.: Ernst Morgenstern. 14.—17. Jhrg. Oktbr. 1907—Septbr. 1911. à 12 Hfte. (14.—16. Jhrg. X, 1192; X, 1144 u. X, 1180 S. m. Abb. u. Taf.) Lex. 8. Berlin, E. Morgenstern. à Jhrg. 8.—

— dass. Monatl. Bericht üb. d. graph. Künste. Mit Unterhaltgsbeil.: „Graph. Feierstunden". Hrsg. u. Red.: Ernst Morgenstern. 18. u. 19. J. Okt. '11—Sept. '13 je 12 Hefte. (18. J., 1. Heft: 96 m. Abb. u. Taf.) Lex8° Ebd. m. Weihnachtsheft 3.75; viertelj. 2 —; einz. Hefte 1 —; Weihnachtsheft d. 18. J. allein 2.50; d. 19. J. 2 —

Buchdrucker. Die ersten B' in Basel. (Basel) s. [Burckhardt, Abel].

Buchdrucker, die ersten, in Basel, s. Neujahrs-Blatt XVIII.

Buchdrucker. – Die Festtage des Buchdruckers, s. Buchdruckers ...

Buchdrucker, Die Prager, contra Johann Ferdinand Schönfeld. Ein Aktenstück samt Beilagen. [Prag] 1786. V: *Webel*. (A. G. Przedak, Gesch. d. deutsch. Zeitungswesens in Böhmen, S. 58) (zibrt 1/220) (Briefe über d. gegenw. Zust. d. Litt., S. 202) (Der deutsche Zuschauer. O. O. 1785/88. Bd. 8, S. 309) (biblport)

Buchdrucker, der, u. die verschied. Reproduktionsverfahren. Ein Leitfaden f. Buchdruckereibesitzer, Geschäftsführer u. Faktoren. Mit ca. 60 Beilagen, die verschiedenart. Reproduktionsverfahren darst. (III, 96 S. m. Abb.) kl. 8. Leipzig (908). J. Mäser. Geb. in Leinw. 5.—

Buchdrucker, Karl, Die biblische Geschichte, erzählt von —. 3. Auflage. Nürnberg 1866. U. E. Sebald.

Buchdrucker, P. W., s. Buchdruckereien, die, der Schweiz.

HESSISCHES BUCHDRUCKERBUCH, enthaltend Nachweis aller bisher bekannt gewordenen Buchdruckereien des jetzigen Regierungsbezirks Cassel und des Kreises Biedenkopf. Im Auftrage des Marburger Geschichtsvereins bearbeitet und herausgegeben von dessen zeitigen Vorsitzenden GUSTAV KÖNNECKE. Mit Abbildung von 96 Buchdruckerzeichen. Marburg in Hessen 1894. N. G. Elwert'sche Verlagsbuchhandlung. 8°.

Buchdruckerei, Schrift- und Stereotypengiesserei von F. A. Brockhaus. Lpz. 1. Juni 1840. V: *Brockhaus, Frdr.* (cb)

Buchdruckerei, d. wohleingerichtete rc. 4. Nürnb., Endters. 16 ℊ

Buchdruckerei, Die woleingerichtete, mit 118 Teutsch- Lateinisch- Griechisch- und Hebräischen Schrifften ... Nürnb. 1721. V: *Ernesti, Johann Heinrich Gottfried*. (cb) (EngMt)

Buchdruckerei-Arbeiter (An alle) Wiens und Niederösterreichs. Wien, 1. Nov. 1891. Verlag von Karl Höger.

Buchdruckereien, die, der Schweiz. Mit erläut. u. ergänzend. Anmerkk. Eine Gelegenheitsschrift, zur Feier des 4. Jubelfestes der Erfindung der Buchdruckerkunst herausg. von P. W. Buchdrucker (P. Wegelin). 8. St. Gallen 836. (Scheitlin u. Zollikofer.) $^{2}/_{3}$ ℞

Buchdruckerfest, d., in Stuttgart. Gefeiert am 24. Juni 1840. In schwäb. Dialekte vom Verf. der Schrift: „Der Bauer beim Schillerfest." 8. Stuttgart 840. Ebel. $1^{1}/_{2}$ ℛ

Buchdruckergesell, der mit e. Buchhandlungs-Lehrjungen über d. 41ste Stück d. Schlözerschen Briefwechsels sich unterhaltende. (Von J. B. Cybel.) 8. Basel (Salzb.) 781.

Buchdrucker-Innung, Die Leipziger, vor 175 Jahren. [Leipzig 1876.] V: *Meyer, Frdr. Herm.* (cb)

Buchdruckerkunst s. a. *Buchausstattung — Buchgewerbe — Graphische Kunste.*

Buchdruckerkunst, die, Kupferstich u. Steindruck, s.: Wochenbände, Nr. 72.

Buchdruckerkunst, Die, verfasst und herausgegeben vom Artistischen Orumner Institut in Karlsruhe. [ca. 1836.] V: *Gutsch, F. & Rupp.* (Ky)

Buchdruckerkunst, die, verfaßt u. hrsg. v. Artist. Institut (Gutsch u. Rupp) in Karlsruhe. 2 Bl., Imp.-Fol. Mit Einfass. Karlsruhe 840, Artist. Institut.

Buchdruckerkunst, Die edle, als ein von Gott geschenktes Hülfsmittel zur Fortpflanzung des Glaubens. Brieg 1740. V: *Lessel, Joh. Casp.* (Mitth. M. Grolig)

Buchdruckerkunst, die, i. Hamburg-Altona. Festschrift, hrsg. anläßl. d. 70jähr. Stiftungsfestes v. d. Innung d. hamburg. Buchdrucker-Prinzipal-Vereins. Hamburg d. 27. Febr. 1895. Fol (132 S. m. Abb. u. 1 Bildnistaf.) Hamburg 896. (Verlagsanstalt u. Druckerei.) n.n. 6.—

Buchdruckerkunst, Die, bey Gelegenheit einer . . . neu errichteten Schriftgiesserey. Wien 1786. V: *Blumauer, Joh. Alois.* (Jl.)

Buchdruckerkunst und Schriftgiesserei, Die so nöthig als nützliche, mit ihren Schriften . . . Leipzig 1740—45. V: *Gessner, Chn Frdr. & Joh. Gg Hager.* (cb) (ML)

Buchdrucker's, des, beste Bezugsquellen. Ein Hilfsbuch zum vorteilhaften Bezuge tägl. Bedarfsartikel sowie bei Neueinrichtg. u. Vergrösserg. v. Buchdruckereien. Hrsg. v. Möller & Borel G. m. b. H. 8. Aufl. (48 S.) 8. Berlin 904. Möller & Borel. n. 1.—
Die früh. Auflagen sind unter Wilh. Möller aufgenommen.

Buchdruckers, die Fest-Tage des, s. Fest-Tage.

Buchdrucker-Salamander. 16. (3 S.) Halle a/S. 898. Graph. Verlags-Anstalt. — 10

Buchdrucker-Salamander. 2. Aufl. 16. (3 S.) Halle 901. Graph. Verlags-Anstalt. — 10

Buchdrucker-Salamander. 3. Aufl. (3 S.) 16. Halle 904. Graph. Verlags-Anstalt P Goldschmidt. n. — 10

Buchdrucker-Studien. Lustige Blätter aus dem Skizzenbuche eines Leipziger Buchdruckers. gr. 8. (12 Steintaf.) Halle 888. Sachse. n. — 90

Buchdrucker-Studien. Lustige Blätter aus dem Skizzenbuche eines Leipziger Buchdruckers. [Neue Ausg.] Halle a. S. [1898—1901]. [1904.] V: *Schreyer, Max.* (Berl)

Buchdrucker-Studien. Lust. Blätter a. d. Skizzenb. e. Leipz. Buchdruckers. Mit humorist. Versen v. Sq. 1. u. 2. Hft. 8° (25 u. 21 m. Abb.) Halle 98. 1900, Graph. Verl.-Anst. à — 50

Buchdrucker-Studien. Lustige Blätter aus d. Skizzenbuche e. Leipziger Buchdruckers. M. humorist. Versen v. Sq. 2. u. 3. Hft. gr. 8. (21 u. 25 S. m. Abbildgn.) Ebd. 900. 901. à — 50

Buchdrucker-Studien. Lustige Blätter aus d. Skizzenbuche e. Leipziger Buchdruckers. Mit humorist. Versen von Sq. 3. Aufl. H. 1. *Halle a. S.: P. Goldschmidt [1904].* 8° [04. 10107 3

Buchdrucker-Tarif, deutscher, nebst Kommentar. Laut Beschlüssen des Tarif-Ausschusses hrsg. v. Tarif-Amt der deutschen Buchdrucker. München 899.

Deutscher Buchdrucker-Tarif nebst Kommentar. Laut Beschlüssen d. Tarif-Ausschusses hrsg. vom Tarif-Amt d. Deutschen Buchdrucker. *(Berlin) 1902: (Büxenstein).* (XVI, 175 S.) 8° [F.] [02. 803

Buchdruckertarif. Deutscher, nebst Kommentar. Im Auftrage des Tarifausschusses hrsg. v. Tarifamt d. Deutschen Buchdrucker. 2. Aufl. Berlin, 1902. 175 S.

Dasselbe. 3. Aufl. Ebd., 1908. 351 S.

Deutscher Buchdrucker-Tarif nebst Kommentar. Im Auftr. d. Tarifausschusses hrsg. v. Tarifamt d. Deutschen Buchdrucker. Berlin: Tarifamt 1908. (XVI, 335 S.) 8° [F.] [08. 2757

Buchdrucker-Tarif, Deutscher. Gültig ab 1. Januar 1907. Beschlossen in den Sitzungen vom 15.–18. April 1896 in Leipzig und vom 15.–19. Mai 1896 in Berlin. Revidiert in den Sitzungen vom 23.–28. September 1901 und vom 25. September bis 2. Oktober 1906 in Berlin. Hrsg. vom Deutschen Buchdrucker-Verein. Leipzig, 1908. 42 S. [in Lc 71

— u. öffentl. Interesse. Tatsachen u. Entwicklgstendenzen. Dargest. v. Generalsekretariat d. Gesamtverb. d. christl. Gewerksch. (48) 8° Cöln, Christl. Gewerksch.-Verl. '11. — 50 d

Buchdruckertarif, der neue, giltig vom 1. I. 1902 im Vergleich zu dem alten Tarif. Mit e. Anh.: Die Erhöhg. des Gewissgeldes nach dem neuen Tarif. gr. 8. (24 S.) Berlin 901. Expedition d. graph. Welt. n. — 60
Sonderabdruck aus: „Graph. Welt".

Buchdruckertarif, d. neue, giltig v. 1.I.'02 im Vergl. zu d. alten Tarif. Mit e. Anh.: Die Erhöhg d. Gewissgeldes n. d. neuen Tarif. [S.-A.] (24) 8° Berl., (C Heymann)'01. — 60

Buchdrucker-Tarif, Der, v. Standpunkt d. nationalen Volkswirtsch., s. a. Schriften d. Arbeitgeberverbandes f. d. Buchdruckgewerbe.

Der Buchdruckertarif vom Standpunkt der nationalen Volkswirtschaft. Hrsg. vom Arbeitgeberverband für das Buchdruckgewerb. [illegible]

Buchdrucker-Taschenkalender f. 1905. Hrsg. v. H Faber. 1. Jahrg. (70) 16° Feldb. (Steiermark), Buchdr. Feldbach. Geb. nn 1 — *Erscheint f. 1906 nicht. — Früher u. d. T.: Almanach f. Buchdrucker.*

Buchdrucker-Taschenkalender, Fortsetzg, s.: Almanach f. Buchdrucker.

Buchdruckerverband: Der internationale Buchdruckerverband — Fédération typographique internationale
① Organ für Buchdrucker aller Länder - Organe pour les Typographes de l'Univers ⑤ 1. 5. 1890—Oktober 1891 ⑥ 4° ⑦ Monatsblatt ⑧ Basel: Vereinsbuchdruckerei ⑩ François Martin (Gründer). Schweiz. Typographenbund (5. 9. 1890) ⑪ Fr. Siebenmann, Bern, Charles Ott, La Chaux-de-Fonds ⑫ Gewerkschaftsblatt ⑬ Mitteilungen der Internationalen Graphischen Föderation 1950. Nr. 2; Fédération luxembourgeoise des travailleurs du livre 1951. no. 3. p. 48 ⑭ Be: Sekretariat der IGF ⑮ Artikel in deutscher und französicher Sprache.

Buchdrucker-Woche, Die. Red.: Otto Wollermann. 9. u. 10. J. '11 u. '12 je 104 Nrn. Ausg. A. ('11, Nr 1—6: 84) 32,5×24,5 cm. Oldenbg, G Stalling's V. viertelj. — 60; Ausg. B, m. prakt. Vorlagen 1.50

Buchdrucker-Zeitung: Jahrgang 1 - 67, no. [13], July 1, 1873 - July 1940.

Monthly, July 1, 1873 - 1874; semi monthly, 1875 - Dec. 1, 1918; monthly, Dec. 16, 1918 - Mar. 16, 1920; semi monthly, Apr. 1, 1920 - June 16, 1926; monthly, July 1926 - July 1940. Official organ of the Deutsch Amerikanische Typographia. Sub title: Offizielles Organ der Deutsch Amerikanischen Typographia. The first three "Jahrgange", 1873 - 76, devoted largely to technical "Abhandlungen" and "Correspondenzen"; with July 1876 issue, more space given to union activities, and members thereafter required to subscribe. Title varies: Deutsch-Amerikanisches Journal für Buchdruckerkunst, Schriftgiesserei und die verwandten Fächer, July 1, 1873 - 1889?, Deutsch-Amerikanische Buchdrucker-Zeitung, 1889? - Sept. 16, 1918; Buchdrucker-Zeitung, Oct. 1, 1918 - July 1940. Various "Beilage" published with many issues. Place of publication varies: Philadelphia, July 1873 - July 1876; NYC, July 1876 - Oct. 1894; Indianapolis, Nov. 1894 - June 1926, Brooklyn, N.Y., July 1926 - 1930, Chicago, 1931 - 40. Large quarto (slight variations), each issue 4 to 8 pages; illustrated. "Abschiedsnummer", no. [13], July 1940. Circulation: 1878, 600; 1885, 1150; 1895, 1800; 1910, 1250.
Edited by the Secretary of the DAT, as follows: Charles G. Bachmann, July 1873 - June 30, 1876; by Jean Weil, July 1876 - June 1883; by Friedrich Milke, July 1883 - June 1886; by Hugo

Miller, July 1886 - Jan. 1926 [Miller died Feb. 19, 1926, but his name remains as editor until Apr. 1926], by Henry Rutz, Jan. - June 1926; by Ferdinand Loerissler, June 16, 1926 - May 1928; by Julius Theil, June 1928 - July 1940. Published by Deutsch Amerikanische Typographia, 1873 - 1940. Printed in Fraktur [Bourgois] 1873 - June? 1876, then in Antiqua Schrift.
Chicago, IL

Deutsch-Amerikanische Buchdruckerzeitung: 1863 - 1912.
Bimonthly. Edited by H. Miller. New York, NY

Deutsch-Amerikanische Buchdruckerzeitung: 1873--?
Indianapolis, IN

Deutsch-amerikanische Buchdrucker-Ztng. 60v. Indpls. 1873-1932.

Buchdrucker-Zeitung, deutsche. 1. Jahrg. 1848. Octbr. --Decbr. 6 Nrn. (à ½—1½ Bog.) gr. 4. Cassel, Hotop. Thlr. *

—- dass. — 2. Jahrg. 1849. 24 Nrn. (⅓ Bog.) gr. 4. Ebds. *

-- Jg. 1–6.
Berlin: Ramm u. Seemann. 1874 – 79. 8°.

Buchdrucker-Zeitung, deutsche. Hrsgbr.: Herm. Blanke. 12.—15. Jahrg. 1885—1888. à Jahrg. 52 Nrn. (Bog.) gr. 4. Berlin, Blanke. à Jahrg. *

Buchdrucker-Zeitung, deutsche. Hrsg.: Herm. Blanke. 14.—16. Jahrg. 1887—1889. à 52 Nrn. (B.) gr. 4. Berlin, Blanke. à Jahrg. n. 7.—

Buchdruckerzeitung, Deutsche. Jg. 18—38. 1891—1911. Berlin

Buchdrucker-Zeitung, Oesterreichische. Wochenblatt für sämmtliche graphische Zweige. Organ des „Graphischen Club" in Wien. Redact.: C. Dittmarsch. Hrsgbr.: Friedr. Jasper. 8.—12. Jahrg. 1880—1884. à Jahrg. 52 Nrn. (à Nr. 2 Bog. mit Illustr.) 4. Wien, Expedition. à Jahrg. *

— österreichisch-ungarische. Wochenblatt f. sämmtl. graph. Zweige. Organ d. „Graphischen Club" in Wien. Red.: C. Dittmarsch. 13.—18. Jahrg. 1885—1890. à 52 Nrn. (1½ B.) gr. 4. Wien. (Leipzig, Hedeler.) à Jahrg. n.n. 10.—

Buchdrucker-Zeitung, österreichisch-ungarische. Wochenblatt f. sämmtl. graph. Zweige. Organ d. „Graphischen Club" in Wien. Red.: Adf. Kaiser. Hrsg.: Der graphische Club" [Obmann: Arth. v. Marklowsky]. 19. Jahrg. 1891. 52 Nrn. (1½ Bog.) gr. 4. Wien. (Leipzig, Hedeler.) n. 10.—

— dasselbe. Red.: Joh. B. Hamberger. 20. u. 21. Jahrg. 1892. 1893. à 52 Nrn. (1½ Bog.) gr. 4. Ebd. à Jahrg. n. 10.—

Buchdrucker-Zeitung, österreich.-ungar. Wochenblatt f. sämmtl. graph. Zweige. Eigenthum d. Graph. Club. Publications-Organ d. Gremiums d. Buchdrucker u. Schriftgiesser in Wien. Red.: Joh. B. Hamberger. Hrsg.: D. graphische Club [Obmann: Adf. Kaiser]. 23.—26. Jahrg. 1895—1898. à 52 Nrn. (à 1½—2 Bog.) gr. 4. Wien (VI, Magdalenstr. 16), Administration. à Jahrg. n. 10.—

Oesterreichisch-ungarische **Buchdrucker-Zeitung.** Wochenblatt für sämmtliche graphische Zweige. Eigenthum des graphischen Club. Publications-Organ des Gremiums der Buchdrucker und Schriftgiesser in Wien. Redigirt von Joh. B. Hamberger. XXVII. Jahrgang. 1899. Wien. 1899. Verlag des Graphischen Club. 4°. erscheint in 52 Nrn. compl. fl. 4.—

Buchdrucker-Zeitung, österreichisch-ungar. Wochenblatt f. sämmtl. graph. Zweige. Eigenthum d. graph. Club. Publications-Organ des Reichsverbandes österreich. Buchdruckereibesitzer usw. in Wien. Red.: Joh. B. Hamberger. Hrsg.: Der graph. Club (Obmann: Rud. Brzozowsky). 27.—30. Jahrg. 1899—1902. à 52 Nrn. gr. 4. (à ca. 16 S.) Wien (VI. Magdalenenstr 16). Administration. à Jahrg. n.n. 10.—

Buchdrucker-Zeitung, österreichisch-ungarische. Wochenblatt f. sämtl. graph. Zweige. Eigentum des graph. Klub. Publikations-Organ des Reichsverbandes österreich. Buchdruckereibesitzer usw. in Wien. Red: Joh. B. Hamberger. Hrsg.: Der graph. Klub (Obmann: Rud. Brzozowsky). 31.—34. Jahrg. 1903—1906. à 52 Nrn. (670, 676, 676 u. 672 S.) 4. Wien (IV/1, Mühlg. 7), Administration. à Jhrg. n.n 10.—

Buchdrucker-Zeitung, Oesterreichisch-Ungarische, — von Jg. 47. 1919, Nr 5 ab: Deutschösterreichische. Wochenblatt. Jg. 18—48. Wien 1890—1920

Das Deutsche **Buchdruckgewerbe**, seine Organisations-, Arbeits-, Lohn- und Preisverhältnisse. Denkschrift hrsg. v. deutschen Buchdrucker-Verein. Leipzig: Deutscher Buchdr.-Ver. 1908. (Getr. Pag.) 4° (c4. 1009)

Buchdruck-Preistarif, der deutsche. Bericht d. Kommission des deutschen Verlegervereins. (Von Max Paschke.) (24 S.) 8. Leipzig 910. Geschäftsstelle d. deutschen Verlegervereins. — 30

Deutscher **Buchdruck-Preistarif**, nebst e. Zusammenstellung d. Geschäftsgebräuche d. Buchdruckgewerbes. Unter Mitw. d. Tariforgane festgestellt. Hrsg. v. Deutschen Buchdr.-Verein. Leipzig: Deutscher Buchdr.-Ver. 1907. (113 S.) 4° 105. 3405 7

Deutscher **Buchdruck-Preistarif.** Nebst e. Zusammenstellung d. Geschäftsgebräuche d. Buchdruckgewerbes. Unter Mitw. d. Tariforgane festgestellt. Leipzig: Deutscher Buchdr.-Ver. 1908. (71, 19 S.) 4°
— **Buchdruckereigewerbe,** Das deutsche. Leipzig 1908. T. 3. 4. 108. 10756 4

Buchdruckzeichnung oder Glyphographie, Die. . . . Leipzig 1846.
V: *Corvin-Wiersbitzki, Otto von.* (cb)

Buchdruckzeichnung, die, od. Glyphographie. Enthalt. eine Beschreibung dieser neuen Erfindung nebst Anleit. f. Künstler. Mit zahlreichen Buchdruckzeichnungen. Lex.-8. (22 glyphogr. Taf. u. 1½ B. Text mit eingedr. Glyphographien) Leipzig 846. (Hartknoch.) *

Buche, Fr.

Buche, F. Anleitung zur Pfirsichzucht am Wandspalier u. freistehenden Baume. 8. (79 S. m. 1 Taf.) Münch. 891, Callwey. * 1 20

Buche, Fr., Anleitung zur Pfirsichzucht am Wandspalier u. freistehenden Baume. 2., verb. u. verm. Aufl. gr. 8. (VI, 56 S. m. 18 Abbildgn.) Frankfurt a/O. 901. Trowitzsch & Sohn. n. 1. 20

Buche, Fr.: Anleitg z. Pfirsichzucht am Wandspalier u. freisteh. Baume. 3. Afl. (8, 58 m. Abb.) gr8° Frankf. O., Trowitzsch & S. '11. 1.20 d

Buche, Fr., d. prakt. Zwergobstbau. Anleit. z. nutzbring. Betriebe d. Zwergobstbaues f. jeden Haus- u. Gartenbesitzer. gr. 8. (VII, 128 S. m. Abb.) Straßburg 897. Straßburger Druckerei u. Verlagsanstalt. n. 2.—

Buché, Paula. Medizinalpraktikantin an d. path. Inst. zu Bonn, a. Karlsruhe i. B.: Ueber Markfibrome der Niere. Nach d. Material d. pathol. Instituts zu Bonn. Bonn 1907/08: S. Foppen. (43 S.) 8°
Bonn, Med. Fak., Ref. Ribbert. Diss. v. 17. Jan. 1908
[Geb. 25. Dez. 81; Karlsruhe; Wohnort: Bonn; Staatsangeh.: Baden; Vorbildung: Gymn. Karlsruhe Reife M. 01; Studium: Bonn 5, Berlin 3, Bonn 2 S.; Coll. 6. Dez. 07; Approb. 1. Jan. 08.]

Bucheck, Guido, eine politische Frau. Roman. 8. (151 S.) Berlin 877, [Niendorf.] Verlagsh. (F. Graf Behr.) *

— im Kampfe um's Dasein. Roman. 2. (Titel-)Aufl. 8. (III, 263 S.) Berlin (1876) 879. F. Luckhardt. n. 3.—

Buchert, Guido, im Kampfe um's Dasein. Agrarischer Roman. 8. (III, 263 S.) Berlin 876. Niendorf. n. 4.

Buchegg, die reichsfreie Herrschaft, ꝛc. s.a. Geschichtsforscher, schweiz., 11. Bd.

Buchegg. die reichsfreie Herrschaft. Bern 1840 s.a. Wurstemberger, Johann Ludwig].

Buchegg, die reichsfreie Herrschaft, ihre Grafen und Freiherren und die Landgrafschaft Klein-Burgund urkundlich bearbeitet. Bern 1840. V: *Würstemberger, Joh. Ldw.* (BSchwLk V, 10a)

Buchegg, die reichsfreie Herrschaft, ihre Grafen u. Freiherren u. die Landgrafschaft Klein-Burgund. Urkundlich bearb. Als Beitrag zur ältern Geschichte der Städte Bern u. Solothurn u. ihrer Besitzungen. Ein histor. Versuch. Mit 1 Abbild., Karte u. Urkundenverzeichniß. (Der Schweiz. Geschichtsforscher. 11r Bd.) 8. (Mit 2 Tabb.) Bern 840. Jenni, Sohn. 1 1/6 ℬ

Bucheggberger: Der freie Bucheggberger
① Solothurner-Volksblatt ⑤ Januar 1876—Februar 1877 ⑥ 2° ⑦ wöchentlich 2× ⑧ Herzogenbuchsee: Lang & Cie. (Ausgabeort: Tscheppach So) ⑨ Die Wanderheuschrecken ⑩ Geometer Johann Rufer, Tscheppach ⑪ Johann Rufer ⑫ unabhängig-liberal (frondierend).

Buchegger, C[arl]. Alphabetisches Register zum Amtlichen Kommentar des (eidg.) Fabrikgesetzes, zusammengestellt von C. Buchegger.... 39 S. 8. Bern, Schmid & Francke (*Umschlag:* A. Francke), 1902. [fr. —. 80] G

Zu: Das Bundesgesetz betreffend die Arbeit in den Fabriken vom 23. März 1877. Kommentiert durch seine Ausführung... 1878 1899... Bern 1900.

Buchegger, F., de origine sacrae Christianorum poëseos. Friburg. 1827. 4.

– dass. s.a. Buchegger, Ludwig

Buchegger. Fr[anz]. Kurze Geschichte der Domkirche von St. Gallen. Eine Festschrift zur Consekrations- und Säkularfeier auf den 17. und 18. August 1867. für das katholische St. Gallervolk. 8. St. Gallen 1867. A 6595¹

Buchegger, Fr., illustrirtes Lesebuch für die Jugend. Ein Prämienbuch für die Schüler u. Schülerinnen katholischer Volksschulen. 2. Aufl. Einsiedeln 869. Benziger. 8. (224 S. mit Holzschn.) n. 8 ngr.

Buchegger. Hermann: Über die Präfixe in den romanischen Sprachen. . . . Bühl, Druck d. Aktienges. Konkordia. 1890; 3 Bl. 43 S. + 2 Bl. 8°
Heidelberg. Phil. Fak., Inaug.-Diss. v. 11. Dez. 1889

Buchegger, Jos., des Christen Morgen- u. Abendstunde vor Gott. — Andachtsübungen auf alle Wochentage. (Mit Titelbild.) gr. 12. (2¾ B.) Mannheim 841, (Bensheimer.) *

Buchegger, Jos., heil. Weihestunden vor Gott. Andachtsb. f. kathol. Frauen u. Jungfrauen. gr. 12. (12¾ B. u. 4 Kpfr.) Mannheim 842. (Bensheimer.) *

Buchegger, Ludwig

Buchegger, Lud. (jetzt Domkapitular zu Freib.), Comment. de origine sacr. christ. poesiae. 4. Friburg. 1827.

– dass. s.a. Buchegger, F.

Buchegger, Ludw., Predigten auf alle Festtage der kathol. Kirche. Gehalten zu Freiburg. 1. und 2. Bd. gr. 8. Freiburg im Br., Herder'sche Vrlgsh. [1. (VII und 327 S.) 849., 2. (IV und 332 S.) 850. à 1 Thlr.]

— Trauerrede auf Gregor XVI. 8. Freibg. 1846. Herder. 3 Ngr. — 9 kr.

Buchegger, Meinrad. Trauer-Rede auf den Hochgebornen Herrn Franz Grafen von Egger. Gehalten am 26. Nov. 1836. Klgft., v. Kleinmayr. 1836. Folio. 4 S.

Bucheinbände aus dem Bücherschatze der Kgl. Öffentlichen Bibliothek zu Dresden. Herausgegeben von K Zimmermann. (16 S 50 T) 4° Leipzig 1887

Bucheinbände aus dem Bücherschatze der kgl. öffentlichen Bibliothek zu Dresden. Eine Vorlagensammlg. f. Buchbinder, Gewerbeschulen, Graveure, Musterzeichner u. s. w. Neue Folge, m. beschreib. Texte hrsg. v. H. A. Lier. 17 Lfgn. gr. 4. (à 3 Photogr. m. V, 12 S. Text.) Leipzig 892. E. Twietmeyer. à n. 3. —

Bucheinbände a. d. Bücherschatze d. kgl. öffentl. Bibliothek zu Dresden. Vorlagensammlg. Neue Folge, m. beschreib. Texte hrsg. v. HA Lier. 16 Lfgn. 4° (50 Photogr. m. 12 S. Text.) Lpzg 92.93, E Twietmeyer. à 3 — (kplt in Mappe: 50 —)

Bucheinbände a. d. Bücherschatze d. kgl. öffentl. Bibliothek z. Dresden. Vorlagensammlg. f. Buchbinder, Gewerbeschulen, Graveure, Musterzeichner u. s. w., m. beschreib. Texte hrsg. v. Karl Zimmermann. 2. Aufl. gr. 4. (50 Photogr. m. 16 S. Text.) Leipzig 896. E. Twietmeyer. In Leinw.-Mappe n. 50. —

— dasselbe. N. F., m. beschreib. Texte hrsg. v. H. A. Lier. 2. Aufl. gr. 4. (51 Photogr. m. V, 12 S. Text.) Ebd. 896. In Leinw.-Mappe n. 50. —

Bucheinbände, moderne. Sammlung künstler. Orig.-Entwürfe zur Ornamentirung von Buchdecken. Mit Beiträgen von C. G. Aeckerlein, C. Graff, G. Heuser etc. Hrsg. von Gust. Fritzsche. 4 Hefte. gr. Fol. (25 Chromolithogr. und 3 Bl. Text.) Leipzig 878,79, Fritzsche. à Lfg. * ℳ 10. *

BÜCHEL der hoch löblichen Erzbruderschaft des Fronleichnams Jesu Christi in der Zips . . . errichtet . . . worinen die Regel, Abläss, und andere Andachten dieser hoch löblichen Erzbruderschaft zu ersehen sind. Leutschau 1779: Druck Podhoranszky. 69 S. - 140 mm

„Büchel, 's schwarze". Wohre u(n)wohre Anekdote aus'm bralbische un u(n)bralbische Lewe. Vum „Richard" (Jul. Kinzer). (57 S.) kl. 8. Mannheim 910. (Heidelberg, K. Groos Nachf.) Geb. nn 1.30

Büchel, C.: Civilrechtl. Erörterungen, s. Büchel, Konrad

Büchel, C.: Theaterverhältnisse in 23 grösseren Städten. Im Auftrag des Stadtmagistrats zusammengestellt. Nürnberg 1903. 4°.

Büchel, E., De re metrica Lucretii. Pr. 1874. 11 S. 4°.

Büchel, Hermann, Dr. phil. nat.: Das japanische Budget. (Bochum [1910]: Stumpf.) 38 S. 8° ¶ (Teildr. von: Die Finanzen Japans.)
Straßburg, Rechts- u. staatswiss. Diss. v. 29. Jan. 1910, Ref. Sartorius Frh. v. Waltershausen
[Geb. 29. Apr. 71 Schlößchen-Porschendorf; Wohnort: Bochum; Staatsangeh.: Bremen; Vorbildung: Oberrealsch. Oldenburg Reife 00; Studium: Straßburg 5, Paris 2, Leipzig 5 S.] [U 10. 4012

Büchel, Herm., die Finanzen Japans. (VI, 222 S. m. 8 Tab.) gr. 8. Essen 908. G. D. Baedeker. 6. —

Büchel, Hermann, a. Gera: Über ein nicht holonomes System: Die Rollbewegung einer Kugel in einer Kugelschale. Gera 1900: Geraer Verlagsanstalt u. Druckerei. (40 S.) 8°
Straßburg, Math.-naturwiss. Fak., Ref. Weber, Diss. v. 1000
[Geb. 29. April 71 Schl.-Porschendorf, Sachsen; Wohnort: Gera; Staatsangeh.: Bremen; Vorbildung: Oberrealsch. Oldenburg Reife O. 00; Studium: Straßburg 3, Paris 1, Leipzig 5, Karlsruhe 1 S.]

Büchel, J. (Red.), s. Volksblatt, Schweizerisches katholisches.

Büchel, Johann Baptist

Geschichte des Gebietes des heutigen Fürstentums Liechtenstein, f. Schule u. Haus erzählt von Joh. Bpt. Büchel. *Einsiedeln 1894: Eberle Kälin & Cie.* (56 S.) 8° [ß.]

Büchel, Joh[ann] Bapt[ist]. Geschichte der Pfarrei Triesen. [Mit Illustrationen und 1 Tafel. SA. aus: Jahrbuch des Historischen Vereins für das Fürstenthum Liechtenstein. Band 2, 1902.] II + 298 S. 8. Buchs, J. Kuhn, 1902. N 8216

Buechel, Karl, Ergebnisse d. allgem. Wohnungsuntersuchung in Nürnberg 1901/02. Im Auftrag d. Stadtmagistrats bearb. (825 u. 280 S. m. 1 eingedr. Plan u. 2 Formularen.) Lex. 8. Nürnberg (906). (J. L. Schrag.) nn 4. —

Ergebnisse der allgemeinen Wohnungsuntersuchung in Nürnberg 1901/02. Im Auftr. d. Stadtmagistrats bearb. von Dr. Karl **Buechel**, Dir. d. Statist. Amtes. Nürnberg: Stadtmagistrat 1906 (1907). 325, 280 S. 4°(8°) [10. 1341]

BÜCHEL, KARL.
Die Lehre von der elementaren Zusammensetzung der Körper in ihrer Entwicklung von Empedocles bis auf Lavoisier. Programm. Düren, 1876–77. 2 parts. 4to.

Büchel, Karl [Dr.]: Über Methodik des chemischen Unterrichts an den höheren Bürgerschulen. Hamburg, gedr. bei Lütcke & Wulff, 1891; 1 Bl., 19 S. 4°
Hamburg, HB vor d. Lübeckerthore, P 1891 (725)

Büchel, Carl, über Sternnamen. Progr. (15 S.) Lex.-8. Hamburg 905. (Herold.) n.n. 1. 50

Büchel, Carl, Prof. Dr.: Über Sternnamen. Hamburg 1905: Lütcke & Wulff. (15 S.) 4°
Hamburg, R in Eilbeck P 1905 (881)

Büchel, K[arl]: Vergleichung des Skelets eines Delphinus hastatus. Fr. Cuvier des Hamburger naturhistorischen Museums mit dem von Phocaena communis.
Halle-Wittenberg, Phil. Diss. v. 6. Juni 1874
Geb. [Wittenberg 25. 9. 1845]
Ersch. u. d. T.: Vergleichende Osteologie des Delphinus hastatus und der Phocaena communis. In: Zeitschrift f. d. ges. Naturwissenschaften. Bd 43. 1874. S. 379—413. — Ms. fehlt.

Büchel, C: Ganzzahl. Werte bei Diophant. (16) Lex 8° Hambg, (Herold) '05. 1 —

— ganzzahlige Werte bei Diophant. Den Teilnehmern der 48. Versammlg. deutscher Philologen u. Schulmänner zu Hamburg 1905 als Festgabe dargeboten v. dem Ortskomitee. (16 S.) Lex.-8. Ebd. 905. n. 1. —

BÜCHEL, Karl (München): Das gesetzliche Zinsmaximum beim foenus nauticum nach 1,26 Cod. de usuris 4,32.- Erlangen: Jacob 1885. 45 S.
15.12.1884 - Urk (Titel: De usuris maximis legis 26 cod 4,32 in nautico foenore.); Chr 1884/85,13
Diss. Ingolst.-Landsh.-Mchn.

Buechel, Karl, das gesetzliche Zinsmaximum beim foenus nauticum nach l. 26 Cod. de usuris 4, 32. gr. 8. (45 S.) Erlangen 883, Deichert. *

Büchel, Karl Julius Eberhard s. Büchel, Karl

Büchel, Konr.

Büchel, C., De uno casu Instit. (§ 2 J. 4. 6). Progr. Marb. 1847.

Büchel, Conr., Disquisitio de uno casu, quo, secundum §. 2 j. de actbs. [4. 6.], in controversiis rerum corporalium is qui possidet nihilominus actoris partes obtinet. 4maj. (21 S.) Marburgi 848, libr. universit. Elwert.

BÜCHEL, Konr.: Civilrechtl. Erörterungen. I. 1—3. II. 1. *Marb.*, Garthe, 832—36. gr. 8. (12 Gr.) — Einz.: I. 1. Ueb. d. Wirkung d. Klagenverjährung. 832. (12 Gr.) — 2. Ueb. die Natur d. Pfandrechts. 833. (18 Gr.) — 3. Ueber jura in re u. deren Verpfändung. 834. (16 Gr.) — II. 1. Ueb. d. Verpfändung f. nicht vollgültige Obligationen. 836. (22 Gr.)

Büchel, Konr., civilrechtl. Erörterungen in e. Reihe einzelner Abhandlungen. 2s Hft. A. u. d. T.: Ueber die Natur des Pfandrechtes. gr. 8. Marburg 833. Garthe. $^3/_4$ Rthlr — 3s Hft. A. u. d. T.: Ueber jura in re und deren Verpfändung. gr. 8. Ebd. 834. $^2/_3$ Rthlr (Alle 3 Hfte. $1^5/_6$ Rthlr) — II. Bd. 1e Abtheil. A. u. d. T.: Ueber die Verpfändung für nicht vollgült. Obligationen. gr. 8. Ebd. 836. $^5/_6$ Rthlr — II. Bd. 2e Abtheil. A. unt. d. Tit.: Streitfragen aus Novelle 118. gr. 8. Ebd. 839. $1^1/_2$ Rthlr.

Büchel, Konr., civilrechtl. Erörterungen. 2. Aufl. 1. Bd. gr. 8. (30½ B.) Marburg 846, Elwert'sche Universit.-Buchh.

– 2. Aufl. Bd 1. Marburg u. Leipzig 1847.

Büchel, Konr.: Ueber die Natur des Besitzes. Marburg u. Leipzig 1868.

Büchel, Konr., über die Natur des Besitzes. gr. 8. (III und 66 S.) Marburg 868, Elwert'sche Universitäts-Buchh.

Büchel, Otto [app. Arzt aus Altenburg]: Beitrag zur Lehre von der Diffusion und Resorption ... Jena, G. Neuenhahn Univ.-Buchdr., 1893; 33 S. 8.
Jena, Med. Fak. Inaug.-Diss. v. [22. Juli] 1893

Büchel, W[ilhelm], Dr.: Über die durch gewöhnliche Differentialgleichungen definierten Kurven. Hamburg 1906: Lütcke & Wulff. (26 S., 2 Taf.) 4°
Hamburg, R in Eppendorf P 1906 (915)

Büchel, Wilhelm, aus Hamburg: Zur Topologie der durch eine gewöhnliche Differentialgleichung erster Ordnung und ersten Grades definierten Kurvenschar. *Leipzig 1903: B. G. Teubner.* (S. 133—170.) 8° ¶ Aus: Mitteilungen d. Math. Gesellschaft in Hamburg. Bd 4, H. 4.
Jena, Phil. Diss. v. (28. Febr.) 1903

Büchelchen, das goldene, f. Kinder v. 3 bis 6 Jahren, (v. J. G. Müchler). 16. Königsb. 799. Unzer. 8 gr.

Buchele, Jos., Anfangsgründe d. Geometrie, mit e. kl. Zugabe, besteh. in d. ABC d. ebenen Trigonometrie. 8. Amberg 814.

— Anleit. zur Berechnung d. Verhältnisse. 8. Neuburg 809.

Büchele, Deutsche Vaterlandskunde. Ein Hand- und Hausbuch von u. für Deutschland und die angrenzenden Länder, u. Wegweiser für Reisende u. Geschäftsmänner aller Klassen. Nach den neuesten Quellen bearbeitet. 1. Bd. Mit 3 Stahlst. Stuttgart & Leipzig 1836. gr. 8. . . . . (D.)

Büchele, Dr., Deutsche Vaterlandskunde. Ein Hand- u. Hausbuch von u. für Deutschland u. die angrenz. Länder, und Wegweiser für Reisende u. Geschäftsmänner aller Klassen. Nach den neuesten Quellen bearb. Mit Stahlstichen und e. neuen Post- u. Reisekarte von Deutschland. 1r Bd. 9 Lfrgg. Mit 3 Stahlstichen. gr. 8. Stuttgart 836 — 38. Rieger u. Comp. (à $^1/_2$ Rthlr) $4^1/_2$ Rthlr

Büchele, deutsche Vaterlandskunde. Ein Hand- u. Hausbuch von u. für Deutschland u. die angrenz. Länder, u. Wegweiser f. Reisende u. Geschäftsmänner aller Klassen. Nach d. neuesten Quellen bearb. 1. Bd. (9 Lfgn.) M. 3 Stahlst. gr. 8. (75 B.) Stuttgart 838, [Scheible; Rieger u. Sattler.] à L. 12 Gr.

Buechele, C [Übers.]
s. Albach, Louis: Der Garten des Domherrn. 1867.

Büchele, C.: Schriftliche Ausarbeitungen ...,
s. a. Büchele, E.

Büchele, (C), schriftl. Ausarbeitgn a. d. Geschäftsleben d. Bautechnikers. 8. (335) Stuttg. 71, Stöckhardt. n. — 20

Büchele, C., Australien, in der Gegenwart nach seiner histor. Entwickelung und Beschaffenheit, seinen Einwohnern und Producten, seinen socialen, commerciellen und statist. Verhältnissen geschildert. gr. 8. (IV und 444 S.) Stuttgart 855(56,) Hallberger'sche Verlgsh.

Buechele, C [Übers.]
s. Braddon, Mary Elizabeth: Lady Audley's Geheimnis. 1863.

Büchele, C., gewerbliche Buchführung und Calculation zum Selbstunterricht und für Fortbildungsschulen. 1. Aufl. 1862. und 2. (Titel-)Aufl. gr. 8. (334 S.) Stuttgart 868, Cammerer.

Buechele, C [Übers.]
s. Conscience, Hendrik: Die Bürger von Darlingen. 1862.

Buechele, C [Übers.]
s. Conscience, Hendrik: Der junge Doktor. 1860.

Buechele, C [Übers.]
s. Conscience, Hendrik: Der Geldteufel. 1857.

Buechele, C [Übers.]
s. Conscience, Hendrik: Das Goldland. 1863.

Buechele, C [Übers.]
s. Conscience, Hendrik: Das eiserne Grab. 1861.

Buechele, C [Übers.]
s. Conscience, Hendrik: Das Lied der Zeit. 1860.

Buechele, C [Übers.]
s. Conscience, Hendrik: Bella Stock. 1862.

Buechele, C [Übers.]
s. Conscience, Hendrik: Simon Turchi. 1860.

Buechele, C [Übers.]
s. Dumas, Alexandre: Die Wölfinnen von Machecoul. 1858.

—— und A. Fischer, Geschäftsbriefe und Geschäftsaufsätze zum Unterrichte in gewerbl. Fortbildungsschulen und zum Privatgebrauch im gewerbl. Leben. gr. 8. (XII und 140 S.) Stuttgart 860, Metzler'sche Buchh. Verlags-Conto. *

-- Geschichte des Welthandels, s. Bibliothek der gesammten Handelswissenschaften.

Büchele, Geschichte des Welthandels. Stuttgart 1867

Büchele, C., die Geschichte Württembergs von der ältesten Zeit bis auf die Gegenwart. Für Schule und Familie freimüthig erzählt. Neue verschönerte (Titel-)Ausg. 8. (III und 308 S. mit eingedr. Holzschn. und 1 histor.-comparativen lithogr. und ill. Kärtchen von Württemberg, gez. von C. Baur in 4.) Stuttgart (855)60, [Cammerer.]

Büchele, C., die Geschichte Württemberg's von der ältesten Zeit bis auf die Gegenwart. Für Schule und Familie freimüthig erzählt. 8. (III und 308 S. mit eingedr. Holzschn.) Stuttgart 855, Verlag der Erheiterungen. ' Thlr.

—— d. Gesch. Württembergs. 2. Asg. 8. (308) Stuttg. 60, Beck. (?) — 10

—— Gewerbe- und Handelsgeographie, s. Handel, der.

Büchele (Hrsg.), s. Die Handelswelt.

—— Land und Volk der Vereinigten Staaten von Nord-Amerika. Zur Belehrung für Jedermann, vorzüglich für Auswanderer. Nach eigenen Beobachtungen und den neuesten Quellen geschildert. gr. 8. (VIII und 622 S.) Stuttgart 855, Hallberger'sche Vrlgsh.

— Leitfaden zum Unterricht in der französischen Sprache mit Materialien zum Uebersetzen. Für Gewerbe- u. Fortbildungsschulen bearb. Stuttgart 863. Metzler. 8. (IV, 256 S.) n. 24 ngr.

Buechele, C [Übers.]
s. Marsh-Caldwell, Anne: Schloß Avon. 1853-54.

Buechele, C [Übers.]
s. Murger, Henry: Adeline Protat. 1854

—— Phraseologie zur Handelscorrespondenz in deutscher, französ. und engl. Sprache. 1. und 2. Aufl. gr. 8. (VI, 266 S.) Stuttgart 872,73, Maier. *
Aus: Kaufmännische Unterrichtsstunden, besonders abgedruckt.

Buechele, C [Übers.]
s. Reybaud, Henriette Etiennette Fanny: Onkel Cäsar. 1859.

Büchele, C., u. A. Fischer, Sammlung von geschäftlichen Aufsätzen, Briefen, Anzeigen ꝛc. für Gewerbe- u. Fortbildungsschulen sowie zum Privatgebrauch für Gewerbtreibende jedes Standes. 2., völlig umgearb., verb. u. verm. Aufl. Stuttgart 866. Metzler. 8. (IV, 156 S.) n. 12 ngr.

Buechele, C [Übers.]
s. Schwartz, Marie Sophie: Arbeit adelt den Mann. 1864.

Buechele, C [Übers.]
s. Schwartz, Marie Sophie: Blätter aus dem Frauenleben. 1863.

Buechele, C [Übers.]
s. Schwartz, Marie Sophie: Ein Kind der Arbeit. 1865.

Buechele, C [Übers.]
s. Schwartz, Marie Sophie: Ein Mann von Geburt ... 1864.

Buechele, C [Übers.]
s. Schwartz, Marie Sophie: Novellen und Erzählungen. 1865.

Buechele, C [Übers.]
s. Schwartz, Marie Sophie: Ein Opfer der Rache. 1864.

Buechele, C [Übers.]
s. Schwartz, Marie Sophie: Der Rechte. 1864.

Buechele, C [Übers.]
s. Schwartz, Marie Sophie: Wilhelm Stjernkrona.... 1863.

Buechele, C [Übers.]
s. Schwartz, Marie Sophie: David Waldner. 1864.

Buechele, C [Übers.]
s. Schwartz, Marie Sophie: Die Wittwe und ihre Kinder. 1864.

Buechele, C [Übers.]
s. Smith, J.F.: Die Abtei Carrow. 1859.

Buechele, C [Übers.]
s. Smith, J.F.: Das Erbe ... 1858.

Büchele C, Stuttgart und seine Umgebungen. Stuttgart 1858

Buechele, C [Übers.]
s. Tautphoeus, Jemima B^nesse von: Die Anfangsbuchstaben. 1854.

Buechele, C [Übers.]
s. Wood, Ellen: Lady Adelaide's Schwur. 1867.

Büchele, E.: Schriftliche Ausarbeitungen...,
s.a. Büchele, C.

Büchele, C., schriftliche Ausarbeitungen aus dem Geschäftsleben des Bautechnikers, enth. Gesuche, Berichte, Gutachten ꝛc. aus dem Hoch-, Straßen- und Wasserbauwesen, zum Gebrauch für Gewerbeschulen und zur Einleitung in die Praxis aus wirklichen Vorkommnissen entlehnt und zusammengestellt. gr. 8. (VII, 335 S.) Stuttgart 871, Stöckhardt. [Homolatsch.]

JOHANNES BÜCHELE, Die Wirbelthiere der Memminger Gegend. Ein Beitrag zur bayerischen Fauna. Nach eigenen Beobachtungen zusammengestellt. Nach des Verfassers Tode herausgegeben von Chr. Huber. (Beilage zum Jahresbericht des naturhist. Vereins zu Augsburg.) Memmingen 1860. Druck von C. Fischach. 8°.

Büchele, Tob., an d. Küste v. Patagonien, s.: Spamer's, Otto, neue Volksbücher.

BÜCHELE, Ulrich Benedikt (Memmingen): De hernii... - Landshut: Thomann 1810. 32 S. 24.9.1810 - Pr 3121 F 57
Diss. Ingolst.-Landsh.-Mchn

Bücheleln, Johann Jacob (Wehrda-Norico), De resignatione homagii et jurisdictionis imperata. Von Obrigkeitl. Aufkündigung der Landes-Huldigung und Gerichts-Schutzes. Diss. publ. Präs. Heinrich Hildebrand. Altdorf (J. W. Kohles) 17. III. 1723. 46 S., z. Tl. dtsch. (5.—) 4501

— — Dasselbe. Altdorf (Steph. Grebner) 1757. 52 Seiten. (5.—) 4502

Bücheleu, Carl, d. Triester Bahnverbindungen u. d. Verstaatlichg. d. Südbahn. [Aus: „Volkswirtschaftl. Wochenschr."] 8. (34 S.) Wien 895. Volkswirtschaftl. Verlag A. Dorn. n. - 80

Bücheleu, Carl, Bosnien und seine volkswirthschaftliche Bedeutung für Oesterreich-Ungarn. Auf Grund von Thatsachen dargestellt. gr. 8. (48 S. mit 2 lithogr. und color. Uebersichtskarten.) Wien 879, Lehmann und Wentzel. *

Büchelen, Carl, Bosnien u. seine volkswirthschaftliche Bedeutung für Oesterreich-Ungarn. Auf Grund von Thatsachen dargestellt. Mit 2 (lith., 1 color.) Uebersichtskarten. gr. 8. (48 S.) Wien 879. Spielhagen & Schurich. n. 2. —

Büchelen, Carl. Ueber die Frage der sogenannten zweiten Bahn-Verbindung unserer Reichshälfte m. ihrem Seehafen Triest. Vortrag. gr. 8. (31 S. m. 1 Taf.) Wien 892, Volkswirtschaftl. Verlag, A. Dorn. * 1 —

Büchelen, Carl, zur Lösung der Triester Bahnfrage. Entgegnung auf den „Zur Lösg. der Tauernbahnfrage" gemachten Vorschlag. Zwei durch e. Vorrede ergänzte Sonder-Abdr. aus der Zeitschrift des oest. Ingenieur- u. Architekten-Vereines. Mit e. Tabelle. gr. 8. (VI, 28 S.) Wien 900. (Lehmann & Wentzel.) n. 1. —

— zur Tauernbahnfrage. Vortrag, geh. im Salzburger Volksverein am 2. Mai 1892. hoch 4. (12 S.) Salzburg 892. (H. Kerber.) n. — 50

—— Die Tauern-Predil-Bahn u. ihre Zerrbilder, im Spiegel d. Verstaatlichg. der Südbahn betrachtet. gr. 8. (73 S. m. 1 Karte u. 1 lithogr. Taf.) Wien 890, (Helf's Sort.). * 2 —

Büchlein, Ella, der Profit is d' Hauptsach', s.: Universal-Bibliothek.

Buecheler, Anton [aus Greifswald]: Aus d. chirurg. Klinik. Ueber die geschwulstbildenden Processe des Antrum Highmori. . . . Bonn. Univ.-Buchdr. v. Carl Georgi. 1889: 52 S. + 1 Bl. 8°

Bonn. Med. Fak., Inaug.-Diss. v. 23. Mai 1889

Buecheler, Franz

Buecheler, Frz., s.: Anthologia latina.

Bücheler, F., Zur Auslegung der horazischen Oden. S.-A. O. J. 15 S.

— Bemerkungen über die varronischen Satiren. S. A. O. J. 84 S.

—— s. Bibliothek indogermanischer Grammatiken.

Eine italische Blei- und eine rheinische Thon-Inschrift von FRANZ BÜCHELER. Hierzu Taf. IV. Sonderabdruck aus „Bonner Jahrbücher" Heft 116. Bonn 1907. Carl Georgi, Universitäts-Buchdruckerei und Verlag. 4°.

Bücheler, Frz., oskische Bleitafel. gr. 8. (77 S. mit 1 Steintaf.) Frankfurt a/M. 878. Sauerländer. n. 2. 60

Bücheler, F. u. E. Zitelmann, Bruchstücke eines zweiten Gesetzes von Gortyn. S.-A. O. J. 16 S. —.90

Carmina latina epigraphica. Conlegit Franciscus Buecheler. 1. 2. *Lipsiae: B. G. Teubner 1895–97.* 2 Bde 8°
= Anthologia latina. P. 2, Fasc. 1. 2.
(Bibliotheca script. graec. et rom. Teubneriana.)

Bücheler, F., De Bucolicorum graecorum aliquot carminibus. S.-A. 1875. 29 S.

Bücheler, F., Catalepton S.-A. s. a. 19 S.

Bvecheler, Franciscvs (geb. am 3 Juni 1837 in Rheinberg): De Ti. Clavdio Caesare grammatico [Cap. I–IV] ... Elberfeldae, R. L. Friderichs (1856). 1 Bl., 22 S., 1 Bl. 8. ¶ Erschien in dems. J. u. im gleichen Verl. vollständig mit einer Vorrede Friedr. Ritschls.

Bonn, Phil. Fak., Diss. v. 13 März 1856

Index scholarvm qvae ... in vniversitate Fridericia Gvilelmia Rhenana per m. aest. a. 1877 ... habebvntvr. (Insunt Francisci **Buecheleri** Coniectanea.) Bonnae, typ. C. Georgi (1877). 28 S., 4 Bl. 4. ¶ Eine gleichbetitelte Abh. desselben Verf. im Ind. schol. 1878–79.

Bücheler, F., Conjectanea. Pr. 1878. 26 S. 4°.

Index scholarvm qvae ... in vniversitate Fridericia Gvilelmia Rhenana per m. hib. a. 1878–79 ... habebvntvr. — Insvnt Francisci **Bvecheleri** Coniectanea. Bonnae, typ. C. Georgi (1878). 37 S., 3 Bl. 4. ¶ Eine gleichbetitelte Abh. desselben Verf. im Ind. schol. 1877.

Bücheler, F., Conjectanea critica. 6 Abhandl. S.-A. 1858 – 1890. 32, 30, 16, 14, 19, 14 S.

— Conjectanea Latina. Pr. 1868. 20 S. 4°.

—— Conjectanea latina. gr. 4. (20 S.) Berlin 870, (Calvary und Comp.) *

Bücheler, F., Neue Fragmente de Euripides und anderer griechischer Dichter. S.-A. 1880. 24 S. 1.—

— Oskische Funde. S. A. 1888. 7 S.
— – S. A. 1889. 10 S.

Bücheler, Frz., Gedächtnisrede auf Hermann Usener. Gesprochen bei der Eröffng. des Bonner philolog. Seminars am 8. XI. 1905. (S. 735—742 m. 1 Bildnis) Lex.-8. Leipzig 905. B. G. Teubner. n. — 80
Sonderabdruck aus: „Neue Jahrbb. f. d. klass. Altertum, Geschichte u. deut. Literatur".

-- Grundriss der lateinischen Declination. Leipzig 866. Teubner. gr. 8. (2 Bll., 70 S) n. 10 *ngr.*

— Grundriss der lateinischen Declination. Mit des Verfassers Erlaubniss unter Benutzung der französischen Uebersetzung von M. L. Havet aufs Neue hrsg. von J. Windekilde. gr. 8. (136 S.) Bonn 879. Strauss. n. 4. —

—— s. a. Index academicorum philosoph. Herculanensis.

Bücheler, F., Academicorum philosophorum index Herculanensis. Pr. 1869. 22 S. 4°.

— academicorum philosophorum index Herculanensis. Greifswald 869. (Berlin, Calvary & Co.) 4. (24 S.) n. 12 *ngr.*

— Oskische Inschriften. S. A. 1888. 7 S.

Index scholarvm qvae ... in vniversitate Fridericia Gvilelmia Rhenana per m. aest. a. 1876 ... habebvntvr. (Inest Anthologiae epigraphicae latinae a Francisco **Buechelero** confectae Spec. III inscriptiones Saturniis numeris conceptas et trochaicas exhibens.) Bonnae, typ. C. Georgi (1876). 27 S., 3 Bl. 4. ¶ In neuer Bearb. wiederholt in d. Anthol. lat. ed. Buecheler et Riese P. II 1895–96. — Spec. I im Ind. schol. aest. univ. Gryphiswald. a. 1870; Spec. II im Rhein. Mus. f. Philol. N. F. XXVII 1872 S. 127 ff.

Bücheler, F., Iguvinae de lustrande populo legis interpretatio. 4 Tle. Pr. 1876, 78, 80. 89, 32, 28 S. 4°. à 1.—

Natâlem saecvlarem B. G. Niebvhri ab vniversitate Fridericia Gvilelmia Rhenana d. III m. Avg. ... celebrandvm ... indicit Franciscvs **Bvecheler**. — Inest Igvvinae de lvstrando popvlo legis interpretatio. Bonnae, ex C. Georgi typogr. 1876. 39 S. 4. ¶ Erschien zugleich selbständig bei Weber in Bonn *u. d. T.:* Populi Iguvini lustratio. — In neuer Bearb. wiederholt in des Verf. Umbrica 1883. — Vergl. die Königsgeb.-Progr. 1878 u. 1880.

Natalicia ... Gvilelmi Imperatoris ... ab vniversitate Fridericia Gvilelmia Rhenana d. XXII m. Mart. a. 1878 ... concelebranda ... indicit Franciscvs **Bvecheler**. — Inest interpretatio tabvlae Igvvinae II. Bonnae, ex C. Georgi typogr. (1878). 32 S., 1 Bl. 4. ¶ In neuer Bearb. wiederholt in des Verf. Umbrica 1883. — Vergl. d. Niebuhrprogr. 1876 u. d. Königsgeb.-Progr. 1880.

Natalicia ... Gvilelmi Imperatoris ... ab vniversitate Fridericia Gvilelmia Rhenana d. XXII m. Mart. a. 1880 ... concelebranda ... indicit Franciscvs **Bvecheler**. — Inest interpretatio tabvlarvm Igvvinarvm III et IIII. Bonnae, ex C. Georgi typogr. (1880). 23 S. 4. ¶ In neuer Bearb. wiederholt in des Verf. Umbrica 1883. — Vergl. d. Niebuhrprogr. 1876 u. d. Königsgeb.-Progr. 1878.

— philologische Kritik. Rede, gehalten beim Antritte des Rectorats der Rheinischen Friedrich-Wilhelms-Universität am 18. Octbr. 1878. gr. 8. (27 S.) Bonn 878. Cohen & Sohn. n. 1. —

— Altes Latein. Fortsetz. S.-A. 1887. 8 S.

Natalicia ... Gvilelmi Imperatoris ... ab vniversitate Fridericia Gvilelmia Rhenana d. XXII m. Mart. a. 1881 ... concelebranda ... indicit Franciscvs **Bvecheler**. — Inest Lexicon Italicvm. Bonnae, ex C. Georgi typogr. (1881). 1 Bl., XXX S. 4.

Buecheler, Franc., populi Iguvini lustratio legem umbricam interpretatus est. gr. 4. (39 S.) Bonn 876. Weber's Verl. n. 1. 80

— s.: Museum, rheinisches, f. Philologie.

Bücheler, F., Zu Nigidius. S.-A. 1858. 12 S.

Bücheler, F., Der Philosoph Nikasistratus. S.-A. s. a. 8 S.

Bücheler, F., Observationes miscellae (darin Ennius ap. Varr. L. L. V, 19.) Pr. 1877. 15 S. 4°. —.90

Bücheler, F., Observationes miscellae (Valer. Maxim VIII, 1, 8). Pr. 1877. 15 S. 4°. 1.—

— Oskisches. S. A. 1890. 11 S.

Bücheler, Franz (Bearb.), s. Pseudo-Plutarchos

Bücheler, F., und E. Zitelmann, das Recht von Gortyn, hrsg. und erläutert, s. Museum, rheinisches, für Philologie.

Bücheler, F., Ueber Varros Satiren. S. A. O. J. 48 S.

Bücheler, F., De septem Aeschylea. S.-A. 1877. 7 S.

Bücheler, F., Anthologiae epigraph. lat. confectae spec. I. Pr. 1870. 25 S. 4°. 1.—

Buecheler, Francisc., Anthologiae epigraphicae latinae specimen I. gr. 4. (25 S.) Gryphiswaldiae 870. (Berlin, Calvary und Comp.) *

Bücheler, F., Anthologiae epigraphicae Latinae spec. 2 Tle. Pr. 1870, 76. 25, 16 S. 4°. à 1.20

Buecheler, Franc., Umbrica, interpretatus est F. B. gr. 8. (VI, 223 S.) Bonn 883, Cohen und Sohn. *

Bücheler, F., Vindiciae libri Priapeorum. Gel. 1868. 35 S.

— Altital. Weihgedicht. S.-A. 1877. 20 S.

— Weihinschriften von Capua. S.-A. 1888. 8 S.

Bücheler, F., Ueber Aristophanes Wolken. Gel. 1861. 83 S.

Bücheler, J. Beitrag zur Klimatologie von Bischweiler, resp. Unterelsaſs. 21 S. Progr. *Bischweiler* 1878.

Buecheler, Joh[ann] Simon. Trauerrede, gehalten bei der Beerdigungsfeier des Herrn Nationalrath Oberst (Joseph Leonhard) Bernold. in der Pfarrkirche zu Wallenstadt, am 22. Februar 1872. 8. Wallenstadt 1872. A 740[22]

Buecheler, Josephus ‹geb. am 13 Juni 1807 in Bonn›: De animi affectionibus in abdominis morbis praeter vesaniam ... Bonnae, ex off. Neusseriana (1830). 2 Bl., 30 S., 1 Bl. 4.
Bonn, Med. Fak., Diss. v. 23 Dez. 1830

Bücheler, Jos., über den Nutzen u. Gebrauch der kalten Bäder, insbesond. der Rheinbäder. 8. Düsseld. 836. Stahl. n. 1/12 ß

Bücheler, Jos., Regimen sanitatis Salernitanum, d. i. kurzgefaßte, dem Munde des Volkes angepaßte Diätetik in Versen. Festgabe zur 25jähr. Jubelfeier des Vereins der Aerzte des Reg.-Bez. Düsseldorf. 16. (31 S.) Düsseldorf 868, Budich. [Deiters.] *

JOSEPH BÜCHELER, Regimen Sanitatis Salernitanum, das ist kurzgefasste, dem Munde des Volkes angepasste Diätetik in Versen ... Festgabe zur 25jährigen Jubelfeier des Vereins der Aerzte des Regierungsbezirks Düsseldorf. Düsseldorf, 1869. Hermann Budich. 8°.

Bücheler, Jos., summa medicinae, das ist die erste Hülfe bei Verunglückten u. Schwererkrankten. Ein pract. Nothbüchlein in 716 Reimen. 16. (56 S.) Düsseldorf 872. Deiters in Comm. n. — 50

Bücheler, Jos., Verhaltungsregeln vor u. während d. asiat. Cholera, f. Jeden, insbesond. f. d. Landmann. gr. 8. (2 B.) Düsseldorf 832, Schreiner.

Bücheler, Jos., wo ist Arbeit? oder das Adreß-Comptoir für die arbeitende Klasse zu Düsseldorf. Ein Versuch. gr. 8. (35 S.) Düsseldorf 848, (Stahl'sche Buchh.)

Bücheler, Karl

Bücheler, K., deutsches Lese- und Sprachbuch für die unteren Klassen höherer Lehranstalten. gr. 8. (XVI, 376 S.) Stuttgart 884, Metzler'sche Buchh. *

Bücheler, K., deutsches Lese- u. Sprachbuch f. die unteren Klassen höherer Lehranstalten. 2. Aufl. gr. 8. (XVI, 396 S.) Stuttgart 885. Metzler's Verl. n. 1.50

Bücheler, deutsches Lese- u. Sprachbuch f. die unteren Klassen höherer Lehranstalten. 4. Aufl. gr. 8. (XVI, 396 S.) Stuttgart 893. J. B. Metzler's Verl. n. 1. 50

Bücheler, deutsches Lese- u. Sprachbuch f. d. unt. Klassen höh. Lehranst. 5. Aufl. gr. 8. (XVI, 396 S.) Stuttgart 897. J. B. Metzler's Verl. Geb. in Halbldr. n. 2.—

Bücheler, K., deutsches Lese- u. Sprachbuch f. die unteren Klassen höh. Lehranstalten. 6. Aufl. gr. 8. (XVI, 396 S.) Stuttgart 901. J. B. Metzler. Geb. n. 2.—

Bücheler, K., deutsches Lese- u. Sprachbuch f. die unteren Klassen höherer Lehranstalten. 7. Aufl. (XVI, 397 S.) gr. 8. Stuttgart 903. J. B. Metzler. Geb. n. 2.—

Bücheler, K., die Simultanschule. Ein ernstes Mahnwort. (V. 71 S.) 8. Stuttgart 907. J. B. Metzler. — 80

—— deutsches Sprachbuch für die unteren und mittleren Klassen höherer Lehranstalten. 1. Aufl. (VIII, 88 S.) und 2. Aufl. gr. 8. (VIII, 92 S.) Ebendas. 885. *

Bücheler. Deutsches Sprachbuch f. die unteren u. mittleren Klassen höherer Lehranstalten. 3. Aufl. gr. 8. (VIII, 92 S.) Stuttg. 892, Metzler's Verlag. cart. * — 75

— dasselbe, f. d. unt. u. mittl. Klassen a. höh. Lehranst. 4. Aufl. gr. 8. (VIII, 91 S.) Ebd. 898. Kart. n. — 75

— deutsches Sprachbuch f. die unteren u. mittl. Klassen höherer Lehranstalten. 5. Aufl. gr. 8. (VIII, 91 S.) Ebd. 902. Kart. n. — 75

— Deut. Sprachb. f. d. unt. u. mittl. Kl. höh. Lehranst. 6. Afl. (92) 8° Ebd. '03. Kart. — 75 d

— deutsches Sprachbuch f. die unteren u. mittleren Klassen. höherer Lehranstalten. 7. Aufl. (VIII, 92 S.) 8. Ebd. 906. Kart. n. — 75

Bücheler, K: Deut. Sprachb. f. d. unt. u. mittl. Kl. höh. Lehranst. 8. Afl. (8, 92) 8° Stuttg., JB Metzler '11. geb. nn — 75 d

—— Worte der Erinnerung an den sel. Oberstudienrath Otto v. Fischer, gesprochen in der Versammlung des allgemeinen württemberg. Reallehrervereins in Stuttgart den 15. Mai 1883. gr. 8. (12 S.) Tübingen 883, Fues. *
Aus: Correspondenzblatt für die Gelehrten- und Realschulen Württembergs, besonders abgedruckt.

Bücheler, Max, Beiträge zur Kenntniss des Pferdeblutfarbstoffs. Inaugural-Dissertation. gr. 8. (30 S.) Stuttgart 883. (Tübingen, Fues.) *

Bücheler, M., Beitr. z. Kenntnis d. Pferdeblutfarbstoffs. Tüb. 84. Fues. M. —.80

Bücheler, Max, d. Branntwein-Industrie, s.: Stammer, K.

— Leitfaden f. d. landwirtschaftl. Brennereibetrieb. Für Praktiker leicht faßl. geschild. M. 100 eingedr. Abb. gr. 8. (XII, 302 S.) Braunschweig 898. F. Vieweg & Sohn. n. 4.—; geb. in Leinw. n. 4. 80

Bücheler, Max (Hrsg.), s. Zeitung, Allgemeine, für die gesamte Spiritus-Industrie.

Bücheler, Petrus Iosephus ‹geb. am 28 Juli 1800 in Bonn›: De laryngis ulcerum non syphiliticorum diagnosi ... Bonnae, typ. P. Neusseri (1828). 2 Bl., 24 S., 2 Bl. 4.
Bonn, Med. Fak., Diss. v. 25 März 1828

Bücheler, Rob., s.: Bücherschatz fürs Handwerk.

— Der praktische Möbelschreiner. Unter Mitwirkg. v. J. Eichler u. A. Bender hrsg. Mit 151 Illustr. u. 2 Werkzeichngn. (152 S.) gr. 8. Stuttgart 907. E. H. Moritz. Geb. in Leinw. 4.50

Bücheler, Rob., unser Schreinerhandwerk, s. Stetter, Adf.

Bücheler, Rob.: Wie legt u. behandelt man Linoleum? — Wie soll d. Schreiner kalkulieren?, s: Bücherschatz f. Handwerk.

Buchella, W, s: Puchella, W.

Buchem, Carl. Länge, Körpergewicht, Lebergewicht und Verhältnis des Lebergewichtes zum Körpergewichte bei den Embryonen vom Rind, Schaf und Schwein. Ein Beitrag zur Altersbestimmung des Rinderembryo. Diss. Vet.-Med. Bern. 38 S. 8. (Altenburg, Stephan Geibel & Co.,) 1909. V Bern

Buchen, Helene, das Weihnachtskind. Lebensbild. 1. und 2., unveränd. Aufl. 16. (58 S.) Barmen 867, Langewiesche's Buchh.

Buchen, Helene, das Weihnachtskind. Ein Lebensgang. 3. Aufl. 16. (63 S.) Rheydt 878. Langewiesche. — 60; cart. m. Goldschn. n. 1. —

Buchenau (Schlagwort)

Buchenau, s.: Preussen. Messtischblätter.

Buchenau (Verfasser)

Buchenau, Alexander [Referendar zu Bremen]: Rechtliche Natur des Fruchterwerbs des redlichen Besitzers. . . . Göttingen, Druck d. Univ.-Buchdr. v. W. Fr. Kästner. 1889; 2 Bl. + 63 S. 8°
Göttingen, Jur. Fak., Inaug.-Diss. v. 17. Dez. 1889

Buchenau, Alex. Rechtliche Natur d. Fruchterwerbs d. Besitzers. Diss. gr. 8. (65 S.) Göttingen 889, (Vandenhoeck & Ruprecht).

Buchenau, Art.: Bemerkgn René Descartes' üb. e. gewisses in d. Niederl. geg. Ende 1647 gedr. Programm, s.: Bibliothek, philosoph.

Buchenau, [Artur]: Bericht über die vierte Wanderung. Langenberg (Rhld.) 1910: Forsthoff. S. 13—18. 4°
Langenberg Rhld. RG i. E. P 1910 (672) [S 10. 53

Buchenau, Artur s. Descartes' René: Philosophische Werke

Buchenau, Art.: Die philosoph. Entwickelgsgesch. d. mathemat. Naturwiss. bis auf Newton. [Aus: „Blätter f. d. Fortbildg d. Lehrers u. d. Lehrerin".] (35) gr8° Berl.-Zehlend., Verl. d. Blätter f. Fortbildg d. Lehrers ('12). 1 —

Buchenau, Arthur, aus Barmen: Zum Versbau Mistrals. *Marburg 1901: (E. Erichsen, Elberfeld).* (132 S.) 8° ¶(T. 1 einer Abhandl. üb. d. Verskunst Mistrals.)
Marburg. Phil. Diss. v. [13. Sept.] 1901

Buchenau, [Artur]: Über die vierte Wanderung (Herbst 1909). S. 13—18. 4.
Progr. Realgymn. i. E. *Langenberg, Rhld.* 1910

Buchenau, Charlotte, s. Haushaltungsbuch, praktisches, f. die sparsame Hausfrau.

Buchenau, Charlotte, Praktisches Haushaltungsbuch für die sparsame Hausfrau auf das Jahr 1893. Lex.-8 In Lwd. geb. 1.—
Wien: Lechner 1892

Buchenau, Franz

Buchenau, Fr[anz G. Phil.], Dir., Prof. Dr.: Abschiedswort. *Bremen 1903: A. Guthe.* (S. 3—4.) 4°
Bremen, R beim Doventor, P 1903 (828)

Buchenau, *Franz* [Dir. Prof. Dr.]: Zwei Abschnitte aus der Praxis des botanischen Unterrichtes. 1. Über den falschen Gebrauch der Hauptwörter in der Benennung der Blütenstände und Früchte. — 2. Das Linnésche System in den Schulen. Bremen, Druck v. A. Guthe, 1890; S. 3—24; 4°
Bremen, R beim Doventhor, OP 1890 (710)

FR. BUCHENAU, Zwei Abschnitte aus der Praxis des botanischen Unterrichtes. I. Über den falschen Gebrauch der Hauptwörter in der Benennung der Blütenstände und Früchte. II. Das Linnésche System in den Schulen. Sonderabdruck aus dem Oster-Programm 1890 der Realschule beim Doventhor, herausgegeben vom Naturwissenschaftlichen Vereine zu Bremen. Den Abteilungen für Botanik und für naturw. Unterricht der 63. Versammlung deutscher Naturforscher und Ärzte gewidmet. Bremen 1890. C. E. Müller. 8°.

Buchenau, Frz. Alismaceae, s. Engler, A. u. K. Prantl, Die natürlichen Pflanzenfamilien etc. etc. 2. Tl. 1. u. 5. Abtl.

Buchenau, Frz., Atlas zum Gebrauche beim ersten geographischen Unterrichte sowie zur Ergänzung der gewöhnl. Schulatlanten für die Schulen Bremens und der Umgegend. qu. gr. 4. (1 lithogr. und 4 chromolithogr. Karten.) Bremen 858, (Kühtmann und Comp.) *

Buchenau, Frz., üb. den Aufbau des Palmiet-Schilfes (Prionium serratum Drège) aus dem Caplande, s.: Bibliotheca botanica.

Buchenau, Frz., Aufgaben für den Rechen-Unterricht in höheren Schulen und deren Vorbereitungsklassen. 5 Hefte. gr. 8. Halle, Gesenius' Verlag.
Inhalt:
Heft 1. Zahlenraum von 1—1000. 6. Aufl. (IV, 106 S.) 881. *ℳ 1.
» 2. Zahlenraum von 1—100000. 6. Aufl. (IV, 58 S.) 880. * 60 Pf.
» 3. Ganze und Decimalen im unbeschränkten Zahlenraume. 5. Aufl. (IV, 88 S.) 881. *ℳ 1.
» 4. Gemeine Brüche, Regeldetri, Procentrechnungen und Kettensatz. 5. Aufl. (IV, 96 S.) 880. *ℳ 1.
» 5. Gesellschafts-Rechnung, Mischungs-Rechnung, Termin-Rechnung, diverse Rechnungen. Geographische, geometrische und physikalische Berechnungen. 5. Aufl. (IV, 124 S.) 882. *ℳ 1,50.

— Auflösungen zu den Aufgaben für den Rechen-Unterricht in höheren Schulen und deren Vorbereitungsklassen. 4 Hefte. Ebendas. 880,81. [1. und 2. Heft. 6. Aufl. (à Heft 8 S.); 3. und 4. Heft. 5. Aufl. (à Heft 12 S.)] à Heft 50 Pf.

Buchenau, F., Aufgaben f. d. Rechen-Unterricht in höheren Schulen u. deren Vorbereitungsklassen. Vorstufe. Zahlenraum von 1—100. gr. 8. (22 S.) Bremen 888. Rühle & Schlenker. geb. n. — 40

Buchenau, Frz., Aufgaben für den Rechenunterricht in höheren Schulen und deren Vorbereitungsklassen. 5 Hefte. gr. 8. Halle. Bremen, Rühle und Schlenker. *

— Aufgaben f. den Rechen-Unterricht in höheren Schulen u. deren Vorbereitungsklassen. 5 Hfte. gr. 8. Bremen, Rühle & Schlenker. Geb. n.n. 6. 90
1. 7. Aufl. (IV, 22 u. 100 S.) 888. n. 1. 60. — 2. 8. Aufl. (IV, 80 S.) 890 n.n. — 90. — 3 6. Aufl. (IV, 88 S.) 890. n 1. 30. — 4. 7. Aufl. (IV, 96 S.) 890. n. 1. 30. — 5. (IV, 124 S.) 882. n. 1. 80.

Buchenau, Frz. Aufgaben für den Rechen-Unterricht in höheren Schulen und deren Vorbereitungsklassen. 2.—4. Heft. Bremen 890, Rühle u. Schlenker. geb. * 3 40
2. Zahlenraum v. 1—100,000. 8. Aufl. (80 S.) * 1 —.
3. Ganze u. Dezimalen im unbeschränkten Zahlenraume. 6. Aufl. (88 S.) * 1 30.
4. Gemeine Brüche, Regeldetri, Proportionsrechnungen u. Kettensatz. 7. Aufl. (96 S.) geb. * 1 20.
1. Heft. Vorstufe. Ebd. 1888. geb. * — 40.

Buchenau, Frz., Aufgaben f. d. Rechen-Unterricht i. höh. Schulen u. der. Vorbereitungsklassen. 1. Hft. Zahlenraum v. 1—1000. 8. Aufl. gr. 8. (28 u. 62 S.) Bremen 896. Rühle & Schlenker. Geb. n. 1. —

Buchenau, Frz., Aufgaben für den Rechen-Unterricht in höheren Schulen u. deren Vorbereitungsklassen. Vorstufe. Zahlenraum von 1—100. 2. Aufl. (28 S.) gr. 8. Bremen 896. Rühle & Schlenker. Geb. n. — 40

— dasselbe. 3. u. 4. Hft. Bearb. gemeinsam m. Geo. Meyer. gr. 8. Ebd. Geb. à n.n. 1. 30
3. Ganze u. Decimalen im unbeschränkten Zahlenraume. 7. Aufl. (IV, 88 S.) 900.
4. Gemeine Brüche, Regeldetri, Prozentrechnungen u. Kettensatz. 8. Aufl. (IV. 98 S.) 901.

— dasselbe. Bearb. v. Geo. Meyer. 4. Hft. (Anh.). Gesellschafts-Rechnung, Mischungs-Rechng., Termin-Rechng., Verwandlg. dezimaler Brüche in gemeine Brüche. (46 S.) gr. 8. Ebd. 903. n. — 40

Buchenau, Fr., Aufgaben zum bürgerlichen Rechnen für bremische Schulen. Unter Anlehnung an die gleichnamige von dem verstorb. Prof. Dr. H. Gräfe herausg. Aufgabensammlung. 2 Thle. Bremen 870. Geisler. gr. 8. (IV, 152; VIII, 199 S.) 1.: n. 15 ngr.; 2.: n. 18 ngr.;
Resultate zum 1. Thl. (32 S.) 5 ngr.

—— dass. — Resultate zum 1. Thl. gr. 8. (32 S.) Ebendas. 870. *

Buchenau, Frz., Aufgaben zum bürgerlichen Rechnen. 1. Thl. 2 Hfte. u. 2. Thl. 3 Hfte. gr. 8. Halle 874. 75. Gesenius. n. 4. 70

I. 1. Zahlenraum von 1 bis 1000. 5. Aufl. (106 S.) n. 1. –
2. Zahlenraum von 1 100,000. 5. Aufl. (55 S.) n. — 60
II. 1. Ganze u. Decimalen im unbeschränkten Zahlenraume. 4. Aufl. (88 S.) n. 1.
2. Gemeine Brüche, Regeldetri, Procentrechng. u. Verwandtes. 1. Aufl. (90 S.) n. — 60
3. 4. Aufl. (VIII, 128 S.) n. 1. 50

Buchenau, *Franz* [Dir. Prof. Dr.]: Auszug aus der Schulordnung. Bremen, Druck v. A. Guthe, 1896; S. 10. 4.
Bremen, R beim Doventhor, P 1896 (741)

Buchenau, *Franz*, Director der Realschule in Bremen, * Kassel 12. Jan. 1831.
—— Beiträge zur Entwickelungsgeschichte des Pistilis. D. Marburg, typ. Elwert. 1851. 8.
Linnaea XXV. 621–659.

– fernere Beiträge zu Flora der ostfriesischen Inseln, s. Abhandlungen, hrsg. vom naturwissenschaftl. Verein zu Bremen.

– Bernstein- und Bronze schmuck, s. Abhandlungen, hrsg. vom naturwissenschaftl. Verein zu Bremen.

Buchenau, Franz [Dir. Prof. Dr.]: Die Beseitigung der sog. „deutschen" Schreib- und Druckschrift. Bremen, Druck v. A. Guthe, 1892; 23—27 S. 4.
Bremen, R beim Doventhor, OP 1892 (723)

– Blitzschläge in Bäume, s. Abhandlungen, hrsg. vom naturwissenschaftl. Verein zu Bremen.

– Merkwürdig veränderte Blüte einer cultivirten Fuchsia, s. Abhandlungen, hrsg. vom naturwissenschaftl. Verein zu Bremen.

– gefüllte Blüten von Juncus effusus, s. Abhandlungen, hrsg. vom naturwissenschaftl. Verein zu Bremen.

Buchenau (F.). Bremen und s. Gebiet . . . Bremen, 1862-6. 8°.

Buchenau, Frz., die freie Hansestadt Bremen und ihr Gebiet. Ein Beitrag zur Geographie u. Topographie Deutschlands. Bremen 862. Schünemann's Verlag. Lex.-8. (XII, 276 S.) n. 1 ₰ 10 ngr.

—— die freie Hansestadt Bremen und ihr Gebiet. Ein Beitrag zur Geographie und Topographie Deutschlands. 2. Aufl. Lex.-8. (XII, 276 S.) Bremen, Schünemann. [Kaiser.] (M 4.)

—— die freie Hansestadt Bremen und ihr Gebiet. 2. völlig umgearb. Aufl. gr. 8. (VIII, 321 S. mit 26 Tab., 7 Abbild. im Texte und 9 lithogr., zum Theil kolor. Karten und Taf.) Bremen 882, Heinsius' Verlag. * M 8.; geb. *

Buchenau, Frz., die freie Hansestadt Bremen u. ihr Gebiet. Ein Beitrag zur Geographie u. Topographie Deutschlands. 3., völlig umgearb. Aufl. Mit 26 Abb. im Texte u. 12 Karten u. Taf. gr. 8. (X, 431 S.) Bremen 900. G. A. v. Halem. n. 8.—; geb. n. 9.—

(S) **Buchenau,** Frz., Bremen. 900. (KBL 31.) Jetzt: Bremen, E. Hampe. Erm. Pr. 2.—; geb. 3.—

– Butomaceae, s. Engler, A. u. K. Prantl: Die natürlichen Pflanzenfamilien etc. 2. Tl. 1. u. 5. Abtl.

– Carex punctata Gaud. in Deutschland, s. Abhandlungen, hrsg. vom naturwissenschaftl. Verein zu Bremen.

—— s. Cürie's, P. F., Anleitung die im mittleren und nördlichen Deutschland wild wachsenden und angebauten Pflanzen zu bestimmen.

Buchenau, Frz., üb. Einheitlichkeit der botanischen Kunstausdrücke u. Abkürzungen, s.a. Abhandlungen des naturwissenschaftlichen Vereins zu Bremen.

FRANZ BUCHENAU, Ueber Einheitlichkeit der botanischen Kunstausdrücke und Abkürzungen. Extra-Beilage zum 13. Bande der Abhandlungen des naturwissenschaftlichen Vereins zu Bremen. Bremen 1893. C. Ed. Müller. 8°.

Buchenau, Franz [Dir. Prof. Dr.]: Ueber Einheitlichkeit der botanischen Kunstausdrücke und Abkürzungen. Bremen, Druck v. A. Guthe, 1894; 36 S. 8.
Bremen, R beim Doventhor, OP 1894 (723 [vielm. 728])

—— s. Engler und Prantl, die natürlichen Pflanzenfamilien.

Buchenau (F.). Flora von Bremen. Bremen, 1877. 8°. Ed. 2. 1879.

Buchenau, Frz., Flora von Bremen. Zum Gebrauch in Schulen und auf Excursionen bearb. (VIII, 292 S. mit 20 in den Text gedr. Holzschn.-Abbild.) 1877; 2. verm. und bericht. Aufl. 8. (VIII, 312 S. mit 40 in den Text gedr. Holzschn.-Abbild.) Bremen 879, Müller's Verlagsh. *

—— Flora von Bremen. Zum Gebrauch in Schulen und auf Excursionen bearb. 3. verm. und bericht. Aufl. 8. (VII, 321 S. mit 45 in den Text gedr. Abbild.) Bremen 885, Heinsius. ** M 3.—; geb. **

— Flora v. Bremen u. Oldenburg. Zum Gebrauch in Schulen u. auf Exkursionen bearb. 4., verm. Aufl. 8. (VIII, 328 S. m. 102 Abbildgn.) Bremen 894. M. Heinsius Nachf. n. 3.20; geb. n. 4.—

Buchenau, Frz., Flora v. Bremen u. Oldenburg. Zum Gebrauch in Schulen u. auf Exkursionen. 5., verm. u. bericht. Aufl. 8. (XI, 338 S. m. 103 Abbildgn.) Leipzig 901. M. Heinsius Nachf. n.n. 2.40; geb. in Leinw. n. 3.20

— Flora v. Bremen u. Oldenburg. Zum Gebrauch in Schulen u. auf Exkursionen. 6. verb. Aufl. (XIV, 337 S. m. 102 Abbildgn.) 8. Leipzig 906. M. Heinsius Nachf. Geb. n. 3.20

Buchenau, F, s.a. Flora Bremensis.

—— Flora bremensis. Bremen. 1866. 8°.

Buchenau F.: Flora d. Ostfriesischen Inseln. Norden u. Norderney 1881. 172 S.

—— Flora der ostfriesischen Inseln. 8. (VIII, 172 S.) Norden 881, Braams. * M 3.; geb. *

Buchenau, Franz: Flora der Ostfriesischen Inseln. 2., durch eine Uebersicht der wichtigsten während der letzten 10 Jahre gemachten Pflanzenfunde vermehrte Ausgabe. Norden u. Norderney 1891. VIII. 176 S. 8°.

— Flora d. Ostfries. Inseln. 2. Asg. 8° (176) Nord. 91, H Braams. 3 —; geb. 3.50

Flora der ostfriesischen Inseln ⟨einschliessl. d. Insel Wangeroog⟩ von Prof. Dr. Franz **Buchenau,** Dir. zu Bremen. 3. umgearb. Aufl. [Nebst] Nachtrag. *Leipzig: W. Engelmann 1896–1901.* 2 Bde 8° [Oa. 9455

— dasselbe. 4. Aufl. 8. (IV, 218 S.) Ebd. 901. n. 4.—; geb. in Leinw. n. 4.60

Flora der nordwestdeutschen Tiefebene. Bearb. von Prof. Dr. Franz **Buchenau,** Dir. zu Bremen. [Nebst] Kritische Nachträge. *Leipzig: W. Engelmann 1894–1901.* 2 Bde 8° [illegible]

– Füllung des Kelches bei einer Rose, s. Abhandlungen, hrsg. vom naturwissenschaftl. Verein zu Bremen.

– der Hülsenbestand bei'm Dorfe Buchholz, s. Abhandlungen, hrsg. vom naturwissenschaftl. Verein zu Bremen.

— — Index criticus Butomacearum, Alismacearum, Juncaginacearum, quo hucusque descriptarum. Bremen, C. E. Müller. 1868. 8.
Abhandlungen des Bremer Naturw. Vereins.
Cat. of sc. Papers I. 693.

—— **Index criticus Butomacearum, Alismacearum Juncaginacearumque hucusque descriptarum.** gr. 8. (III, 61 S.) Bremen 869, Müller's Verlag. *
Aus: Abhandlungen des naturwissenschaftlichen Vereins zu Bremen, besonders abgedruckt.

– nordfriesische und ostfriesische Inseln, s. Abhandlungen, hrsg. vom naturwissenschaftl. Verein zu Bremen.

— **Juncaceae, s.a. Pflanzenreich, das.**

Juncaceae mit 777 Einzelbild. in 121 Fig. von Fr[anz] **Buchenau.** Leipzig: W. Engelmann 1906. (284 S.) 8°
= Pflanzenreich, Das. H. 25. (4. 36.) [ot. 6940]

— **Juncaceae, Juncaginaceae, Alismaceae, Butomaceae, s.a. Engler, A., u. K. Prantl, die natürlichen Pflanzenfamilien.**

– Juncaginaceae, s. Engler, A. u. K. Prantl: Die natürlichen Pflanzenfamilien etc. 2. Tl. 1. u. 5. Abtl.

Buchenau, Dr. F. Karte des Gebietes der freien Stadt Bremen. 1:115740. Bremen 1868. 1 Bl. c. I.

Buchenau, Franz Die höheren deutschen Knabenschulen. Bedenken und Wünsche. 4 (S 3—23). Rsch. beim Doventhor *Bremen* 1886 Progr.

Buchenau, Frz., die Lage des Thurmes bei'm Doventhor, s. Abhandlungen, hrsg. vom naturwissenschaftl. Verein zu Bremen.

Buchenau, (Fr[anz]), Dir. Prof. Dr.: [Kurzer Lebensabriss des am 25. Sept. 1900 verstorbenen Oberlehrers Prof. Dr. August Rogge.] *Bremen 1901: A. Guthe.* (S. 22—24.) 4°
Bremen, R beim Doventhor, OP 1901 (792)

Buchenau, *Franz* [Dir. Prof. Dr.]: Lebensskizze des in den Ruhestand getretenen ord. Lehrers *Johann Karl* Roesler. Bremen, Druck v. A. Guthe, 1897; 15—16 S. 4.
Bremen, R beim Doventhor, OP 1897 (753)

– Literatur über die ostfriesischen Inseln, s. Abhandlungen, hrsg. vom naturwiss. Verein zu Bremen.

– naturwissenschaftl.-geographische Litteratur über das nordwestliche Deutschland, s. Abhandlungen, hrsg. vom naturwissenschaftl. Verein zu Bremen.

— **Mittheilungen über e. interessanten Blitzschlag in mehrere Stieleichen [Quercus pedunculata Ehrh.]. Hierzu 1 (lith.) Taf. u. 1 Zeichng. in Holzschn. Dresden 867. (Jena, F. Frommann.) gr. 4. (15 S.)** n. 16 ngr.

—— **Monographia Juncacearum.** gr. 8. (498 S. m. 3 Taf. u. 9 Holzschn.) Lpz. 890, W. Engelmann. * 12 —
Aus: Botan. Jahrbb., besonders abgedruckt.

—— **Nachträge und Berichtigungen zur Flora Bremensis, s. Flora Bremensis.**

— **kritische Nachträge zur Flora der nordwestdeutschen Tiefebene. (VI, 74 S.) 8. Leipzig 904. W. Engelmann.** n. 1.20
Hauptwerk. Ebd. 894. n. 7.—.

[Buchenau (F.).] Zweite Deutsche Nordpolfahrt. I. Botanik. [Bremen, 1872.] 8°.
Assisted by A. Pansch, W. O. Focke, K. Mueller, G. W. Koerber, H. F. Bonorden, L. Fuckel, and G. Kraus.

Buchenau, [Franz], Dir. Prof. Dr.: [Prof. Dr. Gerh. **Penning.** † 7. **August** 1901.] *Bremen 1902: A. Guthe.* (S. 9—10.) 4°
Bremen, R beim Doventhor, OP 1902 (808)

—— **Petroleum, s.a. Sammlung gemeinverständlicher wissenschaftlicher Vorträge.**

Buchenau F, über Petroleum. (Sammlg wiss. Vorträge 157) Berlin 1872

Buchenau, F: Petroleum, seine Naturgeschichte und Gewinnung. Berlin 1872

—— **die botanischen Produkte der Londoner internationalen Industrie-Ausstellung. Ein Bericht. gr. 8. (84 S.) Bremen 868, Gesenius.** *

Buchenau, (Fr[anz]): Ein **Punkt** aus der Schulordnung. *Bremen 1898: A. Guthe.* (S. 7.) 4°
Bremen, R beim Doventhor, OP 1898 (764)

Buchenau, Frz. Rede bei Eröffnung der Anstalt am 3. April 1876. 8 S. Progr. Dov. R. *Bremen* 1878.

Buchenau, (Fr[anz]), Dir. Prof. Dr.: **Rede** bei der Feier des 25jährigen Bestehens der Anstalt am 28. März 1901. (Umschlagt.: Reden ...) *Bremen 1901: A. Guthe.* (S. 3—8.) 4°
Bremen, R beim Doventhor, OP 1901 (792)

Reden, gesprochen bei der Feier des 25jährigen Bestehens der Anstalt am 28. März 1901 [von Direktor [Franz] Buchenau und Senator [Diedrich Rudolf] Ehmck]. S. 3—8. 4.
Progr. Realschule beim Doventhor *Bremen* 1901 (792).

– Seriales Redoublement in Papilionaceen, s. Abhandlungen, hrsg. vom naturwissenschaftl. Verein zu Bremen.

– Reliquiae Rutenbergiae, s. Abhandlungen, hrsg. vom naturwissenschaftl. Verein zu Bremen.

Buchenau, [Franz]: [Oberlehrer Prof. Dr. August Rogge † 25. September 1900.] S. 22—24. 4.
Progr. Realschule beim Doventhor *Bremen* 1901 (792).

– der Rost des Getreides, s. Abhandlungen, hrsg. vom naturwissenschaftl. Verein zu Bremen.

Buchenau F.: Der Rost d. Getreides u. die Mahonien. [Ca. 1883]. [Rostr. Saml.].

Buchenau, [Franz], Dir. Prof. Dr.: [**Rückblick** auf die in den Sommerferien bisher eingerichteten Ferienstunden.] *Bremen 1900: A. Guthe.* (S. 9—10.) 4°
Bremen, R beim Doventhor, OP 1900 (779)

– aus den städtischen Sammlungen für Naturgeschichte und Ethnographie zu Bremen über die Randhaare von Luzula, s. Abhandlungen, hrsg. vom naturwissenschaftl. Verein zu Bremen.

— **Scheuchzeriaceae, Alismataceae u. Butomaceae, s.a. Pflanzenreich, das.**

IV. 14. Scheuchzeriaceae, IV. 15. Alismataceae und IV. 16. Butomaceae mit 201 Einzelbild. in 33 Fig. von Fr[anz] Buchenau. *Leipzig: W. Engelmann 1903.* (19, 66, 12 S.) 4°(8°)
— Pflanzenreich, Das. H. 16. (IV. 14. 15. 16.)

— **Spornbildung bei Alectorolophus major, s.a. Festschrift der 45. Versammlg. deutsch. Philologen etc.**

Buchenau, Franz *Georg Philipp*: Spornbildung bei Alectorolophus major (mit 2 Textfiguren). 8 (S. 149—156). Progr. Bremen 1899

— u. M. Chr. **Lindemeyer, Tafeln zum Gebrauche auf den unteren Stufen d. Rechenunterrichtes. Fol. (20 Taf. m. 1 Bl. Text.) Ebd. 889. In Mappe.** n. 3.60

— **Tropaeolaceae, s.a. Pflanzenreich, das.**

Tropaeolaceae mit 91 Einzelbild. in 14 Fig. von Fr[anz] Buchenau. *Leipzig: W. Engelmann 1902.* (36 S.) 8°
= Pflanzenreich. H. 10. (IV, 131.) [ot. 8046]

Buchenau, Frz. Die Überbürdungsfrage in der Realschule beim Doventhor. S. 36—37. Progr. Dov. R. *Bremen* 1884.

– Die Ulmen im Bremer Walde bei Axstedt, s. a. Festschrift der 45. Versammlung deutscher Philologen.

—: Die Ulmen im Bremer Walde bei Axstedt. 8 (S. 157—162). Fest-Schrift der 45. Vers. deutsch. Philol. u. Schulm. dargeboten v. d. Progr. öffl. höh. Lehranst. *Bremens* 1899. Nicht im Tauschverkehr.

Buchenau F.: Ueber die Vegetationsverhältnisse d. »Helms« ... u. d. verwandten Dünengräser. (1889). (16) S. (Særtr.). P.

Buchenau, Frz. Die Veranstaltungen der Realschule beim Doventhor aus Veranlassung der pädagogischen Versammlungen in Bremen zu Pfingsten 1883. S. 34—36. Progr. Dov. R. *Bremen* 1884.

Vergleichung der nordfriesischen Inseln mit den ostfriesischen in floristischer Beziehung. Von Franz Buchenau. Separatabdruck aus: Abhandlungen hrgg. vom naturwissenschaftl. Verein in Bremen. Bd 9. Bremen. 1886. 8°.

—— kritisches Verzeichniss aller bis jetzt beschriebenen Juncaceen, nebst Diagnosen neuer Arten. Hrsg. vom naturwissenschaftl. Vereine zu Bremen. gr. 8. (VIII, 112 S.) Bremen 880, Müller's Verlagsh. *

Buchenau F.: Der Wind u. die Flora d. ostfriesischen Inseln. (Bremen) [1903]. (Særtr.). 26 S. P.

— Die gespaltene Zeile. — Reichsformat. 1 S. Dov. R. *Bremen* 1885. Progr.

Buchenau F.: Kritische Zusammenstellung d. bis jetzt bekannten Juncaceen aus Süd-Amerika. 1879. [Rostr. Saml.].

Buchenau, Geo., Leben und Schriften des Burcard Waldis. gr. 4. (40 S.) Marburg 858, Elwert'sche Universitäts-Buchh.

Buchenau, Franz Georg Philipp, s. Buchenau, Franz

Buchenau, G, Leben u. Schriften d. Burc. Waldis. 4. (40) Marb. 58. (Frankf., Völcker.) — 12

Sally Rosenberg, Frankfurt a. M. Auctions-Catalog. Inh.: 1. Die nachgelassene Sammlung des Hrn. Geh. Reg.R. Gymn.-Dir. Dr. [Georg] Buchenau, Marburg. Münzen- u. Medaillen von Hessen-Cassel, Fulda, Hanau etc. 2. Münzen u. Medaillen versch. Länder. 3. Sammlung von 5 Markstücken, aus d. Besitz d. Hrn. A...... S........ in E. Versteigerung am 25. Nov. 1901. [Nebst] Auctions-Preisliste. *Frankfurt a. M.: S. Rosenberg 1901.* (46, 4 S.) 8°
[Umschlagt.:] Sammlung Dr. Buchenau.

—— Schiller der Dichter der Jugend. Festrede, am 10. Novbr. 1859 zur Feier des 100jähr. Geburtstages Friedrich v. Schillers in dem Saale des Gymnasiums zu Marburg gehalten. gr. 8. (14 S.) Marburg 859, Elwert'sche Universitäts-Buchh.

Buchenau, Heinrich

Der Brakteatenfund von Niederkaufungen bei Cassel. Ein Beitrag z. Geschichte d. mittelalterl. Münzwesens bes. f. d. Gebiete von Hessen, Thüringen, Waldeck, u. der Erzbischöfe von Mainz. Von Dr. phil. H[einrich] Buchenau in Weimar. Mit 3 Lichtdrucktaf. u. Abb. *Dresden: C. G. Thieme 1903.* (74 S.) 4°
Aus: Blätter f. Münzfreunde. 30. 38.

Buchenau, H., der Bracteatenfund v. Seega. Ein Beitrag zur Erforschg. der deutschen Münzdenkmäler aus dem Zeitalter der stauf. Kaiser. (Gemeinschaftliche Veröffentlichg. der histor. Kommissionen f. Hessen u. Waldeck, Prov. Sachsen u. Herzogt. Anhalt.) (XVIII, 174 Sp. m. Abbildgn. u. 27 Lichtdr.-Taf.) 4. Marburg 905. N. G. Elwert's Verl. In Mappe n. 20.—

Buchenau, Heinrich [aus Bremen]: Über den Gebrauch und die Stellung des Adjectivs in Wolframs Parzival .... Cöthen, Druck v. Paul Schettler's Erben, 1887; 60 S. 8°.
Strassburg, Phil. Fak., Inaug.-Diss. v. 1887.

Buchenau, H., die Münzstätte Oldisleben u. die in Thüringen geprägten Hohlmünzen der Söhne Albrechts des Bären. Ein Beitrag zur Landeskunde des Grossherzogt. Sachsen. (14 S. m. Abbildgn.) 8. Dresden (904). C. G. Thieme. n. —70
Sonderabdruck aus: „Blätter f. Münzfreunde".

Buchenau, H.: Die neue Coburger Schützenmünze. Blätter für Münzfreunde 40/1905 Nr. 9 sp. 3378.

Buchenau, Luise, englische Gedichte. Zum Lesen u. Auswendiglernen. gr. 8. (42 S.) Marburg 900. N. G. Elwert's Verl. n. —60; kart. n. —75

Buchenau P.: [Særtryk]. P.
(Bildungsabweichungen d. Blüthe v. *Tropaeolum majus* ... (Brem. 1878). (43) S. 1 Tvl. — Interessantere Bildungsabweichungen ... (Brem. 1879). (12) S. 2 Tvl.).

— Merkwürdig veränderte Blüte einer cultivirten Fuchsia. 1879. [Rostr. Saml.].

Buchenbach, L. v. Stetten-, s. Stetten-Buchenbach

Buchenberger, Adf., Agrarwesen u. Agrarpolitik, s.a. Lehr- u. Handbuch der politischen Oekonomie.

Buchenberger, Ad., Agrarwesen und Agrarpolitik. (Lehr- u. Handbuch der polit. Oeconomie, hrsg. v. Ad. Wagner, III. Abth., 2. Thl.) 2 Bde. gr. 8°. Leipzig 1892—93.

[Umschlagt.:] [F.] Die Belastung der landwirthschafttreibenden Bevölkerung durch die Einkommensteuer und die Verschuldung der Landwirthschaft im Grosshzgth. Baden. (Unterz.: [Adolf] Buchenberger.) *Karlsruhe: G. Braun'sche Hofbuchdr. 1896.* (66 S.) 1 Bd 4.

Buchenberger, A., s.a. Denkschrift üb. d. Reform d. direkten Steuern i. Baden.

(Buchenberger) Denkschrift, 2., üb. d. Reform der direkten Steuern in Baden. Nebst Beilagenheft. Karlsruhe 898.

Denkschrift (Zweite) über die Reform der direkten Steuern in Baden. (Von A. Buchenberger.) gr. 4°. Karlsruhe, G. Braun, 1898.

Buchenberger, Adf., Finanzpolitik u. Staatshaushalt im Großherzogt. Baden in den J. 1850—1900. Zugleich e. Beitrag zur deutschen Finanzpolitik. gr. 8. (VIII, 264 S.) Heidelberg 902. C. Winter's Univ.-Buchh.
Geb. in Leinw. n. 7.—

Buchenberger, A., Fischereirecht u. Fischereipflege im Großherzogt. Baden, s.a. Lang's Sammlung deutscher u. badischer Gesetze. 11. Bd.

Buchenberger, A., Fischereirecht und Fischereipflege im Großherzogthum Baden. gr. 8. (XII, 159 S.) Tauberbischofsheim 888. Lang. n. 2.—

Fischereirecht und Fischereipflege im Großherzogtum Baden. Nach amtl. Quellen dargest. von Dr. A[dolf] Buchenberger, Minist. d. Fin. 2. Aufl. *Karlsruhe: J. Lang 1903.* (IX, 280, 16 S.) 8° [F.]
[Sondert.:] Abbildungen der im Großherz. Baden ... geschützten u. ... anderer vorkommenden Fischarten.

= Sammlung, Lang's, deutscher u. badischer Gesetze. 11.

— zur landwirthschaftlichen Frage der Gegenwart. gr. 8. (V, 170 S.) Leipzig 887. Duncker & Humblot. n. 3.—

— Grundzüge d. deutschen Agrarpolitik unt. bes. Würdigg. d. kleinen u. großen Mittel. gr. 8. (VIII, 308 S.) Berlin 897. P. Parey. n. 8.—

[F.] Grundzüge der deutschen Agrarpolitik. Von Dr. A[dolf] Buchenberger, Präs. d. ... Bad. Finanzministeriums. 2. Aufl. *Berlin: P. Parey 1899.* (VIII, 299 S.) 1 Bd 8.

— Zur Heimstättenfrage. Referat für die 21. Plenarversammlung des Deutsch. Landwirtschaftsrats 1893. gr. 8°. Berlin 1893.

— s.: Lehr- u. Handbuch der polit. Oekonomie.

Buchenberger, A., Oekonomie, s. Lehr- u. Handbuch.

— d. Verwaltungsrecht d. Landwirthschaft u. Fischerei im Grossherzogth. Baden. Ergänzungsbd. 8° (202) Tauberb. 91. Karlsr., J Lang. 2.80

— das Verwaltungsrecht der Landwirthschaft und die Pflege der Landwirthschaft im Großherzogthum Baden. gr. 8. (XVI, 845 S.) Tauberbischofsheim 887. Lang. n. 10.—

Buchenberger, R.: A g r a r w e s e n und Agrarpolitik, s. B u c h e n b e r g e r , Adolf

Buchenblack, ..., Auszug aus Beckmanns Holzsaat. 8. Zürich 760. Orell, Füßli u. C. 1 gGr.

Buchenblak: A u s z . a. Bekmanns Holzsaat, s. B u c h e n b l a c k

BUCHENBLOCK, Leontzki Ursprung v.: Abgekürzter und in hiesige Mundart übergebrachter Auszug des in der Forstwissenschaft erlauchten Herrn J. G. Beckmann's fürtrefflicher Beschreibung der Holzsaat. - Zürich 1760. 24 S.

Bucheneck, Max. a. d. (Max. Jäschke): Brautzeit. 2. Afl. (116) 8° Bresl., Schletter ('12). L 1.50 d

Buchenhorner, Marie. Erinnerungen aus alter und neuer Zeit. [Gedichte.] 196+IIIS. 8. St. Gallen, Selbstverlag (Buchdr. H. Fiebig, Chur), 1903. [geb. fr. 3.—] N 2659

Buchenhorner, Marie. Auf blumigen Heiden. Gedichte. 232 + VIII S. 8. St. Gallen, (Hermann Fiebig's Buchdr., Chur,) Dezember 1909. [geb. fr. 3. 80] N 8213

Buchenröder. Plan der Festung Maynz, wie solche den 5. April 1793 von der vereinigten Armee unter Gen.-Lieut. Graf Kalckreuth blockiret worden. s. l. (1793.)

Buchenröder, Joh. Nic. Carl (Hrsg.), s. A l m a n a c h , Gemeinnütziger encyklopädischer, aller Wissenschaften, Künste und Sprachen.

Buchenröder, Jh. Nikol. Karl

— franz. Dollmetsch. 8. Nürnb. Grattenauer. 787.

Buchenröder, Jh. Nikol. Karl, (†...) getreuer engl. Dollmetscher. 8. Hamb. u. Schwerin 776. 2e A. Hamb. 784. 6e Aufl. umgearb. u. verm. v. J. A. Fahrenkrüger. 8. Ebd. 810. Gundermann. 10 gGr.

— — derselbe, gr. 8. Münster, Coppenrath. 777.

— italien. Dolmetscher. 8. Hamb. 784. 4 gGr.

— d. selbst lehrende französ. Dollmetscher. 8. Nürnb. 787. (Eichhorn). 5 gGr.

Buchenroder, J. N. C., der selbst lehrende getreue franz. Dolmetscher, oder neue Methode, die franz. Sprache gründlich und geschwind zu erlernen. 8. 787. Jetzt Eichhorn in Nürnberg.

[BUCHENRÖDER, Johann Nicolaus Karl]
Grundriß von Nordamerika entworfen von J. N. C. B····.
Hamburg: Möller. 1778. XXXX S. 8°.
Bayerische Staatsbibliothek München
Vgl. voraufgehende Nr.
Frankfurt-Leipziger Meßkatalog, Michaelismesse 1778, S. 549 u. Sabin 29012: ohne Verfasser. Palmer: mit Verfasser.

— s. K r i e g s - u. Helden - Almanach.

— s. K r i e g s - u. Helden g e o g r .

Elliot. — Buchenröder, J. N. C. — ..... L e b e n nebst practischen Bemerkungen aus dessen Leben gezogen zur Bildung junger Krieger und anderer Personen vom Stande, wie auch einer Soldatenpredigt der tapfern Garnison zu Gibraltar zugeeignet. Diesen ist Anhangsweise beigefügt: Grundriss einer Geschichte und Geographie von Gibraltar. Mit 6 Kupfern. 8. Hamburg 1738.

— s. M u s e n a l m a n a c h , militär.

[BUCHENRÖDER, Johann Nicolaus Karl]
Gesammlete Nachrichten von den Englischen Kolonien in Nord-Amerika bis auf jetzige Zeiten
Hamburg und Schwerin: Buchenröder und Ritter. 1776. 39 S. 8°.
Herzog-August-Bibliothek Wolfenbüttel
2. Aufl. 1778 u. d. T. Kurzgefaßte Historisch-geographische Nachrichten ...,

Sabin 27205: ohne Verfasser.

[BUCHENRÖDER, Johann Nicolaus Karl]
Kurzgefaßte Historisch-geographische Nachrichten von den Englischen Kolonien in Nord-Amerika bis auf jetzige Zeiten.
Mit einer Charte.
Neue verbesserte Auflage.
Hamburg: Möller. 1778. 31 S. 8°.
Landesbibliothek Oldenburg
Vorrede signiert: Johann Nicolaus Carl Büchenröder
1. Aufl. u. d. T. Gesammlete Nachrichten von den ...,
Ausg. vermutlich identisch mit Nachricht von den englischen Colonien in Nordamerika, Hamburg 1778, bzw. Nachrichten von den Englischen Kolonien in Nordamerika bis auf jetzige Zeiten, Hamburg-Schwerin 1778 [beide Kayser, IV, 196]; konnten so nicht gefunden werden.
3., verm. Aufl. u. d. T. Historisch-geographische Nachrichten von den englischen Colonien in Nordamerika, Hamburg: Möller, 1778 [Frankfurt-Leipziger Meßkatalog, Michaelismesse 1778, S. 560] konnte nicht gefunden werden.
Vgl. die nachfolgende Nr.
Ostermesse 1778, S. 453 u. Sabin 38364: ohne Verfasser. Palmer: mit Verfasser.

[BUCHENRÖDER, Johann Nicolaus Karl]
Das Nord-Amerika Historisch und Geographisch beschrieben.
Erster [- Vierter] Theil.
Hamburg: Ritter. 1777 [- 1778]. 8°.
Staats- und Universitätsbibliothek Göttingen
2. Aufl. 1778,
Frankfurt-Leipziger Meßkatalog, Michaelismesse 1776, S. 153: Tl. 1 u. 2.
Sabin 55454, Palmer: beide ohne Verfasser und ohne Endjahr 1778.

[BUCHENRÖDER, Johann Nicolaus Karl]
Das Nordamerika historisch und geographisch beschrieben.
Erster [- Vierter] Theil.
Zweyte verbesserte Auflage.
Mit Kupfern.
Hamburg: Möller. 1778. 8°.
Newberry Library Chicago [Tl. 1-3: 2. Aufl., Tl. 4: 1. Aufl.]
1. Aufl. 1777-1778,
Frankfurt-Leipziger Meßkatalog, Michaelismesse 1778, S. 560.

Buchensee, Marie v. Biehler-
s. Biehler-Buchensee. [09. 1179?]

Buchenstein, J. v., von Spieß. 3 Thle, m. Kpf. 8. Leipz Leo. 796—98. (1r 1 Rthlr. 12 gr. 2r 3r à 1 Rthlr. 8 gr.)

Buchensteins, Jakob von, Leben und Thaten, von K. H. Spieß, 3 Theile, mit 6 Kupf. 8. Leipzig, 796-98. 4 Rthl. 5 sgl. Büschel,

Buchenthal. Wasserheilanstalt B' bei Niederuzwyl, Kanton St. Gallen (Schweiz). (Prospect.) [Mit 1 Tafel.] 8. St. Gallen.
Ausg. A. 1885.
Ausg. B. 1886.
Ausg. C. 1888

Buchenthal. Wasserheilanstalt und Sanatorium Bad B' bei Niederuzwil.... Kanton St. Gallen. Anstalt für Hydrotherapie.... (Prospekt.) [Mit Illustrationen. 1 Tafel und 1 Routenkarte.] 8. (Zürich) 1898.

Glück und Gruss! 100 Orig.-Postkarten-Grüsse in sinnigen Versen von Gustav Buchenthal. 4. Aufl. *Patschkau: G. Buchal [1902].* (16 S.) 8°

Buchenthal, Gust., im Huchzighause. Orig.-Vorträge u. Lieder für Polterabend u. Hochzeit in schles. Mundart. (112 S.) 8. Reutlingen (908). Enßlin & Laiblin. — 75

Im Huchzighause. Originalvorträge u. Lieder f. Polterabend u. Hochzeit in schles. Mundart. Von Gustav Buchenthal. Reutlingen: Enßlin & Laiblin [1909]. 112 S. 8° [09. 2401]

Buchenthal, Gust., Wiesenblumen. Gedichte humoristischen Inhalts in schlesischem Land-Dialekt. Glatz 869. Sauer in Comm. 8. (VI, 92 S.) n. 10 ngr.

Wiesenblumen. Gedichte humorist. Inhalts in schles. Land-Dialekt von Gustav Buchenthal. *Patschkau: G. Buchal [1902].* (IV, 92 S.) 8° [ ]

Buchenthal, JHR, s.: Gesch. d. christl. Kirche.

Buchenwald, der. Beiträge zur Geschichte der Bukowina. Nr. 1—4. gr. 8. Czernowitz, Pardini. n. 3. 45
1. Kaindl, R. F., zur Geschichte der Stadt Czernowitz u. ihrer Umgegend. (25 S.) 888. n. — 35
2. — Geschichte der Bukowina. 1. Abschn.: Von der ältesten Zeit bis zur Gründung des Fürstenthums Moldau [um 1350]. (66 S.) n. — 90
3. — u. A. Manastyrski, die Rutenen in der Bukowina. 1. Thl. (88 S.) 889. n. 1. —
4. — — dasselbe. 2. Thl. (98 S.) 890. n. 1. 20

Buchenwald, der. Beiträge zur Kunde der Bukowina. Nr. 5—7. gr. 8. Czernowitz, H. Pardini. n. 2. 65
5. Kleine Studien. [Zur Alterthumskunde der Bukowina. Zum Hunneneinfall. Die Lippowaner. Zauberglaube bei den Rutenen. Jud Selman.] Von Raim. Frdr. Kaindl. (45 S.) 893. n. 1. 25
6. Die Erwerbung der Bukowina durch Oesterreich. Von Raim. Frdr. Kaindl. Habilitationsvortrag, geh. an der philosoph Facultät der k. k. Franz-Josefs-Universität in Czernowitz am 15. Juli 1893. (25 S.) 894. n. — 60
7. Franz Adolf Wickenhauser. 1809—1891. Gedächtnisblatt, zu seinem 3. Todestage gewidmet v. Raim. Frdr. Kaindl. (16 S. m. Bildnis.) 894. n.n. — 80
Preisänderung der in Bd. XXV angeführten Nrn.: Nr. 1. n. 1. 35 (ist vergriffen). — Nr. 2, 3, 4. à n. 1. —.

Buchenwald, der. Beiträge z. Kunde d. Bukowina. Nr. 8. gr. 8. Czernowitz 895. H. Pardini. n.n. 2. 50
(1.—8.: n.n. 8. 50)
Geschichte d. Bukowina. Von Raim. Frdr. Kaindl. 2. Abschn. V. d. Begründg. d. Fürstenth. Moldau b. z. Occupation d. Bukowina d. Oesterreich (1342—1774). (136 S.)
(1. u. 2.: n.n. 3. 40)

Buchenwald, W(ilhelm) (Übers.):

s.: Hippokrates: Die Aphorismen. (Aphorismi. Dt.) Nördlingen: 1840

JB 357

Bucher, s.a. Bücher

BUCHER : *Abhandlung über das Denkgesetz des zureichenden Grundes*, [Progr.], Ellwangen, 4.

Bucher, v., Abhandlung über das Denkgesez des zureichenden Grundes. gr. 4. (20 S.) Ellwangen 855. (Tübingen, Fues' Sortimentsh.)

Bucher: Briefwechsel von dem Wesen der Seele, s. Röschel.

Bucher, A., die schweizerische Landwirthschaft in ihrem intensiver'n Betriebe, s.: Wie kann die schweizerische Landwirthschaft im Allgemeinen intensiver betrieben werden ꝛc.

Bucher, A. Ein Wort zur Volksernährung. Hrsg. von der Gemeinnütz. Gesellschaft von Olten-Gösgen. 2. ergänzte Aufl. In-8°. 27 S. Aarau, Ph. Wirz-Christen. **1890** — 50

BUCHER, A. v., Die gute Zuchtschule und der Herr Magister. (190*.) 36 S. (Mk. 1,50.)
Nebst einem Anhang: „So da gezeyget wie die Birkenruthen zu der heylsamen Bestraffung deren Kinder und Dienstboten diensam zu gebrauchen."

Bucher, A. F., s. Nabob, der, in England.

Bucher, A F [Übers.]

Der Nabob in England, oder Die Rachsucht verschmäheter Liebe. Aus dem Englischen. Th. 1.2.
Leipzig: Kollmann 1826. 8

Bucher, A.J. (Hrsg.), s. Abstinent, der christliche.

Bucher, AJ: Kommen d. Erlösten in d. Gericht? (32) 8° Frankf. a/M. (01). (Bonn, J Schergens.) — 25 d

Bucher, AJ: Ein Sänger d. Kreuzes. Bilder a. d. Leben v. Ernst Gebhardt. (245 m. 6 [3 Bildn.-]Taf.) 8° Bas., Kober '12. 2 —: L 3 — d

— vom Todesbach zur Lebensquelle. Christliche Gedichte wider den Trunk. 8. (128 S.) Barmen (902). Elim, Buchh. des Blauen Kreuzes. Kart. — 90

Bucher, A.L.: Friedrich Wilhelm III., als Beschützer der evangelisch-protestant. Glaubensfreiheit. Rede, geh. 3. Aug. 1836. 10 S. Progr. Cöslin 1841.

Bucher, A.L.: Ueber die Nothwendigkeit, den richtigen Sinn für öffentliche Angelegenheiten bei der Jugend zu beleben. 13 S. Progr. Coeslin 1834.

Bucher, A. Steinmann-, s. Steinmann-Bucher.

Bucher, Ad. W.: Tagebuch der Belagerung ..., s. a. Bucher, H. W.

Bucher, Ad. W., Tagebuch d. Belagerung v. Gerona im J. 1809, als Erläuterung zum Plane dieser Festung. Mit 1 Plan. 8. Hildesh. 812. (Gerstenberg). 1 ß 8 gl. Dass. auch französ.

— s. Uebersicht, d. Feldzugs v. 1806.

(**Bucher, A. W.**) Kurze Uebersicht des durch seine Folgen merkwürdigen Feldzuges von 1806; v. e. braunschw. Offizier 12. s. l. (Braunschweig) 1807.

Bucher, Alexander

[S.] Aus Dresdens Maientagen vor 50 Jahren. Jugend-Erinnergn v. Alexander Bucher ... *Dresden: Kommr. u. Dr. v. C. Heinrich 1899.* (96 S.) 1 Bd 8.
199-793

Bucher, A(lois). Geschichtliches über Schloss und Besitzer von Hilfikon und Sage der Angelsachsen. [Illustriert.] 8.
Ausg. A: Jahresbericht der Schulen von Wohlen, Schuljahr 1909/10.... Wohlen, Kasimir Meyer. 1910. [Beilage.] 26 S. V Aa
Ausg. B, sep.: II + 26 S. W', K' M', 1910. N 7600[11]

Bucher, Anton von

§ **DELIEBERIERBÜCHLEIN**. Auserlesenes, oder geistliches Suchverlohren. Von einem alten Klosterbeichtvater. Noch unverdorbenen Mädchen und Jünglingen ans Herz gelegt (von *Anton v. Bucher*). Mit Erlaubniss der Obern an kaiserlich (!) Grenzen (München, Strobl). 1784. 8°, (40 Mk. [!], leidlich gut erhalt. Expl., Max Harrwitz. c. 1900; sonst viel billiger!)
Derb-satyrisches Curiosum, zum Theil im oesterreich. Dialect. 188 S. Mit drastischer Titelvignette, Titelkupfer u. 1 grossen Stammbaum der Streicherischen Familie.

§ **ENTWURF** einer ländlichen Charfreytags-Prozession, sammt einem gar lustigen und geistlichen Vorspiel zur Passionsaction. Hrsg. von einem Ordenspater (verfasst von *Anton v. Bucher*). O. O. (München, Fleischmann) 1782. 8°.
212 SS. Im österr. Volksdialekt abgefasste, sehr derbe, zuweilen in's Cynische ausartende Persiflage der österreich. Bauernprocessionen und Passionsfestspiele in der vorjosephinischen Periode. (4 Mk. Kühl; 3 Mk. Scheible; jetzt theurer!) — S. auch: Critik der Titel. Halle 1804. 8°. S. 166 (ohne Angabe d. Vf.).

— Grundriß d. Naturgeschichte f. Realschulen in Baiern. 8. Landsh. 774.

— seraph. Jagdlust, d. i.: vollständ. Portiunkulabüchlein v. Pater M. Cochem. Mit Kpf. 8. Münch. 784. Fleischmann. 8 gl.

(**Bucher, Anton v.**, 1746—1817) *Seraphische Jagdlust*, d. i., vollständiges *Porziunkulabüchlein* von P. *Martin Cochem*, Kapuzinerordens. Mit TKpf. u. TVign. München, bei Joh. Bapt. Strobl. 1784. Kl. 8°. Einige Bll. gering fleckig. Cart,
XX—118 S. Sehr ergötzliches satyr.-komisches Werkchen gegen Aberglauben, Porziunkulaablass (der Franziskaner, am 1. Sonntag im August), kirchliche Missbräuche etc. (NB! Portiuncula, kleine Kapelle bei Assisi, in deren Nähe das 1. Franziskaner-Kloster entstand.)

Bucher, Ant. v. (Pfr. zu Engelbrechtsmünster in B., geb. zu München 1746, † 1817), die Jesuiten in Bayern (u. Oberdeutschland) vor und nach ihrer Aufhebung. Mit Portraits. 3 Bände (welche den 1—3en s. sämmtl. Werke bilden). gr. 8. München 1819—20, Fleischmann. 6⅓ Thlr. — 9 fl. 36 kr.

— Kinderlehre auf d. Lande. gr. 8. Münch. 822. Fleischmann. 5 gl.

— Pangraz, Gesch. e. Bürgersohnes. gr. 8. Ebd. 821. 1 ß (Aus d. 5ten Bde d. sämmtl. Werke abgedr.)

— Pferderennen, e. freies, s. a. P. F. Fabianus.

Bucher Ant. v. (Forts.) ein freyes Pferderennen u. hernach Souper (sic) u. Ball an dem hocherfreul. Geburtstag eines neugebohrnen (!) Prinzen eines durchlauchtigsten höchsten Stammhauses . . . . . einem hochanschnl. zahlreichen Zuhörerauditorium auf öffentlichen (!) Kanzelgerüst in einer sittlichen *Moralrede* Preis gegeben von P. F. *Fabianus Hirschariensis*, d. Z. Jubelprediger. 1782. Auf Kösten (sic) des Herausgebers. Braun. Ldrbd. m. Press. Lesespuren.
8 Bll. u. 128 S. Satyrisch

Bucher, Anton. Am Ufer der Emme. Eine Erzählung aus den Bauernkriegen. [Mit illustriertem Umschlag.] VIII + 257 S. 8. Frauenfeld, Huber & Co., [1908]. [geb. fr. 4.—] N 7006

– die Verlassenschaft d. Pfarrers Tröstegott, oder stirbt d. Fuchs, so gilt d. Balg. Ebd. 821. 5 gr. (Aus d. 4ten Bde d. sämmtl. W. abgedr.)

v. Bucher, Ant., († d. 8. Jan. 1817.) sämmtl. Werke, gesammelt u. herausg. v. J. v. Klessing. 6 Bde. Mit Kpf. gr. 8. Münch. 819—22. Fleischmann. 12 Rthl 6 gr (1r—3r Bd. A. u. d. T.: die Jesuiten in Baiern vor u. nach ihrer Aufhebung. Mit 25 Umrissen. 3 Bde. 6 Rthl 8 gr 6r Bd. A. u. d. T.: Sämmtl. früher gedruckte Schriften. 822. 3 Rthl 4 gr)

Auch unter d. Titel:
Die Jesuiten in Baiern vor und nach ihrer Aufhebung. (1r Rthlr. 1 6 Gr. 2r Rthlr. 3 6 Gr. 3r Rthlr. 1 20 Gr. 4r Rthlr. 1 6 Gr. 5r Rthlr. 1 12 Gr.)

Daraus ist besonders abgedruckt:
— — Pangraz, Geschichte eines Bürgersohnes. gr. 8. Ebendaselbst. 821.

— — die Verlassenschaft des Pfarrers Tröstegott, oder stirbt der Fuchs, so gilt der Balg. gr. 8. Ebend. 821.

Bucher, Ant. v. (Pfarrer zu Engelbrechtmünster, humorist. Schriftsteller, Jesuitenfeind, geb. 8. Jan. 1746 als Sohn des im Septbr. 1745 vom Kurfürsten Max Joseph geadelten Wappen-Malers Jos. v. Bucher, zu München, † ebd. 8. Jan. 1817). Sämmtl. Werke, gesammelt u. hrsg. von *Jos. v. Klessing*. 6 Bde. Mit Portr. d. Vf. (nach *J. G. Edlinger* v. *F. John* gestoch.). München 1835. Bei Ernst Aug. Fleischmann. 8°. In Bd. 1 sind 5 Bll. ausgebess., sonst schönes Expl. in Hpgmtbdn.
1: XXVIII, 274 S. 2: XIV, 344 S., 1 Taf. Mit 25 Umriss-Portr. 3: XX S. 2 Bll., 242 S. 4: VIII, 332 S. 5: VIII, 395 S. 6: XXX, 264 S., 1 Bl. Inh.

Bucher, August Leopold

Bucher, Aug. Leop., Betracht. über d. Geographie u. über ihr Verhältniß zur Geschichte u. Statistik. Mit 1 Karte. 8. Leipz. 812. Fr. Fleischer. 20 gr

Bucher, Aug. L., Betrachtungen üb. d. Geographie und üb. ihr Verhältniß z. Geschichte u. Statistik. Mit 1 Ch. 8. Gerh. Fleischer. 812.

Bucher, Aug. Leop., Von den Hindernissen, welche der Einführung eines besseren Ganges beim Vortrage der Erdkunde auf Schulen im Wege stehen. Einl. z. öff. Prüfung im Gymnasium. Cöslin (C. G. Hendess) 3. X. 1824. 14 S., u. 5 Bl. Schulnachr. (Müller), mit Namen. (4.—) 4400
Handschr. Widm. d. Verf. a. Prof. Walch.

Bucher, Aug. Leop., von den Hindernissen, welche d. Einführung e. bessern Ganges beim Vortrage d. Erdkunde auf Schulen im Wege stehen. Einladungsschrift. 8. Cöslin 825. Hendeß. 3 gr
Dass. (unter dems. Titel weiter ausgeführt.) gr. 8. Ebd. 827. 20 gr

— — Observationes de rebus quibusdam ad nationem grammaticae latinae. — Angeschlossen d. Jahresber. d. Gymnasiums. Cöslin (C. G. Hendess) 18. X. 1829. 32 S., mit Namen. (3.50) 4401
Schulnachr.: Müller.

— für Revolutionsfreunde u. Revolutionsfeinde. 8. Cöslin 832. Hendeß. 4 gr

Bucher, Aug. Ludw.: Von den Hindernissen ..., s. Bucher, August Leopold

Bucher, Augustin: Vers. e. Theorie d. Vollmachts-Vertrages nach d. Röm. Rechte; eine Inauguralabhandl. *Landsh.*, Thomann. 809. 8. (16 Gr.)

Bucher, Benedict., Dissertatio de Cepha a s. Paulo reprehenso (Gal. c. II.), num s. Petrus fuerit reprehensus. Salzburg, 1747. 4°.

Bucher (Buecher), Bened., Diss. I. de facto Honorii Summi Pontificis in causa Monotheletarum. Salzburg 1748. 4°.

Diss. II. de facto Honorii. Das. 1748. 4°.
Hurter, l. c. III, 32 (ed. II.): Ostendit, nullum exinde cathedrae Petri infallibilitati praeiudicium inferri.

Bucher (Buecher), Bened., Potestas legislativa Ecclesiae. Salisburgi (?) 1737, in 8°.

Bucher, Bruno u. K. Weiss: Wiener Baedecker. Wanderungen durch Wien und Umgebungen. Mit 2 Stadtplänen, 6 Theaterplänen und 30 Holzschnitten. 2 Theile in 1 Bd. (VII, 172 u. 207 S.) Ebds. 1868

—— —— Wiener Baedeker. Wanderungen durch Wien und Umgebungen. 2. Aufl. gr. 16. (XII, 215 S. mit eingedr. Holzschn. und 8 lithogr. Plänen, wovon 2 in Buntdruck.) Wien 870, Faesy und Frick. geb.

—— —— dass. — 3. und 4. Aufl. Mit 1 (chromolithogr.) Stadtplan (in Imp.-Fol.), 1 (lithogr.) Plane des Weltausstellungsgebäudes (in gr. Fol.), 7 Theater-Plänen (auf 1 lithogr. Taf. in gr. Fol.) und 30 (eingedr.) Holzschn. 16. (LXIV, 224 S.) Ebendas. 873. geb.

Bucher, B., und K. Weiss, Wiener Baedeker. 4. Aufl. 16. Wien 876, Faesy. geb. *

Bucher, Bruno, Fälscherkünste, s.: Eudel, Paul.

Bucher, Bruno, Geschichte der technischen Künste Im Verein m. Just. Brinckmann, Alb. Il, Iul. Lessing, Fr. Lippmann, Herm. Rollett hrsg. 1—9. Lfg. Email u. Glasmalerei. 4. (1. Bd. XVI, 447 S. u. 2. Bd. S. 1—48. m. eingedr. Holzschn. u. Holzschntaf.) Stuttgart 875. 76. Spemann. à n. 2.

Bucher, Bruno, Geschichte d. technischen Künste. Im Verein mit Just. Brinckmann, Alb. Ilg, Jul. Lessing, Fr. Lippmann, Herm. Rollet hrsg. 10—12. Lfg. Lex.-8. (2. Bd. S. 49—92.) Stuttgart 877—79. Spemann. à n. 2. —

Bucher, Bruno, Geschichte der technischen Künste. Im Verein m. Just. Brinckmann, Alb. Ilg, Jul. Lessing, Fr. Lippmann, Herm. Rollett hrsg. 13—20. Lfg. Lex.-8. (2. Bd. VIII, S. 193—425 u. 3. Bd. S. 1—144.) Stuttgart 881—86. Spemann. à n. 2. —

Bucher, B., Geschichte der technischen Künste. Im Verein m. A. Ilg, Fr. Lippmann, F. Luthmer, A. Pabst, H. Rollet, G. Stockbauer hrsg. 21.—25. Lfg. Lex.-8. (3. Bd. S. 145—400 m. Illustr.) Stuttgart 887. 889. Union. à Lfg. n. 2. —

Bucher, Bruno, Geschichte der technischen Künste. Im Verein m. Alb. Ilg, Fr. Lippmann, Ferd. Luthmer, Alois Riegl, Herm. Rollett, Geo. Stockbauer hrsg. 26.—29. (Schluss-)Lfg. Lex.-8. (3. Bd. XV u. S. 401—610 m. Illustr.) Stuttgart 892. 893. Union. à n. 2. — (3. Bd. n. 24. —; kplt. 3 Bde.: n. 68. —; Einbde. in Leinw. à n. 2. —; in Ldr. à n. 4. --)

—— die Glassammlung des k. k. österreichischen Museums für Kunst und Industrie. Geschichtliche Uebersicht und Katalog. gr. 4. (IV, 134 S. mit 1 Taf. in Farbendr. und 12 Heliogravuren.) Wien 888, Gerold's Sohn. cart. *

—— —— Handy guide to Vienna. Wanderings through Vienna and its neighbourhood. Translated from the German by Griffin. With a (chromolithogr.) plan of the town (in Imp.-Fol.), also one (lithogr.) of the Exhibition buildings (in gr. Fol.) and 7 plans of the theatres (auf 1 Stnt. in gr. Fol.) together with many woodcuts. 16. (LXVI, 208 S.) Wien 873, Faesy und Frick. geb. *

—— „Mit Gunst!" Aus Vergangenheit und Gegenwart des Handwerks. 8. (VIII, 463 S.) Leipzig 886, Grunow. * geb. in Leinw. ** M. 7.25.; in Halbfrz. **

—— Katechismus der Kunstgesch., s.a. Weber's, J. J., illustr. Katechismen. Nr. 87.

— Katechismus der Kunstgeschichte. Mit 273 in den Text gedr. (Holzschn.-)Abbildungen. 8. (XII, 299 S.) Leipzig 880. Weber. geb. n. 4. —

— Katechismus der Kunstgeschichte. 2. Aufl. Mit 270 in den Text gedr. Abbildgn. 8. (X, 309 S.) Leipzig 884. Weber. geb. n. 4. —

— Katechismus der Kunstgeschichte. 3., verb. Aufl. 8. (X, 323 S. m. 276 Abbildgn.) Leipzig 890. J. J. Weber. geb. n. 4. —

Bucher, Bruno, Katechismus d. Kunstgeschichte. 4., verb. Aufl. 12. (X, 323 S. m. 276 Abb.) Leipzig 895. J. J. Weber. Geb. in Leinw. n. 4. —

Bucher, Bruno, Katechismus der Kunstgeschichte, 6. Aufl., s. Ehrenberg, Herm., Handbuch der Kunstgeschichte.

—— die Kunst im Handwerk. Vademecum für Besucher kunstgewerbl. Museen, Ausstellungen etc. 8. (VII, 199 S.) Wien 872, Braumüller. geb. *

—— die Kunst im Handwerk. Vademecum für Besucher kunstgewerbl. Museen, Ausstellungen etc. 2. verb. Aufl. gr. 16. (VIII, 204 S. mit 22 eingedr. Holzschn.) Wien 876, Braumüller. cart. *

— die Kunst im Handwerk. Vademecum f. Besucher kunstgewerbl. Museen, Ausstellgn. etc. 3., verb. Aufl. Mit 26 Holzschn. 12. (VIII, 216 S.) Wien 888. Braumüller. geb. n. 3. —

—— über ornamentale Kunst auf der Wiener Weltausstellung, s.a. Sammlung gemeinverständlicher wissenschaftlicher Vorträge.

Bucher B, über ornamentale Kunst auf der Wiener Weltausstellung. (Sammlung gemeinverständlicher wissenschaftlicher Vorträge 203) Berlin 1874

— Kunstgeschichte. (Weber's illustrierte Katechismen 87) Leipzig 1880

Bucher, Bruno, Kunstgeschichte, s.a. Spemann's Compendien 1. Bd.

Kunstgeschichte. Von Bruno Bucher. (Rev. Ausg.) Stuttgart: Spemann [1909]. VIII, 512 S. 8°
(Spemanns Compendien. 1:) Lvg. 7370

Bucher, Bruno (Hrsg.), s.a. Kunsthandwerk, Das.

Bucher, Br. und Gnauth, A. Das Kunsthandwerk. Sammlung mustergültiger kunstgewerblicher Gegenstände aller Zeiten. Jahrg. 1—3. 3 Bde. Stuttgart 1874—1876. Fol.

— die Kunst-Industrie auf der deutschen Ausstellung in München 1876. Bericht an das österr. Central-Comité. gr. 8. (VI, 85 S.) Wien 876. Gerold & Co. in Comm. n. 1. 60

—— Real-Lexikon der Kunstgewerbe. 5 Lfgn. gr. 8. (IV, 487 S.) Wien 883,84, Frick. à Lfg. * M. 1,80. *

Bucher, Bruno und K. Weiss:

—— —— Vienne-Mignon. Pérégrinations dans Vienne et ses environs traduit de l'allemand par B. Pellichet de Givisiez. Orné d'un plan (chromolithogr.) de la ville (Imp.-Fol.), du palais de l'exposition universelle (lithogr. gr. 4.), de 6 (lithogr.) plans de théâtres (gr. 4.) et de 30 gravures sur bois. 16. (LXVI, 224 S.) Wien 873, Faesy und Frick. geb. *

Bucher, B., u. K. *Weiss*, Wanderungen durch Wien u. Umgebung. 4. Aufl. Mit 1 Stadtplan, 6 Theaterplänen u. 30 Holzschnitten. Wien 1874. 12°. Orig.-Lwdb.
LXIII S., 1 Bl., 206 S. — Auch m. d. Tit.: Wiener Baedeker.

Bucher, B., u. K. Weiss, Wien. Führer für Fremde u. Einheimische. 2 Thle. Wien 868. Tendler & Co. 8. Jeder Thl. n. 24 ngr.; in 1 Bde. n. 1 ℛ 15 ngr.

1. Thl.: Wiener Baedeker. Wanderungen durch Wien u. Umgebungen. Mit 2 (lith.) Stadtplänen (in Fol.), 6 Theaterplänen (in Holzschn.) u. 30 Holzschn. im Text. (VIII, 172 S.)
2. Thl.: Das heutige Wien. Ausführliche Beschreibung der Stadt, ihrer Institute u. Sammlungen. (2 Bll., 188 S.)

—— und K. Weiss, Wien. Führer für Fremde und Einheimische. 2 Thle. 8. Wien 868, Trendler und Comp. à Thl. * M. 2,40.; compl. in 1 Bde. *

Inhalt:
Thl. 1. Wiener Baedeker. Wanderungen durch Wien und Umgebungen. Mit 2 (chromolithogr.) Stadtplänen (in Fol.), 6 Theaterplänen (in Holzschn.) und 30 (eingedr.) Holzschn. (VIII, 172 S.)
» 2. Das heutige Wien. Ausführliche Beschreibung der Stadt, ihrer Institute und Sammlungen. (III, 188 S.)

Bucher, B, u. K Weiss, Wien. 2 Thle. 8. Wien, Faesy & F. à n. — 24
1. Wiener Baedeker. Wandergn durch Wien u. Umgebgn. 2. Afl. (215) 70.
2. Das heut. Wien. Beschreibg d. Stadt, ihr. Inst. u. Sammlgn. (188) 68.

Bucher, B., und K. Weiss, Das heutige Wien. Ausführliche Beschreibung der Stadt, ihrer Institute und Sammlungen. kl. 8. (188 S.) Wien, Tendler & Comp. Verlag (Julius Grosser). Elegant cart. 1 fl. 20 kr.
1768

— die alten Zunft- u. Verkehrs-Ordnungen der Stadt Krakau. Nach Balthasar Behem's Codex picturatus in der k. k. Jagellonischen Bibliothek hrsg. Mit 27 Taf. in Lichtdr. Imp.-4. (XXXVI, 112 S.) Wien 889. Gerold's Sohn. cart. n. 20. —

Bucher, C., s. Bucher, Karl Frz. Fd.

Bucher, C. B., Anleit., den Pianoforte-Unterricht mit d. Gesang u. d. Harmonielehre zu verbinden. Regensb., Reitmayr. 18 ₰.

Bucher, C. F. F.: System. Darstell. d. in Westphal..., s. Bucher, Karl Frz. Fd.

— Carl August (Meissen), De vera causa, cur hodie adhuc in Saxonia jus repraesentationis in successione collateralium ab intestato exulet, contra communem opinionem. Diss. jur. Saxonici. Präs. Aug. Friedr. Schott. Lpz. (Langenheim) 4. VIII. 1768. 32 S., mit Widm. v. Präs. (4.80) 4402

— — Rhapsodiae supplementa. Präs. Carl Ferdinand Hommel. Lpz. (Langenheim) 21. IV. 1774. 31 S., tlws. dtsch. (4.50) 4403

Bucher, Chr. Frz., (†d. 3. Febr. 1808.) Florae Dresdensis Nomenclator; oder systemat. Verzeichniß der in d. Gegend um Dresden wild wachsenden Sexualpflanzen, mit Angabe ihrer Standörter. 8. Dresd. 806. Walther. 21 ₰.

Bucher, *Christian Traugott*, † Dresden 3. Febr. 1808.
—— Florae Dresdensis nomenclator, oder systematisches Verzeichniss der in der Gegend von Dresden wildwachsenden Sexualpflanzen. Dresden 1806. 8. x, 226 p., ind. (⅓ th.)

— Christoph Ehrenfried (Frauenhain), De injuriarum vindicta. Diss. moral. Präs. Jo. Gottfr. Forbiger (Auerbach/Vogtl.). Wittbg. (J. G. Meyer) 28. III. 1703. 8 Bl. (4.80) 4405

Bucher, E. Fz. Fd.: Historiae variorum systematum jur. civ. Spec. I. *Hal.* 808. 8.

Bucher, Emil. Ueber die Oxydation von Paratoluylbenzylketon und einige von ihm sich ableitende Verbindungen. Bern, 1889.
Diss.

Bucher, F, guter Rath f. Alle, welche v. e. kl. Capit. ohne Arbeit anständig leben wollen. 8. (47) Lpzg 57. (Cob., Sendelbach.) *n.* — 5

Bucher, Fr., zuverlässiger guter Rath für Alle, welche von einem kleinen Capitale ohne Arbeit anständig leben wollen. 8. (47 S.) Leipzig 857, Wengler. Thlr. *

Bucher, Fr. Benj.

— s. Betracht. über Staatenwohl.

Bucher, Fr. Benj., († d. 13. Dec. 1826.) manuel para los Negocidores españoles y alemanes; oder spanisches Lesebuch. 8. Leipz. 797. Göthe. 20 gl.

Bucher, Fr. Benj. (Hrsg.), **M i s c e l l e n , Spanische und Portugisische.

Bucher, F. B., span. u. portug. Miscellen. 1r Bd. 1s u. 2s Stck. gr. 8. Lpz. C. G. Weigel. 806. (à 12 gr.) Rthlr.

Bucher, Franz. Zur Jahrhundertwende. [Dramatische Szene.] Festgruss an die löbliche Zunft zu Safran. 13. Januar 1900 (*S. 1, richtig:* 1901). II + 19 S. 8. Luzern, J. L. Bucher & Sohn, 1900. N232[1]

Bucher, Franz. von Luzern: Der Verzicht im Strafprozesse. Hottingen-Zür. H. Zürcher Dr. 1882. 3 Bl., 150 S. 8°.
Zürich. Jur. Diss [v. 29. Juli 1882].

Bucher, Friedr., das Christenthum in seiner geschichtlichen Entfaltung, im Geiste unserer Zeit und nach den besten alten und neuen Quellen kurz dargestellt. gr. 8. (VIII und 486 S.) Wien 862, Dirnböck.

— **Friedrich Gottlob** (Leipzig), De aeterno dei filio. Diss. hist.-dogm. Spec. alt. Präs. Friedr. Wilh. Dresde. Wittbg. (C. Chn. Dürr) 6. XI. 1775. 32 S. (1.50) 4406
Gew.: Mich. Gottlob Bucher.

Bucher H.: Topographische Anatomie d. Brusthöhlenorgane d. Hundes m. besond. Berücks. d. tierärztlichen Praxis. Diss. Dresd. 1909. 90 S. 10 Tvl.

Bucher, H., techn. Ratgeber f. die Fabrikation v. bedruckten Blechemballagen u. -Plakaten. Nach prakt. Erfahrgn. zusammengestellt u. hrsg. (123 S. m. Abb.) gr. 8. Dresden (908). (R. E. Schmidt.) 2.—; geb. 5.—

Bucher, H. W. Journal du siége de Gerone en 1809. 8. av. 1 plan. Hildesheim 1812. 4,00.

Bucher, H. W.: T a g e b u c h der Belagerung ..., s. a. B u c h e r , Ad. W.

Bucher, H. W. Tagebuch der Belagerung von Gerona 1809. 8. M. 1 Pl. Hildesheim 1812. 4,00.

Bucher, Hermann, Veterinärrat, Bezirkstierarzt: Aus d. Anatom. Inst. d. Tierärztl. Hochsch. zu Dresden. Topographische Anatomie der Brusthöhlenorgane des Hundes mit besonderer Berücksichtigung der tierärztlichen Praxis. Mit 10 Taf. Dresden 1900: Franke. 90 S. 8°
Leipzig, Veterinär-Med. Diss. v. 1. Juli 1900. Ref. Baum
[Geb. 20. April 63 Zwickau i. S.; Wohnort: Löbau i. S.; Staatsangeh.: Sachsen; Vorbildung: Realgymn. Zwickau Reife O. 81; Studium: Dresden Tierärztl. Hochsch. 7 S.; Coll. 23. Juli 00; Approb. 19. April 07.] [U 09. 2763

Bucher, J.. Behandlung der deutschen Grammatik an Gymnasien. Luzern 1865.
Progr.-Schr.

Bucher, J., über Platons speculative Beweise für die Unsterblichkeit der menschlichen Seele. Inaugural-Dissertation. gr. 8. (30 S.) Göttingen 861, (Vandenhoeck und Ruprecht's Verlagsh.)

Bucher, J. Ueber einige häufig vorkommende Fehler gegen die deutsche Grammatik. In-8°, 31 S. Luzern, Druck von J. L. Bucher.
. Extra-Abzug aus dem „Jahrbuch der luzernischen Kantonal-Lehrerkonferenz vom Jahr 1879. 1880

Bucher, J., von Liebenau, Th.: Festzeitung des centralschweizer. Schützenfestes 1889. Luzern, 1889.

Gehrig, Hch., von J. Bucher. Luzern 1884. Progr.-Schr.

Bucher, J: Deut. Leseb. f. Lehrerseminarien, s.: Utzinger, H.

Bucher, J. Literatur der V Orte vom Jahre 1879. (Schriften aus den V Orten u. über d. V Orte.)
. Separatabdruck aus dem „Geschichtsfreund", 35. Bd. Einsiedeln Gebr. Benziger 1880

Bucher, J., Dr. Der Müller von Sempach. Kulturgeschichtliche Erzählung aus der Zeit des Sempacherkriegs. Festgabe zur 500jährigen Jubelfeier, mit 2 Illustr. In-8°, 230 S. Bern, Rud. Jenni's Buchhandlung (H. Köhler) 2 50
1886

Bucher, J., der Müller von Sempach. Kulturgeschichtliche Erzählung aus der Zeit des Sempacher Krieges. Für die Jugend und das Volk. Festgabe zur 500jähr. Jubelfeier am 5. Juli 1886. Erweiterter Sep.-Abdr. aus den „Wöchentl. Unterhaltungen" zum „Luzerner Tagblatt". 8. (239 S. mit 2 Illustr.) Luzern 886, Meyer'sche Buchdruckerei. *

Pfyffer, von Heidegg, Ed., von J. Bucher. Luzern 1888. Progr.-Schr.

Bucher, J. v.: Ueber die Programme der höheren Lehranstalt, s. J a h r e s b e r i c h t über die höhere Lehranstalt zu Luzern...

Bucher. Die Schuldisziplin. Referat, geh. am schweizer. Lehrertag in Luzern Dienstag, den 30. Septbr. 1890. 8. (21 S.) Luzern 891. (Lpz., Fock.) * — 60

Bucher, Jak., Biographie des Prof. Greber, s. Jahresbericht über die Kantonsschule und die Theologie zu Luzern.

(B u c h e r , J[acob].) ÷ Professor (Josef Alois) Bossart. [A. Progr.] 4. (Luzern 1881.) A⁹731[1]

Bucher, Jak., Elia der Thisbit. Ein Deklamatorium f. christl. Vereins- u. Gemeinschaftsfeiern. (100 S.) kl. 8. Wörrstadt (907). Mainz, Schriftenniederlage d. Stadtmission. — 60

[B u c h e r , Jacob.] Ephemeriden [für das Jahr] 1893. SA. 8. Luzern 1893. A 1233

Bucher, Jacob u. Josef Schwarzenberger. Festreden an der Schlachtfeier in Sempach am 12. Juli 1880. In-8°, 33 S. Luzern, Gebr. Räber. — 30
1220

B u c h e r . J[acob]. ÷ Professor (Franz Xaver) Greber. [A. Progr.] 4. (Luzern 1882.) A⁹731[2]

(B u c h e r . J[acob].) Luzerner Walhalla (von Professor Dr. J. Bucher ....) 1896. SA. 8. Luzern 1896. A 1234

Bucher, Jo. Petr.: Explicationis theoretico-practicae regulae juris pontificii spoliatus ante omnia restituendus sectio 1. Progr. [Steinfurt] 1765.
[Sectio 2. fehlt.]

Bucher. Jo. Petr.: Disquisitio iur. prima de notione atque effectu infamiae. Burgo-Steinfurti 1766.

(Bucher. J[ohann].) ÷ Lehrer Josef Grüter. [A.] 8. (Luzern 1889.) A 784*

— **Johann Adolph** (Rothnuslicensis), De jure circa libros improbatae lectionis. Diss. jur. Präs. Just. Henning Böhmer. Halle (J. Grunert) 7. XII. 1726. 76 S. (5.—) 4407
Gew.: Gottlob Hieron. v. Leipziger (Heyda), Bernh. v. Zech. — Widm. v. Präs.

— — Dasselbe. Halle (Jo. Chn. Grunert) 1736. (5.—) 4408

— — De eo quod justum est circa testamentum principis imperii ecclesiastici. Diss. jur. Präs. Tob. Jacob Reinharth. Göttingen (A. Vandenhoeck) 28. XII. 1741. 36 S. (5.—) 4409

Bucher, J[ohann Jakob], prakt. Arzt in Dielsdorf [von Regensberg, Kt. Zürich]: Ueber circuläre und retroviscerale Kröpfe. Zür. Zürcher u. Furrer Dr. 1894. 39 S. 8°.
Zürich, Med. Diss. [v. 27. Dec. 1894].

Bucher, J. Über circuläre u. retroviscerale Kröpfe. In-8°. 39 p. Zürich. These. **1895**

— **J. J.** Das schweizer. Obligationenrecht sammt dem Bundesgesetz betreffend die persönliche Handlungsfähigkeit je mit Beifügung der seit Inkrafttreten dieser Gesetze gefällten bezüglichen Entscheide schweizer. Gerichte u. des h. Bundesrates (betr. das Handelsregisterwesen). 1. Heft. In-16°. XVI, 192 S. Zürich, Selbstverlag des Herausgebers. **1890** 2 50

Bucher, J. J. Das schweizer. Obligationenrecht sammt dem Bundesgesetz betreffend die persönliche Handlungsfähigkeit je mit Beifügung der seit Inkrafttreten dieser Gesetze gefällten bezüglichen Entscheide schweizer. Gerichte u. des h. Bundesrates (betr. das Handelsregisterwesen). 2. Heft. In-16°. (S. 193—392.) Zürich, Selbstverlag des Herausgebers. 2 —
— — Band I. In-16°. XXIV, 392 S. Ebd. Lederbd. 5 50

Bucher, J[ohann] J[acob]. Die Rechtsverhältnisse an Liegenschaften im Kanton Zürich nach Gesetz und Gerichtspraxis zusammengestellt und bearbeitet. XX + 328 S. 8. Zürich, Selbstverlag, 1901. [fr. 6.—] N 233

Bucher, JJ: Schweiz. Zivilgesetzb. vom 10.12.'07, erlassen v. d. Bundesversammlg d. schweiz. Eidgenossensch. Das Gesetz tritt m. d. 1.1.'12 in Kraft. Hrsg. m. Artikelverweisgn u. folg. Beilagen, red. v. Hrsg.: 1. Tabelle üb. d. ehel. Güterrecht, 2. Tabelle d. Verwandtsch. f. d. Erbrecht, 3. Fristentabelle üb. Verjährgn u. Verwirkgn, 4. Tabelle d. Rechtsgeschäfte, f. welche d. Zivilgesetzb. besond. Abschluss- od. Erfüllgsformen vorschreibt, 5. Einlässliches Sachreg., ferner: 6. Revidiertes Bundesgesetz betr. d. zivilrechtl. Verhältnisse d. Niedergelassenen u. Aufenthalter. 7. Internat. Haager Konventionen betr.: Eheschliessg, Ehescheidg, Vormundsch. üb. Minderjährige. (501) 16° Zür., Schweiz. Druck- u. Verlagshs ('09). L 2.50

Bucher, J. J., schweizerisches Zivilgesetzbuch vom 10. XII. 1907, erlassen v. der Bundesversammlg. der schweizer. Eidgenossenschaft. Das Gesetz tritt m. dem 1. I. 1912 in Kraft. Hrsg. m. Artikelverweisgn. u. folg. Beilagen, red. vom Hrsg.: 1. Tabelle üb. das ehel. Güterrecht nach dem schweizer. Zivilgesetzbuch, 2. Tabelle der Verwandtschaft f. das Erbrecht nach schweizer. Zivilgesetzbuch, 3. Fristentabelle üb. Verjährgn. u. Verwirkgn. nach schweizer. Zivilgesetzbuch, 4. Tabelle der Rechtsgeschäfte, f. welche das Zivilgesetzbuch besondere Abschluss- od. Erfüllungsformen vorschreibt, 5. Einlässliches Sachregister, ferner: 6. Revidiertes Bundesgesetz betr. die zivilrechtl. Verhältnisse der Niedergelassenen u. Aufenthalter, 7. Internationale Haager Konventionen betr.: Eheschliessg., Ehescheidg., Vormundschaft üb. Minderjährige. (501 S.) 16. Zürich (909). G. Meyer. Geb. in Leinw. 2.50.

— **Johann Pet.,** Auctoritate et sub auspiciis principis Guilielmi I. Hassiae landgravii . . acad. rect. ad novi magistr. inaug. — Praem. est disqu. de incertis quibusdam et ambiguis medio aevo imperatoris et procerum imperii juribus. Marburg (Krieger) Jan. 1804. 41 S. (4.80) 4410

Bucher, Jordan, Chronologie des Neuen Testamentes. Mit geschichtlichen, exegetischen und synoptischen Erörterungen. Augsburg, Kollmann, jetzt Regensburg, Verlags-Anstalt, 1865, 12°, 152 S., 1,35 Mk.
Recens. (Wiener) Allgem. Litt.-Ztg., 13. Jahrg., Nr. 15.

Bucher, Jord., 115 biblische Geschichten aus dem Leben und Leiden unseres Herrn Jesu Christi. Der Zeitfolge und dem geschichtl. Zusammenhange nach aus den heil. Evangelien ausgewählt und mit kurzen Erklärungen versehen. Mit 88 Holzschn. nach den Orig. von Clasen, Mosler, Overbeck u. A. br. 8. (XII und 331 S. mit eingedr. Holzschn. und 11 Holzschnt.) Schaffhausen 860, Hurter'sche Buchh. *

Bucher, Jord., 115 biblische Geschichten aus dem Leben unseres Herrn Jesu Christi. Neue wohlfeile Ausg. 8. (XII, 331 S. mit 88 Holzschn., eingedr. und auf 1 Taf.) Schaffhausen 873, Hurter'sche Buchh. [Regensburg, Manz.]

—— die Gleichnisse unseres Herrn und Heilandes Jesu Christi. Mit 21 Zeichnungen nach den Orig. von D. Mosler, H. Warren und J. H. Powell. 16. (XVI und 72 S. mit 21 Holzschn.) Schaffhausen 860, Hurter'sche Buchh. geb. *

Bucher, Jordan, Das Leben Jesu von Dr. Fr. Strauß nach der neuen „für das deutsche Volk" bearbeiteten Ausgabe [Leipzig, Brockhaus, 1864, 8°, 633 S., 1. und 2. Aufl.] in seinen Grundgedanken für christliche Leser beurteilt. Augsburg, Kollmann, jetzt Regensburg, Verl.-Anst., 1864, 12°, IV u. 76 S., 60 Pf.

—— d. Leben Jesu u. d. Apostel. 1. Bd.: d. Leben Jesu. 8. (862) Stuttg. 57. 58, Risch. n. 3. 20

—— das Leben Jesu und der Apostel. Geschichtl.-pragmat. dargestellt. 1—11. Lfg. gr. 8. (1. Bd.: Das Leben Jesu Christi. XIV und 862 S.) Stuttgart 857. 58, Gebr. Scheitlin. à Lfg. * 10 Ngr. *

Bucher, Jordan, Das Leben Jesu Christi. Geschichtlich-pragmatisch dargestellt. Regensburg, Manz, jetzt Verl.-Anst., 1871, 8°, 2. Aufl., 11 Mk.
1. Aufl. 1858 (Stuttgart, Scheitlin), 862 S.

Bucher, Jordan, des Apostels Johannes Lehre vom Logos, ihrem Wesen und Ursprunge nach historisch-kritisch erörtert. gr. 8. (XII und 228 S.) Schaffhausen 856, Hurter'sche Buchh.

—— die sieben heiligen Sakramente der katholischen Kirche. Kurze Erklärung der kathol. Lehre über die Bedeutung der heil. Sakramente, deren Organismus und kirchl. Spendung, so wie deren Zusammenhang mit den alttestamentl. Vorbildern. 16. (XII und 212 S. mit 16 Orig.-Holzschn.) Schaffhausen 860, Hurter'sche Buchh. geb. *

— die heiligen Schriften des Neuen Testamentes nach den besten kathol. ältern und neuern Schriftauslegern praktisch erklärt. Schaffhausen, Hurter. 8.
1. Bdchn.: Das heilige Evangelium Jesu Christi nach Matthäus 2c. 1. Bdchn.: Einleitung. Kap. I—XII. 855. (XVI, 220 S.) 15 ngl
2. Bdchn.: Das heilige Evangelium Jesu Christi nach Matthäus 2c. 2. Bdchn.: Kap. XIII. bis Ende. 856. (XX, 292 S.) 21 ngl
2. Bd.: Das heilige Evangelium Jesu Christi nach Markus und Lukas 2c. 857. (XV, 344 S.) 27 ngl

Bucher, Jordan, Die heil. Schriften des Neuen Testamentes nach den besten katholischen ältern u. neuern Schriftauslegern praktisch erklärt. Schaffhausen, Hurter, jetzt Regensburg, Verl. Anstalt, 1856—1866. 8°, 12 Mk.

Bd. 1: Das heil. Evangelium Jesu Christi nach Matthäus praktisch erklärt. 1856, XX u. 292 S., 3,60 Mk.

Bd. 2: Das heil. Evangelium Jesu Christi nach Markus u. Lukas. 1857, XVI u. 344 S., 2,70 Mk.

Bd. 3: Das heil. Evangelium Jesu Christi nach Johannes. 1859, VIII u. 343 S., 2,70 Mk.

Bd. 4: Die Apostelgeschichte des hl. Lukas. 1866, XII u. 424 S., 3 Mk. Blieb unvollendet. Recensionen zu diesem 4. Bande brachten: Litt. Handw. 1867, S. 291—295 (Hülskamp); Österr. Vierteljahrsschr. f. k. Theol., Jahrgang VIII, Heft 4; Litteraturblätter der Sion 1866, März Heft, Nro 2.

—— die heiligen Schriften des Neuen Testaments nach den besten kathol. ältern und neuern Schriftauslegern prakt. erklärt. 2. und 3. Bd. 8. Schaffhausen, Hurter'sche Buchh. à Bd. 27 Ngr.

Inhalt:

Bd. 2. Das heilige Evangelium Jesu Christi nach Markus und Lucas praktisch erklärt. (XVI und 344 S.) 857.

" 3. Das heilige Evangelium Jesu Christi nach Johannes. (VIII und 343 S.) 859.

1. Bd. 1. und 2. Abthl. Ebendas. 1855,56. 1 Thlr. 6 Ngr.

—— die heiligen Schriften des Neuen Testaments nach den besten katholischen ältern und neuern Schriftauslegern praktisch erklärt. 4. Bdchn.: Die Apostelgeschichte des heiligen Lukas. 8. (XII und 424 S.) Schaffhausen 866, Hurter'sche Verlagsbuchh.

1.—3. Bdchn. Ebendas. 1855—59. 3 Thlr.

Bucher, J., Th. Griesinger und V. Hochstetter, ein Schwabenzug nach Wien oder die Vergnügungsfahrt der Württemberger nach Oesterreich vom 1. bis 9. Juli 1863. 1. u. 2. Aufl. Stuttgart 863. Aue. 8. (72 S.) n. 10 ngr.

Jordan **Bucher**'s Philonische Studien; Vers., die Frage nach d. persönl. Hypostase des in den Philon. Schrr. auftret. Logos auf histor.-pragmat. Wege zu lösen; zugl. e. gedrängte Darstell. d. Philon. Systems. *Tüb.*, B. Zu-Guttenberg. 848. gr 8° 6 gr

— griechische Vorschule oder kurzgefaßte griechische Grammatik in übersichtlicher Darstellung. Für die untern Gymnasialclassen bearb. 2 Thle. Tuttlingen 861. Kling. gr. 4. 18 ngr.
1. Thl.: Griechische Formenlehre. (44 S.) 12 ngr.
2. Thl.: Griechische Syntax. (24 S.) 6 ngr.

— die sieben heiligen Weihen des Priesterthums der katholischen Kirche. Kurze Erklärung der Bedeutung der heiligen Weihen, deren Vorbilder u. Organismus, u. ihre kirchliche Spendung. Mit Orig.-Holzschn. (im Text.) Schaffhausen 860. Hurter. 16. (IV. 156 S.) 9 ngr.

Bucher, Jordan, die 7 hl. Weihen d. Priestertums d. kathol. Kirche. Kurze Erklärg. d. Bedeutg. d. hl. Weihen, deren Vorbilder u. Organismus u. ihre kirchl. Spendg. 2., v. e. Priester d. Erzdiöcese Freiburg bes. Aufl. 12. (IV, 159 S.) Regensburg 897. Nationale Verlagsanstalt. n. 1.—

Bucher, Josef. Klinische und experimentelle Untersuchungen über die Brauchbarkeit der Glycerinklystiere bei Haustieren. Diss. Vet.-Med. Bern. 88 S. 8. München, Max Steinebach, 1910. V Bern
Arbeiten aus der medizinischen Veterinär-Klinik der Universität Giessen....

Bucher, Jos. Fridolin, das neue Leben. (VI, 157 S.) 8. Solothurn (904). (Buch- u. Kunstdruckerei Union.) (Nur direkt.) n. 1,40

Bucher, K.: Das Recht d. Forderungen, s. Bucher, Karl Frz. Fd.

Bucher, Karl, approb. Arzt aus Eichelsheim: Ueber genu valgum und seine Behandlung. *Heidelberg 1903: J. Hörning.* (47 S.) 8°
Heidelberg, Med. Diss. v. 1903

Bucher, Karl Frz. Fd.

Bucher, Karl Frz. Fd., systemat. Darstell. des im Königr. Westphalen gelt. Napoleon. Privatrechts. 2 Bde. gr. 8. Halle 809. Waisenh.-B. 2 ₰ 8 gr

— s. H. Donelli Commentarii.

Buchori, C., Specimen animadversion. in Ulpiani, quae in primos Digest. titulos migrarunt, fragmenta. Erlang. 818. 8. 20gr.

Bucher, Karl Frz. Fd., fragmenta Dom. Ulpiani, quae in I. digest. libr. migrarunt etc. IV Specim. 8. Erlang. 819.

— **Carl Fr. Ferd.** (Marburg), Historiae literariae variorum systematum juris civilis a seculo inde XVI exaratorum. Spec. I. Halle 1808. Marburg (Bayrhoffer). 38 S. (4.—) 4104

Bucher, Car.: Justiniani institutionum lib. 4. Textu ad codicem olim Heilsbronnensem nunc Erlangensem recognito ed. Erlangae 1826.

— Diss. inaug. de jure transmissionis hereditatis atque legati ex temporis successu spectata. 8. Marb. 806.

— das Recht d. Forderungen. gr. 8. Leipz. 815. 2 ₰ 12 gr 2e verm. A. 830. Engelmann. 3 ₰

Bucher, Karl, das Recht d. Forderungen. Nach d. Grundsn. d. Justinian. Rechts dargest. 2., veränd. u. verm. Aufl. gr. 8. (37 B.) Leipzig 830, Engelmann.

— System d. Pandekten, s. a. Darstell. d. Justin. Privatrechts.

Bucher, (Carl,) System der Pandekten, od. Versuch e. wissenschaftl. Darstell. d. Justinian. Privatrechts. 3e verb. Ausg. gr. 8. Erlangen 822, Palm u. E.

— titulum digest. de rebus dubiis in usum praelect. exeget. edidit. 8. Halle 809.

— Uebersicht d. testament. Universalsuccession, zum Gebrauch seiner Vorlesungen. 8. Halle 807.

Bucher, K., Vers. e. systematisch. Darstell. d. Justinianisch. Privatrechts (a. u. d. Tit.: System der Pandecten). gr. 8. Halle, Hemmerde u. Schw. 810.

— Versuch e. systemat. Darstell. d. Justinianischen Privatrechts. (A. u. d. T.: System d. Pandekten.) gr. 8. Halle 807. Schwetschke u. S. 1 ₰ 18 gr 2e A. u. d. T.: System d. Pandekten rc. 810. 3e A. gr. 8. Erlang. 822. Palm u. E. 2 ₰ 16 gr

Bucher, K. Fr. Fd.: Vers. e. wissenschaftl. Darstell. d. Justinian. Privatrechts, z. Gebr. sr. Vorless.; auch unt. d. Tit.: System d. Pandecten. *Halle*, Hemmerde u. Schwetschke. 808. 810. (1 Thl. 18 Gr.) 3e Ausg. *Erlangen*, Palm u. Enke. 822. gr. 8. (2 Thl. 16 Gr.)

— einige Worte über d. Wesen einer Universität u. über d. Studium u. Leben auf derselben. 8. Erlang. 818.

Bucher, L. Die Londoner Industrie-Ausstellung von 1862. Berlin 1863. 8

Bucher, L., Real-Lexikon der Kunstgewerbe. Wien 884, Hölzel. geb.

—— an Mazzini, s.: Rodbertus.

Bucher, L., kulturhistorische Skizzen aus der Industrieausstellung aller Völker. gr. 8. (VIII u. 272 S.) Frankfurt a. M. 851, Lizius. 1 ½ ₰

Bucher, Lothar (Hrsg.), s. Actenstücke zur Lauenburgischen Erbfolgefrage...

Bucher, Lothar, Bilder aus der Fremde. Für die Heimath gezeichnet. 2 Bde. 8. Berlin 862,63, Gerschel's Verlagsbuchh. à Bd. * 2 Thlr. *
Inhalt:
Bd. 1. Unterwegs. (XII und 440 S.)
- 2. Die Londoner Industrie-Ausstellung von 1862. (V und 461 S.)

Bucher, Lothar, Brief, s.: Lassalle, Ferd., z. Arbeiterfrage.

Bucher, L., der Parlamentarismus wie er ist. Berlin 855. Besser's Verlhdlg. 8. (2 Bl., 363 S.) 1 ℔ 15 ngl

—— d. Parlamentarismus wie er ist. 8. (363) Berl. 55, F Duncker. 1. 15

Bucher, Lothar, der Parlamentarismus wie er ist. 2. verm. und verb. Aufl. gr. 8. (VII, 287 S.) Stuttgart 881, Krabbe. *ℳ 5.; geb. *

Bucher L. der Parlamentarismus wie er ist. 2. A. Stuttgart 1886

Bucher, Lothar, der Parlamentarismus, wie er ist. 3. Aufl. gr. 8. (VII, 286 S.) Stuttgart 894. C. Krabbe. n. 5. —; geb. in Leinw. n. 6. —

Bucher, Lothar. Kleine Schriften politischen Inhalts. Stuttgart 1893. H: *Bucher, Bruno.* (Berl)

Bucher, Lothar: Kleine Schriften politischen Inhalts. [Darin die Selbstbiographie: Nur ein Märchen. 1861.] Stuttgart: Krabbe 1893.

Bucher, Lothar, seid deutsch, s. Rodbertus, Johann Karl

Bucher, Lothar. Unterwegs. Berlin, Gerschel 1862. XII 440 S. 8.

Bucher, Ludwig Ferdinand

Bucher, Ludw. Ferd., der Feldzug des dritten deutschen Armee-Corps in Flandern im Befreiungskriege des J. 1814. Mit Benutzung amtl. Quellen des Kriegsarchivs bearb. Nebst einem alphabet. Namenverzeichniß aller hervorragenden Theilnehmer am Feldzuge. gr. 8. (XII und 332 S. mit 2 lithogr. Karten, 2 Plänen in gr. 4. und Fol. und 4 Tab. in Fol.) Leipzig 854, Costenoble. *

Bucher, Ludw. Ferd., der Feldzug des dritten deutschen Armee-Corps in Flandern im Befreiungskriege des J. 1814. Mit Benutzung amtl. Quellen des Kriegsarchivs bearb. 2., wohlfeile (Titel-)Ausg. gr. 8. (XII und 332 S. nebst 2 lithogr. Karten, 2 Plänen in gr. 4. und Fol., 4 Tab. in Fol. und einem alphabet. Namensverzeichniß aller hervorragenden Theilnehmer am Feldzuge.) Leipzig (854)860, Costenoble. *

Bucher, LF, d. Feldzug d. 3. deut. Armee-Corps in Flandern im Befreiungskriege d. J. 1814. 2. Asg. 8. (332) Lpzg 60, Haynel. n. 1. 20

Bucher, L. F., die Rauhheiten der Eisenmunition, eben so verderbl. für die Geschütze, als verbesserungsfäh. durch Schleifen; prakt. bewährte Neuerung. Mit 1 Steintaf. 8. Dresden (Baltimore) 836. Scheld u. Comp. (Leipzig, Einhorn.) 1/2 ℔

— Schulkarte vom Königr. Sachsen. Zum Gebrauch für Engelhard's Vaterlandskunde. Lithogr. von W. Werner. kl. Fol. (Leipzig 833. Barth.) Ill. 1/8 ℔

Bucher, Max: Die Gewerbegerichte d. Schweiz. (8, 189) 8° Luzern, (Prell & Co.) '11. 2.80

! — Recht d. Fordergn. Jetzt: Lpzg, F Meiner.

Bucher, Mch. Glo., († d. 31. Jan. 1787.) Entwurf e. landwirthschaftl. Kalenders. gr. 8. Leipz. 765. 2e A. 766. 3e A. 776. Weidmann. 3 ℊ

Bucher, M. G. Entw. e. Landwirthschaftskal. gr. 8. Lpz. Weidmann. 776.

— Landwirthschaftskalender. 8. Leipz. 773. N. verm. Aufl. 8. Wittenb. u. Zerbst 787.

Bucher, O.

Bucher I., O., und Fr. Richter, Sammlung arithmet. Aufgaben, s. Richter, Fr.

Bucher I., O. Unterr. im Zahlenrechnen, s.: Richter, F.

Bucher, Otto

Bucher, O., unser König Albert. Ein Lebensbild für Sachsens Heer u. Volk. 3. Aufl. 8. (48 S.) Dresden 889. Hackarath. n. — 50

Bucher, Otto, unser König Albert. Ein Lebensbild f. Sachsens Heer u. Volk. 4. ergänzte Aufl. 8. (48 S.) Dresden 894. H. Hackarath. n. — 50

— unser König Albert. Ein Lebensbild für Sachsens Heer u. Volk. 5., verm. Aufl. (Zugleich Festschrift z. 70. Geburtstag u. 25. Regierungs-Jubiläum Sr. Maj.) 8. (56 S. m. 3 Bildn.) Dresden 898 H. Hackarath. n. — 50

Bucher, Hauptm., Dienst-Unterricht des Infanteristen des XII. [königl. sächs.] Armee-Corps. Instructions-Buch zur Benutzung für Offiziere und Unteroffiziere bei Ertheilung des Unterrichts, sowie zur Selbstbelehrung für Mannschaften und einjährig Freiwillige. 2. verm. und verb. Aufl. Nach den neuesten Bestimmungen bearb. 2 Thle.: Die Instruction der jüngeren und älteren Soldaten, 1 Instructions-Tableau und 8 (lithogr.) Fig.-Taf. enth. 8. (XVIII, 235 S.) Bautzen 879. (Dresden, Höckner.) **
1. Thl.: Die Instruction des jüngeren Soldaten, mit 8 Taf. (XII, 171 S.) allein **
1. Aufl. war nicht im Handel.

Bucher, Hauptm., Dienst-Unterricht der Infanteristen des XII. [Königl. Sächs.] Armee-Korps. Instruktionsbuch zur Benutzung für Offiziere und Unteroffiziere bei Ertheilung des Unterrichts, sowie zur Selbstbelehrung für Mannschaften, einjährig Freiwillige und übungspflicht. Ersatz-Reservisten. Nach den neuesten Bestimmungen bearb. 3. vollständig umgearb. Aufl. (VIII, 186 S. mit 8 lithogr. Taf.) 1882; 4. vollständig umgearb. Aufl. 8. (VIII, 175 S. mit Abbild. im Text.) Dresden 884, Höckner. *

Bucher, Dienst-Unterricht der Infanteristen des XII. [Kgl. Sächs.] Armee-Korps. Instruktions-Buch zur Benutzung für Offiziere und Unteroffiziere bei Ertheilung des Unterrichts, sowie zur Selbstbelehrung für Mannschaften, einjährig Freiwillige und übungspflicht. Ersatz-Reservisten. Nach den neuesten Bestimmungen bearb. 5. vollständig umgearb. Aufl. 8. (VIII, 126 S.) Dresden 887, Höckner, Sep.-Conto. *
cart. *

—— dass. — Anhang: Der Felddienst. 8. (35 S.) Ebendas. 887. *

Bucher, Dienst-Unterricht der Infanteristen d. XII. [Kgl. Sächs.] Armee-Korps. Instruktions-Buch zur Benutzg. f. Offiziere u. Unteroffiziere bei Ertheilg. d. Unterrichts, sowie zur Selbstbelehrg. f. Mannschaften, einjährig Freiwillige u. übungspflicht. Ersatz-Reservisten. Nach den neuesten Bestimmgn. bearb. (VI, 148 S.) Dresden 890. Höckner's Sep.-Cto. cart. n. 1. 20

— dasselbe. Anh., enth. Kenntniß u. Behandlg. d. Gewehr 88. gr. 16. (24 S. m. Abbildgn.) Ebd. 890. n. — 10

—— Dienst-Unterricht der Infanterie des XII. [königl. sächs.] Armee-Korps. Instruktions-Buch zur Benutzung f. Offiziere u. Unteroffiziere bei Ertheilg. d. Unterrichts, sowie zur Selbstbelehrg. f. Mannschaften, Einjährig-Freiwillige u. übungspflicht. Ersatz-Reservisten. 9. Aufl. 8. (VI, 148 S. m. Abbildgn.) Dresd. 892, Höckner, Sep.-Cto. cart. 1 20

Bucher, Dienst-Unterricht der Infanteristen des XII. (königl. sächs.) Armee-Korps. Instruktions-Buch zur Benutzg. f. Offiziere u. Unteroffiziere bei Ertheilg. des Unterrichts, sowie zur Selbstbelehrg. f. Mannschaften u. Einjährig-Freiwillige. Nach den neuesten Bestimmgn. bearb. 12. Aufl. 8. (VI, 147 S. m. Abbildgn.) Dresden 895. C. Höckner's Sep.-Cto. Kart. n. 1. 20

Bucher, Otto, Dienst-Unterricht d. kgl. sächsischen Infanteristen. Lehr- u. Unterhaltungsbuch f. Mannschaften, b. Unterricht u. z. Selbstbelehrung zu benutzen. M. d. Bildn. d. kgl. Familie, e. Einleitg.: Sachsens Fürstenhaus u. Heer, u. e. großen Anzahl v. Beisp. tapferen Verhaltens sächs. Soldaten. N. d. neuesten Bestimmngn. u. Anfordergn. vollst. umgearb. 16. Aufl. 8. (XX, 179 S. m. 4 Bildertaf.) Dresden 898. C. Damm. Kart. n. 1. —

- Dienst-Unterr. d. kgl. sächs. Infanteristen. Mit e. Einl.: Sachsens Fürstenhaus u. Heer, u. e. gr. Anzahl v. Beispielen tapf. Verhaltens sächs. Soldaten. 18. Afl. 8° (180 m. Abb. u. 4 Bildertaf.) Dresd. 99/1900, C Damm. Kart. 1 —

Bucher, Dienst-Unterricht des königl. sächsischen Infanteristen. Lehr- u. Unterhaltungs-Buch f. Mannschaften. Mit den Bildnissen der königl. u. kaiserl. Familie, zahlreichen Abbildgn. im Text, 4 Taf. in Buntdr. u. e. großen Anzahl v. Beispielen richt. u. tapferen Verhaltens sächs. Soldaten, e. Einleitg.: Sachsens Fürstenhaus u. Heer; enth. das Bildniß des hochsel. Königs Albert u. e. kurzen Abriß der Geschichte des sächs. Vaterlandes u. Heeres, sowie jedes einzelnen Infanterie-Truppentheils u. der Pionier-Bataillone. Unter Berücksicht. der neuesten Verändergn. u. Dienstvorschriften bearb. 20. Aufl. 25. Jahrg. 12. (XXXII, 213, 26 u. 8 S.) Dresden 902. 903. C. Damm. Kart. n. 1. —

Bucher, Dienstunterricht des königl. sächsischen Infanteristen. Lehr- u. Unterhaltungsbuch f. Mannschaften u. Hilfsmittel f. Unterrichtende. Mit dem Gewehr 98, zahlreichen Abbildgn. im Text, 4 Taf. in Buntdr. u. e. großen Anzahl v. Beispielen richt. u. tapferen Verhaltens sächs. Soldaten, e. Einleitg: Sachsens Fürstenhaus u. Heer. enth.: I. Geschichte des Vaterlandes u. Heeres im allgemeinen u. II. Geschichte u. Kriegstätigkeit jedes einzelnen Infanterie-Truppenteils u. der Pioniere. Auf Grund der Schießvorschrift vom 2. XI. 1905, des Exerzierreglements vom 29. V. 1906 u. des Gesetzes üb. Versorgg. der Personen der Unterklassen des Reichsheeres vom 31. V. 1906. Vollständig neu bearb. 24. Aufl. 29. Jahrg. (XXXII, 240 S.) kl. 8. Dresden 906. 907. C. Damm. Kart. n. 1. —

Bucher, Dienstunterricht des königl. sächs. Infanteristen. Lehr- u. Unterhaltungsbuch f. Mannschaften u. Hilfsmittel f. Unterrichtende. Mit zahlr. Abb. im Text u. 4 Taf. in Buntdr. Auf Grund der neuesten Bestimmgn. bearb. 27., durchgeseh. u. verb. Aufl. 32. Jhrg. (254 S.) kl. 8. Dresden 909. 10. C. Heinrich. Kart. p 1. —

Bucher: Dienstunterr. d. kgl. sächs. Infanteristen. Mit e. Einl.: Sachsens Fürstenhaus u. Heer. Neu bearb. v. Bucher. 30. Afl. 35. J. (255) kl8° Dresd., C Heinrich '12/13. geb. 1 — d

Bucher, Otto, Erlebnisse aus d. J. 1809, s.: Miscellanea, Napoleonica.

Bucher, Otto, die deutsche Wehrpflicht. Zusammenstellung hierauf bezügl. gesetzl. und anderer Bestimmungen. 8. (VIII, 96 S.) Leipzig 885, Ruhl. *

Bucher, *Peter* [pr. Arzt aus Gebweiler '(Els.)']: Die noch heute interessirenden Angaben des Hippokrates über geburtshülfliche und gynäkologische Gegenstände '(e. histor.-krit. Studie)' ... Strassburg i. E., Buchdr. C. & J. Gœller. 1896; 154 S., 1 Bl. 8.
Strassburg, Med. Fak.. Inaug.-Diss. v. 1896

Bucher, R., und A. Scherer, homiletische Erklärung der sonn- und festtäglichen Evangelien, s. Scherer, A.

Bucher, Robert. prakt. Arzt von Luzern. z. Z. Assistenzarzt am St. Gallischen Asyl in Wyl: Aus dem Privatlaboratorium des Privatdocenten Dr. A. Hanau in Zürich. Beiträge zur Lehre vom Carcinom. Zur Casuistik und Beurtheilung der multipeln Carcinome. Mit zwei Abbildungen im Text. [S. A. aus: Beiträge z. pathol. Anatomie u. z. allg. Pathologie -- Ziegler. Bd 14. S. 71—131]. Jena G. Fischer 1893. 2 Bl.. 61 S. 8°.
Zürich. Med. Diss. [v. 5. Aug. 1893].

Bucher, Rud., die katholische Frage in Württemberg und der neueste Gesetzesentwurf, betr. die Regelung des Verhältnisses der Staatsgewalt zur katholischen Kirche. Mainz 861. Kirchheim. gr. 8. (28 S.) 4 ngr.

Bucher Rudolf von: Über das Chitenin. S. 102. IIb. 619 . . . . ngr.
Separatabdruck

Bucher, Sam., s. B u c h e r, Samuel Friderich

Bucher, Samuel Friedrich

Bucher, Sam., antiquit. bibl. ex N. Test. sel. 4. Vitb. 729.

Bucher, Sam. Frider. Antiquitates hebraicae et graecae selectae, seu de velatis Hebraeorum ac Graecorum feminis, vulgo: Vom verdeckten Frauenzimmer der Hebraeer und Griechen. Budissae 1717. 8°.

Bucher, S. F., antiquitates passionales. Viteb. 1721. 4.

Bucher, S. F., coena Domini ex historia vetere et antiquae Christianorum ecclesiae ritibus examinata, Viteb. 1721. 4.

— de conclusis hebraeor. ac. graecor. feminis. 12. Budis. -

Bucher, S. F.: „Gedanken von oeconomischen Societäten", Frankfurt a. M. 1728.

Bucher, Samuel, Friedrich: „Unpartheyische Gedancken Von Oeconomischen Societäten Und der Höchstnutzbaren Oeconomie Wie dieselbe Auf Universitäten und Gymnasiis könne introduciret werden. Bey müssigen Neben-Stunden kürtzlich entworffen", Franckfurt und Leipzig 1728. — Vorh.: UB Berlin.

— grammatica hebraea. 8. Vitb.

Bucher, S. F., de voce Hosanna. Zittav. 1728. 4.

Bucher, S.F.: De J o a n n e Baptista. – Gorlic. 1750.

Bucher, S. F., de osculis veterum. Viteb. 1723. 4.

— philosophia prima s. metaphys. dogm. 8. ibid. 723. -

— Syst. fanaticum. 4. ibid.

Bucher. Samuelis Fridericus. Thesaurus Orientis sive compendiosa et facilis methodus linguarum Hebraeae Chaldaeo-Targumicae Talmudico-Rabbinicae Syriae Samaritanae Arabicae Persicae orientalium ... Francofurti et Lipsiae 1725. Bb 1392.

Bucher, Theodat. Ueber Erythema nodosum. Diss. Med. Univ. Zürich. [Mit 1 Tabelle.] *Kopftitel:* Aus der Zürcher medizinischen Universitätsklinik.... 88 S. 8. Zürich, H. Börsig, 1909.

Bucher, Theodor: Dieses B ü c h l e i n gehört dem Keller-Meister. Wie erhalten wir unsere Weine gesund? Kurze Ratschläge zur Weinbehandlung, von einem Praktiker. Lyss: Herrli & Hegi [1910]. 15 S.

Bucher, Thdr., s. a. Zyböri.

(B u c h e r, Theodor.) Hundert Wildi Schoss. Vom Z y b ö r i. [Mit illustriertem Umschlag.] 143 S. 8. Luzern, Räber & Cie., 1909. [geb. fr. 3. —] N 7484

Bucher, Urban Gottfried

Bucher, U. G. Lebenslauff des Joh. Joachim Becher. Nürnberg. 1722.

BUCHER, URBAN GOTTFRIED. Das Muster eines nützlich-Belehrten in der Person Herrn Doctor Johann Joachim Bechers, nach seinen philologischen, mathematischen, physicalischen, politischen und moralischen Schrifften beurtheilet und nebst seinem Lebens-Lauff vorgestellet. Nürnberg und Altdorff, 1722. pp. [xiv]-160, 12mo. Two portraits of Becher, and folding plates.

Bucher, Valentin, stud. iur. a. Stans (Schweiz): Das Recht der stillen Gesellschaft nach dem Handelsgesetzbuche vom 10. Mai 1897. Leipzig: O. Wigand 1908. (136 S.) 8°
Leipzig, Jur. Fak., Diss. v. 28. Juli 1908
[Geb. 17. Juli 80 Stans Schweiz; Wohnort: Stans; Staatsangeh.: Schweiz; Vorbildung: Gymn. Sarnen Reife Juli 01: Studium: Zurich 1, Bern 2, Leipzig 4 S.: Rig. 28. Juli 08.]

Bucher, Wlh. Ldw., Belehrung über d. Verhalten bei d. Rindviehpest, für d. Einwohner d. Amts Arnstein. 8. Quedlinb. 180..

Bucher, Wlh. Ldw. Die Grundsteuer nach französischen und westphälischen Gesetzen, etc. Ein Handbuch für Maires. 8°. Magdeburg, Creutz, 1811.

Bucher, W. L.: „Ueber die jetzige Theurung des Getraides, mit besonderer Anwendung auf die preussischen und sächsischen Staaten", Gotha 1805. — Vorh.: Preuß. Staatsbibliothek Berlin und Com. Bibl. Hamburg.

— über d. jetzige Theuerung d. Getreides ꝛc. Mit 4 Tabellen. 8. Gotha 805. Becker. 6 gr

Bucher, Willy: Untersuchg üb. d. Verbrenng methanhalt. Gasgemische, s: Mitteilungen üb. usw. des Ingenieurwesens.

BUCHER R. V. ULMENAU, Rudolf: Über das Chitenin. — 1892. 40 Bl.
Diss. Graz. Univ.

Bücher, Apocryphische, welche die heilige Schrift etc., verdeutscht v. M. Luther, s. Apocryphische Bücher

Bücher, die apokryphischen, ins Hebräische übersetzt, mit e. Einleitung u. Anmerkk. versehen; nebst e. Anhange verschied. Inhalts v. Sal. Pleßner. 1r Thl. gr. 8. Berlin 833. (Leipzig, Barth.) 1½ ß

Bücher, die besten, aller Zeiten und Litteraturen. Ein deutsches Gegenstück zu den englischen „Listen der 100 besten Bücher". Eine Sammlg. von ähnlichen deutschen Listen u. von Äußergn. lebender deutscher Schriftsteller u. s. w. üb. die besten Schätze der Weltlitteratur u. üb. die bevorzugtesten Bücher ihrer eigenen Neigung, zur Beratung d. lesenden Publikums zusammengestellt. 1. bis 10. Tausend. 4. (92 S.) Berlin 889. Pfeilstücker. — 60

Bücher, die, der Bibel. Hrsg. v. F. Rahlwes. Zeichn. v. E. M. Lilien. I. u. VI. Bd. Lex. 8. Braunschweig, G. Westermann. Geb. in Leinw. 25. —
I. Überlieferung u. Gesetz. Das Fünfbuch Mose u. das Buch Josua nach der Übersetzg. v. Reuss. 10 Hefte. (553 S.) 908. Geb. 15. —
VI. Die Liederdichtg. Die Psalmen. Die Klagelieder. Das Hohelied. Nach der Übersetzg. v. Reuss. (328 S.) (909.) Geb. 10. —
II—V sind noch nicht erschienen.

— d. Bibel in d. Übersetzg v. Mart. Luther. Berl., P Cassirer. d
Buch, Das, Judith. Mit farb. Orig.-Lithogr. v. Lovis Corinth. (2. Werk d. Pan-Presse.) (32 Bl.) 43 × 34 cm. '10. L 180 —
auf Bütten, Ldr 300 —
Lied, Das hohe. Mit farb. Orig.-Lithogr. v. Lovis Corinth. (5. Werk d. Pan-Presse.) (27 Bl.) 44,5 × 33 cm. '11. 180 —; bezw. 300 —

— und Blätter. Monatsschrift für die Preßgewerbe. Im Verein mit Gelehrten und Fachmännern hrsg. von A. Lange. 1. Jahrg. 1870. 12 Nrn. (à 2 Bog. mit eingedr. Holzschn.) hoch 4. Darmstadt, Will.

— d. deut. Briefgesellschaft. 8° Lpzg-Naunhof, Verl d. deut. Briefzeitgsgesellsch.
Kutschbach, A: Der Schlussakt im Balkandrama. Betrachtgn e. ehemal. Insurgentenchefs. Nebst Anh.: Tagebuchbll. a. 4 Jahrzehnten (1875—1912). (135 m. Bildn.) '12. 2 —

Bücher, die, des Neuen Bundes, übers. aus dem Griech. in's Hebräische von Frz. Delitzsch. (Hrsg. von der Brit. und ausländ. Bibelgesellschaft.) 16. (471 S.) Leipzig 877, (J. Naumann.) geb. *

— Bunte. Bearb. u. hrsg. v. d. freien Lehrervereinigg f. Kunstpflege in Berlin. Nr 1—116. (Mit Abb.) Lex8° Reutl., Ensslin & L. '09—12. je — 10 d
Abenteuer, Das, unter d. Schleichhändlern. (16) [63] ‖ Adolf Friedrich, Herzog zu Mecklenburg: Auf unbetret. Pfaden. (31) [101 ‖ Alexis, Willib.: Iblou. (16) [18.19] ‖ Amerlan, Frida: Mademoiselle. (32) [106] ‖ Arminius, Wilh.: Mein Freund Hannlurz. (15) [62]; Der Pfarrer v. Jena. Erzählg a. d. napoleon. Zeit. (31) [81] ‖ Arnim, Achim v.: Der tolle Invalide auf d. Fort Ratonneau. (16) [76] ‖ Aurbacher, Ludw.: Die Gesch. d. ewigen Juden. Legende v. d. Ritter St Georg. (16) [80] ‖ Björnson, Björnstjerne: Der Brautmarsch. Das Adlernest. (48) [64.65] ‖ Böttcher, Max: Das neue Licht. (16) [79] ‖ Bürger, GA: Des Frhrn v. Münchhausen wunderb. Reisen u. Abenteuer zu Wasser u. zu Lande, wie er dieselben bei e. Flasche im Zirkel sr Freunde zu erzählen pflegte. (47) [70.71] ‖ Chézy, Wilh. v.: Vom tanz. Knochenmann. Hans Schrätzenstaller. (47) [51.52] ‖ Cooper, JF: Der Verrat d. Führers. Nach C.'s „Der letzte Mohikan". (32) [89]; Wildtöter. (47) [67.68] ‖ Dalmer, Max: Strandfischer. (32) [100] ‖ Diaz, Bernal: Die traur. Nacht u. and. Abenteuer bei d. Eroberg Mexikos durch Ferdinand Cortez. (31) [97] ‖ Elbach, E: Hans Ginster od. Der gute Hausgeist. Frei n. Mrs JH Ewing. (47) [94] ‖ Fischer (Graz), Wilh.: Das Licht im Elendhause. [Aus: „Grazer Novellen".] (47) [86] ‖ Fischer-Wermelskirchen, Wilh.: Bruderliebe. (32 m. Abb.) [90] ‖ Frey, Jak.: Zweierlei Urkunden. (16) [2.3] ‖ Friis, Achton: Im Grönlandeis. (47) [98] ‖ Gaudy, Frz Frhr v.: Giannettino l'Inglese, s. unten: Stern, Adf: Die Flut d. Lebens. ‖ Gerstäcker, Frdr.: Südseegeschichten. (48) [46.47] ‖ Gotthelf, Jerem.: Die 3 Brüder. Erzählg. (47) [48.49]; Die Höllenfahrt. (16) [20]; Kurt v. Koppigen. (48) [77.78] ‖ Halm, Frdr.: Die Marzipanliese. (16) [22.23] ‖ Hartmann, Mor.: Die letzten Tage e. Königs. (16) [36—40]; Der blinde Wilhelm. (16) [8.9] ‖ Hauff, Wilh.: Lichtenstein. (1—25. Taus.) (152) [54—58] ‖ Hebbel, Frdr.: Eine Nacht im Jägerhause. (16) [14] ‖ Hedin, Sven: Dem Untergange nahe! [Aus: „H., Abenteuer in Tibet".] (15) [53] ‖ Heiberg, Herm.: Um 1000 Mark. (16) [72] ‖ Heinrich, Herm.: Hans Lange v. Lanzig. (32) [91] ‖ Heinrich, Sepp: Piomac u. s. Rosse. Eine alte Nebraskagesch. (31 m. Abb.) '12 [116] ‖ Hesekiel, George: Die Emigrantenluise. (45) [73.74]; Soldatengeschichten. (16) [35] ‖ Heyden, Frdr. v.: Anton Hart. (16) [31.32] ‖ Hoffmann, ETA: Spielerglück. (16) [5.6]; Meister Johannes Wacht. (47) [60.61] ‖ Horn, WO v.: Die Deserteure. (16) [24.25]; Eine rhein. Schmugglergeschichte. (16) [4] ‖ Jegerlehner, J: Erzählgn a. d. Alpen. (31) [107] ‖ Justus, Th.: Auf schlimmen Wegen. (32) [85]; Wie es kommen kann. (32) [104]; Das Wrack. (16) [29.30] ‖ Kauffmann, Osk.: Tiger- u. Pantherjagden in Indiens Dschungeln. (31 m. Abb.) '12 [115] ‖ Kleist, Heinr. v.: Michael Kohlhaas. (16) [26—28] ‖ Kniest, Philipp: Seegeschichten. (31) [111] ‖ Kotzde, Wilh.: Musikantengeschichten u. anderes. (31) [103]; Der Schwedenleutnant. (32) [93] ‖ Kurz, Herm.: Das Arkanum. (16) [7]; St Urbans Krug. (16) [1] ‖ Lagerlöf, Selma: Die Vogelfreien. (15) [69] ‖ Lange, Heinr.: Auge um Auge, Zahn um Zahn u. and. Seegeschichten. (32) [87]; 3 Begegngn. (31) [113] ‖ Lobsien, Wilh.: Trutz blanke Hans! Nordseegeschichten. (32) [105] ‖ Mochmann, Paul: Der Goldmacher. (48) [88] ‖ Möllhausen, Balduin, u. Alb. Amerlan-Tucuman: Abenteuer im wilden Westen. (31) [92] ‖ Momma, Wilh.: Bilder a. e. grossen Zeit. 1. Tl. Kriegesnot. (31) [109]; 2. Tl. Siegesjubel. (31) [110] ‖ Mügge, Thdr: Der Retter. (16) [12.13] ‖ Niese, Charles: Die Seeräuberburg. Es war gut so. Erzählgn. (15) [69] ‖ Nordheim, H: Kriminalgeschichten. [Aus: „Geschichten a. Franken".] (32) [83] ‖ Otto, Eduard: In d. Urwäldern Sumatras. (31) [108] ‖ Pichler, Adf: Der Flüchtling. (47) [114] ‖ Popert, Herm.: Helmut Harringa. (32) [99] ‖ Ruseler, Geo.: Der Verräter. Erzählg a. d. letzten Freiheitskampfe d. Butjadinger Friesen. (32) [95] ‖ Schiller, Frdr. v.: Der Verbrecher a. verlorener Ehre. (16) [21] ‖ Schmitthenner, A: Friede auf Erden. Der Seehund. 2 Erzählgn. (15) [50] ‖ Sealsfield, Charles: Ein seltsames Wiedersehen. (32) [84] ‖ Seidel, Heinr. Alex.: Balthaser Scharfenberg od. Ein Reitersmann a. d. 30jahr. Kriege. (16) [15—17] ‖ Shackleton, EH: Dem Südpol am nächsten. (14) [66] ‖ Smidt, Heinr.: Brandenburgische Fregatten. (16) [10.11] ‖ Stern, Adf: Die Flut d. Lebens. — Gaudy, Frz Frhr v.: Giannettino l'Inglese. (48) [112]; Die Schuldgenossen. (16) [41.42] ‖ Thoresen, Magdalene: Der Weihnachtsstern. Frei n. d. Norweg. v. Osk. Häring. (47) [102] ‖ Trinius, Aug.: Verwehtes Glück. Aus allen Tiefen. Erzählgn. (16) [75] ‖ Vincent, Fred: Unser Drückeberger. Aus meinem Kriegstagebuch. v. J. 1870. (32) [96] ‖ Weisflog, Karl: Der Pudelmütze 26. Geburtsfest. Erzählg. (16) [43] ‖ Werner, Reinhold: Abenteuer zur See. (30) [82] ‖ Wilda, Johs: Der Koptein u. and. Erzählgn. (16) [33.34] ‖ Wister, Owen: Der Medizinmann d. Krähenindianer. Der Handstreich d. Generals. (47) [44.45]

Bücher, Bunte. Bearb. u. hrsg. v. d. freien Lehrervereinigg f. Kunstpflege in Berlin. Bd-Ausg. Lex8° Reutl., Ensslin & L. L je 1 — d
Bürger, GA, George Hesekiel, Achim v. Arnim u. Ludw. Aurbacher: Münchhausens Reisen u. Abenteuer u. and. Erzählgn. (47, 46, 16 u. 16) ('12)
Friede auf Erden u. and. Erzählgn. Von Adf Schmitthenner, Frdr. Halm, Herm. Heiberg, Aug. Trinius u. Jerem. Gotthelf. (15, 32, 16, 16 u. 48) ('12)
Gerstäcker, Frdr., Owen Wister u. Björnstjerne Björnson: Südseegeschichten u. and. Erzählgn. (48, 47 u. 48) ('10)
Gotthelf, Jerem., Adf Stern, Karl Weisflog, Frdr. Hebbel, Wilh. Arminius: Die 3 Brüder u. and. Erzählgn. (47, 40, 16, 16 u. 15) ('10)
Hartmann, Mor.: Die letzten Tage e. Königs. Histor. Novelle. (141) ('10)
Hesekiel, George, A v. Heyden, WO v. Horn, Frdr. Schiller: Soldatengeschichten u. and. (16, 48, 64 u. 16) ('10)
Hoffmann, ETA, Th. Justus u. Wilh. v. Chézy: Meister Johannes Wacht u. and. Erzählgn. (47, 48 u. 47) ('10)
Untergange, Dem, nahe! Von Sven Hedin, u. and. Erzählgn. (15, 16, 14, 47, 15 u. 16) ('12)
Wilda, Johs, u. Heinr. v. Kleist: Der Koptein u. and. Erzählgn. (48 u. 88) ('10)

— dass. (Band-Ausg.) Lex8° Ebd. L. je 1 — d
Alexis, Willib., Mor. Hartmann, Heinr. Smidt, WO v. Horn: Iblou u. and. Erzählgn. (48, 31, 48 u. 16) ('09.)
Gotthelf, Jerem., Jak. Frey, Heinr. Alex. Seidel: Die Höllenfahrt u. and. Erzählgn. (16, 48 u. 79) ('09.)
Mügge, Thdr, Herm. Kurz, ETA Hoffmann: Der Retter u. and. Erzählgn. (48, 24, 16 u. 48) ('09.)

Bücher, Die, der Chronik. Ihr Verhältnis zu den Büchern Samuels ... [Tübingen 1831.] V: *Herbst, Joh. Georg.* (Gl)

Bücher, Die, der Chronika Carls des Herzogs zu Lothringen ... Franckfurth 1744. N. A. 1745. V: *Richter, Christoph Gottlieb.* (ML)

Bücher, Die, der Chronicka Friederichs des Königes der Preussen ... O. O. 1744. V: *Richter, Chph Gottlieb.* (ML)

Bücher, Die, der Chronicka Johann Adolphs, Obersten Feldhauptmanns des Königes Augusti des Dritten in Pohlen ... O. O. 1745. V: *Richter, Christoph Gottlieb.* (EB)

Bücher, Die, der Chronick derer Könige von Engelland ... Franckfurth 1744. V: *Dodsley, Robert.* Ü: *Richter, Christoph Gottlieb.* (ML) »1745« (BrMm) V: *Stanhope, Phil. Dormer Earl of Chesterfield* [?]. [Diction. of Nat. Biography XV, 171 ff.]

— d., der Chronika des Krieges wid. d. Kind. der Franz. 16—36 B. 8. Erf. (Verl. Ges. A.) 795.

Bücher, die, d. Chronika d. Kriegs wider d. Kinder d. Franzosen. 16—36 B. 8. Erf. 795. (Vollmer in Altona). 6 gr

Bücher, Die, der Chronika von den Kriegen, welche die Franzosen mit Theresia, der Königin zu Ungarn geführt haben ... Prag 1744. V: *Richter, Christoph Gottlieb.* (EB)

Bücher, Drey, Fabeln für allerley Leser. Berlin 1779. V: *Meinecke, Joh. Hch Frch.* (RHMBF I, 48)

Bücher, drei, deutscher Dichtungen zum Schulgebrauch. In 2., verm. Aufl. hrsg. von Frz. Knauth. br. 8. (XII und 586 S.) Halle 859, Hendel.

Bücher, Die drei ersten, des Telemach's in englischer Übersetzung ... Giessen 1837. V: *Fénelon, François de Salignac de la Mothe.* Ü: *Braubach, Wilhelm.* (HS) (Zeitschr. f. Büch. 1923, S. 81)

— die drei ersten, des Telemach's in engl. Uebersetzung. Ein Handbuch zur Spracherlernung bei Anwendung der Jacotot'schen Methode. 12. Gießen 837. Heyer, Vater. $5^1/_2$ gr

Bücher, drei, von Kirche und Staat. Aus den Papieren des scheintodtbegrabenen Rechtsanwalts. 1. Buch. gr. 8. Grimma 846, Gebhardt. 12 ngr

Bücher, Drei, vom Streben nach der Vollkommenheit besonders im Ordensstande. A. d. Lat. übers. von A. Perger. Paderborn 1891. 2. Aufl. 1897. V: *Bayma, Joseph.* (Berl) (Ky)

Bücher, drei, v. Streben nach d. Vollkommenheit bes. im Ordensstande. (Von P. Jos. Bayma.) A. d. Lat. übers. v. A. Perger, S. J. 16. (VIII, 266 S. m. 1 Stahlst.) Paderborn 896. Bonifacius-Druckerei. n. — 60

Bücher, ächte apokryph., d. h. Schrift, welche noch ausser d. Bibel vorh. sind. 8. (148) Tüb. 57, (Osiander.) — 9

Bücher, ächte apokryphische, der heiligen Schrift, welche noch außer der Bibel vorhanden sind. Inhalt: 1. Das Buch Enoch. 2. Das Testament der 12 Patriarchen. 3. Ein Psalm von David und 4. Die Psalter Salomons. Tübingen 857. Riecker. 8. (148 S.) 9 ngr

Empfehlenswerte belehrende Bücher der Öffentlichen Bücherhalle zu Hamburg. Ausgabestelle A. Kohlhöfen 21. Ausz. aus d. Haupt-Katalog. Hamburg 1905: M. Baumann. (25 S.) 8° [05. 1042]

— d. Erkenntnis. 2. 8° Weim., G Kiepenheuer.
Bd 1 s. u. d. T.: Erkenntnisbücherei.
Allesch, G v.: Die Renaissance in Italien. Grundz. ihrer geist. Entwicklg, nach d. Quellen dargest. (8, 493 m. Abb. u. Taf.) '12 [2] kart. 6 —; Geschenkausg. 10 —

Bücher des Fortschritts. 1. 2. u. 4. Heft. 8. Oranienburg, Orania-Verlag. à — 60
Gerling, Reinh., die Geheimwissenschaften u. die Wunder des Okkultismus. (Magie, Spiritismus, Somnambulismus, Fakirkünste.) Nach e. Vortrage. (29 S. m. 7 Abb.) (910.) (1. Hft.)
Hollender, Herm., ärztliche Gutachten u. ärztliche Statistik vor dem Forum e. exakten Beurteilungsmethode. (29 S.) (910.) (2. Hft.)
Wachter, Wilh., Unsterblichkeit. (27 S. m. 1 Vollbild.) (910.) (4. Hft.)

Freie Bücher. Unterhaltungsbibliothek f. Männer u. Frauen. Hrsg. von Arthur Zapp. Bd 1. *Berlin & Leipzig: J. Cotta [1900].* 8° [J.] [00. 1098]

Bücher, freie. Unterhaltungsbibliothek f. Männer u. Frauen. Hrsg. v. Arth. Zapp. 1.—6. Bd. 8. Leipzig, H. Lautenschläger. n. 16. —; geb. n. 22. —
1. Madame Amethyst. Sittenbild aus dem „highest life". Von Arth. Zapp. (288 S.) Berlin 900. n. 3. —; geb. n. 4. —
2. Um Samt u. Seide. Sittenbild aus dem Eheleben. Von Arth. Zapp. (181 S.) Berlin (900). n. 2. —; geb. n. 3. —
3. Boris Siwanoff. Roman. Von Hans Senden. Umschlagzeichnung v. H. Baluschek. (415 S.) (901). n. 4. —; geb. n. 5. —
4. Ein toter Mann. Novelle. Von Ost. Kreutzberger. Umschlagzeichnung v. H. Baluschek. (109 S.) (901). n. 2. —; geb. n. 3. —
5. Ohne Liebe. Roman. Von Lisa Carlowna. Umschlagzeichng. v. H. Baluschek. (176 S.) (901). n. 2. —; geb. n. 3. —
6. Eine wilde Ehe. Roman. Von Arth. Zapp. Umschlagzeichng. v. H. Baluschek. (201 S.) (901). n. 3. —; geb. n. 4. —

— der Freude. 8. Warendorf, J. Schnell.
Kellen, Tony, das Buch als Lebensbegleiter. (167 S.) (910.) 2.80; geb. 4. —
Lambrecht, Nanny, die neue Mutter. (1.—3. Tausd.) (174 S.) 909. 2.80
Wibbelt, Augustin, das Buch v. den vier Quellen. (1.—3. Taus.) (206 S.) 910. 3.20; geb. n 4.50

— die 5, Mose rc. s.a. Schrift, die heilige, v. M. Mendelsohn.

Bücher, Die fünf, Moses nach der Uebersetzung des Hrn Ms. Mendelssohn ... Berlin u. Stettin 1780. H: *Löffler, Josias Friedr. Chn.* (MGT) »Berlin 1780—83« V (Comment.): *Salomo von Dubno.* (Ky)

— **Moses**, die 5, nebst allen Hephtaras und den fünf Megilloth, mit großen hebr. Quadratlettern, u. sorgfältig ins Deutsche übersetzt, auch mit einem Glossarium versehen von A. Arnheim. Zum Gebrauch der Schulen u. Synagogen. gr. 8. Glogau 841, Prausnitz. 2 ℛ

— dies. 16. Ebend. 842. n. 1/3 ℛ

— dies. Uebersetzt v. W. A. Swoboda. Mit 4 Stahlst. Lex.-8. Prag 843, Haase S. n. 2 ℛ (Vgl. v. **Kempis**, Thomas.)

— dies. Neue Ausg. mit harmonischen Nachklängen aus den Schriften der berühmtesten Geisteslehrer begleitet von Frz. Seraph Hüglsperger. Nebst einem Anh., enthalt. ein bisher unbekanntes Buch von der Nachfolge Christi. 8 Liefgen. Mit 8 Stahlst. Lex.-8. Regensburg 843, Manz. 1½ ℛ — 2. verb. Aufl. 4 Liefgen. Lex.-8. Ebend. 844. n. 1½ ℛ

—— **Moses**, die fünf. Für Schule und Haus. Neue Uebersetzung mit Inhaltserläuterungen zu jedem Kapitel, Zeit-, Orts- und naturhistor. Bemerkungen und 1 Zeittafel. Von Ludw. Philippson. Stereotypausg. gr. 8. (IV und 199 S.) Leipzig 847, Baumgärtners Buchh.

— **Moses**, die fünf. Der Urtext. Die deutsche Uebersetzung mit Zugrundelegung des Philippson'schen Bibelwerks, red. von **Philippson**, **Landau** u. **Kämpf**. Leipzig 862. Berlin, Gerschel. gr. 8. (VIII, 516 S.) nn. 10 ngr; der Urtext u. die Uebersetzung (à 258 S.) allein à nn. 5 ngr

Bücher, Moses, die fünf. Der Urtext. Die deutsche Uebersetzung, mit Zugrundelegung des Philippson'schen Bibelwerks, revid. von Philippson, Landau und Kämpf. gr. 8. (IV und 660 S.) Berlin 864, (Gerschel's Verlagsbuchh.) **
geb. **
mit Haphtaroth und Sabbathgebete. (Hebräisch.) (199 S.) **
geb. **

Bücher Moses, die fünf. Der Urtext. Die deutsche Uebersetzg., m. Zugrundelegg. d. Philippson'schen Bibelwerks, rev. v. **Philippson**, **Landau** u. **Kämpf**. Hrsg. auf Kosten der israelit. Bibelgesellschaft. gr. 8. (517 S.) Berlin 889. Dümmler's Verl. n.n. 1.—; geb. n.n. 1.50; mit Haphtaroth (97 S.) geb. n.n. 1.75; hebräisch allein (258 S.) n.n. —50; geb. n.n. —75; mit Haphtaroth geb. n.n. 1.—; deutsch allein (VI, 258 S.) n.n. —50; geb. n.n. —75

—— dass. — Der Urtext. Die deutsche Uebersetzung mit Zugrundelegung des Philippson'schen Bibelwerks, revid. von Philippson, Landau und Kämpf. Hrsg. auf Kosten der israelit. Bibelanstalt. gr. 8. (257, 257 S.) Ebendas. 889. *

—— dass. — [Urtext, Pentateuch — allein, in hebr. Sprache.] gr. 8. (258 S.) Ebendas. 889. *

— die fünf, **Moses**. Rev. v. Philippson, Landau u. Kämpf. (Hebräisch.) Ausg. m. größerem Druck. gr. 8. (332 S.) Berlin 899. F. Dümmler's Verl. n. —80; geb. n.n. 1.20

— dasselbe, m. deutscher Übersetzg. v. J. Wohlgemuth u. J. Bleichrode, nebst dem Haphtaroth, übers. v. L. H. Löwenstein, u. den Megilloth. gr. 8. (II S., 447 Doppels. u. S. 448—519.) Rödelheim 899. S. Lehrberger & Co. Geb. in Leinw. 3.— u. 3.80

— fünf, über d. Schuldrama u. Kinderphysik, (v. J. G. Hamann). 8. Königsb. 763.

— als **Gefährten**. 1—5. Bd. kl8° Berl.-Zehlend., F Heyder. je L 1.50; Ldr 3 —
Eckermann, Joh. Pet.: Gespräche m. Goethe in d. letzten Jahren s. Lebens (1823—32). Nach d. Orig.-Ausg. neu in Ausw. hrsg. v. Gerh. Merian. (223 m. 1 Bildn.) ('11) [3] d
Goethe: Faust. Zueigng. Vorspiel auf d. Theater. Prolog im Himmel. Der Tragödie 1. Tl. (173 m. Bildn.) ('11) [1] d
— Die Leiden d. jungen Werthers. (170 m. Titelbild.) ('11) [5] d
Homer: Die Irrfahrten d. Odysseus. Kalypso. Nausikaa. Polyphem. Kirke. Im Hades. Meerfahrten. Die Heimkehr. Der 5., 6., 9—13. Gesang d. Odyssee in d. Übersetzg v. Joh. Heinr. Voss. (103 m. Bildn.) ('11) [2]
Kleist, Heinr. v.: Michael Kohlhaas. Erzählg. (110 m. Titelbild.) ('11) [4] d

— d. **Gegenwart**. I. 8. Berlin 910. H. Hillger. Geb. 2. —
Schiller. Hrsg. v. Ign. Jezower. (XVI, 183 S. m. 1 Abb.)

Bücher, Die, der Geschichte der Kinder von Preußen und der Kinder von Sachsen, die sich mit ihnen zugetragen haben in den Tagen, als sie wieder einander kriegeten in dem Lande zu Sachsen und von der großen Schlacht bei Kesselsdorf. O. O. 1746. V: *Richter, Chph Glieb.* (Kat. d. Bibl. Dr. Franz Schnitzer. München 1902. S. 58.)

— Die **grüngoldenen**, d. 10. Muse. 1. Bd. 8° Lpzg, W Backhaus.
Offenberg, Baron Fr. v.: „Heihopplat" Pegasus-Schulreitereien d. Gentleman-Reiters O. (86) '11 [1] L 3 —

Bücher. Gute Bücher, Gute Freunde. Eine Auswahl hervorragender Werke der neuen Literatur. Mit einem Anhange: Drei Briefe eines alten Buchhändlers über Jugendbücher und die Neuigkeiten des Jahres 1902. [Mit Illustrationen und 5 Tafeln.] IV + VI + 126 S. 8. (Leipzig, J. J. Weber, Weihn. 1902.) Bibl.
(... hrg. von Georg & Cie., Buch- und Kunsthandlung, Basel....)

— **gute**, gute Freunde. Ausw. hervorrag. Werke d. neuen Lit. Mit e. Beil.: Lit.-Kalender f. 1905. (128 m. Abb.) 8° Lpzg, L Staackmann ('04). †nn — 50 d
1901 u. d. T.: Bücher, 100.

Bücher. Gute B', Gute Freunde. Eine Auswahl hervorragender Werke der neuen Literatur. Mit einer Beilage: Literaturkalender für 1905. [Mit Illustrationen und 4 Tafeln.] IV + IV + 128 + *Beilage* VI S. 8. (Leipzig, J. J. Weber, 1904.) Bibl.

— **gute**, gute Freunde. Ausw. hervorrag. Werke d. neuen Lit. (Ausg. 09.) (140 m. Abb. u. 4 [3 farb.] Taf.) 8° Lpzg, L Staackmann, Bar-Sort. nn — 50 d

— **gute**, gute Freunde. Eine Auswahl hervorrag. Werke der neuen Literatur. Ausg. 1910. (XVI, 160 S. m. Abbildgn. u. 5 [3 farb.] Taf.) 8. Leipzig, L. Staackmann. nn — 50

— **Gute**, gute Freunde. Ausw. hervorrag. Werke d. neuen Lit. (Ausg. '12.) (16, 176 m. Abb.) 8° Lpzg, L Staackmann. † nn — 50 d

— die, des deutschen **Hauses**. Begründet v. Rud. Presber. (I.—V. Reihe.) 1.—111. Bd. kl. 8. Berlin, Buchverlag fürs deutsche Haus.
Jeder Bd. geb. in Leinw. à — 90; in Ldr. 2. —
Achleitner, Arth., Geschichten aus deutschen Alpen. Illustr. v. Strzoda. (288 S.) 908. (Bd. 38)
d'Annunzio, Gabriele, Novellen. Illustriert v. F. Christophe. Übers. v. Ch. Beer. (205 S.) 908. (Bd. 54)
Balzac, Honoré de, die Frau v. 30 Jahren. Übers. v. Marie Spiro. Illustriert von Gino v. Finetti. (209 S.) 908. (Bd. 8)
— Die alte Jungfer. Szenen aus der Provinz nach d. Restauration. (288 S.) 910. (Bd. 100)
Berg, Leo, Balladenbuch. Eine Auswahl Balladen zur deutschen Geschichte von der Römerzeit bis 1870. Mit Vorwort v. Johs. Gaulke. Illustriert v. Steiner. (303 S.) 908. (Bd. 58)

Berger, Wilh., Schmelings Erben. Roman. (288 S.) 909. (Bd. 89)

Björnson, Björnstjerne, Synnöve Solbakken u. Der Brautmarsch. Deutsch v. Mathilde Mann. Illustr. v. Artus Scheiner. (287 S.) 908. (Bd. 18)

Bittrich, Max, Spreewaldgeschichten. Illustr. v. F. Jüttner. (304 S.) 908. (Bd. 40)

Blüthgen, Vict., die kleine Vorsehung. Roman. (301 S.) 909. (Bd. 85)

Brachvogel, A. E., Friedemann Bach. Ein histor. Roman. Illustriert v. Strzoda. (304 S.) 909. (Bd. 70)

Bulwer, E. L., die letzten Tage v. Pompeji. 2 Bde. Aus dem Engl. v. P. Notter u. G. Pfizer. Illustr. v. C. Arriens. (Je 304 S.) 908. (Bd. 55. 56.)

Burnand, F. C., gute Gedanken. Aus dem Engl. (304 S.) 909. (Bd. 82.)

Canter, Barend, fahrendes Volk. Einzig berechtigte Übertrag. aus dem Holl. v. Else Otten. Illustr. v. Paul Scheurich. (304 S.) 908. (Bd. 21.)

Cervantes Saavedra, Miguel de, Leben u. Taten des scharfsinnigen Edlen Don Quixote v. la Mancha. Übers. v. Ludw. Tieck. Illustr. v. Paul Scheurich. 2 Bde. (304 u. 351 S.) 908. (Bd. 41. 42.)

Clausen, Ernst (Claus Zehren), Henny Hurrah! Roman. Illustr. v. Knut Hansen. (303 S.) 909. (Bd. 73.)

David, J. J., der Bettelvogt. Novellen. Illustr. v. Strzoda. (304 S.) 909. (Bd. 71.)

— Frühschein u. and. Novellen. (280 S.) 910. (Bd. 104.)

Dickens, Charles, Klein Dorrit. Aus dem Engl. v. Jul. Seybt. Illustr. v. Jul. Haase-Werkenthin. 1. Buch: Armut. (287 S.) 908. (Bd. 32.)

— dasselbe. 2. Buch: Reichtum. (287 S.) 908. (Bd. 33.)

— Weihnachtserzählungen. Nach dem Engl. v. A. Friedheim. Illustr. v. Hugo Steiner. (304 S.) 908. (Bd. 10.)

Dostojewski, der Doppelgänger. Übers. v. Frida Ichak. Illustr. v. B. Gestwicki. (303 S.) 909. (Bd. 74.)

Eichendorff, Jos. Frhr. v., aus dem Leben e. Taugenichts. Das Marmorbild. Illustr. v. Thdr. Johannsen. (272 S.) 908. (Bd. 44.)

Elixiere, die, des Teufels. Nachgelassene Papiere d. Bruders Medardus, e. Kapuziners. (Von E. Th. A. Hoffmann.) Mit 4 Illustr. v. Ernst Stern. (304 S.) 908. (Bd. 3.)

Gerstäcker, Frdr., die Flußpiraten des Mississippi. 2 Bde. Illustr. v. J. v. Kulas. (308 u. 304 S.) 908. (Bd. 22. 23.)

Gespensternovellen v. J. K. A. Musäus, J. W. v. Goethe, Heinr. v. Kleist, Wilh. Hauff, E. Th. A. Hoffmann, N. Gogol, J. Turgenjeff, Guy de Maupassant, G. A. Becquer, S. Lagerlöf, E. A. Poe, F. Macleod. 1. Bd. Ausgewählt u. eingeleitet v. Wilh. Mießner. Mit Illustr. v. Ernst Stern. (304 S.) 908. (Bd. 20.)

Glaßbrenner, Ad., buntes Berlin. (295 S.) 910. (Bd. 111.)

Gogol, Nikol., Novellen. Aus dem Russ. übertr. u. eingeleitet v. Fred M. Balte. Illustr. v. J. R. Melz. (259 S.) 908. (Bd. 30.)

Goncourt, E. de, die Brüder Zemganno. Zirkus-Roman Autoris. Übersetzg. von Frdr. v. Oppeln-Bronikowski. Illustr. v. Delv. (304 S.) 909. (Bd. 69.)

Goethe, Joh. Wolfg. v., die Leiden des jungen Werther. Mit 4 Illustr. (201 S.) 908. (Bd. 1.)

Grimm, Brüder, Kinder- u. Hausmärchen. Illustr. v. F. Jüttner. (304 S.) 908. (Bd. 9.)

Grunert, Carl, der Marsspion u. andere Novellen. Illustr. v. Ernst Stern. (303 S.) 908. (Bd. 13.)

Gutzkow, Karl, Maha Guru. (302 S.) 909. (Bd. 100.)

Hackländer, F. W., der Pilgerzug nach Mekka. Illustr. v. Arriens. (304 S.) 908. (Bd. 59.)

Harlan, Walt., die Dichterbörse. Roman. Illustr. v. Ernst Stern. (304 S.) 908. (Bd. 28.)

Harte, Bret., kalifornische Erzählgn. Deutsch v. Wilh. Hertzberg u. Wilh. W. Mießner. (288 S.) 909. (Bd. 97.)

Hartwig, Paul Herm., Kinderland. Illustr. v. Götz. (304 S.) 908. (Bd. 53.)

Hauff, Wilh., Mitteilungen aus den Memoiren d. Satans. Illustr. v. Ernst Stern. (303 S.) 909. (Bd. 75.)

Hauptmann, Hans, geschleifte Burgen. Roman. (292 S.) 910. (Bd. 107.)

— Auf tönernen Füßen. Roman. Illustr. v. Ferd. Götz. (301 S.) 908. (Bd. 15.)

Hebbel, Frdr., Schnock u. andere Nov. (288 S.) 909. (Bd. 78.)

Helberg, Herm., Fluch der Schönheit. Roman. Illustr. v. Otto Döly. (304 S.) 908. (Bd. 43.)

Helmer, Eduard (Ernst Koch), Prinz Rosa-Stramin u. andere Novellen. (288 S.) (909.) (Bd. 94.)

Herczeg, Frz., Licht u. Finsternis. Roman. Deutsch v. Ludw. Wechsler. (288 S.) 909. (Bd. 80.)

Hirschberg-Jura, Rud., Philisters Kinder. Roman. (288 S.) 909. (Bd. 91.)

Hoffmann, E. T. A., das Fräulein v. Scuderi. Erzählung aus dem Zeitalter Ludwigs XIV. u. der goldene Topf. Ein Märchen aus der neuen Zeit. Illustr. v. Ernst Stern. (304 S.) 908. (Bd. 51.)

Humor des Auslandes. Ausgewählte Novellen u. Skizzen v. Charles Dickens, Claude Tillier, Alphonse Daudet, Mark Twain, Barry Pain, Gust. Wied, Ant. Tschechow. Illustr. v. Bahr. (287 S.) 909. (Bd. 63.)

— deutscher. 1. Bd. Mit 4 Orig.-Illustr. v. W. A. Wellner. (304 S.) 908. (Bd. 17.)

— dasselbe. 2. Bd. Mit 4 Orig.-Illustr. v. W. A. Wellner. (287 S.) 908. (Bd. 24.)

Jean Paul, Dr. Katzenbergers Badereise. Illustr. v. Julie Haase-Werkenthin. (279 S.) 908. (Bd. 19.)

Immermann, Karl, der Oberhof. Illustr. v. Strzoda. (304 S.) 908. (Bd. 29.)

Jokai, Maurus, das geheime Goldland. Roman. (291 S.) 910. (Bd. 108.)

— Bis zum Nordpol od. Was geschah weiter m. dem „Tegetthoff"? Vom Verf. einzig autoris. Übersetzg. v. Ludw. Wechsler. (XII, 272 S.) 909. (Bd. 101.)

Kappstein, Thdr., Leuchten der Menschheit. Religionsgeschichtliche Porträts. (287 S.) 909. (Bd. 83.)

Kleist, Heinr. v., Novellen. Illustr. v. Hugo Steiner. (299 S.) 908. (Bd. 26.)

Kreyer, Max, die Sphinx in Trauer. Illustr. v. B. Gestwicki. (301 S.) 908. (Bd. 6.)

Kuprin, A., das Duell. Ein russ. Militär-Roman. (289 S.) 909. (Bd. 92.)

Lentner, Jos. Frdr., Traubenkuren u. andere Novellen. (287 S.) 910. (Bd. 110.)

Lindau, Rud., Erzählgn. aus d. Osten. (287 S.) 909. (Bd. 98.)

— Das Glückspendel u. Der Gast. Nov. (271 S.) 909. (Bd. 103.)

Ludwig, Otto, die Heiterethei u. ihr Widerspiel. Illustr. v. W. A. Wellner. (304 S.) 909. (Bd. 67.)

— Zwischen Himmel u. Erde. Erzählung. Illustriert v. Paul Scheurich. (288 S.) 908. (Bd. 2)

Maupassant, Guy de, ausgewählte Novellen. Autoris. Übersetzg. von Frdr. v. Oppeln-Bronikowski. Illustriert v. J. R. Melz. (303 S.) 908. (Bd. 85)

— Der Favorit (Bel-Ami). Roman. Autoris. Übersetzg. von Frdr. v. Oppeln-Bronikowski. (320 S.) 909. (Bd. 99)

Meebold, Alfr., Sarolta. Roman. Illustriert v. Steiner. (303 S.) 908. (Bd. 61).

Meinhold, Wilh., die Bernsteinhexe. (287 S.) 909. (Bd. 81)

Mérimée, Prosp., Colomba. Übers. v. Mario Spiro. (303 S.) 909. (Bd. 77)

Murger (Henri, aus dem Leben der Bohême. Übers. v. Mario Spiro. Illustriert v. B. Gestwicki. (303 S.) 908. (Bd. 16.)

Nicolai (Henrik Scharling), zur Neujahrszeit. Erzählung. Vom Verf. autoris. Übersetzg. aus dem Dän. v. P. J. Willatzen. Illustriert v. Arth. Graz. (303 S.) 908. (Bd. 11)

Nordau, Max, zur linken Hand. Roman. Illustriert v. Stroff. (288 u. 304 S.) 908. (Bd. 46. 47)

Nordhausen, Rich., die rote Tinktur. Eine kuriose Geschichte. Illustriert v. Holstein. (319 S.) 908. (Bd. 34)

Novellen, spanische, v. José Echegaray, Pedro A. de Alarcon, Arturo Campion, Eduardo de Lustono, Emilia Pardo Bazán, Juan Valera, Alfonso Peréz Nieva, Antonio de Valbuena, Luis Taboada, Garcia Lavedese. Deutsch v. Else Otten u. R. Speyer. Illustriert v. H. A. Glatz. (303 S.) 908. (Bd. 14)

Oppeln-Bronikowski, Frdr. v., der Rebell. Roman aus dem Offiziersleben. Illustriert v. Fr. Koch. (320 S.) 908. (Bd. 31)

Poe, Edgar Allan, die denkwürdigen Erlebnisse des Artur Gordon Pym. Roman. Deutsch v. Bodo Wildberg. Illustriert v. Ernst Stern. (304 S.) 908. (Bd. 36)

— Der rote Tod u. andere Novellen. Deutsch v. Bodo Wildberg. (287 S.) 909. (Bd. 79)

Puschkin, Alex., Pique-Dame. Novellen. Aus dem Russ. übertr. u. eingeleitet v. Fred M. Balte. Mit Illustr. v. F. Koch. (287 S.) 908. (Bd. 25)

Reuter, Fritz, ut de Franzosentid. Illustriert v. W. A. Wellner. (303 S.) 908. (Bd. 50)

— Ut mine Stromtid. 1. u. 2. Tl. (Je 295 S.) 909. (Bd. 95. 96)

Rüst, Edela, der Orgel-Anger. Roman. Illustriert v. H. M. Glatz. (301 S.) 909. (Bd. 72)

Schücking, Levin, Agathens Geheimnis. Roman. Illustriert v. Walt. Rößner. (303 S.) 908. (Bd. 27)

Schwab, Gottfr., Tisiphone. Eine Geschichte aus dem Dekumatenlande. (250 S.) 909. (Bd. 87)

Sealsfield, Charles, Nathan der Squatter od. der erste Amerikaner in Texas. (287 S.) 909. (Bd. 86)

Spielhagen, Frdr., deutsche Pioniere. Eine Geschichte aus dem vor. Jahrh. Mit 4 Orig.-Illustr. von Gino v. Finetti. (304 S.) 908. (Bd. 4)

Sterne, Laurence, das Leben u. die Meinungen d. Herrn Tristram Shandy. Illustriert v. Lovis Corinth. (303 S.) 908. (Bd. 39)

Street, G. S., die Ehe des Lord Ashton. Roman. (287 S.) (909.) (Bd. 93)

Strindberg, Aug., Novellen. Illustriert v. Delv. (295 S.) 908. (Bd. 60)

Telmann, Konr., wer tat's? Roman. (288 S.) 909. (Bd. 88)

Thackeray, W. M., die Geschichte des Samuel Titmarsh u. des großen Hoggarty-Diamanten. Illustriert v. Artus Scheiner. (303 S.) 908. (Bd. 7)

Tiernovellen v. Bölsche, Musset, Pfeffel, Maupassant, van Eeden, Lapidoth, Drachmann, Canter, Turgenjeff, Kielland, Andersen, Maeterlinck, Presber, Sterne. Illustriert v. Stutz. (296 S.) 908. (Bd. 62)

Tinseau, Léon de, der Mitgiftjäger. Roman. Illustriert v. Knut Hansen. (304 S.) 908. (Bd. 45)

Tolstoi, Graf, Alexis, Zar Iwan der Schreckliche. Roman. Aus dem Russ. übers. v. Wilh. Lange. 2 Bde. Illustriert v. F. Koch. (304 u. 288 S.) 909. (Bd. 65. 66)
Tolstoi, Graf Leo, Auferstehung. Roman. Stuttgarter Ausg., nach dem russ. Original v. Arnold Hollmann u. K. Walther. 2 Bde. (290 u. 327 S.) 910. (Bd. 105. 106)
— Die Kosaken. Eine Erzählg. aus dem Kaukasus. Aus dem Russ. übertr. u. eingeleitet v. Fred M. Balte. Illustriert v. F. Koch. (304 S.) 908. (Bd. 12)
Torresani, Carl Baron, die Juckerkomtesse. (287 S.) 909. (Bd. 78)
— Schwarzgelbe Reitergeschichten. Illustriert v. Artus Scheiner. (303 S.) 909. (Bd. 98)
Turgenjew, J. S., Aufzeichnungen e. Jägers. In Auswahl übers. v. H. Röhl. (287 S.) 909. (Bd. 102)
— Frühlingswogen u. das Lied der triumphierenden Liebe. Deutsch v. Friba Ichak. (288 S.) 909. (Bd. 90)
Verga, Giovanni, sizilianische Bauerngeschichten. Autoris. Übersetzg. v. Otto Eisenschitz. Illustriert v. Frz. Christophe. (232 S.) 908. (Bd. 48)
Villiers de l'Isle-Adam, das zweite Gesicht u. andere Novellen. Deutsch von Frh. v. Oppeln-Bronikowski. (303 S.) 909. (Bd. 84)
Weber, Karl Jul., Demokritos od. hinterlassene Papiere e. lachenden Philosophen. Illustriert v. P. Scheurich. (304 S.) 908. (Bd. 57)
Wolff-Meder, Margar., in den Sielen. Roman. Illustriert v. H. M. Glatz. (288 S.) 908. (Bd. 37)
Wolzogen, Ernst Frhr. v., die Gloriahose u. andere Novellen. Illustriert v. W. Caspari. (304 S.) 908. (Bd. 52)
Zola, Emile, ein Blättlein Liebe. (Une page d'amour.) Roman. Illustriert v. Artus Scheiner. (304 S.) (908.) (Bd. 49)
Zolling, Theophil, der Klatsch. Ein Roman aus der Gesellschaft. Illustriert v. Artus Scheiner. (302 S.) 909. (Bd. 64)
Zschokke, Heinr., Hans Dampf. Kleine Ursachen. Novellen. Illustriert v. W. A. Wellner. (304 S.) 908. (Bd. 5)
Vom 1. X. 1908 an wurde der Preis des Bds. v. — 75 auf — 90 erhöht.

— Die, d. deut. Hauses. Begr. v. Rud. Presber. (V. Reihe.) 107—113. Bd. kl8° Berl., Buchverl. fürs deut. Haus. (Erloschen. Komm.: Volckmar.) (L je — 90; Ldr je 2 —) d öF
Balzac, H de: Die alte Jungfer. Szenen a. d. Prov. n. d. Restauration. (288) '10 [109]
Beecher-Stowe, Harriet: Onkel Toms Hütte od. Negerleben in d. Sklavenstaaten Amerikas. Aus d. Engl. 2 Bde. (287 u. 285) '10 [112.13]
Glassbrenner, Ad.: Buntes Berlin. (295) '10 [111]
Hauptmann, Hans: Geschleifte Burgen. Roman. (292) '10 [107]
Jokai, Maurus: Das geheime Goldland. Roman. (291) '10 [108]
Lentner, Jos. Frdr.: Traubenkuren u. and. Novellen. (287) '10 [110]

— heilige, des neuen Testaments, s. a. Testament.

— heilig., des Neuen Testaments rc. 8. Landsh. Krüll. 809.

Bücher, Heilige, des Neuen Testamentes ... Regensb. 1809. H: *Wittmann, G. Michael.* (Ky) (MGT) (Th)

Bücher, heilige, des Neuen Testaments. 10te verb. Ausg. 8. Landsh. Krüll. 814.

Bücher, heilige, des neuen Testaments unsers Herrn Jesus Christus, mit Kupf. 16te Aufl. 8. Landshut, Krüll. 817.

—— heilige, d. N. Testam. uns. Herrn Jesus Christus. N. d. Vatikan. Ausg. 23., verb Aufl. 8. (32¼ B. u. 1 Kpfr.) Regensburg 826. (Landshut, Manz.)

Die hl. Bücher des Neuen Testamentes Mit Vorrede von J. M. Sailer. Graz, Ferstl, 1823, gr. 8°.
Nach Sailers Novum Testam. Jesu Cristi bearbeitet.

Bücher, die heiligen, des neuen Testamentes unsers Herrn Jesus Christus. Neue, nach der vatican. Ausg. und der Uebersetzung des gottsel. Geo. Mich. Wittmann sorgfält. revidirte Aufl. mit stehender Schrift. 16. (672 S.) Sulzbach 851, v. Seidel'sche Buchh.

Bücher, Die heiligen, des Neuen Testamentes unsers Herrn Jesus Christus ... 2. Aufl. Sulzbach 1857. V: *Loch, Val.* (Ky)

—— die heiligen, des Neuen Testamentes unsers Herrn Jesus Christus. Neue nach dem vatikan. Texte und der Uebersetzung des gottsel. Bischofs Geo. Mich. Wittmann sorgfältig revid. Ausg. mit stehender Schrift. 2., verb. Aufl. 32. (VIII und 656 S.) Sulzbach 857, v. Seidel'sche Buchh.

—— die heiligen, des Neuen Testamentes unsers Herrn Jesus Christus. Neue, nach dem vatikan. Texte und der Uebersetzung des gottsel. Bischofs Geo. Mich. Wittmann sorgfältig revid. Ausg. mit stehender Schrift. 3. unveränd. Aufl. 16. (VIII, 656 S.) Sulzbach 878, v. Seidel'sche Buchh.

Bücher für's Deutsche Heim. Bd 1. Berlin: Fischer & Franke [1907]. 8° [F.] 108. 1101 9

Bücher für's deutsche Heim. 1.—3. Bd. kl. 8. Berlin, Stuttgart-Cannstatt, A. W. Franke. Kart., à 1.20
Eichendorff-Denkmal. Joseph Frhr. v. Eichendorff 10. III. 1788—26. XI. 1857. Ein Gedenkbuch, enth. e. Auswahl v. Eichendorffs schönsten Gedichten. Hrsg. v. Willy Pastor. Mit Zeichngn. deutscher Künstler. (90 S.) (907.) (3. Bd.)
Karstädt, O., plattdütsch Blomengarden. Gedichte in niederdeutscher Mundart, gesammelt u. im Auftrage des Magdeburger Prüfungsausschusses f. Jugendschriften hrsg. Mit Zeichngn. deutscher Künstler. (XIII, 158 S.) (907.) (1. Bd.)
Wolbehr, Thdr., hinter dem Erdentag. Träumereien. Mit 6 Illustr. v. Frz. Staffen. (78 S.) (907.) (2. Bd.)

— hessische. 1. Bd. gr. 8. Bensheim (904). Verlagsheim der hess. Bücher. n. 2. —
Der Erlöser. 3 Handlgn. Von Fischer-Sallstein. (Umschlag: 2. u. 3. Taus.) (IV, 112 S.)

Bücher, d. histor. des Alt. Test. im 13. Jahrh. in Reim. entw. herausg. v. Schütz. 2. Thle. 4. Hamburg, Herold. 779—81.

— 100, ausgewählt v. 100 Männern. Mit e. Anh.: Die Neuerscheingn. im Buchhandel des J. 1901, nebst e. Verzeichnis empfehlenswerter Jugendschriften. 4. (111, 108 S. m. Abbildgn.) Leipzig (901). L. Staackmann. n.n. — 50

Bücher, die, der deutschen Jugend. 1.—8. Bd. 8. München, C. A. Seyfried & Co. Geb. in Leinw. à 1.50
De Foe, Dan., Robinson Crusoe. Bearb. v. Paul Lang. (Illustriert v. Rud. Andró.) (166 S.) (908.) (Bd. 2)
Grimm, Brüder, Kinder- u. Hausmärchen. Ausgewählt v. Ludw. Bencker. (Illustr. v. Rob. Engels.) (210 S.) (908.) (Bd. 1)
— Deutsche Sagen. Ausgewählt v. Loth. Meilinger. Mit (1 farb.) Bildern v. Harry Schultz. (138 S.) (910.) (Bd. 6)
Hebel, Joh. Pet., vom rheinischen Hausfreund. Gedichte, Geschichten u. Belehrgn. Ausgewählt v. Frdr. Gärtner. Mit Bildern v. S. W. Roegge. (155 S.) (910.) (Bd. 8)
Henniger, Karl, Till Eulenspiegel. Eine Auswahl seiner lustigsten Streiche nach d. alten Volksbuche neu bearb. Illustr. v. Aug. Geigenberger. (VII, 144 S.) (910.) (Bd. 7)
Schwab, Gust., die Schildbürger. Mit e. Vorwort v. Heinr. Wolgast. (Illustriert v. Harry Schultz.) (XII, 79 S.) (908.) (Bd. 5)
Stifter, Adalb., bunte Steine. Granit, Kalkstein, Bergkristall, Katzensilber. Illustriert v. Wilh. Roegge. (277 S.) (908.) (Bd. 4)
Swift, Jonath., Gullivers Reisen nach Lilliput Brobdingnag. Nach der Uebersetzg. Frz. Kettenkamps aus dem Engl. f. die Jugend neu bearb. v. Mart. Vogt. (Illustr. v. Arnold Hagg.) (159 S.) (908.) (Bd. 3)

— Die, d. deut. Jugend. 6—10. Bd. (Mit z. Tl farb. Abb.) 8° Münch., CA Seyfried & Co. L je 1.50 d
Aurbacher, Ludw.: Ein Volksbüchl. Abenteuer d. 7 Schwaben u. d. Spiegelschwaben. Doktor Faustus. Legenden v. Ritter St Georg u. v. St Offerus. Allerlei Historien. Ausgew. v. Loth. Meilinger. (192) ('12) [10]
Cooper, James Fenimore: Der letzte d. Mohikaner. Erzählg a. d. J. 1757. Bearb. v. Otto Zimmermann. (256) ('11) [9]
Grimm, Brüder: Deut. Sagen. Ausgew. v. Loth. Meilinger. (138) ('10) [6 (Schmutztitel irrtüml. 7)]
Hebel, Joh. Pet.: Vom rhein. Hausfreund. Gedichte, Gesch. u. Belehrgn. Ausgew. v. Frdr. Gärtner. (155) ('10) [8]
Henniger, Karl: Till Eulenspiegel. Ausw. sr lustigsten Streiche, n. d. alten Volksb. neu bearb. (7, 144) ('10) [7]
!— dass. Frühere Bde. Preis ö 06/09

— für Kinder. Herausg. von der Traktat-Gesellschaft der Bischöfl. Methodistenkirche in Bremen. Packet Nr. 1—3. Bremen 853, 58. (Heyse's Verlag.) 32. Jedes Packet von 8 Heften (à 32 S.) n. 8 ngr

—— f. Kinder. Packet Nr. 1—3. à 8 Bücher. (à 32) 32. Brem. 53. 58, Traktath. à Packet n. — 8

— Die, d. Kirche. Hrsg. v. Th. Scheffer. 1. Bd. 8° Wittenbg, A Ziemsen. d
Pannwitz, Rud.: Zur Formenkde d. Kirche. (7, 99 m. 8 Taf.) '12 [1] L 2.50

— d. Kismet. 1—4. Bd. Aus d. Franz. v. H. Fried. 8° Berl., EH Dietzsch. je 1 — d
Finot, Jean: Das Leben im Sarge. (48) ('12) [2]
— Tod, du bezwingst mich nicht. (48) ('12) [3]
— Das Leben als künstl. Schöpfg. (49) ('12) [4]
— Der Unfug d. Alterns. (64) ('12) [1]

— die, der Könige, der Chronik ꝛc., übers. von Dr. Th. Dereser. Neue Ausgabe. gr. 8. Ebd. 1827. 2 Thlr. 21 ggr. — 4 fl. 20 kr.

— der Kunst. I.—IV. Bd. 8. Leipzig, Klinkhardt & Biermann. 28.—; geb. 28. —
Becker, Willy, Rembrandt als Dichter. Eine Untersuchg. üb. das Poetische in den bibl. Darstellgn. Rembrandts. Mit 55 Abbildgn. auf 20 Taf. (X, 162 S.) 909. (Bd. IV) 5.—; geb. 6. —
Hoerschelmann, Emilie v., Rosalba Carriera, die Meisterin der Pastellmalerei. Studien u. Bilder aus der Kunst- u. Kulturgeschichte des 18. Jahrh. (VII, 308 S. m. 16 Taf.) 908. (Bd. II) 6.50; geb. 8. —
Landsberger, Frz., Wilhelm Tischbein. Ein Künstlerleben des 18. Jahrh. (VI, 221 S. m. 18 Taf.) 908. (Bd. III) 5.—; geb. 6. —
Servaes, Frz., Giovanni Segantini. Sein Leben u. sein Werk. Vom Verf. rev. Volksausg. 1. u. 2. unveränd. Aufl. (Je VII, 274 S. m. 23 Taf. u. 1 Bildnis.) 907. (Bd. I) 6.50; geb. 8. —

Bücher für das gottselige Leben. Hrsg. von mehreren Geistlichen. I—III. 12. Würzburg, Bucher. *
Inhalt:
I. Scupoli, Laurentius, der geistliche Kampf. (XXIV, 282 S.) 885. *ℳ 1.20.
II. Jamin, Niklas, über die Gewissenszweifel. [Aus dem Französ.] (XVIII, 181 S.) 886. *ℳ 1.—.
III. Drexelius, Jeremias, goldenes Buch oder die Kunst hier lange, dort ewig zu leben. Eine christl. Hygiene und Makrobiotik. [Aus dem Latein.] (XII, 309 S.) 888. *ℳ 1.40.

— f. Lebenskunst, hrsg. v. M. Faßbender. 1. Bd. 8. Berlin 911. Herm. Walther. 1.20
Wollen e. königl. Kunst. Alte u. neue Anschaugn. üb. Ziele u. Methoden der Willensbildg. Von Mart. Faßbender. (VII, 190 S.)

— f. Lebens- u. Heilreform. 1—7. Heft. 8° Berl., Verl. Lebenskunst—Heilkunst. 3.05
Riedlin, Gust.: Fastenkuren u. Lebenskraft. Führer f. d. method. Gebrauch. (62) '12 [7] — 75
— Chron. Verstopfg. — Schönenberger, Fr.: Hämorrhoidalleiden. (38) '11 [5] — 40
Schönenberger, Fr.: Aerztl. Winke f. junge Eheleute. 2. Afl. (26) '11 [2] — 30
Simons, Gust.: Bodendüngg. Pflanzenwachstum — Menschengesundh. Ratgeber f. denk. Gartenfreunde. 2. Afl. (46) '11 [3] — 30
Spohr, R: Rheumatismus u. Gicht. (31) '11 [6] — 30
Winsch, Wilh.: Üb. Wärmekultur. Fortschritt d. Lebens- u. Heilkunst u. e. Beitrag z. höh. Entwicklg d. Menschen. 3. Afl. (78) '11 [1] — 60
Zschommler, G Mart.: Die richt. Kinder-Erziehg im Hause. (32) '11 [4] — 40 d.

— Die, d. Lese. Hrsg. v. Thdr Etzel u. Geo. Muschner. 8° Münch. Stuttg., Die Lese. d
Berlichingen, Des Ritters Götz v., zugenannt m. d. Eisern Hand, Lebens-Beschreibg. Textl. überarb. m. Einl. u. Anmerkgn versehen v. Karl Wolff. (27, 118) '11. 1.50; geb. 2.50
Bötticher, Hans: Was e. Schiffsjungen-Tageb. erzählt. (9, 157) '11. 2.50; geb. 3.50
Etzel, Gisela: Aus Jurte u. Kraal. Geschichten d. Eingeborenen a. Asien u. Afrika. (14, 184 m. 4 Vollbild.) '11. 2.50; L n 3.50
Hauptmann, Carl: Der Landstreicher u. and. Erzählgn. (153 m. Bildn.) ('12) 1.50; L n 2.50 d
Pichler, Adf: Der Galgenpeter u. anderes. Gesch. aus Tirol. (17, 149) '10. 1.50; geb. 2.50
Reder, Heinr. v.: Gedichte. Hrsg. u. eingel. v. Art. Kutscher. (6, 128 m. Bildn.) '10. 1.50; geb. 2.50
Ross, Colin: Im Banne d. Eisens. Skizzen. (7, 122) '11. 1.50; L n 2.50
Schmidtbonn, Wilh.: Das Glücksschiff. Geschichten v. Rhein. Mit Einführg v. Geo. Muschner. (153 m. Bildn.) '12. Pappbd 2.50 d
Verbrechergeschichten, Klassische. 1. Bd. (7, 132) '11. 1.50; geb. 2.50

— zu Licht u. Leben. 1. u. 2. Bd. 8. Elberfeld (Buchh. der ev. Gesellschaft f. Deutschland.) 2.20; geb. in Leinw. 3. —
Busch, Wilh., Onesimus. Allerlei f. Herz, Haus u. Gemeinde. (102 S.) 908. (Bd. 2) 1.10; geb. 1.50
Ternstedt, John, Wunder der Gnade. Lebensbild e. Dulderin im HErrn. Mit Genehmigg. des Verf. übers. v. E. Th. (85 S.) 907. (Bd. 1) 1.10; geb. 1.50

— Lustige. 1—16. Bd. (Mit Abb.) kl8° Regensbg, J Habbel. je — 80; L od. Dermatoid 1 — d
Brentano, Fritz: Das schlaue Hermännle u. and. Humoresken. (159) ('11) [3]
— Eine Portion Eis u. and. Humoresken. (160) ('12) [14]
Feder, Max: Der Veteran u. and. Humoresken. (160) ('12) [11]
Flachs, Adf: Die Stiefellotterie u. and. Humoresken. (158) ('11) [10]
Hartung, Max: Die Nachtdroschke u. and. Humoresken. (157) ('12) [13]
Hennig, CA: Die Bombe u. and. Humoresken. (157) ('12) [16]
Kauz, EC: Witz u. Scherz z. Zeitvertreib. (158) ('11) [9]
Pauli, Karl: Der Richtige u. and. Humoresken. (157) ('12) [15]
Remagen, H v.: Die neue Spritze u. and. Humoresken. (158) ('12) [12]
Rode, Karl: Ein Erfindergenie u. and. Humoresken. (159) ('11) [6]
— Die Rache u. and. Militärhumoresken. (160) ('11) [2]
Thiele, Adf: Exzellenz auf Reisen u. and. Humoresken. (160) ('11) [1]
— Ein boshafter Spassvogel u. and. Humoresken. (158) ('11) [7]
Thieme, Frdr.: Kriminalhumoresken. (158) ('11) [5]
— Das Probestück u. and. Humoresken. (159) ('11) [4]
— Die Weihnachtskiste u. and. Humoresken. (160) ('11) [8]

— Die Lustigen, v. Thdr Etzel u. Roda Roda. 1—3. Bd. kl8° Stuttg., Die Lese. je 1 —; L 1.50 d 6F
Bierbaum, Otto Jul.: Hans Wurst u. and. Grotesken. (7, 128) Münch. ('12) [1]
Pötzl, Eduard: Der liebe Augustin u. and. heitere Bilder a. Wien. (7, 133) Münch. ('12) [2]
Zschokke, Heinr.: Kriegerische Abenteuer. 2 Humoresken. (7, 150) Münch. ('12) [3]

Bücher, die, der Makkabäer. Aus dem Griech. übers. u. erklärt von M. A. Scholz. gr. 8. Frankfurt 1835, Varrentrapp. 1⅓ Thlr. — 3 fl.

Bücher und Menschen ... Herisau 1846. V: *Pipitz, Franz Ernst.* (EB)

—— u. Menschen. Vom Verf. des „Jakobiner in Wien." 8. (17½ B.) Herisau 846. [Schläpfer'sche Buchh.]

Verlags-Catalog von *A. G. Liebeskind* in Leipzig, unter d. Tit.: *Bücher u. Menschen.* Eine Festgabe. (1887.) Leipzig. (Druck von C. Kreysing.) Gr. 8°. Cart.
Frontisp. (gestemp.) u. 71 S. (à 2 Col.). Hübsche Ausstattung. Unter den zahlreichen guten Holzschn.-Illustr. die Portraits von: Rudolf Baumbach, Heinr. Seidel, Johannes Trojan, Jul. Lohmeyer, Hans Grasberger, Herm. Kretschmar.

Bücher und Menschen ausserhalb und innerhalb der Kirche ... Regensburg 1844. V: *Eylert, Friedrich.* (zu)

—— u. Menschen außerhalb u. innerhalb d. Kirche. Kathol. u. protest. Stimmen zum Zwecke gegenseitiger Verständigung u. Einigung im Wissen u. Glauben. 2 Thle. gr. 8. (45½ B.) Regensburg 844, Manz.

Militärische **Bücher**. Nach Schlagworten geordnet u. mit alphab. Autorenregister. (1.) Berlin: E. S. Mittler & Sohn (1908). 8° [J.] lod. 17092

— militärische. Nach Schlagworten geordnet u. m. alphabet. Autorenregister. Abgeschlossen Jan. 1909. (IV, 240 S.) 8. Berlin (909). E. S. Mittler & Sohn. — 80

Bücher, Die, von der Nachfolge Christi. Aus dem Lateinischen ... von J. B. Weigl. Sulzbach 1836. V: *Thomas a Kempis.* (Th)

—— der Natur. Die wichtigsten Abschnitte der gesammten Naturwissenschaft in populären Darstellungen. Hrsg. von E. A. Roßmäßler. 1. und 2. Bd. 8. Leipzig 856(57.) Keil. à Bd. 12 Ngr.
Inhalt:
Bd. 1. Hirzel, H., Grundzüge der Chemie. (VI und 216 S.)
" 2. Sigismund, Berth., die Familie als Schule der Natur. (171 S. mit eingedr. Holzschn.)

—— der Natur. Die wichtigsten Abschnitte der gesammten Naturwissenschaft in populären Darstellungen. Hrsg. von E. A. Roßmäßler. 3—7. Bd. 8. Leipzig, Keil. à Bd. * 12 Ngr. *
Inhalt:
Bd. 3. Meyn, Ludw., das Salz im Haushalte der Natur und des Menschen. (XII und 241 S. mit 19 Illustr. in eingedr. Holzschn.) 857.
" 4. Dräger, A., die Natur des Hochgebirges mit besond. Rücksicht auf die Gletscher. (VIII und 190 S. mit 4 chromolithogr. Ansichten in Tondr. und 5 eingedr. Holzschn.) 857.
" 5. Heros, Ludw., die deutschen Giftpflanzen. (VI und 247 S. mit 36 Abbild. in eingedr. Holzschn.) 857.
" 6. Birnbaum, Heinr., das Wasser und seine Quellen. (V und 176 S. mit 7 Abbild. in eingedr. Holzschn.) 858.
" 7. Scharlau, G. W., die Nahrungsmittel und die Ernährung. (VIII und 180 S. mit eingedr. Holzschn.) 859.
1. und 2. Bd. Ebendas. 1856(57). * 24 Ngr.

— der Naturwissenschaft, hrsg. v. Siegm. Günther, s.: Universal-Bibliothek.

Neue Bücher. Literarischer Bericht über das Jahr 1907. Herausgegeben von Wilhelm Frick, k. u. k. Hofbuchhändler in Wien. Gr.-8°. (XXXVI, 83 S.)

Bücher, Neue. (Tageblatt Sept. 1904 bis Okt. 1907.) Als Manuskript gedruckt. Greifswald 1907. V: *Reifferscheid, Alexander.* (Berl 1910, S. 560)

— neue. [Die Neuigkeiten des deutschen Buchhandels nach Wissenschaften geordnet.] Mitgeteilt Winter 1906/07, Frühj., Sommer u. Herbst 1907; Winter 1907/08, Frühj., Sommer u. Herbst 1908; Winter 1908/09, Frühj., Sommer u. Herbst 1909; Winter 1909/10, Frühj., Sommer u. Herbst 1910. 8. Leipzig, J. C. Hinrichs' Verl.
Bau- u. Ingenieurwissenschaft. (S. 41—55; 56, 66, 64 S. u. S. 1—44.) à Quartalsheft — 30
Erziehung u. Unterricht; Jugendschriften. (S. 89—138; 150, 158, 174 S. u. S. 1—118.) à Quartalsheft — 50
Geschichte u. Erdbeschreibung; Karten. (S. 77—104; 128, 131, 146 S. u. S. 1—102.) à Quartalsheft — 50
Heilwissenschaft. (S. 57—79; 86, 84, 88 S. u. S. 1—69.) à Quartalsheft — 30
Kriegswissenschaft. (S. 25—34; 41, 38, 36 S. u. S. 1—25.) à Quartalsheft — 30
Landwirtschaft. (S. 29—38; 44, 49, 44 S. u. S. 1—35.) à Quartalsheft — 30
Schöne Literatur u. Kunst. (S. 97—150; 162, 169, 170 S. u. S. 1—104.) à Quartalsheft — 50
Naturwissenschaften u. Mathematik. (S. 57—76; 84, 86, 91 S. u. S. 1—63.) à Quartalsheft — 30
Rechts- u. Staatswissenschaft. (S. 97—133; 138, 145, 155 S. u. S. 1—107.) à Quartalsheft — 50
Sprach- u. Literaturwissenschaft. (S. 53—73; 88, 90, 88 S. u. S. 1—62.) à Quartalsheft — 30
Theologie u. Philosophie. (S. 81—120; 137, 136, 143 S. u. S. 1—80.) à Quartalsheft — 50

— Neue. Jährlich 4 Hefte. [Erweit. SA] '09 IV, '10, '11 u. '12 I—III. Lpzg, JC Hinrichs. (Pp.) d
Bau- u. Ingenieurwiss. (49—64, 62, 64, 1—50) d. Heft — 30
Erziehg u. Unterr., Jugendschriften. (118—174, 184, 200, 1—138) d. Heft — 50
Gesch. u. Erdbeschreibg; Karten. (100—146, 188, 200, 1—96) d. Heft — 50
Heilwiss. (65—88, 96, 94, 1—66) d. Heft — 50
Kriegswiss. (25—36, 38, 32, 1—22) d. Heft — 30
Landwirtschaft. (33—34, 50, 48, 1—34) d. Heft — 30
Schöne Lit. u. Kunst. (107—170, 168, 178, 1—118) d. Heft — 50
Naturwiss. u. Mathematik. (69—91, 88, 92, 1—70) d. Heft — 30
Rechts- u. Staatswiss. (113—155, 156, 152, 1—116) d. Heft — 50
Sprach- u. Lit.-Wiss. (59—88, 92, 98, 1—66) d. Heft — 30
Theologie u. Philosophie. (101—143, 128, 144, 1—92) d. Heft — 50

— neue, über Bau- u. Ingenieurwissenschaft. Mitgeteilt Frühj. Sommer u. Herbst 1906. (88 S.) 8. Leipzig, J. C. Hinrichs' Verl. n. — 90

— dasselbe über Erziehung u. Unterricht; Jugendschriften. Mitgeteilt Frühj., Sommer u. Herbst 1906. (88 S.) 8. Ebd. n. 1. 50

— dasselbe über Geschichte u. Erdbeschreibung; Karten. Mitgeteilt Frühj., Sommer u. Herbst 1906. (74 S.) 8. Ebd. n. 1. 50

— dasselbe üb. Heilwissenschaft. Mitgeteilt Frühj., Sommer u. Herbst 1906. (56 S.) 8. Ebd. n. — 90

— dasselbe üb. Kriegswissenschaft. Mitgeteilt Frühj., Sommer u. Herbst 1906. (23 S.) 8. Ebd. n. — 90

— dasselbe üb. Landwirtschaft. Mitgeteilt Frühj., Sommer u. Herbst 1906. (27 S.) 8. Ebd. n. — 90

— dasselbe über schöne Literatur u. Kunst. Mitgeteilt Frühjahr, Sommer u. Herbst 1906. (93 S.) 8. Ebd. n. 1. 50

— dasselbe über Naturwissenschaften u. Mathematik. Mitgeteilt Frühjahr, Sommer u. Herbst 1906. (56 S.) 8. Ebd. n. — 90

— dasselbe über Rechts- u. Staatswissenschaft. Mitgeteilt Frühj., Sommer u. Herbst 1906. (93 S.) 8. Ebd. n. 1. 50

Bücher, neue, üb. Rechts- u. Staatswissenschaft. Mitgeteilt Winter 1906/7. [Aus: „Vierteljahrskat. der Neuigk. des deut. Buchh."] (S. 97—133.) 8. Leipzig, J. C. Hinrichs' Verl. 1907 —. 50.

— neue, üb. Rechts- u. Staatswissenschaft. Mitgeteilt Frühj. 1907. [Aus: „Vierteljahrskat. der Neuigk. des deut. Buchh."] (S. 1—35.) 8. Leipzig, J. C. Hinrichs' Verl. 1907 —. 50.

Bücher, neue, üb. Rechts- u. Staatswissenschaft. Mitgeteilt Sommer 1907. [Aus: „Vierteljahrskat. der Neuigk. des deut. Buchh."] (S. 37—68.) 8. Leipzig, J. C. Hinrichs' Verl. 1907 —. 50.

Bücher, neue, üb. Rechts- u. Staatswissenschaft. Mitgeteilt Herbst 1907. [Aus: „Vierteljahrskat. der Neuigk. des deut. Buchh."] (S. 69—97.) 8. Leipzig, J. C. Hinrichs' Verl. 1907 —. 50.

Bücher, neue, üb. Rechts- u. Staatswissenschaft. Mitgeteilt Winter 1907/08. [Aus: „Vierteljahrskat. der Neuigk. des deut. Buchh."]. (S. 101—138.) 8. Leipzig, J. C. Hinrichs' Verl. 1908 —. 50.

Bücher, neue, üb. Rechts- u. Staatswissenschaft. Mitgeteilt Frühj. 1908. [Aus: „Vierteljahrskat. der Neuigk. des deut. Buchh."] (S. 1—31.) 8. Leipzig, J. C. Hinrichs' Verl. 1908 —. 50.

Bücher, neue, üb. Rechts- u. Staatswissenschaft. Mitgeteilt Sommer 1908. [Aus: „Vierteljahrskat. der Neuigk. des deut. Buchh."] (S. 35—72.) 8. Leipzig, J. C. Hinrichs' Verl. 1908 —. 50.

Bücher, neue, üb. Rechts- u. Staatswissenschaft. Mitgeteilt Herbst 1908. [Aus: „Vierteljahrskat. der Neuigk. des deut. Buchh."] (S. 73—104.) 8. Leipz, J. C. Hinrichs' Verl. 1908 —. 50.

Bücher, neue, über Rechts- u. Staatswissenschaft. [Die Neuigkeiten des deutschen Buchhandels nach Wissenschaften geordnet.] Mitgeteilt Winter 1908/09. (S. 105—145.) 8. Leipzig, J. C. Hinrichs' Verl. 1909 —. 50.

— neue, üb. Rechts- u. Staatswissenschaft. [Die Neuigkeiten des deutschen Buchhandels nach Wissenschaften geordnet.] Mitgeteilt Frühj. 1909. (S. 1—34.) 8. Leipzig, J. C. Hinrichs' Verl. 1909 —. 50.

Bücher, neue, üb. Rechts- u. Staatswissenschaft. [Die Neuigkeiten des deutschen Buchhandels nach Wissenschaften geordnet.] (S. 37—74.) 8. Leipzig, J. C. Hinrichs' Verl. 1909 —. 50.

Bücher, neue, üb. Rechts- u. Staatswissenschaft. [Die Neuigkeiten des deutschen Buchhandels nach Wissenschaften geordnet.] Mitgeteilt Herbst 1909. (S. 77—111.) 8. Leipzig, J. C. Hinrichs' Verl. 1909 —. 50.

— neue, üb. Rechts- u. Staatswissenschaft. Die Neuigkeiten des deutschen Buchhandels nach Wissenschaften geordnet. Mitgeteilt Winter 1909—10. (S. 113—155.) 8. Leipzig, J. C. Hinrichs' Verl. 1910 —. 50.

Bücher, neue, üb. Rechts- u. Staatswissenschaft. Die Neuigkeiten des deutschen Buchhandels nach Wissenschaften geordnet. Mitgeteilt Frühj. 1910. (S. 1—35.) 8. Leipzig, J. C. Hinrichs' Verl. 1910 —. 50.

Bücher, neue, üb. Rechts- u. Staatswissenschaft. Die Neuigkeiten des deutschen Buchhandels nach Wissenschaften geordnet. Mitgeteilt Sommer 1910. (S. 37—75.) 8. Leipzig, J. C. Hinrichs' Verl. 1910 —. 50.

— neue, üb. Rechts- u. Staatswissenschaft. [Die Neuigkeiten des deutschen Buchhandels nach Wissenschaften geordnet.] Mitgeteilt Herbst 1910. (S. 77—107.) 8. Leipzig, J. C. Hinrichs' Verl. 1910 —. 50.

— dasselbe über Sprach- u. Literaturwissenschaft. Mitgeteilt Frühj., Sommer u. Herbst 1906. (60 S.) 8. Ebd. n. — 90

— dasselbe üb. Theologie u. Philosophie. Mitgeteilt Frühj., Sommer u. Herbst 1906. (79 S.) 8. Ebd. n. 1. 50
Sonderabdrucke aus: „Vierteljahrskat. der Neuigk. des deutschen Buchh." — Vergl. a.: Vierteljahrskatalog d. Neuigkeiten des deutschen Buchhandels.

Bücher, neue, f. Weihnachten 1910 sowie weit. Werke, die sich besonders zu Geschenken eignen. (55. Jahrg.) (84 S. m. Abb.) gr. 8. Leipzig, J. C. Hinrichs' Verl. — 30
Bisher u. d. T.: Weihnachten.

— Neue, f. Weihnachten '10 sowie weitere Werke, d. sich besonders zu Geschenken eignen. (55. J.) (84 m. Abb.) gr8° Ebd. † — 40 ‖ '11 u. '12. (56. u. 57. J) (84 bezw. 90 m. Abb.) je 30
Bisher u. d. T.: Weihnachten.

Bücher, N e u n, Sibyllinischer Propheceyungen,
s.a. N e h r i n g, Joh. Christian

Neun Bücher SIBYLLINISCHER Propheceyungen Wegen vieler darinnen enthaltenen erbaulichen, auch diese letzte Zeiten betreffenden wichtigen Dinge Aus der Griechischen in die Teutsche Sprache übersetzet, . . . erläutert, Und nebst Einer Einleitung von der wahren Historie derer Sibyllen . . . Zum andern mahl Verbessert und vermehret . . . Halle, Neue Buchhandlung, 1719. 8°. 12 Bl. 450 S. 11 Bl. —
Übersetzer: Joh. Christian Nehring.

— die poetischen u. prophetischen, des Alten Testaments. Uebersetzungen i. d. Versmaßen d. Urschrift. I. gr. 8. Freiburg i/B. 897. J. C. B. Mohr. n. 1. 20; geb. n. 2. —
Das Buch Hiob. Uebers. v. Bernh. Duhm. (XX, 71 S.)

Bücher, die poetischen u. prophetischen, d. Alten Testaments. Uebersetzungen in den Versmaßen der Urschrift. II. gr. 8. Freiburg i/B. Tübingen, J. C. B. Mohr. n. 2. 50; geb. n. 3. 30
Psalmen, die. Uebers. v. Bernh. Duhm. (XXVIII, 222 S.) 899. I. Ebd. 897. n. 1. 20; geb. n. 2. —.

— die poetischen u. prophetischen, des Alten Testaments. Uebersetzungen in den Versmaßen der Urschrift. III. gr. 8. Tübingen, J. C. B. Mohr. n. 2. —; geb. n. 2. 80
Jeremia, das Buch. Uebers. v. Bernh. Duhm. (XXXIV, 153 S.) 903.
I u. II Ebd. 897. 899. n. 3. 70; geb. n. 5. 30.

— die poetischen u. prophetischen des Alten Testaments. Übersetzungen in den Versmaßen der Urschrift. IV. 8. Tübingen 910. J. C. B. Mohr. 1.60; geb. 2. 40
Die 12 Propheten. Von Bernh. Duhm. (XXXIX, 148 S.)

—— die poetischen, des alten Testamentes, übers. von R Weber, s.a. Bibel, die.

— die poetischen, des alten Testaments, übers. u. erläut. v. E. Meier, s.a. Schrift, die heilige, des alten Testaments.

—— die prophetischen, des alten Testamentes. Uebersetzt von Ferd. Hitzig. gr. 8. (VI und 360 S.) Leipzig 854, Hirzel.

— d. „Quelle". 1—3. Bd. (Hrsg.: Geo. Aug. Grote.) gr8° Hann., Forscher-Verl. je 2.50 d
Pistohlkors, Marie v., u. Ludmilla v. Rehren: Herrenmoral. Roman a. d. russ. Ostseeprovinzen. (128) '12 [1]
Pollak, Alfr.: „Vom Lebensabend". Gedichte. (78) ('12) [3]
— Novellen e. Greises. (109) ('12) [2]

— d., des Rathes u. Trostes, f. d. Leiden d. Menschenlebens. 8. Prag 798. Schönfeld. 12 *ℊ*

Bücher der Reisen. 1. Berlin & Stuttgart: W. Spemann 1904. 8° [F.] [08.1110] 3

— der Reisen. 1. 8. Stuttgart 904. W. Spemann. n. 3. —; geb. n. 4. —
Von Marokko nach Lappland. Von Vict. Ottmann. (VI, 256 S. m. 32 Taf.)
Ladenpreis aufgehoben.

Die **Bücher** der Rose. Bd 1. Düsseldorf & Leipzig: W. Langewiesche-Brandt (1906). 8° [F.] [06. 9178 5

Bücher, die, der Rose. 1. u. 2. Bd. 8. Düsseldorf, W. Langewiesche-Brandt. Kart. à 1. 80; geb. à 3. —
1. Die Ernte aus 8 Jahrhunderten deutscher Lyrik. Gesammelt v. Will. Vesper. Geschmückt v. Käte Waentig. (1—12. Taus.) (480 S.) (906.)
2. Alles um Liebe. Goethes Briefe aus der ersten Hälfte seines Lebens. Hrsg. v. Ernst Hartung. Geschmückt v. Käte Vesper-Waentig. (448 S.) (906.)

— die, der Rose. 8.—18. Bd. 8. Ebenhausen bei München, W. Langewiesche-Brandt. Jeder Bd., kart. 1.80; geb. in Leinw. 3. —
Droste, die. Annette Freiin v. Droste-Hülshoff, Briefe, Gedichte, Erzählgn. (1.—25. Taus.) (415 S.) (909.) (Bd. 9)
Feuertrunken. Eine Dichterjugend. Schiller's Briefe bis zu seiner Verlobg. Hrsg. v. Hans Brandenburg. (496 S.) (909.) (Bd. 11)
[Goethe.] Über allen Gipfeln. Goethes Gedichte im Rahmen seines Lebens, hrsg. v. Ernst Hartung. Mit 30 Bildnissen. (287 S.) (908.) (Bd. 7) Liebh.-Ausg., geb. in Ldr. 5. 40
Grimm, Brüder, deutsche Märchen. Hrsg. v. M. Thilo-Luyken. Mit vielen Bildern v. Dora Polster. (457 S.) 911. (Bd. 13)
Hoffmann, E. T. A., Menschen u. Mächte. Ausgewählte Erzählgn. (538 S.) (908.) (Bd. 6)
Huch, Frdr., Pitt u. Fox, die Liebeswege der Brüder Sintrup. 1.—25. Taus. (384 S.) 909. (Bd. 8)
Krieg, der heilige. Friedrich Hebbel in seinen Briefen, Tagebüchern, Gedichten. Hrsg. v. Hans Brandenburg, geschmückt v. Käte Vesper-Waentig. (415 S. m. Bildnis.) (907.) (Bd. 5)
Kügelgen, Wilh. v., Jugenderinnerungen e. alten Mannes. (471 S. m. Abb. u. Taf.) Düsseldorf (907). (Bd. 3)
Vesper, Will., das 2. Buch der Ernte, aus 8 Jahrhunderten deutscher Lyrik gesammelt. Geschmückt v. Käte Vesper-Waentig. (1.—30. Taus.) (444 S.) (910.) (Bd. 12)
Vom tätigen Leben. Goethes Briefe aus der 2. Hälfte seines Lebens. Hrsg. v. Ernst Hartung. Geschmückt v. Käte Vesper-Waentig. (416 S.) Düsseldorf. (907.) (Bd. 4)
Von Wald u. Welt. Eichendorff, Jos. Frhr. v., Gedichte u. Erzählungen. Hrsg. v. Wilh. v. Scholz. Mit Vignetten u. 24 ganzseit. Bildern v. Mor. v. Schwind. (448 S.) (909.) (Bd. 10)

— Die, d. Rose. 12—18. Bd. 8° Ebenh. b/Münch., W Langewiesche-Brandt. kart. je 1.80; L 3 — d
Denkmal, Das. Heinrich Heine. Denkwürdigkeiten, Briefe, Reisebilder, Aufsätze u. Gedichte. Hrsg. v. Hans Brandenburg. (1—30. Taus.) (512 m. 1 Bildn.) '12 [16]
Grimm, Brüder: Deutsche Märchen. Hrsg. v. M Thilo-Luyken. (1—30. Taus.) (457 m. Abb.) '11 [13]
Kampf, Ein, ums Licht. Lenau. Leben, Lieben u. Leiden. Briefe Aufzeichngn, Gedichte, ausgew. u. biograph. verbunden v. Leo Greiner. (1—25. Taus.) (463) '11 [14]
Vesper, Will.: Das 2. Buch d. Ernte, a. 8 Jh. deut. Lyrik gesammelt. (1—30. Taus.) (444) ('10) [12]
— Aus 1000 Jahren. Deut. Balladen u. Kriegslieder, gesammelt. (1—30. Taus.) (489) ('12) [17]
— Tristan u. Isolde. Ein Liebesroman. Parsival. Ein Abenteurerroman. (1—40. Taus.) (307) ('11) [15]
Volksbücher, Deutsche. Die schöne Magelone. Die Schildbürger. Fortunatus. Doktor Faust. Melusine. Nach d. frühesten Drucken u. m. d. alten Holzschn. hrsg. v. Pet. Jerusalem. (448) ('12) [18]

Bücher, Die, Salomo aus Mitternacht, welche enthalten die Thaten Friedrichs des Grössten ... Amsterdam 1770. V: *Richter, Christoph Gottlieb* [?]. (ML)

Bücher, die, d. heil. Schrift, bearbeitet für Kirche, Schule u. Haus, s.a. Jesus Sirach.

— die, d. heil. Schrift, bearb. f. Kirche, Schule u. Haus. Die Bücher d. A. Test. 1r Thl. A. u. d. T.: die Sprüche Salomonis. Bearb. zum Vorlesen in Betstunden u. zur häusl. Erbauung. 816. 1 *ℛ* 6 *ℊ* 2r Thl. A. u. d. T.: Jesus Sirach rc. 827. 3 *ℛ* 12 *ℊ* gr. 8. Leipz., Barth. 4 *ℛ* 18 *ℊ*

— die, der heil. Schrift des Alten Test; im Auszug nach d. Uebersetzung Allioli's, für popul. Gebrauch herausg. von Jos. Rauchenbichler. 8. Landshut 1843. (Vogel.) Cotta. 14 ggr. — 54 kr.

—— die, der heil. Schrift d. alt. Testam. In einem getreuen Auszuge nach d. Uebers. Alliolis, besond. z. Gebr. f. d. reifere Jugend u. das gemeine Volk. Hrsg. v. Jos. Rauchenbichler. 8. (33 B.) Landshut 843. [München, Literar.-artist. Anstalt.]

— sechs, deutscher Lieder mit bewährten Sangweisen. Zunächst für Schulen. 1. Buch. (40 Lieder für Unterklassen u. Kleinkinderschulen enth.) Ausgabe in Noten. 8. Gütersloh 842, Bertelsmann. 1/12 *ℛ*

—— sechs, deutscher Lieder mit bewährten Sangweisen. Zunächst f. Schulen. 1—6. Buch. 2. Aufl. 8. (13 B.) Gütersloh 846, Bertelsmann. à

B ü c h e r, sechs, vom Staat,
s. Bibliothek d. Übersetzungen.

Bücher, Sibyllinische. Aus Oestreich. Hamburg 1848. V: *Möring, Carl.* (FB)

—— sibyllinische, aus Oestreich. 2 Bde. 8. (654 S.) Hamburg 848, Hoffmann und Campe.

—— die symbolischen, d. evangel. Kirche, als unbedingte Lehrnorm f. alle Diener derselben; eine Erklär. mehr. Prediger, hervorgerufen durch d. vor Kurzem erschien. „Erklärung d. Pfarrer d. Kreissynode Dortmund in Betreff d. Schwelmer Wahlangelegenheit," nebst e. vorangeschickten Beleucht. u. Würdig. letzterer Schrift. gr. 8. (3¾ B.) Leipzig 836, K. Tauchnitz.

— die symbolischen, der evangel.-luther. Kirche, deutsch u. lateinisch. Neue sorgfältig durchges. Ausg., mit den sächs. Visitations-Artikeln, hist. Einleitung u. 5fachen Register. Besorgt v. J. T. Müller. 6 Abthlgn. Lex. (CXVI u. 1147 S.) Stuttgart 847. 48, S. G. Liesching. (1–5. Abthlg. à 18 ngl 6. Abthlg. 24 ngl) 3 ₰ 24 ngl

—— die symbolischen, der evangel.-luther. Kirche, deutsch und latein. Neue sorgfältig durchgeseh. Ausg. mit den sächs. Visitations-Artikeln; ein Verzeichnis abweichender Lesarten, histor Einleitungen und ausführl. Registern. Besorgt von J. T. Müller. 2., durchgeseh. Aufl. 3 Abthlgn. Lex.-8. (XXVII und 987 S.) Stuttgart 860, S. G. Liesching. à Abthl. * 24 Ngr.

—— die symbolischen, der evangelisch-lutherischen Kirche, deutsch und lateinisch. Neue sorgfältig durchgeseh. Ausg., mit den sächs. Visitations-Artikeln, histor. Einleitungen und einem fünffachen Register. Besorgt von J. T. Müller. 3. Aufl. gr. 8. (CXXVII, 987 S.) Stuttgart 869, S. G. Liesching. [Gütersloh, Bertelsmann's Verlag.]

Vgl.: Concordienbuch.

Bücher, die symbolischen, der evangelisch-lutherischen Kirche, deutsch und latein. Neue sorgfältig durchgeseh. Ausg., mit den sächs. Visitations-Artikeln, einem Verzeichniß abweich. Lesarten, histor. Einleitungen und ausführl. Registern. Besorgt von J. T. Müller. 4. durchgeseh. Aufl. gr. 8. (CXXIV, 987 S.) Gütersloh 876, Bertelsmann. * M. 7.; geb. *

—— d. symbol., d. ev.-luth. Kirche, deutsch u. lat. Neue Asg. Besorgt v. JT Müller. 4. Afl. 8. (1111) Gütersl. 77, Bertelsmann. n. 7. —

—— die symbolischen, der evangelisch-lutherischen Kirche, deutsch und lateinisch. Neue sorgfältig durchges. Ausg., mit den sächs. Visitations-Artikeln, einem Verzeichnis abweichender Lesarten, histor. Einleitungen und ausführl. Registern. Besorgt von J. T. Müller. 5. mit der 4. gleichlaut. Aufl. Lex.-8. (CXXIV, 987 S.) Gütersloh 882, Bertelsmann. * geb. *

— die symbolischen, der evangelisch-lutherischen Kirche, deutsch u. lateinisch. Neue sorgfältig durchgeseh. Ausg., m. den sächs. Visitations-Artikeln, e. Verzeichnis abweich. Lesarten, histor. Einleitgn. u. ausführl. Registern. Besorgt v. J. T. Müller. 6. Aufl. Lex.-8. (CXXIV, 987 S.) Gütersloh 886. Bertelsmann. n. 8. —; geb. n. 10. —

—— d. symbol., d. ev.-luth. Kirche, deutsch u. latein. Neue Asg. m. d. sächs. Visitations-Artikeln, e. Verzeichnis abweich. Lesarten, histor. Einleitgn u. ausführl. Registern. Besorgt v. JTMüller. 4. Afl. 8. (1114) Gütersl. 90, Bertelsmann. n. 8.—; geb. n. 10. —

— die symbolischen, der evangel.-luther. Kirche, deutsch u. lateinisch. Neue sorgfältig durchgeseh. Ausg., m. den sächs. Visitations-Artikeln, e. Verzeichnis abweich. Lesarten, histor. Einleitgn. u. ausführl. Registern. Besorgt v. J. T. Müller. 7. Aufl. Lex.-8. (CXXVII, 987 S.) Gütersloh 890. Bertelsmann. n. 8. –

— die symbolischen, der evangelisch-lutherischen Kirche, deutsch u. lateinisch. Neue sorgfältig durchgeseh. Ausg. m. den sächs. Visitations-Artikeln, e. Verzeichnis abweich. Lesarten, histor. Einleitgn. u. ausführl. Registern. Besorgt v. J. T. Müller. 8. Aufl. gr. 8. (CXXVI, 987 S.) Gütersloh 898. C. Bertelsmann. n. 8. —

— die symbolischen, der evang.-luth. Kirche, deutsch u. lateinisch. Mit den sächs. Visitations-Artikeln, e. Verzeichnis abweich. Lesarten, histor. Einleitgn. u. ausführl. Registern. Besorgt v. J. T. Müller. Mit e. neuen histor. Einleitg. von Th. Kolde. 10. Aufl. (X, LXXXIII, 987 S.) gr. 8. Gütersloh 907. C. Bertelsmann. 8.—; geb. 10. —

Bücher, Die symbolischen, der evangelisch-reformirten Kirche ... Neustadt a. d. O. 1830. Ü: *Beck, Frdr. Adolph.* (zu)

—— die symbol., d. evangel.-reform. Kirche. Zum ersten Male a. d. Latein. vollst. übers. u. mit histor. Einleitn. u. Anmerkn. begl. Für Freunde d. Union u. f. Alle, d. üb. Entsteh., Inhalt u. Zweck d. Bekenntnißschriften sich zu belehren wünschen. 2 Thle. gr. 8. (66½ B.) Neustadt a. d. O. 830, Wagner. 3 Thlr. 12 Gr., hrbgs. Pr.

— die symbolischen, der protestant. Kirche in ihrem Widerspruche mit Schrift u. Vernunft. Eine Uebersicht der Geschichte u. des Inhalts der symbol. Bücher für das deutsche Volk. gr. 8. Leipzig 846, Fest'sche Verlagsbuchh. ½ ₰

—— die symbolischen, d. Protestantismus als Ursachen u. Wirkungen beklagenswerther Mißverständnisse in Lehre u. Volksbild. u. deren Bethätigung, od. Beiträge zum gerechten Urtheile üb. d. betrübend. Zeichen d. Zeit. gr. 8. (8 B.) Gera 836, [Kanitz.]

— die symbolischen, des Protestantismus, als Ursachen u. Wirkungen beklagenswerther Mißverständnisse in Lehre und Volksbildung u. deren Bethätigung, oder Beiträge z. gerechten Urtheile über die betrüb. Zeichen der Zeit. gr. 8. Gera 836. Scherbarth. ⅝ ₰

— vergl. Testament.

Bücher, Die, des Neuen Testaments, ...

-- dasselbe. 11. Aufl., von Anfang bis zu Ende genau rev. u. festgestellt nach der Handschrift des Verf. (v. Gust. Dalman). 12. (III, 469 S.) Ebd. 899. Geb. in Ldr. n.n. 1. 40

— dass. 11. Afl., v. Anfang bis zu Ende genau rev. u. festgestellt n. d. Handschrift d. Verf. (v. G Dalman). (469) 12° Ebd. 1892. Ldr nn (1.40) 1.25

— die, des Neuen Testaments, übers. aus d. griech. Sprache in die hebr. Sprache an der Hand v. Frz. Delitzsch. 12. Aufl. gr. 8. (III, 486 S.) Berlin 901. Brit. u. ausländ. Bibelgesellsch. Geb. in Leinw. n.n. 2.—

Bücher, Die, d. Abtei Thelem. Hrsg. v. Otto Jul. Bierbaum. 1—10. Bd. Münch., G Müller. d
Für Subskribenten tritt e. Ermässigg v. 15% ein.
Chesterfield's, Lord, Briefe an s. Sohn. Auf Grund d. 1. deut., hier verb. Ausg. in Ausw. hrsg. u. eingel. v. Hans Feigl. 2 Bde. (39, 375 u. 378 m. Bildn.) gr8° '12 [8.9] HF 11 —; Luxusausg. 30—
Diderot, Denis: Jakob u. s. Herr. Unter Zugrundelegg d. Myliusschen Übersetzg. vollst. hrsg. v. Hanns Floerke. 2 Bde. (12, 347 u. 351 m. Titelbild.) kl8° '11 [6.7] HF 12 —; Luxusausg. 25 —
Fischer, Hans W: Die Kette. Gedichte. (23 u. 64) gr8° '10 [5, irrtüml. 4] HF 6 —; Luxus-Ausg. 10 —
Sterne, Laurence: Tristram Schandis Leben u. Meyngn. (9 Tle in 3 Bdn.) (19, 8, 160, 166, 180; 200, 142, 142 u. 136, 128, 8, 112 m. Taf.) kl8° '10 [1—3] HF 6 —; Luxusausg. 10 —
— Yoricks empfindsame Reise. 2 Tle in 1 Bde. (23, 172 u. 170 m. 5 Taf.) kl8° '10 [4] HF 6 —; Luxusausg. 10 —
Voltaire: Kandide. Berlin, 1782. Bey Christian Friedrich Himburg. Mit 5 Heliograv. nach Kupfern v. Chodowiecki. (35, 218 u. 155) kl8° '12 [10] HLdr 8 —; Luxusausg. 16 —

— z. Todlachen. 1. u. 2. Heft. kl8° Lpzg, F Winter. je — 20 d
Henning, Paul: Orig.-Humoristen-Schlager. Couplets, Witze u. Vorträge. 1—10. Taus. (24) ('12) [1]
Merker, Rich.: Humorist. Ragout, Couplets, Witze, Scherzfragen, Humoresken u. Anekdoten. 1—10. Taus. (24) ('12) [2]

— d. Türme. 1—11. Bd. 8° Berl., K Curtius. d
Bleibtreu, Karl: Deutschld u. Engld. 3. Afl. (239) ('09) [4.5] 2 —; geb. 3 —
Gižycki, Paul v.: Geradeaus. Ein Kompass f. d. Fahrt durchs Leben, hrsg. v. Max Kullnick. 2. Afl. (26, 182) ('09) [2] 1 —; geb. 2 —
Halifax, Marquis v. (Sir George Savile): Charakterbild e. Königs. Nebst Aphorismen d. Autors. Erste deut. Übersetzg. Hrsg. m. Einleitg u. Anmerkgn v. Ferd. Tönnies. (107) ('10) [0] 1 —
Itchikawa, Daiji: Die Kultur Japans. 2. Afl. (149) '07 [9] 1 —; geb. 2 —
Lhotzky, Heinr.: Die Zukunft d. Menschh. 3 Tle in 1 Bde. (59, 56 u. 55) '07 [7.8] 2 —; geb. 3 —
Lodge, Sir Oliver: Leben u. Materie. Haeckel's Welträtsel kritisiert. (11, 150) '08 [1] 1 —; geb. 2.20
Mozart's Briefe. (Hrsg. v. M Weigel.) (186) '10 [10.11] 2 —; geb. 2.50
Roosevelt, Thdr: Staats- u. Lebenskunst. Aus s. Reden u. Botschaften ausgew. v. Max Kullnick. 2. Afl. (5, 195) ('10) [3] 1 —; geb. 2 —

— vier, ganz n. Esopische Fabeln. 8. Lpz. 747.

Bücher, Vier, Aesopischer Fabeln, in gebundener Schreib-Art. Leipzig 1748. V: *Lichtwer, Magnus Gottfried.* (GGr) [Waniek, Gottsched. Leipz. 1897 S. 489.]

— 4, an C Herennius üb. d. Redekunst. Deutsch v. Karl Kuchtner. (156) 8° Münch., E Pohl '11. 2.40

Bücher, Die vier, der Institutionen ... Lemgo 1765. Ü: *Helwing, Christian Friedrich & Joh. Alb. Hermann Heldmann.* (ML)

— der Könige, die vier. In niedersächsischer Bearbeitung aus einer Handschrift der Oldenburg. öffentl. Bibliothek herausg. von Merzdorf. Oldenburg 857. Stalling. gr. 8. (VIII, 202 S.) n. 2 ₰

— vier, von der Nachfolge Christi, s. a. Libri quatuor de imitatione Christi.
Vgl.: Thomas von Kempis.

— die vier, von der Nachfolge Christi, s. a. Perlenkranz, geistlicher.
Vgl.: Thomas von Kempis, Nachfolge Christi.

— die vier, von der Nachfolge Christi, s. a. Thomas v. Kempen.

Bücher, die vier, von d. Nachfolge Christi, a. d. Latein. in's Deutsche übers. v. J. B. Weigl. 16. (24 B.) Sulzbach 836, v. Seidel'sche Buchh. Thlr.

— die vier, von der Nachfolge Christi. Uebers. von W. A. Swoboda. gr. Lex.-8. (22½ B. u. 4 Stahlst.) Prag 843, Haase Söhne Vrls.-Expedition. *

Bücher, die vier, von der Nachfolge Christi. Neue Ausg. mit harmon. Nachklängen a. d. Schriften d. bewährtesten Geisteslehrer begleitet von Frz.-Seraph Häglsperger. Nebst ein. Anh., enthaltend ein bis vor kurzem unbekanntes Buch von d. Nachfolge Christi. 1. Aufl. 8 Lfgn. (...B., 8 Stahlst. u. verziert. Ttl.) 843 u. 2., vielfach verb. Aufl. 4 Lfgn. Lex.-8. (28½ B., 8 Stahlst. u. Prachttl.) Regensburg 844, Manz. à L. 11¼ Ngr. Thlr. *

— die vier, von der Nachfolge Christi. Von (Thomas v. Kempen.) Mit Erwägungen und Gebeten zu Ende eines jeden Kapitels, nebst Morgen-, Abend-, Meß-, Beicht-, Communion- und Ablaßgebeten. Von J. Annegarn. 4., mit 6 Litaneien verm. Aufl. 18. (XII und 547 S. mit 1 Ttlkpfr.) Münster 847, Coppenrathsche Buchh.

Bücher, Vier, von der Nachfolge Christi in lateinische Hexameter und deutsche Reime übersetzt von J. B. J. Uebauer. 2. [Titel]-Ausgabe. Regensburg 1849. V: *Thomas a Kempis.* (ZU)

— die vier, von der Nachfolge Christi. Uebersetzt von Jos. Annegarn. Taschenausg. mit Morgen-, Abend-, Meß-, Beicht- und Communion-Andachten nebst Ablaßgebeten und 7 Litaneien. 4. Aufl. 16. (XVI und 335 S. mit 1 Holzsch.) Münster 851, Coppenrathsche Buchh.

— die vier, von der Nachfolge Christi. Mit Erwägungen und Gebeten zu Ende eines jeden Kapitels, nebst Morgen-, Abend-, Meß-, Beicht-, Communion- und Ablaßgebeten, tägl Gebeten und Uebungen, Litaneien. Von J. Annegarn. 5., vielfach verm. und verb. Aufl. 8. (X und 445 S. mit 1 Titelkpfr.) München 857, Coppenrath'sche Buchh. -

— die vier, von der Nachfolge Christi. Aus dem Latein. getreu ins Deutsche übertragen von J. B. Weigl. Aufs neue durchgeseh. und mit vielen Gebeten verm. von Magnus Jocham. Neue illustr., wohlf. Ausg. 16. (XXXII und 288 S. mit Holzschn.) Sulzbach 858, v. Seidel'sche Buchh.

— dass. — Neue illustr., wohlf. Ausg. gr. 16. (XXXI und 288 S.) Ebendas. 861. *

— die vier, von der Nachfolge Christi. Neue Ausg. mit harmon. Nachklängen aus den Schriften der bewährtesten Geisteslehrer älterer, mittlerer und neuerer Zeit zur Beweisführung für den heil. Einklang der katholisch-kirchl. Ascetik begleitet von Frz. Seraph Häglsperger. Nebst einem Anh., enth. ein bis vor Kurzem unbekanntes Buch von der Nachfolge Christi, nach dem unlängst aufgefundenen Quedlinburger Codex das zweite. 3., vielfach verb. Aufl. gr. 8. (456 S. mit 8 Stahlst.) Regensburg 864, Manz. *

— vier, von der Nachfolge Christi, aus dem Latein. von Guido Görres. 16. (VI, 430 S. mit eingedr. Holzschn.) Tournay 879. (Aachen, Barth.) *

Bücher, die vier, von der Nachfolge Christi. Aus dem Lateinischen nach der besten Ausgabe der ehrwürdigen Väter Mauriner, Benedictiner-Ordens, neu übersetzt von Cölestin Wolfsgruber, desselben Ordens Priester in dem Stifte zu den Schotten in Wien u. der hhl. Theologie Doctor. Nebst einem Anhang, enthaltend Morgen-, Abend-, Meß-, Beicht- u. Communiongebete aus den Schriften der seraph. Töchter d. hl. Benedict, Gertrudis u. Mechtildis. 16. (VII, 547 S.) Augsburg 880. Literarisches Institut von M. Huttler. n. 3. —; geb. in Ldr. n.n. 5. —

— die vier, v. d. Nachfolge Christi. Aus dem Lat. nach der besten Ausg. der ehrwürd. Väter Mauriner, Benedictiner Ordens, neu übers. v. Cölestin Wolfsgruber, desselben Ordens Priester in dem Kloster zu den Schotten in Wien u. der hhl. Theologie Doctor. 2. Aufl. Nebst e. Anh., enth. Morgen-, Abend-, Meß-, Beicht- u. Communiongebete aus den Schriften der seraph. Töchter d. hl. Benedict, Gertrudis u. Mechtildis. (Ausg. in altgoth. Schrift.) 16. (VII, 551 S.) Augsburg 882. Literar. Institut v. Dr. M. Huttler. n. 3. —; geb. n.n. 5.

— die vier, von der Nachfolge Christi. Aus dem Lateinischen u. den besten Ausgaben der ehrw. Väter Mauriner, Benedictiner-Ordens, neu übers. von Cölestin Wolfsgruber. Nebst einem Gebetsanhange. 3. Aufl. 32. (VIII, 580 S.) Augsb. 888, Litterar. Institut von Dr. M. Huttler. * 3 —; geb. * 5 — bis * 7 —

Bucher, d. vier, v. d. Nachfolge Christi. Aus d. Latein. u. d. besten Ausgaben d. ehrw. Väter Mauriner, Benedictiner-Ordens, neu übers. v. C Wolfsgruber. 3. Afl. 32° (580) Augsb. 89, Lit. Inst. v. Dr. M Huttler. 3 —; geb. von 5 — bis 7 —

— vier, von der Nachfolge Christi, nach der Handschrift von Gaesdonck [1427] übers. von Phil. de Lorenzi. Nebst e. Anh. v. Gebeten. Ausg. Nr. I. 16. (VIII, 408 S. m. 1 Stahlst.) Münster 889. Regensberg. — 60

— dasselbe. Aus dem Latein. getreu ins Deutsche übertr. v. J. B. Weigl. Aufs neue durchgeseh. u. m. vielen Gebeten verm. Ausg. 32. (VII, 600 S. m. e. Stahlst.) Regensburg 890. Pustet. — 60; geb. in Leinw. n. 1. —; in Ldr. m. Goldschn. n. 2. —

Bücher, Vier, von der Nachfolge Christi a. d. Latein. v. Dr. Guido Görres. Münster i. W. [1896]. V: *Thomas a Kempis.* (Berl)

Bücher, Die Vier, von der Nachfolge Christi nach der alten Häglspergerschen Ausgabe neu bearbeitet von P. Joh. Droste . . . Kevelaer 1899. V: *Thomas a Kempis.* (Berl)

Bücher, 4. v. der Nachfolge Christi, aus dem Lat. v. Guido Görres. (VI, 429 S. m. 1 Abbildg.) 16. Rottenburg (903). W. Bader. Geb. in Ldr. m. Goldschn. n. 2. —

— vier, v. der Nachfolge Christi, nebst kurzem Gebetbuche f. Erstkommunikanten, hrsg. v. e. erfahrenen Freunde d. Jugend. (429 S. m. 1 Farbdr.) 12,1×7,8 cm. Münster (907). H. Schöningh. Geb. m. Goldschn. 1.50; 2.—; 3.— u. 4. —

Bücher, vier, v. der Nachfolge Mariä der allerseligsten Jungfrau nebst e. Gebetbuch im Geiste der Nachfolge Mariä. Nach dem Franz. bearb. v. N. U. 16. (479 S. m. e. Stahlst. u. e. lith. u. color. Titelbl.) Einsiedeln 871 Wyß, Eberle & Co. 1. —; Velinpap. 1. 30

— die vier, von der Nachfolgung Christi. Neu übersetzt v. einem Mitgliede des Vereins zur Errichtung eines Denkmals für Thomas v. Kempen. Zum Nutzen des Denkmals herausgeg. von dem Vereine. Lex.-8. Kempen; Crefeld 842, Funcke'sche Buchh. n. 1 ß

— die 24, der Bibel im ebräischen Texte ꝛc., von Herxheimer, s. Bibel.

Bücher, die 24, der Bibel im ebräischen Texte mit worttreuer Uebersetzung, fortlaufender Erklärung und homiletisch benutzbaren Anmerkungen. Hrsg. von Sal. Herxheimer. 1. Thl. A. u. d. T.: Der Pentateuch oder die fünf Bücher Mose's, nebst Haphtaroth. 2., verm. und verb. Aufl. gr. 8. (XXXII und 806 S.) Bernburg 854, Gröning'sche Buchh. *

—— d. 24, d. Bibel im hebr. Texte m. deut. Uebers., fortlauf. Erklärg u. homilet. benutzb. Anm. Hrsg. v. S Herxheimer. 1. Bd.: Pentateuch. 3. Afl. 8. (1024) Lpzg 63—65, Quandt u. H. n. 3. 10 ‖ 2. Afl. 55. n. 2. 15

Bücher, die 24, der Bibel im hebräischen Texte mit deutscher Uebersetzung, fortlaufender Erklärung und homiletisch benutzbaren Anmerkungen. Hrsg. von Sal. Herxheimer. 1. Bd. A. u. d. T.: Der Pentateuch oder die 5 Bücher Mose's nebst Haphtara's. 3., verb. Aufl. 10 Lfgn. gr. 8. (IX und 1024 S.) Leipzig 863—65, Quandt und Händel. à Lfg. * 10 Ngr. *

Bücher, die 24, der Bibel im hebräischen Texte mit deutscher Uebersetzung, fortlaufender Erklärung und homiletisch benutzbaren Anmerkungen. Herausg. von Sal. Herxheimer. 1. Bd.: Der Pentateuch. 3. verb. Aufl. (In 8 Liefgn.) 1—5. Liefg. Leipzig 863, 64. Roßberg. gr. 8. (S. 1—560.) Jede Liefg. n. 10 ngr

(——) תורה נביאים כתובים — Die vier u. zwanzig Bücher d. heil. Schrift. Nach d. masoret. Texte. Unter d. Redact. v. Zunz übers. v. H. Arnheim, Jul. Fürst, M. Sachs. (Mit Tauchnitzischen Stereotypen.) 6 Lfgn. gr. 8. (52¾ B. u. 1 Zeittaf. üb. d. h. Schrift v. Zunz.) Berlin 837, 38, Veit u. Comp. *

(——) תורה נביאים כתובים. — Die vier u. zwanzig, d. heil. Schrift. N. d. masoretischen Texte. Unter d. Redact. v. Zunz übers. v. H. Arnheim, Jul. Fürst, M. Sachs. 2., unveränd. Abdruck d. Ausg. v. 1837. Lex.-8. (52⅞ B.) Berlin 843, Veit u. Comp.*

— die 24, der heiligen Schrift. Nach dem masoret. Texte. Unter der Redact. von Zunz übers. von H. Arnheim, Jul. Fürst und M. Sachs. 8., unveränd. Abdr. der Ausg. von 1837. gr. 8. (XXIV und 815 S.) Berlin 863, Gerschel's Verlagsh. *

— die 24, der heil. Schrift. Nach dem masoret. Texte. Unter der Red. v. Zunz übers. v. H. Arnheim, Jul. Fürst, M. Sachs. 11. Aufl. gr. 8. (VIII, 819 S.) Frankfurt a/M. 885. Kauffmann. n. 3. —; Einbd. n.n. — 60

— die 24, der Hl. Schrift. Nach dem masoret. Texte. Unter der Red. v. Zunz übers. v. H. Arnheim, Jul. Fürst, M. Sachs. 15. Aufl. (VIII, 815 u. 14 S.) 8. Frankfurt a/M. 904. J. Kauffmann. Geb. in Leinw. n. 3. 60; m. Goldschn. n. 6. —

Bücher für Volksbibliotheken. Vorrätig in d. Kanzlei d. Gesellschaft f. Verbreitung von Volksbildung Berlin. *Berlin: Ges. f. Verbreitung von Volksbildung 1902.* (44 S.) 8° [F.] 03. 7004

— der Weisheit u. Schönheit, hrsg. v. Jeannot Emil Frhr. v. Grotthuß. (Buchschmuck v. Frz. Stassen.) (I. u. II. Serie) 8. Stuttgart, Greiner & Pfeiffer. Geb in Leinw. à Bd. n. 2. 50; Subskr.-Pr. f. e. Serie à Bd. n. 2. —; 12 Bde. nach belieb. Wahl. n. 25. —

Abraham a Sancta Clara. Auswahl aus seinen Schriften, hrsg. v. Rich. Zoozmann. 1.—5. Taus. (VI, 215 S.)
Achelis. Th., was sagt Goethe? Ein Goethe-Brevier. 1.—5. Taus. (VI, 190 S.) (905.)
Beethoven, Ludw. van, Briefe, in Auswahl hrsg. v. Karl Storck. 1.—5. Taus. (VII, 330 S.) (905.)
Dante in einer Auswahl aus der „Göttlichen Komödie", der „Vita nuova" u. dem Kanzoniere, hrsg. u. übers. v. Rich. Zoozmann. 1.—5. Taus. (VIII, 196 S) (906.)
Darwin. Auswahl aus seinen Schriften, hrsg. v. Paul Seliger. 1.—5. Taus. (V, 213 S.) (906.)
Fircks, Karl Frhr. v., Dichtungen. Ausgewählt u. hrsg. von Jeannot Emil Frhr. v. Grotthuß. 1.—2. Taus. (VIII, 208 S.) (904.)
Gobineau. Auswahl aus seinen Schriften. Hrsg. v. Fritz Friedrich. (V, 196 S.) (906.)
Goltz, Bogumil. Auswahl aus seinen Schriften, hrsg. u. eingeleitet v. Fritz Lienhard. 1.—5. Taus. (V, 172 S.) (901.)
Gorki, Maxim. Auswahl aus seinen Schriften, hrsg. v. Aug. Scholz. 1.—5. Taus. (V, 190 S.) (904.)
Grimm, Jakob u. Wilh. Grimm, Auswahl, hrsg. v. Max Koch. 1.—5. Taus. (VI, 266 S.) (904.)
Gros, Erwin, was sagt Jesus? Auswahl. 1.—5. Taus. (VII, 95 S.) (905.)
Humboldt's Kosmos. In verkürzter Gestalt hrsg. v. Paul Schettler. 1.—5. Taus. (V. 175 S.) (905.)
Kant's Ethik u. Religionsphilosophie. Ausgewählte Abschnitte aus Grundlegg. zur Metaphysik der Sitten, Kritik der prakt. Vernunft, Religion innerhalb der Grenzen der bloßen Vernunft, hrsg. v. Aug. Messer. 1.—5. Taus. (VII, 161 S.) (905.)
— Kritik der reinen Vernunft. In verkürzter Gestalt (m. Abschnitten aus den Prolegomenen) hrsg. v. Aug. Messer. 1.—5. Taus. (VII, 188 S.) (904.)
Lucian (aus Samasota), Auswahl aus seinen Schriften, hrsg. v. J. E. Frhr. v. Grotthuß. 1.—5. Taus. 2 Bde. (V, 264 u. V, 292 S.) (905).
Manitius, M., Mären u. Satiren aus dem Lateinischen. In Auswahl. 1.—5. Taus. (V, 177 S.) (905.)
Massinger, Philip, der Herzog v. Mailand. Tragödie in 5 Akten. Frei bearb. v. Herm. Conrad. 1.—2. Taus. (132 S.) (904.)
Montaigne, in Auswahl hrsg. v. Erich Meyer. 1.—5. Taus. (V. 153 S.) (905.)
Montesquieu. Auswahl aus seinen Schriften, hrsg. v. E. Meyer. 1.—5. Taus. (XI, 275 S.) (901.)
Mozart's Briefe, in Auswahl hrsg. v. Karl Storck. 1.—5. Taus. (V, 287 S.) (906.)
Sachs, Hans, in einer Auswahl seiner Gedichte, Schwänke u. Dramen hrsg. v. Rich. Zoozmann. 1.—5. Taus. (V, 247 S.) (905.)
Schiller's historische Schriften. Geschichte des Abfalls der Niederlande, ausgewählt u. eingeleitet v. J. E. Frhr. v. Grotthuß. 1.—5. Taus. (XVI, 233 S.) (905.)
— Dasselbe. Geschichte des 30jähr. Krieges. Geschichte der Unruhen in Frankreich, ausgewählt u. eingeleitet v. J. E. Frhr. v. Grotthuß. 1.—5. Taus. (V, 273 S.) (905.)
Schrift, die heilige. Auswahl v. Erwin Gros. 1.—5. Taus. (IX, 163 S.) (901.)
Schumann's Briefe in Auswahl, hrsg. v. Karl Storck. 1.—5. Taus. (V, 226 S.) (906.)
Siebert, Otto, Arthur Schopenhauer. Sein philosoph. System nach dem Hauptwerk „Die Welt als Wille u. Vorstellung" vorgeführt. 1.—5. Taus. (VI, 182 S.) (906.)

— der Weisheit u. Schönheit. Hrsg.: Jeannot Emil Frhr. v. Grotthuß. (Buchschmuck von Frz. Stassen.) 8. Stuttgart, Greiner & Pfeiffer. Geb. in Leinw., jeder Bd. 2.50; f. 12 Bde. 25. —

Baer's, Karl Ernst, Schriften, ausgewählt u. eingeleitet von Remig. Stölzle. 1—5. Taus. (VI, 230 S.) (907.)
Beethoven's Briefe. In Auswahl hrsg. v. Karl Storck. 2. verb. Aufl. 6—10. Taus. (VII, 300 S.) (910.)
Fechner, Gust. Theod. Eine Auswahl aus seinen Schriften v. Otto Richter. 1. bis 5. Taus. (VI, 235 S.) (908.)
Friedrich der Große. Auswahl aus seinen Schriften u. Briefen, nebst einigen Gesprächen m. de Catt, hrsg. v. F. Lienhard. 1—5. Taus. (V, 242 S.) (907.)
Goethe's Gespräche. Einleitung u. Auswahl v. Eug. Korn. 1—5. Taus. (302 S.) (909.)
Hoffmann's, E. T. A., musikalische Schriften, hrsg. v. Edgar Istel. 1. bis 5. Taus. (VIII, 310 S.) (907.)
Hugo, Victor. In Auswahl m. Einleitg. hrsg. v. Alb. Sleumer. 1—5. Taus. (VIII, 239 S.) (910.)

Lotze's Mikrokosmos. In Auswahl hrsg. v. Otto Richter. 1—5. Taus. (III, 225 S.) (909.)
Pestalozzi. Eine Auswahl aus seinen Schriften in sachl. Anordng. v. Ludw. Gurlitt. 1—5. Taus. (VII, 182 S.) (907.)
Plato's Philosophie, in ihren wesentlichsten Zügen durch ausgewählte Abschnitte aus seinen Schriften dargestellt v. Gust. Schneider. 1. bis 5. Taus. (VI, 201 S.) (907.)
Rabelais, Gargantua u. Pantagruel, in e. Auswahl nach der Verdeutschg. v. Glob. Regis hrsg. v. Geo. Pfeffer. 1—5. Taus. (V, 180 S.) (908.)
Rousseau's, Jean Jacques, Briefe. In Auswahl hrsg. von Frdr. M. Kircheisen. 1. bis 5. Taus. (V, 160 S.) (908.)
Spinoza's Ethik. In verkürzter Übersetzg. hrsg. v. M. Kronenberg. 1. bis 5. Taus. (V, 201 S.) (908.)
Trojan, Johs., Auswahl aus seinen Schriften, hrsg. v. Erich Kloss. 1—5. Taus. (VIII, 127 S.) (907.)
Wagner, Rich., in seinen Briefen. Hrsg. v. Erich Kloss. 1. bis 5. Taus. (V, 144 S. m. Bildnis.) (908.)
Walther v. der Vogelweide, aus dem Mittelhochdeutschen übertr., eingeleitet u. m. Anmerkgn. versehen v. Rich. Zoozmann. 1—5. Taus. (X, 183 S.) (907.)

— d. Weisheit u. Schönh. Hrsg.: Jeannot Emil Frhr v. Grotthuss. 8° Stuttg., Greiner & Pf. L je 2.50; f. 12 Bde 25 — d
Beethoven's Briefe. In Ausw. hrsg. v. Karl Storck. 2. Afl. (7, 300)('10)
Hugo, Victor. In Ausw. m. Einleitg hrsg. v. Alb. Sleumer. 1—5. Taus. (8, 230) ('10)
Liszt, Frz, in s. Briefen. Von Eduard Reuss. 1—5. Taus. (6, 233) ('11)
Neisser, Arth.: Kl. Opernführer. Kurzgefasste Erläuterg d. bekanntesten Opern. (160 m. Bildnissen.) ('11)

Bücher des Wissens. (Umschl.: Hrsg. v. d. Vereinigg. „Die Wissenschaft f. Alle".) 135—144. Bd. kl. 8. Berlin, H. Hillger. à — 50
Damm, O. F., Napoleon I. Sein Leben — seine Taten — sein Untergang. Monographie. (96 S. m. 24 Abbild.) (909.) (Bd. 135)
Fuhlrott, Otto, die Kleidungsstoffe. (95 S.) (910.) (Bd. 138)
Goldmann, Paul, Gabelsbergersche Stenographie. Mit vielen stenograph. Beispielen u. Übgn. (95 S.) (910.) (Bd. 140)
Grossmann, Jos., unsere Nutzhölzer. (96 S. m. 19 Abbild.) (910.) (Bd. 139)
Klemperer, Vict., deutsche Zeitdichtung von den Freiheitskriegen bis zur Reichsgründung. 1. Tl.: Literaturgeschichtlicher Überblick. (104 S. m. 9 Abbildgn.) (910.) (Bd. 142)
— dasselbe. 2. Tl.: Gedichtsammlung. (106 S.) (910.) (Bd. 143)
Neuberg, J., die Verfassung des Deutschen Reiches. (96 S.) (910.) (Bd. 141)
— Die Verfassung u. Verwaltung des preußischen Staates. (96 S.) (910.) (Bd. 144)
Solff, K., Motorluftschiffe u. Flugmaschinen. (96 S. m. 37 Abbildgn.) (910.) (Bd. 137)
Stenger, Herm., der gewerbliche Rechtsschutz (Patent-, Musterschutz u. Warenzeichenrecht). (88 S.) (910.) (Bd. 136)
Bd. 1-131, s. u. d. T.: Hillger's illustrierte Volksbücher.

— d. Wissens. (Hrsg. v. d. Vereinigg „Die Wissensch. f. Alle".) 136—157. u. 160. Bd. kl8° Berl., H Hillger. je — 50 d
158 u. 159 sind noch nicht erschienen.
Busse, Max: Doppelte Buchführg u. d. Übergang v. d. einfachen z. doppelten. (91) ('12) [154]
Fuhlrott, Otto: Die Kleidgsstoffe (95) ('10) [138]
Goldmann, Paul: Gabelsb. Stenogr. (95) ('10) [140]
Grossmann, Jos.: Uns. Nutzhölzer. (96 m. Abb. ('10) [139]
Heilborn, Adf: Uns. Pilze. (91 m. Abb. u. 4 farb. Taf.) ('11) [156]
Klemperer, Vict.: Deutsche Zeitdichtg v. d. Freiheitskriegen bis z. Reichsgründg. 1. Tl: Lit.-geschichtl. Überblick. (104 m. Abb.) ('10) [142] ‖ 2. Tl: Gedichtsammlg. (106) ('10) [143]
Knetsch, Berth.: Die Grundlagen f. d. Verständn. d. musikal. Kunstwerkes. (124) ('11) [151]
Marshall, F: Uns. Käfer. (148 m. Abb. u. 4 farb. Taf.) ('11) [146]
— Uns. Schmetterlinge. 1. Bd: Grossschmetterlinge. (111 m. Abb. u. 4 farb. Taf.) ('11) [148] ‖ 2. Bd: Grossschmetterlinge. 2 Familien: Eulen, Spanner. Kleinschmetterlinge. Zünsler, Wickler, Schaben u. Motten, Federmotten u. Geistchen. Anh.: Aufzucht d. Schmetterlinge, Sammel- u. Tötgsmethoden, Anlegen v. Sammlgn. (99 m. Abb. u. 4 farb. Taf.) ('11) [149]
Neuberg, J: Die Verfassg d. Deut. Reiches. (96) ('10) [141]
— Die Verfassg u. Verwaltg d. preuss. Staates. (96) ('10) [144]
Regener, Edg. Alfr.: Zitatenschatz. (100) ('12) [157]
Reichsversicherungsordnung nebst d. Einführgsgesetz. Vollständ. Textausg. m. Sachreg. Einleitg v. J Neuberg. (284) ('11) [152.53]
Skowronnek, Fritz: Seelenleben d. Tiere. (96) ('11) [147]
Solff, K: Motorluftschiffe u. Flugmaschinen. (96 m. Abb.) ('10) [137]
Stenger, Herm.: Der gewerbl. Rechtsschutz (Patent-, Musterschutz- u. Warenzeichenrecht). (88) ('10) [136]
Treuge, Loth.: Schule d. Mathematik. 1. Bd. Geometrie. (104 m. Abb.) ('12) [160]
Welten, Heinz: Uns. Giftpflanzen. (84 m. Abb. u. 4 farb. Taf.) ('11) [155]
Zell, Th.: Neue Streifzüge durch d. Tierwelt. (104 m. Abb.) ('11) [150]

Städt. Volksbibl. Charlottenburg, Wilmersdorferstr. 166/167. Bücher und Zeitschriften des Lesesaals. Nebst e. Schlagwortverzeichnis. April 1903. *Charlottenburg 1903: A. Gertz.* (59 S.) 8° [04. 4797 11

— über die schlechten, verderblichen Zeitschriften u. Romane. Nach dem Franz. v. einem kathol. Geistlichen. 8. (63 S.) Coblenz 852, Hergt. 3⅓ ngr

Bücher und Zeitschriften der 1. städtischen Volksbibliothek u. Lesehalle, Mohrenstrasse 41. 10. verm. Aufl. *Berlin: Gebr. Grunert 1901.* (VIII, 369 S.) 8° [F.] [02. 6380

Bücher, Zeitschriften und Zeitungen der ersten städtischen Lesehalle, Mohrenstraße 41. 4. verm. Aufl. Berlin 1901: Gebr. Grunert. (62 S.) 8° [F.] [06. 7874

Bücher, Zeitschriften und Zeitungen. 7. städtische Lesehalle. N., Watt-Strasse 10. Berlin 1902: Litfass. 35 S. 8° [10. 4587

Bücher, Zeitschriften und Zeitungen. 8. städtische Lesehalle. SO., Waldemarstr. 77. Berlin 1902: Litfass. 35 S. 8° [10. 4588

Bücher, Zeitschriften und Zeitungen. 9. städtische Lesehalle. O., Straßmannstr. 6–8. Berlin 1902: Litfass. 35 S. 8° [10. 4589

Bücher, Zeitschriften und Zeitungen. 10. städtische Lesehalle. O., Rigaer Strasse 114. Berlin: Litfass 1902. 35 S. 8° [10. 4590

Bücher, Zeitschriften und Zeitungen. 11. städtische Lesehalle an der Ehrenbergstrasse. Berlin: Litfass 1902. 35 S. 8° [10. 4591

Bücher, Zeitschriften und Zeitungen. 3. städtische Lesehalle S., Wilmsstraße 10. 2., verm. Aufl. Berlin 1905: W. & S. Loewenthal. (61 S.) 8° [F.] [06. 7875

— in Zeitgsform. B. i. Z. Guter spann. Lesestoff. Red.: Iwan Rothgiesser. Okt.—Dez. '12. 13 Nrn. (Nr 1 u. 2: 8 u. 12) 45,5×31,5 cm. Berl. (S.W. 68, Schützenstr. 68), I Rothgiesser. 1.30: einz. Nrn — 10 d

Bücher, Zwei, Chronica des Jahres 1870/71. Humoristische Schilderung des französisch-deutschen Krieges. Gera 1900. V: *Möllhausen, Hch. Gustav.* (ser:zu 1916, I, 97)

Bücher, 12. Sibyllen-Weissagungen. Wunderbare Enthüllungen wichtiger Ereignisse vom Anfang bis zum Ende der Welt. Nach den Prophezeiungen der Königin von Saba und den Vorbedeutungen, Zeichen und Ermahnungen vom jüngsten Tage. 3. Aufl. 8. (47 S. mit eingedr. Holzschn.) Reutlingen 869, Enßlin und Laiblin.

— zwölf, Sibyllen-Weissagungen. Wunderbare Enthüllungen wicht. Ereignisse vom Anfang bis zum Ende der Welt. Nebst den Prophezeihungen der Königin von Saba und den Vorbedeutungen, Zeichen und Ermahnungen vom jüngsten Tage. 4. und 5. Aufl. 8. (48 S.) Reutlingen 870,75, Enßlin und Laiblin's Verlagsh.

Bücher, s.a. Bucher

Buecher, August Wilhelm [aus Wiesbaden]: Beiträge zur Kenntniss der substituirten Benzoësäuren .... Freiburg i. B., Univ.-Buchdr. v. Chr. Lehmann, 1886; 51 S. 8°.
Freiburg i. B., Phil. Fak., Inaug.-Diss. v. 1886.

Bücher, B., Prima philos. experim. princip. c. fig. 4. Salzb. Mayr. 745.

Bücher, Bened., s. Bucher, Benedict.

Bücher, C. B., analecta ad commemorationem Lucae de naufragio Pauli. Ged. (s. a.) 4.

Bücher, Carl (I.), die Arbeiterfrage im Kaufmannsstande, s. Zeit- und Streitfragen, deutsche.

Bücher, Carolus: Ordnungen und Urkunden zur Geschichte des Buchgewerbes. *Lipsiae (1903): A. Edelmann.* (S. 1—31.) 4°
Leipzig, Verz. d. Promotionen in d. phil. Fak. 1902—1903

Bücher, Carolvs ⟨geb. am 16 Febr. 1847 in Kirberg Rgbz. Wiesbaden⟩: Qvaestionvm Amphictyonicarvm specimen. De gente Aetolica Amphictyoniae participe ... Bonnae, typ. expr. I. Trapp (1870). 39 S., 1 Bl., 1 Taf. 8.
Bonn, Phil. Fak., Diss. v. 23 Dez. 1870

Bücher, Carl (II.), die Trauerfrage im Mittelalter. Vortrag, gehalten am 28. März 1882 im Liebig'schen Hörsaale zu München. gr. 8. (63 S.) Tübingen 882, Laupp'sche Buchh. *

Bücher, Christian Bernhard

— — De *ΑΠΑΘΕΙΑ* stoica religioni christianae minime conveniente diss. et fratri optimo M. Johann Bücher munus decani ab ampl. philos. ord. gratulatur. Wittbg. (E. G. Eichsfeld) 1. V. 1754. 30 S. (5.—) 4505

Bücher, Ch. B. u. A. W. Reinhardt. De aequilibrio fluidorum intra canales communicantes. Vitembergae 1719. 4.

Bücher, Christian Bernhard u. Salomon Grubert (Danzig), De notitiis innatis in primis contra Lockium. Jan. 1717. 72 S. (5.50) 4503

— — (decanus ord. philos.), Philos. et artis poet. candidatis s. p. d. Wittbg. (Sam. Creusig) 1720. 8 Bl. (2.—) 4504

Bücher, Friedrich, Referendar: Der Belagerungszustand im Deutschen Reiche und dessen Gliedstaaten, insbes. die Zuständigkeit zu seiner Verhängung. Borna-Leipzig 1909: Noske. VIII, 81 S. 8°

Leipzig, Jur. Diss. v. 2. Febr. 1909

[Geb. 29. Aug. 83 Dorpat; Wohnort: Frankenberg i. S.; Staatsangeh.: Sachsen; Vorbildung: König-Albert-Gymn. Leipzig Reife O. 02; Studium: Tübingen 3. Leipzig 5 S.; Rig. 22. Jan. 06.] [U 09. 2466

Bücher, Hermann, a. Kirberg, Bez. Wiesbaden: Anatomische Veränderungen bei gewaltsamer Krümmung und geotropischer Induktion. Leipzig: Gebr. Borntraeger 1906. (90 S.) 8° (Aus: Jahrbücher f. wissensch. Botanik Bd 43.)

Leipzig, Phil. Fak., Ref. Pfeffer-Chun, Diss. v. 13. Sept. 1906

[Geb. 28. Aug. 82 Kirberg (Nassau); Wohnort: Berlin; Staatsangeh.: Preußen; Vorbildung: Gymn. Weilburg Reife O. 03; Studium: Leipzig 7 S.; Rig. 30. Jan. 06.]

78

Bücher, J., de *ἀπαθείᾳ* stoica, relig. christ. minime conveniente,

s. Bücher, Christian Bernhard

Bücher, J., cur Christianorum conventus paganis adeo fuerint invisi. Viteb. 1767. 4.

— — Orationes academicae quarum prior de Platonis gloriae studio plane non commendabili XXX magistrorum philos. renunciationi. Altera vero de dioecesi pontificis Romani quam secundum Rufinum constituunt eccles. suburbicariae. Wittenberg (E. G. Eichsfeld) 17. X. 1754. 40 S. (4.80) 4508

J. G. Ellbert, J. Ch. Frisch, J. Ph. Guthe, J. G. A. Tzschorn, D. G. Schuppel, S. J. Ch. Lampert, Ch. B. Bücher, J. Ch. Mylius, J. G. N. Hacker, J. G. Lotze, A. G. u. W. G. Walpurger, J. R. u. J. B. Blanckmeister, Ch. G. Bormann, J. R. Graefe, Ch. F. Herrnbauer, Ch. G. Pinckert, F. G. Wend, J. B. Heuschel, F. Ch. Keilholtz, Ch. G. Hauck, J. G. Maetig, G. B. Koehler, J. A. Clodius, A. L. Ch. Golle, J. Ch. Schroeter, J. Ch. Kirchbach, J. G. Jaeckel, G. S. A. Luther.

— **Jo.,** Panegyrin creandorum philos. ac bonarum art. magistr. ind. simul necessitatem philosophandi licentiam reprimendi exponit. Wittbg. (E. G. Eichsfeld) 6. VII. 1754. 26 S. (4.—) 4507

Bücher, I., de regimine sacror. non conveniendi unionis medio. 4. Vitb. Bödner. 754.

Bücher, K. Zwei mittelalterliche Steuerordnungen. Aus der Festschrift zum deutschen Historikertage zu Leipzig, Ostern 1894.

Bücher, Karl, die Allmende in ihrer wirtschaftlichen u. sozialen Bedeutung, s.a. Streitfragen, soziale. 12.

Die Allmende in ihrer wirtschaftlichen und sozialen Bedeutung. Referat, erstattet auf d. 12. Hauptversamml. d. 'Bundes d. deutschen Bodenreformer'. Von Prof. Dr Karl Bücher in Leipzig. 2. u. 3. Taus. *Berlin: J. Harrwitz Nachf. [1902].* (22 S.) 8° [5.]

— Streitfragen, Soziale. II. 12. [02. 9636

Arbeit und Rhythmus v. Karl Bücher. *Leipzig: S. Hirzel 1896.* (IV, 130 S.) 4. (8.)

— Abhandlungen d. Kgl. Sächs. Gesellschaft d. Wissenschaften. Philol.-histor. Classe. Bd 17. No V. [96. 7671

Bücher, Karl, Arbeit u. Rhythmus. [Aus: „Abhandlgn. d. k. sächs. Gesellsch. d. Wiss."] Lex.-8. (IV, 130 S.) Leipzig 896. B. G. Teubner. n. 6. —

— **Arbeit u. Rhythmus.** 2. stark verm. Aufl. gr. 8. (X, 412 S.) Leipzig 899. B. G. Teubner. n. 6. —; geb. n. 6. 80

Arbeit und Rhythmus von Dr. Karl Bücher, Prof., Leipzig. 3., stark verm. Aufl. *Leipzig: B. G. Teubner 1902.* (X, 455 S.) 8° [5.] [02. 1882

Bücher, Karl, Arbeit u. Rhythmus. 4., neubearb. Aufl. Mit 26 Abb. auf 14 Taf. (XI, 476 S.) gr. 8. Leipzig 909. B. G. Teubner. 7.—; geb. in Leinw. 8. —

— dass., s.a. Abhandlungen d. k. sächs. Gesellsch. d. Wiss.

Bücher, C., die Arbeiterfrage im Kaufmannsstande, s.a. Zeit- u. Streit-Fragen, deutsche.

Bücher C. die Arbeiterfrage im Kaufmannsstande. (Zeit- u Strfr. 181) Berlin 1883

— d. wirtschaftlichen Aufgaben d. mod. Stadtgemeinde, s.a. Hochschul-Vorträge f. Jedermann.

Die wirtschaftlichen Aufgaben der modernen Stadtgemeinde. Vortrag geh. von Dr. Karl Bücher, Prof. Leipzig: Seele 1898. 30 S. 8°

(Hochschul-Vorträge f. Jedermann. II. 10.) [11. 13104

Bücher, K. Die Aufstände der unfreien Arbeiter 143—129. v. Chr. (132) 8. Frankfurt a. M. 1872. 2,00.

Bücher, K., Die Aufstände der unfreien Arbeiter 143 - 129 v. Chr. (Kap. I III.) Pr. 1874. 81 S. 2.--

Bücher, Karl, die Aufstände der unfreien Arbeiter 143—129 v. Chr. 8. (132 S.) Frankfurt a. M. 874, Sauerländer's Verlag.

Bücher, Karl: Die gewerblichen Betriebsformen in ihrer histor. Entwicklg. *Karlsruhe 1892.*

in: Festgabe z. Jubiläum d. 40j. Regierung ... d. Grossh. Friedrich v. Baden. [92. 2161

Bücher, K. Die Bevölkerung des Kantons Basel-Stadt am 1. Dezember 1888. Im Auftrage des h. Regierungsrates bearb. Mit 8 color. Karten. In-4°. 96, LVIII S. Basel, Genf, Lyon, Comm.-Verlag von H. Georg. 1890 4 —

—— die Bevölkerung von Frankfurt am Main im XIV. und XV. Jahrh. Socialstatistische Studien. 1. Bd. gr. 8. (XIX, 736 S.) Tübingen 886, Laupp'sche Buchh. *

Bücher, Karl, die gewerbliche Bildungsfrage u. der industrielle Rückgang, s.a. Studien, pädagogische.

Bücher, Karl, Die gewerbliche Bildungsfrage und der industrielle Rückgang. 8°. Eisenach 1877.

Bücher, d. gewerbl. Bildungsfrage u. d. industrielle Rückgang. Wien 877.

—Die industrielle Bildungsschule und der industrielle Rückgang. 8°. Eisenach 1877.

Bücher, Karl, Frankfurter Buchbinder-Ordnungen vom 16.—19. Jahrhundert. Hrsg. u. eingeleitet. (Aus: „Archiv f. Frankfurts Geschichte u. Kunst".) gr. 8°. Tübingen, Laupp, 1888.

Der deutsche Buchhandel und die Wissenschaft. Denkschrift im Auftr. d. Akad. Schutzvereins verf. von Dr. Karl Bücher, Prof., Leipzig. *Leipzig: B. G. Teubner 1903.* (251 S.) 8° [F.]

Bücher, Carl. Der deutsche Buchhandel und die Wissenschaft. Denkschrift, im Auftrage des Akademischen Schutzvereins verfasst von Dr. Karl Bücher, ... Leipzig. 2., stark vermehrte und verbesserte Aufl. VIII + 314 S. 8. Leipzig, B. G. Teubner, 1903. [M. 2. —, geb. M. 2. 60] Bibl.

Bücher, Karl, der deutsche Buchhandel u. die Wissenschaft. Denkschrift, im Auftrage des akadem. Schutzvereins verf. 3., verm. u. verb. Aufl. (XIII, 364 S.) 8. Leipzig 904. B. G. Teubner. n. 2. 40; geb. n. 3. —
1. Aufl. (III, 251 S.) 903. n. 1. 60; geb. n. 2. 20.
2. Aufl. (VIII, 314 S.) 903. n. 2. —; geb. n. 2. 60.

Bücher, Karl, Einkommensverhältnisse der Leipziger Handwerker. Schriften des Vereins f. Soc.-Pol., Bd. 67. gr. 8°. Leipzig 1897.

— die Entstehung der Volkswirtschaft. 6 Vorträge. gr. 8. (VII, 304 S.) Tübingen 893. H. Laupp. n. 4. —

Bücher, Karl, d. Entstehg. d. Volkswirtschaft. Vorträge u. Versuche. 2., stark verm. Aufl. gr. 8. (XI, 395 S.) Tübingen 898. H. Laupp. n. 5. 60; geb. n.n. 6. 85

— die Entstehung der Volkswirtschaft. Vorträge u. Versuche. 3. verm. u. verb. Aufl. gr. 8. (XI, 466 S.) Tübingen 901. H. Laupp. n. 6. 60; geb. n.n. 7. 85

Die Entstehung der Volkswirtschaft. Vorträge u. Versuche von Karl Bücher. 4. Aufl. Tübingen: H. Lauff 1904. (X, 456 S.) 8° [F.]

-- die Entstehung der Volkswirtschaft. Vorträge u. Versuche. 5., stark verm. u. verb. Aufl. (XI, 463 S.) 8. Tübingen 906. H. Laupp. n. 6. —; geb. n. 7. 20
4. Aufl. (XI, 456 S.) 904. n. 6. —; geb. n.n. 7. 25.

— Die Entstehung der Volkswirtschaft. Vorträge u. Versuche. 6. u. 7. Aufl. (VII, 464 S.) 8. Tübingen 908. 910. H. Laupp. Geb. in Leinw. 7. 20

Bücher, Karl: Die Entstehg d. Volkswirtsch. Vorträge u. Versuche. 8. Afl. (7, 464) 8° Tüb., H Laupp '11. L 7.20 d

— s.: Festgaben f. Albert Schäffle.

— die Frauenfrage im Mittelalter. Vortrag, gehalten am 28. März 1882 im Liebig'schen Hörsaale zu München. gr. 8. (63 S.) Tübingen 882. Laupp. n. 1. —

Bücher, Karl: Die Frauenfrage im Mittelalter. Vortrag. 2., verb. Aufl. — Tübingen: Laupp 1910. VI, 92 S. 8°

—— zur Geschichte der internationalen Fabrikgesetzgebung. gr. 8. (24 S.) Wien 888, Pichler's Wwe. und Sohn. *
Aus: Deutsche Worte, besonders abgedruckt.

— s.: Grossstadt, die.

Bücher, Grossstadt, s. Jahrb. d. Gehe-Stiftg.

— s.: Grundlagen, die allgemeinen, der Kultur der Gegenwart.

-- Hochschulfragen. Vorträge u. Aufsätze. (7, 324) gr8° Lpzg, J Wörner '12. 6.50; geb. n 7.75 d

— Die wirthschaftlichen Kartelle. Referat. (Schrift. d. Ver. f. Soz.-Pol., Bd. 61.) gr. 8°. Leipzig 1895.

— Der deutsche Kaufmann u. die Handelshochschule. Festrede, geh. bei Eröffng. des neuen Handelshochschulgebäudes zu Leipzig am 23. IV. 1910. (22 S.) gr. 8. Leipzig 910. J. Wörner. —75

— s: Kultur, Die, d. Gegenwart, Grundlagen.

Bücher, Karl (Hrsg.), s. Laveleye, Emile de: Das Ureigenthum.

-- s.: Lehr- u. Handbuch der politischen Oekonomie.

— Lehrlingsfrage u. gewerbliche Bildung in Frankreich. 8. (42 S.) Bernburg 878. Bacmeister. n. — 70

—— Lehrlingsfrage und gewerbliche Bildung in Frankreich. 8. (42 S.) [Eisenach] Kassel 878, Bacmeister. *

Bücher, K., Oekonomie, s. Lehr- & Handbuch.

Bücher, Karl: Von den Productionsstätten des Weihnachtsmarktes, s.a. Vorträge, Öffentliche, gehalten in der Schweiz.

Bücher K, von den Produktionsstätten des Weihnachtsmarktes. (Vorträge, Öffentliche IX, 9) Basel 1887

Bücher, Karl: Die Rabattfrage im englischen Buchhandel. 8°
Aus: Bücher: Der deutsche Buchhandel u. d. Wissenschaft. 3. Aufl. 1904.

Bücher, K., und M. Behrend, Referate über die berufsmäßige Vorbildung der volkswirtschaftlichen Beamten, gehalten auf der Generalversammlung des Vereins für Sozialpolitik, Magdeburg 1907. Leipzig, 1908. 157 S.

Bücher, K., Basels Staatseinnahmen u. Steuervertheilg. 1878—1887, tabellarisch dargestellt. Publiziert vom Finanz-Departement Basel-Stadt. gr. 4. (84 S.) Basel 888. (Georg.) n.n. 2. —

— Eine Titelfrage. (40) 8° Lpzg, J. Wörner '12. 1.20 d

Die Überproduktion im Buchhandel und die Zukunft des Sortiments. 2 Kapitel aus d. 2. Aufl. von [Karl] Bücher, Der deutsche Buchhandel u. d. Wissenschaft. SA. f. d. Mitglieder d. Akad. Schutzvereins. *Leipzig: B. G. Teubner 1903.* (S. 251–288.) 8° [Umschlagt. F.]

Universitätsbibliothek und Institutsbibliotheken. Vortrag ... von Karl Bücher. Leipzig: Wörner 1910. 16 S. 8°

Bücher, Karl, s. Verhandlungen des Vereins für Socialpolitik . . .

— u. M. Behrend, die berufsmäßige Vorbildung der volkswirtschaftl. Beamten, s.: Verhandlungen des Vereins f. Socialpolitik.

— Ein Votum z. Dresdener Universitätsfrage. (42) 8° Ebd. '12. — 80d

— Adolph Wagner, s. a. Zeitfragen, soziale. XXIV.

Adolph Wagner. Eine Festrede von Prof. K[arl] Bücher, Leipzig, mit Ansprachen von Adolph Wagner u. A[dolf] Damaschke. Berlin: 'Bodenreform' 1905. (22 S.) 8° [F. u. Ant.]
— Zeitfragen, Soziale. 24.

— die Wirtschaft der Naturvölker. Vortrag, geh. i. d. Gehe-Stiftg. z. Dresden a. 18. XI. 1897. gr. 8. (71 S.) Dresden 898. v. Zahn & Jaensch. n. 1. —

Bücher, K. Die Wohnungs-Enquête in der Stadt Basel vom 1.—19. Februar 1889. Im Auftrage des Regierungsrathes bearbeitet. Lex. in-8°. VIII, 356 S. Basel, Genf, Lyon, H. Georg. 5 —
1891 Für's Ausland Mk. 5 —

— s.: Zeitschrift f. die gesamte Staatswissenschaft.

Bücher-Anzeige Nr. 1081 von J. Windprecht's Antiquariatshandlung. Augsburg 1862. 4. 2. Bl.
Enthält 62 Freimaurerschriften.

Bücher-Anzeige, antiquar. (Nr. 4) von C. J. Goldacker in Leipzig. Curiosa. Freimaurer- und vermischte Schriften. Leipzig, ca. 1860. 4. 2 Bl.
Enthält nur wenig über Freimaurerei.

Bücher-Anzeige bei Wohl und Schalek in Prag. 8. (160 S.) Prag. Buchdruckerei des M. J. Landau. 1854.

Bücher- u. Musikalien-Anzeiger, wöchentlicher. 1. Jahrg. Juli—Decbr. 1876. 24 Nrn. (à ½—1 B.) gr. 4. Schneeberg, Beyer. n. 1. 20

—— dass. — 2. Jahrg. Jan.—März 1877. 13 Nrn. (à ½—1 Bog.) gr. 4. Ebendas. *
Nicht weiter erschienen.

Bücher-Auktion in Wien. Verzeichniß einer werthvollen Sammlung von Büchern, vorzüglich deutsche Belletristik ꝛc., welche den 20. April 1857 ꝛc. versteigert werden — —. Wien, 1857. Dr. von L. C. Zamarski. (27 S. 8.)

Bücher-Auctions-Ordnung, neue, d. königl. Baier. Stadt Nürnberg. gr. 8. Nürnb. 817. (v. Ebner). 2 K

Bücher-Auctions-Ordnung, neue, der Königl. Baier. Stadt Nürnberg. gr. 8. Nürnberg, Lechner. 817.

Bücherbestand der Loge zur Weltkugel in Lübeck. [Lübeck] 1905: Schmidt. 47 S. 8⁰

BÜCHER-BESTAND des Touristen-Klubs für die Mark Brandenburg. Aufgenommen im October 1892. (Metallographiert.) 8°.

Bücherbote f. Deutschgesinnte. 1. Jahrg. 1898. 24 Nrn. (à ca. 8 S.) gr. 8. Weimar, H. Lüstenöder. 1 —

Bücher-Cabinet. Curieuses, oder Nachricht von historischen Staats- und galanten Sachen. 1. Eingang: Leben Prinzens Eugenij, Hertzogs von Savoyen, etc. Leben Pabsts Sixti V. Leben König Karls III. in Spanien. Geschichte des Printzen Couchimen. 2. Eingang: Leben des moscowitischen Czaars Petri Alexiewiz. Geheime Historien der Königin Zarah und der Zarahiten. Leben Cromwels. 3. Eingang, vorstellend die Fehler der Toris und Whigs. Leben Wallensteins. Leben Ragoczi. Eröffnet von Antonio Paullini. 4. Eingang, vorstellend das Leben des glorwürdigsten Kaysers Josephi. Eröffnet von Antonio Paullini. 5. Eingang, vorstellend die Fortsetzung der Lebens-Beschreibung des glorwürdigsten Kaysers Josephi und das Leben des Hertzogs von Marlborough. Eröffnet von Antonio Paullini. Nebst einem Register über alle 5 Th. Mit 5 Taf. Portraits. (In 1 Bd.)
8. Cölln und Franckfurth am Mayn 1711.

BÜCHER-CABINET, CURIEUSES, Oder Nachricht von Historischen, Staats- und galanten Sachen. Erster [bis Achter] Eingang [in 1 Bde. Hrsg. v. Lic. Türck und ab Nr. 3 Ant. Paullini = J. J. Schmauß]. Cölln und Franckfurt am Mayn (Halle) 1711/22. Kl. 8°. 2 Bl., 1024 S. 5. Bl.; 582 S., 8 Bl. *M. 8 Kupfern (7 Portr., 1 Wappen)*. Pgt. d. Z. 90.—
Diesch Nr. 488. H.-C. VI. 134.

BÜCHER-Cabinet, Curieuses. Cöln 1740.
Weller, fing. Dr.

Bücher-Cabinet, Das neue. Franckfurt und Cölln 1711. V: *Schmausius, Joh. Jac.* (Myl)

Bücher-Catalog. s.a. Bücher-Katalog

Bücher-Catalog der Bibliothek des k. k. Genie-Haupt-Archivs, nach Wissenschaften alphabetisch geordnet. (Lithogr.) Fol. (Wien) 1858.

Hinrichs' Bücher-Catalog 1851–1865. Bearb. v. Adolph Büchting und Eduard Baldamus. Leipzig 1875. 4°.
Fortges. u. d. T.
Hinrichs' Fünfjähriger Bücher-Catalog. Verzeichniss der in der zweiten Hälfte des neunzehnten Jahrhunderts im deutschen Buchhandel erschienenen Bücher und Landkarten. Bearb. v. Adolph Büchting und Richardt Haupt. Bd. 4–7. 1866–85. Leipzig 1871–92. 4°.
Fortges. u. d. T.
Hinrichs' Fünfjähriger Katalog (dann Fünfjahrs-Katalog) der im deutschen Buchhandel erschienenen Bücher, Zeitschriften, Landkarten etc. Bearb. v. Heinrich Weise.
Bd. 8. 1886–90. Mit ausführl. Sachregister. Leipzig. 1892. 4°.
Bd. 9. 1891–95. Titelverzeichnis und Sachregister. ebd. 1896. 4°.

Hinrich's Bücher-Catalog 1851-1912, 13 Bde., Repertorium 1871/85 u. Sachregister 1886/1912, Leipzig 1875/1913.
Deutsches Bücher-Verzeichnis Jahrgang 1911 ff., Leipzig 1916 ff.

„BÜCHER-CATALOG, Satyrischer, Pasquill ungefähr Anno 1797 (in Wirklichkeit frühestens 1799) erschienen."
(*Manuscript* der Leipziger Stadtbibl., 16 Bll. in 4 to.)

Bücherconfiscation, Die, in Frankfurt a. M. im Jahre 1717. Nach den Akten und Correspondenzen in dem Gemeindearchiv. [Magdeburg 1874.] V: *Kirchheim, Raphael.* (stbFrankf I, 248)

Bücherei, allgemeine. Hrsg. v. d. österreichischen Leo-Gesellschaft. Nr. 1—19. 12. Wien. W. Braumüller. à n. — 20
1. Das große Welttheater. Von Calderon de la Barca. Übers. von Jos. Frhrn. v. Eichendorff. (49 S.) 897.
2. D. Schlacht im Loener Bruch. D. Arztes Vermächtnis. Von Annette Freiin v. Droste-Hülshoff. (96 S.) 897.
3. Das Haidedorf. Von Adb. Stifter. (39 S.) 897.
4. D. materialist. Weltanschauung uns. Zeit. Inaugurationsrede von Jos. Hyrtl. M. e. Vorworte v. Heinr. Lammasch. (38 S.) 897.
5. D. Sturm. Von Will. Shakespeare. N. eig. Sichtg. d. engl. Textes übers. v. Mich. Gitlbauer. (79 S.) 897.
6. Sophokles' Antigone. N. eig. Sichtg. d. griech. Textes übers. v. Mich. Gitlbauer. M. Vertong. d. Gesangsthelle durch Rich. Kralik. (33 u. 55 S.) 897.
7. Kaiser Marcus Aurelius in Wien. Ein Weihfestspiel m. Chören. Von Rich. Kralik. (44 S.) 898.
8. Die mehreren Wehmüller u. ungarischen Nationalgesichter. Erzählg. Von Clem. Brentano. (64 S.) 898.
9. Ein Hans Sachs-Abend. F. d. Wiener Burgtheater bearb. Von Fr. Lemmermayer u. R. Kralik. (58 S.) 898.
10. John Ruskin. Von Ludw. Gall. (49 S.) 898.
11. Zur Ästhetik d. Beuroner Schule. Von P. Desiderius Lenz, O. S. B. (41 S.) 898.
12. Hallstätter Träumereien. Bilder aus Wiens Vergangenheit. Von W. O. Noltsch. (60 S.) 898.
13. D. Ruhm Österreichs. Von Calderon de la Barca. Ein Weihfestspiel n. d. Span. v Rich. Kralik. (50 S.) 898.
14. Rolands Tod. Heldenspiel. Von Rich. Kralik. (50 S.) 898.
15. Rolands Knappen. Märchenspiel. Von Rich. Kralik. (45 S.) 898.
16. V. d. Nothwendigkeit e. theolog. Grundlage d. ges. Staatswissenschaften u. d. Staatswirtschaft insbes. Von Adam Müller. (71 S.) 898.
17.—19. Thomas v. Kempen, d. gottsel., vier Bücher v. d. Nachf. Christi. Übers. v. Guido Görres. (202 S.) 898.

Bücherei, allgemeine. Hrsg. v. der österreich. Leo-Gesellsch. Nr. 20—28. 12. Wien, W. Braumüller. à n. —20
20. Der Cid. Von Pierre Corneille. Deutsch in 4 Aufzügen v. Adele Gans-Bachmann. (58 S.) 899.
21. Ausgewählte Erzählungen. Von Heinr. v. Kleist. Die hl. Cäcilie. — Der Zweikampf. — Das Bettelweib v. Locarno. (64 S.) 899.
22. Das Reich der Römer. Socialpolitische Studie. Von Alois Prinz Liechtenstein. (63 S.) 899.
23. Manuel de Sousa. Drama in 3 Acten. Von Almeida Garrett. Deutsch v. Geo. Winkler. (78 S.) 899.
24. Veronika. Von Rich. v. Kralik. Ein geistl. Festspiel. (31 S.) 899.
25. Ohne Gottvertrauen kein Heil. Dramatische Dichtg. religiösen Inhalts. Von Tirso de Molina (Gabr. Tellez). Aus dem Span. übers. v. Konr. Pasch. (98 S.) 900.
26. Der Hochwald. Erzählung. Von Adb. Stifter. (VII, 108 S.) 900.
27. Die beiden Tello v. Meneses. Historisches Drama. Von Lope de Vega. Uebers. v. Konr. Pasch. (86 S.) 900)
28. Gedichte. Von Wolfg. v. Goethe. Auswahl. (175 S.) 900.

— dasselbe. Neue Folge. Nr. 1—20. 12. Stuttgart. München, J. Roth. à n. — 20

1. Eutychia od. die Wege zur Glückseligkeit. Lyrisch-didakt. Gedicht. Von Rob. Hamerling. Nach der Widmungs-Handschrift neu hrsg. u. eingeleitet v. Max Vancsa. (48 S.) 900. Geb. n. — 60

2. Astrid. Von Selma Lagerlöf. Autoris. Uebertragg. aus dem Schwed. v. Francis Maro. (62 S.) 900. Geb. n. — 60

3. Aus dem Leben eines Unglücklichen. Erzählung. Von H. Hansjakob. (46 S.) 900. Geb. n. — 60

4.—8. Das deutsche Götter- u. Heldenbuch. I. Amelungensage. Hugdietrich, Ortnid, Wolfdietrich, Amelung. Gesammelt u. erneuert. Von Rich. v. Kralik. (312 S.) (901).

9. 10. Ingrid. Von Selma Lagerlöf. Uebertragg. aus dem Schwed. v. Karl Oberländer. (185 S.) (901). Geb. n. — 80

11. Die Sparsamkeit. Von Therese Rak. Preisgekrönt v. österreich. Volksschriften-Verein. (86 S.) (901).

12. Der Verräter. Novelle. — Fahrlässig getötet. Novelle. Von Enrica v. Handel-Mazzetti. (87 S.) (902).

13.—18. Das deutsche Götter- u. Heldenbuch. II. Die Wilzen- u. Welsungensage. Wilze, Oserich, Etzel, Gudrun, Wieland, Orwendel, Amlet, Beowulf, Helge Herwardsohn, Welsung, Helge Hundingstödter, Siegmund, Siegfrieds Jugend. Gesammelt u. erneuert. Von Rich. v. Kralik. (IV, 388 S.) (902).

19. 20. Sappho. (Eine Novelle.) Von Therese Rak. Bei der Preisausschreibg. der „Allgemeinen Bücherei" m. dem 1. Preis gekrönt. (144 S.) (902).

! — dass. Nr 7, 13—15 u. 24 (Caldson, Ruhm Österr.'s u. Kralik, alles). Jetzt: Ravensbg, F Alber.

Bücherei, allgemeine. Hrsg. v. der österreich. Leo-Gesellschaft. Neue Folge. Nr. 9 u. 10. 12. Stuttgart, München, J. Roth. à n. — 20

Ingrid. Von Selma Lagerlöf. Aus dem Schwed. übers. v. Karl Oberländer. 2. Aufl. (134 S.) (903.) Geb. n. — 80

Bücherei, allgemeine. Nr. 1—11. 14—16. 19—28 u. 31—38. kl. 8. Mergentheim, C. Ohlinger. Jede Nr. — 20

Benno, Max, Glück auf! Erzählung aus dem sozialen Leben der Gegenwart. (Neue [Titel-]Ausg.) (142 S.) [802] (907.) (Nr. 9—11)

Dimmler, Emil, das Hohelied. Nach dem Hebr. übers. u. erklärt. (IV, 35 S.) (908.) (Nr. 24) Geb. — 60

Gotthelf, Jerem., der Sonntag des Großvaters, s.: Weber, Beda, der Tod e. Dorfkaplans in den Tiroler Alpen.

Hamerling, Rob., Eutychia od. die Wege zur Glückseligkeit. Lyrisch didakt. Gedicht. Nach der Widmungs Handschrift neu hrsg. u. eingeleitet v. Max Vancsa. (2. [Titel-]Ausg.) (48 S.) [900] (907.) (Nr. 1)

Handel Mazzetti, Enrica v., der Verräter. Novelle. — Fahrlässig getötet. Novelle. (2. [Titel-]Ausg.) (87 S.) [902] (907.) (Nr. 6)

Hasl, Guido, am hl. Felsen. Eine Reisebeschreibg. (IV, 89 S. m. 3 Taf.) (910.) (Nr. 35, 36) Geb. — 50

— Von Heldengrab zu Heldengrab. Eine vaterländ. Wallfahrt von Weißenburg bis Mars la Tour. (II, 94 S. m. 2 Taf.) (910.) (Nr. 37. 38) Geb. — 50

— Humoristica. 1. Bdchn. Unterm Flügelrad. Sekundärbahn-Idyllen. (II, 130 S.) (910.) (Nr. 31. 32)

— dasselbe. 2. Bdchn. Schwabenstreiche. Fröhliche Fahrten u. Abenteuer. (II, 126 S.) (910.) (Nr. 33. 34)

Hensel, Luise, Lieder. (XI, 116 S. m. Bildnis.) (908.) (Nr. 15. 16)

Krane, Anna Freiin v., die Glieder e. Kette u. andere Novellen. (78 S.) (909.) (Nr. 23)

Lagerlöf, Selma, Astrid. Autoris. Uebertragg. aus dem Schwed. v. Francis Maro. (2. [Titel-]Ausg.) (62 S.) [900] (907.) (Nr. 2)

— Ingrid. Aus dem Schwed. übers. v. Karl Oberländer. 3. Aufl. (127 S.) (908.) (Nr. 3. 4)

Rak, Therese, Sappho. Eine Novelle. Bei der Preisausschreibg. der „Allgemeinen Bücherei" m. dem I. Preis gekrönt. (Neue [Titel-]Ausg.) (144 S.) [902] (907.) (Nr. 7. 8)

— Die Sparsamkeit. Preisgekrönt vom österr. Volksschriften-Verein. (2. [Titel-]Ausg.) (86 S.) [901] (907.) (Nr. 5)

Salzmann, Christian Gotth., Krebsbüchlein od. Anweisg. zu e. unvernünft. Erziehg. der Kinder. Mit Einleitg. u. Anmerkgn. versehen v. A. Gutmann. (194 S. m. Bildnis.) (908.) (Nr. 19—22) Geb. 1. 20

Schoener, Max, der Zahnschmerz. Dessen Entstehg. u. Wesen, sowie dessen Heilg. Allgemein verständl. Abhandlg. üb. die häufigsten Zahnkrankheiten, deren Verhütg. u. Behandlg. 2. Aufl. (Neue [Titel-]Ausg.) Nebst e. Anh. erprobter Vorschriften zahnschmerzstill. Mittel, guter Mundwasser u. Zahnpulver. (31 S.) [904] (907.) (Nr. 14)

Seidl, Joh. Gabr., die Schweden vor Olmütz. (Aus: „Pentameron", 1843.) (69 S.) (909.) (Nr. 27)

Sienkiewicz, Henryk, fünf neue Erzählungen. Übers. ins Deutsche v. S. Horowitz. (45 S.) (909.) (Nr. 28)

Weber, Beda, der Tod e. Dorfkaplans in den Tiroler Alpen. — Gotthelf, Jerem., der Sonntag des Großvaters. (88 S.) (909.) (Nr. 25. 26)

Die fehlenden Nrn. sind noch nicht erschienen.

Bücherei, Allgemeine. Nr 29—40 u. NAfl 2 u. 6. kl8° Mergenth., C Ohlinger. je — 20 d

Delgado, Rafael, u. Lopez Portillo y Royas: Mexikan. Novellen. Uebers. v. Karoline Schertel. (124) ('11) [29.30] geb. — 80

Handel-Mazzetti, E v.: Der Verräter. Novelle. — Fahrlässig getötet. 2 Erzählgn. (2. Afl.) (83) ('11) [6]

Hassl, Guido: Am hl. Felsen. Reisebeschreibg. (4, 89 m. 3 Taf.) ('10) [35.36] geb. — 50

— Humoristica. 1. Bdchn. Unterm Flügelrad. Sekundärbahn-Idyllen. (130) ('10) [31.32] ‖ 2. Bdchn. Schwabenstreiche. Fröhl. Fahrten u. Abenteuer. (126) ('10) [33.34]

— Von Heldengrab zu Heldengrab. Eine vaterländ. Wallfahrt v. Weissenburg bis Mars la Tour. (94 m. 2 Taf.) ('10) [37.38] geb. — 50

— Im Tempel d. Mammons. Eine „Wallfahrt" ins „Spielerparadies". (107 m. Abb.) ('11) [39.40]

Lagerlöf, Selma: Astrid. Aus d. Schwed. v. Francis Maro. (2. Afl.) (58) ('11) [2]

Bücherei, Alt-Berlin. Geschichtliches, Biographisches u. Humoristisches m. Bildschmuck. Hrsg.: Paul Hennig. 1. Bd. 8. Charlottenburg 909. H. Golde. 2.40; geb. 3.50

Berühmte u. berüchtigte Häuser Berlins. Von Bernh. Oeßlein u. Carl Rogan. Geleitwort v. Ernst Friedel. Mit zeitgeschichtl., z. Tl. farb. Abb. (im Text u. auf 4 Taf.) (VIII, 197 S.)

Bücherei, bayerische. Versuch e. Sammlg. gemeinverständl. Werke üb. bayer. Vaterland u. Volkstum. Zusammengestellt f. die XII. Hauptversammlg. des bayer. Volksschullehrer-Vereins, 8.—10. Aug. 1893 in Würzburg, u. hrsg. vom Bezirkslehrerverein Würzburg. gr. 8. (VII, 39 S.) Würzburg 894. (Ballhorn & Cramer.) n. — 40

— Bilder u. Sprüche f. das christliche Haus. Mit e. Vorwort v. S. Keller (Ernst Schrill) u. e. Erzählg. aus der Zeit Luthers: „Geduldig in Trübsal" v. M. Rüdiger. gr. 8. (112 S. m. Abbildgn.) Kassel 894. E. Röttger. n. — 10

— **Bilder u. Sprüche** f. d. christliche Haus. II. Jahrg. M. Vorwort v. S. Keller (Ernst Schrill) u. e. kl. Erzählg.: „Nur!" Nur e. Katalog! Von Helene Berthold. gr. 8. (96 S. m. Abb.) Kassel 895. E. Röttger. n. — 10

— dasselbe. III. u. IV. Jahrg. gr. 8. (à 96 S. m. Abb.) Ebd. 896 u. 897. à n. — 10

— **Bilder u. Sprüche** f. d. christl. Haus. 7. Jahrg. 1900. 8° (128 m. Abb.) Kass., E Röttger. — 15

Den 5. Jahrg. s. u. d. T.: Weihnachts- u. Lager-Katalog.

— dasselbe, Fortsetzung, s.: Weihnachts- u. Lager-Katalog.

— Bilder u. Sprüche. 9. Jahrg. 1902/03. gr. 8. (128 S. m. Abbildgn.) Kassel, E. Röttger. — 15

Erschien früher u. d. T.: Weihnachts- u. Lager-Katalog.

— **Bilder u. Sprüche** f. d. christl. Haus. 12. Jahrg. 1905/6. (104 m. Abb.) 8° Kass., E Röttger. †— 15 d

— **Bilder u. Sprüche.** 13. Jahrg. 1906/07. (104 S. m. Abbildgn.) 8. Kassel, E. Röttger. — 15

— **Bilder u. Sprüche.** Festgeschenke a. d. christl. Lit. u. Kunst. 16. J. '09/'10. (128 m. Abb.) 8° Kass., E Röttger. †— 15 d

— **Bilder u. Sprüche.** Festgeschenke aus der christl. Literatur u. Kunst. 17. Jahrg. 1910/1911. (128 S. m. Abbildgn.) 8. Kassel, E. Röttger. — 15

— **Bilder u. Sprüche,** '12/13. (128 m. Abb.) 8° Kass., E Röttger. † — 15 d

— Bruns. Sammlung hervorrag. Werke der deutschen u. ausländ. Litteratur. 1.—4. Bd. 8. Minden (900). J. C. C. Bruns. à n. 1. —

1. Die schönste Liebe des Don-Juan. — Ein Atheisten-Diner. Zwei Novellen. Von J. Barbey d'Aurévilly. Deutsch v. Hedda Moeller-Bruck. (96 S.)

2. Vorfrühling. Eine stille Geschichte. Von Ludw. Jacobowski. (V, 88 S.)

3. Die Frau Direktor. — Der Steinbruch. Novellen. Von Gust. Macasy. (100 S.)

4. Aus der alten Kreolen-Zeit. Novellen. Von George W. Cable. Deutsch v. Hanns H. Ewers. (90 S.)

Bunte Bücherei. Bd 1–4.] *Berlin: Neufeld & Henius 1885[–1900].* 4 Bde 8°
1 — Tolstoi, Leo: Herr u. Knecht. Deutsch von Dr. Hermann Roskoschny. 3. Aufl. [1899.]
2 — Sacher-Masoch, Leopold v.: Die Kunst geliebt zu werden u. Nur d. Todten kehren nicht wieder. 1885.
3 — Achleitner, Arthur: Lustige Weidwerksgeschichten aus d. Hochgebirge. (Jagdbrevier.) 2. Aufl. [1900.]
4 — Jokai, Maurus: Die Tochter d. Bojaren u. and. Erzählungen. [1900.] [04. 7399

— burschenschaftliche. Hrsg.: Hugo Böttger. 1. Bd. 8 Hfte. gr. 8. Berlin, C. Heymann's Verl. à n. — 60
1. Deutschland voran! Die Erziehg. der Deutschen zum nationalen Egoismus. Von Rud. Rabe. [Aus: „Burschenschaftl. Blätter."] (37 S.) (900).
2. Die Sozialdemokratie, e. vorübergehende Erscheinung? Von Ludw. Pohle. (IV, 40 S.) 900.
3. Militarismus od. Milizsystem? Von Wilh. v. Massow. (55 S.) 900. n. — 60
4. 1903. Ein handelspolit. Vademecum. Von Walth. Borgius. (IV, 61 S.) 900.
5. Das deutsche Studentenlied. Von Prahl. (54 S.) 900.
6. Die Wohnungsfrage. Von Arth. Dix. (VIII, 50 S.) 900.
7. Die Bilanz der akademischen Bildung. Von Adf. Langguth. (61 S.) 901.
8. Vom alten u. neuen Mittelstand. Von Hugo Böttger. (56 S.) 901.

Bücherei, burschenschaftliche. Hrsg.: Hugo Böttger. II. Bd. 1.—4. Hft. gr. 8. Berlin, C. Heymann's Verl. à n. — 60
1. Nationale Noth im Elsaß. (Briefe e. Elsässers.) Von Karl Storck. (60 S.) 901.
2. Paul de Lagarde. Von Karl Albrecht. (32 S.) 901.
3. Die dänische Frage. Von Cajus Moeller. (45 S.) 902.
4. Friedrich Christian Laukhard. Aus dem Leben e. verschollenen Magisters. Von Paul Holzhausen. (40 S.) 902.

— burschenschaftliche. Hrsg: Hugo Böttger II. Bd. 5.—8. Hft. 8. Berlin, C. Heymann. à n. — 60
5. Die Reichsbank u. ihre volkswirtschaftliche Bedeutung. (In kurzgefaßter gemeinverständlicher Darstellung.) Von Arth. Eichmann. (73 S.) (903.)
6. Moderne Arbeiterfragen. Von Cl. Heiß. (97 S.) (904.)
7. Gedankenwelt Fichtes. Von Mart. Hobohm. (52 S.) (904.)
8. Das Reichsfinanzwesen. Von J. Rheinboldt. (96 S.) 904.

— dasselbe. III. Bd. 1. u. 2. Hft. 8. Ebd. à n. — 60
1. Die Bildungsbestrebungen der deutschen Arbeiter. Von Cl. Heiß. (VIII, 52 S.) 906.
2. Die neuen Reichssteuern. Von Hugo Linschmann. (88 S.) 906.

— burschenschaftliche. Hrsg.: Hugo Böttger. III. Bd. 8.—8. Heft u. IV. Bd. 1. Heft. 8. Berlin, C. Heymann. à Heft — 60
Böttger, Hugo, die neue Aera der deutschen Kolonialpolitik. (96 S.) 907. (III. Bd. 4. Hft.)
Fuhrmann, W., Geschichte der studentischen Fechtkunst. (44 S.) 909. (III. Bd. 8. Hft.)
Konrad, Karl, die deutschen Studenten u. das Theater. [Aus: „Burschenschaftl. Blätter".] (76 S.) (909.) (IV. Bd. 1. Hft.)
Kubatz, Alfr., Akademiker u. Alkoholismus. (48 S.) 907. (III. Bd. 3. Hft.)
Langguth, Adf., Karl Mathy. Ein Lebensbild aus sturmbewegter Zeit. (88 S.) (908.) (III. Bd. 5. Hft.)
Linschmann, Hugo, innere Kolonisation. (60 S.) 908. (III. Bd. 6. Hft.)
Weise, R., Deutschlands Luftschiffahrt. (39 S. m. Abbildgn.) 909. (III. Bd. 7. Hft.)

— Burschonschaftlicho. Hrsg.: Hugo Böttgor. IV. Bd. 2—7. Hoft. 8° Berl., C Heymann. je — 60 d
Böttger, Hugo: Deut. Auswanderg u. Auswanderungspolitik. (56) '11 [IV,2]
Endemann, Karl: Der deut. Student u. d. sexuelle Ethik. (46) '12 [IV,7]
Kormann, Karl: Kolonial-wirtschaftl. Probleme. (86) '12 [IV,5]
Schimmel, u. Ritter: Zur Reform d. student. Vereinsrechtes u. d. Disziplinarvorschriften f. Studenten. (76) '12 [IV,6]
Wehberg, Hans: Internat. Schiedsgerichtsbark. (52) '11 [IV,3]
Wulsten: Die Leibesübgn in d. deut. Burschensch. (43) '11 [IV,4]

Bücherei der K. Techn. Hochschule Danzig. Zeitschr.-Verz. (52 S) Danzig 1906

Bücherei der Königlichen Technischen Hochschule Danzig. **Schiffbau,** Schiffsmaschinenbau, Seewesen. [Auswahlkatalog.] (Vorr.: [Paul] Trommsdorff.) 1910. V, 67 S. 8°

Bücherei der Königlichen Technischen Hochschule Danzig. [1.] Schiffbau, Schiffsmaschinenbau, Seewesen. (Vorr.: P[aul] Trommsdorff.) Danzig 1910: Schwital & Rohrbeck. 8° (10. 14199 10

Bücherei, deutsche. 1—21. Hft. gr. 8. Breslau 882. Schottländer. n. 11. 25
1. Geschmack u. Gewissen. Von Mor. Carriere. (24 S.) n. — 60
2. Mein Grab in Theben. Von G. Ebers. (23 S.) n. — 60
3. Die Sage vom Parzival u. dem Gral. Von Wilh. Hertz. (41 S.) n. — 75
4. Ferdinand Lassalle's letzte Rede. Eine persönliche Erinnerung v. Paul Lindau. (23 S.) n. — 50
5. Die Kunst u. der Kaufmann. Von Wilh. Lübke. (28 S.) n. — 50
6. Ein frommer Angriff auf die heutige Wissenschaft. Von Karl Vogt. (29 S.) n. — 60
7. Ueber das Erröthen. Von J. Henle. (17 S.) n. — 40
8. Ueber menschliche Willensfreiheit u. strafrechtliche Zurechnung. Vortrag, geh. im Leseverein der „Akadem. Lesehalle" in der Universität Wien am 26. Febr. 1880 v. Ed. Lamezan. (29 S.) n. — 50
9. Die Concurrenz in der Natur. Von W. Preyer. (30 S.) n. — 50
10. Richard Wagner. Von Ed. Schelle. Mit einem Portr. Richard Wagner's in Radirg. (28 S.) n. — 60
11. Ueber Blindsein. Von Herm. Schmidt-Rimpler. (32 S.) n. — 60
12. Der Palatin u. seine Ausgrabungen. Von R. Schöner. (28 S.) n. — 50
13. Die neuesten Ausgrabungen der griechischen archäologischen Gesellschaft. Von Adf. Boetticher. (16 S.) n. — 40
14. Bret Harte. Von Udo Brachvogel. Mit dem Portr. Bret Harte's in Radirg. (23 S.) n. — 60
15. Carmen Sylva. Ein Lebensbild der Dichterin v. Mite Kremnitz. Mit Portr. Carmen Sylva's [Ihrer Majestät der Königin v. Rumänien] in Radirg. (22 S.) n. — 60
16. Die Wechselbeziehungen deutscher u. italienischer Kunst. Von Mor. Carriere. (18 S.) n. — 40
17. Die Kultur der Frührenaissance in Italien. Von Wilh. Lübke. (35 S.) n. — 60
18. Die Verwälschung der deutschen Sprache. Von Joh. Kelle. (21 S.) n. — 50
19. Das zweite Gesicht. Psychologische Studie v. Karl du Prel. (23 S.) n. — 50
20. Straßburg nach der Uebergabe an Frankreich 1681 bis 1698. Von A. Schneegans. (23 S.) n. — 50
21. Kuno Fischer. Mit (rad.) Portr. Von M. E. v. Sosnowski. (14 S.) n. — 50

Bücherei, deutsche. 22—41. Hft. gr. 8. Breslau 883—86. Schottländer. n. 13. 20
22. Tintoretto. Von Jul. Hübner. (17 S.) n. — 40
23. Der deutsche Brahmane. Von A. Koch. (34 S.) n. — 60
24. Eduard Desor. Lebensbild e. Naturforschers. Von Karl Vogt. (37 S.) n. — 60
25. Friedrich Vischer als Poet. Von Rich. Weltrich. (29 S. m. rad. Portr.) n. — 60
26. Friedrich Spielhagen. Von Ludw. Ziemssen. (19 S. m. rad. Portr.) n. — 50
27. Die Katastrophe Wallensteins. Nach der neuesten archival. Publikation. Von Geo. Winter. (31 S.) n. — 50
28. Der römische Kestner. Von Otto Mejer. (76 S. m. 1 Lichtdr.) n. 1. —
29. Das Alte in Kairo u. in der arabischen Cultur seiner Bewohner. Von Geo. Ebers. (33 S.) n. 1. —
30. Die Ermordung d. Advocaten Bernays. Von Paul Lindau. (46 S.) n. 1. —
31. Mein Leben. Von Ludw. Steub. Ueber Ludwig Steub. Von Fel. Dahn. Mit e. Portr. in Radirg. Ludw. Steubs. (57 S.) n. 1. —
32. Sprache u. Schrift der Chinesen. Von M. v. Brandt. (41 S.) n. — 60
33. Buddha u. Christus. Von Rud. Seydel. (24 S.) n. — 50
34. Das Problem der Anthropologie: Die menschliche Kunst u. ihre Bedingungen. Von Ludw. Noiré. (16 S.) n. — 50
35. Zur französischen Renaissance. Von Wilh. Lübke. (32 S.) n. — 60

36. Die Cholera. Von Max v. Pettenkofer. (63 S.) n. — 60
37. Das Gedankenlesen. Von Carl du Prel. (32 S.) n. — 60
38. Die Russen in Turkestan. Von Wilh. Geiger. (44 S.) n. — 60
39. Ein Problem f. Taschenspieler. Von Carl du Prel. (28 S.) n. — 50
40. Franz v. Defregger. Biographisches u. Kritisches. Von Adb. V. Svoboda. Mit dem Portr. Frz. v. Defreggers in Radirg. (21 S.) n. — 50
41. P. K. Rosegger. Eine Lebens- u. Charakter-Skizze. Von Adb. V. Svoboda. Mit dem Portr. P. K. Roseggers in Radirg. (29 S.) n. — 60

Bücherei, deutsche. [In zwanglosen Heften.] 42.—44. Hft. gr. 8. Breslau, [Schottländer.] Schlesische Verlagsanstalt. n. 1. 95

42. Bettina v. Arnim. Von M. Carrière. (43 S.) 887. n. — 60
43. Das neue Deutschland u. seine Kaiser. Von D. Schäfer. (46 S.) 888. n. — 75
44. Schule u. Auge. Von H. Schmidt-Rimpler. (27 S.) 888. n. — 60

Deutsche **Bücherei**. (Hrsg.: Gymn.Oberl. Dr. A[rnold] Reimann.) Berlin: Christl. Versandbuchh. [1904]. 8° [F.] [15. 1903]

— deutsche. (Hrsg. v. A. Reimann.) 1.—59. u. 61.—63. Bd. kl. 8. Berlin, Verlag deutsche Bücherei. à Bd. n. — 80; geb. in Leinw. n.n. — 60

Alexis, Willib., die Hosen des Herrn v. Bredow. Vaterländischer Roman. 2. Tle. 1. u. 2. Aufl. (à 143 u. 159 S.) (904. 906.) (Bd. 9. 10.)
Benedix, Roder., Auseinander. Skizzen. (133 S.) (905.) (Bd. 20.)
Biernatzki, J. C., die Hallig od. die Schiffbrüchigen auf dem Eiland in der Nordsee. Eine Novelle. (183 S.) (904.) (Bd. 1.)
Blumröder, Gust. (Antonius Anthus), Geist u. Welt bei Tische. Humoristische Vorlesgn. üb. Eßkunst. Neu hrsg. unter Benutzg. der vom Verf. durchgesch. 1. Aufl. v. Osk. Steinel. 2 Bde. (146 u. 138 S.) 906. (Bd. 53. 54.)
Boetticher, Karl, zur Kenntnis antiker Gottesverehrung. Aufsätze. Eine Gabe zur 100. Wiederkehr seines Geburtstages. (86 S.) 906. (Bd. 62.)
— Karl Friedrich Schinkel u. sein baukünstlerisches Vermächtnis. Eine Mahng. an seine Nachfolge in der Zeit in drei Reden m. e. Anh.: Aesthetische Sentenzen u. kleinere Gedichte. 2. Aufl. Zur 100. Wiederkehr seines Geburtstages neu hrsg. v. seiner Witwe Clarissa Boetticher, geb. Leyden. Mit e. Einleitg. v. W. P. Tuckermann. (107 S.) 906. (Bd. 61.)
Breithaupt, Rud. M., musikalische Zeit- u. Streitfragen. Gesammelte Skizzen u. Aufsätze. 2 Bde. (94 u. 101 S.) 906. (Bd. 58. 59.)
Dahn, Fel., u. Gust. Freytag, zur Kunde deutscher Vorzeit. Aufsätze. (103 S.) 906. (Bd. 56.)
Droste-Hülshoff, Annette Freiin v., die Judenbuche, s.: Gotthelf, Jerem., Elsi, die seltsame Magd.
Ebner-Eschenbach, Marie v., uneröffnet zu verbrennen. — Schubin, Ossip, Blanche. — Wichert, Ernst, ein Wohltäter. (91 S.) (905.) (Bd. 25.)
Eichendorff, Jos., Frhr. v., aus dem Leben eines Taugenichts. Novelle. Das Marmorbild. Novelle. (123 S.) (904.) (Bd. 4.)
Essays, biographische. 1. Reihe. Treitschke, Heinr. v., u. Erich Marcks: Essays. Luther. — Fichte. — Treitschke. — Bismarck. (106 S.) (905.) (Bd. 29.)
— dasselbe. 2. Reihe. Treitschke, Heinr. v., u. Erich Schmidt: Essays. Lessing. — Kleist. — Freytag. — Storm. (137 S.) (905.) (Bd. 30.)
Frapan, Ilse, der Sitter. — Meinhardt, Adalb., aus dem Kriegsjahr. — Petri, Jul., Apostata. (128 S.) (905.) (Bd. 26.)
Gaudy, Frz. Frhr. v., aus dem Tagebuche eines wandernden Schneidergesellen, s.: Halm, Frdr., die Marzipan-Lise.
Gotthelf, Jerem., Elsi, die seltsame Magd. Eine Erzählg. — Droste-Hülshoff, Annette, Freiin v., die Judenbuche. Ein Sittengemälde aus dem gebirgichten Westfalen. 1. u. 2. Aufl. (95 S.) (904. 906.) (Bd. 3.)
Grillparzer, Frz., der arme Spielmann. — Das Kloster bei Sendomir. — Ein Erlebnis. Erzählungen. 1. u. 2. Aufl. (à 95 S.) (904. 906.) (Bd. 6.)
Grimm, Jak., u. Wilh. Grimm, Kinder- u. Hausmärchen. 2 Bde. 1. u. 2. Aufl. (103 u. 95 S.) 904. 906. (Bd. 7. 8.)
Halm, Frdr., die Marzipan-Lise. — Gaudy, Frz. Frhr. v., aus dem Tagebuche e. wandernden Schneidergesellen. (137 S.) (905.) (Bd. 21.)
Hoffmann, E. Th. Am., Signor Formica. — Kleist, Heinr. v., die Verlobung in St. Domingo. (138 S.) (905.) (Bd. 36.)
— Meister Martin der Küfner u. seine Gesellen. Die Bergwerke zu Falun. Erzählungen. 2. Aufl. (112 S.) 906. (Bd. 2.) 1. Aufl. (111 S.) 904.
— der goldene Topf. — Kleist, Heinr. v., das Erdbeben in Chili. (118 S.) 906. (Bd. 41.)
Hoyer, Gertr. v., im Garten des Todes. Die Blutbuche. Krähenstein. Der Geiger im See. Die Kreuzspinne. 5 Märchen f. Jung u. Alt. (130 S.) (905.) (Bd. 34.)
— Irrlichter. Die Kastanie. Auf der Meereswiese. Sonnenvogel. Die Zwergenburg. 5 neue Märchen f. Jung u. Alt. (127 S.) (905.) (Bd. 35.)
— mit dem Winde. Der Bergsee. 2 Märchen f. Jung u. Alt. (100 S.) (905.) (Bd. 33.)
Kleist, Heinr., v., das Erdbeben in Chili, s.: Hoffmann, E. Th. A., der goldene Topf.
— die Verlobung in St. Domingo, s.: Hoffmann, E. Th. A., Signor Formica.
Kurz, Heim., die beiden Tubus. Den Galgen! sagt der Eichele. Das Arkanum. Sankt Urbans Krug. 4 Erzählgn. (144 S.) 906. (Bd. 55.)
Lasson, Adf., das Kulturideal u. der Krieg. 2. Aufl. (135 S.) 906. (Bd. 57.)
Lenz, Max, ausgewählte Vorträge u. Aufsätze. 1. u. 2. Aufl. (à 183 S.) (905.) (Bd. 18.)
Lohde, Clarissa, auf klassischem Boden. Roman aus der Zeit König Ottos v. Griechenland. 2. Aufl. 2 Bde. (117 u. 137 S.) 906. (Bd. 49. 50.)
Ludwig, Otto, zwischen Himmel u. Erde. Erzählung. (187 S.) (905.) (Bd. 19.)
— aus dem Regen in die Traufe. — Das Märchen vom toten Kinde. Erzählungen. (99 S.) (905.) (Bd. 15.)
Marcks, Erich, Essays, s.: Essays, biogr.
Meinhardt, Adalb., aus dem Kriegsjahr, s.: Frapan, Ilse, der Sitter.
Mörike, Eduard, Mozart auf der Reise nach Prag. — Lucie Gelmeroth. — Der Schatz. 3 Erzählgn. (157 S.) 906. (Bd. 46.)
— das Stuttgarter Hutzelmännlein. — Der Bauer u. sein Sohn. — Die Hand der Jezerte. 3 Märchen. (124 S.) 906. (Bd. 45.)
Mügge, Thdr., der Voigt v. Sylt. 2 Bde. (136 u. 140 S.) 906. (Bd. 51. 52.)
Münch, Wilh., Gestalten vom Wege. (106 S.) 906. (Bd. 42.)
— allerlei Menschliches. Vermischte Betrachtgn. (128 S.) (905.) (Bd. 37.)
Paulsen, Frdr., zur Ethik u. Politik. Gesammelte Vorträge u. Aufsätze. 1. u. 2. Bd. (126 u. 119 S.) (905.) (Bd. 31. 32.)
Petri, Jul., Apostata, s.: Frapan, Ilse, der Sitter.
Reuter, Fritz, ut mine Stromtid. 3 Tle. Mit erklär. Anmerkgn. v. Arnold Reimann. 2. Aufl. (195, 191 u. 223 S.) (906.) (Bd. 22—24.)
Rieß, Ludw., allerlei aus Japan. I u. II. 1. u. 2. Aufl. (à 142 u. 136 S.) (905. 906.) (Bd. 27. 28.)
Schaumberger, Heinr., der Dorfkrieg. Eine Bergheimer Musikantengeschichte. (104 S.) (905.) (Bd. 10.)
— Umsingen. Eine Bergheimer Musikantengeschichte. (125 S.) (905.) (Bd. 38.)
— glückliches Unglück. Gesalzene Krapfen. 2 Bergheimer Musikantengeschichten. (123 S.) (905.) (Bd. 39.)
Schubin, Ossip, Blanche, s.: Ebner-Eschenbach, M. v., uneröffnet zu verbrennen.
Schwab, Gust., die deutschen Volksbücher, f. Jung u. Alt wiedererzählt. 1. Tl.: Die vier Heymonskinder. Der arme Heinrich. (127 S.) (904.) (Bd. 11.)
— dasselbe. 2. Tl.: Griseldis. Genovefa. Die schöne Magelone. Der gehörnte Siegfried. (119 S.) (904.) (Bd. 12.)
— dasselbe. 3. Tl.: Herzog Ernst. — Doktor Faustus. (115 S.) (904.) (Bd. 13.)
— dasselbe. 4. Tl.: Die Schildbürger. — Die schöne Melusina. (135 S.) (904.) (Bd. 14.)
Sternfeld, Rich., Richard Wagner u. die Bayreuther Bühnenfestspiele. Gesammelte Aufsätze. 2 Bde. (Je 110 S.) 906. (Bd. 47. 48.)
Stifter, Adalb., bunte Steine. Erzählungen. 1. Tl.: Granit. — Kalkstein. — Turmalin. (127 S.) (905.) (Bd. 16.)
— dasselbe. 2. Tl.: Bergkrystall. — Katzensilber. — Bergmilch. (133 S.) (905.) (Bd. 17.)
Tieck, Ludw., Shakespeare-Novellen. Das Fest zu Kenelworth. Dichterleben. (115 S.) (904.) (Bd. 5.)
Treitschke, Heinr. v., Essays, s.: Essays, biograph.
Ulbrich, Mart., schlesische Geschichten. Volkserzählungen aus dem deutschen Osten. 1. Bd.: Der Königsbote v. Görlitz. — Das Licht geht auf. — Wolf u. Lamm. — Der wilde Nostiz. (122 S.) 906. (Bd. 43.)
— dasselbe. 2. Bd.: Um Glauben u. Recht. — Dem König getreu. — Stürmische Tage. — Der Sünde Lohn. (102 S.) 906. (Bd. 44.)
Wichert, Ernst, ein Wohltäter, s.: Ebner-Eschenbach, M. v., uneröffnet zu verbrennen.
Wolzogen, Hans v., E. T. A. Hoffmann u. Richard Wagner. Harmonien u. Parallelen. (95 S.) (906.) (Bd. 63.)
Bd. 60 ist noch nicht erschienen.

— deut. (Hrsg. v. A Reimann.) 1—23. u. 25—40. Bd. 8° Berl. Exp. d. deut. Bücherei. Je nn — 25; geb. je nn — 50 d
Alexis, W: Die Hosen d. Herrn v. Bredow. Vaterländ. Roman. 2 Tle. (143 u. 159) ('04.) [9.10.]
Benedix, R: Auseinander. Skizzen. (133) ('05.) [20.]
Biernatzki, JC: Die Hallig od. d. Schiffbrüchigen auf d. Eiland in d. Nordsee. (183) ('04.) [1.]
Droste-Hülshoff, A Freiin v.: Die Judenbuche, s.: Gotthelf, J, Elsi.
Ebner-Eschenbach, M v.: Uneröffnet zu verbrennen. — Schubin, O: Blanche. — Wichert, E: Ein Wohltäter. (91) ('05.) [25.]
Eichendorff, J Frhr v.: Aus d. Leben e. Taugenichts. — Das Marmorbild. (123) ('04.) [4.]
Essays, biograph. 1. Reihe. Treitschke, H v., u. E Marcks: Essays. Luther. — Fichte. — Treitschke. — Bismarck. (105) ('05.) [29.] ‖ 2. Treitschke, H, u. E Schmidt: Essays. Lessing. — Kleist. — Freytag. — Storm. (137) ('05.) [30.]
Frapan, I: Der Sitter. — Meinhardt, A: Aus d. Kriegsjahr. — Petri, J: Apostata. (128) ('05.) [26.]
Gaudy, F Frhr v.: Aus d. Tageb. e. wandernden Schneidergesellen, s.: Halm, F, d. Marzipan-Lise.

Gotthelf, J: Elsi, d. seltsame Magd. — Droste-Hülshoff, A Freiin v.: Die Judenbuche. Sittengemälde a. d. gebirgichten Westfalen. (95) ('04.) [3.]
Grillparzer, F: Der arme Spielmann. Das Kloster bei Sendomir. Ein Erlebnis. (95) ('04.) [6.]
Grimm, J, u. W Grimm: Kinder- u. Hausmärchen. 2 Bde. (103 u. 95) ('04.) [7.8.]
Halm, F: Die Marzipan-Lise. — Gaudy, F Frhr v.: Aus d. Tagb. e. wandernden Schneidergesellen. (137) ('05.) [21.]
Hoffmann, ETA: Signor Formica. — Kleist, H v.: Die Verlobg in St. Domingo. (138) ('05.) [36.] ‖ Meister Martin d. Küfner u. s. Gesellen. — Die Bergwerke zu Falun. (111) ('04.) [2.]
Hozar, G v.: Im Garten d. Todes. Die Blutbuche. Krähenstein. Der Geiger im See. Die Kreuzspinne. 5 Märchen f. Jung u. Alt. (130) ('05.) [34.] ‖ Irrlichter. Die Kastanie. Auf d. Moorwiese. Sonnenvogel. Die Zwergenburg. 5 neue Märchen f. Jung u. Alt. (127) ('05.) [35.] ‖ Mit d. Winde. Der Bergsee. 2 Märchen f. Jung u. Alt. (106) ('05.) [33.]
Kleist, H v.: Die Verlobg v. St. Domingo, s.: Hoffmann, ETA, Signor Formica.
Lenz, M: Ausgew. Vorträge u. Aufsätze. 1. u. 2. Afl. (183) ('05.) [18.]
Ludwig, O: Zwischen Himmel u. Erde. Erzählg. (187) ('05.) [19.] ‖ Aus d. Regen in d. Traufe. — Das Märchen v. toten Kinde. Erzählgn. (90) ('05.) [15.]
Marcks, E: Treitschke. Bismarck, s.: Essays, biograph.
Meinhardt, A: Aus d. Kriegsjahr, s.: Frapan, I, d. Sitter.
Münch, W: Allerlei Menschliches. Vermischte Betrachtgn. (128) ('05.) [37.]
Paulsen, F: Zur Ethik u. Politik. Ges. Vortr. u. Aufsätze. 1. u. 2. Bd. (126 u. 119) ('05.) [31.32.]
Petri, J: Apostata, s.: Frapan, I, d. Sitter.
Reuter, F: Ut mine Stromtid. 1. u. 2. Tl. Mit erklär. Anmerkgn v. A Reimann. (196 u. 192) ('05.) [22.23.]
Riess, L: Allerlei a. Japan. I u. II. (142 u. 186) ('05.) [27.28.]
Schaumberger, H: Der Dorfkrieg. Eine Bergheimer Musikantengesch. (104) ('05.) [40.] ‖ Umsingen. Eine Bergheimer Musikantengesch. (125) ('05.) [38.] ‖ Glückl. Unglück. Gesalzene Krapfen. 2 Bergheimer Musikantengesch. (123) ('05.) [39.]
Schmidt, E: Freytag, Storm, s.: Essays, biograph.
Schubin, O: Blanche, s.: Ebner-E., M v., uneröffnet zu verbrennen.
Schwab, G: Die deut. Volksbücher, f. Jung u. Alt wiedererzählt. 1. Tl Die 4 Heymonskinder. Der arme Heinrich. (127) ('04.) [11.] ‖ 2. Tl: Griseldis. Genovefa. Die schöne Magelone. Der gehörnte Siegfried. (119) ('04.) [12.] ‖ 3. Tl: Herzog Ernst. Doktor Faustus. (115) ('04.) [13.] ‖ 4. Tl: Die Schildbürger. Die schöne Melusina. (135) ('04.) [14.]
Stifter, A: Bunte Steine. Erzählgn. 1. Tl: Granit. Kalkstein. Turmalin. (127) ('05.) [16.] ‖ 2. Tl: Bergkrystall. Katzensilber. Bergmilch. (133) ('05.) [17.]
Tieck, L: Shakespeare-Novellen: Das Fest zu Kenelworth. Dichterleben. (115) ('04.) [5.]
Treitschke, H v.: Lessing. Kleist. — Luther. Fichte, s.: Essays, biograph.
Wichert, E: Ein Wohltäter, s.: Ebner-E., M v., uneröffnet zu verbrennen.
Bd 24 ist noch nicht erschienen.

Bücherei, deut. (Hrsg. v. A Reimann.) 2., 3., 6—10., 22—24., 27., 28. u. 41—107. Bd. kl8° Berl., Verl. deut. Bücherei. Je — 30; L. je — 60, v. 1.X.'10 an je — 50; L. je — 90 d
Alexis, Willib.: Die Hosen d. Herrn v. Bredow. Vaterländ. Roman. 2 Tle. 2. Afl. (143 u. 159) ('06.) [9.10.]
Aus Rich. Wagners Pariser Zeit. Aufsätze u. Kunst-Berichte d. Meisters a. Paris 1841. Zum 1. Male hrsg. u. eingeleitet v. R Sternfeld. 2 Bde. (82, 58 u. 106) ('07.) [64.65.]
Blumröder, Gust. (Antonius Anthus): Geist u. Welt bei Tische. Humorist. Vorlesgn üb. Esskunst. Neu hrsg. v. Osk. Steinel. 2 Bde. 1. u. 2. Afl. (140 u. 139) ('06.09.) [53.54. Jetzt: 89—92.]
Boetticher, Karl: Zur Kenntnis antiker Gottesverehrg. (83.) ('06.) [62.] ‖ Karl Friedr. Schinkel u. s. baukünstler. Vermächtnis. Eine Mahng an s. Nachfolge in d. Zeit in 3 Reden m. e. Anh.: Aesthet. Sentenzen u. kleinere Gedichte. 2. Afl. Neu hrsg. v. Clarissa Boetticher, geb. Leydon. Mit e. Einl. v. WP Tuckermann. (107) ('06.) [61.]
Bräutigam, Ludw.: Aus Heimat u. Wahlland. Bilder u. Studien. 1. Bd. (Sachsen. Elsass.) Mit e. biogr. Geleitwort v. Armin Tille. (100) ('08.) [102.103.] ‖ 2. Bd. (Worpswede—Bremen—Soziales—Pädagogisches—Musikalisches.) (254) ('08.) [104.05.] ‖ Aus Wahlland u. Wanderg. (Umschl.: Aus Heimat u. Wahlland.) Bilder u. Studien. 3. Bd. (Literar. Skizzenb. — Bremer Theater.) (219) ('09.) [106.07.]
Breithaupt, Rud. M: Musikal. Zeit- u. Streitfragen. (04 u. 101) ('06.) [58.59.]
Dahn, Fel., u. Gust. Freytag: Zur Kunde deut. Vorzeit. Aufsätze. (108) ('06.) [56.]
Droste-Hülshoff, Annette Freiin v.: Die Judenbuche, s.: Gotthelf, Jerem., Elsi.
Essays, biogr. 3. Reihe. Treitschke, Heinr. v., Erich Marcks u. Karl Hampe: Essays. (Kaiser Friedrich II. — König Philipp II. v. Spanien. — Königin Luise.) (87) ('08.) [88.]
Feuerbach, Anselm Ritter v.: Kaspar Hauser. Beisp. e. Verbrechens am Seelenleben d. Menschen. Mit e. biograph. Würdigg Feuerbachs v. Leo Frhrn v. Egloffstein. (95) ('07.) [81.]
Gotthelf, Jerem.: Elsi, d. seltsame Magd. Erzählg. Droste-Hülshoff, Annette Freiin v.: Die Judenbuche. Sittengemälde a. d. gebirgichten Westfalen. 2. Afl. (95) ('06.) [3.]
Grillparzer, Frz: Der arme Spielmann. Das Kloster bei Sendomir. Ein Erlebnis. Erzählgn. 2. Afl. (95) ('06.) [6.]
Grimm, Jak., u. Wilh. Grimm: Kinder- u. Hausmärchen. 2. Afl. (103 u. 95) ('06.) [7.8.] ‖ Deut. Sagen. Ausw. Hrsg. v. Chr. Tränckner. (178) ('07.) [79.80.]
Haas, Hans: Japanische Erzählgn u. Märchen. (108) ('07.) [85.]
Hartmann, Eduard v.: Die soz. Kernfragen. 2. Afl. 1. Bd. Die Verteilg d. Arbeitsertrages. Mit e. biograph. Geleitwort v. Alma v. Hartmann. (83 u. 111) ('07.) ‖ 2. Bd. Die Erhöhg d. Arbeitsertrages. (204) ('07.) ‖ 3. Bd. Die Vermindrg d. Arbeitslast. Die Boden- u. Bevölkergsfrage. (201) ('07.) [73—78.]
Hintze, Otto: Histor. u. polit. Aufsätze. 4 Bde. (102, 174, 160 u. 102) ('08/09.) [94—101.]
Hoffmann, ETh. Am.: Meister Martin d. Küfner u. s. Gesellen. Die Bergwerke zu Falun. Erzählgn. 2. Afl. (112) ('06.) [2.] ‖ Der gold. Topf. — Kleist, Heinr. v.: Das Erdbeben in Chili. (118) ('06.) [41.]
Kleist, Heinr. v.: Das Erdbeben in Chili, s.: Hoffmann, ETh. Am., d. gold. Topf.
Kurth, Jul.: Aus Pompeji. Skizzen u. Studien. (83 m. Abb.) ('07.) [84.]
Kurz, Herm.: Die beiden Tubus. Den Galgen! sagt d. Eichele. Das Arkanum. Sankt Urbans Krug. 4 Erzählgn. (141) ('06.) [55.]
Lasson, Adf: Das Kulturideal u. d. Krieg. 2. Afl. (135) ('06.) [57.]
Leyden, Ernst v.: Populäre Aufsätze u. Vorträge. Hrsg. v. Hans Leyden. 4 Bde. (120, 112, 105 u. 120) ('07.) [67—70.]
Leyden, Hans: Kreuz u. Quer. 2 Bde. (141 u. 120) ('07.) [71.72.]
Lohde, Clarissa: Auf klass. Boden. Roman a. d. Zeit König Ottos v. Griechenld. 2. Afl. 2 Bde. (117 u. 137) ('05.) [49.50.]
Meinecke, Frdr.: Von Stein zu Bismarck. Histor. Aufsätze. (102) ('08.) [93.]
Meyr, Melch.: Gleich u. Gleich. Erzählg a. d. Ries. (152) ('06.) [60.]
Mörike, Eduard: Das Stuttgarter Hutzelmännlein. Der Bauer u. s. Sohn. — Die Hand d. Jezarte. 3 Märchen. (124) ('06.) [45.] ‖ Mozart auf d. Reise n. Prag. Lucie Gelmeroth. Der Schatz. 3 Erzählgn. (157) ('06.) [46.]

Mügge, Thdr: Der Voigt v. Sylt. 2 Bde. (130 u. 140) ('06.) [51.52.]
Münch, Wilh.: Gestalten v. Wege. (106) ('06.) [42.]
Reuter, Fritz: Ut mine Stromtid. Mit erklär. Anmerkgn v. Arnold Reimann. 2. Afl. (195, 191 u. 223) ('06.) [22—24.]
Riess, Ludw.: Allerlei a. Japan. I u. II. 2. Afl. (142 u. 130) ('06.) [27.28.]
Steffen, Elly: Aus deut. Vorzeit. 4 alte Werke deut. Dichtg, in kurzer nhd. Prosafassg. (127) ('07.) [86.87.]
Sternfeld, Rich.: Rich. Wagner u. d. Bayreuther Bühnenfestsp. 2 Bde. (Je 110) ('06.) [47.48.]
Stümcke, Heinr.: Modernes Theater. Eindrücke u. Studien. (187) ('07.) [82.83.]
Ulbrich, Mart.: Schles. Geschichten. Volkserzählgn a. d. deut. Osten. 1. Bd: Der Königsbote v. Görlitz. Das Licht geht auf. Wolf u. Lamm. Der wilde Nostiz. (122) ('06.) [43.] ‖ 2. Bd. Um Glauben u. Recht. Dem König getreu. Stürm. Tage. Der Sünde Lohn. (102) ('06.) [44.]
Wolzogen, Hans v.: ETA Hoffmann u. Rich. Wagner. Harmonien u. Parallelen. (95) ('06.) [63.] ‖ Ferd. Raimund. Eine Erinnerg u. e. Mahng. Mit e. Anh.: Der Alpenkönig u. d. Menschenfeind. Von Ferd. Raimund. (121) ('07.) [66.]

— **Deutsche.** (Hrsg. v. A Reimann.) Nr 108—131 u. NAfl 25 u. 93. kl8° Berl., Verl. deut. Bücherei. je — 50; L — 90 d
Biernatzki, JC: Die Hallig od. Die Schiffbrüchigen auf d. Eiland in d. Nordsee. Novelle. 2. Afl. (183) ('10) [108.09]
Birt, Thdr: Aus d. Provence. Reiseskizzen. (172) ('10) [112.13]
Ebner-Eschenbach, Marie v.: Uneröffnet zu verbrennen. [Aus: „Aus Spätherbsttagen".] — Schubin, Ossip: Blanche. (Aus: „Es fiel e. Reif in d. Frühlingsnacht".] — Wichert, Ernst: Ein Wohltäter. [Aus: „Das Grafenkind, u. and. Novellen".] (Neudr.) (94) ('12) [25]
Erdmannsdörffer, Bernh.: Kleinere histor. Schriften. Mit e. biograph. Geleitwort v. Heinr. Lilienfein. 1. Bd: Der grosse Kurfürst. (26, 152 m. Bildn.) ('12) [120—22] ‖ 2. Bd. (244) ('12) [123—25]
Hartmann, Alma v.: Zwischen Dichtg u. Philosophie. 1. Bd: Lessing. Herder. Schiller. (148) ('12) [126.27] ‖ 2. Bd: Emerson, Ruskin, Maeterlinck, Novalis, Tolstoi. (183) ('12) [128.29] ‖ 3. Bd: Carlyle. Nietzsche. Goethe. Eduard v. Hartmann. (132) ('12) [130.31]
Ludwig, Otto: Zwischen Himmel u. Erde. Erzählg. 2. Afl. (187) ('10) [110.11]
Meinecke, Frdr.: Von Stein zu Bismarck. Histor. Aufsätze. 2. Afl. (102) ('11) [93]
Meyer, M: Aufsätze lit.-histor. u. biograph. Inhalts. 2 Bde. (191 u. 163) ('12) [116—19]
Nitzschke, Herm.: Aus d. Hundetürkei. Plaudereien. (187) ('10) [114.15]
Schubin, Ossip: Blanche, s. ob.: Ebner-Eschenbach: Uneröffnet zu verbrennen.
Wichert, Ernst: Ein Wohltäter, s. ob.: Ebner-Eschenbach. Uneröffnet zu verbrennen.

(Paul) **Weises Deutsche Bücherei.** No 1. *Berlin: A. Anton & Co. 1903.* 8° [F.]

Freie hygienische **Bücherei.** (Hrsg. von Dr. med. [Karl] Boden.) Nr 1. Leipzig: Boden (1904). 8° [11. 9377 3

Bücherei, freie hygienische. Nr. 1.—16. gr. 8. Leipzig, Dr. Boden. n. 10. —
Abelin, H. A., die Rose u. ihre physikalisch-diätetische Behandlung. Uebers. v. Boden. (7 S.) 905. (Nr. 11.) — 50
Cabitto, Clem., u. John Ferguson, die Epilepsie u. ihre physikalisch-diätetische Behandlung. Uebers. v. Boden. (12 S.) 906. (Nr. 14.) n. — 50
Cammann, D. M., fleischlose Ernährung in der Kindheit. Als Beitrag zu Barons Vermächtnis übers. v. Boden. (8 S.) 904. (Nr. 5.) n. — 50
Debout, E., die Wurmkrankheit u. ihre diätetisch-physikalische Behandlung. Mit 4 Abbildgn. Uebers. v. Boden. (8 S.) 904. (Nr. 7.) n. — 50
Donkin, die Zuckerkrankheit u. ihre diätetisch-physikalische Behandlung. 2. verm. Aufl. Uebers. v. Boden. (32 S.) 905. (Nr. 13.) n. 1. —
— u. Carrien, die Nierenentzündung und ihre diätetisch-physikalische Behandlg. 2. verm. Aufl. Mit 2 Kurven. Uebers. v. Boden. (24 S.) 906. (Nr. 12.) n. 1. —
Gordon, S. C., S. Jaccoud, W. Winternitz, der Tripper u. seine physikalisch-diätetische Behandlung. Uebers. v. Boden. (6 S.) 904. (Nr. 6.) n. — 50
Holbrook, M. L., schmerzlose Entbindung. Ein Buch der Anleitgn. zur Vermeidg. der Leiden der Schwangerschaft u. Geburt. Nach dem Engl. bearb. v. Boden. (38 S.) 905. (Nr. 10.) n. 1. —
Johnson, George, der Blasenkatarrh u. seine diätetisch-physikalische Behandlung. Uebers. v. Boden. (8 S.) 904. (Nr. 4.) n. — 50
Karell, Philipp, die Milch-Kur. Vortrag, geb. in der medizin. Gesellschaft zu St. Petersburg. Mit einem Nachwort hrsg. v. Boden. (24 S.) 906. (Nr. 15.) n. — 50
Lemoine u. S. Jaccoud, die Lungenentzündung u. ihre physikalisch-diätetische Behandlung. Mit Abbildg. Uebers. v. Boden. (16 S.) 905. (Nr. 8.) n. — 50
Martin, Odilon, der Typhus u. seine physikalisch-diätetische Behandlung. Uebers. v. Boden. (10 S.) 905. (Nr. 9.) n. — 50
Middendorp, H. W., die Ursache der Tuberkulose nach Rob. Koch u. dessen Heilverfahren. Vortrag, geh. auf dem 13. internationl. Kongreß in Paris 1900. (12 S.) 906. (Nr. 16.) n. — 50
Potain, u. Huchard, Herzleiden u. ihre diätetisch-physikalische Behandlg. Uebers. v. Boden. (12 S.) 904. (Nr. 3.) n. — 50
Renaut, M. J., u. S. Jaccoud, der Bronchialkatarrh u. seine physikalisch-diätetische Behandlung. Uebers. v. Boden. (15 S. m. 1 Abbildg.) 904. (Nr. 2.) n. — 50
Schreber, Dan. Glob. Mor., ärztliche Zimmergymnastik od. System der ohne Gerät u. Beistand überall ausführbaren heilgymnastischen Freiübungen. Als Mittel der Gesundheit u. Lebenstüchtigkeit f. beide Geschlechter, jedes Alter u. alle Gebrauchszwecke entworfen. Mit 45 Abbildgn. im Text u. Schrebers Bild. Neu bearb. hrsg. v. Boden. (47 S.) 904. (Nr. 1.) n. 1.

— freie hygienische. Nr. 17 u. 18. gr. 8. Leipzig. Eilenburg, Dr. Boden.

Bansant, E. Larue, Kopfschmerz, Taubheit u. Ohrensausen u. ihre physikalisch-diätetische Behandlung. Übers. v. Boden. (14 S.) 905. (Nr. 17.) — 50

Wilson, E., das Heißluftbad, seine Wirkungen u. Anwendg. (20 S.) 905. (Nr. 18.) — 50

Fortsetzg., s.: Bücherei, freie medizinische.

Bücherei, freie medizinische. Nr. 19—29. gr. 8. Eilenburg, Dr. Boden. 9. —

Boden, Karl, Giftschlangenbisse u. deren Behandlg. Mit 3 Abb. 2. Aufl. (16 S.) 908. (Nr. 24.) — 50

— Harn-Genital-Darmfisteln des Weibes u. ihre Selbstheilung. Neue (Titel-)Ausg. (v.: Ein Fall v. Spontanheilg. e. Blasen-Scheidenfistel nebst Zusammenstellg. v. 235 spontan geheilten Harn-Genital-Darmfisteln d. Weibes. (76 S.) [895] 908. (Nr. 20.) 1. —

Ducamp, Jaussaud, Magnol, Cholera u. ihre physikalisch-diätetische Behandlg. Übers. v. Karl Boden. (16 S. m. 3 eingedr. Kurven.) 910. (Nr. 29.) — 50

Gairdner, Aussatz nach Impfung. (8 S.) 908. (Nr. 19.) — 50

Haig, Alex., Harnsäure als e. Krankheitsursache. Ein Auszug. Genehmigte Übersetzg. v. Karl Boden. (VIII, 48 S. m. Bildnis.) 910. (Nr. 25.) 1. —

Laseguo, Ch., über warme Bäder. (12 S.) Leipzig 907. (Nr. 22.) — 50

Lennander u. Graham Little, Lupus nach Schutzpockenimpfung. Berechtigte Übersetzg. v. Karl Boden. (16 S. m. 1 Abb.) 910. (Nr. 26.) — 50

Loebenstein-Loebel, das Sonnenbad, seine Wirkungen u. Anwendung. Mit 1 Abb. (16 S.) Leipzig 907. (Nr. 21.) — 50

Maclean, Dan., der Keuchhusten u. seine physikal.-diätetische Behandlung. (8 S.) 908. (Nr. 23.) — 50

Rollier, die Höhen- u. Sonnenkur der chirurg. Tuberkulose. Vortrag, geh. auf dem internat. Kongress f. Physiotherapie zu Rom, Oktbr. 1907. Berecht. Übersetzg. v. Karl Boden. (40 S. m. 80 Abb.) 910. (Nr. 28.) 3. —

Tarnier, Paul Bahr u. A. Worcester, Eklampsie u. deren diätetisch-physikal. Behandlung. Übers. v. Karl Boden. (12 S.) 910. (Nr. 27.) — 50

Nr. 1—18 s. u. d. T.: Bücherei, freie hygienische.

— Freie medizinische. Nr 25—30. gr8° Eilenbg. Stuttg., Dr. Boden. (1—30: 20.50)

Ducamp, Jaussaud, Magnol: Cholera u. ihre physikal.-diätet. Behandlg. Übers. v. Karl Boden. (16 m. Kurven.) '10 [29] — 50

Haig, Alex.: Harnsäure als e. Krankheitsursache. Auszug. Übers. v. Karl Boden. (8, 48 m. Bildn.) '10 [25] 1 —

Lennander u. Graham Little: Lupus nach Schutzpockenimpfg. Übers. v. Karl Boden. (16 m. 1 Abb.) '10 [26] — 50

Rollier: Die Höhen- u. Sonnenkur d. chirurg. Tuberkulose. Vortr. Übers. v. Karl Boden. (40 m. Abb.) '10 [28] 3 —

Ruata, Carlo: Wider d. Zwangs-Wiederimpfg. Gesuch an d. Minister d. Innern. Übers. v. Karl Boden. (8) '10 [30] — 50

Tarnier, Paul Bahr, u. A Worcester: Eklampsie u. deren diätet.-physikal. Behandlg. Übers. v. Karl Boden. (12) [27] — 50

Bücherei für Freimaurer. 1. Berlin: F. Wunder (1906). 8° [F.] [58. 110]

Bücherei für Freimaurer. 1—24. 8. Berlin, F. Wunder. à Nr. 1.—; Einbände à n — 50

Bartolomaeus, R., Christentum u. Freimaurerei. Vorträge. (94 S.) (908.) (Nr. 14) 1.—; geb. 1. 50

Friedrichs, Ernst, die Freimaurerei in Rußland u. Polen. (III, 76 S.) (907.) (Nr. 4)

Henke, Osk., die Freimaurerei in Deutschland, m. e. Abriß der allgem. Geschichte der Freimaurerei. (VIII, 92 S.) (907.) (Nr. 1)

Henne am Rhyn, Otto, kurzgefaßte Symbolik der Freimaurerei. (VIII, 144 S.) (907.) (Nr. 11. 12.)

Klassiker, maurerische. I. Fichte. Mit Einleitg. u. Erläutergn. von Albin Frhr. v. Reitzenstein. (181 S.) (907.) (Nr. 7. 8.)

— dasselbe. II. Lessing. Seine maurer. Schriften m. histor.-krit. Erläutergn. freimaurer. Forscher. Dargestellt von Albin Frhr. v. Reitzenstein. (VI, 135 S.) (Nr. 9. 10.)

— dasselbe. III. Herder. Mit Einleitg. u. Erläutergn. von Albin Frhr. v. Reitzenstein. Mit 1 Bildnis Herders. (113 S.) (909.) (Nr. 16. 17.) 2.—; geb. n 2. 50

— dasselbe. IV. Wieland. Von Albin Frhr. v. Reitzenstein. (79 S.) (909.) (Nr. 20.) 1.—; geb. n 1. 50

— dasselbe. V. Feßler. Sein Leben u. seine maurer. Wirksamkeit. Von Ludw. Fensch. Mit e. Bildnis Feßlers. (142 S.) (909.) (Nr. 21. 22.) 2.—; geb. n 2. 50

Neumann, Otto, die Gegner der Freimaurerei. Mit e. Anh.: Nicht anerkannte Logensysteme. (IV, 95 S.) (908.) (Nr. 15.) 1.—; geb. 1. 50

Normann, H., die Freimaurerei in England u. Amerika. (VIII, 80 S.) (907.) (Nr. 2.)

Reitzenstein, Albin Frhr. v., die Freimaurerei in Frankreich. (VIII, 72 S.) (907.) (Nr. 3.)

— Die Strikte Observanz. (80 S.) (907.) (Nr. 13.)

Scholz, Frdr., Parerga. Maurerische Tischreden. (VIII, 127 S.) (907.) (Nr. 5. 6.)

Taute, Rhold., die kathol. Geistlichkeit u. die Freimaurerei. Ein kulturgeschichtl. Rückblick. Mit e. Geleitswort v. D. Bischoff. 3., erweit. Aufl. (154 S.) 909. (Nr. 23. 24.) 2.—; geb. n 2. 50

— Der Wilhelmsbader Konvent u. der Zusammenbruch der strikten Observanz. Nach Orig.-Akten u. zuverläss. Quellen dargestellt. (135 S.) (909.) (Nr. 18. 19.) 2.—; geb. n 2. 50

— f. Freimaurer. 25—27. 8° Berl., F Wunder. d

Bode, Jul.: Lebensauffassg u. Lebensgestaltg. 4 Vortr. (78) '11 [25] 1 —; geb. n 1.50

Probst, Wilh.: Kulturgeschichtl. Abende. 4 Vortr. üb. d. Individualismus in d. Kulturgesch. d. Neuzeit. (72) '11 [26] 1 —; geb. n 1.50

Wagler, Paul: Freimaurerei als Erlebnis d. Arbeit. Versuch üb. d. Zusammenhang d. Freimaurerei m. d. Kulturentwicklg d. Menschh. (94) '12 [27] 1.50; geb. 2 —

— geograph. 1. u. 4—6. Bd. 8° Lpzg, G Lang. 4.05

Coordes, G: Kl. Lehrb. d. Landkarten-Projektion. 2. Afl. v. 8 Koch. 2. [Tit.-]Asg. (80) [91]96. [1.] 1.50; geb. 2 —

Hessler, C: Deutsch-Kiautschau. Kurze Beschreibg v. Land u. Leuten. (39 m. Abb. u. 1 Karte.) 98. [6.] — 60

— Kurze Landeskde d. deut. Kolonieen. 3. Afl. (51 m. Kart.) 98. [4.] — 75

Ledroit, J: Die Polarforschg im Norden u. ihre wichtigsten Ergebnisse. (65 m. Abb. u. 1 Karte.) 98. [5.] 1.20; als Text zu L., Entdeckgsfahrten im Norden 1 —

Den 2. u. 3. Bd bilden : Mattiat, D: Himmelskde u. mathemat. Geogr. — Coordes, G: Schulgeograph. Namenb.

— geographische. 4.—6. Bd. gr. 8. Leipzig 898. G. Lang. n. 2. 55

4. Kurze Landeskunde d. deutschen Kolonieen. Von Carl Heßler. M. Kolonialkarten. 3., verm. u. verb. Aufl. (51 S.) n. — 75

5. D. Polarforschung i. Norden u. ihre wichtigsten Ergebnisse. Von Joh. Ledroit. M. 19 Abb. u. 1 Kartenskizze. (VI, 65 S.) n. 1. 20

6. Deutsch-Kiautschau. Kurze Beschreibg. v. Land u. Leuten uns. Besitzg. v. Kiautschau. Auf Grund zuverläss. Quellen bearb. Von Carl Heßler. M. 10 Abb. u. 1 Karte. (39 S.) n. — 60

Die ersten 3 Bände sind nur unt. folg. Einzeltiteln erschienen:

1. Coordes, Lehrbuch d. Landkarten-Projektion,
2. Mattiat, Himmelskunde,
3. Coordes, Schulgeogr. Namensbuch,

s.: Bd. XXVII u. XXVIII d. Bücherlexikons

— d. Gesundheitspflege. NAfl 3., 6., 13. u. 15. Bd. kl8° Stuttg., EH Moritz. d

Bisher u. d. T.: „Bibliothek d. Gesundheitspflege".

Grawitz, E: Gesundheitspflege im tägl. Leben. 2. Afl. (12, 136 m. Bildn.) '12) [3] 1.50; L 2 —

Gruber, Max v.: Hygiene d. Geschlechtslebens. 5. Afl. 19—25. Taus. (96 m. 2 farb. Taf.) ('12) [43] 1.40; L 1.80

Neumayer, Hans: Nase, Rachen u. Kehlkopf. Die Hygiene d. ob. Luftwege im gesund. u. krank. Zustande. 2. Afl. (12, 142 m. 3 Taf.) ('12) [6] 1.80; L 2.25

Trumpp, J: Säuglingspflege. 2. Afl. (12, 143 m. Abb. u. 1 Taf.) ('11) [15] 1.80; geb. 2.25

— fürs deut. Haus. 1—27. Bd. kl8° Heilbr., O Weber ('11'12). je — 10 d

Böttcher, Karl: War einst e. Klingen u. Singen. (48) [23]

Bruhnsen, Otto: Versunkenes Glück. (48) [22]

Buch, M v.: Es lebe d. Liebe. (48) [6]

Cobs, Maurice: Die Verkäuferin v. Saint Benoit. (48) [21]

Etlar, Carit: Der Schatzgräber. Aus d. Dän. v. Willy Knapp. (48) [25]

Gerhard, C: Ewige Liebe. (47) [10] ‖ Freundschaft. (48) [12] ‖ Zu spät. (48) [8]

Grözinger, AE: Das Auge d. Toten. (48) [14]

Hellmuth, Maria: Uebers Jahr. (64) [25] ‖ Ein verhängnisvolles Vermächtn. (47) [2]

Janson, K: Anne. Deutsch von Frdr. v. Känel. (48) [18]

Kringel, Ferd.: Die Diamantenjagd im Weltenraume. (48) [1]

Krüger, Helene: Erdenlose. (64) [27] ‖ Gesühnte Schuld. (48) [26]

Musa, Lotte: Ewig jung. (48) [13]

Nitsch, Harry: Der Bankkassierer. (33) [24]

Parten, Johs: Die Jagd n. d. Ideal. (48) [16]

Reinstett, Dorothea v.: In Treue fest. Orig.-Novelle. (48) [4]

Roehl, Arth.: Die Mascotte. (48) [11]

Weissenthurn, Max v.: Dämonische Mächte. (48) [17] ‖ Die Tragödin. (48) [19] ‖ Verfemt. (48) [15]

Zoeller-Lionheart, C: Hoch hinaus. (46) [5]

Zunk, Paul (Umschl.: Johanna): Bionka. (48) [9] ‖ Käthe Brink. (48) [3] ‖ Thea. (48) [7]

— für's evangelische Haus. Altes u. Neues v. Büchermarkt. Red.: C. Werckshagen. 1. Jahrg. April 1897—März 1898. 12 Nrn. (Bog.) gr. 8. Berlin, H. Friedrich. n. 1. 50

— dass. 2. Jahrg. Apr.—Aug. 1898. 5 Nrn. 8° (Nr. 1. 10) Berl., CA Schwetschke & S. *Erscheint nicht mehr.* — 75

—— humoristische. 1., 2., 4., 6. und 8.—11. Bdchn. 12. Leipzig, Leiner. à Bdchn. * 60 Pf. *

Inhalt:

Bdchn. 1. Schmidt-Hennigker, Friedr., Kaiser-Humor. Anekdoten, heitere Scenen und charakterist. Züge aus dem Leben Kaiser Wilhelms I. (64 S.) und 2. verm. Aufl. (72 S.) 887.

" 2. 4. 6. —— Bismarck-Anekdoten. Heitere Scenen, Scherze und charakterist. Züge aus dem Leben des deutschen Reichskanzlers. 3. verm. Aufl. 3 Bdchn. (228 S.) 887,88.

1. und 2. Aufl., s. Schmidt-Hennigker, Friedr.

Bücherei, humoristische *rc.*

Bdchn. 8. —— ein deutscher Don Quixote. Lustige Streiche des Frhrn. v. Kyau, weil. Commandant der Festung Königstein. (80 S.) 888.

" 9—11. —— Humor Friedrich's des Großen. Anekdoten, heitere Scenen und charakterist. Züge aus dem Leben König Friedrich II. 4. Aufl. (IV, 188 S.) 888.

1.—3. Aufl. s. Schmidt-Hennigker, Friedr.

3., 5. und 7. Bdchn. sind noch nicht erschienen.

Bücherei der Industrie- und Handelskammer Leipzig. — 1768/ 1769 von H. von Elverfelt ins Holländische und, im Auszug, 1785 von J. H. Denell ins Schwedische übersetzt.

Bücherei der Industrie- und Handelskammer Leipzig. — Neu bearbeitete Auflage u. d. T.: „Lehrbuch des österreichischen Handels- und Wechselrechtes, verbunden mit den gesetzlichen Vorschriften über die gewöhnlichsten Rechtsverhältnisse der Handelsleute", Wien 1832 (Gerold), vorh.: Com. Bibl. Hamburg und Bibl. der Handelskammer Magdeburg.

— **für die Jugend**, hrsg. v. Jos. Ambros, Fortsetzg., s. **Ambros's**, Jos., Bücherei.

— f. d. **Jugend**, hrsg. v. J Ambros. 1—10. Bdchn. 12° (Mit je 1 Titelbild.) Wien, A Pichler's Wwe & S. Geb. in Lnw. 8.60
1. Erzählgn. Aus d. „Kinderfreund" v. CF Weisse ausgew. u. bearb. v. J Ambros. (96) 93. — 80
2. Erzählgn. Von H Stökl. (95) 93. — 80
3. Märchen. Von M Flechtl. (75) 93. — 80
4. Theaterstücke. Von R Faust, H Fraungruber, J Meyn u. H Stökl. (92) 93. — 80
5. Erzählgn. Von A Kriesch. (68) 93. — 80
6. Erzählgn. Von B Schlegel. (72) 95. — 80
7. Erzählgn. Von A Melxner. (88) 95. — 80
8. Segen ist d. Mühe Preis. Erzählg v. F Neidhardt. (94) 95. 1 —
9. Allein in d. Welt. Erzählg, frei bearb. nach H Malot v. H Stökl. (125) 95. 1 —
10. Roberts Erlebnisse. Erzählg, frei bearb. nach H Malot v. H Stökl. (140) 95. 1 —

Bücherei, f. d. Jugend, hrsg. v. Jos. **Ambros**. 6.—15. Bdchn. 12. (M. je 1 Titelb.) Wien, A. Pichlers Wittwe & Sohn. Geb. in Leinw. n. 8. 60
6. Erzählungen. Von B. **Schlegel**. (72 S.) 895. n. — 80
7. Erzählungen. Von Aug. **Meixner**. (88 S.) 895. n. — 80
8. Segen ist der Mühe Preis. Erzählg. v. Ferd. **Neidhardt**. (94 S.) 895. n. 1. —
9. Allein in der Welt. Erzählg., frei bearb. n. H. Malot v. Helene **Stökl**. (125 S.) 895. n. 1. —
10. Roberts Erlebnisse. Erzählg, frei bearb. n. H. Malot v. Helene **Stökl**. (140 S.) 895. n. 1. —
11. Bauernblut. Der Drahtbinder. 2 Erzählgn. Von Ferd. **Neidhardt**. (86 S.) 897. n. — 80
12. Des Kaisers Empfang u. and. Erzählgn. Von Wilh. **Appelt**. (69 S.) 897. n. — 80
13. Alpenrosl u. and. Erzählgn. Von Eveline **Petrovits**. (70 S.) 897. n. — 80
14. Die Christbescheerung u. and. Erzählgn. Von Helene **Stökl**. (70 S.) 897. n. — 80
15. Ein Liederfürst. Erzählg. aus dem Leben Franz Schuberts. Von Ferd. **Neidhardt**. (66 S.) 897. n. — 80

— **f. die Jugend**, hrsg. v. Jos. Ambros. 1.—6., 8. u. 16.—25. Bdchn. 12. (Mit je 1 Titelbild.) Wien, A. Pichler's Wwe. u. Sohn. Geb. in Leinw. n. 13. 80
1. Erzählungen. Von Christ. Fel. **Weiße**. Aus dem „Kinderfreund" ausgewählt u. bearb. v. Jos. Ambros. 1. u. 2. Aufl. (à IV, 98 S.) (899). n. — 80
2. Erzählungen. Von Helene **Stökl**. 1. u. 2. Aufl. (à III, 95 S.) (893. 899). n. — 80
3. Märchen. Von Mich. **Flechtl**. 1. u. 2. Aufl. (à III, 75 S.) (893. 899). n. — 80
4. Theaterstücke. Von Rich. **Faust**, Hans **Fraungruber**, Juliane **Meyn** u. Helene **Stökl**. (III, 92 S.) (893). n. — 80
5. Erzählungen. Von Auguste **Kriesch**. 1. u. 2. Aufl. (à III, 68 S.) (893. 899). n. — 80
6. Ein junger Held u. andere Erzählungen. Von B. **Schlegel**. 2. Aufl. (68 S.) (900). n. — 80
8. Segen ist d. Mühe Preis. Erzählg. Von Ferd. **Neidhardt**. 2. Aufl. (92 S.) (900). n. 1. —
16. In Nacht u. Schnee. Erzählgn. u. Märchen. Von Auguste v. **Kriesch**. (III, 74 S.) (899). n. — 80
17. Wohlthun bringt Segen u. andere Erzählungen. Von Hermine **Möbius**. (III, 76 S.) (899). n. — 80
18. Aus alten Chroniken. Geschichtliche Erzählungen. Von Ferd. **Neidhardt**. (III, 75 S.) (899). n. — 80
19. Unter dem Tannenbaum. Weihnachtsgeschichten. Von Ferd. **Neidhardt**. (71 S.) (899). n. — 80
20. Kunterbunt. Allerhand Geschichten. Von Ferd. **Neidhardt**. (III, 67 S.) (899). n. — 80
21. König u. Betteljunge. Von Mark **Twain**. Frei nach dem Engl. v. Helene Stökl. (81 S.) (901). n. — 80
22. Bunte Steine. 6 Erzählungen. Von Adb. **Stifter**. Bearb. v. Helene Stökl. (II, 82 S.) (901). n. — 80
23. Das Rosenfest u. andere Erzählungen. Von Wilh. **Appelt**. (82 S.) (901). n. — 80
24. Der Weber-Heinl, v. Martha **Eitner**, u. andere Erzählgn. v. Bertha **Filhös** u. Louis **Mittentzwey**. (III, 68 S.) (901). n. — 80
25. Der Gänsebub u. andere Erzählungen. Von Auguste **Hundt-Meixner**. (96 S.) (901). n. — 80

Bücherei für die Jugend. Hrsg. v. Jos. Ambros. 4. 11.—15. u. 26.—30. Bdchn. (Mit je 1 Titelbild.) 12. Wien, A. Pichler's Wwe. & Sohn. Geb. in Leinw. n. 10. —
Appelt, Wilh., die Harfenspielerin u. andere Erzählungen. (95 S.) (904.) (27. Bdchn.) n. 1. —
— des Kaisers Empfang u. andere Erzählungen. 2. Aufl. (71 S.) (906.) (12. Bdchn.) n. — 80
Eitner, Martha, zwei Lieblinge. Erzählung. (100 S.) (901.) (28. Bdchn.) n. 1. —
Faust, Mich., Rudolf v. Habsburg. Nebst anderen Stücken v. Hans Fraungruber, Juliane Meyn u. Helene Stökl. 2. Aufl. (96 S.) (906.) (4. Bdchn.) n. — 80
Hundt-Meixner, Auguste, in der Umfuhr u. andere Erzählungen. (92 S.) (904.) (26. Bdchn.) n. 1. —
Neidhardt, Ferd., Bauernblut. Der Drahtbinder. 2 Erzählgn. 2. Aufl. (86 S.) (903.) (11. Bdchn.) n. 1.
— Geschichten aus den Bergen. (108 S.) (904.) (29. Bdchn.) n. 1. —
— ein Liederfürst. Erzählung aus dem Leben Franz Schuberts. 2. Aufl. (72 S.) (906.) (15. Bdchn.) n. — 80
Petrovits, Eveline, Alpenrosl u. andere Erzählgn. 2. Aufl. (70 S.) (905.) (13. Bdchn.) n. — 80
Stökl, Helene, die Christbescherung u. andere Erzählungen. 2. Aufl. (70 S.) (904.) (14. Bdchn.) n. — 80
— im schwarzen Erdteil. Erlebnisse des österreich. Afrikaforschers Dr. Emil Holub. (126 S.) (904.) (30. Bdchn.) n. 1. —

— **kaufmännische**. Hrsg. durch die Welt d. Kaufmanns. I u. II. 8. München, G. D. W. Callwey. à 1. —
Heubner, P. L., die Leipziger Messe. Mit 4 Abbildgn. (67 S.) (II.) 909.
Kühler, J., Vorschläge zur Verbesserung des kaufmännisch. Briefstils. 3. erg. Aufl. (74 S.) 910. (I.)

Bücherei, **Kaufmännische**, hrsg. durch d. Welt d. Kaufmanns. 3. u. NAfl 1. Bd. 8° Münch., GDW Callwey.
Beuhne, Adph: Das Schaufenster. Ratgeber f. d. Praxis. (96 m. Abb. u. 4 Taf.) '12 [3] 1.50
Kähler, J: Vorschläge z. Verbesserg d. kaufmänn. Briefstils. 5. Afl. (74) '10 [1] 1 —

— **Klaristische**. Nr 1—4. 8° Münch. Lpzg, Klaristischer Verl. Akropolis.
Gott, Der unbekannte, e. Wort an Dich u. Dein Volk, v. Elisarion. (56) '12 [2] — 40 d
Gotteslästerungen, Die, d. Bibel u. d. Antike. (55) '12 [3] — 60
Mayer, Eduard v.: Die Goethelüge. (34) '12 [4] — 60
Was soll uns d. Klarismus? — e. menschl. u. soz. Neugeburt (Umschl.: Was soll uns d. Klarismus? — nationale Kraft.) Von Elisarion. (2, 34) '12 [1] — 60

— **kulturgeschichtliche**. Nr. 1. u. 3.—6. 16. Kötzschenbroda, H. F. A. Thalwitzer. n. 1. 80; erh. Pr. à Nr. — 50; geb. — 80
1. Erzählungen. Von **Cäsarius v. Heisterbach**. Beitrag zur Kulturgeschichte, Sitten- u. Sagenkunde der Hohenstaufenzeit. Aus dem Lat. v. W. Bethany. (64 S.) (905.) — 25; erh. Pr. — 60
3. Wider den Saufteuffel. Von Mathäus **Friderich**. Nach dem ersten Drucke (Leipzig 1552 bei Georg Hantzsch) neu hrsg. (51 S.) (905.) n. — 30; erh. Pr. — 60
4. Das Mikroskop, seine Entwickelungsgeschichte u. Kulturbedeutung. Von Frz. **Zetzsche**. Mit Fksm.-Portr. Leeuwenhoek's u. zahlr. Text-Abb. (72 S.) (905.) n. — 50
5. Allamodische Artzney-Affen. Von **Joco-Serius**. Nach der Ausg. v. 1710 (Franckfurth u. Leipzig bey Michael Rohrbachs seel. Wittib u. Erben) neu hrsg. (56 S.) (905.) n. — 25; erh. Pr. — 50
6. Geschichte der grössten technischen Erfindungen. Von Frz. Marie **Feldhaus**. Mit zahlreichen Abbildgn. nach den Originalen. (69 S.) (906.) — 50
Nr. 2 ist noch nicht erschienen.

— **kulturgeschichtliche**. Nr. 2 u. 7. 16. Kötzschenbroda, H. F. A. Thalwitzer. à — 50
Brann, M., ein kurzer Gang durch die jüdische Geschichte. (82 S.) (907.) (Nr. 7.)
Weddigen, Otto, das griechische u. römische Theater u. das Theater Shakespeares in ihrer kulturgeschichtl. Entwicklung, nach den neuesten Forschgn. f. Schule u. Volk dargestellt. (52 S.) (907.) (Nr. 2.) Geb. in Leinw. — 80

— **landwirtschaftliche**. 1.—3. Bd. kl. 8. Friedrichswerth. (Gotha, Thienemann's Hofbuchh.) à n.n. — 80
1. Schweine-Zucht u. -Haltung. Von Eduard **Meyer**. (100 S.) (905.) n.n. — 80
2. Pferde-Zucht. (I. Tl.) Allgemeines u. Zucht des kaltblüt. Pferdes. I. Abschn. von Sim. v. **Nathusius**. II. Abschn. v. Fel. **Hoesch**. (144 S.) (906.)
3. Dasselbe. (II. Tl.) Die Zucht des warmblüt. Pferdes. Von **Oetken**. (176 S.) (906.)

— landwirtschaftliche. 4.—7. Bd. kl. 8. Friedrichswerth (Gotha), Ed. Meyer. (Nur direkt.) Kart. à — 75

Brödermann, E. A., Schafzucht Deutschlands. (74 u. 11 S.) (909.) (Bd. 6.)

Franz, H., Rindviehzucht u. -Nutzung. 1. Tl. (1908.) Deutschlands Rindviehzucht. (184 S.) (907.) (Bd. 4.)

Koch, B., Kleintierzucht. (172 S.) (910.) (Bd. 7.)

Rindviehzucht u. -Nutzung. 2. Tl. (1909). Die Fütterg. des Rindviehs v. J. Hansen. (136 S.) (907.) (Bd. 5.)

Bd. 1—3 jetzt Ebd. 905. 06 à — 75.

— Landwirtschaftliche. 7—9. Bd. kl8° Friedrichswerth (Gotha). Ed. Meyer. (Nur dir.) je nn — 60 d

Edler, Wilh.: Der Getreidebau. (126) ('11) [8]

Frölich, Gust.: Der Hackfruchtbau. 1 Tl. (124) ('12) [9]

Koch, B: Kleintierzucht. (172) ('10) [7]

— eines deutschen Lehrers. Das Notwendigste aus der pädagog. Literatur kritisch ausgewählt. Zugleich e. Überblick üb. die Fortschritte d. Wissenschaft u. Methode der einzelnen Lehrfächer. Hrsg. v. den „Neuen Bahnen". (96 S. m. Abbildgn. u. 1 farb. Tafel.) gr. 8. Leipzig 907. R. Voigtländer. 1. 20

*— Handelswissenschaftl. Literar. Ratgeber f. Handel, Industrie u. Gewerbe. Lpzg, W Heichen.

—— lustige. Nr. 1—8. Berlin 887,88, Laverrenz. à Nr. * 50 Pf. *

Inhalt:

Nr. 1. Lindenberg, Paul, Berliner auf Sommerreisen. Humoresken. (36 S.)

„ 2. Band, Vikt., der Pseudo-Lorenz. Militärische Humoreske. (34 S.)

„ 3. —— drei Seelen und ein Gedanke oder der verunglückte Buden-Skat. Humoreske. (30 S.)

„ 4. Kühn, Herbert, von den Spötterbänken der Prima und Sekunda. Allerhand Gymnasial- und sonst. Pennal-Humoresken aus den Schubkästen eines bemoosten Hauptes. (111, 64 S.)

„ 5. Happich, E. v., Hieb und Stich. Heitere Bilder vom Exerzierplatz und Manöver-Terrain. (44 S.)

„ 6. Ruhemann, Alfr., die Barbier-Rose. Humoreske. (42 S.)

„ 7. Issell, W. v., Leutnant Kummer's Liebesleiden. Humoreske aus dem Garnison-Leben. (48 S.)

— Die, Malandros, e. Zeitschr. von 60 zu 60 Tagen, hrsg. v. Heinr. Lautensack, Alfr. Rich. Meyer, Anselm Ruest. Red.: Anselm Ruest. Okt. '12—Sept. '13. 6 Bücher. 1. u. 2. Buch. 8° Berl.-Wilmersd., P Knorr. 5 —; einz. Bücher 1 —

Lublinski, Sam.: Teresa u. Wolfgang. Novelle. (60) ('12) [1]

Meyer, Alfr. Rich., u. Heinr. Lautensack: Ekstat. Wallfahrten. (31 m. Abb.) ('12) [2]

— Die, d. Malers. Sammlg v. Fachschriften üb. Theorie u Praxis d. Malers. 1. Bd. gr8° Hambg, (Boysen & M.).

Hillig, Hugo: Die Gesch. d. Dekorationsmalerei als Gewerbe. Streifzug durch 2000 Jahre deut. Kulturgesch. (271 m. Abb.) ('11) 5 —; L 5.70

— metaphysische. Kritische Bibliographie aller Länder üb. die Neuigkeiten der Philosophie, Metaphysik, Psychologie u. den Okkultismus. Hrsg. v. Paul Zillmann, 1. Bd. 6 Hfte. gr. 8. (à ca. 16 S.) Zehlendorf 899. Gr. Lichterfelde, P. Zillmann. n. 3. —; einzelne Hfte. n. — 60

Ulrich Meyer's Bücherei. 1. *Berlin: U. Meyer [1903].* 8° [F.]

— morgenländische. 1.—5. Bd. 8. Leipzig, Th. Grieben. n. 10. 40; geb. n. 13. 40

1. Der buddhistische Katechismus. Von Henry S. Olcott. 36. (3. deutsche) Ausg. m. besond. Vorwort des Verf. u. 8 Illustr. Autoris. Übersetzg. nebst Anmerkgn., Kanon-Taf. u. Glossar v. Erich Bischoff. (VIII, 151 S.) 906. n. 2. —; geb. n. 2. 60
2. Die Kabbalah. Einführung in die jüd. Mystik u. Geheimwissenschaft. Von Erich Bischoff. (VIII, 126 S. m. 25 Abbildgn.) 903. n. 2. —; geb. n. 2. 60
   Erschien ohne Sammeltitel.
3. Thalmud-Katechismus. Von Erich Bischoff. Mit Abbildgn. v. seltenen Originalen. (XII, 112 S.) 904. n. 2. —; geb. n. 2. 60
4. Der Korân. Von Erich Bischoff. Mit 10 Abbildgn. (X, 126 S.) 904. n. 2. —; geb. n. 2. 60
5. Im Reiche der Gnosis. Die myst. Lehren des jüd. u. christl. Gnostizismus, des Mandäismus u. Manichäismus u. ihr babylonisch-astraler Ursprung. Von Erich Bischoff. Mit 20 Abbildgn. (VIII, 147 S.) 906. n. 2. 40; geb. n. 3. —

— naturwiss. Ein Musterkatalog u. literar. Ratgeber auf d. Geb. d. Naturwiss. u. d. m. ihnen verwandten Disziplinen. Von F Bergmiller, Kurt Floericke, RH Francé, G Niemann, W Wurthe. 1. Ausg. '08. (72 m. 2 [1 farb.] Taf.) gr8° Stuttg., Franckh. † — 20 (Partiepreise) d ôF

— naturwissenschaftliche. Ein Musterkatalog u. literar. Ratgeber auf dem Gebiete der Naturwissenschaften u. der m. ihnen verwandten Disziplinen. Im Auftrage des „Kosmos, Gesellschaft der Naturfreunde", zusammengestellt v. Kurt Floericke, G. Niemann, W. Wurthe u. a. hervorrag. Fachmännern. 2. Ausg. (1910—11.) (XVIII, 43 S. m. 1 farb. Taf.) gr. 8. Stuttgart, Franckh. p — 40

— Nordische. 8° Lpzg, G Merseburger. d

Aakjaer, Jeppe: Die Kinder d. Zorns. Eine Gesindegeschichte. (Aus d. Dänisch-Jütländ. v. Erich Holm.) (261) '12. 3 —; L 4 —

Ehrencron-Kidde, A: Miese Monbergs grosse Tage. (Aus d. Dän. v. Friedr. Leskien.) (182) '12. 2.25; L 3 —

Gjems-Selmer, Aagot: Schwesterchen Eine Erzählg f. d. ganze Familie. (Übers. v. Marie Leskien-Lie.) (161) '13. HL 2.25; L 3 —

Lie, Jonas: Maisa Jons. Roman. Neue Afl. (Übers. v. Margar. Janensch.) (226) '12. 2.50; L 3.50

Lieblein, Severin: Der Letzte s. Geschlechts. Die Geschichte e. Jugend (Übers. v. Pauline Klaiber.) (153) '13. 2.50; L 3.50

Skjoldborg, Joh.: Sara. Die Geschichte e. Liebe. Aus d. Dän. v. Laura Heldt. (173) '13. 2 —; L 3 —

Bücherei des deutschen Notarvereins. Nach d. Stande Mitte 1907. (Halle a. S. 1907: Gebauer-Schwetschke.) (43 S.) 8° [F.]
[Beilage z. Zeitschrift d. deutschen Notarvereins. Jg. 1907.] 07. 16668 4

Bücherei des Deutschen Notarvereins. Nach dem Stande Mitte 1907. [Halle a. S. 1908.]

Bücherei für Nutzgeflügelzucht. H. 1. *Gr.-Lichterfelde: 'Nutzgeflügelzucht' (1903).* 8° [F.]

— für Nutzgeflügelzucht. 1. Heft. 8. Gr.-Lichterfelde 904. Verlag der Wochenschrift „Der Mensch u. seine Pflege". 1. 25

Wie Milliarden in der deutschen Landwirtschaft verloren werden. Eine Kritik der deutschen Geflügelzüchtg. Von W. Cremat. 1.—3. Taus. (77 S. m. Fig.)

— österreichische landwirthschaftliche, geleitet von Guido Krafft. 1. u. 2. Bd. 8. Wien 890. Fromme. geb. à 3. 20

1. Das Recht d. Landwirthes. Gemeinverständlich dargestellt v. G. Marchet. I. Das österreich. bürgerl. Recht u. die Finanzgesetze f. den prakt. Landwirth. (VIII, 266 S.)
2. — dasselbe. II. Die österreich. Verwaltungsgesetze f. den prakt. Landwirth. (V, 241 S.)

— österreichische landwirthschaftliche, geleitet v. Guido Krafft. 3.—6. Bd. gr. 8. Wien, C. Fromme. Geb. à 3. 20

3. Ertragreiche Milchwirthschaft. Praktische Anleitg. zur Gewinnug. u. Verwerthg. der Milch auf Grund landwirthschaftl. u. kaufmänn. Erfahrgn. in Österreich-Ungarn v. Jos. Krischka. (IV, 176 S. m. 17 Holzschn.) 891.
4. Der österreichische Brennerei-Verwalter. Handbuch der prakt. Spiritusbrennerei m. Berücksicht. d. neuen Branntweinsteuergesetzes. Von Vinc. Th. Magerstein. (VIII, 259 S. m. 16 Holzschn.) 891.
5. Der Landwirth als Kaufmann. Praktische Anleitg. zum Einkauf der Bedarfsartikel u. zum Verkauf der Boden- u. Viehzuchtsprodukte auf Grund landwirthschaftl. u. kaufmänn. Erfahrgn. in Oesterreich-Ungarn. Von Adf. Ebert. (X, 246 S.) 891.
6. Der österreichische Pächter. Praktische Winke f. Verpächter u. angeh. Pächter v. Ferd. Laßmann. (IV, 220 S.) 892.

— die pädagogische, im „Landschulhause" d. 3. deutschen Kunstgewerbeausstellung in Dresden, s.: Veröffentlichung, 3., des Schulmuseums des sächs. Lehrervereins zu Dresden.

—— Hermann Paetels Bücherei hrsg. v. Hans Vollmer. Bd 1—3. (Bln '08—09.)

Hermann Paetels Bücherei. Hrsg. von Hans Vollmer. Berlin: Hermann Paetel.

1. Vallentin, Wilhelm: Das Deutschtum in Südamerika. 1908. 112 S.
2. Korodi, Lutz: Deutsche Vorposten im Karpathenland [Ungarn]. 1908. 107 S.

Bücherei für das evangelische Pfarrhaus. Hrsg. v. Kramer u. Wirth. Jahrg. 1906. 6 Nrn. (à 16 S.) 8. Leipzig, Krüger & Co. n. — 40

— philosophisch-soziologische. 1.—7. u. 11. —20. Bd. 8. Leipzig, Dr. W. Klinkhardt. 97.10; geb. 116.20

Couturat, Louis, die philosophischen Prinzipien der Mathematik. Deutsch v. Carl Siegel. (XIII, 328 S.) 908. (Bd. VII.) 8.50; geb. 10. —

Durkheim, Emile, die Methode der Soziologie. Autoris. Übersetzg. nach der 4. Aufl. (VII, 177 S.) 908. (Bd. V.) 3.—; geb. 4. —

Eisler, Rud., Grundlagen der Philosophie des Geisteslebens. (V, 306 S.) 908. (Bd. VI.) 7.50; geb. 9. —

Fouillée, Alfr., der Evolutionismus der Kraft-Ideen. Autoris. Übersetzg. nach der 4. Aufl. v. Rud. Eisler. (IX, 494 S.) 908. (Bd. III.) 8.50; geb. 10. —

Galton, Francis, Genie u. Vererbung. Autoris. Übersetzung v. Otto Neurath u. Anna Schapire-Neurath. (XXVII, 418 S. m. Bildnis.) 910. (Bd. XIX.) 8.50; geb. 10. —

Guyau, I. M., die Irreligion der Zukunft. Soziologische Studie. Deutsch v. M. Kette. (III, 502 S.) 910. (Bd. XX.) 7.50; geb. 8.50

— Sittlichkeit ohne „Pflicht". (Esquisse d'une morale sans obligation ni sanction.) Ins Deutsche übers. v. Elisab. Schwarz. Mit e. f. die deutsche Ausg. verf. biographisch-krit. Einleitg. v. Alfr. Fouillée u. bisher unveröffentl. Randbemerkgn. Friedrich Nietzsches. (VIII, 303 S. m. Bildnis.) 909. (Bd. XIII.) 5.—; geb. 6. —

James, William, der Pragmatismus. Ein neuer Name f. alte Denkmethoden. Volkstümliche philosoph. Vorlesgn. Aus dem Engl. übers. v. Wilh. Jerusalem. (XIV, 194 S.) 908. (Bd. I.) 5,—; geb. 6. —

Lachelier, J., Psychologie u. Metaphysik. Die Grundlage der Induktion. Nach der 5. Aufl. deutsch v. Rud. Eisler. (IV, 130 S.) 908. (Bd. XI.) 3.—; geb. 4. —

Le Bon, Gustave, Psychologie der Massen. Autoris. Übersetzg. nach der 12. Aufl. v. Rud. Eisler. (XVI, 153 S.) 908. (Bd. II.) 3.—; geb. 4. —

Ostwald, Wilh., energetische Grundlagen der Kulturwissenschaft. (VIII, 184 S.) 909. (Bd. XVI.) 5.—; geb. 6. —

Rey, Abel, die Theorie der Physik bei den modernen Physikern. Deutsch v. Rud. Eisler. (X, 371 S.) 908. (Bd. XII.) 8.50; geb. 10. —

Sidgwick, Henry, die Methoden der Ethik. Nach der 7. engl. Aufl. übertr. v. Const. Bauer. I. Bd. (XXII, 222 S.) 909. (Bd. XVII.) 6.30; geb. 7.10

— dasselbe. 2. Bd. (XII, 307 S.) 909. (Bd. XVIII.) 6.30; geb, 7.10 (Vollständig, in 1 Halbfrzbd. geb. 13.50)

Starbuck, Edwin Diller, Religionspsychologie. Empirische Entwicklungsstudie religiösen Bewusstseins. Mit Vorwort v. William James. I. Bd. Unter Mitwirkg. v. G. Vorbrodt übers. v. Frdr. Beta. (XXXIX, 195 S.) 909. (Bd. XIV.) 4.—; geb. 5. —

— dasselbe. II. Bd. Unter Mitwirkg. v. G. Vorbrodt übers. v. Frdr. Beta. (VII u. S. 197—455.) 909. (Bd. XV.) 4.50; geb. 5.50 (Vollständig. in 1 Halbfrz.-Bd. 11. —)

Tarde, G., die sozialen Gesetze. Skizze zu e. Soziologie. Deutsch v. Hans Hammer. Einzige autoris. Übersetzg. (V, 108 S.) 908. (Bd. IV.) 3.—; geb. 4. —

Die Bände 8—10 sind noch nicht erschienen.

— Philosophisch-soziologische. 18—30. u. NAfl 2. u. 8. Bd. 8° Lpzg, Dr.W Klinkhardt. (1—8 u. 11—30: 184.80; geb. 214.90)

9 u. 10 sind noch nicht erschienen.

Galton, Francis: Genie u. Vererbg. Übers. v. Otto Neurath u. Anna Schapire-Neurath. (27, 418 m. Bildn.) '10 [19] 8.50; geb. 10 —

Giddings, FH: Prinzipien d. Soziol. Nach d. 12. Afl. deutsch v. Paul Seliger. Anh.: FH Giddings Soziol. (19, 418) '11 [26] 10 —; geb. 11 —

Goldscheid, Rud.: Höherentwicklg u. Menschenökonomie. Grundlegg d. Sozialbiol. I. (26, 664) '11 [8] 15 —; geb. 16 —

Guyau, IM: Die Irreligion d. Zukunft. Soziolog. Studie. Deutsch v. M Kette. (502) '10 [20] 7.50; geb. 8.50

— Die Kunst als soziolog. Phänomen. Deutsch v. Paul Prina u. Guido Bagier. (4, 506) '11 [24] 9 —; geb. 10 —

— Die ästhet. Probleme d. Gegenwart. Deutsch v. Ernst Bergmann. (12, 230 m. Bildn.) '12 [29] 5 —; geb. 6 —

Hamilton, Edward John: Erkennen u. Schliessen. Logik auf d. Grundlage d. Perzeptionalismus u. Modalismus. Mit kurzem Lebensabriss d. Verf. v. Mart. Klose. (12, 299) '12 [30] 7 —; L 8 —

— Perzeptionalismus u. Modalismus. Eine Erkenntnistheorie. Übers. v. Mart. Klose. (7, 115) '11 [28] 3 —; geb. 4 —

Le Bon, Gustave: Psychol. d. Massen. Übers. v. Rud. Eisler. 2. Afl. (15, 157) '12 [2] 3 —; geb. 4 —

Liard, Louis: Wissensch. u. Metaphysik. Übers. n. d. 5. Afl. v. F u. G Válvi. Anh.: Emile Boutroux: Die Philos. in Frankr. seit 1867. (11, 411) '11 [22] 8 —; geb. 9 —

Michels, Rob.: Zur Soziol. d. Parteiwesens in d. modernen Demokratie Untersuchgn üb. d. oligarch. Tendenzen d. Gruppenlebens. (20, 401) '11 [21] 10 —; geb. 11 —

Schiller, FCS: Humanismus. Beiträge zu e. pragmat. Philos. Deutsch v. Rud. Eisler. (15, 400) '11 [25] 9 —; geb. 10 —

Sidgwick, Henry: Die Methoden d. Ethik. Nach d. 7. engl. Afl. übertr. v. Const. Bauer. 2. Bd. (12, 307) '09 [18] (je) 6.30; geb. (je) 7.10 (vollst., in 1 HF-Bd: 13.50)

Simmel, Geo.: Philosoph. Kultur. Gesammelte Essais. (319) '11 [27] 5 —; geb. 6 —

Squillace, Fausto: Die soziolog. Theorien. Deutsch v. Rud. Eisler. (4, 352) '11 [23] 7.50; geb. 8.50

Bücherei, Plattdeutsche. 1. Bd. gr8° Rost., Kaufungen-Verl. d.

Peters, Lisb.: Olle Frünn ut de Heimat. 1. u. 2. Afl. (131) ('12) [1] 1.50; geb. 2.50

Die Bücherei im Reichstagshause zu Berlin. Von **P. Wittig.** Mit 8 Abbild. im Text und 3 Tafeln. Berlin. 1898. Fol.

Sonderdruck aus der Zeitschrift für Bauwesen. Jg. 1898.

Bücherei, soziale. Gesammelte Schriften f. die soz. Praxis. Hrsg. v. der Hauptstelle des Verbandes süddeutscher kathol. Arbeiter-Vereine. 8. München, Buchh. des Verbandes südd. kathol. Arbeitervereine.

Biederlack, Jos., S. J., theologische Fragen üb. die gewerkschaftliche Bewegung. (112 S.) 910. 1.20

Gasteiger, M., Arbeiter u. Presse. (74 S.) (909.) (Nr. 14.) — 50

— Christlich-soziale Bewegung in Deutschland. (118 S.) (909.) (Nr. 11.) — 60

— Einzelbilder aus der christlichen Gewerkschaftsbewegung. (79 S.) (909.) (Nr. 13.) — 40

— Geschichte der christlichen Gewerkschaften in Süddeutschland. (134 S.) (909.) (Nr. 12.) — 70

Pechmann, Auguste v., die Patronagen f. jugendliche katholische Arbeiterinnen. (79 S.) (908.) (Nr. 7.) — 40; kart. n — 70

Retzbach, Ant., ABC des öffentlichen Haushaltes. (88 S.) (908.) (Nr. 9.) — 40; kart. n — 70

— Die gewerbliche Arbeiterinnenfrage. (189 S.) 910. 2. —

Ritzer, Otto, die Selbsthilfe des Arbeiters durch das Kassenwesen. (61 S.) (907.) (Nr. 5.) — 25

Rupfle, Geo., katholische Arbeiterinnenvereine. Ein prakt. Handbüchlein f. die Vereinsarbeit. (112 S.) 910. 1. —

Schirmer, Carl, das Reichs-Vereinsgesetz. Ein prakt. Handbüchlein f. das Vereinsleben. (116 S.) (908.) (Nr. 10.) — 50

Walterbach, C., Enzyklika Leo XIII. üb. die Arbeiterfrage. Nach der Ausg. v. Eckard f. den Gebrauch des Arbeiters neu bearb. (103 S.) (906.) (Nr. 6.) — 50; kart. n — 70

— Welchen Vortrag soll ich halten? Ein prakt. Handbüchlein zur Auswahl v. Vorträgen in den kathol. Vereinen. 2., verm. u. verb. Aufl. (VIII, 84 S.) (906.) (Nr. 2.) — 40

Die neueren Bdchn. tragen keine Nummernbezeichnung.

— Soziale. Gesammelte Schriften f. d. soz. Praxis. Hrsg. v. d. Hauptstelle d. Verb. süddeut. kathol. Arbeiter-Ver. 8° Münch., Buchh. d. Verb. südd. kathol. Arbeiterver. d

Biederlack, Jos.: Theolog. Fragen üb. d. gewerkschaftl. Bewegg. (122) '10. 1.20 d

Mundwiler, Johs: Bischof v. Ketteler als Vorkämpfer d. christl. Sozialreform. Seine soz. Arbeit u. s. soz. Programm. (140 m. Bildn.) '11. — 60

Retzbach, Ant.: Die gewerbl. Arbeiterinnenfrage. (189) '10. 2 —

Rupfle, Geo.: Kathol. Arbeiterinnenver. (112) '10. 1 —

— d. allg. Stallschweizer-Bundes, jurist. Person, Sitz Plauen i.V. Hrsg. v. Otto Krapsky. 1. Bd. gr8° Plauen i.V. (Postfach 147), Allg. Stallschweizer-Bund. d

Mies, Aug.: 20 Jahre Stallschweizer. Erlebnisse, Freuden u. Leiden e. Schweizers. (61 m. Abb.) '12 [1] 1 —

— d. deut. Tatbundes. Nr 2. 8° Schönebg-Berl., Verl. Deut. Leben. d öF

Nr 1 bildet: Jahn. Frdr. Ludw.: Deut. Volkstum.

Schlüter, Willy: Mut u. Macht. Einführg in d. Philosoph. d. Könnens. (31) '12 [2] — 40

— Technische. Ein Musterkatalog u. lit. Ratgeber. 1. Tl. Mit Aufsätzen v. A Birk, E Dauner u. C Kohlmann. (16, 50) gr8° Stuttg., Franckh ('12). † — 40 (Pp.)

— Technische u. hygien. 1. Bd. 8° Diessen, JC Huber.

Bd 5 bildet: Sörgel, Paul: Eine Darstellg d. grundlegenden Fragen d. Schulhygiene. Bd 2—4 sind noch nicht erschienen.

Mayer, Joh. Eug.: Eignet sich d. Luftheizg als Wohnhaus-Heizg? (36 m. 1 farb. Taf.) '11 [1] 1 —

— Die, d. Abtei Thelem, s: Bücher.

— der „Landwirtschaftlichen Umschau", hrsg. v. Steinbrück. 1. u. 2. Bd. 8. Magdeburg, Faber'sche Buchdr. à 1.—; geb. in Leinw. à n 1.50

Goerg, H., die Uebergabe v. Landgütern, ihre Vorbereitg. u. Durchführung, zugleich e. Anleitg. zu e. landwirtschaftl. Inventur-Aufn. [Aus „Landw. Umschau".] (56 S.) (909.) (Bd. 1.)

Rautmann, die Tuberkulose beim Rind u. Schwein u. ihre Bekämpfung in der Praxis. Mit 13 Abb. im Text. [Aus: „Landw. Umschau".] (36 S.) (909.) (Bd. 2.)

— d. „Landwirtschaftlichen Umschau", hrsg. v. Steinbrück. 3. Bd. 8° Magdebg, Faber'sche Bdr. d

Was lehren d. bisher. Erfahrgn üb. d. Milchkontrollvereine. Ergebn. e. Preisausschreibens d. „Landwirtschaftl. Umschau". (3 Arbeiten v. Tannert, O Barth, Fr. Staub.) [Aus: „Landw. Umschau".] (47) ('11) [3] 1 —; geb n 1.50

— vaterländische. Der Jugend u. dem Volke erzählt. 1.—4. Bd. 12. (à 80 S. m. 1 Titelbild.) Stuttgart, R. Bardtenschlager. Kart. à n. — 50
1. Die Befreiungskriege 1813—1815. Von Hugo Elm. 891.
2. Der eiserne Prinz. Friedrich Karl v. Preußen. Von Hugo Elm. 891.
3. Der deutsch-österreichische Krieg 1866. Von Hugo Elm. 891.
4. Der deutsch französische Krieg 1870/71. Der Jugend u. dem Volke erzählt v. Johs. Hoffmann. (80 S. m. 1 Bild.) 892.

— vaterländische 5.—8. Bd. 12. Stuttgart 895. R. Bardtenschlager. à n. — 50
5. Das Leben d. Deutschen z. Zeit Karls d. Großen. D. Jugend u. d. Volke erzählt v. Ernst Schreck. (80 S. m. Titelb.) 895.
6. Der alte Dessauer. Ein Thatenleben. D. Volke u. d. reif. Jugend erzählt v. Frdr. Streißler. (80 S. m. Titelb.) 895.
7. Marschall Vorwärts. (Fürst Gebhardt Leberecht v. Blücher.) E. Thatenleben. D. Volke u. d. Jugend erz. v. J. Hoffmann. (80 S. m. Titelb.) 896.
8. Kaiser Wilhelm d. Große, d. Einiger Deutschlands. Von Frdr. Streißler. (80 S. m. 2 Bildern.) 897.

— vaterländische. 9.—12. Bd. 12. Stuttgart. Reutlingen, R. Bardtenschlager. à — 50
9. Generalfeldmarschall Graf Helmut v. Moltke. Das Leben u. Wirken des großen Feldherrn f. Jung u. Alt im deutschen Volke erzählt. Von Ernst Schreck. 2. Aufl. (80 S. m. 1 Bildnis.) (900.)
10. Fürst Otto v. Bismarck, der Baumeister des Deutschen Reiches. Sein Leben u. Wirken, dem deutschen Volke u. seiner Jugend erzählt. Von Ernst Schreck. (80 S. m. 1 Bildnis.) (900.)
11. Königin Luise. Die Lebensgeschichte der edlen Preußenkönigin, f. Volk u. Jugend erzählt. Von Ernst v. der Burg. (79 S. m. Titelbild.) (901.)
12. Das Leben u. die Thaten Hans Joachim v. Zietens. Der Jugend u. dem Volke erzählt. Von W. O. v. Horn. Neu bearb. v. Alfr. Bredow. (128 S. m. Titelbild.) (901.)

— vaterländische. 13. Bd. kl. 8. Stuttgart, Reutlingen (905). R. Bardtenschlager. à — 50
Kaiser Friedrich der Edle. Das Leben u. Wirken des zweiten Hohenzollernkaisers, dem deutschen Volke u. seiner Jugend erzählt. Von Ernst v. der Burg. (95 S. m. 1 Bildnis.)

Bruno Volgers **Bücherei** für den Gewerbe- und Handwerkerstand. Hrsg. von Bruno Volger. Bd 1. *Berlin: A. Goldschmidt 1903.* 8° [J.] [04.4027

— d. oesterr. Volksschriftenvereins. 2—9. Bd. 8° Brix., Verl.-Anst. Tyrolia. d
2. Menghin, Alois: Von uns. Thronfolger. Erlebnisse u. Erinnergn. (80 m. 8 Vollbild.) '12. 1 —; L 1.50; elegant m. G 2 —
3. Österreichische Erzähler. Ebner-Eschenbach, Marie v.: Krambambuli. — Rosegger, Pet. K: Der Herrn-Sepp. — Handel-Mazzetti, Enrica v.: Märchen. — Bartsch, Rud. Hans: Der steirische Weinfuhrmann. (124) '12. 1 —; L 1.50
4. Stiftegger, Hans: Unter d. Fahnen Prinz Eugens u. and. Erzählgn. (127) ('12)
5. Anno Neun. Volkslieder u. Flugschriften. I. Menghin, Osw.: Andreas Hofer im volkstüml. Liede. II. Wagner, Karl: Die Flugschriftenlit. d. Krieges v. 1809. (156) ('12)
6. Pichler, Karoline: Denkwürdigkeiten a. meinem Leben. (128) '12.
7. Kralik, Rich.: Der letzte Ritter. Bilder a. d. Jugend Kaiser Maximilians I. (96) '13. 1 —; geb. 1.50
8. Beck, Z: Von uns. Adria. Erzählgn a. Dalmatien. (136) '12.
9. Bülow-Wendhausen, Paula Baronin: Ringe u. and. Erzählgn. (136) '13.

Singers Volkstümliche **Bücherei**. Bd 1. Berlin-Ch. & Leipzig: Singer [1909]. 8° [11. 6817

Bücherei-Verzeichnis des Vereins für Erdkunde zu Dresden . . . Dresden 1905. V: *Helbig*, *C. E.* & *Mörtzsch*. (Berl)

—— d. Wartburgboten, s.a. Haus- u. Volksbibliothek.

—— des Wartburg-Boten. 3. und 4. Bd. 8. Eisenach 888, Bacmeister. *
Inhalt:
Bd. 3. Eitner, Martha, auf Schloß Heinrichswaldau. (110 S.) * 75 Pf.
" 4. Norden, Erich, der Vagabund. (149 S.) * ℳ 1.—.
1. und 2. Bd. s. Wartburg-Bote, der.

— Zyklop. gr8° Papiermühle, Gebr. Vogt. d
Sue, Eug.: Geheimnisse d. Volkes. Gesch. e. Proletarierfamilie im Laufe v. Jahrhunderten. Deutsch v. Kretzschmar. 1. Bd. (428) ('11) 2 —

Bucherer, Alfred H.

Mathematische Einführung in die Elektronentheorie von A[lfred] H. **Bucherer**. Mit 14 Fig. Leipzig: Teubner 1904. 148 S. 8° [10.9913 7

Elemente der Vektor-Analysis. Mit Beispielen aus d. theoret. Physik von Dr. A[lfred] H. **Bucherer**, Privatd., Bonn. *Leipzig: B. G. Teubner 1903.* (VI, 91 S.) 8° [03.4408

— Elemente der Vektor-Analysis. Mit Beispielen aus der theoret. Physik. 2. Aufl. (VIII, 103 S.) 8. Ebd. 905. Geb. in Leinw. n. 2. 40
1. Aufl. (VI, 91 S. m. Fig.) 903. Geb. n. 2. 40.

Bucherer, Alfr. H., Grundzüge d. thermodynam. Theorie elektro-chem. Kräfte. gr. 8. (VI, 144 S.) Freiberg 897. Craz & Gerlach. n. 4. —

— eine Kritik der Nernst'schen thermodynam. Anschauungen. Antwort auf d. Kritik meines Buches: Grundzüge e. thermodynam. Theorie elektrochem. Kräfte. gr. 8. (31 S.) Ebd. 897. — 60

Bucherer, Alfred *Heinrich* [aus Köln-Ehrenfeld]: Die Wirkung des Magnetismus auf die electromotorische Kraft ... Leipzig, J. A. Barth, 1896; 17 S. 8.
Strassburg, Math.-naturw. Fak., Inaug.-Diss. v. 1896

Bucherer, Emil

Bucherer, E., Ueber Atmung der niederen und höheren Organismen. Basel, Gymn. 1888.
Progr.-Schr.

Bucherer, Emil. Beiträge zur Morphologie u. Anatomie der Dioscoreaceen, s. Bibliotheca botanica.

Ueber Ordnung der niederen und höheren Organismen, von Dr. *Emil Bucherer*. Wissenschaftliche Beilage zum Bericht über das Gymnasium, Schuljahr 1887—88. Gr. in-4°, 32 S. Basel, Schultzesche Universitäts-Buchdr. (L. Reinhardt). 1 —
1888 2

Bucherer, Fritz, Anthologie aus den griechischen Lyrikern. Für den Schulgebrauch erklärt. Ausg. A. Kommentar unterm Text. (V, 180 S.) 8. Gotha 904. F. A. Perthes. n. 1. 80; Ausg. B. Text u. Kommentar getrennt in 2 Hftn. (V, 86 u. III, 92 S.) n. 1. 80

Bucherer, Fritz [Dr.]: Kritische Beiträge zu Damascius' Leben des Isidorus. Leipzig, Druck v. B. G. Teubner, 1892; 22 S. 4.
Wertheim a. M., grossh. G, MP 1892 (611)

Bucherer, Fritz: Die Diomedessage ... Stuttgart, Druck v. W. Kohlhammer, 1892; 3 Bl., 81 S. 8.
Heidelberg, Phil. Fak., Inaug.-Diss. v. [28. Juli] 1891

Bucherer, Hans, die Teerfarbstoffe, s.a. Sammlung Göschen.

Die Teerfarbstoffe mit besond. Berücks. d. synthet. Methoden von Dr. Hans **Bucherer**. Leipzig: Göschen 1904. 192 S. 8°
(Sammlung Göschen. 214.) A 13.116 11

Bucherer, Hans *Theodor*: Ueber einige Derivate des Keto-Hexens des Ketons der *α*-Pimelin-Säure ... Leipzig, Druck v. Giesecke & Devrient, 1894; 33 S., 1 Bl. 8.
Leipzig, Phil. Fak., Inaug.-Diss. v. [24. Jan.] 1894

Bucherer, Hans Theodor, Dr.: Über die Einwirkung schwefligsaurer Salze auf aromatische Amido- und Hydroxyl-Verbindungen. 1901. 59 S. 8° ¶ Ausz. in: Journal f. prakt. Chemie. Bd 177. N. F. Bd 69. 1904.
Dresden Te. H., Hab.-Schr. v. S.-S. 1901

Bucherer, Hans Th.: Die Mineral-, Pflanzen- u. Teerfarben. Ihre Darstellg, Verwendg, Erkenng u. Echtheitsprüfg. (7, 142 m. 4 Taf.) gr8° Lpzg, Veit & Co. '11. 3.60

Bucherer, Hans Th., farbenchemisches Praktikum, s.: Möhlau, Rich.

Bucherer, Max, Exlibris. Mit e. Einführg. v. Ludw. Finckh. (15 Bl. m. 5 Bl. Text.) Mit Beilage: Max Bucherer, der Basler Holzschneider u. Ex-Libris-Künstler. Von Carl Fr. Schulz-Euler. (8 S.) Lex.-8. Frankfurt a/M. (906). C. F. Schulz .Geb. n.n. 25.—
Sonderabdruck aus: „Buchkunst".

Bucherfranz, Der. Eine Erzählung für das Volk ... Solothurn 1879. V: *Keust, Matthäus.* (Bibliogr. d. Schweiz. Landeskunde. Bern 1892 ff. V, 10 e.)

Bücherfreund, der. Gemeinschaftliches Anrege- und Anzeige-Blatt für Bibliotheken, Redaktionen, Lesevereine, Schriftsteller, Buchhändler und Büchersammler zur Vermittelung ihrer wechselseit. Anliegen. Hrsgbr.: Max Moltke. 1. Jahrg. 1888. 24 Nrn. (Bog.) Lex.-8. Leipzig, Moltke. *

Bücherfreund, d. Gemeinschaftl. Anrege- u. Anzeige-Blatt f. Bibliotheken, Redaktionen, Lesevereine, Schriftsteller, Buchhändler u. Büchersammler z. Vermittelg ihrer wechselseit. Anliegen. Hrsg.: M Moltke. 1. Jahrg. Nr. 1—5. (B) 8. Lpzg 88—90, Moltke. Für Nr. 1—6: n. 1. 20

— s.: Sprachwart, deutscher.

Bücherfreund, der. Mitteilungen über neue u. antiquar. Bücher, nebst Kritik der neuen Erscheingn. 1. Jahrg. April 1891—März 1892. 12 Nrn. (Bog.) gr. 4. Berl., Breitkreuz. * 1 —

Der Bücherfreund: 1899–1902. St. Louis, MO

Bücherfreund, der. Ein Beiblatt zum Volkserzieher. Begründer u. Red: Wilh. Schwaner. 1. Jahrg. April—Dezbr. 1902. 19 Nrn. (76 S.) gr. 4. Berlin, Schlachtensee Volkserzieher-Verlag. n. 1. 50

— dasselbe. 2. Jahrg. 1903. 26 Nrn. (à ca. 4 S. m. Abbildgn.) gr. 4. Ebd. n. 2.—; m. dem Volkserzieher zusammen n. 6.—

— dasselbe. Blatt f. Kunst, Religion u. Wissenschaft. Ständiges Beiblatt zum Volkserzieher. Organ der Volkserzieher-Bibliothek. Begründer u. Hrsg: Wilh. Schwaner. 3. u 4. Jahrg. 1904 u. 1905. à 26 Nrn. (à ca. 2 S.) 4. Ebd. à Jhrg. n. 2.—
Fortsetzung s.: Volkserzieher, der.

Bücherfreund. Christlicher Bücherfreund. (Illustrierter Weihnachts-Katalog, Ratgeber und literarische Rundschau über die besten Erscheinungen des Büchermarktes, mit ... [12 Tafeln]. Mit Geleitwort von ... Otto Funcke, Bremen.) Hrg. (unter Mitwirkung von ... Pfarrer N[athanael] Hauri, St. Gallen ... Seminarlehrer J[ohann] Howald, Bern ... Pfarrer Johannes Ninck, Winterthur ... Frau Dora Schlatter, St. Gallen ...) von der Evangelischen Buchhandlung ⟨Carl Hirsch & Johannes Blanke⟩, Emmishofen ⟨Ct. Thurgau⟩. (Jahrg. 1. Ausgegeben im November 1903.) IV + VIII + 252 (+ 16) S. 8. Bibl.

— christlicher. Illustrierter Weihnachts-Katalog, Ratgeber u. literar. Rundschau üb. die besten Erscheingn. des Büchermarktes, unter besond. Berücksicht. der christl. Kunst. Mit Geleitwort v. J. Howald. Hrsg. unter Mitwirkg. v. Behrmann, Brunner, Fauth u. a. 3. Jahrg. (II, 244 S.) Lex.-8. Konstanz (905). C. Hirsch. — 70

Bücherfreund, Frankfurter. Mitteilungen aus dem Antiquariate v. Joseph Baer & Co. I. Jahrg. Oktbr. 1899—Septbr. 1900. 12 Nrn. gr. 8. (IV, 223 S. m. Abb.) Frankfurt a/M., J. Baer & Co. n. 4.—

— dasselbe. 2. Jahrg. 1901. 1902. 12 Nrn. gr. 8. (IV, 207 S. m. Abbildgn.) Ebd. n. 4.—

— Frankfurter. Mitteilungen aus dem Antiquariate v. Joseph Baer & Co. 3. Jahrg. 1902. 12 Nrn. (à ca. 16 S. m. Abbildgn.) gr. 8. Frankfurt a/M., J. Baer & Co. n. 4.—

Bücherfreund, Frankfurter. Mitteilungen aus dem Antiquariate v. Joseph Baer & Co. 4. Jahrg. 1906. 12 Nrn. (200 S. m. Abb.) gr. 8. Frankfurt a/M., J. Baer & Co. 4.—

— dasselbe. 5.–8. Jahrg. 1906/07. 1907/08. 1909 u. 1910. à 4 Nrn. (IV, 100; IV, 68; IV, 140 u. IV, 129 S. m. Abb. u. 3, 2, 9 u. 10 Taf.) gr. 8. Ebd. à Jahrg. 2.—

Bücherfreund, Frankfurter. Mitteilgn a. d. Antiquariate v. Joseph Baer & Co. 9. u. 10. J. '11 u. '12 je 4 Nrn. (280, 495 m. Abb. u. 47 bezw. 44 Taf.) gr8° Frankf.M., J Baer & Co. je 2 —

Salzburger Bücherfreund. Mitteilungen aus dem Antiquariat von Alois Hilmar Huber. Jahrg. I. Nr. 2. 1908.

Bücherfreyheit, Die. Brünn 1784. V: *Opitz, Joh. Ferdinand.* (cb)

Die Bücherhalle. Bd [1]. Kevelaer: Thum [1908]. 8° [10. 3341

Bücherhalle, die. Gute moderne Werke, Romane u. Novellen erster Autoren f. Haus u. Familie. 1.—11. Bd. kl. 8. Kevelaer, J. Thum. 29.—; geb. in Leinw. 40. 80
Achleitner, Arth., der Klostermaler. Erzählung. (235 S.) (909.) (Bd. 10.) 2.50; geb. 3.60; erh. Pr. 2.80; geb. 4.—
Champol, Fürstin Sallatoff. Roman. Von der Académie française preisgekrönt. Deutsch v. Ludw. Wechsler. (400 S.) (909.) (Bd. 8.) 2.80; geb. in Leinw. 4.—
Eggert-Windegg, Walth., Geschichten aus Frankreich. Zumeist nach französ. Meistern wie Bazin, Coppée, Dumas, Lemaître, Maupassant, Montégut, Theuriet, Vogüé, Zola. (222 S.) (909.) (Bd. 9.) 2.—; geb. in Leinw. 3.—; erh. Pr. 2.50; geb. 3. 60
Fabri de Fabris, M., die Goldmaria. Eine Kleinstadtgeschichte. (215 S.) (909.) (Bd. 6.) 2.50; geb. in Leinw. 3.60; erh. Pr. 2.80; geb. 4.—
Handel-Mazzetti, Enrika v., Erzählungen u. Skizzen Hrsg. u. eingeleitet v. Johs. Eckardt. (XV, 308 S. m. Bildnis.) (910.) (Bd. 4.) 2.50; geb. in Leinw. 3. 60
Jüngst, Antonie, die Eichhöfer. Dorfgeschichte aus dem Münsterlande. (316 S.) (910.) (Bd. 11.) 2.80; geb. n 4.—
Lambrecht, Nanny, das Land der Nacht. Roman. (205 S.) (908.) (Bd. 1.) 2.50; geb. 3.60; erh. Pr. 2.80; geb. 4.—
Erschien ohne Bandbezeichnung.
Meisternovellen nordischer Frauen. Selma Lagerlöf. M. Thoresen. Sophie Elkan. Helene Nyblom. Ivar Ring. Autoris. Übersetzg. v. Ernst Brausewetter. (300 S.) (909.) (Bd. 5.) 2.50; geb. in Leinw. 3.—
Schott, Ant., die Asgarden. Ein Prager Studentenroman. (271 S.) (909.) (Bd. 2.) 2.50; geb. 3.00; erh. Pr. 2.80; geb. 4.—
— Verkauft. Roman aus dem vormärzl. Walde. (230 S.) (909.) (Bd. 3.) 2.50; geb. 3.60; erh. Pr. 2.80; geb. 4.—
Venna, Fanny v., die Opfer der Gesellschaft. Roman. (440 S.) (909.) (Bd. 7.) 3.—; geb. in Leinw. 4.—

Bücherhalle, Die. Gute moderne Werke, Romane u. Novellen erster Autoren f. Haus u. Familie. 4., 11. u. 12. Bd. kl8° Kevel., J Thum. d
Brey, Henriette: „Es fiel e. Reif ..." Lebensausschnitte. (335) ('12) [12] 2.50; L 3.60
Handel-Mazzetti, Enrika v.: Erzählgn u. Skizzen. Hrsg. u. eingel. v. Johs Eckardt. (15, 308 m. Bildn.) ('10) [4] 2.50; L 3.60
Jüngst, Antonie: Die Eichhöfer. Dorfgesch. a. d. Münsterlde. (316) ('10) [11] 2.80; geb. n 4 —

Bücherhalle, Kruppsche. Bücherverzeichnis. 1899, s.a. Bücherverzeichnis. Bücherhalle.

Die Krupp'sche Bücherhalle. Essen-Ruhr 1903

Bücherhalle, Die Kruppsche, in Essen-Ruhr ... O. O. [1903]. Essen/Ruhr 1905. V: *Ladewig, Paul.* (Berl) (Stadtbibl. Frankf. a. M. Kat. der Neueren Bestände.)

Die Kruppsche Bücherhalle in Essen-Ruhr. Sonderdr. aus Reyer 'Fortschritte d. volkstüml. Bibliotheken' ⟨Leipzig: W. Engelmann 1903.⟩ nebst Statist. Tabelle über d. Benützung d. Bücherhalle v. 1. März 1899 –31. Mai 1905. Als Hs. gedr. (Essen/Ruhr 1905: Gußstahlfabr. F. Krupp.) (11 S.) 8° [05. 1127a 9

Buecherhalle, Die Kruppsche, in Essen-Ruhr, nebst Statist. Tab. üb. d. Benütz. d. Bücherhalle vom 1. März 1899 bis 28. Febr. 1906 ff. Als Hs. gedr. (Essen-Ruhr) 1906 ff. 8°.
1. März 1899–28. Febr. 1906. 1906.
1. März 1899–29. Febr. 1908. 1908.
1. März 1899–28. Febr. 1909. 1909.
Aus: Reyer, Fortschritte d. volkstüml. Bibliotheken. 1903. [sic!]

Die öffentliche Bücherhalle zu Hamburg. Denkschrift z. Feier ihres zehnjähr. Bestehens u. z. Einweihung d. neuen Gebäudes d. Hauptbibliothek an d. Kohlhöfen. Hamburg: Hamb. Gesellsch. z. Beförderung d. Künste u. nützl. Gewerbe ⟨Patriot. Gesellsch.⟩ 1910. 41 S. 8° [10. 1102 2

Öffentliche Bücher- und Lesehalle in Münster. [Münster i. W.: Bücherhalle um 1908.] 8 S. 8° [on. 9416

Bücher- und Staats-Kabinet, curieus. 62 Thle. m. Reg. 8. Halle, Renger. 711—20.

Bücher-Katalog, s.a. Bücher-Catalog

Reichs-Marine-Amt, Nachtrag I—III zum Bücherkatalog der Nautischen Abtheilung des — enthaltend die bis zum Oktober 1897 in Zugang gekommenen Bücher (hektographirt.) Berlin 1897.

Bücher-Katalog des Casino-Vereines in Klgft. Klgft., Leon, v. Kleinmayr, St. Josefs-Druck., Röschnar, 1870—.

Bücher-Katalog der Directions-Bibliothek des Vereines zur Beförderung und Ermunterung der Industrie und der Gewerbe im Herzogthume Steiermark. 3. verm. Aufl. gr. 8. (109 S.) Gratz, Kienreich. 30 kr. 1861

—— Fünfjähriger, Verzeichnis der in der 2. Hälfte des 19. Jahrhunderts im deutschen Buchhandel erschienenen Bücher und Landkarten. Bd. 3—8. 1861—85. Leipzig, Hinrichs. 1866—86. Lex.-8.
Vorher: A. Kirchhoff's Bücher-Katalog, später: Hinrichs' fünfjähr. Katalog. . . . . . (D.)

Bücher-Katalog der deutschbanater 12. Grenz-Regiments-Bibliothek. *Wien* 1858. *Fr. Manz.* 62 S. 8°.

Bücher-Katalog, Albrecht Kirchhoff's, Verzeichnis der in der 2. Hälfte des 19. Jahrhunderts im deutschen Buchhandel erschienenen Bücher und Landkarten. Bd. 1—2. 1851—60. Leipzig 1856—61. Lex.-8.
Später: Hinrichs' fünfjähriger Bücher-Katalog. . . . . (D.)

Bücher-Katalog der öffentlichen Leihbibliothek des Josef Kränzl, Buch-, Kunst- und Musikalienhändler, Buchdrucker und Lithographie-Besitzer in Ried. Ried, 1856. Druck der Josef Kränzl'schen Buchdr. (95 S. 8.)

Bücher-Katalog des Lese-Vereines der k. k. Feldärzte zu Brünn. Brünn, 1857. Aus Franz Gastl's Buchdr. (62 S. 4)

Bücherkatalog der L. „Zum Füllhorn" in Lübeck. 1884.

Bücherkatalog. Bücher-Katalog des Lesevereins Neumünster[-Zürich], nebst Reglement über die Benutzung der Bibliothek und des Lesezirkels. Revidiert im Januar 1901. IV + 48 S. 8. Zürich, F. Lohbauer, 1901. fr. —. 50 Bibl.

Bücherkunde, Allgemeine, des Brandenburgisch-Preussischen Staates. Berlin 1871. B: *Kletke, Carl.* (Kat. d. Bibl. d. dtsch. Reichstages. Berl. 1882.)

Bücherkunde, allgemeine, des brandenburgisch-preußischen Staates. hoch 4. (III, 108 S.) Berlin 871, v. Decker'sche Geh. Ober-Hofbuchdr. *

— katholische, s. Bibliotheca catholica.

Bücherkunde, Katholisch - theologische. II. Christologische Bibliographie. Verzeichniss der wichtigsten über den göttlichen Heiland Jesus Christus von 1837 bis 1890 erschienenen Werke, Predigten und Andachtsbücher, mit besonderer Berücksichtigung der Herz-Jesu-Verehrung. Systematisch nach Materien geordnet und mit einem Autoren - Register versehen von Mario Sig. Tavagnutti. 8. (72 S.) Wien: "Austria" (Drescher) 1890. -.30

Bücherkunde, Katholisch-theologische. Herausgegeben von M. S. Tavagnatti. III. Heft. Inh.: Mariologische Bibliographie. Verzeichniss der wichtigsten über die allersel. Jungfrau und Gottesmutter Maria von 1837 bis 1890 erschienenen Werke, Predigten und Andachtsbücher, mit besonderer Berücksichtigung der Rosenkranz - Verehrung. Gr. - 8. (79 S.) Wien: Drescher u. Cie. 1891. —.40

— — IV., 2. Die Kanzel. Ein nach 116 Materien systematisch geordnetes und mit einem Autoren-, Stich- und Schlagwort - Register versehenes Verzeichniss von katholischen Predigten und einschlägigen Werken. Die Predigt-Literatur der Jahre 1862—1890. Dritte gänzlich umgearbeitete und vermehrte Auflage. 8. (96 S.) Wien: Drescher u. Cie. 1891.

Bücher - Kunde, Katholisch - theologische. V. Bibliotheca catholica societatis Jesu. Verzeichniss der wichtigsten über den Orden und einzelne Mitglieder der Gesellschaft Jesu von 1830 bis 1891 von katholischer Seite erschienenen Werke, Predigten und Andachtsbücher. Mit einem Autoren- und einem Stichwort-Register versehen von Mario Sig. Tavagnutti. 8. (43 S.) Wien: Drescher u. Cie. 1891.

Bücherkunde, Kritische, d. deut. Bildg. 1. u. 2. Tl. 8° Weim., A Duncker V. jo 2.50; geb. n 3 —
Dannemann, Frdr.: Naturwissenschaften. (8, 176) '13 [2]
Loewe, Vict.: Geisteswissenschaften. (205) '12 [1]

Bücherkunde der kathol. theolog. Literatur, s.a. Bibliotheca catholico-theologica. 2e Aufl.

Bücherkunde der katholisch-theologischen Literatur . . . Augsb. 1832. V: *Schmalhofer, Michael.* (cb) (winer) (petz)

Bücherkunde der kathol.-theolog. Literatur, od. mögl. vollständ. Verzeichniß v. in alt. u. neuerer Zeit b. zum J. 1831 erschien. gang- u. brauchbaren Werken üb. alle Theile d. kathol. Religionswissenschn. u. and., in entfernt. Bezieh. zu Katholizismus, Kirchenwesen, Seelsorge 2c. stehend. Schriften. Mit Namen- u. Sachregistern, d. richt. Ladenpreisen u. sonst nöth. Nachweisn. gr. 8. (15⅞ B.) Augsburg 832, (Kollmann.)

Bücherkunde d. kathol.-theolog. Literatur, od. möglichst vollständ. Verzeichniß von in alt. u. neu. Zeit bis Ende 1836 erschien. gang- u. brauchbaren Werken üb. alle Theile d. kathol. Religionswissenschaft, Kirchengeschichte, Kirchenrecht 2c. dann anderen in entfernterer Beziehung zu Katholicismus, kathol. Kirchen-, Schul- u. Erziehungswesen, Armenpflege 2c. stehend. Schriften. Mit Namen- u. Sachregister, den richt. Ladenpreisen (in Thalern u. Gulden) u. sonst nöth. Nachweisn. (2. Aufl.) gr. 8. (26¼ B.) Augsburg 837, Kollmann. *

— Supplement, s. Handbüchlein.

— merkantilische, oder beurtheilendes Verzeichniß d. vorzüglichsten Bücher über den Handel u. seine Hülfswissenschaften. 8. Nürnb. 832. Leuchs u. Comp. 10 gr

Bücherkunde, neuere deutsche, bis Ende 1824 fortgesetzt. gr. 8. Aarau, Sauerländer. 15 gr (Dess. 1r Thl., s. Handbuch d. neuern deutschen Litt.)

Bücherkunde, Polytechnische, oder beurtheilendes Verzeichnis der vorzüglichsten Bücher über Chemie ... Nürnb. 1829. 2. umg. Ausg. Nürnb. 1841. H: *Leuchs, Joh. Carl.* (Biblchem) (Petz) (Cb)

— polytechnische, oder beurtheilendes Verzeichniß d. vorzügl. Bücher über Chemie, Technologie, Fabrikwissenschaft, Mechanik u. einzelne Gewerbszweige. Ein Hülfsbuch f. Privatpersonen, zur Kenntniß u. Auswahl zu kaufender Bücher. 8. Nürnb. 829. Leuchs u. Comp. 12 gr 2e Ausg. bis Mitte 1831 verm. 8. Ebd. 831. 12 gr

POLYTECHNISCHE BÜCHER-KUNDE, oder beurtheilendes Verzeichniss der vorzüglichsten Bücher über Chemie, Technologie, Fabrikwissenschaft, Mechanik und einzelne Gewerbszweige. Ein Hülfsbuch für Privatpersonen und Buchhändler zur Kenntniss und Auswahl zu kaufender Bücher. Dritte ganz umgearbeitete Ausgabe. Nürnberg, 1841. pp. viii–224, 12mo.

Bücher-Kunde, polytechnische, oder beurtheilendes Verzeichniß der vorzügl. Bücher über Chemie, Technologie, Fabrikwissenschaft, Mechanik u. einzelne Gewerbszweige. 3. ganz umgearb. Ausg. gr. 8. Nürnberg 841, Leuchs u. Comp. n. 5/12 ℛ — 4. bis zur Oster-Messe 1840 fortges. Ausg. 8. Ebend. 846. 1/2 ℛ

Bücherkunde, praktische. Wöchentliches Verzeichniss aller neuen Bücher und Landkarten in sachl. Anordnung. Als ständ. Ergänzung des „Schlagwortkatalogs" von Carl Georg und Leop. Ost. Jahrg. 1888. 52 Nrn. (à Nr. 1/4 Bog.) gr. 8. Hannover, Cruse. **
Vgl.: Georg, Carl und Leop. Ost, Schlagwortkatalog.

Bücherkunde, praktische. Wöchentliches Verzeichnis aller neuen Bücher u. Landkarten. Geordnet nach Schlagworten. Hrsgbr.: C. Georg u. L. Ost. 2. u. 3. Jahrg. 1889 u. 1890. à Jahrg. 52 Nrn. (à Nr. 1/4 Bog.) gr. 8. Hannov., Cruse. à Jahrg. *5
Nicht weiter erschienen.

Bücherkunde des Turnwesens. Verzeichnis der von 1750—1849 in Deutschland im Gebiete des Turnwesens erschienenen Bücher u. Zeitschriften. Dresden 1850. 12 S. Beil. z. „Turner".

Bücherlager, antiquarisches (Nr. 584) von Kirchhoff & Wigand in Leipzig. Philosophie. Freimaurerei. Pädagogik. Leipzig, Mai 1880. 8. 28 S.
1069 Nummern, darunter aber nur wenig (S. 14) über Freimaurerei.

Bücherlager, Antiquarisches, von Anton Raunecker in Klgft. Klgft., St. Hermagoras-Druck., Bertschinger, Schlick in St. Veit, 1881—.

Bücher-Lager, antiquar. von Gerschel & Anheisser. Stuttgart. (Nr. 9. Abtheil. II.) Inhalt: Philosophie. Universitats- u. Studentenwesen. Fechtkunst. Zweikampf. Freimaurerei. Mystik. Magnetismus, Spiritismus. Magie. Alchemie etc. Stuttgart 1883. 8. S. 51—100.
Ein interessanter Katalog.

Bücherlexikon, s. Kayser, Christian Gottlob

Bücher-Lexikon, allgemeines, s. W. Heinsius.

——, Allgemeines Deutsches, oder vollständiges Verzeichnis derjenigen Schriften, welche in Deutschland ... gedruckt worden sind. Bearb. von O. A. Schulz, später L. F. A. Schiller u. a. m. Bd. 1—12. Leipzig 1836—91. 4.
A. u. d. T.: Allgem. Bücher-Lexikon herausgeg. von W. Heinsius. . . . . (D.)

Büchermarken, die, od. Buchdrucker- u. Verlegerzeichen. (1. u. 2. Bd.) Imp.-4. Strassburg, J. H. E. Heitz. n.n. 80. —
1. Elsässische Büchermarken bis Anfang d. 18. Jahrh. Hrsg. v. Paul Heitz. Mit Vorbemerkgn. u. Nachrichten üb. die Drucker v. Karl Aug. Barack. (XXXIV, 160 S. m. 76 eingedr. Taf.) 892. n. 30. —
2. Die italienischen Buchdrucker- u. Verlegerzeichen bis 1525, hrsg. v. Paul Kristeller. (XV, 146 S. m. eingedr. Taf.) 893. n.n. 60. —

Büchermarken, die, od. Buchdrucker- u. Verlegerzeichen. III.–VI. Bd. Imp. 4. Strassburg, J. H. E. Heitz. n.n. 160 — (I—VI. n.n. 240. —)
III. Basler Büchermarken bis z. Anfang des 17. Jahrh. Hrsg. v. Paul Heitz. M. Vorbemerkgn. u. Nachrichten üb. die Basler Drucker v. C. Chr. Bernoulli. (XXXVII, 111 S. m. Abb.) 895. n.n. 40. —
IV. Frankfurter u. Mainzer Drucker- u. Verlegerzeichen b. in d. 17. Jahrh. Hrsg. v. Paul Heitz. (XV S., 84 u. 13 Taf. u. 1 S.) 896. n.n. 45. —
V. Span. u. portugies. Bücherzeichen des XV. u. XVI. Jahrh. Von Konr. Haebler. (V, XL, 47 S. m. 46 Taf.) 898. n.n. 40. —
VI. Die Kölner Büchermarken b. Anf. d. XVII. Jahrh. Von Paul Heitz. Mit Nachrichten üb. die Drucker v. Otto Zaretzky. (LII, 5 S. m. 53 Taf.) 898. n.n. 35. —

Büchermarken oder Buchdrucker- und Verlegerzeichen. 7. Genfer Buchdrucker- und Verlegerzeichen im 15.-17. Jahrh. von P Heitz. (56 S) 4° Strassburg 1908

Basler Büchermarken bis zum Anfang des 17. Jahrhunderts herausgegeben von *P. Heitz*, mit Vorbemerkungen u. Nachrichten über die Basler Drucker von *C. C. Bernoulli*. In-fol. XXXVIII, 111 S. Strassburg, J. H. Ed. Heitz. 53 35 1895

Die Kölner **Büchermarken** bis Anfang des XVII. Jahrhunderts, hrsg. v. Paul Heitz, m. Nachrichten üb. die Drucker v. Dr. Otto Zaretzky wissenschaftl. Assist. d. Stadtbibl. in Köln. (Vorr.: Adolf Keysser.) *Strassburg: J. H. E. Heitz 1898.* (1 Bl., LI, 5 S., LXIII Taf. bezw. S.) 1 Bd 2. (4.) (Büchermarken oder Buchdrucker- u. Verlegerzeichen. [Bd 6.]) 98. 1515

Büchermarkt, der. Monatl. Verzeichnis ausgew. Neuigkeiten d. in- u. ausländ. Litteratur. 1. Jahrg. Oktbr.—Dezbr. 1895. 3 Nrn. (Bog.) gr. 8. Leipzig, J. A. Barth. n.n. — 60

— dasselbe. 2.—5. Jahrg. 1896—1899. à 12 Nrn. (Bog.) gr. 8. Ebd. à Jahrg. n. 2. 40
Kann auch vierteljährlich bezogen werden.

Büchermarkt, der. Monatliches Verzeichnis ausgewählter Neuigkeiten der in- u. ausländ. Litteratur. 6. u. 7. Jahrg. 1900 u. 1901. à 12 Nrn. gr. 8. (à II, 192 S.) Leipzig, J. A. Barth. à Jahrg. n.n. 2. 40

— dasselbe. 8. Jahrg. 1902. 3 Nrn. gr. 8. (48 S.) Ebd. n.n. — 60
Mehr nicht erschienen.

Bücher-Markt, deutscher, zur Belehrung und Unterhaltung, für geistigen und weltlichen Erwerb, umfassend: Nützliche Beschäftigungen u. Erholungen, Erfindungen ꝛc. Stuttgart 855—58. Scheible. 16.
1. Thl.: Der glückliche Kaufmann, oder: Wie kann man sein zeitliches Wohl mit seinen Pflichten gegen Gott und den Nächsten in Einklang bringen? Geschildert in dem Leben des geistig und weltlich reichen Samuel Budgett, eines englischen Kaufmanns. Von William Arthur. Nach dem Engl. der 11. Aufl. von C. F. G. 855. (658 S.) 24 ngr
2. Thl.: Der glückliche Soldat, oder die Moral des Militärstandes; sammt Beispielen von Militärtugenden und Erzählungen aus dem Kriegsleben, zur Bildung u. Unterhaltung für deutsche Krieger, von Th. v. Zabern. 856. (647 S.) 24 ngr
3. Thl.: Schmackhafter und gesunder Wein ohne Trauben mit außerordentlich geringen Kosten; oder Anweisung, wie ein Jeder alle Arten von Wein und anderen wohlfeilen Getränken selbst bereiten kann, namentlich auch d. vortrefflichste Haus-Bier für die kleinsten Verhältnisse und die beliebtesten Obst-, Blüthen- und Früchten-Weine. In 100 Vorschriften, deren manche als Geheimnisse zu hohen Preisen ausgeboten werden. Von M. Chevalier. Nach der 12. französ. Originalausg. 856. (98 S.) 7 ngr
4. Thl.: Schatzkammer der Künste und Gewerbe oder die enthüllten Geheimnisse der Industrie in mehr als 600 neuen bisher geheim gehaltenen oder zu enormen Preisen feilgebotenen Recepten ꝛc., nebst einem Anhange d. ausgezeichnetsten und wirksamsten Volksmittel ꝛc. Von M. Chevalier. Nach der 8. französ. Originalausg. 856. (330 S.) 14 ngr

5. Thl.: Die Geheimnisse der Schönheit oder gründliche Anweisung zur Pflege und Verschönerung der verschiedenen Körpertheile, nebst physiognom. Bemerkungen über dieselben 2c. Ein freundlicher Rathgeber für Jedermann, besonders für das schöne Geschlecht. Von Séjour de Lorraine. Aus dem Französ. 857. (286 S.) 12 ngr

6. Thl.: Die Milchkühe und der höchste Milchertrag. Vollständige u. neue Darstellung der charakteristischen Merkmale, nach denen man die Milchergiebigkeit einer Kuh leicht und genau beurtheilen kann, nebst Bemerkungen über die Mastung u. das Mastvieh 2c. Ein von der landwirthschaftlichen Gesellschaft des Departements Pas de Calais gekröntes Buch. Von J. Lodieu (v. Plouvain). Aus dem Französ. 857. (254 S.) 11 ngr

7. Thl.: Die interessantesten, belehrendsten und spaßhaftesten Neckaufgaben aus der Zahlen-Rechenkunst und Algebra in komischer Versweise; nebst deren Auflösungen; sowie auch eine Universal-Rechentabelle 2c. Von Ign. Bernh. Montag. 858. (184 S.) 9 ngr

Bücher-Markt, volksthümlicher, für Stadt u. Land. Von einem Vereine zur Verbreitung belehrender Unterhaltung u. gemeinnütziger Kenntnisse. 1. Bdchn. Familie u. Gemeinde oder Geschichte des Dörfchens Lauterthal. Ein Büchlein für's Volk v. Fr. Mühlecker. 32. (160 S.) Stuttgart 851, Scheible. 3 1/2 ngr

Büchernachdruck, üb., u. Eigenthum an Geisteswerken. 2 Hfte. 8. Halle 791. Dreyßig. 5 gr

Bücher-Nachdruck, Der, nach ächten Grundgesetzen des Rechts geprüft. Göttingen 1774. V: *Pütter, Joh. Steph.* (Holz)

Büchernack. Handbuch f. jedermann. Aus der Praxis, für die Praxis. (Von Alb. Nack.) (206 S. m. 1 Bildnis.) gr. 8. Berlin-Charlottenburg (Kantstr. 124) 909. Alb. Nack. Geb. 3.—

Bucheron, le, ou les Souhaits. Coméd. lyrique, par Guischard. 8. Dresd. Walther. 765.

Bücherposaune, die, e. literar. Journal. 1r Bd. 8. Leipz. 775. Sommer. (W. Nauck). 12 gr

Bucher's, Lothar, Leben u. Werke, s. Poschinger, Heinr. v.

Buchern, D. Urban Gottfr. (Königl. Rath und Festungs-Medicus zu Dresden) Bericht von dem Ausgang des Annabergischen Hexen-Wesens, in dessen erster (und einziger) Erzählung von Sachsenlands Natur-Historie. Dreßd. 723. 8.

Büchersaal, jurist. 16 Stck. 8. Frft.

Büchersaal, Juristischer, oder gründliche Nachricht von den neuesten juristischen Büchern ... Leipzig 1737—39. H: *Jenichen, Gottlob August.* (ML) (Myl) (Oa)

Bücher-Saal oder Gründliche [illegible]

Jurist. Büchersaal od. gründl. Nachr. v. d. besten jurist. Büchern, u. berühmtest. Rechtsgel. Leben etc. II. Th. *Frcf.* (*Lpz.*) 737—39. 8. — Fortges. unter d. Tit.: Glo. A. JENICHEN, J. And. HOFFMANN u. C. F. WALCH: Allerneueste Nachrr. v. jurist. Büchern, akad. Abhandll., Deductt. u. Verordnn. grosser Herren, Leben d. berühmt. u. noch lebenden Rechtsgel., nebst and. z. Rechtsgel. gehör. Sachen. *Frcf., Lpz.* u. *Jena.* 739—55. 80 St. in 10 B. 8. (6 Thl. 16 Gr.)

Büchersaal, Neuer, der gelehrten Welt ... 60 Oeffnungen. Leipzig 1710—17. V: *Krause, Johann Gottlieb & Johann Georg Walch.* (BrMm) (Myl)

Büchersaal, Neuer, der schönen Wissenschaften und freyen Künste. Leipzig 1745—54. H: *Gottsched, Joh. Chph.* (ML) (JL)

— neuer, d. schön. Wissensch. u. fr. Künste. 10 Bde. compl. 8. Lpz. 745.

— philosophisch. 8. Thle. 8. Lpz. Clanner 1741–44.

Büchersaal, Polnischer, darin die berühmtesten Bemühungen der Mäcenaten und Gelehrten in Polen ... Breslau 1756. V: *Janotzki [Janisch], Joh. Dn. Andreas.* (Ky)

Büchersaal, polnischer, darin d. berühmtesten Bemühungen d. Mäcenaten u. Gelehrten in Polen 2c. 16 Stck. 8. Bresl. 756. W. G. Korn. 2 gr

— d. Schlesische. 10 Thle, mit Anh. 8. Bresl. 751—53. 22 gr
Schweidnitz: Overfeldt 1751-54.

— theolog., herausg. v. Chr. Wlh. Becker. 2 Bde (à 12 Stcke.) 8. Jena 749—52. Gollner

— d. gelehrt. Welt. 60 Thle. 8. Lpz.

BÜCHERSAMMLUNG. (Landsberg a. W. Druck von R. Schneider & Sohn. Ohne bes. Titelbl.) 8°.

Büchersammlung, allgemeine, lebender Schriftsteller. 1.—7., 9., 10. u. 12. Bd. 16. Leipzig 890. G. Körner. 4. 80
1. 5. 10. Geschichte der geistigen Entwicklung Europas v. J. W. Draper. Nach der sorgfältig durchgeseh. neuesten Aufl. deutsch von G. Kuhr. 1.—3. Tl. (288 S.) —50
2. Versuch e. Reform der deutschen Lyrik v. R. Frhrn. Prochazka. (IX, 34 S.) —30
3. Brasilianische Novellen v. J. Engell-Günther. (90 S.) —60
4. Humoristische Kleinigkeiten. Mit Beiträgen v. W. Appelt, P. Block, F. Brentano u. A. hrsg. v. E. Moser. 1. (96 S.) —50
6. Gerechte Menschen. Drama in 3 Akten v. H. v. Basedow. (71 S.) —60
7. Der Goldschmied von Köln. Ein deutscher Roman aus der Wende d. 15. Jahrh. Von F. Lemmermayer. (76 S.) —50
9. Lustspiel-Bühne. 1. Tl.: 1. K. G. Linden, keine Rose ohne Dornen. — 2. E. Albrecht, zwischen zwei Stühlen. — 3. M. Behrend, der Spiegel d. Teufels. — 4. K. Grauer, ich bin angekommen. [Lustspiel m. Tanz od. Ballet.] (22, 27, 22 u. 17 S.) 50
12. Die Schwalbe. Schauspiel in 3 Akten von Graf Emerich v. Stadion. (77 S.) 50
Bd. 11 erscheint später.

— allgemeine, lebender Schriftsteller. 8., 11, 13.—17. Bd. gr. 16. Leipzig, G. Körner. 2. 10
8. Hieroglyphen d. Lebens. Novelletten u. Skizzen v. Alfr. Friedmann. (64 S.) 890. —50
11. Dorfgeschichten aus dem Böhmerwalde v. Joh. Peter. (75 S.) 890. —60
13. Der Goldschmied v. Köln. Ein deutscher Roman aus der Wende d. 15. Jahrh. Von Fritz Lemmermayer. (Fortsetzung.) (S. 79—140.) 892. —20; kart. —30
14. Das Lied vom deutschen Wort. Von Alb. Zipper. (63 S.) 892. —20; kart. —30
15. Bertha, e. Liebesgeschichte aus Bad Bocklet v. Armin Werherr. (75 S.) 892. —30
16. Capreser Geschichten v. Konr. Telmann. 1. Tl. Die schwarze Hexe. — Der lahme Checco. (67 S.) 892. —20; kart. —30
17. Mephistopheles in Rom. Tragödie in 5 Aufzügen v. Frz. Kelm. (106 S.) 892. —20; kart. —30

— allgemeine, der freien Vereinigung v. Schriftstellern, Literatur- u. Kunstfreunden. (2. Folge.) Hrsg. v. Gust. Körner. Red. von Frhr. W. v. Biedermann. 8. Leipzig, G. Körner.

Heinzmann, Kurt, volkstümliche deutsche Strafrechtskunde. Für gebildete Laien, besonders f. Schöffen u. Geschworene, sowie f. Studierende u. angeh. Gerichts- u. Polizeibeamte. (283 S.) 910. 2. —

Bohlig, Hans, aus dem Märchenlande v. 1001 Nacht. Beobachtungen u. Abenteuer e. Geologen im nördl. Persien m. zahlreichen Abbildgn. (Vollbildern) im Text. 1. Bd. (XII, 208 S. m. Bildnis.) (909.) (Bd. 1) 2.— ; geb. 3. —

Stegemann, Otto, Reformbedürftigkeit der deutschen Militärverwaltung u. Vorschläge f. ihre Reorganisation in personeller u. sächlicher Beziehung zur Erhöhung der Kriegsbereitschaft der deutschen Armee bei jährlich ganz bedeutenden (Millionen) Ersparnissen. (220 S. m. 1 Tab.) 910. nn 1. 50

— dasselbe. Ergänzungen. (35 S.) 910. — 50

Wewelor, Aug., Ave Musica! Das Wesen der Tonkunst u. die modernen Bestrebgn. Ein musikal. Feldzug. (135 S. m. Bildnis.) (909.) (Bd. 2) 2.—; geb. 3. —

Büchersammlung, Gabelsberger stenographische. In stenographischer Schrift nach F. X. Gabelsberger. Nr. 1—5. 12. Leipzig 883. 84. Kleemeier. n. 5. 40

1. Das kalte Herz. Von Wilh. Hauff. (64 S.) n. 1. —
2. Leier u. Schwert. Von Thdr. Körner. (104 S.) n. 1. 50
3. Emilia Galotti. Ein Trauerspiel in 5 Aufzügen v. G. E. Lessing. (116 S.) n. 1. 80
4. Das Lied v. der Glocke. Von Frdr. v. Schiller. (32 S.) n. — 50
5. Der Verbrecher aus verlorener Ehre. Von Frdr. v. Schiller. Uebertragen v. Heinr. Rösch. (36 S.) n. — 60

Büchersammlung, gärtnerische. 1.—7. Bd. 8. Berlin 892. [P. Grundmann.] Neudamm, J. Neumann. Kart. n. 14. 50

1. Die Baumschule u. der Obstbau. Ein Leitfaden f. Gärtner, Landwirthe, Lehrer u. Gemeinde-Verwaltgn. v. H. Lindemuth. (Neue Titel-Ausg.) (100 S.) n. 1. 30
2. Der feldmäßige Gartenbau od. die Nutzgärtnerei im Großbetriebe v. R. Herrmann. Mit 3 Plänen u. 19 Abbildgn. (Neue Titel-Ausg.) (VIII, 374 S.) n. 3. 20
3. Handbuch der Vermessungskunde. Ein Lehrbuch f. Landwirthschafts-, Gärtner- u. Bauschulen, sowie zum Selbstunterricht f. Landwirthe, Gärtner, Bautechniker u. Forstleute v. F. C. Schubert. Mit 121 Abbildgn. u. 3 Taf., Zlg. im Anh. (Neue Titel-Ausg.) (VII, 168 S.) n. 3. 20; geb. n. 3. 60
4. Kleines Handbuch der Bodenkunde v. F. W. Dafert. Mit 51 Abbildgn. (Neue Titel-Ausg.) (VII, 277 S.) n. 2. 80; geb. n. 2. 50
5. Anleitung zur Anlage, Pflege u. Benutzung lebendiger Hecken v. Alex. v. Lengerke. 3., sehr verm. u. völlig umgearb. Aufl. v. C. W. Gloger. Mit 25 Zeichngn. auf 3 Taf. (Neue Titel-Ausg.) (IX, 78 S.) n. 1. 20
6. Die Champignons-Cultur in ihrem ganzen Umfange, die werthvollsten, in den letzten Jahren in den Treibereien d. In- u. Auslandes gewonnenen Erfahrgn. berücksichtigend. Den Züchtern gewidmet. Aus der Praxis geschöpft. Für den Erfolg berechnet. Von Ernst Wendisch. (102 S. m. 56 Abbildgn.) n. 2. —
7. Die Erdbeere, ihre Eintheilung, Beschreibung u. Cultur im Freien sowie unter Glas (Treiberei), nebst 19 Abbildgn. zum Anbau empfehlenswerther Sorten v. Paul Möschke. (35 S.) n. — 80

Fortsetzung s. u. d. T.: Neumann's, J., gärtnerische Büchersammlung.

BÜCHER-SAMMLUNG der Geschichts- und Alterthumsforschenden Gesellschaft des Osterlandes. (Ohne bes. Titelblatt.) (Altenburg c. 1842.) 8°.

BÜCHER-SAMMLUNG der Geschichts- und Alterthumsforschenden Gesellschaft des Osterlandes. (Fortsetzung.) (Ohne bes. Titelblatt.) (Altenburg c. 1844). 8°.

DIE BÜCHER-SAMMLUNG der naturhistorischen Gesellschaft in Hannover, ... zum Druck befördert, im April 1805. (Hannover.) Gedruckt bey Ludwig Pockwitz. 8°.

Büchersammlung der Grossloge des Freimaurerbundes „zur Eintracht“ in Darmstadt. Darmstadt, Herbert'sche Hofbuchdr. 1883. 8. 30 S.

Von Dr. Hügel mit Sorgfalt bearbeitet, enthält ca. 350 Nummern in chronologischer Ordnung.

Die Büchersammlung des Königl. Gymnasiums zu Bonn. 1. Tl. *Bonn, Univ.-Buchdr. v. C. Georgi, 1897;* 57 S. 8.
Bonn, k. G, P 1897 (442)

Die Büchersammlung des Königl. Gymnasiums zu Bonn. 2. T. *(Bonn 1898: C. Georgi.)* (95 S.) 8° [Fortsetzung d. P-Beilage 1897.]
Bonn, k. G, P 1898 (447)

Büchersammlung, die, der städtischen Kollegien Münchens nach dem Stande am Ende des J. 1909. (XXIV, 644 S.) 8. München 910. (J. Lindauer.) Geb. in Halbleinw. 2. —

Büchersammlung. – Büchersammlg. der Loge zum Pilger No. 238 . . .
s.a. Bergmann, Karl

Büchersammlung der Loge zum Pilger Nr. 238 im Or. von London. London [1877]. V: *Bergmann, Carl.* (wolfstieg I, 14)

Maurerische **Büchersammlung** der Loge Pforte zum Tempel des Lichts i. O. v. Hildesheim. Hildesheim 1888: Gerstenberg. 16 S. 8° [Umschlagtit.]

Bücher-Sammlung des Reichsbank-Direktoriums. *Berlin 1901: Reichsdruckerei.* (XII, 440 S.) 4° [illegible]

Buecher-Sammlung des Reichsbank-Direktoriums. [Nebst Nachtr. 1 ff. Berlin 1901 ff. 8°.
Nachtr. 1: (Abgeschl. am 1. Dez. 1902). 1902.
2: (Abgeschl. am 31. Dez. 1903). 1904.
3: (Abgeschl. am 31. Dez. 1904). 1905.
4: (Abgeschl. am 31. März 1906). 1906.
5: (Abgeschl. am 30. Juni 1907). 1907.

Büchersammlung f. Gabelsbergersche Stenographen. Hrsg. v. Wilh. Marnet. 1.—29. Bd. 12. Neustadt a/H., W. Marnet. n. 22. 90

1. Der Besuch im Carcer. Humoreske v. Ernst Eckstein. Mit 6 Orig.-Illustr. v. G. Sundblad. Mit Genehmigg. des Hrn. Verf. u. des Hrn. Verlegers in Gabelsbergerscher Schrift hrsg. v. Wilh. Marnet. 6. Aufl. (VII, 44 S.) 893. n. — 60; geb. n. 2. —

2-4. Allerlei Humor. Hrsg. v. Wilh. Marnet. A, 5. Aufl., B u. C 4. Aufl. (A 47 S.) 893. à n. — 50; A u. B geb. à n. 1. 90

5. Sämmtliche Sigel, üb. 2600 Correspondenzschrift- u. 700 Debattenschrift-Abkürzgn., sowie Alphabete u. s. w. anderer Systeme v. Wilh. Marnet. 21. Aufl. (80 S.) 893. n. — 80; geb. n. 1. 20

6. Der Blondin v. Namur. Märchenhafte Erzählg. v. Heinr. Zschokke. 3. Aufl. (64 S.) 893. n. — 60

7. A. W. Grube, Friedrich der Grosse. In Gabelsberger'sche Correspondenzschrift übertr. v. Const. Glebner. 2. Aufl. (36 S.) 893. n. — 50

8. A. W. Grube, Franklin. In 3 Rubriken m. nebeneinanderstch. Druck-, Correspondenz- u. Debattenschrift übertr. v. Const. Glebner. 2. Aufl. (29 u. 29 autogr. S.) 893. n. — 75

9. A. W. Grube, Frhr. v. Stein. Mit mäss. Anwendg. der Satzkürzg. in Gabelsberger'sche Stenographie übertr. v. Const. Glebner. 2. Aufl. (48 S.) 893. n. — 50

10. Liederbuch f. Gabelsberger'sche Stenographen, enth. 31 Stenographen- u. 16 Volkslieder. Gesammelt u. hrsg. v. Wilh. Marnet. 2. Aufl. (61 S.) 893. n. — 50

11. 20 heitere Vorträge, Festgedichte u. Toaste, zum grossen Thl. stenographischen Inhalts. Gesammelt u. hrsg. v. Wilh. Marnet. (40 S.) 892. n. — 75

12. Die langen u. kurzen Hosen. Militär-Humoreske v. Phpp. Lenz. In stenograph. Schrift übertr. u. autogr. v. Const. Glebner. 2. Aufl. (58 S.) n. — 80

13. Ernst Eckstein, Arzt u. Autor. Feinsatyrische Humoreske. Phpp. Lenz, die Strafpredigt. Köstliche Militärhumoreske. (66 S.) n. — 80

14. Ausgewählte Gedichte v. Ludw. Uhland. In stenograph. Schrift übertr. u. autogr. v. Const. Glebner. (195 u. IV S.) 894. n. 2. 40; geb. n. 2. 80; in Prachtbd. n. 3. 50

15. Vierzehn Reden hervorragender Stenographen üb. allgemeine stenographische Themas zur Propaganda, zur Eröffnung v. Unterrichtskursen, zu Vereinsfestlichkeiten, Gedenkfeiern, Stiftungsfesten u. s. w. u. s. w. v. Gfr. Böhme, Rob. Fischer, Ferd. Ruess, Ed. Uhl, Adf. Zuckertort. (183 S.) 894. n. 1. 30

16. Der Verräter. Erzählung v. Rud. v. Gottschall. (96 autogr. S.) 894. n. 1. —

17. Der Säbel. Militärische Humoreske v. Phpp. Lenz. In stenogr. Schrift übertr. u. autogr. v. Carl Kittel. (44 S.) 894. n. — 70

18. Die stenographirte Gardinenpredigt. Stenographischer Schwank in 1 Act v. Ernst Schmid. (Für Stenographen aller Systeme passend.) (42 S.) 894. n. — 60

19. Aus den Papieren eines Polizeikommissärs. Wiener Sittenbilder v. Leop. Florian Meissner. In stenogr. Schrift übertr. u. autogr. v. Adf. Schöttner. (87 S.) 894. n. — 90

20. Die letzten Ritter v. Marienburg. Novelle v. Wilh. Hauff. In stenogr. Schrift übertr. u. autogr. v. Adf. Schöttner. (76 S.) 894. n. — 90; geb. n. 1. 40

21. Die Rechtspflege u. die Stenographie. Von J. W. Zeibig. (28 S.) 894. n. — 40

22. Die rothe Jula. Erzählung v. Ernst Eckstein. In stenograph. Schrift übertr. u. autogr. v. Adf. Schöttner. (54 S.) 894. n. — 90; geb. n. 1. 40

23. Ausgewählte Erzählungen des rheinländischen Hausfreundes v. J. P. Hebel. I. Lese- u. Übungsbuch f. Gabelsberger'sche Stenographen. In stenogr. Schrift übertr. u. autogr. v. Adf. Schöttner. (48 S.) 894. n. — 75; geb. n. 1. 25
24. Humoristische Skizzen aus Amerika v. Phpp. Borges. In stenogr. Schrift übertr. u. autogr. v. Adf. Schöttner. (18 S.) 894. n. — 75; geb. n. 1. 25
25. Blüthen aus dem deutschen Dichterwalde. I. In stenograph. Schrift übertr. u. autogr. v. Adf. Schöttner. (64 S. m. Abbildgn.) 894. n. — 90; geb. n. 1. 40; in Prachtbd. m. Goldschn. n. 2. —
26. Kurzgefasste Geschichte der Stenographie. Von Herm. Meinberg. 2., wesentlich verm. u. verb. Aufl. (VII, 101 S.) 895. n. 1. 20; geb. n. 1. 70
27. Stenographisches Ziffern- u. Zahlensystem v. Wilh. Kahrs. Mit speciellen Hinweisen auf das Gabelsberger'sche Stenographie-System, aber auch bei jedem anderen System u. bei gewöhnl. Schrift sofort ohne Weiteres anwendbar. In 2 Stunden zu erlernen. (16 S.) 894. n. — 50; geb. n. — 85
28. Aus dem wilden Westen Nordamerikas. Erlebnisse u. Skizzen v. Frdr. J. Pajeken. I. In Gabelsberger'sche Stenographie übertr. u. autogr. v. Adf. Schöttner. (56 S. m. Abbildgn.) 894. n. — 85; geb. n. 1. 35
29. Der Stenographenfeind. Schwank in einem Aufzug v. Gust. Baum. (44 S.) 894. n. — 75

– dass. 30. Bd. Schmid, E.: Eine fixe Idee. Lustspiel (36) 1895.

Büchersammlung, f. Gabelsberger'sche Stenographen hrsg. von Wilh. Marnet. 1., 3.—5., 7., 8., 10. u. 31.—49. Bd. 8. Neustadt a. d. H., Wilh. Marnet. n. 17. 80; eleg. geb. n. 29. 40

Inhaltsübersicht in alphabet. Ordnung:

Coppée, François, Drei Novellen. A. d. ill. Sammlg. von Franckh, 3. Bd. In Gabelsberger'sche Stenographie übertr. u. autograph. von Adolf Schöttner. (40 S.) 897. (Bd. 38.) n. — 75; eleg. geb. n. 1. 25

Eckstein, Ernst, Der Besuch im Karzer. Mit 6 Ill. v. G. Sundblad. M. Genehmigg. d. Verf. u. d. Verlegers in Gabelsberg. Schrift hrsg. von Wilh. Marnet. 8. Aufl. (IX, 41 S.) 895. (Bd. 1.) n. — 60; eleg. geb. n. 1. —; Prachtband m. Goldschnitt n. 2. —
— Pariser Leben I. Mit Genehmigg. des Verf. u. des Verlegers Ph. Reclam jun. In Gabelsberg. Stenographie übertragen u. autograph. von Adolf Schöttner. (47 S.) 897. (Bd. 43.) n. — 85; eleg. geb. n. 1. 35
— dasselbe. II. (30 S.) 897. (Bd. 44.) n. — 75; eleg. geb. n. 1. 25
— Die Zwillinge. Humoreske. M. freundl. Genehmigg. des Verf. u. d. Verl. R. Eckstein Nachf. In Gabelsberger'sche Stenographie übertr. u. autograph. v. Ad. Schöttner. 2. Aufl. (52 S.) 897. (Bd. 40.) n. — 90; eleg. geb. n. 1. 40

Eschstruth, Nataly v., Es spukt! [Aus: „Sternschnuppen". Verlag v. Paul List, Leipzig.] In Gabelsberger'sche Stenographie übertr. u. autograph. v. Adolf Schöttner. (15 S.) 897. (Bd. 49.) n. — 40; eleg. geb. n. — 80
— Sein erster Orden. Humoreske. [Aus: „Sternschnuppen". Verlag v. Paul List, Leipzig.] In Gabelsberger'sche Stenographie übertr. u. autograph. v. Adolf Schöttner. (21 S.) 897. (Bd. 48.) n. — 50; eleg. geb. n. — 90
— Wenn Zwei sich nur gut sind. [Aus: „Sternschnuppen". Verlag von Paul List, Leipzig.] In Gabelsberger'sche Stenographie übertr. u. autograph. von Adolf Schöttner. (47 S.) 897. (Bd. 47.) n. — 90; eleg. geb. n. 1. 40

Gerstäcker, Friedr., D. Flucht üb. d. Cordilleren. In Gabelsberger'sche Stenographie übertr. u. autograph. von Adolf Schöttner n. d. im Verlage v. Herm. Costenoble in Jena erschien. Orig.-Ausg. (39 S.) 897. (Bd. 45.) n. — 75; eleg. geb. n. 1. 25
— So Du mir, so ich Dir. Autograph. u. übertr. von Adolf Schöttner n. d. i. Verlage v. Herm. Costenoble in Jena erschien. Orig.-Ausg. (29 S.) 897. (Bd. 46.) n. — 60; eleg. geb. n. 1. —

Gottschall, Rudolf von, Die Adlerhexe. In Gabelsberger'sche Stenographie übertr. u. autograph. v. Adolf Schöttner. (55 S.) 896. (Bd. 32.) n. — 90; eleg. geb. n. 1. 40

Grube, A. W., Franklin. In 3 Rubriken m. nebeneinanderstch. Druck-, Correspondenz- u. Debattenschrift übertr. v. Const. Glebner. 3. Aufl. (29 u. 29 autograph. S.) 895. (Bd. 8.) n. — 75; eleg. geb. n. 1. 15
— Friedrich der Grosse. In Gabelsberg. Correspondenzschrift übertr. v. Const. Glebner. 3. Aufl. (36 S.) 895. (Bd. 7.) n. — 50; eleg. geb. n. — 90

Horwi, H., Der selige Fassenhagen. Humoreske. In Gabelsberg. Stenographie übertr. u. autograph. v. Adolf Schöttner. (15 S.) 896. (Bd. 31.) n. — 35; eleg. geb. n. — 70

Hopfen, Hans, Im Schlaf geschenkt. E. kleine Geschichte a. d. grossen Stadt. M. freundl. Genehmigg. d. Verf. u. d. Verlegers Rich. Eckstein Nachf. in Berlin. In Gabelsberg. Stenographie übertr. u. autograph. von Adolf Schöttner. (40 S.) 897. (Bd. 42.) n. — 80; eleg. geb. n. 1. 30

Jahn, Ernst Reinhold, Humorist. Erzählgn. In Gabelsberg. Stenographie übertr. u. autograph. von Adolf Schöttner. (56 S.) 897. (Bd. 34.) n. — 90; eleg. geb. n. 1. 40

Lenz, Philipp, Auf Strafwache. Militär-Humoreske. In Gabelsberg. Stenographie übertr. u. autograph. von Adolf Schöttner. (56 S.) 897. (Bd. 35.) n. — 90; eleg. geb. n. 1. 40
— Liederbuch f. Gabelsberger'sche Stenographen, enth. 34 Stenographen- u. 16 Volkslieder. Ges. u. hrsg. v. Wilh. Marnet. 4. Aufl. (61 S.) 895. (Bd. 10). n. — 50; eleg. geb. n. — 90

Marnet, Wilhelm, Allerlei Humor. B. u. C. 5. Aufl. (à 47 S.) 895. (Bd. 34.) à n. — 50; eleg. geb. à n. — 90; in Prachtband m. Goldschnitt à n. 1. 90
— Sämtliche Siegel u. gebräuchl. Abkürzgn. Sämtl. beschlussmäss. Sigel, üb. 2600 i. d. Correspondenzschrift u. 700 i. d. Debattenschrift gebräuchl., sich aus d. Regelwerk ergeb. Abkürzgn., Predigt-Sigel, d. wesentl. Merkmale and. Systeme u. s. w. Autogr. v. Ad. Schöttner. 25. Aufl. (80 S.) 895. (Bd. 5.) n. — 80; eleg. biegs. Ganzleinenband n. 1. 20

Maupassant, Guy de, Auf der Reise u. and. Geschichten. A. d. ill. Sammlg. Franckh, 3. Bd. In Gabelsberg. Stenographie übertr. u. autograph. v. Adolf Schöttner. (56 S.) 895. (Bd. 39.) n. — 75; eleg. geb. n. 1. 25

Röhl, A., Der Philadelphia-Doktor u. and. Humoresken. In Gabelsberg. Stenographie übertr. u. autograph. v. Adolf Schöttner. (56 S.) 897. (Bd. 36.) n. — 90; eleg. geb. n. 1. 40

Scheffel, Carl, E. Wort z. Aufklärg. üb. d. Frage: Welches Stenographensystem ist das beste? Vom Standpunkte e. seit vielen Jahren i. d. Praxis steh. Geschäftsstenographen. 2. Aufl. (25 S.) 897. (Bd. 41.) n. — 60; eleg. geb. n. 1. —

Twain, Mark., Die Millionenpfundnote. Humoreske. In Gabelsberg. Stenographie übertr. u. autograph. von Adolf Schöttner. (56 S.) 897. (Bd. 37.) n. — 75; eleg. geb. n. 1. 25

Weiss, Max, Die Vorurteile geg. d. Stenographie u. ihre wirksamste Bekämpfung. Vortrag. (24 S.) 896. (Bd. 33.) n. — 40; eleg. geb. n. — 75. —

Büchersammlung f. Gabelsb.'sche Stenogr., hrsg. v. W Marnet. 30—55. Bd. 8° Neust. a/d. H., W Marnet. 18.45; geb. 30.10

Coppée, F: Drei Novellen. Übertr. v. A Schöttner. (40) 97. [38.] — 75; geb. 1.25
Eckstein, E: Pariser Leben. Übertr. v. A Schöttner. I. (47) 97. [43.] — 85; geb. 1.35 ‖ II. (30) 97. [44.] — 75; geb. 1.25
— Die Zwillinge. Humoreske. Übertr. v. A Schöttner. (2. Aft.) (52) 97. [40.] — 90; geb. 1.40
Eschstruth, N v.: Sein 1. Orden. Übertr. v. A Schöttner. (21) 97. [48.] — 50; geb. — 90
— Es spukt! Übertr. v. A Schöttner. (15) 97. [49.] — 40; geb. — 80
— Wenn zwei sich nur gut sind. Übertr. v. A Schöttner. (47) 97. [47.] — 90; geb. 1.40
Gerstäcker, F: So Du mir, so ich Dir. Übertr. v. A Schöttner. (29) 97. [46.] — 60; geb. 1 —
— Die Flucht üb. d. Cordilleren. Übertr. v. A Schöttner. (39) 97. [45.] — 75; geb. 1.25
Gottschall, R v.: Die Adlerhexe. Erzählg. Übertr. v. A Schöttner. (55) 96. [32.] — 90; geb. 1.40

Büchersammlung f. Gabelsb.'sche Stenogr. Fortsetzung.

Herwi, H: Der sel. Fassenhagen. Übertr. v. A Schöttner. (15) 96. [31.] — 35; geb. — 70
Hopfen, H: Im Schlaf geschenkt. Eine kl. Gesch. a. d. grossen Stadt. Übertr. v. A Schöttner. (40) 97. [42.] — 80; geb. 1.30
Jahn, ER: Humorist. Erzählgn. Übertr. v. A Schöttner. (56) 97. [34.] — 90; geb. 1.40
Lenz, P: Auf Strafwache. Militär-Humoreske. Übertr. v. A Schöttner. (56) 97. [35.] — 90; geb. 1.40
Maupassant, G de: Auf d. Reise u. and. Geschichten. Übertr. v. A Schöttner. (40) 97. [39.] — 75; geb. 1.25
Roehl, A: Der Philadelphia-Doktor, u. and. Humoresken. Übertr. v. A Schöttner. (56) 97. [36.] — 90; geb. 1.40
Scheffel, C: Ein Wort z. Aufklärg üb. d. Frage: Welches Stenogr.-System ist d. Beste? (2. Aft.) (25) 97. [41.] — 60; geb. 1 —
Schmid, E: Junge Ehe. Stenograph. Lustspiel. (24) 99. [51.] — 80; geb. 1 —
— Eine fixe Idee. Lustspiel. 2. Aft. (36) 96. [30.] — 60; geb. 1 —
— Ein Preisschreiben. Stenograph. Schwank. (32) 99. [55.] — 60; geb. 1 —
Timpf, C: Ein Graf. Stenograph. Lustspiel. (15) 99. [50.] — 40; geb. — 75
Twain, M: Die Millionen-Pfundnote. Übertr. v. A Schöttner. (38) 97. [37.] — 75; geb. 1.25
Weiss, M: Die Vorurtheile geg. d. Stenogr. u. ihre wirksamste Bekämpfg. Vortr. (24) 96. [33.] — 40; geb. — 75
Wilhelm II., Kaiser: Ausgew. Reden. 1. u. 2. Tl. Zusammengest., in stenogr. Satzkürzg übertr. u. m. Kommentar d. angewandten Kürzgn versehen v. R Preuss. (à 48) 99. [53.54.] à — 80; geb. à 1.30; Prachtausg. m. G. à 1.75
Zum Gedächtnis d. Fürsten Bismarck. Ansprachen u. Reden, anlässlich dessen Hinscheidens ges. u. in stenograph. Korrespondenzschrift m. gegenüber steh. Satzkürzg übertr. v. R Preuss. (48) 99. [52.] — 80; geb. 1.30; Prachtausg. m. G. 1.75

– f. Gabelsb.'sche Stenogr. Hrsg. v. Wilh. Marnet. 62. Bd. 8° Neust. a/H., W Marnet. — 60; geb. n 1 —
Haupt, Arth.: „Überlistet". Lustsp. f. Stenogr. aller Systeme. (14) (00.) [62.] — 60; geb. n 1 —

Bisher u. d. T.: Marnet-Bibliothek. — Fortsetzg wieder unter diesem Titel.

Büchersammlung f. Gabelsb.'sche Stenogr., Fortsetzg, s.: Marnet-Bibliothek.

Büchersammlung f. Unteroffiziere u. Mannschaften der Armee u. Marine. s.: Eisenschmidt.

Bücherschatz, Barmer. 1.—5. Bd. 8. (Mit Bildern.) Barmen, Wupperthaler Traktat-Gesellschaft. Geb. in Leinw. n. 3. 60
1. Philipp Melanchthon. E. Büchlein f. d. Volk z. 400. Geburtstage d. Reformators. Von Karl Frdr. Ledderhose. (102 S.) 896. n. 1. —
2. Franzosenpeter, der. Lebensgeschichte d. Peter Harres, e. Veteranen a. d. J. 1813, 14 u. 15. (93 S.) 896. n. 1. —
3. 4. Günzers, Augustin, merkwürd. Lebensgeschichte. E. Kulturbild a. d. Jahrhundert d. 30jähr. Krieges. Erz. v. ihm selbst. (161 S.) 896. n. 1. 60
5. D. Familie Thompson u. Meester Martje. 2 Geschichten aus Südafrika von P. D. v. Blomberg. M. 3 Bild. v. M. Sterl. (107 S.) (897.) n. 1. —

Bücherschatz, Barmer. 6.—11. Bd. 8. Barmen, Wuppertthaler Traktat-Gesellschaft. Geb. in Leinw. à n. 1.—
6. Wunderbar geführt. Eine Erzählg. nach wahren Begebenheiten. Von Ulr. Lörcher. Mit Bildern v. R. Starcke. (82 S.) 899.
7. Der Schulmeister u. sein Sohn. Eine Erzählg. aus dem 30jähr. Kriege. Von K. H. Caspari. (VI, 140 S. m. 3 Abbildgn.) (899.)
8. Katharina, das Waldenser-Mädchen od. dem Glauben treu. Geschichtliche Erzählg. f. Volk u. Jugend. Von Wilh. Wittgen. 7. Aufl. Mit Bildern v. F. Nitzsche. (103 S.) (899.)
9. Gottes Gerechtigkeit. Nach e. wahren Begebenheit erzählt. Von Helene Berthold. Mit 3 Bildern v. C. J. Frankenbach. (120 S.) (900.)
10. Unter der Fahne Napoleons. Eine geschichtl. Erzählg. aus der Zeit der Befreiungskriege. Von Wilh. Wittgen. Mit Orig.-Bildern v. C. J. Frankenbach. (92 S.) (900.)
11. Gödekes Jungen. Eine Weihnachtsgeschichte. Von B. D. v. Blomberg. Mit Bildern v. J. F. Frankenbach. (80 S.) (901.)

Bücherschatz, Barmer. 7. u. 12. Bd. kl. 8. Barmen, Wuppertaler Traktat-Gesellschaft. Geb. in Leinw. à n. 1.—
7. Der Schulmeister u. sein Sohn. Eine Erzählg. aus dem 30jähr. Kriege. Von K. H. Caspari. 2. Aufl. (147 S. m. 2 Vollbildern.) (905.)
12. Gott ist unsere Zuversicht u. Stärke. Geschichtliche Erzählg. f. Volk u. Jugend. Von Wilh. Wittgen. (80 S. m. Abbildgn.) (903.)

— dasselbe. Neue Folge. 1.—4. Bd. kl. 8. Ebd. Geb. in Leinw. à n. 1.—
1. Die Salzburger. 2 geschichtl. Erzählgn. Von Wilh. Wittgen. (94 S. m. 2 Vollbildern.) (903.)
2. Auf hoher See. Erzählung von M. v. P. (62 S. m. 2 Vollbildern.) (903.)
3. Der Geigenheiner vom Karwendel. — Eine liebe Last. 2 Erzählgn. Von M. Titelius. Mit 6 Bildern. (88 S.) (904.)
4. Der Findling des Fenlandes. Eine Erzählg. Von P. G. Wendlandt. Mit Bildern. (98 S.) (905.)

Bücherschatz, Barmer. 7. Bd. 8. Barmen, Wuppertaler Traktat-Gesellschaft. Geb. in Leinw. 1.—
Der Schulmeister u. sein Sohn. Eine Erzählg. aus dem 30jähr. Kriege. Von K. H. Caspari. Mit 4 Bildern v. R. Starcke. 5. Aufl. (IV, 136 S.) (908.)

— dasselbe. Neue Folge. 5.—7. Bd. kl. 8. Ebd. Geb. in Leinw. à 1.—
Burdach, Art., Paul Gerhardt. Ein Lebensbild zur 300jähr. Jubelfeier seiner Geburt. 1. u. 2. Aufl. (Je 102 S. m. 6 Taf. u. 1 Bildnis.) (907.) (Bd. 6) Kart. — 70
Paschwitz, Th. v., der Großmutter Geheimnis. Einer wahren Begebenheit nacherzählt. (103 S. m. 2 Vollbildern.) (908.) (Bd. 7)
Wittgen, Wilh., Gräfin Ursula. Eine geschichtl. Erzählg. aus der Zeit des 30jähr. Krieges. 2. Aufl. (86 S. m. 1 Bildnis.) (907.) (Bd. 5)

— dass. N. F. 8. Bd. kl8° Ebd. L (je) 1 — d
Hagen, Clara: 2 Frauen. Erzählg. (119 m. Abb.) ('11) [8]

Bücherschatz, christlicher. Ein illustr. Katalog für das deutsche Haus, mit Vorwort von Gust. Schlosser. Ausg. im Novbr. 1879. Lex.-8. (IV, 88 S.) Frankfurt a. M., Schriften-Niederlage des Evangel. Vereins. *

Bücherschatz, christlicher. Illustrirter Katalog für das deutsche Haus, mit krit. Jahresbericht, hrsg. von Gust. Schlosser. 2. Jahrg. 1880. gr. 8. (XLVIII, 104 S.) Frankfurt a. M., Schriften-Niederlage des Evangel. Vereins.

—— dass. — 3.—6. Jahrg. 1881—1884. gr. 8. (LXIV, 112 S. mit eingedr. Holzschn.; LXIV, 120; 160; 176 S.) Ebendas. à Jahrg.

Bücherschatz, christlicher. Illustrirter Katalog f. das deutsche Haus m. krit. Jahresbericht, hrsg. v. Gust. Schlosser. 4. Jahrg. Ausg. im Novbr. 1882. Lex.-8. (LXIV, 120 S.) Frankfurt a/M. 883. Drescher's Verl. — 75

— dasselbe, nebst krit. Bericht. 5. Jahrg. 1. Hft. Lex.-8. Ebend. 883. — 75
Bibliographie der Luther-Literatur d. J. 1883. 1. Abth., abgeschlossen am 15. Septbr. 1883. (52 S. m. eingedr. Holzschn.)

— dasselbe. 5. Jahrg. Ausg. im Novbr. 1883. Lex.-8. (160 S. m. eingedr. Holzschn.) Ebend. 884. n. — 50

Bücherschatz, christlicher. Illustrierter Katalog für das deutsche Haus, hrsg. von Gust. Schlosser. 7. und 8. Jahrg. (1885 und 1886.) gr. 8. (190; 88, 64 S.) [Frankfurt a. M., Drescher.] Leipzig, Wilh. Weber. à Jahrg. [75 Pf.] *

—— dass. — 9. Jahrg. 1887. Lex.-8. (95, 32 S.) Ebendas.
1.—6. Jahrg. Ebendas. à [75 Pf.] Herabges. Pr.: 1. 2. 4. à * 50 Pf. 3. 5. à * 20 Pf.; 6. vergriffen.

Bücherschatz, christlicher. Katalog f. das deutsche Haus, hrsg. v. G. Schlosser. 8. u. 9. Jahrg. 1886. 1887. Lex.-8. (88 u. 64; 95 u. 32 S.) Leipzig, [Drescher.] Th. Rother. à Jahrg. 75

— christlicher. Illustrierter Weihnachtskatalog f. das deutsche Haus, hrsg. v. G. Schlosser. Zugleich Katalog d. Vereins v. Verlegern christl. Litteratur. 10. Jahrg. 1888. gr. 8. (144 S.) Karlsruhe 889. Evang. Schriftenverein f. Baden. — 50

— dasselbe. Hrsg v. C. Kayser. 12. Jahrg. Ausgegeben im Novbr. 1890. Lex.-8. (144 S.) Leipzig, Verein von Verlegern christl. Litteratur. n.n. — 50

Bücherschatz, christlicher. Illustrierter Weihnachtskatalog f. das deutsche Haus. 10.—13. Jahrg. 1888—1891. gr. 8. (à Jahrg. ca. 141 S.) [Karlsr. Evang. Schriftenverein f. Baden.] Lpz., Verein v. Verlegern christl. Litteratur. à Jahrg. — 50

—— dass. — Frühjahr-Katalog. Ausg. zu Ostern 1891. gr. 8. (44 S. m. 1 Abbild.) Ebd. — 30

— christlicher. Illustr. Weihnachtskatalog fürs evangel. Haus, hrsg. v. E. Kraus. Zugleich Katalog des Vereins v. Verlegern christl. Litteratur. 13.—16. Jahrg. Ausg. im Novbr. 1891, 1892, 1893, 1894. gr. 8. (152, 167, 154, 160 S.) Ebd. à n.n. — 50

— dass. Illustr. Weihnachtskatalog fürs ev. Haus, hrsg. v. E Kraus. Zugleich Katalog d. Vereins v. Verlegern christl. Litt. XVII. Jahrg. Asg. im Novbr 1895. 8° (168) Ebd. n.n. — 50

— christlicher. Ill. Weihnachtskatalog fürs evang. Haus, hrsg. v. E. Kraus. Zugl. Katalog d. Vereins v. Verlegern christl. Litteratur. XVIII. Jahrg. Ausg. i. Novbr. 1896. gr. 8. (168 S.) Leipzig, Verein v. Verlegern christl. Litteratur. n.n. — 50

— dasselbe. XIX. Jahrg. Ausg. i. Novbr. 1897. gr. 8. (172 S.) Ebd. n.n. — 50

— dasselbe. XX. Jahrg. Ausg. i. Novbr. 1898. gr. 8. (176 S.) Ebd. n.n. — 50

— christl. Illustr. Weihnachtskatalog für's ev. Haus, hrsg. v. O Kraus. Zugleich Katalog d. Ver. v. Verlegern christl. Litt. 22. Jahrg. Asg. im Novbr 1900. 8° (192) Lpzg, Ver. v. Verlegern christl. Litt. nn — 50

— christlicher. Illustrierter Weihnachtskatalog fürs evangelische Haus, zugleich Katalog des Vereins v. Verlegern christl. Literatur, hrsg. v. Otto Kraus. XXIV. Jahrg. Ausg. im Novbr. 1902. gr. 8. (192 S.) Leipzig, Verein v. Verlegern christl. Litteratur. n.n. — 50

— christl., f. 1905. Illustr. Weihnachts-Katalog fürs ev. Haus, zugl. Katalog d. Ver. v. Verlegern christl. Lit. Hrsg. v. J Jeremias. 27. Jahrg. Ausg. im Novbr '05. (176) 8° Lpzg, Ver. v. Verlegern christl. Litt. nn — 50 d
Bis 1902 hrsg. v. O Kraus.

— christlicher, f. d. J. 1906. Illustr. Weihnachtskatalog fürs evangel. Haus, zugleich Katalog des Vereins v. Verlegern christl. Literatur. Hrsg. v. Joh. Jeremias. XXVIII. Jahrg. Ausg. im Novbr. 1906. (176 S.) gr. 8. Leipzig, Verein v. Verlegern christl. Literatur. n.n. — 50

— christl., f/09. Illustr. Weihnachtskatalog fürs ev. Haus, zugl. Katalog d. Ver. v. Verlegern christl. Lit. Hrsg. v. Joh. Jeremias. 31. J. Ausg. im Novbr 09. (176) gr8° Lpzg, Ver. v. Verlegern christl. Lit. nn — 50 d

— christlicher, f. d. J. 1910. Illustr. Weihnachts-Katalog fürs evang. Haus, zugleich Katalog des Vereins v. Verlegern christl. Literatur. Hrsg. v. Johs. Jeremias. 32. Jahrg. (176 S. m. Abb.) gr. 8. Leipzig, (Verein v. Verlegern christl. Literatur). nn — 50

— Christlicher, f. '12. Illustr. Weihnachts-Katalog f. evang. Haus, zugl. Katalog d. Vereins v. Verlegern christl. Lit. Hrsg. v. Joh. Jeremias. 34. J. (176) gr8° Lpzg, Verein v. Verlegern christl. Lit. nn — 50 d

Bücherschatz, Christlicher. Ein vor, zu und nach Weihnachten verwendbares Verzeichniß nützlicher Werke für Jung und Alt. 3. Aufl. Salzburg 1884. V: *Fischer, Engelbert.* (Russell XII, 2, 2323)

Bücherschatz, christlicher, für's evangelische Haus. Frühjahr-Katalog. Hrsg. vom Verein v. Verlegern christl. Litteratur. Ausg zu Ostern 1891. gr. 8. (44 S. m. 1 Abbildg.) Leipzig, Verein v. Verlegern christl. Litteratur. n.n. — 80

Bücherschatz, der, der Deutschen. Systematische Zusammenstellung der empfehlenswerthesten Werke der neueren und neuesten deutschen Literatur aus allen Fächern. Ein Rathgeber und Nachschlagebuch bei literar. Bedürfnissen jeder Art. Neue durchgeseh. und ergänzte, mit einem Verzeichniß von Jugendschriften verm. Ausg. Lex.-8. (IV, 126 S.) Leipzig 871, Wuttig. * geb. *

—— deutscher. 1.—10. Lfg.: Die Alfinge. Altdeutsches kulturhistor. Zeitbild. Von Marie Hanstein. Mit einführ. Worten von Felix Dahn. 2 Bde. in 10 Lfgn. 8. (219; 229 S.) Eisenach 888, Bacmeister. à Lfg. * 40 Pf. *

—— deut. 1—6. Bd. 8. Erf., J. Bacmeister. n. 15. 10; geb. 20. 10
Buch, M v., d. letzte Wendenkönig. Ep. Gedicht. 88. n. 2. —; geb. 3. —
Hahn, W, Kriemhild. Volksgesang d. Deutschen a. d. 12. Jahrh. Kritisch wiederhergestellt, ins Neuhochdeut. übertr. u. ästhetisch erläutert. 2. Afl. (215) 89. n. 3. 60; geb. n. 4. 60
Hanstein, M, d. Alfinger. Altdeut. kultur-histor. Zeitbild. 2 Bde. (448) 88. n. 4. — ‖ 2. Afl. n. 4. 50; in 1 Bd. geb. n. 5. 50
Lechleitner, F, tiroler Bauernspiele. I. Joseph Speckbacher, d. Schützenmajor v. Rinn, od.: Der Franzosenkrieg v. Anno 1809. Tiroler Nationalspiel. II. Sunnwendgluten. Tiroler Bauerntragödie. III. Die Schlangenburg auf Frankenstein. Tiroler Bauern-Ritterkomödie. (217) 90. n. 3. —; geb. n. 4. —
Schlag, H, Friedrich. Vaterländ. Schauspiel. (178) 89. n. 2. —; geb. n. 3. —

— dasselbe. 1.—6. Bd. 8. Ebd. n. 15. 10
1. 2. Die Alfinge. Altdeutsches kultur-histor. Zeitbild. Von Marie Hanstein. 2 Bde. 2. Aufl. (219 u. 229 S.) 888. n. 4. 50; in 1 Bd. geb. n. 5. 50
3. Der letzte Wendenkönig. Episches Gedicht v. M. v. Buch. (123 S.) 888. n. 2. —; geb. n. 3. —
4. Kriemhild. Volksgesang der Deutschen aus dem 12. Jahrh. Kritisch wiederhergestellt, ins Neuhochdeutsche übertragen u. ästhetisch erläutert v. W. Hahn. 1. u. 2. Aufl. (XI, 215 S.) 889. n. 3. 60
5. Friedrich. Vaterländisches Schauspiel in 5 Aufzügen. Von H. Schlag. (178 S.) 889. n. 2. —
6. Tiroler Bauernspiele. Von F. Lechleitner. I. Joseph Speckbacher, der Schützenmajor v. Rinn, od.: Der Franzosenkrieg v. Anno 1809. Ein tiroler Nationalspiel in 5 Akten. II. Sunnwendgluten. Eine tiroler Bauerntragödie in 4 Akten. III. Die Schlangenburg auf Frankenstein. Eine tiroler Bauern-Ritterkomödie in 9 Bildern. (217 S.) 890. n. 3. —; geb. n. 4. —

Bücherschatz, deut., S. 128. Aus dieser Sammlg gingen an J **Zwissler** in Wolfenbüttel über u. wurden im Preise ermässigt: Hahn, Kriemhild. 2. —; geb. 3. — ‖ Hanstein, Alfinger. 2. —; geb. 3. — ‖ Lechleitner, Bauernspiele. — 75; geb. 2. —

BÜCHERSCHATZ DES DEUTSCHEN DORFBOTEN. Im Auftrage des Deutschen Vereins für ländliche Wohlfahrts- und Heimatpflege herausgegeben von HEINRICH SOHNREY.
Bd. I. Das Glück auf dem Lande. Ein Wegweiser, wie der kleine Mann auf einem grünen Zweig kommt. Von HEINRICH SOHNREY und ERNST LÖBER. Berlin. 1906. Deutsche Landbuchhandlung. G. m. b. H. 8°.[1])
Bd. III. Vom Heimatacker. Geschichten eines hessischen Bauersmanns. Von HEINRICH NAUMANN, Nanzhausen bei Lohra. (Mit 1 Bild.) ib. 1906. —
Dasselbe: Mit einem Bildnis des Verfassers. 2. Aufl. ib. 1909. —
Bd. IV. Du mein stilles Tal. Neue Geschichten vom Heimatacker. Von HEINRICH NAUMANN, Nanzhausen bei Lohra. ib. 1908. —
Dasselbe: 4. Tausend. ib. 1909. —

— des deutschen Dorfboten. Im Auftrage des deutschen Vereins f. ländl. Wohlfahrts- u. Heimatpflege hrsg. v. Heinr. Sohnrey. 3. u. 4. Bd. 8. Berlin, Deutsche Landbuchh. Kart. 2. 50
Naumann, Heinr., du mein stilles Tal. Neue Geschichten vom Heimatacker. (175 S.) 908. (Bd. 4) Kart. 1. 50
— Vom Heimatacker. Geschichten e. hess. Bauersmanns. (174 S. m. Bildnis.) 906. (Bd. 3) Kart. 1. —
Bd. 2 erschien u. d. T.: Hesselbacher, Karl, Glockenschläge aus meiner Dorfkirche. Ebd. 906. 2. —; geb. 3. —

— elsässischer. Photographische Nachbildungen v. Titelblättern seltener u. wertvoller altelsäss. Drucke. Hrsg. v. Paul Gerschel. 1. Lfg. gr 4. (10 Blatt.) Straßburg i/E. 891. M. Gerschel, Meisengasse 3. In Mappe. Subskr.-Pr. n.n. 6. 40

— germanischer, hrsg. v. Alfr. Holder. I—VII. 8. Freiburg i/Br. 882. Mohr. n. 13. 35
I. Cornelii Taciti de origine et situ germanorum liber. (22 S.) n. — 40
II. Einhardi vita Karoli imperatoris. (33 S.) n. — 60
III. Beowulf. I. Abdr. der Handschr. im British Museum, Cotton. Vitellius A. XV. 2. Aufl. (70 S.) n. 1. 60
IV. Otfrid's Evangelienbuch, hrsg. v. Paul Piper. (VI, 344 S.) n. 4. —
V. Jordanis, de origine actibusque Getarum. Ed. Alfr. Holder. (83 S.) n. 1. 50
VI. Nithardi historiarum libri IV, ed. Alfr. Holder. (54 S.) n. — 75
VII. Baedae historia ecclesiastica gentis Anglorum, ed. Alfr. Holder. (314 S.) n. 4. 50

—— germanischer, hrsg. von Alfr. Holder. XII Bde. 2. Ausg. 8. Freiburg i. Br. 884, Mohr. *
Inhalt:
Bd. I. Cornelii Taciti de origine et situ Germanorum liber. Ed. Alfr. Holder. (22 S.) * 20 Pf.
» II. Einhardi vita Karoli imperatoris. Ed. Alfr. Holder. (33 S.) * 20 Pf.
» III. Beowulf. I. Abdr. der Handschrift im British Museum, Cotton. Vitellius A. XV. Hrsg. von Alfr. Holder. (70 S.) * ℳ 1.—.
» IV. Otfrid's Evangelienbuch. Hrsg. von Paul Piper. 1. Thl.: Einleitung, Text. (VI, 344 S.) * ℳ 1.—.
» V. Jordanis de origine actibusque Getarum. Ed. Alfr. Holder. (83 S.) * 80 Pf.
» VI. Nithardi historiarum libri IV. Ed. Alfr. Holder. (54 S.) * 60 Pf.
» VII. Baedae historia ecclesiastica gentis Anglorum. Ed. Alfr. Holder. (314 S.) * ℳ 2.—.
» VII. Baedae historia ecclesiastica gentis Anglorum. Ed. Alfr. Holder. (314 S.) 882. * ℳ 4,50.
» VIII. Schriften Notker's und seiner Schule. Hrsg. von Paul Piper. 1. Bd.: Einleitung. Boetius. Logische Schriften. Kleinere Schriften und Marcianus Capella. (CXCIII, 870 S. mit 33 eingedr. Holzschn.) 883. * ℳ 15.
» IX. —— dass. — 2. Bd.: Psalmen und katechetische Denkmäler nach der St. Galler Handschriftengruppe. 3 Lfgn. [1. Lfg. (S. 1—224.) * ℳ 4.; 2. und 3. Lfg. (L, S. 225—644.) 883. * ℳ 10.] * ℳ 14.
» X. —— dass. — 3. (Schluss-)Bd.: Wessobrunner Psalmen, Predigten und katechet. Denkmäler. 3 Lfgn. [1. und 2. Lfg. (S. 1—320.) 883. à Lfg. * ℳ 3.; 3. Lfg. (L, S. 321—416.) 883. * ℳ 4.] * ℳ 10.; compl. * ℳ 39.
» XI. Otfrid's Evangelienbuch. Hrsg. von Paul Piper. 2. Thl.: Kurzes Wörterbuch. (64 S.) 884. * ℳ 1.
» XII. Beowulf. Hrsg. von Alfr. Holder. II. Berichtigter Text mit knappem Apparat und Wörterbuch. (VII, 186 S.) 884. * ℳ 4,50.

—— germanischer, hrsg. v. Alfr. Holder. 7. u. 12. Bd. 2. (Titel-) Ausg. 8. Freib. i. Br., J. C. B. Mohr. à Bd. * 2 —; * 4 —
7. Baedae historia ecclesiastica gentis Anglorum ed. Alfr. Holder. (III, 314 S.) 890.
12. Beowulf, hrsg. v. Alfr. Holder. II. Berichtigter Text m. knappem Apparat u. Wörterbuch. (VIII, 186 S.) 889.
1.—6. u. 8.—11. Bd. Ebd. 1882—884. *[* 45 25.] * 16 —.

— germanischer. Hrsg. v. Alfr. Holder. Neue bill. Subscr.-Ausg. 10 Lfgn. 8. (1. Lfg. 70 u. 186 S.) Freiburg i/B. 895. J. C. B. Mohr. n. 10. —

— dasselbe. III. 8. Ebd. 895. n. 1. —
Beowulf, hrsg. v. Alfr. Holder. I. Abdr. der Handschrift im British Museum, Cotton. Vitellius A. XV. 3., bericht. Aufl. (70 S.)

Bücherschatz, germanischer, hrsg. v. Alfr. Holder. 12b. 8. Freiburg i/Br. 896. J. C. B. Mohr. n. 2. —
Beowulf, hrsg. v. Alfr. Holder. IIb. Wortschatz m. sämtl. Stellennachweisen. (94 S.)

— germanischer. Hrsg. v. Alfr. Holder. 12a. 8. Freiburg i/B., Tübingen, J. C. B. Mohr. n. 2.50
Beowulf. Hrsg. v. Alfr. Holder. II a. Berichtigter Text m. knappem Apparat u. Wörterbuch. 2. Aufl. (VIII, 189 S.) 899.

— fürs Handwerk. 1. u. 2. Bd. gr. 8. Stuttgart, Greiner & Pfeiffer. Geb. 9.50
Bücheler, Rob., wie legt u. behandelt man Linoleum? Illustr. prakt. Anleitg. f. die Herstellg. u. Prüfg. der verschied. Unterböden m. den zugehör. Klebemitteln, u. f. die materialgemäße Verarbeitg. u. Behandlg. des Linoleums auf Fußböden, Treppen, Wänden, Tischen usw. Unter Mitwirkg. v. Gust. Gastel jr. (75 S. m. 56 Abbildgn. u. 4 Taf.) (910.) (2. Bd.) Geb. in Halbleinw. 2.50
— Wie soll der Schreiner kalkulieren? Illustr. Anleitg. zur Anfertigg. v. Kostenvoranschlägen, m. zahlreichen Kalkulations-Beispielen v. allerlei, teils prämiierten teils ausgeführten Möbel- u. Bauschreinerarbeiten, nebst Materialpreisen, sowie offiziellen Preislisten u. Musterberechngn.. begutachtet v. den Vorständen der Landesverbände f. Württemberg u. Hohenzollern, Bayern u. Baden. Mit 92 Illustr., e. Formular e. Kalkulationszettels u. 6 Wertzeichngn. in natürl. Größe. (XXXII, 156 S.) (910.) (1. Bd.) Geb. in Halbleinw. 7. —

[J.] [Josef] Kürschners Bücherschatz. Bibliothek fürs Haus. E. Sammlg ill. Romane u. Novellen. No 1—50. *Berlin, Eisenach, Leipzig: H. Hillger [1897].* 8. [97. 6099

— der, des Lehrers. Wissenschaftliches Sammelwerk zur intellektuellen u. materiellen Hebg. des Lehrerstandes. Unter Mitwirkg. massgeb. Fachgelehrter u. Schulmänner hrsg. v. K. O. Beetz. 1.—7. Bd. gr. 8. Osterwieck, A. W. Zickfeldt. n. 21.50; geb. in Leinw. 25.70
1. Das Kind gesund u. krank. Von A. Brass. Mit 106 Abbildgn. auf 4 farb. Taf. u. 4 Erläuterungstaf. (IX, 340 S. m. 1 Tab.) 900. n. 4.20; geb. n. 5. — u. n. 5.50
2. Einführung in die moderne Psychologie. 1. Tl. Allgemeine Grundlegg. Von K. O. Beetz. Mit 16 Illustr. im Texte u. 26 Abbildgn. auf 4 farb. lith. Taf. u. 4 Erläuterungstaf. (XVI, 424 S.) 900. n. 4.80; geb. in Leinw. n. 5.50; in Halbfrz. n. 6. —
3. Der Obstbau u. die Verwertung des Obstes im intensiven Kleinbetriebe. Ein Hülfs- u. Nachschlagebuch f. alle Freunde des Obstbaues, besonders aber f. Volksschullehrer u. Seminaristen. Von Frdr. Saueracker. Mit vielen Illustr. (XX, 288 S.) 901. n. 3. —; geb. n. 3.60
4. Grundriss der Ethik. Von W. Rein. (VI, 292 S.) 902. n. 2.50; geb. n. 3. —
5. Einführung in die moderne Logik. Von Goswin Uphues. 1. Tl.: Grundzüge der Erkenntnistheorie. (XVIII, 98 S.) 901. n. 1.50; geb. n. 2. —
6. Der Führer im Lehramte. Ein Ratgeber f. Lehrer, unter Mitwirkg. mehrerer Schulmänner bearb. Von K. O. Beetz. (XII, 378 S. m. Abbildgn. u. 3 Tab.) 902. n. 3. —; geb. n. 3.60
7. Grundriß der Geschichte des preußischen Volksschulwesens. Für Seminaristen, Lehrer u. Schulaufsichtsbeamte dargestellt. Von C. Müller. (XII, 294 S.) 902. n. 2.50; geb. n. 3. —

Bücherschatz, der, des Lehrers. Wissenschaftl. Sammelwerk zur intellektuellen u. materiellen Hebg. des Lehrerstandes. Unter Mitwirkg. maßgeb. Fachgelehrter u. Schulmänner hrsg. v. K. O. Beetz u. Adf. Rude. 6. u. 8—11. Bd. gr. 8. Osterwieck, A. W. Zickfeldt. n. 18.20
6. Der Führer im Lehramte. Ein Ratgeber f. Seminaristen, Lehrer u. Schulaufsichtsbeamte. Von K. O. Beetz. 3., völlig umgearb. u. stark verm. Aufl. (XV, 520 S.) 905. n. 4. —; geb. in Leinw. n. 4.80
8. Methodik des gesamten Volksschulunterrichts. Unter besond. Berücksicht. der neueren Bestrebgn. Von Adf. Rude. I. Bd.: Methodik des Gesinnungs- u. d. Sprachunterrichts: 1) evangel. Religionsunterricht 2) Geschichtsunterricht. 3) Deutschunterricht. 2., verm. u. verb. Aufl. (XV, 319 S.) 904. n. 3. —; geb. n. 3.60
1. Aufl. (XV, 296 S.) 903. n. 2.80; geb. n. 2.50.
9. Dasselbe. II. Bd.: Methodik des naturkundlich-mathemat. u. des techn. Unterrichts: 1) Geographischer Unterricht. 2) Naturkundlicher Unterricht: A) Naturgeschichte, B) Naturlehre: a) Physik, b) Chemie u. Mineralogie. 3) Rechenunterricht. 4) Unterricht in der Raumlehre. 5) Schreibunterricht. 6) Zeichenunterricht. 7) Gesangunterricht. 8) Turnunterricht. (XII, 614 S.) 906. n. 4.80
10. Geschichte der neueren Pädagogik. Eine Darstellg. der Bildungsideale der Deutschen seit der Renaissance u. Reformation, zum Unterricht f. Lehrerseminare u. zum Selbststudium. Von Frdr. Heman. (VIII, 436 S.) 901. n. 3.40; geb. n. 4.20
11. Lebensbilder aus dem Tierreiche. Entwürfe f. den tierkundl. Unterricht in der Volksschule auf biolog. Grundlage. Von L. Busemann. (VIII, 343 S.) 905. n. 3. —; geb. in Leinw. n. 3.60

— der, des Lehrers. Wissenschaftliches Sammelwerk zur Vorbereitg. u. Weiterbildg. Hrsg. v. K. O. Beetz u. Ad. Rude. 2.—4. 6.—9. 12. Bd., 13. Bd. I. u. II. Tl., 14. Bd. I.—IV. Tl., 15. Bd. I. Tl., 16. Bd. I. Tl. u. 18. Bd. gr. 8. Osterwieck, A. W. Zickfeldt. 65.10; geb. in Leinw. n 77.90
Beetz, K. O., Einführung in die moderne Psychologie. 1. Abtlg.: Geschichtliche Grundlage der Psychologie. 2., völlig umgearb. u. auf das Mehrfache erweit. Aufl. (XV, 324 S.) 907. (2. Bd.) 3.20; geb. 3.80
— dasselbe. 2—4. Abtlg. Begriffliche Einleitg., psychophys. Grundlinien der Psychologie, psycholog. Aufriss. Mit 16 Abbildgn. u. 4 Taf. 2., völlig umgearb. u. auf das mehrfache erweit. Aufl. (VIII u. S. 325—880.) 907. (3. Bd.) 5.—; geb. 5.80
Beetz, K. O., Der Führer im Lehramte. Ein Ratgeber f. Seminaristen, Lehrer u. Schulaufsichtsbeamte. 4., völlig umgearb. u. verm. Aufl. (XVI, 516 S.) 908. (6. Bd.) 4.20; geb. n 5. —
Berndt, Johs., Präparationen f. den Geschichtsunterricht. I. Tl.: Von der deutschen Urzeit bis zum westfäl. Frieden. (Präparationen u. Entwürfe f. den Unterricht. Hrsg. im Anschluß an die „Methodik des gesamten Volksschul-Unterrichts" v. Adf. Rude.) (IX, 245 S.) 909. (15. Bd. 1. Tl.) 3.20; geb. n 4. —
Erbt, Wilh., Handbuch zum Alten Testament. (VIII, 279 S.) 909. (18. Bd.) 3.40; geb. n 4.20
Grupe, W., u. H. Pfaue, Präparationen f. den Deutschunterricht. II. Bd.: Mittelstufe. Prosastücke m. Anschlußstoffen (grammat. u. orthograph. Belehrgn., Diktaten, Aufsätzen). (Präparationen u. Entwürfe f. den Unterricht. Hrsg. im Anschluß an die „Methodik des gesamten Volksschulunterrichts" v. Adf. Rude.) (XV, 213 S.) 908. (14. Bd. 2. Tl.) 2.80; geb. n 3.40
Löwe, Rich., Präparationen f. den Deutschunterricht. 1. Tl. Unterstufe. Mit e. Anh.: Lehrproben f. zweisprach. Schulen, v. Paul Schwarz. (XVI, 412 S.) 909. (14. Bd. 1. Tl.) 4.60; geb. n 5.40 (I u. II: 7.40; geb. n 8.80)
Müller, C., Grundriß der Geschichte des preußischen Volksschulwesens. Für Seminaristen, Lehrer u. Schulaufsichtsbeamte dargestellt. 2. (verm.) Aufl. (VIII, 408 S.) 910. (7. Bd.) 4.20; geb. in Leinw. n 5. —
Riemann, G., u. W. Wurthe, Präparationen f. den naturgeschichtlichen Unterricht. 1. Tl.: Mittelstufe. Mit schemat. Abbildgn. f. das naturkundl. Zeichnen. (Präparationen u. Entwürfe f. den Unterricht. Hrsg. im Anschluß an die „Methodik des gesamten Volksschul-Unterrichts" v. Adf. Rude.) 2. Aufl. (XII, 424 S.) 910. (13. Bd. 1. Tl.) 4.60; geb. n 5.40
— dasselbe. II. Tl: Mittelstufe II. Mit schemat. Abbildgn. f. das naturkundl. Zeichnen. (Präparationen u. Entwürfe f. den Unterricht. Hrsg. im Anschluß an die „Methodik des gesamten Volksschul-Unterrichts" v. Adf. Rude.) (XII, 305 S.) 908. (13. Bd. 2. Tl.) 4.20; geb. n 5. —
Präparationen f. den Deutschunterricht. III. Tl.: Oberstufe. Prosastücke m. Anschlußstoffen (grammat. u. orthograph. Belehrgn., Aufsätzen). Von W. Grupe u. H. Pfaue. (XII, 104 S.) 909. (14. Bd. 3. Tl.) 2.50; geb. n 3.20
— dasselbe. IV. Tl.: Oberstufe, 1. Abtlg. Gedichtsbehandlungen. Von Rud. Streubel. (XII, 230 S.) 909. (14. Bd. 4. Tl.) 3.20; geb. n 4. —
Rein, W., Grundriss der Ethik m. Beziehung auf das Leben der Gegenwart. 3. Aufl. (XII, 377 S.) 910. (4. Bd.) 3.80, geb. n. 4.50
Rude, Adf., Methodik des gesamten Volksschulunterrichts. Unter besond. Berücksicht. der neueren Bestrebgn. Evangelische Ausg. I. Bd. Methodik des Gesinnungs- u. des Sprachunterrichts. 1. Evangelischer Religionsunterricht. 2. Geschichtsunterricht. 3. Deutschunterricht. 10., m. der 8. u. 9. übereinstimm. Aufl. (XV, 397 S.) 911. (8. Bd.) 3.40; geb. n 4.20
— dasselbe. Katholische Ausg. Unter Mitwirkg. v. Pötsch. 1. Katholischer Religionsunterricht. 2. Geschichtsunterricht. 3. Deutschunterricht. 9., verb. Aufl. der Gesamtausg. (1. Aufl. der kathol. Ausg.). (XIII, 381 S.) 910. (8. Bd.) 3.40; geb. in Leinw. n 4.20
— dasselbe. II. Bd. Methodik des naturkundlich-mathemat. u. des techn. Unterrichts: 1) Geographischer Unterricht. 2) Naturkundlicher Unterricht: A) Naturgeschichte, B) Naturlehre: a) Physik, b) Chemie u. Mineralogie. 3) Rechenunterricht. 4) Unterricht in der Raumlehre. 5) Schreibunterricht. 6) Zeichenunterricht. 7) Gesangunterricht. 8) Turnunterricht. 8., verb. Aufl. der Gesamtausg. (1. Aufl. der kathol. Ausg.) (XII, 581 S.) 910. (9. Bd.) 5.—; geb. n 5.80
— dasselbe. 9., m. der 7. u. 8. übereinstimm. Aufl. (XII, 581 S.) 911. (9. Bd.) 5.—; geb. n 5.80
Spanuth, H., Präparationen f. den evangelischen Religionsunterricht. I. Tl.: Unterstufe. (Präparationen u. Entwürfe f. den Unterricht. Hrsg. im Anschluß an die „Methodik des gesamten Volksschul-Unterrichts" v. Adf. Rude.) 2. verm. Aufl. (XII, 200 S.) 910. (12. Bd.) 2.40; geb. n 3. —
1. Aufl. (X, 190 S.) 907. 2.40; geb. 3.—.
Wurthe, W., Präparationen f. den Unterricht in der Naturlehre. 1. Tl.: Physik. Mit zahlreichen schemat. Zeichngn. (XII, 539 S.) 910. (16. Bd. 1. Tl.) 5.40; geb. n 6.20

— Der, d. Lehrers. Wissenschaftl. Sammelwerkz. Vorbereitg u. Weiterbildg. Hrsg. v. KO Beetz u. Ad. Rude. 1. Bd; 13. Bd, III. Tl; 14. Bd, IV. Tl, 2. Abtlg; 14. Bd, VI. u. VII. Tl; 16. Bd, II. Tl; 17. Bd, I. u. II. Tl; 19. u. 20. Bd u. NAfl 4., 6., 7., 8. Bd, kath. Ausg.; 9., 10. Bd; 12. Bd, I. u. III. Tl; 13. Bd, I. u. II. Tl; 14. Bd, I., II., III. u. IV. Tl, 1. Abtlg; 15. Bd, I. Tl u. 16. Bd, 1. Tl. gr8° Osterw., AW Zickfeldt.

Aus d. Praxis d. Arbeitsschule. Bearb. v. A Papst. (8, 436 m. Abb.) '12 [20] 5.50; L n 6.30 d

Beetz, KO: Der Führer im Lehramte. 5. Afl. (16, 584) '11 [6] 4.50; geb. n 5.30 d

Brockdorff, Baron v.: Die Philos. in d. Pädagogik. Einführgsschrift. (16, 89) '12 [1] 1.60; geb. n 2.20
(Tritt an d. Stelle d. früheren 1. Bds.)

Heman, Frdr.: Gesch. d. neueren Pädagogik. Eine Darstellg d. Bildgsideale d. Deutschen seit d. Renaissance u. Reformation. 3. Afl. (16, 616) '11 [10] 5.40; geb. n 6.20

Müller, C: Grundriss d. Gesch. d. preuss. Volksschulwesens. 2. Afl. (8, 408) '10 [7] 4.20; L n 5 — d

Präparationen f. d. Deutschunterr. 1. Tl: Unterstufe. Von Rich. Löwe. Mit Anh. f. 2sprach. Schulen, v. Paul Schwarz. 2. Afl. (20, 420) '11 [14,I] 4.70; L n 5.50 ‖ 2. Tl: Mittelstufe. Prosastücke m. Anschlussstoffen (grammat. u. orthograph. Belehrgn, Diktaten, Aufsätzen). Von W Grupe u. H Pfaue. 2. Afl. (16, 267) '11 [14,II] 3 —; geb. n 3.70 ‖ 3. Tl: Oberstufe. Prosastücke m. Anschlussstoffen (grammat. u. orthograph. Belehrgn, Diktaten, Aufsätzen). Von W Grupe u. H Pfaue. 2. Afl. (12, 208) '12 [14,III] 2.70; geb. 3.40 ‖ 4. Tl: Oberstufe, 1. Abtlg. Gedichtsbehandlgn. Von Rud. Streubel. 2. Afl. (12, 231) '12 [14,IV 1] 3.20; L n 4 — ‖ 4 Tl: Oberstufe, 2. Abtlg. Gedichtsbehandlgn. Von Rud. Streubel. (12, 229 m. Skizzen.) '11 [14,IV 2] 3.20; geb. n 4 — ‖ 6. Tl: Mittelstufe. Freie Aufsätze u. Niederschriften a. Erfahrg u. Unterr. Anreggn u. 1165 Themen u. Entwürfe m. 360 ausgeführten Proben v. Kinderaufsätzen f. d. Mittelst. Von O Karstädt. (12, 180) '12 [14,VI] 2.40; L n 3 — ‖ 7. Tl: Oberstufe. Freie Aufsätze u. Niederschriften a. Erfahrg u. Unterr. Anreggn u. üb. 2000 Themen u. Entwürfe m. 430 ausgeführten Proben v. Kinderaufsätzen f. d. Oberstufe v. O Karstädt. (12, 352) '12 [14,VII] 3.80; L n 4.60 d

— f. d. geograph. Unterr. Von Alb. Müller. 1. Tl: Die nord- u. mitteldeut. Landschaften. (14, 369) '11 [17,I] 4 —; geb. n 4.80 ‖ 2. Tl: Die süddeut. Landschaften; Deutschld als Ganzes. (12, 390) '12 [17,II] 4.20; L n 5 — (I u. II: 8.20; geb. n 9.80) d

— f. d. Geschichtsunterr. Von Johs Berndt. 1. Tl: Von d. deutsch. Urzeit bis z. westfäl. Frieden. 2. Afl. (9, 252) '12 [15,I] 3.40; L n 4.20 d

— f. d. naturgeschichtl. Unterr. Von G Niemann u. W Wurthe. 1. Tl: Mittelstufe. 3. Afl. (12, 422 m. Abb.) '12 [13,I] 4.60; L n 5.40 ‖ 2. Tl: Mittelstufe II. 2. Afl. (12, 356 m. Abb.) '11 [13,II] 4.20; geb. n 5 — ‖ 3. Tl: Oberstufe. Von G Niemann. (12, 320 m. Abb.) '12 [13,III] 3.80; L n 4.60 d

— f. d. Unterr. in d. Naturlehre. Von W Wurthe. 1. Tl: Physik. 2. Afl. (7, 533 m. Abb.) '12 [16,I] 5.40; geb. n 6.20 ‖ 2. Tl: Chemie u. Mineral. (10, 368 m. Abb. u. 1 Taf.) '11 [16,II] 4 —; L n 4.80 (1 u. 2: 9.40; geb. n 11 —) d

— f. d. evang. Relig.-Unterr. 1. Tl: Unterstufe. Von H Spanuth. 3. Afl. (12, 218) '12 [12,I] 2.80; geb. n 3.50 ‖ 3. Tl: Oberstufe. Das Leben Jesu u. d. Gesch. d. Urapostel u. d. Paulus. Von Rob. Kessel. (12, 403) '12 [12,III] 4.40; L n 5.20
Der 2. Tl ist noch nicht erschienen.

Rein, W: Grundr. d. Ethik m. Beziehg auf d. Leben d. Gegenwart 3. Afl. (12, 377) '10 [4] 3.80; geb. n 4.50

Rude, Adf: Methodik d. gesamten Volksschulunterr. Evang. Ausg. 1. Bd. Methodik d. Gesinngs- u. d. Sprachunterr. 1. Evangel. Relig.-Unterr. 2. Gesch.-Unterr. 3. Deutschunterr. 13. Afl. (15, 415) '12 [8] 3.60; L n 4.40 ‖ Dass. Kathol. Ausg. I. Bd. Methodik d Gesinngs- u. d. Sprachunterr. 1. Kathol. Relig.-Unterr. 2. Gesch.-Unterr. 3. Deutschunterr. 9. Afl. d. Gesamtausg. (1. Afl. d. kathol. Ausg.) (13, 381) '10 [8] 3.40; L n 4.20; 11. Afl. d. Gesamtausg. (2. Afl. d. kathol. Ausg.) (13, 396) '12. 3.60; L n 4.40 ‖ II. Bd. Methodik d. naturkundl.-mathemat. u. d. techn. Unterr.: 1) Geograph. Unterr. 2) Naturkundl. Unterr.: A) Naturgeschichte. B) Naturlehre: a) Physik, b) Chemie u. Mineral. 3) Rechenunterr. 4) Unterr. in d. Raumlehre. 5) Schreibunterr. 6) Zeichenunterr. 7) Gesangunterr. 8) Turnunterr. 12. Afl. (12, 652) '11 [9] 5.80; L n 6.70 ‖ Dass. Kathol. Ausg. II. Bd. Methodik d. naturkundl.-mathemat. u. d. techn. Unterr.: 1) Geograph. Unterr. 2) Naturkundl. Unterr.: A) Naturgesch. B) Naturlehre: a) Physik, b) Chemie u. Mineral. 3) Rechenunterr. 4) Unterr. in d. Raumlehre. 5) Schreibunterr. 6) Zeichenunterr. 7. Gesangunterr. 8) Turnunterr. 8. Afl. d. Gesamtausg. (1. Afl. d. kathol. Ausg.) (12, 581) '10 [9] 5 —; L n 5.80; 10. Afl. d. Gesamtausg. (2. Afl. d. kathol. Ausg.) (12, 652) '11. 5.80; L n 6.70 d

— Schulpraxis. Unter bes. Berücks. d. neueren Bestrebgn u. Einrichtgn. 1. u. 2. Afl. (12, 626 u. 16 m. Abb.) '11 [19] 6.50; geb. n 7.40

Bücherschatz der deutschen National-Litteratur des XVI. und XVII. Jahrhunderts. Berlin 1854. H: *Heyse, Carl Wilh. Ludw.* (Hauptkat. d. Univ.-Bibl. Tübingen. K, S. 45.) (Ba) (Petz)

Bücherschatz der deutschen National-Litteratur des XVI. und XVII. Jahrhunderts. Systematisch geordnetes Verzeichniss einer reichhaltigen Sammlung deutscher Bücher aus dem Zeitraume vom XV. bis um die Mitte des XVIII. Jahrhunderts. Besonders reich an Einzeldrucken von Volks- und Kirchenliedern, historischen und andern kleinen Gedichten und Flugschriften, Volksbüchern in den ältesten Ausgaben, Schauspielen u. s. w. Ein bibliograph. Beitrag zur deutschen Litteraturgeschichte. Berlin 854. Stargardt. gr. 8. (VIII, 186 S.) n. 12 ℳ

— neuer. 1. Serie. 18 Lfgn. 8° Lpzg 93.94, H Paul. à — 50
Busch, E, d. Breslauer Frau Buchholzen. (96) [Lfg 12. 16.]
Delpit, A, Martial's Vater. Roman. (288) [Lfg 5. 8. 11. 13. 15. 17.]
Maupassant, G de, s. linken Hand. Novellen. (210) [Lfg 1. 3. 6. 9. 18.]
Wothe, A, Haidezauber. Roman. (240) [Lfg 2. 4. 7. 10. 14.]
Vergriffen. — Erscheint nicht weiter.

— neuer, für Daheim und die Reise. 1.—9. Heft. 8. Zwickau, Zückler. à Heft * 1 —; * 9
1. Wallis, C. Durch Spiel u. Sport. Lustige Geschichten. (116 S.) 890.
2. Krüger, Carl. Unter heitrer Flagge. Lustige Geschichten. (97 S.) 890.
3. Krüger-Obernigk, Aug. Liebeswerben. Lustige Geschichten. (III, 99 S.) 891.
4. Neuenburg, R. Aus goldner Burschenzeit. Humoristische Skizzen aus dem deutschen Studentenleben. (III, 85 S.) 891.
5. Krüger, Carl. Memoiren eines Backfischs. (87 S.) 891.
6. Busch-Klepper, Wilh. Die Familie Pipsel. Romantisches Epos. (65 S.) 891.
7. — Pipsels auf Reisen. Der „Familie Pipsel" 2. Tl. (90 S.) 891.
8. Breckbende, C. Irren u. Finden. Heitere Geschichten. (III, 107 S.) 891.
9. Maurer, Ernst. „Im Burgkeller" u. andere Erzählgn. (III, 104 S.) 891.

Bücherschatz, Neuer deutscher. Verzeichniss einer an Seltenheiten ersten Ranges reichen Sammlung . . . Berlin 1895. H: *Biltz, Carl.* (Berl)

Bücherschatz, neuer deutscher. Verzeichn. e. a. Seltenheiten ersten Ranges reichen Sammlg. v. Werken d. deutschen Litteratur d. XV.—XIX. Jahrh. M. bibliograph. Bemerkgn. (u. e. Anh.: D. wiederaufgefund. Wittenberger Gesangbüchlein v. J. 1526). 8. (VIII, 264 S.) Berlin 895. Imberg & Lefson. n. 4. —

Bücherschatz, photographischer. (Umschl.: Liesegang's photograph. Bücherschatz.) IV. u. VIII.—XIV. Bd. 8. Leipzig, E. Liesegang. 17. 50
Lettner, G., Skioptikon. Einführung in die Projektionskunst. 5. umgearb. Aufl. (94 S. m. 22 Abbildgn.) 910. (Bd. IV) 1. 50
Liesegang, R. Ed., photographische Chemie. In allgemein verständl. Darstellg. 3., vollst. neu bearb. Aufl. Von Karl Kieser. (157 S.) 909. (Bd. IX) 2.50; geb. 3. —
Linden, A., die Standentwicklung u. ihre letzten Fortschritte. (65 S. m. 10 Abb.) 910. (Bd. XII) 2.—; geb. 2. 50
Naumann, Fel., die Technik des Platindruckes. Mit 12 Abbildgn. im Text, 4 Taf. u. prakt. Rezepten (97 S.) 910. (Bd. XIV) 2.—; geb. 2. 50
Naumann, Alfr., u. Frz. Staeble, das photographische Objektiv. Seine Beurteilg. u. Ausnutzg. Mit 46 Textfig., 10 Aufnahmen u. 11 Tab. (143 S.) 909. (Bd. VIII) 2.50; geb. 3. —
Paar, Jean, Leitfaden der Retouche des photographischen Bildes. Anleitung zur gründl. Erlerng. der gesamten Negativ- u. Positiv-Retouche. Mit 29 Abbildgn. u. 7 Kunstbeilagen. 4. verb. Aufl. (108 S.) 909. (Bd. X) 2.50; geb. 3. —
Quedenfeldt, Erwin, die Praxis des Gummidruck-Verfahrens. Einfacher u. Kombinations-Gummidruck m. Selbstpräparation. (72 S. m. 3 Taf.) (909.) (Bd. XI) 2.—; geb. 2. 50
Schilling, Otto, Handbuch der Stereoskopie. Theorie, Praxis u. Anwendgn. der Stereoskopphotographie. (102 S. m. 54 Abbildgn. u. 5 Stereogr. auf 3 Taf.) 910. (Bd. XIII) 2.50; geb. 3. -
Vergl.: Liesegang's photographischer Bücherschatz.

— Photographischer. (Umschl.: Liesegang's photograph. Bücherschatz.) 12—15. Bd u. NAfl 1. u. 4. Bd. 8° Lpzg, E Liesegang.
Beck, Heinr.: Die Blitzlicht-Photogr. 4. Afl. (d. Herm. Schnauss'schen Werkes). (152 m. Abb. u. 9 Taf.) ('12) [15] 3 —; geb. 3.50
Lettner, G: Skioptikon. Einführg in d. Projektionskunst. 5. Afl. (94 m. Abb.) '10 [4] 1.50
Liesegang, P: Der Pigment-Druck (Kohledruck), nebst Ozotypie-, Ozobrom-, Ölpigment- u. ähnl. Verfahren. 14. Afl. v. Hans Spörl. (192 m. Abb. u. 1 Pigmentdr.) ('11) [1] 3 —; geb. 3.50
Linden, A: Die Standentwicklg u. ihre letzten Fortschritte. (65 m. Abb.) '10 [12] 2 —; geb. 2.50
Naumann, Fel.: Die Technik d. Platindruckes. (97 m. Abb. u. 4 Taf.) '10 [14] 2 —; geb. 2.50
Schilling, Otto: Handb. d. Stereoskopie. (102 m. Abb. u. 5 Stereogr. auf 3 Taf.) '10 [13] 2.50; geb. 3 —

Stenographischer **Bücherschatz** für Gabelsbergersche Stenographen. Hrsg. von H. Joosten, Lehrer in Aurich. Ser. A. Bd 1. Osterwieck/H.: A. W. Zickfeldt 1906. 8° [J.] [Text stenogr.] 1.6. 1859 3

— stenographischer, f. Gabelsbergersche Stenographen. Hrsg. v. H. Joosten. Serie A. 1.—3. Bd. 8. Ebd. à n. — 25; f. 12 Bdchn. n. 2. 50
1. Der Richtungspunkt. Von Detlev v. Liliencron. Eine Begegnung. Novelle. Von B. G. Helms. (32 S.) 906.
2. Der Pantoffel. Von Jos. Wichner. (32 S.) 906.
3. Umzingelt. Von Detlev v. Liliencron. Deutsche Gastfreundschaft. Von Jos. Wichner. (32 S.) 906.

Bücherschatz, stenographischer, f. Gabelsberg. Stenogr. Hrsg. v. H. Joosten. Serie D. 10—12. Bd. (à 32 S.) 8. Osterwieck 906. Wolfenbüttel, Heckner. à nn — 25

—— für das katholische Volk. Mit krit. Bemerkungen. 1. und 2. Jahrg. Hrsg. unter Mitwirkung von Herm. Bauch, Jos. Dippel, Gilles ꝛc. Mit Angabe der Verleger und Preise. Lex.-8. (80; 98 S. mit Holzschn.) Breslau 886,87, Goerlich's Verlag. à Jahrg. *
Nicht weiter erschienen.

Bücher-Schätze. Auslese von Werken der bedeutendsten Schriftsteller des In- u. Auslandes. 1—38. Bd. gr. 16. Leipzig 878. 79. Stuttgart, Dietz. à n. — 20; geb. à n. — 60
1. Die Selbstsucht. Der Geburts- u. Ahnenstolz. Aus Karl Jul. Weber's Demokritos oder hinterlass. Papiere eines lachenden Philosophen. (74 S.)
2. Die Gebräuche. Ueber Anstand u. Lebensart. Die Höflichkeit u. Grobheit. Der gute Ton. Aus Karl Jul. Weber's Demokritos. (86 S.)
3. Teufel u. Hölle. Die Hexen, Hexenmeister, Geister u. Gespenster. Der Geist der Zeit u. d. gelehrten Zeitalters. Aus Karl Jul. Weber's Demokritos. (87 S.)
4. Rabener's ausgewählte Satyren. (65 S.)
5. Wilhelmine. Ein komisch-pros. Gedicht v. M. A. v. Thümmel. (49 S.)
6. Die Ehe. Die gelehrten Weiber, alte Jungfern u. Junggesellen. Der Kuß. Aus Karl Jul. Weber's Demokritos. (72 S.)
7. Die Schule der Frommen. Lustspiel in 3 Aufzügen v. Karl Immermann. (100 S.)
8. Der erste Mensch u. die Erde. Von G. A. Eberhard. (87 S.)
9. 10. Meister Floh. Ein Märchen in 7 Abenteuern zweier Freunde. Von E. T. A. Hoffmann. (162 S.)
11. Psyche. Ein griech. Märchen in 7 Büchern. Von Ernst Schulze. (70 S.)
12. Die Liebe. Die Eifersucht. Aus Karl Jul. Weber's Demokritos. (66 S.)
13. Flatterrosen. Von A. G. Eberhard. (67 S.)
14. Die Prinzessin von Babylon. Von Voltaire. (88 S.)
15. Die Prinzen von Syracus. Lustspiel von Karl Immermann. (63 S.)
16. 17. Sakontala, oder der entscheidende Ring. Ein indisches Schauspiel von Kalidas. Aus den Ursprachen Sanskrit u. Prakrit ins Engl. u. aus diesem ins Deutsche übers. v. Geo. Forster. Mit Vorrede v. J. G. v. Herder. (139 S.)
18. Der Kranke in der Einbildung. Komödie in 3 Aufzügen v. Molière. Uebers. v. Demetrius Schrutz. (70 S.)
19—21. Ueber den Umgang mit Menschen. Von Ad. Frhrn. v. Knigge. (230 S.)
22. Ueber das Naive. Ueber Nasen. Aus Karl Jul. Weber's Demokritos. (62 S.)
23. Hans Dampf in allen Gassen. Novelle v. Heinr. Zschokke. (73 S.)
24. Von der Macht des Gemüths, durch den bloßen Vorsatz seiner krankhaften Gefühle Meister zu sein v. Imman. Kant. Hrsg. u. m. Anmerkungen versehen v. C. W. Hufeland. (46 S.)
25. Hermann u. Dorothea. Von Wolfg. v. Goethe. (78 S.)
26. Egmont. Ein Trauerspiel in 5 Aufzügen von Wolfg. v. Goethe. (96 S.)
27. Emilia Galotti. Ein Trauerspiel in 5 Aufzügen v. G. E. Lessing. (78 S.)
28. Phädra. Trauerspiel in 5 Aufzügen v. Racine. Uebers. v. Schiller. (56 S.)
29. Der Nachtwächter. Eine Posse in Versen u. 1 Aufzuge v. Thdr. Körner. (28 S.)
30. Macbeth. Ein Trauerspiel in 5 Aufzügen von Shakespeare. Zur Vorstellung auf dem Hoftheater zu Weimar eingerichtet v. Fr. Schiller. (78 S.)
31. Ueber komische Sprachfehler, Wortspiele ꝛc. Aus Karl Jul. Weber's Demokritos. (80 S.)
32. Graziella. Von Lamartine. Uebers. v. Alphonse Levy. (119 S.)
33. Die sieben weisen Meister. Ein Volksbuch. (126 S.)
34. Der Scherz, das Epigramm u. das Bonmot. Aus Karl Jul. Weber's Demokritos. (68 S.)
35. Der Proceß um des Esels Schatten. Von Wieland. (99 S.)
36. Die Tochter des Brahmanen. Eine Erzählung v. Herm. Ludwig. (71 S.)
37. Der Wildfang. Lustspiel in 1 Aufzug v. Frdr. Rüffer. (24 S.)
38. Marion de Lorme. Drama in 5 Acten v. Vict. Hugo. Frei bearb. v. Frdr. Rüffer. (96 S.)

Bücher-Schätze. Auslese v. Werken d. bedeutendsten Schriftsteller d. In- u. Auslandes. 1—38. Bdchn. 16. Lpzg, Junge. à n. — 20
Eberhard, AG, Flatterrosen. (67) 78.
— d. erste Mensch u. d. Erde. (87) 78.
Goethe, W v., Egmont. Ein Trauerspiel. (96) 79.
— Hermann u. Dorothea. (78) 79.
Hoffmann, ETA, Meister Floh. Ein Märchen in 7 Abenteuern zweier Freunde. (162) 78. n. — 40
Hugo, V, Marion de Lorme. Drama. Frei bearb. v. K Rüffer. (96) 79.
Immermann, K, d. Prinzen v. Syrakus. Lustspiel. (63) 78.
— d. Schule d. Frommen. Lustspiel. (100) 78.
Kalidas, Sakuntala od. d. entscheid. Ring, e. ind. Schauspiel. Uebers. v. G Forster. (139) 78.
Kant, J, v. d. Macht d. Gemüths, durch d. blossen Vorsatz s. krankhaften Gefühle Meister zu sein. Hrsg. v. CW Hufeland. (46) 79.
Knigge, A Frhr v., üb. d. Umgang m. Menschen. (230) 79. n. — 60
Körner, Th, d. Nachtwächter. Eine Posse in Versen. (28) 79.
Lamartine, Graziella. Uebers. v. A Levy. (119) 79.
Lessing, GE, Emilia Galotti. Ein Trauerspiel. (78) 79.
Ludwig, H, d. Tochter d. Brahmanen. Eine Erzählg. (71) 79.
Meister, die 7 weisen. Ein Volksbuch. (126) 79.
Molière, d. Kranke in d. Einbildg. Komödie. Uebers. v. D Schrutz. (70) 78.
Rabener's ausgew. Satyren. (65) 78.
Racine, Phädra. Trauerspiel, übers. v. F Schiller. (78) 79.
Rüffer, F, d. Wildfang. Lustspiel. (24) 79.
Schulze, E, Psyche. Ein griech. Märchen. (70) 78.
Shakespeare, Macbeth. Trauerspiel. Zur Vorstellg eingerichtet v. F Schiller. (78) 79.
Thümmel, MA v., Wilhelmine. Ein kom.-pros. Gedicht. (49) 78.
Voltaire, d. Prinzessin v. Babylon. (88) 78.
Weber, CJ, d. Ehe. Die gelehrten Weiber, alten Jungfern u. Junggesellen. Der Kuss. (72) 78.
— d. Gebräuche. Ueber Anstand u. Lebensart. Die Höflichkeit u. Grobheit. Der gute Ton. (86) 78.
— d. Liebe. Die Eifersucht. (66) 78.
— üb. d. Naive. Ueber Nasen. (62) 79.
— d. Scherz, d. Epigramm u. d. Bonmot. (68) 79.
— d. Selbstsucht. Der Geburts- u. Ahnenstolz. (74) 78.
— üb. kom. Sprachfehler, Wortspiele etc. (80) 79.
— Teufel u. Hölle. Die Hexen, Hexenmeister, Geister u. Gespenster. Der Geist d. Zeit u. d. gelehrten Zeitalters. (87) 78.
Wieland, d. Prozess um d. Esels Schatten. (99) 79.
Zschokke, H. Hans Dampf in allen Gassen. Novelle. (73) 79.

Bücher-Schätze. Auslese bedeutender Werke der in- und ausländischen Litteratur. [Neue Ausgabe; Auswahl.] 10 Bde. gr. 16. Leipzig 888, Fock. geb. 10 Bde. *
Einzeln geb. à Bd. *
Inhalt:
Bd. 1. Lamartine, Graziella. — Voltaire, die Prinzessin von Babylon. — Zschokke, H., Hans Dampf in allen Gassen. (232 S.)
„ 2. Hoffmann, E. T. A., Meister Floh. Ein Märchen in 7 Abenteuern zweier Freunde. — Die sieben weisen Meister. Ein Volksbuch. (288 S.)
„ 3. Eberhard, A. G., der erste Mensch und die Erde. — Schulze, Ernst, Psyche. Ein griech. Märchen. — Wieland, der Prozeß um des Esels Schatten. (257 S.)
„ 4. Hugo, Viktor, Marion de Lorme. Drama in 5 Akten. — Molière, der Kranke in der Einbildung. — Racine, Phädra. Übers. von Schiller. (222 S.)
„ 5. Goethe, Egmont. — Lessing, Emilia Galotti. — Shakespeare, Macbeth. (232 S.)
„ 6. Eberhard, A. G., Flatter-Rosen. — Immermann, Karl, die Prinzen von Syrakus. Lustspiel. — Thümmel, M. A. v., Wilhelmine. Ein komisch-prosaisches Gedicht. (192 S.)
„ 7. Kant, Imman., von der Macht des Gemüts. Hrsg. von Hufeland. — Weber, C. J., Scherz, Epigramm und Bonmot. — Weber, C. J., über komische Sprachfehler ꝛc. [Aus: „Demokritos".] (194 S.)
„ 8. Rabener, Gottl. Wilh., ausgewählte Satyren. — Rüffer, Fr., der Wildfang. Lustspiel in 1 Aufzug. — Weber, C. J., die Selbstsucht. Der Geburts- und Ahnenstolz. [Aus: „Demokritos".] (164 S.)
„ 9. Kalidasa, Sakontala oder der entscheidende Ring. Ein ind. Schauspiel. — Weber, C. J., Teufel und Hölle. Hexen, Geister und Gespenster. Der Geist der Zeit und des gelehrten Zeitalters. [Aus: „Demokritos".] (226 S.)
„ 10. Goethe, Hermann und Dorothea. — Körner, Thdr., der Nachtwächter. Posse in 1 Aufzuge. — Weber, C. J., über das Naive; über Nasen. [Aus: „Demokritos".] (168 S.)
1. Ausg. in 38 Bdn. Leipzig 1878,79, Junge. à Bd. * 20 Pf.

Bücherschau, od. Beurtheilung der wichtigsten Religionsschriften für Schulen ꝛc. Von einem kathol. Geistlichen u. dem evangel. Superint. Handel (dann Scholz in Bresl.) 1—76 Bdchn. 8. Neisse 1831—40, Henningd. 2⅔ Thlr. — 4 fl. 12 kr.

Bücherschau, Die. Schriftleiter: Fritz Worm. 1—3. J. Juni '10—Mai '13 je 6 Hefte. (3. J., 1. Heft: 37 m. Abb.) gr8° Düsseld., E Ohle. je 2 —; einz. Hefte — 50

Bücherschau, allg. deut. Monatl. Offertenblatt f. Bücherfreunde. 1. Jahrg. Novbr 1891—Oktbr 1892. 12 Nrn. (B.) 4° Domanze, A Schuch. 1 —
Erscheint nicht mehr.

— Deutsch-protestantische. Schriftleitg: H Hüttenrauch. 19—21. J. '10—12 je 6 Nrn. ('12, Nr 1: 4) 32×23 cm. Halle. Berl., Verl. d. ev. Bundes. je — 60 d
Kat. 06/09 s: Rundschau, Literarische, f. d. evang. Deutschld.

— f. Juristen u. Verwaltungsbeamte. 2. Jahrg. 1898/99. 4—6 Nrn. (à ca. 20 S.) 8. Ebd.
Wird an Interessenten gratis geliefert.

Bücher- u. Lehrmittelschau. Nichtamtliche Beilage d. Landesgewerbeamts zum Ministerial-Blatt der Handels- u. Gewerbe-Verwaltg. 1. u. 2. Jhrg. Oktbr. 1906—Septbr. 1908. à 12 Nrn. (à Jhrg. 96 S.) Lex. 8. Berlin, C. Heymann. à Jhrg. 2. 50

Bücher- und Lehrmittelschau. Beilage zum Ministerialblatt der Handels- und Gewerbeverwaltung. 1906 07-09. 4° Berlin 1906-09

Bücher- u. Zeitungsschau, pädagogische. I.—IV. Jahrg. 1890—1893. gr. 8. (à IV, 32 S.) Gotha 891—894. Wiesbaden, E. Behrend. à Jahrg. n. — 50

Bücher- u. Zeitungsschau, pädagogische. 1894. gr. 8. (IV, 31 S.) Wiesbaden, E. Behrend. n. — 50

Bücher- u. Zeitungsschau, pädagog. VI—VIII. Jahrg. 1895—1897 à 4 Nrn. 8° (à 32) Wiesb., E Behrend. à Jahrg. — 50
Erscheint nicht mehr.

Bücherschau, rechtswissenschaftliche. 1. Jahrg. 1896. 8 Nrn. (Bog.) gr. 8. Berlin, C. Heymann's Verl. n. 1. —
Vom Jahrg. 1897 ist nur noch Nr. 1 erschienen; die Fortsetzg. erscheint seit Nov. 1898 vereinigt mit der Verwaltungsrechtl. Rundschau

BÜCHERSCHRANK, Ein, Entwurf einer noch nie gesehenen Bibliothek. Fopphausen 1777.
Weller, fing. Dr. — Sehr rar!

Buchert, Franz (Red.), s. Centralblatt für die deutschen Colportage-Buchhandlungen und die mit ihm verwandten Geschäftszweige.

Buchert, Frdr., Fibel, s.: Haesters, Alb.

Buchert, Karl

Buchert, Carl, Bayerisches Gesetz vom 8. VIII. 1878 üb. den Verwaltungsgerichtshof, s.: Müller, Max v.

— Sammlung in der Praxis oft angewandter Verwaltungs-Gesetze nebst e. Anzahl derartiger Verordnungen etc. f. das Königr. Bayern. In 1 Bde. unter Berücksicht. aller bisher. Aendergn. nach dem nunmehr gült. Texte m. Beifügg. e. Sachregisters zusammengestellt u. hrsg. gr. 8. (VIII, 1180 S.) München 900, J. Schweitzer Verl. n. 7. 50; geb. n. 9. 50
Erschien auch in 5 Lfgn.

Buchert, K., Sammlung in der Praxis oft angewandter Verwaltungs-Gesetze nebst e. Anzahl derartiger Verordnungen etc. f. das Königr. Bayern. In 1 Bde. unter Berücksicht. aller bisher. Aendergn. nach dem nunmehr gült. Texte m. Beifügg. e. Sachregisters zusammengestellt u. hrsg. 2., verm. u. verb. Aufl. 5. Lfg. (VIII u. S. 1041—1432.) gr. 8. München, J. Schweitzer Verl. 1905 3. — (Vollständig: Geb. in Halbfrz. 12. —)

Buchert, Karl, Sammlung in der Praxis oft angewandter Verwaltungs-Gesetze nebst e. Anzahl derartiger Verordnungen etc. f. das Königr. Bayern. In 1 Bde. unter Berücksicht. aller bisher. Aendergn. nach dem nunmehr gült. Texte m. Beifügg. e. Sachregisters zusammengestellt u. hrsg. 2., verm. u. verb. Aufl. (VIII, 1432 S.) gr. 8. München 906. J. Schweitzer Verl. n. 9. 50; geb. in Halbfrz. n. 12. —
Erschien auch in 5 Lieferungen.

Buchert, Karl, Sammlung in der Praxis oft angewandt. Verwaltungsgesetze. 2. Aufl. I. Anh. 1. Gebührengesetz. (Bayer. Gesetz üb. das Gebührenwesen vom 18. VIII. 1879 in der Fassg. der Bekanntmachg. vom 28. IV. 1907.) 2. Kinderschutzgesetz. (Reichsgesetz, betr. Kinderarbeit in gewerbl. Betrieben vom 30. III. 1903.) 3. Wassergesetz. (Wassergesetz f. das Königr. Bayern vom 23. III. 1907.) (120 S.) gr. 8. München 907. J. Schweitzer Verl. 1. —
Hauptwerk. Ebd. 906. 9.50; geb. 12.—

Buchert, Karl: Sammlg in d. Praxis oft angewandter Verwaltgs-Gesetze nebst e. Anzahl derart. Verordngn etc. f. d. Kgr. Bayern. In 1 Bde. 3. Afl. (8, 1266 u. Anh.: 314) gr8° Münch., J Schweitzer V. '11. L 12.50 d

Buchert, K, Verwaltgsgesetze. 2. Aufl. 2. u. 3. Lfg. Münch., Schweitzer Verl. 1905. 3. —

— Verwaltgsgesetze. 2. Aufl. 4. Lfg. München, Schweitzer Verl. 1905.

Buchert, Thomas: Zur Reform der Gelehrtenschulen in Bayern. S. 3-24.
Progr. Bamberg 1850.

Büchertisch, Der. Eine Zeitschr. f. Bücherkäufer. Red.: Hans Sachs. Sept. '12. (42 m. Abb.) gr8° Lpzg, Der Tempel. — 30 d.

Bücherverbote in Bayern vor 50—60 Jahren mit einer nachträglichen Bemerkung. [Leipz. 1847.] V: *Becker, Gottfried Wilhelm.* (cb)

Bücherverein, ev., in Berlin geht an d. Hauptverein f. christl. Erbauungsschriften in Berlin über.

Bücherverlag, Der, in Betrachtung der Schriftsteller, der Buchhändler, und des Publikums erwogen. Hamb. 1773. V: *Reimarus, Johann Albert Heinrich.* (cb) (schr)

Bücherverlag, Der, in allen Absichten genauer bestimmt ... [Leipzig] 1773. V: *Reich, Philipp Erasmus.* (cb) (ML)

Bücher-Verzeichnis = Catalogue de livres A. Francke..., Bern.... Neue Folge. Jahrg. 7. 1908/09. [Illustriert.] IV + XXXII + 300 [+ 4] S. 8. Bern, Stämpfli & Cie. Bibl.

Bücher-Verzeichnis = Catalogue de livres A. Francke..., Bern.... Neue Folge. Jahrg. 9. 1910/11. [Illustriert.] IV + XXXII + 274 [+ 4] S. 8. Bern, Stämpfli & Cie., [1910]. Bibl.

[J.] Bücherverzeichniss der Bibliothek der Königlichen Eisenbahndirektion in Elberfeld ... (Vorr.: [Hugo] Dieck.) *Elberfeld: Dr. v. A. Martini & Grüttefien 1897.* (700 S.) 1 Bd 4. (97. 501

Bücherverzeichnis und Hauptregister, Allgemeines und in seine gehörige Classen vertheiltes, über die ersten zehn Bände der theologischen Bibliothek ... Leipzig 1758. H: *Masch, Andr. Gottl.* (Petz)

Bücherverzeichnis, alpines, enth. Reiseführer, landschaftl. Schildergn. u. s. w. Karten, Pläne, Panoramen. Mit 7 Kartenübersichtsblättern. (II, 111 S.) 8. München 904. J. Lindauer. n. — 70

Bücherverzeichnis, alpines, enth. Reiseführer, landschaftl. Schildergn. usw., Karten, Pläne, Panoramen. Mit e. Anh.: Gebirgsreliefs. Mit Kartenübersichtsblättern. 3. durchgeseh. u. verm. Aufl. (II, 139 S.) 8. München 910. J. Lindauer. — 75

Nachtrag zum **Bücherverzeichnis** der Anstaltsbibliotheken. [Forts. d. P-Beil. 1879—92.] Karlsruhe, Buchdr. v. Malsch & Vogel, 1893; 51—56 S. 4.
Karlsruhe, OR m. Fachkl. f. Kaufleute, MP 1893 (618)

Nachtrag zum **Bücherverzeichnis** der Anstaltsbibliotheken. [Forts. d. P-Beil. 1879—93.] Karlsruhe, Buchdr. v. Malsch & Vogel, 1894; 41—46 S. 4.
Karlsruhe, OR m. Fachkl. f. Kaufleute, MP 1894 (622)

Nachtrag zum **Bücherverzeichnis** der Anstaltsbibliotheken. [Forts. d. P-Beil. 1879—94.] Karlsruhe, Buchdr. v. Malsch & Vogel, 1895; 41—46 S. 4.
Karlsruhe, OR m. Fachkl. f. Kaufleute, MP 1895 (636)

Nachtrag zum **Bücherverzeichnis** der Anstaltsbibliotheken. [Forts. d. P-Beil. 1879 95.] Karlsruhe, Buchdr. v. Malsch & Vogel, 1896; 35 40 S. 4.
Karlsruhe, OR '(Friedrichs-S)', P 1896 (635)

Nachtrag zum **Bücherverzeichnis** der Anstaltsbibliotheken. [Forts. d. P-Beil. 1890—96.] Karlsruhe, Buchdr. v. Malsch & Vogel, 1897; 35—41 S. 4.
Karlsruhe, grossh. OR m. kaufm. Fachkl., MP 1897 (647)

Nachtrag zum **Bücherverzeichnis** der Anstaltsbibliotheken. *Karlsruhe 1898: Malsch & Vogel.* (35—39 S.) 4° ¶ [Fortsetzung d. P-Beilagen 1890 -97.]
Karlsruhe, grossh. OR m. kaufm. Fachkl., MP 1898 (653)

Nachtrag zum **Bücherverzeichnis** der Anstaltsbibliotheken. *Karlsruhe 1899: Malsch & Vogel.* (S. 39—43.) 4° ¶ [Forts. d. Progr. 1879—1898.]
Karlsruhe, grossh. OR m. kaufm. Fachkl., MP 1899 (662)

Nachtrag zum **Bücherverzeichnis** der Anstaltsbibliotheken. *Karlsruhe 1900: Malsch & Vogel.* (S. 45—47.) 4° ¶ [Forts. d. P-Beil. 1879—1899.]
Karlsruhe, grossh. OR m. kaufm. Fachkl., MP 1900 (668)

Nachtrag zum **Bücherverzeichnis** der Anstaltsbibliotheken. *Karlsruhe 1901: Malsch & Vogel.* (S. 35—39.) 4° ¶ [Forts. d P-Beil. 1879—1900.]
Karlsruhe, grossh. OR m. kaufm. Fachkl., MP 1901 (681)

Nachtrag zum **Bücherverzeichnis** der Anstaltsbibliotheken. *Karlsruhe 1902: Malsch & Vogel.* (S. 37—39.) 4° ¶ [Forts. d. P-Beil. 1879—1901.]
Karlsruhe, großh. OR m. kaufmänn. Fachkl., MP 1902 (696)

Bücher-Verzeichnis der Johannis-Loge «Augusta« i. Or. Augsburg. Augsburg 1891. H: *Bergdolt, Carl.* (wolfstieg I, 17)

Bücher-Verzeichnis der Ausgabestelle A der öffentlichen Bücherhalle zu Hamburg. 4. Aufl. T. 2. Hamburg: Hamb. Gesellsch. z. Beförd. d. Künste u. nützl. Gewerbe 1905. 8° [05. 1041

Bücher-Verzeichnis der Ausgabestelle B der öffentlichen Bücherhalle zu Hamburg. *Hamburg: Hamb. Ges. z. Beförd. d. Künste u. nützl. Gewerbe 1903.* (VIII, 230, 116 S.) 8° [04. 4384 II

Bücherverzeichnis d. Auskunftsstelle üb. Kriegs- u. wirtschaftl. Fragen f. Jugendkompagnien, Berlin W 50, Tauentzienstr. 7, II., 16 S., 8°.

Bücherverzeichnis der Sektion Berlin des Deutschen u. Oesterreichischen Alpenvereins. Berlin: Mesch & Lichtenfeld 1904. (108 S.) 8° [F.] [08. 8034

Bücherverzeichniss der Bibliothek def. Herrn Prof. Dr. med. et phil. Paul Albrecht, Hamburg . . . *(Hamburg 1896.)* (1 Bl., 120 S.) 1 Bd 8. [

Bücherverzeichnis der Bibliothek der Königlichen landwirtschaftlichen Akademie Bonn-Poppelsdorf. Bd 1. Bonn: C. Georgi 1907. 8° [08. 8790

Elektrizitäts-Aktiengesellschaft vorm. Schuckert & Co: Bücher-Verzeichniß der Bibliothek. Nürnberg 1898

Bücherverzeichnis der Bibliothek der Farbenfabriken vorm. Friedrich Bayer & Cie. in Elberfeld. Kekulé-Bibliothek. *Elberfeld: Dr. d. Baedekerschen Buchdr. 1898.* (VI S., 1 Bl., 183 S.) 1 Bd 8. [98.

Bücher-Verzeichniss der Bibliothek des Hauses der Abgeordneten. Nebst 3 Nachträgen. Berlin 1877—1886.

Bücherverzeichnis der Bibliothek des Kaiser Wilhelms Instituts für Landwirtschaft in Bromberg. Bromberg 1907: J. Arndt. (115 S.) 8° [08.

Bibliothek des Gewerkschaftskartells Cassel. **Bücher-Verzeichnis.** Hrsg. von d. Verwaltung. (Cassel) 1908: (Gutenberg). 16 S. 8° [Umschlagt.] [09. 5193 4

Bücherverzeichniss der Bibliothek der Loge Zur edlen Aussicht in Freiburg i. B. 1874. [Nebst] Nachtr. 1. Freiburg i. B. [1874]—1875: Poppen. 8⁰ [Umschlagtit.] (MittFrbB. 18.)
Verz. 15 S. [1874]; Nachtr. 1. 4 S. 1875 [Kopftit.]. (MittFrbB. 23.)
Tt. 13. Vgl. auch FZ. (Neuwied) 1787 S. 162—163.
1874 in 439; 1875 in 147.

Bücher-Verzeichniss der Bibliothek d. Loge zur edlen Aussicht in Freiburg i B. Druck von Poppen & Sohn. 1874. 8. 15 S.
Ohne bibliographischen Werth. Enthält ca. 900 Werke in alphabet. Ordnung. — Diese Loge hat Ende des XVIII. Jahrhunderts die Büchersammlung des Buchhändlers Wagner angekauft. — Petzholdt. Adressbuch der Bibliotheken Deutschlands. Dresden 1875. S. 141.

Bücherverzeichniss der Bibliothek der Loge „zur Brudertreue an der Elbe" in Hamburg. Angefertigt 1865. [Hamburg 1865]: Kümpel.
[MitthVdF. 1896—1897 S. 102.]

Bücher-Verzeichniss der Bibliothek der Loge „Zur Brudertreue an der Elbe" in Hamburg. Angefertigt 1879. [Nebst] Anh. Hamburg [1879]—1886: Kümpel. 8⁰ [Umschlagtit.]
Verz. 36 S. [1879]; ⁰Anh.: Neuanschaffungen von 1879—1886. S. 37—43. 1886.

Bücherverzeichniss der Bibliothek der Loge „Zur Brudertreue an der Elbe" in Hamburg. Angefertigt 1900. [Nebst] Nachtr. 1. Hamburg [1900]: Ackermann & Wulff. 1904: [Preilipper]. 8⁰
Verz. 120 S. [1900]; Nachtr. 1. 16 S. 1904.

Bücher-Verzeichniss der Bibliothek der Loge Zu den drei Rosenknospen in Bochum. [Nebst] Nachtr. 1. Bochum 1898. [1905]: Seippel. 8⁰
Verz. 35 S. 1898; Nachtr. (Ausg. Johanni 1905.) 11 S. [1905] [Umschlagtit.]
23; Nachtr. in 430.

Bücherverzeichniß der Oeffentlichen Bibliothek und Lesehalle, Berlin, Alexandrinenstrasse 26. *Berlin: H. Heimann 1903.* (IX, 687 S.) 8° [F.] [03. 6410

— der öffentlichen Bibliothek u. Lesehalle Berlin SW. 13, Alexandrinenstraße 26. 2. Aufl. Abgeschlossen im April 1904. (X, 769 S.) gr. 8. Berlin 904. H. Heimann. n. 1.40
1. Aufl. (IX, 687 S.) 903. n. 1.—.

— d. oeffentl. Bibliothek u. Lesehalle Berlin SO. 16, Adalbertstrasse 41. 3. Afl. Abgeschl. im März '11. ('10, 912) gr8° Berl., H Heimann '11. † 1.40 d

Oeffentliche Bibliothek, Bielefeld. **Bücherverzeichnis.** [Hauptverzeichnis.] Abgeschlossen 15. Nov. 1905. Bielefeld 1905: (v. d. Mühlen). 8° [10. 1520

Bücherverzeichnis der Bibliothek der Königlichen Regierung in Düsseldorf. (Düsseldorf: Kgl. Regierung 1909.) 260 S. 8° [11. 1836

Bücherverzeichnis der Bibliothek des Reichsvereines . . . Wien 1906. V: *Löschner, Herm.* (EB)

Bücher-Verzeichnis der Bibliothek der ger.*. und vollk.*. St.*. J.*. Loge zur edlen Aussicht im Or.*. Freiburg i. Br. 1861. H und B: *Bacheberle, Hermann.* (wolfstieg I, 13)

Bücherverzeichnis d. Bibliothek d. Turner-Bund zu Porto Alegre, 1904, 16°. 2 Bde.

Berlin. Berliner Verein für Luftschiffahrt. Bücher-Verzeichnis der Bibliothek. Ausg. 1907. Berlin 1907

Bücher-Verzeichnis der Bibliothek des Vereines der Buchdrucker Kärntens. Klgft., St. Josefs-Druck., 1897. 29 S.

BÜCHER-VERZEICHNISS der Bibliothek des Entomologischen Vereins in Berlin. Berlin 1884. Carl Fromholz Buchdruckerei. 8°.

BÜCHER-VERZEICHNISS der Bibliothek des Vereins für Erdkunde zu Leipzig. (Abgeschlossen im August 1887.) Leipzig 1887. (Druck von Alexander Wiede in Leipzig.) 8°.

Bücherverzeichnis der Bibliothek des Vereins für die Geschichte der Neumark. Landsberg a. W. 1897. V: *Rackwitz, Arthur.* (Berl)

BÜCHER-VERZEICHNIS der Bibliothek des Vereins für die Geschichte der Neumark. Landsberg a. W. 1897. In Komm. bei Fr. Schaeffer & Co. (Inhaber Rob. v. Bötticher.) 8°.
Nachtrag I. September 1898. (Landsberg a. W. Druck von Dermietzel & Schmidt. Ohne bes. Titelbl.)
Nachtrag II. September 1900. ib. — (Ohne bes. Titelbl.)

Bücher-Verzeichnis der Bibliothek des Vereins für Geschichte d. Neumark. Abgeschl. am 31. Dez. 1903. *Landsberg a. W. 1904: Dermietzel & Schmidt.* (38 S.) 8° [F.] [04. 6427 9

Bucherverzeichnis der Bibliothek des 'Verein Junger Kaufleute von Berlin'. Berlin: Pass & Garleb [um 1910]. 127 S. 8° [11. 6097

Bücher-Verzeichnis der Bibliothek des Vereins für bayerische Volkskunde und Mundartforschung. [1.] Würzburg 1903: Stürtz. 8° [03. 8564 9

Zweites BÜCHER-VERZEICHNIS der Bibliothek des Vereins für bayerische Volkskunde und Mundartforschung. Würzburg 1908. Druck der Kgl. Universitätsdruckerei von H. Stürtz. 8°.

Bücher-Verzeichnis der Bibliothek des Volksbildungsvereins im Berolzheimerianum zu Fürth i. B. Fürth 1906: Schröder. VII, 295 S. 8° [11. 6519

Bücher-Verzeichnis des Bibliotheks-Vereines in Ferlach. Klgft., Röschnar, (1902). 44 S.

Bücherverzeichniss der g. u. v. St. Johannis-Loge Bruderkette zu den drei Schwanen im Or. Zwickau. Zwickau 1900: Förster & Borries. 45 S. 8°

Dorpater Bücherei des Deutschen Vereins in Livland. **Bücher-Verzeichnis.** Dorpat 1908: E. Bergmann. (174 S.) 8° [F.] [08. 18003

Bücherverzeichnis der Bücherei der Inspektion der Verkehrstruppen. 1. Ausg. Berlin 1908: (E. S. Mittler & Sohn). (XXI, 307 S.) 8° [08. 18487

Bücher-Verzeichnis der Bücherei des Kreisausschusses des Kreises Steinburg. Itzehoe. . 1903. 8°, geb. in 4°
Angebunden an: Verwaltungsbericht des Kreisausschusses des Kreises Steinburg für das Jahr 1903.

Bücherei u. Lesehalle zu Berg.-Gladbach. Richard Zanders-Stiftung. **Bücherverzeichnis** 1907. Elberfeld (1907): A. Martini & Grüttefien. (X, 387 S.) 8° [F.] [07. 15398 6

Bücher-Verzeichnis der Bücherei der Königlichen Militär-Veterinär-Akademie. Berlin 1908: E. S. Mittler & Sohn. (67 S.) 8° [08. 18000

Recklinghausen. Bücherverzeichnis der Bücherei der Zeche „Schlägel & Eisen", Recklinghausen [der Bergwerksgesellschaft „Hibernia"]. Nebst Nachtrag 1—6. Essen-Ruhr, 1901—1906. 71 S.

Fried. Krupp A.-G. Grusonwerk, Magdeburg-Buckau. **Bücherverzeichnis** der technischen Bücherei. [Hauptwerk] mit Nachtr. 1. u. Sachverzeichnis. (Magdeburg-Buckau) 1906. 8° [08. 4918 3

Bücher-Verzeichnis der Bücherei der Loge „Vorwärts" M.-Gladbach-Rheydt 1904. M.-Gladbach [1904]: Schellmann. 26 S. 8°

Katernberg. Bücherverzeichnis der Bücherei der Zeche Zollverein in Katernberg. Katernberg, 1908. 47 S.

— d. Bremer Bücher- u. Lesehalle. (162) 8° Bonn, (C Georgi) '12. nn — 50 d

Kruppsche Bücherhalle Friedrich-Alfred-Hütte. **Bücherverzeichnis.** Rheinhausen-Friemersheim 1. Okt. 1907. Essen-Ruhr (1907): Buchdr. d. Gußstahlfabrik F. Krupp. (197 S.) 8° [F.] [08. 2649

Krupp'sche Bücherhalle Grusonwerk. **Bücherverzeichnis.** 1. Jan. 1907. Magdeburg-Buckau: (W. Ochs & Co.) 1907. (227 S.) 8° [F.] [08. 2090

Essen. Krupp'sche Bücherhalle: Bücherverzeichniß. Essen 1899
Nachtrag 1. 1899—1902. Essen 1902
Nachtrag 2. 1902—1910. Essen 1910

Krupp'sche Bücherhalle. **Bücherverzeichniss.** [1.] *Essen 1899: G. D. Baedeker.* 8° [F.] [00. 11318

Kruppsche Bücherhalle der Zechen Hannover und Hannibal. **Bücherverzeichnis.** Hordel i. W., 1. Nov. 1907. Essen-Ruhr 1907: Buchdr. d. Gußstahlfabrik F. Krupp. (171 S.) 8° [F.] [08. 2651

Öffentliche Bücherhalle, Hamburg. **Bücher-Verzeichnis** 1899. (Vorr.: Dr. G[ottlieb] Fritz.) *Hamburg: Ges. z. Beförd. d. Künste 1899.* (160 S.) 8° [Umschlagt.] [00. 10785

Bücher-Verzeichnis der Öffentlichen Bücherhalle zu Hamburg. 2. Aufl. (Vorr.: Dr. Ernst Schultze.) *Hamburg: Gesellschaft z. Beförd. d. Künste 1900.* (VIII, 248 S.) 8° [00. 13155

Bücher-Verzeichnis der öffentlichen Bücherhalle zu Hamburg. 3. Aufl. (Vorr.: Bibl. Dr. Ernst Schultze.) T. 1. *Hamburg: Gesellsch. z. Beförd. d. Künste 1902.* 8° [02. 036 6

Bücherverzeichnis der öffentlichen Bücherhalle zu Hamburg. 3. Auflage. 2 Tle in 1 Bd. Nachtrag I, II. Hamburg 1902. 03

Bücher-Verzeichnis der Öffentlichen Bücher- u. Lesehalle in Erlangen im alten Schulhause am Luitpoldplatz. 2. Ausg. Erlangen 1905: E. Th. Jacob. (XVI, 55 S.) 8° [F.] [06. 2087 2

Bücherverzeichnis der Öffentlichen Bücher- und Lesehalle zu Lübeck. Lübeck 1909: M. Schmidt. VIII, 421 S. 8° A 12. 5830

Oeffentliche Bücher- und Lesehalle zu Münster i. W. **Bücher-Verzeichnis** Juni 1906. Münster i. W. 1906: Westf. Vereinsdr. (VII, 216 S.) 8° [F.] [07. 15399 6

Öffentliche Bücher- und Lesehalle zu Münster i. W., Abteilung Leseverein. **Bücherverzeichnis.** Dez. 1907. Münster i. W. 1907: Westf. Vereinsdr. 32 S. 8° [09. 9417

Bücherverzeichnis der Städtischen Bücherhalle (2: ... Bücher- und Lesehalle) zu Osnabrück, Hakenstrasse 12. T. 1. 2. Osnabrück 1902: Liesecke (2: Meinders & Elstermann). 8°
1. Belehrende u. wissenschaftl. Literatur. 2. Schöne Literatur. A 12. 7107

Bücherverzeichnis der Städtischen Bücher- und Lesehalle zu Osnabrück, Hakenstrasse 12. (Vorr.: Bibliothekar Delavigne.) *Osnabrück 1902: Meinders & Elstermann.* 8° [03. 0967

Bücherverzeichnis der Städtischen Bücher- und Lesehalle zu Osnabrück 1908. (Vorr.: Dr. [Erich] Fink.) Osnabrück: J. G. Kisling (1908). (XI, 388 S.) 8° [F.] [08. 13566

Bücher-Verzeichniss der Loge Carl zum Felsen in Altona 1889. Altona [1889]: Adolff. 23 S. 8° [Umschlagtit.]

Bücher-Verzeichniß. Militär-Bibliothek Cüstrin. [Hauptwerk.] Cüstrin 1900: H. Brandt. 8° [F.] 108. 6693 3

Bücherverzeichnis d. Turngemeinde Darmstadt, Darmstadt 1898, 26 S., 8°.

Stadtbücherei Elberfeld. **Bücherverzeichnis.** Hrsg. aus Anlaß d. 300 Jahr-Feier d. Stadt 1910. (Vorr.: Dr. [Emil] Jaeschke.) Elberfeld 1910: Martini & Grüttefien. XIV, 589 S. 8° 10. 12896

Bücher-Verzeichniss der Loge „Ernst für Wahrheit, Freundschaft und Recht" im Or. Coburg. 31. Dec. 1880. [Koburg 1880.] 14 S. 8° [Umschlagtit.]

Städtische Bücherhalle Essen. **Bücherverzeichnis** 1902. Abgeschlossen 1. März 1902. Essen 1902: Girardet. 120 S. 8° A 12. 2361 5

Bücherverzeichniß u. Festsetzungen der Bibliothek des Inf.-Regts. von Manstein (Schlesw.) Nr. 84. (Schleswig) 1896: Schlesw. Nachr. (103 S.) 8° [F.] 05. 1958 8

Bücher-Verzeichnis des Königlichen Finanz-Ministeriums in Berlin. Abgeschlossen mit Lagerbuch-Nummer 27555 am 9. Okt. 1905. Berlin 1905: Norddeutsche Buchdr. (XIII, 495 S.) 4°(8°) [F.] 05. 15303

Berlin. Königliches Finanz-Ministerium: Bücher-Verzeichnis. Abgeschlossen mit Lagerbuch-Nummer 27555 am 9. Oktober 1905. Berlin 1905
Beigeb.: Nachtrag. Abgeschlossen mit Lagerbuch-Nummer 32890 am 31. Oktober 1910. Berlin 1910

▭ Friedr[ich] Wilh[elm] z. Eintr[acht] Bremen. Bücher-Verzeichniss Febr. 1893. [Nebst] Nachtr. [Bremen 1893—1897: Guthe.] 8° [Kopftit.]
Verz. 10 S. [1893]; Nachtr. (Aug. 1897). 1 Bl. [1897.]

— f. Gefängnisse, Arbeitshäuser, Korrektionshäuser u. ähnliche Anstalten. Im Auftrag des Vereins der deutschen Strafanstaltsbeamten zusammengestellt v. e. Kommission, bestehend aus den Herren Eggert als Vorsitzenden, Birkigt, Jacobs, Jäger, Zender. (XII, 75 S.) gr. 8. Heidelberg 906. C. Winter, Verl. n. 2. 50

Bücher-Verzeichnis (der deutsch-reformierten Gemeinde). O. O. u. J. V: *Sudhoff, Karl.* (StBFrankf 1, 126)

Bücherverzeichnis, siehe Deutsche Gesellschaft.

BUCHER-VERZEICHNISS*) der Königl. Ostpreuss. physikalisch-ökonomischen Gesellschaft. Königsberg, 1801. Gedruckt bei Heinrich Degen. 8°.

Buecher-Verzeichnis der Handelskammer für die östliche Niederlausitz in Sorau N.-L. Sorau N.-L. 1906. 8°.

Bücherverzeichnis der Hauptbibliothek des Reichs-Marine-Amts. gr. 8. (XXIII, 604 S.) Berlin 902. (E. S. Mittler & Sohn.) Kart. n. 5. —

— der Hauptbibliothek des Reichs-Marine-Amts. Zugangsverzeichnis vom 1. IV. 1902 bis 31. III. 1907. (XX, 288 S.) gr. 8. Berlin 907. (E. S. Mittler & Sohn.)
Hauptwerk. Ebd. 902. Kart. 5.— **Kart. 2. 50**

Bücherverzeichniß des Haupttheils II der Bibliothek des 2. Badischen Grenadier-Regiments Kaiser Wilhelm I. No 110. (1901.) (Mannheim 1901: W. Zinckgraf.) (VIII, 119 S.) 8° [F.] 08. 7167 3

Berlin. Haus der Abgeordneten: Bücher-Verzeichnis. 4. Aufl. Berlin
Bd 1. Allgemeine Abtheilung. Parlaments-Verhandlungen und Gesetz-Sammlungen. Rechtswissenschaft (mit Ausschluß der Specialrechte). Staatswissenschaft. Polizei. 1900
Bd 2. Allgemeine Volkswirthschaftslehre. Socialwissenschaft. Landwirthschaft. Gewerbe und Industrie. Handel und Verkehr. Finanzwesen. Theologie und Kirche. Bildung, Kunst, Wissenschaft und Erziehung. 1901
Bd 3. Militairwissenschaft. Geschichte. Reg. zu Bd 1—3. 1902
Bd 4. Nachträge aus den Jahren 1901 bis 1904. 1905
Bd 5. Nachträge aus den Jahren 1906—1910. 1911
Bd 6. Nachträge aus den Jahren 1911—1916. 1917
Erwerbungen der Bibliothek im Jahre 1917 und 1918. 1919

Bücher-Verzeichnis des **Hauses** der **Abgeordneten.** 4. Aufl. Bd. 1. *Berlin 1900: W. Moeser.* 8° 00. 2393

Bücher-Verzeichnis der unter Constitution der Höchstleuchtenden Hochwürdigsten grossen Landesloge der Freimaurer von Deutschland zu Berlin arbeitenden gesetzmässigen, verbesserten und vollkommenen Johannis-Loge, genannt »Tempel des Friedens« zu Stettin. Aufgenommen Johannis. O. O. 1903. H: *Kratzke.* (Wolfstieg I, 18/19)

Bücher-Verzeichniss der Loge Joseph zur Einigkeit in Nürnberg. Nürnberg 1868: Bieling. VI, 92 S. 8°

Kaiser-Wilhelm-Bibliothek in Posen. Wanderbibliothek. Bücherverzeichnis. 1. Ausg. 1902. *[Berlin 1902: C. Koepsel.]* (116 S.) 8° [F.] 03. 8334

Elberfeld. Farbenfabriken vorm Friedr. Bayer & Cie.: Bücherverzeichniß der Kekulé-Bibliothek. Elberfeld 1898

Bücher-Verzeichniss der Kiautschou-Bibliothek ... *Berlin: Deutscher Verl. 1898.* (1 Bl., XVI, 88 S.) 1 Bd 8. 99 77

Bücherverzeichnis des Allgemeinen Knappschafts-Vereins zu Bochum. Bochum. 1904. 168 S.

Coblenz. Stadtbibliothek: Bücherverzeichniß. Aufgen. durch A. Marhoffer. Coblenz 1896

Bücherverzeichniss d. Stadtbibliothek Coblenz, aufgen. durch Alb. Marhoffer 1896. gr. 8. (XII, 456 S.) Coblenz 897. (F. Hölscher.) n. 2. —

Bücher-Verzeichnis d. Stadtbibliothek Coblenz. Erwerbungen von 1896—1909. Nach d. Vorarbeiten von Albert *Marhoffer* erg. u. hrsg. von Bruno *Hirschfeld.* Coblenz 1909. 8°

Bücher-Verzeichnis der Korps-Bibliothek d. 13. (Königlich Württembergischen) Armeekorps. (423 S) Stuttgart 1905
— der Bibliothek des K. Württ. Kriegsministeriums. (448 S) Stuttgart 1902
— Zugangsverzeichnis I-IV. Stuttgart 1903-06

Bücherverzeichniss, Das kritische. 1781. V: *Schröckh, Samuel Jacob.* (Hch. Wolfg. Behrisch, Die Wiener Autoren 1784, S. 204) (Wiener Wochenschrift 1781, S. 216) (BiblPort)

1. ANHANG ZU DEM BUCHER- UND LANDKARTEN-VERZEICHNISSE des geographischen Vereins zu Frankfurt a. M. (vom October 1845.)
Ausgegeben im September 1848. s. l. 8°.

Bücherverzeichnis der Lehrer-Bibliothek des Realprogymnasiums zu Marne (Holst.). (Zsgest. v. Richard von Holly und Hermann Johannssen.) Marne. 1895. 8°. Realprog.-Progr.

Realschule (jetzt Oberrealschule i. E.) zu Hagen i. W. **Bücher-Verzeichnis** der **Lehrerbibliothek** und der **Schülerbibliotheken.** *Hagen i. W. 1901: W. Quitmann.* (30 S.) 4° [Umschlagt.]
Hagen i. W., st. R, P 1901 (413)**

Bücher-Verzeichniß von August Sobel's Leih-Bibliothek (Alfred Endler) in Teplitz, Mühlstraße „zu drei Rosen" Nr. 253, 1 Stock. ll. 8. (100 S.) Teplitz. Gerel. *1864.* 20 kr.

Bücher-Verzeichniß der öffentlichen Leih-Bibliothek des Franz Gastl. 41tes Heft. Brünn, im Juli 1856. Aus Frz. Gastl's Buchdr. (23 S. 8.)

Bücherverzeichnis der öffentlichen Leihbibliothek des Konrad Schmidt in Graz. 7. Nachtrag. 1868.

Bücher-Verzeichniß, Erstes — der öffentlichen Leihbibliothek der Marie Tittel in Gratz. Gratz. 1855. Aus der C. Tanzer'schen Buchdr. (44 S. 8.)

Bücher-Verzeichniß der Leih-Lesebibliothek des F. Gallia. Kecskemet, im Juni 1854. (Könyv-Jegyzéke Gallia F. Kölcsön-Könyvtárának.) 8. (120 S.) Pesth. Druck von Landerer und Heckenast. 1854.

Bücherverzeichnis d. Lesanstalt d. Turnerbunds Oberndorf a. Neckar, Freudenstadt, 12 S., 8°.

Bücherverzeichnis der Lesegesellschaft in Bern. 8. Bibl.
[Band] 2. Von Mitte 1873 bis Ende 1900. II + 307 S. Bern, Stämpfli & Cie., 1901.
Erste Fortsetzung zum 2. Bücherverzeichnis.... 40 S. Bern, Buchdr. Berner Tagblatt, 1904.

Bücherverzeichnis. Zweite Fortsetzung zum 2. B' der Lesegesellschaft in Bern. (Anfang 1904 bis Ende 1906.) 39 S. 8. Bern, Buchdr. Berner Tagblatt, 1907. Bibl.

Bücher-Verzeichniss der Lesegesellschaft in Wädensweil. 32 Stn. 8. Wädensweil, Druck v. Rüegg. 1872

Buecher-Verzeichnis der Ersten öffentlichen Lesehalle zu Berlin, Münzstr. 11. (Hrsg. von d.; Deutsch. Ges. f. ethische Kultur. Berlin 1906. 8°.

Erstes Bücher-Verzeichniss der Oeffentlichen Lesehalle zu Jena. Abgeschl. d. 1. Sept. 1899. (Vorr.: A. Heidenhain.) *Jena: Lesehallenver. 1899.* (XIV, 306 S.) 8° [F.] [00. 37

Bücher-Verzeichnis der Öffentlichen Lesehalle zu Jena. 2. Aufl. *Jena 1904: Hofbuchdr.* (XIV, 552 S.) 8° [F.] [04. 3045

Bücher-Verzeichnis der Oeffentlichen Lesehalle zu Jena. 3. Aufl. (Vorr.: Helene Petrenz.) Jena 1908: (B. Vopelius). (XII, 777 S.) 8° [F.] [08. 13113

Bücher-Verzeichnis der Oeffentlichen Lesehalle zu Jena. 3. Aufl. (Vorr.: Helene Petrenz.) [Nebst] Nachtr. Jena 1908-12: (Vopelius). 8° A 12. 5110

Städtische Lesehalle und Volksbibliothek, Bochum. Bücherverzeichnis 1905. Abgeschlossen am 1. Juli 1905. [Nebst] Nachtr. Abgeschlossen am 1. Dez. 1910. (Bochum 1905-10: Märk. Vereinsdr.) 8° A 11. 12, 116

Bücherverzeichnis des Deutschen Lesevereins zu Neapel. Neapel '10. 58 S.

Wissenschaftlicher Verein Literaria, Blankenburg am Harz. (Gegründet am 27. Oktober 1884.) —
BÜCHER-VERZEICHNIS. Blankenburg-Harz: Otto Kircher 1908. 8°. —
Bibliothek der Literaria. — Nachtrag zum Bücherverzeichnis 1908/9. (ib. 1909.) 8°.

Bücher-Verzeichniß der katholischen Literatur Deutschlands, Frankreichs und Belgiens, vom 1. und 2. Halbjahr 1847, mit Angabe der Formate, der Verleger, der Preise in Thaler und Gulden, oder Francs. 1. gr. 8. (122 S.) Cöln 847—48, Schwannsche Vrlgsh.

Bücherverzeichnis der katholischen Litteratur Deutschlands, Frankreichs und Belgiens vom 1. Halbjahre 1847, mit Angabe der Formate, der Verleger, der Preise in Thalern und Gulden oder Franks. I. Heft. Köln u. Neuß, jetzt Düsseldorf, Schwann, 1847, gr. 8°, 60 S., 55 Pf.
—— II. Heft. 2. Halbjahr 1847. S. 60—122, 30 Pf.
Nicht fortgesetzt.

Bücherverzeichniss der Loge zum goldenen Apfel in Dresden. Dresden 1872: Heinrich. 62 S. 8° [Umschlagtit.]

Bücherverzeichnis der Loge zum goldenen Apfel Or. Dresden. Dresden 1889. H: *Schmidt.* (wolfstieg I, 14)

Bücher-Verzeichnis der Loge zur edlen Aussicht in Freiburg i. Br. 1908. Nachtr. I. Bayreuth 1908—1910. H: *Frank, Hugo.* (wolfstieg I, 13)

Bücherverzeichnis der Loge zu den drei Degen im Or. zu Halle a. S. Halle a. S. 1892. H: *Taschenberg, Ernst.* (wolfstie I, 10)

Bücher-Verzeichnis der Loge zum Friedensbunde in Neubrandenburg. Neubrandenburg 1903: Sadelkow. 45 S. 8° [Umschlagtit.]
Vorgedr. d. Satzungen f. d. Benutzung d. Bibliothek.

Bücher-Verzeichnis der ger. und vollk. Loge zum goldenen Hirsch. Oldenburg 1900. H: *Gehreis, Heinrich.* (wolfstieg I, 18)

Bücherverzeichniss der Loge zur Harmonie in Chemnitz. [Nebst] Nachtr. 1. 2. Chemnitz 1877—1888: Geidel. 8° [Umschlagtit.]
Verz. 31 S. 1877. Nachtr. 1. 12 S. 1880; 2. 8 S. 1888.

Bücherverzeichniss der Loge zur Harmonie in Chemnitz. Chemnitz 1895: Geidel. 48 S. 8° [Umschlagtit.]

Bücherverzeichnis der Loge zu den drei Schwertern und Astrea zur grünenden Raute im Or. Dresden. Dresden 1862. Dresden 1892—1909. H: (1862): *Wollen, John Lloyd.* H (1892/1909): *Wolf, Otto.* (wolfstieg I, 13)

Bücher-Verzeichnis der Lokal-Lehrer-Bibliothek in Kappel am Krappfelde. Klgft., Leon, 1905. 16 S.

Bücher-Verzeichniss der Mechitharisten-Congregation in Wien . . . [Wien o. J.]

[Kopft.:] [F.] Bücher-Verzeichnis der Haberberger Parochial-Bibliothek. Gegründet 1891. *[Königsberg: Dr. d. (Ostpreuss. Zeitgs- u. Verl.-Dr.) 1897.]* (23 S.) 1 Bd 8. [98. 5248

Bücher-Verzeichnis der Personal-Bibliothek des Verbandes Berliner Spezialgeschäfte, Geschäftsstelle Leipzigerstr. 111. (Berlin: Verband [1908].) (15 S.) 8° [08. 16571

□ Phönix im Or. Leipzig. Bücherverzeichnis 1899. [Leipzig 1899: Drugulin.] 10 S. 8° [Umschlagtit.]

Bücher-Verzeichniß der Privat-Bibliothek des Vincenz Prießnitz zu Gräfenberg. 1854. 8. (52 S.) Freiwaldau. Druck von Ernest Titze.

Bücherverzeichniß, raisonnirendes, auf 1782—84. gr. 8. Königsb., Hartung. 1 Thlr 12 gr

— — Forts. s. critische Blätter.

Bücherverzeichnis der Rathausbibliothek zu Düsseldorf nach dem Stande v. 1. Okt. 1906. Düsseldorf 1906: [Städt. Druckerei]. (61 S.) 8° [F.] [07. 995

Bücherverzeichnis d. Alten T. V. Ratibor (Maschschr.), 2°.

Berlin. Reichs-Marine-Amt: Bücherverzeichniß der Hauptbibliothek. Berlin 1902
Zugangsverzeichnis vom 1. April 1902 bis 31. März 1907. Berlin 1907

Berlin. Reichsschatzamt: Bücherverzeichnis. Berlin 1909

Bücher-Verzeichniß der Gesellschaft 'Ressource' zu Soest. *Soest 1896: Rochol.* (3 Bl.) 8° [F.] [05. 20078

Bücher-Verzeichnis der g. u. v. St. Joh.-Loge zur Wahrhaftigkeit u. Bruderliebe im Or. Döbeln 1898. Döbeln [1898]: Lux. 10 S. 8⁰ [Umschlagtit.]

Bücherverzeichnis der **Schülerbibliothek** des Königlichen Gymnasium Adolfinum zu Moers. *Moers (1902): J. W. Spaarmann.* (53 S.) 8° [F.]
Mörs, k. G Adolfinum, OP 1902 (509)

Bücher-Verzeichnis der **Schüler-Bibliothek** des Herzogl. Realgymnasiums in Braunschweig. *Salzgitter (1898): C. Witt.* (87 S.) 8° [F.]
Braunschweig, herz. RG, OP 1898 (730)

Berliner Lehrer-Verein. **Bücherverzeichnis** des Deutschen Schulmuseums. 2. Aufl. ⟨Abgeschlossen im Aug. 1903.⟩ Berlin: Deutsches Schulmuseum 1904. (495 S.) 8° [05. 2219

[F.] Bücher-Verzeichniss der Altonaer Stadtbibliothek. Abgeschlossen Juni 1899. (Vorr.: P[aul] Piper.) *Altona: Buchdr. Hammerich & Lesser 1899.* (X, 370 S.) 1 Bd 8. [00 6331

Bücher-Verzeichniss der Altonaer Stadtbibliothek. Abgeschlossen Juni 1899. (Hrsg. v. Paul Piper.) Altona. 1899. 8°.
—— 1. Fortsetzung. Abgeschlossen Nov. 1900. ebd. 1900. 8°.
—— 2. Forts. Abgeschlossen August 1904. ebd. 1904. 8°.

Bücherverzeichnis der Barmer Stadtbibliothek. Barmen 1904: D. B. Wiemann. (X, 296 S.) 8° [F.] [05. 11462

Bücherverzeichnis der Barmer Stadtbibliothek. Barmen 1908: H. Biermann & Co. Nachf. (X, 429 S.) 8° [08. 12488

Bücherverzeichniss der kleinen Stadtbibliothek in Zofingen. Dritter Nachtrag: November 1879. In-8⁰. 16 S. Zofingen, Ringier. 1880

– dass. s.a. Bücherverzeichnisse...

Bücherverzeichniss der kleinern Stadtbibliothek in Zofingen. Erster Nachtrag: Juli 1875. 32 Stn. 8. Zofingen, Ringierische Buchdruckerei. —. 50

Bücherverzeichnis der kleineren Stadtbiliothek in Zofingen. Nachtrag 13—15.... 8. Zofingen.... Bibl.
Nachtrag 13: September 1901. 23 S. Z', Ringier'sche Buchdr.
Nachtrag 14: Dezember 1903. II + 23 S. Z', Francke, Ringier & Cie. A.-G.
Nachtrag 15: Juni 1908. 16 S. Z', Ringier & Cie.

— der Stadtbibliothek zu Löbau i. S. (VIII, 77 S.) 8. Löbau 905. (J. G. Walde.) n. —80

— d. Stadtbibl. zu Tilsit. (171) 8° Tils., Magistrat '11. —75 d

Königsberger Freie Studentenschaft. Abteilung f. Sozialwissenschaften. **Bücherverzeichnis.** [1.] ⟨April 1910.⟩ [Königsberg] 1910. 8° [11. 12886 10

Bücher-Verzeichnis der Südmark-Volksbücherei St. Veit a. d. Glan. St. Veit a. d. Glan, Schlick, 1902. 18 S.

Dorpater Bücherei des Deutschen Vereins in Livland. Systemat. **Bücherverzeichnis** der Baltischen Abteilung. Dorpat 1908: E. Bergmann. (30 S.) 8° [F.] [08. 18007

Bücherverzeichnis d. Turngemeinde in Berlin, Berlin 1880, 47 S., Kl.-8°.

Bücherverzeichnis d. Weimarischen T.V., Weimar, 8 S., 8°.

Bücher-Verzeichniß der k. k. ungar. Universitäts-Buchdruckerei. (Könyv-Jegyzéke a cs. K. M. egyetemi Könyvnyomdának.) 8. (68 S.) Budán, a cs. kir. Magyar egyetemi nyomda betűivel. 1854.

Bücher-Verzeichnis des Kaufmänn. Vereins Uzwil. 1901. II + 5 S. 8. Flawil, Buchdr. Flawil, A.-G., 1901. Bibl.

Bücher-Verzeichnis des Vereins für die bergbaulichen Interessen im Oberbergamtsbezirk Dortmund zu Essen. 3. Ausgabe.... [Bearb. durch Fritz Leuzinger, von Glarus, Bibliothekar des Vereins.... 2 Teile.] gr.-8. Berlin, H. S. Hermann, 1905—1908. Bibl.
[Teil 1:] 3. Ausgabe, abgeschlossen 31. Dezember 1904. [Mit 1 Tabelle.] VIII + 817 S. 1905.
[Teil 2:] 3. Ausgabe. Nachtrag 1908, abgeschlossen 30. Juni. II S. + S. 819—1310. 1908.

— des Vereins f. die bergbaulichen Interessen im Oberbergamtsbez. Dortmund zu Essen. 3. Ausg., abgeschlossen 31. XII. 1904. (VII, 817 S.) Lex.-8. Berlin 905. (Essen, Verlag des „Glückauf".) Geb. in Leinw. n. 4. —

— des Vereins f. die bergbaulichen Interessen im Oberbergamtsbez. Dortmund zu Essen. 3. Ausg. Nachtrag 1908, abgeschlossen 30. VI. (S. 819—1310.) Lex. 8. Berlin 908. (Essen, Verlag des „Glückauf".) Hauptwerk. Ebd. 905. Geb. 4.— Geb. in Leinw. 2. —

Berlin. Freie photographische Vereinigung: Bücher-Verzeichniß. Berlin 1896

Berlin. Freie photographische Vereinigung: Bücher-Verzeichnis. Berlin (1902)

Bücherverzeichnis der Volksbibliothek zu Göttingen. Göttingen: L. Hofer 1906. (75 S.) 8° [F.] [06. 13470 7

Bücher-Verzeichnis der Volks-Bibliothek zu Greifswald. [Nebst] Nachtr. Greifswald 1897: J. Abel (Nachtr.: C. Sell). 2 Bde 8° [F.] [05. 11982 9

Bücher-Verzeichnis der Volks-Bibliothek zu Greifswald. ⟨Ausgegeben im Juli 1899.⟩ Greifswald 1899: J. Abel. (71 S.) 8° [F.] [05. 11983 9

Bücher-Verzeichnis der Volks-Bibliothek zu Greifswald. ⟨Ausgegeben im Okt. 1906.⟩ Greifswald 1906: J. Abel. (84 S.) 8° [F.] [07. 5316 9

[F.] **Bücher-Verzeichnis** der **Kieler Volks-Bibliothek** gegründet durch die Gesellschaft freiwilliger Armenfreunde in Kiel am 1. Dezember 1874 ... *Kiel: Dr. v. Schmidt & Klaunig 1897.* (116 S.) 1 Bd 8. [00 773

[F.] **Bücher-Verzeichnis** der Zweiten Kieler **Volksbibliothek** '(in d. Gerhardstrasse)' eröffnet durch d. Gesellsch. freiwilliger Armenfreunde in Kiel am 1. Juni 1897. *Kiel: Dr. v. Schmidt & Klaunig 1897.* (82 S.) 1 Bd 8. [07. 4334

Bücherverzeichnis der mit einer Lesehalle verbundenen ... städtischen Volksbibliothek zu Berlin, s. Bücherverzeichnis der ... städtischen Volksbibliothek ...

Bücher-Verzeichnis der Volks-Bibliothek in St. Veit a. d. Glan. St. Veit a. d. Glan, Schlick, 1892. 14 S.

Bücherverzeichnis der 1. städtischen Volksbibliothek, Mohrenstraße 41. 11. verm. Aufl. Berlin 1904: W. & S. Loewenthal. (275 S.) 8° [F.] [06. 7888

Bücherverzeichniß der 2. städtischen Volksbibliothek zu Berlin, im Gemeindeschulhause, Georgenkirchplatz 18. 9. verm. Aufl. Berlin 1901: W. & S. Loewenthal. (140 S.) 8° [F.] [06 7889

Bücherverzeichnis der 3. städtischen Volksbibliothek zu Berlin, im Gemeindeschulhause, Gipsstraße 23ᵃ. 10., verm. Aufl. Berlin 1904: W. & S. Loewenthal. (III, 137 S.) 8° [F.] [06. 7890

Bücherverzeichniss der 4. städtischen **Volksbibliothek** zu Berlin im Gemeindeschulhause Stallschreiberstrasse 54 a. 10. verm. Aufl. *Berlin 1901: W. & S. Loewenthal.* (151 S.) 8° [F.] [02 4387

Bücherverzeichnis der 4. städtischen Volksbibliothek zu Berlin, im Gemeindeschulhause, Stallschreiberstraße 54ᵃ. 11. verm. Aufl. Berlin 1904: W. & S. Loewenthal. (IV, 174 S.) 8° [F.] [06. 7891

Bücherverzeichnis der 4. städtischen Volksbibliothek zu Berlin im Gemeindeschulhause Stallschreiberstraße 54ᵃ. 12., verm. Aufl. Berlin 1908: Loewenthal. (IV, 227 S.) 8° [09. 1081

Bücherverzeichnis der 5. städtischen Volksbibliothek zu Berlin, im Gemeindeschulhause Wilhelmstraße 117. 9., verm. Aufl. Berlin 1903: W. & S. Loewenthal. (IV, 119 S.) 8° [F.] [06. 7892

Bücherverzeichniss der 6. städtischen **Volksbibliotkek** zu Beran im Gemeindeschulhause Ruppiner Strasse 53/54. 5. verm. Aufl. *Berlin 1902: E. Litfass' Erben.* (129 S.) 8° [F.] [03. 6388

Bücherverzeichniss der 7. städtischen **Volksbibliothek** zu Berlin im Gemeindeschulhause Lange Strasse 76. 9. verm. Aufl. *Berlin 1899: Gebr. Grunert.* (121 S.) 8° [F.] [00 1158

Bücherverzeichnis der mit einer Lesehalle verbundenen 7. städtischen Volksbibliothek zu Berlin, Straßmannstrasse 6. 6., verm. Aufl. Berlin 1908: Loewenthal. IV, 184 S. 8° [09. 1084

Bücherverzeichnis der mit einer Lesehalle verbundenen 9. städtischen Volksbibliothek zu Berlin, Wilmsstraße 10. 7., verm. Aufl. Berlin 1905: W. & S. Loewenthal. (IV, 225 S.) 8° [F.] [06. 7893

Bücherverzeichnis der mit einer Lesehalle verbundenen 9. städtischen Volksbibliothek zu Berlin, Wilmsstrasse 10. 8., verm. Aufl. Berlin 1908: Loewenthal. IV, 250 S. 8° [09. 1085

Bücherverzeichnis der 10. städtischen Volksbibliothek zu Berlin, im Gemeindeschulhause Pankstraße 26. 6., verm. Aufl. Berlin 1903: W. & S. Loewenthal. (IV, 151 S.) 8° [F.] [06. 7894

Bücherverzeichnis der 11. städtischen Volksbibliothek zu Berlin, im Gemeindeschulhause, Scharnhorststraße 10. 4., verm. Aufl. Berlin 1904: W. & S. Loewenthal. (IV, 142 S.) 8° [F.] [06. 7895

Bücherverzeichniß der 12. städtischen Volksbibliothek zu Berlin, im Gemeindeschulhause Thurmstraße 86. 6. verm. Aufl. Berlin 1902: W. & S. Loewenthal. (IV, 145 S.) 8° [F.] [06. 7896

Bücherverzeichnis der 12. Städtischen Volksbibliothek zu Berlin im Gemeindeschulhause Turmstraße 86. 8., verm. Aufl. Berlin 1910: Loewenthal. IV, 237 S. 8° A 12. 3719

Bücherverzeichniss der 13. städtischen **Volksbibliothek** zu Berlin im Gemeindeschulhause am Lausitzer Platz. Neue verm. Aufl. *Berlin 1899: Gebr. Grunert.* (185 S.) 8° [F.] [00. 0750

Bücherverzeichnis der 13. städtischen Volksbibliothek zu Berlin, im Gemeindeschulhause Waldemarstraße 77. 5. verm. Aufl. Berlin 1904: W. & S. Loewenthal. (IV, 188 S.) 8° [F.] [06. 7897

Bücherverzeichnis der 14. städtischen Volksbibliothek zu Berlin, im Gemeindeschulhause Schmidstr. 16. 4. verm. Aufl. Berlin 1903: W. & S. Loewenthal. (IV, 108 S.) 8° [F.] [06. 7898

Bücherverzeichnis der 14. städtischen Volksbibliothek zu Berlin, Baruther Straße 20. 5., verm. Aufl. Berlin 1907: Loewenthal. 170 S. 8° [09. 1086

Bücherverzeichniss der mit einer Lesehalle verbundenen 15. städtischen **Volksbibliothek** zu Berlin auf d. Schulgrundstück an d. Rigaer Strasse. 4. verm. Aufl. *Berlin 1902: E. Litfass' Erben.* (125 S.) 8° [F.] [02. 6389

Bücherverzeichnis der mit einer Lesehalle verbundenen 15. städtischen Volksbibliothek zu Berlin auf d. Schulgrundstück Rigaer Strasse 81/82. 5., verm. Aufl. Berlin 1909: Loewenthal. IV, 213 S. 8° [09. 1087

Bücherverzeichniss der mit einer Lesehalle verbundenen 16. städtischen **Volksbibliothek** zu Berlin auf d. Schulgrundstück Wattstrasse 16. 5. verm. Aufl. *Berlin 1902: E. Litfass' Erben.* (135 S.) 8° [F.] [02. 6390

Bücherverzeichniss der 17. städtischen **Volksbibliotkek** zu Berlin in d. Straussberger Strasse 9. 4. verm. Aufl. *Berlin 1902: W. & S. Loewenthal.* (125 S.) 8° [F.] [02. 6391

Bücherverzeichnis der 17. städtischen Volksbibliothek zu Berlin, Esmarchstrasse 18. 5., verm. Aufl. Berlin 1907: Loewenthal. 186 S. 8° [09. 1088

Bücherverzeichnis der 18. städtischen Volksbibliothek zu Berlin, im Gemeindeschulhause Kurfürstenstraße 160. 5., verm. Aufl. Berlin 1906: W. & S. Loewenthal. (IV, 183 S.) 8° [F.] [06. 7899

Bücherverzeichnis der 19. städtischen Volksbibliothek zu Berlin, im Gemeindeschulhause Choriner Straße 74. 4. verm. Aufl. Berlin 1903: W. & S. Loewenthal. (IV, 118 S.) 8° [F.] [06. 7900

Bücherverzeichnis der mit einer Lesehalle verbundenen 19. Städtischen Volksbibliothek zu Berlin auf dem Schulgrundstück Sonnenburger Straße 21. 5., verm. Aufl. Berlin 1910: Loewenthal. IV, 220 S. 8° A 12. 3721

Bücherverzeichnis der mit einer Lesehalle verbundenen 20. städtischen Volksbibliothek zu Berlin auf dem Schulgrundstück Ravenéstraße 12. 7. verm. Aufl. Berlin 1909: Löwenthal. IV, 268 S. 8° [10. 4595

Bücherverzeichnis der mit einer Lesehalle verbundenen 21. städtischen Volksbibliothek zu Berlin, auf d. Schulgrundstück in d. Dunckerstraße 65/66. 4., verm. Aufl. Berlin 1904: W. & S. Loewenthal. (138 S.) 8° [F.] [06. 7901

Bücherverzeichniss der 22. städtischen **Volksbibliothek** zu Berlin im Gemeindeschulhause Dieffenbachstrasse 60/61. 3. Aufl. *Berlin 1901: W. & S. Loewenthal.* (122 S.) 8° [F.] [02. 6392

Bücherverzeichnis der 23. städtischen Volksbibliothek zu Berlin, im Gemeindeschulhause, Olivaer Straße 19. 3., verm. Aufl. Berlin 1905: W. & S. Loewenthal. (IV, 146 S.) 8° [F.] [06. 7902

Bücherverzeichnis der 24. städtischen Volksbibliothek ⟨mit e. Lesehalle⟩ zu Berlin, auf d. Schulgrundstück Glogauer Straße 12/13. 4. verm. Aufl. Berlin 1903: W. & S. Loewenthal. (IV, 159 S.) 8° [F.] [06. 7903

Bücherverzeichnis der 24. Städtischen Volksbibliothek ⟨mit einer Lesehalle⟩ zu Berlin auf dem Schulgrundstück Glogauer Straße 12/13. 5., verm. Aufl. Berlin 1911: Loewenthal. IV, 254 S. 8° A 12. 3722

Bücherverzeichniß der 25. städtischen Volksbibliothek zu Berlin, im Gemeindeschulhause Fruchtstraße 38. 3. verm. Aufl. Berlin 1902: W. & S. Loewenthal. (IV, 117 S.) 8° [F.] [06. 7904

Bücherverzeichniss der 26. städtischen **Volksbibliothek** zu Berlin im Gemeindeschulhause Schles. Str. 4. 2. verm. Aufl. *Berlin 1899: Gebr. Grunert.* (119 S.) 8° [F.] [00. 1110

Bücherverzeichniß der mit einer Lesehalle verbundenen 26. städtischen Volksbibliothek zu Berlin, auf d. Schulgrundstück an d. Ehrenbergstraße. 3. verm. Aufl. Berlin 1902: W. & S. Loewenthal. (IV, 138 S.) 8° [F.] [06. 7905

Bücherverzeichniss der 27. städtischen **Volksbibliothek** zu Berlin im Gemeindeschulhause Prenzlauer Allee 227/228. 3. verm. Aufl. *Berlin 1899: Gebr. Grunert.* (105 S.) 8° [F.] [00. 1111

Bücherverzeichnis der 27. städtischen Volksbibliothek zu Berlin im Gemeindeschulhause Prenzlauer Allee 227/228. 4., verm. Aufl. Berlin: W. & S. Loewenthal 1903. (IV, 118 S.) 8° [F.] [06. 13914

Bücherverzeichnis der 27. städtischen Volksbibliothek zu Berlin im Gemeindeschulhause Prenzlauer Allee 227/228. 5. verm. Aufl. Berlin 1910: Löwenthal. IV, 170 S. 8° [10. 4596

Bücherverzeichniss der mit einer Lesehalle verbundenen 28. städtischen **Volksbibliothek** zu Berlin auf d. Schulgrundstück Rostocker Strasse 32/33. *Berlin 1900: W. & S. Loewenthal.* (X, 187 S.) 8° [F.] [00. 11439

Bücherverzeichnis der 28. städtischen Volksbibliothek ⟨mit e. Lesehalle⟩ zu Berlin, Rostocker Straße 32/33. 2. verm. Aufl. Berlin 1903: W. & S. Loewenthal. (IV, 239 S.) 8° [F.] [06. 7906

Bücherverzeichnis der 28. städtischen Volksbibliothek ⟨mit einer Lesehalle⟩ zu Berlin, Rostocker Strasse 32/33. 3., verm. Aufl. Berlin 1908: Loewenthal. IV, 305 S. 8° [09. 1089

[F.] **Bücherverzeichniss** d. Städtischen **Volksbibliothek** zu Charlottenburg. (In II Tln.) *Charlottenburg: A. Gertz 1898.* (1 Bl., 53 S., 1 Bl., 108 S.) 1 Bd 8. [98. 5976

Bücherverzeichnis der Städtischen **Volksbibliothek** zu Charlottenburg Wilmersdorfer-Str. 166/167. 2. verm. Aufl. *Charlottenburg 1901: R. Kühn.* (313 S.) 8° [02. 11808

Bücherverzeichnis der Städtischen **Volksbibliothek** zu Charlottenburg, Wilmersdorferstr. 166/167. 3. verm. Aufl. *Charlottenburg 1903: (A. Gertz).* (497 S.) 8° [04. 1678

Bücherverzeichnis der Städtischen Volksbibliothek zu Charlottenburg, Wilmersdorfer Str. 166/167 u. d. Zweigstelle Wormser Str. 6ᵃ. 4. verm. Aufl. Sept. 1905. Charlottenburg 1905: (A. Gertz). (545 S.) 8° [05. 13350

Buecher-Verzeichnis der Volks-Bibliothek in Tempelhof. 3. Aufl. [Berlin] 1908. 8°.

Bücher-Verzeichnis der **Volks-Bibliothek** zu Tilsit. *Tilsit 1899: Wehmeyer's Nachf.* (42 S.) 8° [F.] [00. 6313 10

Verein f. Volkswohl zu Halle a. S. **Bücherverzeichnis** der Volksbibliothek. (Vorr.: Fr[iedrich] Wenzlau.) 2. Aufl. Halle 1910: Karras. XII, 362 S. 8° [10. 5311 3

Volks-Bibliothek der Stadt Wattenscheid. **Bücher-Verzeichnis.** 1909. (Wattenscheid 1909: Busch.) 60 S. 8° A 12. 2476

— f. mecklenburgische Volksbibliotheken. Hrsg. v. der Schriftenkommission f. Innere Mission in Schwerin i. M. nr. 8. (IV, 96 S.) Schwerin (901). (F. Bahn.) n. — 70

Bücher-Verzeichnis der deutschen Volksbücherei der Südmarkortsgruppen Klgft. Klgft., Leon. 1899. 27 S. — 2. Aufl. 1900. 50 S. — 3. Aufl. (1902). — 4. Aufl. 1903. 56 S. — 5. Aufl. (1905). — 6. Aufl. 1907. 47 S. — 7. Aufl. 1910. 50 S.

Bücherverzeichnis der städtischen Volksbücherei in Bunzlau. (Bunzlau) 1907: (L. Fernbach). (60 S.) 8° [F.] [07. 14441

Bücherverzeichnis der Städtischen Volksbücherei in Charlottenburg. 5. verm. Aufl. Sept. 1908. Charlottenburg 1908: (A. Gertz). (VII, 694 S.) 8° [08. 14575 G

Buecherverzeichnis der Städtischen Volksbücherei zu Charlottenburg. Hauptbücherei: Wilmersdorfer Straße 166-167. Zweigstelle Ost: Wormser Str. 6a. Zweigstelle West: Danckelmannstr. 48-49. 5. verm. Aufl. Sept. 1908. [Nebst] Verzeichnis d. Neuerwerbungen 1908--1910 [u.] Nachtr. 1908—1912. Charlottenburg 1908. 1912. 8°

Bücher-Verzeichnis der Städtischen Volksbücherei, Langenberg, Rhld. (Geheimrat Joh. Wilh. Colsman-Stiftung.) Langenberg 1906: A. Forsthoff 1906. (53 S.) 8° [F.] [07. 16669

Bücherverzeichnis der städtischen Volksschullehrer-Bibliothek zu Düsseldorf. Düsseldorf 1907: Gebr. Tönnes. (147 S.) 8° [F.] [08. 7168

Wanderbücherei des Kreises Neustadt Westpr. **Bücher-Verzeichnis.** Neustadt (Wpr.) [1906]: Müller. 95 S. 8° [Umschlagt.] [10. 399

Bücher- und Zeitschriften-**Verzeichnis** der Bücherei des Vereins deutscher Ingenieure, Berlin. Abgeschlossen Ende 1907. (Berlin) 1908: (Schade). 134 S. 8° [Umschlagt.] [07. 10873

Berlin. Verein deutscher Ingenieure: Bücher- und Zeitschriften-Verzeichnis der Bücherei. Abgeschlossen Juli 1909. (Berlin) 1909

Bücherverzeichnis der Zentral-Bibliothek des deutschen und oesterreichischen Alpenvereines in München, Lederer-Strasse 2 (Eingang Maderbräu-Str.). gr. 8. (IV, 115 S.) München 902. (J. Lindauer.) n. 1. —

Bücher-Verzeichnis der Zentral-Bibliothek in Bremen 1887 mit Nachträgen bis 1889.

— d. städt. Zentralbibliothek zu Dresden. Abgeschl. am 1.7.'11. (612) 8° Dresd., (Holze & P.) ('11). nn 1.50 d

Bücherverzeichniss, s. Bücherverzeichnis

Bücher-Verzeichnisse, ausgewählte, aus der herzogl. Bibliothek zu Wolfenbüttel. 1. Hft. 4. Wolfenbüttel 889. Zwißler. n. 1. —

Systematisches Verzeichniß der Lessing Litteratur der herzoglichen Bibliothek zu Wolfenbüttel m. Ausschluß der Handschriften. (31 S.)

Bücher-Verzeichnisse der herzogl. Bibliothek zu Wolfenbüttel. 2. Bd. 4. Wolfenbüttel 894. J. Zwissler. n. 20. -- (1. u. 2.: n. 21. —); Ausg. auf feinem Pap. n. 24. —

Alphabetisches Verzeichnis der französischen Litteratur. (XV, 595 S.)

Bücherverzeichnisse der kleinern Stadtbibliothek in Zofingen. 2. Nachtrag: Septbr. 1877. VI und 14 S. 8. Zofingen, Druck von Ringier. 1877 —. 30

– dass. s.a. Bücherverzeichnis...

Bücherwart, Der. Reichhalt. sachgemässe Sammlg geeigneter Handbb. f. Beamte, Militäranwärter u. Unteroff. u. e. Wegweiser z. Einrichtg v. Unteroff.-, Mannschafts- u. Beamten-Büchereien. (94) kl8° Berl., Kameradsch. ('12). † — 15 d

Bücherwelt, die. Zeitschrift f. Bibliotheks- u. Bücherwesen. Hrsg. vom Verein vom hl. Karl Borromäus in Bonn. Red.: H. Herz. 4. Jahrg. Oktbr. 1906—Septbr. 1907. 12 Nrn. (à ca. 20 S.) Lex.-8. Köln (J. P. Bachem). n. 2. —

Vergl.: Borromäus-Blätter.

Bücherwelt, die. Zeitschrift f. Bibliotheks- u. Bücherwesen. Hrsg. vom Verein vom hl. Karl Borromäus in Bonn. Red.: Herm. Herz. 5.—8. Jhrg. Oktbr. 1907 bis Septbr. 1911. à 12 Nrn. (à ca. 20 S.) Lex. 8. Köln, J. P. Bachem. à Jhrg. 2. 50

Bücherwelt, Die. Zeitschr. f. Bibliotheks- u. Bücherwesen. Hrsg. v. Verein v. hl. Karl Borromäus in Bonn. Red.: Herm. Herz. 8. u. 9. J. Okt. '10—Sept. '12 je 12 Nrn. (238, 250) Lex8° Köln, JP Bachem. 2.50 ‖ 10. J. '12/13. 4 — d

DER BÜCHERWURM [Jg. 15–16, H. 5: ... verbunden mit „Büchermonat" und „Vorhof"; Jg. 16, H. 6–Jg. 19: „Büchermonat", „Vorhof" und „Neue Bücher"]. Eine Monatsschrift [Jg. 19, H. 2ff: Zweimonatsschrift; Jg. 22ff: Monatsschrift; Jg. 28: Vierteljahrsschrift] für Bücherfreunde. Hrsg. von Walter Weichardt [Jg. 14, H. 7ff: von Karl Rauch; Jg. 28: Red. von Walther G. Oschilewski]. Jg. [1–] 28. Dachau b. München [u. a.] 1910/11–1942/43. 8°

Diesch 2827 Marbach

Der **Bücherwurm**. Eine Monatsschrift f. Bücherfreunde. [1.] Okt. 1910. (München: Scheiding 1910.) 8° [11. 1016 7

Bücherwurm, Der. Monatsschr. f. Bücherfreunde. Verantwortl.: Ernst Scheiding u. Walt. Weichardt. Okt. '10 —Sept. '11. 12 Hefte. ('12: 325) gr8° Münch. Dachau bei Münch., Verl. d. Bücherwurm. 1.50; einz. Hefte — 15 d

— dass. Hrsg.: Walt. Weichardt. Verantwortl.: W Blumtritt-Weichardt. (2.) u. 3. J. Okt. '11—Sept. '13 je 12 Hefte. (3. J., Okt.-Heft: 32 m. Abb.) 8° Lpzg, Rossberg'sche Bh. je 2 —; einz. Hefte — 20; Luxus-Ausg. 6 —; einz. Hefte — 60 d

Bücherzeichen (Ex libris) des XV. u. XVI. Jahrh. v. Dürer, Burgmair, Beham, Virgil Solis, Jost Amman u. A. Hrsg. v. Frdr. Warnecke. 5 Hfte. 4. (16 S. m. 100 Taf.) Berlin 894. J. A. Stargardt. à n. 5. — (kplt. geb.: n. 28. —)

Spanische und portugiesische **Bücherzeichen** des XV. und XVI. Jhs. Von Konrad Haebler. *Strassburg: J. H. E. Heitz 1898.* (2 Bl., XL, 46 S., 2 Bl., einschl. 46 Taf.) 1 Bd 2.(4.)
(Büchermarken oder Buchdrucker- u. Verlegerzeichen. [Bd 5.]) [97. 6300

Bücher-Zeitung, neue Wiener, s. Literatur-Zeitung, Wiener.

Bücher-Censur-Ordnung, Kurbadische. 8. Karlsr. 804. (Braun). 3 gr

Bücher-Censur-Ordnung, Kurbadische. 8. Carlsr. Macklot. 804.

Büchercensurordnung, Markgräflich Badensche. Karlsruhe 1797. H: *Brauer, Johann Nicolaus Frdr.* (MGT) (HS)

Wien. Handels- und Gewerbekammer: [Vierteljährlicher] Bücher-Zuwachs der Bibliothek. Nr 1. 1901 ff. Wien

Buchetmann, Fr. Edm., O. Cap., Jean de Rotrou's Antigone u. ihre Quellen, s.a. **Beiträge, Münchener, zur romanischen u. englischen Philologie. XXII.**

Jean de Rotrou's **Antigone** und ihre Quellen. Ein Beitrag z. Gesch. d. antiken Einflusses auf d. franz. Tragödie d. XVII. Jhs. Von Fr. Edmund **Buchetmann**, Kapuziner, gepr. Lehramtskand. *Erlangen & Leipzig: A. Deichert 1901.* (XVI, 268 S.) 8°
— Beiträge, Münchener, z. roman. u. engl. Philologie. H. 22. [01. 7801

Buchey, Ernst, practische, leicht faßliche Tanzlehre. Anleitung zur kunstgerechten und anstandsmäßigen Erlernung aller jetzt gebräuchlichen Tänze sowie ein Leitfaden für Solche, die das bereits Gelernte im Gedächtniß behalten wollen. 32. (VIII und 40 S. mit 8 Stnt.) Greiz 852, Henning.

Buchey, E, pract., leicht fassl. Tanzlehre. 32. (40 m. 8 K.) Greiz 52. (Lpzg, liter. Inst.) — 10

Buch-Farbendruck-Wandkalender 1882, 80 kr.
Prag: Fuchs 1881.

Buchfart, die Felsenburg, in Geschichte u. Sage von A. v. B. 8. (51 S. m. 1 Abb.) Berka 895. (Weimar, L. Thelemann.) — 75

Buchfarter Forst (Schlagwort)

Buchfarter Forst, s.: Ausflug-Karten.

Buchfeld, Robert, Beiträge zur Lehre vom Magenkrebs. Diss. Würzburg 1887, Stahelsche Univ.-Buchh. 8°. 26 S.

Buchfeld, Robert [cand. med. aus Velbert (Rheinprovinz)]: Beiträge zur Lehre vom Magenkrebs .... Würzburg, Paul Scheiner's Buchdr., 1887; 26 S. 8°.
Würzburg, Med. Fak., Inaug.-Diss. v. 1887.

Buchfelner, Simon

Buchfelner, S. (Hrsg.), s. Alpenreise eines Bürger-Mädchens auf den Königsberg in Berchtesgaden.

— festtägl. Andachtsübungen u. Tagzeiten d. sel. Jungfrau Mariä, d. Mutter uns. Heilandes. Mit Morgen-, Abend-, Meß-, Beicht- u. Kommunion-Gebeten. Mit Titelpfr. gr. 12. (11½ B.) Augsburg 829, Wolff. (Kollmann.)

— siehe: Anweisung für christl. Wirthe.

Buchfelner, Sim., Aufruf an d. aufblühende Jugend zur Wachsamkeit u. zum Gebete, so wie zur Nachfolge Christi. gr. 12. Münch. 829. Giel. (Leipz., Barth). 4 gr.

– s. Augustin, d. Heil., Betrachtt.

— Beicht-, Meß- u. Communiongebete, mit e. Ausz. aus d. Nachfolge Christi. 12. Münch. 833. (832.) Giel. 4 gr.

Buchfelner, Sim., von der nothwendigen Bekehrung zur Nachfolge Jesu durch den christl. Unterricht. Ein Geschenk an die Feiertagsschüler u. an die Mitglieder der Tugendbündnisse. Augsburg 857. Rieger. 8. (14 S.) n. 2 ngr

— die Bekehrungsgeschichte des heiligen Franziskus von Assisi. Ein Spiegel für Alle zur nothwendigsten Selbstkenntniß. In einer Predigt über die göttliche Bestimmung der Orden des heil. Franziskus, am Feste desselben 1856 in Laufen. Ebend. 856. 8. (30 S.) 3 ngr

— Belehrungen über die alleinseligmachende Religion und Kirche, die Schranken der christl. Duldung und das Nichtgenügen eines nur ehrlichen Wandels zur Erlangung der ewigen Seligkeit, als Warnung vor den gemischten Ehen, in Bezug auf die apostol. Schreiben Sr. Heiligkeit Gregor XVI. hierüber an die Erzbischöfe u. Bischöfe in Baiern. gr. 8. Regensburg u. Landshut 835. Manz. 1/6 ℛ

Buchfelner, Sim., Betrachtungen u. Beherzigungen üb. d. Nachfolge Mariä, f. Verehrer d. gnadenvollen Jungfrau; oder Andachtsb. d. Erzbruderschaft des heiligsten Herzens Mariä z. Bekehr. d. Sünder. 3., verm. u. verb. Ausg. 8. (24 B. u. 1 Stahlst.) Augsburg 844, Rieger'sche Buchh.

— Betrachtt. über d. Furcht u. Liebe Gottes in den Psalmen Davids, od. Selbstgespräche e. Gott liebenden Seele 2c. 8. Münch. Giel. 8 gr.

—— Betrachtungen üb. d. Leiden Jesu Christi. 12. (1 B.) München 821, Giel.

—— der heiligen Theresia Betrachtungen, s. Theresia.

—— Beweise der Offenbarung u. Vernunft, daß es z. Erlangung d. Seligkeit nicht gleichgültig ist, zu welchem christl. Glaubensbekenntnisse man sich bekenne. Zugleich Beantwortung d. Frage: Wer wird selig? Ein Wort z. Beherzig. v. d. Antritte gemischter Ehen. gr. 8. (3 B.) Landshut 833, [Manz.] Thlr.

– s. Blüthen u. Blumen d. heil. Andacht.

– s. J. Bona, d. Nützliche.

Buchfelner, Sim., die Braut Christi oder Gebete und Betrachtungen für Jungfrauen zur kirchl. und häusl. Erbauung. 3. und 4. Aufl. 1852—54. und neueste (5.) Ausg. 8. (384 S. mit 1 Stahl- und 20 feinen Holzst.) Regensburg 855, Pustet.

Buchfelner, S., die Braut Christi oder Gebete und Betrachtungen für Jungfrauen zur kirchlichen und häuslichen Erbauung. Neueste Aufl. Regensburg 863. Pustet. 8. (352 S. u. 1 Stahlst.) 9 ngr

Buchfelner, S., die Braut Christi oder Gebete und Betrachtungen für Jungfrauen zur kirchlichen und häuslichen Erbauung. 16. (480 S. mit 1 Stahlst.) Regensburg 884, Pustet.
geb. in Leinw. **
geb. in Leder mit Goldschn. **

Buchfelner, S., die Braut Christi od. Gebete u. Betrachtungen f. Jungfrauen zur kirchlichen u. häuslichen Erbauung. 16. (480 S. m. 1 Stahlst.) Regensburg 880. Pustet. —90; Einbd. in Leinw. n.n. —60; in Ldr. m. Goldschn. n.n. 1.40

Buchfelner, Sim., die Braut Christi durch Verpflichtung der Taufe zu einem heil. Leben. Vollständiges Lehr- u. Gebetbuch für Jungfrauen, welche die Taufgelübde halten wollen. Mit 1 Stahlst. gr. 12. (IV u. 272 S.) Regensburg 851, Pustet. 1/4 ℛ — oder Gebete u. Betrachtungen für Jungfrauen zur kirchl. u. häusl. Erbauung. Mit 1 Stahl- u. 16 Holzst. 3. verm. Aufl. 8. (384 S.) Ebd. 852. 9 ngr

— Darstellung u. Beherzigung der vollständigen christkathol. Religionslehre, mit beständ. Rücksicht auf die Unterscheidungslehren der Protestanten, für Christen, die von der wahren Religion sich überzeugen wollen. Nach Simbert Schwarzhueber's prakt. kathol. Religions-Handbuche für nachdenkende Christen frei bearb. 3 Bde. gr. 8. Regensburg 844, Manz. 1 5/6 ℛ

– s. Erhard, Casp., christl. Hausbuch.

— erbaul. Erzählungen für d. aufblühende Jugend. (Auch e. Lesebuch f. d. Volksschulen.) gr. 12. Münch. 830. Giel. (Leipz., Barth). 6 gr.

Buchfelner, Sim., lehrreiche u. erbauliche Erzählungen zur Uebung der Vollkommenheit u. der christl. Tugenden. Oder: Ein kernhafter Auszug aus dem Buche dieses Namens von A. Rodriguez. 8. Regensburg 841, Manz. 3/8 ℛ

— — christkathol. Exempelbuch od. Unterricht in d. Glaubens- u. Sittenlehre. gr. 8. München 834. (1 fl. 12 kr.) 2e Auflage 1839, Ebendas. Giel. 54 kr.

— christkatholisches Exempelbuch oder der nothwendigste Unterricht in der Glaubens- u. Pflichtenlehre, veranschaulicht durch lehrreiche Geschichten, mit einem Auszuge aus der Leidensgeschichte Jesu nach der A. K. Emmerich, Augustinerin zu Dülmen. 3. ganz umgearb. u. durch Erzählungen sehr verm. Aufl. 8. (371 S.) Regensburg 851, Pustet. 1/2 ℛ

— christl. Exempelbuch, oder der nothwendigste Unterricht für jeden Christen in der kathol. Glaubens- u. Sittenlehre, mit erklär. Erzähll. aus dem Leben heil. u. gottsel. Christen. gr. 8. München 835. Giel. 3/4 ℛ

– s. Fenelons Schriften, aus.

— kurze Flammengebete u. erbaul. Gedanken auf alle Tage d. Jahres. 8. Münch. 823. Giel. 4 gr.

—— der heil. Franz v. Sales, zunächst ein Vorbild f. kathol. Geistliche. 2. Aufl. 8. (6½ B.) München 828, Giel.

— vollständ. Gebet- u. Betrachtungs-Buch für kathol. Christen bei dem häusl. u. öffentl. Gottesdienste; mit 10 Meßandachten u. allen Litaneien des Kirchenjahrs, nebst Andachtsübungen auf 15 Gedächtnißtage der seligsten Jungfrau. Mit Titelkpfr. 12. (München 840. Finsterlin.) n. 3/8 ℛ

— Gebetbüchlein zur Erweckung eines frommen Sinnes für die Jugend, durch Erneuerung des Taufbundes u. andere feste Entschlüsse. Mit 2 Stahlst. 18. Grätz 843, Ferstl. (Leipzig, Kummer.) 1/4 ℛ

—— das Geheimniß alles Kreuzes los zu werden, od. d. Himmel auf Erden, durch d. Gleichförmigkeit d. menschl. mit d. göttl. Willen. Dargest. durch Beispiele a. d. Leben heil. u. gottsel. Seelen. 2. Aufl. 12. (1 B.) München 829, Giel.

– s.a. Geist d. Lebens Nerius.

—— Geist d. Lebens u. d. Lehre d. heil. Philippus Nerius. Zunächst f. Geistliche, dann f. jed. Erbauung suchenden Christen. 8. ... München 826, Giel.

—— Geist des Lebens und der Lehre des heil. Philippus Nerius, zunächst für Geistliche, dann für jeden Erbauung suchenden Christen. Mit einer Beigabe: Brosamen von Joh. Tauler. 2., verb. und verm. Aufl. 21. (228 S.) Regensburg 854, Manz.

— d. immerwährende Gemeinschaft mit Jesu. Ein Gebet- u. Erbauungsbuch für d. Wanderer nach d. Himmelreiche. Mit Vorr. v. F. S. Häglsperger u. 1 Kpf. 12. Dingelfingen 825. (Landsh., Storno). 6 gr.

— Geschichte der Religionslehre Jesu Christi bis auf unsere Zeiten, für die reifere Jugend und alle Gläubige als Hilfsbuch zum gründlichen christlichen Unterrichte. 8. Regensburg 837. Manz. 5/8 ℛ

— d. Geschichte d. Verehrung d. gnadenreichsten Jungfrau u. Gottes Mutter Mariä zu Altenötting. Von ihrem Ursprunge bis auf d. neuesten Ereignisse erzählt. Mit Titelkpf. u. Steindr. 8. Altenötting 826. (Landsh., Krüll). 11 gr.

—— die Geschichte d. Verehrung d. gnadenr. Jungfrau u. Gottes Mutter Mariä zu Altenötting. Von ihr. Ursprunge b. auf d. neuest. Ereignisse erzählt. 8. (8¼ B., Titkpfr. u. 1 Stndr.) Altenötting 826. (Landshut, Manz.)

— — Geschichte der Verehrung der gnadenreichen Jungfrau und Gottesmutter Maria zu Altenötting. Mit Kupfer u. Plan der heil. Kapelle. 8. Altötting 1826, Seidl. 2e Aufl. 1835. (Regensburg, Manz.) 7 ggr. — 30 kr.

— die Geschichte der Verehrung d. gnadenreichsten Jungfrau u. Gottes Mutter Maria zu Altenötting. Von ihrem Ursprunge bis auf die neuesten Ereignisse erzählt. 2e Aufl. Mit 1 Plan d. heiligen Kapelle. 8. Altenötting 835. (Regensburg, Manz.) n. 7 gr.

— von d. allein seligmachenden Glauben an Jesus Christus. Ein Gespräch. 8. Münch. 818.

—— von d. Glaubwürdigkeit d. Offenbarung üb. d. bittere Leiden uns. Hrn. Jesu Christi d. gottsel. Anna Katharina Emmerich, Augustinerin zu Dülmen, nach d. Zeugnissen d. Grafen Fr. L. v. Stolberg u. Druffel, in Bezug auf ihr mystisches Leben u. die Wundermaale Christi an ihrem Körper. Mit Bemerk. üb. d. Magnetismus in sein. Verhältnisse zur übernatürl. Gnadenwirkung Gottes. gr. 8. (2⅓ B.) München 834, Giel. Thlr. *

— — Hausmission od. Beisp. d. Rückkehr zu Gott. 8. Ebd. 1832. 24 kr.

– s. A. Jais, Sittenlehre.

—— Jesus Christus, der Seelen-Bräutigam aller Gläubigen. Ein vollständiges Gebet- und Betrachtungsbuch für kathol. Christen bei dem häusl. und öffentl. Gottesdienste, sammt einem Katechismus mit Beispielen. 2., durchaus verb. und verm. Aufl. 12. (468 S. mit 1 Titkpfr.) Regensburg 856, Manz.

—— Jesus Christus, d. Seelen-Bräut. aller Gläub. 2. Afl. 12. (468) Ebd. 57. — 15

Buchfelner, Sim., Jesus, das Licht und Heil der Welt. Ein vollständiges Gebetbuch mit Erklärung der Gebräuche und Ceremonien d. katholischen Kirche. Mit Titelkpfr. 8. Straubing 834. Schorner. 5/12 ₰ — 2e verb. u. verm. Aufl. 8. Ebd. 838. 5/12 ₰

— des heil. Johannes vom Kreuz christliche Mystik, oder Anleitung zur sichern Selbst- u. Anderer Führung auf dem Wege der christl. Vollkommenheit u. Vereinigung mit Gott. Aus dessen sämmtl. Schriften gesammelt. 8. Landshut 841, v. Vogel'sche Verlagsbuchh. ¼ ₰

— katholischer Katechismus mit Beispielen zur Belehrung und zum Beweise, daß man ohne Bekehrung zu Gott nicht selig sterben kann. Ebend. 857. 12. (90 S.) n. 2 ngr

– s.a. Kempis, d. kleine.

—— der kleine Kempis, oder Brosamen aus den kleinern Schriften des Thomas v. Kempis. Durchaus verb. und mit einer Meßandacht verm. 5. (Titel-)Ausg. 24. (152 S.) Passau 855, Elsässer und Waldbauer.

– s.a. Kempis, Rosengärtlein.

— lasset d. Kleinen zu mir kommen. Mark. 10, 14. Ein Gebetbüchlein f. Kinder u. Alle, die es werden wollen. Mit Titelkpf. 18. Münch. 829. Giel. (Leipz., Barth). 2 gr.

— lasset die Kleinen zu mir kommen. Ein Gebetbüchlein für Kinder ꝛc. 3e Aufl. 18. München 833. Giel. 1/12 ₰

— das Leben d. heil. Aloysius von Gonzaga. Ein Vorbild d. Unschuld u. Reinigkeit f. Alle, denen diese Tugenden noch heilig sind. 8. Augsb. 823. Bolling. 8 gr.

— Leben d. Heiligen Gottes u. einiger gottseligen Personen, nach d. Tagen d. Jahres, zur Erweckung u. Stärkung d. christl. Sinnes u. Wandels. 2 Bde. Mit 1 Kpf. gr. 8. Münch. 820. 2e A. 823. Giel. 2 ₰ 8 gr.

— Leben der Heiligen Gottes auf alle Tage des Jahres zur Erweckung u. Stärkung des christl. Sinnes u. Wandels. [Mit dem Umschlagstitel: Heiligenlegende für's Volk, d. i. Leben der Heiligen ꝛc.] 4. durchaus verb. u. verm. Ausg. 2 Bde. in 10 Liefrgn. gr. 8. (1. Bd.: XVI u. 492 S. 2. Bd.: VIII u. 471 S. m. 1 Stahlst.) Passau 849. 50, Elsässer & Waldbauer. (à Liefrg. 6 ngr) 2 ₰

— Leben der Heiligen Gottes, nach den Tagen des Jahres zur Erweckung u. Stärkung des christl. Sinnes u. Wandels. 2 Bde. 2e verb. u. verm. Ausg. mit 1 Kupf. gr. 8. München 823, Giel.

—— Leben d. Heiligen Gottes, nach d. Tagen d. Jahres zur Erweck. u. Stärkung d. christl. Sinnes u. Wandels. 2 Bde. 3., durchaus verb. u. verm. Ausg. Mit Titkpfr. gr. 8. (63½ B.) München 834, Giel.

— — Leben der Heiligen, nach den Tagen des Jahres. 2 Bde. 3e Aufl. gr. 8. Ebd. 1834. 2⅚ Thlr. — 3 fl. 18 kr.

— das Leben u. Leiden unsers Herrn u. Heilandes Jesu Christi, mit besond. Hinsicht auf d. Erklärung d. Sonn- u. Festtägl. Evangelien. gr. 8. Münch. 826. Giel. 16 gr.

— das Leben der heiligen Jungfrau Maria, und die Leidensgeschichte Jesu. Nebst Andeutungen über die unbefleckte Empfängniß U. L. Fr. Nach den Offenbarungen der gottsel. Anna Katharina Emmerich, Augustinerin zu Dülmen, frei bearb. für das Volk. Mit 1 Titelkpfr. (Holzschn.) Regensburg 855. Manz. 4. (IV, 256 S.) 24 ngr

—— der jungfräulichen Mutter Gottes Maria Leben u. Wunder, aus d. Schriften d. heil. Alphons Maria von Liguori u. Anderer. Mit ein. Anh. von Morgen-, Abend-, Meß-, Beicht- u. Kommunion-Andachten. 8. (29½ B. u. 1 Stahlst.) Straubing 843, Schorner.

— Lebensbeschreib. d. Dienerin Gottes Maria Crescentia Hössin v. Kaufbeuren. 8. Augsb. 822. Bolling. 2 gr.

—— Lebensgeschichte d. ehrwürd. Bartholom. Holzhausers. gr. 8. (2 B.) München 827, Giel.

— die Lebensgeschichte des heil. Johannes von Nepomuk, mit urkundl. Darstellung der Wunder u. des göttl. Wohlgefallens an der Verehrung desselben. Mit Titelkpfr. 8. Regensb. 837. Manz. ⅓ ₰

— Lebensgeschichte d. heil. Jungfrau Theresia. 8. Augsb. 826. Bolling. 8 gr.

— die Lebensgeschichte der heil. Jungfrau Theresia. Ein Vorbild zur Selbsterkenntniß, Demuth u. inniger Jesusliebe für Alle. 2. verb. Aufl. Mit 1 Stahlst. 8. Augsburg 843. (Regensburg, Manz.) ⅓ ₰

— — Lebensgeschichte der heil. Theresia. 2e Auflage. 8. Augsburg 1843, Bolling. ⅓ Thlr. — 30 kr.

— die Lebensgeschichte der heiligen Jungfrau Theresia. Ein Vorbild zur Selbsterkenntniß, Demuth u. inniger Jesus-Liebe für Alle, besonders für Jünglinge und Jungfrauen. Als Anh. einige Gebete aus den Schriften derselben Heiligen, sammt Morgen-, Abend-, Meß-Andacht u. andere Gebete. 3. verm. u. verb. Aufl. Nebst 1 Stahlst. Augsburg 853. Bolling. 8. (VIII, 200 S.) 10 ngr

— Legenden d. Heiligen nach d. Tagen des Jahres ꝛc. 2 Bde. 3e verb. u. verm. Aufl. Mit 1 Kpfr. Münch. 835. Giel. 2¼ ₰

—— die heilsamsten Lehren aus d. Munde d. Heiligen c. jed. Tages im Jahre, mit e. tägl. Geisteserhebung aus d. Betrachtn. d. heil. Augustin f. Erbauungsuchende. Gesamm. u. hrsg. als Nachlese seiner „Leben d. Heiligen Gottes." 8. (23 B.) Straubing 839, Schornersche Buchh.

— — die wichtigsten Lehren zur Erlangung der Seligkeit. Kern aus Scaramelli, Surin, Rodriguez. gr. 8. München 1840, Giel. 1/2 Thlr. — 45 kr.
Auszug aus Alph. Rodriguez od. lehrr. Erzählungen z. Stärkg. christl. Tugend u. Vollkommenheit. 8. Regensb. 1840, Manz. 9 ggr. — 36 kr.

– s. Menne, E., leichtfaßl. Predigten.

— Missions-Predigten für das Volk, besonders auf dem Lande. Zur Nachlese u. Geistes-Erneuerung für jene, wo Missionen waren, sowie für jeden Gläubigen hrsg. 8. (528 S.) Augsburg 848, Rieger. 7/8 ß

— — des hl. Johannes v. Kreuz christl. Mystik. (10 Bogen.) 8. Landsh. 1840, v. Vogel. (Cotta.) 6 ggr. — 24 kr.

—— die Nachfolge Mariä, s.a. Nachfolge.

—— die Nachfolge Mariä nach d. Lehre d. heil. Schrift u. der heil. Väter, od.: Vollständ. Gebet- u. Erbauungsb. f. Verehrer d. reinsten Jungfrau u. Gottes-Mutter. 8. (14 7/8 B., 1 Stahlst. u. verziert. Ttl.) Augsburg 843, Rieger'sche Buchh.

— die nothwendige Nachfolge Jesu für alle Gläubige, als Hausmission. Nach der Schrift: Der innere Christ von Joh s. v. Bernieres Louvigni frei bearb. Mit einem Anhange von Morgen-, Abend-, Meß-, Beicht- rc. Gebeten, und einer Kreuzweg-Andacht. Augsburg 856. Rieger. 12. (XII, 286 S.) 7 1/2 ngr

—— von der Nothwendigkeit der öffentl. Erneuerung des Taufbundes oder des Eintritts in das Bündniß der durch die Taufe übernomm. Pflichten rc. 8. (28 S.) Augsburg 848, Rieger'sche Buchh.

Buchfelner, Simon, göttliche Offenbarung, s.a. Offenbarung.

— göttl. Offenbarung üb. den sündhaften Zustand d. Christenheit, die bevorsteh. Strafgerichte u. den Weg der Rückkehr zu Gott, in e. Gespräche mit dem sel. Heinr. Suso, dessen Verehrung 1831 aufs Neue kirchlich gestattet worden. Von ihm selbst in d. Büchlein von den neuen Felsen auf Gottes Befehl zur Warnung geschrieben u. in dieser Absicht herausg. mit d. Wesentlichsten aus dessen Leben. gr. 12. Landsh. 833. Krüll. 1/3 ß

—— göttliche Offenbarung üb. d. sündhaft. Zustand d. Christenheit, d. bevorsteh. Strafgerichte, u. d. Weg d. Rückkehr zu Gott, in e. Gespräche mit d. sel. Heinr. Suso, dess. Verehrung 1831 auf's Neue kirchl. gestattet worden. Von ihm selbst in dem Büchl. von d. neun Felsen auf Gottes Befehl zur Warnung geschrieben, u. in dies. Absicht hrsg. mit d. Wesentlichsten a. dess. Leben. gr. 12. (7 B.) Landshut 833, Manz.

– s. Paradies d. Seele.

— die kleine Philothea des heiligen Franz von Sales. Ein Gegenstück zum kleinen Kempis. Mit einer Meß-, Beicht-, Kommunion- u. Kreuzweg-Andacht. 2., verb. rc. Aufl. Regensburg 855. Manz. 24. (VI, S. 7—192.) 4 ngr

Buchfelner, Simon, Das allen verständliche und erbauliche Psalterium. Ein Erbauungsbuch für alle. Oder: Betrachtungs- Buß Bitt und Preisgebete der Psalmen Davids in gereimten Versen nach der Übersetzung von F. X. Weinzierl, gesammelt u. verbessert. Regensburg, Manz, jetzt Verl. Anst., 1832, gr. 8°, 75 Pf.

– s. Frz. v. Sales, d. Heilige.

– s. Frz. v. Sales, gottesfürcht. Leben.

—— die Scheidewand unter Katholiken rc., s. Soll.

– s. Schriften, die heil., des alten u. neuen Testaments, im Auszuge.

– s. Al. v. Söll's Abhandl. von der Unschuld.

— über Sommer- u. Winterbau u. Herbstsaat, s.: Hauskalender, 100jähriger.

Buchfelner, Simon. Stigmates des deux vierges Dominique Lazari et Marie de Mœrl, encore en vie dans le Tyrol méridional; leur biographie et un avant-propos.... par S. B., vicaire. Traduit de l'allemand sur la 2e éd. ‹A la fin de l'opuscule se trouve la relation d'une guérison miraculeuse, obtenue à Genève....› 8. Fribourg 1841. A 732[a]

— christl. Tugendspiegel, s. Magnus Albertus.

—— christlicher Tugendspiegel d. sel. Albertus Magnus, s. Albertus.

— Uebg. d. Taufbundes. (Gebetb.) Reichenhall 1845, Finsterlin. 1 fl. 21 kr.
Gebetbüchl. z. Erneuerung d. Taufbundes. Grätz 1843, Ferstl. 1/4 Thlr.

— Uebung des Taufbundes. Ein vollständ. Lehr- u. Gebetbuch f. fromme kathol. Christen. Mit 1 Stahlst. 8. Reichenhall 845. (München, Finsterlin.) n. 3/4 ß

—— nothwendiger Unterricht für jeden Christen über die Wirkungen des gläubigen Gebrauchs des Namens Jesu, des Kreuzzeichens, des geweihten Wassers und anderer geweihter Dinge und über den Exorcismus. Nach Edilbert Menne's katechet. Unterricht von den Sakramentalien der katholischen Kirche. 8. (144 S.) Regensburg 851, Manz.

—— von d. wahren Ursache d. neuesten revolution. Bewegungen d. europ. Völker, u. d. Grundbedingung wahr. bürgerl. Freiheit. 8. (5 1/2 B.) Landshut 831, Thomann.
Neue (mit d. Grundbedingung) verm. Ausg. seiner Schrift: Von d. Ursachen u. Folgen d. Vernachlässigung d. öffentl. Gottesdienstes. gr. 8. Ebendas. 1823. 8 Gr.

— von d. Ursachen u. Folgen d. Vernachlässigung d. öffentl. Gottesdienstes. gr. 8. Landsh. 823. Thomann. 8 gr 1831 unt. d. T.: von d. wahren Ursache d. neuesten revolutionären Bewegungen d. europ. Völker u. d. Grundbedingung wahrer bürgerl. Freiheit. 8. Ebd. 8 gr

Buchfelner, Sim., „Viele sind berufen, aber nur Wenige werden selig, weil nur Wenige den Taufbund erneuern u. halten." Ein Geschenk für Hausväter u. die aufblühende Jugend. 8. (16 S.) Straubing 848, Schorner. 1 ngr

—— heilige Vorbilder apostol. Lehr- u. Lebensweise d. Priesterstandes. Zunächst f. Geistliche, dann f. jed. Erbauung suchenden Christen. gr. 8. ... München 828, Giel.

— — heil. Vorbilder apostol. Lehr- u. Lebensweise d. Priesterthums. 2e Aufl. gr. 8. München 1838, Giel. 2/3 Thlr. — 1 fl.

Buchfelner, Sim., heilige Vorbilder apostolischer Lehr- und Lebensweise des Priester-Standes, zunächst für Geistliche, dann für jeden Erbauung suchenden Christen. Mit der Bekehrungsgeschichte des Joh. Tauler und Joh. Mich. Sailer. 3., verm. und verb. Aufl. gr. 8. (VIII und 395 S.) Regensburg 853, Manz.

—— wachet u. betet. Ein Gebetbuch f. d. aufblüh. Jugend. 1. u. 2. Aufl. (à 6 1/2 B.) 829, 30., 3. A. (7 B.) Mit Ttlkpfr. 12. Straubing 834, Schorner. à

—— dass. mit Kirchengesängen. 12. (9 B.) Ebds. 834.

—— wachet u. betet. Ein Gebetb. f. d. aufblüh. Jugend. 4., verb. u. verm. Aufl. Mit Ttlkpfr. 12. (7 B.) Straubing 838, Schornersche Buchh.

—— wachet und betet. Ein Gebetbuch für die aufblühende Jugend. 5., verb. und mit der Aloisius-Andacht verm. Aufl. 12. (155 S. und 1 Ttlkpfr.) Straubing 850, Scherner.

– s. J. Waldner's Lehr- u. Gebetbuch.

— d. Wandel vor Gott, oder Lebensgeschichte d. gottsel. Armella Nikolas, besonders ein Vorbild f. Jungfrauen u. Dienstmägde. 8. Augsb. 828. Bolling. (Landsh., Krüll). 5 gr

—— der Wandel vor Gott, od. Lebensgesch. d. gottsel. Armella Nikolas, besond. ein Vorbild f. Jungfrauen u. Dienstmägde. 8. (6 B.) Augsburg 828. (Landshut, Manz.)

— d. Wandel vor Gott, in den Andachtsübungen e. kathol. Christen. Nach d. Schriften d. heil. Augustins, Frz. v. Sales 2c. frei bearbeitet. 12. Altenötting 826. (Münch., Giel). 8 gr.

— was sollen d. außerordentl. Zeichen d. Zeit am Himmel u. auf Erden lehren? In e. Rede beantwortet im J. 1831. 8. Landsh. 831. Thomann. 1½ gr.

— s. Wilhelm d. Fromme, Anleit. zur christl. Erziehung sr. Söhne.

— die Wundenmale Jesu an den zwei noch lebenden Jungfrauen Dominika Lazari u. Maria von Mörl in Tyrol — mit kurzer Lebensgeschichte derselben, u. einem Vorworte über d. stellvertretende Genugthuung Christi. 3. verm. Aufl. 8. München 841, Giel. 1/12 rf

[Buchfelner, Simon.] Die Wundenmale Jesu an den zwei noch lebenden Jungfrauen Dominika Lazari und Maria von Mörl im südlichen Tyrol, mit kurzer Lebensgeschichte derselben und ihrer Abbildung [2 Tafeln]. 8. Einsiedeln 1842. A 732⁷

— — die Wundenmale Jesu an den Jungfrauen Dominika Lazari u. Maria v. Mörl in Tyrol 2c. 4e Aufl. 8. München 1843, Giel. 9 kr.

Buchfild, Gregor, Rigobert. Eine Erzählung aus der Schreckenszeit. gr. 16. (167 S.) Luxemburg 857, Gebr. Heintze's Verlag.

Buchfink, Figaro u. Wiener Luft. Humoristisches Extrablatt zum XVI. Stiftungsfest d. „Buchfink". Hoch 4. Wien, „Buchfink", Buchhandlungsgehilfen-Verein. 50 kr. Netto b. 3884

Buchfink-Chronik z. Feier d. 25jähr. Stiftungsfestes (1869—1894) am 3. u. 4. Novbr 1894. Hrsg. v. Buchhandlungs-Gehilfen-Ver. „Buchfink". 4° (63 m. 2 Tab.) Wien 94, (R Mohr). n.n.n. 1 —

Buchfink-Lieder. Gesammelt zum zehnjährigen Stiftungsfeste des Vereines. 12. (VI, 102 S.) Wien 879. (Buchholz & Diebel's Musiksort.) n.n. 1. 50

Buchfink-Lieder. (1879—1894.) Gesammelt z. 25jähr. Stiftungsfeste d. Ver. 12° (119) Wien 94, (R Mohr). n.n.n. 1 —

Buchführung, die. Praktische Anleitg. zum Selbstunterricht der einfachen Buchführg. gr. 8. (89 S.) Waldshut 890, Zimmermann. cart. — 80

Buchführung f. Baugenossenschaften in Musterbeispielen m. Erläuterungen. (25 S.) 4. Berlin (905). C. Heymann. n. 1. —

—— für mittlere u. kleinere landwirthschaftliche Betriebe in Anschluß an das Einkommensteuergesetz v. 24. Juni 1891. 4 Bücher m. vorgedruckten Beispielen. Folio. Merseb. 892, Steffenhagen. geb. * 10 —

1. Einnahmebuch. (120 S.)
2. Ausgabebuch A. [Betriebskosten]. (120 S.)
3. Ausgabebuch B. [Haushalt]. (120 S.)
4. Bilanzbuch. (60 S.)

Buchführung, deutsche, (System Schönwolff) f. kaufmännische u. gewerbl. Fortbildungsschulen. 5 Lehrhefte. Fol. (Mit Text auf dem Umschlag.) Gleiwitz (901). R. Schönwolff. n. 1. 75

1. Eureka-Tagebuch. 6. Aufl. (12 S. u. 4 S. in gr. 4.)
2. Eureka-Kassenbuch, 6. Aufl. (12 S. u. 4 S. in qu. gr. 4.)
3. Eureka-Schulden-Buch. (Hauptbuch.) 6. Aufl. (12 S.)
4. Eureka-Besitz-Buch. (Hauptbuch.) 6. Aufl. (12 S.)
5. Eureka-Inventar-Buch mit Vermögens-Aufstellung. — Jahresübersichtsbuch. 6. verb. Aufl. (16 S.)

— Die deut., f. Kaufleute, Handwerker u. Gewerbtreibende. Nebst: Leitf., Probe-Einträge f. Bäckereien u. Übgeheft. Dresd., AG Langer ('12). HL u. geh. 7 — d
(Doppels. 1—99, S. 100—193 u. 12) 31,5×25 cm. — Leitf. (16) gr8° Einzelpr. — 50 ‖ Probe-Einträge f. Bäckereien. (8) gr8° Einzelpr. — 20 ‖ Uebgsheft. (Doppels. 1—3, S. 4—8 u. Doppels. 9—11) Einzelpr. — 50

Buchführung, doppelte, s.: Hilf dir selbst!

— die dopp. (ital.), i. wesentl. Vereinfachg., s.: Miniatur-Bibliothek.

[S.] Doppelte Buchführung. Z. Selbstunterr. f. Lernende u. z. Benutzg f. Lehrende in neuer u. populärer Weise dargest. v. e. alten Praktiker, dem d. Buchhaltgskunst z. Wiss. geworden ist . . . *Aachen: C. H. Georgi [1898].* (64 S.) 1 Bd 8.
(Hilf dir selbst! Dein eigener Lehrer. [No 11.])

Buch- und Geschäftsführung, die doppelte, für Buchdruckereien und verwandte Geschäfte. Nebst einem Anh. enth. Anleitung zur einfachen Buch- und Geschäftsführung. 2 Thle. Imp.-4. Leipzig, Waldow. à Thl. M 2,50.
Inhalt:
Thl. 1. Hrsg. von J. H. Frese. (III, 118 S.) 869.
2. Specielle Erläuterung des 1. Thls. Hrsg. von G. Doenges. (II, 92 S.) 870.
Aus: Archiv für Buchdruckerkunst, besonders abgedruckt.

— einfache, s. Hilf dir selbst!

[S.] Einfache Buchführung. Z. Selbstunterr. f. Lernende u. z. Benutzg f. Lehrende in neuer u. populärer Weise dargest. v. e. alten Praktiker, dem d. Buchhaltgskunst z. Wiss. geworden ist . . . *Aachen: C. H. Georgi [1898].* (40 S.) 1 Bd 8.
(Hilf dir selbst! Dein eigener Lehrer. [No 4.])

— Die einfache gewerbliche. Aufg. f. Schüler in Fach-, Fortbildgs- u. Gewerbesch. Hrsg. v. Leipz. Fortbildgsschulmännern. 1. u. 2. Heft. 8° Lpzg, A Hahn. je — 15 d
1. Schlosserlehrgang. (16) '11. ‖ 2. Lehrgang f. kaufmänn. u. verw. Berufe. (Von Jaul Zinke.) (15) '12.

Buchführung, die einfache, zunächst f. Handwerker, verdeutlicht durch ausführl. Schemas. Nebst einer Anleit. z. Berechn. der Verkaufspreise u. ein. Lehrplan. Zum Selbstunterr. u. zum Gebr. auf Gewerbeschulen von ein. prakt. Handwerker. gr. 8. (5½ B.) Osnabrück 844. (Rackhorst'sche Buchh.) *

— einfache, f. Haus- u. Landwirtschaft. Ausg. A. (40 S.) 8. Alsfeld (904). G. Kurtz jr. n.n. — 25

Buchführung, einfache, besond. für den Kleinhandel. Ein nützl. Hülfsbuch für angehende Kaufleute wie auch für Gewerbtreibende. Nebst 44 wohlgemeinten Erinnerungsregeln für den Kauf- u. Handelsmann, 2 Tabellen: zum Ein- u. Verkauf der Waaren u. zur Erklärung der Münzen, Maaße, Gewichte und Zahlenbenennung. Herausg. von e. prakt. Kaufmanne. Mit 4 Tabellen. 8. Quedlinb. 840. Ernst. ½ rf

— einfache, besonders für den Kleinhandel. Herausgeg. von einem prakt. Kaufmanne. 2. verm. u. verb. Aufl. 8. Quedlinburg 841, Ernst'sche Buchh. ½ rf — 3. Ausg. 8. Ebend. 841, 42, ½ rf

Die einfachste kaufmännische Buchführung. (Sep.-Abdr. aus „Soll und Haben") Gr. 8 (131 S.). Wien: Waldheim 1867.

—— einfachste landwirthschaftliche, m. besond. Berücksicht. der Steuereinschätzg. 2 Thle. Fol. (177; 24 S.) Gifhorn 892, Schulze. geb. u. geb. * 4 50

— einfachste landwirthschaftliche, m. bes. Berücksicht. d. Steuereinschätzg. 2. Aufl. Fol. (178 S.) Gifhorn 897. H. Schulze. Geb. in Halbleinw. n. 4. 50

— f. d. Fischereibetrieb m. ausgef. Beispiele. J. Verbindg. m. Bosenick u. J. J. Breckwoldt hrsg. v. deutschen Seefischereiverein (früher: Sektion f. Küsten- u. Hochseefischerei). Fol. (32 S.) Berlin 894. (W. Moeser.) n. — 60

— f. d. gewerbl. Fortbildgssch. 3 Ubgshefte. (20, 8 u. 20) 33×21 cm. Langens., J Beltz ('11). in M 1 — d

Buchführung, Fromme's. Wien. Jg. 1—9.,
s.a. Buchführung für Gewerbe- und Handeltreibende.

Buchführung, Fromme's, für Gewerbe- und Handeltreibende, nebst Kalender für 1882, herausg. v. Gustav Burchard. Folio. III. Jahrg. (220 S.) geb. in Leinw. 1 fl. 20 kr.
Wien: Fromme 1881.

Buchführung, Fromme's, für Gewerbe- und Handelstreibende, sowie für Jedermann der in seinem Geschäfte und seinem Haushalte auf die einfachste Weise Ordnung halten will, nebst Kalender für das Jahr 1883. Herausgegeben von Gustav Burchard, Professor an der Handels-Akademie in Wien. IV. Jahrg. Fol. brosch. in Umschlag 1 fl.
Derselbe in Halblwd. mit Draht geb. 1 fl. 20 kr.
Wien:Fromme 1882.

Buchführung, Fromme's f. Gewerbe- und Handeltreibende. sowie für Jedermann, der Ordnung halten will, nebst Kalender für das Schaltj. 1884. Herausgeg. von Gust. Burchard. V. Jahrg. Folio. Wien. Carl Fromme. Broch. in Umschlag 1 fl., in Halbleinwand geb. 1 fl. 20 kr.
1883

Buchführung, Fromme's, f. Gewerbe- u. Handeltreibende, sowie f. Jedermann, der in seinem Geschäfte und Haushalte auf die einfachste Weise Ordnung halten will, nebst Kalender f. d. J. 1885. Herausgeg. von Gustav Burchard. VI. Jahrg. Folio. Wien, Carl Fromme. Brosch. in Umschl. 1 fl., in Halblwdb. geb. 1 fl. 20 kr.
1884

Buchführung, Fromme's, für Gewerbe- u. Handeltreibende, nebst Kalender f. d. J. 1886. Herausgeg. v. Gustav Burchard. VII. Jahrg. Fol. Wien. Carl Fromme. In Hlblwd. geb. 1 fl. 20 kr. 1885.

—— Fromme's, f. Gewerbe- u. Handeltreibende nebst Kalender f. d. J. 1890. 11. Jahrg. Fol. (187 S.) Wien, Fromme. 2 40

—— Fromme's, f. Gewerbe- u. Handeltreibende, nebst Kalender f. d. J. 1891 u. 1892. Hrsg. v. Gust. Burchard. 12. u. 13. Jahrg. Fol. (à Jahrg. 191 S.) Ebd. geb. à Jahrg. 2 40

Buchführung, Fromme's, für Gewerbe- und Handeltreibende, sowie für Jedermann, der in seinem Geschäfte und Haushalte auf die einfachste Weise Ordnung halten will, nebst Kalender für das Jahr 1894. Herausgegeben von Gustav Burchard. Fol. 15. Jahrg. In Halbleinwd. Wien:Fromme 1893.

— Fromme's, f. Gewerbe- u. Handeltreibende, sowie f. Jedermann, d. in s. Geschäfte u. s. Haushalte auf d. einfachste Weise Ordng halten will, nebst Kalender f. 1895. Hrsg. v. G Burchard. 16. Jahrg. Fol. (191) Wien, C Fromme. Geb. 2.40
Fortsetzg s. u. d. T.: Buchführungskalender.

Buchführung für Gewerbe- und Handeltreibende. 16. Jahrg. 1896. Folio. (223 S.) In Halbleinwd. geb. 1.20
Wien:Fromme 1895

— Fromme's, f. Gewerbe- u. Handelstreibende sow. f. Jedermann, d. i. s. Geschäfte u. s. Haushalte auf d. einfachste Weise Ordng. halten will, f. d. J. 1899. Bearb. v. Rich. Singer. 20. Jahrg. Fol. (223 S.) Wien, C. Fromme. Geb. n. 2.40

— Fromme's, f. Gewerbe- u. Handelstreibende, Fortsetzg., s. Buchführungskalender.

— die, des Gastwirths. Eine leichtfassl. Anleitg. zur Erlerng. der Buchführg. u. zur Führg. der Bücher im Wirthsgewerbe. Nach den Bestimmgn. des Handelsgesetzbuches u. unter Berücksicht. der Verschiedenartigkeit der Betriebe bearb. u. hrsg. vom Fachschriften-Verlag des internationalen Verbandes der Köche, Frankfurt a. M. gr. 4. (32 S.) Frankfurt a. M. (900). C. Blažek. — 60

Buch- u. Geschäftsführung, die, f. Buchdruckereien u. verwandte Geschäfte. 1. u. 2. Tl. gr. 8. Leipzig, Waldow. à n. 4. —
1. Die doppelte Buchführung. Hrsg. v. J. H. Frese. 2. Aufl. (VII, 72 S.) 888.
2. Spezielle Erklärung der im I. Tl. gegebenen doppelten Buchführung, ferner: einfache Buchführung u. Geschäftsgang in einer Buchdruckerei, sowie Geschäftspapiere. 2., verb. Aufl. Umgearb. v. G. Valz. (VIII, 81 S.) 889.

Buchführung, die, des Gewerbetreibenden. Samml. v. Geschäftsvorfällen f. die gewerbl. Buchführg. 2. u. 3. Heft. Für die Hand der Schüler in Fortbildungs- u. Gewerbeschulen hrsg. 8. Leipzig, A. Hahn. à — 20
Richter, Ernst, der Eisengießer. (8 S.) 908. (Hft. 2)
Schmidt, C., der Geigenmacher (Instrumentenbauer). (16 S.) 910. (Hft. 3)

Buchführung, Die, d. Gewerbetreibenden. Sammlg v. Geschäftsvorfällen. 3. u. 4. Heft. Für die Hand d. Schüler in Fortbildgs- u. Gewerbesch. hrsg. 8° Lpzg, A Hahn. je — 20
Hilbert, Hans H, u. A Schäme: Einfache Buchführg f. e. kl. Ladengeschäft. (15) '12 [4] — 20;
Übgsheft (Formulare). (8 u. 12) 33,5×21,5 cm. — 35
Schmidt, C: Der Geigenmacher (Instrumentenbauer). (16) '10 [3] — 20 d

Buchführung für Gewerbe- und Handeltreibende nebst Kalender. Redig. von G. Burchard. 1.—6. Jahrg. 1880—1885. Fol. (à Jahrg. ca. 225 S.) Wien, Fromme. à Jahrg. *
geb. à Jahrg. *

Buchführung für Gewerbe- und Handeltreibende nebst Kalender. Redig. von G. Burchard. 6.—9. Jahrg. 1886—1889. Fol. (à Jahrg. ca. 225 S.) Wien, Fromme.
geb. à Jahrg. *

— dasselbe, Fortsetzung, s. Buchführung, Fromme's...

Buchführung, gewerbliche. Uebungsheft. 4. (32 S.) Würzburg 874, Gebr. Scheiner.

— (gewerbliche). Schülerheft. Fol. (19 S.) Wiesbaden (902). R. Bechtold & Co. Kart. — 30

— die gewerbliche (Eintrage-Heft), enth.: Inventur, Tagebuch, Kassabuch, Hauptbuch, Ein- u. Verkaufsbuch u. Schluß-Inventur. Zusammengestellt f. die Hand d. Schülers. (IV, 5, 15, 11, 15 u. 6 S.) 8. Ingolstadt 911. C. Schröder. Geb. in Halbleinw. — 50

(F) Die gewerbliche Buchführung und das Wichtigste aus der Wechselkunde. Ein Leitfaden für den Unterricht an gewerblichen Fortbildungschulen und Handwerkerschulen zugleich Hilfsbuch für Gewerbetreibende. Auf Veranlassung und mit Unterstützung des k. k. Ministeriums für Cultus und Unterricht herausgegeben von Johann Gruber. 3. verbesserte Auflage. (Lehrtexte für die österreichischen gewerblichen Fortbildungsschulen III.) Wien. 1899. Graeser. Gr.-8°. IV, 119 S. Cart. fl. —.36

Buchführung, die, im Haushalte. Hrsg. v. e. reichsländ. Schulmanne. (15 S.) gr. 8. Gebweiler (904). J. Boltze. n.n. — 25

— die, im Haushalt. Eingerichtet z. belieb. Anfang, f. 12 Monate ausreichend. (V, 51 S.) Lex. 8. Berlin (910). C. Sagawe. Geb. in Halbleinw. 1. —

Buchführung nebst Kalender für das Jahr 1893. Fol. Rücken und Ecken in Leinen geb. 1.20
Wien:Fromme 1892

— die kaufmännische, s.: Vorträge üb. Gesetzeskunde u. Verwaltg.

—— f. Kegel-Gesellsch. Ausg. A. 4. (114) Lpzg 09, M Schäfer. — 15

Buchführung, controlirende, für den Sortimenter, nach den Principien der doppelten Buchhaltung entworfen. Ein Suppl. zu dem Werkchen: „Wie ich den Buchhandel erlernte". 8. (VII, 51 S.) Budapest 876, (Aerge.) **

— die, des Landmanns. Zum Tl. nach K. Schneider. (Von Karl Haimer.) (1 S., Doppels. 2—11 u. S. 12.) 33,5×21,5 cm. Diessen (910). J. C. Huber. — 25

LANDWIRTHSCHAFTLICHE BUCHFÜHRUNG. Bund der Landwirthe. Anleitung zur Führung des Wirthschaftsbuches. A. Buchführung für kleinere Wirthschaften (Merkbuch, Sammelbuch und Inventurbuch.) IV. Auflage. Berlin. Verlag der Verkaufsstelle des Bundes der Landwirthe, G. m. b. H. 4°.

—— landwirthschaftliche. Uebungs-Heft. 4. (32 S.) Würzburg 874, Gebr. Scheiner.

Buchführung, landwirthschaftliche. 4. (40 S.) Stuttgart 883. A. Koch. n.n. — 15

— landwirtschaftl. Entworfen v. e. Altenburger Landwirt. 2. Afl. Fol. (60) Altnbg 92, (R Hiller). Geb. 2 —

— landwirtschaftliche. Hrsg. v. landwirtschaftl. Central-Vereine der Prov. Sachsen &c. Bearb. in dessen Auftrage unter kritischer Mitwirkung von Kubbe, Keune, Kühn, Mey u. Walther v. Steinriede. Stufe A. (F. d. kleinsten Betrieb.) 3 Hfte. 4. Halle 893. Gebauer-Schwetschke. Geb. u. geh. n.n. 2. 60; Schulausg. (9 u. 16 S. m. 20 Bl. Einlagen.) In 1 Hft. brosch. n.n. — 50
1. Vermögens-Aufnahme. (8 S. u. 40 Bl. Einlagen.) Geb. — 2. Wirtschaftsbuch. (4 S. u. 50 Bl. Einlagen.) Geb. 3. Berechnung d. steuerpflicht. Einkommens. (4 S.)

— dasselbe. Ergänzungsformulare CE, zu Stufe C od. zu Stufe B. 7 Hfte. Fol. Ebd. 893. Geb. u. geh. n.n. 10. — Schulausg. (26 S. u. 14 Bl. Einlagen.) In 1 Hft. brosch. n.n 1. —
1. Feld-Rechnung (Bestellungs- u. Ernte-Verzeichnis). (4 S. u. 10 Bl. Einlagen.) — 2, I. Tagebuch der Wirtschaftsarbeiten. (8 S. u. 40 Bl. Einlagen.) Geb. — 2, II. Dasselbe. (2 S. u. 46 Bl. Einlagen.) Geb. — 3. Tagelohn- u. Akkordlohn-Buch. (2 S. u. 78 Bl. Einlagen.) Geb. — 4. Zucht- u. Probemelk-Verzeichnis f. Rindvieh. (4 S. u. 2 Bl. Einlagen. — 5. Molkerei- u. Eierrechnung. (2 S. u. 6 Bl. Einlagen.) — 6. Geld-Abrechnungs-Buch. Zugleich Gläubiger-, Schuldner-, Dienstlohnbuch. (4 S. u. 20 Bl. Einlagen.)

— dasselbe. Stufe C. F. d. mittleren landwirtschaftl. Betrieb. Fol. 8 Hfte. Ebd. 893. Geb. u. geh. n.n. 13. —; Schulausg. (31 S. u. 16 Bl. Einlagen.) In 1 Hft. brosch. n.n. 1. 50
1. Vermögens-Aufnahme (Inventur.) (4 S. u. 70 Bl. Einlagen.) Geb. — 2a. Geld-Rechnung. 1. Geld-Einnahme. (6 S. m. 40 Bl. Einlagen.) Geb. — 2b. Dasselbe. 2. Geld-Ausgabe. (6 S. u. 200 Bl. Einlagen) Geb. — 3a. Naturalien-Nebenrechnung. (4 S. u. 52 Bl. Einlagen.) Geb. — 3b. Naturalien-Hauptrechnung. (4 S. u. 52 Bl. Einlagen.) Geb. — 4. Vieh-Rechnung. (4 S. u. 24 Bl. Formulare.) — 5. Reinertrags-Berechnung od.: Was hat der landwirtschaftl. Betrieb im Wirtschaftsjahre eingebracht? (1 S.) — 6. Berechnung des steuerpflichtigen Einkommens. (2 S.)

— dasselbe. Mustersammlung. Vordruck sämmtl. Formulare. Fol. (92 u. 16 S. in 4.) Ebd. 893. n.n. 2. —

— landwirtschaftliche. Hrsg. v. landwirtschaftl. Central-Ver. d. Prov. Sachsen &c. Bearb. in dessen Auftr. unt. Mitwirkg. v. Kubbe, Keune, Kühn, Mey, v. Walther u. Steinriede. Stufe B. F. d. kleineren landwirtschaftl. Betrieb. 9 Hfte. Fol. Halle 895. G. Schwetschke. Geb. u. geh. n.n. 7. 50; Schulausg. (27 S. u. 28 Bl. Einlagen) in 1 Hft. brosch. n.n. 1. 50
1. Vermögensaufnahme. (4 S. u. 70 Bl. Einlagen.) Geb. — 2. Wirtschaftsbuch. (4 S. u. 40 Bl. Einlagen.) Geb. — 3a. Hauptrechng. (Einnahmen). (4 S. u. 4 Bl. Einlagen.) — 3b. Dasselbe (Ausgaben). (4 S. u. 4 Bl. Einlagen.) — 4a. Naturalien-Rechng. (Boden-Register, Korn-Rechng., Getreide-Rechng., Produkten-Register). (4 S. u. 10 Bl. Einlagen.) — 4b. Naturalien-Haupt-Rechnung od. Uebersicht üb. d. Herkunft u. Verwendg. d. Naturalien. (4 S. u. 4 Bl. Einlagen.) — 5. Vieh-Rechng. (4 S. u. 4 Bl. Einlagen.) — 6. Reinertrags-Berechng. od.: Was hat d. landwirtschaftl. Betrieb i. Wirtschaftsjahre eingebracht? (1 S.) — 7. Berechng. d. steuerpflicht. Einkommens. (2 S.)

— landwirthschaftliche, hrsg. v. Bund d. Landwirthe. Wirthschaftsbuch A. Buchführg. f. kl. Wirthschaften. Sammelbuch u. Merkbuch. Fol. (V, 82 u. VII, 60 S) Berlin 896. (R. Kühn.) In 1 Bd. geb. n. 3. 50; Anleitg. z. Führg. ders. (VII, 24 u. V, 82 S.) n.n. 2. —

— landwirtschaftl. 3 Tle. (23, 23 u. 12 S.) 4. Horb (905). B. Christian. In Umschlag n. 1. —

Buchführung, landwirthschaftliche, für kleinere Bauernwirthschaften. Ein Nachtrag zu Seyfried's Handbüchlein f. deutsche Schulen. Passau 858. Elsässer u. Waldbauer. 8. (22 S.) n. 1 ngr

*— Die landwirtschaftl., f. mittl. u. kleinere Betriebe in e. Buche m. Anleitg. Halle a. S. (Bismarckstr. 5), J Schultze. geb. ca 2 —

— landwirtschaftliche, für Fortbildungs-Schulen. 4. (40 S.) Karlsruhe (902). F. Lang. n.n. — 18

— landwirtschaftliche, f. d. J. 189 . . . Nebst Anleitg. z. Buchführg. seit. klein. bäuerl. Landwirte v. Wunderlich. Fol. (34 S.) Waldshut (892). H. Zimmermann. Kart. n. — 80

— die landwirthschaftliche, f. den kleinen Landwirth. Hrsg. vom rhein. Bauern-Verein. 4. (IV, 80 S.) Kempen 892. Glöckner & Mausberg. Geb. — 75

— landwirtschaftliche, zum Gebrauch an der landwirtschaftl. Schule Marienberg z. Helmstedt. (Als Mstr. gedr.) gr. 8. (III, 128 S.) Helmstedt 897. F. Richter. Geb. n. 2. 50

— landwirtschaftliche, zum Gebrauch an der berechtigten landwirtschaftlichen Schule Marienberg zu Helmstedt. (Von Kremp.) 2. Aufl. (III, 152 S.) gr. 8. Helmstedt 907. F. Richter. Geb. 3. —

— leichtfaßliche, f. Landwirte, in 6 Briefen a. d. Hand prakt. Beispiele übersichtl. dargest. v. K. Hrsg. a. Veranlassg. u. unt. Mitwirkg. d. Red. d. Fachzeitschrift „Illustr. landwirtschaftl. Zeitung" (Berlin). gr. 8. (103 S.) Berlin 896. F. Telge. 1. 50; geb. n. 2. 50

— moderne deutsche (System Schönwolff) f. kaufmännische u. gewerbl. Fortbildungsschulen. 5 Lehrhefte. 3. Aufl. 8. Taus. (Mit Text auf dem Umschlag.) gr. 4. Gleiwitz (904). R. Schönwolff. n. 1. 75
1. Eureka-Tage-Buch. (12 S.) — 2. Eureka-Kassen-Buch. (16 S.) — 3. Eureka-Schulden-Buch. (Hauptbuch.) (12 S.) — 4. Eureka-Besitz-Buch. (Hauptbuch.) (12 S.) — 5. Eureka-Vermögens-Aufnahme-Buch. (Inventur-Buch.) — Jahresübersichtsbuch. (12 S.)

Buchführung, Rechnungs- u. Correspondenzwesen b. d. Feld-Magazin-Verwaltungen. Berlin 1870.

— f. Schuhmacher unter bes. Berücks. d. neuen Steuern, s: Sammlung v. Unterrichtsbehelfen d. Münchener Gewerbeschulorganisation.

Buchführung

—— s. Trempenau, W.

— vereinf. einfache. 2 Uebgshefte zu No. 271/272 d. Miniaturbibliothek. 4° Hannover, Fortbildgsschulen hannov. Frauenver. durch Frl. Eicke (An d. Christuskirche 23) (02). Je — 25
I. Kassa- u. Tageb. Inventuren- u. Bilanzenb. (38) | II. Hauptb. Wechselcopierb. (30)

— die vereinfachte einfache, f. Kaufleute, Gewerbtreib. u. Handwerker, s.: Miniatur-Bibliothek.

Buchführung

– s. Werner. – Werther, Osk.

Buchführungsheft. Ausg. A. Das Kassenbuch. 2. Aufl. (28 S.) Lex. 8. Nebst: Geschäftsnotizen. I. Von Th. Möllen. (8 S.) 8. Stuttgart (910). Holland & Josenhans. — 40

Buchführungsheft zur Erlernung der Anfangsgründe der gewerblichen Buchführung, hrsg. v. e. reichsländ. Schulmanne. (20 S.) gr. 8. Gebweiler (904). J. Boltze. n.n. — 25

— f. einfache Haushaltungen. (Bearb. v. K. Fechner u. Rich. Wernicke.) (15 S.) Lex. 8. Nebst: Übungsstoff. (4 S.) 8. Berlin (910). F. Ashelm. — 80

Buchführungshefte f. Fortbildgssch. Ausg. C. (Von Th. Möllen.) 3 Hefte. 33×21 cm. Stuttg., Holland & J. ('08). — 65 d
Hauptb. 5. Afl. (16) — 20 ‖ Inventar. 5. Afl. (8) — 15 ‖ Kassen-Tageb. 2. Afl. (20) — 30.

— dass. Ausg. C. 2. u. 3. Heft. 33×21 cm. Ebd. — 35 d
2. Tageb. (Memorial, Merkb.). (Bearb. v. Th. Möllen.) 5. Afl. (12) ('08.) — 20 ‖ 3. Kassenb. (Bearb. v. Th. Möllen.) 5. Afl. (8) ('08.) — 15.

Buchführungshefte f. Fortbildungsschulen. Ausg. C. 33×21 cm. Stuttgart, Holland & Josenhans.
Das Hauptbuch (Kontokorrent-, laufende Rechnung, Kontokorrentbuch.) (Bearb. v. Th. Möllen.) 6. Aufl. (16 S.) (910.) — 20
Die Vermögensaufnahme (Inventur, Inventar, Verzeichnis d. Vermögensstelle.) (Bearb. v. Th. Möllen.) 6. Aufl. (8 S.) (910.) — 15

Buchführungshefte f. Fortbildgssch. Ausg. C. 33×21 cm. Stuttg., Holland & J. d
Ausg. A s. u. d. T.: Buchführungsheft.
Das Hauptb. (Kontokorrent-, lauf. Rechng, Kontokorrentb.). (Bearb. v. Th. Möllen.) 7. Afl. (16) ('12) — 20 ‖ Kassenb. (Von Th. Möllen.) 7. Afl. ('12) — 15 ‖ Die Vermögensaufnahme (Inventur, Inventar, Verz. d. Vermögenstle). (Bearb. v. Th. Möllen.) 7. Afl. (8) ('12) — 15

Buchführungshefte f. Fortbildungs- u. Gewerbeschulen. Für die Hand der Schüler hrsg. v. Mitgliedern des Lehrerkollegiums der II. städt. Fortbildungsschule zu Leipzig. 5 Hefte. (Inventarium. Tagebuch. Kassabuch. Hauptbuch. Mustereinträge zur Buchführg. nebst kurzem Leitfaden zur Buchführg. u. Wechsellehre.) (8, 16, 8, 8, 8 u. 4 S.) 4 Leipzig (906). A. Hahn. In Umschlag n. — 50

— für Fortbildungs- u. Gewerbeschulen. Für die Hand der Schüler hrsg. v. Mitgliedern d. Lehrerkollegiums der II. städt. Fortbildungsschule zu Leipzig. 8., verb. Aufl. (18—22 Taus.) 5 Hefte. (Inventarium. Tagebuch. Kassabuch. Hauptbuch. Mustereinträge zur Buchführg. nebst kurzem Leitfaden zur Buchführg. u. Wechsellehre.) (8, 16, 8, 8, 8 u. 4 S. in 34×16,5 cm.) Leipzig (910). A. Hahn. — 65; Mustereinträge allein — 15

Buchführungs-Kalender

— Fromme's, f. Gewerbe- u. Handeltreibende, sowie f. Jedermann, d. in s. Geschäfte u. s. Haushalte auf d. einfachste Weise Ordng halten will, f. 1896. Bearb. v. R Singer. 17. Jahrg. Fol. (223) Wien, C Fromme. Geb. 2.40
Bisher u. d. T.: Buchführung, Fromme's, f. Gewerbe- u. Handeltreibende.

Buchführungs-Kalender, Fromme's, für Gewerbe- und Handeltreibende. 18. Jahrgang. 1897. Folio. (223 S.) In Halblnwd. geb. 1.20
Wien: Fromme 1896.

Buchführungs-Kalender, Fromme's, für Gewerbe- und Handeltreibende. 19. Jahrgang. 1898. Folio. (223 S.) In Halblnwd. geb. 1.20
Wien: Fromme 1897.

Buchführungs-Kalender, Fromme's, f. Gewerbe- u. Handeltreibende, sowie f. Jedermann, der in seinem Geschäfte u. seinem Haushalte auf die einfachste Weise Ordng. halten will, f. d. J. 1900. Bearb. v. Rich. Singer. 21. Jahrg. Fol. (223 S.) Wien, C. Fromme Geb. n. 2. 40
Fortsetzung s.: Fromme.

Buchführungs-Kalender, Fromme's, f. Gewerbe- u. Handeltreib., Fortsetzg, s.: Fromme's Buchführg.

Buchführungs-Kalender f. alle Stände. Von Jul. Hönig. 1867. Fol. (207 S.) Wien, Perles. cart. n. 2. 40

Buchführungs-Kalender für alle Stände. Von Jul. Hönig. 1.—4. Jahrg. 1882—1885. Fol. (à Jahrg. 207 S.) Wien, Perles. geb. à Jahrg. *

Buchführungs-Kalender für alle Stände. Von Jul. Hönig. [5.—8. Jahrg.] 1886—1889. Fol. (à Jahrg. 207 S.) Wien, Perles. cart. à Jahrg. *

Buchführungs-Kalender f. alle Stände v. Jul. Hönig. 1890—1893. 9.—12. Jahrg. Fol. (à Jahrg. 207 S.) Wien, Perles. à Jahrg. * 2 40

Buchführungskalender für alle Stände, von Jul. Hönig. 1894. 13. Jahrg. Fol. (207 S.) Cart. 1.20
Wien: Perles 1893.

Buchführungs-Kalender f. alle Stände v. Jul. Hönig. 1895. 14. Jahrg. Fol. (207 S.) Wien, M. Perles. Kart. n. 2. 40

Buchführungs-Kalender f. alle Stände v. J Hönig. 1896. 15. Jahrg. Fol. (207) Wien, M Perles. Kart. 2.40

Buchführungs-Kalender für alle Stände, von Jul. Honig. 1897. 16. Jahrg. Folio. (207 S.) Gebunden 1.20
Wien: Perles 1896.

Buchführung-Kalender für alle Stände, von Jul. Hönig. 1898. 16. Jahrg. Folio. (207 S.) Gebunden 1.20
Wien: Perles 1897.

Buchführungs-Kalender f. alle Stände v. Jul. Hönig. 1898. 17. Jahrg. Fol. (207 S.) Wien, M. Perles. Kart. n. 2. 40

Buchführungs-Kalender für alle Stände, von Jul. Hönig. 1899. 18. Jahrgang. Folio. (207 S.) Geb. 1.20
Wien: Perles 1898.

Buchführungsordnung f. Landesstempel. (Gültig v. 1.IV.'09 ab.) (Amtl. Ausg.) (20) Lex 8° Berl., Trowitzsch & S. '09. — 60 d

Buchgewerbe, das, s. a. Mitteilungen, buchgewerbliche.

Buchgewerbe, das. Illustrierte Blätter f. den graph. Weltverkehr. 1. Jahrg. 1889. 24 Nrn. (à Nr. 1—2 Bog.) gr. 4. Berl., Hennig u. Elgendorf. * 5 —
Fortsetzg., s. Mittheilungen, buchgewerbliche.

Buchgewerbe, das. Allg. Anzeiger f. d. Buchhandel, Druckereien, Buchbindereien, Papier- u. Schreibwarenhandlgn, sowie and. verwandte Geschäftszweige. 1—3. Jahrg. 1893—1895 à 24 Nrn. 4° (Nr. 1. 4) Lpzg, A Foersters' V. à Jahrg. postfrei 2 —

Buchgewerbe, das. Allgem. Anzeiger f. d. Buchhandel, Druckereien, Buchbindereien, Papier- u. Schreibwarenhandlgn., sow. and. verw. Geschäftszweige. 3.—4. Jahrg. 1895—1896. à 24 Nrn. (½ Bog.) gr. 4. Leipzig, A. Foerster's Verl. à Jahrg. postfrei n. 2. —

— dasselbe. 5. Jahrg. 1897. 24 Nrn. (à ca. 2 Bog. m. Abb.) gr. 4. Ebd. Postfrei n. 2. —

— dasselbe. 6. Jahrg. 1898. 24 Nrn. (à ca. 2 Bog. m. Abb.) gr. 4. Ebd. Postfrei n. 4. —

Buchgewerbe, das. Zeitschrift f. Buch- u. Steindruckereien, Kunstanstalten, Buchbindereien, Buch-, Papier- u. Schreibwarenhandlgn., sowie verwandte Geschäftszweige. 7.—10. Jahrg. 1899—1902. à 24 Nrn. gr. 4. (à ca. 12 S.) Leipzig, A. Foerster. à Jahrg. n. 4.—

Buchgewerbe, das. Zeitschrift f. Buch- u. Steindruckereien, Kunstanst., Buchbindereien, Buch-, Papier- u. Schreibwarenhandlgn, sowie verwandte Geschäftszweige. 9—12. Jahrg. 1901—4 je 24 Nrn. (1901. Nr. 1. 12) 4° Lpzg, A Foerster. Je 4—

— dasselbe. Organ des Thüringer Zeitungsverleger-Vereins. 13. u. 14. Jahrg. 1905 u. 1906. à 24 Nrn. (à ca. 8 S. m. Abbildgn.) 4. Pössneck, B. Feigenspan. à Jhrg. n. 4. —

Erschien bis April 1905 noch in Leipzig.

Buchgewerbe, das. Zeitschrift f. Buch- u. Steindruckereien, Kunstanstalten, Buchbindereien, Buch-, Papier- u. Schreibwarenhandlgn., sowie verwandte Geschäftszweige. Organ des Thüringer Zeitungsverleger-Vereins. 15. Jhrg. 1907. 24 Nrn. (à ca. 12 S. m. Abb.) 31×24 cm. Pössneck, B. Feigenspan. 4. —

Buchgewerbe, das. Zeitschr. f. Buch- u. Steindruckereien, Kunstanst., Buchbindereien, Buch-, Papier- u. Schreibwarenhandlgn, sowie verwandte Geschäftszweige. 14—17. J. '06—9 je 24 Nrn. (Nr 1. 12 m. Abb.) 31×24 cm. Pössn., B Feigenspan. Je 4 —

Buchgewerbe, Das. Zeitschr. f. Buch- u. Steindr., Kunstanst., Buchbindereien, Buch-, Papier- u. Schreibwarenhdlgn, sowie verw. Geschäftszweige. Mit d. monatl. Gratisbeil.: „Die Setzmaschine" u. „Die Zeitgspraxis". 18—20. J. '10—12 je 24 Nrn. ('12: 676 u. 232) 31×23,5 cm. Lpzg, M v. Criegern. viertelj. 1 —
18. u. 19. J. erschienen in Pössneck.

— das, u. die Kultur. 6 Vorträge v. R. Focke, H. Hermelink, R. Kautzsch, H. Waentig, G. Witkowski, R. Wuttke, s. a. Aus Natur u. Geisteswelt.

Buchgewerbe. Das B' und die Kultur. Sechs Vorträge, gehalten im Auftrage des Deutschen Buchgewerbevereins im Winter 1907 von R(udolf) Focke, H[einrich] Hermelink, R(udolf) Kautzsch, H(einrich) Waentig, G(eorg) Witkowski, R(obert) Wuttke. [Mit 1 Ansicht.] VI + 112 + *Anzeigen* II + 32 S. 8. Leipzig, B. G. Teubner, 1907. (M. 1. —, geb. 1.25) Bibl.
Aus Natur und Geisteswelt. Sammlung wissenschaftlich-gemeinverständlicher Darstellungen. Bändchen 182.

Buchgewerbeblatt. Jahrgang 1-3. 4° Leipzig 1892-95

Buchgewerbeblatt. Monatsschrift für alle Zweige des Buchgewerbes. Herausgegeben von K. Burger, Custos des Buchgewerbe-Museums in Leipzig. I. Jahrgang. 1892/93. 12 Nrn. 4. Wien: Spielhagen & Schurich 1892. 7.20

Buchgewerbeblatt. Monatsschrift f. alle Zweige des Buchgewerbes, hrsg. v. Konr. Burger. Oktbr. 1892—Septbr. 1893. 12 Hefte. gr. 4. (à Heft ca. 26 S. m. Abbildgn.) Lpz., Verlag d. Buchgewerbeblattes. * 12 —

— dasselbe. Halbmonatsschrift f. alle Zweige des Buchgewerbes. Organ des Centralvereins f. das gesamte Buchgewerbe. Hrsg. v. Konr. Burger. 2. Jahrg. Oktbr. 1893—Septbr. 1894. 24 Hfte. gr. 4. (à Hft. ca. 56 Sp. m. Abbildgn.) Ebd. n. 12. —

— dass. 3. Jahrg. Oktbr 1894—Septbr 1895. 24 Hfte. Nebst: Buchgewerbl. Rundschau. 24 Nrn. 4° (1. Hft 82 Sp. u. 8 S. m. Abbildgn.) Ebd. 12—; buchgewerbl. Rundschau allein 2—
Erscheint nicht mehr.

Das deutsche Buchgewerbehaus und der deutsche Buchgewerbeverein. (*Leipzig: Deutscher Buchgewerbeverein. 1899*) (1 $_3$ Bl.) gr. 2°

Buchgewerbehaus, Deutsches, zu Leipzig. (20 S) qu 8° Leipzig 1898

Buchgewerbe-Museum, Das Deutsche, im Buchhändlerhause zu Leipzig. Gegenwart und Zukunft mit einem Blick auf die Geschichte und Entwickelung des gesamten Buchgewerbes . . . [Leipzig 1892.] V: *Lorck. Carl Berendt.* (Berl)

Buchgewerbeverein, Deutsch. Jahres- u Geschäftsber. 1906-12. Leipzig 1907-13

Buchhalten, das einfache und das doppelte, praktisch vorgetragen rc. 2te Aufl. 4. Nürnberg, Comptr. d. Handlungszeitung. 819.

Buchhalter

— der, od. Anleit. z. Selbstunterricht in d. Buchhaltung, f. Kaufmann, d., wie er sein sollte. 2r Thl.

— der, oder prakt. Anleit. zu allen verschied. Vorfällen bei Handlungs-, Wechsel- u. Speditions-Geschäften. 8. Wien 791. v. Mößle. 12 gr.

Buchhalter, der, od. Theorie u. Praxis d. einfachen u. doppelten Buchhaltens. ¼ 32. (64 Seit.) Nürnberg 841, Leuchs u. Comp.

Buchhalter u. Correspondent, der erfahrene. Organ f. Handelswissenschaften. Redact.: Fr. Kremer. 1. Jahrg. Juni 1892—Mai 1893. 24 Nrn. (Bog.) gr. 4. Düsseld. 892, (Gerlach u. Comp.). * 4 80

Buchhalter u. Correspondent, d. erfahrene. Organ f. Handelswissenschaften. Red.: F Kremer. 1. u. 2. Jahrg. Juni 1892—Juni 1894 à 24 Nrn. (Bg.) 4° Düsseld. (Elberf., F Müller Söhne.) à Jahrg. 4.80 ‖ 3. Jahrg. 1895. 12 Nrn 4 —
Juli—Dezbr 1894 erschien nicht.

Buchhalter u. Correspondent, der erfahrene. Organ f. Handelswissenschaften. Red.: Fr. Kremer. 3. Jahrg. 1895. 12 Nrn. (à ca. 1½ Bog.) gr. 4. Elberfeld, F. Müller, Söhne. n. 4. —

— d. durch e. Praxis v. 50. Jahren gerechtfert. 8. Wien, Mößle. 791.

Buchhalter. d. n. doppelte. 1r Thl. gr. 8. Barmen 789. Eutemeuer. 20 gr.

Buchhaltung, amerikanische, u. Geheim-Buchführung, s. a. Hilf dir selbst!

[3.] Amerikanische Buchhaltung und Geheim-Buchführung. Z. Selbstunterr. f. Lernende u. z. Benutzg f. Lehrende in neuer u. populärer Weise dargest. v. e. alten Praktiker, dem d. Buchhaltgskunst z. Wiss. geworden ist . . *Aachen: C. H. Georgi [1898].* (39 S., 5 Tab., 1 Bl.) 1 Bd 8.
(Hilf dir selbst! Dein eigener Lehrer. [No 12.])

Buchhaltung f. Aerzte, s.: Buchhaltungs-Kalender.

—— für Aerzte pro 1889. 4. (50 S.) Wien, Perles' Verlag. geb.

Buchhaltung, deutsche, verbess. 4. Rudolst. 805. (Hildebrand in Arnst.) 1 ₰ Hbg. Pr. 18 gr.

Anonym: „Deutsche verbesserte Buchhaltung", Rudolstadt 1805 (Klüger).

Buchhaltung, die doppelte, oder die Berechnung mit entgegen gesetzten Größen, nach den Grundsätzen, Hülfsrechnungen und Büchern, so zu deren Führung nöthig u. wie sie sich bei dem staatswirthschaftl. ökonom. u. merkantil. Rechnungswesen gestaltet zur Selbstbelehrung u. als Leitfaden beim Unterricht in derselben. 1s Hft. Allgemeine Ansichten. 8. Leipzig 835. Lauffer. ¼ ₰

Buchhaltung, die doppelte. Theoretisch u. praktisch erläutert. gr. 8. (86 S.) Münster 880. Aschendorff. — 75

— d. doppelte, in e. leichtfaßl. Unterr. f. Anfänger in d. Handelswissenschaft dargestellt. 4. Frankf. a. M. 810. Jäger. 12 gr.

Buchhaltung. Gewerbliche B' und Preisberechnung, für den Unterricht in Handwerker-Schulen, Fachschulen und Fachkursen sowie für das Selbststudium des Meisters dargestellt in unverändert für die Praxis anwendbarer Form. Hrg. vom Schweizerischen Gewerbeverein. 2 Bände. 8. Frauenfeld, Huber & Co., (1906—1907). N 4661

(Band 1. Verfasser: J[acob] Scheidegger ... [und] August Spiess..; unter Anwendung der vier prämiierten Arbeiten [von] Viktor Haldimann, A' Sp', Gustav Hagmann [und] Heinrich Kübler und August Weber.) XII + 282 S. (1906.) (geb. fr. 4. — ; in vier Einzelbändchen geb. *je* 1.20)
Band 2. (Verfasser: J[acob] Scheidegger..., August Spiess ... [und] Viktor Haldimann.. .) [Mit Abbildungen.] VI + 111 S. (1907.) (geb. fr. 2. —)

Buchhaltung

—— s. Geyer, Joh.

—— für Kegel-Gesellschaften. Ausg. A. gr. 4. (III, 114 S.) Leipzig 869, M. Schäfer.

— landwirthschaftliche doppelte, auf Erfahrung gegründet und faßlich dargestellt von e. prakt. Landwirth, dem Verf. des Panoramas der Landwirthschaft. Zum Gebrauch u. Selbstunterricht für Gutsbesitzer, Pächter, Administratoren und der Oekonomie Beflissene. gr. 8. Bautzen 837. Reichel. n. $^{2}/_{3}$ ß

Buchhaltung, neue kombinierte, mit Kontrole der doppelten Buchführung etc. von den Stuttgarter Handelsschülern etc. in Plakatformat. Stuttgart 1866

Buchhaltung, neu combinirte mit Controle der doppelten Buchführung versehene einfache. Imp.-Fol. Stuttgart 868, Lubrecht.

Buchhaltung

– s. Reischle, M.

– s. Skrivan, Ant.

— zur geschwinden Uebersicht, von einem erprobten Buchhalter. 4. Frankf., Andreä. 16 Kr

— die, in ihrem ganzen Umfange u. in ihren mannigfachen Formen v. W. Möhrich. I. u. II. gr. 8. Leipzig 888, Gloeckner. geb. n.n. 4. 30

I. Buchhaltung f. Fabrikgeschäfte. Dargestellt an einem zweimonatlichen Geschäftsgange e. Möbelfabrik v. W. Möhrich. (VII, 120 S.) n. 2. 50.
II. Buchhaltung f. Gewerbtreibende. Dargestellt nach einfacher u. doppelter Methode an e. einmonatl. Geschäftsgange einer Glaserei. Nebst e. Anh., Kalkulationen u. Rechngn. verschiedener Gewerbe, sowie Quittgn., Wechsel u. andere Formulare enth. Zum Gebrauche in Gewerbe u. Fortbildungsschulen, sowie beim Selbstunterrichte. In kurzer u. leichtfaßl. Weise bearb. v. G. Wagner. 2. Aufl. (VIII, 120 S.) n.n. 1. 80

— verbesserte deutsche, in welcher Jones englische u. Meisners neu erfundene deutsche Buchhaltung zum Grunde gelegt sind. 4. Frkf. a. M. 807. Körner. 16 Kr

Anonym: „Verbesserte deutsche Buchhaltung, in welcher Jones englische und Meisners deutsche Buchhaltung zum Grunde gelegt sind", Frankfurt a. M. 1820 (Körner).

Buchhaltung f. Vogel-, Geflügel- u. Kaninchenzüchter pro 1906. (32 S.) kl. 8. Aarau, H. R. Sauerländer & Co. n. — 40

Buchhaltung für Vogel-, Geflügel- und Kaninchenzüchter pro .... [Mit Kalender und Vignetten.] 8. Aarau, Administration der Tierwelt.... [fr. —.40] P

... pro 1906. [Jahrg. 1.] IV + 32 [+ 28] S. Aa', ... H. R. Sauerländer & Co.
... pro 1907. IV + 32 + 16 S. Aa', ... ⟨H. R. S' & Co.⟩.

Buchhaltung f. Vogel-, Geflügel- u. Kaninchenzüchter pro 1908. (32 S.) kl. 8. Aarau, H. R. Sauerländer & Co. — 40

Buchhaltungs-Kalender f. Aerzte pro 1890. 2. Jahrg. 8. (Krankheitsformulare.) Wien, Perles. geb. n. 3. —
Der 1. Jahrg. erschien u. d. T.: Buchhaltung f. Aerzte.

Buchhaltungs-Kalender f. Aerzte pro 1890—1892. 2.—4. Jahrg. qu. gr. 8. (Krankheitsformulare.) Wien, Perles. geb. à Jahrg. * 3 —

Buchhaltungs-Kalender für Aerzte pro 1893. V. Jahrg. Qu.-Fol. eleg. geb. 1.60
Wien:Perles 1892.

Buchhaltungs-Kalender für Aerzte pro 1894. VI. Jahrg. Geb. 1.60
Wien:Perles 1893.

Buchhaltungs-Kalender f. Aerzte pro 1895. VII. Jahrg. qu. gr. 8. (130 S.) Wien, M. Perles. Geb. n. 3. —

Buchhaltungs-Kalender für Aerzte pro 1896. VIII. Jahrg. Quer.-Gr.-8. Elegant geb. 1.60
Wien:Perles1895.

Buchhaltungs-Kalender für Aerzte pro 1897. IX. Jahrg. Quer-Gr.-8. Eleg. geb. 1.60
Wien:Perles 1896.

Buchhaltungs-Kalender für Aerzte pro 1898. X. Jahrg. Quer-Gr.-8. Eleg. geb. 1.60
Wien:Perles 1897.

Buchhaltungs-Kalender f. Aerzte pro 1899. XI. Jahrg. qu. gr. 8. (130 S.) Wien, M. Perles. Geb. n. 3. —

Buchhaltungs-Kalender für Aerzte pro 1900. XII. Jahrgang. Wien. Perles. Quer-8°. Cart. K 3.20

Buchhaltungs-Kalender für Aerzte pro 1901. XIII. Jahrgang. Wien. Perles. 4°. Geb. K 3.20

Buchhaltungs-Kalender f. Aerzte pro 1903. XV. Jahrg. Fol. (56 S.) Wien, M. Perles. Geb. n. 3. —

Buchhaltungs-Kalender für Ärzte pro 1904. 16. Jahrg. Lex.-8°. geb. K 3 20
Wien:Perles 1903.

Buchhaltungskalender für Ärzte pro 1905. 17. Jahrg. 4°. K 3.20
Wien:Perles 1904.

Buchhaltungskalender für Ärzte pro 1906. 18. Jahrg. 4°. geb. K 3.20
Wien:Perles 1905.

Buchhaltungs-Kalender f. Aerzte pro 1907. XIX. Jahrg. (56 S.) 4. Wien, M. Perles. 1906. Geb. n. 3. 20

Buchhaltungskalender für Ärzte pro 1908. XX. Jahrg. 4°. geb. K 3.20

Buchhaltungskalender pro 1909. XXI. Jahrg. 8°. geb. K 3.20
Wien:Perles 1908.

Buchhaltungs-Kalender f. Aerzte pro 1910. 22. Jhrg. (IV, 52 S.) 32,5×25 cm. Wien, M. Perles. Geb. 3. 20

Buchhaltungskalender für Ärzte pro 1911. XXIII. Jahrg. Lex.-8°. geb. K 3.20
Wien:Perles 1910.

Buchhaltungs-Kalender f. Aerzte pro '13. 25. J. (4, 52) 35×25,5 cm. Wien, M Perles. HL 3.20

— für alle Stände v. Jul. Hönig. 1899. 18. Jahrg. Fol. (207 S.) Wien, M. Perles. Kart. n. 2. 40

Buchhandel, der, s. J. G. Gädicke.

Buchhandel, Der deutsche, als Bedingung des Daseins einer deutschen Literatur. Juli 1816 [Gotha]. V: *Perthes, Friedrich Christoph.* (BrMm) (Cb) (Schr)

Deutsche, Der, Buchhandel u die graphischen Künste Dtlds auf die Weltausstellung zu Phila, 1876. Lpz, 1876.

Buchhandel, Der deutsche, der letzten Monate. [Leipzig 1867.] V: *Buchner, Carl.* (cb)

Der deutsche Buchhandel und die Wissenschaft. Denkschrift im Auftrage des Akademischen Schutzvereins verfasst von KARL BÜCHER. Leipzig 1903. B. G. Teubner. 8°.
Dasselbe. 2., stark vermehrte und verbesserte Auflage. ib. 1903. —
Dasselbe. 3., vermehrte und verbesserte Aufl. ib. 1904. —

Buchhandel, Deutscher, und Presse und der Nachdruck deutscher Bücher in Nord-Amerika. New York 1869. V *Steiger, Ernst.* (cb)

Buchhandel, der, in Deutschland. Leipzig 802. Fries in Comm. gr. 8. (15 S.) n. 3½ ngr.

— über den, in d. kaiserl. Erblanden, (v. W. Gerle). 8. Berl. (Prag) 774. Gerle. 5 gr.

— über den, in den Kaiserlichen Erblanden 8. Prag, Gerle, 776.

Buchhandel, Der, vom Jahre 1813 bis zum Jahre 1863. Hamb. u. Altona 1855. 1863. V: *Prinz, Aug.* [?]. (cb) (Zuwachsverz. d. Bibliotheken in Zürich 1898 ff.)

Buchhandel, der, vom Jahre 1815 bis zum Jahre 1843. Bausteine zu einer späteren Geschichte des Buchhandels. 854. — 2. verb. rc. Aufl. Altona 855. Verlags-Büreau in Comm. 8. (80 S.) 15 ngr

Buchhandel, Der, vom Jahre 1815 bis zum J. 1843., ... vom J. 1843 bis z. J. 1853., . vom J. 1854 bis z. J. 1855 u. Erinnerungen aus ältester Zeit., ... vom J. 1815 bis z. J. 1856., ... vom J. 1815 bis z. J. 1858 u. Erinnerungen aus alter Zeit; ... v. J. 1815 bis z. J. 1860 u. Erinnerungen aus alter Zeit. Bausteine zu einer spätern Geschichte des Buchhandels. Th. 1—6. Altona 1855, Hamburg u. Altona 1856—60. 8. (D.)

Buchhandel, der, vom J. 1815 bis zum J. 1853. Bausteine zu einer spätern Geschichte des Buchhandels. (1. Thl.) 1. Aufl. 1854. und 2., verb. und verm. Aufl. 8. (80 S.) Altona 855, (Verlags-Büreau.) **

— — 2. Thl. A. u. d. T.: Der Buchhandel vom J. 1843 bis zum J. 1853. Bausteine rc. Ebend. 855. 8. (2 Bl., 76 S.) 15 ngr

— — 3. Thl. A. u. d. T.: Der Buchhandel vom J. 1854 bis zum J. 1855 und Erinnerungen aus älterer Zeit rc. Ebend. 856. 8. (VI, 74 S.) 15 ngr

— — 4. Thl. Ebend. 857. 8. (1 Bl., 102 S.) 15 ngr

Buchhandel, der, vom J. 1815 bis zum J. 1856. Bausteine zu einer spätern Geschichte des Buchhandels. 4. Thl. 8. (102 S.) Altona 858, (Verlags-Bureau.) **

—— dass. — Vom J. 1815 bis zum J. 1858, und Erinnerungen aus alter Zeit. Bausteine zu einer spätern Geschichte des Buchhandels. 5. Thl. 8. (80 S.) Ebendas. 859. **

—— d., v. J. 1815 bis 1860 u. Erinnergn a. alter Zeit. 1. Thl. 2. Afl. u. 2—7. Thl. 8. (à ca. 100) Alt. 55—63, Verl.-Bur. à — 15

— der, vom J. 1815 bis zum J. 1860 und Erinnerungen aus alter Zeit. Bausteine zu einer spätern Geschichte des Buchhandels. 5—7. Thl. Altona 859—63. Verlags-Bureau. 8. (80; 88; 96 S.) Jeder Thl. 15 ngr

Buchhandel, Der, vom J. 1815—1863. 2. Aufl. Th. 1—7. Hamburg u. Altona 1855—63. 8. . . . . (D.)

Der Buchhandel u. die graphischen Künste Deutschlands auf der Welt-Ausstellung zu Philadelphia i. J. 1876. Hrsg. von dem Ausstellungs-Comite in Leipzig. Leipzig 1876. 8

— über den, Romanen-Fabrikatur u. e. Theil seiner Produkte. 8. Eisl. 803. Verdion. 6 gr.

Buchhandel, Sein und Werden im deutschen, s. Sein.

Buchhandel, der, von mehrern Seiten betrachtet (v. J. C. Gädicke). 8. Berl. 803. Gädicke. (Henning in Greiz). 8 gr.

Buchhandel, Der, von mehreren Seiten betrachtet ... Weimar 1803. V: *Gädike, Johann Christian.* (cb) (MGT) (NN) (Hitzig) »Berlin« (Ky)

Buchhandelsblätter, Deutsche. Jg. 1—22. Naumburg a. S., seit 1901/02: Erfurt 1900/01—1921/22
Von Jg. 7. 1906/07 ab: Buch- und Kunstdruck.

Buchhandelsblätter, deutsche. Illustrierte Monatsschr. f. Buch- u. Kunsthandel, graph. Industrie u. graph. Kunst. Mit der Inseraten-Sonderausg.: „Graphischer Universal-Anzeiger". Red.: Walter Heichen. 1. Jahrg. Oktbr. 1900—Septbr. 1901. 12 Hfte. Fol. (414 S. m. 44 Taf.) Naumburg. [A. Schirmer's Verl.] Erfurt, Ohlenroth'sche Buchdr. n. 8.—

— dasselbe. Illustrierte Monatsschrift f. Buch-, Kunst- u. Musikalienhandel, das Buchgewerbe u. die graph. Künste. Red.: Walt. Heichen. 2. u. 3. Jahrg. Oktbr. 1901—Septbr. 1903. à 12 Hfte. hoch 4. (2. Jahrg. VI, 574 S. m. 112 Taf.) Erfurt, Ohlenroth'sche Buchdr. à Jahrg. n. 8.—

Buchhandelsblätter, deutsche. Illustr. Monatsschrift f. Buch-, Kunst- u. Musikalienhandel, das Buchgewerbe u. die graph. Künste. Red.: Walt. Heichen. 4. Jahrg. Oktbr. 1903—Septbr. 1904. 12 Hefte. (à ca. 48 S. m. Abb. u. Taf.) hoch 4. Erfurt, Ohlenroth'sche Buchdr. n. 8.—

— dasselbe. Illustrierte Monatsschrift f. das gesamte Buchgewerbe u. die graph. Künste. Red.: Walt. Heichen. 5. u. 6. Jahrg. Oktbr. 1904—Septbr. 1906. à 12 Hefte. (VII, 456 u. VI, 394 S. m. Abbildgn. u. z. Tl. farb. Taf.) hoch 4. Ebd. à Jhrg. n.n. 5.—
Fortsetzung s.: Buch- u. Kunstdruck. 1906

Buchhändler, Der, oder Anweisung, wie man durch den Buchhandel zu Ansehen und Vermögen kommen kann. Leipz. 1825. V: *Bergk, Johann Adam von.* (BrMm) (cb) (Ky) (MGT) (NN)

Buchhändler, der, oder Anweis., wie man durch d. Buchhandel zu Ansehen u. Vermögen kommen kann, (v. J. A. Berg). 8. Leipz. 825. Exped. d. europ. Aufsehers. 8 gr.

Buchhändler, der. Monatsschrift f. den Buchhandel u. die ihm verwandten Gewerbe. Hrsg. u. red. v. Karl Fr. Pfau. 1. Jhrg. 1910. 12 Nrn. (VI, 102 S.) gr. 8. Leipzig, K. F. Pfau. nnn 8.—

[Kopft.:] An sämtliche Herren **Buchhändler** des Wupperthals *über den Gebrauch verbotener Hülfsmittel.* ([Unterzeichnet:] Die Direktoren der 8 höheren Knabenschulen in Barmen und Elberfeld ...) *Barmen, Druck v. Steinborn & C., 1896;* 1 Bl. 8. Barmen, G, P 1896 (433)

Buchhändler

— der, u. die verschiedenen Reproduktionsverfahren. Ein Leitfaden f. Verleger u. Sortimenter. Mit 68 Beilagen: die verschiedenartigsten Reproduktionsverfahren darstellend. (III, 96 S. m. Abb.) kl. 8. Leipzig (908). J. Mäser. Geb. in Leinw. nnn 3.50

Buchhändler-Adressbuch, deutsch-amerikanisches, 1888—1889. Enthaltend: Die Adressen von mehr als 500 Buchhandlungen, welche sich ausschliessl. oder vorzugsweise mit dem Vertriebe deutscher Literatur beschäftigen. Hrsg. von Edward Werner und John Appleton. gr. 8. (... S.) Berlin 888, Bösendahl. **

Buchhändler-Adressbuch, Internationales, s: Répertoire internat. de la librairie.

Buchhändler-Adressbuch, neues, 1886. I. Jahrg. Hrsg. v. Ernst Schlogel. gr. 8. (VIII, 651 S.) Leipzig 886. Expedition. n.n. 5. —

Buchhändler-Adressbuch, neues, 1887. 2. Jahrg. Hrsg. v. Ernst Schlogel. gr. 8. (VIII, 627 S.) Leipzig, Expedition. n.n. 5. —; geb. n.n. 5. 75
Nicht weiter erschienen.

Buchhändler-Agenda. Notizen f. den prakt. Geschäftsverkehr. Hrsg. v. d. Expedition des Messkataloges. I. (Als Manuscr. f. d. Buchhandel gedr.) gr. 8. (IV u. 99 S.) Leipzig 852, Expedition des Messkataloges. (Avenarius & Mendelssohn.) baar n. n. 1/3 *ß*

Buchhändler-Akademie. Organ f. d. Gesamtinter. d. Buchhandels u. d. ihm verw. Geschäftszweige. Begr. v. H. Weißbach. Fortges. v. Karl Fr. Pfau. 8. Bd. 12 Hfte. (à 3 Bog.) gr. 8. Leipzig 895. L. Hamann. à Hft. n.n.n. — 60

— dasselbe. Mit Beiblatt: Internationale Litteraturberichte. (26 Nrn. gr. 4.) Hrsg. v. Ludw. Hamann. 9. Bd. 12 Hfte. (à 3 Bog.) gr. 8. Ebd. 896. à Hft. n.n.n. — 60

Buchhändler-Akademie. Organ f. d. Gesamtinteressen d. Buchhandels u. d. ihm verwandten Geschäftszweige. Mit Beibl.: Internat. Litteraturberichte. (26 Nrn. 4°.) Hrsg. v. L Hamann. 9. Bd. 6 Hfte. 8° (1. Hft. 48) Lpzg, M Lücke. à Hft nnn — 60
Fortsetzg erscheint nicht.

Deutsche **Buchhändler-Akademie** (8 f.: Buchhändler-Akademie). Organ f. d. Gesammt-Interessen d. Buchhandels u. der ihm verwandten Gewerbe. Hrsg. von Hermann Weißbach (8: Begründet von H. Weißbach, fortges. von Karl Fr[iedrich] Pfau; 8 f.: hrsg. von Ludwig Hamann). Bd 1–9, H. 1–6. [Mehr nicht erschienen.] Weimar: H. Weißbach (8 f.: Leipzig: L. Hamann) 1884–96. 9 Bde 8° [F.]
1–6. 1884–89. 7. (1890–92.) 8. 18(95–)96. 9. 1896.
Forts. s. u. d. T.: Internationale Buchhändler-Akademie. 1899. [o6. 6130

Buchhändler-Akademie, deutsche. Organ f. die Gesammt-Interessen d. Buchhandels u. der ihm verwandten Gewerbe. Hrsg. v. Herm. Weißbach. 1—3. Bd. à 12 Hfte. gr. 8. (à Hft. ca. 80 S.) Weimar 884—86. Weißbach. Subscr.-Pr. à Hft. n.n. — 60; Einzelpr. à n.n. — 90

Buchhändler-Akademie, deutsche. Organ f. die Gesamt-Interessen d. Buchhandels u. der ihm verwandten Gewerbe. Hrsg. v. H. Weißbach. 4.—7. Bd. à 12 Hfte. gr. 8. (à Hft. ca. 60 S.) Weimar 887—890. Weißbach. Subscr.-Pr. à Hft. n.n. — 60; Einzelpr. à n.n. — 90
Nicht weiter erschienen. 27*

Internationale **Buchhändler-Akademie.** Monatsschrift f. d. Gesammt-Interessen d. Buchhandels u. der ihm verwandten Gewerbe. Hrsg. von Karl F[riedrich] Pfau. Bd 1, H. 1–7. [Mehr nicht erschienen.] Leipzig: K. F. Pfau (1899). (304 S.) 4°(8°)
Anf. s. u. d. T.: Deutsche Buchhändler-Akademie. [o6. 6743

Buchhändler-Akademie, internationale. Monatsschrift f. die Gesammt-Interessen des Buchhandels u. der ihm verwandten Gewerbe. Hrsg. v. Karl Fr. Pfau. 1. Bd. 1.—6. Hft. Lex.-8. (S. 1—272 m. 1 Abb. u. 4 Bildn. u. Biograph. Buchhändler-Lexikon S. 1—16.) Leipzig (899—901). K. F. Pfau. à n.n.n. — 60

Buchhändler-Album. Portraits-Galerie verdienter u. namhafter Buchhändler, Buchdrucker, Kunst- u. Musikalienhändler aus älterer wie neuerer Zeit. Mit begleitenden biograph. Skizzen. 1. Serie. 1. 2. Liefg. Leipzig 867, 68. O. A. Schulz. 16. (S. 1—32 u. 12 lith. Portr.) Jede Liefg. 15 *ngr.*

Buchhändler-Almanach, deutscher, auf das Jahr 1862. Leipzig, Hermann in Comm. 8. (IV, 171 S.) n. 16½ *ngr.*

— — auf das Jahr 1863. 2. Jahrg. Ebend. 8. (V, 155 S.) n. 16⅔ *ngr.*; geb. n. 25 *ngr.*

Buchhändleranzeige, Eine märkische, aus dem Jahre 1511. Der Berliner Bibliophilen-Abend seinen Gästen zum Stiftungsfest 1909. Friedenau-Berlin 1909. H: *Häbler, Konrad.* (Berl 1909, S. 122)

Buchhändler-Anzeigen des 15. Jahrh. In getreuer Nachbildg. hrsg. v. Konr. Burger. (82 Bl. m. VII, 15 S. Text.) 45×34 cm. Leipzig 907. K. W. Hiersemann. In Mappe 60. —

Buchhändler-Börsenblatt, 1833—43, sieh: Organ d. deut. Buchhandels.

Buchhändler-Correspondenz, österreichische. Eigenthum des österreich. Buchhändler-Vereines. Redig. von J. Hesky. Jahrg. 1860. 36 Nrn. (à ½—1 Bog.) gr. 4. Wien, Expedition. (Dirnböck, Lechner's Universitäts-Buchh.) **

Buchhändler-Correspondenz, österreichische. 2. Jahrg. 1861. Red.: von G. Draudt. — 3—5. Jahrg. 1862—64. Red.: H. Jacob. à 36 Nrn. (à 1—1½ Bgn.) Wien, Expedition. gr. 4. Jeder Jahrg. n. 3 *ß* 15 *ngr.*

Buchhändler-Correspondenz, österreichische. Eigenthum des österreich. Buchhändler-Vereins. Red.: Jos. Bermann. 6—11. Jahrg. 1865—1870. à 36 Nrn. (à 1—2 Bgn.) Wien, Expedition. gr. 4. Jeder Jahrg. n. 3 *ß* 15 *ngr.*

Buchhändler-Correspondenz, österreichische. Red.: Jos. Bermann. 12. Jahrg. 1871. 36 Nrn. (à 1—2 B.) gr. 4. Wien, Expedition. n. 10. 50

— dasselbe. Red.: J. C. Fischer. 13. Jahrg. 1872. 52 Nrn. (à 1—2 B.) gr. 4. Ebend. n. 10. —

— dasselbe. 14—17. Jahrg. 1873—1876. à 52 Nrn. (à 1—2 B.) gr. 4. Ebend. à Jahrg. n. 12. —

Buchhändler-Correspondenz, österreichische. Red.: J. C. Fischer. 18—23. Jahrg. 1877—82. à 52 Nrn. (à 1—2 B.) gr. 4. Wien, Expedition. à Jahrg. n. 12. —

Buchhändler-Correspondenz, österreichische. Red.: J. C. Fischer. 24—27. Jahrg. 1883—1886. à 52 Nrn. (à 1—2 B.) gr. 4. Wien, Exped. à Jahrg. n. 12. —

Buchhändler-Correspondenz, österreichische. Red.: A. Einsle. 28.—30. Jahrg. 1887—1889. à 52 Nrn (à 1—2 B.) gr. 4. Wien, Exped. à Jahrg. n. 12. —

Buchhändler-Correspondenz, österreichische. Redact.: A. Einsle. 30.—33. Jahrg. 1889—1892. à Jahrg. 52 Nrn. (à Nr. 1—2 Bog.) gr. 4. Wien, Expedition. à Jahrg. n. 12 —

(F) Oesterreichisch-ungarische Buchhändler-Correspondenz. Mit der Beilage: „Oesterreichische Bibliographie". Organ des Vereines der österreichisch-ungarischen Buchhändler. XLII. Jahrgang. 1901. Redigirt von Carl Junker. Wien. Verlag des Vereines. 4°. erscheint in 52 Nrn. Viertelj. K 4.—

Buchhändler-Führer, Berliner, s. Brockard, Herm.

Buchhändlerheim, das alte und neue. Ein Gedenkbuch zur Erinnerung an die feierliche Einweihung des deutschen Buchhändlerhauses am 29. April 1888. Den Festtheilnehmern gewidmet. kl. 4. (102 S. mit eingedr. Illustr. und 23 Taf.) Leipzig 888. (Börsenverein der deutschen Buchhändler.) geb. n.n. 10. —
Vergriffen.

Buchhändler-Kalender. Begr. v. Herm. Weissbach. Fortges. v. Ludw. Hamann. 17. Jahrg. f. d. J. 1897. 12. (187 S.) Ebd. Geb. in Leinw. n.n.n. 1. 60; in Ldr. n.n.n. 2. —

— Hrsg. v. Walth. Fiedler. 1899. 12. (256 S.) Leipzig, W. Fiedler. Geb. in Leinw. Subskr.-Pr. n.n.n. 1. 80; Ladenpr. n.n. 2. 50

Buchhändler-Kalender. Hrsg. v. Walth. Fiedler 1901. 12. (344 S.) Nebst: Die Praxis des Reisebuchhandels. gr. 8. (50 S.) Leipzig, W. Fiedler. Geb. in Leinw. n.n.n. 2. —
Erscheint nicht mehr.

Buchhändler-Kalender, deutscher. Unter Mitwirkung von Fachgenossen hrsg. von Herm. Weissbach. 4. Jahrg. auf das J. 1884. gr. 16. (VIII, 159 S.) Weimar, Weissbach. geb. in Leinw. **M 1,50.; in Ldr. **

—— dass. — 5. Jahrg. auf das J. 1885. gr. 16. (IV, 223 S.) Ebendas. **M 2.; geb. **
Frühere Jahrg. u. d. T.: Hilfs- und Schreib-Kalender für Buchhändler.

Buchhändler-Kalender, deutscher. Unter Mitwirkung von Fachgenossen hrsg. von Herm. Weissbach. 6. Jahrg. auf das J. 1886. 2 Tle. gr. 16. (VIII, 107; 165 S.) Weimar, Weissbach. geb. in Leinw. ** geb. in Leder **

—— dass. — 2. Tl. apart: Hilfstabelle des Sortimenters für Lager- und Kundenverkehr. gr. 16. (165 S.) Ebendas. 886. geb. **

—— dass. — 7. und 8. Jahrg. auf die J. 1887 und 1888. gr. 16. (VIII, 96; VIII, 132 S.) Ebendas. geb. in Leinw. à Jahrg. *M 1.50.; in Leder *

Buchhändler-Kalender, deutscher. Unter Mitwirkg. v. Fachgenossen hrsg. v. H. Weissbach. 9. Jahrg. auf d. J. 1889. 16. (IV, 98 S.) Weimar, Weissbach. geb. in Leinw. n.n. 1. 50; in Ldr. n.n. 1. 75

—— dass. — 2. Tl. apart: Verzeichnis deutscher Konkurrenz-Verlagsartikel von Rich. George. gr. 16. (48 S.) Ebendas. 889. **

Buchhändler-Kalender, deutscher. Unter Mitwirkg. v. Fachgenossen hrsg. v. Curt Weissbach. 10.—12. Jahrg. auf d. J. 1890—1892. gr. 16. (IV, 124; IV, 168; IV, 160 S.) Weim., Weissbach. 10. Jahrg. geb. in Leinw. ** 1 50; in Ldr. ** 1 75
11. u. 12. Jahrg. geb. in Leinw. à ** 1 60; in Ldr. ** 1 90

Buchhändler-Kalender, deut. Hrsg. v. C Weissbach. 15. Jahrg. 1895. 16° (192) Weim. Lpzg, L Hamann. Geb. in Lnw. n.n.n. 1.60 in Ldr n.n.n. 2 —

Buchhändler-Kalender, deutscher. Unter Mitwirkg. v. Fachgenossen hrsg. v. Curt Weissbach. 15. Jahrg. auf d. J. 1895. gr. 16. (IV, 192 S.) Weimar, Thiem & Limpricht. Geb. in Leinw. n.n.n. 1. 60; in Ldr. n.n.n. 2. —

Buchhändler-Lehrbuch, das. Ein Dialog, frei nach der Schülerscene im Faust. (Von Max Weg.) gr. 8. (8 S.) Leipzig (902). Cantate-Festausschuss. (Auslieferung durch E. F. Steinacker.) n. — 70

Buchhändler-Porträts, in Lichtdr. ausgeführt. 1. Sammlg. 25 Lfgn. gr. 4. (à Lfg. 2 Bl. m. 1 Bl. Text.) Lpz. 890,91, Friedr. Pfau. à Lfg. ** 1 —; in Mappe ** 25 —

—— dass. — II. Sammlg. 1.—14. Lfg. gr. 4. (à Lfg. 2 Bl.) Ebd. 891. à Lfg. ** 1 —; ** 14 —

Buchhändler-Porträts, in Lichtdr. ausgeführt. 1. Sammlg 23—25. u. 2. Sammlg 1—14. Lfg. 4° (à 2 Bl.) Lpzg 90—92, KF Pfau. à n.n.n. 1 — (1. Sammlg. kplt: n.n.n. 25. —)

Buchhändler-Wacht. Organ der engeren Vereinigg. der Buchhändler im deutschnationalen Handlungsgehilfen-Verband zu Hamburg. Hrsg.: Wilh. Schack. Schriftleitung: A. Zimmermann. 1. u. 2. Jahrg. April 1905 bis März 1907. à 12 Nrn. (à ca. 8 S.) 8. Hamburg, Deutschnationaler Handlungsgehilfen-Verband. à Jhrg. n. 3. —

Buchhändler-Wacht. Erscheint nicht mehr. Von Jahrg. 2 nur 3 Nrn. erschienen.

Buchhändler-Warte. Nachrichten der allgem. Vereinigg. deutscher Buchhandlungs-Gehilfen. Red.: D. Schönwandt. 1. Jahrg. Oktbr. 1897 b. Septbr. 1898. 52 Nrn. (½—1 Bog.) gr. 8. Berlin (Frz. Weber.) n.n.n. 3. 20 f. d. Mitglieder d. Vereinigg. kostenlos.
Vorh. u.d.T.: Unser Blatt. 1896 f.

— dasselbe. Red.: W. Bluhm u. G. Volkmer. 2. Jahrg. Oktbr. 1898 b. Septbr. 1899. 52 Nrn. (½—1 Bog.) gr. 8. Ebd. n.n.n. 3. 20; f. d. Mitgl. d. Vereinigg. kostenl.
Kann auch vierteljährlich bezogen werden.

Buchhändler-Warte. Nachrichten der allgemeinen Vereinigg. deutscher Buchhandlungs-Gehilfen. Red.: H. Dullo. (3. u. 4. Jahrg.) Oktbr. 1899—Septbr. 1901. à 52 Nrn. gr. 8. (à ca. 8 S.) Berlin, Verlag der Buchhändler-Warte. à Jahrg. n.n.n. 2. 40 f. die Mitglieder der Vereinigg. kostenlos.
Der 3. Jahrg. ist v. K. Bonn redigiert.

— dasselbe. Organ f. die Interessen der Gehilfenschaft. Nachrichten aus der allgemeinen Vereinigg. deutscher Buchhandlungs-Gehilfen. Red.: H. Dullo. 5. u. 6. Jahrg. Oktbr. 1901—Septbr. 1903. à 52 Nrn. Lex.-8. (à ca. 8 S.) Ebd. à Jahrg. n. 7. —; f. Mitgl. der Vereinigg. unentgeltlich; einzelne Nrn. n. — 20

Buchhändler-Warte. Organ f. die Interessen der Gehilfenschaft des Buch-, Kunst- u. Musikalienhandels. Nachrichten aus der allgemeinen Vereinigg. deutscher Buchhandlungs-Gehilfen. Red.: H. Dullo. 7.—10. Jahrg. Oktbr. 1903—Septbr. 1907. à 52 Nrn. (à ca. 8 S.) Lex.-8. Berlin, Verlag der Buchhändler-Warte. à Jhrg. n. 7. —; f. Mitglieder der Vereinigg. unentgeltlich.

Buchhändler-Warte. Organ f. die Interessen d. Gehilfenschaft des Buch-, Kunst- u. Musikalienhandels. Nachr. aus der allgemeinen Vereinigg. deutscher Buchhandlungs-Gehilfen. Red.: H. Dullo. (11.—14. Jahrg. Oktbr. 1907—Septbr. 1911. à 52 Nrn. (11.—13. Jhrg. IV, 416; IV, 432 u. IV, 424 S.) Lex. 8. Berlin, Verlag der Buchhändler-Warte. à Jhrg. 7.—; f. Mitglieder d. Vereinigg. unentgeltlich.

— dass. Organ f. d. Gesamt-Interessen d. deut. Buch-, Kunst-, Musikalien- u. Schreibwarenhandels, sowie verwandter Berufszweige. Red.: E Thomas. 12. Jahrg. 1905. 52 Nrn. (Nr. 1. 12) 4° Ebd. Viertelj. nnn 1.50

Buchhändler-Warte. Organ f. d. Interessen d. Gehilfensch. d. Buch-, Kunst- u. Musikalienhandels. Nachrichten a. d. allg. Vereinigg deut. Buchhandlgs-Gehilfen. Hrsg. u. Red.: H Dullo, f. d. 16. J.: Otto Lachmann. 14—16. J. Okt. '10 —Sept. '13 je 52 Nrn. (14. J.: 4, 416; 15. J.: 4, 410) Lex8° Berl., Verl. d. Buchhändler-Warte. viertelj. 1.75; f. Mitgl. d. Vereinigg unentgeltl.; einz. Nrn † — 20 d

Buchhändlerzeitung, auf 1778—85. 8. Hamb., Herold. (à 2 ß) 16 ß Dies. auf 1789. 4 Quart. 8. Augsb., Kletts Wwe. u. Frank. 16 gl

Buchhändler-Zeitung, allgemeine. Organ f. die Berufsinteressen d. Buchhandels. Red.: Emil Thomas. Jahrg. 1894. 52 Nrn. (1½ Bog.) gr. 4. Leipzig, C. F. Müller Verl. n.n.n. 8. —

Buchhändler-Zeitung, allgemeine. Wochenschrift m. d. Beilage: Internat. Litteraturberichte. Red.: Emil Thomas. 2.—4. Jahrg. 1895—1897. 52 Nrn. (à ca. 1—1½ Bog.) gr. 4. Leipzig, C. F. Müller, Verl. à Jahrg. n.n. 4. 80

Von Nr. 20 d. Jahrg. 1897 u. d. T.: Buchhändlerzeitung, allg., verbund. m. „Der Verlag".

— dasselbe verbunden m. „Der Verlag". 5. Jahrg. 1898. 52 Nrn. (Bog.) gr. 4. Ebd. n.n.n. 6. —

Kann auch vierteljährlich bezogen werden.

Buchhändlerzeitung, allgemeine, verbunden m. „Der Verlag". Wochenschrift m. der Beilage: Internationale Litteraturberichte (26 Nrn.). Red.: Emil Thomas. 6. Jahrg. 1899. 52 Nrn. gr. 4. (à ca. 8 S.) Leipzig, C. F. Müller, Verl. n.n.n. 6. —

— dasselbe. Wochenschrift m. dem Beiblatt: Internationale Litteraturberichte (26 Nrn). Red.: Rich. Kiof. 7. Jahrg. 1900. 52 Nrn. gr. 4. (à ca. 8 S.) Ebd. n.n.n. 6. —

— dasselbe. 8. Jahrg. 1901. 52 Nrn. gr. 4. (à ca. 10 S.) Leipzig, W. Fiedler. n.n.n. 6. —

Buchhändlerzeitung, allg. Wochenschrift m. d. Beibl.: Internat. Litt.-Berichte (26 Nrn.). Red.: JBG Volger. 8. Jahrg. 1901. 1. Viertelj. 13 Nrn. (Nr. 1. 10 m. 1 Bildnis.) 4° Lpzg, CF Müller. nnn 2 — ‖ 2—4. Viertelj. 39 Nrn. Viertelj. nnn 1.50

Buchhändlerzeitung, allgem. Unabhängige Wochenschrift m. der Beilage: Internationale Literatur- u. Musik-Berichte. (26 Nrn.) Red.: Osk. Webel. 11. Jahrg. 1904. 52 Nrn. (IV, 416 S.) gr. 4. Leipzig [Verlag der allg. Buchhändlerzeitung], E. Thomas. à Jhrg. n.n.n. 6. —

Buchhändlerzeitung, allgem. Organ f. die Gesamt-Interessen des deutschen Buch-, Kunst-, Musikalien- u. Schreibwarenhandels sowie verwandt. Berufszweige. Red.: Emil Thomas. 12. Jahrg. 1905. 52 Nrn. (IV, 724 S.) 4. Leipzig [C. F. Müller], E. Thomas. n.n.n. 6. —

Buchhändler-Zeitung, allg. Red.: Emil Thomas. 13—16. J. '06—9 je 52 Nrn. (Nr 1. 12) 31,5×24 cm. Lpzg, E Thomas. Viertelj. nnn 1.50; einz. Nrn nnn — 20

Buchhändler-Zeitung, allgemeine. Wochenschrift f. die Gesamt-Interessen des deutschen Buch-, Kunst-, Lehrmittel-, Musikalien- u. Schreibwarenhandels. Red.: Emil Thomas. 14.—17. Jhrg. 1907—1910. à 52 Nrn. (IV, 980; IV, 1014; IV, 1012 u. IV, 1028 S.) 31,5×23,5 cm. Leipzig, Verlag d. allg. Buchhändler-Zeitg. à Jhrg. nnn 6. —

Buchhändler-Zeitung, Allgemeine. Red.: Emil Thomas, v. Nr 9 an: Walt. Seyffert. 17—19. J. '10—12 je 52 Nrn. ('11, Nr 1—3: 36) 31,5×23,5 cm. Lpzg, Verl. d. allg. Buchhändler-Zeitg. viertelj. nnn 1.50; einz. Nrn nnn — 20 ('12 d)

— dasselbe u. **Druckerei-Nachrichten.** Wochenschrift m. dem Beiblatt: Internationale Litteraturberichte (26 Nrn.). Red.: Osk. Webel. 9. Jahrg. 1902. 52 Nrn. gr. 4. (à ca. 8 S. m. Bildnissen.) Leipzig, Universal-Verlag. n.n.n. 6. —

— dass. u. **Druckerei-Nachrichten.** Wochenschrift m. d. Beibl.: Internat. Litt.-Berichte (26 Nrn.). Red.: O Webel. 9. u. 10. Jahrg. 1902 u. 3 je 52 Nrn. (1902. Nr. 1—37. 304 m. Bildnissen.) 4° Ebd. Viertelj. nnn 1.50

Buchhändler-Zeitung, deutsche. Redact.: Aug. Bolm. 1. Jahrg. 1884. 39 Nrn. (Bog.) gr. 4. Berlin, Bolm's Verlag. **

Nicht weiter erschienen.

Buchhändler-Zeitung, deutsche. Red.: Aug. Bolm. 1. Jahrg. 1884. 52 Nrn. (B.) gr. 4. Berlin 884. Issleib. n.n. 4. —

Buchhändler-Zeitung, süddeutsche, 1—5. Jahrg. 1838—42. à 52 Nrn. (Bog.) gr. 4. Stuttgart, (Hoffmann'sche Vrlsbh.) à *

Begründer u. Hrsgeb. d. 1—3. J. 1838—40. Jan. — Anfang März: Carl Messow († 11. März 1840), von da an bis Dec. u. 4. J. 1841 — 5. J. 1842. No. 1. u. 2. hrsg. v. Mehreren, No. 3—52. hrsg. v. Jul. Hebenstreit.

Buchhändler-Zeitung, süddeutsche, 6—11. Jahrg. 1843—47. à 52 Nrn. (Bog.) gr. 4. Stuttgart. (J. F. Steinkopf.) à J. *

1—5. Jahrg. Stuttgart 1838—42. (Hoffmann'sche Vrlsbh.) à J. * 2 Thlr. 20 Ngr.

Buchhändler-Zeitung, süddeutsche. Eigenthum des Vereins der Buchhändler zu Stuttgart. 11—15. Jahrg. 1848—52. à Jahrg. 52 Nrn. (Bog.) gr. 4. Stuttgart, (J. F. Steinkopf.) à Jahrg. *

Der 11. Jahrg. wurde von Tr. Bromme, der 12. Jahrg. von G. Görel, der 13—15. Jahrg. von Carl Müller redigirt. — Vgl. 10. Bd. 1. Abthl. S. 131.

Buchhändler-Zeitung, süddeutsche. Eigenthum des Vereins der Buchhändler zu Stuttgart. Redakt.: Carl Müller und Theod. Liesching. 16—19. Jahrg. 1853—56. à Jahrg. 52 Nrn. (Bog.) gr. 4. Stuttgart, (J. F. Steinkopf.) *

Vgl. 11. Bd. 1. Abthl. S. 149.

Buchhändler-Zeitung, süddeutsche. Eigenthum des Vereins der Buchhändler zu Stuttgart. Redig. von Thdr. Liesching. 20—24. Jahrg. 1857—61. à Jahrg. 52 Nrn. (à ½—1 Bog.) gr. 4. Stuttgart, (J. F. Steinkopf.) à Jahrg. *

Buchhändler-Zeitung, süddeutsche. Eigenthum des Vereins der Buchhändler zu Stuttgart. Redact.: Thdr. Liesching. 25.—30. Jahrg. 1862—67. à Jahrg. 52 Nrn. (à ½—1 Bog.) gr. 4. Stuttgart, (J. F. Steinkopf.) à Jahrg. *

Buchhändler-Zeitung, süddeutsche. Eigenthum des Vereins der Buchhändler zu Stuttgart. Redact.: Thdr. Liesching. 31. und 32. Jahrg. 1868 und 1869. à Jahrg. 52 Nrn. (à ½—1 Bog.) gr. 4. Stuttgart, J. F. Steinkopf. à Jahrg. *

—— dass. — 33. Jahrg. 1870. 52 Nrn. (à ½—1 Bog.) gr. 4. Ebendas. *

—— dass. — Redact.: Th. Hartwig. 34.—37. Jahrg. 1871—1874. à Jahrg. 52 Nrn. (à ½—1 Bog.) gr. 4. Ebendas. à Jahrg. *

Buchhändler-Zeitung, süddeutsche. Redact.: Th. Hartwig. 38. und 39. Jahrg. 1875 und 1876. à Jahrg. 52 Nrn. (à ½—1 Bog.) gr. 4. Stuttgart, J. F. Steinkopf. Jahrg. 1875 * ℳ 7.; Jahrg. 1876 **

Nicht weiter erschienen.

Basler Buch- und Antiquariatshandlung vormals Adolf Geering in Basel. 163—167. Antiquarischer Anzeiger.

163: 16 S. 8. [1901.] — 164: 24 S. 8. Juni 1901. — 165: 24 S. 8. September 1901. — 166: 20 S. 8. November 1901. — Weihnachts-Anzeiger No. 167. Auswahl von Geschenkbüchern... [4 S.] fol. (Basel, Emil Birkhäuser, [Dezember 1901].)

Basler Buch- & Antiquariatshandlung vormals Adolf Geering in Basel. 168—174. Antiquarischer Anzeiger. 8 (*173: fol.).

168: 40 S. März 1902. — 169: 40 S. April 1902. — 170: 40 S. Juni 1902. — 171: 40 S. November 1902. — 172: 32 S. Dezember 1902. — Weihnachts-Anzeiger N°. 173. Auswahl von Geschenkbüchern .... [4 S.] [Dezember 1902.] — 174: 32 S. Februar 1903.

Basler Buch- und Antiquariatshandlung vormals Adolf Geering in Basel. 175.—177. Antiquarischer Anzeiger. 8.

175: 40 S. April 1903. — 176: 4 S. [Juni 1903.] — 177: 48 S. September 1903.

Basler Buch- und Antiquariatshandlung vormals Adolf Geering in Basel. Antiquariats-Katalog No. 273—277. 279. 280. 282. 8. Basel, Emil Birkhäuser, [1901].

No. 273—275. Theologie: I. Exegetische Theologie. IV + 64 S.; — II. Systematische Theologie. 92 S.; — III. Historische Theologie. 116 S.
No. 276. Neueste Erwerbungen. II + 42 S.
No. 277. Philosophie. Aesthetik nebst einem Anhang: Alchymie, Okkultismus... und Verwandtes. II + 50 S.
No. 279. Helvetica. Supplement 2. zum Hauptkatalog 246, enthaltend u. a. die Helvetica... der verst. Herren Bundesrichter Dr. J[oseph] Morel in Lausanne, Professor J[acob] Hunziker in Aarau und Professor J[ules] Duperrex in Lausanne. I + 135 S.
No. 280. Theologie: V. Praktische Theologie. (Ausser Homiletik und Ascetik.) II + 42 S.
No. 282. Neuere Jugend- und Volksschriften. Supplement zum Lager-Kataloge 267.... II + 18 S.

Basler Buch- und Antiquariatshandlung vormals Adolf Geering in Basel. Antiquariats-Katalog No. (* *283:* Catalogue) 278. 281. 283—285. 8. Basel, Emil Birkhäuser (* *283:* Bâle ...).
No. 278. Theologie: IV. Homiletik, Predigten. I + 13 S. [1901.]
No. 281. Theologie: VI. Ascetik, Erbauungslitteratur. Christliche Unterhaltungslekture. II + 50 S. [1901.]
Catalogue 283. Littérature française .... I + 67 p. [1902.]
No. 284. Neuere Deutsche Belletristik seit der klassischen Periode. Illustrierte Zeitschriften & Unterhaltungsblätter. IV + 96 S. [1902.]
No. 285. Aeltere Deutsche Litteratur. Goethe—Schiller Lessing—Shakespeare .... I + 67 S. [1902.]

Basler Buch- und Antiquariatshandlung vormals Adolf Geering in Basel. Antiquariats-Katalog No. 286—291. 8. Basel, Emil Birkhäuser, [1903].
No. 286. Theologie. I + 59 S.
No. 287. Sprachwissenschaft. Französische Sprachlehren, Wörterbücher und Litteraturgeschichte. Französische Pädagogik. 32 S.
No. 288. Klassische Philologie. Neulateiner. Altertumskunde. II + 66 S.
No. 289. Neuere Jugend- und Volksschriften. Zweites Supplement zum Lager-Kataloge 267.... IV + 36 S.
No. 290. Neuere Erwerbungen I: Geographie. — Neuere Reisewerke. — Helvetica. — Alpenkunde. — Alsatica. II + 70 S.
No. 291. Neuere Erwerbungen II: Kunst, Architektur, Kunstgewerbe. Handelswissenschaft — Ingenieurwissenschaft, Technologie, Gewerbe. Tadellose Prachtwerke. II + 58 S.

Buchhandlung des Schweiz. Grütlivereins (in Zürich). (11.) Bericht und Rechnung für das Jahr 1902. 4 S. 4. V^q Zür

Buchhandlung, die, der Berliner Stadtmission, Berlin W., 27 Mohren-Straße. Ein Beitrag zur Geschichte der Verbreitg. christl. Schriften. gr. 8. (32 S.) Berlin 889. Buchhandlg. der Berliner Stadtmission. n.n. — 30

Buchhandlung. – Die Voßische Buchh. in Berlin, s.a. Binder von Krieglstein, Karl Frh.

Buchhandlung, Die Vossische, in Berlin. 1693—1903. Auf Grund urkundlichen Materials zusammengestellt und als Handschrift gedruckt. Berlin 1903. V: *Binder von Krieglstein, Karl Freiherr.* (Berl 1904, S. 209)

„Der Buchhandlungs-Angestellte." Zentralorgan des Reichsvereines der Gehilfenschaft des Buch-, Kunst- und Musikalienhandels in Österreich. 1. Jahrg. 1906. Gr.-8°. erscheint in 12 Nrn. kompl. K 2.40
Wien: Wiener Volksbuchh. (Brand) 1906.

Buchhandlungs-Angestellte, der. Zentral-Organ des Reichsvereins der Gehilfenschaft des Buch-, Kunst- u. Musikalienhandels in Österreich: Sitz Wien. Hrsg. vom Vorstand des Reichsvereines. Red.: Wilh. Müller. 1. Jahrg. Juni 1906—Mai 1907. 12 Nrn. (à ca. 8 S.) Lex.-8. Wien (VI/1, Gumpendorferstr. 18), Geschäftsstelle. n. 2. —

Buchhandlungs-Angestellte, der. Organ zum Schutze u. zur Förderg. der Interessen der Gehilfenschaft des Buch-, Kunst- u. Musikalienhandels in Österreich. Zentral-Organ des „Reichsvereines": Sitz Wien. Hrsg. vom Vorstande d. Reichsvereines. Red.: Vikt. Stein. 2.—4. Jhrg. Juni 1907—Mai 1910. à 12 Nrn. (à ca. 10 S.) Lex 8. Wien (VI/1, Gumpendorferstr. 18), Geschäftsstelle. à Jhrg. 3. —

Buchhandlungsangestellte, Der, Fortsetzg, s: Mitteilungen f. d. Gehilfensch. d. Buch-, Kunst- u. Musikalienhandels.

Buchhandlungshaus K. F. Köhler, das. 1789—1889. Ein Rückblick auf sein hundertjähr. Bestehen. Den Freunden des Hauses gewidmet. (Von Rud. Winkler.) gr. 8. (144 S.) Lpz. 889, K. F. Köhler. cart. — —
Nicht im Handel.

Der **Buchhandlungsreisende.** Organ d. Verbandes d. Buchhandlungsreisenden Deutschlands. Jg. 1, No 1. (Berlin 1906: Rother Nachf.) 4°
[F.] [07. 12606

Buchhandlungsreisende, der. Organ des Verbandes der Buchhandlungsreisenden Deutschlands. 3. u. 4. Jhrg. 1909 u. 1910. à 24 Nrn. (à ca. 12 S.) 32—24,5 cm. Berlin (N. 58, Buchholzerstr. 11), Fel. Burmeister. à Jhrg. nnn 4. —

Buchhandlungsreisende, Der. Organ d. Verb. d. Buchhandlgsreisenden Deutschlds, Oesterr.-U.'s u. d. Schweiz. 4—7. J. Dez. '09—Nov. '13 je 24 Nrn. (6. J.: 300) 32×24,5 cm. Berl. (C. 54, Alte Schönhauser Str. 32), Fel. Burmeister. halbj. nnn 2 — d

Buchhaeuser, B. F. Beschreibung der Vestung Königstein. Leipzig 1692. — ib. 1705 — ib. 1710.

Buchhave, Rudolf

— Entdeckung e. neuen Mittels, das in Fiebern u. andern Krankheiten die Stelle d. China vertreten kann. Aus d. Latein. v. J. Kl. Tode. Mit Kpf. 8. Kopenh. 782. Schubothe. 8 gr.

Buchhave, Rud., Observationes circa radices gei urbani, sive caryophyllatae vires in febribus, praecipue intermittentibus aliisque morbis institutae. 140 pp. Hafn. 1781. Deutsch. Kopenh. u. Lpz. 1782. 8°. (Obs. 78. 80. 100 In therapia cardialgiae geum urbanum. p. 136 In hysteria et convulsionibus caryophyllata.)

Buchhave, Rudolf: Observationes circa radicis gei urbani, sive caryophyllatae vires in praecipuis corporis humani affectionibus. Editio altera. 262 S., gbd., Abb.

Hafniae et Lipsiae: Faber 1784 u. Nitschke.
JB 1.569

— observat. circa radicis Gei urbani sive Caryophyllatae vires in praecipuis corporis humani affectionibus institutae. C. fig. 8. Hafniae ... Ed. alt. corr. et aucta. 784. Schubothe. 10 gr. Schrbp. 14 gr.

Buchhave, Rud., de Gei urbani utilitate in febrib. interm. 8. Marb. 786. Krieger. 4 gr.

Buchhave, Rud., de Gei urbani utilitate in febrib. interm. 8. Marb. Krieger 789.

Buchheim, Adolf

Buchheim, A, u. O Falke, Nationalgesänge d. Magyaren. III. 12. (75) Kass. 51, Württenberger. (b) — 7½

Buchheim, Adolf, und Oskar Falke, die wiener October-Revolution. br. 8. (58 S.) Mannheim 848, Grohe.

—— und Oskar Falke, Stimmen aus der Verbannung. Enthaltend: I. Ansprache an die Völker. II. Zuruf an die Verbannten. III. Mahnung an die Amnestirten. 12. (36 S.) Kassel 851, Raabé und Comp.

Buchheim, C., deutsches Lehr- u. Übungsbuch f. die 1. Volksschulklasse. Nach Seeger's deutscher Schulgrammatik zusammengestellt. gr. 8. (56 S.) Wismar 894. Hinstorff's Verl. Kart. n. — 60

Buchheim, Carl, s.: Kürschnerkalender, deutscher.

Buchheim, Christian Friedrich (Waldheim), De dentitione. Dissert. med. Präs. Christian Gotthold Eschenbach. Lpz. (Hirschfeld) 2. X. 1810. 33 S. (4.80) 4411
Gew.: Gottlob Heinr. Ohle.

Buchheim, D., Abbildung u. Beschreibung einer ganz neu erfundenen Spar- u. Gesundheits-Pfeife, welche mit wenigen Groschen herzustellen ist etc. Durch eigene Erfahrung erprobt. Mit 1 Steindr. 16. Bautzen 840. Reichel. ¼ ß

Buchheim, Eduard

Buchheim, Ed., Gefahren-Classification d. zweifelhaften Fälle, s.: Blaschke, Ernst, Denkschrift z. Lösg. d. Problems d. Versicherg. minderwert. Leben.

Buchheim, Ed., das Gutachten des Vertrauensarztes. Anleitung zur Abfassung ärztl. Zeugnisse für Versicherungszwecke. 2. Aufl. 8. (XV, 83 S.) Wien 879, Braumüller. *
1. Aufl. war nicht im Handel.

—— Handbuch für Versicherungs-Aerzte. Aerztliche Versicherungskunde. gr. 8. (XIV, 254 S.) Leipzig 878, F. C. W. Vogel. *

—— praktischer Leitfaden für Versicherungs-Aerzte. gr. 8. (VIII, 112 S.) Wien 875, (Seidel und Sohn.) *

*Buchheim, E. Über die Stellung der Ärzte zu den Versicherungsanstalten. Österr. ärztl. Vereins-Ztg. Wien 1877.

Buchheim, Ed., ärztliche Versicherungs-Diagnostik. gr. 8. (XIX, 224 S.) Wien 887, Hölder. *

— Ärztliche Versicherungs-Diagnostik d. vollwert. u. d. minderwert. Leben gr. 8. (XVI, 190 S.) Wien 897. A. Hölder. n. 4. 80

Buchheim, Ed., Volkswohlstand u. Volksgesundheit. gr. 8. (VIII, 88 S.) Wien 885. Szelinski. n. 2. —

Buchheim, Karola, die Königsbraut, s.: Universal-Bibliothek, jüdische. 85. 86. Bdchn.

Buchheim, Carola, aus bangen Tagen, s.: Universal-Bibliothek, jüdische. Nr. 85.

Buchheim, Max: Ferdinand Olivier, d. 1. Phonetiker im Leseunterr. Beitrag z. Gesch. d. Philanthropismus. (84) Lex8° Lpzg, E Wiegandt '11. 1.60

Buchheim, Paul, z. Entstehg. u. Behandlg. d. Schreibkrampfes. Bearb. n. e. am 7. Jan. 1896 i. d. medicin. Gesellschaft zu Leipzig geh. Vortrag. Nebst 2 Beilagen: D. Schreibkrampffederhalter. — D. Concussor. 8. (46 S. m. 2 Abb.) Leipzig 896. O. Wigand. — 75

Buchheim, Paul, Die Gymnastik der Lunge und des Herzens in ihrer Anwendung auf die Freiübungen, Leipzig 1892, 30 S., 8°.

Buchheim, R., Beiträge zur Arrzneimittellehre. 1. Heft. gr. 8. (120 S.) Leipzig 849, Voss. *

Buchheim, R. [Oberl.]: Zum deutschen Unterricht. Zittau, Druck v. Neboisa & Böhme, 1890; S. 1—22; 4°
Zittau, k. RG m. h. Handels-S, (OP 1890 549)

Buchheim, Rud., Lehrbuch der Arzneimittellehre. 1. Liefg. 853. — 2. (letzte) Liefg. Leipzig 856. Voss. gr. 8. (XVI, 610 S.) n. 3 ℛ 10 ngr

Buchheim, Rud., Lehrbuch der Arzneimittellehre. 2. Aufl. Leipzig 859. Voss. gr. 8. (XVI, 643 S.) n. 3 ℛ 10 ngr

Buchheim, Rud., Lehrbuch der Arzneimittellehre. 3. Aufl. 3 Lfgn. gr. 8. Leipzig, Voss. [1. Lfg. (S. 1—176.) 876. * ℳ 4.; 2. Lfg. (S. 177—352.) 876. * ℳ 4.; 3. Lfg. (XVI, S. 353—618.) 878. * ℳ 2.] *

Buchheim, Rud., Lehrbuch der Arzneimittellehre. 3. Aufl. 2. u. 3. (Schluss-)Lfg. gr. 8. (S. 177—418.) Hamburg 876. Voss. n. 6. — (cplt.: n. 10. —)

Buchheim, Rud., s. Central-Archiv, pharmaceutisches.— J. Pereira's Handbuch der Heilmittellehre.

— **Rudolph** (Bautzen), Meletemata quaedam de albumine, pepsino et muco. Diss. med. Lpz. (F. A. Brockhaus) 7. I. 1845. 12 S. (4.—) 4412

Buchheim, Woldemar: Beiträge zur Geschichte des delphischen Staatswesens. 1. *Freiberg 1898: Gerlach.* (26 S.) 4°
Freiberg, G Albertinum, OP 1898 (562)

Buchheimer, Leopold, Referendar: Die Rechtsstellung des Miethers gegenüber demjenigen, welchem der Vermiether während der Miethszeit das Eigenthum der Miethssache übertragen hat. (Nach gemeinem Rechte u. d. Rechte d. Bürgerl. Gesetzbuchs f. d. Deutsche Reich.) *Greifswald 1900: J. Abel.* (64 S.) 8°
Greifswald, Jur. Diss. v. 1900

ZERSTREUUNG für Geist und Herz (von *Buchheister*). Breslau 1821.
Anon.-Lex. IV. p. 432 (nach Meusel). -- Selten!

Buchheister, August [pr. Arzt, Rheda (Bez. Minden)]: Geschichte der Ätiologie der Spondylolisthesis ... Strassburg i. E., Buchdr. Ch. Müh & C., 1894; 30 S. 8.
Strassburg. Med. Fak., Inaug.-Diss. v. 1894

Buchheister, Gustav Adolf

Buchheister, G. A., Handbuch der Drogisten-Praxis. Ein Lehr- und Nachschlagebuch für Drogisten, Farbenwaarenhändler etc. Im Entwurf vom Drogisten-Verband preisgekrönte Arbeit. gr. 8. (X, 602 S.) Berlin 888, Springer. *
geb. *

Buchheister, G. A. Handbuch der Drogisten-Praxis. Ein Lehr- u. Nachschlagebuch f. Drogisten, Farbwaarenhändler etc. Im Entwurf vom Drogisten-Verband preisgekrönte Arbeit. 2. durchgeseh. u. verm. Aufl. 10 Lfgn. gr. 8. (XII, 686 S.) Berl. 889, Springer. à Lfg. * 1 —, * 10 —; geb. * 11 20

— dasselbe. 2., durchgeseh. u. verm. Aufl. (In 10 Lfgn.) 1.—8. Lfg. gr. 8. (S. 1—528.) Ebd. 890. à n. 1. —

Buchheister, G. A., Handbuch der Drogisten-Praxis. Ein Lehr- u. Nachschlagebuch f. Drogisten, Farbwaarenhändler etc. Im Entwurf vom Drogisten-Verband preisgekrönte Arbeit. 2., durchgeseh. u. verm. Aufl. 9. u. 10. Lfg. gr. 8. (XII u. S. 529—686.) Berlin 890. J. Springer. à n. 1. — (kplt. [1. Thl.]: n. 10. —; geb. n. 11 20)

—— dass. — 2. Thl.: Vorschriftenbuch f. Drogisten. Die Herstellg. der gebräuchl. Handverkaufsartikel. gr. 8. (VIII, 391 S.) Ebd. 891. * 8 —; geb. * 9 20

Handbuch der Drogisten-Praxis. E. Lehr- u. Nachschlagebuch ... Im Entwurf v. Drogisten-Verband preisgekr. Arbeit v. G. A. Buchheister. (M. e. Abriss d. allg. Chemie v. Dr. Rob. Bahrmann.) 3., vollst. umgearb. u. verm. Aufl. Th. 1. 2. *Berlin: J. Springer 1893—98.* 2 Bde 8.
1. M. 217 in d. Text gedr. Abb. 1893. (XVI, 857 S.)
2. [A. T.:] Vorschriftenb. f. Drogisten. Die Herstellg d. gebräuchl. Handverkaufsartikel. Von ... Buchheister ... 1898. (X, 443 S.) 190 494

— dasselbe. 2. Thl. 2., verm. Aufl. gr. 8. (X, 408 S.) Ebd. 894. n. 8. —; geb. n. 9. 20

Handbuch der Drogisten-Praxis. Ein Lehr- u. Nachschlagebuch f. Drogisten, Farbwaarenhändler etc. Im Entwurf vom Drogisten-Verband preisgekr. Arbeit von G. A. Buchheister. (Mit e. Abriss d. allgemeinen Chemie von Dr. Rob. Bahrmann. 4. Aufl.) Th. 1. 2. *Berlin: J. Springer 1895—1902.* 2 Bde 8°
1. Mit 217 Abb. 2 = Vorschriftenbuch f. Drogisten. 102. 769

Handbuch der Drogisten-Praxis. Ein Lehr- u. Nachschlagebuch f. Drogisten, Farbwaarenhändler etc. Im Entwurf v. Drogisten-Verbd preisgekr. Arbeit v. G. A. Buchheister. Mit e. Abriss d. allgem. Chemie v. Dr. Rob. Bahrmann. 5. Aufl. M. 225 in d. Text gedr. Abb. *Berlin: J. Springer 1898.* (X, 801 S.) 1 Bd 8.
= Buchheister, G. A.: Handbuch d. Drogisten-Praxis. T. 1. 198. 486

— dasselbe. 2. Thl. Vorschriftenbuch für Drogisten. D. Herstellg. d. gebräuchl. Handverkaufsartikel. 3., verm. Aufl. gr. 8. (X, 443 S.) Ebd. 898. n. 8. —; geb. n. 9. 20

Buchheister, G. A., Handbuch der Drogisten-Praxis. Ein Lehr- u. Nachschlagebuch f. Drogisten, Farbwarenhändler etc. Im Entwurf vom Drogisten-Verband preisgekrönte Arbeit. Mit e. Abriss der allgemeinen Chemie v. Rob. Bahrmann. 1. u. 2. Thl. gr. 8. Berlin, J. Springer. n. 18. —; geb. in Leinw. n. 20. 40
1. 6. Aufl. Mit 225 in den Text gedr. Abbildgn. (XI, 911 S.) 900. n. 10. —; geb. in Leinw. n. 11. 20
2. Vorschriftenbuch f. Drogisten. Die Herstellung der gebräuchl. Handverkaufsartikel. 4., verm. Aufl. (X, 454 S.) 902. n. 8. —; geb. in Leinw. n. 9. 20

Handbuch der Drogisten-Praxis. Ein Lehr- u. Nachschlagebuch f. Drogisten, Farbwaarenhändler usw. von G[ustav] A[dolf] **Buchheister.** 6. Aufl. T. 1. 2. Berlin: Springer 1900-10. 8°
1. Mit e. Abriss d. allg. Chemie von Dr. Rob. Bahrmann. Mit 225 Abb.
2. [u. d. T.:] Vorschriftenbuch f. Drogisten. Die Herstellung d. gebräuchlichen Verkaufsartikel. 6. neu bearb. Aufl. von Georg Ottersbach. [10. 9761

Buchheister, GA: Hdb. d. Drogisten-Praxis. 2 Tle. 8° Berl., J Springer. 18 —; Einbde in L. je 1.20
1. Mit e. Abriss d. allg. Chemie v. R Bahrmann. 7. Afl. (938 m. Abb.) '03. 10 — ‖ 2. Vorschriftenb. f. Drogisten. Die Herstellg d. gebräuchl. Handverkaufsartikel. 4. u. 5. Afl. (454 bezw. 508)'02.05. 8 —

Handbuch der Drogisten-Praxis. Ein Lehr- u. Nachschlagebuch f. Drogisten, Farbwaarenhändler etc. ... Preisgekr. Arbeit von G[ustav] A[dolf] **Buchheister.** (8. Aufl.) T. 1. Berlin: J. Springer 1906. 8°

Buchheister, G. A., Handbuch der Drogisten-Praxis. Ein Lehr- u. Nachschlagebuch f. Drogisten, Farbwarenhändler usw. Im Entwurf vom Drogisten-Verband preisgekrönte Arbeit. In neuer Bearbeitg. v. Geo. Ottersbach. 1. u. 2. Tl. gr. 8. Berlin, J. Springer. 21.—; geb. in Leinw. n 26. 80
1. 9., neu bearb. Aufl. v. Geo. Ottersbach. (IX, 1115 S. m. 352 Fig.) 909. 12.—; geb. n 13. 40
2. Vorschriftenbuch f. Drogisten. Die Herstellg. d. gebräuchl. Verkaufsartikel. 6., neu bearb. Aufl. v. Geo. Ottersbach. (XI, 724 S.) 910. 9.—; geb. n 10. 40

Buchheister, G. A: Handbuch der Drogisten-Praxis. 9. neubearb. Aufl. von Georg Ottersbach. T. 1. 2. Berlin 1909—1922

Buchheister, GA: Handb. d. Drogisten-Praxis. Neu bearb. v. Geo. Ottersbach. 1. u. 2. Tl. gr8° Berl., J Springer.
1. 10. Afl. (12, 1248 m. Fig.) '11. L 13.40 ‖ 2. Vorschriftenb. f. Drogisten. Die Herstellg d. gebräuchl. Verkaufsartikel. 6. Afl. (11, 724) '10. 9 —: L n 10.40

—— Leitfaden f. die Drogisten-Gehülfenprüfung. Frage- u. Antwortbuch, bearb. unter Betheiligg. d. Vorstandes d. deutschen Drogisten-Verbandes. 1. Thl.: Fragen. gr. 8. (XVI, 60 S.) Lpz. 892, Expedition d. Drogisten-Zeitung. 1 60

—— dass. — 2. Thl.: Antworten. gr. 8. (XVI, 224 S.) (Ebd.) 892. — —
Der 2. Thl. ist Eigenthum d. Deutschen Drogisten-Verbandes u. kommt nicht in den Handel.

Leitfaden für die Drogisten-Gehülfenprüfung. Frage- u. Antwortbuch bearb. unt. Betheiligg d. Vorstandes d. Deutschen Drog.-Verbandes v. G. A. **Buchheister.** Tl 1. n. 2., umgearb. Aufl. *Leipzig: Deutscher Drog.-Verb. E. G. 1896.* 2 Bde 8.
I. Fragen. (XVI, 51, 7 S.) II. Antworten. (VIII, 200 S.) [97. 185

— Leitfaden für die Drogisten-Gehülfenprüfung. Frage- u. Antwortbuch, bearb. unt. Beteiligg. d. Vorstandes d. deutschen Drogisten-Verbandes. 1. Tl.: Fragen. 2., umgearb. Aufl. gr. 8. (XVI, 51 u. 8 S.) Leipzig 896. (Exp. d. „Drogisten-Zeitg.") Kart. n. 1.60

Leitfaden für die Drogisten-Gehülfenprüfung. Frage- u. Antwortbuch bearb. unter Beteiligung d. Vorstandes d. Deutschen Drogisten-Verbandes von G. A. **Buchheister.** 2., umgearb. Aufl. (1896.) Neudruck. T. 1. Leipzig: Deutscher Drogisten-Verband 1900. 8° [5. u. Aut.] [0. 14331

Buchheister, G. A., Die Verhältnisse im Drogen-Kleinhandel am Beginn des XX. Jahrhunderts. Hrsg. vom Deutschen Drogisten-Verband. E. G. in Leipzig. Leipzig 1900. 8°.

Vorschriftenbuch für Drogisten. Die Herstellg d. gebräuchl. Handverkaufsartikel. Von G. A. **Buchheister.** 3. verm. Aufl. *Berlin: J. Springer 1898.* (X, 443 S.) 1 Bd 8.
= **Buchheister,** G. A.: Handbuch d. Drogisten-Praxis. 3. Aufl. Th. 2. [99 187

Vorschriftenbuch für Drogisten. Die Herstellung d. gebräuchl. Handverkaufsartikel. Von G. A. **Buchheister.** 4., verm. Aufl. *Berlin: J. Springer 1902.* (X, 454 S.) 8°
= **Buchheister:** Handbuch d. Drogisten-Praxis. T. 2. [02 1769

Vorschriftenbuch für Drogisten. Die Herstellung d. gebräuchlichen Handverkaufsartikel. Von G. A. **Buchheister.** 5., verm. Aufl. Berlin: J. Springer 1905. (X, 503 S.) 8°
= **Buchheister:** Handbuch d. Drogisten-Praxis. T. 2. [05. 1051

Vorschriftenbuch für Drogisten. Die Herstellung d. gebräuchlichen Verkaufsartikel. Von G[ustav] A[dolf] **Buchheister.** 6. neu bearb. Aufl. von Georg Ottersbach. Berlin: Springer 1910. XI, 724 S. 8°
(Buchheister: Handbuch der Drogisten-Praxis. T. 2.) [10. 9761

Buchheister, J., e. wissenschaftliche Alpenreise im Winter 1832, s. a. Sammlung gemeinverständlicher wissenschaftlicher Vorträge.

Buchheister, J., Dr. Eine wissenschaftliche Alpenreise im Winter 1832. In-8°. Berlin, Carl Habel (C. G. Lüderitz'sche Verlagsbuchhandlung). 1886 — 80

Buchheister, J., die Berechtigung u. gesundheitliche Bedeutung des Bergsteigens, s. a. Sammlung gemeinverständlicher wissenschaftlicher Vorträge.

Buchheister, J., Die Berechtigung und gesundheitliche Bedeutung des Bergsteigens, Hamburg 1872, 32 S., 8°.

Buchheister J, Berechtigung und gesundheitliche Bedeutung des Bergsteigens. (Sammlung gemeinverst. wissensch. Vortr. NF 152) Hamburg 1892

Buchheister, J., üb. das Bergsteigen, s. a. Sammlung gemeinverständlicher wissenschaftl. Vorträge.

Buchheister, J . Ueber das Bergsteigen. Vortrag. 8. Hamburg 1889.
(Sammlung gemeinverstaendlicher wissenschaftlicher Vortraege .... hrg. von Rud. Virchow. Neue Folge Serie 4 .... Heft 78.)

—— Joh. Emmer, Ed. Richter u. Mor. Zeppezauer. Populärer geographischer Handweiser f. Touristen. Eine Einführg. in die geograph. Grundbegriffe m. besond. Berücksicht. der Ost-Alpen, nebst e. Anleitg. zur Hilfeleistg. bei plötzl. Unglücksfällen u. Erkrankgn. während Gebirgstouren u. e. Abschnitt über das Führerwesen in den Ostalpen. Mit 16 Abbildgn. u. 6 Kärtchen im Text u. 4 Karten Beilagen. Hrsg. vom deutschen u. österreich. Alpenvereine. gr. 8. (III, 149 S.) Wien 892, Lechner's Sort. * 3 —

Buchheister, J., Hannibal's Zug über die Alpen, s. a. Sammlung gemeinverständl. wissenschaftlicher Vorträge.

Buchheister J, Hannibals Zug üb. d. Alpen. (S. wiss. V. NF II, 17) Hamburg 1887

Buchheister, J. Hannibal's Zug üb. d. Alpen. Vortrag. Gr. in-8°, 28 S. Hamburg, J. F. Richter. 1 90
*** Sammlung gemeinverständlicher wissenschaftlicher Vorträge, herausgegeben von *R. Virchow* und *F. v. Holtzendorff.* Neue Folge. 2. Serie. Heft 17.
1888

Buchheister, J. C., Protest gegen Mässigkeits-Vereine im Namen der Medicin, Moral, Oeconomie und Humanität, mit einem Schlussworte von A. Alexander. gr. 8°. Hamburg, Berendsohn, 1841.

Buchheister, J. Chr.

— u. C. Roodt, Erfahrr. üb. d. Cholera asiatica in Hamburg im Herbste 1831. Mit 1 Steindr. gr. 8. Alt. 832. Aue. 1 ℛ 6 gℊ

***Buchheister,* J. Chr, Dissert. inaug. medica de simplice luis venereae curandae methodo. 8maj. Gütting. 830. (Dieterich). 12 gℊ**

Buchheister, Joh. Cornel.

Buchheister, J. C., Geometrie f. Bürger- u. Gewerbeschulen, wie auch zum Selbstunterricht f. Handwerker. 2 Thle, mit 9 Kpft. 8. Braunschw. 826, 29. Meyer. (1r Thl. 12 gℊ 2r Thl. 16 gℊ) 1 ℛ 4 gℊ

Buchheister, Joh. Cornel., Geometrie f. Bürger- u. Gewerbeschulen, wie auch zum Selbstunterricht f. Handwerker. 1. Bd. Mit 3 Kpfrtaf. (in qu. gr. 4.) 2. Aufl. 8. (VIII u. 126 S.) Braunschweig 851, G. C. E. Meyer sen. 12 ngl

Buchheister, M., historical and biographical sketch of modern german literature from the middle of the 18. century to the present time together with specimens of poetry. — Abriss der Litteratur von der Mitte des 18. Jahrh. bis zur Gegenwart. gr. 8. (XII, 218 S.) Hannover 882. Helwing's Verl. n. 3. —

Buchheister, Max

Buchheister, M., das Eisbrechwesen im Deutschen Reich, s. Görz, M.

Buchheister, M.: Die Elbe und der Hafen von Hamburg. Mit einem Plan des Hamburger Freihafengebietes. Dargeboten von der Geographischen Gesellschaft in Hamburg. (VII. Internationaler Geographen-Kongress. Berlin 1899.) Hamburg 1899. 58 S. 8°.

VII. Internat. Geographen-Kongr. Berlin 1899. Die Elbe und der Hafen von Hamburg vom Wasserbau-Dir. M[ax] Buchheister (Hamburg). Mit 1 Pl. d. Hamburger Freihafengebietes. Dargeboten von der Geogr. Gesellsch. in Hamburg. *(Hamburg 1899: Ackermann & Wulff, Nachf.)* (58 S.) 8°
[illegible]

— die Elbe u. der Hafen v. Hamburg. Mit e. Plan des Hamburger Freihafengebietes. gr. 8. (58 S. m. 1 Taf.) Hamburg 899. (L. Friederichsen & Co.) n. 3. —
Sonderabdruck aus: „Mittheilgn. der geograph. Gesellsch. in Hamburg".

Buchheister, M. u. E. Bensberg, Hamburgs Fürsorge f. die Schiffbarkeit der Unter-Elbe. Mit 2 Elb-Karten u. 11 Text-Illustr. (111 S.) gr. 8. Hamburg 901. Hamburger Börsen-Halle. n. 2. —

Hamburgs Fürsorge für die Schiffbarkeit der Unter-Elbe. Von Wasserbau-Dir. M[ax] Buchheister u. Wasserbau-Insp. E[berhard] Bensberg. Mit 2 Elb-Karten u. 11 Text-Ill. *Hamburg: Neue Börsen-Halle 1901.* (111 S.) 8°
[illegible]

Buchheit, Hans, Katalog der Gemälde d. bayer. Nationalmuseums, s.: Voll, Karl.

Buchheit, Hans: Katalog d. Miniaturbilder im bayer. Nationalmuseum, s: Kataloge d. bayer. Nationalmuseums in München.

Buchheit, Hans: Landshuter Tafelgemälde des xv. Jahrhunderts und der Landshuter Maler Hans Wertinger genannt Schwabmaler. Leipzig 1907: Poeschel & Trepte. (70 S.) 8°
München, Phil. Fak., Ref. Riehl, Diss. v. 15. Febr. 1907
[Geb. 20. Juli 78 Zweibrücken: Wohnort: Zweibrücken; Staatsangeh.: Bayern; Vorbildung: Gymn. Zwickau Reife M. 98; Studium: Staatsw. u. Phil. München 12, Phil. Würzburg 3, Leipzig 1 S.; Rig. 15. Febr. 07.]

Buchheit-Lorenz, Line, Erlenstein. (311 S.) kl. 8 Leipzig 908. Verlag f. Literatur, Kunst u. Musik. 2.50; geb. n 3.50

— Waldesrauschen. Eine Erzählg. aus dem Pfälzerwald. (VI, 229 S.) kl. 8. Kaiserslautern 909. E. Crusius. 2.40; geb. 3. —

Buchhofer, Alex., Handbuch üb. das Konservieren der Lebensmittel nach verschiedenen Methoden. Enth. das Konservierungsverfahren in Gläsern durch Sterilisation f. Früchte, Gemüse, Pilze, Fische, Fleisch, Geflügel, Gallerich, Milch, Bouillon, Suppen, Saucen etc. gr. 8. (63 S.) Bern 899. (A. Francke.) n. 2.40

Buchhofer, A: Hdb. üb. d. Konservieren d. Lebensmittel nach verschied. Methoden. 8° (63) Bern 99. (Schmid & Fr.). 2.40

Buchhofer, Alex[ander]. Schweizer Kochbuch. Verfasst und hrg. von Alex. B'.... 3. Aufl. 1909. [Mit Abbildungen und 11 Tafeln.] 656 S. 8. (Bern,) Zu beziehen unter Adresse: Buchhofers Musterküche, Bern (Buchdr. Ott & Bolliger). [geb. fr. 12.—] N 7007

BUCHHOFER, Matthias (Rain): De febri intermittente.- Monachii: Weiss 1843. 16 S.
22.2.1843 - Urk: F 66

Diss. Ingolst.-Landsh.-Mchn.

Buchhold, Ludwig [Dr.]: Die Antikensammlungen des grossherzoglichen Museums in Darmstadt. Darmstadt, C. F. Winter'sche Buchdr., 1895; 152 S. 8.
Darmstadt, grossh. Ludwig-Georgs-G u. VS, OP 1895 (653)

Buchhold, Ludwig: Die Einweihung des Gymnasium-Neubaues. (Offenbach a. M. 1910: Cramer.) S. 9—15. 4°
Offenbach a. M., großh. G P 1910 (878) [S 10. 54

Buchhold, Ludw., de paromoeoseos [adlitterationis] apud veteres Romanorum poetas usu. Dissertatio inauguralis. gr. 8. (111 S.) Leipzig 883. (Lorentz.) n. 1. 50

Buchhelm, B. A., ökonom. u. statist. Reise in Mecklenburg, Pommern, Brandenburg u. Holstein. gr. 8. Kopenh., Bonnier. 1 ₰ 8 gl

Buchholtz, s.a. Buchholz

Buchholtz, v., einfache Genusregeln m. leicht faßlichen Gedächtnisstützen f. die gebräuchlichsten französischen Substantive. 12. (IV, 41 S.) Berlin 894. Rosenbaum & Hart. n. — 40

Buchholtz: Versuch..., s.a. Buchholz, Gustav G. H.

Buchholtz, Versuch einer praktischen Darstellung des Deich- und Faschinenbaues an der Oberelbe im Lüneburgischen. Mit einer Vorrede von Eytelwein. Thl. 1: Deichbaukunst. Göttingen 1810. 4.

Buchholz, A., Luther's Aufenthalt in Worms, s. Luther's Aufenthalt.

v. Buchholtz, Alex., s. W. F. J. Thibaut, System des Pandekten-Rechts.

Buchholtz, Alexander August von

Buchholtz, Alex. Aug. v., jurist. Abhandlungen aus d. Gebiete d. heut. Röm. Rechtes. gr. 8. (25½ B.) Königsberg 833, Gebr. Bornträger

—— Fragmenta Vaticana, s.a. Fragmenta.

Buchholtz, Alexander August von: Juris civilis Antejustinianei Vaticana fragmenta e codice rescripto ab Angelo Majo edita recogn., commentario instruxit. Regimonti Boruss. 1828.

— Lectiones cursoriae de juris et facti ignorantia. Inest commentatio de vi ac potestate verbi veteris in jure Romano. 4. Königsb. 825. (Bornträger). 4 gl

v. Buchholtz, Alex. Aug., die Lehre von den Prälegaten. gr. 8. (VI u. 634 S.) Jena 850, Mauke. 3⅓ ₰

Buchholtz, Alexand. August von (Königsberg), Ad orationem Divi Severi de potioribus nominandis. Dissert. jur. Königsberg (Hartung) 22. III. 1824. 64 S. (4.80) 4413
Oppon.: Carl Gustav Schlick (Gumbinnen). Julius Schnell (Marienburg).

Buchholz, Al. Aug., Diss. inaug. ad orationem Divi Severi de potioribus nominandis. 8maj. Königsb. 825. (Bornträger). 11 gl

— — Qui potiores sint in pignoribus commentatio. Königsberg (Hartung) Juni 1829. 68 S. (4.80) 4414
Respond.: Joh. Victor Bobrick (Marienwerder). — Oppon.: Dietrich v. Gross, Gust. Adolph Magnus (Königsberg).

BUCHHOLTZ, Alex. A.: De confirmandis tutoribus exercitatio jur. civ. *Regiomonti*, (Bornträger.) 833. 8. (8 Gr.)

Buchholtz, Alex. Aug. de confirmandis tutoribus exercitatio juris civ. 8maj. Königsb. 833. (Gebr. Bornträger.) 1/3 ℛ

— — De confirmandis tutoribus exercit. jur. civ. Königsberg (Hartung) 29. III. 1833. 77 Seiten. (3.50) 4415
Respond.: Rudolph Knorr (Tolkemit). — Oppon.: Ludw. Emanuel Hay (Pillau), Carl Friedr. Borchmann (Königsberg).

— Versuche über einzelne Theile d. Theorie d. heut. Röm. Rechts. gr. 8. Berl. 831. Dümmler. 1 ℛ

Buchholtz, Andr. Heinr.

— — Herkuliskus. Spätere Ausgabe. Franckfurt & Leipzig, Joh. Ph. Andreä, 1712. 4°. 15 Bl. 1460 S. *Mit Kupfertitel von P. Troschel u. 6 gefalt. Kupfertaf. von H. Wechter.* HLd. m. Rsch. von ca. 1850. 475.—
C. III. 348, 2 e. Dritte und letzte Ausgabe, die 2. illustrierte.

Buchholtz, Andreas Heinrich, ANDR. HENR. // bucholtz // Geistliche // Teutsche Poemata // in zween Theile gefasset. // Vor diesem absonderlich heraußge- //geben / jetzo von neuen übersehen / ver- //bessert und theils vermehret /// Auch auff Begehren andächtiger Hertzen // zum andern Druck befodert. // Braunschweig /// Bey Christoff-Friederich Zilligern // Im Jahr M. D. CLI. - 2 Titelkupfer und 623 Seiten. -
Auf Seite 299 beginnt der zweite Teil mit dem Untertitel - Ander Theil // Der Geistlichen Teutschen // Poematum. // Vorstellend // Unterschiedliche // Trost- Lehr- // und Glaubens-Schrifften / auff // folgender Blates Seiten // benennet /// Vor diesem absonderlich heraußgegeben /// jetzo von neuen übersehen / verbessert // und zusammen gefasset. -
Das Exemplar 12°.43. war am Schluß unvollständig, das 12°.44. enthielt den 2. Teil vollständig; beide Exemplare sind 1895 zu einem vollständigen Exemplar vereinigt worden.

B. S. T. 12°.43(+ 44.)

Buchholtz, Anton

Buchholtz, Ant.. s. Aktenstücke u. Urkunden zur Geschichte der Stadt Riga.

Buchholtz, Ant., Beiträge z. Lebensgeschichte Johann Reinhold Patkuls m. 2 Bildnissen. gr. 8. (VIII, 255 S.) Leipzig 893. Duncker & Humblot. n. 6. —

Beiträge zur Lebensgeschichte Johann Reinhold Patkuls von Anton **Buchholtz**. Mit 2 Bildn. Riga 1893: W. F. Häcker. (VIII, 255 S.) 8° [93. 11

Anton **Buchholtz**. Zur Erinnerung f. s. Freunde. Hrsg. v. 'Rigaer Tageblatt'. (Vorr.: Arnold Petersenn.) Riga '01. 35 S. Aus: Rigaer Tagebl. 1901, 227.

— Geschichte der Juden in Riga bis zur Begründung der Rigischen Hebräergemeinde im J. 1842. Hrsg. v. der Gesellschaft f. Geschichte u. Alterthumskunde der Ostseeprovinzen Russlands. gr. 8. (IV, 161 S.) Riga 899. N. Kymmel's Sort. n. 3. 60

Buchholtz, Ant. Goldschmiedearbeiten in Livland, Estland u. Kurland. Hrsg. v. der Gesellschaft f. Geschichte u. Alterthumskunde der Ostseeprovinzen Russlands. 26 Taf. in Lichtdr. m. erläut. Text. gr. Fol. (VIII, 24 S.) Lübeck 892, (Nöhring). cart. * 36 —

Buchholtz, Ant. (geb. Demerthin in d. Mark 5. 8. 1839): De ulcere ventriculi rotundo. Berolini (1863). (32 S.) 8°
Berlin, Med. Diss. v. 26. März 1863

Buchholtz, Arend: Ernst v. Bergmann. Mit Bergmanns Kriegsbriefen v. 1866, 1870/71 u. 1877. 1—3. Afl. (5, 646 m. 2 Bildn.) gr8° Lpzg, FCW Vogel '11'13. L 13.75; auf Büttenpap., HF 25 — d

Buchholtz, Arend. Geschichte der Buchdruckerkunst in Riga 1588—1888. Festschrift der Buchdrucker Rigas zur Erinnerg. an die vor 300 Jahren erfolgte Einführg. der Buchdruckerkunst in Riga. gr. 4. (VIII, 337 S. m. 6 Taf.) Riga 890. (Mitau, Besthorn.) * 15 —

Buchholtz, Arend: Geschichte der Buchdruckerkunst in Riga 1588—1888. Festschr. der Buchdrucker Rigas zur Erinnerung an die vor 300 Jahren erfolgte Einführung der Buchdruckerkunst in Riga. — Riga 1890: Müller. VIII, 377 S., 6 Taf. 4°

Die Geschichte der Familie Lessing. Hrsg. von Carl Robert Lessing. Verf. v. Arend **Buchholtz**. Bd 1. 2. Berlin 1909: v. Holten. 2° [09. 11578

Die erste öffentliche Lesehalle der Stadt Berlin, Mohrenstraße 41. [Verf.: Arend **Buchholtz**.] Berlin 1896: H. Theinhardt. (35 S.) 8° [F.] [95. 1045 II

[F.] Die erste öffentliche Lesehalle der Stadt Berlin, Mohrenstr. 41. [Vf.: Dr. Arend **Buchholtz.**] 2. erweit. Aufl. *Berlin: Buchdr. v. H. Theinhardt 1897.* (51 S.) 1 Bd 8. [97. 9311

[F.] Die zweite öffentliche Lesehalle der Stadt Berlin im Lehrerwohngebäude an der Ravenéstrasse. [Vf.: Dr. Arend **Buchholtz.**] *Berlin: Buchdr. v. H. Theinhardt 1898.* (40 S., 1 Bl.) 1 Bd 8. [98. 4389

[F.] Verzeichniss der Bücher und Zeitschriften der ersten Volksbibliothek und Lesehalle der Stadt Berlin, Mohrenstr. 41. [Vf.: Arend **Buchholtz.**] Neue verm. Aufl. *Berlin: Gebr. Grunert 1898.* (VIII, 303 S.) 1 Bd 8. [98. 9003

Die Volksbibliotheken und Lesehallen der Stadt Berlin 1850-1900. Von Dr. Arend **Buchholtz**, Bibliothekar d. Stadt Berlin. Festschrift d. Stadt Berlin z. 50jähr. Bestehen d. Volksbibliotheken 1. Aug. 1900. *Berlin 1900: (O. v. Holten).* (111 S.) 4° [00. 9340

Die Vossische Zeitung. Geschichtl. Rückblicke auf 3 Jahrhunderte von Arend **Buchholtz**. Zum 29. Okt. 1904. *Berlin 1904: Reichsdruckerei.* (II, 355 S.) 2°(4°) [F.] [04. 14824

Buchholtz, B. (B. Jyerott), der Kunstpfeifer v. St. Katharinen. Zeitbild aus dem 16. Jahrh. (III, 191 S.) 8. Brandenburg (905). M. Evenius. Geb. n. 2. 50

Buchholtz, C. A. (Herausgeber): „Actenstücke, die Verbesserung des bürgerlichen Zustandes der Israeliten betreffend", Stuttgart und Tübingen 1815. — Vorh.: Com. Bibl. Hamburg.

(**Buchholtz, E. F.**): „Freyheit und Eigenthum der Bauern in den Domainen als ein Mittel zu einer großen Verbesserung des Bauernstandes, des Staates und der landesherrlichen Revenüen in Mecklenburg", nebst 2 Fortsetzungen. 2 Bände, Schwerin 1787 (Bärensprung). — Vorh.: Bibl. des Oberlandesgerichts Celle — Md. 398.

Buchholtz, Eva, Märchen-Bilder, s. Jugend- u. Volksbühne.

Buchholtz, F.: „Marginalien zu der Schrift: Ansicht der ständischen Verfassung der preussischen Monarchie von E. F. d. V.", Berlin 1823. — Vorh.: Preuß. Staatsbibliothek Berlin.

v. Buchholtz, F. Al. A.: Jurist. Abhandlungen aus dem Gebiete d. heut. röm. Rechts. *Königsb.*, Gebr. Bornträger. 833. gr. 8. (12 Thl.)

Buchholtz, Hauptm. F. H., die Kriegstelegraphie. Hauptstadien ihrer Entwickelung. — Das Feldtelegraphen-Material. Einrichtung der Kriegstelegraphen-Linien. Organisation der Militärtelegraphie in den grösseren Armeen. Neuere Versuche mit portativen Feldtelegraphen. Bedeutung der Telegraphen für die Kriegführung. Ein Beitrag zur Kenntniss der Militärtelegraphie der Gegenwart. gr. 8. (VIII, 96 S. mit 3 Taf. in Steindr. und 2 Beilagen.) Berlin 877, Mittler und Sohn. *

— Rathgeber für den Menagebetrieb bei den Truppen. In Bezug auf Organisation, Wirthschaftsbetrieb, gebräuchlichste Kücheneinrichtungen, sowie die zweckentsprechendste Zusammensetzung u. Zubereitung der Speisen. Auf Grund der Instruktion für die Verwaltung des Menage-Fonds bei den Truppen vom 9. September 1878 bearb. Mit einer Fig.-Taf. gr. 8. (IX, 166 S.) Ebend. 882. n. 3. —

— die Thätigkeit der Feldtelegraphen in den jüngsten Kriegen, ihre Bedeutung für die Kriegführung, sowie die neuesten Erfindungen u. Versuche auf diesem Gebiete. Vortrag, geh. in der „Militär. Gesellschaft". Mit einer Taf. in Steindr. 8. (44 S.) Ebend. 880. n. 2. —

Buchholtz, Felix, de aulaeorum velorumque usu et in vita veterum cotidiana et in anaglyptis eorum atque picturis. Pars I. Dissertatio inauguralis. gr. 8. (44 S.) Göttingen 876, (Vandenhoeck und Ruprecht's Verlag.) *

Buchholtz, Fr., Kritik der isochronen Bewegungen. gr. 8. (100 S.) Berlin 848, E. Krause. ½ ß

Buchholtz, Fr., neue Theorie der Mechanik des Himmels und Beweis der Inhaltbarkeit einer allgemeinen Gravitation. gr. 8. (Mit 1 lith. Taf.) Berlin 846, G. Krause. ½ ß

Buchholtz, Friedr. Die einfache Erdzeit mit Stundenzonen u. festem Weltmeridian als Zifferblatt ohne Störg. der Tageszeiten f. alle Länder u. Völker d. Erde. gr. 8. (31 S.) Berl. 890, (Conrad). * — 60

Buchholtz, Georg, aus Höxter: Die ethischen Grundgedanken Friedrich Adolf Trendelenburgs. *Blankenhain: M. Schlimpert Nachf. 1904.* (79 S.) 8° [F.]
Jena, Phil. Diss. v. (28. Juli) 1903

Buchholtz, der ältere, Geo., das weit u. breit erschollene Ziepser-Schnee-Gebürg, Vors erste, Nach den äusserlichen Aussehen, Vors andere; Wo u. in welcher Revier die See stehen? Vors dritte; Aus welchen See; wodurch, u. wohin die Wasser gehen? möglichen Fleisse nach erforschet, betrachtet, u. erkläret; u. andere Sachen, die auff den Schnee-Gebirge herkommen, den Menschen u. Viehe zu Nutzen gebraucht werden, treulich gezeiget; durch was merk- u. denk-würdiges zu behalten durch B. Anno 1719, in Augusto an Tag gegeben, u. mit eigener Hand in dem 77. Jahre Seines Alters geschrieben, in Gross-Lomnitz. Diesem ist auch zu besseren Nachricht e. eigentl. rechter Abriss beygefüget worden. Mit e. biograph. Einleitg. u. Texterklärg. hrsg. v. Rud. Weber. 8. (67 S.) Leutschau 899. (Budapest, L. Kókai.) n. — 60

Buchholtz, Georg Friodrich (Lübeck)
Dissertatio inauguralis quaestionem an et quatenus parenti superstiti in communione bonorum universali cum liberis continuata etiamsi nulla praecesserit eorundem separatio testari liceat ? tractans.
Giessae 17. Nov. 1772: Jo. Jak. Braun. 92 S. 4°
pro obtinendis summis in utroque jure honoribus ac privilegiis.

Buchholtz, Heinrich, Referendar am Kgl. Amtsgericht zu Fraustadt: Die Haftung des Schuldners, insbesondere des Mieters, für das Verschulden Dritter nach § 278 BGB. Greifswald 1907: J. Abel. 107 S. 8° [F.]
Greifswald, Jur. Fak., Ref. Stampe, Diss. v. 17. Juni 1907
[Geb. 14. Okt. 83 Wollstein, Kr. Bomst, Prov. Posen; Wohnort: Fraustadt, Prov. Posen; Staatsangeh.: Preußen; Vorbildung: Kgl. Gymn. Fraustadt Reife O. 03; Studium: Tübingen 1, Leipzig 1, Berlin 2, Greifswald 3 S.; Rig. 17. Dez. 06.]

— **Heinrich Franz** (Vechta/Westf.), Vindiciae Grotiani dogmatis de praescriptione inter gentes liberas contra illustr. scriptorum Gallicum Petrum Puteanum. Präs. Johann Werlhof. Helmstedt (G. W. Hamm) 1696. 38 Bl. (5.—) 4416

— — Dasselbe. 1720. 76 S. (5.—) 4417

Buchholtz, Helene, geb. v. Mühlbach: Gedichte. (153) 8° Noustrelitz, G Barnewitz '12. L 3 — d

Buchholtz, Hermann

Buchholtz, H. Die Hebung des Gymnasiums bei leichterer Mühe, Wahrg. d. klass., Erweiterg. d. neusprachl. Unterrichtes, zum Besten der Einzelnen, d. Volkes, d. Staates. gr. 8. (14 S.) Lpz. 891, [Gestewitz Nachf.] F. A. Berger. * — 35

Buchholtz, Herm., die Leiter. Liederbuch. gr. 8. (VIII, 390 S.) Cöthen 886, Schettler's Erben. *ℳ 4.—.; geb. *

— — priscae latinitatis originum libri III. 8. (336) Ebd. 76. 77. n. 9. 60

Buchholtz, Herm. Lockere u. straffe italienische Perfektformen. Beitrag zur Erforschg. v. Italiens Mundarten in Altertum u. Neuzeit. gr. 8. (34 S.) Berl. 889, Dümmler's Verlag. * — 80
Aus: Archiv f. d. Stud. d. neueren Sprachen, besonders abgedruckt.

Buchholtz, Herm., oskisches Perfectum in lateinischer Inschrift. Festgruss, den am 30. Septbr. 1878 in Gera versammelten Philologen dargebracht. gr. 8. (7 S.) Berlin 878, Dümmler's Verlagsh. *

Buchholtz, Herm., italienische Sprachlehre für Schul-, Privat- u. Selbstunterricht. gr. 8. (VI, 174 S.) Hannover 882. Helwing's Verl. n. 2.—

Buchholtz, Hermann. Die Tanzkunst des Euripides . . . Leipzig, Druck und Verlag von B. G. Teubner 1871
X + 191 S. 8°

Buchholtz, H., De dactylicis Euripidis versibus. Pr. 1865. 23 S. 4°.
Cottbus

Buchholtz, H, De Euripidis versibus anapaesticis. Pr. 1864. 22 S. 4°.
Cottbus

Der Welt Witz oder Schnurren vieler Völker. (Dichtungen.) Von Hermann **Buchholtz**. Dresden, Leipzig & Wien: E. Pierson 1890. (XII, 179 S.) 8° [F.] 108. 1/1838

Buchholtz, Herm., d. Welt Witz oder Schnurren vieler Völker. (Gedichte.) 8. (XII, 179 S.) Dresden 896. E. Pierson. n. 1. 50; geb. in Leinw. m. Goldschn. n. 2. 25

Buchholtz, J. B. v. Geschichte der Regierung Ferdinand des Ersten. (Mit 1 Portrait und 1 Abbild.) (9 Bde.) 8. Wien 1831—1838.

— **Johann Georg** (Berlin), De exceptione praejudiciali eiusque usu in caussis criminalibus. Diss. jur. Präs. Justus Henning Boehmer. Halle (J. F. Grunert) 27. VI. 1739. 74 S. (5.—) 4418
Gew.: Samuel Frh. v. Marschall (Dallwitz). — Widm. v.: Präs., Jo. Sam. Friedr. Boehmer, Carl Aug. Boehmer, Gg. Ludw. Boehmer.

Buchholtz, Johann Gottfried: Unterricht für diejenigen, welche die Musik und das Clavier erlernen wollen, sonderlich für die Aeltern, wobey des Autoris Methode zu unterrichten befindlich, von J. G. B. – Hamburg 1782. 16 S. 8°

Buchholtz, Johannes: Quellenmässige Abhandlung über Begriff und Handhabung der Erudition in den Gymnasien der Jesuiten. *Greifswald 1898: J. Abel.* 153 S. 8°
Erlangen, Phil. Diss. v. 11. Jan. 1898

Buchholtz, Karl Aug., Auswahl zur Declamation geeigneter Dichtungen. gr. 8. Dresden u. Leipzig 835. (Arnold'sche B.) ¾ ß Schreibp. 1 ß — dass. 2r Bd. gr. 8. Ebd. 837. 1 ß Schreibp. 1⅓ ß

Buchholtz, Carl Aug., Auswahl zum mündlichen Vortrage geeigneter Dichtungen. 1—4. Bd. gr. 8. Dresden u. Leipzig, (Arnoldische Buchh.) [1. (12¾ B.) 835. ¾ Thlr., 2. (13½ B.) 837., 3. u. 4. (à ....) 838, 41. à 1 Thlr.]

Buchholtz, Ludw., S. J., die Gnaden-Novene zu Ehren des hl. Franziskus Xaverius. Nach den neuesten kirchl. Bestimmgn. (32 S.) 16. Ravensburg 906. F. Alber. — 10

Buchholtz, L: Ein Jubiläumsführer f. d. hochwürd. Klerus. Mit 2 Jubiläumspredigten. 16° (135) Rgnsbg 1900, F Pustet. — 40

Buchholtz, Ludw., S. J., ein Jubiläumsführer f. den hochwürdigen Klerus. Mit zwei Jubiläumspredigten. 2. umgearb. Aufl. 16. (VIII, 136 S.) Regensburg 901. F. Pustet. — 40
1. Aufl. (VIII, 135 S.) Ebd. 900. n. — 40.

— Ein Jubiläums-Katechismus f. Gross u. Klein. 16° (60) Ebd. 1900. — 20

— ein Jubiläums-Katechismus f. Groß u. Klein od. kurze Belehrg. üb. das Jubiläumsjahr u. seine sechsmonatl. Verlängerung f. den Erdkreis, m. e. Anh. v. Jubiläumsgebeten. 2., umgearb. Aufl. 16. (56 S.) Ebd. 901. — 20
1. Aufl. (60 S.) Ebd. 900. n. — 20.

Buchholtz, Ludw., S. J., Kanzelblüten. Ausgewählte Predigten hervorrag. Kanzelredner. Bearb. u. hrsg. 1. u. 2. Folge. (IV, 170 u. III, 165 S.) 8. Ravensburg (907). F. Alber. à 1. 70

Buchholz, Ludw., die christliche Lehre auf heilsgeschichtlichem Grunde, dem deutsch-evangel. Volke dargeboten zur Erinnerung und Erbauung. Wohlfeile Ausg. 8. (X, 329 S.) Hörter 879, Buchholz's Buchh.

Buchholtz, Max, Bericht über 29 Fälle von Tracheotomie bei Croup und Diphtherie aus der Privatpraxis. Beitrag zur Statistik der Tracheometrie. Diss. Berlin 1885, Mayer & Müller. 8°. 30 S.

Buchholtz, Max [prakt. Arzt zu Cottbus]: Bericht über 29 Fälle von Tracheotomie bei Croup und Diphtherie aus der Privatpraxis. Beitrag zur Statistik der Tracheotomie .... Berlin, Buchdr. v. M. Niethe 1885): 30 S. 8°.
Berlin, Med. Fak., Inaug.-Diss. v. 22. Dez. 1885.

Buchholtz, Paulus (*geb. Walsleben bei Stendal 25. 8. 1832*): De necrosi maxillarum phosphorica. Vratislaviae (1863). (26 S.) 8°
Breslau, Med. Diss. v. 29. Sept. 1863

Buchholtz, Paul [pract. Arzt aus Anklam in Pommern]: Über Verbesserung von Exartikulationsstumpfen .... Greifswald, Druck v. Julius Abel, 1888: 30 S. 8°
Greifswald, Med. Fak., Inaug.-Diss. v. 28. Apr. 1888

— **Paul Johann (Riga), Nonnulla de circumcisione segmenta. Präs. Gottlieb Wernsdorf. Wittenberg, Jan. 1711. Ed. II. (Ww. Gerdes) 1720. 32 Seiten. (5.—)** 4419

Buchholtz, S., Heinr. Badewide und seine Nachkommen, allesamt Graven von Ratzeburg. Rostock 1754. 4.

– dass. s.a. Buchholz, S.

Buchholtz, Sam.

Buchholtz (S.). Versuch einer Geschichte der Churmark Brandenburg von der ersten Erscheinung der deutschen Sennonen an, bis auf die jetzige Zeit. 6 Thle. Berlin 1765—75. 4.

Buchholtz (Wilh. Heinr. Sebast.). Das Bad zu Ruhla, nebst einer kurzen geographischen, historischen und statistischen Beschreibung des Orts Ruhla. Eisenach 1795. 4.

Buchholtzens in Paris. Kuriose Reiseerlebnisse einer Berliner Familie in der französ. Hauptstadt. (Von Arth. Mennel.) 1.—14. Aufl. gr. 8. (VIII, 198 S.) Leipzig 886, Unflad. * geb. *
Nicht mehr im Handel. — Vgl.: Mennel, Arth., Buchholtzens in der Schweiz. — Buchholz und Knebbchen auf dem Stateonarek.

Buchholtzens in Paris, 8. 128, jetzt Lpzg. A Mennel.

Buchholz [Schlagwort]

Buchholz, s.: Annaberg. Gaebler.

Buchholz, s.: Erzgebirge. Hjorth. — Geologische Karten. Spezialkarte. (Sachs.)

Buchholz [Verfasser]

Buchholz, s. a. Buchholtz

— s. auch Bucholtz.

— vergl. Bucholz.

Buchholz (Hrsg.), s. Anzeiger, Kirchlicher, für die Gemeinde Essen.

Buchholz v. (Hrsg.), s. Aufruf an die Waffen-Genossen aller deutschen Stämme.

Buchholz. Bemerkungen über die verdorbene Luft in den Gefängnissen. *Erfurt*. 1794

Buchholz, Erlebnisse der Mannschaft des Schiffes Hansa bei der zweiten deutschen Nordpol-Fahrt nebst Bemerkungen über das Leben der Thiere im hohen Norden nach briefl. Mittheilungen hrsg. von der physikalisch-oekonom. Gesellschaft zu Königsberg. gr. 8. (36 S.) Königsberg 871, (Koch.)

Buchholz, Crell, Hermbstädt rc. Journal f. d. Chemie, Physik, s. Journal.

Buchholz, Berliner Kalender, Jahrg. 1827,

BUCHHOLZ, Emanuels Lehrjahre oder des Lebens Ansichten. Ein psycholog. (schwärmerisch-pikanter) Roman. 2 Bde. Mit TVign. Zürich 1807. 8°.
R. Zinke's in Dresden Novbr.-Auct. 1905.

Buchholz: Die Quellen des Appian & Dio Cassius für die Geschichte des 2. pun. Krieges. 25 S.
Progr. Pyritz 1872.

Buchholz, A., Leitfaden f. d. Unterr. i. d. Geographie. gr. 8. (IV, 48 S.) Berlin 896. Nicolai's Verl. n.n. —80

Buchholz, Adolf: Die Liste d. kappadokischen Könige bis Diodor. *Leipzig 1897.*
in: Beiträge, Philologisch-histor., C. Wachsmuth z. 60. Geburtstage überreicht. [97. 3344

Buchholz, Adf., quaestiones de Persarum satrapis satrapiisque. Diss. gr. 8. (61 S.) Leipzig 894. (E. Gräfe.) n. 1. 50

Buchholz, Adolfus *Augustus* [Lipsiensis]: Quaestiones de Persarum satrapis satrapiisque ... Lipsiae, typ. M. Hoffmanni, 1894; 58 S., 3 Bl. 8.
Leipzig, Phil. Fak., Inaug.-Diss. v. [22. Jan.] 1895

Buchholz, Al. Aug., s. Buchholtz, Alexander August von

Buchholz, Albert [Dr., n. Arzt d. communalständ. Irrenheilanst.]: Ueber die chronische Paranoia bei epileptischen Individuen ... Leipzig. Druck v. A. Pries, 1895; 1 Bl., 66 S. 8.
Marburg, Med. Fak. Hab.-Schr. v. [16. Nov.] 1895

Buchholz, Alfred, Tierarzt: Aus d. chir. Klinik d. Tierärztl. Hochsch. zu Dresden. Die Wirkung des Fibrolysins und seine Anwendung in der Tierheilkunde. Borna-Leipzig 1910: Noske. 82 S. 8°
Leipzig, Veterinär-Med. Diss. v. 20. Juni 1910, Ref. Röder
[Geb. 13. Mai 84 Bischofstein; Wohnort: Leipzig; Staatsangeh.: Preußen; Vorbildung: Gymn. Kassel Reife O. 05; Studium: Tierärztl. Hochschulen München 2, Berlin 7 S.; Coll. 30. Juni 10; Approb. 23. Nov. 09.] [U 10. 2951

Buchholz, Aug., ein Beitrag zur Mannigfaltigkeitslehre. Mannigfaltigkeiten, deren Linienelemente auf die Form $ds = f\left(\sqrt{\Sigma X_x^2}\right)\sqrt{\Sigma d X_x^2}$ gebracht werden können. gr. 8. (VI, 264 S. m. Fig.) Bonn 899. F. Cohen. n. 7.—

Buchholz, C.F. (Hrsg.), s. Almanach oder Taschenbuch für Scheidekünstler und Apotheker.

Buchholz, C. F., Auszüge aus den Bestimmungen und Tarifen für telegraphische Depeschen, speziell für das correspondirende Publikum in Aprath, Barmen, Cronenberg rc. nach amtlichen Quellen bearb. gr. 8. (46 S.) Elberfeld 869, Bädeker'sche Buchh. *

—— dass. — speciell für das correspondirende Publikum in Berlin, Schöneberg, Moabit rc. nach amtl. Quellen bearb. 8. (48 S.) Berlin 870, Langmann und Comp. [Vereinsbuchh. für Volksliteratur.] *

Buchholz, C. F., das tägliche Brod. Predigt am Sonntage Lätare 1844 gehalt. in Kosten. gr. 8. (1 B.) Berlin 844, J. A. Wohlgemuth.

BUCHHOLZ, C. F., Historische Denkwürdigkeiten aus Kriminalprozessen der neuern Zeit. 2 Thle. Mit 2 curiosen Kupfertiteln. Pesth, bei Konrad Adolph Hartleben (gedr. Wien, b. Leop. Grund) 1816. 8°.
Selten u. wenig bekannt! I: Kupfertit. (weiss auf schwarzem Grunde) u. 232 S.
II: Kupfertitel (verschieden von dem zu Th. 1) u. 239 S.

Buchholz, C. F., Predigten. 8. (68 S.) Kosten 847. (Leipzig, C. L. Fritzsche.) n. 1/3 ₰

— drei patriotische Predigten. gr. 8. (36 S.) Berlin 851, J. A. Wohlgemuth. n. 1/6 ₰

Buchholz, Ch. F., s. Taschenbuch für Scheidekünstler und Apotheker.

Buchholz, E.

— De Alcestide Euripidea commentatio. Pr. 1864. 85 S. 4°.

Buchholz, E., comm. de Alcestide Eur. Osnabr. 4. 35 p.
Schul-/Univ.-Schrift 1864

Buchholz, E., Horaz' IV. Buch d. Oden u. Saeculargesang, in d. Versmass d. Origin. übertrag. S.-A. 1880. 26 S. 1.—

Buchholz E. Ueber die verschiedene Darstellung des Restes in der Reihe von Lagrange. 1876. 8. Math. Diss. Rostock.

Buchholz, E., De personarum descriptione in Iphigenia Aulidensi Euripidis exhibita. Pr. 1854. 20 S. 4°. 1.80

Buchholz, E., de personarum descriptione in Iphigenia Aulidensi Euripidis exhibita. Clausthaliae 854. Grosse. gr. 4. (20 S.) n. 10 ngl

—— de personarum descriptione in Iphigenia Aulidensi Euripidis exhibita. 4maj. (20 S.) Clausthaliae 854, libr. Schweiger. *

Buchholz, E., dramatische Dichtungen. Clausthal 860. Grosse. gr. 8. (IV, 211 S.) n. 24 ngr.
Inhalt: Herculanum. Dramatisches Gedicht in 5 Akten. Der Renegat. Historisches Drama in 5 Akten.

—— poet. Erzählgn. 8. (140) Brschw. 02, Neuhoff u. Co. — 12

— poetische Erzählungen. Braunschweig 803. Neuhoff & Co. 8. (2 Bl., 140 S.) 12 ngr.

Buchholz, E: Üb. e. eigenart. Fall v. Aphasie, s.: Mitteilungen a. d. hamburg. Staatskrankenanst.

—— Meisterwerke hellenischer Dichtkunst, s. a. Meisterwerke.

—— Meisterwerke hellen. Dichtkunst in mod. Uebertragg. 1. Bd.: Hero u. Leander v. Musäus. 8. (66) Marb. 58. (Clausth., Grosse.) n. — 7½

Buchholz: Ueber die homerische Naturanschauung. 19 S. Progr. Frfurt G. 1870.

Buchholz (E.). Die drei Naturreiche nach Homer. Leipzig, 1873. 8°.
This forms Vol. i. Abth. 1 of the author's Homerischen Realien.
II. Das Pflanzenreich, pp. 211-285.

Buchholz, E., Niobe. Eine Tragödie. Nach den mutmassl. Grundlinien der äschyl. Trilogie u. mit Benutzung ihrer erhaltenen Fragmente. Pr. 1868. 60 S. 4°. 1.25

— Niobe. Eine Tragödie. Nach den muthmasslichen Grundlinien der gleichnamigen äschyleischen Trilogie u. mit Benutzung ihrer erhaltenen Fragmente. Erfurt 868. Villaret. 4. (60 S.) 7½ ngr.

—— die Quadronin. Drama in 5 Aufzügen. (Als Mscr. gedr.) gr. 8. (69 S.) Harburg 865, Danckwerts.

— die homerischen Realien. 1. Bd. Welt u. Natur. 1. u. 2. Abth. gr. 8. Leipzig 871. 73. Engelmann. à 6.
1. Homerische Kosmographie u. Geographie. (XVI, 392 S.)
2. Die drei Naturreiche. [Homerische Zoologie, Botanik u. Mineralogie.] Voran geht e. Abhandlg. üb. die Homer. Naturanschaug. (XVI, 376 S.)

— die homerischen Realien. 2. Bd. Oeffentliches u. privates Leben. 1. Abth. A. u. d. T.: Das öffentliche Leben der Griechen im heroischen Zeitalter. Auf Grundlage der homer. Dichtungen dargestellt. gr. 8. (XX, 436 S.) Leipzig 881. Engelmann. 6.— (I. u. II. 1.: 18.—)

Buchholz, E., die homerischen Realien. Auf Grundlage der homer. Dichtgn. dargestellt. 2. u. 3. Bd. in 2 Abthlgn. gr. 8. Leipzig, Engelmann. 17.— (cplt.: n. 35.—)
II. Öffentliches u. privates Leben. 2. Abth.: Das Privatleben der Griechen im heroischen Zeitalter. Mit 1 lith. Taf. (XII, 332 S.) 883. 5.—
III. Die religiöse u. sittl. Weltanschaug. der homer. Griechen. 1. Abth.: Die homer. Götterlehre. (XII, 404 S) 884. 6.— 2. Abth.: Die homerische Psychologie u. Ethik. (XVI, 410 S.) 885. 6.—

Buchholz, E., Emendationum Sophoclearum spec. 2 Tle. Pr. 1855/56. 18, 22 S. 4°.

— emendationum Sophoclearum specimina duo. Clausthaliae 856. Grosse. gr. 4. (1 Bl., 40 S.) n. 15 ngl

— der Verbannte am Pontus Euxinus. Tragödie in 5 Acten. Marburg 858. (Clausthal, Grosse.) gr. 8. (XII, 127 S.) n. 17½ ngl

—— vindiciae carminum homericorum. Vol. I. gr. 8. (VIII, 157 S.) Ebendas. 885. *

Buchholz, E., Wege u. Ziele der Sanatoriumsbehandlung. Vortrag. (14 S.) gr. 8. Bremen (907). D. Melchers. — 50

— die sittliche Weltanschauung des Pindaros u. Aeschylos. Leipzig 869. Teubner. gr. 8. (VIII, 200 S.) n. 1 ⁄ 10 ngr.

Buchholz, Eduard

Buchholz, E., s. a. Anthologie aus den Lyrikern der Griechen.

Buchholz, E. (H.), Anthologie aus den Lyrikern der Griechen. Für den Schul- und Privatgebrauch erklärt und mit literarhistor. Einleitungen versehen. 1. Bdchn.: Die Elegiker und Jambographen enth. gr. 8. (VIII und 104 S.) Leipzig 864, Teubner. *

—— dass. — 2. Bdchn.: Die melischen und chorischen Dichter und die Bukoliker enth. gr. 8. (VI und 189 S.) Ebendas. 866.

Buchholz, E., Anthologie aus den Lyrikern der Griechen. Für den Schul- und Privatgebrauch erklärt u. mit litterarhistor. Einleitungen versehen. 1. Bdchn.: Die Elegiker u. Jambographen enth. 3. vielfach umgearb. Aufl. gr. 8. (VIII, 150 S.) Leipzig 880. Teubner. 1.20

Buchholz, E., Anthologie aus d. Lyrikern d. Griechen. Für den Schul- u. Privatgebrauch erklärt u. m. litterarhistor. Einleitgn. versehen. 1. u. 2. Bdchn. gr. 8. Leipzig, Teubner. à 1.80
1. Die Elegiker u. Iambographen enth. 4. Aufl. (VIII, 196 S.) 886.
2. Die melischen u. chorischen Dichter enth. 3. Aufl. (IV, 220 S.) 883.

Buchholz, E., Anthologie a. d. Lyrikern d. Griechen. F. d. Schul- u. Privatgebr. erkl. u. m. litterarhistor. Einleitg. vers. 2. Bdchn.: D. melischen u. chor. Dichter enth. 4., verb. Aufl., bearb. v. J. Sitzler. gr. 8. (IV, 211 S.) Leipzig 898. B. G. Teubner. 2.10 (Kplt.: 3.90)

Anthologie aus den Lyrikern der Griechen. Für d. Schul- u. Privatgebr. erkl. u. mit literarhist. Einl. vers. von Dr. E[duard] Buchholz. 5. umgearb. u. erw. Aufl. Bdch. 1. 2. Leipzig: Teubner 1900–1900. 8°
1. Die Elegiker u. Iambographen. Besorgt von R[udolf] Peppmüller. 1900.
2. Melische u. chor. Dichter. Bearb. von J[akob] Sitzler. 1900

Anthologie aus den Lyrikern der Griechen. Für d. Schul- u. Privatgebr. erkl. u. m. literarhist. Einl. vers. von Dr. E[duard] Buchholz. 6., nach d. 5. gearb. u. erw. Aufl. besorgt von R[udolf] Peppmüller. Bdch. 1. Leipzig & Berlin: Teubner 1911. 8°

Buchholz, (Augustus) Aemil. (Theobaldus) (geb. Spandau 13. 8. 1836): De hydrocele. Berolini (1859). (31 S.) 8°
Berlin. Med. Diss. v. 7. Mai 1859

Buchholz, Ernst [pr. Arzt in Hamburg]: Beiträge zur Kenntnis der Vagusneurosen. '(Aus d. II. med. Klinik d. Geh. Med.-Rates Hrn. Prof. Dr. Gehrhardt [!])' ... Berlin, C. Vogt's Buchdr., *1892:* 34 S., 1 Bl. 8.
Berlin, Med. Fak., Inaug.-Diss. v. 6. Dez. 1892

Buchholz, Ernst, Dir. Dr.: Der Konrektor von **Einem** und seine Tochter Charlotte. Ein kleiner Beitrag zur Geschichte d. Mündener Schulwesens u. d. Literatur d. 18. Jahrhunderts. *Münden 1899: W. Klugkist.* (46 S.) 8°
Münden, PG, P 1899 (333)

Buchholz, Ernst [Oberl. Dr.]: Die Lieder des Minnesingers Berngcr von Horheim nach Sprache, Versbau, Heimat und Zeit. Emden, Druck v. Th. Hahn Wwe, 1889; S. 3–22; 4°
Emden, f. Wilhelms-G, OP 1889 (289)

(**Buchholz,** [Ernst], Dir. Dr.): Der **Neubau** des Gymnasiums und die Feier seiner Einweihung. *Hann. Münden 1902: R. Maron.* (16 S.) 4° [F.]
Hann. Münden, G, P 1902 (348)

Buchholz, Ernst Ferdinand, s. a. Buchholz, F. E.

Buchholz, Ernst Ferdinand (Hrsg.), s. a. Aufklärungen, umständliche, der denkwürdigsten Ereignisse, Empörungen, Feldzüge, Schlachten...

Buchholz. Umständliche Aufklärungen der merkwürdigsten Ereignisse etc., welche durch die französische Revolution etc. veranlasst worden sind. 3. und 4. Band. Denkwürdigkeiten über den Feldzug der Franzosen in Spanien. Von Rocca (aus dem Französischen). — Pesth 1815.

Buchholz, Er. Fd., umständl. Aufklärr. d. denkwürd. Ereignisse, Empörungen, Feldzüge, Schlachten u. Belagerungen &c., welche durch d. französ. Revolution veranlaßt worden sind. 12 Bde. Mit 12 Kpf. 8. Pesth 815–17. Hartleben. 12 fl Hbg. Pr. 8 fl (13 u. 14r Bd. A. u. d. T.: histor.-biograph. Gemälde zur Aufklärung d. französ. Revolution. 2 Bde. 2 fl)

Buchholz, Ernst Ferdinand. Umständliche Aufklärungen der merkwürdigsten Ereignisse etc., welche durch die französische Revolution, seit ihrem Ausbruche bis zur Wiederherstellung unter Ludwig XVIII., veranlasst worden sind. (10 Bde.)
8. Pesth 1815–1816.

Buchholz, Ernst Ferdinand. Historischer Bildersaal oder Gemälde merkwürdiger Begebenheiten aus der Geschichte; ausgezeichnete Biographien und Charakterschilderungen nebst interessanten Anekdoten aus dem Leben berühmter Menschen der älteren und neueren Zeit. 1.–8. Theil. (4 Bde.) (In jedem Band 2 Abbildungen.)
8. Pesth 1811.

— histor. Denkwürdigkeiten aus Criminalprocessen d. neuern Zeit. 2 Thle. 8. Pesth. 816. Hartleben. 2 fl

Buchholz, Ernst Ferdinand (Hrsg.), s. Geist der Journale und anderer Schriften oder neueste Ansichten der Geschichte, Politik und Weltkunde.

Buchholz, Eugen

Buchholz, Eug., von Ostpreußen durch Russisch-Polen nach Oberschlesien. Reiseskizzen. (IV, 87 S.) 8. Mainz (907). Druckerei Lehrlingshaus. 1.80

— Aus der Praxis e. Redakteurs u. Schriftstellers. Aus der Praxis — f. die Praxis. (103 S.) gr. 8. Danzig (907). (F. Brüning.) 1.20

— Prediger Thomaschki u. die Katholikenhetze in Ostpreußen. (54 S.) 16. Paderborn 909. Bonifacius-Druckerei. —80

Buchholz, F. A. Beiträge zur Theorie der Alkoholwirkung. Marburg 1895.

Buchholz, F. E., s. a. Buchholz, Ernst Ferdinand

Buchholz, F. E., Aufklärungen d. denkwürd. Ereignisse, Empörungen, Feldzüge &c., welche durch die französische Revolution veranlaßt worden sind. 4 Bde. m. K. 8. Pesth, Hartleben. 815. Rthlr.

Buchholz, Ferd., üb. e. Lustrum klinischer Geburtshilfe. Diss. gr. 8. (126 S.) Jurjew (Dorpat) 893. (E. J. Karow.) n. 2. 50

Buchholz, Franz: Historisches Taschenbuch, s. Buchholz, Friedrich.

Buchholz, Friedrich, s.a. Buchholz, Paul Ferdinand Friedrich.

(Buchholz, Fr.): „Antileviathan, oder über das Verhältniss der Moral zum äußern Rechte und zur Politik", Göttingen 1807.

Buchholz, Fr., Antwort auf d. (bei Max in Breslau erschienenen) 12 Fragen eines alten Landstandes an den Verf. d. Marginalien. gr. 8. Berl. 823. Th. Enslin. 8 gr

– s. Antwort e. Juristen.

Buchholz, Friedr., Bayard, s. a. Bayard.

(Buchholz, Frdr.) Bayard. Den Offizieren der preussischen Armee geweiht. 8. Berlin 1801. 4,50.

– s. Bekenntnisse e. schönen Seele.

— Beschreib. d. Schlachten v. Ligny u. la belle Alliance, e. Bruchstück aus d. Geschichte d. europ. Staaten. gr. 8. Berl. 817. Th. Enslin. 6 gr

– s. Betrachtt. üb. d. Finanzwesen.

(F. Buchholz) Freymüthige Betrachtungen über die Verordnung vom 27. Oktober 1810, in Betreff des Finanzwesens. Berlin. 1810.

Buchholz, Fr., freimüthige Betrachtungen üb. die Verordnung vom 27. Oct. in Betreff d. Finanzwesens. 8. Berl. Maurer. 811.

— kleine Betrachtungen, Schriften hist. u. polit. Inhalts. 2 Thle. neue wohlf. Ausgabe.
Auch unter dem Titel:
Buchholz Gemälde. 2 Thle. 8. Berl. Amelang. 812.

– s. Briefe e. reis. Spaniers.

– s. Chauffour: Betrachtt.

Buchholz, Fr.: „Darstellung eines neuen Gravitationsgesetzes", Berlin 1808.

— Darstell. e. neuen Gravitationsgesetzes f. d. moral. Welt, s. a. Darstellung.

§ **DARSTELLUNG** eines neuen Gravitations-Gesetzes für die moralische Welt (von *Friedr. Buchholz*). (10 Zeilen span. Motto aus Faxardo Saavedra.) Berlin 1802. bei Joh. Friedr. Unger. 8°. (In München, Ph. pr. 327.)
Tit., VI–359 S., 1 S. Druckf. — S. 16–26: Von der Ehe; S. 222–228: Musik und Tanzkunst (s. d.).

— über d. allzuweit getriebene Furcht v. Proselytenmachern &c. gr. 8. Berl. 827. Th. Enslin. 4 gr

– Gallerie preußischer Charaktere, s. Massenbach, August Ludwig

– s. a. Gemälde d. gesellschaftl. Zustandes.

GEMÄLDE des gesellschaftlichen Zustandes im Königreich Preußen, bis zum 14. October des Jahres 1806. Vom Verfasser des neuen Leviathan (*Paul Ferd. Friedr. Buchholz* geb. 5. Febr. 1768 zu Alt-Ruppin, † 24. Febr. 1843 zu Berlin). 2 Thle. Berlin und Leipzig 1868. 8°. (6 Mk. Südd. Antiqu., München, 1907.)
Auch Interessantes über Berlin enthaltend.

Buchholz, Fr.: „Gemälde des gesellschaftlichen Zustandes im Königreiche Preußen bis zum 14. October des Jahres 1806", zwei Bände, Berlin und Leipzig 1808. — Vorh.: Preuß. Staatsbibliothek Berlin.

— Gemälde des gesellschaftlichen Zustandes im Königreiche Preußen bis zum 14. October 1806. 2 Thle. 8. Berlin, Sander. 808. (1r. 1 Rthlr. 16. gr., 2r 1 Rthlr. 8 gr.) Velinp. (1r 1 Rthlr. 20 gr., 2r 1 Rthlr. 12 gr.)

Buchholz, Friedr., Geschichte v. Bockenem. Ein Versuch. Mit ein. Urkundenb., 1 Plane d. Stadt (in 8.), 1 Stammtafel der Grafen v. Woldenberg, u. 1 Abbild. der Siegel (30) auf 5 Taf.) ders. gr. 8. (11½ B.) Hildesheim 843, Gerstenbergsche Buchh. *

— Geschichte Napoleon Buonaparte's. 3 Bde. gr. 8. Berl. 827—29. Th. Enslin. 9 Thlr. 16 gr.

– s. Geschichte e. Giftmischerin.

— Geschichte d. europaischen Staaten seit d. Frieden v. Wien, s. a. histor. Taschenbuch.

— Geschichte d. europ. Staaten seit d. Frieden v. Wien. 1r—18r Bd. A. u. d. T.: histor. Taschenbuch. 1r—15r Jahrg. 16. Berl. 814—32. Th. Enslin. (1r—13r Bd. Hbg. Pr. 6 Thlr. 12 gr. 14r—18r Bd. à 2 Thlr.) 16 Thlr. 12 gr.

Buchholz, Fr., Geschichte der europ. Staaten seit d. Frieden von Wien. 19r—22r Bd. A. u. d. T.: Histor. Taschenbuch. 16r Jahrg. 1e u. 2e Abthl. u. 17r u. 18r Jahrg. 16. Berlin 833—37. Th. Enslin. (à 2 Thlr.) n. 8 Thlr. (1—21. n. 11½ Thlr.)

Buchholz, Fr., Geschichte d. europä. Staaten seit d. Frieden v. Wien. 21. u. 22. Bd. Begebenheiten d. Jahres 1831 u. 32. — A. u. d. T.: Histor. Taschenbuch. 17. u. 18. Jahrg. 16. Berlin, Th. Enslin. [21. (34 B.) 830., 22. (37½ B.) 837. à * 2 Thlr.] *
1—20. J. Ebds. 1814—35. 1—21. Bd. zusammen genommen hrbgs. Pr. * 11 Thlr. 12 Gr. Einzeln à * 16 Gr.

– s. Chr. Girtanners Nachrr. von d. französ. Revolution.

— über Preußens Grenzzölle. Eine Abhandl. staatswirthschaftl. Inhalts. (Aus dessen Monatsschr. abgedr.) gr. 8. Berl. 828. Th. Enslin. 6 gr.

– s. Handbuch d. span. Sprache.

— Hermes, oder über d. Natur d. Gesellschaft, mit Blicken in d. Zukunft. gr. 8. Tübing. u. Stuttg. 810. v. Cotta. 1 Thlr.

Buchholz, Friedrich: „Idee einer arithmetischen Staatskunst, mit Anwendung auf das Königreich Preussen in seiner gegenwärtigen Lage", Berlin 1809 (Duncker & Humblot).

— Journal f. Deutschland. Jahrg. 1815, 16. 12 Hefte. gr. 8. Berl., Haude u. Sp. à J. 8 Thlr. Jahrg. 1817—19. gr. 8. Ebd. Enslin. à J. 8 Thlr. — Jahrg. 1820—32. unt. d. T.: neue Monatsschrift f. Deutschland. 1r—13r Jahrg. od. 1r—39r Bd. gr. 8. Ebd. à J. 8 Thlr.

Buchholz, Fr. (Hrsg.), s.a. Journal für Deutschland historisch-politischen Inhalts.

Buchholz, Journal für Deutschland, historisch-politischen Inhalts. (15 Bde.) 8. Berlin 1815—1819.

Buchholz, Fr., latein. Lesebuch für d. untern Schulklassen, nebst Wortregister. 8. Berl. 802. Dunker u. H. 6 gr.

– s.a. Leviathan, d. neue.

LEVIATHAN, Der neue (von *Paul Ferd. Friedr. Buchholz*). Tübingen 1805. 8°. VIII—376 S. (3 Mk. Oskar Rauthe, Friedenau, 1908.) (Expl. in Zürich, Stadtbibl., u. im British Museum.) Zahm.
Ueber Französ. Revolution, Bonaparte etc. S. auch Forschungen z. Brandenb. Geschichte XII, 257. — Anon.-Lex. III. p. 54 (nach Ersch, Meusel u. Kayser).

– s.a. Machiavell, d. neue.

(*Eb.:*) d. neue Macchiavell; prakt. Moral f. die Ungläub. *Hamb.*, Hoffmann. 804. 8° 1 Thlr. 12 gr.

— Marginalien zu d. Schrift: Ansicht d. ständ. Verfassung d. Preuß. Monarchie, v. E. F. D. B. gr. 8. Berl. 822. Th. Enslin. 8 gr.

– s. De Mariana, Juan.

— neue Monatsschrift f. Deutschland, s. oben Journal.

—— neue Monatsschrift f. Deutschland, s. a. Monatsschrift.

— neue Monatsschrift f. Deutschland. 3r—6r Jahrg. 1822—27. gr. 8. Berlin, Enslin.

Buchholz, Friedr. (Hrsg.), s.a. Monatsschrift, Neue, für Deutschland, historisch-politischen Inhalts.

— neue Monatsschrift für Deutschland; histor. polit. Inhalts. 13r—15r (14r—16r) Jahrg. oder 40r—48r Bd. 1833—1835. gr. 8. Berlin 833—35. Th. Enslin. (à J. 8 Thlr.) 24 Thlr.

— Moses u. Jesus, oder über d. intellectuelle u. moral. Verhältniß d. Juden u. Christen. 8. Berl. 803. Unger. (Christiani). 1 Thlr.

– s.a. Rom u. London.

— Rom u. London. gr. 8. Tübingen, Cotta 808.

— über den Schlaf u. d. verschied. Zustände desselben. Mit e. Vorwort v. Ch. W. Hufeland. 8. Berl. 820. Schlesinger. 16 gr.

Buchholz, Friedrich (Hrsg.):

s.: Schlaf, Ueber den, und die verschiedenen Zustände desselben. Th. 1-2. Berlin: 1821

JB 4.450

Buchholz, Friedrich: Ueber den Schlaf und die verschiedenen Zustände desselben. Hrsg. von Friedrich Buchholz. Mit e. Vorw. v. (Christoph Wilhelm von) Hufeland. Berlin: Schlesinger 1821. X, 108 S. 8°.

– s. Schreiben e. Landgeistlichen.

— kleine Schriften, histor. u. polit. Inhalts. 2 Thle. 8. Berl. 808. Amelang. 3 Thlr. 8 gr. Schrbp. 3 Thlr. 16 gr. Velinp. 4 Thlr. Neue wohlf. Ausg. A. u. d. T.: Gemälde. 2 Thle. 8. Berl. 812. Ebd. 2 Thlr.

— über d. Seeschlacht bei Navarin u. deren wahrscheinl. Folgen. (Aus dessen Monatsschr. abgedr.) gr. 8. Berl. 828. Th. Enslin. 6 gr.

– s. Staatsgeschichte Europas.

— histor. Taschenbuch, s. a. Gesch. d. europ. Staaten.

Buchholz, Franz. Historisches Taschenbuch. Geschichte der europäischen Staaten seit dem Frieden von Wien. (22 Bde.) 8. Berlin 1814—1837.

— histor. Taschenbuch für das Jahr 1814. 16. Berlin, Wittich.
Velinp.

— — 2r Jahrg. 1ste u. 2te Abtheil. Ebend. (à 1 Rthlr. 12 gr.)
Velinp. (à 2 Rthlr. 12 gr.)

— — 3r Jahrg. 1ste Abthl. 16. Ebend. 815.
Velinp.

Auch unter dem Titel:
Geschichte d. europ. Staaten seit dem Frieden von Wien. 1r—4r Bd.

— — histor. Taschenbuch. 3r Jahrg. 2te Abthl. f. d. J. 816. 16. Berlin, Wittig.

— — Dasselbe 4r Jahrg. f. 1817. Ebend.

— — Dasselbe 5r Jahrg. f. 1819. Ebend.

Auch unter d. Titel:
Geschichte der europ. Staaten seit dem Frieden von Wien. 5r 6r 7r Bd.
(1r bis 6r Bd. sind herabges. v. Rthlr. 9 auf Rthlr. 6.)

— histor. Taschenbuch, 6r—10r Jahrg. A. u. d. T.: Geschichte d. Europ. Staaten seit dem Frieden von Wien. 9r—13r Bd. 1e Abtheil. 16. Berlin 821—26, Wittich. 6r Jahrg. 1 Rthlr. 12 gr. 7r—10r Jahrg. à 2 Rthlr.

Buchholz, (Fr.,) histor. Taschenbuch. 11r Jahrg. 827. 16. Berl., Enslin.

– s.a. Theorie d. polit. Welt.

(*Eb.*) Theorie d. polit. Welt. (a. d. Fr.) *Hamb.*, Hoffmann. 807. kl8° 1 ₰ 8 gr

– s.a. Untersuchung üb. d. Geburtsadel.

[Buchholz, Paul Ferd. Friedr.]: Untersuchungen über den Geburtsadel u. die Möglichkeit seiner Fortdauer im 19. Jahrhundert. Von d. Verf. des neuen Leviathan. Berlin u. Leipzig 1807.

— Untersuch. üb. d. Geburtsadel u. die Möglichkeit seiner Fortdauer im 19. Jahrhund. 8. Berlin, Sander. 807. Schreibp.

— philosoph. Untersuchungen über d. Römer, in 3 Bden. gr. 8. Berl. 819. Th. Enslin. 4 ₰ 12 gr

— merkwürd. Urkunden, d. Abdankung d. Königs v. Holland betr. Mit e. geschichtl. Einleit. 8. Deutschland 813. (Rein in Lpz.) 12 gr

Buchholz, Friedrich (Hrsg.):

s.: Vergleichung beider Zustände des Schlafwandlers, wie der Sonnambüle. Berlin: 1821

JB 4.450/2

— Vertheidigung d. Urheber d. Preuß. Landrechts gegen d. Beschuldigungen e. Ungenannten. gr. 8. Berl. 828. Th. Enslin. 4 gr

Buchholz, Fr., was verhindert die Juden an der Erwerbung polit. Rechte? gr. 8. Berlin 833. Th. Enslin. 1/6 ₰

— über d. Zusammenkünfte d. Physiker unsrer Zeit. gr. 8. Berl. 828. Th. Enslin. 4 gr

— über d. kirchl. Zwist im Königr. Baiern. gr. 8. Berl. 822. Th. Enslin. 2 gr

Über die Freude. Eine Anrede an die Brüder der vereinigten Logen am Johannisfeste 1779 bey Gelegenheit der mit begangenen Feyer des wiederhergestellten Friedens von einem der Redner der vereinigten Logen [d. i. Friedr. Aug. Ludw. Buchholz?]. Berlin [1779]: Decker. 13 S. 8° (Sammlung neuer Frmr.-Reden. 4, [1].)
Kl. 986. Üb. das Wesen wahrer Freude.

Buchholz, G.: Jerusalem ..., s. a. Buchholz, Karl

Buchholz, G., Jerusalem, du hochgebaute Stadt, wollt' Gott, ich wär' in dir. Referat üb. Offenb. Joh. 21, 9—27. Geh. a. d. Allianzversammlgn. in Neukirchen. 2. Aufl. gr. 8. (16 S.) Halver 895. H. Köster. n. — 1↑

Buchholz, Geo., der Tannenbaum. Eine Geschichte aus dem Walde. 8. (177 S.) Leipzig 877, [Mentzel.] A. Krüger. * geb. *

Buchholz, Geo., der Tannenbaum. Eine Geschichte aus dem Walde. 8. (177 S.) Leipzig 879. A. Krüger. n. 3. —; geb. n. 4. —

Buchholz, Geo., der Tannenbaum. Eine Geschichte aus dem Walde. 2. (Titel-)Aufl. 8. (177 S.) Leipzig 884, A. Krüger.

Buchholz, Geo., der Tannenbaum. Eine Geschichte aus dem Walde. 2. Aufl. 8. (177 S.) Weimar 884. A. Krüger. 2. —

Buchholz, Geo., aus der Weser in den Hudson. Plaudereien eines Vielgereisten. 8. (83 S.) Berlin 888, Mittler und Sohn. * M 1.25.; geb. *

Buchholz, Gust., Ekkehard von Aura. Untersuchungen zur deutschen Reichsgeschichte unter Heinrich IV. und Heinrich V. 1. Tl. gr. 8. (XI, 275 S.) Leipzig 888, Duncker und Humblot. *

Buchholz, Gust., s.: Bibliothek der sächsischen Geschichte u. Landeskunde.

Buchholz, Gust., die Würzburger Chronik. Eine quellenkrit. Untersuchung. gr. 8. (VII, 78 S.) Leipzig 879, Duncker und Humblot. *

Buchholz, Gustav: Neuvorpommersches Leben im 18. Jahrhundert nach dem Tagebuche des Stralsunder Predigers Joh. Chr(istian) Müller ⟨1720—72⟩. Greifswald 1910: Abel. 213 S. 8° ¶ (Ersch. auch in: Pomm. Jahrbücher hrsg. v. Rüg.-Pomm. Geschichtsver. f. 1910. 11.)
Greifswald, Phil. Diss. v. 12. Mai 1910, Ref. Ehrismann
[Geb. 21. April 80 Stralsund: Wohnort: Stralsund: Staatsangeh.: Preußen; Vorbildung: Realgymn. Stralsund Reife O. 07; Studium: Berlin 2, Greifswald 1, München 1, Greifswald 2 S.; Rig. 26. Febr. 10.] [U 10. 1603

Buchholz, Gust., s: Aus Natur u. Geisteswelt 351, Ostmark.

Russisch-französische Politik 1689–1717 von Matthäus Vassileff [Matvej Vasilev]. (Hrsg.: Gustav Buchholz.) *Gotha: F. A. Perthes 1902.* (VIII, 168 S.) 8°
— Studien, Geschichtliche. Bd 1, H. 3. [illegible]

Buchholz, G., Sach-Register, s.: Forschungen zur deutschen Geschichte.

Buchholz, Gustav (Hrsg.), s. Studien, Leipziger, auf dem Gebiet der Geschichte.

— s.: Zeitschrift, deutsche, f. Geschichtswissenschaft.

Buchholz, Gust. G. H., pract. Anweis. zum Bau hölzerner Abwässerungsschleußen, zunächst f. d. nördl. Seeprovinzen. M. 6 Kpfrt. (incl. 5 ill.) gr. 4. (10½ B.) Hannover 829, Hahn.

Buchholz, Gust. G. H., Versuch e. Darstellung d. Deich- u. Faschinenbaues an d. Oberelbe im Lüneburgischen. Mit Vorrede v. J. A. Eytelwein. 1r Thl, mit 3 Kpft. 4. Hannov. 810. Hahn. 827. Hbg. Pr. 1 ₰ 8 gr

—— Versuch e. pract. Darstellung d. Deich- u. Faschinenbaues an d. Oberelbe im Lüneburgischen. Mit Vorr. v. Eytelwein. 1. Thl., welcher d. Deichbaukunst enthält. Mit Rücksicht auf d. im März 1805 im Amte Dannenberg vorgekomm. Deichbrüche u. Ueberschwemn. Neue, unveränd. Ausg. M. 8 Kpfrt. 4. (29¼ B.) Hannover 828, Hahn.

Buchholz, G. G. H. Vers. e. pract. Deich- u. Faschinenbaues im Lüneburgischen rc. 1r. Bd. m. K. gr. 4. Hannov. Hahn. 810.

Buchholz, H., Geschichte Deutschlands von den ältesten Zeiten bis zur Gegenwart. 4. Aufl. gr. 8. (32 S. mit 55 Bildnissen der deutschen Kaiser.) Berlin 888, Pfeilstücker. *

Buchholz, H., Verbesserungsvorschläge zum Dialogus de oratoribus des Tacitus. Pr. 1891. 25 S.

Buchholz, Hans, Ballgeflüster, s. a. Danner's, G., Damen-Bühne. Nr. 12.

Ballgeflüster. Lustsp. in 1 Akt von Hans Buchholz. *Mühlhausen i. Th.: G. Danner [1899].* (27 S.) 8° [F.]
— Damen-Bühne, G. Danner's. No 12. [00. 8126

— ihr Ideal, s. a. Theater-Bibliothek.

Ihr Ideal. Lustspiel in 1 Akt f. 3 Damen von Hans Buchholz. *Trier: Paulinus Dr. 1900.* (13 S.) 8° [F.]
— Theater-Bibliothek. Bdch. 29. [00. 13-31

— X-Strahlen, s.a. Theaterbibliothek.

X-Strahlen. Posse in 1 Akt von Hans Buchholz. *Trier: Paulinus Dr. 1900.* (16 S.) 8° [F.]
— Theater-Bibliothek. Bdch. 30. [illegible]

Buchholz, Heinrich: Verbesserungsvorschläge zum Dialogus de oratoribus des Tacitus. Hof, Druck d. Mintzel'schen Buchdr., 1891; 25 S. 8°
Hof, k. StA, P 1891 *

Buchholz, Heinz: Organisation u. Reklame. 1. Bd. 8° Frankf.M., H Buchholz. d
Die Reform d. Reklame. Eine Streitschrift. (72) '10 (1) 1 —

Buchholz, Herm., Abendklänge. Neue Gedichte. (127 S.) 8. Berlin 906. M. Schildberger. Geb. in Leinw. n. 3. —

Buchholz, Herm., eine gute Bilanz. Komödie aus dem Berliner Geschäftsleben in 4 Akten. (59 S.) 8. Berlin-Friedenau 910. Bureau Fischer. 1. 50

Dissonanzen. Zwei Erzählungen von Hermann Buchholz. *Berlin: M. Schildberger 1903.* (104 S.) 8° [F.]

Von Gottes Gnaden. Neue Gedichte von Hermann Buchholz. Berlin-Friedenau: Bureau Fischer 1909. 101 S. 8°

Buchholz, Herm., Lebensfreude. Gedichte. 12. (64 S.) Berlin 902. M. Schildberger. Geb. in Leinw. 1. 50

Körting, Leonh.. Das goldene Maurer-Jubiläum des [Brs.] Körting im Or. Hannover am 9. Dez. 1905. [Von Herm. Buchholz.] Hannover 1906: Höltje. 72 S. 8°
Bericht. Festvortrag von G. Bayer: Sei wahr, fest und frei.

Buchholz, Herm.: Kommerzienrats. Tragödie. (55) 8° Berl.-Friedenau '10. Guben (Grüne Wiese 39 c), Selbstverl. 1.50 d

Buchholz, Hugo, theoret. Astronomie, s.: Klinkerfues. W.

Buchholz, Hugo, Berechnen u. Entwerfen der Schiffskessel, s.: Dieckhoff, Hans.

Buchholz, Hugo: Ueber die Iapetusverfinsterung durch Saturn und sein Ringsystem vom Jahre 1889 ... (Aus: Astron. Nachr., Bd. 137.) Kiel, Druck v. C. Schaidt, 1895; 1 Bl., 241—270 Sp. 4.
München, Phil. Fak., Inaug.-Diss. v. 1895

Buchholz, Hugo, die Gyldén'sche historische Integrationsmethode des Problems der drei Körper u. ihre Convergenz, s.a. Acta, nova, academiae etc. naturae curiosorum. 81, III.

Die Gyldén'sche horistische Integrationsmethode des Problems der drei Körper und ihre Convergenz. Von Dr. Hugo Buchholz. Privatd., Halle a. S. *Halle: W. Engelmann in Leipzig in Komm. 1903.* (V S., S. 129—206.) 4°
— Acta, Nova, Academiae Caes. Leopoldino-Carolinae. Bd 81, No 3.

Buchholz Hugo, Dr.: Die Laplace'sche und die Salmon'sche Schattentheorie und das Saturnring-Schattenproblem. S. 104 Ha. ... — 80
Separatabdruck

Buchholz, Hugo, das mechanische Potential, nach Vorlesgn. v. L. Boltzmann bearb., u. die Theorie der Figur der Erde. Zur Einführg. in die höhere Geodäsie (angewandte Mathematik). I. Tl. (XVI, 470 S. m. 187 Fig.) Lex. 8. Leipzig 908. J. A. Barth. 15.—; geb. in Leinw. 16. —

Buchholz, Hugo, d. Laplace'sche u. d. Salomon'sche Schattentheorie u. d. Saturnring-Schattenproblem. [Aus: „Sitzungsber. d. k. Akad. d. Wiss."] Lex.-8. (46 S.) Wien 895. (C. Gerold's Sohn.) n. 1. —

Buchholz, Hugo, Dr. phil.: Untersuchung der Bewegung vom Typus 2/3 im Problem der drei Körper und der 'Hilda-Lücke' im System der kleinen Planeten auf Grund der Gyldén'schen Störungstheorie. *Wien 1902: k. k. Hof- u. Staatsdr.* (S. 309—313, 459—473.) 4° ¶ Verkürzt. Abdruck aus: Denkschriften d. math.-naturw. Cl. d. Kais. Akad. d. Wiss., Bd 72.
Halle, Phil. Hab.-Schr. v. 1902

— Untersuchung der Bewegung vom Typus 2/3 im Problem der drei Körper u. der „Hilda-Lücke" im System der kleinen Planeten auf Grund der Gyldén-schen Störungstheorie. 1. Thl. gr. 4. (165 S. m. 1 Fig.) Wien 902. (C. Gerold's Sohn.) n. 9. 50
Sonderabdruck aus: „Denkschr. d. k. Akademie d. Wiss."

— Untersuchung der Bewegung vom Typus 2/3 im Problem der drei Körper und der „Hildalücke" im System der kleinen Planeten auf Grund der Gyldénschen Störungstheorie. 1. Teil D 72. ... 9.50
Separatabdruck

Buchholz, H., Fortgesetzte Untersuchung der Bewegung vom Typus 2/3 im Problem der drei Körper auf Grund der Gyldénschen Störungstheorie. 2. Teil. [Besonders abgedruckt aus dem 77. Bd. der Denkschriften d. mathem.-naturw. Klasse d. k. Akad. d. Wiss.] 4°. (129 S.) † K 7.50
Wien: C. Gerold 1905.

— fortgesetzte Untersuchung der Bewegung vom Typus 2/3 im Problem der drei Körper auf Grund der Gyldén'schen Störungstheorie. 2. Tl. (129 S.) 4. Wien 905. (A. Hölder.) 7. 50
Sonderabdruck aus: „Denkschr. d. k. Akad. d. Wiss."
1. Tl. jetzt Ebd. 902. n. 9. 50.

Buchholz, J.: Ideen einer arithmetischen Staatskunst ... s. a. Buchholz, Fr.

J. Buchholz, Ideen einer arithmetischen Staatskunst mit Anwendung auf das Königreich Preußen. Berlin, 1809.

J. Buchholz, Ideen einer arithmet. Staatskunst, mit Anwendung auf das Königreich Preußen in seiner gegenwärtigen Lage. Berlin, 1809.

Buchholz, J. A.
Grundriss der Chemie. Nürnberg, 1826.

Buchholz, Johannes, Tierarzt aus Lichterfelde bei Eberswalde in Preussen: Ueber den Hydrops follicularis, die konglomerierten Fibrome und das Adenom des Ovarium von gallina domestica. [Mit fünf Abbildungen im Text.] Berlin 1909. 16 S. 8°. S.-A. aus Virchow's Archiv Bd. 198. [5. III. 09.]
Bern. Vet.-med. Diss. 1909/10

Abriss einer Geschichte Ermlands von Joseph Buchholz, Kaplan. *Braunsberg: E. Bender in Komm. (1903).* (149 S.) 8° [F.]

Buchholz, J: Abriss e. Gesch. Ermlands. (158) 8° Braunsbg, (Huye) (03). nn 1 — d

Buchholz, Karl

Buchholz, C., das Ende aller Dinge. Referat in der Versammlg. der „Freunde des prophet. Wortes" in Vohwinkel am 9. I. 1898 üb. 2. Petri 3, 3—14. gr. 8. (14 S.) Elberfeld 901. Verlag des reformirten Schriftenvereins. — 15

Buchholz, Karl, zur Ewigkeit. 8 Vorträge. 8 Hefte. 8. Elberfeld 907. Berl. d. Reformierten Schriftenverein. à — 20
1. Die Auferstehung der Toten. (16 S.) — 2. Das Endgericht. (15 S.) — 3. Das wiedergefundene Paradies. (15 S.)

— Gesetz u. Gnade. Betrachtungen üb. Röm. 7 u. 8. 3 Hfte. gr. 8. Ebd. 901. à — 30; geb. in Leinw. n. 1.60
1. Enth. die Betrachtungen üb. Römer 7,1—8,1. 1. u. 2. Aufl. (à 64 S.)
2. Enth. die Betrachtungen üb. Röm. 8, 2—14. (64 S.)
3. Enth. die Betrachtungen üb. Röm. 8, 15—39. (80 S.)

Der Herr und die sieben Gemeinden in Kleinasien. Betrachtungen über d. 7 Sendschreiben (Offenb. 1—3) nebst e. Zugabe über d. 'Antichristen' u. 'd. neue Jerusalem' nach Offenb. 21 von Carl Buchholz, Pastor in Essen a. d. Ruhr. (Vorr.: J[akob] Haarbeck, Pastor.) *Elberfeld: Reform. Schriftenverein 1903.* (249 S.) 8° [F.]

Buchholz, Karl: Jerusalem ..., s. a. Buchholz, G.

[Umschlagt.:] Jerusalem, du hochgebaute Stadt, Wollt' Gott, ich wär' in dir. Referat über Offenb. Joh. 21, 9—27. Geh. auf d. Allianzversammlgn in Neukirchen v. C. Buchholz, Pastor in Essen. 2. Aufl. ... *Halver: H. Köster 1895.* (16 S.) 1 Bd 8.

— Israel, wer ist dir gleich! 2 Vorträge üb. 1. Röm. 8, 26 u. 27: „Die Fürbitte des hl. Geistes in den Gläubigen". II. Röm. 8, 28—30: „Der eigentl. Grund unserer Seligkeit", geh. im reformirten Schriftenverein zu Elberfeld. gr. 8. (35 S.) Ebd. 901. — 30

Kommet her zu mir! Ein Gang durchs Kirchenjahr in Betrachtungen von Karl Buchholz, Pfarrer in Essen a. R. *Essen a. R.: Ev. Vereinsbuchh.; [Berlin: Schriftenvertriebsanst. in Komm. 1901].* (260 S.) 8° [F.] [01. 1051]

Buchholz, K: Kommet her zu mir! Ein Gang durchs Kirchenj. in Betrachtgn. (261) 8° Ess., MO Hülsmann (01). L. 1.60; m. G. 2 — d

Kommet her zu mir! Ein Gang durchs Kirchenjahr in Betrachtungen von Karl **Buchholz**, Pfarrer in Essen. Essen (Ruhr): M. O. Hülsmann [um 1905]. (260 S.) 8° [F.] [07. 6924

Buchholz, Carl, lasset euch versöhnen mit Gott. Predigt über 2. Cor. 5, 18—21 gehalten am Tage seiner Ordination und Einführung am 20. März 1877. gr. 8. (16 S.) Moers 877, Spaarmann. *

— Das Leben Mosis, des Mannes Gottes. Mit dem Bildnis des Verf. u. e. Vorwort v. J. Haarbeck. (III, 286 S.) 8. Neukirchen (908). Buchh. des Erziehungsvereins. Geb. in Leinw. 3.50

Buchholz, Carl, humoristische Reise-Skizzen eines wandernden Typographen, gesammelt auf einer Reise von Düsseldorf nach Weimar. Siegen 862. (Kogler.) 16. (100 S.) n. 12½ ngr.

— Vier Rezepte aus Petri Hausapotheke. 2. Aufl. (81 S.) kl. 8. Elberfeld 907. Verlag d. Reformierten Schriftenverein. — 20

Buchholz, Carl [Assistenzarzt a. d. Irrenanstalt Königslutter]: Das Verhalten der Pupillen bei der Dementia paralytica. . . . Breslau. Druck v. Th. Schatzky. 1889: 33 — 1 S. + 1 Bl. 8°
Breslau. Med. Fak., Inaug.-Diss. v. 12. Jun. 1889

Buchholz, Karl Aug., Abhandlung üb. d. Lehre von Assekuranz u. Bodmereien etc. gr. 8. Lübeck 809. (Aschenfeld). 20 gr

Buchholz, C. A., Abhandl. üb. d. Lehre v. Assekuranz u. Bodmereyen etc. gr. 8. Lübeck, Niemann u. C. 809.

Buchholz, Carl August (Hrsg.), s.a. A c t e n s t ü c k e, die Verbesserung des bürgerlichen Zustandes der Israeliten betreffend.

Buchholz, C. A.: Actenstücke, die Verbesserung des bürgerl. Zustandes d. Israelit. betreff. Hrsgeg. u. mit ein. Einleit. begleitet. *Stuttgart*, Cotta. 815. gr. 8. (16 Gr.)

— Actenstücke, d. Verbesserung d. bürgerl. Zustandes d. Israeliten betreffend. gr. 8. Tüb. 815. v. Cotta. 16 gr bess. Ausg. 1 rß

Buchholz, Karl Aug., Aspasia, e. Novelle. 8. Hildesheim 804. Gerstenberg. 14 gr

— über d. Aufnahme d. jüd. Glaubensgenossen z. Bürgerrecht. 8. Lübeck 814. Michelsen. (Rein in Leipz.) 8 gr

— Feronia. Ein Toiletten-Geschenk für gebild. Frauenzimmer. Mit 1 Kpf. 8. Hildesh. 806. Gerstenberg. 1 rß 4 gr

— Feronia. Ein Toilettengeschenk für geb. Frauenzimmer. m. K. 8. Hildesheim, Gerstenberg. 808.

BUCHHOLZ, Carl Aug. (1785—1843), R o m a n t i s c h e G e m ä l d e. (Novellen.) I. (einz.?) Band. Mit eines Titelkupfer u. einer Vignette nach J u r y. Berlin 1804. 8°. (3 Mk., ziemlich fleckiges Expl., Leo Liepmannssohn, c. 1806.)
„Dem Herrn Hofrath Friedrich von S c h i l l e r als leises Merkmal der tiefsten Ehrfurcht, der höchsten Bewunderung, der innigsten Achtung."
Inhalt: Bionda und Seguino od. d. Rache d. Unsichtbaren. — Fiaresco u. Fernando. — Guido Mazarini od. Jolandino d. Verkappte. — Pignata's Flucht od. Mönchshass u. Rache. — Guiseppino u. Amalda od. d. Totenkopf. — Lutardo der Banditenhauptmann.

— romant. Gemälde. 8. Berl. 804. Unger. 2 rß

— Idalia. 2 Thle. 8. Hildesh. 810. Gerstenberg. Schrbp. 2 rß 16 gr Velinp. 3 rß 8 gr

— Emanuels Lehrjahre. 2. Thle. 8. Zürich 807. 2 rß

— Marc Aurel. 8. Berl. 806. Sander. 2 rß

Buchholz, C. A. Mark Aurel 8. Breslau 1806

— Reminiscenzen u. Reisetabellen. 8. Hildesh. 807. Gerstenberg. 1 rß 8 gr

BUCHHOLZ, R e m i n i s c e n z e n u n d R e i s e t a b l e t t e n. Hildesheim 1807. 8°.
VIII u. 306 SS. Satyrisch u. pikant. — R. Zinke's in Dresden Novbr.-Auct. 1905.

— Scenen d. Vorwelt, u. Griechenland, Germanien u. Rom. 8. Hamb. 810. (Herold jun.) 1 rß

— histor.-romant. Skizzen. 1r Thl. 8. Berl. 804. Unger. 2 rß

— Versuche üb. verschiedene Rechtsmaterien etc. gr. 8. Lübeck, Niemann u. C. 808.

— Versuche über verschied. Rechtsmaterien etc. gr. 8. Lübeck 808. (Dyck in Leipz.) 20 gr

— u. Fr. Spangenberg, Cyanen; e. Samml. zerstreuter Aufsätze. 8. Berl. 806. Sander. 16 gr

Buchholz, Karl Friedrich

Buchholz, K. F., Schnittzeichenlehrbuch zum Selbstunterricht, die gesamte Damengarderobe umfassend, mit eingehenden Erläuterungen nebst einer Anleitung zum Musselin-Schnittmustermodellieren. 4°. (ill. mit 48 Tafeln) * K 16.—
Wien: Buchholz 1906.

Buchholz, Karl Fdr., Schnittzeichenlehrbuch zum Selbstunterricht, die gesamte Damengarderobe umfassend, m. 48 Taf., 145 Illustr. u. eingeh. Erläutergn., nebst e. Anleitg. zum Musselin-Schnittmuster-Modellieren nach eigenem, anerkannt bewährtem System, leicht fasslich dargestellt u. hrsg. (50 S. Text.) qu. gr. 8. Wien (I. Himmelpfortgasse 11) 906. Selbstverlag. n. 14.—

Buchholz, M., Beitrag zur Rauch- u. Russplage, s.a. S a m m l u n g berg- u. hüttenmännischer Abhandlungen. 57. Heft.

Beitrag zur Rauch- und Rußplage. Von Oberl. Ing. M. **Buchholz.** Kattowitz: Böhm 1910. 16 S. 8°
Aus: Berg- u. Hüttenmännische Rundschau.
(Sammlung berg- u. hüttenmännischer Abhandlungen. H. 57.) [10. 13203

Buchholz, M., s.: Glotzhuber, M.

Buchholz, Magnus Magister Faustinus Blenno. Ein Lebensbild aus der pommerschen Reformationsgeschichte. 24 S. *Pyritz* 1882. Prec.

Buchholz, M., Quibus fontibus Plutarchus in vitis Fabii Maximi et Marcelli usus sit. Diss. 1865. 48 S. 1.20

Buchholz, Magnus, quibus fontibus Plutarchus in vitis Fabii Maximi et Marcelli usus sit, investigavit. gr. 8. (48 S.) Greifswalde 865. (Berlin, Calvary und Comp.) *

Buchholz, Max: Schlepp- u. Schraubenversuche im Oder-Spree-Kanal u. im Gross-Schiffahrtsweg Berlin—Stettin, s: Mattern, E.

Buchholz, Mt. Jh., s. Jh. Er. Schubert, Abhandl. von d. Thaten Karls d. Gr.

Buchholz, Osk., der junge Soldat. Gute Lehren für jeden jungen Mann, der zum Militär eintritt. Herausgegeben m. Genehmigung des preußischen Kriegs-Ministeriums. 8. (67 S.) Forst i. L. 880. Hoene. n. — 75

Buchholz, Otto, z. Z. Assistens[!]-Arzt am Landkrankenh. in Detmold: Aus d. Vereins-Hospital d. Vaterländ. Frauen-Hülfsvereins zu Hamburg. Bruchoperationen bei Kindern in den ersten zwei Lebensjahren. *Peine 1902: Löffler & Diehl.* (19 S.) 8°
Kiel, Med. Diss. v. [21. Juli] 1902

Buchholz, P: Charakterbilder aus Deutschland. 4. Aufl. Bearb. von R. Schoener. Leipzig 1909

Buchholz, P. Die Elemente des Trostes. Eine Sabbath-Nachamu-Predigt, geh. in der Synagoge auf Norderney am 15. Aug. 1891. gr. 8. (10 S.) Frankf. a. M. 892, Kauffmann. * — 50

Buchholz, P., die Fabrikation der Dachfalzziegel. 8. (147 S. m. 65 Fig.) Berlin 899. Verl. der Thonindustrie-Zeitg. Geb. in Leinw. n. 2. 50

Buchholz, P., die Fabrikation d. Dachfalzziegel. (147 S. m. Abbildgn.) 8. Berlin 908. Tonindustrie-Zeitg. Geb. in Leinw. n. 2. 50

Buchholz, P., die Familie in rechtlicher u. moralischer Beziehung nach mosaisch-talmudischer Lehre allgemein faßlich dargestellt. Breslau 867. Schletter. gr. 8. (2 Bll., 139 S.) n. 24 ngr.

Buchholz, P., der Kampf Jacobs. Predigt, gehalten am Tage der Hänel'schen Interpellation, Sonnabend den 20. Novbr. 1880. gr. 8. (15 S.) Emden 881, (Schwalbe.) *

Buchholz, P. J., Samml. auserles. Briefe zur Erhaltung d. Gesundheit u. durch d. Bau u. d. Erziehung d. Gewächse sich in kurzer Zeit zu bereichern. Aus d. Französ. übers. 3 Thle. 8. Nürnb. 772—74. Stein. 1 rß 20 gl

Buchholz, Paul, evang. Pfarrer in Kladau (Kr. Danziger Höhe): Das religiöse Bewusstsein nach Schleiermacher. Praust 1907: M. Gawlowski. (98 S.) 8° [F.]
Königsberg, Phil. Fak., Ref. Walther-Meumann, Diss. v. 18. Nov. 1907
[Geb. 19. März 69 Pr. Friedland; Wohnort: Kladau; Staatsangeh.: Preußen; Vorbildung: Gymn. Konitz Reife O. 89; Studium: Greifswald 3, Königsberg 3 S.; Rig. 24. Juli 07.]

Buchholz, P, allg. Erdkunde in Charakterbildern. (Hilfsbücher z. Belebg d. geograph. Unterrichts, I—IV.) 8. (662) Lpzg 88, Hinrichs' V. geb. *n.* 4. 40

— d. Erdteile in Charakterbildern. (Hilfsbücher z. Belebg d. geograph. Unterrichts, V—X.) 8. (814) Ebd. 87. geb. *n.* 6. —

Buchholz, Paul, Hilfsbücher zur Belebung des geographischen Unterrichts. I—X. 8. Leipzig, Hinrichs'sche Buchh. geb. *
Inhalt:
I. Pflanzen-Geographie. (XVI, 128 S. mit 6 Charakterbildern, gez. von H. Leutemann.) 885. * M 1.20.
II. Tier-Geographie. (VII, 152 S.) 886. * M 1.20.
III. Charakterbilder aus der Völkerkunde. (IV, 104 S.) 888. * M 1.60.
IV. Charakterbilder aus der mathematischen und physischen Erdkunde. (VIII, 208 S.) 887. * M 1.60.
V. Charakterbilder aus Europa. (VIII, 180 S.) 886. * M 1.60.
— dass. — Kleinere Ausg. (IV, 92 S.) 886. * 80 Pf.
VI. Charakterbilder aus Asien. (106 S.) 887. * M 1.20.
VII. Charakterbilder aus Afrika. Anhang: Deutschlands Kolonien in Afrika. (144 S.) 887. * M 1.20.
VIII. Charakterbilder aus Amerika. (VIII, 106 S.) 887. * M 1.20.
IX. Charakterbilder aus Australien, Polynesien und den Polarländern. (VII, 106 S.) 887. * M 1.20.
X. Charakterbilder aus Deutschland. (VI, 172 S.) 887. * M 1.60.

— dass. — [Ausg. in 2 Bdn.] 8. Ebendas. geb. *
Inhalt:
Bd. 1. Allgemeine Erdkunde in Charakterbildern. [Hilfsbücher zur Belebung des geograph. Unterrichts, I—IV.] (XVI, 138; VII, 152; IV, 104; VIII, 208 S.) 888. geb. * M 4.40.
" 2. Die Erdteile in Charakterbildern. [Hilfsbücher zur Belebung des geograph. Unterrichts, V—X.] (VIII, VIII, 180; V, 106; 144; VI, 106; VII, 106; VI, 172 S.) 887. geb. * M 6.—.

Buchholz, Paul. Hilfsbücher zur Belebung d. geographischen Unterrichts. I, V—VIII u. X. gr. 8. Lpz., Hinrichs' Verlag. geb. in Leinw. * 8 —
I. Pflanzen-Geographie. 2. verm. u. verb. Aufl. (XII, 106 S.) 891. * 1 20.
V. Charakterbilder aus Europa. 2. vielfach verb. Aufl. (VIII, 195 S.) 890. geb. * 1 60.
VI. Charakterbilder aus Asien. 2. verb. Aufl. (V, 96 S.) 892. geb. in Leinw. * 1 20.
VII. Charakterbilder aus Afrika. Anh.: Deutschlands Kolonien in Afrika. 2. Aufl. (IV, 122 S.) 891. * 1 20.
VIII. Charakterbilder aus Amerika. 2. Aufl. (96 S.) 891. * 1 20.
X. Charakterbilder aus Deutschland. 2. vielfach verb. Aufl. (VI, 175 S.) 891. * 1 60.
II—IV u. IX. Ebd. 1886—88. * 5 40.

Buchholz, Paul, Hilfsbücher zur Belebung d. geographischen Unterrichts. I, II, VI—X. gr. 8. Leipzig, J. C. Hinrichs' Verl. Geb. in Leinw. n. 8. 80
I. Pflanzen-Geographie. 2., verm. Aufl. (XII, 106 S.) 891. n. 1. 20
II. Tier-Geographie. 2., vielfach verb. Aufl. (VIII, 181 S.) 893. n. 1. 20
VI. Charakterbilder aus Asien. 2., verb. Aufl. (V, 96 S.) 892. n. 1. 20
VII. Charakterbilder aus Afrika. Anh.: Deutschlands Kolonien in Afrika. (IV, 122 S.) 891. n. 1. 20
VIII. Charakterbilder aus Amerika. (96 S.) 891. n. 1. 20
IX. Charakterbilder aus Australien, Polynesien u. den Polarländern. 2., verb. Aufl. (VII, 95 S.) 893. n. 1. 20
X. Charakterbilder aus Deutschland. 2., vielfach verb. Aufl. (VI, 175 S.) 891. n. 1. 60

Buchholz, Paul, Hilfsbücher z. Belebung d. geograph. Unterrichts. III—V. 8. Leipzig, J. C. Hinrichs' Verl. Geb. in Leinw. n. 4. 40
III. Charakterbilder a. d. Völkerkunde. 2., vielfach verb. Aufl., nebst Anh.: Einiges a. d. See- u. Schiffswesen d. Handelsmarine v. E. Wasserzieher. (VII, 110 S.) 895. n. 1. 20
IV. Charakterbild. a. d. mathemat. u. phys. Erdkunde. 2., vielfach verb. Aufl. (VIII, 186 S.) 896. n. 1. 60
V. Charakterbilder a. Europa. 3., vielfach verb. Aufl. (VIII, 165 S.) 893. n. 1. 60

Buchholz, Paul, Hilfsbücher zur Belebung des geographischen Unterrichts. VI—VIII u. X. 8. Leipzig, J. C. Hinrichs' Verl. Geb. in Leinw. n. 5. 20
VI. Charakterbilder aus Asien. 3. Aufl., verb. u. erweitert v. R. Schoener. (IV, 96 S.) 902. n. 1. 20
VII. Charakterbilder aus Afrika. 3. Aufl., durchgesehen u. verb. v. R. Schoener. (VIII, 104 S.) 900. n. 1. 20
VIII. Charakterbilder aus Amerika. 3. Aufl., durchgesehen u. verb. v. R. Schoener. (IV, 84 S.) 901. n. 1. 20
X. Charakterbilder aus Deutschland. 3. Aufl., verb. u. neu bearb. unter Mitwirkg. v. Hugo Winnacker. (VIII, 152 S.) 900. n. 1. 60

Buchholz, Paul, Hilfsbücher zur Belebung des geographischen Unterrichts. V u. IX. 8. Leipzig, J. C. Hinrichs' Verl. Geb. in Leinw. n. 2. 80
V. Charakterbilder aus Europa. 4. Aufl., vielfach verb. v. R. Schoener. (VIII, 163 S.) 904. n. 1. 60
IX. Charakterbilder aus Australien, Polynesien u. den Polarländern. 3. Aufl., durchgesehen u. verb. v. R. Schoener. (VI, 82 S.) 905. n. 1. 20

Buchholz, Paul, Hilfsbücher zur Belebung des geograph. Unterrichts. X. 8. Leipzig 909. J. C. Hinrichs' Verl. Geb. 1. 60
Charakterbilder aus Deutschland. 4. Aufl., verb. u. neu bearb. v. R. Schoener. (VIII, 144 S.)

Buchholz, Paul: Hilfsbb. z. Belebg d. geograph. Unterr. NAfl. 1, 7 u. 8. 8° Lpzg, JC Hinrichs. d
1. Charakterbilder a. d. Pflanzen-Geogr. 3. Afl. v. R Schoener. (9, 87) '11. geb. 1.20 ‖ 7. Charakterbilder a. Afrika. 4. Afl. v. R Schoener. (7, 96) '11. geb. 1.20 ‖ 8. Charakterbilder a. Amerika. 4. Afl. v. R Schoener. (4, 75) '11. geb. 1.20

Buchholz, Paul Ferdinand Friedrich, s.a. Buchholz, Friedrich

URSINUS, Geheimräthin, geb. von Weiss, in Berlin, Giftmischerin. — Bekenntnisse einer Giftmischerin. Von ihr selbst geschrieben. (Freier Roman von *Paul Ferd. Friedr. Buchholz*, 1768—1843). Berlin. Bei Joh. Friedr. Unger. 1803. 8°. (3 Mk. Kühl, Berlin, c. 1882.)
Galante Memoiren einer Mannesmörderin. Titel, 1 Bl. Vorr. u. 303 S. — Anon.-Lex. I. p. 167 (nach Goedeke, Kayser, Hayn).

Buchholz, Fr., s. Franziska.

FRANZISCO. (Zahmer Roman von *Paul Ferd. Friedr. Buchholz.*) Berlin, bei Joh. Friedr. Unger. 1802. 8°. Titel u. 333 S.
Goedeke hat „1801" (?).

— über Preußens Grenzzölle. Eine Abhandl. staatswirthschaftl. Inhalts. (A. dess. „Monatsschrift" abgedr.) gr. 8. (3 B.) Berlin 828, Th. Enslin.

— über d. Seeschlacht bei Navarin u. deren wahrscheinliche Folgen. (A. dess. „Monatsschrift" abgedr.) gr. 8. (2½ B.) Berlin 828, Th. Enslin.

— Vertheidigung d. Urheber d. preuß. Landrechts geg. d. Beschuldigungen e. Ungenannten. gr. 8. (2 B.) Berlin 828, Th. Enslin.

—— was verhindert d. Juden an d. Erwerbung polit. Rechte? gr. 8. (1⅛ B.) Berlin 833, Th. Enslin.

—— über d. Zusammenkünfte d. Physiker uns. Zeit. (Aus dess. „Monatsschrift" abgedr.) gr. 8. (2 B.) Berlin 828, Th. Enslin.

Buchholz, R., ein Abenteuer in Feindesland; der Schmuggler, s. Volks-Erzählungen, kleine.

Buchholz, R., Bemerkungen über die Arten der Gattung Dermaleichus Koch. gr. 4. (56 S. mit 7 lithogr. Taf.) Dresden 869. (Jena, Fr. Frommann.) *

Buchholz, Rhold., Land und Leute in Westafrika, s. a. Sammlung gemeinverständl. wissenschaftl. Vorträge.

Buchholz R. Land und Leute in Westafrika. (Slg. wiss. Vortr. 257) Berlin 1876

—— Reisen in West-Afrika nach seinen hinterlassenen Tagebüchern und Briefen, nebst einem Lebensabriss des Verstorbenen von Carl Heinersdorff. gr. 8. (X, 263 S. mit Abbild. in Holzschn. und 1 chromolithogr. Karte.) Leipzig 879, Brockhaus. * ℳ 6.; geb. *

Buchholz', Rhold., Reisen in Westafrika nach seinen hinterlassenen Tagebüchern u. Briefen, nebst einem Lebensabriss d. Verstorbenen v. Carl Heinersdorff. Mit Abbildungen in Holzschn. u. e. (chromolith.) Karte. gr. 8. (X, 263 S.) Leipzig 880. Brockhaus. n. 6.—; geb. n. 7.—

Buchholz, Rich. Die Fragmente der Reden der Seele an den Leichnam, s. a. Beiträge, Erlanger, zur engl. Philologie.

Buchholz, Richard [aus Dargun in Mecklenburg-Schwerin]: Die Fragmente der Reden der Seele an den Leichnam in zwei Handschriften zu Worcester und Oxford. . . . (Aus: Erlanger Beitr. z. engl. Philol. H. 6.) Erlangen, Druck d. Univ.-Buchdr. v. Junge & Sohn, 1889; X + 30 S. 8°

Erlangen, Phil. Fak., Inaug.-Diss. v. 1889

Buchholz, Robert [Dir.]: Bedenken über die Führung der Handlung in Lessings Lustspiele Minna von Barnhelm. Erster Teil: Die Exposition und die Haupthandlung. Rössel, Druck v. B. Kruttke (1890); S. I–XXIV; 4°

Rössel, k. G, P 1890 (16)

Buchholz, R., der Eisenbahn-Wagenmeister u. Wagenwärter. Fragen u. Antworten f. die Prüfung dieser Beamten, nebst e. Anleitg. f. den schriftl. Theil dieser Prüfgn. Nach den amtl. Prüfungs-Bestimmgn. u. in Frage komm. Dienst-Anweisgn. bearb. u. zusammengestellt. 8. (IV, 260 S. m. Abbildgn., 5 Formularen u. 10 Taf.) Berlin 899. H. Klokow. Geb. n. 3.50

Buchholz, Robert [Dir.]: Zur Geschichte des ersten Vierteljahrhunderts der höheren Lehranstalt zu Rössel als eines vollen Kgl. Gymnasiums. '(25. Sept. 1865 bis Ostern 1891.)' Rössel, Buchdr. v. B. Kruttke, 1892; 3—26 S. 4.

Rössel, k. G, OP 1892 (15)

Buchholz, Rob. De alliterationis indole atque natura ususque homerici lineamenta. 20 S. Progr. *Allenstein* 1879.

Buchholz, Robert [Dir.]: Nachweisung der bei dem Königlichen Staatsarchiv in Königsberg deponierten Archivalien des Gymnasiums. Rössel, Buchdr. v. B. Kruttke, 1896; 22–23 S. 4.

Rössel, k. G, OP 1896 (14)

Buchholz, Robert [Dir.]: Rede zur Enthüllung des Rösseler Kriegerdenkmals, geh. am 7. Juni 1896. Rössel, Buchdr. v. B. Kruttke, 1897; I—V S. 4.

Rössel, k. G, OP 1897 (15)

Buchholz, Robert: Rede zur Hundertjahrerinnerung an den Todestag Friedrich Schillers gehalten in der Aula des Gymnasiums. Ein Gedenkblatt für meine Kollegen und unsere Schüler. 7 S. 4. Progr. Kgl. Gymn. *Beuthen O.-S.* 1906

Buchholz, Robert [Dir.]: Verzeichnis der den hiesigen Jahresberichten bisher beigegebenen wissenschaftlichen Abhandlungen. Rössel, Buchdr. v. B. Kruttke, 1896; 23—24 S. 4.

Rössel, k. G, OP 1896 (14)

Die Sammlung der Schnupftabak-Dosen im Märkischen Provinzial-Museum nebst e. geschichtl. Einleitung über d. Tabakgebrauch in d. Mark Brandenburg. Vortrag in d. 'Brandenburgia'-Sitzung 1900. Von Kustos R[udolf] Buchholz. Berlin: [Selbstverl.] 1907. (28 S.) 8° [08. 10.87]

Buchholz, Rud. Verzeichniss der im märkischen Provinzial-Museum der Stadtgemeinde Berlin befindlichen berlinischen Alterthümer v. d. ältesten Zeit bis zum Ende d. Regierungszeit Friedrichs d. Grossen. Mit kurzen Beschreibgn. u. Erläutergn. nebst 248 Abbildgn. Im Auftrage der Direktion bearb. gr. 8. (156 S.) Berl. 890, (Winckelmann). * 1 25

Buchholz, S., Heinz Badewide und seine Nachkommen, allesamt Graven von Ratzeburg. Rostock 1754. 4.

– dass. s.a. Buchholtz, S.

Buchholz, Sam., (+ d. 29. Apr. 1777.) Abhandl. von d. topograph. Beschaffenheit d. Mark Brandenburg. 4. Berl. 764. Haude u. Sp. 6 gr

(Buchholz, S.,) Constantin d. Grosse in seiner wahren Gestalt. Berl. 1712. 8.

(Buchholz, Sam.) Constantin der Grosse in seiner wahren Grösse wiederhergestellt. Von S. B. 4. Berlin 1772.

Buchholz, Sam.: Neueste Preußisch-Brandenburgische Geschichte, nach des Verf. Tode zum Druck befördert und nebst dessen Lebensbeschreibung hrsg. von Joh. Friedr. Heynatz. Berlin 1775.

Th. 1. Die Regierung des 2. Preuß. Königs Friedrich Wilhelm.

2. Die Regierung König Friedrich II. bis auf den Hubertusburger Frieden.

— neueste preuß. brandenb. Gesch. ohne d. Urkund. 2 Thle. gr. 4. Ebend. 775. (ist d. 5te u. 6te Bd. d. vorherg.)

— Pribislaw; erstes Buch. 8. Rostock 754. (Breitkopf u. H.) 8 gr

Buchholz, Sam. Versuch einer Geschichte der Mark Brandenburg. Berlin 1765—75. H: [Bd. 5 u. 6]: *Heynatz, Joh. Friedrich.* (Ky)

— Versuch e. Geschichte d. Mark Brandenburg. 6 Thle. (5r u. 6r herausg. v. J. F. Heynatz.) gr. 4. Berl. 765—775. Rottmann. (à 3 rthl 16 gr) 22 rthl 5r u. 6r auch u. d. T.: neueste Preuß. Brandenburg. Geschichte ohne d. Urkunden. 2 Thle. gr. 4. Berl. 776. 7 rthl 8 gr

— Vers. in d. Geschichte d. Herz. Mecklenb. 4. Rost. Breitkopf. 753.

Buchholz, Sam., Versuch in d. Geschichte d. Herzogth. Mecklenburg. 4. Rostock 753. (Leipz., Gnobloch). 1 rthl 18 gr

Buchholz, Th. G., praes. Andr. El. v. Buechner, Diss. sistens furorem uterinum pathologico-therapeutice consideratum. 48 pp. Hal. 4°. 1747

Buchholz, W., s. Gedenkblatt, ein, für den alten Fritz.

Buchholz, W., das Verhalten der Colostrumkörper bei unterlassener Säugung. Inaugural-Dissertation. gr. 8. (20 S.) Göttingen 877, (Vandenhoeck und Ruprecht's Verlag.) *

Buchholz, W. H., d. Bad zu Ruhla, nebst geograph. Beschr. v. Ruhla. m K. gr. 4. Eisenach, Wittekind. (Lpz. Sommer.) 795.

Buchholz, W. H., Beytr. z. ger. Arzneygel. Weimar. 8°. (III Ursache der amentia Gehirnfehler, enge Stirn, festes Gehirn. Meloë proscarabaeus.) 1782

Buchholz, W. H. S., Pharmacopoe eines Rossarztes, siehe: Bartlet.

Buchholz, Wilh[elm] Heinr[ich]. Assistent am staatlich-hygienischen Institut Bremen, Kgl. preuß. Oberarzt d. L. I.: Aus dem staatlich-hygienischen Institut zu Bremen. ⟨Mit der Oberleitung beauftragt: Prof. Dr. Tjaden.⟩ Ueber den Nachweis der Typhusbazillen im Blut ⟨mit besonderer Berücksichtigung des Conradi'schen Gallekulturverfahrens⟩. Leipzig 1906: B. Georgi. (21 S.) 8°

Leipzig. Med. Fak., Ref. Hofmann, Diss. v. 30. Okt. 1906

[Geb. 14. Febr. 71 Bremen; Wohnort: Bremen; Staatsangeh.: Bremen; Vorbildung: Gymn. Bremen Reife O. 90; Studium: Göttingen 2, Halle 3, Straßburg 1, Rostock 3 S.; Coll. 26. Nov. 06; Approb. 25. Juni 05.]

Buchholz, Wilhelmine, Wasser und Seife oder allgemeines Wäschebuch, umfassend die ganze Praxis der Wäsche, sowohl für den kleinen und großen Haushalt, wie für die größte Bleicherei und Wäscherei. Ein gründliches Lehr-, Hand- und unentbehrl. Hülfsbuch für die werdende und schon ausgebildete Wäscherin. Mit 20—25 den Text erläut. Illustr. (in Holzschn.) Hrsg. im Verein mit mehreren Fachleuten. 1. Aufl. 1866. und 2., sehr verm. und verb. Aufl. gr. 8. (XXXIX und 648 S.) Hamburg 868, J. P. F. E. Richter.

Buchholz, Wilhelmine, Wasser u. Seife oder allgemeines Wäschebuch, umfassend die ganze Praxis der Wäsche, sowohl für den kleinen u. großen Haushalt wie die größte Bleicherei u. Wäscherei in den sorgfältigsten Belehrungen über Gebrauch des Wassers u. der Seife, Anwendung im Verein mit den chemischen Waschmitteln u. den neuesten Maschinen u. der größten Auswahl von Recepten. Ein gründliches Lehr-, Hand- u. unentbehrliches Hülfsbuch für die werdende u. schon ausgebildete Wäscherin. Mit 20 bis 25 den Text erläuternden Illustr. (in Holzschn.) Herausg. im Verein mit mehren Fachleuten. 867. — 2. Aufl. Hamburg 868. J. F. Richter. 8. (XXXIX, 648 S.) n. 1 ₰ 10 ngr.

Buchholz, W.: Wasser und Seife oder allgemeines Wäschebuch. 2. Aufl. Hamburg und Leipzig 1868

Buchholz, Wilh., Wasser und Seife oder allgemeines Wäschebuch, umfassend die ganze Praxis der Wäsche, sowohl für den kleinen und großen Haushalt wie für die größte Bleicherei und Wäscherei in den sorgfält. Belehrungen über Gebrauch des Wassers und der Seife, Anwendung im Verein mit den chem. Waschmitteln und den neuesten Maschinen und der größten Auswahl von Recepten. Ein gründl. Lehr-, Hand- und unentbehrl. Hülfsbuch für die werdende und schon ausgebildete Wäscherin. Mit vielen den Text erläut. (eingedr.) Illustrationen (in Holzschn.). Hrsg. im Verein mit mehreren Fachleuten. 8. Aufl. 14 Lfgn. gr. 8. (VIII, 667 S.) Hamburg 873,74, Richter. à Lfg. 30 Pf.

Buchholz, Wilhelmine, Wasser u. Seife. Unentbehrliches Hülfsbuch für Bleicherei, Wäscherei, Färberei, sowohl f. den Haushalt, wie für größere Etablissements. Mit den Text erläut. (Holzschn-) Illustr. 5. Aufl. gänzlich umgearb. v. C. J. H. Müller. 8. (VIII, 303 S.) Hamburg 878. R. F. Richter. cart. n. 3. —; geb. n. 4. —

Buchholz, Yngve, aus Kristiania: Zur Kenntniss des β-Aminocrotonsäureesters. *Kristiania 1900: A. W. Brøgger.* (61 S.) 8°
Rostock, Phil. Diss. v. [23. Juli] 1900

Buchholzer, A., Katechismus des Obstbaues. Im Auftrage des Burzenländer Volksschullehrer-Fortbildungscurses mit Rücksicht auf siebenbürgische Verhältnisse und Schulgärten. 8°. (72 S.) Kronstadt. H. Zeidner. fl. —.30. 1886.

Buchholzer, A., Katechismus des Obstbaues. Im Auftrage des Burzenländer Volksschullehrer-Fortbildungs-Kurses, mit Rücksicht auf siebenbürg. Verhältnisse und Schulgärten bearb. 8. (VIII, 72 S.) Kronstadt 887, Zeidner. *

Buchholzer, A. u. M. Wilk:

— — Liederstrauß. Ein Liederbuch f. Schule u. Haus, insbesondere f. die Schulen der evang. Landeskirche A. B. in den siebenbürg. Landesteilen Ungarns. Neu bearb. u. hrsg. v. Rud. Lassel. I. u. II. Schulj. 3., völlig umgearb. Aufl. (IV, 72 S.) 8. Ebd. 906. n. — 40

Buchholzer u. Wilk's Liederstrauss. Neu bearb. v. Herm. Kirchner. Ausg. f. d. deut. Schulen Rumäniens. 3. u. 4. Schulj. 8° Kronst., H Zeidner. d
3. Schulj. 4. Afl. (4, 36) '10. — 25 ‖ 4. Schulj. (4, 40) '10. — 25

— — dass. Für d. Schulen d. evang. Landeskirche A. B. in d. siebenbürg. Landestln Ungarns. 3. u. 4. Schulj. 8° Ebd. d
3. Schulj. 4. Afl. (4, 36) '10. — 25 ‖ 4. Schulj. 4. Afl. (4, 36) '10. — 25

Buchholzer, A., u. M. Wilk, Liederstrauß f. Volks-, Bürger-, Real- u. Untergymnasialschulen. Enth.: 1-, 2- u. 3 stimm. Lieder, sowie das Wichtigste aus der Theorie d. Gesanges. (In 8 Hftn.) 1—6. Hft. 2., verm. u. verb. Aufl. 8. Kronstadt 885. Zeidner. n. 1. 24
1. 2. (44 S.) n. — 30. — 3. (32 S.) n. — 20. — 4. 5. (à 36 S.) à n. — 24. — 6. (44 S.) n. — 30.

Buchholzer, A., u. M. Wilk, Liederstrauß f. Volks-, Bürger-, Real- u. Untergymnasialschulen. Enth.: 1-, 2- u. 3stimm. Lieder, sowie das Wichtigste aus der Theorie d. Gesanges. (In 8 Hftn.) 7. u. 8. Hft. (7., 8. u. 9. Schulj.) 2., verm. Aufl. 8. (VII, 171 S.) Kronstadt 893. H. Zeidner. n.n. — 90

Buchholzer, A., u. M. Wilk, Liederstrauß f. Volks-, Bürger-, Real- u. Untergymnasialschulen. Enth.: 1-, 2- u. 3stimm. Lieder, sowie das Wichtigste aus der Theorie des Gesanges. (In 8 Heften.) III.—VI. Hft. 3., verm. u. verb. Aufl. 8. Kronstadt, H. Zeidner. n. — 82

III.	(3. Schulj.)	(32 S.) 898.	n. — 17
IV.	(4. Schulj.)	(36 S.) 898.	n. — 20
V.	(5. Schulj.)	(37 S.) 900.	n. — 20
VI.	(6. Schulj.)	(45 S.) 900.	n. — 25

Buchholzer, A., und M. Wilk, Liederstrauß für die sächsischen Volksschulen Siebenbürgens. In 3 Heften. Enthalt.: Die vom H. evangel. Landesconsistorium A. B. vorgeschriebenen Lieder, sowie eine große Auswahl anderer, werthvoller, kindl. Gesänge und Orig.-Lieder. Beigabe: Kurzer Unterricht im Gesange nach dem Gehör und nach Noten, sowie ein Anhang von 13 einstimm. Liedern für die Fortbildungsschule. 8. Kronstadt 880, Zeidner.

Inhalt:

Heft 1.	[1., 2. und 3. Schulj.]	(VIII, 72 S.)	* 50 Pf.
" 2.	[4., 5. und 6. Schulj.]	(VI, 130 S.)	* 80 Pf.
" 3.	[7., 8. und 9. Schulj.]	(VIII, 187 S.)	* ℳ 1.

— — der Zwerg-Obstbau im Schulgarten. [Vortrag, gehalten im Fortbildungskurs der Burzenländer Volksschullehrer in Tartlau den 1. Juni 1887.] gr. 8. (12 S.) Kronstadt 888, Albrecht und Zillich. *

Buchholzer, Emil: Die Volkspoesie ..., s. a. Buchholzer, Ernst

Buchholzer, Emil, Die Volkspoesie der Siebenbürger Sachsen. Vortrag. 8. (27 S.) —.15
Hermannstadt: W. Krafft 1898.

Buchholzer, Ernst (Hrsg.), s. a. Beruf, Der akademische.

Buchholzer, Ernst, der akademische Beruf. Ein Wegweiser f. den siebenbürgisch-sächs. Abiturienten u. Hochschüler. Unter Mitwirkg. zahlr. Mitarbeiter hrsg. (VII, 258 S.) 8. Hermannstadt 907. W. Krafft. 3. 40

Buchholzer, Ernst: Die Volkspoesie ..., s. a. Buchholzer, Emil

Buchholzer, Ernst, Die Volkspoesie der Siebenbürger Sachsen. Vortrag. [Aus: „Kirchl. Blätter".] 8. (27 S.) Hermannstadt 898. (W. Krafft.) n.n. — 25

Buchholzer, Th., „Die Feschen". Walzer. (Donau-Wellen II. 1.) Wien, Geitler. 42 kr.

Buchhorn, Aug. Jak. Wlh., Anleit. zum Proceßregistraturwesen u. über Verbess. d. Registraturen. 8. Magdeb. 781. Creutz. 10 gr.

— von d. im Königr. Westphalen eingeführten Conscription rc. 8. Magdeb. 808. v. Schütz. (Lauffer in Leipz.) 6 gr.

– dass. s. a. Buchhorn, J. A. W. und Buchhorn, J. Ch. N.

Buchhorn, J. A. W., Anl. z. Prozeßregistraturwesen. 8. Magdb. Creutz. 781.

— von dem im Königreiche Westphalen eingeführt. Conscription rc. 8. Magdeb. Schütz. 808.

– dass. s.a. Buchhorn, Aug. Jak. Wlh. und Buchhorn, J. Ch. N.

Buchhorn, J. Ch. N.: „Anleitung zum Prozess-Registratur-Wesen und über Verbesserung der Registraturen überhaupt, mit Tabellen zur Erläuterung", Magdeburg 1781 (Creutz).

– dass. s.a. Buchhorn, Aug. Jak. Wlh. und Buchhorn, J. A. W.

Buchhorn, Jos., Fragmente f. d. Pöbel. Ein Musenalmanach auf d. J. 1898. 8. (XII, 159 S.) Dresden 898. E. Pierson. n. 2.—; geb. n. 3.—

— Frühlingskinder. Gedichte. 8. (111 S.) Ebd. 896. n. 1. 50; geb. in Damast m. Goldschn. n. 2. 50

Buchhorn, Jos., die Hohenstaufen. Ein Tübinger Studentenroman. (V, 282 S.) 8. Berlin 908). R. Taendler. 3.—; geb. 4.—

Die Hohenstaufen. Ein Tübinger Studentenroman von Josef Buchhorn. 2. Aufl. Berlin: Taendler [1908]. 282 S. 8° [08. 1251

— Luginsland, s.a. Kürschner's Bücherschatz.

Luginsland. Ein Skizzenbuch v. Niederrhein von Josef Buchhorn. Mit Ill. von A. Lewin. Berlin, Leipzig: H. Hillger [1908]. (112 S.) 8° [F.]
— Bücherschatz, Kürschners. No 611. [08. 1204]

— Modern. Ein Familiendrama in 3 Aufzügen. 8. (48 S.) Ebd. 895. n. 1.—

— Rehabilitiert! Ein deutscher Beamtenroman. (216 S.) 8. Berlin (910). R. Taendler. 3.—; geb. 4.—

Studentenlust, Studentenleid! 5 Skizzen von Josef Buchhorn. Berlin: Sarganek [1907]. 32 S. 8° [Umschlagt.]
(Für Hütte u. Schloss. Nr 11.) [11. 10797

Josef Buchhorn. Von drei Universitäten. Studentenlust, Studentenleid. Berlin: A. Sarganek [1907]. (32, 32 S.) 8° [Umschlagt. F.]
— Hütte, Für, u. Schloss. [Geschenkbände. 3.] [07. 1903

— Aus e. stillen Winkel, s.a. Bibliothek der Gesamtlitteratur.

Aus einem stillen Winkel. Neue Skizzen vom Niederrhein (zwischen Neuß u. Zons) von Josef Buchhorn. Mit e. Vorbemerkung u. d. Bilde d. Verf. Halle a. S.: Hendel [1900]. VI, 100 S. 8°
(Bibliothek d. Gesamtliteratur d. In- u. Auslandes. Nr 2151–2152.) [10. 1030

Buchhorn, Ludwig. Betteljugend. O. O. u. J. [um 1810].
12 Bl. in Aquatinta. 2°.
Vollständige Folge.

Buchhorn, Wilhelm: William Morris' Odyssee-Übersetzung. Königsberg i. P. 1910: Karg & Manneck. 66 S. 8°
Königsberg, Phil. Diss. v. 10. März 1910. Ref. Kaluza
[Geb. 31. Okt. 85 Allenstein; Wohnort: Königsberg i. P.; Staatsangeh.: Preußen; Vorbildung: Altstädt. Gymn. Königsberg Reife M. 05; Studium: Königsberg 9 S.; Rig. 17. Dez. 09.] [U 10. 2594

***Buchhorn*, Wlh. Hnr. Jul., de Keratonyxide, nova cataractae aliisque oculorum morbis medendi methodo chirurg. Diss. 4maj. Magdeb. 810. Auch deutsch: d. Keratonyxis; e. gefahrlosere Methode, d. Staar zu operiren rc. gr. 8. Magdeb. 811. Heinrichshofen. 9 K**

— s. H. B. Mayer.

Buchhorn, Wilhelm Heinrich Julius: Synoptische Tafeln der Nerven des menschlichen Koerpers von H.B. Mayer (d.i. Wilhelm Heinrich Julius Buchhorn). Halle: Hendel 1806. 5 Taf. 2°.

Büchi (Red.), s. Blätter, Thurgauische, für Landwirtschaft.

Büchi, A. (Hrsg.), s. Quellen zur Schweizer Geschichte.

Büchi, Albert. Freiburger Akten zur Geschichte der Burgunderkriege ⟨1474—1481⟩. Hrg. von A' B'. [SA. aus: Freiburger Geschichtsblätter, Jahrg. 16.] 141 S. 8. [Freiburg, Gebrüder Fragnière, 1909.]

Büchi, Albert (Hrsg.), s.a. Aktenstücke z. Geschichte des Schwabenkrieges.

Büchi, Albert. Aktenstücke zur Geschichte des Schwabenkrieges. nebst einer Freiburger Chronik über die Ereignisse von 1499. Hrg. von Albert Büchi. LXVIII + 655 S. 8. Basel, Basler Buch- und Antiquariatshandlung ⟨vormals Adolf Geering⟩, 1901. [fr. 16. 80]
Quellen zur Schweizer Geschichte. Hrg. von der Allgemeinen geschichtforschenden Gesellschaft der Schweiz. Band 20.

Büchi, Alb[ert]. Freiburger Aufzeichnungen über die Jahre 1435–52 [Separatabdruck aus: Freiburger Geschichtsblätter... Jahrg. 8.] 31 S. 8. [Freiburg i. Ue., Universitätsbuchhandlung, 1901.]

(B[üchi]. A[lbert].) † Anton Augustin, Centralkassier des Schweiz. Studenten-Vereins. [SA.] 8. [Basel 1900.]

Büchi, Albert. Kleine Beiträge zur Biographie von Joh(ann) Ökolampad, nebst sieben ungedruckten Briefen. [SA. aus: Hermann Grauert. Festgabe zur Vollendung des 60. Lebensjahres ... gewidmet von seinen Schülern.] S. 221—232. 8. [Freiburg i. Br., Herder, 1910.]

Büchi, Albert. Die ältesten Beschreibungen der Schweiz. [Sep.-Abdr. aus: Schweizerische Rundschau. Jahrg. 4, 1903-1904. Heft 3.] 18 S. 8. [Stans, Hans von Matt & Co., 1904.]

Büchi, A., Albrecht v. Bonstetten. Ein Beitrag zur Geschichte d. Humanismus in der Schweiz. gr. 8. (129 S.) Frauenfeld 889. Huber. n. 2.—

Büchi, Albert: Albrecht von Bonstetten. Ein Beitrag zur Geschichte des Humanismus in der Schweiz. . . . München. k. Hof- u. Univ.-Buchdr. Dr. C. Wolf & Sohn, 1889. 129 S. 8°
München, Phil. Fak., Inaug.-Diss. v. 1889

Büchi, Albert. Albrecht von Bonstetten. Briefe und ausgewählte Schriften. Hrg. von Dr. A' B'.... Quellen Schweiz. Gesch. Band 13. 8. Basel 1893.

Büchi, Alb., Freiburgs Bruch m. Oesterreich u. sein Uebergang an Savoyen u. Anschl. a. d. Eidgenossenschaft, s.a. Collectanea Friburgensia.

Freiburgs Bruch mit Oesterreich, sein Uebergang an Savoyen u. Anschl. an d. Eidgenossenschaft. Nach d. Quellen dargest. M. XXVI urkundl. Beil. u. 1 Kt. d. Herrsch. Freiburg v. Albert Büchi. *Freiburg (Schweiz): Commv. d. Universitaetsbuchh. 1897.* (XXII, 268 S., 1 Kt.) 1 Bd 4.(8.)
— Collectanea Friburgensia. Fasc. VII. [97. 6304

Büchi, Albert. Die Chroniken und Chronisten von Freiburg im Uechtland. Sonderabdruck aus dem «Jahrbuch für Schweizerische Geschichte», Bd. 30. II S. + S. 197—326. 8. Freiburg i. Ue., Universitäts-Buchh. ⟨Otto Gschwend⟩, 1905. [fr. 1. 50]

(B[üchi]. A[lbert].) [Besprechung von:] Geschichte der Landschaft Gaster ([von] Joseph Meinrad Gubser). [SA.] 8. [St. Gallen 1900.]

Büchi, Albert, Prof. Dr., Rektor der Universität: Die freiburgische Geschichtsschreibung in neuerer Zeit. Rede beim Antritt des Rektorates der Universität Freiburg, Schweiz, gehalten am 15. November 1904. Freiburg (Schweiz) 1905. 32 S. 8°.
Freiburg i. Schw. Univ.-Schr. 1904/1905.

Büchi, Albert. Die freiburgische Geschichtschreibung in neuerer Zeit. Rede beim Antritt des Rektorates der Universität Freiburg, Schweiz, gehalten am 15. November 1904 von ... A' B', Rektor.... 32 S. 8. Freiburg ⟨Schweiz⟩, Buchdr. des Werkes vom hl. Paulus, 1905. [fr. —. 40]

Büchi, Albert. Hans Greierz und seine Annalen. [Sep.-Abdr. aus: Freiburger Geschichtsblätter.... Jahrg. 10.] 54 S. 8. [Freiburg i. Ue., Universitätsbuchh., 1903.]

Büchi, Albert. † Joh(ann) Gremaud. [SA.] 8. [Freiburg i. Ue. 1897.]

Büchi, Albert s. Jahrzeitbuch. Das Fischinger Jahrzeitbuch.

Büchi, A., die kathol. Kirche in der Schweiz. Ihr gegenwärt. Bestand nebst e. histor. Ueberblick üb. die Vergangenheit. Mit 1 Karte in Buntdr., 8 Tafelbildern, 85 Textillustr. u. 8 statist. Tabellen. Lex.-8. (VIII, 105 S.) München 902. Allgemeine Verlags-Gesellschaft. Geb. n. 3. 50

Büchi, Albert. Die Ritter von Maggenberg. [Mit 1 Tafel. SA. aus: Freiburger Geschichtsblätter, Jahrg. 15.] S. 70—144. 8. [Freiburg, Gebrüder Fragnière, 1908.]

Büchi, A[lbert]. Freiburger Missiven zur Geschichte des Burgunderkrieges. Hrg. ([mit Einleitung und] Register) von A. B'. [Sep.-Abdr. aus: Freiburger Geschichtsblätter .... Jahrg. 13.] 102 S. 8. [Freiburg i. Ue., Universitäts-Buchh., 1906.]

Büchi, A[lbert]. Zur tridentinischen Reform der thurgauischen Klöster. [Mit Akten-Beilagen.] Separatabdruck aus der Zeitschrift für Schweiz. Kirchengeschichte. Jahrg. 1. II S. + S. 1—19 + 81—97 + 194—214 + 249—285. 8. Freiburg, St. Paulus-Druckerei, 1907.

(Büchi, A[lbert].) † Professor Heinrich Reinhardt (1855—1906). [Nachruf. Sep.-Abdr. aus: Freiburger Geschichtsblätter.... Jahrg. 13.] S. 159—167. 8. [Freiburg i. Ue., Universitäts-Buchh., 1906.]

(B[üchi], A[lbert].) † Karl Rogg, Oberrichter. [Separatabdruck aus: Monat-Rosen des Schweizerischen Studenten-Vereins.... Jahrg. 46. No. 2. 15. Oktober 1901.] 4 S. 8. [Basel, Actiendr. «Basler Volksblatt», 1901.]

Büchi, Alb[ert]. Schiesswesen und Schützenfeste in Freiburg bis zur Mitte des XV. Jahrhunderts. [Sep.-Abdr. aus: Freiburger Geschichtsblätter, Jahrg. 12.] S. 152—170. 8. [Freiburg, Gebrüder Fragnière, 1905.]

(Büchi, A[lbert].) Rezension... [von:] Schulte A[lois], Geschichte des mittelalterlichen Handels und Verkehrs zwischen Westdeutschland und Italien.... Leipzig... 1900.... ([Ausschnitt aus:] Historisches Jahrbuch [...der Görres-Gesellschaft. Band 23. Jahrg.] 1902.) S. 98—106. 8. [München, Herder & Co.]

[Büchi, Albert.] Die deutsche Seelsorge in der Stadt Freiburg. Urkunden und Aktenstücke, gesammelt und in Auszügen hrg. [von Prof. Dr. A' Büchi.] im Auftrage... des deutschen katholischen Männervereins (der Stadt Freiburg). 8. Freiburg 1893.

Büchi, Albert. Die deutsche Sprache in der Westschweiz. [2 Teile.] [Sep.-Abdr. aus Schweizerische Rundschau, Jahrg. 3, 1902-1903, Heft 2 u. 4.] *je* 11 S. 8. [Stans, Paul von Matt, 1902 u. 1903.]

[Teil] 1: Die Sprachgrenze im Kanton Freiburg.
[Teil] 2: Die Sprachgrenze im Wallis.

(Büchi, Alb[ert].) [Besprechung von:] Stähelin, R[udolf]. Huldreich Zwingli. Sein Leben und Wirken nach den Quellen dargestellt. 2. Bd. Basel 1897. [A.] 8. [München 1899.]

Büchi, A[lbert]. Freiburger Studenten auf auswärtigen Hochschulen. [Sep.-Abdr. aus: Freiburger Geschichtsblätter, Jahrg. 14.] S. 128—160. 8. [Freiburg i. Ue., Universitäts-Buchh., 1907.]

Büchi, Alb., s.: Studien, Freiburger historische.

(Büchi, A[lbert].) † Joseph Tschopp, Dekan des Collegiatstiftes in Freiburg. [Separatabdruck aus: Monat-Rosen des Schweizerischen Studenten-Vereins.... Jahrg. 46, No. 9. 15. Mai 1902.] 3 S. 8. [Basel, Actiendr. «Basler Volksblatt», 1902.]

(Büchi, Albert.) Neuere Urkundensammlungen aus der Schweiz. [A.] 8. [München 1894.]

Büchi, A[lbert]. Die Verschwörung gegen die Stadt Freiburg im Winter 1451/52. [Sep.-Abdr. aus: Freiburger Geschichtsblätter.... Jahrg. 13.] S. 130—150. 8. [Freiburg i. Ue., Universitäts-Buchh., 1906.]

Büchi, Albert. Georg von Wyss. [A.] 8. [München 1894.]

— s.: Zeitschrift f. schweizer. Kirchengeschichte.

(Büchi, Albert.) [Recension von:] Zimmerli, J[acob]. Die deutsch-französische Sprachgrenze in der Schweiz. III. Teil: Die Sprachgrenze im Wallis.... Basel und Genf Georg 1899.... ([Ausschnitt aus:] Anzeiger [für indogermanische Sprach- und Altertumskunde.... Band] 13, [Heft] 1.) 8. [Strassburg, Karl J. Trübner, 1902.] S. 62—74.

Büchi, Joseph. Stilicho's Zug nach Germanien anno 395 p. C. (Progr.) 4. (Frauenfeld 1885.)

Büchi, Herm.: Ein Menschenalter Reformen d. Toten Hand in Toskana (1751—90), s: Studien, Historische.

Büchi, J: Die Wasserkraftanlagen d. „Aluminium-Industr.-A.-G. Neuhausen" bei Chippis im Wallis. [Aus: „Schweiz. Bauztg".] (16 m. Abb. u. 1 Doppeltaf.) 32×23,5 cm. Zür., Rascher & Co. '11. 1.40

Büchi, JH: Geogr. f. höh. Volksch., s.: Egli, JJ.

Büchi, J J . Ein Wort über Pestalozzi's Leben und Wirken. Rede gehalten bei der Gedächtnissfeier [Johann] Heinrich Pestalozzi's, den 12. Januar 1846... zu Winterthur. 8. Winterthur [1846].

Büchi, Jak.: Die Diskontierg v. Buchfordergn, s. Mitteilungen a. d. handelswissenschaftl. Seminar d. Univ. Zürich.

Büchi, Jacob. Die Diskontierung von Buchforderungen von Jakob B'. (Referat, gehalten im handelswissenschaftlichen Seminar der Universität Zürich, Wintersemester 1909/10.) Sonderabdruck aus der Schweizerischen Zeitschrift für kaufmännisches Bildungswesen [Jahrg. 4, 1910, No. 11 *u.* 12]. II + 17 S. 8. Basel, G. Krebs, 1910. (fr. —.40) Q

Mitteilungen aus dem handelswissenschaftlichen Seminar der Universität Zürich.... Heft 7.

Büchi, Jos.

Büchl, J., Alterthümer bei Frauenfeld, s.: Beiträge, Thurgauische, zur vaterländ. Geschichte.

Büchi, Jos., Bericht über die Ausgrabung römischer Alterthümer in Thalbach bei Frauenfeld, s. Beiträge, Thurgauische, zur vaterländ. Geschichte.

– Thurgauer Chronik, s. Beiträge, Thurgauische, zur vaterländ. Geschichte.

– Thurgauer Literatur, s. Beiträge, Thurgauische, zur vaterländ. Geschichte

Büchi, Luise

Büchi, L. Heinrichsbader Kochbuch. Mit 2 Autotypien u. vielen Textabb. In-8°. 604 S. Zürich, Art. Inst. Orell Füssli. **1895** Leinw. 8 —

Büchl, L., Heinrichsbader Kochbuch. gr. 8. (V, 591 S. m. Abb.) Zürich 896. Artist. Institut Orell Füßli, Verl. Geb. in Leinw. n. 6. 50

Büchl, L., Heinrichsbader Kochbuch. 8. Aufl. gr. 8. (XII, 611 S. m. Abbildgn. u. 2 Taf.) Zürich 898. Art. Institut Orell Füßli. Geb. in Leinw. n. 6. 50

Büchi, L[uise]. Heinrichsbader Kochbuch. 5. [vermehrte] Aufl. [Mit Abbildungen und 2 Tafeln.] XII + 1 + 632 [+ 20] S. 8. Zürich, Art. Institut Orell Füssli, 1902. [geb. fr. 8. —]

6. [Titel-]Aufl. 1902. — *s. Bulletin 1903, S. 92:* N 1607

Büchi, L[uise]. Heinrichsbader Kochbuch. 6. Aufl. [Mit Abbildungen und 2 Tafeln.] XII + 1 + 632 [+ 20] S. 8. Zürich, Art. Institut Orell Füssli, 1902. [geb. fr. 8. —]

Büchi, L(uise). Heinrichsbader Kochbuch. [Mit Abbildungen und 3 Tafeln.] XII + 662 [+ 18] S. 8. Zürich, Orell Füssli. [geb. fr. 8. —]

7. [vermehrte] Aufl. [1904.]
8. [Titel-] Aufl. [1905.]
9. [Titel-] Aufl. [1907.]

Büchi, L(uise). Heinrichsbader Kochbuch. [Mit Abbildungen und 3 Tafeln.] 8. Zürich, Orell Füssli. [geb. fr. 8. —]

10. [Titel-]Aufl. XII + 662 S. + *Inserate.* [1908.]
11. [vermehrte] Aufl. II + XVI + 696 S. + *Inserate.* [1909.]

Büchi, L., Heinrichsbader Kochbuch. 11. Aufl. (XVI, 696 S. m. Abb., Bildnis u. 1 Taf.) 8. Zürich (910). Art. Institut Orell Füßli. Geb. in Leinw. 6. 50

Büchi, L: Heinrichsbader Kochb. 13. Afl. (16, 696 m. Abb., Bildn. u. 1 Taf.) 8° Zür., Art. Instit. Orell Füssli ('12). L 6.50 d

Büchile, Karl. Land und Volk der VS. Stuttgart, 1855.

Buchillustration, Oberrheinische, von 1475—1530. Aus den Beständen der Universitätsbibliothek. Freiburg i. B. 1925. V: *Rest, Josef.* (Jahrbuch f. Kunstwissenschaft, 1926, S. 245)

Buechlng, G., De potentia diaboli in corpora. Hal. 4°. 1703

Buchinger, F., d. Einführung d. öffentl. Rechtspflege in Baiern, mit Bezieh. auf d. Oeffentlichkeit des Kultus. 8. Passau 827. Ambrosi; auch Weber in Münch. 1 ℛ

Buchinger, F., s. K. Scotti, Orangenblüthen.

Buchinger, F. N.: Geschichte ..., s. Buchinger, Joh. Nep.

Buchinger, Jh. Nep., Julius Echter v. Mespelbrunn, Bischof von Würzburg und Herzog von Franken. Nebst des Bischofs Portr. u. Facsimile u. 4 Steinzeichn. gr. 8. Würzburg 843, Voigt u. Mocker. 2 7/8 ℛ

Buchinger, Joh. Nep., Erinnerungen an die Gründung und erste Verbreitung des Instituts der englischen Fräulein in Bayern. Lex.-8. (61 S.) München 857, (Franz.) * *
Aus: Oberbayer. Archiv, Bd. XVII. Heft 2, besonders abgedruckt.

Buchinger, (J. N.,) Geschichte des Fürstenthums Passau, aus archival. Quellen bearb. 2 Bdchn. Mit 19 Urkunden. gr. 8. München 816—24, Lentner. (Leipz., Hartmann.)

Buchinger, Jh. Nep., Geschichte d. Fürstenthums Passau, aus archival. Quellen bearb. 2 Bdchen. Mit 19 Urkunden. gr. 8. Landsh. 817. Münch. 824. Lentner. (Leipz., Volckmar). 3 ℛ 4 gl

Buchinger, J. N., Geschichte des Fürstenthums Passau, aus archiv. Quellen bearbeitet. 1r Band ältere Geschichte. gr. 8. 1817. Landshut, Storno.

Buchinger, Joh. Nep., über die Herkunft u. Genealogie der Grafen v. Burghausen, Schala, Peilstein u. Mören. Nach Urkunden u. neuen Forschungen. [Aus d. Abhandlungen d. k. bayr. Akad. d. W. II. Cl. VI. Bd. 2. Abth. abgedr.] gr. 4. (64 S.) München 851, Franz in Comm. n. 18 ngl

—— geschichtliche Nachrichten üb. die ehemalige Grafschaft u. das Landgericht Dachau (bis 1800.) gr. 8. (14 5/8 B.) München 841. (Franz.) *
Aus dem oberbayerischen Archive Bd. VI. Hft. 1. besond. abgedruckt.

Buchinger, Dr. J. Nep. (k. b. Hofr.), Otto der Grosse, Herzog v. Bayern, u. seine Brüder, Pfalzgrafen v. Wittelsbach, ihr Leben u. Wirken unter u. mit den Welfen u. Hohenstaufen. (Sep.-Abdr. aus d. Abhdlgn. d. k. b. Akad. d. Wiss. III. Cl. V. Bd. 1. u. 3. Abth.) (München 1847—49.) Gr. 4°. 90 u. 168 S. Ppb.

— Otto der Grosse, Herzog v. Bayern u. seine Brüder, Pfalzgrafen v. Wittelsbach, ihr Leben u. Wirken unter u. mit den Welfen u. Hohenstaufen. I. Abth. (Abgedr. aus den Abhandlungen der histor. Cl. der k. bayer. Akad. d. Wiss. V. Bd. 1. Abth.) gr. 4. (90 S.) München 850. (Franz.) n. 11/12 ℛ — II. Abth. (Abgedr. aus d. Abhandlungen der histor. Cl. d. k. bayer. Akad. d. Wiss. V. Bd. 3. Abth.) gr. 4. (132 S.) Ebd. 850. n. 1 1/3 ℛ — III. u. letzte Abth. (Abgedr. aus d. Abhandlungen d. histor. Cl. d. k. bayr. Akad. d. Wiss. VI. Bd. 1. Abth.) gr. 4. (84 S.) Ebd. 850. n. 28 ngl (I—III. n. 3 ℛ 5 1/2 ngl)

—— über Ursprung und Fortbildung des bayrischen Landes-, Haus- und Reichs-Wappens. Aus dem oberbayr. Archiv für vaterländ. Geschichte besonders abgedruckt. gr. 8. (47 S.) München 817, (Franz.)

Buchinger, Jos., s. A. Schlör, Geistesübungen.

Buchinger, Otto: Die Abstinenzbewegg in d. kais. Marine. [Aus: „Marine-Rundschau".] Mit e. Nachtrag. (58) 8° Hambg. (Deutschlds Grossloge II) '11. 1 — d

Buchinger, Otto, approb. Arzt aus Gießen: Aus d. Privatlaboratorium d. Hrn Privat-Doz. Dr. H. Koeppe zu Gießen. Über den Einfluß des Pepsins auf die elektrische Leitfähigkeit der Milch. Mit 1 Tab. *Gießen 1902: J. Weinert.* (58 S.) 8°
Gießen, Med. Diss. v. 1902

Büchinger, Jos., s. Schlör, Al., der Kleriker in der Einsamkeit.

Büchinger, Dr. Jos. (Kanonikus u. geistl. Seminardirektor), drei Vorträge ꝛc. Angehängt bei Schlör d. Kleriker in d. Einsamkeit.

Buchka, d. Einfluss d. Process. auf d. materiell. Rechtsverhältniss. 2 Thle. Rostock 847. (7. 50)

Buchka, Edithe Léontine v., Gardez l'amour! (VIII, 84 S.) 8. Dresden (906). E. Pierson. n. 1. 50; geb. n. 2. 50

Buchka, EL v., s.: Nach Sonnenuntergang.

— unter fallenden Sternen. Fortsetzung v.: „Nach Sonnenuntergang". (VIII, 74 S.) schmal 8. Dresden 905. E. Pierson. n. 2. —; geb. n. 3. —

Buchka, Edithe Léontine v., wie Frauen weinen. Skizzen — Träume — Märchen. (III, 111 S.) 8. Dresden (909). E. Pierson. 2.—; geb. n 3. —

von **Buchka**, Friedrich Franz [app. Arzt aus Schwerin i. M.]: Zur Kenntnis der Entstehung der spontanen Herzruptur ... München. E. Wolff & H. Lüneburg, 1893; 16 S. 8.
München, Med. Fak., Inaug.-Diss. v. 1893

Buchka, Gerh. v., s.: Bericht der Reichstags-Kommission üb. den Entwurf e. bürgerl. Gesetzbuchs.

— s. a. Darstellung, vergleichende, des bürgerl. Gesetzbuches f. das Deutsche Reich u. der Landesrechte.

Buchka, G. v., **Förtsch**, R. u. **Leske**, F.: Vergleichende Darstellung des BGB. für das Deutsche Reich und der Landesrechte. In Einzeldarstellungen. Berlin. 4 — 2 Bde
Bd 1. **Buchka**: Vergleichende Darstellung des BGB. für das Deutsche Reich u. des gemeinen Rechts. 1897.
Bd 2. **Förtsch**: Vergleichende Darstellung des Code civil und des BGB. für das Deutsche Reich. 1897.
„ 3. **Leske**: Vergleichende Darstellung des BGB. für das Deutsche Reich u. des Preuß. ALR. 1. u. 2. Aufl. Hälfte 1. 2. 1900. 03. [2 Ex.]

Vergleichende **Darstellung** des Bürgerlichen Gesetzbuches für das Deutsche Reich und der Landesrechte. In Einzeldarstellungen bearb. von Dr. G(erhard) v. **Buchka**, R[ichard] Förtsch u. Dr. F[ranz] Leske. Bd 1—3. *Berlin: O. Liebmann 1898—1903.* 4 Bde 8° [F.]
1 — Buchka: Vergl. Darstellung d. BGB. f. d. Deutsche Reich u. d. Gemeinen Rechts. 2., verb. Aufl. 1898.
2 — Förtsch: Vergl. Darstellung d. Code civil u. d. BGB. f. d. Deutsche Reich. 2., unveränd. Aufl. 1899.
3 — Leske: Vergl. Darstellung d. BGB. f. d. Deutsche Reich u. d. Preuß. Allgem. Landrechts. 1. u. 2. Aufl.
Hälfte 1. Allg. Teil, Recht d. Schuldverhältniße, Sachenrecht. (1898—)1900.
2. Familienrecht, Erbrecht. 19(00—)03. [03. 9933

[F. u. Ant.] Vergleichende **Darstellung** des Bürgerlichen Gesetzbuches für das Deutsche Reich und der Landesrechte. In Einzel-Darstellgn bearb. v. Dr. G(erh.) v. **Buchka**, R[ich.] Förtsch u. Dr. F[ranz] Leske. Bd I. II. *Berlin: O. Liebmann 1897.* 8. [97. 6016

[F.] Vergleichende **Darstellung** des Bürgerlichen Gesetzbuches für das Deutsche Reich und der Landesrechte. In Einzeldarstellgn bearb. v. Dr. G(erhard) v. **Buchka**, R[ichard] Förtsch u. Dr. F[ranz] Leske. (2. Aufl.) Bd 1. *Berlin: O. Liebmann 1898.* 8. [98. 8494

Vergleichende Darstellung des Bürgerlichen Gesetzbuches für das Deutsche Reich und der Landesrechte. In Einzel-Darstellungen bearb. von Dr. G(erh.) v. Buchka, R[ich.] Förtsch u. Dr. F[ranz] Leske. 3., verb. Aufl. Bd 1. *Berlin: O. Liebmann 1899.* 8° [F.] [99. 10147

[F.] Vergleichende **Darstellung** des Bürgerlichen Gesetzbuches für das Deutsche Reich und des Gemeinen Rechts. Von Dr. Gerhard v. **Buchka**, Oberlandesgerichtsr. zu Rostock ... *Berlin: O. Liebmann 1897.* (XVI, 508 S.) 1 Bd 8.
— **Buchka**, G., Förtsch, R., & Leske, F.: Vergl. **Darstellung** d. Bürgerl. Gesetzb. f. d. Deutsche R. u. d. Landesrechte. Bd 1. [97. 6016

[F.] Vergleichende **Darstellung** des Bürgerlichen Gesetzbuches für das Deutsche Reich und des Gemeinen Rechts. Von Dr. Gerhard v. **Buchka**, Wirkl. Geh. Legationsr. ... 2., verb. Aufl. *Berlin: O. Liebmann 1898.* (XVIII, 518 S.) 1 Bd 8.
— **Buchka**, G. v. ...: Vergl. **Darstellung** d. Bürgerl. Gesetzb. f. d. Dtsch. Reich u. d. Landesrechte. Bd 1. [98. 8494

Vergleichende Darstellung des Bürgerlichen Gesetzbuches für das Deutsche Reich und des Gemeinen Rechts. Von Dr. Gerhard v. **Buchka**. 3., verb. Aufl. *Berlin: O. Liebmann 1899.* (XVIII, 535 S.) 8°
- Buchka: Vergl. Darstellung d. B.G.B. u. d. Landesrechte. Bd 1. [99. 10148

Buchka, Gerh., das mecklenburgische Ehescheidungsrecht in seinem Verhältnis zur protestantischen Eherechtswissenschaft und zur Judikatur des Reichsgerichts. gr. 8. (129 S., [urkundliche] Beilagen 96 S.) Wismar 885, Hinstorff's Verlag. *
Die Abhandlung (ohne die urkundl. Beilagen) ist ein Sep.-Abdr. aus: Mecklenburg. Zeitschrift für Rechtspflege und Rechtswissenschaft; für die Besitzer der Zeitschrift sind die Beilagen auch apart zum Preise von *ℳ 1.50. erhältlich.

Buchka, Gerh.: Die Hypothek des Eigenthümers nach den neuesten Deutschen Gesetzgebungen und ihrem Verhältnis zum Römischen Recht. Wismar, Rostock u. Ludwigslust 1875.

Buchka, Gerh., die Hypothek des Eigenthümers nach den neuesten deutschen Gesetzgebungen und in ihrem Verhältnis zum röm. Recht. gr. 8. (116 S.) Wismar 875, Hinstorff'sche Hofbuchh. *

— Landesprivatrecht der Großherzogtümer Mecklenburg-Schwerin u. Mecklenburg-Strelitz, s.a. Dernburg, Heinr., das bürgerl. Recht des Deutschen Reichs u. Preußens. 5. Erg.-Bd.

Landesprivatrecht der Großherzogtümer Mecklenburg-Schwerin und Mecklenburg-Strelitz. Von Dr. Gerhard v. **Buchka**. Halle a. S.: Waisenhaus 1905. (X, 222 S.) 8° [F.]
— **Dernburg**, Heinrich: Das bürgerl. Recht d. Deutschen Reichs u. Preußens. Erg.Bd 5. 105. 8965

— **die indirekte Verpflichtung zur Leistung. s.a. Studien, Rostocker rechtswissenschaftliche. II. 4.**

Die indirekte Verpflichtung zur Leistung. Ein Beitrag z. Technik d. bürgerl. Rechts von Dr. Gerhard v. **Buchka**. *Leipzig: A. Deichert 1904.* (48 S.) 8°
— **Studien**, Rostocker Rechtswissenschaftliche. Bd 2, H. 4. 04. 5306

— s: Zeitschrift, mecklenburg., f. Rechtspflege u. Rechtswissenschaft.

— Fr. **Oetker** u. K. **Lehmann**, Civilprozeßordnung, Konkursordnung, Handelsgesetzbuch in alter u. neuer Gestalt. Vergleichend dargestellt. gr. 8. (XVI, 851 S.) Berlin 899. O. Liebmann. Geb. in Leinw. n. 7.—

Buchka, Gli., das köstliche Werk des Bischofs- oder evangel. Predigt-Amts. Eine Ordinations-Rede. gr. 8. Berl. 835. Jonas Verlags-Buchh. 1/6 ℛ

Buchka, H. u. **J. F. Budde**, Entscheidungen des Großherzogl. Mecklenburgischen Oberappellationsgerichts zu Rostock, s. Entscheidungen.

Buchka, Herm., der unvordenkliche Besitz des gemeinen deutschen Civilrechts. Umarbeitung einer von der Juristen-Facultät zu Heidelberg gekrönten Preisschrift. gr. 8. Heidelberg 841, Groos. n. 1/3 ℛ

Buchka, Herm., die Lehre v. Einfluß des Processes auf d. materielle Rechtsverhältniß. Histor. u. dogmatisch dargestellt. 2 Thle. gr. 8. (30¼ B.) Rostock 846, 47, Stiller'sche Hofbuchh.

Buchka, Herm., Die Lehre von der Stellvertretung bei Eingehung von Verträgen. Histor. und dogmat. dargest. Rostock u. Schwerin 1852.

Buchka, Herm., die Lehre v. der Stellvertretung bei Eingehung v. Verträgen. Historisch u. dogmatisch dargestellt. gr. 8. (VIII u. 256 S.) Rostock 852, Stiller. 1 ℛ

— de pignore nominis. Commentatio. 8 maj. (2¾ B.) Rostochii 843, Stiller'sche Hofbuchh. *

Buchka, Johann Simon
BUSS-Thränen, Evangelische, Uber die Sünden seiner Jugend, Und besonders Uber eine Schrifft, Die man Muffel der Neue Heilige betitult, Mit Poetischer Feder entworffen, von dem Verfasser des sogenannten Muffels, oder besser M. Vufle (*Johann Simon Buchka*, geb. 27. April 1705 zu Arzberg, † 25. März 1752 als Syndiakonus u. Freitagsprediger zu Hof, „größtenteils aus Gram über sein lasterhaftes Weib"), Leipzig und Bayreuth .... 1737. 8°. 12 Bll. u. 134 S. (In Göttingen: P. 3700.) (5 Mk. Ludw. Rosenthal, 1906.)
— — Dasselbe. Zweyte Auflage, welcher der Muffel selbst angefüget ist. Basel 1737. 8°. 8 Bll. u. 80 S. (In Göttingen: P. 3700.)
Darin S. 69—80: Muffel, der Neue Heilige .... Dritte Aufl. Basel 1737.
Der erste Druck des „Muffel" erschien titulo: Als Herr Joh. Friedr. Wilhelm von Jerusalem, Von Osnabrück aus Westphalen, Die Magister-Würde in Wittenberg erhielte, Bezeugte hiemit seine Freundschafft Ein Bekandter, Den 30. April 1731. 8°. 14 S. (In Göttingen: P. 3451.) In Alexandrinern. Beginnt:
Recht so, Geehrter Freund! Lass dich Magister nennen.

— — Dasselbe. Andere (so!) Auflage. Leipzig und Bayreuth, 1740. 8°. 8 Bll. u. 119 S. (In Göttingen.) (4 Mk. 50 Pfg. Max Harrwitz, zus. mit dem weiter unten verzeichneten „Muffel" von 1740, c. 1903.)
— — Dasselbe. Dritte Auflage. 1747. 8°.
— — Dasselbe. Vierte Auflage. Hof und Baireuth 1750. 8°.

Evangelische Busz-Thränen über die Sünden seiner Jugend, Und besonders über eine Schrifft, Die man Muffel der Neue Heilige betitult, Mit Poetischer Feder entworffen, von dem Verfasser des sogenannten Muffels, oder besser M. Oufle. Leipzig und Bayreuth, in Verlag der Buchhandlung des Bayreuthischen Waysenhauszes, 1737.

Buchka, J. Sim., evangelische Bußthränen. 8. Halle, Hemmerde u. Schw. 765.

Buchka, Jh. Sim., († d. 25. März 1752.) evangel. Bußthränen über d. Sünden seiner Jugend, u. besonders über e. Schrift, die man Muffel, d. Heilige, betitelt. 8. Leipz. u. Bayr. 737. 2e A. Basel 737. 3e A. 8. Hof 756. Schwetschke u. S. in Halle. 4 gr.

Buchka, Johann Simon.
Auserlesene Gedichte ... Hof und Bayreuth 1755. H: *Purrucker, Joh. Michael.* (Fiker) (GGr) (BB) (Ky)

— auserles. Gedichte, in Ordnung gebracht u. mit e. Vorbericht von d. Leben des Verf. begleitet, v. J. M. P. (J. M. Purrucker). 8. Hof 755. 10 gr.

— Muffel, der Neue Heilige, nach dem Leben geschildert ... Zweyter Druck. 1731.

— — Muffel der Neu Heilige oder Die entlarvte Scheinheiligkeit Bey einer Magister-Promotion offenbaret von einem Mitgliede der deutschen Gesellschaft in Leipzig. Neue Auflage im Jahr 1740. 8°. (In Göttingen.)
— — Dasselbe (S. 219 ff.) in: Des Herrn *Johann Simon Buchka*, Bestverdientgewesenen Syndiaconus und Freitagspredigers zu Hof, Auserlesene Gedichte in Ordnung gebracht, und mit einem Vorbericht von den besondern Lebensumständen des seligen Verfassers begleitet von J.(ohann) M.(ichael) P.(urucker). Hof und Bayreuth, verlegts Johann Gottlieb Vierling, privilegirter Buchhändler, 1755. 8°. 12 Bll. u. 549 S. (In Göttingen.)
Vgl. Goedeke III, 356, 39. 1—2.

Buchka, Johannes [aus Schwerin i. M.]: Die Handlungsvollmacht unter Berücksichtigung der Vollmacht des Prokuristen, Korrespondentrheders und Schiffers. ... Rostock, Univ.-Buchdr. v. Adler's Erben. 1890: 69 S. 8°
Rostock, Jur. Fak., Inaug.-Diss. v. 24. Apr. 1890

Buchka, K. v., s. Handwörterbuch der Pharmacie.

Buchka, Karl v., s.: Archiv f. die Geschichte der Naturwissenschaften u. der Technik.

Buchka, Karl v., die Chemie d. Pyridins u. seiner Derivate, s.a. Calm, Arth.

BUCHKA, KARL.
Chemie (Die) des Pyridins und seiner Derivate. Unter Benutzung eines Manuscriptes des Arthur Calm herausgegeben. Braunschweig, 1889–91.

Buchka, K. v., Gesetz betreff. die Schlachtvieh- u. Fleischbeschau vom 3. VI. 1900 nebst Ausführungsbestimmungen. Hrsg. u. erläutert. (Zugleich Ergänzg. zu: Die Nahrungsmittelgesetzgebg. von K. v. Buchka.) 8. (VIII, 184 S.) Berlin 902. J. Springer. Kart. n. 2.40

— s.: Gesetze u. Verordnungen sowie Gerichtsentscheidungen betr. Nahrungs- u. Genussmittel u. Gebrauchsgegenstände.

— s.: Gutachten des Reichs-Gesundheitsrates, betr. die Verunreinigung der Orla usw.

Buchka, K. v., s.: Jahresbericht üb. etc. Chemie.

Buchka, Karl von, Referendar a. Berlin: In welchem Verhältnisse steht der § 119, Abs. 2 B.G.B. zu den §§ 459—464. 538. 539 B.G.B.? Göttingen 1907: E. A. Huth. (IV. 95 S.) 8°
Göttingen, Jur. Fak., Ref. Detmold, Diss. v. 9. Sept. 1907
[Geb. 23. Sept. 85 Göttingen; Wohnort: Berlin: Staatsangeh.: Preußen; Vorbildung: Joachimsth. Gymn. Berlin Reife O. 04; Studium: Göttingen 3. Berlin 3 S.; Rig. 12. Juli 07.]

Buchka K. v.: Lehrbuch d. quantitativen chem. Analyse. Leipz. u. Wien 1892. 276 S. 4°.
(= Lehrbuch d. analytischen Chemie. 2. Th.).

— Lehrbuch der analytischen Chemie. 2 Thle. gr. 8. Wien, Deuticke. n. 13. —
1. Qualitative Analyse. (XII, 262 S. m. 5 Abbildgn. u. 1 Spektraltaf.) 891. n. 6. —
2. Quantitative Analyse. (XXII, 276 S. m. 12 Abbildgn.) 892. n. 7. —

BUCHKA, K. VON.
Lehrbuch der analytischen Chemie Zweite, Auflage. Wien, 1901. 8vo.

BUCHKA, Karl von
Lehrbuch der analytischen Chemie von Dr. Karl von Buchka. I. Theil:
Enthält:
BUCHKA, Karl von
Lehrbuch der qualitativen chemischen Analyse von Dr. Karl von Buchka. 2. Auflage. Mit 5 Abbildungen, 8 Uebersichtstafeln und 1 Spectraltafel. Leipzig und Wien. 1902. Deuticke. Gr.-8°. XV, 264 S. K 8.40

— die Nahrungsmittelgesetzgebung im Deutschen Reiche. Eine Sammlg. der Gesetze u. wichtigsten Verordngn., betr. den Verkehr m. Nahrungsmitteln, Genussmitteln u. Gebrauchsgegenständen, nebst d. amtl. Anweisgn. zur chem. Untersuchg. derselben. 8. (XX, 276 S. m. Abbildgn.) Berlin 901. J. Springer. Kart. n. 4. —

— Die Nahrgsmittelgesetzgebg im Deut. Reiche. Sammlg d. Gesetze u. wichtigsten Verordngn, betr. d. Verkehr m. Nahrgsmitteln, Genussmitteln u. Gebrauchsgegenständen, nebst d. amtl. Anweisgn zu ihrer chem. Untersuchg. 2. Afl. (20. 294 m. Fig.) 8° Berl., J Springer '12. L 5 —

Buchka, Karl, über einige Nitroderivate des Acetophenon und über Phenoxylsäure. Inaugural-Dissertation. gr. 8. (39 S.) Göttingen 877, (Vandenhoeck und Ruprecht's Verlag.) *

— physikal.-chem. Tabellen d. anorgan. Chemie, s.a. Handbuch d. anorgan. Chemie.

Buchka K. v.: Physikalisch-chemische Tabellen d. anorganischen Chemie. Stuttg. 1895. 348 S.
(Ergänzungsbd. zu O. Dammer's Handbuch d. anorganischen Chemie).

— die aromatischen Verbindungen, s.: Erlenmeyer's, E., Lehrbuch der organischen Chemie.

Buchka, K.v. (Hrsg.), s. Zeitschrift für Untersuchung der Nahrungs- und Genussmittel sowie der Gebrauchsgegenstände.

Buchkremer, Jos., Die Architekten Johann Joseph Couven u. Jakob Couven. [Aus: „Ztschr. d. Aach. Geschichtsver."] gr. 8. (IV, 118 S. m. 92 Abb. u. 8 Lichtdr.-Taf.) Aachen 896. Cremer. n. 4. —

Buchkremer, Jos., zur Wiederherstellung des Aachener Münsters. (52 S. m. 12 Abbildgn.) gr. 8. Aachen 904. Cremer. n. — 75

Buchkremer, [Leonhard]: [Die Feier der Einweihung des Oberrealschulgebäudes.] S. 19—24. 4.
Progr. Städt. Oberrealschule i. E. *Neuß* 1909

Buchkremer, Leonhard [aus Aachen]: Ueber die beim Mischen von zwei Flüssigkeiten stattfindende Volumänderung und deren Einfluss auf das Brechungsvermögen. . . . Bonn. Univ.-Buchdr. v. Carl Georgi, 1890: 46 S. + 1 Bl. u. 2 Taf. 8°
Bonn. Phil. Fak., Inaug.-Diss. v. 14. März 1890

Buchkunst. Zeitschrift f. Exlibris-Sammler u. Bücherfreunde. Jg. 4, No 1. Zürich: F. Amberger 1906. 4°
Anfang s. u. d. T.: Schweizerische Blätter f. Exlibris-Sammler.

Buchkunst und Buchgewerbe. Jg. 9. 10. 1910—1911, Nr 3. Berlin. (Sonder-Ausg. des Centralbl. f. Papierverarb.-Jnd. u. Papierhandel)

Die neue Buchkunst. Studien im In- u. Ausland. Hrsg. von Rudolf Kautzsch. *Weimar: Ges. d. Bibliophilen 1902.* (A–M, 200 S.) 8° [F.]
— Gesellschaft d. Bibliophilen. [4.]

Buchladen, der,. Lustsp. 8. Dresd. Richter. 762.

Büchle s.: Hobbing & Büchle.

Büchle, D. Pädagogik d. I. Progr. 1878. 54 S.

Büchle, A.: Rundschreiben, s. Barthelmess, Richard

Die Freimaurerei im Lichte der Zeit. [Von Ad. Büchle.] Leipzig: Findel 1873. 25 S. 8°
Aus: Bh. 16 (1873) S. 1—5, 9—12.

[2. Aufl. u. d. Tit.:]
Die Freimaurerei im Lichte der Zeit. Ein Abwehr der Angriffe der Ultramontanen und Socialdemokraten. [Von Ad. Büchle.] 2. Aufl. Leipzig: Findel 1873. 25 S. 8°
Recens: FZ. 27 (1873) S. 60—61 (R. Fischer); Z. 3 (1873) S. 38.
cf. Bh. 16 (1873) S. 95 u. hieraus ins Holländ. übers. in: MW. Ser. 2 Jg. 10 (1873) No 14; Europa. 1878 No 10, abgedr. in: Z. 3 (1873) S. 57; T. 19 (1873) S. 75—76; °Wiener Correspondenzblatt vom 25. März 1908, abgedr. in: Z. 38 (1907—1908) S. 473—474.
Tt. 1484. Entwicklung des Wesens der Frmrei aus ihrer Grundidee.

Büchle, Ad.: Der Humanismus... ,s. Frick, Wilh. Aug.

Büchle, *Adolf* [Dir. Dr.]: *Direktor Jakob Ammann, gest. am 1. Jan. 1895.* Bruchsal, Druck v. D. Weber, 1895; 3—5 S. 4.
Bruchsal, grossh. G, MP 1895 (615)

Büchle, Adf., das Brigittenlied. Eine Erzählg. aus dem Schwarzwald. (82 S.) 8. Dresden (907.) E. Pierson. 1.50; geb. n 2.50

Büchle, Adf., vaterländische Festspiele. Den deutschen Gymnasien gewidmet. gr. 16. (91 S.) Karlsruhe 891. G. Braun. n. 1. —

Büchle, Adolf, Dr.: Gedanken zu Goethe. Bruchsal 1906: D. Weber. (14 S.) 4°
Bruchsal, großh. G P 1906 (756)

Büchle, Adolph: Der Humanist Gerbel von Pforzheim. Dem Karlsruher Gymnasium zur dritten Saecularfeier zugeeignet. 28 S.
Progr. Durlach 1886.

Büchle, Adolf: Ein Gespräch über Staat, Erziehung und Unterricht. 71 S.
Progr. Baden (Baden) 1875.

– Die Heimkehr, s.: Sammlung vaterländ. u. geschichtl. Schausp. zu Schüler-Aufführgn u.s.w.

– Der Klausner v. Geroldsau, s.: Sammlung vaterländ. u. geschichtl. Schausp. zu Schüler-Aufführgn u.s.w.

– Die Köhler v. Zähringen, s.: Sammlung vaterländ. u. geschichtl. Schausp. zu Schüler-Aufführgn u.s.w.

Büchle, Adf., Künstlerin Liebe. Novelle in Versen. 16. (37 S.) Baden-Baden 886, Sommermeyer. *

– Die Nachbarn, s.: Sammlung vaterländ. u. geschichtl. Schausp. zu Schüler-Aufführgn u.s.w.

Büchle, Adolf: Die Pädagogik des Isokrates. 54 S.
Progr. Baden (Baden) 1873.

Büchle, *Adolf* Rede. 1 (S. 6 -10). Prg. u. Rg. *Durlach* 1887 (563). Progr.
Gedächtnisfeier der Gründung eines Gymnasiums zu D. im Jahre 1586.

Büchle, Adolf [Dir. Dr.]: Lysias' Rede gegen Philon. Durlach, *1894;* 16 S. 4.
Durlach, grossh. PG m. Realkl., MP 1894 (605)

Büchle, Adf., s.: Sammlung vaterländischer u. geschichtlicher Schauspiele zu Schüler-Aufführungen u. s. w.

Büchle, Adolph: Schulrede zur Gedächtnisfeier der Gründung eines Gymnasiums in Durlach im Jahr 1586. 28 S.
Progr. Durlach 1887.

Theodor Körner's letzte Tage, s.: Sammlung vaterländ. u. geschichtl. Schausp. zu Schüler-Aufführgn u.s.w.

Büchle, [Adolf]: Verzeichnis der Lehrer, welche während der letzten 25 Jahre dem Gymnasium angehört haben. — Verzeichnis der Schüler, welche in den letzten 25 Jahren am hies. Gymnasium die Abiturientenprüfung bestanden haben. S. 15—19 der Schuln. 4. Progr. Großh. Badisches Gymn. *Bruchsal* 1905

Büchle, Gustav: Hyperides Rede für Euxenippus, erklärt und übersetzt. 50 S.
Progr. Freiburg 1869.

§ **BUCHLEIN.** — Ein schons buchlein von rechtem warem wullust menschlichs lebens .... durch Joh Gotfridi verdeutscht. O. O. u. J. 4⁰. Rarissime! (In München: Ph. pr. 200,4.)

Büchlein, acht, (à 32 S.) enthaltend Kinder-Schriften mit über 40 Holzschn. (im Text.) Hamburg 864. Oncken. 32. 7½ ngr.

(F) Ein Büchlein für Alle, oder die Demuth nach ihrem Wesen und in ihren Uebungen. Nach Monseigneur Gay bearbeitet von Bernhard Manderscheid. Mit Vorwort von Franz Ser. Hattler, S. J. Mit Genehmigung des Hochwürdigsten Fürstbischofes von Brixen. Innsbruck. 1900. Rauch. 8⁰. V. 105 S. K —.80, geb. K 1.20

— ein altes, über Möncherei, verbessert herausg. 8. Münch. 803. Fleischmann. 12 gr.

Büchlein, das, von der Astronomie. Eine gedrängte u. faßl. Erklärung des gestirnten Himmels und der am Firmamente wahrnehmbaren Erscheinungen. Mit in den Text eingedr. Abbildd. (u. Titelbild). breit 16. Leipzig 840. G. Wigand. 3/8 ₰

— ein, zur Beförder. einfält. Lebensweisheit unter verständ. u. ehrl. Bürgern u. Landleuten, (v. E. A. A. v. Göchhausen). 8. Erfurt 790. Keyser. 12 gr.

Büchlein Bim-Bam. (Volksausg.) (16 Bl. m. z. Tl. farb. Abbildgn. u. eingedr. Text.) gr. 8. Stuttgart (904) Loewe. Kart. 1. 50

— Das, v. kostbaren Blute Jesu Christi, s. Gottesblumen.

Büchlein, das, vom kostbaren Blute Jesu Christi. Für alle heilsbegierigen Seelen, ganz besonders aber für die Mitglieder dieser Erzbruderschaft, welche Pius VII. 1815 zu Rom aufgerichtet hat. Von den Missionarien des kostbaren Bluts. 18. Einsiedeln 841, Gebr. Benziger. 4½ ngr

Büchlein, das, vom Brotbrechen. [Heydelberg, Joh. Mayer, 1563.] Neue Ausg. [m. 2 Facsms.] v. J. I. Doedes. 12. (XV, 23 S.) Utrecht 891. (Gotha, F. A. Perthes.) n. 1. —

Büchlein für den Marianischen Bund der ledigen Personen beiderlei Geschlechtes. 16. (30 S.) Innsbruck, Druck Felix Rauch, 1853.

Büchlein für den Marianischen Bund der ledigen Personen beiderlei Geschlechtes. Mit Genehmigung des hochwürdigsten fürsterzbischöflichen Ordinariates von Salzburg. Innsbruck, 1856. Gedruckt in der F. Rauch'schen Buchdr. (32 S. 8.)

— buntes, für liebe Kinder. Mit 8 (lith. u.) fein color. Bildern. Stuttgart 863. Nitzschke. 16. (16 S.) 4 ngr.

Büchlein, Dies kleine, gehört . . . Flensburg 1854. V: *Jonas, Emil Jac.* (Collin. Anonymer. Kiobenh. 1869.)

Büchlein, Drey erbauliche, 1) von der Sonntags-Feyer, 2) vom Beichten, 3) vom Fluchen. Gosslar 1704. V: (1.) *Calvör, Caspar.* V: (2.) *Schade, Johann Christoph.* (Myl)

— e., f. christliche Eheleute. (24 S.) 8. Neu-Ruppin (909). F. W. Bergemann. — 15

— ein, zur Erbauung u. geistl. Unterhaltung, enthalt. das Leben des heil. Leonhard mit e. Predigt u. e. Liede. Vom allerheil. Sacramente des Altars, nebst der kurzen Lebensgeschichte des heil. Florian u. der heil. Dienstmagd Maria ꝛc., mit e. Anhange von einigen Gebeten u. einer Litanei. Theils selbst gefertiget, theils gesammelt, vermehrt u. herausg. v. e. kathol. Landgeistlichen. 12. Landshut 838. Attenkofer. (Thomann.) 1/6 ₰

Büchlein von dem neuen Felsen. Wien 1863. V: *Suso, Heinrich.* (EB)

Büchlein der Freiheit. 46 pp. 8⁰. Strassburg, Schuler, s. a. (nach 1840).

Büchlein, ein, für Freuden gesell. Zirkel, s. Taschenbuch für Tischgesellsch. 26.

Büchlein Glockenblume, das, mit Text von C. A. Schönke. 4. (20 ill. Stnt. mit Text.) Berlin 850, Winckelmann und Söhne.

— das goldene, od. Anleit., durch Ausübung d. Demuth zur christl. Vollkommenheit zu gelangen. Nach d. Französ. frei bearb., mit Zusätzen verm. 32. Aachen 832. Cremer. 4 gr.

— das goldene, od. Anleitung zur Ausübung der Demuth zur christl. Vollkommenheit zu gelangen. 2e verm. Aufl. ½ 16. Aachen 838. Cremer'sche Buchh. (Sazin.) 1/6 ₰

Büchlein, das goldene, od. Anleit. durch Ausübung der Demuth zur christl. Vollkommenheit zu gelangen. 3. Aufl. 16. (9½ B.) Aachen 845, Cremer'sche Buchh.

— das goldene, oder vollständige Anleitung, nach der Lehre Christi und der Apostel ꝛc. den zerstörenden Folgen des Lasters der Unzucht zu begegnen. Von einem kathol. Geistlichen aufs Neue herausg. 12. Straubing 845. (Schlossers B.) 1/12 ₰

—— das goldene, od. vollständ. Anleit., nach d. Lehre Christi u. d. Apostel, u. s. w. den zerstörenden Folgen des Lasters d. Unzucht zu begegnen. Von einem kathol. Geistlichen aufs Neue bearb. u. hrsg. 12. (4½ B.) Straubing 845. (Schorner.)

— das goldene, oder Anleitung durch Ausübung der Demuth zur christlichen Vollkommenheit zu gelangen. 3. Aufl. kl. 10. Aachen 840. Cremer'sche Buchh. ⅛ ℛ

Büchlein, das goldene, oder Anleitung wie man durch Ausübung der Demuth zur christl. Vollkommenheit gelangt. Mit einer Sammlung von auserles. Andachtsübungen im Geiste der heil. Kirche. 12. (294 S. und 1 Stnt.) Einsiedeln 848, Gebr. Benziger.

Büchlein, das goldene, od. Anleitung, durch Ausübung der Demuth zur christl. Vollkommenheit zu gelangen. 4. Aufl. 32. (147 S.) Aachen 851, Cremer. ⅛ ℛ

Büchlein, das goldene, oder Anleitung wie man durch Ausübung der Demuth zu christlicher Vollkommenheit gelangt. Mit einer Sammlung von auserlesenen Andachtsübungen im Geiste der heiligen Kirche. 2. Aufl. Mit 2 (lith.) Bildern. Einsiedeln 855. Benziger. 36. (284 S.) n. 7 ngr

Büchlein, das goldene, oder Anleitung, durch Ausübung der Demuth zur christl. Vollkommenheit zu gelangen. 5. Aufl. 32. (152 S.) Aachen 865, Cremer'sche Buchh.

Büchlein, das goldene, vom Fasten od.: „So bleibt man gesund, so lebt man lange." Nach Jerem. Drexelius bearb. u. hrsg. v. einem kathol. Geistlichen. 12. (XII u. 368 S.) Landshut 847, Krüll. ⅟₁₂ ℛ

— das goldene, für fromme Kinder. Erzählungen und Belehrungen für die katholische Jugend herausg. von Pater Anselm. Mit (1) Kpfrn. Würzburg 857. Etlinger. 8. (1 Bl., 146 S.) 6 ngr

—— d. goldene, f. Landw. u. Viehzüchter. 1. Bd. 16. (68) Weim. 57. (Berl., Mode's V.) — 5

—— das goldene, für Landwirthe und Viehzüchter. Zur Begründung und Beförderung häusl. Wohlstandes. 1. Bdchn.: Enthaltend eine Zusammenstellung prakt. Erfahrungen, Winke und Rathschläge über die Rindviehzucht im Allgemeinen und einen größern Ertrag an Milch, Butter und Käse im Besondern. Aus den Notirungen eines prakt. Landwirths. 16. (68 S.) Weimar 857. [Leipzig, Deckmann.]

— das goldene, für Landwirthe u. Viehzüchter. Zur Begründung u. Beförderung häuslichen Wohlstandes. 1. Bdchn.: enthaltend eine Zusammenstellung praktischer Erfahrungen, Winke und Rathschläge über die Rindviehzucht im Allgemeinen und einen größern Ertrag an Milch, Butter und Käse im Besondern. Aus den Notirungen eines praktischen Landwirths. Weimar 857. Jansen u. Co. 16. (68 S.) 5 ngr

Büchlein, das goldene, für Landwirthe und Viehzüchter. Zur Begründung und Beförderung häusl. Wohlstandes. Enth.: Eine Zusammenstellung prakt. Erfahrungen, Winke und Rathschläge über Rindviehzucht ꝛc. Aus den Notizen eines prakt. Landwirths. 2. (Titel-)Ausg. 16. (68 S.) Berlin (857)69, Mode's Verlag.

Büchlein, Das, von Goethe. Andeutungen zum bessern Verständniss seines Lebens und Wirkens. ... Penig 1832. V: *Wolff, Oscar Ludwig Bernhard.* (GCr)

— das, von Göthe. Andeut. zum bessern Verständniß seines Lebens u. Wirkens. Herausg. v. Mehrern. 16. Penig 832. Sieghart. (Henning in Greiz). 15 ℊ

— das, von Goethe. Andeutungen zum bessern Verständniß seines Lebens und Wirkens. Herausg. von Mehreren, die in seiner Nähe lebten. 2. unveränd. (Titel-)Ausg. Weimar (832.) (853.) Jansen u. Co. 16. (XI, 140 S.) 15 ngr

Büchlein, Ein gottloses, für gute Fürsten, die Pläne der Bösewichter zu vereitlen. O. O. 1785. V: *Cremeri, Bened. Domin. Anton.* (BIBIPORT)

Büchlein, Das, von bewährten Hausmitteln, in Krankheiten und andern Fällen dienlich. Kempten 1807. V: *Wagenseil, Christian Jacob.* (Ky)

— d., von bewährten Hausmitteln, in Krankheiten u. andern Fällen dienlich. 8. Kempten 807. 2e A. 827. Dannheimer. 3 ℊ

Büchlein, das, von bewährten Hausmitteln, in Krankh. u. andern Fällen dienlich. 2e Aufl. 8. Kempt. 824, Dannheimer.

— das, Heb mich auf! Der Jugend gewidmet vom Dürerbunde. (16 S. m. 1 Abbildg.) kl. 8. München 910. (G. D. W. Callwey.) nnn — 05: 10 Stück — 50

Büchlein, Hermannsburger, für solche, die wieder Kinder werden wollen. Reisebilder. Hermannsburg 870. (Leipzig, J. Naumann.) 8. (VI, 106 S.) n. 10 ngr

Büchlein, Hermannsburger, für solche, die wieder Kinder werden wollen. Reisebilder. 2. Aufl. 8. (112 S.) Hermannsburg 878, Missionshaus-Druckerei. *

— Hilaritas, das, oder neue musikalische Sonnenuhr, id est Sammlung der ergötzlichsten u. schönsten Lieder und Gesänge für fröhliche Gesellschaften. 12. Augsburg 841, Lampart u. Comp. ⅓ ℛ

— f. d. fromme Hirtenkind, vorzügl. im Allgäu. 2e A. 24. Kempt. 825. Kösel. 1 ℊ

Büchlein, das, von den Hottentotten und Georg Schmidt, ihrem ersten Apostel. gr. 16. (64 S. mit 1 Holzschnt.) Cincinnati 857(60.) (Philadelphia, Schäfer und Koradi.) geb. Thlr. *

— Immergrün, das. 24 Bilder f. Kinder m. kleinen Gedichten von einer Mutter. br. 8. (50 S. m. eingedr. color. Lith. in Tondr.) Berlin 851, Winckelmann & Söhne. ¹¹⁄₁₂ ℛ

Das Büchlein vom Erzherzog Johann. 16. Leipzig 1849.

Büchlein, Das, vom König Johann von Sachsen. Leipzig 1867. V: *Petzholdt, Jul.* (Kat. d. stat. Bureaus. Dresd. 1890.)

— das, vom König Johann von Sachsen. Leipzig 867 Müller. 8. (156 S.) n. 20 ngr; mit photogr. Portr. n. 28 ngr

! — v. König Johann. Jetzt: Hannov., M & H Schaper.

Büchlein, Ein, für die Jugend. Enthaltend die Legende von Placidus ... München 1834. V: *Aurbacher, Ludwig.* (Ky)

— ein, für die Jugend. Enthalt. die Legende von Placidus u. seiner Familie, d. Mährchen von Marien-Kind, die Volkssagen vom Untersberg, nebst vielen andern erbaul. u. ergötzl. Historien. Vom Verf. des Volksbüchleins (Auerbach). 8. Münch. 834. Literar.-Artist.-Anstalt. ⅚ ℛ

Büchlein für die Jugend, enthaltend Legenden, Volkssagen ... Stuttgart u. Tübingen 1834. V: *Aurbacher, Ldw.* (Bibl. d. Germ. Nat.-Mus. Nürnberg 1855.)

— f. die Jugend. gr. 16. Wien 894. Frdr. Beck. n. — 40
Wie die Jugend lesen soll. — Wie die Jugend schreiben soll. — Wie die Jugend leben soll. (30 S.)

Carneval-listiges Büchlein *Venedig anno 1500*, de dato München anno Fasching 1885, in dem zu lesen die komische Chronik od. chronische Komik von der Insul-Wasserstadt Venedig, die wie im Meer liegt, ... herausg. von dem Verfasser. O. O. u. J. (München 1885). Gr. 8°. Cart.
1 Bl. originelles Vorwort (roth u. schwarz gedr. m. Zierleiste u. roth. ornamentirter Initiale, in kl. 8°), dann 4 Bll. Text in gr.-8° (in Knittelreimen) auf grauem Handpapier, mit obigem Titel u. m. Schlussvignette.

—— das, zum Lachen f. Kleine, od.: Der fröhl. Kinderfreund. Eine Samml. v. kindl. Mährchen, Erzähln., kl. Geschn., Legenden, Anekdn., Schwänken, Schnurren ꝛc., als Geschenk f. fleiß. Kinder. Hrsg. v. Justus Hilarius. M. 6 color. Bild. 16. (7½ B.) Meißen 834, Klinkicht u. Sohn.

— f. d. Landvolk, d. Krankheiten d. Rindviehes zu heilen. 8. Salzb. 794. Duyle. 4 ggl

— das, für Land- u. Hauswirthschaft. I. 40 bewährte Mittel zur Vertilgung aller schädlichen Thiere. Ein Portemecum f. Oeconomen u. Hausväter, von e. Landwirthe. 8. Leipzig 836. Böhme. ⅛ ♯

— das, vom vollkommenen Leben. Eine deutsche Theologie, in der ursprüngl. Gestalt hrsg. u. übertr. v. Herm. Büttner. (IV, LXIII, 108 S.) 8. Jena 907. E. Diederichs. 4.—; geb. 5. 50

—— das, von der Liebe. Eine Sammlung derjenigen Stellen des Neuen Testaments, welche von der Liebe reden. 32. (77 S.) Hannover 862, Meyer. cart. mit Goldschn. *

— von der Liebe zu dem allerheiligsten Herzen Jesu u. Maria. Für alle Mitglieder dieses Liebesvereins. 2e verm. Aufl. Mit Titelkpfr. 12. Grätz 837. Kienreich. 5/12 ♯

—— von d. Liebe zu den allerheiligsten Herzen Jesu u. Mariä. 5. Aufl. 12. (12 B. u. 2 Kpfr.) Grätz 842. (Kienreich's Verl.)

Büchlein der Liebe zum allerheiligsten Herzen Jesus und dem unbefleckten Herzen Maria. Mit Morgen-, Abend-, Meß-, Kreuzweg-, Beicht- und Kommuniongebeten, und sämmtlichen beim öffentlichen Gottesdienste eingeführten Kirchengesängen, Gebeten und Litaneien, und Gebeten bei Kranken und Sterbenden. Mit 3 Stahlstichen. G. W. Wien, 1856. Druck und Verlag von Karl Ueberreuter. (374 S. 4 Bl. 8.)

—— der Liebe zu dem heil. Josef, Nährvater unseres Erlösers Jesus Christus und Gemahl der allerseligsten, unbefleckten Jungfrau. Mit 2 Bilder. Eigenthum d. G. W. 12. Wien 860, Ueberreuter. 4 Ngr.; geb.

—— das liebe, für kleine Kinder. Mit 9 lithogr. und ill. Bildern. gr. 8. Stuttgart 855, Schreiber und Schill.

— das liebe, für kleine Kinder. Mit 9 (lith. u.) color. Bildern. Stuttgart (856). Schreiber u. Schill. gr. 8. (10 Bl.) 9 ngl

—— das liebe, für kleine Kinder, mit 10 nach Compositionen von J. Volz in Tondr. color. Bildchen und hübschen Verschen und einem Anhang von Kinderliedern. 2.—4. Aufl. 4. (6 S. Text.) Eßlingen 870—76. Schreiber. cart. *

— das, junger Lieder (1815—1836), s. a. Dichterhalle.

— das, junger Lieder (1815—1836), in 8 Sangeskränzen. Eine Freundschaft- u. Liebesgabe. 8. Berlin 837. Heymann. 1½ ♯

— d. lustige. qu. 4. (10 S. m. z. Tl. farb. Bild.) Fürth 895. (Leipzig, W. Opetz.) — 50

Büchlein, mein liebstes. qu. schmal gr. 8. (36 S. m. z. Tl. farb. Abb.) Eßlingen 897. J. F. Schreiber. Geb. n. 1. —

— d., f. d. Mutter. Hrsg. v. Zentralkomitee (Abt. VI, Volksgesundheitspflege) d. bayer. Frauenver. v. Roten Kreuz. (182 m. Fig. u. 1 Bildnis.) 8° Münch., (R. Oldenbourg) 905. Kart. — 80 d

— das, f. die Mütter. Hrsg. vom Zentralkomitee (Abt. VI, Volksgesundheitspflege) des bayer. Frauenvereins vom Roten Kreuz. (VIII, 182 S. m. 10 Fig. u. 1 Bildnis.) 8. München (905). (R. Oldenbourg.) Kart. n. — 80

Büchlein, Ein nagelneues, worinnen ausdrücklich beschrieben sein alle Bildchen und Figuren . . . als welche im Komödien-Haus angebracht. Köln 1806. V: *Noel*, *Mathias Joseph de.* (GGr)

Büchlein, Der Nonne von Engelthal, von der Gnaden Ueberlast. Hsgn von Karl Schröder. Tübingen 1871. V: *Ebner*, *Christina.* (Kat. d. ständ. Bibl. Stuttg. 1907. S. 58.)

—— f. Oberinnen. Rathschläge u. Belehrgn. f. Ordensleute. Von e. Mitgliede d. Kapuzinerordens. 1. u. 2. Aufl. gr. 16. (120 S.) Dülmen 889, 92, Laumann. — 75

Das Büchlein der Oberinnen. *Saarlouis: Hausen & Co. 1898.* (215 S.) 8° [K.] [illegible] 5

Büchlein, das, d. Oberinnen. 16. (215 S.) Saarlouis 898. F. Stein Nachf. 1. —; geb. in Leinw. n. 1. 40

—— das, vom Reiche Gottes, s. Uhlich.

Büchlein. Das rothe B., oder der Freischaarenzug nach Luzern. Bern s.a. [Leemann.].

Das rothe Büchlein od. der Freischarenzug nach Luzern i. J. 1845. 8. M. Plän. Bonn 1845.

Büchlein, Das rothe; Antwort der St. Gallischen Freisinnigen auf den Brief des Herrn Bischof Greith . . . St. Gallen 1868. V: *Henne*, *Ant.* (Cat. d. Stadtbibl. Zürich. Zürich 1864—97.)

— das, vom St. Petersberge bei Halle a. d. Saale. Halle 854. Berner in Comm. 16. (VII, 54 S. u. 1 Holzschn.) n. 5 ngl

—— d., v. St. Petersberge bei Halle. 16. (54) Halle 54, Bh. d. Wais. n. — 5

— das, eines alten Schäfers, oder durch 60jährige Erfahrungen bewährte Mittel und Recepte, durch deren Anwendung der Haus- und Landwirthschaft bedeutende Vortheile erwachsen müssen. Nebst einer Hausmittelapotheke gegen verschiedene Krankheiten bei Menschen und Vieh und einer Anweisung zu sehr unterhaltenden Kartenkunststücken zur Verkürzung der langen Winterabende. 3. (Titel-) Aufl. Schw. Hall 854. Haspel. (Stuttgart, Fischhaber.) 8. (X, 101 S.) 6 ngl

— das, eines alten Schäfers, zur Unterhaltung u. Belehrung für Jung und Alt. 2 Hefte. 16. Ulm 842, Wagner. ¼ ♯
— 2. Aufl. gr. 16. Ulm 844, Stettin'sche Sort.-B. ¼ ♯

—— das, von Schiller und Goethe, oder Nachrichten von den Lebensumständen, dem Bildungsgange und den Werken dieser unsterblichen Dichter. Stuttgart 859. Fischhaber. 8. (48 S. m. Holzschn.) 6 ngl

— das schöne. 4 Sorten. 16. (à 6 farb. Taf. m. Text.) Leipzig 889. Fr. Pfau. à — 6

Büchlein, Das seltene uralte geistreiche, die teutsche Theologia . . . St. Gallen 1837. V: *Berthold.* (AArK)

— Sing-Sang, das. 20 Kinderlieder mit Bildern. Berlin (853). Winckelmann u. Söhne. 4. (20 lith. u. color. Taf. m. Text.) 22½ ngl

—— das, von des Menschen Sohne. Eine moralisch-metafisische Dogmatik des Christenthums. 8. (171 S.) Braunschweig 850, (Schwetschke und Sohn.) *

—— ein, von der Sorge für's Seelenheil. Aus d. Franz. v. Pius Zingerle. 12. (17⅝ B.) Innsbruck 844, Rauch.

Büchlein, Des Schulzen Stoffel, wider Lochstein. Freisingen [Augsburg] 1768. V: *Trautwein, Gregor.* (Wr)

Büchlein, Des Schulzen Stofels sein, wider Herrn Doctor Lochstein, im Puncte der geistlichen Immunität und Freyheit ... [Augsburg] 1768. V: *Trautwein, Gregor.* (zürKL)

Büchlein Tausendschön, das. 4. (26 ill. Stnt. mit Text.) Berlin 855, Winckelmann und Söhne. Thlr. -

— Tausendschön, das. Neue Aufl. 4. (20 color. Steintaf. m. eingedr. Texte.) Berlin 874. Winckelmann & Söhne. 2. 50

— das, vom Turnen deutscher Nation und die kleine Chronik der großen Völkerschlacht bei Leipzig. Für Turner und Nichtturner auch zur 50jährigen Gedächtnißfeier jener verhängnißvollen Octobertage des Jahres 1813. Mit Blücher's Portr. (in Holzschn.) Leipzig 863. Hentze. (Literar. Institut.) 32. (95 S.) n. 3 ngr

Büchlein von der Unfehlbarkeit. München 1872. V: *Schleich, Martin.* (ADB)

—— das, von der Unfehlbarkeit. Für den Bürger und Landmann. 1.—3. Aufl. 25 Pf., und 4. Aufl. gr. 16. (96 S.) München 872, Beck. *

Das Büchlein von der Unfehlbarkeit. Für den Bürger u. Landmann. München, Gummi, 1872, 8°, 96 S., 1.—4. Aufl., 30 Pf.

—— das, von der Union. Kurze Geschichte von der preußischen Union. 1. und 2. Aufl. gr. 16. (72 S.) Leipzig 871. Hannover, Evangelischer Bücherverein. *

—— Veilchenblau, das, mit 20 (lithogr. und ill.) Bildern und kleinen Gedichten für die Kinderwelt. 4. Berlin 858, Winckelmann und Söhne.

Büchlein von der ewigen Weisheit. Wien 1863. V: *Suso, Heinrich.* (EB)

— das, von der Wohlthat d. Kreuzes Christi, s. Paleario.

Büchlein, Das, von der Wohlthat des Kreuzes Christi. A. d. Ital. ... Von Paul G. Kind. Chur [1856]. V: *Paleario, Aonio.* (Ky) (zu)

—— das von der Wohlthat des Kreuzes Christi. Aus dem Ital. des Ant. Palearius. Nach der in Venedig 1543 erschienenen und in London wieder abgedr. Ausg. Von Paul G. Kind. 8. (XVI und 71 S.) Chur 856, Grubenmann'sche Buchh.

—— Wunderschön, das. Lehrreiche und moral. Erzählungen mit Bildern vom Onkel Friedrich. 12. (48 S. mit 12 ill. Stnt.) Frankfurt a. M. 850, Krebs-Schmitt. *

Büchlein, das, von der Regensburger Wurstküche. Von C. W. N. 2. Aufl. 12. (36 S. mit 1 Stnt.) Regensburg 886, Bauhof. *

—— das, vom Zölibat. Geschrieben zur Ehre Gottes und zum Heil des kathol. Volkes von Clericus Ohngeväck, kathol. Priester. 8. (44 S.) Breslau 876, Fiedler und Hentschel.

Büchlein, das, der Zukunft oder die wichtigsten und interessantesten Prophezeihungen über Preußen, Oesterreich und Deutschland. Aus den Schriften frommer und gotterleuchteter Männer, namentlich: von Herm. v. Lehnin, Bauer, Jasper, Spielbähn 2c. Zusammengestellt von dem Hrsgbr.: Das Buch der Wahr- und Weissagungen. 8. (46 S.) Regensburg 866, Manz.

— das, der Zukunft. Oder: die wichtigsten u. interessantesten Prophezeiungen über Preußen, Baiern, Deutschland u. Frankreich, sowie über den Ausgang des gegenwärtigen Krieges. Aus den Schriften hocherleuchteter u. erfahrener Männer, wie Bartholomäus, Holzhauser, Hermann v. Lehnin 2c. zusammengestellt. 866. — 2. Aufl. Regensburg 870. Manz. 8. (44 S.) 3 ngr

— das, der Zukunft oder Sammlung kirchlich approbirter, zumeist in Deutschland noch nicht veröffentlichter Prophezeiungen. 8. (56 S.) Regensburg 878. Manz. n. — 40

— 12, für Kinder. (Herausg. vom Rettungshause zu Schreiberhau.) (12 Nrn. à 1 Bgn.) Breslau (856). Dülfer. n. 2 ngr

Buchler, ..., thesaurus conscribendarum epistol. 12. Ofen 762. Univers.-Buchh. 5 ℳ

Buchler, I.

— Catalogus vocum singularum et phrasium, quae vel barbare vel minus eleganter efferuntur, cum Tulliana earundem restitutione. Colon. 613. 12. und öfter. Ib. 721. 12.

Buchleri, J., Elegantiarum centum et undesexaginta regulae. Acc. aliquot orationem variandi formae. Colon. 613. 12. und öfter. Ib. 703. 12.

Buchler, I., thesaur. elegantiar. Ald. Manutii. 12. Col. 704.

Büchler, über das v. J. M. Schleyer erfundene System einer Weltsprache [Volapük]. Vortrag bei der Lehrerversammlung des Neckar- und Jaxt-Kreises in Heilbronn den 7. Mai 1881. gr. 8. (8 S.) Tübingen 881, Fues.

Aus: Correspondenzblatt für die Gelehrten- und Realschulen Württembergs, besonders abgedruckt.

Büchler, Adolf

Der galiläische 'Am-ha'Areṣ des zweiten Jahrhunderts. Beiträge z. innern Geschichte d. palästin. Judentums in d. ersten 2 Jahrhunderten. Von Dr. A[dolf] Büchler, Prof., Wien. Wien: A. Hölder 1906. (338 S.) 8°

Büchler, Adolf: Zur Geschichte d. Tempelcultus in Jerusalem. *Berlin 1899.* in: Recueil d. travaux réd. en mémoire du Jubilé Scientif. de M. D. Chwolson.

Büchler, Adf., d. Priester u. d. Cultus i. letzten Jahrzehnt d. jerusalem. Tempels. gr. 8. (207 S.) Wien 895. A. Hölder. n. 4. —

Büchler, Adf., das Synedrion in Jerusalem und das grosse Bethdin in der Quaderkammer des jerusalemischen Tempels. gr. 8. (VII, 252 S.) Wien 902. A. Hölder. n. 5. —

— die Tobiaden u. die Oniaden im II. Makkabäerbuche u. in der verwandten jüdisch-hellenistischen Litteratur. Untersuchungen zur Geschichte der Juden von 220—160 u. zur jüdisch-hellenist. Litteratur. gr. 8. (399 S.) Ebd. 899. n. 7. —

Büchler Adolf, Dr.: Untersuchungen zur Entstehung und Entwicklung der hebräischen Akzente. 1. Teil: Die Ursprünge der vertikalen Bestandteile in der Akzentuation des hebräischen Bibeltextes und ihre masoretische Bedeutung. 8. 124 S. 3.60
Separatabdruck

Büchler, Adolf, Untersuchungen zur Entstehung und Entwickelung der hebräischen Accente. I. Theil. Die Ursprünge der verticalen Bestandtheile in der Accentuation des hebräischen Bibeltextes und ihre masoretische Bedeutung. Gr.-8. (182 S.) 1.80
Wien: Tempsky 1891!

— Untersuchgn z. Entstehg u. Entwickelg d. hebr. Accente. 1. Thl. Die Ursprünge d. verticalen Bestandtheile in d. Accentuation d. hebr. Bibeltextes u. ihre masoret. Bedeutg. 8° (182) Wien 92, (C Gerold's S.). 3.60

Büchler, Adf. Untersuchungen zur Entstehung u. Entwickelung der hebräischen Accente. 1. Thl.: Die Ursprünge der verticalen Bestandtheile in der Accentuation d. hebr. Bibeltextes u. ihre masoret. Bedeutg. Lex.-8. (182 S.) Wien 892, (Tempsky). * 3 60
Aus: Sitzungsberichte der k. Akademie der Wissenschaften, besonders abgedruckt.

[Umschlagt.:] **Büchler,** Adolf: Die Ursprünge der verticalen Bestandtheile in der Accentuation des hebräischen Bibeltextes ... [Erschien vollst. in: Sitzgsber. d. k. Akad. d. Wiss. u. d. T.: Unters. z. Entstehg u. Entw. d. hebr. Accente. 1. Th. Die Urspr. ... des ... Bibeltextes u. ihre masoret. Bedeutg.] Wien, Selbstverl. d. Verf., 1891; 83 S. 8.
Leipzig, Phil. Fak., Inaug.-Diss. v. [8. Dez.] 1891

Büchler, Anton (Hrsg.), s. Mittheilungen der schweizerischen Centralanstalt für das forstliche Versuchswesen.

Büchler, G., Geschichte der Familie Scheuss im Lande Appenzell-Ausserrhoden. Trogen 1830. 8.

Büchler, Gottlieb. Major (Lorenz) Mock und sein Militar-Dienst. Als Beitrag zur vaterländischen Geschichte. 8. *o. O.* 1838.

Büchler, H. (Red.), s. Blätter, Baltische.

Büchler, Herm., Shakspeare's Dramen in ihrem Verhältnisse zur griechischen Tragödie in besond. Hinsicht auf Shakspeare's „Julius Cäsar" und Hindeutungen auf „Hamlet"; die „Orestias", „Agamemnon", „Choëphoren", „Eumeniden" des Aeschilos; die „Trachinierinnen" und „Oedipus auf dem Kolonos" des Sophokles. Lex.-8. (84 S.) Nürnberg 850, v. Ebner'sche Buchh. Verlags-Conto. *

Büchler, H, Shakespeare's Dramen in ihrem Verh. z. griech. Trag. 8. (84) Nürnb. 50. (Münch., Weydner.) n. — 12

Büchler, Herm., er ist wahnsinnig. Lustspiel in 1 Act. gr. 8. (16 S.) Berlin (891). M. Böhm. 1.50

Büchler, H., s. Versuch e. Geschichte d. Lehen.

Büchler, H.,] Versuch einer pragmatischen Geschichte der Lehen aus den Zeiten vor der Errichtung der Fränkischen Monarchie bis zur Erlöschung des Karolingischen Stammes in Deutschland von D. H. B. Frankfurt u. Leipzig 1765. 8. . . . . . 10; 1880

Büchler, J. C. H., s. St. Galli, vocabularius.

Büchler, J. F. C., mémoires sur les Maladies contagieus. gr. 8. Strasb. König. 786.

Büchler, J. Lambert und C. G. Dümge, Archiv der Gesellschaft für ältere deutsche Geschichtkunde. I. 1r bis 6r und II. 1 — 3r Heft. gr. 8. Frankfurt a. M., Andreä. 820. à 10 Gr.

Büchler, (J., Lambert u. C. G. Dümge,) Archiv d. Gesellsch. f. ältere deutsche Geschichtskunde. 2r Bd. 4s—6s Heft u. 3r bis 4r Bd. gr. 8. Frankf. a. M. 821—23, Andreä.

— dasselbe 5r Bd. 6 Hefte, fortges. v. G. H. Pertz. gr. 8. Hannover 824—25, Hahn.
(1819—23, 1r—4r Bd. bei Andreä, 9 Rthlr. 14 gr.)

Büchler, J. Lebr., s. 1) Archiv d. Gesellschaft f. Geschichtskunde. 2) Baden, d. Großherzogthum.

Büchler, J. L. Das Grossherzogthum Baden, nach seinen Kreisen, Hofgerichts-Provinzen und Amtsbezirken topographisch dargestellt. 8. Karlsruhe 1814.

Büchler, Joh. C. Heinr., St. Galli vocabularius, auch Wörterbuch des heil. Gallus aus dem 8. Jahrh. Handschrift 319 der Stiftsbibliothek in St. Gallen. Nach den vorhandenen Ab- u. Druckschriften vergleichend zusammen gestellt u. alphabetisch sowohl lateinisch-deutsch als deutsch-lateinisch geordnet. Brilon 869. Friedländer. gr. 8. (VI, 96 S.) n. 15 ngr.

Büchler, Jh. Ulr., s. Land- u. Seereisen e. St. Gallischen Kantonsbürgers.

(Büechler, Joh[ann] Ulrich.) Land- und Seereisen eines St. Gallischen Kantonsbürgers nach Nordamerika und Westindien ... und wieder zurück nach Amsterdam in den Jahren 1816, 1817 und 1818. Enthaltend viele gute und widrige Schicksale. verschiedene Sitten ... von Negern und Wilden etc. 8. St. Gallen 1819.

Büchler, J. U., Land- und Seereisen eines St. Gallischen Cantonsbürgers nach Nordamerika und Westindien über Amsterdam nach Baltimore ꝛc. in d. Jahren 1816, 17, 18. 8. St. Gallen. Huber u. C. 820.

Büchler, Jh. Ulr., Land- u. Seereisen nach Nordamerika und Westindien, über Amsterdam nach Baltimore, Pittsburg, Gallipoli, Sensanetta, Neu-Beveg, die Gegend am Ohio u. Mississippi ꝛc. 2e Aufl. 8. Chur ... Grubenmann. 1/2 rℓ

Büchler, Karl, das Römerbad Badenweiler, s. a. Studien zur deutschen Kunstgeschichte. 115. Heft.

Das Römerbad Badenweiler. Eine erl. Studie von Dr. Karl **Büchler**. Mit 1 Pl. u. 24 Abb. Strassburg: Heitz 1909. VIII, 112 S. 8°
(Studien z. deutschen Kunstgeschichte. H. 115.) 90. 13036

Büchler, Karl: Die ästhetische Bedeutung der Spannung. Ein Beitrag zur Poetik. Stuttgart: Union 1908. (48 S.) 8°
Heidelberg, Phil. Fak., Ref. Braune, Diss. v. 10. April 1908
[Geb. 28. Jan. 83 Tairnbach; Wohnort: Rohrbach b. Heidelberg; Staatsangeh.: Baden; Vorbildung: Gymn. Lahr Reife M. 01; Studium: Heidelberg 9 S.; Rig. 2. Aug. 07.]

Büchler, M.: Die Gemeinde- oder Ortskassen und die landwirtschaftlichen Kreditgenossenschaften. Luxemburg 1905.

Büchler, M.: Geschichte des landwirtschaftlichen Genossenschaftswesens in Deutschland. Luxemburg 1905.

Büchler, Max. Die Anfänge der Entwicklung der Schweiz zum modernen Industriestaat. Sonderabdruck aus der «Monatsschrift für christl. Sozialreform» ..., 1904, Heft 3, 4, 6, 7, 8/9. II + 60 S. 8. Basel, Aktiendr. «Basler Volksblatt», 1904. N 3500²²

Büchler, Max, zur Frage der volkswirtschaftlichen u. rechtlichen Konsequenzen des modernen Industrialismus in der Schweiz. (82 S.) gr. 8. Bern 908. Scheitlin Spring & Co. n. — 50
Sonderabdruck aus: „Schweiz. Blätter f. Wirtsch.- u. Sozialpolitik."

Büchler, M., Zur Geschichte und Theorie des Arbeiter-Schutzes, mit besonderer Berücksichtigung der Schweiz. Separatabdruck aus der „Zeitschrift für schweiz. Statistik", Jahrg. 38, 1902. II + 26 S. 4. Bern '01, Stämpfli & Cie.

Büchler, Max. Das Kongobecken in handelsgeographischer Hinsicht. Separatabdruck aus Heft 5, 6, 7 u. 8 Jahrg. 15, 1907, der «Schweizer. Blätter für Wirtschafts- und Sozialpolitik».... II + 64 S. 8. Bern, Scheitlin, Spring & Cie. [Komm. A. Francke], 1907. [fr. 1.50]

Büchler, Max: Der Kongostaat Leopolds II. 1. Tl. Schilderg sr Entstehg u. sr wirtschaftl. Verhältn. (8, 235) 8° Zür., Rascher & Co. '12. 3.20

Büchler, Max. Marxismus und Arbeiterschutzgesetzgebung. Ein Beitrag zur Geschichte der sozialen Theorien des 19. Jahrhunderts. Separatabdruck aus der «Zeitschrift für schweizerische Statistik», Jahrg. 40, 1904. 54 S. 8. Bern, Stämpfli & Cie., 1904.

Büchler, Max. Johann Heinrich von Thünen (1783—1850) und seine nationalökonomischen Hauptlehren. VIII + 159 S. 8. Bern ... 1907.
Ausg. A: Diss. Jur. Bern. Bern, Haller'sche Buchdr., 1907. V Bern
Ausg. B: Bern, Verlag A. Francke, 1907. [fr. 4.—]

Büchler, Max. Das Verhältnis des Socialismus zur Arbeiterschutzgesetzgebung. Eine dogmengeschichtliche Skizze. Separatabzug aus den »Schweiz. Blättern für Wirtschafts- u. Socialpolitik«. Jahrg. 9/10, 1901/1902. Hefte 23, 24, 1 und 2. 51 S. 8. Bern, C. Sturzenegger, 1902. N 750[1a]

Büchler, O., der Religions-Unterricht in der evangelischen Volksschule. Religionslehrern, Lehrern u. Seminaristen dargeboten. Lex.-8. (100 S.) Neustadt W.-Pr. 888. (Brandenburg & Co.) n. 1. 60

Büchler, Oscar *(geb. Breslau 27. 8. 1849)*: Ueber das Vorkommen und die pathologische Bedeutung der Bacteriencolonien in den Nieren. Breslau (1872). (30 S.) 8°
Breslau, Med. Diss. v. 27. März 1872

Büchler, Otto

—— die Weihnachtsfeier in der Volksschule. Eine Sammlung von Deklamationen, Weihnachtsgedichten, Festchorälen und vielen mit zwei- oder dreistimm. Notensatz versehenen Weihnachtsliedern. Lehrern und Schülern dargeboten. gr. 8. (23 S.) Danzig 888, Kafemann. *
Ohne Noten. *

Büchler, Otto, d. Weihnachtsfeier i. d. Volksschule. E. Sammlg. v. Deklamationen, Weihnachtsgedichten, Festchorälen u. viel. m. 2- od. 3 stimm. Notensatz versch. Weihnachtsliedern. Lehrern u. Schülern dargeb. 2., verm. u. verb. Aufl. gr. 8. (26 S.) Danzig 896. A. W. Kafemann. n. — 30

Büchler, Phil. Aug., kurzgefaßte deutsche Geschichte, s.: Riegel, Ed.

— Kurzgef. Naturgesch., s.: Riedel, J.

Büchler, Samuel, aus Neupest (Ungarn): Ungarn in den Kreuzzügen. IV + 50 S. 8°. [27. VII. 07.]
Bern, Phil. Diss. 1908/09.

Büchler, W., siehe: *Gewerbekalender.*

(B[üchler], W[ilhelm].) Zum Andenken an Johann Büchler, Notar und Rechtsagent. Geboren den 29. Oktober 1820. Gestorben den 22. November 1910.... [Mit 1 Porträt.] II + 8 S. 8. Bern, Büchler & Co., (1910). N 9150[aa]

Büchler, Wlh., die vorzüglichsten chirurgischen Operationen mit besonderer Berücksichtigung der v. Wattmann'schen Schule. gr. 8. Wien 845, Kaulfuß Wwe., Prandel u. Comp. 2¼ ₰

Büchler, W[ilhelm]. Neue deutsche Orthographie (Duden). Amtlich für die Schweiz, Deutschland und Österreich. Hrg. unter Mitwirkung tüchtiger Schulmänner. [4 S.] 8. Bern, Büchler & Co., [1902]. (1 Ex. fr. —. 10, 10 Ex. fr. —. 60, 50 Ex. fr. 2. 50, 100 Ex. fr. 4. 50) N 938[a]

Büchler, W., s.a. Orthographie-Reform, die, in der deutschen Schweiz.

Büchler, W. Die Orthographie-Reform in der deutschen Schweiz. In-8°. 56 S. Bern, Buchdruckerei Michel & Büchler. 1892 1 20

Eyn gesang Buchleyn / welche man yetz und ynn Kirchen gebrauchen ist. (Zwickaw 1525.) *(Zwickau: R. Zückler 1902.)* (28 Bl.) 8° [J.] [illegible]

Das Büchlein vom vollkommenen Leben (Eyn geystlich edles Buchleynn. von rechter unterscheyd und vorstand. was der alt uñ new mensche sey). Eine deutsche Theologie in d. ursprüngl. Gestalt hrsg. u. übertr. v. Herman Büttner. Jena: E. Diederichs 1907. (LXII, 106 S.) 8° [J.] [illegible]

Buchli-Konrad, Frau B., Kochbuch f. feine bürgerl. Küche sowie für Hotels u. Pensionen auf deutsche, englische u. französische Manier, m. Angabe der ausgesuchtesten Rezepte f. wohlschmeck. gesunde Speisen, genaue Angabe der besten Backwerke, Kuchen, Crêmen, Glacen, Gelees, vom Einmachen der Früchte in Dunst, Zucker u. Essig, vom Konservieren der Gemüse u. Fleischspeisen in Blechbüchsen u. s. w. gr. 8. (LIV, 463 S. m. 2 Abbildgn.) Glarus 898. (Baeschlin).
Geb. in Leinw. 5. —

Büchli, Klaas. Die Klinik und die Bekämpfung der Rindertuberkulose. Arbeit aus dem Reichsseruminstitut in Rotterdam.... Diss. Vet.-Med. Bern. VIII + 103 S. 8. Gouda, Koch & Knuttel, (1909). VBern

Büchli, W. Einfache Buchhaltung für Gewerbtreibende und Kleinhandel. Zum Selbststudium bearbeitet, erläutert und in grossem Format ausgeführt. In-fol. St. Gallen, Mäder. 1883 3 —

Büchli, W., einfache Buchhaltung für Kleinhandel und Gewerbe. Zum Selbststudium praktisch bearb., erläutert und in grossem Format ausgeführt. Fol. (15 S.) St. Gallen 883, Maeder.

Büchling, Jh. Dav., († d. 27. Aug. 1811.) erklär. Anmerkk. zu Anakreons Liedern. 8. Leipz. 803. Schwickert. 1 ₰ 8 gl

— erklär. Anmerkk. zu Cornelius Nepos. 8. Leipz. 804. Schwickert. 1 ₰

– s. Aesops Fabeln.

– s. Cebetis Gemälde

– s. Cicero, Cato – Laelius – de officiis – catilinar. Reden – Paradoxa – Somnium – Tuskulan. Untersuch.

– s. Cornelius Nepos.

– s. Epictet.

– s. Eutropius, Ausz. aus d. röm. Gesch.

– s. J.M. Gesner, chrestomathia graeca.

— Handbuch d. vaterländ. deutschen Geschichte. 2 Thle. gr. 8. Halle 792, 93. Hendel. 1 ₰ 16 gl

— Katechisationen über bibl. Stellen, in Beispielen erläutert. 8. Halle 800. Hendel. 16 gl

– s. Lucians Timon.

– s. Paläphatus

– s. Phädrus

– s. Plato, Phädon.

– s. Sallustii bellum Catilin.– bellum Jugurthin.

– s. Theophrast, Charaktere.

— Tugendspiegel, in Erzähll. f. d. Jugend. Mit Kpf. 8. Halle 794. Dreyßig. 9 gl Neuester Tugendspiegel rc., mit ill. Kpf. 8. Ebd. 795.

— krit. Uebersicht d. Literatur d. Schulwissenschaft d. J. 1790. gr. 8. Halle 792. Hendel. 1 ₰

– s. Xenophons Reden u. Thaten.

Büchlschreiber, Die Wiener, nach dem Leben geschildert ... [Leipzig 1783.] V: *Blumauer, Joh. Alois.* (ML)

Büchly, Werner s. Kollmann, Julius, und Büchly, Werner.

Buchmann, d. alte, oder: des Vaters Fluch. Eine Erzählung f. Christenkinder, vom Verfass. des „armen Heinrich." Mit 14 Holzschn. 12. Stuttg. 832. (Steinkopf). 4 gl.

Buchmann, Der alte. Eine Erzählung für Christenkinder ... 3. Auflage. Stuttgart 1843. V: *Barth, Chr. G.* (Ky)

Buchmann, der alte. Eine Erzählung für Christenkinder vom Verf. des „armen Heinrich." 3. Aufl. 12. Stuttgart 843, J. F. Steinkopf. 1/6 ₰

Buchmann, der alte. Eine Erzählung für Christenkinder vom Verfasser des „armen Heinrich" (C. G. Barth.) 4. Aufl. Stuttgart 862. J. F. Steinkopf. 16. (96 S.) n. 5 ngr.

Buchmann s: Lehrhefte f. d. Unterr. im Zirkel- u. Projektionszeichnen.

Buchmann, A.: Kurze Geschichte der evangel. separierten Gemeinden in Südrußland. — Neuhalbstadt (1906: Braun).

Buchmann, Alfred [aus Magdeburg]: Statistisches zur Beschaffenheit der weiblichen Brust und zum Stillgeschäft ... Halle a. S., Hofbuchdr. v. C. A. Kaemmerer & C., 1895; 41 S., 1 Bl. 8.
Halle, Med. Fak., Inaug.-Diss. v. 7. Aug. 1895

Buchmann, C. F., gemeinnütz. Hausrath f. christl. Landleute. 8. Leipz. 804. (W. Nauck). 4 gl.

Buchmann, C. F., gemeinnütz. Hausrath f. christl. Landleute. 8. Lpz. Sommer. 804.

Buchmann, Chr[istian]. Die Hypothekenbanken. Vortrag .... Gehalten am III. Fortbildungskurs des Schweizer. Handelslehrervereins. [Herausgeber:] Schweizerischer Handelslehrerverein = Association des Professeurs des Ecoles de Commerce suisses. [Mit 3 Tabellen.] II + II + 28 S. 8. Basel, G. Krebs, 1908. N 8350[25]

Buchmann, Eduard: Die Entwickelung der grossen Berliner Strassenbahn und ihre Bedeutung für die Verkehrsentwickelung Berlins. Berlin: Springer 1910. VIII, 140 S., 1 Tab. 8° (Im Buchh. ebd.)
Tübingen, Staatswiss. Diss. v. 8. Okt. 1910, Ref. Fuchs
(Nur in beschränkter Anzahl für den Austausch)
[Geb. 22. Juli 76 Neiße; Wohnort: Berlin; Staatsangeh.: Preußen; Vorbildung: Realgymn. Neiße Reife O. 94; Studium: Berlin 6 S.; Rig. 23. Juni 10.] [U 11. 4412

— s.: Kolonie u. Heimat in Wort u. Bild.

Buchmann, Emil, d. erste Schulzeichnen. Eine Sammlg. v. Beispielen f. das mal. Zeichnen im Anschluss an den Anschauungsunterricht. gr. 4. (12 Taf. m. 1 S. Text.) St. Gallen 901. (Fehr.) n.n. — 90

Buchmann, Emil. Das erste Schulzeichnen. Eine Sammlung von Beispielen für das malende Zeichnen im Anschluss an den Anschauungsunterricht. Hrg. von Emil Buchmann.... IV S. + 12 Tafeln. 4. St. Gallen, Honegger, 1901. [fr. 1. —] N 34

Buchmann, Ernst. Zur Lehre der Doppelkarzinome der Gallenblase. ⟨Aus dem pathologisch-anatomischen Institut Basel....⟩ Diss. Med. Basel. (Sonderabdruck aus Archiv für Verdauungskrankheiten. Bd. 16.) 19 S. 8. Berlin, S. Karger, 1910. V Bas

Buchmann, F., üb. u. gegen den Jesuitismus. Zwangslose Abhandlgn. üb. die jesuit. Taktik u. Vollkommenheit, den jesuit. Eid u. Primat. gr. 8. (IV, 91 S.) Breslau 872. (Gosohorsky). n. 2. —

— dass. s.a. Buchmann, Jakob

Buchmann, F.J.

— Der Geheimnisskrämer. Ein Kunst- und Wunderbuch. Ueber sympathetische, magnetische und allopathische Mittel gegen die Krankheiten und Gebrechen der Menschen, sowie wundersame Geheimnisse zum Nutzen für Jedermann besonders für jede Haushaltung. Ueber Sympathie und Magnetismus. 3. Aufl. Kl. in-8°, 470 S. Ibid. 1883? geh. 3 — geb. 3 50

Buchmann, F. J., sympathetischer, allopathischer u. homöopathischer Geheimnißkrämer. Ein Kunst- u. Wunderbuch in 2 Thln. Unter Mitwirkg. mehrerer Freunde hrsg. 16. (246 u. 224 S.) St. Gallen 877. Maeder. n. 2. 40; Einbd. n. — 40

Buchmann, F. J. Die Goldgrube oder 600 Rezepte der Kochkunst und Industrie. 5. Aufl. Kl. in-8°, 664 S. St. Gallen, Mäder. 1883! geh. 3 50 geb. 4 20

—— die allerneueste Goldgrube zum Nutzen eines jeden vernünftigen und denkenden Menschen. Eine vollständ. Sammlung von mehr als 700 der bewährtesten Rezepte, oder die enthüllten Geheimnisse der Industrie, nach den besten Autoren der älteren und neueren Zeit. Unter Mitwirkung mehrerer Freunde hrsg. 5. sehr verm. und verb. Aufl. 16. (614 S.) Ebendas. 883.

Buchmann, F. J., die kluge Hausapotheke. Ueber 600 der besten Hausarzneimittel gegen die Krankheiten der Menschen, der Pferde, des Rindviehes, der Schafe, Schweine, Hunde und des Federviehes. Aus den Schriften des Hufeland, Graß, Paracelsus rc. Unter Mitwirkung mehrerer Freunde und Aerzte hrsg. 9. sehr verm. und verb. Aufl. 16. (664 S.) St. Gallen 888, Hasselbrink. geb. *

Buchmann, F. J. Die kluge Hausapotheke oder 700 der besten Hausarzneimittel gegen die Krankheiten der Menschen und Hausthiere. 9. Aufl. Kl. in-8°, 664 S. St. Gallen, F. Hasselbrink. 1888 gebd. 3 50

— Die kluge, ländliche Hausapotheke, oder die besten Hausarzneimittel gegen die Krankheiten der Menschen, der Pferde, des Rindviehes, des Federviehes etc. etc. Aus den Schriften der berühmtesten Aerzte, wie Hufeland, Grass, Paracelsus, Adalb. von Haller. 9. verm. u. verb. Auflage. Kl. in-8°, 664 S. St. Gallen, Mäder. 1883 geh. 3 50 geb. 4 20

—— die kluge ländliche Hausapotheke der besten Hausarzneimittel gegen die Krankheiten der Menschen, der Pferde, des Rindviehes, der Schafe, Schweine, Hunde und des Federviehes. Aus den Schriften des Hufeland, Graß, Parazelsus rc. Unter Mitwirkung mehrerer Freunde hrsg. 9. sehr verm. und verb. Aufl. 16. (664 S.) Ebendas. 878.

— Der Pferd- und Viehhändler. Ein nützliches Buch für jeden Landwirth. Kl. in-8°, 392 S. Ibid. 1883? geb. 2 —

Buchmann, Friedr., poetischer Blumenkranz. 8. (6 B.) Nordhausen 838. (Fürst.)

Buchmann, Fritz: Die Stellung des Adressaten im Frachtgeschäft unter Ausschluss des Eisenbahnfrachtrechts nach dem neuen Handelsgesetzbuch. *Regensburg 1897: Nationale Verlagsanst.* (78 S.) 8°
Erlangen, Jur. Diss. v. 1897 [J.]

Buchmann, Heinrich, Die Fabrikbuchhaltung nach dem Regeln d. doppelten Buchführung. gr. 8. (ca. 6 Lief.) Lief. 1. (S. 1—56) geh. 80 kr.
Böhm.-Leipa: J. Künstner 1881.

Buchmann, Heinrich, Die Fabrikbuchhaltung nach den Regeln d. doppelten Buchführung. gr. 8. (ca. 6 Lief.) Lief. 2. (S. 57—112) geh. 80 kr.
Böhm.-Leipa: J. Künstner 1881.

Buchmann, J. F., dankbare u. freudige Erinnerung d. durch den unsterblichen Luther bewirkten Kirchenverbesserung, e. Versuch in deutschen Versen. 8. Leipz. 820. (Logier in Berl.) 3 gr.

Buchmann, Jakob, s.a. Buchmann, Joh.

Buchmann, J., vermischte Aufsätze. 1—8. Hft. gr. 8. Breslau 874. Fiedler u. Hentschel. n. 10. 50
1. Kirchliche Autorität u. Macht der Wissenschaft. (59 S.) n. 1. —
2. Ein Missionsbischof aus längst vergangener Zeit. (31 S.) n. — 75
3. Eine päpstl. Excommunication aus dem 10. Jahrhundert. (31 S.) n. — 75
4. Studien u. Kritiken üb. Concilien. (53 S.) n. 1. —
5. Curialismen. (VIII, 116 S.) n. 2. —
6. Die Macht der Jesuiten-Societät. (VIII, 80 S.) n. 1. 50
7. Krumme Wege zur Unfehlbarkeit. (104 S.) n. 1. 50
8. Zaghafte u. entschlossene Politik. (123 S.) n. 2.

—— die Excommunication. Erläuterungen über die kirchl., hierarch. und jesuitisch-papist. Excommunication. 1. Aufl. 1872. *M. 2., und 2. unveränd. (Titel-)Aufl. gr. 8. (IV, 96 S.) Breslau 875, Gosohorsky's Buchh. *

— Eine päpstl. Excommunication a. d. X. Jahrh. Breslau 1874. 8.

Buchmann, Jak., der Herr Consistorialrath Falk und seine Vertheidiger. Ein Sendschreiben an die Gemeinde der reformirten Kirche in Breslau. Zweites Sendschreiben. gr. 8. Leipzig 844, Hartknoch. 5/12 ß

— s. Frey de Neuville, neuntägige Geistessammlung.

Buchmann, J., einige Gefahren unserer Zeit. Predigt gehalten am 8. S. nach Pfingsten in der Stadtpfarrkirche zu Canth. Breslau 860. Aderholz. 8. (14 S.) n. 2 ngr.

—— meine Gegner, od. die Hrn. Mosler, Grittner, Mätthäi u. Wolff. gr. 8. (1½ B.) Neiße 845, Burckhardt. *

Buchmann, J., am grünen Holze. Passionsbilder. gr. 8. (83 S.) Bonn 876, Neusser. *

—— über und gegen den Jesuitismus. Zwanglose Abhandlungen über die jesuit. Taktik und Vollkommenheit, den jesuit. Eid und Primat. 1. Aufl. 1872. *M. 2., und 2. unveränd. (Titel-)Aufl. gr. 8. (IV, 91 S.) Breslau 875, Gosohorsky's Buchh. *

– dass. s.a. Buchmann, F.

—— die Jungfrau von Orleans. Vortrag gehalten zu Breslau am 17. Novbr. 1876 und für den Druck erweitert. gr. 8. (43 S.) Breslau 877, [Friedrich.] (Gosohorsky's Buchh.) *

—— die unfreie und die freie Kirche in ihren Beziehungen zur Sclaverei, zur Glaubens- und Gewissenstyrannei und zum Dämonismus. 1. Aufl. 1873. *M. 5,80., und 2. unveränd. (Titel-)Aufl. gr. 8. (XVI, 331 S.) Breslau 875, Gosohorsky's Buchh. *

Buchmann, Jakob, historisch-kritischer Commentar üb. den Propheten von Breslau. 1. Hft. A. u. d. T.: Antimosler, od.: Beiträge zu einer gerechten Würdig. d. Lage der schles. Protestanten unter österreich. Herrschaft. gr. 8. (8½ B.) Speyer 843. Mainz, Kirchheim, Schott u. Thielmann.

Buchmann, J(akob), katholische Communion-Scheine. qu. 4. (25 lith. Bl.) Neiße 848, Müller.

— Curialismen. Breslau 1874. 8.

—— aus d. Leben eines preuß. Offiziers, s. Züge.

—— von Palästrina nach Anagni. Eine Jubiläumsschrift. gr. 8. (75 S.) Breslau 876, Gosohorsky's Buchh. *

—— v. Palästrina nach Anagni. 8. (75) Freib., 76, Kiepert. n. 1. 20

—— die Pflicht des Christen, sich d. Verirrten anzunehmen. Predigt, gehalt. in d. Dominikanerkirche am 3. Sonntage nach Pfinasten. 12. (1 B.) Neisse 843, Burckhardt. *

—— Popularsymbolik, od.: Vergleichende Darstellung der Glaubensgegensätze zwischen Katholiken u. Protestanten nach ihren Bekenntnißschriften. 2 Bde. 1. Aufl. (44¾ B.) 843. 1⅓ Thlr. u. 2., verb. Aufl. gr. 8. (50½ B.) Mainz 845, Kirchheim, Schott u. Thielmann.

Buchmann, Jak., Populärsymbolik, oder: Vergleichende Darstellung der Glaubenssätze der Katholiken u. Protestanten nach ihren Bekenntnisschriften. Mainz, Kirchh., 1850, gr. 8°, 2 Bde, XX, 268 u. VIII, 356 S., 3. verb. Aufl., 5 Mk. (Fehlt.)
1. Aufl. 1843, XXIII, 690 S.,

—— zwei Predigten gehalten am Piustage, den 16. Juni und am 3. Sonntage nach Pfingsten, als am Sieges- und Friedensdankfeste den 18. Juni in der Stadtpfarrkirche zu Canth in Schlesien. 8. (34 S.) Münster 871, Brunn's Verlag. *

— die barmherzigen Schwestern. Eine Predigt gehalt. am Feste Mariä Himmelfahrt u. 12. Sonnt. nach Pfingsten. gr. 12. (24 S.) Neisse 849, Graveur in Comm. n. 2 ngr.

Buchmann, Jacobus [geb. Groß-Kunzendorf in Schles. 25. 7. 1807]: Theses theologicae . . . pro licentiati in theologia honoribus rite obtinendis. Vratislaviae (1834). (2 Bl.) 8°
Breslau, Kath.-theol. Liz.-Thesen v. [27. Febr.] 1834

—— Was ist durch die vaticanischen Decrete geändert worden? Erster Vortrag gehalten am 12. Januar 1875 in dem altkathol. Vereine zu Breslau. gr. 8. (24 S.) Breslau 875, Fiedler und Hentschel. *

—— dass. — Zweiter Vortrag, gehalten am 2. März 1875 in dem altkathol. Vereine zu Breslau und für den Druck erweitert. gr. 8. (39 S.) Ebendas. 875. *

Buchmann, J., Krumme Wege zur Unfehlbarkeit. Breslau, Fiedler u. Hentschel, 1874, 104 S., gr. 8°, 1,50 Mk.

— das Zeugniß des heiligen Geistes für die katholische Kirche, niedergelegt in ihrer Geschichte. Eine Predigt. gr. 8. Neisse u. Frankenstein 841, Hennings. ⅓ ß

– s. Züge aus dem Leben eines Officiers.

Buchmann, Joh., s.a. Buchmann, Jakob

— — Antimosler, oder Beiträge zu einer gerechten Würdigung der Lage der schlesischen Protestanten unter österreich. Herrschaft. gr. 8. Speyer 1843, Kirchheim in M. 15 Ngr. — 54 kr.

(— —) die Ehrenwächter der evangel. Kirche oder z. Charakteristik der protestant. Polemik. gr. 8. Mainz 1842, Kirchheim. 12 Ngr. — 45 kr.

— Meine Gegner, oder: Die Herrn Mosler, Grittner, Matthäi u. Wolff. Neisse, Burckhart, 1845, gr. 8°, 25 Pf.

— Hist.-kritischer Kommentar über den Propheten von Breslau, oder: Sammlung authentischer Beweise, daß derselbe von der Vergangenheit eine höchst mangelhafte Kenntnis habe. Heft 1. Auch u. d. T.: Antimosler, oder: Beiträge zu einer gerechten Würdigung der Lage der schlesischen Protestanten unter österreich. Herrschaft. Das. 1843, gr. 8°, 1,50 Mk.

Buchmann, Licent. Joh. (Priester in Neisse), Popularsymbolik, oder vergleichende Darstellung der Glaubensgegensätze zwischen Katholiken u. Protestanten. gr. 8. Mainz 1843. (3 fl. 9 kr.) 2e Aufl. 2 Bde. gr. 8. Ebd. 1845, Kirchheim u. Schott. 2 Thlr. — 3 fl. 30 kr.

— Offenes Sendschreiben an Pastor Geltner, die literar. Leistungen des Lic. Buchmann betreffend. 8. Gleiwitz 1845, Landsberger. 10 Ngr. — 36 kr.

(— —) die Leipziger Zeitung rc. od. zur Kirchenspaltung des 16ten Jahrh. gr. 8. Mainz 1842, Kirchheim. 12 Ngr. — 45 kr.

Buchmann, J., Die Leipziger Allgem. Zeitung vor dem Richterstuhle der Geschichte, oder: Aktenmäßige Beiträge zur Geschichte der Kirchenspaltung des 16. Jahrh. Das. 1842, gr. 8°, VIII, 87 S., 1,20 Mk.

Buchmann, Johann Nepomuk

Buchmann, Joh. Nep. (P.) Der vollkommene Christ. Anleit. zur christl. Vollkommenheit. Aus dem Italienischen d. A. M. von Lignori. In-18°, mit 2 Bildern. Einsiedeln, Gebr. Benziger. 1 35

1879?

Buchmann, J. N., Leben heiliger Weltleute. Leuchtende Vorbilder der Heiligkeit aus dem Volke u. f. das Volk. 8. (223 S. m. 13 Illustr.) Einsiedeln 890. Benziger & Co. geb. 2. 40

Buchmann, P. Johann Nepomuk. Leben heiliger Weltleute. Leuchtende Vorbilder der Heiligkeit aus dem Volke und für das Volk. Mit 13 Illustrationen [wovon 1 Tafel]. 2. Aufl. 8. Einsiedeln, Waldshut... 1897.

Buchmann, Joh. Nepomuk, O. S. B., Leben heiliger Weltleute. Leucht. Vorbilder d. Heiligkeit a. d. Volke u. f. d. Volk. 2. Aufl. M. 13 Ill. 8. (223 S.) Einsiedeln 897. Verlagsanstalt Benziger & Co.
Geb. in Leinw. 1. 60

Buchmann, Joh. Nep. Die heiligen vierzehn Nothhelfer. Andachtsbüchlein f. das kathol. Volk. 16. (VIII, 192 S. m. 6 Illustr. u. 1 Lichtdr.) Einsiedeln 889, Benziger u. Comp. geb. * 1 —

Buchmann, JN, d. schönste Tag d. Lebens. Ein Erbauungsbüchlein d. Erst-Communicanten. 12. (238 m. H.) Einsied. 80, Benziger. 1. 60; geb. 2. 20

Buchmann, JN, d. schönste Tag d. Lebens. Ein Erbauungsbüchlein f. Erst-Communicanten. 2. Afl. 16. (238 m. H.) Einsied. 81, Benziger. geb. 1. 60; in Leinw. m. G. 2. 20

Der schönste Tag des Lebens. Ein Erbauungsbüchlein f. Erst-Communicanten. Von P. Joh. Nep. **Buchmann,** O. S. B. Mit 27 Holzschn. u. 1 Farbendr.-Bild. 7. Aufl. *Einsiedeln, Köln: Benziger & Co. [um 1902].* (IV, 238 S.) 8° [F.] [02. 10816

Buchmann, Johannes [app. Arzt aus Berlin]: Aus d. Laboratorium d. pharmakognost. Sammlung in Kiel. Über die diuretische Wirkung der Salicylsäure und Benzoësäure ... Kiel, Druck v. A. F. Jensen, 1892; 35 S. 8.
Kiel, Med. Fak., Inaug.-Diss. v. [31. Mai] 1892

Buchmann, Joseph: Ist der Staatsbeamte verpflichtet, rechtswidrige Dienstbefehle seiner Vorgesetzten zu befolgen? Breslau 1909: Breslauer Genossensch.-Buchdr. 46 S. 8°
Breslau, Jur. Diss. v. 20. März 1909, Ref. Brie-Gretener
[Geb. 13. März 81 Breslau; Wohnort: Breslau; Staatsangeh.: Preußen; Vorbildung: Matthias-Gymn. Breslau Reife M. 04; Studium: Breslau 6 S.; Rig. 10. Febr. 09.] [U 09. 465

Buchmann, Michael

Buchmann, Mch., († d. 29. März 1823.), s. Evangelien u. Episteln.

Buchmann, M., d. heil. Evang. u. Epist. mit Erklär. n. d. röm. Kirche. 2 Theile. 8. Bresl. Korn d. ält. 801—2. (1r 1 Rthlr., 2r 1 Rthlr. 4 gr.)

Buchmann, Michael. Die hl. Evangelien und Episteln auf alle Sonn- und Festtage des Jahres mit Erklärungen. Breslau, Korn, 1802, 8°, 2 Teile, 6,50 Mk.

Buchmann, O., mikroskopische und anderweitige Beobachtungen und Untersuchungen zum Nachweis der Löslichkeit von Metallen und andern harten Körpern hauptsächlich in den Verdünnungen aus homöopathischen Verreibungen. Gekrönte Preisschrift. Eine Festgabe des homöopath. Centralvereins Deutschlands für den internationalen homöopath. Congress in London im J. 1881. gr. 8. (VIII, 92 S. mit eingedr. Holzschn.) Leipzig 881, (Baumgärtner's Buchh.) *

Buchmann, Otto: Die atmosphärische Nervenreizung tritt immer zugleich mit atmosphärischer Dunstbildung auf. Halle (1869): Plötz. 29 S. 8°
Halle-Wittenberg, Med. Diss. v. 23. Okt. 1869
Geb. Gardelegen 21. 8. 1818. V.

Buchmann, Otto, Hein Starck. Roman. (292 S.) 8. Weimar 910. [H. Bartholdi.] Leipzig, E. Ungleich. 4.—;
geb. in Leinw. 5. —

Buchmann, Otto Aug., die Hydrometeore in ihrer Beziehung zur Reizung der sensitiven Nervenfaser. Ein physiologischer Beitrag zur richtigen Würdigung der Hyperästhesien. Magdeburg 855. Heinrichshofen in Comm. gr. 8. (XV, 136 S.) 25 ngr

Die gewerbliche Fortbildungsschule als Erziehungsanstalt von Paul **Buchmann,** Dir., Wilhelmshaven. Hannover-List & Berlin: C. Meyer 1908. (58 S.) 8° [F.] [08. 16448

Buchmann, Paul, Friedrich, Landgraf von Hessen-Darmstadt, Malteserritter, Kardinal und Bischof von Breslau. Ein Beitrag zur Breslauer Bischofs-Geschichte. 8. (VII, 112 S.) Breslau 883, Aderholz' Buchh. *

— Wahlfreie Kurse zur Weiterbildung unserer Gesellen, angegliedert an die gewerbl. Fortbildungsschule. (68 S.) gr. 8. Ebd. 909. 1. 20

Buchmann, Rud., Helden u. Mächte des romantischen Kunstmärchens, s. Untersuchungen zur neueren Sprach- u. Literaturgeschichte. 6. Hft.

Buchmann, Rudolf. Helden und Mächte des romantischen Kunstmärchens. Beiträge zu einer Motiv- und Stilparallele. 8. Leipzig... 1910.
Ausg. A, Teil-Ausg.: Diss. Phil. Bern ... von R' B' aus St. Gallen. XIV + 92 + *Vita* 1 S. L', Spamersche Buchdr.
Ausg. B: ... von R' B'. XVI + 236 S. L', H. Haessel Verlag. [M. 4.60.] — Untersuchungen zur neueren Sprach- und Literaturgeschichte. Hrg. von Professor Dr. Oskar F[ranz] Walzel. Neue Folge. Heft 6.

Buchmann, W., Herzog Johann Christian von Brieg, s. Für die Feste und Freunde des Gustav-Adolf-Vereins.

Buchmann, Walter [Referendar am Kgl. Landger. zu Duisburg]: Ausübung des an einem Forderungsrechte bestehenden Pfandrechtes ... Wesel a. Rh., Buchdr. Gebr. Berkenkamp, *1896*; 48 S. 8.
Erlangen, Jur. Fak., Inaug.-Diss. v. 1896

Büchmann, der rothe. Classische Citate mit sozial-demokrat., christlich-sozialen und Centrum-mist., nebst verschiedenen und vielen anderen Extempore's. Von Parvulus Mastix. 8. (IV, 92, IX S.) Leipzig 879, Bachmann. *

Büchmann u. Pomtow, Märchenbronnen. Märchen f. Jung u. Alt. gr. 16. (IV u. 195 S. m. 4 Lith.) Berlin 851, K. W. Krüger. 18 ngr

Büchmann, (G), s.: Conjugationstabelle f. d. unregelmäss. engl. Verba.

Büchmann, G. Henry Wadsworth Longfellow. Berlin, Fr. Werder'sche G. S., 1858. 17 S. 4. Progr.

Büchmann, Geo., über den Berliner Adreß-Kalender. Vortrag gehalten im Concertsaale des Königl. Schauspielhauses am 22. Jan. 1862. gr. 16. (25 S.) Berlin 862, Haude und Spener'sche Buchh. *

— geflügelte Worte. Der Citatenschatz des deutschen Volkes. 1.—4., umgearb. und verm. Aufl. 8. (III und 263 S.) Berlin 864—67, Haude und Spener'sche Buchh. 1 Thlr.; geb. *
geb. mit Goldschn. *

Büchmann, Geo., geflügelte Worte. Der Citatenschatz des deutschen Volks. 2. Aufl. 865. (236 S.) — 3. Aufl. 866. (231 S.) — 4. Aufl. 867. (263 S.) — 5. umgearb. u. verm. Aufl. Berlin 868. Haude & Spener. 8. (2 Bll., 278 S.) 1 Thlr; geb. n. 1 Thlr $7\frac{1}{2}$ ngr;
m. G. n. 1 Thlr 10 ngr

Büchmann, Geo., Geflügelte Worte. Der Citatenschatz des deutschen Volks. 5.—7. verb. und verm. Aufl. gr. 8. (III, 296 S.) Berlin 868,71,72, Haude und Spener'sche Buchh.
geb. *
geb. mit Goldschn. *

— dasselbe. 8. verb. u. verm. Aufl. 8. (318 S.) Ebend. 874. 3. 60; geb. n. 4. 50; geb. m. Goldschn. n. 4. 80

— dasselbe. 9. verb. u. verm. Aufl. 8. (349 S.) Ebend. 876. n. 4. 50; geb. n. 5. 50; geb. m. Goldschn. n. 5. 75

Büchmann, Geo., geflügelte Worte. Der Citatenschatz des deutschen Volks. 10. u. 11. umgearb. u. verm. Aufl. 8. (III, 467 S.) Berlin 877. 79. Haude & Spener. n. 4. 50; geb. n.n. 5. 50; m. Goldschn. n.n. 5. 75

— dasselbe. 12. verb. und verm. Aufl. 8. (III, 585 S.) Ebend. 880. n. 5. —; geb. n.n. 6. —; m. Goldschnitt n.n. 6. 25

— dasselbe. 13. verm. u. umgearb. Aufl. 8. (III, 485 S.) Ebend. 882. n. 5. —; geb. n.n. 6. —; m. Goldschn. n.n. 6. 25

Büchmann, Geo., geflügelte Worte. Der Citatenschatz d. deutschen Volkes. Nach d. Verf. Tode fortgesetzt v. Walter Robert-tornow. 14. verm. u. umgearb. Aufl. Mit dem (rad.) Bildnisse Geo. Büchmann's. 8. (XV, 453 S.) Berlin 884. Haude & Spener. n. 5. —; geb. n. 6. —; m. Goldschn. n. 6. 25

Büchmann, G., geflügelte Worte. Der Citatenschatz d. deutschen Volkes, gesammelt u. erläutert. Nach d. Verf. Tode fortgesetzt v. R. Waltertornow. 15., verm. Aufl. 8. (XVI, 523 S.) Berlin 887. Haude & Spener. geb. m. Weissschn. n. 6. —; m. Goldschn. n. 6. 25; in Halbfrz. n. 6. 25

— dasselbe. 16., verb. u. verm. Aufl. Mit dem Bildnisse G. Büchmann's, nach e. Gemälde v. Helene Büchmann radiert v. H. Meyer. 8. (XVI, 591 S.) Ebd. 889. geb. in Leinw. n. 6. —; m. Goldschn. n. 6. 25; in Halbfrz. n. 6. 25

Büchmann, Geo., geflügelte Worte. Der Citatenschatz d. deutschen Volkes, gesammelt u. erläutert. Nach d. Verf. Tode fortgesetzt v. Walter Robert-tornow. 17., verm. Aufl. [80.—90. Taus.] Mit dem Bildnisse Geo. Büchmanns, radiert v. Helene Büchmann. 8. (XVI, 620 S.) Berlin 892. Haude & Spener. Geb. in Leinw. n. 6. —; in Halbfrz. n. 7. —

— dasselbe. 18., verb. u. verm. Aufl. (90.—100. Taus.) 8. (XIX, 699 S. m. Bildnis.) Ebd. 895. Geb. in Leinw. n. 6. —; in Halbfrz. n. 7. —

— dasselbe. 100. Taus. (Jubel-Ausg.) gr. 8. (XIX, 699 S. m. Bildnis.) Ebd. 895. Geb. in Halbfrz. n. 12. —

Büchmann, Geo., Geflügelte Worte. Citatenschatz d. deutschen Volkes, ges. u. erläut. Fortges. v. Walt. Robert-tornow. 19., verm. u. verb Aufl. 8. (XXXI, 761 S. m. Bildn.) Berlin 898. Haude & Spener. Geb. in Leinw. n. 6. 60; in Halbfrz. n. 8. —

Geflügelte Worte. Der Citatenschatz d. deutschen Volkes gesamm. u. erl. von Georg Büchmann. Fortges. von Walter Robert-tornow. 20. verm. u. verb. Aufl. (Hrsg.: Eduard Ippel.) *Berlin: Haude & Spener 1900.* (XXXI, 783 S.) 8° [oo. 10730

Geflügelte Worte. Der Citatenschatz des deutschen Volkes gesammelt u. erl. von Georg Büchmann. Fortges. von Walter Robert-tornow. 21. verm. u. verb. Aufl. bearb. von Eduard Ippel. *Berlin: Haude & Spener 1903.* (XXXI, 823 S.) 8°

Büchmann, Geo., geflügelte Worte. Der Zitatenschatz des deutschen Volkes, gesammelt u. erläutert. Fortgesetzt v. Walt. Robert-tornow. 22. verm. u. verb. Aufl., bearb. v. Eduard Ippel. (XXXII, 871 S. m. Bildnis.) 8. Berlin 905. Haude & Spener. Geb. in Leinw. n. 7. 50; in Halbfrz. n. 9. —

21. Aufl. (XXXI, 823 S.) 903. geb. n. 6. 50 u. 8. —.

Büchmann, Georg. Geflügelte Worte. Der Zitatenschatz des deutschen Volkes, gesammelt und erläutert von G' B'. Fortgesetzt von Walter Robert-tornow. 23. vermehrte und verbesserte Aufl. (140. bis 150. Tausend) bearb. von Eduard Ippel. [Mit Porträt-Tafel.] XXXII + 768 S. 8. Berlin, Haude & Spener, 1907. [geb. M. 8. —] —

Darin S. 114f. 125f. 143. 161. 182. 205. 209/13. 216f. 219. 233. 235. 256. 261. 267f. 273f. 278/80. 282. 303f. 307. 332. 357. 376. 401. 430. 487 etc. Schweizer betr.

Büchmann, Geo., geflügelte Worte. Der Zitatenschatz des deutschen Volkes, gesammelt u. erläutert. Fortgesetzt v. Walt. Robert-tornow u. Eduard Ippel. 24. verm. u. verb. Aufl. (151.—163. Taus.), bearb. v. Bogdan Krieger. (XXVIII, 739 S. m. Bildnis.) 8. Berlin 910. Haude & Spener. Geb. in Leinw. 8. —; in Halbfrz. m. Goldschn. 10. —

23. Aufl. (XXXII, 767 S.) 907.

Büchmann, Geo.: Geflügelte Worte. Der Zitatenschatz d. deut. Volkes, gesammelt u. erläutert v. B. Fortgesetzt v. Walt. Robert-tornow, Konr. Weidling u. Eduard Ippel. 25. Afl. v. Bogdan Krieger. (30, 688 m. Bildn.) 8° Berl., Haude & Sp. '12. L 9 —; HF 12 —

Büchmann, J, ein. Gefahren uns. Zeit. Pred. 8. (14) Bresl. 69, Aderholz. n. — 2

Buchmayer, Aug., und Carl Lischka, Forst-Schematismus für Mähren und Schlesien, oder Verzeichniss des Forst- und Jagd-Personals, nebst Angabe der Güterbesitzer und Waldflächen. Nach authent. Quellen zusammengestellt. Berichtigt bis Ende 1873. 8. (66 S.) Olmütz 873, Grosse. *

BUCHMAYER, August u. Karl LISCHKA: Forst-Schematismus für Mähren und Schlesien oder Verzeichnis des Forst- und Jagd-Personals, nebst Angabe der Güterbesitzer und Waldflächen. Nach authentischen Quellen zusammengestellt. Berichtigt bis Ende 1873. - Olmütz 1874. 66 S.

— der Forstschutz. Mit 17 in den Text eingedr. Abbildungen u. 2 Forstkarten (in Holzschn.). gr. 8. (120 S.) Ebend. 878. n. 2. —

Buchmayer, Augustin, s.: Jahresbericht der mähr.-schles. Forstlehranstalt zu Eulenberg i/M.

Buchmayer, Augustin, die Correspondenz u. Buchhaltung oder: das Kanzlei- u. Rechnungswesen des Forstwirthes für sich, wie auch in Beziehung zu den andern Domainenzweigen. Ein Handbuch für Lehrer u. Lernende, ferner für den Forst- u. Domainenverwalter aller Grade. gr. 8. (VII, 224 S.) Olmütz 878. Slawik. n. 4. —

BUCHMAYER, Augustin: Kurze Monographie des Japanischen Nußbaumes (Ginkgo biloba L.) oder Japanischen Fächerbaumes (Salisburia adiantifolia Smith). - Münster Westf. 1904. 28 S., 4 Taf.

Buchmayer, Augustin, historisch-biographische Reminiszenzen als Beitrag zu e. österreichisch-ungarischen Forstgeschichte in besond. Beziehung zur Vorzeit der einstigen k. k. Forstakademie Mariabrunn. Mit 1 Widmungsadresse u. 34 Phototyp. (128 S. m. 6 Taf.) gr. 8. Papiermühle b. Roda 905. (Gebr. Vogt.) n.n. 3. 40

! Buchmayer, A: Reminiszenzen. Jetzt: Wien, W Frick. 4 — 01/05

Buchmeier, Marie, das Einmachen u. Konservieren der Früchte u. Gemüse. (XVI, 174 S. m. 5 Abbildgn.) kl. 8. Regensburg (910). J. Habbel. — 75; geb. in Leinw. 1. —

Buchmeier, Marie, neues Fasten-Kochbuch. 522 Orig.-Rezepte. (269 S.) kl. 8. Regensburg (907.) J. Habbel. — 75; geb. in Leinw. 1. —

Buchmeier, Marie, neues Kartoffel-Kochbuch. 169 Orig.-Rezepte. 1. u. 2. Aufl. (à 122 S.) kl. 8. Regensburg (906). J. Habbel. n. — 50; geb. in Leinw. n. — 75

— Neues Kartoffel-Kochbuch. 169 Orig.-Rezepte. 8. Aufl. (122 S.) kl. 8. Ebd. (907.) — 50; geb. — 75

— Großes praktisches Kochbuch f. die bürgerliche u. feine Küche, enth. 2076 Kochrezepte, nebst e. Anleitg. zum Garnieren u. Anrichten der Speisen, zum Tischdecken u. Serviettenfalten, zum Sterilisieren u. Einkochen, sowie zum Gebrauche des Selbstkochers od. der Kochkiste. In 50jähr. Erfahrg. erprobt. 6. verm. Aufl. (XVI, 765 S. m. 177 Abbildgn. u. Bildnis.) gr. 8. Ebd. (909.) Geb. in Leinw. 3. —

— Neues Kochbuch f. kleine Haushaltungen. 809 Orig.-Rezepte. Jungen Hausfrauen u. Köchinnen gewidmet. (XVI, 409 S. m. 58 Abbildgn.) kl. 8. Ebd. (908.) Geb. in Leinw. 1. 50

— Neues Kochbuch f. Weihnachtsbäckereien. 230 Orig.-Rezepte. (125 S.) kl. 8. Ebd. (907.) — 50

Buchmeier, Marie, praktisches Koch-Buch f. die bürgerliche, sowie feine Küche, enth. ca. 1500 Kochrecepte, in 30jähr. Erfahrg. erprobt. gr. 8. (X, 528 S.) Landshut 883. Attenkofer. n. 4. —; geb. n. 5. —

Buchmeier, Marie, praktisches Koch-Buch für die bürgerliche, sowie feine Küche, enthalt. ca. 1938 Kochrecepte, in 30jähr. Erfahrung erprobt. 8 Lfgn. gr. 8. (X, 528 S.) Landshut 883, Attenkofer. à Lfg. * 50 Pf. * geb. *

— praktisches Koch-Buch f. die bürgerl., sowie feine Küche, enth. ca. 1930 Kochrezepte. In 40jähr. Erfahrg. erprobt. 2. Aufl. (XVI, 687 S. m. Abbildgn. u. Bildnis.) gr. 8. Landshut 905. F. P. Attenkofer. — Regensburg, J. Habbel. Geb. in Leinw. n. 3. —

— Krankenkochb. Leitf. f. d. Krankenernährg im Hause f. d. Hand d. Hausfrau. 1165 Orig.-Rezepte. (649) kl8° Ebd. ('12). L 2.40 d

Buchmeier, Marie, neues Pilz- od. Schwammerl-Kochbuch. 218 Orig.-Rezepte f. Schwammerlsuppe, Schwammerlklöße, Saucen, Pürees, Eier-, Fleisch- u. Fisch-Speisen, Gemüse u. s. w. Mit e. Beschreibg. u. 37 farb. Abbildgn. der eßbaren u. gift. Schwämme. (160 S.) kl. 8. Regensburg 906. J. Habbel. n. — 75; geb. in Leinw. n. 1. —

— Volkskochbuch. 461 Orig.-Rezepte f. sparsame Hausfrauen. (VIII, 239 S. m. 30 Abbildgn.) kl. 8. Ebd. (908.) Geb. in Leinw. 1. —

— Die Wildbret-Küche. 243 Kochrezepte. (176 m. Abb.) kl8° Ebd. ('11) — 75: L 1 — d

— Regensburger Wurstküche. Gründliche Anweisg. f. die Zubereitg. v. Würsten aller Art usw., nebst Anleitg. zum Verarbeiten verschiedener Fleischreste u. praktisch verwendbarer Teile des Schweines in ganz kleine Speisen, sowie e. gründl. Anweisg. z. Pökeln, Einsalzen, Räuchern, Abkochen u. zur Zubereitg. v. Sülzen, Pasteten usw. Nach nahezu 50jähr. Erfahrg. u. prakt. Ausübg. zusammengestellt. (135 S. m. 1 Abbildg.) kl. 8. Ebd. (908.) — 75

Buchmerker. Zehn Kreuze mit Blumen in Farbendr. schmal 16. München 877, Gebr. Obpacher.

Buchmeyer, C(arl). Contribution à l'étude de l'éther cétipique. Diss. Sci. Fribourg en Suisse. 56 p. 8. Fribourg, Impr. de l'Œuvre de Saint-Paul, 1903. V Fr

Buchmüller, A., d. Alkohol als Volksgift. Vortrag, geh. im „Obersteir. Volksbildgs.-Vereine" in Leoben. [Aus: „Tagespost".] 4. (7 S.) Wien 898. (Leipzig, Literar. Anstalt, A. Schulze.) n. — 20

Buchmüller, A., auf zum Kampfe gegen die Alkohol-Seuche! (20 S.) kl. 8. Leoben (905). (L. Nüßler) n. — 20

Buchmüller, A. C.: „Handbuch der Chemie für angehende Thierärzte und Oekonomen", Wien 1836 (Gerold).

– dass. s.a. Buchmüller, Anton Leopold

Buchmüller, Anton Leopold .

Buchmüller, Anton L., Anfangsgründe d. Naturlehre, mit log., arithmet. u. geometr. Vorbereitungslehren f. angeh. Thierärzte u. Oekonomen. M. 6 Kpfrt. (in qu. Fol. u. gr. 4.) gr. 8. (27 B.) Wien 832, (Gerold.)

— Anfangsgründe d. Naturlehre mit logischen, arithmetischen und geometrischen Vorbereitungslehren für angehende Thierärzte u. Oekonomen. Mit 6 Kupfertaf. 2. verb. Aufl. gr. 8. Ebend. 842. 2 ₰

Buchmüller, Ant. L., Handbuch der Chemie f. angehende Thierärzte u. Oekonomen. Mit 1 Kpfrtaf. gr. 8. Wien 836. (Gerold.) $1^1/_3$ ₰

Buchmüller, Ant. L., Handbuch der Chemie für angehende Thierärzte und Oekonomen. 2. verb. u. verm. Aufl. Mit 1 Kupfertaf. gr. 8. Wien 845, Gerold. $1^3/_4$ ₰

– dass. s.a. Buchmüller, A. C.

— systemat. Handbuch d. Arzneimittellehre, f. Thierärzte u. Oekonomen. gr. 8. Wien 829. Volke. 1 ₰ 16 ℊ

— systemat. Handbuch der Arzeneimittellehre, für Thierärzte und Oekonomen. 2e verb. u. verm. Aufl. Mit 2 Tabellen. gr. 8. Wien 839. Gerold. $1^2/_3$ ₰

— allgemeine Pathologie u. Therapie der Hausthiere. Mit 1 Tabelle. gr. 8. Wien 840. Gerold. n. $1^1/_3$ ₰

Buchmüller. August [aus Ettlingen (Baden)]: Beitrag zur pathologischen Anatomie des Ulcus ventriculi et duodeni. . . . Würzburg, J. M. Richter's Buchdr., 1889; 32 S. + 1 Bl. 8°
Würzburg. Med. Fak., Inaug.-Diss. v. 1889

Buchmüller, Hans: Die bern. Landschulordng v. 1675 u. ihre Vorgesch., s: Archiv f. schweiz. Schulgeschichte.

Buchmüller, Jos., jetzt od. nie! Ein Aufruf u. e. Mahnwort an alle freiheitl. Deutsch-Österreicher. (37 S.) 8. Horn (906). J. Pichler. n. — 70

Buchmüller, Wilhelm [aus Bruchsal]: Ueber die Lähmung des Musculus serratus anticus major. '(Nervus Thoracicus longus.)' ... Bruchsal, Buchdr. v. M. J. Stoll, 1892; 39 S. 8.
Erlangen, Med. Fak., Inaug.-Diss. v. 10. Febr. 1892

Buchneder, Frz., ein neues Gehalts-Gesetz f. das Lehrpersonal der Wiener städtischen Volks- u. Bürgerschulen. Dessen Ausbau auf der Grundlage der Professorengehalts-Gesetze. gr. 8. (37 S.) Wien 900. Manz. n. — 60

Buchneder, Frz., Schulzeit. I. Üb. d. Entlastg. d. Nachmittage v. Unterr. an d. Volks- u. Bürgerschulen der Stadt Wien. II. D. Unterrichtszeit d. Volksschulen in 25 Städten Mittel-Europas. gr. 8. (VIII, 83 S. m. 3 Tab.) Wien 897. Manz. n. 1. 80

Buchner, s.a. Büchner

Buchner, Gebr.: Echte Tölzer Bauern-Möbel. (10 farb. Taf.) 42×48 cm. Tölz ('12). (Berl., M Spielmeyer.) in M 49×33 cm, 20 —

Buchner, Das Bewegungsspiel an den deutschen höheren Mädchenschulen, 9 S., 8°.

Buchner: Ueber künstliche Brennstoffe. 22 S. Progr. Graz OR 1859.

Buchner, Heinrich der Sechste, deutscher Kaiser, Trauersp. in 5 A. 8. Stuttg. 825, Metzler.

Buchner's Lehrmittel f. den französischen Unterricht v. Wilh. Scheffler, Geo. Stern u. Albr. Reum. I—III. gr. 8. Bamberg, C. C. Buchner, Verl. Geb. in Leinw. n.n. 6. 90
I. Französisches Übungsbuch f. die Unterstufe v. Albr. Reum. (VIII, 155 S.) 892. n.n. 2. —
II. 1. Französische Grammatik. 1. Tl. Laut-, Schrift- u. Formenlehre. Von Geo. Stern. (IX, 73 S.) 892. n.n. 1. 40
II. 2. — dasselbe. 2. Tl. Satzlehre. Von Geo. Stern. (X, 78 S.) 894. n.n. 1. 60
III. Französisches Übungsbuch f. die Mittelstufe v. Albr. Reum. 1. Teil. Die unregelmäßige Formenlehre. (VI, 133 S.) 893. n.n. 2. —

— dasselbe. Französisches Lesebuch f. die Mittelstufe v. Geo. Stern. gr. 8. (XVI, 308 S.) Ebd. 894. Geb. in Leinw. n. 3. 60

Buchner's Lehrmittel f. d. franz. Unterr. v. Wilh. Scheffler, Geo. Stern u. Alb. Reum. Französ. Übungsbuch f. d. Vorstufe unt. Benutzg. v. 4 Hölzel'schen Wandbildern f. d. Anschauungs- u. Sprachunterr. v. Albr. Reum. gr. 8. (VIII, 77 S. m. 4 Abb.) Bamberg 895. C. C. Buchner Verl. Kart. n. 1. —

— dasselbe f. d. Oberstufe. (Ausg. B.) gr. 8. (XIII, 110 u. Wörterverzeichn. 20 S.) Ebd. 896.
Geb. in Leinw. u. geh. n. 2. —

Buchner's Lehrmittel f. den französischen Unterricht. (Französisches) Übungsbuch f. die Unterstufe v. Alb. Reum. 2., verm. u. verb. Aufl. gr. 8. (VII, 176 S.) Bamberg 901. C. C. Buchner's Verl. Geb. in Leinw. n. 2. —

— dass. f. d. Oberst. (Ausg. A) f. d. Oberkl. d. Gymnasien, Realgymnasien u. Oberrealsch. v. Albr. Reum. 1. u. 2. Afl. (10, 229 m. Abb. u. Wrtrverz. 27 bezw. 28) gr8° Ebd. '02. '08. Geb. 3 — d

— dasselbe unter Benutzg. v. 4 Hölzelschen Wandbildern f. den Anschauungs- u. Sprachunterricht. Ausg. (C) f. Bürgerschulen, bearb. v. Albr. Reum. (VII, 145 S. m. Abbildgn.) gr. 8. Ebd. 903. Geb. 1. 50

— dasselbe. Ausg. (B) f. Realschulen v. Albr. Reum u. Geo. Rupprecht. (V, 126 S. m. Abbildgn.) gr. 8. Ebd. 905. Geb. 2. —

— dasselbe. Übungsbuch f. die Bürgerschulen. II. Tl. Von Albr. Reum. (VI, 206 S. m. Abbild.) gr. 8. Ebd. 906. Geb. 2. 20

— dasselbe. Französisches Übungsbuch f. die Vorstufe unter Benutzg. v. 4 Hölzelschen Wandbildern f. den Anschauungs- u. Sprachunterricht v. Albr. Reum. 4., unveränd. Aufl. (VIII, 116 S. m. Abb.) gr. 8. Ebd. 906. Geb. 1. 40

— dasselbe. Übungsbuch der Unterstufe f. die Quarta der Humangymnasien. Ausg. A, v. Albr. Reum. 4. (in dieser Gestalt 1.) Aufl. (VI, 197 S. m. Abbild.) gr. 8. Ebd. 907. Geb. 2. 40

— dasselbe. Ausg. D f. Realgymnasien v. Albr. Reum. 4., unveränd. Aufl. (VII, 175 S.) gr. 8. Ebd. 907. Geb. 2. 20

Buchner's Lehrmittel f. den französischen Unterricht. Französische Grammatik. 2 Tle. Von Geo. Stern. gr. 8 Bamberg, C. C. Buchner's Verl. Geb. à 1. 50
I. Laut-, Schrift- u. Formenlehre. 5. Aufl. (VIII, 108 S.) 909.
II. Satzlehre. 3. unveränd. Aufl. (VIII, 134 S.) 908.

— dasselbe f. die Oberstufe (Ausg. A) f. die Oberklassen der Gymnasien, Realgymnasien u. Oberrealschulen v. Albr. Reum. 2. unveränd. Aufl. (X, 299 S. m. Abbild. u. Wörterverzeichnis 28 S.) 8. Ebd. 908. Geb. 3. —

— dasselbe. Ausg. (B) f. Realschulen, bearb. v. Albr. Reum u. Geo. Rupprecht. 2. Aufl. (VII, 205 S. m. Abbildgn.) gr. 8. Ebd. 908. Geb. 2. 40

— dasselbe. Übungsbuch f. die Selekta. Ausg. C (f. Bürgerschulen) v. Albr. Reum. (VII, 151 S. m. Abbild.) gr. 8. Ebd. 908. Geb. 2. —

— dasselbe. Französisches Übungsbuch f. die Mittelstufe. Ausg. A f. Gymnasien, Realgymnasien u. Oberrealschulen v. Albr. Reum. 3. Aufl. (VII, 167 S. m. Abbild.) 8. Ebd. 909. Geb. 2. 30

— dass. Übgsb. f. d. Unterst. Ausg. A f. d. Quarta d. Humangymn. Von Albr. Reum. 5. (in dieser Gestalt 2.) Afl. (6, 199 m. Abb.) gr8° Ebd. '10. geb. 2.40 d

Buchner's Lehrmittel f. d. französ. Unterr. Grammatik, 2. Tl. Satzlehre. Von Geo. Stern. 4. Afl. v. Albr. Reum. (7, 147) gr8° Bambr. CC Buchner's V. '11. geb. 1.70 d

— dass. Übgsb. f. d. Vorst. unter Benutzg v 4 Hölzelschen Wandbild. f. d. Anschaugs- u. Sprachunterr. v. Albr. Reum. 5. Afl. (8, 116) gr8° Ebd. '11. geb. 1.40 d

— dass. Ausg. D f. Realgymn. v. Albr. Reum. 5. Afl. (5, 175) gr8° Ebd. '11. L 2.20 d

— dass. Ausg. B f. Realsch., bearb. v. Albr. Reum u. Geo. Rupprecht. 3. Afl. (7, 205) gr8° Ebd. '12. L 2.40 d

Buchner's Leitfaden der Kunstgeschichte. Für höh. Lehranstalten u. den Selbstunterricht neu bearb. v. G. Howe. Mit 365 in den Text gedr. Abbildgn. u. 2 mehrfarb. Bildern, nämlich dem Titelbilde der „Madonna Tempi" v. Raffael u. dem Bilde v. Hans Holbeins „Kaufmann Gisze". 12. Aufl. (VIII, 378 S.) Lex. 8. Essen 911. G. D. Baedeker. Geb. in Leinw. 4. —

Buchner's Sammelbuch für die Schätze der deutschen Muttersprache. qu. gr. 4. (IV, 176 S.) Bamberg 888, Buchner'sche Buchh. geb. *

—— Sammlg lat. Übungsbücher. 1—3. Tl. 8. Ebd. 90. geb. n.n. 8. 50
1. Lat. Elementarb. f. d. 1. Klasse d. Lateinschule v. F Lanzinger. (181) geb. n.n. 2. 20. — 2. Lat. Übungsb. f. d. 2. Klasse d. Lateinschule v. S Röckl. (210) geb. n.n. 3. 10. — 3. Lat. Übungsbuch f. d. 3. Klasse d. Lateinschule v. H Hellmuth u. F Gebhard. (319) geb. n.n. 3. 20.

— Sammlung lateinischer Übungsbücher. I.—V. Tl., VI. Tl. 2 Abtlgn., VII. Tl. 1. Bdchn. gr. 8. Ebd. Geb. in Leinw. n.n. 16. 60
I. Lateinisches Elementarbuch f. die 1. Klasse des humanistischen Gymnasiums v. Frdr. Lanzinger. (X, 212 S.) 893. n.n. 2. 20
II. Lateinisches Übungsbuch f. die 2. Klasse [Quinta] d. Gymnasiums v. Sebast. Röckl. Nach der Landgraf'schen Grammatik umgearb. v. Sebast. Röckl u. Herm. Köbert. 2. Aufl. (VIII, 212 S.) 891. n.n. 3. 10
III. Lateinisches Übungsbuch f. die 3. Klasse des Gymnasiums v. Herm. Hellmuth u. Frdr. Gebhard. (XII, 289 S.) 893. n.n. 3. 20
IV. Lateinisches Übungsbuch f. die 4. Klasse d. humanistischen Gymnasiums u. den 1. Kurs d. Realgymnasiums v. Karl Dietsch. 2 Aufl. (XI, 209 S.) 892. n.n. 2. 20
V. — dasselbe f. die 5. Klasse des humanistischen Gymnasiums u. den 2. Kurs d. Realgymnasiums v. Otto Lang u. Heinr. Diel. (VIII, 238 S.) 892. n.n. 2. 20
VI. 1. Übungsbuch d. lateinischen Elementarstilistik f. die 6. Klasse des humanistischen Gymnasiums u. den 3. Kurs des Realgymnasiums von Heinr. Reich. 1. Abtlg.: Übersetzungsvorlagen. (XVI, 120 S.) Geb. in Leinw. — 2. Dasselbe. 2. Abtlg.: Hilfsbüchlein zum Übungsbuch. Synonyma, Einzelbeispiele, Phraseologie, Wörterverzeichnis. (80 S.) 893. n.n. 2. 20
VII. 1. Lateinisches Übungsbuch f. die oberen Klassen d. Gymnasiums. 1. Bdchn. f. die 7. Klasse (Obersekunda) v. Bernh. Gerathewohl. (IX, 112 S.) 894. n. 1. 50

— Sammlung lateinischer Übungsbücher. VII. Tl. 2. Bdchn. gr. 8. Ebd. 896.
Geb. in Leinw. n. 3. — (1. u. 2.: n. 4. 50)
Latein. Übungsbuch f. d. ob. Klassen d. Gymnasiums. 2. Bdchn. f. d. 8. u. 9. Klasse. (Unter- u. Oberprima) v. Bernh. Gerathewohl. (XX, 304 S.)

— Sammlung lateinischer Übungsbücher. 6 Tle. 8. Ebd. Geb. nn 15. —
I. Elementarbuch f. die 1. Klasse des humanist. Gymnasiums v. Frdr. Lanzinger. 9. Aufl. (IV, 220 S.) 907. Geb. 2. 20
II. Übungsbuch f. die 2. Klasse (Quinta) des Gymnasiums von Seb. Röckl. 7. Aufl. Nach der Landgrafschen Grammatik umgearb. v. Seb. Röckl u. Herm. Köbart. (III, 212 S.) 907. Geb. nn 2. 80
III. Übungsbuch f. die 3. Klasse des Gymnasiums v. Herm. Hellmuth u. Friedr. Gebhard. 8. Aufl. (VI, 324 S.) 908. Geb. 3. —
IV. Übungsbuch f. die 4. Klasse des Gymnasiums v. Karl Dietsch. 5. Aufl. (V, 229 S.) 906. Geb. 2. 20
V. Übungsbuch f. die 5. Klasse des humanistischen Gymnasiums u. des Realgymnasiums v. Otto Lang u. Heinr. Diel. 4. Aufl. (VII, 279 S.) 908. Geb. 2. 20
VI. Übungsbuch der latein. Elementarstilistik v. Heinr. Reich. 4. Aufl. Nebst: Hilfsbüchlein zur Einübg. der latein. Elementarstilistik. Einzelbeispiele, Synonyma, Phraseologie, Wörterverzeichnis. 4. Aufl. (X, 101 u. III, 125 S.) 908. 07. Geb. nn 2. 60

Buchner, zur Schulbankfrage. gr. 8. (30 S. mit 1 lithogr. Taf. in qu. Fol.) Berlin 869, Guttentag.

Buchner, A.: Ueber die Anwendung der abgekürzten Divisionsmethode auf das Wurzelausziehen. pg. 3 - 15. 4°. Joseph Bernard Dorn.
Progr. Kaufbeuren 1842/43.

Buchner, A.: Anwendung der sogenannten vier Kriterien der Congruenz der Dreiecke im Allgemeinen auf die Bestimmung der gleichseitigen, gleichschenkligen u. rechtwinkligen Dreiecke insbesondere, so wie auf deren Construktion aus den gegebenen Bestimmungs-Stücken. pg. 3 - 8. 4°. Mit einer Tafel. Jos. Bernard Dorn.
Progr. Kaufbeuren 1847/48.

Buchner, A. (Hrsg.), s. R e p e r t o r i u m , Neues, für Pharmacie.

Buchner, A.: Rückblick auf die ersten 25 Jahre des Bestehens der k. Landwirthschafts- und Gewerbsschule zu Kaufbeuren. pg. 3 - 19. 4°. (Ohne O. u. Dr.).
Progr. Kaufbeuren 1860/61.

Buchner A.: **Theorie der einhüllenden Flächen u. constructive Lösung v. Aufgaben an einer bes. Fläche auf Grundlage der Analysis. 13. Wiener Neustadt R. 77.** Progr.

Buchner, A.: Der naturgeschichtliche Unterricht in Volks- und niedern technischen Schulen zunächst als allgemeines Bildungsmittel. pg. 3 - 8. 4°. J.B. Dorn.
Progr. Kaufbeuren 1863/64.

Buchner, A.L.: Observat, de rebus quibusd. ad rationem gramm. lat. pertinentibus. (Ueber die lateinische Conjug. nach Struve's Schrift: Ueber lat. Deklin. und Conjug.) 15 S.
Progr. Cöslin 1829.

Buchner, Adf., die französischen Revolutionstribunale und das Geschwornengericht. Lex.-8. (IV und 105 S.) Erlangen 854, Enke's Verlag. *

Buchner, Alois, s.a. B u c h n e r , Andr.

Buchner, Aloys, Encyklopädie und Methodologie der theologischen Wissenschaften. Sulzbach, von Seidel, 1837, gr. 8°, 8¼ Bg., 1,50 Mk.
Berücksichtigt lediglich den formellen Gesichtspunkt und schließt sich in der Systematisierung an Drey (s. o. S. 10) an.

— — Erkenntniß u. Philosophie. 8. Ebd. 1806

— Die Feier des 50jährigen Bestandes der n. ö. L. U. R. in Waidhofen a./Y ibd. 1903. Progr.

— Die Feier des 40jährigen Bestandes der L. U. R in Waidhofen a./Y. (4). ibd. 93. Progr.

— — die ersten Grundsätze der Ethik. 8. Landshut 1809, Thomann.

—— Grundsätze d. Erziehung u. d. Unterrichtes. gr. 8. (20 B.) Sulzbach 838, v. Seidel'sche Buchh.

— — Grundsätze der Philosophie. 2 Hefte. (I. Logik. 2e Aufl.) 8. München 1843, Fleischmann (in Commiss.) 1 Thlr. — 1 fl. 48 kr.

— — allg. prakt. Philosophie. 2e verm. Ausg. 8. Ebd. 1811. ¾ Thlr. — 1 fl. 21 kr.

Buchner, Alois, Summa theolog. dogmat. in usum praelection. publicar. Pars I—III. (IV Vol.) 8 maj. (68¾ B.) Monachii 829, 30, (Finsterlin.)

—. — Summa theologiae dogmaticae in usum prael. publ. Pars I. II. III. (4 Tomi.) 8. maj. Monach. 1828. 29, Hübschmann 6 fl. (Finsterlin) 4 Thlr. — 7 fl.

Buchner Alois: Die UR. in W a i d h o f e n a./Y. seit ihrem 40jährigen Bestande. (27). Waidhofen a./Y. R. 92. Progr.

— — Vernunftlehre. 8. München 1808, Fleischmann. 2e Aufl. unter dem Tit.: Logik ꝛc. 1843

Buchner, Andr., s.a. B u c h n e r , Alois.

Buchner, Andr. (Hrsg.), s.a. B e i t r ä g e , Neue, zur vaterländischen Geschichte, Geographie und Statistik.

Beiträge, Neue, zur vaterländischen Geschichte, Geographie u. Statistik. Von Dr. *Andr. Buchner* (o. Prof. d. Gesch.), u. Dr. *Lor. Zierl* (o. Prof. d. Kameralwiss. an d. Univers. München). Mit 2 Karten u. 1 Facsim.-Taf. München, Geo. Jaquet, 1853 (1883 ist Druckf.). 8°. Papierfleckig. Ppb. (aus Roming's Bibl.).
Geschätzt! 570 S. u. 1 Bl. Inh

Buchner, Dr. Andr. (Prof. d. Gesch. u. Akademiker in München), über die Einwohner Deutschlands im II. Jahrh. d. christl. Zeitrechnung, namentlich über Sachsen u. Bayern, nach *Claudius Ptolemaeus.* München, Akademie, 1839. 4°. XXVI S. Beibd.

Buchner, Andr., über d. Einwohner Deutschlands im II. Jahrh. d. christl. Zeitrechn., namentl. üb. Sachsen u. Bayern nach Claudius Ptolemaeus. Eine histor. Abhandl. Beigefügt sind als Documente: 1) *Κλ. Πτολεμαίου Γερμανία, Ῥαιτία, Οὐινδελικία, Νωρικὸν, Παννονια ἡ ἄνω, καὶ Βελγικῆς Γαλλίας μέρος.* Mit e. deutsch. Uebersetz. u. topograph. Erklärn. 2) Verzeichnisse v. Völkerschaften in Deutschl. im I. Jahrh. aus C. Plinii sec. Tropaeo Alpium, aus Strabo u. Tacitus. gr. 4. (13 B.) München 839, (Franz.)

Buchner, Andr., über das ethische Element im Rechtsprincip. Eine Rede zur Feier des Geburtstages Sr. Maj. Maximilian II. Königs von Bayern. Gehalten zu München am 28. Novbr. 1848. gr. 4. (26 S.) München 848, (Franz.) *

Buchner, A. Erkenntniß und Philosophie. 8. Landshut Thomann. 806.

Buchner, Andr., über d. öffentl. Gerichtsverfahren in bürgerl. u. peinl. Rechtsvorfallenheiten nach altdeutscher, vorzügl. altbaier. Rechtspflege. Nebst Anhang . Eine gekr. Preisschr. gr. 8. Erlang. 825. Palm u. E. 2 ℛ 4 gℊ

Buchner, Andr. (Prof. d. Gesch. am k. b. Lyceum zu Regensburg), *Geschichte von Baiern*, aus d. Quellen bearb. 10 Bücher u. 1 Bd. Dokumente. (Zus. in 9 voll.) Mit 2 Landkarten (bei Th. 1). Regensburg u. München 1820—55. Gr. 8°. Hfrzbde. Sehr schönes Expl. (aus Roming's Bibl.).

—— Geschichte v. Bayern. Aus archival. u. a. handschriftl. Quellen bearb. 5. Buch. — A. u. d. T.: Neue Gesch. v. Bayern unt. d. Regenten a. d. Hause Wittelsbach. 1. Bd. Die ersten Wittelsbacher v. 1180 b. z. Tode d. Kaisers Ludwig 1347. gr. 8. (35 B.) München 831, [Jaquet.]
1—4. Buch. Regensburg 1820—26. [Ebendas.] 8 Thlr.

—— dass. Documente. 1. Bd. Documente d. 1. Buches, m. 1 Karte Bayerns unt. d. Römern. (Roy.-Fol., in Futteral.) gr. 8. (15 B.) München 832, [Jaquet.]

—— dass. 2. Bd. Docum. d. 2—4. Buches. gr. 8. (9½ B.) München 835, (Franz.)

—— Geschichte v. Bayern, aus archival. u. and. handschriftl. Quellen bearb. 6. Buch. — (A. u. d. T.:) Bayern getheilt in mehr. Herzogthümer v. Tode d. Kaisers Ludwig IV. 1347 bis zur Wiedervereinigung ders. u. Einführung d. Rechtes d. Erstgeburt 1506. 2 Abthln. gr. 8. München, (Franz.) *
Abthl. 1. enth. d. Geschichte v. J. 1347—1447. (20⅝ B.) 838. * 1 Thlr. 12 Gr.
" 2. enth. d. Geschichte v. J. 1447—1506. (18 B.) 840. * 1 Thlr. 12 Gr.
1—5. Buch. Ebendas. 1820—31. * 11 Thlr. 12 Gr. — Dass., Documente hierzu. 1. u. 2. Bd. Ebendas. 1832, 34. * 2 Thlr. 16 Gr.

—— Geschichte von Bayern. 7. Buch. 2 Abthlgn. A. u. d. T.: Geschichte von Bayern während der Zeit der Reformation und des dreißigjähr. Krieges. Die Zeiten der Reformation von 1508—1618 gr. 8. München 848, (Franz. — Kaiser.) [1. Abthl. (XIV und 310 S.) * 1 Thlr. 2 Ngr., 2. (S. 11—14 und 305—454.) * 22½] * 1
1—6. Buch. Ebendas. 1832—40. mit Dokumenten. * 20 Thlr. 5 Ngr.

— Geschichte von Bayern. 7. Buches 1 u. 2. Abth. u. 8 Buch A. u. d. T.: Geschichte von Bayern während d. Zeit der Reformation u. d. dreißigjähr. Krieges. Die Zeiten d. Reformation v. 1508—1618. gr. 8. (7: XIV u. 454 S. 8: X u. 494 S.) München 848. 51, Franz. — Kaiser. 7, 1. n. 1½ ℛ — 7, 2. n. ¾ ℛ — 8: n. 1 ℛ 24 ngℊ (1—8: n. 12 ℛ 16½ ngℊ)

Buchner, Andr., Geschichte von Bayern. 9. Buch. Enthält die Geschichte Bayerns vom Ableben des Churfürsten Maximilian I. 1651 bis zum Ableben des Churfürsten Karl Theodor 1799. München 853. Kaiser in Comm. gr. 8. (2 Bl., XI, 360 S.) n. 1 ℛ 15 ngℊ

— — 10. Buch. Geschichte während der Regierung des Königs Maximilian I. vom Jahre 1799—1825. Ebend. 855. gr. 8. (XVI, 557 S. u. Beilagen 56 S.) n. 2 ℛ 16 ngℊ

And. Buchner: d. ersten Grundsätze d. Ethik. *Landsh.*, Thomann. 807. 8° 8 gℊ

— d. erst. Grundsätze d. Ethik. 8. Ebend. 809.

And. Buchner's Grundsätze d. Logik. 2e vb. Ausg. Nebst Grundss. d. Metaphysik; z. Gebr. f. Vorless. *Münch.*, Fleischmann. B. 843. 8° 1ß (Zuerst unt. d. T.: d. Vernunftlehre. *Münch.* 808.)

And. Buchner's allgem. prakt. Philos.; z. Gebrauch f. Vorless. 2e vm. u. vb. Ausg. Enth. d. Grundss. d. Moral u. Rechtsphilos. *Münch.*, Fleischmann. B. 844. 8° 18gl (1e A. wahrscheinl.: *Eb.* Grundss. d. Ethik. *Landsh.*, Thomann. B. 807. 8°)

Buchner, Andr., Grundsätze d. Philosophie. 1. u. 2. Hft. Grundsätze d. Logik. — Grundsätze d. Metaphysik. Zum Gebrauche für Vorlesungen. 2., verb. Ausg. 8. (13 B.) München 843, Fleischmann. Thlr. *

—— der letzte Landtag der altbayerischen Landstände im J. 1669. gr. 4. (44 S.) München 851, (Franz.) *

Aus: Abhandlungen der k. bayr. Akademie der Wissenschaften. 3. Classe. 6. Bd. 2. Abthl. besonders abgedruckt.

—— allgemeine prakt. Philosophie. Zum Gebr. f. Vorlesungen. 2., verm. u. verb. Ausg. Enthält d. Grundsätze der Moral- u. Rechtsphilosophie. 8. (10½ B.) München 844, Fleischmann. -

— Dr. Andr. (Geistl. Rath u. Prof. zu München), Religion, ihr Wesen u. ihre Formen. 8. Dillgn. 805. 2e Aufl. Ldsh. 809. Thomann. 1⅙ Thlr. — 1 fl. 45 kr.

— Versuch e. Theorie d. Vollmachtsvertrags nach d. röm. Rechte. 8. Landsh. 809. Thomann. 16 gl

– dass. s.a. B u c h n e r , Augustin

Buchner, Andreas, Reisen auf der Teufels-Mauer. Eine Untersuchung über Entstehung, Lagen, Richtung u. Ueberbleibsel der Römischen Gränzwälle gegen Deutschland, die nebenher u. zu ihnen laufenden grossen Heer- u. Handelsstrassen, u. der längs denselben erbauten festen Lager u. Castelle. H. 1—3. München 1818—31. 8.. . . . . (D.)

—— Reisen auf d. Teufels-Mauer. Eine Untersuchung üb. Entsteh., Lagen, Richtung u. Ueberbleibsel d. Röm. Gränzwälle geg. Deutschland, d. nebenher u. zu ihnen laufenden grossen Heer- u. Handelsstrassen, u. d. längs dens. erbauten festen Lager u. Castelle. 3. Hft. Enthält d. Reise längs d. Donau u. Iller v. Passau b. Bregenz. 8. (6 B.) München 831, [Jaquet.]

1. u. 2. Hft. [Ebendas.] 1818, 21. à 12 Gr.

– dass. s.a. B u c h n e r , Josef Andreas

BIANTES *(Andreas Elias Buchner?)*, A u f g e r ä u m t e r H i s t o r i c u s, welcher allerhand kurtzweilige Historien, wunderliche Einfälle mancher Menschen, begangene Schwachheiten, sinnreiche nachdenckliche und artige Reden, hochmüthige Einfalten etc. etc. vorstellet. Franckfurt und Leipzig, o. J. (1730). 8°. (6 Mk. 50 Pfg. W. H. Kühl, Berlin, c. 1882; jetzt theurer!)

Enthaltend 51 theils ergötzliche, theils anstössige Historien als: Die vor eine Hexe gehaltene Braut. — Das curieuse Brautbette. — Der Liebes- verhinderliche Barth. — Die nackende Königin. — Die lustige Weiberlist. — Die Circassischen Rülps-Aertzinnen. — Der wunderliche Handwercks-Gebrauch bey Böttigern. — Die Liebesverhinderliche grosse Nase. — Die wohl vexirten Juden. — Der eheliche Liebes-Betrug. — Die resolvirte Bauer-Magd etc. etc.

Buchner, Anton (Hrsg.), s. J a h r e s b e r i c h t über den polytechnischen Verein für das Königreich Bayern.

Buchner, Aug.

Buchneri, Aug., Epistolae. Dresd. 700. 8. Francof. 707. 8. Lips. 720. 8. 16 gr.

Buchner, Aug., epistol. ps. III. c. Stubel. 8. Dresden. 720.

Buchner, Aug. Die Nachtwandlerin. Roman aus der Gegenwart. Roman-Beilage d. „Neuen Münch. Tagblatt". gr. 8. (158 S.) Münch. 890, Schuh u. Comp. 1 --

Buchneri, Aug., Orationum academicarum volumina III. Dresd. 682. 4. Francof. 705. 8. Dresd. 727. 8. 16 gr.

— poëmata. eleg. ed. a Stubel. 8. Lps. 720.

BUCHNER, AUGUST WILHELM.

Neueste Entdeckungen über die Gerbsäure oder den sogenannten Gerbstoff. Gekrönte Preisschrift. Nebst einem Vorwort von Phil. Lorenz Geiger. Frankfurt am Main, 1833. 8vo.

BUCHNER, Augustin (Murnau): Versuch einer Theorie des Vollmachts-Vertrages nach dem römischen Rechte.- Landshut: Thomann 1809. VIII,156 S. Diss. Ingolst.-Landsh.-Mchn.
Aug.1809 - Pe 301; F 48

– dass. s.a. B u c h n e r , Andr.

Buchner, C.

— u. Schreiber, konfessionelle Gefahren auf dem Missionsgebiet. Zwei Vorträge. (Neue [Titel-]Ausg.) (12 u. 17 S.) gr. 8. Leipzig [902] 904. C. Braun. n. — 20

Buchner, C., welche inneren Gefahren bringt der römische Missionsbetrieb unsrer evangelischen Mission? Vortrag, gehalten bei der XV. Generalversammlg. des evangel. Bundes zu Hagen i. W. am 7. X. 1902. gr. 8. (12 S.) Leipzig 902. Buchh. d. ev. Bundes v. C. Braun. n.n. — 10

Buchner, (Carl,) Christblumen, s. Christblumen.

Buchner, Carl, approb. Arzt aus München: Aus d. k. chirurg. Poliklinik zu München. Über zwei Fälle von Exarticulation in der Hüfte wegen Sarcom des Oberschenkels. *München 1902: C. Wolf & Sohn.* (24 S.) 8°

München. Med. Diss. v. 1902

Buchner, Carl: Zur Kenntnis der Hexanitritokobaltisäure. München 1909: Höfling. 39 S. 8°

München, Phil. Diss. v. 22. Juli 1909, Ref. v. Baeyer

[Geb. 15. Febr. 86 München; Wohnort: München; Staatsangeh.: Bayern; Vorbildung: Maximilians-Gymn. München Reife Juli 05; München 8 S.; Rig. 22. Juli 09.] [U 09. 3449

Buchner, Charles

Buchner, Ch., Glauben u. Rechnen in der Mission. Vortrag, geh. auf der Missionswoche in Herrnhut, Oktbr. 1906. (12 S.) gr. 8. Herrnhut 907. Missionsbuchh. — 20

Sonderabdruck aus „Allg. Missions-Zeitschr."

Buchner, C., die Mission u. die staatl. Behörden in den Kolonien. Eine Kritik des in der Kolonialen Zeitschrift veröffentlichten Gesetzentwurfes betr. staatl. Beaufsichtigg. u. Regelg. der Missionstätigkeit in unsern Kolonien. Vortrag, geh. auf der Missions-Konferenz des Königr. Sachsen am 7. IX. 1901 in Dresden. (24 S.) 8. Dresden (904). C. L. Ungelenk. n. — 40

— die Mission u. ihre Kritiker, s. a. Beiträge zur Missionskunde. 8. Hft.

Die Mission und ihre Kritiker. Von D. C[harles] **Buchner**, Missionsdir. Berlin: Berliner ev. Missionsgesellsch. 1905. (22 S.) 8° [F.]

— **Beiträge** z. Missionskunde. H. 8. 07. 3271

Buchner, C., das Missionsgebet. E. Wort herzl. Bitte u. Mahng. an alle Missionsfreunde. gr. 8. (19 S.) Herrnhut 895. (Missionsbuchh.) n. — 10

— s.: Missions-Zeitschrift, allgemeine.

Buchner, C., acht Monate in Südafrika. Schilderung der dort. Mission der Brüdergemeine. gr. 8. (III, 188 S. m. 1 Kartenskizze.) Gütersloh 894. C. Bertelsmann. n. 1.60

B u c h n e r , C.: „Der Herr Fürst zu Solms-Lich und die Repräsentativ-Verfassungen", Gießen 1838. — Vorh.: Com. Bibl. Hamburg.

— Sünde u. Trübsal. Röm. 5, 1—5. Predigt, geh. in Herrnhut den 1. II. 1903. (11 S.) gr. 8. Herrnhut (903). Missionsbuchh. n. — 10

— willst Du gesund werden? Joh. 5, 6. — Goldener Schatz in irdenen Gefäßen. 2. Kor. 4, 7. Zwei Predigten, geh. in Herrnhut. gr. 8. (22 S.) Herrnhut (902). Missionsbuchh. n. — 25

Buchner, Chr. Fr., († d. 8. Aug. 1798.), s. **Nekrolog f. Freunde deutscher Litt.**

Buchner, E, z. Geschichte d. kaukas. Ture, s.: Mémoires de l'acad. imp. des sciences de St.-Petersbourg.

— Säugethiere, s.: Resultate, wissenschaftl., d. v. NM Przewalski nach Central-Asien unternomm. Reisen

Buchner, Eberh., Fips u. Strudelchen, Hurzelpurzel u. die andern Zwerge, s.: **Jugendbücher, Branbus'sche.**

Buchner, Eberhard

— **Der Riese Mum. Ein Kinderbuch. Mit Bildern von Heinr. Kley.** (127 S.) 8. München (910). A. Langen. 2.—; geb. 3.—

Buchner, Eberh.: Das Neueste v. gestern. Kulturgeschichtl. interess. Dokumente a. alten deut. Zeitgn. 1—3. Bd. gr8° Münch., A Langen. je 4.50; geb. je n 6 — d
1. Das 16. u. 17. Jahrh. (15, 330 m. 3 Taf.) ('11) ‖ 2. 1700—1750. (7, 491 m. 1 Fksm. u. 2 Bl. in Fksm-Dr.) ('12) ‖ 3. 1750—87. (5, 437 m. 4 S. u. 2 Bl. Fksm-Dr.) ('12)

Eberhard Buchner. Das Neueste von gestern. Kulturgeschichtlich interessante Dokumente aus alten deutschen Zeitungen. Bd. II—IV. München: Langen o. J. 8°.

II. 1700—1750. VII, 491 S., 3 Taf.; III. 1750 bis 1787. V, 437 S., 3 Taf.; IV. Die Zeit der franz. Revolution I. Teil 1788—1793. VI, 390 S., 5 Taf.
Die 3 Bände enthalten auch eine Anzahl Zeitungsartikel über Freimaurerei, Illuminaten und Cagliostro.

Buchner, Eberh., Rast. Drama in 5 Aufzügen. gr. 8. (60 S.) Berlin 901. Herm. Walther. n. 2.—

Buchner, Eberh., Sekten u. Sektierer in Berlin, s. **Großstadt-Dokumente.**

Sekten und Sektierer in Berlin. Von Eberhard **Buchner**. Berlin & Leipzig: H. Seemann Nachf. [1905]. (109 S.) 8° [F.]
— **Großstadt-Dokumente.** Bd 6. [05. 4046

Sekten und Sektierer in Berlin von Eberhard **Buchner**. 2. Aufl. Berlin & Leipzig: H. Seemann Nachf. [1905]. (109 S.) 8° [F.]
— **Großstadt-Dokumente.** Bd 6. [05. 13636 11

— **Variété u. Tingel-Tangel in Berlin,** s. **Großstadt-Dokumente.**

Variété und Tingeltangel in Berlin von Eberhard **Buchner**. 6. Aufl. Berlin & Leipzig: H. Seemann Nachf. [1905]. (97 S.) 8° [F.]
— **Großstadt-Dokumente.** Bd 22. [05. 13416

Buchner, Eduard, Beziehungen der Chemie zur Landwirtschaft. Festrede geh. zur Feier des Geburtstages Sr. Maj. des Kaisers im Lichthof der königl. landwirtschaftl. Hochschule zu Berlin am 26. I. 1904. (14 S.) Lex.-8. Berlin 904. P. Parey. n. 1.—

Buchner, Ed., Fortschritte in d. Chemie d. Gärung. Antrittsrede b. Übernahme d. ausserordentl. Professur f. analyt. u. pharmaceut. Chemie a. d. Hochschule zu Tübingen, am 4. II. 1897 im Festsaal d. Universitätsgebäudes geh. gr. 8. (23 S.) Tübingen 897. F. Pietzcker. n. — 80

Buchner, Ed., kurzes Lehrbuch der organischen Chemie, s.: **Bornthsen, A.**

Buchner, Eduard: Eine neue Synthese von Derivaten des Trimethylens. . . . München, akad. Buchdr. v. F. Straub, 1888; 24 S. 8°
München, Phil. Fak., Inaug.-Diss. v. 1889

Buchner, Eduard [Dr.]: Synthesen von Pyrazol, Pyrazolin- und Trimethylenderivaten mittels Diazoessigäther. Ein Beitrag zur Kenntniss der ringförmigen Atombindung. . . . München, Druck d. Akad Buchdr. v. F. Straub, 1891; 2 Bl., 117 S. 8°
München. Phil. Fak., Hab.-Schr. v. 1891
(Nicht für den Austausch)

Buchner, E., s.: Zeitschrift, biochemische.

Buchner, E., **Buchner**, H. und **Hahn** M.: Die Zymasegärung. Untersuchungen über den Inhalt der Hefezellen und die biologische Seite des Gärungsproblems. T. I. Über die Zymasegährung. T. II. Über die Hefe-Endotryptase. T. III. Zur Kenntnis der reduzierenden Eigenschaften der Hefe. T. IV. Beziehungen des Sauerstoffs zur Gärtätigkeit der lebenden Hefezellen. München und Berlin. 1902.

Die Zymasegärung, Untersuchungen über d. Inhalt d. Hefezellen u. d. biolog. Seite d. Gärungsproblems. Aus d. hyg. Inst. d. Kgl. Univ. München u. d. chem. Laborat. d. Kgl. landw. Hochschule zu Berlin von Eduard **Buchner** (Berlin), Hans **Buchner** (München) u. Martin Hahn (München). München & Berlin: R. Oldenbourg 1903. (VIII, 416 S.) 8° [03. 6140

Buchner, Ernst, und Otto Buchner, Bericht über die Leistungen im Gebiete der gerichtlichen Medicin im J. 1861. (Abdr. aus Friedreich's Blättern für gerichtliche Medizin.) Nürnberg 863. Korn. gr. 8. (114 S.) n. 18 ngr.

— dass. — im J. 1862. gr. 8. (150 S.) Ebendas. 864.
Aus: Friedreich's Blätter für gerichtl. Medicin, besonders abgedruckt.

Buchner, Ernst von, s. Intelligenz-Blatt, Ärztliches

Buchner, Ernst, Lehrbuch der gerichtlichen Medicin für Aerzte u. Juristen. Nach eigenen u. fremden Erfahrungen bearb. München 867. J. A. Finsterlin. gr. 8. (XV, 454 S.) n. 2 ₰ 4 ngr.

Buchner, Ernst, Lehrbuch der gerichtlichen Medicin für Aerzte und Juristen. Nach eigenen und fremden Erfahrungen bearb. 2. verm. und mit Rücksicht auf die deutsche Gesetzgebung umgearb. Aufl. Nach dem Tode des Verf. hrsg. von C. Hecker. 2 Abthlgn. gr. 8. München 872, J. A. Finsterlin. [1. Abthl. (S. 1—160.) * ℳ 2,40.; 2. Abthl. (XVI, S. 161—484.) * ℳ 4,80.] *

BUCHNER, Ernst Carl Creton (München): De febre puerperali.- Herbipoli: Becker 1836. 35 S.
9.7.1834 - Urk; F 61
Diss. Ingolst.-Landsh.-Mchn.

Buchner, F.: Beitrag zur Auflösung der unbestimmten Aufgaben des zweiten Grades. 15 S.
Progr. Elbing 1838.

Buchner, F.: Beitrag zur Methode d. Unterr. in d. geometr. Analysis. 38 S.
Progr. Elbing 1829.

Buchner, Franz

Buchner, Frz., s.: Garten-Magazin.

Buchner, Frz., Reise-Skizzen aus Columbien und Venezuela. gr. 8. (III, 98 S.) München 888, (L. Finsterlin.) geb. *

Buchner, Frz: Steiermärk. Landesgesetze u. Verordngn samt d. einschläg. reichsgesetzl. Bestimmgn u. d. wichtigsten normativen Erlässe u. Entscheidgn d. obersten Reichs- u. Landesbehörden. 1—3. u. 5. Bd. kl8° Graz, „Leykam". 30.10; geb. n 34.40 d
Bd 4 ist noch nicht erschienen.
1. Verfassg. (Landesordng, Landtags-Wahlordng, Landeshaushalt Bezirksvertretg. Gemeindeordng, Gemeinde-Wahlordng, Gemeindehaushalt. — Handels- u. Gewerbekammern in Graz u. Leoben, Organisation u. Wahlordng.) (15, 548) '10. 6.50; L 7.30 ‖ 2. Verwaltg (A. Bevölkergswesen.) (16, 616) '10. 7 —; L 7.90 ‖ 3. 1. u. 2. Tl: Verwaltg. (A. Bevölkergswesen.) Armenwesen, Gesindewesen. (14, 385) '11. 4.50; L n 5.80; 3. Tl: Verwaltg. (A. Bevölkergswesen.) Polizei. (16, 390) '11. 4.50; L n 5.80 ‖ 5. Verwaltg. (B. Wirtschaftswesen.) Grundbuchseinrichtg, Grundverkehr, Ablösg v. Giebigk., Grundlasten (Servituten), agrar. Operationen, Alpschutz, Bestand. (Miet-) Vorschriften. (15, 676) '12. 7.60; L n 8.60

BUCHNER, Franz Xaver (München): Toxikologische Geschichte des Phosphors.- München: Wolf 1846. 43 S.
24.8.1843 - Urk (Titel: Historia phosphori toxicologica.); F 66
Diss. Ingolst.-Landsh.-Mchn.

BUCHNER, FR. XAVER.
Toxikologische Geschichte des Phosphors. Inauguraldissertation. Nürnberg, 1846. 8vo.

Buchner, Frz. Xav., Necrologium cleri saecularis Eystettensis, d. i. Generalschematismus der 1760 bis 1904 verstorbenen Weltpriester der Diözese Eichstätt (m. Einschluß der säkularisierten Ordensgeistlichen), die der Eichstätter Diözese durch Geburt od. Wirksamkeit dauernd od. vorübergehend angehört haben. (VII, 155 S.) gr. 8. Eichstätt 906. Ph. Brönner. n. 3. —

BUCHNER, Friedrich (Bayreuth): De morbosis vitae plasticae affectionibus.- Monachii: Giesser 1837. 15 S.
3.2.1836 - Urk; F 62
Diss. Ingolst.-Landsh.-Mchn.

Buchner, Friedr., latein.-deutsches u. deutsch-latein. Droguen- u. Chemicalien-Wörterbuch. 8. (16 B.) Magdeburg 840. [Baensch.]

Buchner, Fr., latein.-deutsches u. deutsch-latein. Droguen- und Chemicalien-Wörterbuch. 8. Magdeb. 840. (Leipzig, Weber.) n. 2/3 ℛ

Buchner, F., Droguen- und Chemicalien-Wörterbuch. Lateinisch-deutsch und deutsch-lateinisch. 2., mit einem Nachtrage verm. Aufl. 8. (VIII und 201 S.) Magdeburg 849, Baensch.

Buchner, Friedr., mercantilisches Droguen- und Chemicalien-Wörter-Buch. 2 Thle. (Lateinisch-Deutsch. — Deutsch-Lateinisch.) 3., verm. und verb. Aufl. gr. 8. (VII und 312 S.) Magdeburg 855(56,) Gebr. Baensch.

Buchner, F, mercant. Droguen- u. Chemicalien-Wörter-Buch. 2 Thle. 3. Afl. 8. (312) Magdeb. 56. (Lpzg, Gräbner.) 1. —

Buchner, Friedr., mercantilisches Droguen- und Chemicalien-Wörter-Buch. 1. Thl.: Lateinisch-Deutsch. — 2. Thl.: Deutsch-Lateinisch. 3. verm. etc. Aufl. Magdeburg 856. Baensch. (Grübner.) gr. 8. (VII, 312 S.) 1 ℛ

Buchner, F., merkantilisches Droguen- u. Chemikalien-Wörterbuch. 4. Aufl., unter Mitwirkg. prakt. Droguisten neu bearb. v. G. Buchner. 1. Tl.: Lateinisch-Deutsch. — 2. Tl.: Deutsch-Lateinisch. Mit e. Anh.: Tabellen f. den tägl. Gebrauch u. die reichsgesetzl. Bestimmgn. vom 27. Jan. 1890 enth. gr. 8. (VI, 314 S.) Leipzig 890. Grübner. n. 4. —; geb. n. 5. —

Buchner, Friedrich, aus Bamberg: Neue Methode zur quantitativen Bestimmung der Abklingungsintensitäten phosphorescirender Körper. *Erlangen 1902: Junge & Sohn.* (46 S.) 8°
Erlangen, Phil. Diss. v. 13. März 1902

Buchner, G., gründliche Anweisung zum Rechnen mit gemeinen Brüchen und mit Decimal-Brüchen für Schulen und für den Selbstunterricht, mit vielen, stufenmäßig geordneten Uebungsaufgaben. München 856. Finsterlin. gr. 8. (VIII, 208 S.) n. 20 ngl

Buchner, G.: De Iridis apud Homerum et Vergilium discrimine. 14 S.
Progr. Braunau 1888.

Buchner, G, s.: Gottdank, A, üb. d. Gesundbeten.

Buchner, G., de ritu caput in sacris retegendi antiquis receptissimo. Viteb. 1703. 4

— das Wissenswürdigste aus der Maß-, Gewichts- und Münz-Kunde in tabellarischer Darstellung mit besonderer Berücksichtigung des bayerischen Maß- und Gewichts-Systems. Als Beigabe zu jedem praktischen Rechnungsbuche für Elementar-, Real-, Bürger- und Gewerbs-Schulen und Schullehrer-Seminarien. Bearb. nach den zuverlässigsten Hilfsquellen. Günzburg 853. (Nördlingen, Beck.) gr. 8. (1 Bl., II, 79 S. u. 1 Tab. in gr. Fol.) n. 12 ngl; die Tabelle einzeln n. 2 ngl

Buchner, Georg

Buchner, Geo.: Das Ätzen u. Färben d. Metalle. (12, 108) gr8° Berl., M Krayn '11. 2.50; geb. 2.80

Buchner, Geo., Drogerie-, Spezerei- u. Farb-Waaren-Lexikon, s.: König, Joh. Karl.

Buchner, G., die Historia septem sapientium nach der Innsbrucker Handschrift vom J. 1342, s.a. Beiträge, Erlanger, zur englischen Philologie.

Buchner, Georg [aus Salzburg]: Die Historia septem Sapientum nach der Innsbrucker Handschrift v. J. 1342. . . . (Aus: Erlanger Beitr. z. engl. Philol. Hf. V.) Erlangen, Druck d. Univ.-Buchdr. v. Junge & Sohn. 1889: 1 Bl. + 71 S. 8°
Erlangen, Phil. Fak., Inaug.-Diss. v. 1889

— Angew. Ionenlehre. (155) gr8° Münch., JF Lehmann's Sort. '12. 3 —

Buchner, Georg: Katalog der Lehrerbibliothek. (Umschlagtitel: 1. Theil. 2. Theil.) 8 (48 S.). 8 (48 S.).
Progr. K. k. Staats-Ober-G. *Böhm.-Leipa* 1899. 1900.

Buchner, Georg: Katalog der Lehrerbibliothek. (Schluß.) 31 S., 1 S. ung. 8. K. k. Staats-Obergymn. *Böhm.-Leipa* 1901.
Progr.

— Lehrbuch d. Chemie m. bes. Berücksicht. d. f. d. Leben Wissenswerten f. Gebildete aller Stände, hauptsächl. aber f. Schulen (bes. Real-Gewerbe-Industrieschulen u. Gymnasien u. a.), Lehrer, Gewerbetreibende, Industrielle, Techniker, Kaufleute, Drogisten u s. w. 1. Tl.: Chemie d. Nichtmetalle (Metalloïde) u. Metalle (anorgan. Chemie). M. viel. Abb. gr. 8. (VII, 509 S.) Regensburg 897. Nation. Verlagsanst. n. 5. 50

Buchner, G. Lehrbuch der Chemie für Gebildete aller Stände. I. II. Regensburg. 1897 und 1898.

— Merkbl. f. Harn-Untersuchgn (Urol.) u. and. physiolog.- u. patholog.-chem., mikroskop. u. bakterioskop. Untersuchgn. (12) gr8° Münch., (H Lukaschik) ('11). — 50

— Elektrolyt. Metall-Abscheidgn. Angew. Elektrochemie (Galvanostegie u. Galvanoplastik). (11, 203 m. Fig.) Lex8° Berl., M Krayn '12. 6 —; geb. 7.50

Buchner, Geo., die Metallfärbung u. deren Ausführung m. besond. Berücksicht. der chemischen Metallfärbung. 8. (XXVIII, 344 S.) Berlin 891. S. Fischer Verl. Geb. n. 5. 50

— d. Metallfärbung u. deren Ausführg. m. bes. Berücksicht. d. chem. Metallfärbg. 2. Taus. 8. (XXVIII, 344 S.) Berlin 896. Fischer's technolog. Verl. n. 4. 50; geb. n. 5. 50

— Die Metallfärbg u. deren Ausführg m. bes. Berücks. d. chem. Metallfärbg. 2. Taus. 8° (28, 344) Berl. 96, M Krayn. 4.50; geb. 5.50

Buchner, Geo., die Metallfärbung u. deren Ausführung m. besond. Berücksicht. der chemischen Metallfärbg. 2., verb. u. verm. Aufl. 8. (XII, 255 u. X S.) Berlin 901. M. Krayn. n. 6. —; geb. n. 7. —

Die Metallfärbung und deren Ausführung mit besond. Berücks. d. chem. Metallfärbung von Georg **Buchner**, Chemiker, München. 3., verb. u. verm. Aufl. Berlin: M. Krayn 1906. (328 S.) 8° [F. u. Ant.] 07. 10477 11

Buchner, Geo., die Metallfärbung u. deren Ausführung m. besond. Berücksicht. der chemisch. Metallfärbung. 4., verb. u. verm. Aufl. (XVI, 397 S.) Lex. 8. Berlin 910. M. Krayn. 7.50; geb. 8. 70

Buchner, G., die galvanischen Metallniederschläge [Galvanoplastik u. Galvanostegie] u. deren Ausführung, s. Steinach, H.

Buchner's Görg. Georg Buchner's Nachlaß. Seine Gedichte u. Vorträge. 12. (IV, 180 S.) Nürnberg 893. Heerdegen-Barbeck. Kart. n. 1. 60

— Recepte f. die Werkstätten-Praxis der Metallindustrie, s.a. Fach-Bibliothek f. Bau-, Kunst- u. Maschinen-Schlosser ꝛc.

Buchner, Georg: Recepte für die Werkstätten-Praxis. Berlin 1892

Buchner, Geo., französisches Vokabularum, s.: Rausch-maier, Ant.

Buchner, Gottfr., zur Frage der Willensfreiheit, s.: Reichel, Heinr., Weltentstehen u. Weltvergehen.

— Die Gemütskraft u. ihr Einfluß auf gesunde u. kranke Menschen. (16 S.) kl. 8. Lorch 910. K. Rohm. — 10

Buchner, Gottfr., s.: Gottdank, Aug., üb. das Gesundbeten.

— s.: Günzl, Jos., auf alten u. neuen Wegen.

— s.: Johannes vom Kreuz, hl., innere Ansprachen, die der Seele auf übernatürliche Weise vorkommen können.

Buchner, Gottfr., J. B. Kerning. s.a. Kerning's, J. B., Leben u. Schriften.

J. B. Kerning [d. i. Joh. Bapt. Krebs]. Eine biographische Skizze. Von Gottfr. **Buchner.** Mit dem Bilde Kernings und einem Anh. Proben aus Kernings Schriften. Lorch (Württemberg): Rohm 1902. 72 S. 8°
(Krebs, J. B.: Leben und Schriften. 1, 1—3.)

Licht aus dem Orient. J. B. Kerning [d. i. Joh. Bapt. Krebs]. Der Mann, seine Werke und seine Schule. Von Gottfried Buchner. Lorch: Rohm 1914. 30 S. 8°.

Buchner, Gottfried. Jakob Lorber (1800—1864). Sein Leben, seine Schriften und seine Anhänger. Von G' B' [Amden]. (Separatdruck aus Nr. 3, 1905 der «Blätter für christliche Mystik».) 24 S. 8. Lorch ⟨Württemberg⟩, Karl Rohm, 1905. (M. —. 30)

— Maurerische Mitteilgn. s: Kerning, JB.

Krebs, Joh. Baptist: **Rückblick auf den Lebensgang des am 2. Okt. 1851 verstorbenen Johann Baptist Krebs (J. B. Kerning). Der Vergessenheit entrissen und den Freunden des Meisters vermittelt von Gottfried Buchner. Lorch: Rohm 1909. 1 Taf., 38 S., 1 Bl. 8°.**

— Der Student. s: Kerning, JB.

[Buchner, Gottfried.] Der Tod. Ein Evangelium des Lebens. Von Glückselig. Sonder-Abdruck aus der Zeitschrift «Lebens-Spuren» [Band 1, № 12]. IV + 24 S. 8. Amden ⟨Schweiz⟩, Verlag von Karl Rohm ([Druck] Karl Häberle, Lorch, [1901]). (M. —. 20 = fr. —. 25 ...)
(Bibliothek der Lebens-Spuren. № 1.)

— Wesen u. Wert der Freundschaft f. gereiftere Menschen. (16 S.) kl. 8. Lorch 907. K. Rohm. — 10

Büchner, H, Die Gewährleistung beim Viehhandel nach dem bürgerlichen Gesetzbuche. Mit Erläutergn., Beispielen, Belehrgn. u. Ratschlägen, Beschreibg. der Kennzeichen der Hauptmängel, Vertrag- u. Klageschriftmustern, sowie Sachregister, zum Gebrauche f Landwirte, landw. Schulen, Tierärzte, Händler etc. 4., verb. u. verm. Aufl. (45 S) kl. 8. Landsberg, (G. Verza). 1905 —. 60.

Buchner, Hans

Buchner, H., s.: Archiv f. Hygiene.

Buchner, Hans, üb. d. Bedingungen d. Ueberganges v. Pilzen in die Luft u. üb. die Einathmung derselben, s.: Zur Aetiologie der Infectionskrankheiten.

BUCHNER, Hans (München): Beiträge zur Physiologie des Harnstoffs.- München: Straub 1874. 28 S.
9.3.1874 - Urk (Titel: De physiologia materiae urinosae.); Chr 1873/74,14
Diss.Ingolst.-Landsh.-Mchn.

Buchner. Hans. Das Bergsteigen als physiologische Leistung betrachtet. ⟨Vorgetragen in ... München ... 1876.⟩ [Mit Textfiguren. A.] 8. [München 1876.]

Buchner, Hans, s.: Bibliothek der Gesundheitspflege.

Buchner, H., üb. die Disposition verschied. Menschenrassen gegenüber den Infectionskrankheiten u. üb. Acclimatisation, s.a. Sammlung gemeinverständl. wissenschaftl. Vorträge.

Buchner H, über die Disposition verschiedener Menschenrassen gegenüber den Infektionskrankheiten und über Akklimatisation. (Sammlung gemeinverständlicher wissenschaftlicher Vorträge NF II, 18) Hamburg 1887

— über die experimentelle Erzeugung d. Milzbrandcontagiums aus den Heupilzen, nebst Versuchen über die Entstehung des Milzbrandes durch Einathmung. [Aus: „Sitzungsber. d. k. b. Akad. d. Wiss."] gr. 8. (57 S.) München 880. (J. A. Finsterlin.) 1.20

—— über die experimentelle Erzeugung des Milzbrandcontagiums aus den Heupilzen, nebst Versuchen über die Entstehung des Milzbrandes durch Einathmung. gr. 8. (57 S.) München 881, (J. A. Finsterlin.)
Aus: Sitzungsberichte der k. Akademie der Wissenschaften, besonders abgedruckt.

Buchner, H. Die neuen Gesichtspunkte in der Immunitätsfrage. gr. 8. (40 S.) Berl. 892, Fischer's medicin. Buchh. * 1 —
Aus: Fortschritte der Medicin, besonders abgedruckt.

Buchner, Hans, Hygiene u. Frauengymnasium. Vortrag. (29 S.) München 1900. Buchdr. d. »Allgem. Zeitung«.

Buchner, s.a. **Jugend, d. studierende, u. d. Alkoholfrage.**

Buchner: Die studierende Jugend und die Alkoholfrage, s.a. Bollinger, R.

Buchner, H[ans]. Die studierende Jugend und die Alkoholfrage. Ein Vortrag gehalten in ... München. 1.—2. Tausend. 16 S. 8. Basel, Schriftstelle des Alkoholgegnerbunds, [1901]. fr. —. 10
Alkoholgegnerbund. ⟨Internationaler Verein zur Bekämfung des Alkoholgenusses.⟩ [Flugschriften.] Nr. 16.

— die studierende Jugend u. die Alkoholfrage. Ein Vortrag, geh. in der Aula der kgl. Universität München. 1.—2. Taus. 8. (11 S.) Basel (902). Schriftstelle des Alkoholgegnerbundes (durch F. Reinhardt). n. — 08

— Die studierende Jugend u. die Alkoholfrage. Ein Vortrag, geh. in der Aula der kgl. Universität München. 5—6. Taus. (18 S.) 8. Basel (907). Schriftstelle des Alkoholgegnerbundes. — 10

—— über den antiseptischen Nothverband bei Verletzungen. Vortrag, gehalten vor dem Offizier-Corps des bayer. 1. Feld-Artillerie-Regiments „Prinz Luitpold". gr. 8. (8 S.) Darmstadt 881, Zernin. *
Aus: Allgemeine Militär-Zeitung, besonders abgedruckt.

Buchner, Hans, die Naegeli'sche Theorie der Infectionskrankheiten in ihren Beziehungen zur medicinischen Erfahrung. I. Physiologisch-patholog. Theil. II. Epidemiologischer Theil. gr. 8. (VIII, 112 S.) Leipzig 877, Engelmann. *

—— eine neue Theorie über Erziehung von Immunität gegen Infectionskrankheiten. Vortrag, gehalten in der morphologisch-physiolog. Gesellschaft zu München, 30. Jan. 1883. gr. 8. (40 S.) München 883, Oldenbourg. *

—— die aetiologische Therapie und Prophylaxis der Lungentuberculose. gr. 8. (XIII, 161 S.) Ebendas. 883. *

— s.: Volksbücher der Gesundheitspflege.

— Acht Vorträge a. d. Gesundheitslehre, s.a. Aus Natur u. Geisteswelt.

Buchner, H., Acht Vorträge aus der Gesundheitslehre, 1., 2. durchges., 4. Aufl. besorgt v. M. Gruber, Leipzig 1898, 1903, 1913, 8°. 3 Bde.

Acht Vorträge aus der Gesundheitslehre. Von Prof. Dr. H[ans] Buchner. 3., durchges. Aufl., besorgt von Prof. Dr. M[ax] v. Gruber. Mit zahlr. Textabb. Leipzig: Teubner 1909. IV, 134 S. 8°
(Aus Natur u. Geisteswelt. Bdch. 1.) 09. 6943

— über die Wirkungen der Spaltpilze im lebenden Körper, s.: Zur Aetiologie der Infectionskrankheiten m. besonderer Berücksichtigung der Pilztheorie.

Buchner, Hans, die Zymasegärung, s.: Buchner, Eduard.

Buchner, Heinrich

Buchner, Hnr., s.a. Tafellieder, 60.

(Buchner, Heinr.,) 60 Tafellieder v. e. Handwerksmann. Für Gewerb-, Musik- u. gesell. Vereine, zu Communalschmäußen, Hochzeiten u. and. Festmahlen. gr. 8. (9⅛ B.) Chemnitz 838, (Starcke.) *

Buchner, Jo. Caspar (Molschleben/Thür.), De secessibus veterum ad mentem sententiamque C. Plinii Caecilii Secundi. Präs. Christoph Gottfried Barth (Plechen/Frk.). Halle (J. Grunert) Juli 1701. 32 S. (5.—) 4420

Buchner, J. K., die Cholera ist heilbar. Eine Anweisung, durch praktisch bewährte, einfache Behandlungsweise die gefährlichsten Choleraanfälle schnell und sicher zu heilen. 8. (20 S.) Leipzig 865, (Jünger.) *

Buchner, J. P. Tabula radicum, quadratorum et cuborum. Nürnberg 1701.

Buchner, J. F. Theoria et praxis artilleriae. T. 1–3. Mit Taf. Nürnberg 1685. 1690. 4°

Buchner, Johann Andreas

— s. W. L. Bachmann, Handwörterbuch, für die Pharmacie.

— s. Bancroft, Färbebuch.

Buchner, Johann Andreas: Einleitung in die Pharmacie. Ein Handbuch für Aerzte ... Nürnberg: Schrag 1821. XLVIII, 432 S. 8°. (= Buchner: Vollständiger Inbegriff der Pharmacie. Th. 1.)

Buchner, Johann Andreas: Einleitung in die Pharmacie. 2. unveränd. Aufl. Nürnberg 1822. XXXII, 430 S. (Buchner: Vollständ. Inbegriff d. Pharmacie. Thl 1.)

Buchner, Jh. Andr., erster Entwurf e. Systems d. chemischen Wissenschaft u. Kunst. gr. 8. Münch. 814. Fleischmann. 3 ℛ

BUCHNER, JOHANN ANDREAS.
Erster Entwurf eines Systems der chemischen Wissenschaft und Kunst. München, 1815.

Buchner, Joh. Andr., Geschichte d. pharmac. Instituts an d. Kgl. Univ. München. A. d. „Repertor," abgedr.) 12. (4 B.) München 832. (Nürnberg, Schrag.)

Buchner, Johann Andreas: Grundriß der Chemie. Bd 1. 2. Nürnberg: Schrag 1826–30. (= Buchner: Vollständiger Inbegriff der Pharmacie. Th. 3, Bd 1. 2.)

Grundriss der Chemie. Nürnberg, 1830–36. 3 vols., 8vo.
This also forms part of the author's Vollständiger Inbegriff der Pharmacie. Nürnberg, 1821–27. 7 vols.

Buchner, Johann Andreas: Grundriß der Physik, als Vorbereitung zur Chemie, Naturgeschichte und Physiologie. Nürnberg: Schrag 1825. XXVIII, 490 S. 8° (= Buchner: Vollständiger Inbegriff der Pharmacie. Th. 2.)

Buchner (J. A.), Grundriss der Physik, als Vorbereitung zur Chemie, Naturgeschichte und Physiologie. (Bildet den 2. Theil von dessen „Vollständigen Inbegriff der Pharmacie in ihren Grundlehren und praktischen Theilen".) 2. Aufl. Nürnberg 1833. 8.

— vollständ. Inbegriff d. Pharmacie in ihren Grundlehren u. prakt. Theilen. 1r Thl. (I. Lief.) Einleit. in d. Pharmacie. Mit 4 Kpft. gr. 8. Nürnb. 821. 2e A. 822. 3e A. 827. Schrag. 2 ℛ 12 gℊ 2r Thl. (III. Lief.) Grundriß d. Physik, als Vorbereitung zur Chemie, Naturgeschichte u. Physiologie. Mit 10 Kpft. u. 14 Tabb. gr. 8. Ebd. 825. 2e A. 833. 2 ℛ 12 gℊ 3r Thl. 1r, 2r Bd. (IV. u. VII. Lief.) Grundriß d. Chemie. 1r, 2r Thl. A. u. d. T.: Handb. f. Aerzte u. Apotheker. gr. 8. Ebd. 826, 30. 1r Thl. 2e A. 832. (à 2 ℛ 12 gℊ) 5 ℛ 4r Thl. 1r Bd. (VIII. Lief.) A. u. d. T.: E. F. Glocker, Handbuch d. Mineralogie. 2 Abtheill. Mit 4 Kpft. gr. 8. Ebd. 831. 3 ℛ 4r Thl. 2r Bd. (VI. Lief.) A. u. d. T.: Richard, neuer Grundriß d. Botanik u. Pflanzenphysiologie; aus d. Engl., mit Anmerkk., Sach- u. Wortregister v. M. B. Kittel. Mit 8 Steindr. gr. 8. Ebd. 828. 2e A. 831. 2 ℛ 12 gℊ 4r Thl. 3r Bd. (V. Lief.) A. u. d. T.: A. Goldfuß, Grundriß d. Zoologie. gr. 8. Ebd. 826. 3 ℛ 7r Thl. (II. Lief.) A. u. d. T.: Toxikologie. Ein Handb. f. Aerzte u. Apotheker. gr. 8. Ebd. 823. 2e A. 827. 2 ℛ 18 gℊ

Buchner, Jh. Andr., Inbegriff der Pharmacie in ihren Grundlehren u. prakt. Theilen. 3n Thls. od. Grundriß der Chemie 3r Bd. (1e—4e Lfrg.) gr. 8. Nürnb. 835. Schrag. 2 ℛ — 2r Thl. 3r Bd. A. u. den T.: Handbuch für prakt. Aerzte u. Apotheker. 9e Lfrg. — Grundriß d. Chemie. 3r Thl. 3r Bd. — Lehrbuch der analyt. Chemie u. Stöchiometrie. Mit 1 Kpfrtaf. gr. 8. Ebd. 836. 2¾ ℛ (I. II. III. 1—3. IV. 2. 3. u. VII. 21⅙ ℛ)

Buchner, (J. A.,) vollst. Inbegriff d. Pharmacie. 1r Thl. Einleit. in d. Pharmacie. 2te Aufl. Mit 3 Kupfert. gr. 8. Nürnberg 822, Schrag.

— dess. 2r Thl. Grundriß d. Physik, als Vorbereit. z. Chemie. M. 10 Kupft. u. 14 Tab. gr. 8. Ebd. 825.

— dess. 4e Lief. A. u. d. T.: Grundriß d. Chemie. 1r Bd. M. 1 Kpfrtaf. gr. 8. Ebend. 826.

— dess. 5e Lief. A. u. d. T.: A. Goldfuß, Grundriß d. Zoologie. gr. 8. Ebend. 826.

—— vollständiger Inbegriff d. Pharmacie in ihren Grundlehren u. prakt. Theilen. 1. Thl. — A. u. d. T.: Handbuch f. Aerzte u. Apotheker. (1. Lfg.) — Einleit. in d. Pharmacie. Mit 4 Kpfrt. 3. Aufl. gr. 8. (29¼ B.) Nürnberg 827, Schrag.

— dess. 7r Thl. A. u. d. T.: Toxicologie. 2e Aufl. gr. 8. Ebend. 827.

—— dass. 4. Thl. 2. Bd. — A. u. d. T.: Handbuch rc. (VI. Lfg.) — A. u. d. T.: A. Richard's neuer Grundriß d. Botanik u. d. Pflanzenphysiologie, nach d. 4., mit d. Characteren d. natürl. Familien d. Gewächsreiches verm. u. verb. Orig.-Ausg. übers. u. mit einig. Zusätzen, Anmerkn., e. Sach- u. Wortreg. verseh. v. M. B. Kittel. 1. Aufl. (42 B. u. 1 Tab.) 828., 2., verm. u. verb. A. (52½ B. u. 1 Tab. gr. 4.) Jede A. m. 8 Stnt. gr. 8. Ebds. 831. à
4. Thl 3. Bd. u. 7. Thl. 2. Aufl.. Ebendas. 1826, 27. 6 Thlr. 18 Gr. — Das Ganze ist auf 8 Thle. berechnet, von denen 3. Thl. 3. Bd., 5., 6. u. 8. Thl noch nicht erschienen sind.

—— dass. 3. Thl. 2. Bd. — A. u. d. T.: Handbuch rc. (VII. Lfg.) — Grundriß d. Chemie. 2. Bd. M. 1 Kpfrt. gr. 8. (52½ B.) Ebds. 830.

—— dass. 4. Thl. 1. Bd. — A. u. d. T.: Handbuch rc. (VIII. Lfg.) — A. u. d. T.: Handbuch d. Mineralogie v. E. Fr. Glocker. 2 Abthln. M. 4 Kpfrt. gr. 8. (72½ B.) Ebds. 831.

—— dass. 3. Thl. 1. Bd. — A. u. d. T.: Handbuch rc. (IV. Lfg.) — Grundriß d. Chemie. 1. Bd. 2., verm. u. verb. Aufl. M. 1 Kpfrt. gr. 8. (46 B.) Ebds. 832.

—— dass. 2. Thl. — A. u. d. T.: Handbuch rc. (III. Lfg.) — Grundriß d. Physik, als Vorbereit. zur Chemie, Naturgesch. u. Physiologie. M. 13 Kpfrt., u. 16 Tab. (auf 7¼ B.) 2., verm. u. verb. Aufl. gr. 8. (29½ B.) Ebds. 833.

—— dass. 4. Thl. 3. Bd. — A. u. d. T.: Handb. rc. (V. Lfg.) — Handb. d. Zoologie rc. 2. Aufl. gr. 8. (42 B.) Ebds. 831. 1—3. Thl. 1. u. 2. Bd. u. 7. Thl. Ebendas. 1827—32. 12 Thlr. 18 Gr.

Buchner, Joh. Andr., vollständ. Inbegriff d. Pharmacie in ihren Grundlehren u. prakt. Theilen. 3. Thl. 3. Bd. — A. u. d. Tl.: Handbuch f. Aerzte u. Apotheker. (IX. Lfg.) — Grundriß d. Chemie. 3. Bd. — Lehrbuch d. analyt. Chemie u. Stöchiometrie. gr. 8. (67¼ B. u. 1 Kpfrt.) Nürnberg 836, Schrag.

—— dass. 4. Thl. 1. Bd. — A. u. d. T.: Handb. rc. (VIII. Lfg.) — Handb. d. Mineralogie v. E. Fr. Glocker. 2 Abthl. 2. Aufl. M. 4 Kpfrt. gr. 8. (... B.) Ebds. 838.

—— dass. 4. Thl. 2. Bd. — A. u. d. T.: Handb. rc. (VI. Lfg.) — Richard's neuer Grundriß d. Botanik rc. 3. Aufl. gr. 8. (71 B. u. 1 Tab.) Ebds. 810.

BUCHNER, JOHANN ANDREAS. (Bibl., p. 343.)
Lehrbuch der analytischen Chemie und Stöchiometrie. Nürnberg, 1836. 8vo.

– s. Pharmacopoea borussica.

Buchner, Johann Andreas (Hrsg.):

s.: Repertorium für die Pharmacie. Bd 20-27, 29-42, 58-64, 67-68, 71-73, 75-100. 3.Reihe 1-8. Nürnberg: 1825-1851

Toxikologie. Ein Handbuch für Aerzte und Apotheker sowie auch für Polizei und Kriminal-Beamten. Nürnberg, 1822.
Zweite Auflage, 1827. 8vo.

— über d. Trennung d. Pharmacie von d. Heilkunst. 12. Nürnb. 819. Schrag. 12 gl

– s. Wittstein, G. E.: Über die Darstellung und Prüfung chem. Präparate.

— Würdigung d. Pharmacie in staatswissenschaftl. Beziehung, nebst Vorschlägen zu ihrer Beförderung. 12. Nürnb. 818. Schrag. 15 gl

— Johann Christoph (Geithain), De excolendo studio oeconomico tam principum quam privatorum. Diss. philos. Präs. Julius Bernhard v. Rohr. Lpz. (I. Titius) 12. III. 1712. 48 S. (5.—) 4421

— — Dasselbe. Von Verbesserung der Hausshaltungs-Wissenschaft so wohl derer Fürsten als anderer Leute. (5.—) 4422

Buchner, Joh. Paul, s.a. Büchner, I. Paul

* Joh: Pauli Buchneri tabula radicum, quadratorum et cuborum ad radic. 12000 extensa. Cujus usum sequens pagina planum faciet et omnibus Mathematicis praeprimis in Planimetria, Altimetria et Stereometria facillimum procedendi modum monstrabit. Sumt. Rud. Joh. Helmers, Bibliop. Norimberg. längl. 8. 1701.

Buchner, Joseph

Buchner, Jos., die Allöopathie in Bayern, s. Allöopathie.

—— homöopathische Arznei-Bereitungslehre. 2., verm. Aufl. gr. 8. (XVI und 468 S.) München 852, Franz.

Buchner, Jos., die Cholera. München 866. Franz. 8. (36 S.) n. 5 ngr

— Febris recurrens (bei uns Genickkrampf genannt), dessen Verhütung und Heilung. 1.—3., verm. Aufl. 8. (44 S.) München 865, Franz.

Buchner, Jos., Galenus und Lycus. Rede gehalten am 10. August in der 29. Versammlung des Centralvereins homöopathischer Aerzte Deutschlands. München 857. Finsterlin. 4. (16 S.) n. 8 ngr

Buchner Josef: Die landesfürstlichen Lehenbücher Kaiser Friedrich III. 1440—1493. Diss. Wien, Univ. II. 1908 PN 2604 1005

Buchner, Jos., Morbus Brightl. gr. 8. (VI, 138 S.) Leipzig 870, T. O. Weigel. *

! Buchner, J: Morbus Brightii. Jetzt: Dr. W Schwabe. 2 —

BUCHNER, Joseph (Landshut): Über das Selbststillen.- München: Franz 1839. 15 S. 22.7.1839) - Urk (Titel: De lactatione.); F 64
Diss.Ingolst.-Landsh.-Mchn.

Buchner, Jos. Andreas

— s. Beiträge, neue, zur vaterländ. Geschichte rc.

Buchner, Jos. Andr., Erkenntniß u. Philosophie. 8. Landsh. 806. Thomann. 8 gl

— Geschichte von Baiern. Aus archiv. u. and. handschriftl. Quellen bearb. 1s—5s Buch. (5s B. A. u. d. T.: neue Geschichte v. Baiern unter d. Regenten aus d. Hause Wittelsbach. 1r Bd. Die ersten Wittelsbacher von 1180 bis zum Tode d. Kaisers Ludwig 1347. 831. 2 rß) gr. 8. Münch. 820—31. (Jaquet; auch Barth in Leipz.) 7 rß

— Geschichte von Baiern. Dokumente. 1r Bd. Dokumente des 1sten Briefs. Mit 1 Karte. gr. 8. Münch. 832. (Jaquet). 1 rß 8 gl

Buchner, Jos. Andr., Geschichte von Bayern aus den Quellen bearb. 2. Aufl. 1. 2. Liefg. München 869. — Augsburg, Kranzfelder in Comm. gr. 8. (1. Bd.: XIV, S. 1 - 164.) Jede Liefg. n. 7½ ngr

— die ersten Grundsätze d. Ethik. 8. Landsh. 809. Thomann. 8 gl

— Lehrb. d. allgem. Geschichte. I. u. II. Thl. 1e u. 2e Abthl. (1r Thl. 2e Ausg.) Geschlossenes Ganze. gr. 8. Münch. 827—30. (Jaquet). 2 rß 12 gl

— Reise auf d. Teufelsmauer. Eine Untersuchung über d. Ueberbleibsel d. röm. Schutzanstalten. 1s—3s Heft. 8. Regensb. u. Münch. 818—31. (1s, 2s Heft à 12 gl 3s Heft 10 gl) (Jaquet). 1 rß 10 gl

Buchner, J. Andr. (k. b. Lyceal-Prof. zu Regensb.).
Reise auf der Teufels-Mauer. Eine Untersuchung über die Ueberbleibsel der römischen Schutz-Anstalten im jenseits der Donau gelegenen Rhaetien. Nebst e. Abhandlung über den *Carls-Kanal*. Bruchstücke aus der baier. Geschichte (des Verfassers, vgl. Nr. 451 d. Cat.). Heft (1)—2 (in 1 Bde.). Mit Karte u. Plan. Regensburg (Commiss.- u. Selbst-Verlag) 1818—21. 8°. Ppb.
1: 2 Bll., 104 S. 2: VIII—124 S. Lat. Lett. — Mehr erschien nicht.

Buchner, J. A., Reise auf der Teufelsmauer. Eine Untersuchung über die Ueberbleibsel der römischen Schutzanstalten im jenseits der Donau gelegenen Rhätien. 8. (Regensburg, Montag und Weiß). 818.

— Reise auf der Teufels-Mauer. 2s Hft. 8. Regensb. 821. (Leipz., Barth.) 12 gr. Beide Hefte

– dasselbe, s.a. Buchner, Andreas

— Religion, ihr Wesen u. ihre Formen. 8. Dilling. 805. 2 A. in 2 Thlen. 8. Ebd. 809. (Landsh., Thomann). 1 rß

— Vernunftlehre. 8. Münch. 808. Fleischmann. 1 rß 4 gl

Buchner, Jos. Benedict, Arzneibereitungslehre. Supplement. gr. 8. (3 B.) München 844, Franz.
Arzneibereitungslehre. Ebendas. 1840. 2 Thlr. 15 Ngr.

Buchner, Jos. Benedict, homöopath. Arzneibereitungslehre. (1e—3e Lfrg.) Bog. 1—27. Mit 2 lithogr. Abbildd. gr. 8. München 840. Franz. 2⅜ rß

Buchner, Jos. Bened., homöopathische Arznei-Bereitungslehre. 2. sehr verm. Aufl. 3 Hfte. Mit 2 Abbild. gr. 8. (XVI u. 468 S.) München 852, Franz. (1 u. 2: à 24 ngr 3: 1 rß 6 ngr) 2 rß 24 ngr

— s. Hahnemann, S., Heilung des Scharlachfiebers. —

— Jahrbuch der Pharmakodynamik für 1843, 1844. 16. Leipzig 843, 844, L. Schumann. 1843. 5/8 rß 1844. 1 rß

—— Jahrbuch d. Pharmakodynamik für 1843 u. 1844. 16. Leipzig. [T. O. Weigel.] [1843. (8½ B.) 18¾ Ngr., 44. (13½ B.) 1 Thlr.]

Buchner, J(os.) (Benedict), der Sublimat in seinen physiolog. Wirkungen in Verbindung mit einem Vereine homöopath. Aerzte untersucht und bearb. Lex.-8. (III u. 121 S.) Augsburg 849, v. Jenisch und Stage'sche Buchh.
Aus: Allgemeine homöopathische Zeitung von Buchner etc., besonders abgedruckt.

—— Vade mecum für Wasserfreunde u. Kurgäste in Wasserheilanstalten. 12. (2⅚ B.) München 845, Franz.

Buchner, Jos. Bened. (Hrsg.), s. Zeitung, Allgemeine, für Homöopathie, im Vereine in- und ausländischer Aerzte hrsg.

Buchner, Karl, ein deutscher Advokat. Schilderungen aus der Zeit u. aus dem Leben. 8. (25½ B.) Darmstadt 844, Leske.

Buchner, Karl, s. Aus dem Leben eines Malers.

Buchner, Karl, Beiträge zur Geschichte des deutschen Buchhandels. 1. und 2. Heft. gr. 8. Gießen 873,74, Ricker. *
Inhalt:
Heft 1. Zur Geschichte des Selbstverlags der Schriftsteller. 2. Aufl. (72 S.) *M 2.
„ 2. Aus dem Verkehr einer deutschen Buchhandlung mit den Geschäftsgenossen. 2. durchgesch. und verm. Aufl. (137 S.) *M 4.

Buchner, Karl, Christblumen od. d. Bergpredigt u. d. letzt. Reden Christi im Johannes, rhythm. behand. Mit e. Vorrede v. Ernst Zimmermann. .. Leipzig 828. (W. A. Künzel.) ⅓ rß

Buchner, Karl, Dr. Karl Follen, m. Benutzung von noch ungedr. Briefen dess. aus Amerika in die Heimat, XV u. 33 S., 8°.

—— Gedichte. 8. (104 S.) Darmstadt 872, Diehl's Sortiment. *

Buchner, Karl, Geschichte d. großh. hess. Landtages v. J. 1834. gr. 8. (11 B.) Hanau 835, König.

Buchner, Karl, die Gräfin v. Görlitz in Darmstadt, ihr Tod, u. der Angelegenheit weiterer Verlauf. Geschichtl. u. kritisch dargestellt. [Abdr. aus d. „Gerichtshalle."] gr. 8. (40 S.) Frankfurt a. M. 847, Oehler. — 2. Aufl. gr. 8. Ebd. 847. n. ⅙ rß — 2. Hft. Zweiter Bericht in der Angelegenheit Görlitz. Mit Berücksicht. des neuesten Sachenbestandes. [Abdr. aus der Gerichtshalle."] 8. (32 S.) Ebd. 847. n. ⅙ rß

Buchner, Karl, u. Fr. Herrmann, Handbuch der neueren franz. Sprache u. Literatur, oder Auswahl interess. chronol. geordneter Stücke aus den besten neuern franz. Prosaisten u. Dichtern, nebst von den Verfassern u. ihren Werken. — Prosaischer Theil, gr. 8. Berlin 833. 2e durchweg verb. u. verm. Ausg 836. Duncker u. H. n. 1⅓ rß — Poetischer Theil. gr. 8. Ebd. 835. n. 1⅓ rß

—— das Großherzogthum Hessen in seiner polit. und socialen Entwickelung vom Herbst 1847 bis zum Herbst 1850. gr. 8. (VIII und 250 S.) Darmstadt 850, Jonghaus.

— Nachrichten von den in Berlin lebenden Schriftstellern und Schriftstellerinnen, s. J. E. Hitzig, gelehrtes Berlin.

Buchner, Karl, Novellen. Reudnitz 869. Förster. 8. (VII, 305 S.) 1 rß

—— aus den Papieren der Weidmann'schen Buchhandlung. gr. 8. (VI, 116 S. mit 1 Photogr.) Berlin 872, Weidmann'sche Buchh. **

—— dass. — 2. Thl. A. u. d. T.: Aus dem Verkehr einer deutschen Buchhandlung mit ihren Schriftstellern. Mit dem einleitenden Aufsatze: Schriftsteller und Verleger vor 100 Jahren. gr. 8. (XXXVIII, 112 S.) Ebendas. 873. *

—— der Stamm d. Hessen in seiner Gegenwart, mit Rücksicht auf Wissenschaft, Kunst, Gewerbe, Handel, Oertlichkeiten, Staat, Gesellschaft u. Leben geschildert. Lex.-8. (11¾ B.) Karlsruhe 845, Macklot.

— s. Taschenbuch, deutsches.

—— Wieland und die Weidmannsche Buchhandlung. Zur Geschichte deutscher Literatur und deutschen Buchhandels. gr. 8. (VII, 166 S.) Berlin 871, Weidmann'sche Buchh. *

s. Zeitung, Literarische.

Buchner, Karl Fr. Aug., s. 1) Christblumen.

— politische Gedichte. 8. Offenbach 834. Brede. (Darmstadt, Leske.) ⅙ rß

Buchner, Karl, (Fr. Aug.) Geschichte d. Großherzogl. Hessischen Landtages vom Jahre 1834. gr. 8. Hanau 835. König. ½ rß

— s. Honek, M., das Buch für Winterabende.

Buchner, Karl Fr. Aug., die Pokal- u. Adressen-Sendung an Welcker, s. Pokal- u. Adressen-Sendung.

Buchner, Karl (Fr. Aug.), Rotteck. gr. 8. Karlsruhe 841, Groos. 1/12 rß

— der Herr Fürst Ludwig zu Solms-Lich u. die Repräsentativ-Verfassungen. gr. 8. Darmstadt 838. Heyersche Hofbuchh. (Jonghaus.) ¼ rß

—— Friedrich Staps. Geschichtl. Erzähl. aus d. Zeiten Napoleons, in 5 Gesängen. 8. (6 B.) Hamburg 835, Hoffmann u. Campe.

—— poetische Streifzüge durch d. Dornen- u. Fruchtgärten uns. Zeit. 8. (2½ B.) Hanau 835, König.

Buchner, L.

— Thatsachen und Theorien aus dem naturwissenschaftlichen Leben der Gegenwart. 2. Auflage. Berlin 1887

Buchner, Ludwig Andreas

Buchner, Ludw. Andr., über den Antheil der Pharmacie an der Entwicklung der Chemie. Festrede zur Vorfeier d. Geburtstages Sr. Maj. Maximilian II. Königs v. Bayern gehalt. in der öffentlichen Sitzung der k. Akademie der Wissenschaften am 27. Novbr. 1849. gr. 4. (20 S.) München 849. (Franz.) n. 6 ngr

BUCHNER, Ludwig Andreas (München): De aqua salsa Rosenheimensi.- Monachii: Wolf 1842. 1 Bl.,13 S. 12.3.1842 - Urk; F 65
Diss. Ingolst.-Landsh.-Mchn.

Buchner, Ludw. Andr., Betrachtungen üb. die isomer. Körper, so wie üb. d. Ursachen d. Isomerie. Eine v. d. philosoph. Fakultät in München mit d. Accessit-Preise gekr. Abhandl. gr. 4. (5 B.) Nürnberg 830. Schrag. *

Buchner. L. A. Betrachtungen über die isomerischen Körper, so wie über die Ursachen der Isomerie. Gekrönte Preisschrift. Nürnberg. 1836. 4.

Buchner, Ludw. Andr., über die Beziehungen der Chemie zur Rechtspflege. Festrede zur Vorfeier des allerhöchsten Geburts- und Namensfestes Sr. Majestät Ludwig II., König von Bayern gehalten in der öffentl. Sitzung der k. bayer. Akademie der Wissenschaften zu München am 28. Juli 1875. gr. 4. (19 S.) München 875, (Franz'sche Buchh.) *

Buchner, L. A., s. Dumas, J., Handbuch der angewandten Chemie.

—— Festschrift zum 50jähr. Doctor-Jubiläum, s. Grashey, Hub.

— Commentar zur Pharmacopoea Germanica m. verdeutschtem Texte. Für Apotheker, Aerzte u. Medicinal-Beamte. 1. Bd., enth. die deutsche Uebersetzg. der Pharmakopoe. gr. 8. (XVI, 385 S.) München 872. Oldenbourg. n. 3.

— dasselbe. 2. Bd., enth. den Commentar der Pharmacopoe. 1—7. Lfg. gr. 8. (S. 1—560.) Ebend. 873—76. à n. 1. 20

Buchner, Ludw. Andr., Commentar zur Pharmacopoea germanica mit verdeutschtem Texte. Für Apotheker, Aerzte und Medicinal-Beamte unter Mitwirkung von Herm. v. Boeck bearb. 2. Bd., enthaltend den Commentar der Pharmakopoe. Mit in den Text eingedr. Holzschn. 8.—21. (Schluss-)Lfg. gr. 8. (2. Bd. 1. Thl. VI, S. 561—872; 2. Thl. 824 S.) München 877—84, Oldenbourg. 8.—20. Lfg. à *ℳ 1,20. 21. Lfg. *ℳ 1,50.; compl. *

— dasselbe. Suppl.-Bd., enth. die in der 2. Ausg. der Pharmakopoe getroffenen Veränderungen m. besond. Berücksicht. der neu aufgenommenen Arzneimittel. 1. u. 2. Lfg. gr. 8. (S. 1—160.) Ebd. 885 u. 87. à n. 1. 20

Buchner, Ludw. Andr., Commentar zur Pharmacopoea Germanica m. verdeutschtem Texte. Suppl.-Bd., enth. die in der 2. u. 3. Ausg. der Pharmakopoe getroffenen Verändergn. m. besond. Berücksicht. der neu aufgenommenen Arzneimittel. 3.—5. Lfg. gr. 8. (S. 161—400.) München 887—894. R. Oldenbourg. à n. 1. 20

Buchner, Ludw. Andr., Commentar z. Pharmacopoea Germanica m. verdeutschtem Texte. Suppl.-Bd., enth. d. in d. 2. u. 3. Ausg. d. Pharmakopoe getroff. Veränderg n. m. bes. Berücksicht. d. neu aufgenomm. Arzneimittel, nebst e. Commentar z. d. Nachtrag z. Arzneibuch f. d. deutsche Reich (3. Ausg.). 6. u. 7. [Schluss-]Lfg. gr. 8. (III u. S. 401—517.) München 895—896. R. Oldenbourg. 2. — (Suppl., kplt.: n. 8. —)

Buchner, LA: Commentar z. Pharmacopoea Germanica m. verdeutschtem Texte. Suppl.-Bd, enth. d. in d. 2. u. 3. Asg. d. Pharmakopoe getroff. Verändergn m. bes. Berücks. d. neu aufgenommenen Arzneimittel, nebst e. Commentar zu d. Nachtrag z. Arzneib. f. d. deut. Reich (3. Asg.). 6. u. 7. Lfg. 8° (401—517) Münch. 95.97, R Oldenbourg. 2 — (Suppl. kplt: 8 —)

—— s. Pharmacopoea Germanica.

Buchner, L(udwig) A(ndreas) (Hrsg.):

s.: Repertorium für die Pharmacie. N.F. 1-18. München: 1852-1869

Buchner, *Ludwig Andreas*, Professor in München, * München 23. Juli 1813.
—— Neue chemische Untersuchung der Angelica-Wurzel. Eine Inaugural-Abhandlung. Nürnberg 1842. 4. 16 p.
Cat. of sc. Papers I. 696—698.

— Versuche üb. das Verhalten der Auflösungen chemischer Stoffe zu Reagentien bei verschied. Graden der Verdünnung, sowie üb. die Gränzen der Wahrnehmung chemischer Reactionen. Eine gekrönte Preisschrift. gr. 4. Nürnb. 834. Schrag. 3/4 ₰

Buchner, M., s.: Berichte üb. einzelne Gebiete der angewandten physikalischen Chemie.

Buchner, Marie, japanische Impressionen. (54 Bl.) 8. München 908. R. Piper & Co. 2. 50

Buchner, Mart., die Entwicklung der Gemütsbewegungen im ersten Lebensjahre, s.a. Beiträge zur Kinderforschung u. Heilerziehung.

Die Entwicklung der Gemütsbewegungen im ersten Lebensjahre. Von Martin Buchner. Mit 4 Taf. Langensalza: Beyer 1909. 19 S. 8°
(Beiträge z. Kinderforschung u. Heilerziehung. H. 60.) [11. 364]

— Der Geistliche u. der Lehrer. Vortrag. (12 S.) 8. Straubing (910). (Passau, G. Kleiter.) — 60

— Lied v. Inn. (62) gr8° Pass., M Waldbauer ('09). 1.50 d

— Lied u. Leben. Gedichte. (48) 8° Straub., C Attenkofer's V. ('11). 1.50 d

Buchner, Max. Analyse der Morizquelle in Sauerbrunn bei Rohitsch in Südsteiermark. [Aus „Sitzungsber. d. k. Akad. d. Wiss."] Lex.-8. (6 S.) Wien 875. (Gerold's Sohn.) — 15

—— Analyse des Tempelbrunnens in Sauerbrunn bei Rohitsch in Südsteiermark. Lex.-8. (7 S.) (Ebendas.) 876.
Vorstehende zwei Schriften sind aus: Sitzungsberichte der k. Akademie der Wissenschaften, besonders abgedruckt.

Buchner, M, Analyse d. Tempelbrunnens in Sauerbrunn bei Rohitsch in Südsteiermark. 8. (7) Wien 77. (Gerold's S.). — 15

BUCHNER, Max (München): Ein Beitrag zu den Gefahren des Aderlassen.- München: Wolf 1883. 23 S.
22.7.1883 - Urk (Titel: De venaesectionis periculis.); Chr 1883/84,12
Diss.Ingolst.-Landsh.-Mchn.

— Die Entstehg u. Ausbildg d. Kurfürstenfabel. Eine historiograph. Studie. (8, 118) gr8° FreiburgB., Herder '12. 2.50 d

Buchner, Max: Die Entstehg d. Erzämter u. ihre Beziehg z. Werden d. Kurkollegs m. Beiträgen z. Entstehgsgesch. d. Pairskollegs in Frankr., s: Görres-Gesellschaft z. Pflege d. Wissensch. im kathol. Deutschld.

— Über das Fluorthallium. S. 52. II. 64 . . . . vgr.
Separatabdruck

Buchner, Max Die chemische Industrie und Metallurgie in der zweiten Hälfte unseres Jahrhunderts. 8 (17 S.).
Progr. Steiermärk. Landes-Oberrsch. *Graz* 1893.

Buchner, M., Kamerun. Skizzen u. Betrachtgn. gr. 8. (XVI, 259 S.) Leipzig 887. Duncker & Humblot. n. 5. —

Buchner Max: Über den Kohlenstoff und Siliziumgehalt des Roheisens. S. 25. 231 . . . —.14
Separatabdruck

Buchner, Max (I.), aus Krieg und Frieden. Skizzen. gr. 8. (148 S.) Berlin 876, Denicke's Verlag. *

Buchner, Max (Salzburg)
Ueber Oxyphensäure im Holzessig.
[In: Annalen der Chemie u. Pharmazie, Bd 96, S. 186 ff.]
Dr. phil. Giessen 7.8.1858.

BUCHNER, Max (München): Ueber Pyämie.- München: Mühlthaler 1871. 15 S.
10.8.1869 - Urk (Titel: De pyaemia.); F 72; Chr 1869/70,17
Diss.Ingolst.-Landsh.-Mchn.

Buchner, Max, Reise durch den stillen Ocean. gr. 8. (VIII, 470 S.) Breslau 878. Kern's Verlag. n. 10. —; geb. n. 11. 50

Buchner, Max, aus Bamberg: Über Stärke und Salzbildung von Nitraminen und Isonitraminen sowie von Säureamiden. *Würzburg 1899: H. Stürtz.* (42 S.) 8°
Würzburg, Phil. Diss. v. 1899

Buchner, Maximilian: Die innere weltliche Regierung des Speierer Bischofs Mathias Ramung (1464—1478). Ein Beitrag z. deutschen Territorialgesch. Speier 1907: Zechner. (X, 48 S.) 8° [F.] ¶ (Aus: Mitteilungen d. Histor. Vereins d. Pfalz H. 29/30, 1907.)
München, Phil. Fak., Ref. Grauert, Diss. v. 21. Dez. 1906
[Geb. 14. Sept. 81 München; Wohnort: München; Staatsangeh.: Bayern; Vorbildung: Ludwigs-Gymn. München Reife Juli 01; Studium: München 11 S.; Rig. 21. Dez. 06.]

Buchner, O. Kleine neue Beiträge zur älteren Geschichte der Hochschule Giessen. S. 27—48. 8. Progr. Rg. *Giessen 1885.

Buchner, Otto [aus Stuttgart]: Beiträge zur Kenntnis des Baues der einheimischen Planorbiden. . . . Stuttgart, *k. Hofbuchdr. Zu Guttenberg,* 1890; 92 S., 1 Bl., 3 Taf. 8°
Leipzig. Phil. Fak., Inaug.-Diss. v. [25. Okt.] 1890

Buchner, Otto [aus Schmölln]: Über die Bestandtheile des isländischen Mooses (Cetraria Islandica). . . . Berlin, Druck d. Norddeutsch. Buchdr. u. Verlagsanst., 1889; 20 S. 8°
Erlangen. Phil. Fak., Inaug.-Diss. v. 1889

J. G. Schochs Comoedia vom Studentenleben. Von Prof. Dr. Otto Buchner. *(Giessen [1892?]: Brühl.)* (11 S.) 8° [F. u. Ant.]
[Aus: Giessener Anzeiger.] [92. 1435 II

Buchner, Otto, Entwicklungsaussichten f. unsere Luftschiffahrt. (15 S.) 8. Stuttgart 910. E. Schweizerbart. — 80

Buchner, Otto, die Feuermeteore, insbesondere die Meteoriten historisch und naturwissenschaftlich betrachtet. Giessen 859. Ricker. gr. 8. (IV, 192 S.) n. 20 ngr.

Buchner, Otto. Führer für Giessen u. das Lahnthal von d. Quelle bis zum Rhein. Mit Berücksicht. der wichtigeren Seitenthäler im Hinterland, Taunus u. Westerland. Mit 8 Karten u. 2 Stadtplänen. 2. verb. u. verm. Aufl. 16. (VI, 120 S. m. 1 Panorama.) Giessen 891, Roth. cart. * 2 —

—— Führer durch das Lahnthal. Die Lahn mit ihren Seitenthälern von d. Quelle bis zum Rhein, m. besond. Berücksicht. d. Städte Marburg, Giessen, Bad Nauheim, Wetzlar, Weilburg, Limburg, Bad Nassau, Bad Ems. Mit 8 Karten u. 2 Stadtplänen. 16. (VI, 120 S.) Ebd. 891. cart. * 2 -

Buchner, Otto, Führer durch Vogelsberg, Wetterau, Lahn- und Dillthal. Mit besond. Berücksicht. von Gießen und seiner Umgebung. Mit 1 (lithogr.) Ansicht von Gießen und 2 (lithogr.) Touristenkarten (in 4. und Fol.). 8. (VII, 128 S.) Gießen 880, Roth. cart. *
In Calicobd. *

Buchner, Otto (II.), Führer durch den Vogelsberg. Im Auftrag des Vogelsberger Höhenclubs hrsg. 12. (VIII, 88 S. mit 2 Spezialkarten.) Giessen 887, Roth. geb. *
Mit Faberstift *

— Führer durch den Vogelsberg. Im Auftrag des Vogelsberger Höhenclubs hrsg. 3., wesentlich erweit. Aufl. 12. (III, 124 S. m. 5 Karten.) Ebd. 894. Geb. in Leinw. n. 1. 60

Buchner, Otto, Gießen vor 100 Jahren. Culturgeschichtliche Bilder aus der 2. Hälfte des 18. Jahrh. Mit 1 (lith.) Ansicht von Gießen aus dem Jahre 1775. 8. (IV, 130 S.) Gießen 879. Roth. n. 2. 50

Buchner, Otto, die mittelalterliche Grabplastik in Nord-Thüringen m. besond. Berücksicht. der Erfurter Denkmäler, s.a. Studien zur deutschen Kunstgeschichte.

Buchner, Otto: Die mittelalterliche Grabplastik in Nord-Thüringen mit besonderer Berücksichtigung der Erfurter Denkmäler. *Straßburg 1902: J. H. E. Heitz.* (62 S.) 8°
• (Teil d. eingereichten Arbeit.) — [Erschien erweitert u. mit Abb. als: Studien zur deutschen Kunstgeschichte, Bd 37.]
Heidelberg, Phil. Diss v. 1902

Buchner, Otto, die Konstruktion u. Anlegung der Blitzableiter, s.a. Schauplatz, neuer, der Künste u. Handwerke.

Buchner, Dr. O., Die Construction u. Anlegung der Blitzableiter zum Schutz aller Arten von Gebäuden, Seeschiffen etc. Weimar 1867. Text 8°. Atlas von 6 Foliotfln. mit 91 Abbild. q. Form.

Buchner, O., Die Construction und Anlegung der Blitzableiter zum Schutze aller Arten von Gebäuden, Seeschiffen und Telegraphenstationen, nebst Kostenvoranschlägen. 2. Aufl. 8°. *161 S.* mit einem Atlas von 8 Foliotafeln, enth. 117 Abbild. Weimar, B. F. Voigt. 1876. M. 3.60

Buchner, O., die Konstruktion u. Anlegung der Blitzableiter zum Schutze aller Arten v. Gebäuden u. Seeschiffen, nebst Anleitg. zu Kostenvoranschlägen. 3., verm. Aufl. Mit e. Atlas v. 8 Foliotaf., enth. 89 Abbildgn. 8. (VIII, 160 S.) Weimar 887. B. F. Voigt. 3. 60

— die Meteoriten in Sammlungen, ihre Geschichte, mineralogische und chemische Beschaffenheit. Leipzig 863. Engelmann. Lex.-8. (XXVI, 202 S.) 1 *ℛ* 15 *ngr.*

— Die Meteoriten von Wien und London. (Aus Poggendorff's Annalen) Leipzig. 1862. 8.

Buchner, Otto Über den Meteorstein von Hungen und über Meteoriten im allgemeinen. 20 S. Progr. Rg. *Giessen* 1878.

—— die Mineralöle, s.a. Schauplatz, neuer, der Künste und Handwerke. 266. Bd.

Buchner, Dr. O., Die Mineralöle, insbesondere Photogen, Solaröl und Petroleum etc. sowie die Mineralöllampen, ihre Verschiedenheiten in Construction, Lichtstärke etc. Mit 8 Tfln. von 99 Abbildungen. Weimar 1864. 8°.

Buchner, O. Meteoritische Notizen aus dem Vereinsgebiet. (Aus d. oberhess. Berichten.) 1862. 8.

BUCHNER, Otto (München): De prosopalgia.- Monachii: Weiss 1840. 19 S.
22.7.1839 - Urk; F 64 Diss.Ingolst.-Landsh.-Mchn.

— zweites Quellenverzeichniss zur Literatur der Meteoriten. Ein Anh. zu Kesselmeyer, über den Ursprung der Meteorsteine. (Abgedr. aus den Abhandlgn. der Senckenbergischen naturforsch. Ges.) Frankfurt a. M. 863. Brönner. gr. 4. (19 S.) n. 10 *ngr.*

—— zweites Quellenverzeichniss zur Literatur der Meteoriten. Ein Anh. zu Kesselmeyer, über den Ursprung der Meteorsteine. gr. 4. (19 S.) Frankfurt a. M. 863, Winter. *
Aus: Abhandlungen der Senckenberg. naturforschenden Gesellschaft, besonders abgedruckt.

Büchner, Otto, cand. med. aus Essen a. d. Ruhr: Aus d. pharmakol. Institute zu Würzburg. Über die Retention von Bromsalzen im tierischen Organismus. *Würzburg 1898: P. Scheiner.* (19 S.) 8°
Würzburg. Med. Diss. v. 1898

Buchner, Otto [Dr.]: Prof. Dr. Hugo von Ritgen. Ein Lebensbild. Gießen, C. v. Münchow, Univ.-Buch- u. Steindr., 1890; S. 3-8; 4°
Gießen, großh. RG u. R, OP 1890 (626)

Buchner, Otto, aus Gießens Vergangenheit. Culturhistorische Bilder aus verschiedenen Jahrhunderten. 8. (IV, 308 S.) Gießen 885. 886. Roth. n. 2. 50; geb. n.n. 3. —

—— Versuch eines Quellenverzeichnisses zur Literatur über Meteoriten, s.a. Kesselmeyer, P. A., über den Ursprung der Meteorsteine.

— Versuch eines Quellenverzeichnisses zur Literatur über Meteoriten. (Aus den Abh. d. Senckenberg'schen Gesellsch.) Frankfurt a. M. 1861. 4.

Buchner, *Otto* und *Otto* Bindewald Verzeichnis der Lehrer und Schüler der Großh. Realschule und des Großh. Realgymnasiums zu Giessen vom 28. April 1837 an bis zum 26. März 1887. Früheren Schülern, Angehörigen und Freunden beider Anstalten zum 50jährigen Jubiläum freundlichst dargeboten von dem Lehrerkollegium. 8 (1 Bl., 66 S.). Rg. u. Rsch. *Giessen* 1887. Progr.
Nicht im Tauschverkehr.

Buchner, Otto, die neuesten, besten u. gebräuchlichsten Wasch-Einrichtungen, nach persönlichen Beobachtungen auf der Pariser Welt-Industrie-Ausstellung von 1867, sowie unter Benutzung der technischen Literatur, mit besonderer Berücksichtigung deutscher Verhältnisse, für Haushaltungen, Fabriken, öffentliche Anstalten 2c. geschildert. Mit 4 (lith.) Foliotaff., enthaltd. 42 Abbildgn. Weimar 868. B. F. Voigt. 8. (VIII, 112 S.) 18 *ngr.*

Buchner, Otto, die neuesten, besten und gebräuchlichsten Wasch-Einrichtungen, nach persönl. Beobachtungen auf der Pariser Welt-Industrie-Ausstellung von 1867, sowie unter Benutzung der techn. Literatur, mit besond. Berücksicht. deutscher Verhältnisse, für Haushaltungen, Fabriken, öffentl. Anstalten und Maschinenbauer geschildert. 1. Aufl. Mit 4 (lithogr.) Foliotaf., enth. 42 Abbildungen. (VIII, 112 S.) 1868, und 2. verm. Aufl. Mit 6 (lithogr.) Foliotaf., enth. 62 Abbildungen. 8. (VI, 151 S.) Weimar 872, B. F. Voigt.

—— die zweckmäßigsten Zimmeröfen 2c., s.a. Schauplatz, neuer, der Künste und Handwerke, 150. Bd.

Buchner, O: Die zweckmäßigsten und elegantesten Zimmeröfen und Zimmerkamine mit sparendster Holz-, Kohlen- und Torffeuerung. Mit Atlas. Weimar 1868

Buchner, Paul: Das accessorische Chromosom in Spermatogenese und Ovogenese der Orthopteren, zugleich ein Beitrag zur Kenntnis der Reduktion. Leipzig: W. Engelmann 1909. 90 S. 8° • (Aus: Archiv f. Zellforschung. Bd 3.)
München, Phil. Diss. v. 5. März 1909, Ref. Hertwig
[Geb. 12. April 86 Nürnberg; Wohnort: Nürnberg; Staatsangeh.: Bayern; Vorbildung: Neues Gymn. Nürnberg Reife Juli 05; Studium: Würzburg 2, München 5 S.; Rig. 5. März 09.] [U 10. 3629

— Paul (Stralsund), Enodatio leg. VII. VIII. IX. X. tit. pandectarum postremi. Präs. Heinr. Cosel v. Pezlinovez. Wittbg. (J. Röhner) 10. VIII. 1646. 12 Bl. (5.—) 4423
Widm. v.: August Buchner, Präs., Sigismund v. Nimptsch (Schles.), Joh. Brech.

Buchner, Paul: Studien an intracellularen Symbionten. I. Die intracellularen Symbionten d. Hemipteren. (Aus: „Archiv f. Protistenkde".) (116 m. Fig. u. 12 [6 farb.] Taf.) gr8° Jena, G Fischer '12. 18 —

Buchner, W.: Beitrag zur Lehre von der Einwirkung des Alkohols auf die Magenverdauung. Inaug.-D. 8°. Hirschfeld. Leipzig. 1881.

Buchner, Wilhelm

Buchner, Wilh., Beethoven. Ein Lebensbild. gr. 16. (95 S. mit 1 Portr. in Holzschn.) Lahr 871, Schauenburg.

Buchner, Wilhelm [Dr.]: Beiträge zur Erläuterung von Goethes Tasso. Crefeld, Druck v. G. Kühler, 189 S. 3—38; 8°
Crefeld, st. HM, OP 1891 • •

— Götz v. Berlichingen. Ein Lebensbild. gr. 16. (IV, 107 S. m. e. Portrait in Holzschn.) Ebend. 871. — 75

— Goethes Beziehgn. z. Eisennach, s.a. Beiträge z. Geschichte Eisenachs.

[F.] Goethes Beziehungen zu Eisenach. Von Dr. W[ilhelm] Buchner. *Eisenach: H. Kahle 1896.* (14 S.) 1 Bd 8.
— Beiträge z. Geschichte Eisenachs. [H.] n. (96. 436)

Buchner, Wilh., Fürst Bismarck. Ein Lebensbild. gr. 16. (V, 184 S. m. Portr. in Holzschn.) Lahr 878. Schauenburg. — 75

Buchner, Wilh., Fürst Bismarck. E. Lebensbild. 2., neu bearb. Aufl. gr. 16. (III, 193 S. m. 1 Bildn.) Lahr 898. M. Schauenburg. — 75

Buchner, Wilh., August Buchner, Professor der Poesie und Beredsamkeit zu Wittenberg, sein Leben und Wirken. Ein Beitrag zur Geschichte des deutschen Schriftlebens im 17. Jahrh. Hannover 863. C. Rümpler. gr. 8. (VIII, 100 S.) n. 20 ngr

Buchner, W. Erzherzog Carl. (90) 16. Strasburg 1871. 0,75.

— deutsche Dichtung. **Die Lehre von den Formen und Gattungen derselben. Ein Leitfaden für Realschulen, höhere Bürger- und Töchterschulen. Essen 863. Bädeker.** gr. 8. (VI, 74 S.) n. 8 ngr

— deutsche Dichtung. Die Lehre von den Formen und Gattungen derselben. Ein Leitfaden für Realschulen, höhere Bürger- und Töchterschulen. 2. verb. Aufl. gr. 8. (78 S.) Essen 870, Bädeker.

— deutsche Dichtung. Die Lehre von den Formen und Gattungen derselben. Ein Leitfaden für Realschulen, höhere Bürger- und Töchterschulen. 3. und 4. verb. Aufl. gr. 8. (VI, 78 S.) Essen 875,77, Bädeker. *

Buchner, Wilh., deutsche Dichtung. Die Lehre von den Formen und Gattungen derselben. Ein Leitfaden für Realschulen, höhere Bürger- und Töchterschulen. 5. verb. Aufl. gr. 8. (VI, 78 S.) Essen 880, Bädeker. *

Buchner, W., deutsche Dichtung. Die Lehre v. den Formen u. Gattgn derselben. Ein Leitfaden f. Realschulen, höhere Bürger- u. Töchterschulen. 6. Aufl. 8. (VI, 78 S.) Essen 885. Bädeker. n. 80

Buchner, Wilh., deutsche Dichtung. Die Lehre von den Formen u. Gattgn. derselben. Ein Leitfaden f. Realschulen, höhere Bürger- u. Mädchenschulen, sowie Lehrerinnen-Bildungsanstalten. 7. Aufl. gr. 8. (VI, 95 S.) Essen 892. G. D. Baedeker. n. — 80

Buchner, Wilh., die deutsche Dichtung. Die Lehre v. ihren Formen u. Gattgn. Ein Abriß f. Realschulen, höhere Bürger- u. Mädchenschulen sowie Lehrerinnen-Seminare. 8. verb. Aufl. v. H. Werneke. (IV, 96 S.) gr. 8. Essen 904. G. D. Baedeker. n. 1. —

— Albrecht Dürrer. Ein Lebensbild. gr. 16. (102 S. mit 1 Portr. in Holzschn.) Lahr 871, Schauenburg.

Buchner, Wilh., s.a. Ehrenhalle, deutsche

**Buchner, Wilh., deutsche Ehrenhalle. Die großen Männer des deutschen Volkes in ihren Denkmalen. Mit lebensgeschichtl. Abrissen. 25 Lfgn. gr. Lex.-8. (810 S. mit 49 Stahlst.) Darmstadt 857—61, Köhler jun. à Lfg. * 10 Ngr. *
Prachtausg. in gr. 4. à Lfg. * 20 Ngr. ***

— deutsche Ehrenhalle. **Die großen Männer des deutschen Volkes in ihren Denkmalen. Mit lebensgeschichtlichen Abrissen.** 5—25. (letzte) Liefg. Darmstadt 859—62. Köhler jun. Lex. 8. (S. 129—810.) Jede Liefg. mit 2 Stahlst. n. 10 ngr; Prachtausg. in gr. 4. n. 20 ngr

— Ferdinand Freiligrath. Ein Dichterleben in Briefen. 2 Bde. in 12 Lfgn. gr. 8. (VIII, 489 u. V, 506 S. m. 2 rad. Portr.) Lahr 881. 82. Schauenburg. à Lfg. n. 1. 25; cplt. geb. n. 18. —

— Gegenwart und Zukunft der höheren Mädchenschule, s.a. Studien, pädagogische.

Buchner, Wilhelm: Gegenwart und Zukunft der höheren Mädchenschule. — Eisenach: Bacmeister [1876]. 34 S. 8° (Pädagog. Studien. H. 3.)

— Gneisenau. Ein Lebensbild. gr. 16. (108 S. mit 1 Portr. in Holzschn. und 1 Karte in qu. 8.) Lahr 871, Schauenburg.

— Gneisenau. Ein Lebensbild. 2. Aufl. 12. (III, 119 S. m. Bildnis u. 1 Karte.) Lahr 894. M. Schauenburg. — 75

Buchner, W., J. W. v. Goethe. Ein Lebensbild. 12. (160 S. m. Bild.) Lahr 886. Schauenburg. — 75

— Georg Friedr. Händel. Ein Lebensbild. 12. (103 S. mit Holzschn.-Portr.) Ebendas. 882.

— Alexander v. Humboldt. Ein Lebensbild. 12. (IV, 148 S. m. Holzschn.-Portr. u. 1 lith. Karte.) Ebend. 882. — 75

— Erzherzog Karl. Ein Lebensbild. 16. (90 S. mit 1 Holzschntaf.) Straßburg 871, Schauenburg.

Buchner, W. Karl der Grosse. (180) 16. Lahr 1878. 0,75.

— Karl der Große. Ein Lebensbild. gr. 16. (118 S.) Ebend. 879. — 75

Buchner, Wilh., der große deutsch-französische Krieg 1870—1871, s.a. Volksbibliothek des Lahrer hinkenden Boten.

— d. große deutsch-französische Krieg 1870—1871. F. d. Volk u. d. Jugend erz. 1.—10. Taus. 12. (148 S. m. 1 farb. Bildn. u. 1 Karte.) Lahr 895. M. Schauenburg. — 75; geb. in Leinw. n. 1. —

— Kunstgeschichte. Besondere Ausg. f. Österreich, bearb. v. A. Halmel u. E. Weiser. 2. sehr verb. u. verm. Aufl. Mit 174 in den Text eingedr. Abbildgn. u. 1 Titelbild. (VIII, 358 S.) 8. Essen 906. G. D. Baedeker. — Wien, Spielhagen u. Schurich. Geb. in Leinw. n. 4. 25

Buchner, Wilh., Lehrbuch der Geschichte d. deutschen Nationalliteratur nebst einem Abriß der deutschen Kunstgeschichte als Anhang. Für höhere Lehranstalten u. den Selbstunterricht bearb. gr. 8. (XII u. 371 S.) Mainz 852, Faber. n. 27 ngr

— Lehrbuch der Geschichte der deutschen Nationalliteratur. Nebst einem Abriß der deutschen Kunstgeschichte als Anh. Für höhere Lehranstalten und den Selbstunterricht bearb. 2. verm. und verb. Aufl. Mainz 863. Faber. gr. 8. (XIV, 409 S.) n. 1 ₰

—— Lehrbuch der Geschichte der deutschen Nationalliteratur. Nebst einem Abriß der deutschen Kunstgeschichte. 3. verb. Aufl. gr. 8. (XII, 366 S.) Mainz 871, Kyler. *

—— Lehrb. d. Geschichte d. deut. Nationalliteratur. 3. Afl. 8. (366) Mainz 71, Lesimple. n. 3. —

— Leitfaden der Kunstgeschichte. Für höhere Lehranstalten u. den Selbstunterricht bearb. Mit in den Text eingedr. (Holzschn.-)Abbildungen. gr. 8. (VIII, 124 S.) Essen 878. Bädeker. n. 1. 80

—— Leitfaden der Kunstgeschichte. Für höhere Lehranstalten und den Selbstunterricht bearb. 2. verm. und verb. Aufl. gr. 8. (X, 142 S. mit 75 in den Text eingedr. Holzschn.-Abbild.) Essen 883, Bädeker. *M 1,80.; geb. *

— Leitfaden der Kunstgeschichte. Für höhere Lehranstalten u. den Selbstunterricht bearb. Mit 81 in den Text eingedr. Abbildgn. 3., verm. Aufl. gr. 8. (X, 148 S.) Essen 888. Bädeker. n. 1. 80; geb. n. 2. 80

— Leitfaden der Kunstgeschichte. Für höhere Lehranstalten u. zum Selbstunterricht bearb. 4. u. 5., verb. Aufl. gr. 8. (X, 179 S. m. 87 Abbildgn.) Essen 891. 894. G. D. Baedeker. Geb. in Leinw. n. 2. 80

— dasselbe. Besondere Ausg. f. Österreich, bearb. v. Weiser u. Halmel. gr. 8. (IX, 290 S. m. 174 Abbildgn. u. 1 Titelbild.) Ebd. 894. n. 3. 20; geb. m. Blinddr. n. 3. 60; m. Goldtitel n. 4. —

[F.] Leitfaden der Kunstgeschichte. F. höh. Lehranst. u. d. Selbstunterr. bearb. v. Dr. Wilhelm Buchner. M. 106 in d. Text eingedr. Abb. 6., verb. Aufl. *Essen: G. D. Bädeker 1896.* (X, 201 S.) 1 Bd 8. [96. 6560

— Leitfaden d. Kunstgeschichte. F. höh. Lehranst. u. d. Selbstunterr. bearb. M. 112 in d. Text eingedr. Abb. 7., verb. Aufl. gr. 8. (X, 208 S.) Essen 898. G. D. Baedeker. Geb. in Leinw. n. 2. 80

Leitfaden der Kunstgeschichte. Für höhere Lehranst. u. z. Selbstunterr. bearb. von Dr. Wilhelm Buchner. Mit 158 Abb. 9., verb. u. verm. Aufl. Essen: G. D. Baedeker 1904. (VIII, 202 S.) 8° [F.] [04. 4120

— Leitfaden der Kunstgeschichte. Für höhere Lehranstalten u. den Selbstunterricht bearb. Mit 281 in den Text eingedr. Abbildgn. 10., sehr bereicherte Aufl. (VII, 307 S. m. farb. Titelbild.) Lex.-8. Essen 906. G. D. Baedeker. Geb. in Leinw. n. 4. —; in feinem Einbd. n. 5. —
8. Aufl. (VIII 258 S.) 904. Geb. n. 3. —.

Buchner, W., Das Lied von Bismarck, 2 S., 8°.

— Graf Moltke. Ein Lebensbild. gr. 16. (159 S. m. Portr. in Holzschn. u. 1 lith. Kärtchen.) Lahr 878. Schauenburg. — 75

— Graf Moltke. Ein Lebensbild. 2., neu bearb. Aufl. 12. (III, 186 S. m. Bildnis.) Lahr 894. M. Schauenburg. — 75

— Feldmarschall Graf Helmut v. Moltke. Festgabe z. 25. Jahrestage d. Schlacht bei Sedan. 8° (407 m. Abbildgn, Bildnis u. 1 Stammtaf.) Ebd. 95. 5 —; geb. 6 —
Aus d. Handel gezogen.

— Mozart. Ein Lebensbild. Lahr 870. Schauenburg. 16. (121 S.) 7½ ngr

— die Pulver-Explosion z. Eisenach am 1. Septbr. 1810, s.a. Beiträge zur Geschichte Eisenachs.

[F.] Die Pulver-Explosion zu Eisenach am 1. September 1810. Von Dr. Wilh. Buchner. M. 1 Grundr. *Eisenach: H. Kahle 1896.* (26 S., 1 Pl.) 1 Bd 8.
= Beiträge z. Geschichte Eisenachs. [II.] V. [96. 7059

— der Rhein, der Deutschen Lieblingsstrom, s.a. Sammlung gemein-verständl. wissenschaftl. Vorträge.

Buchner, Wilhelm. Der Rhein, der Deutschen Lieblingsstrom. 8. Berlin SW. 1876.
(Sammlung gemeinverständlicher wissenschaftlicher Vorträge, hrg. von Rud. Virchow und Fr. von Holtzendorff. Serie 11 ... Heft 250.)

— deutsche Ruhmeshalle. 1—3. Liefg. Ebend. 870. 16. Jede Liefg. 3½ ngr
1. 2. Liefg. Alexander v. Humboldt. Ein Lebensbild. (IV, 148 S. m. Portr. in Holzschn. u. 1 lith. Karte.)
3. Liefg. York v. Wartenburg. Ein Lebensbild. 1. Hälfte. (S. 1—80 u. 1 Holzschntaf.)

—— deutsche Ruhmeshalle. 1.—3. Lfg. gr. 16. Lahr 871, Schauenburg. à Lfg. 38 Pf.
Inhalt:
Lfg. 1. 2. Alexander v. Humboldt. Ein Lebensbild. 2 Hälften. (IV, 143 S. mit Portr. in Holzschn. und 1 lithogr. Karte.)
3. York v. Wartenburg. Ein Lebensbild. 1. Hälfte. (80 S. mit 1 Holzschntaf.)

Buchner, W., Scharnhorst. Ein Lebensbild. 16. (107 S.) Lahr 871. Schauenburg. — 75

—— Scharnhorst. Ein Lebensbild. 16. (107 S.) Straßburg 871, Schauenburg.

— Scharnhorst. Ein Lebensbild. 2. Aufl. 12. (III, 111 S. m. Bildnis.) Ebd. 894. — 75

—— Friedrich v. Schiller. Ein Lebensbild. 12. (152 S. mit Bild.) Lahr 886, Schauenburg.

—— Seume. Ein Lebensbild. 16. (149 S.) Lahr 870, Schauenburg.

—— Heinrich Friedrich Karl Freiherr vom Stein. Ein Lebensbild. 12. (211 S.) Lahr 882, Schauenburg.

—— Töchterschule oder Fachschule? Durch den Berliner Lette-Verein für Förderung der Erwerbsfähigkeit des weibl. Geschlechts gekrönte Preisschrift. 8. (VIII, 144 S.) Berlin 873, Henschel. [München, Th. Ackermann.] *

—— York v. Wartenburg. Ein Lebensbild. 12. (142 S. mit Holzschn.-Portr.) Ebendas. 882.

—— Kaiser Wilhelm. Ein Lebensbild. gr. 16. (218 S. mit Portr. in Holzschn.) Lahr 879, Schauenburg. cart.

— Kaiser Wilhelm. Ein Lebensbild. 2., verm. Aufl. 12. (III, 226 S. m. Bildnis.) Ebd. 894. — 75

Buchner, W. (Hrsg.), s. Zeitschrift für weibliche Bildung in Schule und Haus.

Alexander Büchner. Ein Nekrolog (Hrsg. von O[tto] A[dolf] Ellissen.) *Einbeck 1904: J. Schroedter.* (16 S.) 8° [04. 7907

Büchner, s.a. Buchner.

Büchner's Einnahme- u. Ausgabe-Buch f. den landwirthschaftlichen Betrieb. gr. Fol. (100 S.) Schwetz (902). W. Moeser. Geb. n.n. 3. 50

Büchner, d. angehende Mathematiker u. d. Grundlehren d. Mathematik. Hildburgh. 4. 20 *p.*
Schul-/Univ.-Schrift 1864

Büchner: D. de origine dysenteriae eautoque in his passi Hungarici usu. (Wein in der Therapie d. Dysent.) Hal. 1750.

BÜCHNER u. Carl KIRSCH: Schwammkunde. 2 Gruppen Schwämme. 1) 10 der essbarsten, in 20 colorirten Modellen. 2) 10 der giftigsten, in 12 Nachbildungen. - Hildburghausen 1854 u. 1855

Büchner, Schwammkunde. 1—3. Gruppe. 2. Aufl. 8. Berlin 856, Th. Grieben. à Gruppe * 7½ Ngr. * -
Inhalt:
Gruppe 1., 3. Zwanzig der eßbarsten Schwämme in 20 nach der Natur entworfenen und ill. Modellen nebst Beschreibung. (XIV und 50 S.)
2. Zehn der giftigsten Schwämme in 12 nach der Natur entworfenen und ill. plastischen Nachbildungen nebst Beschreibung. (30 S.)
Die plast. Nachbildungen, in 3 verschied. Qualitäten, kosten: Zur 1. und 3. Gruppe: à ** 2 Thlr. 15 Ngr., 3 Thlr. und 3 Thlr. 15 Ngr.; zur 2. Gruppe: ** 1 Thlr. 15 Ngr., 2 Thlr. und 2 Thlr. 15 Ngr.

Büchner, Schwammkunde. 4—6. Gruppe. 8. Berlin, Th. Grieben. à Gruppe * 7½ Ngr. * -

Inhalt:

Gruppe 4. Zwölf giftige und verdächtige Schwämme, in 18 nach der Natur entworfenen und ill. Modellen nebst Beschreibung. (20 S.) 857.

" 5. Zwölf eßbare Schwämme, in 22 nach der Natur entworfenen und ill. Modellen nebst Beschreibung. (16 S.) 858.

" 6. Zehn giftige und verdächtige Schwämme, in 20 nach der Natur entworfenen und ill. Modellen nebst Beschreibung. (VI und 10 S.) 859.

Die plast. Nachbildungen, in drei verschiedenen Qualitäten, kosten zur 4. und 5. Gruppe ** 2 Thlr. 15 Ngr., ** 3 Thlr. und ** 3 Thlr. 15 Ngr.; zur 6. Gruppe ** 1 Thlr. 15 Ngr., ** 2 Thlr. und ** 2 Thlr. 15 Ngr.

1—3. Gruppe. Ebendas. 1856. * 22½ Ngr.

Büchner: Über eminente S e h n e n in der Ellipse. Hildburghausen. 4. 17 p.
Schul-/Univ.-Schrift 1867

Büchner, A. [pr. Arzt in Wechmar (Gotha)]: Zur Behandlung des Aneurysma der Arteria femoralis. . . . Weimar, Druck v. R. Wagner, 1891; 16 S., 1 Bl. 8°
Jena, Med. Fak., Inaug.-Diss. v. [3. Jun.] 1891

Büchner, A., zur Behandlung d. Aneurysma der Arteria femoralis. Diss. gr. 8. (16 S.) Weimar 891. (Rudolstadt. H. Dabis.) n. — 40

Büchner, Albin [aus Gauerstadt]: Specklini Collectanea in usum chronici Argentinensis bis zum Jahre 1329. Nach d. Ausg. v. R. Reuss im Bull. de la Soc. pour la conservation des monum. hist. d'Alsace. XIII . . . Strassburg, Druckerei d. „Strassb. Neuesten Nachr.“, 1893; 3 Bl., 59 S. 8.
Freiburg i. B., Phil. Fak., Inaug.-Diss. v. 1863

Büchner, Alex., Abriß der englischen Litteraturgeschichte. Zum höheren Schulgebrauch wie zum Selbstunterricht bestimmt. gr. 8. (III und 123 S.) Darmstadt 856, Diehl. *

Büchner, Alex., Gedichte. 8. (IV u. 112 S.) Butzbach 851. (Gießen, Ricker.) n. 14 ngr

—— Geschichte der englischen Poesie. Von der Mitte des 14. bis zur Mitte des 19. Jahrhunderts. 2 Thle. gr. 8. (XII und 708 S.) Darmstadt 855, Diehl. *

Büchner, Alex., fidele Geschichten. 8. (V, 290 S.) Leipzig 886. Friedrich. *M 5.—; geb. *

Büchner, Alexander [aus Zwingenberg]: Die Grösse des Luftwechsels in den ersten Lebenstagen . . . Bonn, Druck v. J. F. Carthaus, 1892; 39 S., 1 Bl. 8.
Bonn, Med. Fak., Inaug.-Diss. v. [10. Nov.] 1892

Büchner, Alex, das „tolle" Jahr. Vor, während u. nach. Von einem, der nicht mehr toll ist. Erinnerungen. gr. 8. (III, 379 S. m. Bildnis.) Gießen 900. E. Roth. n. 4.—; geb. n.n. 5.—

Büchner, Alex., das „tolle" Jahr. Vor, während u. nach 1848. Von e., der nicht mehr toll ist. Erinnerungen. 2. [Titel-]Aufl. Volks-Ausg. (II, 379 S. m. Bildnis.) 8. Gießen [900] 904. E. Roth. n. 2.—
geb. in Leinw. n. 3.—

Büchner, Alex., Lautverschiebung und Lautverwechselung. 8. (32 S.) Darmstadt 868, Diehl. Schul/Univ. Schrift *

Büchner, Alex., Lord Byron's letzte Liebe. Eine biograph. Novelle. 2 Bde. Leipzig 862. Thomas. 8. (389 S.) 1 ₰ 15 ngr.

—— franz. Literaturbilder a. d. Bereich d. Aesthetik, s. d. Renaiss. 2 Thle. 8. (628) Frankf. 58, Hamacher. n. 2. —

— französische Literaturbilder aus dem Bereich der Aesthetik, seit der Renaissance bis auf unsere Zeit. 2 Thle. Frankfurt a. M. 858. Hermann. 8. (2 Bl., 350; 2 Bl., 278 S.) n. 2 ₰

Büchner, Alex., französische Literaturbilder aus dem Bereich der Aesthetik, seit der Renaissance bis auf unsere Zeit. 2 Thle. 8. (VIII und 628 S.) Frankfurt a. M. 858, [Verlag für Kunst und Wissenschaft.] *

— der Wunderknabe von Bristol. Novelle. Leipzig 861. Thomas. 8. (280 S.) 1 ₰ 6 ngr.

Büchner, Alfred, baec. iur., Referendar: Die Gründe für die Beendigung des kaufmännischen Lehrverhältnisses nach dem Handelsgesetzbuch vom 10. Mai 1897. Borna-Leipzig 1909: Noske. XI, 93 S. 8°
Leipzig, Jur. Diss. v. 7. Sept. 1909
[Geb. 16. Juni 85 Löbtau; Wohnort: Dresden; Staatsangeh.: Sachsen; Vorbildung: Wettiner-Gymn. Dresden Reife O. 04; Studium: Leipzig 7 S.; Rig. 21. Juni 07.] [U 10. 2673

Büchner, Andreas Elias

—, Abhdl. v. e. leichten Art, Taube hörend zu machen, sammt andern medic. Abhdlungen. 277 S. Halle. 12°. *Haller*, Bibl. anat. II, 184. 1759

— Abhandl. von e. besond. u. leichten Art, Taube hörend zu machen, nebst noch e. and. medicin. Abhandll. 2 Sammll. 8. Halle 759, 60. Schwetschke u. S. (à 6 gr) 12 gr

— Abhl. verschied. z. Arzneygelahrtheit geh. Materialien 2c. 2. Sammlungen, 8. Halle, Hemmerde u. Schw. 759—60. (à 6 gr.) -

—, resp. Gttl. Chr. **Busse,** De actione cordis, quatenus a nervis pendet. Hal. 4°. 1768

v. **Buechner,** Andr. El., resp. J. Chr. **Schenk,** De salutaribus aegrotantium agrypniis. 32 pp. Erf. 4°. 1739

—, resp. J. Chr. de **Stolnen,** De atonia nervorum morbisque inde oriundis. 24 pp. Hal. 4°. Cap. 57 In epilepsia convulsio s. concussio totius corporis. § XX. § XLIII Ganglio atonia adfecto, motus in iis partibus muscularibus, per quas distribuuntur nervi per ganglion trajecti, vel plane non, vel saltem minori vi peragitur. 1749

Buechner, Andreas Elias: Academiae Caesareae Leopoldino-Carolinae naturae curiosorum B i b l i o t h e c a physica, medica, miscella partim sociorum munificentia partim ipsius sumtibus comparata. Praemittitur de nonnullis ad eam spectantibus praefatio Andreae Eliae Buechneri. Halae Magdeb.: Academiae sumtibus emissa. 1740. 100 S. 4°

Büchner, Andreas Elias: Academiae Caes. Nat. Cur. b i b l i o t h e c a. Hal. 1775. 4°

Büchner, Andreas Elias [Praes.], s. B r a n d, Carl August: Morbum saturninum sanandi m e t h o d u m.

Büchner, Andreas Elias [Praes.], s. B r e u e r, Samuel: De i m m i n u t i o n e ... lochiorum.

Buechner, Andreas Elias [Praes.], s. B u c h h o l z, Th. G.: Diss. sistens f u r o r e m uterinum . . . .

—, resp. **Schwartzenberg,** Diss. Casus rarior affectus spasmod.-convulsivi vagi. Hal. 4°. 1764

Buechner, Andreas Elias: De c a t a r a c t a omni tempore deponenda. [Resp.:] Georgius Henricus Troschel. Halae Magdeb. (1753). 47 S. 8°
Halle, Med. Diss. v. 25. Juli 1753

—, resp. Th. **Gorling,** De causis anxietatis aegrotantium ejusque curatione. 36 pp. Hal. 4°. 1747

Buechner, Andreas Elias: De probe attendendis mictionis imminutae et suppressae variis c a u s s i s. [Resp.:] Petrus Ianssen. Halae Magdeb. (1761:) Hendel. 32 S. 8°
Halle, Med. Diss. v. 6. Juni 1761

—, resp. S. S. **Adami,** De causis quibusdam specialibus apoplexiae, observationibus anatomicis rarioribus confirmatis. 28 pp. Hal. 4°. Jenaische Zt. 22. St. 1765. 1764

v. **Buechner,** Andr. El., De clavo hysterico. Hal. 4°. 1757

Büchner, Andreas Elias: (Andreas Elias Büchnerus.) De commodis et incommodis equitationis in hominum sanitatem redundantibus. [Resp.] Ioannes Philippus Erpel.
Halle, Med. F., Diss. 1749

Buechner, Andr. El., resp. G. W. Reichert, resp. J. J. Meder, De mutua uteri cum ventriculo consensione. Hal. 4°. 1753

Buechner, A. E., resp. Jo. J. Mederer, De mutua utori cum ventriculo consonsione. Hal. 4°. 1759

—, resp. A. C. Bürger, De consensu morborum capitis et ventriculi. 44 pp. Hal. 4°. 1748

—, resp. W. S. Thebesius, De consensu pedum cum intestinis. Hal. 4°. 1749

—, resp. W. S. Thebesius, De consensu pedum cum intestinis. Hal. 4°. 1764

—, resp. G. H. Rocholl, De consensu primarum viarum cum perimetro corporis humani. Hal. 4°. 1764

Buechner, Andreas Elias: De damnis ex praemature supressis haemorrhagiis vulnerum oriundis. [Resp.:] Iohannes Ignatius Wolff. Halae Magdeb. (1767:) Hendel. 23 S. 8°
Halle, Med. Diss. v. 1. Juni 1767

—, resp. J. D. Gerlach, Diss. de debilitate, ab imminuto partium corporis humani motricium elastico vitali motu pendente. Hal. 4°. 1752

Buechner, Andr. El., resp. C. J. Delahon, De hecticorum deliriis malo omine oriundis. Hal. 4°. 1765

Buechner, Andreas Elias: De deliriis vitam et mortem praesagientibus. [Resp.:] Ioachim Christopherus Iustus Bodenburg. Halae Magd. 1757: Hendel. 44 S. 4°
Halle, Med. Diss. v. 2. Apr. 1757

—, resp. Müller, De diaeta et curatione imbecillium. Hal. 4°. 1758

Buechner, Andr. El., resp. G. Zacharides, De diaeta et regimine hypochondriacorum. 46 pp. Hal. 4°. 1750

Buechner, Al. El., resp. Jo. Eb. Fischer, Diss. de auditus difficultate, circa febrium acutarum documentum. Hal. 4°. *Baldinger*, Ausz. I, 77. 1767

Buechner, Andreas Elias: Disquisitio caussarum sterilitatis hominum utriusque sexus. [Resp.:]Adam Molnár. Halae Magdeb. (1747:) Hendel. 76 S. 8°
Halle, Med. Diss. v. 5. Juli 1747

Buechner, Andreas Elias: De singulari quadam indorum orientalium dysenteria eiusdemque praecipua a nostrate differentia. [Resp.:]Ioannes Thomas Laurich. Halae Magdeb. (1752:) Hendel. 30 S. 8°
Halle, Med. Diss. v. 19. Aug. 1752

v. Büchner, A. E., resp. Chr. G. Schwartz, De genuinis opii effectibus in corpore humano. 24 pp. Hal. 4°. 1748

Buechner, Andr. El., resp. Ruffer, Diss. de salutaribus et noxiis dolorum effectibus. Hal. 4°. *Baldinger*, Ausg. I, 80. 1768

Buechner, Andr. El., resp. Hertel, Diss. de salutaribus et noxiis motuum convulsivorum symptomaticorum effectibus. Hal. 4°. 1762

de Buechner, A. E., resp. F. S. Grass, De noxio caloris effectu ex aestuosis capitis tegumentis producto. Hal. 4°. 1758

Buechner, Andreas Elias: De fame. [Resp.:] Beniamin Ludovicus Hintz. Halae Magdeb. (1751:) Hendel. 30 S. 8°
Halle, Med. Diss. v. 24. Dez. 1751

— s. Jh. Bhrd. Fischer, de senio.

Buechner, Andr. El., Diss. de fronte morborum interprete. Hal. 4°. 1754

Büchner, Andreas Elias: Fundamenta materiae medicae ad specialem praxin inprimis accomodatae, simplicium medicamentorum historiam, vires, delectum, usum et praeparata in compendio exhibentia in usum auditorum edita. 765 S., gbd.

Halae Magdeburgicae: Renger 1754

Buechner, Andreas Elias: De gangliis. [Resp.:] Ioh(annes) Georgius Simon Schlaegerus [Schlaeger]. Halae Magdeb. (1748): Hendel. 41 S. 8°
Halle, Med. Diss. v. 9. März 1748

Büchner, Andr. El., († d. 29. Juli 1769.) histor. academiae Leopold. Carolinae naturae curios. 4maj. Halle 755. (Hahn in Hannov.) 2 ₰ß

—, Diss. de imbecillitate partium solidarum ab imminuta earum cohaesione pendente. Hal. 4°. 1749

Buechner, Andreas Elias: De aegrotantium inappetentia salutari et morbosa. [Resp.:] Antonius Fridericus Lerche. Halae Magdeb. (1749:) Hendel. 39 S. 8°
Halle, Med. Diss. v. Mai 1749

Buechner, Andreas Elias: De inflammatione oculorum a rachitide cum tuberculis in interiori palpebrarum tunica. [Resp.:] Georgius Henricus Koenigsdoerffer. Halae Magdeb. (1751:) Hendel. 40 S. 8°
Halle, Med. Diss. v. 14. Sept. 1751

—, resp. H. A. Holsterbergk, De insomniis ut signo in medicina. 37 pp. Hal. 4°. 1749

Buechner, Andr. El., resp. Koehler, Diss. de destructa partium irritabilitate, per incongruum adstringentium usum. Hal. 4°. 1763

Buechner, Andreas Elias [Praes.], s. Kemme, Cl.: De diversa colicam pictonum curandi methodo.

—, resp. Pakendorff, De legibus irritabilitatis generalioribus. Hal. 4°. Jenaische Zt., 21. St. 1766. 1765

—, resp. Jo. Jorissen, Diss. sistens novae methodi, surdos reddendi audientes physicas et medicas rationes. 128 pp. Hal. 4°. *Vogel*, N. Bibl. IV, 179. 335. *Haller*, Bibl. anat. II, 544. 1757

Büchner, Andreas Elias (Hrsg.), s. Miscellanea physico-medico-mathematica ....

Büchner, Andr. El., resp. A. G. Albrecht, De morbis cerebri ex structura ejus anatomica deducendis. 27 pp. Erf. 4°. 1741

Buechner, Andr. El., resp. Abr. Schnell, De morbis ex varia temperamentorum conditione oriundis. 35 pp. Hal. 4°. (c. I De temperamento mere physico. c. II De temperamentis in nexu morali consideratis. c. III De morbis ex conditione temperamentorum tam physica, quam morali, originem ducentibus.) 1750

—, De morbis periodicis generatim. Hal. 4°. 1754

—, resp. Hoffmann, De morte in fulmine tactis. Hal. 4°. 1766

Buechner, Andr. El., resp. S. C. Reinhold, Diss. de mutatione sensationum in morbis. Hal. 4°. (Epilepsia in infante ex adspectu cujusvis subjecti rubri.) 1755

Angenehme und nützliche Nachrichten von Physical- und Medicinalischen, auch dahin gehörigen Kunst- und Literatur-Geschichten von D. *Andreas Elias Büchner*. Erfurth, Carl. Fr. Jungnicol. 4. 2 Alphab. 2 Bog. m. 2 Taf. Fig. 1727.
Act. Erud. Lips. 1731. p. 484.

Büchner, Andreas Elias [Praes.]: De n a t u r a somni, s. a. P e z o l d , Jos. Conr.

—, De natura somni. Hal. 4°. 1 7 5 0

—, resp. Flor. Gttl. **Fest,** De natura somni ejusque causis. 36 pp. Hal. 4°. 1 7 6 6

v. **Buechner,** Andr. El., resp. Jo. Car. **Stockmann,** De variae therapiae necessitate tam in hypochondriaco quam hysterico malo. Hal. 4°. 1 7 4 7

Buechner, A. E. (Resp.): De nonnullis ad rabiem ... pertinentibus, s.A. H a f f n e r , Chr. Ge. (Praes.)

—, resp. **Haffner,** De nonnullis ad rabiem caninam et hydrophobiam spectantibus. Hal. 4°. 1 7 6 6

Buechner, A. El., resp. **Hafners,** De nonnullis ad rabiem caninam et hydrophobiam pertinentibus. 36 pp. Hal. 4°. *Baldinger,* Syll. I, 269—325. Jen. Zt. 13. St. 1768. 1 7 6 7

Buechner, A. E. : De irae noxio ..., s. R e g e n h e r t z, J. H. (Praes.)

BÜCHNER, Andr. El. : Dissertatio de nuce Juglande, eiusque usu medico. Respondente Gottlob Fridericus Spindler. - Erford 1743. 5 Bg.

Buechner, A. E., V. d. eingeschränkten u. ungewissen Nutzen der Elektricität in der Arzneywissenschaft. Samml. d. bes. Abhdl. Halle. 8°. 1 7 6 0

—, resp. C. F. **Oswald,** De oculo ut signo. Hal. 4°. 1 7 5 2

—, De vero ortu mali hypochondriaci. Hal. 4°. 1 7 4 9

—, resp. Jo. Guilph. **Sonnenmayer,** De vero ortu mali hypochondriaci et hysterici. Hal. 4°. 1 7 6 8

Buechner, A. El., resp. J. G. **Sonnenmayer,** De vero ortu mali hypochondriaci et hysterici. 33 pp. Hal. 4°. 1 7 6 9

Buechner, Andr. El., resp. Fr. Lud. **Albrecht,** De ossificatione durae meningis singulari observatione confirmata. 64 pp. Hal. 1764. 4°. *Weiz,* Ausg. II, 209. Jenaische Zt. 22. St. 1765. *Vogel,* N. Bibl. VI, 522. (30j. M. Dura mater dick, über d. rechten Augenhöhle in Knochen verwandelt. Im Leben stets Kopfwehe.)

Buechner, And. El., resp. Chr. Detl. **Hahn,** De paralysi sine nervorum et arteriarum laesione. 28 pp. Hal. 4°. 1 7 6 6

—, Pathologia et therapia passionis hystericae. Erf. 4°. 1 7 3 9

BÜCHNER, Andr. El. : Dissertatio de Pinastro sive Pino sylvestri. Respondente Gottlob Engelbert Fuchs. - Halae ad Salam 1754. 29 S.

Buechner, Andreas Elias: De p l e t h o r a senum eiusque rationali therapeutica tractatione per venaesectionem speciatim suscipienda. [Resp.:] Gottlieb Ernestus Gorn. Halae Magdeb. (1750:) Hendel. 40 S. 8°
Halle, Med. Diss. v. 14. März 1750

Buechner, Andreas Elias: De haemorrhagiarum artificialium p r a e r o g a t i v a prae naturalibus in complicatione febris synochae cum acuta maligna. [Resp.:] Johannes Christianus Schmincke. Halae Magdeb. (1757:) Curtius. 32 S. 8°
Halle, Med. Diss. v. 3. Sept. 1757

—, resp. M. **Machal,** De praeservatione spasmodicorum morborum. 32 pp. Hal. 4°. 1 7 5 0

Buechner, A. El. (Praes.): De praestantia camphorae in deliriis, s.A. R e c c a r d , J. F. (Resp.)

Buechner, Andreas Elias: De p r a e s t a n t i a camphorae in deliriis. [Resp.:] Ioannes Fridericus Reccard. Halae Magdeb. (1763:) Hendel. 25 S. 8°
Halle, Med. Diss. v. 15. April 1763

Buechner, Andreas Elias: De p r o c i d e n t i a uteri. [Resp.:] Joh[annes] Christoph[orus] Sturmius [Sturm]. Erfordiae (1744:) Hering. 24 S. 8°
Erfurt, Med. Diss. v. 4. April 1744

Buechner, A. E. (Resp.): De puero epileptico..., s. H a n n e s, Chr. Rud. (Praes.)

Buechner, A. E. v. (Praes.): De rabie canina..., s.A. H o e p f n e r , J. C. (Resp.)

Buchner, Andr. El., De rabie canina ad mentem celeberrimorum nonnullorum nostrae aetatis virorum. Erf. 4°. 1 7 2 6

Buechner, Andreas Elias: De aetatis r a t i o n e habenda medico praecipue circa venaesectionem. [Resp.:] Ludovicus Henricus Umbscheiden. Halae Magdeb. (1749:) Hilliger. 29 S. 8°
Halle, Med. Diss. v. 15. Sept. 1749

—, resp. **Styrius,** De liquidi nervei ratione ad vitam et sanitatem. Hal. 4°. 1 7 6 5

de **Büchner,** And. El., resp. C. G. **Gaebel,** Diss. de temperamentorum ratione in semioticis habenda. Hal. 4°. 1 7 5 2

Andr. El. Buchner (resp. Voigtei) diss. de obsoletis quibusdam remediis frequentiori usu restituendis. Hal. 1752. 4.

Buechner, Andreas Elias: De s a n g u i f i c a t i o n e. [Resp.:] Ioannes Petrus Eberhard. Halae Magdeb. (1749:) Hendel. 63 S. 8°
Halle, Med. Diss. v. 11. Okt. 1749

Büchner, Andreas Elias [Praes.], s. S c h r o e t e r, Chrysost. Wilh.: De diversa colicam pictonum curandi m e t h o d o.

Buechner, Andreas Elias [Praes.], s. S c h u l t z , C. G.: De d i f f e r e n t i a sensationis . . . .

Buechner, A. E., resp. M. **Giraldus,** De singulari sensibilitate hypochondriacorum ejusque caussis. 48 pp. Hal. 4°. 1 7 4 9

—, resp. J. G. **Stoerzel,** De singultu. 28 pp. Hal. 4°. *Haller,* Bibl. anat. II, 640. (Sonum esse ab aëre inspirato.) 1 7 6 7

Buechner, Andreas Elias: De gravissima herniarum s p e c i e , entero-epiplocele. [Resp.:] Ioannes Augustus Harnisch. Halae Magdeb. (1749:) Hendel. 36 S. 8°
Halle, Med. Diss. v. 25. Okt. 1749

Büchner, Andreas Elias: (Andreas Elias Büchnerus.) De speciebus quibusdam motus corporis certis morbis accommodandis. [Resp.] Christian Gottlob Koetschke.
Halle, Med. F., Diss. 1745

Buechner, Andreas Elias: S p i c i l e g i a quaedam ad olei vini praeparationem usumque complectens . . . [Resp.:] Fridericus Ernestus Guttorf. Halae Magdeb.: Grunert 1757. 34 S.
Halle, Med. Diss. v. 4.4.1757

Buechner, Andreas Elias: De pulmonum s t r u c t u r a. [Resp.:] Iohannes Volrath Reichnau. Halle Magdeb. (1747:) Hendel. 52 S. 8°
Halle, Med. Diss. v. Okt. 1747

— syllabus materiae medicae selectioris. 8. Halle 755. Renger. 3 gr

de **Buechner,** A. E., Diss. spasticorum motuum theoria et therapia generalis. Erf. 4°. 1 7 3 8

de **Büchner,** And. El., resp. J. H. **Mollweide,** Diss. de tremore artuum, ejusque caussis. 36 pp. Hal. 4°. 1 7 5 2

—, resp. J. J. **Roeffel,** Diss. de trepanatione. Hal. 4°. 1 7 5 2

Buechner, Andreas Elias: De t u n i c a quadam oculi novissime detecta et quibusdam tumoribus scirrhosis resolutis. [Resp.]: Balthasar Abraham Stier. Halae Magdeb. (1759:) Hendel. 28 S. 8°
Halle, Med. Diss. v. 3. Juli 1759

Buechner, A. E., resp. A. **Hildebrand,** Diss. de cauto usu sternutatoriorum in apoplexia. 40 pp. Hal. 4°. 1761

Buechner, Andreas Elias: De intempestivo diureticorum u s u frequenti affectuum nephriticorum causa. [Resp.:] Gottlob Christianus Gotthold Webel. Halae Magdeb. (1752:) Hilliger. 40 S. 8°
Halle, Med. Diss. v. 1. Juli 1752

—, resp. Thom. Lud. **Stute,** De usu nervorum telaeque cellulosae, in nutriendis humani corporis partibus. 30 pp. Hal. 4°.
1766

—, resp. **Stute,** De usu nervorum telaeque cellulosae in nutriendis c. h. partibus. Hal. 4°. 1768

Buechner, Andr. El., resp. Ad. Jac. **Steuer,** De vino ut medicina et veneno. Halle: Hendel 1756. 35 S. 4°

—, resp. J. Ch. **Teubeler,** De vulneribus cerebri non semper lethalibus. 40 pp. Hal. 4°. *Haller*, Diss. chir. 8°. Laus. 1755, I, 121—167. Bibl. chir. II, 350. *Weiz*, N. Ausg. 12°. Frkf. u. Lpz. 1778, VIII, 19—40. Pars cerebri fracta calvaria destructa, convulsio, delirium, ut tamen aegrotus servaretur. Amissa pars medullae cerebri absque febre et convulsione, et aliud absque symptomate.) 1750

Büchner, Andr. Wlh., († d. 27. Nov. 1815.) über d. Einimpfung d. ersten natürl. Blattern rc. gr. 8. Erfurt 806. Maring. (Otto). 6 gl.

Büchner, Aug. Wilh., neueste Entdeckungen üb. d. Gerbsäure od d. sogenan. Gerbstoff. Eine v. d. Kgl. Akad. d. Wissensch. zu Harlem gekr. Preisschr. Für Chemiker, Aerzte rc. Mit e. Vorw. v. Phil. Lor. Geiger. gr. 8. (12¼ B.) Frankfurt a. M. 833, Jäger.

Büchner, C. W.

— **Annotationum criticarum ad M. Tullii Ciceronis orationem pro L. Cornelio Balbo habitam part. II. Pr. 1866. 29 S. 4°.** 1.—

Büchner, C. W., Ciceronem orationis pro Archia poeta auctorem non esse demonstratur. 2 Tle. Pr. 1839 u. 1841. 36, 68 S. 4°. à 1.20

— **De initio orationis pro L. Corn. Balbo. Gel. 1864. 8 S.** —.80

Büchner, E., Burgen u. Schlösser, s.: Vorlagen für Brandmalerei.

Buechner, E., De atrocissimo sequioris sexus flagello, seu passione hysterica. 30 pp. Erf. 4°. 1721

Büchner, E., Cardanus Formel, deren Verwandlung zur Berechnung der Wurzeln von Zahlengleichungen von der Gestalt: $x^3 - Px - Q = 0$ und eine allgemeine aus jener abgeleitete Form der Wurzeln der letzteren. Lösung des 200jähr. Problemes. Hildburghausen 857. Kesselring'sche Hofbuchhdlg. Lex.-8. (VI, 26 S.) n. 12 ngl

Büchner, E. (Hrsg.), s. L a n d m a n n , Der.

Büchner, C. L. A., Nachr. v. Physical- Medicin- u. s. w. Geschicht. v. 1727—30. 4. Erf. Junanickel. 731—34. 4

— **üb: Pockeneinimpfung. Erf: Beyer u. Maring. 808.** –

— **Universalreg. über Kanolds 34 Bresl. Versuche. 8. Erf. 737.**

Büchner, Ed. Algebraisch-physikalische Aufgaben. Halle, 1836.

Büchner, E. Sammlung algebraisch-physikalischer Aufgaben. Halle 1836.

Büchner, Ed., Sammlung algebraisch-physikal. Aufgaben für Gymnasien u. Realschulen. Mit 1 Kpfrtaf. gr. 8. Halle 837. Buchh. des Waisenhauses. 1⅓ ₰

Büchner, Elias [Präs.], s. B o e c k i n g , Johann Carl: De morborum temporibus eorumque diversa indicatione et prognosi.

Büchner, Elise. Gründlicher Selbstunterricht die Damen-Bekleidungskunst in 1—2 Stunden zu erlernen . . . Zweite Auflage. Eisenach, Druck der Hofbuchdruckerei [um 1865]. IV – 28 S. 11 Taf. in Lithogr. 8°.

Büchner, Emil aus Leipzig: **Zuwachsgrössen** und Wachstumsgeschwindigkeiten bei Pflanzen. *Leipzig 1901: H. Springer.* (46 S.) 8°
Leipzig, Phil. Diss. v. [2. Sept.] 1901

BÜCHNER, ERNST WILHELM. Ueber ein Chlorbromanilin und die Zersetzung des Parabromanilins. Tübingen, 1875. **Diss.** G. S.

Büchner, Eug., die Abbildungen der nordischen Seekuh [Rhytina Gigas Zimm.], s.: Mémoires de l'académie impériale des sciences de St.-Pétersbourg.

Das allmähliche Aussterben des Wisents '[Bison bonasus '(Linn.)']' im Forste von Bjelowjesha. Von Eug. **Büchner** . . . *St.-Pétersbourg: Acad. Imp. d. Sc. 1895.* (1 Bl., 30 S.) 4.
= **Mémoires de l'Académie** Imp. d. sciences de St.-Pétersbourg. Sér. VIII. Cl. phys.-math. Vol. III. No 2. [96. 2241]

Büchner, Eug., zur Geschichte der kaukasischen Ture, s. Mémoires de l'Académie impér. des sciences de St.-Petersbourg.

— Säugethiere, s.: **Resultate,** wissenschaftliche der von N. M. Przewalski nach Central-Asien unternommenen Reisen.

Büchner, Franz Otto, s. B ü c h n e r , Otto

Büchner, Friedr., Coligny. Drama in 5 Aufzügen. (Den Bühnen gegenüber Mscr.) gr. 16. (VIII und 178 S.) Darmstadt 864, Jonghaus. *

Büchner, Frdr., praktisches Handbuch zur Erlernung des eleganten Briefstils. [Neue Titel-Ausgab. v. „Musterbriefsteller".] gr. 8. (XIV, 493 S.) Neuwied [895] 899. Heuser's Verl. 3. 50

Büchner, Friedr., deutsche Märchen. Mit 6 (chromolithogr.) Bildern von Rud. Geißler. gr. 8. (261 S.) Glogau 884, Flemming. geb.

Büchner, Frdr., Muster-Briefsteller, angepaßt d. verschied. Lagen u. Verhältn. d. Lebens. Sammlg. v. Briefen, d. besten Schriftstellern u. sonst. hervorrag. Männern u. Frauen entnommen, m. e. Stillehre, e. Geschichte d. Briefes u. belehr. Anleitgn., Sprüchen u. s. w. vers. gr. 8. (XIV, 493 S.) Neuwied 895. Heuser's Verl. 3. 50

[F.] Muster-Briefsteller angepasst den verschiedensten Lagen und Verhältnissen des Lebens. Sammlg v. Briefen, d. besten Schriftstellern entnommen m. e. Stillehre, e. Gesch. d. Briefes . . . vers. Von Dr. Friedr. **Büchner.** *Neuwied a. Rh., Berlin, Leipzig: Heuser [1896].* (XIV, 493 S.) 1 Bd 8. [96. 7060]

— die betrogene Schöne. Lustspiel in 5 Aufzügen. [Den Bühnen gegenüber Mscr.] Ebend. 864. 16. (IV, 107 S.) n. 10 *ngr.*

Büchner, Fritz: Wandk. d. Kreises Konitz. 1:50,000. 116×110cm. Farbdr. Kon., W Dupont (08). Auf L. m. St. nn 18 —

— **Wandk. d. Kreises Tuchel. 1:50,000. 102,5×102,5 cm. Farbdr. Ebd. (08).** Auf L. m. St. nn 18 —

Büchner, G. H., merkwürd. Beitr. zu d. Weltlaufe d. Gelehrten. 3 Thle. 8. Langens. 765, 66. Schneider. 18 gl.

Buechner, Go. Fr., praes. C. F. **Juncker,** De stupore dextri lateris absque motus laesione. Hal. 4°. 1771

Büchner, Georg, die chanson de geste des Loherains und ihre Bedeutung für die Culturgeschichte. Diss. Giessen 1886, J. Rickersche Buchh. 8°. 53 S.

Büchner, Georg [aus Darmstadt]: Die chanson de geste des Loherains und ihre Bedeutung für die Culturgeschichte. Leipzig, Druck v. W. Hartmann. 1886: 53 + 1 S. 8°.
Giessen, Phil. Fak., Inaug.-Diss. v. 15. Mai 1886.

Buechner, Georg [Übers.]
s. Hugo, Victor: Sämmtliche Werke. 1835-39.

Büchner, Geo., d. hessische Landbote, s.a. Sammlung gesellschaftswissenschaftl. Aufsätze.

Büchner, Georg, Der hessische Landbote. Erste (einzige) Botschaft. 1834.

[F.] Der hessische Landbote. Von Georg **Büchner**. Sowie des Vfs Leben u. polit. Wirken v. Dr. Eduard David. *München: M. Ernst 1896.* (74 S.) 1 Bd 8.
— Sammlung gesellschaftswissenschaftlicher Aufsätze. H. 10. [96. 974

Büchner, Geo., Leonce u. Lena. Ein Lustspiel. Mit Lithographien v. Karl Walser. (VI, 48 S.) 31,5×27 cm. Berlin 910. B. Cassirer. Geb. in Ldr. 50. —

Büchner, Geo., das altfranzösische Lothringer-Epos. Betrachtungen über Inhalt, Form und Entstehung des Gedichts. Im Anschluss an die Steinthal'sche Theorie über die Entstehung des Volks-Epos überhaupt. gr. 8. (84 S.) Leipzig 887, Thomas. *

Büchner, Georg, [aus Goddelau b. Darmstadt]: Mémoire sur le système nerveux du barbeau '(Cyprinus barbus L.)'; par George B. Lu à la Société d'histoire naturelle de Strasbourg, dans les séances du 13 Avril, du 20 Avril et du 4 Mai 1836. ([S. A. aus:] Mémoires de la société du Muséum d'histoire naturelle de Strasbourg, Tome second). Paris 1835. 57 S., 1 Tafel. 4°.
[Zürich, Phil. Diss. v. 3. Sept. 1836].

Büchner, Georg, Referendar: Das Recht des Reisegepäcks. Leipzig: Wigand 1909. 75 S. 8°
Leipzig, Jur. Diss. v. 5. Febr. 1909
[Geb. 2. Juli 81 Dresden; Wohnort: Dresden; Staatsangeh.: Sachsen; Vorbildung: Kreuz-Gymn. Dresden Reife O. 02; Studium: Freiburg i. B. 1, Leipzig 7 S.; Rig. 15. Febr. 06.] [U 09. 2467

Büchner's, Geo., gesammelte Schriften. In 2 Bdn. Hrsg. v. Paul Landau. (254 u. 207 S.) 8. Berlin 909. P. Cassirer. à 5.—; kart. 6.—; geb. 7. 50

Büchner, Georg. Nachgelassene Schriften. Frankfurt a. M. 1850. H [u. V (der Einleitung S. 1—50)]: ***Büchner*, [*Friedrich Karl Christian*] *Ludwig*.** (Herman Haupt, Hessische Biographien. Darmstadt 1918. I, 55.)

Büchner, Geo., nachgelassene Schriften. gr. 16. (IV u. 302 S.) Frankfurt a. M. 850, Sauerländer. 1 ℛ

Büchner, Geo., Dantons Tod, s.a. Bibliothek d. Gesamtlitteratur.

Büchner, Geo. Danton's Tod, s.a. Meyer's Volksbücher Nr. 703/4.

Büchner, Geo., Dantons Tod. Dramat. Bilder aus Frankreichs Schreckensherrschaft. 8. Frankf. a. M. 835. Sauerländer. 1/2 ℛ

Dantons Tod. Ein Drama von Georg **Büchner**. Mit e. Vorbemerkung von Alexander Burger u. d. Bilde d. Dichters. *Halle a. S.: O. Hendel (1903).* (IV, 64 S.) 8° [F.]
(Bibliothek d. Gesamtlitteratur d. In- u. Auslandes. No 1050.) [[illegible]

— Dramatische Werke. Mit Erklärgn hrsg. v. Rud. Franz. (232) kl8° Münch., G Birk & Co. ('12). 1 —

Georg **Büchner**'s Sämmtliche Werke u. handschriftl. Nachlass. 1. krit. Ges.-Ausg. Eingeleitet u. hrsg. von Karl Emil Franzos. (2. billige Ausg.) Frankfurt a. M.: Sauerländer 1879. (Berlin: Concordia 1902.) CLXXX, 472 S. 8° A 12. 25754

Büchner, Georg Christoph

Büchner, Geo. Cph., (†... Juni 1778.) ausführl. Dispositionen zu Hochzeitpredigten. 8. Hof 756. Bierling. 5 ℊ

Büchner, Gottfried

— an omnia quae extant in script. sacra revelata s. gr. 4. Altbg. (Academ. Hdl. in Jena.) 759.

— an omnia, quae extant in scriptura sacra, revelata et inspirata sint. 4. Altenb. 759. (Hennings in Neisse). 4 ℊ

— Beweis, daß d. jüngste Tag gewiß, aber noch lange nicht kommen wird. 4. Jena 751. 4 ℊ

— collegium biblicum, oder Beweis d. Glaubensartikel aus Hauptgesprächen d. heil. Schrift. gr. 8. Jena 769. Fickelscher. 1 ℛ 8 ℊ

Büchner, Gf., daß d. jüngste Tag gewiß, ab. noch lange nicht komme. 4. Jena. 751. Rthlr.

— exeget.-homilet. Erklär. u. Anwend. d. Evangelien. 4. Jena 751. N. A. Ebd. 762. Cuno. 2 ℛ

— exeget.-homilet. Erklärung u. Anwend. verschied. Casualtexte. 4. Jena 755. Cuno. 2 ℛ

— exeget.-homilet. Erklär. u. Anwend. d. Sonn- u. Festtags-Episteln. 4. Jena 753. Cuno. 2 ℛ

— d. Frage: ob Moses jemals gestorben u. begraben worden? 4. Jena 751. 3 ℊ

Büchner, Gf., ob d. Baum d. Erkenntn. e. schädl. Kraft gehabt habe u. d. Welt d. beste sey? 4. Altbg. (Academ. Hdl. in Jena.) 759.

Büchner, Gf., (†... 1780.) ob d. Baum d. Erkenntniß e. schädl. Kraft gehabt habe u. d. Welt d. beste sey? 4. Altenb. 759. (Hennings in Neisse). 10 ℊ

— ob d. immerwährende Predigen über d. evangel. u. epistol. Texte in d. luther. Kirche abzuschaffen rc. sei. Jena 756. Güthe. 10 ℊ

— bibl. Real- u. Verbal-Handcordanz, oder exeget.-homilet. Lexikon. 8. Jena 740. 2e verb. u. verm. A. 746. 3e verb. A. 756. 4e A. gr. 8. 765. 5e A. gr. 8. Halle 776. Schwetschke u. S. 2 ℛ 8 ℊ Beitrr. dazu, durchgesehen, verbess. u. verm. v. Gf. Joach. Wichmann. gr. 8. Ebd. 776. 1 ℛ

Büchner, Gottfr., biblische Real- u. Verbal-Hand-Concordanz oder exegetisch-homilet. Lexicon rc. 6e Aufl., verm. u. verb. von Ritter Dr. Heinr. Leonhard Heubner. (11 Hfte.) gr. 8. Halle 837—40. Schwetschke u. Sohn. Subscr.-Pr. (1s—10s H. à 1/3 ℛ 11s H. 1/2 ℛ) 3 5/6 ℛ

— dass. Supplement-Heft zur 6. Aufl. herausgeg. von Hnr. Leonh. Heubner. gr. 8. Ebend. 845. n. 1/4 ℛ

Büchner, Gttfr., biblische Real- u. Verbal-Hand-Concordanz oder exegetisch-homiletisches Lexicon. 7. Aufl. verm. u. verb. von Hnr. Leonh. Heubner. gr. 8. Halle 843, 44, Schwetschke u. Sohn. n. 4 ℛ

Büchner's, Gottfr., biblische Real- u. Verbal-Hand-Concordanz od. exegetisch-homilet. Lexicon. 8. Aufl., durchgeseh. u. verb. v. Heinr. Leonh. Heubner. 6 Lfrgn. gr. 8. (XXIV u. 1464 S.) Halle 849. 50, (Braunschweig) Schwetschke & Sohn. (à n. 2/3 ℛ) n. 4 ℛ

Büchner's, Gfried., biblische Real- und Verbal-Hand-Concordanz. Hrsg. von Heinr. Leonhard Heubner. 9. Aufl. gr. 8. (XXI und 1406 S. nebst Anh. von 102 S.) Braunschweig 853, Schwetschke und Sohn.

Büchner's, Gfried., biblische Real- und Verbal-Hand-Concordanz oder exeget.-homilet. Lexicon. Durchgeseh. und verb. von Heinr. Leonh. Heubner. 10. Aufl. 1857. und 11. Aufl. 8 Lfgn. gr. 8. (XV und 1148 S.) Braunschweig 858,59, Schwetschke und Sohn. à Lfg. 15 Ngr.

Büchner's, Gfried., biblische Real- und Verbal-Hand-Concordanz oder exegetisch-homiletisches Lexicon. Durchges. u. verb. von K. W. Vetter. 1. Hft. Neu-Ruppin 862. Bergemann. gr. 8. (S. 1—160.) n. 7 ngr.

Büchner's, Gfried., biblische Real- u. Verbal-Hand-Concordanz oder exegetisch-homilet. Lexicon. Durchges. u. verb. von K. W. Vetter. 2—7. Heft. Neu-Ruppin 861. Bergemann. gr. 8. (S. 161—1128.) n. 1 ₰ 13 ngr.

—— dass. — Durchgesehen und verb. von Heinr. Leonh. Heubner. 12. Aufl. 8 Lfgn. Lex.-8. (XV und 1148 S.) Braunschweig 866, Schwetschke und Sohn. à Lfg. 15 Ngr.

Büchner's, Gfr., biblische Real- und Verbal-Hand-Concordanz oder exegetisch-homiletisches Lexikon, worin die verschiedenen Bedeutungen der Worte und Redensarten angezeigt, die Sprüche der ganzen heil. Schrift ganz gelesen werden rc. rc. durchgesehen und verb. von Heinr. Leonh. Heubner. 13. Aufl. 3 Abthlgn. Lex.-8. (XVI, 864 S.) Braunschweig 869, Schwetschke und Sohn. à Abthl. ℳ 3.

Büchner's Gottfr., biblische Real- u. Verbal-Hand-Concordanz, oder exegetisch-homilet. Lexikon, worin die verschiedenen Bedeutgn. der Worte u. Redensarten angezeigt, die Sprüche der ganzen heil. Schrift ganz gelesen werden rc., durchgesehen u. verb. v. Heinr. Leonh. Heubner. 14. Aufl. 1. Abth. Lex.-8. (XVI, 288 S.) Braunschweig 873. Schwetschke & Sohn. 3. —

Büchner's, Gfried., biblische Real- und Verbal-Hand-Concordanz oder exegetisch-homilet. Lexikon, worin die verschiedenen Bedeutungen der Worte und Redensarten angezeigt, die Sprüche der ganzen heil. Schrift, sowohl den Nominibus als auch Verbis und Adjectivis nach, ohne weiteres Nachschlagen, ganz gelesen, ingleichen die eigenen Namen der Länder, Städte, Patriarchen, Richter, Könige, Propheten, Apostel u. A. angeführt, die Artikel der christl. Religion abgehandelt, ein sattsamer Vorrath zur geistl. Redekunst dargereicht, und was zur Erklärung dunkler und schwerer Schriftstellen nützlich und nöthig, erörtert wird. Durchgesehen und verb. von Heinr. Leonh. Heubner. 14. Aufl. 2.—4. (Schluß-)Abthl. Lex.-8. (S. 289—1148.) Braunschweig 873, Schwetschke und Sohn. à Lfg. * ℳ 3. *

Büchner's, Gfr., biblische Real- u. Verbal-Hand-Concordanz oder exegetisch-homilet. Lexikon, worin die verschiedenen Bedeutungen der Worte u. Redensarten angezeigt, die Sprüche der ganzen heiligen Schrift, sowohl den Nominibus als auch Verbis u. Adjectivis nach, ohne weiteres Nachschlagen, ganz gelesen, ingleichen die eigenen Namen der Länder, Städte, Patriarchen, Richter, Könige, Propheten, Apostel u. A. angeführt, die Artikel der christl. Religion abgehandelt, ein sattsamer Vorrath zur geistl. Redekunst dargereicht, u. was zur Erklärung dunkler u. schwerer Schriftstellen nützlich u. nöthig erörtert wird. Durchgesehen u. verb. von Heinr. Leonh. Heubner. 15. Aufl. 10 Lfgn. Lex.-8. (1. Lfg. XVI, 128 S.) Braunschweig 877. Schwetschke & Sohn. à n. 1. —

Büchner's Gfried., biblische Real- und Verbal-Hand-Concordanz oder exegetisch-homilet. Lexikon, worin die verschiedenen Bedeutungen der Worte und Redensarten angezeigt, die Sprüche der ganzen heil. Schrift, sowohl den Nominibus als auch Verbis und Adjectivis nach, ohne weiteres Nachschlagen, ganz gelesen, ingleichen die eigenen Namen der Länder, Städte, Patriarchen, Richter, Könige, Propheten, Apostel u. A. angeführt, die Artikel der christl. Religion abgehandelt, ein sattsamer Vorrath zur geistl. Redekunst dargereicht, und was zur Erklärung dunkler und schwerer Schriftstellen nützlich und nöthig, erörtert wird. Durchgesehen und verb. von Heinr. Leonh. Heubner. 16. Aufl. 10 Lfgn. Lex.-8. (XVI, 1148 S.) Braunschweig 882,83. Schwetschke und Sohn. à Lfg. ℳ 1.

— dasselbe. 17. Aufl. gr. 8. (XVI, 1148 S.) Ebend. 885. n. 12. —

— dasselbe. Durchgesehen u. verb. v. H. L. Heubner. 18. Aufl. gr. 8. (XVI, 1148 S.) Braunschweig 888. Schwetschke & Sohn. n. 12. —

Büchner's, G., biblische Real- u. Verbal-Handkonkordanz Neue, sorgfältig rev. Ausg. 15 Lfgn. gr. 8. (1148 S. Basel 888. 889. Riehm. à n. — 50

— dasselbe. Vermehrt durch e. ergänz. Nachtrag von ca. 12,000 Bibelstellen u. m. e. Anh. von Texten zu Confirmations-Denksprüchen u. Casualreden neu hrsg. von E. Th. Lutz u. H. Riehm. 18 Hfte. Lex.-8. (IV, 1148 u. Anh. 128 S.) Ebd. 890. à n. — 50 (cplt.: n. 9. —; geb. n. 10. 60; Anh. allein n. 2. —)

—— dass. — Durchgesehen u. verb. v. Heinr. Leonh. Heubner. 20. Aufl. 2 Bde. Lex.-8. (XVI, 1148 S.) Braunschw. 890, Schwetschke u. Sohn. 6 —; geb. 8 —
Auch in 12 Lfgn. à — 50

Büchner's, Gfr., biblische Real- u. Verbal-Hand-Concordanz, od.: Exegetisch-homilet. Lexikon, worin die verschiedenen Bedeutgn. der Worte u. Redensarten angezeigt, die Sprüche der ganzen heil. Schrift, sowohl den Nominibus als auch Verbis u. Adjectivis nach, ohne weiteres Nachschlagen, ganz gelesen, ingleichen die eigenen Namen der Länder, Städte, Patriarchen, Richter, Könige, Propheten, Apostel u. Anderer angeführt, die Artikel der christl. Religion abgehandelt, e. sattsamer Vorrath zur geistl. Redekunst dargereicht u. was zur Erklärg. dunkler u. schwerer Schriftstellen nützlich u. nöthig, erörtert wird. Durchgesehen u. verb. v. Heinr. Leonh. Heubner. 22. Aufl. 2 Hälften. Lex.-8. (XVI, 1148 S.) Braunschweig 894. Schwetschke & Sohn. 6. —; geb. n. 8.

— dasselbe, od.: Exegetisch-homilet. Lexikon, worin die verschiedenen Bedeutgn. der Worte u. Redensarten angezeigt, die Sprüche der ganzen heil. Schrift, sowohl den Nominibus als auch Verbis u. Adjectivis nach, ohne weiteres Nachschlagen, ganz gelesen, ingleichen die eigenen Namen der Länder, Städte, Patriarchen, Richter, Könige, Propheten, Apostel u. Anderer angeführt, die Artikel der christl. Religion abgehandelt, ein sattsamer Vorrath zur geistl. Redekunst dargereicht u. was zur Erklärg. dunkler u. schwerer Schriftstellen nützlich u. nöthig, erörtert wird. Durchgesehen u. verb. v. Heinr. Leonh. Heubner. 23. Aufl. 2 Hälften. Lex.-8. (XVI, 1148 S.) Berlin 899. C. A. Schwetschke & Sohn. 6. —; geb. n. 8. —

Büchner's, Gfr., biblische Real- u. Verbal-Handkonkordanz od. exegetisch-homilet. Lexikon üb. alle Sprüche der ganzen hl. Schrift f. Geistliche, Lehrer, Sonntagsschullehrer u. die Familie. Vermehrt durch e. ergänz. Nachtrag v. ca. 12,000 Bibelstellen u. m. e. Anh. v. Texten zu Confirmations-Denksprüchen u. Casualreden, neu hrsg. von E. Th. Lutz u. H. Riehm. gr. 8. (1148 u. 128 S.) Leipzig 901. F. Riehm. n. 8. —

Büchner's, Gottfr., biblische Real- u. Verbal-Hand-Concordanz od.: Exegetisch-homilet. Lexikon, worin die verschiedenen Bedeutgn. der Worte u. Redensarten angezeigt, die Sprüche der ganzen heil. Schrift, sowohl den Nominibus als auch Verbis u. Adjectivis nach, ohne weiteres Nachschlagen, ganz gelesen, ingleichen die eigenen Namen der Länder, Städte, Patriarchen, Richter, Könige, Propheten, Apostel u. Anderer angeführt, die Artikel der christl. Religion abgehandelt, e. sattsamer Vorrath zur geistl. Redekunst dargereicht u. was zur Erklärung dunkler u. schwerer Schriftstellen nützlich u. nöthig, erörtert wird. Durchgesehen u. verb. v. Heinr. Leonh. Heubner. 24. Aufl. (XVI, 1148 S.) Lex. 8. Leipzig 907. M. Heinsius Nachf. 6. —; geb. in Halbfrz. 8. —

Büchner's, Gottfr., bibl. Real- u. Verbal-Hand-Concordanz. 25. Afl. v. Heinr. Leonh. Heubner. (16, 1148) Lex8° Lpzg, M Heinsius Nf. '12. 6 —; HF 8 — d

— dass. Mit e. Anh. v. Texten zu Confirmations-Denksprüchen u. Casualreden. Ausg. '12 v. E Th. Lutz u. H Riehm. (1148 u. 128) Lex8° Lpzg, FRiehm. 6 —; geb. 8 —

— große bibl. Realconcordanz. gr. 4. Jena 750. 2e A. Ebd. 757. Stahl. 3 rß

— von d. ewigen Schicksale d. ohne Taufe gestorb. Kinder. 4. Jena 762. Melchior. 12 gg

FERROMONTANUS (d. i. *Gottfried Büchner*, 1701—80). — Der Endlich in der Schrift gefundene Päbstische Stuhl, dadurch die RÖMISCH-CATHOLISCHE Kirche, nachdem sie so lange auf Petro beweglich gestanden, nunmehro auf Johannem unbeweglich gesetzet wird. Dem ist beygefüget der nach dem Feg-Feuer reisende Passagier, nebst einem kurtzen Anhang von der Babylonischen Hure. Mit einer Vorrede herausgegeben von FERROMONTANO. Mit Portrait Clemens XI (erwählt d. 23. Novbr. 1700). Amsterdam (Bremen, Sauermann) 1741. 8°. (2 Mk. K. Th. Völcker, Frf. a. M., 1883; jetzt theurer!)

Antipapistische, stellenweise pikante Skandalschrift. — Zuerst gedr. Freystadt (Jena, Ritter), o. J. (nach 1700). 12°. (In Nürnberg, Stadtbibl., ex Bibl. Solger. III. p. 415.)

— von d. zweimal Verstorbenen u. von d. Ort, wo sich d. Seelen bis zur Wiedererweckung aufgehalten. 4. Jena 756. Güthe. 12 gg

— — worin die verschiedenen Bedeutungen der Worte u. Redensarten angezeigt, die Sprüche der ganzen heiligen Schrift ganz gelesen werden ꝛc. ꝛc. durchges. u. verb. von Heinr. Leonh. Heubner. 12. Aufl. 866. (XV, 1148 S.) 4 rß — 13. Aufl. 1—3. Abth. Braunschweig 869. (Schwetschke & S.) Lex.-8. (XVI, S. 1—864.) Jede Abth. 1 rß

Buechner, H.E. v. (Praes.): De deliriis vitam et mortem..., s. Bodenburg, Jo. C. (Resp.)

Büchner, Hector, nichts wird aus Rud. Mart. Meelführers ins Papstth. geschehn. led. Abfall. 4. Coba. Ahl. 715.

Büchner, Herm.: Die Gewährleistg beim Viehhandel, s.a. Bürchner, Herm.

Büchner, H: Die Gewährleistg beim Viehhandel n. d. BGB. 4. Afl. (45) 8° Landsbg. (G Verza)'05. — 60 d

Büchner, J., Kriegs-Erlebnisse 1870—71. 2., verm. Aufl. gr. 8. (150 S.) Großrudestedt 889. (Weimar, Thelemann.) n. 1. 50

Büchner, J., Tertullian de Spectaculis. Kommentar. Diss. 1935. 165 S. 5.—

Büchner, J. A., erster Entwurf e. Systems d. chemischen Wissenschaft u. Kunst. gr. 8. München, Fleischmann. 814.

Buechner, J. G. F. (Resp.): De stupore dextri lateris..., s. Juncker, Fr. Chr. (Praes.)

Büchner, I. Paul, s.a. Buchner, Joh. Paul

Büchner, I. Paul., Tabula radicum, quadrat. et cubor. ad Radic. 12000. 8. Frft. Andreae. 701.

— — dies. deutsch.

Büchner, Johann (Frankfurt/M.), De illis qui cambialiter se obligare possunt praesertim secund. reformat. & ordinat. cambial. Francofurtensem de anno 1739. Diss. jur. Giessen (J. J. Braun) Juni 1778. 32 S., tlws. dtsch. (5.—) 4509

Büchner, Johann Friedrich

— s. Geschichte e. Onaniten.

Büchner, Jh. Fr., Geschichte d. Stadt Rudolstadt. 16 Heft. 8. Leipz. 805. Junius. 12 gg

Büchner, *Johann Gottfried.* Dissertationes epistolicae de memorabilibus Voigtlandiae ex regno vegetabili. (Greizae 1743.) 4 48 p.

Buechner, Johann Gottfried: Dissertationes epistolicae de memorabilibus Voigtlandiae subterraneis ad . . . Franciscum Ernestum Brückmannum. (Ep. 1 - 5.) o.O. 1743.

Ep. 1 : De lapidibus figuratis in Voigtlandia.

Ep. 2 : Marmoribus in Voigtlandia. 1743.

Ep. 3 : Lapidibus pretiosis in Voigtlandia. 1743.

Ep. 4 : De Fossilibus atque mineralibus, variique generis metallis in Voigtlandia. 1743.

Ep. 5 : De Auro fluviatili in Voigtlandia. 1743.

– Dass. o. O. (1743). 48 S.

Joh. Gottfr. Büchner's Entwurf von der Historie der Rechenkunst. Waldenburg. 8. 13 Bog. 1739.

Büchner, *Johann Gottfried* (Buchnera L.), * Erfurt 12. Nov. 1695, † Greiz 8. Mai 1749.

—— Umständliche Erzählung verschiedener Exempel recht sonderbarer Vermehrung der Feldfrüchte. Schneeberg 1718. 4.

Büchner, J. G., Versuch einer histor. Beschreibung des altadelichen Geschlechts derer von Kommerstadt. Greitz 1723. 8.

Büchner, Joh. Gottfr. (Hrsg.), s. Voigtland, Erläutertes.

Büchner, Joh. Gottfr. Sigism. Albr. [Praes.] u. Joh. Nicolaus Hector Dietz (Frankf. a.M.) [Auctor et Resp.]
Dissertatio inauguralis De electivo ut ferunt concursu actionis redhibitoriae cum actione quanti minoris aeque in genere ac in specie ad l. 25. §1. D. de Except. rei iud... Cum subnexis thesibus ex vario jure depromptis.
Giessae 13. Oct. 1789: Braun. 28 S. 4°
pro summis in utroque jure honoribus rite capessendis.

— **J. G. S. A.**, De bonae fidei emtore singulari a restitutione lucri quod ex re rursus vendita percepit etiam eo in casu quo verus dominus rem suam vindic. nequit immuni. Comm. jur. nat. et civ. Göttingen (Ww. Vandenhek) 1780. 40 Seiten. (4.50) 4510

Büchner, Joh. Gottfr. Sigism. Albr. [Praes.] u. Emerich Felix Schaefer (Frankf. a.M.) [Auctor et Resp.]
Dissertatio inauguralis De eo quod iustum est circa evictionem in dotis datione praestandam.
Giessae 17. Okt. 1789: Joh. Jac. u. Joh. Wilh. Braun. 36 S. 4°
pro licentia summos in utroque jure honores rite consequendi.

Büchner, Joh. Gottfr. Sigism. Albr. [Präs.] u. Carl Maximilian Stöpler (Frankf. a.M.)
Theses inaugurales juridicae ex vario jure depromtae.
Giessae 7. Oct. 1789. 4°
zum Licentiato juris promoviert.

— — Untersuchung der Frage: Ob derjenige, welchem eine Handschrift zur Anerkennung oder eydlichen Abläugnung vorgelegt worden, die Unterschrift derselben anerkennen, den Inhalt aber eydlich abläugnen dürfe? Götting. (Vandenhök, Druck: H. M. Grape) 1780. 32 S. (5.—) 4511

— — Summos in utr. jure honor. candidato Jacob Christian Cober (Hamburg, M.: A. M. Hoffmann) nec non Carl Maximilian Stoepler (Frankfurt / M., M.: Rappold). — De usu cautionis mucianae ad solas liberalitates quas testator sub conditione negativa in heredem vel legatarium contulit non restringendo. Giessen (Braun) 28. IX. 1789. 16 S., mit Biographien. (3.50) 4512

Büchner, K., Beobachtungen über Vers und Gedankengang bei Lukrez. Diss. 1936. 127 S.

Büchner, K., der Buchhandel u. seine Leute, s.: Streiflichter zur Geschichte des Buchhandels.

Büchner, C., das Abdörren der Kartoffeln im Kleinen und Großen zur Sicherung der menschlichen Nahrung. Nebst Anleitung zur Kartoffelmehlbereitung besonders bei der Gefahr des Faulens und sonst zu nützlichem Gebrauche. gr. 8. Mit 1 Kupfertaf. Leipzig 846, Müller. n. 6 ngr

Büchner, Karl, Anleitung d. Geschlecht aller franz. Substantive ꝛc. zu lernen, s. Anleitung.

Büchner, Carl, die Auswanderung u. Ansiedelung in vereinigten Colonien f. Bemittelte u. Unbemittelte od. prakt. Andeutungen, wie die Auswanderung am zweckmäßigsten geregelt, die Beschaffung der nöthigen Mittel f. Unbemittelte erreicht, überhaupt der beste Erfolg f. solche gesichert werden kann. Mit 1 (lith.) Grundriß (in qu. 4.) 8. (61 S.) Leipzig 849, Arnold. n. 1/3 ß

Büchner, C., d. baier. Bierbrauerei. 8. (106) Lpzg 52, Krüger. — 12

— die baiersche Bierbrauerei u. ihre Geheimnisse. Für Alle, die ein gutes, billiges, dem bairisch. gleiches Bier brauen u. trinken wollen. 8. (VI u. 106 S.) Leipzig 852, Thenau in Comm. 12 ngr

Büchner, Karl, d. Bildung d. Buchhändlers. gr. 8. Berl. 830. Dunker u. H. 6 gr

—— die höchsten Erträge des Ackerbaues durch eine der Bearbeitung mit dem Spaten gleichkommenden Tiefcultur mit dem Pfluge, wobei auf die verschied. Bodenarten, Ackerwerkzeuge und üblichen Feldfrüchte Rücksicht genommen und die Nützlichkeit der Tiefcultur überzeugend nachgewiesen ist. gr. 12. (128 S. und 1 Stnt. in 4.) Nordhausen 851, Büchting. -

—— d. höchsten Erträge d. Ackerbaues durch Tiefcultur m. d. Pfluge. 12. (128) Nordh. 52. (Lpzg, Wilfferodt.) — 18¾

Büchner, Karl: Zur Frage der Lavalschen Turbinendüsen. 1904. 54 S. 4°
¶ Auch in: Mitteilungen über Forschungsarbeiten auf d. Gebiete d. Ingenieurwesens. H. 18; Ausz. in: Zeitschrift d. Vereines deutscher Ingenieure. Bd 48, Halbj. 2.
Dresden, Dr.-Ing.-Diss. v. 24. 7. 1903

— die Güterverpachtungen nach sicherstellenden Grundprinzipien gegen Deteriorationen der Pachtgüter mit feststehenden Werthsätzen der Inventarien-Gegenstände für Uebergabe u. Rückgabe ohne Zeitwerthstaxe, für Verpächter und solche, die pachten wollen. Nach einer Preisschrift der 2. Aufgabe bei der 7. Versammlung deutscher Forst- und Landwirthe zu Altenburg im September 1843 bearbeitet. gr. 8. (Mit 5 Tabellen.) Chemnitz 846, Goedsche Sohn. n. 1 ß

—— und Friedr. Herrmann, Handbuch d. neueren französ. Sprache u. Literatur, od. Auswahl interess., chronologisch geord. Stücke a. d. besten neueren französ. Prosaisten u. Dichtern, nebst Nachrichten v. d. Verfn. u. ihr. Werken. — Prosaischer Thl. gr. 8. (30½ B.) Berlin 833, Duncker u. Humblot.

—— dass. — Poetischer Thl. gr. 8. (31½ B.) Ebds 835.
Ist als Fortsetz. von „Ideler u. Nolte", Handbuch d. franz. Sprache u. Lit." zu betrachten.

—— u. Friedr. Herrmann, Handbuch d. neueren französ. Sprache u. Literatur, od. Auswahl interessant., chronolog. geord. Stücke aus d. besten neu. franz. Prosaisten u. Dichtern, nebst Nachrichten v. d. Verfass. u. ihren Werken. (2 Thle.) gr. 8. Berlin, Duncker u. Humblot. *
(Thl. I.) Prosaischer Theil. 2., durchweg verb. u. verm. Ausg. (33½ B.) 836. * 1 Thlr. 6 Gr.
(- II.) Poetischer Theil. (31½ B.) 835. * 1 Thlr. 8 Gr.

Büchner, Karl, u. Fr. Herrmann, Handbuch der neuern französ. Sprache u. Literatur, oder Auswahl interessanter, chronolog. geordneter Stücke aus den besten und neuern französ. Prosaisten u. Dichtern, nebst Nachrichten von den Verf. und ihren Werken. Pros. Theil. 3. Ausg. Neu bearb. u. herausgeg. von Fr. Herrmann. gr. 8. Berlin 843, Duncker u. Humblot. n. 1⅓ ß

Büchner, Karl, u. Frdr. Herrmann, Handbuch der neueren französischen Sprache u. Literatur, od. Auswahl interessanter, chronologisch geordneter Stücke aus den besten neueren französ. Prosaisten u. Dichtern, nebst Nachrichten v. den Verfassern u. ihren Werken. Prosaischer Thl. 4. Ausg. Neu bearb. u. hrsg. v. Frdr. Herrmann. gr. 8. (XXVIII u. 608 S.) Berlin 852, Duncker & Humblot. n. 1⅓ ß

— der Kartoffelbau. Sichere u. praktische Darlegung der besten Grundsätze beim Anbau d. Kartoffeln, ihrer Kultur, Einbringung, Aufbewahrung u. Verwendung. Nebst ausführl. Angabe der Pflanzmethode durch Stecklinge, wie d. Abdörrens, d. Mehl- u. Futterbereitung daraus. 8. (VI u. 112 S.) Leipzig 849, Spamer. n. ⅓ ß

— Kartoffelbuch oder der Kartoffelbau in seinem ganzen Umfange. Eine gründl. Anleitung, wie man denselben in jedem Boden und jeder Ackerlage am vortheilhaftesten betreiben und den höchsten Nutzen davon ziehen kann; nebst ausführlicher Anweisung des Abdörrens und der Kartoffelmehlbereitung. Nebst einigen Holzschn. Leipzig 846, Imm. Müller. 12 ngr

Büchner's, C., neues Kartoffelbuch. Das Ganze des Kartoffelbaues nebst Rathschlägen zur Verhütung der Kartoffelkrankheit. Enthltd.: Die besten Grundsätze beim Anbau der Kartoffeln ꝛc. Mit einem Anhang: die vermeintlichen und wirklichen Ursachen der Kartoffelkrankheit, nebst den zuverlässigsten Heilmitteln auf Grund der neuesten Erfahrungen mitgetheilt von Mor. Beyer. 2. ansehnl. verm. Aufl. Leipzig 853. Spamer. (Neumeister.) 8. (X, 162 S.) n. 10 ngr

—— neues Kartoffelbuch. 3. Afl. 8. (163) Lpzg 59. (Hann., Cohen u. R.) n. — 10

Büchner's, C., neues Kartoffelbuch. Das Ganze des Kartoffelbaues nebst Rathschlägen zur Verhütung der Kartoffelkrankheit. Mit einem Anhang: Die vermeintl. und wirkl. Ursachen der Kartoffelkrankheit, nebst den zuverlässigsten Heilmitteln auf Grund der neuesten Erfahrungen mitgetheilt von Mor. Beyer. 3. (Titel-) Aufl. 8. (X und 162 S.) Leipzig (853)59. [Hamm, Grote'sche Buchh.] *

Büchner, Karl, Lehrbuch der französ. Geschäftssprache, s.a. Bennewitz, A.

Büchner, K., Lehrbuch der französ. Geschäftssprache f. kaufmänn. Lehranstalten, sowie zum Selbstunterricht. Mit Beibehaltg. d. von Ploetz befolgten Methodenganges u. desselben Autors Aussprachebezeichng. gr. 8. (IV, 354 S.) Leipzig 890. Gloeckner. n. 3. —; geb. n. 3. 70

Büchner, Karl, Lehrbuch der französischen Geschäftssprache, 2. Aufl. Neubearb. v. H. Bennewitz. 1. Tl. (VIII, 122 S.) 8. Leipzig 905. G. A. Gloeckner. n. 1. 40; geb. n. 1. 80

—— Nachrichten v. d. in Berlin lebenden Schriftstellern u. Schriftstellerinnen, s. Hitzig, Jul. Ed.

—— die Saamen-Ersparung. Sichere und prakt. Angabe wie dem Verluste von 10,000,000 Ctr. Brodgetraide, welche jährlich durch schlechte Saamen-Unterbringung, späte Aussaat und andere Uebelstände in Deutschland zu Grunde gehen, auf leichte und einfache Weise abzuhelfen sei. Ein Wort zu seiner Zeit an alle Landwirthe, National-Oekonomen u. s. w. 8. (71 S.) Leipzig 847, Spamer. *

—— die Spatenkultur im Felde, s.a. Bibliothek, landwirthschaftliche.

— die Spatenkultur im Felde od. sichere praktische Anleitung wie durch zeitweilige Anwendung derselben der Ackerbau auf die höchste Stufe seiner Ertragsfähigkeit gebracht werden kann. Nach eigenen Erfahrungen. 8. (VIII u. 101 S.) Leipzig 852, Reichenbach. 12 ngr

—— die Verbesserung d. Rindviehzucht nach sichern Grundsätzen ohne fremde Race. Mit Bezugnahme auf die bessern ausländ. Racen nebst speciellen Angaben z. e. guten Butter- u. Käsebereitung. gr. 8. (7 B.) Leipzig 840, (47,) Müller.

— der Wiesenbau in seiner höchsten Benutzung, od. Andeutungen, wie man denselben durch zweckmäßige Einrichtung ohne zu kostspielige Culturen gründlich verbessern u. zum höchsten Ertrage bringen kann. Nach vielfachen eigenen u. Anderer Erfahrungen. 8. (133 S.) Leipzig 850, Haendel. 18 ngl

Büchner, Carl (Hrsg.), s. Zeitung, Literarische.

Buechner, Karl Wilhelm Ferdinand, s. Buechner, Wilhelm

Büchner, Louis s. Büchner, Ludwig

Büchner, Louise, s. Büchner, Luise

Büchner, Ludwig

Büchner, Dr. Ldwg., Meine Begegnung mit Ferd. Lassalle. Ein Beitrag zur Geschichte der sozialdemokratischen Bewegung in Deutschland. Nebst 5 Briefen Lassalles. 8°. Berlin, A. Hertz u. Süssenguth, 1893.

Büchner, Ludw., meine Begegnung m. Ferdinand Lassalle. Ein Beitrag zur Geschichte der sozialdemokrat. Beweg. in Deutschland. Nebst 5 Briefen Lassalles. 8. (IV, 38 S.) Berlin 894. A. Hertz & H Süssenguth n 80

Büchner, Louis, Beiträge zur Hall'schen Lehre von einem excito-motorischen Nerven-System. Inaugural-Abhandlg. gr. 8. (36 S.) Giessen 848. (Ferber.) 6 ngl

Büchner, Louis (Darmstadt)
Beiträge zur Hall'schen Lehre von einem exito-motorischen Nerven-System.
Giessen: Schild 1848. 36 S.
Diss. med. 9.9.1848. vorh. 36. 11.
Thesen in Δ.

Büchner, Louis, physiologische Bilder. (In 2 Bdn.) 1. Bd. 8. (VII und 444 S.) Leipzig 861, Thomas. *

Büchner, Ludw., physiologische Bilder. 1. Bd. 2., verm. und verb. Aufl. gr. 8. (V, 428 S.) Leipzig 872, Thomas. geb.

Büchner, Ludw., physiologische Bilder. 2. Bd. 8. (444 S.) Leipzig 875, Thomas.

Büchner, Ludw., physiologische Bilder. 1. Bd. 3. Aufl. 8. (III. 432 S) Leipzig 886. Thomas. n. 5. —

Büchner, Ludw., d. Buch vom langen Leben od. d. Lehre v. d. Dauer u. Erhaltg. d. Lebens (Makrobiotik). gr. 8. (XVI, 288 S.) Leipzig 892. [M. Spohr.] E. Fiedler. n. 6. —

Büchner, Ludw., conférences sur la théorie Darwinienne de la transmutation des espèces et de l'apparition du monde organique. Application de cette théorie à l'homme. Ses rapports avec la doctrine du progrès et avec la philosophie matérialiste du passé et du présent. Traduit de l'Allemand d'après la 2. édit. par Aug. Jacquot. Leipzig 869. Thomas. gr. 8. (XVIII, 281 S.) 1 ₰ 15 ngr.

— Darwinismus und Sozialismus oder der Kampf ums Dasein und die moderne Gesellschaft. gr. 8°. Leipzig, E. Günther, 1893.

Darwinismus und Sozialismus oder Der Kampf um das Dasein und die moderne Gesellschaft. Von Prof. Dr. Ludwig Büchner. Leipzig: E. Günther 1894. (72 S.) 8°
— Schriften, Darwinistische. Folge 1, No 19. [05. 4994

Büchner, Ludw., Darwinismus u. Sozialismus od. der Kampf um das Dasein u. die moderne Gesellschaft. 2. Aufl. (52 S.) gr. 8. Stuttgart 906. A. Kröner. n. 1. —

Büchner, Ludw., Darwinismus u. Sozialismus od. Der Kampf ums Dasein u. die moderne Gesellschaft. 3. Aufl. (53 S.) gr. 8. Leipzig 910. A. Kröner. 1. —

— im Dienste der Wahrheit. Ausgewählte Aufsätze aus Natur u. Wissenschaft. Mit Biographie des Verf. von Alex Büchner u. e. Handschrift-Fcsm. gr. 8. (XXXII, 468 S.) Gießen 899. E. Roth. n. 6. —; geb. in Leinw. n. 7. —

Im Dienste der Wahrheit. Ausgew. Aufsätze aus Natur u. Wissenschaft. Von Prof. Dr. Ludwig Büchner. Mit Biogr. d. Verf. von Prof. Alex Büchner u. 1 Hs.-Facs. *Giessen: E. Roth 1900.* (XXXII, 468 S.) 8° [F.]
[m. 10786

Büchner, Louis, Force et matière. Études philosophiques et impériques de sciences naturelles. Mises à la portée de tout le monde. Ouvrage traduit de l'allemand d'après la 7. édit. avec l'approbation de l'auteur par L. F. Gamper. 8. (XI und 264 S.) Leipzig 863, Thomas.

—— Force et matière. Études populaires d'histoire et de philosophie naturelles. Ouvrage traduit de l'allemand avec l'approbation de lauteur. 2. édit. Revue d'après la 8. édit. de l'allemand par A. Gros-Claude. 8. (XV und 274 S.) Leipzig 865, Thomas.

— force et matière. Etudes populaires d'histoire et de philosophie naturelles. Traduit de l'Allemand avec l'approbation de l'auteur. 2. édit. 865. Revue par A. Gros Claude. — 3. édit. revue et augmentée d'après la 9. édit. allemande. Traduction nouvelle. Ebend. 869. gr. 8. (363 S.) 1 ₰ 15 ngr.

Büchner, Ludw., Force et matière. Études populaires d'histoire et de philosophie naturelles. Traduit de l'allemand avec l'approbation de l'auteur. 3e édit. 1869, et 4e édit. revue et augmentée d'après la 9e édit. allemande. Traduction nouvelle. gr. 8. (363 S.) Leipzig 873, Thomas.

Büchner, Ludw., Force et matière. Études populaires de l'histoire et de philosophie naturelles. 5e édit. revue et augmentée par l'auteur même d'après la 13e édit. allemande. Avec biographie et portrait (Stahlst.) de l'auteur. gr. 8. (XII, 385 S.) Ebendas. 876.

—— Force et matière ou principes de l'ordre naturel de l'univers mis à la portée de tous avec une théorie de la morale basée sur ces principes. 5e édit. allemande entièrement refondue et augmentée de 5 nouveaux chapitres, traduite avec l'approbation de l'auteur par A. Regnard. 6e édit. française avec un portrait (sur acier) et une biographie de l'auteur et une préface du traducteur. gr. 8. (XLVI, 540 S.) Ebendas. 884. *

Büchner, Ludw., Force and Matter or Principles of the natural Order of the Universe. With a system of morality based thereon. A popular exposition. Newly translated from the 15th German edit., enlarged and revised by the author. With portrait (steel-engraving) and biography. 4th English edit. gr. 8. (XXX, 512 S.) Leipzig 884, Thomas. geb. *

—— der Fortschritt in Natur und Geschichte im Lichte der Darwin'schen Theorie. Ein Vortrag, gehalten in der Sonntags-Sitzung des Freien Deutschen Hochstifts in Frankfurt a. M. gr. 8. (VI, 38 S.) Stuttgart 884, Schweizerbart'sche Verlagsh. *

— die soziale Frage. gr. 8. (16 S.) Berlin 899. H. Walther. n. — 20

Büchner, Ludwig: Freidenker und Freimaurer - in: Bs Freundes u. Eigenes. 2. Aufl. 1890.
Allgemeines Handbuch der Freimaurerei. 3. umgearb. Aufl. von Lennings Encyklopädie der Freimaurerei. Hrsg. vom Verein deutscher Freimaurer. 2 Bde. Leipzig: Hesse 1900.

Zwei gekrönte Freidenker. Ein Bild aus der Vergangenheit als Spiegel für die Gegenwart. Dem deutschen Volke gewidmet von Ludw. Büchner. Leipzig: Thomas 1890. 110 S. 8°
Üb. Friedrich II., König von Preussen, dessen Zugehörigkeit zum Frmrbunde S. 17 erwähnt wird, u. Kaiser Akbar, Beherrscher von Vorder-Indien.

— Fremdes u. Eigenes aus dem geistigen Leben der Gegenwart. 1. u. 2. Aufl. gr. 8. (IV, 397 S.) Leipzig 890. Spohr. n. 7. —; geb. n. 8. 80

— Fremdes u. Eigenes a. d. geist. Leben der Gegenwart. 2. Aufl. gr. 8. (IV, 397 S.) Leipzig 890. [M. Spohr.] E. Fiedler. n. 7. —

— aus dem Geistesleben der Thiere, s.a. Verein, allgemeiner, f. deutsche Literatur.

Büchner, Ludw., aus dem Geistesleben der Thiere oder Staaten u. Thaten der Kleinen. 3., bedeutend verm. Aufl. gr. 8. (XIV, 403 S.) Leipzig 880. Thomas. geb. n. 5. —

Büchner L., Aus dem Geistesleben der Tiere, oder Staaten und Thaten der Kleinen. (Ill.) Stuttgart 80. Hofmanns Sortiments Conto. M. 5.—

Aus dem Geistesleben der Tiere oder Staaten und Thaten der Kleinen. Von Prof. Dr. Ludwig **Büchner**. 4., verb. Aufl. Leipzig: Th. Thomas [1895]. (XVI, 408 S.) 8° [F.] [08, 2032

— Gott u. d. Wissenschaft. 3., ganz umgearb. Aufl. d. Schrift: Der Gottesbegriff u. dess. Bedeutg. in d. Gegenwart. gr. 8. (81 S.) Ebd. 897. n. 1. 50

—— der Gottes-Begriff und dessen Bedeutung in der Gegenwart. Ein allgemein verständl. Vortrag. 1. Aufl. (VI, 50 S.), und 2. sehr verm. Aufl. gr. 8. (60 S.) Leipzig 874. Thomas.

— der neue Hamlet. Poesie u. Prosa aus den Papieren e. verstorbenen Pessimisten. (Neue [Titel-]Ausg. von: Ludwig, Carl, „Der neue Hamlet".) gr. 8. (XV, 196 S.) Gießen [885.] (901). E. Roth. n. 2. —; geb. n. 2. 50

Büchner, Ludwig. Kaleidoskop. Skizzen und Aufsätze aus Natur und Menschenleben. Mit Vorwort ... von Wilhelm Bölsche. [IV +] XXXII + 407 S. 8. Giessen, Emil Roth, 1901. [M. 6. —]

Darin S. 341: (von Darmstadt nach Nizza) über Basel-Genf.

Büchner's, Dr., Kraft und Stoff oder die Kunst Gold zu machen aus Nichts. Auch ein Zeichen unsrer Zeit; beleuchtet u. gewürdigt von einem Freunde der Naturwissenschaft u. Wahrheit. 1. u. 2. unveränd. Aufl. Darmstadt 856. Lange. gr. 8. (43 S.) 5 ngl

Büchner, Louis, Kraft und Stoff. Empirisch-naturphilosophische Studien. In allgemein-verständlicher Darstellung. 855. (XVI, 269 S.) — 2. Aufl. 856. (VIII, 296 S.) — 3., verm. u. mit einem 2. Vorwort vers. Aufl. 856. (LIV, 313 S.) — 4. verm. u. mit einem 3. Vorw. vers. Aufl. Frankfurt a. M. 856. Meidinger. 8. (LXXXVII, 267 S.) 1 ₰

Büchner, L.: Kraft und Stoff. 5.Aufl. Frankfurt 1858.

Büchner, L. Kraft und Stoff. Empirisch-naturphilosophische Studien. Frankfurt a M., 1859.

—— Kraft und Stoff. Empir.-naturphilosoph. Studien. In allgemein-verständl. Darstellung. 7., verm. und verb. und mit zahlreichen Anmerkungen verseh. Aufl. 8. (LV und 242 S.) Berlin 861(62.) M. Hirsch.

Büchner, Ludw., Kraft und Stoff. Empirisch-naturphilosophische Studien. In allgemein-verständl. Darstellung. 8. Aufl. 1864. und 9., verm. und verb., mit einem 5. Vorwort und einem Anh. verseh. Aufl. 8. (XCI und 267 S. mit Bildniß in Stahlst. und Biographie des Verf.) Leipzig 867, Thomas. geb. *

— Kraft u. Stoff. Empirisch-naturphilosophische Studien. In allgemein-verständlicher Darstellung. 9. Aufl. 867. (XCI, 267 S.) — 10. Aufl. 869. (CVII, 275 S.) — 11. verm. u. verb., mit 6 Vorworten verseh. Aufl. Mit Bildniß (in Stahlst.) u. Biographie des Verf. Ebend. 870. gr. 8. (CXV, 279 S.) 1 ₰ 18 ngr

—— Kraft und Stoff. Empirisch-naturphilosoph. Studien. In allgemein verständl. Darstellung. 10. Aufl. (CVII, 275 S.) 1869, 11. Aufl. (CXV, 279 S.) 1870. *M.* 4,80.; 12. Aufl. (CXIX, 286 S.) 1872, und 13. verm. und verb., mit 6 Vorworten verseh. Aufl. Mit Bildniß (in Stahlst.) und Biographien des Verf. gr. 8. (CXIX, 290 S.) Leipzig 874, Thomas. geb.

—— Kraft und Stoff. Naturphilosophische Untersuchungen auf thatsächl. Grundlage. In allgemein-verständl. Darstellung. 14. sehr verm. und mit Hülfe der neuesten Forschungen ergänzte Aufl. Mit Bildniß (Stahlst.) und Biographie des Verf. 8. (CXXI, 357 S.) Leipzig 876, Thomas.

—— Kraft und Stoff oder Grundzüge der natürlichen Weltordnung. Nebst einer darauf gebauten Moral oder Sittenlehre. In allgemein verständl. Darstellung. 15. vollständig umgearb. und durch 5 neue Capitel verm. Aufl. Mit (Stahlst.-) Bildniß und Biographie des Verf. 8. (XXIX, 539 S.) Ebendas. 883. *M* 6.; geb. *

— Kraft u. Stoff od. Grundzüge der natürlichen Weltordnung. Nebst e. darauf gebauten Moral od. Sittenlehre. In allgemein verständl. Darstellg. 16., verm. Aufl. Mit Bildniß u. Biographie d. Verf. 8. (XXV, 512 S.) Leipzig 888. Thomas. n. 5. —; geb. n.n. 5. 60

—— Kraft u. Stoff oder Grundzüge der natürl. Weltordng. Nebst e. darauf gebauten Moral oder Sittenlehre. In allgemeinverständl. Darstellg. 17. verm. u. verb. Aufl. Mit Bildniß u. Biographie d. Verf. 8. (XXV, 530 S.) Lpz. 892, Thomas. * 5 —; geb. * 5 80

Kraft und Stoff oder: Grundzüge der natürlichen Weltordnung. Nebst e. darauf gebauten Sittenlehre. In allg. verständl. Darstellung von Prof. Dr. Ludwig **Büchner**. Mit Bildn. u. Biogr. d. Verf. Billige, vollst neugearb. Volksausg. (18. Aufl.) Leipzig: Thomas 1894. XV, 301 S. 8° A 04. 3039

— Kraft u. Stoff od. Grundzüge d. natürl. Weltordnung. Nebst e. darauf gebauten Moral od. Sittenlehre. In allgem. verständl. Darstellg. 19., deutsche Aufl. Mit Bildn. u. Biographie d. Verf. gr. 8. (XXIX, 511 S.) Ebd. 898. n. 5. 50; geb. n. 6. 50

— Kraft u. Stoff od. Grundzüge der natürlichen Weltordnung. Nebst e. darauf gebauten Sittenlehre. In allgemein verständl. Darstellg. Wohlf. Ausg. Mit Bildniß u. Biographie des Verf. (20. Aufl.) gr. 8. (XV, 290 S.) Leipzig 902. Th. Thomas. n. 2. 50; geb. in Leinw. n. 3. —

— Kraft u. Stoff od. Grundzüge der natürlichen Weltordnung. Nebst e. darauf gebauten Moral oder Sittenlehre. In allgemein verständl. Darstellung. 21. durchgeseh. Aufl. Mit Bildnis u. Biographie des Verf. (XVI, 433 S.) gr. 8. Leipzig 904. Th. Thomas. n. 5. —; geb. n. 6. —

Büchner, L., Herr Lassalle und die Arbeiter. Bericht und Vortrag über das Lassalle'sche Arbeiterprogramm, erstattet auf dem Arbeitertag in Rödelheim, am 19. April 1863, im Auftrag des Central-Comités der Arbeiter des Maingaues. 1863.

– a. d. Leben. Erzählgn. 8. (460) Lpzg.: Thomas. 1861.

Büchner, Ludw. Das künftige Leben u. die moderne Wissenschaft. Zehn Briefe an e. Freundin. 1. u. 2. Aufl. gr. 8. (III, 151 S.) Lpz. 889, Spohr. E. Fiedler. * 2 40

— Licht u. Leben. Drei allgemeinverständl. naturwissenschaftl. Vorträge als Beiträge zur Theorie der natürl. Weltordnung. 8. (XII, 376 S.) Leipzig 882. Thomas. n. 5. —; geb. n. 5. 80

— Licht u. Leben. Drei naturwissenschaftl. Beiträge z. Theorie d. natürl. Weltordng. Allgem. verständl. 2. Aufl. 8. (VIII, 306 u. LXX S.) Ebd. 895. n. 4. —; geb. n.n. 5. —

— Liebe u. Liebes-Leben in der Thierwelt, s.a. Verein, allgemeiner, f. deutsche Literatur.

—— Liebe und Liebes-Leben in der Thierwelt. 2. sehr verm. Aufl. gr. 8. (VIII, 400 S.) Ebendas. 885. geb. *

Liebe und Liebes-Leben in der Tierwelt. (II.) Leipzig 85. (Thomas.) Jetzt Rud. Heger, Wien. Geb. M. 3.—

— lumiòro ot vie. Trois loçons populairos d'histoiro naturollo sur le soleil dans sos rapports avoo la vio, sur la circulation des forcos ot la fin du mondo, sur la philosophio do la génération. Traduit do l'allomand par Ch. Letournoau. gr. 8. (XII, 327 u. LXI S.) Ebend. 882. n. 5. —

—— Lumière et vie. Trois leçons populaires d'histoire naturelle sur le soleil dans ses rapports avec la vie, sur la circulation des forces et la fin du monde, sur la philosophie de la génération. Traduit de l'allemand par Ch. Letourneau. gr. 8. (XII, 327, LXI S.) Ebendas. 883. *

—— die Macht der Vererbung und ihr Einfluss auf die Menschheit, s.a. Schriften, Darwinistische, I. Folge.

— die Macht der Vererbung u. ihr Einfluss auf den moralischen u. geistigen Fortschritt der Menschheit. gr. 8. (IV, 101 S.) Leipzig 882. E. Günther. n. 2. —

— Die Macht der Vererbung u. ihr Einfluss auf den moralischen u. geistigen Fortschritt der Menschheit. 2. Aufl. (75 S.) gr. 8. Ebd. 909. 1. —

—— der Mensch und seine Stellung in Natur und Gesellschaft, in Vergangenheit, Gegenwart und Zukunft. Oder: Woher kommen wir? Wer sind wir? Wohin gehen wir? Allgemein verständl. Text mit zahlreichen wissenschaftlichen Erläuterungen und Anmerkungen. 3. sehr verm. und zum Theil ganz umgearb. Aufl. gr. 8. (XVI, 276 S., Anmerkungen rc. 178 S.) Leipzig 889, Thomas. *

— der Mensch u. seine Stellung in der Natur in Vergangenheit, Gegenwart u. Zukunft. Oder: Woher kommen wir? Wer sind wir? Wohin gehen wir? Allgemein verständl. Text m. zahlreichen wissenschaftl. Erläutergn. u. Anmerkgn. 2. verm. Aufl. gr. 8. (XIII, 470 S.) Ebend. 872. 6. —

Büchner, Ludw. (Hrsg.), s. Mittheilungen aus der Werkstätte der Natur.

Büchner, Louis, Natur und Geist. Gespräche zweier Freunde über den Materialismus und über die real-philosoph. Fragen der Gegenwart. In allgemeinverständl. Form. 1. Bd.: Makrokosmos. 8. (XIV und 300 S.) Frankfurt a. M. 857. [Berlin, M. Hirsch.] Thlr.

— Natur und Geist. Gespräche zweier Freunde über den Materialismus und über die real-philosophischen Fragen der Gegenwart. In allgemein verständlicher Form. (1. Bd.: Makrokosmus.) Frankfurt a. M. 857. Meidinger. 8. (XIV, 300 S.) 1 ℛ

—— Natur u. Geist. 2. Afl. 8. (302) Berl. 65. (Halle, Gesenius.) 1. —

—— Natur und Geist. Gespräche zweier Freunde über den Materialismus und über die real-philosoph. Fragen der Gegenwart. In allgemein verständl. Form. 2., verb. Aufl. 8. (VII und 302 S.) Hamm 865, [Berlin] Grote'sche Verlagsbuchh.

— Natur u. Geist. Gespräche zweier Freunde üb. den Materialismus u. üb. die real-philosoph. Fragen der Gegenwart. In allgemeinverständl. Form. 3. verb. Aufl. gr. 8. (VIII, 306 S.) Halle 874. Gesenius. n. 4. 50

—— Natur und Geist. Gespräche zweier Freunde über den Materialismus und über die real-philosoph. Fragen der Gegenwart. In allgemein-verständl. Form. 3. verb. Aufl. 8. (VIII, 306 S.) Leipzig 876, Thomas. *

—— aus Natur und Wissenschaft. Studien, Kritiken und Abhandlungen. gr. 8. (VII und 364 S.) Leipzig 862, Thomas.

—— aus Natur und Wissenschaft. Studien, Kritiken und Abhandlungen. 2. Aufl. (VIII, 427 S.) 1869. ℳ 6,75., und 3. verm. und verb. Aufl. gr. 8. (IX, 486 S.) Leipzig 874, Thomas. geb.

Büchner (L.). Aus Natur und Wissenschaft. Studien, Kritiken, Abhandlungen und Entgegnungen. 3. Aufl. 2 Bde. 8°. Leipzig 1884.

Büchner, Ludw, aus Natur u. Wissenschaft. Studien, Kritiken, Abhandlgn. u. Entgegngn Allgemeinverständlich. 2. Bd. gr. 8 (X, 434 S.) Leipzig 884. Thomas. n. 6. —; Einbd. n n. — 80 (1 u. 2. Bd.: n. 12. —)

Büchner, Louis (Hrsg.), s. Reichen, Aus allen, der Natur.

—— die Stellung des Menschen in der Natur in Vergangenheit, Gegenwart und Zukunft. Oder: woher kommen wir? wer sind wir? wohin gehen wir? Allgemein verständl. Text mit zahlreichen wissenschaftl. Erläuterungen und Anmerkungen. 3 Lfgn. 8. Leipzig, Thomas.

Inhalt:

Lfg. 1. Woher kommen wir? (XII, 160 S.) 869. ℳ 2,50.
» 2. Wer sind wir? (XVI, 178 S.) 870. ℳ 2,50.
» 3. Wohin gehen wir? (XVII—XX, 172 S.) 870. ℳ 1,75.

— Am Sterbelager d. Jahrhunderts. Blicke e. freien Denkers aus d. Zeit i. d. Zeit. M. Portr. u. Fcsm. d. Verf. gr. 8. (III, 372 S.) Gießen 898. E. Roth. n. 5. —; geb. in Leinw. n. 6. —

— am Sterbelager des Jahrhunderts. Blicke e. freien Denkers aus der Zeit in die Zeit. 2., vom Verf. durchgeseh. u. ergänzte Aufl. Mit Portr. u. Fcsm. des Verf. gr. 8. (III, 370 S.) Gießen 900. E. Roth. n. 5. —; geb. in Leinw. n. 6. —

— Thatsachen u. Theorien aus dem naturwissenschaftl. Leben der Gegenwart. 1. u. 2. Aufl. 8. (V, 361 S.) Berlin 887. Allgemeiner Verein f. deutsche Literatur. n. 6. – ; geb. n. 7 —

— die Darwin'sche Theorie v. der Entstehung u. Umwandlung der Lebe-Welt. Ihre Anwendg. auf den Menschen, ihr Verhältniß zur Lehre vom Fortschritt u. ihr Zusammenhang m. der materialist. od. Einheits-Philosophie der Vergangenheit u. Gegenwart. In 6 Vorlesgn. allgemein-verständlich dargestellt. 4. verb. u. m. Hülfe der neuesten Forschgn. ergänzte Aufl. 8. (VIII, 448 S.) Ebend. 876. 5. 50

—— Die Darwin'sche Theorie von der Entstehung u. Umwandlung der Lebewelt. Ihre Anwendg. auf den Menschen, ihr Verhältniß zur Lehre vom Fortschritt u. ihr Zusammenhang m. der Erfahrungs- u. Wirklichkeits-Philosophie der Vergangenheit u. Gegenwart. In 6 Vorlesgn. allgemein verständl. dargestellt. 5. sehr verm. u. m. Hülfe der neuesten Forschgn. ergänzte Aufl. gr. 8. (VIII, 392 S.) Lpz. 890, Thomas. * 5 —; geb. * 5 80

— Üb. d. Todesstrafe, s.: Fried, Alfr. Hrm., Tagebuch e. z. Tode Verurteilten.

Büchner, Ludw., Aus d. Urzeit, s.: Hellwald, Frdr. v.

—— Sechs Vorlesungen über die Darwin'sche Theorie von der Verwandlung der Arten und die erste Entstehung der Organismenwelt, sowie über die Anwendung der Umwandlungstheorie auf den Menschen, das Verhältniß dieser Theorie zur Lehre vom Fortschritt und den Zusammenhang derselben mit der materialistischen Philosophie der Vergangenheit und Gegenwart. In allgemein verständl. Darstellung. 1. und 2. Aufl. (VIII, 400 S.) 1868. ℳ 5., und 3. verm. Aufl. 8. (VIII, 411 S.) Leipzig 872, Thomas. geb.

— fünf Vorreden zu „Kraft u. Stoff". Empirisch-naturphilosoph. Studien. Sep.-Abdr. 8. (107 S.) Ebend. 883. n. 1. —

—— über religiöse und wissenschaftliche Weltanschauung. Ein historisch-krit. Versuch. gr. 8. (III, 75 S.) Leipzig 887, Thomas. *

—— Das goldene Zeitalter oder das Leben vor der Geschichte. Nebst e. Anh.: Das Kulturmetall der Zukunft. 2. Aufl. gr. 8. (X, 352 S.) Berl. 891, Allgemeiner Verein f. Deutsche Litteratur. * 6 — geb. ** 7 —

Büchner, Luise

Büchner, Louise: Bericht über die Thätigkeit des Alice-Vereins für Frauenbildung und -Erwerb seit seinem Bestehen. Erstattet in d. Generalversammlung am 20. Mai 1874. — Darmstadt 1874: Wittich. 15 S. 8° (Beil. z. Darmstädter Zeitung.)

— Über weibliche Berufsarbeiten. „Was willst du werden?" (53 S.) Darmstadt 1871. Köhler.

Büchner, Luise, über weibliche Berufsarten, s.a. Was willst du werden?

Büchner, Louise: Über weibliche Berufsarten. Hrsg. v. Mentor. — Darmstadt: Köhler [1872]. 53 S. 8° (Was willst du werden? Die Berufsarten ... besprochen. Abth. 5.)

—— Clara Dettin. Erzählendes Gedicht. gr. 16. (IV, 94 S.) Leipzig 874, Thomas. cart.

Büchner, Louise, Dichterstimmen, s. Dichterstimmen.

— **Dichterstimmen aus Heimath und Fremde. Für Frauen und Jungfrauen ausgewählt. (2 Abthlgn.) Frankfurt a. M. 859. Meidinger & Co. 16. (XVI, 234; XXXIV, 271 S.) 2 ₰**

Büchner, L, Dichterstimmen a. Heimath u. Fremde. 2. Afl. 16. (599 m. H.) Berl. 65. (Halle, Gesenius.) 2. —; Pr.-Asg. n. 3. —

— — 2. Aufl. Illustrirt von Fr. Baumgarten u. P. Thumann. Hamm 865. Grote. 16. (XVI, 599 S. m. Holzschn.) geb. 2 ₰; Prachtausg. n. 3 ₰

—— Dichterstimmen aus Heimath und Fremde. Für Frauen und Jungfrauen ausgewählt. 4. Aufl. Illustr. von Friedr. Baumgarten und Paul Thumann. gr. 16. (XVIII, 593 S. mit eingedr. Holzschn.) Halle 873, Gesenius. geb. mit Goldschn.

Büchner, Luise, Dichterstimmen aus Heimath und Fremde. Für Frauen und Jungfrauen ausgewählt. 5. Aufl. Illustrirt von Friedr. Baumgarten und Paul Thumann. gr. 16. (XVIII, 593 S. mit eingedr. Holzschn. und Holzschntaf.) Halle 876, Gesenius. geb. mit Goldschn. *

— Die Frau. Hinterlassene Aufsätze, Berichte u. Abhandlungen zur Frauenfrage. 8°. Halle, Gesenius, 1878.

— die Frauen und ihr Beruf, s.a. Frauen, die, und ihr Beruf.

[**Büchner,** Louise:] Die Frauen und ihr Beruf. Ein Buch d. weibl. Erziehung. In zusammenhängenden Aufsätzen niedergeschr. v. Frauenhand. — Frankfurt a. M.: Meidinger 1856. 118 S. 8°

— Die Frauen u. ihr Beruf. 1. u. 2. Aufl. (anonym). 8°. Frankfurt a. M. 1856. 4. bed. verm. Aufl. gr. 16°. Leipzig, Thomas 1872. 5. durchgeseh. Aufl. 8°. Ebd. 1884.

—— **Frauenherz. Gedichte. 8. (IV und 155 S.) Berlin 862. M. Hirsch. * 22⅓ Ngr.; geb. ***

— Frauenherz. Gedichte. 862. — 2. Aufl. Hamm 864. Grote. 8. (IV, 155 S.) 22½ ngr.; geb. 1 ₰

—— **Frauenherz. Gedichte. 2. Afl. 8. (155) Berl. 64. (Halle, Gesenius.) — 22½; geb. 1. —**

—— deutsche Geschichte von 1815—1870. Zwanzig Vorträge, gehalten in dem Alice-Lyceum zu Darmstadt. gr. 8. (XII, 627 S.) Leipzig 874, Thomas.

— deutsche Geschichte von 1815—1870. 20 Vorträge, geh. in dem Alice-Lyceum zu Darmstadt. gr. 8. (XII, 627 S.) Ebend. 875. 7. —

Büchner, Louise, aus dem Leben. Erzählungen aus Heimath und Fremde. Leipzig 861. Thomas. 8. (2 Bl., 460 S.) 1 ₰ 24 ngr.

— **das Od. Eine wissenschaftliche Scizze. Darmstadt 854. Diehl. 8. (48 S.) 4½ ngr.**

— **das Schloß zu Wimmis. Roman. Leipzig 864. Thomas. 8. (267 S.) 1 ₰ 7½ ngr.**

Büchner, Luise, nachgelassene belletristische u. vermischte Schriften in 2 Bdn. Mit Bildniß (in Stahlst.) u. Biografie der Verf. 8. (XIV, 392 u. V, 344 S.) Frankfurt a/M. 878. Sauerländer. n. 10. —

—— über Verkaufs- und Vermittlungsstellen für weibliche Handarbeit, insbesondere den Darmstädter Alice-Bazar. Vortrag. Gehalten am 10. Octbr. bei der Versammlung deutscher Frauenvereine zu Darmstadt. gr. 8. (26 S.) Leipzig 873, Thomas. *

— Praktische Versuche zur Lösung der Frauenfrage. 8°. Berlin 1870 s.a. Frauen-Vereins-Congress.

— Praktische Versuche zur Lösung der Frauenfrage. — Berlin: Janke 1870. 80 S. 8°

— **Weihnachtsmärchen. Mit 8 (chromolith.) Bildern von Leop. Venus. 2. Aufl. 8. (XI, 124 S.) Glogau 882. Flemming. geb. 2. 50**

BÜCHNER, L. *Weihnachtsmärchen* für Kinder. Von Luise Büchner. Mit 8 Bildern von L. VENUS. Glogau, Flemming [c. 1865]. 4 Bl. 124 S. 2 Bll. (Anzeigen). Kl.-4°. Hübscher brauner Or.Pappbd. m. farb. Deckelbild. 26.—

☆ Erstausgabe. Merget 182: „Die Verfasserin führt uns in den Odenwald, benutzt aber dort vorhandene Sagen auf die unerlaubteste(!) Weise, um hübsch kindlich zu erzählen." Mit sehr hübschen getönten Lithographien. Schönes Ex.

—— Weihnachtsmärchen für Kinder. br. 8. (VI und 124 S. mit 8 lithogr. Bildern in Tondr. von L. Venus.) Glogau 867, Flemming. cart.

— Weihnachtsmährchen für Kinder. Mit 8 (lith.) Bildern von L. Venus. Glogau 868. Flemming. 8. (VI, 124 S.) 25 ngr.

Büchner, Max: Über das Ansteigen der Helligkeitserregung. Mit 14 Figuren im Text. Leipzig: W. Engelmann 1900. 29 S. 8° (Aus: Wundt's Psychol. Studien Bd 2, H. 1, 2.)
Leipzig, Phil. Fak., Ref. Wundt, Wiener. Diss. v. 10. Juli 1900
(Geb. 12. März 82 Dresden-Plauen; Wohnort: Dresden; Staatsangeh.: Sachsen; Vorbildung: Realgymn. Dresden N. Reife O. 01; Studium: Leipzig 9 S.; Rig. 5. Dez. 05.)

Büchner, N., siehe: Abenteurer, der, auf der Eisenbahn

Büchner, N. (Red.), s. Abenteurer, Der, auf dem Gefilde der romant. Literatur.

Büchner, N., s. Eilpost. Neue Zeitschrift.

— s. Eisenbahn, die Europäische.

Büchner, N. (Hrsg.), s. Eisenbahn, Leipzig - Dresdner.

— s. Gutenberg, Hausfreund für gebildete Familien.

—— s. Kastalia.

– s. Moden-Journal, Leipziger.

—— s. Schnellpost für Moden.

—— s. Voleur.

Büchner, N. (Red.), s. Der Weltspiegel.

Büchner, O, Strike u. Ruhe. Deklamatorium. 8° (14) Berl. 94, (Bh. d. ostdeut. Jünglingsbundes). — 20

Büchner, O., Strike u. Ruhe. Deklamatorium. 2. Aufl. 8. (14 S.) Berlin 896. Buchh. d. ostdeutschen Jünglingsbundes. n. — 20

Büchner, Osk., Erbrecht u. Agrarverfassung in Schleswig-Holstein, s.: Sering, Max.

Büchner, Oskar, aus Dresden: Die Geschichte der norwegischen Leiländinger bis zur Verfassungsänderung im Jahre 1060. T. 1. Von den ältesten Zeiten bis zur Kalmarer Union (1397). *Berlin 1903: W. Pilz.* (VIII, 60 S.) 8° (Soll fortgesetzt werden.)
Berlin, Phil. Diss. v. 28. Nov. 1903

Büchner, Otto

Büchner, *Franz* Otto: Beitrag zur Kenntnis der Trichlorbrenztraubensäure. . . . Leipzig-Reudnitz, Druck v. M. Hoffmann, 1891; 23 S., 1 Bl. 8°
Leipzig, Phil. Fak., Inaug.-Diss. v. 22. März 1891

Büchner, Paul, der Socialismus des 20. Jahrh. Vorschläge zur Lösg. der socialen Frage. gr. 8. (III, 96 S.) Berlin 894. E. Staude. n. 1. —

Büchner, Ph. Th., Lehrbuch der anorganischen Chemie nach den neuesten Ansichten der Wissenschaft. Mit 108 in den Text eingedr. Holzst. und einer farbigen Spectraltaf. in qu. gr. 4. 3 Abthlgn. gr. 8. Braunschweig, Vieweg und Sohn. [1. Abthl. (VIII, S. 1—416.) 871. *M. 7.; 2. Abthl. (S. 417—736.) 871. *M. 5,50.; 3. Abthl. (XVI, S. 737—964.) 872. *M. 4,50.] *

Büchner, Ph. Th., Lehrbuch der anorganischen Chemie nach den neuesten Ansichten der Wissenschaft. 2. verb. u. verm. Aufl. Mit zahlreichen in den Text eingedr. Holzst. u. einer farb. Spectraltaf. gr. 8. (XVI, 1012 S.) Braunschweig 878. Vieweg & Sohn. n. 18. —

Büchner, Philipp (Mainz)
Ueber Gummigutt.
[In: Liebigs Annalen Bd 45 (1842), S. 71 ff.]
Dr. phil. Giessen 4.2.1842.

— Büchner, W., Ueb. den Lebensplan des Gn. Pompeius Magnus I. 2 Tle. Pr. 1847

Büchner, W., die Reaction in ihrer wahren Bedeutg. [Reactionalismus.] br. 8. (36 S.) Schwerin 849, Kürschner (jetzt: Hildebrand.) n. 1/6 ₰

Büchner, W. C., Erklär. d. Sendschreiben Judä, 4. Erf. 747.

Büchner, W. M., Familienbibliothek, s. Familienbibliothek.

Büchner, W. M., Wegweiser zur Kunst, richtig, wohl und lange zu leben. Ein Haus- und Familienbuch für Jung und Alt. Neue Ausgabe des diätetischen Schatzkästleins nebst einer allgemeinen Gesundheitslehre und einer Haustafel für Gelehrte und Studirende.. 16. Nördlingen 845, Beck'sche Buchh. In Leinwand geb. 5/6 ₰

Büchner, WO: In d. Bergschmiede. — Bootsbauers Junge. — Heimweh, s: Theater-Bibliothek (Richter).

Büchner, W. O., Heimweh, s.: Lustspiele Nr. 19.

Büchner, Wilh., üb. den Aias des Sophokles. Progr. 4. (18 S.) Offenbach 894. (Leipzig, G. Fock.) n. 1. 20

Büchner, Wilhelm [Dr.]: Ueber den Aias des Sophokles. Offenbach a. M., Druck v. J. Rothschild, *1894;* 18 S. 4.
Offenbach a. M., grossh. G u. grossh. R, OP 1894 (635)

— s. Cicero pro Sexto Roscio Amerinae oratio.

Büchner, W(ilh.) (II.), ärztliches Diarium. Ein tabellar. Geschäfts-Tagebuch für pract. Aerzte und Wundärzte. 4., verb. Ausg. Fol. (143 S., wovon 140 lithogr.) Nördlingen 850, Beck'sche Buchh. *

Büchner, Wilhelm, Prof. Dr.: Goethes Faust am Hofe des Kaisers. Darmstadt 1905: G. Otto. (15 S.) 4° [F.]
Darmstadt, großh. Neues G P 1905 (763)

Büchner, Wilh.: Goethes Faust. Analyse d. Dichtg. (6, 128) 8° Lpzg, BG Teubner '11. 2 —; L 2.80 d

Büchner, Wilh., Fauststudien. (VII, 82 S.) 8. Weimar 908. H. Böhlau's Nachf. 1. 80

Büchner, Wlh., der Feierabend. Eine Auswahl christl. Erzählungen u. Biographieen. 8. Stuttg. 837. Steinkopf. 1/3 ₰

— Festbüchlein. Eine Sammlung v. Betrachtungen, Erzählungen, Lebensbeschreibungen u. Gedichten für Schulen u. Familienkreise. Mit 1 Stahlst. gr. 12. Carlsruhe 838. Creuzbauer'sche Buchh. 1 1/4 ₰

—— Festbüchlein. Eine Samml. v. Betrachtn., Erzähln., Lebensbeschreibn. u. Gedichten f. Schulen u. Familienkreise. gr. 12. (18 3/4 B. u. 1 Stahlst.) Carlsruhe 838. [Nöldeke.]

Büchner, Wilh., Festbüchlein. Eine Sammlung v. Betrachtungen, Erzählungen, Lebensbeschreibungen u. Gedichten f. Schulen u. Familienkreise. 2. Aufl. 8. (340 S. m. 1 Holzschn.) Basel 852, Bahnmeier. 1/2 ₰

— Goldkörner aus dem literarischen Nachlasse eines christlichen Naturforschers (Sir Humphry Davy's). Gesammelt ꝛc. Erlangen 856. Palm u. Enke. 16. (IV. 72 S.) n. 8 ngr

Büchner, Wlh., die vier Grundformen des epidemischen Krankheitsgenius und dessen Verhältniß zur allgemeinen stationären Krankheitsconstitution. Ein Beitrag zur genauern Kenntniß epidemischen Krankheiten. gr. 8. Erlang. 836. Palm u. Enke. 5/12 ₰

— die rothe Heidelbeere ein bewährtes diätetisches Volksmittel, insbesondere ein vortreffliches Präservativ bei Epidemieen gastrischen Ursprungs (Cholera, Schleim- u. Wechselfieber). Nebst einigen Bemerkungen über kosmisch-miasmatische Krankheiten der neueren Zeit. Erlangen 856. Palm u. Enke. gr. 8. (23 S.) n. 4 ngr

—— Lehrbuch der Geschichte der deutschen Nationalliteratur nebst einem Abriß der deutschen Kunstgeschichte als Anhang. Für höhere Lehranstalten und den Selbstunterricht bearb. gr. 8. (XII und 371 S.) Mainz 852, Faber'sche Buchh. *

Buechner, Guilelmus [Breitenbachiensis]: De Neocoria. . . . Gissae. typ. Guilelmi Keller. 1888; 1 Bl. + 33 S. + 1 Bl. 8°
Giessen. Phil. Fak.. Inaug.-Diss. v. 1888

Buechner, Wilh., de Neocoria. gr. 8. (VIII, 182 S.) Giessen 888. Ricker. n. 3. 60

Buechner, Carolus Guilelmus Ferdinandus: De Graecae Mythologiae origine.
Halle-Wittenberg, Phil. Diss. v. 13. Febr. 1830
Geb. [Bardenitz b. Treuenbrietzen 26. 7. 1807]
Ms. fehlt. — Verf. erhielt zum goldenen Dr.-Jubiläum 1880 ein Glückwunschschreiben als Gymnasialdirektor a. D. in Schwerin.

Büchner, W.: Homerische Studien. I. Die Ebene von Troja und ihre Bedeutung für den trojanischen Krieg. 43 S. Progr. Schwerin G. Frider. 1871.

Büchner, Wilh., Homerische Studien. Abthl. I. II. gr. 4. Schwerin 872. (Berlin, Calvary und Comp.) à Abthl. * M 1,50. *

Inhalt:
Abthl. I. Die Ebene von Troja und ihre Bedeutung für den trojan. Krieg. (43 S.)
" II. Die Sagen von Ilion und ihre Verbreitung nach Ionien. Homer und Kreophylos. (36 S.)

Buechner, Car[olus] Guilelmus Ferd[inandus]: Theses controversae. Halis Saxonum (1830): Gebauer. 2 Bl. 8°
Halle-Wittenberg, Phil. Thesen v. 13. Febr. 1830

Buchnerin, Crescentia

Buchnerin, Chr., allerneuestes Münchner Kochbuch. gr. 8. Münch. 821. Fleischmann. 1 ₰ 6 gr

Buchnerin, Crescentia, die erfahr. münchener Köchin, od. vollständ. u. geprüft. bayer. Kochbuch f. herrschaftl. sowohl als bürgerl. Küchen eingerichtet ꝛc. Mit e. Anh. v. einigen nützl. Sachen f. d. Haushalt. gr. 8. (30 B.) München 838, Fleischmann.

Buch'odz, Pet. Jos., s. B u c h o z , Pierre Joseph.

Bucholdt, Curt [aus Zwickau]: Das Ectropium des Muttermundes ... Jena, Druck v. G. Neuenhahn, Univ.-Buchdr., 1891; 38 S. 8.
Jena, Med. Fak., Inaug.-Diss. v. [21. Apr.] 1891

Bucholdt, C. Das Ectropium des Muttermundes. Diss. gr. 8. (38 S.) Jena 891, (Neuenhahn). * — 80

Bucholtz, Abraham (Brandenburg/Mark), Problema V. juris criminalis an omnia delicta puniantur? Präs. Traugott Thomasius. Lpz. (Breitkopf) 16. IV. 1734. 28 S. (5.—) 4421
Gew.: Joh. Friedr. Haenel. — Widm. v.: Präs.

Bucholtz, Adolph, über Bursitis trochanterica. Inaugural-Dissertation. 8. (33 S.) München 885, (Ernst.) *

Bucholtz, Andrea Heinrich

- - , Der // Christlichen Königlichen // Fürsten Herkuliskus // und // Herkuladisla /// auch / Ihrer hochfürstlichen Gesellschafft // anmuthige // Wunder-Geschichte; // In sechs Büchern abgefasset /// und allen // GOtt- und Tugendergebenen Seelen zur Anfrischung // der Gottesfurcht / und ehrliebenden Ergetzlichkeit // aufgesetzet Anjetzo aber auf Verlangen etlicher guter Freunde wieder // heraus gegeben. // Franckfurt und Leipzig /// Zufinden bey Johann Philipp Andreä / Buchdruck- und Händler. // Im Jahr M DCC XIII. - Mit Kupfern. - 16 Bl (nicht paginiert) Titelblatter, Widmung, Vorrede, Inh und Namensregister. - 1460 S.
B. S. T. 4°.32.

—Des Christlichen Teutschen Grosz-Fürsten Herkules Und Der Böhmischen Königlichen Fräulein Valiska Wunder-Geschichte, In acht Bücher und zween Theile abgefasset ... Braunschweig, Verlegt durch Ludolph Schrödern, 1728

Bucholtz, C. F., u. L. W. Fischer, Erläuterungen, siehe: Fischer, L. W.

Bucholtz, F., z. Gedächtnis Friedrich v. Altens, s.: Schriften d. Oldenburger Landesvereins f. Altertumskunde u. Landesgeschichte.

Bucholtz, F., aus dem Oldenburger Lande. Bilder u. Skizzen. Eine Festgabe zum 26. Octbr. 1889, dem Tage der vor 100 Jahren in Oldenburg erfolgten Gründung der Gerhard Stalling'schen Verlagsbuchhandlg. u. Buchdruckerei. gr. 8. (V, 319 S. m. eingedr. Vignetten.) Oldenburg 890. Stalling's Verl. n. 5. —; geb. n.n. 6.50

v. Bucholtz, F. B., Geschichte d. Regierung Ferdinand des Ersten. Aus gedruckten u. ungedruckten Quellen herausg. 9 Bde. gr. 8. Wien 830—39. Schaumburg u. Comp. 20½ ₰

Bucholtz, F. B. v., Geschichte d. Regierung Ferdinand d. Ersten. Aus gedr. u. ungedruckten Quellen hrsg. 6 Bde. gr. 8. Wien, Schaumburg u. Comp. [1. (34½ B. u. Ferdinand I. Bildn.), 2. (33¼ B.) 831., 3. (45 B. u. F's. Grabmal in Kpfrst.) 832., 4. (42 B.) 833., 5. (39 B.) 834., 6. (36 B.) 835. à 2 Thlr.]

Bucholtz, F. B. v., Geschichte d. Regierung Ferdinand d. Ersten. Aus gedruckten u. ungedr. Quellen. 7. u. 8. Bd. u. Urkunden-Bd. Lex.-8. (135 B.) Wien 836, 38, Schaumburg u. Comp. Thlr. * 1—6. Bd. Ebendas. 1831—35. * 12 Thlr.

— s. Lambertus v. Aschaffenburg.

Bucholtz, Fedor, Beiträge zur Morphologie u. Systematik der Hypogaeen (Tuberaceen u. Gastromyceten pr. p.), nebst Beschreibg. aller bis jetzt in Russland angetroffenen Arten. Mit 5 z. Tl. color. Taf. u. Zeichngn. im Text. (In russ. Sprache.) (VI, 196 S.) gr. 8. Riga 902. (Berlin, R. Friedländer & Sohn.) n. 12. —

Bucholtz, Fed., zur Entwicklungsgeschichte des Balsamiaceen-Fruchtkörpers nebst Bemerkgn. zur Verwandtschaft der Tuberineen. (S. 121—141 m. 1 Taf.) gr. 8. Berlin 910. R. Friedlaender & Sohn. nn 2. —
Sonderabdruck aus „Annales mycol".

Bucholtz, Franz, Gerichtsass.: Altrechtliche gemeinschaftliche Testamente unter der Herrschaft des Bürgerlichen Gesetzbuches. Borna-Leipzig 1908: Noske. VIII, 64 S. 8°
Rostock, Jur. Diss. v. 15. Sept. 1908, Ref. Bernhöft
[Geb. 3. Aug. 77 Borken i. W.; Wohnort: Borken; Staatsangeh.: Preußen; Vorbildung: Gymn. Münster Reife O. 96; Studium: Freiburg i. B. 1, Bonn 1, Kiel 1, Berlin 1, Göttingen 2 S.; Rig. 30. Juli 08.] [U 09. 3648

Bucholtz, Franz Bernhard von. Geschichte der Regierung Ferdinand des Ersten ... Wien 1831—38. H: [Bd. 9] *Kaltenbäck, Johann Paul.* (BrMm)

Bucholtz, G.H.S. (Resp.): De deliriis,
s. N i c o l a i , E. A. (Praes.)

Bucholtz, Hermann, approb. Arzt aus Münster i. W.: **Aus d.** psychiatr. u. Nervenklinik zu Kiel. **Beitrag zur Lehre** von der amyotrophischen Lateralsklerose. *Kiel 1903: Schmidt & Klaunig.* (19 S.) 8°
Kiel, Med. Diss. v. [11. Nov.] 1903

Bucholtz, Karl, Geschäftskalender für die Beamten des Herzogthums Oldenburg und der Erbherrschaft Jever. gr. 8. Oldenburg 843, Stalling. 2/3 Thlr.

Bucholz, Carl, 4. Jahresbericht ꝛc., s. Jahresbericht.

Bucholtz, Leonid. Untersuchungen über die Lebensbedingungen der Bacterien. Preisschrift Dorpat 1882

Bucholtz, Leonid. Das Verhältniss von Bakterien zu einigen Antisepticis. Diss. Dorpat. 8°. 75 pp. 1876

Bucholtz, Margarete v., s. a. Buch, M. v.

[F.] Um Ehre und Ruhm. Erzählg v. M. v. Buch [d. i. Margarete v. Bucholtz]. *Berlin: Schriftenvertriebsanst.; (Christl. Zeitschriftenver.) 1897.* (120 S.) 1 Bd 8. [97. 6191

[F.] Sein Erbe. E. Familiengeschichte v. M. v. Buch [d. i. Margarete v. Bucholtz]. *Berlin: A. Goldschmidt 1896.* (1 Bl., 116 S.) 1 Bd 8.
= Bibliothek, Goldschmidts, f. Haus u. Reise. Bd 39. [96. 2607

Bucholtz, Margarete v. (M. v. Buch), sein eigener Feind. Erzählung aus den J. 1812—1818. 8. (205 S.) Leipzig 901. Sächs. Volksschriften-Verlag. n. 4.—; geb. n. 5.—

— **Gräfin de la Motte. Die Halsbandgesch. d. Königin Maria Antoinette als Anlass z. Revolution. Histor. Roman. (203) 8° Lpzg, Grunow & Co. ('12).** 2.50: L 3 — d

Bucholtz, Max Franz [Referendar]: Die gefundene Sache und ihre rechtliche Bedeutung nach gem. Recht ... Oberhausen, Buchdr. v. R. Kühne, *1894;* 55 S. 8.
Erlangen, Jur. Fak., Inaug.-Diss. v. 1894

BUCHOLTZ, Theodor (Eutin): Über Entzündung des Schleimbeutels am Trochanter maior. (Titel nach der Urkunde)
17.7.1885 - Urk; Chr 1885/86,16 **Diss. Ingolst.-Landsh.-Mchn.**

Bucholtz, Wilhelm Heinrich Sebastian, s. B u c h o l z , Wilhelm Heinrich Sebastian.

Bucholtz, Woldemar. Ueber die Einwirkung der Phenylsäure (Carbolsäure) auf einige Gährungsprocesse. Diss. Dorpat. 8°. 80 pp. 1866

Bucholz: N i o b e. Eine Tragoedie. Nach den mutmasslichen Grundlinien der aeschyleischen Trilogie und mit Benützung ihrer erhaltenen Fragmente. 60 S.–Erfurt, Progr. 1868

Bucholz: Trait de toutes les plantes ..., s. B u c'h o z , Pierre Joseph.

Bucholz, Christian Friedrich

Bucholz, Chr. Fr., († d. 9. Juni 1818.) drei chemische Abhandll.: Resultate e. chem. Zerglieder. des Hanfsamens, e. Untersuch. des sogenannten semen lycopodii u. Darstell. d. vorzügl. Resultate v. Versuchen über d. Molybdän. gr. 8. Erfurt 817. Maring. (Otto). 3 Gr.

— **Dies., zwei chem. Abhandll. 1) Es giebt e. salpetersaures Spießglanzoxyd. 2) Prüfung d. Proust'schen Essigsäure. gr. 8. Erf. 806. (Otto). 8 Gr.**

– s. A l m a n a c h f. Scheidekünstler.

— **chemische Analyse d. Schwefelquellen d. Günthersbades bei Sondershausen. 8. Sondersh. 816. Voigt in Ilm. 16 Gr.**

— Beitrag zur Kenntniss des Nickels und seiner Oxyde.

BUCHOLZ, CHRISTIAN FRIEDRICH.
Beiträge zur Erweiterung und Berichtigung der Chemie. Erfurt, 1799–1802. 3 vols., 8vo.

— **Beitrr. zur Erweiter. u. Berichtigung d. Chemie. 3 Hefte. gr. 8. Erf. 800, 2. Beyer. (Otto). 1 Thlr. 22 Gr.**

— — **ders. 3s Hft. 8. Erf. Rudolphi 802.**

— **Beweis d. Unzulänglichkeit d. von Vauquelin vorgeschriebenen Verfahrens, d. Messing ꝛc., s. Denkschriften d. Acad. d. W. in Münch. 1r Bd.**

Bucholz, Christian Friedrich, Entdeckung und Zerlegung eines fossilen krystallisirten kohlensauren Eisenoxyds, welches die merkwürdige Eigenschaft besitzt, nach dem Glühen nicht nur vom Magnet angezogen zu werden, sondern auch selbst Eisen anzuziehen.

— **d. Erfahrungen u. Meinungen über d. Darstell. d. Zuckers aus Pflaumen. gr. 8. Leipz. 813. Weygand. 2 Gr.**

Bucholz, Christian Friedrich: E s giebt ein salpetersaures Spießglanzoxyd, dargethan und nebst dessen merkwürdigen Eigenschaften beschrieben von Christian Friedrich Bucholz. Erfurt: Beyer & Maring 1806. 26 S. 8°.
(= Neue physikalische Abhandlungen der Akademie nützlicher Wissenschaften zu Erfurt. 1805, 2.)

– s. G r e y : Grundr. d. Chemie u. dessen Handbuch.

— **Grund. der Pharmacie. gr. 8. Erf. Beyer. 802.**

— **Grundriß d. Pharmacie, mit vorzügl. Rücksicht auf d. pharmac. Chemie, für d. ersten Anfänger d. Apothekerkunst. gr. 8. Erf. 802. 2e Aufl. aufs Neue durchges. u. herausg. von R. Brandes. 819. 3e A. herausg. v. F. C. Bucholz. 824. Maring. (Otto). 2 Thlr.**

— **Katechismus d. Apothekerkunst, oder Grundr. d. pharmaceut. Wissens in Fragen u. Antworten ꝛc. gr. 8. Erf. 810. Maring. (Otto). 3 Thlr. 12 Gr. 2e A., durchgesehen u. herausg. v. R. Brandes. 2 Bde. A. u. d. T.: Bucholz u. Brandes Handbuch d. pharmaceut. Wissenschaft. 1r, 2r Bd. gr. 8. Ebd. 820. 4 Thlr.**

— Kurze und vortheilhafte Methode, das Baryt aus dem schwefelsauren Baryt (Schwerspath) entweder kohlensauer, oder rein abzuscheiden.

– s. G. M o r v e a u : Abhandl. über d. Mittel d. Luft.

— **Taschenb. für Aerzte ꝛc. 8. Altona. (Vollmer, Hamb.). 796.**

Bucholz, Chr. Fr., Taschenbuch f. Aerzte u. Apotheker ꝛc. 8. Erfurt 796. (Herold jun. in Hamb.) 12 Gr.

— **Theorie u. Praxis d. pharmaceut.-chem. Arbeiten, od. Darstell. d. Bereitungsmethode d. wicht. Präparate ꝛc. 2 Thle. gr. 8. Basel u. Leipz. 812. Rottmann. 7 Thlr. 20 Gr. 2e Aufl. gr. 8. Ebd. 818. 6 Thlr. 12 Gr. 3e v. J. W. Döbereiner gänzl. umgearb. Aufl. A. u. d. T.: Döbereiner, Handb. d. pharmaceut. Chemie. Mit 1 Kpf. gr. 8. Ebd. 831. 4 Thlr.**

Bucholz, Chr. Fr., Theorie u. Praxis d. pharmac.-chem. Arbeiten, od. Darstellung d. Bereitungsmeth. d. wichtigsten pharmac.-chem. Praeparate, nach d. neuesten Erfahrn. u. rücksichtl. ihr. Brauchbarkeit u. Vorzüglichkeit geprüft. 8., v. J. W. Doebereiner gänzl. umgearb. Aufl. — A. u. d. T.: Handbuch d. pharmac. Chemie v. Doebereiner. M. 1 Kpfr. gr. 8. (49 B.) Leipzig u. Basel 831, Rottmann. [Cnobloch.]

Bucholz, Christian Friedrich, Neue Untersuchung des schörlartigen Berylls von Altenberg, Stangenstein nach Karsten, (Pycnite nach Hauy.)

— **Versuche zur endl. Berichtigung d. Bereitung d. Zinnobers auf nassem Wege. gr. 8. Erfurt 801.**

— **u. Trommsdorffs chem. Versuche über d. Gewinnungsart d. leichten Salzäthers. Mit 1 Kpf. gr. 8. Erfurt 804. Beyer. (Otto). 6 Gr.**

Bucholz, F. A.: Beiträge zur Theorie der Alkoholwirkung. I.-D. 45 S. Marburg 1895.

Bucholz, F. C., s. Bucholz, Christian Friedrich

Bucholz, Friedrich Adolf [app. Arzt aus Erfurt]: Beiträge zur Theorie der Alkoholwirkung. '(Aus d. pharmakolog. Institut zu Marburg.)' ... Marburg, Univ.-Buchdr. v. J. A. Koch, 1895; 45 S., 1 Bl. 8.
Marburg, Med. Fak., Inaug.-Diss. v. 9. Febr. 1895

Bucholz, Friedrich Gustav (Erfurt), De fractura fibulae. Diss. med. Halle (Schmidt) 11. VII. 1854. 39 S., mit Biogr. (M.: A. Hertzberg.) (4.20) 4426
Oppon.: A Wolff, E. Noth.

Bucholz, Hermann, approb. Arzt aus Erfurt: Beitrag zur Kenntnis der Pachymeningitis interna. *Leipzig 1901: B. Georgi.* (34 S.) 8°
Leipzig, Med. Diss. v. (19. Juni) 1901

Bucholz, Wilhelm Heinrich Sebastian

Bucholz, Wlh. Hnr. Seb., (†d. 16. Dec. 1798.) Abhandl. der Verbess. des Spießglas-Schwefelsbete. gr. 4. Münch. 773. G. Franz. 2 ℛ

– s. Jh. Alderson: Versuche.

— über d. Ruhlaer Bad; nebst histor. u. statist. Beschreib. von Ruhla, mit Kpf. gr. 4. Eisenach 795. Bärecke. (W. Nauck in Leipz.) 18 ℛ

– s. Bartlet: Pharmacop.

Bucholz, Wilhelm Heinrich Sebastian: Beyträge zur gerichtlichen Arzneygelahrheit und zur medicinischen Polizey.
Bd. [1] – 4. Weimar: C. L. Hoffmann 1782-93. 2 Bde 8°
[Bd. 1:] 1782.
Bd. 2: 1783.
Bd. 3: 1790.
Bd. 4: 1793.

– s. Cadogan: Abhandl.

— Ueber die vorgebliche giftige Eigenschaft des Witherits, der Schwererde und der salzsauren Schwererde. Weimar, 1792.

– s. Gaub: Entwürfe.

– s. Göttling: pharmaceut. Chemie.

Ueber die antiseptischen Kräfte des Wolverley; Achard's Manier Bergkrystalle mittelst fixer Luft zu erzeugen . . . Erfurt, 1785.

— üb. verdorbene Luft in Gefängnissen, s. T. Lowitz, Reinigung.

— pratique et moderne Médicine. II Tom. gr. 8. Paris. Société à B. 787.

— Nachr. von d. jetzt herrschenden Fleck- u. Frieselfiebern. 8. Weim. 772. 2e A. 773. Hoffmann. 4 ℛ

— Nachr. von etlichen destillirten Oelen, s. J. F. A. Göttling, Blasemaschinen.

– s. Quatremer: Auflösung.

– s. Rosenstein: Kinderkrankheiten.

— De sulphure minerali. Jenæ, 1762.

Bucholtz, Wilh(elm) Heinr(ich) Sebast(ian) (Hrsg.u.Comm.):

s.: Turra, Antonio: Briefe über die fiebervertreibenden Kräfte der Roß-Kastanien-Baumrinde. Aus dem Italienischen. Weimar: 1783

— chem. Untersuch. über d. vorgebl. giftigen Eigenschaften d. Witherits, d. Schwererde rc. 8. Weim. 792. Hoffmann. 4 ℛ

BUCHOLZ, WILHELM HEINRICH SEBASTIAN.
Chymische Versuche über das Meyerische Acidum pingue. Weimar, 1771. 8vo.
See Meyer, Johann Friedrich, *and cf.* Cranz; *also*, Jacquin.

Bucholtz, Wilhelm Heinrich Sebastian: Chymische Versuche über einige der neuesten einheimischen antiseptischen Substanzen. 104 S., gbd.

Weimar: Hoffmann 1776

— chem. Versuche über d. Meyersche acidum pingue. 8. Weim. 771. Hoffmann. 5 ℛ

— chem. Versuche üb. einheim. antiseptische Substanzen. 8. Weim. 775. Hoffmann. 5 ℛ

Bucholz, W. H. Seb., chym. Vers. über einheim. antiseptische Substanz. 8. Weim. Hoffmann. 776

— Versuche über d. antisept. Kräfte des Wolverley. 4. Erf. 785. Keyser. 3 ℛ

— Vers. üb. d. Kräfte des Wolferley. 4. Erfurt, Keyser. 785.

Buchon, J. A., Meister Bernhard, s. Meister.

Buchon, J. A., Geschichte v. Frankreich, s. Maitre Pierre, auch Meister Bernhard.

Buchon, M., Souvenirs, s.: Sammlung französ. Lesestücke.

Buchon, Max., le fils de l'ex-maire. Edit. autorisée. Leipzig 857. A. Dürr. 32. (200 S.) 15 ngℛ

Buchonia, e. Zeitschrift f. vaterländ. Geschichte, Alterthumskunde, Geographie, Statistik rc., herausg. v. J. Schneider. 1r Bd. 2 Hefte. Mit 4 Steindr. gr. 8. Fulda 826. Müller. 2 ℔

v. Buchowski, C., Grundlehren d. höhern Analyse, z. Gebrauch in den obern Classen gelehrter Schulen u. zum Selbstunterricht. Mit 1 Kpf. gr. 8. Posen 823. Munck. (Heine u. C.) 1 ℔ 12 ℛ

Buchowski, C.: De logistica seu linea logarithmica et de seriebus ex ea per calculum differentialem et integralem ad supputandos diversorum systematum logarithmos evolvendis. 15 S. Progr. Posen 1828.

Buchowski, Kazimierz v.: Grundlehren der höheren Analyse zum Gebr. in den oberen Classen der gelehrten Schulen ... Posen: Munk 1823. XII, 272 S. 8°.

Buchoz, Pierre Joseph

— Abbild. d. Vögel; aus seinem großen französ. Werke. Mit 40 Kpf. gr. 4. Nürnb., Winterschmidt. 4 ℔ 16 ℛ

Buchoz: Okonomisch-physikalische Abhandlung v. Federvieh ... Aus d. Franz. übers. v. J. W. Consbruch. Münster 1777. (22) 284 S. (Als ein Supplem. zu Buffons Naturgeschichte).

— ökonom.-physikal. Abhandl. vom Federvieh; aus d. Französ. (v. J. W. Consbruch). gr. 8. Münst. N. A. 805. Coppenrath. (W. Nauck in Leipz.) 20 ℛ

— ökonom. physikal. Abhandl. vom Federvieh. a. d. Franz. Münster, Coppenrath. (Sommer in Leipz.), 805.

Buchoz, Pierre Joseph: Abhandlung von der Schwindsucht. Aus d. Franz. übers. Frankfurt u. Leipzig: Felßecker 1770. 124 S. 8°.

Buchoz, Auszug d. vierfüß. Thiere, Fische ꝛc. aus s. großen franz. Werke. m. K. gr. 4. Nürnb. Winterschmidt.

— Auszug aus seinem großen franzöſ. Werke: die vierfüß. Thiere, Fische u. s. w. betreff. Mit Kpf. gr. 4. Nürnb., Winterschmidt. 2 Alph 9 ℳ

— anderl. Briefe über die Art, durch den Bau ausldnd. Gewächse sich zu bereichern. 3 Thle. 8. Nürnberg, Stein. 772 bis 74.

BUCHOZ, [ ]: Vom Federvieh in Vorhöfen u. Vorwerken. Wien 1785. Winkler Kat. I. Anh. Nr. 417.

— u. Marquets neueste Heilkunde; aus d. Französ. Mit Kpf. gr. 8. Nürnb. 777. Felßecker. 18 ℳ

— manuel usuel et économique des Plantes. 12. ibid.

— Médecine végétale. 8. Bern, Typogr. Soc.

— traité des plantes qui servent à la teinture et à la peinture. 12. Strasb. König. 785.

— traité de toutes les plantes qui peuvent servir d'ornement dans les jardins etc. gr. 8. Paris. (Sommer, Leipz.). 801.

Buchreis, Adam, Panorama der Welt- und Kulturgeschichte. Nürnberg 1909. 8°.

Buchrevisor, der. Beiblatt zur Zeitschrift f. Buchhaltg. Hrsg. v. Hans Belohlawek. 1.—4. Jahrg. 1903—1906. à 4 Nrn. (à 8 S.) gr. 8. Linz, Zentraldruckerei vorm. E. Marois. à Jhrg. n.n. 2.—

Buchrevisor, der, Fortsetzg., s.: Zeitschrift f. Buchhaltung.

Buch-Roman. Osk. Meister. 3. J. Nov. '11—Okt. '12. 52 Nrn. = Bd IX—XII u. Bd XIII, Nr 1—6. (Nr 1: 24) 8° Werd., O Meister. viertelj. 1.25; einz. Nrn — 10 d

Buchrucker, der Alkohol. Vortrag, geh. am 8. III. 1902 in e. Versammlg. der Salinenarbeiter. gr. 8. (15 S.) Villingen 902. C. Görlacher. n. — 20

Buchrucker, v., s.: Zeitschrift, neue kirchliche.

Anleitung für eingetragne Genossenschaften zum Verkehr mit dem Registergericht. Von Albert Buchrucker. Neuwied: Landw. Central-Darlehnskasse f. Deutschl. 1906. (x, 227 S.) 8° [F.] [07. 4048 B

Unbeschränkte oder beschränkte Haftpflicht? Welche Art d. Rechtsform ist f. ländl. Kreditgenossenschaften die geeignetste? Erl. u. beantw. im Auftr. d. Generalverbandes ländl. Genossensch. f. Deutschland von Albert Buchrucker. Neuwied: Raiffeisen-Dr. 1905. (29 S.) 8° [F.]
— Raiffeisen-Bibliothek. Bd 11. [06. 4400

[F.] Buchrucker, Bruno [Prof.]: Die Arithmetik der Realschule, zurückgeführt auf 12 einfache Sätze. ([Umschlagt.:] Die 12 wesentlichen Sätze der 7 Grundrechnungsarten.) Elberfeld, Baedekersche Buchdr., 1897; 14 S. 4.
Elberfeld, R in d. Nordstadt, P 1897 (516)

Buchrucker, Bruno, d. Überschätzung d. Kunst. Vortrag, geh. a. 3. Dezbr. 1894 i. Elberfeld. gr. 8. (20 S.) Elberfeld 895. Verl. d. evang. Jünglingsvereinshauses. — 25

[F.] Buchrucker, Bruno [Prof.]: Wie kann die Einführung in das mathematische Rechnen erleichtert werden? '(M. e. Anhang über abgekürztes Rechnen.)' Elberfeld, gedr. bei A. Martini & Grüttefien, 1895; 22 S. 4.
Elberfeld, R in d. Nordstadt, P 1895 (508)

Buchrucker, Chr. Fr., Lavaters Monument in Steigerwald. gr. 8. Nürnb. 800. Raw. 2 ℳ

— christl. Poesien. 4 Bdchen. 4. Nürnb. 804. (v. Ebner). 16 ℳ

— christl. Poesien. 4 Bdchn. 4. Nürnb. Lechner. 804.

— christl. Umschreib. d. Psalmen. 1r Thl. 8. Nürnb. 787. Monath u. Kußler. 3 ℳ

— christl. Umschr. der Psalmen. 1r Thl. Nürnb. Monath. 788.

Buchrucker, Karl, unser Abschied e. gemeinsame Stärkung im Glauben. Abschieds-Predigt üb. Marc. 4, 26—29 am 1. Sonntag nach Trinitatis, den 15. Juni 1873 geh. in der Hauptkirche zu Nördlingen. gr. 8. (10 S.) Nördlingen 873. Beck'sche Buchh. n. — 20

— u. v. Stählin. Zum ehrenden Andenken des Erlanger Philologen Dr. Ludw. v. Döderlein. Zwei Reden, an dessen 100. Geburtstag in München geh. 8. (40 S.) Lpz. 892, Deichert Nachf. — 60

Buchrucker, Karl, Anfang und Ende des göttlichen Heilsplanes. Vortrag gehalten am 3. März 1875 im evangel. Saale zu Stuttgart. 8. (28 S.) Stuttgart 875, Buchh. der evangel. Gesellschaft. *

— Christian Friedrich Buchrucker. Ein Seelsorgerleben aus der Wende des vor. und des gegenwärt. Jahrh. beschrieben von dessen Enkel. 2 Abthlgn. gr. 8. München 876, Kaiser. [1. Abthl. (VIII, S. 1—128.) * ℳ 1,60.; 2. Abthl. (S. 129—373.) * ℳ 3,20.] *

Buchrucker, Karl, Christian Friedrich Buchrucker. Ein Seelsorgerleben aus der Wende des vor. u. des gegenwärtigen Jahrh., beschrieben von dessen Enkel. 2. Abth. gr. 8. (S. 129—373.) München 877. Kaiser. n. 3. 20 (cplt.: n. 4. 80)

— zum Gedächtniß Ihrer Majestät der verewigten Königin Wittwe Amalie von Griechenland, geb. Prinzessin von Oldenburg. gr. 8. (11 S.) München 875, Th. Ackermann. *

Buchrucker, Carl, die biblische Geschichte. Nach ihrem Zusammenhange mit den Worten der heil. Schrift für die Volksschule erzählt. 1.—4. Aufl. 8. (VIII und 212 S.) Nürnberg 864—67, Sebald. **

Buchrucker, Karl, die Großthaten Gottes u. unser Glaube. 20 Predigten vornehmlich f. die Festtage d. Kirchenjahres. gr. 8. (VII, 213 S.) Nördlingen 883. Beck. n. 2. 25; geb n.n. 3. 25

Buchrucker, Karl. Grundlinien der kirchlichen Katechetik. gr. 8. (X, 250 S.) Berl. 889, [Reuther.] Reuther u. Reichard. 4 —

— Dr. Martin Luther's kleiner Katechismus mit erklär. Fragen und Antworten und erläut. und beweis. Sprüchen der heil. Schrift sammt der Augsburg. Confession. Ein Revisionsvorschag. 8. (IV und 104 S.) Nürnberg 867, Sebald. *

Buchruker, Karl, Dr. Martin Luther's kleiner Katechismus. 24. (revidirte) Auflage. Nürnberg. Sebald. (M.-Erl. 23 Juni 1891. Z. 12557) —.12

Buchrucker, Carl, der Leidensgang von Gethsemane nach Golgatha. In sechs Passionspredigten dargestellt. (Abdr. aus der 2. Aufl. des Neumarkter Predigtbuchs.) Nürnberg 864. Zeiser. gr. 8. (56 S. u. 1 Stahlst.) 6 ngr.

— Der Normalkatechismus der christlichen Kirche. gr. 8. (IV, 170 S.) Nürnb. 890, Sebald. * 2 —

— Rede bei dem Fest-Gottesdienste aus Anlass der goldenen Hochzeitsfeier des deutschen Kaiserpaares, am 11. Juni 1879 in der prot. Hauptkirche zu München geh. gr. 8. (16 S.) München 879. Kaiser. n. — 20.

— Rede am Grabe des Hrn. Christian Friedrich v. Böckh, Dr. der Theologie und k. Oberkonsist.-R. a. D., gestorben am 27. Septbr. 1875. Gehalten am 29. Septbr. 1875. gr. 8. (8 S.) Ebendas. 875.

— Rede am Grabe d. Hrn. Chr. F. v. Böckh, D. d. Theologie u. k. Oberkonsist.-R. a. D. 8. (8) Münch. 75, T. Ackermann. — 30

—— Rede am Grabe des Hrn. Dr. Adolf v. Harleß, Oberkonsistorialpräsidenten a. D. und Reichsraths der Krone Bayern, am 7. Septbr. 1879 auf dem nördl. Friedhofe zu München gehalten. gr. 8. (14 S.) München 879, Kaiser. *

—— Reden bei der Beerdigung Sr. Excellenz des Herrn Dr. Ludwig Frhrn. v. d. Pfordten, k. bayer. Staatsrath in a. o. D., gehalten am 19. Aug. 1880 im Hause und am 21. auf dem südl. Friedhofe zu München. gr. 8. (10 S.) München 880, Kaiser. *

— der christliche Religionsunterricht in der Volksschule. 2. u. 3. Bdchn. Nürnberg 859—62. Sebald. 8. Jedes Bdchn. n. 24 ngr.

2. Bdchn.: Welches ist die Gemeinschaft der Christen mit Gott? Ein Leitfaden zum Katechismusunterricht in der Volksschule. (XVI, 318 S.)

3. Bdchn.: Der Gesangbuchsunterricht oder Wie übt die Kirche ihre Gemeinschaft mit Gott? Ein Leitfaden zum Gesangbuchsunterricht in der Volksschule. (XII, 352 S.)

1. Bdchn. erschien u. d. T.: Wie ist die Gemeinschaft Gottes und der Menschheit zu Stande gekommen?

— der christliche Religionsunterricht in der Volksschule. 1. Bd. A. u. d. T.: Der bibl. Geschichtsunterricht od.: Wie ist es zu der Gemeinschaft Gottes u. der Menschheit gekommen? Ein Leitfaden f. die Hand des Lehrers. 2., gänzlich umgearb. Aufl. 8. (XII, 441 S.) Nürnberg 880. Sebald. n. 3. —

Buchrucker, Karl, der christliche Religionsunterricht in der Volksschule. 2. und 3. Bd. 8. Nürnberg, Sebald. *

Inhalt:

Bd. 2. Der Katechismusunterricht oder welches ist des Christen Gemeinschaft mit Gott? Ein Leitfaden für die Hand des Lehrers. 2. verb. Aufl. (XX, 337 S.) 886. *M 2.60.

" 3. Der Gesangbuchsunterricht oder wie übt die Kirche ihre Gemeinschaft mit Gott? Ein Leitfaden zum Gesangbuchsunterricht in der Volksschule. 2. verb. Aufl., (XVI, 350 S.) 887. *M 2.80.

1. Bd. Ebendas. 1880. *M 3.—.

Buchrucker, Karl v., der Schriftbeweis im Katechismusunterrichte. Eine katechet. Studie gr. 8. (VI, 151 S.) Gotha 893. G. Schloeßmann. n. 2. 40

—— seid getrost, ihr Getreuen, mitten im Kampfe! Synodal-Predigt über Psalm 46, 2—6 gehalten am 28. Juli 1857, in der Stadtkirche zu Neustadt an der Aisch. gr. 8. (24 S.) Nürnberg 857(60), Raw'sche Buchh. *

Buchrucker, Karl, die zwiefache Sünde der Zeit. Predigt am S. Invocavit als dem Buß- u. Bettage über Jerem. 2, 13. gehalten. Nördlingen 870. Beck. 8. (11 S.) n. 2 ngr.

Buchrucker, Carl, die Versuchungen der Zeit und unser Trost in denselben. Predigt am 9. Sonntag nach Trin. 1863 über 1. Cor. 10, 6—13 in der Stadtkirche zu Nördlingen gehalten. gr. 8. (11 S.) Nördlingen 863, Beck'sche Buchh. *

—— Was Gott an unserm theuern Königshause und durch dasselbige an uns gethan. Predigt zur Feier des Jubiläums der 700jähr. Regierung des Hauses Wittelsbach, gehalten am 25. Aug. 1880 in der evangel. Hauptkirche zu München. gr. 8. (10 S.) Nürnberg 880, Raw'sche Buchh. *

— der Weg des Friedens. Gebete u. Betrachtungen zur Begleitung durch's Leben vom Tage der Confirmation an, zugleich ein Beicht- u. Communionbuch. 865. — 2. Aufl. Ebend. 869. 8. (VIII, 246 S.) n. 12 ngr.; geb. n. 21 ngr.

—— der Weg des Friedens. Gebete und Betrachtungen zur Begleitung durch's Leben vom Tage der Confirmation an, zugleich ein Beicht- und Communionbuch. 3. Aufl. 8. (VIII, 246 S.) Nördlingen 876, Beck'sche Buchh. M. 1,20.; geb.

— der Weg d. Friedens. Gebete u. Betrachtgn. zur Begleitg. durchs Leben vom Tage der Konfirmation an, zugleich e. Beicht- u. Kommunionbuch. 4. Aufl. 8. (VIII, 249 S.) Nördlingen 883. Beck. 1. 20; geb. m. Goldschn. n. 2. 20

—— Der Weg des Friedens. Gebete u. Betrachtgn. zur Begleitg. durchs Leben vom Tage der Konfirmation an, zugleich ein Beicht- u. Kommunionbuch. 5. Aufl. 8. (X, 249 S.) Münch. 889, Beck. * 1 20; geb. m. Goldschn. * 2 20

-- Wie ist die Gemeinschaft Gottes und der Menschheit zu Stande gekommen? Ein Leitfaden für den biblischen Geschichtsunterricht in der Volksschule. Nürnberg 859. Raw. 8. (XVI, 328 S.) n. 24 ngr.

Bildet das 1. Bdchn. von des Verf.: „Der christliche Religionsunterricht x."

Buchrucker, L. [Bergingenieur aus Zeulenroda (Thür.)]: Die Mineralien der Erzlagerstätten von Leogang im Kronlande Salzburg. . . . (Aus: Zeitschr. f. Krystallogr. u. Mineral. XIX. Bd.) Leipzig. W. Engelmann, 1891: 58 S., 3 Taf. 8°

München, Phil. Fak., Inaug.-Diss. v. 1891

Buchrucker, W., kirchliche Nachrichten und Nachweisungen über Herzog Leopold von Anhalt, s. Nachrichten und Nachweisungen.

Buchrucker, Wolfgang

Buchrucker, W., von den sogenannten [namentlich den katholischen] Kalenderheiligen, nebst den unbeweglichen Festtagen. Ein unentbehrl. Beitrag zur Kalenderkunde überhaupt. gr. 8. (51 S.) Lübben 888. (Leipzig, Buchhandlg. d. Vereinshauses.) n. — 50

Buchrucker, Wolfg. Von den sogenannten [namentl. den katholischen] Kalenderheiligen, nebst den unbeweglichen Festtagen. Ein unentbehrl. Beitrag zur Kalenderkunde überhaupt. gr. 8. (51 S.) Lübben 888. (Lpz., Wallmann.) * — 50

Buchrucker, Wolfg., Haddon Spurgeon. Lebensbild eines Predigers aus neuester Zeit. Mit einem Anh.: dessen Predigt über das größte Gebot. Aus und nach dem Engl. Jena 863. Costenoble. 8. (VII, 94 S.) 12 ngr.

Buchruker, Karl, s. B u c h r u c k e r, Karl

Buchs, Coelestin (geb. Kosten 24. 9. 1843): Geschichtliche Darstellung der Faserstoffkrase der neueren Humoralpathologie in ihrem Zusammenhange mit den Entzündungen. Berlin (1867). (32 S.) 8°

Berlin, Med. Diss. v. 2. Aug. 1867

Das Tagebuch Dietrich Sigismund v. Buchs ⟨1674–1683⟩. Hrsg. von Dr. Ferdinand Hirsch, Prof., Berlin. Bd 1. 2. Leipzig: Duncker & Humblot 1904–05. 2 Bde 8° [F.]
(Veröffentlichungen d. Vereins f. Gesch. d. Mark Brandenburg.) 05. 13778

Buchs, Georg. Über den Ursprung des Kopfskeletes bei Necturus. Diss. Med. Univ. Zürich. Mit 3 Tafeln. *Kopftitel:* ⟨Aus dem anatomischen Laboratorium der Universität Würzburg.⟩ — ([Separatabdruck aus:] Morpholog[isches] Jahrb[uch]. Bd. 29, [1901].) 36 S. 8. Leipzig, Wilhelm Engelmann, 1902.

Buchsbaum, Der Gaystliche. Von den streit des Fleischs wider den Gayst . . . O. O. u. J. V: *Witzstat von Wertheim, Hans.* (Bz)

Buch- u. Kunstschau, Wiener. Hrsg. u. Red.: Hugo Heller. J. '12. (Jan.: 24 m. Abb.) 8° Wien, H Heller & Co. 2 — d

Buchschriften, Die, des Mittelalters mit besonderer Berücksichtigung der deutschen und zwar vom 6. Jahrh. bis zur Erfindung der Buchdruckerkunst . . . Wien 1852. V: *Auer von Welsbach, Alois.* (cb)

Buchschriften, die, des Mittelalters, mit besond. Berücksichtigung der deutschen, und zwar vom 6. Jahrh. bis zur Erfindung der Buchdruckerkunst. Historisch-technisch begründet von einem Mitgliede der k. k. Hof- und Staatsdruckerei zu Wien bei Gelegenheit der Herausgabe des Urkundenbuches für das Benediktiner-Stift Kremsmünster. gr. 8. (45 S. mit 23 Taf.) Wien 852, (Braumüller.) **

Buchschriften, die, des Mittelalters mit besonderer Berücksichtigung der deutschen, und zwar vom sechsten Jahrhundert bis zur Erfindung der Buchdruckerkunst. Historisch-technisch begründet von einem Mitgliede der k. k. Hof- u. Staatsdruckerei zu Wien bei Gelegenheit der Herausgabe des Urkundenbuches für das Benediktiner-Stift Kremsmünster. Wien 852. (Gerold.) gr. 8. (45 S. u. 23 lith. Taf.) n. 16 ngl

Vgl. Urkundenbuch 2c.

Büchsel, Klee, G. Knak, Worte des Dankes, s. Klee.

Büchsel, Elisab., Kinderspiel auf Hiddensee. Ein Bilderbuch f. kleine u. grosse Leute m. farb. Orig.-Lithogr. v. B., u. Versen v. Helene Görcke u. a. (32 S.) 20×28 cm. München (909). H. Eigner. Kart. 2. —

Büchsel, F: Der Begriff d. Wahrh. in d. Evangel. u. d. Briefen d. Johannes, s: Beiträge z. Förderg christl. Theol.

Büchsel, Friedrich, cand. theol. a. Stücken: Die Christologie der Offenbarung Johannis. Halle a. S. 1907: C. A. Kaemmerer & Co. (64 S.) 8°

Halle, Theol. Fak., Ref. Lütgert, Diss. v. 2. Aug. 1907

[Geb. 2. Juli 83 Stücken, Reg.-Bez. Potsdam; Wohnort: Halle a. S.; Staatsangeh.: Preußen; Vorbildung: Paulinisches Gymn. Münster i. W. Reife O. 01; Studium: Tübingen 2, Halle 5 S.; Rig. 6. Juni 07.]

Büchsel, H: Theosophie u. Christentum. Vortr. (39) 8° Hambg, Ev. Bh. '10. — 30 d

Bisher u. d. T.: Kunst- u. Buchschau, Wiener.

Büchsel, K.

—— Christus der gute Hirt. Predigt über das Evang. St. Joh. X., 12—16. gehalten am Sonnt. Miser. Dom. gr. 8. (16 S.) Berlin 850. (Leipzig, Thomas.) *

Büchsel, K., Am ersten das Reich Gottes. Predigt üb. Evang. St. Matth. VI., V. 33., gehalt. am Buß- u. Bettage 1850. gr. 8. (15 S.) Berlin 850. (Leipzig, Thomas.) n. 3 ngl

— die innere Mission. Predigt üb. Luc. X, 23—37. u. Apostel-Geschichte VIII, 26—40. gehalt. am 13. Sonnt. nach Trin. 1849. 8. (14 S.) Berlin 849, Wohlgemuth's B. (W. Schultze) in Comm. n. 2 ngl

— die beiden Wege. Predigt üb. Matth. 7, V. 13 u. 14. gehalt. am 23. post Trin. 1849. 8. (13 S.) Berlin 849, Wohlgemuth's B. (W. Schultze) in Comm. n. n. 1/12 ℛ

— die Wunder des Herrn. Predigt am III. post Epiph. 1848 üb. St. Matth. 11. V. 2—5. gehalten. 2. Aufl. gr. 8. (15 S.) Ebd. 850, in Comm. n. n. 1/12 ℛ

Büchsel, Karl, Referendar: Der Anteil der Verwaltungsorgane im System des Rechtsschutzes des geistigen Eigentums. Greifswald 1907: J. Abel. (50 S.) 8°

Greifswald, Jur. Fak., Ref. Stoerk, Diss. v. 13. April 1907

[Geb. 18. Febr. 85 Stücken b. Beelitz (Bez. Potsdam); Wohnort: Stettin; Staatsangeh.: Preußen; Vorbildung: Gymn. Kottbus, Münster (Westf.) Reife O. 03; Studium: Tübingen 1, Leipzig 4, Greifswald 2 S.; Rig. 13. Dez. 06.]

Büchsel, Carl, Erinnerung an den Markgrafen Johann von Küstrin. Ein Vortrag gehalten im Auftrage des Evangel. Vereins zu Berlin. Berlin 856. Schlawitz. 32. (53 S.) n. 6 ngl

— Erinnerungen aus meinem Berliner Amtsleben. Berlin 1886. 8.

Büchsel, C., Erinnerungen aus meinem Berliner Amtsleben. 4. Bd. der „Erinnerungen aus dem Leben eines Landgeistlichen". 3. Aufl. Nebst Bildniß d. Verf. 8. (IV, 176 S.) Berlin 888. Wiegandt & Grieben. n. 1. 60

Büchsel, C., Erinnerungen a. meinem Berliner Amtsleben. 4. Bd. d. „Erinnergn. a. d. Leben e. Landgeistlichen". 4. Aufl. 8. (IV, 176 S. m. Bildn.) Berlin 897. Wiegandt & Grieben. n. 1. 60

Büchsel, C., Erinnerungen aus dem Leben eines Landgeistlichen, s. a. Erinnerungen.

Büchsel, Dr., Erinnerungen aus dem Leben eines Landgeistlichen. Stuttg. 1865. 8.

Büchsel, Erinnergn a. d. Leben e. Landgeistlichen. 1. Bd. 5. Afl. 8. (303) Berl. 71, Wiegandt u. G. n. 2. —

Büchsel, Erinnerungen aus dem Leben e. Landgeistlichen. 1. Bd. 5. Aufl. u. 2. Bd. 3. Aufl. 8. (VI, 303 u. 266 S.) Berlin 874. 76. Wiegandt & Grieben. à n. 2. —

Büchsel, C., Erinnerungen aus dem Leben eines Landgeistlichen. 1. Bd. 6. Aufl. 8. (VIII, 303 S.) Berlin 882, Wiegandt und Grieben. *

2. Bd. Ebendas. 1876. *ℳ 2.

—— dass. — 3. Bd. 2., durch Jugenderinnerungen verm. Aufl. 8. (IV, 316 S.) Ebendas. 883. *

Büchsel, C., Erinnerungen aus dem Leben e. Landgeistlichen. 2 4. Bd. 8. Berlin, Wiegandt & Grieben. n. 6. 10

2. 4. Aufl. (III, 260 S.) 886. n. 2. —

3. 2., durch Jugenderinnergn. verm. Aufl. (IV, 316 S.) 883. n. 2. 50

4. Erinnerungen aus meinem Berliner Amtsleben. (IV, 196 S.) 885. n. 1. 60

—— dass. — 4. Bd.: Erinnerungen aus meinem Berliner Amtsleben. (IV, 196 S.) 1885; 2. Aufl. (.... S.); 3. Aufl. 8. (IV, 176 S. nebst Bildniß des Verf.) Ebendas. 888. *

Büchsel, C., Erinnerungen aus dem Leben eines Landgeistlichen. 1. und 2. Bd. 8. Berlin, Wiegandt und Grieben. [1. Bd. 7. Aufl. (VIII, 303 S.) 888; 2. Bd. 4. Aufl. (III, 266 S.) 886.] à Bd. *ℳ 2.—. *

— dasselbe. 3. Bd. 3., durch Jugenderinnerungen verm. Aufl. 8. (316 S.) Ebd. 889. n. 2. 50

Büchsel, C. Erinnerungen aus dem Leben e. Landgeistlichen. 2. Bd. 5. Aufl. 8. (III, 266 S.) Berl. 892, Wiegandt u. Grieben. * 2 —

1., 3. u. 4. Bd. Ebd. 1885—89. * 6 10.

Büchsel, C., Erinnerungen a. d. Leben e. Landgeistlichen. 1. u. 3. Bd. 8. Berlin 897. Wiegandt & Grieben. n. 4. 50

1. 8. Aufl. (VIII, 312 S.) n. 2. —

3. 4. Aufl. (327 S.) n. 2. 50

Büchsel, C., Erinnerungen aus dem Leben e. Landgeistlichen. Neue wohlf. Ausg. der Gesamtausg. 9. Aufl. (VIII, 597 S.) 8. Berlin 907. M. Warneck. 5.—; geb. in Leinw. 6. —

—— Zu seinem Gedächtniß, s. Braun, Thdr. u. Fischer.

Büchsel, Karl, Gedächtniß-Predigt auf den am 20. Sept. 1832 in den Flammen umgekomm. Pastor zu Löknitz Julius Thdr. Moll, gehalten zu Löknitz d. 7. Oct. 1832. gr. 8. Berlin 833. Mittler. baar 1/6 ℛ

Büchsel, Carl, von d. Gotteskraft des Evangeliums v. Christo. Antritts-Predigt am Sonnt. Rogate 1846 gehalt. gr. 8. (1 B.) Berlin, Thome. Thlr. *

— Ordnung u. Lieder für Betstunden während der Kriegszeit 866. — 2. unveränd. Aufl. Berlin 870. Heinicke. 16. (32 S.) n. 1 ngr

—— Ordnung und Lieder für Betstunden während der Kriegszeit. 2. unveränd. Aufl. 16. (32 S.) Berlin 874, Heinicke. *

— Pfingstgabe. Acht Pfingst-Predigten, gehalten im J. 1850. [Stenographirt v. F. Radmacher u. G. Rahn.] gr. 8. (IV u. 118 S.) Berlin 851. (Schulbuchhandlung.) 24 ngr

— Pfingstgabe. Acht Pfingst-Predigten gehalten im Jahre 1850. Stenographirt von F. Rademacher u. G. Rahn. 3. Aufl. Berlin 855. Rahn. gr. 8. (2 Bl., 118 S.) n. 24 ngr

—— Predigt über Psalm 23 gehalten zur Eröffnung der August-Conferenz am 27. Aug. 1873. gr. 8. (15 S.) Berlin 873, Wiegandt und Grieben.

—— Predigt am Sonntage Rogate 1871 zur Feier des 25jähr. Kirchweihfestes der St. Matthäus-Kirche über die Epistel des Tages gehalten. gr. 8. (16 S.) Berlin 871, Wiegandt und Grieben.

Büchsel, Carl. Predigt am Sonntage Trinitatis 1850 nach dem Mord-Anfalle auf Se. Majestät den König über Apostelgeschichte Cap. 2, V. 37 u. 38 in der St. Matthäus-Kirche gehalten. Berlin, C. G. Brandis 1850. 16 S. 8.

— Predigten gehalten in der St. Matthäi-Kirche. Berlin 858. Wiegandt u. Grieben. gr. 8. (2 Bl., 94 S.) n. 12 ngr

Büchsel, Carl, Weihnachts- u. Neujahrsgabe f. Alle, die d. Herrn lieb haben. gr. 16. (8 B.) Prenzlau 837, Kalbersberg's Bh. *

—— die kirchlichen Zustände in Berlin nach Beendigung der Befreiungskriege. Vortrag im evangel. Verein gehalten. 8. (31 S.) Berlin 870, Wiegandt und Grieben. *

Aus: Evangelische Kirchenzeitung, besonders abgedruckt.

Büchsel, O.F.J.

Worte am Sarge der verw. Gräfin Asta **Reventlow**, geb. Freiin von dem Busche-Kessel, gespr. in Jersbek den 10. October v. O. F. J. Büchsel. Altona. 1881. 8°.

BÜCHSENMACHER, Der (galante) Kupferst. v. ca. 1750. Jer. Wolff exc. 30×19 cm. (3 Mk. Wilh. Scholtz, Braunschw., 1887.)

Die Büchs ist gut, mein Kind, ihr könnt damit bestehen;
Doch wenn es wieder was, daran zu bessern setzt
So dürfft ihr nicht damit zu andern Meistern gehen
Denn meine Arbeit wird noch immer werth geschetzt
Und wenn ein schönes Kind mir ihre Büchse bringet,
Wird vor mich nur ein Kuss zum Arbeits-Lohn bedinget.

Büchsenschuss, Jos.: Leitf. f. d. Tanzkurs. (54 m. Bildn. u. Fig. u. Notenbeil. 2) 8° Dresd. '08. Bühlau-Dresd., Selbstverl. 3 —

Büchsenschütz, Albert Bernard, s. Büchsenschütz, Bernard

Büchsenschütz, B., Besitz u. Erwerb im griechischen Alterthume. Halle 869. Buchh. d. Waisenhauses. gr. 8. (IX, 614 S.) n. 3 rß

— die Hauptstätten des Gewerbfleisses im klass. Alterthum, s. a. Preisschriften.

Die Hauptstätten des Gewerbefleisses im klassischen Alterthume v. B. Büchsenschütz. Leipzig. 1869. = Preisschriften gekrönt v. der Fürstl. Jablonowskischen Gesellschaft zu Leipzig. 14. 4°.

— Büchsenschütz, B., Die Könige von Athen. Pr. 1855. 34 S. 4°. 1.20

—— griechisches Lesebuch. 1. Aufl. 1869, und 2. Aufl. 8. (IV, 163 S.) Berlin 873, Oehmigke's Verlag. *

— griechisches Lesebuch. Berlin 870. Oehmigke's Verlag. 8. (IV, 163 S.) n. 15 ngr

Büchsenschütz, B., griechisches Lesebuch. 3. und 4. Aufl. 8. (IV, 167 S.) Berlin 879,80, Oehmigke's Verlag. *

Büchsenschütz, B., griechisches Lesebuch. 5., veränd. Aufl. 8. (126 S.) Berlin 893. L. Oehmigke's Verl. n. 1. 50; geb. n. 1. 70

Büchsenschütz, B., Stud. zu Aristoteles' Politik. S.-A. 1881. 26 S. —.90

— Traum u. Traumdeutung im Alterthume. Berlin 869. Calvary & Co. 8. (94 S.) n. 20 ngr

Büchsenschütz, *Bernhard* Bemerkungen über die römische Volkswirtschaft der Königszeit. 4 (36 S.)
Progr. Friedrichs-Werdersch. G. *Berlin* 1886

Büchsenschütz, B., Bemerkungen üb. die römische Volkswirtschaft der Königszeit. gr. 4. (36 S.) Berlin 886. Gaertner. n. 1. —

Buechsenschuetz, Bernard.: De hymnis Orphicis.
Berolini 1851 (37 S.). Phil. Diss. Berlin

Büchsenschütz, Carl, a. Barmen: Die Setzung des Personalpronomens als Subjekt in der altfranzösischen Übersetzung des Wilhelm von Tyrus. Halle a. S. 1907: C. A. Kaemmerer & Co. (100 S.) 8°
Halle, Phil. Fak., Ref. Suchier, Diss. v. 23. Nov. 1907
[Geb. 11. Nov. 83 Barmen; Wohnort: Halle a. S.; Staatsangeh.: Preußen; Vorbildung: Oberrealsch. Barmen Reife O. 03, Examen lat. Koblenz O. 05; Studium: Halle 2. München 1. Halle 6 S.; Rig. 5. Aug. 07.]

Büchsenstein, J. J., Anatomie od. Lehre von dem Menschen. Nebst gründl. Anweis. zur Erhaltung d. Gesundheit. 8. (2 B.) Rottenburg a. N. 842. (Sack'sche Buchh.)

Buchsieb, Andr., Denkwürdigkeiten aus dem spanischen Feldzuge u. der Schlacht bei Waterloo. Erlebnisse u. Abenteuer während der J. 1808 bis 1815. Bearb. u. hrsg. von Paul Brown. Cöln 867. Ahn. 8. (81 S.) n. 10 ngr

Buchsi-Zeitung
v. Berner Volkszeitung (II).

Buchs-Sargans. [Exkursionskarte. Lithographischer Ueberdruck der Blätter 254—257, 267, 268 des Topographischen Atlas Siegfried.] Masstab 1:25000. [Hrg. durch die] Schweizerische Landestopographie, Bern. Ueberdruck 1906. 731/651 mm. 1 Bl. fol.
Ausg. A: offen. fr. 2 —
Ausg. B: auf Lwd. aufgezogen, 8; *Titelblatt:* Topographischer Atlas der Schweiz. Überdruck. Buchs-Sargans. 1:25,000. Bern, Schweiz. Landestopographie, *Aufdruck:* 1906. aufgezogen fr. 3.50

Buchstaben, Die. Bruchstücke über ... was Sie wollen: kein ABC weder für kleine noch für grosse Kinder, keine Wochenschrift; auch nicht ganz eine Satire, gewiss kein Libell ex omnibus aliquid. 2 Thle. O. O. [Dessau] 1782—1784. V: *Fekele von Galantha, Joh. Graf.* (Petzek S. 32) (Biblpor

— die, oder Bruchstücke über was sie wollen; kein ABC weder für große noch kl. Kinder rc. ex omnibus aliquid, (v. Graf Fekete). 2 Thle. 8. Dessau 782 –87. 2 rß

Buchstaben, die, od. Bruchstücke üb. was sie wollen rc. 2 Thle. 8. Leipz. 787.

Buchstaben, vier Bogen, in deutscher u. latein. Schrift zu einer Lese-Maschine. 3e Aufl. .. Crefeld 833 Funcke. 1/3 rß

— deutsche u. latein., nebst d. Zahlen u. Interpunktionszeichen von 3 Zoll Höhe, unter d. Namen „Lesemaschine" bekannt, nebst kurzer Beschreibung u. Anweisung. gr. Fol. Leipz. 820. Barth. 1 rß 6 gr Auf Holz gezogen in einem Kästchen. 12 rß 16 gr Die deutschen besonders. 15 gr auf Holz gezogen 6 rß 16 gr Dies. ohne Zahlen rc. 12 gr auf Holz gezogen 6 rß Die latein. besond. mit Zahlen 15 gr auf Holz gez. 6 rß 16 gr ohne Zahlen rc. 12 gr auf Holz gez. 6 rß

— deutsche, latein u. französ., zu einer Lesemaschine. Fol. Leipz., Dyck. 16 gr

Buchstaben, die deutschen, nebst den Zahlen und Interpunktionszeichen zur Lesemaschine. Neuer Abdruck. Imp.-Fol. (10 Bog.) Leipzig 857, Barth.

Buchstaben, die deutschen, nebst den Zahlen und Interpunktionszeichen zur Lesemaschine. Neuer Abdr. vom J. 1866. Imp.-4. (10 Bl.) Leipzig 866, J. A. Barth.

Buchstaben, die deutschen, nebst den Zahlen und Interpunktionszeichen zur Lesemaschine. Neuer Abdr. vom J. 1877. Fol. (10 Bl. in Imp.-Fol.) Leipzig 877, Barth.
Aufgezogen auf Holztäfelchen und in Kasten **

Buchstaben für die Einrichtung d. Lautiertafeln zum Lautierunterrichte. Enthalt. 2 große u. 6 kleine Alphabete. Roy.-Fol. (4 B.) Karlsruhe 843, Groos.

— u. Zeichen, 151, zur Lesemaschine. 2. Aufl. Imp.-Fol. (3 B.) Leipzig 871. Siegismund & Volkening. n. — 60; aufgezogen auf Pappe n. 8. —

—— und Zeichen, 151, zur Lesemaschine. 2. Aufl. Imp.-Fol. (3 Bog.) Leipzig 877, Siegismund und Volkening. *
Aufgezogen auf Pappe *

— 520 dergl. z. Elementarunterr. in der lat. u. franz. Sprache. Ebend.

Buchstaben, dieselben auf Holz gezogen in einem Kästchen. Ebendaselbst. 820.

— — das Bret z. Aufsetzen d. Figuren.

— große, (3 Zoll hoch) zu einer Wand- u. Lesetafel. 2 gr. Bogen, enthaltend sowohl die Versalien, als auch die kleinen Buchstaben des Alphabets, nebst den Ziffern u. Unterscheidungszeichen. Berlin, (H. Schultze.) 1/8 ℛ

— große, zu e. Wand- u. Lesetafel. 2 Fol. Bog. Rathenow, Flick. 3 Gr

Buchstaben, 2½ Zoll hohe, deutsche, 183 von dem kleinen u. das große ABC zweifach rc. 14 Fol. Bog. Zürich, Schultheß. 18 Gr

— etwas kleinere, 472 d. kleinen ABC, 106 d. großen u. 80 zusammengesetzte rc. 4 Fol. Bog. Zürich, Schultheß. 9 Gr

Buchstaben, lateinische, und Schriftzeichen von 5 Zoll Höhe. 2te Abtheil. der unter dem Namen der „Lesemaschine" bekannten deutschen Buchstabenschrift. gr. Fol. Leipzig, Barth. 820. Rthlr. -

Buchstaben z. Lesemaschine. Fol. Cöln u. N.73, Schwann. 1. 50

Buchstaben zu einer Lesemaschine. Fol. Weißenf. 797. Böse. 1 ℛ

— zu einer Lesemaschine. Fol. Weißenf. Nerr. 797.

Buchstaben zur Lesemaschine. gr. Fol. (384 Laut-, Interpunctions- und Zahlenzeichen.) Cöln und Neuß 878, Schwann'sche Verlagsh.
Auf Pappe gezogen **
Auf Holz gezogen **

— in Packeten zur Lesemaschine. Das Packet mit deutschen u. latein. Schriften, 6 Alphabete kleiner u. 3 Alphabete großer Buchstaben enthaltend. Gießen, (Leipzig, Fr. Fleischer.) 1 ℛ

— Unterscheidungszeichen u. Zahlen, zum Gebrauch bei Lesemaschinen, auf 29 Bog. 4. Kopenh. 805. Schubothe. 1 ℛ 4 Gr

Buchstaben, 444, zur Lese-Maschine nach Voß'scher Methode. Nebst Zahlen und Interpunctionszeichen. Fol. Leipzig 860. Gräbner. gr. Fol. (12 Bgn.) n. 15 ngr

Buchstaben, 444, z. Lese-Masch. nach Voss'scher Meth. 12 B. Fol. Lpzg 60, Klinkhardt. n. — 15

—— 444, zur Lese-Maschine nach Voß'scher Methode. Nebst Zahlen und Interpunctionszeichen. 12 Bog. in Imp.-Fol. Leipzig 861, Gräbner. *

— 440 dergl. aufgezogene, Ziffern u. Zeichen z. Elementarunterricht in d. deutschen Sprache. Ebend.

Buchstaben, Zeichen u. Zahlen, 223, i. latein. Schrift. 3 Bogen à 59×92 cm. Leipzig 897. Siegismund & Volkening. à n. — 25; auf Pappe à n. 1. 05
1. 71 grosse, kleine Buchstaben u. Zeichen.
2. 78 desgl. — 3. 74 kleine desgl.

Buchstaben, Zeichen u. Zahlen, 226, zur Lesemaschine. 4. Aufl. 4 Bogen à 59×91 cm. Leipzig (900). Siegismund & Volkening. à n. — 20; auf Pappe à n. 1. —
1. 42 große Buchstaben, Zeichen u. Zahlen. — 2. 71 kleine desgl. — 3. 60 Doppelbuchstaben u. Zahlen. — 4. 63 kleine Buchstaben (doppelt u. einfach).

Buchstaben, Zeichen u. Zahlen, 226, zur Lesemaschine. 6. Aufl. 4 Bogen je 59,5×92,5 cm. Leipzig (906). Siegismund & Volkening. à — 20; auf Pappe à 1. 20
1. 42 große Buchstaben, Zeichen u. Zahlen — 2. 71 kleine desgl. — 3. 60 Doppelbuchstaben u. Zahlen. — 4. 63 kleine Buchstaben (Ergänzg. zum 2. Bog.).

— u. Zeichen, 240 lateinische, zur Lesemaschine. Leipzig 867. Gräbner. gr. Fol. (3 Bgn.) n. 7½ ngr

— Ziffern u. Zeichen zur Lese-Maschine nach Voß'scher Methode. 2. verm. Aufl. Ausg. A. 534 deutsche u. 240 lateinische Buchstaben (auf 12 Bgn.). Ebend. 867. gr. Fol. n. 21 ngr

— — — 2. verm. Aufl. Ausg. B. 534 deutsche Buchstaben, Ziffern u. Zeichen (auf 9 Bgn.). Ebend. 867. gr. Fol. n. 15 ngr

—— Ziffern und Zeichen der Lese-Maschine. gr. Fol. (16 Bl.) Dürkheim a. H. 868. Lang.

—— Ziffern und Zeichen zur Lese-Maschine nach Voß'scher Methode. Leipzig, Gräbner. [Klinkhardt.]
Ausg. A. (534 deutsche und 240 latein. Buchstaben.) 3. Aufl. 12 Bog. gr. Fol. 1873. +
Auf Pappe gezogen **
Auf Holz gezogen **
Ausg. B. (534 deutsche Buchstaben.) 9 Bog. gr. Fol. 1873. *
Auf Pappe gezogen **
Auf Holz gezogen **
Ausg. C. (240 latein. Buchstaben.) 3 Bog. gr. Fol. 1867. *
Auf Pappe gezogen **
Auf Holz gezogen **
Ausgabe A und B ist auch mit rothen deutschen Vocalen zu demselben Preis zu haben.

——, Ziffern und Zeichen zur Lese-Maschine nach Voß'scher Methode. 4. Aufl. Ausg. A. 774 deutsche und latein. Buchstaben rc. gr. Fol. (12 Bog.) Leipzig 874, Klinkhardt. *
Aufgezogen auf Pappe ** M 16.; auf Holz **

—— dass. — Ausg. B. 534 deutsche Buchstaben rc. gr. Fol. (9 Bog.) Ebendas. 874. *
Aufgezogen auf Pappe ** M 12.; auf Holz **

Buchstaben, Ziffern und Zeichen zur Lese-Maschine nach Voß'scher Methode. Ausg. C. 240 latein. Buchstaben. (3 Bog) gr. Fol. Leipzig 877, Klinkhardt. *
Aufgezogen auf Pappe ** M 5,50.; auf Holz **

Buchstaben- und Lesebuch.

Weimar 1787. V: *Herder, Joh. Gottfried von.* (GGr)

Buchstaben- u. Lesebuch f. d. zart. Jug. 8. Leipz. G. Fleischer. 796.

Buchstaben- u. Namenbüchlein zur Beförd. d. einfachen u. kürzesten Lehrart durch Uebung u. Wiederholung. 16. Münch. 822. (Landsh., Krüll). 1 Gr

Buchstabenglaube, Weltvergötterung und Denkgläubigkeit für Christen aller Stände, welche über ihren Glauben mit sich selbst und mit ihrer Zeit in's Reine zu kommen wünschen, in ihren gegenseit. Verhältnissen übersichtlich dargestellt von Nr. 56. 8. Magdeburg 842, Creutz'sche Buchh. 5/8 ℛ

Buchstabenkästchen nach Anleit. d. Elementarwerks v. L. Ph. Funke rc. Dresd., Beger. 4 Gr Dass. in Form e. kl. Lesemaschine. Mit 6fachem Alphabet. 1 ℛ Buchstaben u. Schriftzeichen dazu. Ebd. 16 Gr

— z. Lesemaschine f. Schulen rc. Leipz. Barth.

— Buchstaben u. Schriftzeichen dazu. Ebend.

Buchstaben-Magazin mit e. ABC- u. Syllabirstylen zum ersten Unterricht d. Jugend im Lesen, nach Schlez's u. Stephani's Lehrart, mit 224 großen u. kl. Buchstaben, Zahlen rc. Neue A. Nürnb. 815. Bieling. 6 Gr Dass. mit latein., französ. u. italien. Buchstaben. Ebd. 6 Gr

Buchstaben-Magazin mit 398 einzelnen Buchstaben u. Zahlen, nebst e. Anweis. zum Gebrauch ders. Pirna, Friese. 8 Gr

— in e. Kästchen, zum Unterricht d. Jugend. Cobl. 817. (Weilb., Lanz). 12 Gr

Buchstaben-Räthsel, hundert anagrammat., über Wörter aus d. Geographie. 8. Danzig 804. Goldstamm. 12 gr

Buchstabenspiel für Kinder, deutsch u. französ. Wien 821. Müller. In Kästchen 10 gr blos deutsch 9 gr

Buchstaben- u. Wörterlotto-Spiel. s. Spiele n. Schlez rc.

Buchstaben-Täfelchen für Steilschrift. Ausgabe A. Für senkrechte Currentschrift. Auf Pappe gespannt, lackirt in Holzkistchen 1.50

— — Ausgabe B. Für senkrechte Lateinschrift. Ebenso adjustirt 1.50

Buchstabentafeln, deutschen u. latein. Alphabets, zum Aufhängen in Schulstuben. 4 Bl. Fol. Gießen. (Leipzig, Fr. Fleischer.) 1/6 rthl

Buchstabentafeln, deutsche, Fol. Leipzig. Barth. 820.

— das ganze Alphabet enthaltend. Bresl., Graß, B. u. C. à Bog. 1½ gr

— zu Lesekasten nach Olivier's u. Stephani's Methode. 8. Pirna, Friese. 2 gr

Buchstabentafeln, vier, latein. u. deutschen Alphabets. Gießen 811. Tasché. 4 gr

Buchstaben-Täfelchen f. Steilschrift. Ausg. A. u. B. à 154 Buchstaben auf Deckel gespannt u. lackiert in Holzkasette. Korneub. 892, Kühkopf. à Ausg. 3 —; 6 —
A. Für senkrechte Currentschrift. — B. Für senkrechte Lateinschrift.

Buchstabierspiel, s. Buchstabirspiel.

Buchstabirbuch

—— und Lesebuch, deutsches, (v. J. G. Eisner.) 12. Aufl. 8. ... Berlin 834, Oehmigke.

Buchstabir- u. Bilderbuch, das freundliche, mit nützl. u. erheit. Leseübungen u. 6 ill. Abbildd. 8. Neuhaldensl. 832. Eyraud. 8 gr

Buchstabirbuch für Kinder in Landschulen. 8. Halle 778. Hendel. 1½ gr

— kleines, (v. Holthaus). 8. Schwelm ... 3e Aufl. 800. 45e A. 830. Scherz. 3 gr

— kleines, enth. die nöthigsten Kenntnisse u. e. Bildungsmittel für d. kleinere Jugend. 8. Lemgo 808. Meyer. 3 gr

Buchstabir- und Lesebuch, Kleines. 3. Aufl. 1800. V: *Holthaus, Pet. Heinrich.* (KY)

Buchstabir- u. Lesebuch

— — kleines, rc. 8. Schwelm. (Seidler, Amb.). 801.

— — kleines rc., für die klein. Jugend. 8. Lemgo, Meyer. 808.

Kleines Buchstabir- und Lesebuch, enthaltend die nöthigsten Kenntnisse und einige Bildungsmittel für die kleinere Jugend. Als Fortsetzung des von eben denselben Verfasser herausgegebenen neuen ABC-Buchs. (Vignette: [illegible]) Nach der Schwelmer vierzehnten Aufl. [illegible] Crefeld, gedruckt und zu haben bei P. Schüller's Wittwe. 1811.
[illegible]
[illegible]

—— und Lesebuch, kleines, enthalt. d. nöthigsten Kenntn. u. einige Bildungsmittel f. d. kl. Jugend, (v. Holthaus.) Als Fortsetz. des v. eben dems. Verf. hrsg. ABCBuchs. 45. Aufl. 8. (6 B. u. Titvign.) Schwelm 830, Scherz.

Buchstabir- u. Lesebuch, n. d. Hauptstücken Luthers rc. gr. 8. Berl., Littfas. 3 gr

Buchstabir- u. Lesebuch

— — methodisches. 8. Erf. Beyer. (Gehra, Thal Ehrenbreitst.). 785.

Buchstabir- u. Lesebuch, das neue, zum Gebrauch deutscher Volksschulen in Pensylvanien u. andern Staaten. 8. (144 S.) Sumnytaun 848. (Philadelphia, Schäfer & Koradi.) n. 12 ngr

Buchstabir-Buch, neues, nebst Lese- u. Denkübungen zum ersten Unterricht der Kinder. Nach den besten Quellen zusammengestellt. 4. Aufl. 12. (108 S. m. eingedr. Holzschn.) New-York 840. (Philadelphia, Schäfer & Koradi.) n. 12 ngr

Buchstabir- und Lesebuch, Neues, zur Beförderung der Entwickelung des Verstandes ... Nürnberg 1799. V: *Wolf, Johann.* (MGT) (Will)

Buchstabir- und Lesebuch, Neues, mit der ersten Grundlage menschlicher Erkenntniss. Erl. 1791. V: *Seiler, Georg Friedrich & Johann Kapp.* (MGT) (Fiker) S. a. Nr. 8321.

— sammt Unterricht in d. christl. Lehre, mit 2 Kpf. 8. Nürnb. 809. Raw. 3 gr

Buchstabir-Büchlein

— das. 8. Braunschw., Schulbuchh. Das Buch 12 gr

Buchstabir-Büchlein, z. Bequemlichkeit, deutsch u. latein. lesen zu lernen. gr. 8. Salzb. 780. Mayr. 3 gr

— das, durch welches ein Kind in wenig Wochen lesen lernen kann. 8. Hamb. 802. Nestler. 2 gr

Buchstabir- und Lesebüchlein, Lateinisches, mit lehrreichen Sprüchen und Erzählungen zum Gebrauch in den Elementarschulen. Zug 1807. V: *Brandenberg, Xaver Dom.* (BSchwLk V, 10c)

Buchstabir- u. Lesebüchlein für d. Jugend. 8. Görl. 768. Deinzer. 3 gr

— neues, polnisch u. deutsch. 8. Warschau 780. Gröll. 4 gr

— neues, woraus man Anfängern d. Buchstabiren, Lesen, Denken u. Sprechen erleichtern kann. 8. Braunschw. 782. Schulbuchh. 1 gr

Buchstabirkunst, neueste, f. Kinder, in Spielkärtchen. 12. Prag 786. Schönfeld. 8 gr

Buchstabir- u. Lautir-Schüler, der. Von mehren Lehrern. 8. (35 S.) Soest 850, Nasse. n. 2 ngr

Buchstabirspiel

Buchstabier-Spiel. 4. (14 farb. S m. 6 drehbaren Buchstabenscheiben.) Nürnberg 898. Th. Stroefer. 1.60

Buchstabirtabelle. Fol. Braunschw., Schulbuchh. 4 gr

— in gr. Fol., mit deutschen Druckbuchstaben. Frburg, Fr. Wagner. 5 gr Dies. mit Schriftbuchstaben. Ebd. 5 gr

Buchstabir- u. Lese-Tabellen, 20 Folio. (Nebst Text.) Straßburg 845, Wwe. Levrault. 1⅔ rthl

Buchstabirtabellen in 65 Nummern, in ganzen Bogen, nebst Leitfaden für d. Gebrauch. Straßb. 821. Levrault. 1 rthl 20 gr

Buchstabirübungen

Konstitutionelle Buchstabier-Uebungen. (Champagner, Trank, Macht, Fröhlich, Muth.) Berlin, Vereins-Buchdruckerei. 1 Bl.
Flugblatt. Berlin 1848/49.

— für Schulen. 8. Nürnb. Seidel.

Buchstabir-, Syllabir- u. Leseübungen in eine natürl. Stufenfolge gebracht (v. ... Schröder). 8. Essen 812. 3e A. 829. Bädecker. 3 gr.

Buchstätter, Johann: Der aerostatische Flug. Für Schüler der Oberklassen dargestellt. S. 3—21. 8. K.k. deutsches Staats-Gymn. *Olmütz* 1910.
Progr.

Buchsteiner, u. Lohmann, der Feldwebel der Infanterie. Ein Handbuch f. den inneren Dienst. 12. (XI, 177 S.) Berlin 899. E. S. Mittler & Sohn. n. 1. 40; geb. in Leinw. n.n. 1. 70

Buchsweiler [Schlagwort]

Buchsweiler, s.: Deutschland. Kürschner-Peip.

Buchsweiler, s.: Geologische Karten. Spezialkarte. (Elsass-Lothr.)

Bucht der Nordsee, Deutsche. Nach Aufnahmen von Grapow und Hoffmann 1867—69. Unter Benutzung der hannoverschen Küstenkarte von 1866, der Hamburger Elbkarte von 1868, der holländischen Küstenkarten von 1868 und der dänischen Karte Helgolands Bucht. M. 1: 300000. 1871; verbessert bis 1876. Berlin 1876. 4 Bll. (HC.)

Bucht der Nordsee, Die deutsche. Nach den neuesten deutschen und ausländischen Messungen, herausg. vom hydrographischen Bureau der deutschen Admiralität. M. 1: 300000. Berlin 1878. 2 Bll. qu.-Fol. . . . . (HC.; Br. Mus.)

BUCHT, Gustaf (Gösta) Andreas.
Über die metazyklischen Gleichungen vom Grade p^n. Inaugural-Dissertation von Gösta Bucht. Uppsala 1909. 8:o. 84 s. (Arkiv f. matematik. Bd 5: N:o 23.)
Diss. Uppsal. phil.

Bucht, Gösta, über die metazykl. Gleichungen vom Grade p^n. (84 S.) 8. Uppsala 909. Berlin, R. Friedländer & Sohn. nn 2. —

Bucht, Gösta: Üb. d. Koëffizienten d. auflösbaren Gleichgn v. Primzahlgrad. [Aus: „Arkiv f. matematik, astronomi och fysik".] (23) 8° Uppsala '11. Berl., R Friedländer & S. nn 1 —

— Komet 1886 V (Brooks 1). Definitive Bahnbestimmg. (45 S.) 8. Ebd. 908. nn 1. 20

— Üb. einige algebr. Körper 8. Grades. [Aus: „Arkiv f. matematik, astronomi och fysik".] (36) 8° Ebd. '10. nn 1.20

— Uber die Wurzeln der primitiven metazyklischen Gleichungen u. Primzahlpotenzgrad. (19 S.) 8. Ebd. 908. nn — 60
3 Sonderabdr. a. „Arkiv f. matemat., astronomi och fysik".

BUCHTA, Albrecht (Ingolstadt): De operationibus obstetriciis pelvi coarctata indicatis.- München: Weiss 1868. 31 S.
6.11.1861 - Ork; F 70 Diss. Ingolst.-Landsh.-Mchn.

Buchta, Friedrich: Zur Kenntnis der untertrijodigen Säure. 29 S. Diss. TH Wien 1908.

Buchta, J. L., de numero cruentorum coelestis veritatis testium primi p. C. n. seculi. Viteb. 1703. 4.

Buchta, Jo. Leonhard (Altheim/Frk.), Antiquitatis deipnosophisticae. Präs. C. Sam. Schurzfleisch. Wittbg. (Chn. Schroedter) 17. III. 1703. 8 Bl. (4.80) Gew.: Joh. Buchta (Vater). 4428

Buchta, R. Originalkarte einer Route von den Pyramiden von Gizeh in das Fayûm, aufgenommen im April 1885. 1: 360 000. Gotha 1887. 1 Bl. c. I.. Ff.

Buchta, Rich., s. Junker's, Wilh., Reisen in Afrika.

Buchta, Rich., die oberen Nil-Länder. Volkstypen u. Landschaften, dargestellt in 160 Photogr., aufgenommen nach der Natur. Mit einer Einleitung von Rob. Hartmann. gr. 4. (7 S.) Berlin 881. Stiehm. In Leinw.-Carton. n. 250. —

Buchta R, der Sudan unter ägyptischer Herrschaft. Leipzig 1868

Buchta, Rich., der Sudan unter ägyptischer Herrschaft. Rückblicke auf die letzten 60 Jahre. Nebst einem Anhang: Briefe Dr. Emin-Pascha's und Lupton-Bey's an Dr. Wilh. Junker 1883—1885. Bearb. und hrsg. gr. 8. (IX, 228 S. mit Titelbild und 2 Karten.) Leipzig 888, Brockhaus. *
geb. *

—— der Sudan und der Mahdi. Das Land, die Bewohner und der Aufstand des falschen Propheten. gr. 8. (86 S. mit 2 Karten.) Stuttgart 884, Cotta'sche Buchh. *
Aus: Ausland, besonders abgedruckt.

Buchta W, die Plafonds- und Wanddekorationen im Etablissement Ronacher. (25 T) fol Wien 1890

Buchtel, A., Der Kreislauf, Gedicht aus der Leipziger Zeitung: Aus den Trauben in die Tonne." Geiersberg, Eigenthum des Componisten. 30 kr. 1862

Büchtemann

— Bemerkungen über die Anwendung des Gesetzes, betr. die Kompetenz des Kammergerichts zur Untersuchung und Entscheidung wegen der Staatsverbrechen und des dabei zu beobachtenden Verfahrens.

(Büchtemann): Pragmat. Geschichte der Untersuchung wider den Grafen Działyński und Genossen wegen Hochverraths. [Dat.:] Berlin 1866. [Metallogr.] [Nebst]

Buechtemann, Gust. (geb. Gross-Oschersleben 1. 3. 1837): De anomalia loci, quo rerum imagines in retina ortae, nec exstinctae oculis aversis referuntur. Berolini (1860). (32 S.) 8°
Berlin, Med. Diss. v. 11. Okt. 1860

Mit 4 Kartons: Fano, Listerdyb, Amrum und Fohr-Eider. 1: 180000.
Helgolander Buchten. o. O. u. J. Lithographie. 1 Bl. 4°. 34·21 cm.
Aus?

P. d. Büchten's die wahre Quadratur des Cirkels, Berlin med. 4. (1 gr. 6 pf.) 1756.

P. d. Büchten's wahre Quadratur des Cirkuls. Berlin. 4. (2 gr.) 1757.

Buchtenkirch, Eduard: Der syntaktische Gebrauch des Infinitiv in Occleve's De Regimine Principum. . . . Braunschweig. Buchdr. v. Appelhans & Pfenningstorff. 1889: 1 Bl. + 43 S. 8°
Jena, Phil. Fak., Inaug.-Diss. v. 1889

Buchtenkirch, Ed. Der syntaktische Gebrauch des Infinitiv in Occleve's de regimine principum. Diss. gr. 8. (43 S.) Braunschw. 889. (Jena, Dabis.) * — 80

Buchtenkirch, E., der syntaktische Gebrauch d. Infinitiv in Occleve's de regimine principum. Inaug.-Diss. gr. 8. (43 S.) Braunschweig 889. (Rudolstadt, Dabis.) n. — 80

Buchter, B. W. C., maurerische Lieder u. Vorträge. I.—III. Grad. 12. (68, 72 u. 76 S.) Buenos Aires 895. (Hamburg, A. B. Laeisz.) Kart. à 1. 50

Maurerische Lieder und Vorträge [in Versen] von B. W. C. Buchter. Buenos Aires 1895: Tjarks & Co. 75 S. 8°

Buchter, Jul., der kleine Deklamator f. Schule u. Haus. Eine Sammlung v. Erzählungen, Mährchen, Fabeln, Liedern u. Gebeten f. Kinder v. 6—10 Jahren. [Vorstufe zum poetischen Sprachschatz.] 2. verm. u. verb. Aufl. 8. (VI u. 76 S.) Berlin 850, Nitze. 6 gr

—— poetischer Sprachschatz der deutschen Jugend. (Fortsetzung des kleinen Deklamators.) 1. Abthl. gr. 12. (IV u. 92 S.) Berlin 840, Plahnsche Buchh.

Büchter, Bernhardus [geb. Ibbenbüren in Westf. 1805]: Theses theologicae . . . ad licentiatus theologici honorem rite obtinendum. Vratislaviae (1840). (2 Bl.) 8°
Breslau, Kath.-theol. Liz.-Thesen v. 23. Mai 1840

Buchtien, Otto

Buchtien, O., Entwickelungsgeschichte d. Prothallium v. Equisetum, s.a. Bibliotheca botanica.

Buchtien. Otto: Entwicklungsgeschichte des Prothallium von Equisetum ... Cassel, Verl. v. Theodor Fischer. 1887: 1 Bl. + 4. S. 4°
Rostock. Phil. Fak.. Inaug.-Diss. v. 1. März 1887

Büchting, e. offenes, zeitgemässes Wort üb. den Eid vor der Obrigkeit. 8. (15 S.) Mittweida 875. polytechn. Buchh. — 30

Büchting, Adolf, Bibliographie für Bienenfreunde, s.a. Bibliographie.

Büchting, Adph., Bibliographie für Bienenfreunde oder Verzeichniß der in Bezug auf die Bienen von 1700 Mitte 1861 in Deutschland und der Schweiz erschienenen Bücher und Zeitschriften, mit Angabe des Formates und Verlagsortes, der Verleger und Preise derselben. Mit einem Sach Register. Nordhausen 861. Büchting. 16. (75 S.) 7½ ngr.

Büchting, Adph., Bibliotheca anatomica et physiologica oder Verzeichniss aller auf dem Gebiete der Anatomie und Physiologie in den letzten 20 Jahren 1848—1867 im deutschen Buchhandel erschienenen Bücher und Zeitschriften. Mit Ausschluss der sogen. populären Litteratur. Ein bibliograph. Handbüchlein für Aerzte und Buchhändler. Mit einem ausführl. Sachregister. 8. (85 S.) Nordhausen 868, Büchting. [Leipzig, Dr. Schwabe.] *

—— Bibliotheca astronomica et meteorologica oder Verzeichniss der auf dem Gebiete der Astronomie und Meteorologie in den letzten 10 Jahren 1862—1871 im deutschen Buchhandel erschienenen Bücher und Zeitschriften. Mit einem ausführl. Sachregister. gr. 8. (55 S.) Nordhausen 872, Büchting. [Leipzig, Dr. Schwabe.] *

Büchting, Adph., Bibliotheca balneologica et hydrotherapeutica oder Verzeichniss aller auf dem Gebiete der Baederlehre und Wasserheilkunde in den letzten 20 Jahren 1847—1866 im deutschen Buchhandel erschienenen Bücher und Zeitschriften. Mit Einschluss der Bücher über klimat. Kurorte, Molken- und Trauben-Kurorte u. s. w. Ein bibliograph. Handbüchlein für Aerzte, Chemiker, Anhänger der Wasserheilkunde etc. Mit einem ausführl. Sachregister. 8. (106 S.) Nordhausen 867, Büchting. *

—— Bibliotheca balneologica et hydrotherapeutica oder Verzeichniss aller auf dem Gebiete der Baederlehre und Wasserheilkunde in den letzten 25 Jahren 1847—1871 im deutschen Buchhandel erschien. Bücher und Zeitschriften. Mit Einschluss der Bücher über klimat. Kurorte, Molken- und Trauben-Kurorte etc. Ein bibliograph. Handbüchlein für Aerzte, Chemiker, Anhänger der Wasserheilkunde und Buchhändler. 1. Fortsetzung: Die J. 1867—1871 umfassend. Mit einem ausführl. Sachregister. 8. (41 S.) Nordhausen 872, Büchting. [Leipzig, Dr. Schwabe.] *

—— Bibliotheca chirurgica oder Verzeichniss aller auf dem Gebiete der Chirurgie in den letzten 20 Jahren 1848—1867 im deutschen Buchhandel erschien. Bücher und Zeitschriften. Mit einem ausführl. Sachregister. 8. (41 S.) Nordhausen 868, Büchting. [Leipzig, Dr. Schwabe.] *

— Bibliotheca gynaecologica et obstetricia oder Verzeichniss aller auf dem Gebiete der Gynaekologie u. Geburtshülfe in den letzten 20 Jahren 1847—1866 im deutschen Buchhandel erschienenen Bücher u. Zeitschriften. Ein bibliographisches Handbüchlein für Aerzte u. Buchhändler. Mit e. ausführl. Sachregister. Ebend. 867. 8. (45 S.) n. 8 ngr.

Büchting, Adph., Bibliotheca medicinae publicae oder Verzeichniss aller auf dem Gebiete der gesammten Staatsarzneikunde in den letzten 20 Jahren 1848—1867 im deutschen Buchhandel erschien. Bücher und Zeitschriften. Mit einem ausführl. Sachregister. 8. (92 S.) Nordhausen 868, Büchting. [Leipzig, Dr. Schwabe.] *

—— Bibliotheca medico-generalis oder Verzeichniss aller über Medicin im Allgemeinen und über vermischte Disciplinen derselben in den letzten 20 Jahren 1848—1867 im deutschen Buchhandel erschien. Bücher und Zeitschriften, Mit einem ausführl. Sachregister. 8. (42 S.) Nordhausen 868, Büchting. [Leipzig, Dr. Schwabe.] *

— Bibliotheca medico-historica, -geographica et -statistica oder Verzeichniss aller auf dem Gebiete der medicinischen Geschichte, Geographie u. Statistik in den letzten 20 Jahren 1848—1867 im deutschen Buchhandel erschienenen Bücher u. Zeitschriften. Mit e. ausführl. Sachregister. Ebend. 868. 8. (35 S.) n. 8 ngr.

— Bibliotheca militaris et hippologica oder systematisch geordnete Uebersicht aller im deutschen Buchhandel auf dem Gebiete der Kriegswissenschaft u. der Pferdekunde neu erschienenen Bücher, Zeitschriften u. Landkarten. 1—4. Jahrg. 1866—1869. Ebend. 867—70. gr. 8. (19; 30; 24; 26 S.) Jeder Jahrg. n. 3 ngr.

Büchting, Adph., bibliotheca militaris et hippologica od. systematisch geordn. Uebersicht aller im deutschen Buchhandel auf dem Gebiete der Kriegswissenschaft u. der Pferdekunde neu erschien. Bücher, Zeitschriften und Landkarten. 5. u. 6. Jahrg. 1870 u. 1871. gr. 8. (42 S.) Nordhausen 872. Leipzig, Schwabe. n. — 60

— dasselbe. 7. Jahrg. 1872. gr. 8. (30 S.) Ebend. 873. n. — 40

—— Bibliotheca musica oder Verzeichniss aller in Bezug auf die Musik in den letzten 20 Jahren 1847—1866 im deutschen Buchhandel erschienenen Bücher und Zeitschriften. Mit Ausschluss der Liederbücher, wie überhaupt der Musikalien. Ein Handbüchlein für Buchhändler und alle Diejenigen, welche sich für die Musik interessiren. Mit einem ausführl. Sachregister. 8. (85 S.) Nordhausen 867, Büchting. *

—— Bibliotheca musica oder Verzeichniss aller in Bezug auf die Musik im deutschen Buchhandel erschien. Bücher und Zeitschriften. Mit Ausschluss der Liederbücher wie überhaupt der Musikalien. Ein Handbüchlein für Buchhändler und alle Diejenigen, welche sich für die Musik interessiren. 1. Fortsetzung: Die J. 1867—1871 umfassend. Mit einem ausführl. Sachregister. 8. (48 S.) Nordhausen 872, Büchting. [Leipzig, Dr. Schwabe.] *

Büchting, Adph., Bibliotheca odontiatrica oder Verzeichniss der in den letzten 20 Jahren 1847—1866 auf dem Gebiete der Zahnheilkunde im deutschen Buchhandel erschienenen Bücher und Zeitschriften. Mit einem Sachregister. 8. (14 S.) Nordhausen 867, Büchting. *

— Bibliotheca ophthalmiatrica oder Verzeichniss aller auf dem Gebiete der Augenheilkunde in den letzten 20 Jahren 1847—1866 im deutschen Buchhandel erschienenen Bücher u. Zeitschriften. Mit Einschluss der in Bezug auf Anatomie u. Physiologie des Auges erschienenen Bücher. Ein bibliographisches Handbüchlein für Aerzte u. Buchhändler. Mit e. ausführl. Sachregister. Ebend. 867. 8. (30 S.) n. 8 ngr.

—— Bibliotheca ophthalmiatrica oder Verzeichniss aller auf dem Gebiete der Augenheilkunde in den letzten 25 Jahren 1847—1871 im deutschen Buchhandel erschien. Bücher und Zeitschriften. Mit Einschluss der in Bezug auf Anatomie und Physiologie des Auges erschien. Bücher. Ein bibliograph. Handbüchlein für Aerzte und Buchhändler. 1. Fortsetzung: Die J. 1867—1871 umfassend. Mit einem ausführl. Sachregister. 8. (22 S.) Nordhausen 872, Büchting. [Leipzig, Dr. Schwabe.] *

— Bibliotheca otiatrica oder Verzeichniss aller auf dem Gebiete der Ohrenheilkunde in den letzten 20 Jahren 1847—1866 im deutschen Buchhandel erschienenen Bücher u. Zeitschriften. Mit Einschluss der in Bezug auf Anatomie u. Physiologie des Ohres erschienenen Bücher. Ein bibliographisches Handbüchlein für Aerzte u. Buchhändler. Mit e. ausführl. Sachregister. Ebend. 867. 8. (14 S.) n. 6 ngr.

— Bibliotheca pathologica et therapeutica oder Verzeichniss aller auf dem Gebiete der Pathologie und Therapie in den letzten 20 Jahren 1848—1867 im deutschen Buchhandel erschien. Bücher und Zeitschriften. Mit Ausschluss der sogen. populären Litteratur. Mit einem ausführl. Sachregister. 8. (91 S.) Nordhausen 868, Büchting. [Leipzig, Dr. Schwabe.] *

— Bibliotheca pharmaceutica oder Verzeichniss aller auf dem Gebiete der Pharmacie in den letzten 20 Jahren 1849—1868 im deutschen Buchhandel erschien. Bücher und Zeitschriften. Ein bibliograph. Handbüchlein für Pharmaceuten, Medicinalbehörden und Buchhändler. Mit einem ausführl. Sachregister. 8. (81 S.) Nordhausen 869, Büchting. [Leipzig, Dr. Schwabe.] *

— Bibliotheca pharmacologica et toxicologica oder Verzeichniss aller auf dem Gebiete der Arzneimittellehre und Giftlehre in den letzten 20 Jahren 1848—1867 im deutschen Buchhandel erschien. Bücher und Zeitschriften. Mit einem ausführl. Sachregister. 8. (36 S.) Nordhausen 868, Büchting. [Leipzig, Dr. Schwabe.] *

— **Bibliotheca philosophica oder Verzeichniss der auf dem Gebiete der philosophischen Wissenschaften in den letzten 10 Jahren 1857—1866 im deutschen Buchhandel erschienenen Bücher u. Zeitschriften. Mit e. Sach-Register. Ebend. 867. gr. 8. (50 S.)** n. 8 ngr.

— Bibliotheca philosophica oder Verzeichniss der auf dem Gebiete der philosoph. Wissenschaften in den letzten 15 Jahren 1857—1871 im deutschen Buchhandel erschien. Bücher und Zeitschriften. 1. Fortsetzung: Die J. 1867—1871 umfassend. Mit einem ausführl. Sachregister. gr. 8. (43 S.) Nordhausen 872, Büchting. [Leipzig, Dr. Schwabe.]

— Bibliotheca praxeos medicae oder Verzeichniss aller in Bezug auf die Ausübung der ärztl. Kunst in den letzten 20 Jahren 1848—1867 im deutschen Buchhandel erschien. Bücher und Zeitschriften. Mit einem ausführl. Sachregister. 8. (23 S.) Nordhausen 868, Büchting. [Leipzig, Dr. Schwabe.] *

Büchting, Adph., Bibliotheca psychiatrica oder Verzeichniss aller auf dem Gebiete der Seelenheilkunde in den letzten 20 Jahren 1847—1866 erschienenen Bücher u. Zeitschriften. Ein bibliographisches Handbüchlein für Aerzte u. Buchhändler. Mit e. ausführl. Sachregister. Ebend. 867. 8. (23 S.) n. 8 ngr.

— **bibliotheca psychiatrica od. Verzeichniss aller auf dem Gebiete der Seelenheilkunde in den letzten 25 J. 1847—1871 im deutschen Buchhandel erschien. Bücher u. Zeitschriften. Ein bibliograph. Handbüchlein f. Aerzte u. Buchhändler. 1. Fortsetg.: Die J. 1867—1871 umfassend. Mit e. ausführl. Sachregister 8. (14 S.) Ebend. 872.** n. — 60

— Bibliotheca psychiatrica oder Verzeichniss aller auf dem Gebiete der Seelenheilkunde in den letzten 25 Jahren 1847—1871 im deutschen Buchhandel erschien. Bücher und Zeitschriften. Ein bibliograph. Handbüchlein für Aerzte und Buchhändler. 1. Fortsetzung: Die J. 1867—1871 umfassend. Mit einem ausführl. Sachregister. 8. (14 S.) Nordhausen 872, Büchting. [Leipzig, Dr. Schwabe.] *

— Bibliotheca theatralis oder Verzeichniss aller in Bezug auf das Theater in den letzten 20 Jahren 1847—1866 im deutschen Buchhandel erschienenen Bücher und Zeitschriften. Mit Ausschluss der Theaterstücke, aber mit Berücksichtigung aller Erläuterungsschriften zu denselben. Ein Handbüchlein für Buchhändler und alle Diejenigen, welche sich für das Theater interessiren. Mit einem ausführl. Sachregister. 8. (48 S.) Nordhausen 867, Büchting. *

— **Bibliotheca veterinaria oder Verzeichniß der seit Mitte 1842 bis Ende 1866 im deutschen Buchhandel erschienenen Bücher u. Zeitschriften über alle Theile der Thierarzneikunde. Im genauen Anschluß an die Wilh. Engelmann'sche Bibliotheca veterinaria bis zur Mitte d. J. 1842. Nebst e. vollständ. Materien-Register. Ebend. 867. gr. 8. (68 S.)** n. 10 ngr.

— General-Register zum Börsenblatt für den deutschen Buchhandel, s. Börsen-Blatt.

— **Geographie des Buchhandels. Ein Namenbuch des Buchhandels in geograph. Form. Ein Scherz für Buchhändler. gr. 16. (56 S.) Nordhausen 864, Büchting.** *

— Handels und Gewerbe Adreßbuch der Stadt Nordhausen, s. Handels und Gewerbe-Adreßbuch.

— s.: Hinrichs' Bücher-Catalog 1851—1865.

— **Hinrichs' fünfjähriger Bücher-Catalog, s. Hinrichs.**

Büchting, Adph., Catalog im Preise herabgesetzter Bücher aus allen Fächern der Literatur. Nr. 1—7. (à 8 S.) gr. 8. Nordhausen 850, Büchting. pr. 1—12. 25 Expl. **

– Katalog der in den J. 1850-1859 in deutscher Sprache erschienenen belletrist. Gesammt- und Sammelwerke, Romane etc., s.a. Catalog....

— Catalog der in den Jahren 1850—1859 in deutscher Sprache erschienenen belletristischen Gesammt und Sammelwerke, Romane, Novellen, Erzählungen, Taschenbücher und Theaterstücke in Original und Uebersetzung. Mit Angabe des Formates und Verlagsortes, der Jahreszahl, Verleger und Preise der Bücher, sowie mit Inhaltsangabe der Gesammt und Sammelwerke. Ein Handbuch für Buchhändler, Leihbibliothekare und Literaturfreunde. Ebend. 860. 8. (302 S.) n. 1 ℛ

— **Catalog der in den J. 1850—1864 in deutscher Sprache erschienenen belletristischen Gesammt- u. Sammelwerke, Romane, Novellen, Erzählungen, Taschenbücher u. Theaterstücke in Original u. Uebersetzung. Mit Angabe des Formates u. Verlagsortes, der Jahreszahl, Verleger u. Preise der Bücher, sowie mit Inhaltsangabe der Gesammt- u. Sammelwerke. Ein Handbuch für Buchhändler, Leihbibliothekare u. Litteraturfreunde. 2. Thl. Die Jahre 1860—1864 enthltd. Ebend. 865. 8. (185 S.)** n. 25 ngr.

Büchting, Adph., Catalog der in den J. 1850—1869 in deutscher Sprache erschienenen belletristischen Gesammt- und Sammelwerke, Romane, Novellen, Erzählungen, Taschenbücher und Theaterstücke in Original und Uebersetzung. Mit Angabe des Formats und Verlagsortes, der Jahreszahl, Verleger und Preise der Bücher, sowie mit Inhaltsangabe der Gesammt- und Sammelwerke. Ein Handbuch für Buchhändler, Leihbibliothekare und Litteraturfreunde. 3. Thl.: Die J. 1865—1869 enth. 8. (V, 219 S.) Nordhausen 870, Büchting. [Leipzig, Dr. Schwabe.] *

Hieraus einzeln:
Catalog der in den J. 1865—1869 in deutscher Sprache erschienenen Theaterstücke in Original und Uebersetzung. (69 S.) Ebendas. 1870. 90 Pf.

– Katalog der in den J. 1850-1859 in deutscher Sprache erschienenen Theaterstücke, s.a. Catalog....

— Catalog der in den Jahren 1850—1859 in deutscher Sprache erschienenen Theaterstücke in Orig. und Uebersetzung. Mit Angabe des Formates und Verlagsortes, der Jahreszahl, Verleger und Preise der Bücher, sowie mit Inhaltsangabe der Gesammt und Sammelwerke. Ein Handbuch für Bühnen-Vorstände, Schauspieler, Theaterfreunde ꝛc. Ebend. 860. 8. (70 S.) 7½ ngr.

— **Catalog der in den J. 1860—1864 in deutscher Sprache erschienenen Theaterstücke in Orig. und Uebersetzung. 8. (56 S.) Nordhausen 865, Büchting.**

— **Catalog der in den J. 1865—1869 in deutscher Sprache erschienenen Theaterstücke in Orig. u. Uebersetzung. Ebend. 870. 8. (69 S.)** 9 ngr.

Büchting, Adolph (Hrsg.), s. Mittheilungen über neue und erloschene Firmen, Commissionsveränderungen etc. im deutschen Buchhandel.

— **bibliographische Nachweisungen aus dem deutschen Buchhandel. 1. Jahrg. 1866. 8. (63 S.) Nordhausen 867, Büchting.** *

—— alphabetisch geordnete Register über die im Börsenblatte für den deutschen Buchhandel gesuchten, angebotenen und zu herabgesetzten Preisen angekündigten Bücher etc., mit Hinweisung auf die betreff. Nr. des Börsenblattes. I. (Heft.) Juli — Decbr. 1854. gr. 8. (IV und 112 S.) Nordhausen 855, Büchting. *

—— alphabetisches Repertorium über die Jahrg. 1860, 1861, 1862 und 1863 der deutschen Industrie-Zeitung unter specieller Hinweisung auf die betr. Nummern. Fol. (44 S.) Chemnitz 864, Focke. *

BÜCHTING, Adolf: Repertorium über die nach den halbjährigen Hauptverzeichnissen der J. C. Hinrich'schen Buchhandlung in Leipzig in den Jahren 1857-1861 erschienenen Bücher ... Nach den Wissenschaften geordnet und bearbeitet. Mit einem Sachregister und spezieller Hinweisung auf genannte Bücherverzeichnisse. - Nordhausen 1862. X, 482 S.

Repertorium über die nach den halbjährlichen Verzeichnissen der J. C. Hinrichs'schen Buchhandlung in Leipzig in den Jahren 1857—1861 erschienenen Bücher, Landkarten rc. Nach den Wissenschaften geordnet und bearb. Mit einem Sach-Register und specieller Hinweisung auf genannte Bücher-Verzeichnisse. Nordhausen 863. Büchting. 8. (X, 189 S.) n. 2 ₰ 10 ngr.

—— Repertorium über die nach den halbjährlichen Verzeichnissen der J. C. Hinrichs'schen Buchhandlung in Leipzig erschienenen Bücher, Landkarten rc. Nach den Wissenschaften geordnet und bearb. 1. Bd. die J. 1857—1861 umfassend. Mit einem Sachregister und specieller Hinweisung auf genannte Bücher-Verzeichnisse. 1. Aufl. 1863. und 2. Aufl. 8. (X und 506 S.) Nordhausen 867, Büchting. *

— Repertorium über die nach den halbjährlichen Verzeichnissen der J. C. Hinrichs'schen Buchhandlung in Leipzig erschienenen Bücher, Landkarten rc. Nach den Wissenschaften geordnet u. bearb. 1. Bd. Die J. 1857—1861 umfassend. Mit e. Sachregister u. specieller Hinweisung auf genannte Bücher-Verzeichnisse. 2. Aufl. Ebend. 868. 8. (X, 506 S.) n. 2 ₰ 10 ngr.

— — 2. Bd. Die J. 1862—1865 umfassend. Ebend. 867. 8. (VIII, 455 S.) n. 2 ₰ 5 ngr.

— Repertorium üb. die nach den halbjährlichen Verzeichnissen der J. C. Hinrichs'schen Buchhandlung in Leipzig erschienenen Bücher, Landkarten rc. Nach den Wissenschaften geordnet u. bearb. 3. Bd. Die J. 1866—1870 umfassend. Mit e. Sachregister u. specieller Hinweisg. auf genannte Bücher-Verzeichnisse. 8. (VIII, 612 S.) Nordhausen 871. Büchting. (?) n. 8. 50: (I—III.: n. 22. —)

— Repertorium zur deutschen Industrie-Zeitung, s. Industrie-Zeitung.

—— ausführliches Sachregister zur Gartenlaube, s. Gartenlaube.

—— Verzeichniß der zur 100jähr. Geburtsfeier Friedr. v. Schiller's erschienenen Bücher rc., s. Verzeichniß.

· Verzeichniß der zur hundertjährigen Geburtsfeier Friedrich v. Schiller's erschienenen Bücher, Kunstblätter, Musikalien, Denkmünzen rc. mit Angabe des Formates und Verlagsortes, der Verleger und Preise derselben. Ein Beitrag zur Schiller-Litteratur. Nebst einem Sachregister über die Bücher. Nordhausen 860. Büchting. 16. (84 S.) 7½ ngr.

Büchting, Ernst [aus Glogan]: Glaubwürdigkeit Hincmars von Reims im dritten Teile der sogenannten Annalen von St. Bertin . . . Halle, Buchdr. d. Waisenhauses, 1887; 2 Bl. + 57 + 1 S. + 1 Bl. 8°.
Halle, Phil. Fak., Inaug.-Diss. v. [5. Febr.] 1887.

Büchting, J. J., Färbebuch, od. kurze aber gründl. u. vollständ. Anleitung zum Färben d. Wolle, Seide, Baumwolle und des Leinens. Mit e. Anweisung allerlei Flecke aus Zeugen zu bringen. 8. Quedlinb. 834. Ernst. ½ ₰ — dass. 2e Ausg. 8. Ebd. 839. 5/12 ₰

Büchting, Johann Jakob
— Beiträge zur prakt. Forstwissenschaft. 8. Quedlinb. 799. N. A. 813. Ernst. 12 ℊ

Büchting, Jh. Jak., († d. 15. März 1799.) Beurtheil. u. Anmerk. über Beckmanns Schrift v. d. Holzsaat. gr. 8. Halle 765. (Laue in Berl.) 8 ℊ

Büchting, J. Jac., Beurtheil. üb. Beckmanns Holzsaat. gr. 8. Halle, Curt. 765.

— kurzgefaßter Entwurf d. Jägerei. Mit e. Vorrede von J. J. Lange. 8. Halle 756. 2e A. 768. Kümmel. 10 ℊ Aufs Neue veränd. u. verb. herausg. v. J. Matth. Bechstein. Mit Kpf. 8. Ebd. 814. 1 ₰

Büchting J. J.: Geometrisch-oeconomischer Grund-Riss zu einer regelmässigen wirthschaftlichen Verwaltung derer Waldungen, wie auch zu einer vortheilhaften Einrichtung derer z. Landwirthschaft gehörigen Grundstücke, desgleichen zu einer Abhandlung v. Bergbaue ... Halle 1762. (18) 240 S. 1 Tvl.

Büchting, J. J.: „Geometrisch-ökonomischer Grundriss zu einer Verwaltung der Waldungen", Halle 1763 (Curt).

Büchting, Jh. Jak., geometr.-ökonom. Grundriß zu e. wirthschaftl. Verwaltung d. Waldungen rc. 8. Halle 763. (Laue in Berl.) 8 ℊ

— Grundr. z. e. Verwalt. d. Waldungen. 8. Halle, Curt. 763.

BÜCHTING, Johann Jakob: Der kranke Recensent unter einem gesunden Himmelsstrich. - Leipzig 1770. 2, 1/2 Bog.

Büchting, Mart. Herm., Bianca. Drama in 3 Acten. Nebst einem Anh. religiöser Gedichte. br. 8. (93 S.) Leipzig 872, Zechel. geb.

Büchting, Mart. Herm., Tritt hin an die Krippe zu Bethlehem u. bewund're die Herrlichkeit des Sohnes Gottes. Predigt am 2. Weihnachtsfeiertage 1865 über Hebr. I, 1—6 in der Kirche zu Festung Königstein gehalten. Königstein 866. (Dresden, Naumann.) 8. (16 S.) n. 3½ ngr.

Büchting, Wilhelm, aus Nordhausen, Pastor prim. an St. Marien zu Eilenburg: Martin Rinckart. Ein Lebensbild d. Dichters von 'Nun danket alle Gott'. *Göttingen 1903: E. A. Huth.* (124 S.) 8° [F.]
Leipzig, Phil. Diss. v. [10. Juli] 1903

Büchting W., Martin Rinckart. Der Dichter von „Nun danket alle Gott". Ein Glaubensheld zur Zeit des 30jähr. Krieges. 1. u. 2., verb. Aufl. gr. 8. (à 20 S. m. Abbildgn.) Berlin 899. 900. Buchh. des ostdeutschen Jünglingsbundes. n. — 20

Büchting, W., Martin Rickart. Ein Lebensbild d. Dichters von „Nun danket alle Gott" auf Grund aufgefundener Manuskripte. (IV, 124 S. m. 1 Stammtaf.) gr. 8. Göttingen 903. Vandenhoeck & Ruprecht. n. 2. 40

Buch-Vormerk-Kalender, schmal. Form. —.60
Wien: Angel 1890

Im Buchwald. Belletristische Zeitschrift. Herausgegeben und redigirt von O. F. Nußbaum. 1890. 26 Hefte. 4. (1 Heft 24 S.) * 1.50
Czernowitz: Pardini 1890

Im Buchwald. Illustrirte Zeitschrift. Herausgegeben und redigirt von O. F. Nußbaum. II. Jahrg. 1891. 26 Hefte. 4. 6.—. halbjährig 3.—, vierteljährig 1.50
Czernowitz: Pardini 1891

de Buchwald, Madame; (par K. Th. v. Dalberg). 8. Erf. 786. 2e A. 787. Keyser. 2 ℊ Dass. aus d. Französ. (v. J. Chr. Koppe). 8. (Rostock) 787.

Buchwald s: Arbeiten d. deut. Landwirtschafts-Gesellsch., Hauptprüfg d. Drillmaschinen.

Buchwald, die Epiklese in der römischen Messe. (86 S.) gr. 8. Wien 907. (Breslau, Görlitz & Coch.) nn 1. 25
Sonderabdruck aus „Weidenauer Studien".

Buchwald, u. Kirchhofer, zur Geschichte der Frauenkirche von ihrer Erbauung im J. 1849 bis auf die Gegenw. Festschrift zur Jubiläumsfeier. gr. 8. (20 S.) Görlitz 899. (H. Tzschaschel.) n.n. — 30

Buchwald, die gallikanische Liturgie. 8. (18 S.) Gross-Strehlitz 886. (Wilnert.) n. 1. —

Buchwald (Resp.): De morbo comitiali,
s. Frank de Frankenau, G. F. (Praes.)

— Das sogenannte Sacramentarium Leonianum u. sein Verhältnis zu den beiden anderen römischen Sakramentarien. (67 S.) gr. 8. Ebd. 908. 2. —

Buchwald, A., Anschauungs- u. Sprechübungen auf der Unterstufe zweisprachiger Volksschulen. 1. u. 2. Schulj. (61 S.) gr. 8. Breslau (908). F. Goerlich. — 80; geb. 1. —

Buchwald, A: Bilder a. Deutschlds u. a. Schlesiens Vergangenh. Merk- u. Wiederholgsbüchl. f. 2sprach. Volkssch. (32) kl8° Bresl., F Goerlich ('12). nn — 15 d

Buchwald, A: Bleistifte, Farbstifte, farb. Kreiden u. Pastellstifte, Aquarellfarben, Tusche u. ihre Herstellg n. bewährten Verfahren. (280 m. Abb.) 8° Wien, A Hartleben'04. 4 —; geb. 4.80 d

Buchwald, Alfred

Buchwald, Alfr., Arzneiverordnungslehre f. Aerzte u. Studirende. gr. 8. (IV, 134 S.) Wien 885. Toeplitz & Deuticke. n. 3. —

Europa und die fremden Erdteile. Die Erde als Weltkörper. Hilfsbüchlein f. d. geogr. Unterr. in zweisprachigen Volksschulen. ⟨Forts. zu desselben Verf.: 'Das deutsche Vaterland'.⟩ Von A[lfred] Buchwald, Lehrer. Breslau: F. Goerlich [1907]. (48 S.) 8° [F.] [07. 11888

— Europa u. d. fremden Erdteile. Die Erde als Weltkörper. Hilfsbüchl. f. d. geograph. Unterr. in 2sprach. Volkssch.

(Fortsetzg zu: „Das deut. Vaterland".) 3. Afl. (48) 8° Bresl., F Goerlich ('12). — 30 d

Vaterländische Geschichte. Hilfsbüchlein f. d. Unterr. in zweisprachigen Volksschulen. Von A[lfred] Buchwald, Lehrer. Breslau: F. Goerlich [1907]. (32 S.) 8° [F.] [07. 4049

— Vaterländische Geschichte. Hilfsbüchlein f. den Unterricht in zweisprach. Volksschulen. 2. Aufl. (82 S.) 8. Ebd. (909). — 20

— Hohenzollernkaiser. Vorstufe des Geschichtsunterrichts in Volksschulen. (16 S. m. Abb.) 8. Ebd. (909). nn — 10

Buchwald, A: Hohenzollernkaiser. Vorstufe d. Gesch.-Unterr. in Volkssch. 3. Afl. (16 m. Abb.) kl8° Bresl., F Goerlich ('12). nn — 10 d

Buchwald, Alfr., d. Kranken-Hospital z. Allerheiligen i. Breslau. Geschichtl. Ueberblick. gr. 8. (31 S. m. 1 Plan.) Breslau 896. Schletter. n. — 80

Buchwald, A[lfred] *(geb. Klein-Gaffron in Schles. [17. 3. 1845])*: Ueber multiple Sklerose des Hirns und Rückenmarks. Breslau (1872). (36 S.) 8° *[Aus: Deutsch. Arch. f. klin. Med. Bd. 10 1872.]*

Breslau, Med. Diss. v. 10. [vielmehr 11.] Okt. 1872

Buchwald, Alfr., Uroscopie. Zum Gebrauch für Aerzte bearb. gr. 8. (IV, 80 S. mit 20 in den Text gedr. Abbild.) Stuttgart 883, Enke. *

Das deutsche Vaterland. Hilfsbüchlein f. d. geogr. Unterricht in zweisprachigen Volksschulen. Von A[lfred] Buchwald. Breslau: F. Goerlich [1906]. (24 S.) 8° [F.] [06. 16340 2

Buchwald, A., das deutsche Vaterland. Hilfsbüchlein f. den geograph. Unterricht in zweisprach. Volksschulen. 3. Aufl. (24 S.) 8. Breslau (910). F. Goerlich. nn — 15

— Das deut. Vaterld. Hilfsbüchl. f. d. geogr. Unterr. in 2sprach. Volkssch. 3. u. 4. Afl. (24) 8° Ebd. ('10'12). nn — 15 d

Buchwald, Alfred: Über Wirkung und therapeutischen Werth des Salicins. Breslau 1878. (38 S.) 8° *[Im Buchhandel 1878 bei Koebner in Breslau.]*

Breslau, Med. Fak., Hab.-Schr. v. 13. Juli 1878

Buchwald, Alfr., über Wirkung und therapeutischen Werth des Salicins. Inaugural-Dissertation. gr. 8. (38 S.) Breslau 878, (Koebner.) *

Buchwald, Aug., Bleistifte, Farbstifte, farbige Kreiden u. Pastellstifte, Aquarellfarben, Tusche u. ihre Herstellung nach bewährten Verfahren. (VIII, 280 S. m. 118 Abbildgn.) 8. Wien 904. A. Hartleben. n. 4. —; geb. n. 4. 80

Buchwald, B., das Vermächtniß d. Pilgers, s.: Zur Schule u. Haus.

Buchwald, Bertha, Erinnerungsblätter aus dem Leben e. deutschen Lehrerin. 8. (147 S.) Weimar 889. Jüngst & Co. n. 2. 50; geb. n. 3. —

Buchwald, Bertha, in Gottes Namen, s.: Jugend-Bücherei, farb. ill.

Die Technik des Bankbetriebes. Ein Hand- u. Lehrbuch d. prakt. Bank- u. Börsenwesens von Bruno Buchwald. Berlin: J. Springer 1904. (VIII, 350 S.) 8° [04. 444

Die Technik des Bankbetriebes. Ein Hand- u. Lehrbuch d. prakt. Bank- u. Börsenwesens von Bruno Buchwald. 2., verb. Aufl. Berlin: J. Springer 1905. (XI, 384 S.) 8° [F.] [05. 11736

Buchwald, Bruno, die Technik des Bankbetriebes. Ein Hand- u. Lehrbuch des prakt. Bank- u Börsenwesens. 3., verb. Aufl. (XII, 406 S.) 8. Berlin 907. J. Springer. n. 5. —; geb. in Leinw. n. 6. —
1. Aufl. (VIII, 350 S.) 904. — 2. Aufl. (XI, 384 S.) 905.

Die Technik des Bankbetriebes. Ein Hand- u. Lehrbuch d. prakt. Bank- u. Börsenwesens von Bruno Buchwald. 4., verb. Aufl. Berlin: J. Springer 1908. (XII, 389 S.) 8° [08. 48

Die Technik des Bankbetriebes. Ein Hand- u. Lehrbuch d. prakt. Bank- u. Börsenwesens von Bruno Buchwald. 5., verm. u. verb. Aufl. Berlin: Springer 1909. (XII, 418 S.) 8° [09. 111

Buchwald, Bruno, die Technik des Bankbetriebes. Ein Hand- u. Lehrbuch des prakt. Bank- u. Börsenwesens. 6., verm. u. verb. Aufl. (XII, 458 S.) 8. Berlin 910. J. Springer. Geb. in Leinw. 6. —
4. Aufl. (XII, 389 S.) 908; 5. Aufl. (XII, 418 S.) 909.

Buchwald, Bruno: Die Technik d. Bankbetriebes. 6. u. 7. Afl. (12. 453 bezw. 11, 463) 8° Berl., J Springer '10'12. L 6 —

Buchwald, C. (H.), Führer durch das Trebnitzer Gebirge. 16. (80 S. nebst 1 Kärtchen.) Breslau 887, (Scholtz.) cart. *

Buchwald, C., der Heiratsantrag. Novelle. 16. (VIII, 121 S.) Karlsruhe 887. Gebr. Vollmann. 1. 20

Buchwald, Detlef von: Ausgeschüttete Klage ... [Trauergedicht auf Hinrich von Buchwald, Erb-Herr auf Pronsdorff und Land-Rath. † 30. März 1717, beigesetzt am 14. Juli 1717.] — Plön (1717): Reuss. 2 Bl. 4°

Buchwald, E., 85 einstimmige Choral-Melodien. Ein Beitr. z. Beförder. u. Erleichterung d. Gesanges in Schulen. 8. (1 B.) Bunzlau u. Dresden 842, Naumann. *

Buchwald, E., Specialkarte vom Sorauer Walde. Chromolithogr. Sorau 886, Zeidler. *

Buchwald, Eberh.: Einführg in d. Kristalloptik, s: Sammlung Göschen 619.

Buchwald, Eberhard: Untersuchungen von Flammenspektren mit dem Vakuumbolometer. Breslau: Fleischmann 1910. 45 S. 8°

Breslau, Phil. Diss. v. 10. Febr. 1010, Ref. Lummer, Pringsheim
[Geb. 16. Juli 86 Breslau; Wohnort: Leobschütz; Staatsangeb.: Preußen; Vorbildung: König-Wilhelms-Gymn. Breslau Reife O. 04; Studium: Breslau 4, Würzburg 1, Breslau 1, Bonn 1, Breslau 5 S.; Rig. 30. Okt. 09.] [U 10. 596

Buchwald, Ernst [app. Arzt aus Wesel a. Rh.]: Ueber den Durchbruch von Uterusfibroiden durch die Bauchwand ... Strassburg i. E., Buchdr. C. & J. Gœller, 1896; 33 S., 1 Bl., 1 Taf. 8.
Strassburg, Med. Fak., Inaug.-Diss. v. 1896

Zur Geschichte der Frauenkirche von ihrer Erbauung im Jahre 1349 bis auf die Gegenwart. Festschr. z. Jubiläumsfeier verf. von Prof. Dr. [Ferdinand] Buchwald u. Archidiak. [Heinrich] Kirchhofer. *Görlitz: H. Tzschaschel in Comm. 1899.* (20 S.) 8° [5.] 1899. 2230

Buchwald, Ferdinandus [Silesius]: Quaestiones Silianae .... Gorlicii, typ. Hoffmanni & Reiberi. 1886: 2+31 S. 8°.
Breslau, Phil. Fak., Inaug.-Diss. v. 10. Aug. 1886.

Buchwald, Ferd., quaestiones Silianae. gr. 8. (32 S.) Gorlicii 886. (Breslau, Köhler.) n. 1. —

Buchwald, F., quaestiones Silianae. gr. 8. (32 S.) Leipzig 887. Fock. n. — 80

Buchwald, *Ferdinand* [Dr.]: Über den Sprachgebrauch Xenophons in den Hellenika u. s. Verwertg im grammat. Unterricht d. Mittelstufe. T. 1. Görlitz, Druck v. H. Gretsel, 1892; 1 Bl., IV, 18 S. 4.
Görlitz, st. G u. RG, P 1892 (184 [vielm. 185])

Buchwald, Friedrich

Buchwald, Friedr., Elementarlehre der Zeit- und Raum-Größen. gr. 8. Erlangen, Palmsche Verl. Buchhdl. 818.

Oeconomische und statistische Reise durch Meklenburg, Pommern, Brandenburg und Holstein. Aus dem Dänischen [des Friedrich von Buchwald] übersetzt, mit einigen Anmerkungen v. Valentin August Heinze. Mit Kupfern. Kopenhagen. 1786. 8°
Tafel 1 fehlt.

§ **YVES**, Marquis Ludwig (so!), (d. i. *Friedr. Buchwald*), Geheime Hof- und Staatsgeschichte des Königreichs Dänemark. Zeiten nach der Struenseeschen Revolution. Aus d. Französ. Germanien (Tübingen, Heerbrand) 1790. 8°. (8 Mk. Frensdorff, Berlin, 1901.)
Selten! Weller, fing. Dr. I. p. 147. — S. auch Dänemark u. Struensee.

Buchwald, Friedr., s. Wagner, Joh. Jak.

Buchwald, G.

—— d. neue Gesangbuch. Rom. 8. (336) Hann. 69, Rümpler. 1. 7½

Buchwald, G. v., das Clinge'sche Siegelgeheimniss. [Aus: „Mittheilgn. d. Instituts f. österreich. Geschichtsforschg."] gr. 8. (6 S.) Innsbruck 888. (Neustrelitz, Jacoby.) n. — 50

—— Vergeltung. Erzählg. 8. (181) Ebd. 72. 2. 25

Buchwald, Georg

Buchwald, G, Allerlei a. 3 Jahrhunderten. Beitr. z. Kirchen-, Schul- u. Sittengeschichte d. Ephorie Zwickau. I. Auerbach, Bärenwalde, Bockwa, Crossen, Culitzsch. 8. (144) Zwick. 87, (Werner). n. 1. —

Buchwald, Geo., Allerlei aus drei Jahrhunderten. Beiträge zur Kirchen-, Schul- und Sittengeschichte der Ephorie Zwickau. I. Auerbach, Bärenwalde, Bockwa, Crossen, Culitzsch. 8. (IV, 144 S.) Zwickau 888, (Werner.) *

Buchwald, Geo., s.: Beiträge z. Reformationsgesch.

Buchwald, Geo., s. Bugenhagen, Johs., sechs Predigten.

Buchwald, Geo., s.: Bugenhagen's, Joh., ungedruckte Predigten aus den J. 1524—1529.

Buchwald, Geo. Der Evangelische Bund u. seine 2. Generalversammlung zu Duisburg im Lichte der ultramontanen Presse. 12. (13 S.) Barm. 889, Klein. * — 40

— dass. — s. Schriften f. d. evangelische Volk.

— Paul Eber, s. Kirchenliederdichter, unsere. 11.

— **Paul Eber, d. Freund, Mitarbeiter u. Nachfolger d. Reformatoren. E. Bild s. Lebens u. Wirkens. 8. (VI, 187 S. m. Abb.) Leipzig 897. B. Richter. n. — 80**

– Paul Eber 897. Jetzt: Leipzig, B. Liebisch.

Buchwald, Geo., die Entstehung der Katechismen Luthers u. die Grundlage des grossen Katechismus. gr. 4. (XVI, 49 S.) Leipzig 894. O. Wigand. Kart. n. 4. 50

— **böhmische Exulanten im sächsischen Erzgebirge zur Zeit des 30jährigen Krieges, s. Für die Feste und Freunde des Gustav-Adolf-Vereins.**

Buchwald, Geo.: Gustav Adolf Fricke. Versuch e. Biogr. (244) gr8° Lpzg. JA Barth '11. 4 —

— **Christian Fürchtegott Gellert, s.: Kirchenliederdichter, unsere. I. 7.**

[5.] Geschichte der Evangelischen Gemeinde zu Kitzingen. Aus d. Urkunden erzählt v. D. Georg **Buchwald**, Pfarrer ... zu Leipzig. *Leipzig: B. Richter 1898.* (VI, 152 S.) 1 Bd 8. 98. 7278

– Geschichte d. ev. Gemeinde zu Kitzingen. 898.
Jetzt: Leipzig, B. Liebisch.

— **Geschichte der evangel. Kirche, s.: Schloeßmann's Bücherei f. das christliche Haus. 1. Bd.**

Buchwald, Geo., Heilige sie in deiner Wahrheit, dein Wort ist die Wahrheit! Konfirmationsrede üb. Johannis 17, 17, geh. am Palmsonntag 1905 in der Michaeliskirche zu Leipzig. (8 S.) 8. Leipzig 905. [Bernh. Richter.] B. Liebisch. n. — 20

— **Valerius Herberger, der Pfarrherr vom „Kripplein Jesu", s.: Kirchenliederdichter, unsere, 23. Heft.**

— D. M Luthers grosser Katechismus. Mit Erläutergn. 8° (122) Lpzg 97, B Richter. — 10

— **Dr. Martin Luthers großer Katechismus. Mit Erläutergn. dem deutschen evangel. Volke dargeboten. 3. Aufl. 8. (VIII, 122 S. m. 1 Bildnis.) Leipzig 901. Bernh. Richter. Kart. n. — 50**

— D. M Luthers gr. Katech. Mit Erläutergn. 4. Afl. (122) 8° Lpzg, B Richter '01. Kart. — 50 d

Buchwald, Geo., D. Martin Luthers großer Katechismus. Mit Erläutergn. dem deutschen evangel. Volke dargeboten. 4. Aufl. (7. u. 8. Taus.) (VIII, 122 S.) 8. Leipzig 904. [Bernh. Richter.] B. Liebisch. Kart. n. — 50

— D. Martin Luthers gr. Katechismus. Mit Erläutergn u. d. Bildern d. 1. Ausg. 6. Afl. (15, 130) 8° Lpzg, B Liebisch '12. geb. — 75 (Pp.) d

— **die evangelische Kirche im Jahrhundert der Reformation. Dargestellt u. hrsg. im Auftrage des evangelisch-luther. Landeskonsistoriums des Königr. Sachsen. 1.—5. Aufl. (1.—25. Taus.) 8. (à VII, 126 S. m. Abbildgn.) Leipzig 901. Bernh. Richter. Kart. n.n. — 30**

— Die ev. Kirche im Jahrh. d. Reformation. 1—5. Afl. (126 m. Abb.) 8° Lpzg, B Richter '01. Kart. nn — 30 ‖ 9. u. 10. Afl. (126 m. Abb.) '04/05. — 50 d

— **die evangelische Kirche im Jahrhundert der Reformation. Dargestellt u. hrsg. im Auftrage des evangelisch-luther. Landeskonsistoriums des Königr. Sachsen. 9. u. 10. Aufl. (41.—60. Taus.) (à VIII, 126 S. m. Abbildgn.) 8. Leipzig 905. [Bernh. Richter.] B. Liebisch. n. — 50**

— **Die evangelische Kirche im Jahrhundert der Reformation. Dargestellt u. hrsg. im Auftrage des evangelisch-luther. Landeskonsistoriums des Königr. Sachsen. 11. Aufl. (41—45. Taus.) (VIII, 126 S. m. Abbildgn.) 8. Leipzig 907. B. Liebisch. Kart. — 50**

Buchwald, Geo.: Die ev. Kirche im Jahrh. d. Reformation. 11. Afl. (126 m. Abb.) 8° Lpzg, B Liebisch '09. Kart. — 50 d

— Die evang. Kirche im Jahrh. d. Reformation. 12. Afl. (8. 126 m. Abb.) 8° Lpzg, B Liebisch '12. geb. — 60 (Pp.) d

— s.: Kirchengalerie, neue sächsische.

— Deutschlands Kirchengeschichte für das evangelische Haus. Mit 254 Abbildgn. im Text u. 22 Beilagen in Schwarz- u. Farbendr. (VIII, 576 S.) gr. 8. Bielefeld 904. Velhagen & Klasing. n. 9. —; geb. in Leinw. n. 10. —

Buchwald, Geo., Confirmationsrede üb. Colosser 2, 6 f., geh. am Palmsonntag 1902 in der Nordkirche zu Leipzig. gr. 8. (8 S.) Leipzig 902. B. Richter. n. — 20

Buchwald, Geo., Landeskirche u. Freikirche. Antwort auf O. Willkomm's „offenes Sendschreiben an die 41 Geistlichen der Ephorie Zwickau". 2. Aufl. 8. (18 S.) Zwickau 886. Gebr. Thost. n. — 20

— Leitfaden beim Unterricht in der Geschichte der christlichen Kirche, s.: Bischoff, Ottobald.

— Kirchengeschichtl. Leseb. Von d. Reformation bis z. Gegenwart. Im Anschluss an Bischoffs Leitf. b. Unterr. in d. Gesch. d. christl. Kirche zusammengest. (8, 162 m. 1 Tab.) 8° Lpzg, IT Wöller '10. geb. 1— d

Buchwald, Geo., der Logosbegriff d. Johannes Scotus Erigena. Inaugural-Dissertation. gr. 8. (IV, 72 S.) Frankfurt a/M. 884. Drescher. n. 1. 50

Luther als Erzieher. Von *,* [Verf.: D. Dr. Georg Buchwald, Pfarrer in Leipzig.] 6.–10. Taus. Berlin: M. Warneck 1902. (VI, 208 S.) 8° [F.] [07. 8850

— Luther an die deutsche Jugend der Gegenwart. Vortrag, geh. auf der 20. Hauptversammlg. der deutschen Lutherstiftg. am 20. VI. 1905. 1.—3. Taus. (Je 28 S.) gr. 8. Leipzig 905. Bernh. Richter. n. — 40

— Doktor Martin Luther. Ein Lebensbild f. das deutsche Haus. Mit zahlreichen Abbildgn. im Text sowie dem Bildnis Luthers in Heliograv. nach e. Gemälde v. L. Cranach zu Nürnberg. gr. 8. (XII, 530 S.) Leipzig 902. B. G. Teubner. Geb. in Leinw. n. 6. —

Doktor Martin Luther. Ein Lebensbild f. d. deutsche Haus von Georg Buchwald. Mit zahlr. Abb. sowie d. Bildnis Luthers. Leipzig & Berlin: Teubner 1900. XII, 530 S. 8° [02. 0565 7

— D. Martin Luther, e. christlicher Charakter, s. a. Luther-Vorträge, Würzburger. 5. Hft.

D. Martin Luther ein christlicher Charakter. Vortrag von D. Dr. Georg Buchwald, Pfarrer zu Leipzig. *München: J. F. Lehmann 1903.* (32 S.) 8° [F.]
— Luther-Vorträge, Würzburger. 5. [03. 6085

—— Martin Luther im Hause der Familie Cotta, s. Für die Feste und Freunde des Gustav-Adolf-Vereins.

— s.: Luther's, Mart., ungedruckte Predigten aus den J. 1537—1540.

— s.: Luther's, M., letzte Streitschrift.

Buchwald, Georg (Hrsg.), s. Luther, Martin: Werke.

—— s. Luther's Werke f. d. christl. Haus.

— s. Lutherdenkmal.

—— die Lutherfunde der neueren Zeit insbesondere in der Zwickauer Ratsschulbibliothek. Vortrag, auf der Meißner Kirchen- und Pastoral-Conferenz in der Aula der kgl. Fürstenschule am 30. Juni 1886 gehalten. gr. 8. (18 S.) Ebendas. 886. *

— s.: Luther-Kalender.

— Lutherlesebuch für das evangelische Volk. 1.—5. Taus. (367 S.) gr. 8. Hamburg 905. G. Schloeßmann. Geb. in Leinw. n. 5. —

— s.: Mathesius', Joh., Predigten über Luthers Leben.

— Philipp Melanchthon, s. a. Lutherdenkmal.

[F.] Philipp Melanchthon. E. Schilderg s. Lebens u. Wirkens in Wort u. Bild d. deutschen Jugend dargeb. v. D. Georg Buchwald, Pfarrer zu Leipzig. *Leipzig: B. Richter 1896.* (94 S.) 1 Bd 8. [97. 186

— Philipp Melanchthon. E. Schilderg. s. Lebens u. Wirkens in Wort u. Bild, d. deutschen Jugend dargeb. 7.—14. Taus. gr. 8. (94 S.) Ebd. 897. n. — 40

Philipp Melanchthon. Eine Schilderung s. Lebens u. Wirkens von D. Georg Buchwald. Leipzig: Richter 1899. 94 S. 8° (Lutherdenkmal. 2.) [99. 6613

—— s. Nachklang, ein, der Epistolae obscurorum virorum.

— Georg Neumark, der Sänger v.: „Wer nur den lieben Gott läßt walten", s.: Kirchenliederdichter, unsere, 26. Hft.

— Wittenberger Ordiniertenbuch 1537—1560. Veröffentlicht v. B. Lex.-8. (V, 141 S.) Leipzig 894. G. Wigand. n. 10. —

— Wittenberger Ordiniertenbuch. 2. Bd. 1560—1572. M. Berichtiggn. u. Ergänzgn. f. d. J. 1558—1568 a. Paul Ebers Aufzeichngn. Veröffentl. v. B. Lex.-8. (218 S.) Leipzig 895. G. Wigand. n. 18. — (1. u. 2.: n. 28. —)

— die Persönlichkeit Luthers in ihrer Bedeutung f. die Gegenwart. Vortrag bei der XII. Generalversammlg. des evangel. Bundes zu Nürnberg. — 10. X. 1899. 8. (18 S.) Leipzig (899). Buchh. des ev. Bundes von C. Braun. n.n. — 10

— eine sächsische Pilgerfahrt nach Palästina vor 400 Jahren, s.: Für die Feste u. Freunde d. Gustav-Adolf-Vereins.

— selige Pilgerschaft. Gold. Worte f. d. Christen Lebensweg, aus Mart. Luthers Werken ausgew. 8. (IV, 132 S.) Ebd. 896. Geb. in Leinw. n. 2. —

—— s. Predigten, Elf ungedruckte, von D. Martin Luther.

Ungedruckte Predigten D. Martin Luthers aus den Jahren 1537–1540. Zum ersten Mal veröffentl. von D. Georg Buchwald, Pfarrer, Leipzig. Leipzig: G. Strübig 1905. 8° [F.] [05. 3747 3

— s. Quellen u. Darstellungen a. d. Gesch. d. Reformationsjahrh., Bugenhagen; Egranus.

— Reformationsgeschichte der Stadt Leipzig. gr. 8. (V, 212 S. m. Abbildgn.) Leipzig 900. Bernh. Richter. Geb. in Leinw. n. 4. —

— Seid getreu! Konfirmationsrede üb. Offenbarg. Johannis 2, 10, geh. am Palmsonntag 1903 in der Nordkirche zu Leipzig. (8 S.) gr. 8. Leipzig 903. [B. Richter.] B. Liebisch. n. — 20

— Nikolaus Selnecker, s.: Kirchenliederdichter, unsere, 32. Hft.

— So spricht Dr. Martin Luther, s.: Luther, Mart.

— z. Wittenberger Stadt- u. Universitäts-Geschichte in d. Reformationszeit. Briefe a. Wittenberg an M. Steph. Roth in Zwickau, hrsg. v. G B. 8° (192) Ebd. 93. 6 —

Konrad Stürtzel von Buchheim aus Kitzingen, Doktor d. kanon. Rechts, Kanzler Kaiser Maximilian I., Erbschenk d. Landgrafschaft Elsass. Eine Schilderung s. Lebens u. Wirkens nach archival. Quellen von D. Georg Buchwald. *Leipzig: B. Richter 1900.* (XV, 174 S.) 8° [F.] [00. 7136

— s.: Wartburgbibel.

—— Was Doktor Luther sagt, s. a. Schriften f. d. evangelische Volk.

Buchwald, G., Was Doktor Luther sagt. II. Vom Hausgesinde. (32 S.) Barmen 1889. Klein. .10

— was sollen wir thun behufs grösserer Würdigg d. ev. Interessen in d. Tagespresse? Vortrag. 8° (20) Lpzg 93, G Wigand. — 25

Buchwald, Gustav v.

Buchwald, Gust. v., Bilder aus der volkswirthschaftlichen u. politischen Vergangenheit Mecklenburgs. (1631—1708.) Vorwiegend nach ungedr. Quellen. Festschrift zur Feier der goldenen Hochzeit Ihrer königl. Hoheiten des Großherzogs u. der Großherzogin v. Mecklenburg-Strelitz. gr. 8. (V, 138 S.) Neustrelitz 893. M. Jacoby. n. 2.25; geb. n. 3.—

Buchwald, Gust. v., Bilder a. d. volkswirtschaftl. u. polit. Vergangenheit Mecklenburgs (1631—1708). gr. 8. (V, 138 S.) Neustrelitz 893. Berlin, W. Süsserott n. 2.25; ermt. Pr. n. 1.25

Buchwald, Gust. v., Bischofs- u. Fürsten-Urkunden d. XII. u. XIII. Jahrh. Beiträge zur Urkundenlehre. Mit 6 (autogr.) Schrifttaf. gr. 8. (IV, 484 S.) Rostock 882. Werther. n. 16.—

—— und Ina v., kulturhistorische Erzählungen. I. Der Heljäger von Waldbad. 2 Thle. in 1 Bde. 8. (218; 314 S.) Ebendas. 888. *

Buchwald, Gust. v., deutsches Gesellschaftsleben im endenden Mittelalter. 1. und 2. Bd. 8. Kiel, Homann. *ℳ 8.50.; geb. *
Inhalt:
Bd. 1. Zur deutschen Bildungsgeschichte im endenden Mittelalter. 10 Vorträge. (XII, 223 S.) 885. *ℳ 4.—.; geb. *ℳ 5.—.
2. Zur deutschen Wirtschaftsgeschichte im endenden Mittelalter. 15 Vorträge. (XIII, 303 S.) 887. *ℳ 4.50.; geb. *ℳ 5.50.

Buchwald, Gust. v., u. Ina v. Buchwald. Des Weltumseglers Heimath. Kulturhistor. Erzählg. gr. 8. (VI, 332 S.) Neustrelitz 890, Barnewitz. * 5 —; geb. * 6 —

Buchwald, Gust. v., d. Meermaid v. Amrum. E. geheimnisvolle Geschichte. 12. (244 S.) [Kiel 896. H. Eckardt.] Hannover, L. Ost. n. 2.40; geb. in Leinw. n. 3.—

Die Meermaid von Amrum. E. geheimnisvolle Geschichte. Von Gustav v. **Buchwald.** *Hannover & Leipzig: L. Ost [1897].* (1 Bl., 244 S.) 1 Bd 8.
[98. 10909 Go

— u. Ina v. **Buchwald**, Villa Möhl u. mehr. 8. (151 S.) Strelitz 893. E. Lupelow. n. 1.50

— u. Ina v. **Buchwald**, Villa Möhl u. mehr. 2. Aufl. 8. (128 S.) Leipzig 895. R. Friese, Sep.-Cto. n. 2.—

— u. Ina v. **Buchwald**, Villa Möhl u. mehr. 2. Aufl. 8. (128 S.) Leipzig 895. Gotha, R. Schmidt. n. 2.—

— der Monarchenskat. Eine schlaraff. Geschichte. gr. 8. (70 S.) Wiesbaden 893. R. Bechtold & Co. n. 1.—

Buchwald, Gustav von (Bearb.), s. N o e r , Friedrich August von: Kaiser Akbar.

Buchwald, Gust. v., Regesten aus den Fischerei-Urkunden der Mark Brandenburg 1150—1710. (153 S.) gr. 8. Berlin 903. Gebr. Borntraeger. Kart. n. 5.—

— Register zum Diplomatarium des Klosters Arensbök. Im Auftrage der Gesellschaft für Schleswig-Holstein-Lauenburg. Geschichte bearb. gr. 4. (III u. S. 159—208.) Kiel 877. Universitäts-Buchh. in Comm.

Zur Deutschen Wirtschaftsgeschichte im endenden Mittelalter v. Gustav von **Buchwald.** Kiel. 1887. 8°.

Buchwald, H: Arbeitsheft m. Formularmappe f. gewerbl. Fortbildgssch. Unterst. u. Mittelst. (Je 26 m. 14 bezw. 18 Formularen.) Lex8° Nordh., C Haacke ('12). je — 65 d

— Arbeitsheft m. Formularmappe f. gewerbl. Fortbildgssch. u. Meisterkurse. (22 m. 14 Formularen.) 33,5×21,5 cm. Ebd. ('11). — 70 d

— Die kulturelle Bedeutg d. RVO. Skizze als Handreichg f. d. bürgerkundl. Unterr. in d. Fortbildgssch. (12) gr8° Ebd. '12. nn — 25 (Pp.) d

v. Buchwald, H., Glaube eines alten Soldaten. gr. 12. Kiel 841, Univers.-Buchh. n. $^1/_3$ ß

— **Buchwald**, H., Der Logosbegriff des Johannes Scotus Erigena. *Diss* 1884. 72 S. 1.50

Über die naturgemässe Entwickelung der Eisenbahnen in den Herzogthümern Holstein und Schleswig und deren Weiterführung durch die jütsche Halbinsel: nebst einer Critik der projectirten Bahnen. Von **H. E.** von **Buchwald.** Hamburg. 1845. 8°.

Buchwald, H. C. v., Motive für die Verhandlung des holsteinischen Eisenbahn-Netzes und des Anschlusses Lübecks an unsere Bahnen im itzehoer Ständesaal. gr. 8. (30 S. und 1 Tab. in 4.) Kiel 847, Schwers'sche Buchh. *

Buchwald, Hans

Buchwald, H, Herzensräthsel. Novellen. 8. (112) Danz. 87, Hinstorff n. 2.—

Buchwald, Hans, Herzensräthsel. Novellen. 8. (112 S.) Rostock 887, Verlag der Albumstiftung. (C. Hinstorff's Verlag.) *

Deutscher Anhang des dänischen „Repetenten". Red von einem alten Zuschauer (Heinrich von **Buchwald.** Kopenhagen 1862.) 8°

[**Buchwald, Joh. Heinr. de**], **Apperçu de souvenirs et fictions à publier en un volume, par J. H. Kiel. 1834. P.**

Mein letzter Feldzug als Federheld" (Deutsch-dänisches Probeblatt.) Von Heinrick von **Buchwald.** Copenhagen. 1862. 8°.

Meine Feldzüge in Schleswig v. Reiner Schmit [d. i.: Heinrich **Buchwald**]. Kopenhagen. 1849. 8°.
Umschlag: Spiegel eines gefangenen Feldbarbiers.

Buchwald, Heinrich (Hrsg.), s. G l a u b e eines alten Soldaten.

Les Regrets d'Alfred. Ses premiers chants et ses dernières pensées. Par un auteur danois [d. i.: Heinrich **Buchwald**]. Kiel. 1836. 8°.

Souvenirs d'un vétéran par Henry de **Buchwald.** Edition provisoire (Kiel. 1848.)

Buchwald, Heinrich (Red.), s. Z e i t u n g , Deutsche, ohne Lüge.

Buchwald, Henning von: Sein beklommenes Hertze wollte ... [Trauergedicht auf Hinrich von **Buchwald,** Erb-Herr auf Pronsdorff u. Land-Rath, † 30. März 1717, beigesetzt am 14. Juli 1717.] — Plön (1717): Reuss. 2 Bl. 4°

Buchwald, Hugo, Panorama d. Glatzer Gebirges. Aufgenomm. v. der Reinerzer Ziegenanstalt aus. 16 × 55,5 cm. Photograv. Breslau 897. M. Woywod. n. 2.50

Buchwald, Hugo *(geb. Goschütz bei Groß-Wartenberg in Schles. 17. 12. 1843)*: Drei Stirnlagen. Breslau (1867). (30 S.) 8°
Breslau, Med. Diss. v. 29. Okt. 1867

Buchwald, J., Register, s.: Gartenflora.

Buchwald, Ina: Kulturhistorische Erzählungen, s. B u c h w a l d , Gustav.

— Johann Christian (Naumburg a. Bober), De momentoso domicilii cuilibet proprii in morborum caussis et praesidiis loco. Dissert. med. Präs. Bernh. Christian Otto. Frankfurt/O. (Apitz) 5. VII. 1805. VI, 24 S. (4.—) 4430

Buchwald, Johann Heinrich de, s. B u c h w a l d , Heinrich von

Buchwald, *Johannes de*, * ... 1658, † Kopenhagen ... 1738.
Specimen medico-practico-botanicum, oder kurze und deutliche Erklärung derer in der Medicin gebräuchlichsten und in Dänemark wildwachsenden Erdtiewächse, Pflanzen und Kräuter, etc. Ins Deutsche übersetzt von *Balth. Joh. de Buchwald.* Kopenhagen, typ. Hopfner 1721. 8. 586 p., praef. (Mit eingeleimten Medicinalkräutern 2 Rdr. 3 Mark.)

Buchwald, Johannes [aus Berlin]: Die Verbreitungsmittel der Leguminosen des tropischen Afrika ... (Aus: Engler's Bot. Jahrb., Bd XIX.) Leipzig, W. Engelmann, 1894; 34 S., 1 Bl. 8.
Berlin, Phil. Fak., Inaug.-Diss. v. 31. Okt. 1894

Buchwald, Johannes (Hrsg.) s. Zeitschrift für Getreidewesen.

Buchwald, Joseph Rudolf Die gallicanische Liturgie. 4 (18 S.). Progr. G. Gross-Strehlitz 1886

Buchwald, Carl Friedr., authentische Aufzeichnungen, s. Enthüllungen aus dem Criminalleben.

Buchwald, Carl Frdr., Enthüllungen aus dem Criminalleben. 1. Thl. Authentische Aufzeichnungen u. Erzählungen von unschuldig Verurtheilten. Leipzig 863. Wilfferodt. gr. 8. (V, 244 S.) n. 1 $\frac{1}{6}$ 5 ngr.

Buchwald, Conr., Adriaen de Vries, s. a. Beiträge zur Kunstgeschichte. N. F. XXV.

Buchwald, Conrad: Adriaen de Vries. *Leipzig: E. A. Seemann 1898.* (119 S.) 8° ● Aus: Beiträge zur Kunstgeschichte, N. F., 25.
Breslau, Phil. Diss. v. 3. Dez. 1898

Adriaen de Vries v. Conrad Buchwald. M. 8 Taf. *Leipzig: E. A. Seemann 1899.* (4 Bl., 119 S., 8 Taf.) 1 Bd 8.
— Beiträge z. Kunstgeschichte. N. F. [Bd] 25.

Buchwald, Conrad, graphische Künste, s. a. Hillger's, Herm., illustr. Volksbücher.

Buchwald C. graphische Künste. (120 S) (Hillgers Volksb. 87) Berlin (1907)

— Karl Friedrich Schinkel, s. a. Flemming's, Carl, vaterländische Jugendschriften.

Karl Friedrich Schinkel. Erzählung f. d. deutsche Jugend von Conrad Buchwald. Mit 3 Abb. *Glogau: C. Flemming [1900].* (147 S.) 8° [F.]
— Jugendschriften, C. Flemmings Vaterländische. Bd 82.

Aus der Vergangenheit der Glashütte Kaiserswalde Pangratz & Co. Zu ihrem 250j. Jubiläum am 13. Okt. 1906. (Verf.: Conrad Buchwald.) (Breslau 1906: Graß, Barth & Co.) (33 S.) 4°(8°) [F.]

— berühmte Vertreter der bildenden Künste, s.: Wickenhagen, G.

Buchwald, Martin, Referendar am kgl. Amtsgericht Leipzig: Die Ehrenzahlung. Weimar 1907: Hof-Buchdruckerei. (VIII, 53 S.) 8°
Leipzig, Jur. Fak., Diss. v. 21. März 1907
[Geb. 28. Sept. 84 Zwickau i. S.; Wohnort: Leipzig; Staatsangeh.: Sachsen; Vorbildung: König-Albert-Gymn. Leipzig Reife O. 03; Studium: Freiburg i. B. 1, Leipzig 5 S.; Rig. 5. Juli 06.]

Buchwald, Max, der Oberbau der Strassen- u. Kleinbahnen. (VIII, 197 S. m. 260 Abbildgn.) Lex.-8. Wiesbaden 903. C. W. Kreidel. n. 6.40

Buchwald, Max, eine Studie zum Köhlbrand-Vertrag. (11 S. m. Abbildgn.) 8. Altona 909. F. L. Mattig. 1.—

Buchwald, O., Homer in Lucian's Schriften. Pr. 1874. 16 S. 4°. 1.20

Metrische Übersetzung ausgewählter Epoden des Horaz von O. Buchwald. 8 S. Progr. Fürstenwalde 1881.

Buchwald, Otto

Buchwald, O., kleine Bausteine. gr. 16. Leipzig 869, Licht und Meyer.

Buchwald, Otto, kleine Bausteine. Aesthetische Abhandlungen. Leipzig 869. Matthes. 16. (2 Bll., 167 S.) 22½ ngr.

Buchwald, Otto, Dr., Dir.: [Bericht über die Feier des 25jährigen Jubiläums des Gymnasiums am 22. und 23. März 1899.] *Fürstenwalde a. d. Spree 1900: F. Jaensch.* (S. 12—13.) 4°
Fürstenwalde, st. G, P 1900 (76)

—— das neue Gesangbuch. Humoristischer Roman. 8. (336 S.) Hannover 869. Rümpler.

Buchwald, Otto, gesunde Naturen. Roman. 4 Bde. 8. (III, 255; 278; 254 u. 272 S.) Hannover 871. Rümpler. 18. —

Buchwald, Otto: Rückblick *auf die Entwicklung der Anstalt während ihres 25jährigen Bestehens.* 4 (S. 10—11 der Schuln.). — Nachtrag. 4 (S. 12—13).
Progr. Städt. G. Fürstenwalde 1899 (75) 1900

Buchwald, Otto (*geb. Klein-Gaffron in Schles. 28. 8. 1842*): De interrogativarum ἦ et οὐκοῦν particularum apud Graecos poetas tragicos usu. Vratislaviae (1865). (40 S.) 8°
Breslau, Phil. Diss. v. 21. Juli 1865

—— Vergeltung. Erzählung. 8. (181 S.) Hannover 872, Rümpler.

Buchwald, Reinhard

Buchwald, Rhard., Joachim Greff. Untersuchungen üb. die Anfänge des Renaissancedramas in Sachsen, s. a. Probefahrten. 11. Bd.

Buchwald, Reinhard, a. Großenhain: Joachim Greff. Untersuchungen über die Anfänge des Renaissancedramas in Sachsen. Leipzig: R. Voigtländer 1907. (X, 89 S.) 8° [F.] ● (= Probefahrten Bd 11.)
Leipzig, Phil. Fak., Ref. Köster, Diss. v. 27. April 1907
[Geb. 2. Febr. 84 Großenhain; Wohnort: Leipzig; Staatsangeh.: Sachsen; Vorbildung: Gymn. Grimma Reife O. 03; Studium: München 1, Leipzig 6 S.; Rig. 30. Okt. 06.]

— Das Leben d. thüring. Pfarrers Joh. Langguth, s.: Langguth, Johs.

— s.: Luther's, Mart., Briefe.

Buchwald, Richard, prakt. Arzt a. Stenschewo ⟨Posen⟩: Aus der medizinischen Universitäts-Poliklinik zu Leipzig. Direktor: Geheimer Medizinalrat Prof. Dr. F. A. Hoffmann. Ueber Arthropathie und trophische Störungen bei Syringomyelie. Leipzig 1905: B. Georgi. (32 S.) 8°
Leipzig, Med. Fak., Ref. Hoffmann, Diss. v. 22. Dez. 1905
[Geb. 20. März 66 Posen; Wohnort: Stenschewo; Staatsangeh.: Preußen; Vorbildung: Gymn. Ostrowo Reife M. 90; Studium: Berlin 6, Halle 3, Breslau 1 S.; Coll. 22. Dez. 05; Approb. 13. Juni 95.]

Buchwald, Rich., s.: Beiträge zur Trachom-Forschung.

Buchwald, Rudolphus [presbyter Vratisl., in gymn. Mega-Strelicensi religionis praeceptor]: De liturgia gallicana . . . Vratislaviae, typ. R. Nischkowsky, 1890; 42 S., 1 Bl. 8°
Breslau, Kath.-theol. Fak., Inaug.-Diss. v. 23. Dez. 1890

Buchwald, R, de liturgia Gallicana. 8° (42) Bresl. 90, (L Köhler. — Gr.-Strehl., A Wilpert). 1 —

Buchwald, Rudolph: Nabuchodonosor II. von Babylon. ⟨Mit besonderer Berücksichtigung der Keilschriftforschung.⟩ *Gross-Strehlitz (1898): G. Hübner.* (1—20 S.) 4°
Gross-Strehlitz, k. G, OP 1898 (217)

Buchwald, Rud., Nabuchodonosor II. v. Babylon. (M. bes. Berücksicht. d Keilschriftforschg.) Progr. 4. (20 S.) Gross-Strelitz 898. (A. Wilpert.) n. 1. —

Buchwald, Schack de: Les glorieux avantages d'un roi pacifique. — Altona 1764: Impr. de l'Academie. 16 S. 8° (4°)
Altona. k. G.. 1764.

Buchwald, Stefan v., Katharina Cornaro. Ein dramat. Gedicht in 5 Aufzügen. gr. 8. (73 S.) Wien 880, Stern. *

Buchwald, Stef. v., Geschichte d. Hafencastells v. Triest u. d. Domes v. St. Just. M. 4 Abb. u. 1 Plan d. Hafencastells. 8. (40 S.) Linz 895. Städtebilder-Verlag. n. — 70

Buchwald, Stef. v., der Karst u. die Karst-Aufforstung. Eine Studie. [Aus: „Streffleur's österr. militär. Zeitschr."] gr. 8. (15 S.) Wien 893. (Triest, J. Dase.) n. — 60

— zur Psychologie d. Soldatenstandes. [Aus: „Streffleur's österr. militär. Zeitschr."] gr. 8. (34 S.) Otočać 895. (Wien, W. Braumüller.) n. — 70

— d. Plitvicer Seen u. ihr Vorland. 8. (67 S.) Fiume 896. A. Reinhard. n. 1. —

Buchwald, V: Flammen, s. a. Eckstein's Miniaturbibliothek.

Buchwald, Valeska, Flammen. Skizzen u. Novellen. 1.—3. Taus. schmal 12. (118 S. m. Titelb.) [Berlin 898. R. Eckstein, Nachf.] Leipzig, G. Müller-Mann. n. 1. —

Buchwald, Valeska (Frau Valeska Cusig), wenn Frauen lieben, s. a. Ecksteins moderne Bibliothek. Nr. 30.

Wenn Frauen lieben. Moderne Novellen von Valeska Buchwald [d. i. Valeska Cusig, geb. Buchwald]. 1.–10. Taus. *Berlin: R. Eckstein Nachf. [1903].* (96 S.) 8°
— Bibliothek, Ecksteins Moderne. No 30. [03. 13610]

Buchwald, Wolfg., Gedichte. (VII, 128 S.) 8. Dresden 904. E. Pierson. n. 2. —; geb. n. 3. —

Buchwald, Wolfgang [pr. Arzt aus Schlesien]: Über Speichelsteine ... Greifswald, Druck v. J. Abel, 1894; 31 S. 8.
Greifswald. Med. Fak., Inaug.-Diss. ... Apr. 1894

Buchwalder, A. J., Carte de l'ancien évêché de Bâle réuni aux Cantons de Berne, Bâle et Neuchatel, Levée de 1815 à 1819. Gravée par Michel à Paris. (Mit 1 Bl. Zeichen-Erklärung in franz., engl. u. deutscher Sprache.) gr. 8. (Bern 834. Burgdorfer; Leipzig, Fr. Fleischer.) n. 4 ₰

Buchwaldt, Eugen, a. Ratibor: Ueber einige Phenyl-dimethyl-halogen-Pyrazolone und deren Abkömmlinge. Rostock 1904: C. Hinstorff. (64 S.) 8°
Rostock, Phil. Fak., Ref. Michaelis, Diss. v. 5. Jan. 1905
[Geb. 29. Nov. 75 Gleiwitz; Wohnort: Greifswald; Staatsangeh.: Preußen; Vorbildung: Gymn. Ratibor Reife f. Obersecunda O. 92; Studium: München 2, Rostock 4 S.; Rig. 7. Juni 04.]

Buchwaldt G v, dtsch. Gesellschaftsleb. im endenden Mittelalter. 2 Bde Kiel 1885-87

Buchwart. Der B'. Eine literarische Rundschau für das deutsche Haus. 1904. In Verbindung mit den Firmen: C. H. Beck'sche Buchhandlung (O. Beck) München..., Helbing & Lichtenhahn, vorm. Reich-Detloff, Basel..., Friedr. Reinhardt, Basel.... Hrg. von Eugen Salzer, Heilbronn. [Mit Illustrationen und 1 Tafel.] IV + 168 [+ *Beilagen* 44] 8. 8. Heilbronn, Eugen Salzer.

Buchwart, d., e. literar. Rundschau f. d. deut. Haus. 1905. (168 m. Abb.) 8° Heilbr., E Salzer. † — 40 d
Der 1. Jahrg. erschien u. d. T.: „Wir sahen ihn".

Buchwart, der. Eine literar. Rundschau f. das deutsche Haus. 1909. (162 S. m. Abbildgn.) gr. 8. Heilbronn. E. Salzer. p — 55

Buchwart, Der. Eine lit. Rundschau f. d. deut. Haus. '11. (160 m. Abb.) gr8° Heilbr., E Salzer. † — 55 (Pp.) d

Buchwitz, A. (Red.), s. Zeitung, Pädagogische.

Buchwitz, J. L., Betrachtt. über d. Liebe. 8. Berl. 754. Voß. 2 gr

— Betrachtt. über d. Schicksal d. Menschen im Tode. gr. 8. Halle 766. (Hahn in Hannov.) 4 gr

— Betrachtt. über d. Sünde wider den heil. Geist. 8. Hamb. 764. 3 gr

— freimuthige Briefe über d. Christenthum. 8. Berl. 773. Mylius. 8 gr

— Religionssystem für junge Leute. 8. Berl. 770. Mylius. 6 gr

Buck

— vergl. Buk, Buek.

Buck, Abr., Aufsätze für die Volksschule. Nebst e. Anh.: Regeln f. die deutsche Rechtschreibg. nebst Wörterverzeichnis. 2. Aufl. (IX, 124 S.) gr. 8. Eßlingen 903. W. Langguth. Kart. n. 1. 20

Buck, Abr., Aufsätze f. die Volksschulen, besonders f. ländliche Schulen, nebst e. Anh.: Sprachliche Übgn. im Anschluß an Lesebuch I u. II f. die ev. Volksschulen Württembergs. 8. (X, 94 S.) Eßlingen 903. W. Langguth. Geb. 1. 20

Buck, C., De scholiis Theocriteis vetustioribus quaestiones selectae. Diss. 1886. 64 S. 2.50

Buck, C. W., saGedichte, auserlesene.

Buck, C. W., auserl. Gedichte. 8. Wittenb. Zimmermann. 799.

Buck, Charles

Buck, Charley. Unpartheyisches Handwörterbuch der Religions- und Kirchen-geschichte ... Bearb von Josef Ehrenfried. 1st ed. 1834; 8th ed. Phila. 1834.

Buck, Charles, unpartheyisches Handwörterbuch der Religions- u. Kirchengeschichte, enth. eine kurzgefaßte Uebersicht v. allen den vornehmsten Religions-Benennungen, welche in der Welt existirt haben, besonders v. Christi Geburt bis auf die gegenwärt. Zeit. Nebst einem genauen Bericht üb. die merkwürdigsten Verhandlungen u. Ereignisse, welche in der Kirchengeschichte aufgezeichnet sind. Wie auch kurze Abhandlungen üb. manche, in das religiöse Leben einschlagende Gegenstände. Bearb. nach dem Engl. v. Jos. Ehrenfried. gr. 8. (664 S. m. 1 Kpfrtaf.) Philadelphia 851. (Schäfer & Koradi.) n. 2 ₰

Buck, Charles, unpartheyisches Handwörterbuch der Religions- u. Kirchengeschichte, enthltd. e. kurzgefaßte Uebersicht von allen den vornehmsten Religions-Benennungen, welche in der Welt existirt haben, besonders von Christi Geburt bis auf die gegenwärtige Zeit. Bearb. nach dem Engl. von Jos. Ehrenfried. Neue [8.] Aufl. Philadelphia 865. Schäfer & Koradi. gr. 8. (664 S. u. 1 Stahlst.) 2 ₰ 15 ngr.

Buck's, Carl, unparteiisches Hand-Wörterbuch der Religions- und Kirchengeschichte, enth. eine kurzgefaßte Uebersicht von allen den vornehmsten Religions-Benennungen, welche in der Welt existirt haben, besonders von Christi Geburt bis auf die gegenwärtige Zeit. Nebst einem genauen Bericht über die merkwürdigsten Verhandlungen und Ereignisse, welche in der Kirchengeschichte aufgezeichnet sind. Wie auch kurze Abhandlungen über manche, in das religiöse Leben einschlagende Gegenstände. Bearb. nach dem Engl. von Jos. Ehrenfried. Neue [10.] Aufl. 12 Lfgn. gr. 8. (528 S.) Philadelphia 871—73, Schäfer und Koradi. à Lfg. 60 Pf.

Buck, Christian, aus Langenau: **Beiträge** zur Kenntniß der Alkaloïde der Steppenraute (Peganum Harmala). *Erlangen 1903: E. Th. Jacob.* (35 S.) 8°
Erlangen, Phil. Diss. v. 20. Jan. 1903

Buck, Christian Wilhelm (Torgau), De quarta Trebellianica in pacto nuptiali exule. Diss. jur. Präs. Jo. Gottfried Bauer. Lpz. (J. Chn. Langenheim) 6. VII. 1731. 36 S. (5.—) 4431
Gew.: Christian v. Loos.

— — De iis, qui a nexu cambiorum, vel juris cambialis rigore sunt exemti. Diss. jur. Rector Tob. Jac. Reinharth. Präs. Conrad Wilh. Strecker. Erfurt (Hering) 3. III. 1734. 28 S., tlw. deutsch. (5.—) 4432

— Christoph (Holstein), De probabilismo morali. Exercit. prior. histor. Präs. Jo. Friedrich Cotta (Tübingen). Jena (J. A. Müller) 28. IV. 1728. 56 S. (5.—) 4433

Buck, Damian. Beiträge zur Vergleichenden Anatomie des Durchlüftungssystems der Pflanzen. Mit 48 Textfiguren, von Dr. P. D' Buck, O. S. B. 33 S. 4. Einsiedeln, Benziger & Co. A. G., 1902.
Ausg. A: (Jahresbericht über die Lehr- und Erziehungs-Anstalt ... Maria-Einsiedeln im Studienjahre 1901/1902. ... Beilage...)
Ausg. B: [Beilage zum Jahresb' — — 1901/1902.]

Buck, Damian: DieVulkane, s: Benziger's naturwissenschaftl. Bibliothek.

Buck, E. Beitrag zur Kenntniss der Engleuen. Offenbach 1883.

Buck, Emil, aus Frankfurt a M.: Einige Rhizopoden-Studien. (S.A. aus: Zeitschrift f. wissenschaftl. Zoologie, XXX. Bd, 1. Heft [S. 1—49].) Leipz. W. Engelmann 1877. 2 Bl., 49 S., Tafel I, II. 8°.
Zürich. Phil. Diss. [v. 14.] März 1877.

Buck, Ernst, a. Posen: Ueber den hellroten Phosphor und seine Beziehungen zu den übrigen Modifikationen des Phosphors. Marburg 1904: J. A. Koch. (70 S.) 8°
Marburg, Phil. Fak., Ref. Zincke, Diss. v. 21. Okt. 1904
[Geb. 1. Mai 70 Posen; Wohnort: Marburg; Staatsangeh.: Preußen; Vorbildung: Gymn. Marburg Reife O. 98; Studium: Marburg 2, München 2, Marburg 8 S.; Rig. 27. Juli 04.]

Buck, F.

—— zwei Jubilarinnen. 16. (98 m. Ill.) Berl. 71, Paetel. 1. 50; geb. n. 75

Buck, F. J., Vers. e. philosoph. Abhandl. von d. Stamm=eltern des menschlichen Geschlechts. 8. Halle, Renger. 749. Rthlr.

Buck, Fr., Bilder aus dem christlichen Leben Württembergs im 19. Jahrh., s. a. Väter, württembergische. 3. u. 4. Bd.

Bilder aus dem christlichen Leben Württembergs im 19. Jahrhundert. Von Fr. Buck. Hrsg. v. Calwer Verlagsverein. Hälfte 1. 2. Calw & Stuttgart: Vereinsbuchh. 1905. 2 Bde 8° [F.]
1. Aus Kirche u. Mission. 2. Aus d. Gemeinschaften.
= Väter, Württembergische. Bd 3. 4. [05. 1887

Buck, Franz Wilhelm

Buck, Frz. Wilh., Antritts-Predigt über 1. Korinther 4, 1. u. 2 bei seiner Ordination u. Einführung in das Amt des 2. Diaconus zu St. Nicolai in Hamburg am 30. Septbr. 1868. Hamburg 868. Hoffmann & Campe. gr. 8. (23 S.) n. 4 ngr

Buck, Frz. Wilh., Borgfelde vor 60 Jahren u. in seiner gegenwärtigen Entwicklung. Erinnerungen aus der Kindheit. gr. 8. (27 S. m. 1 Taf.) Hamburg (900). A. Frederking. n. — 60

Buck, Frz. Wilh., Confirmations-Rede üb. 1. Joh. 2, V. 15 u. 3, V. 1. Habt nicht lieb d. Welt, noch was in der Welt ist, ꝛc. Geh. a. Dienstag, d. 24. u. Mittwoch, d. 25. März 1896 i. d. St. Nicolai-Kirche. gr. 8. (16 S.) Hamburg 896. Gaßmann's Sort. n. — 50

— Confirmations-Rede üb. 1. Joh. 4, V. 19 u. 5, V. 3. Lasset uns Gott lieben, denn er hat uns zuerst geliebt! Das aber ist die Liebe zu Gott, daß wir seine Gebote halten, u. seine Gebote sind nicht schwer. Geh. am Dienstag, den 3. u. Mittwoch, den 4. IV. 1900 in d. St. Nicolai-Kirche. gr. 8. (16 S.) Ebd. (900). n. — 50

Buck, Frz. Wilh., Confirmations-Rede üb. Joh. 5. V. 24. Geh. Dienstag, den 31. III. u. Mittwoch, den 1. IV. 1903 in der St. Nicolai-Kirche. (16 S.) gr. 8. Hamburg (903). A. Frederking. n. — 50

— Confirmations-Rede üb. Joh. 15, V. 14. Ihr seid meine Freunde, so Ihr thut, was ich Euch gebiete. Geh. am Dienstag, den 21. u. Mittwoch, den 22. III. 1899 in d. St. Nicolai-Kirche. gr. 8. (16 S.) Ebd. 899. n. — 50

— Confirmations-Rede üb. 1. Korinther, 16, V. 13: „Wachet, stehet im Glauben, seid männlich u. seid stark", geh. am 17. März 1869 in der St. Nicolai-Kirche. gr. 8. (16 S.) Hamburg 869. Hoffmann & Campe's Sort. n. — 20

Buck, Frz. Wilh., Confirmations-Rede üb. Lucas 12, V. 48. Welchem Viel gegeben ist, bei dem wird man Viel suchen u. welchem Viel befohlen ist, v. dem wird man Viel fordern. Geh. am Dienstag, den 21. u. Mittwoch, den 22. März 1893 in der St. Nicolai-Kirche. gr. 8. (16 S.) Hamburg 893. Gaßmann's Sort. n. — 50

— Konfirmations-Rede üb. Marcus 6, 30: Fürchte dich nicht; glaube nur! Geh. am Dienstag, den 11. u. Mittwoch, den 12. IV. 1905, in der St. Nikolai-Kirche. (16 S.) 8. Ebd. (905). n. — 50

Buck, Frz. Wilh., Confirmations-Rede üb. Matth. 7, V. 7. Bittet, so wird Euch gegeben; suchet, so werdet Ihr finden; klopfet an, so wird Euch aufgethan! Geh. am Dienstag, den 25. u. Mittwoch, den 26. März 1890 in der St. Nicolai-Kirche. gr. 8. (16 S.) Hamburg 890. Gaßmann's Sort. n. — 50

Buck, Frz. Wilh., Confirmations-Rede üb. Matth. 26 V. 41. Wachet u. betet, daß Ihr nicht in Anfechtung fallet, denn der Geist ist willig, aber das Fleisch ist schwach! Geh. Dienstag, den 26. u. Mittwoch, den 27. III. 1901 in der St. Nicolai-Kirche. gr. 8. (16 S.) Hamburg (901). A. Frederking. n. — 50

— dasselbe, üb. 1. Petrus 4, V. 10 u. 2. Corinth. 4, V. 2. Geh. a. Dienstag, d. 29. u. Mittwoch, d. 30. III. 1898 i. d. St. Nicolai-Kirche. gr. 8. (16 S.) Ebd. 898. n. — 50

— dasselbe, üb. Pred. Salomonis 12, V. 13 u. 14. Geh. a. Dienstag, d. 6. u. Mittwoch, d. 7. IV. 1897 i. d. St. Nicolai-Kirche. gr. 8. (16 S.) Ebd. 897. n. — 50

Buck, Frz. Wilh., Konfirmations-Rede üb. Psalm 32,8: Ich will Dich unterweisen u. Dir den Weg zeigen, den Du wandeln sollst; ich will Dich m. meinen Augen leiten. Geh. Dienstag, den 19. u. Mittwoch, den 20. III. 1907 in der St. Nikolai-Kirche. (17 S.) 8. Hamburg (907). (A. Frederking.) — 50

— Confirmations-Rede üb. Psalm 37, V. 5. Befiehl dem Herrn deine Wege u. hoffe auf ihn, er wird's wohl machen. Gehalten am Dienstag, den 5. u. Mittwoch, den 6. April 1892 in der St. Nicolai-Kirche. gr. 8. (15 S.) Ebd. 892. n. — 50

— Confirmations-Rede üb. Psalm 50, V. 14 u. 15. Opfere Gott Dank u. bezahle dem Höchsten Deine Gelübde. Rufe mich an in der Noth, so will ich Dich erretten u. Du sollst mich preisen! Geh. am Dienstag, den 13. u. Mittwoch, den 14. März 1894 in der St. Nicolai-Kirche. gr. 8. (15 S.) Ebd. 894. n. — 50

— dasselbe, üb. Psalm 73, 28. Das ist meine Freude, daß ich mich zu Gott halte u. meine Zuversicht setze auf den Herrn, daß ich verkündige all Dein Tun. Geh. Dienstag, den 22. u. Mittwoch. den 23. III. in der St. Nicolai-Kirche. (16 S.) 8. Ebd. (904). n. — 50

— dasselbe über Psalm 143,10: Lehre mich tun, o Gott, nach Deinem Wohlgefallen, denn Du bist mein Gott; Dein guter Geist führe mich auf ebner Bahn! Geh. Mittwoch u. Donnerstag, den 4. u. 5. IV. 1906 in der St. Nikolai-Kirche. (16 S.) 8. Ebd. (906). n. — 50

— Confirmationsrede üb. Röm. 8, V. 31. Ist Gott f. uns, wer mag wider uns sein? Geh. am Dienstag, den 17. u. Mittwoch, den 18. März 1891 in der St. Nicolai-Kirche. gr. 8. (15 S.) Ebd. 891. n. — 50

Buck, Frz. Wilh., Confirmations-Rede über Sirach 50, V. 25; 30, V. 23 und 1 Corinth. 13, V. 13. Gehalten am Mittwoch, den 14. und Donnerstag, den 15. April 1886 in der St. Nicolai-Kirche. gr. 8. (16 S.) Hamburg 886, (Gaßmann's Sortiment.) *

Buck, F. W., Confirmations-Rede üb. Sprüche Salomon. 1, V. 33: Wer mir gehorchet, der wird sicher bleiben u. genug haben u. kein Unglück fürchten. Geh. am Dienstag, d. 29. u. Mittwoch, d. 30. März 1887 in der St. Nicolai-Kirche. gr. 8. (16 S.) Hamburg 887. (Gaßmann's Sort.) n. — 50

— Konfirmations-Rede üb. Sprüche Salomonis 3,1: Vergiß meines Gesetzes nicht, u. Dein Herz behalte meine Gebote! Geh. Dienstag, den 30. u. Mittwoch, den 31. III. 1909 in der St. Nikolai-Kirche. (17 S.) 8. Ebd. (909). — 50

Buck, Frz. Wilh., Confirmations-Rede über Sprüche Salomon. 4, V. 23: Behüte dein Herz mit allem Fleiße, denn daraus gehet das Leben. Geh. am Mittwoch d. 6. u. Donnerstag d. 7. April 1881 in der St. Nicolai-Kirche. gr. 8. (18 S.) Hamburg 881. Gaßmann's Sort. n. — 50

Buck, Franc. Guil., de Joanne Musaeo theologo Jenensi. Oratio. Accedunt annotationes ad vitam et scripta Musaei illustranda et librorum ab eo confectorum catalogus. gr. 8. (62 S. mit 1 Tab. in 4.) Jena 862, Deistung. *

— Weihnachtsabend u. Altjahrsabend. Eine Neujahrsgabe zum Besten des Glockenspiels der St. Nicolai-Kirche. (2 Predigten.) gr. 8. (35 S.) Hamburg 877. Hoffmann & Campe Sort. — 75.

— Worte des Herzens am Tage der Weihe. Eine Festgabe f. Confirmanden. gr. 8. (VI, 196 S.) Ebd. 889. * 3 —; geb. * 4 —

Buck, Friedrich

Buck, Friedr., die britisch-australische Colonie Tasmanien. Nach statist. und anderen amtl. Nachrichten der königl. großbritan. Colonial-Regierung. Im Auftrage der königl. Einwanderungs-Abgeordneten ausgearb. (Englisch und deutsch.). gr. 8. (IX, 70 S. mit 1 Tab. in qu. 4.) Hamburg 870, Boyes und Geisler. [Graedener.] *

Buck, Friedrich Johann

1761. * Leichtere Auflösungen einiger schweren trigonometrischen Aufgaben, zum Gebrauch der Liebhaber mathematischer Wissenschaften herausgegeben von *Friedrich Johann Buck* der Weltweisheit und Rechtsgelehrsamkeit Doctor, der Logik und Metaphysik ordentlicher Professor, der Stadtbibliothek zweyter Inspector, der Nürnbergischen Cosmographischen und der Frankfurtischen teutschen Gesellschaft Mitglied. Königsberg, gedruckt in der Hof- und Akademisch-Hartungischen Buchdruckerey. 4. 22 S. nebst einer Tafel mit Figuren. (2 Gr.)

1772. * *Fr. Joh. Buck* mathematischer Beweiss, dass die Algebra zur Entdeckung einiger verborgener Schriften bequem angewendet werden könne. Königsb. Hartung. 4. 2 Bog. (1 gr.)

Allg. d. Bibl. 20. B. 2. St. p. 600.

— Briefe. s. Briefe.

— s. Briefe, kosmopolit.

Buck, F. J., das goldne Büchelchen f. Kinder. von J. G. Mächler. 16. Königsb. Unzer. 799.

Buck. Fr. J. De indole et utilitate geometriae experimentalis. Regiomonti 1751. 4.

1764. * Leben der verstorbenen preussischen Mathematiker, und besonders *P. Chr. Otters*, insbesondere in zwey Abtheilungen glaubwürdig zum Druck befördert von *D. Fried. Joh. Buck*. Königsberg und Leipzig, verlegts seel. Joh. Heinr. Hartungs Erben und J. D. Zeise. 348 Seiten, 1 Bog. Titel, Zuschrift, Vorrede, Inhalt, und auf 3 Seiten eine Anzeige der Druckfehler. 8. (10 gr.)

— Lebensbeschreibb. d. Preuß. Mathematiker u. Oetters insbesondere. 4. Königsb. 764. Unzer. 10 gr

Buck, Fridericus Johannes, De numeris diametralibus et polygonis. Regiomonti 1753.

Buck, Geo., Zollerische Schlösser, Burgen u. Burgruinen in Schwaben, s.: Zingeler, Karl Thdr.

Bericht des Herrn Geo. W. **Buck** über die projectirte Eisenbahn zwischen Altona und Kiel an die Eisenbahncomiteen in Altona und Kiel. Altona den 15. October 1840. o. O. u. J. 2 Bl. Fol.

— Georg Philipp (Camiza-Saxo), Ad leg. XXXIII. d. de vulgari et pupillari substitutione comment. Präs. Aug. Cornelius Stockmann. Lpz. (Langenheim) 6. IX. 1779. 8 S. (3.80) 4434

— Georg Wilhelm (Frankfurt/M.), De pactis dotalibus secundum jus commune et statutum Francofurtense consideratis. Diss. jur. Präs. Franz Justus Kortholt. Giessen (Braun) 26. VIII. 1768. 56 S., tlws. dtsch. (5.—) 4435

Buck, H., Feuermelde- u. Alarmierungswesen, s.: Jung's deutsche Feuerwehrbücher.

Buck, H. A. G., eine kirchliche Verhandlung vor der Strafkammer. Zur Charakteristik der Protestanten-Vereine in ihrer Wirklichkeit. gr. 8. (45 S.) Emden 869, Haynel.

Buck, Hans, a. Hamburg: Beiträge zur Kenntnis der ungesättigten Ketone. Rostock 1904: C. Hinstorff. (46 S.) 8°

Rostock, Phil. Fak., Ref. Stoermer, Diss. v. 26. Aug. 1904

[Geb. 22. Mai 80 Hamburg; Wohnort: Hamburg; Staatsangeh.: Hamburg; Vorbildung: Realgymn. Hamburg Prima-Reife M. 96; Studium: Tübingen 4, Rostock 6 S.; Rig. 9. Juni 04.]

Buck, I. C., prolegomena iurisprudentiae civilis privatae, methodo scientifica conscripta. 8. Lips. 751.

Mystische Maurerei oder Die Symbole der Freimaurerei und die grösseren Mysterien des Altertums von J. D. Buck. Mit 4 Taf. Nach der 3. engl. Aufl. in autor. Uebers. hrsg. 2. Taus. Gross-Lichterfelde: Zillmann 1908. XV, 265 S. 8°

Aus: Neue metaphysische Rundschau. 10 (1903) S. 18—31, 76—89, 141—149, 205—216, 268—278; 11 (1904) S. 13—21, 118—124, 172 bis 182, 225—229, 271—274; 12 (1905) S. 49 bis 61, 99—104, 139—149, 222—236.

cf. DrL. 84 (1903—1904) S. 47—48; BrL. 21 (1903—1904) S. 54—55 (F. Holtschmidt); Bk. 22 (1904) No 81 (J. Feiner); L. 27 (1904) S. 24 (R. Fischer); DrL. 35 (1904—1905) S. 295; Ebendas. 36 (1905—1906) S. 111—112, 220 (A. Denecke); Brh. 5 (1908) S. 123 (W. Kunis); H. 19 (1908) No 31 (F. Sonnenkalb).

Buck, J. F., u. C. W. L. Wagner, Choralbuch für vier Männerstimmen, zum Gebrauche f. Schullehrer-Seminarien, Gymnasien, Gesangvereine, Liederkränze rc. rc. Lithogr. qu. 4. Bayreuth 839. (Grau'sche Buchh.) 1 1/2 rf

Buck, J. Fr., X Sing- u. Trink-Sprüche f. 4 Männerstimmen componirt u. allen deutschen Liedertafeln gewidm. qu. 12. (12 S.) Bayreuth 848, Buchner. 3 gr

Buck's, Jacques, Bühnenköpfe u. die Schminkkunst. 120 Kunstdr.-Taf. m. begleit. Text. Praktisches Lehr- u. Handbuch f. Bühnenkünstler u. Theaterfriseure. In 3 Folgen. gr. 8. Zürich 903. Bürdeke & Herwig.

In Mappen n. 24. —; einzeln bezogen n. 31. 50

A. Die Schminkkunst. 20 Männer- u. 4 Frauenköpfe in Photochrom (24 Taf.) als Muster-Vorlagen mit kurzgefasster, prakt. Anleitg. z. Schminkkunst. (VIII, 24 S.) 8. n. 12. —
B. 72 Männerköpfe in Lichtdr. (72 Taf.) als Mustervorlagen (m. textl. Schminkanleitung [VI S. u. 12 Doppels. in 8]) f. 106 verschiedene Rollen u. Partien. n. 12. —
C. 24 Frauenköpfe in Lichtdr. (24 Taf.) als Mustervorlagen (m. textl. Schminkanleitung [VIII S. u. 7 Doppels. in 8]) f. 52 verschiedene Rollen, nebst 4 farb., in Photochrom ausgeführten Lehrvorlagen: Die 4 Altersstufen der Frau. n. 7. 50

Buck, Jakob: Seneca De beneficiis und De clementia in der Ueberlieferung. Tübingen: Heckenhauer in Komm. 1908. VIII, 87 S. 8°

Tübingen, Phil. Diss. v. 14. Dez. 1908, Ref. Gundermann

[Geb. 14. April 85 Pfronstetten; Wohnort: Tübingen; Staatsangeh.: Württemberg; Vorbildung: Gymn. Ehingen Reife M. 03; Studium: Tübingen 9 S.; Coll. 27. Febr. 08.] [U 09. 3951

Buck, Josef

Buck, Jos., Algäu, Lechthal u. Bregenzerwald. Handbuch für Reisende. 3. neu bearb. Aufl. mit (lith.) Bergprofilen, (lith.) Panorama u. (lith.) Karte. gr. 16. (X, 323 S.) Kempten 878. Dannheimer. cart. n. 2. —

Buck, Josef [app. Arzt aus Fürstenfeldbruck]: Ueber einen Fall von Gehirnsyphilis (Gummata) . . . München, *Druck v. J. Marchner*, 1891; 28 S. 8°

München, Med. Fak., Inaug.-Diss. v. 1891

Buck, Jos., Handbuch für Reisende in Algäu, Lechthal u. Bregenzerwald. Mit 1 (lith.) Karte, 1 (lith.) Höhen-Profile (in 4.) u. 1 (lith.) Trachtenbilde. Kempten (856). Dannheimer. 12. (XII, 215 S.) n. 20 gr

Buck, K. u. D. Huppenbauer. Von Kyebi nach Kumasa. Eine Reise ins Hinterland der Goldküste. In-8°, 64 S. Basel, Missionsbuchhandlg. — 35
1888

Buck, K., Schule der körperlichen u. schönheitlichen Ausbildung. Auf Grund gesundheitl. u. schönheitl. Prinzipien verf. (47 S.) 12. Berlin (904). (Borolina-Versand-Buchh.) n. 1. 20

Buck, Karl: Die Bedeutung des Traumas für die Entstehung von Gehirngeschwülsten. Leipzig: Barth 1909. 20 S. 8° (Aus: Centralblatt f. Nervenheilk. u. Psychiatrie. Jg. 32.)
Tübingen, Med. Diss. v. 7. April 1909, Ref. Gaupp
[Geb. 20. Okt. 83 Ludwigsburg; Wohnort: Ludwigsburg; Staatsangeh.: Württemberg; Vorbildung: Gymn. Ludwigsburg Reife Juli 01; Studium: Tübingen 2, Freiburg i. B. 1, Tübingen 2, Kiel 1, Berlin 1, Tübingen 3 S.; Coll. 30. Jan. 09: Approb. 8. Febr. 09.] [U 09. 3921

Buck, Carolus [Alsata]: De scholiis Theocriteis vetustioribus quaestiones selectae.... Argentorati, apud Carolum I. Truebner, 1886; 64 S. 8°.
Strassburg, Phil. Fak., Inaug.-Diss. v. 1886.

Buck, Karl Darling

Buck, Carl D., Elementarbuch der oskisch-umbrischen Dialekte, s.: Sammlung indogermanischer Lehrbücher. I. 7.

Buck, CD, d. Vocalismus d. osk. Sprache. 8° (219) Lpzg 92, O Harrassowitz. 7.50

Buck, Carl Darling. Der Vocalismus der oskischen Sprache. gr. 8. (XVI, 219 S.) Lpz. 892, Köhler's Antiq. * 7 50

Buck, Karl Woldemar, s. Buck, Woldemar

Buck, L., Abécédaire français illustré, s. Bibliothèque, nouvelle, illustrée, pour la jeunesse etc.

Buck, M. R., auf dem Bussen, s. a. Neujahrsblätter, württembergische.

Buck R. auf dem Bussen. (Neujahrsblätter, Württembg. 3) Stuttgart 1886

Buck, M. R., der Bussen u. seine Umgebung. Sigmaringen 868. Tappen. gr. 8. (V, 166 S.) n. 17½ ngr.

Buck, M. R., oberdeutsches Flurnamenbuch, ein alphabetisch geordn. Handweiser f. Freunde deutscher Sprach- u. Kulturgeschichte, namentlich auch f. gebildete Forst- u. Landwirthe. gr. 8. (XXIV, 316 S.) Stuttgart 880. Kohlhammer. n. 4. 50

Buck, M. R., Sagen 2c., s. Volksthümliches aus Schwaben.

— medicinischer Volksglauben u. Volksaberglauben aus Schwaben. Eine kulturgeschichtliche Skizze. Ravensburg 865. Dorn. gr. 8. (VIII, 72 S.) n. 12 ngr.

Buck, M. R., u. Birlinger, A., Volksthümliches aus Schwaben. Freiburg, Herder, 2 Bde, 8°.
Bd. 1: Sagen, Märchen, Volksaberglaube. Gesammelt u. herausgegeben. 1861, VIII, 531 S.

Buck, Michael Richard, s. Bibliothek des litterarischen Vereins in Stuttgart CLVIII.

BUCK, Michael Richard (Ertingen): De diagnosi tumorum abdominis. (Titel nach der Urkunde) 26.2.1857 – Urk; F 59
Diss. Ingolst.-Landsh.-Mchn.

Buck, Michel, Bagenga'. Oberschwäbische Gedichte. 12. (IV, 254 S. m. Lichtdr.-Bildnis.) Stuttgart 892. R. Lutz. n. 2. 60; geb. n.n. 3. 60

Buck, R.: Auf den Bussen, s. Buck, M.R.

Buck, Richard

Buck, Rich., s.: Botschaft, frohe, f. Lungenkranke.

Buck, Richard [app. Arzt aus Westrup (Westfalen)]: Aus d. patholog. Institute zu Kiel. Ein interessanter Fall von Schnürwirkungen an den Baucheingeweiden.... Kiel, Druck v. Schmidt & Klaunig. 1889; 18 S. + 3 Bl. 8°
Kiel, Med. Fak., Inaug.-Diss. v. 20. Febr. 1889

Buck, R., e. interessanter Fall von Schnürwirkungen an den Baucheingeweiden. Inaug.-Diss. gr. 8. (18 S.) Kiel 889. (Gnevkow & v. Gellhorn.) n. 1. —

Der Jungborn. Frohe Kunde f. Gesunde u. Kranke. Dr. med. Rich. **Buck**. Hannover: Gebr. Hiller 1908. (30 S.) 8° [08. 13119 7

— der Rettungsanker, s.: Bergfried, Max v.

Fuenf Gedichte Conr. Ferd. Meyers fuer eine Singstimme mit Begl. d. Klavieres komp. von Rudolf **Buck**. op. 15. [1–5.] *Berlin: Dreililien [1902].* 5 Bde 4° [02. 8351

Lass das Fragen. Lied fuer eine hohe Singstimme mit Begl. d. Klavieres komp. von Rudolf **Buck**. *Berlin: Dreililien [1902].* (3 S.) 4° [02. 8351

Drei Stimmungsbilder für Männerchor comp. von Rudolf **Buck**. op. 14. Partitur. No 1–3. *Berlin: Dreililien 1901.* 3 Bde 4°
1. Sturm. Gedicht von Gertrud Bolle.
2. Wilde Jagd. Gedicht von Otto Franz Gensichen.
3. Abendfrieden. Gedicht von Gertrud Bolle. [01. 8351

Buck, Victor

Buck, Vict. de, das Leiden unseres Herrn Jesu Christi. Autoris. Uebersetzung. 12. (XX, 364 S.) Mainz 888, Kirchheim.

Buck, Victor de, die katholischen Prinzipien und die belgische Verfassung. Aus dem Französ. übers. von Php. Prinzen v. Arenberg. 8. (IV, 22 S.) Eichstätt 880, [Krüll'sche Buchh.] Stillkrauth. *

Buck, V. de, die Wahrheit des kathol. Glaubens, bewiesen durch eine einzige histor. Thatsache, s. Bibliothek für das kathol. Deutschland.

Buck, Woldemar

Buck, Wold., d. deutsche Handel in Nowgorod b. z. Mitte d. XIV. Jahrh. Progr. gr. 8. (90 S.) St. Petersburg 895. (R. Hoennigor). n. 3. —

Buck, *Carl* Woldemar [aus St. Petersburg]: Der deutsche Kaufmann in Nowgorod bis zur Mitte des XIV. Jahrhunderts.... Berlin, Mayer & Müller, 1891: 1 Bl., 43 S., 1 Bl. 8°
Berlin, Phil. Fak., Inaug.-Diss. v. 8. Aug. 1891

Buck, Wold. Der deutsche Kaufmann in Nowgorod bis zur Mitte des XIV. Jahrh. Diss. gr. 8. (43 S.) Berl. 891, (Mayer u. Müller). * 1 20

Buck, Woldem., Artemi Petrowitsch Wolynski. Ein russ. Staatsmann aus der ersten Hälfte des XVIII. Jahrh. Progr. (70 S.) gr. 8. St. Petersburg 905. (R. Hoenniger.) 2. —

Artemi Petrowitsch Wolynski. Ein russ. Staatsmann aus d. 1. Hälfte d. 18. Jhs. Von Dr. Woldemar **Buck**. St. Petersburg 1905: Kais. Akad. d. Wiss. (70 S.) 8°
Aus: Jahresbericht d. St. Annen-Schule. 1905. [06. 15348

Bück, s.a. Buëk

Bück, s.a. Bük

— u. Peters, J. P., Ankündig. e. neuen u. ächten Pomologie. Mit 3 Abb. 8. Hamburg. 1787. — 15

Bueck, d. Berufswahl, s.: Schriften d. liberalen Schulver. Rheinlands u. Westfalens.

BUECK, Errichtung eines volkswirthschaftlichen Senats. Referat, dem 8. deutschen Handelstag erstattet. (o. O. 1878.) Druck von P. Bitter. 8°.

Bueck, A. H., s.: Adress-Buch deutscher Export-Firmen.

Bueck, GA, Beitr. z. Währungsfrage. 8. (95) Düsseld. 81, Schwann. n. 1 50

Bueck, H. A., Beiträge zur Währungsfrage. gr. 8. (95 S.) Düsseldorf 881, (Schwann'sche Verlagsh.) *
Aus: Mittheilungen des Vereins zur Wahrung der gemeinsamen wirthschaftlichen Interessen in Rheinland und Westfalen, besonders abgedruckt.

Bueck, H. A., Die deutsche Eisenindustrie und die Transportfrage. Düsseldorf 1875.

— Der sociale Friede. S.-A. aus „Stahl u. Eisen", 1892.

Bueck, H. A., Der Gesetzentwurf betr. die Errichtung von Arbeitskammern. Verhandlungen, Mittlgen. u. Berichte des Centralverbandes deutscher Industrieller, 1909, Febr.

Sonderabdruck aus dem Heft Nr. 104 der „Verhandlungen, Mitteilungen und Berichte" des Centralverbandes Deutscher Industrieller. — Kathedersozialismus. Vortrag, gehalten in Gleiwitz in der Eisenhütte Oberschlesien, Zweigverein des Vereins Deutscher Eisenhüttenleute am 28. Oktober 1906 von dem Geschäftsführer des Centralverbandes Deutscher Industrieller H. A. BUECK. Berlin 1906. (Druck: Deutscher Verlag (Ges. m. b. H.).) 8°.

Bueck, H. A., Korreferat über Arbeitseinstellungen und die Fortbildung des Arbeitsvertrages. (Schrift. d. Ver. f. Soz.-Pol., Bd. 47.) Leipzig 1890,

— Ein neues Logirhaus auf der Kruppschen Gussstahl-Fabrik zu Essen. (Verhandlungen etc. des Centralverbandes deutscher Industrieller, Nr. 62.)

— Die Neuordnung des Feuerversicherungsvertrages nach dem Gesetzentwurf über den Versicherungsvertrag. Gemeinschaftliche Verhandlungen des Zentralverbandes deutscher Industrieller und der Vereinigung der in Deutschland arbeitenden Privat-Feuerversicherungs-Gesellschaften. Berlin 1903.

Die Organisation der Arbeitgeber von **H. A. Bueck**, Geschaftsführer d. Centralverb. Deutscher Industrieller. *Berlin: J. Guttentag 1904.* (89 S.) 4°(8°) [F.] (04. 379)

— Soziale Reform. 8⁰. Berlin, J. Guttentag, 1903.

Bueck, H. A. (Bearb.), s. Reichs-Adressbuch deutscher Industrie und Handel.

Bueck, H. A, s. Schötz, F.

Bueck, H.A. (Hrsg.), s. Stahl und Eisen.

Bueck, H. A., Textil-Industrie, Leder- u. Bekleidungs-Industrie, s.: Reichs-Adressbuch deutscher Industrie- u. Handelsfirmen.

— s.: Verhandlungen, Mittheilungen u. Berichte des Centralverbandes deutscher Industrieller.

Centralverband Deutscher Industrieller. Hauptstelle für Syndikatwesen. — Verhandlungen der Vertreter der Kartelle und Syndikate am 27. Februar 1907 zu Berlin. Nach der stenographischen Niederschrift zusammengestellt von H. A. BUECK. Als Manuskript gedruckt. Jeder Nachdruck verboten. Berlin 1907. (Druck: Deutscher Verlag (G. m. b. H.).) 8°.

Bueck, H. A., s. Verhandlgn. d. Centralverb. Dtsch. Industrieller.

**Bueck, H. A.* Die Verhandlungen des Zentralverbandes deutscher Industrieller mit der Vereinigung der in Deutschland arbeitenden Privat-Feuerversicherungs-Gesellschaften über Versicherungsbedingungen, Tarife usw. Berlin 1902.

Bueck, HA: Weshalb d. Industrie d. Riesser'schen Parole „Kampf gegen Rechts" nicht folgen soll. (31) gr8° Berl., J Springer '11. — 50 d

Bueck, H.A. (Red.), s. Zeitschrift, Gewerbliche, für Rheinland und Westfalen.

Bück, H. W., s. Bük.

Bück, Henry Axel

— u. Leidig, der Ausstand der Bergarbeiter im Ruhrkohlenrevier Jan.—Febr. 1905, s. a. Schriften der Hauptstelle deutscher Arbeitgeberverbände. I.

Der Ausstand der Bergarbeiter im Ruhrkohlenrevier. Jan.-Febr. 1905. Berichte u. Betrachtungen von H[enry] A[xel] **Bueck** u. Dr. [Eugen] Leidig. Berlin: J. Guttentag 1905. (84 S.) 8° [F.]
→ **Schriften** d. Hauptstelle Deutscher Arbeitgeberverbände. 1. (05. 4...)

Bueck, Henri Axel: D. Sozialpolitik d. letzten Jahrzehnts. Stettin 1910.

Der Centralverband Deutscher Industrieller 1876–1901. Vom Geschäftsführer **H. A. Bueck**. Bd 1. *Berlin (1902): Deutscher Verl.* 4°(8°) [F.] (04. 4798)

Bueck, H. A., der Centralverband deutscher Industrieller 1876—1901. 1. Bd. Lex.-8. (XL, 689 S.) Berlin (902). (Mitscher & Röstell). Geb. n. 14. —

Bueck, H. A., der Centralverband deutscher Industrieller 1876—1901. 2. u. 3. Bd. (XXXI, 809 u. XLVII, 751 S.) Lex.-8. Berlin 905. J. Guttentag. Geb. à n. 15. —
Bd. 1 jetzt Gbd. 902. n. 14.—

Der Centralverband deutscher Industrieller 1876 – 1901. Vom Geschäftsführer H. A. Bueck. 3 Bände. Berlin 1902 und 1905.
Sach- und Namen-Register.

Der Centralverband Deutscher Industrieller und seine 30jähr. Arbeit von 1876—1906. Dargest. von H[enry] A[xel] Bueck. — Berlin: Guttentag 1906. 88 S. 8°

Bueck, H[enri] A[xel]. Der Centralverband Deutscher Industrieller. 1876 – 1901. Bd 1—4. Berlin 1902—1909. 4⁰ (8⁰).
1 1-2 2. 3. 1905. 4. Reg. 1909.

Bück Jv, der Zieglermeister in Theorie und Praxis. (269 S) (Chemisch-technische Bibliothek 306) Wien 1908

Bück, Martin [cand. med. aus Jagstheim (Württemberg)]: Über den Fettgehalt des tuberculösen Sputums. . . . Würzburg. J. M. Richter's Buchdr., 1888: 15 S. 8°
Würzburg. Med. Fak. Inaug.-Diss. v. 1888

Bueck, J. N., Verzeichniß von in- u. ausländ. Bäumen u. Sträuchen rc. 8. Brem. Müller. 779. Rthlr. •

Bueck, *Richard* [Kgl. Regierungs-Baumeister]: Beschreibung der Bauanlage ...

**Bueck-Stannaitschen.* Das Hagelversicherungswesen. Referat für den norddeutschen landwirtschaftlichen Kongreß. Berlin 1870.

Bueckert (J.), Aufenthalt und Reisen in Mexico in den Jahren 1825—34. 2 Bände. Mit 11 Tafeln. Stuttgart 1836. 8.

Buckau (Schlagwort)

Buckau, s.: Magdeburg.

Bucke, Carl, Rathgeber für Alle, welche sich photographiren oder daguerreotypiren lassen wollen. Hamburg (857). Würger. 8. (24 S.) n. 5 ngl

Bückeberge (Schlagwort)

Bückeberge s.: Hannover. Wanderkarte.

Buckelsen Friedrich, Dr., Mineralanalysen von Tirol. S. 24. 28. . . . . vgr.
Separatabdruck

Bückel, Carl, aus Kassel: Ueber die Anlagerung einiger Alkohole an Chinon. *Heidelberg 1900: J. Hörning.* (31 S.) 8°
Heidelberg, Naturw.-math. Diss. v. 1900

Buckeley, August

Buckeley, Aug., zur Frage der Mutterschaftsversicherung. (IV, 79 S.) gr. 8. Regensburg 908. Verlagsanstalt vorm. G. J. Manz. 1.50

Buckeley, Aug., die bayerische **Grundsteuer** in ihrer Wirkung. Ein Beitrag zur Steuerreform. Nach Erhebgn. der Zentralstelle der bayer. Bauernvereine ausgearb. (103 S.) Lex. 8. Regensburg 908. Zentralstelle der bayer. Bauernvereine. (Nur direkt.) 2. —

— Das deutsche **Juristenbrevier**. Mit Anhang f. Bayern. (XII, 1332 u. 141 S.) kl. 8. Straubing (910). C. Attenkofer's Verl. Geb. in Leinw 18.—; in Ldr. 20. —

— dasselbe. Mit Anh. f. Preussen. (XII, 1464 S.) kl. 8. Ebd. (910). Geb. in Leinw. 18.—; in Ldr. 20. —

— dasselbe. Mit Anh. f. Sachsen. (XII, 1462 S.) kl. 8. Ebd. (910). Geb. in Leinw. 18.—; in Ldr. 20. —

— dasselbe. Mit Anh. f. Württemberg. (XII, 1472 S.) kl. 8. Ebd. (910). Geb. in Lw. 18.—; in Ldr. 20. —

— Die **Regensburger Kurse**. Festschrift zur Eröffnungsfeier vom 5. XI. 1907. (34 S.) 8. Ebd. (907). — 30

Buckeley, August, a. Unterkreuzberg: Das Prinzip der Mutterschaftsversicherung. München-Regensburg: G. J. Manz 1908. (IV, 79 S.) 8°
Würzburg, Jur. Fak., Ref. Schanz, Diss. v. 11. Febr. 1908
[Geb. 1. Aug. 78 Unterkreuzberg; Wohnort: München; Staatsangeh.: Bayern; Vorbildung: Gymn. Passau Reife Juli 99; Studium: München 7, Lyzeum Passau 5 S.; Rig. 1. Mai 07.]

— Staatsdienst od. Privatdienst? Winke f. junge Juristen u. and. Akademiker, d. vor d. Eintritt ins Erwerbsleben stehen. (75) gr8° Münch., FW Egger ('11). 1.60 d

Buckeley, Jos., die **Absolutorialaufgaben** f. die französische bezw. englische Sprache, gegeben an den Oberrealschulen Bayerns. Als Übungsstoff f. die 9. Klasse dieser Anstalten zusammengestellt. (83 S.) 8. Nürnberg 910. C. Koch. — 50

Buckeley, Joseph: Beiträge zur französischen Ortsnamenforschung. Ahlen i. W. 1908: (Schultz). 160 S. 8°
Münster, Phil. Diss. v. 11. Sept. 1908, Ref. Andresen
[Geb. 29. April 75 Meunerskreith; Wohnort: Ahlen; Staatsangeh.: Bayern; Vorbildung: Gymn. Regensburg Reife M. 98; Studium: Würzburg 3, München 5 S.; Rig. 26. Febr. 08.] [U 09. 3574

— **Prüfungs-Aufgaben** f. das Lehramt d. neueren Sprachen in Bayern. I. u. II. Tl. 8. Ebd. (910). à 1.50
I. Übersetzungen in die fremden Sprachen, gesammelt u. hrsg. (III, 94 S.)
II. Diktate u. Übersetzgn. aus den fremden Sprachen. Gesammelt u. hrsg. (III, 117 S.)

Buckeley, Jos.: Reglergs-Prüfgsaufg. f. Einj.-Freiw. m. Sprachkenntnissen u. ohne Sprachkenntnisse (sog. Künstlerexamen). (108) 8° Nürnbg, C Koch 10. 1.50

Buckeley, Ludw. O: Gedichtbehandlg in d. Volksschule. Beispiele, d. Schülern z. Genusse dichter. Kunstwerke zu verhelfen. (174) 8° Münch., FW Egger ('12). L 3 — d

Buckeliade, Die, epischer Schwank. Für Erlanger Zeitgenossen aus den Jahren 1820—23. Erlangen 1829. V: *Reimlein (= J. G. Hertel).* (Ky)

Buckeliade, die, epischer Schwank (in 6 Gesängen von M. Reimlein). Für Erlanger Zeitgenossen aus den Jahren 1820—23. gr. 8. Erlang. 829. Heyder. 20 ℊ Erschien 1832 mit d. neuen Titel: Fata aus Hans Buckels Leben. gr. 8. Ebd. 12 ℊ

Buckeliana, oder Hand-, Trost- u. Hülfsbuch für Verwachsene beiderlei Geschlechts. (Von Fr. M....r.) Mit Kpf. u. Holzschnitten. 8. Leipz. 826. (Dyck). 16 ℊ

Buckelichten, die,. Oper. 8. Berl. 754.

Bücken (Schlagwort)

Bücken, s.: Preussen. Messtischblätter.

Buckendahl, Lehrbuch für den Unterricht in der Chemie. Zum Gebrauche an höheren Bürgerschulen, Realschulen und ähnl. Anstalten bearb. gr. 8. (X, 126 S.) Berlin 884, Burmester und Stempell. *

Buckendahl, Lehrbuch für den Unterricht in der Chemie. Zum Gebrauche an höheren Bürgerschulen, Realschulen und ähnl. Anstalten bearb. gr. 8. Berlin 884. Düsseldorf, Selbstverlag des Verf. *

—— Lehrbuch f. d. Unterricht in der anorganischen Chemie. Zum Gebrauch an höheren Lehranstalten, bes. an höheren Bürgerschulen u. Realschulen. gr. 8. (X, 211 S. m. 128 Holzschn.) Ebd. 890. * 2 50

Buckendahl, A., Lehrbuch f. den Unterricht in der anorganischen Chemie. Zum Gebrauche an höheren Lehranstalten, besonders an Oberrealschulen u. Realschulen. 3., verb. Aufl. gr. 8. (VI, 218 S. m. Abbildgn.) Gotha 901. F. A. Perthes. Kart. n. 2. 40

Buckendahl, A., Lehrbuch zu e. methodischen Unterricht in der Botanik. Für höhere Lehranstalten bearb. 5 Hfte. gr. 8. (Mit Abbildgn.) Düsseldorf 891. A. Buckendahl's Selbstverl. n. 3. 40
1. Für Sexta. (VII, 50 S.) n. — 60
2. Für Quinta. (V, 42 S.) n. — 60
3. Für Quarta. (V, 51 S.) n. — 60
4. Nebst der Morphologie der Pflanzen aus dem 5. Hft., f. Tertia. (VII, 68 S.) n. — 80
5. Mit Ausnahme der schon in Tertia durchgenommenen Morphologie der Pflanzen, f. Sekunda resp. Obertertia. (VII, 70 S.) n. — 80

Buckendahl A Ueber das Princip des kleinsten Zwanges von Gauss. 1875. 8
Math. Diss. Göttingen

Buckendahl, August [Oberl. Dr.]: Die flüssige Kohlensäure, ihre Darstellung, Eigenschaften und Verwendung, namentlich beim Unterrichte. Düsseldorf, gedr. bei A. Bagel (1889); S. 3—15; 4°
Düsseldorf, HB, OP 1889 (465)

Buckendahl, Otto, a. Düsseldorf: Ueber Schallgeschwindigkeit und Verhältnis der spezifischen Wärmen von Kohlensäure und Stickstoff bei gewöhnlichen und hohen Temperaturen. Heidelberg 1906: C. Pfeffer. (37 S.) 8°
Heidelberg, Naturw.-math. Fak., Ref. Quincke, Diss. v. 26. Juli 1906
[Geb. 10. Nov. 81 Düsseldorf; Staatsangeh.: Preußen; Vorbildung: Oberrealsch. Düsseldorf Reife O. 01; Studium: Bonn 2, Göttingen 2, Bonn 2, Heidelberg 3 S.; Rig. 27. April 06.]

v. Buckenforde, A., die Grundursachen des gegenwärtigen Krieges u. die hieraus zu ergreifenden Maßregeln. Berlin 870. Stilke & van Muyden. 8. (10 S.) n. 4 ngr.

Buckens, Joh. Christ., Bericht von dem 12jährigen Bündnis eines Menschen mit dem Teufel. Leipz. 710. 8.

Buckens, Jo. Ern., Bericht von dem 12 jährigen Bündnis eines Menschen mit dem Teufel. Lpz. 8°. 1710

Bücker, (Franz Wilh. Ernst) Georg (geb. Melle in Hann. 8. 9. 1856): Ueber Polyarthritis gonorrhoica. Berlin (1880). (32 S.) 8°
Berlin, Med. Diss. v. 4. Aug. 1880

Bücker, Friedrich

Bücker, Friedr., unsere Arbeiter der Neuzeit. Lex.-8. Leipzig 870. Gera, Griesbach's Verlag. geb.

Bücker, Frdr., unsere **Arbeiter** der Neuzeit. Skizzen. Mit 13 Illustr. (Holzschntaf.) v. Lüders, Löffler u. Toller. Lex.-8. (VII, 216 S.) Leipzig 870. Grunow. geb. n. 5. 10

Bücker, Frdr., unsere Arbeiter der Neuzeit. Skizzen aus der Welt der Arbeit. gr. 8. (VII, 214 S.) Gotha 890. F. A. Perthes. n. 3. —; geb. n. 4. —

Bücker, Frdr., unsere Arbeiter der Neuzeit. Skizzen aus der Welt der Arbeit. 2. Aufl. gr. 8. (VII, 214 S.) Gotha 893. F. A. Perthes. Geb. in Leinw. n. 3. —

Bücker, Friedr., s. Friedrich v. Iserlohn.

Bücker, Frdr., Gold-Fritze oder des Großvaters Segen. Dichtungen für Jugend und Jugendfreund. Mit 4 lith. (u. color.) Bildern. Dresden 860. Meinhold & Söhne. 8. (VIII, 80 S.) 18 ngr.

Bücker, Frdr., Hephata. (Thu dich auf.) Sammlg. gold. Sprüche. (Ziehkästchen.) 64. (144 Bl.) Wunsiedel 898. G. Kohler. In Karton n. 1. 60

— zwei Jubilarinnen. Mit 2 Illustr. (Holzschntaf.) v. A. Schaal. 16. (V, 98 S.) Berlin 871. Gebr. Paetel. 2. —; geb. m. Goldschn. 3. —

—— Theater für die deutsche Jugend. 1. Heft: Der Seekadet. Lustspiel in 2 Aufzügen. br. 8. (64 S. mit 1 lithogr. Titelbilde und 8 Musikbeilagen in br. 8. und qu. 4.) Berlin 868, Springer's Verlag.

— die Waffen hoch! Die Waffen nieder! Zeitgemässes patriot. Festspiel f. alle Vereine. 8. (34 S.) Stuttgart 893. Druckerei u. Verlagshaus Stuttgart, Dr. Foerstor & Co. n. 1. —

— das Zauber-Kneiplied d. J. 1893. gr. 8. (12 S.) Berlin, E. Rentzel. n. — 30

Bücker, Ludw., der Bureau- u. Registraturdienst in der Krankenkassenverwaltung. Mit e. Plane zur Einrichtg. e. Registratur. (31 S.) gr. 8. Berlin-Grunewald 904. Verlag der Arbeiter-Versorgg. A. Troschel. n. — 80

Bücker, Ludw., die Erhebung u. Verteilung der Jagdpachtgelder pp. auf Grund der Jagdordnung vom 15. VII. 1907. (G.S.S. 207.) Mit prakt. Musterformularen nebst Erläutergn. (21 S.) 8. Rheinberg (Rhld.) 908. Sattler & Koß. (Nur direkt.) — 60

Buckesfeld, W., die christliche Frau u. ihre Liebesthätigkeit in der evangelischen Kirche, s. a. Sammlung kleiner Volksschriften.

Buckesfeld, W.: Die christliche Frau und ihre Liebesthätigkeit in der evangelischen Kirche. E. Beitr. z. Hebung u. Förderung d. christl. Frauen- u. Nähvereinswesens. — Barmen: Wiemann (1891). 19 S. 8° (Sammlung kleiner Volksschriften. 10.)

Buckfisch, Franz Georg (Lüneburg), De apostolis uxoratis. Diss. hist.-theol. Präs. Jo. Andreas Schmid. Helmstedt (G. W. Hamm) 20. IX. 1704. 83 S., mit Widm. v. Präses. (5.—) 4436

— — Dasselbe. Die Apostel unseres Herrn Jesu Christi haben alle, ausgenommen Johannes und Paulus, Weiber gehabt. Ed. nov. Wittbg. (E. G. Eichsfeld) 1734. 98 S. (5.—) 4437
Gew.: Andr. Gottlieb v. Bernstorff (Bernstorf), Franz Eichfeld.

Buckford, A. v., der Sieg d. Zaren. Drama in 4 Akten. (72 S.) 8. Leipzig 910. Modernes Verlagsbureau. 2. —

Buckhardt J, der Cicerone. Anleitung zum Genuss der Kunstwerke Italiens 2. Auflage von A v Zahn. 3 Bde u 6. Auflage von W Bode. 4 Bde Leipzig 1869. 93

— Geschichte der Renaissance in Italien. 1. und 2. Auflage. Stuttgart 1868. 78

— Die Kultur der Renaissance in Italien. 2. Auflage. Leipzig 1869

Bucki, Nath., († 181..) kurzgefaßte Regeln d. poln. Sprache, n. Lesebuch ꝛc. 2 Thle. 8. Berl. 797—99. Maurers B. 1 ₰ 2 gr. Schrbp. 1 ₰ 10 gr.

Buecking, Geologie der Rhön. M. 2 Prof. u. 8 Aufn. nach d. Natur. Fulda 1908. 24 S.
Aus: Festschr. f. d. silb. Jubelfeier d. Verb. deutsch. Touristenvereine.

Bücking: Korrektion d. Unter- u. Aussenweser, s: Bippen, W v.: Eine Skizze d. Gesch. Bremens.

Bücking, die Tätigkeit des medizin., im besonderen des psychiatr. Sachverständigen vor Gericht, s.: Mittermaier, W.

Bücking, die Vorteile e. vegetarischen Lebensweise. Vortrag, geh. im Metzer Verein f. Volksgesundheitspflege am 22. IV. 1910 (m. einigen Zusätzen.) (36 S.) 8. Metz 910. G. Scriba. — 60

Bücking F. Beitrag zur Theorie der geom. Verwandtschaft 2. Gr. 1871. 4
Math. Diss. Marburg

Bücking, [Ferdinand], Dr.: Die Roberval'sche Methode des Tangentenziehens an die Kegelschnitte und an 2 Gruppen verwandter Kurven. *(Zabern 1902: X. Gilliot.)* (S. 3—12.) 4°
Zabern, G, P 1902 (583)

Bücking, *Ferdinand* [Dr.]: Die Winkelgegenpunkte des Dreiecks. E. Specialfall d. involutorischen Verwandtschaft (2ten Grades.). (Zum Theil = Inaug.-Diss. v. Tübingen 1892.) Metz, Druckerei d. Lothringer Ztg, 1892; 1 Bl., 31 S., 4 Taf. 4.
Metz, R, MP 1892 (522)

Bücking, Ferd., die Winkelgegenpunkte d. Dreiecks. Ein Specialfall der involutor. Verwandtschaft. Diss. gr. 4. (23 S. m. 2 Taf.) Metz 892. (Leipzig, G. Fock.) n. 1. —

Bücking, Fr., Denkmal seelsorglicher Liebe. In zwei Predigten, bei seinem Amtswechsel gehalten. gr. 8. Marburg 835. Elwert. 1/8 ₰

Bücking, Franz

Bücking, Frz., Bilderbuch f. die Jugend, s.: Bock, Alex.

Bücking, Frz., 444 mathematische Knacknüsse. Eine anreg. Denkarbeit f. jedermann. (V, 252 S.) kl. 8. Wien 909. H. Kirsch. 2.40; geb. n 3. 40

Bücking, Fritz [aus Heidelberg (Baden)]: Wirkung des Guajacol's bei Lungentuberkulose. . . . Erlangen, Druck d. Univ.-Buchdr. v. E. Th. Jacob, 1888: 26 S. 8°
Erlangen, Med. Fak., Inaug.-Diss. v. 26. Jun. 1888

Bücking, G., Geschichte und Sagen von Heidelberg und der Umgegend. gr. 8. (24 S.) Heidelberg 880, Selbstverlag.

Bücking, G., Geschichte u. Sagen v. Heidelberg u. der Umgegend. gr. 8. (24 S.) Heidelberg 880. (C. Winter's Sort.) n. 1. —

Bücking, Georg

Bücking, Geo., die Kaiserkrönung Barbarossas. (Einbd.: Fünf Tage aus dem Leben Barbarossas.) (910 u. VIII S.) gr. 8. Emmendingen 900. (Leipzig, S. Schnurpfeil.) Geb. in Leinw. n. 10. —

Die Kaiserkrönung Barbarossa's von Dr. Georg Bücking. *Freiburg i. B.: Selbstverl. 1900.* (910, VIII S.) 8° [F.] [01. 1901 4]

Bücking (gen. Kumpel) **Gg. Adolf** (Alsfeld/Hessen), De solario ex superficie praestando. Diss. jur. Präs. Phil. Slevogt. Jena (Müller) 8. III. 1713. 34 Seiten. (5.—) 4513

Bücking, H., die Basalte u. Phonolithe der Rhön, ihre Verbreitung u. ihre chemische Zusammensetzg. (S. 490—519.) Lex. 8. Berlin 910. G. Reimer. 1. —

Buecking (H.), Beiträge zur Geologie von Celebes. [M. Taf. 3—6 und 1 Kt.] Leide 1902. S. 30—205.
Aus: Samml. d. Geol. Reichs-Museums in Leiden. Ser. 1, Bd 7, H. 1.

Bücking, H., geologischer Führer durch das Elsass, s.: Benecke, E. W.

Bücking, H., s.: Handbuch d. Ingenieurwissenschaften.

— d. Korrektion d. Unter-Weser, s.: Franzius, L.

Bücking (H.), Ueber die Lagerungsverhältnisse der älteren Schichten in Attika. (Sitz.-Ber. d. Kgl. Preuss. Akad. d. Wissensch. zu Berlin. 1884) S.

Bücking, H., die nutzbaren Mineralien u. Gebirgsarten im Deutschen Reiche, s.: Bruhns, W.

— Über die Phonolithe der Rhön u. ihre Beziehngn. zu den basaltischen Gesteinen. (81 S. m. Abbildgn.) Lex. 8. Ebd. 907. 1. —
2 Sonderabdr. aus „Sitzungsber. d. preuss. Akad. d. Wiss."

Bücking, H., der nordwestliche Spessart, s.a. Abhandlungen der königl. preussischen geologischen Landesanstalt.

Bücking. H: Der nordwestliche Spessart. Geologisch aufgenommen und erläutert. Mit einer geologischen Karte und 3 Tafeln. Berlin 1892. VIII, 271 S.
= Abhandlungen der Königlich Preussischen Geologischen Landesanstalt. Neue Folge. Heft 12 8°.

Bücking, H. Topas von San Louis Potosi u. von Durango in Mexiko. (Aus den Mitt. aus d. mineralog. Institut d. Univ. Strassburg XXXII.)

Bücking (H.). Mikroskopische Untersuchung einiger Gesteine vom Wollenberg bei Marburg in Hessen. (Abgedruckt aus H. Sprauck: „Der Wollenberg bei Wetter und dessen nächste Umgebung." Inaugural-Dissertation. Marburg 1878.) 8. — Desgl. ein 2. Exemplar.

Bücking (H.), Die geognostischen Verhältnisse des Büdinger Waldes. (Ber. d. Oberhess. Ges. f. Natur- und Heilkunde. 17. Giessen 1878.) 8.

Bücking, Heinrich [Justizref. aus Stuttgart]: Ueber die strafrechtliche Bedeutung der Selbsthilfe ... Stuttgart, Hoffmannsche Buchdr., 1892; 2 Bl., 40 S. 8.
Göttingen, Jur. Fak., Inaug.-Diss. v. [16. Dez.] 1892

Bücking, Heinr., üb. die strafrechtliche Bedeutung der Selbsthilfe. Diss. gr. 8. (40 S.) Stuttgart 892. (Göttingen, Vandenhoeck & Ruprecht.) n. — 80

Bücking, Heinrich Wilhelm

Bücking, H. W., Abhandl. von d. Blutaderöffnung. 8. Wolfenb. 752. Meisner. 5 gGr

Buecking, Heinrich Wilhelm: Vernunft- und erfahrungsmäßige Abhandlung von der Blutader-Oeffnung, worinnen gezeiget wird, wie solche am sichersten zu verrichten ... nebst e. Anh. Von gründlicher Erkenntniß und glücklicher Cur der so genannten Hüner- oder Krähen-Augen ... Wolfenbüttel: Meißner 1752. 132 S. 8°

Buecking, Heinrich Wilhelm: Daß die ausübende Wundarzney etwas angenehmes, jedoch weit mehr unangenehmes bey sich führe, in e. Sendschreiben erwogen von Heinrich Wilhelm Bückling. Wolfenbüttel: Meißner um 1765. 16 S. 8°

Buecking, Heinrich Wilhelm: Das Unentbehrliche der Wundheilungs-Kunst betrachtet und erwiesen von Heinrich Wilhelm Bücking. Wolfenbüttel um 1765: Bindeseil. 16 S. 8°

Bücking-Bremen, Hermann: Die Korrektion d. Unter- u. Außenweser, s. Vorträge, Drei, gehalten auf d. 28. Versammlung d. Freien Vereinigung in Bremen 1910.

Bücking, Johann Heinrich

Bücking, Jh. Hnr., Abhandl. von d. Ehestiftungen, worinnen d. Sterbensfälle d. Verlobten durch d. Redensart, Hut bei Schleier rc. festgesetzt sind. 4. Marb. 774.

Bücking, Johann Heinrich: Bemerkungen über die Erdmandel. Aus eignen Erfahrungen; auch etwas Weniges über den Weinbau in Deutschland. Gießen & Darmstadt: Heyer 1801. 40 S.

Bücking, Joh. Heinr.: Von d. Ehestiftungen, worin d. Sterbensfälle d. Verlobten durch d. Redensart: Hut bei Schleier u. Schleier b. Hut festges. sind. *Marb.* 773. 4.

Bücking, Joh. Hnr., Medicinische und phisikalische Erklärungen deutscher Sprichwörter und sprichwörtlicher Redensarten. Stendal 1797. 8. . . . . (D.)

— Idyllen. 1e Samml. 8. Frankf. a. M. 775.

Bücking, Johann Jakob Heinrich

Bücking, Jh. Jak. Hnr., Abhandl. vom Kniescheibenbruche. Mit 1 Kpf. 8. Stend. 789. Franzen u. Gr. 5 gGr

– s. Abhandlung von den Lackfirnissen.

— Anleit. zum Aderlassen f. Wundärzte. Mit Kpf. 8. Stend. 781. Franzen u. Gr. 8 gGr

– s. Anweisung z. geheim. Korrespondenz.

— vollständ. Anweis. zum Zahnausziehen für angehende Wundärzte. Mit Kpf. 8. Stend. 782. Franzen u. Gr. 12 gGr

— der Arzt u. d. Afterarzt. 8. Stend. 783. Franzen u. Gr. 3 gGr

— ein medicin Beitrag zu Nr. 1. im ersten Stück des Braunschw. Journals v. 1789. 8. Stend. 790. Franzen u. Gr. 3 gGr

— ein Beitrag zur Zeichenlehre in Krankheiten. 8. Stend. 793. Franzen u. Gr. 4 gGr

Buecking, Johann Jakob Heinrich: Kritische Beleuchtung eines vor kurzem erschienenen Sendschreibens: der jetzige Arzt ist das nicht, was ehedem der alte war, ist nicht, was er seyn soll. (Verf.: Johann Jakob Heinrich Buecking). Stendal: Franz & Grosse 1784. 48 S. 8°

— krit. Beleuchtung d. Sendschreibens: Der jetzige Arzt ist das nicht mehr, was d. alte war. 8. Stend. 786. Franzen u. Gr. 4 gGr

Buecking, Johann Jakob Heinrich: De Carbunculo benigno. Helmstadii (1771:) Schnorr. 32 S. 8°
Helmstedt, Med. Diss. v. 21. Juni 1771.

— medicin. u. physikal. Erklärung deutscher Sprüchwörter. 8. Stend. 797. Franzen u. Gr. 1 Rthl. 12 gGr

– s.a. Gedichte e. Liebenden.

Bücking, Johann Jakob Heinrich: Gedichte eines Liebenden. Stendal, 1783.

— d. gutartige Karbunkel u. dessen Heilung. 8. Stend. 786. Franzen u. Gr. 4 gGr

– s.a. Kochbuch, Diätetisches.

[Buecking, Johann Jakob Heinrich:] Diätetisch und öconomisches Kochbuch. Stendal: Franzen & Brosse 1790. LXXX, 268 S., 1 Taf. 8°

– s. Kochbuch in Hinsicht auf die Gesundheit.

– s. Kochbuch, Sächsisches.

– s. Kunst des Barbierens.

– s.a. Kunst des Buchbindens.

— Kunst des Buchbindens. 8. Ebend. 785.

— — dasselbe m. K. 8. Augsb. Daisenberger.

– s. Kunst, Tinte zu machen.

Buecking, Johann Jakob Heinrich: Oratiuncula qua nonnulla ad rem medicam spectantia leviter tangit et de iubilaeo doctoratus sibi ipsi gratulatur Iohannes Iacobus Henricus Bücking d. iunii 21. 1821 ... Wolfenbuettelae 1821: Bindseil. 20 S. 8°

Buecking, Johann Jakob Heinrich: Sammlung von Aufsätzen und Beobachtungen aus den meisten Theilen der Arzneywissenschaft. Nebst e. Vorr. Von der gelehrten Muße des practischen Arztes. Von Johann Jakob Heinrich Bücking. Stendal: Franz & Grosse 1787. XXXX, 528 S. 8°

— Samml. von Aufsätzen u. Beobachtt, aus d. Arzneiwissenschaft. 8. Stend. 791. Franzen u. Gr. 1 ℔ 12 gl Zusätze zur 1n Aufl. dieses Buchs 791. Franzen u. Gr. 4 gl

— Sendschreiben an den Hofmedikus Wichmann, über dessen Aetiologie d. Krätze. 8. Stend. 791. Franzen u. Gr. 2 gl

– s. Taschenbuch für Lehrlinge der Wundärzte.

Buecking, Johann Jakob Heinrich: Taschenbuch für Lehrlinge der Wundarzneykunst. (Verf.: Johann Jakob Heinrich Bücking.) Wolfenbüttel: Albrecht 1799. VI. 198 S. 8°

– s.a. Temperament Jesu Christi.

Jo. Jac. Heinr. Bücking über das Temperament Jesu Christi. Stendal 1783. 8.

— wie soll ein Wundarzt sich bilden? 8. Stend. 783. Franzen u. Gr. 2 gl

Bücking, Kurt, approb. Arzt aus Bremen: **Ueber einen Fall einer akuten parenchymatösen Nefritis mit Ausgang in eine chronisch haemorrhagische Form.** *Leipzig 1903: B. Georgi.* (19 S.) 8°
Leipzig, Med. Diss. v. (26. Mai) 1903

Bücking, L.J.H., s. Bücking, Johann Heinrich

Bücking, M., s.: Jugendfreund.

Bücking, M., Jugendfreund, s.: Munderloh, H. F.

Bücking, M., s. Lesebuch, deutsches.

Bücking, M., deutsches Lesebuch, s. Munderloh, H. F.

Bücking, M.: Rechenheft f.d. Unterklasse, s. Bücking, W.

Bücking, M.: Ein Wort über den Turnunterricht der Cäcilienschule nebst Bericht über eine Turnreise nach Leipzig u. Dresden. Oldenburg 1872. 33 S. Oldenburg, Cäcilienschule P 1872.

Bücking, Martin

Bücking, Mart., Brackwasser. Roman. 2. [Titel-]Aufl. (221 S.) 8. Berlin [907] 908. B. Behr's Verl. 3.—; geb. 4.—

Bücking, Mart., von alten u. neuen Kirchen, von alter u. neuer Gerechtigkeit. Predigt üb. Matth. 5, 6, am Tage vor der Enthüllg. des Bugenhagen-Denkmals in der St. Katharinenkirche zu Braunschweig geh. gr. 8. (7 S.) Braunschweig 902. J. Neumeyer. n. —20

Bücking, Mart., Rektor Siebrand. Eine Erzählg. von der Elbmündg. 2. Aufl. (254 S.) 8. Bremen 905. C. Schünemann. n. 3.—; geb. n. 4.—
1. Aufl. (231 S.) 904. n. 3.—; geb. n. 4.—.

Bücking, Mart.: Rektor Siebrand. Eine Erzählg v. d. Elbmündg. 3. Afl. (254) 8° Brem., C Schünemann '12. 3—; geb. 4— d

Bücking, W., u. D. Wiese, Rechenheft f. die Mittelklasse [3., 4. u. 5. Schuljahr.] 1. u. 2. Hälfte. 8. (42 u. 48 S.) Ebend. 873. à n. — 30

Bücking, W., u. D. Wiese, Rechenheft f. die Unterklasse [1. u. 2. Schuljahr.] Nach Maßgabe der neuen preuß. Unterrichtsbestimmgn. bearb. 8. (32 S.) Oldenburg 873. Schmidt's Verl. n. — 25

— u. D. Wiese, Rechenheft für die Unterklasse. 1. Heft. [1. u. 2. Schuljahr.] Nach Maßgabe der neuen preuß. Unterrichtsbestimmungen bearb. 2. Aufl. 8. (32 S.) Oldenburg 886. (Stalling's Sort.) n. —25

—— und D. Wiese, das Rechnen auf den untern Stufen. 3. Aufl. 1870. * 70 Pf., und 4., unter Berücksicht. der neuen Münzordnung veränd. Aufl. 1872. * 60 Pf., und 5. in Uebereinstimmung mit den preuß. Unterrichtsbestimmungen vom 15. Octbr. 1872 umgearb. Aufl. 8. (IV, 120 S.) Oldenburg 874, Schmidt's Verlag. *

—— und D. Wiese, das Rechnen auf den untersten Stufen. [1. bis 4. Schuljahr.] In Uebereinstimmung mit den preuß. Unterrichtsbestimmungen vom 15. Octbr. 1872 bearb. 6.—8. Aufl. 8. (IV, 120 S.) Oldenburg 875,77,79, Schmidt's Verlag. *

—— und D. Wiese, das Rechnen auf den unteren Stufen. [1. bis 4. Schulj.] In Uebereinstimmung mit den preuß. Unterrichtsbestimmungen vom 15. Octbr. 1872 bearb. 9.—11. Aufl. 8. (IV, 120 S.) Oldenburg 881—84, Schmidt's Verlag. ;

—— —— das Rechnen auf den unteren Stufen. [1. bis 4. Schuljahr.] In Übereinstimmung mit den preuß. Unterrichtsbestimmungen vom 15. Oktbr. 1872 bearb. 12.—14. durchges. Aufl. 8. (VI, 120 S.) (Ebendas.) 885—88. *

— u. D. Wiese, das Rechnen auf den unteren Stufen. (1.—4. Schulj.) In Übereinstimmg. m. den preuß. Unterrichtsbestimmgn. vom 15. Oktbr. 1872 bearb. 18. Aufl. 8. (V, 120 S.) Oldenburg 893. F. Schmidt's Verl. n. — 60

— u. D. Wiese, das Rechnen a. d. unt. Stufen. (1.—4. Schulj.) I. Übereinstimmg. m. d. preuß. Unterrichtsbestimmgn. v. 15. X. 1872. 22. Aufl. 8. (V, 120 S.) Oldenburg 898. G. Stalling's Sort. Geb. n. — 60

Bücking, Wilhelm

Bücking, W., Beiträge zur Geschichte der Stadt Marburg. 8. (138 S.) Marburg 875, Braun. *

Geschichtliche Bilder aus Marburgs Vergangenheit. Von Dr. **Wilhelm Bücking.** *Marburg: N. G. Elwert 1901.* (IV, 197 S.) 8° [F.] [01. 1133]

Allerlä Erlebtes on Gehertes. Geschichten, Anekdoten, Redensarten u. Sprichwörter in Marburger Mundart. Von Dr. **Wilhelm Bücking.** 2. verb. u. verm. Aufl. *Marburg: N. G. Elwert 1901.* (VI, 60 S.) 8° [01. 931 4

[F.] Geschichte und Beschreibung der lutherischen Pfarrkirche 'Unserer lieben Frauen St. Marien' in Marburg. Z. Erinnerg an deren 600j. Jubelfeier am 2. Mai 1897. Von Dr. **Wilhelm Bücking.** M. 1 Abb. d. Inneren d. Kirche. *Marburg: N. G. Elwert 1899.* (40 S., 1 Taf.) 1 Bd 8. [99. 437

Bücking, W., das Innere der Kirche der heil. Elisabeth zu Marburg vor ihrer Restauration. Mit 1 Plan der Elisabethkirche nebst Umgebung. gr. 8. (40 S.) Marburg 881, Elwert'sche Verlagsh.

[F.] Die Kirche der Heiligen Elisabeth in Marburg. Von Dr. **Wilhelm Bücking.** 3. verb. Aufl. M. 6 Abb. *Marburg: N. G. Elwert 1897.* (52 S.) 1 Bd 8. [98. 487

Bücking, Wilh., die Kirche der hl. Elisabeth in Marburg. 4. verb. u. verm. Aufl. (51 S. m. 8 Abb.) kl. 8. Marburg 908. N. G. Elwert's Verl. — 60

[F.] Leben der Heiligen Elisabeth' Landgräfin von Thüringen. Von Dr. **Wilhelm Bücking.** 2. verb. Aufl. M. 8 Abb. *Marburg: N. G. Elwert 1898.* (1 Bl., 76 S., 1 Taf.) 1 Bd 8. [98. 3341

Bücking, W., Marburg. Ein Führer durch die Stadt u. ihre Umgebung, nebst e. geschichtl. Anh. u. e. Stadtplan (in Lichtdr.). 2. verm. u. verb. Aufl. d. „Wegweisers". 8. (III, 107 S.) Marburg 880. Elwert's Verl. n. 1. —

— Mittheilungen aus Marburgs Vorzeit. gr. 8. (IV, 90 S.) Ebend. 886. n. 1. 20

Kleiner Wegweiser für die Stadt Marburg und deren nächste Umgebung. Von Dr. Wilhelm Bücking. *Marburg: N. G. Elwert 1900.* (40 S.) 8°

—— Wegweiser durch Marburg. 12. (32 S.) Marburg 875. Elwert'sche Verlagsh. *

Bücking, W., Wegweiser durch die Straßen u. durch die Geschichte der Stadt Marburg u. deren nächste Umgebung. 3., erweit. Aufl. 8. (XV, 126 S. m. 1 Plan.) Marburg i/H. 891. N. G. Elwert's Verl. Kart. n. 1. —

Buckingham, des Herzogs, Memoiren. 2 Bde. 8. Goth, Hennings. 2 ₰ 16 ℊ

George Villiers, Second Duke of Buckingham. The Rehearsal. First Acted 7. Dec. 1671, Publ. 1672. Mit Einl. hrsg. von Felix Lindner. *Heidelberg: C. Winter 1904.* (IV, 110 S.) 8°
= Textbibliothek, Englische. 9.

Buckingham, Edgar: Über einige Fluoreszenzerscheinungen . . . (Aus: Zeitschr. f. physik. Chem., Bd XIV Heft 1. 1894.) Leipzig, W. Engelmann, 1894; 22 S., 1 Bl. 8.
Leipzig, Phil. Fak., Inaug.-Diss. v. [6. Juni] 1894

Buckingham, J. S., Reisen in Mesopotamien. Aus d. Engl. (Aus d. ethnograph. Archiv abgedr.) gr. 8. Jena 828. Bran. 1 ₰

—— dass. s. Magazin v. merkw. neuen Reisebeschr., 37. Bd.

— Dass., eine andere Uebersetzung. gr. 8. Berl. 828. Voß. 3 ₰ (vergl. Magazin d. Reisen ꝛc., 37r Bd.)

— Reisen in Palästina. gr. 8. Jena 822. Bran. 1 ₰

— dass. e. andere Uebersetz., s. Bibliothek d. Reisebeschreib. 45r Bd.

— Reisen durch Syrien ꝛc., s. n. Bibl. d. Reisen 45r u. 46r Bd.

—— Reisen durch Syrien u. Palästina, 2. Bd., s. Bibliothek, neue, d. wichtig. Reisebeschreib., 46. Bd.

de Buckisch, Gottfr. Ferd.: Obs. in J. P. O. W. *Vienn.* 696. 4. *Francof. et Lips.* 722. *Mog.* 750. 4.

de Buckisch, G. F., observat. in instrument. pacis Osnabrugo-Westphalicum. 4. Mainz 750. Fleischer. 1 ₰ 8 ℊ

Buckland, (A. C.) Briefe über d. Wichtigkeit, Pflicht u. d. Vortheile des Frühaufstehens. Nach d. 5n Aufl. aus d. Engl. übers. 8. Leipz. 824, Exped. d. Europ. Aufsehers.

Buckland, A. C., Briefe üb. d. Wichtigkeit, d. Pflicht u. d. Vortheile d. Frühaufstehens ꝛc. 2. Bdchn. N. d. 3. Ausg. d. Engl. bearb., verbess. u. verm. — A. u. d. T.: Bemerkungen ꝛc. in Bezug auf Gesundheit, Geschäfte u. Gottesfurcht. 8. (6 B.) Ebds. 830.

Buckland, A. C., Briefe über d. Wichtigkeit, d. Pflicht u. d. Vortheile d. Frühaufstehens. Nach d. 5n Aufl. aus d. Engl. v. J. A. Bergk. 8. Leipz. 824. 2e A. 829. Bergk. 9 ℊ 2s B. A. u. d. T.: Bemerkk. in Bezug auf d. Gesundheit, Geschäfte u. Gottesfurcht. 8. Ebd. 830. 9 ℊ

Buckland, A. C., Briefe über die Wichtigkeit, die Pflicht u. die Vortheile des Frühaufstehens ꝛc. Nach der 5n Aufl. der engl. Urschrift bearb. v. Dr. Bergk. 3e verm. u. verb. Aufl. 1s Bdchn. 8. Leipz. 831. Dr. Bergk. 3/8 ₰

Buckland, A. C., Briefe üb. d. Wichtigkeit, die Pflicht u. d. Vortheile d. Frühaufstehens, an Familienhäupter, Geschäftsmänner, Liebhaber d. Natur, Studirende u. Christen. N. d. 5. Aufl. d. engl. Urschrift z. zweitenmale übers. u. viel verm. v. J. A. Bergk. 1. Bdchn. (6 B.) 829., 3., A. (6¼ B.) 833. 8. Leipzig, Exped. d. europ. Aufsehers. à Thlr.

Buckland, William, Geologie u. Mineralogie in Beziehung zur natürl. Theologie. Aus d. Engl. nach der 2n Ausg. des Originals, übers. u. mit Anmerkk. u. Zusätzen versehen von Dr. L. Agassiz. 2 Bde., wovon der 1e den Text u. der 2e sämmtl. (69 lithogr.) engl. Originaltaf. enth. gr. 8. Neuchatel 838. Bern u. Chur, Dalp. (Braunschw., Leibrock) n. 10 ₰

Buckland W.: Geologie u. Mineralogie in Beziehung z. natürlichen Theologie. Aus d. Engl. . . . übers. u. m. Anmerk. u. Zusätzen vers. v. L. Agassiz. 2 Bd. [1] Neufchatel 1839. [2] Bern, Chur u. Leipz. 1838. (1. Text 665 S. — 2. 88 Tvl. (1 kol.) m. Forkl.).

— die Urwelt und ihre Wunder, s. Natur, die, ihre Wunder und Geheimnisse.

Buckland (W.), Die Urwelt und ihre Wunder, oder allgemeine Darstellung der Geschichte des Erdkörpers. Aus dem Englischen von F. Werner. Stuttgart 1838. 8.

Buckle, Henry Thomas

Buckle, Henry Thom., Essays. With a biographical sketch of the author. 8. (III und 164 S.) Leipzig 867, Brockhaus' Sortiment und Antiquarium. * 15 Ngr.; geb. *

— Essays, nebst e. kurzen Lebensbeschreibung des Verf. Aus dem Engl. übers. von David Asher. Leipzig 867. C. F. Winter. 8. (VIII, 151 S.) n. 20 ngr

Buckle, Thom. Henry, Essays, nebst e. biograph. Skizze d. Verf. Aus d. Engl. übers. v. Eugenio Jacobi. 8. (123 S.) Leipzig 896. München, A. Schupp. n. 1. 20

—— Gesch. d. Civilisat. in Engl., übers. v. H. Ritter, s. Biblioth., histor.-polit.

Buckle, Heinr. Thom., Geschichte der Civilisation in England. Mit Bewilligung des Verfassers übersetzt von Arn. Ruge. 2 Bde. Leipzig 860—62. C. F. Winter. gr. 8. (XXXV, 1102 S.) n. 8 ₰

Buckle's Henry Thomas, Geschichte der Civilisation in England. Deutsch von Arnold Ruge. 2. rechtmässige Ausgabe, sorgfältig durchgesehen und neu bevorwortet von dem Uebersetzer. (3 Bde.) 8. Leipzig und Heidelberg 1864—1865.

— Geschichte der Civilisation in England. Deutsch von Arnold Ruge. 2. Ausg. 865. n. 8 ₰ — 3. Ausg. 869. n. 6 ₰ — 4. rechtmässige Ausg. 2 Thle. (in 3 Abthlgn.) Ebend. 871. gr. 8. (1. Bd. 1. Abth.: XXIV, 436 S.; 2. Abth.: VI, 386 S.; 2. Bd.: XVIII, 582 S.) n. 4 ₰ 15 ngr

Buckle's, Henry Thom., Geschichte der Civilisation in England. Deutsch von Arnold Ruge. 3. rechtmäss. Ausg. 2 Bde. (in 3 Abthlgn.) 10 Lfgn. gr. 8. Leipzig 868, C. F. Winter's Verlagsh. [1. Bd. 1. Abthl. (XXIV, 436 S.); 2. Abthl. (VI, 386 S.); 2. Bd. (XVIII, 582 S.)] à Lfg. * M. 1,80. *

Buckle's, Henry Thom., Geschichte der Civilisation in England. Deutsch v. Arnold Ruge. 5. rechtmäss. Ausg. 1. Bd. 1. u. 2. Abth. u. 2. Bd. gr. 8. (XXIV, 436; 386 u. 582 S.) Leipzig 874. C. F. Winter. n. 13. 50

Buckle's, Henry Thomas, Geschichte der Civilisation in England. Deutsch v. Arnold Ruge. 6. rechtmäss. Ausg. 2 Bde. in 3 Abthlgn. gr. 8. (XXIV, 436; VI, 386 u. XVIII, 582 S.) Leipzig 881. C. F. Winter. n. 13. 50

Buckle's, Henry Thom., Geschichte der Civilisation in England. Uebers. v. Immam. Heinr. Ritter. 5 Bde. in 2 Thln. 2., unveränd. Aufl. (Anastatischer Neudr.) gr. 8. (XII, 202; VIII, 231; VIII, 227; IX, 207 u. XII, 263 S.) Leipzig 900. Dürr'sche Buchh. n. 8. —; geb. in Halbfrz. n. 11. —

— dasselbe. Deutsch v. Arnold Ruge. 7., rechtmäss. Ausg. 2 Bde. gr. 8. (XXIV, 436; VI, 386 u. XVIII, 582 S.) Leipzig 901. C. F. Winter. n. 13. 50

—— History of civilisation in England. 5 Vols. 8. (XLVIII und 1487 S.) Leipzig 865, Brockhaus' Sortiment und Antiquarium. * 5 Thlr.; geb. *

—— s. Ideen aus Buckle.

Buckle, Henry Thomas. The English intellect during the XVIth, XVIIth and XVIIIth centuries. Mit e. pädagog. Kommentar für den Schulgebrauch in der Prima zusammengestellt v. Heinr. Hupe. 2 Tle. Text u. Kommentar. gr. 8. (IV, 56; 65 S.) Cöthen 892, Schulze Verlag. cart. * 1 40

—— Leben und Wirken, s. Huth, Alfr. H.

Buckle, Thomas Henry, s. Buckle, Henry Thomas

Bückler, Johann, genannt Schinderhannes u. dessen Spießgesellen, e. wahrhafte dialogisirte Gesch. neuester Zeit, m. K. 8. Leipz. Joachim.

Bückler, genannt Schinderhannes u. seine Spießgesellen. 8. Lpz. 802. Joachim. 4 gr.

Bücklers, Josef [aus Breyell]: Aus d. patholog. Institut zu Bonn. Über den Verlauf der durch Staphylococcus pyogenes aureus in der Milz hervorgerufenen Entzündung. … Bonn, Buchdr. Jos. Bach Wwe., 1889: 38 S. + 1 Bl. 8°
Bonn, Med. Fak., Inaug.-Diss. v. 23. März 1889

Bücklers, Karl [Referendar]: Unterschied zwischen Leistungsbereitschaft und Leistung … Düsseldorf, Druck v. L. Schwann, 1897: 43 S. 8.
Erlangen, Jur. Fak., Inaug.-Diss. v. 1897

Buckley, Arabella Burton
s.a. Fisher, Arabella Burton

Buckley, Arabella B., das Feenreich der Wissenschaft. 10 Vorträge f. die Jugend. Übers. u. bearb. v. E. Kirchner. Mit üb. 70 Illustr. 8. (IV, 244 S.) Altenburg 894. St. Geibel. Geb. in Leinw. 4. 50

Buckley, Arabella B. (Mrs. Fisher), Kinderaugen in der Natur. Übertr. v. Fritz Kriete u. Otto Rabes. 1.—3. Buch. kl. 8. Halle 910. H. Gesenius. à — 80
1. Tiere u. Pflanzen im Wald u. Feld. (48 S. m. 16 Abb. u. 8 farb. Vollbild.) — 2. Am Teich- u. Flußufer. (49 S. m. 9 Abb. u. 8 farb. Vollbild.) — 3. Pflanzenleben in Feld u. Garten. (67 S. m. 19 Abb. u. 8 farb. Vollbild.)

Buckley, Harriet, Gräfin Leszczynska. Autoris. Bearbeitg. v. Bertha Katscher. 8. (88 S.) Berlin 900. Schriftenvertriebsanstalt. — 80; geb in Leinw. 1. 20

Bückling, Gerhard, Dr. phil., Referendar: Gewererechtliche Elemente im Gantverfahren und in der jüngern Satzung des Mittelalters. Heidelberg: Winter 1910. 38 S. 8° ¶ (Vollst. u. d. T.: Die Wechselwirkungen gewererechtl. u. fronungsrechtl. Elem. im Liegenschaftsrechte u. Gantverfahren vornehml. d. dtsch. Ma., als: Deutschrechtl. Beiträge. Bd 6, H. 2.)
Göttingen, Jur. Diss. v. 9. Dez. 1910, Ref. Beyerle
[Geb. 14. Juli 83 Wolgast, Pommern; Wohnort: Wolgast; Staatsangeh.: Preußen; Vorbildung: Gymn. Anklam Reife O. 02; Studium: Phil. Bonn 4, Berlin 1, Bonn 4, Jura Berlin 1, Heidelberg 1, Göttingen 4 S.; Rig. Dez. 09.] [U 11. 1410

Bückling, Gerh., die Bozener Märkte bis zum 30jährigen Kriege, s. a. Forschungen, staats- u. sozialwissenschaftl.

Bückling, Gerhard, a. Wolgast: Die Bozener Märkte bis zum Dreißigjährigen Kriege. [Leipzig] 1906. (VI, 31 S.) 8° ¶ (Erscheint vollst. als „Staats- u. sozialwissenschaftl. Forschungen", hrsg. v. Schmoller u. Sering, H. 124.)
Bonn, Phil. Fak., Ref. Schulte, Diss. v. 14. Jan. 1907
[Geb. 14. Juli 83 Wolgast; Wohnort: Wolgast; Staatsangeh.: Preußen; Vorbildung: Gymn. Anklam Reife O. 02; Studium: Bonn 4, Berlin 1, Bonn 4 S.; Rig. 1. Juni 06.]

Die Bozener Märkte bis zum Dreissigjährigen Kriege. Von Gerhard Bückling. Leipzig: Duncker & Humblot 1907. (VIII, 124 S.) 8°
= Forschungen, Staats- u. sozialwissenschaftl. H. 124. [07. 1770

Bückling, Gerh.: Die Wechselwirkg gewererechtl. u. frongsrechtl. Elemente im Liegenschaftsrecht d. deut. MAlters, s: Beiträge, Deutschrechtl.

Bückling, Gust. (geb. Zehdenick 26. 2. 1844): 36 Fälle von Leberabscess. Berlin (1868). (32 S.) 8°
Berlin, Med. Diss. v. 21. Dez. 1868

Buckman, SS: Antarctic fossil Brachiopoda, collected by the Swedish South Polar Exped. '01—3, s: Ergebnisse, Wissenschaftl., d. schwed. Südpolar-Exped. '01—3.

Buckman, S. S., Vererbungsgesetze u. ihre Anwendung auf den Menschen. Autoris. deutsche Ausg. gr. 8. (VII, 104 S.) Leipzig 893. E. Günther. n. 2. —

Ⓑ Buckmann, S. S., Vererbungsgesetze. 893. (KBL 27.) Jetzt: Leipzig, A. Kröner.

Bückmann, L., die Nachtgesichte des Sacharja in sechs Predigten ausgelegt für die Gemeine. Hildesheim 858. Gerstenberg. 8. (3 Bl., 82 S.) n. 10 ngr

Bückmann, Ludw., Ajo der Guging. Eine Erzählg. aus dem Bardengau. (228 S.) 8. Bremen 910. C. Schünemann. 3.—; geb. 4. —

Bückmann, Ludw. Die Rabenschlacht, s. Universal-Bibliothek Nr. 2665.

Bückmann, Ludwig: Der Vers von sieben Hebungen im deutschen Strophenbau. Lüneburg, Druck d. v. Stern'schen Buchdr., 1893; 3—38 S. 4.
Lüneburg, Johanneum, OP 1893 (314)

Bückmann, Ludw., der Vers v. 7 Hebungen im deutschen Strophenbau. Progr. 4. (38 S.) Lüneburg 893. (Leipzig, G. Fock.) n. 1. —

Bückmann, Ludwig: Was bedeutet der Name Lüneburg? Lüneburg 1909: Stern. S. 3—18. 4°
Lüneburg, Johanneum OP 1909 (418) [S 09. 50

Bückmann, Rud., daß diese Worte Christi „Das ist mein Leib" noch feststehen. Vortrag, geh. a. d. VIII. allgem. luther. Konferenz i. Schwerin. [Aus: „Allg. evang.-luth. Kirchenzeitg."] gr. 8. (28 S.) Leipzig 895. Dörffling & Franke. n. — 40

Bückmann, Rud.: Das Domkapitel zu Verden im MAlter, s: Beiträge f. d. Gesch. Niedersachsens u. Westfalens.

BUECKNER, ARTHUR. De relationibus et analogia formam inter et vires plantarum medicas. Vratislaviæ, 1850. Diss. G. S.

Buckow (Sachliches OW)

Buckow und Umgebungen. Prakt. Führer f. Reisende. 9., neu bearb. Aufl. Mit 2 Kartenbeil. Berlin: A. Goldschmidt 1901. (25 S.) 8°
= Reisebücher, Griebens. Bd 13. [01. 8668

Buckow und Umgebung. Prakt. Reiseführer. 11., neu bearb. Aufl. Mit 2 Kt. Berlin: A. Goldschmidt 1910–11. 30 S. 8°
(Griebens Reiseführer. Bd 13.) [10. 9376

Buckow (Schlagwort)

— s. a.: Berlin, Kiessling.

Buckow, s.a. Berlin. Schwarz.

Buckow, s.a. Mark.

Buckow, s.a. Märkische Schweiz.

Buckow, s.a. Wanderkarten.

Buckow. Karte der Umgegend v. Buckow. Hrsg. v. der kartograph. Abtheilg. der königl. preuss. Landes-Aufnahme. 1 : 25,000. Farbendr. 46,5×47 cm. Berlin 891. (R. Eisenschmidt.) n.n. 1. —

Buckow. Kiessling's Special-Karte von Buckow u. Umgegend, sogen. Märkische Schweiz. Mit Angabe der Haupt- u. Neben-Touren. 1:12,000. Entw. u. gest. v. Th. Delius. 3. Aufl. Farbendr. Berlin 888. Kiessling. n. - 75

Buckow. Kiessling's Specialkarte v. Buckow u. Umgegend (sogen. Märkische Schweiz). 1 : 12,500. Entworfen u. gestochen v. Th. Delius, neu bearb. v. Gust. Müller. 6. Aufl. Juni 1894 berichtigt u. ergänzt. 24 × 32,5 cm. Farbendr. Berlin 894. A. Kiessling. — 75

Buckow (Verfasser)

Buckow, Fritz, s. Adreßbuch f. die Herzogthümer Schleswig-Holstein u. das Fürstenth. Lübeck.

Buckow, F, s.: Adressbuch f. d. Prov. Schleswig-Holstein u. d. Fürstenth. Lübeck.

Buckow, Fritz, Fritz, de dithmarscher Buerjung, oder de Angelsche Godsherr. Wohrheit un Dichdung. 8. (VII, 205 S.) Lübeck 873, Schmidt Wwe. *

Selbstlob der Stände v. Fritz Buckow. Oldesloe. 1868. 8°.

Buckow, R., c. Erzählg. i. 20. Jahrhundert. 8. (72 S.) Leipzig 895. O. Mutze. n. 1. —

Buckow, Rob., des Menschen wichtigste Frage. In e. Vortrage behandelt. (29 S.) 8. Lorch 907. K. Rohm. — 50

Buckow, Walther, aus Posen: **Synthese von (1)-Methoxy- und (2, 3)-Dimethoxyphenanthren.** *Berlin (1901): G. Schade.* (37 S.) 8°
Berlin, Phil. Diss. v. 2. Febr. 1901

Buckowien (Schlagwort)

Buckowien, s.: Preussen. Messtischblätter.

Buckowski, Gejza, Der geologische Bau der Insel Kasos. Mit 1 geolog. Karte. Gr.-8. (17 S.) —.40
Wien: Tempsky 1889

Buckreis, Adam, Panorama d. Welt- u. Kulturgeschichte. 1.—6. Taus. (XV, 654 S.) kl. 8. Nürnberg 909. Heerdegen-Barbeck. Geb. in Leinw. 6. —

Bucksath, Max, Anleitung zum Erlernen der malaiischen Sprache f. nach Ostindien reisende Deutsche. 16. (71 S.) Bremen 893. H. Drewes. Kart. n. 1. 20

Bucksath, W., sursum corda! Aufwärts Aug' u. Herz! Der deutschen Burschenschaft gewidmet. 8. (22 S.) Jena 887. Doebereiner Nachf. n. — 50

Bucksath, Wilh.

—— Volunto! Wach auf, du deutsche Burschenschaft, wach auf, mein deutsches Volk! Ein Weck- und Mahnruf an unsere Zeit. gr. 8. (24 S.) Ebendas. 888. *

Bucks County Bauer.
See Der Morgenstern.

Bucks County Bauer und Wochentlacher (sic) Anzeiger: 1835 ?
Every Wednesday. Published by Joseph Jung
Doylestown, PA

Bucks County Bauer und Schippachville Freiheitwachter (sic): 1834 ?
Every Wednesday. Published by Joseph Jung.
Doylestown, PA

Bucks County Express: July 4, 1827—1918.
Democratic weekly. Title varies: 1) Bucks County Express und Allgemeiner Anzeiger [when established]; 2) Doylestown Express; 3) Express und Reform, 1866 - 1870?; 4) Bucks County Express und Reform, 1871—1918. In 1827, the paper had 100 subscribers; 1870, 2400; 1880, 2160; 1885, 2400; 1900, 1600; 1915, 1300. Edited & published by Manasseh H. Snyder [also as, Manesse Schneider], 1827 - 1835?, by John S. Bryan, 1835? - 1845; by Paxson, 1845 - 50; by Oliver Perry Zink, 1850 - 56; by Edwin Fretz, 1856 - 59; by Charles Price & J. Adam Daubert, 1859 - 66; by D. F. Mierson [publisher, Ham & Co.], 1866? - 70; by Ham & Co., 1871 - 72; by J. M. McClure, 1873 - 75; by J. A. Daubert, [Geo. B. Herbert, publisher], 1876 - 1884; by C. F. Beckhin, 1884 - 87; by Fred Constantine, 1888 - 1918.
Doylestown, PA

Buckstone, J.B.: The happiest day of my life, s. Theatre.

— a rough diamond, s. Theatre, the modern english comic.

Buckstone, J.B.: Shocking events, s. Theatre.

Buckstone, J. B., good for nothing, s. Theatre, the modern english comic.

Buckstone, J. B., Uncle John. A petite Comedy, s. Theatre the British. No. 9—13.

Buckstone, J.B.: Mischief-Making, s. Theatre.

Buckstone, J. B., Snakes in the Grass, s. Theatre, modern English comic.

Buckstone, J. B., s. Theatre the british.

BUCKWITZ, Joh. Lud., Betrachtung über die Liebe. Berlin 1754. 8°. Rar!
In Versen. 4 Bog. — Cat. Meissner III.

Bucky, Arthur, a. Leipzig: Über Anhydrisierungen von 2-Methyl-2,3-Dioxybutan und 2,3-Dioxybutan, eine Reindarstellung des letzteren aus 2,3-Diketobutan und über die Einwirkung von Natrium auf 1-Monochloräthyläther. Weida i. Thür. 1905: Thomas u. Habert. (70 S.) 8°
Leipzig, Phil. Fak., Ref. Hantzsch u. Beckmann, Diss. v. 14. März 1905
[Geb. 11. Sept. 77 Leipzig; Wohnort: Leipzig; Staatsangeh.: Sachsen; Vorbildung: Öff. Handelslehranstalt Leipzig Reife O. 95; Studium: Leipzig 8, München 1, Leipzig 13 S.; Rig. 10. Febr. 05.]

Bucky, Gustav, Medizinalpraktikant a. Leipzig: Ueber die Einwanderung der Paratyphus-Bazillen von den Lymph- und den Blutbahnen aus in den Darm. Leipzig 1907: B. Georgi. (28 S.) 8°
Leipzig, Med. Fak., Ref. Curschmann, Diss. v. 30. Jan. 1907
[Geb. 3. Sept. 80 Leipzig; Wohnort: Göttingen; Staatsangeh.: Sachsen; Vorbildung: Kgl. Gymn. Leipzig Reife O. 01; Studium: Genf 1, Leipzig 11 S.; Coll. 8. Febr. 07; Approb. 12. Febr. 06.]

Bucky, J. Ch.: Prolegomena jpdtiae civilis privatae methodo scientifica conscripta. *L.* 731. 8.

Bucky, Joh. Christian (Danzig), De pactis antenuptialibus. Von denen vor der Ehe getroffenen Eh-Packten. Diss. jur. Präs. Samuel Friedrich Willenberg. Danzig (Thom. Joh. Schreiber) 28. VIII. 1727. 70 S. (5.—) 4438
Widm. v.: Präs., Jo. Ad. Kulmus, Christ. Lud. Rothe (Danzig), Dav. Heinr. Nothwanger (Danzig), Carl Balthas. Nothwanger (Danzig), Joh. Jac. Konopak (Marienburg), Chn. Friedr. Charlitius (Danzig, dtsch.), Chn. Abrahamson (Dzg.).

— — Dasselbe. Wittenberg (Hake) 1735. 64 S., ohne Widmung. (5.—) 4439

— — De pactis successoriis. Diss. jur. Präs. Jo. Florent. Rivinus. Lpz. (Breitkopf) 20. IV. 1730. 76 S. (5.—) 4441

— — Vindiciarum systematis influxus physici sectio posterior philos. Caput secund. anti-Leibnitianum. Präs. Jo. Christoph Gottsched. Lpz. (Breitkopf) 22. XII. 1729. 3 Bl. u. S. 49—74. (4.80) 4440

Bucolica, Nonneminis, in Augustum Bremerum Saxonem, autorem stolidae defensiones pro Johanne Georgio I. adversus Christianum Thomasium ... Utrubi 1723 V: *Kistmacher, Georg Nathanael.* (Bem I, 1, S. 246)

Bucolici graeci Theocritus, Bio, Moschus. Recensuit Henr. Ludolphus Ahrens. 8. (IV u. 144 S.) Lipsiae 850, Teubner. 1/2 ℛ

Bucolicorum graecorum Theocriti Bionis Moschi reliquiae accedentibus incertorum idylliis. Recensuit Henr. Ludolfus Ahrens. Editio II. Lipsiae 856. Teubner. 8. (VIII, 142 S.) 5 ngr; Velinp. 9 ngr

— — Tomus I. Textum cum apparatu critico continens. Lipsiae 855. Teubner. gr. 8. (LXXXIV, 280 S.) n. 2 ℛ 12 ngr

Bucolicorum graecorum Theocriti, Bionis, Moschi reliquiae accedentibus incertorum idylliis. Edid. Henr. Ludolf. Ahrens. Tomus II. Scholia continens. gr. 8. (LXXIV und 550 S.) Leipzig 859, Teubner. Thlr. *
Tom. I. Ebendas. 1855. * 2 Thlr. 12 Ngr.

Bucolici graeci. Recensuit et emendavit Udalr. de Wilamowitz-Moellendorf. (XVI, 170 S.) 8. Oxford (905). Clarendon Press. n.n. 2. 60

Bucquoi, Erdm. Fr.

— vergl. Buquoi.

Bucquoi, Erdmann Friedr. v. (Hrsg.)
s. Allerlei, Allerneuestes Schlesiches.

Bucquoi, Erdmann Friedr. v. (Hrsg.),
s. Allerlei, Schlesisches

ALLERLEY, Schlesisches —. (Ueber Galanterien, Spiel, Adel u. Ehe, verfasst von *E. F. Bucquoi.*) Frankf. 1764. 8°.
Scheible, Stuttg., Anz. 69. (c. 1888), no. 212, Beibd. 2. — Anon.-Lex. I. p. 39 (nach Kayser).

Bucquoi, Erdm. Fr., († d. 17. Juli 1823.) Fürst Blücher von Wahlstadt, e. Volksblatt. 8. Bunzlau 821.

— Denkwürdigkeiten d. Stadt Bunzlau, e. Fortsetz. d. Chronik d. St. Bunzlau bis 1816. 8. Bunzlau 821.

— Hausbuch, christl., für Hausväter, Kinder u. Gesinde. 8. Bunzlau 793.

— Italien u. besonders d. Kirchenstaat. 8. Bunzlau 797.

— Leben u. Ende Friedrich d. Einzigen. 4 Thle. 8. Bresl. 787—91. 2e A. 790—92. (Gosohorsky). 2 ℛ 19 gr

Bucquoy, Erdm. Frdr. Leben und Ende Friedrichs des Einzigen. 4 Bde. 8. Breslau 1787–90. — 2. Aufl. 4 Bde. 8. ib. 1790–94.

— s. Merkwürdigkeiten Friedrich II.

Bucquoi, Erdmann Friedr. (Hrsg.), s. Monatsschrift, Bunzlauische, zum Nutzen und Vergnügen.

— d. Nothwendigste aus d. Technologie, zum Unterricht in Schulen. 8. Bresl. 803. (J. F. Korn). 10 gr

— Reisen nach d. Zackenfall. 8. Bunzlau 785.

— s. Semper, d. Steingebirge.

— d. Waisenhaus zu Bunzlau, od. merkwürd. Geschichte desselben. 3 Stcke. 8. Bunzlau 796.

Bucquoy, Jean Albert d'Archambaud Comte de. Le veritable Esprit de la belle gloire ou le soin de se faire une bonne reputation ... aus dem Französischen ins Hochdeutsche übersetzt und in beyden Sprachen ans Licht gestellt ... O. O. 1735. Ü: *Scharfenstein, Julius Friedrich.* (Will)

(BUCSÁNSKY'S, ALOYS): Christlicher Bilder-Kalender für das Jahr 1849(-1918). 1. (-70.) Jg. Pest 1848(-1917): A. Bucsánszky (Coloman Rózsa u. Frau). - 220 mm

Bucsánszky, Alois —. Christlicher Bilder-Kalender für das Gemeinjahr 1854. VI. Jahrgang. 8. (32 S.) Pesth. Druck und Verlag von Alois Bucsánszky.

Bucsánßky, Alois —. Christlicher Bilderkalender für das Schaltjahr 1856. Achter Jahrgang. Mit in den Text gedruckten Bildern. Pesth. 1856. Druck und Verlag von Alois Bucsánßky. (32 S. 4 Blätter. 8.)

Bucsánßky, Alois — Christlicher Bilderkalender für das gemeine Jahr 1857. 9. Jahrg. Mit in Text gedruckten Bildern. Pesth, Druck und Verlag des Alois Bucsánßky. (32 S. 4 Bl. 8.)
Inhalt: Biblische Geschichten. — Das Leben der Heiligen.

Bucsanßky, Alois — Christlicher Bilderkalender für das gemeine Jahr 1858. 10. Jahrg. Mit im Text gedruckten Bildern. Pest, Dr. und Verlag des Alois Bucsanßky. (32 S. 4 Bl. 8.)

Bucsanszky, Alois. Großer Bilderkalender für das Jahr 1853. 5. Jahrg. Mit Bildern. 8. (130 S. 7 Blätter.) Pesth. Al. Bucsanszky.

Bucsanszky, Alois — Großer Bilder-Kalender für das Gemeinjahr 1854. VI. Jahrgang. 8. (128 S.) Pesth. Gedruckt und verlegt bei Alois Bucsanszky.

Bucsánßky, Alois —. Großer Bilder-Kalender für das Schaltjahr 1856. Achter Jahrgang. Mit in den Text gedruckten Bildern. Pest, Druck und Verlag des Alois Bucsánßky. Titelbild: Karl der Böse, König von Navarra. (128 S. 4 Blätter 8.)
Inhalt: Die Trajanssäule. — Blanqui's Besuch Belgrads unter dem Fürsten Michael. — Tokaj.

Bucsánßky, Alois — Großer Bilderkalender, für das gemeine Jahr 1857. 9. Jahrg. Mit im Text gedruckten Bildern. Pesth, Druck und Verlag des Alois Bucsánßky. (128 S. 4 Bl. 8.)
Inhalt: Die Herzogin Marie in Visegrád. — Traum des schönen Ungarmädchens. Novelle. — Peterwardein. — Von den Karpaten. — Malerische Reise um die Welt. — Geschichte des osmanischen Reiches.

Bucsanßky, Alois — Großer Bilderkalender für das gemeine Jahr 1858. 10. Jahrg. Mit im Text gedruckten Bildern. Pest, Dr. und Verlag des Alois Bucsanßky. (128 S. 4 Bl. 8.)

Bucsanßky's großer Bilder-Kalender für das Jahr 1861. 13. Jahrg. gr. 8. Pest, Bucsanßky. 42 kr.

Bucsánßky, A., großer Bilder-Kalender für die J. 1862—65. 14.—17. Jahrg. gr. 8. Pest, Bucsánßky. à Jahrg. *

Bucsanszky, Alois (Hrsg.), s.a. Bilderkalender. – Al. Bucsanszky's kleiner Bilderkalender.

Bucsanszky, Alois —. Kleiner Bilder-Kalender für das Gemeinjahr 1854. VI. Jahrgang 8. (32 S.) Pesth. Gedruckt bei Alois Bucsanszky.

Bucsánßky, Alois — Kleiner Bilderkalender, für das gemeine Jahr 1857. 9. Jahrg. Mit im Text gedruckten Bildern. Pesth, Dr. und Verlag des Alois Bucsánßky. (32 S. 4 Bl. 8.)

Bucsanßky, Alois — Kleiner Bilderkalender für das gemeine Jahr 1858 10. Jahrg. Mit im Text eingedruckten Bildern. Pest, Dr. und Verlag des Alois Bucsanßky. (32 S. 4 Bl. kl. 4.)

— — kleiner Bilder-Kalender für das Gemeinjahr 1861. 13. Jahrg. 8. Ebd. 18 kr.

Bucsánßky, Alois —. Kleiner Bilder-Kalender für das Schaltjahr 1856. Achter Jahrgang. Mit in den Text gedruckten Bildern. Pesth. 1856. Druck und Verlag von Alois Bucsánßky. (32 S. 4 Bl. 8.) Inhalt: Geschichte der Magyaren. (Fortsetzung.) Dritter Abschnitt. — Lebensgeschichte eines ungar. ausgedienten Husaren. Ein Gedicht. — Der Pester Steuermann. — Karakán Miska auf der wilden Insel.

Bucsenescu, Constantin P. (geb. (2. 6.) 1847): Ueber Phlegmone periuterina oder Parametritis. Berlin (1870). (32 S.) 8°
Berlin, Med. Diss. v. 20. Juni 1870

Bucura, Const. J., über die Bedeutung der Eierstöcke, s.a. Sammlung klinischer Vorträge.

Bucura C. J: Ueber die Bedeutung d. Eierstöcke (innere Sekretion. Geschlechtscharaktere, Pubertät u. Klimax, Geschlechtstrieb, Geschlechtsbestimmung, Pseudohermaphroditismus. Osteomalazie). Leipz. 1909. (39) S. 4°.
(Sammlung klinischer Vorträge begründet v. R. v. Volkmann. Nr. 513/514).

— Geburtshilfliche Therapie einschl. der Operationen f. Ärzte u. Studierende. (X, 266 S. m. 44 Abb.) gr. 8. Wien 908. F. Deuticke. 6.—

Buczek, P. Th., s. Wangemann, C., Historye Biblijne.

Buczek, P. Theod., Choräle, geistliche Lieder u. Gesänge, 2- u. 3stimmig f. evangel. Schulen. Zusammengestellt u. bearb. 4. Aufl. Unveränd. Abdr. der 2. Aufl. gr. 8. (64 S.) Wien 900. A. Pichler's Wwe. & Sohn. n. — 60

Buczlowsky, A: Preis-Verzeichnis über Turn-, Schwimm-, Rettungs- und Feuerwehr-Geräte, sowie orthopädischer Apparate. Berlin 1896

Buczynski, Vincent, institutiones doctrinae religionis, in quibus principia philosophica ad veritates religionis applicantur. 8. (10¼ B.) Wien 842, Mechitaristen-Congregat.-Buchh.

—— institutiones philosophicae. III Part. 8 maj. Viennae, libr. congregationis Mechitaristicae.
Pars I. Logica cum praevia in univers. philosophiam introductione. (10¾ B.) 843. 15 Ngr.
- II. Metaphysica. II Tomi. (à 9½ B.) 844. à T. 15 Ngr.
- III. Ethica. (13 B.) 844. 17½ Ngr.

Budahegy s.: Pauer v. Budahegy.

Budai, die Handelskorrespondenz in ungarischer und deutscher Sprache, s. Halasz.

Budaker, Martin

Budaker: Die Erbgrafschaft von Bistritz. 19 S. Progr. Bistriz 1855.

Budaker, Mart. Über die Erziehung der Jugend bei den alten Römern. 22 S. Progr. Bistritz 1883.

Budan, Comte Emile de, Bibliographie des ex-libris. 2. éd. revue et augmentée. Avec 84 reproductions d'ex-libris. (66 S.) 8. Leipzig 906. K. W. Hiersemann. Geb. in Halbperg. n. 15. —

Budan, Jos., über Handschuh-Leder-Assortirung, dessen Vorbereitung zur Färberei, Einleitung zur Leder-Kunst- u. Schönfärberei; die färb. Eigenschaften vieler Metalle, Pflanzen- u. Thierkörper als eigentl. Studium d. Leder-Kunst- u. Schönfärbers. Nebst e. Sammlung v. Farbrecepten zum Färben d. Handschuh-Leders als Resultat eigener Erfahrungen zum Gebrauch f. Handschuh-Fabrikanten. gr. 8. (IV, 55 S.) Prag 882. (Dominicus.) n. 1. 60

Budapest (Sachliches OW)

Budapest, s.a. Pest

Budapest...: (Europäische Wanderbilder. № 84. 85. 86 – L'Europe illustrée. № 66. 67. 68) s.a. [Steinacker, Edmund].

—— s.a. Wanderbilder, europäische.

Budapest. Mit 44 Illustrationen [wovon 10 Tafeln] und einem Plane der Stadt. Nebst einem Anhang über Die Budapester Allgemeine Landesausstellung des Jahres 1885, mit einem Situationsplan der Ausstellung und fünf Illustrationen [wovon 3 Tafeln]. (2. Aufl.) (Europäische Wanderbilder. № 84. 85. 86.) 8. Zürich [1885].

Budapest. Ill. Wegweiser durch Budapest u. Umgebgn. 2., vollst. neu bearb. Aufl. 12. (VIII, 107 S. m. 34 Abb. u. 1 Plan.) Wien 895. A. Hartleben. Kart. n. — 90

Budapest. Illustrirter Wegweiser durch Budapest u. Umgebgn. 3., vollst. neu bearb. Aufl. Mit 49 Illustr. u. 2 Plänen. 12. (VI, 141 S.) Wien (899). A. Hartleben. Geb. n. 1. 80

Budapest im J. 1885. Illustrirter Führer für die Besucher der allgemeinen Landes-Ausstellung in Budapest 1885. 12. (VIII, 120 S. mit 30 Illustr., 2 Plänen und 1 Panorama von Budapest.) Wien 885, Hartleben. geb. *

Budapest u. Umgebung, s.a. Grieben's Reiseführer.

Budapest und Umgebung. Mit bes. Berücks. d. Millenniums-Ausstellung. Mit Plan von Budapest u. d. Ausstellung. *Budapest: Singer & Wolfner; Wien: G. Szelinski 1896.* (89 S.) 8°
(Singer-Wolfner's Reisehandbücher.) [64. 7169 4

Budapest und Umgebung. 2. Aufl. Prakt. Reiseführer, neu bearb. von Prof. Dr. M. Schmidt. Mit 3 Karten. Berlin: A. Goldschmidt 1908–09. (IV, 117 S.) 8°
= Reiseführer, Griebens. Bd 102. [08. 15576

Budapest und Umgebung. Prakt. Reiseführer, neu bearb. von Prof. Dr. M. Schmidt. Mit 2 Kt. 3. Aufl. Berlin: Goldschmidt 1910–11. 122 S. 8°
(Griebens Reiseführer. Bd 102.) A 12. 3610

Budapest (Schlagwort)

Budapest, s.a Europa. Generalkarte.

— s. a.: Oesterreich-Ungarn, Reisekarte.

Budapest, s.a. Westentaschen-Sammlung.

Budapest-Wien, s.: Automobilkarten. Pharus-Auto-Strecke.

Budapest. Die Bauthätigkeit in, 1873—74, 1875—84 v. J. Körösi. 2 Hefte. Pest und Berl. 1875/86. 4°.

Budapest, Die Bauten von, veröffentl. v. Stefan v. Kozivay, in Lichtdruck ausgeführt v. Carl Divald. V. Lief. Zu 8 einfachen und 1 Doppel-Folio-Blatt. Mit deutsch., französisch. u. ungarisch. Unterschriften. Eperies, Carl Divald. In Umschlag 5 fl.

— Oeffentl. Neubauten in, Aus Anlass d. Studienreise im Jänner 1885 d. österr. Ingenieu - u. Architekten-Vereines beschrieben von E. R. Leonhardt u. J. Melan. Hoch 4. (45 S. mit 8 Taf. u. 53 Textfig.) Budapest, Gebrüder Revay 4 fl.

— Panorama v., Budapest látképe. Vue de Budapest. Oblong-Folio. Xylographie von Frey. Budapest, Robert Lampel (F. Wodianer). In gr. 8. Umschlag 30 kr. 1885

Plan von Budapest. Mit kurzem Wegweiser u. Strassenverzeichniss in deutscher u. ungar. Sprache. 3. Aufl., Farbendruck. Wien, A. Hartleben. Eleg. cart. 50 kr. 1885.

Budapest. Plan v. Budapest. 4. Afl. Chromol. Fol. Mit kurzem Wegweiser u. Strassenverzeichniss in ungar. u. deut Sprache. 3. Afl. 8. (16 m. Situationspl. d. Landesausstellg.) Wien 85, Hartleben. In Leinw.-Cart. n. — 90
—— dass. Chromol. Fol. Budap. 85, Lampel. n. — 60

Budapest. Plan von Budapest. (Nach d. neuen Strassenbenenng., auf Grundl. amtl. Daten.) 4. Aufl. 41,5 × 51 cm. Farbendr. Mit Nomenclatur am Rande u. kurz. Wegweiser u. Strassenverzeichniss in ungar. u. deutscher Sprache. 12. (16 S.) Wien 895. A. Hartleben. In Leinw.-Decke n. — 90

Budapest. Plan von Budapest. (Nach der neuen Strassenbenenng., auf Grundlage amtl. Daten.) 5. Aufl. 41,5×51 cm. Farbdr. Mit Erläutergn. u. alphabet. Verzeichniss der Gassen, Strassen u. Plätze der Hauptstadt Budapest. 12. (16 S.) Wien (899). A. Hartleben. Geb. in Leinw. n. — 90

Budapest. Plan von Budapest. [Aus: „Grieben's Reiseführer".] 1:18,000. 38×38 cm. Farbdr. Berlin 904. 905. A. Goldschmidt In Mappe — 50

Budapest, Plan v. Budapest dervrajze. Plan de Budapest. Qu.-Fol. Tonfarbendruck. Budapest, Robert Lampel (F. Wodianer). Gefalzt in gr. 8. 30 kr. 1885

— Silberhuber, A, Pland. allg. Landes-Industrie-Ausstellg u. d. Stadtwäldchens v. Budapest. Chromol. Fol. Budap. 85, Lampel n. — 80

— Situation d. allgem. Landes-Industrie-Ausstellung u. des Stadtwäldchens zu. A budapesti országos kiállitás és a városliget belyrajza. Plan de Situation de l'exposition nationale et du bois de ville de Budapest. Gr.-Qu.-Fol. Ebds. 1885

Budapest. Umgebungskarte v. Budapest. 1:75,000. Hrsg. vom k. k. militär-geograph. Institut. 4 Blatt. Chromolith. qu. gr. Fol. Wien 887. (Lechner's Sort.) n. 8. —

— Umgebungskarte v. Budapest. 1:25,000. 4 Bl. à 54,5 × 48 cm. Photolith. u. Farbendr. Wien 896. (R. Lechner's Sort.) n.n. 8. —

Budar W.: Moritz von Schwind. Ein deutsch-österreichischer Künstler. 26. Brünn L. R. 98. Progr

Budau, Arthur

Budau, A: Beiträge zur Frage der Regulierung hydraulischer Motoren. Wien und Leipzig
H. 1. Die Berechnung der hydraulischen Turbinen-Regulatoren. 1906
H. 2. Die Geschwindigkeitsregulierung der hydraulischen Motoren von ihren Anfängen bis in die achtziger Jahre des vorigen Jahrhunderts. 1906
H. 3. Die Geschwindigkeitsregulierung der hydraulischen Motoren von den achtziger Jahren des vorigen Jahrhunderts bis auf den heutigen Tag. 1909

Budau, Arth., die Berechnung der hydraulischen Turbinen-Regulatoren, s.a. **Beiträge zur Frage der Regulierung hydraulischer Motoren. I.**

Budau, A., Die Berechnung der hydraulischen Turbinenregulatoren. Gr.-8°. (ill. VIII, 76 S.) Wien: Fromme 1905?

Budau A, die Berechnung der hydraulischen Turbinenregulatoren. (76 S) 1906 Wien

Budau, A., die Geschwindigkeitsregulierung der hydraul. Motoren von den 80er Jahren des vor. Jahrh. bis auf den heutigen Tag, s.a. **Beiträge zur Frage der Regulierung hydraul. Motoren. III.**

Budau, A., Die Geschwindigkeitsregulierung der hydraulischen Motoren von ihren Anfängen bis in die achtziger Jahre des vorigen Jahrhunderts. [Beiträge zur Frage der Regulierung hydraulischer Motoren. Sammlung einschlägiger Aufsätze. 2. Heft.] Gr.-8°. (ill. VII, 93 S. mit 1 Tafel) Wien: Fromme 1906?

Budau, A., Die Geschwindigkeitsregulierung der hydraulischen Motoren von den achtziger Jahren des vorigen Jahrhunderts bis auf den heutigen Tag. [Beiträge zur Frage der Regulierung hydraulischer Motoren. 3. Heft.] Gr.-8°. (ill. VIII, 198 S.) K 12.— Wien: Fromme 1909?

— die mechanischen Grundgesetze der Flugtechnik unter der vereinfachenden Annahme konstanten spezifischen Volumens der atmosphärischen Luft. Anh.: Erwiderung auf die gegen die ob. Grundgesetze gemachten Einwendungen. (52 S. m. Abbildgn.) gr. 8. Wien 904. (Lehmann & Wentzel.) n. 3. 60

Budau, Arth.: Kurzgefasstes Lehrb. d. Hydraulik, Hydrostatik — Hydrodynamik — Hydrometrie. (8, 326 m. Abb. u. 6 z. Tl farb. Beil.) Lex8° Wien. C Fromme '13. 11.60

— über die Wirkungsweise des Wassers in den Laufrädern d. Freistrahlturbinen. (10 S. m. Abbildgn.) gr. 4. Ebd. 902. n. 1. 20
Sonderabdr. a.: „Zeitschr. d. öst. Ing.- u. Architektenvereins".

Budau, Vict., die dringende Nothwendigkeit der Einführung der obligatorischen Civilehe in Oesterreich. Ein Wort an den Reichsrath. 1. u. 2. Aufl. gr. 8. (16 S.) Wien 894. M. Breitenstein. n. — 35

Budaeus, F. v. P., die Bleichsucht, ihr Wesen u. ihre Heilung. Nach den neuesten Erfahrungen darüber zusammengestellt. 8. (6 B.) Nürnberg 844, Fr. Campe.

—— die Hämorrhoiden u. ihre Heilung auf rationellem Wege. Nach d. Erfahrungen u. Ansichten der berühmtesten Aerzte zur Selbstbelehrung u. Hülfe für Jeden, der daran leidet, zusammengestellt. 8. (6 B.) Nürnberg 844, Korn'sche Buchh.

Budaeus, Gottlieb: Medicinischer Bericht von dem mineralischen Bergwercks-Brunnen, oder Gesundheits-Wasser, ohnweit d. königl. u. churfürstl. sächsischen Stadt Radeberg, nebst e. Instruction, wie solches Wasser sicher u. mit Nutzen . . . gebrauchet werden könne, abgefasset von Gottlieb Budaeo Budaeus. Budißin 1722: Richter. 48 S. 8°.

Budaeus, Gttl., Consilium medicum von der Krampff-Sucht oder Kriebel-Krankheit, welche, nebst andern hefftigen Zufällen, in dem abgewichenen Jahre an unterschiedlichen Orten im Churf. Sachsen rc. grassirt sind. Bud. 8°. 1717

Budaeus, Gottlieb: Consilium medicum, wie man nicht allein wegen der höchstschädlichen Seuche der Pestilentz, sondern auch der bösen Fleck-Fieber, und anderer hitzigen Kranckheiten, etc. unter Gottes Beystand, sich verhalten, und sowohl durch eine gute Lebens-Arth, als Gebrauch einiger Praeservir-Medicamenten und Hauß-Mittel bewahren; auch da nach Gottes Willen, eine Contagion sich ereignen solte, daran curiren könne. 48 S., gbd.

Budißin: typ. Richter 1710

JB 4.990

Budaeus, Gottlieb (Hrsg.), s.a. Miscellanea medico-chirurgica practica et forensia.

Budaeus, G., miscell. medico-chir.-practica. VII Tom. 4. Goerl. 732—37.

Budaeus, Theoph., Tractat von der Krampf- und Kriebelsucht. Baußen. 4°. 1715

Budaeus, Gottlob Heinrich (Bautzen), De aetatis mutatione morborum causa et remedio. Dissert. med. Präs. Friedrich Hoffmann. Halle (J. Ch. Hilliger) Mai 1728. 32 S. (5.—) 4442

Budaeus, J., Arca medica adversus animi morbos. Herbip. 4°.
1709

Budaeus, J. Franc., s. B u d d e u s , Johann Franz

Budaeus, Johann Christ. Gotthelf

— Abhandl. von heil. Pfändern u. Alterthüm. des deutschen Reichs. 8. Leipz. Hartwig. 761.

Budaeus, Joh. Chr. Gotth. Vorläufiger Bericht einer historisch-pragmatischen Beschreibung der Lebens- und Heldengeschichte Sr. Maj. Friedrich Augusts. 4. Görlitz 1735.

Budaeus, Joh. Chr. Gotth. Grosser sächsischer Friedrich und polnischer August oder das gloriöse Leben Friedrich Augusts. fol. Löbau u. Budissin 1733.

Budäus, Joh. Chr. Gotthelf (Hrsg.), s. J u r i s t , Der patriotische.

Budäus, J. C. G., Leben Friedrich des I. Kön. von Preuß. Fol. Budiss. 733.

Budaeus, Joh. Chr. Gotth. Glorwürdigstes Leben und unvergleichliche Thaten Friedrich Augusts II. fol. Budissin 1733.
-- vermehrt. fol. ib. 1734.

— sel. observationes pract. ac decision. forens. 4. ibid. 756.

— **Jo. Christ. Gotth.** (Bautzen), De processu appellatorio in foris marchionatus Lusatiae superioris usitato. Diss. jur. Präs. Gebhard Christian Bastineller. Wittbg. (E. G. Eichsfeld) Febr. 1731. 40 S., tlws. dtsch. (5.—) 4443

Budaeus, Joh.Chr.Gotth. (Hrsg.), s. S i n g u l a r i a historico-litteraria Lusatica . . .

Budaeus, Jo.Gottl.(Resp.): Asthma spasmodico-hypochondriacum periodicum, s. W e d e l, Ge. W. (Praes.)

Buday, Dezsö v., das Recht der Liebe im vorehelichen Leben. Eine sozialeth. Studie üb. die Frage des Veralismus. (93 S.) 8. Berlin (904). Verlag der Frauen-Rundschau. n. 2. —

BUDAY, ALFRED: Antonius Brot der Armen gerichtet von Alfred Buday. Budapest o. J.: Nagy Sándor. 47 S. - 8°
- Dass. 2. unveränderter Abdruck. Budapest o. J.: Stephaneum. 47, 1 S. - 8°

BUDAY, JOSEPH: Betrachtungen über die zeitliche Herrschaft des Papstes. o. O. o. J.

Buday, K., Beiträge z. Lehre v. d. Osteogenesis imperfecta. [Aus: „Sitzungsber. d. k. Akad. d. Wiss."] Lex.-8. (42 S. m. 6 Taf.) Wien 895. (C. Gerold's Sohn.) n. 1. 80

Budberg, C. E., dramatische Dichtungen. 1. Bd. 8. (16½ B.) Mitau 842, Reyher's Vrlgs.-Conto.
Enthält: Aus dem Leben. Original-Lustspiel. — Das Schlüsselloch. Original-Lustspiel. — Die Nebenbuhlerin. Vorspiel. — Die Macht des Augenblicks. Original-Lustspiel.

B u d b e r g, Heinr., über febris recurrens. Eine Skizze der Berliner Epidemie von 1872 und 1873, so weit dieselbe in der medicin. Klinik der Charité zur Beobachtung gekommen ist. Inaugural-Dissertation. 8. (34 S.) Berlin 873, Weber. *

Budberg, Karl v., genannt Bönningkshausen, allgem. Adreßbuch, s. Adreßbuch.

Budberg, genannt Bönningkshausen, Frhr. Karl, s. Adreßbuch für Livland.

Budberg, Leonhard Georg Frhr. von

Budberg, L. Frh. v., Gallerie der neuesten Reisen, von Russen unternommen, s. Gallerie rc.

BUDBERG, Leonh. Geo. v., V i c t o r und C o n s t a n t i a, oder P f l i c h t t r i u m p h i r e n d über L e i d e n s c h a f t. St. Petersburg 1811. 8°. Selten!
Citirt Kayser ohne Angabe des Ladenpreises.

Budberg, Otto Christoph

v. Budberg, (O. Ch. Frhr.,) Saint-Clair, dem Romane gleiches Namens de Miß Owanson (Lady Morgan) nachgebildet. 8. Leipzig 827, Hartmann.

— s. ferner: Hebels alleman. Gedichte.

— Töne d. Herzens (Gedichte). gr. 12. Heidelb. 827. Groos. 18 gr

Budberg, Otto Christoph, Töne des Herzens. Eine Samml. Gedichte. 2., verm. Aufl. 8. (14½ B.) Mitau 842, Reyher's Vrlgs.-Conto.

v. Budberg, O. C. Versuch über das Alter der Oehlmahlerey zur Vertheidigung des Vasari. · Göttingen 1792. 8°.
Dieterich.

v. Budberg, Frhr. Otto Cph., Versuch über d. Alter d. Oelmahlerei. (Mit v. Eycks Portr.) 8. Götting. 798. Dieterich. 8 gr

v. Budberg, Woldemar, s. Beschreib. e. Aufenthalts im Schlangenbade.

Budberg-Benninghausen, Roman, Gedichte. 8. (10 B.) Berlin 842. [Adolf u. Comp.]

Budberg-Benninghausen, Roman Frhr., Gedichte. 8. Berlin 842. Berliner Lesekabinet. ⅔ Thlr

Budberg-Boenninghausen, Roman Frhr., Gedichte. 2., veränd. Ausg. gr. 16. (XXIII und 154 S.) Reval 861, (Kluge's Verlag.) geb. *

—— aus d. Kaukasus. Nach Lermontoffschen Skizzen. 8. (24 B.) Berlin 843. [Adolf u. Comp.]

— s. Lermontoff, M., der Novize.

Budberg-Gemauert-Poniemon, Baron Alex., Beiträge zu e. Geschichte d. Geschlechtes d. Freiherrn v. Bönninghausen gen. Budberg. gr. 4. (IV, 88 S. m. eingedr. Wappen, 1 farb. Wappentaf., 1 Karte u. 17 Stammtaf.) Riga 897. (N. Kymmel's Sort.) n.n. 11. —

Beiträge zu einer Geschichte des Geschlechtes der Freiherrn v. Bönninghausen genannt Budberg ... v. ... Bⁿ Alexander Budberg-Gemauert-Poniemon. *(Riga: E. Plates Buchdr. 1897.)* (2 Bl., 88 S., 1 Taf., 1 Kt., 10 Tab.) 1 Bd 4. [98. 1266

Budberg-Magnushof, Baron, G., s.: Jäger's, des, Jagdbuch.

Budd, Heinrich, oder die Geschichte eines Waisenknaben. Aus dem Engl. übers. 8. (198 S. mit eingedr. Holzschn. und 7 Holzschnt.) Cincinnati 857. 60. (Philadelphia, Schäfer und Koradi.) geb. *

Budd's, Henry, Leben und Wirken. Ein Indianer als Prediger des Evangeliums. 1. und 2. Aufl. 8. (35 S.) Basel 876,79, Missionsbuchh.

Budd, Geo., die Krankheiten d. Leber. Deutsch bearb. u. m. Zusätzen vers. v. H. Henoch. gr. 8. (28⅞ B. u. 2 Stnt.) Berlin 846, Aug. Hirschwald.

— Die Krankheiten der Leber. Deutsch von Dr. Henoch. Berlin. 1847;

Budd, Geo, die Krankheiten des Magens. Aus dem Engl. von W. L a n g e n b e c k. Göttingen 856. Vandenhoeck u. Ruprecht. gr. 8. (VIII, 322 S.) n. 1 Thlr 15 ngr

Buddäi, C. Fr., Unters. des wahr. Grundes, aus welchem d. höchste Gewalt eines Fürsten üb. d. Kirche herzuleiten ist. 8. Halle, Kümmel. 719.

Buddaeus, J. F., quaestio an naturali homines polleant vaticinandi facultate diss. Ed. IV. Hal. s. l. 4. Jen. 768. 4.

Buddaeus, Jo. Franc., s. a. B u d d e u s , Johann Franz

Buddaeus, Jo. Frc.: Concordia religionis christianae statusque civilis. *Hal.* **701.**

Buddaus, J. F., Comment. acad. de concordia rel. christ. statusque civ. Halle 1712. 8°.

Buddaeus, Joh. Franc. Einleitung zur Moraltheologie; aus dem Lateinischen übersetzt. Leipz. 1728. Ü: *Zeiske, Johann Gottfried.* (ML)

Budde, d. Bedeutg. d. Gemeinschaftsstunden f. d. kirchl. Gemeinde, s.: Konferenz, d. 2. westfälische, z. Pflege brüderl. Gemeinschaft rc.

Budde & Goehde: Die Dichtung gußeiserner Muffen-Röhren mit Hülfe von Kautschukringen. Berlin 1884

Budde, neue u. fassliche Methode, die deutsche Grammatik gründlich zu erlernen. Zum Gebrauch für Engländer. — A new and easy method of learning the German grammar. Zusammengestellt nach jahrelangem Studium u. vielseitiger Erfahrung. Hersg. von Josephine Ede. Berlin 866. Behr. 8. (VIII, 56 S.) n. 10 *ngr.*

— — Zum Gebrauch für Franzosen. Nouvelle méthode facile pour apprendre à fond la grammaire allemande. Hersg. von Josephine Ede. Ebend. 866. 8. (VIII, 55 S.) n. 10 *ngr.*

Budde, August (Anklam/Pomm.), Introductionis in philologiam generalem diss. II. Präs. August Grischow. Jena (Müller) April 1714. 20 S. (4.80) 4444

Budde, Aug., die Seestrassenordnung, das Schiffstagebuch u. andere wichtige Abhandlungen aus der Seemannschaft. Zum Gebrauche an Navigationsschulen bearb. u. zusammengestellt. (V, 79 S. m. Fig., 1 farb. Taf. u. 1 Formular.) gr. 8. Hamburg 906. Eckhardt & Messtorff. Geb. in Leinw. n. 2 —

Budde, Aug., die Seestrassenordnung, das Schiffstagebuch u. andere wichtige Abhandlungen aus der Seemannschaft. Für die Praxis u. zum Gebrauche an Navigationsschulen bearb. u. zusammengestellt. 2. bedeutend erweit. Aufl. (VI, 149 S. m. Fig. u. 1 farb. Taf.) gr. 8. Hamburg 910. Eckardt & Messtorff. Geb. in Leinw. 4. —

— **Aurel** (Altenburg), De venarum praecipue vero de sinuum cerebralium inflammatione. Dissert. med. Lpz. (F. A. Brockhaus) 20. IX. 1842. 62 S., mit Literatur. (4.80) 4445
Gew.: Ernst Budde.

Budde, Christopher. Über arylsulfonierte Alkohole und Säuren. Diss. Phil. Basel. 42 S. 8. Basel, Emil Birkhäuser, 1901.

Budde, E., die Kirche Jesu Christi in ihrer Beziehung zur Konfession u. zur Landeskirche, s.: Glage, Max.

Budde, E., Staunemayer's römische Kunstfahrten. 12. (73 S.) Bonn 884. Weber. n. 1. —

Budde, s.: Religionsunterricht, der, in den Schulen.

— Taufe u. Abendmahl u. ihre Wirkung, s.: Wort, das, sie sollen lassen stahn!

—— Gevatter Tod. Eine Weihnachtsgeschichte. 8. (112 S.) Ebendas. 887. Mit Goldschn. *

– dasselbe, s.a. B u d d e , L.

Budde, Emil

Budde, E., Blätter aus meinem Skizzenbuch. Gesammelte kleine Erzählgn. 8. (III, 124 S.) Berlin 893. G. Reimer. n. 1. 50; geb. in Leinw. n.n. 2. 50

Budde, E., Blätter aus meinem Skizzenbuch. Gesammelte kleine Erzählgn. 2., verm. Aufl. 8. (III, 170 S.) Berlin 902. G. Reimer. 1. 80; geb. n. 2. 50

— **Energie u. Recht.** Eine physikalisch-jurist. Studie. gr. 8. (VII, 96 S.) Berlin 902. C. Heymann. n. 1. 60

Budde, E., Erfahrungen e. Hadschi. 8. (224 S.) Leipzig 888. Grunow. n. 3. —; geb. in Leinw. n.n. 4. 50; in Halbfrz. n.n. 5. 50

Budde, E., zur Kosmologie der Gegenwart. Bemerkungen zu J. C. F. Zöllner's Buch üb. die Natur der Kometen. gr. 8. (V, 70 S.) Bonn 872. Weber. n. 1. —

Budde, E., Lehrbuch der Physik für höhere Lehranstalten. gr. 8. (X, 470 S. mit 373 eingedr. Holzschn. und 1 chromolithogr. Spectraltaf.) Berlin 879, Wiegandt, Hempel und Parey. *

— Lehrbuch der Physik, Neubearbeitung, s.: Kießling, J., Leitfaden f. den Unterricht in d. Experimentalphysik.

Budde, E. Allgemeine Mechanik der Punkte u. starren Systeme. Ein Lehrbuch für Hochschulen. 1. u. 2. Bd. gr. 8. Berl. 890, G. Reimer. * 23 —
1. Mechanik der Punkte u. Punktsysteme. (XIX, 418 S.) * 10 —.
2. Mechanische Summen u. starre Gebilde. (XII, S. 419—968 m. Fig.) * 13 —.

— Physik d. Aethers, s.: Fortschritte, die, der Physik.

—— Physik der Materie, s. Fortschritte, die, der Physik.

Budde, E. Naturwissenschaftliche Plaudereien. gr. 8. (VIII, 822 S.) Berl. 891, G. Reimer. * 3 60; geb. * 4 50

Budde, E., naturwissenschaftliche Plaudereien. 2., unveränd. Aufl. 8. (VIII, 822 S.) Berlin 898. G. Reimer. n. 3. 60; geb. in Leinw. n.n. 4. 50

Budde, E., Naturwissenschaftliche Plaudereien. 3. Aufl. (VIII, 827 S.) 8. Berlin 906. G. Reimer. n. 3. 60; geb. in Leinw. n. 4. 50

Budde, E., das Recht der Angestellten an den Erfindgn., s.: Siemens, W. v.

Budde, Aemilianus ⟨geb. am 29 Juli 1842 in Geldern⟩: De statu sphaeroidali ... (Bonnae), typ. expr. P. Neusser 1864. 2 Bl., 26 S., 1 Bl. 8.
Bonn, Phil. Fak., Diss. v. 13 Mai 1864

— Fünf Vorreden zu Kraft und Stoff. Leipzig 1883

Budde, Enno, aus Asel: Die Beweise für das Dasein Gottes von Anselm von Canterbury bis zu Renatus Descartes. *Erlangen 1898: E. Th. Jacob.* (VI, 45 S.) 8°
Erlangen, Phil. Diss. v. 25. Okt. 1898

Budde, Erich. Die Bedeutung der Trinksitten in der Kultur der Angelsachsen. Duisburg (1906), Mendelsohn.
102 S. 8°
Jena, phil. Diss. v. 1. Dezember 1906.

Budde, Erich, a. Duisburg: Die Bedeutung der Trinksitten in der Kultur der Angelsachsen. Duisburg [1907]: M. Mendelssohn. (105 S.) 8°

Jena, Phil. Fak., Ref. Keller, Diss. v. 6. Juli 1907

[Geb. 5. März 82 Duisburg; Wohnort: Duisburg; Staatsangeh.: Preußen; Vorbildung: Realgymn. Duisburg Reife O. 00; Studium: München 1, Bonn 1, München 4, Jena 2 S.; Rig. 1. Dez. 06.]

Budde, Ernst [aus Radevormwald]: Aus d. patholog. Institut zu Bonn. Über Gefässveränderungen in der Struma ... Bonn, Univ.-Buchdr. v. C. Georgi, 1806; 36 S. 8.
Bonn, Med. Fak., Inaug.-Diss. v. [10.] Juli 1806

Budde, F.: Commentat. de Horatii carm. XIV. libr. I. 8 S. Progr. Coesfeld 1828.

Budde, F.: Ueber die Vereinigung der Gesch. der deutsch. Sprache mit d. deutsch. Literaturgesch. der älteren Zeit an Gymn. 22 S. Progr. Coesfeld 1833.

Budde, Franz

Budde, Frz., Chrestomathie, 2 Thle., s.a. Chrestomathie z. Geschichte etc.

Budde, Frz., Chrestomathie zur Geschichte d. deutschen Sprache u. Poesie, für d. obern Klassen d. Gymnasien. 2 Thle. gr. 8. Münster 829, 30. Theissing. 2 ₰ 12 ℊ

Budde, Fritz, Wieland u. Bodmer, s.a. **Palaestra. 89.**

Budde, Fritz: Wieland und Bodmer. 1. Kap. (Berlin: Mayer & Müller 1909.) 67 S. 8° ¶ (Ersch. vollst. als: Palaestra. Bd 89.) *)
Berlin, Phil. Diss. v. 14. Aug. 1909. Ref. E. Schmidt
[Geb. 21. Juni 84 Cöln; Wohnort: Berlin; Staatsangeh.: Preußen; Vorbildung: Kaiser-Wilhelm-Gymn. Cöln Reife O. 03; Studium: Freiburg i. B. 1, München 1, Paris 1, Bonn 1, Berlin 8 S.; Rig. 14. Jan. 09.] [U 09. 156

Wieland und Bodmer. Von Dr. Fritz **Budde.** Berlin: Mayer & Müller 1910. 220 S. 8°
Ein Teil ersch. als Inaug.-Diss. Berlin 1909.
(Palaestra. 89.) [10. 1554]

Budde, G., die Land-Isopoden, s.: **Deutsch-Ost-Afrika.**

Budde, Gerhard

Budde, Gerh.: Alte u. neue Bahnen f. d. Pädagogik, s: **Pädagogik, Die, d. Gegenwart.**

Budde, Gerh., allgem. Bildung u. individuelle Bildung in Vergangenheit u. Gegenwart. (240 S.) gr. 8. Langensalza 910. J. Beltz. 5.—; geb. 6. —

Budde, Gerh., Bildung u. Fertigkeit. Gesammelte Aufsätze zur neusprachl. Methodik. (65 S.) 8. Hannover 905. C. Meyer. n. 1. 25

— Moderne Bildgsprobleme. (7, 184) gr8° Langens., H Beyer & S. '12. 5.20

— Mehr Freiheit in d. Schule, s. a. **Schriften d. krit. Tribüne üb. Politik u. Zeitfragen.**

Budde, Gerh.: **Mehr Freude an d. Schule! (90) gr8° Hannov. '08. Langens., H Beyer & S. 1.50**

— Mehr Freude an der Schule! (VI, 90 S.) gr. 8. Hannover 908. Hahn. 1. 50

— Mehr Freude an d. Schule! 2. Afl. (7, 84) gr8° Langens., H Beyer & S. '11. 1.80

— Geschichte der fremdsprachlichen schriftlichen Arbeiten an den höheren Knabenschulen von 1812 bis auf die Gegenwart. (174 S.) gr. 8. Halle 905. Buchh. des Waisenhauses. n. 2. 80

Die freiere Gestaltung des Unterrichts auf der Oberstufe der höheren Knabenschulen. Von Dr. phil. Gerhard **Budde,** Prof. Langensalza: Beyer 1910. 23 S. 8° [11. 718]

— Das Gymnasium des 20. Jahrh. (IV, 102 S.) gr. 8. Langensalza 910. H. Beyer & Söhne. 2. 50

— Der Kampf um die höh. Knabenschulen im Spiegel des modernen Geisteslebens. (86 S.) gr. 8. Hannover 908. Hahn. 1. 50

— Der Kampf gegen d. Lernschule. (4. 133) gr8° Ebd. '12. 3.60

— Der Kampf um die fremdsprachliche Methodik. 6 Vorträge, geh. in Jena anlässlich der Ferienkurse im Aug. 1908. (V, 120 S.) gr. 8. Ebd. 908. 2. 50

Budde, Gerhard, Prof. am Lyc.: Der Kampf um die Vorherrschaft der Antike im Unterricht der höheren Knabenschulen. Langensalza [1910]: Beyer. 82 S. 8° ¶ (Aus: Budde: Pädagogik d. preuß. höh. Knabenschulen. Bd 2.)
Jena, Phil. Diss. v. 4. Febr. 1910, Ref. Rein
[Geb. 19. Okt. 65 Leer; Wohnort: Hannover; Staatsangeh.: Preußen; Vorbildung: Realgymn. Leer Reife O. 84; Studium: Marburg 3, Berlin 3 S.; Rig. 20. Jan. 10.] [U 10. 2329

— Philosophisches Lesebuch f. den deutsch. Unterricht der Oberstufe aller höh. Lehranstalten. Mit biograph. Einleitgn. u. Anmerkgn. hrsg. Mit e. Begleitwort v. R. Eucken. (VIII, 385 S.) 8. Ebd. 908. Geb. 4. —

— dasselbe f. den engl. Unterricht der Oberstufe. Mit biograph. Einleitgn. u. Anmerkgn. hrsg. (VI, 247 S.) 8. Ebd. 908. Geb. 2. 25

— dasselbe f. den französ. Unterricht. (VII, 229 S.) 8. Ebd. 908. Geb. 2. 25

— Die Lösg d. Gymnasialproblems. (38) gr8° Ebd. '12. — 75

— Die Pädagogik der preuss. höh. Knabenschulen unter dem Einflusse der pädagog. Zeitströmungen v. Anfang des 19. Jahrh. bis auf die Gegenwart. 2 Bde. (VIII, III, 806 u. V, 808 S.) gr. 8. Langensalza 910. H. Beyer & Söhne. à 7. 50

Zur Reform der fremdsprachlichen schriftlichen Arbeiten an den höheren Knabenschulen von Gerhard **Budde,** Oberl. Halle: Waisenhaus 1906. (55 S.) 8° [06. 7673 B

— Aktuelle pädagog. Reformfragen. Gesammelte Aufsätze. (162 S.) gr. 8. Langensalza (910). J. Beltz. 4.—; geb. 5. —

— Schülerselbstmorde. (59 S.) gr. 8. Hannover 908. Dr. M. Jänecke. 1. —

Budde, Gerh., s.: **Society** in London.

— Die Theorie des fremdsprachl. Unterrichts in der Herbart'schen Schule. Eine histor.-krit. Studie, nebst e. Vorschlag zu e. Neugestaltg. des gesamten fremdsprachl. Unterrichts nach e. einheitl. Prinzip. (VIII, 154 S.) gr. 8. Hannover 907. Hahn. 8. —

— Versuch e. prinzipiellen Begründg d. Pädagogik d. höh. Knabenschulen auf Rudolf Euckens Philosophie. (4, 99) gr8° Langens., H Beyer & S. '11. 2 —

— Die Wandlung des Bildungsideals in unserer Zeit. (VI, 146 S.) gr. 8. Langensalza 909. H. Beyer & Söhne. 8. 60

— Die Wandlg d. Bildgsideals in uns. Zeit. 2. Afl. (7, 158) gr8° Ebd. '12. 4.50

— Weltanschaug u. Pädagogik in Einzelbild. 6 Vortr. (7, 83) gr8° Ebd. '11. 1.80

— Wie kann d. fremdsprachl. Unterr. z. Persönlichkeitsbildg beitragen?, s: **Aus Schule u. Leben.**

Budde, H., kurzer Wegleiter in die neutestamentlichen Briefe, sonderlich den Vereins- u. Versammlungsleuten dargereicht. (61 S.) kl. 8. Bielefeld (902). (Bethel bei Bielefeld, Verlagshandlg. der Anstalt Bethel.) n. — 50

Budde, H., Zeugen u. Zeugnisse aus dem christlich-kirchlichen Leben v. Minden-Ravensberg im 19. Jahrh. Neue Folge. 8. (105 S. m. Bildnissen.) Bethel 899. Buchh. der Anstalt Bethel. Kart. n. — 50

— dasselbe. Neue Folge. 2. Tl. 8. (129 S. m. Bildnissen.) Ebd. 899. Kart. n. — 75

Budde, H. W., Predigten. Hrsg. von Wilh. Budde. gr. 8. (XIV und 152 S.) Düsseldorf 851, Buddeus. *

Budde, H. W., Predigten. Herausg. von Wilh. Budde. Düsseldorf 861. Buddeus. gr. 8. (XIV, 152 S.) n. 20 ngr.

Budde, Hermann

Budde, Lieuten. H., die französischen Eisenbahnen im Kriege 1870—1871 und ihre seitherige Entwickelung in militairischer Hinsicht. Mit 2 (lithogr.) Karten und 10 Skizzen im Texte. gr. 8. (V, 99 S. mit 3 Tab.) Berlin 877, Schneider und Comp. *

Budde, Herm., die französischen Eisenbahnen im deutschen Kriegsbetriebe 1870/71. (XI, 487 S. m. 66 Abbildgn. im Text u. auf 8 Taf. u. 8 Karten.) Lex.-8. Berlin 904. E. S. Mittler & Sohn. n. 10.—; geb. n.n. 12.—

Budde, Hugo [aus Berlin]: Zur Casuistik der Nervenerkrankungen nach Unfall ... Berlin, C. Vogts Buchdr., *1897;* 28 S., 2 Bl. 8.
Berlin, Med. Fak., Inaug.-Diss. v. 12. Febr. 1897

Budde, J., Inhalts-Verzeichnis, s.: Gesetzsammlung für das Fürstent. Schwarzburg-Sondershausen.

Budde, Jo. Franz

— — De cultura ingenii dissertatio. Halle 1699. Ed. IV. Jena (J. F. Ritter) 1724. 102 S., mit Verz. d. philos. Diss. d. Verf. (5.50) 4452

— — Comment. theol. de eo quod in theologia pulchrum est . . domini Joh. Friedr. Frh. von Werthern (Wiehe . .) recit. sol. ac disput. publ. praemissa. Jena (Müller) 1715. 48 S., mit Biogr. W.'s. (5.—) 4455

— — De Arabicorum haeresi comment. ad lectiones et disput. viri Johann Jacob Lungershausen (Dorndorf). Jena (Müller) 5. II. 1713. 12 Bl., mit Biogr. L.'s. (4.80) 4454

— — Comment. theol. de fallibili pontificis Romani infallibilitate contra Matthaeum Petitdidierium, qua ad viri Joh. Caspar Guntheri (Kahla, Leuchtenburg . .) recit. soll. Jena (Werther) Juli 1725. 31 S., mit Biogr. G.'s. (M.: E. M. Bernhard.) (4.80) 4456

— — Diss. de jure zelotarum in gente Ebraea 1694. Jena 1720. 19 Bl. (4.80) 4450

— — De origine Socinianismi ab ecclesiae emendatione non repetenda. Comment. hist.-theol. recit. et disput. viri Johann Weissenborn (Jena). Jena (Ritter) 15. VII. 1725. 32 S., mit Biogr. W.'s. (M.: M. S. Horn.) (4.80) 4457

— — (Prorector), Una cum professoribus reliquis cives acad. ad natalitia Immanuelis, contra serpentem digno cultu peragenda . . invit. Halle (Chn. Henckel) 25. XII. 1701. 6 Bl. (2.50) 4453

Budde, Joh. Friedr., über Rechtlosigkeit, Ehrlosigkeit u. Echtlosigkeit. Eine Abhandl. aus d. deutschen Rechte. gr. 8. (11 B.) Bonn 842, Marcus.

— Johann Arnold (Lippstadt/Westf.), De justitia qua virtute in collisione legum cumprimis conspicua. Diss. moralis. Präs. Heinrich Koehler. Jena (Horn) Okt. 1735. 24 S. (5.—) 4448
Gew.: Heinr. Jo. Friedrich Grf. v. Ostermann. — Widm. v.: Jo. Gg. Walch, Präs.

Budde, Ioannes Fridericus (geb. am 23 Juni 1815 in Herford): De vindicatione rerum mobilium Germanica ... Bonnae, typ. F. Baaden 1837. 3 Bl., 89 S., 1 Bl. 8.
Bonn, Jur. Fak., Diss. v. 26 Aug. 1837

Budde, John Friedrich

Budde, J. F., u. H. Buchka, Entscheidungen des Großherzogl. Mecklenburg.-Oberappell.-Gerichts zu Rostock, s. Entscheidungen.

Budde, John Friedrich (Hrsg.), s. Zeitschrift, Mecklenburgische, für Rechtspflege und Rechtswissenschaft.

Budde, Joseph. approb. Arzt aus Allagen i. W.: Aus d. chirurg. Klinik d. Hrn Prof. Dr. Poppert in Gießen. Ein Fall von Orchidopexie nach Hahn. *Gießen 1902: r. Münchow.* (12 S.) 8°
Gießen, Med. Diss. v. 1902

Budde, Josef: Zur romantischen Ironie bei Ludwig Tieck. Bonn 1907: E. Eisele. (32 S.) 8° [F.] (Erscheint vollst. u. d. T. „Ludw. Tieck als Märchendichter".)
Bonn, Phil. Fak., Ref. Litzmann, Diss. v. 5. März 1907
[Geb. 24. Mai 81 Cöln; Wohnort: Cöln; Staatsangeh.: Preußen; Vorbildung: Kaiser-Wilhelms-Gymn. Cöln Reife O. 00; Studium: Bonn 2, Berlin 2, Münster 1, Paris 1, Bonn 7 S.; Rig. 19. Dez. 06.]

Budde, Justus

Budde, J., Beiträge zum Reichs-Hypothekenbankgesetze. (58 S.) gr. 8. Berlin 905. F. Vahlen. n. 1.40

— dasselbe. II. Die Aufsicht über die Hypothekenbanken. (77 S.) gr. 8. Ebd. 906. n. 2.—

Budde, J., Beiträge zum Reichs-Hypothekenbankgesetze. III. Die Geschichte der Immobilienverkehrsbank u. ihre Lehren. (III, 94 S.) gr. 8. Berlin 910. F. Vahlen. 2.50

Budde, Justus, die rechtliche Natur d. Wechsel-Indossaments, ein Beitrag zur Lehre vom Indossamente. gr. 8. (V, 98 S.) Gießen 884. Ricker. n. 1.80

Budde, Karl

Budde, Carl, Beiträge zur Kritik d. Buches Hiob. [I. Die neuere Kritik und die Idee d. Buches Hiob. II. Der sprachl. Charakter der Elihu-Reden.] gr. 8. (160 S.) Bonn 876. A. Marcus. n. 3.—

Budde, K., the books of Samuel, s.: Books, the sacred, of the Old Testament.

— d. Buch d. Richter, s.a. Hand-Kommentar, kurzer, z. Alten Testament.

Das Buch der Richter erklärt v. D. Karl Budde, o. Prof. ... Strassburg i. E. *Freiburg i. B., Leipzig & Tübingen: J. C. B. Mohr 1897.* (XXIV, 147 S.) 1 Bd 8.
— Hand-Commentar, Kurzer, z. Alten Testament. Abt. 7. [97.6898 H

Budde, Karl [app. Arzt aus Herford]: Ueber Dehiscenzen in der unteren Wand der Paukenhöhle ... Göttingen, Druck d. Dieterichschen Univ.-Buchdr., 1891; 30 S., 1 Tab. 8.
Göttingen, Med. Fak., Inaug.-Diss. v. [24. Juli] 1891

Budde, Karl, üb. Dehiscenzen in der unteren Wand der Paukenhöhle. Diss. gr. 8. (30 S. m. 1 Tab.) Göttingen 891. (Vandenhoeck & Ruprecht.) n. 1.—

Budde, Karl, die sogenannten Ebed-Jahwe-Lieder u. die Bedeutung des Knechtes Jahwes in Jes. 40—55. Ein Minoritätsvotum. gr. 8. (VI, 41 S.) Giessen 900. J. Ricker. n. 1.50

— Geschichte der althebräischen Literatur, s.a. Literaturen, die, des Ostens in Einzeldarstellungen. VII. 1.

Geschichte der althebräischen Litteratur von Karl Budde. Apokryphen u. Pseudepigraphen von Alfred Bertholet. Leipzig: C. F. Amelang 1906. (433 S.) 8°
= Litteraturen. Die, d. Ostens in Einzeldarstellungen. Bd 7, Abt. 1. [06. 1408]

Budde, Karl, d. Buch Hiob, s.: Handkommentar z. Alten Testament.

Der Kanon des Alten Testaments. Ein Abriss von Karl Budde. *Giessen: J. Ricker 1900.* (80 S.) 8° [00. 4389 S

— Alfr. Bertholet u. G. Wildeboer, die 5 Megillot (D. Hoheliod, d. Buch Ruth, d. Klagelieder, d. Prediger, d. Buch Esther), s.a. Hand-Kommentar, kurzer, z. Alten Testament.

Die fünf Megillot '(das Hohelied, das Buch Ruth, die Klagelieder, der Prediger, das Buch Esther)' erklärt v. D. Karl Budde, o. Prof. ... a. d. Univ. Strassburg i. Els., Lic. Alfred Bertholet, Privatdoc. ... a. d. Univ. Basel u. D. G[errit] Wildeboer, o. Prof. ... a. d. Univ. Groningen. *Freiburg i. B.: J. C. B. Mohr 1898.* (XXII, 202 S.) 1 Bd 8.
= Hand-Commentar, Kurzer, z. Alten Testament. Abt. 17. [98. 3741 Bd

Die Religion des Volkes Israel bis zur Verbannung von D. Karl Budde, Prof., Strassburg i. E. *Giessen: J. Ricker 1900.* (XI, 208 S.) 8°

— die Religion des Volkes Israel bis zur Verbannung. (Amerikanische religionswissenschaftl. Vorlesungen. 4. Reihe 1898—99.) 2. wohlf. [Titel-]Ausg. (XV, 2(8 S.) 8. Giessen [900] 905. A. Töpelmann. n. 2. 50; geb. in Leinw. n.n. 3. 30

— s.: Reuss, Eduard, Briefwechsel m. Karl Heinrich Graf.

Budde, Karl (I.). Die Bücher Richter u. Samuel, ihre Quellen u. ihr Aufbau. gr. 8. (VIII, 276 S.) Giessen 890. Ricker. * 7 50

Budde, Karl, die Bücher Samuel, s.: Hand-Kommentar, kurzer, zum Alten Testament. 18. Lfg.

Die Bücher Samuel erkl. von D. Karl Budde, Prof., Marburg. *Tübingen & Leipzig: J. C. B. Mohr 1902.* (XXVII, 343 S.) 8°
= Hand-Kommentar, Kurzer, z. Alten Testament. Abt. 8. [02. 1418] 10

— die Schätzung des Königtums im Alten Testament, s.a. Reden, Marburger akademische. Nr. 8.

Die Schätzung des Königtums im Alten Testament. Kaisergeburtstagsrede. Von D. Karl Budde, Prof., Marburg. *Marburg: N. G. Elwert 1903.* (33 S.) 8°
— Reden, Marburger akademische. No 8.

— das prophetische Schrifttum, s.a. Volksbücher, religionsgeschichtl.

Das prophetische Schrifttum von Prof. D. Karl Budde-Marburg. 1.—10. Taus. Halle a. S.: Gebauer-Schwetschke 1906. (67 S.) 8° [F.]
— Quellenkunde d. israel. u. jüd. Religionsgeschichte. T. 2.
— Volksbücher, Religionsgeschichtliche. Reihe 2. H. 5.

— hebräisches Schulbuch, s.: Hollenberg, W.

— das Alte Testament u. die Ausgrabungen, s.a. Vorträge der theologischen Konferenz zu Giessen. 18.

Das Alte Testament und die Ausgrabungen von D. Karl Budde, Prof., Marburg. *Giessen: J. Ricker 1903.* (39 S.) 8°
= Vorträge d. theolog. Konferenz zu Giessen. Folge 18.

Das alte Testament und die Ausgrabungen. Ein Beitrag z. Streit um Babel u. Bibel von D. Karl Budde, Prof., Marburg. 2. Aufl. *Gießen: J. Ricker 1903.* (XII, 40 S.) 8° [F.] [03. 13499 S

— das Alte Testament u. die Ausgrabungen. Ein Beitrag zum Streit um Babel u. Bibel. 2. Aufl. m. vielen Anmerkgn. u. e. Vorworte statt des Nachworts. (XII, 40 S.) gr. 8. Giessen 903. A. Töpelmann. n. — 90

Budde, Karl, die Theorie d. Seelenvermögen n. Kant, Herbart, Lotze u. Beneke, s.a. Abhandlungen, pädagogische.

[F.] Die Theorie der Seelenvermögen nach Kant, Herbart, Lotze u. Beneke. Von Karl Budde, Hauptl. in Laer b. Bochum ... *Bielefeld: A. Helmich [1898].* (1 Bl., 12 S., 1 Bl.) 1 Bd 8.
— Abhandlungen, Pädagogische. N. F. Bd II. H. 9.

Bvdde, Carolvs (geb. am 13 Apr. 1850 in Bensberg bei Köln): Theses theologicae ... ad obtinendvm gradvm licentiati S. S. theologiae ... Bonnae, form. P. Nevsser (1873). 6 S. 8.
Bonn, Ev.-theol. Fak., Thes. v. 14 Mai 1873

Budde, Karl, die biblische Urgeschichte [Gen. 1—12, 5], untersucht. Anhang: Die älteste Gestalt der bibl. Urgeschichte, versuchsweise wiederhergestellt, hebr. Text und Uebersetzung. gr. 8. (IX, 539 S.) Giessen 883, Ricker.

Budde, Karl, Ludwig Richters Volkskunst. Sein Holzschn. vom Keim bis zur Blüte in planmäß. Auswahl zusammengestellt u. erläutert. 1.—10. Tausend (XXX Sp. u. 112 S.) 31,5×24 cm. Leipzig (909). G. Wigand. 2. 40; geb. in Leinw. 3. 50

Budde, Karl, was soll die Gemeinde aus dem Streit um Babel u. Bibel lernen? Ein Vortrag. (38 S.) gr. 8. Tübingen 903. J. C. B. Mohr. n. — 60

— Auf dem Wege zum Monotheismus, s.a. Reden, Marburger akademische. Nr. 24.

Auf dem Wege zum Monotheismus. Rektoratsrede von Karl Budde geh. 1910. Marburg: Elwert 1910. 23 S. 8°
(Marburger akademische Reden. Nr 24.) [10. 17916

— Carl Friedrich (Anklam) u. Jo. Friedlieb Stübel (Annaberg), De criteriis boni libri. Schediasma litterarium. Lpz. (I. Titius) 9. V. 1714. 40 Seiten. (5.—) 4446

Budde, L., Erzählungen. 16. Leipzig 875. Gera, Griesbach's Verlag. M 3.; geb.

Budde, L., Erzählungen. Frei nach dem Dän. v. Walter Reimann. 16. (243 S.) Leipzig 875. Grunow. n. 3. —; geb. n. 4. 20

Budde, L., Gevatter Tod. Eine Weihnachtsgeschichte. 8. (112 S.) Leipzig 887. Grunow. n. 2. 40

— dasselbe, s.a. Budde, E.

Budde, L., an stillen Wassern. Aus der Stützeit, s.: Engelhorn's allgemeine Roman-Bibliothek. XX. 18.

— Weihnachtsbilder. Frei nach dem Dän. 8. (78 S.) Hamburg 902. Ev. Buchh. — 50; geb. 1. —

Budde, L., vier Weihnachtserzählungen. M. Genehmigg. d. Verf. a. d. Dän. übertr. v. E. Wulff. gr. 16. (188 S.) Leipzig 897. M. Heinsius Nachf. 2. —; geb. in Leinw. 3. —

Budde, Leopold

Budde, L., kleine Geschichten f. große Leute, s.a. Bibliothek der Gesamtliteratur.

Kleine Geschichten für grosse Leute von L[eopold] Budde. Autor. Übers. von Hulda Prehn. Mit d. Bilde d. Dichters u. e. Vorbemerkung. *Halle a. S.: O. Hendel (1901).* (155 S.) 8° [F.]
(Bibliothek d. Gesamtlitteratur d. In- u. Auslandes. No 1521 1525.)

Budde, M., 100 Rechenaufgaben. (13 S.) Düsseldorf 847, Beyer u. Comp. Leipzig, Kummer. 1 1/3 ngr.

— dies. nebst deren Auflösungen. 8. (36 S.) Ebd. 847. 1/6 ℔

Budde, M., neues Rechenbuch für Schulen und zum Privatgebrauche. Elberfeld 859. Bädeker in Comm. 12. (2 Bl., 110 S.) n. 6 1/2 ngr.

· Antwortenheft. Ebend. 859. 12. (70 S.) n. 5 ngr.

—— dass. — 2. Aufl. 8. (III und 140 S.) Köln und Neuß 860, Schwann'sche Verlagsh. geb. *

Budde, Max, appr. Arzt a. Duisburg a. Rh.: Aus d. Frauenklinik u. d. anatom. Institut d. Univ. Marburg. Anatomische Untersuchungen über die Circularvene der Placenta, Sinus circularis, Meckel'scher Blutleiter. Marburg in Hessen 1907 (M.-Gladbach: E. Schellmann). (35 S.) 8°
Marburg, Med. Fak., Ref. Ahlfeld-Gasser, Diss. v. 9. Dez. 1907
[Geb. 5. Juni 83 Duisburg; Wohnort: M.-Gladbach; Staatsangeh.: Preußen; Vorbildung: Gymn. Duisburg Reife O. 01; Studium: Würzburg 1, Straßburg 1, Berlin 1, Marburg 7 S.; Coll. 15. Dez. 06; Approb. 8. Dez. 07.]

Budde, Moritz, pract. Arzt aus Duisburg a. Rh.: Aus d. kgl. anat. Institut zu Marburg. Untersuchungen über die Lagebeziehungen und die Form der Harnblase beim menschlichen Foetus. *Marburg 1901: (M. Budde, Duisburg a. Rh.).* (72 S.) 8°
Marburg, Med. Diss. v. 18. Febr. (übergeklebt: 20. Juni) 1901

Budde, W., Predigten. gr. 8. Elberfeld, Büschler. 818.

Budde, W., Predigten. gr. 8. Elberf. 818. (Schönian). 1 ₰ 10 gr.

Budde, Wilh., physikalische Aufgaben für die oberen Klassen höherer Lehranstalten. Aus den bei Entlassungsprüfungen gestellten Aufgaben ausgewählt und mit Hinzufügung der Lösungen zu einem Übungsbuche vereinigt. gr. 8. (XII, 148 S.) Braunschweig 888, Vieweg und Sohn. *

Budde, Wilh., physikalische Aufgaben f. die oberen Klassen höherer Lehranstalten. Aus den bei den Entlassungsprüfgn. gestellten Aufgaben ausgewählt u. m. Hinzufügg. der Lösgn. zu e. Übungsbuche vereinigt. 2., unter Berücksicht. der neuen Prüfungsordngn. abgeänd. u. verm. Aufl. gr. 8. (XIV, 149 S.) Braunschweig 894. F. Vieweg & Sohn. n. 2. 50

Budde, Wilh., physikalische Aufgaben f. die oberen Klassen höherer Lehranstalten. Aus den bei Entlassungsprüfgn. gestellten Aufgaben ausgewählt u. m. Hinzufügung der Lösgn. zu e. Übungsbuche vereinigt. 3., abgeänd. u. verm. Aufl. gr. 8. (XVI, 161 S.) Braunschweig 899. F. Vieweg & Sohn. n. 2. —; geb. n. 2. 40

Wilhelm **Budde's** Physikalische Aufgaben f. d. oberen Klassen höh. Lehranst. nebst d. Lösungen. 4. Aufl., neu bearb. u. verm. von Prof. P[aul] Johannesson. Braunschweig: F. Vieweg & Sohn 1908. (X, 158 S.) 8° [F.] [08. 1130, 7

Budde, Guilelmus (geb. am 28 Apr. 1844 in Köln): De Euphorbiae helioscopiae L. floris evolutione ... Bonnae, form. Carthausianis (1864). 2 Bl., 25 S., 1 Bl. 8.
Bonn, Phil. Fak., Diss. v. 9 Aug. 1864

Budde-Lund, Gustav, s.a. Lund, Gustav Budde –

Budde-Lund, G., Isopoda v. Madagaskar u. Ostafrika. Mit Diagnosen verwandter Arten. (S. 265—308 m. 8 Taf. u. 14 S. Erklärgn.) 81×24 cm. Stuttgart 907. E. Schweizerbart. 12.40
Sonderabdr. aus „Voeltzkow, Reise in Ostafrika".

Budde-Lund, G: Isopoda v. Madagaskar u. Ostafrika. Mit Diagnosen verwandter Arten. [SA] (265—308 m. 7 Taf. u. 14 S. Erklärgn.) 31×24 cm. Stuttg., E Schweizerbart '08. 12.40

— dasselbe, s.a. Reise in Ostafrika. II, 4.

— Krustacea (1. Mittellg.): Land-Isopoden, s.: Denkschriften der medicin.-naturwiss. Gesellsch. zu Jena. XIV, 1.

Budde-Lund, G., die Landisopoden, s.: Südpolar-Expedition, deutsche. IX. 2.

— Oniscoidea, s: Fauna, Die, Südwest-Australiens.

Buddeberg, Bemerkungen üb. Männchen v. Apion aus der Gruppe des Laevigatum Payk. [Aus: „Jahrbb. d. Nass. Vereins f. Naturkunde".] gr. 8. (4 S.) Wiesbaden 893. J. F. Bergmann. n. — 40

Buddeberg, d. bei Nassau beobachteten Bienen. Nachtrag z. d. Beobachtgn. v. Schenk. E. Beitrag z. Bienenfauna d. unt. Lahn. [Aus: „Jahrbb. d. nass. Vereins f. Naturkde."] gr. 8. (25 S.) Wiesbaden 895. J. F. Bergmann. n. 1. —

Buddeberg, die Käfer v. Nassau u. Frankfurt, s.: Heyden, L. v.

Bvddeberg, Ditericvs (geb. am 20 Sept. 1840 in Lohne bei Soest): De olivino eivsqve dissolvtione ... Bonnae, form. F. Krvegeri (1866). 2 Bl., 19 S., 2 Bl. 8.
Bonn, Phil. Fak., Diss. v. 12 März 1866

Buddeberg, Ernst, gesunde Allianz. 1. Allianzgesinnung; 2. Allianzkonferenzen; 3. Allianzarbeiten; 4. Rückblick u. Ausblick. [Aus: „Licht u. Leben".] (28 S.) kl. 8. Elberfeld 909. Buchh. der ev. Gesellschaft f. Deutschland. — 10

— Der Christ in der Welt, aber nicht v. der Welt. (7 S.) 8. Ebd. (909). nn — 05

Buddeberg, E., der Freundschaftsbund zwischen David u. Jonathan, s.: Weg, der, göttlicher Zeugnisse. 4. Abrg. 4. Hft.

Geschichte der reformierten Gemeinde Heiligenhaus. Von E(rnst) Buddeberg, Pfarrer. Heiligenhaus: Kretzschmar (1907). 104 S. 8° A 12.4605

Buddeberg, Ernst: Die Heilsgewissh. — d. Krone d. evang. Glaubens. (46) 8° Elberf., Buchh. d. ev. Gesellsch. f. Deutschland '12. — 50 d

— Krankenheilung durch Gebet im Lichte der Hl. Schrift. (20 S.) 8. Elberfeld 906. Buchh. der ev. Gesellschaft f. Deutschland. n. — 20
Sonderabdruck aus: „Der Weg göttl. Zeugnisse."

Buddeberg, Ernst, die christliche Vollkommenheit nach der Hl. Schrift. (15 S.) 8. Elberfeld 909. Buchh. der ev. Gesellschaft für Deutschland. p — 10

Buddeberg, E., der Weg zur Seligkeit nach evangelischer u. katholischer Lehre. 12. (32 S.) Elberfeld 902. Buchh. der ev. Gesellschaft. n. — 15

Der Weg zur Seligkeit nach evangelischer und katholischer Lehre. Von E[rnst] **Buddeberg,** Pfarrer. 2., verb. Aufl. *Elberfeld: Buchh. d. Evang. Gesellsch. f. Deutschl. 1903.* (31 S.) 8° [F.] [04. 1130

Der Weg zur Seligkeit nach evangelischer und katholischer Lehre. Von E[rnst] **Buddeberg,** Pfarrer. 3., verb. Aufl. Elberfeld: Ev. Gesellsch. f. Deutschl. 1905. (31 S.) 8° [F.] [08. 14370

— Der Weg z. Seligk. nach evang. u. kathol. Lehre. 4. Afl. (32) kl8° Ebd. '12. — 15 d

Wegweiser durch die Heilige Schrift. Im Auftr. d. niederbergischen Pfarrkonf. bearb. von Ernst **Buddeberg,** Pfarrer. 2., veränd. Aufl. Elberfeld: Ev. Gesellsch. f. Deutschl. 1908. (61 S.) 8° [F.] [03. 14871

— Wegweiser durch d. Hl. Schrift. 3. Afl. (76 u. 8 S. farb. Ktnskizzen.) 8° Ebd. '12. geb. — 60 d

— Wesen u. Walten des Geistes Gottes, s.: Weg, der, göttlicher Zeugnisse. 10. Bd.

Buddeberg, Friedrich (app. Arzt aus Neuwied a Rhein): Zur Kasuistik der Cranio-Rhachischisis. ... Neuwied, Heuser's Buchdr., 1889: 29 S. 8°
München, Med. Fak., Inaug.-Diss. v. 1889

Buddeberg, Hermann (geb. am 2 Nov. 1860 in Bielefeld): Aus d. chirurg. Klinik u. Poliklinik zu Bonn. — Zur Statistik und Casuistik der Wirbelsäulenerkrankungen ... Bonn, Univ.-Buchdr. v. C. Georgi 1885. 35 S. 8.
Bonn, Med. Fak., Diss. v. 10 Aug. 1885

Buddeberg, J.: Friedrich Laar. Eine biographische Skizze. 46 S. 8°. Progr. Essen 1842.

– dasselbe, s.a. B u d d e b e r g , Wilhelm.

Buddeberg, J. D. W., s.a. B u d d e n b e r g .

Buddeberg, J.D.W.: Ueber das bei dem hebräischen Unterricht zu Grunde zu legende Lesebuch. 18 S.
Progr. Essen 1858.

Buddeberg: Über das bei dem hebräischen Unterrichte zu Grunde zu legende U e b u n g s b u c h . 1865.
Schul-/ Univ.-Schrift.

Buddeberg, Max [aus Halle i.W.]: Beiträge zur Kenntnis der Substituierbarkeit der Methylenwasserstoffatome im Desoxybenzoin und Benzylcyanid. — Neue Synthese eines Chinolinderivates. . . . Heidelberg, Univ.-Buchdr. v. J. Hörning, 1891: 40 S., 1 Bl. 8°
Heidelberg, Naturw.-math. Fak., Inaug.-Diss. v. [28. Febr.] 1891

Buddeberg, W.: Gedächtnisrede auf den als Schulrath verstorbenen ehemaligen Direkt. Paulssen, am 17. Febr. 1835. 10 S.
Progr. Essen 1835.

Buddeberg, Wlh., Friedrich Laar. Eine biographische Skizze. gr. 8. Essen 842, Bädeker. 1/3 ℔

– dasselbe, s.a. B u d d e b e r g , J.

Buddecke, Albert

Buddecke, Alb., taktische Entschlüsse u. Befehle. Studie a. d. Operationen e. selbständ. Division, n. e. auf d. kgl. Kriegs-Akademie gestellt. Aufgabe. M. 1 Karte, 1:100,000, u. 1 Uebersichtsskizze. gr. 8. (V, 114 S.) Berlin 895. E. S. Mittler & Sohn. n. 3. —

Taktische Entschlüsse und Befehle. Studie über Truppenführung an Hand d. Operationen e. selbständ. Division. Für d. Selbstunterr. bearb. von Albert **Buddecke**, Hauptmann in Potsdam. 2., nach d. neuesten Bestimmungen umgearb. Aufl. Mit e. Karte u. 1 Übersichtsskizze. *Berlin: E. S. Mittler & Sohn 1901.* (VIII, 115 S.) 8° [F.] [oi. 1911

Taktische Entschlüsse und Befehle. Studie über Truppenführung an Hand d. Operationen e. selbständ. Division. Für d. Selbstunterr. bearb. von Albert **Buddecke**, Hauptm. 3. verb. Aufl. Mit 1 Karte u. 1 Übersichtsskizze. Berlin: E. S. Mittler & Sohn 1906. (VIII, 120 S.) 8° [F.] [14. 1113

Buddecke, A., operative Entsendungen, s.a. Militär-Wochenblatt.

Operative Entsendungen von A[lbert] **Buddecke**. Berlin: Mittler 1909. (14 S.) 8°
(Militär-Wochenblatt. 1909, Beiheft 1, [1].) [oi. 1286

Buddecke, Albert, Der Militärbibliothekar, Eine wissenschaftl. Anleitung für das Bibliotheksgeschäft, Berlin, 52 S., 8°. 2 Bde.

Buddecke, Max

Sennemarsch, comp. von M[ax] **Buddecke**, eingerichtet von H[einrich] Richter, Stabshoboist. (Milit.-Musik.) *Paderborn: F. Hense [1903].* (24 Bl.) 8° [14. 1,41] 6

Buddee, Friedrich, Assist. am Stadtkrankenh. Friedrichstadt zu Dresden: Über Rechenversuche an Gesunden und Unfallkranken nach der Methode der fortlaufenden Additionen. Berlin 1910: G. Reimer. 46 S. 8° ¶ (Aus: Allg. Zeitschrift f. Psychiatrie. Bd 67.)
Greifswald, Med. Diss. v. 12. Dez. 1910, Ref. Voß, Schultze
[Geb. 16. März 85 Greifswald; Wohnort: Greifswald; Staatsangeh.: Preußen; Vorbildung: Gymn. Greifswald Reife O. 04; Studium: Heidelberg 2, Greifswald 8 S.; Coll. 15. Juni 09; Approb. 14. Juli 10.] [U 11. 1631

Buddee, Fritz [aus Lissa, Kreis Neumarkt in Schlesien]: Zur Würdigung der Wirkungsweise des Hyoscins am Krankenbett . . . . Berlin, Buchdr. v. Gustav Schade (Otto Francke) 1888; 28 S. + 2 Bl. 8°
Berlin, Med. Fak., Inaug.-Diss. v. 8. März 1888

Buddee, Georg [aus Obornik]: Aus d. patholog. Institut zu Greifswald. Experimentelle Untersuchungen über die Hornhautentzündung . . . Greifswald, Druck v. J. Abel, 1894; 59 S. 8.
Greifswald, Med. Fak., Inaug.-Diss. v. 6. Mai 1894

Buddee, Karl, der Gesindediebstahl als Antragsvergehen. (22 S.) gr. 8. Hannover 906. Helwing. n. — 50
Sonderabdruck aus: „Das Recht".

Buddee, Karl, die Grundsätze des heutigen preußischen Civilprocesses und ihre Anwendung beleuchtet. Berlin 857. Guttentag. gr. 8. (VI, 98 S.) n. 15 ngr.

— Lebensfreude ohne Alkohol! Vortrag. (20 S.) 8. Flensburg 905. Deutschlands Großloge II. n.n. — 25

Buddee, Willy *Karl Georg* [aus Obornik]: Zur Geschichte der diplomatischen Missionen des Dominikaners Nikolaus von Schönberg bis zum Jahre 1519 . . . Greifswald, Druck v. J. Abel, 1891; 2 Bl., 89 S. 8.
Greifswald, Phil. Fak., Inaug.-Diss. v. 14. Dez. 1891

Buddelmeyer, Aujust (Pseud.), s.a. C o h n f e l d , August

Buddelmeyer, Aujust, (Cohnfeld,) Lowiesken Braune, dat Wunderbalg, od. Jonathan, ick kenne dir! En unfrankirter Brief an seine Muhme Suse. gr. 8. (7 S.) Berlin 849, Lassar. — 2—7. Aufl. gr. 8. Ebd. 849. 1 1/2 ngr.

— Römer-Briefe an die Urwähler, s. Römer-Briefe.

Buddelmeyer-Zeitung. Zur Belehrung und Erheiterung für Stadt und Land. Redig. von Cohnfeld (Aujust Buddelmeyer.) 1. Jahrg. April—Decbr. 1848. 78 Nrn. und 2—4. Jahrg 1849—51. à Jahrg. 104 Nrn. (1/2 Bog. mit Holzschn.) Imp.-4 Berlin, C. Schultze's Buchdr. 1. Jahrg. 2 Thlr., 2—4. Jahrg à Jahrg. Thlr

Buddelmeyer-Zeitung. Zur Belehrung und Erheiterung für Stadt und Land. Redig. von Cohnfeld [Aujust Buddelmeyer.] Jahrg. 1852. 104 Nrn. (1/2 Bog. mit Holzschn.) Imp.-4. Berlin, Faudel.

Buddelmeyer-Zeitung. Red. v. Cohnfeld [A Buddelmeyer]. 4. Jahrg. 104 Nrn. (1/2 B.) 4. Berl. 52, A Friedländer. (?) 2. 20

Budden, Franz Hermann Anton (Soest/Westf.), De impedita feudi consolidatione. Diss. jur. Präs. Georg Ludwig Boehmer. Göttingen (E. Luzac) 12. I. 1757. 54 S. (4.80) 4459
Widm. v.: Joh. Heinr. Chn. v. Selchow, Wilh. Fried. v. Knesebeck, Tobias Huth (Nürnberg).

— — Dasselbe. Götting. 1778. (4.50) 4460

Buddenberg, Friedrich Wilhelm: Aus d. chir. Univ.-Poliklinik u. d. Anscharkrankenh. zu Kiel. Dir.: Goebell. Zur Casuistik der Ostitis fibrosa localisata ⟨Osteodystrophia cystica⟩. Kiel 1910: Fiencke. 23 S. 8°
Kiel, Med. Diss. v. 1. Juli 1910, Ref. Anschütz
[Geb. 2. Juni 84 Ratzeburg i. L.; Wohnort: Ratzeburg; Staatsangeh.: Preußen; Vorbildung: Gymn. Ratzeburg Reife O. 04; Studium: Berlin 2, München 4, Kiel 1, Berlin 1, Kiel 2 S.; Coll. 8. Juni 10; Approb. 1. Juni 10.] [U 10. 2429

Buddenberg, Fritz ⟨geb. am 6 Jan. 1850 in Vreden Westf.⟩: Ueber quantitative Schweissanomalien . . . Bonn, Druck v. J. F. Carthaus (1875). 30 S., 1 Bl. 8.
Bonn, Med. Fak., Diss. v. 29 Juli 1875

Buddenberg, Heinrich: Aus dem pathologischen Institute zu Kiel. Ein Fall von Carcinom beider Ovarien und dessen Metastasen. *Kiel 1897: H. Fiencke.* (22 S.) 8°
Kiel, Med. Diss. v. [30. Dez.] 1897

Buddenberg, Heinr.: Mit d. Hamburger „Meteor" n. d. Nordlande. Wegweiser f. d. Norwegenreisenden. (55 m. 7 Taf.) 8° Quakenbr. ('11). (Lpzg, R Giegler's Sort.) 2 — d

Buddenberg, J. D. W., s.a. B u d d e b e r g .

Buddenberg, J.D.W.: Über den hebräischen Unterricht auf Gymnasien. 13 S. – Schluß 22 S.
Progr. Essen 1849/50.

Buddenbrock, Dem Br. v., an der Gruft seiner edlen Gattin der Frau Albertine geb. v. Schuckmann aus inniger Theilnahme und Liebe gewidmet von den sämmtlichen Brüdern der Loge Friedrich zum goldenen Zepter [in Breslau]. »Nicht trösten soll'n Dich dieser Worte Töne ...« Breslau o. J. V: *Kudrass, Karl Immanuel* (?). (wolfstieg I, 728)

Buddenbrock, Frhr. v., die Ausbildung der Escadron im Felddienst. gr. 8. (33 S.) Hannover 886, Helwing's Verlag. *

— Beiträge zur Kenntniß der Provinzial-Verfassung ꝛc. des Herzogthums Livland ohne der Provinz Oesel. gr. 8. Riga, Hartmann. 80.

Buddenbrock, Frhr. v., Condition der Dienst-Pferde. Wie werden die Dienstpferde in guter Condition erhalten. gr. 8. (V, 41 S.) Hannover 887. Helwing's Verl. n. 1. 20

v. *Buddenbrock*, ..., plan détaillé d'enseignement pour l'académie royale de gentilshommes etc. 8. Berl. 778. Rottmann. 8 gr.

v. **Buddenbrock**, Gust. Jh., († d. 14. Dec. 1821.), s. 1) Beiträge zur Kenntniß d. Provinzial-Verfass. d. Herzogth. Livland. 2) Samml. d. Gesetze d. Livländ. Landrechts. 3) Tagesfahrt nach Karlsruhe.

Buddenbrock, Julie v., der Glaube der Väter im heiligen Schmuck der Lieder. 24 Lieder der Kirche m. Randzeichngn. Nach dem Orig.-Aquarell lith. v. A. Schäfer. Neuer Abdr. 8 Lfgn. gr. Fol. Leipzig 876. Hinrichs' Verl. n. 18. 75; geb. n. 27. —; chines. Pap. n. 25. —; geb. n. 34. —; Mappe ap. n.n. 6. —
1—7. (à 3 Chromolith.) à n. 2. 25; chines. Pap. à n. 3. —
8. (4 Chromolith.) n. 3. —; chines. Pap. n. 4. —

Buddenbrock, Julie v., der Glaube der Väter im heiligen Schmuck der Lieder. 24 Lieder der Kirche mit Randzeichnungen. Nach dem Orig.-Aquarell lith. v. A. Schäfer. Neue Ausg. in Lichtdr. Fol. (25 Bl. m. 1 Bl. Text.) Leipzig 881. Hinrichs' Verl. geb. n.n. 27. —

v. **Buddenbrock**, Julie, Jehovah-Blumen. Biblisches Alphabet in 22 (lith.) Blättern in Farbendruck (mit 4 S. Text). Berlin 867. Wagner. 4. 12 ß

— Kirchenlieder mit Randzeichnungen nach Aquarellen. 1. Liefg. Berlin 868. Amsler & Ruthardt in Comm. gr. 4. (4 lith. Bll. in Farbendr.) n. 3 ß 10 ngr

— Lese-Zeichen in Farbendruck. Nach Aquarellen. 1—7. Liefg. (à 4 Bll.) (Berlin 869. E. Beck. — Heinersdorff.) 8. Jede Liefg. n. 1 ß

— Lese-Zeichen in Farbendruck. Nach Aquarellen. 8 Lfgn. 16. (à Lfg. 4 Chromolithogr.) Berlin 873. (Beck. — Rother. — W. Schultze. — Leipzig, H. Schultze.) à Lfg. * ℳ 3. *

— Lese-Zeichen in Farbendr. Nach Aquarellen. 9. u. 10. Lfg. 8. (à 4 Chromolith.) Berlin 877. (Beck. — Rother.) à n. 3. —

Buddenbrock, Julie v., s.a. Soli Deo gloria.

(—) Soli Deo Gloria. Spruch und Lied im Schmucke deutscher Kunst. 12 Bl. in Tondr. nach Aquarellen. Imp.-Fol. Gütersloh 879, Bertelsmann. In Carton * geb. mit Goldschn. *

Buddenbrock, Mathilde v., Margot's Lebensbuch. 8. (151 S.) Berlin 872. Wiegandt & Grieben. n. 2. —

Buddenbrock, W v.: Untersuchgn üb. d. Schwimmbeweggn u. d. Statocysten d. Gattg Pecten, s: Sitzungsberichte d. Heidelb. Akad. d. Wiss.

Buddenbrock, Wolfgang (Frh.) v.: Beiträge zur Entwicklung der Statoblasten der Bryozoen. Leipzig: W. Engelmann 1910. 50 S., 3 Taf. 8° (Aus: Zeitschrift f. wiss. Zool. Bd 96, H. 3.)
Heidelberg, Naturw.-math. Diss. v. 5. Okt. 1910, Ref. Bütschli
[Geb. 25. März 84 Bischdorf i. Schl.; Wohnort: Heidelberg; Staatsangeh.: Preußen: Vorbildung: Gymn. Öls Reife M. 02; Studium: Berlin Techn. Hochsch. 6, Jena 2, Heidelberg 6 S.; Rig. 1. März 10.] [U 11. 2334

Buddensieg, C. T., locus Matth. 26, 36—47. enarratus et defensus. Lips. 1818. 4.

Buddensieg, Rob.: Gottes Wort und die Wiederbringung aller Dinge.
Progr. Pforta 1856.

Buddensieg, Rud., die assyrischen Ausgrabungen und das Alte Testament, s. Zeitfragen des christl. Volkslebens.

Buddensieg, Rud. Joh. Wiclifs de Christo et adversario suo Antichristo, aus den Handschriften der wiener k. k. Hofbibliothek und der Prager Universitätsbibliothek zum ersten Male herausgegeben. 60 S. Progr. Vitzt. *Dresden* 1880.

Buddensieg, Rud., Johann Wiclif und seine Zeit. Zum 500jähr. Wiclifjubiläum. [31. Dezbr. 1884.] 8. Tausend. gr. 8. (VI, 214 S.) Gotha 885, F. A. Perthes. *

— dasselbe, s.: Schriften d. Vereins f. Reformationsgeschichte.

Buddeus, Herrn Obermedicinalrath Dr. Ernst, bei der Jubelfeier seiner Doctor-Promotion den 10. Oct. 1855 gewidmet ... Gotha 1855. V: *Wüstemann, Ernst Friedrich.* (ABJP)

Buddeus, Arthur: Deutsches Anwaltbuch, s. Buddeus, Johann Karl Immanuel

Buddeus, Aurelio, europäische Chronik, s.a. Chronik, europäische.

Buddeus, Dr. Aurelio. Europäische Chronik 1855. Bearbeitet von mehreren Publicisten. (4 Bde.) 8. Frankfurt a. M. 1855—1856.

Buddeus, Aurelio, Rußlands sociale Gegenwart und der Aufstand in Polen. gr. 8. (IV und 94 S.) Leipzig 863, Brockhaus. *

Buddeus, Aurelio, Halbrussisches. 2 Bde. Lex. 8. (VIII u. 716 S.) Leipzig 847, O. Wigand. 4 ß — 2. wohlf. (Titel-)Ausg. 2 Thle. (in 1 Bd.) Ebd. 849. 2 ß

— Halbrussisches. 3. (Titel-)Ausg. 2 Thle. Leipzig (849), 854. O. Wigand. gr. 8. (3 Bl., 338; 2 Bl., 378 S.) 2 ß

— Gothaisches geschichtliches Jahrbuch 1856. Der europäischen Chronik neue Folge. Im Verein mit mehreren Publicisten herausgegeben. Mit 82 politischen Actenstücken. 8. Gotha 1857.

Buddeus, Aurelio, zur Kenntniß von St. Petersburg im kranken Leben. 2 Bde. gr. 8. Stuttgart 846, Cotta. 3 ß

Buddeus, A. Russland unter Alexander II. 1855—60. 8. Leipzig 1860.

— Schweizerland. Natur und Menschenleben. I. Thl.: Die ebene Schweiz. 8. (V und 246 S.) Leipzig 853, [Mendelssohn.]

— dass. — 2. Thl.: Ostalpenschweiz. 8. (III und 320 S.) Ebds. 853.

— Von Frankfurt a. M. nach Basel. Eisenbahnfahrt und Wanderungen im süddeutschen Rheinland. 8. (III und 153 S.) Leipzig 856, Brockhaus. *
Aus: Brockhaus' Reise-Bibliothek.

Büddeus, C.F., Schreiben an seine Kind. von seiner Lebensgesch. 4. Gotha, Mevius. 748. -

Buddeus, Christian Conrad (Peine), Compendiosam et clinicam spasmodico-convulsivorum morborum praxin cum cautelis. Diss. med. Präs. Friedr. Hoffmann. Halle (Joh. Gruner) Sept. 1707. 28 Seiten. (5.—) 4461

Buddeus, F., de apparitionibus Christi. Jen. 1711. 4; rep. in ejsd. misc. sacr. p. 76 ss.

Buddeus, F., de exaltatione Christi dolorosa. Jen. 1707. 4.

Buddeus, F., de Juda Ischariote, veritatis evang. teste. Jen. 1720. 4; rep. in ejsd. meditt. p. 113 ss.

Buddeus, F., de Pontio Pilato, ev. veritatis teste. Jen. 1717. 4; rep. in ejsd. meditatt. sacr. p. 83 ss.

Buddeus, Franz

Buddeus, F, üb. Fruchtfolgen u. Feldersyst. 8. (47) Gotha 57, Conrad. n. — 4

Buddeus, Frz., über Fruchtfolgen und Feldersysteme. Zwei Vorträge, gehalten in den Monatsversammlungen des landwirthschaftlichen Vereins zu Warza. Gotha 857. Müller in Comm. 8. (47 S.) n. 4 ngr

Buddeus, Frz., praktisches Lehrbuch der landwirthschaftlichen Buchhaltung. Ein leichtfaßl. Leitfaden zur Selbsterlernung der Buchführung, sowie zum Gebrauch an landwirthschaftlichen Schulen. 8. (VIII, 126 S.) Leipzig 888, H. Voigt. *

Buddeus, Frz., die Zeitpacht größ. Landgüter. Für alle bei Pachtgeschäften Betheiligte. gr. 8. (11⅛ B. u. 1 Tab.) Magdeburg 838, Heinrichshofen.

Buddeus jun., Frz., die Zusammenlegung der ländlichen Grundstücke und namentlich die Ausführung des betreffenden Gesetzes Nr. 450 der Ges.-Sammlung vom 5. Nov. 1853. Vortrag, gehalten in der 2. Generalversammlung der landwirthschaftlichen Vereine zu drei Gleichen ꝛc. am 13. April 1856. Gotha 856. Müller in Comm. 8. (30 S.) n. 3 ngr

Buddeus, G.F.F., opuscula. II Tom. 8. Gotha 759. Mevius. 10 gr

Buddeus, Georg Karl Imm.

— Feierlichkeiten bei d. Einzuge d. Hrn. Erbprinzen v. Sachsen-Gotha, mit Frau Gemahlin. gr.8. Gotha... 2e A. 797. Perthes. 7 gr

Buddeus, Geo. Karl Imm., († d. 2. Dec. 1814.) Gedichte. 8. Gotha 789. Ettinger. 18 gr

— kleine Samml. auserles. Gedichte. 8. (Erf. 815. Keyser). 16 gr

(Buddeus, Geo. K. Imm.) Franz v. Sickingen. Geschichte aus dem 16. Jahrhundert. 8. Gotha 1794 — 8. Frankfurt 1798.

Buddeus, J.F.: De apostasia. – Jen. 1714.

Buddeus. J. F.. Christus infans a Magis religiose adoratus. Jen. 1709. 4.

Buddeus, J. F., ecclesia apostolica. Jen. 1722. 8.

Buddeus. J. F.. Ecclesia apostolica. Jenae 1729. 8.

Buddeus, J. F., de festo orthodoxiae in ecclesia graeca celebrari solito. Jen. 1726. 4.

Buddeus, J. F., de Galilaea rebus gestis et miraculis Chr. clara. Jen. 1718. 4; rep. in ejsd. misc. sacr. 2. p. 1156—1233.

Buddeus, J. F., de hymno angelorum. Jen. 1726. 4.

Buddeus, J. F., de omnibus concedenda S. S. lectione. Jen. 1715. 4.

Buddeus, J. F., meditatio de Bethlehemo. Jen. 1727. 4.

Buddeus, J. F., de origine, dignitate et usu nominis christiani. Jen. 1711. 4; rep. in ejsd. miscellan. sacr. 1. p. 280—327.

Buddeus, J. F., de origine et potestate episcoporum. Jen. 1705. 4.: rec. in ejsd. miscr. sacr. 1. p. 131—203.

Buddeus, J.F.: De paedobaptismo. – Jen. 1707.

Buddeus, J. F., de statu ecclesiarum apostolicarum. Jen. 1720. 4; rep. in ejsd. miscell. sacr. 2. p. 215 ss.

Buddeus, J. F., de veritate relig. christ., philosophorum gentilium obtrectationibus confirmata. Jen. 1711. 4; rep. in ejsd. miscell. sacr. 1. p. 328—380.

Buddeus, J. F., de vita ac doctrina Rhabani Mauri. Jen. 724. 4.

Buddeus, Johann Franz, s. a. Buddäus, Joh. Franc.

Buddei, J. F., Analecta historiae philosophiae. Hal. 706. 8. Ibid. 724. 8. 6 gr.

Buddeus, I. Frz., collectio nova epistolar. Lutheri. 4. Lips. 717. Rthlr. -

— Collegium über 99 Fragen einige Zinzendorf. Sätze betr. 8. Leipz. 744.

— commentatio de concordia relig. christ. statusq. civilis. 8. Halae, Waisenh. 712.

— Compendium historiae philosophicae. Halae 731. 8. 8 gr.

— compend. instit. theol. dogm. 8. ibid. 749.

— Ehrengedächtniß. Fol. Leipz. 738.

— Einleit. z. Moraltheologie. 4. Leipz. Gleditsch. 728.

— elementa philosophiae instrum. III Tom. 8. Halle... Ed. X. 755—777. Waisenh.-B. 19 gr

— Erklärung d. Epist. Pauli an d. Römer. 4. Jena, 728.

— Grundsätze d. polem. Theologie. 8. Jena 750. Güthe. 7 gr

Buddeus, J. F., Historia critica theologiae dogmaticae et moralis. 4. Hannov. Helwing. 724. -

— Histor. eccles. V. T. Halae Magd. 1744. 2 vol. 4.

— historia ecclesiastica ab orbe condito usque ad Christum natum vet. test. II Tom. 4. Halle... Ed. V. 779. Waisenhaus-B. 2 Rthlr 20 gr

J. F. Buddei historia juris naturalis ut etc. synopsis juris naturae et gentium secund. disciplinam hebraeorum. *Frcf.*, Varrentrapp. 752. 4. (4 Thl. 8 Gr.)

— institut. theol. dogm. 4. Lips. Gleditsch. 741.

— — idem liber. Fol. ibid. 723.

— institut. theol. moral. 4. ibid. 739.

— — idem liber. 4. Bresl. W. G. Korn. 727.

— Introductio ad historiam philosophiae Hebraeorum. Acc. de haeresi Valentiana. Halae 720. 8. 10 gr.

— introd. ad hist. philos. Hebraeor. 8. ibid. 727.

— isagoge in theol. univers. 4. Lips. Gleditsch. 730.

Buddeus, J. Frz., Lehrj. vom Aberglauben u. Atheisteren. 8. Jena. 725. -

— allgem. histor. Lexicon. s.a. Lexicon allgem. histor.

Allgemeines Historisches Lexicon, in welchem das Leben und die Thaten derer Patriarchen, Propheten etc. etc. wie nicht weniger derer Käyser, Könige etc. ingleichen derer berühmten Gelehrten etc. etc. und endlich die Beschreibung derer Käyserthümer, Königreiche etc. etc. in Alphabetischer Ordnung . . . vorgestellet werden (v. Jo. Franc. Buddeus). Th. 1–2, A–G. Leipzig. 1709. Th. 3–4. H–Z. Samt dem Anhange. ebd. 1709. Fol.
Fortsetzung des allgemeinen Historischen Lexici etc. Frankfurt. 1714. Fol.

— Licht d. Weisheit in der Gelehrsamkeit. 2 Thle. 8. Halle, Waisenh. 726—35. (18 gr. 21 10 gr.).

— meditationes sacrae. 4. Ien. 725.

Buddeus, Joh. Franc. (Hrsg.), s. Miscellanea Lipsiensia ad incrementum rei litterariae edita.

— miscellanea sacra III partes. 4. Ien. 727.

— — id. l. 4. Bresl. W. Korn. 727.

Buddeus, Johann Franz: Nöthige Nachricht von seinen bißanhero hrsg. disputationibus acad. Halle 1704.

— observat. ad philos. instrum. 8. Halae. Waisenh. 731. –

Buddeus, Joh. Franz (Hrsg.), s. Observationes selectae ad rem litterariam spectantes.

— parerga hist. theol. 8. Ienae. 719.

Buddeus, Joh. Franc. (Praeses): „Quaestio politica, an alchemistae sint in republica tolerandi? . . . .", (Resp.:) Carolus Theophilus Schilite, Halae Magd. (1702) (literis Chr. Henckelii). — Vorh.: StB Nürnberg.

— Selecta juris naturae et gentium. 8. Halae, Waisenh. 718.

— tabulae synopt. philos. a Schatz. 4. Buding. 729.

— — id. l. a Schoeperlin. 8. Ien. 729.

Buddeus, J. Fr. (Praes.): De temperamentis hominum, s.a. Spener, J. C. (Resp.)

Budaeus, J. Franc., resp. J. C. Spener, Diss. de temperamentis hominum. 88 pp. Hal. 4°. 1704

— katechet. Theologie, aus dessen hinterlass. Handschrift, nebst J. G. Walchs Einleit. in d. katechet. Historie, ausgearb. v. J. F. Frisch. 4. Jena 752. Stahl. (Schmid). 3 rℬ 8 gℒ Hbg. Pr. 1 rℬ 14 gℒ

Buddeus, J. Franc., Theses theolog. de Atheismo et Superstitione. Jen. 717. 4. c. animadverss. J. Lulofs, Hag. Com. 767. 4.

Buddeus, Jh. Frz., († . . .) Unterricht vom Gebet. 8. Salzwedel 752. 3 gℒ

Buddeus, Joannes Franciscus.

Historisch- und politische Untersuchung von der Alchemie und was davon zu halten sey? Aus dem lateinischen ins teutsche übersetzet, nun aber zum Druck befördert durch Friedrich Roth-Scholtzen. Nürnberg, 1727. pp 146, 12mo.

— leichtester Weg, d. Grunds. e. gründl. Moral zu erlernen. 8. Leipz. Eurich. 723.

Buddeus, Johann Karl Immanuel

Buddeus, Joh. Carl Imman., u. Arthur Buddeus, deutsches Anwaltbuch. Ein Handb. zur auswärtigen Proceßführung in allen deutschen Landen, nebst Verzeichnissen sämmtl. Sachwalter in Deutschland. gr. 8. (32 B.) Leipzig 845, Gebr. Reichenbach. *

Buddeus, J. C. J., und Arthur Buddeus, deutsches Anwaltbuch. Ein Handbuch zur auswärtigen Proceßführung in allen deutschen Landen, nebst Verzeichnissen sämmtl. Sachwalter in Deutschland. 2. Ausg. Mit Vervollständigungen aus dem Nachlasse der Verfasser. gr. 8. (XV, 496, VI und 50 S.) Leipzig 847, [Reichenbach'sche Buchh.]

Buddeus, Jh. Karl Imm., alphabet. Repertorium zu der allgemeinen Städte-Ordnung für das Königr. Sachsen, dem dazu gehörigen Gesetze und der Verordn. v. 2. Febr. 1832. 8. Leipz. 834. Fr. Fleischer. n. 1/3 rℬ

Buddeus, Jh. Karl Imm., alphab. Repertorium zur Verfassungsurkunde des Königr. Sachsen, sammt Landtagsabschied vom 4. Sept. 1831. 8. Leipzig 834. Fr. Fleischer. 1/6 rℬ

— s. Staatsarchiv, deutsches.

—— Vervollständigungen zur 1. Aufl. des Antwaltbuches. Aus dem Nachlasse der Verfasser zusammengestellt. gr. 8. (IV und 50 S.) Leipzig 847, [Reichenbach'sche Buchh.]

Buddeus, Karl

Buddeus, Carl, Jesus Christus und die Essener. Nach den Visionen der Augustiner-Nonne Anna Katharina Emmerich. 8. (39 S.) Meran 886, (Ellmenreich.) *

Buddeus, Carl, Jesus Christus u. die Essener. Nach den Visionen der Augustiner-Nonne Anna Katharina Emmerich. 8. (39 S.) Meran 886. (Pötzelberger.) n. — 40

Buddëus, Karl *Robert Albert* [cand. phil.]: Leipzigs Rauchwarenhandel und -Industrie. . . . Leipzig-Reudnitz, Druck v. O. Schmidt. 1891: 2 Bl., 74 S., 1 Bl. 8°
Leipzig, Phil. Fak., Inaug.-Diss. v. 20. Jul. 1891

Buddeus, Karl, Volksgemälde u. Charakterköpfe d. Russ. Volks. Ein Beitr. zur nähern Kenntniß d. Sitten u. Gebräuche, d. Wohnungen, Beschäftigungen u. Vergnügungen desselben. 1s, 2s Heft mit 8 color. Blätt., deutsch. u. französ. Text. Fol. Leipz. 820 u. 21. (Brockhaus). (à 10 rℬ) 20 rℬ

Buddeus, C., Volksgemälde und Charakterköpfe des russ. Volks. Ein Beytrag zur nähern Kenntniß der Sitten und Gebräuche, der Wohnungen, Beschäftigungen und Vergnügungen desselben. 1s 2s Heft mit 8 color. Blättern. deutsch und französ. Text. Fol. Leipzig, Gleditsch. 820 und 821. à 10 Rthlr.

Buddeus redivivus, s. Hartmann, C. F.

Buddeus, Th.

—— d. Trompeter Blüchers. 16. (112) Waltersh. 58. (Gotha, Glaeser.) n. — 6

— die Trompeter Blüchers. Geschichtliche Erzählung für die Jugend. Waltershausen 858. (Gotha, Krügelstein.) 16. (1 Bl., 112 S.) n. 6 ngℒ

Buddeus, Th., humanes Christenthum. In Briefen. br. 8. (VI, 134 S.) Ohrdruff 871, Stadermann jun. *
geb. *

Buddeus, Th. — Dädalus in Paris, oder: Die Kunst zu fliegen. Eine Erzählung aus dem Leben zweier berühmter Mechaniker für die Jugend von — —. Leitmeritz, 1857. Druck und Verlag von C. W. Medau. (134 S. 8. Mit einem kolorirten Titelbild.)

-- Pfarrers Erdenwallen. Ernst u. Humor. 8. (96 S.) Suhl 877. Leipzig, Mertens. n. 1. 50; geb. n. 3. —

Buddeus, Th., Pfarrers Erdenwallen. Ernst und Humor. 8. (96 S.) Suhl 877. Zander. *

Buddeus, Th., Freya. Das Leben der Liebe in Liedern u. Gedanken deutscher u. fremder Dichter. Berlin 870. Stilke & van Muyden. 16. (198 S.) n. 1 rℬ 15 ngℒ

— und H. Kruspe, drollige Geschichten in Bildern und Gedichten. Arnstadt (854.) Verlags-Comptoir. 8. (52 S. m. Holzschn. im Text.) 10 ngℒ

— u. Guſt. Süs, drollige Geſchichten in Bildern u. Gedichten. 4. (62 S. m. 7 Chromolith.) Dresden 873. Meinhold & Söhne. geb. 2. 40

Buddeus, Th., Jung Harald, s.a. Hoffmann's Jugendbibliothek Nr. 225.

Buddeus, Th., Jung Harald. Eine Erzählg. Mit 4 Stahlſtichen. 12. (98 S.) Stuttgart 888. Schmidt & Spring. cart. — 75

Buddeus, Th., das Märchen vom Reisbrei. Den lieben Kleinen erzählt. gr. 4. (12 S. mit 5 feinen chromolithogr. Bildern und 1 Umſchlagbilde.) Eßlingen 883, Schreiber. geb.

Buddeus, Th., Matthias u. Franzl. Zweier Freunde Leid u. Glück, s.a. Sammlung beliebter Jugendſchriften.

Buddeus, Th., Matthias u. Franzl. Zweier Freunde Leid u. Glück. Der lieben Jugend erzählt. Mit 4 Stahlſt. 12. (96 S.) Stuttgart 882. Schmidt & Spring. cart. — 75

Buddeus, Th., s: Sammlung beliebter Jugendschriften.

Buddeus, T, d. Stern d. Wartburg od. Junker Jörg auf Wartburg u. s. Schützling. 8. (236) Gotha 56, Conrad. — 22½

Buddeus, Th., der Stern der Wartburg oder Junker Jörg auf Wartburg und ſein Schützling. Hiſtoriſche Erzählung aus Thüringen. Gotha 856. Müller. 8. (236 S.) 22½ ngr

Buddeus, Th. Treue um Treue oder der eiſerne Landgraf und ſein Schützling. Eine Erzählung für die Jugend. 12. (115 S. mit 4 Stahlſt.) Stuttg. 889, Schmidt u. Spring. cart. — 75

Buddéus, Wilhelm: Ueber die Einwirkung von Chlorbenzoyl auf Mononatriumcyamid bei Gegenwart von Aethylaether. . . . München, Buchdr. v. Knorr & Hirth, 1890; 2 Bl. + 32 S. 8°
Erlangen, Phil. Fak., Inaug.-Diss., v. 1890

Buddeus, Guil. Frid. Franc.: Opusculorum T. 1. (2.)
T. 1. Academicas elaborationes Göttingenses complectens. Gothae 1759.
T. 2. Opuscula nonnulla patris Car. Franc. Buddei posthuma complectens adiectis quibusdam editoris annotationibus et ... elaborationibus. Lipsiae et Francofurti 1760.

Buddha and his Doctrines. A bibliographical essay. (By Otto Kistner.) Lex.-8. (IV, 32 S.) London 869. (Leipzig, Brockhaus' Sortiment und Antiquarium.) *

Buddha, des, Reden, übers. v. Nanatiloka, s.: Schriften, heilige, der Buddhisten.

Buddha, Des, Reden a. d. „Angereihten Sammlg", hrsg. v. Nyānatiloka, s: Veröffentlichungen d. deut. Pāli-Gesellsch.

[Buddha]. Worte Buddhas. [Hrsg. von] Edgar Alfr. *Regener.* Minden i. W. (1906.) 8°.
(Breviere ausländ. Denker u. Dichter, hrsg. von Carl *Hagemann* u. Edgar Alfr. *Regener.* Bd 2.)

Buddhismus und Christenthum; von einem Hindu. Zürich 1882. V: *Chattopâdhyâya, Nisikânta.* (Cat. d. Stadtbibl. Zürich. Zürich 1864—97.)

Buddhismus u. Christenthum. Mit einem Anhang über das Nirvâna. Von einem Hindu. 8. (32 S.) Zürich 882. Rudolphi & Klemm. n. 1. —

Buddhist, der. Unabhängige deutsche Monatsschrift f. das Gesamtgebiet des Buddhismus u. Die buddhist. Welt, deutsche Monatsblätter zur Orientierg. üb. die buddhist. Mission im Morgen- u. Abendlande. Hrsg. u. red. v. Karl B. Seidenstücker. 1. Jahrg. April 1905 —März 1906. 12 Nrn. (384 S. m. 7 Abbildgn.) gr. 8. Leipzig, Buddhist. Verlag. n. 5. —

— dasselbe. Publikations-Organ der buddhist. Gesellschaft, Nachrichten- u. Anzeigen-Blätter. Hrsg. v. Karl B. Seidenstücker. Red.: G. A. Dietze. 2. Jahrg. April 1906—März 1907. 4 Nrn. (Nr. 1. 112 u. 16 S. m. 2 Taf.) gr. 8. Ebd. n. 5. —

Buddho's, Gotamo, Reden. Aus der längeren Sammlg. Dīghanikāyo des Pāli-Kanons übers. v. Karl Eug. Neumann. 1. Bd. (X, 846 S.) Lex. 8. München 907. R. Piper & Co. Geb. in Halbleinw. 20.—; in Halbfrz. 24. —

Buddho's, Gotamo, Reden. Aus d. Sammlg d. Bruchstücke Suttanipāto d. Pāli-Kanons übers. v. Karl Eug. Neumann. 2. Afl. (12, 410) Lex8° Münch., R Piper & Co. '11. L 20 —

Budding, C., s. Beiträge z. Reform d. Strafprocesses. II. Bd. 1. Heft.

Budding, C., die Polizei in Stadt u. Land in Grossbritannien, s.a. Beiträge zur Reform des Strafprozesses. II. 1.

Die Polizei in Stadt und Land in Grossbritannien. Von Reg.R. Dr. C. Budding in Bromberg. Berlin: J. Guttentag 1908. (207 S.) 8°
= Beiträge z. Reform d. Strafprozesses. Bd 2, H. 1. 08. 9348 2

Büddinger, Th., die Margarine-Fabrikation. (16 S.) gr. 8. Trier (910). N. Besselich. 1. —
Sonderabdruck aus „Organ f. d. Oel- u. Fetthandel".

Buddruss, H., der Schaufenster-Decorateur, f. Material- u. Colonialwaaren-, Delicatessen-, Cigarren-, Droguen-, Farbwaaren- u. Specerei- etc. Handlungen. Praktische Anleitg. zur effectvollen Ausstattg. der Schaufenster. 4. (52 Bl. m. Erklärgn.) Grabow 889. (Leipzig, Gracklauer.) n.n. 7. —

Buddruss, H., der Schaufenster-Decorateur f. Material- u. Colonialwaaren-, Delicatessen-, Cigarren-, Drogen-, Farbwaaren- u. Specerei- etc. Handlungen. Praktische Anleitg. zur effectvollen Ausstattg. der Schaufenster. (3. Aufl.) 4. (101 S. m. Abbildgn.) Leipzig 894. (Jüstel & Göttel.) n. 4. —

Bude: Kunstgewerbliche Arbeiten aus der kulturhistorischen Ausstellung zu Graz, s. Lacher.

Budé, Eug. v., die Opfer schlechter Bücher. Aus dessen größerm Werk üb. die Gefahren schlechter Bücher ausgezogen u. überſ. v. W. Ecklin. 2. Aufl. 12. (20 S.) Basel 894. (Miſſionsbuchh.) n. — 10

Büdeker, Frz: Entscheidgn üb. Gerichtsvollzieherdienst. Systemat. Zusammenstellg m. ausführl. Sachreg. (3, 773) gr8° Berl., R Kühn '12. 14 —; geb. 16 — d

Büdel, J. F. R., unwiderlegliche Beweise, dass die Lehre der neueren Physiker vom Drucke der Flüssigkeiten auf einem Wahne beruhe, für welchen nur der Schein spricht. Warschau 854. (Friedlein.) 8. (88 S. u. 1 Holzschn.) n. 25 ngr

BÜDEL, Johann (München): Ueber Myelitis und zwei Fälle von Myelitis acuta.- München: Wolf 1877. 33 S.
14.3.1377 - Urk (Titel: De myelitide deque myelitide acuta bis observata.); Chr 1876/77,10
Diss. Ingolst.-Landsh.-Mchn.

Budenberg, über Indicatoren, s. Schäffer.

Budenberg, W: Desinfektions-Anlagen und Desinfektions-Apparate. 2. Aufl. Dortmund 1890

Budenberg, W: Desinfektions-Anlagen und Desinfektions-Apparate. 3. Aufl. Dortmund (1891)

Budenberg, W: Der Desinfektionsapparat. München 1890

Dampf-Desinfektions-Apparat C. von W. Budenberg. Berlin 1892

Budens, Jos., s. Budenz.

Budens, Lucien: Der Krimmkrieg, s. Baudens.

Budenz, Jos., ugrische Sprachstudien. 1. und 2. Heft. gr. 8. Pest 870, Aigner. à Heft *M 2. *
Inhalt:
Heft 1. Nachweise und erklärung einer ursprünglicheren gestalt der pluralischen possessiv-affixe in den ugrischen Sprachen. (60 S.)
» 2. Determination des nomens durch affigirten artikel im mordwinischen und in einigen andern ugrischen sprachen. (60 S.)

Budenz, Jos., das Suffix *κός* (*ικός, ακός, υκός*) im Griechischen. Ein Beitrag zur Wortbildungslehre. Göttingen 858. Dieterich. gr. 8. (3 Bl., 90 S.) n. 16 ngr

Budenz, Jos., über die Verzweigung der ugrischen Sprachen. gr. 8. (68 S.) Göttingen 879, Peppmüller. *
Aus: Beiträge zur Kunde der indogermanischen Sprachen, besonders abgedruckt.

Budenz, J., über die Verzweigung der ugrischen Sprachen. gr. 8. Göttingen 879, Vandenhoeck und Ruprecht's Verlag. *

Buder, Christian Gottlieb

Buder, Chr. Gli.: Amoenitates Juris feudalis observationibus selectis ex actis libellisque publicis, diplomatibus etc. erutae. *Jena:* Croecker 1741. 8°.

Buder, Chr. Gottl.: „Amoenitates Iuris publici S. I. R. Germanici observationibus selectis", Jenae 1743. — Vorh.: Bibl. des Kammergerichts Berlin — Jb. 912.

Buder, Chr. Gli., († d. 9. Dec. 1763.) kurze Anzeige d. kaiserl. Lehensbriefe d. Hauses Sachsen. 4. Jena 757. Melchior. 2 gl

Buder, Chn. Gottl. [Präs.], s. Baechlein, Joh. Friedr.

— kurz. Begr. von d. deutschen Reichshist. vom J. 1714 an. 8. Jena, Stahl. 718.

— bibliotheca juris sel. Struviana. 8. Jena 720. 2e A. 725. 3e A. 743. 4e A. 756. Stahel. 2 ß

Christiani Gottlieb Buderi Bibliotheca scriptorum rerum Germanicarum easdem universim illustrantium. Jenae. 1730. Siehe bei: Burcardi Gotthelfii Struvii Corpus historiae Germanicae. (T. I.) Fol.

Buder, Christian Gottlieb [Präs.], s. Boecklen, Christoph Wilhelm Ludwig: De commissario imperiali in caussio feudalibus.

Buder, Christian Gottlieb [Präs.], s. Boecklen, Matth. Christoph Gottl.: De feudo jurisdictionis.

— — De canonico jubilario sive jubilaeo in eccles. German. cathedralibus. — Ad candidati Carl Christian Friedrich Kellner (Herbstleben/Thür.) diss. inaug. de furto armato. Jena (Fickelscherr) 15. VII. 1761. 12 S., mit Biogr. (M.: A. R. Wenzin.) (3.—) 4491

— — Progr. de consiliis et responsis prudentum Germaniae medii aevi. — Diss. de modis adquisitae a civitatibus Germaniae mediatis jurisdictionis criminalis, candidati Johann Reyher (Kiel). Jena (Schill) Dez. 1749. 12 S., mit Biogr. (M.: A. M. Class.) (3.20) 4478

— — Programma de cursu equestri feudali. — Diss. de delictis monetariis candidati Johann Borchward (Wismar). Jena (J. F. Schill) 12. IV. 1750. 16 S., m. Biogr. (M.: C. E. Hase.) (3.50) 4479

Buder, Chrn Glieb, Dissertatio de dominio maris Suevici vulgo Lacus Bodamici, quam disquis. subjicit J. C. Wegelin. Jenae 1742. 4. . . . . (D.)

— — Progr. candidati Jo. Gottlieb Loescher (Weimar) diss. inaug. de eo quod juris est circa probationem et demonstrat. in foris Saxonicis. Jena (Ritter) 30. VII. 1747. 8 S., mit Biogr. (M.: E. A. Reyher.) (3.20) 4476

— — De fatis doctrinae juris publici in academiis maxime Germaniae. Jena (Fickelscherr) 7. V. 1731. 12 S. (3.—) 4467

Buder, Christian Gottlieb: Diatriba juris feudalis et publici de feudis officialium haereditariorum procerum et provinciarum regni Germanici ex diplomatibus literis . . . eruta. Jenae 1736.

— — Programma de feudis in Romandiola. Quo candidati Wilhelm Ernst Kreusler (Jena) diss. de spolio universitatis more maj. ind. Jena (Fickelscherr) 1748. 4 Bl., mit Biogr. (M.: S. C. Marquart.) (3.—) 4477

— — De feudis sceptri. Vom Zepter-Lehn disquisitio ex diplomatibus monimentisque fide dignis eruta. Ed. II. Jena (Cröker) 1737. 40 Seiten. (5.—) 4468

— — Dasselbe. Ed. III. Jena (Croeker) 1744. 48 Seiten. (5.—) 4469

— — Programma de formula feudali *zu Mannlehen und zu rechten Mannlehen* foeminis quandoque favorabili. — Candidati Philipp Ludwig Spener (Wittenberg) diss. de haerede fundi laudemialis in divisione haereditatis a laudemio non simpliciter immuni more majorùm. Jena (Schill) 11. V. 1752. 16 S., mit Biogr. (M.: H. C. Huyssen.) (3.20) 4480

— — De gratiis ad obtinendas praebendas doctoribus academicis concessis. — Candidati Carl Theophil Graun (Crossen). — Jena (Schill) 12. VI. 1756. 8 S., mit Biogr. (M.: Otto.) (3.—) 4483

— — u. (Respond.) **Johann Anton Reusch** (Altenkirchen/Sayn), Historia canonicatuum impp. regumque Germaniae sive praebendae regiae. Diss. philos. Jena (Ritter) 23. VIII. 1738. 22 Seiten. (4.80) 4472

— — Investigatio verae significationis formulae investiturarum feudalium: mit Hand und Munde. — Ad. dissert. Adolph Heinrich Germighausen (Kassel). Jena (Ritter) 26. XI. 1740. 15 S., mit Biogr. (M.: M. E. Aitinger.) (3.—) 4473

— — De investitura Bernhardi Ascanii Saxoniae ducis per pileum et sertum et de origine rutae Saxonicae conjectura. Jena, 23. IX. 1752. Ed. II. Lpz. (Langenheim) 1753. 8 S. (3.—) 4481

Buder, Chrn Glieb, Dissertatio juris Germanici de judiciis duodecimviralibus populorum septemtrionalium et Germaniae, quam disquis. proponit I. Chr. F. Hummelius. Jenae 1743. 4. . . . . (D.)

— — Diatriba de juramentis principum ecclesiasticorum S. I. R. Germanici ex diplomatibus actis publicis monimentisque fide dignis eruta. Jena, 28. IV. 1725 (Fr. Bortoletti) 1737. 86 S. (5.50) 4465

— — Dasselbe. Ed. nova. Jena (J. Ch. Croeker) 1748. 4 Bl., 102 S., 5 Bl. (5.50) 4466

— — Diatriba de S. R. I. vicariorum jure praesentandi ad beneficia eccles. ex diplomat. monimentisque fide dignis eruta. Jena (Ritter) 1741. 28 S. (4.80) 4474

— — De legationibus obedientiae Romam missis. Liber singularis. Jena u. Lpz. (Joh. Friedrich Ritter) 1737. 120 S. (6.—) 4470

— Nachr. v. d. Belehnung Kurf. Johann Friedrichs zu Sachsen, geschehen v. d. röm. Könige Ferdinand I. zu Wien 1535, nebst G. Spalatius Bericht von dieser Handlung. 4. Jena 755. (Knobloch in Leipz.) 4 gl

— Nachricht von d. Belehnung Churfürst Johann Friedrichs z. Sachsen, geschch. von d. röm. Könige Ferdinand I. zu Wien 1535 nebst G. Spalatins Bericht von dieser Handlung. 4. Jena, Melchior. (Gabler), 755.

— — **Observ. de dominio directo sanctorum tutelarium ecclesiarum Germaniae ad inaug. cand. Joh. Heinr. Heuss (Hamburg). Jena (Schill) Juni 1758. 12 S., mit Biographie. (M.: S. E. Schomacker.) (3.—)** 4484

— — **Dasselbe. Mit Widm. v.: Ch. G. Buder, Joh. Gottfr. Sonnenkalb, Chn. Ludw. Forch (Altona). (3.50)** 4485

Buder., Chr. Gli.: Observatt. jur. publ., feud., germ. et antiquitt. patriarum. *Jena*, Cuno's E. 751. 8. (4 Gr.)

Buder, Chr. Gli., observat. juris publici feudalis germanici etc. 8. Jena 751. Stahel. 6 ℛ

— — **Candidati Gabriel Christoph Lembke (Wismar) sol. inaug. — Observ. ad literas investit. Bruxellenses anni 1555 seren. duc. Saxoniae Ernestinae datas. Jena (Schill) 2. V. 1759. 12 S., mit Biogr. (3.50)** 4488

— opuscula quib. select. juris publ. feudal. eccles. germ. etc. argumenta exhibentur. 8. Ien. Stahl. 745.

Buder, Christian Gottlieb: O p u s c u l a quibus selectiora juris publici feudalis ecclesiastici Germanici et historiae patriae ac literariae argumenta exhibentur. Jenae 1745.

— orationes binae. 8. Ien. Melchior. 735.

— — Viri Johann Ludwig Eckardt (Coburg) sol. inauguralia. — De origine judiciorum der Hoff-Gerichte. Jena (Fickelscherr) 31. V. 1769. 12 S., mit Biogr. (M.: J. M. Ferrich.) (3.50) 4496

— — **Progr. de vetusta origine subfeudorum eorundemque necessitate. — Diss. inaug. candidati Jacob Rau (Otterndorf/Hadelensis). De investitura simultanaea in terris Brunsvico-Luneburg. Jena (Schill) 4. IV. 1761. 12 S., mit Biogr. (M.: A. Rademacher.) (3.50)** 4490

— — **Candidati Emanuel Biermann (Augsburg) sol. inauguralia. — Praef. de precibus pro imperatore fusis. Jena (Fickelscherr) 28. X. 1758. 4 Bl., mit Biogr. (M.: A. E. Beck.) (3.—)** 4487

— — Candidati Johann Georg Moehrlin (Ravensburg/Schwab.) sol. inaug. — Praef. de precibus pro imperatore fusis. Jena (Fickelscherr) 25. IV. 1769. 6 Blatt, mit Biographie. (M.: A. C. Sapper.) (3.—) 4495

— — Programma quo observ. part. formulam ducatus Saxoniae et Westphaliae etc. imperante Friderico Ahenobarbo Aug. ac sub Bernhardo Ascanio et Philippo archiepisc. Coloniensi. I. — Diss. de lucro cessante et damno emergente candidati Anton Herzberg (Wismar). Jena (Fickelscherr) 26. III. 1763. 8 S., mit Biogr. (M.: E. M. Groning.) (3.—) 4492

— — Dasselbe. II. — Diss. de auctoritate possess. vetustae in causis praesertim illustr. candid. Johann August Reichardt (Remda/Thür.) Jena (Schill) April 1763. 8 S., mit Biogr. (M.: C. E. Hamberger.) (3.—) 4493

— — Dasselbe. III. — Simulque diss. de usufructu materna in bonis liberorum adventitiis secundum jus Saxon. spect. candidati Matth. Wolpmann (Hamburg). Jena (Fickelscherr) 9. IV. 1763. 8 S., mit Biograph. (M.: M. Kochen.) (3.—) 4491

Buder, Chr. Gli: De ratione et methodo studiorum juris illustrium ICtorum selecta opuscula conquisivit. *Jen.* 724. 8.

— s.a. R e p e r t o r i u m reale etc.

— r e p e r t o r. reale pragmat. juris publ. et feud. imp. R. G. 4. maj. Ien. 751.

Buder, Christian Gottlieb (Hrsg.), s.a. S a m m l u n g , Nützliche, verschiedener meistens ungedruckter Schrifften, Berichte, Urkunden, Briefe, Bedencken, ...

B u d e r , Chr. Gottl.: „Nützliche Sammlung verschiedener meistens ungedruckter Schrifften . . . . „ welche zu Erläuterung der Natur- und Völcker-, bes. teutschen Staats- und Lehn-Rechten . . . dienen können. Mit einigen Anmerckungen erläutert", Frankfurt a. M. und Leipzig 1735. — Vorh.: Bibl. des Kammergerichts Berlin — Jb. 907.

— Samml. meist. ungedruckt. Schriften, Urkunden rc. zur Erläut. d. Nat. u. Völkerrechts rc. 8. Frankf. Cuno. 735. —

— — **Progr. ad clementinam pastoralis de sententia et re judicata sive de juribus vicariorum in Imperio Romano singul. sic dicto. — Candidati Johann Christoph Koch (Waldeck) diss. de evictione in donatione non indistincte praestanda. Jena (Schill) 22. IV. 1756. 16 S., mit Biogr. (M.: Esau.) (3.—)** 4482

Buder, C. G., de sigilliferis episcoporum. Jen. 1720. 4.; repet. in ejsd. opusc. p. 712—18.

— — **Candidati Carl Friedrich Burmeister (Wismar). — De diversa significatione verbi feudalis: *Mann* quaedam praefatus. Jena (Schill) 19. V. 1759. 12 S., mit Biogr. (M.: A. M. Cothe.) (3.20)** 4489

— — **De verbi: *Reich* terrulis adscripti significatione. Ad diss. de judiciis duodecim viralibus populorum candidati Joh. Christ. Friedemann Hummel (Jena). Jena (Croeker) 3. V. 1743. 12 S., mit Biogr. (M.: A. M. Baumann.) (3.—)** 4475

— — **Programma candidati Christian Heinrich Eckhard (Quedlinburg). — De societate Leonina praem. Jena (Ritter) 20. IV. 1738. 12 S., mit Biogr. (M.: M. M. Brock.) (3.—)** 4471

Buder, Christian Gottlieb: Συμμίκτα observationum et opusculorum ex monumentis diplomatibus ac scriptoribus fide dignis erutarum. Lib. [1.] 2. Jenae 1756. 60.

— — **Candidati Christian Nicolaus Carstens (Lübeck) sol. inaug. — Praef. de vicariatu imperiali cumprimis Lubecensi in persequendis et puniendis violatoribus pacis publicae. Jena (Schill) 20. IX. 1758. 12 S., mit Biogr. (M.: C. Tesdorpf.) (3.20)** 4486

Buder, Christian Gottlieb (Lausitz), Inter secularium sacrorum evangel. solemnia II vindicias juris imperatorii adversus urbis Romae episcopos ab ipsis Augustis factas ductis a tempore repurgatae in Germania doctrinae christianae initiis. Präs. Burcard Gotthelff Struve. • Jena (Fickelscherr) Nov. 1717. 74 S. (5.—) 4464

Buder, Ch. Gl.: Vitae clarissimor. ICtor. c. not. *Jen.* 722. 8.

— vitae clariss. historicor. 8. Ien. Croecker. 740.

Buder, Ernst, Rechtsanw. in Kempten: Die **Wiedereinsetzung** in den vorigen Stand nach der Reichszivilprozessordnung. *München: C. H. Beck 1902.* (IV, 74 S.) 8° [F.]
Tübingen, Jur. Diss. v. 1·02

Buder, Ernst, die Wiedereinsetzung in den vorigen Stand nach der Reichszivilprozeßordnung. gr. 8. (IV, 74 S.) München 902. C. H. Beck. n. 1. 80

— **Johann Gottfried** (Zittau), De incorruptibili sanguine Jesu redemptoris nostri. Disp. theol. Präs. Caspar Loescher. Wittenbg., 1. IX. 1691. (Chn. Schrödter) 1702. 12 Bl. (1.50) 4497
Widm. v.: Casp. Löscher, Nicol. Panecius (Zittau).

Buder, Johannes, a. Berlin: Untersuchungen zur Statolithenhypothese. (Berlin 1908: Gebr. Unger.) (S. 102—193.) 8° [Aus: Berichte d. Deutschen Botan. Gesellschaft Bd 26, 1908.]
Berlin, Phil. Fak., Ref. Schwendener, Diss. v. 14. März 1908
[Geb. 16. Nov. 84 Berlin: Wohnort: Berlin: Staatsangeh.: Preußen; Vorbildung: Askanisches Gymn. Berlin Reife O. 04; Studium: Berlin 7 S.; Rig. 30. Jan. 08.]

Buder, Karl [cand. med. aus Gaiss bei Nenzing, Vorarlb.]: Ueber Chemotaxis ... München, Buchdr. v. M. Ernst, 1894; 30 S., 1 Bl. 8.
München, Med. Fak., Inaug.-Diss. v. 1894

Buder sen., Ludw., Vortrag üb. Missstände im kaufmännischen Prozessverfahren nebst Ergänzungen. Ein Notschrei aus der Geschäftswelt. 2. Aufl. (32 S.) gr. 8. Mainz (906). Mainzer Verlagsanstalt u. Druckerei. n. — 30
1. Aufl. (31 S.) 906. n. —30.

[**Buder,** Moritz, Prof.:] Nachtrag zum Katalog der Schüler-Bibliothek des Königlichen Pädagogiums zu Putbus. Putbus 1907: R. Decker. (12 S.) 8° ¶[Forts. d. P-Beil. 1900.]
Putbus, k. Pd OP 1907 (178)

Buder, Paul, üb. die apologetische Aufgabe der Theologie in der Gegenwart. Akademische Antrittsrede geh. zu Tübingen den 16. März 1876. gr. 8. (21 S.) Tübingen 876. Fues. n. -- 50

Buder, Theodor, approb. Arzt aus Tübingen: Aus d. med. Klinik in Tübingen. Zur Statistik der Heilserumtherapie bei Diphtherie. *Tübingen: F. Pietzcker 1900.* (27 S.) 8°
Tübingen, Med. Diss. v. 1·00

Buder, W, s: Gott u. Mensch.

Budertrauer, Tr.. „Von Ursprung und Bedeutung des Martens-Mannes, der Ministerialien und von Dienstleuten der Heiligen", Helmstedt 1733.

Buderus: de vitus pecorum venalium. (Dissert.) Jena ·40. 4 to.

Buderus C. H. Die Beziehungen zwischen Tangentenlage u. Neigungswinkel der Tangente für die Kegelschnittslinien u. einige andere Curven. 1863. 4
Math. Diss. Marburg

Buderus (L. Fr.), Verzinktes Eisen und dessen Verwendung. Illustrirte Preisliste. Bonn 1867.

Budeschinsky, A., Universal-Stenographie. Ein originelles System v. absoluter Einfachheit u. Kürze. 1. Thl. gr. 8. (31 u. 4 autogr. S.) Leipzig 889. (Robolsky.) n.n. 2.—

Budeus, s. Buddeus

Budge, E. A. Wallis, the life of Rabban Hôrmizd, s.: Wahlô.

Budge, Julius

Budge, Jul., Anleitung zu den Präparirübungen und zur Repetition der descriptiven Anatomie des Menschen. 2 Abthlgen. gr. 8. (X und 486 S.) Bonn 866,67, Marcus. [1. Abthl. * 1 Thlr. 10 Ngr., 2. Abthl. * 1 Thlr.] *

Budge, Julius, Beweis, dass das Dubois'sche Gesetz vom Muskelstrom unhaltbar ist. (Vorläufige Mittheil.) (Abdr. aus Goschen's „Deutske Klinik" 1861, No. 22.)

Budge, Jul., über die Bewegung der Iris. Für Physiologen und Aerzte. Mit 3 (lith.) Taf. Abbildgn. (in gr. 4.) u. in den Text eingedr. Holzschn. Braunschweig 855. Vieweg u. Sohn. gr. 8. (XI, 206 S.) n. 1 ℛ 15 Ngr

Budge, Jul., Clepsine bioculata. gr. 8. (67 S. mit 2 Stnt. in qu. gr. 4.) Bonn 849, (Henry und Cohen.)
Aus: Verhandlungen des naturhistor. Vereins der preuss. Rheinlande und Westphalens, besonders abgedruckt.

Budge, Julius (Wetzlar), De definitione morbi. Diss. med. Bln. (Nietack) 31. VII. 1833. 40 S., mit Biogr. (4.—) 4498
Opponenten: S. Levinstein, C. F. Roth, Th. Schwann. — Handschr. Widm. d. Verf.

Budge, Julius, Ueber den Einfluss des Lichtes auf die Iris. (2 Blatt.)

Budge: Über die Einheit in der Natur. Grfsw. Schul-/Univ.-Schrift. 1863.

— Ueber das Dubois'sche Gesetz des Muskelstromes. (2. vorläufige Mittheil.) (Abdr. aus Goschen's „Deutsche Klinik" 1862, No. 13.)

—— **Compendium der Physiologie des Menschen. Zur Repetition für Studirende und Aerzte. 8. (XVI und 275 S. mit eingedr. Holzschn.) Leipzig 864, Günther.** cart. *

Budge, Jul., Compendium der Physiologie des Menschen. 2. umgearb. Aufl. 8. (XV, 373 S. mit eingedr. Holzschn.) Leipzig 870, E. J. Günther. cart. *

—— **dass. — 3. verm. Aufl. 8. (XXI, 433 S. mit in den Text gedr. Abbild. in Holzschn.) Leipzig 875, Abel.** *

Budge, Jul., Lehrbuch der speciellen Physiologie des Menschen. Für Vorlesungen und zum Selbststudium. 8., gänzlich umgearb. Aufl. (In 3 Abthlgn.) 1. und 2. Abthl. Lex.-8. (VI und 528 S. mit 5 Kpfrt. und zahlreichen eingedr. Holzschn.) Weimar 860, 61. Leipzig, Voigt und Günther. [1. Abthl. * 1 Thlr. 15 Ngr., 2. Abthl. * 2 Thlr.] *

—— **Lehrbuch der speciellen Physiologie des Menschen. Für Vorlesungen und zum Selbststudium. 8., gänzlich umgearb. Aufl. 3. Abthl. Lex.-8. (XXXV und S. 529—1006 mit 5 Kpfrt. und zahlreichen eingedr. Holzschn.) Leipzig 862, Günther.** *
1. und 2. Abthl. Ebendas. 1860,61. * 3 Thlr. 15 Ngr.

Budge, Jul., die Lehre vom Erbrechen. Nach Erfahrungen und Versuchen. Mit e. Vorrede v. Dr. Friedr. Nasse. gr. 8. Bonn 840. Henry u. Cohen. n. $1\frac{1}{3}$ ℛ

— **Memoranda der speciellen Physiologie des Menschen. Ein Leitfaden f. Vorlesgn. u. zum Selbststudium. Mit 9 Kpfrtaf. 12. (VI u. 226 S.) Weimar 848, Landes-Ind.-Compt. 1 ℛ — 2. verb. u. verm. Aufl. Mit 9 Kpfrtaf. 12. (VIII u. 276 S.) Ebd. 849. 1 ℛ 6 Ngr — 3. verb. u. verm. Aufl. Mit 9 Kpfrtaf. gr. 12. (VI u. 295 S.) Ebd. 850. 1 ℛ 6 Ngr — 4. verb. u. verm. Aufl. Mit 9 Kpfrtaf. gr. 12. (XII u. 316 S.) Ebd. 852. 1 ℛ 6 Ngr**

— **Memoranda der speciellen Physiologie des Menschen. Ein Leitfaden für Vorlesungen und zum Selbststudium. 5. verb. u. verm. Aufl. Mit 10 Kupfertaf. Weimar 853. Landes-Industrie-Comptoir. gr. 12. (XII, 372 S.)** 1 ℛ 15 Ngr

Ad audiendam ... orationem de ratione quae physiologiam inter et alias disciplinas intercedat pro aditu muneris prof. ord. in facultate med. Bonnensi d. VIII m. Aug. ... invitat Iulius Budge ... — Insunt observationes de vi quam nervi et phrenicus et vagus in respirationem habeant. Bonnae, typ. C. Georgii 1855. 10 S. 4.

— **allgemeine Pathologie als Erfahrungswissenschaft, basirt auf Physiologie. In 1 Bde. (4 Liefg.) gr. 8. Bonn 843—45, Weber. $4\frac{2}{3}$ ℛ**

—— specielle Physiologie des Menschen. Ein Leitfaden für Vorlesungen und zum Selbststudium. 6., verb. und verm. Aufl. Mit 5 Kpfrt. und zahlreichen eingedr. Holzschn. 12. (IV und 452 S.) Weimar 855(56,) Landes-Industrie-Comptoir. *

—— specielle Physiologie des Menschen. Ein Leitfaden für Vorlesungen und zum Selbststudium. 7., verb. und verm. Aufl. gr. 8. (V und 438 S. mit 5 Kpfrt. und zahlreichen eingedr. Holzschn.) Weimar 857. [Leipzig, Voigt und Günther.] †

Budge, Julius, Ueber die verschiedene Reizbarkeit eines und desselben Nerven an verschiedenen Stellen desselben.

Budge, Jul., über den Schmerz. Ein populärer Vortrag, gehalten zu Greifswald am 14. Febr. 1866. Mit 1 (lith.) Fig.-Taf. Ebend. 866. 8. (31 S.) 7½ ngr.

—— anatomische und physiologische Untersuchungen über die Functionen des Plexus coeliacus und mesentericus. 1. Abthl. gr. 4. (30 S. mit 6 ill. Stnt.) Jena 860, Frommann. *

Aus: Acta acad. Caes. Leop.-Carol. naturae curiosorum, besonders abgedruckt.

Budge, Jul., Untersuchungen über das Nervensystem. 1. Hft. Einfluß der Centraltheile des Nervensystems auf die Bewegung des thierischen Körpers. 2. Hft. gr. 8. Frankfurt a/M. 841, 42, Jäger'sche Buchh. 1. Hft. 1¼ ₰ — 2. Hft. 1½ ₰

Budge, Jul. (Hrsg.), s. Verhandlungen des naturhistorischen Vereines der preußischen Rheinlande.

—— über die Zwecke des Athmens. Ein populärer Vortrag. gehalten zu Greifswald am 21. Jan. 1860. gr. 8. (84 S.) Weimar 860. (Leipzig, Voigt und Günther.]

Budge, Siegfr.: Das Malthus'sche Bevölkergsgesetz u. d. theoret. Nationalökonomie d. letzten Jahrzehnte, s: Abhandlungen. Volkswirtschaftl., d. bad. Hochsch.

Budget

Appenzell A. Rh. Budget pro 1885. In-8°, 19 S.

Appenzell A. Rh. Büdget pro 1886. Vom Kantonsrate am 15. März 1886 genehmigt. In-8, 20 S.

([C]Kanton) Appenzell A. Rh. Büdget pro 1901. ⟨Vom Kantonsrat genehmigt am 26. März 1901.⟩ 31 S. 8.

(Kanton) Appenzell A. Rh. Büdget pro 1902. ⟨Vom Kantonsrat genehmigt am 21. März 1902.⟩ 28 S. 8.

(Kanton) Appenzell A. Rh. Büdget pro 1903. ⟨Vom Kantonsrat genehmigt am 16. März 1903.⟩ 30 S. 8.

Budget, d. baierische, u. seine Tadler. 8. Münch. 819. (Finsterlin). 6 gl

Budget, d. baierische, und seine Tadler. 8. München, Thienemann. 819.

Einwohnergemeinde Brugg. Budget pro 1873. 8 Sm 4.

Ortsbürgergemeinde Brugg. Budget pro 1873. 8St. 4.

Chemins de fer fédéraux. Budget supplémentaire (*1901: Crédits supplémentaires à accorder.... 8. [Berne, C.-J. Wyss.]

...pour l'année 1901. [Berne] 1901: [1.] Message du Conseil fédéral. ⟨Du 16 août 1901.⟩ 11 p. — [2.] Arrêté fédéral. ⟨Du 20 décembre 1901.⟩ 3 p.
...pour l'année 1902. [Berne] 1902: [1.] Message du Conseil fédéral. ⟨Du 7 avril 1902.⟩ 45 p. — [2.] Arrêté fédéral. ⟨Du 26 avril 1902.⟩ (2 p.)
2e budget supplémentaire pour l'année 1902. ⟨Berne⟩ 1902: [1.] Message du Conseil fédéral. ⟨Du 12 juin 1902.⟩ 13 p. — [2.] Arrêté fédéral. ⟨Du 28 juin 1902.⟩ 2 p.

Confédération suisse. Budget pour l'année 1901. Adopté par le Conseil national le 20 décembre 1900. Adopté par le Conseil des Etats le 21 décembre 1900. 54 p. 4. [Berne, C.-J. Wyss.]

Confédération suisse. Budget pour l'année 1902. Adopté par le Conseil des Etats le 18 décembre 1901. Adopté par le Conseil National le 20 décembre 1901. 54 p. 4. [Berne, C.-J. Wyss.]

Confédération suisse. Budget pour l'année 1903. 4. [Berne, C.-J. Wyss.]

Ed. A: Adopté par le Conseil fédéral le 18 octobre 1902. 59 p.
Ed. B: Adopté par le Conseil national le 17 décembre 1902. Adopté par le Conseil des Etats le 19 décembre 1902. 60 p.

Ueber das **Budget** des dänischen Gesammtstaates und Holsteins Antheil an den gemeinschaftlichen Einnahmen und Ausgaben. o. O. u. J. (Lithogr.) Fol. in 4° gebunden. Bei: Bedenken erstattet von der . . . zur Vorbereitung einer Untersuchung der Postirungen in den älteren Budgets etc. niedergesetzten Comite. Kopenhagen. (1857.) 4°.

Budget, Hamburgensia. s.: Hamburg. Senatskanzlei. Entwurf des hamburgischen Staats-Budgets.

Budget des Herzogthums Holstein für das Finanzjahr
vom 1. April 1864—65. Beilage zum Gesetz- und Verordnungsblatt für die Herzogthümer Holstein und Lauenburg, vom Jahre 1864. (Altona. 1864.) (Mit handschriftlichen Nachträgen.)
vom 1. April 1865—66. (Bekanntmachung vom 20. December 1865. ebd. 1865.)
vom 1. April 1866—67. Beilage zum Verordnungsblatt für das Herzogthum Holstein, Stück 33, vom 5. Mai 1866. (Bekanntmachung vom 30. April 1866.) (ebd. 1866.) 4°.

Budget der kaiserlich-königlichen Land-Armee für das Verwaltungs-Jahr 1861. Hiezu: Erläuterung des Budgets für die k. k. Land-Armee für das Verwaltungs-Jahr 1861. (2 Bde.) (Donation Liechtenstein.) Fol. Wien 1860.

Evang. Landeskirche des Kantons Thurgau. Budget für die gesamte Verwaltung des Kirchenwesens pro 1902 und 1903. (1902 April 23.) 3 S. 4.

Budget of Mirth, s. Flügel, J. G.

Budget für das Jahr 1841 u. Normalreglement für sämmtl., das Königreich Dänemark u. die Herzogthümer Schleswig, Holstein u. Lauenburg mit den dazu gehörigen Nebenländern betreffende Staats-Einnahme und Ausgabe. Publicirt von der Finanz-Deputation zufolge Sr. Majestät allerhöchsten Rescripts vom 11. April 1841. gr. 4. Kopenhagen 841. (Reitzel.) n. 1¼ ₰ — dass. für d. J. 1842. Publicirt ꝛc. v. 20. März 1842. gr. 4. Ebend. 842. baar ⅜ ₰ — dass. für d. J. 1843. gr. 4. Ebend. 844. baar ¾ ₰ — dass. für das J. 1844. gr. 4. Ebend. baar ⅜ ₰ — dass. für das J. 1845. gr. 4. baar 1 ₰ 4 ngl — dass. f. d. J. 1846. n. 12 ngl

Budget . . . und Normalreglement für sämmtliche, das Königreich Dänemark und die Herzogthümer Schleswig, Holstein und Lauenburg mit den dazu gehörigen Nebenländern betreffende Staats-Einnahmen und Ausgaben. Publicirt von der Finanz-Deputation zufolge allerhöchsten Rescripts . . . für die Jahre 1841—48. Kopenhagen. 1841—48. 4°.

Budget, das österreichische, s. Mittheilungen aus dem Gebiete der Statistik.

Budget des Herzogthums Schleswig für das Finanzjahr
vom 1. April 1864 bis ult. März 1865. (Bekanntmachung vom 17. October 1864.) o. O. (1864.)
vom 1. April 1866 bis ultimo März 1867. (Bekanntmachung vom 7. Juni 1866. Flensburg. 1866.) 4°.

Budget für das Jahr 1847 f. sämmtl., das Königr. Dänemark u. die Herzogth. Schleswig, Holstein u. Lauenburg mit den dazu gehörigen Nebenländern betreff. Staats-Einnahmen u. Ausgaben. Publicirt v. d. Finanz-Deputat. gr. 4. (XLII u. 170 S.) Kopenhagen 847. (Reitzel.) n. 12 ngl

Budget für das J. 1849, f. sämmtl., die Herzogthümer Schleswig-Holstein betreffende Staats-Einnahmen u. Ausgaben. Gottorff, den 1. März 1849. gr. 4. (XX u. 144 S.) Schleswig 849, Bruhn in Comm. n. 24 ngl

— für das Jahr 1850 f. sämmtliche, die Herzogth. Schleswig-Holstein betreffende Staats-Einnahmen u. Ausgaben. gr. 4. (128 S.) Altona 850. (Kiel, Schwers.) 2/3 ₰

Politische Gemeinde St. Gallen. Budget für die Verwaltungs-Rechnungen pro 1901/1902. (1901 Juli 11.) 25 S. 4. St. Gallen, A. Loehrer, 1901.

Budgetbericht. 1r Thl. Ueber d. gesammten Staatsaufwand in d. J. 1831 u. 32 u. über d. Auflagen-Gesetzvorschlag vom 25. März 1831. Erstattet von d. Abgeordneten v. Itzstein, u. einzelne Theile desselben von d. Abgeordneten Buhl, Hoffmann u. Speyerer. 2r Thl.: Ueber d. Staats-Einnahmen. Erstattet v. d. Abgeordn. Nutschmann, Lauer u. Martin. Mit 7 Tabb. in Fol. u. gr. 4. gr. 8. Karlsr. 832. Braun. 2 ₰ 12 ⁄

Budget-Debatte. Aus der Budget-Debatte d. J. 1888. I. Aus der Rede des Reichsr.-Abg. Gregr in der Generaldebatte. II. Die Debatte üb. die Staatspolizei. III. Rede des Reichsr.-Abg. Dr. Kronawetter am 28. Apr. bei der Verhandlg. des Budget des Landesvertheidigungs-Ministerium. Auf Grund des amtl. stenograph. Protokolls. Hrsg. v. der Red. der „Gleichheit". 8. (60 S.) Wien 888. (1. Wiener Volksbuchh. J. Brand.) n. — 12

Budgetentwürfe für das eidg. Polytechnikum (für den Normalzustand). 1854.

Budgetfrage, Die. Ein Beitrag zur Regelung des Staatshaushalts. Wien 1862. V: *Sommaruga, Franz Freih. von.* (EB)

Budgetfrage, die. Ein Beitrag zur Regelung des Staatshaushaltes. Den Mitgliedern des hohen Reichsrathes zugeeignet von F. v. S. gr. 8. (27 S.) Wien 862, (Braumüller und Sohn.) *

Budgetrecht, das, des Reichstages. Von e. Conservativen. Berlin 867. Stilke & van Muyden. gr. 8. (28 S.) n. 5 ngr

Budgetrecht, das, des deutschen Reichstags u. der Reichshalts-Etat, s. a.: Staatsbürger-Bibliothek, 3. Heft.

Das **Budgetrecht** des deutschen Reichstags und der Reichshaushalts-Etat. M.Gladbach: Westdeutsche Arbeiterzeitung 1908. (60 S.) 8° [J.]
— Staatsbürger-Bibliothek. H. 3. [08. 7918]

Budgetrecht (Das) und die Steuerreform. Von einem Freunde der Reform. gr. 8°. Stuttgart, C. Grüninger, 1902.

Budgets-Modifikationen (Die ständischen), und die Erübrigungen. Versuch über einige Streitfragen des Bayer. Staatsrechts. 8°. Mannheim, Bassermann, 1843.

Budgett, des großen Kaufmanns Samuel, Lebensgeschichte. Ein Vorbild im Denken und Thun für Jedermann besond. für Kaufleute. Nach der 12. Aufl. des engl. Werkes: „W. Arthur, the successful merchant" frei bearb. 16. (VIII und 182 S.) Halle 859, Hendel.

Budiček duše křestansko-katolické, cili modlitebni knižka, obsahujici pobožnost výročni i denni a rozličná rozjimani a vzdycháni spasitelná dle pravidel cirkoe soaté, z novu složená. 8. (Mit 1 Stahlst.) Lipsku (846), 847, Naumburga. geb. n. 2/3 ₰

Budich, H. M.

Budich, SM, kurze Anw. z. Leitg d. ersten ernsteren Beschäft. d. Kindes. 8. (72) Dresd. 51. (Lpzg, Hermann.) n. — 6

Budich, H. M., kurze Anweisung zur Leitung der ersten ernsteren Beschäftigungen des Kindes, besonders zum Gebrauche des ersten „Lernbuches," nebst einigen ausgewählten Liedern mit Melodieen für Mütter, Erzieherinnen u. Lehrer rc. 8. (72 S.) Dresden 851, Schaefer in Comm. n. 6 ngl

Budich, H. M., belehrende Bilder-Karten. 8. (12 Stnt. und 8 S. Text.) Meißen 865. (Freiberg, Puttrich.) In Couvert

Budich, H. M., der Bildungsgang der Frauen, s. a. **Vorträge u. Abhandlungen, pädagogische.**

Budich, H. M., Der Bildungsgang der Frauen. »Vorträge und Abhandl., Pädagog.« (50 S.) Leipzig 1869. J. Klinkhardt.

Budich, S. M., Einführung in die französische Sprache für die ersten Anfänge des Lesens und Uebersetzens. Dresden 858. Adler u. Dietze. 8. (VIII, 58 S.) n. 7½ ngl

—— erstes Lernbuch d. Kindes. 8. (146) Dresd. 51. (Lpzg, Hermann.) n. — 8

—— erstes Lernbuch des Kindes, enth. die ersten Uebungen im Zeichnen, Schreiben, Rechnen, Lesen, in der Rechtschreibung, deutschen Sprachlehre und dem Auswendiglernen, nach der Jacotot'schen Methode verbunden mit der Schreiblesemethode. 8. (VI und 146 S.) Dresden 851, Schaefer. *

—— erster Unterricht für meine Kinder. 8. (VI, 146 und 10 lith. S. mit 4 ill. Stnt. und lith. und ill. Titel.) Dresden 851, Schäfer. *

Budich, M., gehobene Stimmungen. Gedichte u. Reflexionen. 1. 16. (95 S.) Dresden 873. Jaenicke in Comm. n. 1. —

Budich, S. M., s. Budich, H. M.

Budie, M., s. Psalmen, die.

Budie, Max, Präparation z. Genesis, } s.: Heilig-
— Präparation z. Propheten Jesaja, } stedt, Aug.

Budie, Max: Die Hebräische Präposition [hebr.:] 'al. Halle a. S. 1882: Kreysing in Leipzig. 30 S. 8°
Halle-Wittenberg, Phil. Diss. v. 1. Aug. 1882
Geb. Potsdam 2. 8. 1859. V.
Ersch. vollst. im Buchhandel Halle: Niemeyer 1882. 80 S.

Budie, Max, die hebräische Präposition al (עַל). Mit einem Register der behandelten alttestamentl. Stellen. gr. 8. (80 S.) Halle 882. Niemeyer. n. 2. 40

Budig, Christian Gottlob (Radmeritz/Laus.), De rabie canina ejusque medela probabili. Diss. med. Präs. Johann Gottlob Haase. Lpz. (J. B. Hirschfeld) 10. VII. 1801. 50 S. (4.80) 4499

Budig, Walter: Die durch Niederschläge hervorgerufenen Störungen des luftelektrischen Feldes in Potsdam auf Grund vierjähriger Registrierungen mit besonderer Berücksichtigung von Böen. (Berlin 1909: A. W. Schade.) 33, XVIII S. 8°
Berlin, Phil. Diss. v. 14. Aug. 1909, Ref. Hellmann
[Geb. 4. Juni 78 Berlin; Wohnort: Berlin; Staatsangeh.: Preußen; Vorbildung: Humboldt-Gymn. Berlin Reife O. 98; Studium: Berlin 2, Straßburg 1, Berlin 8 S.; Rig. 1. Apr. 09.] [U 09. 157

Budig, Willy, a. Ueckermünde: Untersuchungen über 'Jane Shore'. Schwerin i. M. 1908: Bärensprung. 112 S. 8°
Rostock, Phil. Diss. v. 6. Juni 1908, Ref. Lindner
[Geb. 20. Juli 85 Jarmen; Wohnort: Rostock; Staatsangeh.: Preußen; Vorbildung: Schiller-Realgymn. Stettin Reife O. 04; Studium: Greifswald 3, Berlin 2, Rostock 2 S.; Rig. 2. Juni 08.] [U 09. 3742

Budik, A. P. Ausbildung, Abnahme und Verfall der Turniere. 8. Wien 1836.

Budik, A. P.: Ursprung, Ausbildung, Abnahme und Verfall des Turniers. Ein Beitr. zur Geschichte d. Ritterwesen im Mittelalter. Wien 1836. 153 S.

Budik, P. A., Aehrenlese, e. Auswahl v. Sinngedichten, Grabschriften u. Elegien; den latein. Dichtern d. 16n, 17n u. 18n Jahrh. frei nachgebildet. 8. Wien 822. Mörschner u. J. 16 gr

— Leben u. Wirken d. vorzügl. latein. Dichter d. 15n—18n Jahrh. sammt metrisch. Uebersetz. ihrer besten Gedichte, beigefügtem Originaltexte u. Erläuterungen. 3 Bde. gr. 8. Wien 827. Wallishauser. 4 ℛ 12 gr Velinp. 6 ℛ

Budik, P. A., Vorbereitungsstudien für den angehenden Bibliothekar. gr. 8. Wien 833. Gerold. 5/12 ℛ

Budik, P. A., Vorbereitungsstudien f. d. angeh. Bibliothekar. gr. 8. (8½ B.) Wien 834, Gerold.

Budik, P. A., Vorschule für bibliothekarisches Geschäftsleben. gr. 8. (VI u. 140 S.) München 848, Franz. 26 ngr

Budik, Peter Alcantara. Album von Kärnten, oder: Beschreibung aller Feierlichkeiten, welche während der Anwesenheit Ihrer k. k. Majestäten Ferdinand I. und Maria Anna in Kärnten 1838 Statt gefunden haben. Klgft., v. Kleinmayr, 1838. Quart. 42 S.

Budik, Peter Alcantara. Ode bei der feyerlichen Ankunft Seiner fürstlichen Gnaden des Hochwürdigsten Fürstbischofs von Gurk Georg Mayr. Klgft., Leon, (1828). Quart. 8 S.

Budik, Peter Alcantara. Stimmen aus Kärnten. Villach, Hoffmann, 1849. 48 S.

Budilawsky, M., Gedanken über das Gebet u. verschied. Gebetsformeln, das Brevier u. s. w. gr. 8. Wien 1784, Heubner. ⅙ Thlr. — 27 kr.
Cf. Bader, Schwingdaimb, Sailer über das Brevier.

Budilović, Ant., über die literarische Einheit der Slaven. Eine populäre Vorlesung im slav. Wohlthätigkeitskomité: Aus dem Russ. übers. u. m. e. (chromolith.) Nationalitätenkarte versehen v. A. F. Jočinac. gr. 8. (28 S.) St. Petersburg 879. (Röttger.) n. 1. 50

Budin, Amédée, und Felix **Mouttet**. Louis Philipp, seine Jugend, seine Regierung und sein Fall. Nach vertraulichen Mittheilungen des Königs verfasst. Uebersetzt von Karl Grosse. Mit Illustrationen. Neue vollständige Ausg. (2 Bde.) 8. Leipzig und Meissen 1850.

Budiner, R. u. F. **Balling**, Zugs- u. Compagnie-Führungs-Beispiele, nebst 10 takt. Aufgaben f. kleine Detachements sammt Lösgn. Mit 3 Karten u. 115 Skizz. gr. 8. (V, 68 S.) Wien 901. L. W. Seidel & Sohn. n. 4.—

Büdingen (Schlagwort)

Büdingen, s.: **Deutschland**. Kürschner-Pelp.

Büdingen (Verfasser)

Büdingen, Theodor [aus Mainz]: Über die Bedeutung des negativen Druckes im Thorax insbes. f. Lungenemphysem u. Lungentuberkulose. E. theoret. Untersuchg ... Freiburg i. B., Buchdr. v. H. Epstein, 1897; 39 S. 8.
Freiburg i. B., Med. Fak., Inaug.-Diss. v. 1897

Büdingen, Thdr., zur Bekämpfung der Lungenschwindsucht. Streifzüge e. Arztes in das Gebiet der Strafrechtspflege. gr. 8. (IV, 31 S.) Braunschweig 899. F. Vieweg & Sohn. n. — 80
Sonderabdruck aus: „Deutsche Vierteljahrsschr. f. öffentl. Gesundheitspflege".

Büdinger, Max, und die Königinhofer Geschwister. Prag 859. Tempsky. gr. 8. (32 S.) n. 6 ngr.

Büdinger, Max, und die Königinhofer Handschrift. Prag 1859. V: *Helfert, Jos. Alex. Freih. von.* (EB)

Büdinger, geb. Weil, Amalie, franz. Elementarbuch für meine Zöglinge u. Schülerinnen. 2e verb. Aufl. gr. 8. Cassel 837. Kriegers Verlagsbuchh. 1/6 ℛ

Büdinger, Konr., s.: **Arbeiten** aus d. Gebiete d. klin. Chirurgie.

— die Einwilligung zu ärztlichen Eingriffen. (81 S.) gr. 8. Wien 905. F. Deuticke. n. 2. —

Büdinger, Konr., üb. tabische Gelenkserkrankgn., s.a. Beiträge z. klin. Medicin u. Chirurgie.

Büdinger, Dr. Konrad, Ueber tabische Gelenks-Erkrankungen. Aus der II. chirurgischen Klinik (Prof. Gussenbauer) in Wien. Mit 11 Abbildungen. (Beiträge zur klinischen Medicin und Chirurgie. 14. Heft.) Gr.-8. (85 S.) Wien: Braumüller 1896? 1.20

Büdinger, Maximilian

— Akten zu Kolumbus' Geschichte von 1473 bis 1492. eine kritische Studie. S 112. 65 . . . . vgr.
Separatabdruck

Büdinger, Max: Acten zu Columbus' Geschichte von 1473 bis 1492. Eine kritische Studie. ([S.-A.] Sitzungsberichte der phil.-hist. Classe der kais. Akademie der Wissenschaften. Jahrg 1886. Bd. 112. Heft 2.) Wien 1886. 54 S. 8°.

Büdinger, Max, Acten zu Columbus' Geschichte von 1473 bis 1492. Eine krit. Studie. Lex.-8. (54 S.) Wien 887, (Gerold's Sohn.) *
Aus: Sitzungsberichte der k. Akademie der Wissenschaften, besonders abgedruckt.

Büdinger, M, Acten zu Columbus' Geschichte v. 1473 bis 1492. Eine krit. Studie. 8. (54) Wien 87, (Tempsky). n. — 80

— Ammianus Marcellinus und die Eigenart seines Geschichtswerkes, eine universalhistorische Studie. D 44 5 . . . . 2.50
Separatabdruck

Büdinger, Max, Ammianus Marcellinus u. d. Eigenart s. Geschichtswerkes, e. universal-histor. Studie. [Aus: „Denkschr. d. k. Akad. d. Wiss."] Imp.-4. (44 S.) Wien 895. (C. Gerold's Sohn.) n. 2. 50

Büdinger, Max, von den **Anfängen** des Schulzwanges. Festrede zur Feier des Stiftungstages der Hochschule Zürich am 29. April 1865 gehalten. gr. 8. (58 S.) Zürich 865, Orell, Füssli und Comp.

— Apollinaris Sidonius als Politiker, eine universalhistorische Studie. S. 97. 915 . . — .60
Separatabdruck

Büdinger, Max, Apollinaris Sidonius als Politiker. Eine universalhistor. Studie. Lex.-8. (42 S.) Wien 881, (Gerold's Sohn.) *

— Der Ausgang des medischen Reiches, eine Quellenuntersuchung. S. 96. 477 . . . vgr.
Separatabdruck

— der **Ausgang** des medischen Reiches. Eine Quellenuntersuchung. [Aus: „Sitzungsber. d. k. Akad. d. Wiss."] Lex.-8. (30 S.) Ebend. 880. n.n. — 50

—— von dem **Bewusstsein** der Kulturübertragung. Festrede zur Feier des Stiftungstages der Hochschule Zürich am 29. April 1864 gehalten. gr. 8. (23 S.) Zürich 864, Schabelitz'sche Buchh. *

Bibliothek Max **Büdinger**, Wien. Abt. 1–3. *Leipzig: F. Meyer [1902].* 3 Bde 8° [Umschlagt.]
1. Oesterreich-Ungarn u. d. Schweiz. 2. Allg. Weltgeschichte.
3. Altertumskunde u. klass. Philologie.
(Antiquariats-Kat. No 36–38.)
[illegible] 3

—— ein **Buch** ungarischer Geschichte 1058—1100. gr. 8. (VIII und 166 S.) Leipzig 866, Teubner. *

— Catull und der Patriziat. Eine historische Untersuchung. S. 121/3 . . . . . . — .70
Separatabdruck

Büdinger, M, Catull u. d. Patriciat, e. histor. Untersuchg. 8. (40) Wien 90, (Tempsky). n. — 70

— Cicero und der Patriziat, eine staatsrechtliche Untersuchung. D 31. 41 . . . . . 3.20
Separatabdruck

— Cicero u. der Patriciat. Eine staatsrechtl. Untersuchung. [Aus: „Denkschr. d. k. Akad. d. Wiss."] Imp.-4. (66 S.) Ebend. 881. n. 3. 20

— u. Emil Grunauer, älteste Denkmale der Züricher Literatur. Auf Veranstaltung der Züricher vaterländ. histor. Gesellschaft. Zürich 866. Orell, Füssli & Co. in Comm. Lex.-8. (IV, 104 S.) n. 20 ngr.

— Ägyptische Einwirkungen auf hebräische Kulte. S. 72. 51 . . . . vgr.
Separatabdruck

— Ägyptische Einwirkungen auf hebräische Kulte (Schluß). S. 75. 7 . . . . vgr.
Separatabdruck

Büdinger, Max, egyptische Einwirkungen auf hebräische Culte. Untersuchungen. Lex.-8. (82 S.) Wien 873, (Gerold's Sohn.) *

—— dass. — Schluss. Lex.-8. (53 S.) Ebendas. 874. *

— Die Entstehung des achten Buches Ottos von Freising, eine universal-historische Studie. S. 98. 325 . . . . —.60
Separatabdruck

— die Entstehung des 8. Buches Otto's v. Freising. Eine universalhistor. Studie. [Aus: „Sitzungsber. d. k. Akad. d. Wiss."] Lex.-8. (44 S.) Ebend. 881. n. — 60

— Eugipius, eine Untersuchung. S. 91. 793 . . . . —.40
Separatabdruck

— Eugipius. Eine Untersuchung. [Aus: „Sitzungsber. d. k. Akad. d. Wiss."] Lex.-8. (24 S.) Ebend. 878. n. — 40

Büdinger, Max, s. Festgaben...

— Zur ägyptischen Forschung Herodots. Eine kritische Untersuchung. S. 72. 793 . . vgr.
Separatabdruck

— zur egyptischen Forschung Herodot's. Eine krit. Untersuchg. [Aus: „Sitzungsber. der k. Akad. der Wiss."] Lex.-8. (26 S.) Wien 873. Gerold's Sohn in Comm. n. — 40

—— zur egyptischen Forschung Herodot's. Eine krit. Untersuchung. Lex.-8. (26 S.) Wien 874, (Gerold's Sohn.) *
Vorstehende drei Schriften sind aus: Sitzungsberichte der k. Akademie der Wissenschaften, besonders abgedruckt.

Büdinger, Max, oesterreichische Geschichte bis zum Ausgange des 18. Jahrh. 1. Bd. gr. 8. (VI und 508 S.) Leipzig 858, Teubner. *

Büdinger, Max, Don Carlos' Haft u. Tod, insbesondere nach den Auffassgn. seiner Familie. Mit Don Carlos' Portr. in Heliogr. 8. (VI, 317 S.) Wien 891. W. Braumüller. n. 8. —

—— die Königinhofer Handschrift und ihr neuester Vertheidiger. Eine Entgegnung. Lex.-8. (25 S.) Wien 859, Gerold's Sohn. *

Büdinger, M., Jahresbericht über die römische Geschichte u. Chronologie 1873. S. A. O. J. 17 S. 1.—

— Die neuentdeckten Inschriften über Cyrus. Eine kritische Untersuchung. S. 97. 711 . . . . vgr.
Separatabdruck

— die neuentdeckten Inschriften über Cyrus. Eine krit. Untersuchung. [Aus: „Sitzungsber. d. k. Akad. d. Wiss."] Lex.-8. (17 S.) Ebend. 881. n. — 40

— Kleon bei Thukydides, eine kritische Untersuchung. S. 96. 367 . . . . vgr.
Separatabdruck

— Kleon bei Thukydides, eine krit. Untersuchung. [Aus: „Sitzungsber. d. k. Akad. d. Wiss."] Lex.-8. (48 S.) Ebend. 880. n.n. — 70

—— Kleon bei Thukydides. Eine krit. Untersuchung. Lex.-8. (18 S.) (Ebendas.) 881. **
Vorstehende drei Schriften sind aus: Sitzungsberichte der k. Akademie der Wissenschaften, besonders abgedruckt.

— Zur Kritik altbayrischer Geschichte. S. 23. 88 . . . . vgr.
Separatabdruck

— zur Kritik altbaierischer Geschichte. (Aus d. Sitzungsberichten d. k. Akad. d. W.) Wien 857. Gerold in Comm. gr. 8. (27 S.) n. 5 ngr.

—— z. Krit. altböhm. Geschichte. 8. (30) Ebd. 57. n. — 7

— Lafayette. Ein Lebensbild. Ebend. 870. gr. 8. (116 S.) n. 20 ngr.

— Lafayette in Österreich, eine historische Untersuchung. S. 92. 227 . . . . 1.—
Separatabdruck

— Lafayette in Oesterreich. Eine histor. Untersuchung. [Aus: „Sitzungsber. d. k. Akad. d. Wiss."] Lex.-8. (70 S.) Ebend. 878. n. 1. —

— Mitteilungen aus der spanischen Geschichte des 16. und 17. Jahrhunderts (mit 1 Taf.). 1. Schloßbauten in Madrid. 2. Zum Ableben des Königs Philipp II. S. 128 11 . . . . 1.—
Separatabdruck

Büdinger, Max, Mittheilungen aus spanischer Geschichte d. 16. u. 17. Jahrh. [Aus: „Sitzungsber. d. k. Akad. d. Wiss."] Lex.-8. (24 S. m. 1 Taf.) Wien 893. (F. Tempsky.) n. 1. —

—— Nachrichten zur oesterreichischen Geschichte, s. Jahrbuch für vaterländ. Geschichte.

— Der Patriziat und das Fehderecht in den letzten Jahrzehnten der römischen Republik, eine staatsrechtliche Untersuchung. D 36. I. 81 . . . . 2.40
Separatabdruck

— der Patriciat u. das Fehderecht in den letzten Jahrzehnten der römischen Republik, e. staatsrechtl. Untersuchg. [Aus: „Denkschr. d. k. Akad. d. Wiss."] Imp.-4. (48 S.) Wien 886. (Tempsky.) n. 2. 40

— der Patriciat u. das Fehderecht in den letzten Jahrzehnten der röm. Republik, e. staatsrechtl. Untersuchg. [Aus „Denkschr. d. k. Akad. d. Wiss." Imp. 4°. (48 S.) Ebd. n. 1.20. 1887.

— Poesie und Urkunde bei Thukydides, eine historiographische Untersuchung. 1. Teil. D 39/3 . . . . 2.60
— — 2. Teil. D 39/5 . . . . vgr.
Separatabdruck

Büdinger, M., Poesie u. Urkunde bei Thukydides. Eine historiograph. Untersuchg. [Aus: „Denkschr. d. k. Akad. der Wiss."] Imp.-4. (50 S.) Wien 890. (Tempsky.) n. 2. 60

—— Poesie u. Urkunde bei Thukydides. Eine historiograph. Untersuchung. 1. u. 2. Thl. Imp.-4. (Ebd.) [1. Thl. (50 S.) 890. * 2 60; 2. Thl. (80 S.) 891. * 4 20.] * 6 80
Aus: Denkschriften d. k. Akademie d. Wissenschaften, besonders abgedruckt.

— *De coloniarum quarundam Phoeniciarum primordiis cum Hebraeorum exodo coniunctis.* S. 125/10 . . . . 1.—
Separatabdruck

— de coloniarum quarundam phoeniciar. primordiis cum Hebraeorum exodo coniunctis. 8° (38) Wien 91, (C Gerold's S.). 1 —

—— De coloniarum quarundam phoeniciarum primordiis cum Hebraeorum exodo coniunctis. Lex.-8. (38 S.) Wien 891, (Tempsky). * 1

Buedinger Max. Zu den Quellen der Geschichte Kaiser Heinrichs III. 8. (8 Bl.) Wien, K. Ueberreuter, 1853.

Büdinger Maximilian, Dr.: Über einige Reste der Vagantenpoesie in Österreich. S. 13. 314 . . . . vgr.
Separatabdruck

Büdinger, Max, über einige Reste der Vagantenpoesie in Oesterreich. Lex.-8. (28 S.) Wien 854, (Gerold's Sohn.) *
Aus: Sitzungsberichte der k. Akad. der Wissenschaften XIII. Bd., besonders abgedruckt.

—— König Richard III. von England. Ein Vortrag. gr. 8. (37 S.) Wien 858, Gerold's Sohn. *

— Die römischen Spiele und der Patriziat, eine historische Untersuchung. S. 123/3 . 1.40
Separatabdruck

—— Die römischen Spiele u. der Patriciat, e. histor. Untersuchg. Lex.-8. (74 S. m. Abbildgn.) (Ebd.) 891. * 1 40
Die mit * bezeichneten Schriften sind aus: Sitzungsberichte d. k. Akademie der Wissenschaften, besonders abgedruckt.

—— üb. Gerbert's wiss. u. polit. Stellung. 1. Abth. 8. (80) Kass. 51, Kay. n. — 10

Büdinger, Max, über Gerbert's wissenschaftliche und politische Stellung. Habilitationsschrift. 1. Abthl. gr. 8. (III und 80 S.) Kassel 851, Kriegersche Buchh. *

– Krösus' Sturz, eine chronologische Untersuchung. S. 92. 167 . . . . ngr.
Separatabdruck

— Krösus' Sturz. Eine chronolog. Untersuchung. [Aus: „Sitzungsber. d. k. Akad. d. Wiss."] Lex.-8. (28 S.) Ebend. 878. n.n. — 50

Büdinger, M. Krösus' Sturz. (28) 8 Wien 1879. 0,50.

— d. Universalhistorie i. Alterthume. gr. 8. (VII, 222 S.) Ebd. 895. 5. —

— Die Universalhistorie im Mittelalter. 1. Teil. D 46 1 . . . . „ 3.—
— — 2. Teil. D 46 2 . . . . „ 2.80
Separatabdruck

Die Universalhistorie im Mittelalter. Von Max Büdinger. Th. 1. 2. *Wien: C. Gerold's Sohn in Komm. 1898.* 4°
— Denkschriften d. Kais. Akademie d. Wissenschaften in Wien. Philos.-hist. Classe. Bd 46, 1. 2. (04. 483) 4

Büdinger, Max (Hrsg.), s. Untersuchungen zur mittleren Geschichte.

— Untersuchungen zur röm. Kaisergeschichte, s. Untersuchungen.

— mittelgriechisches Volksepos. Ein Versuch. Leipzig 866. Teubner. gr. 8. (31 S.) 7½ ngr.

Büdinger, Max. Vorlesungen über englische Verfassungsgeschichte. gr. 8. Wien 1808.

— Vorlesungen über englische Verfassungsgeschichte. gr. 8. (X, 341 S.) Wien 880. Konegen. n. 9. —

Büdinger, M., Vorlesungen über englische Verfassungsgeschichte. gr. 8. Wien 880. Berlin, R. L. Prager.

—— Wellington. Ein Versuch. gr. 8. (56 S.) Leipzig 869, Teubner. *

Büdinger Maximilian, Dr.: Zeit und Raum bei dem indogermanischen Volke, eine universal-historische Studie. S. 98. 193 . . . . K —.40
Separatabdruck

—— Zeit und Raum bei dem indogermanischen Volke. Eine universalhistor. Studie. Lex.-8. (22 S.) Wien 881, (Gerold's Sohn.) *
Aus: Sitzungsberichte der k. Akademie der Wissenschaften, besonders abgedruckt.

— Zeit und Schicksal bei Römern und Westariern, eine universal-historische Studie. S. 113. 581 . . . . —.60
Separatabdruck

—— Zeit und Schicksal bei Römern und Westariern. Eine universalhistor. Studie. Lex.-8. (33 S.) Ebendas. 887. *
Aus: Sitzungsberichte der k. Akademie der Wissenschaften, besonders abgedruckt.

Büdinger, Moses, Bibelverse in hebräischer und deutscher Sprache zu dem Leitfaden bei dem Unterrichte in der israelitischen Religion. 3. Aufl. 8. (76 S.) Frankfurt a. M. 877, Kauffmann. cart. *
1. und 2. Aufl. erschienen im Selbstverlag.

Büdinger, Mos., Derech Emuna, d. Weg d. Glaubens, oder d. kl. Bibel, enthält einen vollständ. Auszug aus d. Büchern d. heil. Schrift, zunächst f. israel. Frauen u. Mädchen rc. gr. 8. Stuttg. 823. Löflund. 20 gr 2e A. Ebd. 824. Metzler. 21 gr

Büdinger, Moses, דרך אמונה (Derech Emune) der Weg des Glaubens, oder: Die kleine Bibel; enthalt. einen vollständ. Auszug aus den Büchern der heil. Schrift; zunächst für israelit. Frauen u Mädchen u. mit Rücksicht auf den Unterricht in der Religion u. Sittenlehre f. Knaben u. Mädchen zum Schul- u. Privat-Unterrichte bearb. 3e durchaus verb. u. stark verm. Aufl. gr. 8. Stuttg. 833. Metzler. 7/8 rthl — 4e verb. u. verm. Aufl 840. 7/8 rthl

Büdinger, Moses, דרך אמונה Der Weg des Glaubens, od.: die kleine Bibel, enth. einen vollständ. Auszug aus den Büchern d. heil. Schrift. 5. Aufl. gr. 8. (20⅛ B.) Stuttgart 846, Metzler'sche Buchh. –

Büdinger, M., דרך אמונה Der Weg des Glaubens, oder: die kleine Bibel; enthltd. einen vollständigen Auszug aus den Büchern der heil. Schrift; zunächst für israel. Frauen u. Mädchen, und mit Rücksicht auf den Unterricht in der Religion und Sittenlehre für Knaben u. Mädchen zum Schul- und Privat-Unterrichte bearbeitet. 6. Aufl. 852. 8. (XVI, 452 S.) 27½ ngr
— 7. Aufl. Stuttgart 857. Metzler. gr. 8. (XII, 363 S.) n. 28 ngr

Büdinger, M(oses), der Weg des Glaubens oder: die kleine Bibel; enth. einen vollständ. Auszug aus den Büchern der heil. Schrift; zunächst für israelit. Frauen und Mädchen, und mit Rücksicht auf den Unterricht in der Religion und Sittenlehre für Knaben und Mädchen zum Schul- und Privat-Unterricht bearb. 9. Aufl. gr. 8. (XII und 362 S.) Stuttgart 864, Metzler's Verlag. *

Büdinger, M., der Weg des Glaubens, oder: die kleine Bibel, enthltd. e. vollständigen Auszug aus den Büchern der heil. Schrift; zunächst für israelit. Frauen u. Mädchen, u. mit Rücksicht auf den Unterricht in der Religion u. Sittenlehre für Knaben u. Mädchen zum Schul- u. Privat-Unterrichte bearbeitet. 9. Aufl. 865. — 10. Aufl. Stuttgart 869. Metzler. gr. 8. (XII, 363 S.) n. 28 ngr

—— Derech Emuna, der Weg des Glaubens, oder die kleine Bibel; enthaltend einen vollständigen Auszug aus den Büchern der heil. Schrift; zunächst für israelit. Frauen und Mädchen, und mit Rücksicht auf den Unterricht in der Religion und Sittenlehre für Knaben und Mädchen zum Schul- und Privat-Unterrichte bearb. 10. Aufl. 1869. *M 2,80., und 11. Aufl. gr. 8. (XII, 363 S.) Stuttgart 873, Metzler's Verlag. *

Büdinger, M., der Weg des Glaubens oder die kleine Bibel. Enthaltend einen vollständigen Auszug aus den Büchern der heil. Schrift; zunächst für israelit. Frauen und Mädchen und mit Rücksicht auf den Unterricht in der Religion und Sittenlehre für Knaben und Mädchen zum Schul- und Privat-Unterrichte bearb. 12. Aufl. gr. 8. (XII, 363 S.) Stuttgart 883, Bonz und Comp. *

Büdinger, M. Derech Emuna. Der Weg d. Glaubens od. die kleine Bibel. Enth. e. vollständ. Auszug aus den Büchern d. heil. Schrift; zunächst f. israelit. Frauen u. Mädchen u. m. Rücksicht auf den Unterricht in der Religion u. Sittenlehre f. Knaben u. Mädchen zum Schul- u. Privat-Unterricht bearb. 13. Aufl. gr. 8. (XII, 363 S.) Stuttg. 889, Bonz u. Comp. * 3 10

— Eben Rochan, über die israelit. öffentl. Religionsprüfung od. Confirmation. gr. 8. Kassel 840. Kriegers Verlagsb. n. 1/3 rthl

– Leitfaden bei dem Unterricht, s. Büdinger: Moreh Lathora.

— Mardochai, Lebensbeschreibung, s. Steinheim, S. L.

– Moreh Lathora

— מורה למורים oder: Anweis. f. Lehrer, wie d. israel. Religionsunterricht zu ertheilen u. d. Leitfaden Moreh Lathora dabei anzuwenden sei rc. 8. Cassel 830. (Krieger). 12 gr (2e A.) 8. Ebd. 831. 10 gr

—— מורה לתורה od.: Leitfaden bei d. Unterricht in d. israelit. Religion f. Knaben u. Mädchen, in Schulen u. b. Privatunterr. 1. Aufl. (9 B.) 830. 10 Gr., (2., durchaus verb. u. verm. A.) (9¼ B.) 831. 8. Cassel, (Krieger.)

— מורה לתורה (Moreh Lathora) oder: Leitfaden bei dem Unterrichte in der israelit. Religion, für Knaben u. Mädchen, in Schulen u. beim Privatunterrichte. (3e durchaus verb. u. verm. Aufl.) 8. Kassel 837. Kriegersche Verlagsbuchh. 1/3 Rthl.

—— מורה לתורה od. Leitfaden bei dem Unterr. in der israelit. Religion f. Knaben u. Mädchen in Schulen u. beim Privatunterrichte. 4., unveränd. Aufl. 8. (10½ B.) Cassel 843, Krieger'sche Buchh.

Büdinger, Moses, מורה לתורה oder Leitfaden bei dem Unterrichte in der israelitischen Religion für Knaben u. Mädchen in Schulen u. beim Privatunterrichte. 5. unveränd. Aufl. gr. 12. (VIII u. 157 S.) Cassel 851, Krieger. 1/4 Rthl.

Büdinger, M, Leitf. bei d. Unterr. in d. israel. Relig. 6. Afl. 8. (160) Cass. 62, Kay. — 7½

Büdinger, Moses, Leitfaden bei dem Unterrichte in der israelitischen Religion für Knaben u. Mädchen in Schulen und beim Privatunterrichte. 6. unveränd. Aufl. Cassel 862. Krieger. 8. (VII, 160 S.) 7½ ngr.

Büdinger's, Moses, מורה לתורה od. Leitfaden bei dem Unterrichte in der israelit. Religion. 7. verb. Aufl., hrsg. v. L. Adler. 8. (XI, 184 S.) Kassel 872. Kay. — 90

—— Predigt, gehalt. am 8. Jan. d. J. (d. 25. Thebet 5591), z. Feier d. denkwürd. Volksfestes aller Hessen, wegen Ertheil. d. Verfassungs-Urkunde, bei gottesdienstl. Versamml., im Betsal d. israelit. Schulanstalt. 8. (1 B.) Cassel 831, (Krieger.)

—— die israelit. Schule, od.: üb. d. Vermengung d. Kinder verschied. Religionsparteien in Einer Schule; mit besond. Anwend. auf d. israelit. Schuljugend. gr. 8. (2½ B.) Cassel 831, (Krieger.)

Büdinger, Moses: Der Weg des Glaubens, s. Büdinger: Derech Emuna.

— Worte d. Sittenlehre u. d. Glaubens in 10 geistl. Reden, gehalten bei den von d. Gesellschaft d. Humanität in Cassel im Lokal ders. angeordn. sabbathl. Erbauungen. 1e Samml. gr. 8. Stuttg. 822. (Löflund). 18 gl.

BUDINICH, Maximilianus: De monotheletis. — (1852) 65 S. 8° (Handschr.)
Diss. Wien Univ.

Budinich, Melchiade, Cenni di Storia Universale con riflesso alla storia del commercio e della navigazione. Vienna 1890. Dall' i. r. Deposito dei libri scolastici. (Min.-Erlaß vom 11. September 1890. Z. 14932.) Costa legato 80 soldi.

Budinsky, Alex., die Universität Paris und die Fremden an derselben im Mittelalter. Ein Beitrag zur Geschichte dieser hohen Schule. gr. 8. (IX, 234 S.) Berlin 876. Hertz. *

– dasselbe, s.a. Budinszky.

Budinsky, Gust., Alpenbad St. Leonhard nächst Feldkirchen in Kärnten. 2. verm. Aufl. 12. (92 S.) Graz 887, (Pechel.) *

Budinsky, Gust. B., Alpenbad St. Leonhard nächst Feldkirchen in Kärnten. 5. verb. Aufl., rev. v. Otto Grosse. (63 S. m. 1 Abbildg. u. 1 Karte.) kl. 8. Graz 908. (F. Pechel.) 1.20

Budinsky (Hrsg.), s. Katalog der Bibliothek des K. K. Finanz-Ministerium.

Budinszki, Johann

Die Bukowina zu Anfang des Jahres 1783. Nach einer Denkschrift des Mappierungsdirektors Johann Budinszki. Hrsg. von Johann Polek. Czernowitz: Pardini 1895.

– dasselbe, s. a. Budinszky.

Budinszky, Alex., die Ausbreitung der lateinischen Sprache über Italien u. die Provinzen des römischen Reiches. gr. 8. (XII, 267 S.) Berlin 881. Hertz. n. 6. —

Budinszky, A, d. Univ. Paris u. d. Fremden an derselben im Mittelalter. 8. (234) Berl. 76, Hertz. n. 7. —

– dasselbe, s.a. Budinsky.

Budinszky, Joh., die Bukowina zu Anfang d. J. 1783, s.a. Polek, Joh.

Budinszky, Johann, Mappirungsdirector. Die Bukowina zu Anfang des Jahres 1783. Nach einer Denkschrift des ..... von Dr. Johann **Polek,** Custos der k. k. Universitäts Bibliothek in Czernowitz. 8. Czernowitz 1894.

–, dasselbe, s. a. Budinszki.

Budinszky, Jul., Abhandlungen über einige Rechtsfragen aus dem Gebiete der Fideicommiss-Lehre. Lex.-8. (VII und 79 S.) Wien 862. Manz und Comp. *

Budisavljević, Emanuel von

Budisavljević, Eman. v., u. Alfr. Mikuta, Leitfaden f. d. Unterr. i. d. höh. Mathematik. 2 Bde. gr. 8. Wien 898. W. Braumüller. Geb. in Leinw. n. 18. —
1. Grundzüge d. Determinantentheorie u. d. projectiv. Geometrie. Analyt. Geometrie. Von E. v. Budisavljević. (X, 492 S. m. 108 Fig.) n. 8. —
2. Grundzüge d. Differential- u. Integral-Rechng. Von Alfr. Mikuta. (VIII, 607 S. m. 142 Fig.) n. 10. —

Budisavljević, Eman. v., Leitfaden f. den Unterricht der höheren Mathematik an der k. u. k. Artillerie- u. der Pionier-Cadettenschule. gr. 8. (XI, 618 S. m. 215 Fig.) Wien 900. (L. W. Seidel & Sohn). n. 14.40

Budislawsky, Martin

— s. Gebetbuch, Wienerisches.

Budislawsky, Mart., († d. 5. Febr. 1793.) Gedanken über d. Gebet, verschied. Gebetsformeln u. üb. d. Brevier. 8. Wien 784. (Heubner). 6 gl.

— Moralphilosophie. 2 Thle. 8. Wien 785. (Heubner). 1 Rthl.

BUDISLAWSKY Martin. Gelehrte Unterredungen auf einer Lustreise über verschiedene wichtige Gegenstände. Heubner, Wien 1785.

— gelehrte Unterredungen auf e. Lustreise über verschied. wicht. Gegenstände ꝛc. 8. Wien 786. (Heubner). 6 gl.

BUDKA, Nicetas: Die Disziplin der griechischen Kirche im Lichte der Polemik zur Zeit der Kirchentrennung. — (1908) XI, 151 Bl. 4° (Handschr.)
Diss. Wien Univ. Diss. 658

Budke, Heinr., Schreib-Lese-Fibel. Nach phonet. Grundsätzen u. m. Berücksicht. der Schreibschwierigkeit bearb. Hrsg. v. der Schürenstiftg. (80 S. m. Abbildgn.) gr. 8. Osnabrück 904. Rackhorst. Geb. n.n. — 60

Budke, Heinr., Schreib-Lese-Fibel. Nach phonet. Grundsätzen u. m. Berücksicht. der Schreibschwierigkeit bearb. Hrsg. v. der Schürenstiftg. 4. Aufl. (80 S. m. Abb.) 8. Osnabrück 910. Rackhorst. Geb. nn — 60.

Budkewicz, Eugen v., a. Saratow Rußl.: Studien über Triphenylmethanfarbstoffe. (Berlin 1908: E. Ebering.) (66 S.) 8°
Berlin, Phil. Fak., Ref. Gabriel, Diss. v. 5. Juni 1908
[Geb. 8. Jan. 82 Saratow; Wohnort: Berlin; Staatsangeh.: Rußland; Vorbildung: Gymn. Saratow Reife Juni 00; Studium: Kiew 3, Zürich 2, Berlin 8 S.; Rig. 21. Mai 08.]

Budler, Karl, Genre-Bilder u. Stimmungen. 8. (21¼ B.) Neustrelitz 840, Barnewitz.

Budnowski, Otto, Oberveterinär d. Train-Bat. Nr. 3: Aus d. Chirurg. Klinik d. Berliner Tierärztl. Hochsch. Vorstand: Eberlein. Ueber die Entzündung des Unterstützungsbandes der Hufbeinbeugesehne am Vorderfusse des Pferdes. Mit 5 Abb. auf 2 Taf. und 4 Fig. Stuttgart 1908: Union. 43 S. 8° (Aus: Monatshefte f. prakt. Tierheilkunde. Bd 19.)
Gießen, Veterinär-Med. Diss. v. 17. Aug. 1908, Ref. Pfeiffer
[Geb. 25. Mai 74 Danzig; Wohnort: Spandau; Staatsangeh.: Preußen; Vorbildung: Städt. Gymn. Danzig Reife M. 92; Studium: Berlin Tierärztl. Hochsch. 6 S.; Rig. 14. Febr. 08.] [U 09. 1139

Budrinski, F.: Taschen-Radwelt. Radsportliches Lexikon. (199 S.), Berlin. 1907, geb.

Budsohn, J., A gitraie Waibil Chlebin. Eine charakteristische und romantische Erzählung. [Auch russischer Titel.] Wilna 1880.

Budwech, Max [aus Eschenhorst]: Ueber Carcinoma mammae. 11 Fälle aus d. Kgl. chirurg. Klinik zu Erlangen ... Erlangen, Druck d. Univ.-Buchdr. v. E. Th. Jacob, 1892; 39 S. 8.
Erlangen, Med. F. ... Inaug.-Diss. v. 23. Juli 1892

Budweis (Sachliches OW)

Budweis. Statistischer Bericht über die wichtigsten demographischen Verhältnisse. Verfasst vom Bürgermeisteramte von Budweis. Lex.-8. (38 S.) Wien 887, C. Gerold's Sohn. *
Aus: Städtebuch, österreichisches, besonders abgedruckt.

Budweis (Schlagwort)

Budweis, s.a. **Europa. Liebenow.**

Budweis, s.a. **Radfahrerkarten. Freytag.**

Budweis — Umgebung von —. 28,800. 12 Bl. mit Uebers.

Budwiński, Adam Frhr. v., s.a. **Erkenntnisse des k. k. Verwaltungsgerichtshofes.**

Budwinsky, Dr. Adam, Freib. v., Erkenntnisse des k. k. Verwaltungs-Gerichtshofes. VI. Bd. Jahrg. 1882. gr. 8. (679 S.) Wien, Manz'sche H.-V.- u. U.-B. 4 fl.

Budwinsky, Dr. Adam Freiherr v., Erkenntnisse des k. k. Verwaltungsgerichtshofes. VII. Band. Jahrg. 1883. gr. 8. (667 S.) Wien, Manz'sche Hof-Verl. u. Univ.-Buchh. 4 fl. — 2. Auflage des I. Bds. Jahrg. 1876—77. (V u. 480 S.) 4 fl.

Budwinski, Dr. Adam Freib. von, Erkenntnisse d. k. k. Verwaltungs-Gerichtshofes. gr. 8. Wien, Manz'sche H.-V.- u. U.-B. VIII. Band. Jahrg. 1884. (701 S.) 4 fl. IX. Bd. Jahrg. 1885. Bog. 1; pro compl. (40 Bog.) 4 fl.

Budwinski. Dr. Adam Freih. v., Erkenntnisse des k. k. Verwaltungsgerichtshofes. X. Bd. Jahrg. 1886. gr. 8°. (833 S.) Wien, Manz. fl. 5.—, geb. fl. 5.60.

Budwinski, Dr. Adam Freiherr von, Erkenntnisse des k. k. Verwaltungsgerichtshofes. XII. Bd. Jahrgang 1888. Gr. 8. (959 S.) 5.60
Gebunden in Leinen Wien:Manz 6.20

Budwinski, Dr. Adam Freih. v., Erkenntnisse des k. k. Verwaltungsgerichtshofes. XV. Bd. Jahrg. 1891. Gr.-8. (1038 S.) 5.80, geb. in Leinen Wien:Manz. 6.40
— — XVI. Jahrg. 1892. Bogen 1. Gr.-8. (S. 1—10.) Pro Bogen 1—10 1.—

Budwinski, Dr. A. Freiherr von, Erkenntnisse des k. k. Verwaltungsgerichtshofes. Jahrg. 1893. XVII. Band. 8. (1249 S.) Ebd. 7.—, geb. 7.60

Budwinski, Dr. Adam Freiherr von, Erkenntnisse des k. k. Verwaltungsgerichtshofes. Jahrgang 1894. (Januar — Juni.) XVIII. Band. I. Theil. Gr.-8. (697 S.) Wien:Manz 4.40

Budwinsky, Dr. Adam Freiherr von, Erkenntnisse des k. k. Verwaltungsgerichtshofes. Jahrgang 1894. (Juli—December.) XVIII. Band. II. Theil. Gr.-8. (S. 707—1299) 3.60, in Ganzleinwd. geb. Wien:Manz. 4.20

Budwinsky, Dr. Adam Freiherr von, Erkenntnisse des k. k. Verwaltungsgerichtshofes. Jahrgang 1895. (Januar—Juni.) XIX. Band. I. Theil. Gr.-8. (848 S.) 5.—, geb. in Ganzleinen. Wien:Manz. 5.60

Budwinski, Dr. Adam Freiherr von, Erkenntnisse des k. k. Verwaltungsgerichtshofes. Jahrgang 1895. (Juli — December.) XIX. Band. II. Theil. Gr.-8. (S. 851—1552) 4.80
Wien:Manz.

Budwinski, Dr. Adam Freiherr von, Erkenntnisse des k. k. Verwaltungsgerichtshofes Jahrgang 1896. (Jänner—Juni.) XX. Band. I. Thl. Gr.-8. (1132 S.) Wien:Manz. 7.—

Budwinski, Dr. Adam Freiherr von, Erkenntnisse des k. k. Verwaltungs-Gerichtshofes. Jahrgang 1896. (Juli bis December.) XX. Bd. II. Thl. Gr.-8. (S. 1139—2043) 5.—, geb. 5.60
— — XXI. Bd. 1897. I. Theil. Bogen 1. Gr.-8. Pro Bogen 1—10 Wien:Manz. 1.—

Budwinski, Dr. Adam Freiherr von, Erkenntnisse des k. k. Verwaltungsgerichtshofes. Jahrgang 1897. (Januar bis Juni.) XXI. Band. I. Theil. Gr.-8. (1075 S.) Wien:Manz. 6.50

Budwinski, Dr. Adam Freiherr von, Erkenntnisse des k. k. Verwaltungs-Gerichtshofes. Jahrgang 1897. (Juli bis December.) XXI. Bd. II. Thl. Gr.-8. (S. 1076—1832) 5.—, geb. 5.60
Wien:Manz.

Budwinski, Dr. Adam Freiherr von, Erkenntnisse des k. k. Verwaltungs-Gerichtshofes. Jahrgang 1898. Administrativrechtlicher Theil. 12 Hefte. Gr.-8. (1. Heft S. 1—80) 6.—
— Finanzrechtlicher Theil. 1898. 12 Hefte. Gr.-8. (1. Heft S. 1—64) Wien:Manz. 4.—

Budwinski's Sammlung der Erkenntnisse des k. k. Verwaltungsgerichtshofes. 24. Jahrg. 1900. Administrativrechtlicher Thl. Zusammengestellt üb. Auftrag v. Rud. Alter. gr. 8. (1296 S.) Wien 901. Manz. n. 16. 20; geb. in Leinw. n. 17. 80

— dasselbe. Finanzrechtlicher Thl. Zusammengestellt üb. Auftrag v. Heinr. Reissig. gr. 8. (1020 S.) Ebd. 901. n. 12. 80; geb. in Leinw. n. 14. 40

Budwinski's Sammlung der Erkenntnisse des k. k. Verwaltungsgerichtshofes. 26.—29. Jahrg. 1902—1905. Administrativrechtlicher Tl. Zusammengestellt üb. Auftrag v. Rud. Alter. gr. 8. Wien, Manz. n. 72. 75; geb. in Leinw. n. 78. 75
1902. (1460 S.) 902. n. 18. 40; geb. n. 20. —
1903. (1631 S.) 903. n. 20. 40; geb. n. 22. —
1904. (1621 S.) 904. n. 17. 35; geb. n. 18. 75
1905. (1569 S.) 905. n. 16. 60; geb. n. 18. —

— dasselbe. Finanzrechtlicher Thl. Zusammengestellt üb. Auftrag v. Heinr. Reissig. gr. 8. (1145 S.) Ebd. 902. n. 14. 40; geb. in Leinw. n. 16. —
Vergl.: Erkenntnisse des k. k. Verwaltungsgerichtshofes.

— dasselbe. 25. Jahrg. 1901. Administrativrechtlicher Thl. Zusammengestellt üb. Auftrag v. Rud. Alter. gr. 8. (1465 S.) Ebd. 902. n. 18.40; geb. in Leinw. n. 20. —

Budwiński's Sammlung der Erkenntnisse des k. k. Verwaltungsgerichtshofes. 26.—29. Jahrg. 1902—1905. Finanzrechtlicher Tl. Zusammengestellt üb. Auftrag v. Heinr. Reissig. gr. 8. Wien, Manz. n. 68. 10; geb. in Leinw. n. 74. 10

1902. (1200 S.) 902. n. 15.—; geb. n. 16.60
1903. (1409 S.) 903. n. 17.60; geb. n. 19.20
1904. (1754 S.) 904. n. 18.70; geb. n. 20.10
1905. (1575 S.) 905. n. 16.80; geb. n. 18.20

Budwiński's Sammlung der Erkenntnisse d. k. k. Verwaltungsgerichtshofes. 30.—33. Jahrg. 1906—1909. Administrativrechtlicher Tl. gr. 8. Wien, Manz. 68. 10; geb. in Leinw. 70. 30

1906. Zusammengestellt üb. Auftrag v. Rud. Alter. (1498 S.) 907. 15.90; geb. in Leinw. 17. 00
1907. Zusammengestellt üb. Auftrag v. Rud. Alter. (1420 S.) (908.) 15.10; geb. in Leinw. n 16.80; in Halbfrz. n 17. 70
1908. Zusammengestellt üb. Auftrag v. Rud. Alter. (1503 S.) (909.) 15.90; geb. in Leinw. n 17. 00
1909. Zusammengestellt üb. Auftrag von Aug. Ritter v. Popelka. (1513 S.) (910.) 16.20; geb. in Leinw. n 18.30; in Halbfrz. 19.30

— dasselbe. Finanzrechtlicher Tl. Zusammengestellt üb. Auftrag v. Heinr. Reissig. gr. 8. Ebd. 66. 20; geb. in Leinw. n 73. 20

1906. (1635 S.) 907. 17.50; geb. in Leinw. 19. 20
1907. (1458 S.) (908.) 15.40; geb. in Leinw. n 17.10; in Halbfrz. n 18. —
1908. (1507 S.) (909.) 16.10; geb. in Leinw. n 17. 80
1909. (1599 S.) (910.) 17.20; geb. in Leinw. n 19.10; in Halbfrz. 20.10

Budwiński's Sammlg d. Erkenntnisse d. k. k. Verwaltgsgerichtshofes. 33—35. J. '09—11. Administrativrechtl. Tl. Zusammengest. v. Aug. Ritter v. Popelka. gr8° Wien, Manz. d
33. '09. (1513) '09 (Umschl.: '10). 16.20; L n 18.30; HF n 19.80 ‖ 34. '10. (1932) '11. 20.50; L n 22.50; HF n 23.50 ‖ 35. '11. (2022) '12. 21.70; L n 23.70; HF n 24.70

— dass. Finanzrechtl. Tl. Zusammengest. v. Heinr. Reissig. gr8° Ebd. d
33. '09. (1599) '09 (Umschl.: '10). 17.20; L n 19.10; HF n 20.10 ‖ 34. '10. (1571) '10 (Umschl.: '11). 17 —; L n 19 —; HF n 20 — ‖ 35. '11. (1479) '12. 15.80; L n 17.80; HF n 18.80

Budwiński, Adam Freiherr v. (Hrsg.), s.a. Verwaltungs-Gerichtshof-Erkenntnisse nach §6 des Gesetzes vom 22. Oktober 1875, . . .

Budwinski, Dr. Adam Freih. v., Verwaltungsgerichtshof-Erkenntnisse, geschöpft ohne vorausgegangene mündliche Verhandlung. Jahrg. 1881/82. 3. Heft gr. 8. (123 S.) Wien, Manz'sche k. k. H.-V.- u. U.-B. 1 fl.

Budwinski, Dr. Adam Freih. v., Verwaltungsgerichtshof-Erkenntnisse nach § 6 d. Ges. v. 22. Oct. 1875, geschöpft ohne vorausgeg. mündl. Verhandlung. 4. Heft. (Jahrg. 1883—1884.) 8. (119 S.) Wien, Manz'sche Hof-Verl. u. Univ.-Buchh. 1 fl.

Budwinski, Dr. Adam Freiherr von, Verwaltungs-Gerichtshofs-Erkenntnisse nach § 6 des Gesetzes vom 22. October 1875, R.-G.-Bl. ex 1876, Nr. 36, geschöpft ohne vorausgegangene mündliche Verhandlung. 6. Heft. Jahrg. 1887—1888. 8. (129 S.) Wien: Manz 1890 ? 1.—

Budy, Friedr., Jugend-Harfe. Dichtungen. 8. (IV und 172 S.) Stettin 849. (Berlin, Springer.) *

Budy, Friedrich. Wesen und Unwesen des modernen Constitutionalismus, seine Untauglichkeit für Preußen nebst Vorschlägen zur Abänderung der Verfassung. Ein Buch für Fürsten und Volk. Stettin, Eigenthum des Herausgebers 1852. 141 S. 8.

Budy, Joh. Frdr. Christian, Erzählungen u. Novellen. Der Negersclave. Die Nadel. Die Hochzeit des Missionars. Wilh. Tell oder die freie Schweiz. gr. 8. (IV u. 98 S.) Berlin 851, Wohlgemuth's B. (W. Schultze) in Comm. n. 1/3 ₰

Budy, W., Erinnerung an Vater Straube, weil. Pastor zu Werder u. Falkenhagen. Skizzen aus seinem Leben mit Nachklängen u. 2 Anhängen. [Mit Vater Straube's (Lichtdr.-) Bildniß.] 8. (139 S.) Falkenhagen. Berlin 881. Deutsche evangel. Buch- u. Traktatgesellschaft in Comm. n. 1. 50

Budy, Wilh. Kirchlicher Festkalender. Dem deutschen evangel. Christenvolke dargeboten. 8. (VIII, 126 S.) Berl. 889, Hauptverein für christl. Erbauungsschriften. cart. * 1 —

Budzier, Friedrich, a. Penzlin: Theoretische Bearbeitung der adiabaten Zustandsänderung von Gasen bei reversiblem und irreversiblem Verlauf, und daran anschließend: Eine krit. Untersuchung d. Frage, ob u. in welchem Maße d. Resultate d. vorliegenden Experimentaluntersuchungen über d. Verhältnis $k = c_p : c_v$ e. Änderung erfahren, wenn man d. tats. ausgeführten Versuche als irreversibel betrachtet. Rostock 1908: Adlers Erben. (VIII, 65 S.) 8° (Preisgekrönt v. d. philos. Fakultät d. Univ. Rostock.)
Rostock, Phil. Fak., Ref. Weber, Diss. v. 6. Juni 1908
[Geb. 10. Jan. 85 Penzlin; Wohnort: Rostock; Staatsangeb.: Mecklenburg-Schwerin; Vorbildung: Realgymn. Güstrow Reife O. 05; Studium: München 2, Rostock 4 S.; Rig. 2. Juni 08.]

Budzinski, A.

[F.] Biblische Geschichten des Alten und Neuen Testaments f. ev. Volkssch. v. A. **Budzinski.** *Wittenberg: Herrosé 1897.* (VIII, 85 S.) 1 Bd 8. (98.25961)

Budzinski, Fredy, s.a. Biographien berühmter Rennfahrer.

Budzinski. F.: Biographien berühmter Rennfahrer. Berlin. 1—16. 1906—1908, 20. 1909, 26. 1922, 28. 1922.

Henri Contenet. Eine Biographie. Hrsg. v. Verl. d. 'Rad-Welt'. (Verf.: Fredy **Budzinski.**) Berlin: Rad-Welt [1907]. (43 S.) 8° [F.]
— **Biographien** berühmter Rennfahrer. Bd 10. (07. 6925

Louis Darragon. Eine Biographie. Hrsg. v. Verl. d. Rad-Welt. (Verf.: Fredy **Budzinski.**) Berlin: Rad-Welt [1908]. (42 S.) 8° [F.]
— **Biographien** berühmter Rennfahrer. Bd 14. (08. 9410

Bruno Demke. Eine Biographie. Hrsg. v. Verlag d. Rad-Welt. (Verf.: Fredy **Budzinski.**) Berlin: Rad-Welt [1907]. (44 S.) 8° [F.]
— **Biographien** berühmter Rennfahrer. Bd 9. (07. 4803

Paul Guignard. Eine Biographie. Hrsg. v. Verl. d. Rad-Welt. (Verf.: Fredy **Budzinski.**) Berlin: Rad-Welt [1906]. (40 S.) 8° [F.]
— **Biographien** berühmter Rennfahrer. Bd 6. (07. 978

Peter Günther. Eine Biographie. Hrsg. v. Verl. d. 'Rad-Welt'. (Verf.: Fredy **Budzinski.**) Berlin: Rad-Welt [1907]. (43 S.) 8° [F.]
— **Biographien** berühmter Rennfahrer. Bd 8. (07. 9773

Anton Huber. Eine Biographie. (Verf.: Fredy **Budzinski.**) Hrsg. v. Verlag d. 'Rad-Welt'. Berlin: Rad-Welt [1908]. (44 S.) 8° [F.]
— **Biographien** berühmter Rennfahrer. Bd 15. (08. 12773

(Fredy **Budzinski.**) Edmond Jacquelin. Eine Biographie. Hrsg. v. Verl. d. 'Rad-Welt'. Berlin: 'Rad-Welt' [1909]. 41 S. 8°
(Biographien berühmter Rennfahrer. Bd 18.) (09. 7851

(Fredy **Budzinski.**) Otto Meyer. Eine Biographie. Hrsg. v. Verl. d. 'Rad-Welt'. Berlin: 'Rad-Welt' [1909]. 46 S. 8°
(Biographien berühmter Rennfahrer. Bd 19.) (09. 7852

Gabriel Poulain. Eine Biographie. Hrsg. v. Verl. d. 'Rad-Welt'. (Verf.: Fredy **Budzinski.**) Berlin: Rad-Welt [1907]. (42 S.) 8° [F.]
— **Biographien** berühmter Rennfahrer. Bd 7. (07 9770

Kurt Rosenlöcher. Eine Biographie. (Verf.: Fredy **Budzinski.**) Hrsg. v. Verlag d. 'Rad-Welt'. Berlin: Rad-Welt [1908]. (40 S.) 8° [F.]
— **Biographien** berühmter Rennfahrer. Bd 17. (08. 12775

Walter Rütt. Eine Biographie. Hrsg. v. Verl. d. Rad-Welt. (Verf.: Fredy **Budzinski.**) Berlin: Rad-Welt [1908]. (44 S.) 8° [F.]
— **Biographien** berühmter Rennfahrer. Bd 13. (08. 9409

Bruno Salzmann. Eine Biographie. Hrsg. v. Verl. d. 'Rad-Welt'. (Verf.: Fredy **Budzinski.**) Berlin: Rad-Welt [1908]. (44 S.) 8° [F.]
— **Biographien** berühmter Rennfahrer. Bd 12. (08. 9766

Willy Schmitter. Eine Biographie. Hrsg. v. Verl. d. Rad-Welt. (Verf.: Fredy **Budzinski.**) Berlin: Rad-Welt 1907. (48 S.) 8° [F.]
— **Biographien** berühmter Rennfahrer. Bd 11. (07. 11846

— **Das Berliner Sechstage-Rennen. Eine umfass., reich illustr. Schilderg. dieses merkwürd. Kampfes. (95 S.) gr. 8. Berlin (909). Buchdruckerei u. Verlagsanstalt „Strauss“. 1. —**

Das zweite Berliner Sechstage-Rennen. Eingehend dargest. u. ill. Von Fredy **Budzinski**. Berlin: Rad-Welt [1910]. 95 S. 8° [10. 2119

Budzinski, Fredy: Das 2—5. Berliner 6 Tage-Rennen. Berl., Buchdr. Strauss.
2. (96) gr8° ('10) 1 — ‖ 3. (96) gr8° ('11) 1 — ‖ 4. Nach d. Berichten d. „Rad-Welt“ zusammengest. (14) 46×31,5 cm. ('12) — 50 ‖ 5. Nach d. Berichten d. „Rad-Welt“ zusammengest. (80) 8° ('12) — 50

(Fredy **Budzinski**.) Arthur Stellbrink. Eine Biographie. Hrsg. v. Verl. d. 'Rad-Welt'. Berlin: 'Rad-Welt' [1909]. 30 S. 8°
(Biographien berühmter Rennfahrer. Bd 20.) [09. 7853

John Stol. Eine Biographie. (Verf.: Fredy **Budzinski**.) Hrsg. vom Verl. d. 'Rad-Welt'. Berlin: Rad-Welt [1909]. 48 S. 8°
(Biographien berühmter Rennfahrer. Bd 21.) [10. 1004

Taschen-Radwelt. Ein radsportl. Lexikon. Verf. von Fredy **Budzinski**. Berlin: Rad-Welt [1907]. (199 S.) 8° [F.] [07. 16834

Budzinski (Fr.). Fritz Theile, eine Biographie. (48 S. m. Abb.) (Biographien berühmter Rennfahrer. No. 22.) 8° Berlin. 1910. M. —.30

Arth. Vanderstuyft. Eine Biographie. (Verf.: Fredy **Budzinski**) Hrsg. v. Verlag d. 'Rad-Welt'. Berlin: Rad-Welt [1908]. (43 S.) 8° [F.]
= **Biographien** berühmter Rennfahrer. Bd 10. [08. 11774

Budzinski, Fredy, Robert Walthour, s.a. Biographien berühmter Rennfahrer.

Robert Walthour. Eine Biographie. Hrsg. v. Verl. d. Rad-Welt. (Verf.: Fredy **Budzinski**.) Berlin: Rad-Welt [1906]. (47 S.) 8° [F.]
= **Biographien** berühmter Rennfahrer. Bd 5. [07. 977

Budzinski, Richard

Wider die Unvollkommenheit der gegenwärtigen höheren Schulbildung. Entwurf e. Lehrplanes f. e. Musterschule von Richard **Budzinski**. Düsseldorf: Schmitz & Olbertz 1906. (31 S.) 8° [07. 17976

Budzyński, Stefan, a. Gollub, Westpr.: Ueber die unblutige Behandlung der congenitalen Hüftgelenksluxation. Leipzig 1905: B. Georgi. (49 S.) 8°
Leipzig, Med. Fak., Ref. Trendelenburg, Diss. v. 7. Aug. 1905
[Geb. 2. Sept. 78 Gollub, Westpr.; Wohnort: Sonnenberg b. Saarbrücken; Staatsangeh.: Preußen; Vorbildung: Gymn. Culm Reife O. 99; Studium: Leipzig 2, München 1, Leipzig 9 S.; Coll. 10. Aug. 05; noch nicht approbiert.]

Budzyński, W., Lechia w 9. wieku, s. Biblioteka powieści historycznich.

Buěck, s. Bück.

Buěck, s. Buěk.

Buěck, s. Bük.

Buěck, H. W., s. Bük.

Buěhren, s. Bühren.

Buěk, s.a. Bück.

Buěk, s.a. Bueck.

Buěk, s. a. Bük.

Buek, die Berufswahl, s. Schriften des liberalen Schulvereins Rheinlands und Westfalens.

Buěk, H. W., s. Bük.

Buek, *Johann Nikolaus II*, Hamburg . . 1779, † Frankfurt a.O. 30. Jan 1856
—— Hortus Francofurtanus, oder Verzeichniss der in meinem Garten cultivirten Gewächse, mit Hinzufügung der in der Nahe Frankfurts wildwachsenden Pflanzen. Frankfurt a/O., typ. Trowitzsch. 1821. 8. x, 124 p.
Cat. of sc. Papers I. 700

Buek, *Johann Nikolaus*, Handelsgärtner in Hamburg, * Hamburg 29. Mai 1736, † Hamburg 1. Oct. 1812.
—— Verzeichniss von in- und ausländischen Bäumen, Sträuchern, Pflanzen und Samen. Bremen, Förster. 1779. 8. 200 p.
vide Goeke.

Buek, Jh. Nik., Verzeichniß v. in- u. ausländ. Bäumen u. Sträuchern rc. 8. Brem. 779. Müller. 10 gr

Büel

Büel, ..., s. Rousseau, d. Levit.

Büel, G., Briefbuch, od. Anl. z. Briefschreiben. 8. Zürich, Gesner. 795.

v. Büel, Jh., Bemerkk. f. Landschullehrer u. f. Freunde derselben. 8. Nürnb. ... 2e A. 802. Raw. 4 gr

Büel, J., Bemerk. f. Landschullehr. u. f. Freunde derselb. 8. Nürnb. Raw. 803.

— Briefbuch, oder Anleit. zum Briefschreiben rc. 8. Zürich 795. Geßner. 6 gr

— Buchstaben- u. Lesebuch zum Gebrauch deutscher Schulen. 8. Stein am Anger 798.

— s. Gregor v. Nazianz, Briefe.

v. Büel, Jh., Taschenbuch für Jünglinge höherer Stände. Wien 817. Schaumburg u. C. 12 gr

— was soll in d. Landschulen d. Schweiz gelehrt u. nicht gelehrt werden? 8. Winterth. 801. Steiner. 4 gr

Büeler

— u. W. **Meyer**, italienische Chrestomathie m. besond. Berücksicht. der Neuzeit. Abschnitte aus den besten Autoren von Dante bis zur Gegenwart m. litteraturgeschichtl. Einleitgn. u. biograph. Notizen. 2 Tle. gr. 8. (IV, 201 u. IV, 200 S.) Zürich 887. Schulthess. à n. 2. 40

Büeler, G(ustav). Festschrift zum Jubiläum der Thurgauischen Kantonsschule 1903. Geschichte der Gründung der Thurgauischen Kantonsschule, nebst Beiträgen zur Chronik und Statistik der Schule von 1853—1903. IV + 175 S. gr.-8. Frauenfeld, Huber & Co., 1903.

Büeler, G., französ. Lesebuch, s.: **Breitinger**, H.

Büeler, G[ustav]. Johann Heinrich Mayr auf der Bleiche bei Arbon, 1768—1838. [Mit 2 Tafeln.] Separat-Abdruck aus Heft 49 der Thurgauischen Beiträge zur vaterländischen Geschichte. II + 68 S. 8. Frauenfeld, F. Müller, 1909.

Büeler, G. u. H. Schneller. Questionnaire se rapportant aux chapitres I et III du choix de lectures françaises par *H. Breitinger* et *J. Fuchs*. Première partie. 19 p. In-8°. Frauenfeld, J. Huber's Verlag. 1893 ? — 20

Büeler, G., Verzeichniss der Programm-Beilagen der schweizerischen Mittelschulen. Mit e. Anh., umfass. die Programm-Beilagen der Académie de Neuchâtel u. der eidgenöss. polytechn. Schule in Zürich. gr. 4. (V, 68 S.) Frauenfeld 890. Huber. n. 2. —

Büeler- de Florin, H[ermann]. Schweizer Erz-Bergbau. Ueber die Bedeutung der Fortschritte im Berg- und Hüttenwesen für die schweizerischen Erzlagerstätten. [Mit Kartenskizzen im Text.] Sonderabdruck aus « Der Erz-Bergbau », Zentralblatt für den gesamten Erzbergbau... . 62 S. 8. Frankfurt a. M., J. Friedrich Meissner, 1906. (M. 1. —)

Büeller s. Büeler.

Buenos Aires [Schlagwort]

Buenos Aires. Silveyra y Duclout, mapa de la provincia de Buenos Aires. 1:1,000,000. Chromolith. Imp.-Fol. Buenos-Aires 890. (Hamburg, Friederichsen & Co. — Kittler's Sort.) n.n. 15. —; auf Leinw. m. Stäben od. in Leinw.-Carton. n.n. 19. —

Buenos Aires Handels-Zeitung: Buenos Aires
Jahrgang 1, no. 1, March 10, 1888 to Jg. 37, no. 1904, December 21, 1924
Weekly. Sub-title: Organ für Handel, Finanzen und Volkswirtschaft. Large quarto on newsprint, each issue 16 pages, in German and Spanish. Spanish sub-title: Revista financiera y comercial. Editor and founder: Enrique Kohn, 1937, and published by E. Kohn y Cia. Assistant editor: Ernesto Beutelspacher. Last issue gives brief history of paper and reasons for its founding. Closed down because of war aftermath and lack of capital

Buer paß up! Eine Stimme zur Warnung für den lieben Bauersmann von einem Bauerssohne, der früher Landpastor war u. nun in der Stadt wohnt. 12. (82 S.) Paderborn 849, Schöningh. — 2. unveränd. Aufl. 12. Ebd. 849. n. 1/12 ℳ

Bußrdorff, Bruno, wer ist Vegetarier? u.: Was bedeutet „naturgem. Lebensweise"? (I. Lebensweise. II. Natur.) 2 orientier. Aufsätze. [Aus: „Vegetar. Warte".] Als Flugblatt hrsg. v. deutschen Vegetarier-Bunde. gr. 8. (16 S.) Leipzig 896. K. Lentze. — 30

Büs. Karte der Stadt Remscheid. 1 : 12 000. (1885). 1 Bl. c, L.

Bües, Carl [aus Achim (Prov. Hannover)]: Ein Beitrag zur Kenntnis der klinischen Erscheinungen und pathologischen Veränderungen beim Tetanus ... Erlangen, Druck v. A. Vollrath's k. b. Hofbuchdr., 1891; 29 S. 8.
Erlangen, Med. Fak., Inaug.-Diss. v. 1891

Büeßinger, s. Büßinger.

Berner Büetzer: D'r Berner Büetzer
v. Basler Vorwärts (1).

Bufalo, C. del, Conradin von Hohenstaufen. Drama in 4 Acten. [Den Bühnen gegenüber Mscr.] gr. 8. (VIII, 102 S.) Wien 872, (Gerold's Sohn.) *

Bufalo, Emilia M^sa. del, e. Abenteuer auf Schloss Ludlow. Drama in 2 Acten. Lex.-8. (46 S. m. 1 Bild.) Rom 892. (Leipzig, R. Claussner.) n. 2.—

Bufalo della Valle, E., der Olymp zur jetzigen Zeit. 16. (VII, 63 S.) Wien 873. (Gerold's Sohn.) *

Bufalo della Valle, E., der Olymp zur jetzigen Zeit. 16. (VII, 63 S.) Wien 870. Gerold's Sohn in Comm. n. 1. –

Bufe, Ernst, approb. Arzt aus Diedenhofen: Aus d. chirurg. Abt. d. evang. Krankenhauses Cöln (Oberarzt Dr. E. Martin.) Ein Beitrag zur Kenntnis der Torsion des Funiculus spermaticus. *Bonn 1904: E. Eisele.* (29 S.) 8°
Bonn, Med. Diss. v. 2. März 1904

Bufe, Gustav *(geb. Wünschendorf bei Lauban 11. 1. 1841)*: Diagnostische Irrthümer, welche bei Ovariotomien vorgekommen sind. Breslau (1867). (31 S.) 8°
Breslau, Med. Diss. v. 2. Nov. 1867

Buff, Der Bergbau und Hüttenbetrieb im Fürstenthum Waldeck. Berlin 1870. 4. (Preufs. Ztschr. Bd. 18.)

Buff, üb. d. Fette u. d. Fabrikation d. Fettsauren u. d. Glycerins. Göttingen. 1863. 52 *p.*
Schul-/Univ.-Schrift

Buff, einige Fragen aus d. Gebiete d. Lebensversich. Giessen 881.

Buff (Hrsg.), s. Gewerbeblätter für Kurhessen.

Buff, ..., s. Magazin f. Fest- u. Casualpredigten.

Buff, der Rechtschreibunterricht im 2. Schuljahre, s.: Erb.

Buff (Hrsg.), s. Rechtssprechung, Hessische.

Buff, Adolf

Buff, A., Alt-Augsburg, s.: Kempf, Rud.

Buff, A., Augsburg, s.a. Wanderbilder, europäische.

Buff, Adolf. Augsburg. Von A Buff. Mit 27 Illustrationen [wovon 7 Tafeln] von J[ohann] Weber, [einer Routenkarte,] einem Vogelschauplan und einem Theatersitzplan. (Europäische Wanderbilder. № 47. 48.) 8. Zürich (Paris, London [1883]).

Buff, Ad., Augsburg in der Renaissancezeit. Zeichnungen v. H. E. v. Berlepsch. 8. (140 S.) Bamberg 893. C. C. Buchner, Verl. n. 2. 50

Buff, Adolf: Zur Geschichte der Straßburger Buchdrucker, s. Publikationen des Börsen-Vereins der deutschen Buchhändler.

Buff, Ad., die Politik Karls des Ersten in den ersten Wochen nach seiner Flucht von London u. Lord Clarendons Darstellung dieser Zeit. gr. 8. (45 S.) Giessen 868. (München, Th. Ackermann.) n. — 60

— d. Rathhaus d. Stadt Augsburg, s.: Leybold, Ludw.

Buff, Adolf: Die älteste Augsburger Censuranordnung, s. Publikationen des Börsenvereins der deutschen Buchhändler.

Buff, B. Praktisch verwendbare und systematisch durchgeführte Compositionen für die Hand-Stickerei-Fabrikation. Spec.: Appenzeller Monogrammen-Stickerei. 3. Heft. 8 Taf. In-4°. St. Gallen, Kreutzmann. 1889? 2 —

Buff, Bertold, approb. Arzt aus München: Ueber eine melanotische Geschwulst der männlichen Brustdrüse. *München 1904: Kastner & Callwey.* (40 S.) 8°
München, Med. Diss. v. 1904

Buff, Christoph Ludwig, De conducendi jure serenissimorum Hassiae landgraviorum per Wetterauiam pars prior et generalis, observat. de conductu, eiusque in Germania origine et habitu, potiores complexa. Comment. jur. publ. Hassiaci. Giessen (J. J. Braun) 14. XI. 1771. 54 S. (5.20) 4644
Gew.: Georg Wilhelm Wagner (Worms).

Buff, Christoph Ludwig Wilhelm (Advokat in Giessen)
Commentationis juris publici Hassiaci de conducendi jure serenissimorum Hassiae Land-graviorum per Wetterauiam, pars prior et generalis, observationes de conductu, eiusque in Germania origine et habitu, potiores complexa.
Gissae 14. Nov. 1771: Jo. Jak. Braun. (2), 54 S. 4°
pro summis in jure honoribus et privilegiis doctoralibus rite consequendis.

Buff, Emil, Beschreibung des Bergreviers Deutz. Bearbeitet im Auftrage des königl. Oberbergamts zu Bonn. gr. 8. (III, 100 S.) Bonn 882. Marcus. n. 3. —

Buff, E.: Deutz . 1882. 100 S.

Buff, E., die Gesetze u. Verordnungen, betr. den Betrieb der Bergwerke u. der damit verbundenen Anlagen im Preußischen Staate. Für den pract. Gebrauch systematisch zusammengestellt. gr. 8. (XX, 188 S.) Essen 883. Bädeker. n. 2. —; geb. n. 2. 50

— dasselbe. Ergänzungsheft, die bis Mitte d. J. 1884 erlassenen Gesetze u. Verordgn. enth. gr. 8. (26 S.) Ebend. 884. n. — 40

Buff, E., die Gesetze u. Verordnungen betr. den Betrieb der Bergwerke u. der damit verbundenen Anlagen im Preußischen Staate. Für den pract. Gebrauch systematisch zusammengestellt. 2. Aufl. gr. 8. (XXVIII, 320 S.) Essen 894. G. D. Baedeker. n. 3. 50; geb. in Leinw. n. 4. —

Buff, Friedrich (Giessen)
Ueber einige Fragen aus dem Gebiete der Lebensversicherung.
Giessen: Keller 1881. 89 S.
Diss. jur. 23.12.1881. vorh. 26. la. 11.

Buff, Friedr., über einige Fragen aus dem Gebiete der Lebensversicherung. Inauguraldissertation. gr. 8. (VI, 89 S.) Gießen 881, (Roth.) *

Buff, Friedrich, aus Heidenheim a. H.: Miltons Paradise Lost in seinem Verhältnisse zur Aeneide, Ilias und Odyssee. *Hof a. S. 1904: Mintzel.* (77 S.) 8°
München, Phil. Diss. v. 1903

— **Friedr. Christoph** (Steinbach/Hessen), De caussis fiscalibus in judicio disceptandis, von fiscalischen Processen. Diss. jur. Präs. Jo. Friedr. Kayser. Giessen (J. Müller) Sept. 1748. 50 S. (5.20) 4615
Widm. v. Präs.

Buff, H., Ueber die Art der Einwirkung der Erdrotation auf die Richtung des Windes. [o. O. u. J.].

Buff, H, Dr., Zur Berührungs-Elektricität. (Annal. der Chemie und Pharmacie, LXXXIII. Bd., 2. Heft.) (2 Abhandlungen.)

Buff, H., Dr., Ueber die Beziehungen zwischen Temperatur und Spannkraft der Dämpfe. (Aus „Ann. der Chemie und Pharmacie." II. Supplementband, 2. Heft.)

— Ueber die Elektricitäts-Entwickelung bei der Verdampfung. (Ann. der Chem. und Pharm., LXXXIX. Bd., 2. Heft.)

— Ueber die Elektricitäts-Erregung durch lebende Pflanzen. (Ann. der Chem. und Pharm., BXXXIX. Bd., 1. Heft.)

— Ueber die Elektrolyse hoherer Verbindungsstufen. (Ann. der Chem. und Pharm., CX. Bd., 3. Heft.)

— Ueber ein Galvanoskop von grosser Empfindlichkeit, und uber das elektrische Leitungsvermogen der Flamme. (Ann. der Chem. und Pharm., XC. Bd., 1. Heft.)

— Ueber das electrolytische Gesetz. (Annalen der Physik und Pharmarcie. LXXXV. Bd., 1. Heft.)

— Ueber die elektrische Leitfahigkeit des erhitzten Glases. (Ann. der Chem. und Pharm., XC. Bd., 3. Heft.)

— und Zamminer, Ueber die Magnetisirung von Eisenstaben durch den galvanischen Strom. (Aus: Ann. der Chem. und Pharm.)

— Ueber die Richtung des durch Entladung angehäufter Reibungs-Elektricitat erregten Inductions-Stromes. (Ann. der Chem. u. Pharm., LXXXVI. Bd., 3. Heft.)

— Tangentenbussole mit langem Multiplicatordrahte. (Ann. der Chem. und Pharm., LXXXVI. Bd., 1. Heft.)

— Ueber die Temperatur-Veränderungen, welche beim Uebergange des elektrischen Stroms von einem Metalle zum andern hervortreten. (Separat-Abdr. aus Poggendorff's Ann. der Physik und Chemie, Bd. CLV.)
Leipzig 1875.

— Versuche uber den Stoss des Wasserstrahls. (Aus: Poggendorffs Annalen, Band CXXXVII.)

— Ueber den Vorgang der elektrisch-chemischen Zersetzung und uber die Elektrolyse des Eisenchlorids. (Ann. der Chemie und Pharm., XCIV. Bd. 1. Heft.)

— Ueber die Zersetzung des Wassers durch sehr schwache elektrische Ströme, insbesondere durch die Maschinen-Elektricitat. (Ann. der Chem. und Pharm., XCVI. Bd., 3. Heft.)

Buff, H., Dr., Der Zusammenhang der neueren Elektricitäts-Lehre mit der Contakttheorie. Giessen 1842.

Buff, Heinrich

Einige Bemerkungen zu den religionsgeschichtlichen Vorträgen des Herrn Dr. Weinel aus Bonn über: 'Jesus im 19. Jahrhundert.' Von Dr. Heinrich Buff. *Krefeld [1903]: W. Greven.* (11 S.) 8° [F.] [03. 4078 8

Buff, Heinrich (Giessen)
Elektrolyse von alkalischer S-Verbindung.
[In: Annalen d. Chemie u. Pharmacie, Supl. 4 (1866).]
Dr. phil. Giessen 30.8.1866.

Buff, H., Erklärung, veranlaßt durch die Schrift: Der Chemiker Dr. Just. Liebig vor das Gericht der öffentl. Meinung gestellt von Dr. C. Löwig. gr. 8. Heidelb. 833. Winter. 1/12 ß

Buff, Heinr., Grundzüge d. Experimentalphysik mit Rücks. auf Chemie u. Pharmacie zum Gebr. bei Vorlesungen und zum Selbstunterricht. Mit Holzschn. 1. u. 2. Lfg. gr. 8. (20¾ B., 2 Kpfrt. u. 1 Stnt.) Heidelberg 843, 45, C. F. Winter. *

Buff, H(einr.), Grundzüge der Experimentalphysik mit Rücksicht auf Chemie und Pharmacie, zum Gebrauch bei Vorlesungen und zum Selbstunterrichte. 3. Lfg. gr. 8. (S. 229—452 mit eingedr. Holzschn. und 1 Kpfr.) Heidelberg 847, C. F. Winter. *
1. und 2. Lfg. Ebendas. 1843—45. à Lfg. * 20 Ngr.

Buff, H., Grundzüge der Experimentalphysik mit Rücksicht auf Chemie und Pharmacie, zum Gebrauche bei Vorlesungen und zum Selbstunterrichte. Mit zahlreichen (eingedr.) Holzschn. und ausgeführten Tafeln. 4. (letzte) Lfg. gr. 8 (VIII und S. 449—670 und 45—53 mit 2 Stnt. in qu. Fol.) Heidelberg [Leipzig] 853, [C. F. Winter'sche Vrlgsh.] *
1—3. Lfg. Ebendas. 1843—47. * 2 Thlr.

Buff, Hnr., Grundzüge des chemischen Theils d. Naturlehre. Zum Gebrauche für Vorlesungen, sowie zum Selbstunterrichte bearbeitet. Mit 77 eingedruckten Holzschnitten. gr. 8. Nürnb. 833. (832). Schrag. 2 ß 3 gr

Buff, Heinrich (Rödelheim)
Ueber Indigsäure und Indigharz.
[In: Schweiggers Journal f. Chemie u. Physik, Bd 51, 1827, S. 38-59 u. Bd 54, 1828, S. 163-181.]
[Laut Phil. Dekanatsbuch Bd 3, S. 136. (UA Phil. C 4).]
Dr. phil. Giessen 29.8.1827 und Habil. phil. 1827.

— **Kopp** und **Zamminer**, Lehrbuch der physikal. und theoret. Chemie, s.a. Graham-Otto.

Buff, H., H. Kopp und F. Zamminer, Lehrbuch der physikalischen und theoretischen Chemie. (A. u. d. T.: Graham-Otto's ausführl. Lehrbuch der Chemie. 3., umgearb. Aufl. 1. Bd.) 9 Lfgn. gr. 8. (XII und 860 S. mit eingedr. Holzschn.) Braunschweig 857, Vieweg und Sohn. à Lfg. * 15 Ngr. *

—— Lehrbuch d. Stöchiometrie. Ein Leitfaden zur Kenntniss u. Anwend. d. Lehre von den bestimmten chem. Proportionen. 2. Aufl. gr. 8. (14 B.) Nürnberg 842, J. L. Schrag. -

—— physik. Lehren, s.: Graham-Otto, Lehrb. d. Chemie.

—— zur Physik der Erde. Vorträge für Gebildete über den Einfluß der Schwere und Wärme auf die Natur der Erde. gr. 8. (V u. 251 S.) Braunschweig 850, Vieweg und Sohn. *

— u. F. **Wöhler**, über neue Verbindungen des Siliciums. (Aus d. Abhdlgn. d. k. Gesellsch. d. W. zu Göttingen.) Göttingen 857. Dieterich. gr. 4. (1 Bl., 22 S.) n. 8 ngr

Buff, Heinr., Versuch eines Lehrbuchs d. Stöchiometrie. Ein Leitf. zur Kenntniss u. Anwend. d. Lehre v. d. bestimmten chem. Proportionen. gr. 8. (10½ B.) Nürnberg 829, Schrag. Thlr.

Buff, Heinr. Ludw., ein Blick auf die Geschichte der Chemie. Lex.-8. (20 S.) Erlangen 866, Enke's Verlagsh. *

— über den Entwicklungsgang der Naturwissenschaften. Ein Vortrag in populär-wissenschaftlicher Form bearb. Gießen 868. Ricker. 8. (39 S.) 6 ngr

Buff, H. L. Ueber die Fette und die Fabrikation der Fettsäuren und des Glycerins. Göttingen, 1863. Diss.

-- Grundlehren der theoretischen Chemie u. Beziehungen zwischen den chemischen u. physikalischen Eigenschaften der Körper. Erlangen 866. Enke. gr. 8. (XI, 210 S) n. 1 ß 10 ngr

— Kraft u. Stoff vom physikalischen Standpunkte. Ein Vorlesungs-Vortrag in populär-wissenschaftl. Form bearb. Gießen 867. Ricker. 8. (42 S.) 6 ngr

Buff, Heinr. L., kurzes Lehrbuch der anorganischen Chemie entsprechend den neueren Ansichten. gr. 8. (XXVII, 436 S.) Erlangen [Stuttgart] 868, Enke.

—— Lehrbuch der physikalischen Mechanik. 2 Thle. mit zahlreichen in den Text eingedr. Holzstichen. gr. 8. Braunschweig, Vieweg und Sohn. [1. Thl. (VII, 366 S.) 871. *ℳ 7,50.; 2. Thl. 1. Abthl. (S. I—IV, 1—240.) 873. *ℳ 6.; 2. Abthl. (S. V—XI, 241—511.) 874. *ℳ 8.] *

— über das Studium der Chemie. Berlin 868. Dümmler's Verlhdlg. 16. (23 S.) n. 5 ngr.

Buff, Jac., practisch verwendbare und systematisch durchgeführte Compositionen für die Hand-Stickerei-Fabrication. Specialität: Appenzeller Monogrammen-Stickerei. 1. und 2. Heft. hoch 4. (à Heft 8 Stnt.) St. Gallen 888, Kreutzmann. à Heft *

Buff, Jac. Practisch verwendbare und systematisch durchgeführte Compositionen für die Hand-Stickerei-Fabrikation. Specialität: Appenzeller Monogrammen-Stickerei. 3. Heft. hoch 4. (8 Stnt.) St. Gallen 889, [Kreutzmann]. * 1 60
1. u. 2. Heft. Ebd. 1888. * 3 20.

Buff, Ludw., die Armenpflege in ihrem Zusammenhang mit dem Rechtssystem. (Aus d. Annalen der Justizpflege ꝛc. in Kurhessen ꝛc. abgedr.) Cassel 854. Fischer. gr. 8. (32 S.) n. 6 ngr.

Buff, Max, a. Crefeld: Ueber Chinitrole und Chinole aus Di-Tri- und Tetrabrom-p-Kresol und ihre Umwandlungsprodukte. Marburg 1904: Köster & Schell. (77 S.) 8°
Marburg, Phil. Fak., Ref. Zincke, Diss. v. 21. Sept. 1904
[Geb. 31. Okt. 79 Crefeld; Wohnort: Marburg; Staatsangeh.: Preußen; Vorbildung: Realgymn. Crefeld Reife M. 99; Studium: Freiburg i. B. 2, München 3, Marburg 4 S.; Rig. 20. Juli 04.]

Buff, Rudolf [approb. Arzt aus Giessen]: Revision der Lehre von der reflectorischen Speichelsecretion .... Giessen, *Druck v. Wilhelm Keller*, 1887; 39 S. 4°
Giessen, Med. Fak., Inaug.-Diss. v. 1887

Buff, S., Gottlieb Bion von St. Gallen, Lehrer u. Landschaftsmaler, s.: Neujahrsblatt des Kunstvereins in St. Gallen.

Buff, Siegfr., das Kontokorrentgeschäft im deutschen Bankgewerbe, s.a. Studien, Münchener volkswirtschaftliche. 61.

Das Kontokorrentgeschäft im Deutschen Bankgewerbe. Von Siegfried Buff, Dr. d. Staatsw. *Stuttgart & Berlin: J. G. Cotta 1904.* (XII, 126 S.) 8°
= Studien, Münchener Volkswirtschaftliche. Stück 61. [04. 40,- 3

Buff, Siegfr., das deutsche Scheckgesetz vom 11. III. 1908. Erläutert v. B. (168 S.) 8. Stuttgart 908. Deutsche Verlags-Anstalt. Geb. in Leinw. 3. —

— Der gegenwärtige Stand u. die Zukunft des Scheckverkehrs in Deutschland. (VIII, 106 S.) gr. 8. München 907. E. Reinhardt. 2.50

Buff, Ulrich. Zur Lehre vom Pendelrhythmus der Herztöne. Diss. Med. Univ. Zürich. 56 S. 8. Zürich, Zürcher & Furrer, 1909.

Buff, Walther Heinrich [aus Crefeld]: I. Zur Kenntnis der tertiären Alkohole. II. Ueber das Methylalizarin ... Crefeld, Buchdr. v. W. Greven, 1897; 55 S., 3 Bl. 8.
Heidelberg, Naturw.-math. Fak., Inaug.-Diss. v. [5. März] 1897

Buff, Wilh., der Executivprozeß nach der Praxis der Großh. Hessischen Obergerichte. Mit Benutzung der von Herrn Hofgerichts Advokat Bopp und Anderen mitgetheilten Rechtsfälle und mit Hinweisungen auf die Praxis anderer deutscher Gerichte dargestellt. (Abdr. aus dem Archiv für pract. Rechtswissenschaft.) Marburg 860. Elwert. gr. 8. (IV, 112 S.) 16 ngr.

Buff, W, d. Executivproz. nach d. Praxis d. Grossh. Hess. Obergor. 8. (142) Marb. 60. (Frankf., Völcker.) — 16

Büff, u. Johs. Rinck, der Sonntag in der neuesten deutschen Gesetzgebung u. der Sonntag im Dienst der christlichen Liebe. 2 Vorträge, geh. auf der 29. Jahresversammlg. der südwestdeutschen Konferenz f. innere Mission zu Frankfurt a/M. am 8. Juni 1893. gr. 8. (38 S.) Karlsruhe 893. Evangel. Schriftenverein. n.n. — 25

Büff, G. Ludwig, s. Büff, Ludwig

Büff, Ludwig

Büff, Ludw.: Allerlei in hess. Licht. (111) kl8° Kass., E Röttger ('11). 1 —; geb. n 1.50 d

Büff, Ludw., die Armenpflege in ihrem Zusammenhang mit dem Rechtssystem. gr. 8. (32 S.) Cassel 854, Fischer. *
Aus: Annalen der Justizpflege und Verwaltung in Kurhessen ꝛc., besonders abgedruckt.

—— kurhess. Kirchenrecht. 8. (1064) Cass. 61, Kay. n. 4. 20

Büff, G. Ludw., kurhessisches Kirchenrecht. Bearb. mit Rücksicht auf C. W. Ledderhose und Chr. H. Pfeiffer. Cassel 861. Krieger. gr. 8. (XXXIV, 1064 S.) n. 4 ℛ 20 ngr.

—— das Schäfereirecht auf Grundlage des gemeinen Rechts und seiner Ausbildung in Kurhessen. Cassel 863. Freyschmidt. gr. 8. (35 S.) n. 7⅓ ngr.

Buffalini, M., fondamenti di Patologia analitica; 2 Tom. 8. gr. Pavia. (Vienna, Volke). 819.

Buffalo-Bill, der Held des wilden Westens. Einzige Orig.-Ausg., autorisiert v. W. F. Cody, gen. Buffalo-Bill. 1.—100. Bd. (à ca. 32 S.) Lex.-8. Dresden 905. 906. A. Eichler. à Bd. — 20
1. Buffalo Bills Todesritt durch das feindliche Lager. — 2. Buffalo Bills unbekannter Verbündeter. — 3. Buffalo Bills berittene Scharfschützen. — 4. Buffalo Bills tollkühner Genosse od. Auf der Fährte des Texas-Schreckens. — 5. Buffalo Bills verwegene Grenzer od. die Pfadfinder im Lande des Todes. — 6. Der Ueberfall der Prärie-Post. — 7. Buffalo Bills Hüter der Goldschätze. — 8. Buffalo Bills Rachezug od. Das Geheimnis e. Grabes. — 9. Buffalo Bills Geisterpfeil. — 10. Buffalo Bills Prärie-Polizei-Truppe. — 11. Buffalo Bills schwarze Späher. — 12. Der Siegeszug des Pfadfinders. — 13. Die verschollene Ueberlandpost. — 14. Buffalo Bill, der Grenzerkönig. — 15. Buffalo Bills Verbündete od. Auf den Todespfaden des wilden Westens. — 16. Eine geheime Mission. — 17. Buffalo Bill in der Todesschlucht. — 18. In den Banden des Todes od. Die Königin der Goldschlucht. — 19. Des Kundschafters Meisterschuß. — 20. Im Schutze der Scharfschützen. — 21. Buffalo Bill's Siegeszüge im wilden Westen. — 22. Red Hand, der weiße Häuptling. — 23. Navarro, der Häuptling der Abtrünnigen. — 24. Kenton King, der Renegat. — 25. El Ramon, der Räuber vom Rio Grande. 26. Malo, der Grenzer-Bandit. — 27. El Sol, der Bluthund der Prärie. — 28. Die Goldjägerin vom Perchido Tal. — 29. Das Prärie-Gespenst. — 30. Iron Arm, der Tiger-König. — 31. Buckskin, der alte Trapper. — 32. Bonnie Beß, die Heldin vom Yellow-Valley. — 33. Mustang-Madge, die Tochter des 5. Regiments. — 34. Wild Snake, der Cheyenne. — 35. William Frederick, der geheimnisvolle Kundschafter. — 36. Coffin-Bill. — 37. Die Geister-Ranch. — 38. Das Massaker am grünen Fluß. — 39. Die Deserteure. — 40. Die Prärie-Wölfe. — 41. King Bird, der Buzzard-Kapitän. — 42. Kent Rennard, der Mädchenräuber. — 43. Alfonso Montealegre, der Desperado. — 44. Buffalo Bill u. seine roten Verbündeten. — 45. Red Tomahawk, der kühne Pfadfinder. — 46. Der Geistertanz der Sioux. — 47. Masimpa, die Indianer-Königin. 48. Der Prärie-Pirat. — 49. Ole-Harry, der Hinterwäldler. — 50. Frank Powell, der weiße Biber. — 51. Die Verfolgung der Tigerbanditen. — 52. Buffalo Bills junger Kamerad. — 53. Buffalo Bills Racheschwur. — 54. Buffalo Bill und der Einsiedler. — 55. Die Banditen des Silber-Tunnels. — 56. Ein Abenteuer im Tal der Toten. — 57. Der Doktor Kundschafter. — 58. Der Postillon von Trail-End-City. — 59. Die roten Reiter. — 60. Carrol Dean, der einsame Goldgräber. — 61. Die Vigilanten im Yellow Tuft Valley. — 62. Kapitän Eagle, der Brigantenführer. — 63. Yellow Bird, die Halbblut-Indianerin. — 64. Auf geheimnisvoller Fährte. — 65. Der maskierte Husar. — 66. Chispa Charlie's Todesfahrt. — 67. Die Regulatoren von Overland City. — 68. Im Kampfe mit den Goldgeiern. — 69. Die Goldmine im Grand Canyon. — 70. Der Desperado von Last Chance. — 71. Old Huckleberry, der Präriejäger. — 72. Ein geheimes Lager. — 73. Das geheimnisvolle Amulett. — 74. Ein verwegener Plan. — 75. Die Rose der Immergrün-Ranch. — 76. Cobra, der Häuptling der Schlangenräuber. — 77. Prärieblume, die Königin der Sioux. — 78. Der Kampf in

der Geierschlucht. — 79. Blutrache im Wilden Westen. — 80. Ein edelmütiges Opfer. — 81. Der Kampf im Sacramento-Fluß. — 82. „Red Floyd", der König von Bonanza Gulch. — 83. Parrial Parry, der Lassowerfer. — 84. Im Kampf mit Mormonen. — 85. William Carver, der Prärieteufel. — 86. Die Brüderschaft des Todes. — 87. Am Marterpfahl der Dakotas. — 88. Big Elk, der Häuptling der Sioux. — 89. Cazoomba, die Medizinfrau der Apachen. — 90 Tahrokee, der Tiger der Kiowas. — 91. Der Präriebrand. — 92. In den Händen der Seminolen. — 93. Evil Spirit, der böse Geist der Comanchen. — 94. Der weiße Häuptling der Crow-Indianer. — 95. Die Navahoe-Skalpjäger. — 96. Im Ballon durch den wilden Westen. — 97. Miguelita, die Tochter des Haciendero. — 98. Rose Daintree, die schöne Amazone. — 99. Buckskin-Sam. — 100. Spotted Tail, der Pawnee.

Buffalo-Bill. Der Held des wilden Westens. Einzige Orig.-Ausg., autorisiert v. W. F. Cody, gen. Buffalo-Bill. 101.—308. Bd. (Je 32 S.) Lex. 8. Dresden 907—10. A. Eichler. à Bd. — 20

Buffalo-Bill. Der Held d. wilden Westens. Orig.-Ausg., autoris. v. WF Cody, gen. Buffalo-Bill. 257—386. Bd. (Je 32) Lex8° Dresd., A Eichler ('10—12). je — 20 d

Buffalo Bill's wilder Westen. Ein Bilderbuch zum Aufstellen für Kinder. qu. gr. Fol. (3 Taf. in Farbendr., auf Pappe.) Eßlingen 891, Schreiber. * 6 —

— **Wild-West.** gr. 4. (18 S. m. farb. Bildern.) Fürth 894. (Leipzig, W. Opetz.)

Buffalo County Republikaner : jahrgang 1—63, no. 21, Mar. 15, 1861 - Jan. 31, 1924.

Weekly: published in English and German, 1923—24. Republican, 1861—70; thereafter, Democratic, despite title; supported Tilden; however, Rowell & Ayer give following record: Republican, 1869—74, Independent, 1875—80; Democratic, 1883—85; Independent Democratic, 1886—90; Democratic, 1891—95; Independent, 1896—1900, Independent Democratic, 1901—08; Democratic, 1909—24 [and. Ayer differs from Rowell, 1882—85: Independent Democratic]. Title varies: BUFFALO COUNTY REPUBLIKANER UND ALMA BLÄTTER, Sept. 29, 1892—Nov. 22, 1894. Suspended: July—Sept. 1861. Published an edition, entitled ALMA BLÄTTER, q.v., a paper which it finally absorbs completely. For supplement, see DER DEUTSCHE FARMER.
Circulation: 1870, 850 (est.); 1875, 963; 1880, 1255; 1890, 1850; 1895, 2200, 1900, 2200; 1910, 1800; 1915, 775; 1924, 655.
Edited & published by Carl Dohmann (with a "Gesellschaft"), Mar. 15 - June 1861; by G. G. Oppliger, Nov. 1861—Apr. 1869; by John F. Hauser, Apr. 1869—Nov. 8, 1871; by Joseph Leicht, Nov. 15, 1871—June 1882; by Friedrich Hepp & John L. Utermöhl, July 6, 1882—Aug. 18, 1887; by Friedrich Hepp, Aug. 25—Sept. 7, 1887; by Friedrich Hepp & Jacob Meili, Sept. 14, 1887—Oct. 1888, by Friedrich Hepp, Nov. 7—14, 1888; by John Schmitz & Paul F. Müller, Nov. 21, 1888—Nov. 12, 1889, by John Schmitz, Nov. 19, 1889—Nov. 4, 1890; by Paul F. Müller, Nov. 11, 1890—Oct. 17, 1899; by Wittrack & Henry Rath, Oct. 24—Dec. 12, 1899; by Emil Wittrack, Dec. 19, 1899—June 9, 1910; edited by Peter Schoenhoefen, June 16, 1910—1913; by Martin A. Vollbrecht, 1914—24; published by Justin Landwehr, June 1910—Jan. 31, 1924.
Fountain City, WI

Buffalo County Sängerfest Zeitung : no. 1, May 7, 1891—? **Fountain, City, WI**

Weekly, published during the Sangerfest, and issued as supplement to ALMA BLÄTTER. Large quarto, each 4 pages.

Der Buffalo Demokrat : Nov. 1850—July 17, 1918. **Buffalo, NY**

Weekly; semi-weekly; four issues per week; daily, evening except Sunday, ?—July 17, 1918. Democratic, 1850—85, Independent Democratic, 1885—1918. Title varies: DER BUFFALO DEMOKRAT, TÄGLICHER BUFFALO DEMOKRAT, TÄGLICHER BUFFALO DEMOKRAT UND WELTBÜRGER, DER NEUE DEMOKRAT. Continued from DER FREIE DEMOKRAT. Absorbed DER WELTBÜRGER, 1853. For weekly edition, see WÖCHENTLICHER BUFFALO DEMOKRAT. For Sunday edition, see SONNTAGSBLATT DES BUFFALO DEMOKRAT. Circulation, 1870, 2500 (est.); 1880, 3000, 1890, 5600; 1900, 6000, 1910, 6000, 1915, 10,537; 1918, 10,910 (P.O. Statement). Edited & published by Jacob Knapp & Carl de Haas, Jan.—Nov. 1850, by Friedrich Held & Carl de Haas, Nov. 1850—1853, by Brunck & Held, 1859—74; by Friedrich Held, 1875—85; by Mrs. Friedrich Held, Mar. 1885—1888, by W. B. Held, 1889—91; by Frank C. B. Held, 1891—1918. Editor-in-chief: Otto F. Albrug, 1885—1905. Other editors: Paul Loeser, ca. 1855, Hermann Raster [several months 1851?].

Sonntagsblatt des Buffalo Demokrat : 1880?—1913? **Buffalo, NY**

Sunday edition of DER BUFFALO DEMOKRAT. Circulation: 1880, 1500; 1890, 3500; 1900, 6000; 1910, 6000.

Wöchentlicher Buffalo Demokrat : Dec. 2, 1837—July 1918. **Buffalo, NY**

Weekly, 1837—44; semi-weekly, 1845—49?; weekly edition of DER BUFFALO DEMOKRAT, 1850—1918. Title varies: DER WELTBÜRGER, Dec. 2, 1837—1852, DER WELTBÜRGER UND BUFFALO, 1853?—1891? Circulation: 1838, 400 [report of Zahm]; 1870, 2000 (est.); 1880, 2500; 1890, 3000; 1900, 3500; 1910, 3500, 1915, 3452, 1918, 3672. Edited by Stephan Molitor, Dec. 3, 1837—Mar. 1838; by Dr. Friedrich Dellenbach, Mar.? 1838—Dec. 1839, published by Georg Zahm, Dec. 3, 1837—Dec. 1839, edited & published by Georg Zahm, 1840—Sept. 1884; edited by Jacob M. Zahm & published by Administrators of Zahm Estate, Sept. 1844—Fall 1845; edited & published by Dr. F. C. Brunck & F. J. Domedion, 1845—?

Buffalo Freie Presse : Sept. 1860—Nov. 15, 1914.

Daily, Sept.—Nov. 1860; weekly, Nov. 1860—1872; daily, evening except Sunday, 1872—Nov. 1914. Republican. For weekly edition, see WÖCHENTLICHE FREIE PRESSE. For Sunday edition, see BUFFALO TRIBÜNE. Continued from BUFFALO ALLGEMEINE ZEITUNG. Circulation: 1875, 2666; 1885, 3800, 1895, 3800; 1905, 5900; 1912, 3250. Edited & published by Friedrich Reinecke & Michael Wiedrich, Sept.—Nov. 1860; by Friedrich Reinecke, Nov. 1860—1866; by Ottomar Reinecke, 1866; by Reinecke & Zesch (Frank H.), 1867—72; by Reinecke, Zesch & Baltz, 1872—74; edited by Dr. H. E. Mikk, 1875?—1880; by Richard Goebel, 1881—?; Published by Reinecke & Zesch, 1874—1914.
Buffalo, NY

Buffalo Gazette : 1853—1869? **Buffalo, NY**
Sunday edition of TÄGLICHER TELEGRAPH. Circulation: 1869, 3600 (est.).

Buffalo Herold, s.a. A r b e i t e r - Z e i t u n g , Buffaloer

Der Buffalo Herold : Mar. 15, 1897 - 1900? **Buffalo, NY**
Weekly, issued as supplement to Sunday edition of ARBEITER-ZEITUNG. Sub-title: Gewidmet dem Fortschritte, der Unterhaltung und Belehrung und dem Allgemeinen deutschen Vereinsleben.

Buffalo Journal : 1863?—1866? **Buffalo, NY**

Daily. Republican, and although the organ of German Radicals, it supported Lincoln. Merged with BUFFALO TELEGRAPH. Edited & published by Nauert, Hansmann & Co., 1863—64; by Ph. H. Bender, 1864—66; edited by Carl de Haas, 1863?—64.

Buffalo Lutheran : 1895—? **Buffalo, NY**

Weekly. Official organ of the Luther League of Buffalo. German edition of THE BUFFALO LUTHERAN. Edited by the Rev. E. Bachman.

Täglicher Buffalo Patriot : 1857? **Buffalo, NY**

Daily, morning. Edited by E. Lindermann, & published by Friedrich Vogt & Joseph Jung.

Buffalo Sonntags-Herold : Sept. 5, 1875—1876? **Buffalo, NY**

Weekly. Independent, but supported Tilden. Sub-title: Ein Sonntags Blatt für Literatur, Politik, Wissenschaft, und Lokalneuigkeiten. Edited & published by Hass, Nauert & Klein.
Edited by Ismar S. Ellison; by Charles Blumhardt, 1876.

Buffalo Tageblatt : May - Aug. 1845. **Buffalo, NY**

Whig daily. For weekly edition, see DER FREIMÜTHIGE. Edited & published by Ernst Oesten.

Buffalo Täglicher Republikaner : Oct. 16, 1875—Nov. 1879.

Republican daily, evening except Sunday. Absorbed TÄGLICHE TRIBÜNE. Merged with BUFFALO FREIE PRESSE. For weekly edition, see BUFFALO WÖCHENTLICHER REPUBLIKANER. For Sunday edition, see SONNTAGS-TRIBÜNE. Circulation: 1877, 1500. Edited & published by Ismar S. Ellison, Oct. 1875—Dec. 1877; published by German Republikaner Printing Association, Jan. 1, 1878—Nov. 1879.
Buffalo, NY

Wöchentlicher Buffalo Telegraph : 1845—1874. **Buffalo, NY**

Weekly edition of TÄGLICHER TELEGRAPH. Circulation: 1870, 5500 (est.); 1874, 1900.

Buffalo Tribüne : Jan. 1876—Apr. 1878. **Buffalo, NY**

Weekly, Jan. 1876—Aug. 1877; daily, Sept. 1877—Apr. 1878. Sub-title: Wochenblatt zur Unterhaltung und Belehrung für das Volk. Organ of Labor Party, Summer 1877—1878. Title varies: TÄGLICHE TRIBÜNE, Sept. 1877—Apr. 1878. For weekly edition, see WÖCHENTLICHE BUFFALO TRIBÜNE. Continued as DER TÄGLICHE REPUBLIKANER, taking advantage of feeling during R. R. strikes of 1877. Circulation: 1877, 1500. Edited by Charles Blumhardt, 1876; by Paul Koberstein, 1876—78. Published by Stechholz & Miller [for a time with ? Staffel], 1876—78.

Wöchentliche Buffalo Tribüne : Sept. 1877—1913? **Buffalo, NY**

Sunday edition of TÄGLICHE TRIBÜNE, Sept. 1877—Apr. 1878; of DER TÄGLICHE REPUBLIKANER, May—Nov. 1878; of BUFFALO FREIE PRESSE, 1879—1913. Circulation: 1880, 2200; 1895, 2900; 1910, 3250.

Die Buffalo Union : Feb. 22—24, 1864. **Buffalo, NY**

Republican daily. Edited by Dr. C. Lauenstein, & published by Reinecke & Storck. Lasted two days.

Buffalo Volksfreund : Aug. 1, 1868—1954 | **Buffalo, NY**

Daily, evening except Sunday, 1868—June? 1935; semi-weekly, July 29, 1935 - 1954. Roman Catholic. *Ellison* states that it was a religio-political paper, devoted alike to the Roman Catholic Church and the Democratic party, 1868 - 1906, Independent Democratic, 1907—35; Independent, 1935—54. Title varies: TÄGLICHER BUFFALO VOLKSFREUND. For weekly edition, see WÖCHENTLICHER BUFFALO VOLKSFREUND. For Sunday edition, see SONNTAGSBLATT DES BUFFALO VOLKSFREUND. Edited by Ludwig Werner Kolkenbeck, Aug. 1, 1868—1871; by Mathias Rohr, 1871—85?, by Dr. Carl Damhäuser; by H. Karis, 1888—92; by Wilhelm Keilmann, 1893—98; by F. X. Schifferli, 1899—1910; by Mathias Rohr, 1911—?; by Oscar Gullo, 1929?—33; by Paul Schellenberg, 1934—35; by Harry B. Schumecht, 1936—54. Local Editor: Hermann A. O. Hoffmann, 1886—?
Published by Buffalo Deutscher Press-Verein, Aug. 1, 1868—1894 [various names used: Buffalo German Printing Association; German Press Union; German Press Association; German Printing Association]; by Buffalo Volksfreund Printing Co., 1915—1935; by Germanic Publishing Co. [Val. J. Peter], July 29, 1935—1954.

Wöchentlicher Buffalo Volksfreund : 1868 - 1921? **Buffalo, NY**

Weekly edition of BUFFALO VOLKSFREUND. Circulation: 1870, 1500; 1880, 1790; 1890, 3000; 1900, 4200; 1910, 4380; 1915, 4637; 1918, 4500.

Der Buffalo Wecker : Oct.—Dec.? 1860. **Buffalo, NY**

Weekly. Edited & published by E. C. Eckart.

Buffalo Wöchentlicher Republikaner : 1876?—1879?

Weekly edition of BUFFALO TÄGLICHER REPUBLIKANER. Circulation: 1878, 2500.
Buffalo, NY

Büffel, Peter (Hrsg.), s. E c h o aus den Missionen der Kongregation vom Heiligen Geist.

Buffen, Gustav, a. München-Gladbach: Die Erhebung des Hauses Luxemburg auf den deutschen Thron im Jahre 1346. Marburg 1905: (W. Faust, M. Gladbach.) (75 S.) 8°

Marburg, Phil. Fak., Ref. v. d. Ropp, Diss. v. 22. Dez. 1905

[Geb. 31. Dez. 79 Dülken, Rheinprov.; Wohnort: München-Gladbach; Staatsangeh.: Preußen; Vorbildung: Gymn. Emmerich Reife O. 01; Studium: Freiburg i. B. 1, Bonn 1, Marburg 6 S.; Rig. 19. Juli 05.]

Buffen, H., sieben Kreuzweg-Andachten. (à 8 S.) 16. Dülmen (905). A. Laumann. In Umschlag n. -- 15

Herr Buffey unter seinen Freunden in Berlin, E. Gemälde m. Beziehungen auf den Dresdener T. B., Aus d. Fragekasten d. Ver., Dresden 1840, 8 S., 8°.

Buffey, Herr, auf der berliner Kunstausstellung ... Berlin 1835. V: *Glassbrenner, Adolph Georg Theodor.* (schr)

Buffier, Claude

Beweise der geoffenbarten Religion. Aus dem Französ. übersetzt durch P. August Scheffl, S. J. Wien (?) 1779.

Erörterung überzeugender Beweisgründe von der wahren Religion. Aus dem Französ. des berühmten P. Buffier, S. J. In das Deutsche übersetzt von Christoph Traugott Delius. Wien, Trattner, 1751, 8°, 380 S.

Buffier, Erörter. überzeugend. Beweisgr. von d. Wahrheit. d. christl. Religion. a. d. Franz. 8. Wien, Wappler. 752.

Buffon, Georges Louis Leclerc Comte de

— **naturhistor. Bilderspiel f. Kinder. Mit 77 Kpf. 16. Hamb. 815. Gundermann. (Aue in Alt.) 12 gK**

Buffon, [Georges Louis Leclerc, Graf v.]: Bemerkungen über einen monströsen Canarien-Vogel, aus dessen Unterkiefer ein lang gewundenes Horn gewachsen. Mit 1 ausgemahlten Kupfertaf. Hamburg (1780). 18 S.

— **le, des enfans ou petite histoire naturelle des quadrupèdes, des oiseaux, des amphibies, des insectes, etc. Nouvelle édition. Avec un vocabulaire. 8. (VIII u. 229 S.) Quedlinbourg 847, Basse. 1/2 rß**

***Büffon*, le, de la jeunesse, ou petite histoire naturelle des Quadrupèdes, Reptiles, des Poissons et des Oiseaux. Orné de 71 fig. 8 Bresl. 814. N. Edit. 819. W. G. Korn. 16 gK le même, avec le texte polonais en regard etc. 1 rß 12 gK**

— **le, de la jeunesse. II Vols. Avec 70 fig. color. 16. Braunschw. 817. Pluchart. 1 rß 12 gK**

— **der, der Kinder, oder Abriß d. Naturgeschichte d. vierfüß. u. kriech. Thiere, d. Fische u. d. Vögel. Mit 44 Abbildd. 8. Brem. 816. Heyse. 12 gK ill. 18 gK**

— **der kleine,** s. a. **Bernhard, Jul.**

Büffon, der kleine, od. gemeinnütz. Darstellung a. d. Naturgeschichte, f. d. Jugend 2c. 2 Thle. M. color. Kpf. gr. 8. Bresl. 804—6. (Darnmann in Züllichau). 1 rß 12 gK

— **der kleine, f. d. Jugend, od. Gallerie der Thiere, e. unterhalt., interessant. naturhistor. Bilderb. f. d. Jugend. M. ill. Kpf. gr. 12. Leipz. 810, 11. (Herold in Hamb.) 10 rß 16 gK**

— **der kleine, für die Jugend oder Gallerie der Thiere, ein unterhalt. interessant. naturhistor. Bilderbuch für die Jugend. m. ill. K. gr. 12. Leipz. P. F. Vogel. (Vollmer, Hamb.). 810. (I. das Affengeschlecht u. d. Gürtelthiere m. 37 ill. K. 1 Thlr. 8 gr. II. die Eichhörnchen und Murmelthiere m. 33 ill. K. 1 Thlr. 8 gr. III. die Beutelthiere und Mäuse m. 40 ill. K. 1 Thlr. 8 gr. IV. d. Hasen u. Kaninchen m. 46 ill. K. 1 Thlr. 8 gr. V. der kleine Hundefreund m. 49 ill. K. 1 Thlr. 8 gr. VI. d. kl. Pferde- u. Gemsenfreund m. 43 ill. K. 1 Thlr. 8 gr. VII. der Hirsch u. d. Rennthier m. 57 ill. K. 1 Thlr. 8 gr.).**

— **der kleine od. Gallerie d. Thiere, ein Bilderbuch f. d. Jugend. 8 Bd. mit 31 K. gr. 12. Hamb. Vollmer. 811.**
Auch unter dem Titel:
Die merkwürd. Erschein. aus d. Thierwelt 2c.

Buffon, Choix de l'histoire naturelle des animaux, s. Bibliothek gediegener und interessanter französischer Werke.

v. Büffon, Graf, Epochen d. Natur; aus d. Französ. (v. J. F. Hackmann). 2 Bde. M. Kpf. gr. 8. St. Petersb. 781. Logan. (Enobloch in Leipz.) 1 rß 8 gK Schrbp. 2 rß

Büffon, Gr. v., Epochen d. Natur. ein Supplem. zu sein. allgem. Naturgesch. in 7 Bdn. in 8. a. d. Franz. 2 Bde. m. K. gr. 8. Petersb. Logan. (Böhme in Leipz.). 782. Schreibp.

Büffon's Geist, od. Kern sr. Naturgeschichte; aus d. Französ. des Hrn. M**., (v. B. F. J. Hermann). 8. Leipz. 783. (Enobloch). 18 gK**

— **et Gueneau de Montbéliard, histoire naturelle des oiseaux. X Vols. Fol. Strassb. 783—86. Treuttel et W. 240 rß**

— **histoire naturelle des animaux domestiques. II Tom. av. fig. 8. Bern 801. Typogr. Soc. 2 rß 16 gK**

— **histoire naturelle, générale et particulière etc. LIV Vol. av. fig. color. 12. Deux-Ponts. (Tourneysen, Cassel).**

— — **la même. IX Tom. av. fig. gr. 8. Lausanne. 784.**

— — **la même. XXII Tom. gr. 8. Bern, Soc. 784—86.**

— **le même livre. LIV Vol. av. fig. color. Deux-Ponts. (Levrault et Comp. Strasb.). 785.**

— **histoire naturelle génér. et particul. avec les oiseaux et les quadrupèdes. 54 Vol. 12. Deux-Pont. (Flick, Basle). 785—91.**

BUFFON, Georges Louis Leclerc, Comte de 1707 - 1788
Histoire Naturelle, générale et particulier, par M. le comte de Buffon ...
Tome I [- XLIII].
Zweibrücken: Sanson & Comp. 1785 [- 1787]. 8°.
Newberry Library Chicago: ohne Bd. 22
Dt. Ausg. 1750-1782 u. 1771-1774, s. Nr. 1,19.

— **histoire naturelle génér. et particul. XLIII Vols. av. 729 fig. enlum. et 28 planches ou cartes. 12. Strassb. 786—89. Acad. B. 75 rß le même. XIII Vols. gr. 8. Bern 784—86. Typogr. Soc. 22 rß 4 gK**

— **histoire des oiseaux. XVIII Vols. av. fig. gr. 8. Bern 798. Typogr. Soc. 18 gK**

— **histoire de la terre et des minéraux av. la physique expérimentale. VII Vols. av. planch. 8. Bern 800. Typograph. Soc. 5 rß 8 gK**

Buffon, George Louis Le Clerc Conte de. Allgemeine Historie der Natur. Leipzig 1750—1754. Ü: *Büsch, Johann Georg und Andere.* (schr I, 1143)

Buffon, Jean Louis Leclerc [Cte] de: Allgemeine Historie der Natur nach allen ihren besonderen Theilen abgehandelt nebst e. Beschreibung der Naturalienkammer ... des Königes von Frankreich ... ([Verf.: Jean Louis Leclerc Cte de] Buffon.) Th. 1-8. Hamburg & Leipzig (1766 ff. Leipzig:) Holle 1750-74. 8°
Th. 1.2: Mit e. Vorr. Albrecht von Haller [1708-1777] 1750-52.
Th. 1, Bd. (1.) 2: 1750.
Th. 2, Bd. (1.) 2: 1752-54
Th. 3, Bd. 1. 2: 1756-57.
Th. 4, Bd. 1. 2: 1760-65.
Th. 5, Bd. 1. 2: 1766.
Th. 6, Bd. 1. 2: 1767-69.
Th. 7, Bd. 1. 2: 1770-72.
Th. 8, Bd. 1. 2: 1772-74.

— allgem. Historie d. Natur; aus d. Französ. 1r — 8r Thl. od. 16 Bde. Mit Kpf. gr. 4. Leipz. 750 — 774. Heinsius. 37 rß 9r bis 11r Thl. in 6 Bden, oder Naturgeschichte d. Vögel. Mit 146 Kpf. gr. 4. Leipz. 775 — 81. (Brockhaus). 12 rß

(Buffon, Georges Louis Leclerc Comte de): Allgemeine Historie der Natur. (Histoire naturelle générale... Dt.) von G.L.L.de Buffon und Louis Jean Marie Daubenton, übers.von B.J.Zink. Th.1 - 10.

Hamburg: Grund
Leipzig: Holle & Heinsius } 1750 - 1779

JB 4

[BUFFON, Georges Louis Leclerc, Comte de] 1707 - 1788
Allgemeine Historie der Natur nach allen ihren besondern Theilen abgehandelt; nebst einer Beschreibung der Naturalienkammer Sr. Majestät des Königes von Frankreich. [Aus dem Französischen mit Anmerkungen und Zusätzen]
Siebenten Theils erster [- Eilften Theils Zweyter] Band.
Leipzig: Holle. 1770 [- 1782]. 4°.
Staats- und Universitätsbibliothek Göttingen
Tl. 1 + 2, Hamburg-Leipzig 1750-1752, jeweils mit Vorwort von Albrecht von Haller; Tl. 3 [1756/57] - Tl. 6 [1767/69]. Ab Tl. 10, 1 [1779]: Leipzig, Heinsius.
Übers. v. Histoire naturelle générale et particulière, 15 Bde., Paris 1749-1767. Andere Ausg. 1771-1774, franz. Ausg. 1785-1787, s. Nr. 19, 367.

Buffon, ..., Morceaux choisis. Recueil de ce que ce grand naturaliste offre de plus remarquable sous le rapport de la pensée et du style. Cont. aussi l'analyse des formes extérieurs, des moeurs, caractères et habitudes des principaux animaux, decrits par cet écrivain. gr. in-12. Neuchatel 833. (Berne et Chur, Dalp.) 2/3 rß

—— Morceaux choisis. Erklärt von Paul Wossidlo. 1. Tl. gr. 8. (87 S.) Berlin 884, Weidmann'sche Buchh.

Buffon, morceaux choisies ou recueil de ce que ses écrits ont de plus parfait sous le rapport du style et de l'éloquence. 8. (201 S.) Bremen 885, Heinsius. *
geb. *
Supplément [notes explicatives]. (V, 48 S.) *

BUFFON, Georges Louis Leclerc, Comte de 1707 - 1788
Herrn von Buffons allgemeine Naturgeschichte
Eine freye mit einigen Zusätzen vermehrte Übersetzung nach der neuesten französ: Ausgabe von 1769 ...
1ter [- Siebenter und letzter] Theil.
Berlin: Pauli. 1771 [- 1774]. 8°.
Staats- und Universitätsbibliothek Göttingen
Frühere Ausg. 1750-1782. s. Nr. 1. Franz. Ausg. 1785-1787. s. Nr. 367.

— allgem. Naturgeschichte; aus d. Französ., mit Anmerkk. u. Zusätzen von F. H. W. Martini. 7 Bde. M. 22 Kpf. gr. 8. Berl. 771 — 75. Pauli. 5 rß 20 gr Schrbp. 8 rß 4 gr Mit ill. Kpf. 10 rß 4 gr

— allgem. u. besond. Naturgesch. nach d. n. mit Zus. vermehrten Ausg. von Sonnini, s.a. D. Montfort, Naturgeschichte.

— allgem. u. bes. Naturgesch. n. d. n. m. Zus. vermehrten Ausg. von Sonnini, neueste Bde. enth. d. Naturg. d. Weichfische (Mollusken) von Montfort. n. d. Franz. frey bearbeit. von Funke. 4 Bde. m. K. gr. 8. Hamburg, Vollmer. 803. (1r 1 Thlr. 6 gr. 2r 1 Thlr. 18 gr, 3r u. 4r 2 Thlr. 20 gr.).

— Naturgeschichte d. Menschen; aus d. Französ. frei übers. v. F. W. Freih. v. Ulmenstein. 2 Thle. M. 13 Kpf. gr. 8. Berl. 805 — 7. Pauli. 5 rß 4 gr Schrbp. 5 rß 20 gr Schrbp. m. ill. Kpf. 6 rß 18 gr

— Naturgeschichte d. Mineralien. Aus d. Französ. frei übers. v. D. Wünsch. gr. 8. Leipz. 784. Schwickert. 1 rß 8 gr

BUFFON, Georges Louis Leclerc, Comte de 1707 - 1788
Herrn von Buffons Naturgeschichte der vierfüßigen Thiere.
Mit Vermehrungen aus dem Französischen übersetzt.
Erster [- Drey und zwanzigster] Band.
Berlin: Joachim Pauli. 1772 [- 1801]. 8°.
Staats- und Universitätsbibliothek Göttingen
Bd. 7 [1783] - 22 [1798] " ... mit Anmerkungen, Zusätzen und vielen Kupfern vermehrt, durch Bernard Christian Otto ..."
Bd. 23 [1801]: Register von Christian Schulz
Bernhard Christian Otto, 1745 bis nach 1821
Christian Schulz

Buffon, Jean Louis Leclerc [Cte] de: Naturgeschichte der vierfüßigen Thiere. Bd. 1-10. Berlin: Pauli 1772-85. 5 Bde. 8°.
Bd. 1-5: ([Übers. u. Hrsg.: Friedrich Heinrich Wilhelm] Martini.) 1772-77.
Bd. 1: 1772.
Bd. 2: 1773.
Bd. 3: 1775.
Bd. 4: 1776.
Bd. 5: 1777.
Bd. 6: ([Übers. u. Hrsg.:] Georg Forster [1754-1794]). 1780.
Bd. 7-10: Aus d. Franz. übers., mit Anm., Zusätzen u. vielen Kupfern verm. durch Bernhard Christian Otto. 1783-85.
Bd. 7.8: 1783.
Bd. 9: 1784.
Bd. 10: 1785.

Buffon, (Georges Louis Leclerc Comte) de: Naturgeschichte der vierfüßigen Thiere. (Histoire naturelle des animaux quadrupèdes. Dt.) Übers.und hrsg.von B(ernhard) C(hristian) Otto. Bd 1 - 12, gbd., Abb.

Troppau u.Brünn: Traßler & Schrämbl 1785 - 1789

JB 78

— Naturgeschichte d. vierfüßigen Thiere, f. d. Jugend. 2 Bdchn. M. Kpf. 8. Prag 804, 5. Calve. (à 20 gr) 1 rß 16 gr

— Dass., als Lesebuch f. d. Jugend. 2 Bdchn. Mit 9 Kpft. 8. Hamb. 810. Gundermann. (Aue in Alt.) 1 rß 8 gr

— Naturgeschichte der Vögel, übers. (v. F. H. W. Martini u. B. Chr. Otto). 37 Bde u. 2 Supplem.-Bde. 1r — 35r Bd. Mit 16558 Kpf. 36r Bd. Mit Kpf. gr. 8. Berl. 772—829. Pauli. 44 rß 8 gr Schrbp. 54 rß 16 gr ill. 184 rß 20 gr

v. Büffon's Naturgeschichte der Vögel, haben die Bände 1—35 nur 1558 Kpfr., u. sind die Thl. I. S. 381 aufgeführten 16558 zu streichen.

Buffon, Jean Louis Leclerc [Cte] de: Naturgeschichte der Vögel. Aus d. Franz. m. Anm. u. Zusätzen. ([Übers.:] Carl Joseph Oehme.) Th. 1-6. Leipzig: Holle (1779 ff. Heinsius) 1775-82. 3 Bde. 8°
Th. 1: 1775.
Th. 2: 1776.
Th. 3: 1779.
Th. 4: 1780.
Th. 5: 1781.
Th. 6: 1782.

Buffon, (Georges Louis Leclerc Comte de): Naturgeschichte der Vögel. (Histoire naturelle des oiseaux. Dt.) Hrsg.von B(ernhard Christian) Otto. Bd 1-4 übers.von (Friedrich Heinrich Wilhelm) Martini, Bd 5-7 übers.von B(ernhard Christian) Otto. Bd 2 - 7, gbd., Abb.

Brünn: Traßler & Schrämbl 1787 - 1788

JB 79

Buffoni et Daubentoni figurarum avium coloratarum nomina systematica, colleg. Hnr. Kuhl, ed., praef. et ind. auxit Theod. van Swinderen. 4 maj. Gröning. 820. (Lpz., Weigel). 1 ℛ 4 ℊ

Buffon, Oeuvres de; édit. stéréot. 76 Vols. Paris. (Leips. Fr. Fleischer.)

avec fig. coloriées.

(Cétacées 2 Vols. Rtl. 2. — Matières générales 24 Vols. Rtlr. 18. — Oiseaux. 18 Vols. Rtlr. 15. 8 Gr. — Ovipares et serpens 4 Vols. Rtlr. 3. 9 Gr. — Poissons 14 Vols. Rtlr. 11 18 Gr. Quadrupèdes. 14 Vols. Rtlr. 11. 18 Gr.)

— — le Opere di, nuovamente ordinate et arrichite della sua vita e di un ragguaglio dei progressi della storia naturale dal 1760 in poi, dal Conte di Lacépède. Prima edizione ital. adorna di nuove e diligenti incisioni. Vol. I. — V. 8. gr. Venezia. (Vienna. Volke). 820.

Buffon, Oeuvres complètes, avec les suites. Illustrées de 500 sujets gravés sur bois par Carbonneau. Tom. XI. Histoire naturelle des Quadrupèdes. Tom. I. gr. 12. Carlsruhe 840, Veith. n. 2 1/3 ℛ

BUFFON [GEORGE LOUIS LECLERC, COMTE DE]. *Oeuvres complètes* avec les supplémens, augmentées de la classification de G. Cuvier. — Sämmtliche Werke, sammt den Ergänzungen, nach der Klassification von G. Cuvier. [Deutsch v. H. H. SCHALTENBRANDT.] Band 1—6 und 8—10 (= 1. Teil: Vierfüßige Tiere, 2 Bde. in 4, und 2. Teil: Vögel, Band 1 und 3 in 4 Bdn. und Band 2, 2. Teil). 1. und 2. Aufl. Köln 1840 u. 1847. Mit einem farb. Porträt und 303 prachtvollen handkolorierten Tierbildern auf Tafeln. 8°. Halbldrbde. d. Z. 125.—

Entzückende Ausgabe mit franz.-dt. Paralleltext, berühmt bes. durch die prachtvollen Vogelillustrationen. Bis auf wenige Ausnahmen sehr sorgfältiges Kolorit. 8 Tafeln sind unkoloriert. — Der 7. Band (= Vögel II, 1) fehlt mit 32 Taf. In Band I, 2 des 1. Teils fehlen die letzten SS. (Register?) u. 1 Tafel. Teilw. leicht fleckig. 2 Tafeln sind durch Aneinanderkleben beschädigt.

Buffon, oeuvres complètes, avec les supplémens, augmentées de la classification de G. Cuvier. Seule édit., qui contient le texte français et la traduction allemande à pages de regard. Quadrupèdes. Tom. I. 1. Partie 1. Moitié 2 édit. — Büffon's sämmtl. Werke, sammt den Ergänzungen, nach der Klassifikation v. G. Cuvier. In 10 Bänden oder Abthlgn., jede in 2 Hälften. Vierfüßige Thiere. 1. Bd. 1. Abthlg. 1. Hälfte. 2. Aufl. gr. 8. (324 S.) Köln 847. (Elberfeld, Baedeker in Comm.) n. 3/8 ℛ — Mit schw. Stahlst. 1 1/4 ℛ — Mit color. Stahlst. 1 2/3 ℛ

— dies. Einzige Ausg. in deutscher Uebersetzung v. H. J. Schaltenbrand. (In 9 Bdn.) Vierfüßige Thiere. 1. Bd. 1. Hälfte. 2. Aufl. gr. 8. (356 S.) Ebd. 847. n. 5/6 ℛ — Mit schw. Stahlst. n. 1 1/3 ℛ — Mit color. Stahlst. n. 1 5/6 ℛ

— oeuvres, histoire natur. en 40 T. av. plus de 500 fig. 8. Prag, Calve. (Typogr. Soc. Bern). 794. 4

les Figur. sans texte.

— recueil d'extraits de l'histoire naturelle. 1 Cah. M. 3 Kpf. gr. 8. Nürnb. 826. Riegel u. W. 6 ℊ ill. 8 ℊ

— théorie de la terre. 16 Vols. 8. Bern 792. Typogr. Soc. 2 ℛ

Büffon's sämmtl. Werke. Einzige Ausgabe, in welcher nach Cuviers Klassifikation, Ordnung, Familie u. Gattung jeden Thieres angegeben sind. Vollständig in 150 Doppel-Lfrgn. Jede Lfrg. mit 2 Bog. Text u. 8 Abbildd. gr. 8. Düsseld. 836—40. Werbrunn, Exped. v. Büff. Naturgesch. (Lpz., Volckmar.) 50 ℛ

— sämmtliche Werke, sammt den Ergänzungen nach der Klassifikation von G. Cuvier. Einzige Ausgabe in deutscher Uebersetzung von H. J. Schaltenbrandt. 300 Liefg. (Mit Abbild. in Kupferst.) Köln 836—40. (Leipzig, Polet.) 50 ℛ

Büffon's sämmtl. Werke, sammt d. Ergänzungen nach d. Klassifikation v. G. Cuvier. Einzige Ausg. in deutscher Uebersetz. v. H. J. Schaltenbrandt. 9 Bde. gr. 8. (425 5/8 B., 319 Kpfr. u. 2 Kart.) Köln 836—39, Tonger. (Leipzig, Polet.) Schw. 50 Thlr., ill. Thlr.

Die Eintheil. d. Bde. ist wie bei nachfolgender Ausg.

— sämmtl. Werke nebst d. Supplementen derselb., nach d. Klassifikation d. G. Cuvier, mit 700 Stahlst., mindestens 900 Thiere darstell. Uebers. u. mit d. nöth. Erläutern. vers. v. B. Rave. 9 Bde. gr. 8. Düsseldorf, Stahl'sche Vrlsh.

Bd. 1—4. Allgemeine Gegenstände. 4 Bde. [1. (70 1/4 B., 1 lith. Karte u. 4 Stahlst.) 837. * 2 Thlr. 8 Gr., 2. (65 3/4 B. u. 2 lith. Kart.) 839., 3. (52 B. u. 5 Stnt.), 4. (41 1/2 B. u. 3 Stnt.) 840.]

„ 5, 6. Vierfüßer. 2 Bde. [1. (52 B. u. Pl. 1—71.) 836., 2. (68 B. u. Pl. 72—148.) 837.]

„ 7—9. Vögel. 3 Bde. [1. (53 1/4 B. u. Pl. 1—63.), 2. (56 3/4 B. u. Pl. 64—130.) 838., 3. (55 3/4 B. u. Pl. 131—188.) 839.]

Die Bde. erschienen in Lieferungen (à 2 B. u. 4 Abbild.) à * 4 Gr., ill. * 8 Gr. Aus Mangel an Nachricht konnte jedoch der Preis der Bände nicht bestimmt angegeben werden.

Buffon, Jean Louis Leclerc, s. B u f f o n , Georges Louis Leclerc Comte de

Bufinger, L. C. Das Leben unseres lieben Herren und Heilandes Jesus Christus und seiner jungfräulichen Mutter Maria. Neue wohlfeile Ausg. (In 20 Liefg) 1. u. 2. Liefg. Mit Taf. u. Holzschn. Gr. in-4°. XVI S. u. S. 1—112. Einsiedeln, Benziger & Co. **1892 ?** à — 50

Bufleb, Hermann, aus Jena: **Beiträge zur Kenntnis der Pyrroline.** *Jena 1902: G. Neuenhahn.* (28 S.) 8°

Jena, Phil. Diss. v. (3. März) 1902

Büga, Kasimir, aistische Studien. Beiträge zur vergleich. Grammatik der preuss., lett. u. litauischen Sprache. I. Tl. (XVI, 216 S.) Lex. 8. Petersburg 908. (Leipzig, Voss' Sort.) 6. —

Sonderabdruck aus „Šv. Kazimiero Draugijos išleidimas".

B u g a j o w s k y-Goldstein, Sophie. Beitrag zur Frage von der Erblichkeit der Tuberkulose. Diss. Med. Univ. Zürich. Separatabdruck aus der «Zeitschrift für schweizerische Statistik», Jahrg. 1903. *Kopftitel:* Aus dem Kinderspital Zürich. 19 S. 4. Bern, Stämpfli & Cie., 1903.

Bugarski (in d. Vita: **Bugarsky**), Georg M. [aus Zenta a. Theiss, Süd-Ungarn]: Die Natur und der Determinismus des Willens bei Leibniz. E. Beitr. z. Geschichte d. Lösg d. Problems d. Willensfreiheit ... Leipzig, *Th. Hentzschel*, 1897; 81 S., 2 Bl. 8.

Leipzig, Phil. Fak., Inaug.-Diss. v. [10. Juni] 1897

Bugarsky, J. (Red.), s. S c h n e i d e r - Z e i t u n g , Berliner.

Bugaysky, Stanislaus Joseph (Krakau/Polen), De partium corporis humani solidarum similarium aberrationibus. Diss. pathol.-anat. Bln. (J. F. Starck) 24. III. 1813. 12 S. (4.—) 4647

Gew.: F. L. de La-Fontaine.

Buege, Arthur *Wilhelm Erdreich* [aus Klötikow Kr. Greifenberg i. P.]: Über die Untersuchung der Milch auf Tuberkelbacillen ... Halle a. S., Hofbuchdr. v. C. A. Kaemmerer & C., 1896; 19 S., 2 Bl. 8.

Halle, Med. Fak., Inaug.-Diss. v. 29. Juli 1896

Büge, Eugen [pract. Arzt aus Spandau]: Beitrag zur Casuistik der von den Knochen ausgehenden Beckensarcome .... Greifswald, Druck v. Julius Abel, 1888; 31 S. 8.

Greifswald, Med. Fak., Inaug.-Diss. v. 18. Mai 1888

Büge, Eugen, über die Stellung des Tungusischen zum Mongolisch-Türkischen. I. Diss. Halle 1887, Lippertsche Buchh. 8°. 30 S.

Büge, Eugen. Ueber die Stellung des Tungusischen zum Mongolisch-Türkischen [Diss.] Halle [1888.]

Büge, G. E. J. C.

— Anweis. f. diejen., welche zum heil. Abendmahl gehen wollen. 8. Stettin 789.

Büge, G. E. J. C., Handbuch für Prediger bey allerl. Amts-Vorfäll. gr. 8. Berl. W. Oehmigke. 800.

Büge, G. E. J. C., Handb. f. Prediger bei allerlei Amtsvorfällen. gr. 8. Berl. 800. (Sander). 18 gr.

Büge, Oskar, a. Drenow, Kreis Kolberg-Koerlin: Die Beteuerungsformeln in Otfrids Evangelienbuch. Greifswald 1908: F. W. Kunike. (80 S.) 8°

Greifswald, Phil. Fak., Ref. Reifferscheid, Diss. v. 20. Juni 1908

[Geb. 18. Sept. 83 Drenow, Kr. Kolberg-Koerlin; Wohnort: Charlottenhof, Kr Kolberg; Staatsangeh.: Preußen; Vorbildung: Gymn. Kolberg Reife O. 03; Studium: Berlin 4, Greifswald 5 S.; Rig. 21. Dez. 07.]

Bugeaud's praktische Andeutungen über Kriegführung. Von der Aufhebung detachirter Corps. Ein neues Vorpostensystem. Widerlegung dieser Abhandlung etc. Nach der 1. französ. Aufl. übersetzt. Mit 1 (lith.) Plane (in 4.). Leipzig 861. Gerhard. 16. (XIV, 150 S.) 12 ngr.

Bugeaud, Marschall, über den Gebirgskrieg in Afrika. [Aus dessen Schriften übersetzt.] gr. 8. (16 S.) Wien 869, Seidel und Sohn. *

—— die Gefährdung der gewerbl. und landwirthschaftl. Interessen durch socialist. und communist. Verirrungen. gr. 8. (21 S.) Stuttgart 848, Neff. *

—— Gespräche in einer Hütte über Socialismus, Volkswohl und Reform der Arbeit. gr. 16. (70 S.) Frankfurt a. M. 850, Jügel's Verlag.

— Grundsätze der Kriegskunst oder praktisches Handbüchlein zum Gebrauch für Militairs aller Waffen und aller Länder. Unter Berücksichtigung der in den neuesten Kriegen gemachten Erfahrungen. Aus dem Französischen. Mit 9 lithogr. Tafeln. 8. Leipzig 1861.

— über das Unterbringen beschäftigungsloser Arbeiter, s.: Tagesfragen.

Bugeaud, Herzog v. Isly, Bemerkungen über mehrere Einzelnheiten des Krieges. Mit 1 erläut. (lith.) Plane (in Fol.) Aus d. Franz. gr. 8. (VI u. 115 S.) Freiburg im Br. 850, Wagner. n. 12 ngr.

Bugél, Edm., die hygienische Bedeutung des Trinkwassers, mit besonderer Berücksichtigung der Brunnenwässer u. der Gesundheitsverhältnisse der Stadt Pressburg, oder: Benöthigen wir eine Wasserleitung? gr. 8. (60 S.) Pressburg 881. (Heckenast's Nachf.) n. 1. —

Bugél, Eug., aus dem Leben. Skizzen aus dem Alltagsleben. gr. 16. (130 S.) Preßburg (901). Gebr. Schwarz. n. 2. 50

Bugener, F. Lincoln. A. d. Französ. 8. Bern 1866.

Bugener, F. Lincoln. 18. Paris 1866.

Johannes Bugenhagen. Ein biographischer Versuch v. J. H. Zietz. Leipzig. 1829. 8°.

Bugenhagen, Joh. u. sein Wirken, von H. Meinhof, s. Schriften für d. deutsche Volk. 9. Heft.

Bugenhagen's, Johs., Briefwechsel. Im Auftrage der Gesellschaft für pommersche Geschichte und Alterthumskunde gesammelt und hrsg. von O. Vogt. gr. 8. (XXI, 636 S.) Stettin 888, (Saunier's Buchh.)

— dasselbe. Nachträge. gr. 8. (18 S.) Ebd. 890. Für Abnehmer des Hauptwerks unberechnet.

Bugenhagen, J., wahres Christenthum. 8. Budiss.

Bugenhagen, Johs., zum Gedächtnis, s. Rinn, H.

Bugenhagen, Joh., die Geschichte des Leidens und Sterbens unsers Herrn Jesu Christi nach den vier Evangelisten zusammengetragen. Mit einem Anhang, enthaltend die Geschichte der Zerstörung Jerusalems, nach Josephus etc. 8. (II und 28 S.) Breslau 857, Dülfer. *

Vgl. auch: Dächsel, C. A., der Wochen-Gottesdienst.

Bugenhagen's, Joh., Katechismuspredigten, s.a. Quellen u. Darstellungen aus der Geschichte des Reformationsjahrhunderts. IX.

Johann Bugenhagens Katechismuspredigten, geh. 1525 u. 1532. Aus d. Hss. z. erstenmal hrsg. von D. Georg Buchwald. Mit Einl. versehen von Lic. Otto Albrecht. Leipzig: Heinsius 1909. VI, 94 S. 8°

(Quellen u. Darstellungen aus d. Geschichte d. Reformationsjhs. Bd 9.) [09. 3011 2

—— Kirchenordnung für die Stadt Braunschweig, nach dem niederdeutschen Drucke von 1528 mit histor. Einleitung, den Lesarten der hochdeutschen Bearbeitungen und einem Glossar. Im Auftrage der Stadtbehörden hrsg. von Ludw. Hänselmann. 8. (LXXXIII, 393 S.) Wolfenbüttel 885, Zwißler. *

Bugenhagen's, Johs, Braunschweiger Kirchenordng. 1528, s: Texte, Kleine, f. Vorlesgn u. Übgn.

—— Kirchenordnung für die Stadt Hamburg vom J. 1529. Im Auftrage der Bürgermeister Kellinghusen's Stiftung hrsg. von Carl Bertheau. gr. 8. (XLII, 186 S.) Hamburg 885, (Gräfe.) *

Bugenhagens hamburgische Kirchenordnung. Im Auftrage eines hochehrwürd. Ministeriums übers. und hrsg. von C. Mönckeberg. gr. 8. (XII und 120 S.) Hamburg 861, Nolte und Köhler. *

Bugenhagen, Joh., Lübeckische Kirchenordnung. Getreu nach dem Autograph von 1531. 8. (XVI, 195 S.) Lübeck 877, Grautoff. * M 5.; geb. **

—— s. Knauth, F.

Bugenhagen, Joh., d Krönung König Christians III. v. Dänemark u. seiner Gemahlin Dorothea. Hrsg. v. Gottl. Mohnike. gr. 8. (5¼ B.) Stralsund 832, Struck.

—— Sein Leben und Wirken, s. Zitzlaff.

Bugenhagen, (Pfarrer Dr.) ..., Leichen-Predigt bei der feierl. Beerdigung unseres unsterblichen Reformators Dr. Mart. Luthers, gehalt. am 22. Febr. 1546 in der Schloßkirche zu Wittenberg. 8. Berlin 843. (Wohlgemuth.) n. 1/12 rf

—— Libelli duo, quos ex autographis nunc primum ed. Car. Aug. Deodatus Vogt. gr. 4. (38 S.) Greifswald 857, (Koch's Verlagsbuchh.) *

Bugenhagen's, Johs., Pomerania, s.a. Quellen zur Pommerschen Geschichte. IV.

— Pomerania. ed. Balthasar. 4. Gryph. 728.

Johannes Bugenhagens Pomerania. Hrsg. im Auftr. d. Ges. f. Pomm. Gesch. u. Alterthumsk. mit Unterstütz. d. Kgl. Preuss. Archivverwaltung von Dr. Otto Heinemann, Ass. am Kgl. Staatsarchive zu Stettin. *Stettin: L. Saunier 1900.* (LIX, 181 S.) 4°

= Quellen z. Pommerschen Geschichte. 4. [00. 1978

Johannis **Bugenhagii.** Pomerani. Epistola apologetica ad Daniæ et Norvegiæ regem, gloriosissimæ memoriæ, Christianum III. &c. &c. &c. contra scriptores adiaphoristicos aliosque obtrectatores, Wittenbergæ, anno MDL. prima Octobris, scripta; nunc vero una cum ejus apologia adversus Martinum Bucerum ad dilucidandam historiam Bugenhagianam, Hafniæ. Anno M.DCC.VI. editam, in lucem publicam reducta a Christophoro Friderico Læmmelio. Hamburgi. [1709.] 8°

—— sechs **Predigten**, aufgefunden und mitgeteilt von Geo. Buchwald, veröffentlicht von Herm. Hering. gr. 8. (31 S.) Halle 885, Niemeyer. *

— **Ungedruckte Predigten** aus den J. 1524—1529, veröffentlicht v. Geo. Buchwald, s.a. **Quellen u. Darstellungen** aus der Geschichte des Reformationsjahrhunderts. 18. Bd.

Ungedruckte Predigten Johann **Bugenhagens** aus den Jahren 1524 bis 1529. Zumeist aus Hss. d. Großherzogl. Universitätsbibliothek zu Jena z. erstenmal veröffentl. von D. Dr. Georg Buchwald, Pfarrer zu Leipzig. Leipzig: Heinsius 1910. XVIII, 350 S. 8°
(Quellen u. Darstellungen aus d. Geschichte d. Reformationsjahrhs. Bd 13.) [illegible]

Bugenhagens christliche Vermahnung an die Böhmen, s.a. **Traktate**, zeitgemäße, aus der Reformationszeit. 2. Hft.

(Johannes) **Bugenhagens** Christliche Vermahnung an die Böhmen. Nach d. Originaldr. v. J. 1546 neu hrsg. von Constantin v. Kügelgen. *Leipzig: R. Wöpke 1903.* (XVI, 12 S.) 8° [F.]
— **Traktate, Zeitgemäße**, aus d. Reformationszeit. H. 2. [illegible]

—— **Zusammentragung** aus d. hl. 4 Evangelien, s. Schulze, Gust. Carl Alb. Kleines Passionale.

Bugenhagen-Feier, die, d. hamburgischen Johanneums. gr. 4. Hamburg 886. (Herold.) n.n. 1. 25
Festbericht v. Hoche. Vortrag v. H. Rinn. Festpredigt v. Kreusler. (27 S.)

Bugenhagiana. Quellen zur Lebensgeschichte des D. Joh. Bugenhagen. Gesammelt u. hrsg. v. Geo. Geisenhof. I. Bd. Bibliotheca Bugenhagiana, s.a. **Quellen u. Darstellungen** aus der Geschichte des Reformationsjahrhunderts. VI.

Bugenhagiana. Quellen z. Lebensgeschichte des D. Joh. Bugenhagen. Gesammelt u. hrsg. von Georg Geisenhof, Pastor. Bd 1. Leipzig: M. Heinsius Nachf. 1908. 8°
— **Quellen** u. Darstellungen aus d. Gesch. d. Reformationsjhs. 6. [illegible]

Bugg, Lelia Hardin, a little **book of wisdom.** Being great thoughts of many wise men and women. gr. 16. (239 S.) St. Louis, Mo., 897. Freiburg i/B., Herder. Geb. in Leinw. n. 2. 50

— **Orchids.** A novel. 2. ed. 8. (422 S.) Freiburg i/B. 898. Herder. Geb. in Leinw. n. 6. —

Bugge, der französische Gymnasiallehrer. gr. 8. (29 S.) Neuwied 893. Heuser's Verl. — 75

Bugge: Über **Hospitalschiffe**, s. **Beihefte** z. Marineverordnungsblatt

Bugge, Alexander: Die nordeuropäischen Verkehrswege im frühen Mittelalter und die Bedeutung der Wikinger für die Entwicklung des europäischen Handels und der europäischen Schiffahrt. 8°
Aus: Vierteljahrsschrift f. Social- u. Wirtschaftsgeschichte. Bd. 4, H. 2. 1906.

Bugge, Alex., die **Wikinger.** Bilder aus der nord. Vergangenheit. Autoris. Übertragg. aus dem Norweg. v. Heinz Hungerland (283 S.) gr. 8. Halle 906. M. Niemeyer. n. 6. —

Bugge, Chr. A., das **Christentum als Religion des Fortschritts.** Zwei Abhandlgn.: „Das sociale Programm des Apostels Paulus", „Die Inspiration der hl. Schrift". Aus dem Norweg. übers. von O. v. Harling. gr. 8. (III, 67 S.) Giessen 900. J. Ricker. n. 1. 40

Bugge, Chr. A., das **Gesetz u. Christus im Evangelium.** Zur Revision der kirchl. Lehre „de lege et evangelio". (Videnskabs-selskabets skrifter.) Udgivet for Fridtjof Nansens fond. (95 S.) Lex.-8. Christiania 903. (J. Dybwad.) n.n. 3. —

Die Haupt-Parabeln Jesu. Ausgelegt von Chr. A. **Bugge**, Dr. theol. Mit e. Einl. über d. Methode d. Parabel-Auslegung. *Gießen: J. Ricker 1903.* (XX, 496 S.) 8° [illegible]

— die **Haupt-Parabeln Jesu.** Ausgelegt. Mit e. Einleitg. üb. die Methode der Parabel-Auslegg. (XX, 496 S.) gr. 8. Giessen 903. A. Töpelmann. n. 11. —

Bugge, F. W., das **Johannes-Evangelium.** Erklärt v. B. Deutsch v. H. J. Bestmann. Autoris. Uebertragg. gr. 8. (IV, 507 S.) Stuttgart 894. J. F. Steinkopf. n. 6. 50

Bugge, Frid. Guil. (geb. Prenzlau 1815): De morphio. Berolini (1840). (20 S.) 8°
Berlin, Med. Diss. v. 24. Aug. 1840

Bugge, Georg, Thierarzt aus Alt-Landsberg: **Zur Kenntniss** des Excretionsgefäss-Systems der Cestoden und Trematoden. Mit 4 Taf. *Jena: G. Fischer 1902.* (58 S.) 8° ¶ (Aus: Zool. Jahrbücher, Abth. f. Anat. u. Ontogenie d. Thiere, Bd 16, H. 2.)
Tübingen, Naturw. Diss. v. 1902

Bugge, Günth.: **Chemie u. Technik.** — **Strahlgserscheingn, Ionen, Elektronen u. Radioaktivität,** s: Universal-Bibliothek 5348—50; 5151.52.

Bugge, Günth., **Strahlungserscheinungen, Jonen, Elektronen u. Radioaktivität,** s.a. **Universal-Bibliothek.**

Strahlungserscheinungen, Jonen, Elektronen und Radioaktivität von Günther **Bugge**. Mit 4 Taf. u. 20 Zeichn. Leipzig: Reclam jun [1000]. 138 S. 8°
(Bücher der Naturwissenschaft. Bd 4.)
(Universal-Bibliothek. 5151. 5152.) [illegible]

Bugge, Günther, a. Wiesbaden: **Verbindungen von Metallsalzen mit Nitrilen und Isonitrilen.** München 1908: V. Höfling. (38 S.) 8°
München, Phil. Fak., Ref. v. Baeyer, Diss. v. 21. Juli 1908
[Geb. 23. Juli 85 Godesberg a. Rh.; Wohnort: Wiesbaden; Staatsangeh.: Preußen; Vorbildung: Realgymn. Wiesbaden Reife O. 04; Studium: München 9 S.; Rig. 21. Juli 08.]

Bugge, Hugo: Über das **Zeichnen** als Hülfsmittel des naturbeschreibenden Unterrichts am Realgymnasium. *Landeshut i. Schl. 1902: A. Werner.* (S. 3—16.) 4° [F.]
Landeshut, RG. P 1902 (230)

Bugge, Karl

Carl **Bugge**: **Petrographische** Resultate der 2ten Fram-Expedition. (Mit Taf. u. Kt.) Kristiania 1910: Brøgger. 38 S. 4°(8°)
(Report of the Second Norwegian Arctic Expedition in the 'Fram' 1898—1902. No 22.) [illegible]

Studien über **Kugelgesteine**. Von C[arl] **Bugge**. 1. Christiania: J. Dybwad in Komm. 1906. 8°
= **Forhandlinger** i Videnskabs-Selskabet i Christiania. 1906. No 8. [illegible]

Bugge, P., **Statistik** d. Berliner Turnrats üb. d. J. 1903—1912, Berlin 1904—13, 8°. 3 Bde.

Bugge, Pet. Olivar (Lister/Christiansand), **De perversitate humana morali eiusque origine et ratione universa.** Götting. (Joh. Christ. Dieterich) 1796. 56 S. (4.80) 4648

Bugge, Sophus, die zwei Arzawa-Briefe, s.: **Knudtzon.**

Bugge, Sophus, **Beiträge zur Erforschung der etruskischen Sprache,** s.a. **Deecke,** Wilh., Forschungen und Studien, etruskische.

Bugge, S, Beitr. z. Erforschg d. etrusk. Sprache, s.a. Forschungen u. Studien, etrusk.

— Beiträge z. Erforschung der etrusk. Sprache. S. A. 1885. 49 S.

Bugge, Sophus. Beiträge zur etymologischen Erläuterung der armenischen Sprache. gr. 8. (51 S.) Christiania 889, (Dybwad). * 1 35
Aus: Christiania Videnskabs-Selskabs Forhandlinger, besonders abgedruckt.

— Etruskisch und Armenisch. Sprachvergleichende Forschgn. 1. Reihe. gr. 8. (XVIII, 171 S.) Christiania 890. (Aschehoug & Co.) n. 3. —

Bugge, Sophus, Fricco, Frigg u. Priapos. (Christiania videnskabs-selskabets forhandlinger.) (5 S.) gr. 8. Christiania 904. (J. Dybwad.) n.n. — 30

Sophus **Bugge**. Der Runenstein von Rök in Östergötland, Schweden. Nach d. Tode d. Verf. hrsg. von d. K. Akad. d. schönen Wiss.... durch Magnus Olsen ... mit Beitr. von Axel Olrik u. Erik Brate. Stockholm 1910: Haeggström. VII, 313 S. 8° [11. 2017 3

— Sendschreiben an ihn, s. Cassel, P. Paulus oder Phol.

Bugge, Sophus, altitalische Studien. Hrsg. von der Gesellschaft der Wissenschaften zu Christiania. gr. 8. (88 S.) Christiania 878. (Dybwad.) n. 2. —

— Studien über die Entstehung der nordischen Götter- u. Heldensagen. Vom Verf. autoris. u. durchgeseh. Uebersetzung von Osc. Brenner. 1. Reihe. (In 3 Hftn.) 1. u. 2. Hft. gr. 8. (288 S.) München 881. 82. Kaiser. n. 6. —

— Studien über die Entstehung d nordischen Götter- u. Heldensagen. Vom Verf. autoris. u. durchgesehene Uebersetzg. v. O. Brenner. 3. (Schluss-)Heft. gr. 8. (VII u. S. 289—590.) München 889. Kaiser. n. 6 — (cplt.: n 12. —)

Lykische Studien. Von Sophus Bugge ... [Th.]1. *Kristiania: I Komm. hos J. Dybwad; A. W. Brøggers Bogtr. 1897.* 4.(8.)
— Skrifter udg. af. Videnskabsselskabet i Christiania. 1897. II. Histor.-fil. Kl. No 7. [98. 9179

Bugge, Sophus (Hrsg.), s. Torp, Alf: Die Flexion des Pâli in ihrem Verhältnis zum Sanskrit.

Bugge, Sophus, der Ursprung der Etrusker, durch zwei lemnische Inschriften erläutert. gr. 8. (63 S.) Christiania 886, Dybwad. *
Aus: Christiania Videnskabs-Selskabs Forhandlinger, besonders abgedruckt.

Bugge, Sophus, das Verhältnis der Etrusker zu den Indogermanen u. der vorgriech. Bevölkerung Kleinasiens u. Griechenlands. Sprachliche Untersuchgn. Hrsg. v. Alf Torp. (VIII, 241 S.) gr. 8. Strassburg 909. K. J. Trübner. 7. 50

Bugge, Sophus: Zur Xanthos-Stele. *Wien 1898.*
in: Festschrift f. Otto Benndorf zu seinem 60. Geburtstage.

Bugge, Søren

Betrachtungen über die jährlichen Sonn- und Festtags-Evangelien [v. Søren Bugge]. Hrgg. zur Erbauung für die Einfältigen. Kopenhagen. 1791. A. d. Dän. übers. Th. 1. Flensburg. 1793. 8°.

Bugge, Steph. (geb. Angermünde 13. 8. 1848): Thesen. Berlin (1870). (2 Bl.) 8°
Berlin, Med. Thes. v. 19. Juli 1870

Bugge,. Thomas

— Anleit. zur Feldmess. od. z. pract. Geometrie. a. d. Dän. von Tobiesen. m. K. gr. 8. Altona, Hammerich. 807. (ist d. Lehrbuchs 1r Thl. 2e Abtheil.).

Bugge (Th.), Anleitung zur analytischen ebenen und sphärischen Geometrie u. s. w. Aus dem Dänischen übersetzt von Tobiesen. Mit 4 Kupf. Altona 1816. 8.

Bugge Th.:
Gründliche u. vollständige theoret.-pract. Anleitung z. Feldmessen od. z. pract. Geometrie. Aus d. Dän. übers. v. L. H. Tobiesen. Nebst einer Vorr. d. Prof. J. G. Büsch u. einer Abhandlung d. Uebersetzers ... Altona 1798. (28) 395 S. 17 Tvl.
(=: Lehrbuch d. gesammten Mathematik ... Th. 1 Abth. 2).
— Neue verb. u. verm. Aufl. (»... u. zwei Abh. d. Ueb.«). Sst. 1807. (30) 390 S. 17 Tvl.
(Do.).

— Beschreib. der Ausmessungsmethode der Dänischen geograph. Karten; aus d. Dän. von J. F. Marcus. Mit Anmerkk. u. Erläuterr. (v. Fr. Edw. Aster). M. Kpf. gr. 4. Dresd. 787. Walther. 1 ℔ 12 ℊ

Bugge (Th.), Handbuch der sphärischen und theoretischen Astronomie nebst der mathematischen Geographie. Aus dem Dänischen übersetzt von Tobiesen. 2 Theile. Altona 1816—17. 8.

— neuest. Handb. d. Sternkunde, s. a. Handbuch.

— neuest. Handb. d. Sternkunde. a. d. Dän. m. K. gr. 8. Copenh. Schubothe. 798.

— Lehrb. der gesammt. Mathematik; aus d. Dän. v. L. H. Tobiesen. 3 Thle in 7 Abtheill. Mit Kpf. gr. 8. Altona 797—816. Hammerich. 11 ℔ 16 ℊ (1r Thl. 1e Abtheil. A. u. d. T.: Erste Gründe d. Arithmetik, Geometrie ꝛc. Mit 17 Kpf. 797. 2e A. 800. 2 ℔ 2e Abtheil. A. u. d. T.: Anleit. z. Feldmessen. 797. 2e A. Mit Vorrede u. Zusätzen v. Büsch. Mit 17 Kpf. 807. 1 ℔ 16 ℊ)

Bugge, Thom., Lehrbuch der gesammten Mathematik. 3 Thle. in 7 Abthll. sind die einzelnen Titel so zu lesen: 1r Thl. 1e Abthl.: Erste Gründe d. Arithmetik, Geometrie ꝛc. 2 ℔ — 2e Abthl.: Anleitung zum Feldmessen. $1^2/_3$ ℔ — 2r Thl. 1 Abthl.: Lehrbuch d. Algebra. 800. $1^1/_2$ ℔ — 2 Abthl.: Das militär. Vermessen. Mit Kpfr. 815. $1^1/_3$ ℔ — 3r Thl. 1e Abthl.: Analyt. Trigonometrie u. höhere Geometrie. Mit 4 Kpf. 815. $1^5/_6$ ℔ — 2e u 3e Abthl.: Astronomie u. mathemat. Geographie. Mit 13 Kpfr. 816. $3^2/_3$ ℔

Bugge, Thom., observat. astronom. in observator. Hafn. ann. 781—83. instit. C. tab. astronom. 4 maj. Kopenh. 785. (Brummer). 6 ℔ 16 ℊ (Gyldendal). 4 ℔

— Reisen n. Paris in d. J. 1798, 99. M. Kpf. 8. Kopenh. 801. Brummer. 1 ℔ 20 ℊ

— Versuche üb. d. Zusammenhängen einiger festen Körper; aus d. Dän. v. J. A. Markussen. gr. 8. Kopenh. 803. Schubothe. 4 ℊ

Bugge-Fowler, F.

Kurze Übersicht über die Tätigkeit der deutschen Colonial-Gesellschaft für Südwest-Afrika im Schutzgebiete von ihrer Gründung, 30. April 1885, bis Ende Dezember 1900. (Verf.: F. **Bugge**. Fowler.) o. O. [1907]. 25 S. 8° [10. 764 5

Büggeln, praktische Aufsatzschule u. Sprachlehre. 2 Hfte. gr. 8. Vegesack. (J. F. Rohr.) n.n. — 70; in 1 Bd. geb. n n. — 80
I. 9. Aufl. (48 S.) 902. n. — 30
II. 9. Aufl. Ausg. A. (102 S.) 901. n.n. — 50

— u. J. Popken, Deutsches Sprachbuch. 1. u. 2. Hft. 8. Ebd. Geb. n.n. 1. 55
1. Bearb. v. A. 11. Aufl. 82 Taus. (128 S.) 906. n.n. — 75
2. Bearb. v. B. 8. Aufl. 9. Taus. (130 u. X S.) 905. n.n. — 80

— praktische Sprachlehre. 1. u. 2. Hft. 8. Aufl. Ausg. B. (96 S.) gr. 8. Ebd. 899. n.n. — 50
Das 3. Hft. f.: Popken, R.

Büggeln, H: Die Elektrizität als Betriebs- u. Verkehrsmittel, s: Monographien z. Zeitgesch.

— Landwirtschaftl. Ueberlandzentralen f. kleinbäuerl. Betriebe. (40) gr8° Stuttg., K Wittwer '11. 1 —: geb. n 1.40

v. Buggenhagen, ..., (†im Sept. 1806.) s. Nachrr. über Clevesche Alterthümer.

v. Buggenhagen, Er. Eph., († d. 18. Oct. 1816.) Beitrr. zur Aufnahme d. Landwirthschaft in Schwed.-Pommern 2c. 8. Rost. 803.

Bugham, Forst, s. Reise-Roman.

Bug-Jargal

Bug-Jargal. Erzählung aus den Zeiten der Neger-Empörung auf Sanct Domingo. Vom Verf. des Han d'Islande. Aus dem Franz. 1826

s.a. Hugo, Victor [Verf.]

Bug-Jargal. Eine Erzählung aus den Zeiten der Neger-Empörung auf Sanct-Domingo ... Aus dem Franz. 2. Ausg. München 1826. V: *Hugo, Victor.* (EE)

Bug-Jargal. Eine Erzählung aus d. Zeiten d. Neger-Empörung auf Sanct-Domingo, v. Verf. d. Han d'Islande. A. d. Franz. 2. Ausg. 8. (22 B.) München 829, [Jaquet.]

Bug-Jargal; e. Erzähl. aus d. Zeiten d. Neger-Empörung auf St. Domingo, v. Verf. d. Han d'Islande; aus d. Französ. 8. Münch. 826. N. A. 829. J. Lindauer. 20 gl.

Bugiel, Wlodimir: Aus dem ruthenischen Volksglauben. In: ZÖV, 1/1895, S. 194–306. Sonderdruck: Wien: Verl. d. Vereins f. österr. Volkskunde 1895.

Bugielski: De Ciceronis eloquentiae natura diss. 12 S. Progr. Krakau St. An. 1867.

Bugistre-Belleysan, D, les intrigues moscovites en Turquie. La vérité sur les massacres de Bulgarie. 2. éd. 8. (331) Budap. 76, Kilian. n. 5. —

Bugistre-Belleysan, D., les intrigues moscovites en Turquie. La vérité sur les massacres de Bulgarie. 1. et 2. éd. gr. 8. (XV, 334 S.) Budapest 877. Kilian in Comm. n. 5. —

Bugl Benj.: Der Jägerndorfer Waldprocess, mit einer Lichtdruckbeilage. 46. Jägerndorf R. 88. Progr.

BUGL, FRANZ: Rede, als die Hochwürdige Frau Maria Sophia aus dem Hochgräflichen Hause Berchtold geborene Freyinn von Ungarschütz aus der Gesellschaft der Heiligen Ursula zu Tyrnau den 2. Heumonat des Jahres 1803 ihre feyerliche Ordens-Gelübde erneuerte. Tyrnau 1803: Gedr. bey Wenzel Jelinek. 19 S. - 4°

Bügner, E., König Drosselbart. E. Gedicht. 12. (IV, 99 S.) Wien 895. C. Gerold's Sohn. 1.20; geb. in Leinwand 2. —

Bugnion, Edouard s. Favre, Emile. Faune des coléoptères du Valais. Zurich 1890.

Bugnion, Ed[ouard]. Introduction à la faune entomologique du Valais. E. 4. Zurich 1890.

Bugnion, Ed. Entomologische Notiz. Siehe: „Itinerarium für 1880—81 des S. A. C.

Bugnion, Édouard, [von Lausanne, Kt. Waadt]: Recherches sur les organes sensitifs qui se trouvent dans l'épiderme du protée et de l'axolotl. ([S. A. aus:] Bull. soc. vaud. sc. nat. XII. N. 70 [S. 259—316].) Lausanne Ed. Allenspach F. Impr. 1873. 1 Bl., 58 S., Pl. XI—XVI. 1 Bl. Thesen. 8°.
Zürich, Med. Diss. [v. 22. Jan. 1874].

Bugno, Eduard

Bugno, Ed., u. Emil Widmer, Kommentar z. Gesetze v. 25. X. 1896, R. G. G. Nr. 220, betr. d. direkten Personalsteuern. Sammt e. Anh., enth. d. einschläg. Gesetze, Verordngn. u. Formularien. [Aus: „Gerichtshalle".] gr. 8. (VIII, 272 S.) Wien 898. M. Breitenstein. n. 4. 20

Bugno, Ed., u. Emil Widmer, Kommentar zum Gesetze vom 25. X. 1896, R.G.Bl. Nr. 220, betr. die direkten Personalsteuern. Sammt e. Anh., enth. die einschläg. Gesetze, Verordngn. u. Formularien. 2. Thl. gr. 8. (VIII, 349 S. m. 1 Tab.) Wien 899. M. Breitenstein. n. 4. 20
Sonderabdruck aus: „Gerichtshalle".

– dasselbe, s.a. Bugno, Ernst.

Bugno, Eduard, die Rechtsprechung des Verwaltungsgerichtshofes auf dem Gebiete des Gesetzes vom 25. X. 1896, R. G. Bl. Nr. 220 betr. die directen Personalsteuern seit Beginn der Wirksamkeit dieses Gesetzes, d. i. seit dem J. 1898 bis einschließlich 1901. III. Thl. des Kommentars zum Gesetze vom 25. X. 1896, R. G. Bl. Nr. 220 betr. die directen Personalsteuern, v. Eduard Bugno u. Emil Widmer. (XV, 240 S.) gr. 8. Wien 902. M. Breitenstein. n. 4. 20

— dasselbe, betr. die direkten Personalsteuern. II. Bd., umfassend den Zeitraum vom 1. 1. 1902 bis Mitte Juli 1903. (XVI, 324 S.) gr. 8. Ebd. 904. n. 5. 60

Bugno, Eduard, die gesamte Rechtsprechung des Verwaltungsgerichtshofes auf dem Gebiete der direkten Personalsteuern. Im Auftrage des k. k. Finanzministeriums hrsg. (XX, 491 S.) gr. 8. Wien 908. M. Breitenstein. 16.—; geb. n 19. —

Die Rechtssprechung des Verwaltungsgerichtshofes auf dem Gebiete des Gesetzes vom 25. Oct. 1896, R. G. Bl. Nr. 220, betr. d. directen Personalsteuern seit Beginn d. Wirksamkeit dieses Gesetzes, d. i. seit d. Jahre 1898 bis einschliessl. 1901. Hrsg. von Eduard Bugno, Minist.-Vicesecret. *Wien: M. Breitenstein 1902.* (240 S.) 8° [F.]
= Bugno: Kommentar z. Gesetze vom 25. Oct. 1896. T. 3. [03. 4973]

Bugno, E., Die Rechtssprechung des Verwaltungsgerichtshofes auf dem Gebiete des Gesetzes vom 25.X.1896, R.G.Bl. Nr.220 betr. die direkten Personalsteuern. II.Bd., umfassend den Zeitraum vom 1.1.1902 bis Mitte Juli 1903. (XVI, 324 S.) gr. 8. Wien: M.Breitenstein. 1904.

Bugno, Ernst

Kommentar zum Gesetze vom 25. Oktober 1896, R. G. B. Nr. 220, betr. d. direkten Personalsteuern. Sammt e. Anh., enthaltend die einschlägigen Gesetze, Verordnungen u. Formularien von Ernst Bugno u. Dr. Emil Widmer. (Th. 1.) 2. *Wien: M. Breitenstein 1898, 99.* 2 Bde 8° [F.]

– dasselbe, s.a. Bugno, Eduard.

Bugno, M., theoretisch-praktische Anleitung zur Erlernung der polnischen Sprache, bearbeitet nach den besten Sprachforschern. 8. (206 S.) Biala, Jos. Finzinger, Druck von Karl Prohaska in Bielitz, 1853.

Bugno, M., theoretisch-praktische Anleitung zur Erlernung der polnischen Sprache. Bearb. nach den besten Sprachforschern. 1. Aufl. (205 S.) 1853. und 2., verb. Aufl. 8. (204 S.) Biala 855. (Bielitz, Zamarski.) *

Bugno, M., theoretisch-praktische Anleitung zur Erlernung der polnischen Sprache. Bearb. nach den besten Sprachforschern. 4. Aufl. 867. — 5. Aufl. Biala 870. Fröhlich. 8. (204 S.) 12 ngr.

Bugs, Walter, appr. Arzt: Aus d. med. Poliklinik u. Kinderpoliklinik zu Kiel. Zur Kasuistik der Hirschsprungschen Krankheit (Megacolon congenitum). Kiel 1910: Fiencke. 14 S. 8°
Kiel, Med. Diss. v. 26. Mai 1910, Ref. Siemerling
[Geb. 5. März 83 Stettin; Wohnort: Stettin; Staatsangeb.: Preußen; Vorbildung: Schiller-Realgymn. Stettin Reife O. 02; Studium: Königsberg 1, Berlin K. W. A. 5, Univ. 1, Kiel 1, Heidelberg 1, Kiel 3 S.; Coll. 28. April 10: Approb. 1. Aug. 09.] [U 10. 2430

Buhe, Eduard [aus Samswegen Prov. Sachsen]: Zur Lehre von der hereditären Lues. (Ein Zwillingsfall. . . . Berlin, Buchdr. v. Gustav Schade (Otto Francke) (1889): 31 + 1 S. 8°
Berlin, Med. Fak., Inaug.-Diss. v. 16. März 1889

Buhe, J. C., die Verarbeitung des Spiritus zu Franzbranntwein, Rum u. Arak, u. Anweisung, die besten einfachen u. doppelten Branntweine, Liqueurs, Crêmes u. Ratafias herzustellen. Nebst mehreren der besten Vorschriften zu vorzügl. Hefen u. Gährungsmitteln. 8. Quedlinb. 840. Basse. 5/12 rℓ

Buhecker, Alfons [pr. Arzt aus Strassburg i. E.]: Ein Beitrag zur Pathologie und Physiologie der Hypophysis cerebri . . . Strassburg i. E., Buchdr. C. Goeller. 1893; 39 S. 8.
Strassburg, Med. Fak., Inaug.-Diss. v. 1893

Bühel, Engl v., Aus den Alpen. Ueber Gott, Geist und Unsterblichkeit. Nürnberg (857.) v. Ebner. 16. (1 Bl., 149 S.) 7½ ngr

Bühel, E v., a. d. Alpen. Ueber Gott, Geist u. Unsterblichk. 16. (149) Nürnb. 57. (Münch., Weydner.) — 7½

Bühel, Hans von

Bühel, H. v., Dyocletianus Leben, von Keller, s.a. **Bibliothek** d. gesammt. deutsch. **Nationallit.,** I. Abthl. 22. Bd.

Dyocletianus Leben von *Hans von Bühel (= der Büheler,* dichtete Anfangs des XV. Jh.). Hrsg. von Adelbert Keller. Quedlinburg 1841. 8°. 212 S.
Goedeke² I. p. 290.

* *Jo. Andr. Bühel* Dispvt. de aquila & musca ferrea, quae mechanico artificio apud Noribergenses quondam volitasse feruntur, praeside *Jo. Guilielmo Baier*, Phil. nat. & mathemat. P. P. 4. 24 S. 1707.

Büheler's Königstochter etc., s.a. **Merzdorf, J. F. L. Th.**

Büheler's Königstochter von Frankreich mit Erzählungen ähnlichen Inhalts verglichen und hrsg. von J. F. L. Theod. Merzdorf. gr. 8. (VI und 260 S.) Oldenburg 867, Schulze'sche Buchh.

Büheler, Sebald. La chronique Strasbourgeoise, s. **Fragments** des anciennes chroniques d'Alsace.

Bühelmayr, Florian, (†...) von den Verdiensten d. Baierschen Fürsten Albrecht V. u. Maximilian um d. Schulwesen; e. Beitrag z. ältern Baierschen Schulgeschichte. ... München 786.

Buhl

[Lieder.] Zur Trauer-Loge [der Loge zum Ölzweig] am 2ten März 1822. [Von **Buhl.**] [Bremen 1822.] 2 Bl. 8° [Kopftit.]
2 Lieder ohne Noten.

Buhl u. v. Bennigsen, z. Militärvorlage u. z. inneren Lage, s.: Flugschriften d. nationalliberalen Partei.

Buhl, v., s.: **Mittheilungen aus dem pathologischen Institute zu München.**

— u. Sattler, die Thätigkeit d. Reichstags seit 1887. Zur Wahlbewegung in Hannover, s.: **Flugschriften der national liberalen Partei.**

Buhl, Ant., Geschichtliche Notizen zum Kloster Unterlinden, m. e. Rundgang durch das Schöngauer Museum. (36 S. m. Abb. u. 4 Taf.) 8. Colmar 901. (H. Hüffel.) n.n. — 75

Buhl, August

Anleitung zum Bücher-Abschluß bei der doppelten Buchhaltung. Für d. Praxis bearb. von A[ugust] **Buhl,** Berlin. Potsdam & Berlin [1906]: A. W. Hayn's Erben. (20 S.) 8° [F.] [07. 12837

Buhl, A., Anleitung zum Bücher-Abschluß bei der doppelten Buchhaltung. Für die Praxis bearb. (20 S.) gr. 8. Berlin (906). (H. R. Mecklenburg.) n. 2. —

Buhl, Bernhard, Justizref. in Stuttgart: Die Unteilbarkeit der Grunddienstbarkeiten. *Stuttgart 1904: W. Kohlhammer.* (IV, 65 S.) 8°
Tübingen, Jur. Diss. v. 1904

Buhl, C., die Basler Mission auf der Goldküste. 8. (40 S. m. 1 chromolith. Karte.) Basel 882. Missionsbuchhandlung. n. — 25

Buhl, E. (Missionar). Die Basler Mission auf der Goldküste (mit einer Karte). In-8°, 40 S. Basel, Missionsbuchhandlung. 1882? — 50

Buhl, Franz

Buhl, Frants, Geographie d. alten Palästina, s.a. **Grundriss** d. theolog. Wissenschaften.

Geographie des alten Palästina v. D. F[ranz] **Buhl,** Prof. . . . an d. Univ. Leipzig. M. Plan v. Jerusalem u. Kt. v. Palästina. *Freiburg i. B. & Leipzig: J. C. B. Mohr 1896.* (x, 300 S., 1 Pl., 1 Kt.) 1 Bd 8.
— **Grundriss** d. Theolog. Wissenschaften. Reihe 2. Bd 4. [95. 4518

Die Feier des Andenkens an Carl Friedrich Kregel von Sternbach, welche am 18. Juli . . . stattfinden wird, verkündigt D. Frants **Buhl** d. Z. Decan d. theol. Fac. — Studien zur Topographie des nördlichen Ostjordanlandes. Leipzig, Druck v. A. Edelmann, Univ.-Buchdr., 1894; 20 S., 1 Bl. 4.

Zur Feier des Reformationsfestes und des Übergangs des Rectorats auf Dr. Johannes Wislicenus ladet hiermit ein der Rector der Universität D. Theodor Brieger durch den designierten Decan der theologischen Facultät D. Frants **Buhl.** — Geschichte der Edomiter. Leipzig, Druck v. A. Edelmann, Universitätsbuchdr., 1893; 2 Bl., 86 S. 4.

Buhl, Frants Dr. (Bearb.), s. Gesenius.– Wilhelm Gesenius.

Buhl, Frants, hebräisches u. aramäisches Handwörterbuch üb. das Alte Testament, s.: **Gesenius,** Wilh.

Buhl, Frantz. Kanon u. Text des Alten Testamentes. gr. 8. (VI, 262 S.) Lpz. 891, Akadem. Buchh. (Faber). * 6 —; geb. * 7 —

Buhl, Frants, Sproglige og historiske Bidrag til den arabiske Grammatik med udvalgte Tekststykker af Ibn-al-Ḥâgibs aš-Šâfija. Leipzig 1878.

— — Dasselbe. 12. völlig umgearbeitete Auflage in Verbindung mit A. Socin und H. Zimmern bearbeitet von Frants Buhl. Leipzig 1895.

— Studien zur Topographie des nördlichen Ostjordanlandes. gr. 4. (20 S.) Leipzig 894. A. Deichert Nachf. n. 1. —

— die sozialen Verhältnisse d. Israeliten. gr. 8. (V, 180 S.) Berlin 899. Reuther & Reichard. n. 2. —

Buhl, Friedr., v. Gietl u. A., Ueber Aetiologie des Typhus. Vorträge in den Sitzungen des ärztlichen Vereins in München. München 1872. 8°.

Buhl, H., der Alp der böhmischen Industrie. Ein Wort über den Kohlenverein und seine Schleppträger nebst einer Beleuchtung des Freischurf-Steuergesetzes und seiner Folgen für Bergbau und Industrie. Prag 863. Silber & Schenk. gr. 8. (30 S.) n. 4 ngr.

Buhl, H. B., Seefischereifahrzeuge u. -Boote, s.: **Dittmer, R.**

Buhl, Heinr., Beiträge zur Lehre vom Anerkennungsvertrage. Habilitationsschrift. gr. 8. (VIII, 128 S.) Heidelberg 875. Koester. n. 2. 40

Buhl, Heinr., s. **Festgabe zum 50jährigen Doctorjubiläum des Hrn. Geh.-Rath Prof. Dr. J. C. Bluntschli.**

Buhl, Heinr., die agrarische Frage im alten Rom. Oeffentlicher Vortrag, gehalten im Museum zu Heidelberg am 19. Jan. 1878. gr. 8. (43 S.) Heidelberg 878. Koester. n. — 80

Buhl, H[einrich], d. Z. Prorektor Hofrat Prof. Dr.: **Zur Geschichte** der Universität Heidelberg unter Großherzog Friedrich. *Heidelberg 1902: J. Hörning.* (17 S.) 4°
Heidelberg, Festrede zum 50j. Reg.-Jub. d. Grh. Friedrich 1902

Buhl, H., Gesetze über Vormundschafts- u. Nachlaßwesen, s.a. **Handbibliothek badischer Gesetze.**

Buhl, Gesetze üb. Vormundschaftswesen. Freibg. 890.

Buhl, Lehre v. Anerkennungsvertrage. Heidelberg 875.

Buhl, Heinrich: Nichtigkeit u. Anfechtbarkeit d. Ehe nach d. bürgerl. Gesetzbuch. *Berlin 1899.*
in: Festgabe z. Feier d. 50. Jahrestages d. Doktor-Promotion d. Geh. R. ... E. I. Bekker dargebr. v. ... d. Univ. Heidelberg. [illegible]

Buhl, H., Notiz über Büchertaxen, s. XVII. Bd. 2. Abthl. S. 852: **Publikationen des Börsen-Vereins der deutschen Buchhändler.**

Buhl, Heinrich, Dr., Grh. Bad. Hofrat u. o. ö. Prof. d. Rechte, d. Z. Prorektor: Römisches Recht und bürgerliches Gesetzbuch. (Enthält außerdem: Chronik der Universität für 1901/02 u. Preis-Verteilung.) *Heidelberg 1902: J. Hörning.* (S. 1—22.) 4°
Heidelberg, Rede am Geburtst. d. sel. Großherzogs Karl Friedrich 1902

Buhl, Heinr., das Recht der beweglichen Sachen nach dem bürgerl. Gesetzbuche, s.a. **Recht, das, des bürgerl. Gesetzbuchs in Einzeldarstellungen. Nr. 12.**

Das Recht der beweglichen Sachen nach dem Bürgerlichen Gesetzbuche. Von Dr. Heinrich **Buhl**, Prof. in Heidelberg. *Berlin: J. Guttentag 1901.* (130 S.) 8° [J.]
= Recht d. Bürgerl. Gesetzbuchs in Einzeldarstellungen. 12. [illegible]

— zur Rechtsgeschichte des deutschen Sortimentsbuchhandels. gr. 8. (51 S.) Heidelberg 879. C. Winter. n. 1. 80

Buhl H, zur Rechtsgeschichte des deutschen Sortimentsbuchhandels. Heidelberg 1880

Buhl, Heinr., Salvius Julianus. 1. Tl. Einleitung. Personenrecht. gr. 8. (VIII, 339 S.) Heidelberg 886. Koester. n. 6. —

Buhl, Heinr., d. Schutz d. Eigentums an beweglichen Sachen, s.a. **Festgabe z. Feier d. 70. Geburtstages d. Grossherzogs v. Baden.**

Buhl, Heinr.: Der Schutz des Eigentums an beweglichen Sachen. Heidelberg 1896.
(in: Festgabe d. jur. Fak. d. Univ. Heidelberg für d. Großherzog v. Baden.)

Buhl, Hermann [aus Stuttgart]: Beitrag zur Frage der Behandlung der Varicen ... Berlin, C. Vogts Buchdr., *1896:* 29 S., 1 Bl. 8.
Berlin, Med. Fak., Inaug.-Diss. v. 11. Aug. 1896

Buhl, Hermann [aus Ettlingen (Baden)]: Nitrochinaldine ... Freiburg i. Br., Buchdr. v. G. Mehlhase, 1897; 52 S., 1 Bl. 8.
Freiburg i. B., Phil. Fak., Inaug.-Diss. v. 1897

Buhl, Joh. Christ., s. Katalog ausgewählter Kunstsachen.

Buhl, Joh. Engel (Dadena Saynensis), Quaestionem an is, qui jure praelationis, quod ad sortem in concursu creditorum est munitus, eodem quod ad usuras quoque gaudeat ex principiis juris privati universalis, Romani et Germanici declarat examinando. Präs. Jo. Caspar Heimburg. Jena (Horn) 29. X. 1730. 135 S. (7.—) 4651
Gew.: J. Hartmuth Gertner. — Widm. v.: Präs., Joh. Pet. Reusch, N. H. Härtner dit. Hert (deutsch), J. Wilh. Wagner (Freusburg/Sayn), J. Braumann (Marburg, dtsch.), J. P. Gehebe (Hessen, dtsch.), Georg Gottfried Kessler (Arnsbach/Hessen, dtsch.), J. F. Jungius (Hanoicus, dtsch.), Gg. Ludw. Murmann (Hanoicus Wetterau, dtsch.), Fried. Christian Strecker (Darmstadt), J. J. Cuhn (Homberg/Hess., dtsch.), Wilh. Ern. Schulz (Sayn), Joh. Friedr. Eutenneuer (Freusburg/Sayn), C. E. Moes (Leuscheda/Montanus), J. G. Zahn (Altenkirch/Sayn, dtsch.).

— Johann Friedrich (Wimpfen), De auspiciis anni civilis Hebraeorum ejusdemque solennitatibus. Exercit. philolog. Präs. Jo. Heinrich Mai, fil. Giessen (J. R. Vulpius) Okt. 1707. 16 Seiten. (5.—) 4652
Gew. (v. Präs.): Jo. Burchard Mai (Kiel). — Widm. v.: Jo. Heinr. Mai, Präs.

Buhl, Johs., Grundbuch der evangelischen Schulstellen u. Schullehrer in Württemberg. (VIII, 147 S.) Lex.-8. Stuttgart 902. (Buchh. der ev. Gesellschaft.) n. 4. 20; geb. in Halbleinw. n. 4. 70

Buhl, Johannes Carl Conrad, s. Buhl, Konrad

Buhl, Karl, Ecclesiola in Ecclesia oder die Gemeinschaftspflege innerhalb der evangelischen Landeskirchen. gr. 8. (60 S.) Basel 881. Spittler. n. — 80

Buhl, Karl: Die Kranken- und Verwundetentransporte nach der Genfer Konvention von 1906. Nürnberg 1908: Stich. 88 S. 8°
Würzburg, Jur. Diss. v. 10. Dez. 1908, Ref. Meurer
[Geb. 25. Febr. 84 Ansbach; Wohnort: Nürnberg; Staatsangeh.: Bayern; Vorbildung: Gymn. Nürnberg Reife Juli 03; Studium: Erlangen 5, Kiel 1, Würzburg 2 S.; Rig. 21. Okt. 08.] [U 09. 4044

Buhl, Karl, das Parteiwesen in der evangelischen Christenheit. gr. 8. (32 S.) Gotha 888, F. A. Perthes. *

Buhl, Karl Schmidt–, s. Schmidt-Buhl.

Buhl, Konrad

Buhl, *Johannes Carl* Conrad [Gerichtsref. aus Oels]: Darstellung der Voraussetzungen der Spekulationsanschaffung, nach Art. 271 Ziffer 1 des allgemeinen deutschen Handelsgesetzbuchs ... Breslau, Druck d. Bresl. Gen.-Buchdr., 1897; 4 Bl., 63 S. 8.
Breslau, Jur. Fak., Inaug.-Diss. v. 6. Febr. 1897

Buhl, Conr., Darstellung d. Voraussetzgn. d. Spekulationsanschaffung, n. Art. 271, Ziffer 1 d. allgem. deutschen Handelsgesetzbuchs. Diss. gr. 8. (63 S.) Breslau 897. (Schlottor.) n. 1. —

Buhl, L. Die Grundsteuerbefreiungen der Rittergüter in Preussen. 8°. Jena 1844.

Buhl, L. Die Herrschaft des Geburts- und Bodenprivilegiums in Preußen. Mannheim 1844. 316 S. 8.

Buhl, L. (Hrsg.), s. Monatsschrift, Berliner.

Buhl, L., s. Theater von M. Scribe u. A.

Buhl, Ludwig

Buhl, Ldw., Andeutungen über die Noth der arbeitenden Klassen u. über die Aufgabe der Vereine zum Wohl derselben. gr. 8. Berlin 845, Springer. n. 1/6 ß

— die Bedeutung der Provinzialstände in Preußen. gr. 8. Berlin 842, Hermes. 1/2 ß

— der Beruf der preußischen Presse. gr. 8. Berlin 842, Klemann. 1/6 ß

— s. L. Blanc, Geschichte d. 10 Jahre 1830—1840. — Senancour, Obermann.

Buhl, Ludwig [Anm.]
s. Casanova, Giacomo: Memoiren ... 1850-51.

Buhl, Ludw., Choralmelodieen- u. Gesangbuch f. evangelische Schulen unter Berücksichtigung der Erlasse des Ministers der geistlichen u. s. w. Angelegenheiten vom 12. VII. 1897 u. 9. IV. 1898. 8. (VIII, 136 S.) Minden (900). J. C. C. Bruns. n. —30; kart n. —40

Buhl, Ludwig: Zehn Festreden zur Geburtstagsfeier ..., s. a. Festreden, Zehn, zur Geburtstagsfeier.

Buhl, Ludw., 10 Festreden z. Geburtstagsfeier Kaiser Wilhelms II. i. d. Schule. Hrsg. v. B. gr. 8. (64 S.) Minden 895. A. Hufeland's Verl. n. 1.—

— 10 Festreden zur Geburtstagsfeier Kaiser Wilhelms II. in der Schule. Mit e. vollständig ausgeführten Feier, bestehend aus Liedern, Ansprache u. Deklamation. 2., verb. Aufl. gr. 8. (67 S.) Minden 900. A. Hufeland. n. 1.—

Buhl, Ludw., 10 Festreden zur Geburtstagsfeier Kaiser Wilhelms II. in der Schule. Mit e. vollständig ausgeführten Feier, bestehend aus Liedern, Ansprache u. Deklamation. 3. verb. Aufl. (63 S.) gr. 8. Minden 904. A. Hufeland. n. 1.—

Buhl, Ludw.: 10 Festreden z. Geburtstagsfeier Kaiser Wilhelms II. in d. Schule. 4. Afl. (63) gr8° Mind., A Hufeland '08. 1—d

Buhl, Ludw., 10 Festreden zur Geburtstagsfeier Kaiser Wilhelms II. in der Schule. Mit e. vollständig ausgeführten Feier, bestehend aus Liedern, Ansprache u. Deklamationen. 5. durchgeseh. Aufl. (62 S.) gr. 8. Minden 910. A. Hufeland. 1.—

— dasselbe. 2. Sammlg. (67 S.) gr. 8. Ebd. 911. 1.—

—— Fragen d. innern Politik u. Verwaltung. gr. 8. (5 1/4 B.) Zürich 843. [Leipzig, Verlags-Bureau.]

— die Gemeinde-Verfassung der östlichen Provinzen des preuß. Staates und der Rheinprovinz. gr. 8. Leipzig 846, G. Mayer. 1/2 ß

Buhl, Ludw., Geschichte des Preuß. Staats u. Volks vom Tode Friedrichs des Gr. bis zum Schluß d. ersten Vereinigten Landtages. 1—3. Lfg. gr. 8. (I. Bd. S. 1—144.) Magdeburg 848, Fabricius. (à n. 1/6 ß) n. 1/2 ß

—— und A. Zenetti, das pathologische Institut der k. Universität München. Fol. (8 S. mit 8 Stnt.) München 875, Th. Ackermann. *
Aus: Zeitschrift des bayer. Architekten- und Ingenieur-Vereins, besonders abgedruckt.

BUHL, Ludwig (München): Die Keimhaut. Ihre Veranlage, Entstehung und erste Metamorphose, ihre Bedeutung und innere Wesenheit.- München: Franz 1859. 40 S. 22.6.1859 - Urk (Titel: De plastodermate.); F 64 Diss. Ingolst.-Landsh.-Mchn.

Buhl, L., und C. Hecker, Klinik der Geburtskunde, s. Hecker, C.

— der erste Vereinigte Landtag, seine Stellung, Thätigkeit u. Resultate. gr. 8. (203 S.) Halle 848, (Braunschweig) Schwetschke u. Sohn. 1 ß

— neuer Liederkranz, s.: Glaentzer.

—— Lungenentzündung, Tuberkulose und Schwindsucht. Zwölf Briefe an einen Freund. 1. Aufl. (V, 164 S.) 872. * ℳ 3., und 2. verb. Aufl. gr. 8. (VI, 169 S.) München 874, Oldenbourg.

Buhl, L. v., s. Mittheilungen aus dem pathologischen Institute zu München.

—— der Patriot. Inländische Fragen. 1—4. Hft. 8. (à 3 B.) Berlin 842, Hermes. à

Inhalt:

Hft. 1. Das alte Preußenthum. Die Volksschule als Staatsanstalt. Religiöse Caricaturen. Kleiner Krieg.
" 2. Was ist der christliche Staat? Die gesetzliche Stellung der Juden in Preußen. Kleiner Krieg.
" 3. Die provinzialständ. Ausschüsse. Privat-Unterricht, Privat- u. Parochial-Schulen. Andeutungen über die Zweckmäßigkeit einer Ablösung der Grundsteuern in Preußen. Kleiner Krieg.
" 4. Das berliner Armenwesen. Die Besoldungs- u. Einkommens-Verhältnisse der preuß. Post-Beamten. Ein Wort über Universitäten. Ueber den preuß. Haupt-Finanz-Etat für 1841. Kleiner Krieg.

Buhl, L., über die Stellung und Bedeutung der pathologischen Anatomie. Festrede vorgetragen in der k. Akademie der Wissenschaften zu München am 28. Novbr. 1863 zur Feier des Geburtsfestes Sr. Maj. des Königs. gr. 4. (15 S.) München 863, (Franz.) *

Buhl, Ludw. v., s.: Ueber die Aetiologie d. Typhus.

—— die Verfassungsfrage in Preußen nach ihrem geschichtl. Verlaufe. Lex.-8. (6 B.) Zürich u. Winterthur 842. [Leipzig, Verlags-Bureau.] —
Aus: Deutsches Staatsarchiv von Buddeus, 3. Bd. besond. abgedruckt.

Buhl, L., s.: Zeitschrift f. Biologie.

Buhl, Paul, Orgelbegleitung zu dem katholischen Gesangbuche f. das Bist. Ermland, s.: Commer, Frz.

Buhl, Rob., moderne Behandlung der Psoasabscesse. Inaugural-Dissertation. 8. (26 S.) München 885, (Ernst.) *

Bühl (Schlagwort)

— s. a.: Baden. Karte. — Deutschland. Kürschner-Pelp.

Bühl. Müller, Fl., Schulwandkarte der Amtsbezirke Bühl u. Baden. 1:33,333. Baden-Baden 888. Sommermeyer. Aufgezogen u. m. Stäben n. 9.—

Bühl. Spitz, Engelb., Schulkärtchen vom Amtsbez. Bühl. 1:100,000. 2. Aufl. 24 × 31 cm. Farbdr. Mit Text auf der Rückseite. Baden-Baden (900). Selbstverlag. n.n. — 15

Bühl (Verfasser)

Bühl, Briefbuch. 8. Zürich, Geßner. 796.

Buehl, Adolf

— Rud. Flemming, Fleischmann u. Schwander, die heutigen Anforderungen an die öffentliche Armenpflege, s.: Schriften des deutschen Vereins f. Armenpflege u. Wohltätigkeit.

Buehl, Arbeitseinrichtungen f. Zwecke der offenen Armenpflege, s.a. Schriften des deutschen Vereins f. Armenpflege. 43. Hft.

Arbeitseinrichtungen für Zwecke der offenen Armenpflege. Von Dr. [Adolf] Buehl, Dir. in Hamburg. *Leipzig: Duncker & Humblot 1899.* (72 S.) 8° [F.]
= Schriften d. deutschen Vereins f. Armenpfl. u. Wohlthät. H. 43,[illegible]

— u. Frz. Curt Rhard. Eschle, die geschlossene Armenpflege, s.a. Schriften des deutschen Vereins f. Armenpflege u. Wohltätigkeit.

Die geschloßene Armenpflege. Berichte von Dr. Adolf Buehl, Dir. in Hamburg, u. Dr. Franz Curt Reinhard Eschle, Dir. zu Sinsheim. *Leipzig: Duncker & Humblot 1903.* (138 S.) 8° [F.]
— Schriften d. deutschen Vereins f. Armenpflege u. Wohltätigkeit. H. 65.

Buehl, Adf., das Armenwesen, s.a. Handbuch der Hygiene. IV.

Buehl, Das Armenwesen. Lex.-8°. Jena, G. Fischer, 1904. (Aus: Handb. der Hygiene, hrsg. v. Weyl, IV. Suppl.-Bd.)

— die einheitliche Gestaltung der Armen-Finanzstatistik, s.a. Schriften d. deutschen Vereins f. Armenpflege. 48. Hft.

Die einheitliche Gestaltung der Armen-Finanzstatistik. Von Dr. [Adolf] Buehl, Dir. d. Armenwesens in Hamburg. *Leipzig: Duncker & Humblot 1900.* (39 S.) 8° [F.]
— Schriften d. deutschen Vereins f. Armenpflege u. Wohlthätigkeit. H. 48,[illegible]

Bühl, Frdr., die erfolgreiche Bekämpfung der Tuberkulose (Lungenschwindsucht) durch Genuß v. Kuh- u. Ziegen-Milch. Bearb. auf Grund eigener Erfahrgn. gr. 8. (24 S.) Stuttgart (Hauptstätterstr. 106 B I) (902). Selbstverlag. n. — 50

— die Lampe des Cajus od.: Gottes Wege sind wunderbar, s.: Dilettantenbühne, kathol.

Bühl, Jh. Sam., († d. 22. April 1804.) s.a. 1) Abschaffung d. Huth.

Abschaffung der Huth, Trift und Brache in den Sachsen-Coburgischen Landen, . . . Coburg 1785. V: *Bühl, Joh. Sam.* (KY) (MGT)

Bühl, Jh. Sam, s. Unterrichte v. Kleebau.

Bühl, Josef: Die religiösen Gefühle. S. 3—31. 8.
Progr. K. k. Staats-Ober-Gymn. *Mies* 1909.

Bühl Josef: Unser Gruß an den hochwürdigsten Oberhirten (Gedicht). 1. Duppau 00. Progr.

Bühl, Jos.: Das Licht d. wahren Relig. Apologet. Handbüchl. f. gebildete Katholiken, besond. f. d. Abiturienten d. höh. Lehranst. (206) 16° Warnsd., A Opitz ('12). — 40 d

— Die Modegötzen d. Unglaubens, s: Volksaufklärung.

Bühl Josef: Unser neuer Oberhirt. 4. Duppau 00. Progr.

Buehl, Karl Albert

[F.] Fahrradtouren am Mittelrhein und in der Umgebung von Coblenz, zsgest. v. C[arl] A[lbert] Buehl. *Coblenz: Ch. Dommershausen [1898].* (2 Bl., 40 S.) 1 Bl. 8.

Buehl, C. A., Fahrradtouren am Mittelrhein u. i. d. Umgebg. v. Coblenz. gr. 16. (III, 40 S.) Coblenz 898. (W. Groos.) n. — 85

Bühl, Konr., s. Gesangbuch, christl.

Bühl, L. (Hrsg.), s. Monatsschrift, Berliner.

Buehl, W. A.

Zur Weihe des Hauses [der Loge „die vereinigten Freunde an der Nahe" in Kreuznach]. 6. September 1863. [Unterz.:] W. A. **Buehl** sen. [Leipzig 1863: Bär & Hermann.] 1 Bl. 8°. [Kopftit.]

Bühl, Wlh. Ad., Beiträge zur Kenntniß der altpreuß. Justizeinrichtungen und Gerichtsverfassung und dessen, was Noth thut. gr. 12. Leipzig 843, B. Hermann. 2/3 ß

Bühl, W. A., Handbuch für Gerichtsboten u. Executoren in den Preuß. Staaten, z. Gebrauche bei Ausübung ihres Amtes. gr. 8. Essen 826. Bädeker. 8 gr

— über die Instruktion des Civil-Processes auf mündliches Vorbringen der Partcien, mit besond. Hinsicht auf die Preuß. Proceßordnung. 8. Hamm 831. Wundermann. 14 gr

Buehlau, A. F.. de synaxibus sacrorum causa institutis. Servestae 1718. 4.

Buhle, A. C. Schicksale der Stadt Halle 1813—14. 8. Halle 1815. 1,15.

Buhle, Bernhard Friedrich (Harzgerode/Anhalt). De fundamentorum definiendi causas matrimoniales hactenus receptorum insufficientia. Diss. jur. Präs. Christian Thomasius. Halle (Chph. Salfeld) 14. V. 1698. 52 S. (5.—) 4653

—. — Dasselbe. Von Unzulänglichkeit der bisher üblich gewesenen Grund-Sätze die Ehe-Sachen zu beschreiben. Halle (Chn. Ludw. Sympher) 1740. 80 S. (5.—) 4654

Buhle, C. A., s. Luther u. Ph. Melanchtons Leben.

— Reisen d. Müllerschen Familie. 8. Ebend. 808.

— Reisen durch d. vereinigten Staaten von Amerika. 3 Thle in 2 Bdn. 8. Nürnb. Raspe. 808. (1r Bd. od. 1r u. 2r Thl. 20 gr. 2r Bd. od. 3r Thl. 20 gr.). (a. unt. d. Tit.: Erhol. f. d. gebildete Jugend. 3 Thle.).

— Unterhalt. aus d. Mythologie f. die Jugend, m. Zinnfig. 3 Liefer. 8. Halle, Renger. 804—9. (à 1 Thlr. 9 gr.)

Buhle, Chr. Adm. Ad., ABC-Buch f. Knaben u. Mädchen, mit Kpf. 8. Halle 810.

— Anleit. z. Naturgeschichte für Schulen. 1 Thl. m. K. 8. Ebend. 803.

— s. Bilderbuch, naturhistor.

Buhle, Chrst. Adm. Ado., die Eier d. Vögel Deutschlands, s. 8. Bd. Naumann, J. F.

— Erzählungen aus d. Mythologie, f. d. Jugend. 3 Lieferr. Mit 1 Kistch. Zinnfiguren. 8. Halle 804—9. Renger. 4 ß 12 gr

—— die schädliche Feldmaus. Naturgeschichte derselben und die besten Mittel zu ihrer Vertilgung. 2. Ausg., verm. mit der Naturgeschichte der Wasserratte und die Mittel zur Vertilgung derselben. Mit Ttlkpfr. 8. (4 B.) Leipzig 835. C. Klein.

— das Fischbuch, oder Beschreib. u. Abbild. mehrerer in- u. ausländ. Fische. Mit Kpf. 8. Halle 812. 12 gr.

— die wichtigsten d. deutschen Giftpflanzen ꝛc. M. 16 ill. Kpf. gr. Fol. Köthen 804. Aue. 1 Thlr. Commentar dazu. 828. 8 gr.

— Handbuch d. Naturgeschichte d. Thierreichs für d. obern Klassen ꝛc. Mit 5 Kpft. gr. 8. Halle 804. Renger. 1 Thlr.

— Handbuch der Naturgeschichte des Thierreichs, hauptsächlich f. Schulen u. alle Diejenigen, welche sich in kurzer Zeit einen Ueberblick desselben zu verschaffen wünschen. 2e Ausg. Mit 5 ill. Kpfrtaf. 8. Merseb. 834. (Leipzig, Drobisch.) 1 Thlr.

Buhle, Chr. Adm. Ado., Handbuch d. Naturgeschichte d. Thierreichs, hauptsächl. f. Schulen u. alle Diejen., welche sich in kurzer Zeit e. Ueberblick dess. zu verschaffen wünschen. 2. Ausg. 8. (29 B., 5 Kpfrt. in 4. u. Ttlvign.) Merseburg 834, Weidemann.

Buhle, Chr. Adph., die Haus- und Stubenvögel in ökonomischer und technischer Hinsicht. Ein Hand- und Hülfsbuch für Jedermann, besonders für Stadt- und Landwirthe. 2. (Titel-)Aufl. 6 Hefte. Mit ill. Stnt. nach Zeichnungen von Fr. Naumann. gr. 8. Halle (845)60. 61, Heynemann. à Heft 7½ Ngr. Thlr.

Inhalt:

- Heft 1. Der gemeine Schwan und seine Verwandten. Ihre Naturgeschichte, Zucht, Wartung und Pflege, so wie ökonom. techn. Benutzung. Nebst einer allgemeinen Einleitung in die Naturgeschichte der Vögel. (56 S. mit 1 ill. Stnt.)
- „ 2. Die gemeine Gans und Ente nebst ihren Verwandten. Ihre Naturgeschichte, Zucht, Wartung ꝛc. (67 S. mit 1 ill. Stnt.)
- „ 3. Der gemeine Pfau, das Truthuhn und Perlhuhn nebst ihren Verwandten. Ihre Naturgeschichte, Zucht, Wartung ꝛc. (70 S.)
- „ 4. Das Haus-Huhn nebst seinen Verwandten. Ihre Naturgeschichte. Zucht, Wartung ꝛc. (67 S.)
- „ 5. Die Tauben nebst ihren Verwandten. Ihre Naturgeschichte, Zucht, Wartung und Pflege, so wie ökonom. techn. Benutzung. (IV und 106 S.)
- „ 6. Die Stubenvögel nebst Angabe derjenigen, welche man aus verschiedenen Rücksichten zu halten pflegt. (VII und 135 S.)

— kleines Jagdspiel; nebst Anleit. zum Spiel. Halle 802. (Renger). 12 gr.

— neues Jagdspiel, f. d. Jugend. M. e. Kästchen mit 38 Zinnfig. u. Beschr. d. Holzes, d. Jagd ꝛc. 8. Halle 802. (Renger). 1 Thlr. 12 gr.

— neues Jagdspiel für d. Jug. nebst 1 Kästchen m. Zinnfig. u. Beschreib. d. Holzes, d. Jagd. ꝛc. 8. Halle, Renger. 804.

— Lectionsplan, zur Eintragung d. wöchentl. Arbeits- u. Erholungsstunden. Nebst Anleit. zum Gebrauch. Leipz. 811. Gr. Klein. 2 gr. ill. 3 gr.

—— der Maulwurf. Naturgesch. dess. u. d. best. Mittel zu seiner Vertilgung. M. 8 lith. Taf. Abbildn. verschied. Fallen ꝛc. 1. Aufl. (5 B.) 829., 2., verm. A. (6 B. u. 1 Taf. in gr. 4.) 8. Leipzig 835, Klein. à

Daraus abgedruckt:

—— die Maulwurfsgrille. 8. (1¼ B.) Leipzig 835, Klein.

— Naturgeschichte des Hamsters, nebst Angabe mehrerer Mittel zu seiner Verminderung. M. K. 8. Leipzig, Hartmann. 821.

— Naturgeschichte des Hamsters; nebst Angabe mehrerer Mittel zu sr. Verminderung. M. 2 Kpf. 8. Leipz. 821. (Lehnhold). 10 gr.

Buhle, Chrst. Adm. Ado., Naturgeschichte d. domesticirten Thiere in ökonom. u. technischer Hinsicht. Ein Hand- u. Hülfsbuch f. Jedermann, besonders f. Stadt- u. Landwirthe. 6 Hfte. gr. 8. Halle, Heynemann.

A. u. d. Ttln.:

- Hft. 1. Der gemeine Schwan u. seine Verwandten. Ihre Naturgeschichte, Zucht, Wartung u. Pflege, sowie ökonomische technische Benutzung. Nebst einer allgem. Einleit. in d. Naturgeschichte d. Vögel. (3½ B. u. 1 col. Taf.) 842. 10 Ngr.
- „ 2. Die gemeine Gans u. Ente nebst ihren Verwandten. Ihre Naturgeschichte ꝛc. (4¼ B. u. 1 col. Taf.) 842. 10 Ngr.
- „ 3. Der gemeine Pfau, das Truthuhn u. Perlhuhn. Ihre Naturgeschichte, Zucht, Wartung u. Pflege, sowie ökonom.-techn. Benutzung. (4½ B. u. 1 col. Taf.) 843. 10 Ngr.
- „ 4. Das Haus-Huhn nebst seinen Verwandten. (4¼ B. u. 1 col. Taf.) 843. 10 Ngr.
- „ 5. Die Tauben nebst ihren Verwandten. (7 B. u. 1 col. Taf.) 844. 12½ Ngr.
- „ 6. Die Stubenvögel nebst Angabe derjenigen, welche man aus verschied. Rücksichten zu halten pflegt. (9 B. u. 1 col. Taf.) 845. 15 Ngr.

— dass. 5. Hft. Die Tauben nebst ihren Verwandten. Nebst 1 color. Taf. gr. 8. Ebend. 845. 5/12 Thlr.

—— Naturgeschichte in getreuen Abbildn. — Vögel, s. a. 8. Bd.: Naturgeschichte ꝛc.

Buhle C. A.: Naturgeschichte d. domesticirten Vögel in ökonom. u. techn. Hinsicht. Halle 1845. (498) S. 6 kol. Tvl.
(O. m. særsk. Tit. og Pag. i 6 H. 1842-45. — 1. Einleitung, der Schwan; 2. Die Gans u. Ente; 3. Der Pfau, das Truthuhn u. Perlhuhn; 4. Das Haus-Huhn; 5. Die Tauben; 6 se 494).

— Raupen- u. Schmetterlings-Kalender der deutschen bis jetzt bekannten Falter nach Ochsenheimer u. Treitschke, nebst Vorwort u. Einleit. Mit 1 color. Tafel. 4. Leipzig 837. Fischer u. Fuchs. Subscr.-Pr. ⅔ Thlr.

—— Raupen- u. Schmetterlings-Kalender d. deutschen bis jetzt bekannten Falter nach Ochsenheimer u. Treitschke, nebst Vorw. u. Einleit. M. 1 col. Taf. 4. (10⅓ B.) Leipzig 837, [Serigsche Buchh.; Schulz.]

— einige d. vorzügl. Regeln d. 4 Species in unbenannten u. benannten Zahlen. Als Anh. zu sr. tabell. Uebersicht. 8. Halle 804.

— Schicksale u. fröhliche Ereignisse d. Stadt Halle v. Sept. 1813 bis 14. Mit 1 Kpft. 8. Halle 815. Reinicke. 9 gr.

Buhle, C. A., Schicksale u. fröhl. Ereignisse d. Stadt Halle 1813 u. 14. Halle, Ruff. 815.

Buhle C. A.: Die Stubenvögel ... Halle 1845. 135 S. 1 kol. Tvl.
(=: Naturgeschichte d. domesticirten Vögel ... H. 6, Fællestitelbl. mgl.). 492.

— die Tag- u. Abendschmetterlinge Europas nach dem von Treitschke neu aufgestellten Systeme bearb. u. mit den nöthigen Abbildd. versehen. 4 Lfrgg. Mit 6 color. Taf. 4. Leipzig 837. Fischer u. Fuchs. 2 Thlr.

—— die Tag- u. Abendschmetterlinge Europa's nach d. von Treitschke neu aufgestellt. Systeme bearb. u. mit d. nöthigen Abbildn. vers. 4 Lfg. M. 6 col. Taf. 4. (14⅓ B.) Leipzig 837, Serigsche Buchh.; Schulz.]

— tabellar. Uebersicht d. übl. Münzen, Maaße u. Zahlenbenennungen; nebst e. Tabelle. 8. Halle 804. Hendel. 8 gr. Die Tabelle apart 2 gr.

— Unterhalt. aus d. Naturgesch. f. d. Jug. m. Zinnfigur. 4 Liefer. 8. Ebend. 804—9. (à 1 Thlr. 12 gr.)

— belehr. u. nützl. Unterhaltungen aus d. 4 ersten Klassen des Thierreichs für d. Jugend m. Zinnfigur. 8. Ebend. 804.

— belehr. u. nützl. Unterhaltungen aus d. vier ersten Klassen d. Thierreichs, f. d. Jugend. Mit 95 Zinnfig. 4 Lieferr. 8. Halle 805—8. (Renger). (à 1 Thlr. 12 gr.) 6 Thlr.

— Versuch e. Naturgeschichte der schädl. Feldmaus. M. 1 Kpf. 8. Leipz. 819. Klein. 6 gr.

—— die Wasserratte. Naturgesch. dies. Garten-, Feld- u. Wiesenfeindes, nebst Mitteln zur Vertilgung. 8. (1⅓ B.) Leipzig 835, C. Klein.

Buhle, Christian August: Ausführliche A b h a n d l u n g über die Entstehung und Heilung veralteter Geschwüre an den untern Gliedmaßen des menschlichen Körpers. Braunschweig: Schröder 1790. 72 S. 8°

– dasselbe , s. a. A b h a n d l u n g über Geschwüre.

Buhle, Christian August: B e m e r k u n g e n über verschiedene wichtige Gegenstände der Wundarzneykunst practisch erl. St. (1.) 2. Braunschweig & Hildesheim: Schröder 1782-86. 1 Bd. 8°. (St.1:) 1782. St. 2: 1786.

– dasselbe, s. a. B e m e r k u n g e n über Gegenstände der Wundarzneikunst.

Buhle, Edward: Die Blasinstrumente in den Miniaturen des frühen Mittelalters. *Leipzig 1903: Breitkopf & Härtel.* (110 S.) 8°
Leipzig, Phil. Diss. v. 1903

Die musikalischen Instrumente in den Miniaturen d. frühen Mittelalters. Ein Beitrag z. Gesch. d. Musikinstrumente. Von Edward Buhle. 1. *Leipzig: Breitkopf & Härtel 1903.* 8° [03. 1903]

Buhle, J. F., s. B u h l e , Johann Gottlieb

Buhle, Johann Gottlieb

— s. Abhandl. d. philos. Gesellschaft zu Edinburg.

Bühle, Jh. Gli., († d. 11. Aug. 1821.) Ankündigung u. Empfehlung öffentl. logischsprakt. Uebungen u. philosoph. Disputationen rc. 8. Götting. 797. Dieterich. 2 ggr

Buhle, Johann Gottlieb, s. A r a t u s.

Buhle, Johann Gottlieb (Hrsg.), s. A r i s t o t e l e s : Über die Kunst der Poesie.

Buhle, Johann Gottlieb, s. A r i s t o t e l e s : Opera

Buhle, Johann Gottlieb (Bearb.), s. A r i s t o t e l e s : Über die Poesie.

Buhle, Johann Gottlieb, s. De a r t e poetica.

— Bemerkk. über den histor. Gebrauch d. Quellen z. ält. Geschichte der Kultur bei den Keltischen u. Scandinav. Völkern. 8. Götting. 788.

— Calendarium Palaestinae oeconomicum. 4 maj. Götting. 785. Vandenhöck et R.; auch Dieterich. 6 ggr

— de distributione librorum Aristotelis in exotericos etc. 8 maj. Götting. 786. Dieterich. 4 ggr

— Einleit. in d. allgem. Logik u. Kritik d. reinen Vernunft. 8. Götting. 795. Vandenhöck u. R. 16 ggr

— Entwurf e. Transcendentalphilosophie. gr. 8. Götting. 798. Brose. 1 rthl Hbg. Pr. 12 ggr

Buhle, J. F., Epistolae ad J. J. Eschenburg, accedunt observat. criticae de C. Taciti stilo adversus J. Hill. 8maj. Braunschweig, Vieweg. 817.

— Epistolae ad J. J. Eschenburg. Accedunt observat. crit. de C. Taciti stilo adversus J. Hill. 8 maj. Braunschw. 818. Vieweg. 8 ggr

Buhle, J. G., Dissertatio de fabula Satyrica Graecorum. Götting. 787. 4.

— Geschichte d. philosoph.-menschl. Verstandes. 1r Thl. gr. 8. Lemgo 793. Meyer. 20 ggr

— Geschichte d. neuern Philosophie seit Wiederherstell. d. Wissenschaften. 6 Bde. gr. 8. Götting. 800—805. Röwer. 17 rthl 12 ggr (A. u. d. T.: Gesch. d. Künste u. Wissensch. 6e Abtheil.)

— Grundzüge e. allgem. Encyklopädie d. Wissenschaften. 8. Lemgo 790. Meyer. 12 ggr

— Ideen z. Rechtswissenschaft, Moral u. Politik. 1e Samml. gr. 8. Götting. 799. Vandenhöck u. R. 10 ggr

Buhle, J. G.: Ideen z. Rechtswissensch., Moral u. Politik. 1., 2. Samml. *Gött.*, Vandenhöck u. Ruprecht. 799. 800. gr. 8. (10 Gr.)

Buhle, Joh. Gottlieb (Hrsg.), s.a. J o u r n a l der schönen Künste.

— Journal d. schönen Künste. 3 Hfte. 8. Moskau 807.

— Lehrbuch d. Geschichte d. Philosophie. 8 Thle. Mit Register. 8. Götting. 796—804. Vandenhöck u. R. 12 rthl 12 ggr

— Lehrbuch des Naturrechts. 8. Götting. 798. Röwer. 1 rthl

Buhle, Johann Gottlieb, s. M i c h a e l i s literar. Briefwechsel.

— Götting. Museum, s. Museum, Göttinger.

J. Gli. Buhle's u. F. Bouterwek's philosoph. Museum. *Gött.*, Dieterich. 798-99. 2 Bde. 8° 2 rthl

Buhle, J. G., Observationes criticae de Taciti stilo adversus J. Hill. Brunsv. 817. 8. 8 gr.

— novum omnium operum Aristotelis, impensis Soc. Bip. propediem evulgandam, indicit. 4. Götting. 790.

— comment. de ortu et progressu Partheismi inde et Xenophane Colophonio primo ejus auctore usque ad Spinozam. 4 maj. Götting. 790.

— Sextus Empirikus, od. üb. d. Skepticismus d. Griechen. 1r Bd. gr. 8. Lemgo 801. Meyer. 1 rthl 4 ggr

— Untersuchung über die Hausgötter des Röm. Volks, die Aeneas d. Sage nach aus Latium mitgebracht haben soll. 4. Mosk. 805.

Buhle, Dr. J. G., über Ursprung und Leben des Menschengeschlechts, und das künftige Loos nach dem Tode. Eine freye naturwissenschaftliche Ansicht. Braunschweig, Meyer. 821.

— über Ursprung u. Leben d. Menschengeschlechts, u. das künftige Loos nach dem Tode. Eine freie naturwissenschaftl. Ansicht. 8. Braunschw. 822. Meyer. 16 ggr

Ueber den Ursprung und die vornehmsten Schicksale der Orden der Rosenkreuzer und Freymaurer. Eine histor.-krit. Untersuchung von Joh. Gottlieb **Buhle.** Göttingen: Röwer 1804. XII, 418 S. 8°
Recens: AJ. 1 (1804) S. 589—623.
cf. °Hamburger Adress-Comtoir-Nachrichten vom 27. u. 31. Jan. 1802; Eleusinien d 19. Jhs. 2 (1803) S. 321—334 (A. R. v. B i ö r n e) ALZ. 1806 Nr 212.
Kl. 2688, Tt. 268. Erweiterung einer 1802 in Göttingen gehaltenen Vorlesung.

— Versuch e. krit. Gesch. d. Litt. d. Russ. Geschichte. 1r Thl. gr. 8. Moskau 810. (Braunschw., Meyer). 1 rthl 12 ggr (A. u. d. T.: Literatur d. allgem. nord. Geschichte.)

Buhle, Johann Gottlieb Gerhard. Lehrbuch d Gesch der Philos u einer krit Lit derselben ... 8v in 9. Göttingen. 1796-1804.

Buhle, Joan(nes) Carol(us) Adolph(us): De hernia obturatoria. [Praeses:] Joan[nes] Fridericus Meckel. Halae (1819): Hendel. 32 S. 8°
Halle-Wittenberg, Med. Diss. v. 14. Mai 1819
Geb. Halle a. d. S. 27. 2. 1796. V.

Buhle, K. Illustrirtes Lehrbuch d. Statspieles. Mit allen älteren u. auch neueren Spielarten. 2. verb. u. verm. Aufl. Ausg. mit demschen Kartenbildern. gr. 8. (VIII, 268 S.) Lpz. 891, Siegismund u. Volkening. 3 —; geb. 4 —
Ausg. m. französ. Kartenbildern zu gleichen Preisen.

Buhle, K., illustr. Lehrbuch d. Statspiels. 3., verb. u verm. Aufl. Ausg. m. deutschen Kartenbildern. gr. 8 (VIII, 298 S. m. 1 Taf.) Leipzig 895. E. Keil's Nachf. Geb. in Leinw. 3. —; Ausg. m. franz. Kartenbildern 3. —

Buhle, K., illustrirtes Lehrbuch d. Statspieles f. Anfänger u. Geübtere. 8. (VIII, 214 S.) Leipzig 885. Siegismund & Volkening. 1. 80; geb. n. 2. 40

Buhle, C., Leitfaden beim Unterricht im Turnen, zunächst f. d. Seminarien, Bautzen 1865, 102 S., 8°.

allgemeine deutsche Statordnung, angenommen vom 1. deutschen Stat Congreß in Altenburg. 8. (VI, 66 S.) Leipzig 886. Thomas. n. — 50

—— dass. — angenommen von den Statcongressen zu Altenburg, Leipzig und Dresden und von dem Deutschen Statverbande. 2. bericht. und ergänzte Aufl. gr. 8. (VIII, 61 S.) Ebendas. 888.

Buhle, K., allgem. deutsche Statordnung, bearb. v. B. u. angen. v. d. Statkongressen z. Altenburg, Leipzig u. Dresden. 3., verb. Aufl. 12. (80 S.) Leipzig 897. E. Keil's Nachf. n. — 50

Buhle, Karl

Buhle, Carl, Erinnerungen aus den Feldzügen von 1809 bis 1816 entlehnt aus den Papieren eines Veteranen der sächs. Armee. 8. Bautzen 844, Schlüssel. 1/2 ₰

Buhle, Carl, Erinnerungen aus den Feldzügen v. 1809—1816, entlehnt aus den Papieren eines Veteranen der sächs. Armee. 2. Aufl. 4 Hfte. Illustrirt durch (8) Lith. gr. 16. (126 S.) Löbau 848, Breyer. (à 2 ngr) 8 ngr Hierzu als Prämie 1 ill. Lith. in Fol. für 1/6 ₰

Buhle, Karl, kurzgefaßte kirchl. Geschichte Dresdens seit Einführung der Reformation unter Herzog Heinrich dem Frommen im Jahre 1539 bis auf die neueste Zeit. Nebst e. Beschreibung der am 6. Juli 1839 stattgehabten Feierlichkeiten des 300jähr. Jubelfestes. 8. Dresden 839. Waltherische Hofbuchh. n. 5/12 ₰

—— Gymnastik f. d. weibl. Jugend. Ein Leitfaden f. Aeltern u. Erzieher, sowie zum Selbstunterr. f. Jungfrauen. 8. (7 1/4 B.) Bautzen 845, Helfer.

Buhle, Carl, Gymnastik für die weibl. Jugend. Ein Leitfaden für Aeltern und Erzieher, sowie zum Selbstunterrichte für Jungfrauen. 8. Bautzen 845, Schulze'sche Buchh. 1/2 ₰

— die kleinen Gymnastiker, oder die Anfangsgründe der Gymnastik, im Gespräche eines Lehrers mit seinen Zöglingen zur Ausbildung des Körpers u. zur Unterhaltung für die Jugend. Mit 32 lithogr. Figuren. gr. 8. Meißen 840. Goedsche. 3/4 ₰

Buhle, Carol[us] Aug[ustus] Guil[elmus]: De arthrocacis tuberculosis. [Praeses:] Curtius Sprengel. Halae (1823): Hendel. 33 S. 8°
Halle-Wittenberg, Med. Diss. v. 19. Juli 1823
Geb. [Halle a. d. S. 3. 1. 1801]. [V. in Sprengel's Progr., vgl. Nr. 707]

[Buhle, Louis]: *Der Dialekt in der Krone von Heinrich von dem Türlin. 81 [vielmehr: 82] S. 2°
Halle-Wittenberg, Phil. Diss. v. 26. Febr. 1874
Geb. [Zellin (Kr. Königsberg/Neumark) 7. 4. 1849]

Buhle, M. . . . , Erholungen f. d. gebildete Jugend. 3 Thle. (1r Thl. A. u. d. T.: Reisen d. Müllerschen Familie. 808. 20 gr 2r u. 3r Thl. A. u. d. T.: Reisen durch die Vereinigten Staaten v. Nordamerika. 808. 1 ₰ 16 gr) 8. Nürnb., Bauer u. Raspe. 2 ₰ 12 gr

Buhle, Max

Buhle, M., Druckluft-Lokomotiven f. Grubenbahnen, gebaut v. der Berliner Maschinenbau-A.-G. vorm. C. Schwartzkopff in Berlin, s.a. Sammlung berg- u. hüttenmännischer Abhandlungen.

Druckluft-Lokomotiven für Grubenbahnen, gebaut von d. Berliner Maschinenbau-A.-G. vorm. L. Schwartzkopff in Berlin. Von M[ax] Buhle, Prof. Kattowitz O.-S.: Böhm 1900. 18 S. 8°
Aus: Berg- u. Hüttenmänn. Rundschau.
(Sammlung Berg- u. Hüttenmännischer Abhandlungen. H. 12.) [09. 12327]

Buhle, M., das Eisenbahn- u. Verkehrswesen auf der Industrie- u. Gewerbeausstellung zu Düsseldorf 1902. (II, 46 S. m. 220 Abbildgn. u. 2 Taf.) Imp.-4. Berlin 903. J. Springer. n. 3. —
Sonderabdruck aus: „Zeitschr. d. Ver. deut. Ingenieure".

— u. W. Pfitzner, das Eisenbahn- u. Verkehrswesen auf der Weltausstellung in St. Louis 1904. Nebst e. Anh.: Das Automobilwesen auf der Weltausstellung in St. Louis. Von W. Pfitzner. (VII, 72 u. 16 S. m. 206 Abbildgn.) 4. Berlin 905. R. Dietze. n. 3. —
Sonderabdruck aus: „Dingler's polytechn. Journal".

— Zur Frage d. Hochbehälter f. schüttbare Brennstoffe, s.a. Sammlung berg- u. hüttenmännischer Abhandlungen.

Zur Frage der Hochbehälter für schüttbare Brennstoffe. Von M[ax] Buhle, Prof. Kattowitz O.-S.: Böhm 1900. 18 S. 8°
Aus: Berg- u. Hüttenmänn. Rundschau.
(Sammlung Berg- u. Hüttenmännischer Abhandlungen. H. 10.) [09. 12325]

Buhle, M: Gurtförderer, Hochbahnkrahne und Drahtseilverladebahnen. Berlin 1902

Buhle, M: Hubmagnete u. Magnetkrane d. Maschinenfabrik Augsburg-Nürnberg, s: Sammlung berg- u. hüttenmänn. Abhandlgn.

Buhle, M., technische Hülfsmittel zur Beförderung u. Lagerung v. Sammelkörpern (Massengütern). 1. Tl. Mit 1 Taf., 563 Fig. u. 8 Textblättern. hoch 4. (X, 160 S.) Berlin 901. J. Springer. Geb. in Leinw. n. 16. —

Buhle, M., technische Hülfsmittel zur Beförderung u. Lagerung v. Sammelkörpern (Massengütern). II. u. III Tl. 4. Berlin, J. Springer. Geb. in Leinw. n. 44. —
II. Mit 2 Taf., 551 Fig. u. 8 Textblättern. (XIII, 204 S.) 904. n. 20. —
III. Mit 7 Taf., 721 Fig., 2 Textblättern u. e. Stichwörter-Verzeichnis. (XIII, 322 S.) 906. n. 24. —
Der I. Tl. Ebd. 901. geb. n. 16. - ist vergriffen.

Massentransport. Ein Hand- und Lehrbuch über Förder- u. Lagermittel für Sammelgut. Von M[ax] Buhle, Prof. Mit 895 Abb. u. 80 Zahlentaf. Stuttgart & Leipzig: Deutsche Verl.-Anst. 1908. VI, 382 S. 4°(8°) [11. 1157]

Buhle, M., Über die Rentabilität neuerer Trockenbagger. Essen-Ruhr, 1907. 5 S. mit 12 Abb.

— Spülentladg v. Zuckerrüben a. Eisenbahnwagen. [Aus: „Fördertechnik".] (8 m. Fig.) 32×25 cm. Wittenbg. A Ziemsen '12. 1 —

— Transport- u. Lagerungs-Einrichtungen f. Getreide u. Kohle. Fol. (VI, 71 S. m. 71 Abbildgn. u. 11 lith. Taf.) Berlin 899. G. Siemens. Geb. n. 10. —

Buhle, Paul, a. Schwerin i. M.: Alfred de Vignys biblische Gedichte und ihre Quellen. Ein Beitrag zur Geschichte des Romantizismus in Frankreich. Schwerin i. M. 1908: Bärensprung. (79 S.) 8°
Rostock, Phil. Fak., Ref. Zenker, Diss. v. 21. März 1908
[Geb. 17. Febr. 83 Schwerin; Wohnort: Rostock; Staatsangeh.: Mecklenburg-Schwerin; Vorbildung: Realgymn. Schwerin Reife O. 03; Studium: Rostock 2, Berlin 1, Rostock 4 S.; Rig. 19. März 08.]

Buhle, Mich., der Rekrut. Bestimmgn. üb. Wehr- u. Militärpflicht. Unentbehrl. Ratgeber f. alle Wehrpflicht., Eltern, Vormünder, Civilbehörden 2c. Vorschriften f. d. Gestellg. d. Militärpflicht. im In- u. Auslande m. Berücksicht. d. Bestimmgn. üb. Reklamationen, d. freiwill. Eintritt, d. Dienst i. d. kaiserl. Marine, d. Eintritt i. Unteroffizierschulen, Unteroffiziervorschulen u. d. Schiffsjungenabteilg. unt. gleichzeit. Ang. d. Größen- u. Gewichtsverhältn. 2c. f. d. einz. Waffengattgn., sowie d. Dienst i. d. kaiserl. Marine; u. d. z. Heeresdienst untaugl. mach. körperl. Fehler u. Gebrechen. Prakt. Nachschlagebuch f. Jedermann. N. amtl. Material zusammengest. 12. (72 S.) Heilbronn 898. O. Weber. Kart. n. — 75

Buhle, W. Das C im Lambspringer Alexius, Oxforder Roland und Londoner Brandan. Diss. Greifswald 1881. 54 S.

Buhle, Wilhelm

Briefe über Erziehung an eine junge Mutter gerichtet von Dr. W[ilhelm] Buhle. *Berlin: F. Dümmler 1901.* (220 S.) 8° [F.] [01. 340]

Buhle, W., Lehrbuch der italien. Sprache, s.: Speranza, Giovanni.

Lehrbuch der Spanischen Sprache. Ein Leitf. z. Korresp. u. Konversation. Zum Gebr. in Handels- u. kaufm. Fortbildungsschulen sowie z. Selbstunterr. bearb. von Dr. W[ilhelm] Buhle unter Mitw. von Ernesto Sánchez-Rosal. *Berlin: H. Spamer (1900).* (VIII, 110 S.) 8° [F.]
[Nebent.:] Compendio de la Lengua Española por Buhle y Sánchez-Rosal.
— Sammlung Kaufmännischer Fach- u. Lehrbücher. No 9. [00. 8333]

* BUHLEN, Das allgemeine, und Freyen Der menschlichen Hertzen, Mit Den dreyen Töchtern der Welt, Superbia, Luxuria, Avaritia.... Prag 1719. 4°. (In Berlin: Yk 2801.) (Auch in Breslau, Kgl. u. Univ.-Bibl.: Lit. Teut. II. 4°. 332.)
In moralisirenden Versen.

Buhlenberg (Schlagwort)

Buhlenberg, s.: Geologische Karten (Preussen).

Buhler, Jo. Friedrich (Halle), De turbatione jurisdictionis. Diss. jur. Präs. Joh. Fridemann Schneider. Halle (Chph. Andr. Zeitler) März 1704. 42 S. (5.—) 4656

Buhler, Karl

Buhler, Carl [cand. med. aus Oettingen]: Ueber die Verbreitung des Carcinoms im Allgemeinen und speciell in 3 im letzten Sommer-Semester an der hiesigen chirurgischen Klinik vorgekommenen Fällen. . . . Nürnberg, Druck v. J. Grobrock, 1891; 1 Bl., 43 S. 8°
Erlangen, Med. Fak., Inaug.-Diss. v. 20. Febr. 1891

Buhler, Carl Alb., Interessen-Berechnungen in Thalern zu 30 Sgr à 12 ₰ u. 30 Ngr à 10 ₰ von 1 gr bis mit 100,000 ₰ Capital zu 1/8; 1/4, 1/2, 3/4, 1, 1 1/4, 1 1/2, 1 3/4 u. s. w. bis 6 Procent auf 1 Jahr, 1—11 Monate, 1—15 u. auf 20—25 Tage. Lex.-8. Weimar 843, Voigt. 2/3 ₰

Buhler, Carl Alb., Interessen-Berechnungen in Thlrn. zu 30 Sgr. à 12 Pfge. u. 30 Ngr. à 10 Pfge. von 1 Gr. bis mit 100,000 Thlr. Capital zu 1/2, 1 1/2, 2, 3, 3 1/2, 4, 4 1/2 u. 5 Procent auf 1 Jahr, 1 bis 11 Monate und 1 bis 30 Tage. Ein unentbehrliches Hülfsmittel für Bankiers, Juristen, Capitalisten 2c. Berechnet u. garantirt. 2. ganz umgearb., verb. u. verm. Aufl. Weimar 854. Voigt. 4. (179 S.) 25 ngr

Buhler, O., d. geschlechtl.-sittl. Verhältnisse d. evang. Landbewohner i. d. thüring. Staaten, s.a. Verhältnisse, d. geschlechtl.-sittlichen 2c.

Buhler, O., Die geschlechtlich-sittlichen Verhältn. d. evang. Landbewoh. i. d. Thüringischen Staaten. (90 S.) Hann. Münden 1896. R. Werther.

Bühler, s.: Assanierung, die, v. Zürich.

v. Bühler, das Duell u. s. wissensch. Stellung im Strafrecht. Ulm 837.

Bühler, H Klose, H Vogt u. W Weygandt: Gesch. d. Erforschg u. Fürsorge d. jugendl. Schwachsinns — Psychol., Physiol. u. Anatomie d. normalen Kindes — Entwickelg d. Gehirns —Ursachen d. Schwachsinns, s: Handbuch d. Erforschg u. Fürsorge d. jugendl. Schwachsinns.

Bühler, Gesellschafts- und Verfassungskunde. Ein Wegweiser f. d. reifere Schweizerjugend. 2. verb. Aufl. 8. Bern, B. F. Haller. 1875? 2. —

Bühler, Gebrüder, Augsburger Industrie. Jahres-Bilanzen (1891—1896). Ausg.: Mai 1897. gr. 4. (V, 68 S.) Augsburg 897. Lampart & Co. n. 1. —

Bühler, v., Krieg oder Frieden? Schreiben an Herrn L. Gambetta, Präsident der französ. Kammer der Abgeordneten. gr. 8. (24 S.) Stuttgart 881. Wittwer. n. — 50

Bühler, A. Die bemalten Porzellanöfen im Kanton Graubünden vom 16.—18. Jahrhundert. In-4°, mit 6 Tafeln in Farbendruck. Zürich, Cäsar Schmidt. 1880? 7 50

Bühler, Adph., 1846—1896. 50 Jahre Kurort. Z. Gedächtniss d. Gründg. d. Bades Reichenhall. Illustr. v. Frz. Kulstrunk. 4. (40 S.) Reichenhall 896. H. Bühler. n. 1. 20

Bühler, Ad., Berchtesgaden u. seine Umgebung. gr. 16. (VI, 136 S.) Reichenhall 870. Brunnquell. n. 1. 50

Bühler, A, Berchtesgaden u. s. Umgebg. 16. (136) Reichenh. 70, Bühler. n. 1. 50

Bühler, Adph., Berchtesgaden und seine Umgebung. 4. Aufl. 8. (VIII, 152 S.) Reichenhall 877, Bühler'sche Buchh. *
geb. mit Karte *

—— Distanzkarte der Umgebungen von Reichenhall nach Prof. Dr. Oertel. 1 : 25,000. Chromolithogr. gr. Fol. Ebendas. 886. *

Bühler, Adph., Einleitung in die Weltkunde. Lehr- u. Lesebuch für die Volksschulen. München 866. Central-Schulbücher Verlag. 12. (64 S. m. Holzschn.) n. 5 ngr

Bühler, A., Führer durch das Berchtesgadener Land gr. 16. (48 S.) Reichenhall 890. Bühler. cart. n. — 60

— dasselbe. Mit Karte. Farbendr. gr. Fol. Text an den Seiten u. auf der Rückseite. Ebd. 890. n. 1. 70

Bühler, O., Führer durch Reichenhall, Salzburg und Berchtesgaden für die Kurgäste Reichenhalls. 5. Jahrg. 1865. gr. 16. (IV und 100 S. mit 1 lithogr. Karte in gr. Fol.) Salzburg 865, Mayr'sche Buchh. cart. *

Bühler, A., Führer durch Reichenhall, Salzburg u. Berchtesgaden. 14. Aufl. 8. (96 S.) Reichenhall 887. Bühler. geb. n. 2. —

—— Führer d. Reichenhall, Salzburg u. Berchtesgaden. 17. Aufl. 8. (VIII, 116 S. m. 1 Karte.) Ebd. 891. geb. * 3 —

Bühler, Adph., Führer durch Reichenhall, Salzburg u. Berchtesgaden. 18. Aufl. 12. (121 S. m. 1 Karte.) Reichenhall 894. H. Bühler. Geb. in Leinw. 3. —

— Führer durch Reichenhall, Salzburg u. Berchtesgaden. 20. Aufl. 12. (VI, 126 S. m. 2 farb. Karten.) Ebd. 898. Geb. 3. —

Bühler, Adph., Führer durch Reichenhall, Salzburg u. Berchtesgaden. 21. Aufl. 12. (VIII, 119 S. m. Titelbild u. 2 farb. Karten.) Bad Reichenhall 900. H. Bühler, Verl. Geb. 3. —

Bühler, Adph., Führer durch Reichenhall, Salzburg u. Berchtesgaden. 22. Aufl. (VIII, 151 S. m. 1 Abbildg., 1 Plan u. 1 Karte.) 8. Reichenhall 903. H. Bühler. Geb. in Leinw. n. 3. —

Bühler, Adph: Führer f. Bad Reichenhall, Berchtesgaden, Salzburg u. Lofer. 24. Afl. (6, 221 u. 7 m. Abb. u. 2 farb. Ktn.) kl8° Reichenh.. H Bühler ('12). 2 —

—— Führer durch Salzburg, den Pinzgau und das Salzkammergut incl. Gastein, Reichenhall und Berchtesgaden. 8. (VIII, 108 S.) Reichenhall 874, Bühler. *

—— das Helioskop. Universal-Orientirungsapparat für Landschaftsphotographen. br. 8. (IV, 31 S. mit eingedr. Holzschn.) Weimar 870, B. F. Voigt. *
Der Apparat. In Futteral mit Tragriemen *

Bühler, Adph., Karte von Berchtesgaden und seinen Umgebungen. 1 : 39,500. 1. Sect. [nördl. Blatt]. Chromolithogr. Imp.-Fol. Reichenhall 877. Bühler. *

Bühler, Adph. Karte d. Berchtesgadenerlandes. 1 : 100,000. Chromolithogr. gr. Fol. Reichenhall 889, Bühler. * 1 50

Bühler, Ad. Geognostische Karte der Umgebungen von Reichenhall, Salzburg und Berchtesgaden. Reichenhall.

Bühler, Adph., Karte der Giselabahn, Salzburg—Wörgl, mit den angrenzenden Theilen Tirols, des Pinzgau und Pongau. Chromolithogr. qu. gr. 4. Reichenhall 877, Bühler. *

Bühler, Ad., Karte der Umgebung von Berchtesgaden mit Angabe der Wegmarkirungen. 1 : 37,500. 2 Bl. Chromolithogr. gr. Fol. Reichenhall 888, Bühler. *

[Umschlagt.:] Karte der Umgebungen von Berchtesgaden mit Angabe d. Wegmarkirg v. **Adolph Bühler**, Kgl. Bayer. Hauptm. a. D. (Maassst. 1:39 500.) *Bad-Reichenhall: H. Bühler [1897?].* (1 Ktnbl. ?) 1 Bd quer-8. [97. 3351]

Bühler, Adph., Bad Reichenhall in den bayerischen Alpen. 8. (43 S.) Reichenhall 887, Bühler. *

—— Bad Reichenhall in d. bayer. Alpen als Soolebad, Molken- u. Luftkurort. 2. Aufl. 8. (50 S.) Ebd. 892. — 50

— **Bad Reichenhall** i. d. bayerischen Alpen als Soolebad, Molken- u. Luftkurort. (2. Aufl.) [Aus: „B. Reichenhall, 11. Aufl."] 8. (50 S.) Ebd. (894). n. — 50

—— Bad Reichenhall u. seine Umgebung. 11. Aufl. 8. (VIII, 50, 116 S. m. 1 Karte.) Ebd. 891. geb. * 3 50

— Bad Reichenhall u. seine Umgebungen. 8. Aufl. gr. 16. (IV, 302 S.) Reichenhall 871. Brunquell. geb. n. 3. 60

— Bad Reichenhall u. seine Umgebungen. 9. Aufl. Rev. 1877. Mit einer (chromo-) lith. Doppelkarte. 8. (VIII, 251 u. 96 S.) Ebend. 877. geb. n. 4. 50

— Bad Reichenhall u. seine Umgebungen. 10., umgearb. Aufl. 8. (43 u. 96 S.) Ebd. 887. geb. n. 3. 50

—— Bad Reichenhall u. seine Umgebgn. 10. Afl. 8. (139) Ebd. 89. geb. *n* 3 50

— Bad Reichenhall u. s. Umgebgn. 11. Afl. (Neue Asg.) 8° (170 m. 1 Karte.) Ebd. 94. Kart. 3.50

— Bad Reichenhall u. seine Umgebungen. 11. Aufl. (Neue Ausg. 1896.) 12. (49 u. 126 S. m. 2 farb. Karten.) Ebd. 896. Geb. n. 3. 50

—— Reichenhall, Salzburg und Berchtesgaden. Erinnerungen an das bayer. Hochland. 25 Photogr. in unveränderl. Lichtdruck nach Aufnahme von Fr. Grainer und F. Würthle. Textabdruck aus: „Bad Reichenhall und seine Umgebungen." qu. 4. (108 S. mit 25 Photogr.) Reichenhall 874, Bühler. geb. mit Goldschn. *

Reichenhall, Salzburg und Berchtesgaden aus der Vogelschau. (Von **Adolph Bühler**, k. bayr. Hauptm. a. D.) Orig. in Gouache von Fr. Kulstrunk. *Reichenhall: H. Bühler [1902].* (1 Kartenbl. 45 × 34 cm.) 8° [Umschlagt.:] Vogelschaukarte d. Umgebungen von Reichenhall, Salzburg u. Berchtesgaden [02. 1246]

— **Reichenhall-les-bains** et ses environs Salzburg et Berchtesgaden. 8. (IV, 36 S. m. Abbildgn. u. 1 farb. Plan.) Ebd. 902. n. 1. 20

— **Salzburg u. s. Fürsten.** E. Rundgang durch d. Stadt u. ihre Geschichte. 2. Aufl. 8. (V, 288 S.) Ebd. 895. Geb. in Leinwand n. 3. 50

Bühler, Adph., Salzburg u. seine Fürsten. Ein Rundgang durch die Stadt u. ihre Geschichte. 3. Aufl. (VIII, 292 S.) 8. Reichenhall 910. H. Bühler. Geb. in Leinw. 4. —

—— Salzburg, seine Monumente und seine Fürsten. Historisch-topograph. Führer durch die Stadt und ihre Umgebung. 1. Abthl., die Fürstengeschichte des Erzstiftes und die Beschreibung des linksseit. Stadttheiles enth. 8. (S. 1—184.) *M.* 3.; 2. Abthl. (S. 184—254 mit 1 lithogr. Plane in 4.) *M.* 1. Salzburg 873, Mayrische Buchh. *

Bühler, Adph., Stadtplan von Salzburg. Chromolithogr. gr. 4. Reichenhall 877, Bühler. *

Bühler, Adph., Theokrisis. Ideen über Gott und Welt zur Versöhnung des Theismus und Pantheismus. gr. 8. (VI und 258 S.) Berlin 861, Nicolai'sche Verlagsb.

—— Touristenkarte vom Pinzgau, Salzkammergut und Chiemgau. 1 : 325,000. Chromolithogr. Imp.-Fol. Ebendas. 877. *

—— Uebersichtskarte des Salzach- und Salach-Gebiets zu Ausflügen in die Umgebungen von Salzburg, Reichenhall, Berchtesgaden, Lofer und Zell am See. Chromolithogr. gr. 4. Ebendas. 877. *

— Vogelschauk. d. Umgebgn v. Reichenhall, Salzburg u. Berchtesgaden. Terrain in Gouache v. F Kulstrunk. 34×45 cm. Autotyp. Ebd. (902). 1.50

Bühler u. v. Sarwey, von den Vogesen zum Balkan 2 Bde. gr. 8. Magdeburg 890. Schaefer. n. 6. —
geb. n. 7. —
1. Bd. Von Bühler. (356 S. m. Abbildgn.)
2. Bd. Von v. Sarwey. (158 S. m. 2 Karten.)

Bühler, Albert Jacob (Würtenberg), Diss. differentias jurium in praediatoria jurisdictione nobilium der ritterschaftlichen Güter. Präs. Johann Pet. v. Ludewig. Halle (J. F. Grunert) 3. XI. 1742. 62 S. (5.—) 4516

Bühler, Andr.: Sonnenaufgang. Dichtgn. (46) 8° Lpzg, Modernes Verl.-Bureau '12. 1.50 d

Bühler, Annie. Marie Luischen's Luftfahrt. Ein modernes Märchen mit Bildern. 29 S. 4. Zürich, Polygraphisches Institut A. G., [1909]. [geb. fr. 2. —]

BÜHLER, Anton: Beiträge zur schweizerischen Forststatistik. - Bern 1887. 17 S. - (Z. f. schweiz. Statistik H. 1)

Bühler, Anton [aus Davos '(Schweiz)']: Beiträge zur Kenntnis der Eibildung beim Kaninchen und der Markstränge des Eierstockes beim Fuchs und Menschen ... M. 2 Taf. (Aus: Zeitschr. f. wiss. Zool., Bd. LVIII Heft 2.) Leipzig, W. Engelmann, 1894: 30 S., 2 Taf. 8.
Würzburg, Med. Fak., Inaug.-Diss. v. 1894

BÜHLER, Anton: Die Benützung des Bodens in Württemberg nach der Aufnahme vom Jahr 1893 bearbeitet. - Stuttgart 1901. 130 S., 1 Übersichtskt., 6 Tab., 5 Kt. - (Württemb. Jb. f. Statistik u. Landeskde. Jg. 1900, H. 1)

Bühler, Ant., s.: Blätter, neue forstliche.

Bühler (A.). Einfluss des Kohlenbergbaues auf die Forstwirthschaft. 8°. Stuttgart 1874.

Bühler, A., über den Einfluß des Mineralkohlen-Bergbaus auf die Forstwirthschaft, s.a. Monatschrift für Forst- und Jagdwesen.

BÜHLER, Anton: Über den Einfluss des Mineralkohlen-Bergbaus auf die Forstwirthschaft. Eine statistische Studie. - Stuttgart 1874. 146 S., 1 Kt. - Phil. Diss. Univ. Tübingen 1873. - (Monatsschr. f. d. Forst-u. Jagdwesen Suppl. -H. 4)

BÜHLER, Anton: Die geschichtliche Entwicklung der Waldwirtschaft. Antrittsrede. - Stuttgart 1897. - (Beil. d. Staatsanzeigers f. Württemb. Nr. 7 u. 8)

Bühler, A. Die Hagelbeschädigungen in Württemberg während der 60 Jahre. 1828--1887. (S. A.) 1890.

Handbuch d. Forstwissenschaft. In Verbind. m. A. Bühler (etc.) herausg. v. T. Lorey. 2 Bd., Bd. 1 i 2 Abth. (3 Vol.). Tübing. 1887-88. 4°. (1. Forstl. Produktionslehre. — 2. Forstl. Betriebslehre u. Forstpolitik).

Bühler, Ant., s.: Mittheilungen der schweizerischen Centralanstalt f. das forstliche Versuchswesen.

Bühler, Nutzungen im Walde, s.: Handbuch der Forstwissenschaft.

BÜHLER, Anton: Ökonomik der Waldwirtschaft. - Tübingen 1898/1899. 155 S. (Als Mskr. gedr.)

Protoplasma-Structur in Vorderhirnzellen der Eidechse. Von Dr. [Anton] Buehler in Würzburg. (Mit 3 Taf.) (Würzburg: Stahel 1895.) (44 S.) 8°
— Verhandlungen d. physikal.-medic. Gesellschaft zu Würzburg. N. F. Bd 29, [No 6.] [95. 6.45]

BÜHLER, Anton: Studien über die Baumgrenze im Hochgebirge. - Bern 1898. 20 S. - (Ber. Schweiz. Bot. Ges. Bern)

Bühler, Anton: Untersuchungen über den Bau der Nervenzellen. M. 2 lith. Taf. u. 2 Text-Abbildungen. *Würzburg 1897: Stahel.* (108 S. mit Taf.) 8° • (Aus: Verhandlungen der physikalisch-medicinischen Gesellschaft zu Würzburg, N. F. Bd 31.)
Würzburg, Med. Hab.-Schr. v. 1897

Untersuchungen über den Bau der Nervenzellen. Von Dr. med. Anton Bühler. M. 2 lith. Taf. u. 2 Text-Abb. *Würzburg: Stahel 1898.* (108 S., 2 Taf.) 8.
— Verhandlungen d. physikal.-medic. Gesellschaft zu Würzburg. N. F. Bd 31. No 8. [98. 2306]

Bühler, Ant.: Untersuchgn üb. d. Bildg v. Waldhumus, s.a. **Mitteilungen d. württemb. forstl. Versuchsanst.**

BÜHLER, Anton: Untersuchungen über die Bildung von Waldhumus. Ergebnisse der im Jahre 1906 in Stuttgart veranstalteten Humusausstellung. - Stuttgart 1910. 70 S.

BÜHLER, A.: Versuche über den Einfluß der Pflanzzeit auf das Wachstum verschiedener Holzarten. - Zürich 1895. 32 S.

— Wald u. Jagd zu Anfang d. 16. Jahrh. u. d. Entstehg d. Bauernkrieges. Rede. (28) Lex8° Tüb., JCB Mohr '11. — 80

Bühler, A., der Wald in der Culturgeschichte, s. Vorträge, öffentliche, gehalten in der Schweiz.

BÜHLER, Anton: Der Wald in der Culturgeschichte. - Basel 1885. 29 S. - (Öffentl. Vorträge, geh. i. d. Schweiz Bd. 10)

Bühler, A., der Wald in der Culturgeschichte. Vortrag. gr. 8. 29 S. Basel 1885, Schwabe. n. -- 80.

BÜHLER, Bertrand: De libro pontificali Gundecari II Eystettensis episcopi. (Titel nach der Urkunde) 10.12.1910 - Urk: Chr 1910/11,20 Diss.Ingolst.-Landsh.-Mchn.

Bühler, Chr. Fr., u. Christoph Döller, Kirchliche Männerchöre u. Choräle f. alle Festtage des Kirchenjahres, sowie f. besondere Gelegenheiten (Trauungen rc.). 2. verb. u. verm. Aufl. Hrsg. v. Frdr. Döller. (188 S.) kl. 8 Stuttgart 900. A. Auer. Geb. n. 1. —

Bühler, Christian

Bühler, Chrn., der Altkatholicismus, historisch-kritisch dargestellt. Eine von der Haager Gesellschaft zur Vertheidigung der christl. Religion gekrönte Preisschrift. gr. 8. (XI, 367 S.) Leiden 880. Brill. n.n. 6. 50

Bühler, Ch[ristian]. Geschichte der protestantischen Gemeinde in Bremgarten (Kt. Aargau). Festschrift zum Andenken an das Jubiläum des 50-jährigen Bestandes der Gemeinde am 1. Sept. 1895. Im Auftrag der Kirchgemeinde verfasst von Ch. B'.... [Mit Porträt-Tafel.] 8. Bremgarten 1897.

Bühler, Chr. Die Kachelöfen in Graubünden aus dem 16.—18. Jahrh. Zürich 1880.

Bühler, Chrn. (II.), die Kachelöfen in Graubünden aus dem XVI. — XVII. Jahrh. Eine kunst- und kulturgeschichtl. Studie. Mit 6 Farbendr.-Taf. von J. J. Hofer. Imp.-4. (II, 44 S.) Zürich 881, Schmidt. *

— Christian Friedrich Christoph, Consensus libertatis animae cum principio rationis sufficientis denuo vindicatus. Diss. philos. Präs. Gottfried Ploucquet. Tübing. (Erhard) Sept. 1754. 16 S. (4.80) 4517

Bühler, Christian Friedr. Christoph v. (Hrsg.), s. Nachmittage, Vergnügte; eine Wochenschrift.

Bühler, Christoph Albert (Resp.): De Potestate Augustissimi suppletoria, s. Breyer, Joh. Christoph Friedrich

Bühler, C., Beschreibung des ersten deutschen Schützen-Festes in Cincinnati, s. Beschreibung.

Bühler, E. C. W., die Versumpfung der Wälder mit u. ohne Torfmoor-Bildung u. die Mittel zur Wiederbestockung derselben, mit besond. Hinsicht auf d. Schwarzwald. gr. 8. Tübing. 831. Laupp. 16 kr

BÜHLER, E. C. W.: Einige Worte über die Freigebung der Privatwaldungen in Würtemberg. - Ulm 1833

Bühler, Ed., Karte von Curland u. einem Theil der angrenzend. Gouvernements Livland u. Litthauen. Imp. Fol. Lith. u. color. Berlin 848, Heymann. In 4. Carton. n. 1 1/3 Thlr

Bühler, Ed., Karte von Curland und ein Theil der angrenzenden Gouvernements Livland und Litthauen. Revid. 1880. Lithogr. und color. Imp.-Fol. [Berlin, Bichteler.] Strassburg, Schultz und Comp. (M 3.) *

Karte von Curland und einem Theil der angrenzenden Gouvernements Livland u. Litthauen ... von Ed. Bühler. *Strassburg: Strassb. Dr. u. Verlagsanst. [1900?].* (1 Kartenbl. 41×61 cm.) 8° [00. 4461]

Bühler, Edmund. Darstellung und Kritik der in der Literatur vorliegenden Untersuchungen über Schwingungen eines Trägers mit bewegter Last. Diss. Phil. [II.] Univ. Zürich. 64 S. 8. Berlin, Gebrüder Gruncrt, 1908.

v. Bühler, Edm. Karl, über das Duell und seine wissenschaftliche Stellung im Systeme des Strafrechtes, nebst Vorschlägen zu seiner legislativen Behandlung. 8. Ulm 837. Nübling. 5/8 Thlr

Bühler, Emil, kleines Lehrbuch der Photographie. Zur Selbstbelehrg. bearb. 2. Aufl. 8. (112 S. m. Abbildgn.) Braunschweig 900. F. Euler. n. 1. —
1. Aufl. (104 S. m. Abb.) Ebd. 899. n. 1. —.

Bühler, Emil: Lehrb. d. Photogr. z. Selbstbelehrg. 4. Afl. (80 m. Abb.) 8° Berl., F Euler '11. 1 — d

Bühler, Emil. (1.) Ueber ein Oxydationsprodukt von Orthoamido-m-Kresol; (2.) Ueber Amino-Naphtacridinsynthesen. Diss. Phil. Basel. 49 S. 8. Zürich, Zürcher & Furrer, 1903.

Bühler, F: Der Kampf um d. Schule, s: Handbücherei, Politische.

Bühler, F., d. Sorge f. d. vorschulpflichtige Alter, s.a. **Sammlung pädagog. Vorträge.**

Die Sorge für das vorschulpflichtige Alter. Von F. Bühler, Lehrer ... zu Basel. *Bielefeld: A. Helmich [1895].* (24 S.) 8.
— Sammlung pädagogischer Vorträge. Bd VIII. H. 11. [96. 5?3]

Bühler, FA: Filtern u. Pressen z. Trennen v. Flüssigk. u. festen Stoffen, s: Technologie, Chemische, in Einzeldarstellgn.

Bühler, Fr. v.

— Anfangsgründe zum Singen, f. Diskant u. Alt, zum Gebr. f. Anfänger. Regensb., Reitmayr jun. 12 gl

v. Bühler, Fr., theoret.-prakt. Anleit. z. Generalbaßspiel, durch Beispiele erläutert. qu. 4. Augsb. 822. Reitmayr jun. in Regensb. 16 gl Supplement. qu. 4. Ebd. 12 gl

Bühler, Franz: P a r t i t u r - R e g e l n in einem kurzen Auszuge für Anfänger. Nebst einem Anhange, wie man in alle Töne gehen könne. Von P. Gregor Bihler,...– Donauwörth: Johann Georg Brunner 1793. 8º, 27 S.

Bühler, Fridr., der Aussatz in der Schweiz. Medicinisch-histor. Studie. 3 Abthlgn. 8. Zürich, Polygraph. Institut. n. 14. —

I. (III, 72 S. m. 8 Lichtdr.-Taf.) 902. n. 6. —
II. (III, u. S. 73 - 109 m. 10 Lichtdr.-Taf.) 903. n. 4. —
III. (III, u. S. 111 - 150 m. 6 Lichtdr.-Taf.) 905. n. 4. —

Bühler, Friedrich Gustav Adolf: Ähnlichkeiten und Verschiedenheiten der Medea des Euripides, Seneca und Corneille. 22 S. Progr. Donaueschingen 1876.

Bühler, Fritz, Geschichte des Turnvereins Zweibrücken (e. V.). Ein Dankwort an die Alten — e. Mahnwort an die Jungen. Als Festschrift zur 40jähr. Jubelfeier am 7. VII. 1901 verf. gr. 8. (72 S.) Zweibrücken 901. Stuttgart (F. Lehmann). n. — 50

Bühler, Fritz, der Gornergrat u. die Walliser Alpenpässe m. geschichtlichen Notizen beschrieben. gr. 8. (107 S.) Luzern 894. (Geschw. Doleschal.) n. 1. 60

Bühler, Fritz, das Haslital u. d. neue Grimselstrasse. E. Fahrt v. Meiringen n. Göschenen. Beschreibung, Geschichte u. Sagen. gr. 8. (III, 92 S.) Luzern 895. Geschw. Doleschal. n. 1. 40; Prachtausg. m. 10 Photochromo- u. 4 Lichtdr.-Bild. n. 20. —

Bühler, F[ritz]. Rundsicht und Sonnenaufgang auf der Schynigen-Platte. Naturbetrachtung von F. B'-Wyss.... 8. Luzern im Juni 1893.

Bühler, G. C. W. v., technische u. administrative Bemerkungen üb. Eisenbahnen des west- u. nordwestl. Deutschlands, Belgiens u. des Elsasses. gr. 8. (21⅝ B., 2 Kpfrt. u. 1 Tab.) Stuttgart 846, Schweizerbart'sche Buchh.

v. Bühler, G. C. W., Sammlung ausgeführter u. zur Ausführung bestimmter Brücken-Bauten. 4 Hfte. Imp.-Fol. (Mit Steintaf.) Ulm 841, Stettin'sche Buchh. à n. 1½ ℔

— der laufende Schwamm in den Gebäuden, seine Entstehung, seine Vertilgung u. die sichersten Mittel, sein Hervorbrechen zu verhindern. Eine naturwissenschaftlich-techn. Abhandlung. gr. 8. (1⅞ B.) Stuttgart 845, Schweizerbart'sche Buchh.

Bühler, Georg

Bühler, Geo., s. Dhanapâla.

Bühler, Geo., s.: Grundriss der indo-arischen Philologie u. Altertumskunde.

— Über eine neu aufgefundene Inschrift des Königs Dharasena IV. von Valabhi (mit 1 Taf.). S. 111. 86? . . . . –.70

Separatabdruck

Bühler, G., üb. e. Inschrift d. Königs Dharasena IV. v. Valabbi. [Mit 1 Taf.] Lex.-8. (22 S.) Wien 886. Gerold's Sohn. n.n. — 70

— Eine neue Inschrift des Gurjara-Königs Dadda II. S. 114. 86? . . . . –.70

Separatabdruck

Bühler, G., eine neue Inschrift d. Gurjara-Königs Dadda II. [Aus: „Sitzungsber. d. k. Akad. d. Wiss."] Lex.-8. (43 S.) Wien 887. (Tempsky.) n.n. — 70

— Die indischen Inschriften und das Alter der indischen Kunstpoesie. S. 122/11 vgr.

Separatabdruck

Bühler, G., die indischen Inschriften u. das Alter der indischen Kunstpoesie. [Aus: „Sitzungsber. d. k. Akad. d. Wiss."] Lex.-8. (98 S.) Wien 890. (F. Tempsky.) n. 2. —

— die Tübinger Katha-Handschriften, s.: Schroeder, L. v.

— Professor Johann Kirstes Kollation des Textes der Yâjñavalkya-Smriti und Analyse der Zitate in Aparârkas Kommentare. D 42 5 . . . . –.90

Separatabdruck

— J. Kirste's Collation des Textes der Yâjñavalkya-Smriti u. Analyse der Citate in Aparârka's Commentare, hrsg. v. G. B. [Aus: „Denkschr. d. k. Akad. d. Wiss."] Imp.-4. (11 S.) Wien 893. (F. Tempsky.) n. — 90

— Zwei neue Landschenkungen des Gurjara-Fürsten Dadda-Praśântarâga IV. S. 135 8 . . –.50

Separatabdruck

— zwei neue Landschenkungen d. Gurjara-Fürsten Dadda-Praśântarâga IV. [Aus: „Sitzungsber. d. k. Akad. d. Wiss."] gr. 8. (12 S.) Wien 896. (C. Gerold's Sohn) n. — 50

— Über das Leben des Jainamönches Hemachandra, des Schülers des Devachandra aus der Vajraśâkhâ. D 37. 1. 171 . . . . 4.50

Separatabdruck

Bühler, Geo. Ueber das Leben d. Jaina-Mönches Hemachandra, d. Schülers d. Devachandra aus der Vajraśâkhâ. Imp.-4. (90 S.) Wien 889, (Tempsky). * 4 50
Aus: Denkschr. der k. Akademie der Wissenschaften, besonders abgedruckt.

— A Legend of the Jaina Stûpa at Mathurâ. S. 137/2 . . . . –.50

Separatabdruck

— a legend of the Jaina Stûpa at Mathurâ. [Aus: „Sitzungsber. d. k. Akad. d. Wiss."] gr. 8. (14 S.) Ebd. 897. n. — 50

— Leitfaden f. den Elementarkursus des Sanskrit. Mit Übungsstücken u. 2 Glossaren. Anastat. Neudr. (VIII, 171 S. m. 2 Taf.) 8. Wien [883] 908. C. Konegen. 5. —

— und Zachariae Theodor: Über das Navasâhasâṅkacharita des Dichters Padmagupta, genannt Parimala. S. 116. 88 . . . . –.80

Separatabdruck

— u. Th. Zachariae, über das Navasâhasâṅkacharita d. Padmagubta od. Parimala. [Aus: „Sitzungsber. d. k. Akad. d. Wiss".] Lex.-8. (50 S.) Ebd. 888. n. — 80

— on the origin of the Indian Brâhma alphabet. 2., revised ed. of Indian Studies, No. III. Together with two appendices on the origin of the Kharoṣṭhî alphabet and of the so-called letter-numerals of the Brâhmî. With 3 plates. gr. 8. (XIII, 124 S.) Strassburg 898. K. J. Trübner. n. 5. –

Bühler, G., the Pâiyalachchhî Nâmamâlâ of Dhanapâla. gr. 8. Göttingen 879, Vandenhoeck und Ruprecht's Verlag.

Bühler, Geo., indische Palaeographie, s.a. Grundriss d. indoarischen Philologie u. Altertumskunde.

Indische Palaeographie von circa 350 a. Chr. – circa 1300 p. Chr. v. G[eorg] Bühler. M. 17 Taf. in Mappe. [Text u. Mappe.] *Strassburg: K. J. Trübner 1896.* 8.
[Text.] (96, IV S.) [Mappe.] (17 Taf.)
= Grundriss d. indo-arischen Philologie u. Altertumskunde. Bd 1. H. 11.
196. 7086

Bühler Georg, Dr. Über eine kürzlich für die Wiener Universität erworbene Sammlung von Sanskrit- und Prakrit-Handschriften. S. 29. 93 . . . . –.30

Separatabdruck

— über eine kürzlich für die Wiener Universität erworbene Sammlung von Sanskrit- u. Prakrit-Handschriften. [Aus: „Sitzungsber. d. k. Akad. d. Wiss."] Lex.-8. (19 S.) Wien 882. Gerold's Sohn in Comm. n.n. — 50

— Über die indische Sekte der Jaina. Vortrag, gehalten in der feierlichen Sitzung der Kaiserlichen Akademie der Wissenschaften am 26. Mai 1887. F. S. 1887 . vgr.

Separatabdruck

— über die indische Secte der Jaina. Vortrag, geh. in der feierl. Sitzg. d. k. Akad. d. Wiss. am 26. Mai 1887. 8. (44 S.) Ebd. 887. n.n — 70

— Eine Sendraka-Inschrift aus Gujarat. S. 114. 217 . . . . — .40

Separatabdruck

— e. Sondraka-Inschrift aus Gujarat. [Aus: „Sitzgs.-Berichte d. k. Akad. d. Wiss".] Lex.-8. (16 S.) Ebd. 887. n. — 40

— *Indian Studies. 1. The Jagaducharita of Sarvananda, a historical romance from Gujarât.* S. 126 5 . . . . 1.80

Separatabdruck

— und Kirste Johann, Dr.: *Indian Studies. 2. Contributions to the History of the Mahâbhârata.* S. 127/12 . . . . vgr.

Separatabdruck

Bühler, G., and J. Kirste, Indian studies. I. II. [Aus: „Sitzungsber. d. k. Akad. d. Wiss.] Lex.-8. Wien 892. (F. Tempsky.) n. 3. 30

I. The Jagaḍûcharita of Sarvânanda, a historical romance from Gujarât. (74 S.) n. 1. 80

II. Contributions to the history of the Mahâbhârata. (58 S.) n. 1. 50

— *Indian Studies. 3. On the Origin of the Indian Brâhma Alphabet (with a Table).* S. 132 5 . . . . vgr.

Separatabdruck

Bühler, Geo., Indian studies. Nr. III. (Aus: „Sitzungsber. d. k. Akad. d. Wiss."] Lex.-8. Wien 895. C. Gerold's Sohn. n. 2. — (I—III.: n. 5. 30)

On the origin of the Indian Brâhma alphabet. (91 S. m. 1 Taf.)

— Das Sukritasaṁkirtana des Arisiṁha. S. 119/7 . . . . 1.—

Separatabdruck

—— Das Sukṛitasaṁkirtana d. Arisiṁha. Lex.-8. (58 S.) (Ebd.) 889. * 1 —

Vorstehende drei Schriften sind aus: Sitzungsberichte der k. Akademie der Wissenschaften, besonders abgedruckt.

—— Die geschichtlichen Teile der beiden grossen Inschriften von Baijnâth, s. XVIII. Bd. 1. Abtl. S. 417: Festgruss an Otto von Böhtlingk.

Bühler, Geo., das griechische Secundärsuffix τῆς. Ein Beitrag zur Lehre von der Wortbildung. gr. 8. (III und 43 S.) Göttingen 858, Dieterich'sche Buchh. *

Bühler, Geo., das griechische Secundärsuffix τῆς. Ein Beitrag zur Lehre von der Wortbildung. Inaug.-Dissert. Göttingen 858. (Vandenhoeck u. Ruprecht.) gr. 8. (2 Bl., 43 S.) n. 8 ngl

— Über das Zeitalter des kaśmirischen Dichters Somadeva. S. 110. 56 . . . . —.40

Separatabdruck

— über das Zeitalter d. kaśmirischen Dichters Somadeva. Lex.-8. (16 S.) Ebend. 885. n. — 40

— s.: Zeitschrift, Wiener, f. d. Kunde d. Morgenlandes.

Bühler, Gerhard. Baukunst in der Schweiz. Fasslich dargestellt für Fortbildungsschulen. [Illustriert. Gratis-Beilage zum Jahrg. 25, 1904/05, des «Fortbildungsschülers».] IV + 32 S. 8. Solothurn, C. Gassmann, [1905]. *sep.* im Buchh. fr. —. 50

Bühler, Gottfried

Bühler, Gfr., die Verjährung im Strafrecht m. besond. Berücksicht. der schweizerischen Strafgesetze. gr. 8. (83 S.) Bern 893. (Goepper & Lehmann.) n. 2. —

Bühler, Hans. Frisch und Froh. Lieder für's kleine Volk von Hans Bühler, Lehrer in Langenthal. [Mit Melodien.] 8. Im Selbstverlag [Bern, Dr. von K. J. Wyss].

1. Aufl. (16 Nrn.) II + 16 S. 1902. [fr. —. 40, pr. Dutzend fr. —. 30]

2. Aufl. [18 Nrn.] II + 16 S. 1903. [fr. —. 45, pr. Dutzend fr. —. 35]

Bühler, Heinrich, von Wyla [Kt. Zürich]: Ueber eine bisher noch nicht beachtete Form von Tuberkulose der Wirbel. Zür. Meyer u. Zeller Verl. 1846. 2 Bl., 32 S. 8°.

Zürich. Med. Diss. v. 5. Sept. 1846.

Bühler, Hnr., über Wirbeltuberkulose in einer bisher noch nicht beachteten Form, u. über den Krebs der Wirbelsäule. gr. 8. Zürich 846, Meyer u. Zeller. 12$^{3}/_{4}$ ngl

Bühler, J. Rechtliche Würdigung der gegen J. B. erhobenen Beschuldigungen betr. Theilnahme an der Tödtung des Rathsherrn Jos. Leu von Ebersoll. Luzern 1849.

Bühler, J. A., Blüthen und Früchte. Pädagogische Bilder in Briefen. 1. Serie. 8. (68 S.) Chur 862, (Kellenberger.) *

Bühler, J. A., colleczium de canzuns per chor viril. 1. fasc. 8. (56 S.) Chur 885, Rich.

Bühler, J. A., colleczium da proverbis rhaeto-romanschs. gr 8. (93 S.) Chur 888. (J. Rich.) n. 2. 50

Bühler, J. A. Colleczium da proverbis Rhaetho-Romanschs. Gr. in-8°. 93 p. Ibd. 3 —
1891?

—— Combatt dell cor, üna novelletta grischuna. gr. 8. (79 S.) (Ebd.) 889. * 1 50

Bühler, J. A., neueste Eisenbahn-, Post- u. Reisekarte v. Deutschland u. den Nachbarstaaten bis London, Genua, Warschau u. Kopenhagen. Mit genauester Angabe der Eisenbahnen, Postrouten u. Dampfschifffahrten, nebst e. Uebersichtskarte der Hauptverbindungsstrassen durch Europa. Nach den neuesten u. besten Materialien bearb. Neueste Ausg. gr. Fol. Stahlst. u. color. Stuttgart 849, Göpel. 24 ngl Auf Leinw. 1$^{1}/_{3}$ ß — Nach den neuesten u. besten Materialien bearbeitet. Imp. Fol. Kpfrst. u. col. Ebd. 852. 18 ngl Auf Leinw. 1 ß 6 ngl

— Gianin e Marinella. Una novelletta originala. gr. 8. (60 S.) Ebd. 886. n. 1. 50

— J. A. Gianin e Marinella. Una novelletta originala. Gr. in-8°. 66 p. Chur, Comm.-Verlag von Jul. Rich. 1891? 1 90

—— grammatica elementara dil lungatg rhäto-romonsch per diever dils scolars en classas superiuras dellas scolas ruralas romonschas. 1. Part. gr. 8. (VIII und 104 S.) Chur 864, Hitz.

Bühler, J. A., Romanisch-deutsche Grammatik. 8. Chur, Druck v. E. Meyer-Amarca. gbdn. 1. 15
1871?

—— L'Indian grischun, üna novelletta populara. gr. 8. (74 S.) (Ebd.) 890. * 1 50

Bühler, J. A., curta instrucziun per emprender il lungatg tudestg en scolas ruralas romonschas. 5. ed. 8. (IV, 112 S.) Chur 889. (Rich.) geb. n. 1. 40

— u. R. Gross, Karte der Eisenbahnen Deutschlands, s.: Gross, R.

— neue, gemeinnützige Post-Reise- u. Eisenbahnkarte v. Deutschland, den Niederlanden, Belgien, der Schweiz u. Theilen der angrenz. Länder bis London, Paris, Lyon, Mailand, Venedig, Pesth, Warschau, Königsberg u. Schleswig. Mit Notizen über Fahrzeit, Fahrpreis etc. auf den vorzüglichsten Eisenbahnen u. Flussdampfschifffahrten nebst Angabe der Ortsentferngn. nach deutschen Meilen, der wichtigsten Bäder u. Bezeichng. der Residenzen. Mit Benützung der neuesten u. zuverlässigsten Materialien gezeichnet u. in Stahl gestochen. Neueste berichtigte Ausg., illustr. m. 4 Vignetten, u. versehen m. e. Münzvergleichungs-Tab. in 24 u. 20 Guldenfuss u. Preuss. Courant. gr. Fol. Color. Nürnberg 849, Lotzbeck. — m. e. Verzeichniss sämmtl. Telegraphenlinien Deutschlands etc. gr. Fol. Color. (Mit 21 S. Text in gr. 12.) Ebd. 850. 1/3 ℛ

— Post- u. Reisekarte v. Deutschland u. den Nachbarstaaten bis London, Genua, Warschau u. Kopenhagen, m. genauester Angabe der Eisenbahnen u. Dampfschifffahrten, nebst e. Übersichtskarte der Hauptverbindungsstrassen durch Europa. Nach den neuesten u. besten Materialien bearb. Imp. Fol. Kupfrst. u. color. Stuttgart 852, Göpel. 18 ngr Auf Leinw. in Engl. gr. 8. Carton. 1 ℛ 6 ngr

Bühler, J. A., Post- und Reisekarte von Deutschland und den Nachbarstaaten bis London, Genua, Warschau und Kopenhagen, mit genauester Angabe der Eisenbahnen und Dampfschifffahrten, nebst einer Uebersichtskarte der Hauptverbindungsstrassen durch Europa. Nach den neuesten und besten Materialien bearb. Stuttgart, Göpel, 1854, 55. Imp.-Fol. Kupferst. u. kolor.
—, — (Neue Ausg.) Ebenda 1857.

Bühler, J. A., Post-, Reise- und Eisenbahn-Karte von Deutschland und den angränzenden Ländern bis London, Mailand, Warschau und Königsberg; mit Notizen über Fahrzeit und Fahrpreise etc. auf den vorzüglichsten Eisenbahnen und über Fluss-Dampfschifffahrten. Gez. u. in Stahl gest. 12 Aufl. Illum. Nürnberg, Lotzbeck, 1858. gr. Fol.

— Post-, Reise- u. Eisenbahn-Karte v. Mittel-Europa bis London, Havre, Tours, Toulouse, Marseille, Neapel, Cattaro, Pesth, Warschau, Tilsit, Memel, Kopenhagen u. s. w. mit in der Einfassg. dieser Karte angebrachten Notizen, welche f. die meisten u. wichtigsten Eisenbahn- u. Dampfschifffahrten die Fahrpreise, die Fahrzeit u. s. w. enthalten. Nach den neuesten u. besten Materialien gez. u. in Stahl gest. (u. color.) gr. Fol. Nürnberg 849, Renner & Co. 1/3 ℛ

Bühler, J. A., 30 zweistimmige Schullieder komponirt. 2. Aufl. 8. (32 S.) Chur 858, Hitz. *

Bühler, J G Das Kienthal im Berner Oberland. 8. Thun 1897.

Bühler, J. G., 100 Vorhängeblätter z. Unterr. im Zeichnen in Elementar-Schulen. Lith. gr. Fol. St. Gallen 841, (Scheitlin u. Zollikofer.) *

Bühler, J. L., populäre Darstellung der Gesellschafts- und Verfassungskunde, als Wegweiser für die reifere Jugend zum Verständniß der bürgerlich republikan. Verhältnisse und insbesond. der schweizer. Bundesverfassung. 8. (VIII, 199 S.) Bern 867, Haller'sche Verlagsh. *

Bühler, J. L., Gesellschafts- und Verfassungskunde, als Wegweiser für die reifere Jugend zum Verständniß der bürgerlich republikan. Verhältnisse und insbesondere der schweizer. Bundesverfassung von 1874. 2. verb. Aufl. 8. (VIII, 242 S.) Bern 875. Haller. *

Bühler, J[acob Anton]. Im Kreuze ist Heil. Ein Gebetbuch zur Verehrung des hl. Kreuzes im Sinne und Geiste der Kirche und der Heiligen. Allen frommen Verehrern des hl. Kreuzes, vorab seinen lb. Pfarrkindern und den Wallfahrern zum hl. Kreuze in Kirchberg gewidmet vom Herausgeber J. B', Pfarrer. [Mit Vignetten und 3 Tafeln.] 319 S. 8. Einsiedeln, Eberle, Kälin & Cie., 1904. [geb. fr. 1. 60]
S. 9–45: Geschichte der Entstehung der Wallfahrt zum hl. Kreuze in Kirchberg (Kt. St. Gallen).

Bühler, J[ohann] L[aurenz]. Schlüssel zu den Vorfragen des geographischen Theils zur Schweizer-Heimatkunde. (Mit einer Karte der Schweiz.) 8. Zürich 1878.

Bühler, J. L., Schweizer-Heimatkunde in 20 Bildern. Land u. Leute, Sitten u. Gebräuche, Gesetze u. Rechte. Ein vaterländischer Wegweiser für Alle, u. besonders für Fortbildungs- u. Rekrutenschulen. gr. 8. (X, 288 S.) Zürich 878. Schmidt. n. 2. 50; Schlüssel zu den Vorfragen des geograph. Theils (14 S.) n. — 20

Bühler, Joseph, von Büron, Kt. Luzern: Die Actio ad exhibendum. Luzern Meyer Dr. 1853. 56 S. 8°.
Zürich. Jur. Diss. v. 19. Aug. 1853.

Bühler, Joseph s. a Dierauer, Johannes, Vor hundert Jahren. St. Gallen 1900.

Vor hundert Jahren. Aus d. Tagebuch Joseph Bühlers von Brunnadern. 1799. (Hrsg. von Joh. Dierauer.) *St. Gallen 1900: Zollikofer.* (20 S.) 8°
— Analekten, St. Gallische. 10. [03. 1956]

Bühler, Karl, appr. Arzt aus Meckesheim ⟨Baden⟩: Beiträge zur Lehre von der Umstimmung des Sehorgans. *Straßburg: M. Du Mont Schauberg 1903.* (32 S.) 8°
Freiburg i. B., Med. Diss. v. 1903

Bühler, Karl. Ueber die Einwirkung von Kaliumsulfidlösung und Schwefelkohlenstoff auf Resorcin und α-Naphtol bei Wasserbadwärme, sowie über die Benzoylierung des schall- und dralle'schen Oxydationsproduktes des Brasilins $C^6H^3(OH)(OH)(C^8O^2H)$. Hydrierung des Spaltungsproduktes der Wessel'schen acetylierten Dicarbobase $C^{20}H^{16}N^4O$-$(COCH^3)$ und Anlagerung substituierter Phenylhydrazine an Carbodiphenylimid. Basel, 1895. Diss.

Bühler, Karl (Red.), s. Schweiz, Die.

Bühler, Karl, Dr. med., appr. Arzt: Studien über Henry Home. Bonn 1905: Jos. Bach Ww. (87 S.) 8°
Straßburg, Phil. Fak., Ref. Ziegler, Bäumker, Diss. v. 5. Nov. 1904
[Geb. 27. Mai 79 Meckesheim, Baden; Wohnort: Meckesheim; Staatsangeh.: Baden; Vorbildung: Gymn. Tauberbischofsheim Reife M. 98; Studium: Straßburg, Freiburg i. B. 1898—1904; Rig. 5. Nov. 04.]

Bühler, Karl, Dr. med. et phil.: Tatsachen und Probleme zu einer Psychologie der Denkvorgänge. I. Über Gedanken. Leipzig: W. Engelmann 1907. (69 S.) 8°
Würzburg, Phil. Fak., Hab.-Schr. v. 1907

Bühler, Carl, appr. Tierarzt: Arbeiten aus d. med. Veterinärklinik d. Univ. Giessen. Dir.: Gmeiner. Experimentelle und klinische Untersuchungen über Wert und Wirkung des Creolinlinimentes bei Ektoparasiten der Haut. Giessen 1909: v. Münchow. 80 S. 8°
Gießen, Veterinär-Med. Diss. v. 22. Dez. 1909, Ref. Geppert
[Geb. 28. Febr. 86 Ilvesheim; Wohnort: Emmendingen; Staatsangeh.: Baden; Vorbildung: Oberrealsch. Mannheim Reife Juli 05; Studium: Tierärztl. Hochschulen Stuttgart 4, Berlin 2, Stuttgart 1 S.; Rig. 5. Nov. 09.] [U 10. 1185

Bühler, Karl Friedrich

Bühler, Karl Fr., († d. 12. Juli 1807.) s. a. Criminalfälle f. Rechtskundige.

KRIMINALFÄLLE (6) für Rechtskundige und Psychologen (von *Carl Friedr. Bühler*). Frankfurt und Leipzig (Stuttgart), bei Johann Benedikt Mezler (mit Signet als Vignette). 1794. 8°.
Tit., 1 Bl. Inh., 251 S. — No. III: Geständnis eines begangenen Ehbruchs(!) aus Furcht vor dem Eid.

Bühler, C[aspar]. Kulturhistorisches über Entstehung und Entwicklung der künstlichen Fischzucht. ([Mit Beigabe:] Die Fischereizustände von einst und jetzt in Graubünden.) [Illustriert.] II + 27 S. 8. ([Schiers, Walt & Fopp,] 1904.) [fr. —. 85]

Bühler, L., Referat über Volksliteratur u. Presse. Bern 1867. Varia 165.

Bühler jüng., L., Schatzkästlein für die liebe Schweizerjugend. 3 Hefte. 8. St. Gallen 860, Scheitlin und Zollikofer.
Inhalt:
Heft 1. Kleinkinderleben. (IV und 24 S.) Einzeln 3 Ngr.
» 2. Erstes und zweites Schuljahr umfassend. Zum Memoriren in Schule und Haus. (28 S.) Einzeln 3 Ngr.
» 3. Drittes und viertes Schuljahr umfassend. Zum Memoriren in Schule und Haus. (72 S.) Einzeln 5 Ngr.

Bühler, Lina. Aus der Jugendzeit. Gedichte. 64 S. 8. Zürich, Caesar Schmidt, 1902. [fr. 1. —]

Bühler's Louis, Rundschrift. Systematische Anleitung zum Selbstunterricht und Gebrauch in Schulen, höheren Lehranstalten. qu. 4. (VIII, 24 lithogr. S.) [Berlin 880.] Leipzig, Grieben's Verlag. *

Bühler's, Louis, Rundschrift. Systemat. Anleitung zum Selbstunterricht sowie für den Gebrauch in Schulen und höheren Lehranstalten. qu. 4. Berlin 880, Regenhardt. *

Bühler's, Louis, Rundschrift. Systematische Anleitung zum Selbstunterricht und Gebrauch in Schulen, höheren Lehranstalten etc. 4. Aufl. qu. 4. (VIII, 24 S. m. Linienblatt.) Berl. 891, Regenhardt. * 1 —

Bühler's, Louis, Rundschrift. Systematische Anleitg. z. Selbstunterr. u. Gebrauch i. Schulen höh. Lehranst. etc. 7. Aufl. qu. 4. (VIII, 24 S. m. 2 Linienblättern.) Berlin 896. C. Regenhardt. n. 1.—

Bühler's, Louis, Rundschrift. Systematische Anleitung zum Selbst-Unterricht u. Gebrauch in Schulen, höh. Lehranstalten etc. 13. Aufl. (VIII, 24 S.) qu. gr. 4. Berlin (903). M. Regenhardt. n. 1.—

Buehler, Louis, Vorlegeblätter f. Maler, Firmasschreiber, Graveure, Steinmetze etc. Imp. Fol. (24 lith. Bl.) Magdeburg 852, Fabricius in Comm. 2 ₰

Bühler, Ludwig: Synthesen mit Blausäuresesquichlorhydrat. Offenbach a. M. (1908): Scherz. 34 S. 8°
Freiburg i. B., Phil. Diss. v. 1908, Ref. Gattermann
[Geb. 7. Febr. 86 Offenburg; Wohnort: Offenburg; Staatsangeb.: Baden: Vorbildung: Gymn. Offenbach a. M. Reife O. 05; Studium: Darmstadt Techn. Hochsch. 4. Freiburg i. B. 4 S.: Rig. 20. Febr. 08.] [U 09. 994

Bühler

M., Das bündner. Erb- und eheliche Güterrecht nach s. Quellen. Diss. Bern 1882. Varia 27 u. 88.

Bühler, M., u. G. Luck, Festspiel der Calvenfeier 1899. In 4 Aufzügen u. 1 Festakt. Musik v. Otto Barblan. 3. Aufl. gr. 8. (80 S.) Davos 899. (H. Richter.) n. —80

— — dasselbe. Große Ausg. m. Bildern. Lex.-8. (80 S.) Chur 900. (Stehli, Keel & Co.) n.n. 3.50

Bühler, Max: Ueber die Lymphocytose bei Basedow'scher Krankheit und bei Basedowoid. Tübingen 1910: Laupp. 35 S. 8° ¶ (Ersch. auch in: Münchener med. Wochenschrift. Jg. 57.)
Tübingen, Med. Diss. v. 24. Jan. 1910, Ref. v. Romberg
Geb. 19. Nov. 85 Ulm a. D.; Wohnort: Tübingen; Staatsangeb.: Württemberg; Vorbildung: Gymn. Ulm Reife M. 03; Studium: Tübingen 5. München 3, Tübingen 2 S.; Coll. 18. Dez. 09; Approb. 15. Jan. 10.] [U 10.4151

Bühler, M[ichael]. Die Berufsbildung des Journalisten. *Kopftitel:* Verein der Schweizerischen Presse. [Jahrbuch 1901.... Separatabdruck.] 22 S. 8. Bern, Jent & Co., 1901.

Bühler, M[ichael]. Journalistische Berufsbildung. [Bericht erstattet am:] 8. Internationaler Presskongress, Bern, Juli 1902. 8 S. 8. [Bern, H. Jent.]

Bühler, M[ichael], und Luck, G[eorg]. Festspiel zur Hundertjahrfeier der Bündner Kanton(s)schule in Chur. 1804—1904. (Musik von O[tto] Barblan.) [Textheft.] 32 S. 8. Chur, Buchdr. Bischofberger & Hotzenköcherle (*Aufdruck:* F. Schuler, ... Buchhandlung), 1904. [fr. —.50]

Bühler, M[ichael], und Luck, G[eorg]. Walthari. St. Galler Festspiel 1903 zur (*Ausg. A.:* 1903. Zur) Jahrhundertfeier der Gründung des Kantons 1803. 103 S. 8. St. Gallen 1902.
Ausg. A: Confidenz-Exemplar. (Als Manuscript gedruckt.) St. Gallen, Buchdr. der »Ostschweiz«... 1902.
Ausg. B: [Illustriert.] St. Gallen, Verlag des Kantons (*Aufdruck:* Zweifel-Weber; Buchdr. der »Ostschweiz«), 1902. [fr. 1.50]

— — Walthari, St. Galler Festspiel 1903 zur Jahrhundertfeier der Gründg. des Kantons 1803. (103 S. m. Abbildgn.) 8. St. Gallen 902. (Zweifel-Weber.) n. 1.20

Bühler, M[ichael], und Luck, G[eorg]. Walthari. St. Galler Festspiel 1903, für Männerchor, Gemischten Chor und Kinderchor, Soli, Deklamation und Orchester. Dichtung von M. Bühler und G. Luck, Bern. Kompon. von A[lbert] Meyer, St. Gallen. (Text-Buch für Konzertaufführungen bearb. [Illustriert von Richard] Schaupp.) Uraufführung ... in Bern, Konzert des Liederkranz-Frohsinn ... 28. u. 29. November [1903].... II + 46 S. 8. (Bern, Fritz Obrecht.)

Buehler, Otto, Atelier und Apparat des Photographen, s.a. Schauplatz, neuer, der Künste und Handwerke.

Buehler, O: Atelier und Apparat des Photographen. Mit Atlas. Weimar 1869 Atl. Fol.

— Führer durch Reichenhall. Salzburg und Berchtesgaden für die Kurgäste Reichenhalls. 3. Jahrg. 1865. Mit 1 Karte. kl. 8. (88 S.) Ebds. cart. 1 fl. 40 kr.

Buehler, O., Führer durch Salzburg u. das Salzkammergut, Reichenhall u. Berchtesgaden. 5. Jahrg. 1865. Salzburg, Mayr. 16. (IV, 88 S.) n. 10 ngr.

— photographisches Memorial. Recept-Taschenbuch, Elaborations- und Aufnahme-Tagebuch. 8. (240 S. mit 1 lithogr. Tab. in gr. Fol.) Salzburg 865, Mayr'sche Buchh. *

Bühler, O., photographisches Memorial. Recept-Taschenbuch, Elaborations- und Aufnahme-Tagebuch für Photographen. Sammlung von mehr als 800 der bewährtesten und besten Recepte für die nassen und trockenen Collodionverfahren und den Copirprozess etc. 2. Aufl. gr. 16. (X und 240 S. mit 2 Tab. in 4. und qu. gr. Fol.) Weimar 867, Voigt. cart.

— photogr. Memorial. Recept-Taschenbuch. 2. Aufl. 1868. Gebd. 1.44

— Sammlg. v. mehr als 300 Recepten f. d. nasse u. trockene Collodionverfahren u. d. Copirprozess. 2. Aufl. 1867. 1.44

Bühler, Ottmar: Die Zuständigk. d. Zivilgerichte gegenüb. d. Verwaltg im württemb. Recht u. ihre Entwicklg seit Anfang d. 19. Jahrh., s: Abhandlungen, Tübinger staatswissenschaftl.

Zur Erinnerung an das fünfzigste Stiftungsfest der ger.·. u. vollk.·. J. ▭ Ruprecht zu den 5 Rosen Or. Heidelberg. Seiner lieben Loge Ruprecht z. d. 5 Rosen und allen festteilnehmenden Brüdern brdlst. gewidmet von R. Bühler. [Heidelberg 1906.] 23 S. 8°
[Umschlagtit.]
Anderer Bericht in: BayrBbl. 7 (1906—1907) S. 179—186.
Festbericht von Ph. Ruebsamen, Festzeichnung von E. Ehrmann: Goethes „Vermächtnis", Tafelrede von H. Braun.

Bühler, Robert

Die Fleischschau der Schweiz, mit besond. Berücks. ihrer geschichtl. Entwicklung von Dr. med. vet. R. Bühler, Tierarzt. St. Gallen: L. Kirschner-Engler 1906. (146 S.) 8° [06. 9693

Bühler, R., die Fleischbeschau der Schweiz m. besond. Berücksicht. ihrer geschichtlichen Entwicklung. (II, 147 S.) 8. Teufen 906. St. Gallen, Scheitlin Nachf. n. 2.50

Bühler, Robert. Die Fleischschau der Schweiz, mit besonderer Berücksichtigung ihrer geschichtlichen Entwicklung (* *Ausg. A:* Entwickelung). 8. Teufen, Buchdr. G. Theurer, 1906.
Ausg. A: Diss. Vet.-Med. Univ. Zürich ... von Robert B'.... IV + 147 S. (St. Gallen, Verlag L. Kirschner-Engler.)
Ausg. B: ... von Dr. med. vet. R. B'.... II + 147 S. St. Gallen, Verlag L. Kirschner-Engler. [fr. 2.50]

Bühler, Th., Die Medea des Euripides, Seneca u. Corneille. 1876.

Bühler, P. Thomas. Dom Prosper Guéranger. Abt von Solesmes und Neubegründer des Benediktinerordens in Frankreich. Nach dem Französischen des Dom [Paul] Piolin, O.S.B. Bearbeitet von P. Th' B', O. S. B. [Mit 1 Porträt.] Separatabdruck aus: «Studien und Mitteilungen aus dem Benediktiner- und dem Cistercienser-Orden.» [Jahrg. 26, Heft 1—4.] 40 S. 8. Brünn, Druck der Benediktiner-Buchdr., 1905.

Bühler, P. Thomas. Dom Dominikus Machado, Generalabt der brasilianischen Benediktinerkongregation. Nach dem «Bulletin des Oeuvres Bénédictines au Brésil» ⟨T. 2, Nr. 15⟩ bearb. von P. Th' Bühler O.S.B., Disentis. [Mit 1 Porträt.] Separatabdruck aus «Studien und Mitteilungen [aus dem Benediktiner- und dem Cistercienser-Orden]» Jahrg. 30 [Heft 1 u. 2]. 16 S. 8. (Brünn, [Päpstliche Buchdr. der Raigerner Benediktiner 1909].)

Bühler, P. Thomas. Kardinal (Johann Baptist Franz) Pitra, O. S. B. Eine biographische Skizze nach Dom [Fernand] Cabrol's: «Histoire du Cardinal P'». [Mit 1 Porträt-Tafel.] Separatabdruck aus: «Studien und Mitteilungen aus dem Benediktiner- und dem Cistercienser-Orden». (Jahrg. 28, [Heft 1 — Jahrg. 30, Heft 2].) 98 S. 8. Brünn, Druck der Raigerner päpstl. Benediktiner-Buchdr., 1907[—1909].

Bühler, Valent., Davos in seinem Walserdialekt. Ein Beitrag zur Kenntniß dieses Hochthals und zum schweizer. Idiotikon. I. Lexikographischer Thl. [Beigabe: Wanderung durch Davos.] gr. 8. 1. Halbbd., A—S. (S. 1—138); 2. Halbbd., S—Z und Nachträge. (XLIV, S. 139—258.) Heidelberg 870. (Aarau, Sauerländer's Verlag.) à Halbbd. *M. 3. *

—— dass. — II. Synonymer Thl. 2 Hefte. gr. 8. Ebendas. *

Inhalt:
Heft 1. Uebersicht der Realia und Nachträge zum lexikograph. Thl. [Beilage: 2 Ansichten von Davos (Holzschntaf. und Tontaf.)] (S. 259—314; 1—88.) 873. *M. 2,80.
„ 2. Uebersicht der Abstracta und Details und Nachträge zum lexikograph. Thl. (XII, S. 89—362.) 875. *M. 2,80.

Bühler, Valentin, Davos in seinem Walserdialect. Ein Beitrag zur Kenntniß dieses Hochthals und zum schweizer. Idiotikon. III. Homonymer und grammatikal. Theil. 1. Halbbdchn. Mit einer lithogr. Beigabe: Das „Hirtenzeichen", sowie mit Nachträgen zum lexikograph. Theil [Kulturhistorisches], Halbbog. 47—51, und einer Chrestomathie der Bündnerdialekte [vornehmlich der Walser- und Hohenstaufendialekte]. 1. Hälfte. Halbbog. 1—4. gr. 8. (IV, 92 S.; S. 364—400; 84 S.) Heidelberg 879. (Aarau, Sauerländer's Verlagsh.) *
1. und 2. Thl. Ebendas. 1870—75. *M 11,60.

Bühler, Valentin, Davos in seinem Walserdialekt. [Der deutsche Graubündnerdialekt an demselben dargestellt.] Ein Beitrag zum schweizer. Idiotiken. IV. [1. u. Hauptsuppl.] gr. 8. Heidelberg 886. (Aarau, Sauerländer.) n. 3. — (I—III. 1. u. IV.: n. 18. 20)
Der Obersaxer Dialekt in seiner Eigenart. [Beigabe: Wanderung durch Obersaxen als historisch-topograph. Einleitg. dazu.] 1. Halbbdchn. Auf Grund v. Orig.-Mittheilgn. v. J. P. Henni u. J. Janka u. nach mehrjähr. Correspondenz u. Nachforschg., gesammelt, alphabetisch geordnet, ausgearb., m. Noten versehen u. hrsg. v. V. B. [Mit 2 lith. Taf. nach J. Janka.] Nachtrag: Chrestomathie der Bündnerdialekte. (IV, 128 S. u. S. 35—50.)

Bühler, W. Sammlung von Brückenbauten. Ulm. fol.

Bühler, W., Sprachlehre für Volksschulen. Freiburg i. B. 865. Herder. 12. (88 S.) n. 6 ngr.

Bühler, W., Sprachlehre für Volksschulen. 2. unveränd. Aufl. 8. (88 S.) Freiburg i. Br. 871, Herder'sche Verlagsh. * geb. *

Bühler, W., Sprachlehre f. Volksschulen. 3. unveränd. Aufl. 8. (88 S.) Freiburg i. Br. 876. Herder. n. — 60; cart. n.n. — 70

Bühler, Wilh. Zwei Materien m. drei Fundamental-Gesetzen, nebst einer Theorie der Atome. Erklärungen der verschiedenen Zustände d. Materien, nämlich der Atome, Aggregatformen u. chem. Verbindgn., sowie der Wärme, Elektrizität u. d. Magnetismus, nebst einigen Anwendungen der Atomtheorie auf die Himmelskörper. Wissenschaftlich behandelt. gr. 8. (62 S.) Stuttg. 889, Kohlhammer. * 2 —

Bühler, W: Zwei Materien mit drei Fundamental-Gesetzen nebst einer Theorie der Atome. Stuttgart 1890

Buhlers, B, s.: Brandis, J, d. Jüngeren, Diarium.

Buhlers, M., s.: Brandis, Joachim, des Jüngeren Diarium.

Buhlers, Max

Alt-Hildesheim. Eine Auswahl ortsgeschichtl. Vorträge v. M[ax] Buhlers, Major a. D. Hildesheim: Gebr. Gerstenberg 1906. (164 S.) 8° [F.] 07. 3191

Die Erlebnisse der achten Kompagnie Infanterie-Regiments v. Voigts-Rhetz '(3. Hannoverschen)' Nr. 79 während des deutsch-französischen Krieges 1870/71 f. die jungen u. alten Kameraden erzählt v. M[ax] B[uhlers]. *Hildesheim: A. Lax 1897.* (72 S.) 8° [F.] 90. 6814

Geschichte des Infanterie-Regiments v. Voigts-Rhetz ⟨3. Hannoverschen⟩ Nr 79. Hrsg. auf Veranlassung d. Regts v. (Max) Buhlers, Major a. D., u. Hülsemann, Oberlt. Mit zahlr. Buchschmuck, 5 Karten u. mehr. Skizzen. Hildesheim: Gebr. Gerstenberg (1907). (VII, 300 S.) 8° [F.] 08. 1333

— u. Hülsemann, Geschichte des Infanterie-Regiments v. Voigts-Rhetz (3. hannov.) Nr. 79. Hrsg. auf Veranlassg. des Regiments. Mit zahlr. Buchschmuck, 5 Karten u. mehreren Skizzen. (VIII, 360 S.) gr. 8. Ebd. (908.) Geb. in Leinw. 7. 50

Buhlers, M. Hildesheimer Haussprüche. Gesammelt u. hrsg. gr. 8. (29 S.) Hildesh. 892, Lax. * — 60
Aus: Zeitschrift des Harzvereins für Geschichte und Alterthumskunde, besonders abgedruckt.

— Hildesheimer Straßennamen. (40 S) 8. Hildesheim 906. (Gerstenberg.) n. — 20
Sonderabdruck aus: „Familienblatt der Hildesheimer allgem. Zeitg. u. Anzeigen."

Buhlert, Hans, Hülsenfrüchte, s.a. Bibliothek der gesamten Landwirtschaft.

Hülsenfrüchte. Von Prof. Dr. Hans Buhlert. Hannover: M. Jänecke 1908. (52 S.) 8° [F.]
= Bibliothek der gesamten Landwirtschaft. Bd 15. 08. 10585 7

Buhlert, H[ans], Dr. phil.: Untersuchungen über die Arteinheit der Knöllchenbakterien der Leguminosen und über die landwirtschaftliche Bedeutung dieser Frage. *Halle a. S. 1902: Wischan & Wettengel.* (55 S.) 8°
Halle, Phil. Hab.-Schr. v. 1902

Buhlert, Hans, aus Dahlenburg: Untersuchungen über den Werth von Wald- und Haidestreu im Landwirthschaftsbetriebe. *Halle a. S. 1900: (J. Pässler, Dresden-N.).* (35 S.) 4°(8°) ¶ (Erschien vollst. in: Berichte aus d. physiol. Laboratorium u. d. Versuchsanstalt d. landw. Instituts d. Univ. Halle, H. 15.)
Halle, Phil. Diss. v. 14. Juni 1900

BUHLERT, Hans: Untersuchungen über den Wert von Wald- und Heidestreu im Landwirtschaftsbetriebe. - Dresden 1901. 35 S. - (Ber. a. d. physiol. Lab. d. Versuchsanst. d. landwirtsch. Inst. d. Univ. Halle H. 15)

BUHLERTRUG und Mädchenschwüre. Mit 1 Kpfr. Leipzig, Joachim, 1805. 8°. (1 Rthl.) Sehr selten!

Buhligen, E: Der Haarschwund. 84. Aufl. Leipzig 1878

Bühling, A., geographisch-statistisch-topographisches Handbuch des Regierungsbezirks Magdeburg. Im Auftrage der königl. Regierung zu Magdeburg nach amtl. Quellen bearb. 1. Thl. Lex.-8. (VI und 188 S.) Magdeburg 864, Baensch. *
Wird nicht weiter erscheinen.

Bühling, Robert: Sur le Génie du Christianisme de Chateaubriand et son rôle dans l'histoire de la littérature française. Halberstadt, Druck v. C. Doelle & Sohn, *1894;* 3—14 S. 4.
Halberstadt, k. Dom-G, OP 1894 (235)

Buhlmann, Arthur, appr. Arzt: Ueber spontane und nach Contusion entstandene Netzhautablösungen. Leipzig 1905: B. Georgi (75 S.) 8°
Leipzig. Med. Fak., Ref. Sattler, Diss. v. 30. Okt. 1905
[Geb. 22. Okt. 75 Berlin; Wohnort: Leipzig; Staatsangeh.: Preußen; Vorbildung: Askan. Gymn. Berlin Reife M. 95; Studium: Berlin 1, Heidelberg 4, Kiel 1, München 3 S.; Coll. 30. Okt. 05; Approb. 17. Dez. 00.]

Buhlmann, C., die Gestaltung der Chanson de gesto Fierabras im Italienischen, s.a. Ausgaben u. Abhandlungen aus dem Gebiete der romanischen Philologie.

Buhlmann, O. Die Gestaltung der Chanson de Geste Fierabras im Italienischen. Diss. Marburg 1880. 31 S.

Buhlmann, Otto Ludwig, aus Berlin: Zur Kenntnis des Anthranils und Benzamids. *München 1902: V. Höfling.* (111 S.) 8°
München, Phil. Diss. v. 1902

Bücher-Verzeichnis der Johannis-Loge „Borussia" in Schneidemühl. Zsgest. von [Paul] **Buhlmann.** Schneidemühl 1902: Eichstädt. 31 S. 8° [Umschlagtit.]
Mit Regesten.

Bühlmann, Joseph Leonz, Pfarrer von Schwarzenbach. [Basel 1902.] V: *Wymann, Eduard.* (BBullschw 3, 1903)

Bühlmann s.a. (W[ymann], E[duard]).

Bühlmann, Dr.: Aus dem Jennerschen Kinderspital in Bern. (Direktor: Prof. Dr. Stooss. — Chirurg: Prof. Dr. Tavel.) Über die operative Behandlung von Inguinalhernien bei Kindern. (Mit 11 Abbildungen.) Leipzig 1906. 52 S. 8°. S.-A. a. d. Deutschen Zeitschrift f. Chirurgie Bd. 83, S. 324—374.
Bern. Med. Diss. 1906/1907.

Bühlmann, F: Das schweiz. Zivilgesetzb. im Kanton Bern. Handb. z. Orientierg im neuen Recht. (31, 540) 8° Bern, Stämpfli & Co. '12. HL 2.80 d

Bühlmann, Friedr., Beiträge zur Kenntniss der kranken Schleimhaut, d. Respirationsorgane u. ihrer Produkte durch das Mikroscop. Inaugural-Dissertation. gr. 4. (5½ B. u. 3 Abbild.) Bern 844. (Huber u. Comp.) *

Bühlmann, Fr[iedrich]. Kurzer Überblick der im Sommer 1842 im Gurnigel gemachten badärztlichen Beobachtungen. (SA.) 8. (Bern [1843].)

Bühlmann, F[ritz]. Die gesetzlichen Erben nach schweizerischem Zivilgesetzbuch. Ein Beitrag zur Einführung des Z. G. B. im Kanton Bern. [Mit Figuren.] II + 27 S. 8. Bern, Gustav Grunau, 1909. [fr. 1.20]

Bühlmann, F: Revision d. Militärorganisation, s.a. Einzelschriften, militär., üb. Tagesfragen d. schweiz. Armee.

Bühlmann, (F[ritz]). Revision der Militärorganisation. Vortrag (*Umschlag: Referat gehalten) an der Hauptversammlung der Schweizer. Offiziersgesellschaft am 15. August 1904 in Zug. II + 23 S. 8. Zürich, Arnold Bopp, [1904]. (fr. —.50)
(Militärische Einzelschriften über Tagesfragen der Schweiz. Armee.... Heft 1.)

Bühlmann, J., Pfr., Duell zwischen dem bischöfl. Kommissar u. geheimen Kämmerer Dr. Winkler u. Pfarrer Bühlmann. Appel an jeden loyalen Bürger. 8. (Zürich, R. Kraut-Bosshart.) 1874?

Bühlmann, Jos., Friedrich Fröbel und der Kindergarten, kurz dargestellt nach seiner Entstehung, seinem Wesen, seiner Bedeutung und seinen Erziehungsmitteln. Für Eltern, besonders Mütter, Kinderfreunde, Lehrer ꝛc. 16. (44 S.) Frauenfeld 871, Huber.

Bühlmann, J., Fr. Fröbel u. d. Kindergarten. (44 S.) Frauendorf 1872. Huber.

Bühlmann, J. (Hrsg.), s.a. Die Praxis der schweizerischen Volks- und Mittelschule.

Bühlmann, J. Die Praxis der schweiz. Volks- und Mittelschule. IV. Bd., II. Heft. In-8°. Zürich, Orell Füssli & Cie. 1884?

Bühlmann, J., zweites Schulbuch f. schweiz. Primarschulen. (2. Schulj.) (Aus Auftr. d. Erziehungsrates d. Kantons Luzern.) M. zahlr. Ill. 8. (92 S.) Einsiedeln 895. Verlagsanstalt Benziger & Co. Kart. n.n. — 35

—— eine Schulreise in Deutschland. Ein Beitrag zur Kenntniß der Schulzustände der Gegenwart. Für Lehrer, Schulfreunde, Schul- und Gemeindebehörden. gr. 8. (192 S. mit 1 Tab. in qu. Fol. und 4 lithogr. und chromolithogr. Taf. Abbild. in qu. Fol.) Zürich 873, Verlags-Magazin. *

Bühlmann, Jos. J., s. Bühlmann, Josef

Bühlmann, Josef

Bühlmann, J., die Anwendung des Sgrafitto für Façaden-Decoration, s. Lange, E.

— the architecture of classical antiquity and of the renaissance. 78 plates in 3 parts with descriptive text, translated from the German of the 2. (revised and enlarged) ed. by G. A. Greene. gr. Fol. (III, 26, 14 u. 13 S.) Berlin 898. B. Hessling. In Mappe n. 48. —

Bühlmann, J., die Architektur des classischen Alterthums und der Renaissance. 1. Abthl. und 2. Abthl. 1. und 2. Heft. gr. Fol. Stuttgart, Ebner und Seubert. *
Inhalt:
Abthl. 1. Die Säulenordnungen. 27 Stahlstichtaf. (28 S.) 872. In Mappe (*ℳ 21,60.) *ℳ 22.
» 2. 1. Heft. Bogenstellungen. 7 Stahlstichtaf. (4 S.) 874. *ℳ 6.
» 2. 2. Heft. Thüren und Fenster. 7 Stahlstichtaf. (4 S.) 874. *ℳ 6.

Bühlmann, J., die Architektur des classischen Alterthums u. der Renaissance. 2. Abth. 3. Hft.: Façaden-Bildungen. 9 Stahlstichtaf. mit Text. Fol. (6 S.) Stuttgart 877. Ebner & Seubert. n. 8. — (I u. II.: n. 41. 60)

Bühlmann, J., die Architektur des classischen Alterthums und der Renaissance. 3. Abthl.: Die architekton. Entwicklung und Decoration der Räume. 9 Lfgn. Fol. (14 S., 22 Taf.) Stuttgart 885—87, Ebner und Seubert. à Lfg. *ℳ 2.—. *
1. und 2. Abthl. Ebendas. 1872—77. *ℳ 42.—.

Bühlmann, Jos., die Architektur des classischen Altertums u. der Renaissance. 2., verb. u. verm. Aufl. 3 Abteilgn. in 21 Lfgn. Fol. Stuttgart 893. 894. Ebner & Seubert. à Lfg. n. 2. —
1—6. 1. Abtlg. Die Säulenordnungen. 6 Lfgn. (29 Bl. in Stahlst. m. 16. Bl. Text.)
7—12. 2. Abtlg. Bogenstellungen. — Thüren u. Fenster. Façaden-Entwickelung. 6 Lfgn. (24 Bl. in Stahlst. mit 8 Bl. Text.)
13—21. 3. Abtlg. Die architektonische Entwicklung u. Decoration der Räume. 9 Lfgn. (25 Bl. in Stahlst. m. 12 S. Text.)

Bühlmann, Jos. J., die Architektur des klassischen Altertums u. der Renaissance. 3 Abtlgn. Fol. Stuttgart 904. Esslingen, P. Neff Vorl.
In Leinw.-Mappe n. 30. —; einzelne Abtlgn. n. 12. —
1. Die Säulenordnungen. 3., verm. u. verb. Aufl. 27 Taf. in Stahlst. u. 2 in Photolith. m. Text. (34 S.)
2. Bogenstellungen. — Türen u. Fenster. — Fassadenbildungen. 3., verm. u. verb. Aufl. 23 Taf. in Stahlst. u. 2 in Photolith. m. Text. (17 S.)
3. Die architektonische Entwicklung u. Dekoration der Räume. 3. Aufl. 25 Taf. m. Text. (17 S.)

Bühlmann, Jos., die Bauformenlehre, s.a. Handbuch der Architektur. 1. Tl. II. Bd.

Die Bauformenlehre. Von Josef Bühlmann, Prof. in München. Mit 303 Abb. Darmstadt: A. Bergsträsser 1896. (VII, 209 S.) 4°(8°)
= Hochbaukunde, Allgemeine. Bd 2.
= Handbuch d. Architektur. Th. 1, Bd 2.

Gestaltung der äusseren u. der inneren Architektur, s.: Handbuch der Architektur. 4. Tl.

— u. Alex. Wagner, das alte Rom m. dem Triumphzuge Kaiser Konstantin's im J. 312 n. Chr. Rundgemälde. Leporello-Album. (8 Bl. Photogr.) 16×22 cm. München 890. Frz. Hanfstaengl Kunstverl., A.-G. In Leinw.-Decke. n. 6. —

— der römische Tempelbau, s.a. Baukunst, die. II. 9.

Bühlmann, J[oseph]. Der römische Tempelbau von (Professor) J. Bühlmann [von Grosswangen, in München. — Mit 23 Textfiguren und 6 Tafeln]. 15 S. fol. Berlin und Stuttgart, W. Spemann, [1902]. (M. 4. —)
Die Baukunst, hrg. von R(ichard) Borrmann & R(ich[ard]) Graul. Serie II, Heft 9.

Bühlmann, Jost, Himmel und Hölle. Predigt auf den 4. Sonntag nach Ostern gehalten in der Pfarrkirche zu Willisau im J. 1860. gr. 8. (12 S.) Luzern 860, Gebr. Räber. *

Bühlmann, Jost, Reisenotizen über Rom und einige Städte in Ober- und Mittel-Italien. 8. (120 S.) Luzern 870, (Prell.)

Bühlmann, R. u. Brunner, J. Les voitures de guerre de l'armée suisse. Par décision du département militaire, photograph. par R. Bühlmann, Thoune, et reproduites en phototypie par J. Brunner, Winterthour. In-8° oblong, 51 pl. de phototypie et 1 tableau des dimensions principales et poids relevés par l'atelier de construction à Thoune, 1882. Berne, Oberkriegscommissariat.

Bühlmann, [Walther]. Über die operative Behandlung von Inguinalhernien bei Kindern. [Diss. Med. Bern.] (Mit 11 Abbildungen.) Sonderabdruck aus der Deutschen Zeitschrift für Chirurgie. Band 83. III S. + S. 324–374. 8. Leipzig, F. C. W. Vogel 1906.

Bühlmann-Laier, Joseph. (Dr.) Vortrag über die am 10., 11., 12. und 13. September 1883 zu Düsseldorf stattgefundene 30. General-Versammlung der Katholiken Deutschlands. Gehalten an der Kreis-Pius-Versammlung von Sempach in Lippenrüti 1884. In-8°, 26 S. Luzern, Gbr. Räber. — 20

Bühlmayer, Karl, ausgeführte Katechesen f. das erste Schuljahr der katholischen Volksschule. (VII, 200 S.) 8. Kempten 906. J. Kösel. n.n. 1. 80; geb. in Leinw. n.n. 2. 40

Kirchengeschichte für den Unterricht in der kathol. Volksschule. (VIII, 196 S.) 8. Ebd. 904. n. 1. 80; geb. in Leinw. n. 2. 40

Bühlmayer, W.

—— Deine Zeugnisse sind mein ewiges Erbe. Predigt über Psalm 119, 111. gr. 8. (12 S.) Nürnb. 891, Raw. ' — 20

Bühlmayer, W. Predigt, geh. bei dem 1. Landesfest d. bayer. Hauptvereins der Gustav-Adolf-Stiftg. in der Neustädter Kirche zu Erlangen den 23. Juli 1890. gr. 8. (12 S.) Erlangen 890, Junge. † — 20

Buhlschaften u. Liebesintriguen d. Römer, unter Regier. d. Kais. Nero, n. d. Lat. des Petron. 2 Thle. 8. Salzburg, Mayr. 792.

BUHMANN, Alois (Weiler): De morte.- Monachii: Hübschmann 1836. 29 S.
31.7.1835 - Urk: F 69 Diss.Ingolst.-Landsh.-Mchn.

Buhmann, Hans K. E., soziale Erziehung, s.a. Bibliothek f. mod. Geistesleben. I. 3.

— Soz. Erziehg. I. Briefe u. Bilder. (28) 8° Cobg'01. Lpzg, Thüring. Verl.-Anst. (1 —) nn — 25

— der Glaube des Sehers. Aphorismen zur Kunst u. Kunsterziehg. gr. 4. (VI, 32 S.) Coburg 902. Eisenach, Thüringer Verlagsanstalt. n. 2. —; erm. Pr. n. 1. —

— Mann u. Weib, s.a. Bibliothek f. mod. Geistesleben. I. 1.

Buhmann, Hans K. E., Mann u. Weib. Aphorismen. (80 S) gr. 8. Coburg 901. Leipzig, Thüring. Verlagsanstalt. n. 1.—; ermässigter Preis n.n. — 25

— s.: Neuland des Wissens.

— s.: Revue, politisch-anthropologische.

— s.: Wartburgstimmen.

— die deutsche Weltmachtstellung u. der Schulmeister v. Sadowa. Gedanken üb. Volksbildg. — Volksmacht — Volksglück. Nach e. Vortrage, geh. am 9. III. 1900 in der deutschen Gesellschaft f. eth. Kultur zu Berlin. gr. 8. (31 S.) Osterwieck 900. A. W. Zickfeldt. n. — 80

Stenographisch-pädagogische Zeitfragen v. Hans K. E. Buhmann, Lehrer am Deutschen Landerziehungsheim. *Berlin: F. Schrey 1899.* (16 S.) 8°
Aus: Die 'Wacht' No 8, 10 u. 11. 1899 [illegible]

Buhmann, Karl [Rechtsanwalt in München]: Die Einlegung von Rechtsmitteln seitens der Staatsanwaltschaft zu Gunsten des Beschuldigten und anderer am Strafprozess betheiligter Personen nach § 338 Abs. 2 der Reichsstrafprozessordnung. . . . München, k. Hof- u. Univ.-Buchdr. v. Dr. C. Wolf & Sohn, 1890: 2 Bl. + 103 S. 8°
Tübingen, Jur. Fak., Inaug.-Diss. v. 1890

Buhmeyer, Ernst: Die Unterbrechung der Verjährung nach dem Rechte des BGB. München 1910: Kastner & Callwey. 112 S. 8°
Erlangen, Jur. Diss. v. 15. Febr. 1910, Ref. Siber
[Geb. 26. Jan. 87 Hannover; Wohnort: Bremen; Staatsangeh.: Bremen; Vorbildung: Altes Gymn. Bremen Reife O. 06; Studium: Berlin 1, Freiburg i. B. 1, München 3, Erlangen 1 S.; Rig. 2. Dez. 09.] [U 10. 669

Bühne, die. Journal für die Interessen der dramat. Kunst. Hrsg. u. red. v. A. E. Wollheim. (1. Jahrg.) 1848. 52 Nrn. 4. (½ B.) Hamburg, Berendsohn in Comm. n. 2⅔ ₰

Die Bühne: 1867 ? New York
Published by P. Gutmann.

Die Bühne: 1877- 1895 Chicago, IL
Weekly; contains theatrical news. Illustrated. Quarto, each issue 4 pages. Circulation: 1880, 1000. Edited & published by Louis Neebe, 1877–95.

Bühne, die. Zeitschrift f. direktoriale Interessen, hrsg. v. Ernst Neumann-Jödemann u. Arth. Langen. 1. Jahrg 1909. 24 Nrn. (Nr. 1. 16 S.) 8. Berlin (W. 15, Uhlandstr. 144), Verlag Die Bühne. 10 —
Mit „Deut. Theaterzeitschrift“ vereinigt.

Bühne, Die, Fortsetzg. s: Theater-Zeitschrift, Deutsche.

Bühne d. Ausländer, herausg. v. Th. Hell (C. Th. Winkler). 1r Band enthält: der graue Mann — der Hirt von Tolosa — Poscharsky. 8. Dresden, Arnold. 819.

— Dessen 2r Band enthält: der Ball nach der Mode — Don Manuel — List hilft siegen. 8. Ebend. 819.

— Dessen 3r Band enthält: der Besuch im Narrenhause — der Fall von Tunis — Lully und Quinault. 8. Ebendas. 820.

Bühne u. Brettl. Illustrirte Zeitschrift f. Theater u. Kunst. Red.: O. Ungnad. Oktbr.—Dezbr. 1901. 6 Nrn. gr. 8. (à ca. 16 S.) Berlin [Expedition „Bühne u. Brettl“]. Harmonie. 1. 20

— dasselbe. 2. Jahrg. 1902. 24 Nrn. gr. 8. (à ca. 16 S.) Ebd. n. 4. 80; einzelne Nrn. — 20

— u. Brettl. Red.: Leo Wulff. 3. Jahrg. 1903. 26 Nrn. (à ca. 24 S. m. Abbildgn.) gr. 8. Berlin, Harmonie. n. 4. 80

— dasselbe. Red.: Osc. Ungnad. Die Bühne. 4. u. 5. Jahrg. 1904 u. 1905 à 26 Nrn. (à ca. 32 S. m. Abbildgn.) gr. 8. Ebd. à Jhrg. n. 5. —

— dasselbe. Red.: Alex Jadassohn. 6. Jahrg. Jan.—März 1906. 7 Nrn. (à ca. 24 S. m. Abbildgn.) gr. 8. Ebd. n. 1.25
Fortsetzung u. d. T.:

Bühne, bunte. Fröhliche Tonkunst. Gesammelt v. Rich. Batka. Hrsg. vom Kunstwart. 1.—4. Folge. gr. 8. (14, 62; 6, 62; 15, 64 u. 16, 58 S.) München 902. G. D. W. Callwey. à n. 1.—

Bühne, bunte. Fröhliche Tonkunst. Gesammelt v. Rich. Batka. Hrsg. vom Kunstwart. 5.—7. Folge. (IV, 64, IV, 69 u. VIII, 64 S.) gr. 8. München 902. 903. G. D. W. Callwey. à n. 1.—

— christliche. Neue dramat. Aufführungen. Nur weibl. Rollen. Ohne Theaterkostüm. Ohne Bühnendekoration. Kein Szenenwechsel. 1.—3. Heft. 16. Dresden, C. F. Ungelenk. à n. —25

1. Der Kaffeetisch. Humoristische Szene (f. 7 Personen). Von Johs. Lehmann. (16 S.) (904.)
2. Eine unmögliche Person. Dramatische Szene. (f. 5 Personen.) Von Johs. Lehmann. (22 S.) (904.)
3. Die Berliner Tante. Humoristische Szene (f. 6 Personen). Von Johs. Lehmann. (24 S.) (904.)
4. f.: Aufführungen, neue dramatische, f. Jungfrauen-Vereine u. Schulanstalten.

Bühne, christliche. Neue dramat. Aufführgn. für christl. Vereine. 5.—7. Heft. 16. Dresden, C. F. Ungelenk. à n. —25

5. Die Predigt an Muldenstein. Episode aus Luthers Leben in dramatischer Form. Von A. Trümpelmann. 2. Aufl. (16 S.) (905.)
6. Eine Weihnachtsüberraschung. Lustspiel in 1 Akt. Von Willy Büttmann. (18 S.) (905.)
7. Liese, das Blumenmädchen v. Eichfeld. Schauspiel in 5 Akten, unter Benutzg. der Erzählg. v. Pauline Schanz „Ihr Bild" aus „In der Pension u. Anderes" bearb. u. zusammengestellt von K. Gandert. (28 S.) (905.)
Fortsetzung, s.: Vereinsbühne.

— christl., Fortsetzg, s.: Vereinsbühne.

Bühne, Die deutsche. Organ des Central-Bureau für Theater. Herausg. von Louis Elste. Jhg. 1—9. 1853—1861. Schkeuditz, Leipzig. Fol.

Bühne, die deutsche. Organ des Central-Bureau für Theater. Hrsg. von Louis Elste. 5—9. Jahrg. 1857—61. à Jahrg. 52 Nrn. (à 1—1½ Bog.) Fol. Schkeuditz. (Leipzig, C. Schäfer.) à Jahrg. *
1—4. Jahrg. 1853—56. Ebendas. à Jahrg. * 4 Thlr.

Bühne, die deutsche. Organ d. Central-Bureau für Theater von Rob. Schröter in Leipzig. Redig. von Rob. Schröter. 13. Jahrg. 1865. 52 Nrn. (à 1 Bgn.) Leipzig, Priber in Comm. Fol. n. 5 ₰ 10 ngr.

— — 14. Jahrg. 1866. 52 Nrn. (à 1 Bgn.) Leipzig, Hunger in Comm. Fol. n. 6 ₰

Bühne, deutsche. Zeitschrift f. Theater u. Musik. Hrsg. v. Frdr. Zipf. 2. Jahrg. Octbr. 1885—Septbr. 1886. 24 Nrn. (B.) gr. 4. Berlin, Zipf. n. 12.—

Bühne, die deutsche (früher „Deutsche Dramaturgie"). Zeitschr. f dramat. Kunst u. Litteratur, zugl. Organ d. allgem. deutschen Bühnengesellschaft. Unt. Mitwirkg. v. Ferd. Avenarius, Max. Bern, Wilh. Bölsche u. A. hrsg. v. Heinr. Hart. 4. Jahrg. 8.—12. Hft. Mai-Septbr. 1898. hoch 4. (8. Hft. S. 199—222.) Zwickau, Förster & Borries. n. 5.50
Die früheren Hefte erschienen u. d. T.: Dramaturgie, deutsche.

— die deutsche. Amtliches Blatt des deutschen Bühnen-Vereins. Red.: Ludw. Krähe. 1. Jahrg. 1909. 20 Nrn (à ca. 16 S.) Lex. 8. Berlin, H. Paetel. 12.—

— Die deutsche. Amtl. Blatt d. deut. Bühnen-Vereins. Chefred.: Art. Wolff. Verantwortl.: Erich Oesterheld. 2—4. J. '10—12 je 20 Nrn. ('12, Nr 1: 16) Lex8° Berl., Oesterheld & Co. je 12 —; einz. Nrn — 60 d

Die Deutsche Bühne, deren geschichtliche Entwicklung in Bild und Wort dargestellt von einem Weimaraner. Dresden, Wilhelm Streit 1882.
159 S. m. zahlr. Abb. 4°.

Die deutsche Bühne in Wort und Bild. Unter d. Protektorate d. Herrn Gen.-Intend. d. kgl. Schauspiele Bolko Reichsgrafen v. Hochberg. Hrsg. u. Redakteur: Julius Eckstein. (In 25 Lfgen.) *Berlin: Eckstein 1893.* (102 Bl., 100 Taf.) 2° [04. 4893

Bühne

— Eichstätter. Heft Nr 1—4. kl8° Eichst., Brönner'sche Bh. (Pp.) d
Nr 5 bildet: Fritz, Geo. Rud.: Altdeut. Weihnachtsspiel.
Angely, L: List u. Pflegma. Für d. Herrenbühne bearb. als Posse v. Ferd. Benz. (31) ('10) [3] 1 —
Benz, Ferd.: Die Gebirgskur. Schwank. (48) ('10) [2] 1.25
— Der neue Herkules. Posse. Für d. Herrenbühne bearb. nach G Belly. (28) ('10) [4] 1 —
— Der Steinmetz v. Köln. Schausp. (46) ('10) [1] 1.25
— dass. Heft 6—16. 8° Münch., Verl d. Volksbühne. (Pp.) d
Benz, Ferd.: Der dämonische Damenhut. Posse f. Damenbühnen. (30) ('12) [14] 1.25
— Die Gespenster. Posse f. Damenbühnen. (22) ('12) [13] 1 —
— Das Licht leuchtet in d. Finsternis. Histor. Weihnachtssp. (24 ('12) [15] 1 —
Benz, Ferd.: Der arme Millionär. Bayerisches Volksstück. (64) ('11) [7] 1.25
— Der Preisrichter. Posse n. L Angely. (37) ('11) [8] 1 —
— Der Viehhändler u. s. Bruder. Posse n. F Kaisers „Stadt u. Land". (87) ('11) [11] 1.25
Birch-Pfeiffer, Charlotte: Der Glöckner v. Notre-Dame. Romant. Drama. Für d. Volksbühne bearb. v. Ferd. Benz. (67) ('12) [16] 1.25
Bittner, A: Eulenspiegel als Dieb. Posse. Für d. Herrenbühne bearb. v. Ferd. Benz. (24) ('11) [9] 1 —
— Die beiden Sekretäre. Lustsp. Für d. Volksbühne hrsg. v. Ferd. Benz. (32) ('11) [10] 1 —
Kotzebue: Blind geladen. Lustsp. Für d. Herrenbühne eingerichtet v. Ferd. Benz. (39) ('11) [12] 1 —
Speinle, Adf: Der Dorfdetektiv. Oberbayerische Bauernposse. (59) Eichstätt ('10) [6] 1.25

— freie. Neue deutsche Rundschau. Red.: Otto Jul. Bierbaum. 5. Jahrg. 1894. 1. Quartal. Jan.—März. 3 Hfte. (à 6—7 Bog.) gr. 8. Ebd. n. 4.50; einzelne Hfte. à n. 1.50
Fortsetzung s.: Rundschau, neue deutsche.

— freie, f. den Entwickelungskampf der Zeit. Red: Wilh. Bölsche. 3. u. 4. Jahrg. 1892. 1893. à 12 Hfte. (à 6—7 Bog.) gr. 8. Ebd. à Jahrg. n. 18.—; einzelne Hfte. à n. 1.50

Freie Bühne für modernes Leben (3f.: für d. Entwickelungskampf d. Zeit). Jg. 1—4. *Berlin: S. Fischer 1890–93.* 6 Bde 8° [F.]
1. 2. 1890–91. 3. 1892, Quartal 1. 2. Quartal 3. 4.
4. 1893, Quartal 1. 2. Quartal 3. 4.
Forts. s. u. d. T.: Neue Deutsche Rundschau. 1894–1903. Die neue Rundschau 1904 ff.

FREIE BÜHNE FÜR MODERNES LEBEN [Jg. 3f.: Freie Bühne für den Entwickelungskampf der Zeit; Jg. 5, H. 1ff: Freie Bühne. Neue Deutsche Rundschau; H. 4ff: Neue Deutsche Rundschau (Freie Bühne); Jg. 15ff: Die neue Rundschau].
Hrsg. von Otto Brahm [Jg. 3ff: ohne Angaben: Jg. 33ff: Hrsg. von Oskar Bie, Samuel Fischer, Samuel Saenger; Jg. 38ff: ohne Angaben; Jg. 56ff: Begr. von S. Fischer im Jahre 1890. Hrsg. von Gottfried Bermann Fischer; Jg. 74ff: von Golo Mann, Herbert Heckmann, Harry Pross, Gottfried Bermann Fischer; Jg. 79: und Rudolf Hartung; Jg. 80f.: von Golo Mann, Rudolf Hartung, Herbert Heckmann, Gottfried Bermann Fischer]. Red. von Otto Brahm [Jg. 1, H. 46ff: von Wilhelm Bölsche; Jg. 4, H. 12ff: von Otto Julius Bierbaum; Jg. 5, H. 5ff: von Oskar Bie; Jg. 33ff: von Rudolf Kayser; Jg. 44, H. 4ff: von Peter (Heinrich) Suhrkamp; Jg. 48: von Wolfgang von Einsiedel; Jg. 49, H. 1ff: von Karl Korn; Jg. 51, H. 7ff: von Peter (Heinrich) Suhrkamp; Jg. 52, H. 2ff: von Hans Paeschke; Jg. 55, H. 3: und Gerhard Aichinger; Jg. 57, H. 1ff: von Walter Singer; H. 2ff: und Richard Friedenthal, Joachim Maass; Jg. 59, H. 12ff: von Richard Friedenthal und Joachim Maass; Jg. 61f.: von Rudolf Hirsch und Joachim Maass; Jg. 63ff: von Rudolf Hirsch; Jg. 74ff: von Rudolf Hartung].
Jg. 1ff. Berlin [Jg. 32, IIff: Berlin, Leipzig; Jg. 49ff: Berlin; Jg. 56ff: Stockholm; Jg. 59, H. 12ff: Amsterdam; Jg. 61ff: Frankfurt/M.; Jg. 65ff: Berlin, Frankfurt/M.] 1890ff. 8° – Zuletzt: Jg. 81. 1970. [Wird fortgeführt]
Es erschienen seit 29.1.1890: als Wochenschrift Jg. 1, Nr. 1–48; Jg. 2, Nr. 1–52; Jg. 3ff mit jährlich 12 Heften in 2 Halbjahrsbänden, Januar bis Dezember; Jg. 19–21 in 4 Vierteljahrsbänden, Jg. 51–53 in einem Band; Jg. 54, H. 1–3, Januar bis März, danach vierteljährlich H. 4–6, Sommer, Herbst, Winter 1943; Jg. 55, H. 1–3, Frühjahr bis Herbst 1944; danach Unterbrechung. 1945 neu erschienen, ohne weiterlaufende Zählung als Jahrgänge der Freien Bühne, mit: *Sonderausgabe zu Thomas Manns 70. Geburtstag*, 6. Juni 1945; der Jg. 56/57 dann fortgeführt mit H. 1–4, Oktober 1945, Januar, April, Juli 1946; Jg. 58, H. 5–8, Oktober 1946, Frühjahr, Sommer, Herbst 1947;

Jg. 59ff mit jährlich 4 Heften im Kalenderjahr, zunächst fortlaufend, dann nur innerhalb des Jahrgangs gezählt.
Unter den Redakteuren einzelner Hefte von Jg. 1 und 2 auch genannt: Arno Holz, Julius Hart, Bruno Wille; dagegen die red. Mitarb. von Hermann Bahr und in der Folgezeit von Erwin Steinitzer, Robert Musil, Alfred Döblin, Oskar Loerke, Hermann Kasack nirgends ausdrücklich vermerkt.
Außerdem erschien: Generalregister zur Neuen Rundschau Jg. 1–20 (1890–1909). Zusammengestellt von Oscar Arnstein. Berlin 1912.

Bühne, Holländische, und holländischer Hamlet. [Gotha 1780.] V: *Schmieder, Heinrich Gottlieb.* (MGT)

Bühne und Concertsaal. Frankfurter Kunst-Almanach mit Tagesprogramm des Schauspielhauses.
Frankfurt a. M.: Verlag »Bühne und Concertsaal« Kern & Birner.
Jahrgang 1. 1902 – 3. 1904.

— u. **Leben.** Illustr. Wochenschrift. 1. Jahrg. Aug.—Decbr 1893. 18 Nrn. 4° (Nr. 1. 8) Berl., O Sontag. 8 — ‖ 2. u. 3. Jahrg. 1894 u. 1895 à ca. 39 Nrn. à Jahrg. 8 —; einz. Nrn — 50
Erscheint bis 1. April u. v. 1. Septbr an wöchentlich, April—August alle 14 Tage.

— u. Leben. Illustr. Wochenschrift. 2. Jahrg. 1894. 52 Nrn. (à ca. 1½ Bog.) gr. 4. Berlin, O. Sonntag. n. 8. —

Bühne u. Leben. Illustr. Wochenschrift. 3. Jahrg. 1895. ca. 39 Nrn. (à 1½ Bog.) gr. 4. Berlin, O. Sontag. n. 8. —; einz. Nrn. n. — 50

Buhne, Lustige. Nr 1 u. 2. 8° Lpzg, R Lipinski. (Pp.) d
Benedix, Roder.: Der Prozess. Lustsp. (34) ('12) [2] 1 —
Stolpe, Herm.: Marokko-Fieber od. Lämmchen auf d. Wacht am Rhein. Burleske. (16) ('12) [1] 1 —

— Moderne. Nr 1—5. kl8° Lpzg, O Teich. je 1.50 d
Berliner, M: Vater, Sohn u. Schwiegervater. Schwank. (40) ('12) [3]
Bliss, Paul: Frauenklugheit. Lustsp. (35) ('12) [5]
— Lothars 1. Liebe. Lustsp. (31) ('12) [2]
— Der kalte Strahl. Komödie. (30) ('12) [1]
Mielke, Geo.: Sein Sohn. Komödie. (23) ('12) [4]

— u. **Prostitution** v. Philos, s.: Zur Psychologie uns. Zeit.

— soziale. Nr. 1 u. 2. 8. Leipzig, Rauh & Pohle. n 2 50
1. Der beste Wunsch. Dramatisches Märchenspiel in 3 Aufzügen. Von Kuno Rübezahl. (27 S.) (905.) n. 1. 50
2. Der Jesuit u. der Freidenker. Lustspiel in 3 Aufzügen. Von Fr. Wilh. Gerling. 5. Aufl. (58 S.) (905.) n. 1. —

— soziale. Nr. 8—18. kl. 8. Leipzig, Rauh & Pohle. 20. 50
Bernauer, Hans, die Betstunde. Schwank. (16 S.) (910.) (Nr. 16) 1. —
Geyer, W., durch Kampf zum Sieg! Eine Reihenfolge leb. Bilder m. u. ohne Verwandlg. f. Arbeiter-Feste. (8 u. 8 S. m. 5 Taf.) (907.) (Nr. 3) 1. 50
Hanusch, Ferd., die Enterbten. Ein soziales Drama in 5 Aufzügen. (51 S.) (910.) (Nr. 8.) 3. —
— Schattenseiten. Soziales Drama in 3 Aufzügen. (40 S.) (908.) (Nr. 5) 2. —
Korm, Ludw., rotes Gift. Volksstück. (23 S.) (910.) (Nr. 13) 1. —
Korm, Ludw., ein junger Held. Volksstück in 1 Akt. Aus der Zeit der russ. Revolution. (16 S.) (909.) (Nr. 7) 1. —
— Nächstenliebe u. Menschenpflicht. Volksstück in 3 Akten. (31 S.) (908.) (Nr. 6) 1. 50
Krombholz, Frz., der Hetzer. Soziales Lebensbild. (16 S.) (910.) (Nr. 12) 1.—; Weihnachts-Ausg. 1. —
Lewandowsky, H., doppelte Moral. Soziale Komödie. (20 S.) 910. (Nr. 15) 1. —
— Reingefallen od. Der gefoppte Spitzel. Posse m. Gesang in 1 Akt. (16 S.) (910.) (Nr. 11) 1. —
— Rot od. Blau. Wahlkomödie m. Gesang in 1 Akt. Musik v. F. Weger. (16 S.) (910.) (Nr. 10) 1. —
— Der bekehrte Streikbrecher. Satyrisches Gegenwartsbild in 1 Akt. (15 S.) (910.) (Nr. 9) 1. —
— Hoch das freie Wahlrecht. Politisch-satyrisches Zeitbild. (16 S.) (910.) (Nr. 14) 1. —
Nopp, K., der Lohntag. Eine ernsthafte Komödie f. Arbeiter-Turn-Vereine. (24 S.) 910. (Nr. 18) 1. —
Siedersleben, Frz., der Proletarier-Kinder Weihnachtstraum. Eine Weihnachtsallegorie f. Kinder. (18 S.) (908.) (Nr. 4) 1. 50
Wünsche, Gust., empor zum Licht. 4 leb. Bilder m. Gesang od. Prolog. (8 S.) (910.) (Nr. 17) 1. —

— Soziale. Nr 8—30. 8° Lpzg., Rauh & P. (Pp.) d
Bernauer, Hans: Die Betstunde. Schwank. (16) ('10) [16] 1 —
Ferch, Hans: Der rote Schein. Soz. Drama. (51) ('12) [21] L 3 —
Geyer, W: Das Los d. Enterbten. Leb. Bilder m. Prolog. (14 m. 1 Taf.) ('12) [20] 1.50
Hannich, Jos.: „Irrwege". Schausp. (79) '12 [27] 3 —
Hanusch, Ferd.: Die Enterbten. Soziales Drama. (51) ('10) [8] 3 —
— Der Kampf. Soz. Bild d. Gegenwart. (86) ('12) [22] HL 1 —
— Dunkle Mächte. Drama. (48) ('12) [19] 2 —
Honheiser, Hans: Streik. Schausp. (16) ('12) [24] 1 —
Korm, Ludw.: Rotes Gift. Volksstück. (23) ('10) [13] 1 —
— Ein Hoffngsvoller. Lebensbild. (16) ('12) [23] 1 —
Krombholz, Frz: Der Hetzer. Soz. Lebensbild. (16) ('10) [12] 1 —; Weihnachts-Ausg. 1 —
Lewandowsky, H: Der Dieb od. Arm, aber ehrlich. Komödie. (20) ('12) [26] 1 —
Nopp, K: Der Lohntag. Eine ernsthafte Komödie f. Arbeiter-Turn-Ver. (24) ('10) [18] 1 —
Rübezahl, K: Schliesst d. Reihen! Schausp. (24) ('12) [28] 1 —
Wünsche, Gust.: Durch Nacht z. Licht. 4 leb. Bilder a. d. Arbeiterleben m. Prolog. (14) ('12) [30] 1 —
— Empor z. Licht. 4 leb. Bilder m. Gesang od. Prolog. (8) ('10) [17] 1 —
— Der Herr Graf od. Auf d. Walze. Komödie m. Gesang. (27) ('12) [29] 1 —
— Heimkehr od. Treue Liebe. Dramat.-soz. Lebensbild m. Gesang. Musik v. Alfr. Weger. (15) ('12) [25] 1 —
— Doppelte Moral. Soz. Komödie. (20) ('10) [15] 1 —
— Reingefallen od. Der gefoppte Spitzel. Posse m. Gesang. (16) ('10) [11] 1 —
— Rot od. Blau. Wahlkomödie m. Gesang. Musik v. F Weger. (16) ('10) [10] 1 —
— Der bekehrte Streikbrecher. Satyr. Gegenwartsbild. (15) ('10) [9] 1 —
— Hoch d. freie Wahlrecht. Politisch-satyr. Zeitbild. (16) ('10) [14] 1 —

— u. Sport. Bühne u. Brettl's VI. Jahrg. April—Dezbr. 1906. 46 Nrn. (à ca. 32 S. m. Abbildgn.) Lex.-8. Berlin, Bus-Verlag. n. 10. —

— u. **Sport.** Bühne u. Brettl's 6. u. 7. J. April '06—März '08 je 52 Nrn. (Nr 1. 32 m. Abb.) Lex 8° Berl., Verl. Bühne u. Sport. Viertelj. 2.50; einz. Nrn — 20 d
Bisher u. d. T.: Bühne u. Brettl. — Fortsetzg s.: Bus.

— u. **Sport.** Wochenschrift f. Sport, Theater u. alle Gebiete des öffentl. Lebens. Hrsg.: Leop. Hirschberg. Chefred.: Loth. Brieger-Wasservogel. 10. Jahrg. 1910. 52 Nrn. (à ca. 36 S. m. Abb.) Lex. 8. Berlin, Verlag Bühne & Sport. 10. —
Verul.: Bus.

Bühne und Sport. Jetzt: Berlin, Verlagsgesellschaft „Helios".

Bühne, tragische, d. Römer, s.a. Seneca tragische Bühne.

Bühne, Tragische, der Römer; a. d. Lat. Ansb. 1777—81. V: *Rose, Johann Wilhelm.* (ErschDL) (Gi) (MGT)

Bühne, tragische, d. alten Römer, a. d. Lat. d. Seneca, v. J. W. Rose. 3 Th.e. 8. Ansbach, Haueisen. (Gassert.) 777—81. (I. a) Herkules; b) Medea; c) die Trojanerinnen. 12 gr. II. a) Hypolit; b) Oedipous; c) Thyest. 8 gr. III. a) Herkules a. d. Oeta; b) Agamemnon; c) Octavia; d) die Phönicierinnen. 12 gr.)

— Vaterländische. Nr 1 u. 2. 8° Ebd. je 1 — (Pp.) d
Pützkaul, J: Familien-Gespenst. Patriot. Schwank. (24) ('12) [2]
— In Feindesland. Patriot. Festspiel. 2. Afl. (23 m. 1 Postkte.) ('12) [1]

Bühne f. Volksunterhaltungsabende, patriotische Gedenktage u. sonstige festliche Anlässe in Schule u. Haus. Hrsg. in zwangloser Heftfolge v. Paul Frieben. 8. Breslau, F. Goerlich.
Frieben, Paul, die Knappenliesl od. Bergmannsheim u. Königsschloß. Märchen in 5 Aufzügen. (42 S.) (908.) — 75
Durch Nacht u. Eis. Ein Märchenstück in 4 Bildern. (46 S.) (908.) — 75
— In der Schule des Wassermanns. Ein Märchenstück zu Kaisers Geburtstag in 4 Abtlgn. (78 S.) (908.) 1. 25
— Die beleidigte Tante od. d. Segen d. Kochschule. Ein Märchenstück in 4 Abtlgn. (51 S.) (908.) 1. —
Fortsetzg., s.: Frieben, Paul.

— wälsche, Vers. f. deutsche Schausp. 8. Berlin, Sander. 780.

— u. Welt. Zeitschr. f. Theaterwesen, Litteratur u. Kunst. Hrsg. v. Otto Elsner. Geleit. v. Heinr. Stümcke. 1. Jahrg. Oktbr. 1898—Septbr. 1899. 24 Nrn. (à ca. 50 S. m. Abb., Taf. u. Kunstbeil.) gr. 8. Berlin, O. Elsner. n. 12. —; einz Hfte. — 50
Kann auch vierteljährlich bezogen werden.

— u. Welt. Zeitschrift f. Theaterwesen, Litteratur u. Musik. Amtliches Blatt des „Deutschen Bühnen-Vereins". Hrsg. v. E. u. G. Elsner. Red.: Heinr. Stümcke. 2.—4. Jahrg. Oktbr. 1899—Septbr. 1902. à 24 Nrn. gr. 8. (à ca. 40 S. m. Abbildgn. u. Kunstbeilagen.) Berlin, O. Elsner. à Jahrg. n. 12. —

— dasselbe. 5. Jahrg. Oktbr. 1902—Septbr. 1903. 24 Nrn. gr. 8. (à ca. 40 S. m. Abbildgn. u. Kunstbeilagen.) Ebd. n. 14. —; einzelne Nrn. n. — 60

— u. Welt. Zeitschrift f. Theaterwesen, Litteratur u. Musik. Amtliches Blatt des „Deutschen Bühnen-Vereins". Hrsg. v. E. u. G. Elsner. Red.: Heinr. Stümcke. Für Österreich-Ungarn verantwortlich: Frdr. Schiller. 6.—9. Jahrg. Oktb. 1903—Septbr. 1907 à 24 Hefte. (à Jahrg. ca. 1000 S. m. Abbildgn. u. Taf.) Lex.-8 Berlin, O. Elsner. à Jhrg. n. 14. —; in 2 Leinw.-Bdn. n. 18. —

— u. Welt. Halbmonatsschrift f. Theaterwesen, Litteratur u. Musik. Hrsg. u. Red.: Heinr. Stümcke. 10.—13. Jhrg. Oktbr. 1907—Septbr. 1911. à 24 Hefte. (10.—12. Jhrg. XVII, 1058; XXIII, 1058 u. XXIV, 1076 S. m. z. Tl. farb. Abbildgn. u. Taf.) Lex. 8. Leipzig, G. Wiegand. à Jahrg. 14. —

— u. Welt. Halbmonatsschr. f. Theaterwesen, Lit. u. Musik. Begründet v. G Elsner u. H Stümcke. Hrsg. u. Red.: Heinr. Stümcke. 13—15. J. Okt. '10—Sept. '13 je 24 Hefte. (14. J., 1. Heft: 44 m. 4 Taf.) Lex8° Lpzg, G Wigand. viertelj. 3.50: einz. Hefte — 60 d

Bühne, H., die Kirchenvorstands- und Synodal-Ordnung für die evangelisch-lutherischen Gemeinden im ehemal. Königr. Hannover nebst den Verordnungen wegen Aenderungen in der Consistorial-Organisation, mit Erläuterungen. gr. 8. (XI, 280 S.) Hoya 867. (Bremen, Hampe.) *

Bühnen-Almanach, Deutscher. Hg.: A. Heinrich u. L. Schneider. 1837—1893. M. Portr.
Berlin.

Deutscher Bühnen-Almanach. 1854— s.a.
Almanach für Freunde der Schauspielkunst.

Bühnen-Almanach, deutscher. Hrsg. von A. Heinrich. 18—20. Jahrg. Mit dem Portr. der königl. Schauspielerin Frl. Auguste Arens. 8. Berlin, (Lassar.) [18. (VIII und 496 S. mit 1 lithogr. Portr.) 854., 19. (VIII und 470 S.) 855., 20. (VIII und 502 S.) 856. à Jahrg. ** 1 Thlr. 10 Ngr.] **
Vgl.: Almanach für Freunde der Schauspielkunst.

— — 21. Jahrg. Mit dem (lith.) Portrait des Hrn. Emil Devrient. Ebend. (857.) 8 (VIII, 717 S.) nn. 1 ℛ 10 ngr

— — 22. Jahrg. 858. Mit dem (lith.) Portrait des Hrn. Louis Schneider. Ebend. 8. (XVI, 500 S.) nn. 1 ℛ 10 ngr

Bühnen-Almanach, deutscher. Herausg. von A. Heinrich. 23. Jahrg. Mit dem (lith.) Portr. der Königl. Hannöverschen Hofschauspielerin Frau v. Bärndorff. Berlin 859. Lassar in Comm. 8. (XI, 512 S.) n. 1 ℛ 10 ngr

— dass. — Hrsg. von L. Schneider. 24. Jahrg. gr. 16. (XI und 523 S.) Berlin 860, (Hayn.) **

— — Herausg. von L. Schneider. 24—26. Jahrg. Ebend. 860—62. (XI, 523 S.; VIII, 414 S.) 8. Jeder Jahrg. n. 1 ℛ 10 ngr

— — 27. u. 28. Jahrg. Herausg. von A. Entsch. Ebend. 863, 64. 8. (XIII, 643 S.; XIII, 623 S. u. 1 lith. Portr.) Jeder Jahrg. n. 1 ℛ 20 ngr

Bühnen-Almanach, deutscher. 29. 30. Jahrg. (XVI, 618 S.; XIV, 682 S.) à Jahrg. n. 1 ℛ 20 ngr — 31—33. Jahrg. (XIV, 468 S.; XIV, 445 S.; XIV, 468 S.) à Jahrg. n. 1 ℛ 24 ngr — 34. Jahrg. Herausg. von A. Entsch. Mit lith. Portraits. Berlin 865—70. (Lassar.) 16. (XIV, 510 S.) n. 2 ℛ

Bühnen-Almanach, deutscher. 35—38. Jahrg. Hrsg. v. A. Entsch. Mit 1. (photogr.) Bildniß. gr. 16. (à ca XIV, 494 S.) Berlin 872. Lassar in Comm. à Jahrg. n. 6. —

Bühnen-Almanach, deutscher. 39. Jahrg. Hrsg. von A. Entsch. Mit dem (lithogr.) Bildniß von Ferd. v. Strantz und Hans Ravené. gr. 16. (XIV, 564 S.) Berlin 875, (Lassar's Buchh.) cart. **

— dass. — 40. Jahrg. Hrsg. von A. Entsch. Mit dem (lithogr.) Bildniß des General-Intendanten der k. preuß. Schauspiele v. Hülsen. gr. 16. (XIV, 538 S.) (Ebendas. 876.) cart. **

— dass. — 41. Jahrg. Hrsg. von A. Entsch. Mit den (lithogr.) Bildnissen des k. preuß. Hofopernsängers Josef Beck und des K. Bayer. Hofschauspielers Leon Resemann. gr. 16. (XIV, 499 S.) (Ebendas.) 877. cart. **

— dass. — 42. Jahrg. Hrsg. von A. Entsch. Mit dem (lithogr.) Bildniß der k. bayer. Hofopernsängerin Fräul. Math. Wekerlin. gr. 16. (XIV, 488 S.) (Ebendas.) 878. cart. **

— dass. — 43. Jahrg. Hrsg. von A. Entsch. Mit dem Bildniß (in Holzschn.) von G. Paradies. gr. 16. (XIV, 527 S.) (Ebendas.) 879. cart. **

— dass. — 44. Jahrg. Hrsg. von A. Entsch. Mit den Bildnissen (in Holzschn.) der k. Schauspielerin Fräul. Rosa Hildebrandt und der k. Kammersängerin Frau Marie Hanfstaengl. gr. 16. (XIV, 520 S.) Berlin 880. (Leipzig, L. Staackmann.) cart. *

Bühnen-Almanach, deutscher. 45. Jahrg. Hrsg. von A. Entsch. Mit den (Lichtdr.-)Portr. der Herren Dirr. Mor. Krüger in Graz und Ernst Drucker in Hamburg. 12. (XVIII, 504 S.) Berlin 881. (Leipzig, Staackmann.) cart. *

Bühnen-Almanach, deutscher. 46. Jahrg. Hrsg. von A. Entsch. Mit dem (Lichtdr.-)Porträt des Herrn Ch. Maurice in Hamburg. 12. (XIV, 747 S.) Berlin 882. (Leipzig, Staackmann.) cart. n. 5. —

— dass. — 47. Jahrg. Mit den (Lichtdr.-)Portr. der Herren Ludw. Barnay und Heinr. Conried. 12. (XXV, 590 S.) Berlin 883. (Leipzig, Rother und Drescher.) cart. *

— dass. — 48. Jahrg. Mit den (Lichtdr.-)Portr. der Societaire des deutschen Theaters in Berlin (1 Lichtdr.-Taf.). 12. (XVIII, 199, 610 S.) (Ebendas.) 884. cart. *

Bühnen-Almanach, deutscher. 49. Jahrg. Hrsg. von Th. Entsch. 12. (XVIII, 279, 652 S. mit dem Stahlst.-Portr. von B. Pollini.) Berlin 885. (Leipzig, Rother.) cart. *

Bühnen-Almanach, deutscher. 50. Jahrg. Hrsg. v. Th. Entsch. 12. (XXII, 416 u. 694 S. m. 4 Stahlst.) Berlin 886. (Leipzig, Rother.) cart. n. 5. —

— dass. — 51. und 52. Jahrg. Hrsg. von Th. Entsch. 12. (XX, 708; XX, 703 S.) (Ebendas.) cart. à Jahrg. *

Bühnendichtungen, klassische, der Spanier, hrsg. und erkl. von Max Krenkel. II und III. gr. 8. Leipzig, Barth. à *ℳ 5.40. *
Inhalt:
II. Calderon, der wundertätige Zauberer. (XX, 348 S.) 885.
III. — der Richter von Zalamea, nebst dem gleichnam. Stücke des Lope de Vega. (XVI, 388 S.) 887.
I. Ebendas. 1881. *ℳ 4.50.

Bühnen-Almanach, deutscher. 54. Jahrg. Hrsg. v. Th. Entsch. 12. (XXIII, 331 u. 760 S. m. 1 Portr.-Taf.) Berlin 890. (Steinitz' Verl.) cart. n.n. 6. 50

Bühnen-Almanach, deutscher. 55. Jahrg. Hrsg. v. Th. Entsch. 12. (XXIII, 358 u. 782 S. m. 1 Portr.-Taf.) Berlin 891. (H. Steinitz' Verl.) Kart. n.n. 6. 50

— dasselbe. 56. Jahrg. 12. (XXIII, 868 u. 857 S. m. 1 Portr.-Taf.) Ebd. 892. Kart. n.n. 6. —

— dasselbe. 57. Jahrg. gr. 8. (XVI, 283 u. 576 S. m. 1 Stahlst.) Ebd. 893. Geb. in Leinw. n.n. 6. 50

— Gettke's. (Almanach der Genossenschaft Deutscher Bühnen-Angehöriger.) (Vorher so betitelt.) Herausg. von Ernst Gettke. Jhg. 16—17. 1888—89. Leipzig. gr. 8. Später: Neuer Theater-Almanach. . . . . (D.)

Bühnen-Almanach des St. Louis - Opern Hauses. Herausgegeben von F. Kreuter & C.(arl) Börnstein.
St. Louis Mo.
Jahrgang 1. 1861.

Deutsche Bühnenaussprache. Ergebnisse d. Beratgn z. ausgleich. Regelg d. deutschen Bühnenausspr., die v. 14. bis 16. Apr. 1898 . . . zu Berlin stattgefunden haben . . . Im Auftr. d. Komm. hrsg. v. Theodor Siebs. *Berlin, Köln & Leipzig: A. Ahn 1898.* (93 S., 1 Bl.) 1 Bd 8.

Deutsche Bühnenaussprache. Ergebnisse d. Beratungen z. ausgleichenden Regelung d. deutschen Bühnenaussprache, die 1898 zu Berlin stattgefunden haben ... Im Auftr. d. Komm. hrsg. von Theodor Siebs. 2. Aufl. Berlin, Köln & Leipzig: Ahn 1901. 102 S. 8° [illegible] 2

Bühnenbilder, Bayreuther. Serie Der flieg. Holländer. Erste u. einzig autoris. farbige Reproduktion der von Max Brückner in Coburg f. das Bayreuther Festspielhaus gemalten Originale. (3 Bl.) qu. gr. 4. Greiz (902). Dr. G. Henning. In Leinw.-Mappe 5. —

— dasselbe. Serie Parsifal. Erste u. einzig autoris. farb. Reproduktion der Bühnenbilder im Festspielhaus zu Bayreuth. Die Entwürfe zu denselben sind von P. Joukovsky u. Gebrüder Max u. Gotthold Brückner, ausgeführt f. das Festspielhaus v. den letztgenannten. (8 Bl.) qu. gr. 4. Ebd. (902). In Leinw.-Mappe 12. —

— dasselbe. Serie Der Ring des Nibelungen. Erste u. einzig autoris. farbige Reproduktion der von Max Brückner in Coburg f. das Bayreuther Festspielhaus gemalten Originale. (13 Bl.) qu. gr. 4. Ebd. (902). In Leinw.-Mappe 16. —

Bühnenbilder, Bayreuther. Serie Tannhäuser. Erste u. einzig autoris. farb. Reproduktion der Bühnenbilder im Festspielhaus zu Bayreuth. Die Entwürfe zu denselben sind v. den Herren Max u. Gotthold Brückner, ausgeführt f. das Festspielhaus v. denselben. (5 Bl.) qu. Lex.-8. Greiz (904). Dr. G. Henning. In Leinw.-Mappe n. 9. —

Bühnenblatt. Eduard Bloch. Jg. 1, Nr 1. Berlin: E. Bloch 1897. 4° [10. 6575]

Bühnen-Blatt. Red.: Ludw. Bloch. J. '10 u. '11 je ca 39 Nrn. ('11, Nr 1: 10) 34,5×24,5 cm. Berl., E Bloch. viertelj. 6 —: einz. Nrn — 50 d

Bühnen-Circular. Jahrg. 1868 in Nrn. (Bog.) gr. 4. Berlin, Lassar's Buchh. *

Bühnendichtungen, klassische, der Spanier, hrsg. u. erklärt von Max Krenkel. I. gr. 8. Leipzig 881. Barth. n. 4. 50
Calderon. Das Leben ist Traum. — Der standhafte Prinz. (XII, 292 S.)

Bühnendichtungen, klassische, der Spanier, hrsg. u. erklärt v. Max Krenkel. II. gr. 8. Leipzig 885. Barth. n. 5. 40 (I. u. II.: n. 9. 90)
Calderon. Der wunderthätige Zauberer. (XX, 348 S.)

Bühnendichtungen, klassische, der Spanier, hrsg. u. erklärt v. M. Krenkel. III. gr. 8. Leipzig 887. Barth. n. 5. 40 (I—III.: n. 15. 30)
Calderon, der Richter v. Zalamea, nebst dem gleichnam. Stücke d. Lope de Vega. (XVI, 388 S.)

Bühnenfestspiel, Richard Wagner's, Der Ring des Nibelungen. Ein Versuch den Inhalt des Werkes und die Intentionen des Dichter Componisten klarzulegen. München 1879. V: *Mossell.* (Antiqu. Kat. Nr. 56. Ernst Frensdorff. Berlin. S 35.)

Bühnenfreund, d. Sammlg ein- u. mehrakt. Theaterstücke jeder Gattg. Nr. 1—17. 8. Berl. 77, Kühling. 17. —
Bauermeister, M, Vertrauen. Dramat. Scherz. (16) — 75
Günther, M, durch d. Karten. Lustspiel. (23) — 75
Marsano, W, d. Helden. Lustspiel. (24) 1. 50
Meyer, L, d. Irrenhaus zu Dijon od. d. Wahnsinnige. Melodrama. (71) 2. 50
Reich, A, e. neue Penelope. Orig.-Schwank. (24) — 75
— d. Räthsel. Dramat. Scherz. (8) — 75
— d. Theaterprinzessin. Orig.-Lustspiel. (20) — 75
Salingré, H, d. Allerweltshelfer. Posse. (16) — 75
— Alles f. meine Tochter. Posse. (16) — 75
— d. Baum d. Erkenntniss. Orig.-Burleske. (16) — 75
— d. Leibkutscher. Schwank. (20) — 75
— e. ruh. Miether. Schwank. (12) — 75
— d. Reise d. Berlin in 80 Stunden. Gesangsposse. (61) 2. 50
Träger, A, u. E Pohl, Morgenstündchen e. Soubrette. Genrebild. (12) — 75
Treptow, L, Schelmenstreiche od. Fix-fertig-abgemacht. Lustspiel. (32) — 75
— wem gehört das Kind? Schwank. (20) — 75
Trojan, Eroberg d. Augenblicks. Lustspiel. (66) — 75

Bühnenfreund, der. Sammlung ein- u. mehrakt. Theaterstücke jeder Gattung. Nr. 1—17. 8. Berlin 877. Nolte. n. 11. 80

1. Die Reise durch Berlin in 80 Stunden. Gesangsposse in 3 Akten [7 Bildern] v. H. Salingré, Musik v. J. Lehnhardt. (61 S.) 1. 20
2. Der Leibkutscher. Schwank mit Gesang in 1 Akt nach E. H. Paul v. Salingré. Musik v. R. Bial. (20 S.) — 60
3. Eine neue Penelope. Orig.-Schwank in 1 Akt v. Adph. Reich. (24 S.) — 60
4. Alles für meine Tochter. Posse mit Gesang in 1 Akt nach einem französisch. Sujet v. H. Salingré. Musik v. R. Bial. (16 S.) — 60
5. Ein ruhiger Miether. Schwank mit Gesang in 1 Akt v. H. Salingré. (12 S.) — 60
6. Die Theaterprinzessin. Orig.-Lustspiel in 1 Akt v. Adph. Reich. (20 S.) — 60
7. Der Baum der Erkenntniß. Orig.-Burleske mit Gesang in 1 Akt v. H. Salingré. Musik v. J. W. A. Gaspary. (16 S.) — 60
8. Der Allerweltshelfer. Posse in 1 Akt v. H. Salingré. (16 S.) — 60
9. Die Helden. Lustspiel in 1 Akt u. in Alexandrinern v. Wilh. Marsano. (24 S.) 1. —
10. Vertrauen. Dramatischer Scherz in 1 Akt v. Max Bauermeister. (16 S.) n. — 60
11. Schelmenstreiche oder „Fix — fertig — abgemacht!" Lustspiel in 1 Akt v. Leon Treptow. (32 S.) n. — 60
12. Morgenstündchen einer Soubrette. Genrebild mit Gesang in 1 Akt v. Alb. Träger u. Emil Pohl. Musik v. A. Conradi. (12 S.) n. — 60
13. Eroberungen des Augenblicks. Lustspiel in 1 Akt v. Trojan. (16 S.) n. — 60
14. Durch die Karten. Lustspiel in 1 Akt v. Marie Günther. (23 S.) n. — 60
15. Die Räthsel. Dramatischer Scherz für 1 Herrn u. 1 Dame v. Adph. Reich. (8 S.) n. — 60
16. Wem gehört das Kind? Schwank in 1 Akt v. Leon Treptow. (20 S.) n. — 60
17. Das Irrenhaus zu Dijon oder der Wahnsinnige. Melodrama in 3 Aufzügen, nach dem Franz. d. Bereaud frei bearb. v. Ludw. Meyer. (71 S.) n. 1. 20

Bühnen-Genossenschaft, deutsche. Officielles Organ der „Genossenschaft deutscher Bühnen-Angehöriger". Redact.: E. Gleißenberg. 1.—8. Jahrg. 1872—1879. à Jahrg. 52 Nrn. (à 1—1½ Bog.) Imp.-4. Berlin, Günther und Sohn. à Jahrg. *

Bühnen-Genossenschaft, deutsche. Officielles Organ der „Genossenschaft deutscher Bühnen-Angehöriger". Red.: E. Gleißenberg. 8—11. Jahrg. 1879—1882. à 52 Nrn. (à 1—1 1/2 B.) Imp.-4. Berlin, Günther. à Jahrg. n. 15.—

Bühnen-Genossenschaft, deutsche. Officielles Organ der „Genossenschaft deutscher Bühnen-Angehöriger". Red.: W. Mannstaedt. 12—15. Jahrg. 1883—1886 à 52 Nrn. (à 1—1 1/2 B.) Imp.-4. Berlin, F. A. Günther. à Jahrg. n. 15. —

Bühnen-Genossenschaft, deutsche. Officielles Organ d. Genossenschaft deutscher Bühnen-Angehöriger. Red.: Th. A. Raeder. 16. Jahrg. 1887. 52 Nrn (à 1—1 1/2 B.) Imp.-4. Berlin, F. A. Günther & Sohn. Vierteljährl. n. 4. —; jährl. n. 15. —

—— dass. — 17. Jahrg., s. **Blätter, dramaturgische und Bühnen-Rundschau.**

— dasselbe. Red. v. E. F. Frey. 18. u. 19. Jahrg. 1889. 1890 à 52 Nrn. (à 1—1 1/2 B.) Imp.-4. Berlin, F. A. Günther & Sohn. Vierteljährl. n. 4 —; jährl. n. 15.—

Bühnen-Genossenschaft, deutsche. Offizielles Organ der Genossenschaft deutscher Bühnen-Angehöriger. Red. v. J. Edg. Válásits [gen. Jan Edgar]. 20.—23. Jahrg. 1891—1894. à 52 Nrn. (à 1—2 Bog.) Imp.-4. Berlin, F. A. Günther & Sohn. Vierteljährlich n. 4. —; jährlich n. 15.—

Bühnen-Genossenschaft, deutsche. Offiz. Organ der Genossenschaft deutscher Bühnen-Angehöriger. Red. v. J. Edg. Válásits [gen. Jan Edgar]. 24.—27. Jahrg. 1895—1898. à 52 Nrn. (à ca. 2 Bog.) Imp.-4. Berlin, F. A. Günther & Sohn. à Jahrg. n. 15.—
Kann auch vierteljährlich für n. 4.— bezogen werden.

Bühnen-Genossenschaft, deutsche. Amtl. Zeitg. der Genossenschaft deutscher Bühnen-Angehöriger. Schriftleitung: Geo. Rich. Kruse. 28.—31. Jahrg. 1899—1902. à 52 Nrn. hoch 4. (à ca. 10 u. 16 S.) Berlin, F. A. Günther & Sohn. à Jahrg. n. 15.—; vierteljährlich n. 4.—

Bühnen-Genossenschaft, deutsche. Amtliche Zeitung der Genossenschaft deutscher Bühnen-Angehöriger. Schriftleiter: Geo. Rich. Kruse. 32.—35. Jahrg. 1903—1906 à 52 Nrn. (à ca. 8 u. 8 S.) 4. Berlin, F. A. Günther & Sohn. à Jhrg. n. 15. —; vierteljährlich n. 4.—

Bühnen-Genossenschaft, deutsche. Amtliche Zeitg. der Genossenschaft deutscher Bühnen-Angehöriger. Schriftleiter: Geo. Rich. Kruse. 36.—38. Jhrg. 1907—1909. à 52 Nrn. (XI, 536 u. XI, 596 S.) 32,5×24,5 cm. Berlin, F. A. Günther & Sohn. à Jahrg. 15.—
Fortsetzg. s.: Weg, d. neue.

Bühnen-Kaleidoskop für Kronstadts Theaterfreunde ... [Kronstadt 1841.] V: *Moltke, Leopold.* (KU) (Pk) (Trausch)

Bühnen-Kalender, deut., f. 1901. Hrsg. v. O Elsner. 12° (Schreibkalender u. 158 m. 1 Taf. u. 1 Karte.) Berl., O Elsner. Geb. in L. 2 —

Bühnen-Kalender, deutscher, f. d. J. 1903. Taschenbuch f. alle Bühnen-Angehörige. Hrsg. unter Mitwirkg. hervorrag. Fachleute v. Geo. Elsner. 3. Jahrg. 12. (XVII S., Schreibkalender u. 189 S. m. 2 Taf. u. 1 Karte.) Berlin, O. Elsner. Geb. in Leinw., Subskr.-Pr. n. 1.50; Ladenpr. n. 2. —

Bühnen-Kalender für Dilettanten ⟨1. Jahrg.⟩ 1904/1905. Hrsg. v. Martinusverlag Aachen. *Aachen: Martinus-Verl. 1904.* 8° [F.] [04. 116]

Bühnen-Karriere. Ein Mahnwort f. Opernschüler. (Von Heinz Sattler.) (8) gr8° Berl., A Glas ('12). — 50

Bühnenkunst, deutsche. Monatsschrift f. dramat. Kunst u. Litteratur. Offiz. Organ d. deutschen Bühnengesellschaft. In Gemeinschaft m. Adb. v. Hanstein u. Vikt. Laverrenz hrsg. v. Herm. Schreyer. 1. Jahrg. April 1898—März 1899. 12 Hfte. (à ca. 40 S.) gr. 8. Leipzig, E. Avenarius. n. 10 —; einz. Hfte. n. 1. —
Kann auch halbjährlich bezogen werden.

Berliner **Bühnenkünstler.** Berlin, Globus Verlag [um 1904]
47 S. m. Abb. 4°

Bühnenleiter, der. Beiträge zu e. Renaissance des Theaters. Hrsg. u. Red.: Hanns Kollar. 1. Jahrg. März 1906—Febr. 1907. 12 Nrn. (à ca. 8 S.) Lex.-8. Wien (J. Lenobel). n. 6. —
Erscheint nicht mehr.

Biographisches **Bühnen-Lexikon** der Deutschen Theater von Beginn der deutschen Schauspielkunst bis zur Gegenwart zsgest. von O. G. Flüggen. Jg. 1. [Mehr nicht erschienen.] *München: A. Bruckmann 1892.* (VIII, 339 S.) 8° [04. 1589]

Bühnen-Luft. Unterhaltungsblatt f. Theater u. Variété. Jg. 1, No 1–13. [Mehr nicht erschienen.] (Berlin: Das kleine Witzblatt [1905].) (Getr. Pag.) 4°
Anf. s. u. d. T.: Flirt. [06. 4389]

Bühnenrede am 13. Dec. 1803. [Riga 1804.] V: *Lüderwald, Georg Ernst,* genannt *Lange.* (R-N)

Bühnen-Repertoir des Auslandes, s. a. **Both, L. W., Bühnen-Repertoir des Auslandes.**

Bühnen-Repertoir des Auslandes: Frankreichs, Englands, Italiens, Spaniens. In Uebertragungen hrsg. v. L. W. Both. I—VI. Bd. schm. gr. 4. Berlin, Hayn. à 1 Thlr. 12 Gr.

I. Bd. (17 B.) 830., enthält:
Der erste Eindruck. Lustsp. 4 Gr. — Der Erwartete. Drama. 4 Gr. — Der junge Ehemann. Lustsp. 6 Gr. — Juan Murillo. Drama. 6 Gr. — Vergeltung. Lustsp. 4 Gr. — Wer trägt d. Schuld? Lustsp. 4 Gr. — Carl XII. auf Rugen. Histor. Lustsp. 8 Gr. — Die junge Pathe. Lustsp. 4 Gr.

II. Bd. (16 B.) 831., enthält:
Familienleben Heinrichs IV. Lustsp. 4 Gr. — Philipp. Drama. 4 Gr. — Reue. Drama. 6 Gr. — Anstellung od. Frau? Lustsp. 8 Gr. — Der Bandit. Drama. 6 Gr. — Trilby. Kom. Op. 4 Gr. — Monaldeschi. Trauersp. 8 Gr. — Frauenhass. Lustsp. 4 Gr.

III. Bd. (17 3/4 B.) 831., enthält:
So geht's! Lustsp. 6 Gr. — Jean Calas. Histor. Melodrama. 8 Gr. — Der Schiedsrichter. Lustsp. 6 Gr. — Verheirathet u. begraben. Burleske. 4 Gr. — Die Scheidungsklage. Lustsp. 6 Gr. — Kummer durch Verstand. Sittengemälde. 8 Gr. — Er amüsirt sich doch! Berliner Lokalposse. 6 Gr. — Der Quäker u. die Tänzerin. Lustsp. 4 Gr.

IV. Bd. (21 3/4 B.) 832., enthält:
Dominique. Lustsp. — Mädchen u. Frau. Lustsp. — Heinrich III. u. sein Hof. Histor. Trauersp. à 8 Gr. — Richards Wanderleben. Lustsp. 10 Gr. — Die eiserne Maske. Drama. 12 Gr. — Rabelais. Dramat. Anekdote. 4 Gr. — Es ist schlimmer, als es war. Lustsp. — Die beiden Pachter. Lustsp. à 8 Gr.

Bühnen-Repertoir des Auslandes: Frankreichs, Englands, Italiens, Spaniens. In Uebersetzungen herausg. von L. W. Both. 5r Bd. Nr. 33—40. schmal gr. 4. Berlin 833, Hayn. 1 1/2 ℛ Enth.: Nr. 33. Die Gräfin du Barry, Lstspl. 5/12 ℛ — Nr. 34. Grundsätze, Lstspl. 1/4 ℛ — Nr. 35. Die Kunst wohlfeil zu leben, Lstspl. 1/3 ℛ — Nr. 36. Die beiden Foster, od. die Witwe v. Cornbill, dramat. Gemälde. 1/2 ℛ — Nr. 37. Untreue u. Eifersucht, Nachspl. 1/6 ℛ — Nr. 38. Marion de Lorme, Trspl. 1/2 ℛ — Nr. 39. Wie man sein Glück macht! Lstspl. 1/6 ℛ — Nr. 40. Der Thurm v. Nesle, Drama. 1/2 ℛ — 6r Bd. 1833. Nr. 41—48 1 1/2 ℛ Enth.: Nr. 41. Auf ewig! Lstspl. 1/4 ℛ — Nr. 42. Der Sarazene, Trspl. 1/3 ℛ — Nr. 43. Der Selbstmörder, Lstspl. 1/4 ℛ — Nr. 44. Lucretia Borgia, Trspl. 1/2 ℛ — Nr. 45. Damen u. Husaren, Lstspl. 1/3 ℛ — Nr. 46. Der Erbe, Lstspl. 1/6 ℛ — Nr. 47. Torquato Tasso, Schspl. 1/3 ℛ — Nr. 48. Der Findling, Lstspl. 1/6 ℛ — 7r Bd. 1834. Nr. 49—56. 1 1/2 ℛ Enth.: Nr. 49. Warum, Lstspl. v. Fr. Pitt. 1/6 ℛ — Nr. 50. Der Meuchelmörder, oder: Der Fluch d. bösen That, Posse v. Alex. Cosmar. 1/6 ℛ — Nr. 51. Nach Sonnen-Untergang, Lstspl. v. Angely. 1/6 ℛ — Nr. 52. Der Onkel als Nebenbuhler, Lstspl. v. Schneider. 1/6 ℛ — Nr. 53. Das Abenteuer, Lstspl. v. Karl Ernst. 1/4 ℛ — Nr. 54. Der Bekehrte, Lstspl. v. A. Cosmar. 1/6 ℛ — Nr. 55. Ein Fehltritt, Drama von H. Schmidt. 1/4 ℛ — Nr. 56. Michel Parrin, der Spion wider Willen, Lstspl. von L. Schneider. 1/4 ℛ — 8r Bd. 1837. Nr. 57—64. 1 1/2 ℛ Enth: Nr. 57. Der Pariser Taugenichts, Lstspl. v. Thdr. Dunkel. 1/3 ℛ — Nr. 58. Hummer u. Compagnie, Lstspl. v. Al. Cosmar. 1/4 ℛ — Nr. 59. Eine Hütte u. sein Herz, Lstspl. v. A. E. Wollheim. 1/4 ℛ — Nr. 60. Kean, oder Leidenschaft u. Genie, Schauspl. v. L. Schneider. 1/2 ℛ — Nr. 61. Der Bucklige, Schauspl. v. A. E. Wollheim. 1/2 ℛ — Nr. 62. Seite 24, oder die Memoiren d. Großmutter, Lstspl. v. G. Dörring. 1/6 ℛ — Nr. 63. Der Spion wider Willen, Militair-Schwank von Al. Cosmar. 1/6 ℛ — Nr. 64. Der Wagen des Emigranten, Drama v. A. E. Wollheim. 1/3 ℛ — 9r Bd. gr. Lex.-8. Ebd. 839. Nr. 65–72. 1 1/2 ℛ Enth.: Nr. 65. Die Zwillingsbrüder, Posse von L. Schneider. 1/3 ℛ — Nr. 66. Der Vater der Debütantin, od.: Doch durchgesetzt! Posse v. L. W. Both. 5/12 ℛ — Nr. 67. Voltaires Ferien, Lstspl. v. A. Heinrich. 1/4 ℛ — Nr. 68. Der Oberst von 18 Jahren, Lstspl. v. L. Schneider. 1/4 ℛ — Nr. 69. Sie ist wahnsinnig, Drama v. L. Schneider. 1/3 ℛ — Nr. 70. Frauenwerth, Drama v. A. Cosmar. 1/4 ℛ — Nr. 71. Der Arzt, Lstspl. v. Karl Ernst. 1/6 ℛ — Nr. 72. Ritter u. Knecht, Lstspl. v. Th. Dunkel. 1/4 ℛ

Bühnen-Repertoir des Auslandes: Frankreichs, Englands, Italiens, Spaniens. In Uebertragungen herausgeg. v. W. Both. X.—XV. Bd. Schmal gr. 4. Berlin 842—46, Hayn. X.—XIV. Bd. à 1 1/2 ℛ XV. Bd. 1/2 ℛ

X. Bd. No. 73. Minister u. Seidenhändler, oder die Kunst, Verschwörungen zu leiten. Lustsp. Nach Scribe von A. Preuß. 1/2 ℛ

No. 74. Nach Mitternacht. Schwank. Nach d. Französ. von Thdr. Dunkel. 1/6 ℛ

No. 75. Der Wattenfabrikant. Posse. Nach d. Französ. frei bearb. v. Ludw. Meyer. 1/3 ℛ

No. 76. Die Liebesjagd. Eine Komödie. Nach d. Engl. des J. S. Knowles. Metrisch bearb. v. Dr. Künzel. 1/2 ℛ

No. 77. Unbewußte Liebe, oder der Dorfarzt. Schausp. Nach d. Französ. des Mélesville u. Duveyrier von A. Heinrich. 1/3 ℛ

No. 78. Das Glas Wasser, oder Wirkungen u. Ursachen. Lustsp. v. Eugène Scribe. Uebers. v. Scherenberg. 1/4 ℛ

No. 79. Estelle, oder Vater und Tochter. Schauspiel v. Scribe. Aus d. Französ. von A. Heinrich. 1/6 ℛ

No. 80. Jeder fege vor seiner Thür! Lustsp. Aus d. Französ. v. L. Schneider. 1/6 ℛ

XI. Bd. No. 81. Die schöne Müllerin. Lustspiel in 1 Akt. Nach Mélesville u. Duveyrier. 1/6 ℛ

No. 82. Die Fessel. Lustsp. in 5 Aufz. von Scribe. 1/2 ℛ

No. 83. Molière. Schausp. in 3 Akten u. e. Vorspiel v. Desnoyer u. Labat. 5/12 ℛ

No. 84. Oskar. Lustspiel in 3 Akten von Scribe u. Duveyrier. 1/4 ℛ

No. 85. Die Memoiren des Teufels. Lustsp. in 3 Akten. 5/12 ℛ

No. 86. Lieutenant u. Consul. Histor. Lustsp. in 2 Aufz. nach Duvert u. Laurence. 1/4 ℛ

No. 87. Marquis u. Dieb. Komische Oper in 1 Akt. Nach Leuven u. Brunswick. 1/4 ℛ

No. 88. Die beiden Figaro. Lustsp. in 4 Aufz. 5/12 ℛ

XII. Bd. No. 89. Was ist Verläumdung? Lustsp. in 5 Aufz. Aus d. Französ. des Scribe von H. Fischer. 1/2 ℛ

No. 90. Stationen. Posse in 3 Aufz. Nach d. Französ. des Picard von Theod. Dunkel. 1/4 ℛ

No. 91. Der Heiraths-Antrag auf Helgoland, lebendes Bild in 2 Aufz. von L. Schneider. 1/3 ℛ

Bühnen-Repertoir des Auslandes rc. Berlin, Hayn.

XII. Bd. No. 92. Die Fräulein von St. Cyr. Schausp. in 5 Aufz. A. d. Franz. des A. Dumas v. Scherenberg. 1/2 ℛ

No. 93. Die Heimkehr. Lustsp. in 1 Akt. Aus d. Französ. des Laurencin u. Marc Michel v. M. P. 1/6 ℛ

No. 94. Der Geburtstag, oder die Schwiegermutter. Lustsp. in 2 Aufz. von Ch. Matthews. Deutsch von Grünewald. 1/4 ℛ

No. 95. Tartüffe, oder der Scheinheilige. Lustspiel in 5 Aufz. von Molière. 1/3 ℛ

No. 96. Er requirirt. Liederspiel in 1 Akt. Nach Jul. v. Voß von L. Schneider. 1/6 ℛ

XIII. Bd. No. 97. Medeia. Tragödie von Euripides. Metrisch übersetzt von Wilh. Wickenhagen. 1/3 ℛ

No. 98. Der Vicomte von Letorieres. Lustsp. in 3 Akten nach Bayard u. Dumanoir von Scherenberg. 5/12 ℛ

No. 99. Georg u. Therese, od. die Verwaisten. Schausp. in 2 Akt. nach d. Französ. des Auvray v. M. P. 1/4 ℛ

No. 100. Ein Sommernachtstraum v. W. Shakespeare, übers. von F. W. Wickenhagen. 5/12 ℛ

No. 101. Die Schatzgräber. Komisches Singsp. in 1 Akt. Musik von Mehul. Nach d. Französ. neu bearb. von L. Schneider. 1/6 ℛ

No. 102. Der Ehemann auf dem Lande. Lustsp. in 3 Akt. Nach d. Französ. von Scherenberg. 5/12 ℛ

No. 103. Antigone. Tragödie des Sophokles. Uebersetzt von F. W. Wickenhagen. 1/4 ℛ

No. 104. Der Stammvater der russischen Flotte. Dramatisirt von N. Polewoi, in 1 Akt; übersetzt von Carl Mohr. 1/6 ℛ

XIV. Bd. No. 105. Satan od. d. Teufel in Paris. Lustsp. in 4 Akten, nebst e. Vorspiel: „Der räthselhafte Besuch," u. e. Nachspiel: „Des Räthsels Lösung." Nach Clairville u. Damarin von B. A. Hermann.

No. 106. Der Kaufmann von Venedig v. Shakespeare. Uebersetzt von Fr. Wilh. Wickenhagen.

No. 107. Der Essighändler. Schausp. in 2 Akt. v. Mercier.

No. 108. Johanna u. Jeanette. Schausp. in 2 Aufzügen nach Scribe von W. Friedrich.

No. 109. Der Jude. Schausp. in 4 Aufz. v. Cumberland. Neu bearb. von E. Seydelmann.

No. 110. Ihr Bild! Lustsp. in 1 Aufz. Nach d. Französ. des Scribe u. Sauvage von L. Schneider.

No. 111. Mazeppa. Ein Trauerspiel in 5 Aufz. v. Jul. Slowacki. Aus d. Poln. von Aug. v. Drake.

No. 112. Der Taubstumme, oder der Abbé de l'Epée. Schauspiel in 5 Akten von Bouilly.

XV. Bd. No. 113. Marie-Anne, ein Weib aus dem Volke. Drama in 5 Akten. Frei nach Dennery und Mallian von Jos. Mendelssohn.

Bühnen-Repertoir des Auslandes, Frankreichs, Englands, Italiens, Spaniens. In Uebertragungen herausgegeb. v. W. Both (Ludw. Schneider.) XV. Bd. No. 114—120. XVI—XIX. Bd. No. 121—157. Schmal gr. 4. Berlin 847—52, Hayn. XV—XVIII. Bd. à 1 1/3 ℛ No. 145—157. 3 11/12 ℛ

XV. Bd. No. 114. Der Herzensdieb. Lustspiel in 1 Act. N. d. Franz. des Mélesville, Labiche u. Lefranc von M. Preusse. (12 S.) 1/6 ℛ

No. 115. Die Drillinge. Lustspiel in 3 Aufz. A. d. Franz. neu bearb. (16 S.) 1/3 ℛ

No. 116. Hamlet, Prinz von Dänemark. Drama v. W. Shakspeare, übersetzt von W. Hagen. (50 S.) 1/2 ℛ

No. 117. Der Schwiegersohn des Millionairs. Schauspiel in 5 Acten von Léonce u. Moléri. Deutsch von M. Preusse. (22 S.) 1/3 ℛ

No. 118. Lucrecia. Trauerspiel in 5 Acten u. in Versen von M. Ponsard. Uebertragen von W. Eccius. (24 S.) 1/3 ℛ

No. 119. Ein Mann, der ausgeht. Lustspiel in 2 Acten von Scribe, Cormon u. Grangé. Uebers. von L. Schneider. (21 S.) 1/4 ℛ

No. 120. Das Ehrenwort. Schauspiel in 2 Acten von Fournier. Deutsch von B. A. Herrmann. (14 S.) 1/6 ℛ

Bühnen-Repertoir des Auslandes etc. XVI. Bd. No. 121. König René's Tochter. Lyrisches Drama in 1 Act von Henrik Hertz. Frei aus d. Dän. v. Heinr. Smidt. (17 S.) 1/4 ℛ

No. 122. Der Weber. Lustsp. in 1 Act v. Thom. Haynes Bayly. Frei nach d. Engl. v. E. F. Grünewald. (8 S.) 1/6 ℛ

No. 123. Herzmutterchen! Lustp. in 1 Act. v. Dennery u. Lemoine. Deutsch von M. Preusse. (11 S.) 1/6 ℛ

No. 124. Der betrogene Betrüger. Lustsp. in 4 Acten von Bayard. Frei nach d. Franz. v. L. Koch. (23 S.) 1/3 ℛ

No. 125. Die Auferstandene. Romant.-kom. Gemälde in 3 Abthlgn. etc. Frei nach A. Bourgeois u. G. Lemoine von Frdr. Adami. (32 S.) 1/2 ℛ

No. 126. Michel Bremond. Schausp. in 5 Acten. Nach dem Franz. des Viennet, von C. A. Paul. (28 S.) 5/12 ß

No. 127. Der galante Abbé. Lustsp. in 2 Acten, von Laroncin u. Clairville. Aus d. Franz. von Mor. Preusse. (20 S.) 1/4 ß

No. 128. Ein Geständniss, od.: der Artikel 213 des bürgerl. Gesetzbuchs. Lustsp. in 1 Act, von Dennery u. Lemoine. Deutsch v. Ludw. Meyer. (11 S.) 1/6 ß

XVII. Bd. No. 129. Eine Fenster-Promenade. Lustsp. in 1 Act, von Scribe u. Gust. Lemoine. Deutsch von L. Schneider. (14 S.) 1/6 ß

No. 130. Der Lumpensammler von Paris. Drama in 5 Acten nebst e. Vorspiele, (12 Tableaux.) v. Fel. Pyat. Nach d. Franz. von Heinr. Smidt. (29 S.) 5/12 ß

No. 131. Wohl zu bekommen! Lustsp. in 1 Act, von Ancelot u. Paul Duport. Deutsch von Louis Julius. (9 S.) 1/6 ß

No. 132. Der Trompeter des Prinzen. Komische Oper in 1 Act, von Melesville. Deutsch von J. C. Grünbaum. (15 S.) 1/4 ß

No. 133. Der Beschützer. Schausp. nach dem Franz. des Scribe. Deutsch von C. A. Paul. (16 S.) 1/4 ß

No. 134. Der Chevalier de Maison-Rouge, od. Rettet die Königin! Drama v. Alex. Dumas u. Aug. Maquet. Deutsch von Heinr. Smidt. (21 S.) 1/3 ß

No. 135. Fräulein Frau. Lustsp. v. Lefranc u. Labiche. Deutsch von J. C. M. Schneider. (10 S.) 1/6 ß

No. 136. Der Elfenhügel. Drama m. Gesang in 5 Acten v. Joh. Ludw. Heiberg. Deutsch v. Heinr. Smidt. (22 S.) 1/3 ß

XVIII. Bd. No. 137. Der Puff! oder Lüge schlägt Wahrheit. Lustspiel v. Eug. Scribe. Deutsch von Heinr. Smidt. (25 S.) 1/3 ß

No. 138. Das schwarze Buch. Drama in 5 Acten. Frei nach d. Franz. d. Léon Gozlan v. H. F. Heine. (26 S.) 5/12 ß

No. 139. Ein ehrlicher Mann. Lustspiel in 3 Akten. Nach der Idee v. Anvray's „Lenoir" v. Frdr. Adami. (25 S.) 5/12 ß

No. 140. Kleine Leiden d. menschl. Lebens. Posse in 1 Act. Nach der Idee e. Vaudevilles v. Clairville frei bearb. v. Frdr. Adami. (12 S.) 1/6 ß

No. 141. Eine Ohrfeige um jeden Preis. Lustspiel in 1 Act. Frei nach Dumanoir v. M. P. (12 S.) 1/6 ß

No. 142. Ist es ein Traum? Lustsp. in 2 Acten. Nach Rougemont v. W. Grohmann. (12 S.) 1/6 ß

No. 143. Eine Dorf-Familie in der Residenz. Lustspiel in 3 Acten, nach Mélesville frei bearb. v. Frdr. Adami. (24 S.) 1/4 ß

No. 144. Die Theilung der Güter. Schwank in 1 Akt, nach Clairville v. Th. Rose. (12 S.) 1/6 ß

XIX. Bd. No. 145. Die Erzählungen der Königin v. Navarra, od.: Rache f. Pavia. Lustspiel in 5 Acten, v. Scribe u. Legouvé. Deutsch v. A. Theobald. (38 S.) 1/2 ß

No. 146. Bajazzo, od.: Hanswurst u. seine Familie. Volks-Schauspiel in 5 Acten. Frei nach d. Franz. des D'Ennery u. Marc-Fournier v. S. E. (28 S.) 5/12 ß

No. 147. Die Braut unter Quarantaine. Lustspiel in 1 Aufzug nach E. Scribe u. Mazères v. F. Tietz. (9 S.) 1/6 ß

No. 148. Ein Duell unter Cardinal Richelieu. Schauspiel in 3 Aufzügen. Frei nach dem Franz. von Fr. Tietz. (14 S.) 1/4 ß

No. 149. Frauenkampf, od.: Ein Duell der Liebe. Lustspiel in 3 Aufzügen v. Scribe u. Legouvé. Deutsch v. A. Theobald. (25 S.) 1/3 ß

No. 150. Die Geheimnisse der Kapelle. Romantisches Gemälde in 3 Aufzügen nach Eug. Sue. Frei bearb. v. H. Hugo. (23 S.) 1/3 ß

No. 151. Ein Englisches Gesetz. Schauspiel in 2 Aufzügen. Frei nach Fournier u. T. Terrier von Fr. Tietz. (14 S.) 1/4 ß

No. 152. Die zwölfte Stunde. Schauspiel in 3 Aufzügen nach Soulié v. Frdr. Adami. (23 S.) 1/3 ß

No. 153. Tantalus-Qualen. Lustspiel in 1 Aufzuge. Nach d. Franz. des Duvert u. Lauzanne v. Geo. Hosokiel. (12 S.) 1/6 ß

No. 154. Der Hauptmann der Schaarwache. Lustspiel in 2 Akten, frei nach Lockroy v. Th. Rose. (19 S.) 1/4 ß

No. 155. Der Aufstand in Barcelona oder das Gelübde. Romantisch-histor. Schauspiel in 3 Aufzügen, theilweise nach d. Franz. v. Frdr. Adami. (26 S.) 1/3 ß

No. 156. Der Ehrenmann. Lustsp. in 2 Akten nach Scribe von A. v. E. (14 S.) 1/6 ß

No. 157. Das Fräulein v. Seiglière. Lustspiel in 4 Aufzügen, v. Jules Sandeau. Deutsch v. Th. Rose. (30 S.) 5/12 ß

Bühnen-Repertoir des Auslandes: Frankreichs, Englands, Italiens, Spaniens. In Uebertragungen herausg. von L. W. Both (L. Schneider). Berlin 853. Hayn. 4. (XX. Bd.)

Nr. 158. Der Handschuh u. der Fächer. Lustspiel in 3 Aufzügen von Bayard und Sauvage. Deutsch von Stephan. (24 S.) 12 1/2 ngr

„ 159. Die Wunder des Magnetismus. Posse in 1 Akt, nach Marc-Michel, von A. Theobald. (14 S.) 5 ngr

„ 160. Ein alter prächtiger Knabe. Lustspiel in 1 Aufzuge von Henry Murger. Deutsch von Stephan. (9 S.) 5 ngr

Fortsetzung s. Both's Bühnen-Repertoir.

- 159. Die Wunder des Magnetismus. Posse in 1 Akt, nach Marc-Michel von A. Theobald. (14 S.) 5 Ngr.
- 160. Ein alter prächtiger Knabe. Lustspiel in 1 Aufzug von Henry Murger. Deutsch von Stephan. (9 S.) 5 Ngr.
- 161. Ein edles Weib. Schauspiel in 1 Akt nach Mercau und Delacou von A. Theobald. (27 S.) 5 Ngr.
- 162. Man sucht einen Erzieher. Lustspiel in 2 Akten nach A. Decourcelle und Jaime Fils von F. Jünger. (37 S.) 7 1/2 Ngr.
- 163. Freude macht Angst. Lustspiel in 1 Aufzug. Nach dem Französ. der Frau Emile de Girardin bearb. von Max Ring. (26 S.) 5 Ngr.
- 164. Ein Zündhölzchen zwischen zwei Feuern. Schwank in 1 Aufzug. Nach dem Französ. des M. Honoré von Geo. Hiltl. (16 S.) 5 Ngr.
- 165. Mein Herr Schwiegersohn. Lustspiel in 3 Akten. Nach E. Augier und Jules Sandeau frei bearb. von Max Ring. (41 S.) 10 Ngr.
- 166. Am Fenster. Schwank in 1 Aufzug. Frei nach A. Achard von Stein. (16 S.) 5 Ngr.
- 167. Königin Margot und die Hugenotten. Dramatisches Gemälde in 2 Abthlgn. und 5 Akten. Der „Reine Margot" des A. Dumas frei nachgebildet von Friedr. Adami. (72 S.) 15 Ngr.
- 168. Bertha am Klavier. Lustspiel in 1 Akt, nach Barrière und Lorin, von A. Theobald. (25 S.) 5 Ngr.
- 169. Eine Spiel-Parthie. Lustspiel in 1 Akt. Frei nach dem Französ., bearb. von J. Denecke. (20 S.) 5 Ngr.
- 170. Die Jagd nach der Wittwe. Posse in 1 Akt. Nach dem Französ., von Geo. Hiltl. (20 S.) 5 Ngr.
- 171. Vier Advokaten. Lustspiel in 3 Akten, nach Dumanoir und Clairville, frei bearb. von J. Heymann. (29 S.) 7 1/2 Ngr.
- 172. Eine italienische Nacht, oder: Der Wasser-Doctor wider Willen. Posse in 2 Akten, frei nach Bayard, von J. Helter. (28 S.) 7 1/2 Ngr.
- 173. Wie man Raben fängt! Posse mit Gesang in 3 Akten, nach Labiche und Marc-Michel, von Rud. Hahn. (38 S.) 7 1/2 Ngr.
- 174. Der Droschkenkutscher. Schauspiel in 2 Abthlgn. und 5 Akten. Nach dem Französ. bearb. von J. Heymann. (60 S.) 12 1/2 Ngr.
- 175. Magister Bläckstadius, oder das Heirathsgesuch. Posse in 2 Akten, nach dem Schwed. des A. Blanche von A. v. Winterfeld. (22 S.) 5 Ngr.
- 176. Valerie. Schauspiel in 3 Akten von Scribe und Melesville. Deutsch von A. v. Winterfeld. (24 S.) 5 Ngr.
- 177. Ich esse bei meiner Mutter. Lustspiel in 1 Aufzuge. Frei nach Decourcelle und Thiboust von A. v. Winterfeld. (16 S.) 5 Ngr.
- 178. Der Freiwillige. Lustspiel in 3 Akten. Nach Bayard bearb. von Max Ring. (56 S.) 12 1/2 Ngr.
- 179. Athos, Porthos und D'Artagnan, oder: Die drei Musketiere. Historisches Schauspiel in 4 Akten und mit einem Vorspiele: Der Mönch. Dem Französischen: „Vingt ans après" des Alex. Dumas frei nachgebildet von A. Theobald. (67 S.) 15 Ngr.

Vgl. II. Bd. 1. Abthl. S. 152.

Bühnen-Repertoir, neuestes, für Schauspiel, Posse und Lustspiel. (Den Bühnen gegenüber als Mscrpt. gedr.) Berlin (856.) Gebauer. (Streerath u. Co.) 8.

Nr. 1. Ein Mord oder der falsche Müller. Lustspiel in 3 Akten von Karl Löffler. (68 S.) 15 ngr

—— neuestes, f. Schausp., Posse u. Lustsp. Nr. 1. 8. Berl. 60, Streerath. — 15

Löffler, K, e. Mord od. d. falsche Müller. (68)

Bühnen-Roland. Das freie Wort d. Schauspielers. Des „Bühnenboten" 13. J. '12. Chefred.: Curt Clauder. Red.: Hellm. Clauder. 52 Nrn. (Nr 21: 12 u. 4) Lex8° Grüna b/Chemn., Curt Clauder. (Nur dir.) viertelj. 3 —; einz. Nrn — 25 d

Bühnen-Rundschau. Organ der Vereinigung theaterspiel. Vereine Sachsens. Red.: Rob. Peitz. 1. Jahrg. 1906. 12 Nrn. (à 8 S.) gr. 4. Flöha, A. Peitz & Sohn. n.n. 1. —

Die „Thalia" wurde 06 hiermit vereinigt. — Erschien bis '08 in Flöha.

Bühnen-Rundschau. Organ der freien Vereinigg. theaterspiel. Vereine im Königr. Sachsen. Organ des dramat. Bundes Oberlausitz. Organ f. d. dramat. Bund Zwickau-Glauchau. Red.: Rob. Peitz. 2.—4. Jahrg. 1907—1909. à 12 Nrn. (à ca. 8 S.) 32,5×23,5 cm. Chemnitz (Alexanderstr. 2). H. Peitz. Postfrei à Jahrg. nn 1. 50

Der Bühnenschriftsteller. Hrsg. von d. Vertriebsstelle d. Verbandes Deutscher Bühnenschriftsteller, G. m. b. H. in Berlin ... Jg. 1, Nr 1. (Charlottenburg) [illegible] (Herrosé & Ziemsen). 4° [illegible]

Bühnenschriftsteller, der. Hrsg. v. der Vertriebsstelle des Verbandes deutscher Bühnenschriftsteller G. m. b. H. in Berlin. Enth. die öffentl. Mitteilgn. des Verbandes deutscher Bühnenschriftsteller. Red.: Art. Dinter. 2. Jahrg. Juli 1910—Juni 1911. 52 Nrn. (à ca. 8 S.) 37×24,5 cm. Berlin, Boll & Pickardt. 6. —

Bühnenschriftsteller, Der. Hrsg. v. d. Vertriebsstelle d. Verb. Deut. Bühnenschriftsteller in Berlin. Red.: Art. Dinter. 2. J., Juli—Dez. '10. 12 Nrn u. 3. u. 4. J. '11 u. '12, 25, bezw. 21 Nrn. ('12, Nr 1 u. 2: 12) 36,5×24,5 cm. Berl., Boll & P. viertelj. 1.50; einz. Nrn — 50 d

Bühnenschwarm, Der, oder das Spiel der Schauspieler; eine Tragödie ... Leipz. 1804. V: *Wagner, Gottlob Heinrich Adolph.* (GGr) (MGT)

Buhnenschwarm, der, od. d. Spiel d. Schauspieler. 8. Leipz. 804. Steinacker. 12 gr

Bühnen- und Familien-Shakespeare, deutscher, s. Devrient, Ed. und Otto.

Bühnen-Spiegel, Der. Halbmonatsschr. f. Bühne u. Dramatik. Hrsg. v. Verlage Kritik. Verantwortl.: J Pangoff. 1. J. Apr. '11—März '12. 24 Hefte. (1. Heft: 32) 8° Frankf.M. (Lpzg, H Dege.) viertelj. 2.50; einz. Hefte — 50 d ðF

Bühnenspiele, von K. Klähr. Enthalten: 1) der Alchymist, Lustspiel. 2) das seltene Wiedersehen. 3) der Zauberspiegel, Lustspiel. 8. Meißen, Gödsche. 819.

Bühnenspiele

— von F. Grafen v. Riesch. 4 Bde. — 1r Band auch u. d. Titel: Lustspiele, enthält: Polybius in 2 Aufzügen. — die Werbung in 1 Aufzug. — der Zaubergürtel in 2 Aufz. — die Nebenbuhlerin in 1 Aufzug. — die Fürstin v. Astrachan, in 2 Aufz. — die treuen Ungetreuen in 2 Aufz. — Wer bin ich, in 2 Aufz. — 2ter Band enthält: der Sturz in den Abgrund, Drama in 3 Akten. — Gabriele, Trauerspiel in 5 Aufz. — 3ter Band enthält: Wie du mir, so ich dir. — Ich bin nicht ich. — die Ueberlisteten. — das Gespenst im Keller. — Nichts. — Ein Scherz des Schicksals. — die Abentheuer einer Ballnacht. — der Schellenbaum. — 4r Band enthält: der Freyschütz. — die Bleykammer von Venedig. — Scherz, Gefahr und Liebe. — 8. Wien, Tendler u. v. Manstein. 820. à 1 Thlr.

Bühnenspiele, heitere, in freien Bearbeitungen und Uebersetzungen nach dem Französischen von B. A. Herrmann. 8. (150 S.) Hamburg 817, Bernhardt. Thlr.

Bühnenspiele, heitere, in freien Bearbeitungen u. Uebersetzungen nach d. Franz. v. B. A. Herrmann. (Eine Reise nach Spanien. Alles durch die Frauen. Johanna u. Hannchen. Fleck. Der Vater der Debütantin. Eine Räubergeschichte.) 8. (156 S.) Hamburg 848, Bernhardt. 1½ ʀ

Bühnen-Spielplan, deutscher. Theater-Programm-Austausch. Septbr. 1896—Aug. 1899. à 12 Hfte. (à ca. 3 Bog.) 8. Leipzig, Breitkopf & Härtel. à n. — 75; Einzelpr. à n. 1. —

Bühnen-Spielplan, deutscher. Theater-Progr.-Austausch. Septbr. 1899—Aug. 1903. à Jahrg. 12 Hfte. 8. Leipzig, Breitkopf & Härtel. à Hft. n. — 75; Einzelpr. à Hft. n. 1. —
1899/1900. (VII, 738 S.) — 1900/1901. (VIII, 804 S.)
1901/1902. (II, 858 S.) — 1902/1903. (Septbr.—Febr. 538 S.)

Bühnen-Spielplan, deutscher. Theater-Progr.-Austausch. Septbr. 1899—Aug. 1900. Register. 8. (111 S.) Leipzig 901. Breitkopf & Härtel. n. 2. —

— dasselbe. Septbr. 1900—Aug. 1901. Register. 8. (122 S.) Ebd. 901. n. 2. —

— dasselbe. Septbr. 1901—Aug. 1902. Register. 8. (140 S.) Ebd. 902. n. 2. —

Bühnen-Spielplan, deutscher. Theater-Programm-Austausch. Mit Unterstützg. des deutschen Bühnenvereins. Septbr. 1902—Aug. 1903. 4.—12. Heft. (S. 255—888.) 8. Leipzig, Breitkopf & Härtel. à Hft. n. — 75; Einzelpr. à Hft. n. 1. —; Register. (144 S.) n. 2. —

— dasselbe. Septbr. 1903—Aug. 1904. 12 Hefte (964 S.) 8. Ebd. à Hft. n. — 75; Einzelpr. à Hft. n. 1. —; Register (152 S.) n. 2. —

— dasselbe. Septbr. 1904—Aug. 1905. 12 Hefte (1011 S.) 8. Ebd. à Hft. n. — 75; Einzelpr. à Hft. n. 1. —; Register (158 S.) n. 2. —

— dasselbe. Septbr. 1905—Aug. 1906. 12 Hefte (1106 S.) 8. Ebd. à Hft. n. — 75; Einzelpr. à Hft. n. 1. —

— dasselbe. Septbr. 1906—Aug. 1907. 1.–3. Heft. (S. 1—330.) 8. Ebd. à Hft. n. — 75; Einzelpr. à Hft. n. 1. —

Bühnen-Spielplan, dtschr. Theater-Programm-Austausch. Mit Unterstützg. des deutschen Bühnenvereins. 8. Leipzig, Breitkopf & Härtel.
10. Jahrg. Septbr. 1905—August 1906. Register. (155 S.) 906. 2. —
11. Jahrg. Septbr. 1906—Aug. 1907. 4.—12. Heft. (S. 331—1141.) à Heft — 75; Einzelpr. à Heft 1. —; Register. (185 S.) 907. 3. —
12. Jahrg. Septbr. 1907—August 1908. 12 Hefte. (1249 S.) à Heft — 75; Einzelpr. à Heft 1. —; Register. (198 S.) (908.) 5. —
13. Jahrg. Septbr. 1908—Aug. 1909. 12 Hefte. (1190 S.) à Heft — 75; Einzelpr. à Heft 1. —; Register. (202 S.) 910 5. —
14. Jahrg. Septbr. 1909—Aug. 1910. 12 Hefte. (1164 S.) à Heft — 75; Einzelpr. à Heft 1. —

— dass. 15—17. J. Sept. '10—Aug. '13 je 12 Nrn. (15. J.: 187; 16. J.: 185) Lex8° Berl., Oesterheld & Co. je 12 — d

— dass. 15. J. Sept. '10—Aug. '11. Reg. (90) Lex8° Ebd. '12. 6 — d

Bühnenstücke, spanische, der besten Dichter neuerer Zeit. Mit Lebensskizzen d. Verfasser, Erklärung der schwierigsten Wörter, so wie mit Hinweisungen auf Grammatik u. Synonymik. Zum Privat- u. Schulgebrauch von H. M. Melford. 1s Bdchen. A. u. d. T.: El Si de las ninas. Comedia en tres actos en prosa. Por D. Leandro Fern. de Moratin. gr. 12. Braunschw. 839. Leibrock. n. ⅔ ʀ — 2s Bdchen. A. u. d. T.: Las Hermanas generosas. Comedia moral en un acto, en verso, por Nicasio Alvarez de Cienfuegos. gr. 12. Ebd. 839. ¼ ʀ

Bühnenstücke, zwey, von Freyherrn von Thumb. Enth.: Christian von Wolfenbüttel, Schauspiel. — Ehestands-Repressalien, Lustspiel. 8. Tübingen, Laupp. 820.

Bühnen-Unwesen, Wiener. Offener Brief an den Vereinsausschuß des „Deutschen Volkstheaters" v. F. Scenicus. 8. (40 S.) Wien 890, (Deuticke). — 40

Bühnenwächter, der. Hamburger Theater-Zeitung für Kunst und Leben. 1. Jahrg. 1855. 52 Nrn. (Bog.) Fol. Hamburg 855, (D. Meißner.) *

Bühnenwelt. Blätter für dramaturg. u. belletrist. Unterhaltung. Redig. von W. Alex. Lieboldt. 1843. 52 Nummern. (Bog.) Mit Beilagen. gr. 8. Nürnberg 843, Winter. n. 4 ʀ — Vergl. Blätter, Nürnberger, für Theater rc.

— dies. 1845. Oct. bis Dez. Ebend. ½ ʀ

— dies. Redact.: Georg Winter. Jahrg. 1846. 104 Numm. (½ Bog.) 4. Ebend. 846. n. 2 ʀ

Bühnenwelt. Blätter f. dramaturg. u. belletr. Unterhaltung. Red.: G. Winter. 5. Jahrg. 1847. 104 Nrn. gr. 8. (½ B.) Nürnberg, Winter's Centralbureau. n. 2 *ℳ*

Bühnenwelt, die. Illustr. Wochenschrift f. darstell. Künste u. Musik. Verantwortlich: Camillo Frdr. Wyn, f. Österreich-Ungarn: Rud. Lechner. 1. Jahrg. Oktbr.—Dezbr. 1909. 13 Nrn. (à 16 S.) Berlin, Verl. d. „Bühnenwelt". — 85
Erscheint nicht mehr.

Bühnenwelt, die deutsche, s. Kunst- und Bühnenwelt.

Bühnenwerke, verbotene. Hrsg. v. Adam Müller-Guttenbrunn. 1. u. 2. Stück. 8. Wien, F. Schalk. à n. 1. 25
1. Söhne Israels. Drama in 4 Acten. Von B. Kriloff u. S. K. Litwin. (Autoris. Uebersetzg. aus dem Russ.) (96 S. m. 1 Taf.) (901.)
2. Harte Hände. Culturbild in 3 Acten. Von Roman Bozykowski. (Autoris. Uebersetzg. aus dem Poln.) (99 S.) (902.)

Bühner, Adolf, aus Mühlhausen i. Th.: Ueber Condensationsprodukte des Indens. *München 1902: V. Höfling.* (40 S.) 8°
München, Phil. Diss. v. 1902

Bühner, Carl, a. Marburg: Beiträge zur Kenntnis der kristallinischen Flüssigkeiten. Marburg 1906: J. A. Koch. (45 S.) 8°
Marburg, Phil. Fak., Ref. Zincke, Schaum, Diss. v. 30. Jan. 1906
[Geb. 5. Febr. 82 Marburg a. L.; Wohnort: Marburg; Staatsangeh.: Preußen; Vorbildung: Oberrealsch. Marburg Reife O. 02; Studium: Marburg 8 S.; Rig. 25. Nov. 05.]

Bühner, Franz, prakt. Arzt aus Clieve (Westf.): Über einen Fall von Nephrotomie wegen Nierenblutung infolge einseitig hämorrhagischer Nephritis. *Bonn 1901: C. Georgi.* (35 S.) 8°
Bonn. Med. Diss. v. [28.] März 1901

Bühnert, Franz

Don-Juans Ende. Zukunfts-Posse mit Gesang in 1 Akt von Jak. Lippmann. [Musik von Franz **Bühnert.**] [Textbuch.] Leipzig: Richter [um 1909]. 23 S. 8° Inp. 15068

Buhr u. Buzon, Geographie für die elsaß-lothringischen Schulen. Größere Ausg. (190 S. m. Abbildgn. u. 1 farb. Karte.) gr. 8. Metz 902. P. Even. Geb. in Leinw. n. 1.80

Buhr, Gust., Gedanken e. Arbeiters üb. Gott u. Welt, s.a. Gegen den Materialismus.

Buhr, Gustav, Gedanken eines Arbeiters über Gott und Welt. Mit einem Vorwort von Dr. Theobald Ziegler. 8°. Stuttgart, Krabbe, 1892.

Buhr, J., am Grabe der Mutter, s.: Esser's, J., Sammlung leicht aufführbarer Theaterstücke.

— Die zwei Neger, s.a. Esser's, J., Sammlung leicht aufführbarer Theaterstücke.

Buhr, J., die 2 Neger. Schwank in 1 Aufzug. Aus dem Ital. in's Deutsche übertr. v. B. 12. (20 S.) Paderborn 894. J. Esser. n. — 40

Buhr, J, s.a. Schuhflicker, Der.

— der Schuhflicker. Lustspiel in 3 Aufzügen. Aus dem Ital. in's Deutsche übertr. v. B. 12. (60 S.) Ebd. 894. n. — 80

— d. 99 Thaler, s.: Esser's, J, Sammlg leicht aufführbarer Theaterstücke.

Buhr, Jos.

Buhr, J., die hl. Märtyrer v. Osimo, s.a. Vereinstheater, neues.

Die heil. Märtyrer von Osimo. Schauspiel in 5 Aufz. Aus d. Ital. in's Deutsche übertr. von J[os.] **Buhr,** Priester. *Essen (Ruhr): Fredebeul & Koenen 1900.* (57 S.) 8° [F.]
— Vereinstheater, Neues. No 23. [ca. 180 B

Buhr, P. H., De usu opii chirurgico. 16 pp. Gott. 4°. 1780

Buhr, Vict., d. Sozialismus in d. deutschen Armee. Selbst-Erlebtes. 12. (46 S.) Berlin 893. Moderner Verlag. n. — 50

(**Bühr,** W[ilhelm], [und] **Kull,** G[otthilf].) Ein Gedächtnisblatt für G[eorg] F[riedrich] Erhardt, den verstorbenen Direktor der Taubstummen-Anstalt in St. Gallen. [Sep.-Abdr. aus: Organ der Taubstummen-Anstalten in Deutschland und den deutschredenden Nachbarländern. Jahrg. 49.] 10 S. 8. [Friedberg, C. Bindernagel, 1903.]

Bühr, W(ilh[elm]). Rückblicke auf die Entwicklung des Taubstummenbildungswesens im Kanton St. Gallen. Ein Gedenkblatt zur Feier des 50jährigen Bestandes der Taubstummenanstalt St. Gallen, 9. Mai 1909. Im Auftrage der Direktionskommission zusammengestellt von W. B', Vorsteher. [Mit Figuren, 9 Tafeln und 3 Tabellen.] 103 S. 8. St. Gallen; Zollikofer & Cie., 1909.

Bühren

Bühren, A., Kassenfluch u. Pampelmeier, oder: So schließt man Akkorde. Historisches Schauspiel mit Gesang. 8. (32 S.) Cöslin 852, Volger. Verklebt. ⅓ *ℳ*

Bühren, A., keine Verstopfung mehr! Sichere, unschädl. auf Erfahrung begründete Anweisung zur Heilung dieser Krankheit und der Krankheiten des Magens. 12. (23 S.) Cöslin 851(52,) Volger'sche Buchh.

Bühren, (Ad.,) Adolphine d. schöne Seiltänzerin. Erzählung. 8. Braunschw. 823, Meyer.

— die Erzählung auf d. Flucht. :Flüchtig erzählt. 8. Leipzig 827, Kollmann.

— das Feuerwerk, od. d. seltsame Bekanntschaft. 2 Thle Mit 1 Brautwalzer. 8. Leipz. 826, Kollmann.

— die Reise zum Martinsabend. Humorist. Erzählung. 2 Thle. Mit 1 Karte. 8. Leipz. 825, Kollmann.

— Vier Wochen in Pyrmont, oder: Wer's Glück hat, führt d. Braut heim. Erzähl. in Briefen. 8. Braunschw. 824, Meyer.

Buehren, Adolf [Pseud.]
s. Volger, Heinrich Friedrich Magnus [Wirkl. Name]

Bühren, Albert Heinrich tho (Hamburg), De Hamburgensium testamentis. Disp. jur. Präs. Jo. Samuel Stryk. Halle (J. J. Krebs) 7. V. 1700. 46 S., tlws. dtsch. (5.—) 4518

Bühren, H.: Don Carlos, Infant von Spanien. 11 S. 4°. Progr. U.-Hradisch ROG. 1871.

Bühren, H.: Ueber die Gastfreundschaft im sogenannten heroischen Zeitalter nach Homer. 9 S. 4°. Progr. U.-Hradisch 1873.

Bühren, Heinr. (I.), kleine Blüten. Gedichte. 8. (VIII und 188 S.) Troppau 866, (Schüler's Buchh.) *

Bühren Heinr.: Isabella von Burgund, eine habsburgische Prinzessin auf dem dänischen Königsthrone. 18⁴ Ung.-Hradisch 74.

Bühren, Heinr., Pittakos von Mytilene. Ein Stück lesbischer Geschichte. Troppau 858. (Schüler.) 4. (38 S.) n. 10 *ngr.*

Bühren, Heinr., Sammlung deutscher Gedichte zum mündlichen Vortrage für Schule und Haus. 8. (IX, 227 S.) Troppau 870, Buchholz und Diebel. cart. * *ℳ* 1,80.; geb. *

Bühren, Heinr. (II.), das Versicherungs- und Creditwesen in seinen besonderen Beziehungen zur Landwirthschaft. Eine Kritik des Bestehenden nebst Vorschlägen zur Organisation eines neuen Systems der Selbstbewirthschaftung auf dem nationalen Wirthschaftsgebiete. gr. 8. (VII und 184 S.) Glogau 866, Flemming. *

Bühren, T., schlaflose Nächte. 8. (105 S.) Bonn 876. Standke. 1. —

Bührens, F. Chr. F., freimüthige Untersuchungen über den Orkus der alten Hebräer. Halle 786. 8.

Bührer, Pfarrer, s. Blätter aus Süddeutschland.

Bührer, Pfarrer, s. Volks-Erziehungs ꝛc. Wesen, das.

Buhrer, C[hristian]. Le Climat des Avants sur Montreux. (Tiré de la brochure: „Grand Hôtel des Avants sur Montreux.") 8 Zurich 1894.

Bührer, C[hristian]. Le Climat de Montreux. Separatabdruck aus Heft 1 der «Annalen der Schweiz. Balneologischen Gesellschaft». 8 p. 8. (Aarau, H. R. Sauerlaender & Co, [1905].)

Bührer, C., das Klima v. St. Moritz, s.: Nolda, A.

Bührer, Eduard, Rechtspraktikant in Offenburg: Der Einfluss von lebzeitigen Zuwendungen des Erblassers auf die Berechnung des Pflichtteils nach dem Bürgerlichen Gesetzbuch. Straßburg i. E. 1908: Müh & Cie. (XI, 231 S.) 8°
Straßburg, Rechts- u. staatswiss. Fak., Ref. v. Tuhr, Diss. v. 24. Febr. 1908
[Geb. 2. Jan. 82 Offenburg (Baden); Wohnort: Offenburg; Staatsangeh.: Baden; Vorbildung: Gymn. Offenburg Reife; Studium: Straßburg 4, München 2, Freiburg i. B. 2 S.]

Bührer, J.

— Die schweiz. Theaterfrage u. e. Vorschlag zu ihrer Lösg. (Aus: „Bern. Intelligenzbl.") (16) 8° Ebd. ('12). — 30 d

Bührer, J[acob]. Kleine Skizzen von kleinen Leuten. 159 S. 8. Bern, A. Francke, 1910. [fr. 2. 50]

Bührer, Jacob (Hrsg.), s. Der Thonwaarenfabrikant.

Bührer, Joh. Geo. Phil. Jac.

Collectanea Weiltingensia oder Sammlungen zur Weiltingischen politischen, kyrchlichen und gelehrten Geschichte. Zusammengetragen und meinen gnädig und hochgebietenden Herrn einer hochansehnl. Landschaft unterth. dedicirt von Joh. Geo. Phil. Jac. **Bührer**, Praec. u. Org. allda. Tom. 1-3. [Weiltingen 1780.] Supplementa, exarationes et allegata. 1788 89.
Mit teilw. ausgemalten Handzeichnungen (Plänen und Wappen) und eingeklebten Kupfern (Porträts, Ansichten und Wappen- und Siegelabdrucken. In T. 2 S. 229–30. einige Nachrichten von Brenz.
Handschr des Verfassers. 34 cm. 4 Pbde.

Bührer, K. (Hrsg.), s. Kalender, Schweizerischer historischer, für 1897.

Bührer, KW, u. Ad. Saager: Das Brückenarchiv I. Allg. Gesichtspunkte. Das Koller'sche Musikarchiv. (15) gr8° Ansb., F Seybold '11. — 30

— — Der Organismus d. geist. Arbeit. 1—5. Taus. (11) gr8° Ebd. '12. — 30

— — Die Organisierg d. geist. Arbeit durch „Die Brücke". (8, 177) gr8° Ebd. '11. 3.50; geb. 4.25

— — Die Organisierg d. Druckwerkes. 1—5. Taus. (11) gr8° Münch. '12. (Ansb., F Seybold.) — 30

Bührer, Karl

Bührer, Carl [Assistenzarzt der med. Klinik in Basel]: Untersuchungen über die Wirksamkeit einiger toxischer Fluid-Extrakte der Pharm. helv. ed. III. mit besonderer Berücksichtigung der Herkunft und des Jahrganges der verschiedenen Präparate. Von der med. Fak. zu Basel preisgekr. Arbeit. Basel 1900. 91 S. 8°.
Basel. Med. Diss. 1899/1900.

Bührer, C[arl] W[ilhelm]. Schweizerbier. Von K. W. B'. Buchschmuck von Richard Schaupp. II + 63 S. 8. Winterthur, Verlag der Internationalen Monogesellschaft, (April) 1906. [fr. —. 50]

(«Das Vaterland erzeugt die besten Gaben.» Flugschriften zur Hebung des Ansehens schweizerischer Erzeugnisse.)

Bührer, C[arl] W[ilhelm]. Die Verkehrsvereine und das Monosystem. Von K. W. B'. [Illustriert.] 8.
In: Jahrbuch des Fremdenverkehrs 1909. (1. Ausgabe.) Hrg. von H Schäfer... Darmstadt, Eduard Roether. (M. 2. —.) S 16—70.

Bührer, Carl W[ilhelm]. Die Weine der Schweiz in Wort und Bild. Von Karl W. Bührer, Zürich. Mit 48 Abbildungen nach Photographien, und Originalzeichnungen von Robert Hardmeyer in Küsnacht. 67 S. 8. Zürich, Brunner & Cie., 1902. [geb. fr. 1.50]

Bührer, Konrad, aus Herblingen, Ct. Schaffhausen: Untersuchungen über die schädliche Einwirkung von Kochsalzlösung auf höhere und niedere Pflanzen. Zür. D. Bürkli Dr. 1884. 48 S. 8°.
Zürich, Phil. Diss. II. S. [v. 25. Juli 1884].

Bührer, Victor Matthäus

Gedichte.

— —, Kleine, von M. *V. B.* (d. i. M. *Victor Bührer*). (Motto: Dum nil habuimus majus, calamo lusimus.) O. O. (Tübingen, Heerbrandt) 1785. 8°. (In Leipzig, Univbibl., und in Stuttgart.)
112 S. (incl. 1 Bl. Inh.). Wenig bekannte Poesien eines originellen schwäbischen Reimschmiedes. Einiges pikant.

– dasselbe, s. a. Gedichte, Kleine.

— Hülfswörterbuch f. Deutsche, od. Anweis. zu richtigen Aussprechen, Schreiben u. Verstehen fremder Wörter, welche in deutscher Schrift u. Sprache am häufigsten vorkommen. 8. Stuttg. 812. 2e A. 823. Steinkopf. 1 ℳ

Bührer, Vict. Matth., († 1819?) Cantaten auf alle festl. Tage u. Sonntags-Texte d. evangel. Kirche, f. Kirchenmusik u. häusl. Erbauung. 8. Stuttg. 826. Steinkopf. 1 ℳ

NEUJAHRSNACHT, Die, ein komisches Heldengedicht (von *Victor Matthäus Bührer*, geb. 29. Juli 1760 zu Möttlingen, Calwer Oberamts, † angeblich 1819). Reutlingen 1784. 8°. Rar!
Ueber d. Verf. s. Gradmann, das gelehrte Schwaben. (Tüb.) 1802. p. 71.

Bührer, Vikt. Matthäus, die Neujahrsnacht. In 4 Rhapsodien. Ein Bild aus dem Tübinger Studentenleben vor 100 Jahren. 8. (22 S.) Tübingen 884. (Laupp.) n. – 50

– dasselbe, s. a. Neujahrsnacht, Die.

Bührer, Wilh[elm]. Einfluss der Schneedecke auf die Temperatur der Luft und der Erdoberfläche. Separat-Abdruck aus dem Thätigkeitsbericht der Naturforschenden Gesellschaft Baselland pro 1900 und 1901. S. 19—50. 8. [Liestal, Gebr. Lüdin, 1902.]

Bührer, Wilh[elm]. Die Sonnenscheindauer im Jahre 1902 nach Messungen in Basel, Liestal und Buus. Separatabdruck aus dem Tätigkeitsbericht der Naturforschenden Gesellschaft Baselland 1902/03. II S. + S. 19—47. 8. Liestal, Gebr. Lüdin, 1904.

Bührig, Heinrich (Berlin), Ueber intermittirendes Fieber im Verlaufe von Magencarcinom. Diss. med.-chir. Bln. (G. Schade [O. Francke]) 5. III. 1889. 32 S., mit Biogr. (4.—) 4519
Oppon.: Karl Müller, Gröper, Gust. Ebner.

Buehrig, Henr. (Joan. Julius) (geb. Berlin 17. 7. 1823). De nystagmo. Berolini (1846). (45 S.) 8°
Berlin, Med. Diss. v. 17. Juli 1846

Bührig, Heinrich [aus Berel]: Die Sage vom König Rother Einbeck. Druck v. Adolf Lämmerhirt. 1889: 75 + 1 S. 8°
Göttingen. Phil. Fak.. Inaug.-Diss. v. 18. Dez. 1888

Bührig, Heinr. Die Sage vom König Rother. Diss. gr. 8. (75 S.) Einbeck 889. (Gött., Vandenhoeck u. Ruprecht.) n. 1 60

Bührig, Otto

Bührig, O., die Beurteilung des Rindes nach prakt. Gesichtspunkten, s.: Arbeiten der Landwirtschaftskammer f. d. Prov. Sachsen.

Die Beurteilung des Rindes nach praktischen Gesichtspunkten f. Züchter ... Von O[tto] **Bührig**, Halle. Mit 25 Textabb. Halle a. S.: Landwirtschaftskammer 1910. 37 S. 8°
(Arbeiten d. Landwirtschaftskammer f. d. Prov. Sachsen H. 20.) [illegible] 3

— Einfluß der Kontrollvereine auf die Hebung der Viehzucht in Dänemark, Schweden u. Deutschland. (IV, 48 S. m. 10 Abbildgn.) gr. 8. Berlin 908. P. Parey. 2. –

Bührig, Wilhelm, gepr. Rechtskandidat in Kiel: Eigentumserwerb an beweglichen Sachen durch Vertretung. München 1907: Kastner & Callwey. (36 S.) 8°
Leipzig, Jur. Fak., Diss. v. 14. Nov. 1907
[Geb. 12. April 83 Petersburg; Wohnort: Kiel; Staatsangeh.: Preußen; Vorbildung: Gymn. Goslar a. H. Reife O. 03; Studium: Genf 2, München 3, Kiel 3 S.; Rig. 31. Juli 07.]

Buehring, August. Henr. (geb. Cochstedt in d. Prov. Sachs. 20. 10. 1822): De hydropsia. Berolini (1866). (32 S.) 8°
Berlin, Med. Diss. v. 9. März 1866

Bühring, Felix: Ueber Form und Gebrauch des altspanischen Personalpronomens in den beiden Handschriften der altspanischen Uebersetzung des Codi. Halle a. S. 1909: Hohmann. 35 S. 8°
Halle, Phil. Diss. v. 6. Okt. 1900, Ref. Suchier
[Geb. 4. Okt. 87 Soltau; Wohnort: Ülzen: Staatsangeh.: Preußen; Vorbildung: Realgymn. Ülzen Reife O. 06; Studium: Leipzig 2, München 1, Halle 4 S.; Rig. 10. Aug. 09.] [U 10. 1714

Bühring, Frdr., Praktisches aus der Projektionstechnik, s.a. **Festschrift des fürstl. Stolberg'schen Gymnasiums zu Wernigerode.**

Bühring, Friedrich: **Praktisches** aus der Projektionstechnik. *Wernigerode 1900: B. Angerstein.* (S. 185—200.) 8°
Wernigerode, fürstlich Stolberg'sches G, Festschr. 1900**

Bühring, Friedrich [wiss. Hilfsl.]: Verwendung des Prinzips der Erhaltung der Energie bei dem Unterrichte in der elementaren Mechanik der starren Körper. Wernigerode a. H., Druck v. B. Angerstein, *1894;* 35 S., 1 Taf. 8.
Wernigerode, Fürstlich Stolberg'sches G, P 1894 (257)

Bühring, Friedrich Anton David (Braunschweig), De sterilitate in sexu sequiori. Diss. med. Gött. (Barmeier) 11. IV. 1797. 32 S. (4.80) 4520
Gew.: J. C. Sommer.

Bühring, Gustav: Über die **Grenze** zwischen eventuellem Vorsatz und sog. bewusster Fahrlässigkeit. *Leipzig 1899: E. Hedrich Nachf.* (76 S.) 8°
Freiburg i. B., Rechts- u. staatswiss. Diss. v. 1899

Bühring, Gust., Lenz u. Liebe, Herbst u. Harm. Dilettantenreime. 8. (143 S.) Leipzig 898. Stuttgart, Dr. Bühring. 2.—; geb. 3.—

Bühring, Hans [cand. med. aus Magdeburg]: Ein Fall von unstillbarem, hysterischen Erbrechen. Beitrag z. Casuistik d. Hysterie ... München, Buchdr. v. M. Ernst, 1894; 37 S. 8.
München, Med. Fak., Inaug.-Diss. v. 1894

Buehring, Henning (Hamburg), De valore pactorum dotalium, quibus communio bonorum, statutis introducta, tollitur aut restringitur. Diss. jur. Giessen (E. H. Lammers) 15. IX. 1740. 78 S. (5.20) 4521

Bühring, Joh. Andr. (Stecheme/Brschwg.), De statu rei Romanae sub principatu. Disp. jur. Präs. Carl Ant. Keuffel. Helmstedt (P. D. Schnorr's Wwe.) 27. IX. 1766. 46 S. (5.—) 4522

Bühring, Joh. Jul., die Heilung der Kierstock-Geschwülste. gr. 8. (IV und 97 S.) Berlin 848, A. Hirschwald. *

Bühring, JJ, s. Pathol. u. Ther. d. Krankh. d. Hüftgelenks. 8. (152) Berl. 52, Hirschwald. *n.* — 28

—— die seitliche Rückgrats-Verkrümmung in ihren physiologischen und pathologischen Bedingungen und deren Heilung nebst 1. Jahresbericht aus dem orthopäd. Institut am Ausgang der schöneberger Strasse zu Berlin. Lex.-8. (IV und 99 S. mit 5 Stnt. in 4 und Fol.) Berlin 851, A. Hirschwald. *

Buehring, Joan. (Frid.), Julius (geb. Rostock 14. 7. 1815): De vulneribus sanandis. Berolini (1841). (32 S.) 8°
Berlin, Med. Diss. v. 26. Juni 1841

Bühring, Johs., Geschichte der Stadt Arnstadt 704—1904. Im Auftrage der Stadt u. unter Benutzg. hinterlassener Vorarbeiten des Herm. Schmidt dargestellt. (IV, 4, 213 S. m. Abbildgn., 4 Taf. u. 1 Karte.) gr. 8. Arnstadt 904. E. Frotscher. Geb. in Leinw. n. 3.—

Bühring, [Johannes], Prof. Dr.: Das **Kürenberg-Liederbuch** nach dem gegenwärtigen Stande der Forschung. T. 1. *Arnstadt (1900): E. Frotscher.* (S. 3—30.) 4°
Arnstadt, fürstl. G, OP 1900 (771)

Bühring, [Johannes], Prof. Dr.: Das **Kürenberg-Liederbuch** nach dem gegenwärtigen Stande der Forschung. (T.) 2. *Arnstadt (1901): E. Frotscher.* (S. 3—27.) 4° ¶ (Forts. d. P-Beil. 1900.)
Arnstadt, fürstl. G, OP 1901 (784)

— zur Pathologie u. Therapie der Krankheiten des Hüftgelenks u. ihrer Ausgänge. Mit 1 Steindrtaf. (in qu. Fol.) gr. 8. (IV u. 152 S.) Ebd. 852. n. 28 *ngr.*

[J.] Der Rennsteig als Reiseziel. Alter, Mühen u. Reize d. Thüringer Höhenwanderg. Von Dr. Johannes **Bühring** ... *Arnstadt: W. Jost (1898).* (Erschien zuerst im Erfurter Allg. Anzeiger v. 8.–15. Jan. 1898.) (32 S.) 1 Bd 8.
— Schriften d. Rennsteigvereins. No 1. 98. 6470

Der Rennsteig des Thüringer Waldes. Führer z. Bergwanderung nebst geschichtl. Untersuchgn v. J[ohannes] **Bühring** u. L[udw.] Hertel. M. 1 Wegekt., 1 Höhenpl., 1 Sprachkt. u. 1 Abb. v. Oberhof. *Jena: G. Fischer 1896.* (VIII, 200 S., 1 Taf., 2 Kt.) 1 Bd 8. [96. 3281

Bühring, J., u. L. Hertel, d. Rennsteig d. Thüringer Waldes. Führer z. Bergwanderg., nebst geschichtl. Untersuchgn. M. e. Wegekarte, e. Höhenplan, e. Sprachkarte u. e. Abb. v. Oberhof. 2., durch e. Nachtrag verm. Aufl. 8. (VIII, 200 u. 40 S.) Jena 898. G. Fischer. n. 3.—; geb. n. 3.50

— dasselbe. Nachtrag allein. D. Rennsteigwanderg. v. Hörschel n. Blankenstein. M. 1 Uebersichtskarte. 8. (40 S.) Ebd. 898. n. —50

Bühring, J, u. L Hertel: Der Rennsteig d. Thüringer Waldes. Führer z. Bergwanderg nebst geschichtl. Untersuchgn. 2. Afl. 1. Tl. Die Wanderg. (7, 164 m. Abb., 2 (1 farb.) Ktn u. 1 Profil.) Nebst: Entferngstaf. u. Merkheft f. d. Rennsteigwanderg. Mit e. Verz. d. Post- u. Telegraphenämter u. d. Fernsprechstellen am Rennsteig. (18) kl8° Ruhla, Rennsteigver. ('10). (Durch O Maier, Lpzg.) L 5.50

— s.: Routenkarte d. Haupt-Touristenwege usw. im Thüringerwald.

Bühring, J., Venedig, Gustav Adolf u. Rohan, s.a. **Abhandlungen, Halle'sche, zur neueren Geschichte.**

Bühring, Johannes: Venedig. Gustav Adolf und Rohan. Ein Beitrag zur allgemeinen politischen Geschichte im Zeitalter des dreissigjährigen Krieges aus venezianischen Quellen. Buch 1: Ursprung und Anfänge der Beziehungen Venedigs zu Schweden und dem Herzog von Rohan. Halle a/S. 1884: Karras. 31 S. 8°
Halle-Wittenberg. Phil. Diss. v. 5. Aug. 1884
Geb. Neuwied am Rhein 20. 9. 1858. V.
Ersch. vollst. im Buchhandel Halle: Niemeyer 1885. X. 382 S. (Hallesche Abhandlungen zur neueren Geschichte. H. 20.)

Bühring, Johs., Venedig, Gustav Adolf u. Rohan. Ein Beitrag zur allgemeinen polit. Geschichte im Zeitalter d. 30jähr. Krieges aus venezian. Quellen. gr. 8. (X, 382 S.) Halle 885. Niemeyer. n. 10.—

Bühring, Karl Ludwig

[J.] **Bühring,** *Johannes K. L.* [Dr.]: Die Alteburg bei Arnstadt, eine Wallburg der Vorzeit. Arnstadt, fürstl. Hofbuchdr. v. E. Frotscher, *1892;* 3—18 S., 1 Kt. 4.
Arnstadt, fürstl. G, OP 1892 (717)

Bühring, Leo: Der vorläufige Erwerb des Erben nach dem deutschen Bürgerlichen Gesetzbuche. Borna-Leipzig 1910: Noske. VI, 38 S. 8°

Rostock, Jur. Diss. v. 1. März 1910, Ref. Matthiaß

[Geb. 14. Sept. 78 Saarbrücken; Wohnort: Wiesbaden; Staatsangeh.: Preußen; Vorbildung: Gymn. Wiesbaden Reife O. 98; Studium: Genf 1, Würzburg 3, Berlin 2, Marburg 1 S.; Rig. 18. Dez. 09.] [U 10. 3830

Bühring, Ph. Chr., Hannöv. Volks-Choralbuch, od. Melodien z. Hannov. u. Lüneburg. Kirchen-Gesangb., in Ziffernbezeichnung. 8. Essen 825. Bädeker. 8 gr

Bühring, (Ph. Chr.,) Hannöv. Volks-Choralbuch, od. Melodien z. Hannov. u. Lüneburg. Kirchen-Gesangb., in Ziffernbezeichnung. 8. Essen 826, Bädeker.

Bühring, Rudolf, Assist.-Arzt: Die **Behandlung** der durch mobile oder fixierte Uterusverlagerungen oder durch pelveoperitonitische Prozesse bedingte [!] Sterilität. *Leipzig 1903: B. Georgi.* (25 S.) 8°

Leipzig, Med. Diss. v. (8. Okt.) 1903

Bühring, Thdr. H, Hnr., Gedichte. 8. Schwerin 801. (Albanus in Neustrelitz). 12 gr

Bühring, Wilh. Aug., die biblischen Geschichtsbilder des Alten Testaments. Ein Bibelunterricht nach den Grundsätzen gläubiger Concentration. Bielefeld 862. Velhagen & Klasing. gr. 8. (XIX, 175 S.) 18 ngr.

Buhrke, Otto

Buhrke, Bestimmgn üb. d. Versorgg d. Hinterbliebenen v. Angehörigen d. Reichsheeres. 8° (212) Berl. 94, ES Mittler & S. 4 —; geb. in Hlbldr n.n. 4.60

Bestimmungen über die Versorgung der Hinterbliebenen von Angehörigen des Reichsheers. Mit Genehm. ... d. Preuß. ... Kriegsminist. unter Benutzung d. Akten d. Kriegsminist. zsgest. von [Otto] **Buhrke,** exped. Sekr. Neue umgearb. u. verm. Aufl. Berlin: E. S. Mittler & Sohn 1906. (XXIII, 673 S.) 8° [F.] [06. 11464

— dass. Ergänzgsbd. Das Militär- u. d. Reichsbeamten-Hinterbliebenengesetz v. 17.5.'07. (5, 110) gr8° Ebd. '08. 2 —; geb. n 3 —d

[F.] Kurze gemeinverständliche Darstellung der Bestimmungen über die gesetzliche Versorgung und über die Unterstützung der Hinterbliebenen von Angehörigen des Reichsheeres u. d. Familien der zum Dienste einberufenen Mannschaften aus d. Reserve- u. Landwehrverhältniss. Mit Genehmigg ... d. ... Preuss. ... Kriegsministers vf. v. [O.] **Buhrke,** Rechnungsr. ... *Berlin: E. S. Mittler & Sohn 1896.* (VI, 121 S.) 1 Bd 8. [96. 2202

Bührlen, A., kurze theoret.-prakt. Anweisung zum Schwimmen für jedes Alter u. Geschlecht u. besond. in Fällen anwendbar, wo plötzl. Schwimmen Noth thut. Mit 6 Abbildd. auf 1 Steintaf. 16. Ulm 833. Ebner. 1/3 Thlr

Bührlen, A., kurze theoret.-prakt. Anweisung zum Schwimmen, für jedes Alter u. Geschlecht u. besonders in Fällen anwendbar, wo plötzliches Schwimmen Noth thut. 2. verb. Aufl. Mit 6 Abbildungen (auf 1 lith. Taf. in gr. 4.) gr. 16. (31 S.) Ulm 848, Fr. Ebner. 1/3 Thlr

Bührlen, Friedr. Ludw., Ansichten v. höhern Dingen. 8. (19 B.) Stuttgart 829, [Löflund.] Thlr.

—— Bilder aus d. Schwarzwald. 1. Bdchn. 8. (21½ B.) Stuttgart 828, [Löflund.]

—— dass. 2. Bdchn. — A. u. d. T.: Wanderungen in d. Schwarzwald. Reisenden u. Reiselustigen zur Anleit., Unterhalt. u. Rückerinnerung. 8. (21½ B.) Ebds. 831.

Bührlen, Friedr. Ludw., die Prima Donna. Theater-Roman. 2 Thle. 8. (36 B.) Stuttgart 844, Franckh'sche Brlsh.

—— der Enthusiast. 2 Bde. 8. (36½ B.) Stuttgart 832, Hallberger.

— Erzähll. u. Miscellen. 2 Bdchn. 8. Tübing. 817—20. Laupp. 2 Thlr 20 gr. Hbg. Pr. 1 Thlr 12 gr.

Bührlen, (F. L.) neue Erzählungen. 2 Bde. 8. Frankf. 823—25, Fr. Willmanns. 1r Bd. 2 Rthl. 16 gr.— 2r Bd. 2 Rthl. 12 gr.

—— neueste Erzählungen. 8. (19½ B.) Stuttgart 830, [Löflund.]

Bührlen, Friedr. Ludw., der Flüchtling. Lebens- u. Sitten-Gemälde aus d. neuesten Zeit. 2 Thle. 8. (40¾ B.) Leipzig 836, Brockhaus.

– s. Lebensansichten.

Bührlen, Friedr. Ludw., Philosophie eines Dilettanten. 8. (XII und 292 S.) Stuttgart 847, Müller's Vrlgsh.

– s. Sammlung von Charaden.

— s. Stunden, s. müßige

—— Stuttgart u. seine Umgebungen. Wegweiser u. Erinnerungsbuch f. Einheimische u. Fremde. gr. 12. (14 B., 1 Ansicht, 1 Plan u. 1 Karte.) Stuttgart 835, Hoffmann'sche Vrlsb.

— Zeitansichten eines Süddeutschen. gr. 12. Stuttgart 833. Scheible. (Literatur-Compt.) 1¼ Thlr 1838. Herabg. Pr. 5/8 Thlr

Bührlen, Gotthardt Ldw., Lebensordnung für gesunde, schwache u. kranke Augen, mit besond. Rücksicht auf die Auswahl u. den richtigen Gebrauch der Brillen. Rathgeber für Eltern, Lehrer u. Vorsteher der Schulen und Alle, die um die Erhaltung ihrer Augen besorgt sind. Mit 1 lithogr. Tafel. gr. 12. Ulm 841. Wagnersche Verlagsbuchh. (Walter.) 2/3 Thlr

Bührmann, Albert

Im Dienst des Heilandes nach China. Aus Hudson Taylor's Leben. Hrsg. von Pastor [Albert] **Bührmann,** Potsdam. *Potsdam: Siloah [1901].* (S. 66–88.) 8° [F.]
= **Bührmann:** Gottes Wunder im Menschenleben. H. 4. [03. 840

Selige Erfahrungen des Glaubens. Hrsg. von Pastor Albert **Bührmann,** Potsdam. *Potsdam: Siloah [1901].* (S. 50–63.) 8° [F.]
= **Bührmann:** Gottes Wunder im Menschenleben. H. 3. [03. 840

Etwas für Jedermann zum Aufmerken. Von Albert **Bührmann,** Pastor. *Potsdam: 'Siloah' [1900].* (Getr. Pag.) 8° [Umschlagt. F.] [00. 10455

Bührmann, A., der seligmachende Glaube, s.: Eichhorn.

— Gotteswunder im Menschenleben. 4 Hfte. gr. 8. Ebd. 900. à — 20; (1—4 in 1 Bde. — 70)
1. Durch Sturm zur Stille. (24 S. m. Titelbild.) — 2. Immer fröhlich im HErrn. Aus dem Leben e. christl. Bergmanns. (S. 25—48.) — 3. Selige Erfahrungen des Glaubens. (S. 49—64.) — 4. Im Dienst des Heilandes nach China. Aus Hudson Taylor's Leben. (24 S.)

Größer als der Helfer ist die Not ja nicht! Hrsg. von Albert **Bührmann,** Pastor, Potsdam. *Potsdam: 'Siloah' [1901].* (16 S.) 8° [F.]
— **Bührmann:** Die Macht d. Gebetes. H. 2. [03. 13020

Heilands-Grüsse. Gesammelt von Albert **Bührmann,** Pastor, Potsdam. *Potsdam: Christl. Schriften-Niederlage [1900].* (48 S.) 8° [F.] [00. 10108

Bührmann, A: Heilands-Grüsse. (Geistl. Gedichte.) 8° (48) Potsd. 1900, Verl. „Siloah". — 60

Immer fröhlich im HErrn. Aus d. Leben e. christl. Bergmanns (B. Bray). Hrsg. von Pastor Albert **Bührmann,** Potsdam. *Potsdam: Siloah [1901].* (S. 27–48.) 8° [F.]
= **Bührmann:** Gottes Wunder im Menschenleben. H. 2. [03 839

— die Macht des Gebetes. 1. u. 2. Hft. gr. 8. Ebd. —25
1. Eine Herzensfrage an den Leser: „Betest Du?" (Nach dem Engl. v. Ryle.) (16 S. m. Titelbild.) (900.) —10
2. Größer als der Helfer ist die Not ja nicht! (16 S.) 902. —15

— mit dem Herrn durchs Leben! (2. Hft. der „Heilandsgrüße".) Christliche Gedichte. 12. (16 S.) Ebd. (900) —10

Bührmann, Albert (Hrsg.), s. Ryle: John Charles: Eine Herzensfrage an den Leser: Betest Du?

Durch Sturm zur Stille. Hrsg. von Albert **Bührmann,** Pastor in Potsdam. *Potsdam: Siloah [1901].* (24 S.) 8° [F.]
— **Bührmann:** Gottes Wunder im Menschenleben. H. 1. [03. 838

— Gottes Wunder im Menschenleben. 1. u. 4. Hft. 8° Ebd. 1900. à — 20
1. Durch Sturm z. Stille. (24 m. Titelbild.) ‖ 4. Im Dienst d. Heilandes nach China. Aus H Taylor's Leben. (24)
Das 2. u. 3. Hft sind noch nicht erschienen.

Gottes Wunder im Menschenleben. Hrsg. von **Albert Bührmann**, Pastor in Potsdam. H. 1. *Potsdam: Siloah [1901].* 8° [F.]

Bührmann, Albin , s. B ü h r m a n n , Albert

Bührmann, August

Bührmann, *Friedrich Adolf* August [pr. Arzt in Wagenfeld]: Ein Beitrag zur örtlichen Behandlung der Rachendiphtherie ... Marburg, Univ.-Buchdr. '(R. Friedrich)', 1895; 28 S., 1 Bl. 8.
Marburg, Med. Fak., Inaug.-Diss. v. 2. Juli 1895

Buhse, Plan v. Danzig. Nach trigonometr. Aufnahme in d. J. 1866 bis 1869 gefertigt. 1:1000. 18 Sectionen. Lith. Imp.-Fol. Danzig 871. (Saunier.) n. 20. —
Sect. 1. 3. 4. 8. 12. 13. 15—18 einzeln à 1. 50; Sect. 2. 5. 6. 7. 9. 10. 11. 14. einzeln à 2. 25.

Buhse, D., internationale französisch-englisch-spanisch-italienische Grammatik für Deutsche. 3 Bände. Leipzig 1867. 8.

Buhse, F., Aufzählung der auf e. Reise durch Transkaukasien u. Persien gesammelten Pflanzen, in Gemeinschaft m. E. Boissier bearb. Nebst e. einleit. Reiseberichte, mehreren Beilagen, e. Karte u. Pflanzenabbildgn. gr. 4. (LXVII, 246, VIII u. LX S. m. 10 Taf.) Moskau 860. (Riga, J. Deubner.)
Ermäss. Preis n. 5. —

Buhse, *F.*
—— Aufzählung der auf einer Reise durch Transkaukasien und Persien gesammelten Pflanzen (in Gemeinschaft mit *Edmound Boissier.*) Moskau, typ. Gautier. 1860. 4. LXVII, LV, 248 p., 10 tab., 1 mappa geogr.
Nouveaux Mémoires des nat. de Moscou, vol. XII.
Cat. of sc. Papers I, 712—713.

— die Flora des Alburs u. der Kaspischen Südküste, s.a. Arbeiten des Naturforscher-Vereins zu Riga. N. F. 8. Hft.

Die Flora des Alburs und der Kaspischen Südküste. Bisherige Forschungsergebnisse auf diesem Gebiet. Zsgest. von Dr. F. **Buhse** in Riga. Nebst 10 Taf. mit Abb. seltener Alburspflanzen, beschrieben von C. Winkler, u. 1 Karte d. Alburs. *(Riga 1899: W. F. Häcker.)* (XIV, 61 S.) 4°
= Arbeiten d. Naturforscher-Vereins zu Riga. N. F. H. 8.

Buhse, F. A., Nachrichten über 3 pharmakologisch wichtige Pflanzen, s.a. Bulletin de la société imp. des naturalistes de Moscou. Tome XXIII. 2. partie.

Buhse, Frdr. Wilh. Dan., internationale — französisch-englisch-spanisch-italienische — Grammatik für Deutsche. Ein praktisches Handbuch zur Erleichterung u. Beförderung der Sprachkenntniß, zum Selbstunterrichte u. Nachschlagen. 3 Thle. Leipzig 867. Brockhaus. gr. 8. n. 6 ⅋
1.: (XV, 520 S.) n. 2 ⅋ 15 ngr. —2.: (VIII, 451 S.) 2 ⅋ 15 ngr. — 3.: (221 S.) n. 1 ⅋

Buhtz, E., Deutsche Sprachschule, s.: Baron, M. Junghans u. Schindler.

Buhtz, E: Deut. Sprachsch., s.: Thal, M.

Buhtz, Ernst: Beitrag zur Kenntnis der Diphtherie der Säuglinge. *Berlin (1898): E. Ebering.* (27 S.) 8°
Berlin, Med. Diss. v. 5. Aug. 1898

Buhtz, Gust., wie erlerne ich das Plakat- u. Schildermalen? Leichtfaßliche Lektionen zur Erlerng. der Lack- u. Reliefschrift. (41 S. m. Abbildgn. u. 6 Linienbl.) 8. Ravensburg (908). O. Maier. 1. —

Buhtz, Walter, approb. Arzt aus Schwerin i. M.: Aus d. Kgl. Augenklinik in Kiel. Über zwei Fälle von Lähmungen der Augenmuskelnerven infolge Trauma. *Kiel 1901: Schmidt & Klaunig.* (21 S.) 8°
Kiel, Med. Diss. v. [11. Nov.] 1901

Bujack: Die geographische Verbreitung des Weinstocks mit Rücksicht auf den Weinbau in Preußen während der Herrschaft des Deutschen Ordens. Königsberg. 1834.

Bujack, s.: Vorträge aus d. Gebiete etc.

Bujack, C.: Der deutsche Orden und Herzog Witold von Littauen. 24 S.
Progr. Königsberg Altst. G. 1869.

Bujack, G., De Sileno scriptore Hannibalis. Diss. 1859. 38 S.

Bujack, Georg

Bujack: Zum Andenken an d. Mitglieder d. Königsberger Landtags im Febr. 1813, an d. ostpreuss. Landwehr-Bataillone u. d. ostpreuss. National-Cavallerie-Regt 1813 u. 14. 4° (149 m. 1 Photogr. u. 1 Erklärgstaf.) Köngsbg 90, (Gräfe & U.'s S.). nn 6 —

Zum Andenken an die Mitglieder des Preussischen Landtags im Febr. 1813 zu Königsberg u. an d. Thaten d. Preuss. Landwehr u. d. Preuss. National-Kavallerie-Regiments in d. Jahren 1813 u. 1814 von Dr. **Georg Bujack**, Gymn.-Prof. Im Auftr. d. Ostpreuss. Provinzialverwaltung neu bearb. von Dr. Adalbert Bezzenberger, Prof. *Königsberg i. Pr. 1900: E. Rautenberg.* (122 S.) 4° [F.]

Bujack, Auszug des Katalogs der Sammlung der Alterthumsgesellschaft Prussia in Königsberg i. Pr., s.: Sammlungen, die anthropologischen, Deutschlands.

Bujack, Georg. Zur Bewaffnung und Kriegsführung der Ritter des deutschen Ordens in Preussen ... Königsberg 1888, Hartungsche Buchdruckerei
Tit., 22 S. 1 farb. Taf. 4
In: Bericht über das Altstädtische Gymnasium zu Königsberg in Pr. von Ostern 1887 bis Ostern 1888

Bujack, Geo., zur Bewaffnung und Kriegführung der Ritter des deutschen Ordens in Preussen. gr. 4. (22 S. mit 1 Taf. in Farbendr.) Königsberg 888, (Koch.) *

Bujack. Zur Bewaffnung und Kriegsführung der Ritter des deutschen Ordens in Preußen. gr. 8. (33 S. m. 1 farb. Taf.) Königsb. i. Pr. 890, (Hartung). — 60
Aus: Jahresbericht der Königsberger Alterthumsgesellschaft Prussia, besonders abgedruckt.

Bujack, Geo., das Commissorium der Landesdeputirten der Prov. Preußen u. Littauen in Berlin im J. 1811. gr. 4. (IX, 128 S.) Königsberg 889. (Gräfe & Unzer's Sort.) n.n. 3. —

Publication der Alterthums-Gesellschaft Prussia.
— Preussische Steingeräthe auf fünf Tafeln photographirt von Hermann Prothmann, als Beitrag zur Archäologie Altpreussens herausgegeben und erläutert von GEORG BUJACK. Königsberg i. Pr. 1875. Hartungsche Zeitungs- und Verlags-Druckerei. 4°.

— das erste Triennium des Comités der ostpreußischen u. littauischen Stände. gr. 4. (115 S.) Ebd. 887. n.n. 3. —; Nachtrag (IV, 134 S.) 888. n.n. 3. —

Bujack, Geo., die Waffenhalle d. Herrn Blell auf Tüngen bei Wormditt. gr. 8. (20 S.) Königsberg 873. Hübner & Matz. n. — 50

Bujack, *J. G.*, Gymnasiallehrer in Konigsberg.
—— Botanisch-kritische Bemerkungen uber die Gräser, besonders über die Getraidearten. Gymnasial-Programm. Konigsberg, typ. Degen. 1830. 4. 12 p.

Bujack, J.G.: Gesch. des Preuß. Jagdwesens, von d. Ankunft des Deutschen Ordens in Preußen bis zum Schlusse des 17. Jahrh., mit bes. Bezugnahme auf eine schwierige Aufgabe der Zoologie. 20 S.
Progr. Königsberg F. 1839.

Bujack, J. G., Naturgeschichte des Elchwildes oder Elens, mit Rücksicht auf d. neuern Beobachtungen in den Forsten Ostpreußens. Aus den Provinzial-Blättern 1837 besond. abgedr. 8. Königsberg 837. (Gräfe u. Unzer.) n. 1/3 ⅋

— Naturgeschichte der höheren Thiere, mit besond. Berücksichtigung der Fauna Prussica. Ein Handbuch für Lehrer der Jugend, Oekonomen, angehende Forstmänner und Freunde der Natur. Mit 2 Kpfrtaf. gr. 8. Königsb. 837. (Gräfe u. Unzer.) 1 1/3 ⅋

Bujak, Frz., einige Bemerkgn. z. d. neuen Strafgesetzentwurfe. s.: Poniklo, Stanisl.

Bujak, G. Der deutsche Orden und Herzog Witold von Litthauen. Königsberg 1869

Bujak-Namberg, Ph. Fr. v., Fritz v. Farenheid-Beynuhnen Ehrenmitglied der k. Akademie der Künste zu Berlin Ehrendoctor der Universität Königsberg. Eine Lebensskizze. Lex.-8. (27 S.) Königsberg 890. (Gräfe & Unzer. n.n. 1. 50

Bujakowsky, Theodorus *(geb. Petersdorf in Oberschles. 13. 11. 1833)*: De atrophia musculorum progressiva. Vratislaviae 1858). (30 S.) 8°

Breslau, Med. Diss. v. 28. Aug. 1858

BUJANOVIĆ, Johannes: De usura respectu habito oeconominae nationalis — (1879) 128 S. 8° (Handschr.) **Diss. Wien Univ.** Diss. 336

Bujanovics, Ed., von Agg-Telek, über die verschiedenen Methoden d. Aufbewahrung des Getreides, besond. die für gemäßigtes Klima geeignetste, in den zuerst v. Sinclair angegebenen Fruchtbehältern mit ununterbrochenem Luftzuge. Aus eigener Erfahrung zusammengetragen rc. Mit 6 lith. Baupl. u. Kostenberechn. gr. 8. Pesth 846, Emich. 1 ℛ 6 ngl

Bujanovics, Ladisl. v., Geschichte meiner zehn Vorstehhunde enth. praktische Beispiele sowohl über die Dressur des Hühnerhundes als auch über die Führung des ferm dressirten Hundes, damit er nicht verliege. Wien 862. Wallishausser. 8. (VIII, 124 S.) n. 1 ℛ

BUJARD, ALFONS. Ueber einige neue Derivate der Azelainsäure. (Bern) Stuttgart, 1886. **Diss.** G. S.

Bujard, Alfons: Die Feuerwerkerei, s: Sammlung Göschen

-- u. Ed. **Baier**, Hilfsbuch f. Nahrungsmittelchemiker auf Grundlage der Vorschriften, betr. die Prüfung d. Nahrungsmittelchemiker. 8. (XVI, 320 u. 166 S. m. Abbildgn.) Berlin 894. J. Springer. Geb. in Leinw. n. 8. —

Hilfsbuch für Nahrungsmittelchemiker zum Gebr. im Laboratorium f. d. Arbeiten d. Nahrungsmittelkontrolle, gerichtl. Chemie u. and. Zweige d. öffentl. Chemie verf. von Dr. A[lfons] **Bujard** u. Dr. E[duard] Baier. Mit in d. Text gedr. Abb. 2. umgearb. Aufl. *Berlin: J. Springer 1900.* (XXIII, 155 S.) 8° [ca. 881]

— u. E Baier: Hilfsb. f. Nahrgsmittelchemiker z. Gebrauch im Laboratorium, f. d. Arbeiten d. Nahrgsmittelkontrolle, gerichtl. Chemie u. and. Zweige d. öffentl. Chemie. 3. Afl. (18, 730 m. Abb.) 8° Berl., J Springer '11. L 12 —

Bujard, Alfons, Leitfaden d. Pyrotechnik. Einführg. in d. Chemie d. wichtigsten Rohmaterialien u. Sprengstoffe d. Kunstfeuerwerkerei, nebst Besprechg. d. einschläg. Polizei- u. Eisenbahnverkehrsordngn. M. i. d. Text gedr. Abb.) gr. 8. (X, 259 S.) Stuttgart 899. A. Bergsträsser. n. 6. —; geb. n. 7. —

Bujard, Alf., die Weinbereitung u. Weinbehandlung u. das deutsche Weingesetz vom 20. Apr. 1892, für Weingutsbesitzer, Weingärtner, Weinhändler, Küfer, Wirte u. Alle, die Wein im Keller haben, leichtfaßlich dargestellt u. erläutert. 1. u. 2. Aufl. gr. 8. (VI, 73 S. m. 22 Abbildgn.) Stuttgart 893. G. Wildt's Verl. n. 1. 50

Bujard, Alfons, Zündwaren, s.a. Sammlung Göschen.

Zündwaren von Dir. Dr. Alfons **Bujard**. Leipzig: Göschen 1910. 132 S. 8° (Sammlung Göschen. 109.) [11. 14592 11

Bujard, Eugène. Etude des Types appendiciels de la muqueuse intestinale, en rapport avec les régimes alimentaires. Morphologie comparée, sitiomorphoses naturelles et expérimentales. Thèse Méd. Genève: No. 172. (Avec Planches VI—X. [Extrait de:] Internat. Monatsschrift für Anat[omie] u. Phys[iologie]. Bd. 26.) *Kopftitel:* Laboratoire d'Histologie et d'Embryologie de l'Université de Genève. IV + 96 p. 8. Leipzig, G. Thieme, 1909.

Bujard, Geo., aus dem Tagebuch einer Provinz-Zeitung. 1843 – 1890. Ein Beitrag zur Geschichte des Zeitungswesens. gr. 8. (32 S.) Neuenbürg 893. (Leipzig, G. Fock.) n. 1. 50

Bujarsky, Franz, Ueber Lehrlingswesen. (Schrift. d. Ver. f. Soz.-Pol., Bd. 10.) Leipzig 1875.

Bujatti sen., Frz., die Geschichte der Seiden-Industrie Oesterreichs, deren Ursprung u. Entwicklung bis in die neueste Zeit, s.: Monographien des Museums f. Geschichte d. österr. Arbeit.

Buell, Katharina Gräfin, s.: Bechtolsheim, Katharina Freifrau v.

Building Association Journal: 1884 1885? Chicago, IL
Monthly trade journal, published in English and German. Edited & published by A. Burow.

Buildings, the new public, of Vienna. (In 25 parts. Part 1. gr. Fol. (12 Kupfertaf.) Wien 888. Ad. Lehmann. n. 20. —

Buildings, public, of Vienna, s.: Neubauten, Wiener, Serie B.

Buildings of Vienna, s. Monumental-Bauten, Wiener.

Buimaret v. Espagnac, Baron, Erfindung, Früchte zu trocknen bei e. nassen Erndte, mit Anmerkk. von J. G. E. v. Springer. 4. (Münst.) 771.

Buininck, Goswin Joseph Arnold von

— Anfangsgr. des Reichskammergerichtsprocesses. 8. Duisburg, Böttiger. 753.

— Anfangsgr. d. Reichskammergerichtsprocesses. 8. Duisb. 754. Böttiger. 10 gl

— Apologeticus pro Jurisprudentia Justinianea. 8. Frkf. et Leipz. 796. Dänzer in Düsseld. 14 gl

— assentationes in dissert. jur. ecclesiast. VI. Spec. 4maj. (Düsseld.) 783. Dänzer. 1 ℛ 6 gl

— s. Frz. Balduin, hist. Carthaginensis.

— coelibatus clericor. firmatus. 4maj. Düsseld. 786. Dänzer. 8 gl

Buinink, G. J. de (Dr. jur.), Coelibatus clericor. firmatus. 4. Düsseld. 1786, Ludw. Stahel in Würzburg. ⅓ Thlr. — 30 kr.

— coelibatus clericor. firmatus. 4. maj. ibid. 787.

— diatribe jur. publ. de interpretatione legum imp. 4. Duisb. 753. Böttiger. 4 gl

— disceptatio forensis de illuminato crimine falsi literarii et typograph. etc. II Fasc. et Supplement. 8. Düsseld. 789. Dänzer. 1 ℛ

— Error pragmaticorum circa distinctionem pactorum dotalium in simplicia et mixta. 8. Köln, Frkf. u. Lpz. 771.

— flores ad Cap. 3, 12. 22. 27. decretalium de jure patronatus sparsi. 8. Köln 776. Rommerskirchen. 6 gl

— Gratianus, correctores romani, Boehmerus vindicati, sive veritas inscriptionis communis, qua distinctionis c. canon IV. nitescit, contra novissimos Hedderichii errores. 4. Düsseld. 787. Dänzer. 2 gl

Buininck, Goswin Joseph Arnold von (Düsseldorf), De judice Romanorum imperatoris; sive brevis et succincta commentatio in paragr. tertium aureae bullae Caroli IV. imperatoris, de jure comitis Palatini & Saxoniae ducis. Diss. histor.-polit.-jur. Präs. Johann Joseph Alef. Heidelberg (J. J. Haener) Sept. 1748. 46 S., tlws.
deutsch. (5.—) 4658

v. *Buininck*, Gosw. Jos., (†...) meditatio de lege amortisationis. 4. Düsseld. 787. Dünzer. 8 gr

— meditationes de novellatoribus. 8. Lpz. Jacobaeer.

— meditationes de novellatoribus. 8. Duisb. et Düsseld. 760. (Aue in Altona) 6 gr

— Nodus juris salutarii Montens. de usu fructu superstitis conjugis solutus. 8. Düsseld. 803. Dänzer. 3 gr

— Prüfung der Erörter. der Fr.: Ob ein protestant. Landesherr s. kathol. Unterthanen z. Mitfeier. der protestant. Bußtage anhalten könne? 4. Duisb. 753. Böttiger. 10 gr

— recitatio extemporalis de Judaeo, juris patronatus sparsi. 8. Köln 776. Rommerskirchen. 3 gr id. liber de eodem; impotenter. 8. Ibid. 777. 3 gr

— de retractione Justini Febronii; recitatio extemporalis. 4. Köln 779. Rommerskirchen. 3 gr

— Samml. merkwürd. Rechtshändel. 5 Bde. 8. Heilbr. 758—79. Eckebrecht. (Claß). 1 ₰ 22 gr ßr Bd., oder fortgesetzte Samml. 1r Thl. 8. Hannov. 779. Helwing. 10 gr Ders. 7r, od. neueste Samml. 1r Bd. 8. Düsseld. 791. Dänzer. 16 gr

— Sendschr. v. d. Fr.: Ob heutig. Tages die wahre, oder Afterwissenschaft üblicher sei? 4. Frankf. 756. Claß in Heilbr. 2 gr

— tentam. histor. de ordinationibus provincialibus Juliacens. Montens. 8. Düsseld. 794. Dänzer. 14 gr

Buinink, s. Buininck

Buir (Schlagwort)

Buir, s.: Geologische Karten. Karte (Preussen).

Buiren, J. van, der heidelberger Katechismus, s. a. Katechismus, der heidelberger.

Buiren, J van, d. Heidelb. Katech. Im Ausz. m. ausgedr. Schriftst. 2. Afl. 8. (60) Leer 59, Securius. geb. n. — 5

van Buiren, J., der Heidelberger Katechismus. Im Auszuge mit ausgedruckten Schriftstellen hersg. 4. verm. Aufl. Leer 867. Securius. 8. (64 S.) n. 5 ngr

Buiren, J. van, der Heidelberger Katechismus. Im Auszuge m. ausgedr. Schriftstellen hrsg. 5. Aufl. 8. (64 S.) Barmen 872. Wiemann. n. — 40; geb. n. — 50

Buiren, J. van, der Heidelberger Katechismus. Im Auszuge m. ausgedruckten Schriftstellen hrsg. 6. Aufl. 8. (64 S.) Barmen 879. Wiemann. geb. n. — 50

Buiren, J. van, der Heidelberger Katechismus. Im Auszuge mit ausgedruckten Schriftstellen hrsg. 7. Aufl. 8. (64 S.) Barmen 887. Wiemann. geb. n. — 50

Buis, F. A., der neue Pastor. Bürgermeister Säbel, s.: Universal-Bibliothek.

Buissard, Gesetzbuch, s. Gesetzbuch.

Buisseret, Beatrix Gräfin de, Johann v. Parthenay, s. Novellenkranz.

Buissiere, Baron Theod. v., Authentischer Bericht über d. Bekehrung des A. M. Ratisbonne. Übers. v. M. Sintzel. Nebst einem Briefe des Bekehrten an den Pfarrer von Notre Dame des Victoires. Augsburg. Schmid, 1842, 12°, 131 S.

—— Dasselbe. Regensburg, Verlagsanst., 1881, 12°, 167 S., 2. Aufl., 1,20 Mk.

Buisson, du, nouvelle grammaire française etc. 8. Basle, Tourneysen. 738.

— neu vermehrte franz. Grammatik. 8. Hannov. Helwing. 738.

Buisson, A.

— Nase u. Schicksal. Lustspiel m. e. Vorspiel u. 1 Aufzug nach e. Scribe'schen Motiv. (49 S.) 8. Freiburg i/B. 909. Emmendingen, Druck- u. Verlags-Gesellschaft vorm. Dölter. 1. —

Buisson, A., St. Blasien in topographischer u. geschichtlicher Beziehung, sowie als Luftkurort, m. 2 Illustr., 3 Karten u. 1 Tab. u. m. e. medicin. Abschnitte: St. Blasien's Klima u. seine Heilfaktoren v. P. Hauser. 8. (VI, 126 S.) Freiburg i/Br. 883. Wagner. geb. n. 2. —

Buisson, A., St. Blasien im Schwarzwald. Mit 15 Abbildgn., 8 Karten, worunter 1 Terrainkurkarte 1:24,000 in 7 Farbentönen, u. e. geschichtl. Anh. 4., vollständig neu bearb. Aufl. 12. (VI, 164 S.) Freiburg i/B. 899. G. Ragoczy. Geb. in Leinw. n. 1. 50

Buisson, A., St. Blasien im Schwarzwald, m. 88 Abb., 4 Karten, worunter 1 Terrain-Kurkarte, 1:24,000 in 7 Farbentönen, u. e. geschichtl. Anh. 5. verb. u. verm. Aufl. (VIII, 180 S. m. 1 Taf.) kl. 8. Freiburg i/B. 907. G. Ragoczy. Geb. 8. —

Buisson, A., St. Blasien in seiner Vergangenheit u. Gegenwart als Kurort m. 6 Abbildgn., 5 Karten u. 6 Tabellen. 2., verm. Aufl. 8. (VIII, 259 S.) Freiburg i/Br. 888. Ragoczy. geb. n. 3. 20

— Spaziergänge u. Ausflüge v. St. Blasien im südl. bad. Schwarzwald. Mit 1 Abb., 8 Karten, wor. 1 Terrainkurkarte 1:24,000 in 7 Farbentönen u. e. Anh.: „St. Blasien als Terrainkurort". [Nebst: Geschichte des Klosters St. Blasien.] 3. Aufl. 8. (VII, 128 u. 19 S.) Ebd. 893. Geb. in Leinw. u. geh. n. 3. 20

Buisson, Benj., Guerre civile et guerre sociale. Origine et portée de la révolution du 18 Mars. 8. (35 S.) Strassburg 871, Noiriel. *

Buisson, E. W., Die äolisch-jonische Westküste Kleinasiens in Strabos Erdbeschreibung. Diss. 1917. 67 S.

Buisson, Eug., der Mensch, die Familie und die Gesellschaft, in ihren Verhältnissen zur sittlichen Entwicklung der Menschheit. Aus dem Französ. 8. (XII und 491 S.) Basel 859, [Bahnmaier's Verlagsh.] *

Buisson, F., das freie Christenthum und die Kirche der Zukunft. Ein Vortrag. 1.—6. Aufl. 1869—72. * 80 Pf., und 7. Aufl. Vom Verf. autoris. deutsche Ausg. gr. 8. (72 S.) Basel 875, Schweighauser'sche Buchh. *

Buisson, F., Die biblische Geschichte in der Volksschule. Basel 1868. 8.

—— die biblische Geschichte in der Volksschule. Ein Vortrag. 1.—6. Aufl. 1869—72. * M 1., und 7. Aufl. Vom Verf. autoris. deutsche Ausg. gr. 8. (86 S.) Basel 875, Schweighauser'sche Buchh. *

Buisson, Karl, gesundes Blut u. starke Nerven. Die Grundsteine u. Eckpfeiler der Gesundheit. Neue Mittel u. Wege zur Reinigg. u. Auffrischung des Blutes sowie zur Stärkg. der Nerven. (75 S.) 8. Leipzig (908). Modern-medizin. Verlag. 1. —

Buisson, Karl, Blut u. Nerven. Grundsteine u. Eckpfeiler der Gesundheit. (III, 71 S.) gr. 8. Lahr 906. Gross & Schauenburg. n. 1.—

Bujwid, Odo, mikrophotogr. Wandatlas d. Bakteriologie. I. Tl. 20 photograph. Taf. (Mit 1 Bl. Text.) 68,5× 53,5 cm. Berlin (910). O. Rothacker.. In Mappe nn 60.—

(Buk.) — Dat buk wichbelde recht. Das sächsische Weichbildrecht nach einer Handschrift der königl. Bibliothek zu Berlin von 1369 herausg. von A. v. Daniels. Berlin 853. Th. Enslin. gr. 8. (VIII, 71 S.) n. 12 ngl

Buk, H. W., s. Bük.

Buek, Unserm geliebten Br. Carl Eduard, zum 25jährigen Maurerfeste den 13. März 1841 brüderlichst gewidmet. (»Wir grüssen Dich am selt'nen Jubelfeste«) Hamb. [1841]. V: *Pepper, Peter Otto Heinrich.* (wolfstieg I, 729)

Buek, Dem vielgeliebten Br. Carl Eduard, zu seinem goldenen Maurerjubiläum den 13. März 1866. Brüderlichst gewidmet von den Bbrn Grossbeamten der Ehrw. grossen Loge von Hamburg. Dem Maurer Heil, der treu dem Manneswort ... [Hamburg 1866.] V: *Pepper, Peter Otto Heinrich.* (wolfstieg I, 730)

Bük, s. a. Bück

Bük, s. a. Buĕk.

Bük, Friedrich Georg

Buek, F. G(eorg). Album Hamburgischer Costume In sechs und neunzig, von mehreren Künstlern nach der Natur gezeichneten Blättern. Mit erläuterndem Texte vom Ober-Auditeur F. G. Buek. Hamburg, B. S. Berendsohn [1841—1847].
49 Bl. 97 farb. Taf. 8°
Zeichner H. Jessen u. C. Beer

— s. Album, Hamburg. National-Costüme.

Buek, F. Geo., Hamburgische Alterthümer. Beitrag zur Geschichte der Stadt und ihrer Sitten. Hamburg 859. Perthes Besser & Mauke. gr. 8. (VI, 256 S. u. 1 Musikbeil.) n. 1 ₰

— s. 1) Befreiungsjahr. 2) J. Bowring, Bericht über den deutschen Zollverband.

Buek, F. Geo., Hamburg und seine Umgebungen im 19. Jahrhundert. Eine Reihefolge naturgetreuer und von den berühmt. deutschen Künstlern in Stahl gestoch. Ansichten der Stadt und ihrer Umgegend. Text in Briefform. Pendant zum „malerischen und romantischen Deutschland." 1.—12. Liefg. Jede mit 3 Stahlstichen. Lex.-8. Hamburg 842—843, Berendsohn. à n. 1/3 ₰ — color. n. 2/3 ₰ — 2. Abtheil. 1.—9. Liefg. Mit 27 Stahlst. Lex.-8. Ebend. 844—46. à n. 1/3 ₰ — color. à n. 2/3 ₰

Buek, F. G(eorg), Hamburg und seine Umgebungen im 19. Jahrhundert. Eine Reihenfolge von den berühmten deutschen Künstlern in Stahl gestoch. Ansichten der Stadt und ihrer Umgegend, nach der Natur gezeichnet von C. A. Bill. Text in Briefform. — Pendant zum „malerischen und romantischen Deutschland." 2. Abthl. 14—16. (letzte) Lfg. Lex.-8. (40 S. Text und 8 Stahlst.) Hamburg 847—48, Berendsohn. (à) Lfg. Thlr. *
ill. à Lfg. *

Buek, F. Geo., Handbuch d. Hamburg. Verfass. u. Verwaltung. gr. 8. (33 B.) Hamburg 828, Hoffmann u. Campe.

Buek, F. Geo., genealog. u. biograph. Notizen üb. d. seit d. Reformation verstorb. hamburg. Bürgermeister. Bey Veranlass. d. Vereins f. hamburg. Geschichte gesammelt. Mit Facsim. d. Unterschriften (auf 4 Bl.) gr. 8. (21½ B.) Hamburg 840 Meissner. * 2 Thlr., Blnp.

—— die hamburgischen Oberalten, ihre bürgerliche Wirksamkeit und ihre Familien. gr. 8. (VIII und 518 S.) Hamburg 857. Perthes-Besser und Mauke.

Buek, Friedr. Geo., die hamburgischen Oberalten, ihre bürgerliche Wirksamkeit und ihre Familien. Hamburg (858.) Perthes-Besser u. Mauke. gr. 8. (VIII, 518 S.) n. 2 ₰ 12 ngl

—— Wegweiser durch Hamburg u. d. umlieg. Gegend. Eine statist.-histor Uebersicht. M. 1 Plan d. Stadt (gr. Fol.) u 35 lith. Ansichten v. O. Speckter. gr. 12. (12½ B.) Hamburg 836, Perthes-Besser u. Mauke.]

—— Worte üb. den Cretinismus u. die Möglichkeit, demselben vorzubeugen, gehalt. in d. 2. allgem. Versammlung d. vorjähr. Zusammenkunft deutscher Naturforscher u. Aerzte zu Braunschweig, am 22. Sept. 1841. gr. 8. (1½ B.) Hamburg 842, Restler u. Melle.

Buek, G., s. J. F. Richardt (d. Blinde), Gedichte.

Genealogische und Biographische Notizen über die seit der Reformation verstorbenen hamburgischen Bürgermeister. Bey Veranlassung des Vereins für hamburgische Geschichte gesammelt vom Ober-Auditeur F. GEORG BUEK. Mit Facsimile's der Unterschriften. Hamburg 1840. Johann August Meissner. 8°.

Buek, Gust., die nächste Aufgabe des Medicinal-Collegium in Hamburg. Ein Programm. gr. 8. (32 S.) Hamburg 871, Gräfe. *

Buek, Gustavus: De vernice caseosa. Halis 1844: Semmler. 72 S. 8°
Heidelberg. Med. Diss. v. 1844

Bük, Heinrich Wilhelm

— eines ungenannten Verfass. Aufsatz, betitelt: angebl. Einfluß mystischen Unfugs auf d. Tod eines Postbeamten in Hamburg. 8. Hamb. 827. Perthes u. B. 4 gl

Grosse Loge zu Hamburg. [Gedicht] Zum 3ten November 1844 [d. i. der 100. Geburtstag von Friedr. Ludw. Schröder] vom deputierten Gross-Meister [Heinr. Wilh.] Buek. [Hamburg 1844.] 2 Bl. 2°. [Kopftit.]
„Wenn sonst zu ernster Feier" ...

Buek, H. W., Genera, species et synonyma Candolleana alphabet. ord. disposita, seu Index general. et special. ad A. P. Decandolle prodromum systemat. natural. regni vegetabil. Ps. II. (Cont.: Prodrom. Ps. V.—VII. 1. Calycereae et Compositae.) 8maj. (14½ B.) Berolini 840, libr. Nauck. *
Ps. I. (Cont.: Prod. Ps. 1—IV) ist noch nicht (1842) erschienen.

Buek, H. W., genera, species et synonyma Candolleana alphabetico ordine disposita, seu index generalis et specialis ad A. P. Decandolle prodromum systematis naturalis regni vegetabilis. Pars I. (Contin. tomos operis Candolleani quatuor priores.) 8 maj. (27¼ B.) Berolini 842, libr. Nauck. *
Vgl. 9. Bd. 1. Abthl. S. 138.

Buek, H. W., Genera, species et synonyma Candolleana alphabetico ordine disposita, seu index generalis et specialis ad A. P. Decandolle et Alph. Decandolle prodromum systematis naturalis regni vegetabilis. Pars 3. (Cont. tomos operis Candolleani VII. [partem posteriorem], VIII., IX., X., XI., XII et XIII.) gr. 8. (XI und 508 S.) Hamburg 858, Perthes-Besser und Mauke. Thlr. *
Pars 1—3 kosten zusammen * 7 Thlr. 20 Ngr., vgl. 10. Bd. 1. Abthl. S. 136.

Buek, H. W., Genera, species et synonyma Candolleana alphabetico ordine disposita, seu index generalis et specialis ad A. P. Decandolle et Alph. Decandolle prodromum systematis naturalis regni vegetabilis. Pars IV. [Continens tomos operis Candolleani XIV—XVII.] gr. 8. (VII, 416 S.) Hamburg 874, Gräfe. *

Pars I et II. Berlin 840, Hirschwald. *ℳ 14. — Pars III. Hamburg 859, (Gräfe.) *ℳ 9.

— s. Gewerbeblätter f. Kurhessen.

—— Hamburg u. seine Umgebungen im 19. Jahrh. Eine Reihefolge naturgetreuer u. von den berühmt. deutschen Künstlern in Stahl gestoch. Ansichten d. Stadt u. ihrer Umgegend. Text in Briefform. Pendant zum „malerischen u. romant. Deutschland". 1. Abthl. (12 Lfgn.) u. 2. Abthl. 1—13. Lfg. Hamburg 842—47, Berendsohn. [1. A. (12⅔ B., 35 Stahlst. u. 1 Plan v. Hamb. 2. A. 1—13. L. (39 Stahlst., 1 Stnt. u. ⅓ B. Text.) à Lfg. * 10 Ngr., color. à L. *

— d. Impfanstalt d. ärztl. Vereins gegen einige neuerl. vorgebrachte Beschuldigungen vertheidigt. 8. Hamb. 822. Perthes u. B. 3 ggr

Bueck, d. Impfanstalt des ärztlichen Vereins gegen einige neuerlichst vorgebrachte Beschuldigungen vertheidigt. 8. Hamburg 823, Perthes u. B.

— Jugend-Harfe. Dichtungen. 8. (IV u. 172 S.) Stettin 849. [Berlin, Springer in Comm.] n. ½ ₰

Buek, (Bük), H. W., Hamburgs Klima u. Witterung. Ein Beitrag zur medicin. Topographie v. Hamburg. gr. 8. Hamb. 826. Campe. 18 ggr

Asher, Karl Wilh.: Necrolog [von Br. Asher. Von Heinr. Wilh. Buek. Hamburg 1864: Nobiling]. 8 S. 8⁰ [Kopftit.]
Tt. 916.

Buek, Henricus Guilielmus: De pilis eorumque morbis. Halae 1819: Baentsch. 76 S. 8°

Halle-Wittenberg, Med. Diss., nachgeliefert von dem am [2. März] 1819 auf Thesen promovierten Verf.

Geb. Hamburg [10. 4. 1796]

Verf. erlebte die Diplomerneuerung 1869 als Stadtphysikus in Hamburg, vgl. Anh. Nr. 341.

[Rundschreiben betr. den Entwurf des deutschen Grosslogenbundes. Unterz.: Heinr. Wilh.]Buek sen. [Dat.:] Hamburg 31. Juli 1871. 2 Bl. 2⁰

— s. J. Thompson, Beobachtt.

Bue(c)k, (Buk,) H. W., die bisherige Verbreitung d. jetzt besond. in Rußland herrsch. Cholera, erläutert durch e. Karte (in Fol.) u. e. dies. erklär. kurze Gesch. dies. Epidemie. gr. 8. (2½ B.) Hamburg 831, Perthes u. Besser.

—— die Verbreitungsweise d. epidem. Cholera, mit besond. Bezieh. auf d. Streit üb. d. Contagiosität ders., histor. u. crit. bearb. gr. 8. (23¾ B.) Halle 832, Renger. [Leipzig, Volckmar.]

Buek, H. W., Worte über den Cretinismus u. die Möglichkeit, demselben vorzubeugen, gehalten in der 2. allgem. Versammlung der vorjähr. Zusammenkunft deutscher Naturforscher u. Aerzte zu Braunschweig, am 22. September 1841. gr. 8. Hamburg 842, Nestler u. Melle. ¼ ₰

— Wünsche u. Vorschläge, b. Errichtung e. Taubstummenanstalt f. Hamburg betreff. 8. Hamb. 823. Perthes u. B. 4 ggr

Bük, J., die k. k. Stadterweiterungs-Commission, ihre Fonds u. Thätigkeit f. das Wohl u. Wehe der Stadt Wien. Populäre Studie. 1. gr. 8. (16 S.) Wien 887. Verl. d. Verf. Garnisonsgasse Nr. 1. n. 1.—

Bük, Jh. Nik., s. Buek.

Bük, Jul. v., der Zieglermeister in Theorie u. Praxis. Ein Leitfaden u. Nachschlagebuch f. den Ziegelbetrieb der Neuzeit, f. Zieglermeister, Werkleiter, Besitzer kleinerer Ziegelwerke u. Zieglerschulen. (VII, 269 S. m. 61 Abb.) 8. Wien 908. A. Hartleben. 4.—; geb. 4. 80

Buek, Otto, a. St. Petersburg: Die Atomistik und Faradays Begriff der Materie. Eine logische Untersuchung. Marburg 1905 [übergeklebt, darunter:] Berlin 1905: G. Reimer. (76 S.) 8° ¶ (Aus: Archiv f. Geschichte der Philosophie Bd 18, H. 1 u. 2.)

Marburg, Phil. Fak., Ref. Cohen u. Natorp, Diss. v. 14. Febr. 1905

[Geb. 18. Nov. 73 St. Petersburg; Wohnort: Berlin; Staatsangeh.: Preußen; Vorbildung: Deutsche Hauptsch. zu St. Petri in Petersburg Reife Juni 91; Studium: Petersburg, Heidelberg 5, Marburg 11 S.; Rig. 6. Juli 04.]

Buek, Otto (Hrsg.), s. Herzen, Alexander: Erinnerungen.

Wosobné Dar za Křesćijanow, mólićkich ha wotrosćeněch, wudaté wot A. M. M. BUKA. (Eine herrliche Gabe für kleine und grosse Christen von A. M. M. BUK.) ib. 1856. — 80.

Buka, Felix [Dr., Oberl.]: Elemente der kinematischen Geometrie des zweigliedrigen ebenen Systems. Charlottenburg, *Druck v. W. Pormetter in Berlin*, 1890; IV, 27 S., 2 Taf. 4⁰

Charlottenburg, st. RG, OP 1890 (103)

Buka, Fel., Grundzüge d. darstell. Geometrie f. höh. Lehranst. Progr. 4. (XII, 24 S. m. 2 Taf.) Charlottenburg 894. (Berlin, Mayer & Müller.) n. 1.50

Buka, Felix [Prof. Dr., Docent an d. Kgl. Techn. Hochschule zu Berlin]: Grundzüge der darstellenden Geometrie für höhere Lehranstalten. Nebst 2 lithogr. Taf. Charlottenburg, *R. Mänch*, 1894; XII, 24 S., 2 Taf. 4.

Charlottenburg, st. RG, OP 1894 (101)

Buka, Fel., Ueber das sphärische Kurbelgetriebe u. seinen Spezialfall das Hooke'sche Gelenk. (Inaug.-Dissert.) Göttingen 1876. 8⁰. brosch. (31 S.)

Buka, Felix, über das sphärische Kurbelgetriebe und seinen Specialfall: Das Hooke'sche Gelenk. Inaugural-Dissertation. gr. 8. (32 S.) Göttingen 877, (Vandenhoeck und Ruprecht's Verlag.) *

Buka, Fel., projektivische Massstäbe. Ein Hülfsmittel zum Studium der synthet. Geometrie. gr. 4. (12 S. mit 2 Taf. und 2 projektiv. Massstäben.) Berlin 888, Winckelmann und Söhne. In Mappe *

Buka, Hans, Kammergerichtsrefer.: Die Rechtslage des im Handelsregister eingetragenen Nichtkaufmanns. Borna-Leipzig 1909: Noske. IX, 48 S. 8°

Jena, Jur. Diss. v. 21. Sept. 1909, Ref. Fehr

[Geb. 14. Juli 86 Charlottenburg; Wohnort: Kalkberge i. M.; Staatsangeh.: Preußen; Vorbildung: Realgymn. Charlottenburg Reife O. 05; Studium: Berlin 1, München 2, Berlin 3 S.; Rig. 3. Aug. 09.] [U 10. 2230

Buka, Maier: Interpretatio fabularum Syriacarum.

Halle-Wittenberg, Phil. Diss. v. 16. Apr. 1846

Geb. [Breslau …]

Ms. fehlt. — Derselbe Titel wie bei Landsberger, vgl. Nr. 2899. Wohl ein Versehen des Schreibers der „Fleissproben"?

Kńez Mudré, joho Dźěći ha susodni Přećeljo habó Wěnca mólitkich Powedantkow za Dźěći ha za Wotrosćeněch wudaté wot A. M. MICHAWA BUKA. (Herr Kluge, seine Kinder und benachbarte Freunde oder ein Kranz kleiner Erzählungen für Kinder und Erwachsene herausgegeben von A. M. M. BUK.) ib. 1849. —

Bukacz, ausländische Kulturpflanzen, s.: Göring.

Bukarest (Schlagwort)

Bukarest, s. a. Europa. Generalkarte.

Bukarest, s. a. Europa. Übersichtskarte.

Bukenhardt, T.

Das Glücksschiff. Erzählung von T. Bukenhardt. Berlin: Borussia 1909. 63, 46 S. 8°

[Beigedr.:] Bukenhardt: Herr und Frau Robinson. Erzählung. 1909.

[10. 11735

Bukenhardt, T.: Herr und Frau Robinson. 1909 in: Bukenhardt: Das Glücksschiff.

Buekers, P. G., die Abstammungslehre. Eine gemeinverständl. Darstellg. u. krit. Übersicht der verschied. Theorien m. besond. Berücksicht. der Mutationstheorie. (XI, 354 S. m. Abb.) 8. Leipzig 909. Quelle & Meyer. 4.40; geb. in Leinw. 5. —

Bukes, Annie, ornamentale Vorlagen in Farben zu Holzmalereien. Fol. (6 Blatt.) Karlsruhe 886. J. Veith. 6.—

Bukes, A. ornamentale Vorlagen in Farben zu Holzmalereien. Fol. (6 Bl.) Karlsr. 86. Stuttg., K Wittwer. 6 —

Buki ben Jogli, das Lied der Nachtigall. Aus dem Hebr. übers. v. Jos. Meisl. (56 S.) gr. 8. Wien (III, Untere Viaduktgasse 25), Verlag „Unsere Hoffnung" 906. (Berlin, M. Poppelauer.) n. — 60

Büking, J. H., Bemerk. üb. d. Erdmandel. Auch etwas üb. d. Weinbau. 8. Giessen, 1801. Heyer. — 3¾

Bukkanier, s.a. **Bucanier.**

Bukkanier, der, histor. Roman a. d. Zeiten Cromwell's. Aus d. Engl. v. Joh. Sporschil. 3 Thle. 8. (58½ B.) Braunschweig 833, [Vieweg.]
Dass. in anderer Uebers., vgl. **Bucanier.**

Bukofzer, J., Maimonides im Kampf mit seinem neuesten Biographen Peter Beer. gr. 8. Berlin 844, Schnitzer. ⅔ ℛ

Bukofzer, Karl

Bukofzer, Carl [aus Schwetz (Westpreussen)]: Über subcutane Verletzungen grösserer, pathologisch nicht veranderter Gefässe .... Würzburg, Becker's Univ.-Buchdr., 1887: 34 S. + 1 Bl. 8°
Würzburg, Med. Fak., Inaug.-Diss. v. 1887

Bukofzer, Carl, über subcutane Verletzungen grösserer pathologisch nicht veränderter Gefässe. Diss. Würzburg 1887, Stahelsche Univ.-Buchh. 8°. 34 S.

Bukofzer, Max

Bukofzer, M., zur Hygiene des Tonansatzes unter Berücksicht. moderner u. alter Gesangsmethoden. (34 S.) gr. 8. Berlin 901. A. Hirschwald. n. — 80
Sonderabdruck aus: „Archiv f. Laryngologie".

Die Krankheiten des Kehlkopfs. Von Dr. M[ax] **Bukofzer,** Königsberg i. Pr. *Berlin: A. Hirschwald 1903.* (VIII, 209 S.) 8° [03. 1853

Bukoliker, die. Griechisch mit metrischer Uebersetzung und prüfenden und erklärenden Anmerkungen von J. A. Hartung. A. u. d. T.: Theokrit, Bion und Moschus. Griechisch mit metr. Uebersetzung ꝛc. Leipzig 856. Engelmann. gr. 12. (LX, 507 S.) 2 ℛ

Bukoliker, die. Griechisch mit metrischer Uebersetzung und prüfenden und erklärenden Anmerkungen von J. A. Hartung. A. u. d. T.: Theokrit, Bion und Moschus. gr. 12. (LV und 507 S.) Leipzig 858, Engelmann.

Bukoliker, die griechischen, Theokritos, Bion und Moschos, übers. von F. Zimmermann, s.a. **Dichter,** griechische.

Die griechischen **Bukoliker** (Theokrit, Bion, Moschus), übersetzt von Friedrich Zimmermann. Stuttgart 1856. 8°.

Bukovinszky, A. v., Der Kohlenbergbau und Kohlenverkehr des Zsilthales. Budapest, 1884. 55 S. mit 1 Karte und 8 Tab.

Bukovský, Wilh., Auskunftsbuch f. Bauwesen. Alphabetischer Index zu den wichtigsten Vorschriften, Normen u. Institutionen auf d. Gebiete des Bauwesens, m. besond. Berücksicht. der Verhältnisse im Königr. Böhmen. Zum Gebrauche der ausüb. Techniker, der polit. u. autonomen Baubehörden, der Eisenbahnen, der Industriellen, der Studirenden an techn. Lehranstalten ꝛc. 12. (XX, 315 S.) Wien 901. Manz. Geb. in Leinw. n. 4. —

Bukow'sche Stiftung, s.: Beiträge zur Geschichte der Stadt Greifswald.

Bukowiecki, Ludovicus (de) *(geb. Bugay in Pos. 25. 8. 1836)*: De paralysi infantium, quae idiopathica dicitur. Vratislaviae (1861). (24 S.) 8°
Breslau, Med. Diss. v. 26. Nov. 1861

Bukowina (Sachliches OW)

Die **Bukowina.** Eine allgem. Heimatkunde verf. anlässl. d. 50jähr. Regierungsjub. S. k. u. k. Apost. Majestät durch d. K. k. Gendarmerie d. Landes-Gend.-Comm. No 13. (Vorr.: Georg v. Catargi.) *Czernowitz: H. Pardini in Comm. 1899.* (VIII, 344 S.) 2°(4°) [Bildert. Ant. u. Fr.] [99. 1073

Die Bukowina mit spezieller Berücksichtigung von Czernowitz. Graz: Leykam-Josefsthal 1872.

Bukowina (Schlagwort)

Bukowina, s.a. **Eisenbahnkarten.**

Bukowina, s.a. **Galizien.**

Bukowina, s.a. **Hand- u. Reisekarten.** 31. 69.

Bukowina, s.a. **Oesterreich-Ungarn. Artaria.**

— s.a. **Reichsratswahlkarte.**

Bukowina. Fischer, Ed., Handkarte des Herzogth. Bukowina. 1 : 600,000. 30 × 24 cm. Farbdr. Czernowitz 898. H. Pardini. n. — 20; in rumän. u. ruthen. Sprache à n. — 20

— — Schulwandkarte des Herzogth. Bukowina. 1 : 150,000. 117 × 92,5 cm. Farbdr. Ebd. 898. Auf Leinw. in Mappe n.n. 10. —

— — Uebersichts- u. Verkehrskarte des Herzogth. Bukowina. 1 : 150,000. 117 × 92,5 cm. Farbdr. Ebd. 898. Auf Leinw. in Mappe n. 8. —

Bukowinski, A., Tabellen f. Zucker-Chemiker, s.: Slaski, J.

Bukowska, Jadwiga: Ein Beitrag zur geschlechtlichen Differenzierung bei Urodelen. 〈Amblystoma mexicanum.〉 Berlin 1909: Ebering. 29 S. 8°
Berlin, Med. Diss. v. 3. Aug. 1909, Ref. Hertwig
[Geb. 3. Dez. 82 Smiela; Wohnort: Warschau; Staatsangeh.: Rußland; Vorbildung: Gymn. Warschau Reife M. 04; Studium: Wien 4, Bern 2, Berlin 4 S.; Rig. 27. Juli 09.] [U 09. 36

Bukowski, Alois: Die Genugtuung f. d. Sünde nach d. Auffassg d. russ. Orthodoxie, s: Forschungen z. christl. Lit.- u. Dogmengesch.

Bukowski, Gejza von

Bukowski Gejza von: Der geologische Bau der Insel Kasos (mit 1 Karte). S. 98. 1. 65 K —.80
Separatabdruck

Bukowski, G., der geologische Bau der Insel Kasos. [Aus: „Sitzungsber. d. k. Akad. d. Wiss."] Lex.-8. (17 S. m. 1 Karte.) Wien 889. (Tempsky.) n. — 80

Bukowski (G. v.), Ueber den geologischen Bau des nördlichen Theiles von Spizza in Süddalmatien. (Sep.-Abdr. Verhandl. d. k. k. Reichsanstalt 1896.) Wien. 8.

Bukowski Gejza von: Vorläufiger Bericht über die geologische Aufnahme der Insel Rhodus. S. 86. 1. 87 . . . . vgr.
Separatabdruck

von **Bukowski,** Gejza: Geologische Forschungen im westlichen Kleinasien. ([S.-A.] Verhandlungen der k. k. Geologischen Reichsanstalt. 1892. No. 5. S. 131—141.) (Wien 1892.) 8 S. 8°.

— Grundzüge des geologischen Baues der Insel Rhodus (mit 1 Karte). S. 98. 1. 88 . 1.40
Separatabdruck

— **Grundzüge** d. geologischen Baues der Insel Rhodus. [Aus: „Sitzungsber. d. k. Akad. d. Wiss."] Lex.-8. (65 S. m. e. geol. Kartenskizze.) Ebd. 889. n. 1. 40

Bukowski, Geza, über die Jurabildungen von Czenstochau in Polen, s. Beiträge zur Paläontologie Oesterreich-Ungarns.

— Die levantinische Mollusken-Fauna der Insel Rhodus. 1. Teil (mit 6 Taf.). D60. 25 . 4.—
— — 2. Teil. Schluß (mit 5 Taf.) D63. 1 . . . . 5.80

Bukowski, Gojza v., dio lovantinische Molluskonfauna dor Insel Rhodus. (I. Thl.) [Aus: „Donkschr. d. k. Akad. d. Wiss.“] Imp.-4. (42 S. m. 6 Taf.) Wion 893. (F. Tempsky.) n. 4. —

Bukowski, Gojza v., d. lovantin. Molluskenfauna d. Insol Rhodus. (II. Thl. Schluss.) [Aus: „Donkschr. d. k. Akad. d. Wiss.“] Imp.-4. (70 S. m. 5 Taf.) Wion 895. (C. Gorold's Sohn.) n. 5. 80 (kplt.: n. 9. 80)

von **Bukowski**, Gejza: Geologische Uebersichtskarte der Insel Rhodus. ([S.-A.] Jahrbuch der k. k. Geologischen Reichsanstalt. 1898. Bd. 48. Heft 3 u. 4.) Wien 1899. 172 S., 1 Krt. 8°.

— Die geologischen Verhaltnisse der Umgebung von Balia Maaden im nordwestlichen Kleinasien (Mysien) (mit 1 geologischen Kartenskizze und 1 Profiltafel). S 101. L 24 . . . . 1.50

Separatabdruck

— dio geologischon Vorhältnisso dor Umgobung v. Balia Maadon im nordwostlichon Kloinasion [Mysion]. [Aus: „Sitzungsbor. d. k. Akad. d. Wiss.“] Lox.-8. (22 S. m. 1 goolog. Kartonskizzo u. 1 Profiltaf.) Ebd. 892. n. 1. 50

— Kurzer Vorbericht uber die Ergebnisse der in den Jahren 1890 und 1891 im sudwestlichen Kleinasien durchgeführten geologischen Untersuchungen. S 100 L 58 . . . . —.50

Separatabdruck

— kurzor Vorboricht üb. dio Ergobnisso dor in don J. 1890 u. 1891 im südwostlichon Kloinasion durchgeführton goologischon Untorsuchgn. [Aus: „Sitzungsbor. d. k. Akad. d. Wiss.“] Lox.-8. (22 S.) Ebd. 891. n. — 50

Bukowski, Jac., Gedichte in der Mundart der deutschen schlesisch-galizischen Gränzbewohner, resp. von Bielitz-Biala. 18. (VI und 182 S.) Bielitz 860, Zamarski. *

Bukowski, Robert [aus Hildesheim]: Veränderung des Glykogengehaltes der Leber bei Carbolsäurevergiftung ... Wurzburg [!], Druck v. F. Fromme, 1894; 16 S. 8.
Würzburg, Med. Fak., Inaug.-Diss. v. 1894

Bukschnewski, David, aus Wolkowischken (Russl.): Ueber die **Wanderung der Jonen.** *Berlin (1901): E. Ebering.* (38 S.) 8°
Berlin, Phil. Diss. v. 24. Apr. 1901

Bukvar, nimeckij — dla druhoho oldiła peršoho otrjada no mistkich školach v. c. k. austrijskich krajach. V. Vidni, 1854. Tiskopecatano u L. Grunda. (42 S. 8.) (Deutsches Namenbüchlein für die zweite Abtheilung der ersten Klasse in den Stadtschulen des k. k. österr. Staates. (Ruth.)

Bukvar — ruskij i polskij — dla ucilišc narodnych v. c. k. austrijskich Krajach. — Polski i ruski Elementarz dla szkół ludowych w. c. k. austryackich krajach. V Vidny, 1855. Tiskopecatano u L. Grunda. (114 S. 8.) (Polnisches und ruthenisches Namenbüchlein fur die Volksschulen in den k. k. österr. Staaten.) (Poln. und Ruth.)

Bukvar za srbska ucilista u austrijskom Carstvu. 8. (82 S.) U Becu. Pecatano kod Leopolda Grunda. 1854. (Fibel für die serbischen Schulen im Kaiserthume Oesterreich.) Gebunden in Leinwandrücken 8 kr. C. M.

***Bukvice,** Koroške, slovenskemu ljudstvu v poduk in kratek čas. Izdaja in zaklada F. Haderlap. V Celovcu, Bertschinger, 1887—90. Sedez. 17 Hefte.

Bukvice — molitne ali pobožnost na čast sedem Žalosti Device Marije, Matere božje, kakor tudi devetdanska pobožnost na čast sv. Jožefa. Spisal F. W. Tretjipomnoženi natis. V Gradcu 1857. Na prodaj pri Jožefu Sirolla. Natisk pri J. A. Kienreih-u. (264 S. 12.) ((Gebetbuch oder Andacht zur Ehre der sieben Schmerzen der Jungfrau Maria, Mutter Gottes, zugleich mit der neuntägigen Andacht zu Ehren des heil. Josef. Zusammengestellt von F. W. 3te vermehrte Auflage. Gratz, 1857. Bei Josef Sirolla, gedruckt bei J. A. Kienreich.) (Slovenisch.)

***Bukvize,** Kristianske, v' katereh sa hishne gospodarje inu gospodinje, tudi sa druge stanove stareh inu mladeh ludi, tudi molitve se najdejo is psalmov vkup sbrane skus perpushenje Zesarske Oblasti. V' Zelouzi, Kleinmayr, 1784. 230 S.

***Bukvize,** Molitne, po Katekismu sravnane. V' Zelovzu, Leon, 1817.

Bukvize, Molitoune . . . , s.a. Gutsmann, Oswald

Bukvize, Molitoune, v' katireh se' naidejo Juterne, inu Vezherne Molitvize tudi Molitve per sv. mashi, per spovedi inu sv. Obhaili. V' Zelouzi, Leon, 1830. Duodez. — 2. natis. 1844. — 3. natis. 1849. 168 S. (Nach Simonič, Slov. bibl.)

Bűky, Aurel v., mathematische Untersuchung u. Verbesserung des Winddruckregistrierapparates System „Dines“. (Officielle Publicationen der dem königl. ungar. Ackerbau-Minister untersteh. königl. ungar. Reichsanstalt f. Meteorologie u. Erdmagnetismus 1909. Bd. IX.) (In ungar. u. deutscher Sprache.) 30,5 ×23 cm. Budapest 909. L. Toldi. 8. —

FSC
www.fsc.org
MIX
Papier | Fördert gute Waldnutzung
FSC® C083411

Kolibri 360 GmbH
Ferdinand-Jühlke-Straße 7
99095 Erfurt, Deutschland
produktsicherheit@kolibri360.de